电力设备实用技术手册

（下册）

附 光 盘

《电力设备实用技术手册》编写组 编

中国水利水电出版社
www.waterpub.com.cn

内 容 提 要

本书为大型电力专业技术、信息工具书。本书以电力设备生产企业和科研单位生产的设备及提供的技术服务为主导，以电力设备发展动态、行业应用、购销指南、技术服务为支撑，突出专业性、系统性，注重时效性、实用性。资料权威、数据可靠、订货方便。本书共分七篇：电站设备，火电厂配套及附属设备，交直流电动机与变压器设备，电气开关设备及成套装置，无功补偿设备、高压试验及在线监测设备，绝缘子、避雷器、电线电缆及电工测量仪表，继电保护装置及自动化系统。

本书为电力设备选型工具书，可供电力工程的勘测设计、施工安装、运行维护和管理人员阅读，也可供电力设备科研、制造部门的技术人员和营销人员阅读，还可供其他有关人员参考。

为方便读者查阅和使用，本书附光盘一张，包含了本书的全部内容。读者可按图书目录导航方式或通过检索模式在电脑上查阅、检索本书内容；还可根据需要对书中内容进行打印和复制。

图书在版编目（CIP）数据

电力设备实用技术手册. 下册 / 《电力设备实用技术手册》编写组编. -- 北京 : 中国水利水电出版社, 2014.6
ISBN 978-7-5170-2036-3

Ⅰ. ①电… Ⅱ. ①电… Ⅲ. ①电力设备－技术手册 Ⅳ. ①TM4-62

中国版本图书馆CIP数据核字(2014)第104846号

书　　名	**电力设备实用技术手册（下册）（附光盘）**
作　　者	《电力设备实用技术手册》编写组　编
出版发行	中国水利水电出版社 （北京市海淀区玉渊潭南路1号D座　100038） 网址：www.waterpub.com.cn E－mail：sales@waterpub.com.cn 电话：(010) 68367658（发行部）
经　　售	北京科水图书销售中心（零售） 电话：(010) 88383994、63202643、68545874 全国各地新华书店和相关出版物销售网点
排　　版	中国水利水电出版社微机排版中心
印　　刷	北京市北中印刷厂
规　　格	210mm×285mm　16开本　89.75印张　3747千字
版　　次	2014年6月第1版　2014年6月第1次印刷
定　　价	**299.00**元（附光盘1张）

凡购买我社图书，如有缺页、倒页、脱页的，本社发行部负责调换

前　言

我国电力工业发展迅速，截至 2011 年底，全国发电设备容量为 105576 万 kW；全国电网 220kV 及以上输电线路回路长度、公用变电设备容量分别为 48.03 万 km、21.99 亿 kVA；2011 年全年全国全社会用电量为 46928 亿 kWh。电力设备的市场容量与电力工业的发展密切相关，电力工业的飞速发展为电力设备的研发和生产提供了广阔的市场空间。随着我国市场经济及电力工业的飞速发展，电力设备的制造领域也非常兴旺、活跃，各类电力设备都在竞相引进国内外先进技术和工艺。各种新材料的出现，制造装备的更新，工艺技术的提高和计算机在制造业中的应用等，又进一步推动了电力设备的技术性能更加优越，结构型式更加精巧，装配加工更加精良，最后导致新型产品层出不穷。

《电力设备实用技术手册》一书就是为适应这种需要而编写的，是一本以展示电力设备生产企业和科研单位生产的设备（产品）及提供的技术服务为主导，以电力设备发展动态、行业应用、购销指南、技术服务为支撑的大型电力专业技术、信息工具书。本书重点突出专业性、系统性，同时注重时效性、实用性，力争做到：资料权威，数据可靠，生产落实，订货方便。其宗旨在于加强电力设备生产企业、科研单位同我国电力、水利、电信、建筑、交通等系统、行业、部门之间的交流与合作，促进电力行业的新技术、新工艺、新方法、新措施和新产品的推广和应用，沟通流通渠道、架设供求桥梁。

本书共分七篇：电站设备，火电厂配套及附属设备，交直流电动机与变压器设备，高低压开关设备及成套装置，无功补偿、高压试验及在线诊断设备和装置，避雷器、绝缘子、电线电缆及电工测量仪表，继电保护装置及自动化系统。本书为电力设备选型工具书，可供电力工程的勘测设计、施工安装、运行维护和管理人员阅读，也可供电力设备科研、制造部门的技术人员和营销人员阅读，还可供其他有关人员参考。

在本书编写过程中，作者参考了各电力设备研发、制造部门提供的大量最新技术资料和数据以及相关参考文献，全国各大电力设计院等有关单位对本书的编写提出了许多宝贵的意见和建议，在此对为我们提供各种帮助的所有人员和文献作者表示衷心的感谢。

特别感谢潍坊市霍达管件制造有限公司霍达总经理等电力设备生产企业各级领导对本书编写工作的大力支持。

本书由叶常容、王晋生、李建基主编。提供资料并参与部分编写工作的还有：张强、张方、高水、石峰、王卫东、石威杰、贺和平、任旭印、潘利杰、程宾、张倩、张娜、李俊华、石宝香、成冲、张明星、郭荣立、王峰、李新歌、尹建华、苏跃华、刘海龙、李小方、李爱丽、胡兰、王志玲、李自雄、陈海龙、李亮、韩国民、刘力侨、任翠兰、张洋、吕洋、任华、李翱翔、孙雅欣、李红、王岩、李景、赵振国、任芳、魏红、薛军、吴爽、李勇高、王慧、杜涛涛、李启明、郭会霞、霍胜木、邢烟、李青丽、谢成康、杨虎、马荣花、张贺丽、薛金梅、李荣芳、马良、孙洋洋、胡毫、余小冬、丁爱荣、王文举、冯娇、徐文华、陈东、毛玲、李键、孙运生、尚丽、王敏州、杨国伟、李红、刘红军、白春东、林博、魏健良、周凤春、黄杰、董小玫、郭贞、吕会勤、王爱枝、孙金力、孙建华、孙志红、孙东生、王彬、王惊、李丽丽、吴孟月、闫冬梅、孙金梅、张丹丹、李东利、王奎淘、吕万辉、王忠民、赵建周、刁发良、胡士锋、王桂荣、谢峰、秦喜辰、张继涛、徐信阳、牛志刚、杨景艳、乔可辰、张志秋、史长行、姜东升、宋旭之、田杰、温宁、乔自谦、史乃明、郭春生、高庆东、吉全东、李耀照、吕学彬、马计敏、朱英杰、焦现峰、李立国、刘立强、李炜、郝宗强、王力杰、闫国文、苗存园、权威、蒋松涛、张平、黄锦、田宇鲲、曹宝来、王烈、刘福盈、崔殿启、白侠、陈志伟、李志刚、张柏刚、王志强、史春山、戴晓光、刘德文、隋秋娜、熊泰昌、桂玲玲、王利群、刘华、张国兵、郑新才、王月、黎文安、李光明、汪永华、周文俊、石光、林自成、何建新、王佩其、骆耀辉、石鸿侠、皮爱珍、何利红、徐军、邓花菜、吴皓明、曹明、金明、周武、田细和、林露、邹爱华、罗金华、宋子云、谢丽华、刘文娟、李菊英、肖月娥、李翠英、于利、傅美英、石章超、刘雅莹、甘来华、喻秀群、唐秀英、廖小云、杨月娥、周彩云、金绵曾、唐冬秀、刘菊梅、焦斌英、曾芳桃、谢翠兰、王学英、王玉莲、刘碧辉、宋菊华、李淑华、路素英、许玉辉、余建辉、黄伟玲、冠湘梅、周勇、秦立生、曹辉、周月均、张金秀、程淑云、李福容、卿菊英、许建纯、陈越英、周玉辉、周玉兰、黄大顺、曹冻平、蒋兴、彭罗、胡三姣、邓青莲、谢荣柏、何淑媛、高爱华、曹伍满、程淑莲、刘招良、黄振山、周松江、王灿、叶军、李仑兵、刘清平等。

由于作者水平有限，书中如有错漏不足之处，敬请广大读者批评指正。

作者

2014 年 4 月

目　　录

（上 册）

第一篇　电　站　设　备

第二篇　火电厂配套及附属设备

（中册）

第三篇 交直流电动机与变压器设备

第四篇　电气开关设备及成套装置

（下 册）

第五篇 无功补偿设备、高压试验及在线监测设备

第六篇　绝缘子、避雷器、电线电缆及电工测量仪表

第七篇　继电保护装置及自动化系统

第四节　低压开关成套装置

一、GCK1系列电动机控制中心

（一）用途

适用于工矿企业的交流380V配电系统的一次配电和以异步电动机为主要控制对象的二次配电或控制设备。还适用于车站、码头、民用和公用建筑等，尤其适用于冶金、轻工生产线的电动机和群控系统和现场控制装置，如配以适当的接口，还可与PC（程序控制器）或微处理器组成供配电自动控制系统，对于集中控制的化工系统也可完全胜任其工作。

（二）型号含义

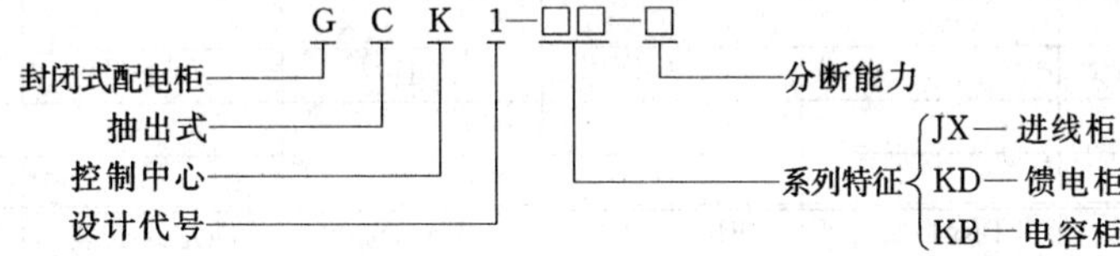

（三）技术数据

见表3-4-1。

表3-4-1

型　号	项　　目		参　　数
GCK1	技术标准编号		IEC439、GB7251、ZBK36001
	防护等级		IP40
	额定工作电压（V）		AC-380，660
	额定绝缘电压（V）		660，750
	控制电动机容量（kW）		0.5～155
	额定电流（A）	水平母线	1600、2500
		垂直母线	630
		主电路触头接插件	100，300
		辅助电路触头接插件	10
		馈电电路最大电流	400
		受电电路	1000、1600、2000、2500
	额定短时耐受电流	有效值（kA）	15、30、50
		峰值（kA）	30、63、110
	外形尺寸（高×宽×深）（mm×mm×mm）		2200×800×1000
			2200×800×500
			2200×600×1000
	备注（元）		

（四）主电路方案内的电器元件

见表3-4-2。

表3-4-2

方案编号	BRa11S00	BRb11S00	BRc11S00	BRd11S20	ERe11S20	ERf11S20
电机容量(kW)	0.52～7.5	7.5～15	15～22	22～30	30～37	37～45
型号＼数量＼功能	不可逆电路					
RT19—100AP/32AXaM	3					
RT19—100AP/63AXaM		3				
RT19—100AP/100AXaM			3			
NT1—125				3	3	3
DZ10—100/310	1	1	1	1		

续表

方案编号	BRa11S00	BRb11S00	BRc11S00	BRd11S20	ERe11S20	ERf11S20
电机容量(kW)	0.52～7.5	7.5～15	15～22	22～30	30～37	37～45
功能 / 数量 / 型号	不可逆电路					
CJ20—25 (3TB43)	1					
CJ20—63 (3TB44)		1				
CJ20—100 (3TB46)			1			
CJ20—100 (3TB47)				1		
DZ10—250/310					1	1
CJ20—160 (3TB48)					1	
CJ20—160 (3TB50)						1
3UA59	1	1	1	1	1	1
LMZ—0.66—100/5					1	1
6LZ—A—100/5					1	1

方案编号	BRg11S20	FRh11S20	ERh11S20	固定式安装	固定式安装	CZa11S00
电机容量(kW)	45～55	55～90	55～90	90～132	132～155	0.52～7.5
功能 / 数量 / 型号	不可逆电路					
NT11—60	3					
NT1—250		3	3			
NT3—425				3		
NT3—500					3	
DZ10—250/310	1					
DZ10—600/310				1	1	
CJ20—160 (3TB50)	1					
CJ20—250		1				
3TB52			1			
CJ20—400 (3TB54)				1		
CJ20—400 (3TB56)					1	
LMZ—0.66—150/5	2					
LMZ—0.66—200/5		2				
LMZ3—0.66—200/5			2			
LMZ3—0.66—300/5				2		
LMZ1—0.5—400/5					2	
3UA59	1	1	1	1	1	
CJ20—25 (3TB43)						1
DZ20J—100/200						1

方案编号	CZb11S00	CZc11S00	CZd11S00	DZe11S20	EZf11S20	EZg11S20	EZh11S20
电机容量(kW)	7.5～15	15～22	22～30	30～37	37～45	45～55	55～90
功能 / 数量 / 型号	不可逆电路						
DZ20J—100/200	1	1	1	1			
DZ20J—200/200					1	1	
CJ20—63 (3TB44)	1						
CJ20—100 (3TB46)		1					
CJ20—100 (3TB47)			1				
LMZ—0.66—100/5				2	2		
LMZ—0.66—150/5						2	
3UA59	1	1	1	1	1	1	1
6L2—A—100/5				1	1		
6L2—A—150/5						1	
DZ20J—400/200							1
CJ20—160 (3TB48)				1			
CJ20—160 (3TB50)					1	1	
CJ20—160 (3TB52)							1
LMZ—0.66—200/5							2
6L2—A—300/5							1

续表

方案编号	EZi11S20	EZj11S20	BQa11S00	BQb11S00	BQc11S00	BQd11S00	DQe11S20	DQf11S20
电机容量(kW)	90～132	132～155	0.52～7.5	7.5～15	15～22	22～30	30～37	37～45
数量 型号 功能	不可逆电路							
DZ20J—400/200	1	1						
3TB54	1							
3TB56		1						
CJ20—25（3TB43）			1					
CJ20—63（3TB44）				1				
CJ20—100（3TB46）					1			
CJ20—100（3TB47）						1		
CJ20—160（3TB48）							1	
CJ120—160（3TB50）								1
QSA63			1	1	1	1		
QSA125							1	1
3UA59	1	1	1	1	1	1	1	1
LMZ—0.66—300/5	2							
LMZ1—0.5—400/5		2						
LMZ—0.66—100/5							2	2
6L2—A—100/5							1	1
6L2—A—300/5	1							
6L2—A—400/5		1						

方案编号	DQg11S20	EQh11S20	EQi11S20	EQi11S20	BRa11S01	BRb11S01
电机容量(kW)	45～55	55～90	90～132	132～155	0.52～7.5	7.5～15
数量 型号 功能	不可逆电路					
QSA125	1					
QSA160		1				
QSA250			1			
QSA400				1		
CJ20—160（3TB50）	1					
CJ20—250（3TB52）		1				
3TB54			1			
3TB56				1		
CJ20—25（3TB43）					1	
CJ20—63（3TB44）						1
LMZ—0.66—150/5	2					
LMZ—0.65—200/5		2				
LMZ—0.66—300/5			2			
LMZ1—0.66—400/5				2		
3UA59	1	1	1	1	1	1
RT19—100AP/32AXaM					3	
RT19—100AP/63AXaM						3
JD1—100/100					1	1

续表

方 案 编 号	BRc11S01	BRd11S01	ERe11S21	ERf11S21	ERg11S21	ERh11S21
电机容量(kW)	15～22	22～30	30～37	37～45	45～55	55～90
功能 / 数量 / 型号	不可逆电路					
RT19—100AP/100AXaM	3					
NT1—125		3	3	3		
NT1—160					3	
NT1—250						3
DZ10—100/311	1	1				
DZ10—250/311			1	1	1	1
CJ20—100 (3TB46)	1					
CJ20—100 (3TB47)		1				
CJ20—160 (3TB48)			1			
CJ20—160 (3TB50)				1	1	
CJ20—250 (3TB52)						1
JD1—100/100	1	1				
JD1—100/200			1	1		
JD1—200/500						1
LMZ—0.66—100/5			2	2		
LMZ—0.66—150/5					2	
LMZ—0.66—200/5						2
3UA59	1	1	1	1	1	1
JD1—200/200					1	

方 案 编 号	CZa11S01	CZb11S01	CZc11S01	CZd11S01	DZe11S21	DZf11S21	EZg11S21	EZh11S21
电机容量(kW)	0.52～7.5	7.5～15	15～22	22～30	30～37	37～45	45～55	55～90
功能 / 数量 / 型号	不可逆电路							
DZ20J—100/210	1	1	1	1	1			
CJ20—25 (3TB43)	1							
CJ20—63 (3TB44)		1						
CJ20—100 (3TB46)			1					
CJ20—100 (3TB47)				1				
CJ20—160 (3TB48)					1			
CJ20—160 (3TB50)						1	1	
CJ20—250 (3TB52)								
DZ20J—200/210						1	1	
DZ20J—400/210								1
JD1—100/100	1	1	1	1				
JD1—100/200					1	1		
JD1—200/200							1	
JD1—200/500								1
LMZ—0.66—100/5					2	2		
LMZ—0.66—150/5							2	
LMZ—0.66—200/5								2
3UA59	1	1	1	1	1	1	1	1
6L2—A—100/5					1	1		
6L2—A—150/5							1	

续表

方案编号	BQa11S01	BQb11S01	BQc11S01	BQd11S01	DQe11S21	DQf11S21	DQg11S21	EQh11S21
电机容量(kW)	0.52～7.5	7.5～15	15～22	22～30	30～37	37～45	45～55	55～90
型号 \ 数量 \ 功能	不可逆电路							
QSA63	1	1	1	1				
QSA125					1	1	1	
QSA160								1
CJ20—25（3TB43）	1							
CJ20—63（3TB44）		1						
CJ20—100（3TB46）			1					
CJ20—100（3TB47）				1				
CJ20—160（3TB48）					1			
CJ20—160（3TB50）						1	1	
CJ20—250（3TB52）								1
JD1—100/100	1	1	1	1				
JD1—100/200					1	1		
JD1—200/200							1	
JD1—200/500								1
LMZ—0.65—100/5					2	2		
LMZ—0.66—150/5							2	
LMZ—0.66—200/5								2
3UA59	1	1	1	1	1	1	1	1
6L2—A—100/5					1	1		
6L2—A—100/5							1	

方案编号	BRa12S00	CRb12S00	BRb12S00	CZa12S00	CZb12S00	BQa12S00	DQb12S00	CQb12S00
电机容量(kW)	0.52～7.5	7.5～15	7.5～15	0.52～7.5	7.5～15	0.52～7.5	7.5～15	7.5～15
型号 \ 数量 \ 功能	不可逆电路							
RT19—100AP/32AXaM	3							
RT19—100AP/63AXaM		3	3					
DZ10—100/310	1	1	1					
DZ20J—100/200				1	1			
CJ20—25（3TB43）	2			2		2		
CJ20—63		2			2		2	
3TB44			2					2
QSA63						1	1	1
3UA59	1	1	1	1	1	1	1	1
RT19—100AP/32AXaM	3							
RT19—100AP/63AXaM		3	3					
DZ10—100/311	1	1	1					
DZ20J—100/210				1	1			
CJ20—25（3TB43）	2			2		2		
CJ20—63		2			2		2	
3TB44			2					2
JD1—100/100	1	1	1	1	1	1	1	1
3UA59	1	1	1	1	1	1	1	1
QSA63						1	1	1

续表

方案编号	BRa21S00	CRb21S00	BRb21S00	CRc21S00	CRd21S00	FRe21S00
电机容量(kW)	0.52～7.5	7.5～15	7.5～15	15～22	22～30	30～37
功能 / 数量 / 型号	可逆电路					
RT19—100AP/32AXaM	3					
RT19—100AP/32AXaM		3	3			
RT19—100AP/100AXaM				3		
NT1—125					3	3
DZ10—100/310	1	1	1	1	1	
DZ10—250/310						1
CJ20—25 (3TB43)	2					
CJ20—63		2				
3TB44			2			
CJ20—100 (3TB44)				2		
CJ20—100 (3TB47)					2	
CJ20—160 (3TB48)						2
LMZ3—0.66/3—100/5						2
3UA59	1	1	1	1	1	1
6L2A—100/5						1

方案编号	FRf21S20	FRg21S20	FRh21S20	CZa21S20	CZb21S00	CZc21S00	CZd21S00
电机容量(kW)	37～45	45～55	55～75	0.52～7.5	7.5～15	15～22	22～30
功能 / 数量 / 型号	可逆电路						
NT1—125	3						
NT1—160		3					
NT1—250			3				
DZ10—250/310	1	1	1				
DZ20J—100/200				1	1	1	1
CJ20—160 (3TB50)	2	2					
3TB52			2				
CJ20—25 (3TB43)				2			
CJ20—63 (3TB44)					2		
CJ20—100 (3TB46)						2	
CJ20—100 (3TB47)							2
LMZ3—0.66/3—100/5	2						
LMZ3—0.66/3—150/5		2					
LMZ3—0.66/3—200/5			2				
3UA59	1	1	1	1	1	1	1
6L2A—100/5	1						
6L2A—150/5		1					
6L2A—200/5			1				

方案编号	EZe21S20	FZf21S20	EZf21S20	FZg21S20	EZg21S20	EZh21S20
电机容量(kW)						
功能 / 数量 / 型号	可逆电路					
DZ20J—100/200	1					
DZ20J—200/200		1	1	1	1	1
CJ20—160 (3TB48)	2					
CJ20—160		2		2		
3TB50			2		2	
3TB52						2
LMZ—0.66—100/5	2	2	2			
LMZ—0.66—150/5				2	2	
LMZ—0.66—200/5						2
3UA59	1	1	1	1	1	1
6L2A—100/5	1	1	1			
6L2A—150/5				1	1	
6L2A—200/5						1

续表

方案编号	BQa21S00	DQb21S00	CQb21S00	DQc21S00	CQc21S00	DQd21S00	CQd21S00
电机容量(kW)							
数量 功能 型号	可逆电路						
QSA63	1	1	1	1	1	1	1
CJ20—25 (3TB43)	2						
CJ20—63		2					
3TB44			2				
CJ20—100				2		2	
3TB46					2		
3TB47							2
3UA59	1	1	1	1	1	1	1

方案编号	EQe21S20	DQe21S20	EQf21S20	DQf21S20	EQg21S20	DQg21S20	EQh21S20
电机容量(kW)	30～37	30～37	37～45	37～45	45～55	45～55	55～75
数量 功能 型号	可逆电路						
QSA125	1	1	1	1	1	1	
QSA160							1
CJ20—160	2						
3TB48		2					
CJ20—160			2		2		
3TB50				2		2	
3TB52							2
LMZ—0.66—100/5	2	2	2	2			
LMZ—0.66—150/5					2	2	
LMZ—0.66—200/5							2
3UA59	1	1	1	1	1	1	1
6L2A—100/5	1	1	1	1			
6L2A—150/5					1	1	
6L2A—200/5							1

方案编号	BRa21S01	CRb21S01	BRb21S01	CRc21S01	CRd21S01	FRe21S21
电机容量(kW)	0.52～7.5	7.5～15	7.5～15	15～22	22～30	30～37
数量 功能 型号	可逆电路					
RT19—100AP/32AXaM	3					
RT19—100AP/63AXaM		3	3			
RT19—100AP/100AXaM				3		
NT1—125					3	3
DZ10—100/311	1	1	1	1	1	
DZ10—250/311						1
CJ20—25 (3TB43)	2					
3TB44			2			
CJ20—63		2				
CJ20—100 (3TB46)				2		
CJ20—100 (3TB47)					2	
CJ20—100 (3TB48)						2
JD1—100/100	1	1	1	1	1	
JD1—100/200						1
LMZ—0.66—100/5						2
6L2—A—100/5						1
3UA59	1	1	1	1	1	1

续表

方案编号	FRf21S21	FRg21S21	FRh21S21	CZa21S01	CZb21S01	CZc21S01	CZd21S01
电机容量(kW)	37～45	45～55	55～75	0.52～7.5	7.5～15	15～22	22～30
功能 / 数量 / 型号	可逆电路						
NT1—125	3						
NT1—160		3					
NT1—250			3				
DZ10—250/311	1	1	1				
DZ20J—100/210				1	1	1	1
CJ20—160 (3TB50)	2	2					
3TB52			2				
CJ20—25 (3TB43)				2			
CJ20—63 (3TB44)					2		
CJ20—100 (3TB46)						2	
CJ20—100 (3TB47)							2
JD1—100/200	1						
JD1—200/200		1					
JD1—200/500			1				
JD1—100/100				1	1	1	1
LMZ—0.66—100/5	2						
LMZ—0.66—150/5		2					
LMZ—0.66—200/5			2				
3UA59	1	1	1	1	1	1	1

方案编号	EZe21S21	FZf21S21	EZf21S21	FZg21S21	EZg21S21	FZh21S21
电机容量(kW)	30～37	37～45	37～45	45～55	45～55	55～75
功能 / 数量 / 型号	可逆电路					
DZ20J—100/210	1	1	1			
DZ20J—200/210				1	1	1
CJ20—160 (3TB48)	2					
CJ20—160		2		2		
3TB50			2		2	
3TB52						2
JD1—100/200	1	1	1			
JD1—200/200				1	1	
JD1—200/500						1
LMZ—0.66—100/5	2	2	2			
LMZ—0.66—150/5				2	2	
LMZ—0.66—200/5						2
3UA59	1	1	1	1	1	1
6L2—A—100/5	1	1	1			
6L2—A—150/5				1	1	
6L2—A—200/5						1

方案编号	BQa21S01	DQb21S01	CQc21S01	DQc21S01	CQc21S01	DQd21S01
电机容量(kW)	0.52～7.5	7.5～15	7.5～15	15～22	15～22	22～30
功能 / 数量 / 型号	可逆电路					
QSA63	1	1	1	1	1	1
CJ20—25 (3TB43)	2					
CJ20—63		2				
3TB44			2			
CJ20—100				2		2
3TB46					2	
3TB47						
JD1—100/100	1	1	1	1	1	1
3UA59	1	1	1	1	1	1

续表

方案编号	EQe21S21	DQe21S21	EQf21S21	DQf21S21	EQg21S21	DQg21S21	EQh21S21
电机容量(kW)	30～37	30～37	37～45	37～45	45～55	45～55	55～75
功能 / 数量 / 型号	可逆电路						
QSA125	1	1	1	1	1	1	
QSA160							1
CJ20—160	2		2		2		
3TB48		2					
3TB50				2		2	
3TB52							2
JD1—100/200	1	1	1	1			
JD1—200/200					1	1	
JD1—200/500							1
LMZ—0.66—100/5	2	2	2	2			
LMZ—0.66—150/5					2	2	
LMZ—0.66—200/5							2
3UA59	1	1	1	1	1	1	1
6L2—A—100/5	1	1	1	1			
6L2—A—150/5				1	1		
6L2—A—200/5							1

方案编号	ERb31S00	DRb31S00	ERc31S00	ERd31S00	FRe31S00	固定式安装
电机容量(kW)	10～15	10～15	15～22	22～30	30～37	37～45
功能 / 数量 / 型号	星—三角形电路					
RT19—100AP/32AXaM	3	3				
RT19—100AP/63AXaM			3			
NT1—125				3	3	3
DZ10—100/310	1	1	1	1		
DZ10—250/310					1	1
CJ20—40	2					
3TB44		2				
CJ20—63 (3TB46)			2			
CJ20—100 (3TB47)				2		
CJ20—100 (3TB48)					2	
CJ20—160 (3TB50)						2
CJ20—16	1					
3TB42		1				
CJ20—25 (3TB43)			1			
CJ20—40 (3TB44)				1		
CJ20—40 (3TB46)					1	
CJ20—63 (3TB47)						1
3UA59	1	1	1	1	1	1

方案编号	固定式安装	固定式安装	固定式安装	固定式安装
电机容量(kW)	45～55	55～90	90～132	132～155
功能 / 数量 / 型号	星—三角形电路			
NT1—160	3			
NT1—250		3		
NT3—425			3	
NT3—500				3
DZ10—250/310	1	1		
DZ10—600/310			1	1
CJ20—160 (3TB50)	2			
CJ20—250 (3TB52)		2		
CJ20—400 (3TB54)			2	
CJ20—400 (3TB56)				2
CJ20—63 (3TB47)	1			
CJ20—100 (3TB48)		1		
CJ20—160 (3TB50)			1	
CJ20—160 (3TB52)				1
LMZ—0.66—150/5		2		
LMZ—0.66—200/5			2	2
3UA59	1	1	1	1
6L2—A—150/5		1		
6L2—A—200/5			1	1

续表

方案编号	DZb31S00	EZc31S00	EZd31S00	GZe31S20	EZe31S20	GZf31S20	EZf31S20
电机容量(kW)	10～15	15～22	22～30	30～37	30～37	37～45	37～45
功能 / 数量 / 型号	星—三角形电路						
DZ20J—100/200	1	1	1	1	1		
DZ20J—200/200						1	1
CJ20—40 (3TB44)	2						
CJ20—63 (3TB46)		2					
CJ20—100 (3TB47)			2				
CJ20—100				2			
3TB48					2		
CJ20—16 (3TB42)	1						
CJ20—25 (3TB43)		1					
CJ20—40 (3TB44)			1				
CJ20—40				1			
3TB46					1		
CJ20—160						2	
3TB50							2
CJ20—63						1	
3TB47							1
3UA59	1	1	1	1	1	1	1

方案编号	GZg31S20	EZg31S20	GZh31S20	HZi31S20	HZj31S20	DQb31S00
电机容量(kW)	45～55	45～55	55～90	90～132	132～155	10～15
功能 / 数量 / 型号	星—三角形电路					
DZ20J—200/200	1	1	1			
DZ20J—400/200				1	1	
CJ20—160	2					
3TB50		2				
3TB52			2			
3TB54				2		
3TB56					2	
CJ20—63	1					
3TB47		1				
3TB48			1			
3TB50				1		
3TB52					1	
LMZ—0.66—150/5			2			
LMZ—0.66—200/5				2	2	
CJ20—160						1
CJ20—40						2
3UA59	1	1	1	1	1	1
6L2—A—150/5			1			
6L2—A—200/5				1	1	
QSA63						

方案编号	EQb31S00	EQc31S00	DQc31S00	EQd31S00	DQd31S00	FQe31S20	EQe31S20
电机容量(kW)	10～15	15～22	15～22	22～30	22～30	30～37	30～37
功能 / 数量 / 型号	星—三角形电路						
QSA63	1	1	1	1	1		
QSA125						1	1
3TB42	1						
CJ20—25		1					
3TB43			1				
CJ20—40				1		2	
3TB44	2				1		
CJ20—100				2		1	
3TB48							1
3TB47					2		
CJ20—63		2					
3TB46			2				2
3UA59	1	1	1	1	1	1	1

续表

方案编号	FQf31S20	FQg31S20	GQh31S20	GQi31S20	GQj31S20	ERb31S01
电机容量(kW)	37～45	45～55	55～90	90～132	132～155	10～15
功能 / 型号　数量	星—三角形电路					
QSA125	1	1				
QSA160			1			
QSA250				1		
QSA400					1	
CJ20—160（3TB50）	2	2				
3TB52			2			
3TB54				2		
3TB56					2	
CJ20—63（3TB47）	1	1				
3TB48			1			
3TB50				1		
CJ20—40						2
CJ20—16						1
RT19—100AP/63AXaM						1
DZ10—100/311						1
LMZ—0.66—150/5			2			
LMZ—0.66—200/5				2	2	
JD1—100/100						1
3UA59	1	1	1	1	1	1

方案编号	DRb31S01	ERc31S01	FRc31S01	FRd31S01	ERd31S01	FRe31S01	ERe31S01
电机容量(kW)	10～15	15～22	15～22	22～30	22～30	30～37	30～37
功能 / 型号　数量	星—三角形电路						
RT19—100AP/63AXaM	3						
RT19—100AP/100AXaM		3	3				
NT1—125				3	3	3	3
DZ10—100/311	1	1	1	1	1		
DZ10—250/311						1	1
3TB44	2				1		
CJ20—63		2					
3TB46			2				1
CJ20—100				2			2
3TB47					2		
3TB48						2	
3TB42	1						
CJ20—25		1					
3TB43			1				
CJ20—40				1		1	
JD1—100/100	1	1	1	1	1		
JD1—100/200						1	1
3UA59	1	1	1	1	1	1	1

续表

方案编号	固定式安装	固定式安装	固定式安装	DZb31S01	EZc31S01
电机容量(kW)	37～45	45～55	55～90	10～15	15～22
功能 / 数量 / 型号	星—三角形电路				
NT1—125	3				
NT1—160		3			
NT1—250			3		
DZ10—250/311	1	1	1		
DZ20J—100/210				1	1
CJ20—160 (3TB50)	2	2			
CJ20—160 (3TB52)			2		
CJ20—16 (3TB42)				2	
CJ20—25 (3TB43)					2
CJ20—63 (3TB47)	1	1			
CJ20—100 (3TB48)			1		
CJ20—40 (3TB44)				1	
CJ20—63 (3TB46)					1
JD1—200/200		1			
JD1—200/500			1		
JD1—100/100				1	1
JD1—100/200	1				
LMZ—0.66—150/5			2		
3UA59	1	1	1	1	1

方案编号	EZd31S01	GZe31S21	EZe31S21	GZf31S21	EZf21S31	GZg31S21
电机容量(kW)	22～30	30～37	30～37	37～45	37～45	45～55
功能 / 数量 / 型号	星—三角形电路					
DZ20J—100/210						
DZ20J—200/210						
CJ20—40 (3TB44)	1					
CJ20—100 (3TB47)	2					
CJ20—100		1				
CJ20—40		2				
3TB48			1			
3TB46			2			
CJ20—160				1		1
CJ20—63				2		2
3TB50					1	
3TB47					2	
JD1—100/100	1					
JD1—100/200		1	1	1	1	
JD1—200/200						1
3UA59	1	1	1	1	1	1

续表

方案编号	EZg31S21	GZh31S21	DQb31S01	CQb31S01	EQc31S01	DQc31S01
电机容量(kW)	45～55	55～90	10～15	10～15	15～22	15～22
型号 \ 数量 \ 功能	星—三角形电路					
QSA63			1	1	1	1
DZ20J—200/210	1	1				
3TB50	1					
3TB47	2					
3TB52		1				
3TB48		2				
CJ20—16			1			
CJ20—40			2			
3TB42				1		
3TB44				2		
CJ20—25					1	
CJ20—63					2	
3TB43						1
3TB46						2
JD1—200/200	1					
JD1—200/500		1				
JD1—100/100			1	1	1	1
LMZ—0.66		2				
3UA59	1	1	1	1	1	1

方案编号	EQd31S01	DQd31S01	FQe31S21	EQe31S21	FQf31S21	FQg31S21	GQh31S21
电机容量(kW)	22～30	22～30	30～37	30～37	37～45	45～55	55～90
型号 \ 数量 \ 功能	星—三角形电路						
QSA63	1	1					
QSA125			1	1	1	1	
QSA160							1
CJ20—40	1		1				
CJ20—100	2		2				
3TB44		1					
3TB47		2					
3TB46				1			
3TB48				2			1
CJ20—63 (3TB47)					1	1	
CJ20—160 (3TB50)					2	2	
3TB52							2
JD1—100/100	1	1					
JD1—100/200			1	1	1		
JD1—200/200						1	
JD1—200/500							1
LMZ—0.66—150/5							2
3UZ59	1	1	1	1	1	1	1
6L2—A—150/5							1

续表

方案编号	DRa41S00	ERb41S00	DRb41S00	ERc41S00	ERd41S00	CZa41S00	DZb41S00
电机容量(kW)	0.52～7.5	7.5～15	7.5～15	15～22	22～30	0.52～7.5	7.5～15
数量 功能 型号	双速电路						
RT19—100AP/32AXaM	3						
RT19—100AP/63AXaM		3	3				
RT19—100AP/100AXaM				3			
NT1—125					3		
DZ10—100/310	1	1	1	1	1		
CJ20—25	3					3	
3TB43	3					3	
CJ20—63		3					3
3TB44			3				3
CJ20—100				3			
3TB46				3			
3TB47				3			
3UA59	4	4	4	4	4	1	1
DZ20J—100/200						1	1

方案编号	EZc41S00	EZd41S00	固定式安装	固定式安装	固定式安装	GZe41S40	EZe41S40	GZf41S40
电机容量(kW)	15～22	22～30	30～37	37～45	45～55	30～37	30～37	37～45
数量 功能 型号	双速电路							
DZ20J—100/200	1	1				1	1	
CJ20—100 (3TB46)	3							
CJ20—100 (3TB47)		3						
3UA59	1	1	2	2	2	2	2	2
NT1—125			3	3				
NT1—160					3			
DZ10—250/310			1	1	1			
CJ20—160 (3TB48)			3					
CJ20—160 (3TB50)				3	3			
3TB50								3
LMZ—0.66—100/5			4	4		4	4	4
LMZ—0.66—150/5					4			
6L2—A—100/5			2	2		2	2	2
6L2—A—150/5					2			
CJ20—160						3		
3TB48							3	
DZ20J—200/200								1

方案编号	EZg41S40	CQa41S00	DQb41S00	EQc41S00	DQc41S00	EQd41S00	DQd41S00
电机容量(kW)	45～55	0.52～7.5	7.5～15	15～22	15～22	22～30	22～30
数量 功能 型号	双速电路						
DZ20J—200/200	1						
3TB50	3						
LMZ—0.65—150/5	4						
3UA59	2	2	2	2	2	2	2
6L2—A—150/5	2						
QSA63	1	1	1	1	1	1	1
CJ20—25 (3TB43)		3					
CJ20—63			3				
CJ20—100				3		3	
3TB46					3		
3TB47							3

续表

方案编号	CQb41S00	FQe41S40	EQe41S40	FQf41S40	FQg41S40	DRa41S01	ERb41S01
电机容量(kW)	7.5～15	30～37	30～37	37～45	45～55	0.52～7.5	7.5～15
型号＼功能＼数量	双速电路						
QSA63	1						
3TB44	3						
3UA59	2	2	2	2	2	2	2
QSA125		1	1	1	1		
CJ20—160		3					
3TB48			3				
3TB50				3	3		
LMZ—0.66—100/5		4	4	4			
LMZ—0.66—150/5					4		
6L2—A—100/5		2	2	2	2		
RT19—100AP/32AXaM						3	
RT19—100AP/63AXaM							3
DZ10—100/311						1	1
CJ20—25 (3TB43)						3	
CJ20—63							3

方案编号	DRb41S01	ERc41S01	DRc41S01	ERd41S01	FRe41S41	固定式安装	固定式安装
电机容量(kW)	7.5～15	15～22	15～22	22～30	30～27	37～45	45～55
型号＼功能＼数量	双速电路						
RT19—100AP/63AXaM	3	3	3				
NT1—125				3	3	3	
DZ10—100/311	1	1	1	1			
3TB43	3						
CJ20—100		3					
3TB46			3				
CJ20—100 (3TB47)				3			
JD1—100/100	1	1	1	1			
3UA59	2	2	2	2	1	1	1
NT1—160							3
DZ10—250/311					1	1	1
CJ20—160 (3TB48)					3		
CJ20—160 (3TB50)						3	3
JD1—100/200					1	1	1
LMZ—0.66—100/5					4	4	
LMZ—0.66—150/5							4
6L2—A—100/5					2	2	2

方案编号	CZa41S01	DZb41S01	EZc41S01	EZd41S01	GZe41S41	EZe41S41	EZf41S41
电机容量(kW)	0.52～7.5	7.5～15	15～22	22～30	30～37	30～37	37～45
型号＼功能＼数量	双速电路						
DZ20J—100/210	1	1	1	1	1	1	1
CJ20—25 (3TB43)	3						
CJ20—63 (3TB44)		3					
CJ20—100 (3TB46)			3				
CJ20—100 (3TB47)				3			
JD1—100/100	1	1	1	1			
CJ20—160					3		
3TB48						3	
3TB50							3
JD1—100/200					1	1	1
LMZ—0.66					4	4	4
3UA59	2	2	2	2	2	2	2
6L2—A—100/5					2	2	2

续表

方案编号	EZf41S41	CQa41S01	DQb41S01	EQc41S01	DQc41S01	EQd41S01	DQd41S01
电机容量(kW)	45～55	0.52～7.5	7.5～15	15～22	15～22	22～30	22～30
数量 功能 型号	双速电路						
DZ20J—200/210	1						
3TB50	3						
JD1—200/200	1						
LMZ—0.66—100/5	4						
6L2—A—100/5	2						
QSA63		1	1	1	1	1	1
CJ20—25 (3TB43)		3					
CJ20—63			3				
CJ20—100				3		3	
3TB46					3		
3TB47							3
JD1—100/100		1	1	1	1	1	1
3UA59	2	2	2	2	2	2	2

方案编号	CQb41S01	FQe41S41	EQe41S41	FQf41S41	FQg41S41
电机容量(kW)	7.5～15	30～37	30～37	37～45	45～55
数量 功能 型号	双速电路				
QSA63	1				
3TB44	3				
JD1—100/100	1				
QSA125		1	1	1	1
CJ20—160		3			
3TB48			3		
3TB50				3	3
JD1—100/200		1	1	1	
JD1—200/200					1
LMZ—0.66—100/5		4	4	4	4
3UA59	2	2	2	2	2
6L2—A—100/5		2	2	2	
6L2—A—150/5					2

控制电容器容量(kVA)	45	135	270
数量 功能 型号	电容补偿柜		
QSA125	1		
RT19—40AP/32AXaM	9		
DZ10—100/312	1		
CJ16—32	3		
BCMJ0.4—2.5—1	18		
JR16—60/3 (32A)	2		
LMZ1—0.5—300/5		2	
LMZ1—0.5—600/5			2
Y3W—0.25—15		2	2

续表

方案编号	BRd51S10	ERh51S10	FRh51S10	BRd51S20	ERh51S20	FRk51S20	BRd51S30	ERh51S30	FRs51S30
电流等级（A）	63	200	400	63	200	400	63	200	400
功能 数量 型号	馈电								
NT1—125	3			3			3		
NT2—315		3			3			3	
NT3—630			3			3			3
DZ10—100/310	1			1			1		
DZ10—250/310		1			1			1	
DZ10—600/310			1			1			1
LMZ3—0.66—100/5	1			2			3		
LMZ3—0.66—300/5		1			2			3	
LMZJ1—0.5—500/5			1			2			3

方案编号	BRd51S11	ERh51S11	BRh51S21	ERd51S21	BRd51S31	ERh51S31
电流等级（A）	63	200	63	200	63	200
功能 数量 型号	馈电					
NT1—125	3		3		3	
NT2—315		3		3		3
DZ10—100/311	1		1		1	
DZ10—250/311		1		1		1
JD1—100/200	1		1		1	
JD1—200/500		1		1		1
LMZ3—0.66/1—100/5	1		2		3	
LMZ3—0.66/1—300/5		1		2		3

方案编号	CZd51S10	EZi51S10	FZj51S10	EZh51S10	CZd51S20	EZi51S20	FZj51S20
电流等级（A）	63	200～315	400	100～160	63	200～315	400
功能 数量 型号	馈电						
DZ20J—100/300	1				1		
DZ20J—400/300		1				1	
DZ20J—630/300			1				1
DZ20J—200/300				1			
LMZ3—0.66/1100/5	1				2		
LMZ1—0.5—400/5		1				2	
LMZJ1—0.5—500/5			1				2
LMZ3—0.66/2—200/5				1			

方案编号	EZh51S20	CZd51S30	EZh51S30	FZj51S30	EZh51S30	LZd51S11	EZh51S11
电流等级（A）	100～160	63	200～315	400	100～160	63	200
功能 数量 型号	馈电						
DZ20J—200/300	1				1		
DZ20J—100/300		1					
DZ20J—400/300			1				
DZ20J—630/300				1			
DZ20J—100/310						1	
DZ20J—400/310							1
LMZ3—0.66—100/5		3				1	
LMZ3—0.66/1—200/5	2						
LMZ1—0.5—400/5			3				
LMZJ—0.5—500/5				3			
LMZ3—0.66/2—200/5					3		
LMZ3—0.66/2—300/5							1
JD1—100/500						1	
JD1—200/200							1

续表

方案编号	EZh51S11	CZd51S21	ECh51S21	EZh51S21	CZd51S31	EZh51S21	EZh51S31
电流等级(A)	100～160	63	200	100～160	63	200	100～160
数量 功能 型号	馈电						
DZ20J—200/310	1			1			1
DZ20J—100/310		1			1		
DZ20J—400/310			1			1	
JD1—200/500	1		1	1		1	1
JD1—100/200		1			1		
LMZ3—0.66/2—200/5	1			2			3
LMZ3—0.66/1—100/5		2			3		
LMZ3—0.66/2—300/5			2			3	

方案编号	BQd51S10	DQh51S10	EQj51S10	CQh51S10	BQd51S20	DQh51S20
电流等级(A)	63	200	400	100～160	63	200
数量 功能 型号	馈电					
QSA63	1					
QSA250		1				
QSA400			1			
QSA160				1		
LMZ3—0.66/1—100/5	1				2	
LMZ3—0.66/2—300/5		1				2
LMZJ1—0.5—500/5			1			
LMZ3—0.66/2—200/5				1		

方案编号	BQg51S20	CDh51S20	BQd51S30	DQh51S30	EQj51S30	CDh51S30
电流等级(A)	400	100～160	63	200	400	100～160
数量 功能 型号	馈电					
QSA400	1				1	
QSA160		1				1
QSA63			1			
QSA250				1		
LMZ3—0.66/1—100/5			3			
LMZ3—0.66/2—300/5				3		
LMZJ1—0.5—500/5	2				3	
LMZ3—0.66/2—200/5		2				3

电流等级(A)	100	250	400	100	250	400	100	250	400
数量 功能 型号	馈电								
DWX15C—200	1			1			1		
DWX15C—400		1			1			1	
DWX15C—630			1			1			1
LMZJ1—0.5—150/5	1			1			1		
LMZJ1—0.5—300/5		2			2			2	
LMZJ1—0.5—500/5			3			3			3

续表

电流等级(A)	100	250	400	100	250	400	100	250	400
型号 \ 数量 \ 功能	馈					电			
DWX15C—200	1			1			1		
DWX15C—400		1			1			1	
DWX15C—630			1			1			1
LMZJ1—0.5—150/5	1			1			1		
LMZJ1—0.5—300/5		2			2			2	
LMZJ1—0.5—500/5			3			3			3

电流等级(A)	100	250	400	100	250	400	100	250	400
型号 \ 数量 \ 功能	馈					电			
ME630	1	1	1	1	1	1	1	1	1
LMZJ1—0.5—150/5	1			1			1		
LMZJ1—0.5—300/5		2			2			2	
LMZJ1—0.5—500/5			3			3			3

方案编号	BRab1S01	BRbb1S01	CQab1S01	CQbb1S01	CZab1S01	CZbb1S01
电流等级(A)	20	32	20	32	20	32
型号 \ 数量 \ 功能	照			明		
RT19—40P/32AXgG	3					
RT19—100P/63AXgG		3				
QSA63			1	1		
DZ10—100/311	1	1				
DZ20—100/311					1	1
CJ20—40 (3TB43)	1		1		1	
CJ20—63 (3TB44)		1		1		1
JD1—100/200	1	1	1	1	1	1

方案编号	BRzb2S01	BRbb2S01	CQab2S01	CQbb2S01	CZab2S01	CAbb2S01
电流等级(A)	20	32	20	32	20	32
型号 \ 数量 \ 功能	照			明		
RT19—40P/32AXgG	3					
RT19—100P/63AXgG		3				
QSA63			1	1		
DZ10—100/311	1	1				
DZ20J—100/311					1	1
CJ20—40 (3TB43)	2		2		2	
CJ20—63 (3TB44)		2		2		2
JD1—100/200	1	1	1	1	1	1

电流等级(A)	1600	2500	1600	2500	1600	2500
型号 \ 数量 \ 功能	架空受电		电缆受电		母联	
ME1605	1		1		1	
ME2505		1		1		1
LMZ—0.66—2000/5	3		3		3	
LMZ—0.66—3000/5		3		3		3

（五）生产厂

温州正泰集团；北京开关厂；天津电气传动设计研究所；天津市开关厂；天津市矿山电器厂；唐山市电气控制设备厂；山西电气控制设备厂；包头市开关厂；辽阳开关厂；浙江开关厂；阿城继电器厂；上海华通开关厂；上海电器厂；苏州阿尔斯通电气股份公司（苏州开关厂）；宝应开关厂；苏州市通华电器成套设备厂；杭州开关厂；合肥高压开关总厂；合肥开关厂；烟台开关厂；潍坊开关厂；开封开关厂；湖北开关厂；武汉开关总厂；武汉市武昌电控设备厂；湖南开关厂；佛山市电器厂；新会县电器厂；柳州市开关厂；成都电器成套设备厂；重庆电器厂；遵义长征电气控制设备厂；昆明开关厂；西安微电机厂；汕头市红卫电器厂；南京第一化工仪表厂；镇江市电器设备厂；常州兰陵电器成套厂；苏州电气控制设备厂；常熟市通用电器厂；江都电器开关厂；山东乳山电气控制设备厂；淄博市博山电器开关厂；富达电力设备实业公司等。

二、GCL1 系列动力中心

（一）用途

本动力中心系三相交流 50Hz 额定电压至 660V 作电能分配用的户内抽出式成套开关设备。

（二）型号含义

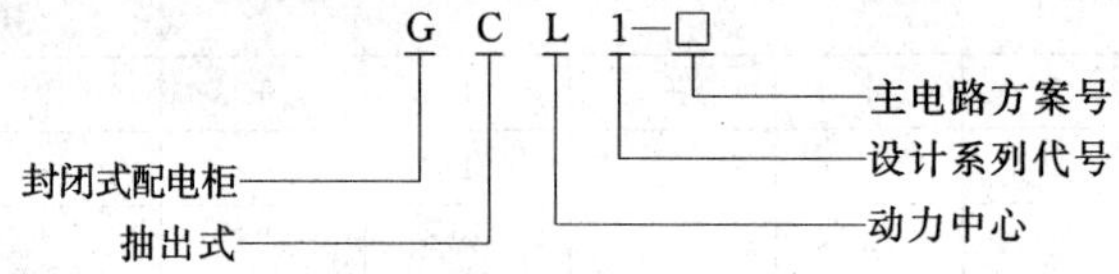

（三）技术数据

见表 3-4-3。

表 3-4-3

型　号	标准号	防护等级	额定电压（V）	主母线额定电流（A）	额定耐受电流（kA）	额定峰值电流（kA）	外形尺寸（mm）			备　注
							高	宽	深	
GCL1	GB7251 ZBK36001	1P30	660	3150	80	175	2200	400	1200	
							2200	600	1200	
							2200	800	1200	
							2200	1000	1200	

（四）主电路方案内的电器元件

见表 3-4-4。

表 3-4-4

方案编号	01	02	03	04	05	06	07	09	10	11
用　途	电缆进线							联络		
额定电流（A）	3150	2500	2500	2000	1600	1600	1250	3150	2000	1600
额定短时耐受电流（kA）	80	80	80	80	80	50	50	80	80	50
配电柜宽度（mm）	1000	1000	800	800	800	600	600	400	400	400
间隔高度（mm）	880	880	880	880	880	880	880	2200	2200	2200
抽屉安装位置	中	中	中	中	中	中	中			
型　号	数量									
LMZ2—0.66	3	3	3	3	3	3	3			
ME3205	1									
ME3200		1								
ME2505			1							
ME2500				1						
ME2000					1					
ME1605						1				
ME1600							1			

续表

方案编号	17	18	19	20	21	22	23	25	26	27	28	29	30	31
用途	架空进线							电缆进线						
额定电流（A）	3150	2500	2500	2000	1600	1600	1250	3150	2500	2500	2000	1600	1600	1250
额定短时耐受电流（kA）	80	80	80	80	80	50	50	80	80	80	80	80	50	50
配电柜宽度（mm）	1000	1000	800	800	800	600	600	1000	1000	800	800	800	600	600
间隔高度（mm）	880	880	880	880	880	880	880	880	880	880	880	880	880	880
抽屉安装位置	中	中	中	中	中	中	中	中	中	中	中	中	中	中
型号	数量													
LMZ2—0.66	3	3	3	3	3	3	3	3	3	3	3	3	3	3
ME3205	1							1						
ME3200		1							1					
ME2505			1							1				
ME2500				1							1			
ME2000					1							1		
ME1605						1							1	
ME1600							1							1
JDG4—0.5/380/100V								2	2	2	2	2	2	2
gF1—4A								3	3	3	3	3	3	3

方案编号	41	42	43	44	45	46	47	50	51	52	53	54	55	56
用途	架空进线							电缆进线						
额定电流（A）	3150	2500	2500	2000	1600	1600	1250	3150	2500	2500	2000	1600	1600	1600
额定短时耐受电流（kA）	80	80	80	80	80	50	50	80	80	80	80	80	50	50
配电柜宽度（mm）	1000	1000	800	800	800	600	600	1000	1000	800	800	800	600	600
间隔高度（mm）	880	880	880	880	880	880	880	880	880	880	880	880	880	880
抽屉安装位置	中	中	中	中	中	中	中	中	中	中	中	中	中	中
型号	数量													
LMZ2—0.66	3	3	3	3	3	3	3	3	3	3	3	3	3	3
ME3205	1							1						
ME3200		1							1					
ME2505			1							1				
ME2500				1							1			
ME2000					1							1		
ME1605						1							1	
ME1600							1							1
JDG4—0.5/380/100V	2	2	2	2	2	2	2							
gF1—4A	3	3	3	3	3	3	3							

续表

方案编号	57	58	59	60	61	62	63	64
用途	进线计量		馈线					
额定电流（A）	1250～3150	1250～3150	1000	800	630	400	200	
额定短时耐受电流（kA）	50～80	50～80	50	50	50	50	50	
配电柜宽（mm）	600～1000	600～1000	600	600	600	600	600	
间隔高度（mm）	400	400	880	880	880	880	880	
抽屉安装位置	下	下	上或下	上或下	上或下	上或下	上或下	
型号	数量							
LMZ2—0.66	3	3	3	3	3	3	3	
ME1600			1					
ME1000				1				
ME630（DW15C—630）					1			
ME630（DW15C—400）						1		
ME630（DW150C—200）							1	
JDG4—0.5/380/100V	2	2						
gF1—4A	3	3						

方案编号	65	66	67	68	69	70	71j—j	72j—Z
用途	馈线						事故照明切换	
额定电流（A）	250	100	400	300	200	100	80～160	80～160
额定短时耐受电流（kA）	50	50	50	50	50	50	50	50
配电柜宽高（mm）	600	600	600	600	600	600	600	600
间隔高度（mm）	320	240	400	400	400	400	640	640
抽屉安装位置								
型号	数量							
LMZ2—0.66	1	1	3	3	3	3		
DZ20—250	1							
DZ20—100		1					2	2
QSA—400、250			1	1				
QSA—160、125					1			
NT—250	3					1		
NT—100		3						
aM4—100							6	6
CJ20—100							2	2
CJ20—40								1
CJ20—150								1

续表

方案编号	73	74	75	76	77	78	79	80
用途	功率补偿					照明		
额定电流（A）	600	400	400	400	400	200	400	
额定短时耐受电流（kA）	50	50	50	50	50	50	50	
开关柜宽度（mm）	1000	1000	1000	800	800	800	600	
间隔高度（mm）	1760	1760	1760	1760	1760	1760	880	
抽屉安装位置								
型号	数量							
DZ20—100							4	
HD12—400/31	1	1	1	1	1	1		
HR5—400							1	
LMZ2—0.66	3	3	3	3	3	3	3	
aM3—32A	48	42	36	30	24	18		
XD1—16	48	42	36	30	24	18		
JR16—60/332A	16	14	12	10	8	6		
Fs—0.22kV①	3	3	3	3	3	3		
ZkW—3	1	1	1	1	1	1		
CLMB23M	16	14	12	10	8	6		
CJ20—40/3～220V	16	14	12	10	8	6		

① 额定电压值 660V 时，避雷器为 Fs—0.38kV。

（五）生产厂

温州正泰集团；北京开关厂；天津市开关厂；天津市矿山电器厂；唐山市电气控制设备厂；山西电气控制设备厂；包头市开关厂；浙江开关厂；阿城继电器厂；上海华通开关厂；苏州阿尔斯通电气股份公司（苏州开关厂）；宝应开关厂；苏州市通华电器成套设备厂；杭州开关厂；合肥高压开关总厂；合肥开关厂；烟台开关厂；潍坊开关厂；开封开关厂；湖北开关厂；武汉开关总厂；武汉市武昌电控设备厂；湖南开关厂；四川电器厂；成都电器成套设备厂；成都电器厂；重庆电器厂；遵义长征电气控制设备厂；昆明开关厂；西安微电机厂；汕头市红卫电器厂；山东乳山电气控制设备厂；淄博市博山电器开关厂；富达电力设备实业公司等。

三、GCL2、GCK3 抽出式低压开关柜

（一）用途

适用于交流 50～60Hz 额定电压 380V 及以下系统作为负荷中心（PC）、控制中心（MCC）。

（二）型号含义

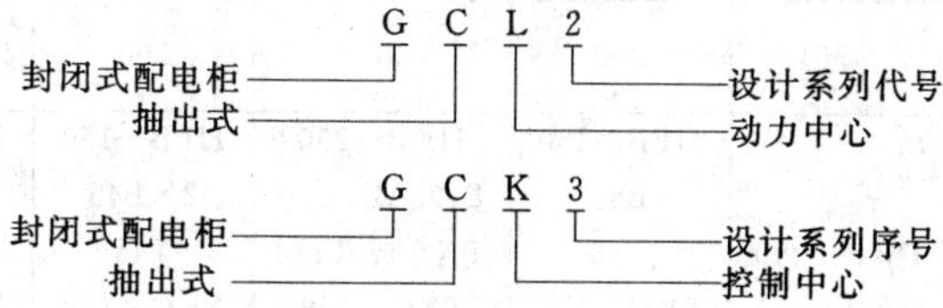

（三）技术数据

见表 3-4-5。

表 3-4-5

型号	标准号	防护等级	额定工作电压（A）	主母线最大额定电流（A）	额定短时耐受电流（kA）	额定峰值耐受电流（kA）	外形尺寸（mm） 高	宽	深	备注
GCL2	GB7251 ZBK36001	IP3X	500	3150	63	160	2270 2270 2270	660 800 1000	1642 1642 1642	
GCK3				1500	31.5	63	2270	660	842	

（四）主电路方案内的电器元件

1. GCL2 型

见表 3－4－6。

表 3－4－6

方案编号	01	02	03	04	05	06	07
用　途	架 空 进 线			电 缆 进 线			联　络
额定电流（A）	2500	1600/2000	500～1250	2500	1600～2000	500～1250	250
占小室高度（mm）	1800	1800	1800	1800	1800	1800	1800
台架宽度（mm）	1000	800	660	800	800	660	1000
主要电器元件	ME—3200（插入式）LM—0.5 3000/5A	ME—2000—2500（插入式）LM—0.5	ME—630—1600（插入式）LM—0.5	ME—3200（插入式）LM—0.5 3000/5A	ME—2000—2500（插入式）LM—0.5	ME—630—1600（插入式）LM—0.5	ME—3200（插入式）LM—0.5 3000/5A
方案编号	08	09	10	11	12	13	14
用　途	联　络		馈　电	保护与测量			
额定电流（A）	1600～2000	500～1250	500～1250				
占小室高度（mm）	1800	1800	900		3060	2400	2000
台架宽度（mm）	800	660	660	不占小室			
主要电器元件	ME—2000—2500 LM—0.5	ME—630—1600 LM—0.5	ME—630—1600 LM—0.5	RT□—20 J□G4—0.5	1600kVASCL 环氧浇注干式变压器	1000～1250kVA 环氧浇注干式变压器	315～800kVA 环氧浇注干式变压器

2. GCK3 型

见表 3－4－7。

表 3－4－7

方案编号	31	32	33	34	35	36	37	38
用　途	馈　电		电　动　机					限　流
最大电动机容量（kW）			30	40～75	30	40	75	
占小室高度（mm）	300	450	300	450	300	450	600	1800
主要电器元件	HFB—150 LM—0.5	HKB—250 LM—0.5	HFB—150 B85 T85 BKC—150 JZ7 JS7 LM—0.5	HKB—250 B105 或 B170 T105 或 T170 BKC—150 JZ7 JS7 LM—0.5	HFB—150 2×B45 T45 BKC—150 JZ7 LM—0.5	HKB—250 2×B85 T85 BKC—150 JZ7 LM—0.5	HKB—250 2×B85 T105 BKC—150 JZ7 LM—0.5	600A 0.0084Ω/ϕ 干式电抗器

（五）生产厂

温州正泰集团；上海华通开关厂；天水二一三机床电器厂。

四、多米诺（DOMINO）组合式开关柜

（一）用途

适用于发电厂、变电站、港口、机场、饭店、厂矿企业中作为交流 50～60Hz，额定工作电压 660V 以下系统中动力配电、照明用。DOMINO 系从丹麦 LK 公司引进制造技术，属国际 20 世纪 80 年代技术水平。

（二）技术数据

见表 3-4-8。

表 3-4-8

名　称	标　准　号	外壳防护等级	额定工作电压（V）	额定工作电流（A）		额定短时耐受电流（A）		外形尺寸（以基本模数为基础加以组合）	备注
				水平母线	垂直母线	水平母线	垂直母线		
多米诺（DOMINO）组合式开关柜	IEC439 BS—5486 SEN—26230 VDE—1660 GB7251 ZBK36001	IP20～IP54	380、660	225～7800	225～1600	115	50	高：1 模＝172mm 宽：1 模＝431mm 深：1 模＝250mm	

（三）主电路方案编号和电器元件

见表 3-4-9。

表 3-4-9

	方案编号	01				02				03			
	用　途	电缆受电				柜顶进线							
	适用变压器容量（kVA）	320以下	400、500	630～1000	1600	320以下	400、500	630～1000	1600	320以下	400、500	630～1000	1600
主要电器元件	AH—6B	1				1				1			
	AH—10B		1				1				1		
	AH—16B			1				1				1	
	AH—30C				1				1				1
	R—0.5—□/5A	3	3	3	3	3	3	3	3	3	3	3	3
	方案编号	04				05				06			
	用　途	母联								柜顶进线			
	适用变压器容量（kVA）	320以下	400、500	630～1000	1600	320以下	400、500	630～1000	1600	320以下	400、500	630～1000	1600
主要电器元件	AH—6B	1				1				1			
	AH—10B		1				1				1		
	AH—16B			1				1				1	
	AH—30C				1				1				1
	R—0.5—□/5A	3	3	3	3	3	3	3	3	3	3	3	3

		方案编号	07	08				09					10				
		用　途	馈电或电动机控制	馈电													
		额定电流（A）	600	100	225	400	600	63	125	250	400	630	63	125	250	400	630
主要电器元件		AH—6B	1														
		R—0.5—□/5A	3	3	3	3	3	3	3	3	3	3					
	插入式	T□—100		1													
		T□—225			1												
		T□—400				1	1										
		T□—600															
		QSA—63						1					1				
		QSA—125							1					1			
		QSA—250								1					1		
		QSA—400									1					1	
		QSA—630										1					1

续表

方 案 编 号		11			12			13				
用 途		电 动 机 控 制										
电动机容量 (kW)		4	7.5	22	4	7.5	22	45	50	85	132	200
主要电器元件	C45N	1	1	1	1	1	1					
	B9	1			1							
	B16		1			1						
	B45						1					
	T16	1	1		1	1						
	T45			1			1					
	R—0.5—□—/5A				1	1	1	3	3	3	3	3
	T□—100							1				
	T□—225								1	1		
	T□—400										1	1
	B85							1				
	CJ20—100								1			
	CJ20—160									1		
	CJ20—250										1	
	B370											1
	T16								1	1	1	1
	T85							1				

方 案 编 号		14				15				16			
用 途		电 动 机 控 制											
电动机容量 (kW)		4	7.5	22	45	4	7.5	22	45	50	85	132	200
主要电器元件	QSA—63	1	1			1	1						
	QSA—160			1	1			1	1	1			
	B9	1				1							
	B16		1				1						
	B45			1				1					
	B85				1				1				
	T16	1	1			1	1			1	1	1	1
	T45			1				1					
	T85				1				1				
	R—0.5—□/5A					1	1	1	1	3	3	3	3
	QSA—250										1		
	QSA—400											1	1
	CJ20—100									1			
	CJ20—160										1		
	CJ20—250											1	
	B370												1

续表

方案编号		17				18				19			
用途		电动机控制											
电动机容量（kW）		4	7.5	22	45	50	85	132	200	4	7.5	22	45
主要电器元件	C45N	1	1	1						1	1	1	
	T□—100				1								1
	T□—225					1	1						
	T□—400							1	1				
	B9	2								2			
	B16		2								2		
	B45			2								2	
	B85				2								2
	CJ20—100					2							
	CJ20—160						2						
	CJ20—250							2					
	B370								2				
	T16	1	1			1	1	1	1	1	1		
	T45			1								1	
	T85				1								1
	R—0.5—□/5A					3	3	3	3	1	1	1	1

方案编号		20			21			22			
用途		电动机控制									
电动机容量（kW）		7.5	22	45	50	85	132	4	7.5	22	45
主要电器元件	QSA—63	1						1	1		
	QSA—125		1							1	1
	QSA—160/250			1/	1/	1/					
	QSA—400						1				
	B9							2			
	B16	2							2		
	B45		2							2	
	B85			2							2
	CJ20—100				2						
	CJ20—160					2					
	CJ20—250						2				
	T16	1			1	1	1	1	1		
	T45		1							1	
	T85			1							1
	R—0.5—□/5A				3	3	3	1	1	1	1

续表

方案编号		23				24				25			
用途		馈电											
额定电流（A）		125	250	400	630	125	250	400	630	125	250	400	630
主要电器元件	QSA—125	1				1				1			
	QSA—250		1				1				1		
	QSA—400			1				1				1	
	QSA—630				1				1				1
	R—0.5—□/5A	3	3	3	3	1	1	1	1				

方案编号		26			27				28		
用途		电动机控制									
电动机容量（kW）		7.5	22	45	50	85	132	200	7.5	22	45
主要电器元件	QSA—63/125	1/	1/						1/	1/	
	QSA—160/250			1/	1/	1/					1/
	QSA—400						1				
	QSA—630							1			
	B16	1							1		
	B45		1							1	
	B85			1							1
	CJ20—100				1						
	CJ20—160					1					
	CJ20—250						1				
	CJ20—400							1			
	T16	1			1	1	1	1	1		
	T45		1							1	
	T85			1							1
	R—0.5—□/5A								1	1	1

方案编号		29			30			31		
用途		电动机控制								
电动机容量（kW）		7.5	22	45	50	85	132	7.5	22	45
主要电器元件	QSA—63	1						1		
	QSA—125		1						1	
	QSA—160			1	1					1
	QSA—250					1				
	QSA—400						1			
	B16	2						2		
	B45		2						2	
	B85			2						2
	CJ20—100				2					
	CJ20—160					2				
	CJ20—250						2			
	T16	1			1	1	1	1		
	T45		1						1	
	T85			1						1
	R—0.5—□/5A				3	3	3	1	1	1

续表

方案编号		32		33		34		
用途		无功补偿				电动机控制		
电容器柜容量 (kVA)		120	240	120	240	7.5kW×2	22kW×2	45kW×2
主要电器元件	QSA—400	1		1				
	QSA—630		1		1			
	R—0.5—□/5A	3	3	3	3	2	2	2
	FYS—0.22	3	3	3	3			
	ZKW—Ⅱ	1	1					
	aM3	24		24				
	aM4		24		24			
	B45	8		8			2	
	B85		8		8			2
	T45	8		8			2	
	T85		8		8			2
	QSA—63					1		
	QSA—125						1	
	QSA—160							1
	C45N					2	2	
	T□—100							2
	B16					2		
	T16					2		

方案编号		35			36		37		38	
用途		电动机控制			照明					
电动机容量 (kW)		7.5×2	22×2	45×2	100A	200A	100A	200A	100A	200A
主要电器元件	QSA—63	1								
	QSA—125		1							
	QSA—160			1				1	2	
	NT—□	6	6	6						
	B16	2								
	B45		2							
	B85			2						
	T16	2								
	T45		2							
	T85			2						
	R—0.5—□/5A	2	2	2						
	QSA—250						1			2
	CJ20—160								2	
	CJ20—250									2
	C45N				8	8	8	8	8	8

续表

方案编号		39		40		41		42		43		44	
用途		照明											
额定电流（A）		100	200	100	200	100	200	100	200	100	200	100	200
主要电器元件	QSA—160			1		2				1		2	
	QSA—250				1		2				1		2
	C45N	8	8	8	8	8	8	8	8	8	8	8	8
	B16	8		8		8							
	B45		8		8		8						
	CJ20—160					2						2	
	CJ20—250						2						2
	R—0.5—□/5A							3	3	3	3	3	3

（四）生产厂

温州正泰集团；北京第二开关厂；苏州华威电器集团。

五、MNS低压抽出式开关柜

（一）用途

MNS系统能适应各种供电配电的需要，能广泛用于电站、船用、石油平台等各种工矿企业配电系统。MNS系统系从瑞士ABB公司引进制造技术，其技术水平属20世纪80年代国际水平。

（二）技术数据

见表3-4-10。

表3-4-10

<table>
<tr><th rowspan="2">名称</th><th rowspan="2">标准号</th><th rowspan="2">外壳防护等级</th><th rowspan="2">额定工作电压（V）</th><th colspan="2">额定工作电流（A）</th><th rowspan="2">外形尺寸（mm）</th><th rowspan="2">备注</th></tr>
<tr><th>水平母线</th><th>可插母线</th></tr>
<tr><td rowspan="5">MNS低压抽出式开关柜</td><td rowspan="5">IEC439
VDE0660第5部分
BS5486第1部分
UTE63—410
ZBK36001</td><td rowspan="5">IP30
IP40
（IP54）</td><td>380，660</td><td>630～5500</td><td>1000</td><td rowspan="5">宽：400，600，800，1000，1200
深：600，1000
高：2200</td><td rowspan="5"></td></tr>
<tr><td rowspan="2">额定绝缘电压（V）</td><td colspan="2">额定短时耐受电流有效值/峰值（kA）</td></tr>
<tr><td>水平母线</td><td>可插母线</td></tr>
<tr><td>600</td><td>100/250（在额定电流≥3150A时）</td><td>60/130</td></tr>
</table>

注　防护等级IP54由于降容情况严重，故不推荐使用。

（三）主电路方案编号和电器元件

见表3-4-11。

表3-4-11

方案编号	01	02	03	04	05	06	07
用途	电缆进出线			柜顶进出线		母联	
柜宽	40E	24E	32E	24E	32E	24E	32E
占设备室高	24E	72E	72E	72E	72E	72E	72E
最大工作电流(A)	1000	2000		2000	4000	2000	4000
主要电器元件	AH—6B～16B LN6	AH—6B～20CH LN6～8	AH—30C～40C LN9	AH—6B～20C LN6～8	AH—30C～40C LN9	AH—6B～20CH LN6～8	AH—30C～40C LN9

续表

方案编号	10	11	12	13	14	15	16	17	18
用　途	电缆进出线			柜顶进出线			母　联		
柜　宽	24E	32E	40E	24E	32E	40E	24E	32E	40E
占设备室高	72E	72E	72E	72E	72E	72E	72E	72E	72E
最大工作电流(A)	1500	2300	3150	1500	2300	3150	1500	2300	3150
主要电器元件	ME630～1605 LN6	ME2000～2505 LN8	ME3200～3205 LN9	ME630～1605 LN9	ME2000～2505 LN8	ME3200～3205 LN9	ME630～1605 LN6	ME2000～2505 LN8	ME3200～3205 LN9

方案编号	30	31	32	33	34	35	36	37
用　途	馈　线							
柜　宽	40E	40E	40E	40E	40E	40E	40E	40E
占设备室高	8E/4	8E/2	8E	16E	8E/4	8E/2	8E	16E
最大工作电流(A)	30	50	175	480	30	50	200	500
主要电器元件	S503—LV10～40 LN2	S503—LV10～GV63 LN2	HFB—150～HKB—250 LN2	HLA—600 LN4	NT—00 OESA63 DM3B LN2	NT—00 OESA63 DM3B LN2	NT—00～1 SMP00～1 LN2～4	NT2～3 SMP2～3LN4

方案编号	38	39	40	41	42	43
用　途	母　联				无功补偿	
柜　宽	40E	40E	40E	40E	40E	40E
占设备室高	8E	16E	8E	16E	40E	40E
最大工作电流(A)	175	480	200	500	120kVA	120kVA
主要电器元件	HFB—150～HKB—250 LN2	HLA—600 LN4	NT—00～1 SMP00～1 LN2～4	NT—2～3 SMP2～3 LN4	HFB—150 LN2 CJ16—25/20 CLMD23(15kVA) CF—870	NT—00 SMP00 LN2 CJ16—25/20 CLMD23 (15kVA) CF—870

方案编号	50	51	52	53	54	55	56	57	58
用　途	不可逆					可　逆			
柜　宽	40E	40E	40E	40E	40E	40E	40E	40E	40E
占设备室高	8E/4	8E/2	8E	16E	24E	8E/2	8E	16E	24E
最大控制功率(380V)(kW)	7.5	25	60	90	160	15	30	65	100
主要电器元件	S503—K0.15～20 B16～25 LN2	S503—K20～63 B37～65 LN2	HFB—150 B65～170 T85～170 LN2	HKB—250 B65～250 T170～250 LN2	HLA—600 B250～370 T250～370 LN4	S503—K0.15～37 B16～45 LN2	HKB—150 B65～85 T85 LN2	HKB—250 B105～170 T105～170 LN2	HLA—600 B250 T250 LN4

续表

方案编号	59	60	61	62	63	64	65	66	67
用　途	星—三角形电路				不　可　逆				
柜　宽	40E	40E	40E	40E	40E	40E	40E	40E	40E
占设备室高	8E/2	8E	16E	24E	8E/4	8E/2	8E	16E	24E
最大控制功率(380V)(kW)	15	18	65	100	6	25	65	100	160
主要电器元件	S503—K0.15～37 B16～37 LN2	HFB—150 B37～45 TSA45 LN2	HKB—250 B85～170 T85～170 LN2	HLA—600 B250 T250 LN2	NT—00 OESA63 DM3B B16 T16 LN2	NT—00 OESA63 DM3B B25～65 T25～85 LN2	NT—1 SMP1 B65～170 T85～170 LN2	NT—1 SMP1 B65～250 T85～250 LN2	NT—2～3 SMP2～3 B250～370 T250～370 LN2

方案编号	68	69	70	71	72	73	74	75
用　途	可　逆				星—三角形电路			
柜　宽	40E	40E	40E	40E	40E	40E	40E	40E
占设备室高	8E/2	8E	16E	24E	8E/2	8E	16E	24E
最大控制功率(380V)(kW)	15	30	65	100	7.5	18	65	100
主要电器元件	NT—00 OESA63 DM3B B16～45 T16～TSA45 LN2	NT—00 SMP00 B65～85 T85 LN2	NT—1 SMP1 B105～170 T105～170 LN2	NT—2 SMP2 B250 T250 LN2	NT—00 OESA63 DM3B B16～25 T16～25 LN2	NT—00 SMP00 B38～45 TSA45 LN2	NT—1 SMP1 B85～170 T85～170 LN2	NT—2 SMP2 B170～250 T170～250 LN2

（四）生产厂

中国正泰集团；上海华通开关厂；江苏长江电气集团；上海电器成套厂。

六、PGL $\frac{1}{2}$ 型交流低压配电屏

（一）用途

适用于发电厂、变电站、厂矿企业中作为交流 50Hz，额定工作电压不超过 380V 的低压配电系统中动力、配电、照明用。

（二）型号含义

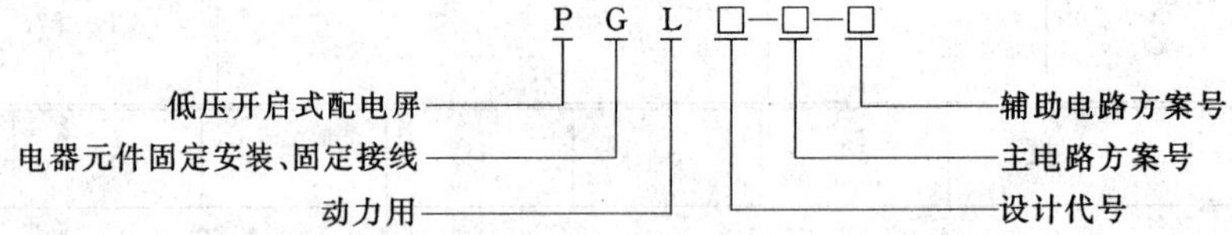

（三）技术数据

见表 3-4-12。

表 3-4-12

型　号	标准号	绝缘额定电压(V)	主电路额定工作电压(V)	辅助电路额定工作电压(V)	分断能力(kA)	外形尺寸(mm) 高	宽	深	备注
PGL1	GB7251 JB/DQ6142	500	AC：380	AC：220 380	有效值 15	2200 2200	400 600	600 600	
PGL2				DC：110 220	有效值 30	2200 2200	800 1000	600 600	

（四）生产厂

中国正泰集团；北京开关厂；北京第二开关厂；天津市开关厂；天津市矿山电器厂；天津市电气控制设备厂；天津市电器成套厂；唐山市电气控制设备厂；邯郸市开关厂；河北省石家庄地区高压开关厂；石家庄市低压电器厂；保定高压开关厂；山西电气控制设备厂；太原市电器厂；太原市高压电器厂；大同市整流器厂；山西省电力公司电力开关厂；阳泉市电器厂；山西省长治电工设备厂；包头市开关厂；锦州开关厂；辽阳开关厂；沈阳低压开关厂；沈阳开关厂；沈阳电器控制设备厂；沈阳整流器厂；沈阳第三电器开关厂；沈阳低压电器厂；沈阳松辽电力设备厂；大连开关厂；柳河电力电容器厂；吉林省长春新生开关厂；长春市电器控制设备厂；阿城继电器厂；阿城市低压电器厂；牡丹江高压开关厂；黑龙江省哈尔滨新生开关厂；哈尔滨开关厂；哈尔滨电控设备厂；哈尔滨电控设备二厂；上海华通开关厂；上海电器成套厂；上海电器厂；上海第一开关厂；上海华一电器厂；上海长城电器厂；苏州阿尔斯通电气股份公司（苏州开关厂）；宝应开关厂；南通市电器成套厂；常州市低压电器厂；泰兴县开关厂；镇江长城开关厂；扬州开关厂；江都低压电器厂；南京电气控制设备厂；苏州市通华电器成套设备厂；杭州开关厂；浙江嘉兴电气控制设备厂；慈溪市电器开关厂；合肥高压开关总厂；合肥开关厂；芜湖市开关总厂；安庆市电器开关厂；嘉山县开关厂；福州电气控制设备厂；厦门电气控制设备厂；江西电气控制设备厂；烟台开关厂；济南开关厂；潍坊开关厂；博山电器开关厂；济宁开关厂；济南电力电容器厂；淄博电器设备总厂；青岛开关厂；开封开关厂；信阳高压开关总厂；郑州开关厂；许昌继电器厂；河南省周口电器开关厂；湖北开关厂；武汉开关总厂；武汉市武昌电控设备厂；湖南开关厂；湖南第二开关厂；长沙高压开关厂；湘潭电机股份有限公司；湖南省湘潭市开关厂；湘潭市电器厂；湖南省湘潭市整流器厂；湖南省醴陵市电器厂；广东电器控制设备厂；汕头市电器厂；佛山市电器厂；佛山市开关厂；新会县电器厂；广州南洋电器厂；广州高压电器厂；柳州市开关厂；柳州市电器厂；柳州市整流器厂；梧州市电器厂；桂林电力电容器厂；自贡市电器总厂；四川电器厂；成都电器成套设备厂；成都电器厂；成都开关厂；成都光明电器开关厂；川东高压电器厂；重庆开关厂；重庆电器厂；遵义长征电器成套厂；遵义长征电气控制设备厂；昆明开关厂；西安微电机厂；西安光明开关厂；西安电器开关厂；西安新兴电器厂；天水长城控制电器厂；天水长城开关厂；天水长城通用电器厂；兰州高低压开关厂；青海开关厂；银川市电器开关厂；吴忠市电器开关厂；汕头市红卫电器厂；成都继电器厂；北京光明开关控制设备厂；北京朝阳电器开关厂；南京第一化工仪表厂；镇江市电器设备厂；镇江市电器开关厂；常州兰陵电器成套厂；苏州电气控制设备厂；常熟市通用电器厂；江都电器开关厂；靖江县开关厂；南通市高压电器成套厂；盐城市电力变压器厂；阜宁县电力设备成套厂；阜宁输变电设备制造厂；连云港市新浦电器开关厂；扬子电气控制设备总厂；淄博市博山电器开关厂；天水二一三机床电器厂；（陕西）前进电器厂等。

七、GGD型交流低压配电柜

（一）用途

适用于发电厂、变电站、厂矿企业等电力用户的交流50Hz，额定工作电压380V，额定工作电流至3150A的配电系统，作为动力、照明及配电设备的电能转换、分配与控制用。

（二）型号含义

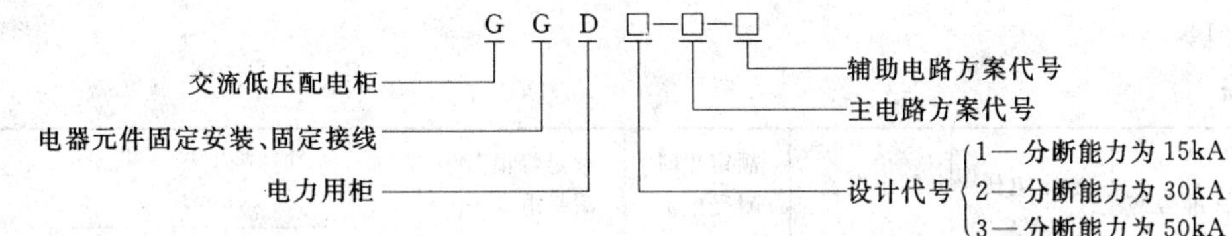

（三）技术数据

见表3-4-13。

表3-4-13

技术数据 \ 型号	GGD1	GGD2	GGD3
标准号	IEC439、GB7251		
额定工作频率（Hz）	50		
额定工作电压（V）	380		
额定绝缘电压（V）	660		
辅助电路工作电压（V）	AC：110、220、380 DC：110、220		

续表

技术数据＼型号		GGD1	GGD2	GGD3
额定工作电流（A）		A：1000	A：1500（1600）	A：3150
		B：600（630）	B：1000	B：2500
		C：400		C：2000
分断能力（kA）		15	30	50
额定短时（1s）耐受电流（kA）		15	30	50
额定峰值耐受电流（kA）		30	63	105
外形尺寸（mm）	高	2200	2200	2200
	宽	600、800、1000	600、800、1000	800、1000、1200
	深	600	600	600、800
备　注				

（四）生产厂

中国正泰集团；北京第二开关厂；苏州电气控制设备厂；山东乳山电气控制设备厂；淄博市博山电器开关厂；苏州市通华电器成套设备厂；梧州市电器厂；富达电力设备实业公司；天水二一三机床电器厂；前进电器厂；太原晋安特；苏州宝利浦。

八、GGL1固定式低压开关柜

（一）用途

主要适用于发电厂、电站、厂矿企业中作为交流50Hz，额定工作电压380V的低压配电系统中，动力配电及照明用。

（二）型号含义

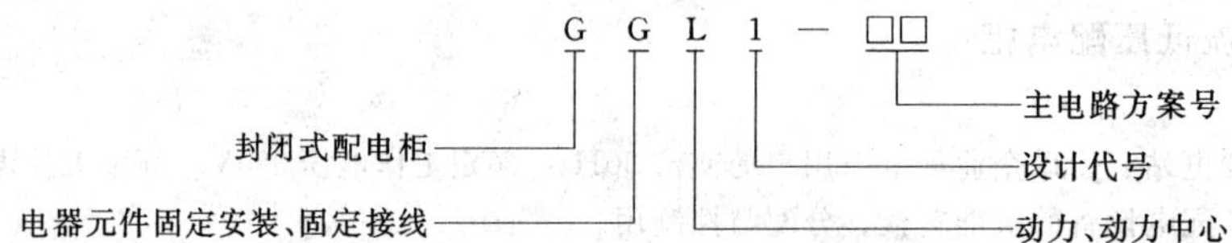

（三）技术数据

见表3-4-14。

表3-4-14

型号	标准号	额定电压（V）	额定电流（A）	额定短时耐受电流（kA）	额定峰值耐受电流（kA）	外形尺寸（mm）高	宽	深	备注
GGL1	GB7251 JB5877	380	2500	50	105	2200	600 800	1000 600	

（四）主电路方案编号和电器元件

见表3-4-15。

表3-4-15

方案编号	01		02		03	
用　途	右联络		左联络		受电或馈电（硬母线或电缆）	
屏宽（mm）	600	800	600	800	600	800

续表

方案编号	01							02							03						
型　号	数量																				
	A	B	C	D	E	F	G	A	B	C	D	E	F	G	A	B	C	D	E	F	G
ME630	1							1							1						
ME800		1							1							1					
ME1000			1							1							1				
ME1250				1							1							1			
ME1600					1							1							1		
ME2000						1							1							1	
ME2500							1							1							1
LMZJ1—0.5	3	3	3	3	3	3	3	3	3	3	3	3	3	3	3	3	3	3	3	3	3

方案编号	04	05							06	07	08						
用　途	架空进线或联络（左或右）	架空进线或联络（左或右）							电缆进线（左联或右联）	电缆进线或联络	电缆进线或联络						
屏宽（mm）	600	600					800		600	600	600					800	
型　号	数量																
		A	B	C	D	E	F	G			A	B	C	D	E	F	G
抽屉式隔离器额定电流（A）																	
630		1									1						
800			1									1					
1000				1									1				
1250					1									1			
1600						1									1		
2000							1									1	
2500								1									1

方案编号	09A		09B		10	11		12	
用　途	联络及馈电				馈电			馈电及测量	
屏宽（mm）	600	800	600	800	800	800		800	
型　号	数量								
	A	B	A	B	C	A	B	A	B
ME630～1600A	1		1						
ME2000～2500A		1		1					
HR5—100/30	1	1						1	1
HR5—400/30						2		1	
HR5—630/30							2		1
NT—400						6		3	
NT—630							6		3
NT—160								3	3
B85						2		1	
B170（或105）							2		1
T85（或T105）						2		1	
T170							2		1
ME630					2				
LMZ1—0.5					6	2	2	1	1
零序电流互感器或接地电流转换器					2	2	2	1	1
JSGW—0.5（或JDG—0.5）	1	1						1	

续表

方案编号	13			14				
用途	电动机			馈电				
屏宽（mm）	800			800				
型号	数量			数量				
	A	B	C	A	B	C	D	E
HR5—200/30	4		2	4		2	2	
HR5—400/30		4	2		4	2		2
HR5—630/30							2	2
HR5—250	12		6	12		6	6	
HR5—400		12	6		12	6		6
HR5—630							6	6
B45（或B65）	4		2					
B85（或B105）		4	2					
T45	4	2						
T105、T170		4	2					
LMZ1—0.5	4	4	4	4	4	4	4	4
零序电流互感器（或接地电流转换器）	4	4	4					

方案编号	15					16					17	18
用途	电动机					馈电					电动机	馈电
屏宽（mm）	800					800					800	800
型号	数量					数量					数量	数量
	A	B	C	D	E	A	B	C	D	E		
HR5—100/30	3	3	3			3	3	3			6	6
HR5—200/30	2			3	3				3	3		
HR5—400/30		2		2			2		2			
HR5—630/30			2		2			2		2		
NT—160	9	9	9			9	9	9			18	18
NT—250	6			9	9	6			9	9		
NT—400		6		6			6					
NT—630			6		6			6		6		
B37或B37以下	3	3	3								6	
B45或B65	2			3	3							
B85或B105		2		2								
B170			2		2							
T45（或T25、T16）	3	3	3								6	
T45（或T105）	2			3	3							
T105、T170		2		2								
T105（或T170）			2		2							
LMZ1—0.5	5	5	5	5	5	5	5	5	5	5	6	6
零序电流互感器（或接地电流转换器）	5	5	5	5	5						6	

续表

方案编号	19							20						
用途	电动机（可逆）							电动机（可逆）						
屏宽（mm）	800							800						
型号	数量							数量						
	A	B	C	D	E	F	G	A	B	C	D	E	F	G
HR5—100/3	2	2	2					2	2	2				
HR5—200/3	2			2	2			2			2	2		
HR5—400/3		2		2					2		2			
HR5—630/3			2		2					2		2		
B37	4	4	4					4	4	4				
B45 或 B85	4			4	4			4			4	4		
B105		4		4					4		4			
B170			4		4					4		4		
T25 或 T16	2	2	2					2	2	2				
T45	2			2	2			2			2	2		
T105、T170		2		2					2		2			
T105（T170）			2		2					2		2		
LMZ1—0.5								4	4	4	4	4		

方案编号	21		22		23	24	25
用途	馈电				照明	馈电及照明	照明
屏宽（mm）	600		800		600	800	600
型号	数量						
	A	B	A	B			
TG—30							12
TG—100					4	6	
TG—225	1		2				
TG—600B		1		2			
HR5—100/30					2		
HR5—200/30						2	
HR5—400/30							1
HR5—630/30					1	1	
CJ20—250	1		2				
CJ20—400					2		
CJ20—600		1		2			
LMZ1—0.5—□/5	3		6		3	5	4
LMZJ1—0.5—□/5		3		6			

（五）生产厂

中国正泰集团；太原晋安特电器成套设备厂；上海电器成套厂。

九、GBL1 系列交流低压动力配电柜

（一）用途

适用于发电厂、变电站、厂矿企业中作为交流 50Hz、额定工作电压不超过 380V 的低压配电系统中作配电、动力、照明等用途。

（二）型号含义

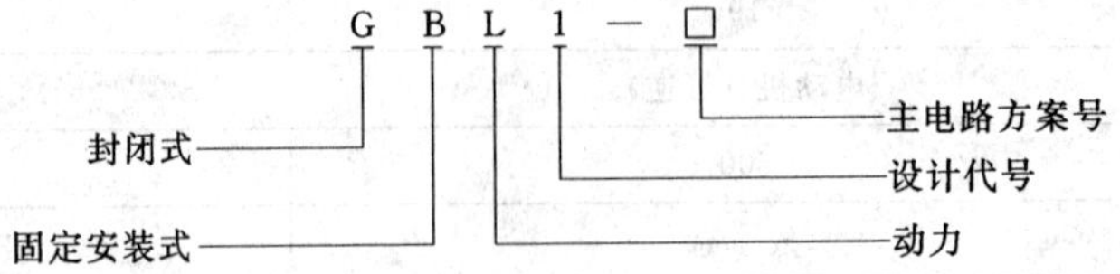

（三）技术数据

见表 3-4-16。

表 3-4-16

型号	标准号	防护等级	额定绝缘电压（V）	额定工作电压（V）	额定电流（A）	垂直母线额定电流（A）	额定短时耐受电流（A）		外形尺寸（mm）	备注
							水平母线	垂直母线		
GBL1	GB 7251、JB 5877	IP30	500	380	1000 630	630	30 15	30 15	高：1800 宽：400，600，800 深：400	

（四）主电路方案编号和电器元件

见表 3-4-17。

表 3-4-17

方案编号	01	02		03		04	05	06	07	08	09	10	11	12	13
用途	电缆受电	架空受电					联络	馈电				联络		受电	
额定短时耐受电流（kA）	30	30					30					30			
柜宽（mm）	400	600				800	400	800			600	800		800	
单元高度（mm）												700		700	
型号规格	数量														
		A	B	A	B										
HX1—630/31		1	1	1	1	2		1	1			1	1		
DZ20—630/370 手动		1		1											
DZ20—630/370 电动			1		1	2									
HG2—160								7	4	14	8				
LMZB1—0.5□/5A		2	2	2	2	2		2	2					2	2
HR5—630/3														1	1

方案编号	14				15	16		17		18			19			
用途	受电				馈电					馈电照明						
额定短时耐受电流（kA）	30				30					30						
柜宽（mm）	800		600		800			600		800			800		800	600
单元高度（mm）	700		700		400			400		400		300	300		200	
型号规格	数量															
	A	B	C	D		A	B	A	B	A	B	C	A	B	C	D
HR5—630/3	1		1													
HR5—400/3		1		1												
HR5—200/3						1		1								
HR5—100/3					2		1		1							
LMZB1—0.5□/5A	2	2	2	2		1	1									
LMZ1—0.5□/5A										1	1	1				
HR□—63/3										2			2			

续表

方案编号	14				15	16		17		18			19			
用途	受电				馈电					馈电照明						
额定短时耐受电流（kA）	30				30					30						
柜宽（mm）	800		600		800			600		800			800		800	600
单元高度（mm）	700		700		400			400		400		300	300		200	
型号规格	数量															
	A	B	C	D		A	B	A	B	A	B	C	A	B	C	D
HR□—32/3											2			2		
HR□—20/3												2			2	2
I—CZ—200					1	1	1	1	1	1	1	1	1	1	1	1
I—CZ—400							1									

方案编号	20					21			22		23					
用途	馈电照明								馈电							
额定短时耐受电流（kA）	30								30	15						
柜宽（mm）	800		600			600										
单元高度（mm）	300		400		300	300		200								
型号规格	数量															
	A	B	C	D	E	A	B	C	A	B	A	B	C	D	E	F
HR□—63/3	1		1			1										
HR□—32/3		1		1			1									
HR□—20/3					1			1								
LMZ1—0.5□/5A	1	1	1	1	1						1	1	1	1	1	1
I—CZ—200	1	1	1	1	1	1	1	1	1	1	1	1	1	1	1	1
DZ20G—200/3□											1					
DZ20J—200/3□											1					
DZ20Y—200/3□												1				
DZ20G—100/3□									2				1		1	
DZ20J—100/3□									2				1		1	
DZ20Y—100/3□										2				1		1
JD1—200											1	1				
JD1—100									2	2			1	1	1	1

方案编号	24				25			
用途	馈电							
额定短时耐受电流（kA）	30	15	30	15	30	15	30	15
柜宽（mm）	600		600		600		600	
单元高度（mm）	600		400		600		400	
型号规格	数量							
	A	B	C	D	A	B	C	D
DZ20G—200/3□	1				1			
DZ20J—200/3□								
DZ20Y—200/3□		1				1		
DZ20G—100/3□			1				1	
DZ20J—100/3□								
DZ20Y—100/3□				1				1
JD1—200	1	1						
JD1—100			1	1				
LMZ1—0.5□/5A					1	1	1	1
I—CZ—400								
I—CZ—200	1	1	1	1	1	1	1	1

续表

方案编号	26					27			28							29	
用途	控制																
额定短时耐受电流（kA）	30					30			30								
柜宽（mm）	800			800		800			800					600		600	
单元高度（mm）	600	500		400		400			500					500		400	
型号规格	数量																
	A	B	C	D	E	A	B	C	A	B	C	D	E	F	G	A	B
HR5—200/3	1	1	1			1			1	1	1						
HR5—100/3				1	1		1	1				1	1	1	1	1	1
HR□—63/3																	
HR□—32/3																	
CJ20—63	2	2							1	1							
CJ20—40			2	2		2					1	1		1		1	
CJ20—25					2		2						1		1		1
CJ20—16								2									
JR16—150/3D	1								1								
JR16—60/3D		1	1	1	1	2	2			1	1	1	1	1	1	1	1
JR16—20/3D								2									
JD1—100	1	1	1	1	1				1	1	1	1	1	1	1		
LMZ1—0.5□/5A	1	1	1	1	1				1	1	1	1	1	1	1		
I—CZ—200	1	1	1	1	1	1	1	1	1	1	1	1	1	1	1	1	1

方案编号	30			31						32					
用途	控制														
额定短时耐受电流（kA）	30			30						30					
柜宽（mm）	800			800			600			800			600		
单元高度（mm）	400			300			500			300			400		
型号规格	数量														
	A	B	C	A	B	C	D	E	F	A	B	C	D	E	F
HR□—63/3	1	1		1	1		1	1		1			1		
HR□—32/3			1			1			1		1	1		1	1
CJ20—16	2			2			2			1			1		
CJ20—10		2			2			2			1			1	
CJ20—6.3			2			2			2			1			1
JR16—20/30	1	1	1	2	2	2	2	2	2	1	1	1	1	1	1
JD1—100	1	1	1							1	1	1	1	1	1
I—CZ—200	1	1	1	1	1	1	1	1	1	1	1	1	1	1	1

续表

方案编号	33						34						35					
用途	控制																	
额定短时耐受电流（kA）	30						30						30					
柜宽（mm）	800			600			800			600			800			600		
单元高度（mm）	400			500			300			500			300			400		
型号规格	数量																	
	A	B	C	D	E	F	A	B	C	D	E	F	A	B	C	D	E	F
RT□—63	3			3			3	3		3	3		3			3		
RT□—32		3	3		3	3			3			3		3	3		3	3
CJ20—16	2			2			2			2			1			1		
CJ20—10		2			2			2			2			1			1	
CJ20—6.3			2			2			2			2			1			1
JR16—20/3D	1	1	1	1	1	1	2	2	2	2	2	2	1	1	1	1	1	1
JD1—100	1	1	1	1	1	1							1	1	1	1	1	1
I—CZ—200	1	1	1	1	1	1	1	1	1	1	1	1	1	1	1	1	1	1

方案编号	36										37									
用途	控制																			
额定短时耐受电流（kA）	30	15	30				15				30			15			30		15	
柜宽（mm）	800		800								800						800			
单元高度（mm）	600		500								600						500			
型号规格	数量																			
	A	B	C	D	E	F	G	H	K	M	A	B	C	D	E	F	G	H	K	M
DZ20G—200/3□ DZ20J—200/3□	1										1	1	1							
DZ20Y—200/3□		1												1	1	1				
DZ20G—100/3□ DZ20J—100/3□			1	1	1	1											1	1		
DZ20Y—100/3□							1	1	1	1									1	1
CJ20—100	2	2	2				2				2			2						
CJ20—63				2	2			2	2			2	2		2	2				
CJ20—40						2				2							2		2	
CJ20—25																		2		2
JR16—150/3D	1	1	1	1			1	1			2	2		2	2					
JR16—60/3D					1	1			1	1			2			2	2	2	2	2
JD1—200	1	1	1				1													
JD1—100				1	1	1		1	1	1										
LMZ1—0.5□/5A	1	1	1	1	1	1	1	1	1	1										
I—CZ—200	1	1	1	1	1	1	1	1	1	1	1	1	1	1	1	1	1	1	1	1

续表

方 案 编 号	38																	
用 途	控 制																	
额定短时耐受电流（kA）	30	15	30								15	30						15
柜 宽（mm）	800		800				600				800				600			600
单元高度（mm）	600		400				600				400				600			500
型 号 规 格	数 量																	
	A	B	C	D	E	F	G	H	K	M	N	P	R	S	T	U	W	X
DZ20G—200/3□ DZ20J—200/3□	1																	
DZ20Y—200/3□		1																
DZ20G—100/3□ DZ20J—100/3□			1	1	1	1	1	1	1	1								
DZ20Y—100/3□											1	1	1	1	1	1	1	1
CJ20—100	1	1	1				1				1				1			
CJ20—63				1	1			1	1			1	1			1	1	
CJ20—40						1				1				1				1
JR16—150/3D	1	1	1	1			1	1			1	1			1	1		
JR16—60/3D					1	1			1	1		1	1			1	1	
JD1—200	1	1	1				1				1				1			
JD1—100				1	1	1		1	1	1		1	1	1		1	1	1
LMZ1—0.5□/5A	1	1	1	1	1	1	1	1	1	1	1	1	1	1	1	1	1	1
I—CZ—200	1	1	1	1	1	1	1	1	1	1	1	1	1	1	1	1	1	1

方 案 编 号	39															
用 途	控 制															
额定短时耐受电流（kA）	30								15							
柜 宽（mm）	800		600						800		600					
单元高度（mm）	400		500						400		500					
型 号 规 格	数 量															
	A	B	C	D	E	F	G	H	K	M	N	P	R	S	T	U
DZ20G—100/3□ DZ20J—100/3□	1	1	1	1	1	1	1	1								
DZ20Y—100/3□									1	1	1	1	1	1	1	1
CJ20—100			1								1					
CJ20—63				1	1							1	1			
CJ20—40						1								1		
CJ20—25	1						1		1						1	
CJ20—16		1						1		1						1
JR16—150/3D			1	1							1	1				
JR16—60/3D	1				1	1	1		1				1	1	1	
JR16—20/3D		1						1		1						1
JD1—200			1						1		1					
JD1—100	1	1		1	1	1	1	1	1	1		1	1	1	1	1
I—CZ—200	1	1	1	1	1	1	1	1	1	1	1	1	1	1	1	1

续表

方案编号	40						41
用途	控制						无功功率补偿
额定短时耐受电流（kA）	30			15			30
柜宽（mm）	600						800
单元高度（mm）	400						1400
型号规格	数量						
	A	B	C	D	E	F	
DZ20G—100/3□	1	1	1				
DZ20J—100/3□							
DZ20Y—100/3□				1	1	1	
CJ20—40	1			1			
CJ20—25		1			1		
CJ20—16			1			1	
JR16—60/3D	1	1		1	1		8
JR16—20/3D			1			1	
I—CZ—200	1	1	1	1	1	1	
HX1—400/31							1
CJ□—25A							8
BCMJ0.4—15—3							8
FYS—0.22							3
RT□—32							24
LMZ1—0.5 300/5A							3

（五）生产厂

中国正泰集团；浙江开关厂；合肥高压开关总厂。

十、X$^{X}_{R}$M—18型照明配电箱

（一）用途

适用于高层大楼、商店宾馆、厂矿企业、民用住宅、试验场地等场所，作为户内照明、试验及7kW以下电机的控制、保护，还可用作单相用电计量。

（二）型号含义

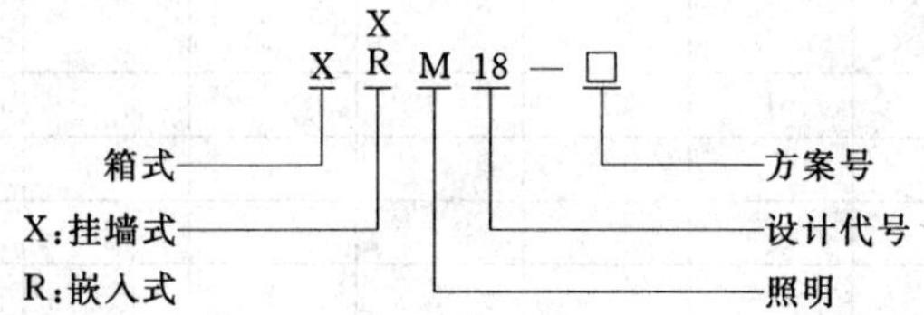

（三）技术数据

见表3-4-18。

表 3-4-18

型 号	标准号	额定电压 (V)	额定电流 (A)	外形尺寸 (mm)			备 注
				宽	高	深	
X_{R}^{X}M—18—71、78				194	164	100	
X_{R}^{X}M—18—70				169	164	100	
X_{R}^{X}M—18—69				144	164	100	
X_{R}^{X}M—18—21、23、27				480	280	100	
X_{R}^{X}M—18—22、24、25、28、29、37、38、43、61、65、67、76、91、94、96				430	280	100	
X_{R}^{X}M—18—26、39、40、44、45、62、77、92				355	280	100	
X_{R}^{X}M—18—41、42、46、63、66、68、95	GB 7251 JB/DQ 6143	380 220	100	280	280	100	
X_{R}^{X}M—18—64				230	280	100	
X_{R}^{X}M—18—36、79、80、83				480	280	125	
X_{R}^{X}M—18—81、82、97				430	280	125	
X_{R}^{X}M—18—85				280	280	125	
X_{R}^{X}M—18—02、03、08				430	280	145	
X_{R}^{X}M—18—04、06、07				355	280	145	
X_{R}^{X}M—18—01、05				280	280	145	

（四）主要电器元件

见表 3-4-19。

表 3-4-19

型号 \ 数量 \ 方案编号	01	02	03	04	05	06	07	08
DD28 220V□A	1	2	2	1	1	1	1	2
DZL12—60/1	1	2	4	2	2		4	
DZL12—60/2						2		2

型号 \ 数量 \ 方案编号	21	22	23	24	25	26	27	28	29
DZ12—60/3□A	1	1							
DZ12—60/2□A							1	1	1
DZ12—60/1□A					1	1			
DZL12—60/1			1	1					
三相四脚扁插座	3	2							
单相两脚、三脚扁插座	3	2	3	2	3	2	3	2	4

续表

型号 \ 数量 \ 方案编号	36	37	38	39	40	41	42	43	44	45	46
DZ10—100/330□A	1										
DZ12—60/1□A		10	10	7	7	4	4	9	6	5	3
DZ12—60/2 60A			1				1				
DZ12—60/3 60A					1			1	1	1	1
DZ15—60/1□A	3										
DZ15—60/3□A	2										
DZL12—60/1□A		1		1		1					

型号 \ 数量 \ 方案编号	61	62	63	64	65	66	67	68	69	70
DZ12—60/1□A	12	9	6	4					1	2
DZ12—60/2□A							6	3		
DZ12—60/3 60A										
DZL12—60/1□A					6	3				

型号 \ 数量 \ 方案编号	71	76	77	78	79	80	81	82
DZ12—60/1□A	3							
DZ12—60/3 60A		1	1					
DZ12—60/3□A		3	2	1	3			
DZ10—100/330□A					1			1
DZ10—100/330 100A						1	1	
DZ15—60/1□A								6

型号 \ 数量 \ 方案编号	83	84	85	91	92	94	95	96	97
DZ10—100/330□A	1		1						1
DZ15—60/1□A	3	4							1
DZ15—60/3□A	2								
DZ12—60/1□A								2	
DZ12—60/2□A						6	3	2	
DZ12—60/3□A				4	3			3	

（五）生产厂

中国正泰集团；湖南开关厂；长沙高压开关厂；兰州高低压开关厂。

十一、GCS型低压抽出式成套开关设备

（一）概述

GCS型低压抽出式开关柜（以下简称装置），适用于发电厂、石油、化工、冶金、纺织、高层建筑等行业的配电系统。在大型发电厂、石化系统等自动化程度高、要求与计算机接口的场所，作为三相交流频率50（60）Hz、额定工作电压为380（400）V、600V，额定电流为4000A及以下的发、供电系统中的配电、电动机集中控制、无功功率补偿使用的低压成套配电装置。

装置的设计符合下列标准：

（1）IEC60439—1《低压成套开关和控制设备》。

（2）GB 7251《低压成套开关设备和控制设备》。

（3）JB/T 9661《低压抽出式成套开关设备》。

（二）型号含义

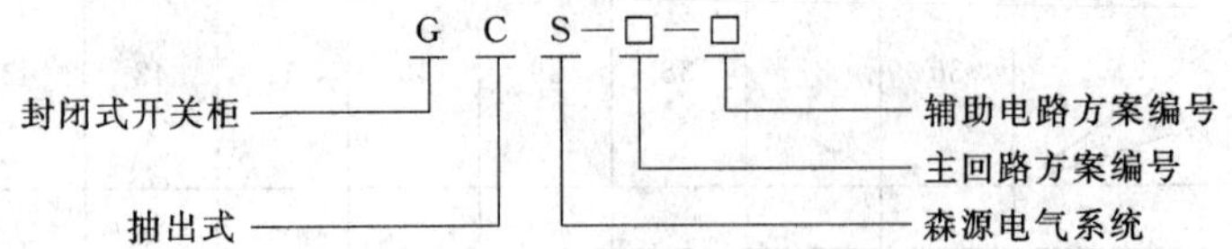

（三）使用条件

(1) 周围空气温度不高于＋40℃，不低于－5℃。24h平均温度不得高于＋35℃。超过时需根据实际情况降容使用。

(2) 周围空气相对湿度在最高温度＋40℃时不超过50%，在较低温度时允许有较大的相对湿度，如＋20℃时为90%，应考虑到由于温度变化可能会偶然产生凝露的影响。

(3) 装置安装时与垂直面的倾斜度不超过5%，且整组柜列相对平整（符合GBJ 232—82标准）。

(4) 装置安装在无剧烈震动冲击以及不足以使电器元件受到不应有腐蚀的场所。

(5) 用户有特殊要求时，可以与制造厂协商解决。

（四）主要技术参数

基本技术参数见表3-4-20。

表3-4-20

主电路额定电压（V）		交流380（400）、660
辅助电路额定电压（V）		交流220、380（400），直流110、220
额定功率（Hz）		50（60）
额定绝缘电压（V）		630（1000）
额定电流（A）	水平母线	≤4000
	垂直母线（MCC）	1000
母线额定短时耐受电流（kA/1s）		50、80
母线额定峰值耐受电流（kA/0.1s）		105、176
工频试验电压（V/min）	主电路	2500
	辅助电路	2000
母线	三相四线制	A、B、C、PEN
	三相五线制	A、B、C、PE、N
防护等级		IP30、IP40

（五）主电路方案

主电路方案见表3-4-21。

（六）结构特点

(1) 装置的主要构架采用8MF型钢或C型钢，构架采用拼装结构形式，主构架上均有安装模数孔E=20mm。

(2) 装置各功能室严格分开，其隔室主要分为功能单元室、母线室、电缆室，各单元的功能相对独立。

(3) 功能单元：

1) 抽屉层高的模数为160mm。分为$\frac{1}{2}$单元、1单元、1$\frac{1}{2}$单元、3单元等五个尺寸系列。单元回路额定电流400A及以下。

2) 抽屉改变仅高度尺寸变化，其宽度、深度尺寸不变。相同功能单元的抽屉具有良好的互换性。

3) 每台MCC柜最多能安装11个1单元的抽屉或22个$\frac{1}{2}$单元的抽屉。

4) 抽屉进出线根据电流大小采用不同片数的同规格结构的接插件。

5) $\frac{1}{2}$单元抽屉与电缆室的转接采用背板式结构ZJ—2型转接件。

6) 单元抽屉与电缆室的转接按电流分档采用相同尺寸棒式或管式结构ZJ—1型转接件。

7) 抽屉面板具有分、合、实验、抽出等位置的明显标志。

8) 抽屉单元设有机械联锁装置。

(4) 馈电柜和电动机控制柜设有专用的电缆隔室，功能单元室与电缆室内电缆的连接用转接铜排实现，既提高了电缆的使用可靠性，又极大地方便了用户对电缆的安装与维修。

(5) 电缆隔室有两个宽度尺寸（240mm、440mm）可供选用，视电缆数量、截面和用户对安装维修方便的要求

表 3－4－21

方案	主电路方案	01							02							03						04						
主电路方案	单线图	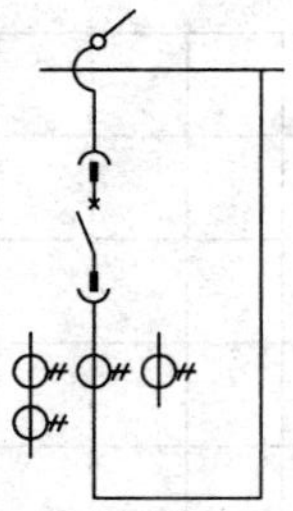							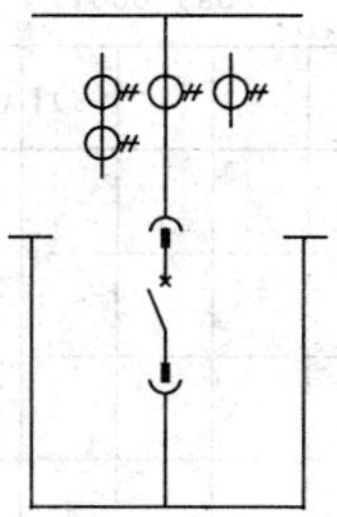							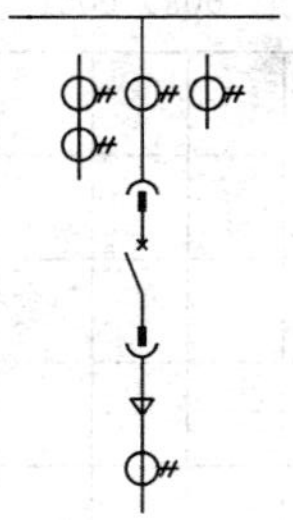						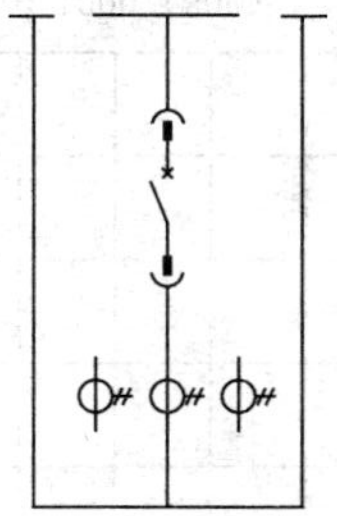						
主电路电器设备选择	用途	受电（上进线）							受电（下进线）							受电（电缆进线）						联　络						
	规格序号	A	B	C	D	E	F	G	A	B	C	D	E	F	G	A	B	C	D	E		A	B	C	D	E	F	G
	短时耐受电流/瞬时耐受电流（kA）	80/176							80/176													80/176						
					50/105							50/105				50/105									50/105			
							30/63							30/63					30/63								30/63	
	额定电流（A）	4000	3150	2500	2000	1600	1000	630	4000	3150	2500	2000	1600	1000	630	2500	2000	1600	1000	630		4000	3150	2500	2000	1600	1000	630
	AH—40C	1							1													1						
	AH—30CH		1							1													1					
	AH—25C			1							1													1				
	AH—20C				1							1					1								1			
	AH—16B					1							1					1								1		
	AH—10B						1							1					1								1	
	AH—6B							1							1					1								1
	SDL—□															(1)	(1)	(1)	(1)	(1)								
	SDH—□□/5	3(4)	3(4)	3(4)	3(4)	3(4)	3(4)	3(4)	3(4)	3(4)	3(4)	3(4)	3(4)	3(4)	3(4)	3(4)	3(4)	3(4)	3(4)	3(4)		3	3	3	3	3	3	3
柜宽（mm）		1000				800			1000				800			1000		800				1000	800					
柜深（mm）		(800) 1000							(800) 1000							(800) 1000						(800) 1000						
占用小室高度（mm）																												

续表

方案	主电路方案	05	06			07		08	
主电路方案	单线图	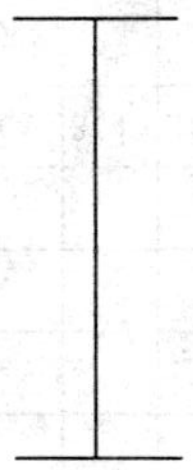	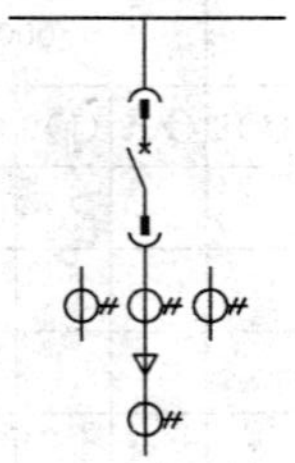			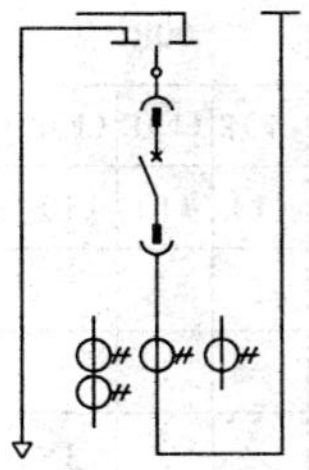		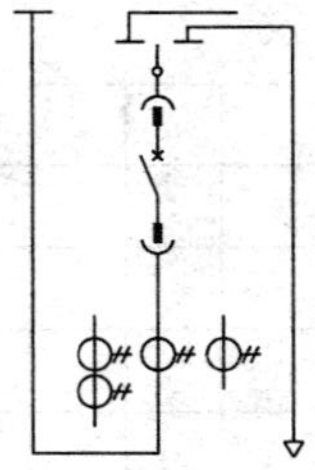	
	用　途	母线转接	馈　电			双电源手动切换		双电源手动切换	
主电路电器设备选择	规格序号		A	B	C	A	B	A	B
	短时耐受电流/瞬时耐受电流（kA）		50/105			50/105		50/105	
			30/63			30/63		30/63	
	额定电流（A）		1600	1000	630	1000	630	1000	630
	AH—16B		1						
	AH—10B			1		1		1	
	AH—6B				1		1		1
	QPS—1000					1		1	
	QPS—630						1		1
	SDL—□								
	SDH—□□/5		1(3)	1(3)	1(3)	3(4)	3(4)	3(4)	3(4)
柜宽（mm）		400（600）	1000（800）			1000（800）		1000（800）	
柜深（mm）		1000（800）	800（1000）			800（1000）		800（1000）	
占用小室高度（mm）									

续表

方案	主电路方案	09						
主电路方案	单线图 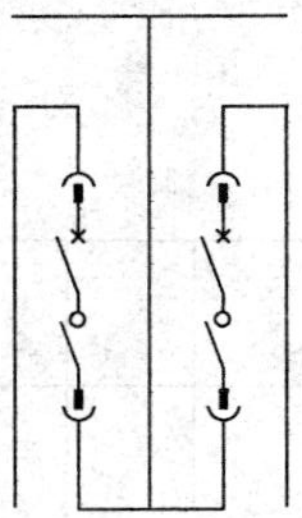 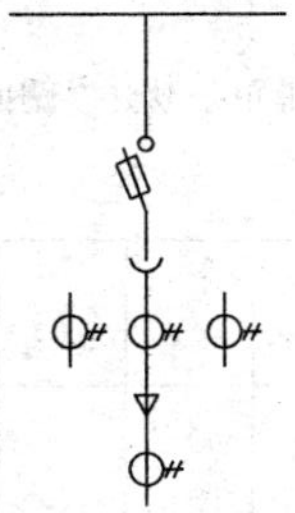 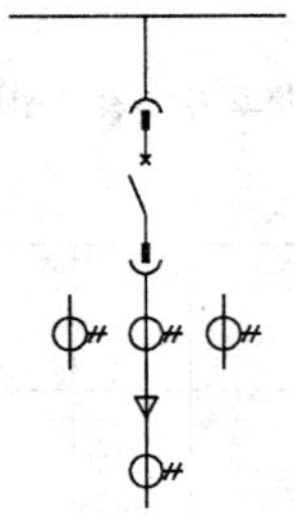 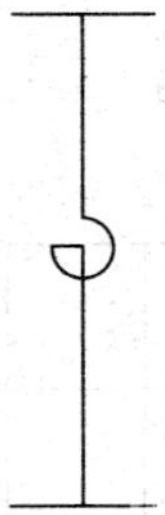							
主电路电器设备选择	用　途	双电源手动切换						
	规格序号	A	B					
	短时耐受电流/瞬时耐受电流（kA）	50/105						
		30/63						
	额定电流（A）	400	250					
	QSA—630							
	QSA—400							
	QSA—250							
	QSA—160							
	限流电抗器 600A，0.0084Ω/φ							
	B370，LR1，CJ35	2						
	B250，LR1，CJ35		2					
	GM1—630，TG—400，TM30	2						
	GM1—400，TG—400，TM30		2					
	GM1—225，TG—225，TM30							
	GM1—100，TG—100，TM30							
	SDL—□							
	SDH—□□/5	1	1					
柜宽（mm）		800（1000）						
柜深（mm）		800（1000）						
占用小室高度（mm）								

方案	主电路方案	10						
主电路方案	单线图							
主电路电器设备选择	用　途	馈　电						
	规格序号	A	B	C	D			
	短时耐受电流/瞬时耐受电流（kA）	50/105						
		30/63						
	额定电流（A）	630	400	250	160			
	QSA—630	1						
	QSA—400		1					
	QSA—250			1				
	QSA—160				1			
	限流电抗器 600A，0.0084Ω/φ							
	B370，LR1，CJ35							
	B250，LR1，CJ35							
	GM1—630，TG—400，TM30							
	GM1—400，TG—400，TM30							
	GM1—225，TG—225，TM30							
	GM1—100，TG—100，TM30							
	SDL—□	(1)	(1)	(1)	(1)			
	SDH—□□/5	1(3)	1(3)	1(3)	1(3)			
柜宽（mm）		800（1000）						
柜深（mm）		800（1000）						
占用小室高度（mm）								

方案	主电路方案	11						
主电路方案	单线图							
主电路电器设备选择	用　途	馈　电						
	规格序号	A	B	C	D			
	短时耐受电流/瞬时耐受电流（kA）	50/105						
		30/63						
	额定电流（A）	650	400	200	100			
	QSA—630							
	QSA—400							
	QSA—250							
	QSA—160							
	限流电抗器 600A，0.0084Ω/φ							
	B370，LR1，CJ35							
	B250，LR1，CJ35							
	GM1—630，TG—400，TM30							
	GM1—400，TG—400，TM30		1					
	GM1—225，TG—225，TM30			1				
	GM1—100，TG—100，TM30				1			
	SDL—□	(1)	(1)	(1)	(1)			
	SDH—□□/5	1(3)	1(3)	1(3)	1(3)			
柜宽（mm）		800（1000）						
柜深（mm）		（1000）800（580）						
占用小室高度（mm）		480	320	240	160			

方案	主电路方案	12						
主电路方案	单线图							
主电路电器设备选择	用　途	限流电抗器						
	规格序号							
	短时耐受电流/瞬时耐受电流（kA）							
	额定电流（A）				600			
	QSA—630							
	QSA—400							
	QSA—250							
	QSA—160							
	限流电抗器 600A，0.0084Ω/φ				3			
	B370，LR1，CJ35							
	B250，LR1，CJ35							
	GM1—630，TG—400，TM30							
	GM1—400，TG—400，TM30							
	GM1—225，TG—225，TM30							
	GM1—100，TG—100，TM30							
	SDL—□							
	SDH—□□/5							
柜宽（mm）		600						
柜深（mm）		800（1000）						
占用小室高度（mm）								

续表

方案		13	14	15
主电路方案	单线图			
主电路电器设备选择	用途	电压互感器	电压互感器	电压互感器
	规格序号			
	额定电流(A)			
	QSA—63		1	1
	NT00—□	3		
	JPG—0.5 380/□	2	2	
	JSGW—0.5			1
	SDH—□□/5			
柜宽（mm）		不占间隔，装在受电柜内或05方案转接柜内，接在分支母线上		
柜深（mm）				
占用小室高度（mm）				

续表

方案	主电路方案	16			17			18			19		
主电路方案	单线图 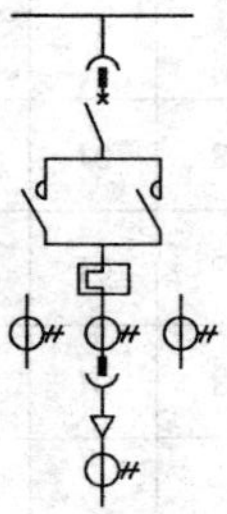 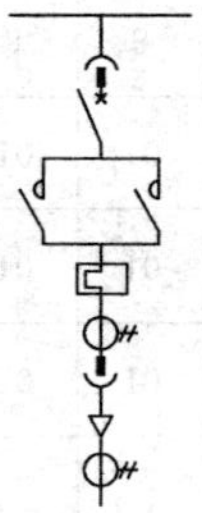 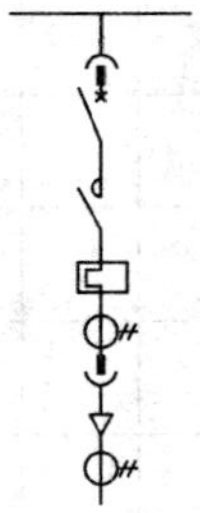 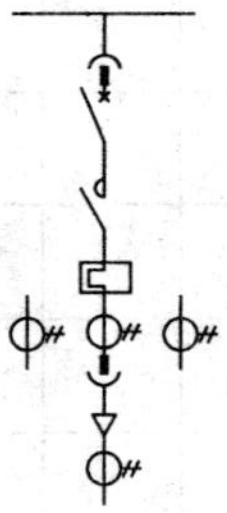												
主电路电器设备选择	用途	电动机（可逆）			电动机（可逆）			电动机（不可逆）			电动机（不可逆）		
	规格序号	A	B	C	A	B	C	A	B	C	A	B	C
	最大控制电机功率（kW）	100	75	55	37	15	7.5	37	15	7.5	100	75	55
	GM1—225，TM30	1	1	1									
	GM1—100，TG100BD，TM30				1			1					
	GM63，TM3					1	1		1	1			
	B370，LC1，CJ35												
	B250，LC1，CJ35	2									1		
	B170—105，LC1，CJ35		2	2								1	1
	B85 或 LC1—D80				2			1					
	B45 或 LC1—D32					2			1				
	B16 或 LC1—D18						2			1			
	T85—T250，LR1	1	1	1				1			1	1	1
	T25—T45，LR1								1				
	T16，LR1									1			
	SDL—□	(1)	(1)	(1)	(1)	(1)	(1)	(1)	(1)	(1)	(1)	(1)	(1)
	SDH—□□/5	3	3	3	1	1	1	1	1	1	3	3	3
柜宽（mm）		1000（800）			1000(800)		800/2 1000/2	1000（800）		800/2 1000/2	1000（800）		
柜深（mm）		600、800、100			600、800			600、800			600、800、100		
占用小室高度（mm）		480	320		240		160	240		160	480	320	

续表

方案	主电路方案	20							21							22						
主电路方案	单线图	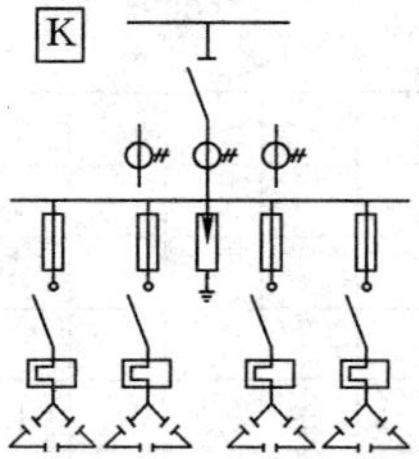							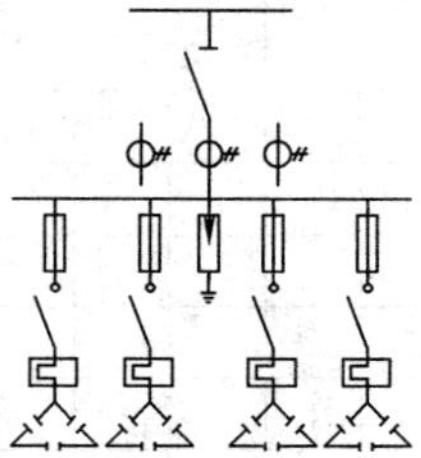							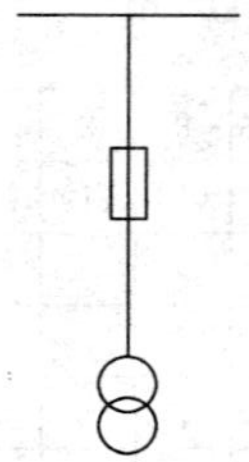						
主电路电器设备选择	用　途	无功补偿（主柜）							无功补偿（辅柜）							公共电源						
	规格序号	A	B	C	D	E			A	B	C	D	E									
	额定电流	300	250	160	128	96			300	250	160	128	96									
	QSA—630	1	1						1	1												
	QSA—400			1	1	1					1	1	1									
	R14—63	30	30	30	24	18			30	30	30	24	18									
	NT00—□																	3				
	JBK3—400																	1				
	CJ19—□	10	10	10	8	6			10	10	10	8	6									
	T45，LR1	10	10	10	8	6			10	10	10	8	6									
	BCMJ—0.4—16—3	10	10	10	8	6			10	10	10	8	6									
	SDH—□□/5	3	3	3	3	3			3	3	3	3	3									
柜宽（mm）		1000	1000	1000	800	600			1000	1000	1000	800	600									
柜深（mm）		800	800	800（600）		800			800	800	800（600）		800									

续表

方案	主电路方案	23							24						
主电路方案	单线图	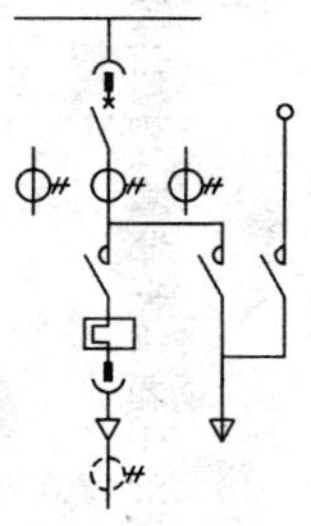							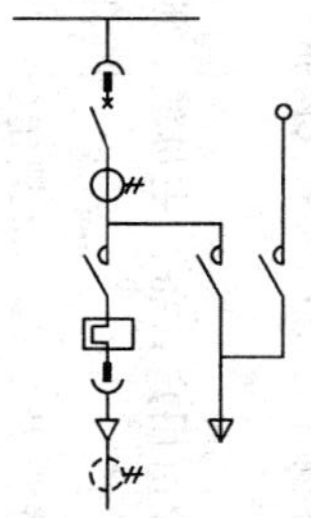						
主电路电器设备选择	用　途	星—三角形启动							星—三角形启动						
	规格序号	A	B						A	B					
	短时耐受电流/瞬	50/105							50/105						
	时耐受电流（kA）	30/63							30/63						
	最大控制电机功率（kW）	160	90						37	15					
	GM1—400	1													
	GM1—225		1												
	GM1—100								1	1					
	B370+B250，LC1，CJ35	2+1													
	B250+B170，LC1，CJ35		2+1												
	B85 或 LC1—D80								3						
	B45 或 LC1—D32									3					
	T370	1													
	T170	1													
	T85，LR1								1						
	TSA45，LR1									1					
	T16，LR1	1	1												
	SDL—□	(1)	(1)						(1)	(1)					
	SDH—□□/5	3	3						1	1					
柜宽（mm）		1000（800）580							800（1000）						
柜深（mm）		800（1000）							800（1000）						
占用小室高度（mm）									320	480					

注　1. AH是主选断路器，也可选用其他性能更先进或进口F、M、E系列断路器。

2. SDL、SDH是GCS柜专用电流互感器。

3. 馈线方案可以加装零序保护，零序电流互感器装入电缆隔室。

而定。

(6) 装置的功能单元辅助接点对数1单元以上的为32对，$\frac{1}{2}$单元的为20对，能满足自动化用户与计算机接口需要。

(7) 装置按三相五线制和三相四线制设计，设计部门和用户可以方便地选用PE+N或PEN方式。柜体的防护等级为IP30、IP40，可以按用户需要选用。

（七）安装与使用

产品运抵后首先应检查是否完整无损，发现问题应及时通知合同有关部门做好商务记录，按电气设备暂保管规程要求，置于适当的场所，妥善保管。

(1) 产品的安装应按安装示意图进行。基础槽钢和采用螺栓固定方式时的螺栓由用户自备。主母线、地线的表面因运输、保管等原因不平整需平整后再连接紧固。

(2) 装置单独或成列安装时，其垂直度以及柜面不平度和柜间缝隙的偏差应符合表3-4-22规定。

表3-4-22

<table>
<tr><th>项次</th><th colspan="2">项　目</th><th>允许偏差
(mm)</th><th>项次</th><th colspan="2">项　目</th><th>允许偏差
(mm)</th></tr>
<tr><td>1</td><td colspan="2">垂　直　度</td><td>3.3</td><td rowspan="2">3</td><td rowspan="2">水平度</td><td>相临两柜边</td><td>1</td></tr>
<tr><td rowspan="2">2</td><td rowspan="2">水平度</td><td>相临两柜顶部</td><td>2</td><td>成列柜面</td><td>5</td></tr>
<tr><td>成列柜顶部</td><td>2</td><td>4</td><td colspan="2">柜间接线</td><td>2</td></tr>
</table>

(3) 产品安装后投运前的检查与试验：

1) 检查柜面漆或其他覆盖材料（如喷塑）有否损坏，柜内是否干燥清洁。

2) 电器元件的操作是否灵活、不应有卡涩操作力过大现象。

3) 主要电器的主触头的通断是否灵活、准确。

4) 抽屉或抽出式结构的动、静触头中心应一致，触头接触应紧。主、辅触头的插入深度应符合要求。机械联锁装置应动作准确，闭锁或接触均应可靠。

5) 相同尺寸、功能的抽屉能方便地互换，无卡阻和碰撞现象。

6) 抽屉与柜体间的接地触头应接触紧密，当抽屉推入时，抽屉的接地触头应比主触头先接触，拉出时接地触头应比主触头后断开。

7) 仪表的刻度整定、互感器的变比极性应正确无误。

8) 熔断器的熔芯规格应符合工程设计的要求。

9) 继电保护的额定值及整定值应正确，动作可靠。

10) 用500V兆欧表测量绝缘电阻值不得低于0.5MΩ。

11) 各母线的连接应良好，绝缘支撑件、安装件及其他附件安装应牢固可靠。

(4) 使用注意事项：

1) 装置为不靠墙安装，正面操作，双面维修的低压配电柜。柜的维修通道及柜门，必须是考核合格的专业人员方可进入或开启操作、检查和检修。

2) 空气断路器、塑壳断路器经过多次分、合，特别是经过短路分、合后，会使触头局部烧伤和产生碳类物质，使接触电阻增大，应按断路器使用说明进行维修和检修。

3) 经过安装和维修后，必须严格检查各隔室之间、功能单元之间的隔离状态确已恢复，以确保本装置良好的功能分隔性，防止出现故障扩大。

（八）订货须知

订货时请提供如下资料：

(1) 产品的全型号包括主电路方案号和辅助电路方案号。

(2) 主电路系统组合顺序图。

(3) 辅助电路电器原理图。

(4) 柜内元件清单。

(5) 电路中电压、电流、时间等整定参数。

(6) 与产品正常使用不符合的其他特殊要求。

（九）生产厂

吉林恒通高压电气有限责任公司。

十二、GCDH型低压抽出式成套开关设备

（一）概述

GCDH低压抽出式开关柜（以下简称GCDH开关柜）是在总结国内外同类产品最新技术基础上研制开发的新一代产品。由动力中心（PC）、电动机控制中心（MCC）、无功功率补偿柜等组成。其框架结构、抽屉、母线系统吸取了DO—MINO—2000及MNS等开关柜的结构特点，同时借鉴了多种国内外低压抽出式开关柜的先进技术。产品符合IEC 439、GB 7251.1、JB/T 9661等标准要求。GCDH型开关柜是国产化设备。

（二）型号说明

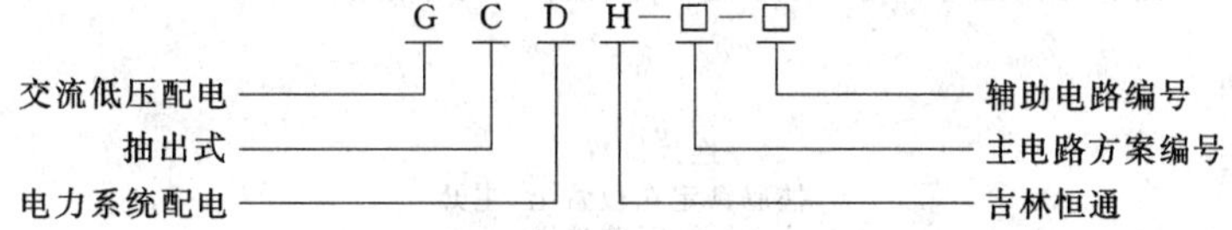

（三）用途

GCDH型开关柜适用于交流50～60Hz，额定电压660（690）V及以下的控配电系统，广泛用于发电、输电、配电及电能转换、分配和控制。由于其固定式方案柜与抽出式方案柜的母线系统一致，可以设计成固定柜和抽屉柜组合的混合型控制配电系统，可满足不同用户的需要。

（四）开关柜特点

(1) 结构紧凑，在较小的空间内可容纳较多的功能单元，节省投资。

(2) 各类柜型进线、馈电、无功功率补偿、软启动等可连接同一水平母线。

(3) 同一柜中可实现固定安装和抽屉式安装的混合装配。

(4) 采用高强度阻燃工程塑料功能板，有效加强了防护安全性能。

(5) 馈线电缆安装、维护更为方便。

（五）使用条件

(1) 周围空气温度不高于+40℃，不低于−5℃，且24h内平均温度不高于+35℃。

(2) 没有火灾、爆炸性气体及破坏绝缘的尘埃、化学腐蚀和剧烈震动的场所。

(3) 空气清洁，相对湿度在+40℃时不超过50%，在较低温度时，允许有较高的湿度，如：20℃时为90%。

(4) 海拔不超过2000m。

(5) 开关柜适应以下温度运输和储运：−25～+55℃之间，在短时间（24h）不超过70℃；当超出上述环境条件时，请用户与制造厂协商解决。

（六）开关柜结构特征

开关柜的基本框架为标准C型材，通过8.8级高强度自攻螺钉组装连接而成，具有较高的机械强度。C形型材在高度方向上是以$E=25$mm为模数安装孔的覆铝锌钢板或镀锌钢板弯制而成，加上门、隔板、封板、支持架以及母线、抽屉和电器元件组成完整的开关柜。

框架的外型尺寸和零部件的外型尺寸是按模数变化的，具有通用性强，适用性高的特点，可满足各种方案变化的要求，并可满足电缆上进上出、下进下出、上进下出、下进上出的要求。

开关柜前后均为开门形式，便于柜后维修。每台柜分成3个隔室：即水平母线室、功能单元室和电缆室。室与室之间用钢板隔开，上下小室之间都有带通气孔的钢板隔离，可保证各线路的正常运行，并有效防止故障电弧、线路短路等故障事故的扩大。

（七）功能单元

功能单元按用途分：动力配电中心（PC）和电动机控制中心（MCC）。

功能单元按安装方式分：抽屉式配电柜和固定间隔式配电柜。

1. 动力配电中心（PC）

功能单元设计为抽出式结构，YSA2、RMW等系列框架式断路器的手动操作手柄均凸出柜外，操作安全方便。功能单元有效高度为1800mm，每台柜可安装额定电流不大于1600A的两个框架断路器（软启动器）。

在固定柜方案中，既保留了固定柜的简洁、实用的特点，又具有抽屉柜同样的外观造型。其内部亦分为电器设备室、电缆室，各空间均用钢板隔开。

2. 电动机控制中心（MCC）

在MCC柜方案中，分别有8E/4、8E/2、8E、12E、16E、24E六种规格的抽屉，结构尺寸准确，互换性好，使用

安全、方便、可靠。

抽屉的机械联锁机构动作灵活可靠，设有运行、试验、隔离、抽出四个位置。

垂直母线及出线有良好的绝缘防护，可保证维修安全。可根据用户需要选择3极或4极出线。

柜的顶部安装水平母线与控制回路走线槽，使柜组排列中的架空进线连接更为便利。

柜的中性线母线（N线）及保护接地线（PE）用高强度绝缘子固定在柜架上，出线使用母线引出，用户接线十分方便，为保证柜体有可靠的接地连续性，抽屉、导轨、型钢、连接支架等均为覆铝锌板或镀锌钢板。

开关柜外壳的防护等级不低于IP30。柜顶部设有通风窗，利于开关柜自然通风散热。

（八）抽屉的机械联锁

抽屉单元有可靠的机械联锁装置，当主回路和辅助回路全部断开的状态下，解除机械联锁，按相应的符号标识，可移动抽屉到合闸、试验、抽出和分离位置，为加强安全，主断路器的操作手柄和联锁操作手柄定位后，能同时被三把挂锁锁定，见图3-4-1、图3-4-2。

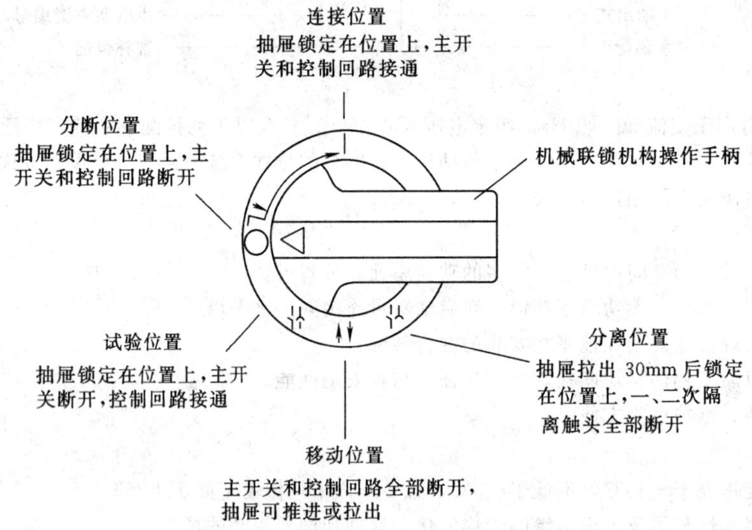

图3-4-1　8E/4和8E/2抽屉操作手柄位置图

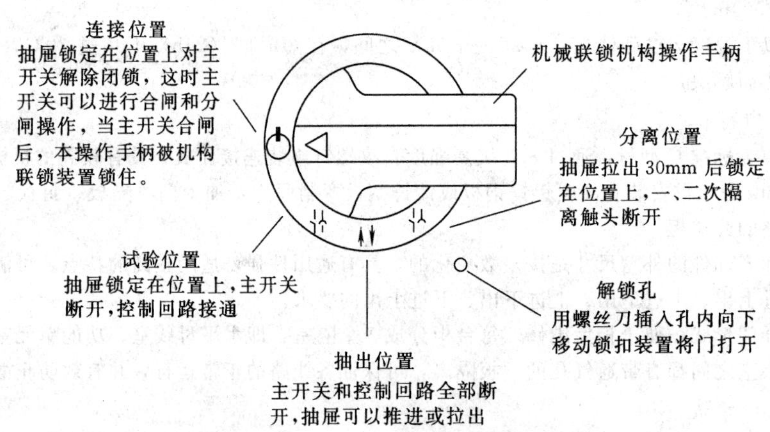

图3-4-2　8E～24E抽屉操作手柄位置图

（九）抽出式MCC操作须知

（1）抽屉底部应正确插入导向件后，方能向柜内推动，否则将发生损坏抽屉或拉不出等不良现象。

（2）8E/4和8E/2抽屉面板上的符号标志和作用见机械联锁图，图中从分断位置“○”旋转到“|”即可，返回时不需推动，只要将手柄“|”转向“○”，放手后，手柄将自动弹出。

（3）8E～24E抽屉面板上的符号标志和作用见机械联锁图。当手柄到达工作位置“⏻”时，机构对主开关解除机械闭锁，这时主开关可以合闸和分闸操作，但是，当主开关合闸后，联锁机构的手柄就不能操作。

（4）在符号标志的右下角门上有一塑料小盖，就是专门的解锁机构，操作过程如下：

当抽屉在工作位置时，如要开门，则先将小盖拔出，然后用螺丝刀插入孔内向下移动锁扣即可开门，开门后务必将塑料小盖盖上，否则将破坏原有的防护等级。

（十）安装、使用、维修

(1) 当开关运抵目的地后，首先应检查包装箱是否完整，若开关柜不立即安装，应存放在干燥清洁之处。

(2) 开关柜在安装中的运输要求见说明书。

(3) 开关柜推荐为离墙安装式，安装基础平面要求平整，基础槽钢的水平误差为 1/1000，总长偏差±3mm。

(4) 开关柜就位后，首先应检查每台开关柜与地面是否垂直，否则可允许用垫块校正，然后将整个排列的底框用连接板连接起来，安装好排列螺钉，再与基础槽钢进行焊接。

(5) 所有导电部分的螺钉推荐使用 8.8 级的压力垫圈，旋转力矩推荐值见表 3-4-23。

(6) 接好电缆后，开关柜底部应封闭，以防小动物爬入柜内，造成短路事故。

表 3-4-23

螺栓规格	旋转力矩（N·m）	螺栓规格	旋转力矩（N·m）
M6	9.5	M12	80
M8	25	M16	100
M10	45		

(7) 开关柜在安装或调试后，在投入运行前，需进行下列各项检查和试验：

1) 检查开关柜内安装的电器设备和控制线是否符合工厂的图纸要求 。

2) 用手动操作各种开关，应操作灵活，无异常和卡扎现象。

3) 检查联锁机构，电气联锁装置的动作是否正确可靠，应符合系统要求。

4) 检查主电路和控制回路的绝缘电阻是否符合规定要求。

5) 检查开关柜内所安装的电气设备接触是否良好，是否符合系统要求。

6) 检查开关柜内有无异物及各部件的安装螺钉是否有松动现象。

（十一）订货须知

(1) 一次回路方案及单线系统图。

(2) 二次回路原理图或接线图。

(3) 装置的排列图和配电室的平面布置图。

(4) 每个装置内所装各种电器设备的详细规格和数量。

(5) 提供水平母线的工作电流和短路电流，并提供母线规格，如不注明则由制造厂选定。

(6) 提供系统 L1、L2、L3、N、PE 或 L1、L2、L3、PEN，如不注明则由制造厂选定。

(7) 提供每个回路的使用名称（限制在 10 个字以内)，如不提供则制造厂仅提供空白符号牌。

(8) 装置表面漆颜色如不注明则为米灰色。

（十二）一次回路方案

见表 3-4-24。

表 3-4-24

方案编号	01	02	03	04	05	06	07
一次线路图	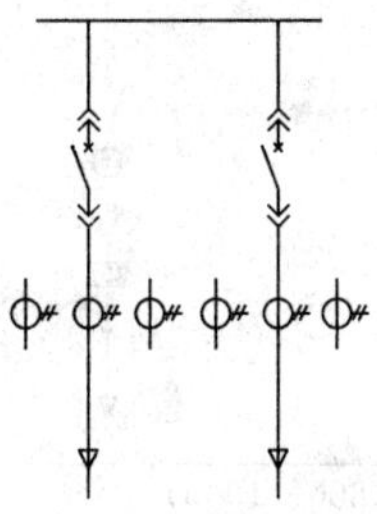	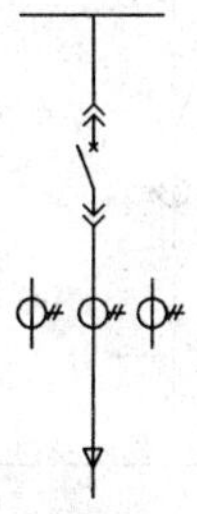			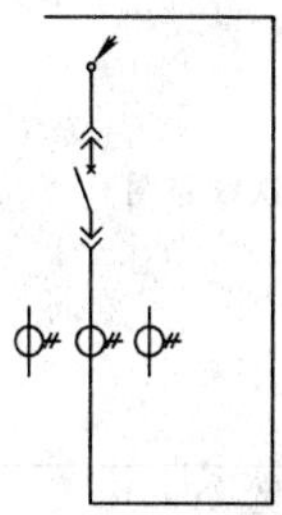		
柜宽（mm）	600（800、1000）						
设备室高	72E	72E	72E	72E	72E	72E	72E
最大工作电流（A）	1500×2	1500	2500	3200	1500	2500	3200
主要设备	F1S—1600 BH—0.66	F1S—1600 BH—0.66	F2S—2500 BH—0.66	F4S—3200 BH—0.66	F1S—1600 BH—0.66	F2S—2500 BH—0.66	F4S—3200 BH—0.66
用途	电缆进出线				柜顶进出线		

续表

方案编号	08	09	10	11	12	13	14	15
一次线路图	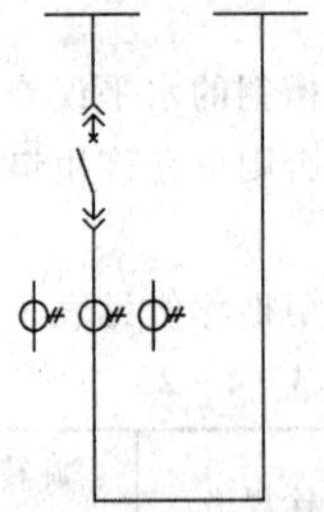				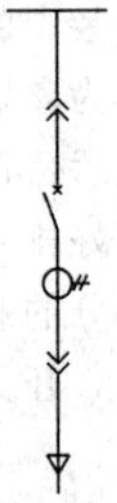			
柜宽（mm）	600（800、1000）							
设备室高	72E	72E	72E	8E/2	8E/2	8E	16E	24E
最大工作电流（A）	1500	2500	3200	30	50	200	350	600
主要设备	F1S—1600 BH—0.66	F2S—2500 BH—0.66	F4S—3200 BH—0.66	C45N—32 BH—0.66	CM1—63 BH—0.66	CM1—225 BH—0.66	CM1—400 BH—0.66	CM1—630 BH—0.66
用途	母联			馈线				

方案编号	16	17	18	19	20	21	22	23
一次线路图	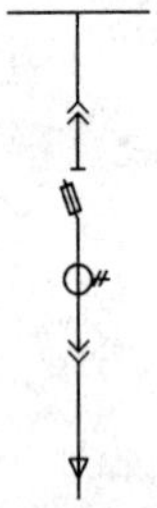		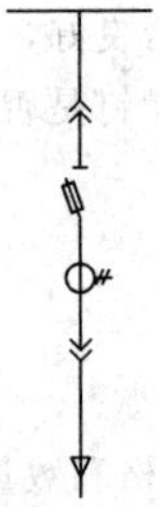			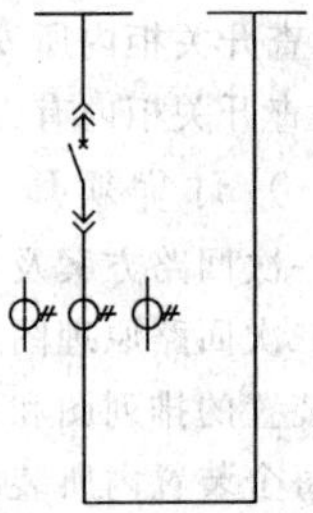		
柜宽（mm）	600（800、1000）							
设备室高	8E/4	8E/4	8E	16E	24E	8E	16E	24E
最大工作电流（A）	30	50	125	300	500	175	300	480
主要设备	NT00 HH17—63 BH—0.66	NT00 HH17—63 BH—0.66	QSA—125 BH—0.66	QSA—400 BH—0.66	QSA—630 BH—0.66	CM1—225 BH—0.66	CM1—400 BH—0.66	CM1—630 BH—0.66
用途	馈线					母线		

方案编号	24	25	26	27	28	29	30	31	32
一次线路图	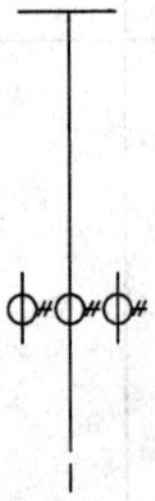	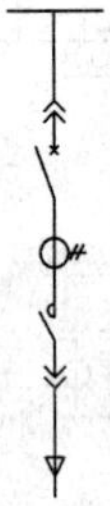							
柜宽（mm）	600（800、1000）								
设备室高	24E	8E/4	8E/2	8E/4	8E/2	8E	16E	24E	8E/2
最大控制功率（kW）		7.5	11	5.5	22	45	75	160	11
主要设备	BH—0.66 或用户 自备 自装	MS325 B16—25 BH—0.66	MS325 B37—65 BH—0.66	MS325 B16、T16 BH—0.66	CM1—63 B25—65 T25—105 BH—0.66	CM1—100 CM1—225 B65—170 T105—170 BH—0.66	CM1—225 B170—250 T170—250 BH—0.66	CM1—400 B250—370 T250—370 BH—0.66	MS325 B16—45 BH—0.66
用途	计量	不可逆							可逆

续表

方案编号	33	34	35	36	37	38	39	40
一次线路图								
柜宽（mm）	600（800、1000）							
设备室高	8E/2	8E/2	8E/2	8E	16E	24E		
最大控制功率（kW）	7.5	7.5	15	30	65	100		
主要设备	MS325 B16—25 BH—0.66	CM1—63 B16—25 T16—25 BH—0.66	CM1—65 B16—45 T16—TSA45 BH—0.66	CM1—100 B65—85 T105 BH—0.66	CM1—225 B105—170 T105—170 BH—0.66	CM1—400 B250 T250 BH—0.66		
用途	可逆							

方案编号	41	42	43	44	45	46	47	48
一次线路图	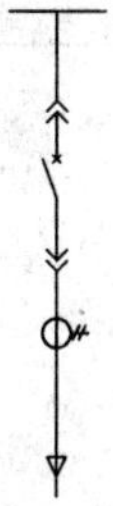							
柜宽（mm）	600（800、1000）							
设备室高	8E	12E	16E	24E	8E	12E	16E	24E
最大工作电流（A）	100	170	400	600	100	170	400	600
主要设备	CM1—100 BH—0.66	CM1—225 BH—0.66	CM1—400 CM1—630 BH—0.66	CM1—630 BH—0.66	CM1—100 BH—0.66	CM1—225 BH—0.66	CM1—400 CM1—630 BH—0.66	CM1—630 BH—0.66
用途	馈线				馈线			

方案编号	49	50	51	52	53	54	55	56
一次线路图								
柜宽（mm）	600（800、1000）							
设备室高	12E	20E	24E	32E	12E	20E	24E	32E
最大控制功率（kW）	15	65	100	160	15	65	100	160
主要设备	CM1—100 B16—65 T16—105 BH—0.66	CM1—225 B65—170 T105—170 BH—0.66	CM1—400 B250 T250 BH—0.66	CM1—630 B370 T370 BH—0.66	CM1—100 B16—65 T16—105 BH—0.66	CM1—225 B65—170 T105—170 BH—0.66	CM1—400 B250 T250 BH—0.66	CM1—630 B370 T370 BH—0.66
用途	不可逆				不可逆			

续表

方案编号	57	58	59	60	61	62	63	64
一次线路图	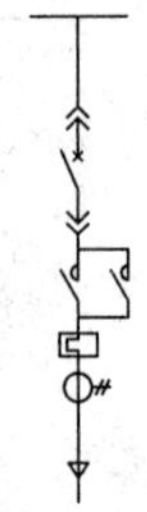				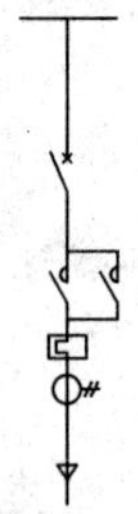			
柜宽（mm）	600（800、1000）							
设备室高	8E	16E	24E	32E	8E	16E	24E	32E
最大控制功率（kW）	15	65	100	160	15	65	100	160
主要设备	CM1—100 B9—B65 T16—TSA45 BH—0.66	CM1—225 B65—170 T105—170 BH—0.66	CM1—400 B250 T250 BH—0.66	CM1—630 B370 T370 BH—0.66	CM1—100 B9—B65 T16—TSA45 BH—0.66	CM1—225 B65—170 T105—170 BH—0.66	CM1—400 B250 T250 BH—0.66	CM1—630 B370 T370 BH—0.66
用途	可逆				可逆			

方案编号	65	66	67	68	69	70	71	72
一次线路图	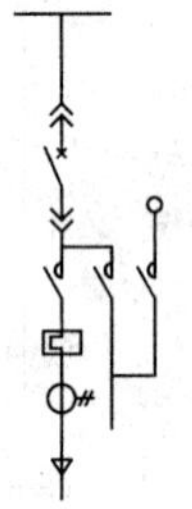				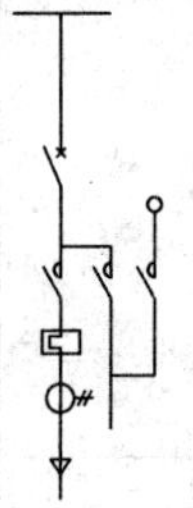			
柜宽（mm）	600（800、1000）							
设备室高	16E	24E	32E	40E	16E	24E	32E	40E
最大控制功率（kW）	15	65	100	160	15	65	100	160
主要设备	CM1—63 B16—65 T16—105 BH—0.66	CM1—225 B65—170 T105—170 BH—0.66	CM1—400 B250 T250 BH—0.66	CM1—630 B370 T370 BH—0.66	CM1—63 B16—65 T16—105 BH—0.66	CM1—225 B65—170 T105—170 BH—0.66	CM1—400 B250 T250 BH—0.66	CM1—630 B370 T370 BH—0.66
用途	Y/△				Y/△			

方案编号	73		74		75	76
一次线路图 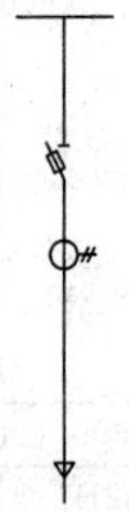						
柜宽（mm）	600（800、1000）					
设备室高	8E	12E	16E	20E		
最大工作电流（A）	100	200	400	600		
主要设备	QSA—125 BH—0.66	QSA—250 BH—0.66	QSA—400 BH—0.66	QSA—630 BH—0.66		
用途	馈线					

续表

方案编号	77	78	79	80
一次线路图			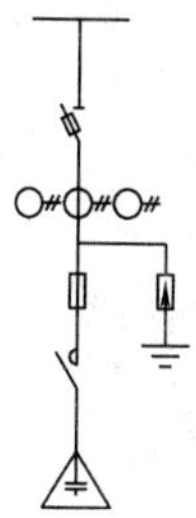	
柜宽（mm）	600（800、1000）			
设备室高	72E	72E	72E	72E
最大控制功率（kW）			最大补偿容量（120kvar）	
主要设备	DS862—2 DS862—2 DS862—2 最多安装8只	DS862—2 DS862—2 DS862—2 最多安装12只	QSA—400 RT14、CJ32C BSMJ0.4 RVC（ABB）	QSA—400 RT14 CJ32C BSMJ0.4
用途	电能表柜		自动控制屏	自动控制辅屏

方案编号	81	82	83	84
一次线路图	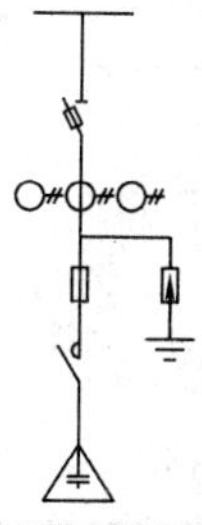		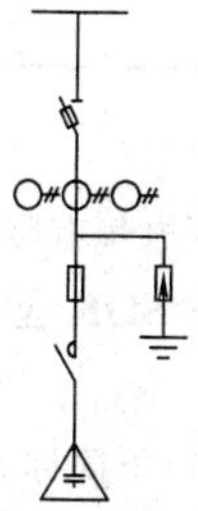	
柜宽（mm）	600（800、1000）			
设备室高	72E	72E	72E	72E
最大控制功率（kW）	最大补偿容量（180kvar）		最大补偿容量（300kvar）	
主要设备	QSA—400 RT14、CJ32C BSMJ0.4 RVC（ABB）	QSA—400 RT14 CJ32C BSMJ0.4	QSA—400 RT14、CJ32C BSMJ0.4 RVC（ABB）	QSA—400 RT14 CJ32C BSMJ0.4
用途	自动控制屏	自动控制屏	自动控制屏	自动控制屏

方案编号	85	86		87			88		
一次线路图	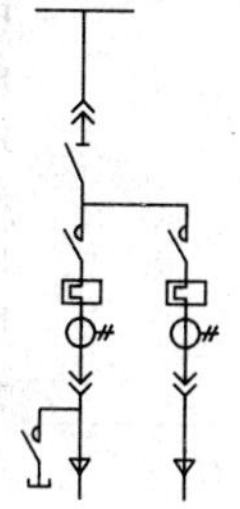			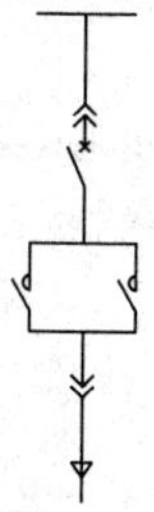					
柜宽（mm）	600（800、1000）								
设备室高			8E				16E		
最大控制功率（kW）	7.5	15	37	7.5	15	37	55	75	90
主要设备	CM—163 3TF43 DVA62 LMK2—0.69	CM1—63 3TF45 3UA55	CM1—100 3TF48 3UA58	CM18—100 3TF43	CM18—100 3TF45	CM18—100 3TF48	CM1E—225 3TF50	CM2E—225 3TF51	CM1E—225 3TF52
用途	电动机控制（双速）			电动机控制（可逆）					

续表

方案编号	89		90		91	92
一次线路图						
柜宽（mm）	600（800、1000）					
设备室高	8E		16E		20E	24E
最大控制功率（kW）	7.5	15	37	55	75	90
主要设备	CM1—100 3TF42	CM1—100 3TF44	CM1—100 3TF48	CM1—225 3TF50	CM1—160 3TF49　3VA59	CM1—225 3TF50　3VA59
用　途	电机控制（不可逆）				馈　线	

（十三）生产厂

吉林恒通高压电气有限责任公司。

十三、HG—SDK型低压抽出式成套开关设备

（一）概述

HG—SDK（以下简称SDK）低压开关成套设备适用于发电厂、石油、化工、纺织、高层建筑等行业的配电系统。在大型发电厂、石化系统、机场等自动化程度高，要求与计算机接口的场所作为三相交流频率为50（60）Hz，额定工作电压为380（400）V、660V，额定电流为6300A及以下的发、供电系统中的配电、电动机集中控制、无功功率补偿使用的低压成套配电装置。

（二）型号说明

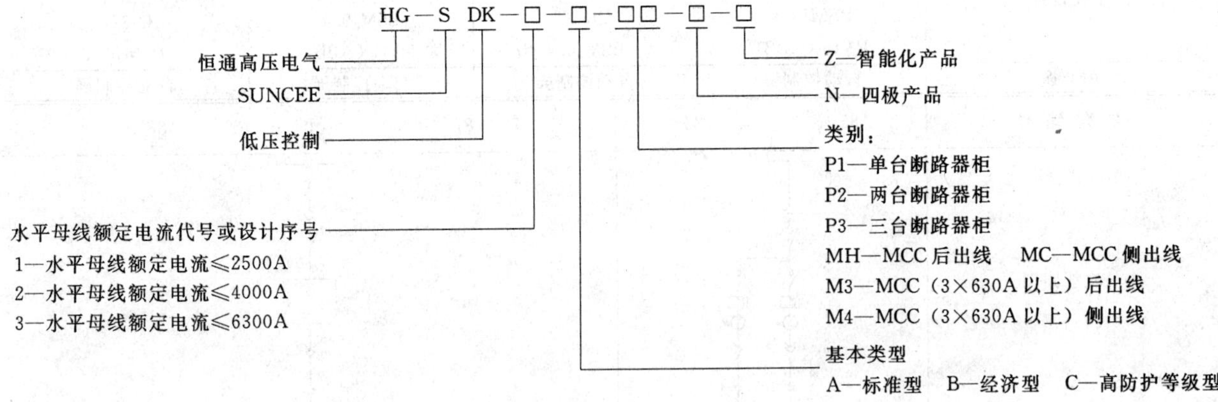

（三）符合标准

（1）GB 7251.1—1997　低压成套开关设备和控制设备第1部分：型式试验和部分型式试验成套设备（IDT IEC60439-1：1992）。

（2）GB 4208—1993　外壳防护等级（代码）。

（3）GB 14048.1—1993　低压开关设备和控制设备　总则。

（4）DIN 41488　柜体和支持件。

（5）DIN 43660　模数。

（四）使用条件

1. 正常使用条件

（1）周围空气温度上限不高于＋40℃，下限不低于－5℃，并且24h内的平均温度不得超过＋35℃。

（2）设备运输与储存过程中的温度可在－25～＋55℃的范围内，短时（不超过24h）的温度不超过＋70℃。设备在经过这些高温后，不应遭受任何不可恢复的损坏，而且在规定的条件下应能正常工作。

（3）安装使用地点的海拔不超过2000m。

（4）周围空气清洁，在最高温度为＋40℃时相对湿度不超过50%，在较低温度时，允许有较大的相对湿度。例如：＋20℃时相对湿度为90%。但应考虑到由于温度变化，可能会偶然产生适度的凝露。

（5）设备所接的电源电压波动范围，必须保证最低值不得低于设备额定工作电压值的90%，最高值不得高于设备额定工作电压值的110%。

（6）设备使用时，局部环境的污染等级不得超过3级（有导电性污染或者由于凝露使干燥的非导电性污染变成导电性的污染）污染环境。

（7）设备安装时与垂直面倾斜度不超过5度。

（8）设备应安装在无爆炸危险及腐蚀性气体的场所。

（9）地震烈度不大于8度。

（10）当设备使用于海上石油钻井平台和核电站时，应另行签订技术协议。

2. 特殊使用条件

如存在下述任何一种特殊使用条件，必须遵守适用的特殊要求或在制造厂与用户之间达成的专门协议。

（1）温度值、相对湿度或海拔与正常的规定不同。

（2）在使用中，温度或气压急剧变化，以致在成套设备内易出现异常的凝露。

（3）空气被尘埃、烟雾、腐蚀性微粒、放射性微粒、蒸气或盐雾严重污染。

（4）暴露在高温中，例如太阳的直射或火炉的烘烤。

（5）受霉菌或微生物侵蚀。

（6）安装在有火灾或爆炸危险的场地。

（7）遭受强烈振动或冲击。

（8）安装在会使载流容量和分断能力受到影响的地方，例如将设备安装在机器中或嵌入墙内。

（9）为解决电和辐射的干扰而采取适当措施。

（五）结构描述以及创新特点

（1）系列完整、高强度、模数化的兼容设计。柜体整体为组装式结构，SDK1用轻型的KB（C）型材结构，SDK2和SDK3用新型KF结构，这两种结构基于E=25mm模数设计，安装（组装）连接方便灵活，确保设计的多样化组合，可以兼容组装国内目前主流产品的抽出式功能单元如GCK、GCS、MNS等。

（2）普及型现场总线技术的应用。商品化的智能辅件与19in上架产品的兼容，易于应用，便于操作，使制造商和工程用户更容易掌握MODBUS和DEVICSNET等智能技术。

（3）标准型MCC柜垂直母线系统的新型功能板设计。矩形6mm×60mm铜排（上进线）和L型6mm×60mm×35mm铜棒（后进线）兼容。最大电流1600A异形铜排的使用，可同时满足抽出结构和固定分割结构，最大电流2500A，支持更大的电流设计。

（4）多样化回路的解决方案。抽出式功能单元采用7E（＝175mm）高度设计，7E/4、7E/2、7E、14E、21E规格齐全，额定电流从32～630A。支持后出线和侧出线方式，7E功能单元支持双出线设计，额定电流不大于125A。

（5）功能单元结构优化设计：

1）抽屉一体化设计，方便安装和互换。

2）抽屉导轨采用合金拉制，使功能单元灵活轻便，而且抽屉根据需要可以加长、缩短。

3）推进机构的创新设计。四位置（移出、隔离、试验和连接）清楚可见以及防跌落导轨设计使得操作更方便、更省力、更安全。

（6）整体造型设计。推进机构手柄、功能单元拉手、测控板、位置指示、机构封堵一体化设计，使得零部件与整体、功能分割与色彩设计协调。

（六）安装方式

正面操作，可以近墙、靠墙安装或背靠背安装。

（七）一次方案

见表3-4-25。

表 3-4-25

方案编号		01	02	03	04	05	06	07
一次线路图		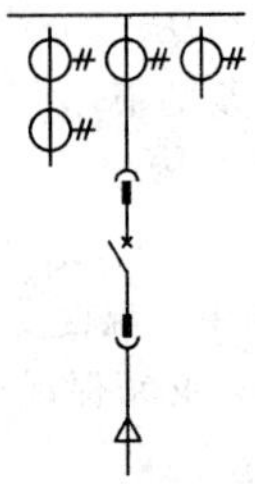						
用途		受电（电缆进线）						
分断能力（kA）		80	80	80	50	50	50	50
额定电流（A）		4000	3150	2500	2000	1600	1250	1000
柜宽（mm）	三极	800	800	800	800	800	800	800
	四极	1000	1000	1000				
柜深（mm）		1200	1000	1000	800	800	800	800
功能单元高度		72E	72E	72E	72E	72E	72E	72E
主要元件	CW1—4000	1						
	CW1—3200		1					
	CW1—3200			1				
	CW1—2000				1			
	CW1—2000					1		
	CW1—2000						1	
	CW1—2000							1
	LMK2—0.66	4	4	4	4	4	4	4
备注		主开关也可选用 ABB 公司 E 系列，北开 AH 系列，施耐德 M 系列						

方案编号		08	09	10	11	12	13	14
一次线路图		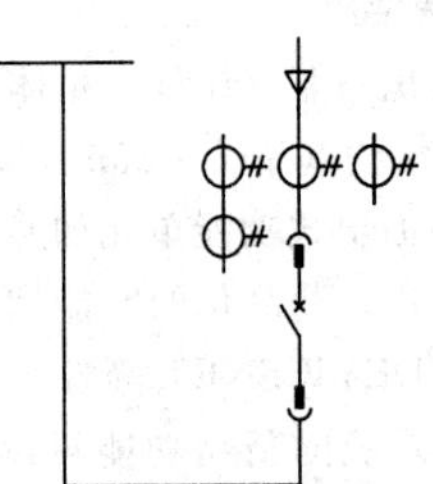						
用途		受电（架空进线）						
分断能力（kA）		80	80	80	50	50	50	50
额定电流（A）		4000	3150	2500	2000	1600	1250	1000
柜宽（mm）	三极	800	800	800	800	800	800	800
	四极	1000	1000	1000				
柜深（mm）		1200	1000	1000	800	800	800	800
功能单元高度		72E	72E	72E	72E	72E	72E	72E
主要元件	CW1—4000	1						
	CW1—3200		1					
	CW1—3200			1				
	CW1—2000				1			
	CW1—2000					1		
	CW1—2000						1	
	CW1—2000							1
	LMK2—0.66	4	4	4	4	4	4	4
备注		主开关也可选用 ABB 公司 E 系列，北开 AH 系列，施耐德 M 系列						

续表

方案编号		15	16	17	18	19	20	
一次线路图								
用途		馈电						
分断能力（kA）		50	50	50	50	50	50	
额定电流（A）		1600	1250	1000	800	630	400	
柜宽（mm）		1000（800）	1000（800）	1000（800）	1000（800）	1000（800）	1000（800）	
柜深（mm）		1000（800）	1000（800）	1000（800）	1000（800）	1000（800）	1000（800）	
功能单元高度		24E	24E	24E	24E	24E	24E	
主要元件	CW1—2000	1						
	CW1—2000		1					
	CW1—2000			1				
	CW1—2000				1			
	CW1—2000					1		
	CW1—2000						1	
备注		主开关也可选用ABB公司E系列，北开AH系列，施耐德M系列						

方案编号		21	22	23	24	25	26	
一次线路图								
用途		馈电						
额定短时耐受电流（kA）		50	50	50	50	50	50	
额定电流（A）		1600	1250	1000	800	630	400	
柜宽（mm）		1000（800）	1000（800）	1000（800）	1000（800）	1000（800）	1000（800）	
柜深（mm）		1000（800）	1000（800）	1000（800）	1000（800）	1000（800）	1000（800）	
功能单元高度		24E	24E	24E	24E	24E	24E	
主要元件	CW1—2000	1						
	CW1—2000		1					
	CW1—2000			1				
	CW1—2000				1			
	CW1—2000					1		
	CW1—2000						1	
	LMK2—0.66	1	1	1	1	1	1	
备注		主开关也可选用ABB公司E系列，北开AH系列，施耐德M系列						

续表

方案编号		27	28	29	30	31	32	
一次线路图		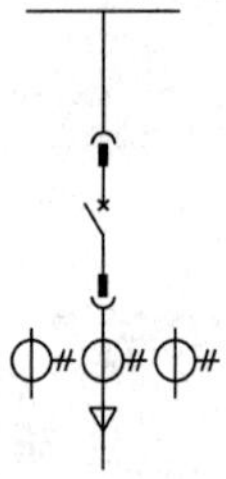						
用途		馈电						
分断能力（kA）		50	50	50	50	50	50	
额定电流（A）		1600	1250	1000	800	630	400	
柜宽（mm）		1000（800）	1000（800）	1000（800）	1000（800）	1000（800）	1000（800）	
柜深（mm）		1000（800）	1000（800）	1000（800）	1000（800）	1000（800）	1000（800）	
功能单元高度		24E	24E	24E	24E	24E	24E	
主要元件	CW1—2000	1						
	CW1—2000		1					
	CW1—2000			1				
	CW1—2000				1			
	CW1—2000					1		
	CW1—2000						1	
备注		主开关也可选用ABB公司E系列，北开AH系列，施耐德M系列						

方案编号		33	34	35	36	37	38	
一次线路图		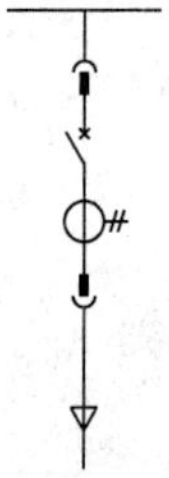						
用途		馈电						
额定短时耐受电流（kA）		50	50	50	35	35	18	
额定电流（A）		630	400	250	160	100	63	
柜宽（mm）		1000（650）	1000（650）	1000（650）	1000（650）	1000（650）	1000（650）	
柜深（mm）		1000（800）	1000（800）	1000（800）	1000（800）	1000（800）	1000（800）	
功能单元高度		21E	14E	7E	7E	7E	7E/2	
主要元件	CW1—630	1						
	CW1—400		1					
	CW1—225			1				
	CW1—160				1			
	CW1—100					1		
	CW1—63						1	
	LMK2—0.66	1	1	1	1	1	1	
备注		主开关也可选用ABB公司S系列，施耐德NS系列						

续表

方案编号		39	40	41	42	43	44	
一次线路图		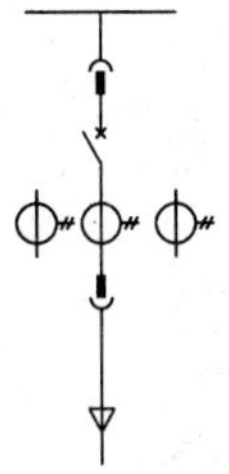						
用　　途		馈　　电						
额定短时耐受电流（kA）		50	50	50	35	35	18	
额定电流（A）		630	400	250	160	100	63	
柜宽（mm）		1000（650）	1000（650）	1000（650）	1000（650）	1000（650）	1000（650）	
柜深（mm）		1000（800）	1000（800）	1000（800）	1000（800）	1000（800）	1000（800）	
功能单元高度		21E	14E	7E	7E	7E	7E/2	
主要元件	CW1—630	1						
	CW1—400		1					
	CW1—225			1				
	CW1—160				1			
	CW1—100					1		
	CW1—63						1	
	LMK2—0.66	3	3	3	3	3	3	
备　　注		主开关也可选用 ABB 公司 S 系列，施耐德 NS 系列						

方案编号		45	46	47	48	49	50	
一次线路图		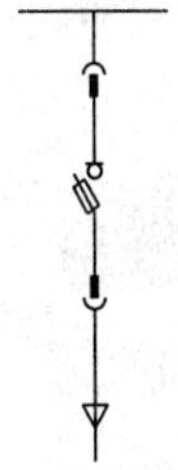						
用　　途		馈　　电						
额定短时耐受电流（kA）		50	50	50	35	35	18	
额定电流（A）		630	400	250	160	125	63	
柜宽（mm）		1000（650）	1000（650）	1000（650）	1000（650）	1000（650）	1000（650）	
柜深（mm）		1000（800）	1000（800）	1000（800）	1000（800）	1000（800）	1000（800）	
功能单元高度		21E	14E	7E	7E	7E	7E/2	
主要元件	QSA—630	1						
	QSA—400		1					
	QSA—250			1				
	QSA—160				1			
	QSA—125					1		
	QSA—63						1	
备　　注								

续表

方案编号		51	52	53	54	55	56	
一次线路图		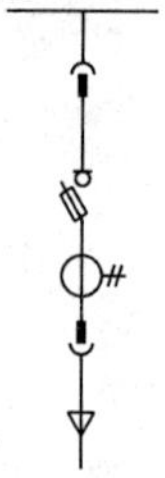						
用途		馈电						
额定短时耐受电流（kA）		50	50	50	35	35	18	
额定电流（A）		630	400	250	160	125	63	
柜宽（mm）		1000（650）	1000（650）	1000（650）	1000（650）	1000（650）	1000（650）	
柜深（mm）		1000（800）	1000（800）	1000（800）	1000（800）	1000（800）	1000（800）	
功能单元高度		21E	14E	7E	7E	7E	7E/2	
主要元件	QSA—630	1						
	QSA—400		1					
	QSA—250			1				
	QSA—160				1			
	QSA—125					1		
	QSA—63						1	
	LMK2—0.66	1	1	1	1	1	1	
备注								

方案编号		57	58	59	60	61		
一次线路图		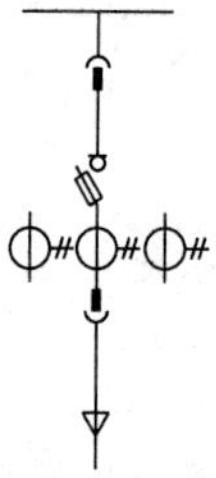						
用途		馈电						
额定短时耐受电流（kA）		50	50	50	35	35		
额定电流（A）		630	400	250	160	125		
柜宽（mm）		1000（650）	1000（650）	1000（650）	1000（650）	1000（650）		
柜深（mm）		1000（800）	1000（800）	1000（800）	1000（800）	1000（800）		
功能单元高度		21E	14E	7E	7E	7E		
主要元件	QSA—630	1						
	QSA—400		1					
	QSA—250			1				
	QSA—160				1			
	QSA—125					1		
	LMK2—0.66	3	3	3	3	3		
备注								

续表

方案编号		62	63	64	65	66	67	68
一次线路图		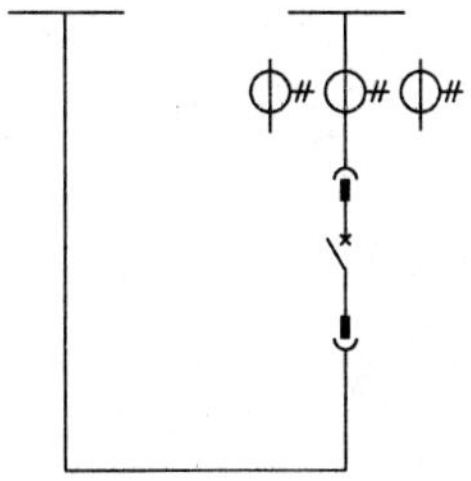						
用　途		母线联络						
分断能力（kA）		80	80	80	50	50	50	50
额定电流（A）		4000	3150	2500	2000	1600	1250	1000
柜宽（mm）	三极	800	800	800	800	800	800	800
	四极	1000	1000	1000				
柜深（mm）		1000	1000	1000	800	800	800	800
功能单元高度		72E	72E	72E	72E	72E	72E	72E
主要元件	CW1—4000	1						
	CW1—3200		1					
	CW1—3200			1				
	CW1—2000				1			
	CW1—2000					1		
	CW1—2000						1	
	CW1—2000							1
	LMK2—0.66	3	3	3	3	3	3	3
备　注		主开关也可选用ABB公司E系列，北开AH系列，施耐德M系列						

方案编号		69	70	71	72	73	74	75
一次线路图		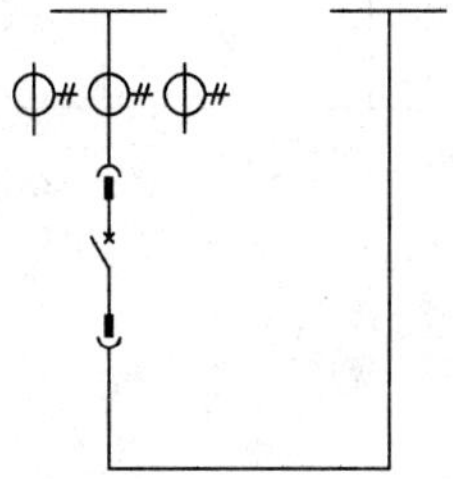						
用　途		母线联络						
分断能力（kA）		80	80	80	50	50	50	50
额定电流（A）		4000	3150	2500	2000	1600	1250	1000
柜宽（mm）	三极	800	800	800	800	800	800	800
	四极	1000	1000	1000				
柜深（mm）		1000	1000	1000	800	800	800	800
功能单元高度		72E	72E	72E	72E	72E	72E	72E
主要元件	CW1—4000	1						
	CW1—3200		1					
	CW1—3200			1				
	CW1—2000				1			
	CW1—2000					1		
	CW1—2000						1	
	CW1—2000							1
	LMK2—0.66	3	3	3	3	3	3	3
备　注		主开关也可选用ABB公司E系列，北开AH系列，施耐德M系列						

续表

方案编号		76	77	78	79	80	81	82
一次线路图		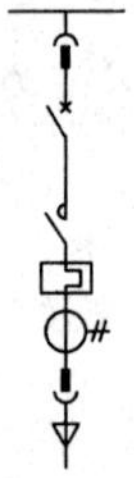						
用途		电动机控制（不可逆起动）						
分断能力（kA）		50	50	50	50	50	50	50
控制容量（kW）		75	60	55	40	30	18.5	15
柜宽（mm）		1000（650）	1000（650）	1000（650）	1000（650）	1000（650）	1000（650）	1000（650）
柜深（mm）		1000（800）	1000（800）	1000（800）	1000（800）	1000（800）	1000（800）	1000（800）
功能单元高度		14E	14E	14E	7E	7E	7E	7E
主要元件	CM1—225M	1×160A	1×140A	1×125A				
	CM1—100M				1×100A	1×80A	1×50A	1×40A
	SC—E7	1						
	SC—E6		1					
	SC—E5			1				
	SC—E4				1			
	SC—E3					1		
	SC—E2						1	
	SC—E1							1

方案编号		76	77	78	79	80	81	82
一次线路图		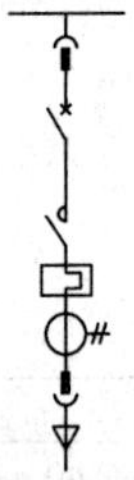						
用途		电动机控制（不可逆起动）						
分断能力（kA）		50	50	50	50	50	50	50
控制容量（kW）		75	60	55	40	30	18.5	15
柜宽（mm）		1000（650）	1000（650）	1000（650）	1000（650）	1000（650）	1000（650）	1000（650）
柜深（mm）		1000（800）	1000（800）	1000（800）	1000（800）	1000（800）	1000（800）	1000（800）
功能单元高度		14E	14E	14E	7E	7E	7E	7E
主要元件	TK—E6	1	1					
	TK—E5			1				
	TK—E3				1	1		
	TK—E2						1	1
	LMK2—0.66	1	1	1	1	1	1	1
备注								

续表

方案编号		83	84	85	86	87	88	89
一次线路图		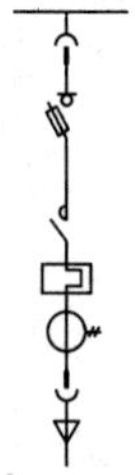						
用　　途		电动机控制（不可逆起动）						
分断能力（kA）		50	50	50	50	50	50	50
控制容量（kW）		75	60	55	40	30	18.5	15
柜宽（mm）		1000（650）	1000（650）	1000（650）	1000（650）	1000（650）	1000（650）	1000（650）
柜深（mm）		1000（800）	1000（800）	1000（800）	1000（800）	1000（800）	1000（800）	1000（800）
功能单元高度		14E	14E	14E	7E	7E	7E	7E
主要元件	QSA250	1×160A	1×140A	1×125A				
	QSA125				1×100A	1×80A	1×50A	1×40A
	SC—E7	1						
	SC—E6		1					
	SC—E5			1				
	SC—E4				1			
	SC—E3					1		
	SC—E2						1	
	SC—E1							1

方案编号		83	84	85	86	87	88	89
一次线路图		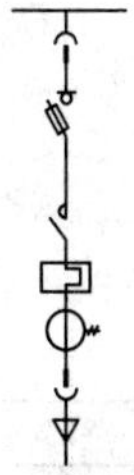						
用　　途		电动机控制（不可逆起动）						
分断能力（kA）		50	50	50	50	50	50	50
控制容量（kW）		75	60	55	40	30	18.5	15
柜宽（mm）		1000（650）	1000（650）	1000（650）	1000（650）	1000（650）	1000（650）	1000（650）
柜深（mm）		1000（800）	1000（800）	1000（800）	1000（800）	1000（800）	1000（800）	1000（800）
功能单元高度		14E	14E	14E	7E	7E	7E	7E
主要元件	TK—E6	1	1					
	TK—E5			1				
	TK—E3				1	1		
	TK—E2						1	1
	LMK2—0.66	1	1	1	1	1	1	1
备　　注								

续表

方案编号		90	91	92	93			
一次线路图		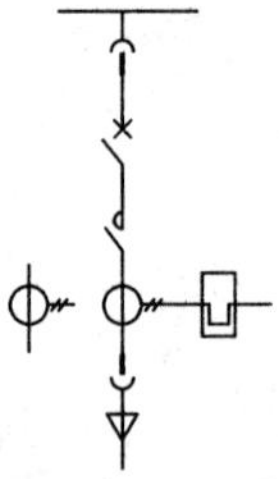						
用途		电动机控制（不可逆起动）						
分断能力（kA）		50	50	50	50			
控制容量（kW）		220	160	110	90			
柜宽（mm）		1000（650）	1000（650）	1000（650）	1000（650）			
柜深（mm）		1000（800）	1000（800）	1000（800）	1000（800）			
功能单元高度		21E	21E	21E	21E			
主要元件	CM1—630M	1×500A						
	CM1—400M		1×320A	1×250A				
	CM1—225M				1×225A			
	SC—N12	1						
	SC—N11		1					
	SC—N10			1				
	SC—N8				1			
	TK—E02	1	1	1	1			
	LMK2—0.66	2	2	2	2			
备注								

方案编号		94	95	96	97			
一次线路图		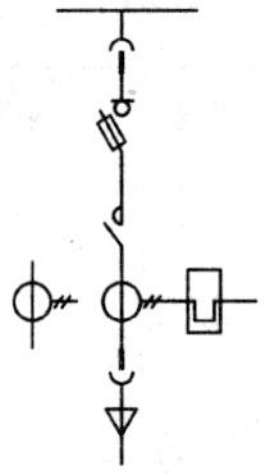						
用途		电动机控制（不可逆起动）						
分断能力（kA）		50	50	50	50			
控制容量（kW）		220	160	110	90			
柜宽（mm）		1000（650）	1000（650）	1000（650）	1000（650）			
柜深（mm）		1000（800）	1000（800）	1000（800）	1000（800）			
功能单元高度		21E	21E	21E	21E			
主要元件	QSA—630	1×500A						
	QSA—400		1×320A	1×250A				
	QSA—250				1×225A			
	SC—N12	1						
	SC—N11		1					
	SC—N10			1				
	SC—N8				1			
	TK—E02	1	1	1	1			
	LMK2—0.66	2	2	2	2			
备注								

续表

方案编号		98	99	100	101	102		
一次线路图		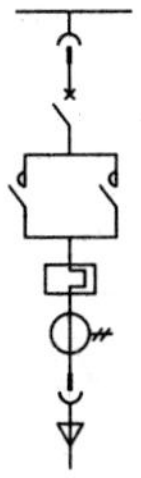						
用途		电动机控制（可逆起动）						
分断能力（kA）		50	50	50	50	50		
控制容量（kW）		55	40	30	18.5	15		
柜宽（mm）		1000（650）	1000（650）	1000（650）	1000（650）	1000（650）		
柜深（mm）		1000（800）	1000（800）	1000（800）	1000（800）	1000（800）		
功能单元高度		14E	14E	14E	7E	7E		
主要元件	CM1—225M	1×160A						
	CM1—100M		1×100A	1×80A	1×50A	1×50A		
	SC—E5	2						
	SC—E4		2					
	SC—E3			2				
	SC—E2				2			
	SC—E1					2		

方案编号		98	99	100	101	102		
一次线路图		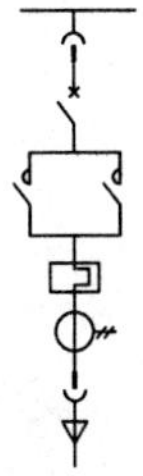						
用途		电动机控制（可逆起动）						
分断能力（kA）		50	50	50	50	50		
控制容量（kW）		55	40	30	18.5	15		
柜宽（mm）		1000（650）	1000（650）	1000（650）	1000（650）	1000（650）		
柜深（mm）		1000（800）	1000（800）	1000（800）	1000（800）	1000（800）		
功能单元高度		14E	14E	14E	7E	7E		
主要元件	TK—E5	1						
	TK—E3		1	1				
	TK—E2				1	1		
	LMK2—0.66	1	1	1	1	1		
备注								

续表

方案编号		103	104	105	106	107		
一次线路图		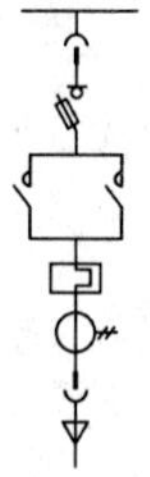						
用途		电动机控制（可逆起动）						
分断能力（kA）		50	50	50	50	50		
控制容量（kW）		55	40	30	18.5	15		
柜宽（mm）		1000（650）	1000（650）	1000（650）	1000（650）	1000（650）		
柜深（mm）		1000（800）	1000（800）	1000（800）	1000（800）	1000（800）		
功能单元高度		14E	14E	14E	7E	7E		
主要元件	QSA250	1×160A						
	QSA125		1×100A	1×80A	1×50A	1×50A		
	SC—E5	2						
	SC—E4		2					
	SC—E3			2				
	SC—E2				2			
	SC—E1					2		

方案编号		103	104	105	106	107		
一次线路图		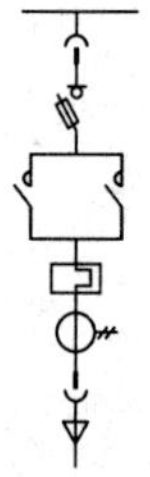						
用途		电动机控制（可逆起动）						
分断能力（kA）		50	50	50	50	50		
控制容量（kW）		55	40	30	18.5	15		
柜宽（mm）		1000（650）	1000（650）	1000（650）	1000（650）	1000（650）		
柜深（mm）		1000（800）	1000（800）	1000（800）	1000（800）	1000（800）		
功能单元高度		14E	14E	14E	7E	7E		
主要元件	TK—E5	1						
	TK—E3		1	1				
	TK—E2				1	1		
	LMK2—0.66	1	1	1	1	1		
备注								

续表

方案编号		108	109					
一次线路图		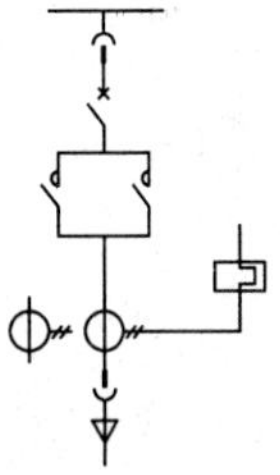						
用　途		电动机控制（可逆起动）						
分断能力（kA）		50	50					
控制容量（kW）		75	60					
柜宽（mm）		1000（650）	1000（650）					
柜深（mm）		1000（800）	1000（800）					
功能单元高度		21E	21E					
主要元件	CM1—225M	1×160A	1×160A					
	SC—E7	2						
	SC—E6		2					
	TK—E2	1	1					
	LMK2—0.66	2	2					
备　注								

方案编号		110	111					
一次线路图		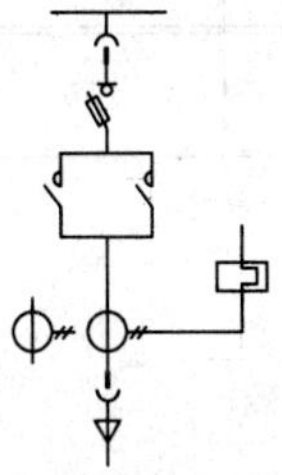						
用　途		电动机控制（可逆起动）						
分断能力（kA）		50	50					
控制容量（kW）		75	60					
柜宽（mm）		1000（650）	1000（650）					
柜深（mm）		1000（800）	1000（800）					
功能单元高度		21E	21E					
主要元件	QSA250	1×160A	1×160A					
	SC—E7	2						
	SC—E6		2					
	TK—E2	1	1					
	LMK2—0.66	2	2					
备　注								

续表

方案编号		112	113	114	115	116	117	118
一次线路图		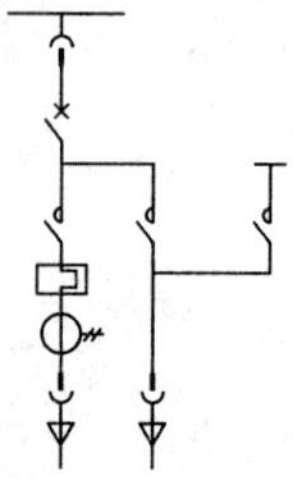						
用　途		电动机控制（星/三角起动）						
分断能力（kA）		50	50	50	50	50	50	50
控制容量（kW）		75	60	55	40	30	18.5	15
柜宽（mm）		1000（650）	1000（650）	1000（650）	1000（650）	1000（650）	1000（650）	1000（650）
柜深（mm）		1000（800）	1000（800）	1000（800）	1000（800）	1000（800）	1000（800）	1000（800）
功能单元高度		21E	21E	14E	14E	14E	14E	14E
主要元件	CM1—225M	1×160A	1×140A	1×125A				
	CM1—100M				1×100A	1×80A	1×50A	1×40A
	SC—E7	3						
	SC—E6		3					
	SC—E5			3				
	SC—E4				3			
	SC—E3					3		
	SC—E2						3	
	SC—E1							3

方案编号		112	113	114	115	116	117	118
一次线路图		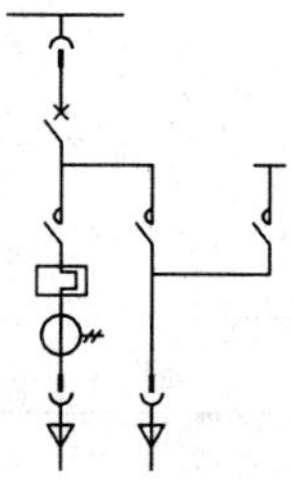						
用　途		电动机控制（星/三角起动）						
分断能力（kA）		50	50	50	50	50	50	50
控制容量（kW）		75	60	55	40	30	18.5	15
柜宽（mm）		1000（650）	1000（650）	1000（650）	1000（650）	1000（650）	1000（650）	1000（650）
柜深（mm）		1000（800）	1000（800）	1000（800）	1000（800）	1000（800）	1000（800）	1000（800）
功能单元高度		21E	21E	14E	14E	14E	14E	14E
主要元件	TK—E6	1	1					
	TK—E5			1				
	TK—E3				1	1		
	TK—E2						1	1
	LMK2—0.66	1	1	1	1	1	1	1
备　注								

续表

方案编号		119	120	121	122	123	124	125
一次线路图		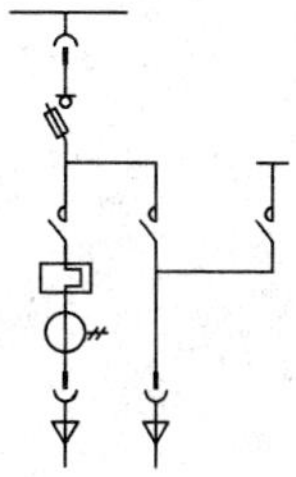						
用途		电动机控制（星/三角起动）						
分断能力（kA）		50	50	50	50	50	50	50
控制容量（kW）		75	60	55	40	30	18.5	15
柜宽（mm）		1000（650）	1000（650）	1000（650）	1000（650）	1000（650）	1000（650）	1000（650）
柜深（mm）		1000（800）	1000（800）	1000（800）	1000（800）	1000（800）	1000（800）	1000（800）
功能单元高度		21E	21E	14E	14E	14E	14E	14E
主要元件	QSA250	1×160A	1×140A	1×125A				
	QSA125				1×100A	1×80A	1×50A	1×40A
	SC—E7	1						
	SC—E6		1					
	SC—E5			1				
	SC—E4				1			
	SC—E3					1		
	SC—E2						1	
	SC—E1							1

方案编号		119	120	121	122	123	124	125
一次线路图		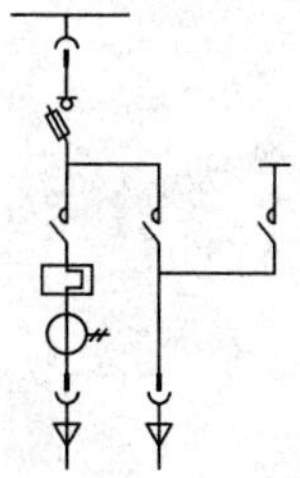						
用途		电动机控制（星/三角起动）						
分断能力（kA）		50	50	50	50	50	50	50
控制容量（kW）		75	60	55	40	30	18.5	15
柜宽（mm）		1000（650）	1000（650）	1000（650）	1000（650）	1000（650）	1000（650）	1000（650）
柜深（mm）		1000（800）	1000（800）	1000（800）	1000（800）	1000（800）	1000（800）	1000（800）
功能单元高度		21E	21E	14E	14E	14E	14E	14E
主要元件	TK—E6	1	1					
	TK—E5			1				
	TK—E3				1	1		
	TK—E2						1	1
	LMK2—0.66	1	1	1	1	1	1	1
备注								

续表

方案编号		126	127	128	129	130	131	132
一次线路图								
用途		电动机控制（双速控制）						
分断能力（kA）		50	50	50	50	50	50	50
控制容量（kW）		75	60	55	40	30	18.5	15
柜宽（mm）		1000（650）	1000（650）	1000（650）	1000（650）	1000（650）	1000（650）	1000（650）
柜深（mm）		1000（800）	1000（800）	1000（800）	1000（800）	1000（800）	1000（800）	1000（800）
功能单元高度		21E	21E	14E	14E	14E	14E	14E
主要元件	CM1—225M	1×160A	1×140A	1×125A				
	CM1—100M				1×100A	1×80A	1×50A	1×40A
	SC—E7	2						
	SC—E6		2					
	SC—E5			2				
	SC—E4				2			
	SC—E3					2		
	SC—E2						2	
	SC—E1							2

方案编号		126	127	128	129	130	131	132
一次线路图								
用途		电动机控制（双速控制）						
分断能力（kA）		50	50	50	50	50	50	50
控制容量（kW）		75	60	55	40	30	18.5	15
柜宽（mm）		1000（650）	1000（650）	1000（650）	1000（650）	1000（650）	1000（650）	1000（650）
柜深（mm）		1000（800）	1000（800）	1000（800）	1000（800）	1000（800）	1000（800）	1000（800）
功能单元高度		21E	21E	14E	14E	14E	14E	14E
主要元件	TK—E6	2	2					
	TK—E5			2				
	TK—E3				2	2		
	TK—E2						2	2
	LMK2—0.66	1	1	1	1	1	1	1
备注								

续表

方案编号		133	134	135	136	137	138	139
一次线路图		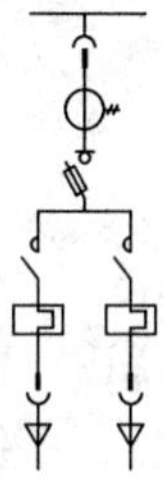						
用途		电动机控制（双速控制）						
分断能力（kA）		50	50	50	50	50	50	50
控制容量（kW）		75	60	55	40	30	18.5	15
柜宽（mm）		1000（650）	1000（650）	1000（650）	1000（650）	1000（650）	1000（650）	1000（650）
柜深（mm）		1000（800）	1000（800）	1000（800）	1000（800）	1000（800）	1000（800）	1000（800）
功能单元高度		21E	21E	14E	14E	14E	14E	14E
主要元件	QSA250	1×160A	1×140A	1×125A				
	QSA125				1×100A	1×80A	1×50A	1×40A
	SC—E7	2						
	SC—E6		2					
	SC—E5			2				
	SC—E4				2			
	SC—E3					2		
	SC—E2						2	
	SC—E1							2

方案编号		133	134	135	136	137	138	139
一次线路图		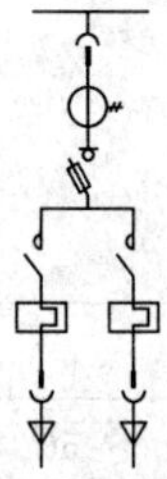						
用途		电动机控制（双速控制）						
分断能力（kA）		50	50	50	50	50	50	50
控制容量（kW）		75	60	55	40	30	18.5	15
柜宽（mm）		1000（650）	1000（650）	1000（650）	1000（650）	1000（650）	1000（650）	1000（650）
柜深（mm）		1000（800）	1000（800）	1000（800）	1000（800）	1000（800）	1000（800）	1000（800）
功能单元高度		21E	21E	14E	14E	14E	14E	14E
主要元件	TK—E6	2	2					
	TK—E5			2				
	TK—E3				2	2		
	TK—E2						2	2
	LMK2—0.66	1	1	1	1	1	1	1
备注								

续表

方案编号		140	141					
一次线路图		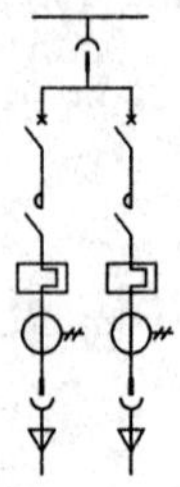						
用途		电动机控制（不可逆起动）						
分断能力（kA）		50	50					
控制容量（kW）		11	7.5					
柜宽（mm）		1000（650）	1000（650）					
柜深（mm）		1000（800）	1000（800）					
功能单元高度		7E/2	7E/2					
主要元件	CM1—63M	1×40A	1×25A					
	SC—E05	1						
	SC—E04		1					
	TK—E02	1	1					
	LMK2—0.66	1	1					
备注								

方案编号		142	143					
一次线路图		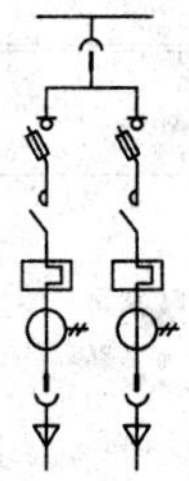						
用途		电动机控制（不可逆起动）						
分断能力（kA）		50	50					
控制容量（kW）		11	7.5					
柜宽（mm）		1000（650）	1000（650）					
柜深（mm）		1000（800）	1000（800）					
功能单元高度		7E/2	7E/2					
主要元件	QSA63	1×40A	1×25A					
	SC—E05	1						
	SC—E04		1					
	TK—E02	1	1					
	LMK2—0.66	1	1					
备注								

续表

方案编号		144	145	146	147			
一次线路图		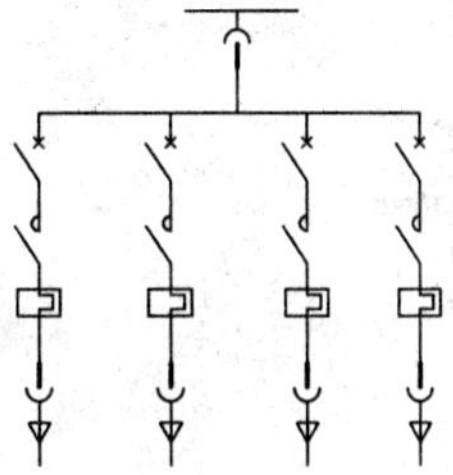						
用途		电动机控制（不可逆起动）						
分断能力（kA）		50	50	50	50			
控制容量（kW）		11	7.5	5.5	4			
柜宽（mm）		1000（650）	1000（650）	1000（650）	1000（650）			
柜深（mm）		1000（800）	1000（800）	1000（800）	1000（800）			
功能单元高度		7E/4	7E/4	7E/4	7E/4			
主要元件	C65N—D	40A	32A	16A	16A			
	SC—E05	1						
	SC—E04		1					
	SC—E03			1				
	SC—E02				1			
	TK—E02	1	1	1	1			
备注								

方案编号		148	149	150	151	152	153	154
一次线路图		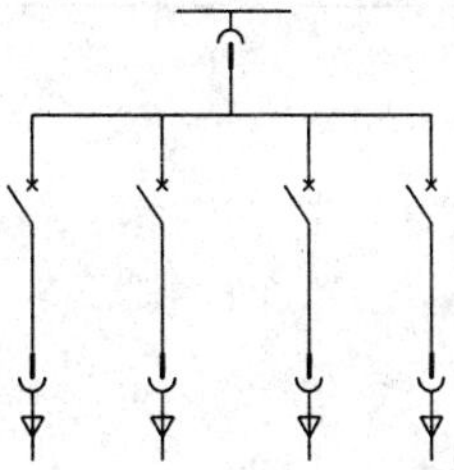						
用途		照明						
分断能力（kA）		50	50	50	50	50	50	50
控制容量（kW）		63	50	40	32	25	20	16
柜宽（mm）		1000（650）	1000（650）	1000（650）	1000（650）	1000（650）	1000（650）	1000（650）
柜深（mm）		1000（800）	1000（800）	1000（800）	1000（800）	1000（800）	1000（800）	1000（800）
功能单元高度		7E/4	7E/4	7E/4	7E/4	7E/4	7E/4	7E/4
主要元件	C65N	63A	50A	40A	32A	25A	20A	16A
备注								

续表

方案编号		155	156	157	158	159	160	161
一次线路图		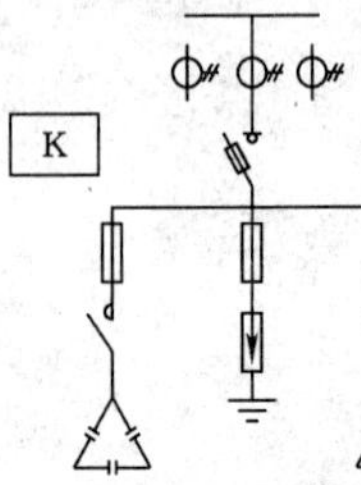						
用途		无功补偿（主柜）						
分断能力（kA）		50	50	50	50	50	50	50
补偿容量（kvar）		300	240	210	180	150	120	90
柜宽（mm）		1000	1000	1000	1000	1000	1000	1000
柜深（mm）		800	800	800	800	800	800	800
功能单元高度		72E	72E	72E	72E	72E	72E	72E
主要元件	QSA—630	1×500A	1×500A	1×500A	1×400A			
	QSA—400					1×350A	1×300A	
	QSA—250							1×200A
	NT0	30×80A	24×80A	21×80A	18×80A	30×50A	24×50A	18×50A
	JKC2—63	10	8	7	6			
	JKC2—40					10	8	6
	BGMJ—0.4—30—3	10	8	7	6			
	BGMJ—0.4—15—3					10	8	6
	JKW20	1	1	1	1	1	1	1
	LMK2—0.66	3	3	3	3	3	3	3
备注								

方案编号		162	163	164	165	166	167	168
一次线路图		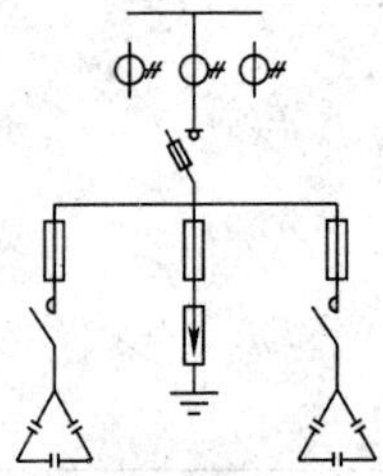						
用途		无功补偿（辅柜）						
分断能力（kA）		50	50	50	50	50	50	50
补偿容量（kvar）		300	240	210	180	150	120	90
柜宽（mm）		1000	1000	1000	1000	1000	1000	1000
柜深（mm）		800	800	800	800	800	800	800
功能单元高度		72E	72E	72E	72E	72E	72E	72E
主要元件	QSA—630	1×500A	1×500A	1×500A	1×400A			
	QSA—400					1×350A	1×300A	
	QSA—250							1×200A
	NT0	30×80A	24×80A	21×80A	18×80A	30×50A	24×50A	18×50A
	JKC2—63	10	8	7	6			
	JKC2—40					10	8	6
	BGMJ—0.4—30—3	10	8	7	6			
	BGMJ—0.4—15—3					10	8	6
	LMK2—0.66	3	3	3	3	3	3	3
备注								

（八）安装要求

(1) 推荐为离墙安装式，也可以靠墙安装。安装基础平面要求平正，基础槽钢的水平误差为1/1000mm，总长偏差3mm。

(2) 安装时可以吊装也可以用叉车运到固定位置。

(3) 安装时距后墙最小距离不得小于800mm。

(4) 安装时可以设置电缆沟（下出线）也可以不设置电缆沟（上出线）。

(5) 按照一次图纸的设计顺序每台用地脚螺钉固定在基础槽钢上。

(6) 水平垂直安装好以后，应清除内部灰尘杂物，用清洁干燥的软布将母线擦拭干净，检查导体绝缘表面是否有缺陷，在连接部位涂上导电膏或中性凡士林油，再连接导线。

(7) MCC柜配有电缆护套，接线时把护套穿上再接。

(8) 接好电缆后，应将底部封闭，以防止小动物进入柜内造成短路事故。

（九）使用要求

产品在投入运行前，需进行下列各项检查和试验：

(1) 检查装置安装排列顺序是否符合图纸要求。

(2) 检查装置内安装的电器设备和控制接线是否符合设计图纸要求。

(3) 用手操动各种开关电器，应操动灵活，无异常和卡滞现象，应符合系统要求。

(4) 检查主电路和控制回路的绝缘电阻是否符合规定要求。

(5) 检查装置内所安装的电气设备接触是否良好，是否符合该电器本身的技术条件。

(6) 检查装置内部有无异物及各部件的安装螺钉是否有松动现象。

（十）订货须知

提供下列材料：

(1) 主电路方案单线系统图。

(2) 原理图或原理接线图。

(3) 电器元件的详细规格及数量，并填写订货规范书。

(4) 开关柜的排列组合图，平面布置图。

(5) 需要配置过线桥及母线槽，则提供配电室平面布置图。

(6) 开关柜使用在特殊环境条件时，应在订货时提出。

(7) 需要附件、备件时，应提出种类和数量。

（十一）生产厂

吉林恒通高压电气有限责任公司。

十四、MNSH型低压抽出式成套开关设备

（一）概述

MNSH型低压开关柜可以适应各种供电、配电的需要，能广泛用于发电厂、变电站、工矿企业、大楼宾馆、市政建设等各种低压配电系统。

（二）特点

MNSH型低压开关柜具有下列明显的特点：

(1) 设计紧凑，以较小的空间容纳较多的功能单元。

(2) 结构件通用性强、组装灵活，以$E=25$mm为模数，结构及抽出式单元可以任意组合，以满足系统设计的需要。

(3) 母线用高强度阻燃型、高绝缘强度的塑料功能板保护，具有抗故障电弧性能，使运行维修安全，各种大小抽屉的机械联锁机构符合标准规定，有连接、试验、分离三个明显的位置，安全可靠。

(4) 通用化、标准化程度高，装配方便。具有可靠的质量保证。

(5) 柜体可按工作环境的不同要求选用相应的防护等级。

(6) 设备运行连续性和可靠性高。

（三）产品型号说明

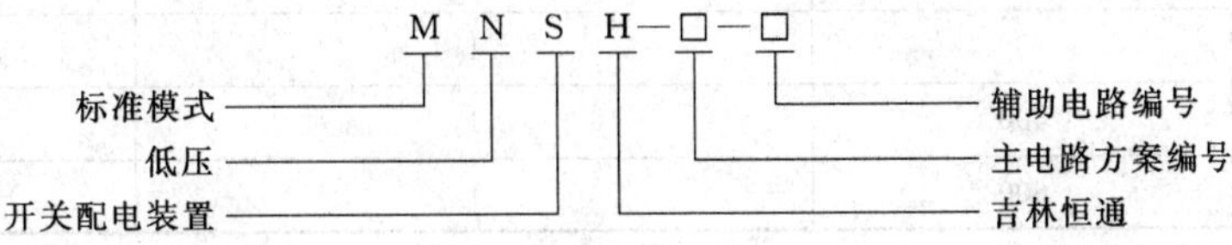

（四）正常使用环境条件

(1) 周围空气温度不高于＋40℃、不低于—5℃，并且24h内其平均温度不高于＋35℃。空气清洁、相对湿度在较高温度为＋40℃时不超过50%，在较低温度时允许有较高的相对湿度，例如＋20℃为90%。

(2) 海拔不超过2000m。

(3) 无爆炸性气体、化学腐蚀性气体及能破坏绝缘的尘埃和剧烈振动的场所，安装倾斜高度不大于5度。

(4) 该装置适宜在以下温度范围内运输和储存：—25～＋55℃，在短时间（24h）内不超过＋70℃。

(5) 当超出上述环境条件时，请与制造厂协商。

（五）主要技术参数

见表3-4-26。

表3-4-26

项目名称	单位	参数
主回路额定绝缘电压	V	690
主回路额定工作电压	V	380、690
额定频率	Hz	50、60
母线额定工作电流 水平母线（主母线） 垂直母线（支母线）	A	 1600、2500、3150、4000 1000、2000
额定短时耐受电流（1s） 水平母线（主母线） 垂直母线（支母线） 保护导体（接地主母线） 中性母线（中性主母线）	kA	 50、80 50、80 30、48 30、48
额定峰值耐受电流 水平母线（主母线） 垂直母线（支母线）	kA	 105、176、200 105
外壳防护等级		IP30、IP40、IP54

（六）结构

MNSH型低压开关柜框架为组合式结构，基本骨架由C型型材组装而成。C型型材是以E=25mm为模数间隔安装孔的钢板弯制而成，柜架的全部结构件经过镀锌处理，通过自攻锁紧螺钉或8.8级六角螺栓紧固连接成基本柜架，加上对应于方案变化的门、隔板、封板、安装支架以及母线功能单元等部件组装成完整的开关柜。开关柜内部尺寸、零部件尺寸、隔室尺寸均按照模数化（E=25mm）变化。

MNSH型组合式低压开关柜的每一个柜体分隔为三个室，即水平母线室（在柜后部）、抽屉小室（在柜前部）、电缆室（在柜下部或柜前右边）。室与室之间用钢板或高强度阻燃塑料功能板相互隔开，上下层抽屉之间有带通风孔的金属板隔离，为有效防止开关元件因故障引起的飞弧与母线或其他线路短路造成的事故，采取了严格的隔离。

MNSH型低压开关柜的结构设计满足了各种进线方案要求：上进下出、上进上出、下进上出、下进下出。

（七）抽屉类型

见表3-4-27。

表3-4-27

抽屉小室代号	小室高度（mm）	每排可装抽屉数量	每柜可装抽屉数量
8E/4	200	4	36
8E/2	200	2	18
8E	200	1	9
16E	400	1	4
24E	600	1	3

注 一个柜体中功能单元隔室的总高度为72E即1800mm有效安装尺寸。

（八）抽屉的机械联锁

抽屉单元有可靠的机械联锁装置，当主回路和辅助回路全部断开的状态下，才能移动抽屉，抽屉具有明显的准备、合闸、试验、抽出和分离位置，并用相应的符号标志表示出来。为加强安全，主断路器的操作手柄和联锁操作手柄定位后，能同时被三把挂锁锁定。

从准备位置到工作位置，即从“0”至“1”，表示为先将操作手柄向里推进后将手柄从“0”旋转到“1”即可，返回时不需推进，只要将手柄“1”旋向“0”放手后，将自动弹出，见图 3-4-3。

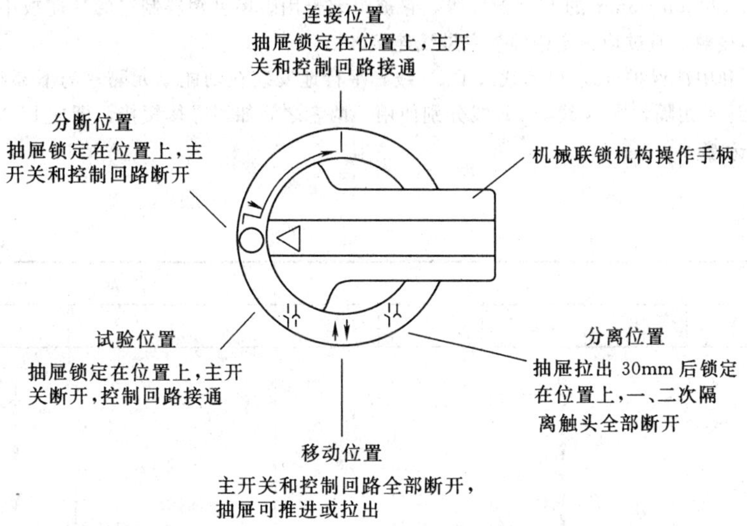

图 3-4-3　8E/4 和 8E/2 抽屉操作手柄位置图

当手柄达到工作位置“⏻”时，机构对主开关解除机械闭锁，这时主开关可以合闸和分闸操作，但是当主开关合闸后，联锁机构的手柄就不能操作。在符号标志的右下角有一个解锁机构小孔，当抽屉在工作位置时，如要开门，只要在孔内向下移动锁扣即可开门，见图 3-4-4。

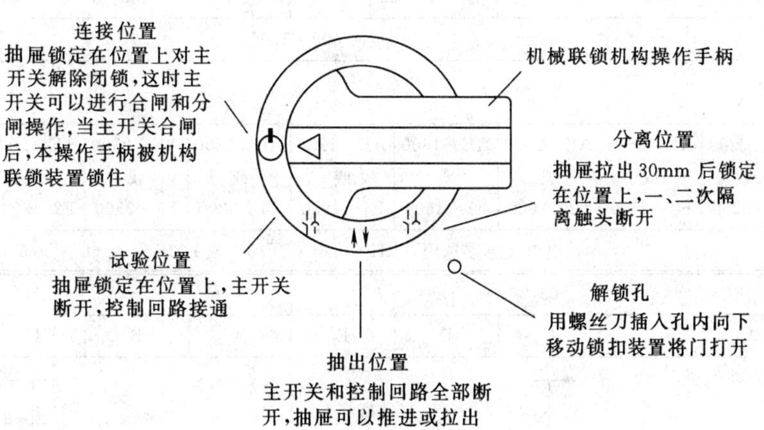

图 3-4-4　8E～24E 抽屉操作手柄位置图

（九）抽屉小室

8E/4 和 8E/2 抽屉小室结构包括底板、转接件、导轨和前档。转接件用于主回路和控制回路与分支母线的连接，抽屉与电缆小室的连接。抽屉的转接件有两种规格，一种是 8E/2 至 63A，另一种是 8E/4 至 45A。8E/4 和 8E/2 抽屉均配有 16 芯的控制端子，按要求可提供 20 芯的端子。

8E～24E 抽屉小室结构包括底板、导轨金属侧板及控制回路出线端子。抽屉进线与多功能分隔板中的分支母排的连接采用分列触头，出线电缆连接采用电缆接头（主回路），控制电缆连接用 16 芯或 36 芯的端子（二次回路），主回路出线电缆接头安装在多功能分隔板上。

8E/4、8E/2 抽屉出线连接通过转接件实现，转接件本体具有抗故障电弧的功能。

（十）母线系统

1. 水平母线（L1、L2、L3）

水平母线安装于柜后独立的母线隔室中，它有两个可选择的安装位置，母线可按需要装于上部或下部，也可以上下两组同时安装，两组母线可以单独供电，也可以并联供电。

每相母线由2根、4根或8根母排并联，母排截面有10mm×30mm×2mm、10mm×60mm×2mm、10mm×60mm×4mm和10mm×60mm×4mm×2mm等供选择。

2. 垂直母线

垂直母线为50mm×30mm×5mm的L型铜母线，它被组装于用阻燃型塑料制造的功能板中，既可以防止电弧引起的放电，又能防止人体接触，通过特殊连接件与主母线连接。

中心母线（N线）和中性保护母线（PE线或PEN线）平行地安装在功能单元隔室的下部和垂直安装在电缆室中。N线与PE线之间如绝缘子相隔，则N线与PE线分别使用，两者之间如用导体短接，即成PEN线。

（十一）主回路方案

见表3-4-28。

表3-4-28

主电路方案	01					02				
规格序号	A	B	C	D	E	A	B	C	D	E
主电路	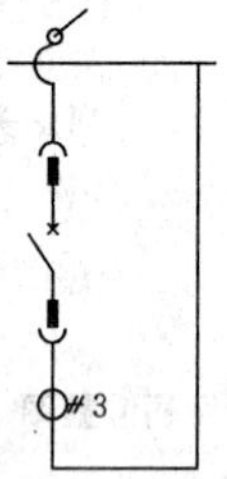					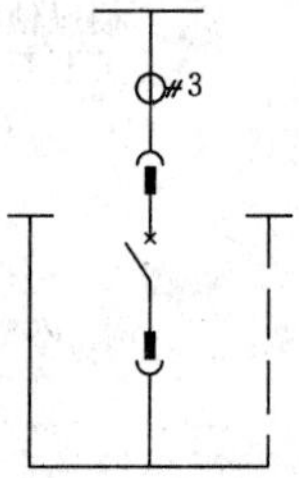				
用途	受电（上进线）					受电（下进线）				
额定电流（A）	3200	2500	2000	1600	1250	3200	2500	2000	1600	1250
柜宽 B（mm）	800			600		800			600	
柜深 D（mm）	800（1000）									
单元或隔室高度 H（mm）	1800									
主要电器元件	AE—3200或F4—3200	AE—2500或F3—2500	AE—2000或F2—2000	AE—1600或F1—1600	AE—1250或F4—1250	AE—3200或F4—3200	AE—2500或F3—2500	AE—2000或F2—2000	AE—1600或F1—1600	AE—1250或F4—1250
备注	电流互感器选用：BH—0.66—□/5 或LMK5—0.66—□/5									

主电路方案	03					04				
规格序号	A	B	C	D	E	A	B	C	D	E
主电路										
用途	受电（电缆上进线）					联络				
额定电流（A）	3200	2500	2000	1600	1250	3200	2500	2000	1600	1250
柜宽 B（mm）	800			600		800			600	
柜深 D（mm）	800（1000）									

续表

主电路方案	03					04				
规格序号	A	B	C	D	E	A	B	C	D	E
单元或隔室高度 H（mm）	1800									
主要电器元件	AE—3200 或 F4—3200	AE—2500 或 F3—2500	AE—2000 或 F2—2000	AE—1600 或 F1—1600	AE—1250 或 F4—1250	AE—3200 或 F4—3200	AE—2500 或 F3—2500	AE—2000 或 F2—2000	AE—1600 或 F1—1600	AE—1250 或 F4—1250
备　注	电流互感器选用：BH—0.66—□/5　或 LMK5—0.66—□/5									
主电路方案	05					06				
规格序号	A	B	C			A	B	C		
主电路	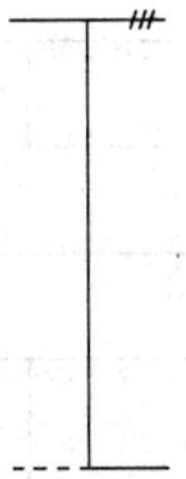					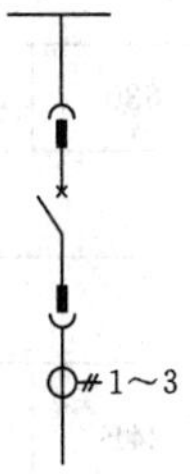				
用　途	母线转换					馈　线				
额定电流（A）	3200	2500	1600			2000	1200	1000	630	
柜宽 B（mm）	600		400			400				
柜深 D（mm）	800（1000）									
单元或隔室高度 H（mm）	1800									
主要电器元件						AE—1250 或 F1—1250	AE—1000	AE—630		
备　注	电流互感器选用：BH—0.66—□/5　或 LMK5—0.66—□/5									
主电路方案	07			08			09			
规格序号	A	B		A	B		A	B		
主电路	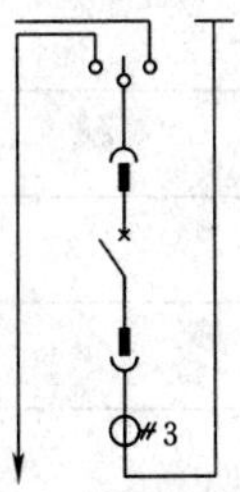			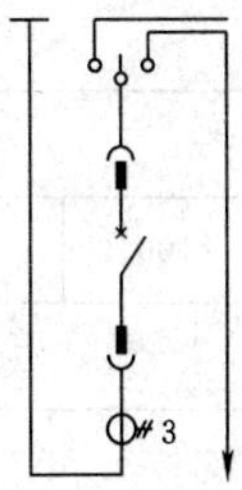			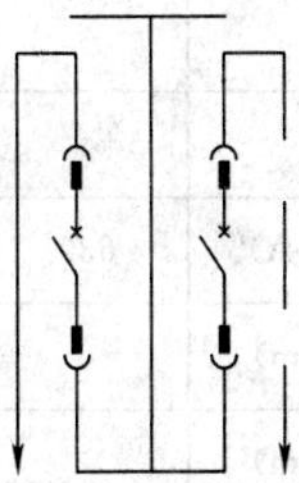			
用　途	双电源切换						双电源切换			
额定电流（A）	1000	630		1000	630		400	200		
柜宽 B（mm）	1000						800（1000）			
柜深 D（mm）	800（1000）									
单元或隔室高度 H（mm）	1800						400×2			
主要电器元件	QPS—1000 AE—1000	QPS—630 AE—630		QPS—1000 AE—1000	QPS—630 AE—630		CM1—400 B370	CM1—225 B250		
备　注	电流互感器选用：BH—0.66—□/5　或 LMK5—0.66—□/5									

续表

主电路方案	10									
规格序号	A	B	C	D						
主电路	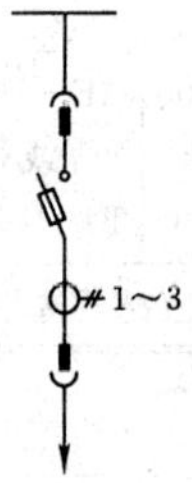									
用　途	馈　电									
额定电流（A）	630	400	250	100						
柜宽 B（mm）	1000									
柜深 D（mm）	800（1000）									
单元或隔室高度 H（mm）	24E	16E	8E	8E						
主要电器元件	QSA—630	QSA—400	QSA—250	QSA—125						
备　注	电流互感器选用：BH—0.66—□/5　或 LMK5—0.66—□/5									

主电路方案	11							
规格序号	A	B	C	D	E	F		
主电路 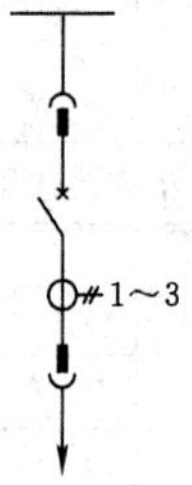								
用　途	馈　电							
额定电流（A）	630	400	250	100	63	32		
柜宽 B（mm）	1000							
柜深 D（mm）	800（1000）							
单元或隔室高度 H（mm）	24E	16E	8E	8E	8E/2	8E/4		
主要电器元件	CM1—630 或 S6—630	CM1—400 或 S5—400	CM1—225 或 S2—160	CM1—100 或 S1—125	S503—63 或 CM1—100 (S1—125) 并列布置 2 个抽屉单元	S503—32 并列布置 4 个抽屉单元		
备　注	电流互感器选用：BH—0.66—□/5　或 LMK5—0.66—□/5							

续表

主电路方案	12	13	14	15	
规格序号					
主电路		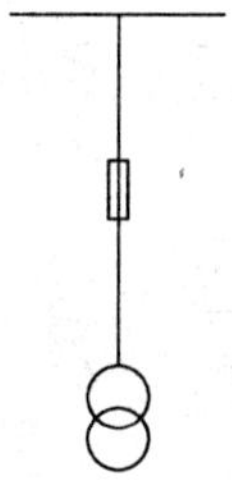	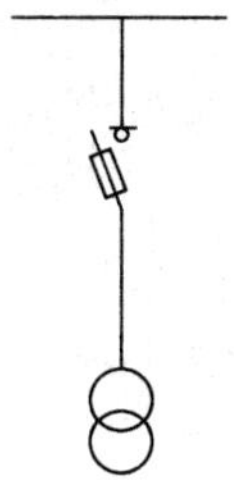	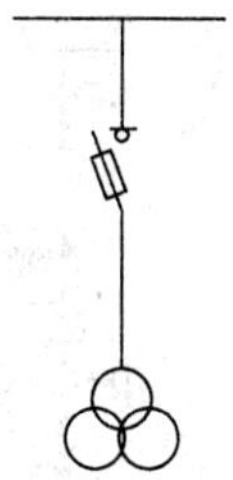	
用　途	限流电抗器	电压互感器			
额定电流（A）	600				
柜宽 *B*（mm）	（不占间隔，装在受电柜内或05方案转接柜内，接在分支母线上）				
柜深 *D*（mm）					
单元或隔室高度 *H*（mm）					
主要电器元件	限流电抗器 600A	NT JDG—0.5 380/100	QSA—63 JDG—0.5 380/100	QSA—63 JSGW—0.5	
备　注					

主电路方案	16			17		18		19		
规格序号	A	B		A		A	B	A	B	
主电路	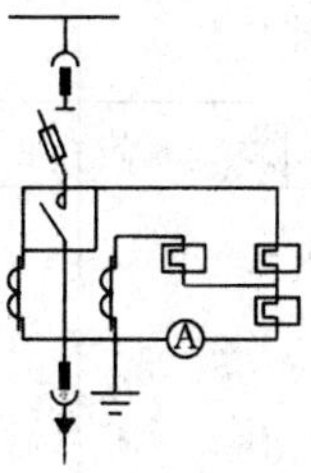			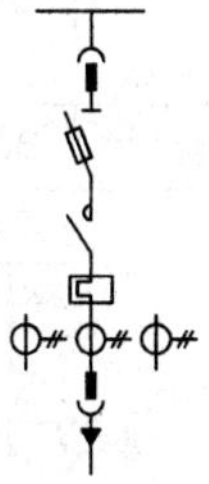		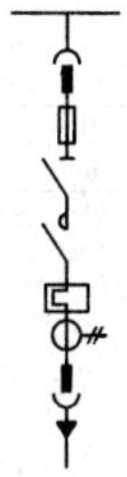		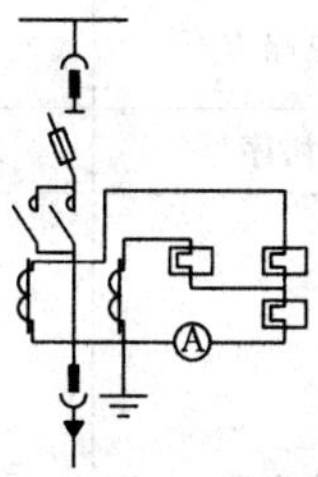		
用　途	电动机（不可逆）							电动机（可逆）		
额定电流（A）	160	90		37		15	7.5	160	90	
柜宽 *B*（mm）	1000									
柜深 *D*（mm）	800（1000）									
单元或隔室高度 *H*（mm）	24E	16E		8E		8E/2	8E/4	24E	16E	
主要电器元件	QSA—400 B370 T16	QSA—250 B170 T16		QSA—125 B85 T85		NTHX2—63A B30 T30并排布置 2个抽屉单元	NTHX2—63A B16 T16并排布置 4个抽屉单元	QSA—400 B370 T16	QSA—250 B170 T16	
备　注	电流互感器选用：BH—0.66—□/5　或 LMK5—0.66—□/5									

续表

主电路方案	20		21		22			
规格序号	A		A	B	A	B		
主电路	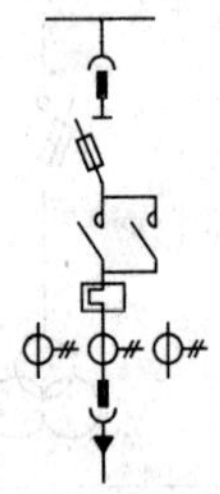		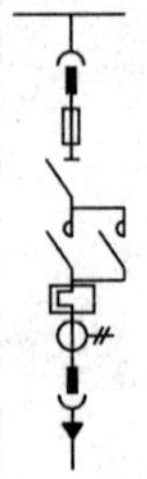		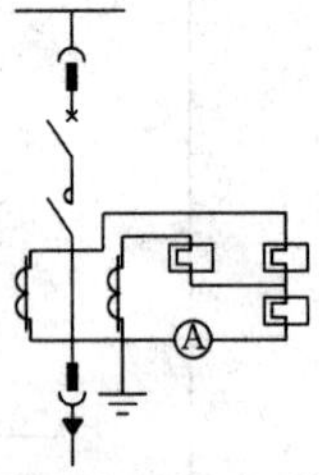			
用 途	电动机（可逆）				电动机（不可逆）			
最大控制功率(kW)	37		15	7.5	160	90		
柜宽 *B*（mm）	1000							
柜深 *D*（mm）	800（1000）							
单元或隔室高度 *H*（mm）	8E		8E/2	8E/4	24E	16E		
主要电器元件	QSA—125 B85 T85		NT2—63A B30 T30 并排布置 2 个抽屉单元	NT2—63A B16 T16 并排布置 4 个抽屉单元	CM1—400 S5—400 B370 T16	CM1—225 S3—250 B170 T16		
备 注	电流互感器选用：BH—0.66—□/5 或 LMK5—0.66—□/5							

主电路方案	23			24				25		
规格序号	A	B	C	A	B			A	B	C
主电路	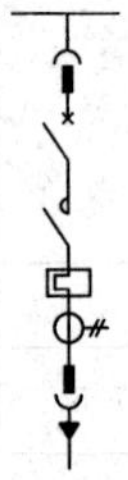			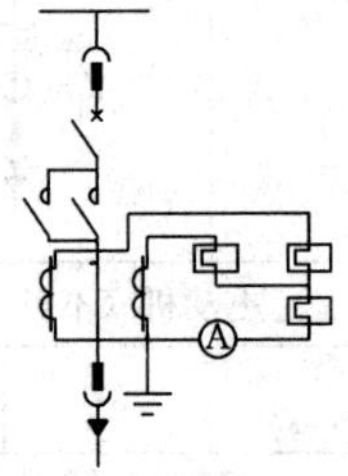				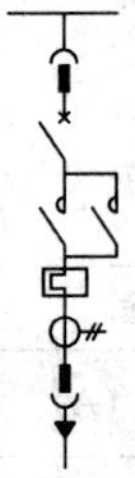		
用 途	电动机（不可逆）			电动机（可逆）						
最大控制功率（kW）	37	15	7.5	160	90			37	15	7.5
柜宽 *B*（mm）	1000									
柜深 *D*（mm）	800（1000）									
单元或隔室高度 *H*（mm）	8E	8E/2	8E/4	24E	16E			8E	8E/2	8E/4
主要电器元件	CM1—100 S1—125 B85 T85	S503—32 B30 T30 并排布置 2 个抽屉单元	S503—20 B16 T16 并排布置 4 个抽屉单元	CM1—400 S5—400 B370 T16	CM1—225 S3—250 B170 T16			CM1—100 S1—125 B85 T85	S503—32 B30 T30 并排布置 2 个抽屉单元	S503—20 B16 T16 并排布置 4 个抽屉单元
备 注	电流互感器选用：BH—0.66—□/5 或 LMK5—0.66—□/5									

续表

主电路方案	26			27			28			
规格序号							A	B	C	D
主电路							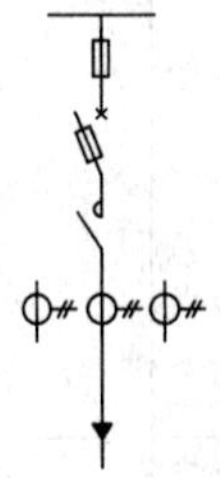			
用途							电动机（不可逆）			
最大控制功率（kW）							200	160		
柜宽 *B*（mm）							1000			
柜深 *D*（mm）							800（1000）			
单元或隔室高度 *H*（mm）										
主要电器元件							NT CM1—600 B370	NT CM1—600 B370		
备注	电流互感器选用：BH—0.66—□/5 或 LMK5—0.66—□/5									

主电路方案	29				30			31		
规格序号	A	B			A	B		A	B	C
主电路	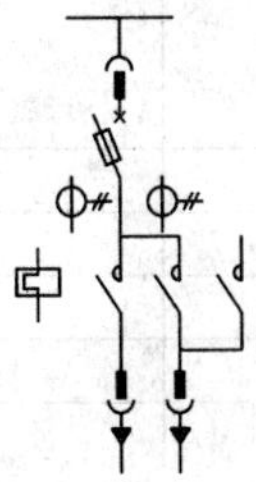				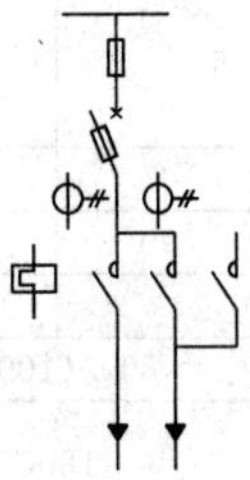					
用途	电动机 Y—△起动									
最大控制功率（kW）	160	90			160	90		37	15	7.5
柜宽 *B*（mm）	1000									
柜深 *D*（mm）	800（1000）									
单元或隔室高度 *H*（mm）	24E	16E						8E	8E	8E/2
主要电器元件	CM1—400 S4—400 B370 T16	CM1—225 S3—250 B170 T16			NT CM1—400 S5—400 B370 T16	NT CM1—225 S3—250 B370 T16		CM1—100 S1—125 B85 T85	S503—32 B30 T30	S503—20 B16 T16 并排布置 2 个抽屉单元
备注	电流互感器选用：BH—0.66—□/5 或 LMK5—0.66—□/5									

续表

主电路方案	32					33				
规格序号	A	B				A				
主电路	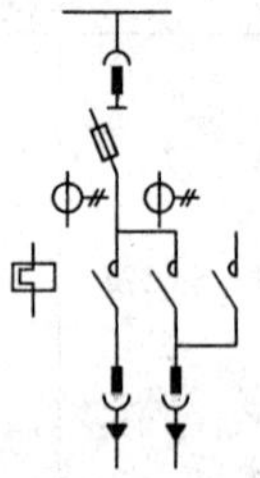					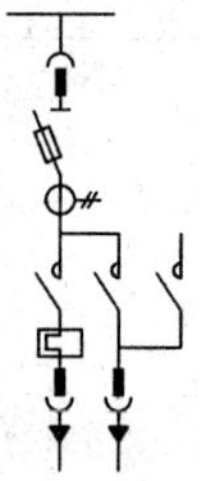				
用　途	电动机 Y—△起动									
最大控制功率（kW）	160	90				37				
柜宽 B（mm）	1000									
柜深 D（mm）	800（1000）									
单元或隔室高度 H（mm）	24E	16E				8E				
主要电器元件	QSA—400 B370 T16	QSA—250 B170 T16				QSA—125 B85 T85				
备　注	电流互感器选用：BH—0.66—□/5　或 LMK5—0.66—□/5									

主电路方案	34			35						
规格序号	A	B	C	A	B	C				
主电路	JKG ×10 ×8 ×6			×10 ×8 ×6						
用　途	无功补偿（主柜）			无功补偿（辅柜）						
最大控制功率（kW）	150	120	90	150	120	90				
柜宽 B（mm）	1000	800		1000	800					
柜深 D（mm）	800（1000）									
单元或隔室高度 H（mm）	1800									
主要电器元件	HR3 RT14 FS CJ19 JKG BCMJ（国产） CLMD（进口）			HR3 RT14 FS CJ19 BCMJ（国产） CLMD（进口）						
备　注	电流互感器选用：BH—0.66—□/5　或 LMK5—0.66—□/5									

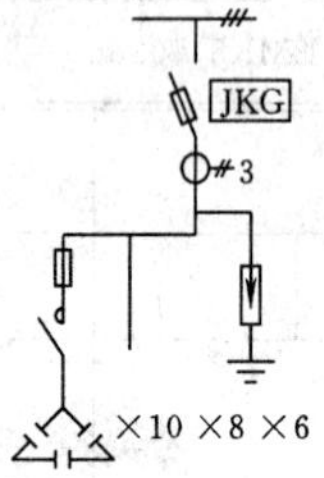

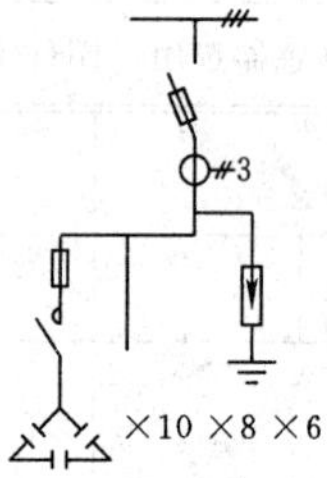

（十二）生产厂

吉林恒通高压电气有限责任公司。

十五、GGD 型固定式低压成套开关设备

（一）用途

GGD 型交流低压配电柜适用于发电厂、变电站、厂矿企业等电力用户的交流 50Hz，额定工作电压 380V，额定工作电流 3150A 及以下的配电系统，作为动力、照明及配电设备的电能转换、分配与控制之用。

GGD型交流低压配电柜符合IEC439《低压成套开关设备和控制设备》、GB7251《低压成套开关设备》等标准。

（二）产品型号及含义

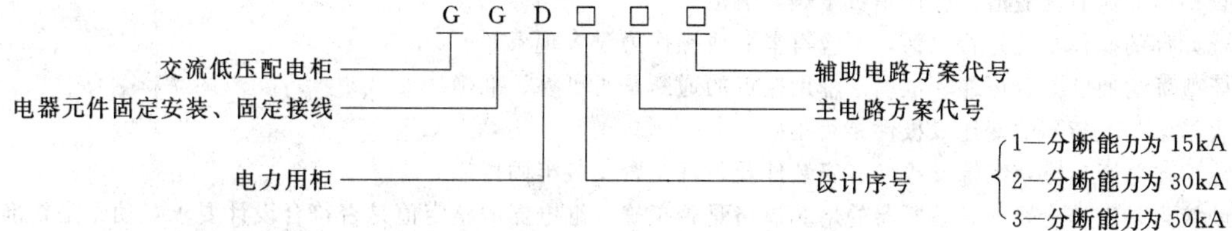

（三）使用条件

(1) 周围空气温度不高于+40℃，不低于-15℃。24h的平均温度不得高于+35℃。

(2) 户内安装使用，使用地点的海拔不得超过2000m。

(3) 周围空气相对湿度在最高温度为+40℃时不超过50%，在较低温度时允许有较大的相对湿度（例如+20℃时为90%）。但应考虑到由于温度的变化可能会偶然产生凝露的影响。

(4) 设备安装时与垂直面的倾斜度不超过5%。

(5) 设备应安装在无剧烈振动和冲击的地方，以及不足使电器元件受到腐蚀的场所。

(6) 用户有特殊要求可与制造厂协商解决。

（四）电气性能

见表3-4-29。

表3-4-29

型号	额定工作电压（V）	额定电流（A）	额定短路开断电流（kA）	额定短时耐受电流（1s）（kA）	额定峰值耐受电流（kA）
GGD1	380	A　1000	15	15	30
		B　600（630）			
		C　400			
GGD2	380	A　1500（1600）	30	30	63
		B　1000			
GGD3	380	A　3150	50	50	105
		B　2500			
		C　2000			

（五）结构特点

(1) 零部件按模块原理设计，构架用8MF冷弯型钢局部焊接组装而成，并有20模数的安装孔，通用系数高。主母线排列在柜的上部后方，采用ZMJ型母线夹固定，ZMJ型母线夹热注成型，机械强度和绝缘强度高，能承受有效值50kA和峰值105kA的动、热稳定冲击力。为积木式组合结构，用高阻燃PPO合成材料。

(2) GGD柜设计时充分考虑到柜体运行中的散热问题。在柜体上下两端均有不同数量的散热槽孔，当柜内电器元件发热后，热空气上升，通过上端槽孔排出，而冷空气不断由下端槽孔补充进柜，使密封的柜体自下而上形成一个自然通风道，达到散热的目的。

(3) 柜门用转轴式活动铰链与构架相连，安装、拆卸方便，门的折边处均嵌有一根山型橡塑条，关门时门与构架之间的嵌条有一定的压缩行程，能防止门与柜体直接碰撞，防护等级IP30。

(4) 装有电器元件的仪表门用多股软铜线与构架相连。柜内的安装件与构架间用滚花螺钉连接，整柜构成完整的接地保护电路。

(5) 柜体的顶盖在需要时可拆除，便于现场主母线的装配和调整，柜顶的四角装有吊环，便于起吊和装运。

（六）安装与使用

产品到达收货地点后，首先应当检查包装是否完整无损，发现问题应及时通知有关部门查找原因。对于不立即安装的产品，应根据正常使用条件的规定，置于适当的场所。

(1) 产品的安装应按安装示意图进行，基础槽钢和螺栓由用户自备，主母线安装时应将搭接面修理平整，处理干净，涂上中性凡士林或采取其他措施，然后用螺栓紧固。

(2) 产品成品在安装完毕后，投入运行前需进行如下项目的检查与试验：

1) 检查柜体面漆有无脱落，柜内是否干燥、清洁。

2) 电器元件的操作机构是否灵活，不应有卡滞或操作力过大现象。

3) 主要电器的通断是否可靠、准确。辅助接点的通断是否可靠、准确。

4) 仪表指示与互感器的变比及极性是否正确。

5) 母线连接是否良好，绝缘支撑件、安装件及附件是否安装牢固可靠。

6) 辅助接点是否符合要求，熔断器的熔芯规格是否正确，继电器的整定值是否符合设计要求，动作是否准确。

7) 电路的接点是否符合电器原理图要求。

8) 保护电路系统是否符合要求。

9) 用 500V 兆欧表测量绝缘电阻值不得低于 0.5MΩ。

(3) 使用注意事项：

1) 该产品为不靠墙安装，单面（正面）操作，双面开门维修的低压配电柜。产品的维修通道及柜门，必须是经考核合格的专业人员方可进入或开启进行操作、检查和维修。

2) 空气断路器，经过多次合、分后，会使主触头局部烧伤和产生碳类物质，使接触电阻增大，应定期对空气断路器按其使用说明书进行维护和检修。

（七）产品成套性

制造厂供货时应提供下列文件及附件：

(1) 装箱清单。

(2) 产品合格证。

(3) 使用说明书。

(4) 出厂试验报告。

(5) 相关电气图纸。

(6) 柜门钥匙、操作手柄及合同单规定的备品备件。

（八）订货须知

用户订货时需提供如下资料：

(1) 产品的全型号（包括主电路方案号和辅助电路方案号）。

(2) 主电路系统组合顺序图。

(3) 辅助电路电气原理图。

(4) 柜内元器件清单。

(5) 其他与产品正常使用条件不符合的特殊要求。

（九）主电路方案

(1) GGD1 型主电路方案见表 3-4-30。

表 3-4-30

主电路方案编号		01			02			03			04			05			06		
主电路方案	单线图	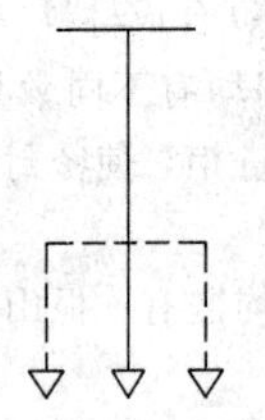			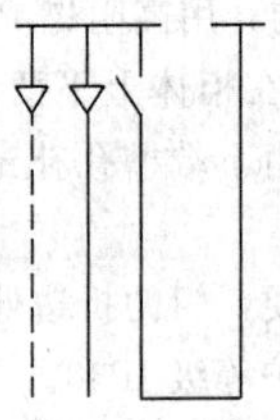			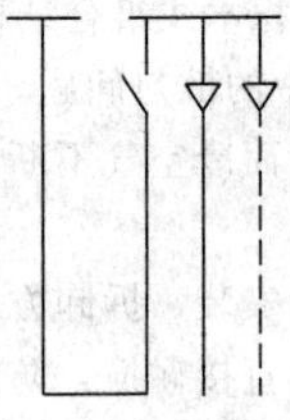			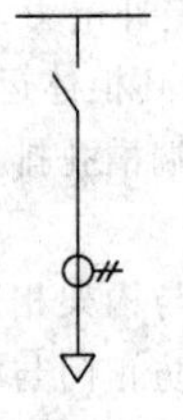			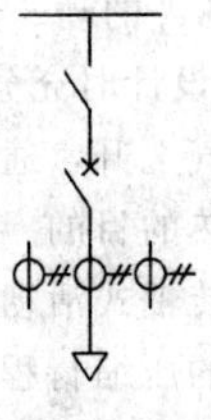			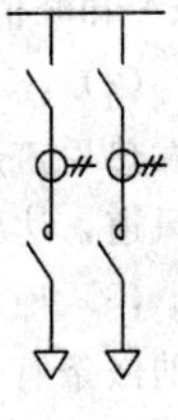		
	用　途	受　电			受　电			受　电			受　电			受电　馈电			受　电		
主电路电器元件	型号规格	A	B	C	A	B	C	A	B	C	A	B	C	A	B	C	A	B	C
	HD13BX—1000/31				1			1			1			1					
	HD13BX—600/31					1			1			1			1				
	HD13BX—400/31						1			1			1			1	2	2	2
	DW15—1000/3 [ ] 电动													1					

续表

	主电路方案编号	01			02			03			04			05			06		
	用　途	受　电			受　电			受　电			受　电			受电　馈电			受　电		
主电路电器元件	型号规格	A	B	C	A	B	C	A	B	C	A	B	C	A	B	C	A	B	C
	DW15—630/3［　］电磁														1				
	DW15—400/3［　］电磁															1			
	CJ20—400/3																2		
	CJ20—250/3																	2	
	CJ20—160/3																		2
	LMZ1—0.66［　］/5										1	1	1	3	3	3	2		
	LMZ3—0.66［　］/5																	2	2
	(LMZ3D—0.66［　］/5)																		
	柜宽（mm）	600	600	600	1000	800	800	1000	800	800	600	600	600	800	800	800	800	800	800
	柜深（mm）	600	600	600	600	600	600	600	600	600	600	600	600	600	600	600	600	600	600

	主电路方案编号	07			08			09			10			11			12		
主电路方案	单线图	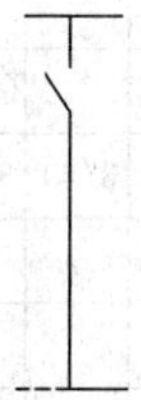			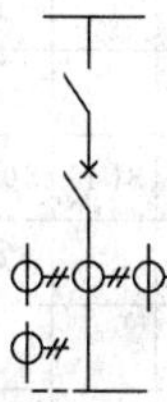			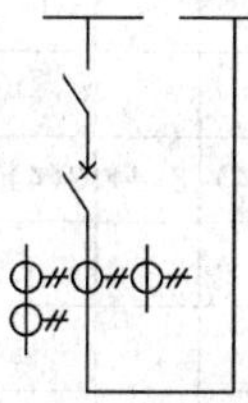			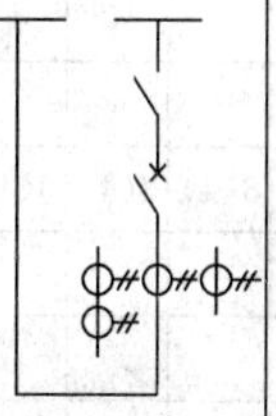			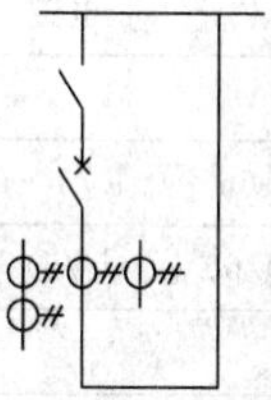			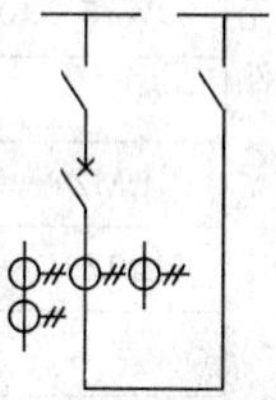		
	用　途	受电　联络			受电　联络			受电　联络			受电　联络			受　电			受电　联络		
主电路电器元件	型号规格	A	B	C	A	B	C	A	B	C	A	B	C	A	B	C	A	B	C
	HD13BX—1000/31	1			1			1			1			2			2		
	HD13BX—600/31		1			1			1			1			2			2	
	HD13BX—400/31			1			1			1			1			2			2
	DW15—1000/3［　］电动				1			1			1			1			1		
	DW15—630/3［　］电磁					1			1			1			1			1	
	DW15—400/3［　］电磁						1			1			1			1			1
	LMZ1—0.66［　］/5				3(4)	3(4)	3(4)	3(4)	3(4)	3(4)	3(4)	3(4)	3(4)	3(4)	3(4)	3(4)	3(4)	3(4)	3(4)
	(LMZ3D—0.66［　］/5)																		
	柜宽（mm）	600	600	600	800	800	800	1000	800	800	1000	800	800	1000	800	800	1000	800	800
	柜深（mm）	600	600	600	600	600	600	600	600	600	600	600	600	600	600	600	600	600	600

续表

	主电路方案编号	13			14			15			16			17			18		
主电路方案	单线图	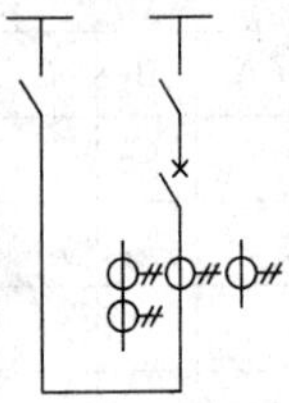			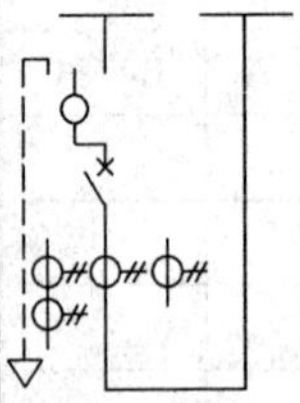			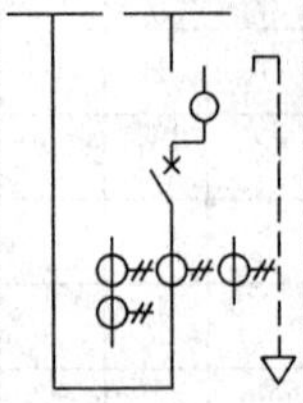			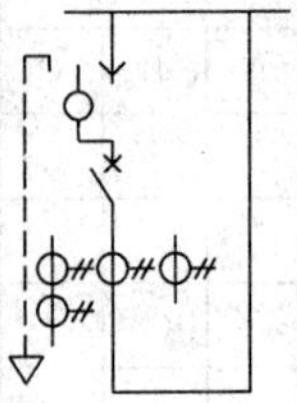						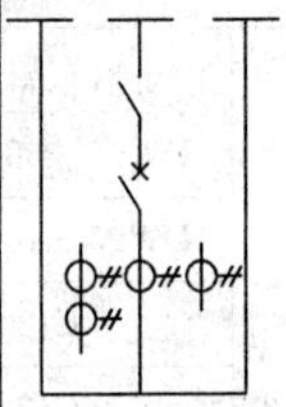		
	用　途	受电　联络			受电　备用			受电　备用			受电　备用						受　电		
主电路电器元件	型号规格	A	B	C	A	B	C	A	B	C	A	B	C	A	B	C	A	B	C
	HD13BX—1000/31	2															1		
	HD13BX—600/31		2															1	
	HD13BX—400/31			2															
	HS13BX—1000/31 (41)				1			1			1								
	HS13BX—600/31 (41)					1			1			1							
	HS13BX—400/31 (41)						1			1			1						
	DW15—1000/3 [ ] 电动	1			1			1			1						1		
	DW15—630/3 [ ] 电磁		1			1			1			1						1	
	DW15—400/3 [ ] 电磁			1			1			1			1						
	LMZ1—0.66 [ ] /5	3(4)	3(4)	3(4)	3(4)	3(4)	3(4)	3(4)	3(4)	3(4)	3(4)	3(4)	3(4)				3(4)	3(4)	
	(LMZ3D—0.66 [ ] /5)																		
	柜宽（mm）	1000	800	800	1000	800	800	1000	800	800	1000	800	800				1000	800	
	柜深（mm）	600	600	600	600	600	600	600	600	600	600	600	600				600	600	

	主电路方案编号	19			20			21			22			23			24		
主电路方案	单线图							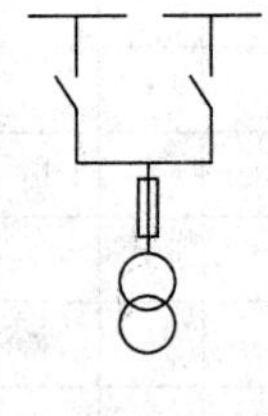			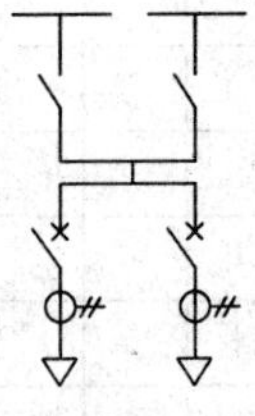			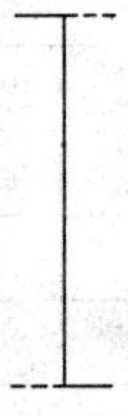			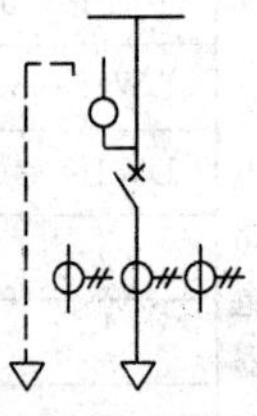		
	用　途							联　络			联络　馈电			联　络			馈电　备用		
主电路电器元件	型号规格	A	B	C	A	B	C	A	B	C	A	B	C	A	B	C	A	B	C
	HD13BX—1000/31							2			2								
	HD13BX—600/31								2			2							
	HD13BX—400/31									2			2						
	HS13BX—1000/31 (41)																1		
	HS13BX—600/31 (41)																	1	

续表

主电路方案编号		19			20			21			22			23			24		
用　途								联　络			联络　馈电			联　络			馈电　备用		
主电路电器元件	型号规格	A	B	C	A	B	C	A	B	C	A	B	C	A	B	C	A	B	C
	DZ10—600P/3 [ ]																1		
	DZ10—250/3 [ ]										2	2						1	
	DZ10—100/3 [ ]												2						
	JDG—0.5 380/100V							2(3)	2(3)	2(3)									
	RT0— [ ]							3	3	3									
	LMZ1—0.66 [ ] /5																3		
	LMZ3—0.66 [ ] /5										2	2	2					3	
柜宽（mm）								1000	800	800	1000	800	800	600	600	600	600	600	
柜深（mm）								600	600	600	600	600	600	600	600	600	600	600	

主电路方案编号		25			26			27			28			29			30		
主电路方案	单线图	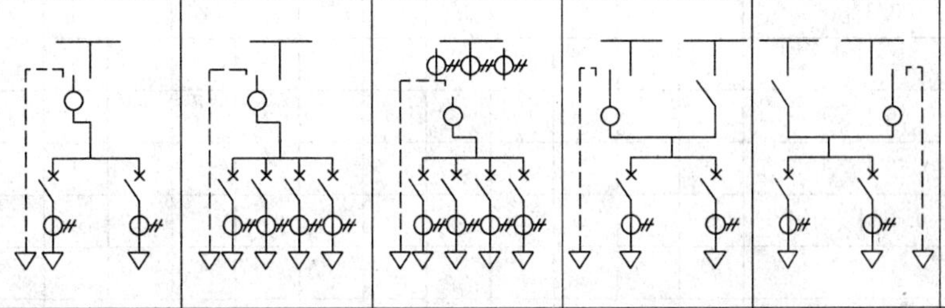																	
用　途		馈电　备用			馈电　备用			馈电　备用			联络 备用 馈电			联络 备用 馈电					
主电路电器元件	型号规格	A	B	C	A	B	C	A	B	C	A	B	C	A	B	C	A	B	C
	HD13BX—1000/31										1			1					
	HD13BX—600/31											1			1				
	HD13BX—400/31												1			1			
	HS13BX—1000/31（41）				1			1			1			1					
	HS13BX—600/31（41）	1				1			1			1			1				
	HS13BX—400/31（41）		1				1			1			1			1			
	HS13BX—200/31（41）			1															
	DZ10—250/3 [ ]	2	1		4			4			2			2					
	DZ10—100/3 [ ]		1	2		4	4		4	4		2	2		2	2			
	LMZ1—0.66 [ ] /5							3	3	3									
	LMZ3—0.66 [ ] /5	2	2	2	4	4	4	4	4	4	2	2	2	2	2	2			
柜宽（mm）		600	600	600	800	800	800	800	800	800	1000	800	800	1000	800	800			
柜深（mm）		600	600	600	600	600	600	600	600	600	600	600	600	600	600	600			

续表

主电路方案编号		31			32			33			34			35			36		
主电路方案	单线图							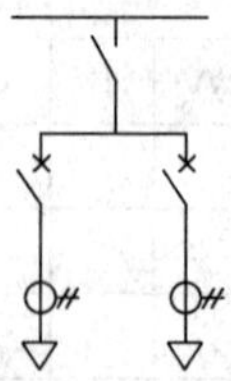			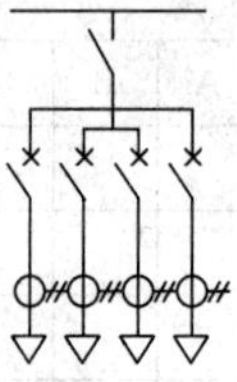			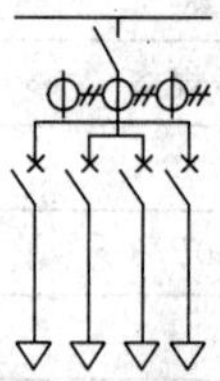			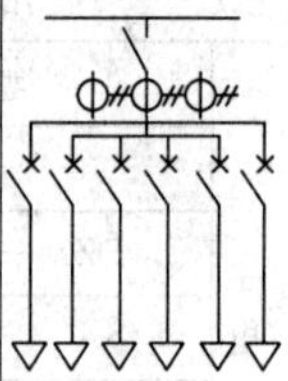		
用　途								馈　电			馈　电			馈　电			馈　电		
主电路电器元件	型号规格	A	B	C	A	B	C	A	B	C	A	B	C	A	B	C	A	B	C
	HD13BX—1000/31							1			1			1					
	HD13BX—600/31								1								1		
	HD13BX—400/31											1			1				
	HD13BX—200/31									1									
	DZ10—600P/3［　］							1											
	DZ10—250/3［　］							1	2		4			4					
	DZ10—100/3［　］									2		4			4		6		
	LMZ1—0.66［　］/5							1						3	3		3		
	LMZ3—0.66［　］/5							1	2	2	4	4							
	(LMZ3D—0.66［　］/5)																		
柜宽（mm）								600	600	600	800	800		800	800		800		
柜深（mm）								600	600	600	600	600		600	600		600		

主电路方案编号		37			38			39			40			41			42		
主电路方案	单线图	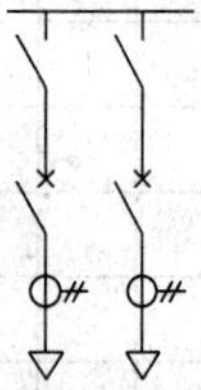			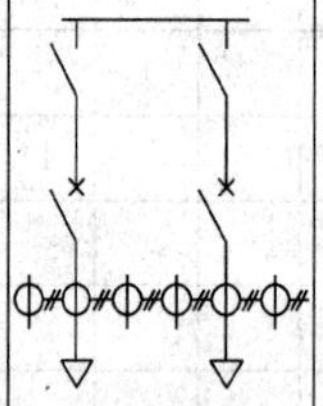			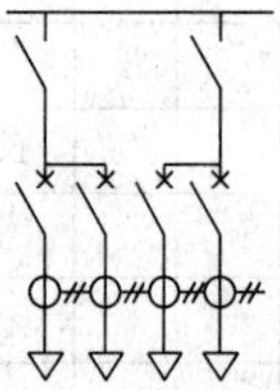			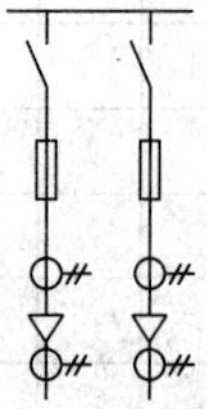			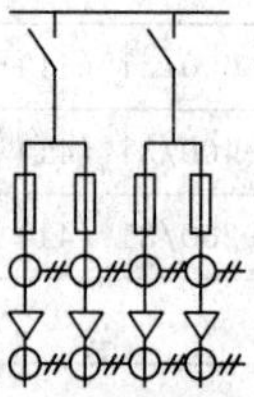			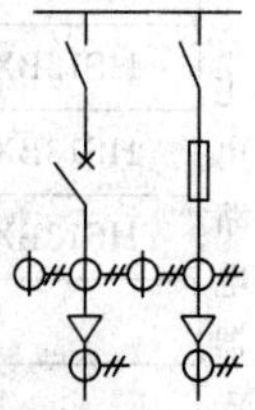		
用　途		馈　电			馈　电			馈　电			馈　电			馈　电			馈　电		
主电路电器元件	型号规格	A	B	C	A	B	C	A	B	C	A	B	C	A	B	C	A	B	C
	HD13BX—600/31							2			2			2			2		
	HD13BX—400/31	2			2				2			2			2			2	
	HD13BX—200/31		2			2							2			2			
	DW15—630/3［　］电磁																1		
	DW15—400/3［　］电磁																	1	
	DZ10—250/3［　］	2			2			4											

续表

主电路方案编号		37			38			39			40			41			42		
用　途		馈　电			馈　电			馈　电			馈　电			馈　电			馈　电		
主电路电器元件	型号规格	A	B	C	A	B	C	A	B	C	A	B	C	A	B	C	A	B	C
	DZ10—100/3 [ ]		2			2			4										
	RT0—[ ]										6	6	6	12	12	12	3	3	
	LMZ3—0.66 [ ] /5	2	2		6	6		4	4										
	(LMZ3D—0.66 [/5])										2	2	2	4	4	4	4	4	
	LJ—[ ]										2	2	2	4	4	4	2	2	
柜宽（mm）		800	600		800	600		800	800		800	800	800	800	800	800	800	800	
柜深（mm）		600	600		600	600		600	600		600	600	600	600	600	600	600	600	

主电路方案编号		43			44			45			46			47			48		
主电路方案	单线图	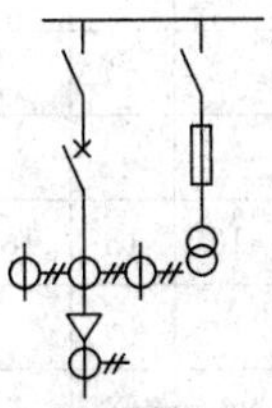			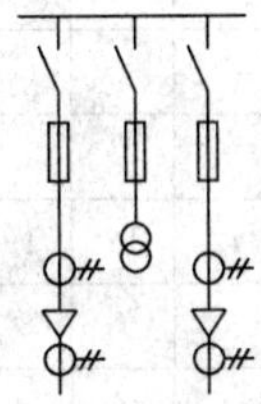						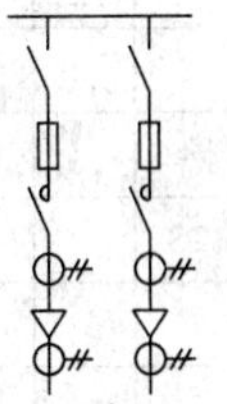						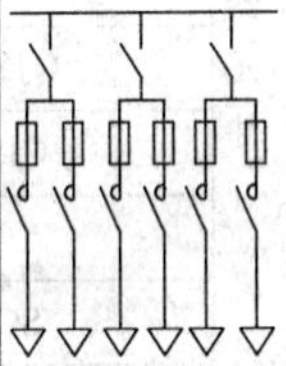		
用　途		馈　电			馈　电						馈　电						馈　电		
主电路电器元件	型号规格	A	B	C	A	B	C	A	B	C	A	B	C	A	B	C	A	B	C
	HD13BX—600/31	1									2								
	HD13BX—400/31		1																
	HD13BX—200/31	1	1		3												3		
	DW15—630/3 [ ] 电磁	1																	
	DW15—400/3 [ ] 电磁		1																
	CJ20—630/3										1								
	CJ20—250/3										1								
	CJ20—63/3																6		
	RT0—[ ]	3	3		9						6						18		
	JDG—0.5 380/100V	2(3)	2(3)		2(3)														
	(LMZ3D—0.66 [/5])	3	3		2						2								
	LJ—[ ]	1	1		2						2								
柜宽（mm）		800	800		800						800						800		
柜深（mm）		600	600		600						600						600		

续表

	主电路方案编号	49			50			51			52			53			54		
主电路方案	单线图	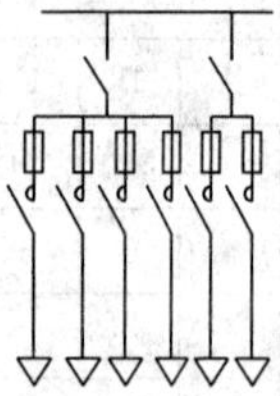						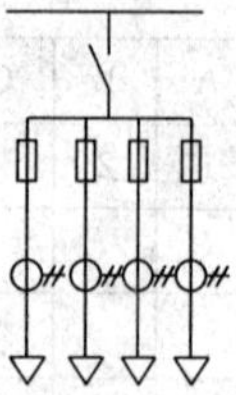			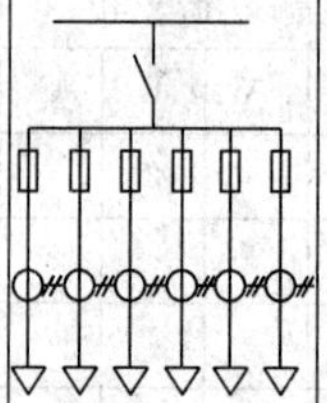			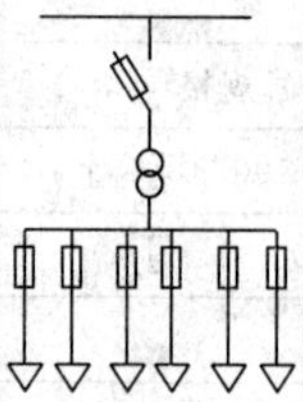			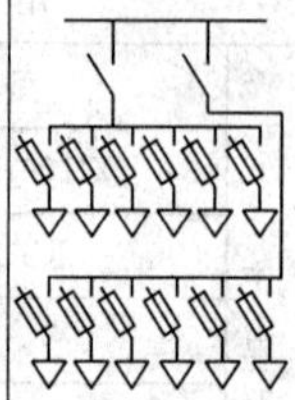		
	用途	馈电						照明			照明			照明			照明		
主电路电器元件	型号规格	A	B	C	A	B	C	A	B	C	A	B	C	A	B	C	A	B	C
	HD13BX—600/31							1			1						2		
	HD13BX—400/31	2							1			1							
	HD13BX—200/31									1			1						
	HR5—630/3［ ］													1					
	HR5—400/3［ ］														1				
	HR5—200/3［ ］															1			
	HG2—160																12		
	GJ20—160/3	2																	
	CJ20—63/3	4																	
	RT0—［ ］	18						12	12	12	18	18	18	18	18	18			
	SG—［ ］													1	1	1			
	LMZ3—0.66［ ］/5							4	4	4	6	6	6						
	（LMZ3D—0.66［ ］/5）																		
	柜宽（mm）	800				800		800	800		800	800		800	800			800	
	柜深（mm）	600				600		600	600		600	600		600	600			600	

	主电路方案编号	55			56			57			58			59			60		
主电路方案	单线图							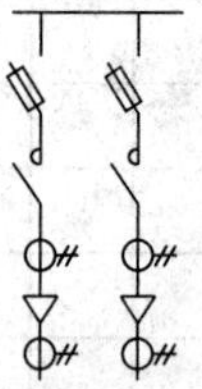			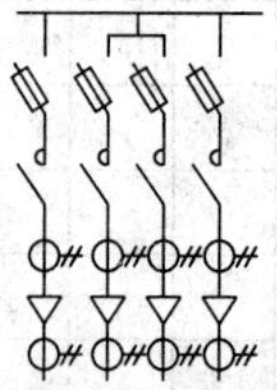			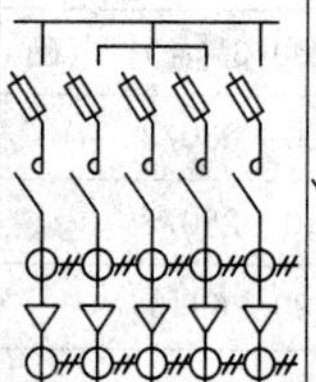			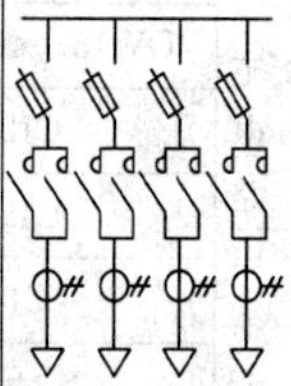		
	用途	馈电						馈电（电动机）			馈电（电动机）			馈电（电动机）			馈电（电动机）		
主电路电器元件	型号规格	A	B	C	A	B	C	A	B	C	A	B	C	A	B	C	A	B	C
	HR5—200/3［ ］							2											
	HR5—100/3［ ］								2		4	4		5	5		4	4	
	CJ10—100/3							2			4			2	2		4	4	
	CJ10—60/3								2			4		3			4		

续表

	主电路方案编号	55			56			57			58			59			60		
	用　途	馈　电						馈电(电动机)			馈电(电动机)			馈电(电动机)			馈电(电动机)		
主电路电器元件	型号规格	A	B	C	A	B	C	A	B	C	A	B	C	A	B	C	A	B	C
	CJ10—40/3														3			4	
	JR16—150/3D							2			4			2	2		2	2	
	JR16—60/3D								2			4		3	3		2	2	
	(LMZ3D—0.66［　］/5)							2	2		4	4		5	5		4	4	
	LJ—［　］							2	2		4	4		5	5				
	柜宽（mm）							800	800		800	800		800	800		800	800	
	柜深（mm）							600	600		600	600		600	600		600	600	

(2) GGD2 型主电路方案见表 3-4-31。

表 3-4-31

	主电路方案编号	01			02			03			04			05			06		
主电路方案	单线图	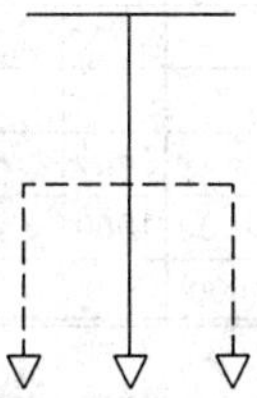			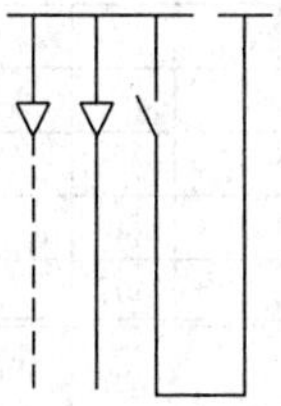			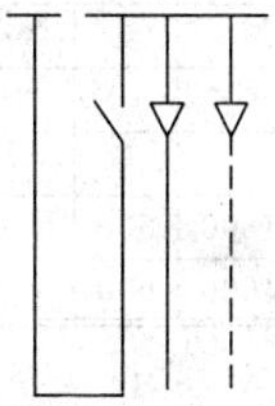			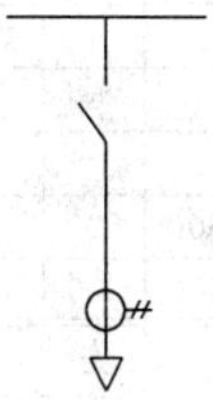			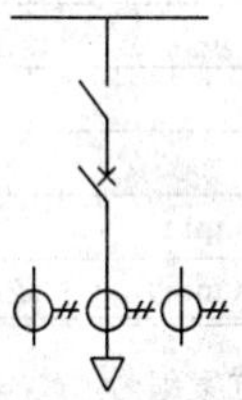					
	用　途	受　电			受　电			受　电			受　电			受电　馈电					
主电路电器元件	型号规格	A	B	C	A	B	C	A	B	C	A	B	C	A	B	C	A	B	C
	HD13BX—1500/30				1			1			1			1					
	HD13BX—1000/31					1			1			1			1				
	HD13BX—600/31															1			
	DW15—1600/3［　］电动													1					
	DW15—1000/3［　］电动														1				
	DW15—630/3［　］电磁															1			
	LMZ1—0.66［　］/5										1	1		3	3	3			
	(LMZ3D—0.66［　］/5)																		
	柜宽（mm）	600	600	600	1000	1000		1000	1000		800	800		800	800	800			
	柜深（mm）	600	600	600	600	600		600	600		600	600		600	600	600			

续表

	主电路方案编号	07			08			09			10			11			12		
主电路方案	单线图	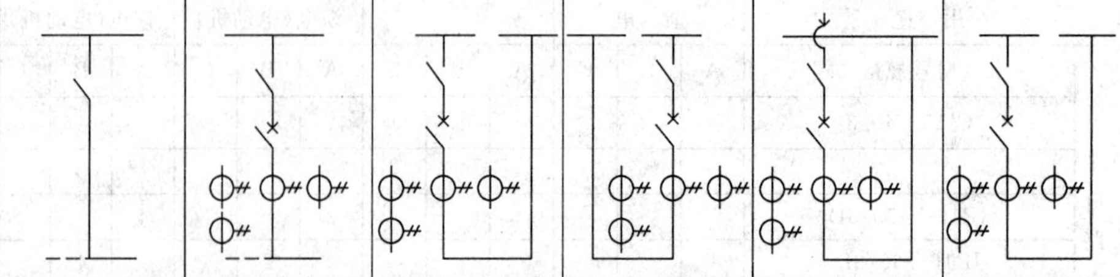																	
	用　途	受电　联络			受电　联络			受电　联络			受电　联络			受　电			受电　联络		
主电路电器元件	型号规格	A	B	C	A	B	C	A	B	C	A	B	C	A	B	C	A	B	C
	HD13BX—1500/630	1			1			1			1			2			2		
	HD13BX—1000/31		1			1			1			1			2			2	
	DW15—1600/3［　］电动				1			1			1			1			1		
	DW15—1000/3［　］电动					1			1			1			1			1	
	LMZ1—0.66［　］/5				3(4)	3(4)		3(4)	3(4)		3(4)	3(4)		3(4)	3(4)		3(4)	3(4)	
	(LMZ3D—0.66［　］/5)																		
	柜宽（mm）	600	600		800	800		1000	1000		1000	1000		1000	1000		1000	1000	
	柜深（mm）	600	600		600	600		600	600		600	600		600	600		600	600	

	主电路方案编号	13			14			15			16			17			18		
主电路方案	单线图	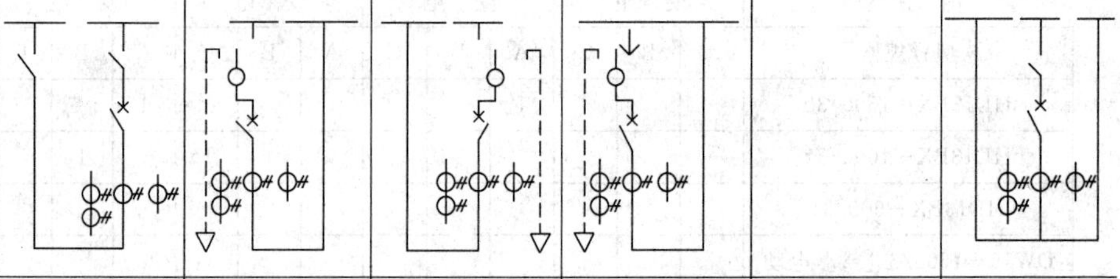																	
	用　途	受　电			受电　备用			受电　备用			受电　备用						受　电		
主电路电器元件	型号规格	A	B	C	A	B	C	A	B	C	A	B	C	A	B	C	A	B	C
	HD13BX—1500/30	2															1		
	HD13BX—1000/31		2															1	
	HS13BX—1000/31 (41)					1			1			1							
	DW15—1600/3［　］电动	1															1		
	DW15—100/3［　］电动		1			1			1			1						1	
	LMZ1—0.66［　］/5	3(4)	3(4)			3(4)			3(4)			3(4)					3(4)	3(4)	
	(LMZ3D—0.66［　］/5)																		
	柜宽（mm）	1000	1000			1000			1000			1000					1000	1000	
	柜深（mm）	600	600			600			600			600					600	600	

续表

主电路方案编号		19			20			21			22			23			24	
主电路方案	单线图																	
用　途								联　络			联络	馈电		联　络			馈电	备用
主电路电器元件	型号规格	A	B	C	A	B	C	A	B	C	A	B	C	A	B	C	A	B	C
	HD13BX—1500/30							2			2								
	HD13BX—1000/31								2			2							
	HS13BX—1000/31 (41)																1		
	HS13BX—600/31 (41)																	1	
	HS13BX—400/31 (41)																		1
	DW15—630/3 [ ] 电磁																1		
	DW15—400/3 [ ] 电磁																	1	
	DW15—200/3 [ ] 电磁																		1
	DZX10—400/3 [ ]										2								
	DZX10—200/3 [ ]											2							
	NT— [ ]							3	3										
	JDG—0.5 380/100V							2(3)	2(3)										
	LMZ1—0.66 [ ] /5										2						3	3	
	LMZ3—0.66 [ ] /5											2							3
柜宽 (mm)								1000	1000		1000	1000		600	600	600	600	600	600
柜深 (mm)								600	600		600	600		600	600	600	600	600	600

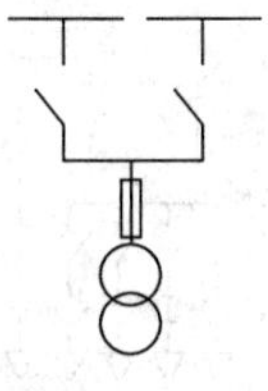

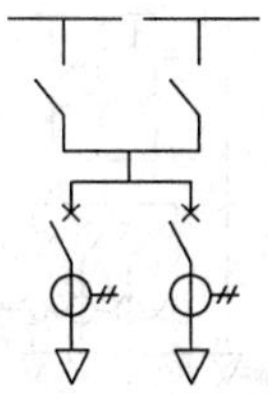

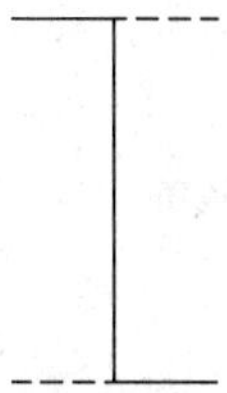

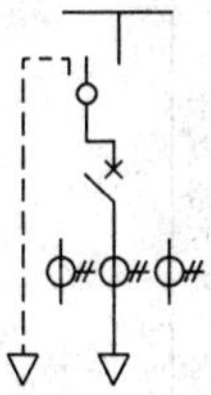

主电路方案编号		25			26			27			28			29			30		
主电路方案	单线图	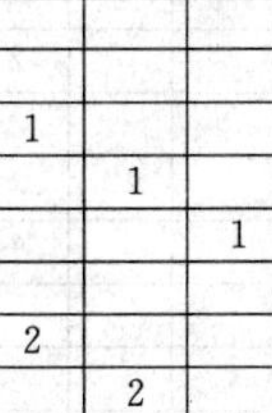			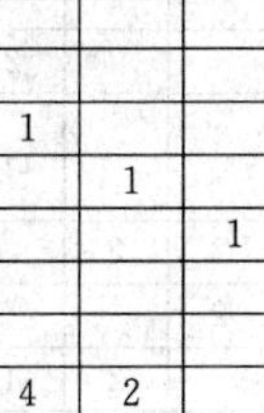			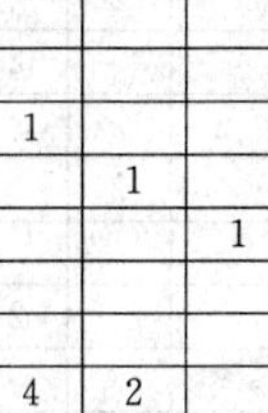			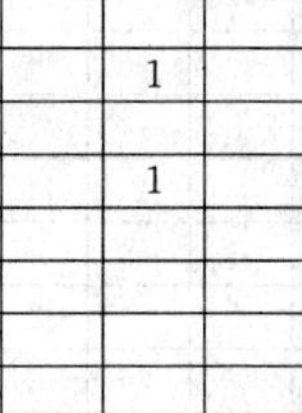			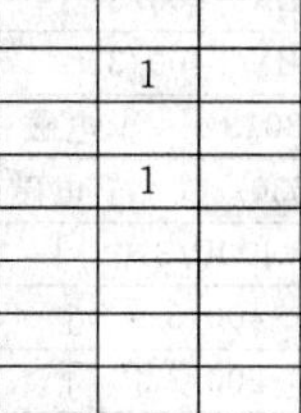					
用　途		馈电	备用		馈电	备用		馈电	备用		联络	备用	馈电	联络	备用	馈电			
主电路电器元件	型号规格	A	B	C	A	B	C	A	B	C	A	B	C	A	B	C	A	B	C
	HD13BX—600/31											1			1				
	HS13BX—1000/31 (41)	1			1			1											
	HS13BX—600/31 (41)		1			1			1			1			1				
	HS13BX—400/31 (41)			1			1			1									
	DZX10—400/3 [ ]	2																	
	DZX10—200/3 [ ]		2		4	2		4	2										
	DZX10—100/3 [ ]			2		2	4		2	4		2			2				
	LMZ1—0.66 [ ] /5	2						3	3	3									
	LMZ3—0.66 [ ] /5		2	2	4	4	4	4	4	4		2			2				
柜宽 (mm)		600	600	600	800	800	800	800	800	800		800			800				
柜深 (mm)		600	600	600	600	600	600	600	600	600		600			600				

续表

主电路方案编号	31			32			33			34			35			36		
主电路方案 单线图	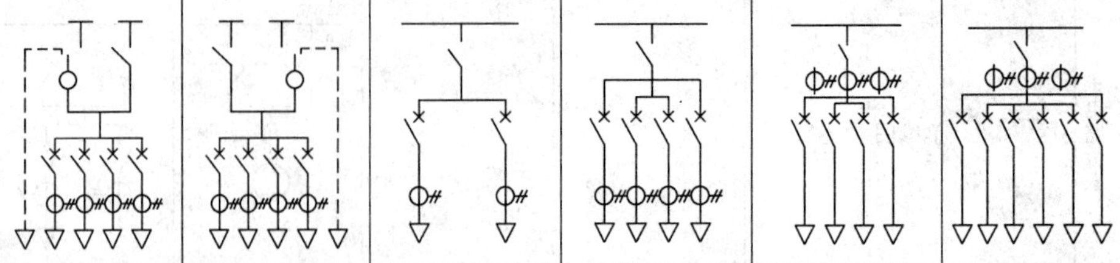																	
用　途	联络	馈电	备用	联络	馈电	备用	馈　电			馈　电			馈　电			馈　电		
主电路电器元件 型号规格	A	B	C	A	B	C	A	B	C	A	B	C	A	B	C	A	B	C
HD13BX—1500/30							1											
HD13BX—1000/31								1		1			1			1		
HD13BX—600/31		1			1						1			1			1	
HD13BX—400/31									1			1			1			
HS13BX—600/31（41）		1			1													
DW15—630/3［　］电磁							2											
DZX10—400/3［　］								2										
DZX10—200/3［　］									2	4	2		4	2				
DZX10—100/3［　］		4			4						2	4		2	4	6	6	
LMZ1—0.66［　］/5							2						3	3	3	3	3	
LMZ3—0.66［　］/5		4			4			2	2	4	4	4						
（LMZ3D—0.66［　］/5）																		
柜宽（mm）		800			800		800	800	600	800	800	800	800	800	800	800	800	
柜深（mm）		600			600		600	600	600	600	600	600	600	600	600	600	600	

主电路方案编号	37			38			39			40			41			42		
主电路方案 单线图	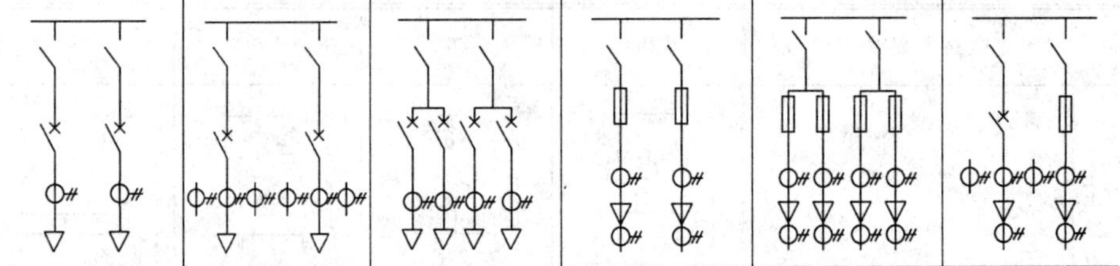																	
用　途	馈　电			馈　电			馈　电			馈　电			馈　电			馈　电		
主电路电器元件 型号规格	A	B	C	A	B	C	A	B	C	A	B	C	A	B	C	A	B	C
HD13BX—1000/31	2			2			2			2			2					
HD13BX—600/31		2			2			2			2			2			1	
HD13BX—400/31			2			2			2			2			2		1	
DW15—630/3［　］电磁	1			2														
DWX15—630/3［　］电磁		2			2												1	
DZX10—400P/3［　］							2	2										
DZX10—400/3［　］			2			2	2											
DZX10—200/3［　］								2	4									
NT—［　］										6	6	6	12	12	12		3	
LMZ1—0.66［　］/5	2	2	2	6	6	6	4	2										
LMZ3—0.66［　］/5								2	4									
（LMZ3D—0.66［　］/5）										2	2	2	4	4	4		4	
LJ—［　］										2	2	2	4	4	4		2	
柜宽（mm）	800	800	800	800	800	800	800	800	800	800	800	800	800	800	800		800	
柜深（mm）	600	600	600	600	600	600	600	600	600	600	600	600	600	600	600		600	

续表

主电路方案编号	43			44			45			46			47			48		
主电路方案 单线图	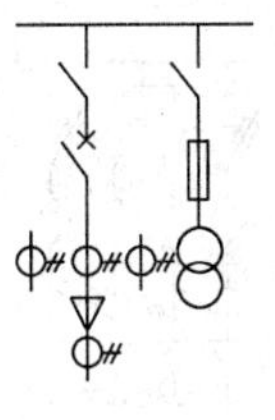			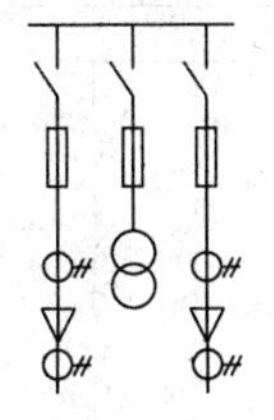						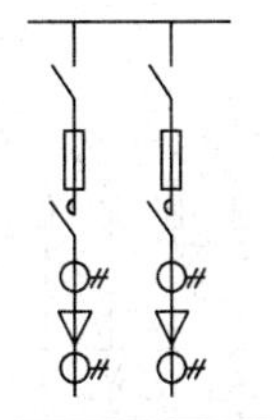			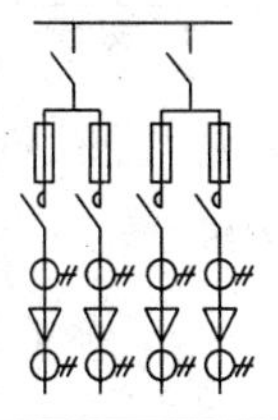			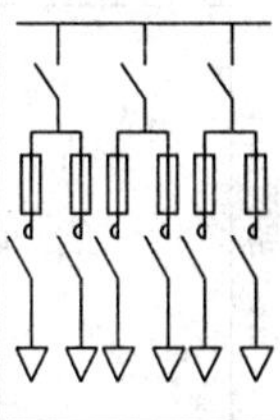		
用　途	馈　电			馈　电						馈　电			馈　电			馈　电		
主电路电器元件 型号规格	A	B	C	A	B	C	A	B	C	A	B	C	A	B	C	A	B	C
HD13BX—600/31		1									2			2				
HD13BX—400/31		1										2			2			
HD13BX—200/31						3												3
DWX15—630/3［ ］电磁		1																
CJ20—630/3											1							
CJ20—250/3											1	1						
CJ20—160/3												1						
CJ20—63/3														4	4			6
NT—［ ］		3				9					6	6		12	12			18
JDG—0.5 380/100V		2(3)				2(3)												
(LMZ3D—0.66［ ］/5)		3				2					2	2		4	4			
LJ—［ ］		1				2					2	2		4	4			
柜宽（mm）		800				800					800	800		800	800			800
柜深（mm）		600				600					600	600		600	600			600

主电路方案编号	49			50			51			52			53			54		
主电路方案 单线图	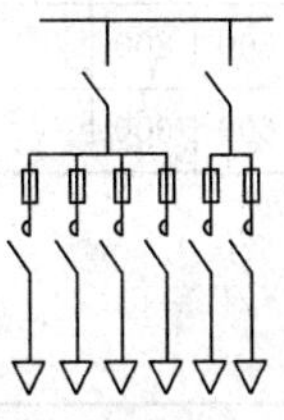			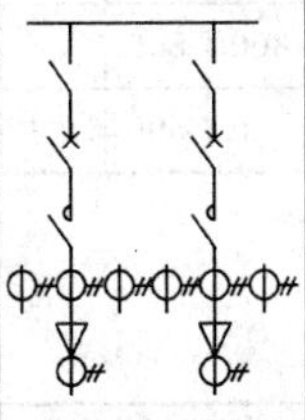			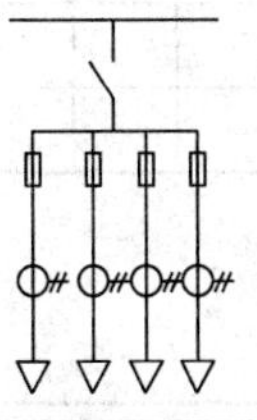			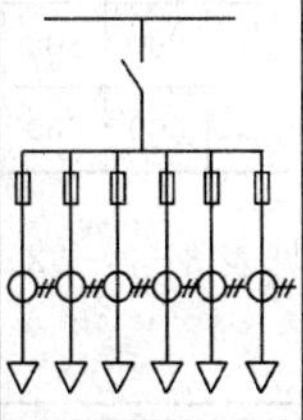			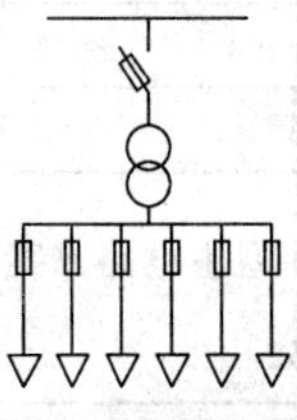			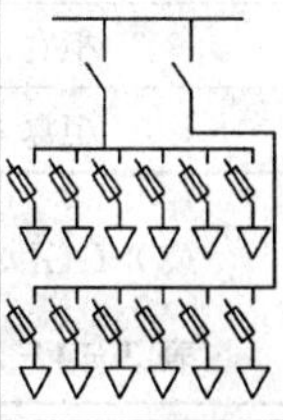		
用　途	馈　电			馈　电			照　明			照　明			照　明			照　明		
主电路电器元件 型号规格	A	B	C	A	B	C	A	B	C	A	B	C	A	B	C	A	B	C
HD13BX—1000/31	2																	
HD13BX—600/31		2			2		1			1							2	
HD13BX—400/31								1			1							
HR5—630/3［ ］													1					
HR5—400/3［ ］														1				
HG2—160																	12	
DZX10—630P/3［ ］					2													
CJ20—630/3					2													
CJ20—250/3	2																	
CJ20—160/3		2																
CJ20—63/3	4	4																
NT—［ ］	18	18					12	12		18	18		18	18				
SG—［ ］													1	1				
LMZ3—0.66［ ］/5							4	4		6	6							
(LMZ3D—0.66［ ］/5)					6													
LJ—［ ］					2													
柜宽（mm）	800	800			800		800	800		800	800		800				800	
柜深（mm）	600	600			600		600	600		600	600		600			600		

续表

	主电路方案编号	55			56			57			58			59			60		
主电路方案	单线图	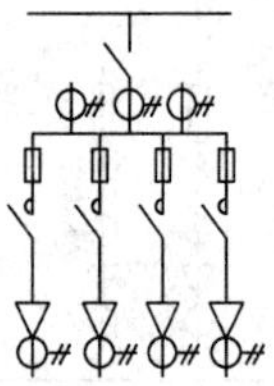						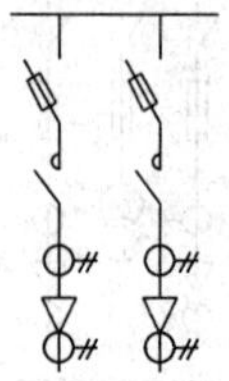			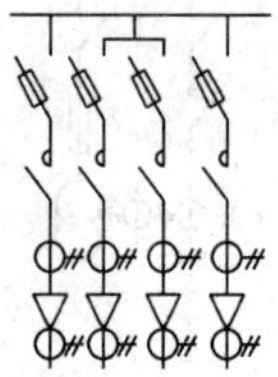			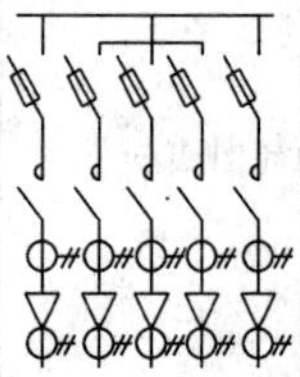			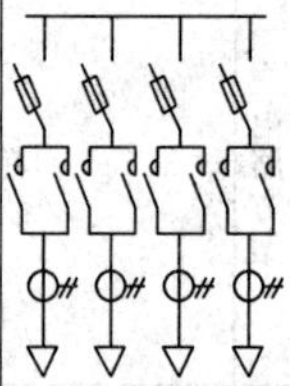		
	用　途	馈　电						馈电（电动机）			馈电（电动机）			馈电（电动机）			馈电（电动机）		
主电路电器元件	型号规格	A	B	C	A	B	C	A	B	C	A	B	C	A	B	C	A	B	C
	HD13BX—600/31		1																
	HD13BX—400/31			1															
	HR5—200/3［　］							2											
	HR5—100/3［　］								2		4	4		5	5		4	4	
	CJ20—100/3		4	4				2			4			2	2		4	4	
	CJ20—63/3								2			4		3			4		
	CJ20—40/3														3				
	JR16—150/3D							2			4			2	2		2	2	
	JR16—60/3D								2			4		3	3		2	2	
	NT—［　］		12	12															
	LMZ1—0.66［　］/5		3	3															
	(LMZ3D—0.66［　］/5)							2	2		4	4		5	5				
	LJ—［　］		4	4				2	2		4	4		5	5				
	柜宽（mm）		800	800				800	800		800	800		800	800		800	800	
	柜深（mm）		600	600				600	600		600	600		600	600		600	600	

(3) GGD3 型主电路方案见表 3-4-32。

表 3-4-32

	主电路方案编号	01			02			03			04			05			06		
主电路方案	单线图				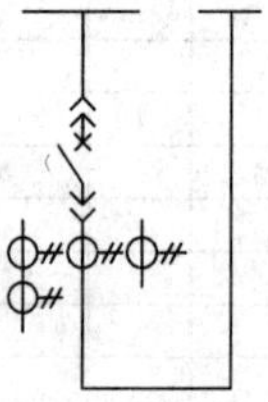			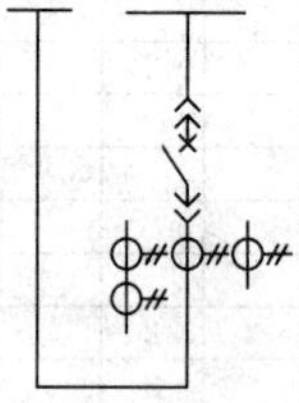			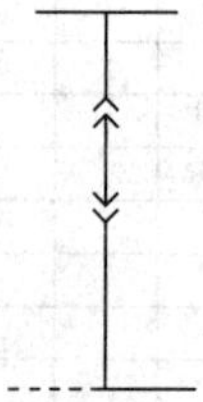			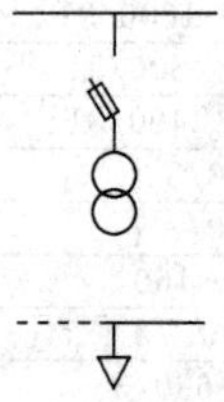			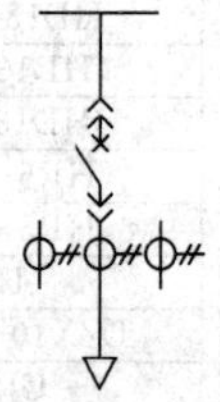		
	用　途	受电　联络			受电　联络			受电　联络			联　络			受电　联络			受电　馈电		
主电路电器元件	型号规格	A	B	C	A	B	C	A	B	C	A	B	C	A	B	C	A	B	C
	隔离插头　3200A										1								
	隔离插头　2500A											1							
	隔离插头　2000A												1						
	ME—3205　电动	1			1			1											

续表

	主电路方案编号	01			02			03			04			05			06		
	用　途	受电　联络			受电　联络			受电　联络			联　络			受电　联络			受电　馈电		
主电路电器元件	型号规格	A	B	C	A	B	C	A	B	C	A	B	C	A	B	C	A	B	C
	ME—2505　电动		1			1			1									1	
	ME—2500　电动			1			1			1									1
	HR5—100/3［　］															1			
	JDG—0.5/380/100V																		
	LMZ2—0.66［　］/5	3(4)	3(4)	3(4)	3(4)	3(4)	3(4)	3(4)	3(4)	3(4)						2(3)		3	3
	柜宽（mm）	1000	800	800	1200	1000	1000	1200	1000	1000	1000	800	800			800		800	800
	柜深（mm）	800	800	800	800	800	800	800	800	800	800	800	800		600	(800)		800	800

	主电路方案编号	07			08			09			10			11			12		
主电路方案	单线图	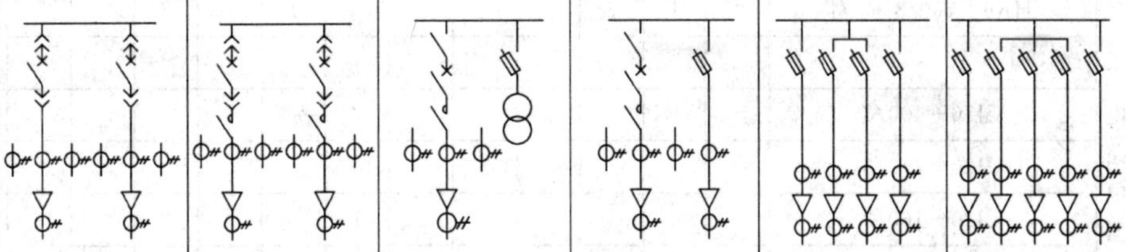																	
	用　途	馈　电			馈　电			馈　电			馈　电			馈　电			馈　电		
主电路电器元件	型号规格	A	B	C	A	B	C	A	B	C	A	B	C	A	B	C	A	B	C
	HD13BX—1000/31							1			1								
	HD13BX—600/31								1			1							
	HD13BX—400/31									1			1						
	HR5—400/3［　］										1	1		2			2		
	HR5—200/3［　］												1	2	4		3	5	
	HR5—100/3［　］							1	1	1						4			
	ME—630　电动	2																	
	DWX15C—630/3［　］电磁		2			2													
	DWX15C—400/3［　］电磁			2			2												
	DZX10—630P/3［　］							1			1								
	DZX10—400/3［　］								1			1							
	DZX10—200/3［　］									1			1						
	CJ20—630/3［　］					2		1			1								
	CJ20—400/3［　］						2		1			1							
	CJ20—160/3［　］									1			1						
	JDG—0.5 380/100V							2(3)	2(3)	2(3)									
	(LMZ3D—0.66［　］/5)	6	6	6		6	6	3	3	3	4	4	4	4	4	4	5	5	
	LJ—［　］	2	2	2		2	2	1	1	1	2	2	2	4	4	4	5	5	
	柜宽（mm）	1000	1000	1000		1000	1000	800	800	800	800	800	800	800	800	800	800	800	
	柜深（mm）	800	800	800		800	800	600	600	600	600	600	600	600	600	600	600	600	

续表

	主电路方案编号	13			14			15			16			17			18		
主电路方案	单线图	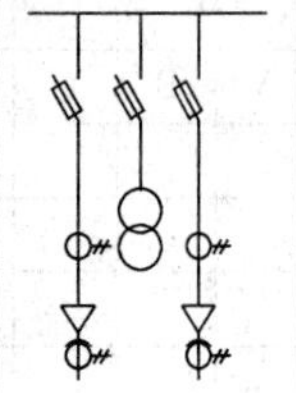			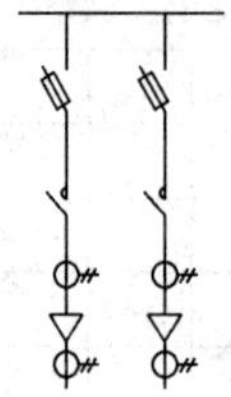			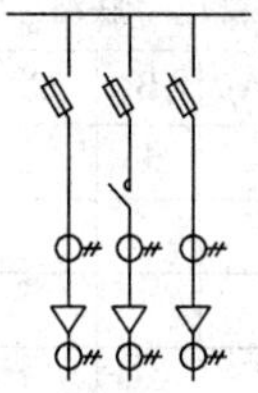			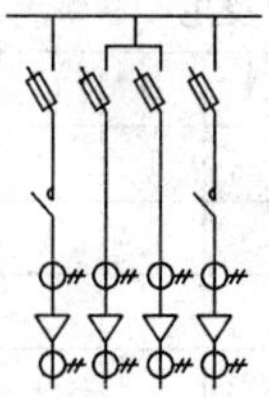			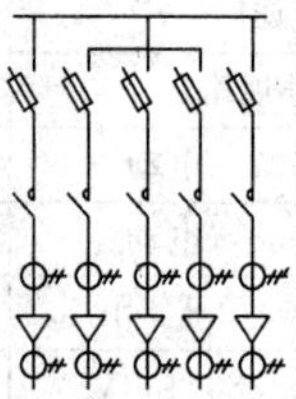					
	用　途	馈　电			馈　电			馈　电			馈　电			馈　电			馈　电		
主电路电器元件	型号规格	A	B	C	A	B	C	A	B	C	A	B	C	A	B	C	A	B	C
	HR5—630/3［　］				2														
	HR5—400/3［　］	2				2		2											
	HR5—200/3［　］		2				2	1	2		2			2					
	HR5—100/3［　］	1	1	3					1		2			3	5				
	CJ20—400/3				2														
	CJ20—250/3					2													
	CJ20—160/3						2	1			2			2					
	CJ20—100/3								1						2				
	JDG—0.5/380/100V	2(3)	2(3)	2(3)															
	(LMZ3D—0.66［　］/5)	2	2	2	2	2	2	3	3		4			5	5				
	LJ—［　］	2	2	2	2	2	2	3	3		4			5	5				
	柜宽（mm）	800	800	800	800	800	800	800	800		800			800	800				
	柜深（mm）	600	600	600	600	600	600	600	600		600			600	600				

	主电路方案编号	19			20			21			22			23			24		
主电路方案	单线图	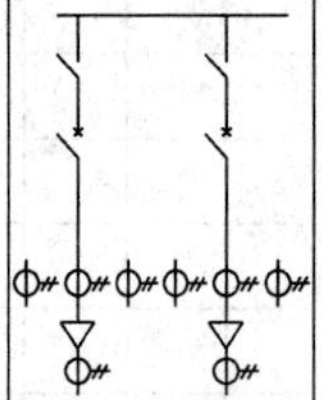			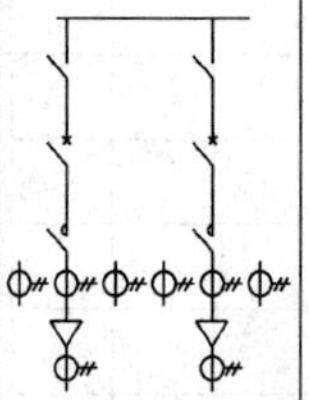			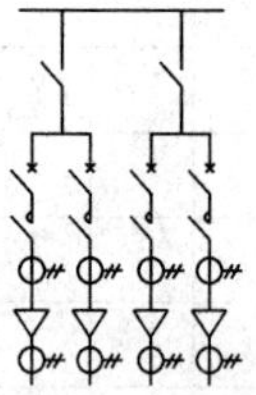						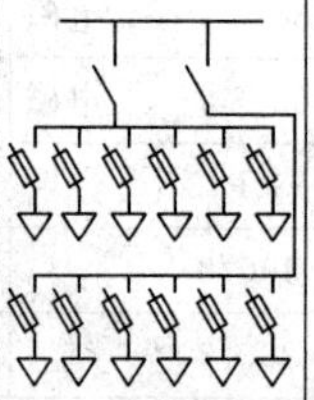					
	用　途	馈　电			馈　电			馈　电						馈电 照明					
主电路电器元件	型号规格	A	B	C	A	B	C	A	B	C	A	B	C	A	B	C	A	B	C
	HD13BX—1000/31	2												2					
	HD13BX—600/31		2			2			2										
	DWX15—630/3［　］电磁	2																	
	DWX15—400/3［　］电磁		2																

续表

主电路方案编号		19			20			21			22			23			24		
用 途		馈 电			馈 电			馈 电						馈电 照明					
主电路电器元件	型号规格	A	B	C	A	B	C	A	B	C	A	B	C	A	B	C	A	B	C
	DZX10—400P/3 [ ]					2													
	DZX10—200/3 [ ]								4										
	CJ20—400/3					2													
	CJ20—160/3								4										
	HG2—160													12					
	(LMZ3D—0.66 [ ] /5)	6	6			6			4										
	LJ— [ ]	2	2			2			4										
柜宽 (mm)		800	800			800			800					1000					
柜深 (mm)		600	600			600			600					600					

主电路方案编号		25			26			27			28			29			30		
主电路方案	单线图	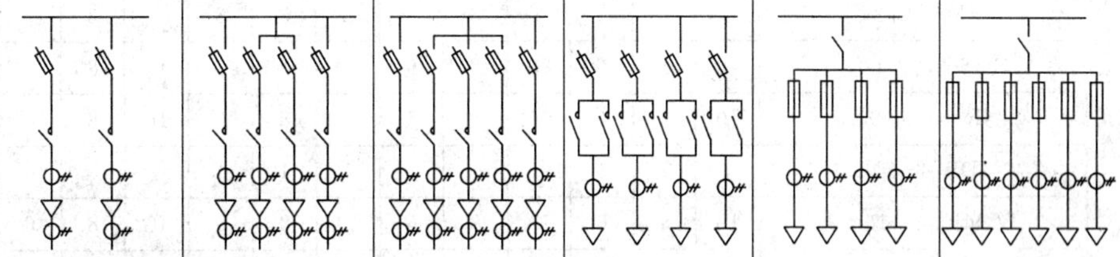																	
用 途		馈电(电动机)			馈电(电动机)			馈电(电动机)			馈电(电动机)			照 明			照 明		
主电路电器元件	型号规格	A	B	C	A	B	C	A	B	C	A	B	C	A	B	C	A	B	C
	HD13BX—1000/31													1			1		
	HD13BX—600/31														1			1	
	HD13BX—400/31															1			1
	HR5—200/3 [ ]	2																	
	HR5—100/3 [ ]		2	2	4	4	4	5	5	5	4	4	4						
	B105 (或 B170)	2						2	2		4	4							
	B85		2		4	2				2			4						
	B45 (或 B65)			2		2	4	3		3	4		4						
	B37								3			4							
	T105 (或 T170)	2						2	2		2	2							
	T85 (或 T105)		2		4	2				2			2						
	T45 (或 T105)			2		2	4	3		3	2		2						
	T45 (或 T25 T16)								3			2							
	NT— [ ]													12	12	12	18	18	18
	LMZ3—0.66 [ ] /5													4	4	4	6	6	6
	(LMZ3D—0.66 [ ] /5)	2	2	2	4	4	4	5	5	5	4	4	4						
	LJ— [ ]	2	2	2	4	4	4	5	5	5									
柜宽 (mm)		800	800	800	800	800	800	800	800	800	800	800	800	800	800	800	800	800	800
柜深 (mm)		600	600	600	600	600	600	600	600	600	600	600	600	600	600	600	600	600	600

(4) GGD 低压无功补偿电路方案见表 3-4-33。

表 3-4-33

主电路方案编号		GGJ1—01			GGJ1—02			GGJ2—01			GGJ2—02								
主电路方案	单线图																		
用　途		无功补偿			无功补偿			无功补偿			无功补偿								
主电路电器元件	型号规格	A	B	C	A	B	C	A	B	C	A	B	C	A	B	C	A	B	C
	HD13BX—1000/31							1	1	1	1	1	1						
	HD13BX—400/31	1	1	1	1	1	1												
	LMZ2—0.66 [ ] /5	3	3	3	3	3	3	3	3	3	3	3	3						
	aM3—32	30	24	18	30	24	18	30	24	18	30	24	18						
	FYS—0.22	3	3	3	3	3	3	3	3	3	3	3	3						
	CJ16—32/ [ ]	10	8	6	10	8	6	10	8	6	10	8	6						
	JR16—60/32	10	8	6	10	8	6	10	8	6	10	8	6						
	DWB—2N	1	1	1				1	1	1									
	BCMJ0.4—16—3	10	8	6	10	8	6	10	8	6	10	8	6						
	(BW0.4—16—3)	(10)	(8)	(6)	(10)	(8)	(6)	(10)	(8)	(6)	(10)	(8)	(6)						
柜宽 (mm)		1000	800	800	1000	800	800	1000	800	800	1000	800	800						
柜深 (mm)		600	600	600	600	600	600	600	600	600	600	600	600						

(十) 生产厂

吉林恒通高压电气有限责任公司（吉林市船营经济开发区 99 号；电话 0432—2043288；传真：2043117；邮编：132002；网址：www.jlht.com.cn）。

十六、BFC—2A 型抽出式封闭配电柜

(一) 用途

BFC—2A 型抽出式封闭配电柜适用于 380V 及以下 50Hz 交流三相四线制或三相五线制系统，作为发电厂、变电站、高层建筑、地下设施及工矿企业中动力照明配电之用。

该型配电柜系由不同线路方案组成，根据需要可单独或并列使用。该型配电柜为户内装置，不靠墙安装。

型号含义

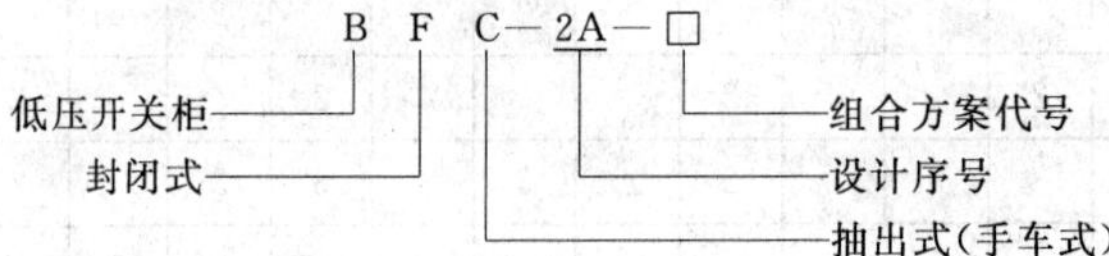

(二) 结构和性能特点

BFC—2A 型抽出式封闭配电柜按其抽出式部件的不同分为空气开关柜及抽屉柜。空气开关柜的抽出式部件为安装在框架中的 AH 型框架式断路器，其抽出式部件简称为框架式断路器。抽屉柜的抽出式部件是由 DZ_{20}^{10} 型塑壳式断路器、NT 型熔断器、CJ20 型接触器等电器元件组合成抽屉单元，简称为抽屉。抽屉柜又按其主电路进出线方式的不同分为侧出线抽屉柜、后出线抽屉柜及前出线抽屉柜。

该型配电柜的主要特点，系各主电路方案的主要电器均为可抽出式部件，当某一主电路发生故障时，可以立即换上备用的框架式断路器式抽屉。保证故障电路迅速恢复供电，提高供电的可靠性，并且便于对故障电路进行检修。

该型配电柜的结构为封闭式，各单元隔室与主支母线小母线室等之间均由隔板或活动挡板隔开。主支母线采用绝缘被覆，从而可以防止在事故情况下发生扩展性短路事故。由于电器设备布置紧凑，可以节省占地面积。

配电柜系采用自然通风，柜顶均装设通风装置。

该型配电柜分空气开关柜、侧出线抽屉柜、后出线抽屉柜及前出线抽屉柜四种结构型式。配电柜顶部与底部均装有可拆卸的盖板。各隔室之间，各柜之间也装有隔板。相同结构的抽屉柜背靠背安装时，即可成为双面操作的抽屉柜（但需与制造厂具体协商解决）。

该型配电柜可视组合方案与柜的排列形式选用Γ型母线桥、Ⅰ型母线桥和Ⅱ型母线桥。

（三）方案、技术数据

1. 主电路方案

BFC—2A型抽出式封闭配电柜的主电路方案系按各抽出式隔室单元划分绘制的，共具有77种典型单元线路方案，见表3-4-34。按照表3-4-34主电路单元线路方案便可组成各种不同需要的配电系统。

表3-4-34　主电路方案

编号		1	2	3	4	5	6	7	8	9	10	11	12
主电路单元线路方案		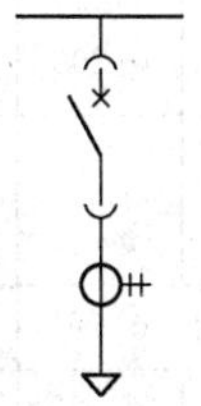			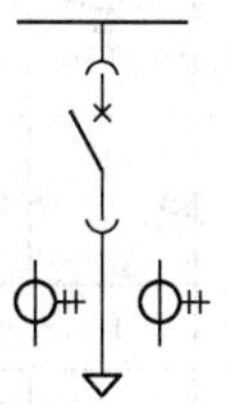			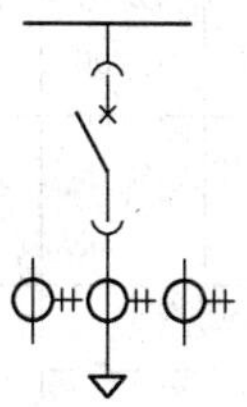			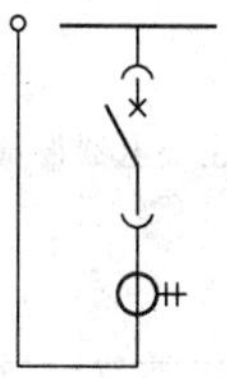		
用途		进线或出线			进线或出线			进线或出线			架空进出线		
额定电流（A）		630	1000	1600	630	1000	1600	630	1000	1600	630	1000	1600
主要电器设备		AH·6B	AH·10B	AH·16B	AH·6B	AH·10B	AH·16B	AH·6B	AH·10B	AH·16B	AH·6B	AH·10B	AH·16B
		$LMZJ_1$—0.5			$LMZJ_1$—0.5			$LMZJ_1$—0.5			$LMZJ_1$—0.5		
占有高度（mm）	空气开关柜	600 900	900	900	600 900	900	900	600 900	900	900	600 900	900	900
备注		用作进线时开关装于柜的下部，上部为继电器室									开关装于柜的下部，上部为断电器室		
编号		13	14	15	16	17	18	19	20	21	22	23	24
一次单元线路方案		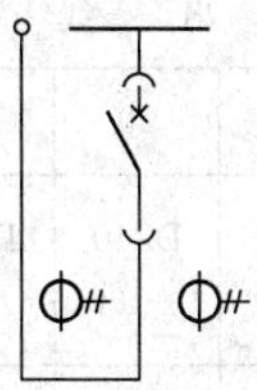			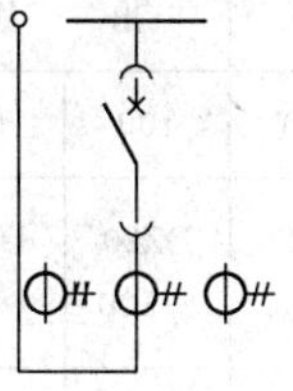			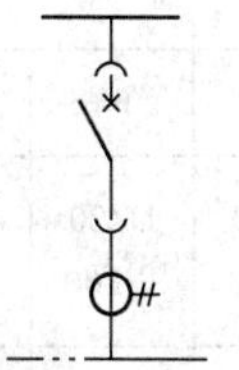			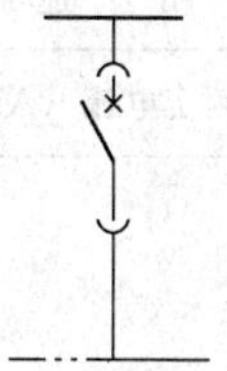		
用途		架空进出线			架空进出线			联络			联络		
额定电流（A）		620	1000	1600	630	1000	1600	630	1000	1600	630	1000	1600
主要电器设备		AH·6B	AH·10B	AH·16B	AH·6B	AH·10B	AH·16B	AH·6B	AH·10B	AH·16B	AH·6B	AH·10B	AH·16B
		$LMZJ_1$—0.5			$LMZJ_1$—0.5			$LMZJ_1$—0.5			$LMZJ_1$—0.5		
占有高度（mm）	空气开关柜	900	900	900	900	900	900	900	900	900	900	900	900
备注		上部为继电器室						开关装于柜的下部					

续表

编号	25	26	27	28	29	30	31	32	33	34	35	36
主电路单元线路方案	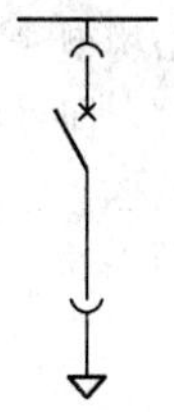		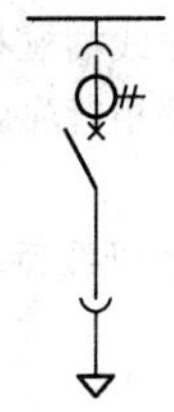		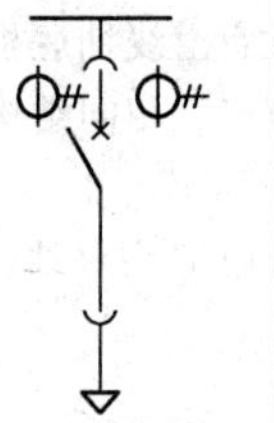		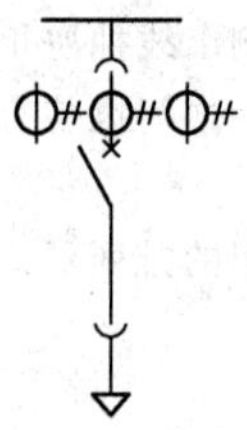		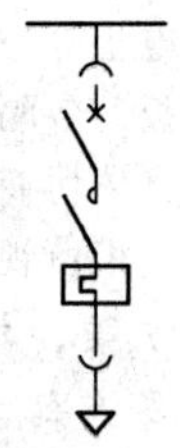			
用途	出线		出线		出线		出线		出线			
额定电流(A)	100	160 200	100	160 200	100	160 200	100	160 200	10	20	60	63
主要电器设备	DZ10—100	DZ20—200	DZ20—100	DZ20—200	DZ20—100	DZ20—200	DZ20—100	DZ20—200	DZ20—100	DZ20—100	DZ20—100	DZ20—100
									CJ20—10	CJ20—20	CJ20—40	CJ20—63
			LMZ—0.5		LMZ—0.5		LMZ—0.5		JR16—20/3D		JR16—60/3D	
占有高度(mm)												
占有高度(mm) 抽屉柜	200	400	300	400	300	400	300	400	200	200	200	200
备注												

编号	37	38	39	40	41	42	43	44	45	46	47	48
主电路单元线路方案		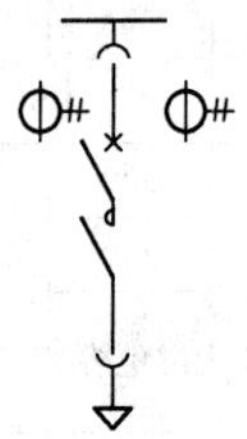			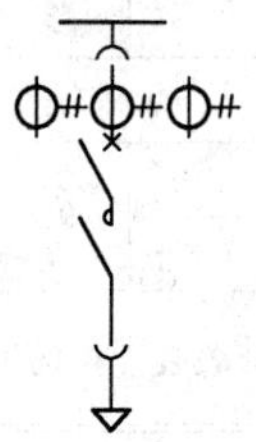		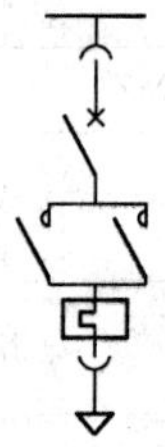					
用途	出线	出线			出线		出线			出线		
额定电流(A)	63	63	100	160	100	160	10	20	40	63	100	160
主要电器设备	DZ20—100	DZ20—100	DZ20—100	DZ20—200	DZ20—100	DZ20—200	DZ10—100	DZ10—100	DZ20—100	NT—00 50	NT—00 100	NT—00 160
	CJ20—67	CJ20—63	CJ20—100	CJ20—160	CJ20—100	CJ20—160	CJ20—10	CJ20—20	CJ20—40			
	LMZ—0.5 JR16—624	LMZ—0.5			LMZ—0.5		LMZ—0.5		JR16—60/3D			
占有高度(mm)												
占有高度(mm) 抽屉柜	200	400	300	400	300	400	300	400	200	200	200	200
备注										无电气联锁		

续表

编　号		49	50	51	52	53	54	55	56	57	58	59
主电路单元线路方案					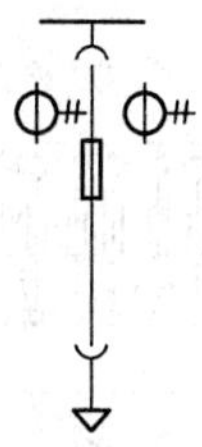		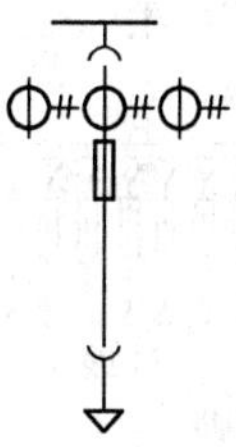	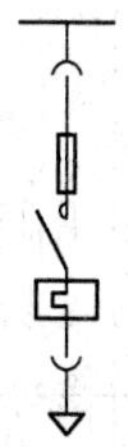				
用　途		出线	出　线				出线	出　线				出线
额定电流（A）		160 200	160	160 200	160	160 200	160 200	10	20	40	63	63
主要电器设备		NT—1 250	NT—00 160	NT—1 250	NT—00 160	NT—1 250	NT—1 250	NT—00 50	NT—00 50	NT—00 100	NT—00 160	NT—00 160
								CJ20— 10	CJ20— 20	CJ20— 40	CJ20— 60	CJ20— 63
			LMZ—0.5		LMZ—0.5		LMZ—0.5	JR16—60/3D		JR16—60/3D		LMZ—0.5
占有高度（mm）												
	抽屉柜	400	300	400	300	400	400	200	200	200	300	300
备　注												

编　号		60	61	62	63	64	65	66	67	68
主电路单元线路方案		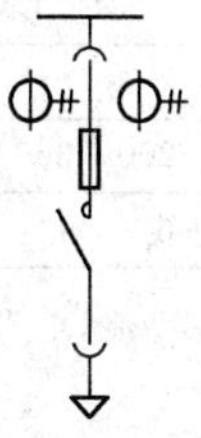			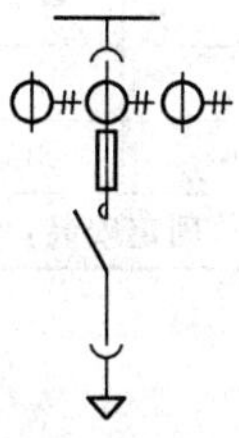		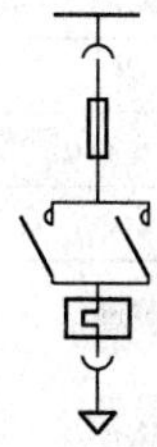			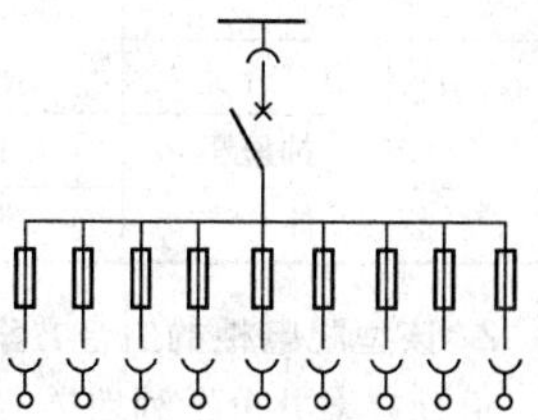
用　途		出　线			出　线		出　线			照　明
额定电流（A）		63	100	160	100	160	10	20	40	100
主要电器设备		NT—00 160	NT—00 160	NT—1 250	NT—1 250	NT—1 250	NT—00 50	NT—00 50	NT—00 100	DZ20—100
		CJ20 —63	CJ20 —100	CJ20 —160	CJ20 —100	CJ20 —160	CJ20— 10×20	CJ20— 20×2	CJ20— 40×2	gF_1—16×9
		LMZ—0.5			LMZ—0.5		JR16—20/3D		JR16— 60/3D	
占有高度（mm）										
	抽屉柜	300	300	400	400	400	200	200	300	300
备　注										每一支路电流不大于 15A

续表

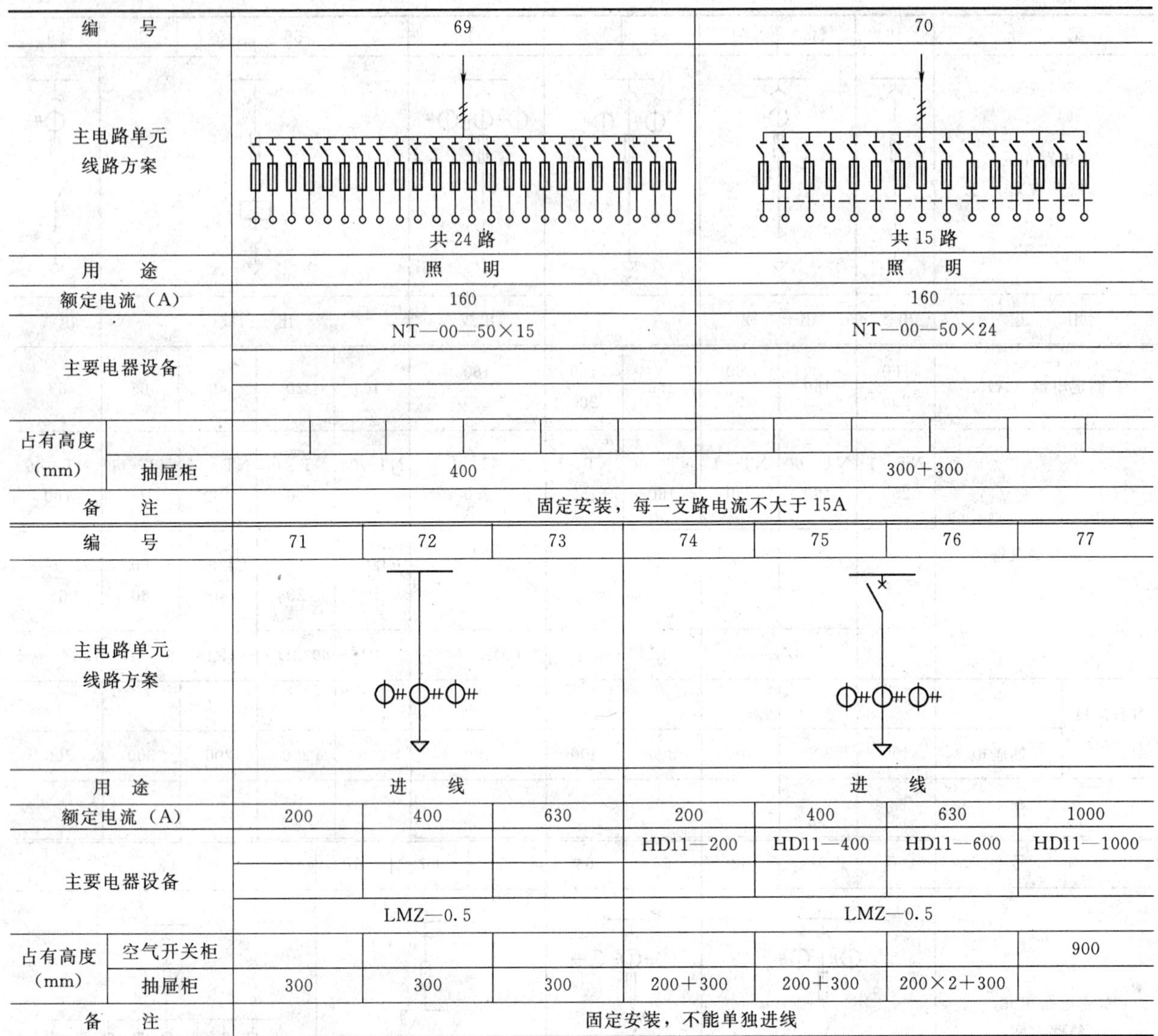

编　　号	69	70
主电路单元线路方案	共24路	共15路
用　　途	照　　明	照　　明
额定电流（A）	160	160
主要电器设备	NT—00—50×15	NT—00—50×24
占有高度（mm）　抽屉柜	400	300＋300
备　　注	固定安装，每一支路电流不大于15A	

编　　号	71	72	73	74	75	76	77
主电路单元线路方案							
用　途	进　　线			进　　线			
额定电流（A）	200	400	630	200	400	630	1000
主要电器设备				HD11—200	HD11—400	HD11—600	HD11—1000
	LMZ—0.5			LMZ—0.5			
占有高度（mm）　空气开关柜							900
占有高度（mm）　抽屉柜	300	300	300	200＋300	200＋300	200×2＋300	
备　　注	固定安装，不能单独进线						

2. 该型配电柜的组合方案

组合方案共分下列四类，34种。

(1) 第一类。空气开关柜具有10种组合方案，其代号为BFC—A—1Z～10Z，见表3-4-35。

表3-4-35　　　　空气开关柜组合方案

组合方案代号 BFC·2A—1Z～10Z											
代号	1Z	2Z	3Z	4Z	5Z	6Z	7Z	8Z	9Z	10Z	
主母线室											250
断电器室及空气开关隔室	630A（出线） 630A（出线） 630A（出线）	630A（出线） 600 630A（出线）	630A（出线） 630A（进线）	继电器室 630A（进线）	630A（出线） 1000A（进线）	1000A（出线） 1000A（进线）	继电器室 1000A（进线）	630A（出线） 1500A（进线）	1000A（出线） 1500A（进线）	继电器室 1500A（进线）	900
保护主母线及中性母线室											200

(2) 第二类。侧出线抽屉柜具有 12 种组合方案，其代号为 BFC—2A—301Z～312Z，见表 3-4-36。

(3) 第三类。后出线抽屉柜具有 12 种组合方案，其代号为 BFC—2A—201Z～212Z，见表 3-4-36。

表 3-4-36　　后出线及侧出线轴屉柜组合方案

<table>
<tr><td colspan="14">组合方案代号 BFC—2A・201Z～312Z</td></tr>
<tr><td rowspan="2">代号</td><td>后出线</td><td>201Z</td><td>202Z</td><td>203Z</td><td>204Z</td><td>205Z</td><td>206Z</td><td>207Z</td><td>208Z</td><td>209Z</td><td>210Z</td><td>211Z</td><td>212Z</td></tr>
<tr><td>侧出线</td><td>301Z</td><td>302Z</td><td>303Z</td><td>304Z</td><td>305Z</td><td>306Z</td><td>307Z</td><td>308Z</td><td>309Z</td><td>310Z</td><td>311Z</td><td>312Z</td></tr>
<tr><td colspan="2">主母线室</td><td></td><td></td><td></td><td></td><td></td><td></td><td></td><td></td><td></td><td></td><td></td><td>250</td></tr>
<tr><td colspan="2">抽屉隔室</td><td>10～100A 9 路</td><td>10～100A 6 路
63～160A 4 路</td><td>10～100A 3 路
63～160A 4 路</td><td>10～100A 1 路
100～200A 4 路</td><td>10～100A 3 路
100～200A 3 路</td><td>10～100A 5 路
100～200A 2 路</td><td>63～160A 6 路</td><td>63～160A 6 路</td><td>63～160A 2 路
100～200A 3 路</td><td>10～100A 2 路
63～160A 2 路
100～200A 2 路</td><td>10～100A 4 路
63～160A 2 路</td><td>10～100A 1 路
200
300</td></tr>
<tr><td colspan="2">保护主母线及中性母线室</td><td></td><td></td><td></td><td></td><td></td><td></td><td>100～200A 1 路</td><td></td><td></td><td></td><td>100～200A 1 路</td><td>100～200A 1 路
400
200</td></tr>
</table>

(4) 第四类。前出线抽屉柜具有 6 种组合方案，其代号为 BFC—2A—101Z～106Z，见表 3-4-37。

表 3-4-37　　前出线抽屉柜组合方案

<table>
<tr><td colspan="7">组合方案代号 BFC—2A・101Z～106Z</td></tr>
<tr><td>代号</td><td>101Z</td><td>102Z</td><td>103Z</td><td>104Z</td><td>105Z</td><td>106Z</td></tr>
<tr><td>主母线室</td><td></td><td></td><td></td><td></td><td></td><td>250</td></tr>
<tr><td>抽屉隔室</td><td>10～100A 6 路
63～100A 1 路</td><td>10～100A 3 路
63～100A 3 路</td><td>63～100A 5 路</td><td>63～100A 1 路
100～200A 3 路</td><td>10～100A 4 路
63～100A 1 路
100～200A 1 路</td><td>10～100A 2 路
63～100A 1 路
100～200A 2 路
200
300
400</td></tr>
<tr><td>电缆室保护主母线及中性母线室</td><td></td><td></td><td></td><td></td><td></td><td>300
200</td></tr>
</table>

3. 该型配电柜的主要技术数据

技术数据，见表 3-4-38～表 3-4-40。

表 3-4-38　　配电柜额定工作电压　　单位：V

主电路	～380	辅助电路	～220	灯光信号（抽屉柜）	～6.3

表 3-4-39 配电柜额定电流 单位：A

空气开关柜、断路器脱扣器	100、160、250、400、500、630、1000、1600	抽屉柜分支母线	630
抽屉柜抽屉	10、20、40、63、100、160、200	空气开关柜主电路进出线插座	630、1000、1600
主母线	1600	抽屉柜主电路进出线插头（座）	200
空气开关柜分支母线	1600	辅助电路插头（座）	15

表 3-4-40 配电柜耐受电流

额定短路开断电流	30、40kA	额定峰值耐受电流	63.8kA（cosφ 0.25）
额定短时耐受电流	30、40kA（1s）	额定单相接地短路电流	10kA

（四）开关柜的布置

距墙：1000～2000mm。

距设备：2000mm。

（五）订货须知

订货时必须提供下列图纸和要求：

(1) 由主电路单元线路方案所组成的配电系统装配图。

(2) 各个电器设备的全型号规格和数量。

(3) 母线桥的型式和尺寸。

(4) 配电柜的排列图和布置图。

(5) 原理图或选用标准原理线路图代号。

(6) 各品备件。

（六）生产厂

北京开关厂。

十七、BFC—20A 型抽屉式低压开关柜

（一）用途

BFC—20A 抽屉式低压开关柜用于发电厂、变电站、冶金、石油化工、纺织等工矿企业及城市高层建筑，作为三相交流 50～60Hz、电压 380V 及以下电力系统的配电（PC）和电动机集中控制（MCC）之用。

（二）结构和性能特点

柜体零件为型材，采用 20mm 为模数的标准化设计，框架用螺栓组装而成。

柜体分前后两大部分，前部为电器区，后部为母线及进出线电缆区，有挡板分隔。

柜体结构型式可分为轴屉式结构（W）、插入式结构（P）及固定式结构（F）三种型式。

抽屉分大、中、小三种，其高度分别为 720、480、240mm。每柜最多安装小抽屉 9 个。组合后高度为 1980mm，抽屉小室门与断路器设有机械联锁。

母排采用三相四线或三相五线制，ABC 母线和 N 线在柜上方，PE 线（或 PEN 线）在柜底部。

（三）方案、技术数据

1. 主电路方案

BFC—20A 型开关柜主电路方案及主要电器元件，见表 3-4-41。

2. 技术数据

(1) 额定工作电压：交流 380V。

(2) 动力中心（PC）：

母线最大额定电流为 3150A。

母线短时耐受电流（1s 有效值）为 3150A。

母线峰值耐受电流为最大 176kA。

(3) 电动机控制中心（MCC）：

母线最大额定电流为 2000A。

母线短时耐受电流（1s 有效值）为最大 30kA。

母线峰值耐受电流为最大 63kA。

垂直分支母线最大额定电流为 800A。

(4) 外壳防护等级：IP20。

表 3-4-41　　**主电路方案**

方案编号		01		02		03	04	
一次线路图		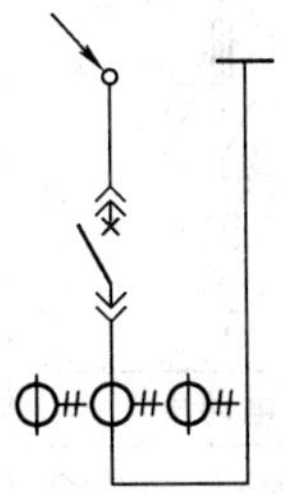		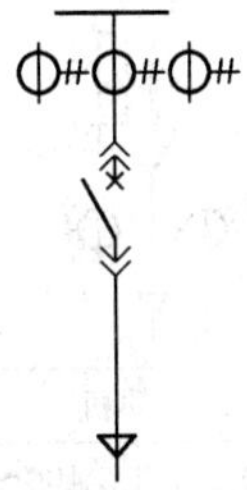		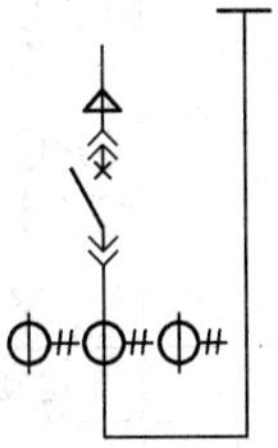	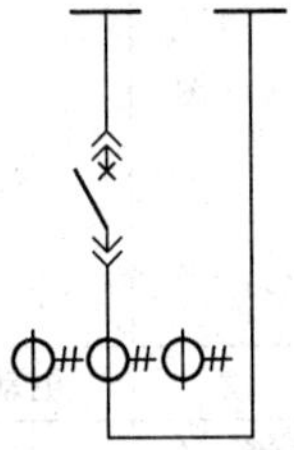	
用　途		架空受电（或馈电）		电缆受电（或馈电）		电缆受电	联　络	
额定电流（A）		630～3200		630～3200		200～630	630～3200	
主要电器元件		ME—630 1600	ME—2000 4000	ME—630 1600	ME—2000 4000	DWX15C—200/400/630	ME—630 1600	ME—2000 4000
		LMZ—0.66□/5		LMZ—0.5□/5				
小室尺寸（mm）	高	1080	2160	1080	2160	720	1080	2160
	高	800	1000～1200	800	1000～1200	600	800	1200
	深	1000	1000～1200		1000～1200	800	1000	1000～1200
结构形式		P		P		P	P	
备注								

方案编号		11	12	13	14	21	22	23
一次线路图		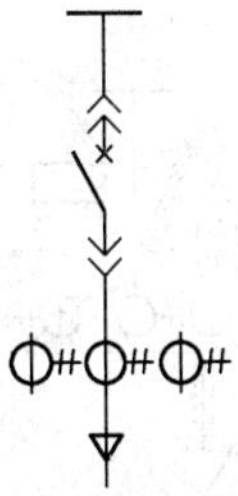	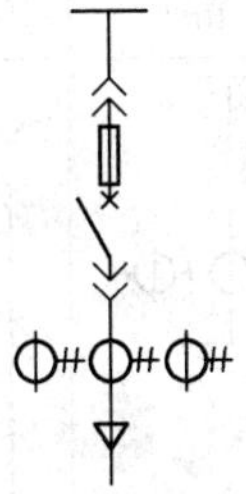		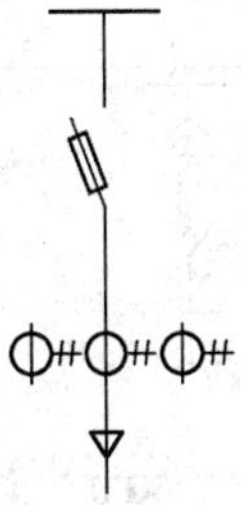	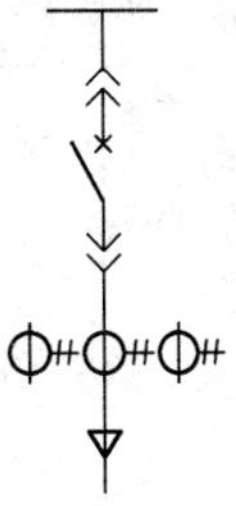	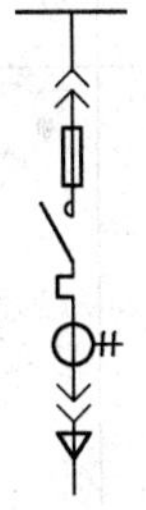	
用　途		馈　电	馈　电		馈　电	电动机	电动机	
额定电流（A）		200～630	200	100	100～400	200～630	60，100，150	10，20，40
主要电器元件		DWX15C—200 /400/630	DZ10—250	DZ10—100	HH11—100 ～400K/3	DWX15C—200 /400/630	CJ10—60 /100/150	CJ10—10 /20/40
			NT—0/1	NT—00			NT—00	NT—00
							JR16—60/150	JR16—20/60
		LMZ—0.5□/5				LMZ—0.5□/5		
小室尺寸（mm）	高	720	480	240	480	720	480	240
	宽	600	600		600	600	600	
	深	800	800		800	1000	800	
结构形式		P	W		100～200kW 400kF	P	W	
备注								

续表

方案编号		24	25	26	27		31	32	33	34
一次线路图				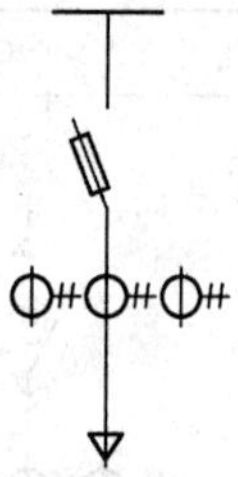			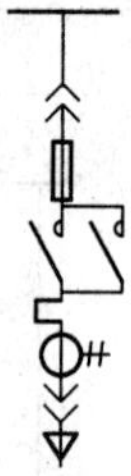		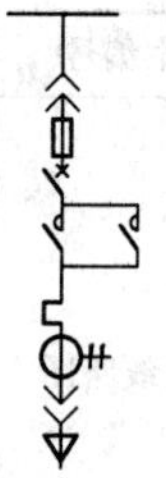	
用　途		电动机	电动机	电动机	电动机		电动机		电动机	
额定电流（A）		60，100，150	10，20，40	100～400	250	400～630	10，20	40	10，20	40
主要电器元件		DZ10—250	DZ10—100	HH11—100～400K/3	CJ20—250×3	CJ20—400，630×3	NT—00	NT—00	DZ10—100	
		CJ10—60，100，150	CJ10—10，20，40		NT1，2 DZ10 或 HR5		CJ10—10，20，40		CJ10—10，20，40	
		JR16—60，150	JR16—20，60		JR16—20		JR16—20，60		JR16—20，60	
		NT—00	NT—00						NT—00	NT—00
		LMZ—0.5□/5								
小室尺寸（mm）	高	480	240	480	2160		240	240	240	480
	宽	600		600	800		600		600	
	深	800		800	800		800		800	
结构形式		W		100～200kW 400KF	F		W		W	
备注										

方案编号		35	36	37	38	40	41	42	43	
一次线路图				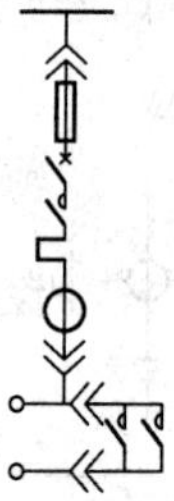		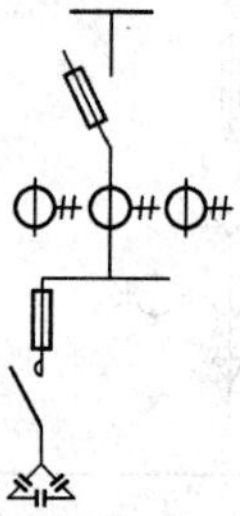	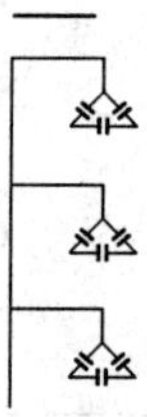	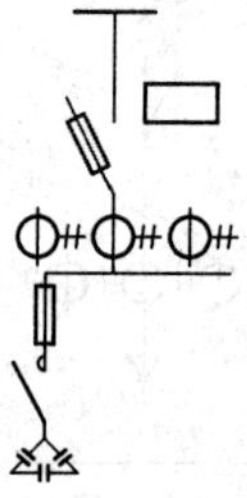	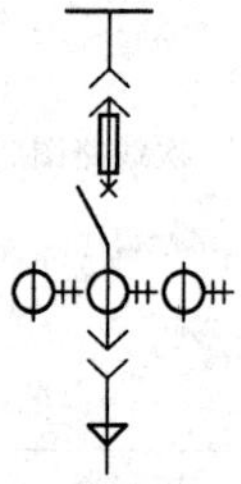	
用　途		电动机（Y—△）		电动机（Y—△）		电容手动控制	电容器	电容自动—手动控制	电容器控制或照明	
额定电流（A）		20，40	60，100，150	20，40	60，100，150	8 路		8 路	100	200
主要电器元件		NT—00	NT—00	DZ10—100	DZ10—250	BCMJ 电容器	BCMJ 15 只		DZ10—100，250 NT—00，1	
		CJ10—20，40	CJ10—60，100，150	CJ10—20，40	CJ10—60，100，150	HR5—630/30				
		JR16—20，60，150		JR16—20，60，150				BCMJ 电容器		
						CJ16×8		CJ16×8		
		LMZ—0.5□/5		NT—00，0 LMZ—0.5□/5		LMZ—0.5□/5		LMZ—0.5□/5		
小室尺寸（mm）	高	480	960	480	960	2160	2160	2160	240	480
	宽	600		600		800	600	800	600	
	深	800		800		1000	1000	1000	800	
结构形式		W		W		F	F	F	W	
备注										

续表

方案编号		44		45	46	47	51	52
一次线路图								
用　途		照　明		照　明	事故照明交流切换	事故照明直流切换	表　计	
额定电流（A）		100	200	60	100	100、150		
主要电器元件		DZ10—100，250 NT—00，1		NT—00 DZ10—100	DZ10—100 CJ10—100 NT—00，1 LMZ—0.5□/5	DZ10—100，250 CJ10—100，150 NT—00，1	DT862 DD862	
小室尺寸（mm）	高	240	480	720	1080	960	480	240
	宽	600		600	600	600	600	
	深	800		800	800	800	800	
结构形式		W		F	W	W	F	
备注								

注　P—插入式；W—抽屉式；F—固定式。

（四）订货须知

订货时，用户须提供下列资料：

(1) 一次线路方案。

(2) 二次线路原理图。

(3) 电器元件详细规格及数量。

(4) 开关柜的排列及组合图、平面布置图。

(5) 若需母线桥，请具体说明。

（五）生产厂

武汉武新电器工业有限公司、武汉森源电器厂、杭州华星电控设备有限公司。

十八、BFC—50E系列组合式低压开关柜

（一）用途

BFC—50E系列组合式低压开关柜主要用于发电厂、核电站、变电所、工矿企业、港口、机场和各种大型建筑工程等，作为交流40～60Hz、额定工作电压660V及以下的供配电系统中，作为负荷中心（PC）或控制中心（MCC），同时经特殊生产还可以用于石油钻井平台等可移动场所。

（二）结构和性能特点

BFC—50E系列组合式低压开关柜的结构分为三部分，即母线区、电缆区和电气区。

BFC—50E的抽屉柜具有工作位置、试验位置、分离位置和移出位置，相同规格的抽屉均具有互换性，用户可以方便迅速地使用备用抽屉，各抽屉单元都有一套机械联锁和电气联锁。

整个配电系统可通过接口电路卡输入中央计算机，从而实现自动监测、自动控制和自动保护功能。

BFC—50E内的主要电器元件选用3WE系列断路器（引进西门子公司制造），另外还大量选用我国引进先进技术制造的元器件和进口元器件，能进行功能的分离和组合实现新的功能。除了能在生产厂组装，也可适应用户在现场修改，扩充装配的要求。

BFC—50E的主母线系统有两组，可根据需要作单独分开用、并联用、联络用，并配置N及PE导体或PEN导体。PE导体截面根据装置可能产生的短路电流来计算，接地PE排贯穿在整个装置中，各回路接地线可就近连接。母线间采用软连接或连接板。

母线柜的上下进线具有相同的分断能力，可以满足双电源以上供配电系统的连续性要求。

在开关柜底部的电缆沟上加装活络板，电缆穿过阻燃橡胶引进柜内，起到封堵密封的作用。

（三）方案、技术数据

1. 主电路方案

PEC—50E 主电路方案采用模块组合，结构分为固定式和抽出式，按不同要求设计成各种类型的功能单元，包括受电、联络、电能分配、电动机控制中心及无功功率补偿等。主电路方案见表 3-4-42。

表 3-4-42　　主电路方案

主回路方案编号		1	2	3	4	5	6
主回路方案	单线图	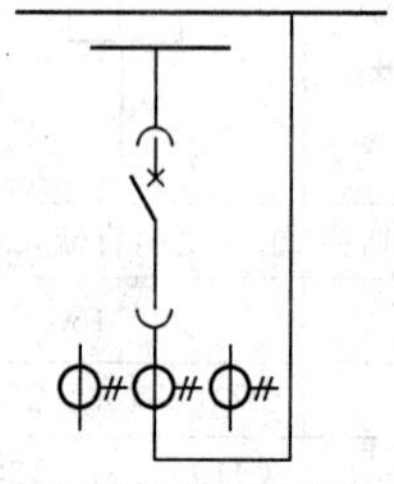			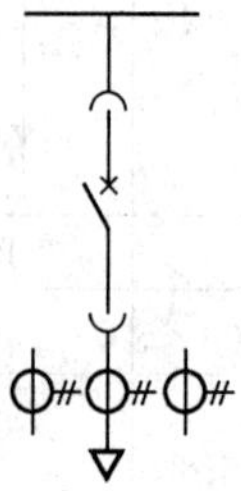		
用　途		架空或电缆进线			馈　电	馈　电	故障指示
额定电流（A）		400～800	1000～1260	1600～3000	200～800	1000～1250	400～800
主要电器设备	型号规格	数　量					
	3WE13～33	1			1		
	3WE43～53		1			1	
	3WE63～83			1			
	LMZ2～0.66	3	3	3	3	3	
	E—1						1
外形尺寸（mm）	小室高	1000	1200	1800	630～800	800～1000	不占小室
	屏宽	600	600	800	600	600	
备　注							

主回路方案编号		7	8	9
主回路方案	单线图	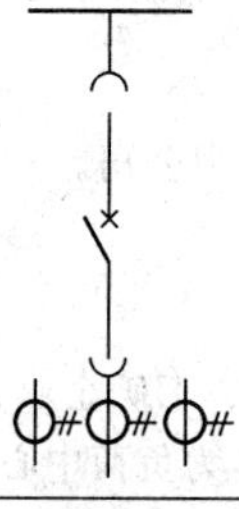	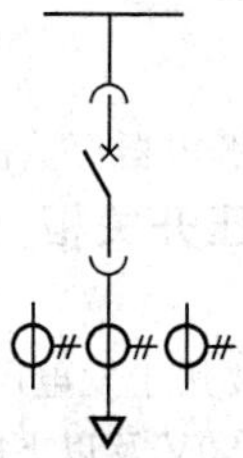	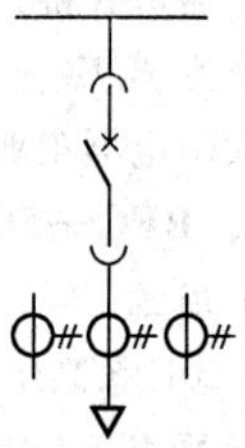
用　途		控　制	控　制	受电或馈电
额定电流（A）		200～500	630～1250	1600～3000
主要电器设备	型号规格	数　量		
	DWX15C—400	1		
	DWX15C—630			
	DWX15C—1000		1	
	DWX15C—1600			
	3WE63～83			1
	LM～0.5	3	3	3
外形尺寸（mm）	小室高	900	1200	1800
	屏宽	600	800	800
备　注				

续表

主回路方案编号		10	11	12	13	14	15
主回路方案	单线图	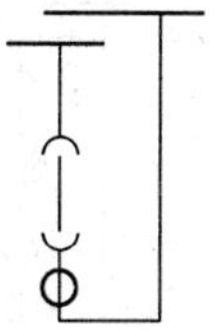			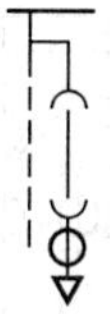	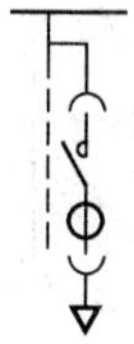	
用　途		母　联	母　联	母　联	馈电照明或电容		电量计量
额定电流（A）		2500～3150	1250～1600	250～1000	400～1000	125～200	
主要电器设备	型号规格	数　量					
	QP2500～3150	1					
	QP1250～1600		1				
	QP250～1000			1			
	QA400～1000				1		
	QA125～200					1	
	LM—0.5	1	1	1	1	1	
	MDF—Ⅱ						1
外形尺寸（mm）	小室高	800	600	400	600	200	200
	屏宽	600	600	600	600	600	自动打印谷峰电量可报警及输出信号
备　注				可作垂直母联	可作垂直母联		

主回路方案编号		16	17	18	19	20
主回路方案	单线图	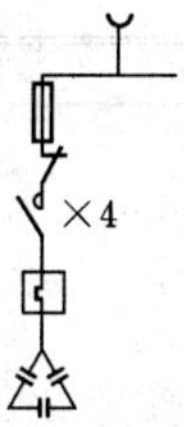			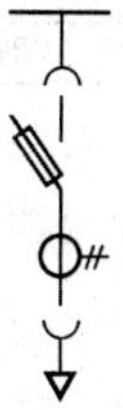	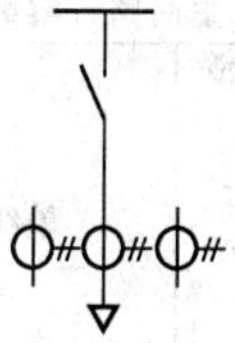
用　途		补偿无功	控制小室		馈电或电容控制	
额定电流（A）		40～60kvar			400	630～800
主要电器设备	型号规格	数　量				
	Q5A630～800				1	1
	aM3—32A	12				
	CJ16—32/3	4				
	JR16—60/3	4				
	CLMB43	4				
	LM0.5				1	3
	LW5—16□/□		1	2		
	DGK—Ⅱ		1			
外形尺寸（mm）	小室高	400	200	200	400	600
	屏宽	600	600	600	600	600
备　注			主控制	辅控制		

续表

主回路方案编号		21	22	23	24	25	26
主回路方案	单线图	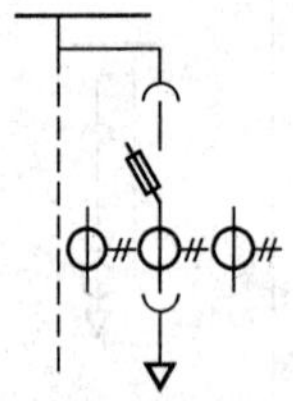		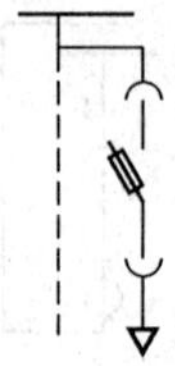		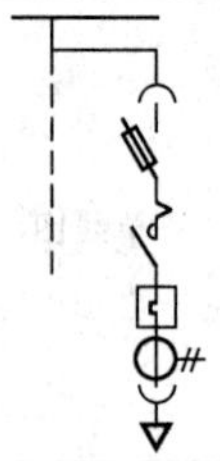	
用　途		馈电或照明或电容		馈　电	馈　电	馈　电	馈　电
额定电流（A）		63～160	160～400	63～160	160～400	63～160	160～400
主要电器设备	型号规格	数　量					
	QSA125/63～160	1		1		1	1
	QSA160/100～160						
	QSA250/160～400		1		1		
	QSA400/250～400						
	CJ20—40—60					1	
	CJ20—63—160						1
	JR20—20—150					1	1
	LM0.5					1	1或2
外形尺寸（mm）	小室高	200	400	200	400	200	400
	屏宽	600	600	600	600	600	600
备　注						可用B系列D系列或3TB代替CJ20	

主回路方案编号		27	28	29	30	31	32
主回路方案	单线图	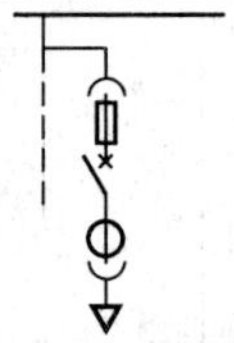					
用　途		馈　电	馈　电	馈　电	馈　电	馈　电	馈　电
额定电流（A）		15～100	100～200	15～100	100～200	15～100	100～225
主要电器设备	型号规格	数　量					
	NT00～NT1	3	3	3	3	3	3
	NT2						
	DZ20—100	1					
	DZ20—200		1				
	T0—100B			1			
	T0—200BA				1		
	C100E					1	1
	C225E						
	LM0.5	1	1	1	1	1	1
外形尺寸（mm）	小室高	200	400	200	400	200	400
	屏宽	600	600	600	600	600	600
备　注							

续表

主回路方案编号		33	34	35	36	37	38
主回路方案	单线图	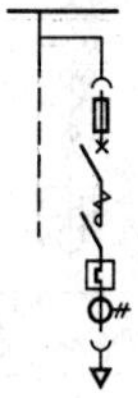					
用途		电动机					
额定电流（A）		10～40	63～200	10～75	100～200	10～75	100～225
主要电器设备	型号规格	数量					
	NT00—2	3					
	DZ20—100～200	1	1				
	T0—100～225BA			1	1		
	C100～225E					1	1
	CJ20—10～40	1					
	CJ20—63～250		1				
	3TB40～48			1		1	
	3TB50～54				1		1
	JR16—20～150	1	1				
	3UA5			1	1	1	1
外形尺寸（mm）	小室高	200	400	200	400	200	400
	屏宽	600	600	600	600	600	600
备注							

主回路方案编号		39	40	41	42	43	44
主回路方案	单线图		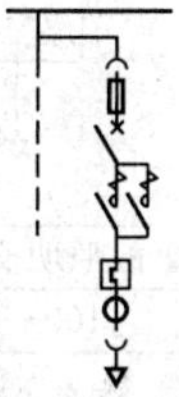				
用途							
额定电流（A）		10～40	10～80	10～80	10～63	10～63	
主要电器设备	型号规格	数量					
	QSA63/10～160				1	1	1
	NT00	3	3	3			
	DZ20—100	1					
	T0—100BA		1				
	C100E			1			
	CJ20—10～40	2				1	
	LC2—D		1	1	1		
	JR20—20～60	1				1	
	JR1—D						
	LM—0.5						
外形尺寸（mm）	小室高	200	200	200	200	200	200
	屏宽	600	600	600	600	600	600
备注						可用B系列、D系列或3TB代替CJ20	

续表

主回路方案编号		45	46	47	48
主回路方案	单线图	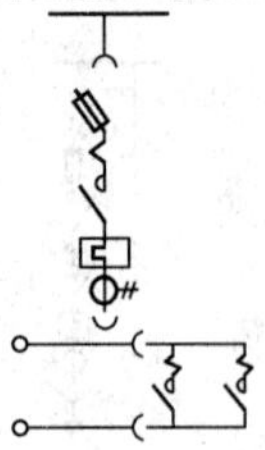		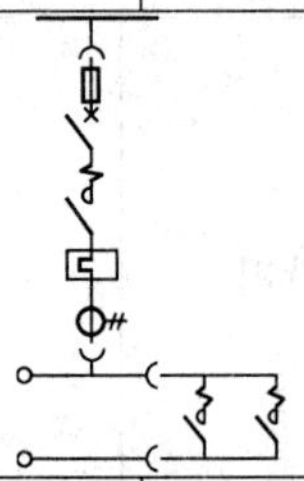	
用途		电动机（Y—△）	电动机（Y—△）	电动机（Y—△）	电动机（Y—△）
额定电流（A）		20～63	63～150	20～63	63～150
主要电器设备	型号规格	数量			
	QSA63	1			
	QSA125—250		1		
	NT00—2			3	3
	DZ20—100～200			1	1
	CJ20—20～63	1		1	
	CJ20—63～150		1		1
	JR20—20～150			1	1
	LM0.5	1	1	1	1
外型尺寸（mm）	小室高	2×200	2×400	2×200	2×400
	屏宽	600	600	600	600
备注					

主回路方案编号		49	50	51
主回路方案	单线图	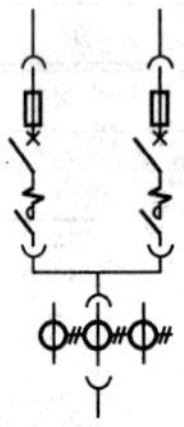	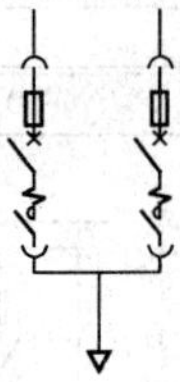	
用途		事故照明交流切换	事故照明交流切换	
额定电流（A）		100	100～150	
主要电器设备	型号规格	数量		
	NT00—2	6	6	
	DZ20—100～200	2	2	
	DZ20—100～200	2	2	
	LM0.5	3		
外形尺寸（mm）	小室高	3×400	2×400	
	屏宽	600	600	
备注				

2. 主要电气参数

（1）主回路的额定工作电压：380、660V。

（2）控制电路的额定工作电压：AC 220V、380V～DC 110V、220V。

（3）额定电流等级（A）：6、10、15、20、25、30、40、50、63、80、100、160、200、250、315、400、500、630、800、1000、1250、1600、2000、2500、3000、4000、5500。

（4）产品的分断能力：50kA（有效值）。

（5）热稳定电流：50kA（1s）。

（6）防护等级：IP20～IP54。

（四）订货须知

订货时必须提供下列图纸和要求：

(1) 主电路方案号及二次原理方案号。

(2) 按所选方案的电气原理图列出电器明细表。

(3) 开关柜数量及运行时排列顺序图。

(4) 如配用母线桥需提供开关柜的平面布置图。

（五）生产厂

合肥开关厂。

十九、GDL型交流低压配电柜

（一）用途

GDL型交流低压配电柜适于发电厂、变电所、工矿企业、石油化工部门、空港、码头、高层建筑、通信工程等，作为三相交流频率50（60）Hz、额定电压660V及以下低压配电网络的动力中心和电动机控制中心、电容补偿、照明及电能转换分配之用。

（二）结构特点

配电柜为防护式金属外壳，主构架采用专用型材、构件组装而成。结构先进合理、标准化程度高、通用性好、互换性强、组装方便。

抽屉的传动采用摇进摇出机构，保证三档位置的准确性和电气连接的可靠性。

抽屉功能板及绝缘部件采用SMC新型复合材料，机械强度高、绝缘性能好、提高了抗电及耐电弧能力。

母线室在柜后顶部，母线采用铜排。功能室按不同电流等级、不同用途组成各种线路方案，能满足用户的各种需要。每个柜体左右前后均有钢板或绝缘板隔开，安全可靠。

（三）方案、技术数据

GDL型低压配电柜的主电路方案，见表3-4-43，主要技术数据，见表3-4-44。

表3-4-43　　主电路方案

主电路方案编号	01					
	A	B	C	D	E	F
单线图	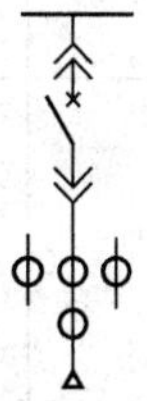					
用途	受电（电缆下进线）					
变压器额定容量（kVA）	500	630	800	1000	1250	1600
变压器低压额定电流（A）	722.5	910.35	1156	1445	1806.25	2312
主电路主要电器元件 断路器额定分断能力 15～25kA	AH—10B GBH—1000 MA40—1000	AH—10B GBH—1000 MA40—1000	AH—16B GBH—1600 MA40—1600			
主电路主要电器元件 断路器额定分断能力 30kA				GBH—1600 MA40—1600		
主电路主要电器元件 断路器额定分断能力 50kA					GBH—2000 MA40—2000	
主电路主要电器元件 断路器额定分断能力 65kA						GBH—2500 MA40—2500
主电路主要电器元件 断路器额定分断能力 80kA						
主电路主要电器元件 隔离开关熔断器组（A）						
主电路主要电器元件 熔断器（不大于，A）						
主电路主要电器元件 交流接触器						
主电路主要电器元件 热继电器						
主电路主要电器元件 电流互感器	LMK8—0.66×4					
辅助电路编号						
柜宽（mm）	440					
柜深（mm）	750					
单元小室高度（mm）	1440					
备注						

续表

主电路方案编号			A	B	C	D	E	F	G	H	I
					02，03		04	05	06		
单　线　图											
用　　途			受电（左右上进线）		受电（中央上进线）		受电（电缆左上进线）		受电（电缆右上进线）		
变压器额定容量（kVA）			500	630	800	1000	1250	1600	2000	2500	3150
变压器低压额定电流（A）			722.5	910.35	1156	1445	1806.25	2312	2890	3612.5	4551.75
主电路主要电器元件	断路器额定分断能力	15～25kA	AH—10B GBH— 1000 MA40— 1000	AH—10B GBH— 1000 MA40— 1000	AH—16B GBH— 1600 MA40— 1600						
主电路主要电器元件	断路器额定分断能力	30kA				GBH— 1600 MA40— 1600					
主电路主要电器元件	断路器额定分断能力	50kA					GBH— 2000 MA40— 2000				
主电路主要电器元件	断路器额定分断能力	65kA						GBH— 2500 MA40— 2500	GBH— 3200 AH—30 MA40— 3200		
主电路主要电器元件	断路器额定分断能力	80kA								MA40— 4000 MA40— 4000	MA40— 5000 PSS— 5000
主电路主要电器元件	隔离开关熔断器组（A）										
主电路主要电器元件	熔断器（不大于，A）										
主电路主要电器元件	交流接触器										
主电路主要电器元件	热继电器										
主电路主要电器元件	电流互感器		LMK8—0.66×4								
辅助电路编号											
柜宽（mm）			440、660、880								
柜深（mm）			750、1000								
单元小室高度（mm）			1440								
备　　注											

续表

主电路方案编号	07					08			
	A	B	C			A	B	C	
单线图 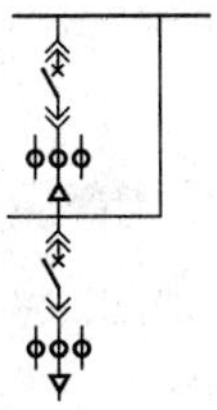 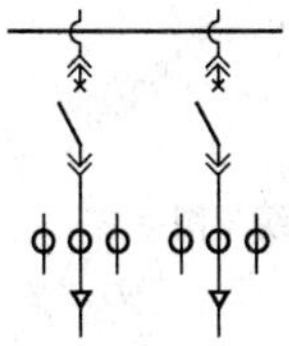									
用途	一备一用下进线（电缆）					一备一用上进线			
变压器额定容量（kVA）	630	800	1000			630	800	1000	
变压器低压额定电流（A）	910.35	1156	1145			910.35	1156	1145	
额定电流（A）									
主电路主要电器元件 断路器额定分断能力 15～25kA	AH—10B GBH— 1000 MA40— 1000	AH—16B GBH— 1600 MA40— 1600				AH—10B GBH— 1000 MA40— 1000	AH—16B GBH— 1600 MA40— 1600		
主电路主要电器元件 断路器额定分断能力 30kA			GBH— 2000 MA40— 2000					GBH— 2000 MA40— 2000	
主电路主要电器元件 断路器额定分断能力 50kA									
主电路主要电器元件 断路器额定分断能力 65kA									
主电路主要电器元件 断路器额定分断能力 80kA									
主电路主要电器元件 隔离开关熔断器组（A）									
主电路主要电器元件 熔断器（不大于，A）									
主电路主要电器元件 交流接触器									
主电路主要电器元件 热继电器									
主电路主要电器元件 电流互感器	LMK8—0.66×6					LMK8—0.66×6			
辅助电路编号									
柜宽（mm）	660					660＋660			
柜深（mm）	750					750			
单元小室高度（mm）	900＋900					900			
备　注									

续表

主电路方案编号	09			10		
	A	B	C	A	B	C
单线图	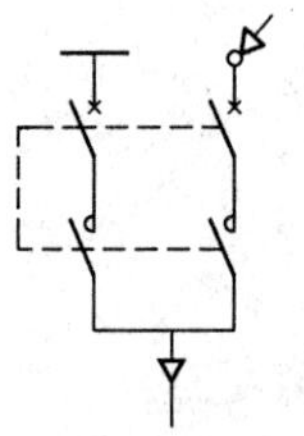			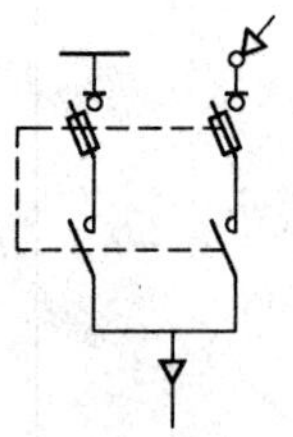		
用途	一备一用上进线			一备一用上进线		
变压器额定容量（kVA）						
变压器低压额定电流（A）						
额定电流（A）	200	300	400	200	300	400
主电路主要电器元件 断路器额定分断能力 15～25kA	TO—225BA ×2	TO—400BA ×2	TO—600BA ×2			
主电路主要电器元件 断路器额定分断能力 30kA	TG—225 ×2	TG—400B ×2	TG—600B ×2			
主电路主要电器元件 断路器额定分断能力 50kA	GM1—225M ×2	GM1—400L ×2	GM1—630L ×2			
主电路主要电器元件 断路器额定分断能力 65kA						
主电路主要电器元件 断路器额定分断能力 80kA						
主电路主要电器元件 隔离开关熔断器组（A）				QSA—250 ×2	QSA—400 ×2	QSA—630 ×2
主电路主要电器元件 熔断器（不大于，A）						
主电路主要电器元件 交流接触器	B370×2	B460×2	B460×2	B370×2	B460×2	B460×2
主电路主要电器元件 热继电器						
主电路主要电器元件 电流互感器						
辅助电路编号						
柜宽（mm）	660			660＋880		
柜深（mm）	750			750		
单元小室高度（mm）	720			900		
备注						

续表

主电路方案编号	11			12		13		
	A	B	C	D	E	A	B	C
单　线　图	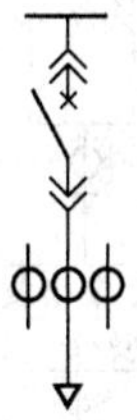			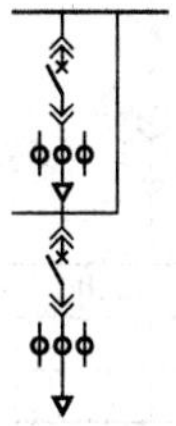		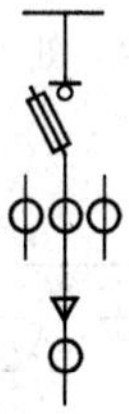		
用　　途	馈　电			馈　电		馈　电		
额定电流（A）	800	1000	1600	1000	1600	250	400	630
主电路主要电器元件 / 断路器额定分断能力 / 15～25kA	AH—108 GBH—1000 MA40—1000							
主电路主要电器元件 / 断路器额定分断能力 / 30kA		GBH—1250 MA40—1250		GBH—1000 MA40—1000				
主电路主要电器元件 / 断路器额定分断能力 / 50kA			AH—160 GBH—1600 AM40—1600		AH—16B ×2 GBH—1600 ×2 HA40—1600×2			
主电路主要电器元件 / 断路器额定分断能力 / 65kA								
主电路主要电器元件 / 断路器额定分断能力 / 80kA								
主电路主要电器元件 / 断路器额定分断能力 /								
主电路主要电器元件 / 隔离开关熔断器组（A）						QSA—250	QSA—400	QSA—630
主电路主要电器元件 / 电压互感器								
主电路主要电器元件 / 交流接触器								
主电路主要电器元件 / 热继电器								
主电路主要电器元件 / 电流互感器	LMK8—0.66×3（1）			LMK8—0.66×6		LMK8—0.66×1（3）		
辅助电路编号								
柜宽（mm）	440			440		440		
柜深（mm）	750			750		750		
单元小室高度（mm）	720			720＋720		540、720		
备　　注								

续表

主电路方案编号		14		15		16	17
		A	B	A	B		
单　线　图		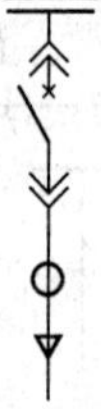		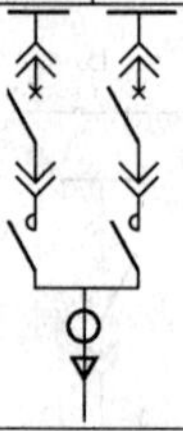			
用　　途		馈　电		互投自复		电压互感器	电压互感器
额定电流（A）		100	160	100	160		
主电路主要电器元件	断路器额定分断能力 15～25kA	TO—100BA	TO—225BA	TO—100BA	TO—225BA		
	30kA	TG—100	TG—225B	TG—100	TG—225B		
	50kA	GMI—100M	GMI—225M	GMI—100M	GMI—225M		
	65kA						
	80kA						
	隔离开关熔断器组（A）					QSA—63	QSA—63
	电压互感器					JDG—0.5 380/100	JSGW—0.5
	交流接触器			B75×2	EHI45×2		
	热继电器						
	电流互感器	LMK8—0.66×1		LMK8—0.66×1			
辅助电路编号							
柜宽（mm）				440		440	440
柜深（mm）				750		750	750
单元小室高度（mm）				180、360		720	720
备　　注							

主电路方案编号		1101　1102　1103					1104
		A	B	C	D	E	
单　线　图			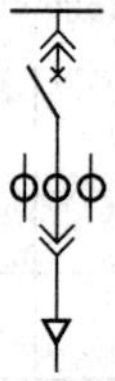	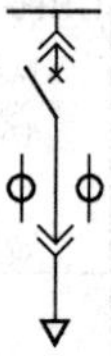	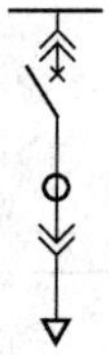		
用　　途		馈　电					电动机
额定电流（A）		63	100	200	300	400	
380VAC—3控制容量（W）							15～37
主电路主要电器元件	断路器额定分断能力 15kA	TO—100BA	TO—225BA	TO—225BA	TO—400BA	TO—600BA	TO—100BA
	30kA	TG—100	TG—225	TG—225	TG—400B	TG—600BA	TG—100
	50kA	GMI—100M	GMI—255M	GMI—255M	GMI—400L	GMI—630L	GMI—100M
	65kA	GMI—100H	GMI—255H	GMI—255H	GMI—400M	GMI—630	GMI—100M
	80kA	GMI—100H	GMI—255H	GMI—255H	GMI—400H	GMI—630H	
	隔离开关熔断器组（A）						
	零序电流互感器						IJZ—□
	交流接触器						B30
	热继电器						T45
	电流互感器	LMG—0.66（3，2，1）					
辅助电路编号							
柜宽（mm）		440＋220					440＋220
柜深（mm）		500、800					750
单元小室高度（mm）		270	270	360	360	540	180
备　　注							

续表

主电路方案编号	1105			1106			1107			1108		
	A	B	C	A	B	C	A	B	C	A	B	C
单线图							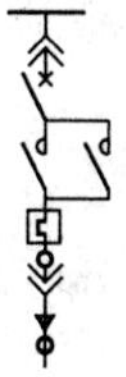			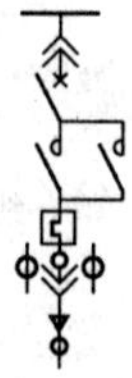		
用途	不可逆			不可逆			可逆			可逆		
额定电流（A）												
380VAC—3 控制容量（W）	55	75	100	55	75	100	7.5	15	37	55	75	100
主电路主要电器元件 断路器额定分断能力 15kA												
主电路主要电器元件 断路器额定分断能力 30kA							TG—100	TG—100	TG—100			
主电路主要电器元件 断路器额定分断能力 50kA	GMI—225M	GMI—225M	GMI—400L	GMI—225M	GMI—225M	GMI—400L	GMI—100M	GMI—100M	GMI—100M	GMI—225M	GMI—225M	GMI—400L
主电路主要电器元件 断路器额定分断能力 65kA												
主电路主要电器元件 断路器额定分断能力 80kA												
主电路主要电器元件 隔离开关熔断器组（A）												
主电路主要电器元件 零序电流互感器	LJZ—□			LJZ—□			LJZ—□			LJZ—□		
主电路主要电器元件 交流接触器	B105	B170	B250	B105	B170	B250	B16×2	B30×2	B85×2	B105×2	B170×2	B250
主电路主要电器元件 热继电器	T105	T170	T250				T16	T45	T85	T105	T170	T250
主电路主要电器元件 电流互感器	LMG—0.66×1			LMG—0.66×2			LMG—0.66×1			LMG—0.66×2		
辅助电路编号												
柜宽（mm）	440+220			440+220			440+220			440+220		
柜深（mm）	750			750			750			750		
单元小室高度（mm）	360			360			180			360		
备注												

续表

主电路方案编号	1109					1110					1111				
	A	B	C	D	E	A	B	C	D		A	B	C		
单线图	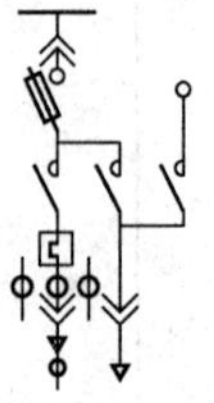					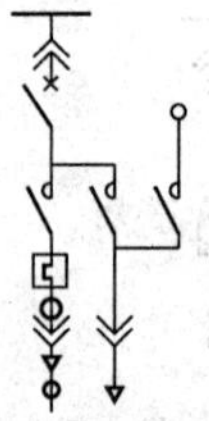					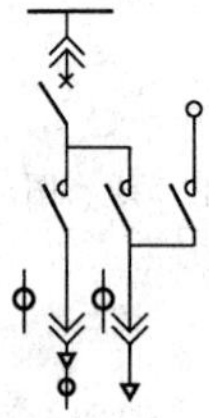				
用途	Y/△起动					Y/△起动					Y/△起动				
额定电流（A）															
380VAC—3 控制容量（W）	15	37	55	75	90	15	37	55	75		37	55	75		
主电路主要电器元件 断路器额定分断能力 15kA															
主电路主要电器元件 断路器额定分断能力 30kA						TG—100	TG—100	TG—225B	TG—225B		TG—100	TG—225B	TG—225B		
主电路主要电器元件 断路器额定分断能力 50kA						GMI—100M	GMI—100M	GMI—225M	GMI—225M		GMI—100M	GMI—225M	GMI—225M		
主电路主要电器元件 断路器额定分断能力 65kA															
主电路主要电器元件 断路器额定分断能力 80kA															
主电路主要电器元件 隔离开关熔断器组（A）	QSA—A63	QSA—A125	QSA—A160	QSA—A250	QSA—A250										
主电路主要电器元件 零序电流互感器	LJZ—□					LJZ—□					LJZ—□				
主电路主要电器元件 交流接触器	B30×3	B65×3	B105×3	B107×3	B170×3	B30×3	B65×3	B105×3	B170×3		B65×3	B105×3	B170×3		
主电路主要电器元件 热继电器	T45	T85	T105	T170	T170	T45	T85	T85	T105	T170					
主电路主要电器元件 电流互感器	LMK8—0.66×3					LMK8—0.66×1					LMK8—0.66×2				
辅助电路编号															
柜宽（mm）	440＋220（电缆通道）					440＋220					440＋220				
柜深（mm）	750					750					750				
单元小室高度（mm）	360			540		180		360			360		540		
备注															

续表

主电路方案编号		1112					1113					1114				
		A	B	C	D	E	A	B	C	D	E	A	B	C	D	E
单线图																
用途							电容补偿（抽）					可逆				
电容器（kvar）								30	120			30	60	90	120	
主电路主要电器元件	断路器额定分断能力 15kA								TO—100BA×4			TO—100BA×1	TO—100BA×2	TO—100BA×3	TO—100BA×4	
	断路器额定分断能力 30kA								TG—100×4			TG—100×1	TG—100×2	TG—100×3	TG—100×4	
	断路器额定分断能力 50kA								GMI—100M×4			GMI—100M×1	GMI—100M×2	GMI—100M×3	GMI—100M×4	
	断路器额定分断能力 65kA								GMI—100H×4			GMI—100H×1	GMI—100H×2	GMI—100H×3	GMI—100H×4	
	断路器额定分断能力 80kA															
	隔离开关熔断器组（A）															
	熔断器（不大于，A）							NT—00X3								
	交流接触器								CJ168—32/11×8			CJ168—32/11×2	CJ168—32/11×4	CJ168—32/11×6	CJ168—32/11×8	
	热继电器								T45×8			T45×2	T45×4	T45×6	T45×8	
	电流互感器								LMK8 0.66×3							
辅助电路编号																
柜宽（mm）									440+220			440+220				
柜深（mm）									800			800				
单元小室高度（mm）									1620			360	720	1080	1440	
备　注																

表 3-4-44　　GDL型配电柜主要技术数据

项目			数据	项目		数据
额定频率（Hz）			50（60）	额定工作电流（A）	水平母线	630、2500（4000）
额定绝缘电压（V）			660、1000		垂直母线	630、1600
额定工作电压（V）	主电路（V）		400、690	额定短时耐受电流（1s）（kA）		65、80
				额定峰值耐受电流（1s）（kA）		143、176
	辅助电路	AC	380、220	外壳防护等级		IP30、IP40、IP50
		DC	220、110	符合标准		GB—7251、IEC—439—1、ZBK—36001

（四）订货须知

用户订货时，须提供下列资料：

(1) 产品的全型号。

(2) 按所选方案的电气原理图，提出断路器脱扣整定电流及保护特性、控制电压。

(3) 主母线规格及连接方式。

(4) 配电室平面布置图，开关柜的组合排列顺序图，进出线方式。

(五) 生产厂

北京北开电气股份有限公司、武汉武新电器工业有限公司。

二十、GBD1 型低压固定封闭式配电柜

(一) 用途

GBD1 型低压固定封闭式配电柜适用于发电厂、变电站、厂矿企业等交流 50Hz、额定工作电压 660V 以下、额定电流 2500A 以下的电力系统，作为动力、照明及配电设备的电能转换分配与电机的供电之用。

(二) 结构特点

GBD1 型低压配电柜为自撑式垂直地面安装，内部分为水平母线区、垂直母线区和功能单元区三大区，并采用金属隔板将其有效地隔离。功能单元自身亦是相互隔离的，限制了事故影响范围，且顶部可开启，水平母线安装方便。配电柜全部功能单元的门均装有机械联锁，提高了防触电的可靠性。所有电器元件均固定安装在功能单元内。单元可以整体从产品中拆出，便于维护和检修。配电柜为全封闭式，各功能单元有独立开启的门，配电柜的后部亦有供安装维护使用的门。

(三) 方案、技术数据

GBD1 型低压固定封闭式配电柜的主电路方案，见表 3-4-45。

基本技术数据如下：

(1) 额定工作电压：交流 50Hz，380V、660V。

(2) 额定绝缘电压：交流 50Hz，500V、3000V。

(3) 额定电流：水平母线不超过 2500A，垂直母线不超过 800A。

(4) 额定短时耐受电流：50kA。

(5) 馈电单元短时耐受电流：35kA、50kA。

(6) 防护等级：IP40。

表 3-4-45 主电路方案

方案编号	01		02		03		04		05	
主电路方案	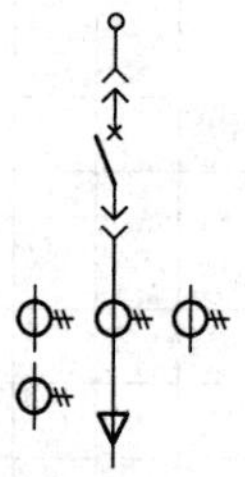									
用途	受电		受电		受电		受电		受电	
额定电压 (V)	380/660		380/660		380/660		380/660		380/660	
额定电流 (A)	2500		2500		2000		2000		1600	
额定短时耐受电流 (kA)	50		50		50		50		50	
主要元件名称	规格	数量	规格	数量	规格	数量	规格	数量	规格	数量
断路器	3WE838 (2700A)	1	ME—2505	1	3WE738 (2500A)	1	ME—2500	1	3WE638 (1900A)	1
电流互感器 LMZ3	0.66/3—□/5	4	0.66/3—□/5	4	0.66/3—□/5	4	0.66/3—□/5	4	0.66/3—□/5	4
辅电路原理图图号 OXGD.354	301～306		310～315		301～306		310～315		301～306	
	307～309		316～318		307～309		316～318		307～309	
功能单元代号 (高×宽×深) (mm×mm×mm)	2200×1000×1000		2200×1000×1000		2200×1000×1000		2200×1000×1000		2200×1000×1000	
备注										

续表

方案编号	06		07		08		09		10	
主电路方案	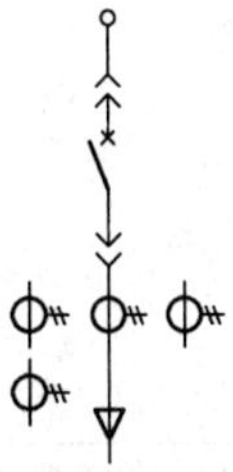									
用　途	受　电		受　电		受　电		受　电		受　电	
额定电压（V）	380/660		380/660		380/660		380/660		380/660	
额定电流（A）	1600		1250		1250		1000		1000	
额定短时耐受电流（kA）	50		50		50		50		50	
主要元件名称	规格	数量	规格	数量	规格	数量	规格	数量	规格	数量
断路器	ME—1605	1	3WE538 (1600A)	1	ME—1500	1	3WE438 (1250A)	1	ME—1250	1
电流互感器 LMZ3	0.66/3—□/5	4	0.66/3—□/5	4	0.66/3—□/5	4	0.66/3—□/5	4	0.66/3—□/5	4
辅电路原理图图号 OXGD.354	310～315		301～306		310～315		301～306		310～315	
	316～318		307～309		316～318		307～309		316～318	
功能单元代号（高×宽×深）（mm×mm×mm）	2200×800×1000		2200×800×1000		2200×800×1000		2200×800×1000		2200×800×1000	
备　注										

方案编号	11		12		13		14		15	
主电路方案	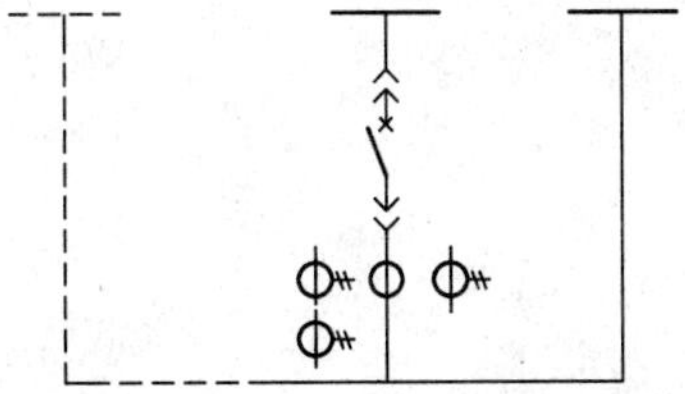									
用　途	受　电		受　电		受　电		受　电		受　电	
额定电压（V）	380/660		380/660		380/660		380/660		380/660	
额定电流（A）	2500		2500		2200		2000		1600	
额定短时耐受电流（kA）	50		50		50		50		50	
主要元件名称	规格	数量	规格	数量	规格	数量	规格	数量	规格	数量
断路器	3WE838 (2700A)	1	ME—2505	1	3WE738 (2500A)	1	ME—2500	1	3WE638 (1900A)	1
电流互感器 LMZ3	0.66/3—□/5	4	0.66/3—□/5	4	0.66/3—□/5	4	0.66/3—□/5	4	0.66/3—□/5	4
辅电路原理图图号 OXGD.354	301～306		310～315		301～306		310～315		301～306	
	307～309		316～318		307～309		316～318		307～309	
功能单元代号（高×宽×深）（mm×mm×mm）	2200×1000×1000		2200×1000×1000		2200×1000×1000		2200×1000×1000		2200×1000×1000	
备　注										

续表

方案编号	16		17		18		19		20	
主电路方案	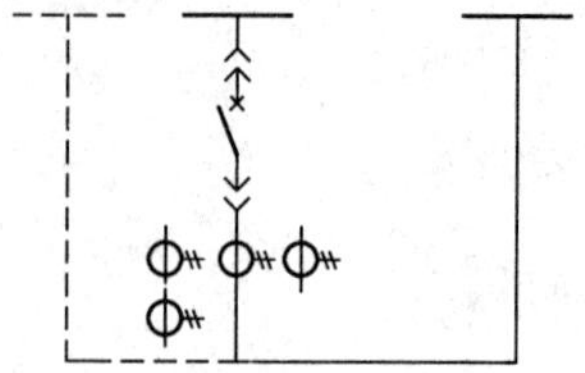									
用　途	受　电		受　电		受　电		受　电		受　电	
额定电压（V）	380/660		380/660		380/660		380/660		380/660	
额定电流（A）	1600		1250		1250		1000		1000	
额定短时耐受电流（kA）	50		50		50		50		50	
主要元件名称	规格	数量	规格	数量	规格	数量	规格	数量	规格	数量
断路器	ME—1605	1	3WE538 (1600A)	1	ME—1500	1	3WE438 (1250A)	1	ME—1250	1
电流互感器 LMZ3	0.66/3—□/5	4	0.66/3—□/5	4	0.66/3—□/5	4	0.66/3—□/5	4	0.66/3—□/5	4
辅电路原理图图号 OXGD.354	310～315		301～306		310～315		301～306		310～315	
	316～318		307～309		316～318		307～309		316～318	
功能单元代号（高×宽×深）（mm×mm×mm）	2200×800×1000		2200×800×1000		2200×800×1000		2200×800×1000		2200×800×1000	
备　注										

方案编号	21		22		23		24		25	
主电路方案	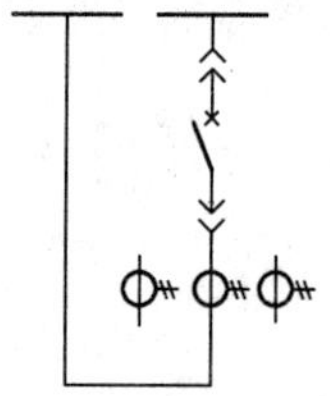									
用　途	母　联		母　联		母　联		母　联		母　联	
额定电压（V）	380/660		380/660		380/660		380/660		380/660	
额定电流（A）	2500		2500		2000		2000		1600	
额定短时耐受电流（kA）	50		50		50		50		50	
主要元件名称	规格	数量	规格	数量	规格	数量	规格	数量	规格	数量
断路器	3WE838 (2700A)	1	ME—2505	1	3WE738 (2500A)	1	ME—2500	1	3WE638 (1900A)	1
电流互感器 LMZ3	0.66/3—□/5	3	0.66/3—□/5	3	0.66/3—□/5	3	0.66/3—□/5	3	0.66/3—□/5	3
辅电路原理图图号 OXGD.354	319～321		322～324		319～321		322～324		319～321	
功能单元代号（高×宽×深）（mm×mm×mm）	2200×1000×1000		2200×1000×1000		2200×1000×1000		2200×1000×1000		2200×1000×1000	
备　注										

续表

方案编号	26		27		28		29		30	
主电路方案										
用　途	母　联		母　联		母　联		母　联		母　联	
额定电压（V）	380/660		380/660		380/660		380/660		380/660	
额定电流（A）	1600		1250		1250		1000		1000	
额定短时耐受电流（kA）	50		50		50		50		50	
主要元件名称	规格	数量	规格	数量	规格	数量	规格	数量	规格	数量
断路器	ME—1605	1	3WE538 (1600A)	1	ME—1500	1	3WE438 (1250A)	1	ME—1250	1
电流互感器 LMZ3	0.66/3—□/5	3	0.66/3—□/5	3	0.66/3—□/5	3	0.66/3—□/5	3	0.66/3—□/5	3
辅电路原理图图号 OXGD.354	322～324		319～321		322～324		319～321		322～324	
功能单元代号 (高×宽×深) (mm×mm×mm)	2200×1000×1000		2200×800×1000		2200×800×1000		2200×800×1000		2200×800×1000	
备　注										

方案编号	31		32		33		34		35	
主电路方案	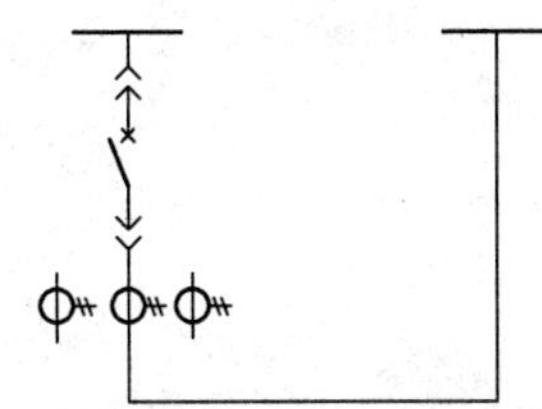									
用　途	母　联		母　联		母　联		母　联		母　联	
额定电压（V）	380/660		380/660		380/660		380/660		380/660	
额定电流（A）	2500		2500		2000		2000		1600	
额定短时耐受电流（kA）	50		50		50		50		50	
主要元件名称	规格	数量	规格	数量	规格	数量	规格	数量	规格	数量
断路器	3WE838 (2700A)	1	ME—2505	1	3WE738 (2500A)	1	ME—2500	1	3WE638 (1900A)	1
电流互感器 LMZ3	0.66/3—□/5	3	0.66/3—□/5	3	0.66/3—□/5	3	0.66/3—□/5	3	0.66/3—□/5	3
辅电路原理图图号 OXGD.354	319～321		322～324		319～321		322～324		319～321	
功能单元代号 (高×宽×深) (mm×mm×mm)	2200×1000×1000		2200×1000×1000		2200×1000×1000		2200×1000×1000		2200×1000×1000	
备　注										

续表

方案编号	36		37		38		39		40		41	
主电路方案												
用途	母联		母联		母联		母联		母联		隔离	
额定电压（V）	380/660		380/660		380/660		380/660		380/660		380/660	
额定电流（A）	1600		1250		1250		1000		1000		800	
额定短时耐受电流（kA）	50		50		50		50		50		50	
主要元件名称	规格	数量	规格	数量	规格	数量	规格	数量	规格	数量	规格	数量
断路器	ME—1605	1	3WE528（1600A）	1	ME—1600	1	2WE438（1250A）	1	ME—1250	1		
电流互感器 LMZ3	0.66/3—□/5	3	0.66/3—□/5	3	0.66/3—□/5	3	0.66/3—□/5	3	0.66/3—□/5	3	0.66/3—□/1	3
隔离开关											HD21/QA—1000	1
辅电路原理图图号 OXGD. 354	322～324		319～321		322～324		319～321		322～324		325～327	
											B单元	
功能单元代号（高×宽×深）（mm×mm×mm）	2200×800×1000		2200×800×1000		2200×800×1000		2200×800×1000		2200×800×1000		920×500	
备注												

方案编号	46		47		48		49		50	
主电路方案					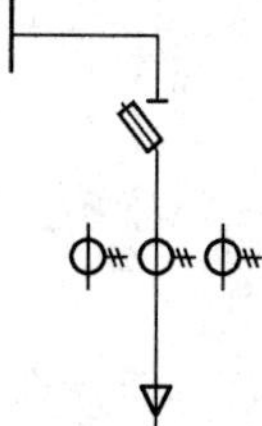					
用途	馈电隔离		馈电隔离		馈电隔离		馈电隔离		馈电隔离	
额定电压（V）	380/660		380/660		380/660		380/660		380/660	
额定电流（A）	500		315		200		125		100	
额定短时耐受电流（kA）	50		50		50		50		50	
主要元件名称	规格	数量	规格	数量	规格	数量	规格	数量	规格	数量
断路器										
隔离开关熔断器组	HH15/QSA—630	1	HH15/QSA—400	1	HH15/QSA—250	1	HH15/QSA—160	1	HH15/QSA—125	1
电流互感器 LMZ3	0.66/3—□/1	1～3	0.66/3—□/1	1～3	0.66/3—□/1	1～3	0.66/3—□/1	1～3	0.66/3—□/1	1～3
辅电路原理图图号 OXGD. 354	328～330		328～330		328～330		328～330		328～330	
功能单元代号（高×宽）（mm×mm）	B—920×500		C—460×500		C—460×500		C—460×500		C—460×500	
备注										

续表

方案编号	51		52		53		54		55	
主电路方案	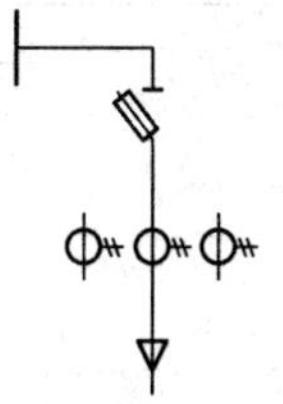				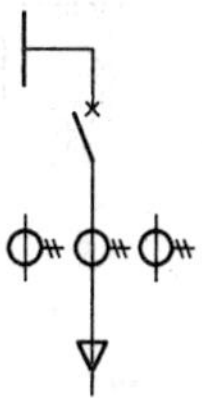					
用　　途	馈电隔离		馈　　电		馈　　电		馈　　电		馈　　电	
额定电压（V）	380/660		380		380/660		380		380	
额定电流（A）	50		50		315		160		80	
额定短时耐受电流（kA）	50		35/50		35/50		35/50		35/50	
主要元件名称	规格	数量	规格	数量	规格	数量	规格	数量	规格	数量
断路器			DZ20J/MCB—630	1	DZ20J/MCB—400	1	DZ20J/MCB—200	1	DZ20J/MCB—100	1
电流互感器 LMZ3	0.66/3—□/1	1～3	0.66/3—□/1	1～3	0.66/3—□/1	1～3	0.66/3—□/1	1～3	0.66/3—□/1	1～3
隔离开关熔断器组	HH15/QSA—63	1								
辅助电路原理图图号 OXGD.354	328～330		331～337		331～337		331～337		331～337	
功能单元代号（高×宽）（mm×mm）	C—460×500		B—920×500		B—920×500		C—460×500		C—460×500	
备　　注										

方案编号	56		57		58		59		60	
主电路方案	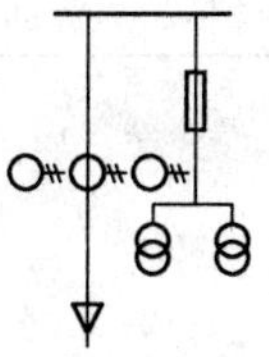		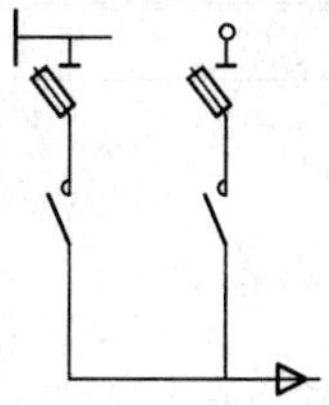				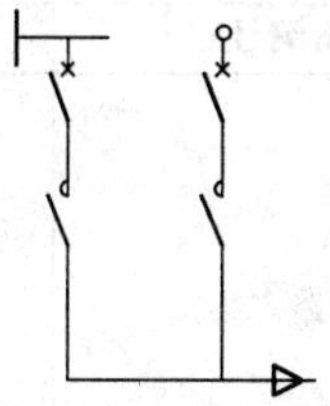			
用　　途	计　　量		事故照明		事故照明		事故照明		事故照明	
额定电压（V）	380/660		380		380		380		380	
额定电流（A）			100		80		80		50	
额定短时耐受电流（kA）			50		50		35/50		35/50	
主要元件名称	规格	数量	规格	数量	规格	数量	规格	数量	规格	数量
断路器							DZ20J/MCB—100	2	DZ20J/MCB—100	2
隔离开关熔断器组			HH15/QSA—125	2	HH15/QSA—100	2				
接触器			CJZ—160	2	CJZ—100	2	CJZ—100	2	CJZ—63	2
电流互感器 LMZ3	0.66/3—□/5	3								
熔断器	RT19—□	3								
电压互感器	JBG□/100	2								
辅助电路原理图图号 OXGD.354	338～339		340		340		341		341	
功能单元代号（高×宽）（mm×mm）	2200×800×1000（高×宽×深）（mm×mm×mm）		B—930×500		B—920×500		B—920×500		B—920×500	
备　　注			带机械联锁		带机械联锁		带机械联锁		带机械联锁	

续表

方案编号	61		62		64		65	
主电路方案	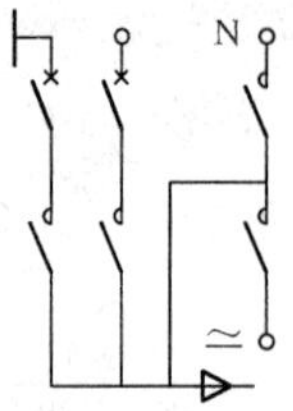				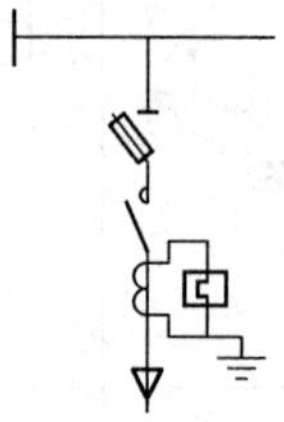			
用　途	事故照明		事故照明		电动机供电		电动机供电	
额定电压（V）	380（220）				380/660			
额定电流（A）	32				155～110			
额定短时耐受电流（kA）	35/50				50			
主要元件名称	DZ20J/MCB—100	数量	规格	数量	规格	数量	规格	数量
断路器		2						
隔离开关熔断器组	CJZ—63				HH15/QSA—400	1		
接触器		3			CJZ—400	1		
热继电器					JR16—20	1		
电流互感器 LMZ3					0.66/3—□/1	1～2		
辅电路原理图图号 OXGD.354	342				343～344			
功能单元代号（高×宽）（mm×mm）	B—920×500				B—920×500			
备　注								

方案编号	66		67		68		69		70	
主电路方案	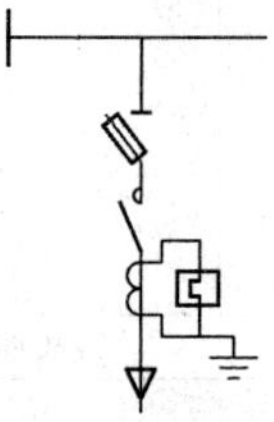									
用　途	电动机供电		电动机供电		电动机供电		电动机供电		电动机供电	
额定电压（V）	380/660		380/660		380/660		380/660			
额定功率（kW）	110～55		55～30		30～22		22 以下			
额定短时耐受电流（kA）	50		50		50		50			
主要元件名称	规格	数量	规格	数量	规格	数量	规格	数量	规格	数量
隔离开关熔断器组	HH15/QSA—250	1	HH15/QSA—160	1	HH15/QSA—63	1	HH15/QSA—63	1		
接触器	CJZ—250	1	CJZ—160	1	CJZ—100	1	CJZ—63	1		
热继电器	JR16—20	1	JR16—20	1	JR16—20	1	JR16—20	1		
电流互感器 LMZ3	0.66/3—□/1	1～2	0.66/3—□/5	1～2	0.66/3—□/5	1～2	0.66/3—□/1	1～2		
辅电路原理图图号 OXGD.354	343～344		343～344		343～344		343～344			
功能单元代号（高×宽）（mm×mm）	B—920×500		B—920×500		C—460×500		C—460×500			
备　注										

续表

方案编号	71		72		73		74		75	
主电路方案					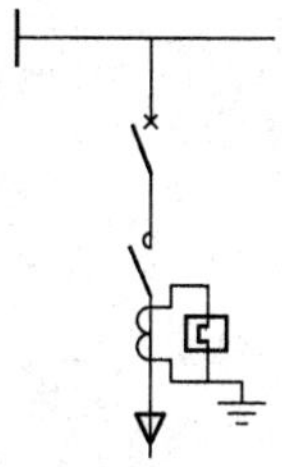					
用　　途	电动机供电		电动机供电		电动机供电		电动机供电		电动机供电	
额定电压（V）	380/660		380		380		380		380	
额定功率（kW）	155～110		110～55		55～30		30～22		22 以下	
额定短时耐受电流（kA）	35/50		35/50		35/50		35/50		35/50	
主要元件名称	规格	数量	规格	数量	规格	数量	规格	数量	规格	数量
断路器	DZ20J/MCB—400	1	DZ20J/MCB—200	1	DZ20J/MCB—200	1	DZ20J/MCB—200	1	DZ20J/MCB—100	1
接触器	CJZ—400	1	CJZ—250	1	CJZ—160	1	CJZ—100	1	CJZ—63	1
热继电器	JR16—20	1	JR16—20	1	JR16—20	1	JR16—20	1	JR16—20	1
电流互感器 LMZ3	0.66/3—□/1	1～2	0.66/3—□/1	1～2	0.66/3—□/1	1～2	0.66/3—□/1	1～2	0.66/3—□/1	1～2
辅电路原理图图号 OXGD. 354	345～346		345～346		345～346		345～346		345～346	
功能单元代号（高×宽）（mm×mm）	B—920×500		C—460×500		C—460×500		C—460×500		C—460×500	
备　　注										

方案编号	76		77		78		79		80	
主电路方案					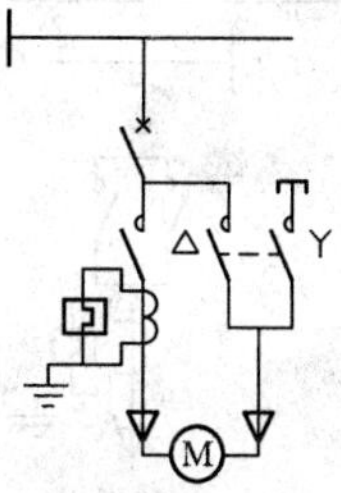					
用　　途	电动机供电		电动机供电		电动机供电（Y—△）		电动机供电（Y—△）		电动机供电（Y—△）	
额定电压（V）					380/660		380/660		380/660	
额定功率（kW）					55～30		30～22		22 以下	
额定短时耐受电流（kA）					50		50		50	
主要元件名称	规格	数量	规格	数量	规格	数量	规格	数量	规格	数量
隔离开关熔断器组					HH15/QSA—100	1	HH15/QSA—125	1	HH15/QSA—63	1
接触器					CJZ—160	3	CJZ—100	3	CJZ—63	3
热继电器					JR16—20	1	JR16—20	1	JR16—20	1
电流互感器 LMZ3					0.66/3—□/1	1～2	0.66/3—□/1	1～2	0.66/3—□/1	1～2
辅电路原理图图号										
功能单元代号（高×宽）（mm×mm）					B—920×500		B—920×500		B—920×500	
备　　注										

续表

方案编号	81		82		83		84	
主电路方案			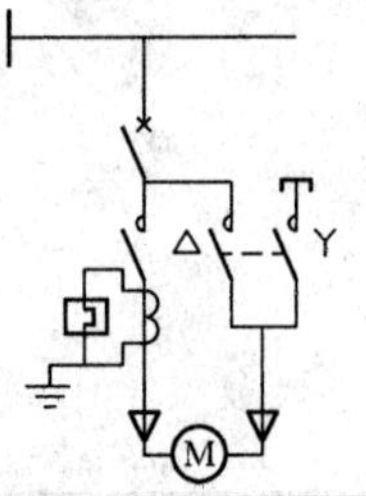					
用　　途	电动机供电（Y—△）		电动机供电（Y—△）		电动机供电（Y—△）		电动机供电（Y—△）	
额定电压（V）	380		380		380			
额定功率（kW）	55～30		30～22		22 以下			
额定短时耐受电流（kA）	35/50		35/50		35/50			
主要元件名称	规格	数量	规格	数量	规格	数量	规格	数量
断路器	DZ20J/MCB—200	1	DZ20J/MCB—100	1	DZ20J/MCB—63	1		
接触器	CJZ—100	2	CJZ—100	3	CJZ—63	3		
热继电器	JR16—20	1	JR16—20	1	JR16—20	1		
电流互感器 LMZ3	0.66/3—□/1	1～2	3.66/3—□/1	1～2	0.66/3—□/1	1～2		
辅电路原理图图号 OXGD.354			349～350		349～350			
功能单元代号（高×宽）（mm×mm）	B—920×500		B—920×500		B—920×500			
备　　注								

方案编号	85		86		87		88	
主电路方案	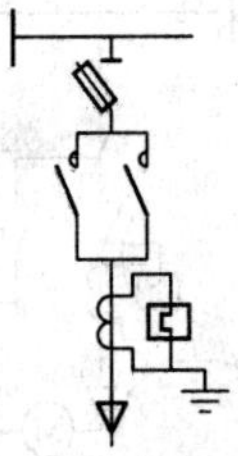				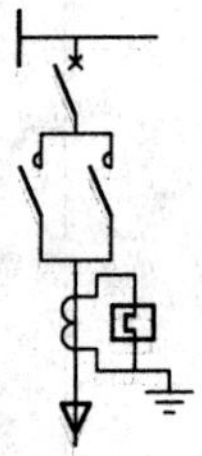			
用　　途	电动机供电（可逆）		电动机供电（可逆）		电动机供电（可逆）		电动机供电（可逆）	
额定电压（V）	380/660		380/660		380		380	
额定功率（kW）	30～11		11 以下		22～14		11 以下	
额定短时耐受电流（kA）	50		50		35/50		35/50	
主要元件名称	规格	数量	规格	数量	规格	数量	规格	数量
断路器					DZ20J/MCB—100	1	DZ20J/MCB—100	1
接触器	CJZ—100	2	CJZ—63	2	CJZ—100	2	CJZ—63	2
热继电器	JR16—20	1	JR16—20	1	JR16—20	1	JR16—20	1
电流互感器 LMZ3	0.66/3—□/1	1～2	0.66/3—□/1	1～2	0.66/3—□/1	1～2	0.66/3—□/1	1～2
隔离开关熔断器组	HH15/QSA—125	1	HH15/QSA—63	1				
辅电路原理图图号 OXGD.354	351～352		351～352		353～354		353～354	
功能单元代号（高×宽）（mm×mm）	C—460×500		C—460×500		C—460×500		C—460×500	
备　　注								

续表

方案编号	89		90	
主电路方案	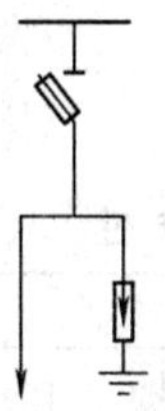		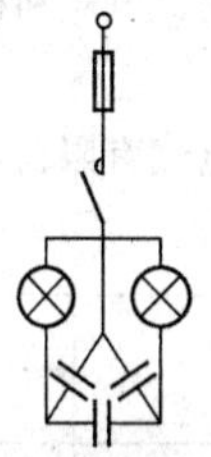	
用　途	无功功率补偿		无功功率补偿	
额定电压（V）	380		380	
额定功率（kW）				
额定短时耐受电流（kA）	50		50	
主要元件名称	规　格	数　量	规　格	数　量
接触器			CJ16/19—□/20	
隔离开关熔断器组	HH15—630	1		
熔断器			RT19—□/□	3
电容器			B□MJ—0.4□	1
避雷器	YBW1—0.28	3		
放电灯			ED1—380V	2
辅电路原理图图号 OXGD.354	355		356～359	
功能单元代号（高×宽）（mm×mm）	B—920×500			
备　注	89、90方案组合使用			

（四）订货须知

用户订货时，须提供下列资料：

(1) 电路方案及辅助电路原理图。

(2) 产品排列图、布置图。

(3) 产品的颜色要求。

（五）生产厂

北京北开电气股份有限公司、宁波象山高压电器厂。

二十一、Blokset系列高可靠性的低压开关柜

（一）用途

Blokset高可靠性的低压开关柜应用于所有需要高可靠性场合的低压系统：电气配电和电动机控制系统。

（二）结构特点

Blokset开关柜的基本框架由标准预制构件组装而成。这些构件有多种规格，可以组装成不同尺寸的框架。开关柜由四个各不相同的区域组成，分别是：母线室、元件室、出线电缆室和辅件室。

同时，该开关柜具有不同用途的标准设计：D型，固定安装柜（132）；Mf型，固定安装电动机控制及配电柜（132）；Ms型，变频软启动柜（132）；Mw型，抽屉式开关柜（132）；Dc型，功率因数补偿柜（132）；C型，动力箱柜（134）。

Blokset系统可以提供高水准的可靠性和安全性，加强了对人身和设备安全的保护。

Blokset提供所有的基本保证，符合国际标准，特别是IEC60439-1、IEC60529和IEC60947，符合当地标准，满足当地法规和技术上的要求；系统采用施耐德电器开关元件，保护最佳运行。

（三）方案、技术数据

（1）Blokset 一次系统方案，见表 3-4-47～表 3-4-51。

（2）技术数据：电气和机械特性，见表 3-4-46。

（四）生产厂

上海斯米克电气有限公司。

表 3-4-46　　电气和机械特性

柜　型	D	Dc	C	Mf	Mw	Ms
	132 型	132 型	134 型	132 型	132 型	132 型
配电	■	■	■			
电动机控制				■	■	■
标　准						
型式试验部分	IEC60439-1/VDE0660 500 部分/DIN41-488/BS5486/EN60439-1					
Sismic 耐受力	统一建筑编码/加利福尼亚建筑编码					
内部电弧耐受力	AS 3439/1（IEC 61641）					
电　气　特　性						
额　定　电　压						
额定绝缘电压（V，AC）	1000					
额定运行电压（V，AC）	690					
额定冲击耐受电压（V，AC）	12					
过压类别	1V					
污染等级	3					
频率（Hz）	400 以下					
额　定　电　流						
主母线	单母线　双母线①		—	单母线　双母线①		
额定电流（A）	4000A 以下 6300A 以下		—	4000A 以下 6300A 以下		
额定峰值耐受电流（kA）	63/105/187　220		—	63/105/187　220		
额定短时耐受电流（有效值，kA/1s）	30/50/85　100		—	30/50/85　100		
配电母线						
额定电流（A）	3200A 以下		630	3200A 以下	1000A，1500A	3200A 以下
额定峰值耐受电流（kA）	63/105/187		40/53	63/105/187	187	63/105/187
额定短时耐受电流（有效值，kA/1s）	30/50/85		20/25	30/50/85	85	30/50/85
输　出						
电动机（380V）	—	—	—	250kW 以下	250kW 以下	160kW 以下
配电	6300A 以下	—	630A 以下	同 D 型	250A 以下	
机　械　特　性						
总高度（mm）	2200	2200	1000/1400	2200	2200	2200
功能单元	FFF	FFF	FFF	FFF	WWW	FFF
IEC60439-1 分隔形式	1/2b/3b/4	1/2b	1	1/2b/3b/4	3b/4	1/2b/3b/4
IEC60529-1 防护等级	1P 20/31/42/54	1P 20/31/42/54	1P 42/54	1P 20/31/42/54	1P 20/31/42/54	1P 20/31/42
表面保护	高温下环氧粉末聚合					
标准颜色	RAL 9002/7016	RAL 9002/7016	RAL 9002/7016	RAL 9002/7016	RAL 9002/7016	RAL 9002/7016

① Dc 型中不可以。

表 3-4-47　　Blokset D 一次系统推荐方案

方案编号		1A	1B		1C		1D	1E	1F	1G	2A	2B		2C		2D	2E	2F	2G
一次方案																			
用途		底部进线									顶部进线								
变压器容量（kVA）		315～400	500～800		1000		1250～1600	2000	2500	2500～4000	315～400	500～800		1000		1250～1600	2000	2500	2500～4000
I_n（A）		630	800～1250		1600		2000～2500	3200	4000	4000～6300	630	800～1250		1600		2000～2500	3200	4000	4000～6300
分断能力 I_{cu}（kA）	NS（N/H/L）		50/70/150		50/70/150							50/70/150		50/70/150					
	MT（N1）	42	42		42						42	42		42					
	MT（H1/H2）		65/100		65/100		65/100	65/100	65/100	100/150		65/100		65/100		65/100	65/100	65/100	100/150
主要元件	NS800～1250N/H/L		1									1							
	MT06N1	1									1								
	MT08～12N1		1									1							
	MT16N1				1									1					
	MT08～12H1/H2			1									1						
	MT16H1/H2					1									1				
	MT20～25H1/H2						1									1			
	MT32H1/H2							1									1		
	MT40H1/H2								1									1	
	MT40b～63H1/H2									1									1
模数高度 1m=50mm		9	9	12	9	12	16	20	32	32	9	9	12	9	12	16	20	32	32
柜宽（mm）		700	700		700		700	700	700	1200	700	700		700		700	700	700	1200
柜深（mm）		600	600		600		600	600	600	600	600	600		600		600	600	600	1000
扩展柜		见表 3-4-48																	

续表

方案编号		3A	3B		3C		3D	3E	3F	3G	4A	4B		4C		4D	4E	4F	4G
一次方案							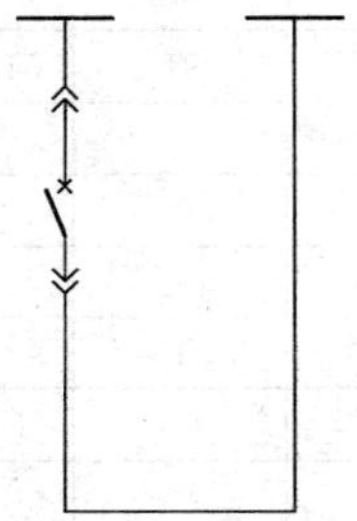									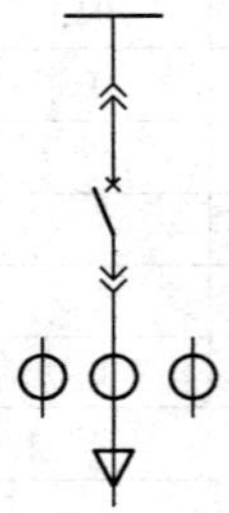			
用途		母联									馈电								
变压器容量（kVA）		315～400	500～800		1000		1250～1600	2000	2500	2500～4000	315～400	500～800		1000		1250～1600	2000	2500	2500～4000
I_n（A）		630	800～1250		1600		2000～2500	3200	4000	4000～6300	630	800～1250		1600		2000～2500	3200	4000	4000～6300
分断能力 I_{cu}（kA）	NS（N/H/L）		50/70/150		50/70/150							50/70/150		50/70/150					
	MT（N1）	42	42		42						42	42		42					
	MT（H1/H2）		65/100		65/100		65/100	65/100	65/100	100/150		65/100		65/100		65/100	65/100	65/100	100/150
主要元件	NS800～1250N/H/L		1									1							
	MT06N1	1									1								
	MT08～12N1		1									1							
	MT16N1				1									1					
	MT08～12H1/H2			1									1						
	MT16H1/H2					1									1				
	MT20～25H1/H2						1									1			
	MT32H1/H2							1									1		
	MT40H1/H2								1									1	
	MT40b～63H1/H2									1									1
模数高度 1m＝50mm		9	9	12	9	12	16	20	32	32	12	12	16	12	16	16	20	32	32
柜宽（mm）		700	700		700		700	700	700	1200	700	700		700		700	700	700	1200
柜深（mm）		600	600		600		600	600	600	600	600	600		600		600	600	1000	1000
扩展柜		见表 3-4-48																	

续表

方案编号		5A	5B	5C	5D	5E		6A	6B	6C	6D	6E	
一次方案													
用　途		馈电						馈电					
I_n（A）		100	160	250	400	630		100	160	250	400	630	
分断能力 I_{cu}（kA）		25/70/150	36/70/150	36/70/150	45/70/150	45/70/150		25/70/150	36/70/150	36/70/150	45/70/150	45/70/150	
主要元件	NS100N/H/L 3P	1						4					
	NS160N/H/L 3P		1						4				
	NS250N/H/L 3P			1						4			
	NS400N/H/L 3P				1						3		
	NS630N/H/L 3P					1						3	
模数高度　1m=50mm		3	3	3	4	4		6	6	9	12	12	
柜　宽（mm）		700	700	700	700	700		700	700	700	700	700	
柜　深（mm）		400	400	400	400	400		400	400	400	400	400	
扩　展　柜		见表 3-4-48											

续表

方案编号		7A	7B	7C	7D	7E			8A	8B	8C	8D	
一次方案					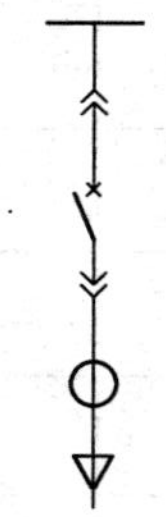						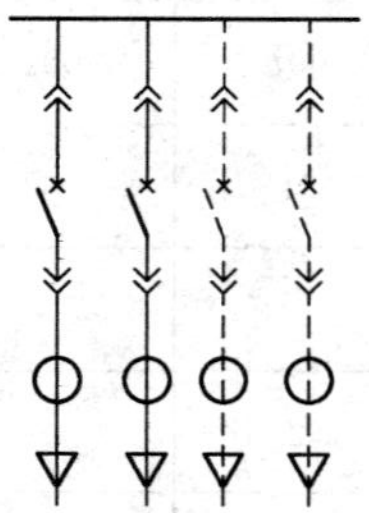		
用途		馈电							馈电				
I_n（A）		100	160	250	400	630			160	250	400	630	
分断能力 I_{cu}（kA）		25/70/150	36/70/150	36/70/150	45/70/150	45/70/150			36/70/150	36/70/150	45/70/150	45/70/150	
主要元件	NS100N/H/L 4P	1											
	NS160N/H/L 4P		1						3				
	NS250N/H/L 4P			1						3			
	NS400N/H/L 4P				1						3		
	NS630N/H/L 4P					1						2	
模数高度 1m=50mm		4	4	4	6	6			6	6	9	12	
柜宽（mm）		700	700	700	700	700			700	700	700	700	
柜深（mm）		400	400	400	400	400			400	400	400	400	
扩展柜		见表 3-4-48											

续表

<table>
<tr><td colspan="2">方案编号</td><td colspan="2">9A</td><td colspan="2">9B</td><td colspan="2">9C</td><td>9D</td><td>9E</td><td>9F</td><td>9G</td><td>9H</td><td>9I</td></tr>
<tr><td colspan="2">一次方案</td><td colspan="2"></td><td colspan="2"></td><td colspan="2"></td><td></td><td></td><td></td><td></td><td></td><td></td></tr>
<tr><td colspan="2">用　　途</td><td colspan="12">电源转换系统</td></tr>
<tr><td colspan="2">I_n（A）</td><td colspan="2">100</td><td colspan="2">160～250</td><td colspan="2">400～630</td><td>630～1600</td><td>630～1600</td><td>2500</td><td>3200</td><td>4000</td><td>4000～6300</td></tr>
<tr><td colspan="2">分断能力 I_{cu}（kA）</td><td colspan="2">25/70/150</td><td colspan="2">36/70/150</td><td colspan="2">36/70/150</td><td>42</td><td>65/100</td><td>65/100</td><td>65/100</td><td>65/100</td><td>100/150</td></tr>
<tr><td rowspan="9">主要元件</td><td>NS100N/H/L</td><td colspan="2">2</td><td colspan="2"></td><td colspan="2"></td><td></td><td></td><td></td><td></td><td></td><td></td></tr>
<tr><td>NS160～250N/H/L</td><td colspan="2"></td><td colspan="2">2</td><td colspan="2"></td><td></td><td></td><td></td><td></td><td></td><td></td></tr>
<tr><td>NS400～630N/H/L</td><td colspan="2"></td><td colspan="2"></td><td colspan="2">2</td><td></td><td></td><td></td><td></td><td></td><td></td></tr>
<tr><td>MT06～16N</td><td colspan="2"></td><td colspan="2"></td><td colspan="2"></td><td>2</td><td></td><td></td><td></td><td></td><td></td></tr>
<tr><td>MT08～16H1/H2</td><td colspan="2"></td><td colspan="2"></td><td colspan="2"></td><td></td><td>2</td><td></td><td></td><td></td><td></td></tr>
<tr><td>MT25 H1/H2</td><td colspan="2"></td><td colspan="2"></td><td colspan="2"></td><td></td><td></td><td>2</td><td></td><td></td><td></td></tr>
<tr><td>MT32 H1/H2</td><td colspan="2"></td><td colspan="2"></td><td colspan="2"></td><td></td><td></td><td></td><td>2</td><td></td><td></td></tr>
<tr><td>MT40 H1/H2</td><td colspan="2"></td><td colspan="2"></td><td colspan="2"></td><td></td><td></td><td></td><td></td><td>2</td><td></td></tr>
<tr><td>MT40b～63 H1/H2</td><td colspan="2"></td><td colspan="2"></td><td colspan="2"></td><td></td><td></td><td></td><td></td><td></td><td>2</td></tr>
<tr><td colspan="2">模数高度　1m=50mm</td><td>6①</td><td>8②</td><td>6①</td><td>8②</td><td>12①</td><td>14②</td><td>24</td><td>28</td><td>28</td><td>32</td><td>32+32</td><td>32+32</td></tr>
<tr><td colspan="2">柜　宽（mm）</td><td colspan="2">700</td><td colspan="2">700</td><td colspan="2">700</td><td>700</td><td>700</td><td>700</td><td>700</td><td>700×2</td><td>1200×2</td></tr>
<tr><td colspan="2">柜　深（mm）</td><td colspan="2">400</td><td colspan="2">400</td><td colspan="2">400</td><td>600</td><td>600</td><td>1000</td><td>1000</td><td>600</td><td>600</td></tr>
</table>

① 手动电源转换系统。
② 自动电源转换系统。

表 3-4-48 Blokset Dc 一次系统推荐方案

方案编号		1	2	3	4	5
一次方案		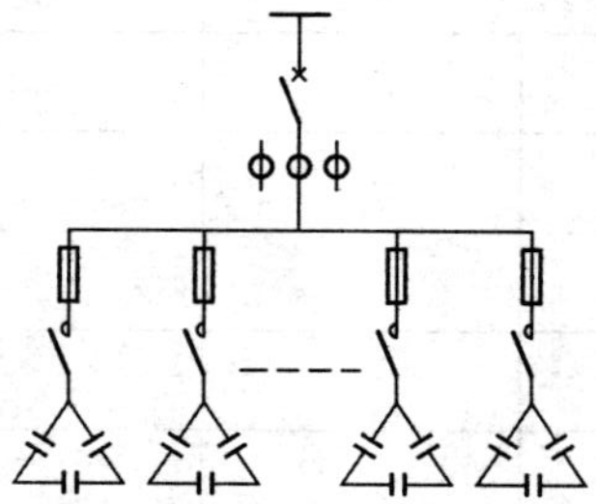				
补偿能力（kvar）		150	180	200	210～300	360
分断能力 I_{cu}（kA）		70	70	70	70	70
主要元件	NS250H	1				
	NS400H		1	1		
	NS600H				1	
	NS800H					1
	电容器 Varplus M①	6	6	10	10	12
	电容接触器 LC1—D	6	6	10	10	12
	熔断器 HRC	18	18	30	30	36
	Varlogic R6 控制器	1	1			
	Varlogic R12 控制器			1	1	1
模数高度 1m=50mm		36	36	36	36	36
柜宽（mm）		700	700	700	700	700
柜深（mm）		400，600	400，600	1000	1000	1000

① 按实际所需每一步切换容量选用电容器规格。

表 3-4-49　　**Blokset Mf 一次系统推荐方案 380/415V 直接启动 2 类协调**

方案编号		1	2	3	4	5	6	7	8	9	10	11	12	13	14	15	16	17
一次方案																		
电机容量（kW）		0.18	0.25	0.37	0.55	0.75	1.1	1.5	2.2	3	4	5.5	7.5	10	11	15	18.5	22
I_n（380V　A）		0.7	0.9	1.2	1.6	2	2.8	3.7	5.3	7	9	12	16	21	23	30	37	43
I_n（415V　A）		0.6	0.8	1.1	1.5	1.8	2.6	3.4	4.8	6.5	8.2	11	11.4	19	21	28	34	40
分断能力 I_{cu}（kA）		70	70	70	70	70	70	70	70	70	70	70	70	70	70	70	70	70
主要元件	NS 80H—MA	1,1.5A	1,1.5A	1,2.5A	1,2.5A	1,2.5A	1,6.3A	1,6.3A	1,6.3A	1,12.5A	1,12.5A	1,12.5A	1,25A	1,25A	1,25A	1,50A	1,50A	1,50A
	LC1—D09	1	1	1	1	1												
	LC1—D18						1	1										
	LC1—D25								1									
	LC1—D32									1	1	1	1					
	LC1—D40													1	1	1		
	LC1—D50																1	1
	LR2—D13	1	1	1	1	1	1	1	1	1	1	1	1					
	LR2—D33													1	1	1	1	1
模数高度　1m=50mm		3	3	3	3	3	3	3	3	3	3	3	3	3	3	3	3	3
柜　宽（mm）		700																
柜　深（mm）		400																

续表

方案编号		18	19	20	21	22	23	24	25	26	27	28	29
一次方案													
电机容量（kW）		30	37	45	55	75	90	110	132	160	200	220	250
I_n（380V　A）		59	72	85	105	140	170	210	250	300	380	420	480
I_n（415V　A）		55	66	80	100	135	160	200	230	270	361	380	430
分断能力 I_{cu}（kA）		70	70	25/70/150	36/70/150	36/70/150	36/70/150	36/70/150	70/150	70/150	70/150	70/150	70/150
主要元件	NS80H—MA	1，80A	1，80A										
	NS100N/H/L—MA			1，100A									
	NS160N/H/L—MA				1，150A	1，150A							
	NS250N/H/L—MA						1，220A	1，220A					
	NS400N/H/L—MA								1，320A	1，320A			
	NS630N/H/L—MA										1，500A	1，500A	1，500A
	LC1—D80+LR2D33	1	1										
	LC1—F115+LR9F53			1	1								
	LC1—F150+LR9F53					1							
	LC1—F185+LR9F53						1						
	LC1—F225+LR9F53							1					
	LC1—F265+LR9F53								1				
	LC1—F330+LR9F53									1			
	LC1—F400+LR9F53										1		
	LC1—F500+LR9F53											1	1
模数高度　1m=50mm		3	3	6	6	6	6	6	12	15	15	15	15
柜　宽（mm）		700											
柜　深（mm）		600											

续表

方案编号		30	31	32	33	34	35	36	37	38	39	40	41	42	43	44	45	46
一次方案																		
电机容量（kW）		0.18	0.25	0.37	0.55	0.75	1.1	1.5	2.2	3	4	5.5	7.5	10	11	15	18.5	22
I_n（380V A）		0.7	0.9	1.2	1.6	2	2.8	3.7	5.3	7	9	12	16	21	23	30	37	43
I_n（415V A）		0.6	0.8	1.1	1.5	1.8	2.6	3.4	4.8	6.5	8.2	11	11.4	19	21	28	34	40
分断能力 I_{cu}（kA）		70	70	70	70	70	70	70	70	70	70	70	70	70	70	70	70	70
主要元件	NS 80H—MA	1,1.5A	1,1.5A	1,2.5A	1,2.5A	1,2.5A	1,6.3A	1,6.3A	1,6.3A	1,12.5A	1,12.5A	1,12.5A	1,25A	1,25A	1,25A	1,50A	1,50A	1,50A
	LC1—D09	2	2	2	2	2												
	LC1—D18						2	2										
	LC1—D25								2									
	LC1—D32									2	2	2	2					
	LC1—D40													2	2	2		
	LC1—D50																2	2
	LR2—D13	1	1	1	1	1	1	1	1	1	1	1	1					
	LR2—D33													1	1	1	1	1
模数高度 1m=50mm		3	3	3	3	3	3	3	6	6	6	6	6	6	6	6	6	6
柜宽（mm）		700																
柜深（mm）		600																

续表

方案编号		47	48	49	50	51	52	53	54	55	56	57	58
一次方案		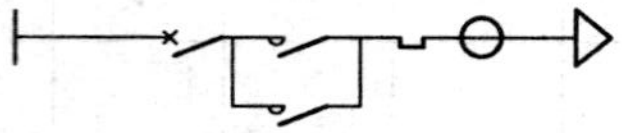											
电机容量（kW）		30	37	45	55	75	90	110	132	160	200	220	250
I_n（380V A）		59	72	85	105	140	170	210	250	300	380	420	480
I_n（415V A）		55	66	80	100	135	160	200	230	270	361	380	430
分断能力 I_{cu}（kA）		70	70	25/70/150	36/70/150	36/70/150	36/70/150	36/70/150	70/150	70/150	70/150	70/150	70/150
主要元件	NS80H—MA	1，80A	1，80A										
	NS100N/H/L—MA			1，100A	1，150A	1，150A							
	NS160N/H/L—MA						1，220A	1，220A					
	NS250N/H/L—MA								1，320A	1，320A			
	NS400N/H/L—MA										1，500A	1，500A	1，500A
	NS630N/H/L—MA												
	2XLC1—D80＋LR2D33	1	1										
	2XLC1—F115＋LR9F53			1	1								
	2XLC1—F150＋LR9F53					1							
	2XLC1—F185＋LR9F53						1						
	2XLC1—F225＋LR9F63							1					
	2XLC1—F265＋LR9F63								1				
	2XLC1—F330＋LR9F63									1			
	2XLC1—F400＋LR9F63										1		
	2XLC1—F500＋LR9F73											1	1
模数高度 1m＝50mm		6	6	9	9	9	12	12	12	16	16	16	16
柜宽（mm）		700											
柜深（mm）		600											

续表

方案编号		59	60	61	62	63	64	65	66	67	68	69	70	71	72	73	74	75
一次方案																		
电机容量（kW）		0.18	0.25	0.37	0.55	0.75	1.1	1.5	2.2	3	4	5.5	7.5	10	11	15	18.5	22
I_n（380V　A）		0.7	0.9	1.2	1.6	2	2.8	3.7	5.3	7	9	12	16	21	23	30	37	43
I_n（415V　A）		0.6	0.8	1.1	1.5	1.8	2.6	3.4	4.8	6.5	8.2	11	11.4	19	21	28	34	40
分断能力 I_{cu}（kA）		70	70	70	70	70	70	70	70	70	70	70	70	70	70	70	70	70
主要元件	NS80H—MA	1,1.5A	1,1.5A	1,2.5A	1,2.5A	1,2.5A	1,6.3A	1,6.3A	1,6.3A	1,12.5A	1,12.5A	1,12.5A	1,25A	1,25A	1,25A	1,50A	1,50A	1,50A
	LC1—D09	3	3	3	3	3												
	LC1—D18						3	3										
	LC1—D25								3									
	LC1—D32									3	3	3	3					
	LC1—D40													3	3	3		
	LC1—D50																3	3
	LR2—D13	1	1	1	1	1	1	1	1	1	1	1	1					
	LR2—D33													1	1	1	1	1
模数高度　1m=50mm		6	6	6	6	6	6	6	6	6	6	6	6	6	6	6	6	6
柜　宽（mm）		700																
柜　深（mm）		400																

续表

方案编号		76	77	78	79	80	81	82	83	84	85	86	87
一次方案		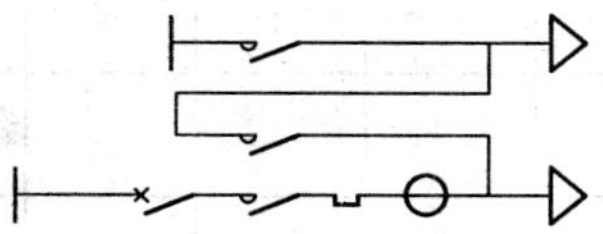											
电机容量（kW）		30	37	45	55	75	90	110	132	160	200	220	250
I_n（380V A）		59	72	85	105	140	170	210	250	300	380	420	480
I_n（415V A）		55	66	80	100	135	160	200	230	270	361	380	430
分断能力 I_{cu}（kA）		70	70	25/70/150	36/70/150	36/70/150	36/70/150	36/70/150	70/150	70/150	70/150	70/150	70/150
主要元件	NS80H—MA	1，80A	1，80A										
	NS100N/H/L—MA			1，100A									
	NS160N/H/L—MA				1，150A	1，150A							
	NS250N/H/L—MA						1，220A	1，220A					
	NS400N/H/L—MA								1，320A	1，320A			
	NS630N/H/L—MA										1，500A	1，500A	1，500A
	3XLC1—D80+LR2D33	1	1										
	3XLC1—F115+LR9F53			1	1								
	3XLC1—F150+LR9F53					1							
	3XLC1—F185+LR9F53						1						
	3XLC1—F225+LR9F63							1					
	3XLC1—F265+LR9F63								1				
	3XLC1—F330+LR9F63									1			
	3XLC1—F400+LR9F63										1		
	3XLC1—F500+LR9F73											1	1
模数高度 1m=50mm		9	9	12	12	12	16	16	20	20	20	20	24
柜宽（mm）		900		700									
柜深（mm）		600		600									

表 3-4-50　**Blokset Mw 一次系统推荐方案 380/415V 直接启动 2 类协调**

方案编号		1	2	3	4	5	6	7	8	9	10	11	12	13	14	15	16	17
一次方案		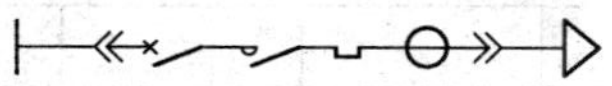																
电机容量（kW）		0.18	0.25	0.37	0.55	0.75	1.1	1.5	2.2	3	4	5.5	7.5	10	11	15	18.5	22
I_n（380V　A）		0.7	0.9	1.2	1.6	2	2.8	3.7	5.3	7	9	12	16	21	23	30	37	43
I_n（415V　A）		0.6	0.8	1.1	1.5	1.8	2.6	3.4	4.8	6.5	8.2	11	11.4	19	21	28	34	40
分断能力 I_{cu}（kA）		70	70	70	70	70	70	70	70	70	70	70	70	70	70	70	70	70
主要元件	NS 80H—MA	1,1.5A	1,1.5A	1,2.5A	1,2.5A	1,2.5A	1,6.3A	1,6.3A	1,6.3A	1,12.5A	1,12.5A	1,12.5A	1,25A	1,25A	1,25A	1,50A	1,50A	1,50A
	LC1—D09	1	1	1	1	1												
	LC1—D18						1	1										
	LC1—D25								1									
	LC1—D32									1	1	1	1					
	LC1—D40													1	1	1		
	LC1—D50																1	1
	LR2—D13	1	1	1	1	1	1	1	1	1	1	1	1					
	LR2—D33													1	1	1	1	1
模数高度　1m=50mm		3	3	3	3	3	3	3	3	3	3	3	3	6	6	6	6	6
柜　宽（mm）		700/900																
柜　深（mm）		600																

续表

方案编号		18	19	20	21	22	23	24	25	26	27	28	29
一次方案													
电机容量（kW）		30	37	45	55	75	90	110	132	160	200	220	250
I_n（380V A）		59	72	85	105	140	170	210	250	300	380	420	480
I_n（415V A）		55	66	80	100	135	160	200	230	270	361	380	430
分断能力 I_{cu}（kA）		70	70	25/70/150	36/70/150	36/70/150	36/70/150	36/70/150	70/150	70/150	70/150	70/150	70/150
主要元件	NS80H—MA	1，80A	1，80A										
	NS100N/H/L—MA			1，100A									
	NS160N/H/L—MA				1，150A	1，150A							
	NS250N/H/L—MA						1，220A	1，220A					
	NS400N/H/L—MA								1，320A	1，320A			
	NS630N/H/L—MA										1，500A	1，500A	1，500A
	LC1—D80＋LR2D33	1	1										
	LC1—F115＋LR9F53			1	1								
	LC1—F150＋LR9F53					1							
	LC1—F185＋LR9F53						1						
	LC1—F225＋LR9F53							1					
	LC1—F265＋LR9F53								1				
	LC1—F330＋LR9F53									1			
	LC1—F400＋LR9F53										1		
	LC1—F500＋LR9F53											1	1
模数高度 1m＝50mm		6	6	9	9	9	9	9	15	15	15	15	15
柜宽（mm）		700/900											
柜深（mm）		600											

续表

	方案编号	30	31	32	33	34	35	36	37	38	39	40	41	42	43	44	45	46
	一次方案	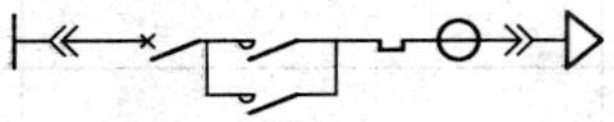																
	电机容量（kW）	0.18	0.25	0.37	0.55	0.75	1.1	1.5	2.2	3	4	5.5	7.5	10	11	15	18.5	22
	I_n（380V A）	0.7	0.9	1.2	1.6	2	2.8	3.7	5.3	7	9	12	16	21	23	30	37	43
	I_n（415V A）	0.6	0.8	1.1	1.5	1.8	2.6	3.4	4.8	6.5	8.2	11	11.4	19	21	28	34	40
	分断能力 I_{cu}（kA）	70	70	70	70	70	70	70	70	70	70	70	70	70	70	70	70	70
主要元件	NS80H—MA	1,1.5A	1,1.5A	1,2.5A	1,2.5A	1,2.5A	1,6.3A	1,6.3A	1,6.3A	1,12.5A	1,12.5A	1,12.5A	1,25A	1,25A	1,25A	1,50A	1,50A	1,50A
	LC1—D09	2	2	2	2	2												
	LC1—D18						2	2										
	LC1—D25								2									
	LC1—D32									2	2	2	2					
	LC1—D40													2	2	2		
	LC1—D50																2	2
	LR2—D13	1	1	1	1	1	1	1	1	1	1	1	1					
	LR2—D33													1	1	1	1	1
	模数高度　1m=50mm	6	6	6	6	6	6	6	6	6	6	6	6	9	9	9	9	9
	柜　宽（mm）	700/900																
	柜　深（mm）	600																

续表

方案编号		47	48	49	50	51
一次方案						
电机容量（kW）		30	37	45	55	75
I_n（380V A）		59	72	85	105	140
I_n（415V A）		55	66	80	100	135
分断能力 I_{cu}（kA）		70	70	25/70/150	36/70/150	36/70/150
主要元件	NS80H—MA	1，80A	1，80A			
	NS100N/H/L—MA			1，100A	1，150A	1，150A
	NS160N/H/L—MA					
	NS250N/H/L—MA					
	NS400N/H/L—MA					
	NS630N/H/L—MA					
	2XLC1—D80＋LR2D33	1	1			
	2XLC1—F115＋LR9F53			1	1	
	2XLC1—F150＋LR9F53					1
	2XLC1—F185＋LR9F53					
	2XLC1—F225＋LR9F63					
	2XLC1—F265＋LR9F63					
	2XLC1—F330＋LR9F63					
	2XLC1—F400＋LR9F63					
	2XLC1—F500＋LR9F73					
模数高度 1m＝50mm		9	9	12	12	12
柜宽（mm）		700/900				
柜深（mm）		600				

续表

方案编号		52	53	54	55	56	57	58	59	60	61	62	63	64	65	66	67	68
一次方案																		
电机容量（kW）		0.18	0.25	0.37	0.55	0.75	1.1	1.5	2.2	3	4	5.5	7.5	10	11	15	18.5	22
I_n（380V　A）		0.7	0.9	1.2	1.6	2	2.8	3.7	5.3	7	9	12	16	21	23	30	37	43
I_n（415V　A）		0.6	0.8	1.1	1.5	1.8	2.6	3.4	4.8	6.5	8.2	11	11.4	19	21	28	34	40
分断能力 I_{cu}（kA）		70	70	70	70	70	70	70	70	70	70	70	70	70	70	70	70	70
主要元件	NS80H—MA	1,1.5A	1,1.5A	1,2.5A	1,2.5A	1,2.5A	1,6.3A	1,6.3A	1,6.3A	1,12.5A	1,12.5A	1,12.5A	1,25A	1,25A	1,25A	1,50A	1,50A	1,50A
	LC1—D09	3	3	3	3	3												
	LC1—D18						3	3										
	LC1—D25								3									
	LC1—D32									3	3	3	3					
	LC1—D40													3	3	3		
	LC1—D50																3	3
	LR2—D13	1	1	1	1	1	1	1	1	1	1	1	1					
	LR2—D33													1	1	1	1	1
模数高度　1m=50mm		6	6	6	6	6	6	6	6	6	6	6	6	9	9	9	9	9
柜　宽（mm）		700/900																
柜　深（mm）		600																

续表

方案编号		69	70	71
一次方案		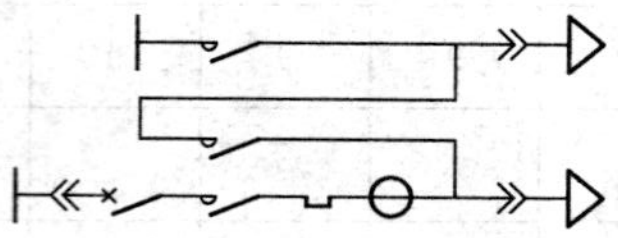		
电机容量（kW）		30	37	45
I_n（380V A）		59	72	85
I_n（415V A）		55	66	80
分断能力 I_{cu}（kA）		70	70	25/70/150
主要元件	NS80H—MA	1，80A	1，80A	
	NS100N/H/L—MA			1，100A
	NS160N/H/L—MA			
	NS250N/H/L—MA			
	NS400N/H/L—MA			
	NS630N/H/L—MA			
	3XLC1—D80＋LR2D33	1	1	
	3XLC1—F115＋LR9F53			1
	3XLC1—F150＋LR9F53			
	3XLC1—F185＋LR9F53			
	3XLC1—F225＋LR9F63			
	3XLC1—F265＋LR9F63			
	3XLC1—F330＋LR9F63			
	3XLC1—F400＋LR9F63			
	3XLC1—F500＋LR9F73			
模数高度 1m＝50mm		9	9	12
柜宽（mm）		700/900		700
柜深（mm）		600		600

注 “柜宽”包含电缆室，柜宽 900mm 的电缆室为 450mm，柜宽 700mm 的电缆室为 250mm。

表 3-4-51 Blokset Ms 一次系统推荐方案 380/415V ATV18 变频调速柜

	方案编号	1	2	3	4	5	6	7	8	9
	一次方案									
	电机容量（kW）	0.75	1.5	2.2	3	4	5.5	7.5	11	15
	I_n（380V A）	2	3.7	5.3	7	9	12	16	23	30
	分断能力 I_{cu}（kA）	15	15	15	15	15	15	15	70	70
主要元件	GV2—L08+LC1—K06+ATV—18U18	1，4A								
	GV2—L10+LC1—K06+ATV—18U29		1，6.3A							
	GV2—L14+LC1—K09+ATV—18U41			1，10A						
	GV2—L16+LC1—D12+ATV—18U54				1，14A					
	GV2—L16+LC1—D18+ATV—18U72					1，14A				
	GV2—L20+LC1—D25+ATV—18U90						1，18A			
	GV2—L22+LC1—D32+ATV—18U12							1，25A		
	NS80H—MA+LC1—D40+ATV—18D16								1，50A	
	NS80H—MA+LC1—D50+ATV—18D23									1，50A
	模数高度 1m=50mm	9	9	9	9	9	9	9	9	9
	柜宽（mm）	700								
	柜深（mm）	600								
	方案编号	10	11	12	13	14	15	16	17	18
	一次方案									
	电机容量（kW）	0.75	1.5	2.2	3	4	5.5	7.5	11	15
	I_n（380V A）	2	3.7	5.3	7	9	12	16	23	30
	分断能力 I_{cu}（kA）	15	15	15	15	15	15	15	70	70
主要元件	GV2—L08+LC1—D18+ATV—58HU18	1，4A								
	GV2—L10+LC1—D18+ATV—58HU29		1，6.3A							
	GV2—L14+LC1—D18+ATV—58HU41			1，10A						
	GV2—L16+LC1—D18+ATV—58HU54				1，14A					
	GV2—L16+LC1—D18+ATV—58HU72					1，14A				
	GV2—L22+LC1—D25+ATV—58HU90						1，25A			
	NS80H—MA+LC1—D40+ATV—58HD12							1，50A		
	NS80H—MA+LC1—D40+ATV—58HD16								1，50A	
	NS80H—MA+LC1—D50+ATV—58HD23									1，50A
	模数高度 1m=50mm	9	9	9	9	9	9	9	12	12
	柜宽（mm）	700								
	柜深（mm）	600								

续表

	方案编号	19	20	21	22	23	24	25	26	27	28	29	30	31	32	33
	一次方案															
	电机容量（kW）	0.75	1.5	2.2	3	4	5.5	7.5	11	15	18.5	22	30	37	45	55
	I_n（380V　A）	2	3.7	5.3	7	9	12	16	23	30	7	43	59	72	85	105
	分断能力 I_{cu}（kA）	50	50	50	50	50	50	50	70	70	70	70	70	70	70	70
主要元件	GV2—L08＋LC1—D09＋ATV—66U41	1,4A														
	GV2—L10＋LC1—D18＋ATV—66U41		1,6.3A													
	GV2—L14＋LC1—D18＋ATV—66U41			1,10A												
	GV2—L16＋LC1—D25＋ATV—66U54				1,14A											
	GV2—L20＋LC1—D25＋ATV—66U72					1,18A										
	GV2—L22＋LC1—D25＋ATV—66U90						1,25A									
	GV2—L22＋LC1—D32＋ATV—66U12							1,25A								
	NS80H—MA＋LC1—D40＋ATV—66D16								1,50A							
	NS80H—MA＋LC1—D50＋ATV—66D23									1,50A						
	NS80H—MA＋LC1—D80＋ATV—66D33										1,80A					
	NS80H—MA＋LC1—D80＋ATV—66D33											1,80A				
	NS80H—MA＋LC1—D80＋ATV—66D46												1,80A			
	NS100H—MA＋LC1—D115＋ATV—66D54													1,100A		
	NS160H—MA＋LC1—D115＋ATV—66D64														1,150A	
	NS160H—MA＋LC1—D150＋ATV—66D79															1,150A
	模数高度　1m＝50mm	9	9	9	9	9	12	12	12	12	24	24	24	36	36	36
	柜　宽（mm）	700														
	柜　深（mm）	600														

	方案编号	34	35	36	37	38	39	40	41	42	43	44	45	46	47
	一次方案														
	电机容量（kW）	7.5	11	15	18.5	22	30	37	45	55	75	90	110	132	160
	I_n（380V　A）	16	23	30	7	43	59	72	85	105	140	170	210	280	300
	分断能力 I_{cu}（kA）	50	70	70	70	70	70	70	70	70	44	70	70	70	70
主要元件	GV2—L20＋LC1—D25＋ATS—46D17N	1													
	GV2—L20＋LC1—D25＋ATS—46D22N		1												
	NS80H—MA＋LC1—D32＋ATS—46D32N			1,50A											
	NS80H—MA＋LC1—D50＋ATS—46D38N				1,50A										
	NS80H—MA＋LC1—D50＋ATS—46D47N					1,50A									
	NS80—MA＋CL1—D65＋ATS—46D62N						1,80A								
	NS80H—MA＋LC1—D80＋ATS—46D75N							1,80A							
	NS100H—MA＋LC1—F115＋ATS—46D88N								1,100A						
	NS160H—MA＋LC1—F115＋ATS—46D11N									1,150A					
	NS160H—MA＋LC1—F150＋ATS—46D14N										1,150A				
	NS250H—MA＋LC1—F185＋ATS—46D17N											1,220A			
	NS250H—MA＋LC1—F225＋ATS—46D21N												1,220A		
	NS400H—MA＋LC1—F265＋ATS—46D25N													1,320A	
	NS400H—MA＋LC1—F330＋ATS—46D32N														1,320A
	模数高度　1m＝50mm	9	9	12	12	12	12	12	18	18	18	36	36	36	36
	柜　宽（mm）	700													
	柜　深（mm）	600													

二十二、MLS（MNSG）高级型低压抽屉式开关柜

（一）用途

MLS（MNSG）高级型低压抽屉式开关柜适用于交流50～60Hz、额定工作电压660V及以下的供电系统。发电厂、变电所、工矿企业、大楼宾馆、机场码头等，作为配电、电动机及用电设备的控制、照明、电能转换、功率补偿等之用。

（二）结构特点

采用的框架结构具有高度灵活性，结构一旦组装完毕就不再需要维修。框架的基本零件均带有25mm间隔的模数孔。柜体内可安装不同的标准元件，以满足各种使用要求。按不同要求框架结构分为装置小室、母线小室和电缆小室。柜功能小室和柜本体均可作分隔。

系统的设计和所采用的材料均能最大限度地防止故障电弧的发生，一旦发生故障电弧，能在短时间内熄灭。

（三）方案、技术数据

该开关柜主要技术参数，见表3-4-52。

MLS（MNSG）高级型低压抽屉式开关柜的主回路方案见表3-4-53，主电路方案见表3-4-54。

表3-4-52　　主要技术参数

<table>
<tr><th colspan="3">项　目</th><th>规　范</th></tr>
<tr><td colspan="3">符　合　标　准</td><td>国家标准GB 7251—97，国际标准IEC439，德国标准VDE0660</td></tr>
<tr><td colspan="3">主电路额定绝缘电压</td><td>交流660V</td></tr>
<tr><td colspan="3">主电路额定工作电压</td><td>交流380、660V</td></tr>
<tr><td colspan="3">额定频率</td><td>50Hz</td></tr>
<tr><td rowspan="4">母线额定工作电流</td><td rowspan="2">水平母线（主母线）</td><td>水平母线置柜后</td><td>1250、2000、2500、3150、4000、5000A</td></tr>
<tr><td>水平母线置柜顶</td><td>1250、2000、2500、3150A</td></tr>
<tr><td rowspan="2">垂直母线（分支母线）</td><td>L型垂直母线</td><td>1200、2000A</td></tr>
<tr><td>矩形垂直母线</td><td>1200A（仅用于水平母线置柜顶）</td></tr>
<tr><td rowspan="4">额定短时耐受电流（1s）</td><td colspan="2">水平母线（主母线）</td><td>50、80kA</td></tr>
<tr><td colspan="2">垂直母线（支母线）</td><td>50kA</td></tr>
<tr><td colspan="2">保护导体（接地主母线）</td><td>30、48kA</td></tr>
<tr><td colspan="2">中性母线（中性主母线）</td><td>30、48kA</td></tr>
<tr><td rowspan="2">额定峰值耐受电流</td><td colspan="2">水平母线（主母线）</td><td>105、176kA</td></tr>
<tr><td colspan="2">垂直母线（支母线）</td><td>105kA</td></tr>
</table>

（四）订货须知

用户订货时，须提供以下资料：

(1) 主电路方案单线系统图。

(2) 原理图或原理接线图。

(3) 每个主回路选用的电器元件详细规格、型号和数量。

(4) 开关柜排列及组合图、平面布置图。

(5) 如需订购母线桥箱，应提供有关高度尺寸、相对位置尺寸图。

（五）生产厂

厦门电器控制设备厂。

二十三、XL—21型动力配电箱

（一）用途

XL—21（A）型动力配电箱适于工矿企业交流50Hz、电压500V以下三相三线系统，作动力、照明配电用。

该配电箱正面开门，熔断器式刀开关的手柄露在箱外。

（二）技术数据

主要技术数据，见表3-4-55。

表 3-4-53 主回路方案

主回路方案号	01			02			03			04			05			06		
	A	B	C	A	B	C	A	B	C	A	B	C	A	B	C	A	B	C
主回路方案	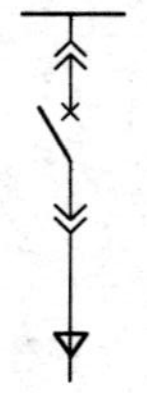			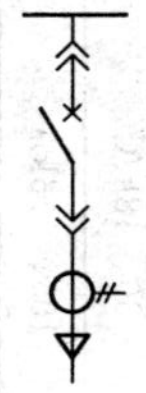			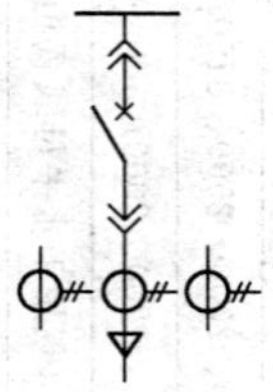									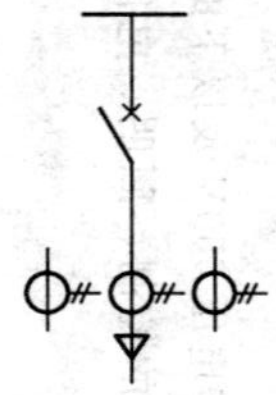		
用途	馈电			馈电			馈电			馈电			馈电			馈电		
分断能力(kA)	50	50	50	50	50	50	50	50	50	50	50	50	50	50	50	50	50	50
柜体宽度(mm)	600/800/1000			600/800/1000			600/800/1000			600/800/1000			600/800/1000			600/800/1000		
额定电流(A)	75	150	300	75	150	300	75	150	150	75	150	300	75	150	300	75	150	150
单元高度(mm)	8E	8E	16E/2	8E	8E	16E/2	8E	8E	16E/2	8E	8E	12E	8E	8E	12E	8E	8E	12E
主电路元件规格 TG—100BDW/CM1—100H/S2S—160/XKM1—100H	1			1			1			1			1			1		
主电路元件规格 TG—225H/CM1—225H/XKM1—225H		1			1			1			1			1			1	
主电路元件规格 TG—400BDW/CM1—400M			1			1			1			1			1			1
主电路元件规格 LKM3—0.66—□/5				1	1	1	3	3	3				1	1	1	3	3	3

表 3-4-54 **主电路方案**

主电路方案号		01								
		A	B	C	D	E	F	G	H	I
主电路方案		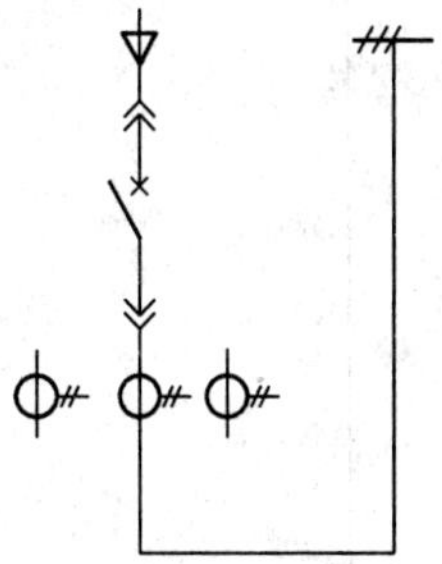								
用途		受电（上进线）								
柜宽（mm）		600			800			1000		
占用小室高度（mm）/适用柜型		1800（1600）/A、B								
极限分断能力（kA）		55	65	80	70	75	80	80	80	80
最大额定电流（A）		1600	2000	2880	1600	2000	2880	3200	3200	4000
主要电器元件选用	F1S—2000/3、M16/3、3WN6—1600、DW40—2000/3	1								
	F2S—2500/3、M25/3、M20/3、3WN6—2000、3WN6—2500		1							
	F4S—3600/3			1						
	AH—20CH/3、DW40—2000/3				1					
	M25/3、3WN6—2500、AH—25C/3					1				
	AH—30CH/3						1			
	AH—40C/3							1		
	F5S—4000/3、M40/3								1	
	F5S—5000/3、M50/3、3WN1—5000									1
	LMK_3—0.66—□/5	4	4	4	4	4	4	4	4	4

注 柜型 A：水平母线置柜顶时，有效空间为 1600；柜型 B：水平母线置柜后时，有效空间为 1800。

续表

主电路方案号		02								
		A	B	C	D	E	F	G	H	I
主电路方案		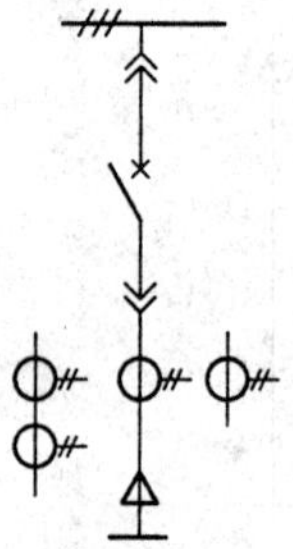								
用途		受电（下进线）								
柜宽（mm）		600			800			1000		
占用小室高度（mm）/适用柜型		1800（1600）/A、B								
极限分断能力（kA）		55	65	80	70	75	80	80	80	80
最大额定电流（A）		1600	2000	2880	1600	2000	2880	3200	3200	4000
主要电器元件选用	F1S—2000/3、F16/3、3WN6—1600、DW40—2000/3	1								
	F2S—2500/3、M25/3、M20/3、3WN6—2000、3WN6—2500		1							
	F4S—3600/3			1						
	AH—20CH/3、DW40—2000/3				1					
	M25/3、3WN6—2500、AH—25C/3					1				
	M32/3、3WN6—3200、AH—30CH/3						1			
	AH—40C/3							1		
	F5S—4000/3、M40/3								1	
	F5S—5000/3、M50/3、3WN6—5000									1
	LMK_3—0.66—□/5	4	4	4	4	4	4	4	4	4

续表

主电路方案号		03								
		A	B	C	D	E	F			
主电路方案		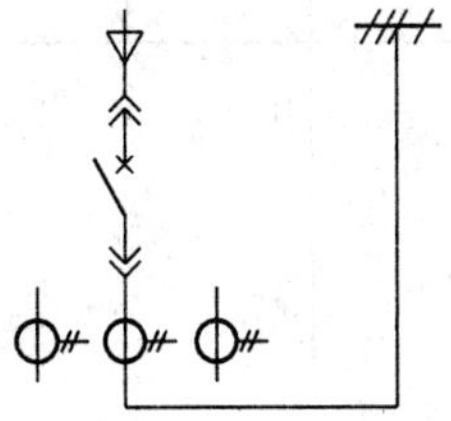								
用途		受电（上进线、四级）								
柜宽（mm）		600	800			1000				
占用小室高度（mm）/适用柜型		1800（1600）/A、B								
极限分断能力（kA）		55	70	65	80	80	80			
最大额定电流（A）		1600	1600	2000	2880	3200	4000			
主要电器元件选用	F1S—2000/4	1								
	AH—20CH/4		1							
	F2S—2500/4 或 AH—25C/4			1						
	F4S—3600/4				1					
	F5S—4000/4					1				
	F5S—5000/4						1			
	LMK_3—0.66—□/5	3	3	3	3	3	3			

主电路方案号		04								
		A	B	C	D	E	F			
主电路方案		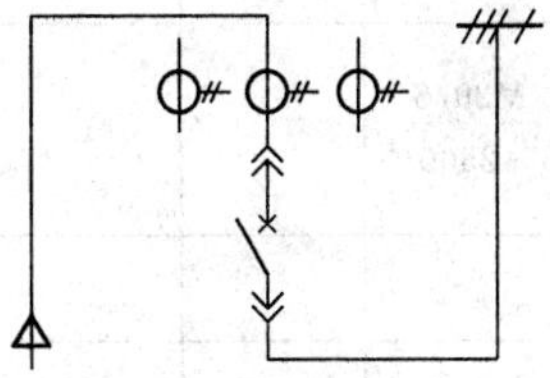								
用途		受电（下进线、四级）								
柜宽（mm）		600	800			1000				
占用小室高度（mm）/适用柜型		1800（1600）/A、B								
极限分断能力（kA）		55	70	65	80	80	80			
最大额定电流（A）		1600	1600	2000	2880	3200	4000			
主要电器元件选用	F1S—2000/4	1								
	AH—20CH/4		1							
	F2S—2500/4 或 AH—25C/4			1						
	F4S—3600/4				1					
	F5S—4000/4					1				
	F5S—5000/4						1			
	LMK_3—0.66—□/5	3	3	3	3	3	3			

注　AH—25C/4 极限分断能力为 75kA。

续表

主电路方案号		05								
		A	B	C	D	E	F	G	H	I
主电路方案		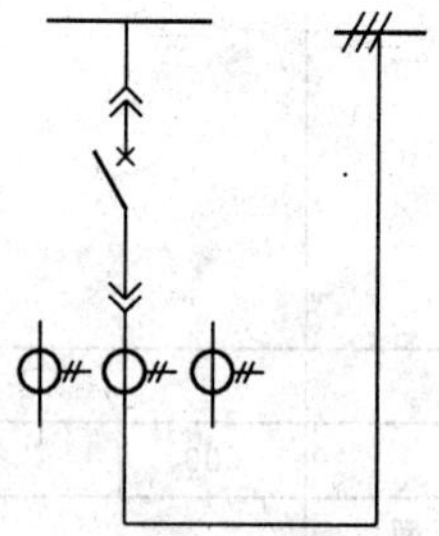								
用　途		母线联络								
柜　宽（mm）		600			800			1000		
占用小室高度（mm）/适用柜型		1800/A			1800（1600）/A、B					
极限分断能力（kA）		55	65	80	70	75	80	80	80	80
最大额定电流（A）		1600	2000	2880	1600	2000	2880	3200	3200	4000
主要电器元件选用	F1S—2000/3、M16/3、3WN6—1600、DW40—2000/3	1								
	F2S—2500/3、F25/3、M20/3、3WN6—2000、3WN6—2500		1							
	F4S—3600/3			1						
	AH—20CH/3、DW40—2000/3				1					
	M25/3、3WN6—2500、AH—25C/3					1				
	M32/3、3WN6—3200、AH—30CH/3						1			
	AH—40C/3							1		
	F5S—4000/3、M40/3								1	
	F5S—5000/3、M50/3、3WN1—5000									1
	LMK_3—0.66—□/5	3	3	3	3	3	3	3	3	3

续表

主电路方案号	06								
	A	B	C	D	E	F			
主电路方案	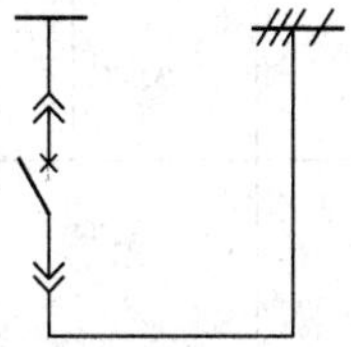								
用途	母线联络（四级）								
柜宽（mm）	600	800			1000				
占用小室高度（mm）/适用柜型	1800（1600）/A、B								
极限分断能力（kA）	55	70	65	80	80				
最大额定电流（A）	1600	1600	2000	2880	3200				
主要电器元件选用：F1S—2000/4	1								
AH—20CH/4		1							
F2S—2500/4 或 AH—25C/4			1						
F4S—3600/4				1					
F5S—4000/4					1				

主电路方案号	07				08				
主电路方案	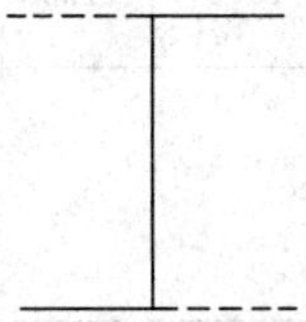								
用途	母线连接				母线连接				
柜宽（mm）	400				200				
占用小室高度（mm）/适用柜型	A				A				
极限分断能力（kA）									
最大额定电流（A）									
主要电器元件选用									

注　1. 当 PC 柜深 1000mm，MCC 单面柜深 600mm 联屏时，需加转接柜；MCC 柜深改为 1000mm 时，不需加转接柜。

2. MCC 柜选用双面柜时必须加转接柜。

续表

主电路方案号		09								
		A		B						
主电路方案		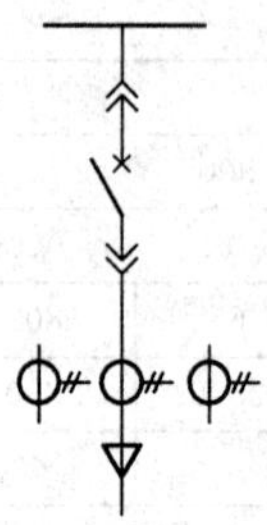								
用途		馈电或电动机								
柜宽（mm）		600＋400		600						
占用小室高度（mm）/适用柜型		900/A、B		1800/(1600)/A、B						
极限分断能力（kA）		50		55	55					
最大额定电流（A）		630		1000	1600					
主要电器元件选用	M08/3、3WN6—630、AH—10B/3、DW40—2000/3	1								
	F2S—1250/3、M10/3、M16/3、DW40—2000/3			1						
	3WN6—2000、M20/3				1					
	LMK$_3$—0.66—□/5	3		3	3					

注 1. AH—10B/3 极限分断能力为 50kA。

2. 方案 09 可作 160～320kW 电动机不频繁操作控制。

3. 为用户电缆进出方便可加 400mm 电缆室，每柜宽为 1000mm，用户订购时确定。

续表

主电路方案号		10				11				
		A	B			A	B	C	D	
主电路方案		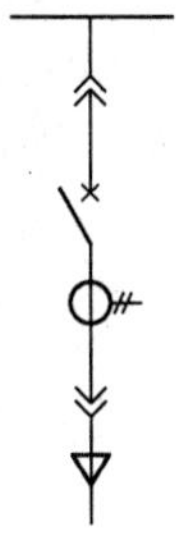				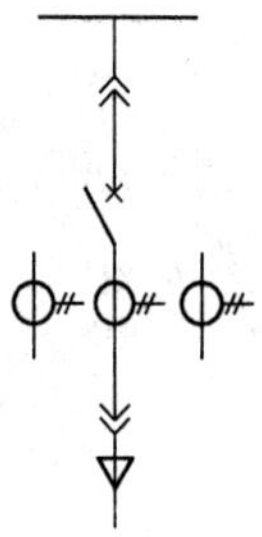				
用途		馈电照明				馈电照明				
柜宽（mm）/适用柜型		1000/600/A、B				1000/600/A、B				
占用小室高度（mm）		8E/4	8E/2			8E		16E		
极限分断能力（kA）		30	30			60	60	60	60	
最大额定电流（A）		32	63			80	200	300	500	
主要电器元件选用	CM1—63M、C45N、NC100	1	1							
	S2—160、XKM1—100、CM1—100M或TG—100BDW					1				
	S3—250、XKM1—225、CM1—225M或TG—225H						1			
	S5—400、XKM1—400、CM1—400M或TG—400BDW							1		
	S6—630、XKM1—630、CM1—630M或TG—600BFW								1	
	LMK_3—0.66—□/5	1	1			3	3	3	3	

注 1. S系列开关按分断能力为S2N、S2H、S3H、S4H、S5H、S6H、S7H。

2. 600mm宽柜水平母线置于柜顶。

续表

主电路方案号		12				13				
		A	B			A	B	C	D	
主电路方案		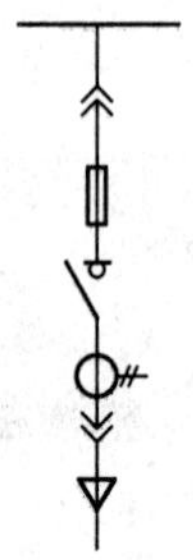				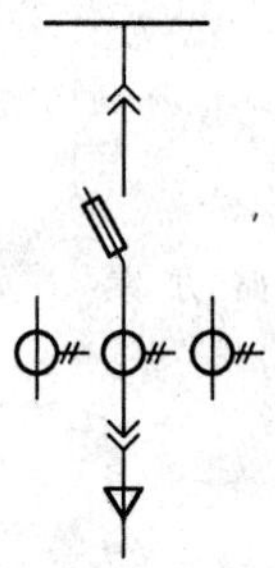				
用途		馈电照明				馈电照明				
柜宽（mm）/适用柜型		1000/600/A、B				1000/600/A、B				
占用小室高度（mm）		8E/2				8E	16E			
极限分断能力（kA）		25				100	100	100		
最大额定电流（A）		30				100	200	300		
主要电器元件选用	NT00	3								
	OESA32A	1								
	QSA125					1				
	QSA250						1			
	QSA400							1		
	LMK_3—0.66—□/5	1				3	3	3		

续表

主电路方案号		14				15				
		A	B	C		A	B			
主电路方案		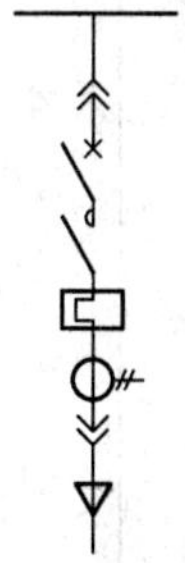				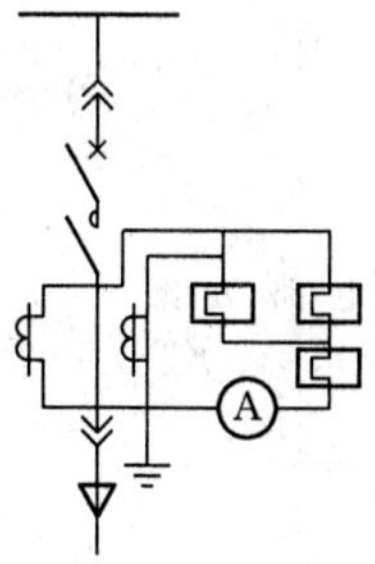				
用途		电动机（不可逆）				电动机（不可逆）				
柜宽（mm）/适用柜型		1000（600）/A、B				1000（600）/A、B				
占用小室高度（mm）		8E/4	8E/2	8E		16E	24E			
极限分断能力（kA）		30	30	60		60	60			
最大控制功率（kW）		7.5	15	37		90	160			
主要电器元件选用	CM1—63M、C45N、NC100	1								
	CM1—63M		1							
	S2—160、XKM1—100、CM1—100M 或 TG—100BDW			1						
	S4—250、XKM1—225、CM1—225M 或 TG—225H					1				
	S5—400、XKM1—400、CM1—400M 或 TG—400BDW						1			
	T16	1				1	1			
	T45		1							
	T85			1						
	B25	1								
	B45		1							
	B85			1						
	B250					1				
	B370						1			
	LMK_3—0.66—□/5	1	1	1		2	2			

注　1. CM1—100M 极限分断能力为 50kA。
2. CM1—225M 极限分断能力为 50kA。
3. CM1—400M 极限分断能力为 65kA。

续表

主电路方案号		16			17			18		
		A	B		A			A	B	
主电路方案		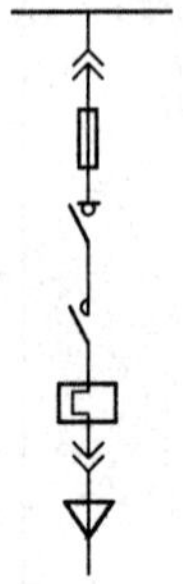			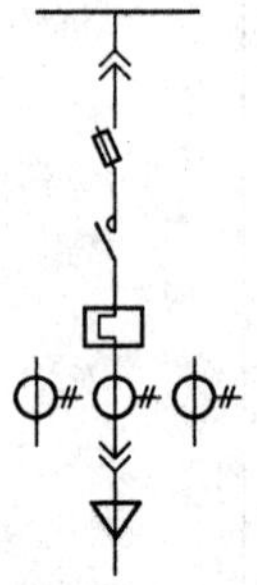			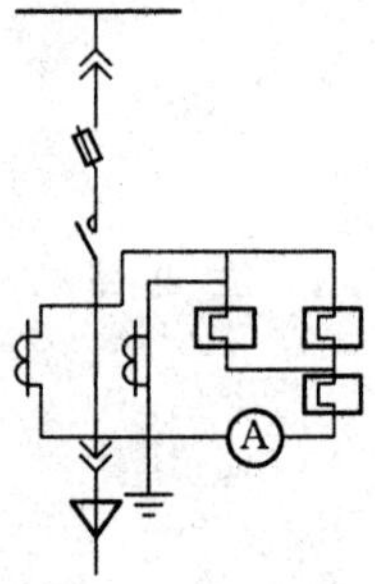		
用　途		电动机（不可逆）			电动机（不可逆）			电动机（不可逆）		
柜宽（mm）/适用柜型		1000（600）/A、B			1000（600）/A、B			1000（600）/A、B		
占用小室高度（mm）		8E/2			8E			16E	24E	
极限分断能力（kA）		30			100			100	100	
最大控制功率（kW）		15			37			90	160	
主要电器元件选用	QSA125				1					
	QSA250							1		
	QSA400								1	
	NT00	3								
	OESA32A	1								
	T16							1	1	
	T25									
	T45	1								
	T85				1					
	B45	1								
	B85				1					
	B250							1		
	B370								1	
	LMK$_3$—0.66—□/5				3			2	2	

注　最大控制功率为建议容量，具体视用户单台柜内的回路数、负荷分散系数及发热总损耗而定。

续表

主电路方案号		19			20			21		
		A			A			A	B	
主电路方案		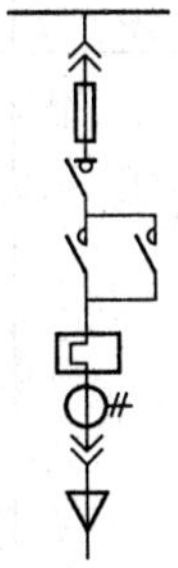			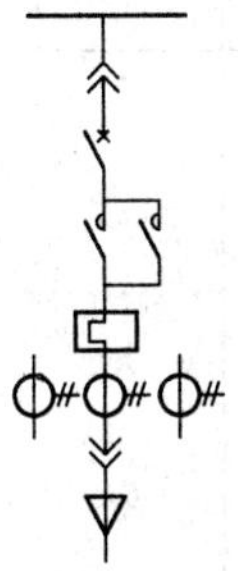			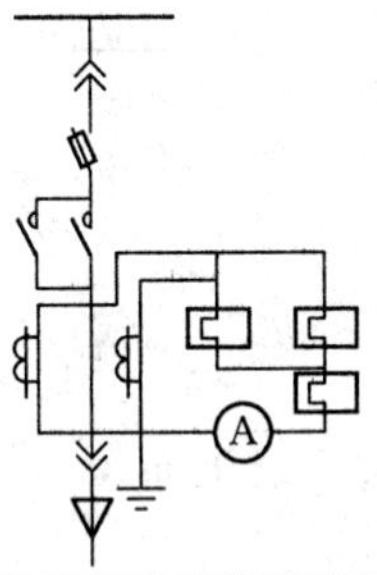		
用途		电动机（可逆）			电动机（可逆）			电动机（可逆）		
柜宽（mm）/适用柜型		1000（600）/A、B			1000（600）/A、B			1000（600）/A、B		
占用小室高度（mm）		8E/2			16E	24E		8E		
极限分断能力（kA）		30			60	60		60		
最大控制功率（kW）		15			90	160		37		
主要电器元件选用	CM1—63M、C45N、NC100	1								
	S2—160、XKM1—100、CM1—100M 或 TG—100BDW							1		
	S2—250、XKM1—225、CM1—225M 或 TG—225H				1					
	S5—400、XKM1—400、CM1—400M 或 TG—400BDW					1				
	NT00	3								
	OESA32A	1								
	T16				1	1				
	T45	1								
	T85							1		
	B45	2								
	B85							2		
	B250				2					
	B370					2				
	LMK_3—0.66—□/5	1			3	3		2		

注　1. CM1—100M、CM1—225M 极限分断能力为 50kA。

2. CM1—400M 极限分断能力 65kA。

3. 最大控制功率为建议容量，具体视用户单台柜内的回路数、负荷分散系数及发热总损耗而定。

续表

主电路方案号		22				23			
		A				A	B		
主电路方案		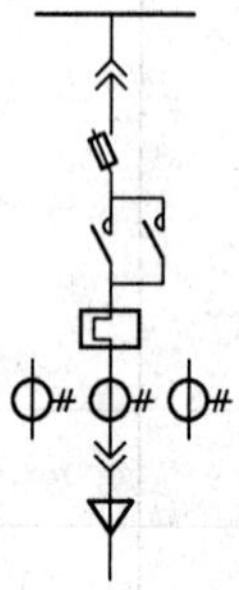				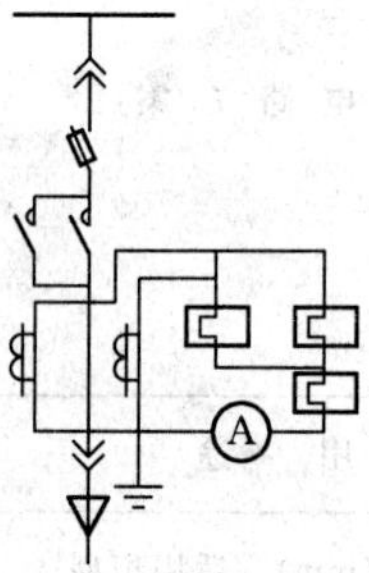			
用途		电动机（可逆）				电动机（可逆）			
柜宽（mm）/适用柜型		1000（600）/A、B				1000（600）/A、B			
占用小室高度（mm）		8E				16E	24E		
极限分断能力（kA）		100				100	100		
最大控制功率（kW）		37				90	160		
主要电器元件选用	QSA125	1							
	QSA250					1			
	QSA400						1		
	T16					1	1		
	T85	1							
	B85	2							
	B250					2			
	B370						2		
	LMK_3—0.66—□/5	3				2	2		

注　最大控制功率为建议容量，具体视用户单台柜内的回路数、负荷分散系数及发热总损耗而定。

续表

主电路方案号		24		25		26		27		
		A		A	B			A	B	
主电路方案		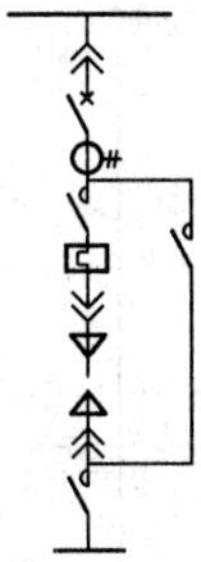		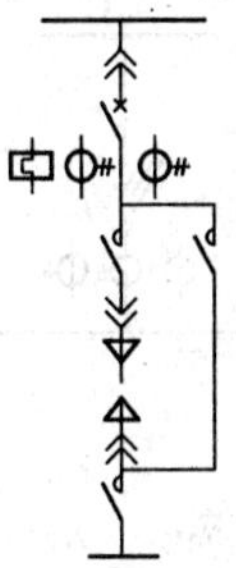		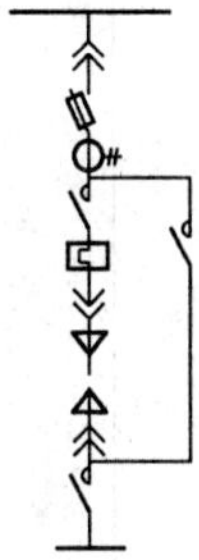		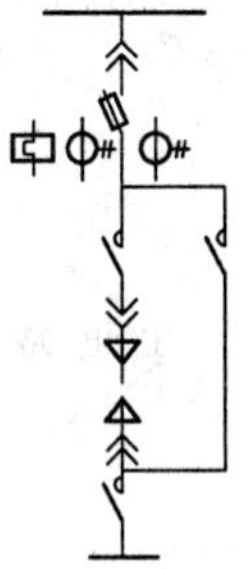		
用途		电动机（Y—△）		电动机（Y—△）		电动机（Y—△）		电动机（Y—△）		
柜宽（mm）/适用柜型		1000(600)/A、B		1000(600)/A、B		1000(600)/A、B		1000(600)/A、B		
占用小室高度（mm）		8E		16E	24E	8E		16E	24E	
极限分断能力（kA）		60		60	60	100		100	100	
最大控制功率（kW）		37		75	160	37		75	160	
主要电器元件选用	S2—160、XKM1—100、CM1—100M 或 TG—100BDW	1								
	S3—250、XKM1—225、CM1—225M 或 TG—225H			1						
	S5—400、XKM1—400、CM1—400M 或 TG—400BDW				1					
	QSA125					1				
	QSA250									
	QSA400							1		
	T16			1	1				1	
	T85	1				1				
	T85	3				1				
	B170							3		
	B250			3						
	B370				3				1	
	LMK_3—0.66—□/5	1		2	2	1		2	2	

注 1. CM1—100M 极限分断能力为 50kA。
2. CM1—225M 极限分断能力为 50kA。
3. CM1—400M 极限分断能力为 65kA。

续表

主电路方案号		28				29				
		A				A				
主电路方案		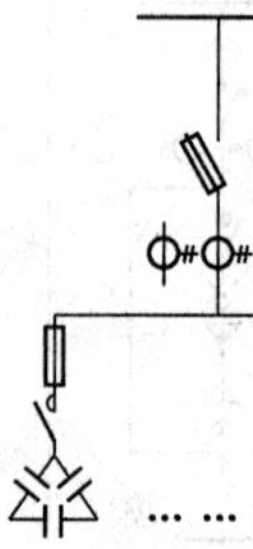 ……X8(12) 共8（12）路				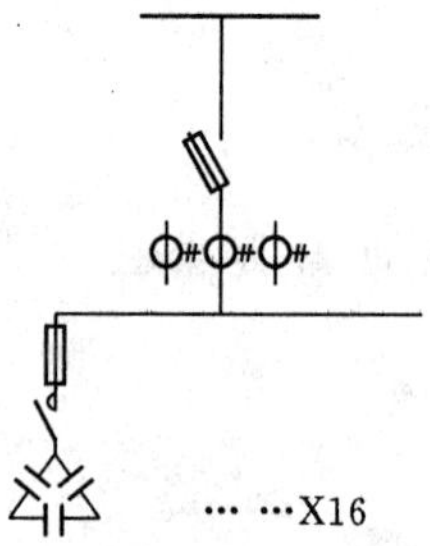 ……X16 共16路				
用　途		功率因数补偿				功率因数补偿				
柜宽（mm）		600				600				
占用小室高度（mm）/适用柜型		1800（600）/A、B				1800（600）/A、B				
极限分断能力（kA）		100	100			100				
最大控制功率（kvar）		120	180			240				
主要电器元件选用	QSA400	1								
	QSA630		1			1				
	NT—□	3	3			3				
	BCMJ—0.4—15—3	8	10							
	CJ19—43/11～220V	8	10			16				
	SF2—63/3p—40A	10	10			16				
	LMK_3—0.66—400/5A	3								
	LMK_3—0.66—600/5A		3			3				

注　电容器控制有手动和自动，可以任意选择。

表3-4-55　　XL—21（A）型动力配电箱主要技术数据

型　号	额定电压（V）	额定电流（A）	外形尺寸（mm）		
			高	宽	深
XL—21	380	400	1600	600	370
		600	1700	700	370
			1700	700	470
XL—21A		400	1700	700	370

（三）一次线路方案

XL—21型一次线路方案，见表3-4-56。

表 3-4-56　**XL—21 型一次线路方案**

一次方案编号	01	02	03	04	05	06
一次线路方案						
额定电流（A）	600	400	400	400	400	200
一次方案编号	07	08	09	10	11	12
一次线路方案						
额定电流（A）	200	200	400	400	400	400
一次方案编号	13	14	15	16	17	18
一次线路方案						
额定电流（A）	400	402	600	400		
一次方案编号	19	20	21	22	26	30
一次线路方案						
额定电流（A）						
一次方案编号	31	32	35	38	43	44
一次线路方案						
额定电流（A）						
一次方案编号	46	48	52	55	57a	58
一次线路方案						
额定电流（A）						

续表

一次方案编号	62a	65	68	69a	72	74a
一次线路方案	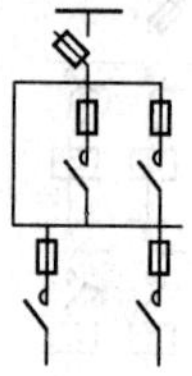	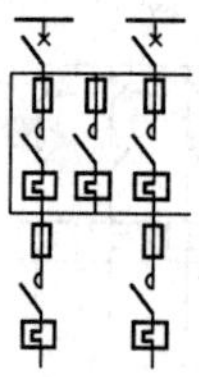	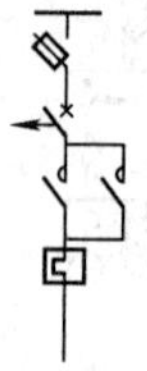	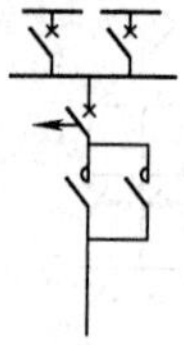	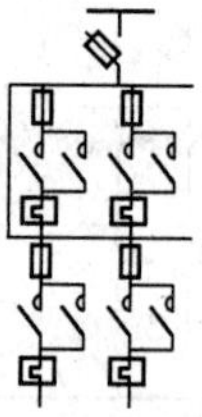	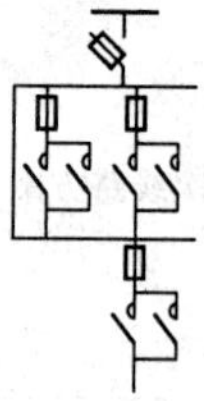
额定电流（A）						
一次方案编号	75	76	77a	78	79a	80
一次线路方案	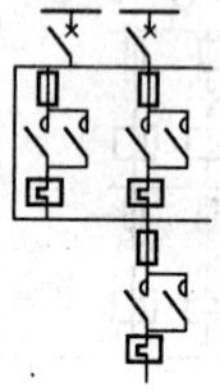	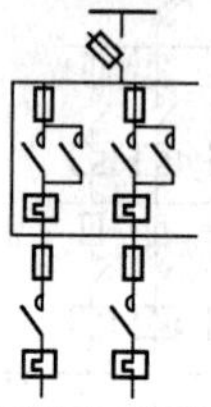	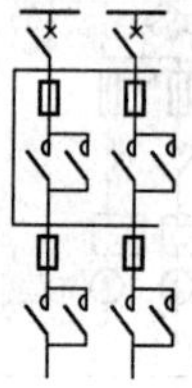	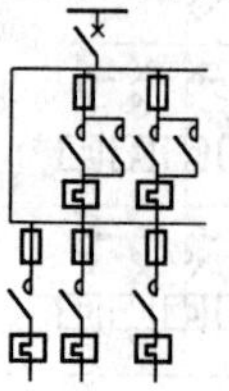	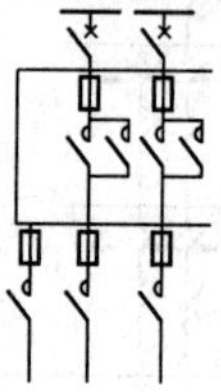	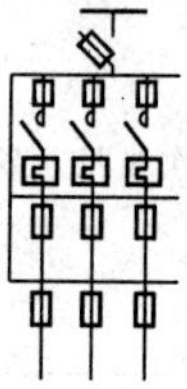
额定电流（A）						

XL—21 一次线路主要电器元件，见表 3-4-57 及表 3-4-58。

表 3-4-57　XL—21 一次线路主要电器元件

方案编号		01	02	03	04	05	06	07	08	09	10	11
型号		数量										
HR3—600/34	熔断器式刀开关	1	1	1	1	1	1	1	1	1	1	1
HR3—400/34	熔断器式刀开关	1	1	1	1	1	1	1	1	1	1	1
DZ10—250/3	断路器	4		2								
DZ10—100/3	断路器		9		4	6						
RTO—200	熔断器									6		
RTO—100	熔断器									6		12
RL1—60	熔断器											
RL1—15	熔断器											
CJ10—150	交流接触器			2	4					2		
CJ10—100	交流接触器				4					2		
CJ10—40	交流接触器					6	6				6	4
CJ10—20	交流接触器							8	8			
JRO	热继电器			2	2	6	6		8	2	6	4
LMZ	电流互感器		2							2		

方案编号		12	13	14	15	16	17	18	19	20
型号		数量								
HR3—600/34	熔断器式刀开关	1	1	1	1	1	1	1	1	1
HR3—400/34	熔断器式刀开关	1	1	1	1	1	1	1	1	1
DZ10—100/3	断路器	3	3		12	2			2	
DZ10—20/3	断路器	4	4			4				
RL1—60	断路器			21			12	15		27
RL1—15	断路器			21			12	15		27
CJ10—150	交流接触器					2			2	
CJ10—100	交流接触器					2			2	
CJ10—40	交流接触器	7	7	7				3		3
CJ10—20	交流接触器	7	7	7		4	8	4		3
JRO	热继电器	7	3	3		2	4	7		3
LMZ	电流互感器							4		

表 3-4-58　　XL—21（A）一次线路方案内主要电器元件

方案编号		01	02	03	04	05	06	07	08	09	10	11
型号		数量										
HD11—400/3	熔断器式刀开关	1	1	2	1	1	1	1	1	1	1	1
DZ10—250/3	断路器	4			2							
DZ10—100/3	断路器		9	9		4	6					
DZ5—20/3	断路器							8				
CJ2—250/3	交流接触器											1
QC12—6B/K	磁力启动器				2				2			
QC12—5/K	磁力启动器					4				4	6	
QC10—4/2	磁力启动器						6	8		4	6	
QC10—3/2	磁力启动器							8				
RTO—400	熔断器								6			3
RTO—100	熔断器									12		
RL1—60	熔断器										18	
LMZ	电流互感器				2				2			2

（四）生产厂

杭州华星电控设备有限公司、武汉森源电器厂。

二十四、BZMN 型铅酸电池直流电源屏

（一）用途

BZMN 型免维护铅酸蓄电池直流电源屏适于中小型发电厂、大中小型变电所，作为高压断路器直流电磁操作机构的分闸、合闸、继电保护、信号保护及事故照明之用。

型号含义

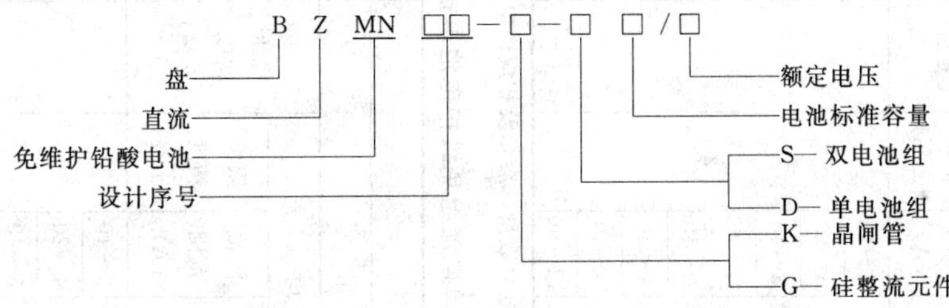

（二）技术数据

BZMN 系列铅酸电池直流电源屏技术数据，见表 3-4-59 及表 3-4-60。输出回路除表列数据外，尚备有试验刀闸供蓄电池放电时使用，控制回路数亦可根据用户需要增减。

该电源屏主要配套件有：电压继电器 JCDY、绝缘监察 ZYJ、母线电压控制器 TY—1。

（三）结构简介

该直流电源系统包括充电柜、馈电柜及蓄电池柜。

外形尺寸（高×宽×深）（mm×mm×mm）：充电器、馈电柜：2260×800×600。蓄电池：2260×1000（800）×600。

（四）订货须知

(1) 订货时应提出型号、规格。

(2) 免维护铅酸电池在贮存期间应定期进行充电。

（五）生产厂

青岛整流器总厂。

二十五、CI/ID 全绝缘全封闭配电屏

（一）用途

CI/ID 全绝缘全封闭配电屏可广泛地用作动力及电动机控制中心。由于结构具有模块化特点，可方便而灵活地组合成动力箱、照明箱、控制屏和配电屏。ID 配电屏可用于工业、商业、公用和民用建筑、电视塔、供电所、公寓等，如：钢铁厂、铸造厂、金属加工厂、采矿业、木材厂、食品业、饮料业、交通（地铁）、农业贮存室、化工厂、冶炼厂、水厂、净化厂、医院、学校及公寓大楼等。

表 3-4-59 双电池组免维护电池屏技术性能

型号	充电浮充电柜									输出回路				馈电柜					蓄电池		
	交流输入		直流输出											输出直流负荷							
					浮充		均充														
	电压(V)	容量(kVA)	额定电压(V)	额定电流(A)	稳压范围(V)	电流范围(A)	稳压范围(V)	限流范围(A)	限流精度(±%)	稳压精度(±%)	纹波电压(%)	合闸	控制	电压(V)	经常负荷(A)	事故负荷(A)	最大冲击电流(A)	事故时间(h)	电池数量(节)	单节电池电压(V)	电池柜数量(个)
BZMN—65/110	380±10%	2.5×2	115	10	98～130	0～10	99～140	2～10	2	1	1	6	6	110±10%	5	13	120	1	18	12	1～2
BZMN—100/110		5×2		20		0～20		4～20							10	20	240		18	12	1～2
BZMN—200/110		10×2		40		0～40		8～40							20	40	480		108	2	2～3
BZMN—300/110		14×2		60		0～60		12～60							25	60	600		108	2	2～3
BZMN—65/220		2.5×2	230	10	98～260	0～10	198～280	2～10						220±10%	5	13	120		36	12	1～2
BZMN—100/220		5×2		20		0～20		4～20							10	20	240		36	12	2～3
BZMN—200/220		10×2		40		0～40		8～40							20	40	480		216	2	3～4
BZMN—300/220		14×2		60		0～60		12～60							25	60	600		216	2	3～4

注 目前由于免维护铅酸电池生产厂较多且型式和容量不尽相同，表中所列电池数量、容量及相应的电池柜数量均为推荐值，用户可根据不同需要在订货中提出自己的要求。

表 3-4-60 单电池组免维护电池屏技术性能

型号	充电浮充电柜									输出回路				馈电柜					蓄电池		
	交流输入		直流输出											输出直流负荷							
					浮充		均充														
	电压(V)	容量(kVA)	额定电压(V)	额定电流(A)	稳压范围(V)	电流范围(A)	稳压范围(V)	限流范围(A)	限流精度(±%)	稳压精度(±%)	纹波电压(%)	合闸	控制	电压(V)	经常负荷(A)	事故负荷(A)	最大冲击电流(A)	事故时间(h)	电池数量(节)	单节电池电压(V)	电池柜数量(个)
BZMN—65/110	380±10%	2.5×2	115	10	98～130	0～10	99～140	2～10	2	1	1	6	6	110±10%	3	13	120	1	9	12	1
BZMN—100/110		5×2		20		0～20		4～20							6	20	240		9	12	1
BZMN—200/110		10×2		40		0～40		8～40							12	40	480		54	2	1～2
BZMN—300/110		14×2		60		0～60		12～60							22	60	600		54	2	1～2
BZMN—65/220		2.5×2	230	10	98～260	0～10	198～280	2～10						220±10%	3	13	120		18	12	1
BZMN—100/220		5×2		20		0～20		4～20							6	20	240		18	12	1～2
BZMN—200/220		10×2		40		0～40		8～40							12	40	480		108	2	2～3
BZMN—300/220		14×2		60		0～60		12～60							22	60	600		108	2	2～3

注 目前由于免维护铅酸电池生产厂较多且型式和容量不尽相同，表中所列电池数量、容量及相应的电池柜数量均为推荐值，用户可根据不同需要在订货中提出自己的要求。

（二）结构及性能特点

CI 外壳有 CI3、CI44、CI46、CI49 四种。ID 是一种新型的配电柜，填补了国内空白。

对于 ID 壁挂式小型配电屏，具有模块化结构，所有 ID 配电柜其标准宽度为 360mm，从而大大简化了设计。外壳的高度相互有关，确保了柜子的高度相同。外壳的高度有 250mm、500mm 和 750mm，可以安装较大的元器件。装配简单，ID 壁挂式小型配电屏用紧固角架固定在墙壁上，坚固角架装配在配电屏的后面，同时它可使配电屏离墙 50mm，从而电缆可从配电屏后面进出。

ID 配电屏由各种 CI 外壳和基座组成，屏宽为 360mm，屏高有 1850mm、2100mm 和 2350mm 等。屏深 350mm，基座高 600mm，零线、地线和电缆端子均位于基座中。由钢板制成的高为 300mm 的附加电缆室与绝缘基座联为一体。电缆从后面穿过 F4 法兰孔进入。附加电缆室的正面面板与侧板均可拆卸，所以电缆可从前面与侧面进出。

（三）方案、技术数据

（1）ID 配电屏的主电路技术数据，见表 3-4-61。

（2）ID 配电屏的主电路方案，见表 3-4-62。

表 3-4-61　　ID 配电屏主电路技术数据

符合标准		IEC439—1、VDE0660—500、GB 7251
额定工作电压		660V A. C.
额定绝缘电压		660V A. C.　800V D. C.
额定电流		
主电线	额定电流（A）	250，400，630，1000
	额定短路耐受电流 $\cos\varphi \geqslant 0.2$，$t=0.1s$（kA）	25，40，50，80
	短时耐受电流 $t=1s$（kA）	7，14，28，66
	峰值电流（kA）	52.5，84，105，176
垂直母线	额定电流（A）	400
	额定短路耐受电流 $\cos\varphi \geqslant 0.2$，$t=0.1s$（kA）	40
	短时耐受电流 $t=1s$（kA）	7
	峰值电流（kA）	84
防护等级		IP55
环境温度（℃）		40

表 3-4-62　　ID 配电屏主电路方案

方案号		01	02	03	04	05
主电路方案						
容量		630A	400A	250～300A	100～200A	≤100A
CI 外壳型号		CI49	CI49	CI49	CI46	CI4
主要电器元件	断路器	NZM10—630N/ZM—630	NZM10—400N/ZM—400	NZM9—250/ZM9—250（NZM9—315/ZM9—300）	NZM6—…/ZM6…（NZMS6—…/ZM6…）	NZM4—…（NZMS4—…）
	接触器					
	过载继电器					
	电流互感器	ASTW12—800/5×3（×1）	ASTW6—400/5×3（×1）	ASTW6—…/5×3	ASTW6—200/5×3	ASTW6—…/5×3（×1）
分断能力（kA）		45	45	35	NZM6：25 NZMS6：65	NZM4：22 NZMS4：65
用途		受电	受电	受电	受电	受电

续表

方案号		06	07	08	09	10
主电路方案						
容量		250～300A	100～200A	400～630A	250～315A	≤200A
CI 外壳型号		CI46	CI4	CI49	CI46	CI4
主要电器元件	断路器	NZM9—250N/ZM9—250（NZM9—315/ZM9—300）	NZM6…/ZM6…（NZMS6…/ZM6…）	P10—400（P10—630）	N9—250（N9—315）	N6—（63，100，125，160，200）
	接触器					
	过载继电器					
	电流互感器	ASTW6—…/5	ASTW6—200/5	ASTW6—…/5×3（×1）	ASTW6—…/5×3（×1）	ASTW6—…/5×3（×1）
分断能力（kA）		35	NZM6：25 NZMS6：65	10	7	3
用途		受电	受电	受电	受电	受电

方案号		11	12	13	14	15
主电路方案						
容量		400A	250～300A	100～200A	250～300A	100～200A
CI 外壳型号		CI49	CI49	CI4	CI49	CI46
主要电器元件	断路器	NZM10—400N/ZM—400	NZM9—250/ZM9—250	NZM6—…/ZM6—…（NZMS6—…/ZM—…）	2×NZM9—250/ZM9—250（2×NZM9—315/ZM9—300	2×NZM6—…/ZM6—…（2×NZMS6—…/ZM6—…
	接触器					
	过载继电器					
	电流互感器				ASTW6—…/5×6（×2）	ASTW6—…/5×6（×2）
分断能力（kA）		45	35	NZM6：25 NZMS6：65	35	NZM6：25 NZMS6：65
用途		母联	母联	母联	双电源进线	双电源进线

续表

方　案　号		16	17	18	19	20
主电路方案		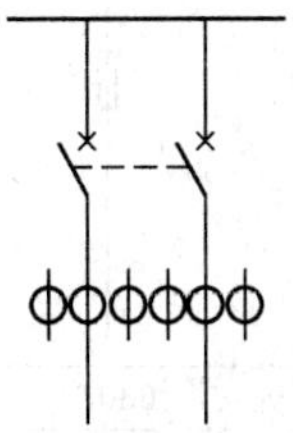	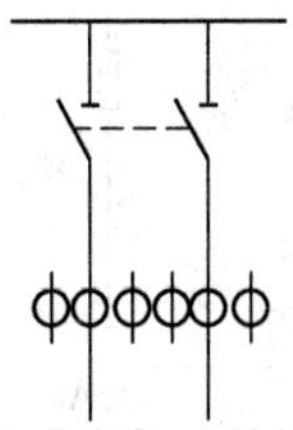	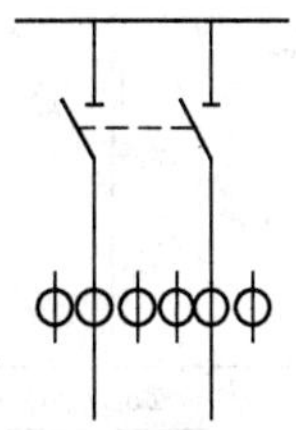		
容量		≤100A	250～300A	≤200A	630A	400A
CI外壳型号		CI46	CI46	CI46	CI49	CI46
主要电器元件	断路器	2×NZM4—… (2×NZMS4—…)	2×N9—250 (2×N9—300)	2×N6—…	NZM10—630N/ ZM—630	NZM10—400N/ ZM—400
	接触器					
	过载继电器					
	电流互感器	ASTW6—…/5×6 (×2)	ASTW6—…/5×6 (×2)	ASTW6—…/5×6 (×2)		
分断能力（kA）		NZM4：22 NZMS4：65	7	3	45	45
用途		双电源进线	双电源进线	双电源进线	馈电	馈电

方　案　号		21	22	23	24	25
主电路方案		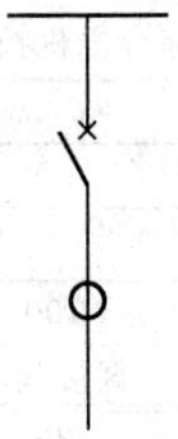	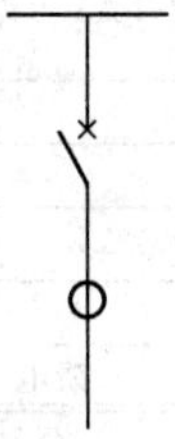	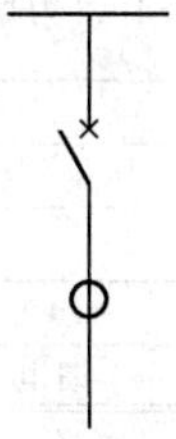	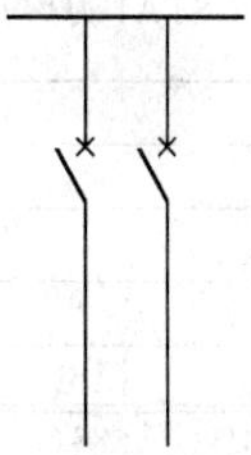	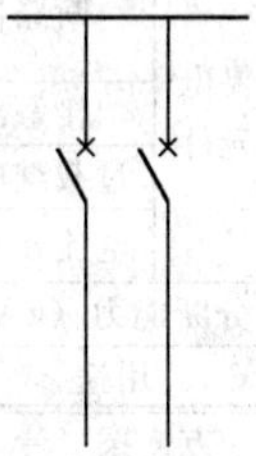
容量		250～300A	100～200A	≤100A	250～300A	≤100A
CI外壳型号		CI46	CI4	CI4（CI3）	CI46	CI4
主要电器元件	断路器	NZM9—250/ ZM9—250 (NZM9—315/ ZM9—300)	NZM6—…/ ZM6—… (NZMS6—…/ ZM6—…)	NZM4—… (NZMS4—…)	2×NZM9—250/ ZM9—250 (2×NZM9—315/ ZM9—300)	2×NZM4—… (2×NZMS4—…)
	接触器					
	过载继电器					
	电流互感器	(ASTW6—…/5)	(ASTW6—…/5)	(ASTW6—…/5)		
分断能力（kA）		35	NZM6：25 NZMS6：65	NZM4：22 NZMS4：65	35	NZM4：22 NZMS4：65
用途		馈电	馈电	馈电	馈电	馈电

续表

方案号		26	27	28	29	30
主电路方案		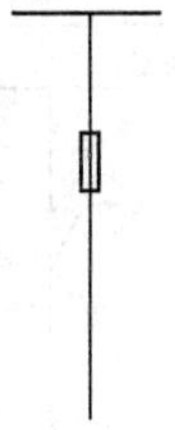	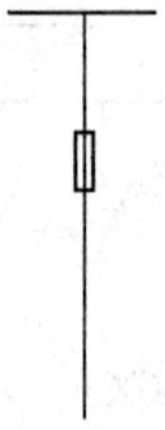		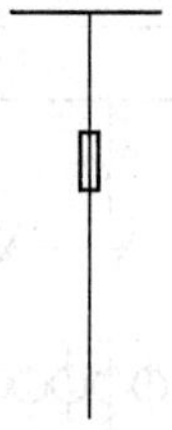	
容量		100A	250A	400A	630A	100A
CI外壳型号		CI4（CI3）	CI4	CI46	CI46	CI4（CI3）
主要电器元件	断路器	GS00熔断器	GS1熔断器	GS2熔断器	GS3熔断器	GSTA00刀熔开关
	接触器					
	过载继电器					
	电流互感器					
分断能力（kA）						
用途		馈电	馈电	馈电	馈电	馈电

方案号		31	32	33	34	35
主电路方案					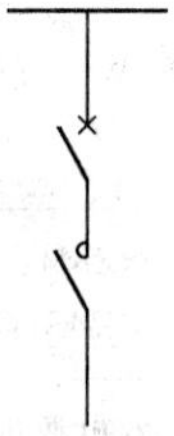	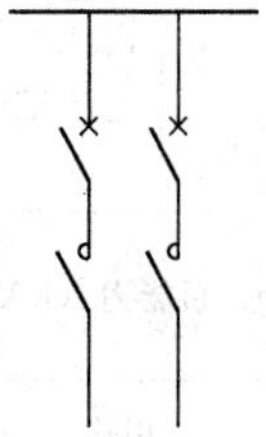
容量		250A	400A	630A	≤18.5kW	≤18.5kW
CI外壳型号		CI46	CI46	CI46	CI4（CI3）	CI4
主要电器元件	断路器	GSTA1刀熔开关	GSTA2刀熔开关	GSTA3刀熔开关	PKZ2/ZM—…/S 综合电机控制器	2×PKZ2/ZM—…/S 综合电机控制器
	接触器					
	过载继电器					
	电流互感器					
分断能力（kA）					100	100
用途		馈电	馈电	馈电	直接起动	直接起动

方案号		36	37	38	39	40
主电路方案		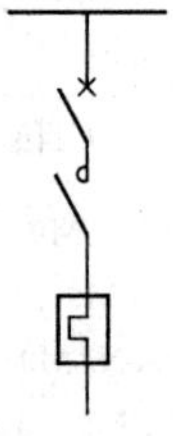	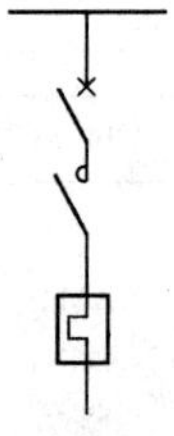	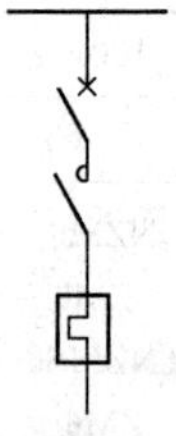	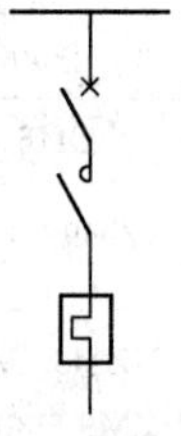	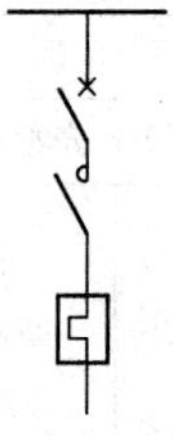
容量		22kW	30kW	37kW	45kW	55kW
CI外壳型号		CI4	CI4	CI46	CI46	CI46
主要电器元件	断路器	NZM4—63—OBI (NZMS4—63—OBI)	NZM4—80—OBI (NZMS4—80—OBI)	NZM4—100—1000—OBI (NZMS4—100—1000—OBI)	NZM6—125/ZM6—125—OBI (NZMS6—125/ZM6—125—OBI)	NZM6—160/ZM6—160—OBI (NZMS6—160/ZM6—160—OBI)
	接触器	DIL2M	DIL2AM	DIL3M	DIL3AM	DIL4M
	过载继电器	Z1—57	Z1—63	Z5—100/SK3	Z5—100/SK3	Z5—125/SK4
	电流互感器					
分断能力（kA）		NZM4：22 NZMS4：65	NZM4：22 NZMS4：65	NZM4：22 NZMS4：65	NZM6：25 NZMS6：65	NZM6：25 NZMS6：65
用途		直接起动	直接起动	直接起动	直接起动	直接起动

续表

方　案　号		41	42	43	44	45
主电路方案			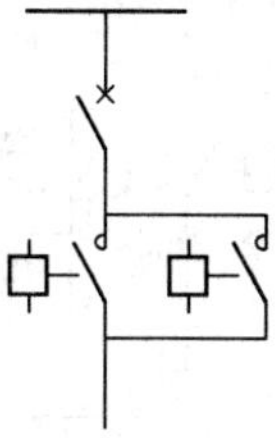	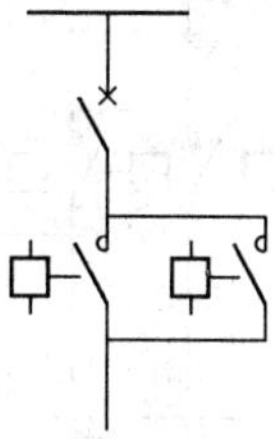	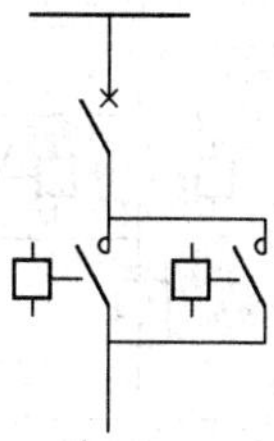	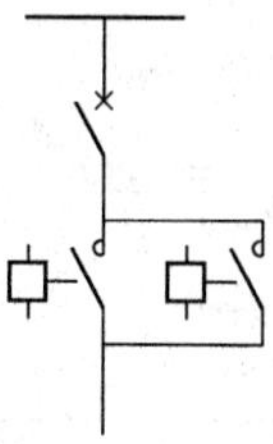
容量		75kW	0.75kW	2.2kW	7.5kW	11kW
CI 外壳型号		CI46	CI4	CI4	CI4	CI4
主要电器元件	断路器	NZM6—200/ZM6—200—OBI（NZMS6—200/ZM6—200—OBI）	PKZ2/ZM—2.4	PKZ2/ZM—6	PKZ2/ZM—16	PKZ2/ZM—25
	接触器	DIL4AM	DILOOM×2	DILOOM×2	DILOM×2	DILOAM×2
	过载继电器	Z5—150/SK4				
	电流互感器	ASTW32—2000/5				
分断能力（kA）		NZM6：25，NZMS6：65	100	100	100	30
用途		直接起动	可逆起动	可逆起动	可逆起动	可逆起动

方　案　号		46	47	48	49	50
主电路方案		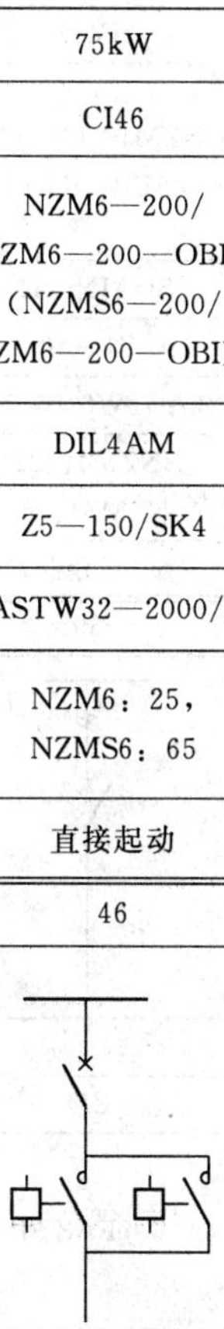	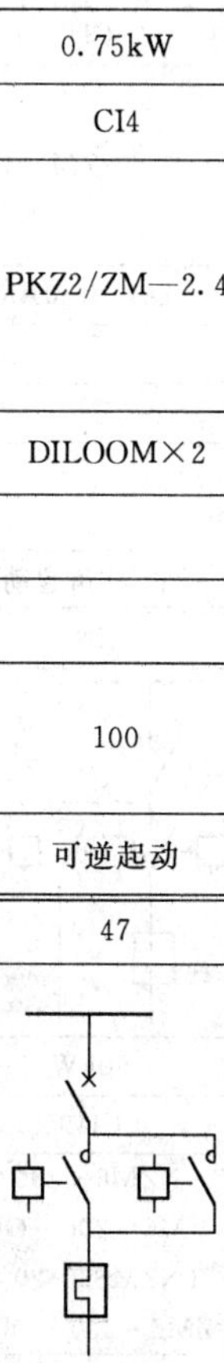	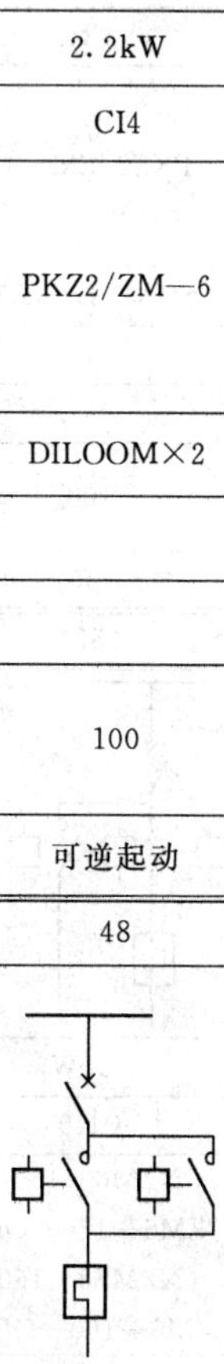	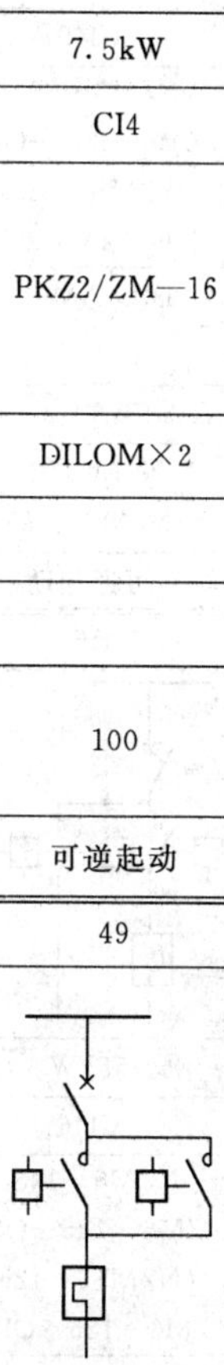	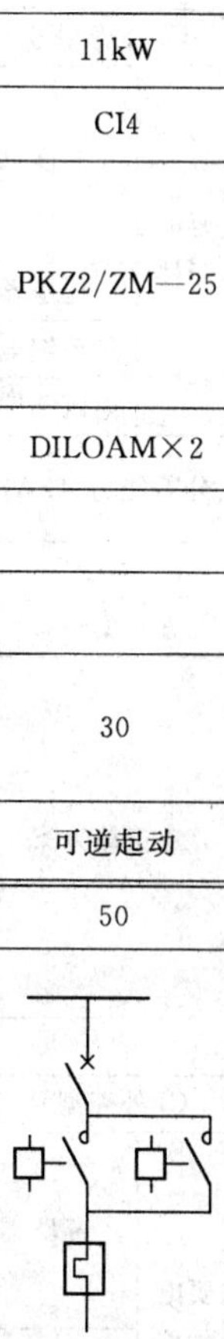
容量		18.5kW	22kW	30kW	45kW	55kW
CI 外壳型号		CI4	CI4	CI4	CI46	CI49
主要电器元件	断路器	PKZ2/ZM—40	NZM4—63—OBI（NZMS4—63—OBI）	NAM4—80—OBI（NZMS4—80—OBI）	NZM6—125/ZM6—125—OBI（NZMS6—125/ZM6—125—OBI）	NZM6—160/ZM6—160—OBI（NZMS6—160/ZM6—160—OBI）
	接触器	DIL1AM×2	DIL2M×2	DIL2AM×2	DIL3AM×2	DIL4M×2
	过载继电器		Z1—57	Z1—63	Z5—100	Z5—125
	电流互感器				（ASTW6—100/5）	（ASTW6—200/5）
分断能力（kA）		30	NZM4：22 NZMS4：65	NZM4：22 NZMS4：65	NZM6：25 NZMS6：65	NZM6：65 NZMS6：65
用途		可逆起动	可逆起动	可逆起动	可逆起动	可逆起动

续表

方案号		51	52	53	54	55
主电路方案		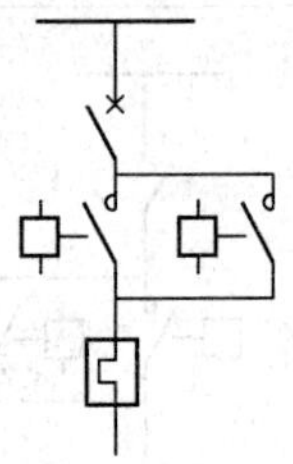	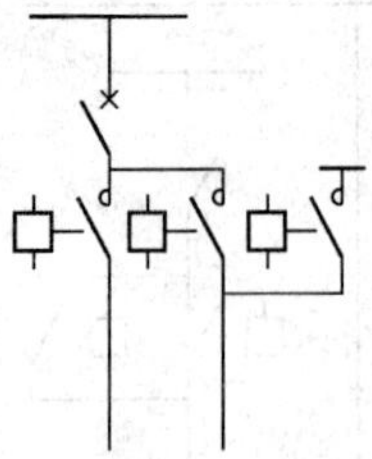	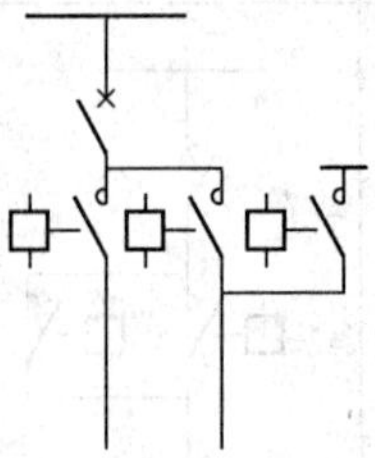	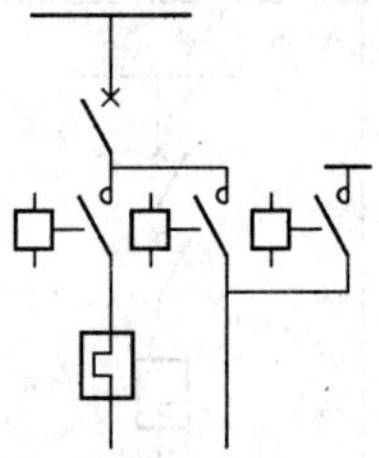	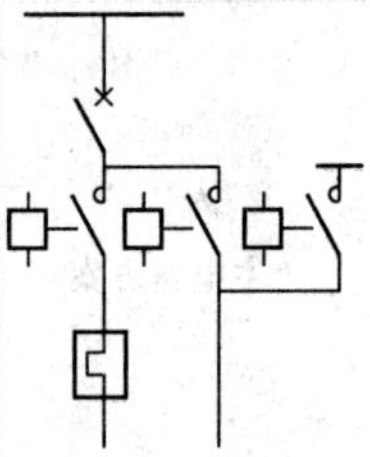
容量		75kW	7.5kW	18.5kW	22kW	37kW
CI外壳型号		CI49	CI4	CI4	CI46	CI46
主要电器元件	断路器	NZM6—200/ZM6—200—OBI (NZMS6—200/ZM6—200—OBI)	PKZ2/ZM—16	PKZ2/ZM—40	NZM4—63—OBI (NZMS4—63—OBI)	NZM4—100—1000—OBI (NZMS4—100—1000—OBI)
	接触器	DIL4AM×2	SDAINL 00AM	SDAINL 0AM	SDAINL 1M	SDAINL 2M
	过载继电器	Z5—150			Z1—40	Z1—57
	电流互感器	(ASTW6—200/5)			(ASTW6—50/5)	(ASTW6—100/5)
分断能力(kA)		NZM6：25 NZMS6：65	100	30	NZM4：22 NZMS4：65	NZM4：22 NZMS4：65
用途		可逆起动	星/三角起动	星/三角起动	星/三角起动	星/三角起动

方案号		56	57	58	59	60
主电路方案		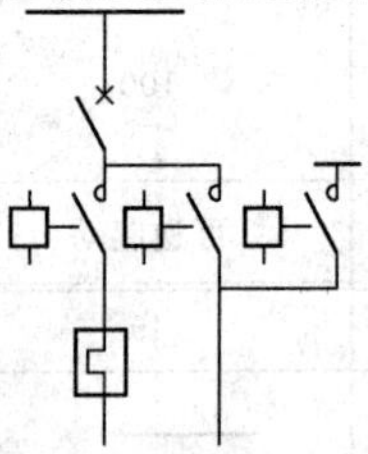	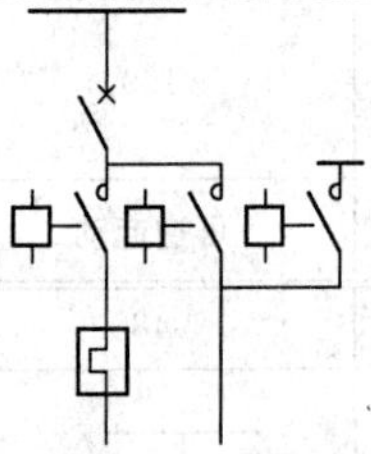	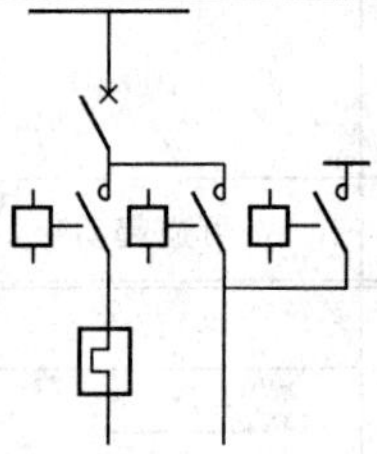		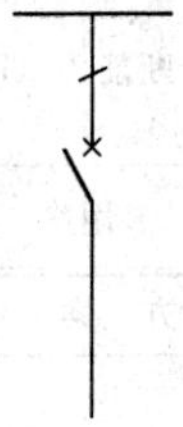
容量		55kW	75kW	90kW		
CI外壳型号		CI46	CI49	CI49	CI4	CI4
主要电器元件	断路器	NZM6—125/ZM6—125—OBI (NZMS6—125/ZM6—125—OBI)	NZM6—160/ZM6—160—OBI (NZMS6—160/ZM6—160—OBI)	NZM6—200/ZM6—200—OBI (NZMS6—200/ZM6—200—OBI)	5×FAZ 3P	15×FAZ 1P
	接触器	SDAINL 2AM	SDAINL 3AM	SDAINL 4M		
	过载继电器	Z1—63	Z1—100/SK3	Z1—125/SK4		
	电流互感器	(ASTW6—200/5)	(ASTW6—200/5)	(ASTW6—200/5)		
分断能力(kA)		NZM6：25 NZMS6：65	NZM6：25 NZMS6：65	NZM6：25 NZMS6：65		
用途		可逆起动	星/三角起动	星/三角起动	照明	照明

(四)订货须知

订货时用户应提供下列资料：

(1)一次系统图。

(2)二次原理图(或按默勒公司标准原理提供)。

(3)配电柜的排列图。

(4)各柜内电器设备明细表(包括型号、规格、数量)。

(5)配电室平面布置图。

(五)生产厂

镇江默勒电器有限公司。

第五篇

无功补偿设备、高压试验及在线监测设备

第一章　电力电容器及无功补偿装置

第一节　串联电容器

一、用途

电容器串联连接于工频高压输配电线路中，用以补偿线路的分布感抗，提高系统的静动态稳定性，改善线路的电压质量，加大送电距离和增大输送能力。

二、型号含义

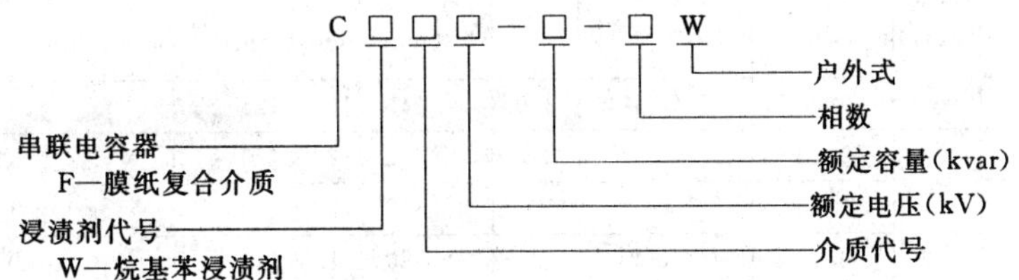

三、技术数据

见表1-1-1。

表1-1-1

型　号	额定容量(kvar)	额定电压(kV)	额定电容(μF)	相　数	质量(kg)	外形尺寸 $L\times B\times H$ (mm×mm×mm)	生产厂	备注
CW0.6—20—1W	20	0.6		1	40	313×123×830	②③	
CW0.6—20—1W	20	0.6	176.93	1	50	303×136×925	①	
CW1—20—1W	20	1.0		1	40	313×123×830	②③	
CWF0.85—45—1W	45	0.85		1	40	313×123×950	②③	
CWF1—45—1W	45	1	143.31	1	47	303×136×925	①	
CWF1.15—45—1W	45	1.15		1	40	313×123×950	②	

四、生产厂

① 西安电力电容器厂；② 桂林电力电容器厂；③ 河南省中原电力电容器厂。

第二节　并联电容器

一、用途与分类

并联电容器主要用于提高工频电力系统的功率因数。按使用地点分，并联电容器有户外型和户内型两种，并有适合于湿热带和污秽等地区用的各种特殊型的产品。按其结构和使用材料分，并联电容器有浸渍剂型、金属化膜型、密集型、并联补偿成套装置、高压并联电容器柜、低压并联电容器柜等。

二、浸渍剂型并联电容器

（一）用途

浸渍剂型并联电容器适用于频率为50Hz的交流电力系统，作为提高系统的功率因数用。

（二）型号含义

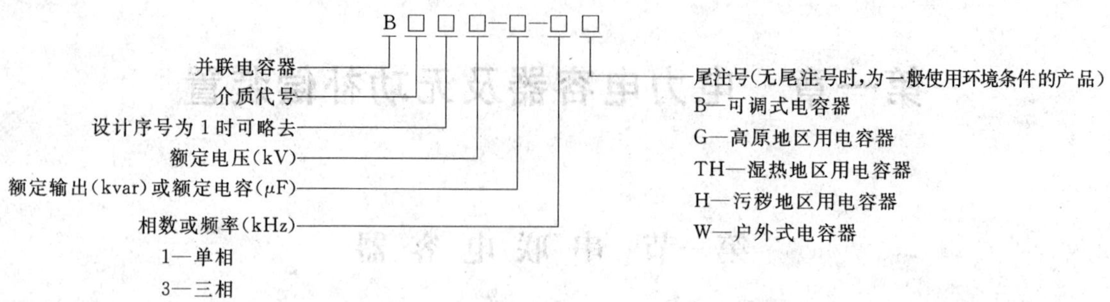

（三）技术数据

见表1-2-1。

表1-2-1

型　　号	额定容量(kvar)	额定电压(kV)	额定电容(μF)	相数	质量(kg)	外形尺寸 $L\times B\times H$ (mm×mm×mm)	生产厂	备注
BWF0.4—3—3	3	0.4	59.7	3	3.9	145×100×175	③	
BW0.23—4—1	4	0.23	—	1	22	312×122×420	②	
BW0.23—4—3		0.23	—	3	22	312×122×420	②	
BW0.23—5—1	5	0.23	301.1	1	25	380×115×420	①②④⑤	
BW0.23—5—3		0.23	301.1	3	25	380×115×420	①②④⑤	
BWF0.4—5—3		0.4	99.5	3	10	325×110×180	③	
BWF0.4—5—3W		0.4	99.5	3	10	325×110×180	③	
BW0.23—6—1	6	0.23	361	1	24	380×110×428	③⑦	
BW0.23—6—3		0.23	361	3	24	380×110×428	⑦	
BW0.4—10—1	10	0.4	199	1	24	380×110×428	⑦	
BW0.4—10—3		0.4	199	3	24	380×110×428	⑦	
BW0.4—10—1TH		0.4	200	1	23	380×110×422	⑥	
BW0.4—10—3TH		0.4	200	3	23	380×110×422	⑥	
BW0.525—10—1TH		0.525	116	1	23	380×110×422	⑥	
BW0.525—10—3TH		0.525	116	3	23	380×110×422	⑥	
BW0.4—12—1	12	0.4	239	1	22	312×122×420	②④⑤⑥⑦⑨⑪	
BW0.4—12—3		0.4	239	3	22	312×122×420	②④⑤⑥⑦⑨⑩	
BW0.525—12—1TH		0.525	116	1	23	380×110×422	⑥	
BW0.525—12—3TH		0.525	116	3	23	380×110×422	⑥	
BW0.525—12—1		0.525	138	1	24	380×110×444	②④⑤⑥⑦⑨	
BW0.525—12—3		0.525	138	3	24	380×110×444	②④⑤⑥⑦⑨	
BW0.4—12—3W		0.4	240	3	24	375×122×360	③	
BW0.4—12—1TH		0.4	240	1	24	380×110×422	⑥	
BW0.4—12—3TH		0.4	240	3	24	380×110×422	⑥	
BWF0.525—12—1		0.525	138	1	23	370×120×422	⑥	
BWF0.525—12—3		0.525	138	3	23	370×120×422	⑥	
BW1.05—12—1		1.05	34.7	1	23	314×122×475	②⑥⑦	
BW1.05—12—1W		1.05	34.7	1	25	380×110×515	⑨	
BW3.15—12—1		3.15	3.85	1	25	380×110×525	⑥⑦	
BW3.15—12—1W		3.15	3.84	1	25	380×110×515	⑥⑦	
BW6.3—12—1		6.3	0.96	1	25	380×110×525	⑥	
BW6.3—12—1W		6.3	0.961	1	25	380×110×515	②⑥⑨	

续表

型　号	额定容量(kvar)	额定电压(kV)	额定电容(μF)	相数	质量(kg)	外形尺寸 L×B×H (mm×mm×mm)	生产厂	备注
BW11/$\sqrt{3}$—12—1W	12	11/$\sqrt{3}$	—	1	23	312×122×570	②	
BW10.5—12—1		10.5	0.347	1	25	380×110×565	⑦	
BW10.5—12—1W		10.5	0.35	1	25	380×110×560	②⑥⑨	
BW0.4—13—1	13	0.4	260	1	24	380×110×433	④	
BW0.4—13—3		0.4	260	3	24	380×110×433	④	
BW0.525—13—1		0.525	150	1	24	380×110×433	④	
BW0.525—13—3		0.525	150	3	24	380×110×433	④	
BW0.4—14—1	14	0.4	279	1	23	380×110×428	③⑤⑥⑦⑨⑪	
BW0.4—14—3		0.4	279	3	23	380×110×428	②③⑤⑥⑦⑨⑪	
BW0.4—14—3W		0.4	279	3	23	380×110×428	⑦	
BW0.4—14—3TH		0.4	280	3	24	380×110×420	⑤	
BW0.525—14—1		0.525	162	1	25	380×110×422	③⑤⑥⑨	
BW0.525—14—3		0.525	162	3	25	380×110×422	③⑤⑥⑨	
BW0.525—14—3TH		0.525	162	3	24	380×110×420	⑤	
BW10.5—14—1		1.05	42.5	1	25	380×110×437	⑥	
BW6.3—14—1W		6.3	1.12	1	20	380×110×525	⑦⑨	
BW10.5—14—1W		10.5	0.403	1	20	380×110×550	⑦⑨	
BW0.4—15—1	15	0.4	—	1	27	382×122×420	②	
BW0.4—15—3		0.4	—	3	27	382×122×420	②	
BW0.525—15—1		0.525	—	1	27	382×122×420	②	
BW0.525—15—3		0.525	—	3	27	382×122×420	②	
BW1.05—15—1		1.05	—	1	27	382×122×475	②	
BW0.4—16—1	16	0.4	318.47	1	25	380×115×420	①④⑤⑧	
BW0.4—16—3		0.4	318.47	3	25	380×115×420	①③④⑤⑧	
BW0.525—16—1		0.525	318.47	1	25	380×115×420	①④⑤⑧	
BW0.525—16—3		0.525	318.47	3	25	380×115×420	①④⑤⑧	
BW3.15—16—1		3.15	5.13	1	26.5	380×115×484	⑤⑪	
BW3.15—16—1W		3.15	5.12	1	25	380×110×487	④⑤⑥	
BW6.3—16—1		6.3	1.28	1	26.5	380×115×524	⑤⑪	
BW6.3—16—1W		6.3	1.28	1	25	380×110×517	③④⑤⑥⑦	
BW11/$\sqrt{3}$—16—1		11/$\sqrt{3}$	1.26	1	25	380×110×550	⑥	
BW11/$\sqrt{3}$—16—1W		11/$\sqrt{3}$	1.26	1	25	380×110×560	④⑤⑦	
BW10.5—16—1		10.5	0.46	1	25	380×110×550	⑤⑪	
BW10.5—16—1W		10.5	0.46	1	25	380×110×560	③⑤⑥⑦	
BW0.525—18—1	18	0.525	207.98	1	23	380×115×420	①	
BW3.15—18—1		3.15	—	1	26.5	380×115×484	⑪	
BW3.15—18—1W		3.15	5.78	1	25	380×110×520	⑤	
BW6.3—18—1		6.3	1.44	1	25	380×110×510	⑤⑪	
BW6.3—18—1W		6.3	1.44	1	26	375×122×365	③⑤⑦	
BW11/$\sqrt{3}$—18—1		11/$\sqrt{3}$	1.42	1	25	380×110×550	⑤	
BW11/$\sqrt{3}$—18—1W		11/$\sqrt{3}$	1.42	1	25	380×110×560	⑤	
BW10.5—18—1		10.5	0.52	1	25	380×110×550	⑤⑪	
BW10.5—18—1W		10.5	0.51	1	25	380×110×560	⑤	

续表

型 号	额定容量(kvar)	额定电压(kV)	额定电容(μF)	相数	质量(kg)	外形尺寸 $L\times B\times H$ (mm×mm×mm)	生产厂	备注
BW0.4—20—1G	20	0.4	398	1	—	ϕ310×546	⑧	
BW0.4—20—3G		0.4	398	1	—	ϕ310×546	⑧	
BW0.4—20—3		0.4	398	3	25	375×122×360	③	
BWF0.4—20—3G		0.4	398	3	—	ϕ310×546	⑧	
BWF0.4—20—1		0.4	—	1	21	312×122×420	② ⑥	
BWF0.4—20—3		0.4	—	3	21	312×122×420	② ⑥	
BWM0.525—20—1		0.525	—	1	20	312×122×420	②	
BWM0.525—20—3		0.525	—	3	21	312×122×420	②	
BWF0.525—20—1		0.525	231	1	21	312×122×420	⑥ ⑧	
BWF0.525—20—3		0.525	231	3	21	312×122×420	② ⑥ ⑧	
BWF0.75—20—1		0.75	—	1	21	312×122×420	②	
BWF11/$\sqrt{3}$—22—1W	22	11/$\sqrt{3}$	—	1	19	312×122×570	②	
BWF6.3—22—1W		6.3	—	1	19	312×122×540	②	
BWF10.5—22—1W		10.5	—	1	19	312×122×570	②	
BWF6.6/$\sqrt{3}$—25—1W	25	6.6/$\sqrt{3}$	5.48	1	25	380×110×515	⑨	
BWF6.6/$\sqrt{3}$—25—1		6.6/$\sqrt{3}$	5.49	1	26	380×110×530	② ④	
BWF0.4—25—1		0.4	497.61	1	25	380×115×420	① ②	
BWF0.4—25—3		0.4	497.61	3	25	380×115×420	① ②	
$BWF_2$0.4—25—1		0.4	497.61	1	27	380×130×417	①	
$BWF_2$0.4—25—3		0.4	497.61	3	27	380×130×417	①	
BWF0.525—25—1		0.525	288.86	1	25	380×115×420	① ② ⑥	
BWF0.525—25—3		0.525	288.86	3	25	380×115×420	① ② ⑥	
BWM0.525—25—1		0.525	—	1	26	382×122×420	②	
BWM0.525—25—3		0.525	—	3	26	382×122×420	②	
BWF0.63—25—1		0.63	200.6	1	23	380×115×440	①	
BWF0.69—25—3		0.69	167	3	25	380×113×360	③	
BWF0.75—25—1		0.75	141.54	1	24	380×115×440	① ⑥	
BWF0.75—25—3		0.75	141	3	23	370×120×422	⑥	
BWF11/$\sqrt{3}$—25—1W		11/$\sqrt{3}$	49.4	1	25	380×110×550	⑨	
BWF3.15—25—1G		3.15	8.02	1	—	ϕ310×576	⑧	
BWF3.15—25—1W		3.15	8	1	26	375×122×365	② ⑨	
BWF6.3—25—1		6.3	2.0	1	25	380×110×510	⑤ ⑧	
BWF6.3—25—1W		6.3	2.0	1	26	375×122×365	②③④⑤⑥⑦⑨⑪	
BWF6.3—25—1G		6.3	2.0	1	—	ϕ310×611	⑧	
BWF11/$\sqrt{3}$—25—1G		11/$\sqrt{3}$	1.973	1	—	ϕ310×646	⑧	
BWF11/$\sqrt{3}$—25—1		11/$\sqrt{3}$	1.97	1	27	380×110×550	⑤ ⑧	
BWF11/$\sqrt{3}$—25—1W		11/$\sqrt{3}$	1.91	1	27	380×110×560	② ③ ④ ⑤ ⑥ ⑦ ⑨	
BWF10.5—25—1		10.5	—	1	26.5	380×115×559	⑧ ⑪	
BWF10.5—25—1W		10.5	0.72	1	26	375×122×365	① ③ ⑥ ⑦ ⑨	
BWF10.5—25—1G		10.5	0.722	1	—	ϕ310×646	⑧	
BWF11—25—1W		11	0.66	1	26	375×122×365	② ③	
BWF3.15—26—1G	26	3.15	8.34	1	—	ϕ310×576	⑧	
BWF6.3—26—1G		6.3	2.09	1	—	ϕ310×611	⑧	
BWF11/$\sqrt{3}$—26—1G		11/$\sqrt{3}$	2.05	1	—	ϕ310×646	⑧	
BWF10.5—26—1G		10.5	0.75	1	—	ϕ310×646	⑧	

续表

型　号	额定容量(kvar)	额定电压(kV)	额定电容(μF)	相数	质量(kg)	外形尺寸 $L\times B\times H$ (mm×mm×mm)	生产厂	备注
BWF0.75—30—1	30	0.75	169.85	1	24	380×115×440	①	
BWF1.05—30—1		1.05	—	1	20	312×122×475	②	
BWF3.15—30—1		3.15	9.62	1	27	380×110×510	②⑤	
BWF3.15—30—1W		3.15	—	1	20	312×122×540	②⑤	
BWF6.6/$\sqrt{3}$—30—1W		6.6/$\sqrt{3}$	—	1	20	312×122×540	②④⑤⑥	
BWF6.6/$\sqrt{3}$—30—1		6.6/$\sqrt{3}$	6.58	1	27	380×110×540	⑤	
BWF11/2$\sqrt{3}$—30—1		11/2$\sqrt{3}$	—	1	20	312×122×570	②	
BWF4—30—1		4	5.97	1	25	380×115×524	①	
BWF6.3—30—1		6.3	2.407	1	24	380×115×530	①⑧⑪	
BWF6.3—30—1W		6.3	2.407	1	25	380×115×574	①②③④⑥	
BWF6.3—30—1TH		6.3	2.407	1	26	380×115×524	①	
BWF6.3—30—1G		6.3	2.4	1	—	ϕ310×611	⑧	
BWF11/$\sqrt{3}$—30—1G		11/$\sqrt{3}$	1.973	1	—	ϕ310×646	⑧	
BWF11/$\sqrt{3}$—30—1		11/$\sqrt{3}$	2.369	1	24	380×115×564	①⑧	
BWF11/$\sqrt{3}$—30—1W		11/$\sqrt{3}$	2.369	1	26	380×115×598	①②③④⑤⑥	
BWF12/$\sqrt{3}$—30—1W		12/$\sqrt{3}$	1.99	1	27	380×110×560	⑤	
BWF10.5—30—1		10.5	0.867	1	24	380×115×564	①⑧⑪	
BWF10.5—30—1W		10.5	0.867	1	26	380×115×598	①②③④⑤	
BWF10.5—30—1G		10.5	0.866	1	—	ϕ310×646	⑧	
BWF10.5—30—1TH		10.5	0.867	1	26	380×115×559	①⑤	
BWF11—30—1		11	0.790	1	24	380×115×564	①	
BWF11—30—1W		11	0.790	1	26	380×115×598	①②④⑤	
BWF12—30—1W		12	0.66	1	27	380×110×560	⑤	
BWF6.6/$\sqrt{3}$—33.4—1W	33.4	6.6/$\sqrt{3}$	7.31	1	23	380×110×515	⑨	
BWF11/$\sqrt{3}$—33.4—1W		11/$\sqrt{3}$	2.64	1	23	380×110×550	⑨	
BWF3.15—40—1W	40	3.15	12.8	1	25	380×110×515	⑨	
BWF6.6/$\sqrt{3}$—40—1W		6.6/$\sqrt{3}$	8.76	1	25	380×110×515	②⑨	
BWF6.3—40—1		6.3	3.21	1	24	380×115×530	①	
BWF6.3—40—1W		6.3	3.2	1	25	380×110×515	②⑨	
BWF$_2$6.3—40—1W		6.3	3.21	1	25	380×115×574	①	
BFF6.3—40—1W		6.3	3.2	1	25	380×115×365	③	
BWF11/$\sqrt{3}$—40—1		11/$\sqrt{3}$	3.159	1	25	380×115×564	①	
BWF11/$\sqrt{3}$—40—1W		11/$\sqrt{3}$	3.159	1	25	380×115×598	①②⑨	
BWF10.5—40—1		10.5	1.155	1	26	380×115×564	①	
BWF10.5—40—1W		10.5	1.155	1	26	380×115×594	①②⑨	
BWF11—40—1		11	1.053	1	25	380×115×564	①	
BWF11—40—1W		11	1.053	1	25	380×115×598	①②	
BWF1.05—50—1	50	1.05	144.43	1	35	380×170×490	①②	
BWF3.15—50—1W		3.15	16	1	32	383×163×540	②⑨	
BGF3.15—50—1W		3.15	16.05	1	25	310×143×830	④	
BWF11/2$\sqrt{3}$—50—1W		11/2$\sqrt{3}$	—	1	32	383×163×605	②	
BWF6.6/$\sqrt{3}$—50—1W		6.6/$\sqrt{3}$	10.97	1	32	383×163×555	①②④⑤⑥	
BWF6.6/$\sqrt{3}$—50—1		6.6/$\sqrt{3}$	10.97	1	34	380×115×530	①	

续表

型　号	额定容量(kvar)	额定电压(kV)	额定电容(μF)	相数	质量(kg)	外形尺寸 L×B×H (mm×mm×mm)	生产厂	备注
BWF6.3—50—1	50	6.3	4.0	1	—	380×115×530	⑧	
BWF6.3—50—1W		6.3	4.01	1	49	380×136×170	①②⑤⑥⑨	
BWF$_2$6.3—50—1		6.3	4.01	1	49	380×165×250	①	
BWF$_2$6.3—50—1W		6.3	4.01	1	49	380×165×250	①	
BGF$_2$6.3—50—1W		6.3	4.01	1	26	380×120×530	④⑦	
BFF6.3—50—1W		6.3	4.0	1	27	375×122×365	③	
BWF11/$\sqrt{3}$—50—1W		11/$\sqrt{3}$	3.95	1	43	315×135×700	①②③⑤⑥⑧⑨	
BGF11/$\sqrt{3}$—50—1W		11/$\sqrt{3}$	3.95	1	27	380×123×575	④⑦	
BFF11/$\sqrt{3}$—50—1W		11/$\sqrt{3}$	3.95	1	27	375×122×365	③⑨	
BFM11/$\sqrt{3}$—50—1W		11/$\sqrt{3}$	3.95	1	23	380×110×550	⑨	
BWF$_2$11/$\sqrt{3}$—50—1		11/$\sqrt{3}$	3.949	1	35	380×165×602	①	
BWF$_2$11/$\sqrt{3}$—50—1W		11/$\sqrt{3}$	3.949	1	34	380×165×602	①	
BWF12/$\sqrt{3}$—50—1W		12/$\sqrt{3}$	3.95	1	35	380×160×560	⑤	
BGF6.9—50—1W		6.9	3.34	1	27	380×123×535	⑦	
BWF10.5—50—1		10.5	1.444	1	35	380×165×602	①⑧⑪	
BWF10.5—50—1W		10.5	1.444	1	34	380×165×602	①②③④⑤⑨	
BFF10.5—50—1W		10.5	1.444	1	27	375×122×365	③	
BGF10.5—50—1W		10.5	1.44	1	27	380×123×575	④⑦	
BWF11—50—1		11	1.316	1	35	380×165×602	①⑧	
BWF11—50—1W		11	1.316	1	34	380×165×602	①②④⑤⑨	
BFF11—50—1W		11	1.31	1	27	375×122×365	③	
BFM11—50—1W		11	1.32	1	23	380×110×850	⑨	
BWF$_2$12—50—1W		12	1.106	1	35	380×165×602	①	
BWF$_2$12—50—1W		12	1.106	1	35	380×165×602	①②⑤	
BWF12.7—50—1W		12.7	0.987	1	43	382×160×560	⑤	
BWF19—50—1W		19	0.44	1	68	625×173×420	③	
BWF1.05—60—1	60	1.05	173.32	1	43	313×123×865	①②	
BWF$_2$4—60—1		4	11.94	1	48	303×136×915	①	
BWF$_2$4—60—1W		4	11.94	1	48	303×136×950	①	
BWF6.3—60—1W		6.3	4.81	1	45	381×111×815	④⑨	
BWF11/$\sqrt{3}$—60—1W		11/$\sqrt{3}$	4.73	1	45	381×111×850	④⑨	
BWF10.5—60—1W		10.5	1.73	1	48	310×143×970	④	
BWF11—60—1		11	1.579	1	50	303×136×950	①	
BWF11—60—1W		11	1.579	1	50	303×136×950	①	
BWF11/$\sqrt{3}$—65—3W	65	11/$\sqrt{3}$	5.14	1	65	665×165×624	④	
BWF11—65—3W		11	1.71	1	65	665×165×624	④	
BWF3.15—80—1W	80	3.15	25.6	1	45	381×111×815	⑨	
BWF6.6/$\sqrt{3}$—80—1W		6.6/$\sqrt{3}$	17.5	1	45	381×111×815	⑤⑨	
BWF6.3—80—1W		6.3	6.41	1	45	381×111×815	⑤⑨	
BWF11/$\sqrt{3}$—80—1W		11/$\sqrt{3}$	6.31	1	45	381×111×850	⑤⑨	
BWF12/$\sqrt{3}$—80—1W		12/$\sqrt{3}$	5.31	1	—	450×160×840	⑤	
BWF10.5—80—1W		10.5	2.30	1	45	381×111×850	⑤⑨	
BWF11—80—1W		11	2.1	1	—	380×160×840	⑤	
BWF12—80—1W		12	1.77	1	—	380×160×840	⑤	

续表

型 号	额定容量(kvar)	额定电压(kV)	额定电容(μF)	相数	质量(kg)	外形尺寸 L×B×H (mm×mm×mm)	生产厂	备注
BWF1.05—100—1	100	1.05	288.86	1	65	380×170×800	①②	
BWF11/5$\sqrt{3}$—100—1W		11/5$\sqrt{3}$	197	1	55	620×130×710	⑨	
BWF3.15—100—1W		3.15	—	1	60	383×163×830	②	
BGF3.15—100—1W		3.15	32.1	1	57	380×135×895	④⑦	
BWF11/2$\sqrt{3}$—100—1W		11/2$\sqrt{3}$	—	1	60	383×163×880	②	
BGF3.3—100—1W		3.3	29.2	1	57	380×135×895	②⑦	
BFF6.3/$\sqrt{3}$—100—1W		6.3/$\sqrt{3}$	24.06	1	27	380×135×640	③⑤	
BWF6.6/$\sqrt{3}$—100—1		6.6/$\sqrt{3}$	21.94	1	59	380×165×887	①	
BWF6.6/$\sqrt{3}$—100—1W		6.6/$\sqrt{3}$	21.94	1	57	380×165×887	①②⑤⑥	
BGF3.3—100—1W		3.3	29.2	1	57	380×135×895	⑦	
BFF6.3—100—1W		6.3	8.02	1	48	560×165×375	②③⑤⑥⑦⑨	
BGF6.3—100—1W		6.3	8.02	1	50	310×143×830	④	
BGF11/$\sqrt{3}$—100—3W		11/$\sqrt{3}$	7.9	3	65	665×165×624	④	
BWF$_2$11/$\sqrt{3}$—100—1W		11/$\sqrt{3}$	7.898	1	58	380×165×887	①	
BWF$_2$11/$\sqrt{3}$—100—1		11/$\sqrt{3}$	7.898	1	56	380×165×887	①	
BFF$_2$11/$\sqrt{3}$—100—1G		11/$\sqrt{3}$	7.898	1	65	380×170×970	①	
BFM11/$\sqrt{3}$—100—1W		11/$\sqrt{3}$	7.898	1	33	380×165×602	①⑨	
BBM11/$\sqrt{3}$—100—1W		11/$\sqrt{3}$	7.898	1	33	380×165×602	①	
BGF11/$\sqrt{3}$—100—1W		11/$\sqrt{3}$	7.89	1	57	380×135×920	④⑦	
BWF11/$\sqrt{3}$—100—1		11/$\sqrt{3}$	7.892	1	—	—	⑧	
BWF11/$\sqrt{3}$—100—1W		11/$\sqrt{3}$	7.9	1	60	380×170×680	②⑤⑥⑨	
BFF11/$\sqrt{3}$—100—1W		11/$\sqrt{3}$	7.9	1	49	560×165×375	③④⑨	
BWF11/$\sqrt{3}$—100—3W		11/$\sqrt{3}$	7.89	1	65	665×165×630	④	
BWF12/$\sqrt{3}$—100—1W		12/$\sqrt{3}$	6.63	1		380×160×840	⑤	
BGF12/$\sqrt{3}$—100—1W		12/$\sqrt{3}$	6.63	1	50	310×143×970	④	
BWF10.5—100—1W		10.5	2.89	1	60	380×110×340	②⑤⑥⑨	
BFF10.5—100—1W		10.5	2.89	1	49	560×165×375	③	
BGF10.5—100—1W		10.5	2.89	1	50	310×143×970	④⑦	
BWF10.5—100—1		10.5	2.888	1	—	—	⑧	
BWF$_2$11—100—1		11	2.632	1	59	380×165×887	①	
BWF$_2$11—100—1W		11	2.632	1	57	380×165×887	①	
BWF$_2$11—100—3W		11	2.632	3	65	600×170×674	①	
BFF—100—1G		11	2.632	1	67	380×170×930	①	
BFF11—100—1W		11	2.63	1	45	381×111×850	③④⑨	
BFM11—100—1W		11	2.63	1	42	381×111×850	⑨	
BWF11—100—1		11	2.63	1	—	—	⑧	
BWF11—100—1W		11	2.63	1	50	310×143×970	④	
BGF11—100—3W		11	2.63	3	65	665×165×630	④	
BGF11—100—1W		11	2.63	1	50	310×143×970	④	
BWF11—100—1W		11	2.63	1	—	450×160×840	②⑤	
BWF$_2$12—100—1		12	2.212	1	59	380×165×887	①	
BWF$_2$12—100—1W		12	2.212	1	59	380×1650×887	①	
BFF12—100—1W		12	2.2	1	49	560×165×375	③	
BWF19—100—1W		19	0.882	1	59	380×165×1094	①	

续表

型　　号	额定容量(kvar)	额定电压(kV)	额定电容(μF)	相数	质量(kg)	外形尺寸 $L\times B\times H$ (mm×mm×mm)	生产厂	备注
BFF19—100—1W	100	19	0.88	1	58	560×165×420	③	
BFF21—100—1W		21	0.72	1	58	560×165×420	③	
BWF11/$\sqrt{3}$—120—3W	120	11/$\sqrt{3}$	9.48	3	109	665×165×915	④	
BGF11/$\sqrt{3}$—120—3W		11/$\sqrt{3}$	9.48	3	109	665×165×915	④	
BWF11—120—3W		11	3.16	3	109	665×165×915	④	
BFM6.3—134—1W	134	6.3	10.75	1	—	380×160×520	⑤	
BFM11/$\sqrt{3}$—134—1W		11/$\sqrt{3}$	10.58	1	—	380×160×560	⑤	
BFM10.5—134—1W		10.5	3.87	1	—	380×160×560	⑤	
BFF3.15—150—1W	150	3.15	—	1	75	383×163×913	②	
BFF11/$\sqrt{3}$—150—1W		11/$\sqrt{3}$	—	1	60	383×163×880	②	
BFF6.6/$\sqrt{3}$—167—1W	167	6.6/$\sqrt{3}$	36.61	1	—	380×160×800	⑤	
BFF6.3—167—1W		6.3	13.4	1	—	380×160×800	⑤	
BFF11/$\sqrt{3}$—167—1W		11/$\sqrt{3}$	13.19	1	—	380×160×840	⑤	
BFM11/$\sqrt{3}$—167—1W		11/$\sqrt{3}$	13.19	1	58	380×165×887	①	
BFF12/$\sqrt{3}$—167—1W		12/$\sqrt{3}$	11.07	1	—	380×160×840	⑤	
BFF10.5—167—1W		10.5	4.82	1	—	380×160×840	⑤	
BFF11—167—1W		11	4.39	1	—	380×160×840	⑤	
BFF3.15—200—1W	200	3.15	64.19	1	70	383×163×913	① ②	
BFF11/2$\sqrt{3}$—200—1W		11/2$\sqrt{3}$	63.19	1	72	380×170×1028	①	
BFF$_2$11/2$\sqrt{3}$—200—1W		11/2$\sqrt{3}$	63.19	1	73	380×170×1028	①	
BFF$_2$11/2$\sqrt{3}$—200—1W		11/2$\sqrt{3}$	63.19	1	72	380×170×1028	①	
BFF6.6/$\sqrt{3}$—200—1W		6.6/$\sqrt{3}$	43.88	1	109	665×165×915	④	
BWF16.5/2$\sqrt{3}$—200—1W		16.5/$\sqrt{3}$	—	1	120	619×174×1010	②	
BFF6.3—200—1W		6.3	16.05	1	71	380×170×1028	① ②	
BFF$_2$6.3—200—1W		6.3	16.05	1	73	380×170×1028	①	
BBF6.3—200—1W		6.3	16.05	1	71	380×170×1028	①	
BFM6.3—200—1W		6.3	16.04	1	—	445×160×800	⑤	
BGF6.3—200—1W		6.3	16.05	1	110	665×165×875	④	
BGF11/$\sqrt{3}$—200—1W		11/$\sqrt{3}$	15.8	1	110	665×165×875	④	
BFF11/$\sqrt{3}$—200—1W		11/$\sqrt{3}$	15.8	1	72	380×170×1028	① ② ③ ⑤	
BFF$_2$11/$\sqrt{3}$—200—1W		11/$\sqrt{3}$	15.8	1	73	380×170×1028	①	
BBF11/$\sqrt{3}$—200—1W		11/$\sqrt{3}$	15.8	1	72	380×170×1028	①	
BFM11/$\sqrt{3}$—200—1W		11/$\sqrt{3}$	15.8	1	60	380×170×930	① ⑤	
BBM11/$\sqrt{3}$—200—1W		11/$\sqrt{3}$	15.8	1	61	380×170×924	①	
BBM$_2$11/$\sqrt{3}$—200—1W		11/$\sqrt{3}$	15.8	1	54	380×170×887	①	
BGF11/$\sqrt{3}$—200—1W		11/$\sqrt{3}$	15.8	1	120	619×174×1010	②	
BGF12/$\sqrt{3}$—200—1W		12/$\sqrt{3}$	15.79	1	109	665×165×915	④	
BGF12/$\sqrt{3}$—200—1W		12/$\sqrt{3}$	13.26	1	110	665×165×915	④	
BGF11—200—1W		11	5.26	1	110	665×165×915	④	
BGF11—200—3W		11	5.26	3	110	665×165×915	④	
BFF11—200—1W		11	5.26	1	70	560×165×520	① ③	
BBF—11—200—1		11	5.246	1	70	380×185×943	①	
BBF$_4$11—200—1W		11	5.246	1	72	380×170×1028	①	
BFF12—200—1W		12	4.423	1	72	380×170×1028	①	

续表

型　号	额定容量（kvar）	额定电压（kV）	额定电容（μF）	相数	质量（kg）	外形尺寸 $L\times B\times H$（mm×mm×mm）	生产厂	备注
$BBF_4$12—200—1W	200	12	4.423	1	74	380×170×1028	①	
BWF12—200—1W		12	—	1	120	619×174×1010	②	
BFF19—200—1W		19	1.76	1	68	560×165×550	③	
BBF11—300—1G（H）	300	11	7.896	1	140	670×185×1009	①	
BWF11—300—1W		11	7.896	1	120	619×174×1010	②	
BBF12—300—1G（H）		12	6.635	1	140	670×185×1009	①	
BWF12—300—1W		12	—	1	120	619×174×1010	②	
BWF11/$\sqrt{3}$—334—1W	334	11/$\sqrt{3}$	26.38	1	118	665×180×915	④	
BFF11/$\sqrt{3}$—334—1W		11/$\sqrt{3}$	26.4	1	128	619×174×1020	②③④	
BBF11/$\sqrt{3}$—334—1W		11/$\sqrt{3}$	26.4	1	128	619×174×1020	②	
BFF11/$\sqrt{3}$—334—1WG		11/$\sqrt{3}$	26.38	1	180	690×200×1150	①	
BFM11/$\sqrt{3}$—334—1W		11/$\sqrt{3}$	26.38	1	104	530×210×1064	①	
BBM11/$\sqrt{3}$—334—1W		11/$\sqrt{3}$	26.38	1	104	530×210×1064	①	
BBF11—334—1W		11	8.791	1	119	670×175×943	①	
BBF11—334—1WG（H）		11	8.788	1	166	670×185×1150	①	
BFF11—334—1W		11	8.79	1	110	624×173×670	③④	
BBF12—334—1WG（H）		12	7.383	1	166	670×185×1150	①	
BFF19—334—1W		19	2.95	1	133	630×174×1200	②③	
BBF19—334—1W		19	2.947	1	145	670×225×1170	①	
BBM19—334—1W		19	2.947	1	110	570×185×1140	①	
BFF20—334—1W		20	2.66	1	110	624×173×670	③	
BBF20—334—1W		20	2.659	1	142	670×185×1140	①	
BBM20—334—1W		20	2.659	1	110	570×185×1050	①	
BFM12/2—400—1W	400	12/2	35.37	1	140	778×782×1050	①	
BFM12/2—500—1W	500	12/2	44.21	1	160	778×722×1150	①	

注　1. 表中所列数据为第一个生产厂的产品参数，其他生产厂产品的技术数据略有不同。

2. 表中额定容量为计算值。

三、金属化膜式低压并联电容器

（一）用途

这种电容器采用金属化聚丙烯薄膜作为电极和介质，具有自愈性，并同时具有质量轻、体积小、损耗低等优点。电容器内部装有过压力保护装置和放电电阻，能提高其安全性和可靠性。它适用于工频额定电压为690V及以下的交流电力系统中与负载并联，以提高系统的功率因数。

（二）型号含义

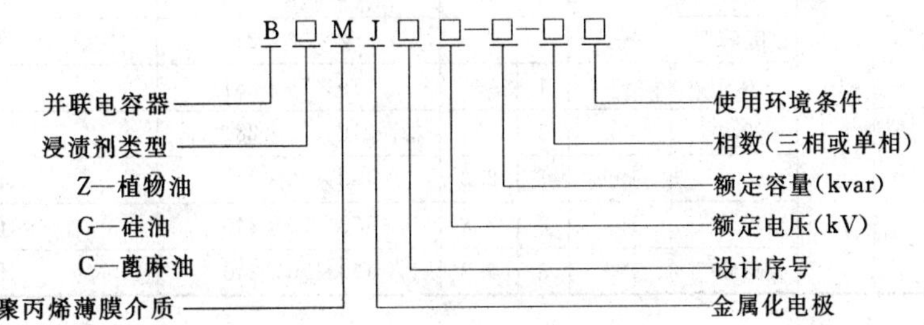

（三）技术数据

见表1-2-2。

四、密集型并联电容器

（一）用途

密集型电容器将多个单元电容器组合在一个箱体内。与普通构架式电容器相比，它具有占地面积小、安装方便、运行维护工作量小等优点。

（二）型号含义

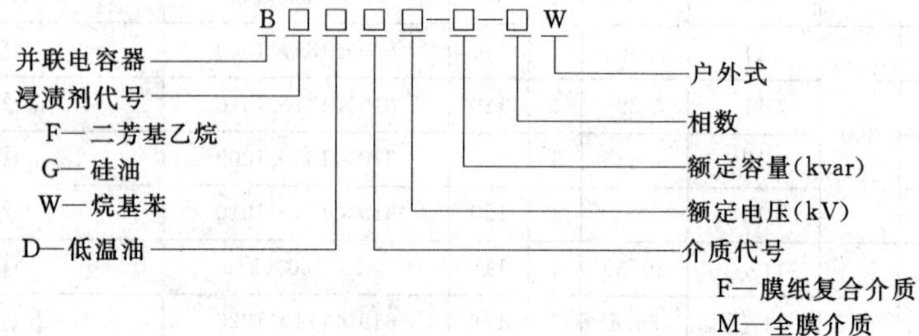

（三）技术数据

见表1-2-2。

表1-2-2

型　号	额定容量(kvar)	额定电压(kV)	额定电容(μF)	相数	质量(kg)	外形尺寸 $L\times B\times H$ (mm×mm×mm)	生产厂	备注
BGMJ0.4—2—3	2	0.4	40	3	0.6	ϕ60×280①	②	
BGMJ0.4—3—3	3	0.4	60	3	0.9	ϕ60×280①	②	
BCMJ0.4—3—1		0.4	—	1	0.35	ϕ65×176①	⑫	
BCMJ0.4—3—3		0.4	—	3	0.35	ϕ65×196①	⑫	
BCMJ0.4—4—1	4	0.4	—	1	0.4	ϕ65×221①	⑫	
BCMJ0.4—4—3		0.4	—	3	0.4	ϕ65×241①	⑫	
BCMJ0.4—5—1	5	0.4	—	1	0.7	ϕ65×236①	⑫	
BCMJ0.4—5—3		0.4	—	3	0.7	ϕ65×256①	⑫	
BGMJ0.4—5—3		0.4	99.5	3	2	74×240×318	②	
BZMJ0.4—5—1		0.4	100	1	2	173×70×180	④	
BZMJ0.4—5—3		0.4	100	3	2	173×70×180	④	
BZMJ0.69—5—3		0.69	100	3	2	173×70×180	④	
BGMJ0.4—6—3	6	0.4	—	3	2.2	152×96×245	③	
BGMJ0.69—6—3		0.69	—	3	2.2	152×96×324	③	
BZMJ0.4—7.5—1	7.5	0.4	149	1	2.3	173×70×200	④	
BZMJ0.4—7.5—3		0.4	149	3	2.3	173×70×200	④	
BZMJ0.69—7.5—3		0.69	149	3	2.3	173×70×200	④	
BGMJ0.4—8—3	8	0.4	159	3	3	240×74×340	②	
BGMJ0.4—10—3	10	0.4	199	3	3.5	240×74×340	②	
BGMJ0.4—10—3		0.4	—	3	2.5	152×96×245	③	
BGMJ0.69—10—3		0.69	—	3	2.5	152×96×245	③	
BGMJ0.525—10—3		0.525	—	3	2.5	152×96×245	③	
BCMJ0.4—10—1		0.4	—	1	3	219×75×281	⑫	
BCMJ0.4—10—3		0.4	—	3	3	219×75×281	⑫	
BZMJ0.4—10—1		0.4	199	1	2.3	173×70×240	④	
BZMJ0.4—10—3		0.4	199	3	2.8	173×70×240	④	
BZMJ0.69—10—3		0.69	199	3	2.8	173×70×240	④	

续表

型　　号	额定容量(kvar)	额定电压(kV)	额定电容(μF)	相数	质量(kg)	外　形　尺　寸 L×B×H (mm×mm×mm)	生　产　厂	备　注
BZMJ0.4—12—1	12	0.4	239	1	3.1	173×70×260	④	
BZMJ0.4—12—3		0.4	239	3	3.1	173×70×260	④	
BZMJ0.69—12—3		0.69	239	3	3.1	173×70×260	④	
BCMJ0.4—12—1		0.4	—	1	3.5	219×75×336	⑫	
BCMJ0.4—12—3		0.4	—	3	3.5	219×75×336	⑫	
BGMJ0.4—12—3		0.4	—	3	2.6	152×96×245	③	
BGMJ0.69—12—3		0.69	—	3	2.6	152×96×245	③	
BGMJ0.4—14—3	14	0.4	—	3	2.7	152×96×245	③	
BGMJ0.69—14—3		0.69	—	3	2.7	152×96×245	③	
BZMJ0.4—14—1		0.4	279	1	3.6	279×70×300	④	
BZMJ0.4—14—3		0.4	279	3	3.6	279×70×300	④	
BZMJ0.69—14—3		0.69	279	3	3.6	279×70×300	④	
BZMJ0.4—15—1	15	0.4	299	1	3.6	299×70×300	④	
BZMJ0.4—15—3		0.4	299	3	3.6	299×70×300	④	
BZMJ0.69—15—3		0.69	299	3	3.6	299×70×300	④	
BCMJ0.4—15—1		0.4	—	1	4.0	219×75×341	⑫	
BCMJ0.4—15—3		0.4	—	3	4.0	219×75×341	⑫	
BGMJ0.4—15—3		0.4	—	3	2.75	152×96×245	③	
BGMJ0.69—15—3		0.69	—	3	2.75	152×96×245	③	
BGMJ0.4—16—3	16	0.4	—	3	2.8	152×96×245	③	
BGMJ0.69—16—3		0.69	—	3	2.8	152×96×245	③	
BZMJ0.4—16—1		0.4	318	1	3.8	318×70×300	④	
BZMJ0.4—16—3		0.4	318	3	3.8	318×70×300	④	
BZMJ0.69—16—3		0.69	318	3	3.8	318×70×300	④	
BGMJ0.4—18—3	18	0.4	—	3	6.0	176×226×275	③	
BGMJ0.69—18—3		0.69	—	3	6.0	176×226×275	③	
BGMJ0.4—20—3	20	0.4	—	3	6.5	176×226×275	③	
BGMJ0.69—20—3		0.69	—	3	6.5	176×226×275	③	
BGMJ0.525—20—3		0.525	—	3	6.5	176×226×275	③	
BZMJ0.4—20—1		0.4	398	1	9.7	398×100×245	④	
BZMJ0.4—20—3		0.4	398	3	9.7	398×100×245	④	
BZMJ0.69—20—3		0.69	398	3	9.7	398×100×245	④	
BZMJ0.4—25—1	25	0.4	—	1	10.7	398×100×245	④	
BZMJ0.4—25—3		0.4	—	3	10.7	398×100×245	④	
BZMJ0.69—25—3		0.69	—	3	10.7	398×100×245	④	
BGMJ0.4—25—3		0.4	—	3	11	346×152×310	③	
BGMJ0.69—25—3		0.69	—	3	11	346×152×310	③	
BGMJ0.4—30—3	30	0.4	—	3	12	346×152×310	③	
BGMJ0.69—30—3		0.69	—	3	12	346×152×310	③	
BGMJ0.525—30—3		0.525	—	3	12	346×152×310	③	
BZMJ0.4—30—1		0.4	597	1	12.2	345×100×295	④	
BZMJ0.4—30—3		0.4	597	3	12.2	345×100×295	④	
BZMJ0.69—30—3		0.69	597	3	12.2	345×100×295	④	

续表

型　　号	额定容量(kvar)	额定电压(kV)	额定电容(μF)	相数	质量(kg)	外形尺寸 $L\times B\times H$ (mm×mm×mm)	生产厂	备注
BZMJ0.4—40—1	40	0.4	796	1	14.2	345×100×335	④	
BZMJ0.4—40—3		0.4	796	3	14.2	345×100×335	④	
BZMJ0.69—40—3		0.69	796	3	14.2	345×100×335	④	
BGMJ0.4—40—3		0.4	—	3	17	346×152×310	③	
BGMJ0.69—40—3		0.69	—	3	17	346×152×310	③	
BGMJ0.525—40—3		0.525	—	3	17	346×152×310	③	
BGMJ0.4—50—3	50	0.4	—	3	18	346×152×485	③	
BGMJ0.69—50—3		0.69	—	3	18	346×152×485	③	
BGMJ0.525—50—3		0.525	—	3	18	346×152×485	③	
BZMJ0.4—50—1		0.4	995	1	16.2	345×100×375	④	
BZMJ0.4—50—3		0.4	995	3	16.2	345×100×375	④	
BZMJ0.69—50—3		0.69	995	3	16.2	345×100×375	④	
BGMJ0.4—60—3	60	0.4	—	3	19	346×152×485	③	
BGMJ0.69—60—3		0.69	—	3	19	346×152×485	③	
BGMJ0.525—60—3		0.525	—	3	19	346×152×485	③	
BGMJ0.4—70—3	70	0.4	—	3	20	346×152×485	③	
BGMJ0.69—70—3		0.69	—	3	20	346×152×485	③	
BGMJ0.525—70—3		0.525	—	3	20	346×152×485	③	
BGMJ0.4—80—3	80	0.4	—	3	23	346×152×485	③	
BGMJ0.69—80—3		0.69	—	3	23	346×152×485	③	
BGMJ0.525—80—3		0.525	—	3	23	346×152×485	③	
BGMJ0.4—100—3	100	0.4	—	3	26	346×152×670	③	
BGMJ0.69—100—3		0.69	—	3	26	346×152×670	③	
BGMJ0.525—100—3		0.525	—	3	26	346×152×670	③	
BGMJ0.4—120—3	120	0.4	—	3	28	346×152×670	③	
BGMJ0.69—120—3		0.69	—	3	28	346×152×670	③	
BGMJ0.525—120—3		0.525	—	3	28	346×152×670	③	
BFF11/$\sqrt{3}$—750—1W	750	11/$\sqrt{3}$	59.2	1	658	1000×450×700	③	
BFF6.7—900—3W	900	6.7	63.8	3	800	1000×520×850	③	
BFF11/$\sqrt{3}$—1000—1W	1000	11/$\sqrt{3}$	78.92	1	875	1250×520×850	③	
BFF66/$\sqrt{3}$—1000—1W		66/$\sqrt{3}$	219.39	1	2298	1016×1240×2800	①	
BFF11/$\sqrt{3}$—1200—1W	1200	11/$\sqrt{3}$	94.78	1	2546	1252×1210×2100	①	
BFF11/$\sqrt{3}$—1200—1W		11/$\sqrt{3}$		1	—	1268×615×2094	⑧	
BFF11/$\sqrt{3}$—1200—1W		11/$\sqrt{3}$		1	1500	1140×1090×2295	④	
BFF11/$\sqrt{3}$—1200—3W		11/$\sqrt{3}$		1	1400	1300×1100×1855	④	
$BF_DF11/\sqrt{3}$—1200—1W		11/$\sqrt{3}$		1	1500	1140×1090×2295	④	
$BF_DF11/\sqrt{3}$—1200—3W		11/$\sqrt{3}$		3	1400	1300×1100×1855	④	
BFF11—1200—3W		11	31.568	3	1050	1352×560×930	③	
BFF11/$\sqrt{3}$—1400—1W	1400	11/$\sqrt{3}$		1	1500	1140×1090×2295	④	
BFF11/$\sqrt{3}$—1400—3W		11/$\sqrt{3}$		3	1400	1300×1100×1855	④	
$BF_DF11/\sqrt{3}$—1400—1W		11/$\sqrt{3}$		1	1500	1140×1090×2295	④	
$BF_DF11/\sqrt{3}$—1400—3W		11/$\sqrt{3}$		3	1400	1300×1100×1855	④	
BFF11/$\sqrt{3}$—1500—1W	1500	11/$\sqrt{3}$		1	1500	1140×1090×2295	④	
BFF11/$\sqrt{3}$—1500—3W		11/$\sqrt{3}$		3	1500	1300×1100×1855	④	
$BF_DF11/\sqrt{3}$—1500—1W		11/$\sqrt{3}$		1	1500	1140×1090×2295	④	

续表

型　号	额定容量(kvar)	额定电压(kV)	额定电容(μF)	相数	质量(kg)	外　形　尺　寸 $L\times B\times H$ (mm×mm×mm)	生产厂	备　注
BF$_D$F11/$\sqrt{3}$—1500—3W	1500	11/$\sqrt{3}$		3	1500	1300×1100×1855	④	
BFM38.5—1500—3WG		38.5		3	1700	1340×760×2463	①	
BFF11/$\sqrt{3}$—1600—1W	1600	11/$\sqrt{3}$		1	1500	1140×1090×2295	④	
BFF11/$\sqrt{3}$—1600—3W		11/$\sqrt{3}$		3	1400	1300×1100×1855	④	
BF$_D$F11/$\sqrt{3}$—1600—1W		11/$\sqrt{3}$		1	1500	1140×1090×2295	④	
BF$_D$F11/$\sqrt{3}$—1600—3W		11/$\sqrt{3}$		3	1400	1300×1100×1855	④	
BFF11.5/$\sqrt{3}$—1667—1W	1667	11.5/$\sqrt{3}$		1	1500	1140×1090×2295	④	
BFF12.5/$\sqrt{3}$—1667—1W		12.5/$\sqrt{3}$		1	1500	1140×1090×2295	④	
BF$_D$F11.5/$\sqrt{3}$—1667—1W		11.5/$\sqrt{3}$		1	1500	1140×1090×2295	④	
BF$_D$F12.5/$\sqrt{3}$—1667—1W		12.5/$\sqrt{3}$		1	1500	1140×1090×2295	④	
BFF11/$\sqrt{3}$—1667—1W		11/$\sqrt{3}$	131.56	1	1500	1200×850×1250	③	
BFF11/$\sqrt{3}$—1667—1W		11/$\sqrt{3}$	131.66	1	3070	1252×1463×3170	①	
BFF11/$\sqrt{3}$—1800—1W	1800	11/$\sqrt{3}$		1	1500	1140×1090×2295	④	
BFF11/$\sqrt{3}$—1800—3W		11/$\sqrt{3}$		3	1500	1300×1100×1955	④	
BF$_D$F11/$\sqrt{3}$—1800—1W		11/$\sqrt{3}$		1	1500	1140×1090×2295	④	
BF$_D$F11/$\sqrt{3}$—1800—3W		11/$\sqrt{3}$		3	1500	1300×1100×1955	④	
BWF11—1800—3W	1800	11	47.38	3		1120×1303×1927	③	
BWF11.5/$\sqrt{3}$—1800—1W		11.5/$\sqrt{3}$		1		1368×615×2094	⑧	
BFF66/$\sqrt{3}$—2000—1W	2000	66/$\sqrt{3}$	438.44	1	3700	1540×1570×2700	①	
BFF11/$\sqrt{3}$—2000—1W		11/$\sqrt{3}$		1	1750	1145×1090×2660	④	
BFF11/$\sqrt{3}$—2000—3W		11/$\sqrt{3}$		3	1500	1300×1100×1955	④	
BF$_D$F11/$\sqrt{3}$—2000—1W		11/$\sqrt{3}$		1	1750	1140×1190×2660	④	
BF$_D$F11/$\sqrt{3}$—2000—3W		11/$\sqrt{3}$		3	1500	1300×1100×1955	④	
BFF11/$\sqrt{3}$—2400—1W	2400	11/$\sqrt{3}$		1	2000	1140×1090×3025	④	
BFF11/$\sqrt{3}$—2400—3W		11/$\sqrt{3}$		3	1700	1300×1100×2055	④	
BF$_D$F11/$\sqrt{3}$—2400—3W		11/$\sqrt{3}$		3	1700	1300×1100×2055	④	
BF$_D$F11/$\sqrt{3}$—2400—1W		11/$\sqrt{3}$		1	2000	1140×1190×3025	④	
BFF11/$\sqrt{3}$—2500—1W	2500	11/$\sqrt{3}$	197.45	1	4700	1500×975×2465	③	
BFF11—3000—3W	3000	11	78.96	1	4900	1740×860×2350	③	
BFF11/$\sqrt{3}$—3000—1W		11/$\sqrt{3}$		1	3800	2350×1175×2475	④	
BFF11/$\sqrt{3}$—3000—3W		11/$\sqrt{3}$		3	3800	2350×1175×2475	④	
BF$_D$F11/$\sqrt{3}$—3000—1W		11/$\sqrt{3}$		1	3800	2350×1175×2475	④	
BF$_D$F11/$\sqrt{3}$—3000—3W		11/$\sqrt{3}$		3	3800	2350×1175×2475	④	
BWF11/$\sqrt{3}$—3334—1W	3334	11/$\sqrt{3}$	263.3	1	6135	1632×1080×2400	③	
BFM11/$\sqrt{3}$—3334—1W		11/$\sqrt{3}$	263.32	1	4068	1394×1340×3350	①	
BFF11—3600—3W	3600	11	92.39	3	6371	1820×1700×3250	①	
BWF11—3600—3W		11	94.75	3	5300	1740×940×2350	③	
BWF11/$\sqrt{3}$—3600—3W		11/$\sqrt{3}$		3		1673×1150×2852	⑧	
BFF11/$\sqrt{3}$—3600—3W		11/$\sqrt{3}$		3	3800	2350×1175×2475	④	
BF$_D$F11/$\sqrt{3}$—3600—3W		11/$\sqrt{3}$		3	3800	2350×1175×2475	④	
BFF11/$\sqrt{3}$—4800—3W	4800	11/$\sqrt{3}$		3	4500	2350×1175×2880	④	
BF$_D$F11/$\sqrt{3}$—4800—3W		11/$\sqrt{3}$		3	4500	2350×1175×2880	④	
BFF11/$\sqrt{3}$—5000—3W	5000	11/$\sqrt{3}$		3	4500	2350×1175×2880	④	
BF$_D$F11/$\sqrt{3}$—5000—3W		11/$\sqrt{3}$		3	4500	2350×1175×2880	④	
BFF66/$\sqrt{3}$—5000—3W		66/$\sqrt{3}$		3	4500	2350×1175×2880	④	

①　此数据在图中对应的外形尺寸为 $\phi D\times L$。

五、集合式并联电容器

（一）用途

集合式并联电容器主要用于工频电力系统进行无功补偿，以提高电网功率因数，减少线损，改善电压质量，充分提高发电、供电设备的效率。

（二）型号含义

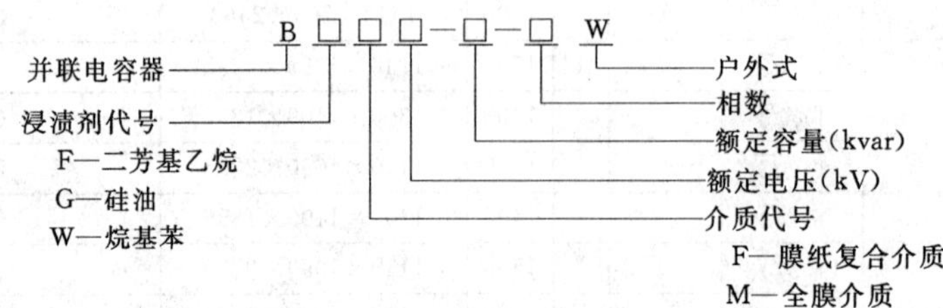

（三）技术数据

见表1-2-3。

表 1-2-3

型　号	额定容量 (kvar)	额定电压 (kV)	相数	质量 (kg)	外形尺寸 (宽×深×高) (mm×mm×mm)	生产厂	备注
BFF2×12—1667—1W	1667	2×12	1	1600	1355×1230×2515	④	
BFF2×12—2000—1W	2000	2×12	1	1870	1510×1360×2515	④	
BFF2×12—3334—1W	3334	2×12	1	3000	1355×1330×3275	④	
BFF2×12—4000—1W	4000	2×12	1	3500	1510×1360×3275	④	

六、生产厂

①西安电力电容器厂；②桂林电力电容器厂；③锦州电力电容器厂；④无锡电力电容器厂；⑤河南省中原电力电容器厂；⑥湘潭电力电容器厂；⑦苏州电力电容器厂；⑧陕西合阳电力电容器厂；⑨北京电力电容器厂；⑩新安江电力电容器厂；⑪柳河电力电容器厂；⑫柳州市无线电一厂。

七、西安ABB电力电容器有限公司生产的HiQ型油浸式电力电容器

（一）概述

HiQ型电力电容器由西安ABB电力电容器有限公司生产，适用于频繁操作场合，属于单相全膜电力电容器，具有介质损耗低、寿命长等优异性能。采用可生物降解的非PCB的较高绝缘强度的液体作为浸渍剂。电容器的极板采用折边结构，用来改善极板边缘效应，改善电容器的局部放电水平。西安ABB电力电容器具有极低的损坏率和很高的可靠性。

HiQ型电力电容器单元具有内熔丝或外熔丝。为保证更高的可靠性，ABB建议使用内熔丝。

西安ABB电力电容器有限公司严格按照ISO9001：2000的认证要求制造电力电容器单元，设计和制造的每一个方面都提供高质量、可靠的产品。执行标准IEC 60871-1（1997）、GB/T 11024.1—2001（也可按其他标准）。

（二）使用条件

(1)（环境温度）(℃)：−40～+50。

(2) 安装地点：户内或户外。

(3) 海拔（m）：≤2000。

（三）型号含义

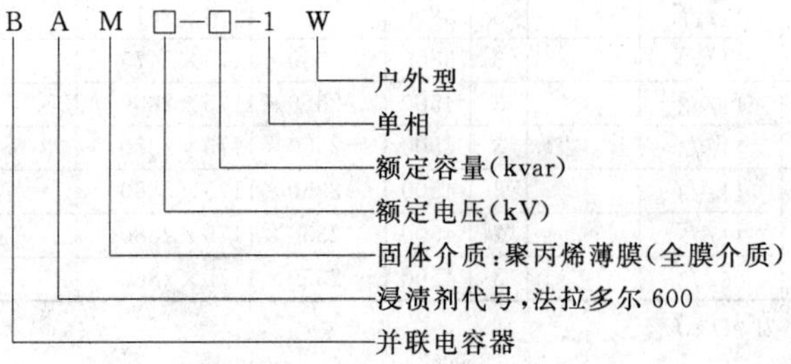

（四）结构

该产品结构见图 1-2-1。

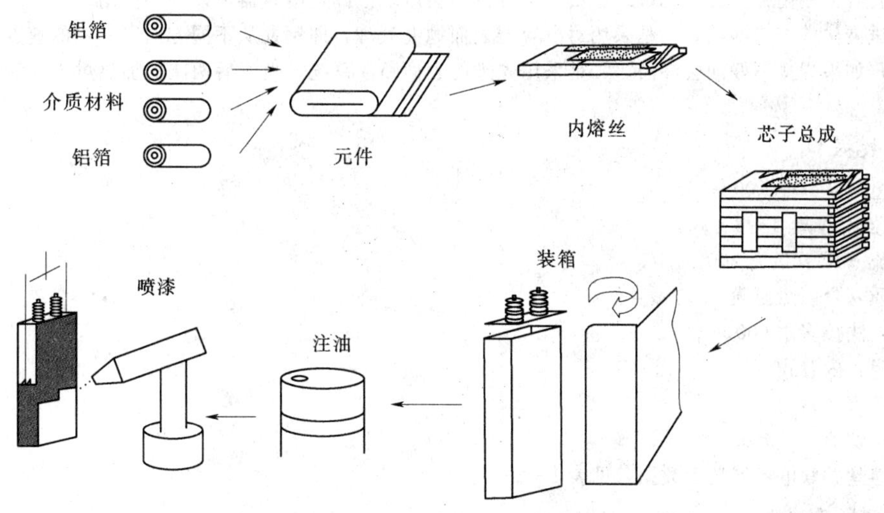

图 1-2-1　单元并联电容器结构

箱壳材料优质不锈钢板，表面抛丸处理后喷两层漆，为灰色。电容器接线端子采用进口的高强度瓷套管，有单套管、双套管，接线夹 $50mm^2$ 或 $70mm^2$。

（五）产品特点

(1) 原材料及主要零部件由世界优秀制造商提供。

铝箔——瑞士进口，厚度最薄至 4.5μm，厚度均匀并且电气性能优异。

聚丙烯薄膜——芬兰进口，表面粗化处理，性能稳定，耐电强度高，其 9μm 膜及以上被广泛采用。

法拉多尔 600 浸渍油——法国进口，无毒性，且可生物降解，不污染环境，非 PCB 油。

套管——英国进口，连接法兰压制在瓷套上，保证了绝缘强度、机械强度和密封性。

内熔丝——澳大利亚进口，采用专用材料，材质均匀，安秒特性优异，动作可靠。放电电阻——日本进口，热稳定性及过负荷能力强。

(2) 工艺先进。

氩弧自动焊——电容器外壳对接处、套管与外壳均采用氩弧自动焊，焊缝平整美观，牢靠无渗油。

铝箔自动折边——铝箔边缘及首尾均自动折边，使元件边缘场强更加均匀，较国内同类产品局放性能更为优异。

芯子总成——从元件耐压挑选元件、内熔丝装配、压装、芯子焊接到芯子装箱等过程大多数是机械化作业，确保电容器性能和装配质量。

真空处理——全过程电脑控制，具有先进的抽真空、加热、降温、检测和控制系统，安全可靠，且处理周期较国内大为缩短。

油处理系统——确保了浸渍剂在低损耗下真空注油。

检验设备——全部进口，升压耐压自动控制，电容量和损耗由自动电桥测量。

处壳表面抛丸处理——使油漆附着更加牢靠，不易剥落，同时也对电容器外壳焊缝接线检测。

机器人静电喷漆——漆面均匀缜密、美观，确保寿命周期内不生锈。

(3) 产品性能优异。

电容器损耗极小——不超过万分之二，较国内目前最低水平万分之四还小。

比特性好——铝箔薄，法拉多尔 600 油电气强度高，与膜的相容性好，并有先进的生产工艺，使比特性优异，节省占地面积。

内熔丝技术——ABB 首创，且拥有几十年的经验，属世界上最先进的内熔丝技术。

(4) 先进的内熔丝技术。

与外熔断器不同的是：当电容器的元件击穿时，与其串联的熔丝动作，此元件与线路脱离，电容器只减少一只元件，电容量变化很小，其他电容器上的过电压增量非常小，故不会对系统造成影响。同时，也避免经常更换电容器，降低运行和维护成本。由于电容器内部有内熔丝隔离层，不会发生内熔丝群爆现象。采用内熔丝技术可使电容器单台容量做得很大，电容器组更紧凑，占地面积小。

(5) 对电力电容器渗漏有预防措施。

外壳全部采用不锈钢板，外部的钢板焊接采用二氧化碳保护自动焊接，保证质量，有效避免了电容器的渗漏油。

电容器的接线端子采用先进的进口套管。接线头无孔，引线在电容器内部焊接；采用二氧化碳保护自动焊将法兰焊在电容器盖上；套管采用高强度瓷，无斑纹。由于电容器不会出现渗漏，电容器可以卧放使用。

不采用热烘试漏法检查渗漏油，一是采用对电容器表面抛丸处理，即钢丸从不同方向以一定的速度飞向电容器外壳表面，包括焊缝，如果焊接不好油会渗出。二是采用先进的表面喷漆系统，喷漆后两次的加热烘干，油膨胀，焊缝有弱点就会发现。

（六）技术数据

(1) 额定容量（kvar）：100～1000。

(2) 额定电压（kV）：1～35。

(3) 额定电流（A）：最大200。

(4) 固体介质：聚丙烯薄膜。

(5) 浸渍剂：法拉多尔600。

(6) 放电电阻：内置式。

(7) 电容偏差（%）：±5。

(8) 损耗角正切值：≤0.0002。

(9) 内、外熔丝并联电容器技术数据，见表1-2-4。

(10) 海拔（m）：≤2000。

表1-2-4　并联电容器技术数据

型　号	额定电压 (kV)	额定容量 (kvar)	额定电容 (μF)	重量 (kg)	外形尺寸（mm）			备　注
					W	*H*	*B*	
BAM1.05—100—1W	1.05	100	288.9	31	138	380	100	内熔丝并联电容器
BAM1.05—200—1W	1.05	200	577.7	52	138	680	250	
BAM2.1—100—1W	2.1	100	72.2	23	138	250	100	
BAM2.1—200—1W	2.1	200	144.4	34	138	430	100	
BAM3.15—100—1W	3.15	100	32.1	24	138	260	100	
BAM3.15—200—1W	3.15	200	64.2	35	138	430	100	
BAM3.15—300—1W	3.15	300	96.3	47	138	610	250	
BAM3.15—334—1W	3.15	334	107.2	50	178	530	250	
BAM6—200—1W	6	200	17.7	36	138	460	100	
BAM6—300—1W	6	300	26.5	46	138	630	250	
BAM6—334—1W	6	334	29.5	51	178	560	250	
BAM6—400—1W	6	400	35.4	58	178	640	250	
BAM6—500—1W	6	500	44.2	68	178	760	400	
BAM6—600—1W	6	600	53.1	79	178	890	600	
BAM6—700—1W	6	700	61.9	89	178	1020	600	
BAM6—800—1W	6	800	70.8	100	178	1160	600	
BAM6.3—200—1W	6.3	200	16.0	35	138	450	100	
BAM6.3—300—1W	6.3	300	24.1	45	138	620	250	
BAM6.3—334—1W	6.3	334	26.8	50	178	550	250	
BAM6.3—400—1W	6.3	400	32.1	57	178	630	250	
BAM6.3—500—1W	6.3	500	40.1	67	178	750	400	
BAM6.3—600—1W	6.3	600	48.1	77	178	870	600	
BAM6.3—700—1W	6.3	700	56.2	87	178	1000	600	
BAM6.3—800—1W	6.3	800	64.2	95	178	1140	600	
BAM6.3/$\sqrt{3}$—100—1W	6.3/$\sqrt{3}$	100	24.1	24	138	270	100	
BAM6.3/$\sqrt{3}$—200—1W	6.3/$\sqrt{3}$	200	48.1	36	138	460	100	
BAM6.3/$\sqrt{3}$—334—1W	6.3/$\sqrt{3}$	334	80.4	53	178	570	250	
BAM6.3/$\sqrt{3}$—400—1W	6.3/$\sqrt{3}$	400	96.3	60	178	650	250	

续表

型　号	额定电压 (kV)	额定容量 (kvar)	额定电容 (μF)	重量 (kg)	外形尺寸 (mm)			备注
					W	H	B	
BAM6.3/$\sqrt{3}$—500—1W	6.3/$\sqrt{3}$	500	120.4	71	178	790	400	内熔丝并联电容器
BAM6.6/$\sqrt{3}$—100—1W	6.6/$\sqrt{3}$	100	21.9	24	138	270	100	
BAM6.6/$\sqrt{3}$—200—1W	6.6/$\sqrt{3}$	200	43.9	35	138	450	100	
BAM6.6/$\sqrt{3}$—334—1W	6.6/$\sqrt{3}$	334	73.3	51	178	550	250	
BAM6.6/$\sqrt{3}$—400—1W	6.6/$\sqrt{3}$	400	87.7	58	178	640	250	
BAM6.6/$\sqrt{3}$—500—1W	6.6/$\sqrt{3}$	500	109.7	69	178	770	400	
BAM11/$\sqrt{3}$—200—1W	11/$\sqrt{3}$	200	15.8	35	138	450	100	
BAM11/$\sqrt{3}$—300—1W	11/$\sqrt{3}$	300	23.7	45	138	610	250	
BAM11/$\sqrt{3}$—334—1W	11/$\sqrt{3}$	334	26.4	50	178	540	250	
BAM11/$\sqrt{3}$—400—1W	11/$\sqrt{3}$	400	31.6	56	178	620	250	
BAM11/$\sqrt{3}$—500—1W	11/$\sqrt{3}$	500	39.5	66	178	740	400	
BAM11/$\sqrt{3}$—600—1W	11/$\sqrt{3}$	600	47.4	76	178	860	600	
BAM11/$\sqrt{3}$—700—1W	11/$\sqrt{3}$	700	55.3	86	178	980	600	
BAM11/$\sqrt{3}$—800—1W	11/$\sqrt{3}$	800	63.2	96	178	1110	600	
BAM12/$\sqrt{3}$—200—1W	12/$\sqrt{3}$	200	13.3	35	138	450	100	
BAM12/$\sqrt{3}$—300—1W	12/$\sqrt{3}$	300	19.9	45	138	620	250	
BAM12/$\sqrt{3}$—334—1W	12/$\sqrt{3}$	334	22.2	50	178	550	250	
BAM12/$\sqrt{3}$—400—1W	12/$\sqrt{3}$	400	26.5	56	178	630	250	
BAM12/$\sqrt{3}$—500—1W	12/$\sqrt{3}$	500	33.2	66	178	750	400	
BAM12/$\sqrt{3}$—600—1W	12/$\sqrt{3}$	600	39.8	76	178	870	600	
BAM12/$\sqrt{3}$—700—1W	12/$\sqrt{3}$	700	46.4	86	178	990	600	
BAM12/$\sqrt{3}$—800—1W	12/$\sqrt{3}$	800	53.1	97	178	1140	600	
BAM11—500—1W	11	500	13.2	68	178	770	400	
BAM11—600—1W	11	600	15.8	78	178	900	600	
BAM11—700—1W	11	700	18.4	88	178	1020	600	
BAM11—800—1W	11	800	21.1	97	178	1150	600	
BAM12—500—1W	12	500	11.1	68	178	780	400	
BAM12—600—1W	12	600	13.3	78	178	900	600	
BAM12—700—1W	12	700	15.5	88	178	1030	600	
BAM12—800—1W	12	800	17.7	98	178	1160	600	
BAM6—100—1W	6	100	8.8	22	138	250	100	外熔丝并联电容器
BAM6.3—100—1W	6.3	100	8.0	22	138	250	100	
BAM6.3—200—1W	6.3	200	16.0	33	138	430	100	
BAM6.3—300—1W	6.3	300	24.1	44	138	600	250	
BAM6.3—334—1W	6.3	334	26.8	47	178	510	250	
BAM6.6/$\sqrt{3}$—100—1W	6.6/$\sqrt{3}$	100	21.9	22	138	250	100	
BAM6.6/$\sqrt{3}$—200—1W	6.6/$\sqrt{3}$	200	43.9	34	138	430	100	
BAM6.6/$\sqrt{3}$—334—1W	6.6/$\sqrt{3}$	334	73.3	48	178	510	250	
BAM11/$\sqrt{3}$—100—1W	11/$\sqrt{3}$	100	7.9	22	138	250	100	
BAM11/$\sqrt{3}$—200—1W	11/$\sqrt{3}$	200	15.8	33	138	420	100	
BAM11/$\sqrt{3}$—300—1W	11/$\sqrt{3}$	300	23.7	43	138	590	250	
BAM11/$\sqrt{3}$—334—1W	11/$\sqrt{3}$	334	26.4	47	178	510	250	
BAM12/$\sqrt{3}$—100—1W	12/$\sqrt{3}$	100	6.6	22	138	250	100	
BAM12/$\sqrt{3}$—200—1W	12/$\sqrt{3}$	200	13.3	33	138	420	100	
BAM12/$\sqrt{3}$—300—1W	12/$\sqrt{3}$	300	19.9	43	138	580	250	

续表

型　号	额定电压 (kV)	额定容量 (kvar)	额定电容 (μF)	重量 (kg)	外形尺寸 (mm)			备注
					W	H	B	
BAM12/$\sqrt{3}$—334—1W	12/$\sqrt{3}$	334	22.2	46	178	500	250	外熔丝并联电容器
BAM11—100—1W	11	100	2.6	22	138	250	100	
BAM11—200—1W	11	200	5.3	33	138	420	100	
BAM11—300—1W	11	300	7.9	43	138	590	250	
BAM11—334—1W	11	334	8.8	47	178	510	250	
BAM11—400—1W	11	400	10.5	53	178	590	250	
BAM11—500—1W	11	500	13.2	63	178	710	400	
BAM12—100—1W	12	100	2.2	22	138	250	100	
BAM12—200—1W	12	200	4.4	32	138	420	100	
BAM12—300—1W	12	300	6.6	43	138	590	250	
BAM12—334—1W	12	334	7.4	46	178	500	250	
BAM12—400—1W	12	400	8.8	52	178	580	250	
BAM12—500—1W	12	500	11.1	62	178	700	400	
BAM19—200—1W	19	200	1.8	34	138	440	100	
BAM19—300—1W	19	300	2.6	44	138	600	250	
BAM19—334—1W	19	334	2.9	47	178	510	250	
BAM19—400—1W	19	400	3.5	54	178	600	250	
BAM19—500—1W	19	500	4.4	64	178	730	400	
BAM20—200—1W	20	200	1.6	34	138	430	100	
BAM20—300—1W	20	300	2.4	44	138	590	250	
BAM20—334—1W	20	334	2.7	47	178	520	250	
BAM20—400—1W	20	400	3.2	54	178	590	250	
BAM20—500—1W	20	500	4.0	64	178	720	400	

注　1. 额定电压在 12kV 及以下电容器可提供单套管或双套管。
2. 额定电压在 12kV 以上电容器一般为单套管。
3. 500kvar 以上电容器单元可按要求提供 2 吊攀或 3 吊攀。
4. 产品规格不同选用套管不同（S1 型套管高 230mm，S3 型套管高 310mm）。

（七）外形及安装尺寸

该产品外形及安装尺寸，见图 1-2-2。

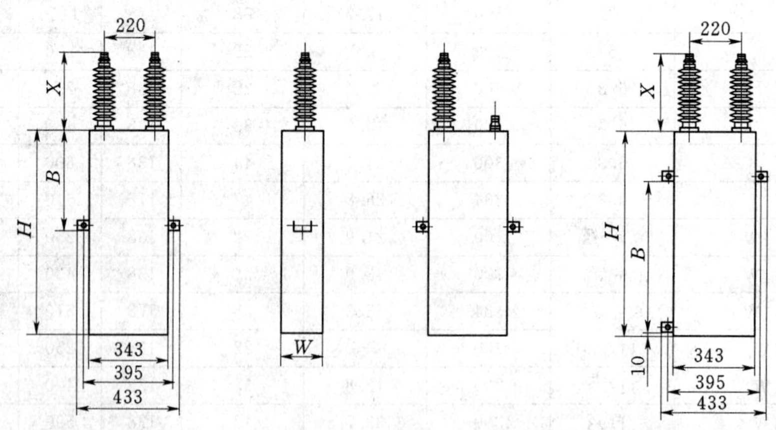

图 1-2-2　高压并联电容器外形及安装尺寸（单位：mm）

（八）生产厂

西安 ABB 电力电容器有限公司。

八、桂林电力电容器总厂生产的油浸式高压并联电容器

（一）概述

高压并联电容器并联连接于额定频率为50Hz或60Hz、额定电压高于1kV的工频交流电力系统中，提高系统的功率因数。执行标准GB/T 11024—2001《标称电压1kV以上交流用并联电容器》、IEC 6087—1《并联电容器》。

（二）型号含义

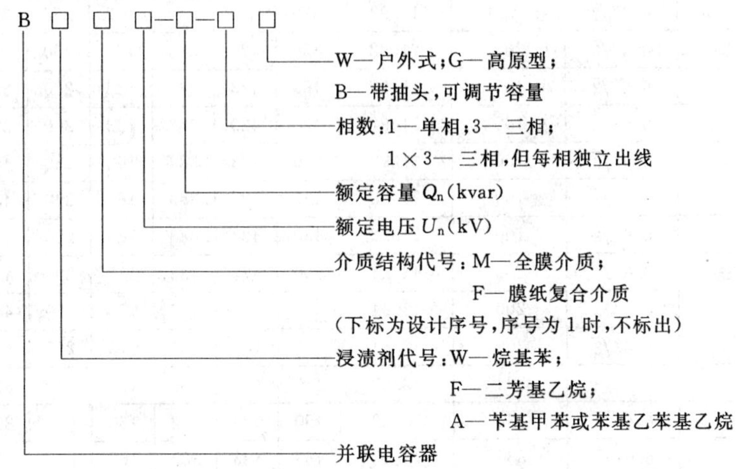

（三）结构特点

该产品主要由元件、浸渍剂、套管和外壳组成。元件的介质结构有膜纸复合结构和全膜结构。

桂林电力电容器总厂的电容器设计制造采用美国通用电气公司（GE）的先进技术及设备，产品有以下特点：

(1) 介质材料性能超群。电容器的主要介质聚丙烯薄膜的性能耐电强度高，绝缘裕度大。

(2) 元件采用电极折边结构，局部放电起始电压高。

(3) 超级净化间的洁净度为300级，卷制机特装局部净化装置，元件卷制时的洁净度达100级以下。产品质量优越。

(4) 先进的EMF压力浸渍技术和设备，浸渍效果好，局部放电起始电压达2.2U_n，熄灭电压达1.8U_n。

（四）技术数据

该产品的技术数据，见表1-2-5。

表1-2-5　　高压并联电容器技术数据

型号	额定电压 (kV)	额定容量 (kvar)	额定电容 (μF)	外型及安装尺寸（mm）								重量 (kg)
				L	L_1	L_2	B	H_1	H_2	H	F	
BFF1.05—50—1W	1.05	50	144.36	449	422	382	122	255	365	465	250	25
BFF1.05—100—1W	1.05	100	288.72	450	423	383	123	460	640	840	250	50
BAM2.1—100—1W	2.1	100	72.18	450	423	383	123	260	380	580	250	30
BFF2.1—100—1W	2.1	100	72.18	450	423	383	123	460	640	840	250	50
BAM$_4$2.1—200—1W	2.1	200	144.36	500	473	433	173	290	440	640	250	50
BAM3.15—50—1W	3.15	50	16.05	450	422	383	123	115	235	505	250	20
BFF3.15—50—1	3.15	50	16.05	379	352	312	122	255	365	555	180	24
BAM3.15—100—1W	3.15	100	32.10	450	423	383	123	260	380	650	250	30
BFF3.15—100—1W	3.15	100	32.10	450	423	383	163	280	430	700	250	45
BAM$_4$3.15—200—1W	3.15	200	64.16	500	473	433	173	290	440	710	250	50
BAM11/2$\sqrt{3}$—100—1	11/2$\sqrt{3}$	100	31.57	450	423	383	123	260	380	580	250	30
BAM11/2$\sqrt{3}$—100—1W	11/2$\sqrt{3}$	100	31.57	450	423	383	123	260	380	650	250	31
BFF11/2$\sqrt{3}$—100—1	11/2$\sqrt{3}$	100	31.57	450	423	383	163	280	430	630	250	43
BAM$_4$11/2$\sqrt{3}$—200—1	11/2$\sqrt{3}$	200	63.14	500	473	433	173	279	440	640	250	50
BAM$_4$11/2$\sqrt{3}$—200—1W	11/2$\sqrt{3}$	200	63.14	500	473	433	173	290	440	710	250	51
BAM12/2$\sqrt{3}$—100—1	12/2$\sqrt{3}$	100	26.53	450	423	383	123	260	380	580	250	30
BAM12/2$\sqrt{3}$—100—1W	12/2$\sqrt{3}$	100	26.53	450	423	383	123	260	380	650	250	31
BAM$_4$12/2$\sqrt{3}$—200—1	12/2$\sqrt{3}$	200	53.05	500	473	433	173	290	440	640	250	50

续表

型　　号	额定电压 (kV)	额定容量 (kvar)	额定电容 (μF)	外型及安装尺寸（mm）								重量 (kg)
				L	L_1	L_2	B	H_1	H_2	H	F	
$BAM_4 12/2\sqrt{3}$—200—1W	$12/2\sqrt{3}$	200	53.05	500	473	433	173	290	440	710	250	51
BAM6.6/$\sqrt{3}$—50—1W	6.6/$\sqrt{3}$	50	10.97	450	423	383	123	115	235	505	250	21
BFF6.6/$\sqrt{3}$—50—1	6.6/$\sqrt{3}$	50	10.97	379	352	312	122	255	365	555	180	24
BAM6.6/$\sqrt{3}$—100—1	6.6/$\sqrt{3}$	100	21.92	450	423	383	123	260	380	580	250	30
BAM6.6/$\sqrt{3}$—100—1W	6.6/$\sqrt{3}$	100	21.92	450	423	383	123	260	380	650	250	31
$BAM_2$6.6/$\sqrt{3}$—100—1W	6.6/$\sqrt{3}$	100	21.92	450	423	383	123	200	380	650	250	31
BFF6.6/$\sqrt{3}$—100—1	6.6/$\sqrt{3}$	100	21.92	450	423	383	160	280	430	630	250	43
$BFF_2$6.6/$\sqrt{3}$—100—1W	6.6/$\sqrt{3}$	100	21.92	450	423	383	163	260	430	700	250	45
$BFF_3$6.6/$\sqrt{3}$—100—1W	6.6/$\sqrt{3}$	100	21.92	450	423	383	163	280	430	700	250	45
$BAM_4$6.6/$\sqrt{3}$—200—1	6.6/$\sqrt{3}$	200	43.84	500	473	433	173	290	440	640	250	50
$BAM_4$6.6/$\sqrt{3}$—200—1W	6.6/$\sqrt{3}$	200	43.84	500	473	433	173	290	440	710	250	51
$BAM_6$6.6/$\sqrt{3}$—200—1W	6.6/$\sqrt{3}$	200	43.84	533	483	433	173	260	440	710	250	51
BAM6.6/$\sqrt{3}$—334—1	6.6/$\sqrt{3}$	334	73.22	450	423	383	163	630	810	1010	250	75
BAM6.6/$\sqrt{3}$—334—1W	6.6/$\sqrt{3}$	334	73.22	450	423	383	163	630	810	1080	250	77
$BAM_2$6.6/$\sqrt{3}$—334—1W	6.6/$\sqrt{3}$	334	73.22	483	433	383	163	440	685	1080	250	77
BAM6.9/$\sqrt{3}$—100—1	6.9/$\sqrt{3}$	100	20.06	450	423	383	123	260	380	580	250	30
BAM6.9/$\sqrt{3}$—100—1W	6.9/$\sqrt{3}$	100	20.06	450	423	383	123	260	380	650	250	31
$BAM_2$6.9/$\sqrt{3}$—100—1W	6.9/$\sqrt{3}$	100	20.06	450	423	383	123	200	280	650	250	31
BFF6.9/$\sqrt{3}$—100—1W	6.9/$\sqrt{3}$	100	20.06	450	423	383	163	280	430	700	250	45
BAM7.2/$\sqrt{3}$—100—1	7.2/$\sqrt{3}$	100	18.42	450	423	383	123	260	380	580	250	30
BAM7.2/$\sqrt{3}$—100—1W	7.2/$\sqrt{3}$	100	18.42	450	423	383	123	260	380	650	250	31
BFF7.2/$\sqrt{3}$—100—1W	7.2/$\sqrt{3}$	100	18.42	450	423	383	163	280	430	700	250	45
BAM11/2—200—1W	11/2	200	21.05	450	423	383	123	500	680	950	250	55
$BAM_4$11/2—200—1	11/2	200	21.05	500	473	433	173	290	440	640	250	50
BAM11/2—300—1	11/2	300	31.57	450	423	383	163	580	740	940	250	70
BAM11/2—300—1W	11/2	300	31.57	450	423	383	163	580	740	1010	250	72
BAM11/2—334—1	11/2	334	35.15	450	423	383	163	630	810	1010	250	75
BAM11/2—334—1W	11/2	334	35.15	450	423	383	163	630	810	1080	250	77
BAM12/2—200—1W	12/2	200	17.68	450	423	383	123	500	680	950	250	55
$BAM_4$12/2—200—1	12/2	200	17.68	500	473	433	173	290	440	640	250	50
BAM12/2—300—1	12/2	300	26.53	450	423	383	163	580	740	940	250	70
BAM12/2—300—1W	12/2	300	26.53	450	423	383	163	580	740	1010	250	72
BAM12/2—334—1	12/2	334	29.53	450	423	383	163	630	810	1010	250	75
BAM12/2—334—1W	12/2	334	29.53	450	423	383	163	630	810	1080	250	77
BAM11/$\sqrt{3}$—50—1W	11/$\sqrt{3}$	50	3.95	450	423	383	123	115	235	505	250	21
BAM11/$\sqrt{3}$—50—1	11/$\sqrt{3}$	50	3.95	379	352	312	122	255	365	555	180	24
BAM11/$\sqrt{3}$—100—1	11/$\sqrt{3}$	100	7.89	450	423	383	123	260	380	580	250	30
BAM11/$\sqrt{3}$—100—1W	11/$\sqrt{3}$	100	7.89	450	423	383	123	260	380	650	250	31
$BAM_2$11/$\sqrt{3}$—100—1W	11/$\sqrt{3}$	100	7.89	450	423	383	123	200	380	650	250	31
BFF11/$\sqrt{3}$—100—1W	11/$\sqrt{3}$	100	7.89	450	423	383	163	280	430	700	250	45
$BFF_2$11/$\sqrt{3}$—100—1W	11/$\sqrt{3}$	100	7.89	450	423	383	163	260	430	700	250	45
$BAM_2$11/$\sqrt{3}$—150—1W	11/$\sqrt{3}$	150	11.84	423	397	363	163	285	435	710	220	42
$BAM_4$11/$\sqrt{3}$—200—1	11/$\sqrt{3}$	200	15.78	450	423	383	173	290	440	640	250	50
$BAM_4$11/$\sqrt{3}$—200—1W	11/$\sqrt{3}$	200	15.78	500	473	433	173	290	440	710	250	51
$BAM_6$11/$\sqrt{3}$—200—1W	11/$\sqrt{3}$	200	15.78	533	483	433	173	260	440	710	250	51

续表

型　号	额定电压 (kV)	额定容量 (kvar)	额定电容 (μF)	外型及安装尺寸 (mm)								重量 (kg)
				L	L_1	L_2	B	H_1	H_2	H	F	
BFF11/$\sqrt{3}$—200—1W	11/$\sqrt{3}$	200	15.78	450	423	383	163	600	780	1050	250	78
BFF$_2$11/$\sqrt{3}$—200—1W	11/$\sqrt{3}$	200	15.78	483	433	383	163	440	780	1050	250	78
BAM11/$\sqrt{3}$—300—1	11/$\sqrt{3}$	300	23.68	450	423	383	163	580	740	940	250	70
BAM11/$\sqrt{3}$—300—1W	11/$\sqrt{3}$	300	23.68	450	423	383	163	580	740	1010	250	72
BAM$_2$11/$\sqrt{3}$—300—1W	11/$\sqrt{3}$	300	23.68	483	433	383	163	420	740	1010	250	72
BAM11/$\sqrt{3}$—334—1	11/$\sqrt{3}$	334	26.36	450	423	383	163	630	810	1010	250	75
BAM11/$\sqrt{3}$—334—1W	11/$\sqrt{3}$	334	26.36	450	423	383	163	630	810	1080	250	77
BFF$_2$11/$\sqrt{3}$—334—1W	11/$\sqrt{3}$	334	26.36	719	669	619	174	440	690	960	350	116
BFF$_3$11/$\sqrt{3}$—334—1W	11/$\sqrt{3}$	334	26.36	686	659	619	174	540	690	960	350	115
BAM11/$\sqrt{3}$—400—1W	11/$\sqrt{3}$	400	31.57	450	423	383	163	770	950	1220	250	92
BAM$_2$11/$\sqrt{3}$—400—1W	11/$\sqrt{3}$	400	61.57	500	473	433	163	505	685	955	250	75
BAM12/$\sqrt{3}$—50—1W	12/$\sqrt{3}$	50	3.32	450	423	383	123	115	235	505	250	21
BFF12/$\sqrt{3}$—50—1	12/$\sqrt{3}$	50	3.32	379	352	312	122	255	365	555	180	24
BAM12/$\sqrt{3}$—100—1	12/$\sqrt{3}$	100	6.63	450	423	383	123	260	380	580	250	30
BAM12/$\sqrt{3}$—100—1W	12/$\sqrt{3}$	100	6.63	450	423	383	123	260	380	650	250	31
BAM$_2$12/$\sqrt{3}$—100—1W	12/$\sqrt{3}$	100	6.63	450	423	383	123	460	640	650	250	31
BFF12/$\sqrt{3}$—100—1W	12/$\sqrt{3}$	100	6.63	450	423	383	163	280	430	700	250	45
BFF$_2$12/$\sqrt{3}$—100—1W	12/$\sqrt{3}$	100	6.63	450	423	383	163	260	430	700	250	45
BAM12/$\sqrt{3}$—200—1W	12/$\sqrt{3}$	200	13.26	450	423	383	123	500	680	950	250	55
BAM$_2$12/$\sqrt{3}$—200—1W	12/$\sqrt{3}$	200	13.26	450	423	383	173	400	680	950	250	55
BAM$_4$12/$\sqrt{3}$—200—1	12/$\sqrt{3}$	200	13.26	500	473	433	173	290	440	640	250	50
BAM$_4$12/$\sqrt{3}$—200—1W	12/$\sqrt{3}$	200	13.26	500	473	433	173	290	440	710	250	51
BAM$_6$12/$\sqrt{3}$—200—1W	12/$\sqrt{3}$	200	13.26	533	483	443	173	260	440	710	250	81
BFF12/$\sqrt{3}$—200—1W	12/$\sqrt{3}$	200	13.26	450	423	423	163	600	780	1050	250	78
BFF$_2$12/$\sqrt{3}$—200—1W	12/$\sqrt{3}$	200	13.26	483	433	383	163	440	780	1050	250	78
BAM12/$\sqrt{3}$—300—1	12/$\sqrt{3}$	300	19.89	450	423	383	163	580	740	940	250	70
BAM12/$\sqrt{3}$—300—1W	12/$\sqrt{3}$	300	19.89	450	423	383	163	580	740	1010	250	72
BAM12/$\sqrt{3}$—334—1W	12/$\sqrt{3}$	334	22.15	450	423	383	163	630	810	1080	250	77
BAM$_2$12/$\sqrt{3}$—334—1W	12/$\sqrt{3}$	334	22.15	483	433	383	163	440	810	108	250	77
BFF$_2$12/$\sqrt{3}$—334—1W	12/$\sqrt{3}$	334	22.15	719	669	619	174	440	690	960	350	140
BFF$_3$12/$\sqrt{3}$—334—1W	12/$\sqrt{3}$	334	22.15	686	659	619	174	540	690	960	350	116
BAM12.5/$\sqrt{3}$—50—1W	12.5/$\sqrt{3}$	50	3.06	450	423	383	123	115	235	505	250	21
BFF12.5/$\sqrt{3}$—50—1	12.5/$\sqrt{3}$	50	3.06	379	352	312	122	255	365	555	180	24
BAM$_4$12.5/$\sqrt{3}$—200—1	12.5/$\sqrt{3}$	200	12.22	500	473	433	173	290	440	640	250	50
BAM$_4$12.5/$\sqrt{3}$—200—1W	12.5/$\sqrt{3}$	200	12.22	500	473	433	173	290	440	710	250	51
BFF$_3$13/$\sqrt{3}$—334—1W	13/$\sqrt{3}$	334	18.87	686	659	619	174	540	690	960	350	116
BAM13/$\sqrt{3}$—334—1W	13/$\sqrt{3}$	334	18.87	450	423	383	163	630	810	1080	250	77
BAM8.4—100—1W	8.4	100	4.51	450	423	383	163	280	440	710	250	45
BFF8.4—100—1W	8.4	100	4.51	450	423	383	163	460	640	910	250	60
BAM10.5—50—1W	10.5	50	1.44	450	423	383	123	115	235	505	250	21
BFF10.5—50—1W	10.5	50	1.44	379	352	312	122	255	365	555	180	24
BAM10.5—100—1	10.5	100	2.89	450	423	383	123	260	380	580	250	30
BAM10.5—100—1W	10.5	100	2.89	450	423	383	123	260	380	650	250	31
BFF10.5—100—1W	10.5	100	2.89	450	423	383	163	280	430	700	250	45
BAM11—50—1W	11	50	1.32	450	423	383	123	115	235	505	250	21

续表

型　　号	额定电压 (kV)	额定容量 (kvar)	额定电容 (μF)	外型及安装尺寸（mm）								重量 (kg)
				L	L_1	L_2	B	H_1	H_2	H	F	
BFF11—50—1	11	50	1.32	379	352	312	122	255	365	555	180	24
BAM11—100—1	11	100	2.89	450	423	383	123	260	380	650	250	30
BAM11—100—1W	11	100	2.89	450	423	383	123	260	380	650	250	31
BFF11—100—1W	11	100	2.89	450	423	383	163	280	430	700	250	45
$BAM_4$11—200—1	11	200	5.26	500	473	433	173	290	440	640	250	50
$BAM_4$11—200—1W	11	200	5.26	500	473	433	173	290	440	710	250	51
BAM11—300—1	11	300	7.89	450	423	383	163	580	740	940	250	70
BAM11—300—1W	11	300	7.89	450	423	383	163	580	740	1010	250	72
BFF11—300—1W	11	300	7.89	686	659	619	174	610	760	1030	265	120
BAM11—334—1	11	334	8.79	450	423	383	163	630	810	1010	250	75
BAM11—334—1W	11	334	8.79	450	423	383	163	630	810	1080	250	77
$BFF_3$11—334—1W	11	334	8.79	686	659	619	174	540	690	960	350	116
$BAM_4$11.5—200—1	11.5	200	4.81	500	473	433	173	290	440	640	250	50
$BAM_4$11.5—200—1W	11.5	200	4.81	500	473	433	173	290	440	710	250	51
BAM11.5—300—1	11.5	300	7.22	450	423	383	163	580	740	940	250	70
BAM11.5—300—1W	11.5	300	7.22	450	423	383	163	580	740	1010	250	72
BFF11.5—300—1W	11.5	300	7.22	686	659	619	174	610	760	1030	350	122
$BFF_3$11.5—300—1W	11.5	300	7.22	686	659	619	174	610	760	505	265	120
BAM12—50—1W	12	50	1.11	450	423	383	123	115	235	555	250	21
BFF12—50—1	12	50	1.11	379	352	312	122	255	365	580	180	24
BAM12—100—1	12	100	2.21	450	423	383	123	260	380	650	250	30
BAM12—100—1W	12	100	2.21	450	423	383	123	260	380	700	250	31
BFF12—100—1W	12	100	2.21	450	423	383	163	280	430	640	180	45
$BAM_4$12—200—1	12	200	4.42	500	473	433	173	290	440	710	250	50
$BAM_4$12—200—1W	12	200	4.42	500	473	433	173	290	440	940	250	51
BAM12—300—1	12	300	6.63	450	423	383	163	580	740	1010	250	70
BAM12—300—1W	12	300	6.63	450	423	383	163	580	740	890	250	72
BFF12—300—1W	12	300	6.63	686	659	619	174	610	760	960	265	120
BAM12—334—1	12	334	7.38	450	423	383	163	630	810	1010	250	75
BAM12—334—1W	12	334	7.38	450	423	383	163	630	810	1080	250	77
$BFF_3$12—334—1W	12	334	7.38	686	659	619	174	540	690	960	350	116
BAM12.6—334—1	12.6	334	6.70	450	423	383	163	630	810	1010	250	75
BAM12.6—334—1W	12.6	334	6.70	450	423	383	163	630	810	1080	250	77
BFF19—334—1W	19	334	2.95	710	668	630	174	710	860	1200	275	135
BFF22—334—1W	22	334	2.20	686	659	619	174	505	685	1040	350	125
BAM8.4—100—1GW	8.4	100	4.51	451	424	384	144	280	430	700	250	40
$BAM_3$10.5—100—1GW	10.5	100	2.89	441	414	381	124	266	380	650	250	31
BAM11/$\sqrt{3}$—50—1GW	11/$\sqrt{3}$	50	3.95	450	423	383	123	115	235	505	250	21
BAM11/$\sqrt{3}$—100—1GW	11/$\sqrt{3}$	100	7.89	451	424	384	124	260	380	650	250	31
$BFF_3$11/$\sqrt{3}$—100—1GW	11/$\sqrt{3}$	100	7.89	483	433	383	163	170	430	70	250	45
BAM11/$\sqrt{3}$—120—1GW	11/$\sqrt{3}$	120	9.47	451	424	384	124	290	440	710	250	39
BAM11/$\sqrt{3}$—150—1GW	11/$\sqrt{3}$	150	11.84	451	424	384	164	290	440	710	250	42

续表

型　号	额定电压 (kV)	额定容量 (kvar)	额定电容 (μF)	外型及安装尺寸（mm）								重量 (kg)
				L	L_1	L_2	B	H_1	H_2	H	F	
BAM11/$\sqrt{3}$—200—1GW	11/$\sqrt{3}$	200	15.78	515	487	434	174	260	440	710	250	57
BFF11/$\sqrt{3}$—200—1GW	11/$\sqrt{3}$	200	15.78	465	438	384	164	480	780	1050	250	84
BFF11/$\sqrt{3}$—334—1GW	11/$\sqrt{3}$	334	26.36	685	659	621	176	540	690	960	350	125
BAM11.5/$\sqrt{3}$—100—1GW	11.5/$\sqrt{3}$	100	7.22	451	424	384	124	260	380	650	250	31
BAM12/$\sqrt{3}$—100—1GW	12/$\sqrt{3}$	100	6.63	451	424	384	124	260	380	650	250	35
BAM12/$\sqrt{3}$—200—1GW	12/$\sqrt{3}$	200	13.26	515	487	434	174	260	440	710	250	57
BFF12/$\sqrt{3}$—200—1GW	12/$\sqrt{3}$	200	13.26	465	438	384	164	480	780	1050	250	84
BFF12/$\sqrt{3}$—334—1GW	12/$\sqrt{3}$	334	22.15	685	659	621	176	540	690	960	350	125
BFF11—100—1GW	11	100	2.63	451	424	384	164	280	430	700	250	48
BAM11—200—1GW	11	200	5.26	515	487	434	174	260	440	710	250	58
BAM12—100—1GW	12	100	2.21	451	424	384	124	260	380	650	250	31
BAM12—200—1GW	12	200	4.42	515	487	434	174	260	440	710	250	58
BFF11—100—3GHW	11	100	2.63	700	673	619	124	210	365	635	230	40
BAM6.3—50—3W	6.3	50	4.01	554	527	494	124	110	230	500	250	29
BAM6.3—100—3W	6.3	100	8.02	686	659	619	164	140	230	500	230	35
BAM10.5—100—3W	10.5	100	2.89	554	527	494	124	250	370	640	250	43
BAM10.5—150—3W	10.5	150	4.33	686	659	619	134	245	365	640	248	53
BAM10.5—200—3W	10.5	200	5.77	686	659	619	174	245	365	640	248	66
BAM10.5—250—3W	10.5	250	7.22	686	659	619	174	290	440	710	248	77
BAM10.5—300—3W	10.5	300	8.66	686	659	619	134	500	650	920	248	90
BAM10.5—350—3W	10.5	350	10.11	686	659	619	164	500	650	920	230	106
BAM10.5—400—3W	10.5	400	11.5	686	659	619	174	500	650	920	230	115
BAM11—50—3W	11	50	1.32	554	527	494	124	110	230	500	230	29
BAM11—90—3W	11	90	2.37	686	659	619	164	140	230	500	230	35
BAM11—100—3W	11	100	2.63	686	659	619	164	140	230	500	230	35
BAM11—150—3W	11	150	3.95	686	659	619	134	245	365	640	230	53
BAM11—200—3W	11	200	5.26	686	659	619	164	280	370	640	230	51
BAM11—250—3W	11	250	6.58	686	659	619	174	290	440	710	248	77
BAM11—300—3W	11	300	7.89	686	659	619	124	500	650	920	230	84
BAM11—400—3W	11	400	10.52	686	659	619	164	500	650	920	230	106
BAM11—450—3W	11	450	11.84	686	659	619	174	500	650	920	230	115
BAM11—500—3W	11	500	13.15	686	659	619	164	650	800	1070	248	128
BAM12—50—3W	12	50	1.11	554	527	494	124	110	230	500	230	29
BAM12—100—3W	12	100	2.21	554	527	494	124	250	370	640	250	43
BAM12—150—3W	12	150	3.32	686	659	619	134	245	365	640	248	53
BAM12—200—3W	12	200	4.42	686	659	619	174	245	365	640	248	66

（五）外形及安装尺寸

该产品外形及安装尺寸，见图1-2-3。

（六）生产厂

桂林电力电容器总厂。

九、西安西电电力电容器有限责任公司生产的油浸式并联电力电容器

（一）概述

西安西电电力电容器有限责任公司于1980年引进麦克劳·爱迪生公司膜纸复合和全膜高压并联电容器的技术和专

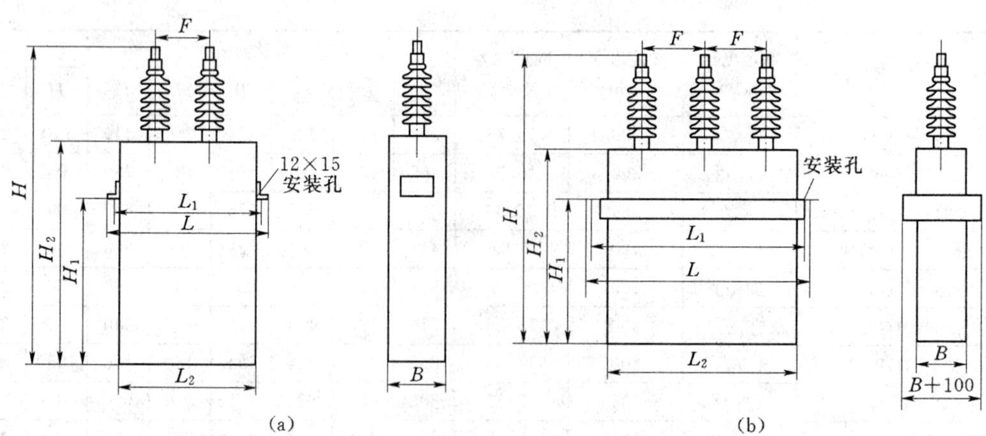

图 1-2-3 高压并联电容器外形及安装尺寸

(a) 单相；(b) 三相、高原型

用设备，建立了采用先进技术的大容量并联电容器生产线，已研制出单台从 200～5000kvar 高压大容量并联电容器。适用于并联在工频交流（50Hz 或 60Hz）电力系统中，用于提高功率因数，改善电压质量，降低线路损耗。

（二）型号含义

第一个字母 B 表示并联电容器系列；

第二个字母 W（或 B、F、A）表示浸渍剂为烷基苯（或异丙基联苯、二芳基乙烷、苄基甲苯）；

第三个字母 F 表示膜纸复合介质（或全膜介质）；

尾注号 W（或 G、TH、H）表示户外使用环境（或高原地区使用、湿热地区使用、污秽地区使用），无尾注号的为户内使用。

例：

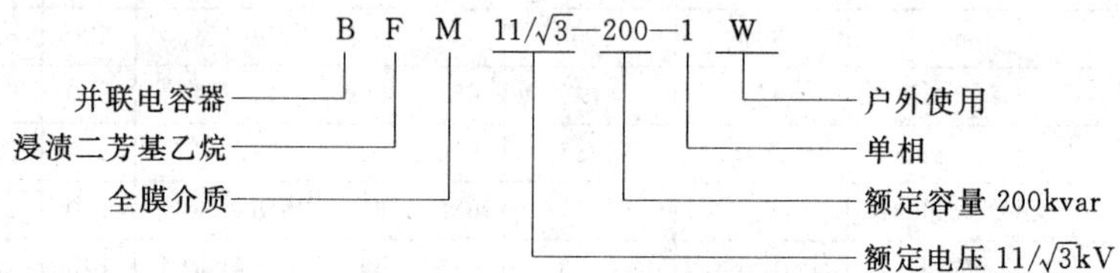

（三）使用条件

(1) 海拔（m）：≤1000。

(2) 环境温度（℃）：下限−25，−40；上限+40，+45，+50；24h 平均最高温度+30，+35，+40。

(3) 无有害气体及蒸汽，无导电性或爆炸性尘埃，无剧烈的机械振动。

（四）结构

(1) 主要由外壳和芯子组成。外壳用薄钢板焊接制成，盖上焊有出线套管。芯子由元件、绝缘件组成。元件用聚丙烯薄膜为介质与铝箔（极板）卷制而成的或用聚丙烯薄膜和电容器纸为介质与铝箔卷制而成。

(2) 内部连接一般单相，也提供三相。

(3) 部分产品内部每个元件串有熔丝，及时切除个别击穿的元件，保证电容器整体的正常运行。

(4) 部分产品内部装有放电器件，使电容器断开电源后的剩余电压在 10min 内由$\sqrt{2}U_N$ 降至 75V 以下，也可使装置在更短时间内减至更低电压。

（五）技术数据

(1) 允许在 1.1 倍额定电压下长期运行，并可在 1.15 倍额定电压下每 24h 中运行不超过 30min。

(2) 允许在由于过电压和高次谐波造成的有效值为额定电流的 1.30 倍的稳态过电流下运行。对于电容具有最大正偏差的电容器，稳态过电流允许达到额定电流的 1.43 倍。

(3) 电容偏差为−5%～+10%。

(4) 损耗角正切值（在额定电压下、20℃时）：采用膜纸复合介质的<0.0012；采用全膜介质的<0.0005（不含内熔丝）。

(5) 分户内型、户外型，有适合于湿热地区、高原地区及污秽地区等各种特殊环境用产品。

高压并联电力电容器主要技术数据，见表 1-2-6。

表 1-2-6　　高压并联电力电容器技术数据

型　号	额定电压(kV)	额定容量(kvar)	额定电容(μF)	相数	重量(kg)	外形尺寸(mm)									温度范围(℃)	备　注
						L	*I*	*D*	*W*	*h*	h_1	h_2	*H*	*F*		
BWF1.05—30—1	1.05	30	86.66	1	24.1	450	380	416	115	345	110		470	200	−40/A	内熔丝
BWF1.05—50—1	1.05	50	144.43	1	31	460	380	427	170	365	40	70	490	250	−40/A	内熔丝 内装放电器件
BWF1.05—60—1	1.05	60	170.30	1	42	393	313	360	123	735	110	70	865	200	−40/B	
BWF1.05—100—1	1.05	100	288.86	1	62	460	380	427	170	665	80	70	790	250	−40/A	
BBM10/6—225—1W	10/6	225	257.83	1	73.8	451	343	395	168	855	310	90	1115	220	−25/B	
BFF2.1—100—1	2.1	100	72.18	1	55	475	395	442	180	470	115	70	578	250	−40/A	
BFM2.1—150—1G	2.1	150	108.27	1	40	400	380	400	170	455	100		570	250	−40/C	内熔丝
BFF2.1—200—1	2.1	200	144.36	1	88	475	395	442	180	875	185	70	938	250	−40/A	内熔丝
BFF$_2$2.1—200—1	2.1	200	144.43	1	88.5	480	400	447	185	845	205	70	957	250	−40/A	内装放电器件
BFF3.15—200—1W	3.15	200	64.16	1	70	460	380	427	170	765	180	70	1028	250	−25/B	内装放电器件
BFM3.15—334—1	3.15	334	107.15	1	104.6	758	650	702	165	680	180	90	788	320	−40/A	内熔丝 内装放电器件
BWF4—30—1	4	30	5.97	1	24	450	380	420	115	380	110		530	200	−40/B	内熔丝
BWF$_2$4—60—1	4	60	11.94	1	73.8	451	343	395	168	855	310	90	1115	220	−40/B	内熔丝 内装放电器件
BWF6.3—12—1	6.3	12	0.96	1	18.4	340	270	300	115	380	110		575	170	−40/A	内熔丝
BWF6.3—14—1G	6.3	14	1.12	1	25	450	380	420	115	380	110		602	200	−40/+25	高原 4000m
BWF6.3—18—1	6.3	18	1.44	1	18.5	340	270	300	115	380	110		575	170	−40/A	内熔丝
BWF$_2$6.3—25—1	6.3	25	2.01	1	24	450	380	420	115	380	110		598	200	−40/A	
BWF6.3—30—1G	6.3	30	2.41	1	29	450	380	420	115	455	110		680	200	−25/A	高原 3000m
BWF6.3—30—1TH	6.3	30	2.41	1	24	450	380	420	115	380	110		530	200	−40/A	湿热带使用
BWF6.3—30—1W	6.3	30	2.41	1	24.2	450	380	420	115	380	110		572	200	−40/B	
BWF6.3—40—1	6.3	40	3.21	1	24	450	380	420	115	380	110		530	200	−40/A	
BWF$_2$6.3—50—1W	6.3	50	3.95	1	50	460	380	427	170	375	50		530	250	−40/B	
BWF$_2$6.3—50—1	6.3	50	3.95	1	50	460	380	427	170	375	50		530	250	−40/A	
BFW6.3—100—1	6.3	100	8.02	1	34.8	460	380	427	170	380	45	70	605	250	−25/B	内装放电器件
BWF$_2$6.3—100—1G	6.3	100	8.02	1	56.7	460	380	427	170	665	100	70	887	250	−40/A	高原 4000m
BWF$_2$6.3—100—1W	6.3	100	8.02	1	54.8	460	380	427	170	665	100	70	887	250	−40/B	不锈钢外壳 内装放电器件
BFF6.3—200—1W	6.3	200	16.05	1	71	460	380	427	170	770	180	70	1028	250	−40/B	内装放电器件
BFF$_2$6.3—200—1W	6.3	200	16.05	1	72.6	460	380	427	170	765	275	70	1028	250	−25/B	高原 2000m，可卧放内熔丝，内装放电器件
BBF6.3—200—1W	6.3	200	16.04	1	51.5	460	380	427	144	660	125	70	926	250	−40/A	不锈钢外壳 内装放电器件
BBF6.3—200—1W	6.3	200	16.04	1	71	460	380	427	170	765	180	70	1028	250	−25/B	不锈钢外壳
BBM6.3—200—1W	6.3	200	16.04	1	51.5	460	380	427	144	660	125	70	926	250	−40/A	不锈钢外壳 内装放电器件
BBM6.3—300—1W	6.3	300	24.06	1	74	488	380	432	206	660	105	90	926	250	−40/A	
BWF$_2$6.6/$\sqrt{3}$—25—1	6.6/$\sqrt{3}$	25	5.48	1	24	450	380	420	115	380	110		598	200	−40/A	
BWF6.6/$\sqrt{3}$—30—1	6.6/$\sqrt{3}$	30	6.58	1	24	450	380	427	115	380	110		530	200	−40/A	
BWF6.6/$\sqrt{3}$—50—1	6.6/$\sqrt{3}$	50	10.97	1	34	460	380	427	170	380	40	70	602	250	−40/B	不锈钢器件内装放电器件
BWF6.6/$\sqrt{3}$—50—1W	6.6/$\sqrt{3}$	50	10.97	1	33	460	380	427	170	380	40	70	602	250	−40/B	
BFM6.6/$\sqrt{3}$—50—1G	6.6/$\sqrt{3}$	50	10.97	1	24.4	423	343	390	115	395	80	70	620	220	−25/B	高原 2000m

续表

型号	额定电压(kV)	额定容量(kvar)	额定电容(μF)	相数	重量(kg)	外形尺寸(mm)									温度范围(℃)	备注
						L	I	D	W	h	h_1	h_2	H	F		
BFM6.6/$\sqrt{3}$—100—1G	6.6/$\sqrt{3}$	100	21.92	1	38.2	423	343	390	170	475	80	70	700	220	−25/B	高原2000m 内熔丝，内装放电器件
BWF6.6/$\sqrt{3}$—100—1W	6.6/$\sqrt{3}$	100	21.92	1	57	460	380	427	170	665	80	70	887	250	−40/B	不锈钢外壳，内装放电器件
BWF6.6/$\sqrt{3}$—100—1	6.6/$\sqrt{3}$	100	21.92	1	59	460	380	427	170	665	80	70	887	250	−40/B	内装放电器件
BFM6.6/$\sqrt{3}$—100—1	6.3/$\sqrt{3}$	100	21.92	1	42	460	380	427	170	420	40	70	640	250	−40/B	
BFM6.6—100—1	6.6	100	7.13	1	37.3	460	380	427	170	380	45	70	605	250	−25/B	
BWF10.5—12—1	10.6	12	0.35	1	21	340	270	310	115	380	110		575	170	−40/A	
BWF10.5—14—1G	10.5	14	0.40	1	25	450	380	420	115	380	110		598	200	−40/+25	高原4000m
BWF$_2$10.5—18—1	10.5	18	0.52	1	21.5	340	270	310	115	380	110		575	170	−40/A	
BWF$_2$10.5—25—1	10.5	25	0.72	1	24	450	380	420	115	380	110		598	200	−40/A	
BWF$_2$10.5—30—1GW	10.5	30	0.87	1	35	460	380	427	170	380	40	70	600	250	−25/A	高原4000m
BWF10.5—30—1	10.5	30	0.87	1	24	450	380	410	115	380	110		564	200	−40/A	
BWF10.5—30—1W	10.5	30	0.87	1	24.2	450	380	410	115	380	110		598	200	−40/B	
BWF10.5—40—1	10.5	40	1.16	1	24.7	450	380	420	115	380	110		564	200	−25/A	
BWF$_2$10.5—50—1W	10.5	50	1.45	1	33.68	460	380	427	170	380	40	70	602	250	−40/B	不锈钢外壳 内装放电器件
BWF$_2$10.5—50—1	10.5	50	1.45	1	34.94	460	380	427	170	380	40	70	602	250	−40/B	
BFM10.5—100—1	10.5	100	2.89	1	35.35	460	380	427	170	380	45	70	605	250	−25/B	内装放电器件
BWF$_2$10.5—100—1W	10.5	100	2.89	1	58.02	460	380	427	170	380	80	70	887	250	−40/B	不锈钢外壳 内装放电器件
BWF$_2$10.5—100—1	10.5	100	2.89	1	56.03	460	380	427	170	665	80	70	887	250	−40/B	
BFM11/2$\sqrt{3}$—200—1GW	11/2$\sqrt{3}$	200	63.14	1	77.84	460	380	427	170	765	300	70	1040	250	−40/A	高原4000m 内熔丝，可卧放
BFF$_2$11/2$\sqrt{3}$—200—1W	11/2$\sqrt{3}$	200	63.14	1	73	460	380	427	170	770	275	70	1028	250	−25/B	内熔丝，内装放电器件
BBF11/2$\sqrt{3}$—200—1W	11/2$\sqrt{3}$	200	63.14	1	71	460	380	427	170	765	180	70	1028	250	−25/B	内装放电器件
BFF11/2$\sqrt{3}$—200—1W	11/2$\sqrt{3}$	200	63.14	1	71.7	460	380	427	170	765	180	70	1028	250	−40/B	
BWF11/2$\sqrt{3}$—18—1W	11/$\sqrt{3}$	18	1.42	1	16.5	450	380	420	115	240	110		430	200	−40/B	
BWF$_2$11/$\sqrt{3}$—25—1	11/$\sqrt{3}$	25	1.97	1	24	450	380	420	115	380	110		598	200	−40/A	
BWF11/$\sqrt{3}$—30—1	11/$\sqrt{3}$	30	2.37	1	24	450	380	410	115	380	110		564	200	−40/A	
BWF11/$\sqrt{3}$—30—1W	11/$\sqrt{3}$	30	2.37	1	24.2	450	380	410	115	380	110		598	200	−40/B	
BWF11/$\sqrt{3}$—40—1	11/$\sqrt{3}$	40	3.16	1	24.5	450	380	410	115	380	110		564	200	−40/A	
BWF$_2$11/$\sqrt{3}$—50—1	11/$\sqrt{3}$	50	3.95	1	35	460	380	427	170	380	40	70	602	250	−40/A	
BWF$_2$11/$\sqrt{3}$—50—1W	11/$\sqrt{3}$	50	3.95	1	34	460	380	427	170	380	40	70	602	250	−40/B	不锈钢外壳 内装放电器件
BWF$_5$11/$\sqrt{3}$—50—1W	11/$\sqrt{3}$	50	3.95	1	27.5	460	380	427	130	380	40	70	602	250	−25/A	
BFM11/$\sqrt{3}$—100—1W	11/$\sqrt{3}$	100	7.89	1	33	460	380	427	170	380	40	70	602	250	−25/B	内装放电器件
BFM$_2$11/$\sqrt{3}$—100—1	11/$\sqrt{3}$	100	7.89	1	35	460	380	427	170	380	45	70	605	250	−25/B	
BWF$_2$11/$\sqrt{3}$—100—1	11/$\sqrt{3}$	100	7.89	1	57	460	380	427	170	665	80	70	887	250	−40/A	
BWF$_2$11/$\sqrt{3}$—100—1W	11/$\sqrt{3}$	100	7.89	1	55	460	380	427	170	665	80	70	887	250	−40/B	不锈钢外壳 内装放电器件
BWF$_3$11/$\sqrt{3}$—100—1W	11/$\sqrt{3}$	100	7.89	1	59	460	380	427	170	665	80	70	992	250	−40/B	不锈钢外壳 内装放电器件
BWF$_5$11/$\sqrt{3}$—100—1W	11/$\sqrt{3}$	100	7.89	1	47	460	380	427	130	665	80	70	887	250	−25/B	
BWF$_6$11/$\sqrt{3}$—100—1	11/$\sqrt{3}$	100	7.89	1	65.5	690	610	657	170	465	40	70	690	320	−40/A	

续表

型　号	额定电压(kV)	额定容量(kvar)	额定电容(μF)	相数	重量(kg)	外形尺寸(mm) L	I	D	W	h	h_1	h_2	H	F	温度范围(℃)	备　注
BFF11/$\sqrt{3}$—100—1W	11/$\sqrt{3}$	100	7.89	1	41	460	330	427	145	455	110	70	710	250	−40/B	内装放电器件
BFF$_2$11/$\sqrt{3}$—100—1W	11/$\sqrt{3}$	100	7.89	1	49.1	640	560	601	170	380	55	42	600	320	−25/B	
BFM$_3$11/$\sqrt{3}$—100—1	11/$\sqrt{3}$	100	7.89	1	33	460	380	427	170	385	45	70	605	250	−25/B	内装放电器件
BFM$_5$11/$\sqrt{3}$—100—1W	11/$\sqrt{3}$	100	7.89	1	31.6	460	380	427	145	390	50	70	615	250	−25/B	
BFF11/$\sqrt{3}$—100—1G	11/$\sqrt{3}$	100	7.89	1	65	460	380	427	170	675	180	70	930	250	−25/A	高原4000m 内装放电器件，不锈钢外壳
BBM11/$\sqrt{3}$—100—1W	11/$\sqrt{3}$	100	7.89	1	33	460	380	427	170	380	40	70	602	250	−25/C	不锈钢外壳 内装放电器件
BFM11/$\sqrt{3}$—167—1W	11/$\sqrt{3}$	167	13.18	1	58	460	380	427	170	665	80	70	887	250	−25/B	
BBF11/$\sqrt{3}$—200—1W	11/$\sqrt{3}$	200	15.78	1	51.4	460	380	427	144	665	125	70	926	250	−40/A	
BBM$_5$11/$\sqrt{3}$—200—1W	11/$\sqrt{3}$	200	15.78	1	51.4	460	380	427	144	665	125	70	926	250	−40/A	
BBM$_3$11/$\sqrt{3}$—200—1W	11/$\sqrt{3}$	200	15.78	1	62.5	460	380	427	170	675	180	70	930	250	−25/B	
BFF$_2$11/$\sqrt{3}$—200—1W	11/$\sqrt{3}$	200	15.78	1	73	460	380	427	170	765	275	70	1080	250	−25/B	高原2000m，可卧放，内熔丝，内装放电器件
BFM$_2$11/$\sqrt{3}$—200—1W	11/$\sqrt{3}$	200	15.78	1	60	460	380	427	170	665	180	70	932	250	−25/B	内装放电器件
BFM$_5$11/$\sqrt{3}$—200—1W	11/$\sqrt{3}$	200	15.78	1	56	460	380	427	170	580	275	70	855	250	−25/B	内熔丝
BFM11/$\sqrt{3}$—200—1W	11/$\sqrt{3}$	200	15.78	1	60.5	460	380	427	170	665	180	70	924	250	−25/B	不锈钢外壳 内装放电器件
BFF$_3$11/$\sqrt{3}$—200—1W	11/$\sqrt{3}$	200	15.78	1	75	480	380 444 480	427	170 120	770	180	70	1038	250	−25/B	内装放电器件
BFF11/$\sqrt{3}$—200—1W	11/$\sqrt{3}$	200	15.78	1	71.6	460	380	427	170	770	180	70	1028	250	−40/B	
BBM$_2$11/$\sqrt{3}$—200—1W	11/$\sqrt{3}$	200	15.78	1	62.5	460	380	427	170	675	180	70	930	250	−25/B	不锈钢外壳 内装放电器件
BAM11/$\sqrt{3}$—200—1W	11/$\sqrt{3}$	200	15.78	1	56	460	380	427	145	675	180	70	930	250	−40/B	内装放电器件
BBM11/$\sqrt{3}$—200—1W	11/$\sqrt{3}$	200	15.78	1	61	460	380	427	170	660	180	70	924	250	−25/B	不锈钢外壳 内装放电器件
BBF11/$\sqrt{3}$—200—1W	11/$\sqrt{3}$	200	15.78	1	71	460	380	427	170	765	180	70	1028	250	−25/B	内装放电器件
BBM11/$\sqrt{3}$—300—1W	11/$\sqrt{3}$	300	23.68	1	74	488	380	432	206	660	105	90	926	250	−40/B	不锈钢外壳
BAM11/$\sqrt{3}$—334—1W	11/$\sqrt{3}$	334	26.36	1	90.5	668	560 635 668	612	170 130	665	100	90	940	320	−40/B	内装放电器件
BAM$_2$11/$\sqrt{3}$—334—1W	11/$\sqrt{3}$	334	26.36	1	72	480	400	447	185	685	180	70	950	250	−40/B	
BBF11/$\sqrt{3}$—334—1GW	11/$\sqrt{3}$	334	26.36	1	181	778	670 690 730	722	200 240	890	180	90	1144	320	−40/A	高原2500m，不锈钢外壳 内装放电器件，内熔丝，可卧放
BFM11/$\sqrt{3}$—334—1W	11/$\sqrt{3}$	334	26.36	1	104	530	420	472	210	805	160	90	1064	250	−25/B	不锈钢外壳 内装放电器件
BBM11/$\sqrt{3}$—344—1W	11/$\sqrt{3}$	334	26.36	1	104	530	420	472	210	805	160	90	1064	250	−25/B	
BFM11/$\sqrt{3}$—500—1W	11/$\sqrt{3}$	500	39.46	1	169	848	740 792 832	792	185 225	870	100	90	1145	350	−25/B	可卧放，不锈钢外壳 内熔丝，内装放电器件

续表

型号	额定电压(kV)	额定容量(kvar)	额定电容(μF)	相数	重量(kg)	外形尺寸(mm)									温度范围(℃)	备注
						L	I	D	W	h	h_1	h_2	H	F		
BFM8.4—100—1W	8.4	100	4.51	1	47.0	460	380	420	110	660	130	70	905	250	−40/B	
BAM9.2—400—1W	9.2	400	15.05	1	70.3	433	345	397	178	850	240	60	1128	220	−40/B	
BWF$_2$11—25—1	11	25	0.66	1	24	450	380	420	115	380	110		598	200	−40/A	
BWF11—30—1	11	30	0.79	1	24	450	380	410	115	380	110		564	200	−40/A	
BWF11—30—1W	11	30	0.79	1	24.2	450	380	410	115	380	110		598	200	−40/B	
BWF$_4$11—50—1	11	50	1.32	1	34.4	460	380	427	170	380	40	70	602	250	−40/A	
BWF$_2$11—50—1	11	50	1.32	1	35	460	380	427	190	380	40	70	602	250	−40/A	
BWF$_2$11—50—1W	11	50	1.32	1	34	460	380	427	170	380	40	70	602	250	−40/B	不锈钢外壳 内装放电器件
BWF$_4$11—60—1	11	60	1.58	1	39.7	460	380	427	170	420	40	70	640	250	−40/A	内装放电器件
BWF11—60—1W	11	60	1.58	1	50	375	303	339	136	765	150	70	950	170	−40/B	
BWF11—80—1	11	80	2.11	1	46.8	375	303	339	136	765			983	170		
BWF$_2$11—100—1	11	100	2.63	1	58	460	380	427	170	665	80	70	887	250	−40/A	
BWF$_2$11—100—1W	11	100	2.63	1	57	460	380	427	170	665	80	70	887	250	−40/B	不锈钢外壳 内装放电器件
BWF$_4$11—100—1	11	100	2.63	1	58.2	460	380	427	170	665	80	70	887	250	−40/A	
BFM$_2$11—100—1	11	100	2.63	1	34.4	460	380	427	170	385	40	70	605	250	−25/B	内装放电器件
BFM11—100—1	11	100	2.63	1	35.1	460	380	427	170	380	45	70	605	250	−25/B	
BWF$_4$11—100—1W	11	100	2.63	1	56.3	460	380	427	170	665	80	70	887	250	−40/B	不锈钢外壳 内装放电器件
BWF11—100—3W	11	100	2.63	3	64.9	690	610	657	170	465	40	70	689	250	−40/B	
BFF11—100—1G	11	100	2.63	1	67	460	380	427	170	675	180	70	930	250	−25/A	高原4000m, 不锈钢外壳, 内装放电器件
BFM11—200—3W	11	200	5.26	3	68.0	745	665	712	148	460	70	70	735	250	−40/B	
BBF11—200—1	11	200	5.26	1	70	460	380	427	185	725	80	70	943	200	−40/B	不锈钢外壳
BFF11—200—1W	11	200	5.26	1	70	460	380	427	185	725	80	70	943	200	−40/B	
BFF$_5$11—200—1W	11	200	5.26	1	75.3	480	380 444 480	427	170 120	770	180	70	1038	250	−25/B	内装放电器件
BFF$_4$11—200—1W	11	200	5.26	1	72	460	380	427	170	765	180	70	1028	250	−25/B	
BFF11—200—1W	11	200	5.26	1	74	480	380 444 480	427	170 120	770	180	70	1038	250	−25/B	
BBF$_4$11—200—1W	11	200	5.26	1	72	760	380	427	170	770	180	70	1038	250	−25/B	
BFM11—200—1W	11	200	5.26	1	57.9	460	380	427	170	665	180	70	932	250	−25/B	内装放电器件,内熔丝
BFF11—300—1GHW	11	300	7.90	1	165	778	670 772 762	722	185 130	884	122	68	1265	320	−40/A	高原4000m 不锈钢外壳, 内装放电器件
BFM11—334—1W	11	334	8.79	1	109.2	668	560 594 643	612	185 225	730	100	90	1005	320	−25/B	内装放电器件
BAM11—334—1W	11	334	8.79	1	87.6	668	560 635 668	612	170 130	665	100	90	940	320	−40/B	内装放电器件

续表

型　号	额定电压(kV)	额定容量(kvar)	额定电容(μF)	相数	重量(kg)	外形尺寸（mm）									温度范围(℃)	备　注
						L	I	D	W	h	h_1	h_2	H	F		
BBF11—334—1W	11	334	8.79	1	142	778	670 690 730	722	185 225	790	70	90	1053	280	−40/B	不锈钢外壳，内装放电器件
BAM11—400—1W	11	400	10.53	1	78.4	488	380	432	170	830	180	70	1105	250	−40/B	
BAM11—500—1W	11	500	13.16	1	90.0	483	375	427	210	806	436	70	1081	250	−40/B	
BFM11.45—160—1	11.45	160	3.24	1	58	460	380	427	170	380	45	70	605	250	−25/B	内装放电器件
BFF12/$\sqrt{3}$—100—1W	12/$\sqrt{3}$	100	6.63	1	44.3	460	380	427	170	455	110	70	680	250	−25/B	
BFM12/$\sqrt{3}$—200—1W	12/$\sqrt{3}$	200	13.27	1	60	460	380	427	170	665	180	70	932	250	−25/B	
BAM12/$\sqrt{3}$—334—1W	12/$\sqrt{3}$	334	22.15	1	88.7	668	560 635 668	612	170 130	665	100	90	940	320	−40/B	
BBF12/$\sqrt{3}$—334—1W	12/$\sqrt{3}$	334	22.15	1	141	778	670 690 730	722	185 225	790	100	90	1053	280	−40/B	不锈钢外壳，内装放电器件
$BWF_4$12—50—1	12	50	1.11	1	35.1	460	380	427	170	380	40	70	602	250	−40/A	
$BWF_4$12—50—1W	12	50	1.11	1	33.8	460	380	427	170	380	40	70	602	250	−40/B	不锈钢外壳，内装放电器件
BWF12—50—1	12	50	1.11	1	36	460	380	427	170	380	40	70	602	250	−40/A	
BWF12—50—1W	12	50	1.11	1	36	460	380	427	170	380	40	70	602	250	−40/B	不锈钢外壳，内装放电器件
BFM12—100—1	12	100	2.21	1	35.4	460	380	427	170	380	45	70	605	250	−25/B	高原2000m，可卧放 内熔丝，内容放电器件
$BFM_4$12—100—1	12	100	2.21	1	34.6	460	380	427	170	380	40	70	605	250	−25/B	
BWF12—100—1	12	100	2.21	1	59	460	380	427	170	665	80	70	887	250	−40/B	
BWF12—100—1W	12	100	2.21	1	59	460	380	427	170	665	80	70	887	250	−40/B	不锈钢外壳 内装放电器件
$BWF_4$12—100—1	12	100	2.21	1	59.5	460	380	427	170	665	80	70	887	250	−40/B	
$BWF_4$12—100—1W	12	100	2.21	1	59.5	460	380	427	170	665	80	70	887	250	−40/B	
BFM12—167—1W	12	167	3.69	1	62	460	380	427	170	665	80	70	887	250	−30/B	
BFF12—200—1W	12	200	4.42	1	74	480	380 444 480	427	170 120	770	180	70	1038	250	−25/B	内装放电器件
$BBF_4$12—200—1W	12	200	4.42	1	73	760	380	427	170	765	180	70	1023	250	−25/B	内装放电器件
BFM12—200—1W	12	200	4.42	1	57.7	460	380	427	170	665	180	70	932	250	−25/B	
BFF12—300—1GHW	12	300	6.63	1	164	778	670 722 762	722	185 130	884	122	68	1265	320	−40/B	高原2000m，不锈钢外壳 内装放电器件，内熔丝
BBF12—334—1W	12	334	7.39	1	141	778	670 690 730	722	185 225	790	100	90	1053	280	−40/B	内装放电器件，不锈钢外壳
BAM12—334—1W	12	334	7.39	1	86	668	560 635 668	612	170 130	705	100	90	1090	320	−40/B	内装放电器件

续表

型　号	额定电压(kV)	额定容量(kvar)	额定电容(μF)	相数	重量(kg)	外形尺寸（mm）									温度范围(℃)	备　注
						L	l	D	W	h	h_1	h_2	H	F		
BFM12.5—167—1W	12.5	167	3.40	1	61.7	460	380	420	170	665	80	70	887	250	−30/B	
BWF19—100—1W	19	100	0.88	1	59	460	380	427	170	715	120	70	1094	210	−40/B	内装放电器件，不锈钢外壳
BFM19—200—1W	19	200	4.42	1	57.7	460	380	427	170	665	180	70	932	250	−25/B	内装放电器件
BAM19—334—1W	19	334	2.95	1	94.7	668	560 635 668	612	170 130	705	100	90	1090	320	−40/B	
BBF19—334—1W	19	334	2.95	1	144	778	670 690 730	722	185 225	790	100	90	1170	320	−40/B	不锈钢外壳 内装放电器件
BBM19—334—1W	19	334	2.95	1	110	668	560 580 620	612	185 225	720	100	90	1100	320	−40/B	
$BAM_2$19—334—1W	19	334	2.95	1	109	668	560 594 643	612	185 225	790	100	90	1053	280	−40/B	
$BBF_2$19—334—1W	19	334	2.95	1	145.2	778	670 690 730	722	185 225	790	100	90	1070	320	−40/B	
BFM20—200—1W	20	200	1.59	1	62.6	460	380	427	170	705	180	70	1085	220	−25/B	内装放电器件
BBF20—200—1W	20	200	1.59	1	78.4	480	400	447	175	795	180	70	1175	226	−40/B	不锈钢外壳 内装放电器件
BAM20—334—1W	20	334	2.66	1	94.7	668	560 635 668	612	170 130	705	100	90	1090	320	−40/B	内装放电器件
BBM20—334—1W	20	334	2.66	1	109	668	560 580 620	612	185 225	720	100	90	1100	320	−40/B	不锈钢外壳
BBF20—334—1W	20	334	2.66	1	142	778	670 690 730	722	185 225	790	100	90	1170	320	−40/B	不锈钢外壳
BFM21.52/4—266—1W	21.52/4	266	29.25	1	96.6	848	740	800	170	540	70	90	925	230	−25/B	内装放电器件

（六）外形及安装尺寸

该产品外形及安装尺寸，见图1-2-4。

（七）生产厂

西安西电电力电容器有限责任公司。

十、桂林电力电容器总厂生产的集合式并联电容器

（一）概述

集合式并联电容器并联连接于额定频率为50Hz、额定电压高于1kV的工频交流电力系统中，提高系统的功率因数。

执行标准IEC 60871-1《并联电容器》、JB 7112—2000《集合式高电压并联电容器》、DL/T 628—1997《集合式高

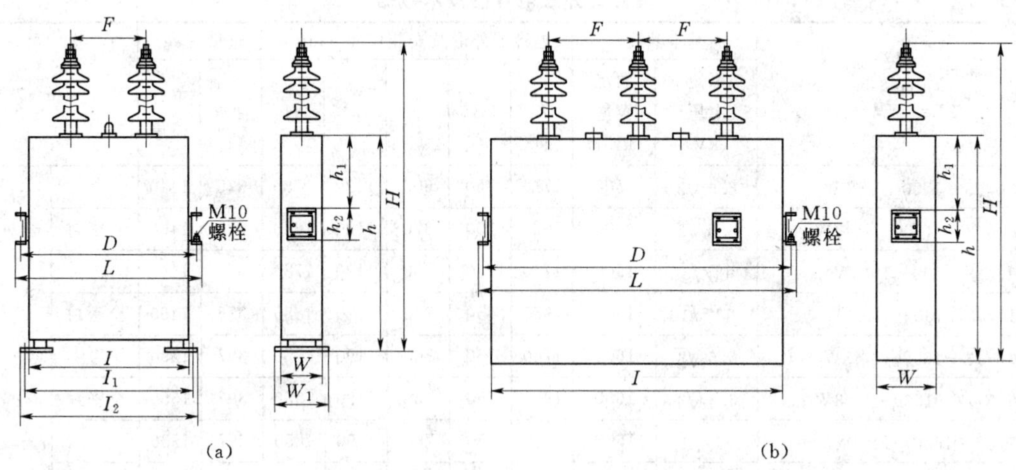

图 1-2-4 高压并联电力电容器外形及安装尺寸

(a) 单相；(b) 三相

压并联电容器订货技术条件》、GB/T 11024—2001《标称电压 1kV 以上交流电力系统用并联电容器》。

（二）型号含义

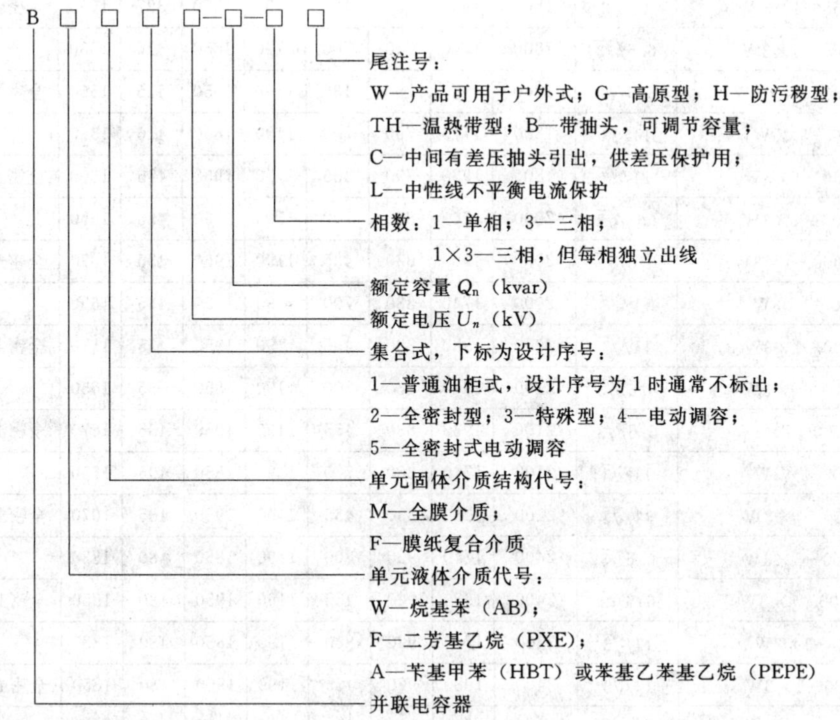

（三）结构特点

电容器主要由芯子、绝缘冷却油及箱壳组成，箱盖上装有进出线套管，并配有供接线用的铜铝过渡握手线夹。装有补偿油体积变化的扩张器（全密封型）或储油柜（普通型）、供内部过压力保护用的压力释放阀、供内部温度报警和跳闸保护用的温度指示控制器等，必要时外装散热器。芯子由若干个并联电容器单元按一定的串并方式连接组成，单元安装在钢构架上，牢固可靠。

桂容牌电容器具有以下特点：

(1) 单元性能稳定，质量可靠。单元设计和制造技术采用美国 GE 公司先进的技术和设备，各项性能优异。单元设计加大了绝缘裕度，长期运行电压可提高到 1.2 倍额定电压，使单元运行更可靠。

(2) 结构及参数经严密计算和严格试验，产品安全可靠。

（四）技术数据

(1) 主要技术数据，见表 1-2-7。

表 1-2-7　　集合式并联电容器技术数据

型　号	基本参数		电容器外形及安装尺寸（mm）					重量（kg）		备　注	
	额定电压（kV）	额定容量（kvar）	L	B	b	h	H	油重	电容器重		
BAMH6.6/$\sqrt{3}$—1500—1×3W	6.6/$\sqrt{3}$	1500	1740	750	600	1120	1780	375	1440		Ⅲ型连接电容器（外形尺寸 $L\times1200\times H$）
BAMH$_2$6.6/$\sqrt{3}$—1500—1×3W	6.6/$\sqrt{3}$	1500	1980	750	370	1120	1880	375	1460	全密封	
BAMH11/$\sqrt{3}$—1500—1×3W	11/$\sqrt{3}$	1500	1740	750	600	1120	1780	375	1440		
BAMH$_2$11/$\sqrt{3}$—1500—1×3W	11/$\sqrt{3}$	1500	1980	750	370	1120	1880	375	1460	全密封	
BAMH6.6/$\sqrt{3}$—1600—1×3W	6.6/$\sqrt{3}$	1600	1740	750	700	1190	1850	397	1530		
BAMH$_2$6.6/$\sqrt{3}$—1600—1×3W	6.6/$\sqrt{3}$	1600	1980	750	435	1190	1950	397	1550	全密封	
BAMH11/$\sqrt{3}$—1600—1×3W	11/$\sqrt{3}$	1600	1740	750	700	1190	1850	397	1530		
BAMH$_2$11/$\sqrt{3}$—1600—1×3W	11/$\sqrt{3}$	1600	1980	750	435	1190	1950	397	1550	全密封	
BAMH6.6/$\sqrt{3}$—1668—1×3W	6.6/$\sqrt{3}$	1668	1740	750	700	1190	1850	397	1530		
BAMH$_2$6.6/$\sqrt{3}$—1668—1×3W	6.6/$\sqrt{3}$	1668	1980	750	435	1190	1950	397	1550	全密封	
BAMH11/$\sqrt{3}$—1668—1×3W	11/$\sqrt{3}$	1668	1740	750	700	1190	1850	397	1530		
BAMH$_2$11/$\sqrt{3}$—1668—1×3W	11/$\sqrt{3}$	1668	1980	750	435	1190	1950	397	1550	全密封	
BAMH6.6/$\sqrt{3}$—1800—1×3W	6.6/$\sqrt{3}$	1800	1740	790	700	1190	1850	416	1580		
BAMH$_2$6.6/$\sqrt{3}$—1800—1×3W	6.6/$\sqrt{3}$	1800	1980	790	435	1190	1950	416	1600	全密封	
BAMH11/$\sqrt{3}$—1800—1×3W	11/$\sqrt{3}$	1800	1740	790	700	1190	1850	416	1580		
BAMH$_2$11/$\sqrt{3}$—1800—1×3W	11/$\sqrt{3}$	1800	1980	790	435	1190	1950	416	1600	全密封	
BAMH6.6/$\sqrt{3}$—2000—1×3W	6.6/$\sqrt{3}$	2000	1740	830	700	1190	1850	435	1650		
BAMH$_2$6.6/$\sqrt{3}$—2000—1×3W	6.6/$\sqrt{3}$	2000	1980	830	435	1190	1950	435	1670	全密封	
BAMH11/$\sqrt{3}$—2000—1×3W	11/$\sqrt{3}$	2000	1740	830	700	1190	1850	435	1650		
BAMH$_2$11/$\sqrt{3}$—2000—1×3W	11/$\sqrt{3}$	2000	1980	830	435	1190	1950	435	1670	全密封	
BAMH6.6/$\sqrt{3}$—2100—1×3W	6.6/$\sqrt{3}$	2100	1740	830	700	1190	1850	435	1650		
BAMH$_2$6.6/$\sqrt{3}$—2100—1×3W	6.6/$\sqrt{3}$	2100	1980	830	435	1190	1950	435	1670	全密封	
BAMH11/$\sqrt{3}$—2100—1×3W	11/$\sqrt{3}$	2100	1740	830	700	1190	1850	435	1650		
BAMH$_2$11/$\sqrt{3}$—2100—1×3W	11/$\sqrt{3}$	2100	1980	830	435	1190	1950	435	1670	全密封	
BAMH6.6/$\sqrt{3}$—2400—1×3W	6.6$\sqrt{3}$	2400	1740	920	800	1190	1850	480	1830		
BAMH$_2$6.6$\sqrt{3}$—2400—1×3W	6.6$\sqrt{3}$	2400	1980	920	435	1190	1950	480	1850	全密封	
BAMH11/$\sqrt{3}$—2400—1×3W	11/$\sqrt{3}$	2400	1740	920	800	1190	1850	480	1830		
BAMH$_2$11/$\sqrt{3}$—2400—1×3W	11/$\sqrt{3}$	2400	1980	920	435	1190	1950	480	1850	全密封	
BAMH6.6/$\sqrt{3}$—2500—1×3W	6.6/$\sqrt{3}$	2500	1740	920	800	1190	1850	480	1830		
BAMH$_2$6.6/$\sqrt{3}$—2500—1×3W	6.6/$\sqrt{3}$	2500	1980	920	435	1190	1950	480	1850	全密封	
BAMH11/$\sqrt{3}$—2500—1×3W	11/$\sqrt{3}$	2500	1740	920	800	1190	1850	480	1830		
BAMH$_2$11/$\sqrt{3}$—2500—1×3W	11/$\sqrt{3}$	2500	1980	920	435	1190	1950	480	1850	全密封	
BAMH6.6/$\sqrt{3}$—3000—1×3W	6.6/$\sqrt{3}$	3000	1820	770	750	1906	2640	660	2410		
BAMH$_2$6.6/$\sqrt{3}$—3000—1×3W	6.6/$\sqrt{3}$	3000	1980	770	565	1906	2665	660	2440	全密封	
BAMH11/$\sqrt{3}$—3000—1×3W	11/$\sqrt{3}$	3000	1820	770	750	1906	2640	660	2410		
BAMH$_2$11/$\sqrt{3}$—3000—1×3W	11/$\sqrt{3}$	3000	1980	770	565	1906	2665	660	2440	全密封	
BAMH6.6/$\sqrt{3}$—3200—1×3W	6.6/$\sqrt{3}$	3200	1820	770	750	2046	2780	700	2610		
BAMH$_2$6.6/$\sqrt{3}$—3200—1×3W	6.6/$\sqrt{3}$	3200	1980	770	630	2046	2805	700	2640	全密封	

续表

型　号	基本参数		电容器外形及安装尺寸（mm）					重量（kg）		备　注	
	额定电压（kV）	额定容量（kvar）	L	B	b	h	H	油重	电容器重		
BAMH11/$\sqrt{3}$—3200—1×3W	11/$\sqrt{3}$	3200	1820	770	750	2046	2780	700	2610		Ⅲ型连接电容器（外形尺寸 $L\times1200\times H$）
$BAMH_2$11/$\sqrt{3}$—3200—1×3W	11/$\sqrt{3}$	3200	1980	770	630	2046	2805	700	2640	全密封	
BAMH6.6/$\sqrt{3}$—3300—1×3W	6.6/$\sqrt{3}$	3300	1820	770	750	2046	2780	700	2610		
$BAMH_2$6.6/$\sqrt{3}$—3300—1×3W	6.6/$\sqrt{3}$	3300	1980	770	630	2046	2805	700	2640	全密封	
BAMH11/$\sqrt{3}$—3300—1×3W	11/$\sqrt{3}$	3300	1820	770	750	2046	2780	700	2610		
$BAMH_2$11/$\sqrt{3}$—3300—1×3W	11/$\sqrt{3}$	3300	1980	770	630	2046	2805	700	2640	全密封	
BAMH6.6/$\sqrt{3}$—3600—1×3W	6.6/$\sqrt{3}$	3600	1820	810	850	2046	2780	730	2710		
$BAMH_2$6.6/$\sqrt{3}$—3600—1×3W	6.6/$\sqrt{3}$	3600	1980	810	630	2046	2805	730	2740	全密封	
BAMH11/$\sqrt{3}$—3600—1×3W	11/$\sqrt{3}$	3600	1820	810	850	2046	2780	730	2710		Ⅲ型连接电容器
$BAMH_2$11/$\sqrt{3}$—3600—1×3W	11/$\sqrt{3}$	3600	1980	810	630	2046	2805	730	2740	全密封	
BAMH6.6/$\sqrt{3}$—4000—1×3W	6.6/$\sqrt{3}$	4000	1820	850	850	2046	2780	760	2800		
$BAMH_2$6.6/$\sqrt{3}$—4000—1×3W	6.6/$\sqrt{3}$	4000	1980	850	630	2046	2805	760	2830	全密封	
BAMH11/$\sqrt{3}$—4000—1×3W	11/$\sqrt{3}$	4000	1820	850	850	2046	2780	760	2800		
$BAMH_2$11/$\sqrt{3}$—4000—1×3W	11/$\sqrt{3}$	4000	1980	850	630	2046	2805	760	2830	全密封	
BAMH6.6/$\sqrt{3}$—4200—1×3W	6.6/$\sqrt{3}$	4200	1820	850	850	2046	2780	760	2800		
$BAMH_2$6.6/$\sqrt{3}$—4200—1×3W	6.6/$\sqrt{3}$	4200	1980	850	630	2046	2805	760	2830	全密封	
BAMH11/$\sqrt{3}$—4200—1×3W	11/$\sqrt{3}$	4200	1820	850	850	2046	2780	760	2800		
$BAMH_2$11/$\sqrt{3}$—4200—1×3W	11/$\sqrt{3}$	4200	1980	850	630	2046	2805	760	2830	全密封	
BAMH6.6/$\sqrt{3}$—4500—1×3W	6.6/$\sqrt{3}$	4500	1820	850	850	2046	2780	760	2800		
$BAMH_2$6.6/$\sqrt{3}$—4500—1×3W	6.6/$\sqrt{3}$	4500	1980	850	630	2046	2805	760	2830	全密封	
BAMH11/$\sqrt{3}$—4500—1×3W	11/$\sqrt{3}$	4500	1820	850	850	2046	2780	760	2800		
$BAMH_2$11/$\sqrt{3}$—4500—1×3W	11/$\sqrt{3}$	4500	1980	850	630	2046	2805	760	2830	全密封	
BAMH6.6/$\sqrt{3}$—4800—1×3W	6.6/$\sqrt{3}$	4800	1820	940	950	2046	2780	820	3100		
$BAMH_2$6.6/$\sqrt{3}$—4800—1×3W	6.6/$\sqrt{3}$	4800	1980	940	695	2046	2805	820	3130	全密封	
BAMH11/$\sqrt{3}$—4800—1×3W	11/$\sqrt{3}$	4800	1820	940	950	2046	2780	820	3100		
$BAMH_2$11/$\sqrt{3}$—4800—1×3W	11/$\sqrt{3}$	4800	1980	940	695	2046	2805	820	3130	全密封	
BAMH6.6/$\sqrt{3}$—5000—1×3W	6.6/$\sqrt{3}$	5000	1820	940	950	2046	2780	820	3100		
$BAMH_2$6.6/$\sqrt{3}$—5000—1×3W	6.6/$\sqrt{3}$	5000	1980	940	695	2046	2805	820	3130	全密封	
BAMH11/$\sqrt{3}$—5000—1×3W	11/$\sqrt{3}$	5000	1820	940	950	2046	2780	820	3100		
$BAMH_2$11/$\sqrt{3}$—5000—1×3W	11/$\sqrt{3}$	5000	1980	940	695	2046	2805	820	3130	全密封	
BAMH11/$\sqrt{3}$—5400—1×3W	11/$\sqrt{3}$	5400	2400	860	1140	2057	2810	1140	3960		
$BAMH_2$11/$\sqrt{3}$—5400—1×3W	11/$\sqrt{3}$	5400	2550	860	1020	2057	2820	1140	4020	全密封	
BAMH11/$\sqrt{3}$—6000—1×3W	11/$\sqrt{3}$	6000	2400	860	1140	2057	2810	1140	3960		
$BAMH_2$11/$\sqrt{3}$—6000—1×3W	11/$\sqrt{3}$	6000	2550	860	1020	2057	2820	1140	4020	全密封	
BAMH11/$\sqrt{3}$—6300—1×3W	11/$\sqrt{3}$	6300	2400	860	1140	2057	2810	1140	3960		
$BAMH_2$11/$\sqrt{3}$—6300—1×3W	11/$\sqrt{3}$	6300	2550	860	1020	2057	2820	1140	4020	全密封	
BAMH11/$\sqrt{3}$—6600—1×3W	11/$\sqrt{3}$	6600	2400	860	1140	2057	2810	1140	3960		
$BAMH_2$11/$\sqrt{3}$—6600—1×3W	11/$\sqrt{3}$	6600	2550	860	1020	2057	2820	1140	4020	全密封	

续表

型　号	基本参数		电容器外形及安装尺寸（mm）					重量（kg）		备　注	
	额定电压（kV）	额定容量（kvar）	L	B	b	h	H	油重	电容器重		
BAMH11/$\sqrt{3}$—6900—1×3W	11/$\sqrt{3}$	6900	2400	950	1260	2072	2825	1200	4400		Ⅲ型连接电容器
BAMH$_2$11/$\sqrt{3}$—6900—1×3W	11/$\sqrt{3}$	6900	2550	950	1020	2072	2830	1200	4457	全密封	
BAMH11/$\sqrt{3}$—7200—1×3W	11/$\sqrt{3}$	7200	2400	950	1260	2072	2825	1200	4400		
BAMH$_2$11/$\sqrt{3}$—7200—1×3W	11/$\sqrt{3}$	7200	2550	950	1020	2072	2830	1200	4457	全密封	
BAMH11/$\sqrt{3}$—7500—1×3W	11/$\sqrt{3}$	7500	2400	950	1260	2072	2825	1200	4400		
BAMH$_2$11/$\sqrt{3}$—7500—1×3W	11/$\sqrt{3}$	7500	2550	950	1020	2072	2830	1200	4457	全密封	
BAMH11/$\sqrt{3}$—7800—1×3W	11/$\sqrt{3}$	7800	1860	1530	1700	2082	2840	1680	5500		
BAMH$_2$11/$\sqrt{3}$—7800—1×3W	11/$\sqrt{3}$	7800	2010	1530	1225	2082	2845	1680	5565	全密封	
BAMH11/$\sqrt{3}$—8000—1×3W	11/$\sqrt{3}$	8000	1860	1530	1700	2082	2840	1680	5500		
BAMH$_2$11/$\sqrt{3}$—8000—1×3W	11/$\sqrt{3}$	8000	2010	1530	1225	2082	2845	1680	5565	全密封	
BAMH11/$\sqrt{3}$—8100—1×3W	11/$\sqrt{3}$	8100	1860	1530	1700	2082	2840	1680	5500		
BAMH$_2$11/$\sqrt{3}$—8100—1×3W	11/$\sqrt{3}$	8100	2010	1530	1225	2082	2845	1680	5565	全密封	
BAMH11/$\sqrt{3}$—8400—1×3W	11/$\sqrt{3}$	8400	1860	1830	1700	2082	2840	1680	5500		
BAMH$_2$11/$\sqrt{3}$—8400—1×3W	11/$\sqrt{3}$	8400	2010	1530	1225	2082	2845	1680	5565	全密封	
BAMH11/$\sqrt{3}$—8700—1×3W	11/$\sqrt{3}$	8700	1860	1530	1700	2082	2840	1680	5500		
BAMH$_2$11/$\sqrt{3}$—8700—1×3W	11/$\sqrt{3}$	8700	2010	1530	1225	2082	2845	1680	5565	全密封	
BAMH11/$\sqrt{3}$—9600—1×3W	11/$\sqrt{3}$	9600	1860	1710	1700	2082	2840	1760	6160		
BAMH$_2$11/$\sqrt{3}$—9600—1×3W	11/$\sqrt{3}$	9600	2010	1710	1225	2082	2845	1760	6225	全密封	
BAMH11/$\sqrt{3}$—10000—1×3W	11/$\sqrt{3}$	10000	1860	1710	1700	2082	2840	1760	6160		
BAMH$_2$11/$\sqrt{3}$—10000—1×3W	11/$\sqrt{3}$	10000	2010	1710	1225	2082	2845	1760	6225	全密封	
BAMH6.6/$\sqrt{3}$—1500—1×3CW	6.6/$\sqrt{3}$	1500	1740	820	800	1157	1820	435	1530		差压保护电容器（三相差压）（外形尺寸L×1860×H）
BAMH$_2$6.6/$\sqrt{3}$—1500—1×3CW	6.6/$\sqrt{3}$	1500	1980	820	435	1157	1915	435	1550	全密封	
BAMH11/$\sqrt{3}$—1500—1×3CW	11/$\sqrt{3}$	1500	1740	820	800	1157	1820	435	1530		
BAMH$_2$11/$\sqrt{3}$—1500—1×3CW	11/$\sqrt{3}$	1500	1980	820	435	1157	1915	435	1550	全密封	
BAMH6.6/$\sqrt{3}$—1600—1×3CW	6.6/$\sqrt{3}$	1600	1740	820	800	1227	1890	480	1690		
BAMH$_2$6.6/$\sqrt{3}$—1600—1×3CW	6.6/$\sqrt{3}$	1600	1980	820	435	1227	1985	480	1710	全密封	
BAMH11/$\sqrt{3}$—1600—1×3CW	11/$\sqrt{3}$	1600	1740	820	800	1227	1890	480	1690		
BAMH$_2$11/$\sqrt{3}$—1600—1×3CW	11/$\sqrt{3}$	1600	1980	820	435	1227	1985	480	1710	全密封	
BAMH6.6/$\sqrt{3}$—1668—1×3CW	6.6/$\sqrt{3}$	1668	1740	820	800	1227	1890	480	1690		
BAMH$_2$6.6/$\sqrt{3}$—1668—1×3CW	6.6/$\sqrt{3}$	1668	1980	820	435	1227	1985	480	1710	全密封	
BAMH11/$\sqrt{3}$—1668—1×3CW	11/$\sqrt{3}$	1668	1740	820	800	1227	1890	480	1690		
BAMH$_2$11/$\sqrt{3}$—1668—1×3CW	11/$\sqrt{3}$	1668	1980	820	435	1227	1985	480	1710	全密封	
BAMH6.6/$\sqrt{3}$—1800—1×3CW	6.6/$\sqrt{3}$	1800	1740	820	800	1227	1890	480	1690		
BAMH$_2$6.6/$\sqrt{3}$—1800—1×3CW	6.6 $\sqrt{3}$	1800	1980	820	435	1227	1985	480	1710	全密封	
BAMH11/$\sqrt{3}$—1800—1×3CW	11/$\sqrt{3}$	1800	1740	820	800	1227	1890	480	1690		
BAMH$_2$11/$\sqrt{3}$—1800—1×3CW	11/$\sqrt{3}$	1800	1980	820	435	1227	1985	480	1710	全密封	
BAMH6.6/$\sqrt{3}$—2000—1×3CW	6.6/$\sqrt{3}$	2000	1740	850	800	1227	1890	480	1700		
BAMH$_2$6.6/$\sqrt{3}$—2000—1×3CW	6.6/$\sqrt{3}$	2000	1980	850	435	1227	1985	480	1720	全密封	

续表

型　号	基本参数		电容器外形及安装尺寸（mm）					重量（kg）		备　注	
	额定电压（kV）	额定容量（kvar）	L	B	b	h	H	油重	电容器重		
BAMH11/$\sqrt{3}$—2000—1×3CW	11/$\sqrt{3}$	2000	1740	850	800	1227	1890	480	1700		差压保护电容器（三相差压）（外形尺寸L×1860×H）
BAM$H_2$11/$\sqrt{3}$—2000—1×3CW	11/$\sqrt{3}$	2000	1980	850	435	1227	1985	480	1720	全密封	
BAMH6.6/$\sqrt{3}$—2100—1×3CW	6.6/$\sqrt{3}$	2100	1740	850	800	1227	1890	480	1700		
BAM$H_2$6.6/$\sqrt{3}$—2100—1×3CW	6.6/$\sqrt{3}$	2100	1980	850	435	1227	1985	480	1720	全密封	
BAMH11/$\sqrt{3}$—2100—1×3CW	11/$\sqrt{3}$	2100	1740	850	800	1227	1890	480	1700		
BAM$H_2$11/$\sqrt{3}$—2100—1×3CW	11/$\sqrt{3}$	2100	1980	850	435	1227	1985	480	1720	全密封	
BAMH6.6/$\sqrt{3}$—2400—1×3CW	6.6/$\sqrt{3}$	2400	1740	920	800	1227	1890	480	1900		
BAM$H_2$6.6/$\sqrt{3}$—2400—1×3CW	6.6/$\sqrt{3}$	2400	1980	920	435	1227	1985	480	1920	全密封	
BAMH11/$\sqrt{3}$—2400—1×3CW	11/$\sqrt{3}$	2400	1740	920	800	1227	1890	480	1900		
BAM$H_2$11/$\sqrt{3}$—2400—1×3CW	11/$\sqrt{3}$	2400	1980	920	435	1227	1985	480	1920	全密封	
BAMH6.6/$\sqrt{3}$—2500—1×3CW	6.6/$\sqrt{3}$	2500	1740	920	800	1227	1890	480	1900		
BAM$H_2$6.6/$\sqrt{3}$—2500—1×3CW	6.6/$\sqrt{3}$	2500	1980	920	435	1227	1985	480	1920	全密封	
BAMH11/$\sqrt{3}$—2500—1×3CW	11/$\sqrt{3}$	2500	1740	920	800	1227	1890	480	1900		
BAM$H_2$11/$\sqrt{3}$—2500—1×3CW	11/$\sqrt{3}$	2500	1980	920	435	1227	1985	480	1920	全密封	
BAMH6.6/$\sqrt{3}$—3000—1×3CW	6.6/$\sqrt{3}$	3000	1820	810	850	1907	2640	740	2530		
BAM$H_2$6.6/$\sqrt{3}$—3000—1×3CW	6.6/$\sqrt{3}$	3000	1980	810	565	1907	2665	740	2555	全密封	
BAMH11/$\sqrt{3}$—3000—1×3CW	11/$\sqrt{3}$	3000	1820	810	850	1907	2640	740	2530		
BAM$H_2$11/$\sqrt{3}$—3000—1×3CW	11/$\sqrt{3}$	3000	1980	810	565	1907	2665	740	2555	全密封	
BAMH6.6/$\sqrt{3}$—3200—1×3CW	6.6/$\sqrt{3}$	3200	1820	810	850	2047	2780	790	2530		
BAM$H_2$6.6/$\sqrt{3}$—3200—1×3CW	6.6/$\sqrt{3}$	3200	1980	810	630	2047	2810	790	2555	全密封	
BAMH11/$\sqrt{3}$—3200—1×3CW	11/$\sqrt{3}$	3200	1820	810	850	2047	2780	790	2530		
BAM$H_2$11/$\sqrt{3}$—3200—1×3CW	11/$\sqrt{3}$	3200	1980	810	630	2047	2810	790	2555	全密封	
BAMH6.6/$\sqrt{3}$—3300—1×3CW	6.6/$\sqrt{3}$	3300	1820	810	850	2047	2780	790	2730		
BAM$H_2$6.6/$\sqrt{3}$—3300—1×3CW	6.6/$\sqrt{3}$	3300	1980	810	630	2047	2810	790	2755	全密封	
BAMH11/$\sqrt{3}$—3300—1×3CW	11/$\sqrt{3}$	3300	1820	810	850	2047	2780	790	2730		
BAM$H_2$11/$\sqrt{3}$—3300—1×3CW	11/$\sqrt{3}$	3300	1980	810	630	2047	2810	790	2755	全密封	
BAMH6.6/$\sqrt{3}$—3600—1×3CW	6.6/$\sqrt{3}$	3600	1820	810	850	2047	2780	740	2730		
BAM$H_2$6.6/$\sqrt{3}$—3600—1×3CW	6.6/$\sqrt{3}$	3600	1980	810	630	2047	2810	740	2755	全密封	
BAMH11/$\sqrt{3}$—3600—1×3CW	11/$\sqrt{3}$	3600	1820	810	850	2047	2780	740	2730		
BAM$H_2$11/$\sqrt{3}$—3600—1×3CW	11/$\sqrt{3}$	3600	1980	810	630	2047	2810	740	2755	全密封	
BAMH6.6/$\sqrt{3}$—4000—1×3CW	6.6/$\sqrt{3}$	4000	1820	850	850	2047	2780	760	2810		三相差压保护电容器
BAM$H_2$6.6/$\sqrt{3}$—4000—1×3CW	6.6/$\sqrt{3}$	4000	1980	850	630	2047	2810	760	2835	全密封	
BAMH11/$\sqrt{3}$—4000—1×3CW	11/$\sqrt{3}$	4000	1820	850	850	2047	2780	760	2810		
BAM$H_2$11/$\sqrt{3}$—4000—1×3CW	11/$\sqrt{3}$	4000	1980	850	630	2047	2810	760	2835	全密封	
BAMH6.6/$\sqrt{3}$—4200—1×3CW	6.6/$\sqrt{3}$	4200	1820	850	850	2047	2780	760	2810		
BAM$H_2$6.6/$\sqrt{3}$—4200—1×3CW	6.6/$\sqrt{3}$	4200	1980	850	630	2047	2810	760	2835	全密封	
BAMH11/$\sqrt{3}$—4200—1×3CW	11/$\sqrt{3}$	4200	1820	850	850	2047	2780	760	2810		
BAM$H_2$11/$\sqrt{3}$—4200—1×3CW	11/$\sqrt{3}$	4200	1980	850	630	2047	2810	760	2835	全密封	

续表

型　号	基本参数		电容器外形及安装尺寸（mm）					重量（kg）		备　注	
	额定电压（kV）	额定容量（kvar）	L	B	b	h	H	油重	电容器重		
BAMH6.6/$\sqrt{3}$—4500—1×3CW	6.6/$\sqrt{3}$	4500	1820	850	850	2047	2780	760	2810		三相差压保护电容器
BAMH₂6.6/$\sqrt{3}$—4500—1×3CW	6.6/$\sqrt{3}$	4500	1980	850	630	2047	2810	760	2835	全密封	
BAMH11/$\sqrt{3}$—4500—1×3CW	11/$\sqrt{3}$	4500	1820	850	850	2047	2780	760	2810		
BAMH₂11/$\sqrt{3}$—4500—1×3CW	11/$\sqrt{3}$	4500	1980	850	630	2047	2810	760	2835	全密封	
BAMH6.6/$\sqrt{3}$—4800—1×3CW	6.6/$\sqrt{3}$	4800	1820	940	850	2047	2780	830	3120		
BAMH₂6.6/$\sqrt{3}$—4800—1×3CW	6.6/$\sqrt{3}$	4800	1980	940	695	2047	2810	830	3156	全密封	
BAMH11/$\sqrt{3}$—4800—1×3CW	11/$\sqrt{3}$	4800	1820	940	850	2047	2780	830	3120		
BAMH₂11/$\sqrt{3}$—4800—1×3CW	11/$\sqrt{3}$	4800	1980	940	695	2047	2810	830	3156	全密封	
BAMH6.6/$\sqrt{3}$—5000—1×3CW	6.6/$\sqrt{3}$	5000	1820	940	850	2047	2780	830	3120		
BAMH₂6.6/$\sqrt{3}$—5000—1×3CW	6.6/$\sqrt{3}$	5000	1980	940	695	2047	2810	830	3156	全密封	
BAMH11/$\sqrt{3}$—5000—1×3CW	11/$\sqrt{3}$	5000	1820	940	850	2047	2780	830	3120		
BAMH₂11/$\sqrt{3}$—5000—1×3CW	11/$\sqrt{3}$	5000	1980	940	695	2047	2810	830	3156	全密封	
BAMH11/$\sqrt{3}$—5400—1×3CW	11/$\sqrt{3}$	5400	2400	860	1140	2057	2810	1140	4080		
BAMH₂11/$\sqrt{3}$—5400—1×3CW	11/$\sqrt{3}$	5400	2550	860	1020	2057	2820	1140	4140	全密封	
BAMH11/$\sqrt{3}$—6000—1×3CW	11/$\sqrt{3}$	6000	2400	860	1140	2057	2810	1140	4080		
BAMH₂11/$\sqrt{3}$—6000—1×3CW	11/$\sqrt{3}$	6000	2550	860	1020	2057	2820	1140	4140	全密封	
BAMH11/$\sqrt{3}$—6300—1×3CW	11/$\sqrt{3}$	6300	2400	860	1140	2057	2810	1140	4080		
BAMH₂11/$\sqrt{3}$—6300—1×3CW	11/$\sqrt{3}$	6300	2550	860	1020	2057	2820	1140	4140	全密封	
BAMH11/$\sqrt{3}$—6600—1×3CW	11/$\sqrt{3}$	6600	2400	860	1140	2057	2810	1140	4080		
BAMH₂11/$\sqrt{3}$—6600—1×3CW	11/$\sqrt{3}$	6600	2550	860	1020	2057	2820	1140	4140	全密封	
BAMH11/$\sqrt{3}$—6900—1×3CW	11/$\sqrt{3}$	6900	2400	950	1260	2072	2825	1200	4400		
BAMH₂11/$\sqrt{3}$—6900—1×3CW	11/$\sqrt{3}$	6900	2550	950	1020	2072	2830	1200	4457	全密封	
BAMH11/$\sqrt{3}$—7200—1×3CW	11/$\sqrt{3}$	7200	2400	950	1140	2072	2830	1200	4320		
BAMH₂11/$\sqrt{3}$—7200—1×3CW	11/$\sqrt{3}$	7200	2550	950	1020	2072	2835	1200	4380	全密封	
BAMH11/$\sqrt{3}$—7500—1×3CW	11/$\sqrt{3}$	7500	2400	950	1140	2072	2830	1200	4320		
BAMH₂11/$\sqrt{3}$—7500—1×3CW	11/$\sqrt{3}$	7500	2550	950	1020	2072	2835	1200	4380	全密封	
BAMH11/$\sqrt{3}$—7800—1×3CW	11/$\sqrt{3}$	7800	1860	1530	1700	2082	2840	1680	5500		
BAMH₂11/$\sqrt{3}$—7800—1×3CW	11/$\sqrt{3}$	7800	2010	1530	1225	2082	2845	1680	5565	全密封	
BAMH11/$\sqrt{3}$—8000—1×3CW	11/$\sqrt{3}$	8000	1860	1530	1700	2082	2840	1680	5500		
BAMH₂11/$\sqrt{3}$—8000—1×3CW	11/$\sqrt{3}$	8000	2010	1530	1225	2082	2845	1680	5565	全密封	
BAMH11/$\sqrt{3}$—8100—1×3CW	11/$\sqrt{3}$	8100	1860	1530	1700	2082	2840	1680	5500		
BAMH₂11/$\sqrt{3}$—8100—1×3CW	11/$\sqrt{3}$	8100	2010	1530	1225	2082	2845	1680	5565	全密封	
BAMH11/$\sqrt{3}$—8400—1×3CW	11/$\sqrt{3}$	8400	1860	1530	1700	2082	2840	1680	5500		
BAMH₂11/$\sqrt{3}$—8400—1×3CW	11/$\sqrt{3}$	8400	2010	1530	1225	2082	2845	1680	5565	全密封	
BAMH11/$\sqrt{3}$—8700—1×3CW	11/$\sqrt{3}$	8700	1860	1530	1700	2082	2840	1680	5500		
BAMH₂11/$\sqrt{3}$—8700—1×3CW	11/$\sqrt{3}$	8700	2010	1530	1225	2082	2845	1680	5565	全密封	
BAMH11/$\sqrt{3}$—9600—1×3CW	11/$\sqrt{3}$	9600	1860	1710	1700	2082	2840	1760	6160		
BAMH₂11/$\sqrt{3}$—9600—1×3CW	11/$\sqrt{3}$	9600	2010	1710	1225	2082	2845	1760	6225	全密封	

续表

型　号	基本参数		电容器外形及安装尺寸（mm）					重量（kg）		备　注	
	额定电压（kV）	额定容量（kvar）	L	B	b	h	H	油重	电容器重		
BAMH11/$\sqrt{3}$—10000—1×3CW	11/$\sqrt{3}$	10000	1860	1710	1700	2082	2840	1760	6160		三相差压保护电容器
BAMH$_2$11/$\sqrt{3}$—10000—1×3CW	11/$\sqrt{3}$	10000	2010	1710	1225	2082	2845	1760	6225	全密封	
BAMH11/$\sqrt{3}$—2600—1CW	11/$\sqrt{3}$	2600	1400	850	800	2045	2705	544	1970		单相差压保护电容器（外形尺寸L×1200×H）
BAMH$_2$11/$\sqrt{3}$—2600—1CW	11/$\sqrt{3}$	2600	1600	850	800	2045	2805	544	1970	全密封	
BAMH11/$\sqrt{3}$—2667—1CW	11/$\sqrt{3}$	2667	1400	850	800	2045	2705	544	1970		
BAMH$_2$11/$\sqrt{3}$—2667—1CW	11/$\sqrt{3}$	2667	1600	850	800	2045	2805	544	1970	全密封	
BAMH11/$\sqrt{3}$—2700—1CW	11/$\sqrt{3}$	2700	1400	850	800	2045	2705	544	1970		
BAMH$_2$11/$\sqrt{3}$—2700—1CW	11/$\sqrt{3}$	2700	1600	850	800	2045	2805	544	1970	全密封	
BAMH11/$\sqrt{3}$—2900—1CW	11/$\sqrt{3}$	2900	1400	850	800	2045	2705	544	1970		
BAMH$_2$11/$\sqrt{3}$—2900—1CW	11/$\sqrt{3}$	2900	1600	850	800	2045	2805	544	1970	全密封	
BAMH11/$\sqrt{3}$—3334—1CW	11/$\sqrt{3}$	3334	1400	940	940	2045	2705	600	2210		
BAMH$_2$11/$\sqrt{3}$—3334—1CW	11/$\sqrt{3}$	3334	1600	940	940	2045	2805	600	2210	全密封	
BAMH38.5/$\sqrt{3}$—1400—1CW	38.5/$\sqrt{3}$	1400	2318	812	750	1083	1910	710	1875		
BAMH$_2$38.5/$\sqrt{3}$—1400—1CW	38.5$\sqrt{3}$	1400	2468	812	630	1083	1845	710	1907	全密封	
BAMH38.5/$\sqrt{3}$—1500—1CW	38.5/$\sqrt{3}$	1500	2318	812	750	1083	1910	710	1875		
BAMH$_2$38.5/$\sqrt{3}$—1500—1CW	38.5/$\sqrt{3}$	1500	2468	812	630	1083	1845	710	1907	全密封	
BAMH38.5/$\sqrt{3}$—1667—1CW	38.5/$\sqrt{3}$	1667	2318	812	750	1173	2000	780	2020		
BAMH$_2$38.5/$\sqrt{3}$—1667—1CW	38.5/$\sqrt{3}$	1667	2468	812	630	1173	1933	780	2052	全密封	
BAMH38.5/$\sqrt{3}$—2000—1CW	38.5/$\sqrt{3}$	2000	2380	870	940	1370	2220	1050	2530		
BAMH$_2$38.5/$\sqrt{3}$—2000—1CW	38.5/$\sqrt{3}$	2000	2530	870	955	1370	2130	1050	2587	全密封	
BAMH38.5/$\sqrt{3}$—2100—1CW	38.5/$\sqrt{3}$	2100	2380	870	940	1370	2220	1050	2530		
BAMH$_2$38.5/$\sqrt{3}$—2100—1CW	38.5/$\sqrt{3}$	2100	2530	870	955	1370	2130	1050	2587	全密封	
BAMH38.5/$\sqrt{3}$—2400—1CW	38.5/$\sqrt{3}$	2400	2318	812	850	1433	2260	920	2425		
BAMH$_2$38.5/$\sqrt{3}$—2400—1CW	38.5/$\sqrt{3}$	2400	2530	812	825	1433	2193	920	2473	全密封	
BAMH38.5/$\sqrt{3}$—2800—1CW	38.5/$\sqrt{3}$	2800	2380	950	1140	1440	2320	1180	3030		
BAMH$_2$38.5/$\sqrt{3}$—2800—1CW	38.5/$\sqrt{3}$	2800	2530	950	760	1440	2200	1180	3065	全密封	
BAMH38.5/$\sqrt{3}$—3000—1CW	38.5/$\sqrt{3}$	3000	2380	950	1140	1440	2320	1180	3000		
BAMH$_2$38.5/$\sqrt{3}$—3000—1CW	38.5/$\sqrt{3}$	3000	2530	950	760	1440	2200	1180	3035	全密封	
BAMH38.5/$\sqrt{3}$—3334—1CW	38.5/$\sqrt{3}$	3334	2380	1040	1260	1440	2320	1290	3200		
BAMH$_2$38.5/$\sqrt{3}$—3334—1CW	38.5/$\sqrt{3}$	3334	2530	1040	1020	1440	2200	1290	3255	全密封	
BAMH38.5/$\sqrt{3}$—4000—1CW	38.5/$\sqrt{3}$	4000	2380	950	1260	1871	2730	1500	3770		
BAMH$_2$38.5/$\sqrt{3}$—4000—1CW	38.5/$\sqrt{3}$	4000	2530	950	955	1871	2630	1500	3820	全密封	
BAMH38.5/$\sqrt{3}$—5000—1CW	38.5/$\sqrt{3}$	5000	2380	1040	1700	1871	2730	1630	4060		
BAMH$_2$38.5/$\sqrt{3}$—5000—1CW	38.5/$\sqrt{3}$	5000	2530	1040	1020	1871	2630	1630	4110	全密封	
BAMH$_2$38.5/$\sqrt{3}$—6667—1CW	38.5/$\sqrt{3}$	6667	2530	1040	1225	2282	3040	2100	5280	全密封	
BAMH6.6/$\sqrt{3}$—1500—1×3BW	6.6/$\sqrt{3}$	1500	1740	820	800	1157	1820	435	1530		调容电容器（1/2调容）（外形尺寸L×1200×H）
BAMH$_2$6.6/$\sqrt{3}$—1500—1×3BW	6.6/$\sqrt{3}$	1500	1980	820	435	1157	1915	435	1550	全密封	
BAMH11/$\sqrt{3}$—1500—1×3BW	11/$\sqrt{3}$	1500	1740	820	800	1157	1820	435	1530		

续表

型　号	基本参数		电容器外形及安装尺寸（mm）					重量（kg）		备　注	
	额定电压（kV）	额定容量（kvar）	L	B	b	h	H	油重	电容器重		
BAMH$_2$11/$\sqrt{3}$—1500—1×3BW	11/$\sqrt{3}$	1500	1980	820	435	1157	1915	435	1550	全密封	
BAMH6.6/$\sqrt{3}$—1600—1×3BW	6.6/$\sqrt{3}$	1600	1740	820	800	1227	1890	480	1690		
BAMH$_2$6.6/$\sqrt{3}$—1600—1×3BW	6.6/$\sqrt{3}$	1600	1980	820	435	1227	1985	480	1710	全密封	
BAMH11/$\sqrt{3}$—1600—1×3BW	11/$\sqrt{3}$	1600	1740	820	800	1227	1890	480	1690		
BAMH$_2$11/$\sqrt{3}$—1600—1×3BW	11/$\sqrt{3}$	1600	1980	820	435	1227	1985	480	1710	全密封	
BAMH6.6/$\sqrt{3}$—1668—1×3BW	6.6/$\sqrt{3}$	1668	1740	820	800	1227	1890	480	1690		
BAMH$_2$6.6/$\sqrt{3}$—1668—1×3BW	6.6/$\sqrt{3}$	1668	1980	820	435	1227	1985	480	1710	全密封	
BAMH11/$\sqrt{3}$—1668—1×3BW	11/$\sqrt{3}$	1668	1740	820	800	1227	1890	480	1690		
BAMH$_2$11/$\sqrt{3}$—1668—1×3BW	11/$\sqrt{3}$	1668	1980	820	435	1227	1985	480	1710	全密封	
BAMH6.6/$\sqrt{3}$—1800—1×3BW	6.6/$\sqrt{3}$	1800	1740	820	800	1227	1890	480	1690		
BAMH$_2$6.6/$\sqrt{3}$—1800—1×3BW	6.6/$\sqrt{3}$	1800	1980	820	435	1227	1985	480	1710	全密封	
BAMH11/$\sqrt{3}$—1800—1×3BW	11/$\sqrt{3}$	1800	1740	820	800	1227	1890	480	1690		
BAMH$_2$11/$\sqrt{3}$—1800—1×3BW	11/$\sqrt{3}$	1800	1980	820	435	1227	1985	480	1710	全密封	
BAMH6.6/$\sqrt{3}$—2000—1×3BW	6.6/$\sqrt{3}$	2000	1740	850	800	1227	1890	480	1690		
BAMH$_2$6.6/$\sqrt{3}$—2000—1×3BW	6.6/$\sqrt{3}$	2000	1980	850	435	1227	1985	480	1710	全密封	
BAMH11/$\sqrt{3}$—2000—1×3BW	11/$\sqrt{3}$	2000	1740	850	800	1227	1890	480	1690		
BAMH$_2$11/$\sqrt{3}$—2000—1×3BW	11/$\sqrt{3}$	2000	1980	850	435	1227	1985	480	1710	全密封	
BAMH6.6/$\sqrt{3}$—2100—1×3BW	6.6/$\sqrt{3}$	2100	1740	850	800	1227	1890	480	1690		
BAMH$_2$6.6/$\sqrt{3}$—2100—1×3BW	6.6/$\sqrt{3}$	2100	1980	850	435	1227	1985	480	1710	全密封	调容电容器（1/2 调容）（外形尺寸 $L\times1200\times H$）
BAMH11/$\sqrt{3}$—2100—1×3BW	11/$\sqrt{3}$	2100	1740	850	800	1227	1890	480	1690		
BAMH$_2$11/$\sqrt{3}$—2100—1×3BW	11/$\sqrt{3}$	2100	1980	850	435	1227	1985	480	1710	全密封	
BAMH6.6/$\sqrt{3}$—2400—1×3BW	6.6/$\sqrt{3}$	2400	1740	920	800	1227	1890	480	1900		
BAMH$_2$6.6/$\sqrt{3}$—2400—1×3BW	6.6/$\sqrt{3}$	2400	1980	920	435	1227	1985	480	1920	全密封	
BAMH11/$\sqrt{3}$—2400—1×3BW	11/$\sqrt{3}$	2400	1740	920	800	1227	1890	480	1900		
BAMH$_2$11/$\sqrt{3}$—2400—1×3BW	11/$\sqrt{3}$	2400	1980	920	435	1227	1985	480	1920	全密封	
BAMH6.6/$\sqrt{3}$—2500—1×3BW	6.6/$\sqrt{3}$	2500	1740	920	800	1227	1890	480	1900		
BAMH$_2$6.6/$\sqrt{3}$—2500—1×3BW	6.6/$\sqrt{3}$	2500	1980	920	435	1227	1985	480	1920	全密封	
BAMH11/$\sqrt{3}$—2500—1×3BW	11/$\sqrt{3}$	2500	1740	920	800	1227	1890	480	1900		
BAMH$_2$11/$\sqrt{3}$—2500—1×3BW	11/$\sqrt{3}$	2500	1980	920	435	1227	1985	480	1920	全密封	
BAMH6.6/$\sqrt{3}$—3000—1×3BW	6.6/$\sqrt{3}$	3000	1820	810	850	1907	2640	740	2530		
BAMH$_2$6.6/$\sqrt{3}$—3000—1×3BW	6.6/$\sqrt{3}$	3000	1980	810	565	1907	2665	740	2555	全密封	
BAMH11/$\sqrt{3}$—3000—1×3BW	11/$\sqrt{3}$	3000	1820	810	850	1907	2640	740	2530		
BAMH$_2$11/$\sqrt{3}$—3000—1×3BW	11/$\sqrt{3}$	3000	1980	810	565	1907	2665	740	2555	全密封	
BAMH6.6/$\sqrt{3}$—3200—1×3BW	6.6/$\sqrt{3}$	3200	1820	810	850	2047	2780	790	2530		
BAMH$_2$6.6/$\sqrt{3}$—3200—1×3BW	6.6/$\sqrt{3}$	3200	1980	810	630	2017	2810	790	2555	全密封	
BAMH11/$\sqrt{3}$—3200—1×3BW	11/$\sqrt{3}$	3200	1820	810	850	2047	2780	790	2530		
BAMH$_2$11/$\sqrt{3}$—3200—1×3BW	11/$\sqrt{3}$	3200	1980	810	630	2047	2810	790	2555	全密封	
BAMH6.6/$\sqrt{3}$—3300—1×3BW	6.6/$\sqrt{3}$	3300	1820	810	850	2047	2780	790	2730		

续表

型　号	基本参数		电容器外形及安装尺寸（mm）					重量（kg）		备　注	
	额定电压（kV）	额定容量（kvar）	*L*	*B*	*b*	*h*	*H*	油重	电容器重		
BAMH$_2$6.6/$\sqrt{3}$—3300—1×3BW	6.6/$\sqrt{3}$	3300	1980	810	630	2047	2810	790	2755	全密封	调容电容器（1/2调容）（外形尺寸 $L\times1200\times H$）
BAMH11/$\sqrt{3}$—3300—1×3BW	11/$\sqrt{3}$	3300	1820	810	850	2047	2780	790	2730		
BAMH$_2$11/$\sqrt{3}$—3300—1×3BW	11/$\sqrt{3}$	3300	1980	810	630	2047	2810	790	2755	全密封	
BAMH6.6/$\sqrt{3}$—3600—1×3BW	6.6/$\sqrt{3}$	3600	1820	810	850	2047	2780	740	2730		
BAMH$_2$6.6/$\sqrt{3}$—3600—1×3BW	6.6/$\sqrt{3}$	3600	1980	810	630	2047	2810	740	2755	全密封	
BAMH11/$\sqrt{3}$—3600—1×3BW	11/$\sqrt{3}$	3600	1820	810	850	2047	2780	740	2730		
BAMH$_2$11/$\sqrt{3}$—3600—1×3BW	11/$\sqrt{3}$	3600	1980	810	630	2047	2810	740	2755	全密封	
BAMH6.6/$\sqrt{3}$—4000—1×3BW	6.6/$\sqrt{3}$	4000	1820	850	850	2047	2780	760	2810		
BAMH$_2$6.6/$\sqrt{3}$—4000—1×3BW	6.6/$\sqrt{3}$	4000	1980	850	630	2047	2810	760	2835	全密封	调容电容器（1/2调容）
BAMH11/$\sqrt{3}$—4000—1×3BW	11/$\sqrt{3}$	4000	1820	850	850	2047	2780	760	2810		
BAMH$_2$11/$\sqrt{3}$—4000—1×3BW	11/$\sqrt{3}$	4000	1980	850	630	2047	2810	760	2835	全密封	
BAMH6.6/$\sqrt{3}$—4200—1×3BW	6.6/$\sqrt{3}$	4200	1820	850	850	2047	2780	760	2810		
BAMH$_2$6.6/$\sqrt{3}$—4200—1×3BW	6.6/$\sqrt{3}$	4200	1980	850	630	2047	2810	760	2835	全密封	
BAMH11/$\sqrt{3}$—4200—1×3BW	11/$\sqrt{3}$	4200	1820	850	850	2047	2780	760	2810		
BAMH$_2$11/$\sqrt{3}$—4200—1×3BW	11/$\sqrt{3}$	4200	1980	850	630	2047	2810	760	2835	全密封	
BAMH6.6/$\sqrt{3}$—4500—1×3BW	6.6/$\sqrt{3}$	4500	1820	850	850	2047	2780	760	2810		
BAMH$_2$6.6/$\sqrt{3}$—4500—1×3BW	6.6/$\sqrt{3}$	4500	1980	850	630	2047	2810	760	2835	全密封	
BAMH11/$\sqrt{3}$—4500—1×3BW	11/$\sqrt{3}$	4500	1820	850	850	2047	2780	760	2810		
BAMH$_2$11/$\sqrt{3}$—4500—1×3BW	11/$\sqrt{3}$	4500	1980	850	630	2047	2810	760	2835	全密封	
BAMH6.6/$\sqrt{3}$—4800—1×3BW	6.6/$\sqrt{3}$	4800	1820	940	850	2047	2780	830	3120		
BAMH$_2$6.6/$\sqrt{3}$—4800—1×3BW	6.6/$\sqrt{3}$	4800	1980	940	695	2047	2810	830	3156	全密封	
BAMH11/$\sqrt{3}$—4800—1×3BW	11/$\sqrt{3}$	4800	1820	940	850	2047	2780	830	3120		
BAMH$_2$11/$\sqrt{3}$—4800—1×3BW	11/$\sqrt{3}$	4800	1980	940	695	2047	2810	830	3156	全密封	
BAMH6.6/$\sqrt{3}$—500—1×3BW	6.6/$\sqrt{3}$	5000	1820	940	850	2047	2780	830	3120		
BAMH$_2$6.6/$\sqrt{3}$—5000—1×3BW	6.6/$\sqrt{3}$	5000	1980	940	695	2047	2810	830	3156	全密封	
BAMH11/$\sqrt{3}$—5000—1×3BW	11/$\sqrt{3}$	5000	1820	940	850	2047	2780	830	3120		
BAMH$_2$11/$\sqrt{3}$—5000—1×3BW	11/$\sqrt{3}$	5000	1980	940	695	2047	2810	830	3156	全密封	
BAMH11/$\sqrt{3}$—5400—1×3BW	11/$\sqrt{3}$	5400	2400	860	1140	2057	2810	1140	4080		
BAMH$_2$11/$\sqrt{3}$—5400—1×3BW	11/$\sqrt{3}$	5400	2550	860	1020	2057	2820	1140	4140	全密封	
BAMH11/$\sqrt{3}$—6000—1×3BW	11/$\sqrt{3}$	6000	2400	860	1140	2057	2810	1140	4080		
BAMH$_2$11/$\sqrt{3}$—6000—1×3BW	11/$\sqrt{3}$	6000	2550	860	1020	2057	2820	1140	4140	全密封	
BAMH11/$\sqrt{3}$—6300—1×3BW	11/$\sqrt{3}$	6300	2400	860	1140	2057	2810	1140	4080		
BAMH$_2$11/$\sqrt{3}$—6300—1×3BW	11/$\sqrt{3}$	6300	2550	860	1020	2057	2820	1140	4140	全密封	
BAMH11/$\sqrt{3}$—6600—1×3BW	11/$\sqrt{3}$	6600	2400	860	1140	2057	2810	1140	4080		
BAMH$_2$11/$\sqrt{3}$—6600—1×3BW	11/$\sqrt{3}$	6600	2550	860	1020	2057	2820	1140	4140	全密封	
BAMH11/$\sqrt{3}$—6900—1×3BW	11/$\sqrt{3}$	6900	2400	950	1260	2072	2825	1200	4400		
BAMH$_2$11/$\sqrt{3}$—6900—1×3BW	11/$\sqrt{3}$	6900	2550	950	1020	2072	2830	1200	4457	全密封	
BAMH11/$\sqrt{3}$—7200—1×3BW	11/$\sqrt{3}$	7200	2400	950	1140	2072	2830	1200	4320		

续表

型　号	基本参数		电容器外形及安装尺寸（mm）					重量（kg）		备　注	
	额定电压（kV）	额定容量（kvar）	L	B	b	h	H	油重	电容器重		
BAMH$_2$11/$\sqrt{3}$—7200—1×3BW	11/$\sqrt{3}$	7200	2550	950	1020	2072	2835	1200	4380	全密封	
BAMH11/$\sqrt{3}$—7500—1×3BW	11/$\sqrt{3}$	7500	2400	950	1140	2072	2830	1200	4320		
BAMH$_2$11/$\sqrt{3}$—7500—1×3BW	11/$\sqrt{3}$	7500	2550	950	1020	2072	2835	1200	4380	全密封	
BAMH11/$\sqrt{3}$—7800—1×3BW	11/$\sqrt{3}$	7800	1860	1530	1700	2082	2840	1680	5500		
BAMH$_2$11/$\sqrt{3}$—7800—1×3BW	11/$\sqrt{3}$	7800	2010	1530	1225	2082	2845	1680	5565	全密封	
BAMH11/$\sqrt{3}$—8000—1×3BW	11/$\sqrt{3}$	8000	1860	1530	1700	2082	2840	1680	5500		
BAMH$_2$11/$\sqrt{3}$—8000—1×3BW	11/$\sqrt{3}$	8000	2010	1530	1225	2082	2845	1680	5565	全密封	
BAMH11/$\sqrt{3}$—8100—1×3BW	11/$\sqrt{3}$	8100	1860	1530	1700	2082	2840	1680	5500		
BAMH$_2$11/$\sqrt{3}$—8100—1×3BW	11/$\sqrt{3}$	8100	2010	1530	1225	2082	2845	1680	5565	全密封	
BAMH11/$\sqrt{3}$—8400—1×3BW	11/$\sqrt{3}$	8400	1860	1530	1700	2082	2840	1680	5500		调容电容器（1/2调容）
BAMH$_2$11/$\sqrt{3}$—8400—1×3BW	11/$\sqrt{3}$	8400	2010	1530	1225	2082	2845	1680	5565	全密封	
BAMH11/$\sqrt{3}$—8700—1×3BW	11/$\sqrt{3}$	8700	1860	1530	1700	2082	2840	1680	5500		
BAMH$_2$11/$\sqrt{3}$—8700—1×3BW	11/$\sqrt{3}$	8700	2010	1530	1225	2082	2845	1680	5565	全密封	
BAMH11/$\sqrt{3}$—9600—1×3BW	11/$\sqrt{3}$	9600	1860	1710	1700	2082	2840	1760	6160		
BAMH$_2$11/$\sqrt{3}$—9600—1×3BW	11/$\sqrt{3}$	9600	2010	1710	1225	2082	2845	1760	6225	全密封	
BAMH11/$\sqrt{3}$—10000—1×3BW	11/$\sqrt{3}$	10000	1860	1710	1700	2082	2840	1760	6160		
BAMH$_2$11/$\sqrt{3}$—10000—1×3BW	11/$\sqrt{3}$	10000	2010	1710	1225	2082	2845	1760	6225	全密封	
BAMH38.5/$\sqrt{3}$—2000—1BW	38.5/$\sqrt{3}$	2000	2380	940	870	1370	2220	1050	2530		
BAMH38.5/$\sqrt{3}$—3000—1BW	38.5/$\sqrt{3}$	3000	2380	1040	950	1440	2300	1180	3060		
BAMH$_4$11/$\sqrt{3}$—1667+3334—1×3BW	11/$\sqrt{3}$	5000	1830	1380	1260	1832	2590	1410	4390		
BAMH$_5$11/$\sqrt{3}$—2500+5000—1×3BW	11/$\sqrt{3}$	7500	1980	1720	1130	1832	2590	1700	5370	全密封	非等分电动调容电容器（L×1200×H）
BAMH$_4$11/$\sqrt{3}$—3000+5000—1×3BW	11/$\sqrt{3}$	8000	1830	1500	1400	2118	2870	1600	5380		
BAMH$_4$6.6—1500—3BW	6.6	1500	1900	920	750	1267	2000	736	1967		
BAMH$_5$6.6—1500—3BW	6.6	1500	2080	920	630	1267	2030	736	2000	全密封	
BAMH$_4$11—1500—3BW	11	1500	1900	920	750	1267	2000	736	1967		
BAMH$_5$11—1500—3BW	11	1500	2080	920	630	1267	2030	736	2000	全密封	
BAMH$_4$6.6—1668—3BW	6.6	1668	1900	920	750	1337	2070	773	2090		
BAMH$_5$6.6—1668—3BW	6.6	1668	2080	920	630	1337	2100	773	2120	全密封	
BAMH$_4$11—1668—3BW	11	1668	1900	920	750	1337	2070	773	2090		
BAMH$_5$11—1668—3BW	11	1668	2080	920	630	1337	2100	773	2120	全密封	电动调容电容器（1/2电动调容）（L×1300×H）
BAMH$_4$6.6—1800—3BW	6.6	1800	1900	920	750	1337	2070	746	2104		
BAMH$_5$6.6—1800—3BW	6.6	1800	2080	920	630	1337	2100	746	2135	全密封	
BAMH$_4$11—1800—3BW	11	1800	1900	920	750	1337	2070	746	2104		
BAMH$_5$11—1800—3BW	11	1800	2080	920	630	1337	2100	746	2135	全密封	
BAMH$_4$6.6—2000—3BW	6.6	2000	1900	920	750	1337	2070	746	2104		
BAMH$_5$6.6—2000—3BW	6.6	2000	2080	920	630	1337	2100	746	2135	全密封	
BAMH$_4$11—2000—3BW	11	2000	1900	920	750	1337	2070	746	2104		
BAMH$_5$11—2000—3BW	11	2000	2080	920	630	1337	2100	746	2135	全密封	

续表

型　号	基本参数		电容器外形及安装尺寸（mm）					重量（kg）		备　注	
	额定电压（kV）	额定容量（kvar）	L	B	b	h	H	油重	电容器重		
BAMH$_4$6.6—2100—3BW	6.6	2100	1900	920	750	1337	2070	746	2104		电动调容电容器（1/2电动调容）（$L\times1300\times H$）
BAMH$_5$6.6—2100—3BW	6.6	2100	2080	920	630	1337	2100	746	2135	全密封	
BAMH$_4$11—2100—3BW	11	2100	1900	920	750	1337	2070	746	2104		
BAMH$_5$11—2100—3BW	11	2100	2080	920	630	1337	2100	746	2135	全密封	
BAMH$_4$6.6—2400—3BW	6.6	2400	1900	920	750	1337	2070	662	2128		
BAMH$_5$6.6—2400—3BW	6.6	2400	2080	920	565	1337	2100	662	2154	全密封	
BAMH$_4$11—2400—3BW	11	2400	1900	920	750	1337	2070	662	2128		
BAMH$_5$11—2400—3BW	11	2400	2080	920	565	1337	2100	662	2154	全密封	
BAMH$_4$6.6—2500—3BW	6.6	2500	1900	920	750	1337	2070	662	2128		
BAMH$_5$6.6—2500—3BW	6.6	2500	2080	920	565	1337	2100	662	2154	全密封	
BAMH$_4$11—2500—3BW	11	2500	1900	920	750	1337	2070	662	2128		
BAMH$_5$11—2500—3BW	11	2500	2050	920	565	1337	2100	662	2154	全密封	
BAMH11/$\sqrt{3}$—800+1600—1×3BW	11/$\sqrt{3}$	2400	1740	770	750	1618	2280	560	2130		非等分调容电容器（$L\times1200\times H$）
BAMH$_2$11/$\sqrt{3}$—800+1600—1×3BW	11/$\sqrt{3}$	2400	1980	770	565	1618	2380	560	2156	全密封	
BAMH11/$\sqrt{3}$—1200+2400—1×3BW	11/$\sqrt{3}$	3600	1820	940	800	1618	2360	670	2470		
BAMH$_2$11/$\sqrt{3}$—1200+2400—1×3BW	11/$\sqrt{3}$	3600	1980	940	565	1618	2380	670	2500	全密封	
BAMH11/$\sqrt{3}$—1600+3200—1×3BW	11/$\sqrt{3}$	4800	2400	820	1140	2072	2830	1180	3980		
BAMH$_2$11/$\sqrt{3}$—1600+3200—1×3BW	11/$\sqrt{3}$	4800	2550	820	1020	2072	2835	1180	4040	全密封	
BAMH11/$\sqrt{3}$—1667+3334—1×3BW	11/$\sqrt{3}$	5000	2400	820	1140	2072	2830	1200	3930		
BAMH$_2$11/$\sqrt{3}$—1667+3334—1×3BW	11/$\sqrt{3}$	5000	2550	820	1020	2072	2830	1200	3990	全密封	
BAMH11/$\sqrt{3}$—2000+4000—1×3BW	11/$\sqrt{3}$	6000	2400	860	1140	2057	2810	1120	4040		
BAMH$_2$11/$\sqrt{3}$—2000+4000—1×3BW	11/$\sqrt{3}$	6000	2550	860	1020	2057	2820	1120	4080	全密封	
BAMH11/$\sqrt{3}$—2400+4800—1×3BW	11/$\sqrt{3}$	7200	2400	860	1140	2057	2810	1200	4220		
BAMH$_2$11/$\sqrt{3}$—2400+4800—1×3BW	11/$\sqrt{3}$	7200	2550	860	1020	2057	2820	1200	4260	全密封	
BAMH6.6—3000—3LW	6.6	3000	1820	810	850	1907	2640	740	2530		中性线不平衡电流保护电容器（$L\times1300\times H$）
BAMH$_2$6.6—3000—3LW	6.6	3000	1980	810	565	1907	2665	740	2555	全密封	
BAMH11—3000—3LW	11	3000	1820	810	850	1907	2640	740	2530		
BAMH$_2$11—3000—3LW	11	3000	1980	810	565	1907	2665	740	2555	全密封	
BAMH6.6—3200—3LW	6.6	3200	1820	810	850	2047	2780	790	2530		
BAMH$_2$6.6—3200—3LW	6.6	3200	1980	810	630	2047	2810	790	2555	全密封	
BAMH11—3200—3LW	11	3200	1820	810	850	2047	2780	790	2530		
BAMH$_2$11—3200—3LW	11	3200	1980	810	630	2047	2810	790	2555	全密封	
BAMH6.6—3300—3LW	6.6	3300	1820	810	850	2047	2780	790	2730		
BAMH$_2$6.6—3300—3LW	6.6	3300	1980	810	630	2047	2810	790	2755	全密封	
BAMH11—3300—3LW	11	3300	1820	810	850	2047	2780	790	2730		
BAMH$_2$11—3300—3LW	11	3300	1980	810	630	2047	2810	790	2755	全密封	
BAMH6.6—3600—3LW	6.6	3600	1820	810	850	2046	2770	730	2500		
BAMH$_2$6.6—3600—3LW	6.6	3600	1980	810	630	2046	2800	740	2525	全密封	

续表

型　　号	基本参数		电容器外形及安装尺寸（mm）					重量（kg）		备　　注	
	额定电压（kV）	额定容量（kvar）	*L*	*B*	*b*	*h*	*H*	油重	电容器重		
BAMH11—3600—3LW	11	3600	1820	810	850	2046	2770	740	2500		中性线不平衡电流保护电容器（$L\times1300\times H$）
BAMH$_2$11—3600—3LW	11	3600	1980	810	630	2046	2800	740	2525	全密封	
BAMH6.6—4000—3LW	6.6	4000	1820	850	850	2047	2780	760	2810		
BAMH$_2$6.6—4000—3LW	6.6	4000	1980	850	630	2047	2810	760	2835	全密封	
BAMH11—4000—3LW	11	4000	1820	850	850	2047	2780	760	2810		
BAMH$_2$11—4000—3LW	11	4000	1980	850	630	2047	2810	760	2835	全密封	
BAMH6.6—4200—3LW	6.6	4200	1820	850	850	2047	2780	760	2810		
BAMH$_2$6.6—4200—3LW	6.6	4200	1980	850	630	2047	2810	760	2835	全密封	
BAMH11—4200—3LW	11	4200	1820	850	850	2047	2780	760	2810		
BAMH$_2$11—4200—3LW	11	4200	1980	850	630	2047	2810	760	2835	全密封	

（2）额定电压 $6.6/\sqrt{3}$ 与 $7.2/\sqrt{3}$；$11/\sqrt{3}$ 与 $11.5/\sqrt{3}$、$12/\sqrt{3}$；$38.5/\sqrt{3}$ 与 $40/\sqrt{3}$、$42\sqrt{3}$、$44/\sqrt{3}$kV 的电容器额定容量相同时，其外形尺寸完全相同。

（3）额定电压 $6.6/\sqrt{3}$、$11/\sqrt{3}$、$38.5/\sqrt{3}$kV 电容器一般与 6%电抗器匹配；$7.2/\sqrt{3}$、$12/\sqrt{3}$、$42/\sqrt{3}$kV 电容器一般与 12%电抗器匹配，根据系统电压、电抗率选用额定电压为 $6.9/\sqrt{3}$、$11.5/\sqrt{3}$、$12.5/\sqrt{3}$、$40/\sqrt{3}$、$44/\sqrt{3}$kV 的电容器。

（五）外形及安装尺寸

集合式并联电容器外形及安装尺寸，见图 1-2-5。

（六）生产厂

桂林电力电容器总厂。

十一、西安西电电力电容器有限责任公司生产的油浸集合式并联电容器

（一）概述

集合式高压并联电容器用于工频电力系统中发挥无功补偿作用，提高功率因数，改善电压质量，降低设备及线路损耗。

该产品结构紧凑，安装、运行维护简单，采用全膜介质，温升很低，无须安装传统的散热器。执行标准 IEC60871-1（1997）《标称电压 1000V 以上交流电力系统用并联电容器》GB/T 3983.2—1989《高电压并联电容器》、JB/T 7112—1993《集合式高电压并联电容器》、DL/T 628—1997《集合式高压并联电容器订货技术条件》。

（二）使用条件

（1）海拔（m）：＜2000。

（2）环境温度（℃）：－25～＋45，－40～＋40。

（3）无有害气体及蒸汽、无导电性或爆炸性尘埃、无剧烈的机械振动。

（三）结构

该产品由器身、油箱、套管、储油柜、压力表和放油阀等组成。每个元件均设置内熔丝。个别元件故障可由内熔丝切断，不影响整台电容器的正常运行。

（四）技术数据

（1）电压等级（kV）：3～132。

（2）单台容量（kvar）：600～20000。

（3）介质损耗：$\leqslant5\times10^{-4}$。

（4）运行温升（℃）：外壳温升≤10，内部最热点温度不超过 70。

（5）局部放电（pC）：＜50（在 1.5 倍额定电压下）。

（6）允许在 1.1 倍额定电压下长期运行，并可在 1.15 倍额定电压下每 24h 中运行不超过 30min。

（7）允许在由于过电压和高次谐波造成的有效值为额定电流的 1.30 倍的稳态过电流下运行。对于电容具有最大正偏差的电容器，稳定过电流允许达到额定电流的 1.43 倍。

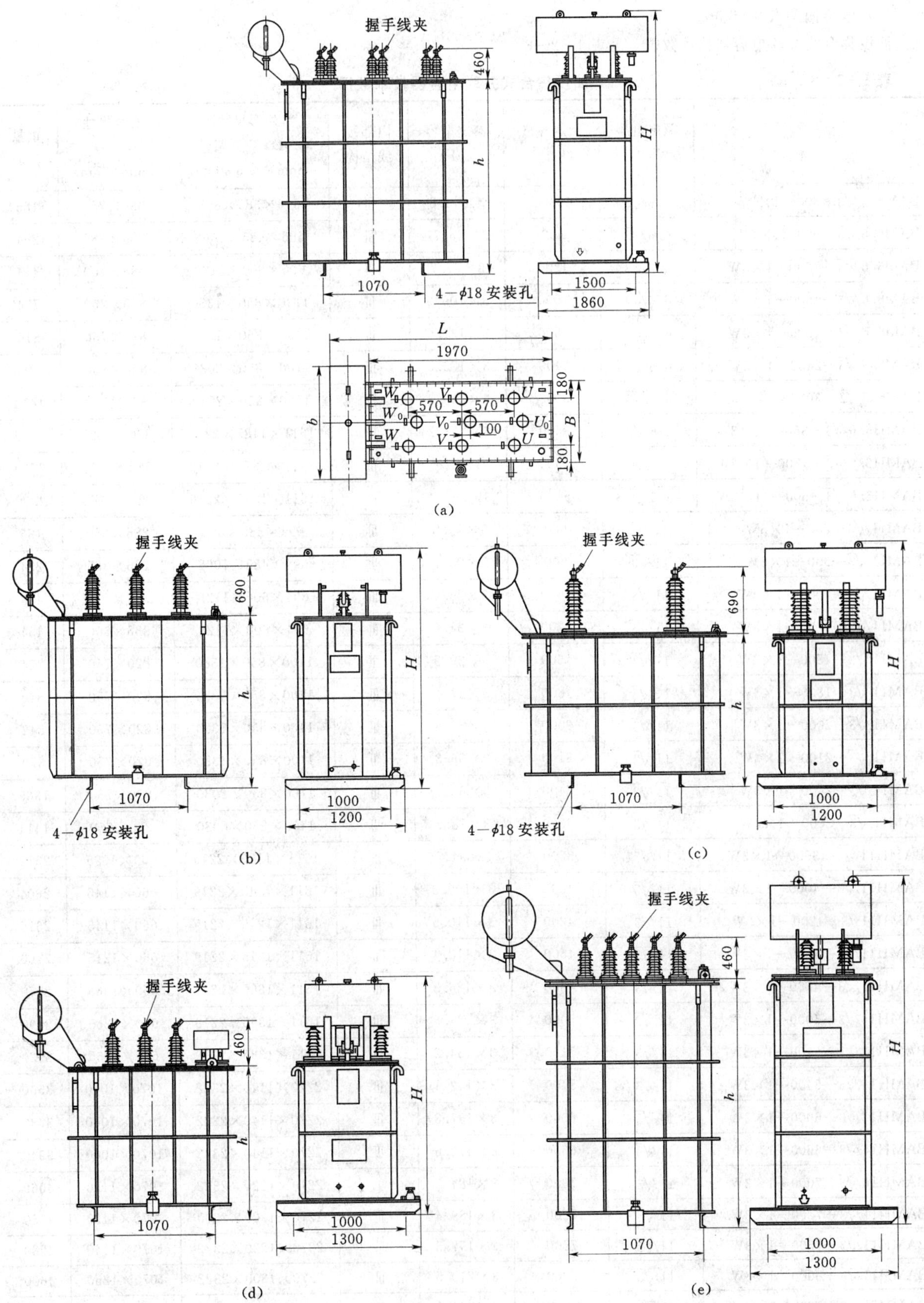

图 1-2-5　集合式并联电容器外形及安装尺寸（单位：mm）

(a) 三相差压保护电容器（1/2 调容电容器、非等分调容调容器外形相似）；(b) 单相差压保护电容器（Ⅲ型连接电容器外形相似）；(c) 非等分电动调容电容器；(d) 电动调容电容器；(e) 不平衡电流保护电容器

(8) 电容偏差（%）：0～+10。

油浸集合式并联电容器技术数据，见表 1-2-8。

表 1-2-8　　油浸集合式并联电容器技术数据

型　号	额定电压 (kV)	额定容量 (kvar)	额定电容 (μF)	内部接线结构	外形尺寸 $L\times W\times H$ (mm×mm×mm)	安装尺寸 $C\times D$ (mm×mm)	重量 (kg)
BAM6.6/√3—600—1×3W	6.6/√3	600	3×43.8	Ⅲ	696×385×893	286×280	185
BAM6.6/√3—900—1×3W	6.6/√3	900	3×65.77	Ⅲ	696×485×1068	286×385	254
BAM6.6/√3—1200—1×3W	6.6/√3	1200	3×87.7	Ⅲ	696×600×1128	386×500	454
BAM6.6/√3—1500—1×3W	6.6/√3	1500	3×109.6	Ⅲ	1100×850×1380	820×750	774
BAM6.6/√3—1800—1×3W	6.6/√3	1800	3×131.6	Ⅲ	1100×850×1380	820×750	810
BAM6.6/√3—2400—1×3W	6.6/√3	2400	3×175.5	Ⅲ	1100×850×2030	820×750	1365
BAM6.6/√3—3000—1×3W	6.6/√3	3000	3×219.3	Ⅲ	1100×850×2030	820×750	1414
BAMH6.6/√3—3600—1×3W	6.6/√3	3600	3×263.2	Ⅲ	1611×1125×2219	820×1025	2315
BAMH6.6/√3—4500—1×3W	6.6/√3	4500	3×329	Ⅲ	1611×1315×2219	820×1215	2760
BAMH6.6/√3—5000—1×3W	6.6/√3	5000	3×365.4	Ⅲ	1611×1365×2219	820×1265	2890
BAM11/√3—600—1×3W	11/√3	600	3×15.8	Ⅲ	696×385×893	286×280	185
BAM11/√3—900—1×3W	11/√3	900	3×23.7	Ⅲ	696×485×1068	286×385	254
BAM11/√3—1000—1×3W	11/√3	1000	3×26.4	Ⅲ	694×600×1128	386×500	423
BAM11/√3—1200—1×3W	11/√3	1200	3×31.6	Ⅲ	694×600×1128	386×500	454
BAM11/√3—1500—1×3W	11/√3	1500	3×39.5	Ⅲ	1100×850×1380	820×750	774
BAM11/√3—1800—1×3W	11/√3	1800	3×47.4	Ⅲ	1100×850×1380	820×750	810
BAM11/√3—2000—1×3W	11/√3	2000	3×52.8	Ⅲ	1100×850×1380	820×750	842
BAM11/√3—2100—1×3W	11/√3	2100	3×55.3	Ⅲ	1100×850×1380	820×750	870
BAM11/√3—2400—1×3W	11/√3	2400	3×63.1	Ⅲ	1100×850×2030	820×750	1365
BAM11/√3—3000—1×3W	11/√3	3000	3×78.9	Ⅲ	1100×850×2030	820×750	1414
BAMH11/√3—3600—1×3W	11/√3	3600	3×94.7	Ⅲ	1611×1125×2219	660×1025	2315
BAMH11/√3—4000—1×3W	11/√3	4000	3×105.3	Ⅲ	1611×1145×2219	660×1145	2604
BAMH11√3—4200—1×3W	11/√3	4200	3×110.5	Ⅲ	1611×1245×2219	660×1145	2615
BAMH11/√3—4500—1×3W	11/√3	4500	3×118.4	Ⅲ	1611×1315×2219	660×1215	2760
BAMH11/√3—4800—1×3W	11/√3	4800	3×126.3	Ⅲ	1611×1365×2219	660×1265	2870
BAMH11/√3—5000—1×3W	11/√3	5000	3×131.6	Ⅲ	1611×1365×2219	660×1265	2890
BAMH11/√3—5100—1×3W	11/√3	5100	3×134.2	Ⅲ	1611×1365×2219	660×1265	2920
BAMH11/√3—5400—1×3W	11/√3	5400	3×142.1	Ⅲ	2270×1140×2322	1070×1040	3560
BAMH11/√3—6000—1×3W	11/√3	6000	3×157.8	Ⅲ	2270×1140×2322	1070×1040	3730
BAMH11/√3—6600—1×3W	11/√3	6600	3×173.6	Ⅲ	2270×1140×2322	1070×1060	3940
BAMH11/√3—7000—1×3W	11/√3	7000	3×184.2	Ⅲ	2270×1220×2322	1070×1120	4060
BAMH11/√3—7200—1×3W	11/√3	7200	3×189.4	Ⅲ	2270×1220×2300	1070×1120	4150
BAMH11/√3—7500—1×3W	11/√3	7500	3×197.3	Ⅲ	2270×1220×2322	1070×1140	4280
BAMH11/√3—8000—1×3W	11/√3	8000	3×210.5	Ⅲ	2270×1300×2322	1070×1250	4600
BAMH11/√3—10000—1×3W	11/√3	10000	3×263.2	Ⅲ	2270×1500×2322	1070×1400	5200
BAMH11/√3—12000—1×3W	11/√3	12000	3×315.7	Ⅲ	2270×1580×2840	1470×1480	6100
BAMH11/√3—20000—1×3W	11/√3	20000	3×526.1	Ⅲ	2980×1700×2840	1700×1600	9600

续表

型　号	额定电压 (kV)	额定容量 (kvar)	额定电容 (μF)	内部接线结构	外形尺寸 $L\times W\times H$ (mm×mm×mm)	安装尺寸 $C\times D$ (mm×mm)	重量 (kg)
BAM12/$\sqrt{3}$—600—1×3W	12/$\sqrt{3}$	600	3×13.26	Ⅲ	696×385×893	286×280	185
BAM12/$\sqrt{3}$—900—1×3W	12/$\sqrt{3}$	900	3×19.9	Ⅲ	696×485×1068	285×385	254
BAM12/$\sqrt{3}$—1000—1×3W	12/$\sqrt{3}$	1000	3×22.15	Ⅲ	694×600×1128	386×500	423
BAM12/$\sqrt{3}$—1200—1×3W	12/$\sqrt{3}$	1200	3×26.5	Ⅲ	694×600×1128	386×500	454
BAM12/$\sqrt{3}$—1500—1×3W	12/$\sqrt{3}$	1500	3×33.2	Ⅲ	1100×850×1380	820×750	774
BAM12/$\sqrt{3}$—1800—1×3W	12/$\sqrt{3}$	1800	3×39.8	Ⅲ	1100×850×1380	820×750	810
BAM12/$\sqrt{3}$—2000—1×3W	12/$\sqrt{3}$	2000	3×44.2	Ⅲ	1100×850×1380	820×750	842
BAM12/$\sqrt{3}$—2100—1×3W	12/$\sqrt{3}$	2100	3×46.4	Ⅲ	1100×850×1380	820×750	870
BAM12/$\sqrt{3}$—2400—1×3W	12/$\sqrt{3}$	2400	3×53.1	Ⅲ	1100×850×2030	820×750	1365
BAM12/$\sqrt{3}$—3000—1×3W	12/$\sqrt{3}$	3000	3×66.3	Ⅲ	1100×850×2030	820×750	1414
BAMH12/$\sqrt{3}$—3600—1×3W	12/$\sqrt{3}$	3600	3×79.6	Ⅲ	1611×1125×2219	820×1025	2315
BAMH12/$\sqrt{3}$—4000—1×3W	12/$\sqrt{3}$	4000	3×88.4	Ⅲ	1611×1245×2219	820×1145	2604
BAMH12/$\sqrt{3}$—4200—1×3W	12/$\sqrt{3}$	4200	3×92.8	Ⅲ	1611×1245×2219	820×1145	2615
BAMH12/$\sqrt{3}$—4500—1×3W	12/$\sqrt{3}$	4500	3×99.5	Ⅲ	1611×1315×2219	820×1215	2760
BAMH12/$\sqrt{3}$—4800—1×3W	12/$\sqrt{3}$	4800	3×106.1	Ⅲ	1611×1365×2219	820×1265	2870
BAMH12/$\sqrt{3}$—5000—1×3W	12/$\sqrt{3}$	5000	3×110.5	Ⅲ	1611×1365×2219	820×1265	2890
BAMH12/$\sqrt{3}$—5100—1×3W	12/$\sqrt{3}$	5100	3×112.7	Ⅲ	1611×1365×2219	820×1265	2920
BAMH12/$\sqrt{3}$—5400—1×3W	12/$\sqrt{3}$	5400	3×119.4	Ⅲ	2270×1140×2322	1070×1040	3560
BAMH12/$\sqrt{3}$—6000—1×3W	12/$\sqrt{3}$	6000	3×132.6	Ⅲ	2270×1140×2322	1070×1040	3730
BAMH12/$\sqrt{3}$—6600—1×3W	12/$\sqrt{3}$	6600	3×145.9	Ⅲ	2270×1140×2322	1070×1040	3940
BAMH12/$\sqrt{3}$—7000—1×3W	12/$\sqrt{3}$	7000	3×154.7	Ⅲ	2270×1220×2322	1070×1120	4060
BAMH12/$\sqrt{3}$—7200—1×3W	12/$\sqrt{3}$	7200	3×159.2	Ⅲ	2270×1220×2322	1070×1120	4150
BAMH12/$\sqrt{3}$—7500—1×3W	12/$\sqrt{3}$	7500	3×165.8	Ⅲ	2270×1220×2322	1070×1120	4280
BAMH12/$\sqrt{3}$—8000—1×3W	12/$\sqrt{3}$	8000	3×176.9	Ⅲ	2270×1300×2322	1070×1250	4600
BAMH12/$\sqrt{3}$—10000—1×3W	12/$\sqrt{3}$	1000	3×221	Ⅲ	2270×1500×2322	1070×1400	5200
BAMH12/$\sqrt{3}$—12000—1×3W	12/$\sqrt{3}$	12000	3×265.3	Ⅲ	2270×1500×2840	1070×1400	6100
BAMH12/$\sqrt{3}$—15000—1×3W	12/$\sqrt{3}$	15000	3×331.6	Ⅲ	2760×1500×2840	1470×1400	7170
BAMH12/$\sqrt{3}$—20000—1×3W	12/$\sqrt{3}$	20000	3×442.1	Ⅲ	2980×1700×2840	1700×1600	9600
BAM38.5/$\sqrt{3}$—1200—1W	38.5/$\sqrt{3}$	1200	7.73	单相	998×678×1600	590×560	740
BAM38.5/$\sqrt{3}$—1667—1W	38.5/$\sqrt{3}$	1667	10.74	单相	998×678×2100	590×560	1020
BAM38.5/$\sqrt{3}$—2334—1W	38.5/$\sqrt{3}$	2334	15.0	单相	998×678×2300	590×560	1130
BAM38.5/$\sqrt{3}$—2400—1W	38.5/$\sqrt{3}$	2400	15.46	单相	998×678×2300	590×560	1130
BAM38.5/$\sqrt{3}$—2500—1W	38.5/$\sqrt{3}$	2500	16.1	单相	998×678×2300	590×560	1150
BAM38.5/$\sqrt{3}$—3000—1W	38.5/$\sqrt{3}$	3000	19.32	单相	1198×678×2300	590×560	1320
BAM38.5/$\sqrt{3}$—3334—1W	38.5/$\sqrt{3}$	3334	21.5	单相	1358×678×2300	750×560	1450
BAM38.5/$\sqrt{3}$—3600—1W	38.5/$\sqrt{3}$	3600	23.2	单相	1358×678×2300	750×560	1530
BAM38.5/$\sqrt{3}$—4000—1W	38.5/$\sqrt{3}$	4000	25.77	单相	1498×678×2300	750×560	1640
BAM38.5/$\sqrt{3}$—5000—1W	38.5/$\sqrt{3}$	5000	32.21	单相	1228×998×2300	620×880	1980
BAMH38.5/$\sqrt{3}$—6667—1W	38.5/$\sqrt{3}$	6667	42.95	单相	1860×1685×2545	1070×1585	5300

续表

型 号	额定电压 (kV)	额定容量 (kvar)	额定电容 (μF)	内部接线结构	外形尺寸 $L\times W\times H$ (mm×mm×mm)	安装尺寸 $C\times D$ (mm×mm)	重量 (kg)
BAMH38.5/$\sqrt{3}$—10000—1W	38.5/$\sqrt{3}$	10000	64.42	单相	2800×1685×2545	1670×1585	7900
BAMH38.5/$\sqrt{3}$—13300—1W	38.5/$\sqrt{3}$	13300	85.68	单相	3100×1685×2852	1970×1585	9980
BAM38.5/$\sqrt{3}$—1200—1×3W	38.5/$\sqrt{3}$	1200	3×2.578	Ⅲ	1355×1020×1500	820×700	1050
BAM38.5/$\sqrt{3}$—1500—1×3W	38.5/$\sqrt{3}$	1500	3×3.223	Ⅲ	1355×1020×1600	820×700	1150
BAM38.5/$\sqrt{3}$—1800—1×3W	38.5/$\sqrt{3}$	1800	3×3.867	Ⅲ	1355×1020×1500	820×700	1400
BAM38.5/$\sqrt{3}$—2400—1×3W	38.5/$\sqrt{3}$	2400	3×5.157	Ⅲ	1355×1020×1825	820×700	1618
BAM38.5/$\sqrt{3}$—3000—1×3W	38.5/$\sqrt{3}$	3000	3×6.446	Ⅲ	1355×1020×2040	820×700	1981
BAM38.5/$\sqrt{3}$—3600—1×3W	38.5/$\sqrt{3}$	3600	3×7.735	Ⅲ	1355×1020×2240	820×700	2237
BAM38.5/$\sqrt{3}$—4000—1×3W	38.5/$\sqrt{3}$	4000	3×8.594	Ⅲ	1355×1020×2360	820×700	2340
BAM38.5/$\sqrt{3}$—5000—1×3W	38.5/$\sqrt{3}$	5000	3×10.74	Ⅲ	1355×1020×2420	820×700	2794
BAM42/$\sqrt{3}$—1667—1W	42/$\sqrt{3}$	1667	9.02	单相	998×678×2100	590×560	1020
BAM42/$\sqrt{3}$—2334—1W	42/$\sqrt{3}$	2334	12.63	单相	998×678×2300	590×560	1130
BAM42/$\sqrt{3}$—2500—1W	42/$\sqrt{3}$	2500	13.53	单相	998×678×2300	590×560	1150
BAM42/$\sqrt{3}$—3334—1W	42/$\sqrt{3}$	3334	18.05	单相	1358×678×2300	750×560	1450
BAM42/$\sqrt{3}$—4000—1W	42/$\sqrt{3}$	4000	21.65	单相	1498×678×2300	750×560	1640
BAM42/$\sqrt{3}$—5000—1W	42/$\sqrt{3}$	5000	27.07	单相	1228×998×2300	820×880	1980
BAMH42/$\sqrt{3}$—6667—1W	42/$\sqrt{3}$	6667	36.09	单相	1860×1685×2545	1070×1585	5300
BAMH42/$\sqrt{3}$—1000—1W	42/$\sqrt{3}$	10000	54.13	单相	2800×1685×2545	1670×1585	7900
BAMH42/$\sqrt{3}$—13300—1W	42/$\sqrt{3}$	13300	72	单相	3100×1685×2850	1990×1585	9980
BAM42/$\sqrt{3}$—1200—1×3W	42/$\sqrt{3}$	1200	3×2.166	Ⅲ	1355×1020×1500	820×700	1050
BAM42/$\sqrt{3}$—1500—1×3W	42/$\sqrt{3}$	1500	3×2.708	Ⅲ	1355×1020×1600	820×700	1150
BAM42/$\sqrt{3}$—1800—1×3W	42/$\sqrt{3}$	1800	3×3.25	Ⅲ	1355×1020×1600	820×700	1400
BAM42/$\sqrt{3}$—2400—1×3W	42/$\sqrt{3}$	2400	3×4.333	Ⅲ	1355×1020×1825	820×700	1618
BAM42/$\sqrt{3}$—3000—1×3W	42/$\sqrt{3}$	3000	3×5.416	Ⅲ	1355×1020×2040	820×700	1981
BAM42/$\sqrt{3}$—3600—1×3W	42/$\sqrt{3}$	3600	3×6.499	Ⅲ	1355×1020×2240	820×700	2237
BAM42/$\sqrt{3}$—4000—1×3W	42/$\sqrt{3}$	4000	3×7.222	Ⅲ	1355×1020×2360	820×700	2340
BAM42/$\sqrt{3}$—5000—1×3W	42/$\sqrt{3}$	5000	3×9.027	Ⅲ	1355×1020×2400	820×700	2794
BAM38.5/$\sqrt{3}$—3334—1W	38.5/$\sqrt{3}$	3334	21.5	单相	1358×678×2300	750×560	1450
BAM38.5/$\sqrt{3}$—3600—1W	38.5/$\sqrt{3}$	3600	23.2	单相	1358×678×2300	750×560	1530
BAM38.5/$\sqrt{3}$—4000—1W	38.5/$\sqrt{3}$	4000	25.77	单相	1498×678×2300	750×560	1640
BAM38.5/$\sqrt{3}$—5000—1W	38.5/$\sqrt{3}$	5000	32.21	单相	1228×998×2300	620×880	1980
BAMH38.5/$\sqrt{3}$—6667—1W	38.5/$\sqrt{3}$	6667	42.95	单相	1860×1685×2545	1070×1585	5300
BAMH38.5/$\sqrt{3}$—10000—1W	38.5/$\sqrt{3}$	10000	64.42	单相	2800×1685×2545	1670×1585	7900
BAMH38.5/$\sqrt{3}$—13300—1W	38.5/$\sqrt{3}$	13300	85.68	单相	3100×1685×2852	1970×1585	9980
BAM38.5/$\sqrt{3}$—1200—1×3W	38.5/$\sqrt{3}$	1200	3×2.578	Ⅲ	1355×1020×1500	820×700	1050
BAM38.5/$\sqrt{3}$—1500—1×3W	38.5/$\sqrt{3}$	1500	3×3.223	Ⅲ	1355×1020×1600	820×700	1150
BAM38.5/$\sqrt{3}$—1800—1×3W	38.5/$\sqrt{3}$	1800	3×3.867	Ⅲ	1355×1020×1500	820×700	1400
BAM38.5/$\sqrt{3}$—2400—1×3W	38.5/$\sqrt{3}$	2400	3×5.157	Ⅲ	1355×1020×1825	820×700	1618

续表

型　号	额定电压 (kV)	额定容量 (kvar)	额定电容 (μF)	内部接线结构	外形尺寸 $L\times W\times H$ (mm×mm×mm)	安装尺寸 $C\times D$ (mm×mm)	重量 (kg)
BAM38.5/$\sqrt{3}$—3000—1×3W	38.5/$\sqrt{3}$	3000	3×6.446	Ⅲ	1355×1020×2040	820×700	1981
BAM38.5/$\sqrt{3}$—3600—1×3W	38.5/$\sqrt{3}$	3600	3×7.735	Ⅲ	1355×1020×2240	820×700	2237
BAM38.5/$\sqrt{3}$—4000—1×3W	38.5/$\sqrt{3}$	4000	3×8.594	Ⅲ	1355×1020×2360	820×700	2340
BAM38.5/$\sqrt{3}$—5000—1×3W	38.5/$\sqrt{3}$	5000	3×10.74	Ⅲ	1355×1020×2420	820×700	2794
BAM42/$\sqrt{3}$—1667—1W	42/$\sqrt{3}$	1667	9.02	单相	998×678×2100	590×560	1020
BAM42/$\sqrt{3}$—2334—1W	42/$\sqrt{3}$	2334	12.63	单相	998×678×2300	590×560	1130
BAM42/$\sqrt{3}$—2500—1W	42/$\sqrt{3}$	2500	13.53	单相	998×678×2300	590×560	1150
BAM42/$\sqrt{3}$—3334—1W	42/$\sqrt{3}$	3334	18.05	单相	1358×678×2300	750×560	1450
BAM42/$\sqrt{3}$—4000—1W	42/$\sqrt{3}$	4000	21.65	单相	1498×678×2300	750×560	1640
BAM42/$\sqrt{3}$—5000—1W	42/$\sqrt{3}$	5000	27.07	单相	1228×998×2300	820×880	1980
BAMH42/$\sqrt{3}$—6667—1W	42/$\sqrt{3}$	6667	36.09	单相	1860×1685×2545	1070×1585	5300
BAMH42/$\sqrt{3}$—10000—1W	42/$\sqrt{3}$	10000	54.13	单相	2800×1685×2545	1670×1585	7900
BAMH42/$\sqrt{3}$—13300—1W	42/$\sqrt{3}$	13300	72	单相	3100×1685×2850	1990×1585	9980
BAM42/$\sqrt{3}$—1200—1×3W	42/$\sqrt{3}$	1200	3×2.166	Ⅲ	1355×1020×1500	820×700	1050
BAM42/$\sqrt{3}$—1500—1×3W	42/$\sqrt{3}$	1500	3×2.708	Ⅲ	1355×1020×1600	820×700	1150
BAM42/$\sqrt{3}$—1800—1×3W	42/$\sqrt{3}$	1800	2×3.25	Ⅲ	1355×1020×1600	820×700	1400
BAM42/$\sqrt{3}$—2400—1×3W	42/$\sqrt{3}$	2400	3×4.333	Ⅲ	1355×1020×1825	820×700	1618
BAM42/$\sqrt{3}$—3000—1×3W	42/$\sqrt{3}$	3000	3×5.416	Ⅲ	1355×1020×2040	820×700	1981
BAM42/$\sqrt{3}$—3600—1×3W	42/$\sqrt{3}$	3600	3×6.499	Ⅲ	1355×1020×2240	820×700	2237
BAM42/$\sqrt{3}$—4000—1×3W	42/$\sqrt{3}$	4000	3×7.222	Ⅲ	1355×1020×2360	820×700	2340
BAM42/$\sqrt{3}$—5000—1×3W	42/$\sqrt{3}$	5000	3×9.027	Ⅲ	1355×1020×2420	820×700	2794

（五）外形及安装尺寸

油浸集合式并联电容器外形及安装尺寸，见图1-2-6。

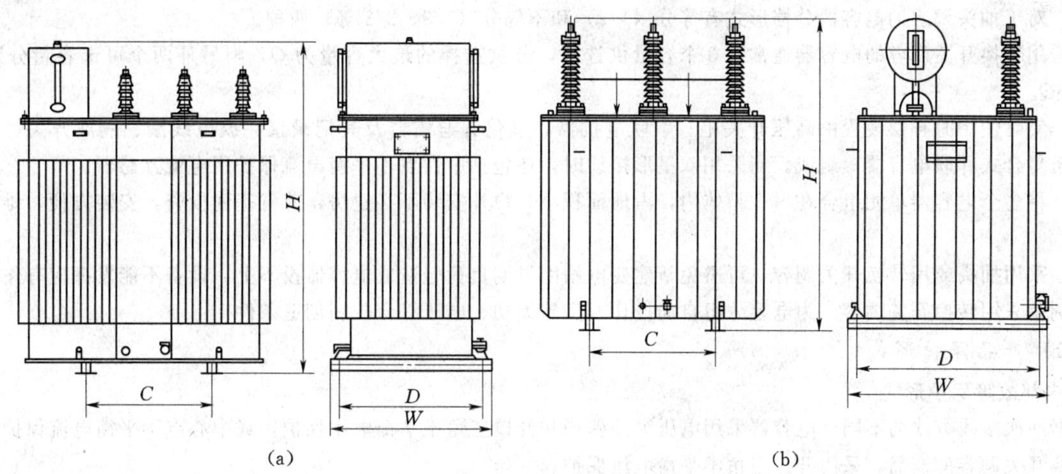

图1-2-6　油浸集合式并联电容器外形及安装尺寸

(a) 内部接线结构Ⅲ型；(b) 内部按线结构为单相

（六）生产厂

西安西电电力电容器有限责任公司。

十二、无锡电力电容器有限公司生产的6～10kV集合式并联电容器

(一) 概述

集合式并联电容器主要用于6kV、10kV、35kV工频电力系统进行无功补偿，提高电网功率因数，减少线损，改善电压质量，充分发挥发电、供电设备的效率。

该产品现有BFFH、BFMH、BAFH、BAMH 4个品种，占地面积小，安装维护方便，可靠性高，运行费用省，特别适用于大型变电站户外集中补偿及城市电网改造。

(二) 型号含义

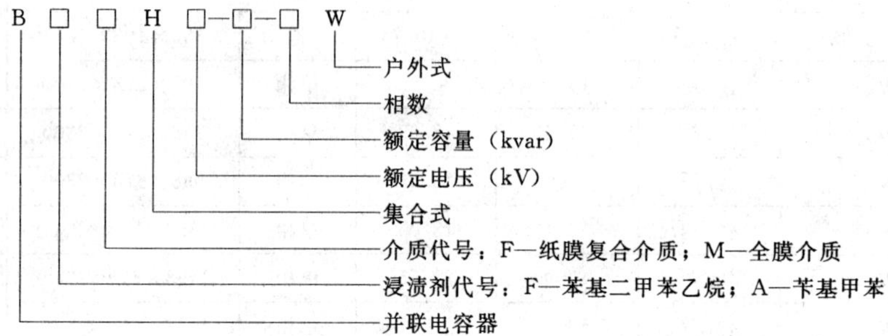

(三) 使用条件

(1) 海拔（m)：≤1000。

(2) 环境温度（℃)：－25～＋45（一般产品)；－40～＋45（苄基甲苯浸渍产品)。

(3) 耐地震：水平方向0.25g，垂直方向0.125g。

(4) 周围不含有对金属有严重腐蚀气体或蒸汽、无导电尘埃、无剧烈机械振动。

(四) 结构特点

(1) 有单相和三相两种结构，有全密封和半密封，按容量输出分为固定容量、抽头调容和用转换开关调容三种形式。

(2) 主要由内部电容器单元、框架、箱体和出线套管组成。电容器单元内每个元件串有一熔丝，当某个元件击穿时，其他完好元件即对其放电，使熔丝在毫秒级的时间内迅速断开，切断故障元件，从而使电容器继续正常运行。电容器单元安装在框架上，根据不同的电压和容量作适当的电气连接，通过导线与箱盖上的出线套管相连，供进出线及放电线圈连接用。放电线圈可放在箱体侧壁及顶盖上。

(3) 箱体由钢板焊接，箱盖上装有出线套管、储油柜或金属膨胀器及压力释放器。全密封产品采用金属膨胀器，半封闭产品采用油枕。

(4) 对于整台为全密封结构的电容器，采用金属膨胀器来补偿箱体内的油因温度变化而产生的体积变化。不需要对箱体内的冷却绝缘油进行定期过滤和更换。一般容量在3000kvar以下的单相、三相集合式电容器适宜采用全密封结构。

(5) 对于抽头调容的电容器分档形式有等分（1/2）和不等分（1/3、2/3等）两种。

(6) 用转换开关调容的电容器通常有3个容量供选择，若供选择的最大容量为Q，则另外两个可选容量分别为1/3Q、2/3Q。

(7) 实际使用时补偿装置由高压开关柜、串联电抗器、氧化锌避雷器及其记录仪、放电线圈、隔离开关、接地刀闸、高压集合式并联电容器等组成。当采用双星形接线时，还包括中性点不平衡电流保护用电流互感器。

(8) 将多个电容器单元组合在一个箱体内，占地面积小，户外安装不必建房，节省基建投资，安装方便，维护、检测方便。

(9) 采用抽头或用转换开关调容，可避免新建变电站因早期负荷轻造成电容器投不上、设备不能发挥应有作用的弊病。特别是采用转换开关调容，为电容分组自动投切、实施无功、电压综合控制创造条件。

(五) 产品保护形式

1. 内部故障保护形式

根据一次接线方式的不同，电容器采用电压纵差保护和开口三角不平衡电压保护，或中心点不平衡电流保护。用抽头或转换开关调容的产品，采用开口三角不平衡电压保护。

2. 外部保护形式

(1) 过电压保护按不超过1.1U_n要求整定。

(2) 失压保护按母线电压的60%进行整定。

(3) 过电流速断保护按短路进行整定，过电流按躲过最大负荷进行整定。

（六）技术数据

（1）集合式并联电容器主要技术数据，见表 1-2-9。

表 1-2-9　　6～10kV 集合式并联电容器技术数据

型　号	额定电压（kV）	额定容量（kvar）	安装尺寸（长×宽）（mm×mm）	外形尺寸（mm）				重量（kg）		备　注	
				长	宽	箱高	总高	油	总重		
BFM11/$\sqrt{3}$—450—3W	11/$\sqrt{3}$	450	600×550	1385	716	718	1400	160	700		
BFMH11/$\sqrt{3}$—600—3W	11/$\sqrt{3}$	600	600×550	1385	716	748	1400	160	720		
BFMH11/$\sqrt{3}$—750—3W	11/$\sqrt{3}$	750	600×550	1385	716	818	1500	170	770		
BFMH11/$\sqrt{3}$—900—3W	11/$\sqrt{3}$	900	600×550	1385	716	978	1660	200	890		
BFMH11/$\sqrt{3}$—1000—3W	11/$\sqrt{3}$	1000	600×550	1385	716	978	1660	200	890		
BFMH11/$\sqrt{3}$—1200—3W	11/$\sqrt{3}$	1200	600×790	1670	930	758	1425	280	1150		
BFMH11/$\sqrt{3}$—1500—3W	11/$\sqrt{3}$	1500	600×790	1670	930	828	1495	290	1250		
BFMH11/$\sqrt{3}$—1800—3W	11/$\sqrt{3}$	1800	600×790	1670	930	998	1655	340	1450		
BFMH11/$\sqrt{3}$—2000—3W	11/$\sqrt{3}$	2000	600×790	1670	930	998	1650	340	1450		
BFMH11/$\sqrt{3}$—2400—3W	11/$\sqrt{3}$	2400	600×790	1670	930	1098	1755	350	1600		
BFMH11/$\sqrt{3}$—1200—3W	11/$\sqrt{3}$	1200	600×790	1374	875	758	1630	260	1100		
BFMH11/$\sqrt{3}$—1500—3W	11/$\sqrt{3}$	1500	600×790	1374	875	828	1700	270	1190		
BFMH11/$\sqrt{3}$—1800—3W	11/$\sqrt{3}$	1800	600×790	1374	875	998	1860	310	1390	全密封	
BFMH11/$\sqrt{3}$—2000—3W	11/$\sqrt{3}$	2000	600×790	1374	875	998	1860	310	1390		
BFMH11/$\sqrt{3}$—2400—3W	11/$\sqrt{3}$	2400	600×790	1374	875	1098	1960	330	1520		
BFMH11/$\sqrt{3}$—3000—3W	11/$\sqrt{3}$	3000	700×700	1660	1205	1863	2660	800	2500		
BFMH11/$\sqrt{3}$—3600—3W	11/$\sqrt{3}$	3600	700×870	1660	1262	1863	2660	930	3000		
BFMH11/$\sqrt{3}$—4000—3W	11/$\sqrt{3}$	4000	700×870	1660	1262	1863	2660	930	3000		常规型号
BFMH11/$\sqrt{3}$—4200—3W	11/$\sqrt{3}$	4200	900×870	2020	1210	1868	2690	1000	3250		
BFMH11/$\sqrt{3}$—4500—3W	11/$\sqrt{3}$	4500	900×870	2020	1210	1868	2695	1000	3250		
BFMH11/$\sqrt{3}$—4800—3W	11/$\sqrt{3}$	4800	900×870	2020	1235	1868	2695	1070	3500		
BFMH11/$\sqrt{3}$—5000—3W	11/$\sqrt{3}$	5000	900×870	2020	1235	1868	2695	1070	3500		
BFMH11/$\sqrt{3}$—4200—3W	11/$\sqrt{3}$	4200	900×870	2320	1210	1868	2695	1000	3250		
BFMH11/$\sqrt{3}$—4500—3W	11/$\sqrt{3}$	4500	900×870	2320	1210	1868	2695	1000	3250	九套管	
BFMH11/$\sqrt{3}$—4800—3W	11/$\sqrt{3}$	4800	900×870	2320	1235	1868	2695	1070	3500		
BFMH11/$\sqrt{3}$—5000—3W	11/$\sqrt{3}$	5000	900×870	2320	1235	1868	2695	1070	3500		
BFMH11/$\sqrt{3}$—6000—3W	11/$\sqrt{3}$	6000	1070×1000	2615	1375	1497	2380	1370	4350		
BFMH11/$\sqrt{3}$—7200—3W	11/$\sqrt{3}$	7200	1070×1000	2615	1460	1867	2750	1660	5400		
BFMH11/$\sqrt{3}$—7500—3W	11/$\sqrt{3}$	7500	1070×1000	2615	1460	1867	2750	1660	5400		
BFMH11/$\sqrt{3}$—8000—3W	11/$\sqrt{3}$	8000	1070×1000	2615	1460	1867	2750	1660	5400		
BFMH11/$\sqrt{3}$—10000—3W	11/$\sqrt{3}$	10000	1070×1000	2615	1460	2267	3150	2000	6500		
BFMH11/$\sqrt{3}$—6000—3W	11/$\sqrt{3}$	6000	1070×1000	2615	1460	1497	2380	1370	4350		
BFMH11/$\sqrt{3}$—7200—3W	11/$\sqrt{3}$	7200	1070×1000	2615	1460	1867	2750	1660	5400		
BFMH11/$\sqrt{3}$—7500—3W	11/$\sqrt{3}$	7500	1070×1000	2615	1460	1867	2750	1660	5400	九套管	
BFMH11/$\sqrt{3}$—8000—3W	11/$\sqrt{3}$	8000	1070×1000	2615	1460	1867	2750	1660	5400		
BFMH11/$\sqrt{3}$—10000—3W	11/$\sqrt{3}$	10000	1070×1000	2615	1460	2267	3150	2000	6500		

续表

型　号	额定电压（kV）	额定容量（kvar）	安装尺寸（长×宽）（mm×mm）	外形尺寸（mm）				重量（kg）		备　注
				长	宽	箱高	总高	油	总重	
BFFH11/$\sqrt{3}$—450—3W	11/$\sqrt{3}$	450	600×550	1385	716	718	1400	160	700	
BFFH11/$\sqrt{3}$—600—3W	11/$\sqrt{3}$	600	600×550	1385	716	748	1430	160	720	
BFFH11/$\sqrt{3}$—750—3W	11/$\sqrt{3}$	750	600×550	1385	716	818	1500	170	770	
BFFH11/$\sqrt{3}$—900—3W	11/$\sqrt{3}$	900	600×550	1385	716	978	1660	200	890	
BFFH11/$\sqrt{3}$—1000—3W	11/$\sqrt{3}$	1000	600×550	1385	716	978	1660	200	890	
BFFH11/$\sqrt{3}$—1200—3W	11/$\sqrt{3}$	1200	600×790	1670	1085	998	1655	340	1450	
BFFH11/$\sqrt{3}$—1400—3W	11/$\sqrt{3}$	1400	600×790	1670	1085	998	1655	340	1450	
BFFH11/$\sqrt{3}$—1500—3W	11/$\sqrt{3}$	1500	600×790	1670	1185	998	1655	340	1450	
BFFH11/$\sqrt{3}$—1600—3W	11/$\sqrt{3}$	1600	600×790	1670	1185	998	1655	340	1450	
BFFH11/$\sqrt{3}$—1800—3W	11/$\sqrt{3}$	1800	600×790	1670	1185	1098	1755	350	1600	
BFFH11/$\sqrt{3}$—2000—3W	11/$\sqrt{3}$	2000	600×790	1670	1185	1098	1755	350	1600	
BFFH11/$\sqrt{3}$—2400—3W	11/$\sqrt{3}$	2400	600×790	1670	1285	1198	1855	370	1700	
BFFH11/$\sqrt{3}$—1200—3W	11/$\sqrt{3}$	1200	600×790	1374	1085	998	1855	330	1460	
BFFH11/$\sqrt{3}$—1400—3W	11/$\sqrt{3}$	1400	600×790	1374	1085	998	1855	330	1460	
BFFH11/$\sqrt{3}$—1500—3W	11/$\sqrt{3}$	1500	600×790	1374	1185	998	1855	330	1460	
BFFH11/$\sqrt{3}$—1600—3W	11/$\sqrt{3}$	1600	600×790	1374	1185	998	1855	330	1460	全密封
BFFH11/$\sqrt{3}$—1800—3W	11/$\sqrt{3}$	1800	600×790	1374	1185	1098	1955	350	1600	
BFFH11/$\sqrt{3}$—2000—3W	11/$\sqrt{3}$	2000	600×790	1374	1185	1098	1955	350	1600	
BFFH11/$\sqrt{3}$—2400—3W	11/$\sqrt{3}$	2400	600×790	1374	1285	1198	2055	370	1720	
BFFH11/$\sqrt{3}$—3000—3W	11/$\sqrt{3}$	3000	1000×870	2350	1240	1478	2375	1200	3600	常规型号
BFFH11/$\sqrt{3}$—3600—3W	11/$\sqrt{3}$	3600	1000×870	2350	1240	1478	2375	1200	3600	
BFFH11/$\sqrt{3}$—4000—3W	11/$\sqrt{3}$	4000	1000×870	2350	1240	1843	2740	1460	4400	
BFFH11/$\sqrt{3}$—4200—3W	11/$\sqrt{3}$	4200	1000×870	2350	1240	1843	2740	1460	4400	
BFFH11/$\sqrt{3}$—4500—3W	11/$\sqrt{3}$	4500	1000×870	2350	1240	1843	2740	1460	4400	
BFFH11/$\sqrt{3}$—4800—3W	11/$\sqrt{3}$	4800	1000×870	2350	1240	1843	2740	1460	4400	
BFFH11/$\sqrt{3}$—5000—3W	11/$\sqrt{3}$	5000	1000×870	2350	1240	1843	2740	1460	4400	
BFFH11/$\sqrt{3}$—3000—3W	11/$\sqrt{3}$	3000	1000×870	2350	1240	1478	2375	1200	3600	
BFFH11/$\sqrt{3}$—3600—3W	11/$\sqrt{3}$	3600	1000×870	2350	1240	1478	2375	1200	3600	
BFFH11/$\sqrt{3}$—4000—3W	11/$\sqrt{3}$	4000	1000×870	2350	1240	1843	2740	1460	4400	
BFFH11/$\sqrt{3}$—4200—3W	11/$\sqrt{3}$	4200	1000×870	2350	1240	1843	2740	1460	4400	九套管
BFFH11/$\sqrt{3}$—4500—3W	11/$\sqrt{3}$	4500	1000×870	2350	1240	1843	2740	1460	4400	
BFFH11/$\sqrt{3}$—4800—3W	11/$\sqrt{3}$	4800	1000×870	2350	1240	1843	2740	1460	4400	
BFFH11/$\sqrt{3}$—5000—3W	11/$\sqrt{3}$	5000	1000×870	2350	1240	1843	2740	1460	4400	
BFFH11/$\sqrt{3}$—6000—3W	11/$\sqrt{3}$	6000	1070×1100	2606	1760	1497	2400	1550	4900	
BFFH11/$\sqrt{3}$—7200—3W	11/$\sqrt{3}$	7200	1070×1100	2606	1760	1867	2770	1860	6100	
BFFH11/$\sqrt{3}$—7500—3W	11/$\sqrt{3}$	7500	1070×1100	2606	1760	1867	2770	1860	6100	
BFFH11/$\sqrt{3}$—7800—3W	11/$\sqrt{3}$	7800	1070×1100	2606	1760	1867	2770	1860	6100	
BFFH11/$\sqrt{3}$—8000—3W	11/$\sqrt{3}$	8000	1070×1100	2606	1760	1867	2770	1860	6100	
BFFH11/$\sqrt{3}$—10000—3W	11/$\sqrt{3}$	10000	1070×1100	2606	1760	2267	3270	2250	7350	

续表

型　号	额定电压 (kV)	额定容量 (kvar)	安装尺寸 (长×宽) (mm×mm)	外形尺寸 (mm)				重量 (kg)		备　注	
				长	宽	箱高	总高	油	总重		
BFFH11/$\sqrt{3}$—6000—3W	11/$\sqrt{3}$	6000	1070×1100	2606	1760	1497	2400	1550	4900	九套管	常规型号
BFFH11/$\sqrt{3}$—7200—3W	11/$\sqrt{3}$	7200	1070×1100	2606	1760	1867	2770	1860	6100		
BFFH11/$\sqrt{3}$—7500—3W	11/$\sqrt{3}$	7500	1070×1100	2606	1760	1867	2770	1860	6100		
BFFH11/$\sqrt{3}$—7800—3W	11/$\sqrt{3}$	7800	1070×1100	2606	1760	1867	2770	1860	6100		
BFFH11/$\sqrt{3}$—8000—3W	11/$\sqrt{3}$	8000	1070×1100	2606	1760	1867	2770	1860	6100		
BFFH11/$\sqrt{3}$—10000—3W	11/$\sqrt{3}$	10000	1070×1100	2606	1760	2267	3270	2250	7350		
BFMH11/$\sqrt{3}$—1200—3W	11/$\sqrt{3}$	1200	600×790	1670	930	758	1425	280	1150	1/2+1/2	抽头调容
BFMH11/$\sqrt{3}$—1500—3W	11/$\sqrt{3}$	1500	600×790	1670	930	828	1495	290	1250		
BFMH11/$\sqrt{3}$—1800—3W	11/$\sqrt{3}$	1800	600×790	1670	930	998	1655	340	1450		
BFMH11/$\sqrt{3}$—2000—3W	11/$\sqrt{3}$	2000	600×790	1670	930	998	1655	340	1450		
BFMH11/$\sqrt{3}$—2400—3W	11/$\sqrt{3}$	2400	600×790	1670	930	1098	1755	350	1600		
BFMH11/$\sqrt{3}$—3000—3W	11/$\sqrt{3}$	3000	700×700	1660	1205	1863	2743	800	2500		
BFMH11/$\sqrt{3}$—3600—3W	11/$\sqrt{3}$	3600	700×870	1660	1262	1863	2743	930	3000		
BFMH11/$\sqrt{3}$—4000—3W	11/$\sqrt{3}$	4000	700×870	1660	1262	1863	2743	930	3000		
BFMH11/$\sqrt{3}$—4200—3W	11/$\sqrt{3}$	4200	900×870	2320	1210	1868	2695	1000	3250	1/3+2/3	
BFMH11/$\sqrt{3}$—4500—3W	11/$\sqrt{3}$	4500	900×870	2320	1210	1868	2695	1000	3250		
BFMH11/$\sqrt{3}$—4800—3W	11/$\sqrt{3}$	4800	900×870	2320	1235	1868	2695	1070	3500		
BFMH11/$\sqrt{3}$—5000—3W	11/$\sqrt{3}$	5000	900×870	2320	1235	1868	2695	1070	3500		
BFMH11/$\sqrt{3}$—6000—3W	11/$\sqrt{3}$	6000	1070×1000	2615	1460	1497	2380	1370	4350		
BFMH11/$\sqrt{3}$—7200—3W	11/$\sqrt{3}$	7200	1070×1000	2615	1460	1867	2750	1660	5400	1/2+1/2	
BFMH11/$\sqrt{3}$—7500—3W	11/$\sqrt{3}$	7500	1070×1000	2615	1460	1867	2750	1660	5400		
BFMH11/$\sqrt{3}$—8000—3W	11/$\sqrt{3}$	8000	1070×1000	2615	1460	1867	2750	1660	5400		
BFMH11/$\sqrt{3}$—10000—3W	11/$\sqrt{3}$	10000	1070×1000	2615	1460	2267	3150	2000	6500	2/5+3/5	
BFFH11/$\sqrt{3}$—1200—3W	11/$\sqrt{3}$	1200	600×790	1670	1085	998	1655	340	1450	1/2+1/2	
BFFH11/$\sqrt{3}$—1400—3W	11/$\sqrt{3}$	1400	600×790	1670	1085	998	1655	340	1450		
BFFH11/$\sqrt{3}$—1500—3W	11/$\sqrt{3}$	1500	600×790	1670	1185	998	1655	340	1450		
BFFH11/$\sqrt{3}$—1600—3W	11/$\sqrt{3}$	1600	600×790	1670	1185	998	1655	340	1450		
BFFH11/$\sqrt{3}$—1800—3W	11/$\sqrt{3}$	1800	600×790	1670	1185	1098	1755	350	1600		
BFFH11/$\sqrt{3}$—2000—3W	11/$\sqrt{3}$	2000	600×790	1670	1185	1098	1755	350	1600		
BFFH11/$\sqrt{3}$—2400—3W	11/$\sqrt{3}$	2400	600×790	1670	1285	1198	1855	370	1700		
BFFH11/$\sqrt{3}$—3000—3W	11/$\sqrt{3}$	3000	1000×870	2350	1240	1478	2375	1290	3600	1/3+2/3	
BFFH11/$\sqrt{3}$—3600—3W	11/$\sqrt{3}$	3600	1000×870	2350	1240	1478	2375	1200	3600		
BFFH11/$\sqrt{3}$—4000—3W	11/$\sqrt{3}$	4000	1000×870	2350	1240	1843	2740	1460	4400	1/2+1/2	抽头电容
BFFH11/$\sqrt{3}$—4200—3W	11/$\sqrt{3}$	4200	1000×870	2350	1240	1843	2740	1460	4400		
BFFH11/$\sqrt{3}$—4500—3W	11/$\sqrt{3}$	4500	1000×870	2350	1240	1843	2740	1460	4400		
BFFH11/$\sqrt{3}$—4800—3W	11/$\sqrt{3}$	4800	1000×870	2350	1240	1843	2740	1460	4400		
BFFH11/$\sqrt{3}$—5000—3W	11/$\sqrt{3}$	5000	1000×870	2350	1240	1843	2740	1460	4400		
BFFH11/$\sqrt{3}$—6000—3W	11/$\sqrt{3}$	6000	1070×1100	2606	1760	1497	2740	1550	4900	1/3+2/3	

续表

型号	额定电压 (kV)	额定容量 (kvar)	安装尺寸 (长×宽) (mm×mm)	外形尺寸 (mm)				重量 (kg)		备注	
				长	宽	箱高	总高	油	总重		
BFFH11/$\sqrt{3}$—7200—3W	11/$\sqrt{3}$	7200	1070×1100	2606	1760	1867	2770	1860	6100	1/2+1/2	抽头电容
BFFH11/$\sqrt{3}$—7500—3W	11/$\sqrt{3}$	7500	1070×1100	2606	1760	1867	2770	1860	6100		
BFFH11/$\sqrt{3}$—7800—3W	11/$\sqrt{3}$	7800	1070×1100	2606	1760	1867	2770	1860	6100		
BFFH11/$\sqrt{3}$—8000—3W	11/$\sqrt{3}$	8000	1070×1100	2606	1760	1867	2770	1860	6100		
BFFH11/$\sqrt{3}$—10000—3W	11/$\sqrt{3}$	10000	1070×1100	2606	1760	2267	3270	2250	7350	2/5+3/5	
BFMH11/$\sqrt{3}$—1800—3W	11/$\sqrt{3}$	1800	900×700	2200	1020	1213	2150	660	2000		转换开关调容
BFMH11/$\sqrt{3}$—2000—3W	11/$\sqrt{3}$	2000	900×800	2200	1070	1213	2150	700	2150		
BFMH11/$\sqrt{3}$—2400—3W	11/$\sqrt{3}$	2400	900×870	2200	1140	1213	2150	780	2350		
BFMH11/$\sqrt{3}$—3000—3W	11/$\sqrt{3}$	3000	900×870	2200	1250	1213	2150	900	2650		
BFMH11/$\sqrt{3}$—3600—3W	11/$\sqrt{3}$	3600	900×700	2200	1120	1953	2890	990	3100		
BFMH11/$\sqrt{3}$—4000—3W	11/$\sqrt{3}$	4000	900×800	2200	1170	1953	2890	1060	3330		
BFMH11/$\sqrt{3}$—4500—3W	11/$\sqrt{3}$	4500	900×800	2200	1190	1953	2890	1090	3420		
BFMH11/$\sqrt{3}$—4800—3W	11/$\sqrt{3}$	4800	900×870	2200	1240	1953	2890	1160	3650		
BFMH11/$\sqrt{3}$—5000—3W	11/$\sqrt{3}$	5000	900×870	2200	1240	1953	2890	1160	3650		
BFMH11/$\sqrt{3}$—2000—1W	11/$\sqrt{3}$	2000	500×870	1240	1160	1473	2313	330	1600		单相
BFMH11/$\sqrt{3}$—2400—1W	11/$\sqrt{3}$	2400	500×870	1240	1160	1843	2683	540	1850		
BFMH11/$\sqrt{3}$—2500—1W	11/$\sqrt{3}$	2500	500×870	1240	1160	1843	2683	540	1850		
BFMH11/$\sqrt{3}$—2667—1W	11/$\sqrt{3}$	2667	500×870	1240	1160	1843	2683	540	1850		
BFMH11/$\sqrt{3}$—3334—1W	11/$\sqrt{3}$	3334	500×1000	1320	1160	1873	2713	650	2250		
BFFH11/$\sqrt{3}$—2000—1W	11/$\sqrt{3}$	2000	500×870	1240	1230	1473	2313	400	1900		
BFFH11/$\sqrt{3}$—2400—1W	11/$\sqrt{3}$	2400	500×870	1240	1230	1843	2683	630	2200		
BFFH11/$\sqrt{3}$—2500—1W	11/$\sqrt{3}$	2500	500×870	1240	1230	1843	2683	630	2200		
BFFH11/$\sqrt{3}$—2667—1W	11/$\sqrt{3}$	2667	500×870	1240	1320	1843	2683	630	2200		
BFFH11/$\sqrt{3}$—3334—1W	11/$\sqrt{3}$	3334	500×1000	1320	1420	1873	2713	770	2650		
BFMH6.6/$\sqrt{3}$—900—3W	6.6/$\sqrt{3}$	900	600×790	1670	930	775	1435	300	1150		
BFMH6.6/$\sqrt{3}$—1000—3W	6.6/$\sqrt{3}$	1000	600×790	1670	930	775	1435	300	1150		
BFMH6.6/$\sqrt{3}$—1200—3W	6.6/$\sqrt{3}$	1200	600×790	1670	930	890	1550	330	1290		
BFMH6.6/$\sqrt{3}$—1500—3W	6.6/$\sqrt{3}$	1500	600×790	1670	930	995	1655	360	1430		
BFMH6.6/$\sqrt{3}$—1800—3W	6.6/$\sqrt{3}$	1800	700×700	1740	1095	1478	2390	590	2000		
BFMH6.6/$\sqrt{3}$—2000—3W	6.6/$\sqrt{3}$	2000	700×700	1740	1095	1478	2390	590	2000		
BFMH6.6/$\sqrt{3}$—2400—3W	6.6/$\sqrt{3}$	2400	700×800	1740	1210	1478	2390	690	2330		
BFMH6.6/$\sqrt{3}$—3000—3W	6.6/$\sqrt{3}$	3000	1000×700	2350	1095	1478	2390	880	2820		
BFMH6.6/$\sqrt{3}$—3600—3W	6.6/$\sqrt{3}$	3600	1000×800	2350	1210	1478	2390	1030	3300		
BFMH6.6/$\sqrt{3}$—4000—3W	6.6/$\sqrt{3}$	4000	1000×700	2350	1095	1863	2760	1070	3480		
BFMH6.6/$\sqrt{3}$—4800—3W	6.6/$\sqrt{3}$	4800	1000×800	2350	1210	1863	2760	1240	4070		
BFMH6.6/$\sqrt{3}$—5000—3W	6.6/$\sqrt{3}$	5000	1000×800	2350	1210	1863	2760	1240	4070		

(2) 稳态过电压，见表 1-2-10。

表 1-2-10　稳态过电压下运行相应时间

工频过电压	最大持续时间	说　明
$1.10U_n$	长期	指长期工作电压的最高值应不超过 $1.10U_n$
$1.15U_n$	每 24h 中 30min	系统电压调整与波动
$1.20U_n$	5min	轻负荷时电压升高
$1.30U_n$	1min	轻负荷时电压升高

注　$1.20U_n$、$1.30U_n$ 及其对应的运行时间在电容器的寿命期总共应不超过 200 次，其中若干次过电压可能是在电容器内部温度低于 0℃，但在下限温度以内发生的。为了延长电容器的使用寿命，电容器应经常维持在额定电压下运行。

(3) 操作过电压和过电流。用不重击穿和无弹跳的开关投切电容器时，可能发生第一个峰值不大于 $2\sqrt{2}$倍施加电压（均方根值），持续时间不大于 1/2 周波的过渡过电压，相应过渡过电流峰值可能达到 $100I_n$，在这种情况下允许每年操作 1000 次。

(4) 稳态过电流。允许在由于电压升高及谐波造成的有效值为 $1.3I_n$ 的稳定电流下运行，对于电容具有最大偏差的电容器，过电流允许达到 $1.43I_n$。

(5) 工频加谐波过电压。如果电容器在不高于 $1.10U_n$ 下长期运行，则包括所有谐波分量在内的电压峰值不超过 $1.2\sqrt{2}U_n$。

(6) 电容偏差。电容器的电容其额定值的偏差不超过 0～+5%，三相电容器任意两相实测电容值中最大值与最小值之比≤1.02。

(7) 电容器的介质损耗角正切值。二膜—纸复合介质结构电容器 $\tan\delta<0.0008$；全膜介质结构电容器 $\tan\delta<0.0005$。

(8) 在使用环境温度内电容器在额定容量下连续运行时，其内部油温不超过 65℃。

(9) 出线套管爬距（mm）：>400。

(10) 导电杆能承受的扭矩，见表 1-2-11。

表 1-2-11　导电杆承受的扭矩

导电杆螺纹	螺母扳手的扭矩（N·m）	
	最　大　值	最　小　值
M16	98	78
M20	196	156

（七）外形及安装尺寸

该产品外形及安装尺寸，见图 1-2-7 及表 1-2-12。

表 1-2-12　集合式并联电容器外形及安装尺寸　单位：mm

型　号	h	H	B	B_1	B_2	备　注
BFMH11/$\sqrt{3}$—1200—3W	758	1425				BFMH11/$\sqrt{3}$—1200～2400—3W 抽头调容
BFMH11/$\sqrt{3}$—1500—3W	828	1495				
BFMH11/$\sqrt{3}$—1800—3W	998	1655				
BFMH11/$\sqrt{3}$—2000—3W	998	1655				
BFMH11/$\sqrt{3}$—2400—3W	1098	1755				
BFMH11/$\sqrt{3}$—1800—3W	1213	2150	1020	572	700	BFMH11/$\sqrt{3}$—1800～5000—3W 转换开关调容
BFMH11/$\sqrt{3}$—2000—3W	1213	2150	1070	622	800	
BFMH11/$\sqrt{3}$—2400—3W	1213	2150	1140	692	870	
BFMH11/$\sqrt{3}$—3000—3W	1213	2150	1250	802	870	
BFMH11/$\sqrt{3}$—3600—3W	1953	2890	1120	572	700	
BFMH11/$\sqrt{3}$—4000—3W	1953	2890	1170	622	800	
BFMH11/$\sqrt{3}$—4500—3W	1953	2890	1190	642	800	
BFMH11/$\sqrt{3}$—4800—3W	1953	2890	1240	692	870	
BFMH11/$\sqrt{3}$—5000—3W	1953	2890	1240	692	870	

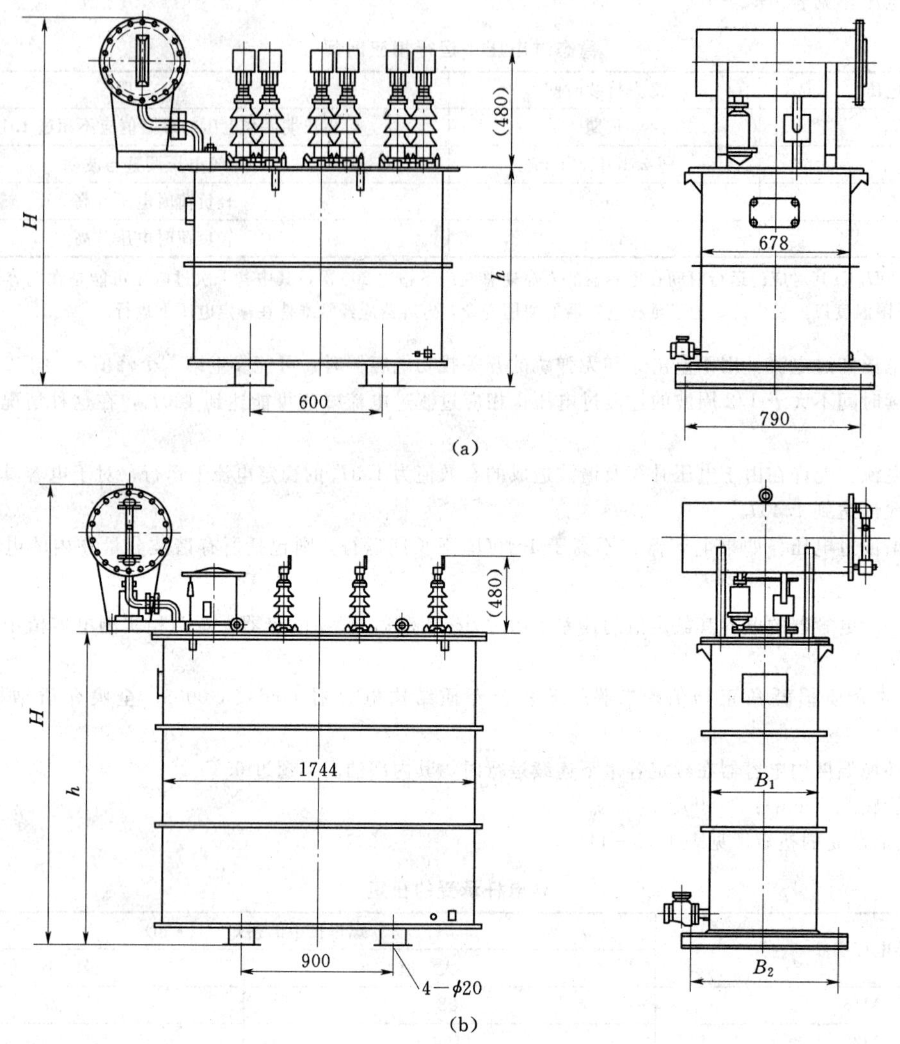

图 1-2-7　集合式并联电容器外形及安装尺寸（单位：mm）

(a) BFMH11/$\sqrt{3}$—1200～2400—3W（抽头调容）；(b) BFMH11/$\sqrt{3}$—1800～5000—3W（转换开关调容）

（八）生产厂

无锡电力电容器有限公司。

第三节　并联电容补偿成套装置

一、用途

并联电容补偿成套装置（简称并联补偿成套装置）适用于工频电力系统，以提高功率因数、降低线损、调整电压、稳定系统，从而提高供电质量，充分发挥供发电设备潜力。该装置主要连接在6～10kV母线上，与负荷并联使用。

二、型号含义

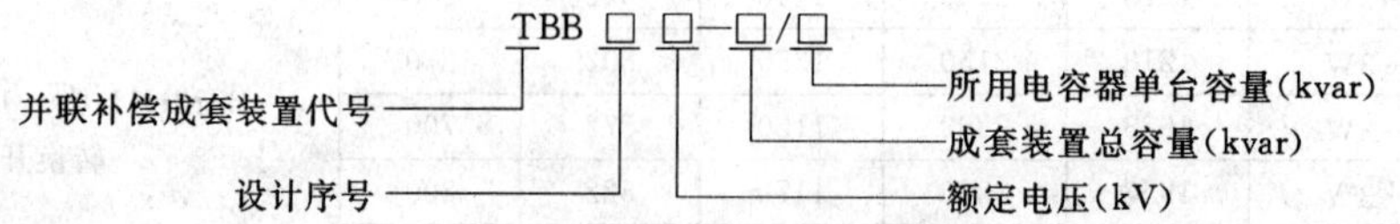

三、技术数据

(1) 上海电机厂电力电容器分厂高压并联电容器成套装置技术数据见表1-3-1。

表 1-3-1

型　号	额定容量 (kvar)	额定电压 (kV)	单台容量 (kvar)	外形尺寸 (长×宽×高) (mm×mm×mm)	布置方式	备　注
TBB $^{6}_{10}$—600	600	6	50	3050×1200×3000	6kV、10kV 户内柜式	
TBB $^{6}_{10}$—1200	1200	6	50	4250×1200×3000		
TBB $^{6}_{10}$—1800	1800	6	50	5450×1200×3000		
TBB $^{6}_{10}$—2400	2400	6	50	6650×1200×3000		
TBB $^{6}_{10}$—3000	3000	6	50	7850×1200×3000		
TBB $^{6}_{10}$—1200	1200	6	100	3050×1200×3000		
TBB $^{6}_{10}$—2400	2400	6	100	4250×1200×3000		
TBB $^{6}_{10}$—3600	3600	6	100	5450×1200×3000		
TBB $^{6}_{10}$—4800	4800	6	100	6650×1200×3000		
TBB $^{6}_{10}$—6000	6000	6	100	7850×1200×3000		
TBB $^{6}_{10}$—7200	7200	6	100	9050×1200×3000		
TBB_2 $^{6}_{10}$—600	600	6	50	3050×1200×3270	6kV、10kV 户内柜式（分体式）	
TBB_2 $^{6}_{10}$—1200	1200	6	50	4250×1200×3270		
TBB_2 $^{6}_{10}$—1800	1800	6	50	5450×1200×3270		
TBB_2 $^{6}_{10}$—2400	2400	6	50	6650×1200×3270		
TBB_2 $^{6}_{10}$—3000	3000	6	50	7850×1200×3270		
TBB_2 $^{6}_{10}$—1200	1200	6	100	3050×1200×3270		
TBB_2 $^{6}_{10}$—2400	2400	6	100	4250×1200×3270		
TBB_2 $^{6}_{10}$—3600	3600	6	100	5450×1200×3270		
TBB_2 $^{6}_{10}$—4800	4800	6	100	6650×1200×3270		
TBB_2 $^{6}_{10}$—6000	6000	6	100	7850×1200×3270		
TBB_2 $^{6}_{10}$—7200	7200	6	100	9050×1200×3270		
TBB_3 $^{6}_{10}$—1200	1200	6	50	3050×1600×3000	6kV、10kV 户内柜式（三层双排）	
TBB_3 $^{6}_{10}$—2400	2400	6	50	4250×1600×3000		
TBB_3 $^{6}_{10}$—3600	3600	6	50	5450×1600×3000		
TBB_3 $^{6}_{10}$—4800	4800	6	100	6650×1600×3000		
TBB_3 $^{6}_{10}$—6000	6000	6	100	7850×1600×3000		
TBB_3 $^{6}_{10}$—7200	7200	6	100	9050×1600×3000		
TBB_3 $^{6}_{10}$—2400	2400	6	100	3050×1600×3000		
TBB_3 $^{6}_{10}$—4800	4800	6	100	4250×1600×3000		
TBB_3 $^{6}_{10}$—7200	7200	6	100	5450×1600×3000		
TBB_4 6—9600	9600	6	100	6650×1550×3200	户内框架式（装配式）	
TBB_4 10—9600	9600	10	100	6650×1550×3200		
TBB_4 35—9600	9600	35	200	10069×1200×3600		
TBB_5 6—2400	2400	6	200	4402×830×3350	户内铝合金框架式	

续表

型号	额定容量 (kvar)	额定电压 (kV)	单台容量 (kvar)	外形尺寸 (长×宽×高) (mm×mm×mm)	布置方式	备注
TBB$_5$ 6—4200	4200	6	200	4402×830×3350	户内铝合金框架式	
TBB$_5$ 10—2400	2400	10	200	4402×830×3350		
TBB$_5$ 10—4200	4200	10	200	4402×830×3350		
TBB$_6$ 10—1200	1200	10		2400×1650×3150	户外式	
TBB$_6$ 10—1500	1500	10		2400×1650×3150		
TBB$_6$ 10—2400	2400	10		2800×1650×3150		
TBB$_6$ 10—3000	3000	10		2800×1650×3150		
TBB$_6$ 10—4500	4500	10		3160×1650×3150		
TBB$_6$ 10—4800	4800	10		3160×1650×3150		
TBB$_6$ 10—5000	5000	10		3520×1650×3150		
TBB$_6$ 10—6000	6000	10		3520×1650×3150		

(2) 丹东电力电容器厂高压并联电容器成套装置技术数据见表 1-3-2。

表 1-3-2

型号	总容量 (kvar)	额定电压 (kV)	单台容量 (kvar)	接线方式	保护方案	外形尺寸 (长×宽×高) (mm×mm×mm)	布置方式	备注
TBB $^{6}_{10}$—480/40	480	6.3 6.6 10.5 11	40	Y	1. 单台电容器熔丝保护； 2. 电容器组电流速断保护、过电流保护、过电压保护、低电压保护、零序电压保护	1200×1200×3200	柜式	
TBB $^{6}_{10}$—600/50	600		50			1200×1200×3200		
TBB $^{6}_{10}$—1200/50	1200		50			2400×1200×3200		
TBB $^{6}_{10}$—1800/50	1800		50			3600×1200×3200		
TBB $^{6}_{10}$—2400/50	2400		50			4800×1200×3200		
TBB $^{6}_{10}$—3000/50	3000		50			6000×1200×3200		
TBB $^{6}_{10}$—1200/100	1200		100			1200×1200×3200		
TBB $^{6}_{10}$—2400/100	2400		100			2400×1200×3600		
TBB $^{6}_{10}$—3600/100	3600		100			3600×1200×3600		
TBB $^{6}_{10}$—4800/100	4800		100			4800×1200×3600		
TBB $^{6}_{10}$—6000/100	6000		100			6000×1200×3600		
TBB $^{6}_{10}$—7200/100	7200		100			7200×1200×3600		
TBB $^{6}_{10}$—2400/50	2400		50	单星 (Y) 双星 Y—Y	1. 每台电容器加（内）外熔丝单星保护； 2. 可采用过电流、过电压、失压、不平衡等继电保护	5700×1700×3750	框架式	
TBB $^{6}_{10}$—6000/50	6000		50			9300×1700×3750		
TBB $^{6}_{10}$—3000/100	3000		100			4700×2100×3750		
TBB $^{6}_{10}$—4800/100	4800		100			6200×2100×3750		
TBB $^{6}_{10}$—6000/100	6000		100			6700×2100×3750		
TBB $^{6}_{10}$—7200/100	7200		100			7700×2100×3750		
TBB $^{6}_{10}$—8400/100	8400		100			8200×2100×3750		
TBB $^{6}_{10}$—4800/200	4800		200			4600×2100×4100		
TBB $^{6}_{10}$—6000/200	6000		200			4900×2100×4100		

续表

型号	总容量 (kvar)	额定电压 (kV)	单台容量 (kvar)	接线方式	保护方案	外形尺寸 (长×宽×高) (mm×mm×mm)	布置方式	备注
TBB $^{6}_{10}$—7200/200	7200	6.3 6.6 10.5 11	200	单星 (Y) 双星 Y—Y	1. 每台电容器加（内）外熔丝单星保护； 2. 可采用过电流、过电压、失压、不平衡等继电保护	5100×2100×4100	框架式	
TBB $^{6}_{10}$—8400/200	8400		200			6200×2100×4100		
TBB $^{6}_{10}$—10800/200	10800		200			6700×2100×4100		
TBB $^{6}_{10}$—20040/334	20040		334			7400×2400×4600		
TBB $^{6}_{10}$—30060/334	30060		334			9600×2400×4600		
TBB35—4800/100	4800	35	100			5600×5500×3300		
TBB35—9600/200	9600		200			5600×5500×3500		
TBB35—10020/334	10020		334			5500×5500×3800		
TBB35—20040/334	20040		334			6700×5500×3800		
TBB35—40080/334	40080		334			9500×5500×3800		
TBB60—9600/200	9600	60	200			6600×7000×4800		
TBB60—20040/334	20040		334			7100×7000×5100		
TBB60—40080/334	40080		334			10200×7000×5100		
TBB60—60120/334	60120		334			12700×7000×5100		

(3) 锦州电力电容器有限责任公司高压并联电容器成套装置技术数据见表 1-3-3。

表 1-3-3

型号	额定容量 (kvar)	额定电压 (kV)	单台容量 (kvar)	接线方式	保护方案	外形尺寸 (长×宽×高) (mm×mm×mm)	布置方式	备注
TBB6—1000BL	1000	6	50	Y—Y	外熔丝	5000×2000×3000	二层	
TBB6—1500AK	1500	6	50	Y		4500×1700×3200	三层	
TBB6—2000BL	2000	6	50	Y—Y		5100×2000×3000	二层	
TBB6—3000BL	3000	6	100	Y—Y		4650×1310×3320	二层	
TBB10—1000AK	1000	10	50	Y		4900×2000×3000	二层	
TBB10—2000AK	2000	10	50	Y		5500×2000×3000	三层	
TBB10—2000AK	2000	10	100	Y		4900×2200×3000	二层	
TBB10—3000AK	3000	10	50	Y		7370×2200×3000	二层	
TBB10—3000BL	3000	10	100	Y—Y		6130×2200×3580	二层	
TBB10—3300AK	3300	10	100	Y		5680×2200×3000	二层	
TBB10—4200BL	4200	10	100	Y—Y		8240×2200×3200	二层	
TBB10—4500BL	4500	10	50	Y—Y		8000×2000×3900	三层	
TBB10—5000BL	5000	10	100	Y—Y		8240×2200×3200	二层	
TBB10—6000BL	6000	10	100	Y—Y		9340×2200×2800	二层	
TBB10—6000BL	6000	10	200	Y—Y		6820×2200×3400	二层	
TBB10—7800BL	7800	10	100	Y—Y		9000×2200×3200	二层	
TBB10—8000AK	8000	10	334	Y		4500×2000×3200	二层	
TBB10—10000BL	10000	10	334	Y—Y		6900×2140×1800	一层	
TBB35—4800AC	4800	35	100	Y		5510×5550×3160	二层	
TBB35—7200AC	7200	35	100	Y		7000×10000×3200	二层	
TBB35—9600AC	9600	35	100	Y		11000×7000×3200	二层	
TBB35—9600AC	9600	35	200	Y		5510×5550×3480	二层	
TBB35—10000AC	10000	35	100	Y		8910×5550×3160	二层	
TBB35—20000AC	20000	35	334	Y		6200×5500×3800	二层	
TBB35—32064AC	32064	35	334	Y		16000×3500×5450	二层	
TBB35—40080BL	40080	35	334	Y—Y		1400×5500×4600	卧式三相	
TBB35—40080BL	40080	35	334	Y—Y		11000×12000×4800	二层	
TBB63—9600AQ	9600	63	100	Y		8910×7000×4610	二层	
TBB63—10000AQ	10000	63	120	Y		7700×7000×4620	二层	
TBB63—20000AQ	20000	63	334	Y		5600×7000×5230	二层	
TBB63—20000AQ	20000	63	334	Y		11000×7200×4900	二层	
TBB63—32000AQ	32000	63	334	Y		9100×7000×5230	二层	
TBB63—60000BL	60000	63	334	Y—Y		1300×7000×5230	二层	

（4）西安电力电容器厂高压并联电容器成套装置技术数据见表 1-3-4。

表 1-3-4

装置型号	装置额定容量(kvar)	系统额定电压(kV)	装置额定电流(A)	配置电容器型号	外形尺寸(长×宽×高)(mm×mm×mm)	配置油浸式串联电抗器		配置干式空心串联电抗器		备注
						型号	安装尺寸(mm×mm)	型号	外径 d(mm)	
TBB35—1200/1200AKW	1200	35	18	BFM38.5—1200—3W	10500×5400×4200	CKSQ—72/35	660×660	CKGKLQ—35—24/1334—6	880	
TBB35—1500/1500AKW	1500	35	22.5	BFM38.5—1500—3W	10500×5400×4200	CKSQ—90/35	660×660	CKGKLQ—35—30/1334—6	970	
TBB35—1800/1800AKW	1800	35	27	BFM38.5—1800—3W	10500×5400×4200	CKSQ—108/35	660×660	CKGKLQ—35—36/1334—6	1050	
TBB35—2400/2400AKW	2400	35	36	BFM38.5—2400—3W	10500×5400×4200	CKSQ—144/35	660×660	CKGKLQ—35—48/1334—6	880	
TBB35—3000/3000AKW	3000	35	45	BFM38.5—3000—3W	10500×5400×4200	CKSQ—280/35	660×660	CKGKLQ—35—60/1334—6	1100	
TBB35—3600/3600AKW	3600	35	54	BFM38.5—3600—3W	10500×5400×4200	CKSQ—216/35	660×660	CKGKLQ—35—72/1334—6	1100	
TBB35—4000/4000AKW	4000	35	60	BFM38.5—4000—3W	10500×5400×4200	CKSQ—240/35	660×660	CKGKLQ—35—80/1334—6	1100	
TBB35—5000/5000AKW	5000	35	75	BFM38.5—5000—3W	10500×5400×4200	CKSQ—300/35	660×660	CKGKLQ—35—100/1334—6	1125	
TBB35—2400/1200BLW	2400	35	36	BFM38.5—1200—3W	10500×6000×4200	CKSQ—144/35	660×660	CKGKLQ—35—48/1334—6	880	
TBB35—3000/1500BLW	3000	35	45	BFM38.5—1500—3W	10500×6000×4200	CKSQ—180/35	660×660	CKGKLQ—35—60/1334—6	1100	
TBB35—3600/1800BLW	3600	35	54	BFM38.5—1800—3W	10500×6000×4200	CKSQ—260/35	660×660	CKGKLQ—35—72/1334—6	1100	
TBB35—4800/2400BLW	4800	35	72	BFM38.5—2400—3W	10500×6000×4200	CKSQ—288/35	820×820	CKGKLQ—35—96/1334—6	1140	
TBB35—6000/3000BLW	6000	35	90	BFM38.5—3000—3W	10500×6000×4200	CKSQ—360/35	820×820	CKGKLQ—35—120/1334—6	1200	
TBB35—7200/3600BLW	7200	35	108	BFM38.5—3600—3W	10500×6000×4200	CKSQ—432/35	820×820	CKGKLQ—35—144/1334—6	1320	
TBB35—8000/4000BLW	8000	35	120	BFM38.5—4000—3W	10500×6000×4200	CKSQ—480/35	820×820	CKGKLQ—35—160/1334—6	1400	
TBB35—10000/5000BLW	10000	35	150	BFM38.5—5000—3W	10500×6000×4200	CKSQ—600/35	820×820	CKGKLQ—35—200/1334—6	1300	
TBB35—1500/1500ACW	1500	35	22.5	BFM38.5—1500—3GW	8700×6000×4200	CKSQ—90/35	660×660	CKGKLQ—35—30/1334—6	970	
TBB35—5000/1667ACW	5000	35	75	BFM38.5—1667—1W	10500×6700×3600	CKS—300/35	660×660	CKGKLQ—35—100/1334—6	1180	
TBB10—1200/1200AKW	1200	10	63	BFM11—1200—3W	6400×3400×3600 4200	CKSQ—72/10.5	550×550	CKGKLQ—10—24/381.1—6	850	
TBB10—1500/1500AKW	1500	10	78.73	BFM11—1500—3W	6400×3400×3600 4200	CKSQ—90/10.5	550×550	CKGKLQ—10—30/381.1—6	920	
TBB10—1800/1800AKW	1800	10	94.78	BFM11—2400—3W	6400×3400×3600 4200	CKSQ—108/10.5	550×550	CKGKLQ—10—36/381.1—6	1050	
TBB10—2400/2400AKW	2400	10	126	BFM11—3000—3W	6400×3400×3600 4200	CKSQ—144/10.5	550×550	CKGKLQ—10—48/381.1—6	880	
TBB10—3000/3000AKW	3000	10	157.8	BFM11—3600—3W	6400×3400×3600 4200	CKSQ—180/10.5	660×660	CKGKLQ—10—60/381.1—6	1100	
TBB10—3600/3600AKW	3600	10	189	BFM11—4000—3W	6400×3400×3600 4200	CKSQ—216/10.5	660×660	CKGKLQ—10—72/381.1—6	1180	

续表

装置型号	装置额定容量(kvar)	系统额定电压(kV)	装置额定电流(A)	配置电容器型号	外形尺寸(长×宽×高)(mm×mm×mm)	配置油浸式串联电抗器		配置干式空心串联电抗器		备注
						型号	安装尺寸(mm×mm)	型号	外径 d(mm)	
TBB10—4000/4000AKW	4000	10	210	BFM11—4000—3W	6400×3400×3600/4200	CKSQ—240/10.5	660×660	CKGKLQ—10—80/381.1—6	1100	
TBB10—5000/5000AKW	5000	10	262.4	BFM11—5000—3W	6400×3400×3600/4200	CKSQ—300/10.5	660×660	CKGKLQ—10—100/381.1—6	1125	
TBB10—2400/1200BLW	2400	10	126	BFM11—1200—3W	6400×5600×3600/4200	CKSQ—144/10.5	660×660	CKGKLQ—10—48/381.1—6	880	
TBB10—3000/1500BLW	3000	10	157.8	BFM11—1500—3W	6400×5600×3600/4200	CKSQ—180/10.5	660×660	CKGKLQ—10—60/381.1—6	1100	
TBB10—3600/1800BLW	3600	10	189	BFM11—1800—3W	6400×5600×3600/4200	CKSQ—216/10.5	660×660	CKGKLQ—10—72/381.1—6	1180	
TBB10—4800/2400BLW	4800	10	252	BFM11—2400—3W	6400×5600×3600/4200	CKSQ—288/10.5	660×660	CKGKLQ—10—96/381.1—6	1140	
TBB10—6000/3000BLW	6000	10	315	BFM11—3000—3W	6400×5600×3600/4200	CKSQ—360/10.5	660×660	CKGKLQ—10—120/381.1—6	1200	
TBB10—7200/3600BLW	7200	10	378	BFM11—3600—3W	6400×5600×3600/4200	CKSQ—432/10.5	820×820	CKGKLQ—10—144/381.1—6	1270	
TBB10—8000/4000BLW	8000	10	420	BFM11—4000—3W	6400×5600×3600/4200	CKSQ—480/10.5	820×820	CKGKLQ—10—160/381.1—6	1300	
TBB10—10000/5000BLW	10000	10	525	BFM11—5000—3W	6000×5600×3600/4200	CKSQ—216/10.5	820×820	CKGKLQ—10—200/381.1—6	1120	
TBB10—5000/1667ACW	5000	10	262.4	BFM11$\sqrt{3}$—1667—1W	6400×5700×3600	CKS—300/10.5	660×660	CKGKLQ—10—100/381.1—6	1125	
TBB35—10000/3334ACW	10000	35	525	BFM38.5$\sqrt{3}$—3334—1W	9500×7420×3600	CKSQ—600/36.75	820×820	CKGKLQ—35—200/1334—6	1260	
TBB10—7200/2400ACW	7200	10	108	BFM11$\sqrt{3}$—2400—1W	6400×7200×3600	CKD—144/10.5	550×550	CKGKL—10—144/381.1—6	1270	
TBB10—7200/2400AKW	7200	10	108	BFM$_2$11$\sqrt{3}$—2400—1W	6400×7200×3600	CKD—144/10.5	550×550	CKGKL—10—144/381.1—6	1270	

注　表中只选用了常用规格的装置，若需要特殊规格的装置，均可按要求设计不同电压或不同容量的装置。

(5) 桂林电力电容器总厂半封闭高压并联电容器装置技术数据见表 1-3-5。

表 1-3-5

型号	额定电压(kV)	电容器组			接线方式	保护方案	并联电容器型号	电容器装置			备注
		额定电压(kV)	额定容量(kvar)	额定电流(A)				外形尺寸(长×宽×高)(mm×mm×mm)		质量(kg)	
								电缆进线	架空进线		
TBB(F)6—1800/(6.6/$\sqrt{3}$,100)—AKW	6	6.6	1800	157	Y	1. AKW 型为开口三角电压保护； 2. BLW 型为中性线不平衡电流保护； 3. 过流、速断、过压、失压及 MOA 保护	BFF6.6/$\sqrt{3}$—100—1W	1970×1778×2506	1970×1778×3056	1604(873)	
TBB(F)6—2400/(6.6/$\sqrt{3}$,100)—AKW/BLW	6	6.6	2400	210	Y		BAM6.6/$\sqrt{3}$—100—1W	1810×1538×2506	1810×1538×3056	1874(1023)	
					Y—Y					1784(936)	
TBB(F)6—3600/(6.6/$\sqrt{3}$,100)—AKW/BLW	6	6.6	3600	315	Y		BFF6.6/$\sqrt{3}$—100—1W	1970×1778×3026	1970×1778×3576	2543(1439)	
					Y—Y		BAM6.6/$\sqrt{3}$—100—1W	1810×1538×3026	1810×1538×3576	2453(1352)	
TBB(F)10—1800/(11/2/$\sqrt{3}$,100)—AKW	10	11	1800	94	Y		BFF11/2$\sqrt{3}$—100—1W	1970×1778×2506	1970×1778×3056	1604(873)	
TBB(F)10—2400/(11/2$\sqrt{3}$,100)—AKW/BLW	10	11	2400	126	Y		BAM11/2$\sqrt{3}$—100—1W	1810×1538×2506	1810×1538×3056	1874(1023)	
					Y—Y					1784(936)	
TBB(F)10—3600/(11/2$\sqrt{3}$,100)—AKW/BLW	10	11	3600	189	Y		BFF11/2$\sqrt{3}$—100—1W	1970×1778×3546	1970×1778×4096	2672(1555)	
					Y—Y					2582(1468)	
TBB(F)10—4800/(11/2$\sqrt{3}$,100)—AKW/BLW	10	11	4800	252	Y		BAM11/2$\sqrt{3}$—100—1W	1810×1538×3546	1810×1538×4096	3212(1975)	
					Y—Y					3122(1768)	
TBB(F)6—1800/(6.6/$\sqrt{3}$,200)—AKW	6	6.6	1800	157	Y		BFF6.6/$\sqrt{3}$—200—1W	2670×1778×1986	2670×1778×2536	1430(1087)	
TBB(F)6—2400/(6.6/$\sqrt{3}$,200)—AKW/BLW	6	6.6	2400	210	Y		BAM6.6/$\sqrt{3}$—200—1W	2390×1538×1986	2390×1538×2536	1665(1231)	
					Y—Y					1575(1144)	
TBB(F)6—3600/(6.6/$\sqrt{3}$,200)—AKW/BLW	6	6.6	3600	315	Y		BFF6.6/$\sqrt{3}$—200—1W	2670×1778×2506		2280(1648)	
					Y—Y		BAM6.6/$\sqrt{3}$—200—1W	2390×1538×2506		2190(1561)	

续表

型号	额定电压(kV)	电容器组 额定电压(kV)	电容器组 额定容量(kvar)	电容器组 额定电流(A)	接线方式	保护方案	并联电容器型号	电容器装置 外形尺寸(长×宽×高)(mm×mm×mm) 电缆进线	电容器装置 外形尺寸(长×宽×高)(mm×mm×mm) 架空进线	电容器装置 质量(kg)	备注
TBB(F)6—4800/(6.6/$\sqrt{3}$,200)—AKW	6	6.6	4800	420	Y	1. AKW 型为开口三角电压保护； 2. BLW 型为中性线不平衡电流保护； 3. 过流、速断、过压、失压及 MOA 保护	BFF6.6/$\sqrt{3}$—200—1W	2670×1778×2506		2750 (1936)	
BLW					Y—Y		BAM6.6/$\sqrt{3}$—200—1W	2390×1538×2506		2660 (1849)	
TBB(F)10—1800/(11/$\sqrt{3}$,200)—AKW	10	11	1800	94	Y		BFF11/$\sqrt{3}$—200—1W	2670×1778×1986	2670×1778×2536	1430 (1087)	
TBB(F)10—2400/(11/$\sqrt{3}$,200)—AKW	10	11	2400	126	Y		BAM11/$\sqrt{3}$—200—1W	2390×1538×1986	2390×1538×2536	1665 (1231)	
BLW					Y—Y					1575 (1144)	
TBB(F)10—3600/(11/$\sqrt{3}$,200)—AKW	10	11	3600	189	Y		BFF11/$\sqrt{3}$—200—1W	2670×1778×2506	2670×1778×3056	2280 (1648)	
BLW					Y—Y					2190 (1561)	
TBB(F)10—4800/(11/$\sqrt{3}$,200)—AKW	10	11	4800	252	Y		BAM11/$\sqrt{3}$—200—1W	2390×1538×2506	2390×1538×3056	2750 (1936)	
BLW					Y—Y					2660 (1849)	
TBB(F)10—5400/(11/$\sqrt{3}$,200)—AKW	10	11	5400	283	Y					3130 (2208)	
TBB(F)10—6000/(11/$\sqrt{3}$,200)—AKW	10	11	6000	315	Y					3364 (2352)	
BLW					Y—Y					3275 (2265)	
TBB(F)10—6600/(11/$\sqrt{3}$,200)—AKW	10	11	6600	346	Y		BFF11/$\sqrt{3}$—200—1W BAM11/$\sqrt{3}$—200—1W	2670×1778×3026 2390×1538×3026	2670×1778×3576 2390×1538×3576	3599 (2496)	
TBB(F)10—7200/(11/$\sqrt{3}$,200)—AKW	10	11	7200	378	Y					3677 (2640)	
BLW					Y—Y					3744 (2553)	
TBB(F)10—7800/(11/$\sqrt{3}$,200)—AKW	10	11	7800	409	Y					3911 (2784)	

续表

型号	额定电压(kV)	电容器组			接线方式	保护方案	并联电容器型号	电容器装置			备注
		额定电压(kV)	额定容量(kvar)	额定电流(A)				外形尺寸(长×宽×高)(mm×mm×mm)		质量(kg)	
								电缆进线	架空进线		
TBB(F)10—8400/(11/$\sqrt{3}$,200)—AKW/BLW	10	11	8400	441	Y	1. AKW 型为开口三角电压保护； 2. BLW 型为中性线不平衡电流保护； 3. 过流、速断、过压、失压及 MOA 保护	BFF11/$\sqrt{3}$—200—1W	2670×1778×3546	2670×1778×4096	4291 (3147)	
					Y—Y					4359 (2969)	
TBB(F)10—9600/(11/$\sqrt{3}$,200)—AKW/BLW	10	11	9600	504	Y		BAM11/$\sqrt{3}$—200—1W	2390×1538×3546	2390×1538×4096	4760 (3435)	
					Y—Y					4828 (3257)	
TBB(F)10—3000/(11/$\sqrt{3}$,334)—AKW	10	11	3000	157	Y		BFF11/$\sqrt{3}$—334—1W	2670×1944×2262	2670×1944×2612	2005 (1371)	
TBB(F)10—4000/(11/$\sqrt{3}$,334)—AKW/BLW	10	11	4000	210	Y		BAM11/$\sqrt{3}$—334—1W	2670×1778×1986	2670×1778×2536	2389 (1587)	
					Y—Y					2299 (1500)	
TBB(F)10—5000/(11/$\sqrt{3}$,334)—AKW	10	11	5000	263	Y					2773 (1949)	
TBB(F)10—6000/(11/$\sqrt{3}$,334)—AKW/BLW	10	11	6000	315	Y		BFF11/$\sqrt{3}$—334—1W	2670×1944×3058	2670×1944×3608	3157 (2165)	
					Y—Y					3067 (1932)	
TBB(F)10—7000/(11/$\sqrt{3}$,334)—AKW	10	11	7000	367	Y		BAM11/$\sqrt{3}$—334—1W	2670×1778×2506	2670×1778×3056	3541 (2381)	
TBB(F)10—8000/(11/$\sqrt{3}$,334)—AKW/BLW	10	11	8000	420	Y					3925 (2597)	
					Y—Y					3835 (2364)	
TBB(F)10—9000/(11/$\sqrt{3}$,334)—AKW	10	11	9000	472	Y		BFF11/$\sqrt{3}$—334—1W BAM11/$\sqrt{3}$—334—1W	2670×1944×3854 2670×1778×3026	2670×1944×4404 2600×1778×3578	4305 (2813)	

注 （ ）为 BAM 型并联电容器时高压并联电容器装置质量。

(6)苏州电力电容器厂半封闭高压并联电容器装置技术数据见表 1-3-6。

表 1-3-6

型　号	额定容量 (kvar)	额定电压 (kV)	并联电容器型号	接线方式	布置方式	装置外形尺寸 (长×宽×高) (mm×mm×mm)	安装中心孔尺寸 $L_1 \times W_1$ (mm×mm)	质　量 (kg)	备注
TBBF6—900/75—AKW	900	6	BFF6.6/4$\sqrt{3}$—75—1W	Y	单层	1800×1600×1800	1740×1540	1170	
TBBF6—1000/83.3—AKW	1000		BFF6.6/4$\sqrt{3}$—83.3—1W		单层			1230	
TBBF6—1800/75—AKW	1800		BFF6.6/4$\sqrt{3}$—75—1W		双层			1630	
TBBF6—2000/83.3—AKW	2000		BFF6.6/4$\sqrt{3}$—83.3—1W		双层			1770	
TBBF6—2700/75—AKW	2700		BFF6.6/4$\sqrt{3}$—75—1W		三层			2130	
TBBF6—3000/83.3—AKW	3000		BFF6.6/4$\sqrt{3}$—83.3—1W		三层			2310	
TBBF6—1800/75—BLW	1800		BFF6.6/4$\sqrt{3}$—75—1W	Y—Y	双层			1630	
TBBF6—2000/83.3—BLW	2000		BFF6.6/4$\sqrt{3}$—83.3—1W		双层			1770	
TBBF6—2700/75—BLW	2700		BFF6.6/4$\sqrt{3}$—75—1W		三层			2130	
TBBF6—3000/83.3—BLW	3000		BFF6.6/4$\sqrt{3}$—83.3—1W		三层			2310	
TBBF10—900/75—AKW	900	10	BFF11/4$\sqrt{3}$—75—1W	Y	单层			1070	
TBBF10—1000/83.3—AKW	1000		BFF11/4$\sqrt{3}$—83.3—1W		单层			1110	
TBBF10—1200/100—AKW	1200		BFF11/4$\sqrt{3}$—100—1W		单层			1190	
TBBF10—1500/125—AKW	1500		BFF11/4$\sqrt{3}$—125—1W		单层			1330	
TBBF10—1800/75—AKW	1800		BFF11/4$\sqrt{3}$—75—1W		双层	1800×1600×2300	1740×1540	1570	
TBBF10—2000/83.3—AKW	2000		BFF11/4$\sqrt{3}$—83.3—1W		双层			1650	
TBBF10—2400/100—AKW	2400		BFF11/4$\sqrt{3}$—100—1W		双层			1810	

续表

型号	额定容量 (kvar)	额定电压 (kV)	并联电容器型号	接线方式	布置方式	装置外形尺寸（长×宽×高）(mm×mm×mm)	安装中心孔尺寸 $L_1\times W_1$ (mm×mm)	质量 (kg)	备注
TBBF10—2700/75—AKW	2700	10	BFF11/4$\sqrt{3}$—75—1W	Y	三层	1800×1600×2300	1740×1540	2070	
TBBF10—3000/125—AKW	3000		BFF11/4$\sqrt{3}$—125—1W		双层			2090	
TBBF10—3000/83.3—AKW	3000		BFF11/4$\sqrt{3}$—83.3—1W		三层	1800×1600×2800		2190	
TBBF10—3600/100—AKW	3600		BFF11/4$\sqrt{3}$—100—1W		三层			2430	
TBBF10—4000/83.3—AKW	4000		BFF11/4$\sqrt{3}$—83.3—1W		四层	1800×1600×3300		2730	
TBBF10—4500/125—AKW	4500		BFF11/4$\sqrt{3}$—125—1W		三层	1800×1600×2800		2850	
TBBF10—4800/100—AKW	4800		BFF11/4$\sqrt{3}$—100—1W		四层	1800×1600×2300		3050	
TBBF10—1800/75—BLW	1800		BFF11/4$\sqrt{3}$—75—1W	Y—Y	双层			1570	
TBBF10—2000/83.3—BLW	2000		BFF11/4$\sqrt{3}$—83.3—1W		双层			1650	
TBBF10—2400/100—BLW	2400		BFF11/4$\sqrt{3}$—100—1W		双层			1810	
TBBF10—2700/75—BLW	2700		BFF11/4$\sqrt{3}$—75—1W		三层	1800×1600×2800		2070	
TBBF10—3000/125—BLW	3000		BFF11/4$\sqrt{3}$—125—1W		双层	1800×1600×2300		2090	
TBBF10—3000/83.3—BLW	3000		BFF11/4$\sqrt{3}$—83.3—1W		三层	1800×1600×2800		2190	
TBBF10—3600/100—BLW	3600		BFF11/4$\sqrt{3}$—100—1W		三层	1800×1600×2800		2430	
TBBF10—4000/83.3—BLW	4000		BFF11/4$\sqrt{3}$—83.3—1W		四层	1800×1600×3300		2730	
TBBF10—4500/125—BLW	4500		BFF11/4$\sqrt{3}$—125—1W		三层	1800×1600×2800		2850	
TBBF10—4800/100—BLW	4800		BFF11/4$\sqrt{3}$—100—1W		四层	1800×1600×3300		3050	

(7)集合式并联电容器成套装置技术数据见表1-3-7。

表 1-3-7

型号	系统额定电压(kV)	装置			电容器型号	放电线圈型号	电抗器型号	避雷器型号	外形尺寸(长×宽×高)(mm×mm×mm)	质量(kg)	生产厂	备注
		额定电压(kV)	额定容量(kvar)	额定电流(A)								
TBB11—7200—3W	10	11	7200	378	BWFH11/$\sqrt{3}$—7200—3W	FD_2—2.5/10	CKS—432/10	Y_5W_4—12.7/44	2400×1400×3250	3960	合阳电力电容器制造有限责任公司	
TBB11—6900—3W	10	11	6900	362.2	BWFH11/$\sqrt{3}$—6900—3W	FD_2—2.5/10	CKS—414/10	Y_5W_4—12.7/44		3880		
TBB11—6600—3W	10	11	6600	346.5	BWFH11/$\sqrt{3}$—6600—3W	FD_2—2.5/10	CKS—396/10	Y_5W_4—12.7/44		3790		
TBB11—6300—3W	10	11	6300	330.7	BWFH11/$\sqrt{3}$—6300—3W	FD_2—2.5/10	CKS—378/10	Y_5W_4—12.7/44		3600		
TBB11—6000—3W	10	11	6000	315	BWFH11/$\sqrt{3}$—6000—3W	FD_2—2.5/10	CKS—360/10	Y_5W_4—12.7/44		3234		
TBB11—5700—3W	10	11	5700	299.2	BWFH11/$\sqrt{3}$—5700—3W	FD_2—2.5/10	CKS—342/10	Y_5W_4—12.7/44		3150		
TBB11—5400—3W	10	11	5400	283.4	BWFH11/$\sqrt{3}$—5400—3W	FD_2—2.5/10	CKS—324/10	Y_5W_4—12.7/44		3100		
TBB11—5100—3W	10	11	5100	267.7	BWFH11/$\sqrt{3}$—5100—3W	FD_2—1.7/10	CKS—306/10	Y_5W_4—12.7/44		2764		
TBB11—4800—3W	10	11	4800	252	BWFH11/$\sqrt{3}$—4800—3W	FD_2—1.7/10	CKS—288/10	Y_5W_4—12.7/44		2700		
TBB11—4500—3W	10	11	4500	236.2	BWFH11/$\sqrt{3}$—4500—3W	FD_2—1.7/10	CKS—270/10	Y_5W_4—12.7/44		2614		
TBB11—4200—3W	10	11	4200	220.4	BWFH11/$\sqrt{3}$—4200—3W	FD_2—1.7/10	CKS—252/10	Y_5W_4—12.7/44		2514		
TBB11—3900—3W	10	11	3900	204.7	BWFH11/$\sqrt{3}$—3900—3W	FD_2—1.7/10	CKS—240/10	Y_5W_4—12.7/44		2424		
TBB11—3600—3W	10	11	3600	189	BWFH11/$\sqrt{3}$—3600—3W	FD_2—1.2/10	CKS—216/10	Y_5W_4—12.7/44		2350		
TBB11—3300—3W	10	11	3300	173.2	BWFH11/$\sqrt{3}$—3300—3W	FD_2—1.2/10	CKS—198/10	Y_5W_4—12.7/44		2230		
TBB11—3000—3W	10	11	3000	157.5	BWFH11/$\sqrt{3}$—3000—3W	FD_2—1.2/10	CKS—180/10	Y_5W_4—12.7/44		2150		
TBB11—2700—3W	10	11	2700	141.7	BWFH11/$\sqrt{3}$—2700—3W	FD_2—1.2/10	CKS—162/10	Y_5W_4—12.7/44		2100		
TBB11—2400—3W	10	11	2400	125	BWFH11/$\sqrt{3}$—2400—3W	FD_2—1.2/10	CKS—150/10	Y_5W_4—12.7/44		2050		
TBB11—2100—3W	10	11	2100	110.2	BWFH11/$\sqrt{3}$—2100—3W	FD_2—1.2/10	CKS—126/10	Y_5W_4—12.7/44		1875		
TBB11—1800—3W	10	11	1800	94.5	BWFH11/$\sqrt{3}$—1800—3W	FD_2—1.2/10	CKS—108/10	Y_5W_4—12.7/44		1740		
TBB11—1500—3W	10	11	1500	78.7	BWFH11/$\sqrt{3}$—1500—3W	FD_2—1.2/10	CKS—90/10	Y_5W_4—12.7/44	2000×1400×3250	1590		
TBB11—1200—3W	10	11	1200	63	BWFH11/$\sqrt{3}$—1200—3W	FD_2—1.2/10	CKS—72/10	Y_5W_4—12.7/44		1500		

续表

型号	系统额定电压(kV)	装置			电容器型号	放电线圈型号	电抗器型号	避雷器型号	外形尺寸(长×宽×高)(mm×mm×mm)	质量(kg)	生产厂	备注
		额定电压(kV)	额定容量(kvar)	额定电流(A)								
TBB11—900—3W	10	11	900	47.2	BWFH11/$\sqrt{3}$—900—3W	FD_2—1.2/10	CKS—60/10	Y_5W_4—12.7/44	2000×1400×3250	1395	合阳电力电容器制造有限责任公司	
TBB6.6—4800—3W	6	6.6	4800	420	BWFH6.6/$\sqrt{3}$—4800—3W	FD_2—1.7/6	CKS—300/6	Y_5W_4—7.6/27		2650		
TBB6.6—4500—3W	6	6.6	4500	393.6	BWFH6.6/$\sqrt{3}$—4500—3W	FD_2—1.7/6	CKS—270/6	Y_5W_4—7.6/27		2600		
TBB6.6—4200—3W	6	6.6	4200	367.4	BWFH6.6/$\sqrt{3}$—4200—3W	FD_2—1.7/6	CKS—252/6	Y_5W_4—7.6/27		2510		
TBB6.6—3900—3W	6	6.6	3900	341.2	BWFH6.6/$\sqrt{3}$—3900—3W	FD_2—1.7/6	CKS—240/6	Y_5W_4—7.6/27		2420		
TBB6.6—3600—3W	6	6.6	3600	314.9	BWFH6.6/$\sqrt{3}$—3600—3W	FD_2—1.2/6	CKS—216/6	Y_5W_4—7.6/27		2350		
TBB6.6—3300—3W	6	6.6	3300	288.7	BWFH6.6/$\sqrt{3}$—3300—3W	FD_2—1.2/6	CKS—200/6	Y_5W_4—7.6/27		2230		
TBB6.6—3000—3W	6	6.6	3000	262.4	BWFH6.6/$\sqrt{3}$—3000—3W	FD_2—1.2/6	CKS—180/6	Y_5W_4—7.6/27		2150		
TBB6.6—2700—3W	6	6.6	2700	236.2	BWFH6.6/$\sqrt{3}$—2700—3W	FD_2—1.2/6	CKS—162/6	Y_5W_4—7.6/27		2100		
TBB6.6—2400—3W	6	6.6	2400	210	BWFH6.6/$\sqrt{3}$—2400—3W	FD_2—1.2/6	CKS—150/6	Y_5W_4—7.6/27		2050		
TBB6.6—2100—3W	6	6.6	2100	183.7	BWFH6.6/$\sqrt{3}$—2100—3W	FD_2—1.2/6	CKS—126/6	Y_5W_4—7.6/27		1875		
TBB6.6—1800—3W	6	6.6	1800	157.5	BWFH6.6/$\sqrt{3}$—1800—3W	FD_2—1.2/6	CKS—108/6	Y_5W_4—7.6/27		1740		
TBB6.6—1500—3W	6	6.6	1500	131.2	BWFH6.6/$\sqrt{3}$—1500—3W	FD_2—1.2/6	CKS—90/6	Y_5W_4—7.6/27		1590		
TBB6.6—1200—3W	6	6.6	1200	105	BWFH6.6/$\sqrt{3}$—1200—3W	FD_2—1.2/6	CKS—72/6	Y_5W_4—7.6/27		1500		
TBB6.6—900—3W	6	6.6	900	78.7	BWFH6.6/$\sqrt{3}$—900—3W	FD_2—1.2/6	CKS—60/6	Y_5W_4—7.6/27		1395		
TBB6—1500/1500—AK	6	6.6	1500	131	BFF6.6/$\sqrt{3}$—1500—3W BAM6.6/$\sqrt{3}$—1500—3W	FD	油浸铁芯串联电抗器CKS 干式空心串联电抗器CKG		1320×1310×2173 1410×1145×2173	2298 1970	桂林电力电容器总厂	
TBB6—2400/2400—AK	6	6.6	2400	210	BFF6.6/$\sqrt{3}$—2400—3W BAM6.6/$\sqrt{3}$—2400—3W				1839×1752×2173 1752×1204×2173	3200 2920		
TBB6—3600/3600—AK	6	6.6	3600	315	BFF6.6/$\sqrt{3}$—3600—3W BAM6.6/$\sqrt{3}$—3600—3W				2361×1839×2173 2361×1204×2173	4450 4000		

续表

型号	系统额定电压(kV)	装置 额定电压(kV)	装置 额定容量(kvar)	装置 额定电流(A)	电容器型号	放电线圈型号	电抗器型号	避雷器型号	外形尺寸(长×宽×高)(mm×mm×mm)	质量(kg)	生产厂	备注
TBB6—4800/4800—AK	6	6.6	4800	420	BFF6.6/$\sqrt{3}$—4800—3W BAM6.6/$\sqrt{3}$—4800—3W	FD	油浸铁芯串联电抗器 CKS 干式空心串联电抗器 CKG		2970×1839×2173 2970×1204×2173	5130 4600	桂林电力电容器总厂	
TBB10—1500/1500—AK	10	11	1500	79	BFF11 /$\sqrt{3}$—1500—3W BAM11/$\sqrt{3}$—1500—3W				1346×1194×2606 1346×1074×2606	2600 2300		
TBB10—2400/2400—AK	10	11	2400	126	BFF11/$\sqrt{3}$—2400—3W BAM11/$\sqrt{3}$—2400—3W				2158×1604×2606 2158×1004×2606	3950 3500		
TBB10—3600/3600—AK	10	11	3600	189	BFF—11/$\sqrt{3}$—3600—3W BAM11/$\sqrt{3}$—3600—3W				2158×1754×2606 2158×1124×2606	4600 4080		
TBB10—5000/5000—AK	10	11	5000	262	BFF—11/$\sqrt{3}$—5000—3W BAM11/$\sqrt{3}$—5000—3W				2158×2274×2602 2158×1299×2606	5600 5000		
TBB10—10000/3334—AC	10	11	3334	525	BFF—11/$\sqrt{3}$—3334—1W BFF11/$\sqrt{3}$—3334—1W				2158×1754×2606 2158×1097×2606	4600 3980		
TBB6—2400AK	6	6.6	2400	210	BFFH6.6/$\sqrt{3}$—2400—3W	FD_2—1.2/6.6/$\sqrt{3}$	CKS—144/6.3	Y_5WR—7.6/24.5	6800×5000×4230		锦州电力电容器有限责任公司	
TBB6—3600AK	6	6.6	3600	315	BFFH6.6/$\sqrt{3}$—3600—3W	FD_2—1.2/6.6/$\sqrt{3}$	CKS—216/6.3	Y_5WR—7.6/24.5				
TBB6—5000AK	6	6.7	5000	431	BFFH6.7/$\sqrt{3}$—5000—3W	FD_2—1.7/6.7/$\sqrt{3}$	CKS—300/6.3	Y_5WR—7.6/24.5				
TBB6—6000AK	6	6.6	6000	525	BFFH6.6/$\sqrt{3}$—6000—3W	FD_2—2.5/6.6/$\sqrt{3}$	CKS—360/6.3	Y_5WR—7.6/24.5				
TBB10—1500AK	10	11	1500	79	BFFH11/$\sqrt{3}$—1500—3W	FD_2—1.2/11/$\sqrt{3}$	CKS—90/10.5	Y_5WR—12.7/42				
TBB10—2400AK	10	11	2400	126	BFFH11/$\sqrt{3}$—2400—3W	FD_2—1.2/11/$\sqrt{3}$	CKS—144/10.5	Y_5WR—12.7/42				
TBB10—3600AK	10	11	3600	189	BFFH11/$\sqrt{3}$—3600—3W	FD_2—1.7/11/$\sqrt{3}$	CKS—216/10.5	Y_5WR—12.7/42				

续表

型号	系统额定电压(kV)	装置			电容器型号	放电线圈型号	电抗器型号	避雷器型号	外形尺寸(长×宽×高)(mm×mm×mm)	质量(kg)	生产厂	备注
		额定电压(kV)	额定容量(kvar)	额定电流(A)								
TBB10—4800AK	10	11	4800	252	BFFH11/$\sqrt{3}$—4800—3W	FD_2—1.7/11/$\sqrt{3}$	CKS—288/10.5	Y_5WR—12.7/42	6800×5000×4230		锦州电力电容器有限责任公司	
TBB10—5000AK	10	11	5000	262	BFFH11/$\sqrt{3}$—5000—3W	FD_2—1.7/11/$\sqrt{3}$	CKS—300/10.5	Y_5WR—12.7/42				
TBB10—8000AK	10	11	8000	420	BFFH11/$\sqrt{3}$—8000—3W	FD_2—3.4/11/$\sqrt{3}$	CKS—480/10.5	Y_5WR—12.7/42				
TBB10—1500/1500ACW	10	11	1500	78.73	BFMH11/$\sqrt{3}$—1500—1×3W		CKS—90/10.5 CKGKL—10—30/381.1—6		6400×3400×3600 4200		西安电力电容器厂	
TBB10—2400/2400ACW	10	11	2400	126	BFMH11/$\sqrt{3}$—2400—1×3W		CKS—144/10.5 CKGKL—10—48/381.1—6		6400×3400×3600 4200			
TBB10—3600/3600ACW	10	11	3600	189	BFMH11/$\sqrt{3}$—3600—1×3W		CKS—216/10.5 CKGKL—10—72/381.1—6		6400×3400×3600 4200			
TBB10—5000/5000ACW	10	11	5000	262.4 240.6	BFMH 11/$\sqrt{3}$ 12/$\sqrt{3}$—5000—1×3W		CKS—300/10.5 11 CKGKL—10—100/381.1 415.7—6		6400×3400×3600 4200			
TBB10—10000/10000ACW	10	11	10000	525	BFMH11/$\sqrt{3}$—10000—1×3W		CKS—600/10.5 CKGKL—10—200/381.1—6		7200×4200×3600 4200			
$TBB_2$10—1500/1500AKW	10	11	1500	78.73	BFMH11/$\sqrt{3}$—1500—1×3W		CKS—90/10.5 CKGKL—10—30/381.1—6		6400×3400×3600 4200			
$TBB_2$10—2400/2400AKW	10	11	2400	126	$BFMH_2$11/$\sqrt{3}$—2400—1×3W		CKS—144/10.5 CKGKL—10—48/381.1—6		6400×3400×3600 4200			

续表

型　号	系统额定电压(kV)	装置			电容器型号	放电线圈型号	电抗器型号	避雷器型号	外形尺寸(长×宽×高)(mm×mm×mm)	质量(kg)	生产厂	备注
		额定电压(kV)	额定容量(kvar)	额定电流(A)								
$TBB_2$10—3600/3600AKW	10	11	3600	189	$BFMH_2 11/\sqrt{3}$—3600—1×3W		CKS—216/10.5 CKGKL—10—72/381.1—6		$6400\times3400\times\genfrac{}{}{0pt}{}{3600}{4200}$		西安电力电容器厂	
$TBB_2$10—5000/5000AKW	10	11	5000	262.4 240.6	$BFMH_2 \genfrac{}{}{0pt}{}{11/\sqrt{3}}{12/\sqrt{3}}$—5000—1×3W		CKS—$300\Big/\genfrac{}{}{0pt}{}{10.5}{11}$ CKGKL—10—$100\Big/\genfrac{}{}{0pt}{}{381.1}{415.7}$—6		$6400\times3400\times\genfrac{}{}{0pt}{}{3600}{4200}$		西安电力电容器厂	
$TBB_2$10—10000/10000AKW	10	11	10000	525	$BFMH_2 11/\sqrt{3}$—10000—1×3W		CKS—600/10.5 CKGKL—10—200/381.1—6		$7200\times4200\times\genfrac{}{}{0pt}{}{3600}{4200}$		西安电力电容器厂	
$TBB_3$10—2400/2400ACW	10	11	2400	126	$BFMH_3 11/\sqrt{3}$—2400—1×3W		CKS—144/10.5 CKGKL—10—48/381.1—6		$3400\times6400\times\genfrac{}{}{0pt}{}{3600}{4200}$		西安电力电容器厂	
$TBB_3$10—3600/3600ACW	10	11	3600	189	$BFMH_3 11/\sqrt{3}$—3600—1×3W		CKS—216/10.5 CKGKL—10—72/381.1—6		$6400\times3400\times\genfrac{}{}{0pt}{}{3600}{4200}$		西安电力电容器厂	
$TBB_3$10—5000/5000ACW	10	11	5000	262.4 240.6	$BFMH_3 \genfrac{}{}{0pt}{}{11/\sqrt{3}}{12/\sqrt{3}}$—5000—1×3W		CKS—$300\Big/\genfrac{}{}{0pt}{}{10.5}{11}$ CKGKL—10—$100\Big/\genfrac{}{}{0pt}{}{381.1}{415.7}$—6		$6400\times3400\times\genfrac{}{}{0pt}{}{3600}{4200}$		西安电力电容器厂	
$TBB_3$10—10000/10000ACW	10	11	10000	525	$BFMH_3 11/\sqrt{3}$—10000—1×3W		CKS—600/10.5 CKGKL—10—200/381.1—6		$7200\times4200\times\genfrac{}{}{0pt}{}{3600}{4200}$		西安电力电容器厂	
TBB10—7500/2500ACW	10	11	7500	393.65	BFMH$11/\sqrt{3}$—2500—1W		CKS—450/10.5 CKGKL—10—150/381.1—6		$6400\times4200\times\genfrac{}{}{0pt}{}{3600}{4200}$		西安电力电容器厂	

续表

型号	系统额定电压(kV)	装置			电容器型号	放电线圈型号	电抗器型号	避雷器型号	外形尺寸(长×宽×高)(mm×mm×mm)	质量(kg)	生产厂	备注
		额定电压(kV)	额定容量(kvar)	额定电流(A)								
TBB10—10000/3334ACW	10	11	10000	525	BFMH11/$\sqrt{3}$—3334—1W		CKS—600/10.5 CKGKL—10—200/381.1—6		6400×4200×3600 4200			
$TBB_3$10—7500/2500ACW	10	11	7500	393.65	$BFMH_3$11/$\sqrt{3}$—2500—1W		CKS—450/10.5 CKGKL—10—150/381.1—6		6400×4200×3600 4200			
$TBB_4$10—7200/7200BLW	10	11	7200	378	BFMH11—7200—3W		CKSQ—432/10.5 CKGKLQ—10—144/381.1—6		7200×4200×3600 4200			
$TBB_4$10—10000/10000BLW	10	11	10000	525	BFMH11—10000—3W		CKSQ—600/10.5 CKGKLQ—10—200/381.1—6		7200×4800×3600 4200			
TBB6—1500/1500ACW	6	6.6	1500	131.2	BFMH6.6/$\sqrt{3}$—1500—1×3W		CKS—90/6.3 CKGKL—6—30/229—6		6400×3400×3600 4200		西安电力电容器厂	
TBB6—2400/2400ACW	6	6.6	2400	210	BFMH6.6/$\sqrt{3}$—2400—1×3W		CKS—144/6.3 CKGKL—6—48/229—6		6400×3400×3600 4200			
TBB6—3600/3600ACW	6	6.6	3600	315	BFMH6.6/$\sqrt{3}$—3600—1×3W		CKS—216/6.3 CKGKL—6—72/229—6		6400×3400×3600 4200			
TBB6—4800/4800ACW	6	6.6	4800	420	BFMH6.6/$\sqrt{3}$—4800—1×3W		CKS—288/6.3 CKGKL—6—96/229—6		6400×3400×3600 4200			
TBB6—6000/6000ACW	6	6.6	6000	525	BFMH6.6/$\sqrt{3}$—6000—1×3W		CKS—360/6.3 CKGKL—6—120/229—6		6400×3400×3600 4200			

续表

型号	系统额定电压(kV)	装置			电容器型号	放电线圈型号	电抗器型号	避雷器型号	外形尺寸(长×宽×高)(mm×mm×mm)	质量(kg)	生产厂	备注
		额定电压(kV)	额定容量(kvar)	额定电流(A)								
$TBB_2$6—1500/1500AKW	6	6.6	1500	131.2	$BFMH_2$6.6/$\sqrt{3}$—1500—1×3W		CKS—90/6.3 CKGKL—6—30/229—6		6400×3400×3600/4200		西安电力电容器厂	
$TBB_2$6—2400/2400AKW	6	6.6	2400	210	$BFMH_2$6/$\sqrt{3}$—2400—1×3W		CKS—144/6.3 CKGKL—6—48/229—6		6400×3400×3600/4200			
$TBB_2$6—3600/3600AKW	6	6.6	3600	315	$BFMH_2$6/$\sqrt{3}$—3600—1×3W		CKS—216/6.3 CKGKL—6—72/229—6		6400×3400×3600/4200			
$TBB_2$6—4800/4800AKW	6	6.6	4800	420	$BFMH_2$6/$\sqrt{3}$—4800—1×3W		CKS—288/6.3 CKGKL—6—96/229—6		6400×3400×3600/4200			
TBB35—10000/3334ACW	35	38.5	10000	150	BFMH38.5/$\sqrt{3}$—3334—1W		CKS—600/35 CKGKL—35—200/1334—6		6400×8200×3600			
TBB35—30000/10000ACW	35	38.5	30000	450	BFMH38.5/$\sqrt{3}$—10000—1W		CKS—1800/35 CKGKL—35—600/1334—6		6400×9200×3600			
TBB10—1500/1500F—2AW	10	11	1500		BFF11/$\sqrt{3}$—1500—3W		CKSQ—90/11/$\sqrt{3}$—6%		4000×2000×3631	3000	无锡电力电容器厂	
TBB10—2400/2400F—2AW	10	11	2400		BFF11/$\sqrt{3}$—2400—3W		CKSQ—144/11/$\sqrt{3}$—6%		4000×2000×3631	3500		
TBB10—3600/3600F—2AW	10	11	3600		BFF11/$\sqrt{3}$—3600—3W		CKSQ—216/11/$\sqrt{3}$—6%		4040×2350×3631	6200		
TBB10—4800/4800F—2AW	10	11	4800		BFF11/$\sqrt{3}$—4800—3W		CKSQ—288/11/$\sqrt{3}$—6%		4040×2350×3631	7200		
TBB10—5000/5000F—2AW	10	11	5000		BFF11/$\sqrt{3}$—5000—3W		CKSQ—300/11/$\sqrt{3}$—6%		4040×2350×3631	7200		

续表

型　号	系统额定电压(kV)	装　置			电容器型号	放电线圈型号	电抗器型号	避雷器型号	外形尺寸(长×宽×高)(mm×mm×mm)	质量(kg)	生产厂	备注
		额定电压(kV)	额定容量(kvar)	额定电流(A)								
TBB10—1500/1500F—2AW	10	11	1500		BFF11/$\sqrt{3}$—1500—3W		CKWK—3—30/11/$\sqrt{3}$—6%		5200×2000×2960	3000	无锡电力电容器厂	
TBB10—2400/2400F—2AW	10	11	2400		BFF11/$\sqrt{3}$—2400—3W		CKWK—3—48/11/$\sqrt{3}$—6%		5200×2500×2960	3500		
TBB10—3600/3600F—2AW	10	11	3600		BFF11/$\sqrt{3}$—3600—3W		CKWK—3—72/11/$\sqrt{3}$—6%		5200×2500×2960	6200		
TBB10—4800/4800F—2AW	10	11	4800		BFF11/$\sqrt{3}$—4800—3W		CKWK—3—96/11/$\sqrt{3}$—6%		5200×2500×2960	7200		
TBB10—3600/3600F—2BW	10	11	3600		BFF11/$\sqrt{3}$—3600—3W		CKWK—3—72/11/$\sqrt{3}$—6%		5140×2600×2960	6200		
TBB10—4800/4800F—2BW	10	11	4800		BFF11/$\sqrt{3}$—4800—3W		CKWK—3—96/11/$\sqrt{3}$—6%		5400×2600×2960	7200		
TBB10—3600/3600F—3BW	10	11	3600		BFF11/$\sqrt{3}$—3600—3W		CKSQ—216/11/$\sqrt{3}$—6%		5800×2600×2960	6200		
TBB10—4800/4800F—3BW	10	11	4800		BFF11/$\sqrt{3}$—4800—3W		CKSQ—288/11/$\sqrt{3}$—6%		5800×2600×2960	7200		
TBB35—10000/3334M—2BW	35	40	10000		BFM40/$\sqrt{3}$—3334—1W		CKWK—200/40/$\sqrt{3}$—6%		8500×7400×3600			
TBB35—10000/3334M—2AW	35	40	10000		BFM40/$\sqrt{3}$—3334—1W		CKWK—200/40/$\sqrt{3}$—6%		8500×7400×3600			
TBB35—15000/5000M—2BW	35	40	15000		BFM40/$\sqrt{3}$—5000—1W		CKWK—300/40/$\sqrt{3}$—6%		8500×7400×3600			
TBB35—15000/5000M—2AW	35	40	15000		BFM40/$\sqrt{3}$—5000—1W		CKWK—300/40/$\sqrt{3}$—6%		8500×7400×3600			

四、QAC高压功率因数自动补偿装置

（一）概述

高压功率因数自动补偿装置，用于工矿企业10kV以下电力负荷的无功补偿，提高电网功率因数，改善用电质量，降低线路损耗，节约电能。

高压功率因数补偿装置的设计符合如下标准：

(1) GB 50227—95《并联电容器装置设计规范》。

(2) GB 3906—91《3～35kV交流金属封闭开关设备》。

(3) GB 5006—92《电力装置继电保护和自动装置设计规范》。

(4) CECS 3291《并联电容器用串联电抗器设计选择标准》。

（二）使用条件

(1) 安装位置：户内，柜式安装，户外，构架安装。

(2) 环境温度：－25～＋45℃。

(3) 海拔：≤1000m。

(4) 相对湿度：≤95%。

(5) 安装地点：无剧烈振动，无腐蚀性气体和无导电尘埃无易燃易爆危险的场所。

（三）型号说明

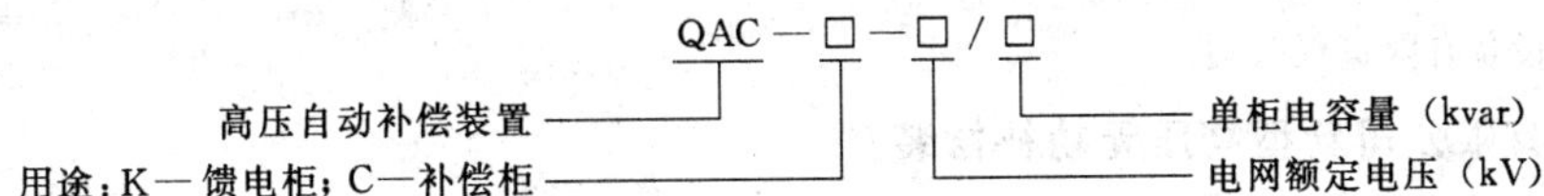

（四）组合型式

QAC高压功率因数自动补偿装置采用ABB公司生产的RVT型功率因数控制器作为功率因数调节元件，该控制器分6路或12路。电容柜亦由6柜或12柜组合而成。单柜电容器量配备适当，可实现32种编组容量（12路为74种编组容量），电容柜由前级开关柜馈电。

开关柜配置电容器保护及测控装置，可与总控微机接口实现保护及通讯测控。

电容柜配置以下主要元件：

(1) 电力电容器。

(2) 干式空心电抗器，电抗率为0.1%～6%。

(3) 电压互感器。

(4) 避雷器。

(5) 高压真空接触器。可配国产CKG型或西德西门子或ABB公司生产的高压真空接触器。

(6) 多路温度巡检仪。同时测量电容器及电抗器的工作温度，并具有485通信接口。

(7) 功率因数控制器。该控制器有三种控制方式（线性/循环、渐进/直接、一般/积分），可测量电流、电压、额定功率，无功功率，功率因数，谐波电压，通过485接口与微机联网，实现遥控遥测，可打印运行参数。

(8) 旋转式隔离开关。

（五）柜体结构

柜体结构型式分两种：①冷轧钢板弯制焊接成型；②敷铝锌板铆接组成，柜体采用静电喷涂，壳体防护等级为IP40级，户外框架式由角钢焊接。其外形及安装尺寸如下：1200×1500×2500（宽×深×高）（mm×mm×mm），配置6%～13%电抗器。1200×1200×2500（宽×深×高）（mm×mm×mm），配置限流电抗器。

（六）技术参数

(1) 6kV柜式技术参数见表1-3-8。

表1-3-8

序号	单台柜容量（kvar）	额定电压（kV）	电容器（kvar）	电容器额定电压（kV）	额定电流（A）
1	90	6	30	$6.6/\sqrt{3}$	7.88
2	150	6	50	$6.6/\sqrt{3}$	13.1
3	300	6	100	$6.6/\sqrt{3}$	26.2
4	450	6	150	$6.6/\sqrt{3}$	39.4
5	600	6	200	$6.6/\sqrt{3}$	52.5

(2) 10kV 柜式技术参数见表 1-3-9。

表 1-3-9

序 号	单台柜容量(kvar)	额定电压(kV)	电容器(kvar)	电容器额定电压(kV)	额定电流(A)
1	90	10	30	$11/\sqrt{3}$	4.73
2	150	10	50	$11/\sqrt{3}$	7.88
3	300	10	100	$11/\sqrt{3}$	15.76
4	450	10	150	$11/\sqrt{3}$	23.65
5	600	10	200	$11/\sqrt{3}$	31.5

(七) 订货须知

订货时须标明型号、规格、数量、电网电压、用户提供高压进线方式、进线电缆位置、柜体尺寸、喷涂颜色,以及配置电抗器电抗率。

(八) 生产厂

哈尔滨通用电控设备有限责任公司。

五、索凌电气有限公司新型高压无功补偿装置

(一) TBB 系列产品概述

高压无功补偿装置(以下简称装置)主要用于工频 6kV、10kV、35kV 的三相电力系统,用以调整,平衡变电站网络电压,提高功率因数,降低损耗,提高供电质量。本公司还可针对化工、煤炭、机械等行业中高耗能企业的电能使用特点,设计制造有专业用途的柜式并联补偿装置。对企业的节能,降低电价,提高电能直流有可观的效用。

(二) TBB 系列产品使用条件

(1) 户内安装使用,也可采用一定防护措施的情况下用于户外。

(2) 安装地点海拔不超过 1000m,超过 1000m 时应在合同中注明。

(3) 温度类别:-40/A,-25/B;相对湿度,不超过 90%。

(4) 周围不含有对金属有严重腐蚀的气体或蒸汽,无强烈机构振动,无爆炸易燃危险品。

(三) 生产厂

生产厂家:索凌电气有限公司。

电　话:0371-63778496,67832561。

邮　箱:sldqjsb@126.com。

公司总部:郑州市索凌路 18 号。

生产基地:郑州市高新技术产业开发区国槐街 22 号。

传真:0371-67832595。

网址:www.suoling.com。

邮编:450001。

六、西安 ABB 电力电容器有限公司生产的高压并联电容器装置

(一) 用途

高压并联电容器装置安装在输变电网络增加传输能力,降低线路损耗,提高功率因数,提高电能质量。

(二) 使用条件

(1) 海拔(m):≤1000(其他海拔应提出)。

(2) 环境温度(℃):-40~+45。

(3) 户内和户外。

(4) 安装地点无剧烈振动、无有害气体及蒸汽、无导电性和爆炸性尘埃。

（三）型号含义

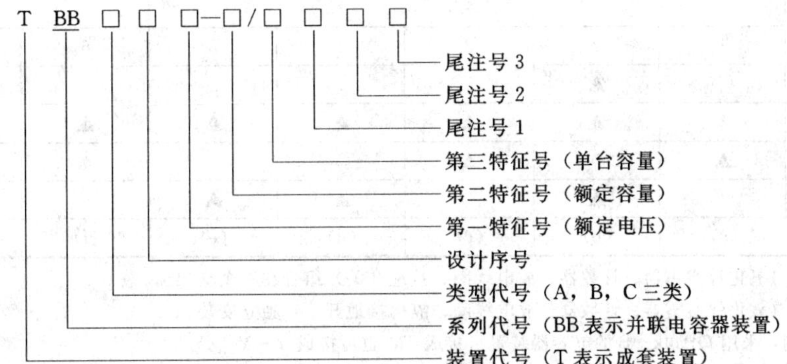

尾注号 1：A—单星形；B—双星形。

尾注号 2：K—开口三角电压保护；L—不平衡电流保护；Q—桥式差电流保护。

尾注号 3：W—户外型（无 W 为户内型）；G—高原型。

（四）结构

并联电容器装置由并联电容器组（QBank）、串联电抗器、氧化锌避雷器、放电计数器、放电线圈、接地开关、支持绝缘子和连接线组成，周围设有安全护栏。若采用不平衡电流保护应有电流互感器。该装置有 8 种标准类型，见表 1-3-10，电气原理见图 1-3-1。

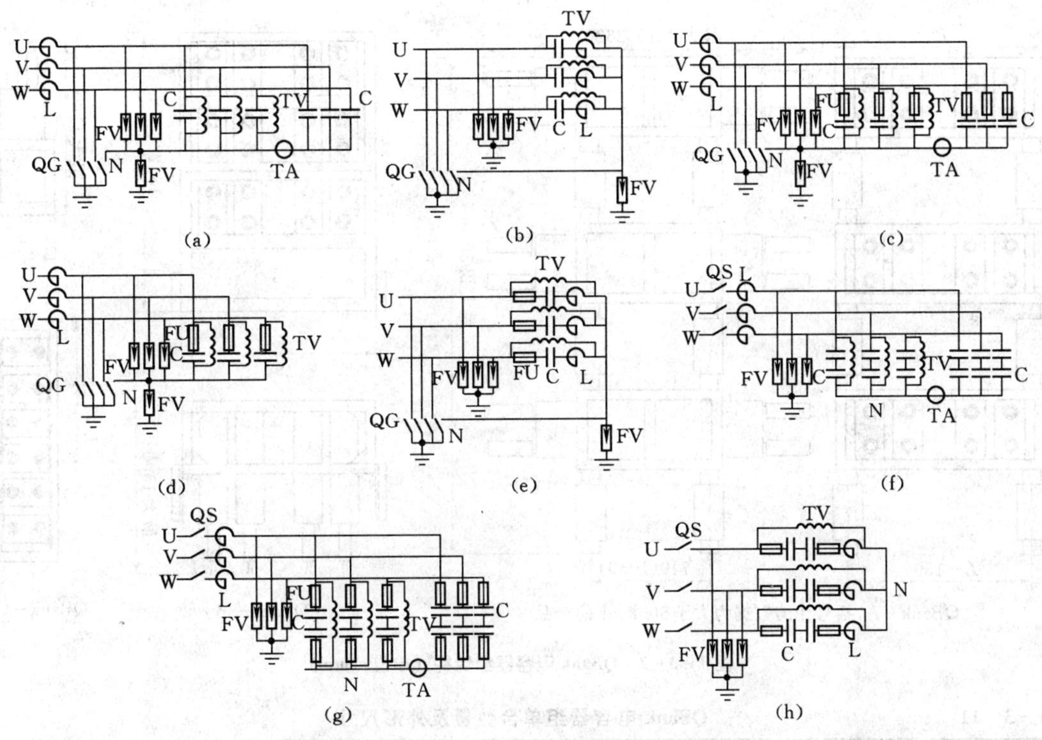

图 1-3-1　并联电容器装置的标准类型电气原理图（西安 ABB 电力电容器有限公司）

表 1-3-10　　并联电容器装置的标准类型

类　型	10kV					35kV		
	1	2	3	4	5	6	7	8
内熔丝	▲	▲				▲		
外熔丝			▲	▲	▲		▲	▲
电抗器在电源侧	▲		▲	▲		▲	▲	
电抗器在中性点侧		▲			▲			▲
电容器组架类型 A				▲	▲	▲	▲	▲
电容器组架类型 B	▲		▲					

续表

类　型	10kV					35kV		
	1	2	3	4	5	6	7	8
电容器组架类型 C		▲						
配套件	▲	▲	▲	▲	▲	▲	▲	▲
双星（Y—Y）	▲		▲			▲	▲	
单星（Y）		▲		▲	▲			▲
电气原理图（图 20-23）	(a)	(b)	(c)	(d)	(e)	(f)	(g)	(h)

注 1. 10kV 级配套件（氧化锌避雷器、计数器、放电线圈、接地开关）组合在一个支架上。
2. 35kV 级配套件（氧化锌避雷器、计数器、放电线圈、隔离接地开关）独立安装。
3. 电抗器在电源侧，采用 QBank—B 的电容器装置可接成 Y，也可接成 Y—Y。

(1) 电容器组分为 QBank—A、QBank—B、QBank—C。QBank 是指多个单台电容器安装在镀锌支架上，电容器可卧放、立放，组装后整体运输，省时、省力、省地、省安装费，非常方便。

QBank—A 是大型电容器组，有三层支架，每相一层，电容器安装在支架两侧，数量 12～60 台。数量超过 60 台，三相电容器的支架可肩并肩一字排放，对于 10kV 的电容器组，无层间绝缘子。

QBank—B 是中型电容器组，电容器安装在支架同一侧，数量 9～30 台。

QBank—C 是小型电容器组，电容器立放在支架内，数量 3～18 台。超过 9 台支架应为双排。

QBank 电容器组结构，见图 1-3-2 及表 1-3-11。

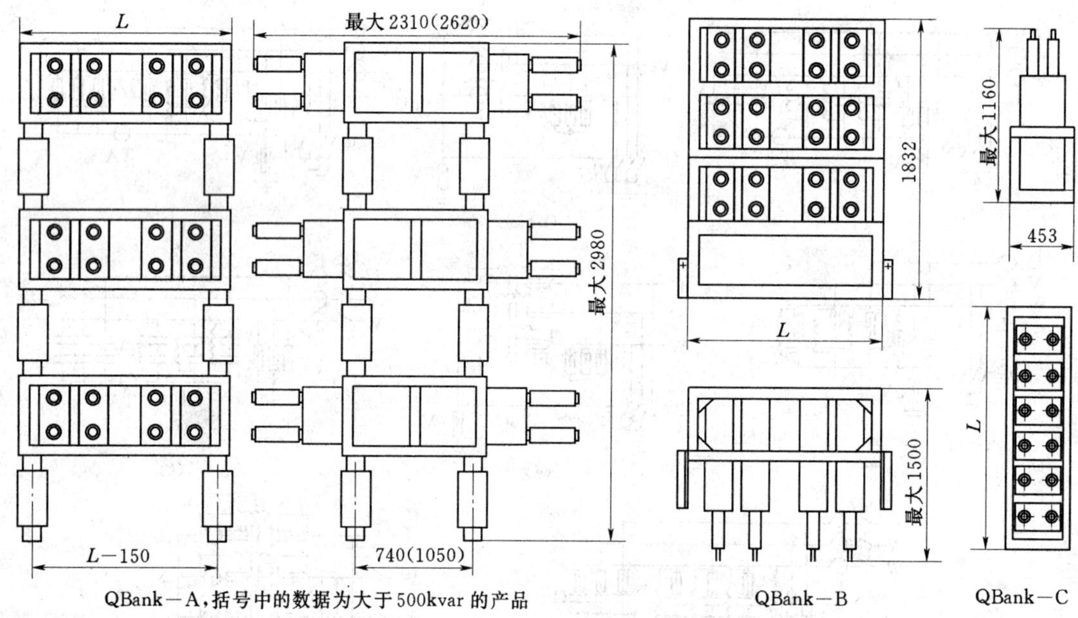

图 1-3-2 QBank 电容器组结构（单位：mm）

表 1-3-11 QBank 电容器组单台数量及外形尺寸

单台数量			外形尺寸 L（mm）		组架最大重量（kg）		
QBank—A	QBank—B	QBank—C	10kV	35kV	QBank—A	QBank—B	QBank—C
12	6		630	860	1000	500	
18	9	3	860		1440	720	240
24	12		1090	1320	1890	950	
30	15		1320		2320	1170	
36	18	6	1550	1780	2770	1390	460
42	21		1780		3220	1690	
48	24		2010	2240	3690	1920	
54	27	9	2240		4110	2150	710
60	30		2470	2700	4570	2380	

(2) 建议选用不重燃的真空断路器或六氟化硫断路器作为装置的投切开关。

(3) 放电线圈并联连接在电容器回路中，当电容器组从系统中退出运行后，可使电容器上的剩余电压在5s内自$\sqrt{2}U_n$降至50V以下。

(4) 氧化锌避雷器并接在线路上，限制投切电容器组引起的操作过电压。

(5) 串联电抗器串接在电容回路中，抑制高次谐波，降低合闸涌流。用于限制涌流的电抗器的电抗率为0.1%～1%；用于抑制5次以上的谐波，电抗器宜选用4.5%～6%的电抗率；抑制3次及以上的谐波，电抗器宜选用12%～13%电抗率。

(五) 产品特点

高压并联电容器装置是由在电力电容器技术和生产方面一直处于世界领先地位的ABB集团和具有40余年电力电容器生产历史的西安电力电容器厂联合的合资企业，借助于ABB最先进的高压技术和管理经验，提供高品质的高压电力电容器及装置，全面贯彻ISO9001：2000质量保证体系。产品主要技术特点：

(1) 使用美国、瑞典及澳大利亚等国家进口的最先进的制造及试验设备，并选用高品质原材料及主要零部件由世界优秀制造商提供。

铝箔：瑞士进口、厚度最薄至4.5μm，厚度均匀并且电气性能优异。

聚丙烯薄膜：芬兰进口，表面粗化处理，性能稳定，耐电强度高，9μm膜及以上被广泛采用。

法拉多尔600浸渍油：法国进口，无毒性，且可生物降解，不污染环境，非PCB油。

套管：英国进口，连接法兰压制在瓷套上，保证绝缘强度、机械强度和密封性。

内熔丝：澳大利亚进口，采用专用材料，材质均匀，安秒特性优异，动作可靠。

内放电电阻：日本进口，热稳定性及过负荷能力优异。

(2) 工艺先进。

氩弧自动焊：电容器外壳对接处、套管与外壳均采用氩弧自动焊，焊缝平整美观、牢靠无渗漏。

铝箔自动折边：铝箔边缘及首尾均自动折边，使元件边缘场强更加均匀，较国内同类产品局放性能更为优异。

芯子总成：从元件耐压挑选元件、内熔丝装配、压装、芯子焊接到芯子装箱等过程大多数机械化作业，确保电容器的性能和装配质量。

真空处理：全过程电脑控制，具有先进的抽真空、加热、降温、检测和控制系统，安全可靠，且处理周期较国内大为缩短。

油处理系统：确保浸渍剂在损耗下真空注油。

检验设备：全部进口，升压和耐压自动控制，电容量和损耗由自动电桥测量。

外壳表面抛丸处理：使油漆附着更牢靠，不易剥落，同时也对电容器外壳焊缝接线检测。

机器人静电喷漆：使漆面均匀缜密，美观，确保全寿命周期内不生锈。

(3) 性能优异。

电容器损耗极小：运行中损耗不超过万分之二，较国内目前最低水平万分之四还要小。

比特性好：铝箔薄，法拉多尔600油气强度高，与膜的相容性好，并且有先进的生产工艺，使比特性优异，节省占地面积。

(4) 先进的内熔丝技术。

与外熔断器不同的是，当电容器的元件击穿时，与其串联的熔丝动作，此元件与线路脱离，电容器只减少一只元件，电容量变化很小，其他电容器上的过电压增量非常小，故不会对系统造成影响，也避免经常更换电容器，降低运行和维护成本。由于电容器内部有内熔丝隔离层，故不会发生内熔丝群爆。采用内熔丝技术可使电容器单台容量做得很大，使电容器组更加紧凑，占地面积减小。

(5) 电力电容器渗漏的预防措施。

1) 外壳全部采用优质的不锈钢。外部的钢板焊接采用二氧化碳保护自动焊接。

2) 电容器的接线端子采用工艺先进的进口套管。接线头无孔，引线在电容器内部焊接；采用二氧化碳保护自动焊将法兰焊在电容器的盖上；套管采用高强度瓷，无裂纹。由于电容器不会出现渗漏，故电容器可以卧放使用。

3) 不采用热烘试验方法检查渗漏油，而采用对电容器表面抛丸处理，即钢丸从不同的方向以一定的速度飞向电容器外壳表面、焊缝及套管焊缝等。采用先进的表面喷漆系统。

(6) 电容器装置的保护形式。

1) 中压电力系统10～66kV普遍采用中性点不接地的双星形接线，保护方式采用不平衡电流、开口三角电压保护和电压差动保护。

2) 采用双星形不平衡电流保护方式，降低故障情况下完好电容器向故障电容器的放电能量，提高装置的安全性。保护灵敏度高，用于内熔丝电容器不受三相电压不平衡因素的影响，不受装机容量的限制，仅用一台电流互感器。因此，无论电容器装置容量大小都可采用不平衡电流保护。采用不平衡电流保护，两个星形可以相同（对称）、不相同（不对称）。

3）高压的电力系统110～500kV普遍采用中性点接地的桥式差电流保护方式，将每相分成两个分支，中点或近似于中点之间用一台电流互感器连接，保护动作灵敏，各相独立，不受系统三相电压不平衡和谐波的影响。电容器不需要带外熔断器，仅带内熔丝即可，安装简单，保护可靠。

4）对于采用开口三角电压保护，三相电压不平衡直接影响着电压整定值，使保护灵敏度大大降低，并且三相电压不平衡的情况经常发生。另外当二次线圈的容量与继电器的线圈容量不匹配时，电压信号会在二次线路上产生不可忽略的压降，影响整定值的正确设定。故西安ABB电力电容器有限公司推荐采用中性点不接地的双星接线和中性点接地的桥式差电流保护方式。

(7) 组架式电容器装置与集合式装置的比较。

1）西安ABB公司的组架式电容器装置与集合式装置相比，电压等级范围宽，从6～500kV，10kV装置占地面积与集合式装置占地面积相当，35kV及以上的装置比集合式装置占地面积小。

2）只需更换损坏的电容器，就地更换，更换周期短、省时、省力、费用低。

3）ABB电容器密封性能好，不渗漏油，不需要储油池，现场施工简单，喷漆质量好，油漆附着力强，不会脱落。

4）ABB公司的电容器装置属于模块化设计，标准化程度高，在现场只需对整个装置进行简单的接线即可。

（六）技术性能

(1) 电容偏差为0～+5%，串联段间偏差小于2%，相间偏差小于2%。

(2) 允许在$1.1U_n$工频稳态过电压下长期运行。在此运行状态下，包括所有谐波分量在内的电压峰值应不超过$1.2\sqrt{2}U_n$。

(3) 允许在由于过电压和高次谐波造成的有效值$1.3I_n$的稳态电流下运行，对于电容具有最大正偏差的电容器，过电流允许达到$1.43I_n$。

(4) 电容器保护分为内熔丝保护和外熔丝保护。内熔丝保护具有更高可靠性，尤其能避免出现大批电容器损坏事故。电容器装置采用开口三角电压、桥式差不平衡电流或中性点不平衡电流保护作为主保护。此外，系统还应设置过压、失压、母线相间短路速断和过流保护。

（七）外形及安装尺寸

高压并联电容器装置外形及安装尺寸，见表1-3-12、表1-3-13及图1-3-3。

表1-3-12 高压并联电容器装置外形及安装尺寸

型　号	标准类型	电容器组架长度 L（mm）	电抗器外径 d（mm）	护栏尺寸（mm×mm）
TBBC10—600/100AKW	2	1550	660	5400×3000
TBBC10—900/100AKW	2	2240	870	540×3700
TBBB10—1200/100BLW	1，3	1090	970	6100×3000
TBBC10—1200/200AKW	2	1550	970	5700×3000
TBBC10—1800/200AKW	2	2240	1160	5700×3700
TBBC10—2400/400AKW	2	1550	1124	5700×3000
TBBC10—3000/500AKW	2	1550	1280	6300×3000
TBBB10—3000/200BLW	1，3	1320	1280	7000×3000
TBBB10—3600/200BLW	1，3	1550	1320	7300×3000
TBBB10—4200/200BLW	1，3	1780	1480	7800×3300
TBBB10—4800/200BLW	1，3	2010	1380	7800×3000
TBBB10—5400/200BLW	1，3	2240	1330	8000×3000
TBBB10—6000/200BLW	1，3	2270	1300	8100×3000
TBBB10—6012/334BLW	1，3	1550	1300	7300×3000
TBBA10—6012/334AKW	4，5	860	1300	7000×4410
TBBB10—7014/334BLW	1，3	1780	1380	7600×3000

续表

型　　号	标准类型	电容器组架长度 L（mm）	电抗器外径 d（mm）	护栏尺寸（mm×mm）
TBBA10—7200/200AKW	4，5	1550	1270	7800×4110
TBBA10—8014/334AKW	4，5	1090	1440	7800×4410
TBBA10—8400/200AKW	4，5	1780	1480	8300×4110
TBBA10—9600/200AKW	4，5	2010	1700	9000×4110
TBBA10—10020/334AKW	4，5	1320	1760	8400×4010
TBBA10—12000/334AKW	4，5	1550	1760	8700×4410
TBBA35—8400/200AKW	8	1780	1700	8100×4410
TBBA35—9600/200BLW	6，7，8	2240	1600	12000×4410
TBBA35—10020/334AKW	8	1320	1620	7400×4410
TBBA35—20040/334BLW	6，7，8	2680	1840	12000×4410

表 1-3-13　　高压并联电容器装置标准类型采用 QBank 台数、容量

标准类型	高压并联电容器组			标准类型	高压并联电容器组		
	QBank	最多台数（台）	最大容量（kvar）		QBank	最多台数（台）	最大容量（kvar）
1	QBank—B	30	6000	5	QBank—A	60	12000
2	QBank—C	18	3000	6	QBank—A	60	20040
3	QBank—B	30	6000	7	QBank—A	60	20040
4	QBank—B	60	12000	8	QBank—A	60	20040

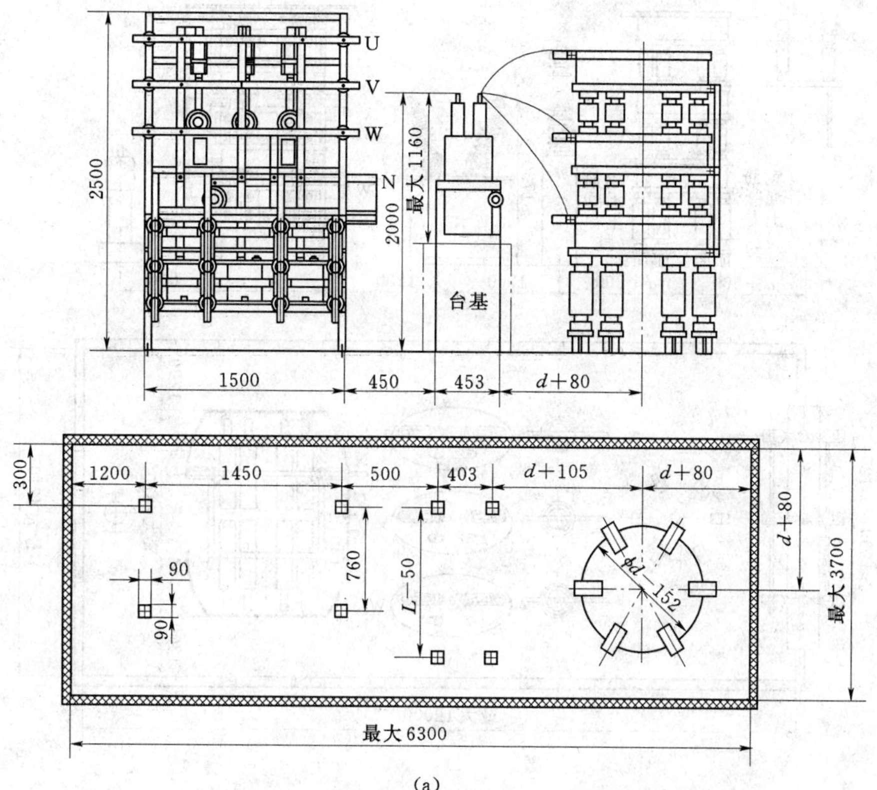

(a)

图 1-3-3　高压并联电容器装置外形及安装尺寸（一）（单位：mm）

(a) 标准类型中第 2 种类型，采用 QBank—C，最多 18 台，10～18 台为双排，最大容量 3000kvar

1，2 类型电容器组架高度较低，下面需要做钢筋混凝土基础或钢支架（用户自备）

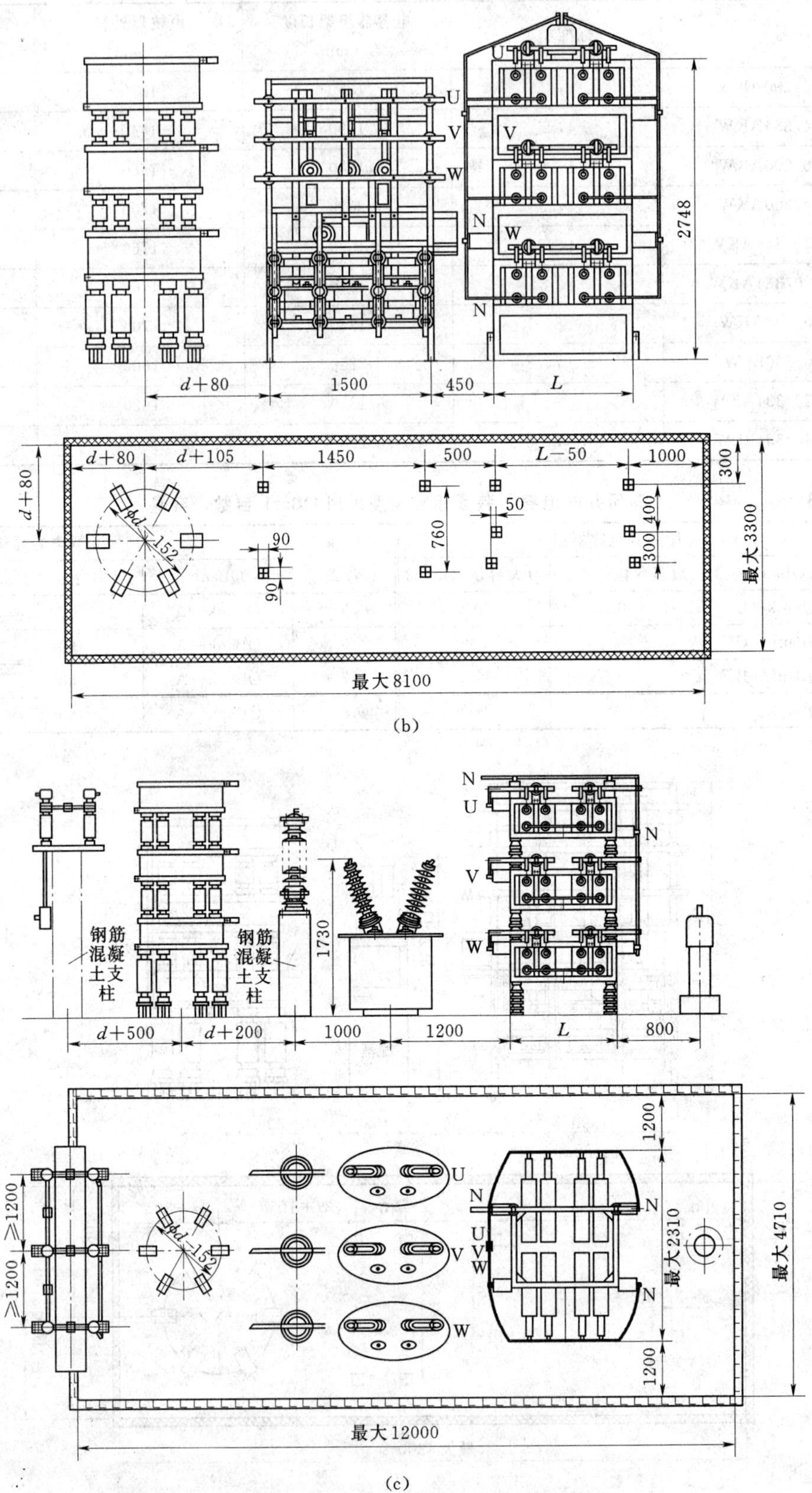

图1-3-3 高压并联电容器装置外形及安装尺寸（二）（单位：mm）

(b) 标准类型中第3种类型，采用QBank—B，最多30台，最大容量6000kvar；

(c) 标准类型中第7种类型，采用QBank—A，最多60台，最大容量20040kvar

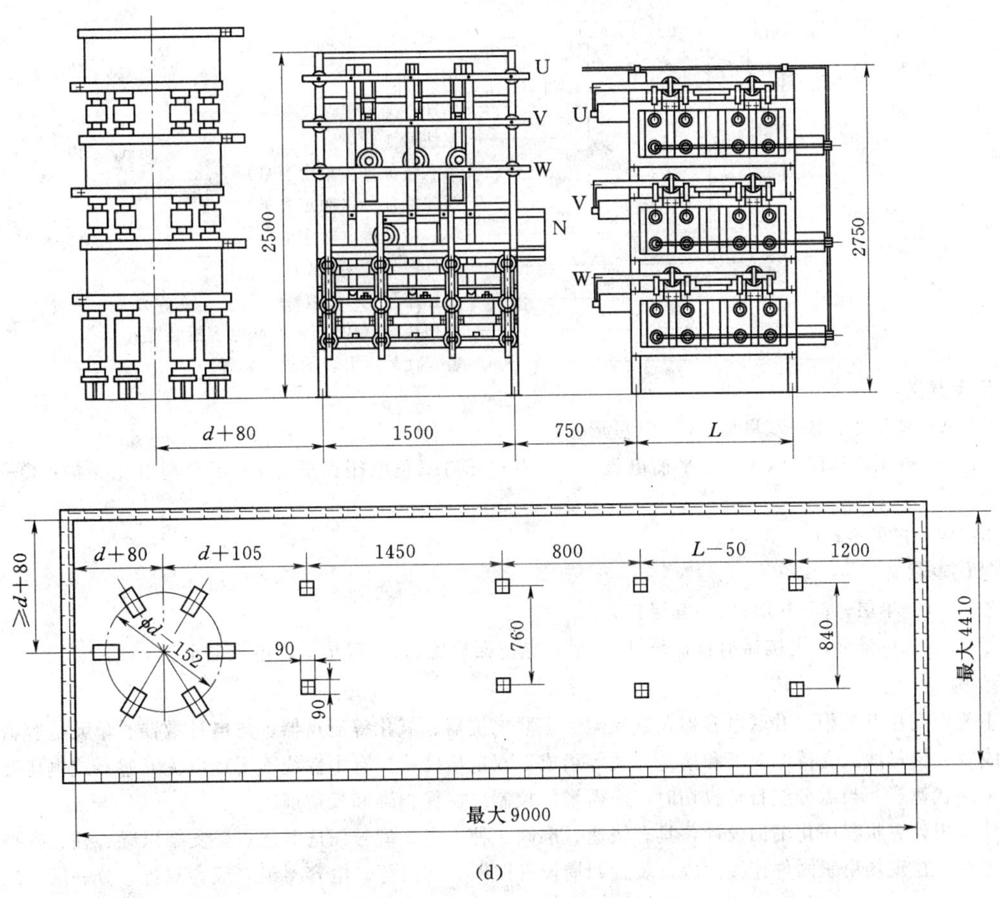

(d)

图1-3-3　高压并联电容器装置外形及安装尺寸（三）（单位：mm）

(d) 标准类型中第4种类型，采用QBank—B，最多60台，最大容量12000kvar

（八）订货须知

订货时必须提供：

(1) 补偿容量、系统电压和最高运行电压、电容器装置和单台电容器型号。

(2) 安装运行地区海拔及选用相关的配套件。

(3) 是否配电抗器、电抗率大小。

(4) 选用的标准类型，户内还是户外。

(5) 系统最大、最小短路容量（以便校核是否会发生谐振）。

(6) 放电线圈、避雷器、接地开关等及特殊要求。

（九）生产厂

西安ABB电力电容器有限公司。

七、西安西电电力电容器有限责任公司生产的高压并联电容器装置

（一）用途

高压并联电容器装置用于工频电力系统，提高功率因数，改善和提高电压质量，减少线路损耗。

（二）使用条件

(1) 海拔（m）：≤1000。

(2) 环境温度（℃）：−25～+45，−40～+40。

(3) 户内和户外型。

(4) 安装运行地区应无剧烈振动、无有害气体或蒸汽、无导电性或爆炸性尘埃。

（三）型号含义

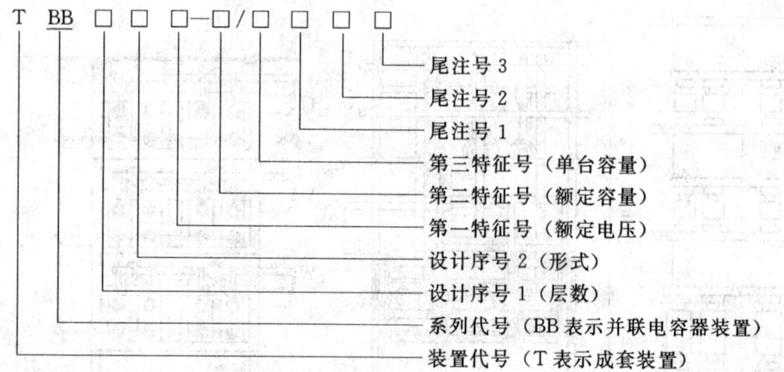

尾注号代表意义：

尾注号 1：A—单星形；B—双星形；C—三星形。

尾注号 2：C—电压差动保护；L—不平衡电流保护；K—开口三角电压保护；Y—不平衡电压保护；Q—桥式差动电流保护。

尾注号 3：W—户外型；G—高原型。

设计序号代表意义：

设计序号 1：1—单层；2—双层；3—三层。

设计序号 2：4—单星形，电抗器前置；5—单星形，电抗器后置；6—双星形，电抗器前置。

（四）结构

该装置主要由高压开关柜、并联电容器及其支架、串联电抗器、氧化锌避雷器、放电计数器、单元电容器保护用熔断器、放电线圈、铝母线、支持绝缘了和接地开关等组成，双星型接线接有中性线不平衡电流互感器或电压互感器，周围设置有安全网状遮栏。当需分组自动投切时，尚需增加控制屏、保护屏和投切屏。

产品设计采用计算机程序化辅助设计，具有快速、准确、种类多、型号任选等优点，支架以梁、柱、支持件等零部件经表面处理后，在现场用紧固件连接而成，装置四周设有网框、网门等。电容器组一般为双排，分一层、二层、三层形式布置。

开关柜为电容器组的切合设备，一般配用不重燃的真空断路器或 SF_6 断路器，在装置容量不大且不频繁操作的系统中，亦可配用相应的少油断路器。当装置采用总断路器和分组断路器的接线时，总断路器应具有切除其所连接的全部电容器和短路电流的能力。

熔断器与电容器串联连接，当该电容器内部有部分串联段（一般取 60%～70%）击穿时，熔断器动作，将该台故障电容器迅速从电容器切除，有效防止故障扩大。

放电线圈并联连接在电容器回路中，当电容器组从电源退出后，能使电容器上的剩余电压在 5s 内自 $\sqrt{2}U_n$ 降至 50V 或更低。

氧化锌避雷器并接在线路上，限制投切电容器组所引起的操作过电压。

串联电抗器串联在电容器回路中，抑制电容器组的高次谐波，降低合闸涌流。串联电抗器的电抗率对于仅用于限制涌流的取 0.1%～1%，对于抑制 5 次以上的谐波，选用 4.5%～6%；对于抑制 3 次以上的谐波，选用 12%～13%。

（五）技术性能

(1) 电容偏差 0～±10%，串联段间偏差 <2%，相间偏差 <2%。

(2) 允许在 $1.1U_n$ 工频稳态过电压下长期运行，在此运行状态下，包括所有谐波分量在内的电压峰值应 $<1.2\sqrt{2}U_n$。

(3) 允许在由于过电压和高次谐波造成的有效值 $1.30I_n$ 的稳态电流下运行，对于电容具有最大正偏差的电容器，过电流允许达到 $1.43I_n$。

(4) 装置采用不重燃断路器、氧化锌避雷器和串联电抗器，有效地限制操作过电压、高次谐波和涌流。

(5) 采用专用熔断器和继电保护，对单台电容器、电容器组内部故障和系统过压、失压、母线相间短路及过流进行保护。

(6) 采用单元电容器熔断器作为主保护。电压差动、开口三角电压、桥式差电流、中性线不平衡电流或电压保护作为后备保护。还设有过流、母线相间短路速断、过压、失压保护。

(7) 可采用电压或功率因数进行单个电容器组自动投切；对于分组电容器组，根据电压和有功负荷进行自动循环投切；对于主变压器具有有载调压装置的变电所，采用微处理机根据实时检测的电压、有功功率和无功功率进行综合判断，调节变压器分接头和投切电容器组。

（六）外形及安装尺寸

该装置外形及安装尺寸，见表 1-3-14 及图 1-3-4。

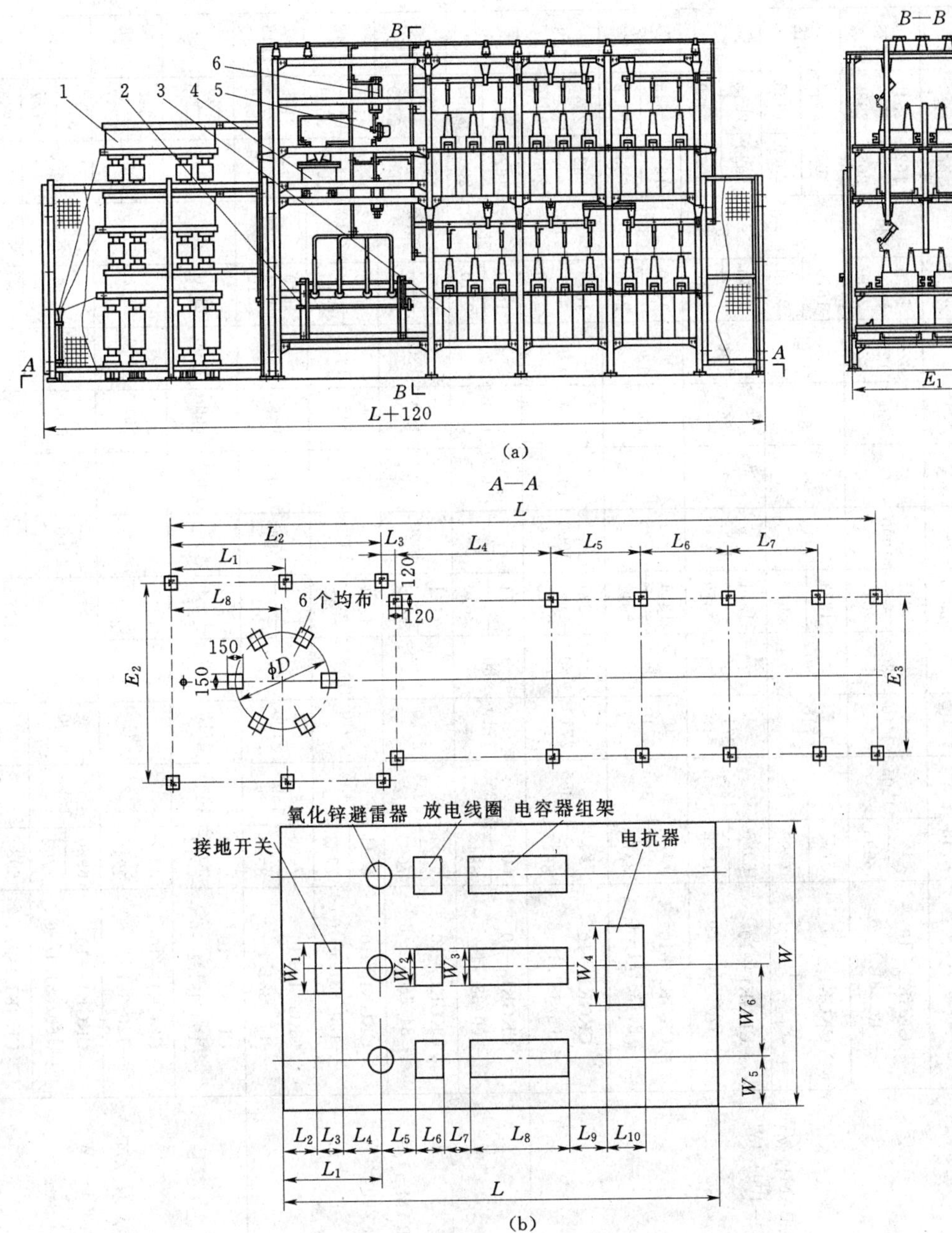

图 1-3-4　高压并联电容器装置外形及安装尺寸

(a) 前置、双层、单星 100、200、334kvar；(b) TBB35—3000/100AC、TBB35—4800/100AC、TBB35—6000/100AC、TBB35—8016/334ACW、TBB—10020/330ACW

1—串联电抗器；2—隔离开关；3—电容器；4—放电线圈；5—放电计数器；6—氧化锌避雷器

（七）订货须知

订货时必须提供：

(1) 补偿容量、单台电容器型号、系统电压及接线方式、产品型号及布置方式。

(2) 海拔。

(3) 是否配电抗器（电抗率）、电抗器围栏、电磁锁。

(4) 系统最大短路容量和最小短路容量。

（八）生产厂

西安西电电力电容器有限责任公司。

表 1-3-14

高压并联电容器装置外形及安装尺寸

装置型号	额定容量 (kvar)	单台电容器型号	电抗器型号	外形及安装尺寸(mm)														备注
				L	L_1	L_2	L_3	L_4	L_5	L_6	L_7	L_8	E_1	E_2	E_3	H	D	
TBB_{24}10—1800/100AK	1800	BAM11/$\sqrt{3}$—100—1W	CKGKL—10—36/381.1—6	5996	1305	2610	80	1371	845	0	600	1250	1670	2410	1620	2545	898	前置双层单星
TBB_{24}10—1800/100AKW				6748				2013					2110		2060	2939		
TBB_{24}10—2400/100AK	2400		CKGKL—10—48/381.1—6	6151	1305	2610	80	1371	1090	0	60	1250	1670	2410	1620	2545	728	
TBB_{24}10—2400/100AKW				6993				2013					2110		2060	2939		
TBB_{24}10—3000/100AK	3000		CKGKL—10—60/381.1—6	6741	1355	2710	80	1371	1335	0	845	1300	1670	2570	1620	2545	948	
TBB_{24}10—3000/100AKW				7583				2013					2110		2060	2939		
TBB_{24}10—3600/100AK	3600		CKGKL—10—72/381.1—6	6986	1355	2710	80	1371	1580	0	845	1300	1670	2570	1620	2545	1028	
TBB_{24}10—3600/100AKW				7828				2013					2110		2060	2939		
TBB_{24}10—4200/100AK	4200		CKGKL—10—84/381.1—6	7476	1355	2710	80	1371	1825	0	1090	1300	1670	2570	1620	2545	968	
TBB_{24}10—4200/100AKW				8318				2013					2110		2060	2939		
TBB_{24}10—4800/100AK	4800		CKGKL—10—96/381.1—6	7831	1355	2710	80	1371	1090	1090	1090	1300	1670	2570	1620	2545	988	
TBB_{24}10—4800/100AKW				8673				2013					2110		2060	2939		
TBB_{24}10—3000/200AK	3000	BAM11/$\sqrt{3}$—200—1W	CKGKL—10—60/381.1—6	6006	1355	2710	80	1371	845	0	600	1300	1670	2570	1620	3135	948	
TBB_{24}10—3000/200AKW				6848				2013					2110		2060	3529		
TBB_{24}10—4200/200AK	4200		CKGKL—10—84/381.1—6	6251	1355	2710	80	1371	1090	0	600	1300	1670	2570	1620	3135	968	
TBB_{24}10—4200/200AKW				7093				2013					2110		2060	3529		
TBB_{24}10—6000/200AK	6000		CKGKL—10—120/381.1—6	6941	1455	2910	80	1371	1335	0	845	1400	1670	2710	1620	3135	1048	
TBB_{24}10—6000/200AKW				7783				2013					2110		2060	3529		
TBB_{24}10—7200/200AK	7200		CKGKL—10—144/381.1—6	7466	1595	3190	80	1371	1580	0	845	1520	1670	2950	1620	3135	1118	
TBB_{24}10—7200/200AKW				8308				2013					2110		2060	3529		
TBB_{24}10—5010/334AK	5010	BAM11/$\sqrt{3}$—334—1W	CKGKL—10—100/381.1—6	6170	1355	2710	90	1374	930	0	666	1300	2110	2570	2050	3343	973	
TBB_{24}10—5010/334AKW				7012				2016								3737		
TBB_{24}10—6012/334AK	6012		CKGKL—10—120/381.1—6	6370	1455	2910	90	1374	930	0	666	1400	2110	2710	2050	3343	1048	
TBB_{24}10—6012/334AKW				7212				2016								3737		
TBB_{24}10—8016/334AK	8016		CKGKL—10—160/381.1—6	6920	1595	3190	90	1374	1200	0	666	1520	2110	2950	2050	3343	1148	
TBB_{24}10—8016/334AKW				7762				2016								3737		
TBB_{24}10—10020/334AK	10020		CKGKL—10—200/381.1—6	6980	1355	2710	90	1374	1470	0	936	1300	2110	2570	2050	3343	968	
TBB_{24}10—10020/334AKW				7822				2016								3737		

续表

装置型号	额定容量(kvar)	单台电容器型号	电抗器型号	外形及安装尺寸(mm)														备注
				L	L_1	L_2	L_3	L_4	L_5	L_6	L_7	L_8	E_1	E_2	E_3	H	D	
TBB_{25}10—5010/334AK	5010	BAM11/$\sqrt{3}$—334—1W	CKGKL—10	5770	1355	2710	90	1374	930	0	666	1300	2110	2570	2050	3343	973	后置双层单星
TBB_{25}10—5010/334AKW			—100/381.1—6	6412				2016								3737		
TBB_{25}10—6012/334AK	6012		CKGKL—10	5970	1455	2910	90	1374	930	0	666	1400	2110	2710	2050	3343	1048	
TBB_{25}10—6012/334AKW			—120/381.1—6	6612				2016								3737		
TBB_{25}10—8016/334AK	8016		CKGKL—10	6520	1595	3190	90	1374	1200	0	666	1520	2110	2950	2050	3343	1148	
TBB_{25}10—8016/334AKW			—160/381.1—6	7162				2016								3737		
TBB_{25}10—10020/334AK	10020		CKGKL—10	6580	1355	2710	90	1374	1470	0	9366	1300	2110	2570	2050	3343	968	
TBB_{25}10—10020/334AKW			—200/381.1—6	7222				2016								3737		
TBB_{25}10—3000/200AK	3000	BAM11/$\sqrt{3}$—200—1W	CKGKL—10	5606	1355	2710	80	1371	845	0		1300	1670	2570	1620	3135	948	
TBB_{25}10—3000/200AKW			—60/381.1—6	6248				2013					2110		2060	3529		
TBB_{25}10—4200/200AK	4200		CKGKL—10	5851	1355	2710	80	1371	1090	0		1300	1670	2570	1620	3135	968	
TBB_{25}10—4200/200AKW			—84/381.1—6	6493				2013					2110		2060	3529		
TBB_{25}10—6000/200AK	6000		CKGKL—10	6541	1455	2910	80	1371	1335	0		1400	1670	2710	1620	3135	1048	
TBB_{25}10—6000/200AKW			—120/381.1—6	7183				2013					2110		2060	3529		
TBB_{25}10—7200/200AK	7200		CKGKL—10	7066	1595	3100	80	1371	1580	0		1520	1670	2950	1620	3135	1118	
TBB_{25}10—7200/200AKW			—144/381.1—6	7708				2013					2110		2060	3529		
TBB_{25}10—1800/100AK	1800	BAM11/$\sqrt{3}$—100—1W	CKGKL—10	5506	1305	2610	80	1371	845	0		1250	1670	2410	1620	2545	898	
TBB_{25}10—1800/100AKW			—36/381.1—6	6148				2013					2110		2060	2939		
TBB_{25}10—2400/100AK	2400		CKGKL—10	5751	1305	2610	80	1371	1090	0		1250	1670	2410	1620	2545	728	
TBB_{25}10—2400/100AKW			—48/381.1—6	6393				2013					2110		2060	2939		
TBB_{25}10—3000/100AK	3000		CKGKL—10	6341	1355	2710	80	1371	1335	0		1300	1670	2570	1620	2545	948	
TBB_{25}10—3000/100AKW			—60/381.1—6	6983				2013					2110		2060	2939		
TBB_{25}10—3600/100AK	3600		CKGKL—10	6586	1355	2710	80	1371	1580	0		1300	1670	2570	1620	2545	1028	
TBB_{25}10—3600/100AKW			—72/381.1—6	7228				2013					2110		2060	2939		
TBB_{25}10—4200/100AK	4200		CKGKL—10	7076	1355	2710	80	1371	1825	0		1300	1670	2570	1620	2545	968	
TBB_{25}10—4200/100AKW			—84/381.1—6	7718				2013					2110		2060	2939		
TBB_{25}10—4800/100AK	4800		CKGKL—10	7431	1355	2710	80	1371	1090	1090		1300	1670	2570	1620	2545	988	
TBB_{25}10—4800/100AKW			—96/381.1—6	8073				2013					2110		2060	2939		

续表

装置型号	额定容量(kvar)	单台电容器型号	电抗器型号	外形及安装尺寸(mm)														备注
				L	L_1	L_2	L_3	L_4	L_5	L_6	L_7	L_8	E_1	E_2	E_3	H	D	
TBB_{34}10—3000/100AK	3000	BAM11/$\sqrt{3}$—100—1W	CKGKL—10—60/381.1—6	5896	1355	2710	80	1371	1335	0		1300	1670	2570	1620	3529	948	前置三层单星
TBB_{34}10—3000/100AKW				6738				2013					2110		2060	4021		
TBB_{34}10—4200/100AK	4200		CKGKL—10—84/381.1—6	6386	1355	2710	80	1371	1826	0		1300	1670	2570	1620	3529	968	
TBB_{34}10—4200/100AKW				7228				2013					2110		2060	4021		
TBB_{34}10—6000/100AK	6000		CKGKL—10—120/381.1—6	7431	1455	2910	80	1371	1335	1335		1400	1670	2710	1620	3529	1048	
TBB_{34}10—6000/100AKW				8273				2013					2110		2060	4021		
TBB_{35}10—3000/100AK	3000		CKGKL—10—60/381.1—6	5496	1355	2710	80	1371	1335			1300	1670	2570	1620	3529	948	后置三层单星
TBB_{35}10—3000/100AKW				6138				2013					2110		2060	4021		
TBB_{35}10—4200/100AK	4200		CKGKL—10—84/381.1—6	5986	1355	2710	80	1371	1825			1300	1670	2570	1620	3529	968	
TBB_{35}10—4200/100AKW				6628				2013					2110		2060	4021		
TBB_{35}10—6000/100AK	6000		CKGKL—10—120/381.1—6	7031	1455	2910	80	1371	1335			1400	1670	270	1620	3529	1048	
TBB_{35}10—6000/100AKW				7673				2013					2110		2060	4021		
TBB_{26}10—3000/100BL	3000		CKGKL—10—60/381.1—6	6741	1355	2710	80	1371	1335	0	845	1300	1670	2570	1620	2545	948	前置双层双星
TBB_{26}10—3000/100BLW				7583				2013					2110		2060	2939		
TBB_{26}10—3600/100BL	3600		CKGKL—10—72/381.1—6	6086	1355	2710	80	1371	1580	0	845	1300	1670	2570	1620	2545	1028	
TBB_{26}10—3600/100BLW				7828				2013					2110		2060	2939		
TBB_{26}10—4200/100BL	4200		CKGKL—10—84/381.1—6	7476	1355	2710	80	1371	1825	0	1090	1300	1670	2570	1620	2545	968	
TBB_{26}10—4200/100BLW				8318				2013					2110		2060	2939		
TBB_{26}10—4800/100BL	4800		CKGKL—10—96/381.1—6	7831	1355	2710	80	1371	1090	1090	1090	1300	1670	2570	1620	2545	988	
TBB_{26}10—4800/100BLW				8673				2013					2110		2060	2939		
TBB_{26}10—6000/100BL	6000		CKGKL—10—120/381.1—6	8766	1455	2910	80	1371	1335	1335	1335	1400	1670	2710	1620	2545	1048	
TBB_{26}10—6000/100BLW				9608				2013					2110		2060	2939		
TBB_{26}10—4800/200BL	4800	BAM11/$\sqrt{3}$—200—1W	CKGKL—10—96/381.1—6	6251	1355	2710	80	1371	1090	0	600	1300	1670	2570	1620	3135	988	前置双层双星
TBB_{26}10—4800/200BLW				7093				2013					2110		2060	3529		
TBB_{26}10—7200/200BL	7200		CKGKL—10—144/381.1—6	7466	1595	3190	80	1371	1580	0	845	1520	1670	2950	1620	3135	1118	
TBB_{26}10—7200/200BLW				8308				2013					2110		2060	3529		
TBB_{26}10—8400/200BL	8400		CKGKL—10—168/381.1—6	8066	1595	3190	80	1371	1090	845	1090	1520	1670	2950	1620	3135	1168	
TBB_{26}10—8400/200BLW				8908				2013					2110		2060	3529		
TBB_{26}10—9600/200BL	9600		CKGKL—10—192/381.1—6	8311	1595	3190	80	1371	1090	1090	1090	1520	1670	2950	1620	3135	1188	
TBB_{26}10—9600/200BLW				9153				2013					2110		2060	3529		

续表

装置型号	额定容量(kvar)	单台电容器型号	电抗器型号	外形及安装尺寸(mm) L	L_1	L_2	L_3	L_4	L_5	L_6	L_7	L_8	E_1	E_2	E_3	H	D	备注
TBB_{26}10—8016/334BL	8016	BAM11/$\sqrt{3}$—334—1W	CKGKL—10—160/381.1—6	6900	1595	3190	90	1374	1200	0	666	1520	2110	2950	2050	3343	1148	前置双层单星
TBB_{26}10—8016/334BLW				7762				2016								3737		
TBB_{26}10—10020/334BL	10020		CKGKL—10—200/381.1—6	6980	1355	2710	90	1374	1470	0	936	1300	2110	2570	2050	3343	968	
TBB_{26}10—10020/334BLW				7822				2016								3737		
TBB_{36}10—3000/100BL	3000	BAM11/$\sqrt{3}$—100—1W	CKGKL—10—60/381.1—6	5896	1355	2710	80	1371	1335	0		1300	1670	2570	1620	3529	948	前置三层双星
TBB_{36}10—3000/100BLW				6738				2013					2110		2060	4021		
TBB_{36}10—3600/100BL	3600		CKGKL—10—72/381.1—6	6141	1355	2710	80	1371	1580	0		1300	1670	2570	1620	3529	1028	
TBB_{36}10—3600/100BLW				6983				2013					2110		2060	4021		
TBB_{36}10—4200/100BL	4200		CKGKL—10—84/381.1—6	6386	1355	2710	80	1371	1825	0		1300	1670	2570	1620	3529	968	
TBB_{36}10—4200/100BLW				7228				2013					2110		2060	4021		
TBB_{36}10—4800/100BL	4800		CKGKL—10—96/381.1—6	6741	1355	2710	80	1371	1090	1090		1300	1670	2570	1620	3529	988	
TBB_{36}10—4800/100BLW				7583				2013					2110		2060	4021		
TBB_{36}10—6000/100BL	6000		CKGKL—10—120/381.1—6	7431	1455	2910	80	1371	1335	1335		1400	1670	2710	1620	3529	1048	
TBB_{36}10—6000/100BLW				8273				2013					2110		2060	4021		
TBB_{16}10—4800/200BL	4800	BAM11/$\sqrt{3}$—200—1W	CKGKL—10—96/381.1—6	7831	1355	2710	80	1371	1090	1090	1090	1300	1670	2570	1620	3135	988	前置单层双星
TBB_{16}10—4800/200BLW				8673				2013					2110		2060	3529		
TBB_{16}10—7200/200BL	7200		CKGKL—10—144/381.1—6	9781	1595	3190	80	1371	1580	1580	1580	1520	1670	2950	1620	3135	1118	
TBB_{16}10—7200/200BLW				10623				2013					2110		2060	3529		
TBB_{16}10—8016/334BL	8016	BAM11/$\sqrt{3}$—334—1W	CKGKL—10—160/381.1—6	8663	1595	3190	80	1374	1200	1203	1206	1520	2110	2950	2050	3263	1148	
TBB_{16}10—8016/334BLW				9505				2016								3657		
TBB_{16}10—10020/334BL	10020		CKGKL—10—200/381.1—6	8993	1355	2710	90	1374	1470	1473	1476	1300	2110	2570	2050	3263	968	
TBB_{16}10—10020/334BLW				9835				2016								3657		

装置型号	额定容量(kvar)	单台电容器型号	电抗器型号	装置相关尺寸(mm) L	L_1	L_2	L_3	L_4	L_5	L_6	L_7	L_8	E_1	E_2	E_3	H	D	备注
TBB_{14}10—5010/334AK	5010	BAM11/$\sqrt{3}$—334—1W	CKGKL—10—100/381.1—6	6973	1355	2710	90	1374	930	933		1300	2110	2570	2050	3557	973	前置单层单星
TBB_{14}10—5010/334AKW				7615				2016								3657		
TBB_{14}10—6012/334AK	6012		CKGKL—10—120/381.1—6	7173	1455	2910	90	1374	930	933		1400	2110	2710	2050	3557	1048	
TBB_{14}10—6012/334AKW				7815				2016								3657		
TBB_{14}10—8016/334AK	8016		CKGKL—10—160/381.1—6	8263	1595	3190	90	1374	1200	1203		1520	2110	2950	2050	3557	1148	
TBB_{14}10—8016/334AKW				8905				2016								3657		

续表

装置型号	额定容量(kvar)	单台电容器型号	电抗器型号	装置相关尺寸(mm)														备注
				L	L_1	L_2	L_3	L_4	L_5	L_6	L_7	L_8	E_1	E_2	E_3	H	D	
TBB_{14}10—10020/334AK	10020	BAM11/$\sqrt{3}$—334—1W	CKGKL—10—200/381.1—6	8593	1355	2710	90	1374	1470	1473		1300	2110	2570	2050	3557	968	前置单层单星
TBB_{14}10—10020/334AKW				9235				2016								3657		
TBB_{15}10—5010/334AK	5010		CKGKL—10—100/381.1—6	6973	1355	2710	90	1374	930	933		1300	2110	2570	2050	3557	973	后置单层单星
TBB_{15}10—5010/334AKW				7615				2016								3657		
TBB_{15}10—6012/334AK	6012		CKGKL—10—120/381.1—6	7173	1455	2910	90	1374	930	933		1400	2110	2710	2050	3557	1048	
TBB_{15}10—6012/334AKW				7815				2016								3657		
TBB_{15}10—8016/334AK	8016		CKGKL—10—160/381.1—6	8263	1595	3190	90	1374	1200	1203		1520	2110	2950	2050	3557	1148	
TBB_{15}10—8016/334AKW				8905				2016								3657		
TBB_{15}10—10020/334AK	10020		CKGKL—10—200/381.1—6	8593	1355	2710	90	1374	1470	1473		1300	2110	2570	2050	3557	968	
TBB_{15}10—10020/334AKW				9235				2016								3657		

装置型号	额定容量(kvar)	单台电容器型号	接线方式	装置相关尺寸(mm)																		备注
				H	L	L_1	L_2	L_3	L_4	L_5	L_6	L_7	L_8	L_9	L_{10}	W	W_1	W_2	W_3	W_4	W_5	W_6
TBB35—3000/100AC	3000	BAM11—100—1	5并2串	3375	6770		100	370	1100	845	1050	482	1448	517	860	4902	4157	520	377	850	969	1234	35kV及以上电压等级
TBB35—4800/100AC	4800	BAM11—100—1	8并2串	1955	8086	1829				590	520	370	2366	1120	860	6607	2800	1050	1307	850	1156	2148	
TBB35—6000/100AC	6000	BAM11—100—1	10并2串	3375	8130		100	370	947	845	1050	482	2896	517	860	4729	4087	520	377	850	869	1234	
TBB35—8016/334ACW	8016	BAM11—334—1W	4并2串	2365	9700		1000	1000	700	875	1050	875	1765	637	1126	7320		520	1448	1905	1324	2048	
TBB35—10020/334ACW	10020	BAM11—334—1W	5并2串	2365	9700		1000	1000	700	875	1050	875	1765	637	1126	7320		520	1448	1905	1324	2048	
TBB35—16800/200ACGW	16800	BAM12—200—1GW	14并2串	3834	7099			1656		1930	2013	427	546			9450			1203	444	2000	2800	
TBB38.5—14400/200ACGW	14400	BAM12—200—1GW	12并2串	2322	11877	1311				527	546	427	3689	1800	1800	7850		444	1266	1140	1825	2100	
TBB35—40080/334BLW	40080	BAM6—334—1W	5并4串双星																				
TBB35—60120/334CCW	60120	BAM6—334—1W	5并4串三星																				
TBB66—20040/334AQW	20040	BAM20—334—1W	10并2串																				
TBB66—32064/334BQW	32064	BAM20—334—1W	8并2串双星																				
TBB230—117764AQW	117764	BAM6.717—272.6—1W	6并24串																				
TBB230—128736AQW	128736	BAM6.28—298—1W	6并24串																				

八、桂林电力电容器总厂生产的 TBB 型 6～35kV 高压并联电容器成套装置

桂林电力电容器总厂生产的 TBB 型 6～35kV 高压并联电容器成套装置技术数据，见表 1-3-15。

九、日新电机（无锡）电力电容器有限公司生产的 TBB 型 6～10kV 并联电容器无功补偿成套装置

（一）概述

高压并联电容器无功补偿成套装置主要用于 6kV、10kV、35kV 等工频电力系统进行无功补偿，提高功率因数，改善电压质量，降低线路损耗，充分发挥发电、供电设备的效率。产品性能符合 SDJ 25—85《并联电容器装置设计技术规程》、GB 50227—95《并联电容器装置设计规程》标准。

（二）型号含义

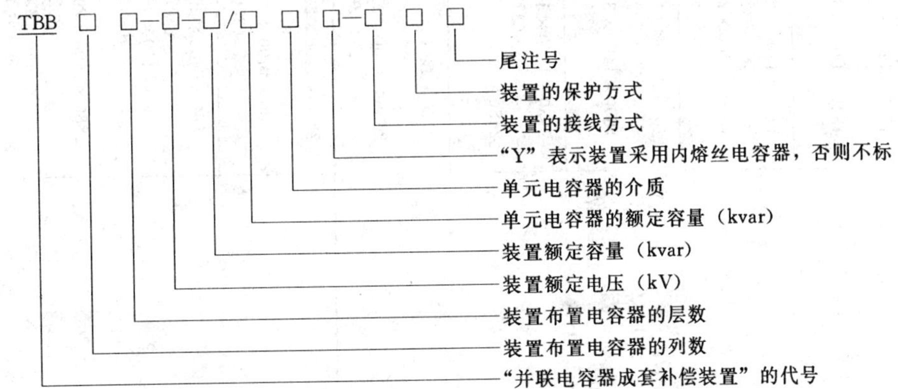

尾注号：W—户外装置，不标为户内装置。

保护方式：A—开口三角保护；B—差压保护；C—中性点不平衡电压保护；D—中性点不平衡电流保护；E—三角形接线零序电流保护。

接线方式：1—三角形接线；2—单臂形接线，电抗器接于电源侧；3—单星形接线，电抗器接于中性点侧；4—双星形接线，电抗器接于电源侧；5—单相接线；6—双星形接线，电抗器接于中性点侧。

电容器的介质：F—单元电容器为 BFF 型产品；W—单元电容器为 BWF 型产品；M—单元电容器为全膜介质。

（三）结构

(1) 装置由高压开关柜（包括高压断路器、隔离开关、电流互感器、继电保护、测量和指示部分等）、串联电抗器、氧化锌避雷器及其记录仪、放电线圈、隔离开关、接地刀闸、高压并联电容器及其专用熔断器、支柱绝缘子、连接母线、围栏和镀锌钢构架等组成。装置采用双星形接线，包括中性点不平衡电流（电压）保护用电流（电压）互感器。

(2) 串联电抗器串接在电容器组回路中，用于抑制高次谐波，限制合闸涌流。

用于抑制 5 次及以上谐波时，电抗器可按 $X_1/X_C=4.5\%\sim6\%$配置。

用于抑制 3 次及以上谐波时，电抗器可按 $X_1/X_C=12\%\sim13\%$配置。

仅用于限制涌流时，电抗器可按 $X_1/X_C=0.5\%\sim1\%$配置。

(3) 氧化锌避雷器并接在电容器组线路上，以限制投切电容器组引起的操作过电压。

(4) 放电线圈并接于电容器的两端，当电容器组断开电源时，能将电容器两端剩余电压在 5～20s 内自电压峰值降至 0.1 倍额定电压或 50V 以下。

(5) 高压熔断器与电容器串联，当电容内部 50%～70%串联元件击穿时，熔断器动作，将该台故障电容器迅速从电容器组切除，有效地防止故障扩大。

(6) 根据装置所配置（电容器、电抗器等）的布置可分为片架式、柜式、围栏式、模块式和集合式等形式。

片架式结构即以片架（包括直梁、横梁和横档等）为计量单位的零部件，通过螺栓等系列标准件连接而成电容器组构架，四周为网门。价格低，运输方便。6kV 和 10kV 等电压等级的装置适宜采用该结构形式。

柜式结构即将所配置的元器件均装在类似高压开关柜的构架上，柜门用钢板或镀锌钢板网制成。装置由电抗器柜、放电柜和电容器柜等三部分组成。外观整齐，安装方便。6kV 和 10kV 等电压等级，容量 300～3000kvar 的装置适宜采用该结构形式。

围栏式结构即将可拆式网门护栏在电容器组和电抗器等设备的四周，围栏和设备间留有检修通道。35kV 等电压等级的装置适宜采用该结构形式。

模块式结构即将设备安装在用型材制成的单元模块上，安装时只需层层或行行拼接即可。该结构又分立式电容器安装和卧式电容器安装，单元电容器宜采用内熔丝电容器，外形整齐，安装方便。6kV 和 10kV 等电压等级的装置适宜采用该结构形式。

表 1-3-15 高压并联电容器成套装置技术数据

型号	额定电压(kV)	电容器组			接线方式	保护方案	配置并联电容器型号	外形尺寸(长×宽×高)(mm×mm×mm)	
		额定电压(kV)	额定容量(kvar)	额定电流(A)				围栏式	柜式
TBB$\frac{6}{10}$—1200/50—AK	6 (10)	6.6 (11)	1200	105 (63)	Y	1. AK型Y接线为开口三角电压保护； 2. BL型Y—Y接线为中线不平衡电流保护； 3. 过流、速断、过压、失压、单台电容器熔断器和MOA保护	* BWF$\frac{6.6/\sqrt{3}}{11/\sqrt{3}}$—50—1W BFF$\frac{6.6/\sqrt{3}}{11/\sqrt{3}}$—50—1W	1500×1400×3125 (3275) 1340×1400×3125 (3305)	2740×1800×3125 (3275) 2580×1800×3125 (3305)
TBB$\frac{6}{10}$—1500/50—AK	6 (10)	6.6 (11)	1500	131 (79)	Y			1770×1400×3125 (3275) 1570×1400×3125 (3305)	3010×1800×3125 (3275) 2810×1800×3125 (3305)
TBB$\frac{6}{10}$—1800/50—AK	6 (10)	6.6 (11)	1800	157 (94)	Y			2040×1400×3125 (3275) 1800×1400×3125 (3305)	3280×1800×3125 (3275) 3040×1800×3125 (3305)
TBB$\frac{6}{10}$—2400/50—AK	6 (10)	6.6 (11)	2400	210 (126)	Y			2730×1400×3125 (3275) 2450×1400×3125 (3305)	3970×1800×3125 (3275) 3690×1800×3125 (3305)
TBB$\frac{6}{10}$—2400/50—BL	6 (10)	6.6 (11)	2400	210 (126)	Y—Y			2730×1400×3125 (3275) 2450×1400×3125 (3305)	3970×1800×3125 (3275) 3690×1800×3125 (3305)
TBB$\frac{6}{10}$—2400/100—AK	6 (10)	6.6 (11)	2400	210 (126)	Y		* BWF$\frac{6.6/\sqrt{3}}{11/\sqrt{3}}$—100—1W BFF$\frac{6.6/\sqrt{3}}{11/\sqrt{3}}$—100—1W	2880×1400×2920 (3020) 1500×1400×3320 (3500)	4120×1800×2920 (3020) 2740×1800×3320 (3500)
TBB$\frac{6}{10}$—3000/100—AK	6 (10)	6.6 (11)	3000	262 (157)	Y			2880×1400×2920 (3020) 1770×1440×3320 (3500)	4120×1800×2920 (3020) 3010×1800×3320 (3500)
TBB$\frac{6}{10}$—3000/100—BL	6 (10)	6.6 (11)	3000	2.62 (157)	Y—Y			2880×1400×2920 (3020) 1770×1440×3320 (3500)	4120×1800×2920 (3020) 3010×1800×3320 (3500)
TBB$\frac{6}{10}$—3600/100—AK	6 (10)	6.6 (11)	3600	315 (189)	Y			3690×1400×2920 (3020) 2040×1400×3320 (3500)	4930×1800×2920 (3020) 3280×1800×3320 (3500)

续表

型　　号	额定电压（kV）	电容器组 额定电压（kV）	电容器组 额定容量（kvar）	电容器组 额定电流（A）	接线方式	保护方案	配置并联电容器型号	外形尺寸（长×宽×高）（mm×mm×mm） 围栏式	外形尺寸（长×宽×高）（mm×mm×mm） 柜式
TBB $\frac{6}{10}$—3600/100—BL	6（10）	6.6（11）	3600	315（189）	Y—Y	1. AK 型 Y 接线为开口三角电压保护； 2. BL 型 Y—Y 接线为中线不平衡电流保护； 3. 过流、速断、过压、失压、单台电容器熔断器和 MOA 保护	* BWF $\frac{6.6/\sqrt{3}}{11/\sqrt{3}}$—100—1W BFF $\frac{6.6/\sqrt{3}}{11/\sqrt{3}}$—100—1W	3690×1400×3320（3020） 2040×1400×3320（3500）	4930×1800×2920（3020） 3280×1800×3320（3500）
TBB $\frac{6}{10}$—4200/100—AK	6（10）	6.6（11）	4200	367（220）	Y			3690×1400×2920（3020） 2460×1400×3320（3500）	4930×1800×2920（3020） 3700×1800×3320（3500）
TBB $\frac{6}{10}$—4200/100—BL	6（10）	6.6（11）	4200	367（220）	Y—Y			3690×1400×2920（3020） 2460×1400×3320（3500）	4930×1800×2920（3020） 3700×1800×3320（3500）
TBB $\frac{6}{10}$—4800/100—AK	6（10）	6.6（11）	4800	420（252）	Y			4500×1400×2920（3040） 2730×1400×3320（3500）	5740×1800×2920（3020） 3970×1800×3320（3500）
TBB $\frac{6}{10}$—4800/100—BL	6（10）	6.6（11）	4800	420（250）	Y—Y			4500×1400×2920（3040） 2730×1400×3320（3500）	5740×1800×2920（3020） 3970×1800×3320（3500）
TBB $\frac{6}{10}$—3000/200—AK	6（10）	6.6（11）	3000	262（157）	Y		BFF $\frac{6.6/\sqrt{3}}{11/\sqrt{3}}$—200—1W BAM $\frac{6.6/\sqrt{3}}{11/\sqrt{3}}$—200—1W	2880×1400×1920 2640×1400×1720（1780）	4120×2400×1910 3880×2400×1910（1780）
TBB $\frac{6}{10}$—3600/200—AK	6（10）	6.6（11）	3600	315（189）	Y			3690×1400×1920 3330×1400×1720（1780）	4930×2400×1910 4570×2400×1910
TBB $\frac{6}{10}$—3600/200—BL	6（10）	6.6（11）	3600	315（189）	Y—Y			3690×1400×1920 3330×1400×1720（1780）	4930×2400×1910 4570×2400×1910
TBB $\frac{6}{10}$—4200/200—AK	6（10）	6.6（11）	4200	367（220）	Y			3690×1400×1920 3330×1400×1720（1780）	4930×2400×1910 4570×2400×1910

续表

型　号	额定电压(kV)	电容器组			接线方式	保护方案	配置并联电容器型号	外形尺寸(长×宽×高)(mm×mm×mm)	
		额定电压(kV)	额定容量(kvar)	额定电流(A)				围栏式	柜式
TBB $^{6}_{10}$—4800/200—AK	6 (10)	6.6 (11)	4800	420 (220)	Y	1. AK 型 Y 接线为开口三角电压保护； 2. BL 型 Y—Y 接线为中线不平衡电流保护； 3. 过流、速断、过压、失压、单台电容器熔断器和 MOA 保护	BFF $\frac{6.6/\sqrt{3}}{11/\sqrt{3}}$—200—1W	4500×1400×1920 4020×1400×1720 (1780)	5740×2400×1910 5260×2400×1910
TBB $^{6}_{10}$—4800/200—BL	6 (10)	6.6 (11)	4800	420 (220)	Y—Y		BAM $\frac{6.6/\sqrt{3}}{11/\sqrt{3}}$—200—1W	4500×1400×1920 4020×1400×1720 (1780)	5740×2400×1910 5260×2400×1910
TBB10—5400/200—AK	10	11	5400	283	Y		BFF11/$\sqrt{3}$—200—1W BAM11/$\sqrt{3}$—200—1W	2880×1400×3320 2640×1400×3040	4120×1800×3320 3880×1800×3040
TBB10—6000/200—AK	10	11	6000	315	Y			2880×1400×3320 2640×1400×3040	4120×1800×3320 3880×1800×3040
TBB10—6000/200—BL	10	11	6000	315	Y—Y			2880×1400×332 2640×1400×3040	4120×1800×3320 3880×1800×3040
TBB10—6600/200—AK	10	11	6600	346	Y			2880×1400×3320 2640×1400×3040	4120×1800×3320 3880×1800×3040
TBB10—7200/200—AK	10	11	7200	378	Y			3690×1400×3320 3330×1400×3040	4930×1800×3320 4570×1800×3040
TBB10—7200/200—BL	10	11	7200	378	Y—Y			3690×1400×3320 3330×1400×3040	4930×1800×3320 4570×1800×3040
TBB10—8400/200—AK	10	11	8400	440	Y			3690×1400×3320 3330×1400×3040	4930×1800×3320 4570×1800×3040
TBB10—8400/200—BL	10	11	8400	440	Y—Y			3690×1400×3320 3330×1400×3040	4930×1800×3320 4570×1800×3040
TBB10—4000/334—AK	10	11	4000	210	Y		BFF11/$\sqrt{3}$—334—1W BAM11/$\sqrt{3}$—334—1W	3090×1550×1920 2880×1400×1920	4330×2400×1910 4120×2400×1910
TBB10—5000/344—AK	10	11	5000	262	Y			3090×1550×1920 2880×1400×1920	4330×2400×1910 4120×2400×1910
TBB10—6000/334—AK	10	11	6000	315	Y			3975×1550×1920 3690×1400×1920	5215×2400×1910 4930×2400×1910
TBB10—6000/334—BL	10	11	6000	315	Y—Y			3975×1550×1920 3690×1400×1920	5215×2400×1910 4930×2400×1910

续表

<table>
<tr><th rowspan="2">型　号</th><th rowspan="2">额定电压(kV)</th><th colspan="3">电容器组</th><th rowspan="2">接线方式</th><th rowspan="2">保护方案</th><th rowspan="2">配置并联电容器型号</th><th colspan="2">外形尺寸(长×宽×高)(mm×mm×mm)</th></tr>
<tr><th>额定电压(kV)</th><th>额定容量(kvar)</th><th>额定电流(A)</th><th>围栏式</th><th>柜　式</th></tr>
<tr><td>TBB10—7000/334—AK</td><td>10</td><td>11</td><td>7000</td><td>367</td><td>Y</td><td rowspan="5">1. AK 型 Y 接线为开口三角电压保护；
2. BL 型 Y—Y 接线为中线不平衡电流保护；
3. 过流、速断、过压、失压、单台电容器熔断器和 MOA 保护</td><td rowspan="5">BFF11/$\sqrt{3}$—334—1W
BAM11/$\sqrt{3}$—334—1W</td><td>3975×1550×1920
3690×1400×1920</td><td>5215×2400×1910
4930×2400×1910</td></tr>
<tr><td>TBB10—8000/334—AK</td><td>10</td><td>11</td><td>8000</td><td>420</td><td>Y</td><td>4860×1550×1920
4500×1400×1920</td><td>6100×2400×1910
5740×2400×1910</td></tr>
<tr><td>TBB10—8000/334—BL</td><td>10</td><td>11</td><td>8000</td><td>420</td><td>Y—Y</td><td>4860×1550×1920
4500×1400×1920</td><td>6100×2400×1910
5740×2400×1910</td></tr>
<tr><td>TBB10—9000/334—AK</td><td>10</td><td>11</td><td>9000</td><td>472</td><td>Y</td><td>4860×1550×1920
4500×1400×1920</td><td>6100×2400×1910
5740×2400×1910</td></tr>
<tr><td>TBB10—10000/334—AK</td><td>10</td><td>11</td><td>10000</td><td>525</td><td>Y</td><td>6180×1550×1920
5760×1400×1920</td><td>7420×2400×1910
7000×2400×1910</td></tr>
<tr><td>TBB35—4800/100—AKW</td><td>35</td><td>38.1</td><td>4800</td><td>72.7</td><td>每相二串 Y</td><td rowspan="8">1. AKW 型每相二串 Y 接线为开口三角电压保护；
2. ACW 型每相四串 Y 接线为电压差动保护；
3. 过流、速断、过压、失压、单台电容器熔断器和 MOA 保护</td><td>BFF11—100—1W
BAM11—100—1W</td><td colspan="2">1410×1400×3490
1290×1400×3296</td></tr>
<tr><td>TBB35—4800/100—ACW</td><td>35</td><td>38.1</td><td>4800</td><td>72.7</td><td>每相四串 Y</td><td>BFF11/2—100—1W
BAM11/2—100—1W</td><td colspan="2">1410×1400×3490
1290×1400×3296</td></tr>
<tr><td>TBB35—6000/100—AKW</td><td>35</td><td>38.1</td><td>6000</td><td>90.9</td><td>每相二串 Y</td><td>BFF11—100—1W
BAM11—100—1W</td><td colspan="2">1680×1400×3490
1520×1400×3296</td></tr>
<tr><td>TBB35—6000/100—ACW</td><td>35</td><td>38.1</td><td>6000</td><td>90.9</td><td>每相四串 Y</td><td>BFF11/2—100—1W
BAM11/2—100—1W</td><td colspan="2">1680×1400×3490
1520×1400×3296</td></tr>
<tr><td>TBB35—7200/100—AKW</td><td>35</td><td>38.1</td><td>7200</td><td>109</td><td>每相二串 Y</td><td>BFF11—100—1W
BAM11—100—1W</td><td colspan="2">1950×1400×3490
1750×1400×3296</td></tr>
<tr><td>TBB35—7200/100—ACW</td><td>35</td><td>38.1</td><td>7200</td><td>109</td><td>每相四串 Y</td><td>BFF11/2—100—1W
BAM11/2—100—1W</td><td colspan="2">1950×1400×3490
1750×1400×3296</td></tr>
<tr><td>TBB35—8400/100—AKW</td><td>35</td><td>38.1</td><td>8400</td><td>127.3</td><td>每相二串 Y</td><td>BFF11—100—1W
BAM11—100—1W</td><td colspan="2">2220×1400×3490
1980×1400×3296</td></tr>
<tr><td>TBB35—8400/100—ACW</td><td>35</td><td>38.1</td><td>8400</td><td>127.3</td><td>每相四串 Y</td><td>BFF11/2—100—1W
BAM11/2—100—1W</td><td colspan="2">2220×1400×3490
1980×1400×326</td></tr>
</table>

续表

型号	额定电压（kV）	电容器组			接线方式	保护方案	配置并联电容器型号	外形尺寸（长×宽×高）（mm×mm×mm）	
		额定电压（kV）	额定容量（kvar）	额定电流（A）				围栏式	柜式
TBB35—9600/100—AKW	35	38.1	9600	145.5	每相二串 Y	1. AKW 型每相二串 Y 接线为开口三角电压保护； 2. ACW 型每相四串 Y 接线为电压差动保护； 3. 过流、速断、过压、失压、单台电容器熔断器和 MOA 保护	BFF11—100—1W BAM11—100—1W	2490×1400×3490 2210×1400×3296	
TBB35—9600/100—ACW	35	38.1	9600	145.5	每相四串 Y		BFF11/2—100—1W BAM11/2—100—1W	2490×1400×3490 2210×1400×3296	
TBB—8400/200—AKW	35	38.1	8400	127.3	每相二串 Y		BFF11—200—1W BAM11—200—1W	1410×1400×4190 1290×1400×3296	
TBB35—9600/200—AKW	35	38.1	9600	145.5	每相二串 Y		BFF11—200—1W BAM11—200—1W	1410×1400×4190 1290×1400×3910	
TBB35—9600/200—ACW	35	38.1	9600	145.5	每相四串 Y	1. AKW 型开口三角电压保护； 2. ACW 型电压差动保护； 3. 过流、速断、过压、失压、单台电容器熔断器和 MOA 保护	BFF11/2—200—1W BAM11/2—200—1W	1410×1400×4190 1290×1400×3910	
TBB35—12000/200—AKW	35	38.1	12000	181.8	每相二串 Y		BFF11—200—1W BAM11—200—1W	1680×1400×4190 1520×1400×3910	
TBB35—12000/200—ACW	35	38.1	12000	181.8	每相四串 Y		BFF11/2—200—1W BAM11/2—200—1W	1680×1400×4190 1520×1400×3910	
TBB35—14400/200—AKW	35	38.1	14400	218.2	每相二串 Y		BFF11—200—1W BAM11—200—1W	1950×1400×4190 1750×1400×3910	
TBB35—14400/200—ACW	35	38.1	14400	218.2	每相四串 Y		BFF11/2—200—1W BAM11/2—200—1W	1950×1400×4190 1750×1400×3910	
TBB35—16800/200—AKW	35	38.1	16800	266.7	每相二串 Y		BFF11—200—1W BAM11—200—1W	2220×1400×4190 1980×1400×3910	
TBB35—16800/200—ACW	35	38.1	16800	266.7	每相四串 Y		BFF11/2—200—1W BAM11/2—200—1W	2220×1400×4190 1980×1400×3910	
TBB35—10000/334—AKW	35	38.1	10000	151.5	每相二串 Y		BFF11—334—1W BAM11—334—1W	1780×1952×2440 1680×1400×2350	
TBB35—10000/334—ACW	35	38.1	10000	151.5	每相四串 Y		BFF11—334—1W BAM11—334—1W	1780×1952×2440 1680×1400×2350	
TBB35—14000/334—AKW	35	38.1	14000	212.2	每相二串 Y		BFF11—334—1W BAM11—334—1W	2370×1952×2440 2220×1400×2350	
TBB35—14000/334—ACW	35	38.1	14000	212.2	每相二串 Y		BFF11—334—1W BAM11—334—1W	2370×1952×2440 2220×1400×2350	
TBB35—16000/334—AKW	35	38.1	16000	242.5	每相二串 Y		BFF11—334—1W BAM11—334—1W	2665×1952×2440 2490×1400×2350	

续表

型　　号	额定电压（kV）	电容器组			接线方式	保护方案	配置并联电容器型号	外形尺寸（长×宽×高）（mm×mm×mm）	
		额定电压（kV）	额定容量（kvar）	额定电流（A）				围　栏　式	柜　　式
TBB35—16000/334—ACW	35	38.1	16000	242.5	每相二串 Y	1. ACW 型电压差动保护； 2. BLW 型中线不平衡电流保护； 3. 过流、速断、过压、失压、单台电容器熔断器和 MOA 保护	BFF11—334—1W BAM11—334—1W	2665×1952×2440 2490×1400×2350	
TBB35—16000/334—BLW	35	38.1	16000	242.5	每相二串 Y		BFF11—334—1W BAM11—334—1W	1485×1952×4270 1410×1400×4190	
TBB35—20000/334—ACW	35	38.1	20000	303	每相四串 Y		BFF11/2—334—1W BAM11/2—334—1W	1780×1952×4270 1680×1400×4190	
TBB35—20000/334—BLW	35	38.1	20000	303	每相二串 Y—Y		BFF11—334—1W BAM11—334—1W	1780×1952×4270 1680×1400×4190	
TBB35—24000/334—ACW	35	38.1	24000	364	每相四串 Y		BFF11/2—334—1W BAM11/2—334—1W	2075×1952×4270 1950×1400×4190	
TBB35—24000/334—BLW	35	38.1	24000	364	每相二串 Y—Y		BFF11—334—1W BAM11—334—1W	2075×1952×4270 1950×1400×4190	
TBB35—25200/300—BLW(1)	35	38.1	25200	382	每相二串 Y—Y		BFF11—300—1W	2600×2964×5300	
TBB35—40000/334—BLW(2)	35	38.1	40000	607	每相二串 Y—Y		BFF11—334—1W	3136×1952×5197	

注　1. * 为拟淘汰产品。

2. 带“（1）”为三相叠装；带“（2）”为分相布置。

3. 布置方式。

35kV 并联电容器装置：

每相二串，单星形接线，油浸铁芯电抗器接中性点侧，二层二排、一层二排布置；

每相二串，单星形接线，干式空心电抗器接电源侧，二层二排、一层二排布置；

每相四串，单星形接线，油浸铁芯电抗器接中性点侧，二层二排布置；

每相四串，单星形接线，干式空心电抗器接电源侧，二层二排布置；

每相二串，双星形接线，干式空心电抗器接电源侧，二层二排、三相叠装布置。

6kV、10kV 并联电容器装置：

围栏式　干式空心电抗器接电源侧，三层二排、二层二排、一层二排布置；

油浸铁芯电抗器接中性点侧，三层二排、二层二排、一层二排布置；

柜　式　干式空心电抗器接电源侧，三层二排、二层二排、一层二排布置；

油浸铁芯电抗器接中性点侧，三层二排、二层二排、一层二排布置。

集合式结构由密集型电容器等设备组成的电容器组，占地面积小，安装维护方便。6kV、10kV、35kV等电压等级的装置适宜采用该结构形式。

(7) 10kV及以下电压等级的装置，允许电容器外壳直接接地使用。当采用星形接线时，中性点不应接地。

35kV及以上电压等级的装置，电容器安装在相应电压等级的绝缘平台上，满足装置对地绝缘的要求。

(四) 技术数据

(1) 允许电容值偏差：整组电容器组实测总容量与各电容器额定值总和之差不超过+10%～0。各相电容偏差不超过5%。

(2) 允许过负荷能力。

电容器能在1.1倍额定电压下长期运行。

电容器能在有效值1.3倍额定电流下运行。这种过电流是由于高次谐波引起的，对于电容值最大正偏差的电容器这种过电流允许达到额定电流的1.43倍。

(3) 主要技术数据，见表1-3-16。

(五) 外形及安装尺寸

高压并联电容器装置外形及安装尺寸，见图1-3-5。

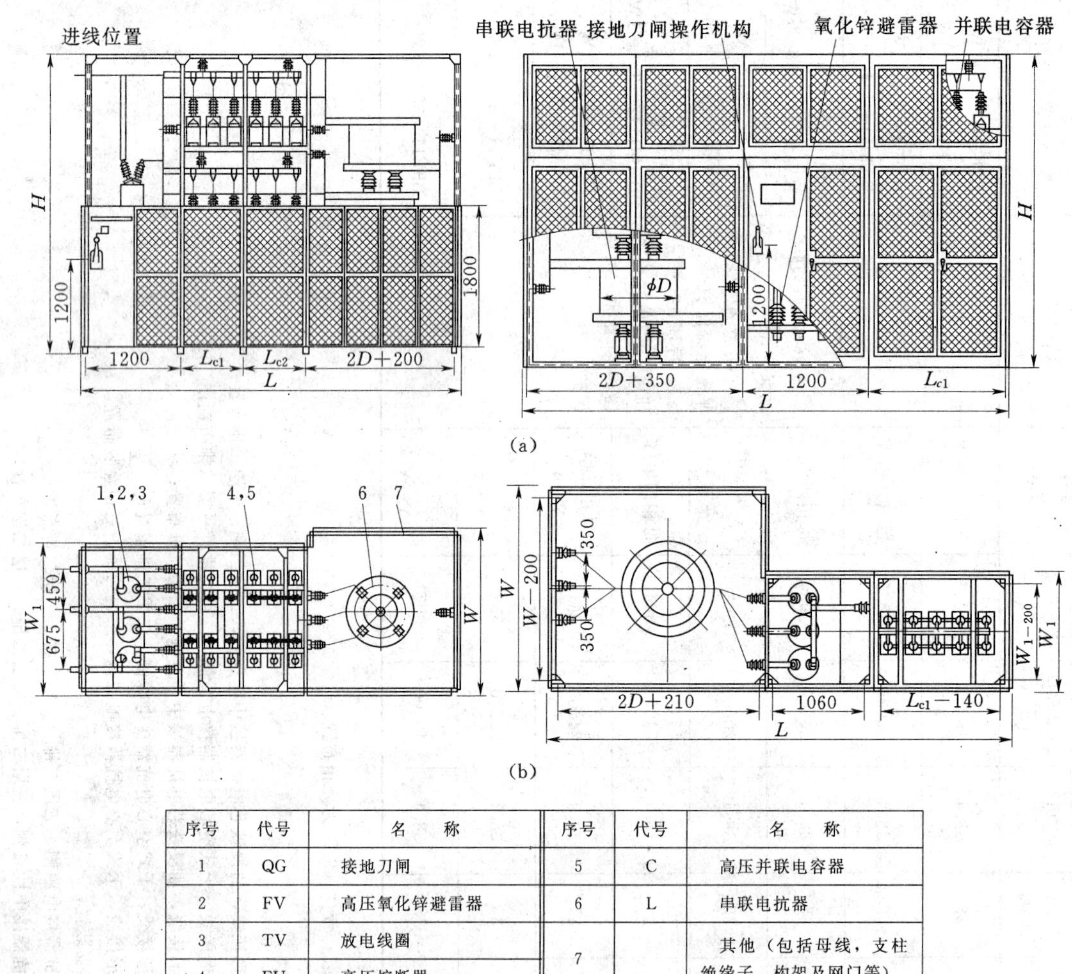

序号	代号	名称	序号	代号	名称
1	QG	接地刀闸	5	C	高压并联电容器
2	FV	高压氧化锌避雷器	6	L	串联电抗器
3	TV	放电线圈	7		其他（包括母线，支柱绝缘子，构架及网门等）
4	FU	高压熔断器			

图1-3-5　高压并联电容器装置外形及安装尺寸（单位：mm）

(a) TBB23—10 (6) 高压并联电容器装置（片架式，干式空芯电抗器接中性点侧，三层双列布置）；
(b) TBB13—10 (6)（模块式，干式空芯电抗器接电源侧，三层单列布置）

(六) 订货须知

订货必须提供：

(1) 产品的型号、外形尺寸及布置形式。

(2) 装置均为左进线，若需采用右进线或其他方式应予说明。

表 1-3-16　　TBB21—10 型并联电容器成套装置技术数据

高压并联电容器无功补偿成套装置			高压并联电容器部分				高压串联电抗器部分		备注
装置型号	装置外形尺寸 $L\times W\times H$ (mm×mm×mm)	重量 (kg)	电容器型号	电容器组外形尺寸(mm)			电抗器型号	线圈直径 (mm)	
				$L_{c1}+L_{c2}+L_{c3}$	W_1	h			
TBB21—10—2400/200F—2A	5035×2040×2880	3500	BFF11/$\sqrt{3}$—200—1W	795+885	1660	2165	CKWK—3—48/11/$\sqrt{3}$—6%	840	片架式，干式空芯电抗器接电源侧，单层双列布置
TBB21—10—2400/200M—2A	5125×2040×2880	3250	BAM11/$\sqrt{3}$—200—1W	840+930	1660	1920			
TBB21—10—3000/200F—2A	5565×2040×2880	4000	BFF11/$\sqrt{3}$—200—1W	1060+1150	1660	2165	CKWK—3—60/11/$\sqrt{3}$—6%	840	
TBB21—10—3000/200M—2A	5685×2040×2880	3700	BAM11/$\sqrt{3}$—200—1W	1120+1210	1660	1920			
TBB21—10—3006/334F—2A	4845×2110×2880	3900	BFF11/$\sqrt{3}$—334—1W	1490	2110	2165			
TBB21—10—3006/334M—2A	4845×2040×2880	3600	BAM11/$\sqrt{3}$—334—1W	1490	1660	2165			
TBB21—10—3600/200F—2A	5890×2100×2880	4500	BFF11/$\sqrt{3}$—200—1W	795+795+885	1660	2165	CKWK—3—72/11/$\sqrt{3}$—6%	870	
TBB21—10—3600/200F—4D									
TBB21—10—3600/200M—2A	6025×2100×2880	4200	BAM11/$\sqrt{3}$—200—1W	840+840+930	1660	1920			
TBB21—10—3600/200M—4D									
TBB21—10—4008/334F—2A	5285×2220×2880	4350	BFF11/$\sqrt{3}$—334—1W	840+930	2220	2165	CKWK—3—80/11/$\sqrt{3}$—6%	920	
TBB21—10—4008/334M—2A	5285×2220×2880	3900	BAM11/$\sqrt{3}$—334—1W	840+930	1660	2165			
TBB21—10—4200/200F—2A	6785×2220×2880	5100	BFF11/$\sqrt{3}$—200—1W	1060+1060+1150	1660	2165	CKWK—3—84/11/$\sqrt{3}$—6%	920	
TBB21—10—4200/200M—2A	6965×2220×2880	4600	BAM11/$\sqrt{3}$—200—1W	1120+1120+1210	1660	1920			
TBB21—10—4800/200F—2A	6945×2360×2880	5800	BFF11/$\sqrt{3}$—200—1W	1060+1060+1150	1660	2165	CKWK—3—96/11/$\sqrt{3}$—6%	1000	
TBB21—10—4800/200F—4D									
TBB21—10—4800/200M—2A	7125×2360×2880	5200	BAM11/$\sqrt{3}$—200—1W	1120+1120+1210	1660	1920			
TBB21—10—4800/200M—4D									
TBB21—10—5010/334F—2A	6005×2360×2880	5350	BFF11/$\sqrt{3}$—334—1W	1120+1210	2110	2165	CKWK—3—100/11/$\sqrt{3}$—6%	1000	
TBB21—10—5010/334M—2A	6005×2360×2880	4800	BAM11/$\sqrt{3}$—334—1W	1120+1210	1660	2165			
TBB21—10—5400/200F—2A	7475×2360×2880	6150	BFF11/$\sqrt{3}$—200—1W	1325+1325+1150	1660	2165	CKWK—3—108/11/$\sqrt{3}$—6%	1000	
TBB21—10—5400/200M—2A	7685×2360×2880	5550	BAM11/$\sqrt{3}$—200—1W	1400+1400+1210	1660	1920			
TBB21—10—6000/200F—2A	7740×2360×2880	6500	BFF11/$\sqrt{3}$—200—1W	1325+1325+1415	1660	2215	CKWK—3—120/11/$\sqrt{3}$—6%	1000	
TBB21—10—6000/200F—4D	7740×2360×2880	6500	BFF11/$\sqrt{3}$—200—1W	1325+1325+1415	1660	2215			
TBB21—10—6000/200M—2A	7965×2360×2880	5900	BAM11/$\sqrt{3}$—200—1W	1400+1400+1490	1660	1970			
TBB21—10—6000/200M—4D									
TBB21—10—6012/334F—2A	6285×2360×2880	5900	BFF11/$\sqrt{3}$—334—1W	840+840+930	2110	2215			
TBB21—10—6012/334F—4D									

续表

高压并联电容器无功补偿成套装置			高压并联电容器部分				高压串联电抗器部分		备注
装置型号	装置外形尺寸 $L\times W\times H$ (mm×mm×mm)	重量 (kg)	电容器型号	电容器组外形尺寸(mm) $L_{c1}+L_{c2}+L_{c3}$	W_1	h	电抗器型号	线圈直径 (mm)	
TBB21—10—6012/334M—2A	6285×2360×2880	5200	BAM11/$\sqrt{3}$—334—1W	840+840+930	1660	2215	CKWK—3—120/11/$\sqrt{3}$—6%	1000	片架式，干式空芯电抗器接电源侧，单层双列布置
TBB21—10—6012/334M—4D									
TBB21—10—6600/200F—2A	8370×2460×3030	7500	BFF11/$\sqrt{3}$—200—1W	1325+1060+1060+1150	1660	2215	CKWK—3—132/11/$\sqrt{3}$—6%	1050	
TBB21—10—6600/200M—2A	8625×2460×3030	6800	BAM11/$\sqrt{3}$—200—1W	1400+1120+1120+1210	1660	1970			
TBB21—10—7014/334F—2A	6965×2480×3030	6500	BFF11/$\sqrt{3}$—334—1W	1120+1120+930	2110	2215	CKWK—3—140/11/$\sqrt{3}$—6%	1060	
TBB21—10—7014/334M—2A	6965×2480×3030	5700	BAM11/$\sqrt{3}$—334—1W	1120+1120+930	1660	2215			
TBB21—10—7200/200F—4D	8655×2480×3030	7900	BFF11/$\sqrt{3}$—200—1W	1325+1325+1060+1150	1660	2215	CKWK—3—144/11/$\sqrt{3}$—6%	1060	
TBB21—10—7200/200M—4D	8925×2480×3030	7200	BAM11/$\sqrt{3}$—200—1W	1400+1400+1120+1210	1660	1970			
TBB21—10—8016/334F—2A	7325×2560×3030	7300	BFF11/$\sqrt{3}$—334—1W	1120+1120+1210	2110	2215	CKWK—3—160/11/$\sqrt{3}$—6%	1100	
TBB21—10—8016/334F—4D									
TBB21—10—8016/334M—2A	7325×2560×3030	6200	BAM11/$\sqrt{3}$—334—1W	1120+1120+1210	1660	2215			
TBB21—10—8016/334M—4D									
TBB21—10—8400/200F—4D	9570×2600×3030	8500	BFF11/$\sqrt{3}$—200—1W	1325+1060+1060+1150	1660	2215	CKWK—3—168/11/$\sqrt{3}$—6%	1120	片架式，干式铁芯电抗器接中性点侧，单层双列布置
TBB21—10—8400/200M—4D	9885×2600×3030	7500	BAM11/$\sqrt{3}$—200—1W	1400+1120+1120+1120+1210	1660	1970			
TBB21—10—9600/200F—4D	10495×2730×3230	9300	BFF11/$\sqrt{3}$—200—1W	2×1060+2×1060+1060+1150	1660	2215	CKWK—3—192/11/$\sqrt{3}$—6%	1185	
TBB21—10—9600/200M—4D	10855×2730×3230	8000	BAM11/$\sqrt{3}$—200—1W	2×1120+2×1120+1120+1210	1660	1970			
TBB21—10—10020/334T—4D	8335×2730×3230	9300	BFF11/$\sqrt{3}$—334—1W	1400+1400+1490	2110	2215	CKWK—3—200/11/$\sqrt{3}$—6%	1185	
TBB21—10—10020/334M—4D	8335×2730×3230	8000	BAM11/$\sqrt{3}$—334—1W	1400+1400+1490	1660	2215			
TBB21—10—2400/200F—3A	5015×1860×2300	3200	BFF11/$\sqrt{3}$—200—1W	530+1060	1860	2300	CKSGQ—144/11/$\sqrt{3}$—6%	1500	
TBB21—10—2400/200M—3A	5105×1860×2000	3050	BAM11/$\sqrt{3}$—200—1W	560+1120	1860	2000			
TBB21—10—3000/200F—3A	5545×1860×2300	3600	BFF11/$\sqrt{3}$—200—1W	1060+1060	1860	2300	CKSGQ—180/11/$\sqrt{3}$—6%	1500	
TBB21—10—3000/200M—3A	5665×1860×2000	3300	BAM11/$\sqrt{3}$—200—1W	1120+1120	1860	2000			
TBB21—10—3600/200F—3A	5810×1860×2300	4150	BFF11/$\sqrt{3}$—200—1W	1060+1325	1860	2300	CKSGQ—216/11/$\sqrt{3}$—6%	1500	
TBB21—10—3600/200M—3A	6045×1860×2000	3850	BAM11/$\sqrt{3}$—200—1W	1120+1400	1860	2000			
TBB21—10—4008/334F—3A	5205×2110×2300	4150	BFF11/$\sqrt{3}$—334—1W	560+1120	2110	2300	CKSGQ—240/11/$\sqrt{3}$—6%	1600	
TBB21—10—4008/334M—3A	5205×1860×2300	3900	BAM11/$\sqrt{3}$—334—1W	560+1120	1860	2300			
TBB21—10—4200/200F—3A	6440×1860×2300	4800	BFF11/$\sqrt{3}$—200—1W	795+1060+1060	1860	2300	CKSGQ—252/11/$\sqrt{3}$—6%	1600	
TBB21—10—4200/200M—3A	6605×1860×2300	4300	BAM11/$\sqrt{3}$—200—1W	840+1120+1120	1860	2000			
TBB21—10—4800/200F—3A	6705×1860×2300	5200	BFF11/$\sqrt{3}$—200—1W	1060+1060+1060	1860	2300	CKSGQ—288/11/$\sqrt{3}$—6%	1600	
TBB21—10—4800/200M—3A	6885×1860×2000	5000	BAM11/$\sqrt{3}$—200—1W	1120+1120+1120	1860	2000			
TBB21—10—5010/334F—3A	5765×2110×2300	5050	BFF11/$\sqrt{3}$—334—1W	1120+1120	2110	2300	CKSGQ—300/11/$\sqrt{3}$—6%	1600	
TBB21—10—5010/334M—3A	5765×1860×2000	4600	BAM11/$\sqrt{3}$—334—1W	1120+1120	1860	2300			

续表

高压并联电容器无功补偿成套装置			高压并联电容器部分				高压串联电抗器部分		备注
装置型号	装置外形尺寸 $L\times W\times H$ (mm×mm×mm)	重量 (kg)	电容器型号	电容器组外形尺寸 (mm)			电抗器型号	线圈直径 (mm)	
				$L_{c1}+L_{c2}+L_{c3}$	W_1	h			
TBB21—10—6000/200F—3A	7600×1860×2300	620	BFF11/$\sqrt{3}$—200—1W	1325+1325+1325	1860	2300	CKSGQ—360/11/$\sqrt{3}$—6%	1700	片架式，干式空芯电抗器接中性点侧，单层双列布置
TBB21—10—6000/200M—3A	7825×1860×2000	5700	BAM11/$\sqrt{3}$—200—1W	1400+1400+1400	1860	2000			
TBB21—10—6012/334F—3A	6145×2110×2300	5700	BFF11/$\sqrt{3}$—334—1W	1120+1400	2110	2300			
TBB21—10—6012/334M—3A	6145×1860×2300	5000	BAM11/$\sqrt{3}$—334—1W	1120+1400	1860	2300			
TBB21—10—7014/334F—3A	6705×2110×2300	6200	BFF11/$\sqrt{3}$—334—1W	840+1120+1120	2110	2215	CKSGQ—420/11/$\sqrt{3}$—6%	1700	
TBB21—10—7014/334M—3A	6705×1860×2300	5400	BAM11/$\sqrt{3}$—334—1W	840+1120+1120	1860	2215			
TBB21—10—8016/334F—3A	6985×2110×2815	7000	BFF11/$\sqrt{3}$—334—1W	1120+1120+1120	2110	2215	CKSGQ—480/11/$\sqrt{3}$—6%	1700	
TBB21—10—8016/334M—3A	6985×1860×2815	5900	BAM11/$\sqrt{3}$—334—1W	1120+1120+1120	1860	2215			
TBB21—10—2400/200F—3A	5395×2040×2880	3600	BFF11/$\sqrt{3}$—200—1W	530+1060	1860	2300	CKWK—3—48/11/$\sqrt{3}$—6%	840	
TBB21—10—2400/200M—3A	5485×2040×2880	3350	BAM11/$\sqrt{3}$—200—1W	560+1120	1860	2000			
TBB21—10—3000/200F—3A	5925×2040×2880	4100	BFF11/$\sqrt{3}$—200—1W	1060+1060	1860	2300	CKWK—3—60/11/$\sqrt{3}$—6%	840	
TBB21—10—3000/200M—3A	6045×2040×2880	3800	BAM11/$\sqrt{3}$—200—1W	1120+1120	1860	2000			
TBB21—10—3600/200F—3A	6250×2100×2880	4600	BFF11/$\sqrt{3}$—200—1W	1060+1325	1860	2300	CKWK—3—72/11/$\sqrt{3}$—6%	870	
TBB21—10—3600/200M—3A	6385×2100×2880	4300	BAM11/$\sqrt{3}$—200—1W	1120+1400	1860	2000			
TBB21—10—4008/334F—3A	5645×2200×2880	4450	BFF11/$\sqrt{3}$—334—1W	560+1120	2200	2300	CKWK—3—80/11/$\sqrt{3}$—6%	920	
TBB21—10—4008/334M—3A	5645×2200×2880	4000	BAM11/$\sqrt{3}$—334—1W	560+1120	1860	2300			
TBB21—10—4200/200F—3A	6880×2200×2880	5200	BFF11/$\sqrt{3}$—200—1W	795+1060+1060	1860	2300	CKWK—3—84/11/$\sqrt{3}$—6%	920	
TBB21—10—4200/200M—3A	7045×2200×2880	4700	BAM11/$\sqrt{3}$—200—1W	840+1120+1120	1860	2000			
TBB21—10—4800/200F—3A	7305×2360×2880	5900	BFF11/$\sqrt{3}$—200—1W	1060+1060+1060	1860	2300	CKWK—3—96/11/$\sqrt{3}$—6%	1000	
TBB21—10—4800/200M—3A	7485×2360×2880	5300	BAM11/$\sqrt{3}$—200—1W	1120+1120+1120	1860	2000			
TBB21—10—5010/334F—3A	6365×2360×2880	5400	BFF11/$\sqrt{3}$—334—1W	1120+1120	2110	2300	CKWK—3—100/11/$\sqrt{3}$—6%	1000	
TBB21—10—5010/334M—3A	6365×2360×2880	4900	BAM11/$\sqrt{3}$—334—1W	1120+1120	1860	2300			
TBB21—10—6000/200F—3A	8100×2360×2880	6500	BFF11/$\sqrt{3}$—200—1W	1325+1325+1325	1860	2300	CKWK—3—120/11/$\sqrt{3}$—6%	1000	
TBB21—10—6000/200M—3A	8325×2360×2880	6000	BAM11/$\sqrt{3}$—200—1W	1400+1400+1400	1860	2000			
TBB21—10—6012/334F—3A	6645×2360×2880	6000	BFF11/$\sqrt{3}$—334—1W	1120+1400	2110	2300			
TBB21—10—6012/334M—3A	6645×2360×2880	5300	BAM11/$\sqrt{3}$—334—1W	1120+14000	1860	2300			
TBB21—10—7014/334F—3A	7325×2480×3030	6600	BFF11/$\sqrt{3}$—334—1W	840+1120+1120	2110	2215	CKWK—3—140/11/$\sqrt{3}$—6%	1060	
TBB21—10—7014/334M—3A	7325×2480×3030	5800	BAM11/$\sqrt{3}$—334—1W	840+1120+1120	1860	2215			

续表

高压并联电容器无功补偿成套装置			高压并联电容器部分				高压串联电抗器部分		备注
装置型号	装置外形尺寸 $L\times W\times H$ (mm×mm×mm)	重量 (kg)	电容器型号	电容器组外形尺寸 (mm)			电抗器型号	线圈直径 (mm)	
				$L_{c1}+L_{c2}+L_{c3}$	W_1	h			
TBB21—10—8016/334F—3A	7685×2560×3030	7400	BFF11/$\sqrt{3}$—334—1W	1120+1120+1120	2110	2215	CKWK—3—160/11/$\sqrt{3}$—6%	1100	片架式，干式空芯电抗器接中性点侧，双层双列布置
TBB21—10—8016/334M—3A	7685×2560×3030	6300	BAM11/$\sqrt{3}$—334—1W	1120+1120+1120	1860	2215			
TBB22—10—5010/334M—3A	645×2360×3541	4200	BAM11/$\sqrt{3}$—334—1W	1120	1860	3541	CKWK—3—100/11/$\sqrt{3}$—6%	1000	
TBB22—10—6012/334F—3A	4925×2360×3541	5300	BFF11/$\sqrt{3}$—334—1W	1400	2110	3541	CKWK—3—120/11/$\sqrt{3}$—6%	1000	
TBB22—10—6012/334M—3A	4925×2360×3541	4800	BAM11/$\sqrt{3}$—334—1W	1400	1860	3541			
TBB22—10—7014/334F—3A	5325×2480×3616	6350	BFF11/$\sqrt{3}$—334—1W	840+840	2110	3616	CKWK—3—140/11/$\sqrt{3}$—6%	1060	
TBB22—10—7014/334M—3A	5325×2480×3616	5550	BAM11/$\sqrt{3}$—334—1W	840+840	1860	3616			
TBB22—10—8016/334F—3A	5405×2560×3616	6700	BFF11/$\sqrt{3}$—334—1W	840+840	2110	3616	CKWK—3—160/11/$\sqrt{3}$—6%	1100	
TBB22—10—8016/334M—3A	5405×2560×3616	6000	BAM11/$\sqrt{3}$—334—1W	840+840	1860	3616			
TBB22—10—2400/220F—3A	4000×2040×3541	3400	BFF11/$\sqrt{3}$—200—1W	795	1860	3541	CKWK—3—48/11/$\sqrt{3}$—6%	840	
TBB22—10—2400/200M—3A	4045×2040×3541	3150	BAM11/$\sqrt{3}$—200—1W	840	1860	3541			
TBB22—10—3000/200F—3A	4265×2040×3541	3900	BFF11/$\sqrt{3}$—200—1W	1060	1860	3541	CKWK—3—60/11/$\sqrt{3}$—6%	840	
TBB22—10—3000/200M—3A	4325×2040×3541	3600	BAM11/$\sqrt{3}$—200—1W	1120	1860	3541			
TBB22—10—3600/200F—3A	4590×2100×3541	4300	BFF11/$\sqrt{3}$—200—1W	1325	1860	3541	CKWK—3—72/11/$\sqrt{3}$—6%	870	
TBB22—10—3600/200M—3A	4665×2100×3541	3000	BAM11/$\sqrt{3}$—200—1W	1400	1860	3541			
TBB22—10—4200/200F—3A	4955×2200×3616	5000	BFF11/$\sqrt{3}$—200—1W	795+795	1860	3616	CKWK—3—84/11/$\sqrt{3}$—6%	920	
TBB22—10—4200/200M—3A	5045×2200×3616	4500	BAM11/$\sqrt{3}$—200—1W	840+840	1860	3616			
TBB22—10—4800/200F—3A	5115×2360×3616	5300	BFF11/$\sqrt{3}$—200—1W	795+795	1860	3616	CKWK—3—96/11/$\sqrt{3}$—6%	1000	
TBB22—10—4800/200M—3A	5205×2360×3616	4800	BAM11/$\sqrt{3}$—200—1W	840+840	1860	3616			
TBB22—10—5400/200F—3A	5380×2360×3616	6000	BFF11/$\sqrt{3}$—200—1W	795+1060	1860	3616	CKWK—3—108/11/$\sqrt{3}$—6%	1000	
TBB22—10—5400/200M—3A	5485×2360×3616	5400	BAM11/$\sqrt{3}$—200—1W	840+1120	1860	3616			
TBB22—10—6000/200F—3A	5645×2360×3616	6400	BFF11/$\sqrt{3}$—200—1W	1060+1060	1860	3616	CKWK—3—120/11/$\sqrt{3}$—6%	1000	
TBB22—10—6000/200M—3A	5765×2360×3616	5800	BAM11/$\sqrt{3}$—200—1W	1120+1120	1860	3616			
TBB22—10—6600/200F—3A	6010×2460×3616	7400	BFF11/$\sqrt{3}$—200—1W	1325+1060	1860	3616	CKWK—3—132/11/$\sqrt{3}$—6%	1050	
TBB22—10—6600/200M—3A	6145×2460×3616	6800	BAM11/$\sqrt{3}$—200—1W	1400+1120	1860	3616			

续表

高压并联电容器无功补偿成套装置			高压并联电容器部分				高压串联电抗器部分		备注
装置型号	装置外形尺寸 $L\times W\times H$ (mm×mm×mm)	重量 (kg)	电容器型号	电容器组外形尺寸 (mm)			电抗器型号	线圈直径 (mm)	
				$L_{c1}+L_{c2}+L_{c3}$	W_1	h			
TBB22—10—1200/100F—3A	3520×1860×2833	2000	BFF11/$\sqrt{3}$—100—1W	795	1860	2833	CKSGQ—72/11/$\sqrt{3}$—6%	1400	片架式，干式空芯电抗器接中性点侧，双层双列布置
TBB22—10—1200/100M—/3A	3475×1860×2800	1900	BAM11/$\sqrt{3}$—100—1W	750	1860	2800			
TBB22—10—1500/100F—3A	3785×1860×2833	2200	BFF11/$\sqrt{3}$—100—1W	1060	1860	2833	CKSGQ—90/11/$\sqrt{3}$—6%	1400	
TBB22—10—1500/100M—3A	3725×1860×2800	2000	BAM11/$\sqrt{3}$—100—1W	1000	1860	2800			
TBB22—10—1800/100F—3A	4050×1860×2833	2500	BFF11/$\sqrt{3}$—100—1W	1325	1860	2833	CKSGQ—108/11/$\sqrt{3}$—6%	1400	
TBB22—10—1800/100M—3A	3975×1860×2800	2300	BAM11/$\sqrt{3}$—100—1W	1250	1860	2800			
TBB22—10—2100/100F—3A	4315×1860×2833	2800	BFF11/$\sqrt{3}$—100—1W	795+795	1860	2833	CKSGQ—126/11/$\sqrt{3}$—6%	1400	
TBB22—10—2100/100M—3A	4225×1860×2800	2500	BAM11/$\sqrt{3}$—100—1W	750+750	1860	2800			
TBB22—10—2400/100F—3A	4415×1860×2833	3200	BFF11/$\sqrt{3}$—100—1W	795+795	1860	2833	CKSGQ—144/11/$\sqrt{3}$—6%	1500	
TBB22—10—2400/100M—3A	4325×1860×2800	2900	BAM11/$\sqrt{3}$—100—1W	750+750	1860	2800			
TBB22—10—2700/100F—3A	4680×1860×2833	3500	BFF11/$\sqrt{3}$—100—1W	795+1060	1860	2833	CKSGQ—162/11/$\sqrt{3}$—6%	1500	
TBB22—10—2700/100M—3A	4575×1860×2800	3300	BAM11/$\sqrt{3}$—100—1W	750+1000	1860	2800			
TBB22—10—3000/100F—3A	4945×1860×2833	3800	BFF11/$\sqrt{3}$—100—1W	1060+1060	1860	2833	CKSGQ—180/11/$\sqrt{3}$—6%	1500	
TBB22—10—3000/100M—3A	4825×1860×2800	3500	BAM11/$\sqrt{3}$—100—1W	1000+1000	1860	2800			
TBB22—10—3300/100F—3A	5210×1860×2833	4000	BFF11/$\sqrt{3}$—100—1W	1325+1060	1860	2833	CKSGQ—198/11/$\sqrt{3}$—6%	1500	
TBB22—10—3300/100M—3A	5075×1860×2800	3750	BAM11/$\sqrt{3}$—100—1W	1250+1000	1860	2800			
TBB22—10—3600/100F—3A	5210×1860×2833	4150	BFF11/$\sqrt{3}$—100—1W	1325+1060	1860	2833	CKSGQ—216/11/$\sqrt{3}$—6%	1500	
TBB22—10—3600/100M—3A	5075×1860×2800	3800	BAM11/$\sqrt{3}$—100—1W	1250+1000	1860	2800			
TBB22—10—3900/100F—3A	5575×1860×2833	4500	BFF11/$\sqrt{3}$—100—1W	1325+1325	1860	2833	CKSGQ—234/11/$\sqrt{3}$—6%	1600	
TBB22—10—3900/100M—3A	5425×1860×2800	4150	BAM11/$\sqrt{3}$—100—1W	1250+1250	1860	2800			
TBB22—10—4008/344F—3A	3765×2110×3541	4000	BFF11/$\sqrt{3}$—334—1W	840	2110	3541	CKSGQ—240/11/$\sqrt{3}$—6%	1600	
TBB22—10—4008/344M—3A	3765×1860×3541	3500	BAM11/$\sqrt{3}$—334—1W	840	1860	3541			
TBB22—10—5010/344F—3A	4045×1860×3541	4500	BFF11/$\sqrt{3}$—334—1W	1120	2110	3541	CKSGQ—300/11/$\sqrt{3}$—6%	1600	

续表

高压并联电容器无功补偿成套装置			高压并联电容器部分				高压串联电抗器部分		备注
装置型号	装置外形尺寸 $L\times W\times H$ (mm×mm×mm)	重量 (kg)	电容器型号	电容器组外形尺寸（mm）			电抗器型号	线圈直径 (mm)	
				$L_{c1}+L_{c2}+L_{c3}$	W_1	h			
TBB23—10—4800/100F—4D	5885×2360×3603	4850	BFF11/$\sqrt{3}$—100—1W	1060+1150	1660	3603	CKWK—3—96/11/$\sqrt{3}$—6%	1000	片架式，干式空芯电抗器接电源侧，三层双列布置
TBB23—10—4800/100M—4D	5765×2360×3540	4500	BAM11/$\sqrt{3}$—100—1W	1000+1090	1560	3540			
TBB23—10—5400/100F—4D	6150×2360×3603	5300	BFF11/$\sqrt{3}$—100—1W	1325+1150	1660	3603	CKWK—3—108/11/$\sqrt{3}$—6%	1000	
TBB23—10—5400/100M—4D	6015×2360×3540	4900	BAM11/$\sqrt{3}$—100—1W	1250+1090	1560	3540			
TBB23—10—6000/100F—4D	6415×2360×3603	5800	BFF11/$\sqrt{3}$—100—1W	1325+1415	1660	3603	CKWK—3—120/11/$\sqrt{3}$—6%	1000	
TBB23—10—6000/100M—4D	6265×2360×3540	5400	BAM11/$\sqrt{3}$—100—1W	1250+1340	1560	3540			
TBB23—10—6600/100F—4D	6785×2460×3603	6350	BFF11/$\sqrt{3}$—100—1W	1060+1060+885	1660	3603	CKWK—3—132/11/$\sqrt{3}$—6%	1050	
TBB23—10—6600/100M—4D	6615×2460×3540	6000	BAM11/$\sqrt{3}$—100—1W	1000+1000+840	1560	3540			
TBB23—10—7200/100F—4D	7065×2480×3603	7000	BFF11/$\sqrt{3}$—100—1W	1060+1060+1150	1660	3603	CKWK—3—144/11/$\sqrt{3}$—6%	1060	
TBB23—10—7200/100M—4D	6885×2480×3540	6800	BAM11/$\sqrt{3}$—100—1W	1000+1000+1090	1560	3540			
TBB23—10—7800/100F—4D	7370×2520×3604	8000	BFF11/$\sqrt{3}$—100—1W	1325+1060+1150	1660	3603	CKWK—3—156/11/$\sqrt{3}$—6%	1080	
TBB23—10—7800/100M—4D	7175×2520×3540	7500	BAM11/$\sqrt{3}$—100—1W	1250+1000+1090	1560	3540			
TBB23—10—600/50F—2A	3785×1960×3300	1650	BFF11/$\sqrt{3}$—50—1W	510	1560	3300	CKWK—3—12/11/$\sqrt{3}$—6%	800	
TBB23—10—750/50F—2A	3395×1960×3300	1750	BFF11/$\sqrt{3}$—50—1W	720	1560	3300	CKWK—3—15/11/$\sqrt{3}$—6%	800	
TBB23—10—900/50F—2A	3995×1960×3300	1900	BFF11/$\sqrt{3}$—50—1W	720	1560	3300	CKWK—3—18/11/$\sqrt{3}$—6%	800	
TBB23—10—1050/50F—2A	4205×1960×3300	2000	BFF11/$\sqrt{3}$—50—1W	930	1560	3300	CKWK—3—21/11/$\sqrt{3}$—6%	800	
TBB23—10—1200/50F—2A	4205×1960×3300	2100	BFF11/$\sqrt{3}$—50—1W	930	1560	3300	CKWK—3—24/11/$\sqrt{3}$—6%	800	
TBB23—10—1200/50F—4D	4205×1960×3300	2100	BFF11/$\sqrt{3}$—50—1W	930	1560	3300	CKWK—3—24/11/$\sqrt{3}$—6%	800	
TBB23—10—1500/50F—2A	4415×1960×3300	2250	BFF11/$\sqrt{3}$—50—1W	1140	1560	3300	CKWK—3—30/11/$\sqrt{3}$—6%	800	
TBB23—10—1500/50F—4D	4415×1960×3300	2250	BFF11/$\sqrt{3}$—50—1W	1140	1560	3300	CKWK—3—30/11/$\sqrt{3}$—6%	800	
TBB23—10—1800/50F—2A	4665×2000×3320	2500	BFF11/$\sqrt{3}$—50—1W	630+720	1560	3300	CKWK—3—36/11/$\sqrt{3}$—6%	820	片架式，干式铁芯电抗器接中性点侧，三层双列布置
TBB23—10—1800/50F—4D	4665×2000×3300	2500	BFF11/$\sqrt{3}$—50—1W	630+720	1560	3300	CKWK—3—36/11/$\sqrt{3}$—6%	820	
TBB23—10—2100/50F—4D	4875×2000×3300	2650	BFF11/$\sqrt{3}$—50—1W	840+720	1560	3300	CKWK—3—42/11/$\sqrt{3}$—6%	820	
TBB23—10—2400/50F—4D	5125×2040×3300	3000	BFF11/$\sqrt{3}$—50—1W	840+930	1560	3300	CKWK—3—48/11/$\sqrt{3}$—6%	840	
TBB23—10—2700/50F—4D	5335×2040×3300	3000	BFF11/$\sqrt{3}$—50—1W	1050+930	1560	3300	CKWK—3—54/11/$\sqrt{3}$—6%	840	
TBB23—10—3000/50F—4D	5545×2040×3300	3000	BFF11/$\sqrt{3}$—50—1W	1050+1140	1560	3300	CKWK—3—60/11/$\sqrt{3}$—6%	840	
TBB23—10—1200/100F—3A	3255×1660×3603	2000	BFF11/$\sqrt{3}$—100—1W	530	1660	3603	CKSGQ—72/11/$\sqrt{3}$—6%	1400	
TBB23—10—1200/100M—3A	3225×1660×3540	1900	BAM11/$\sqrt{3}$—100—1W	500	1660	3540			

续表

高压并联电容器无功补偿成套装置			高压并联电容器部分				高压串联电抗器部分		备注
装置型号	装置外形尺寸 $L\times W\times H$（mm×mm×mm）	重量（kg）	电容器型号	电容器组外形尺寸（mm）			电抗器型号	线圈直径（mm）	
				$L_{c1}+L_{c2}$	W_1	h			
TBB23—10—1500/100F—3A	3520×1660×3603	2200	BFF11/$\sqrt{3}$—100—1W	795	1660	3603	CKSGQ—90/11/$\sqrt{3}$—6%	1400	片架式，干式铁芯电抗器接中性点侧，三层双列布置
TBB23—10—1500/100M—3A	3475×1660×3540	2000	BAM11/$\sqrt{3}$—100—1W	750	1660	3540			
TBB23—10—1800/100F—3A	3520×1660×3603	2500	BFF11/$\sqrt{3}$—100—1W	795	1660	3603	CKSGQ—108/11/$\sqrt{3}$—6%	1400	
TBB23—10—1800/100M—3A	3475×1660×3540	2300	BAM11/$\sqrt{3}$—100—1W	750	1660	3540			
TBB23—10—2100/100F—3A	3785×1660×3603	2800	BFF11/$\sqrt{3}$—100—1W	1060	1660	3603	CKSGQ—126/11/$\sqrt{3}$—6%	1400	
TBB23—10—2100/100M—3A	3725×1660×3540	2500	BAM11/$\sqrt{3}$—100—1W	1000	1660	3540			
TBB23—10—2400/100F—3A	3885×1660×3603	3000	BFF11/$\sqrt{3}$—100—1W	1060	1660	3603	CKSGQ—144/11/$\sqrt{3}$—6%	1500	
TBB23—10—2400/100M—3A	3825×1660×3540	2700	BAM11/$\sqrt{3}$—100—1W	1000	1660	3540			
TBB23—10—2700/100F—3A	4150×1660×3603	3200	BFF11/$\sqrt{3}$—100—1W	1325	1660	3603	CKSGQ—162/11/$\sqrt{3}$—6%	1500	
TBB23—10—2700/100M—3A	4075×1660×3540	3000	BAM11/$\sqrt{3}$—100—1W	1250	1660	3540			
TBB23—10—3000/100F—3A	4150×1860×3603	3500	BFF11/$\sqrt{3}$—100—1W	1325	1660	3603	CKSGQ—180/11/$\sqrt{3}$—6%	1500	
TBB23—10—3000/100M—3A	4075×1860×3540	3200	BAM11/$\sqrt{3}$—100—1W	1250	1660	3540			
TBB23—10—3300/100F—3A	4415×1800×3603	3800	BFF11/$\sqrt{3}$—100—1W	795+795	1660	3603	CKSGQ—198/11/$\sqrt{3}$—6%	1500	
TBB23—10—3300/100M—3A	4325×1860×3540	3450	BAM11/$\sqrt{3}$—100—1W	750+750	1660	3540			
TBB23—10—3600/100F—3A	4415×1860×3603	3950	BFF11/$\sqrt{3}$—100—1W	795+795	1660	3603	CKSGQ—216/11/$\sqrt{3}$—6%	1500	
TBB23—10—3600/100M—3A	4325×1860×3540	3550	BAM11/$\sqrt{3}$—100—1W	750+750	1660	3540			
TBB23—10—3900/100F—3A	4780×1860×3603	4200	BFF11/$\sqrt{3}$—100—1W	1060+795	1660	3603	CKSGQ—234/11/$\sqrt{3}$—6%	1600	
TBB23—10—3900/100M—3A	4675×1860×3540	3850	BAM11/$\sqrt{3}$—100—1W	1000+750	1660	3540			
TBB23—10—600/50F—3A	3045×1660×3300	1650	BFF11/$\sqrt{3}$—50—1W	420	1660	3300	CKSGQ—36/11/$\sqrt{3}$—6%	1300	
TBB23—10—750/50F—3A	3255×1660×3300	1750	BFF11/$\sqrt{3}$—50—1W	630	1660	3300	CKSGQ—45/11/$\sqrt{3}$—6%	1300	
TBB23—10—900/50F—3A	3255×1660×3300	1900	BFF11/$\sqrt{3}$—50—1W	630	1660	3300	CKSGQ—54/11/$\sqrt{3}$—6%	1300	
TBB23—10—1050/50F—3A	3465×1660×3300	2000	BFF11/$\sqrt{3}$—50—1W	840	1660	3300	CKSGQ—63/11/$\sqrt{3}$—6%	1300	
TBB23—10—1200/50F—3A	3565×1660×3300	2100	BFF11/$\sqrt{3}$—50—1W	840	1660	3300	CKSGQ—72/11/$\sqrt{3}$—6%	1400	
TBB23—10—1500/50F—3A	3775×1660×3300	2250	BFF11/$\sqrt{3}$—50—1W	1050	1660	3300	CKSGQ—90/11/$\sqrt{3}$—6%	1400	
TBB23—10—1800/50F—3A	3985×1660×3300	2500	BFF11/$\sqrt{3}$—50—1W	630+630	1660	3300	CKSGQ—108/11/$\sqrt{3}$—6%	1400	

续表

高压并联电容器无功补偿成套装置			高压并联电容器部分				高压串联电抗器部分		备注
装置型号	装置外形尺寸 $L\times W\times H$ (mm×mm×mm)	重量 (kg)	电容器型号	电容器组外形尺寸 (mm)			电抗器型号	线圈直径 (mm)	
				$L_{c1}+L_{c2}$	W_1	h			
TBB13—10—600/50F—2AM	4210×1960×3065	1500	BFF11/$\sqrt{3}$—50—1W	1000	1260	3065	CKWK—3—12/11/$\sqrt{3}$—6%	800	模块式，干式空芯电抗器接电源侧
TBB13—10—750/50F—2AM	4410×1960×3065	1560	BFF11/$\sqrt{3}$—50—1W	1200	1260	3065	CKWK—3—15/11/$\sqrt{3}$—6%	800	
TBB13—10—900/50F—2AM	4610×1960×3065	1600	BFF11/$\sqrt{3}$—50—1W	1400	1260	3065	CKWK—3—18/11/$\sqrt{3}$—6%	800	
TBB13—10—1050/50F—2AM	5210×1960×3065	1900	BFF11/$\sqrt{3}$—50—1W	1000+1000	1260	3065	CKWK—3—21/11/$\sqrt{3}$—6%	800	
TBB13—10—1200/50F—2AM	5210×1960×3065	2000	BFF11/$\sqrt{3}$—50—1W	1000+1000	1260	3065	CKWK—3—24/11/$\sqrt{3}$—6%	800	
TBB23—10—1200/50F—2AM	4210×1960×3065	1800	BFF11/$\sqrt{3}$—50—1W	1000	1560	3065	CKWK—3—24/11/$\sqrt{3}$—6%	800	
TBB23—10—1200/50F—4DM	4210×1960×3065	1850	BFF11/$\sqrt{3}$—50—1W	1000	1560	3065	CKWK—3—24/11/$\sqrt{3}$—6%	800	
TBB13—10—1500/50F—2AM	5610×1960×3065	2300	BFF11/$\sqrt{3}$—50—1W	1200+1200	1260	3065	CKWK—3—30/11/$\sqrt{3}$—6%	800	
TBB23—10—1500/50F—2AM	4410×1960×3065	2000	BFF11/$\sqrt{3}$—50—1W	1200	1560	3065	CKWK—3—30/11/$\sqrt{3}$—6%	800	
TBB23—10—1500/50F—4DM	4410×1960×3065	2050	BFF11/$\sqrt{3}$—50—1W	1200	1560	3065	CKWK—3—30/11/$\sqrt{3}$—6%	800	
TBB23—10—1800/50F—4DM	4650×2000×3065	2200	BFF11/$\sqrt{3}$—50—1W	1400	1560	3065	CKWK—3—36/11/$\sqrt{3}$—6%	820	
TBB23—10—2100/50F—4DM	5250×2000×3065	2500	BFF11/$\sqrt{3}$—50—1W	1000+1000	1560	3065	CKWK—3—42/11/$\sqrt{3}$—6%	820	
TBB23—10—2400/50F—4DM	5290×2040×3065	2650	BFF11/$\sqrt{3}$—500—1W	1000+1000	1560	3065	CKWK—3—48/11/$\sqrt{3}$—6%	840	
TBB13—10—1200/100F—2AM	4410×1960×3415	1750	BFF11/$\sqrt{3}$—100—1W	1200	1260	3415	CKWK—3—24/11/$\sqrt{3}$—6%	800	
TBB13—10—1200/100M—2AM	4360×1960×3355	1700	BAM11/$\sqrt{3}$—100—1W	1150	1260	3355			
TBB13—10—1500/100F—2AM	4660×1960×3415	1900	BFF11/$\sqrt{3}$—100—1W	1450	1260	3415	CKWK—3—30/11/$\sqrt{3}$—6%	800	
TBB13—10—1500/100M—2AM	4610×1960×3355	1850	BAM11/$\sqrt{3}$—100—1W	1400	1260	3355			
TBB13—10—2400/100F—2AM	5690×2040×3415	3100	BFF11/$\sqrt{3}$—100—1W	1200+1200	1260	3415	CKWK—3—48/11/$\sqrt{3}$—6%	840	
TBB13—10—2400/100M—2AM	5590×2040×3355	2900	BAM11/$\sqrt{3}$—100—1W	1150+1150	1260	3355			
TBB23—10—2400/100F—2AM	4490×2040×3415	2900	BFF11/$\sqrt{3}$—100—1W	1200	1660	3415			
TBB23—10—2400/100F—4DM	4490×2040×3415	2950	BFF11/$\sqrt{3}$—100—1W	1200	1660	3415			
TBB23—10—2400/100M—2AM	4440×2040×3355	2800	BAM11/$\sqrt{3}$—100—1W	1150	1560	3355			
TBB23—10—2400/100M—4DM	4440×2040×3355	2850	BAM11/$\sqrt{3}$—100—1W	1150	1560	3355			
TBB13—10—3000/100F—2AM	6190×2040×3415	3600	BFF11/$\sqrt{3}$—100—1W	1450+1450	1260	3415	CKWK—3—60/11/$\sqrt{3}$—6%	840	
TBB13—10—3000/100M—2AM	6090×2040×3355	3350	BAM11/$\sqrt{3}$—100—1W	1400+1400	1260	3355			

(3) 需按 $X_1/X_C=0.1\%\sim1\%$、$X_1/X_C=12\%\sim13\%$或其他配置及户外产品应予说明。

(4) 主回路电气图及平面布置图，是否配置串联电抗器及围栏。

(七) 生产厂

日新电机（无锡）电力电容器有限公司。

十、苏州电力电容器有限公司生产的高压并联电容器装置

(一) 用途

高压并联电容器装置适用于频率 50Hz、三相交流电力系统中，用于改善功率因数，调整网络电压，降低线路损耗。产品性能符合 JB 7111—93《高压并联电容器装置》。

(二) 型号含义

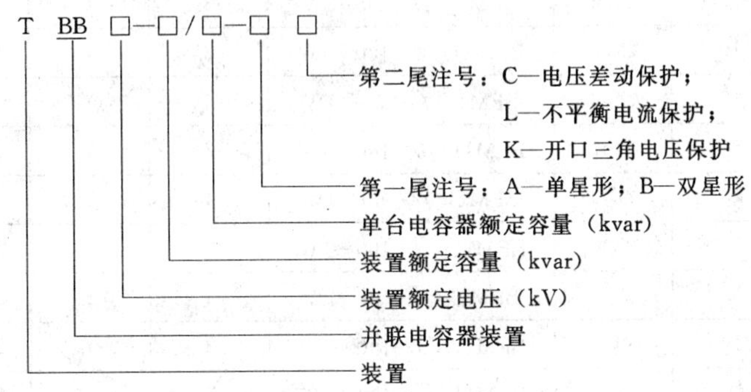

(三) 结构

(1) 装置主要由电抗器柜、放电柜、电容柜和继电保护屏等组成。串联电抗器可放在电容器柜架中或单独设置。装置结构紧凑，布置合理，安全可靠。

电容器柜由柜架、并联电容器、熔断器、放电线圈（或电压互感器）、电流互感器、隔离开关、支持绝缘子及连接母排等组成。6kV、10kV 电压等级的装置，一般在柜架上装有网门及侧板门。

熔断器与电容器串联在一起，当电容器内部有部分串联组（一般 60%～70%）击穿时，熔断器（与该电容器相连）动作，将故障电容器迅速从电容器组退出，避免故障扩大。

放电线圈（或电压互感器）并联连接在电容器回路中，当断开电源后，能使电容器上的剩余电压在 5s 内从$\sqrt{2}U_n$降到 50V 以下。

氧化锌避雷器接成 Y 形接入线路，中性点接地，限制投切电容器组时引起的操作过电压。

隔离开关可接成线路隔离，又可接成对地隔离。

串联电抗器串联连接在电容器回路中，限制合闸涌流和抑制谐波。只用于抑制合闸涌流，应选用每相额定感抗 X_L 为（0.1%～1%）X_C（X_C 为电容器组每相的额定容抗）的电抗器；用于抑制 5 次及以上谐波，应选用 X_L 为（4.5%～6%）X_C 的电抗器；用于抑制 3 次及以上谐波，应选用 X_L 为（12%～13%）X_C 的电抗器。

(2) 结构型式分为柜式和装配式。装配式又分为片子式及全拆装式。柜式结构装配完送至现场。片子式用于户内，全拆装用于户外。

(四) 技术数据

(1) 允许在 1.1 倍电容器额定电压下长期运行。

(2) 允许在由于电压升高及高次谐波引起的不超过 1.3 倍电容器额定电流下长期运行。对于最大电容量正偏差的电容器，过电流倍数允许达 1.43 倍。

(3) 主要技术数据，见表 1-3-17。

表 1-3-17　高压并联电容器装置技术数据

型　号	额定电压 (kV)	额定容量 (kvar)	电容器型号	电容柜数 (只)	接线方式	电容柜外形尺寸 $L\times W\times H$ (mm×mm×mm)	备注
TBB10—600/50AK	10	600	BFM11/$\sqrt{3}$—50—1W	1	Y	1100×1200×2950	Y 为单星形接线三层单排结构
TBB10—900/50AK	10	900	BFM11/$\sqrt{3}$—50—1W	2	Y	1600×1200×2950	
TBB10—1200/50AK	10	1200	BFM11/$\sqrt{3}$—50—1W	2	Y	2200×1200×2950	
TBB10—1200/100AK	10	1200	BFM11/$\sqrt{3}$—100—1W	1	Y	1100×1200×3150	

续表

型　　号	额定电压 (kV)	额定容量 (kvar)	电容器型号	电容柜数 (只)	接线方式	电容柜外形尺寸 $L\times W\times H$ (mm×mm×mm)	备注
TBB10—1500/50AK	10	1500	BFM11/$\sqrt{3}$—50—1W	2	Y	2600×1200×2950	Y为单星形接线三层单排结构
TBB10—1500/100AK	10	1500	BFM11/$\sqrt{3}$—100—1W	1	Y	1300×1200×3150	
TBB10—1800/50AK	10	1800	BFM11/$\sqrt{3}$—50—1W	3	Y	3300×1200×2950	
TBB10—1800/100AK	10	1800	BFM11/$\sqrt{3}$—100—1W	2	Y	1600×1200×3150	
TBB10—2100/50AK	10	2100	BFM11/$\sqrt{3}$—50—1W	3	Y	3700×1200×2950	
TBB10—2100/100AK	10	2100	BFM11/$\sqrt{3}$—100—1W	2	Y	1900×1200×3150	
TBB10—2400/50AK	10	2400	BFM11/$\sqrt{3}$—50—1W	4	Y	4400×1200×2950	
TBB10—2400/100AK	10	2400	BFM11/$\sqrt{3}$—100—1W	2	Y	2200×1200×3150	
TBB10—2700/50AK	10	2700	BFM11/$\sqrt{3}$—50—1W	4	Y	4800×1200×2950	
TBB10—2700/100AK	10	2700	BFM11/$\sqrt{3}$—100—1W	2	Y	2400×1200×3150	
TBB10—3000/50AK	10	3000	BFM11/$\sqrt{3}$—50—1W	4	Y	5200×1200×2950	
TBB10—3000/100AK	10	3000	BFM11/$\sqrt{3}$—100—1W	2	Y	2600×1200×3150	
TBB10—3600/100AK	10	3600	BFM11/$\sqrt{3}$—100—1W	3	Y	3300×1200×3150	
TBB10—4200/100AK	10	4200	BFM11/$\sqrt{3}$—100—1W	3	Y	3700×1200×3150	
TBB10—4800/100AK	10	4800	BFM11/$\sqrt{3}$—100—1W	4	Y	4400×1200×3150	
TBB10—4800/200AK	10	4800	BFM11/$\sqrt{3}$—200—1W	2	Y	2400×1200×3520	
TBB10—5400/100AK	10	5400	BFM11/$\sqrt{3}$—100—1W	4	Y	4800×1200×3150	
TBB10—5400/200AK	10	5400	BFM11/$\sqrt{3}$—200—1W	3	Y	3000×1200×3520	
TBB10—6000/100AK	10	6000	BFM11/$\sqrt{3}$—100—1W	4	Y	5200×1200×3150	
TBB10—6000/200AK	10	6000	BFM11/$\sqrt{3}$—200—1W	3	Y	3200×1200×3520	
TBB10—7200/200AK	10	7200	BFM11/$\sqrt{3}$—200—1W	3	Y	3600×1200×3520	
TBB10—8400/200AK	10	8400	BFM11/$\sqrt{3}$—200—1W	4	Y	4400×1200×3520	
TBB10—9600/200AK	10	9600	BFM11/$\sqrt{3}$—200—1W	4	Y	4800×1200×3520	
TBB10—1200/50 AK/BL	10	1200	BFM11/$\sqrt{3}$—50—1W	1	Y，Y—Y	1100×1500×2950	三层双排结构Y为单星形接线，Y—Y为双星形接线
TBB10—1500/50 AK/BL	10	1500	BFM11/$\sqrt{3}$—50—1W	1	Y，Y—Y	1300×1500×2950	
TBB10—1800/50 AK/BL	10	1800	BFM11/$\sqrt{3}$—50—1W	2	Y，Y—Y	1600×1500×2950	
TBB10—1800/100 AK/BL	10	1800	BFM11/$\sqrt{3}$—100—1W	1	Y，Y—Y	800×1500×3150	
TBB10—2100/50 AK/BL	10	2100	BFM11/$\sqrt{3}$—50—1W	2	Y，Y—Y	1900×1500×2950	
TBB10—2100/100AK	10	2100	BFM11/$\sqrt{3}$—100—1W	1	Y	1100×1500×3150	
TBB10—2400/50 AK/BL	10	2400	BFM11/$\sqrt{3}$—50—1W	2	Y，Y—Y	2200×1500×2950	
TBB10—2400/100 AK/BL	10	2400	BFM11/$\sqrt{3}$—100—1W	1	Y，Y—Y	1100×1500×3150	
TBB10—2700/50 AK/BL	10	2700	BFM11/$\sqrt{3}$—50—1W	3	Y，Y—Y	2400×1500×2950	
TBB10—2700/100AK	10	2700	BFM11/$\sqrt{3}$—100—1W	1	Y	1300×1500×3150	
TBB10—3000/50 AK/BL	10	3000	BFM11/$\sqrt{3}$—50—1W	2	Y，Y—Y	2600×1500×2950	

续表

型　　号	额定电压（kV）	额定容量（kvar）	电容器型号	电容柜数（只）	接线方式	电容柜外形尺寸 $L\times W\times H$（mm×mm×mm）	备注
TBB10—3000/100 $^{\text{AK}}_{\text{BL}}$	10	3000	BFM11/$\sqrt{3}$—100—1W	1	Y，Y—Y	1300×1500×3150	三层双排结构Y为单星形接线，Y—Y为双星形接线
TBB10—3600/100 $^{\text{AK}}_{\text{BL}}$	10	3600	BFM11/$\sqrt{3}$—100—1W	2	Y，Y—Y	1600×1500×3150	
TBB10—4200/100 $^{\text{AK}}_{\text{BL}}$	10	4200	BFM11/$\sqrt{3}$—100—1W	2	Y，Y—Y	1900×1500×3150	
TBB10—4800/100 $^{\text{AK}}_{\text{BL}}$	10	4800	BFM11/$\sqrt{3}$—100—1W	2	Y，Y—Y	2200×1500×3150	
TBB10—4800/200 $^{\text{AK}}_{\text{BL}}$	10	4800	BFM11/$\sqrt{3}$—200—1W	1	Y，Y—Y	1200×1500×3520	
TBB10—5400/100 $^{\text{AK}}_{\text{BL}}$	10	5400	BFM11/$\sqrt{3}$—100—1W	3	Y，Y—Y	2400×1500×3150	
TBB10—5400/200AK	10	5400	BFM11/$\sqrt{3}$—200—1W	2	Y	2000×1500×3520	
TBB10—6000/100 $^{\text{AK}}_{\text{BL}}$	10	6000	BFM11/$\sqrt{3}$—100—1W	2	Y，Y—Y	2600×1500×3150	
TBB10—6000/200 $^{\text{AK}}_{\text{BL}}$	10	6000	BFM11/$\sqrt{3}$—200—1W	2	Y，Y—Y	2000×1500×3520	
TBB10—7200/200 $^{\text{AK}}_{\text{BL}}$	10	7200	BFM11/$\sqrt{3}$—200—1W	2	Y，Y—Y	2000×1500×3250	
TBB10—8400/200 $^{\text{AK}}_{\text{BL}}$	10	8400	BFM11/$\sqrt{3}$—200—1W	2	Y，Y—Y	2200×1500×3520	
TBB10—9600/200 $^{\text{AK}}_{\text{BL}}$	10	9600	BFM11/$\sqrt{3}$—200—1W	2	Y，Y—Y	2400×1500×3520	
TBB10—1200/50 $^{\text{AK}}_{\text{BL}}$	10	1200	BFM11/$\sqrt{3}$—50—1W	3	Y，Y—Y	3300×1200×2050	双层单排结构，Y为单星形接线，Y—Y为双星形接线　双层高度仅为柜高，不含顶层绝缘子
TBB10—1500/50 $^{\text{AK}}_{\text{BL}}$	10	1500	BFM11/$\sqrt{3}$—50—1W	3	Y，Y—Y	3900×1200×2050	
TBB10—1800/50 $^{\text{AK}}_{\text{BL}}$	10	1800	BFM11/$\sqrt{3}$—50—1W	6	Y，Y—Y	4800×1200×2050	
TBB10—1800/100 $^{\text{AK}}_{\text{BL}}$	10	1800	BFM11/$\sqrt{3}$—100—1W	3	Y，Y—Y	2400×1200×2200	
TBB10—2100/100AK	10	2100	BFM11/$\sqrt{3}$—100—1W	3	Y	3300×1200×2200	
TBB10—2400/100 $^{\text{AK}}_{\text{BL}}$	10	2400	BFM11/$\sqrt{3}$—100—1W	3	Y，Y—Y	3300×1200×2200	
TBB10—2700/100AK	10	2700	BFM11/$\sqrt{3}$—100—1W	3	Y	3900×1200×2200	
TBB10—3000/100 $^{\text{AK}}_{\text{BL}}$	10	3000	BFM11/$\sqrt{3}$—100—1W	3	Y，Y—Y	3900×1200×2200	
TBB10—3600/100 $^{\text{AK}}_{\text{BL}}$	10	3600	BFM11/$\sqrt{3}$—100—1W	6	Y，Y—Y	4800×1200×2200	
TBB10—4200/100 $^{\text{AK}}_{\text{BL}}$	10	4200	BFM11/$\sqrt{3}$—100—1W	6	Y，Y—Y	5700×1200×2200	
TBB10—4800/100A $^{\text{AK}}_{\text{BL}}$	10	4800	BFM11/$\sqrt{3}$—100—1W	6	Y，Y—Y	6600×1200×2200	
TBB10—4800/200 $^{\text{AK}}_{\text{BL}}$	10	4800	BFM11/$\sqrt{3}$—200—1W	3	Y，Y—Y	3600×1200×2550	
TBB10—5400/200AK	10	5400	BFM11/$\sqrt{3}$—200—1W	6	Y	6000×1200×2550	
TBB10—6000/200 $^{\text{AK}}_{\text{BL}}$	10	6000	BFM11/$\sqrt{3}$—200—1W	6	Y，Y—Y	6000×1200×2550	
TBB10—6012/334 $^{\text{AK}}_{\text{BL}}$	10	6012	BFM11/$\sqrt{3}$—334—1W	3	Y，Y—Y	3000×1500×2650	
TBB10—7014/334AK	10	7014	BFM11/$\sqrt{3}$—334—1W	3	Y	3600×1500×2650	
TBB10—8016/334 $^{\text{AK}}_{\text{BL}}$	10	8016	BFM11/$\sqrt{3}$—334—1W	3	Y，Y—Y	3600×1500×2650	

续表

型　　号	额定电压（kV）	额定容量（kvar）	电容器型号	电容柜数（只）	接线方式	电容柜外形尺寸 $L\times W\times H$（mm×mm×mm）	备注
TBB10—1800/50 AK BL	10	1800	BFM11/$\sqrt{3}$—50—1W	3	Y，Y—Y	2400×1800×2050	双层双排结构 Y 为单星形接线，Y—Y 双星形接线
TBB10—2100/50 AK BL	10	2100	BFM11/$\sqrt{3}$—50—1W	3	Y，Y—Y	3300×1800×2050	
TBB10—2400/50 AK BL	10	2400	BFM11/$\sqrt{3}$—50—1W	3	Y，Y—Y	3300×1800×2050	
TBB10—2700/50 AK BL	10	2700	BFM11/$\sqrt{3}$—50—1W	3	Y，Y—Y	3900×1800×2050	
TBB10—3000/50 AK BL	10	3000	BFM11/$\sqrt{3}$—50—1W	3	Y，Y—Y	3900×1800×2050	
TBB10—3000/100 AK BL	10	3000	BFM11/$\sqrt{3}$—100—1W	3	Y，Y—Y	3000×1800×2200	
TBB10—3600/50 AK BL	10	3600	BFM11/$\sqrt{3}$—50—1W	6	Y，Y—Y	4800×1800×2050	
TBB10—3600/100 AK BL	10	3600	BFM11/$\sqrt{3}$—100—1W	3	Y，Y—Y	2400×1800×2200	
TBB10—4200/50 AK BL	10	4200	BFM11/$\sqrt{3}$—50—1W	6	Y，Y—Y	5700×1800×2050	
TBB10—4200/100 AK BL	10	4200	BFM11/$\sqrt{3}$—100—1W	3	Y，Y—Y	3300×1800×2200	
TBB10—4800/50 AK BL	10	4800	BFM11/$\sqrt{3}$—50—1W	6	Y，Y—Y	6600×1800×2050	
TBB10—4800/100 AK BL	10	4800	BFM11/$\sqrt{3}$—100—1W	3	Y，Y—Y	3300×1800×2200	
TBB10—5400/100 AK BL	10	5400	BFM11/$\sqrt{3}$—100—1W	3	Y，Y—Y	3900×1800×2200	
TBB10—6000/100 AK BL	10	6000	BFM11/$\sqrt{3}$—100—1W	3	Y，Y—Y	3900×1800×2200	
TBB10—6000/200 AK BL	10	6000	BFM11/$\sqrt{3}$—200—1W	3	Y，Y—Y	3000×1800×2550	
TBB10—7200/200 AK BL	10	7200	BFM11/$\sqrt{3}$—200—1W	3	Y，Y—Y	3000×1800×2550	
TBB10—8400/200 AK BL	10	8400	BFM11/$\sqrt{3}$—200—1W	3	Y，Y—Y	3600×1800×2550	
TBB10—9600/200 AK BL	10	9600	BFM11/$\sqrt{3}$—200—1W	3	Y，Y—Y	3600×1800×2550	
TBB10—5010/334AK	10	5010	$BFM_3$11/$\sqrt{3}$—334—1W	3	Y	3000×1800×2400	单层双排结构
TBB10—6012/334 AK BL	10	6012	$BFM_3$11/$\sqrt{3}$—334—1W	3	Y，Y—Y	3000×1800×2400	
TBB10—7014/334AK	10	7014	$BFM_3$11/$\sqrt{3}$—334—1W	3	Y	3600×1800×2400	
TBB10—8016/334 AK BL	10	8016	$BFM_3$11/$\sqrt{3}$—334—1W	3	Y，Y—Y	3600×1800×2400	
TBB10—9018/334AK	10	9018	$RFM_3$11/$\sqrt{3}$—334—1W	3	Y	4500×1800×2400	
TBB10—10020/334 AK BL	10	10020	$BFM_3$11/$\sqrt{3}$—334—1W	3	Y，Y—Y	4500×1800×2400	

（4）配套件及保护方案，见表1-3-18。

（五）外形及安装尺寸

该产品外形及安装尺寸，见图1-3-6。

（六）订货须知

订货时必须排供一、二次方案图和具体技术要求、产品型号。

（七）生产厂

苏州电力电容器有限公司。

表 1-3-18 高压并联电容器装置主要配套件及保护方案

装置型号		TBB10—2400/100AK	TBB10—4800/100AK	TBB10—4500/100AK	TBB10—4800/100AK	TBB10—5400/100AK	TBB10—6000/100AK	TBB10—7200/100AK
序号		32	35	36	37	38	39	40
额定电压（kV）		10	10	10	10	10	10	10
额定容量（kvar）		2400	3000	4500	4800	5400	6000	7200
单元额定容量（kvar）		100	100	100	100	100	100	100
主要配套件型号	并联电容器单元	BFM11/3—100—1W	BFM11/3—100—1W	BFM11/$\sqrt{3}$—100—1W	BFM11/$\sqrt{3}$—100—1W	BFM11/$\sqrt{3}$—100—1W	BFM11/$\sqrt{3}$—100—1W	BFM11/$\sqrt{3}$—100—1W
	隔离开关							
	单相接地开关							
	氧化锌避雷器	$Y5WR_1$—12.7/45	$Y5WR_1$—12.7/45	$Y5WR_1$—12.7/45	$Y5WR_1$—12.7/45	$Y5WR_1$—12.7/45	$Y5WR_1$—12.7/45	$Y5WR_1$—12.7/45
	放电装置	JDZJ—10	JDZJ—10	FD_2—1.7/11/$\sqrt{3}$	FD_2—1.7/11/$\sqrt{3}$	FD_2—2.5/11/$\sqrt{3}$	FD_2—2.5/11/$\sqrt{3}$	FD_2—2.5/11/$\sqrt{3}$
	串联电抗器							
	阻尼器							
	熔断器	BRW_2—10/24P	BRW_2—10/24P	BR_2—10/50/24P	BR_2—10/50/24P	BR_2—10/50/24P	BR_2—10/50/24P	BR_2—10/50/24P
	中性线电流互感器							
保护方案	单台熔断器		△	△	△	△	△	△
	过电流		△	△	△	△	△	△
	过电压		△	△	△	△	△	△
	失压		△	△	△	△	△	△
	开口三角电压		△	△	△	△	△	△
	不平衡电压							
	电压差动							
组架外形尺寸 $L\times W\times H$（mm×mm×mm）		3450×1250×3400	3450×1550×2550	4650×1550×2550	5050×1250×3400	3350×1550×3400	3650×1550×3400	4350×1550×3400
布置方式		三层单排	双层双排	双层双排	三层单排	三层双排	三层双排	三层双排

续表

装置型号		TBB10—7800/100AK	TBB10—9000/100AK	TBB10—4800/200AK	TBB10—9600/200AK	TBB10—8016/334AK
序号		41	42	43	44	45
额定电压（kV）		10	10	10	10	10
额定容量（kvar）		7800	9000	4800	9600	8016
单元额定容量（kvar）		100	100	200	200	334
主要配套件型号	并联电容器单元	BFM11/$\sqrt{3}$—100—1W	BFM11/$\sqrt{3}$—100—1W	BFM11/$\sqrt{3}$—200—1W	BFM11/$\sqrt{3}$—200—1W	BFM11/$\sqrt{3}$—334—1W
	隔离开关					
	单相接地开关					
	氧化锌避雷器	Y5WR$_1$—12.7/45	Y5WR$_1$—12.7/45	Y5WR$_1$—12.7/45	Y5WR$_1$—12.7/45	Y5WR$_1$—12.7/45
	放电装置	FD$_2$—3.4/11/$\sqrt{3}$	FD$_2$—3.4/11/$\sqrt{3}$	FD$_2$—1.7/11/$\sqrt{3}$	FD$_2$—3.4/11/$\sqrt{3}$	FD$_2$—3.4/11/$\sqrt{3}$
	串联电抗器					XKG—600/10
	阻尼器					QR$_2$—1.0/50
	熔断器	BR$_2$—10/50/24/P	BR$_2$—10/50/24/P	BR$_2$—10/24/P	BR$_2$—10/47/P	BR$_2$—10/76/P
	中性线电流互感器					
保护方案	单台熔断器	△	△	△	△	△
	过电流	△	△	△	△	△
	过电压	△	△	△	△	△
	失压	△	△	△	△	△
	开口三角电压	△	△	△	△	△
	不平衡电压					
	电压差动					
组架外形尺寸 $L\times W\times H$（mm×mm×mm）		6825×2300×3475	7650×1550×2550	4650×1950×1800	8250×1950×1800	5900×1550×3320
布置方式		三层双排	双层双排	单层双排	单层双排	三层单排

续表

装置型号		TBB35—3000/100AC	TBB35—8400/200AC	TBB35—9600/200BL	TBB35—10200/200AC	TBB35—25200/300BL
序号		46	47	48	49	50
额定电压（kV）		35	35	35	35	35
额定容量（kvar）		3000	8400	9600	10200	25200
单元额定容量（kvar）		100	200	200	200	300
主要配套件型号	并联电容器单元	BFM11—100—1W	BFM11—200—1W	BFM11—200—1W	BFM11—200—1W	BFM12—300—1W
	隔离开关					
	单相接地开关					
	氧化锌避雷器		$Y5W_1$—42/134R	$Y5W_1$—42/134R	$Y5W_1$—42/134R	$Y5W_1$—42/134R
	放电装置	FD_2—5×2/11×2	FD_2—5×2/11×2	FD_2—5×2/11×2	FD_2—5×2/11×2	FS_2—30/35$\sqrt{3}$
	串联电抗器					
	阻尼器					
	熔断器	BRW_2—10/14P	BRW_2—12/25P	BR_2—11/50/27/P	BRW—11/27P	BRW—10/40P
	中性线电流互感器			LCW—35　30/5A		$LCWQD_1$—35　30/5A
保护方案	单台熔断器	△	△	△	△	△
	过电流	△	△	△	△	△
	过电压	△	△	△	△	△
	失压	△	△	△	△	△
	开口三角电压					
	不平衡电压			△		△
	电压差动	△	△		△	
组架外形尺寸 $L\times W\times H$（mm×mm×mm）		2200×1500×2330	4360×900×2900	2200×1200×3000	5160×900×2960	1300×2000×4480
布置方式		单层双排（单相）	单层双排（单相）	单层双排（单相）	单层双排（单相）	三层双排

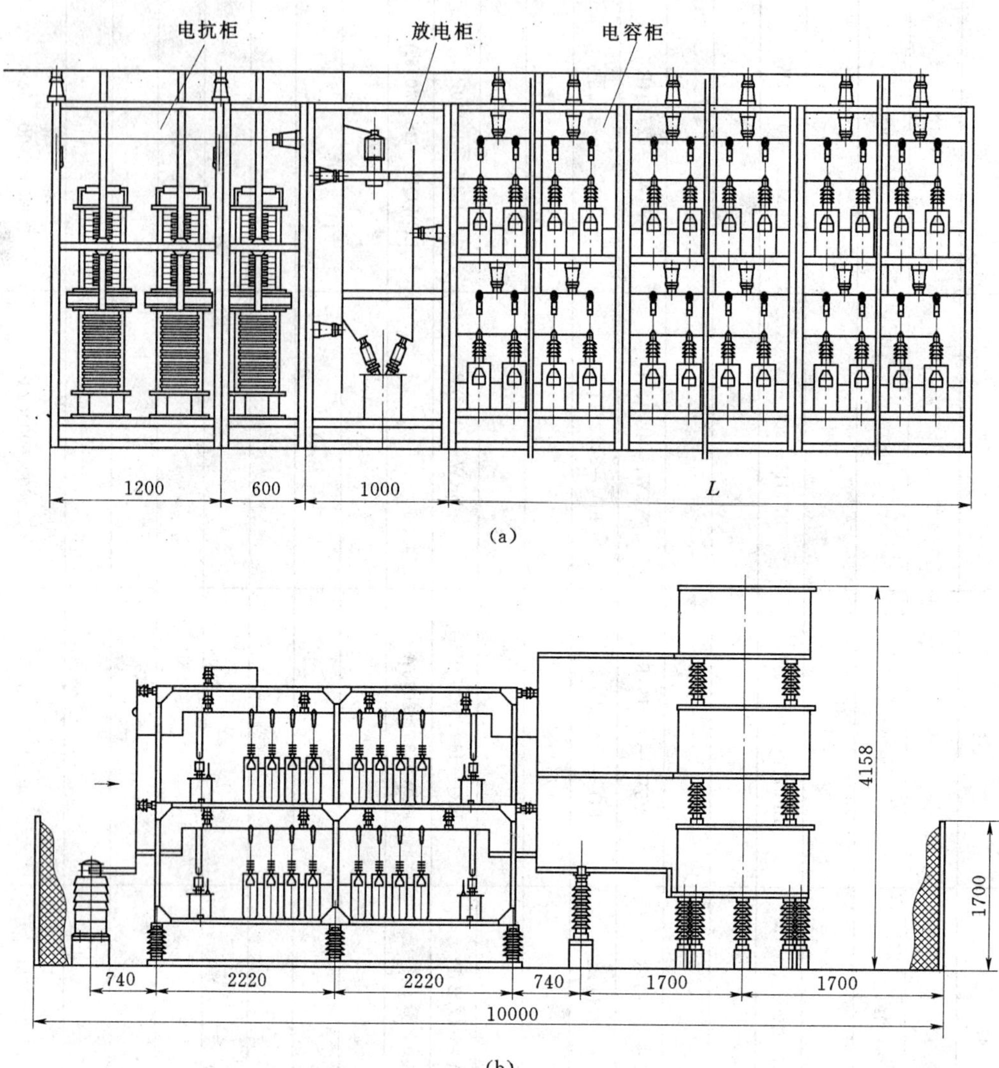

图 1-3-6　高压并联电容器装置外形及安装尺寸（单位：mm）

(a) 双层单（双）排结构；(b) 35kV 9600kvar 电容器装置

第二章 高压试验设备

第一节 高压测试设备

一、HNZ—Ⅰ型发电机转子交流阻抗测试仪

（一）用途

HNZ—Ⅰ型发电机转子交流阻抗测试仪是新一代智能型产品，主要用于检查发电机转子线圈有无静态及动态匝间短路缺陷，可以自动测试各种同步发电机的膛内、膛外及不同转速下的交流阻抗和功率损耗值，还可兼做电压互感器、电流互感器的伏安特性及电力变压器的单相短路、空载特性试验。

（二）特点

（1）设计新颖，结构合理。

（2）准确度高、功能强、可靠性高。

（3）体积小、重量轻、便于携带。

（4）可取代电压表、电流表、功率表、频率计等多个标准表。

（5）测试速度快，仅需1min。

（6）最适宜动态交流阻抗的测试，1～2人即可完成测试任务，精度高。

（7）显示界面采用彩色大屏幕点阵式液晶屏和汉字菜单提示方式。

（8）微型打印机、轻触式薄膜开关，外形美观，操作方便可靠。

（三）功能

（1）测量各种同步发电机的转子交流阻抗。

（2）可选择快速的自动测量和任意的手动测量两种方式。

（3）同步测量并显示交流电压、交流电流、交流阻抗、有功功率、频率。

（4）可做电力变压器的单相短路和空载特性试验。

（5）可测量电压互感器、电流互感器的伏安特性。

（6）具有存储和打印功能，数据保存10年以上。

（7）全汉字菜单指示，简单直观，操作方便。

（8）过压、过流保护。

（9）不掉电日历、时钟功能。

（四）技术数据

（1）交流阻抗（Ω）：0～99，0.5级。

（2）交流电压（V）：0～500，0.2级。

（3）交流电流（A）：0～50，0.2级。

（4）有功功率（kW）：0～25，0.2级。

（5）频率（Hz）：45～55，0.2级。

（6）工作电源电压（V）：交流220±10％。

（7）功耗（W）：＜20。

（8）重量（kg）：4.5。

（五）外形及安装尺寸

外形尺寸（mm×mm×mm）：415×225×190。

（六）生产厂

扬州华电电气有限公司。

二、GCBK型电力变压器有载分接开关测试仪

（一）概述

GCBK型电力变压器有载分接开关测试仪用于测量和分析电力系统中电力变压器及特种变压器有载分接开关电气性能指标的综合测量仪器，采用虚拟仪器测试硬件平台基础上，通过特殊设计的测量电路可实现对有载分接开关的过渡时间、过渡波形、过渡电阻、三相同期性参数的测量，直接由分接开关引线进行测量，也可由变压器三相套管及中性点直接接线测量。

（二）功能特点

该产品具有对所测数据进行分析、存贮、查阅等功能，解决了目前电力变压器有载分接开关测量方法落后，没有专用测试手段的问题，可在电力设备预防性试验及变压器大修中及时诊断有载分接开关的潜在故障，提高电力系统运行的可靠性。

产品特点：

(1) 较强的综合测量能力。

(2) 较全面的测量结果分析。

(3) Linux GUI界面，操作灵活。

(4) 设有冲击、过压、续流、放电等保护电路。

(5) 良好的抗干扰性能。

(6) 断电数据保持。

（三）结构

该产品由测量本体和外部接口组成。测量本体采用独立机箱带骨架结构，具有抗震、防电磁干扰特性。

仪器有显示器、键盘、鼠标、RS232串口、UVWN接线柱（连接外部测试回路，UVW分别接开关的三相测试回路，N为中性点）、安全地线接线柱。设测试、波形处理、功能设置、数据保存和上传4个功能。控制仪器和查阅、保存波形数据通过鼠标和键盘对话完成，包括波形放大和缩小，显示全图和曲线平滑、参数测量等功能。通过参数测量功能可在显示屏上直接显示波形各段时间和电阻平均值。

（四）技术数据

(1) 三路独立测试恒流源，设定输出电流0.2A。

(2) 设定采样率10kHz/通道。

(3) 单次波形最大测试时间（s）：6.4。

(4) 过渡电阻测量范围（Ω）：0～50。

(5) 测量精度（%）：≤标准测量值的±5。

(6) 测量同期性误差（%）：≤标准测量值的±1。

(7) 显示器：640×480TFT真彩。

(8) 处理部分：

SCM3350高速16位、233MHz微处理器。

CF卡存储器64M。

高速A/D转换器，8通道同步采集。

(9) 电源（V）：220，10%；功率（W）：200。

（五）外形及安装尺寸

GCBK变压器有载分接开关测试仪外形尺寸（mm×mm×mm）：330×270×220（重量≤10kg）。

（六）生产厂

武汉国测科技股份有限公司。

三、BYKC—2000型电力变压器有载调压开关测试仪

（一）概述

BYKC—2000型电力变压器有载调压开关测试仪，是用于测量和分析电力系统中电力变压器及特种变压器有载分接开关电气性能指标的综合测量仪器。采用计算机控制，通过特殊设计的测量电路实现对有载分接开关的过渡时间、过渡波形、过渡电阻、三相同期性等参数的测量，可根据需要和现场条件直接由分接开关引线进行测量，也可由变压器三相套管及中性点直接接线测量。

该产品具有对所测数据进行分析、存贮、打印等功能，可在电力设备预防性试验及变压器大修中及时诊断出有载分接开关的潜在故障，提高电力系统运行的可靠性。

（二）特点

(1) 功能远比光线示波器优越。

仪器分三通道，同时记录 U、V、W 三相过渡过程中所有过渡及跳变的过程，包括跳变点的时间值。不受天气影响。

(2) 较全面的测量结果分析。

(3) 打印输出。

(4) 菜单驱动，操作灵活。

(5) 良好的抗干扰性能，强电磁场干扰的现场测量可靠。

(6) 测量的数据、波形进行分析、存储。

（三）结构

该产品由测量本体和标准行式打印机组成。测量本体采用独立机箱结构。

（四）技术数据

电源电压（V）：220±10%。

功率（W）：≤200。

三路独立测试电源，最大输出电流（A）：0.5。

仪器设置采样率（kHz）：10～20。

单次波形最大存储时间（s）：6.4。

过渡电阻测量范围（Ω）：1～40（Y/O 型变压器）；1～20（Y 型变压器）。

测量精度（Ω）：(1～5) ±10%；(5～40) ±5%。

时间及同期性误差（ms）：0.25。

显示器：240×128T，T6963C 控制器。

打印机：MP—40—8 面板式前换纸型。

处理部分：80C320 高速 8 位微处理器，程序存储器 32K；掉电保持数据存储器 312K 字节；高速 A/D 转换器，最高采样率 400kHz。

环境温度（℃）：－5～＋40。

相对湿度（%）：≤80。

仪器输出最高电压（V）：24。

重量（kg）：≤20。

（五）外形尺寸

BYKC—2000 型变压器有载调压开关测试仪外形尺寸（mm×mm×mm）：410×320×200。

（六）生产厂

武汉中试电力试验设备有限公司。

四、BC2780 变压器特性综合测试台

（一）概述

BC2780 变压器特性综合测试台由变压器空载短路测试仪、变比组别测试仪、感性负载直流电阻测试仪、电动调压器等组合而成，测量变压器的空载电流、空载损耗、短路损耗、阻抗、直流电阻、变压比、变比误差、接线组别等，外配试验变压器还可进行交流耐压试验。

（二）型号含义

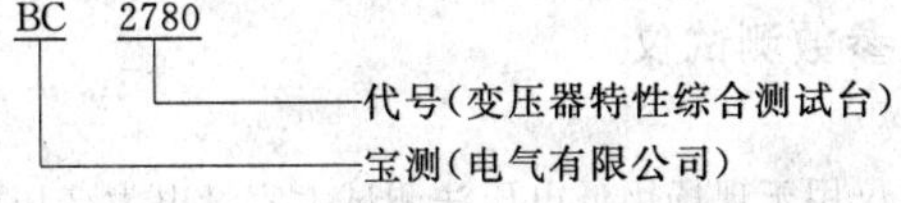

（三）特点

空载短路试验时，具有测量参数可同步取样，避免表计多及读数不同步造成的误差。

（四）生产厂

扬州宝测电气有限公司。

五、BC3690B 变压器空载短路测试仪

（一）概述

BC3690B 变压器空载短路测试仪是测量变压器特性的专用仪器，采用 240×64 点阵液晶显示屏（带背光），同时显示三相电压、电流、功率、功率因数、阻抗电压、空载电流、频率等 20 个参数，具有测量精度高、测速快、操作简便、

无需换算、直接打印测试结果、轻巧美观等特点，可取代9块同等级指针仪表，是传统电量测试仪表的理想换代产品。

（二）型号含义

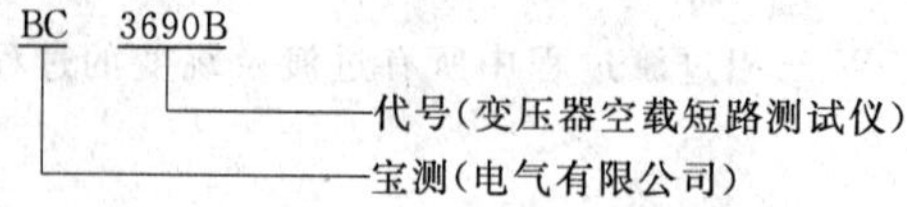

（三）技术数据

电压（V）：量程500，±（读数的0.1%+量程的0.1%）。

电流（A）：量程80，±（读数的0.1%+量程的0.1%）。

功率（W）：±（读数的0.1%+量程的0.1%）。

功率因数：0～1，精度±5个字。

频率（Hz）：40～60，0.05%。

电源电压（V）：AC 220±10%。

电源频率（Hz）：50±2%。

整机功耗（VA）：<18。

工作环境温度（℃）：0～40。

相对湿度（%）：30～90。

外形尺寸（mm×mm×mm）：390×310×170。

重量（kg）：6。

（四）生产厂

扬州宝测电气有限公司。

六、HD3002型变压器损耗参数智能测试仪

（一）用途

HD3002型变压器损耗参数智能测试仪，用于现场测试变压器的空载电流、空载损耗、负载损耗和阻抗电压。

（二）特点

(1) 具有多种功能，高精度测量电压、电流、功率、力率值。

(2) 能作现场指示仪表和测试仪校正时标准表用。

(3) 测试准确、快速、自动进行数据处理。

(4) 测试结果显示和自动打印输出。

（三）技术数据

相对地电压（V）：100～40。

频率（Hz）：50±50。

电流（A）：0.6～60。

力率：0.1～1.0。

环境温度（℃）：0～40。

重量（kg）：12（包括附件）。

（四）外形及安装尺寸

外形尺寸（mm×mm×mm）：480×380×220。

（五）生产厂

扬州华电电气有限公司。

七、HD3003型变压器动稳定参数测试仪

（一）用途

HD3003型变压器动稳定参数测试仪用于现场用低电压法测试大容量电力变压器动稳定状态参数，通过软件综合分析、分相纵比、三相横比、与原始数据对比，判断出变压器绕组有无变形、位移、铁芯有无松动，为确保变压器安全运行提供可靠依据。

（二）型号含义

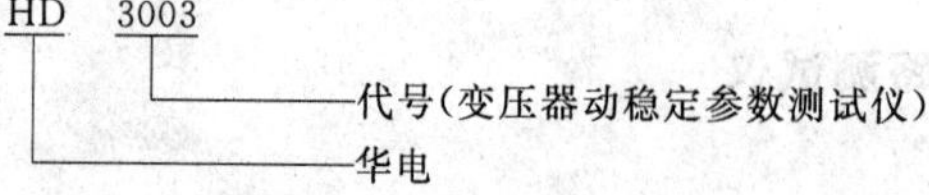

（三）特点

(1) 测试方法采用电抗法，有标准可依，判据明确。

(2) 用低电压法现场测试十分简便，价格仅为频响法测试仪的 1/5。

（四）技术数据

该产品测试项目：短路电抗值 X_K、阻抗电压值 U_K、短路阻抗 Z_K、漏电感 L_K、空载电流 I_0、负载损耗 P_K、空载损耗 P_0、电压电流真有效值、功率、力率。

（五）生产厂

扬州华电电气有限公司。

八、HD3004 型输配电线路工频参数测试仪

（一）用途

HD3004 型输配电线路工频参数测试仪用于测量输配电线路投运前或大修后各种工频参数，作为计算系统短路电流、继电保护整定、推算潮流分布和选择最佳运行方式及故障定位的技术依据。

（二）型号含义

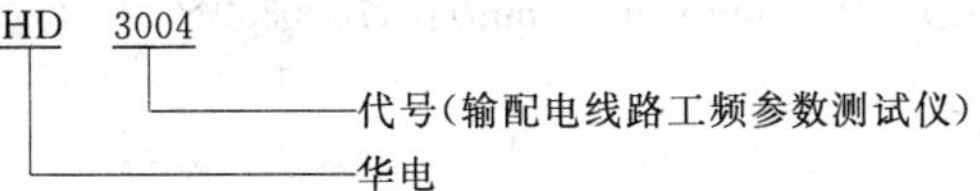

（三）技术数据

该产品测试项目：正序阻抗、零序阻抗、相间电容、正序电容、零序电容、耦合电容、互感阻抗、直流电阻、电压和电流真有效值、功率、力率、频率。

（四）生产厂

扬州华电电气有限公司。

九、GC—2002 智能型变比测量仪

（一）概述

GC—2002 智能型变比测量仪用于测量各种三相变压器的变比和接线组别，同时也能测量各种单相变压器和电压互感器的变化和极性。

该产品以单片机为核心进行测量、计算和控制，具有汉字菜单操作，测试结果显示直观、稳定性好、精度高、测量范围宽，且无须另配高压电源等优点。测试过程全部自动化，并具备高低压侧接线错误保护功能，保证安全可靠。采用高级铝合金外壳包装、抗干扰性强、抗震及防磁能力强，特别适用于野外现场操作。

（二）结构

该产品主要由高精度三相功率源、功放、测量回路、显示等部分组成，见图 2-1-1。

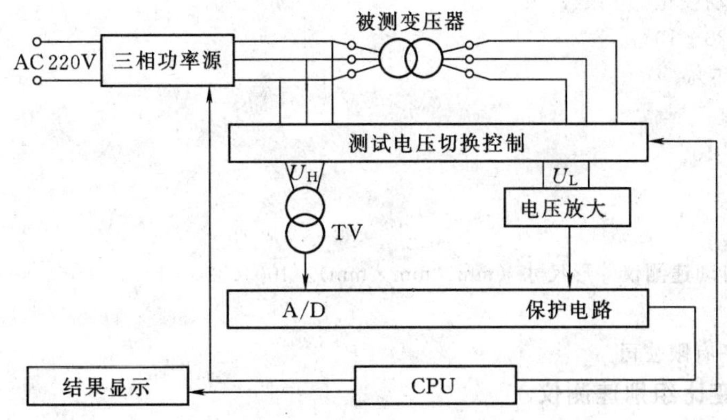

图 2-1-1 GC—2002 智能型变比测量仪结构

（三）原理

组别测量采用三相电压法，变比采用单相电压法，在变压器的高压侧加一个电压，同时测量变压器高压侧、低压侧的电压、计算变比及组别。

（四）技术数据

(1) 被测品接线方式：

单相变压器：I/I。

三相变压器：△/Y，Y/△，△/△，Y/Y。

(2) 变比测试范围：1～10000。

(3) 测量准确度：±（0.2%×读数+2个字）。

(4) 结果显示。

极性显示：正、负。

组别显示：0～12点。

变压比显示：5位。

变比误差显示：5位+“%”。

(5) 工作电压（V）：AC 220±10%。

(6) 频率（Hz）：50±1%。

(7) 环境温度（℃）：0～40。

(8) 相对湿度（%）：≤90（RH）。

（五）外形及安装尺寸

GC—2002智能型变比测量仪外形尺寸（mm×mm×mm）：470×350×220（重量12kg）。

（六）生产厂

武汉国测科技股份有限公司。

十、ZBY—Ⅲ型电压比自动速测仪

（一）用途

ZBY—Ⅲ型电压比自动速测仪是采用现代单片计算机技术研制出的新一代智能化变压比测试装置，直接用于测量各类单相、三相变压器和互感器的组别、变压比值和变压比偏差。

（二）特点

(1) 计算机自动校基准，操作简便，准确度高。

(2) 多次采样测试，由计算机将测试参数进行平均消差处理后，一次性显示结果。数据稳定，记录方便。

(3) 增加“自动确定组别（极性）”功能。

(4) 体积小，测量范围宽。

（三）技术数据

被测变压器的接线方式：△/Y、Ⅱ、Y/△。

变压比的测量范围：1.0000～1000.0。

精度等级（%）：0.2。

数字显示方式：组别二位LED；变化值五位LED；变比偏差四位LED。

仪器校零（基准）：自动校正。

电源电压（V）：AC 220±10%。

电源频率（Hz）：50±5%。

功耗（W）：≤60。

环境温度（℃）：0～+40。

重量（kg）：5。

（四）外形尺寸

ZBY—Ⅲ型电压变比自动速测仪外形尺寸（mm×mm×mm）：400×325×140。

（五）生产厂

武汉中试电力试验设备有限公司。

十一、ZBY—Ⅴ型变比组别速测仪

（一）概述

ZBY—Ⅴ型变比组别速测仪以16位单片机为核心，配以高速外围芯片及先进的制造工艺组合而成，自动测量单相、三相变压器、电压互感器的变比和组别。接线简单、操作使用方便，是目前国内电力变压器变比和组别测试中较先进的仪器，适合广大用户需要。

（二）特点

(1) 测量精度高，稳定性好。

(2) 测量范围广，满足各类用户需要。

(3) 内部产生三相测试电源，不需自配电源。

(4) 大屏幕汉字液晶显示，操作使用一目了然。

(5) 具有高、低压侧接反识别和保护功能，确保使用安全。

(6) 无信号或超量程提示功能，便于发现接线或同类故障。

(7) 配置微型打印机，方便用户保存测试结果。

(三) 工作原理

变比：根据高压侧电压和低压侧电压，经过数据处理得到变比值。

组别：根据高压侧、低压侧线电压相位差，计算出组别。组别为 0～11。本仪器以高压侧的相位为基准，对应于时针 0 点的位置，低压侧相位矢量类似于时钟时针所处的位置，整点时的相位对应 12 种不同相位差的连接组别。如组别为 0，相位差为 0，表示高、低压侧同相。组别为“06”，相位差为 180°，表示高、低压侧相位差 180°。

(四) 技术数据

接线方式：I/I，Y/Y，△/Y，Y/△，△/△。

测量范围：变化 1～9999.9；组别 0～11。

测量误差 (%)：±0.2。

显示方式：大屏幕 LCD，菜单式显示测量结果，打印输出。

工作电源电压 (V)：AC 220±22。

电源频率 (Hz)：50±2.5。

环境温度 (℃)：0～+40。

测量电源电压 (V)：AC 200。

测量电源电流 (A)：0.2。

相对湿度 (%)：≤90。

(五) 外形尺寸

ZBY—Ⅴ型变比组别速测仪外形尺寸 (mm×mm×mm)：400×350×120。

(六) 生产厂

武汉中试电力试验设备有限公司。

十二、ZB—Ⅴ变压器变比组别自动测试仪

(一) 概述

ZB—Ⅴ变压器变比组别自动测试仪用于三相变压器变比和组别的测量，用于测量单相变压器的变比和极性。以单片机为主体，配以精密的电压变送、程控放大和有源滤波电路，全部过程自动化。采用汉字菜单操作，数显直观，精度高、稳定性和抗干扰性能好，重量轻，体积小，操作方便。

(二) 技术数据

电源电压 (V)：AC 220±10%。

电源频率 (Hz)：50±2%。

准确度 (%)：±0.5。

变比测量范围：1～3000。

组别测量范围：1～12。

环境温度 (℃)：−10～+40。

相对湿度 (%)：≤90。

(三) 生产厂

武汉依特电气有限公司、武汉市电气测试设备厂。

十三、BC3670B 变比组别测试仪

(一) 概述

BC3670B 变比组别测试仪器是测量变压器、互感器的电压比、连接标号的专用仪器，采用电压平衡法测量原理，操作简便、读数方便、稳定性好、准确度高、测量范围宽、液晶屏幕显示、汉字提示，面板式微型打印机直接打印测量结果。执行标准 GB 1094—79。

(二) 型号含义

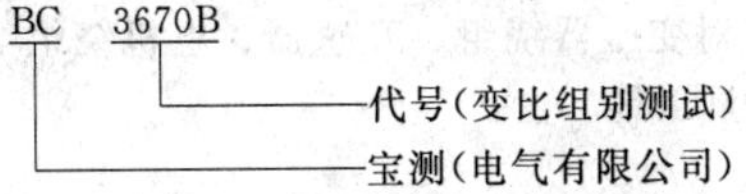

(三) 原理

BC3670B 变比组别测试仪内部有高精度感应分压器，测量时与被测变压器高压端子并接，加入 220V 电压，用软件调节分压器输出，当分压器变比与被测变压器变比相同时，测零回路输出最小。由于仪器采用经典的平衡方式测量，

因此仪器的精确和稳定取决于内部分压器。

（四）性能

（1）测量0～11各种组别（含Z接线）变压器，由内部软件控制测量，外部操作简单。

（2）具有分接测试功能，应用方便。

（3）高低压隔离，可测量自耦变压器。

（4）具有对未知组别、变比分析功能。

（5）自动保护系统完整，避免仪器损坏。

（6）自动记录数字，断电数据不丢失。

（五）技术数据

工作电源电压（V）：AC 220±10%。

电源频率（Hz）：50。

变比测试范围：1～5000。

准确度（%）：0.05。

误差分辨率（%）：0.01。

工频耐压（kV/2min）：2.5（高压侧—低压侧—地）。

环境温度（℃）：－10～＋40。

相对湿度（%）：<80。

重量（kg）：6。

（六）外形及安装尺寸

外形尺寸（长×宽×高）（mm×mm×mm）：430×295×205。

（七）生产厂

扬州宝测电气有限公司。

十四、ST1200型变比组别极性测试仪

（一）概述

ST1200型变比组别极性测试仪用于变压器和互感器等设备的变化、组别和极性的测量。仪器测量准确、精度高，并采用大屏幕液晶显示结果，菜单式汉字提示操作。嵌入式微型打印机输出，也可保存所测结果。结构新颖轻巧，现场使用简便，是同类产品中最为先进的仪器。

（二）型号含义

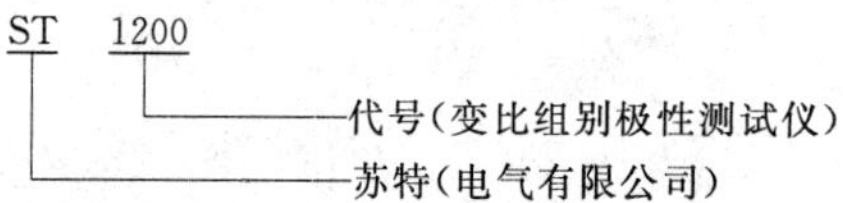

（三）技术数据

测试变比范围：1.000～9999.9。

组别测试范围：1～12点。

测试准确度：0.2%±1个字。

显示位数：变比五位。

误差位数：5位。

电源电压（V）：220。

环境温度（℃）：0～＋40。

外形尺寸（mm×mm×mm）：300×260×120。

重量（kg）：2。

（四）生产厂

南京苏特电气有限公司。

十五、DK203变压器直流电阻测试仪

（一）用途

DK203变压器直流电阻测试仪适用于对变压器绕组、互感器、电机绕组等感性试品的直流电阻的测量，也可作为开关接触电阻、电缆电阻及一般电阻的测量工具。

（二）型号含义

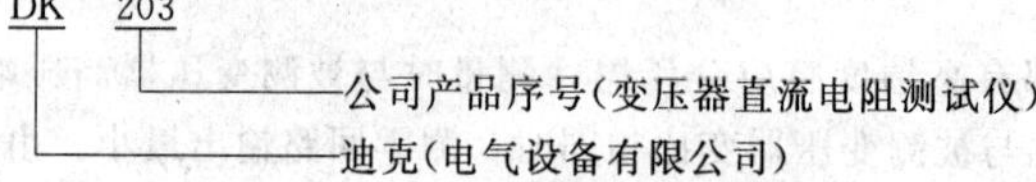

（三）特点

（1）采用先进的大规模集成电路，测量灵敏度高。

（2）数字显示直观清晰。

（3）自动化程度高，具有自动数字调零。

（4）对各种误操作有自动保护功能。

（5）测量速度比电桥快几十倍。

（四）技术数据

测量范围：1μΩ～20kΩ。

精度（级）：0.2。

分辨率（μΩ）：1。

工作电源电压（V）：AC 220±10％。

电源频率（Hz）：50。

环境温度（℃）：0～40。

相对湿度（％）：≤85。

重量（kg）：4。

（五）生产厂

武汉迪克电气设备有限公司。

十六、GCKZ—2系列直流电阻快速测量仪

（一）概述

GCKZ—2系列直流电阻快速测量仪利用高准确度、高稳定度的直流恒定电流通过被测电阻，并用四位半DVM测量被测电阻两端电压的方法确定电阻值，因此在测量大电感设备的直流电阻时能快速建立测量电流，使测试时间大大缩短。这种测量方法是目前国内外测量电力变压器绕组等大电感设备直流电阻速度最快的一种方法。

使用条件：

（1）工作电源：AC 220V±10％，50Hz±1％。

（2）环境温度（℃）：0～40。

（3）相对湿度（％）：＜90（RH）。

（二）特点

该产品是直流双臂电桥和单臂电桥的换代产品，具有测量速度快、稳定性好、精度高、数字显示直观、抗干扰性强等优点，是测量各种电阻尤其是大电感设备直流电阻的理想仪器。

（三）原理

GCKZ—2系列直流电阻快速测量仪原理，见图2-1-2。

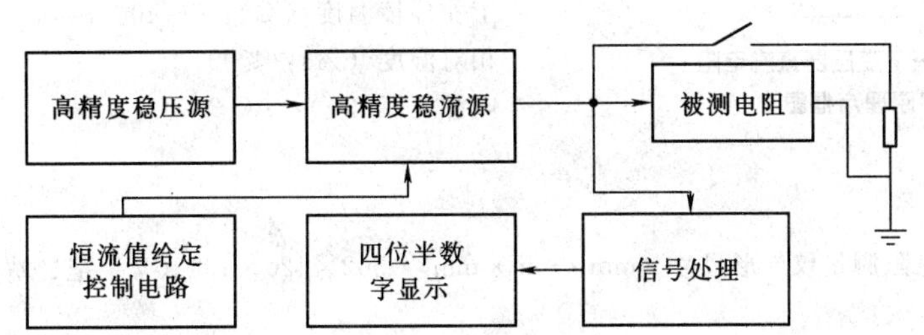

图2-1-2 GCKZ—2系列直流电阻快速测量仪原理图

稳压源为高精度低纹波电源，提供1.0A的电流输出（GCKZ—2A型可提供5A的电流输出）。稳流源输出的电流受分挡切换控制电路的控制。当测量选择不同挡位时，输出不同的稳定电流，见表2-1-1。

表2-1-1 选择不同挡位输出不同的稳定电流（工作电流）

型号	挡位						
	20mΩ	200mΩ	2Ω	20Ω	200Ω	2kΩ	20kΩ
GCKZ—2	1A	1A	1A	0.1A	0.01A		0.1mA
GCKZ—2A	5A	5A	1A	0.1A	0.01A	1.0mA	

当恒流电流通过被测电阻时在被测电阻上产生稳定的电压信号，经信号处理电路后由四位半数字表直接显示电阻

值。当测量大电感的直流电阻时，测试结束后，电感上储存一定的电荷，按“放电按键”，电感两端随即并接一大功率电阻，使电感快速放电，放电后才能拆除测试接线。

（四）技术数据

(1) 测量范围：1μΩ～20000Ω共6挡。

20mΩ挡：0～19.999mΩ。

200mΩ挡：0～199.99mΩ。

2Ω挡：0～1.9999Ω。

20Ω挡：0～19.999Ω。

200Ω挡：0～199.99Ω。

20kΩ挡：0～19999Ω（2kΩ挡：0～1999.9Ω）。

(2) 工作电流见表2-2-1。

(3) 测量准确度：±（0.1%R_X+0.02%R_M）。R_X——读数；R_M——该挡满量程读数。

(4) 分辨率（μΩ）：1。

(5) 显示方式：四位半数字显示。

（五）外形及安装尺寸

GCKZ—2系列直流电阻快速测量仪外形尺寸（mm×mm×mm）：330×280×225（重量6kg）；

GCKZ—2A型外形尺寸（mm×mm×mm）：360×320×245（重量7.5kg）。

（六）生产厂

武汉国测科技股份有限公司。

十七、BZC—Ⅴ变压器直流电阻测量仪

（一）概述

BZC—Ⅴ变压器直流电阻测量仪是新一代感性负载直流电阻测量仪器，采用89C54单片机和16位AD作测控主件，测速快，精度高，操作简单，便于携带，是电力部门用于测量变压器、发电机、电抗器绕组直流电阻的专用仪器。

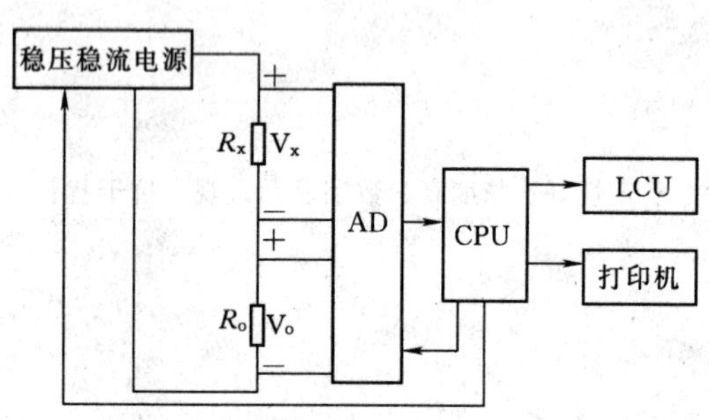

图2-1-3　BZC—Ⅴ变压器直流电阻测量仪电路原理方框图

（二）原理

该产品电路原理，见图2-1-3。

（三）技术数据

测量范围：5mΩ～200Ω。

测量电流：R_x≤1Ω　5A；R_x≤2Ω　3A；R_x≤10Ω　1A；R_x≤200Ω　80mA。

测量精度：5mΩ≤R_x≤10Ω　0.1级（±0.1%）；10Ω≤R_x≤200Ω　0.2级（±0.2%）。

工作环境温度（℃）：0～40。

相对湿度（%）：≤90。

电源电压（V）：AC 220。

电源频率（Hz）：50。

（四）外形尺寸

BZC—Ⅴ变压器直流电阻测量仪外形尺寸（mm×mm×mm）：302×420×154（含手把、站架）。

（五）生产厂

武汉中试电力试验设备有限公司。

十八、HBY—Ⅲ变压器直流电阻测试系统

（一）用途

HBY—Ⅲ变压器直流电阻测试系统用于测试变压器直流电阻。

（二）技术数据

该产品技术数据，见表2-1-2。

环境温度（℃）：0～45。

相对湿度（%）：<90。

工作电源电压（V）：AC 220±10%。

电源频率（Hz）：50±1。

表 2-1-2 HBY—Ⅲ变压器直流电阻测试系统

型　号	HBY—Ⅲ	HBY—Ⅲ	HBY—Ⅲ	HBY—Ⅲ	HBY—Ⅲ	HBY—Ⅲ	HBY—Ⅲ
最大恒流输出（A）	DC40	DC20	DC10	DC5	DC3	DC2.5	DC1
量程（mΩ）	1～500	1～1000	1～2000	1～4000	2～7000	2～8000	1～20000
分辨率（W）	1	1	1	1	1	1	1
精度（级）	0.1	0.2	0.2	0.2	0.2	0.2	0.2
外形尺寸（mm×mm×mm）	440×400×160				400×300×120	400×400×160	400×300×120
重量（kg）	15	12	11	10	10	4.5	2

（三）生产厂

扬州华电电气有限公司。

十九、LSC—Ⅲ智能型变压器直流电阻测试仪

（一）概述

LSC—Ⅲ智能型变压器直流电阻测试仪应用单片机高精度的程控恒压、恒流技术测试变压器直流电阻。采用双路比较分析，自动测量，人机对话，自动打印，操作及读数方便。

（二）技术数据

测试电流（A）：20～40。

电阻范围：2mΩ～2000Ω。

分辨率（μΩ）：0.1。

精确度（级）：0.2。

（三）生产厂

武汉依特电气有限公司、武汉市电气测试设备厂。

二十、LSC—31、32感性负载直流电阻快速测试仪

（一）概述

LSC—31、32感性负载直流电阻快速测试仪为第三代感性负载直流电阻测试产品，用于测试大型变压器直流电阻。采用新型大容量恒流电源充电，1A和10A两挡可选，充电时间短。信号处理采用程控放大技术，准确度高。操作由大型液晶汉化提示，打印输出数据。

（二）技术数据

测量范围（Ω）：10^{-6}～8。

分辨率（μΩ）：1。

准确度（%）：±0.5。

测试电流（A）：1、10两挡。

安全保护：具有自动消弧功能。

电源电压（V）：220±10%。

电源频率（Hz）：50。

（三）生产厂

武汉依特电气有限公司、武汉市电气测试设备厂。

二十一、BC2540B感性负载直流电阻测试仪

（一）概述

BC2540B感性负载直流电阻测试仪是测量变压器、电机、互感器等电感性设备的直流电阻新型仪器，采用开关电源，特别适用于测量感性负载电阻，测量时补偿大电感设备电流惯性，使测试电流迅速达到稳定值，缩短测试时间，是取代单、双臂电桥的理想产品。

（二）型号含义

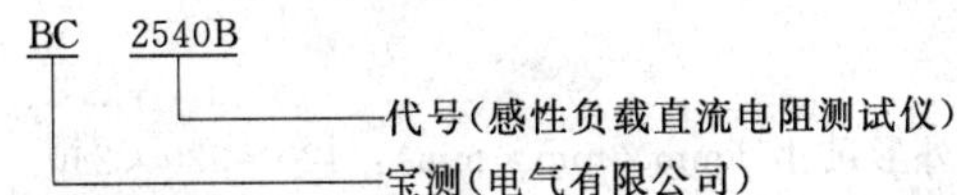

（三）特点

(1) 以24MHz高速微控制器为核心，采用高速A/D转换器及程控电流源技术，自动化程度高，测试速度快，数据

稳定，重复性好。

(2) 测试电流设定方便快捷。

(3) 采用背光汉字液晶显示，菜单操作简便，清晰度高，可打印测试结果。

(四) 技术数据

直阻测量范围：电流10A，0.1μΩ～0.1Ω；电流1A，0.1～10Ω；电流0.05A，10～200Ω。

测量准确度：0.1%±1个字。

最小显示分辨率（μΩ）：0.1。

电流源最大输出功率（W）：100。

工作电源电压（V）：AC 220±10%。

电源频率（Hz）：50。

环境温度（℃）：－10～＋40。

外形尺寸（mm×mm×mm）：350×230×130。

重量（kg）：3，7。

(五) 生产厂

扬州宝测电气有限公司。

二十二、BRT—Ⅱ型直流电阻速测仪

(一) 概述

BRT—Ⅱ型直流电阻速测仪是取代直流单、双臂电桥的高精度仪表，采用先进的开关电源恒流源技术，具备自动调零和自动消弧功能，交直流两用，便于现场和野外操作，是测量各种感性负载电阻的理想工具。

(二) 技术数据

测量范围：1μΩ～20mΩ，20～200mΩ，0.2～2Ω，2～20Ω，20～200Ω，200～2000Ω。

（被测量值大于各上限量程时，首位显示“E”，后四位数显示“0”，即“E0000”。）

测量精度：±0.2%±2个字（FS）。

分辨率：1μΩ，10μΩ，0.1mΩ，1mΩ，10mΩ。

恒流源：2A（1μΩ～2Ω）；0.2A（2～20Ω）；0.02A（20～200Ω）；0.002A（200～2000Ω）。

环境温度（℃）：0～＋40。

相对湿度（%）：＜85。

(三) 生产厂

武汉中试电力试验设备有限公司。

二十三、BY—Ⅲ直流电阻快速综合测量仪

(一) 概述

BY—Ⅲ直流电阻快速综合测量仪集变压器直流电阻仪与回路（接触）电阻测试仪两种仪器的测试功能为一体，一机两用。双通道输出，具有助磁功能、自动消弧。采用国际流行的条图光柱双重显示。共源、共输出端口。

(二) 技术数据

(1) 直流电阻仪。

测量范围：1μΩ～200kΩ。

精度（级）：0.2。

恒流输出（A）：10，1，0.1（DC）。

(2) 回路仪。

测量范围：0.1μΩ～2mΩ。

测试电流（A）：≥100（DC，连续工作）。

工作电源电压（V）：AC 220±10%。

电源频率（Hz）：50。

(3) 重量（kg）：14。

(三) 外形尺寸

BY—Ⅲ直流电阻快速综合测量仪外形尺寸（mm×mm×mm）：420×320×240。

(四) 生产厂

武汉依特电气有限公司、武汉市电气测试设备厂。

二十四、ST1300直流电阻速测仪

（一）概述

ST1300直流电阻速测仪是测量变压器、电机、互感器等电感性设备的直流电阻而设计的新型仪器，采用开关电源，特别适用于测量感性负载电阻，测量时能补偿大电感设备电流惯性，使测试电流迅速达到稳定值，缩短测试时间，是取代单、双臂电桥的理想产品。

该仪器以单片微机为控制核心，自动化程度高、测试速度快，128×64点阵式液晶汉字显示，汉字菜单提示操作，使用简单方便。打印测量结果，便于保存和比照以往的测试结果。

（二）型号含义

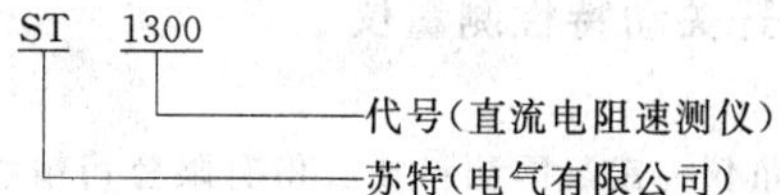

（三）技术数据

直流电阻测量范围：充电电流10A时，1μΩ～1Ω；充电电流1A时，1～10Ω；充电电流10mA时，10Ω～1kΩ。

测量准确度：0.1%±1个字。

仪器最小分辨率（μΩ）：1。

工作电源电压（V）：220。

电源频率（Hz）：50。

重量（kg）：1.5。

外形尺寸（mm×mm×mm）：430×280×200。

（四）生产厂

南京苏特电气有限公司。

二十五、HD2000型伏安特性变化、极性综合测试仪

（一）技术数据

输入电压（V）：交流220，380。

电源频率（Hz）：50。

输出电压（V）：0～500（输入220V时）；0～1000（输入380V时）。

电流（A）：240（最大瞬时电流测量比时）；15（伏安特性测试时）。

数字电压表测量范围（V）：0～9.9，分辨率0.1。

数字电流表测量范围（A）：0～15，分辨率0.01。

误差（%）：≤3。

环境温度（℃）：0～+40。

重量（kg）：21。

（二）外形及安装尺寸

外形尺寸（长×宽×高）（mm×mm×mm）：470×340×260。

（三）生产厂

扬州华电电气有限公司。

二十六、ST1500型伏安特性测试仪

（一）概述

ST1500型伏安特性测试仪采用高精度LED数字显示电压和电流表，内置大容量输出变压器，适用于电力系统TA伏安特性试验。体积小、重量轻，便携式铝合金机箱，外形美观，使用方便。

（二）型号含义

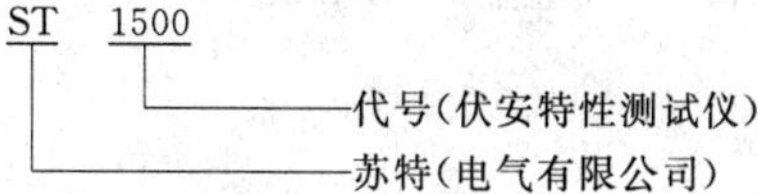

（三）技术数据

输入电源：AC 220V，25A，50Hz。

输出容量：1000V时，输出电流为5A；500V时，输出电流为10A。

输出电压波形失真度（%）：≤1。

数字电压表：$4\frac{1}{2}$LED，显示精度0.5级；量程0～2000V，分辨率0.1V。

电流表：$4\frac{1}{2}$LED，显示精度0.5级，量程0～10A，分辨率：10mA。

使用环境温度（℃）：－10～＋40。

相对湿度（%）：<80。

外形尺寸（mm×mm×mm）：600×400×300。

重量（kg）：38。

（四）生产厂

苏特电气有限公司。

二十七、GCKC—3（PC机型）开关动特性测量仪

（一）概述

GCKC—3（PC机型）开关动特性测量仪为武汉国测科技股份有限公司精心设计的新一代智能仪器，适用于多油、少油、真空、SF_6等高压断路器的时间特性测试，配相应的测速传感器可测断路器的速度特性，亦可用于接触器、继电器等低压电器的分、合闸时间、同期性的测量。

该产品具有国内外同类产品所无法比拟的优异品质。以数字信号处理器（DSP）为核心，大量采用可编程逻辑列阵（PLD），以极高的运算速度高效地完成测量信号的采集和处理，同时可以通过在线编程，完成仪器的更新换代。

GCKC—3开关动特性测量仪的配套传感器适应各种类型开关的结构要求。采用最新的虚拟仪器设计，采用便携式电脑和针对国内外不同类型断路器动特性测试开关的专业软件，只需操作PC机的鼠标和键盘，输入试验参数，即可完成开关综合特性的测量、分析、存储和打印。采用软、硬件两方面共5项抗干扰措施，保证测试数据的可靠性。

（二）特点

(1) 测试功能强大，适用于国产、进口的各种类型（多油、少油、SF_6、真空等）高压开关机械特性相关参数测试（可同时测量12个断口的分合闸时间、同期差、弹跳时间、行程、速度等）。

(2) 灵活而专业的人机对话功能。

(3) 无纸化的光线示波仪。有12路时间测量通道，同时记录不小于0.01ms的所有跳变及跳变点的时间值。运用缩放和瞬时数据查询功能可对跳变细节进行分析、读数。有关功能远比光线示波仪优越，操作简单。

(4) 丰富的特性曲线分析功能。

(5) 高可靠性，能承受频繁的震动与冲击，能承受500kV变电现场的电磁干扰。

(6) 实用的打印功能。

（三）结构

该产品由笔记本电脑、主机、附件箱、线四大部分组成。

（四）技术数据

(1) 电压（V）：AC 220±10%。

(2) 频率（Hz）：50±1%。

(3) 环境温度（℃）：－10～＋50。

(4) 相对湿度（%）：≤90（RH）。

(5) 时间测试。

测试范围（ms）：0.001～10000。

准确度：±（0.1%×读数±1个字）。

(6) 速度测试。

测速范围：1mm传感器0.01～50.00m/s；0.1mm传感器0.001～5.00m/s。

准确度：1mm传感器±（0.5%×读数±1个字）；0.1mm传感器±（1%×读数±1个字）。

(7) 行程测试。

测试范围：1mm传感器0～750mm；0.1mm传感器0～80mm。

准确度：±（1%×读数±1个字）。

（五）外形及安装尺寸

GCKC—3（PC机型）开关动特性测量仪外形尺寸，见表2-1-3。

表2-1-3　　GCKC—3（PC机型）开关动特性测量仪外形尺寸

GCKC—3（PC机型）	外形尺寸（mm×mm×mm）	重量（kg）	型　式
主　机	320×140×300	6	便携式
附件箱	150×114×1160	7	便携式

（六）生产厂

武汉国测科技股份有限公司。

二十八、GKC—B4型高压开关特性测试仪

（一）概述

GKC—B4型高压开关特性测试仪是为适应现场需要开发研制的专用仪器，以单片机为核心进行采样、处理和输出、汉字提示、人机对话、结果打印，具有智能化、功能多、数据准确、抗干扰、操作简单、体积小、重量轻、外观美等特点，适用于各种户内外少油和多油开关、真空开关、SF_6开关动作特性测试。便携式，铝合金包装。

（二）技术数据

(1) 电源电压（V）：AC 220±10%。

电源频率（Hz）：50±5%。

(2) 使用条件。

环境温度（℃）：－10～＋40。

相对湿度（%）：＜80。

(3) 安全性能。

绝缘电阻（MΩ）：＞2。

漏电流（mA）：＜3.5。

介电强度：电源进线对机壳能承受1500V（50Hz有效值）1min的耐压。

(4) 时间测试。

测试范围（ms）：0.1～997。

准确度：±（0.1%读数＋1个字）。

图形显示：13路≥0.1ms所有跳变。

(5) 速度测试。

测速范围（m/s）：0.01～25.00（1mm传感器）；0.001～2.50（0.1mm传感器）。

准确度：±（1%读数＋1个字）（1mm传感器）；±（2%读数＋1个字）（0.1mm传感器）。

(6) 行程测试。

测试范围（mm）：0～750（1mm传感器）；0.1～40（0.1mm传感器）。

准确度：±（1%读数＋1个字）。

(7) 电流特性测试。

测试范围：40mA～10A。

分辨率（mA）：40。

准确度：±（1%读数＋40mA）。

(8) 输出直流电源。

输出电压（V）：0～250连续可调。

输出电流（A）：≤15。

(9) 负载变化率（%）：≤5。

（三）外形尺寸

GKC—B4型高压开关机械特性综合测试仪外形尺寸（mm×mm×mm）：主机400×300×180（重量10kg）；附件800×300×120（重量15kg）。

（四）生产厂

武汉中试电力试验设备有限公司。

二十九、BC6880开关机械特性测试仪

（一）概述

BC6880开关机械特性测试仪用于各种电压等级的真空、SF_6、多油、少油等高压开关的机械参数的调试与特性测量，一次合分操作获得全部的特性数据。应用光电脉冲技术、单片机技术及可靠的抗电磁辐射技术，配以精确可靠的速度/距离传感器，由进口元器件组装而成，集成化程度高，执行标准GB 3309—89。

（二）型号含义

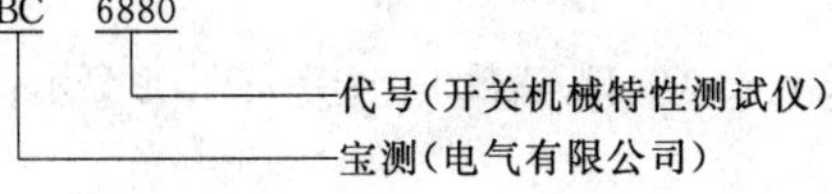

（三）特点

（1）采用最先进的传感器，精确、可靠、安装方便，适应面广。

（2）对开关操作电压适应范围大，DC 60～220V 均可操作。

（3）自动判别并显示开关操作中的错误指令和不成功操作。

（4）测试方法灵活，无论是合闸操作、分闸操作，一次操作就能获得所需测量数据。

（5）测量数据窗口显示，打印输出，并能提供6个断口的电流波形图和一个断口动触头的时间—行程波形图。

（6）抗干扰能力强，在较强的电磁场中正常工作，适合变电站现场测试。

（7）自带 220V/5A 直流操作电源，现场操动各种开关，并具有延时（1s）断电功能。

（8）体积小、重量轻、便于携带。

（四）结构

该产品由主机和传感器两部分组成，铝合金防震箱包装。

（五）技术数据

工作电源电压（V）：AC 220±10%。

电源频率（Hz）：50。

操作电压范围（V）：AC 或 DC 110～250。

功耗（W）：≤20。

环境温度（℃）：－10～＋40。

速度范围（m/s）：0～14。

时间范围（ms）：0～999。

外形尺寸（mm×mm×mm）：440×300×150。

主机重量（kg）：10。

（六）生产厂

扬州宝测电气有限公司。

三十、ZGS® HDKC—500 型断路器动特性测试仪

（一）概述

ZGS® HDKC—500 型断路器动特性测试仪适用于少油、多油、真空、SF_6 等所有类型高压开关的机械特性综合测试，亦适用于电磁动作类电器（如接触器、继电器等）的时间测试。

该仪器采用大屏幕液晶显示屏，能实时准确地显示数据、时间、行程、速度、电流波形等有效资料及图形，并通过键盘预置速度定义和测试波形的动态分析及计算；设置有微型打印机，可现场打印实现数据。内置直流操作电源，亦可外接直流屏电源，或进行同步交（直）流操作回路操动信号的灵活测试。配备 0.1mm 及 1mm 线性位移传感器、1°角位移光电测速传感器和全套安装测试附件。

（二）型号含义

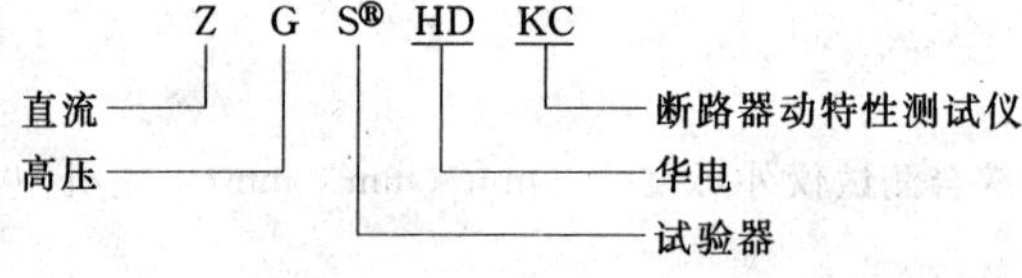

（三）技术数据

（1）使用电源。

电压（V）：AC 220±10%；频率（Hz）：50±5%。

（2）使用环境。

环境温度（℃）：－0～＋40；相对湿度（%）：＜80。

（3）安全性能。

绝缘电阻（MΩ）：＞2；漏电流（mA）：＜3.5。

介电强度：电源进线对机壳能承受 1500V/1min（50Hz 时的有效值）。

（4）时间测试。

测试范围（ms）：0.1～997；准确度：±（0.1%读数＋2 个字）；图形显示：13 路≥0.1ms 所有跳变。

（5）速度测试。

测速范围：1mm 传感器 0.01～16.66m/s（标准配置）；2mm 传感器 0.02～33.32m/s；0.1mm 传感器 0.001～1.66m/s（标准配置）；0.2mm 传感器 0.02～3.332m/s；1°角传感器 1 周波/1°。

准确度：1mm 传感器±（1%读数+1 个字）；0.1mm 传感器±（2%读数+1 个字）；1°角度传感器±（1%读数+1 个字）。

（6）行程测试。

测试范围：1mm 传感器 0～750mm；0.1mm 传感器 0.1～40mm；1°角度传感器 0～360°。

准确度：±（1%读数+1 个字）。

图形显示：$S-t$ 曲线及每 1mm 或 0.1mm 或 1°位移（转角）的数值。

（7）电流特性测试。

测试范围：40mA～10A。

分辨率（mA）：40。

准确率：±（1%读数+40mA）。

图形显示：$I—t$ 曲线及曲线上每一点（I，t）的参数值。

（8）直流电源。

输出电压：0～250V 连续可调。

输出电流（A）：≤10。

（9）负载变化率（%）：≤5。

（四）外形及安装尺寸

ZGS® HDKC—500 断路器动特性测试仪为铝合金便携式，外形尺寸（mm×mm×mm）：440×330×165（重量 8.6kg）；附件外形尺寸（mm×mm×mm）：820×305×135（重量 16kg）。

（五）生产厂

苏州华电电气技术有限公司。

三十一、GC—2003 接触电阻测试仪

（一）概述

GC—2003 接触电阻测试仪用于接点、断路器、开关等设备的接触电阻和载流导体的电阻测量。

该产品输出电流调节范围宽，输出信号稳定，测量准确度高，读数直观。采用一体化的直流电流发生器，省掉笨重的调压器、升流器，体积小，重量轻，具有过流保护，可靠性高。集直流大电流源、数字电流表及微欧表于一体，可作直流大电流源单独使用。

使用条件：

（1）工作电源：AC 220V±10%，50Hz±1%。

（2）环境温度（℃）：0～40。

（3）相对湿度（%）：≤90（RH）。

（二）型号含义

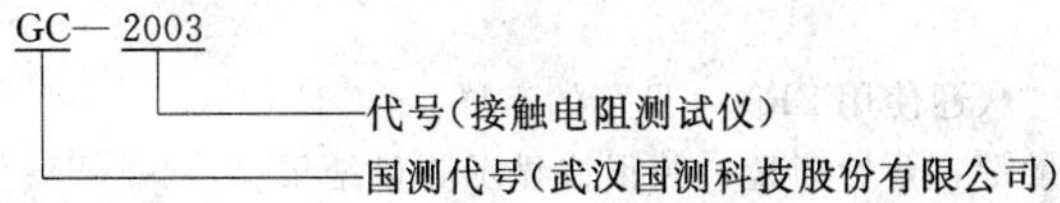

（三）结构及原理

GC—2003 接触电阻测试仪由直流电流发生器、电阻测量、电流测量和过流保护电路组成。工作原理，见图 2-1-4。

（四）技术数据

（1）测量范围（μΩ）：0～2000。

（2）输出电流（A）：0～100。

（3）准确度。

电流：±（1%×读数±1A）。

电阻：±（2%×读数+1μΩ）。

（4）分辨率。

电流 0.01A；电阻 0.1μΩ。

（五）外形及安装尺寸

GC—2003 接触电阻测试仪外形尺寸（mm×mm×mm）：450×350×260（重量 13kg）。

（六）生产厂

武汉国测科技股份有限公司。

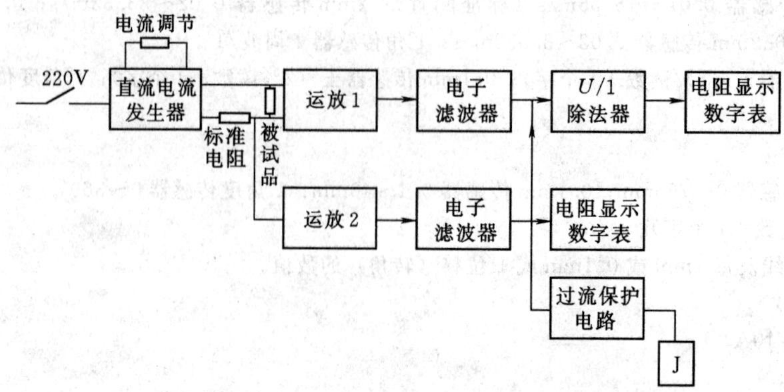

图2-1-4　GC—2003接触电阻测试仪工作原理图

三十二、ZRY—Ⅱ型接触电阻测试仪

（一）用途

ZRY—Ⅱ型接触电阻测试仪适用于高压开关、石墨电炉、铜及铝母线等各种电器的接触电阻及回路电阻的测量。

（二）特点

该产品采用开关电源等新器件，具有重量轻、体积小、读数直观、操作简便、准确度高、性能可靠等特点，并有过流、过热、过压保护功能。

（三）技术数据

电源电压（V）：AC 220±10%。

电源频率（Hz）：50±5%。

环境温度（℃）：0～40。

输出电流（A）：100。

显示方式：电流表　100A；微欧表　1999μΩ。

精度（%）：±2。

最高分辨率（μΩ）：1。

（四）生产厂

武汉中试电力试验设备有限公司。

三十三、ZRY—Ⅲ型接触电阻测试仪

（一）概述

ZRY—Ⅲ型接触电阻测试仪是采用单片机控制和液晶显示技术，具有体积小、重量轻、测量迅速、方便读数等特点。单片机精确控制每次测量时100A电流的通电时间，更有利延长仪器的使用寿命，性能更稳定。

（二）特点

(1) 打开电源仪器，画面显示“欢迎使用ZRY—Ⅲ”的字样。

(2) 在测量指示灯亮时按下测量键，开始测量，并很快显示测量结果。

(3) 如果测量电流过小或电阻值过大超量程，仪器会显示“超出电阻测量范围或电流源过热保护，请稍候”的字样。

(4) 正常的测量结果分三行显示，第一行显示电流，第二行显示电阻，第三行显示电导，文字的后面即为测量结果。

（三）技术数据

工作电源（V）：AC 20±10%。

电源频率（Hz）：50±5%。

测量范围（μΩ）：1～19999。

测量误差（%）：±0.5。

电流分辨率（A）：0.1。

电阻分辨率（μΩ）：1。

恒流源（A）：100（不可调）。

（四）生产厂

武汉中试电力试验设备有限公司。

三十四、ST2700 型回路电阻测量仪

（一）概述

ST2700 型回路电阻测量仪用于方便进行接点、断路器和开关等设备的接触电阻及载流导体的测量，还可短时间作为直流大电流源单独使用。

该产品采用直流恒流源，测量精度高，显示稳定。单片机智能控制，操作简便，测量和打印。执行标准 GB 763—74、IEC 694—84。

（二）型号含义

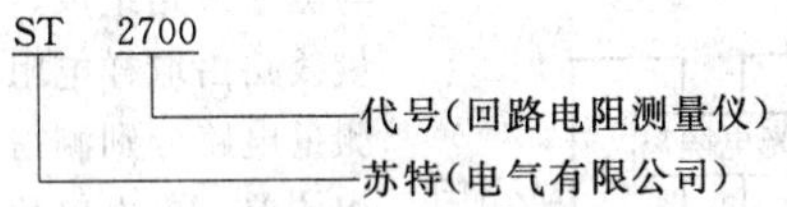

（三）技术数据

工作电源电压（V）：AC 220±10%。

电源频率（Hz）：50。

测量范围（μΩ）：0～20000。

测量分辨率（μΩ）：0.1。

精度：0.1%±1 个字。

重量（kg）：2.5。

外形尺寸（mm×mm×mm）：430×280×200。

（四）生产厂

南京苏特电气有限公司。

三十五、BC1770 回路电阻测试仪

（一）概述

BC1770 回路电阻测试仪采用数字电路技术和开关电路技术制作，是用于开关控制设备的接触电阻、回路电阻测量的专用设备，可在 100A 电流下直接测得回路电阻或接触电阻。测量准确，性能稳定，采用直流恒流源，测量精度高，适合电力、供电部门现场高压开关维修和高压开关回路电阻测试。执行标准 GB 763—74、IEC 694—84。

（二）型号含义

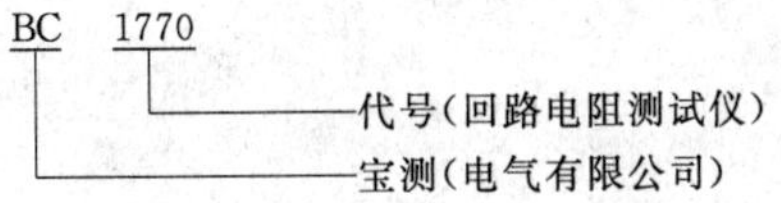

（三）原理

该产品采用交—直—交逆变技术和脉宽调制方法，自动调节电流（也可手动）达到恒流 100A。

（四）技术数据

工作电源电压（V）：AC 220±10%。

电源频率（Hz）：50。

电流源输出（A）：0～100。

测量范围（μΩ）：0～2000。

测量精度（级）：1.0，0.5。

分辨率（μΩ）：1。

显示方式：三位半 LED 数字显示。

重量（kg）：8。

（五）外形及安装尺寸

外形尺寸（长×宽×高）（mm×mm×mm）：480×350×205。

（六）生产厂

扬州宝测电气有限公司。

三十六、GWS—4C 抗干扰介质损耗测试仪

（一）概述

GWS—4C 抗干扰介质损耗测试仪是保证在强电场干扰下，全自动准确测量发电厂、变电站等现场的各种高压电力设备介损正切值及电容器的高精度仪器。同样适用于车间、试验室、科研单位测量高压电器设备的 tanδ 及电容量，配以绝缘油杯可测试绝缘油介质损耗，是目前非常理想的介损测量设备。

该仪器可用正、反接线方法测量不接地或直接接地的高压电器设备。内部装备高压升压变压器，采取过零合闸、防

雷击等安全保护措施。直接加220V交流电源，可输出2、5、10kV不同等级的高压。

（二）型号含义

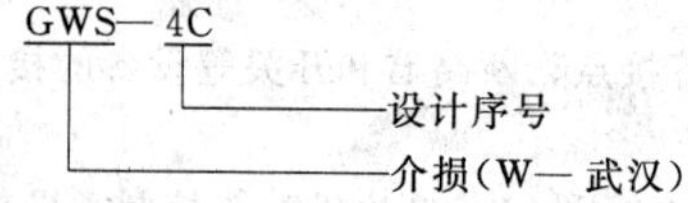

（三）工作原理

该仪器测量线路包括一标准回路（C_N）和一被试回路（C_X），见图2-1-5。标准回路由内置高稳定度标准电容器与测量线路组成，被试回路由被试品和测量线路组成。测量线路由取样电阻与前置放大器和A/D转换器组成。通过测量电路分别测得标准回路电流与被试回路电流幅值及其相位差，再由单片机运用数字化实时采集方法，通过矢量运算可得试品的电容值和介质损耗正切值。

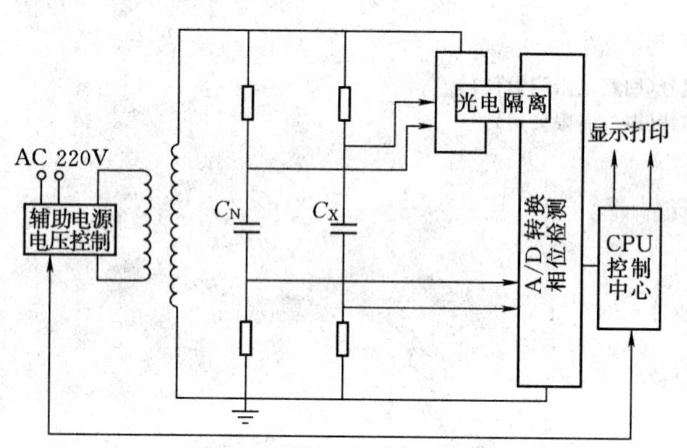

图2-1-5 GWS—4C抗干扰介质损耗测试仪测量原理

（四）结构特点

(1) 大屏幕中文菜单。

(2) 操作简单方便。

(3) 一次操作。

(4) 微机自动完成全过程。

（五）技术数据

高压输出（kV）：2，5，10三挡。

容量（VA）：1000。

$\tan\delta$测量范围（%）：<50。

C_X测量范围（pF）：30～60000。

精度（正、反接法）：

$\tan\delta<10\%$	$\Delta\tan\delta$：±（读数×2.0%+0.05%） ΔC_X：±（读数×1.0%+1.0pF）	$10\%<\tan\delta<50\%$	$\Delta\tan\delta$：±（读数×2.0%+0.05%） ΔC_X：±（读数×1.0%+1.5pF）

$\tan\delta$分辨率（%）：0.01。

C_X分辨率（pF）：0.1。

电源电压（V）：AC 220±10%。

电源频率（Hz）：50±1。

电源谐波适应能力（%）：≤3。

电源脉冲干扰适应能力（%）：≤5。

环境温度（℃）：5～40。

相对湿度（%）：<80。

重量（kg）：30。

（六）外形尺寸

GWS—4C抗干扰介质损耗测试仪外形尺寸（长×宽×高）（mm×mm×mm）：470×320×390。

（七）生产厂

武汉迪克电气设备有限公司。

三十七、GC—2004A智能型介损测量仪

（一）用途

GC—2004A智能型介损测量仪主要用于测量各种高压电气设备的绝缘介质损耗因数$\tan\delta$与电容量的精密测量仪器，用于鉴别电气绝缘设备污染、破裂、穿孔、受潮等缺陷和隐患。自动测量干扰并有双重抗干扰能力，接线十分简便，适用于现场使用。

（二）型号含义

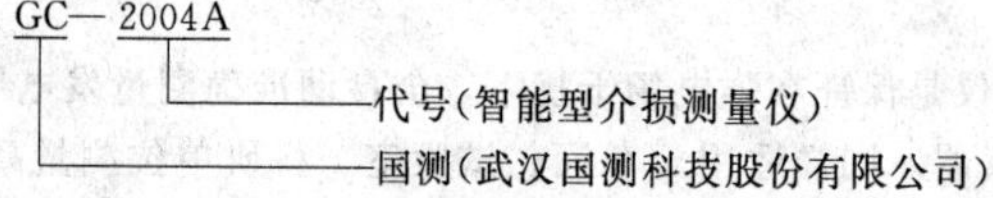

（三）结构特征

该产品为单箱体结构，携带方便。全金属外壳，有利于整机的屏蔽。连线采用插座接线，避免接错。双重屏蔽结

构，消除杂散干扰。

（四）工作原理

GC—2004A智能介损测量仪工作原理，见图2-1-6。

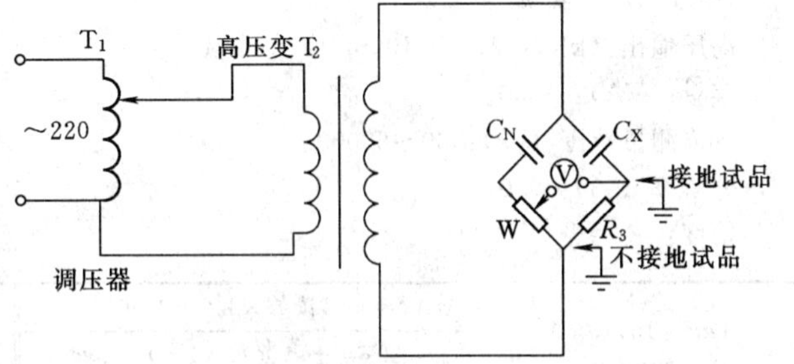

图2-1-6 GC—2004A智能介损测量仪工作原理

（五）特点

(1) 操作简单，自动测试。

(2) 采用中文显示模式。测量电容值、介损值等显示结果直观。

(3) 双重抗干扰措施，适用于强干扰现场使用。

(4) 具有较高的分辨率和准确度，配上标准油杯后可测量绝缘油的介质损耗因数。

(5) 所有正常操作均在“地”电位，无过电压危险。

(6) 测量系统和高压系统均采用可靠屏蔽，消除了内部干扰。

(7) 对频率不敏感，可对45～65Hz范围内的信号进行测量。

(8) 便于携带两件套结构，使用方便、安全。

（六）技术数据

测试方法：正接法、反接法。

内部高压最大容量（kVA）：1。

输出最大电流（mA）：100。

介损测量范围（%）：0～50。

介损测量准确度：$\Delta\tan\delta$=±（读数×2%+0.03%）。

介损$\tan\delta$最小分辨率（%）：0.001。

电容C_X测量范围：

4～20000pF连续测试；

20000～30000pF测试时间＜30min；

30000～39000pF测试时间＜10min。

电容测量准确度：ΔC_X=±（读数×2%+4pF）。

工作电源：电压220V+10%，频率50Hz±5%。

电源谐波适应能力：3.0%以内。

电源脉冲干扰适应能力：5.0%以内。

环境温度（℃）：-5～+40。

相对湿度（%）：≤85（不结露）。

（七）外形及安装尺寸

GC—2004A智能型介损测量仪外形尺寸（mm×mm×mm）：470×330×330（重量31.5kg）；线缆箱外形尺寸（mm×mm×mm）：470×330×150（重量7.5kg）。

（八）生产厂

武汉国测科技股份有限公司。

三十八、GWS—4型抗干扰介损自动测量仪

（一）用途

GWS—4型抗干扰介损自动测量仪，是一种全自动测量各种高压电气设备的绝缘介质损耗因数$\tan\delta$和电容量C_X的精密测量仪器，用以鉴别电气绝缘设备污染、破裂、穿孔、老化、受潮等缺陷，非常适合于现场使用。

（二）特点

(1) 操作简单自动测量。

(2) 屏幕液晶显示，直观简便。

(3) 全自动电脑打印，直接输出电压、电容介损各项指标。

(4) 较高的分辨率和准确度。

(5) 测量系统和高压系统均采用可靠屏蔽，消除仪器内部干扰。

(6) 可用正、反接线法测量不接地或直接接地的高压电器设备。

(7) 内部装备高压升压变压器，采取过零合闸、防雷击、防瞬态冲击电压的安全保护措施。

(8) 试验直接加220V交流电源，输出2kV、5kV、10kV不同等级的高压。

(9) 安全报警。

(三) 技术数据

高压输出 (kV)：2、5、10。

容量 (VA)：1000。

$\tan\delta$ 测量范围 (pF)：30～60000。

分辨率 (%)：0.01。

精度：

$\tan\delta \leqslant 15\%$	$\Delta\tan\delta = \pm$ (读数×1%+0.001)	$15\% < \tan\delta \leqslant 50\%$	$\Delta\tan\delta = \pm$ (读数×1%)
	$\Delta C_X = \pm$ (读数×1%)		$\Delta C_X = \pm$ (读数×1%)

电源电压 (V)：AC 220±10%。

电源频率 (Hz)：50±1。

电源谐波适应能力 (%)：≤3。

电源脉冲干扰适应能力 (%)：≤5。

环境温度 (℃)：−5～40。

相对湿度 (%)：<75。

重量 (kg)：30。

(四) 外形尺寸

GWS—4 型抗干扰介质自动测量仪外形尺寸 (长×宽×高) (mm×mm×mm)：540×430×350。

(五) 生产厂

武汉中试电力试验设备有限公司。

三十九、ZS01—A 型抗干扰介损自动测量仪

(一) 概述

ZS01—A 型是发电厂、变电站等现场必备的全自动测量各种高电压电力设备介损正切值及电容量的高精度仪器，能保证在强电场干扰下准确测量，具有数据跟踪、自动测量、液晶显示、数据打印等功能。一次性操作，微机自动完成全过程，是目前最理想的介损测量设备。

(二) 技术数据

电源电压 (V)：AC 220±10%。

电源频率 (Hz)：50±5%。

高压输出 (kV)：2，5，10。

容量 (VA)：1000。

$\tan\delta$ 测量范围 (%)：≤50。

C_X 测量范围 (pF)：30～60000。

分辨率 (%)：0.01。

电源谐波适应能力 (%)：≤3。

电源脉冲干扰适应能力 (%)：≤5。

精度：

正接法	$\tan\delta < 15\%$	$\Delta\tan\delta < 0.05\%$	$\Delta C_X < 1.0\%$
反接法	$15\% < \tan\delta < 50\%$	$\Delta\tan\delta < 0.1\%$	$\Delta C_X < 1.0\%$

(三) 生产厂

武汉中试电力试验设备有限公司。

四十、HJY—2000B 介质损耗测试仪

(一) 用途

HJY—2000B 介质损耗测试仪用于现场测量各种绝缘材料、绝缘套管、电力电缆、电容器、变压器等介质损耗和电容量。

(二) 技术数据

工作电源电压 (V)：220±10%。

电源频率（Hz）：50±1。
输出功率（kVA）：0.6。
电容容量（C_X）误差：1.5%±1.5pF。
介质损耗（tanδ）误差：1%±0.07%（加载电流 20μA～500mA）；2%±0.09%（加载电流 5～20μA）。
重量（kg）：22。

（三）外形尺寸

HJY—2000B 介质损耗测试仪外形尺寸（mm×mm×mm）：500×300×400。

（四）生产厂

扬州华电电气有限公司。

四十一、JSY—01 型自动介损测试仪

（一）用途

JSY—01 型自动介损测试仪用于高压下测量高压设备的电容量和绝缘介质损耗角，测量过程全自动化。

（二）特点

(1) 试验电源、标准电容器、测量部件合理组合形成一体化结构，便于携带。
(2) 采用高压拖地测试电缆，测量接线方便安全。
(3) 内置标准电容器充 SF_6，受环境影响小。
(4) 大屏幕液晶显示，全中文菜单，测量与参数设置界面更为友好方便。
(5) 具有多种测量方式，适用范围广大。
(6) 内部测量时采用多种测量计算方法相结合，抗干扰能力强，测试重复性好。
(7) 具有接地、高压击穿等多种保护。

（三）技术数据

电容量测量范围（pF）：3～40000（10kV）。
电容量测量准确度：±1%C_X（读数）±1pF。
介损测量范围：0～0.5。
介损测量准确度：±1%tanδ（读数）±0.0003。
电源电压（V）：220±10%。
电源频率（Hz）：50±2。
重量（kg）：20。

（四）外形及安装尺寸

外形尺寸（长×宽×高）（mm×mm×mm）：420×310×400。

（五）生产厂

上海熙凌电器有限公司。

四十二、XLDR—2000a 型自动介质损耗测试仪

（一）用途

XLDR—2000a 型自动介质损耗测试仪用于测量各种绝缘材料、绝缘套管、电力电缆、电容器、变压器等高压设备的电容量和绝缘介质损耗角。执行标准 GB 5654—85、IEC 247。

（二）特点

(1) 采用高性能的计算机系统，测量准确，重复性高。
(2) 大屏幕彩液晶显示，清晰。
(3) 参数设置采用全中文菜单，设置方便快速。
(4) 标准接口，便于校验、检查。

（三）技术数据

(1) 试验电压（V）：AC 0～2500/50Hz。
(2) 试验电压测量准确度（%）：±1.5。
(3) 温度。
测量范围（℃）：室温～199.9；
相对测量精度（%）：±0.4；
分辨率（℃）：0.1。

(4) 电容量。

测量范围 (pF)：40～50000；

测量准确度：±0.5%C_X (读数) ±1pF。

(5) 介质损耗。

测量范围：0～1.000 (即 0.000%～100%)；

分辨率 (%)：0.01；

准确度：±1%$\tan\delta_x$：(读数) ±0.0003。

(6) 内置标准电容器。

SF_6 压缩气体电容器；

名义值电容量 (pF)：100；

介质损耗 $\tan\delta$：<0.00005。

工作电压 (V)：2500/50Hz。

(四) 生产厂

上海熙凌电器有限公司。

四十三、BC2690B 抗干扰介质损耗仪

(一) 概述

BC2690B 抗干扰介质损耗仪是一种先进的测量介质损耗 ($\tan\delta$) 和电容容量 (C_X) 的仪器，用于工频高压下测量各种绝缘材料、绝缘套管、电力电缆、电容器、互感器、变压器等高压设备的介质损耗和电容量，淘汰了 QS 高压电桥，具有操作简单、中文显示、打印、使用方便、无需换算、自带高压、抗干扰能力强、测试时间短 (在国内同类产品中速度最快) 等特点，体积小、重量轻，是第二代抗干扰介质损耗测试仪。

(二) 型号含义

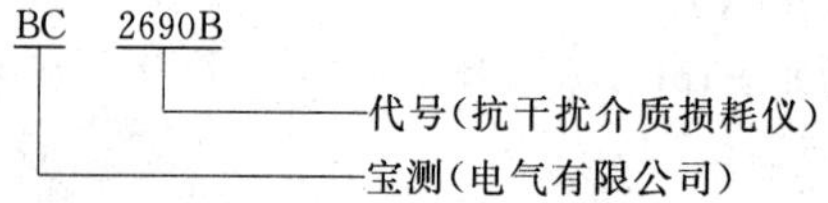

(三) 结构

该产品升压与测量一体化结构，输出电压 2.5～10kV 五挡可调，测量时无需任何外部设备，接线与 QS 电桥相似，比其方便。

(四) 技术数据

环境温度 (℃)：0～+40 (液晶屏应避免长时日照)。

相对湿度 (%)：30～70。

供电电源电压 (V)：220±10%。

电源频率 (Hz)：50±1。

输出功率 (kVA)：1。

显示分辨率 (位)：3，4 (内部全是 6)。

测量范围及输出电压选择：

介质损耗 (%)：0～999。

试品电容容量和加载电压：

2.5kV 挡：≤300000pF；3kV 挡：≤200000pF；

5kV 挡：≤76000pF；7.5kV 挡：≤34000pF；

10kV 挡：≤20000pF。

基本测量误差：

介质损耗 ($\tan\delta$)：1%+7 个字 (加载电流 20μA～500mA)；2%±9 个字 (加载电流 5～20μA)。

电容容量 (C_X)：1.5%+1.5pF。

重量 (kg)：18。

(五) 外形及安装尺寸

外形尺寸 (长×宽×高) (mm×mm×mm)：300×490×470。

(六) 生产厂

扬州宝测电气有限公司。

四十四、GC—2005 绝缘油介电强度自动测量仪

（一）概述

GC—2005 绝缘油介电强度自动测量仪是用于检验变压器、互感器、套管、开关等设备中的绝缘油强度的专用设备。以单片机为核心，特殊的屏蔽技术和结构及完备的保护功能等措施，使产品安全可靠、抗干扰能力强、工作效率高。可兼作小容量的试验变压器，用于交流耐压试验。执行标准 GB 507—86《绝缘油介电强度测定法》。

（二）型号含义

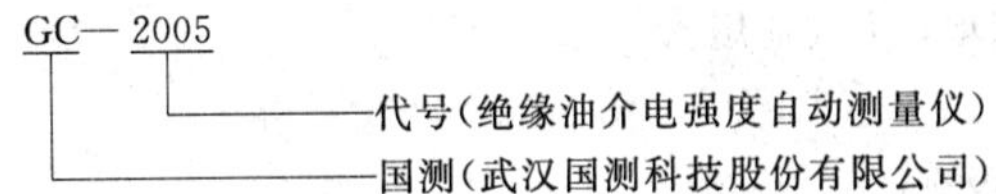

（三）结构与工作原理

该产品主要由电压控制调节单元、电压检测回路、高压输出回路和单片机等几部分构成，工作原理见图 2-1-7。

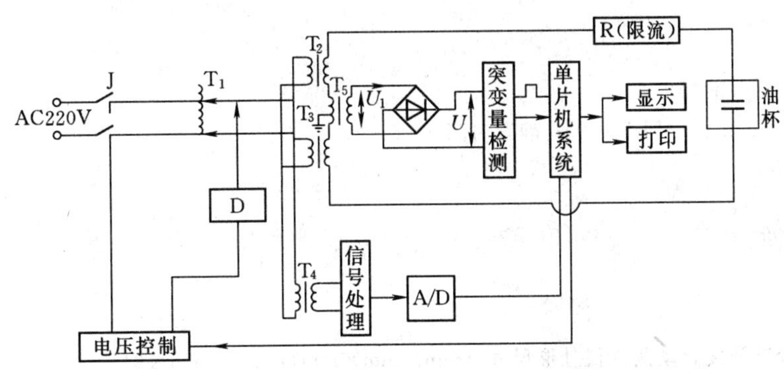

图 2-1-7 GC—2005 绝缘油介电强度自动测量仪工作原理

（四）特点

(1) 功能齐全。

1) 操作简单，通过拨码盘将参数预置后，按运行键即可自动测试。

2) 更改测试次数和搅拌静置时间。

3) 绝缘油自动搅拌，避免误差。

4) 调压系统采用变速调压，升压慢，回零快。

5) 测试方法多样化，油样击穿后有信号提示，并可打印结果。

6) 可兼做小容量的交流高压发生器使用（80kV，4kVA）。

(2) 安全可靠。

(3) 测试准确度高。

(4) 操作简单（全自动测试功能）。

（五）技术数据

工作电压（V）：AC 220±10%。

频率（Hz）：50±1%。

输出电压：AC 10～80kV/4kVA。

升压速度（kV/s）：2～3。

准确度：±（1%×读数+2 个字）。

参数预置：试验次数 1～9 次；搅拌时间 0～99s；静置时间 0～639s。

环境温度（℃）：0～+40。

相对湿度（%）：≤90（RH）。

（六）外形及安装尺寸

GC—2005 绝缘油介电强度自动测量仪外形尺寸（mm×mm×mm）：400×310×310（重量 37.3kg）。

（七）生产厂

武汉国测科技股份有限公司。

四十五、ZIJJ—Ⅱ型绝缘油介电强度自动测试仪

（一）概述

ZIJJ—Ⅱ型绝缘油介电强度自动测试仪适用于测试各种绝缘油介电强度。由拨码开关预置，通过计算机严格按照预

置的参数执行程序。各项性能符合 GB 507—86《绝缘油介电强度测定法》标准。

（二）特点

(1) 设有自动检测功能。

(2) 自动打印输出。

(3) 根据需要可改变测试次数、搅拌静置时间、声控、光控、连续打印与非打印。

(4) 采用全自动磁振子搅拌，消除油样不均匀和气泡。

(5) 选用单片机为主导，操作简单，方便适用。

（三）技术数据

工作电源电压（V）：AC 220±10%。

电源频率（Hz）：50±5%。

测量范围（kV）：AC 0～80。

限定电流（mA）：5。

测量准确度（%）：1。

调压速度（kV/s）：2±10%。

预定设置：次数 1～9；搅拌时间 0～99s；静置时间 0～639s。

油杯间隙（mm）：2.5。

环境温度（℃）：5～40。

相对湿度（%）：≤90。

重量（kg）：28。

（四）外形尺寸

ZIJJ—Ⅱ型绝缘油介电强度自动测试仪外形尺寸（mm×mm×mm）：415×315×315。

（五）生产厂

武汉中试电力试验设备有限公司。

四十六、ST4400 绝缘油介电强度测试仪

（一）用途

ST4400 绝缘油介电强度测试仪用于测试绝缘油介电强度。

（二）型号含义

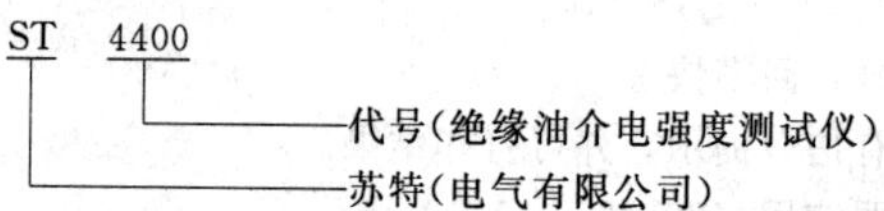

（三）特点

(1) 采用电磁屏蔽式设计，抗干扰。

(2) 较短的切断时间（<20ms）。

(3) 大电流极限。

(4) 上电自检。

(5) 内置打印机，打印试验数据结果。

(6) 保护罩连锁开关（压力接触）。

(7) 静置、搅拌、试验自动完成。

（四）技术数据

电源电压（V）：220±10%。

功耗（VA）：400～800。

最大试验电压（kV）：80（有效值）。

电压上升率（kV/s）：0.5～5。

显示：LCD 显示。

电压测量范围（kV）：0～80（有效值）。

测量精度（kV）：±1。

测量分辨率（kV）：0.1（1 位）。

关断灵敏度（mA）：4。

动态短路电流极限（mA）：25。

最长关断时间（ms）：≤20。

打印机：24 位点阵打印机。

工作温度（℃）：0～+45。

外形尺寸（mm×mm×mm）：440×280×220。

重量（kg）：23。

（五）生产厂

南京苏特电气有限公司。

四十七、JYO 全自动油介损测试仪

（一）用途

JYO 全自动油介损测试仪用于测试电气设备绝缘油介质损耗。

（二）技术数据

测量范围：电容（pF）1～200；介损 0～100%

测量精度：电容±（0.5%·C+1pF）；介损±（1%·D+0.00008）。

分辨率：电容 0.01pF；介损 1×10^{-5}。

控温范围（℃）：120（室温）。

控温精度（℃）：±0.5。

输出电压（V）：0～2500 连续可调。

工作电源电压（V）：AC 220±10%。

电源频率（Hz）：50。

使用温度（℃）：0～40。

相对湿度（%）：≤90（无凝露）。

重量（kg）：15。

（三）生产厂

扬州华电电气有限公司。

四十八、BC6900A 绝缘油介电强度仪

（一）概述

BC6900A 绝缘油介电强度仪按照国际电工委员会标准 IEC156 及 GB 507—86《绝缘油介电强度测定法》的要求研制的产品，采用数字显示和锁定技术，读数直观，测量准确，体积小，重量轻，自动升压、回零，当油击穿时过流保护装置在 0.02s 内自动切断电源，安全可靠。

（二）型号含义

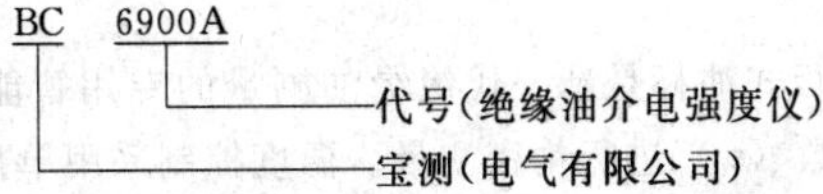

（三）技术数据

工作电源电压（V）：AC 220±10%。

电源频率（Hz）：50。

测量精度（%）：1.5。

分辨率（kV）：0.01。

试验电压（kV）：60（6960A 产品）；80（6980A 产品）。

电压速度（kV/s）：3，3.5。

电压畸变（%）：<5。

重量（kg）：25。

（四）生产厂

扬州宝测电气有限公司。

四十九、IJJ（D）—60/80 型绝缘油介电强度自动测试仪

（一）概述

IJJ（D）—60/80 型绝缘油介电强度自动测试仪用于测试电器设备绝缘油介电强度，具有智能化、安全、可靠、准确特点。干式一体化结构，自动、手动自成系统，手动试验装置便于对油样单次抽测。液晶显示，打印输出。

（二）技术数据

容量（kVA）：1。

电源电压（V）：AC 220±10%。

电源频率（Hz）：50。

试验最高电压（kV）：60，80。

升压速度（kV/s）：3±10%。

准确度（%）：±2。

环境温度（℃）：0～+40。

相对湿度（%）：0～70。

（三）生产厂

武汉依特电气有限公司、武汉市电气测试设备厂。

五十、BC6900B绝缘油介电强度测试仪

（一）概述

BC6900B绝缘油介电强度测试仪在BC6900A基础上经过优化设计，具有静置、搅拌、多次试验自动完成，无需计算平均值，采用电磁屏蔽式。抗干扰能力强，过流保护切断时间小于20ms，面板打印试验数据结果。

（二）型号含义

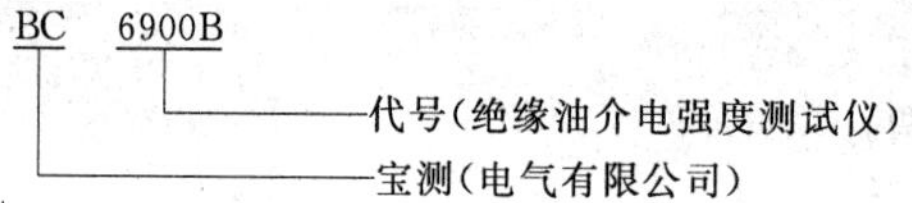

（三）技术数据

工作电源电压（V）：AC 220±10%。

电源频率（Hz）：50。

试验电压（kV）：60（6960B产品）；80（6980B产品）。

测量精度（%）：1。

分辨率（kV）：0.01。

功耗（VA）：500。

电压速度（kV/s）：3，3.5。

重量（kg）：28（6960B产品）；29（6980B产品）。

（四）生产厂

扬州宝测电气有限公司。

五十一、KMW—750型油杯专用控温仪及平板式油杯

（一）概述

KMW—750型油杯专用控温仪及平板式油杯是新一代绝缘油测量的专用智能化装置，可与各类电桥配套使用，对绝缘油的介质损耗（$\tan\delta$）、相对介电常数（ε_r）进行精密测量。温度控制采用单片计算机PID模糊逻辑控制，能彻底消除电网电压、环境温度变化等的影响，具有控温超调量小、控温速度快的优点。温度设置采用数字键盘输入方式，使设定误差真正达到零。输入输出都有光耦隔离、输出状态指示。内部硬件线路自我诊断有屏蔽保护极，极间距离为2mm平板式空气电容器，能有效抑制和消除杂散电容对测量的影响，提高测量精度。广泛应用于各种电缆油、变压油、电容器油及一些电器中起着绝缘作用的液体物质介质损耗（$\tan\delta$）的测量。

（二）特点

(1) 油杯按GB 5654—85标准设计，采用新的结构，操作、清洗方便。

(2) 温度控制采用单片计算机控制，控温超调量小，控温速度快。

(3) 与电桥连接的外围接线少，安全简单。

（三）技术数据

工作电源电压（V）：220±10%。

电源频率（Hz）：50。

测温范围（℃）：0～199.9。

测温精度（℃）：±0.5+0.1。

加稳时间（min）：<50（与电极并联用时）。

加热功率（W）：800。

油杯：高低压电极之间间距（mm）：2。

空杯电容量（pF）：60±5。

最大测试电压（V）：2000（工频）。

空杯介损（tanδ）：$<5\times10^{-5}$。

液体容量（cm^3）：40。

电极材料：不锈钢。

外形尺寸（mm×mm×mm）：ϕ148×90。

重量（kg）：8.5。

（四）生产厂

上海熙凌电器有限公司。

五十二、GCEY—2A TV 二次压降测量仪

（一）用途

GCEY—2A TV 二次压降测量仪用于测试电压互感器二次回路压降精确计算电能计量综合误差。

（二）特点

(1) 具有可进行户内户外三相三线、三相四线及自检方式全自动测量功能。

(2) 自动计算单相测量误差及合成测量误差。

(3) 自动修正功能，自动消除测量电缆及现场干扰误差。

(4) 配有大屏幕液晶显示屏，操作方便，读数直观。

(5) 精度高，稳定性好。

(6) 测量速度迅速，有错相报警功能。

(7) 体积小，重量轻，携带方便。

(8) 采用交流 220V 和自带充电器锂电池为工作电源，极大方便室内和室外两种测量方法。

该产品各项性能符合 DL 448—91 电能计量管理规程。

（三）使用条件

(1) 电源电压。

户内：220V±10%，50Hz±1%。

户外：锂电池供电。

(2) 功耗：220V 供电时≤10VA。

(3) 环境温度（℃）：0～+40。

(4) 相对湿度（%）：≤80（RH）。

（四）结构特征

GCEY—2A TV 二次压降测量仪内部采用金属框架结构，整个仪器置于铝合金机箱内。电源开关、液晶显示屏、接线端子和操作键都置于面板上，直观、美观。接线方便，操作简单。抗干扰能力强，便于携带，适用现场和控制室内使用。

（五）工作原理

该产品工作原理，见图 2-1-8。

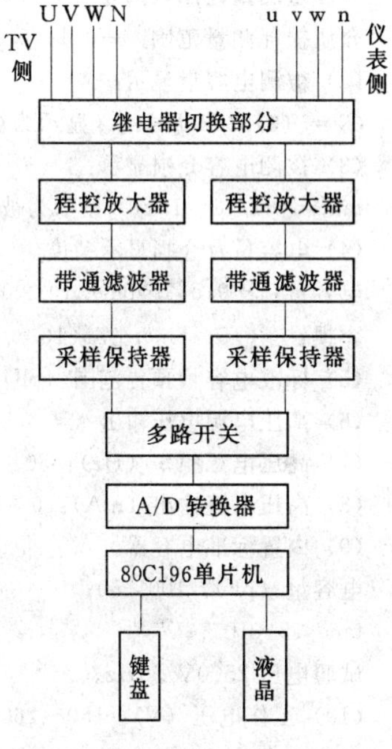

UVWN
TV侧
u v w n
仪表侧
继电器切换部分
程控放大器
程控放大器
带通滤波器
带通滤波器
采样保持器
采样保持器
多路开关
A/D 转换器
80C196单片机
键盘
液晶

图 2-1-8 GCEY—2A TV 二次压降测量仪工作原理

（六）技术数据

(1) 测量准确度：1 级。

(2) 测量范围和分辨率，见表 2-1-4。

表 2-1-4 GCEY—2A TV 二次压降测量仪测量范围和分辨率

项 目	范 围	分辨率	项 目	范 围	分辨率
电压百分值（%）	90～110.00	0.01	角差值（′）	0.1～300.00	0.1
比差值（%）	0.01～10.00	0.01	误差值（%）	0.01～10.00	0.01

(3) 基本误差：

$\Delta f=\pm$（1%×f+1%×δ+1 个字）；

$\Delta\delta=\pm$（1%×f+1%×δ+3 个字）。

“Δf”——比差；“$\Delta\delta$”——角差。

（七）外形及安装尺寸

GCEY—2A TV 二次压降测量仪外形尺寸（mm×mm×mm）：320×260×240（重量 4kg）。

(八) 生产厂

武汉国测科技股份有限公司。

五十三、QS416型高压电容电桥

(一) 概述

QS416型是新一代智能性高压电桥，采用西林电桥的经典线路，主要测量电容器、互感器、变压器、各种电工油及各种绝缘材料在工频高压下的介质损耗和电容量。

该产品测量线路采用“正接法”测量对地绝缘的试品。电桥内附有一个2500V的高压电源及一台高压标准电容器，并将副桥和检流计与高压电桥有机地结合，特别适应测量各类绝缘油和绝缘材料的介损及介电常数。电桥带有数据处理及打印功能，测量方便直观。

(二) 特点

(1) 桥体带有2500V电源及标准电容，测量绝缘材料介损更方便。

(2) 桥体内附电位跟踪器及指零仪，外围接线极少。

(3) 桥体采用多样化的介损测量线路。

(4) 桥体带有数据处理功能，直接显示并能按要求打印数据。

(三) 技术数据

(1) 测量范围及误差。

在C_n=100pF、R_4=3183.2Ω时：

电容量测量范围(pF)：40～20000，测量误差±0.5%，C_X±2pF。

介质损耗测量范围：−0.1～0.1，测量误差±1%$\tan\delta_x$±0.0001。

(2) 被测电容量显示：

C_X=(3183.2/R_3)C_n(显示为被测电容量的前6位有效数字)。

(3) 被测电容介损显示：

$\tan\delta$=−1.11～1.11(显示为被测电容介损的前3位有效数字并结合科学记数法)。

(4) 电容量及介损显示精度。

电容量：±0.5%×$\tan\delta_x$±0.00005；

介损：±0.5%$\tan\delta_x$±5×10^{-5}。

(5) 标准电容量预置范围(pF)：0～1999.99。

(6) 高压电源电压输出(V)：0～2500。

(7) 高压电源频率(Hz)：50。

(8) 高压电流输出(mA)：0～10。

(9) 内置标准电容器。

电容量(pF)：100，50；

$\tan\delta<5\times10^{-5}$；

试验电压2500V/50Hz。

(10) 工作电压(V)：150～260。

(四) 生产厂

上海熙凌电器有限公司。

五十四、KMSB—30型高精密高压电容电桥

(一) 用途

KMSB—30型高精密高压电容电桥适宜于高电压等级下测量电力电缆、高压套管、电力电容器、各类互感器及变压器等电力设备的电容量及介质损耗，同时还可作为标准电桥校验各类电桥。

(二) 特点

(1) 采用电流比较仪与西林电桥相结合，测量精度高，稳定性好。

(2) 测量范围宽，桥体本身最大可测1000pF，还可选配专用量程扩展器，测量范围再扩大1000倍。

(3) 具有四端引线补偿功能，特别适合测量大容量试品。

(4) 运用现代计算机技术测量数据处理，操作方便、直观。

(5) 采用特殊接线测量电抗器的电感量及Q值。

(6) 测量电压、电流直接显示。

（三）技术数据

(1) 电容量范围（μF）：0～1。

(2) 介损范围：－0.111110～＋0.111110，步级为 0.000001。

(3) 测量精度。电容量：±0.00005±0.005×tanδ_x；介损值：±0.00005±0.005×tanδ_x。

(4) 最高测试电压（kV）：500（C_n＝100pF）。

(5) 电源电压（V）：150～260。

(6) 电源频率（Hz）：50±2。

(7) 消耗功率（W）：5。

(8) 重量（kg）：40。

（四）外形及安装尺寸

外形尺寸（长×宽×高）（mm×mm×mm）：540×380×540。

（五）生产厂

上海熙凌电器有限公司。

五十五、BC5130矿用电缆故障检测仪

（一）概述

BC5130矿用电缆故障检测仪不破坏电缆原有结构，采用局部放电法进行探伤，简便准确地探测到电缆损伤部位，而且兼有修复后的测试功能。

（二）型号含义

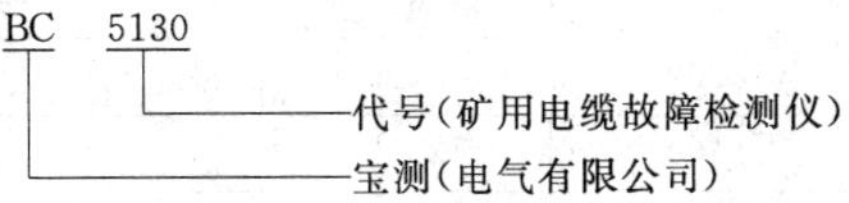

（三）技术数据

工作电源电压（V）：AC 220±10％。

电源频率（Hz）：50。

探伤直流输出电压（kV）：0～30。

电缆探伤准确度（mm）：±50 以内。

主变压器额定容量（kVA）：3。

放电球隙：手柄罗杆调节。

（四）生产厂

扬州宝测电气有限公司。

第二节 高压试验变压器及发生器

一、YDT（C）W、TQS（C）W型无局部放电工频试验变压器

（一）用途

YDT（C）W、TQS（C）W型无局部放电工频试验变压器主要用于检验各种绝缘材料、绝缘结构和电工产品等耐受工频电压的绝缘水平，也作为变压器、互感器、避雷器等试品的无局部放电工频试验电源。广泛应用于电工制造部门、电力运行部门、科研单位和高等院校。

（二）型号含义

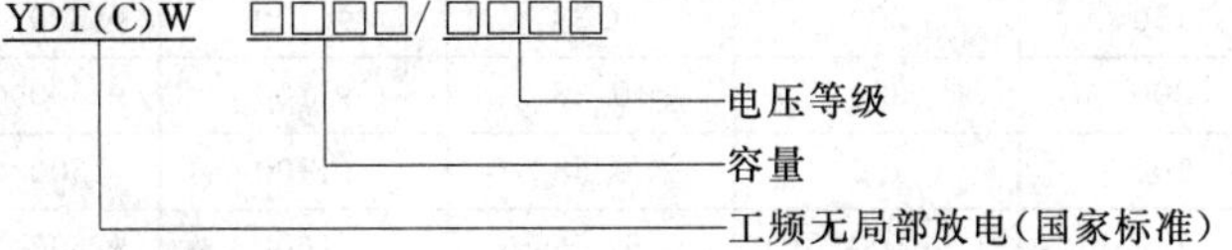

（三）性能

5～1200kV无局部放电工频试验变压器主要技术性能处于国内领先水平，达到国际同类产品的先进水平。

（四）特点

(1) 成套设备配套性强，电压容量系列齐全，功能完善。

(2) 成功研制无局部放电环氧绝缘筒，局部放电量小。

(3) 阻抗电压低，优于国际规定。

(4) 采用自动控制技术，自动化程度高，抗干扰能力强。

(5) 采用快速电子保护装置，可靠性高。

(五) 技术数据

YDT (C) W 型无局部放电工频试验变压器技术数据，见表 2-2-1。

表 2-2-1　　YDT (C) W 型无局部放电工频试验变压器技术数据

型　号	额定容量 (kVA)	高压电压 (kV)	低压电压 (kV)	外形尺寸 (mm)		重量 (kg)	生产厂
				d	*D*×*H*		
YDTW—5/50	5	50	0.22		ϕ320×431	45	江苏江都雷宇高电压设备有限公司
YDTW—10/100	10	100	0.22		ϕ570×725	165	
YDTW—30/100	30	100	0.38		ϕ800×1036	315	
YDTW—15/150	15	150	0.38		ϕ1165×1667	695	
YDTW—50/250	50	250	0.38		ϕ1280×1970	1100	
YDTW—100/100	100	100	0.38		ϕ1130×1485	1350	
YDTW—100/150	100	150	0.38		ϕ1800×1953	1980	
YDTW—200/200	200	200	0.6		ϕ2500×2445	4500	
YDTW—150/250	150	250	0.6		ϕ2150×2443	4230	
YDTW—250/250	250	250	0.6		ϕ2500×2555	6100	
YDTW—1000/250	1000	250	3，6，10		ϕ3600×2800	12000	
YDTW—300/300	300	300	3，6		ϕ2600×3300	6280	
YDTW—450/300	450	300	3，6		ϕ3050×2920	8000	
YDTW—600/300	600	300	3，6		ϕ2600×3460	10600	
YDTW—800/400	800	400	3，6，10		ϕ3600×4800	14000	
YDTW—1200/400	1200	400	3，6，10		ϕ3600×4875	19000	
YDTW—100/500	100	500	3，6，10		ϕ3300×5300	8100	
YDTW—250/500	250	500	3，6，10		ϕ3600×5200	11600	
YDTW—200/500	200	500	3，6，10		ϕ3300×5300	8800	
YDTW—500/500	500	500	3，6，10		ϕ3600×5210	23540	
YDTW—1000/500	1000	500	3，6，10		ϕ3600×5300	25400	
YDTW—2200/550	2200	550	6，10		ϕ3600×6000	36000	
YDTW—2000/500	2000	500	6，10		ϕ3600×5400	34880	
YDTCW—5/2×50	5	100	0.38	ϕ270	ϕ415×1074	110	
YDTCW—10/2×80	10	160	0.38	ϕ327	ϕ470×1219	150	
YDTCW—20/2×100	20	200	0.38	ϕ600	ϕ900×2100	200	
YDTCW—100/2×100	100	200	0.38	ϕ830	ϕ190×3500	2680	
YDTCW—45/2×200	45	400	0.38	ϕ830	ϕ1290×3255	1730	
YDTCW—150/2×125	150	250	0.38	ϕ1100	ϕ1600×3500	4770	
YDTCW—25/2×125	25	250	0.38	ϕ680	ϕ1200×2120	870	
YDTCW—45/2×150	45	300	0.38	ϕ830	ϕ1420×2500	2530	
YDTCW—150/2×150	150	300	0.38	ϕ1100	ϕ1600×4000	5000	
YDTCW—300/2×150	300	300	0.38	ϕ1100	ϕ1600×4000	7880	
YDTCW—100/2×200	100	400	0.38	ϕ1100	ϕ1500×3620	4280	
YDTCW—250/2×250	250	500	0.6，3，6	ϕ1600	ϕ2600×5580	15800	
YDTCW—500/2×250	500	500	0.6，3，6	ϕ1600	ϕ2600×5580	16400	
YDTCW—300/2×300	300	600	0.6，3，6	ϕ1600	ϕ2050×6205	16700	
YDTCW—600/2×300	600	600	3，6	ϕ2030	ϕ3300×8395	19000	
YDTCW—750/2×375	750	750	3，6	ϕ2360	ϕ3600×8395	38400	
YDTCW—200/2×500	200	1000	3，6，10	ϕ1600	ϕ3600×8350	12400	

续表

型号	额定容量(kVA)	高压电压(kV)	低压电压(kV)	外形尺寸(mm)		重量(kg)	生产厂
				d	D×H		
YDTCW—1000/2×500	1000	1000	3，6，10	ϕ2450	ϕ4500×11800	48500	江苏江都雷宇高电压设备有限公司
YDTCW—2000/2×500	2000	1000	3，6，10	ϕ2450	ϕ4500×13500	52000	
YDTCW—2400/2×400	2400	800	3，6，10	ϕ2500	ϕ3500×11000	50000	
YDTCW—1200/3×400	1200	1200	3，6，10	ϕ2500	ϕ4500×14000	62000	
YDTCW—2400/3×400	2400	1200	3，6，10	ϕ2500	ϕ4500×15000	70000	
TQCW—5/2×50	5	100	0.38	ϕ270	ϕ415×1074	110	扬州华电电气有限公司
TQCW—10/2×80	10	160	0.38	ϕ327	ϕ470×1219	150	
TQCW—20/2×100	20	200	0.38	ϕ600	ϕ900×2100	200	
TQCW—100/2×100	100	200	0.38	ϕ830	ϕ1290×3500	2680	
TQCW—45/2×200	45	400	0.38	ϕ830	ϕ1290×3255	1730	
TQCW—150/2×125	150	250	0.38	ϕ1100	ϕ1600×3500	4770	
TQCW—25/2×125	25	250	0.38	ϕ680	ϕ1200×2120	870	
TQCW—45/2×150	45	300	0.38	ϕ830	ϕ1420×2500	2530	
TQCW—150/2×150	150	300	0.38	ϕ1100	ϕ1600×4000	5000	
TQCW—300/2×150	300	300	0.38	ϕ1100	ϕ1600×4000	7880	
TQCW—100/2×200	100	400	0.38	ϕ1100	ϕ1500×3620	4280	
TQCW—250/2×250	250	500	0.6，3，6	ϕ1600	ϕ2600×5580	15800	
TQCW—500/2×250	500	500	0.6，3，6	ϕ1600	ϕ2600×5580	16400	
TQCW—300/2×300	300	600	0.6，3，6	ϕ1600	ϕ2050×6205	16700	
TQCW—600/2×300	600	600	3，6	ϕ2030	ϕ3300×8395	19000	
TQCW—750/2×375	750	720	3，6	ϕ2360	ϕ3600×8395	38400	
TQCW—200/2×500	200	1000	3，6，10	ϕ1600	ϕ3600×8350	12400	
TQCW—1000/2×500	1000	1000	3，6，10	ϕ2450	ϕ4500×11800	48500	
TQCW—2000/2×500	2000	1000	3，6，10	ϕ2450	ϕ4500×13500	42000	
TQCW—2400/2×400	2400	800	3，6，10	ϕ2500	ϕ3500×11000	50000	
TQCW—1200/3×400	1200	1200	3，6，10	ϕ2500	ϕ4500×14000	62000	
TQCW—2400/3×400	2400	1200	3，6，10	ϕ2500	ϕ4500×15000	70000	
TQSW—5/50	5	50	0.22		320×431	45	
TQSW—10/100	10	100	0.22		570×725	165	
TQSW—30/100	30	100	0.38		800×1036	315	
TQSW—15/150	15	150	0.38		1165×1667	695	
TQSW—50/250	50	250	0.38		1280×1970	1100	
TQSW—100/100	100	100	0.38		1130×1485	1350	
TQSW—100/150	100	150	0.38		1800×1953	1980	
TQSW—200/200	200	200	0.6		2500×2445	4500	
TQSW—150/250	150	250	0.6		2150×2443	4230	
TQSW—250/250	250	250	0.6		2500×2555	6100	
TQSW—1000/250	1000	250	3，6，10		3600×2800	12000	
TQSW—300/300	300	300	3，6		2600×3300	6280	
TQSW—450/300	450	300	3，6		3050×2920	8000	
TQSW—600/300	600	300	3，6		2600×3460	10600	
TQSW—800/400	800	400	3，6，10		3600×4800	14000	
TQSW—1200/400	1200	400	3，6，10		3600×4875	19000	

续表

型号	额定容量 (kVA)	高压电压 (kV)	低压电压 (kV)	外形尺寸 (mm)		重量 (kg)	生产厂
				d	D×H		
TQSW—100/500	100	500	3，6，10		3300×5300	8100	扬州华电电气有限公司
TQSW—250/500	250	500	3，6，10		3600×5200	11600	
TQSW—200/500	200	500	3，6，10		3300×5300	8800	
TQSW—500/500	500	500	3，6，10		3600×5210	23540	
TQSW—1000/500	1000	500	3，6，10		3600×5300	25400	
TQSW—2200/500	2200	550	6，10		3600×6000	36000	
TQSW—2000/500	2000	500	6，10		3600×5400	34880	

（六）外形及安装尺寸

YDT（C）W型系列无局部放电工频试验变压器外形及安装尺寸，见图2-2-1。

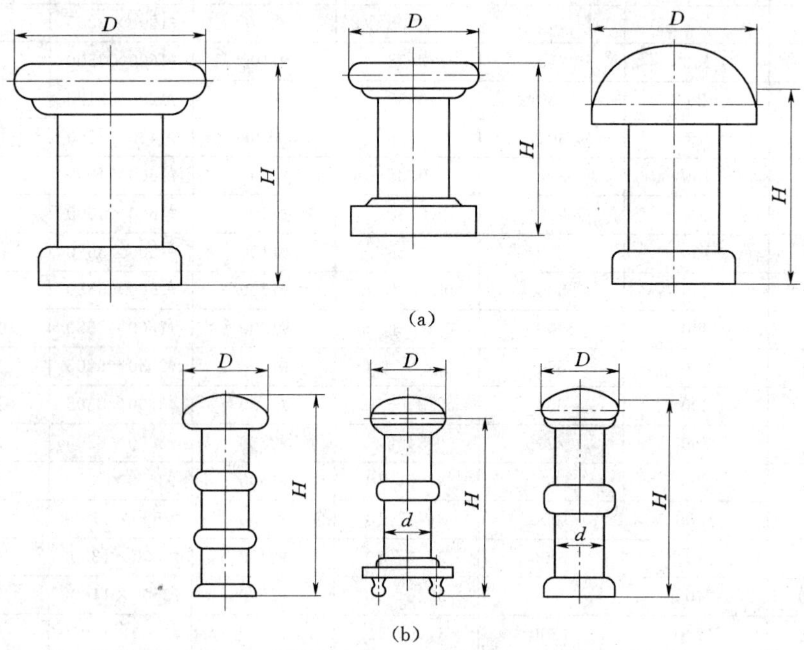

图2-2-1 YDT（C）W型系列无局部放电工频试验变压器外形及安装尺寸

(a) YDTW型；(b) YDTCW型

二、YDX系列工频谐振试验变压器

（一）用途

YDX系列工频谐振试验变压器主要用于电力电缆、发电机组、电力电容器及大容量试品的交流耐压试验。

（二）性能

较小的体积、较低的容量、较好的电压波形满足大容量高电压设备耐压试验。

（三）特点

(1) 通过调节铁芯气隙改变电感量达到与大电容量试品进行谐振。

(2) 取用电源容量仅为输出容量的1/Q。

(3) 重量约为传统工频试验变压器设备的1/（5～10）。

(4) 适用范围广，现场应用灵活性大，试品电容范围大。

(5) 试品击穿时，谐振条件被破坏，短路电流会自动降低到最小值，流过故障点短路电流小。

(6) 试品击穿时无暂态过电压。

(7) 配套整流装置可作为直流耐压试验装置。

（四）技术数据

YDX系列工频谐振试验变压器技术数据，见表2-2-2。

表 2-2-2 **YDX 系列工频谐振试验变压器技术数据**

型 号	额定容量 (kVA)	低压输入电压 (kV)	高压输出电压 (kV)	外形尺寸 (mm)		重量 (kg)
				D	*H*	
YDX—70/35	70	0.22	35	560	827.5	285
YDX—105/35	105	0.22	35	600	940	385
YDX—250/50	250	0.22	50	836	1130	800
YDX—275/55	275	0.22	55	836	1060	900
YDX—270/35	270	0.22	35	750	1020	720
YDX—300/100	300	0.22	100	820	1100	750
YDX—350/35	350	0.38	35	836	1110	850
YDX—800/40	800	0.38	40	836	1200	900
YDX—500/50	500	0.38	50	1150	1300	1050
YDX—750/50	750	0.38	50	1150	1400	1230
YDX—560/70	560	0.38	70	1150	1610	2438
YDX—1200/12	1200	0.38	12	1150	1610	2300

(五) 外形及安装尺寸

该产品外形及安装尺寸，见图 2-2-2。

(六) 生产厂

江苏江都雷宇高电压设备有限公司。

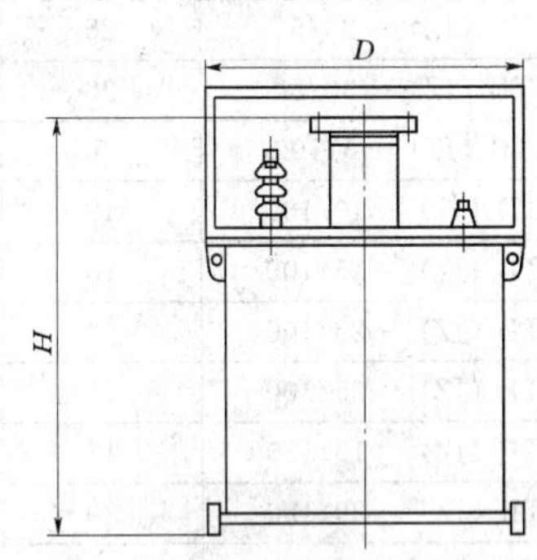

图 2-2-2 YDX 系列工频谐振试验变压器外形及安装尺寸

三、GTB (JZ) 系列特种高压干式试验变压器

(一) 概述

GTB (JZ) 系列特种高压干式试验变压器是引进国外最先进技术，利用先进的生产设备制成，是替代目前笨重的油浸式变压器的自选产品。适用于电力系统及各电力用户在现场检测各种电气设备的绝缘性能、直流耐压及泄漏电流试验。

(二) 型号含义

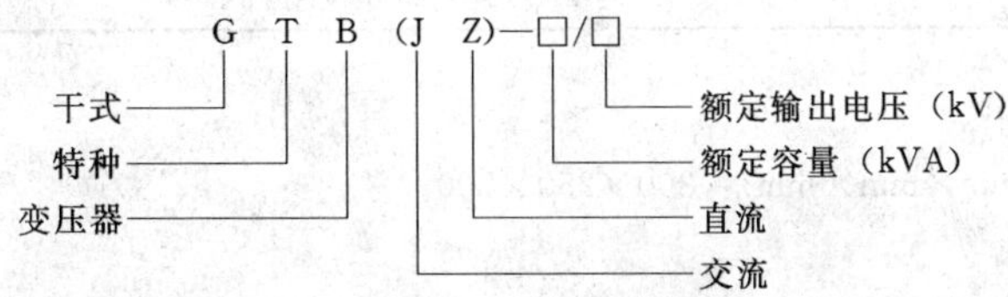

(三) 结构特点

该产品采用线圈环氧真空浇注成型及 CD 型铁芯的新工艺、新材料，与其同容量、同电压的油浸式试验变压器相比，具有重量轻、体积小、造型美观、性能稳定、使用携带方便、无渗漏油等特点。

GTB (JZ) 系列特种高压干式试验变压器外型结构，见图 2-2-3。

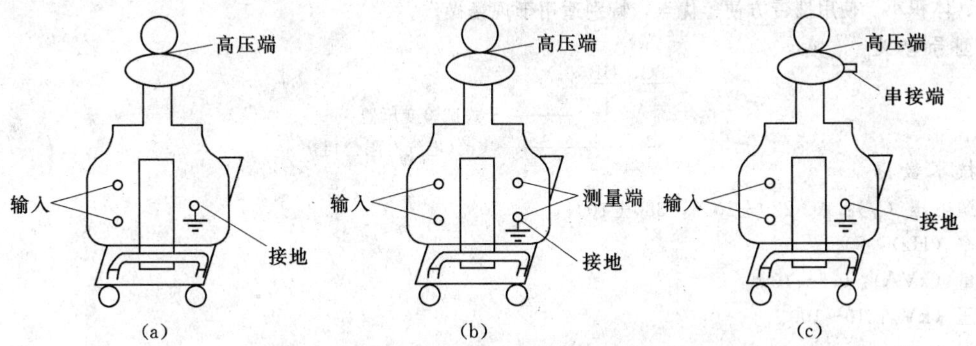

图 2-2-3 GTB (JZ) 系列特种高压干式试验变压器外型结构示意图

(a) 高压试验变压器；(b) 带测量绕组变压器；(c) 带串接绕组变压器

（四）技术数据

阻抗电压（%）：12。

输出电压波形：工频正弦波。

表面温升（℃）：<55。

空载损耗（%）：0.2～0.35。

容量、输入电压、输出电压及电流，见表 2-2-3。

表 2-2-3　**GTB（JZ）系列特种高压干式试验变压器技术数据**

<table>
<tr><th>型　号</th><th>容量
(kVA)</th><th>输入电压
(V)</th><th>输出电压
(kV)</th><th>输出电流
(mA)</th><th>输出直流高压
(kV)</th><th>重量
(kg)</th><th>生产厂</th></tr>
<tr><td>GTB（JZ）—1.5/50</td><td>1.5</td><td rowspan="8">200</td><td rowspan="8">50</td><td>30</td><td rowspan="8">70</td><td>20</td><td rowspan="19">武汉迪克电气设备有限公司</td></tr>
<tr><td>GTB（JZ）—3/50</td><td>3</td><td>60</td><td>30</td></tr>
<tr><td>GTB（JZ）—5/50</td><td>5</td><td>100</td><td>35</td></tr>
<tr><td>GTB（JZ）—10/50</td><td>10</td><td>200</td><td>40</td></tr>
<tr><td>GTB（JZ）—15/50</td><td>15</td><td>300</td><td>50</td></tr>
<tr><td>GTB（JZ）—20/50</td><td>20</td><td>400</td><td>55</td></tr>
<tr><td>GTB（JZ）—25/50</td><td>25</td><td>500</td><td>60</td></tr>
<tr><td>GTB（JZ）—30/50</td><td>30</td><td>600</td><td>65</td></tr>
<tr><td>GTB（JZ）—5/100</td><td>5</td><td rowspan="9">400</td><td rowspan="5">100</td><td>50</td><td rowspan="5">140</td><td>60</td></tr>
<tr><td>GTB（JZ）—10/100</td><td>10</td><td>100</td><td>65</td></tr>
<tr><td>GTB（JZ）—15/100</td><td>15</td><td>150</td><td>70</td></tr>
<tr><td>GTB（JZ）—20/100</td><td>20</td><td>200</td><td>75</td></tr>
<tr><td>GTB（JZ）—25/100</td><td>25</td><td>250</td><td>80</td></tr>
<tr><td>GTB（JZ）—15/120</td><td>15</td><td rowspan="4">120</td><td>125</td><td rowspan="4"></td><td>85</td></tr>
<tr><td>GTB（JZ）—20/120</td><td>20</td><td>160</td><td>90</td></tr>
<tr><td>GTB（JZ）—25/120</td><td>25</td><td>200</td><td>95</td></tr>
<tr><td>GTB（JZ）—30/120</td><td>30</td><td>250</td><td>100</td></tr>
<tr><td>串级变 6/100</td><td colspan="6">3kVA/50kV 串 6kVA/50kV</td></tr>
<tr><td>串级变 6/150</td><td colspan="6">3kVA/75kV 串 6kVA/75kV</td></tr>
</table>

（五）外形及安装尺寸

外形尺寸（长×宽×高）(mm×mm×mm)：300×250×500。

（六）生产厂

武汉迪克电气设备有限公司。

四、BCGB 干式试验变压器

（一）概述

BCGB 干式试验变压器采用环氧真空浇注及 CD 型铁芯的新工艺，与同类老型油浸式试验变压器相比，具有不漏油、重量轻、体积小、使用携带方便等优点，特别适用于现场操作。

（二）型号含义

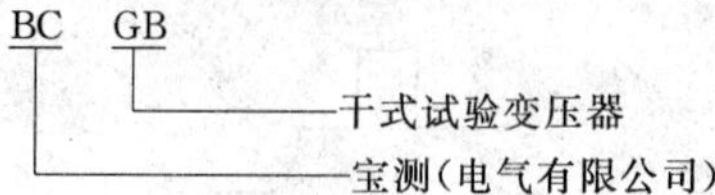

（三）技术数据

工作电源电压（V）：AC 220±10%，380±10%。

电源频率（Hz）：50。

额定容量（kVA）：0.5～10。

输出电压（kV）：10～100。

（四）生产厂

扬州宝测电气有限公司。

五、CQSB系列超轻型高压试验变压器

（一）用途

CQSB系列超轻型高压试验变压器是YD和TSB系列高压试验变压器的换代产品，广泛用于各大小高压试验室（所）的装备，更适用于现场进行各种高压电气的绝缘试验。

（二）型号含义

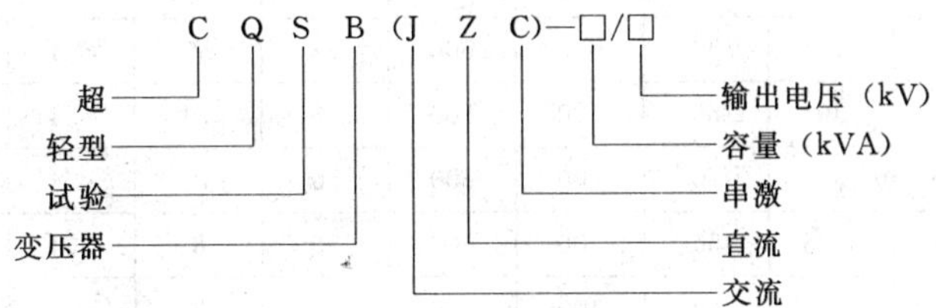

（三）结构特点

（1）采用多层次绝缘，变压器内绝缘分割成多路油道，绝缘程度高，体积小。

（2）无渗漏油。将注油孔设在套管顶部，套管中油与器身油相通。套管除具有装硅堆、短路杆和串激杆等功用外，还相当于变压器储油器。

（3）采用金属件固定引线和均压，消除放电现象。

（4）结构紧凑，外观新颖，体积、重量均小于TSB系列产品的20%。

（5）铁芯为单框芯式，使用DQ151型0.35mm冷轧取向硅钢片叠成，用新的特殊材料予以紧固，取代了传统的穿芯螺杆。线圈为同心圆筒多层塔式结构。

（6）通用性强，携带方便，可测试各种高压电气设备的绝缘性能。

（四）原理

该系列产品为单相，输入AC 220V或380V工频电源，根据电磁感应原理，调节试验变压器的输入电压获得所需的输出电压。若需要更高电压时，可将3台试验变压器串激使用。接线原理，见图2-2-4。

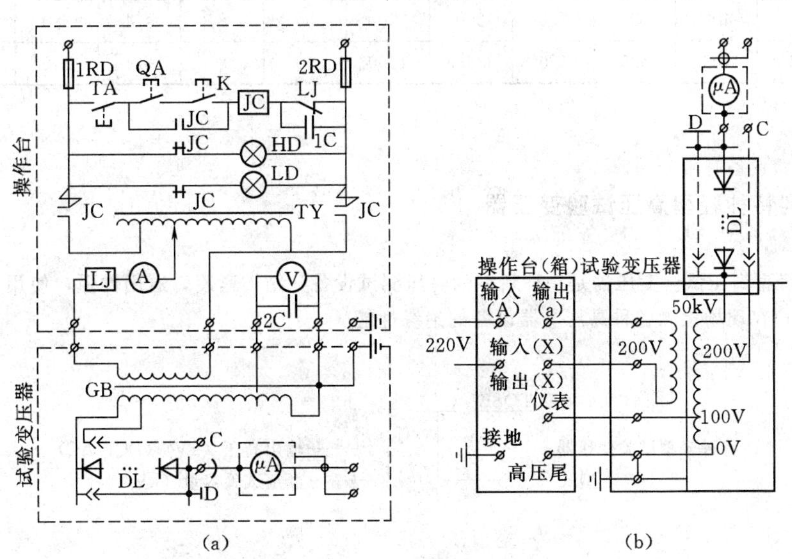

图2-2-4　CQSB（JZC）型接线原理图

（a）原理图；（b）接线图

TY—自耦调压器；HD—信号灯（红）；C—高压串激抽头接线杆；LJ—电流继电器；LD—信号灯（绿）；D—短路杆；JC—交流接触器；RD—熔断器；DL—高压硅堆；K—调压器零位开关；A—交流电流表；μA—微安表；QA—启动按钮；V—交流电压表；1C、2C—电容表；TA—停发钮；GB—高压试验变压器

（五）技术数据

单台输入电压（V）：200，400。

单台输出电压（V）：AC 50，100，150；DC 70，140，210。

单台容量（kVA）：1.5，3，6，10，15，25，50。

CQSB系列超轻型高压试验变压器技术数据，见表2-2-4。

表 2-2-4　　CQSB 系列超轻型高压试验变压器技术数据

规　格	容量(kVA)	低压侧		高压侧		测量变化	60min 温升(℃)	阻抗电压(%)	空载电流(%)	重量(kg)	外形尺寸(长×宽×高)(mm×mm×mm)
		电压(V)	电流(A)	电压(kV)	电流(mA)						
1.5/50	1.5	200	7.5	50	30	500	50	10	<4	19.5	200×275×640
3/50	3	200	15	50	60	500	50	10	<4	27	240×300×690
6/50	6	200	30	50	120	500	50	10	<4	52	250×355×710
10/50	10	200	50	50	200	500	50	10	<4	80	260×375×750
15/50	15	400	37.5	50	300	500	50	8	<4	120	270×420×800
20/50	20	400	50	50	400	500	50	8	<4	140	285×440×820
30/50	30	400	75	50	600	500	50	8	<4	155	295×386×840
50/50	50	400	125	50	1000	500	50	8	<4	184	320×416×910
10/100	10	200	50	100	100	1000	50	10	<4	135	350×475×1300
15/100	15	400	37.5	100	150	1000	50	8	<4	150	510×390×1320
20/100	20	400	50	100	200	1000	50	8	<4	215	540×400×1340
30/100	30	400	75	100	300	1000	50	8	<4	250	560×410×1360
50/100	50	400	125	100	500	1000	50	8	<4	290	600×460×1410
10/150	10	200	50	100	66.7	1500	50	10	<4	180	265×380×1750
15/150	15	400	37.5	150	100	1500	50	8	<4	200	510×390×1800
20/150	20	400	50	150	133.3	1500	50	8	<4	220	540×415×1800
30/150	30	400	75	150	200	1500	50	8	<4	280	560×430×1800
50/150	50	400	125	150	333.3	1500	50	8	<4	340	640×490×1850

（六）生产厂

武汉中试电力试验设备有限公司。

六、TQSB 系列特种轻型高压试验变压器

（一）用途

TQSB 系列特种轻型高压试验变压器是一种新型的高压测试设备，结构紧凑，通用性强，使用携带方便，特别适用于电力系统及电力用户在现场检测各种高压电器设备的绝缘性能。

（二）型号含义

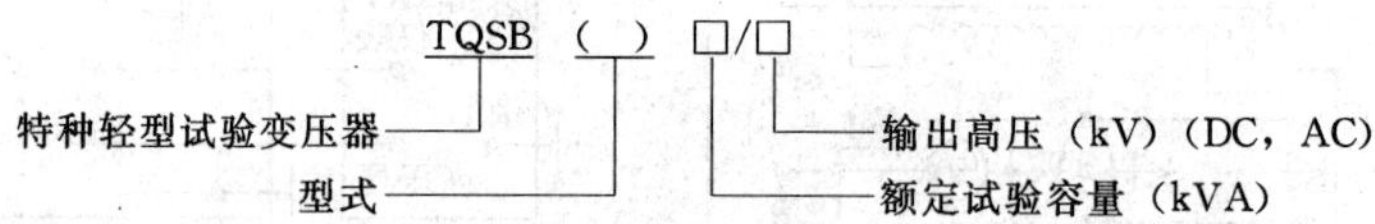

型式代号：

C—交流串激式；

JZ—交直流多用型；

JZC—交直流串激式多用型；

C—隔离变压器（具体参数根据需要）；

无型式代号表示无交流产品。

（三）结构

该系列产品的铁芯为单框式，用 D310—330 型 0.35mm 冷轧取向硅钢片叠成，紧固件用环氧绝缘板作夹板，革除了传统的穿芯螺杆。线圈为同心圆筒多层塔式。高压硅堆用特殊工艺封装在高压套管内。

TQSB 系列试验变压器有交流、交直流、交流串激、交直流串激，可单台也可多台组合使用。

（四）技术数据

TQSB（JZC）系列特种轻型高压试验变压器技术数据，见表 2-2-5。

表 2-2-5 TQSB（JZC）系列特种轻型高压试验变压器技术数据

型号	容量（kVA）	低压输入		高压输出（kV）	直流高压输出（kV）	测量变比	阻抗电压（%）	空载电流（mA）	高压电流（mA）	抽头绕组（V）	外形尺寸（mm×mm×mm）	重量（kg）
		电压（V）	电流（A）									
TQSB（JZ）—1.5/50	1.5	200	7.5	50	70	500	8.0	4.2	30		225×170×235	19.5
TQSB（JZ）—3/50	3	200	15	50	70	500	8.0	4.0	60		265×180×270	29.3
TQSB（JZC）—3/50	3	200	15	50	70	500	8.0	4.0	60	200	265×180×270	29.5
TQSB（JZ）—6/50	6	200	30	50	70	500	8.0	3.9	120		310×220×305	48
TQSB（JZC）—6/50	6	200	30	50	70	500	8.0	3.9	120	200	310×220×305	48
TQSB（JZ）—10/50	10	200	50	50	70	500	9.0	4.0	200		360×220×350	64
TQSB（JZC）—10/50	10	200	50	50	70	500	9.0	4.0	200	200	360×220×350	64
TQSB（JZ）—10/100	10	200	50	100	140	1000	9.0	3.8	100		380×280×385	108
TQSB（JZC）—10/100	10	400	250	100	140	1000	9.0	3.8	100	400	380×280×385	108
TQSB（JZ）—15/100	15	400	37.5	100	140	1000	9.0	3.2	150		410×330×420	121
TQSB（JZ）—25/100	25	400	62.5	100	140	1000	9.0	3.2	250		470×360×500	158
TQSB（JZC）—25/100	25	400	62.5	100	140	1000	9.0	3.2	250	400	470×360×500	158
TQSB（JZC）—50/100	50	400	125	100	140	1000	9.0	3.0	500	600	580×410×620	210

（五）生产厂

扬州华电电气有限公司。

七、YD系列高压试验变压器

（一）概述

YD系列高压试验变压器是输配电设备、绝缘工具、材料及各种电器产品检验绝缘强度试验的主要设备。结构紧凑，通用性强，使用方便，特别适用现场检测各种电器设备的绝缘性能。

（二）型号含义

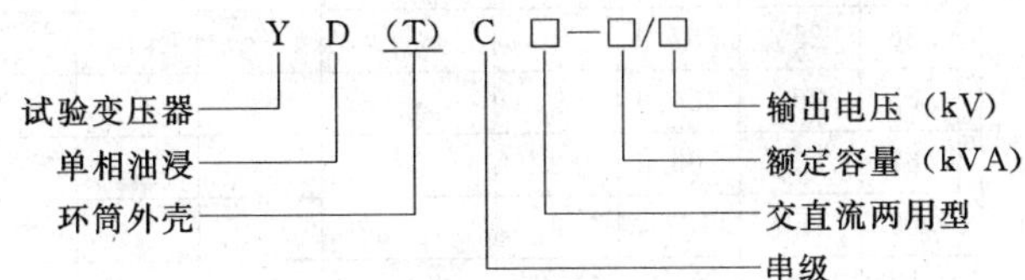

（三）结构特点

苏州亚地特种变压器有限公司YD（T）C高压试验变压器分为固定及移动式、串级式，轻便型、局放小，能满足各种场合使用。

武汉依特电气有限公司、武汉市电气测试设备厂产品结构：铁芯为单相芯式，采用环氧板或钢材作夹件紧固，革除了传统的穿芯螺杆。线圈为同心圆多层塔式，仪表线圈为高压尾端的100V抽头。交直流两用型试验变压器内的高压硅堆用特殊工艺封装在高压套管内。

（四）技术数据

YD系列高压试验变压器技术数据，见表2-2-6。

表 2-2-6 YDTC、YD系列高压试验变压器技术数据

型号	容量（kVA）	频率（Hz）	电压（kV）		电流（A）		直流输出（单台）峰值（kV）	串激		空载电流（%）	阻抗电压（%）	重量（kg）	生产厂
			输入	输出	输入	输出		电压（V）	电流（A）				
YDTC—1/50	1	50	0.22	50	4.5	0.02							苏州亚地特种变压器有限公司
YDTC—2/50	2		0.22	50	9	0.04							
YDTC—4/50	4		0.22	50	18.2	0.08							
YDTC—5/50	5		0.22	50	22.7	0.1							

续表

型　　号	容量(kVA)	频率(Hz)	电压(kV)		电流(A)		直流输出(单台)峰值(kV)	串　激		空载电流(%)	阻抗电压(%)	重量(kg)	生产厂
			输入	输出	输入	输出		电压(V)	电流(A)				
YDTC—6/50	6	50	0.22	50	27.3	0.12							苏州亚地特种变压器有限公司
YDTC—10/50	10		0.22	50	45.5	0.2							
YD—5/35	5		0.22	35	22.7	0.14							
YD—5/50	5		0.22	50	22.7	0.1							
YD—10/50	10		0.22	50	45.5	0.2							
YD—10/100	10		0.22	100	45.5	0.1							
YD—25/10	25		0.38	10	65.8	2.5							
YD—25/30	25		0.38	30	65.8	0.8							
YD—25/60	25		0.38	60	65.8	0.4							
YD—25/100	25		0.38	100	65.8	0.25							
YD—25/150	25		0.38	150	65.8	0.17							
YD—50/10	50		0.38	10	131.6	5							
YD—50/50	50		0.38	50	131.6	1							
YD—50/100	50		0.38	100	131.6	0.5							
YD—50/150	50		0.38	150	131.6	0.33							
YD—100/25	100		0.38	25	263.2	4							
YD—100/50	100		0.38	50	263.2	2							
YD—100/100	100		0.38	100	263.2	1							
YD—100/150	100		0.38	150	263.2	0.67							
YD—150/150	150		0.38	150	394.7	1							
YD—200/250	200		0.38	250	52.6	0.8							
YD—250/250	250		0.38	250	657.9	1							
YDC—250/250	250		0.65	250	384.6	1							
YDC—500/250	500		0.65	250	769.2	2							
YDC—750/250	750		0.65	250	1153.8	3							
YD$_2$—5/50	5			50									
YD—1.5/50	1.5	50	0.2	50	7.5	0.03				4	11	22	武汉依特电气有限公司、武汉市电气测试设备厂
YD—3/50	3		0.2	50	15	0.06				4	10	33	
YD—6/50	6		0.2	50	30	0.12				4	10	53	
YD—10/50	10		0.2	50	50	0.2				4	10	79	
YD—10/100	10		0.2	100	50	0.1				4	10	98	
YDC—3/50	3		0.2	50	15	0.06		200	7.5	4	10	34	
YDC—6/50	6		0.2	50	30	0.12		200	15	4	10	54	
YDC—10/50	10		0.2	50	50	0.2		200	25	4	10	29	
YDC—10/100	10		0.2	100	50	0.1		200	25	4	10	99	
YD□—1.5/50	1.5		0.2	50	7.5	0.03	70			4	11	23	
YD□—3/50	3		0.2	50	15	0.06	70			4	10	33	
YD□—6/50	6		0.2	50	30	0.12	70			4	10	54	
YD□—10/50	10		0.2	50	50	0.2	70			4	10	82	
YD□—10/100	10		0.2	100	50	0.1	140			4	10	103	
YDC□—3/50	3		0.2	50	15	0.06	70	200	7.5	4	10	35	
YDC□—6/50	6		0.2	50	30	0.12	70	200	15	4	10	55	
YDC□—10/50	10		0.2	50	50	0.2	70	200	25	4	10	84	
YDC□—10/100	10		0.2	100	50	0.1	140	200	25	4	10	105	

注　1. 单台输出 50kV，串级时最高可达 200kV，便于现场试验，小容量试验变叠在大容量试验变压器上即可。
2. 单台输出 75kV，串级时 150kV。

八、TQSB系列轻型高压试验变压器

（一）概述

TQSB系列轻型高压试验变压器是同类产品YDJ（G）型高压试验变压器的基础上改进的新型产品，体积小，重量轻，结构紧凑，功能齐全，使用方便，适用于电力、工矿、科研等部门，对各种高压电气设备、电气元件、绝缘材料进行工频耐压试验和直流泄漏试验。

（二）型号含义

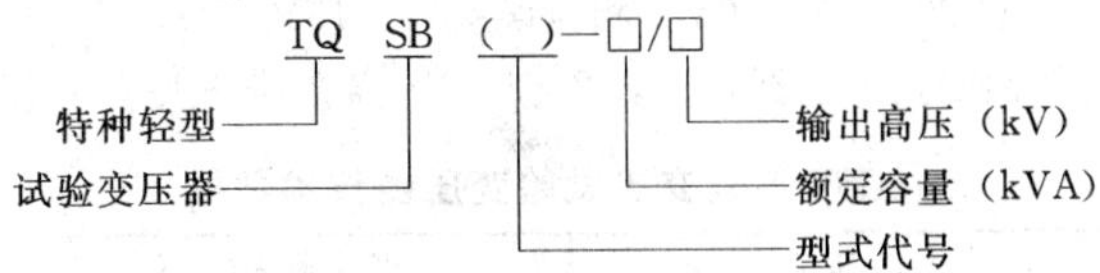

（三）结构

TQSB系列轻型高压试验变压器铁芯为单框式。线圈采用同芯圆筒多层塔式结构，初级低压绕组绕在铁芯上，次级高压绕组绕在低压绕组外侧，这种同轴布置减少绕组间耦合损耗。高压硅堆用特殊工艺封装在套管内。产品外壳制成与器芯配合较佳的八角形结构，整体外形美观大方，见图2-2-5。

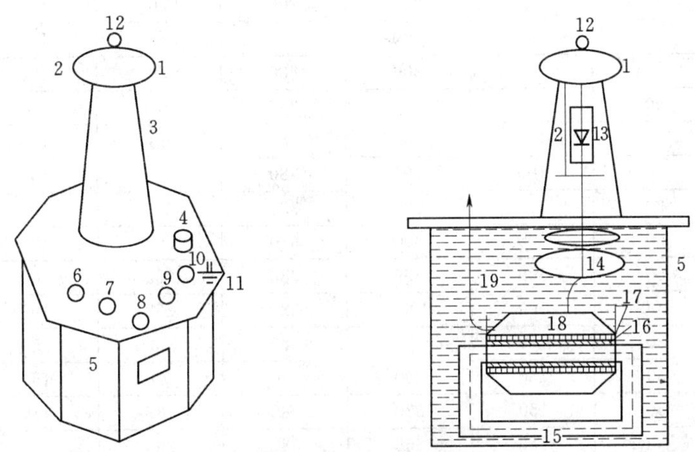

图2-2-5 TQSB试验变压器结构

1—均压球；2—硅堆短路杆；3—高压套管；4—油阀；5—壳体；6、7—调整电压输入a、x端子；8、9—仪表测量E、F端子；10—高压尾X端子；11—变压器外壳接地端；12—高压输出A端子；13—高压整流硅堆；14—内部均压环；15—变压器铁芯；16—初级低压绕组；17—测量仪表绕组；18—次级高压绕组；19—变压器油

（四）工作原理

（1）该产品为单相变压器，连接组标号Ⅱ。交流220V（10kVA以上为380V）电压接入电源控制箱（台）。经箱内自耦调压器（50kVA以上调压器外附）调节0～220V（10kVA以上0～400V）电压至试验变压器的初级绕组，根据电磁感应原理，在试验变压器高压绕组可获得试验所需的高电压。其工作原理，见图2-2-6。

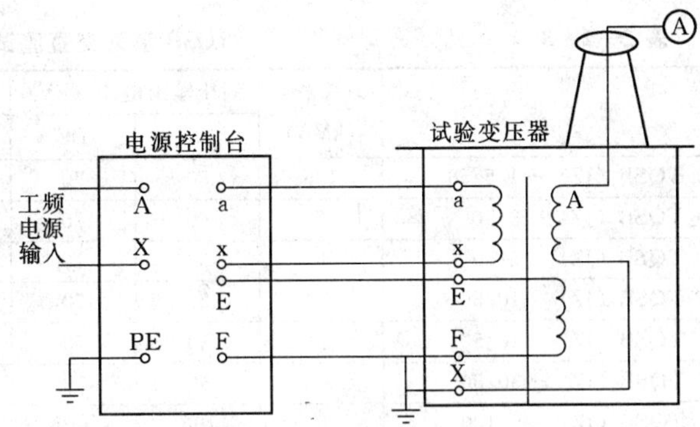

图2-2-6 单台TQSB试验变压器工作原理示意图

a、x—低压输入端；A、X—高压输出端；E、F—仪表测量端

（2）单台交直流两用型高压试验变压器是高压套管内装有整流硅堆，串接在高压回路中作高压整流，以获得直流高电压。当用一短路杆将高压硅堆短接可获得交流高电压，其状态为交流输出；反之在抽出短路杆时，其状态为直流输出。

（3）三台高压试验变压器串激获得更高电压。当控制电压加在第一级试验变压器B1初级绕组a1、x1上，激磁绕组A1、C1给第二级试验变压器B2初级绕组供电，激磁绕组A2、C2给第三级试验变压器B3初级绕组供电。由于第一级试验变压器的高压尾及壳体接地，第二、第三级的试验变压器对地有绝缘支架的隔离，这样试验变压器B1、B2、B3对地输出电压分别为1U、2U、3U。

（五）技术数据

(1) 使用环境条件。

环境温度（℃）：－20～＋40。

相对湿度（%）：＜90。

海拔（m）：＜2000。

(2) 工作电压（V）。

电源控制箱（台）输入电压为工频220V或380V，相对误差＜±10%。

(3) TQSB系列交流试验变压器额定技术数据，见表2-2-7、表2-2-8。

表2-2-7 TQSB系列交流试验变压器技术数据

型号	容量（kVA）	高压输出		低压输入		仪表	变比	温升（℃）
		电压（kV）	电流（mA）	电压（V）	电流（A）	电压（V）		30min
TQSB—1.5/50	1.5	50	30	200	7.5	100	500	10
TQSB—3/50	3	50	60	200	15	100	500	10
TQSB—5/50	5	50	100	200	25	100	500	10
TQSB—10/50	10	50	200	200	50	100	500	10
TQSB—20/50	20	50	400	380	53	100	500	10
TQSB—30/50	30	50	600	380	79	100	500	10
TQSB—50/50	50	50	1000	380	120	100	500	10
TQSB—5/100	5	100	50	380	13	100	1000	10
TQSB—10/100	10	100	100	380	26	100	1000	10
TQSB—20/100	20	100	200	380	53	100	1000	10
TQSB—30/100	30	100	300	380	79	100	1000	10
TQSB—50/100	50	100	500	380	132	100	1000	10
TQSB—100/100	100	100	1000	380	263	100	1000	10
TQSB—20/150	20	150	130	380	53	150	1000	10
TQSB—30/150	30	150	200	380	79	150	1000	10
TQSB—50/150	50	150	330	380	132	150	1000	10
TQSB—100/150	100	150	665	380	263	150	1000	10
TQSB—50/200	50	200	250	380	132	150	1000	10
TQSB—100/200	100	200	500	380	263	200	1000	10
TQSB—200/200	200	200	1000	380	526	200	1000	10
TQSB—300/200	300	200	1500	380	790	200	1000	10
TQSB—100/300	100	300	330	380	263	3200	1000	10
TQSB—200/300	200	300	665	380	526	300	1000	10
TQSB—300/300	300	300	3000	380	790	300	1000	10

表2-2-8 TQSB系列交直流试验变压器技术数据

型号规格	容量（kVA）	高压输出电压（kV）		高压输出电流（mA）		低压输入		仪表（V）	变比
		AC	DC	AC	DC	电压（V）	电流（A）	AC	
TQSB（JZ）—1.5/50	1.5	50	70	30	15	200	7.5	100	500
TQSB（JZ）—3/50	3	50	70	60	15	200	15	100	500
TQSB（JZ）—5/50	5	50	70	100	15	200	25	100	500
TQSB（JZ）—10/50	10	50	70	200	50	200	50	100	500
TQSB（JZ）—20/50	20	50	70	400	100	380	53	100	500
TQSB（JZ）—30/50	30	50	70	600	100	380	79	100	500
TQSB（JZ）—5/100	5	100	140	50	15	380	13	100	1000
TQSB（JZ）—10/100	10	100	140	100	50	380	26	100	1000
TQSB（JZ）—20/100	20	100	140	200	100	380	53	100	1000
TQSB（JZ）—30/100	30	100	140	300	100	380	79	100	1000
TQSB（JZ）—20/150	20	150	210	130	50	380	53	150	1000
TQSB（JZ）—30/150	30	150	210	200	100	380	79	150	1000

（六）订货须知

订货时必须提供产品的型号、数量及特殊要求（新增功能详细说明及图纸）。

（七）生产厂

扬州宝测电气有限公司。

九、ISJ 系列冲击试验变压器

（一）概述

ISJ 系列冲击试验变压器是一种变磁通调压的变电设备，适用于交直流低压电器在通断能力试验及电寿命试验中，做试验电源之用。它具有短路阻抗小、输出短路容量大、动能稳定性好、耐冲击能力高、输出电压调节范围广的特点。

（二）型号含义

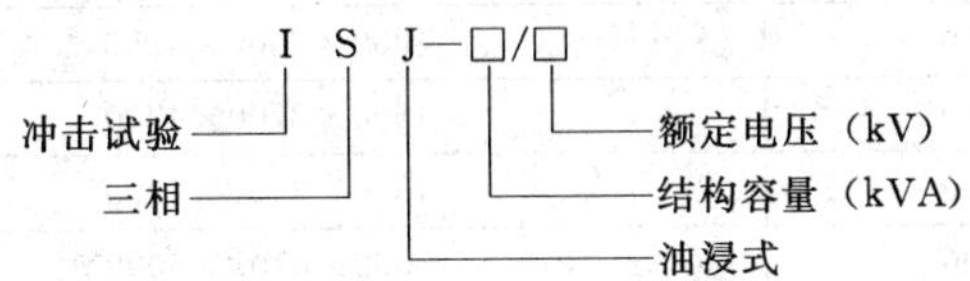

（三）使用条件

(1) 海拔（m）：<1000。

(2) 环境温度（℃）：−25～+40。

(3) 户外风速（m/s）：<35。

(4) 相对湿度（%）：<90（25℃时）。

(5) 安装在无爆炸危险、严重污秽、化学腐蚀及剧烈振动的场所。

（四）技术数据

(1) 相数：3 相。

(2) 电源频率（Hz）：50。

(3) 电压组合及连接组标号，见表 2-2-9。

表 2-2-9　ISJ 系列电压组合及连接组标号

初级电压（kV）	连接组标号	次级连	次级电压（V）						
			1	2	3	4	5	6	7
10、35	Dd0	并联	196	208	220	231	242	254	266
		串联	588	624	660	693	726	762	798
	Dy1	并联	340	360	380	400	420	440	460
		串联	1020	1080	1140	1200	1260	1320	1380

(4) 冲击试验变压器的额定容量、试验容量、性能参数，见表 2-2-10。

表 2-2-10　ISJ 系列冲击试验变压器的试验容量、性能参数

额定容量（kVA）	试验容量（MVA）	结构容量（kVA）	阻抗电压 ≤（%）	功率因数（±10%）	热稳定时间（s）
500	7.3	2000	2.8	0.22	2
750	11	3000	2.8	0.22	
1000	14.5	4000	2.8	0.2	
1250	18.5	5000	3	0.2	
1600	22	6300	3	0.18	
2000	26	8000	3.2	0.18	
3500	37	12500	3.2	0.16	
6000	48	20000	3.4	0.16	
7500	58	25000	3.4	0.15	
10000	75	30000	3.6	0.15	

(5) 变压器二次侧工频耐压 10kV/1min。

（五）外形及安装尺寸

该试验变压器外形及安装尺寸，见表 2－2－11。

表 2－2－11　　　　ISJ 系列冲击试验变压器外形及安装尺寸

型　　号	重量（kg）	外形尺寸（长×宽×高）（mm×mm×mm）	底座尺寸（mm）
ISJ—2000/10	6250	3200×1300×2700	1070
ISJ—3000/10	8270	3300×1350×2900	1070
ISJ—4000/10	9700	3350×1550×3020	1070
ISJ—5000/10	10980	3460×1690×3200	1070
ISJ—6300/35	13970	3610×1950×3730	1070
ISJ—8000/35	16500	3850×2100×3950	1475
ISJ—12500/35	22400	4200×2300×4250	1475
ISJ—20000/35	31000	4600×2700×4700	1700
ISJ—25000/35	36500	4850×2900×4900	1700
ISJ—30000/35	44500	5000×3100×5000	1700

（六）订货须知

订货时必须提供产品型号及数量、额定电压、特殊要求。

（七）生产厂

苏州安泰变压器有限公司。

十、BCSB（jz）系列交直流试验变压器

（一）用途

BCSB（jz）系列交直流试验变压器适用于电力和科研单位对电机、电缆、变压器、开关、电器等电力设备进行工频耐压试验或直流泄漏试验。

（二）型号含义

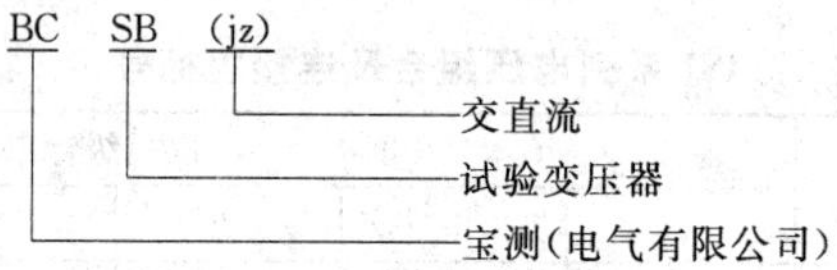

（三）技术数据

额定容量（kVA）：0.5～100。

输出电压（kV）：交流 50，直流 70。

工作电源电压（V）：AC 220±10%；AC 380±10%。

电源频率（Hz）：50。

（四）生产厂

扬州宝测电气有限公司。

十一、TPU 试验变压器快速保护装置

（一）概述

TPU 试验变压器快速保护装置用于保护试验变压器及被试品，免受被试品击穿性放电时可能产生的很高的恢复过电压。

该装置在消化吸收西德 MWB 公司第二代“TPU”产品的基础上进一步扩展了保护功能，抗干扰能力强，稳定性十分理想。

（二）型号含义

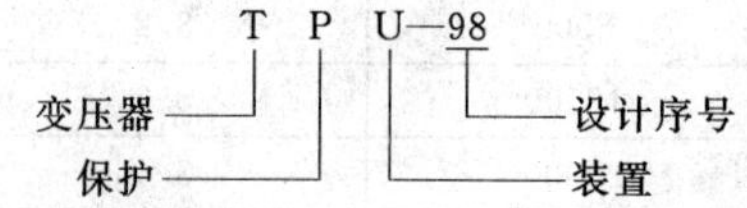

（三）使用条件

(1) 环境温度（℃）：－10～＋40。

(2) 相对湿度（%）：<85（无凝露）。

(3) 海拔（m）：<1500。

(4) 无导电尘埃存在。

(5) 无火灾爆炸危险。

(6) 不含有腐蚀金属和绝缘的气体存在。

(7) 无剧烈振动和碰撞。

(8) 设有可靠接地点。

(四) 原理结构

TPU试验变压器快速保护装置主要由检测电路、逻辑判断控制放大电路、强触发电路、晶闸管与电抗器、自控、指示与预置保护电路等五大部分组成(见图2-2-7),各电路之间以光纤相连,大大提高整机的抗干扰性能和可靠性。

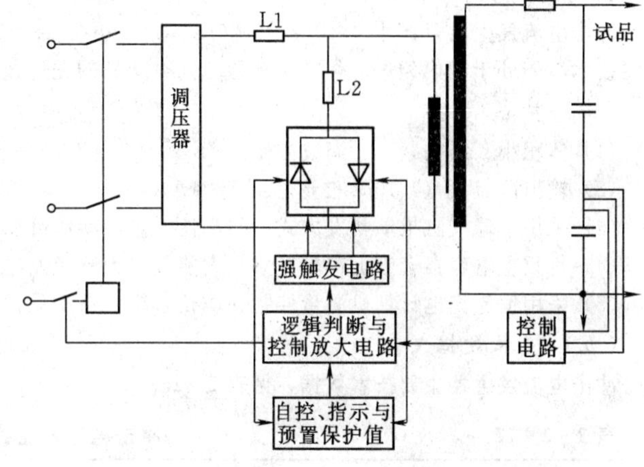

图2-2-7 TPU试验变压器快速保护装置原理结构

从采集信号至变压器原边绕组短接,全程响应时间≤100μs,抑制保护时间≥200ms,因而无法产生过电压。此信号同时启动断路器跳闸,使回路彻底断电。由于晶闸管动作短路,过电流继电器动作,迫使断路器跳闸,这样就有了三重保护。继电器保护相对时间较长,保证可靠断电。断路器跳闸时间在200ms之内,确保晶体管的安全。

(五) 功能

(1) 自检:模拟真实电压信号检验发射电路与光接收电路及各方单元的功能。

(2) 试验。

(3) 功能调节:过电压电子快速保护装置具有谐振功能和电压变化率dV/dt功能。

(六) 生产厂

江苏江都雷宇高电压设备有限公司、上海交通大学高电压试验设备研究开发中心。

十二、YDGT—3/5工频耐压试验台

(一) 概述

YDGT—3/5工频耐压试验台是新一代工频耐压检测设备,其性能满足GB 1497—85《低压电器基本标准》、GB 998—82《低压电器基本试验方法》,广泛适用于低压电器、家用电器、绝缘材料的生产厂和电力部门、科研单位,是一种理想的电性能检测设备。

(二) 结构特征

该产品有高精度电压表、声光报警、时间选择控制功能,集试验变压器、调压器及操作控制设备于一体,外形美观、安装合理、移动使用方便。符合ZBK 41006—89和Q/SYD 003—1996标准。

(三) 技术数据

额定容量(kVA):3。

额定输入电压(V):AC 220。

额定频率(Hz):50。

额定输出电压(kV):0~5(连续可调)(另有0~10)。

试验电压波形:正弦波。

波形畸变率(%):≤2。

电压互感器:5000V/50V,精度0.2级。

电压表精度(级):0.5。

试验台保护连续性<0.01Ω。

(四) 生产厂

苏州亚地特种变压器有限公司。

十三、CJDL系列冲击电流发生器

(一) 用途

冲击电流发生器主要用以检验电气设备耐受冲击电流稳定的能力,广泛应用于氧化锌避雷器阀片进行冲击电流试验,也可用于其他研究性试验。

(二) 型号含义

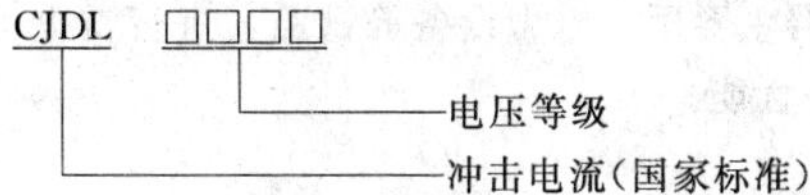

（三）性能

冲击电流发生器可产生 4/10μs、8/20μs、10/35μs、18/40μs 标准冲击电流波形，性能符合国家标准和 IEC 标准，主要技术性能处于国内领先地位，达到国际同类产品的先进技术。

（四）特点

(1) 体积小、结构紧凑、调波方便。

(2) 输出电流大（4/10μs 波形达到 120kA)。

(3) 采用下球气缸推动触发方式，同步性能好，动作可靠。

(4) 每只主电容器套管上都串有一只大能量的无感吸能电阻，确保主电容器的安全。

(5) 采用恒流充电计算机测量控制一体化系统，自动化程度高，抗干扰能力强。

（五）技术数据

冲击电流发生器主要技术数据，见表 2-2-12。

表 2-2-12　　冲击电流发生器技术数据

冲击电流发生器	5种冲击电流波形	6种冲击电流波形	生产厂
额定电压（kV)	±60，±120	±60，±120	江苏江都雷宇高电压设备有限公司
200μs 方波冲击电流幅值（kA)		1.5±5%	
1/<20μs 陡波冲击电流幅值（kA)	20±5%	20±5%	
4/10μs 冲击电流幅值（kA)	100±5%	100±5%	
8/20μs 雷电冲击电流幅值（kA)	40±5%	40±5%	
30/80μs 操作冲击电流幅值（kA)	2±5%	2±5%	
18/40μs 冲击电流幅值（kA)	20±5%	20±5%	

（六）外形及安装尺寸

冲击电流发生器外形及安装尺寸，见图 2-2-8。

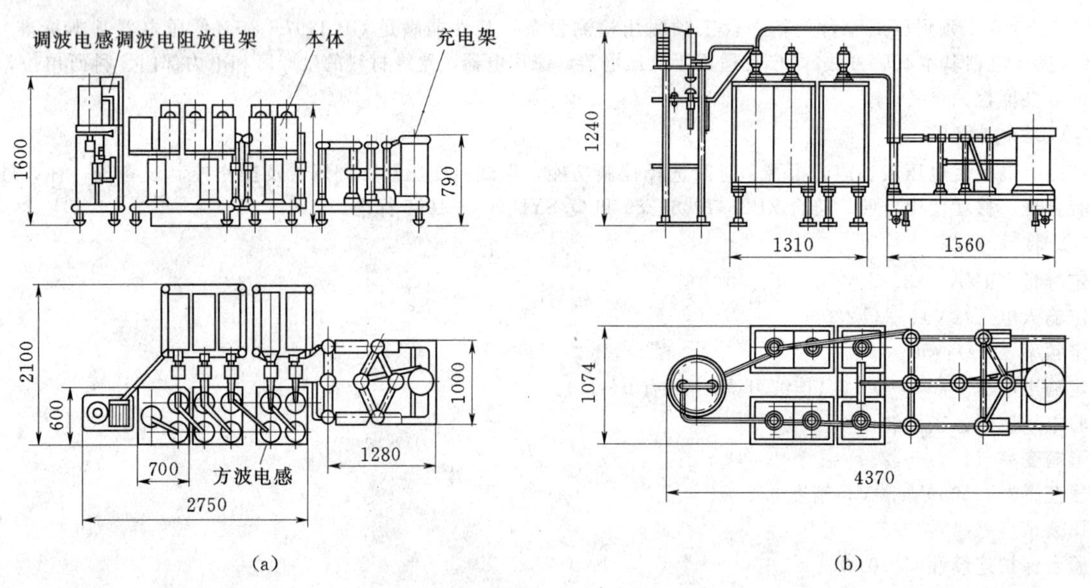

图 2-2-8　冲击电流发生器外形及安装尺寸（单位：mm）
(a) 5种冲击电流波形；(b) 6种冲击电流波形

（七）生产厂

上海交通大学高电压试验设备研究开发中心、江苏江都雷宇高电压设备有限公司。

十四、SJTU、HYJD 型系列冲击电压发生器

（一）用途

SJTU、HYJD 型系列冲击电压发生器主要用于电力设备等试品，进行雷电冲击电压全波、雷电冲击电压截波和操作冲击电压波的冲击电压试验、检验绝缘性能。

（二）性能

1200kV、2400kV 和 4800kV 系列冲击电压发生器，可产生标准雷电全波、操作波和雷电截波 3 种冲击电压波形。1200kV 系列冲击电压发生器可产生标准雷电波、操作波、雷电截波、振荡雷电波、振荡操作波、线路绝缘子陡波、合成绝缘子陡波和变压器感应操作波共 8 种冲击电压波形。

产品技术性能指标符合国家标准和 IEC 标准，主要技术性能处于国内领先地位，达到国际同类产品的先进水平。

（三）特点

(1) 成套装置配套完整，电压等级齐全。

(2) 冲击电压发生器回路电感小，并采取带阻滤波措施，在大容量负载下仍能产生标准冲击波，负载能力大。

(3) 电压利用系数高，雷电波和操作波分别不低于 85％和 80％。

(4) 调波方便，操作简单，同步性能好，动作可靠。

(5) 采用恒流充电自动控制技术，自动化程度高，抗干扰能力强。

(6) 成功开发冲击波形数字分析系统和冲击电压试验数据微机在线处理系统，大大提高冲击电压试验技术水平和试验效率。

（四）技术数据

SJTU、HYJD 系列冲击电压发生器技术数据，见表 2-2-13。

表 2-2-13　**SJTU、HYJD 系列冲击电压发生器技术数据**

型　号	标准电压 (kV)	冲击电容量 (μF)	级电容量 (μF)	冲击能量 (kJ)	级电压 (kV)	级数	外形尺寸 (mm)						重量 (kg)	生产厂
							H	H_1	H_2	A	B	D		
SJTU—1200	±300	0.1625	0.325	7.31	±150	2	1461	840	420				547	江苏江都雷宇高电压设备有限公司
		0.25	0.5	11.25									611	
	±450	0.1083	0.325	10.97		3	1881	1260	420				694	
		0.1666	0.5	16.87									758	
	±600	0.08125	0.325	14.63		4	2301	1680	420				842	
		0.125	0.5	22.5									906	
	±750	0.065	0.325	18.28		5	2721	2100	420				1006	
		0.1	0.5	28.13									1166	
	±900	0.0542	0.325	21.95		6	3141	2520	420				1186	
		0.0833	0.5	33.74									1378	
	±1050	0.0464	0.325	25.58		7	3561	2940	420				1366	
		0.0714	0.5	39.36									1697	
	±1200	0.0406	0.325	29.23		8	3981	3360	420				1545	
		0.0625	0.5	45									1801	
SJTU—1500	±1350	0.03611/0.055	0.325/0.5	32.91/50.6	±150	9	5048	4418	430				1718	
	±1500	0.0325/0.05	0.325/0.5	36.56/56.25		10	5478	4848	430				1880	
SJTU—2400—Ⅰ SJTU—2400—Ⅱ	±1600	0.0625	0.5	80	±200	8	7040			4900	3400	ϕ4230	7353	
		0.09375	0.75	120			7040					ϕ4230	7513	
		0.125	1	160			7040					ϕ4680	8873	
	±1800	0.0556	0.5	90		9	7690					ϕ4230	7838	
		0.0833	0.75	135			7690					ϕ4230	8018	
		0.1111	1	180			7690					ϕ4680	9548	
	±2200	0.0456	0.5	110		11	9010					ϕ4230	8810	
		0.0682	0.75	165			9010					ϕ4230	9030	
		0.09091	1	220			9010					ϕ4680	10900	
	±2400	0.0417	0.5	120		12	9660					ϕ4230	9294	
		0.0625	0.75	180			9660					ϕ4230	9534	

续表

型号	标准电压(kV)	冲击电容量(μF)	级电容量(μF)	冲击能量(kJ)	级电压(kV)	级数	外形尺寸(mm)						重量(kg)	生产厂
							H	H_1	H_2	A	B	D		
SJTU—2400—Ⅰ SJTU—2400—Ⅱ	±2400	0.0833	1	240	±200	12	9660			4900	3400	φ4680	11574	江苏江都雷宇高电压设备有限公司
	±2800	0.0357	0.5	140		14	10960					φ4230	10266	
		0.0536	0.75	210			10960					φ4230	10546	
		0.0174	1	280			10960					φ4680	12925	
	±3000	0.0333	0.5	150		15	11630					φ4230	10750	
		0.05	0.75	225			11630					φ4230	11050	
		0.067	1	300			11630					φ4680	13600	
SJTU—4800—Ⅰ SJTU—4800—Ⅱ SJTU—4800—Ⅲ	±3200	0.03125	0.5	160	±200	16	12400			5800	4040	φ4950	13760	
		0.04687	0.75	240			12400					φ4950	14720	
		0.0625	1	320			12400					φ5450	15680	
	±3600	0.0278	0.5	180		18	13700					φ4950	15480	
		0.04167	0.75	270			13700					φ4950	16560	
		0.0556	1	360			13700					φ5450	17640	
	±4000	0.025	0.5	200		20	15000					φ4950	17200	
		0.0375	0.75	300			15000					φ4950	18400	
		0.05	1	400			15000					φ5450	19600	
	±4200	0.0238	0.5	210		21	15670					φ4950	18060	
		0.0357	0.75	315			15670					φ4950	19320	
		0.0476	1	420			15670					φ5450	20580	
	±4800	0.0208	0.5	240		24	17620					φ4950	21840	
		0.03125	0.75	360			17620					φ4950	22020	
		0.0417	1	480			17620					φ5450	23500	
HYJD—1500	±1350	0.03611/0.055	0.325/0.5	32.91/50.6	±150	9	5048	4418	430				1718	扬州华电电气有限公司
	±1500	0.0325/0.05	0.325/0.5	36.56/56.25		10	5478	4848	430				1880	
HYJD—1200	±300	0.1625	0.325	7.31	±150	2	1461	840	420				547	
		0.25	0.5	11.25									611	
	±450	0.1083	0.325	10.97		3	1881	1260	420				694	
		0.1666	0.5	16.87									758	
	±600	0.08125	0.325	14.63		4	2301	1680	420				842	
		0.125	0.5	22.5									906	
	±750	0.065	0.325	18.28		5	2721	2100	420				1006	
		0.1	0.5	28.13									1166	
	±900	0.0542	0.325	21.95		6	3141	2520	420				1186	
		0.0833	0.5	33.74									1378	
	±1050	0.0464	0.325	25.58		7	3561	2940	420				1366	
		0.0714	0.5	39.36									1697	
	±1200	0.0506	0.325	29.23		8	3981	3360	420				1545	
		0.0625	0.5	45									1801	
HYJD—2400—Ⅰ HYJD—2400—Ⅱ	±1600	0.0625	0.5	80	±200	8	7040			4900	3400	φ4230	7353	
		0.09375	0.75	120			7040					φ4230	7513	
		0.125	1	160			7040					φ4680	8873	
	±1800	0.0556	0.5	80		9	7690					φ4230	7838	

续表

型号	标准电压（kV）	冲击电容量（μF）	级电容量（μF）	冲击能量（kJ）	级电压（kV）	级数	外形尺寸（mm）						重量（kg）	生产厂
							H	H_1	H_2	A	B	D		
HYJD—2400—Ⅰ HYJD—2400—Ⅱ	±1800	0.0833	0.75	135	±200	9	7690			4900	3400	ϕ4230	8018	扬州华电电气有限公司
		0.1111	1	180			7690					ϕ4680	9548	
	±2200	0.0456	0.5	110		11	9010					ϕ4230	8810	
		0.0682	0.75	165			9010					ϕ4230	9030	
		0.09091	1	220			9010					ϕ4680	10900	
	±2400	0.0417	0.5	120		12	9660					ϕ4230	9249	
		0.0625	0.75	180								ϕ4230	9534	
		0.0833	1	240								ϕ4680	11574	
	±2800	0.0357	0.5	140		14	10960					ϕ4230	10266	
		0.0536	0.75	210								ϕ4230	10546	
		0.0174	1	280								ϕ4680	12925	
	±3000	0.0333	0.5	150		15	11630					ϕ4230	10750	
		0.05	0.75	225								ϕ4230	11050	
		0.067	1	300								ϕ4680	13600	
HYJD—4800—Ⅰ HYJD—4800—Ⅱ HYJD—4800—Ⅲ	±3200	0.03125	0.5	160	±200	16	12400			5800	4040	ϕ4950	13760	
		0.04687	0.75	240								ϕ4950	14720	
		0.0625	1	320								ϕ5450	15680	
	±3600	0.0278	0.5	180		18	13700					ϕ4950	15480	
		0.04167	0.75	270								ϕ4950	16560	
		0.0556	1	360								ϕ5450	17640	
	±4000	0.025	0.5	200		20	15000					ϕ4950	17200	
		0.0375	0.75	300								ϕ4950	18400	
		0.05	1	400								ϕ5450	19600	
	±4200	0.0238	0.5	210		21	15670					ϕ4950	18060	
		0.0357	0.75	315								ϕ4950	19320	
		0.0476	1	420								ϕ5450	20580	
	±4800	0.0208	0.5	240		24	17620					ϕ4950	21840	
		0.03125	0.75	360								ϕ4950	22020	
		0.0417	1	480								ϕ5450	23500	

（五）外形及安装尺寸

SJTU 型系列冲击电压发生器外形及安装尺寸，见图 2-2-9。

（六）生产厂

江苏江都雷宇高电压设备有限公司、扬州华电电气有限公司。

十五、陡波冲击电压发生器

（一）用途

陡波冲击电压发生器主要用于高压线路 B 型线路绝缘子和高压线路用有机复合绝缘子等试品，进行陡波冲击电压试验，检验绝缘性能。

（二）性能

600kV 冲击电压发生器本体配套线路绝缘子陡波陡化装置和快速电阻分压器，可产生波头时间为 100～200ns 陡波冲击波；750kV 或 900kV 冲击电压发生器本体配套复合绝缘子陡波陡化装置和快速电阻分压器，产生陡波大于 1000kV/μs 陡波冲击波和 100～200ns 陡波冲击波，技术指标符合国家标准和 IEC 标准，主要技术性能在国内处于领先地位，达到国际同类产品的先进水平。

（三）特点

(1) 成套装置配套完整。

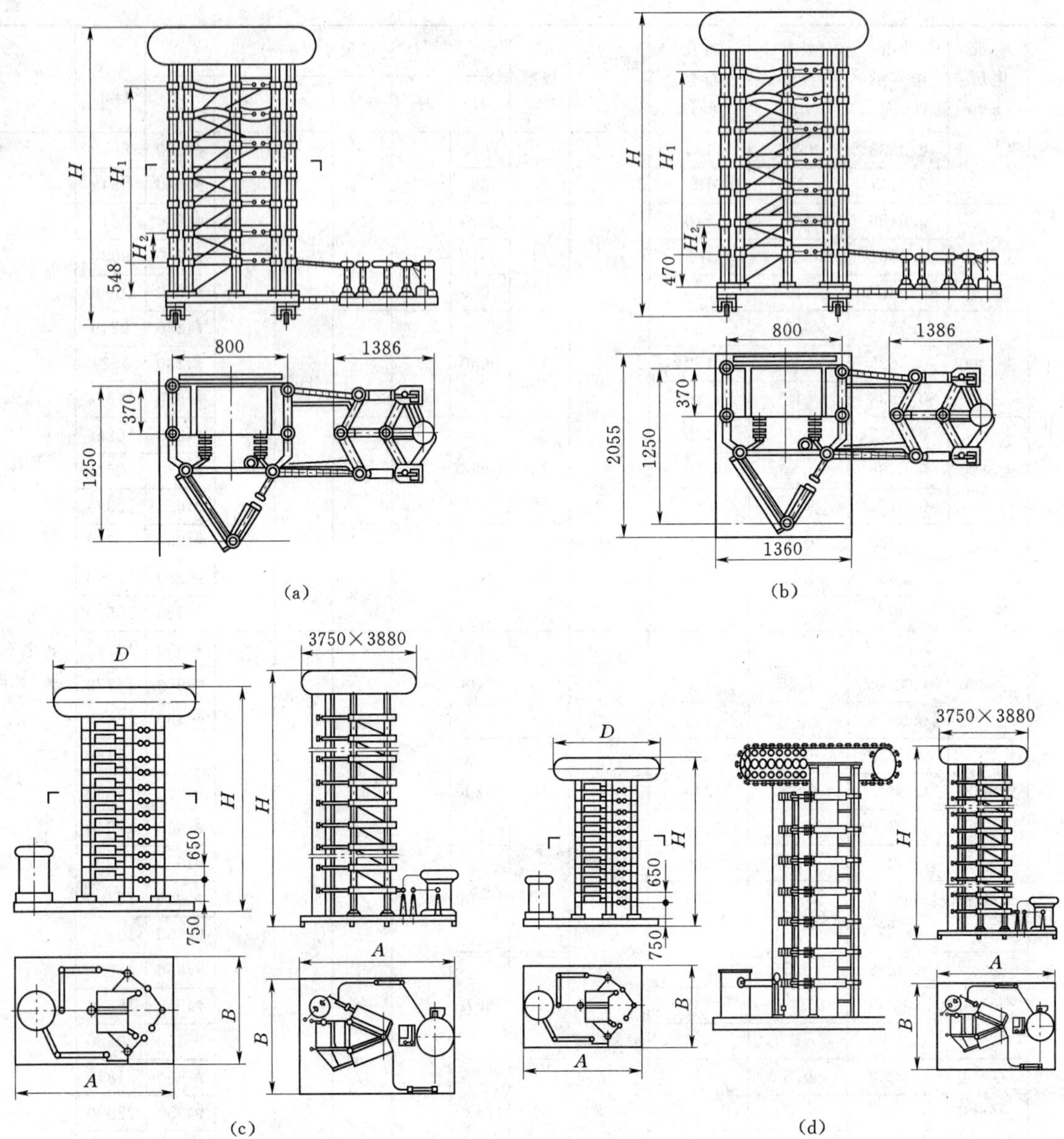

图 2-2-9 SJTU 型系列冲击电压发生器外形及安装尺寸（单位：mm）

(a) SJTU—1200 型；(b) SJTU—1500 型；(c) SJTU—2400—Ⅰ、Ⅱ；(d) SJTU—4800—Ⅰ、Ⅱ、Ⅲ

(2) 冲击电压发生器本体配套调波电阻和弱阻尼电容分压器，可产生标准雷电波和标准操作波，再配套多球截波装置可产生标准雷电截波。

(3) 调波方便，操作简单，同步性能好，动作可靠。

(4) 压缩型快速电阻分压器方波响应特性好。

(5) 采用恒流充电自动控制技术，自动化程度高，抗干扰能力强。

(6) 系统可采用冲击波形数字分析系统和冲击电压试验数据微机在线处理系统，大大提高冲击电压试验技术水平和试验效率。

（四）技术数据

陡波冲击电压发生器技术数据，见表 2-2-14。

（五）外形及安装尺寸

陡波冲击电压发生器外形及安装尺寸，见图 2-2-10。

（六）生产厂

江苏江都雷宇高电压设备有限公司。

表 2-2-14 陡波冲击电压发生器技术数据

陡波冲击电压 (kV)	电阻分压器标称电阻值 (kΩ)	本体标称电压 (kV)	电阻分压器部分方波响应时间 (ns)	L (mm)	H (mm)
500	1.25	600	<3	1750	2061
600	2.5	750	<5	1750	2061
800	1.25~2.5	900	<8	1830	2621

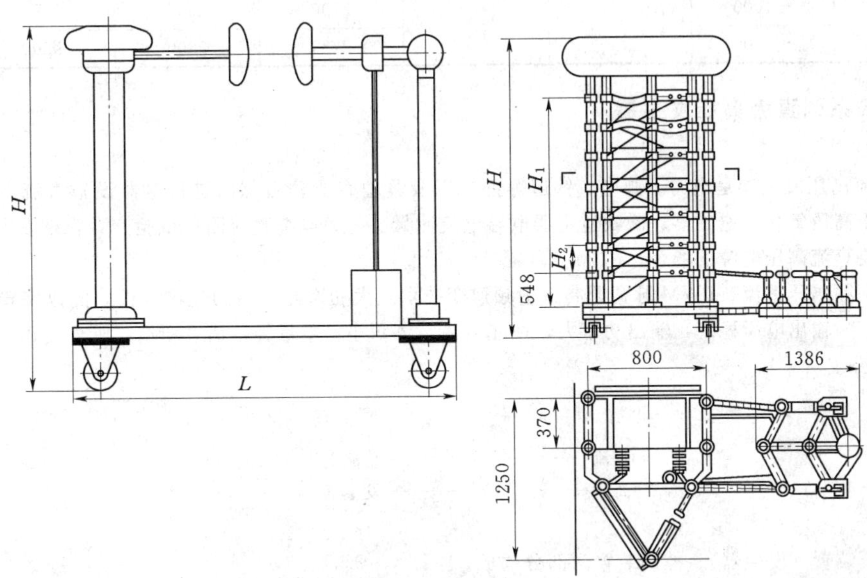

图 2-2-10 陡波冲击电压发生器外形及安装尺寸（单位：mm）

十六、ZL 系列串级直流高压发生器

（一）用途

ZL 系列串级直流高压发生器主要用于检测各种绝缘材料在直流高电压作用下的性能、长空气间隙的直流放电性能、大电容量试品（电力电缆、电力电容器、发电机组）的绝缘性能试验；测量绝缘材料、高压电器产品的泄漏电流；也用于超高压直流输电设备直流高压试验；作为冲击电压发生器、冲击电流发生器、振荡回路等设备的直流充电电源。

（二）型号含义

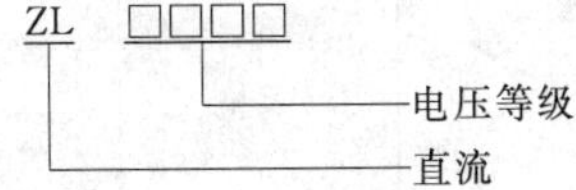

（三）性能

结构合理，额定电压为 200～1200kV，输出电流大，电压降落小，脉动系数低，采用可控硅自动跟踪调压措施，技术性能先进。

（四）特点

(1) 测量精度高，输出电压稳定，抗干扰能力强。

(2) 试验结束及改换试品时，可自动将主电容器短路接地放电，安全性能好。

(3) 自动化程度高，具有自动控制和非自动控制两种形式。

（五）技术数据

ZL 系列串级直流高电压发生器技术数据，见表 2-2-15。

（六）外形及安装尺寸

该产品外形及安装尺寸，见图 2-2-11。

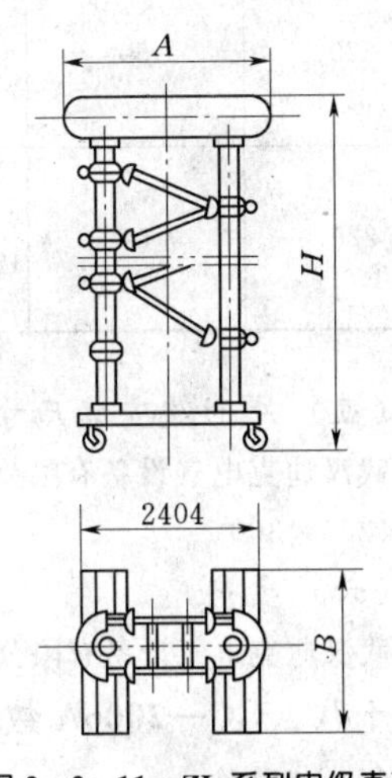

图 2-2-11 ZL 系列串级直流高电压发生器外形尺寸（单位：mm）

（七）生产厂

江苏江都雷宇高电压设备有限公司。

表 2-2-15　　ZL系列串级直流高电压发生器技术数据

型　号	额定电压(kV)	级电压(kV)	负载电流(mA)	外形尺寸(mm)			重量(kg)
				A	B	H	
ZL—200	±200	±200	5～40	1200	800	1520	420
ZL—400	±400			1300	850	1951	608
ZL—600	±600			2050	1500	4760	1450
ZL—800	±800			2422	1700	6800	1598
ZL—1000	±1000			2590	2350	7065	2280
ZL—1200	±1200			2780	2800	9300	3110

十七、ZGF系列直流高压发生器

（一）概述

ZGF系列直流高压发生器是电力、邮电、铁道等部门以及其他企业动力部门进行电器设施直流高压绝缘试验的重要设备，广泛用于高压氧化锌避雷器、磁吹避雷器电导电流测量、电力电缆直流耐压试验、大容量发电机组直流耐压试验，以及其他需要直流高压电源的场合。

该产品采用高频倍压整流、PWM脉宽调制、中频逆变技术及大功率高可靠的先进器件，配以完善的保护电路和扎实讲究的组装工艺。输出电压稳定，输出功率大，性能可靠，体积小，重量轻，适宜便携式野外使用。

（二）型号含义

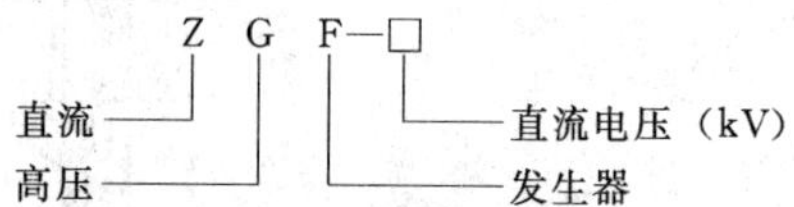

（三）结构

该装置由倍压装置（发生器）、控制装置两部分构成。

（四）技术数据

ZGF系列直流高压发生器技术数据，见表2-2-16。

表 2-2-16　　ZGF系列直流高压发生器技术数据

工作电源电压AC（V）	电源频率（Hz）	额定直流电压（kV）	额定直流电流（mA）	直流脉动系数 S（%）	测量精度（%）	工作方式	环境温度（℃）	相对湿度（%）
220±10%	50±5%	60，120，200，300	2，5，10	≤1	±1.5		0～40	≤85
220	50	60		≤3	<1.5	间断使用，连续工作<30min	0～40	≤85 无凝露
220	50	60，60，120，120，200，300	1，2，1，2，2，2	<3	高压表准确度2，泄漏电流表准确度1		0～40	≤85

（五）外形及安装尺寸

武汉迪克电气设备有限公司产品外形尺寸（长×宽×高）（mm×mm×mm）：发生器（60kV）ϕ300×800；控制箱400×250×300。

（六）生产厂

武汉迪克电气设备有限公司、武汉中试电力试验设备有限公司、武汉依特电气有限公司、武汉市电气测试设备厂。

十八、GC—2006A数字式直流高压发生器

（一）用途

GC—2006A数字式直流高压发生器是进行直流耐压试验和泄漏电流试验测量的重要设备，广泛用于电力部门和工矿企业对电缆、避雷器和高压设备进行耐压试验。

（二）型号含义

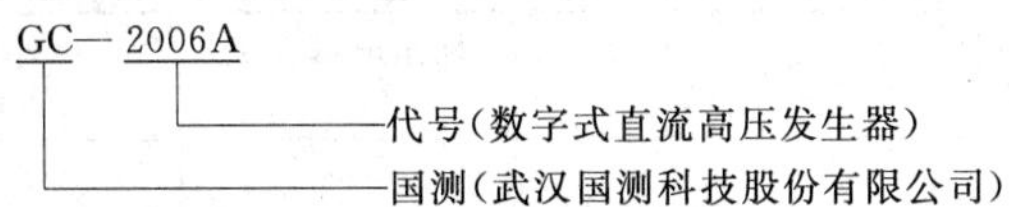

（三）特点

该产品采用PWM脉宽调制、高频方波大功率输出和高频倍压整流等新技术，具有如下特点：

(1) 高压输出功率大、体积小、纹波小。

(2) 高频升压变压器采用干式结构，重量轻。

(3) 机箱采用铝合金结构，坚固可靠，美观，特别适用于野外现场使用。

(4) 设置定时装置，计时方便。

(5) 为方便测试避雷器的 $0.75U_{DC}$ 的泄漏电流，设置 $0.75U_{DC}$ 按键。

（四）结构

该产品采用分体式结构，由主机和倍压筒组成，用电缆进行电气连接，使高压输出端与操作者和设备保持必要安全距离。单件重量轻，便于携带。

（五）工作原理

GC—2006A数字式直流高压发生器工作原理，见图2-2-12。

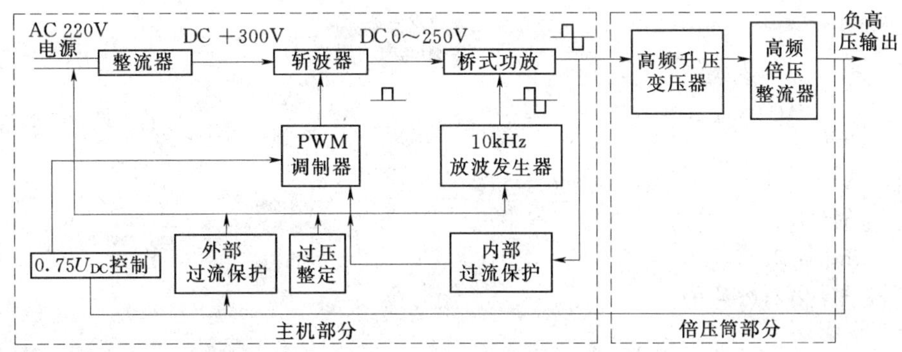

图2-2-12　GC—2006A数字式直流高压发生器工作原理框图

（六）主要功能

(1) 多重保护：内过流、外过压、过流保护功能。

(2) 非零点保护：粗调电位器小回零，高压不能启动。

(3) 电压保护整定：根据试验要求的电压值，设定过压保护值。

(4) 定时功能：设定高压试验时间、定时自动关机。

（七）技术数据

输出电压等级（kV）：0～60，0～120，0～200，0～300，0～400，0～500。

输出电流等级（mA）：1，2，5，10。

输出电压指示准确度：±（读数×1%+2个字）。

输出电流指示准确度：±（读数×1%+2个字）。

输出电流分辨率（μA）：1。

系列产品规格，见表2-2-17。

表2-2-17　GC—2006A数字式直流高压发生器规格

输出电压（kV）	0～60	0～120	0～200	0～300	0～400	0～500
输出电流（mA）	1					
	2	2	2	2	2	2
	5	5	5	5	5	5
	10	10	10	10		

（八）外形及安装尺寸

GC—2006A数字式直流高压发生器系列产品外形尺寸，见表2-2-18。

表 2-2-18　　GC—2006A 数字式直流高压发生器系列外形及安装尺寸

输出电压等级(kV)	外形及安装尺寸(mm×mm×mm)	重量(kg)	输出电压等级(kV)	外形及安装尺寸(mm×mm×mm)	重量(kg)
60	330×235×260 ϕ160×540 (共2件)	8.5+5	200	330×235×260 ϕ160×1020 (共2件)	8.5+7
120	330×235×260 ϕ160×800 (共2件)	8.5+6	300	视具体情况定	8.5+10

（九）生产厂

武汉国测科技股份有限公司。

十九、BCZF 工频直流发生器

（一）用途

BCZF 工频直流发生器适用于直流耐压试验及测量泄漏电流等试验，是电力工业、生产、基建及科研单位对电缆、避雷器、高压电器设备进行绝缘检测试验的必要仪器，也可用于静电技术应用、实验及其他需要的场合。

（二）型号含义

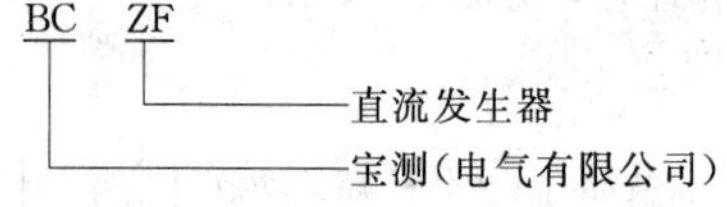

（三）技术数据

工作电源电压（V）：AC 220±10%。

电源频率（Hz）：50。

额定输出电压（kV）：0～60、0～120、0～200。

输出电压极性：负极性。

额定输出电流（mA）：2。

直流高压脉冲因数（%）：<2.5%。

（四）生产厂

扬州宝测电气有限公司。

二十、GCVLF—30/1.1 超低频高压发生器

（一）概述

GCVLF—30/1.1 超低频高压发生器是进行超低频耐压试验的重要设备，广泛应用于电力部门和工矿企业对电缆和其他高压设备进行现场试验。采用超低频最新技术，该产品特点：

(1) 高压输出功率大，体积小，性能可靠。

(2) 输出电压、输出电流采用双表显示。指针表显示电压、电流的变化值，便于观察；数字表显示电压和电流的正、负峰值，便于读数。

(3) 高频升压变压器及高压整流采用油浸式结构，体积减小，携带方便，特别适合于野外现场使用。

(4) 为适应高压电缆试验时的不同需要，设置输出频率调节装置，按照事先设置的输出频率，可输出频率为 0.1Hz、0.05Hz 和 0.02Hz 的高压信号。

使用条件：

(1) 工作电源：AC 220V±10%，50Hz。

(2) 工作温度（℃）：0～+40。

(3) 相对湿度（%）：≤90（RH）。

(4) 试验现场必须具有良好的安全接地装置，使用时必须接好安全地线，以免损坏设备及危及人身安全。

(5) 高压输出装置与人体和仪器设备最小安全距离为 2m。

(6) 缓慢调节调压器，逐渐升高电压。

（二）型号含义

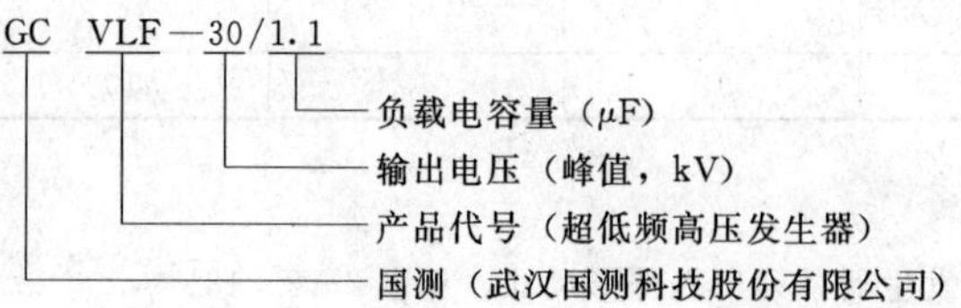

（三）结构特征

该产品采用分体式结构，由主机和高压箱两部分组成，两者用电缆电气连接。这种结构不但可以使高压输出端与操作人员和设备保持必要的安全距离，同时使仪器的单件重量减轻，便于携带。

（四）工作原理

GCVLF 超低频高压发生器的工作原理，见图 2-2-13。

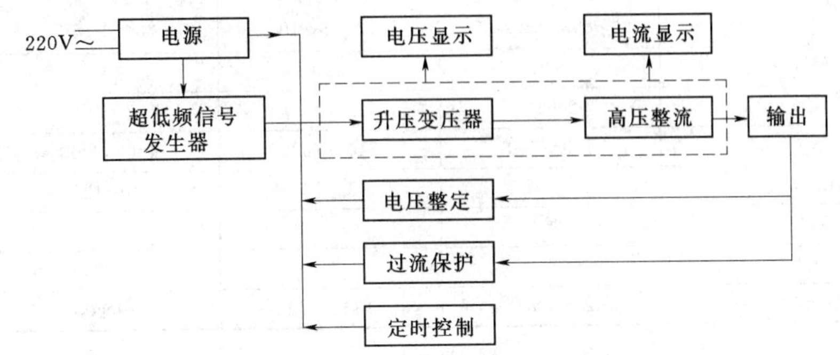

图 2-2-13 GCVLF 超低频高压发生器工作原理框图

（五）功能

(1) 具有电源过流、高压过流保护功能。

(2) 非零点保护：输出调压器不回零，高压不能启动。

(3) 电压整定：根据需要选择过压保护的整定电压，当输出电压超过所选择的整定值时，自动关断高压。

(4) 定时功能：根据测试时间选择和控制高压试验时间。

（六）技术数据

(1) 输出电压（kV）：0～30（峰值）。

(2) 输出频率（Hz）：0.1，0.05，0.02。

(3) 负载电容量：0.1Hz 输出时，最大 1.1μF；0.05Hz 输出时，最大 2.2μF；0.02Hz 输出时，最大 5.5μF。

(4) 输出电压正、负幅值误差（%）：<±3。

(5) 输出电压波形失真度（%）：<5。

(6) 输出电压、电流显示准确度（%）：<±3。

（七）外形及安装尺寸

GCVLF—30/1.1 超低频高压发生器外形尺寸（mm×mm×mm）：主机 380×280×380（重量 15kg）；高压箱 350×220×450（重量 20kg）。

（八）生产厂

武汉国测科技股份有限公司。

二十一、0.1Hz 程控超低频高压发生器

（一）用途

0.1Hz 程控超低频高压发生器替代工频谐振变压器，用于发电机、电缆、电力电容器等大容性设备的交流耐压试验中。

（二）特点

(1) 数字变频。

(2) 自动升压自动试验。

(3) 过程实时汉字提示。

(4) 显示输出波形。

（三）技术数据

频率（Hz）：0.1。

计时（s）：237。

电压（kV）：25.5。

电流（mA）：10.1

（四）生产厂

扬州华电电气有限公司。

二十二、ZGF—Ⅲ型中频直流发生器

（一）技术数据

ZGF—Ⅲ型中频直流发生器技术数据，见表2-2-19。

表2-2-19 ZGF—Ⅲ型中频直流发生器技术数据

型号	ZGF—Ⅲ 60/2—10	ZGF—Ⅲ 120/2—10	ZGF—Ⅲ 200/2—10	ZGF—Ⅲ 300/2—5
输出电压（kV）	60	120	200	300
输出电流（mA）	2～10	2～10	2～10	2～5
输出功率（W）	120～600	240～1200	400～2000	600～1500
充电电流（mA）	3～12	3～12	3～12	3～7.5
机箱重量（kg）	4	5	5	5
倍压重量（kg）	7	7	8.5	9.5
倍压筒外形尺寸（mm×mm）	ϕ80×500	ϕ80×770	ϕ110×950	ϕ110×1100

电压测量误差：1.0%（满度）±1个字。

电流测量误差：1.0%（满度）±1个字。

过压整定误差（%）：≤1。

切换误差（%）：≤0.5。

波纹系数（%）：≤0.5。

电压稳定度：随机波动。

电源电压变化（%）：±10，≤0.5。

工作方式：间断使用，额定负载30min，1.1倍额定电压使用10min。

环境温度（℃）：－15～＋50。

相对湿度（%）：＜90（25℃、无凝露）。

海拔（m）：＜2000。

（二）生产厂

扬州华电电气有限公司。

二十三、BCGF高频直流发生器

（一）概述

BCGF高频直流发生器采用单片机控制、PWM脉宽调制技术、高频倍压和大功率IGBT器件、特殊屏蔽隔离和接地等措施，保证仪器输出电压稳定、漂移量小、升压平稳、调节精度高、操作简单、性能稳定可靠。

（二）型号含义

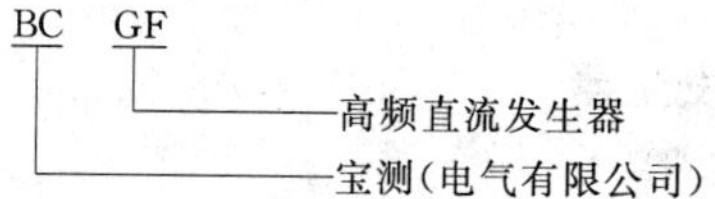

（三）技术数据

输出电压（kV）：0～60，0～120，0～200，0～300。

输出电流（mA）：2～10。

稳波系数（%）：0.5。

测量误差（%）：1。

工作电源电压（V）：AC 220±10%。

电频频率（Hz）：50±1。

（四）生产厂

扬州宝测电气有限公司。

二十四、ZGS®Q系列轻便型直流高压发生器

（一）概述

ZGS®Q系列轻便型直流高压发生器广泛适用于对氧化锌避雷器、磁吹避雷器、电力电缆、发电机、变压器、开关等设备进行直流高压试验。采用独特的一体化机箱结构，使用时倍压与控制箱可分离，方便携带，安全可靠，体积重量大为减少。

(二) 型号含义

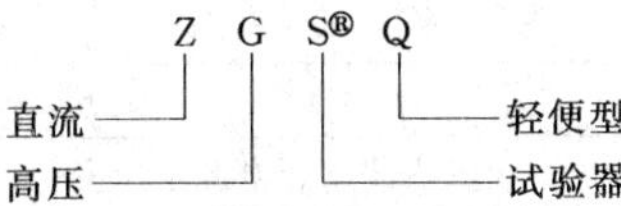

(三) 原理与性能

(1) 工作原理，见图 2-2-14。

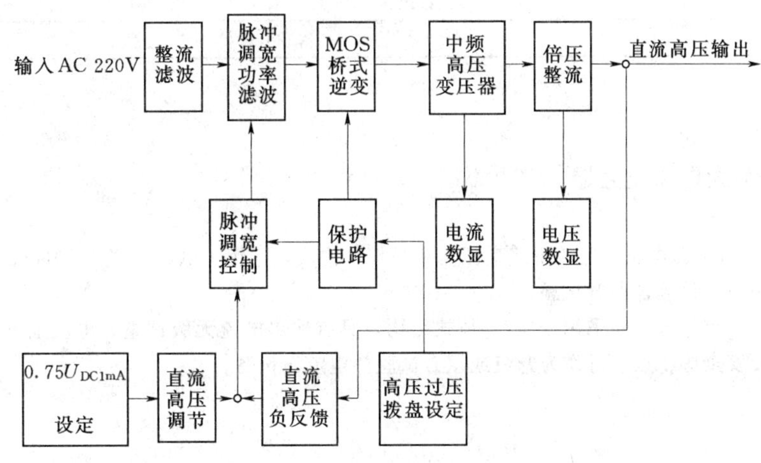

图 2-2-14 ZGS—Q 系列直流高压发生器工作原理框图

(2) 采用电压负反馈，输出电压稳定度大，电压漂移量极小。

(3) 大幅度提高了频率，纹波系数更小。

(4) 增设了高精度 0.75$U_{DC\ 1mA}$ 功能按钮，测量氧化锌避雷器方便。

(5) 高压过压整定采用数字拨盘开关，整定电压值直观显示，整定精度高。

(6) 输出电压调节采用单个多圈电位器，升压平稳，调节精度高，操作简单。

(7) 采用特殊屏蔽、隔离和接地等措施，保证试验器承受额定电压放电不损坏。

(四) 结构

ZGS—Q 系列轻便型直流高压发生器由高压倍压筒与控制箱构成，现场试验回路见图 2-2-15。

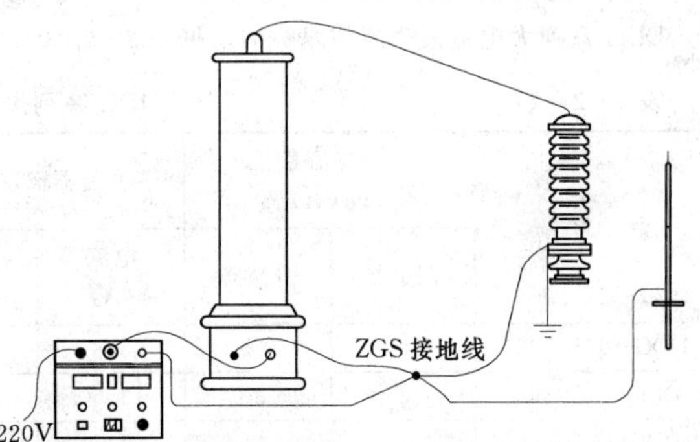

图 2-2-15 ZGS—Q 系列轻便型直流高压发生器现场试验回路接地线示意图

(五) 技术数据

该产品技术数据，见表 2-2-20。

表 2-2-20 ZGS—Q 系列直流高压发生器技术数据

型 号	Q—60/2	Q—60/3	Q—80/2	Q—80/3	Q—120/2	Q—200/2
输出电压 (kV)	60	60	80	80	120	200
输出电流 (mA)	2	3	2	3	2	2
输出功率 (W)	120	180	160	240	240	400
充电电流 (mA)	4	5	4	5	4	4
外形尺寸 (mm×mm×mm)	400×400×180	400×400×180	450×400×180	450×400×180	500×400×180	800×400×180
重量 (kg)	7.8	8.0	8.3	8.5	9.0	18
电压测量误差 (%)	1 (满度) ±1 个字					
电流测量误差 (%)	1 (满度) ±1 个字					
过压整定误差 (%)	≤1					
0.75 切换误差 (%)	≤1					

续表

型号	Q—60/2	Q—60/3	Q—80/2	Q—80/3	Q—120/2	Q—200/2
波纹系数（%）	≤0.5					
电压稳定度	随机波动、电源电压变化±10%，≤0.5%					
工作方式	间断使用：额定负载 30min，1.1 倍额定电压使用：10min					
环境温度（℃）	−15～50					
相对湿度	当温度为 25℃时不大于 90%（无凝露）					
海拔高度（m）	<2000					

（六）生产厂

苏州华电电气技术有限公司。

二十五、DDG 系列大电流发生器

（一）概述

DDG 系列大电流发生器由低电压大电流干式变压器和操作台构成，适用于电源频率为 50Hz 的多种开关、电流互感器和其他电气设备的电流负载试验及温升试验。

该系列产品根据体积、重量的不同采用分体/整体式结构，具有输出电流无级调整、电流上升平稳、负荷变化范围大、工作可靠、操作简便安全等特点，可作为升流或温升试验的电流源设备。

（二）型号含义

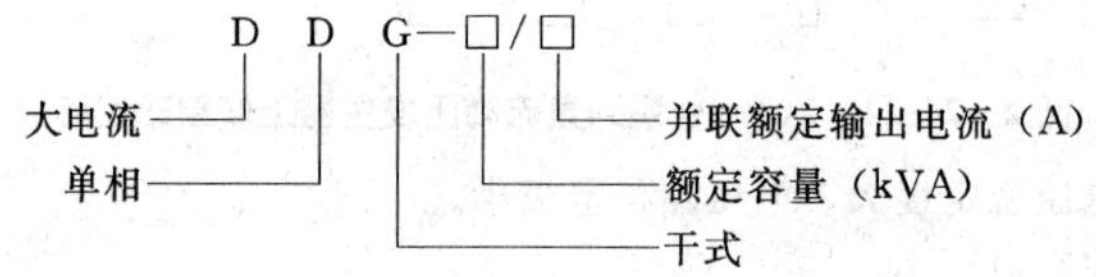

（三）技术数据

DDG 系列大电流发生器技术数据，见表 2-2-21。

表 2-2-21 DDG 系列大电流发生器技术数据

型号	额定容量（kVA）		升流器额定输入		升流器额定输出		阻抗电压（%）	空载电流（%）	结构形式
	调压器	升流器	电流（A）	电压（V）	电流（kA）	电压（V）			
DDG—1.5/500	1.5	1.5	6.8	220	0.5	3	<8	<6	整体式
DDG—3/1000	3	3	13.60	220	1	3	<8	<6	整体
DDG—6/2000	6	6	27.30	220	1/2	6.3	<8	<6	分体
DDG—12/4000	12	12	30.00	400	2/4	6/3	<8	<6	分体
DDG—15/5000	15	15	37.50	400	2.5/5	6/3	<8	<6	分体
DDG—30/10000	30	30	75	400	10	3	<8	<6	分体

注 "升流器额定输出"栏中，右边为并联输出参数，左边为串联输出参数。

（四）生产厂

武汉中试电力试验设备有限公司。

二十六、ST5000 大电流发生器

（一）概述

ST5000 大电流发生器采用一体化设计，内置大电流源，数字测量显示，接线和操作简单，升降电流方便灵活，特别适合现场使用。

（二）型号含义

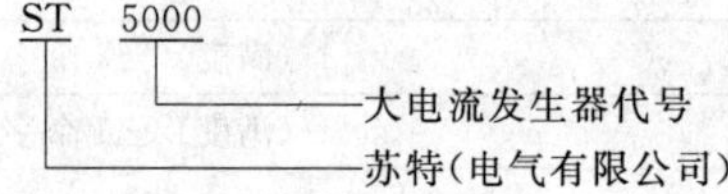

（三）技术数据

ST5000 大电流发生器技术数据，见表 2-2-22。

表 2-2-22 **ST5000 大电流发生器技术数据**

型 号	容 量 (kVA)	输出参数	
		电压 (V)	电流 (A)
ST5000	10	4/8	2500
	20	4/8	5000
	40	4/8	10000

(四) 生产厂

南京苏特电气有限公司。

二十七、BCDF系列大电流发生器

(一) 概述

BCDF系列大电流发生器为低电压大电流干式变压器，适用于额定频率为50Hz开关、电流互感器或其他电器设备的升流及连续负载试验。本产品由操作台及升流器组成，配有电流互感器，读取试验电流值方便，接线和操作简单，升降电流灵活，特别适合现场使用。

(二) 型号含义

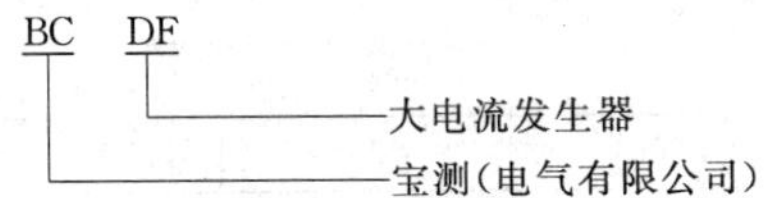

(三) 技术数据

输出电流 (A)：0～500～10000。

输出电压 (V)：5/10。

工作电源电压 (V)：AC 220±10%；AC 380±10%。

电源频率 (Hz)：50。

(四) 生产厂

扬州宝测电气有限公司。

二十八、YLDG系列大电流发生器

(一) 用途

YLDG系列大电流发生器专门提供50Hz大电流设备，用于各种大电流的场合，适用于电力系统、石油、化工、铁路运输等。

(二) 技术数据

该系列产品技术数据，见表2-2-23。

表 2-2-23 **YLDG系列大电流发生器技术数据**

型 号	容量 (kVA)	初级电压 (V)	次级电压 (V)			次级电流 (kA)		
			串	并	双并	串	并	双并
YLDG—5/0.5	5	200	10	5		0.5	1	
YLDG—10/0.5	10	400	8	4		1.25	2.5	
YLDG—20/0.5	20	400	20	10	5	1	2	4
YLDG 30/0.5	30	400	24	12	6	1.25	2.5	5

(三) 生产厂

武汉依特电气有限公司、武汉市电气测试设备厂。

二十九、SBF三倍频电压发生器

(一) 概述

SBF三倍频电压发生器是为了检测变压器纵绝缘进行感应耐压试验而研制的，适用于变压器和互感器绕组的匝间、层间、段间纵绝缘的感应耐压试验。

该产品由三倍频发生器和控制装置组成，操作简单，性能稳定，三倍频输出波形较好，体积小，测定参数清晰，噪音低，尤其适应现场使用。

（二）型号含义

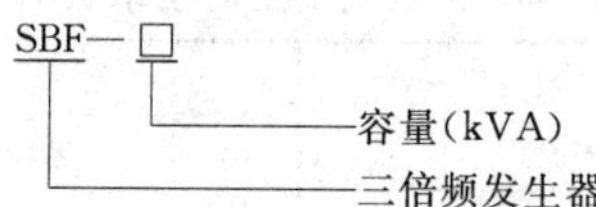

（三）工作原理

SBF三倍频电压发生器由3个单相变压器或三相五柱变压器的一次绕组接成星形，二次绕组接成开口三角形。在一次施加50Hz正弦波电压，并使铁芯达到饱和，因一次为星形连接，主磁通为平顶波的磁通分解为基波和3次谐波的磁通，又因变压器二次为开口三角形连接，使基波分量相抵消，实现开口三角的输出频率为150Hz，并通过外接单相调压器获得了倍频电压。

（四）技术数据

SBF三倍频发生器技术数据，见表2-2-24。

表2-2-24　SBF三倍频发生器技术数据

容量（kVA）	输入电压三相（AC）（V）	输入频率（Hz）	输出最高电压单相（V）	输出最大电流单相（A）	输出频率（Hz）	外形尺寸（mm×mm×mm）	重量（kg）	备注
3	380	50	300	20	150±5%	450×250×320	40	
12	380	50	500	25	150±5%	490×260×335	78	
24	280	50	600	30	150±5%	680×280×400	150	
3	380	50	360	15	150	600×500×800	100	一体
5	380	50	510	10	150			分体
12	380	50	510	24	150			分体
3	380	50	300		150			
6	380	50	500		150			
10	380	50	500		150			

注　武汉依特电气有限公司SBF三倍频发生器由三倍频变压器、电抗器、操作箱组成，电抗器2～22mH 4组，最大电流46A。

（五）订货须知

订货时必须提供设备输出容量、工作电源电压、试品容量及特殊要求。

（六）生产厂

武汉中试电力试验装备有限公司、武汉迪克电气设备有限公司、武汉依特电气有限公司、武汉市电气测试设备厂。

三十、BCSF三倍频发生器

（一）用途

BCSF三倍频发生器用于35～220kV串激式电压互感器的交流倍频感应耐压试验，可同时考核被试互感器的主、纵绝缘，同时也可作电机及电力变压器绕组感应耐压试验。

（二）型号含义

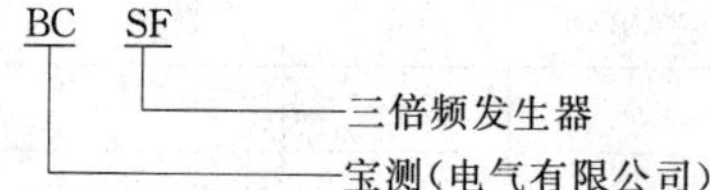

（三）技术数据

工作电源电压（V）：三相交流380±10%。

电源频率（Hz）：50。

额定容量（kVA）：3～100。

（四）生产厂

扬州宝测电气有限公司。

三十一、TPX系列调频串联谐振试验装置

（一）用途

TPX系列调频串联谐振试验装置主要用于500kV及以下电压等级SF_6断路器、GIS组合电器，以及其他大电容量电力设备的现场交流耐压试验。

配备合适的调谐电容，使其谐振在50～60Hz之间，便可作为工频试验设备使用。同时，也可作500kV及以下电压等级的互感器、耦合电容器、氧化锌避雷器等电力设备的局部放电试验。

（二）性能及特点

(1) 体积小、重量轻，便于现场组装和使用。

(2) Q 值高。

(3) 电源输入容量仅为输出容量的 1/Q。

(4) 局部放电量小。

(5) 试品闪络后无暂态过电压。

（三）技术数据

TPX 系列调频串联谐振试验装置技术数据，见表 2-2-25。

表 2-2-25　TPX 系列调频串联谐振试验装置技术数据

型　号	额定容量 (kVA)	额定电流 (A)	额定电压 (kV)	标称电感量 (H)	频率范围 (Hz)	外形尺寸 (mm)			重量 (kg)
						D	d	H	
TPX—200/200	200	1	200	600	25～300	600	450	1700	850
TPX—250/250	250	1	250	800		800	450	2200	1450
TPX—500/250	500	2	250	400		800	500	2200	1850
TPX—400/400	400	1	400	1200		1000	450	3200	2200
TPX—800/400	800	2	400	640		1300	500	3200	2800
TPX—1200/400	1600	4	400	329		1300	630	3200	3100
TPX—2400/600	2400	4	600	480		1500	630	4800	4100
TPX—3600/600	3600	6	600	320		1500	730	4800	4300
TPX—3200/800	3200	4	800	600		1800	630	6875	5200
TPX—4800/800	4800	6	800	400		1800	730	6875	6000

（四）外形及安装尺寸

该产品外形及安装尺寸，见图 2-2-16。

（五）生产厂

江苏江都雷宇高电压设备有限公司。

三十二、YKG 系列调感串联谐振试验装置

（一）用途

YKG 系列调感串联谐振试验装置主要用于 500kV 及以下电压等级 SF_6 断路器、GIS 组合电器，以及其他大电容量电力设备的交流耐压试验和局部放电试验。

配备合适的调谐电容，使其在 50Hz 频率下谐振，便可作为工频试验设备使用。

（二）性能及特点

(1) 体积小，重量轻。

(2) Q 值高。

(3) 电源输入容量仅为输出容量的 1/Q。

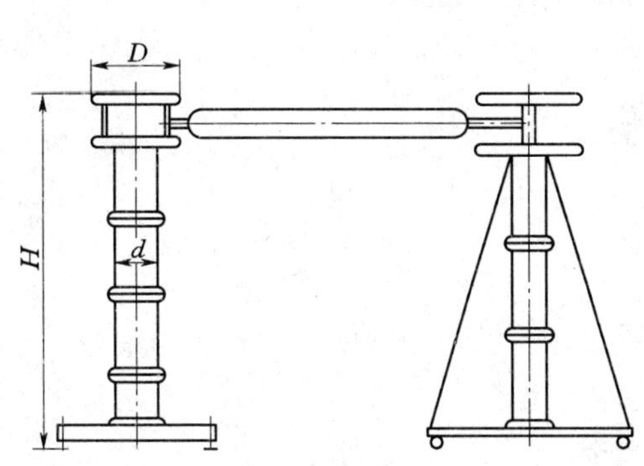

图 2-2-16　TPX 系列调频串联谐振试验装置外形尺寸

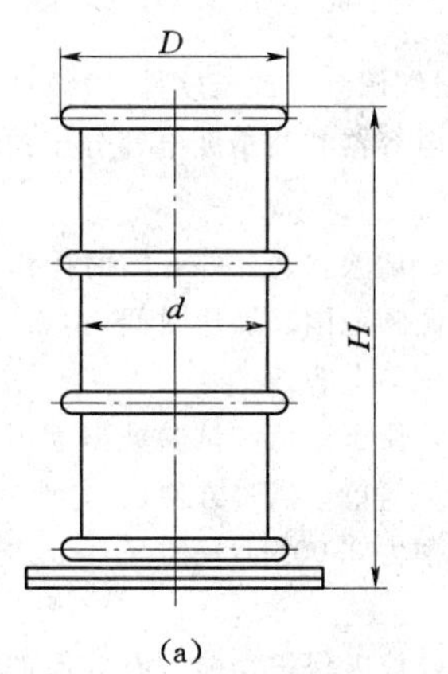

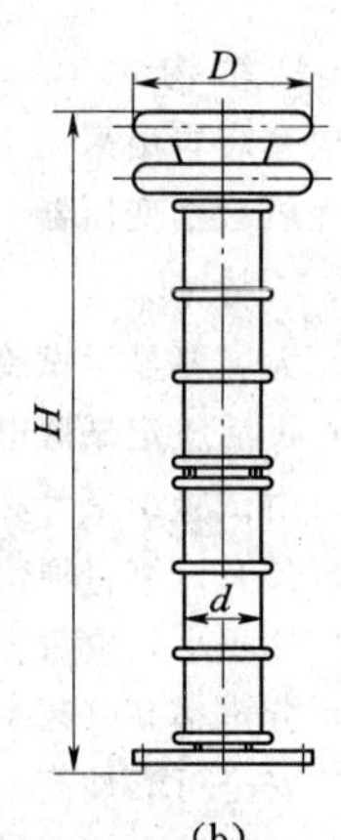

图 2-2-17　YKG 系列调感串联谐振试验装置外形及安装尺寸

(a) YKG300～1200/200～400；(b) YKG600～3200/600～800

(4) 局部放电量小。

(5) 试品闪络后无暂态过电压。

（三）技术数据

YKG系列调感串联谐振试验装置技术数据，见表2-2-26。

表2-2-26　　YKG系列调感串联谐振试验装置

型　号	额定容量(kVA)	额定电流(A)	额定电压(kV)	外形尺寸(mm)			重量(kg)
				D	*d*	*H*	
YKG—300/200	300	1.5	200	ϕ1510	ϕ1000	2690	2325
YKG—250/250	250	1	250	ϕ1510	ϕ1000	2930	2675
YKG—500/250	500	2	250	ϕ1510	ϕ1000	2930	2890
YKG—350/350	350	1	350	ϕ1900	ϕ1316	3680	4520
YKG—400/400	400	1	400	ϕ1900	ϕ1316	3800	4600
YKG—800/400	800	2	400	ϕ1900	ϕ1316	3800	4750
YKG—1200/400	1200	3	400	ϕ1900	ϕ1316	3800	7500
YKG—600/600	600	1	600	ϕ2210	ϕ1316	7000	5250
YKG—1200/600	1200	2	600	ϕ2210	ϕ1316	3800	7200
YKG—1800/600	1800	3	600	ϕ2210	ϕ1316	7000	9600
YKG—2400/600	2400	4	600	ϕ2210	ϕ1316	7750	15510
YKG—800/800	800	1	800	ϕ2500	ϕ1316	7600	9600
YKG—1600/800	1600	2	800	ϕ2500	ϕ1600	7600	9900
YKG—3200/800	3200	4	800	ϕ2500	ϕ1600	7600	19650

（四）外形及安装尺寸

YKG系列调感串联谐振试验装置外形及安装尺寸，见图2-2-17。

（五）生产厂

江苏江都雷宇高电压设备有限公司。

三十三、YHCX2858变频串联谐振成套装置

（一）用途

YHCX2858变频串联谐振成套装置广泛应用于电力、冶金、石油、化工等行业，适用于大容量、高电压的电容性试品，如发电机、变压器、GIS、高压交联电缆和互感器、套管等的交接试验与预防性试验。

（二）型号含义

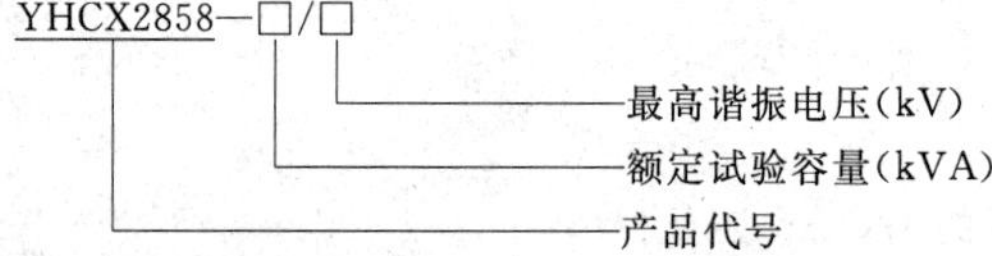

（三）结构

该成套装置由采用16位精细调频、调压软件、10kHz载波频率、SPWM和进口原装IPM整套模块制造的变频调压电源、优质激励变压器、补偿电容器和高精度电容分压器组成。

（四）特点

(1) 大屏幕显示试验数据、试验状态，并有实时操作步骤提示功能。

(2) 灵活整定试验电压、调频范围、加压时间。

(3) 由试验结果计算出被试品电容。

(4) 具有计算机通信接口，便于通信和试验数据管理。

(5) 体积小，重量轻，操作简单，携带方便。

(6) 分辨率高（频率分辨率为0.001Hz）。

(7) 安全可靠性高。

(8) 具有过电流、过电压及放电保护功能，有效保护人身及设备安全。

(9) 试验结果打印。

(10) 可升级操作软件。

(五) 技术数据

电源输入电压(V):220±10%(≤10kW),380±10%。

电源频率(Hz):50。

额定试验容量(kVA):0~8000。

谐振电压(kV):0~1000。

频率调节范围(Hz):0.1~300。

系统测量精度(级):0.5。

频率调节分辨率(Hz):0.001。

不稳定度(%):≤0.05。

输出波形:正弦波,波形畸变率≤0.05%。

噪声(dB):≤60。

电抗器 Q 值:30~120。

环境温度(℃):-10~+45。

相对湿度(%):≤90。

海拔(m):≤2000。

(六) 产品选型

(1) 交流电缆试验的选型参照表,见表 2-2-27。

表 2-2-27　　交流电缆试验的选型参照表

电压等级(kV)	电缆长度(km)	选用装置型号	最高谐振电压(kV)	装置额定电流(A)	额定输出容量(kVA)
10	1	YHCX2858—80/40	40	2	80
	2	YHCX2858—120/20	20	6	120
	3	YHCX2858—315/30	30	10.5	315
	4	YHCX2858—315/30	30	10.5	315
	5	YHCX2858—315/30	30	10.5	315
35	0.5	YHCX2858—120/60	60	2	120
	1	* YHCX2858—315/90	90	3.5	315
		YHCX2858—210/60	60	3.5	210
	2	* YHCX2858—630/90	90	7	630
		YHCX2858—420/60	60	7	420
	3	YHCX2858—600/60	60	10	600
	4	YHCX2858—600/60	60	10	600
	5	YHCX2858—900/60	60	15	900
110	1	YHCX2858—600/120	120	5	660
		YHCX2858—660/110	110	6	550
	2	YHCX2858—1320/110	110	12	1320
	3	YHCX2858—1980/110	110	18	1980
	4	YHCX2858—2640/110	110	24	2640
	5	YHCX2858—2640/110	110	24	2940
220	1	YHCX2858—2000/200	200	10	2000
	2	YHCX2858—4000/200	200	20	4000
	3	YHCX2858—6000/200	200	30	6000
	4	YHCX2858—8000/200	200	40	8000
	5	YHCX2858—8000/200	200	40	8000

注 1. * 为华北地区专用型号。

2. YHCX2858—120/20 与 YHCX2858—120/60 配置相同,可做 10kV 电缆 2km 和 35kV 电缆 0.5km 试验。

3. YHCX2858—600/60 与 YHCX2858—600/120 配置相同,可做 35kV 电缆 3km 和 110kV 电缆 1km 试验。

4. YHCX2858—315/30 与 YHCX2858—315/90 配置相同,可做 10kV 电缆 3~5km 和 35kV 电缆 1km 试验。

5. 交联电缆的电容值 10kV 电缆按 0.4μF/km 计算,35kV、110kV、220kV 电缆平均按 0.2μF/km 计算。

(2) GIS高压组合电器试验时的选型参照表，见表2-2-28。

表2-2-28 GIS高压组合电器试验时的选型参照表

电压等级(kV)	选用装置型号	额定容量(kVA)	最高谐振电压(kV)	最大输出电流(A)
35	YHCX2858—420/120	420	120	3.5
110	YHCX2858—440/220	440	220	2
	YHCX2858—1320/220	1320	220	6
220	YHCX2858—2000/400	2000	400	5

注 1. YHCX2858—420/120与YHCX2858—420/60配置相同，可做35kV电缆2km试验。
2. YHCX2858—1320/220与YHCX2858—1320/110配置相同，可做110kV GIS和110kV电缆2km试验。
3. 该装置型号可兼作交联电缆试验、主要耐压试验之用。

(3) 发电机试验时的选形参照表，见表2-2-29。

表2-2-29 发电机试验时的选型参照表

额定电压(kV)	机组容量(MW)	相电容(μF)	选用装置型号	额定容量(kVA)	最高谐振电压(kV)	最高输出电流(A)
6.3～10.5	50～100	0.15～0.45	YHCX2858—40/20	40	20	2
13.8～20	125～600	0.2	YHCX2858—80/40	80	40	2
		0.4	YHCX2858—160/40	160	40	4
10～20	100～1000(水轮发电机)	1.0	YHCX2858—600/60	600	60	10
		2.5	YHCX2858—1500/60	1500	60	25

注 订货必须提供机组额定容量、额定电压和相电容，以便按 $f_0=50$Hz设计配置。

(七) 生产厂

扬州华电电气有限公司。

三十四、ST—3598变频谐振高压试验装置

(一) 用途

ST—3598变频谐振高压试验装置适用于高电压、大容量的电力设备，如发电机、大型变压器、GIS、交联聚乙烯电力电缆、高压开关、互感器等交流耐压试验和局放试验。

(二) 型号含义

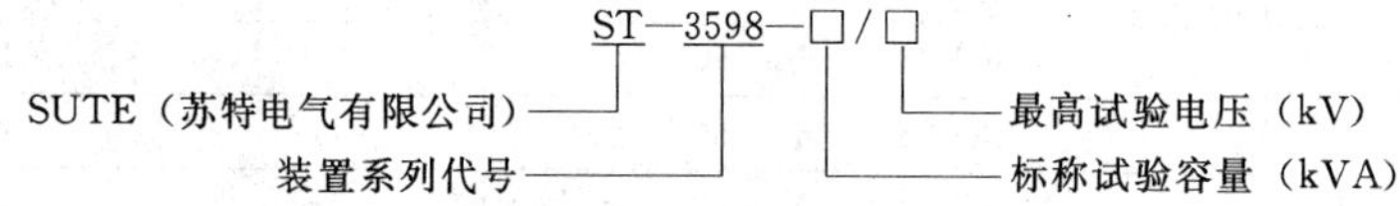

(三) 结构

该装置由调频调压电源、激励变压器、谐振电抗器和电容分压器组成。其中调频调压电源为关键部件，电抗器为重要部件。被试品的电容与电抗器构成串联谐振回路，分压器并联在被试品上，用于测量被试品上的谐振电压值，并作为过电压保护信号。调频调压的功率输出经激励变压器耦合给串联谐振回路，提供串联谐振的激励功率。

便携式装置：轻巧的电源和小型叠积式干式电抗器特别适合10kV、35kV电缆、变压器和发电机的现场交流耐压试验。

大容量装置：大型电抗器并联或串联适用于不同长度110kV、220kV、500kV电缆及GIS的交流耐压试验，电力变压器感应耐压和局放试验。

(四) 工作原理

变频谐振工作原理是改变激励电源的频率，当电源频率与试验回路的固有频率相同时，串联回路达到谐振状态，从而在被试品上产生高电压和大电流．实现对被试品的耐压试验。

采用谐振方法做交流耐压试验，可大幅度减小试验电源容量。

(五) 特点

(1) 采用进口IPM智能功率模块和DSP+CPLD+MCU芯片组。

(2) 采用低电感母线和开关死区补偿技术。

(3) 先进的浪涌保护器件组合，实现过压或试品闪络保护。

(4) 采用欧洲电磁兼容性标准。

(5) 优化的SPWM算法，纯正弦波输出。

(6) 16位精细调频调压软件专利。

(7) 手动试验/自动调谐/自动试验三种试验模式。

(8) 大屏幕实时显示试验数据、状态和操作提示。

(9) USB接口可升级操作软件和数据管理。

(10) 采用环氧浇注的干式电抗器，半导体涂层均压环。

(11) 试验结果打印输出。

(12) 全套装置体积小，重量轻，操作简便。

(六) 技术数据

1. 全套装置技术数据

工作电源（V）：30kW以下为单相220/380；50kW以上为三相380。

试验容量（kVA）：30～25000。

试验电压（kV）：18～1000。

试验电压准确度（级）：1。

试验电压波形：正弦波，畸变率≤0.2%。

谐振频率范围（Hz）：30～300。

2. 变频控制电源技术数据

工作电源（V）：30kW以下为单相220/380；50kW以上为三相380。

输出容量（kW）：5～500。

输出电压（V）：195/330/600/1000/2500。

电压稳定度（%）：≤1。

输出波形：正弦波，畸变率≤2%。

频率范围（Hz）：0 1～500。

频率分辨率（Hz）：0.01。

频率稳定度（%）：≤0.01。

噪声（dB）：≤54。

3. 谐振电抗器技术数据

额定容量（kvar）：30～5000。

额定电压（kV）：18～250。

额定电流（A）：0.5～20。

额定频率（Hz）：30～300。

局放指示（pC）：5～50。

温升（K）：65。

噪声（dB）：50～70。

(七) 生产厂

南京苏特电气有限公司。

三十五、HDSR—F系列串联谐振试验设备

(一) 用途

HDSR—F系列串联谐振试验设备广泛应用于交联橡塑电力电缆、GIS等容性负载的变频交流耐压试验。

(二) 型号含义

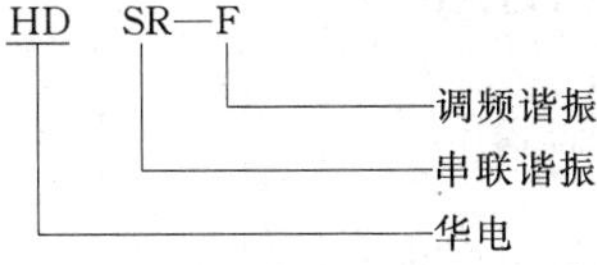

(三) 特点

1. 操作简便

(1) 具有自动调谐单触按钮，只需一按，即可自动搜寻谐振频率，锁定谐振点后蜂鸣器提示。

(2) 同时具备手动调频，微调0.02～0.1Hz，粗调按下自动快进。

(3) 大屏幕显示“参数设置”、“试验测试”、“试验结果”、“数据查询”4个主要界面，可按所设置的试验电压和加

压时间在谐振频率上进行试验。

(4) 指针表显示试验电压及试验电流，过程反映直观。

2. 可靠性好

(1) 机内设有高、低压过流过压保护，面板上具有过压保护拨码设定，出厂均通过放电保护测试。

(2) 失谐保护功能在突然失谐时自动切断高压，电压调节具有零位保护功能，保证调谐的安全性和高压回路的零起升压。

(3) 谐振回路中具有氧化锌过电压保护，防止反击电压损坏设备。

3. 重量轻，体积小

干式电抗器轻便无漏油之虑，单台重量均适合人力搬动。

4. 配置灵活

(1) 电抗器可串、并组合或单独使用，根据电缆的电压等级、长度和截面积确定带至现场的电抗器台数。

(2) 根据不同地区试验规程的要求，设计相应的试验频率范围和工作制。

(3) 专配的“补偿电容器”在短电缆试验时并联使用，可使谐振频率小于150Hz，等效性更好。

(四) 技术数据

成套设备技术数据以 HDSR—F18/54 型为例：

(1) 输出试验电压 (kV)：0～54 (有效值)。

(2) 输出频率 (Hz)：30～300。

(3) 谐振电压波形：正弦波，波形畸变率<1.0%。

(4) 带负载能力：1.25μF (18kV)；0.17μF (52kV)。

(5) 被试电缆长度 (m)：≤5000 (10kV 电缆)；≤1000 (35kV 电缆)。

(6) 最大被试品电流 (A)：5 (18kV)；1.8 (52kV)。

(7) 最大试验容量 (kVA)：95。

(8) 工作制：满功率输出下连续工作时间 30min。

(9) 品质因素：40～80。

(10) 输入工作电源：220V，50Hz (<15A)。

(11) 变频控制箱额定功率 (kVA)：5。

(12) 变频控制箱外形尺寸 (mm×mm×mm)：400×360×220。

(13) 励磁变压器额定功率 (kVA)：3 (两挡输出)。

(14) 谐振电抗器：小型 2 台 (33kg/台)；中型 3 台 (68kg/台)。

(15) 分压器测量误差 (%)：<1.0。

(16) 配置特点。既满足 10kV 电缆 5km 或 35kV 电缆 1km 交接试验的最大容量，同时日常绝大多数 1～2km 10kV 电缆试验只需携带 1 个或 2 个 35kV 小型电抗器，大大减轻试验的劳动强度。变频控制箱容量放大 70%，便于扩容需要时只需增加电抗器个数和并联励磁变压器。

(五) 生产厂

苏州华电电气技术有限公司。

三十六、ZSXB 大电流型调感式串联谐振装置

(一) 用途

ZSXB 大电流型调感式串联谐振装置适用于各种型号容量的发电机组、集合式电容器、电力电缆的交流耐压试验。

ZSXB 高电压型调感式串联谐振装置适用于 110kV 以上电压等级 GIS、TA、开关、绝缘子、绝缘工具、母线等交流耐压试验。

(二) 特点

(1) 无级调感，在试验范围内的任一点均可达到试验。

(2) 试验频率 (Hz)：50。

(3) 品质因数 Q：≥50。

(4) 输出电压波形畸变率 (%)：≤0.5。

(5) 试验电源容量比常规试验变压器小数十倍。

(6) 体积、重量大大小于常规的试验变压器。

(7) 便于现场试验，试验过程时间短。

(三) 生产厂

武汉中试电力试验设备有限公司。

三十七、ZSXB 高电压调频串联谐振试验装置

（一）用途

ZSXB 高电压交联电缆、高压组合器、高压耦合电容器交流耐压试验装置为高电压（特高压）调频串联谐振系列，适用于 110kV 及 220kV 长距离电缆、110～500kV 高压组合电器、110kV 及 220kV 高压耦合电容器、110～500kV 电容式电压互感器（CTV）交流耐压试验。

（二）特点

（1）积木式设计，可扩展容量。

（2）热容量大，连续运行时间长。

（3）品质因数高，$Q \geqslant 100$（$f=30$Hz 时）。

（4）体积、重量比常规试验变压器及调感谐振系统小，便于现场试验。

（5）工作频率范围（Hz）：30～300。

（三）生产厂

武汉中试电力试验设备有限公司。

三十八、ST3598—110～500kV 交联电缆交流耐压试验装置

（一）用途

ST3598—110～500kV 交联电缆交流耐压试验装置专为高电压等级、大容量交流电缆交流耐压试验设计，适用于 500kV 及以下各种电压等级的电缆交流耐压试验，保证交流电缆的安全运行。通过电抗器的组合兼顾完成 110kV、220kV GIS 和 SF_6 开关的耐压试验。执行标准 GB 50150—91。

（二）原理

电缆谐振耐压试验原理，见图 2-2-18。

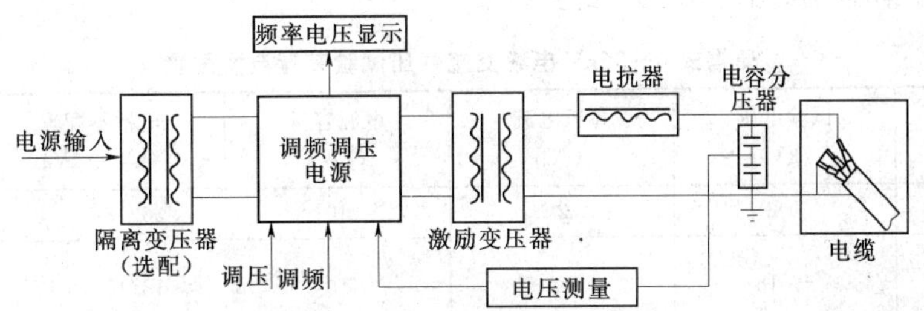

图 2-2-18 电缆谐振耐压试验原理图

（三）试验装置配置

110～500kV 交联电缆谐振耐压试验典型配置，见表 2-2-30。

表 2-2-30 110～500kV 交联电缆谐振耐压试验典型配置

型 号	试验电压（kV）	高压电流（A）	电源容量（kW）	电抗器配置（kVA/kV）	最大试验容量（μF/kV）
ST3598—1250/250	2×125	10/5	50	625/125，2 只	0.486/110 0.025/220
ST3598—1890/378	6×63	30/10/5	50	315/63，6 只	0.829/110 0.0317/220
ST3598—2000/400	2×200	10/5	50	1000/200，2 只	0.486/110 0.102/220
ST3598—2500/250	2×125	20/10	50	1250/125，2 只	0.972/110 0.05/220
ST3598—4000/400	2×200	20/10	50	2000/200，2 只	0.867/110 0.329/220
ST3598—4500/450	3×150	30/20/10	150	1500/150，3 只	1.17/110 0.05/220
ST3598—15000/750	3×250	60/40/20	200	5000/250，3 只	2.88/110 1.21/220
ST3598—18000/600	4×150	120/60/30	250	450/150，4 只	5.79/110 1.45/220

（四）技术数据

工作电源电压（V）：380±10%（三相）。

电源频率（Hz）：50。

最高试验电压（kV）：1000。

最大试验容量（kVA）：35000。

谐振频率范围（Hz）：30～300。

频率分辨率（Hz）：0.01（稳定度≤0.01%）。

试验电压波形：正弦波（畸变率≤0.2%）。

试验电压准确度（级）：1（稳定度≤1%）。

具有过压、过流、放电等全保护。

（五）生产厂

南京苏特电气有限公司。

三十九、ST3598—便携式6～35kV电缆交流耐压试验装置

（一）概述

ST3598—便携式6～35kV电缆交流耐压试验装置适用于各类中压电缆的交流耐压试验，也可调整电抗器配置适用于变压器和发电机的交流耐压试验。

该装置自动化程度高，体积小，重量轻，全套装置各单元重量均不超过50kg，能够人工搬运安装。电抗器和变压器采用环氧浇注干式结构，运行可靠。

（二）试验装置配置

6～35kV电缆交流耐压试验装置典型配置，见表2-2-31。

表2-2-31 便携式6～35kV电缆交流耐压试验装置典型配置

型　号	试验电压 (kV)	高压电流 (A)	电源容量 (kW)	电抗器配置 (kVA/kV)	最大试品容量 (μF/kV)
ST3598—72/18	18	2	10	36/18，2只	1.26/10
ST3598—108/54	3×18	6/1	10	18/18，6只	1.6/10 0.2/35
ST3598—108/54	3×18	6/2	10	36/18，3只	1.6/10 0.2/35
ST3598—120/54	3×18	6.67/2.22	10	40/18，3只	2.1/10 0.24/35
ST3598—165/60	3×20	8.25/2.75	10	55/20，3只	2.89/10 0.324/35
ST3598—330/60	6×20	24.75/8.25	20	55/20，6只	5.8/10 0.648/35

（三）技术数据

工作电源电压（V）：220±10%（单相）。

电源频率（Hz）：50。

最高试验电压（kV）：60及以下。

最大试验容量（kVA）：350及以下。

谐振频率范围（Hz）：30～300。

频率分辨率：0.01Hz，稳定度≤0.01%。

试验电压波形：正弦波，畸变率≤0.2%。

试验电压准确度：1级，稳定度≤1%。

具有过压、过流、放电等全保。

交联聚乙烯电缆单位长度电容量，见表2-2-32。

表 2-2-32 交联聚乙烯电缆单位长度电容量

电缆导体截面积 (mm²)	电 容 (μF/km)				
	YJV、YJLV	YJV、YJLV	YJV、YJV、YJLV	YJV、YJLV	YJV、YJLV
	6/6kV、6/10kV	8.7/10kV、8.7/15kV	12/35kV	21/35kV	26/35kV
1×35	0.212	0.173	0.152		
1×50	0.237	0.192	0.166	0.118	0.114
1×70	0.270	0.217	0.187	0.131	0.125
1×95	0.301	0.240	0.206	0.143	0.135
1×120	0.327	0.261	0.223	0.153	0.143
1×150	0.358	0.284	0.241	0.164	0.153
1×185	0.388	0.307	0.267	0.180	0.163
1×240	0.430	0.339	0.291	0.194	0.176
1×300	0.472	0.370	0.319	0.211	0.190
1×400	0.531	0.418	0.352	0.231	0.209
1×500	0.603	0.438	0.388	0.254	0.232
1×600	0.667	0.470	0.416	0.287	0.256
3×35	0.212	0.173	0.152		
3×50	0.237	0.192	0.166	0.118	0.114
3×70	0.270	0.217	0.187	0.131	0.125
3×95	0.301	0.240	0.206	0.143	0.135
3×120	0.327	0.261	0.223	0.153	0.143
3×150	0.358	0.284	0.241	0.164	0.153
3×185	0.388	0.307	0.267	0.180	0.163
3×240	0.430	0.339	0.291	0.194	0.176
3×300	0.472	0.370	0.319	0.211	0.190
3×400	0.531	0.418	0.352	0.231	0.209
3×500	0.603	0.438	0.388	0.254	0.232
3×600	0.667	0.470	0.416	0.287	0.256

电缆导体截面积 (mm²)	电 容 (μF/km)		电缆导体截面积 (mm²)	电 容 (μF/km)	
	YJV、YJLV	YJV、YJLV		YJV、YJLV	YJV、YJLV
	64/110kV	128/220kV		64/110kV	128/220kV
3×240	0.129		3×1200	0.242	0.179
3×300	0.139		3×1400	0.259	0.190
3×400	0.156	0.118	3×1600	0.273	0.198
3×500	0.169	0.124	3×1800	0.284	0.297
3×630	0.188	0.138	3×2000	0.296	0.215
3×800	0.214	0.155	3×2200		0.221
3×1000	0.231	0.172	3×2500		0.232

（四）生产厂

南京苏特电气有限公司。

四十、ST3598—变压器交流耐压试验装置

（一）概述

ST3598—变压器交流耐压试验装置用于电力变压器的外施工频耐压试验，有效发现绕组主绝缘受潮、开裂，或在运输过程中由于振动引起绕组松动、移位，造成引线距离不够以及绕组绝缘上附着污秽等情况。

（二）型号含义

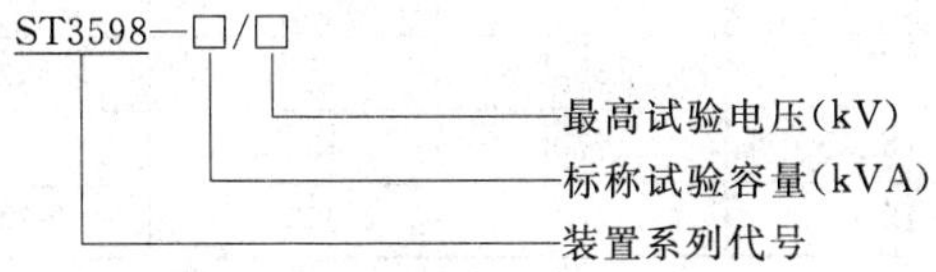

（三）装置配置

ST3598—变压器交流耐压试验装置配置见表2-2-33，耐压试验原理见图2-2-19。

表2-2-33　　ST3598—变压器交流耐压试验装置

型　号	试验电压（kV）	高压电流（A）	电源容量（kW）	电抗器配置（kVA/kV）	试品电容量（pF）
ST3598—240/120	120	2	10	40/20，6只	5000～20000
ST3598—120/120	120	1	10	120/60，2只	5000～20000
ST3598—144/72	72	2	10	144/18，4只	5000～20000

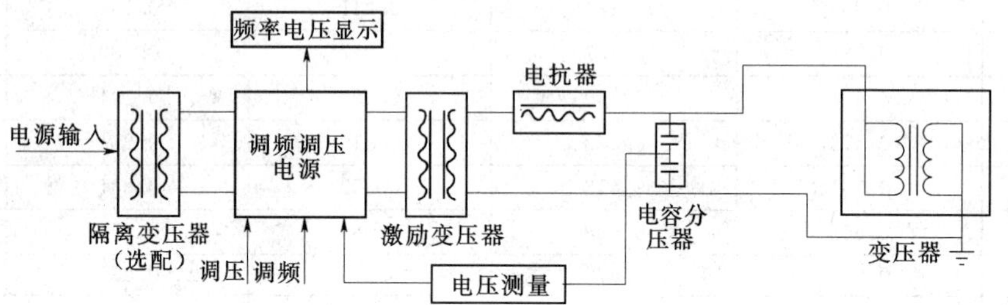

图2-2-19　变压器耐压试验原理图

（四）技术数据

工作电源：220/380V±10%，三相，50Hz。

试验电压（kV）：＜120。

试验电容量（pF）：5000～35000。

谐振频率范围（Hz）：45～65。

频率分辨率（Hz）：0.01（稳定度≤0.01%）。

试验电压波形：正弦波，波形畸变率≤0.2%。

试验电压准确度（级）：1（稳定度≤1%）。

具有过压、过流、放电等全保护。

60kV级全绝缘变压器电容（pF），见表2-2-34。

表2-2-34　　60kV级全绝缘变压器电容

试品容量（kVA）		630	2000	3150	6300	8000	1600
电容（pF）	高压—地	2700	4100	4600	5900	7000	8200
	低压—地	4200	6600	7900	10000	11000	15300

110kV中性点分级绝缘变压器电容（pF），见表2-2-35。

表2-2-35　　110kV中性点分级绝缘变压器电容

试品容量（kVA）		50000	31500	20000	10000	5600
电容（pF）	高压—中压、低压及地	14200	11400	8700	6150	4200
	中压—高压、低压及地	24800	11800	13200	9600	
	低压—高压、中压及地	19300	19300	12000	9400	6800

220kV中性点非全级绝缘部分变压器电容（pF），见表2-2-36。

表2-2-36　　220kV中性点非全级绝缘电容

试　品　型　号		SEPSL—63000	SEPSL—120000	SEPSL—240000	SEPL—240000	SEP—360000	SFPSZL—120000
电容（pF）	高压—中压、低压及地	12100	13500	17050	32230	33910	38020
	中压—高压、低压及地	18500	19700	23260			23260
	低压—高压、中压及地	18200	23600	29940	22470	23790	22160

油浸式电力变压器交流试验电压，见表 2-2-37。

表 2-2-37　**油浸式电力变压器交流试验电压**

额定电压 (kV)	最高工作电压 (kV)	线端交流试验电压值 (kV)		中性点交流试验电压值 (kV)	
		全部更换绕组	部分更换绕组或交换时	全部更换绕组	部分更换绕组或交接时
<1	≤1	3	2.5	3	2.5
3	3.5	18	15	18	15
6	6.9	25	21	25	21
10	11.5	35	30	35	30
15	17.5	45	38	45	38
20	23.0	55	47	55	47
35	40.5	85	72	85	72
110	126.0	200	170 (195)	95	80
220	252.0	360	306	85	72
		395	336	(200)	(170)
500	550.0	630	536	85	72
		680	578	140	120

（五）生产厂

南京苏特电气有限公司。

四十一、ST3598—变压器感应耐压及局放试验装置

（一）用途

ST3598—变压感应耐压及局放试验装置用于电力变压器的感应耐压试验和局放测试，检查全绝缘变压器的纵绝缘（绕组层间、匝间及段间）、检查分级绝缘变压器主绝缘和纵绝缘（主绝缘是指绕组对地、相间及不同等级的绕组间的绝缘）。

（二）装置配置

ST3598—变压器感应耐压及局放试验装置配置见表 2-2-38，耐压试验原理见图 2-2-20。

表 2-2-38　**ST3598—变压器感应耐压及局放试验装置配置**

型　号	变频电源 (kW)	励磁变压器 (kVA/kV)	补偿电抗器 (kVA/kV)	电容分压器 (kV)	试品容量 (kVA)
ST3598—600/80	50	50/40×2	400/40　2 只	100	≤31500
ST3598—1200/80	100	100/40×2	400/40　2 只	100	≤90000
ST3598—1500/80	200	200/40×2	400/40　4 只	100	≤120000
ST3598—1800/80	300	300/40×2	400/40　4 只	100	≤180000
ST3598—2400/80	400	400/40×2	400/40　4 只	100	≤240000

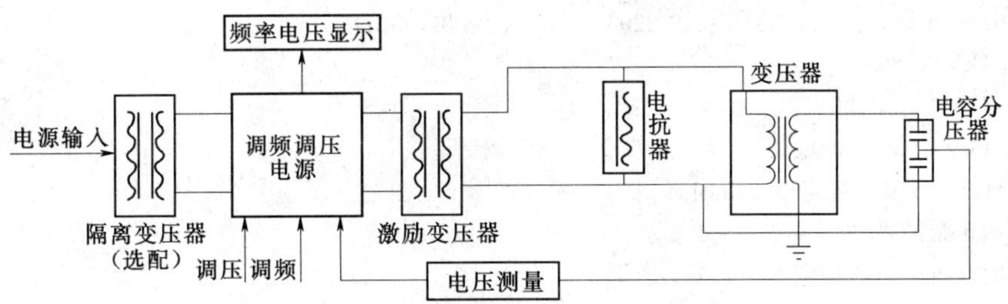

图 2-2-20　变压器感应耐压试验原理图

（三）技术数据

工作电源：380V±10%，三相，50Hz。

最高激励电压 (kV)：40×2。

试验容量 (kVA)：240000 及以下。

谐振频率范围（Hz）：30～300。

频率分辨率（Hz）：0.01（稳定度≤0.01%）。

试验电压波形：正弦波，畸变率≤0.2%。

试验电压准确度（级）：1（稳定度≤1%）。

励磁变压器局放量（pC）：≤10。

补偿电抗器局放量（pC）：≤10。

（四）生产厂

南京苏特电气有限公司。

四十二、ST3598—110～500kV GIS 及 SF_6 开关交流耐压试验装置

（一）用途

ST3598—110～500kV GIS 及 SF_6 开关交流耐压试验装置针对 GIS 试验电压等级高、试验电流小的特点设计，适用于 500kV 及以下各种电压等级的 GIS 及 SF。开关的交流耐压试验。体积小、重量轻，特别适合于现场使用。

（二）装置配置

该系列装置典型配置，见表 2-2-39。

表 2-2-39　　ST3598—110～500kV GIS 及 SF_6 开关交流耐压试验装置典型配置

型　号	试验电压 (kV)	高压电流 (A)	电源容量 (kW)	电抗器配置 (kVA/kV)	最大试品容量 (pF/kV)
ST3598—100/200	1×200	0.5	10	100/200，1只	13270/110
ST3598—100/200 （便携式）	4×50	0.5	10	25/50，4只	13270/110
ST3598—200/200 （便携式）	4×50	1	15	50/50，4只	26540/110
ST3598—300/300	1×300	1	15	300/300，1只	19000/110
ST3598—300/300	2×150	1/2	15	150/150，2只	19000/110
ST3598—400/400	2×200	1/2	30	200/200，2只	26540/110 13270/220
ST3598—1800/600	2×300	3/6	75	900/300，2只	26553/500 26553/220
ST3598—3000/600	3×200	5/10/15	75	1000/200，3只	36231/500 54347/220 0.320μF/100
ST3598—3200/800	4×200	4/16	100	800/200，4只	26553/500 53106/220 0.406μF/110

（三）技术数据

工作电源：380V±10%，三相，50Hz；或 220V±10%，单相，50Hz。

最高试验电压（kV）：800。

最大试验容量（kVA）：3200。

谐振频率范围（Hz）：30～300。

频率分辨率（Hz）：0.01，稳定度≤0.01%。

试验电压波形：正弦波，波形畸变率≤1%。

试验电压准确度（级）：1，稳定度≤1%。

具有过压、过流、放电等全保护。

（四）生产厂

南京苏特电气有限公司。

四十三、ST3598—发电机交流耐压试验装置

（一）概述

ST3598—发电机交流耐压试验装置为变频谐振装置，用于发电机交流耐压试验，采用串联谐振耐压方法。串联谐

振电路在发生被试品击穿时，立即脱谐，电流立即下降为正常试验电流的 $1/Q$（Q 为试验回路品质因数，一般 $Q=10\sim50$），保证定子铁芯安全。

试验电压倍数选择原则，不能低于发电机绝缘可能遭受的过电压作用水平。对于电容量变化在一定范围内的试品（发电机），可以通过增加补偿电容器及多只电抗器组合的方式将谐振频率控制在工频范围内。

该产品全套重量仅 165kg，为工频谐振装置的 1/20，单件重量均小于 50kg，采用该装置替代传统装置可大大减轻现场工作量。

（二）装置配置

ST3598—发电机交流耐压试验装置典型配置见表 2－2－40，耐压试验原理见图 2－2－21。

表 2－2－40　　ST3598—发电机交流耐压试验装置典型配置

型　　号	试验电压 (kV)	高压电流 (A)	电源容量 (kW)	电抗器配置 (kVA/kV)	试品容量 (μF)
ST3598—40/40	2×20	1/2	10	20/20，2 只	≤0.1
ST3598—80/100	2×20	2/4	10	80/20，2 只	≤0.2
ST3598—100/100	50	1/2	10	50/50，2 只	≤0.14
ST3598—200/200	50	4	15	50/50，4 只	≤0.28

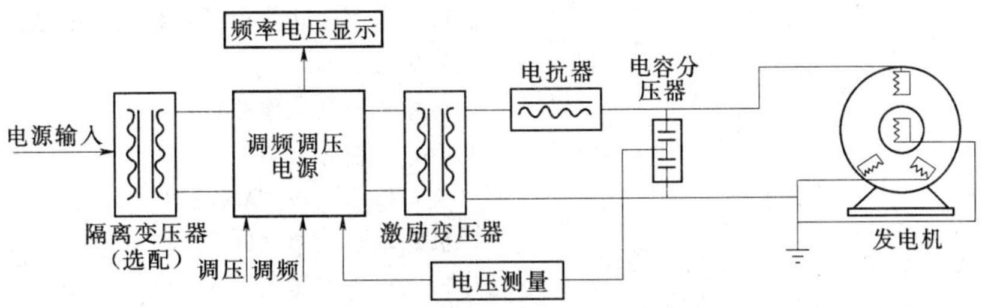

图 2－2－21　发电机耐压试验原理图

（三）技术数据

工作电源：220V±10%，单相，50Hz。

最高试验电压（kV）：50。

最大试验容量（kVA）：300。

谐振频率范围（Hz）：45～65。

频率分辨率（Hz）：0.01，稳定度≤0.01%。

试验电压波形：正弦波，畸变率≤0.2%。

试验电压准确度（级）：1，稳定度≤1%。

具有过压、过流、放电等全保护。

同步发电机定子绕组交流耐压试验电压，见表 2－2－41。

表 2－2－41　　同步发电机定子绕组交流耐压试验电压

<table>
<tr><td rowspan="3">全部更换定子绕组并修好后的试验电压</td><td>容量（kW）或（kVA）</td><td><10000</td><td colspan="3">≥10000</td></tr>
<tr><td>额定电压 U_n（V）</td><td>36 以上</td><td><6000</td><td>6000～18000</td><td>≥18000</td></tr>
<tr><td>试验电压（V）</td><td>$2U_n+1000$，最低 1500</td><td>$2.5U_n$</td><td>$2U_n+3000$</td><td>按协议</td></tr>
<tr><td rowspan="3">大修前或局部更换定子绕组并修好后的试验电压</td><td colspan="2">运行 20 年及以下者</td><td colspan="3">$1.5U_n$</td></tr>
<tr><td colspan="2">运行 20 年以上及架空线路直接连接者</td><td colspan="3">$1.5U_n$</td></tr>
<tr><td colspan="2">运行 20 年以上不与架空线路直接连接者</td><td colspan="3">$(1.3\sim1.5)U_n$</td></tr>
</table>

（四）生产厂

南京苏特电气有限公司。

四十四、DLZ 系列电动机耐压装置

（一）概述

DLZ 系列电动机耐压装置是根据电动机耐压试验的具体特点，按照 ZBK 410006—89《试验变压器》的有关要求研

制的专用设备，操作简便，性能可靠，是电动机耐压试验较理想的设备。

（二）型号含义

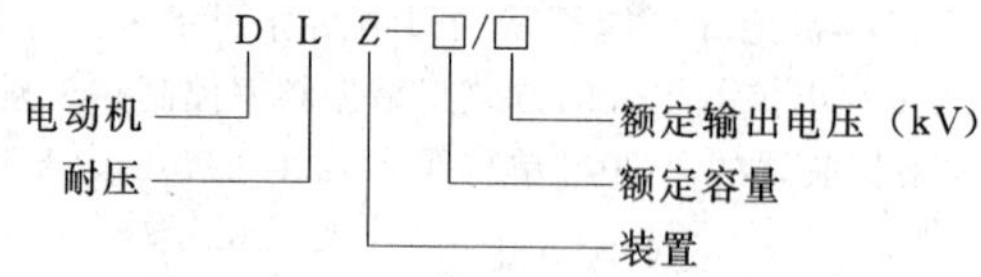

（三）结构特点

该系列产品由试验变压器和调压控制两部分组成，根据容量大小分为整体式和分体式。其特点：

1. 试验变压器

(1) 根据变压器油"距离效应"原理采用多层次绝缘，将变压器割成多路油道，提高绝缘强度，缩小体积。

(2) 高压套管与器身融为一体，采用顶部注油，在消除复合绝缘所造成的薄弱部位易发生击穿现象的同时，套管亦起着储油器的作用。

(3) 变压器铁芯采用高导磁冷轧硅钢片，原、副边绕组绕在同一心柱上，降低阻抗。

(4) 油箱结构新颖、紧凑、体积小、重量轻。

2. 调压控制

(1) 结构合理，操作与读数方便。

(2) 设有过流保护，避免误操作造成设备损坏，使用安全可靠。

(3) 采用箱式（台式）结构，维修、运输便利。

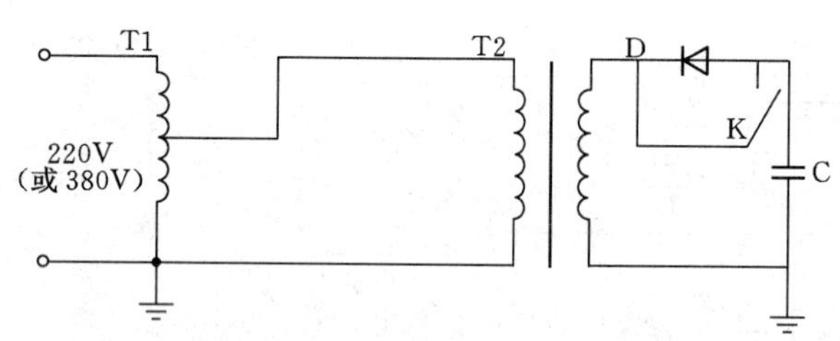

图 2-2-22　DLZ系列电动机耐压装置工作原理图

T1—调压器；T2—试验变压器；D—整流硅堆；K—交流短路杆；C—被试电机

（四）原理

该系列产品工作原理，见图 2-2-22。

（五）技术数据

额定输入电压（V）：AC 220，380。

额定电源频率（Hz）：50。

额定输出电压（kV）：AC 10，20；DC 14，28。

额定容量（kVA）：1.5，3，6，10，20，30，50，100。

波形失真（%）：<5。

常规选型参数，见表 2-2-42。

表 2-2-42　　DLZ系列电动机耐压装置技术数据

型　号	容量（kVA）	直流高压输出		交流高压输出		阻抗电压（%）	空载电流（%）	备　注
		电压（kV）	电流（mA）	电压（kV）	电流（mA）			
DLZ—1.5/10	1.5	14	107	10	150	8～10	4～5	分体 220V电源
DLZ—3/10	3	14	214	10	300			
DLZ—6/10	6	14	429	10	600			
DLZ—10/10	10	14	714	10	1000			一体 380V电源
DLZ—20/10	20	14	1428	10	2000			
DLZ—1.5/10	1.5	28	53.5	20	75			分体 380V电源
DLZ—3/20	3	28	107	20	150			
DLZ—6/20	6	28	214	20	300			
DLZ—10/20	10	28	357	20	500			一体 220V电源
DLZ—20/20	20	28	714	20	1000			
DLZ—30/20	30	28	1071	20	1500			分体 380V电源
DLZ—50/20	50	28	1785	20	2500			
DLZ—100/20	100	28	3570	20	5000			

（六）生产厂

武汉中试电力试验设备有限公司。

四十五、ZSXB—35、110、220kV变电站运行设备交流耐压试验装置

（一）用途

ZSXB—35、110、220kV变电站运行设备交流耐压试验装置为谐振试验装置，适用于35～220kV变电站运行设备

交流耐压试验。

（二）特点

（1）完全可取代常规试验变压器完成变电站内设备的交流耐压试验。

（2）试验电源容量小，为试验容量的1/20～1/30倍，可解决变电站停电时站用变电源容量小于试验容量问题。

（3）试验范围广，可对TA、TV、开关、断路器、绝缘子、母线、变压器中性点等进行交流耐压试验。

（4）重量轻，单件小于50kg，便于现场试验。

（三）技术数据

1. 调感、调容式谐振试验系统

试验频率（Hz）：50。

被试品电容量范围（pF）：0～10000，0～15000。

2. 调频、调容式交流谐振试验系统

被试品电容量范围（pF）：0～10000，0～15000。

3. 调频式交流谐振试验系统

试验频率（Hz）：30～300。

被试品电容量范围（pF）：0～25000。

（四）生产厂

武汉中试电力试验设备有限公司。

四十六、ZSXB—10、35kV级交联电缆交流耐压试验装置

（一）用途

ZSXB—10、35kV级交联电缆交流耐压试验装置适用于10kV、35kV等电压等级的1～10km长交联电缆交流耐压试验。

（二）特点

（1）变频谐振方式，电抗器采取积木式结构。

（2）试验频率（Hz）：30～300，35～75。

（3）输出电压波形为正弦波，波形畸变率≤1%。

（4）接线简单、操作方便。

（5）设备组成各部件体积小，重量轻，便于现场试验。

（三）生产厂

武汉中试电力试验设备有限公司。

四十七、YDQ型全自动工频耐压试验装置

（一）用途

YDQ型全自动工频耐压试验装置用于对互感器、变压器、电机、电缆、避雷器、开关等耐压试验。

（二）结构

YDQ全自动工频耐压试验装置由干式变压器、自动控制装置组成，为分体式。

（三）技术数据

该产品技术数据，见表2-2-43。

表2-2-43　YDQ全自动工频耐压试验装置技术数据

型　号	输入电压（V）	输出电压（kV）	变压器容量（kVA）	过流跳闸选择（变压器一次电流）（A）	调压器容量（kVA）	升压器重量（kg）	自动控制装置重量（kg）
YDQ—50	0～240	50	5	5，10，15，20，25	5	40	40
YDQ—50	0～240	50	10	5，10，20，30，45	10	60	60
YDQ—100	0～240	100	10	5，10，20，30，45	10	60	60
YDQ—100	0～240	100	20	20，30，40，50，85	20	140	120
YDQ—200	0～240	200	20	20，30，40，50，85	20	140	120
YDQ—200	0～240	200	50	50，75，100，200，220	50	320	200
YDQ—500	0～240	500	100	50，100，200，300，400	100	700	500
YDQ—500	0～240	500	500	400，600，800，1500，2000	500	3500	2450
YDQ—1000	0～240	1000	500	100，200，250，500，4200	500	3500	2450
YDQ—1000	0～240	1000	1000	200，400，600，800，1000	1000	7000	5000

（四）生产厂

广东省中山市东风高压电器有限公司。

四十八、NY型工频耐压试验装置

（一）用途

NY型工频耐压试验装置用于对互感器、变压器及变压器油、电机、电缆、电器、仪表、电子元件、家用电器等进行绝缘性能耐压试验。

（二）使用条件

海拔（m）：<1000。

环境温度（℃）：－10～＋40。

相对湿度（%）：≤85（25℃时）。

周围环境无爆炸性、腐蚀性、破坏绝缘的气体或其他介质。

（三）结构

NY型工频耐压试验装置有分体式和连体式结构。3kV以下，试验变压器与控制台装在一起成连体式，专用于500V以下低压电气产品耐压试验，外壳为铝合金，携带方便。分体式用于高压电器产品耐压试验。

（四）技术数据

该产品技术数据，见表2-2-44。

表2-2-44　NY型工频耐压试验装置技术数据

型　号	输入电压(V)	输出电压(kV)	变压器容量(kVA)	过流跳闸选择(变压器一次电流)(A)	调压器容量(kVA)
NY—3	220	3	0.5	0.5，1，1.5，2.5，5	0.5
NY—6	220	6	0.6	0.5，1，1.5，2.5，5	0.5
NY—15	220	15	1.5	1，2，3，5，7.5	1
NY—50	220	50	5	5，7，15，10，20	2
NY—100	220	100	10	5，15，30，50	5 1
NY—160	220	160	15	5，15，30，50	5 1

注 1. 按用户要求可生产其他规格及特殊用途的试验变压器。
2. 直流电压试验应增加高压滤波电容、硅堆及高压分压测量装置。
3. 50kV及以上试验变压器与控制台连接时距离应不小于1.5m，每升高电压50kV增距0 5m。

（五）生产厂

广东省中山市东风高压电器有限公司。

四十九、ZGS—S型水内冷发电机通水直流高压试验装置

（一）概述

ZGS—S型水内冷发电机通水直流高压试验装置，是根据“低压屏蔽法”原理研制的专用仪器。整套装置接线简单，极化补偿电压由机箱直接输出。采用电子控制与调谐，操作方便、舒适，电压、电流均在面板计上一次读数无需换算，1min定时及提示功能，按试验规程要求设定。机内过压过流保护功能完善，外附氧化锌过压保护装置更确保发电机安全。

（二）型号含义

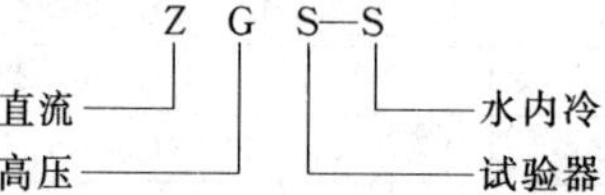

（三）原理

ZGS—S型水内冷发电机通水直流高压试验装置为水内冷发电机定子绕组通水做直流耐压和直流泄漏电流试验的专用仪器，根据“低压屏蔽法”研制开发的产品，采用大功率直流高压发生器的核心技术替代了原来的试验变压器高压硅堆、稳压电容、整流电容及电感、静电电压表、调压器等一系列组合试验工具，并把毫安表、微安表以及极化电势补偿装置全部集成在操作箱内。

低压屏蔽法适于汇水管对地弱绝缘的电机，其接线见图 2-2-23。

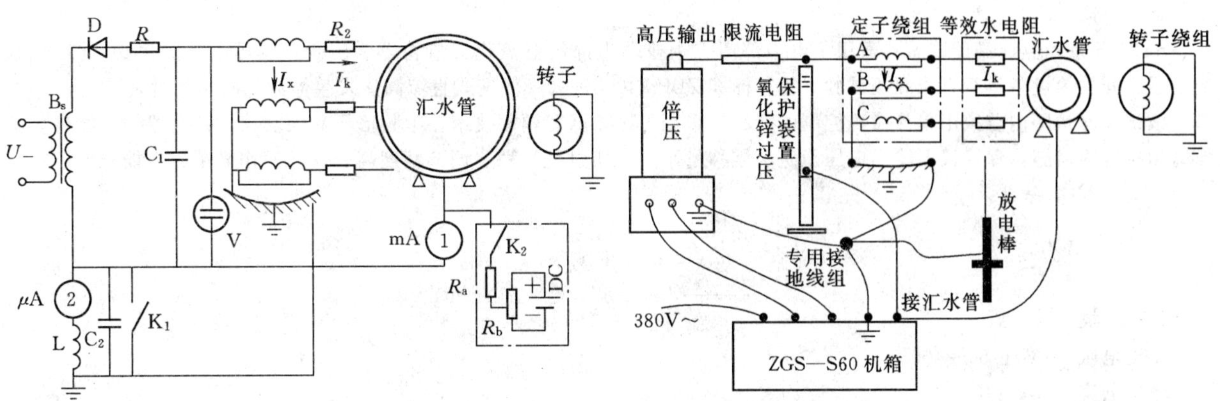

图 2-2-23　直流试验低压屏蔽法接线

D—高压二极管；R—限流电阻 1Ω/V；C_1—稳压电容，约 1μF；C_2—抑制交流分量的电容；L—抑制交流分量的电感；R_a、R_b—100kΩ 和 500kΩ 电位器；K_1、K_2—开关；DC—1.5V 干电池；R_2—水电阻；V—静电电压表

图 2-2-24　ZGS—S60 型试验回路接线图

（四）结构特点

该装置采用分体便携式，由机箱、中频变、倍压筒三部分组合而成。每件均配以专用防震铝合金箱，便于搬动，另配铝合金手推车一部。

国内首创，独家生产，成套仪器，电子调谐，试验简单，直接读数。

（五）技术数据

该装置技术数据，见表 2-2-45。

表 2-2-45　ZGS—S60 型水内冷发电机通水直流高压试验装置技术数据

型号		ZGS—S60/80	ZGS—S60/120	ZGS—S60/200
输出电压（kV）		60	60	60
输出电流（mA）		80	120	200
输出功率（W）		4800	7200	12000
重量（kg）	机箱	15	16	17
	倍压筒	10+5	12+5	20+5
倍压筒高度（mm）		630	630	630
电压测量误差（%）		1.0（满度）±1 个字		
总电流测量误差（%）		1.0（满度）±1 个字		
泄漏电流测量误差（%）		±2.0		
过压整定误差（%）		≤1		
电压稳定度（%）		2.0（随机波动，电源电压变化±10%）		
工作方式		额定负载一次连续工作≤10min		
环境温度（℃）		−10～+40		
相对湿度（%）		<90（25℃，无凝露）		
海拔（m）		<3000		

（六）试验回路接线

该装置试验回路接线，见图 2-2-24。

（七）外形及安装尺寸

相箱外形尺寸（mm×mm×mm）：600×450×275。

中频变外形尺寸（mm×mm×mm）：ϕ370×高 210。

倍压筒外形尺寸（mm×mm×mm）：ϕ280×高 420。

（八）生产厂

苏州华电电气技术有限公司。

五十、ST2183 系列直流高压试验器

（一）概述

ST2183 系列直流高压试验器适用于电力部门、企业动力部门对氧化锌避雷器、磁吹避雷器、电力电缆、发电机、变压器、开关等设备进行直流高压试验。执行标准 ZBF 24003—90《便携式直流高压发生器通用技术条件》。

该试验器是国内首家用单片微机控制的产品，采用 PWM 脉宽调制技术、中频倍压和大功率 IGBT 器件、特殊屏蔽隔离和接地等措施，保证仪器输出电压稳定、漂移量小、升压过程平稳、调节精度高、仪器操作简单、性能稳定可靠。

（二）型号含义

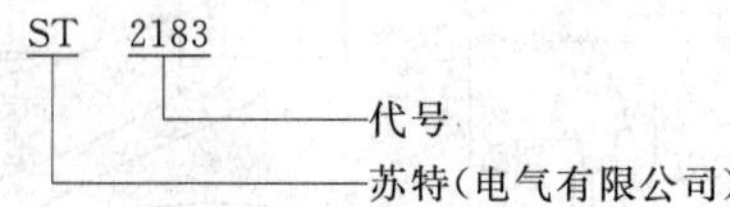

（三）技术数据

输出电压（kV）：60～400。

输出电流（mA）：2～30。

输出功率（W）：120～10000。

电压测量误差：1%±1 个字。

电流测量误差：1%±1 个字。

波纹系数（%）：0.5。

电压稳定度（%）：0.5（随机波动、电源电压变化±10%）。

（四）外形及安装尺寸

ST2183 系列直流高压试验器外形尺寸（mm×mm×mm）：430×280×200；180×180×1200（200kV）（重量 8kg）。

（五）生产厂

南京苏特电气有限公司。

五十一、ZGS® Ⅲ系列直流高压试验器

（一）概述

ZGS® Ⅲ系列直流高压试验器为第三代便携式直流高压试验器，适用于电力部门、企业动力部门对氧化锌避雷器、磁吹避雷器、电力电缆、发电机、变压器、开关等设备进行直流高压试验。采用中频倍压电路，率先应用最新的 PWM 脉宽调制技术和大功率 IGBT 器件，并根据电磁兼容性理论，采用特殊屏蔽、隔离和接地等措施，使直流高压试验实现高品质、便携式，并能承受额定电压放电不损坏。

该产品有立卧两用机箱，在现场打开箱盖即可卧式使用；在室内工作台上可立放使用。整个试验器体积小、重量轻，更利于现场作业。

执行标准 ZBF 24003—90《便携式直流高压发生器通用技术条件》。

（二）型号含义

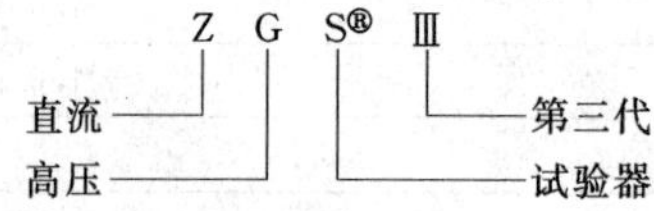

（三）工作原理

ZGS® Ⅲ系列直流高压试验器工作原理，见图 2-2-25。

（四）性能

(1) 采用电压负反馈，输出电压稳定，电压漂移量较小。

(2) 高压过压整定采用数字拨盘开关，整定电压值直观显示，整定精度较高。

(3) 增设高精度 $0.75U_{DC1mA}$ 功能按钮，测量氧化锌避雷器方便。

(4) 输出电压调节采用单个多圈电位器，升压过程平稳，调节精度高，操作简单。

(5) 空气绝缘，轻便而无泄漏。

(6) 采用中频倍压电路，PWM 脉宽调制技术。

(7) 倍压筒分节结构，一机多用，灵活方便。

(8) 全系列，多品种，电压等级 40～1000kV，电流 1.5～40mA。

(9) 防震铝合金箱，携带方便。

（五）结构

该产品由倍压筒（单节倍压筒、双节倍压筒）、机箱构成。

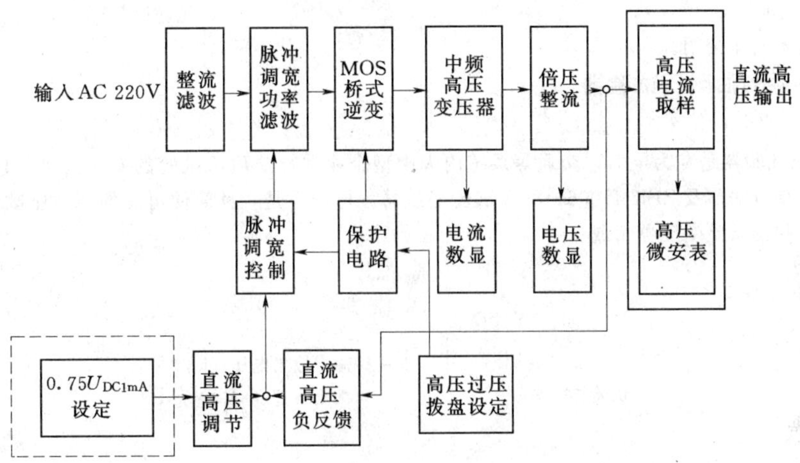

图 2-2-25 ZGS® Ⅲ系列直流高压试验器工作原理框图

（六）技术数据

ZGS® Ⅲ系列直流高压试验器技术数据，见表2-2-46。

电压测量误差：1%（满度）±1个字。

电流测量误差：1%（满度）±1个字。

过压整定误差（%）：≤1。

0.75切换误差（%）：≤1。

波纹系数（%）：≤0.5（满度）。

电压稳定度：随机波动，电源电压变化±10%，≤0.5%。

工作方式：间断使用，额定负载30min；1.1倍额定电压使用10min。

环境温度（℃）：-15～+50。

相对湿度（%）：<90（25℃，无凝露）。

海拔（m）：<200。

表 2-2-46 ZGS® Ⅲ系列直流高压试验器技术数据

型号		ZGSⅢ—								
		60/5	60/10	80/4	100/2	100/4	120/2	60/120 4/2	120/4	200/2
输出电压（kV）		60	60	80	100	100	120	60/120	120	200
输出电流（mA）		5	10	4	2	4	2	4/2	4	2
输出功率（W）		300	600	320	200	400	240	240	480	400
充电电流（mA）		7.5	15	6	3	6	3	6/3	4	3
重量（kg）	机箱	6.2	6.3	6.6	6.8	6.9	7.0	7	7.2	7.2
	倍压筒	4.8	5.2	5.8	6.0	6.2	6.6	6.8	6.8	8.5
倍压筒高度（mm×mm）		ϕ140×400	ϕ140×410	ϕ140×490	ϕ140×520	ϕ140×560	ϕ140×650	ϕ140×800	ϕ140×810	ϕ140×815

型号		ZGSⅢ—							
		100/200 4/2	200/3	100/200 6/3	200/5	300/2	200/300 3/2	300/3	200/300 4/3
输出电压（kV）		100/200	200	100/200	200	300	200/300	300	200/300
输出电流（mA）		4/2	3	6/3	5	2	3/2	3	4/3
输出功率（W）		400	600	600	1000	600	900	900	900
充电电流（mA）		6/3	4.5	9/4.5	7.5	3	4.5/3	4.5	6/4.5
重量（kg）	机箱	7.2	7.5	7.5	7.6	7.6	7.8	8.0	8.3
	倍压筒	8.5	10.3	10.8	11.0	11.2	11.5	12.1	12.3
倍压筒高度（mm×mm）		ϕ160×850	ϕ140×980	ϕ160×980	ϕ140×1000	ϕ140×1010	ϕ160×1030	ϕ140×380	ϕ160×1080

（七）生产厂

苏州华电电气技术有限公司。

五十二、YSQ系列油耐压试验器

（一）概述

YSQ系列油耐压试验器是专为电力、交通等系统内大中型企业进行油耐压试验的专用设备，性能符合DL 429.9—91《电力系统油质试验方法》及ZBK 41006—89《试验变压器》标准，是一种简便可靠的油耐压试验的理想设备。

该产品由操作箱和油试验变压器组成。

（二）型号含义

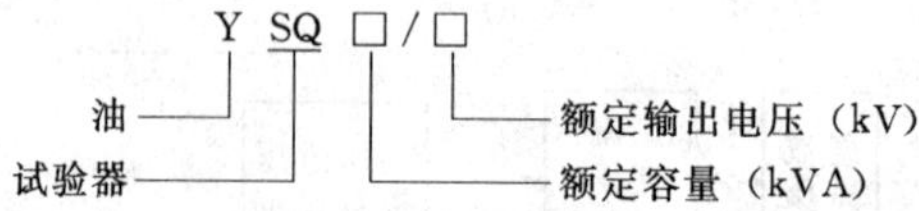

（三）技术数据

输入电压（V）：AC 220±10%。

电源频率（Hz）：50。

输出电压（kV）：AC 0～60/80。

额定容量（kVA）：0.5，1.5，3。

波形失真：<3。

低压输出、高压输出、阻抗电压、空载电流技术数据，见表2-2-47。

表2-2-47　　YSQ系列油耐压试验器技术数据

型号	容量（kVA）	低压输入		高压输出		变化	阻抗电压（%）	空载电流（%）
		电压（V）	电流（A）	电压（kV）	电流（mA）			
YSQ—0.5/60	0.5	200	2.5	60	8.3	300	8～9	3～4
YSQ—0.5/80	0.5	200	2.5	80	6.25	400		
YSQ—1.5/60	1.5	200	7.5	60	25	300		
YSQ—1.5/80	1.5	200	7.5	80	18.75	400		
YSQ—3/60	3	200	15	60	50	300		
YSQ—3/80	3	200	15	80	37.5	400		

（四）生产厂

武汉中试电力试验设备有限公司。

第三节　高压试验仪器、设备配置及选型

一、Z—Ⅵ系列高频直流发生器的选用

（一）技术参数

Z—Ⅵ系列高频直流高压发生器技术参数见表2-3-1。

表2-3-1

技术参数＼型号	Z—Ⅵ 60/2	Z—Ⅵ 60/5	Z—Ⅵ 60/10	Z—Ⅵ 80/2	Z—Ⅵ 60/120 4/2	Z—Ⅵ 100/200 4/2	Z—Ⅵ 100/200 6/3	Z—Ⅵ 100/200 10/5	Z—Ⅵ 200/300	Z—Ⅵ 200/400 6/3 (4/2)	Z—Ⅵ 200/400 /600 10/6/4	Z—Ⅵ 800/5
输出直流电压（kV）	60	60	60	80	60/120	100/200	100/200	200	200/300	200/400	200/400 /600	800
输出直流电流（mA）	2	5	10	2	4/2	4/2	6/3	5	4.5/3	6/3 (4/2)	10/6/4	5

续表

型号 技术参数	Z—Ⅵ 60/2	Z—Ⅵ 60/5	Z—Ⅵ 60/10	Z—Ⅵ 80/2	Z—Ⅵ 60/120 4/2	Z—Ⅵ 100/200 4/2	Z—Ⅵ 100/200 6/3	Z—Ⅵ 100/200 10/5	Z—Ⅵ 200/300	Z—Ⅵ 200/400 6/3 (4/2)	Z—Ⅵ 200/400 /600 10/6/4	Z—Ⅵ 800/5
输出功率（W）	120	300	600	160	240	400	600	1000	900	1200 (800)	2400	4000
最大充电电流（mA）	3	7.5	12	3	5	4.4	6.6	10	6	6.6 (4.0)	10	5
机箱重量（kg）	3.5	3.8	4.4	3.5	3.8	4.4	4.4	4.6	6	8	8	18
倍压重量（kg）	4.5	4.5	5.5	4.8	5.2	5/2	5/2	5.5/2	8.5/3.5	10/6 (8.5/6)	20/6/6	56
倍压总高度（m）	0.4	0.4	0.55	0.5	0.77	0.82	0.82	0.82	1.4	1.9 (1.8)	2.9	3.8
电压测量误差	1%（满度）±1个字											
电流测量误差	1%（满度）±1个字											
波纹系数	≤0.5%											
电压稳定度	随机波动，电源电压变化±10%时，≤1%											
工作方式	间断使用：额定负载30min；10%额定电压使用：10min											
环境温度	−15～50℃											
相对湿度	当温度为25℃，不大于90%（无凝露）											
海拔	2000m以下											

（二）选用参考

Z—Ⅵ系列高频直流高压发生器选用参考见表2-3-2。

表2-3-2

型　号	适　用　对　象
Z—Ⅵ 40/5	1. 机箱、被压一体化设计，高压引出电缆带接地安全屏蔽，使用安全方便 2. 特别适用于场地狭小的母线室、开关柜，发电机、电动机及10kV配网中的氧化锌避雷器试验
Z—Ⅵ 60/2	1. 6kV、10kV系统电气设备直流高压试验 2. 各种电压等级FZ型避雷器及35kV磁吹避雷器电导电流试验 3. 35kV及以上少油断路器泄漏电流试验 4. 各种电压等级变压器绕组泄漏电流试验 5. 一般发电机泄漏电流和直流耐压试验
Z—Ⅵ 60/10	1. 10kV长电缆直流耐压试验 2. 大容量发电机泄漏电流和直流耐压试验
Z—Ⅵ 80/2	1. 同Z—Ⅵ 60/2 2. 35kV氧化锌避雷器试验
Z—Ⅵ 60/120 4/2	1. 倍压分二节组成，可一机两用 2. 同Z—Ⅵ 60/2 3. 35kV交联电缆直流耐压试验、35kV氧化锌避雷器直流试验 4. 110～220kV磁吹避雷器电导电流试验
Z—Ⅵ 100/200 4/2	1. 倍压分二节组成，可分节使用，灵活方便 2. 35kV交联、油浸电缆、110kV交流电缆直流耐压试验 3. 110～500kV磁吹避雷器电导电流试验

续表

型　号	适　用　对　象
Z—Ⅵ 100/200 6/3 (10/5)	1. 同 Z—Ⅵ 60/2，输出电流更大，使用范围更广 2. 35kV（交联、油浸）、110kV（交联）长电缆直流耐压试验 3. 适合于不拆引线 110kV、220kV 分节氧化锌避雷器试验
Z—Ⅵ 100/200/300 6/3/2 (9/4.5/3)	1. 同 Z—Ⅵ 60/2 2. 倍压由三节组成，可分节使用灵活方便 3. 110kV 油浸电缆直流耐压试验 4. 500kV（三节）330kV（二节）氧化锌避雷器试验
Z—Ⅵ 200/400 6/3	1. 同 Z—Ⅵ 60/2，输出电流更大，使用范围更广 2. 500kV（二节）氧化锌避雷器直流试验 3. 110kV 油浸长电缆直流耐压试验 4. 220kV 交联长电缆直流耐压试验
Z—Ⅵ 200/400/600 10/6/4	1. 同 Z—Ⅵ 60/2 2. 220kV 油浸长电缆直流耐压试验 3. 330kV 油浸长电缆直流耐压试验
Z—Ⅵ±800kV/10mA Z—Ⅵ±1200kV/10mA	1. 330kV 油浸绝缘电缆直流耐压试验 2. 500kV 油浸绝缘电缆直流耐压试验 3. 800kV 换流站多柱直流避雷器 4. 800kV 换流站直流耐压试验及 500kV 海底电缆试验
ZV/T 60kV/200mA	水内冷发电机直流泄漏电流专用测试仪，它特别设计了各种干扰电流的补偿回路，试验时可完全排除杂散电流和汇水管的极化电势干扰的影响，能够准确测量水内冷发电机绕组的泄漏电流

（三）生产

苏州工业园区海沃科技有限公司（地址：苏州工业园区娄葑镇北区泾茂路 285 号；邮编：215021；电话：0512-67619935，67619936）。

二、变电站常用高压试验仪器的配置

（一）10～35kV 变电站

见表 2-3-3。

表 2-3-3　　　10～35kV 变电站常用高压试验仪器配置

序号	仪器名称	规格型号	用　途
1	直流高压发生器	Z—Ⅶ—100kV/3mA	电力变压器、电缆等设备的直流耐压试验，氧化锌避雷器的直流特性试验
2	雷击计数器动作测试仪	ZV	用于测量雷击计数器是否动作及归零
3	阻性电流测试仪	HV—MOA—Ⅱ	氧化锌避雷器阻性电流、容性电流等电气参数测量
4	交直流高压测量系统	HV—100kV	用于试验时测量高压侧交直流电压
5	调频串联谐振试验系统	HVFRF—108kVA/27kV×4	8.7/10kV/300mm² 橡塑电缆 2km 及 26/35kV/300mm² 橡塑电缆 1km 交流耐压试验，35kV 变压器、开关、互感器等设备交流耐压试验
6	开关机械特性测试仪	HVKC—Ⅱ	测量开关动作电压、时间、速度、同步等
7	开关动作电压测试仪	ZKD	测量开关分合闸电压值
8	电气设备地网导通测试仪	HVD/10A	检查电力设备接地引下线与地网连接状况
9	异频接地电阻测试仪	HVJE/5A	接地网接地电阻、接地阻抗测量
10	绝缘电阻吸收比	HVRM—5000	用于测量被试品的绝缘电阻、吸收比及极化指数测量
11	电容量测试仪	HVCB—500	电容器组不拆头准确测量每相或每只电容器的电容量
12	倍频感应耐压试验系统	HVFP—5kW	用于电磁式电压互感器的感应耐压试验
13	互感器特性综合测试仪	HVCV	电流/电压互感器变比、极性、伏安特性等参数试验
14	变压器直流电阻测试仪	—	用于变压器线圈直流电阻测量

续表

序号	仪器名称	规格型号	用途
15	变压器变比测试仪	—	用于变压器变比的测量
16	回路电阻测试仪	—	开关、刀闸等回路电阻测量
17	高压介质损耗测试仪	—	用于电气设备的高压介损测量
18	绝缘油耐压试验装置	—	用于变压器油的耐压试验
19	变压器有载分节开关特性测试仪	—	用于测量有载分节开关的过渡电阻和过渡时间

（二）110～220kV 变电站

见表 2-3-4。

表 2-3-4　110～220kV 变电站常用高压试验仪器配置

序号	仪器名称	规格型号	用途
1	直流高压发生器	Z—Ⅶ—100/200kV/3mA	电力变压器、电缆等设备的直流耐压试验，氧化锌避雷器的直流特性试验
2	雷击计数器动作测试仪	ZV	用于测量雷击计数器是否动作及归零
3	阻性电流测试仪	HV—MOA—Ⅱ	氧化锌避雷器阻性电流、容性电流等电气参数测量
4	交直流高压测量系统	HV—200kV	用于试验时测量高压侧交直流电压
5	调频串联谐振试验系统	HVFRF—216kVA/27kV×8	8.7/10kV/300mm² 橡塑电缆 2km、26/35kV/300mm² 橡塑电缆 1km 及 64/110kV/500mm² 橡塑电缆 0.25km 交流耐压试验，110kV 变压器、GIS、开关、互感器等设备交流耐压试验
6	调频串联谐振试验系统	HVFRF—1995kVA/133kV×3	64/110kV/500mm² 橡塑电缆 3km 及 127/220kV/500mm² 橡塑电缆 0.8km 交流耐压试验，220kV 及以下变压器、GIS、开关、互感器等设备交流耐压试验
7	开关机械特性测试仪	HVKC—Ⅲ	测量开关动作电压、时间、速度、同步等，可测量西门子石墨触头
8	开关动作电压测试仪	ZKD	测量开关分合闸电压值
9	电气设备地网导通测试仪	HVD/10A	检查电力设备接地引下线与地网连接状况
10	异频接地电阻测试仪	HVJE/5A	接地网接地电阻、接地阻抗测量
11	绝缘电阻吸收比	HVRM—5000	用于测量被试品的绝缘电阻、吸收比及极化指数测量
12	电容量测试仪	HVCB—500	电容器组不拆头准确测量每相或每只电容器的电容量
13	倍频感应耐压试验系统	HVFP—15kW	用于电磁式电压互感器的感应耐压试验
14	互感器特性综合测试仪	HVCV	电流/电压互感器变比、极性、伏安特性等参数试验
15	220kV 局部放电、感应耐压试验系统	HVFP—200kW	用于 220kV 变压器局部放电、感应耐压试验
16	三相变压器局部放电、感应耐压试验系统	HVTP—100kW	用于 110kV 变压器三相同时进行局部放电、感应耐压试验
17	数字式局部放电检测仪	XD2102	测量局部放电量
18	SF_6 密度继电器校验仪	HMD	校验 SF_6 密度继电器
19	变压器绕组变形测试仪	HV—RZBX	用于变压器绕组变形的测量（频率响应法）
20	SF_6 微水测试仪	HVP	用于测量 SF_6 气体的微水含量
21	变压器直流电阻测试仪	—	用于变压器线圈直流电阻测量
22	变压器变比测试仪	—	用于变压器变比的测量
23	回路电阻测试仪	—	开关、刀闸等回路电阻测量
24	高压介质损耗测试仪	—	用于电气设备的高压介损测量
25	绝缘油耐压试验装置	—	用于变压器油的耐压试验
26	变压器有载分节开关特性测试仪	—	用于测量有载分节开关的过渡电阻和过渡时间

（三）生产

苏州工业园区海沃科技有限公司（地址：苏州工业园区娄葑镇北区泾茂路285号；邮编：215021；电话：0512-67619935/67619936）。

三、10～35kV变电站常用高压试验仪器

（一）Z—Ⅶ型直流高压发生器

Z—Ⅶ型直流高压发生器适用于电力部门、企业动力部门现场对氧化锌避雷器、电力电缆、发电机、变压器、断路器等高压电气设备进行直流耐压试验和泄漏电流测试。

Z—Ⅶ型直流高压发生器的主要特点如下：

(1) 首家采用计算机控制技术，控制PWM脉宽调制、测量、保护及显示，在大屏幕LCD显示屏上显示输出高压电压、电流、过压整定、计时时间及保护信息。

(2) 可自动实现氧化锌避雷器直流1mA参考电压功能及0.75%的1mA参考电压下的泄漏电流测量功能，在按下自动升压键后，电流自动升至1mA，同时自动记录数据，按下0.75功能键后，电压自动降75%，准确度1.0%，同时自动记录数据。对电缆、发电机设备试验时，设定试验电压值后，可自动分段升压，自动计时，并记录结果。

(3) 首创智能接地不良保护及报警功能（接地不良不能升压），测压回路断线保护（高压测量回路断线仪器不能升压），有紧急停机按钮，大大提高了操作人员在作业过程中安全性。在特殊情况下还可解除接地不良保护报警功能（如采用发电机作为电源或现场接地不良但仍可试验的情况下）。

(4) Z—Ⅶ型直流高压发生器具有多种保护功能，如：低压过流、低压过压、高压过流（在额定电压输出带容性负载状态下，发生器输出高压端突然接地，试验装置立即出现高压过流保护，输出高压立即切断保证仪器设备安全）、高压过压、零位保护、不接地保护、内部测压回路断路保护等，保护动作时在大屏幕LCD显示屏上有中文提示。

(5) Z—Ⅶ型直流高压发生器所配的Z—B型全屏蔽自动换挡高压微安表采用椭圆形金属外壳，液晶显示外采用导电玻璃与外壳连接，表外壳无任何按钮，测试线与屏蔽线同轴引出，从而实现了真正的全屏蔽；显示为四位半数显表，精度1%，可0～200～2000μA或0～2000～20000μA自动换挡，大大提高了泄漏电流的测量精度。

(6) Z—Ⅶ型直流高压发生器可选配HV—B型红外线遥测多功能直流高压微安表，该表由高压侧微安表及微型接收器组成。高压微安表可测量、显示高压侧泄漏电流，并将测量结果由红外发射传输至微型接收器上，微型接收器安装在Z—Ⅶ型直流高压发生器控制箱上，可将接收结果直接显示在控制箱的LCD显示屏上。高压侧微安表也可直接读数，高压显示与微型接收器完全实时同步。配套的Z—Ⅶ型直流高压发生器控制箱还有测量避雷器底部电流功能，可在LCD显示屏上直接显示底部电流值，可自动计算总电流与高压侧泄漏电流及避雷器底部电流的差值。因而HV—B型红外线遥测多功能直流高压微安表配套Z—Ⅶ型直流高压发生器后可用于多节避雷器不拆导线完成每节避雷器的试验任务。量程0～5mA，精度1.0%，接收角度≤60°，接收距离≤10m。

(7) Z—Ⅶ型直流高压发生器可采用分节式结构，且在行业内率先采用分节式结构，即既可用于高电压等级，又能用于较低电压等级，并保持其精度不变。以100/200kV/3mA分两节为例，单节时可做100kV/3mA使用，可用于35kV及以下系统电气设备直流高压试验，此时可保证测量的准确性避免大马拉小车；两节使用时可做200kV/3mA使用，可用于220kV分节、100kV及以下氧化锌避雷器直流试验及交联电缆的直流耐压试验。真正做到一机两用，大大方便了现场用户的使用。

Z—Ⅶ型100kV/3mA直流高压发生器的主要技术参数如下：

(1) 高压输出额定电压：0～100kV。

(2) 高压输出额定电流：3mA。

(3) 高压输出额定功率：300W。

(4) 高压输出最高电压：1.1倍额定电压，10min。

(5) 电压测量精度：1.0%（满度）±1个字。

(6) 高压输出充电电流：4.5mA（对电缆、发电机等大电容试品升压时，可用此电流充电）；电流测量精度：低压侧采用自动换挡方式，总电流1.0%（满度）±2个字；高压侧为全屏蔽自动换挡高精度微安表，采用4 1/2数显表，微安表显示屏采用导电玻璃与金属外壳相连，屏蔽性极好，量程范围0～2000～20000μA；精度1.0%±2个字。

(7) 波纹系数：≤1%。

(8) 0.75功能：可自动实现氧化锌避雷器直流1mA参考电压功能及0.75%的1mA参考电压下的泄漏电流测量功能，在按下自动升压键后，电流自动升至1mA，同时自动记录数据，按下0.75功能键后，电压自动降75%，准确度1.0%，同时自动记录数据。对电缆、发电机设备试验时，设定试验电压值后，可自动分段升压，自动计时，并记录结果。

(9) 过压整定误差：≤1.0%，采用软件整定，过压整定值在液晶大屏幕上显示。

(10) 电压调整率：电源电压在220V±10%范围内变化时，输出电压波动范围不超过1.0%。

(11) 工作电源：AC 220V，50Hz。

(12) 工作方式：间断使用，额定负载 30min。

(二) Z—V 袖珍型雷击计数器测试仪

主要用于测试雷击计数器是否动作及归零的试验。

棒形结构；输出电压 800～2500V；采用一号电池四节供电，可供大于 2000 次的放电测试。

(三) HV—MOA—Ⅱ阻性电流测试仪

HV—MOA—Ⅱ阻性电流测试仪是检测氧化锌避雷器运行中的各项交流电气参数的专用仪器。主要特点如下：

640×480 彩色液晶图文显示；配备嵌入式工业级控制系统，1G 存储容量；Windows 操作界面，触摸操作方式，支持外挂键盘、鼠标；具备设备数据管理功能、两个 USB 接口支持数据的导人、导出；直流两用型，内带高能锂离子电池，特别适合无电源场合；真正意义上的三相同时测量；特征数据、波形同屏显示；采用有线方式、无线方式、无电压方式三种电压基准信号取样方式；电压通道采用隔离 V/I 变换，从而避免 TV 二次侧短路，减小信号失真；带电、停电、试验室均可适用。

主要技术指标如下：

(1) 电源：220V、50Hz 或内部直流电源。

(2) 参考电压输入范围（电压基准信号）：50Hz、30～100V。

(3) 测量参数：泄漏电流全电流波形、基波有效值、峰值。泄漏电流阻性分量基波有效值及 3、5、7 次有效值。泄漏电流阻性分量峰值：正峰值 I_{r+}、负峰值 I_{r-}。容性电流基波，全电压、全电流之间的相角差。运行（或试验）电压有效值。避雷器功耗。

(4) 测量范围：泄漏电流 100μA～10mA（峰值），电压 30～100V。

(5) 测量准确度：全电流＞100μA 时：±5%读数±1 个字；基准电压信号＞30V 时：±2%读数±1 个字。

(四) HV—100kV 交直流高压测量系统

主要用于电力系统及电气、电子设备制造等部门试验时测量高压侧交直流高压，可测量直流平均值，交流有效值、峰值及峰值/$\sqrt{2}$，在显示测量数值的同时也显示测量的波形。

主要技术参数及功能特点如下：

(1) 电压等级：100kV。

(2) 测量精度：DC 0.5，AC 1.0。

(3) 测量频率：30～300Hz。

(4) 电气强度：1.2 倍额定电压。

(5) 高低压臂在同一个容器内，且低压测量臂上无任何可调装置，不存在因震动造成可调点的位移而影响产品的精度，工作可靠性高。

(6) 测量部分与显示部分完全分开，工作安全可靠。

(7) 显示部分采用大屏幕液晶显示器，可显示测量数据和波形。

(8) 交直流信号自动转换。

(五) HVFRF 型 108kVA/27kV×4 自动调频串联谐振试验系统

1. 满足试品范围

(1) 35kV 变压器、开关、互感器等设备交流耐压试验，试验电压：≤95kV；试验频率：30～300Hz；耐压时间：≤15min。

(2) 8.7/10kV/300mm² 200m 橡塑电缆交流耐压试验，试验电压：≤22kV；试验频率：30～300Hz；耐压时间：5min。

(3) 26/35kV/300mm² 1000m 橡塑电缆交流耐压试验，试验电压：≤52kV；试验频率：30～300Hz；耐压时间：60min。

2. 特点

变频电源显示选用 320×240 点阵 LCD 显示屏（带背光），分辨率高，字体清晰，在室内外强弱光线下均能一目了然。

试验数据可屏存，30 个存储位置任意存储，并可任意调阅，有计算机接口，可配微型打印机打印。

三种操作方式：自动调谐手动升压；手动调谐手动升压；自动调谐自动升压。自动调谐使用最新快速跟踪法，寻找谐振频率点只需 30～40s 左右，调谐完成后，锁定谐振频率。无谐振点时，提示区显示“调谐失败”。手动调谐时 25～300Hz 无谐振点，提示区显示“无谐振点”，此时自动切断升压回路。

升压速度采用动态跟踪控制，当高压接近已设定的试验电压时，自动调整升压速率，能有效防止电压过冲造成对试品的损伤。达到试验电压后锁定升压键，即使误操作也不会使电压升高。

变频电源具有时间定时器，当试验电压升至设定值，自动启动计时，计时到设定值的前10s时声响提示，时间到即自动降压至“零”，并切断升压回路，同时提示区显示“试验结束”，自动记录试验结果。

变频电源设有零位、过流、过压、过热及高压闪络等多种保护，保护功能动作时屏幕上均为中文显示；试验系统在额定电压、电流工作下时发生高压闪络或击穿，不会损坏整套设备，装置可正常工作；若装置接线错误，高压自动闭锁，无法升压。

3. 系统配置

见表2-3-5。

表2-3-5

序号	部件名称	型号规格	用途	数量
1	高压电抗器	HVDK—27kVA/27kV (27kV/1A/130H/60min)	利用电抗器电感和试品电容及分压器电容产生谐振，输出高压	4台
2	变频电源	HVFRF—5kW (脉宽调制式)	作为成套系统的试验电源，输出频率25～300Hz、电压0～250V可调，是成套试验系统的控制部分	1台
3	单相励磁变压器	ZB—5kVA/0.6/0.9/1.8/2.7/3.6kV	将变频电源的输出电压抬高，有多个输出电压端子，满足不同试验电压试品的试验要求，可并联使用，单台重量较轻	1台
4	电容分压器	HV—2000pF/100kV	用于测量高压侧电压，并可使成套系统空载谐振	1台
5	补偿电容器	H/JF—3000pF/60kV	作为模拟负载，可用于单台电抗器空载谐振用	1台
6	专用吊具	起吊高度3m	用于电抗器现场串联及变压器吊装搬运用	1套
7	装置附件（各部件间连接线、均压环、电抗器底座等）			1套

4. 相关试验标准及说明

橡塑绝缘电力电缆的20～300Hz的交流耐压试验标准（摘自GB 50150—2006《电气装置安装工程　电气设备交接试验标准》）见表2-3-6。

表2-3-6

电缆额定电压 U_0/U (kV)	电缆截面 (mm^2)	电容（每公里）(μF)	试验电压及时间		试验电压及时间	
			试验电压（kV）	时间（min）	试验电压（kV）	时间（min）
8.7/10	300	0.37	$2.5U_0=22$	5	$2.0U_0=17.4$	60
26/35	300	0.19	—	—	$2.0U_0=52$	60

其他设备交流耐压试验标准（摘自GB 50150—2006《电气装置安装工程　电气设备交接试验标准》）见表2-3-7。

表2-3-7

额定电压 \ 试品名称	变压器	开关	互感器
35kV	72kV	100kV	64/76kV

注　斜杠上下为不同绝缘水平取值，以出厂（铭牌）值为准。

5. 试验时电抗器组合及相关计算

见表2-3-8。

表2-3-8

配置及参数 \ 试品	10kV/300mm² 电缆	35kV/300mm² 电缆	35kV变压器、开关、互感器等设备
	≤2km	≤1km	0.024μF
	0.8μF	0.2μF	
电抗器配置	4台电抗器并联	分2组并联，每组两台串联	4台电抗器串联
电抗器输出参数	27kV/32.5H/4A	52kV/130H/2A	108kV/520H/1A
励磁变输出电压选择	0.6/0.9kV	1.8/2.7kV	3.6kV
谐振频率（Hz）	≥31.2	≥31.2	≥45
试验电压（kV）	≤22	≤52	≤95

续表

配置及参数 \ 试品	10kV/300mm² 电缆	35kV/300mm² 电缆	35kV 变压器、开关、互感器等设备
	≤2km	≤1km	0.024μF
	0.8μF	0.2μF	
试验电流（A）	≤3.5	≤2	≤0.65
变频电源参数	容量：5kW；输入电压：AC 220V 三相；输出电压：250V；输出频率：25～300Hz；运行时间：180min；测量精度：1 级		
励磁变压器参数	干式结构；容量：5kVA；输入电压：200V/250V；输出电压：0.6kV/0.9kV/1.8kV/2.7kV/3.6kV；使用频率：30～300Hz；运行时间：60min		
高压电抗器参数	干式环氧浇注；额定电压：27kV；额定电流：1A；额定电感量 130H；耐压水平：1.2U_0/1min；额定频率：30～300Hz；运行时间：60min		
电容分压器参数	环氧筒外壳结构；额定电压：100kV；电容量：2000pF；使用频率：30～300Hz；测量精度：1 级		
补偿电容器参数	环氧筒外壳，多抽头结构；额定电压：60kV/抽头电压 22kV；电容量：3333pF/抽头电容量 10000pF；使用频率：30～300Hz		

（六）HVKC—Ⅱ型高压开关机械特性测试仪

主要用于测量高压开关分合闸时间、速度、同期性、动作电压等机械特性测试。

1. 主要特点

320×240 超大蓝屏液晶显示器、高速热敏打印机，集成操作电源，无须现场二次电源，现场使用更加方便快捷；具有录波功能，可对应时间坐标显示断口状态波形、分（合）闸线圈的电流波形、行程—时间（S—t）曲线，有利于对开关机构故障的准确判断；可测试 6 通道时间及同期、弹跳；可测试一路速度，配备滑线电阻（转角、直线），几乎涵盖所有型号开关的速度测试；支持开关操作机构的低电压试验；液晶屏触摸操作方式，不需要键盘。

2. 主要测试项目

（1）时间测量：同时测量 6 个断口的固有分、合闸时间及同期性；弹跳次数、弹跳时间。

（2）速度及行程测量：刚分速度、刚合速度；开距、超程；绘制“行程—时间（S—t）”曲线。

（3）测试分（合）闸线圈电流（I—t）波形，断口状态波形。

（4）低电压试验。

3. 主要技术参数

（1）最大速度：20m/s，分辨率：0.01m/s；测试准确度为：±1.0%读数±0.05。

（2）行程测试范围：6～650mm（由传感器的长度决定）；行程最小分辨率：0.1mm；行程测试准确度为：±1.0%读数±0.1mm（滑线电阻传感器）。

（3）时间测试范围：10～250ms，时间测试准确度为：±0.5%读数±0.2ms；最小动作同期差分辨率：0.1ms；最小动作同期差测试准确度为：±0.5%读数±0.1ms。

（4）测试通道 7 路：6 路断口时间，1 路速度。

（5）电源：AC 220V±10%；50±1Hz。

（6）操作电源输出：电压 30～220V 可调，电流 20A，数字程控调整，连续工作时间 1s。

（七）ZKD 型开关动作电压测试仪

主要用于 10～500kV 各电压等级高压开关分、合闸动作电压的测量。

主要技术指标及功能特点如下：

（1）输入电压：AC 220V±10%；输出电压：DC 0～220V。

（2）输出电流：10.0A。输出电压持续时间：5～30s。

（3）常供电源输出时间：可长时间（≤10min）输出 DC 220V/10A，可作为三相开关测速、同步等项目提供开关一个分合闸线圈用的电源。

（4）输入输出完全隔离。

（5）设置了连续输出和触发输出两种功能。

（6）输出电压稳定，纹波系数小，具有零位保护、时间保护和过流保护功能。

（八）HVD 型电气设备地网导通测试仪

主要用于检查电力设备接地引下线与地网连接状况。

主要技术指标及功能特点如下：

(1) 量程：0.1mΩ～5Ω；精度：1.0%±2个字（<50mΩ），1.5%±2个字（≥50mΩ）；输出电流：2A、5A、10A根据阻值自动切换；工作电源：AC 220V±10%。

(2) 输出工作电流为自动2A、5A、10A自动切换。

(3) 采用“四端法”原理测量电阻，排除了引线电阻的测量误差。

(4) LCD160×160点阵液晶显示测量值并有保存数据、日历和时钟等功能。

（九）HVJE/5A型异频接地阻抗测试仪

根据中华人民共和国电力行业标准DL/T 475—2006《接地装置特性参数测量导则》规定“推荐采用异频电流法测试大型接地装置的工频特性参数，试验电流宜在3～20A，频率宜在40～60Hz范围，异于工频又尽量接近工频……”。

HVJE/5A型异频接地阻抗测试仪的测试频率为47.37Hz和52.63Hz两种，额定试验电流为5A，符合电力行业标准要求。专门用于大中型地网的接地阻抗测试，可以测量大中型地网的接地阻抗、纯电阻分量。产品特点如下：

(1) 仪器内置的变频试验电源可输出47.37Hz和52.63Hz两种频率的试验电流，在程序的自动控制下，它分别以47.37Hz和52.63Hz的5A试验电流进行两次测试，折算到50Hz后取其平均值为测量结果。由于试验电流的频率与系统工频十分接近，因此可以认为试验电流在地中散流情况与工频电流的散流情况相同，所测结果可视为地网的工频特性参数。

(2) 仪器的测量内容包括地网的接地阻抗Z、电阻分量R。

(3) 仪器采用智能化控制，可以自动判断电流回路的阻抗，并据此自动调节异频电源的输出电流值（额定输出电流为5A），无须人为干预，即可自动完成测试任务。

(4) 仪器采用高性能工控机进行数据处理和计算，1min内即可获得测量结果。

(5) 仪器采用大屏幕液晶显示，汉化菜单提示，人机界面简洁直观，由一个电子鼠标可完成所有操作，使用极为简单。

(6) 仪器提供储存200组测量数据，掉电不丢失，可随时查看历史数据。

(7) 仪器采用最新的SPWM脉冲调制技术和高效率的功率器件组成异频电源，功率大、体积小、重量轻，正弦波信号输出稳定平滑，整套装置仅重14kg。

(8) 仪器还可用于接地网接触电压、跨步电压及地网地电位分布测量。

主要技术参数如下：

(1) 试验电流的频率：47.37Hz，52.63Hz。

(2) 额定输出电流：5A（有效值）。

(3) 额定输出电压：100V（有效值）。

(4) 电阻测量范围：0.001～100Ω。

(5) 测量准确度等级：1.0级。

（十）HVRM—5000绝缘电阻测试仪

用于各种电气设备、绝缘材料的绝缘电阻测量、吸收比及极化指数的测试。

主要技术指标及功能特点如下：

(1) 常规电压：自动升压，设有1000V、2500V、5000V三个挡位；可显示吸收比、极化指数和试品电容量；设有可充电电池，测试完毕自动放电。

(2) 输出电压：1000～5000V；电压精度：正常测试电压，误差±2%±10V（负载大于100MΩ）。

(3) 绝缘电阻测试范围：100kΩ～1TΩ。

(4) 电阻精度：±5%，1MΩ～50GΩ；±20%，100kΩ～1MΩ，50GΩ～1TΩ。

(5) 短路电流：>6mA。

(6) 电容范围：0.01～10μF。

(7) 电容精度：±10%±0.03μF（0～40℃）。

(8) 电源：一节12V铅酸充电电池，充电时间16h，输入电源：220V±10%。

（十一）HVCB—500型多用途全自动电容电感测试仪

HVCB—500型多用途全自动电容电感测试仪可不用拆除电容器组的任何附件进行测量每相电容值和每个电容值，也可测电抗器电感量。

主要技术参数如下：

(1) 额定电压：AC 220V±10%，50Hz。

(2) 额定输出：28V/18A（50Hz）。

(3) 电容测量范围：0.5～2000μF。

(4) 可测电容器容量范围：单相，10～20000kvar。

(5) 测量精度：±1%，±1个字。

(6) 最小分辨率：0.01μF。

(7) 电感测量范围：5mH～10H。

(8) 测量精度：±1%，±1个字。

(9) 最小分辨率：0.01mH。

(十二) HVFP—5kW 无局放倍频感应耐压试验系统

HVFP型无局放倍频感应耐压试验系统适用于对35kV及以下电压等级电磁式电压互感器进行局部放电和感应耐压试验。它采用推挽放大式无局放变频电源调频至100Hz或150Hz进行升压试验。

主要技术参数及功能特点如下：

1. HVFP型推挽放大式无局放变频电源1台

输出容量：5kW。

输入电压：AC 220V±10%/50Hz。

输出电压：0～200V/4～400Hz可调。

输出波形为纯正正弦波，波形畸变率≤1%，试验时不需要测量峰值。

试验系统具有放电闪络、过压和短路等多种保护，当任何一种保护动作，仪器立即切断输出。

仪器频率信号源由专用芯片产生，输出频率稳定性可达0.0001Hz，同时输出电压由微机控制，输出不稳定度≤1%。

2. 隔离变压器1台

输入电压：200V；输出：420V/350V/250V/200V；容量：5kVA。

3. 补偿电感4只

额定参数：15mH/30A/200V，根据被试电压互感器一次电容和分压器电容决定需补偿电感的数量，一般配置四只。

4. 电容分压器1套

额定参数：150pF/100kV；测量精度：1%。

(十三) HVCV型互感器综合特性测试仪

用于测量电压、电流互感器变比、极性、伏安特性、二次绕组耐压等试验。

对于电流互感器，可以完成：

(1) 伏安特性测试。

(2) 电流变比测试（在选择试验电流后，可同时三通道进行多3×n点变比测量）。

(3) 极性判别。

(4) 10%误差曲线。

(5) 二次绕组交流耐压。

(6) 大电流输出（500～800A，持续时间最长15min）。

对于电压互感器，可以完成：

(1) 电压变比测试。

(2) 极性判别。

(3) 空载电流和激磁特性测试。

(4) 二次绕组交流耐压。

测试主机调压器主要技术指标如下：

输入：220V；测量范围：0～550V，20A；测量精度：<0.5%。

输入：380V；测量范围：0～950V，20A；测量精度：<0.5%。

配套外接升压器技术指标如下：

输入电压：220V；测量范围：0～2000V，5A；测量精度：<0.5%。

配套外接升流器技术指标如下：

输入电压：220V；测量范围：0～1500A；变比测量精度：<0.5%。

测量主机工作电源：AC 220V，1W，50/60Hz。

测量功率用电源：AC 220V或AC 380V。

(十四) 生产厂

苏州工业园区海沃科技有限公司。

四、110～220kV 变电站常用高压试验仪器

（一）Z—Ⅶ型直流高压发生器

Z—Ⅶ型直流高压发生器适用于电力部门、企业动力部门现场对氧化锌避雷器、电力电缆、发电机、变压器、断路器等高压电气设备进行直流耐压试验和泄漏电流测试。

Z—Ⅶ型 100/200kV/3mA 直流高压发生器的主要技术参数如下：

(1) 高压输出额定电压：0～100kV（单节使用）；0～200kV（双节使用）。

(2) 高压输出额定电流：3mA。

(3) 高压输出额定功率：300W。

(4) 高压输出最高电压：1.1 倍额定电压，10min。

(5) 电压测量精度：1.0%（满度）±1 个字。

(6) 高压输出充电电流：4.5mA（对电缆、发电机等大电容试品升压时，可用此电流充电）；电流测量精度：低压侧采用自动换挡方式，总电流 1.0%（满度）±2 个字；高压侧为全屏蔽自动换挡高精度微安表，采用 4 1/2 数显表，微安表显示屏采用导电玻璃与金属外壳相连，屏蔽性极好，量程范围 0～2000～20000μA；精度 1.0%±2 个字。

(7) 波纹系数：≤1%。

(8) 0.75 功能：可自动实现氧化锌避雷器直流 1mA 参考电压功能及 0.75%的 1mA 参考电压下的泄漏电流测量功能，在按下自动升压键后，电流自动升至 1mA，同时自动记录数据，按下 0.75 功能键后，电压自动降 75%，准确度 1.0%，同时自动记录数据。

对电缆、发电机设备试验时，设定试验电压值后，可自动分段升压，自动计时，并记录结果。

(9) 过压整定误差：≤1.0%，采用软件整定，过压整定值在液晶大屏幕上显示。

(10) 电压调整率：电源电压在 220V±10%范围内变化时，输出电压波动范围不超过 1.0%。

(11) 工作电源：AC 220V，50Hz。

(12) 工作方式：间断使用，额定负载 30min。

（二）Z—V 袖珍型雷击计数器测试仪

参见“10～35kV 变电站常用高压试验仪器”中第（二）条。

（三）HV—MOA—Ⅱ阻性电流测试仪

参见“10～35kV 变电站常用高压试验仪器”中第（三）条。

（四）HV—200kV 交直流高压测量系统

主要用于电力系统及电气、电子设备制造等部门试验时测量高压侧交直流高压，可测量直流平均值，交流工频有效值、峰值及峰值/$\sqrt{2}$，在显示测量数值的同时也显示测量的波形。主要技术参数及功能特点如下：

(1) 电压等级：200kV。

(2) 测量精度：DC 0.5，AC 1.0。

(3) 测量频率：30～300Hz。

(4) 电气强度：1.2 倍额定电压。

(5) 高低压臂在同一个容器内，且低压测量臂上无任何可调装置，不存在因震动造成可调点的位移而影响产品的精度，工作可靠性高。

(6) 测量部分与显示部分完全分开，工作安全可靠。

(7) 显示部分采用大屏幕液晶显示器，可显示测量数据和波形。

(8) 交直流信号自动转换。

（五）HVFRF 型 216kVA/27kV×8 自动调频串联谐振试验系统

1. 满足试品范围

(1) 110kV 变压器、GIS、互感器等电气设备的交流耐压试验，试验电压：≤200kV；试验频率：30～300Hz；耐压时间：≤15min。

(2) 110kV 400mm² 250m 交联电缆交流耐压试验，试验电压：≤128kV；试验频率：30～300Hz；耐压时间：60min。

(3) 35kV 300mm² 2000m 交联电缆交流耐压试验，试验电压：≤52kV；试验频率：30～300Hz；耐压时间：60min。

(4) 10kV 300mm² 4000m 交联电缆交流耐压试验，试验电压：≤22kV；试验频率：30～300Hz；耐压时间：5min。

2. 特点

参见“10～35kV 变电站所需常用高压试验仪器”第五条中的第 2 部分。

3. 系统配置

见表 2-3-9。

表 2-3-9

序号	部件名称	型号规格	用途	数量
1	高压电抗器	HVDK—27kVA/27kV (27kV/1A/130H/60min)	利用电抗器电感和试品电容及分压器电容产生谐振，输出高压	8台
2	变频电源	HVFRF—20kW (脉宽调制式)	作为成套系统的试验电源，输出频率25～300Hz、电压0～400V可调，是成套试验系统的控制部分	1台
3	单相励磁变压器	ZB—8kVA/1/2.7/3.6/6.5/10kV	将变频电源的输出电压抬高，有多个输出电压端子，满足不同试验电压试品的试验要求，可并联使用，单台重量较轻	2台
4	电容分压器	HV—1000pF/220kV (分节式，单节110kV/2000pF)	用于测量高压侧电压，并可使成套系统空载谐振	1台
5	补偿电容器	H/JF—3000pF/60kV	作为模拟负载，可用于单台电抗器空载谐振用	1台
6	专用吊具	起吊高度3m	用于电抗器现场串联及变压器吊装搬运用	1套
7	装置附件（各部件间连接线、均压环、电抗器底座等）			1套

4. 相关试验标准及说明

橡塑绝缘电力电缆的20～300Hz的交流耐压试验标准（摘自GB 50150—2006《电气装置安装工程　电气设备交接试验标准》）见表2-3-10。

表 2-3-10

电缆额定电压 U_0/U (kV)	电缆截面 (mm²)	电容（每公里）(μF)	试验电压及时间		试验电压及时间	
			试验电压 (kV)	时间 (min)	试验电压 (kV)	时间 (min)
8.7/10	300	0.37	$2.5U_0=22$	5	$2.0U_0=17.4$	60
26/35	300	0.19	—	—	$2.0U_0=52$	60
64/110	400	0.156	—	—	$2.0U_0=128$	60

其他设备交流耐压试验标准（摘自GB 50150—2006《电气装置安装工程　电气设备交接试验标准》）见表2-3-11。

表 2-3-11

试品名称 / 额定电压	变压器中性点	SF_6组合电气（GIS）	互感器
35kV	—	—	64/76kV
110kV	76kV	184kV	160/184kV

注　斜杠上下为不同绝缘水平取值，以出厂（铭牌）值为准。

5. 试验时电抗器组合及相关计算

见表2-3-12。

表 2-3-12

试品 / 配置及参数	110kV/400mm² 电缆	35kV/300mm² 电缆	10kV/300mm² 电缆	110kV GIS	110kV 变压器及35kV设备
	≤0.25km	≤2km	≤4km	≤0.01μF	0.024μF
	0.04μF	0.4μF	1.6μF		
电抗器配置	5台电抗器串联	分4组并联，每组2台串联	8台电抗器并联	8台电抗器串联	4台电抗器串联
电抗器输出参数	135kV/650H/1A	52kV/65H/4A	27kV/16.3H/8A	216kV/1040H/1A	108kV/520H/1A
励磁变输出电压选择	6.5kV	2.7kV	1kV	10kV	3.6kV
分压器选择（可空载谐振）	2节 220kV/1000pF	1节 110kV/2000pF	1节 110kV/2000pF	2节 220kV/1000pF	1节 110kV/2000pF
谐振频率 (Hz)	≥31.2	≥31.2	≥31.2	≥49	≥45

续表

试品 配置及参数	110kV/400mm² 电缆	35kV/300mm² 电缆	10kV/300mm² 电缆	110kV GIS	110kV 变压器及 35kV 设备
	≤0.25km	≤2km	≤4km	≤0.01μF	0.024μF
	0.04μF	0.4μF	1.6μF		
试验电压（kV）	≤128	≤52	≤22	≤200	≤95
试验电流（A）	≤1	≤4	≤7	≤0.65	≤0.65
变频电源参数	容量：20kW；输入电压：AC 380V 三相；输出电压：400V；输出频率：25～300Hz；运行时间：180min；测量精度：1级				
励磁变压器参数	干式结构，2台可并联使用；容量：8kVA；输入电压：400V/450V；输出电压：1kV/27kV/3.6kV/6.5kV/10kV；使用频率：30～300Hz；运行时间：60min				
高压电抗器参数	干式环氧浇注；额定电压：27kV；额定电流：1A；额定电感量 130H；耐压水平：1.2U_0/1min；额定频率：30～300Hz；运行时间：60min				
电容分压器参数	环氧筒外壳，分节式结构；额定电压：220kV/单节 110kV；电容量：1000pF/单节 2000pF；使用频率：30～300Hz；测量精度：1级				
补偿电容器参数	环氧筒外壳，多抽头结构；额定电压：60kV/抽头电压 22kV；电容量：3333pF/抽头电容量 10000pF；使用频率：30～300Hz				

（六）HVFRF 型 1995kVA/133kV×5 自动调频串联谐振试验系统

1. 满足试品范围

(1) 220kV 变压器、GIS、开关、互感器等设备交流耐压试验，试验电压：≤400kV；试验频率：30～300Hz；耐压时间：≤15min。

(2) 64/110kV/500mm² 3000m 橡塑电缆交流耐压试验，试验电压：≤128kV；试验频率：30～300Hz；耐压时间：60min。

(3) 127/220kV/500mm² 800m 橡塑电缆交流耐压试验，试验电压：≤215.9kV；试验频率：30～300Hz；耐压时间：60min。

2. 系统配置

见表 2-3-13。

表 2-3-13

序号	部件名称	型号规格	用途	数量
1	高压电抗器	HVDK—665kVA/133kV (133kV/5A/130H/60min)	利用电抗器电感和试品电容及分压器电容产生谐振，输出高压	3台
2	变频电源	HVFRF—50kW (脉宽调制式)	作为成套系统的试验电源，输出频率 25～300Hz、电压 0～400V 可调，是成套试验系统的控制部分	1台
3	单相励磁变压器	ZB—50kVA/2.5/5/7.5/10kV	将变频电源的输出电压抬高，有多个输出电压端子，满足不同试验电压试品的试验要求，可并联使用，单台重量较轻	1台
4	电容分压器	HV—1000pF/400kV (分节式，单节 200kV/2000pF)	用于测量高压侧电压，并可使成套系统空载谐振	1台
5	专用吊具	起吊高度 3m	用于电抗器现场串联及变压器吊装搬运用	1套
6	装置附件（各部件间连接线、均压环、电抗器底座等）			1套

3. 相关试验标准及说明

橡塑绝缘电力电缆的 20～300Hz 的交流耐压试验标准（摘自 GB 50150—2006《电气装置安装工程　电气设备交接试验标准》）见表 2-3-14。

表 2-3-14

电缆额定电压 U_0/U (kV)	电缆截面 (mm²)	电容（每公里）(μF)	试验电压及时间		试验电压及时间	
			试验电压（kV）	时间（min）	试验电压（kV）	时间（min）
8.7/10	300	0.37	$2.5U_0=22$	5	$2.0U_0=17.4$	60
26/35	300	0.19	—	—	$2.0U_0=52$	60
64/110	500	0.169	—	—	$2.0U_0=128$	60
127/220	500	0.124	—	—	$1.7U_0=215.9$	60

其他设备交流耐压试验标准（摘自 GB 50150—2006《电气装置安装工程　电气设备交接试验标准》）见表 2-3-15。

表 2-3-15

试品名称 / 额定电压	变压器中性点	SF_6 组合电气（GIS）	开关、互感器等设备
35kV	—	—	95kV
110kV	76kV	184kV	200kV
220kV	160kV	386kV	400kV

注　斜杠上下为不同绝缘水平取值，以出厂（铭牌）值为准。

4. 试验时电抗器组合及相关计算

见表 2-3-16。

表 2-3-16

试品 / 配置及参数	110kV/500mm² 电缆	220kV/500mm² 电缆	220kV 变压器、GIS、开关、互感器等设备
	≤3km	≤0.8km	0.03μF
	0.507μF	0.0992μF	
电抗器配置	三台电抗器并联	二台电抗器串联	三台电抗器串联
电抗器输出参数	133kV/43.3H/15A	266kV/260H/5A	399kV/390H/5A
励磁变输出电压选择	2.5kV	5.0kV	10kV
分压器选择（可空载谐振）	1 节 200kV/2000pF	2 节 200kV/1000pF	2 节 200kV/1000pF
谐振频率（Hz）	≥34	≥31.4	≥46.5
试验电压（kV）	≤128	≤215.9	≤400
试验电流（A）	≤13.8	≤4.2	≤3.5
变频电源参数	容量：50kW；输入电压：AC 380V 三相；输出电压：400V；输出频率：25～300Hz；运行时间：180min；测量精度：1 级		
励磁变压器参数	油浸式结构；容量：50kVA；输入电压：400V/450V；输出电压：2.5kV/5kV/7.5kV/10kV；使用频率：30～300Hz；运行时间：60min		
高压电抗器参数	油浸式结构；额定电压：130kV；额定电流：5A；额定电感量 130H；耐压水平：$1.5U_0$/1min；额定频率：30～300Hz；运行时间：60min		
电容分压器参数	环氧筒外壳，分节式结构；额定电压：400kV/单节 200kV；电容量：1000pF/单节 2000pF；使用频率：30～300Hz；测量精度：1 级		

（七）HVKC—Ⅲ型高压开关机械特性测试仪

主要用于测量高压开关分合闸时间、速度、同期性、动作电压等机械特性测试。

1. 主要测试项目

（1）时间测量：可同时测量 12 个断口的固有分、合闸时间及同期性；弹跳次数、弹跳时间；主、辅触头动作时间差。

（2）速度及行程测量：刚分速度、刚合速度、最大速度；开距、超程及总行程；分、合闸瞬时速度，并绘制“行程时间（$S—t$）”曲线。

（3）测试分（合）闸线圈电流波形，断口状态波形。

（4）重合闸试验测试。

(5) 低电压试验。

(6) 六个通道主、辅触头动作时间差及合闸电阻测试。

(7) 西门子石墨触头开关的时间及速度测试。

2. 主要技术参数

(1) 最大速度：20m/s，分辨率：0.01m/s；测试准确度为：±1.0%读数±0.05。

(2) 行程测试范围：6～650mm（由传感器的长度决定）；行程测试准确度为：±1.0%读数±0.1mm（滑线电阻传感器）。

(3) 时间测试范围：10ms～12s，时间测试准确度为：±0.5%读数±0.2ms；最小动作同期差分辨率：0.1ms；最小动作同期差测试准确度为：±0.5%读数±0.1ms。

(4) 测试通道13路：12路断口时间，1路速度。

(5) 电源：AC 220V±10%；50±1Hz。

(6) 操作电源输出：电压30～220V可调，电流15A，数字程控调整，连续工作时间1s。

（八）ZKD型开关动作电压测试仪

参见“10～35kV变电站所需常用高压试验仪器”中第（七）条。

（九）HVD型电气设备地网导通测试仪

参见“10～35kV变电站所需常用高压试验仪器”中第（八）条。

（十）HVJE/5A型异频接地阻抗测试仪

参见“10～35kV变电站所需常用高压试验仪器”中第（九）条。

（十一）HVRM—5000型绝缘电阻测试仪

参见“10～35kV变电站所需常用高压试验仪器”中第（十）条。

（十二）HVCB—500型多用途全自动电容电感测量仪

参见“10～35kV变电站所需常用高压试验仪器”中第（十一）条。

（十三）HVFP—15kW无局放倍频感应耐压试验系统

HVFP型无局放倍频感应耐压试验系统适用于对220kV及以下电压等级电磁式电压互感器进行局部放电和感应耐压试验。它采用推挽放大式无局放变频电源调频至100Hz或150Hz进行升压试验。

主要技术参数及功能特点如下：

(1) HVFP型推挽放大式无局放变频电源1台：

输出容量：15kW。

输入电压：AC 380V±10%/50Hz，输出电压0～350V/4～400Hz可调。

输出波形：纯正正弦波，波形畸变率≤1%，试验时不需要测量峰值。

试验系统具有放电闪络、过压和短路等多种保护，当任何一种保护动作，仪器立即切断输出。仪器频率信号源由专用芯片产生，输出频率稳定性可达0.0001Hz，同时输出电压由微机控制，输出不稳定度≤1%。

(2) 补偿电感6台：15mH/30A/200V，根据被试电压互感器一次电容和分压器电容决定需补偿电感的容量，一般配置6只。

(3) 电容分压器1台：额定参数为150pF/200kV（110kV电压等级用）；测量精度：1%。

（十四）HVCV型互感器综合特性测试仪

参见“10～35kV变电站所需常用高压试验仪器”中第（十三）条。

（十五）HVFP—200kW变压器感应耐压、局部放电试验系统

用于220kV电力变压器局部放电及感应耐压试验。

HVFP型变压器感应耐压、局部放电试验系统采用推挽放大式无局放变频电源，它是由大功率晶体管组成的线性矩阵放大网络，并运用最新DSP工业控制器及光纤传输技术，工作在线性放大区，从而获得与信号源一致的标准正弦波形，由于其内部没有任何工作在开关状态下的电路，因此不产生严重的干扰信号，适合作为感应耐压及局部放电试验的电源；采用HVFP系列无局放变频电源作为串联谐振的励磁电源，由于输出波形为纯正弦波，损耗小，可使回路Q值提高25%，也适合作为串联谐振的励磁电源。

HVFP型推挽放大式无局放变频电源已在全国广泛运用，市场占有率达到90%，对1000kV变压器、800kV直流换流变、750kV/750MVA单相变压器、500kV/750MVA三相一体变压器都成功进行了试验。

配置的试验设备组成部分见表2-3-17。

表 2-3-17

序号	设备名称、型号	主要参数	数量
1	HVFP—200kW推挽放大式无局放变频电源	容量：200kW；输入：380V三相50Hz；输出：0～350V纯正正弦波；局放量：≤5pC；输出频率：30～300Hz；运行时间：180min	1套
2	ZB—200kVA/2×5/10/35kV无局放励磁变压器	容量：200kVA；输入：2×350V（双绕组）；输出：2×5kV/10kV/35kV（双绕组），可对称输出，也可单边输出；局放量：≤5pC；额定频率：80～300Hz；运行时间：90min（30min/相）	1台
3	HVFR—240kVA/40kV无局放补偿电抗器	额定电压：40kV；额定电流：6A；电感量：6H；局放量：≤5pC；额定频率：30～300Hz；运行时间：90min	2台
4	HV—300pF/60kV无局放电容分压器	额定电压：60kV；电容量：30pF；局放量：≤5pC；测量精度：1.0级	1台
5	局部放电检测仪	模拟式或者数字式	1台
6	相关附件	包括变频电源的电源电缆、输出电缆；励磁变压器输出线等相关连接线；被试变压器套管均压帽（110kV/3只，220kV/3只）	1套

（十六）HVTP—100kW三相变压器局部放电、感应耐压试验系统

HVTP—100kW三相变压器局部放电、感应耐压试验系统是根据GB 1094.3—2003《电力变压器 第3部分：绝缘水平、绝缘试验和外绝缘空气间隙》和国际电工委员会IEC 60076-3：2000《电力变压器 第3部分：绝缘水平、电介质试验和空气中的外间隙》规定，用于110kV及以下电压等级电力变压器感应耐压、局部放电试验三相同时进行的试验设备。

配置的试验设备组成部分见表2-3-18。

表 2-3-18

序号	设备名称、型号	主要参数	数量
1	HVTP—100kW三相无局放变频电源	容量：100kW；输入：380V三相50Hz；输出：YN方式，三相四线制，线电压0～300V，相角差120°±1°，纯正正弦波；局放量：≤5pC；输出频率：30～300Hz；运行时间：60min；也可输出：单相0～350V/75kW	1套
2	ZB—100kVA/3×25kV三相无局放励磁变压器	容量：100kVA；输入：3×300V/350V/650V；输出：3×25kV；接线组别：△（高压侧）/YN（低压侧）；局放量：≤5pC；额定频率：80～300Hz；运行时间：30min	1台
3	HVFR—75kVA/25kV无局放补偿电抗器	额定电压：25kV；额定电流：3A；电感量：13H；局放量：≤5pC；额定频率：100～300Hz，运行时间：30min	3台
4	HV—300pF/25kV无局放电容分压器	额定电压：25kV；电容量：300pF；局放量：≤5pC；测量精度：1.0级	3台
5	局部放电检测仪	三通道；模拟式或者数字式	1台
6	相关附件	包括变频电源的电源电缆、输出电缆；励磁变压器输出线等相关连接线；被试变压器套管均压帽（110kV/3只）	1套

（十七）XD2102数字式局部放电检测仪

本检测仪可检测试品的局部放电幅值、极性、相位、重复次数、放电起始电压、熄灭电压、视在放电量等局部放电的相关参数。

软件基于Windows中文操作系统，全过程中文界面，方便使用和升级。

提供椭圆、直线及二维（$q—\phi$，$n—\phi$）、三维（$q—\phi—t$，$n—q—\phi$）局放图谱，可直观、总览地观察、分析试验过程的各种放电频度、相位、强度与试验电压的关联度等特性。

可以使用USB口、U盘和局域网络等Windows平台支持的各种模式与外界交流、传输测试数据、测试报告和测试图形。

可以连续实时记录试验过程的局部放电图谱及相关参数，具有事后自由回放、重现、分析等功能，以便于局部放电数据的记录和积累，可以保存和打印单幅局部放电图形、试验报告。

可以静态截取任意周波的局放图谱，可对局放图谱中的任意单个放电脉冲进行详细测量、分析，确定放电性质及放

电强度。

具有零标指示及相位分辨功能，内、外同步方式可任意选择。能在30～300Hz范围与外部试验电源的频率自动同步，可实现与无局放谐振电源的任意频率自动匹配。

具有外部试验电源电压监测功能，并与局放参数与图谱同屏显示。

主要技术性能指标如下：

(1) 测量通道：2。

(2) 检测灵敏度：0.1pC。

(3) 测量频带与截止频率：3dB带宽10～500kHz，可多挡任意组合；低端分10kHz、20kHz、40kHz，80kHz；高端分100kHz、200kHz、300kHz，500kHz。

(4) 视在放电量Q的测量基本误差：线性度误差应不大于±（5%+1pC）；量程换挡误差应不大于±（5%+1pC）；低重复率脉冲响应误差应不大于±（5%+1pC）；正负脉冲响应的不对称度误差应不大于±（5%+1pC）。

(5) 脉冲分辨时间：脉冲分辨时间小于100μs。

(6) 稳定性：局部放电测量仪连续工作8h后，注入恒定幅值的校准脉冲信号时，其脉冲响应值的变化应不超过±3%。

(7) 增益范围：－20～＋40dB四挡，可粗调细调。

(8) 外零标电压输入范围：AC 10～220V。

(9) 同步：内外可选；外同步：30～300Hz自动同步。

(10) 校准脉冲发生器：输出标准脉冲上升沿＜60ns；输出标准脉冲下降沿＞100μs。

(11) 校准电荷量误差：＜±5%。

(12) 输出内阻：＜100Ω。

（十八）HMD型SF_6密度继电器校验仪

用于国内外各种类型的密度继电器进行校验。

1. 技术特点

(1) 本仪器可对机械型、指针型、数显型、电流（电压）型等国产和进口的各种类型的密度继电器进行现场校验，仪器实现了全自动校验。

(2) 校验过程中无需恒温室，可以在任意有效温度范围内对SF_6气体密度继电器进行校验。

(3) 仪器温度传感器内置SF_6气体中直接测量SF_6气体温度，避免了用测量环境温度来替代SF_6气体温度引起的补偿误差。

(4) 对任意环境温度下的各种SF_6气体密度继电器报警动作时的压力值、闭锁动作时的压力值进行测量，自动换算成SF_6气体在20℃时的等效压力值，实现对SF_6气体密度继电器的性能校验。

(5) 能保存200组测试数据，且配有打印机接口，如客户需要，可配打印机打印试验数据。

(6) 可选配有多种型号过渡接头，大多数型号开关的密度继电器不用拆卸即可进行现场校验。

(7) 仪器可以交直流两用。

2. 技术指标

(1) 工作电压：AC 220V±10%，50Hz或12V/2Ah充电电池。

(2) 校验范围：0～0.9MPa。

(3) 检验精度：1.0级。

(4) 显示方式：160×160点阵液晶。

(5) SF_6气体密度显示方式：被测环境温度下的SF_6气体压力、20℃时SF_6气体的等效压力。

（十九）HV—RZBX型变压器绕组变形测试系统

仪器是采用频率响应分析原理、USB传输协议技术和虚拟仪器技术的变压器绕组变形测试专用仪器，用于对供电110kV及以上电压等级、发电厂的主变和厂用变压器进行检测。

技术参数及特点如下：

(1) 扫频范围：1～1000kHz；多种扫频测量方式。

(2) 频率分辨率：1Hz。

(3) 信号源输出电压：$10V_{p-p}$。

(4) 采样速率：20M，采用基于USB传输协议的技术，使仪器使用简单可靠，传输数据快，测量1条曲线不超过1min。

(5) 采样通道：2通道，同时测量变压器绕组首、末端的信号。

(6) 幅度范围：±100dB。

(7) 量化分辨率：10位。

(8) 电源：AC 220V±10%。

(9) 变压器参数、测试参数输入格式统一，数据存储方式统一，一目了然，不会造成冲突和混淆。

(10) 除采用通用的相关系数分析外，根据我们的经验增加了均方差分析，对中小型变压器，比如高压厂用变压器的分析判断更为有效。

(二十) HVP—Ⅲ智能型 SF_6 微水仪

主要用于测量 SF_6 气体的微水含量。

1. 主要功能特点

(1) 预加热：开机后探头自动加热（300～400℃），瞬时将油污和水汽蒸发，确保仪器测量时不受杂质的影响，这一过程持续6min。

(2) 校准功能：加热同时仪器进行自校能将探头自动归零，保证每次测量的准确性，可免去每年校验的繁琐。

(3) 快速：开机进入测量状态后每一 SF_6 气隔微水测定时间为3min左右。

(4) 省气：每次测定时耗气仅2L（101.2kPa）左右。

(5) 显示清晰：液晶屏同时显示露点、微升（μL/L）、流量、压力、温度、相对湿度、时间及日期。

(6) 记忆存储：最多可存储50组测试数据。

(7) RS—232接口：可与微机通信。

(8) 内置电源：内置4Ah可充锂电池，一次充足可连续工作20h。

(9) 自锁接头：采用德国原装进口自锁接头，安全可靠，无漏气。

2. 主要功能及技术参数

(1) 露点范围：−80～+20℃，精度±2℃。

(2) 输出：4～20mA。

(3) 通信：RS—232。

(4) 使用环境温度：−40～+80℃。

(5) 测量温度（环境温度）范围：−40～+60℃。

(6) 测量压力（设备压力）范围：0～0.9MPa。

(7) 大屏幕中文液晶显示，进气速度可调；露点、微升（μL/L）、压力、流量、温度、相对湿度、时间、日期同时显示；电池充电时间为24h（仪器有过充保护装置），电池容量在液晶屏上显示。

(二十一) 生产厂

苏州工业园区海沃科技有限公司。

第三章 在线监测装置和系统

第一节 在线监测仪器和装置

一、多通道数字式局部放电综合分析仪

（一）概述

TWPD多通道数字式局部放电综合分析仪采用全新技术实现新一代高性能数字化局放测量分析仪器，具备独有的噪声门控、波形分析、极性判别、数字滤波等功能，用于高压电气设备的故障定位和局部放电测量，也可用于大型电力变压器等高压电气设备的局部放电在线连续监测。真正实现局放测量、定位、在线三合一。

（二）型号含义

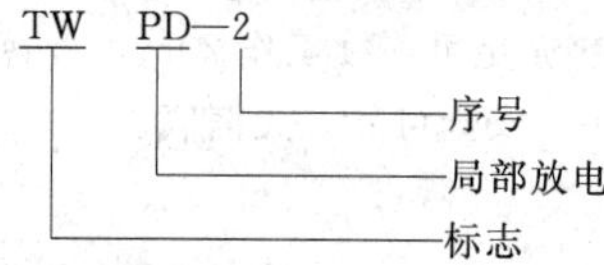

（三）产品原理

该仪器采用的检测方法是脉冲电流法。当高电压在试品 C_x 上产生局部放电时，试品 C_x 两端产生一个几乎瞬时的电压变化 Δu，把试品接入检测回路就会产生脉冲电流。局部放电引起的脉冲电流在放大器的输入单元 Z_m 上产生一个脉冲电压，经滤波、放大器放大、采集，再经过计算机的处理、计算，结果以数字方式和波形方式显示在计算机的屏幕，即由脉冲幅值确定放电强度等参数。

（四）结构

该仪器为一体化台式结构，由硬件和软件两部分组成。硬件部分由工控机、数据采集板、通道信号板、同步信号板和模拟电源板组成，集为一体。软件由数据采集、数据处理、网络通信、频谱分析、图形处理与显示、试验报告生成等模块组成。真实的多信号通道（相当于多台单通道局放仪），可以多通道使用，也可单通道使用。

（五）功能特点

(1) 以高性能工控计算机为核心建立的系统硬件平台，运行稳定，提供流畅的刷新速度和完美的图形图像显示。

(2) 全中文 Windows 界面，操作简单方便。

(3) 放电波形可抓住典型放电信号进行放电量、放电时间、时域波形、频域图谱分析，判断放电性质。

(4) 放电信号动态智能识别功能，有效滤除与放电信号混合在一起的干扰信号。

(5) 独特的天线接收干扰关门技术，屏蔽来自空间的干扰。

(6) 抗静态干扰功能，滤除特殊的干扰信号。

(7) 极性判别通过区分试品内部与外部的信号极性，有效去除外部干扰。

(8) 带通滤波器带宽可任意组合，采用模拟、数字混合滤波技术，有效抑制各种干扰。

(9) 通过相关滤波技术迅速排除随机干扰。

(10) 利用超声传感技术和局部放电定位软件，实现局部放电定位、测量，还具有电声定位功能和声定位功能。

(11) 放电趋势分析，试验记录连续自动保存。

(12) 二维和三维局部放电图谱显示。

(13) 局部放电重复次数统计与分析，自动生成试验报告。

(14) 通过配备专用在线监测传感器和软件，进行局部放电在线监测。

（六）技术数据

测量通道：2～4。

采样精度：12bit±1LSB (Typ)。

采样速率（MHz）：5～20。

挡位切换：×1，×10，×100，×1000，×10000，×100000。

全量程非线性误差（%）：8。

本量程非线性误差（%）：5。

高通滤波器：10，20，40，80kHz，OFF。

低通滤波器：100，200，300，400kHz，OFF。

数字滤波：10～800K任意选择。

滤波器关闭：1kHz～1MHz带宽。

运行环境温度（℃）：－10～＋50。

电源：单相，220V，50Hz。

（七）功能组件

局部放电检测功能组件：检测阻抗，校正脉冲发生器，天线放大器，宽频带电流互感器。

局部放电定位功能组件：光电转换放大器，超声定位探测器，光纤。

（八）生产厂

保定天威新域科技发展有限公司。

二、ST5700零值劣质绝缘子检测仪、ST5800接触式验电器

（一）用途

ST5700零值劣质绝缘子检测仪、ST5800接触式验电器用于检查零值或劣质绝缘子，也可以通过接触式验电，检查线路是否确实处于停电状态的两用仪器。适用500kV以下线路。执行标准QB 21—94。

（二）型号含义

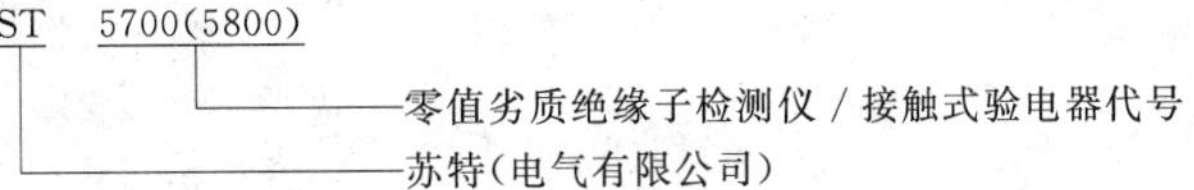

（三）特性

性能稳定，安全可靠，结构合理，操作简便，能准确检测并直接显示出各片绝缘子的分布电压值。是一种理想的零值绝缘子检测/接触式验电两用仪器。在国内具有新颖性和独特性。

采用大屏幕液晶显示，显示屏角度任意可调，与两个方向可调的接触传感器配合，可检测垂直和水平绝缘子串的每一片绝缘子的分布电压值。

仪器通过测量绝缘子分布电压来检测线路零值或劣质绝缘子。当绝缘子的分布电压值等于或接近零值，以及小于3000V以下时，则可认为是零值或劣质绝缘子。

直接接触靠近铁塔侧的第一、第二和第三片绝缘子，测量分布电压值来判断被测线路是否处于停电状态。如果每一相每一片绝缘子的分布电压值都为零或都接近零，则可认定线路处于停电状态。

（四）生产厂

南京苏持电气有限公司。

三、GCFH—1互感器二次负荷在线测试仪

（一）概述

GCFH—1互感器二次负荷在线测试仪以单片机为核心，采用双CPU技术以及精确的微信号电压、电流取样电路，对TV、TA二次负荷及全部电参量（电压、电流、相位、频率、有功、无功、视在功率、功率因数等）在线测量，测试速度快，准确性高，又代替高精度钳形相位表和单相电气参数测量仪使用。现场使用方便，采用直流电池供电，无须外接电源。

（二）型号含义

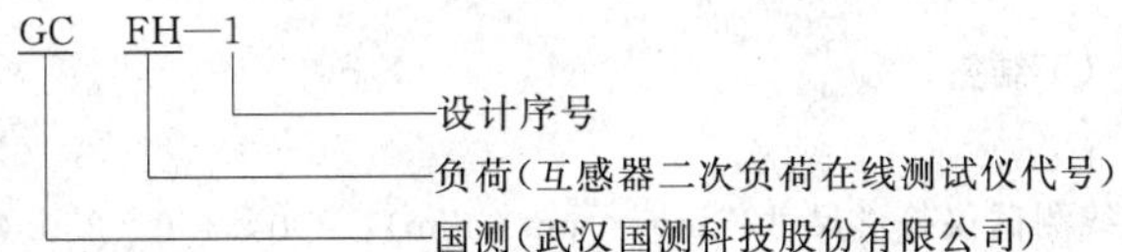

（三）结构特征

(1) 体积小，重量轻，携带方便。

(2) 全金属外壳，有利于整机屏蔽。

(3) 可在仪器内部直流12V和外部交流220V两种电源工作。

(4) 对被测系统无任何影响。

（四）工作原理

GCFH—1互感器二次负荷在线测试仪工作原理，见图3-1-1。

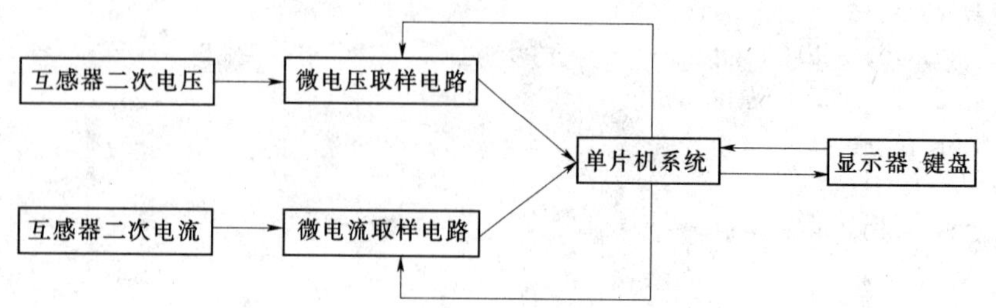

图 3-1-1 GCFH—1 互感器二次负荷在线测试仪工作原理框图

（五）技术数据

（1）电气参数。

1）电压测量范围（V）：0.1～400，分为 0.2、0.6、2.5、12、60、220 六挡。

测量准确度：±（0.3%读数+0.2%该挡额定值）。

2）电流测量范围（A）：0.1～5，分 0.1、0.3、1、3 四挡。

测量准确度：±（0.3%读数+0.2%该挡额定值）。

3）相位差测量范围（°）：0～360。

测量准确度（°）：±0.5。

4）功率因数测量范围：−1.0～+1.0。

测量准确度：±0.05。

（2）TV 二次负荷。

1）导纳测量范围（ms）：1.00～99.99。

测量准确度：±（2%读数+0.02ms）。

2）运行负荷测量范围（VA）：5～500。

测量准确度：±（2%读数+0.2VA）。

3）额定负荷测量范围（VA）：5～500。

测量准确度：±（2%读数+0.2VA）。

（3）TA 二次负荷。

1）阻抗测量范围（Ω）：0.10～8.00。

测量准确度：±（2%读数+0.01Ω）。

2）运行负荷测量范围（VA）：0.10～75。

测量准确度：±（2%读数+0.2VA）。

3）额定负荷测量范围（VA）：2.5～200。

测量准确度：±（2%读数+0.2VA）。

（4）电流取样：钳形 TA 输入；直接输入。

（5）工作电源：AC 220V±10%，50Hz±5%；DC 12V，8 节 1 号可充电池。

（6）电源谐波适应能力（%）：3 以内。

（7）电源脉冲干扰适应能力（%）：5.0 以内。

（8）工作环境。

温度（℃）：−5～+40。

相对湿度（%）：≤85（RH）（不结露）。

（六）外形及安装尺寸

GCFH—1 互感器二次负荷在线测试仪外形尺寸（mm×mm×mm）：300×150×250（重量 10kg）。

（七）生产厂

武汉国测科技股份有限公司。

四、JS 系列放电计数器

（一）概述

JS 系列放电计数器用于交流电力系统中，串联在金属氧化物避雷器下面，记录避雷器动作次数。采用优异的非线性金属氧化物电阻片取压，具有动作灵敏可靠、通流容量大、使用电压等级范围广、显示清晰明显、外形美观大方、密封良好等优点，尤其适用于超高压、大容量电力系统和强电、多雷、频繁动作的地区使用。

产品执行 JB/T 8459—1996《避雷器产品型号编制方法》、JB 2440—91《避雷器用放电计数器》标准。

（二）使用条件

(1) 适用于户内、外。

(2) 环境温度（℃）：－40～＋40。

(3) 海拔（m）：<2600。

(4) 电源频率（Hz）：48～62。

(5) 地震烈度：<8 度。

(6) 最大风速（m/s）：<35。

（三）技术数据

JS 系列放电计数器技术数据，见表 3-1-1。

表 3-1-1　JS 系列放电计数器技术数据

型号	系统标称电压（有效值，kV）	标称放电电流下残压（峰值，kV）	标称放电电流 8/20μs（kA）	2ms 方波通流容量（A）	上限动作电流（峰值，kA）	下限动作电流（峰值，A）	4/10μs 大电流（峰值，kA）	高度（mm）
JS—5/0.4	3～35	≤3	5	400	5	50	65	166
JS—5/0.6				600				
JS—10/0.6	66 及以上	≤3	10	600	10	50	100	166
JS—10/1				1000				
JS—10/1.2				1200				

（四）外形及安装尺寸

JS 系列放电计数器外形及安装尺寸，见图 3-1-2。

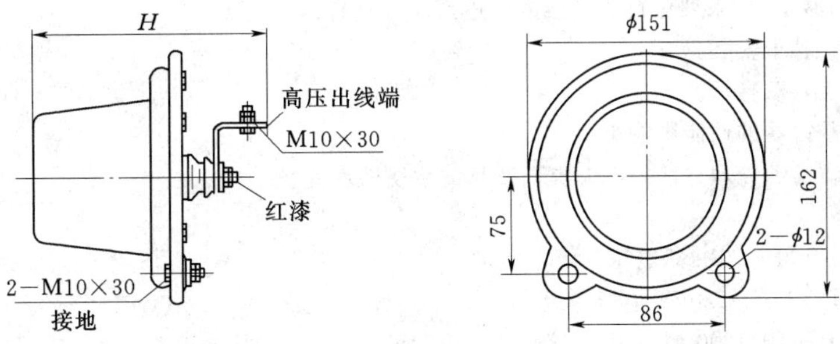

图 3-1-2　JS 系列放电计数器、JCQ 系列在线监测器外形及安装尺寸（单位：mm）

（五）生产厂

西安神电电器有限公司。

五、JCQ 系列在线监测器

（一）概述

JCQ 系列在线监测器用于交流电力系统中，串联在金属氧化物避雷器下面，记录避雷器动作次数及监测避雷器的泄漏电流。采用优异的非线性金属氧化物电阻片取压，具有动作灵敏可靠、通流容量大、使用电压等级范围广、显示清晰明显、外形美观大方、密封良好等优点，尤其适用于超高压、大容量电力系统和强电、多雷、频繁动作的地区使用。

（二）使用条件

(1) 适用于户内、外。

(2) 环境温度（℃）：－40～＋40。

(3) 海拔（m）：<2600。

(4) 电源频率（Hz）：48～62。

(5) 地震烈度：<8 度。

(6) 最大风速（m/s）：<35。

（三）技术数据

JCQ 系列在线监测器技术数据，见表 3-1-2。

表 3-1-2 JCQ 系列在线监测器技术数据

型 号	系统标称电压（有效值，kV）	标称放电电流下残压（峰值，kV）	标称放电电流 8/20μs（kA）	计数电流范围 8/20μs（A）	2ms 方波通流容量（A）	4/10μs 冲击大电流耐受（峰值，kA）	电流测量范围（mA）	高度（mm）
JCQ—CⅠ	3～35	≤1.0	10	50～10000	600	65	0～5	186
JCQ—CⅡ	66～220	≤1.0	10	50～10000	800	100	0～10	186
JCQ—CⅢ	330～500	≤1.0	10	50～10000	1500	100	0～15	186

（四）订货须知

订货时必须提供产品型号及特殊要求。

（五）生产厂

西安神电电器有限公司。

六、JC、JCQ1 系列避雷器监测器

（一）用途

JC 系列运行监测器是串联在避雷器下面，用来监测避雷器泄漏电流的变化、避雷器动作次数以及报警（必要时）的一种装置，有 5 种规格：

JC—10/600 型适用于 35～110kV 电压等级；

JC—10/800 型适用于 110～220kV 电压等级；

JC —10/1000 型适用于 330kV 电压等级；

JC—20/1500 型适用于 500kV 电压等级；

JC—20/2000 型适用于 500kV 电压等级。

JCQ1 系列避雷器监测器是 JC 系列运行监测器的改进产品，具有以下优点：

(1) 重量轻，体积小，易于安装。

(2) 采用广角度毫安表，双指针。

(3) 整体残压低，对避雷器的性能影响小。

(4) 表面采用有效的防腐蚀处理方法，大大提高产品的耐腐蚀性能。

JCQ1 系列有六种规格：

JCQ1—10/600 型适用于 35～110kV 电压等级；

JCQ1—10/800 型适用于 110～220kV 电压等级；

JCQ1—10/1000、JCQ1—10/1200 型适用于 330kV 电压等级；

JCQ1—20/1500、JCQ1—20/2000 型适用于 500kV 电压等级。

（二）使用条件

(1) 海拔（m）：＜3000。

(2) 环境温度（℃）：－40～＋40。

(3) 无严重腐蚀金属及绝缘件的气体。

(4) 无严重污秽和剧烈振动的地区。

（三）结构

该系列产品由非线性电阻、电磁计数器、毫安表、继电器和一些电子元件组成。在正常运行电压下，通过避雷器和监测器的泄漏电流的变化由监测器中毫安表测得。当避雷器和监测器通过雷电波、操作波或工频过电压时，强大的动作电流将从泄漏电流测量回路被转移到计数器回路，毫安表受到保护；计数器部分则利用通过的雷电波、操作波或工频过电压电流的能量来实现记录动作的次数和报警。

（四）特性

该系列产品具有在运行中连续监测泄漏电流的变化、动作次数和报警三个功能，动作灵敏度高、准确可靠、通流容量大、适用电压等级范围广、显示清晰明显、结构轻巧合理、外形美观大方、密封可靠、安装使用方便等特点，尤其适用于超高压、大容量电力系统和强电、多雷、频繁动作的地区使用。

（五）技术数据

JC 系列避雷器运行监测器技术数据见表 3-1-3，JCQ1 系列避雷器监测器技术数据见表 3-1-4。

表 3-1-3　**JC 系列避雷器监测器技术数据**

型　号	JC—10/600	JC—10/800	JC—10/1000	JC—20/1500	JC—20/2000
系数额定电压（kV）	35～110	110～220	330	500	500
标称放电电流（8/20μs）（kA）	10			20	
动作电流范围（A）	50～10000			50～20000	
标称放电电流下残压（kV）	≤2.5				
2ms，20 次方波冲击电流耐受能力（A）	600	800	1000	1500	2000
4/10μs，2 次大冲击电流耐受能力（kA）	100				
正常泄漏电流下监测器端电压（V）	≤250				
工频泄漏电流过载能力（mA）	350～400			2s	
直流毫安表量程（mA）	5			10	
毫安表安全电流整定值（mA）	4			8	
最大尺寸 $\phi\times H\times L$（mm×mm×mm）	170×185×227（172×190×245）				
最大重量（kg）	6.0（6.4）				
带报警功能型号	JC—10/600B_1	JC—10/800B_1	JC—10/1000B_1	JC—20/1500B_1	JC—20/2000B_1

表 3-1-4　**JCQ1 系列避雷器监测器技术数据**

型　号	JCQ1—10/600	JCQ1—10/800	JCQ1—10/1000	JCQ1—10/1200	JCQ1—20/1500	JCQ1—20/2000
系统额定电压（kV）	35～100	110～220	330	330	500	500
标称放电电流（8/20μs）（kA）	10				20	
动作电流范围（A）	50～10000				50～20000	
标称放电电流下残压（kV）	≤1.5					
4/10μs，2 次大冲击电流耐受能力（kA）	100					
2ms，20 次方波冲击电流耐受能力（A）	600	800	1000	1200	1500	2000
正常泄漏电流下监测器端电压（V）	≤250					
工频泄漏电流过载能力（mA）	350～400			2s		
直流毫安表量程（mA）	3			6		
直流毫安表过载电流保护值（mA）	10					
最大尺寸 $\phi\times H\times L$（mm×mm×mm）	130×162×204					
最大重量（kg）	3.0					

（六）外形及安装尺寸

该系列产品外形及安装尺寸，见图 3-1-3。

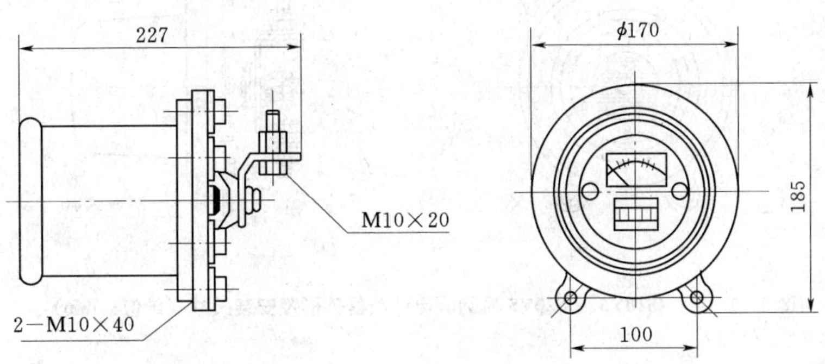

图 3-1-3　JC、JCQ1 系列避雷器运行监测器外形及安装尺寸（单位：mm）

（七）生产厂

西安西电高压电瓷有限责任公司。

七、JS10Y5、JS20Y5 系列放电计数器

（一）概述

氧化锌避雷器是电力系统的关键设备之一，运行状况直接关系到电力系统的安全，必须对运行状态进行监测。JS10Y5、JS20Y5 系列放电计数器是串联在避雷器下面，用于记录避雷器动作次数的一种装置，有四种规格：

JS10Y5—10/600 型适用于 35～110kV 电压等级；

JS10Y5—10/800 型适用于 110～220kV 电压等级；

JS10Y5—10/1000 型适用于 330kV 电压等级；

JS20Y5—20/1500、JS20Y5—20/2000 型适用于 500kV 电压等级。

（二）使用条件

（1）海拔（m）：<3000。

（2）环境温度（℃）：－40～＋40。

（3）无严重腐蚀金属及绝缘件的气体。

（4）无严重污秽和有剧烈振动的地区。

（三）结构性能

该系列产品由非线性电阻、电磁计数器和一些电子元器件组成，利用通过计数器的能量，经过变换后对电磁计数器线圈放电而使计数器吸动一次，实现记录动作次数的装置。在结构上采用氧化锌电阻片取压，双指针式电磁计数器显示，透明玻璃罩、密封橡皮垫、底板及法兰等进行卡装密封，高压出线端从底板中心引出。

（四）技术数据

该系列产品技术数据，见表 3-1-5。

表 3-1-5　　JS10Y5、JS20Y5 系列放电计数器技术数据

型　　号	JS10Y5—10/600	JS10Y5—10/800	JS10Y5—10/1000	JS20Y5—20/1500	JS20Y5—20/2000
适用电力系统电压（kV）	35～110	110～220	330	500	500
标称放电电流（8/20μs）（kA）	10	10	10	20	20
动作电流范围（8/20μs）（A）	50～10000	50～10000	50～10000	50～20000	50～20000
标称放电电流下残压（kV）	≤2.5				
2ms、20 次冲击大电流耐受能力（A）	600	800	1000	1500	2000
4/10μs、2 次冲击大电流耐受能力（kA）	100				
最大长度（mm）	185	210	210	210	210
重量（kg）	2.84	3.05	3.18	3.25	3.29

（五）外形及安装尺寸

该系列外形及安装尺寸，见图 3-1-4。

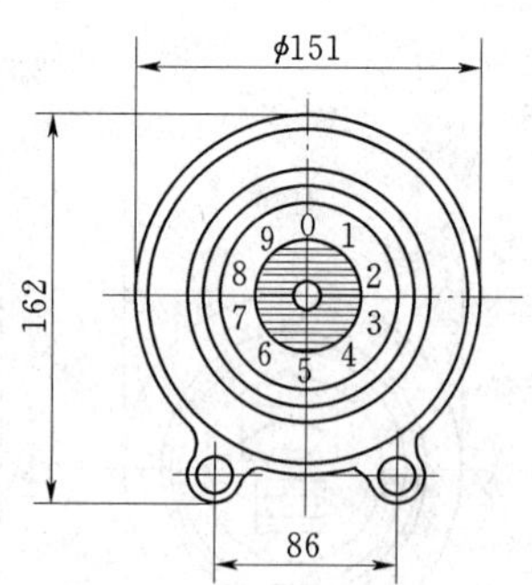

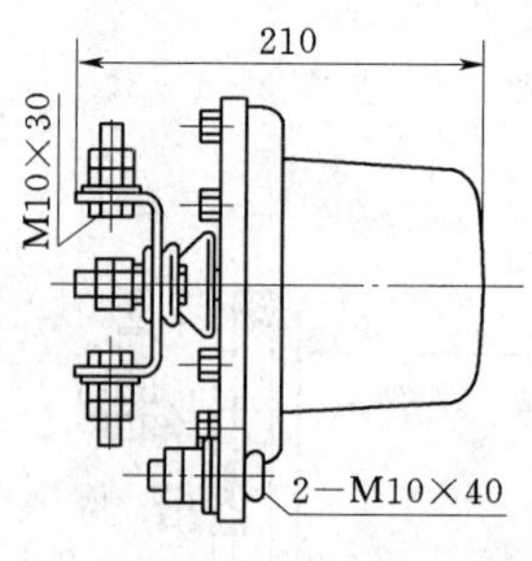

图 3-1-4　JS10Y5、JS20Y5 系列放电计数器外形及安装尺寸（单位：mm）

（六）生产厂

西安西电高压电瓷有限责任公司。

八、JCQ—C1 型避雷器监测器

（一）用途

JCQ—C1 型避雷器监测器是串联在避雷器下面用来监测泄漏电流和避雷器动作次数的一种装置，用于 35～500kV

各种等级的避雷器。

（二）技术数据

该产品技术数据，见表3-1-6。

表3-1-6　　JCQ—C1型避雷器监测器技术数据

系统额定电压（kV）	标称电流（8/20）（kA）	计数电流范围（8/20）（A）	残压（kV）	2ms方波（A）	4/10大电流（kA）	电流测量范围（mA）	重量（kg）
35～220	10	50～10000	≤1.5	800	65	0～2	3.0
330～500	20	50～20000	≤1.5	1500	100	0～5	3.0

（三）生产厂

西安电瓷研究所。

九、AG40（TDX）—DJ雷击计数器

（一）概述

AG40（TDX）—DJ雷击计数器由检测、信号处理、显示、存储、时间、电源、单片机等单元组成，具有计数灵敏度高、动态范围大、抗干扰能力强的特点，平时由外接220V交流电源供电并给内部9V电池充电（充满时转为浮充），可累计雷击的次数及每次雷击的时刻，给使用单位及气象相关部门参考。

（二）型号含义

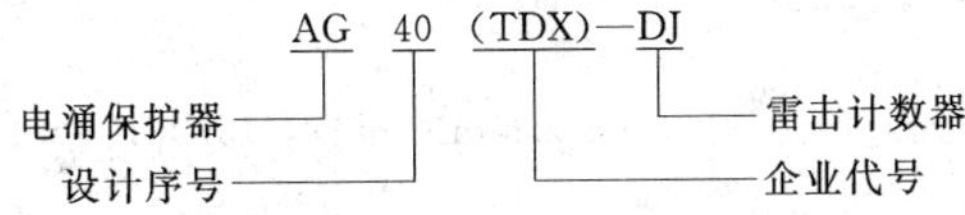

（三）技术数据

动作阈值电流（kA）：1（8/20μs）。

脉冲时间（μs）：10。

显示范围（次）：0～9999。

按钮个数："设置"、"移位"、"增加"、"确定"四键，包括感应线圈、屏蔽线等附件。

工作温度范围（℃）：－40～＋70。

（四）外形及安装尺寸

该产品外形及安装尺寸，见图3-1-5。

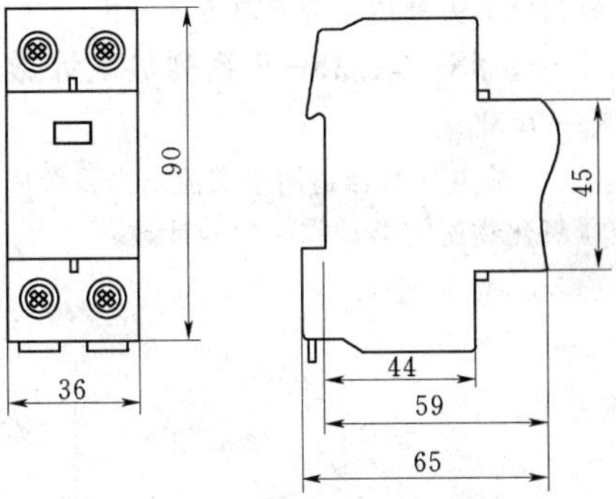

（五）生产厂

南通信达电器有限公司。

图3-1-5　AG40（TDX）—DJ雷击计数器外形尺寸（单位：mm）

十、JS—8、JSY避雷器用放电计数器

（一）概述

JS—8、JSY避雷器用放电计数器串联在避雷器下面，用来记录避雷器动作次数的一种装置，适用于220kV及以下电压等级，标称放电电流为5kA的避雷器，使用地点环境条件与避雷器相同，但海拔不超过2000m，不适用于有严重腐蚀金属及绝缘件的气体、有严重污秽和有剧烈振动的地方。

（二）型号含义

碳化硅电阻片式

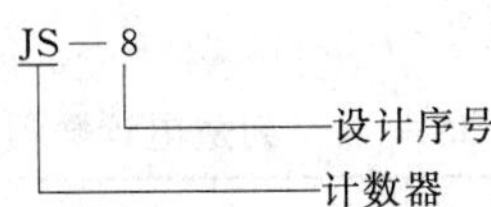

氧化锌电阻片式

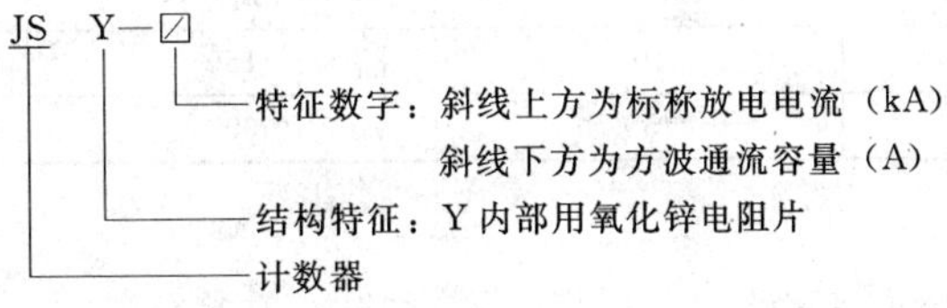

（三）结构特性

放电计数器主要由非线性电阻片、硅桥式整流器、电容器、电磁计数器等元件组成，利用通过避雷器的能量（冲击电流和续流）在电阻片上取压，经桥式整流器单向对电容器充电，并以直流对电磁计数器线圈放电而使计数器吸动一次（即记录一次），实现记录动作的次数。

放电计数器按电阻片的材料分为碳化硅电阻片式和氧化锌电阻片式两种。前种配用碳化硅阀式避雷器，后种配用于金属氧化物避雷器，也可配用于碳化硅阀式避雷器。结构上采用透明的耐热玻璃罩、密封橡皮垫、底板及法兰等进行卡装密封、高压出线端从底板中心引出。该产品具有灵敏度高、记录准确可靠、显示清晰、结构轻巧、外形美观、安装使用方便和密封可靠等优点。执行标准 JB 2440。

（四）技术数据

该产品技术数据，见表 3-1-7。

表 3-1-7　JS—8、JSY 型避雷器用放电计数器技术数据

工厂代号	型　号	8/20μs 5kA 标称放电电流下残压 (kV)	8/20μs 冲击电流下动作范围 (A)	2000μs 方波冲击电流（20次） (A)	4/10μs 冲击大电流（2次） (kA)
79001	JS—8	≤1.0	100～5000	150	40
79011	JSY—5/200	≤2.5	50～5000	200	65
79012	JSY—5/400	≤2.5	50～5000	400	65
79013	JSY—5/600	≤2.5	50～5000	600	65

（五）外形及安装尺寸

JS—8、JSY 型避雷器用放电计数器外形尺寸（mm×mm×mm）：157×171×162。

（六）生产厂

牡丹江北方高压电瓷有限责任公司。

十一、JS—7、JS—9 系列放电计数器

（一）概述

JS—7 放电计数器适用于交流电力系统中 SiC 阀式避雷器动作次数的计数。JS—9 放电计数器适用于交流电力系统中金属氧化物避雷器动作次数的计数。

（二）型号含义

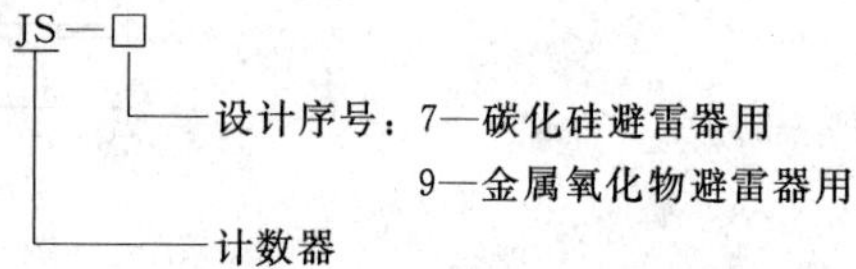

（三）使用条件

适用于户内外。

环境温度（℃）：－40～＋40。

海拔（m）：＜2000。

（四）产品特点

该产品采用玻璃罩壳，大表面显示，示值直观，读数清晰，体积小巧，安装使用方便。

（五）技术数据

产品性能符合 JB 2440 标准，技术数据见表 3-1-8。

表 3-1-8　JS—7、JS—9 系列放电计数器技术数据

型　号	上限动作电流（峰值，kA）	下限动作电流（峰值，A）	2000μs 方波电流（峰值，A）	冲击大电流 4/10μs（峰值，kA）	重量 (kg)
JS—7	5	100	150	40	4.64
JS—9	10	50	600	65	2.88

（六）外形及安装尺寸

该产品外形及安装尺寸，见图 3-1-6。

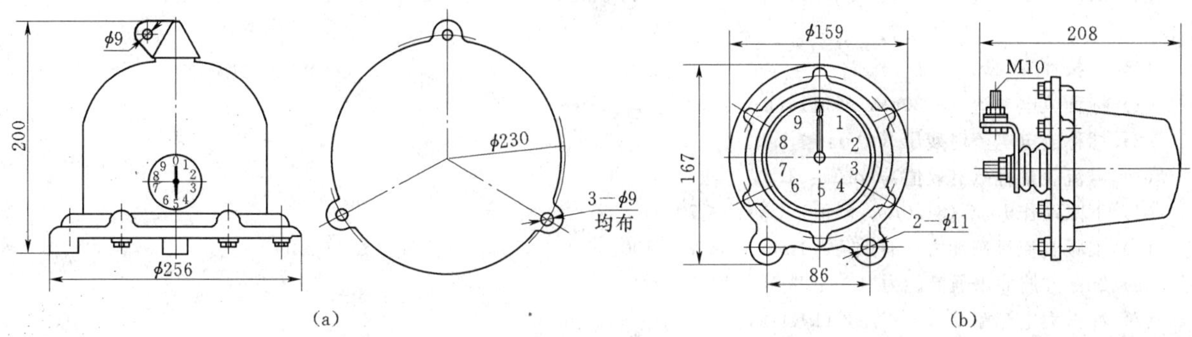

图 3-1-6　JS 系列放电计数器外形及安装尺寸（单位：mm）

(a) JS—7；(b) JS—9

（七）生产厂

上海电瓷厂。

十二、JSY8 型避雷器放电计数器

（一）用途

JSY8 型避雷器放电计数器主要用于检测氧化锌避雷器动作次数。

（二）型号含义

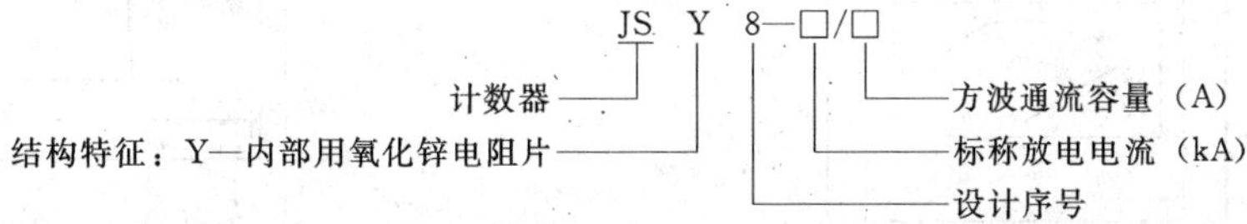

（三）产品特点

(1) 计数动作准确可靠，灵敏度高。

(2) 密封性能好。

(3) 接线端子为不锈钢材料，防锈蚀。

(4) 结构简单，外形美观，免维护。

（四）技术数据

技 术 数 据

JSY8（型号）	—5/400	—10/600	JSY8（型号）	—5/400	—10/600
标称放电电流（kA）	5	10	方波电流耐受（A）	400	600
标称放电电流下残压（kV）	1.5	3	冲击大电流耐受（kA）	65	65
下限动作电流（A）	50	50	外绝缘耐受（kV）	4.0	4.0
上限动作电流（kA）	5	10	重量（kg）	2.5	2.5

（五）生产厂

大连经济技术开发区伏安电器有限公司。

十三、BLJ2B—10/800 漏电放电监测器

（一）概述

BLJ2B—10/800 漏电放电监测器是北京电力设备总厂电器厂在吸收国内外先进测试技术的基础上研制出来的新产品，是一种能够在线监测装置，可免去雷雨季节对避雷器的频繁带电测试，大大减少工作人员不安全因素和测试人员的劳动强度，能及时发现有隐患的避雷器，为避雷器的动态监测提供重要的科学依据，为电网安全运行提供良好的保证。

（二）特点与原理

该产品采用不锈钢外壳，密封性能好，屏蔽性能强，通流容量大，动作灵敏度高，内阻低，工频过载能力强。选用指针式电流表，三位大数字式计数器，观测广角大，运行人员在 4m 视距内清晰地观察运行状况。

采用特殊的“浪涌电流吸收元件”，当冲击电流通过时“非线性电阻片”强行分流，部分电流经“浪涌电流吸收元件”，电容器通过脉冲计数器放电，累计避雷器的动作次数。监测电流表受“浪涌电流吸收元件”的保护，元件不损坏，性能不变。正常运行状态下避雷器的泄漏电流为毫安级。

该产品适用于35～220kV电网中在线监测户内、户外氧化锌避雷器及壳装式避雷器，在环境温度－40～＋50℃下工作。

（三）技术数据

(1) 标称放电电流（8/20μs，峰值）(kA)：10。

(2) 标称放电电流时残压（kV）：≤1.0。

(3) 电流表量程（有效值）(mA)：1.5。

(4) 下限动作电流（8/20μs，峰值）(A)：≤50。

(5) 工频交流过载能力（有效值）1min，(mA)：100。

(6) 2ms方波冲击通流能力（A）：800（1200）。

(7) 冲击大电流耐受（4/10μs）(kA)：100。

(8) 重量（kg）：3。

（四）外形及安装尺寸

BLJ2B—10/800型漏电放电监测器外形及安装尺寸，见图3-1-7。

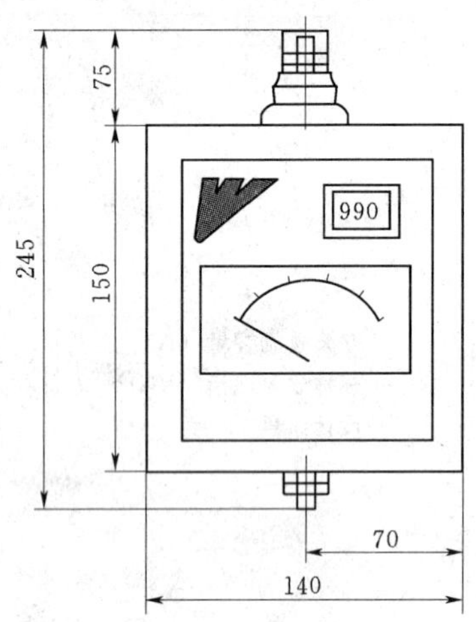

图3-1-7 BLJ2B—10/800型漏电放电监测器外形及安装尺寸（单位：mm）

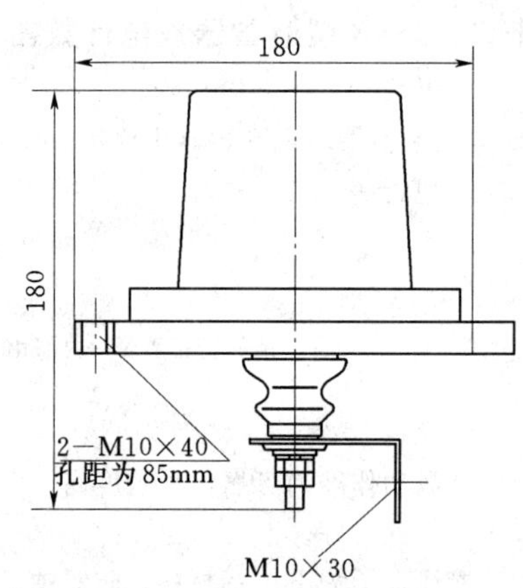

图3-1-8 BLJ型避雷器漏电放电监测器外形及安装尺寸（单位：mm）

（五）生产厂

北京电力设备总厂电器厂。

十四、BLJ型避雷器漏电放电监测器

（一）用途

BLJ型避雷器漏电放电监测器是一种能够在线检测避雷器泄漏电流值和动作次数的综合监测器。

（二）产品特点

该产品集毫安表和计数器为一体，实现避雷器在线检测，便于监视避雷器的运行状态以及随时了解避雷器在过电压下的动作次数，为提高电网安全运行创造了条件。并具有通流容量大、动作灵敏度高、内阻低、工频过载能力强等特点。

（三）技术数据

该产品技术数据，见表3-1-9。

表3-1-9　BLJ型避雷器漏电放电监测器

型　号	标称放电电流（kA）	标称放电电流下残压（kV）	监测电流表量限（mA）	2ms方波冲击电流能力（A）	4/10μs冲击通流能力（kA）	2h工频漏电流过载能力（mA）	8/20μs最小动作电流（峰值，A）	重量（kg）
BLJ2—10/3	10	1.0	3	600	100	100	50	3.0
BLJ2—20/10	20	1.5	10	1500	100	100	50	3.0

（四）外形及安装尺寸

该产品外形及安装尺寸，见图3-1-8。

（五）生产厂

北京电力设备总厂电器厂。

十五、BLJ1—GA（GB）避雷器漏电放电监测器

（一）概述

BLJ1—GA（GB）避雷器漏电放电监测器为适用于220kV及以下电压等级避雷器在线监测的经济实用性产品，在保持BLJ1的残压低、计量准的传统下具有新的特色：

（1）用一只电流表通过电子扩程电路，在不降低测量精度的前提下，既可测量正常漏电流，又可以兼顾异常工况下漏电流的测量。

（2）为方便远方观测，电流表的刻度线，从0～5mA，分为无色、绿色、红色三段彩段，不但醒目，还可起到提示作用。

（3）整体尺寸缩小，外壳用钢板压制，确保屏蔽性能、机械强度，并对绝缘入线端采取了防误扳动措施，以确保密封。

（4）放电计数器，GA型沿用传统的十进位指针型；GB型采用了三位大数字形字轮，可供高动作率避雷器监测的需要。

该产品适用于35～220kV电压电网中在线监测户内、外装设的磁吹、阀式避雷器与无间隙氧化锌避雷器。适用环境温度为−40～+40℃。

该产品输入阻抗较高，通常不低于1000Ω，不妨碍使用输入阻抗低于25Ω的带电监测仪器与监测器并联进行带电测试。不准用交流220V电源通入监测器两端的方法检查计数器的动作情况。

（二）型号含义

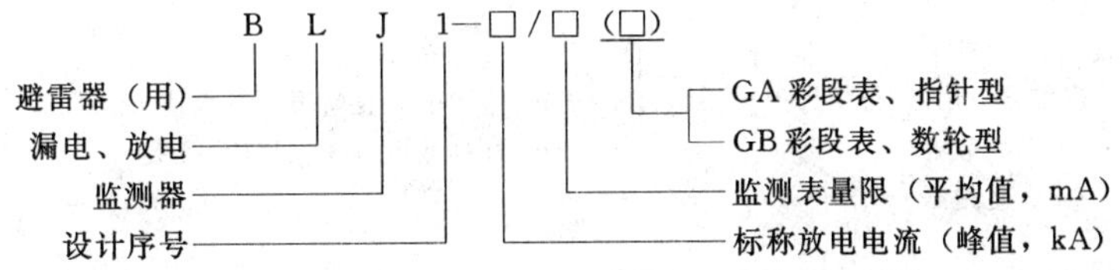

（三）技术数据

该产品技术数据，见表3-1-10。

表3-1-10　BLJ1—GA（GB）避雷器漏电放电监测器技术数据

型　号	BLJ1—5/5GA（GB）	BLJ1—10/5GA（GB）
标称放电电流（8/20μs峰值，kA）	5	10
标称放电电流时残压（kV）	≤1.0	≤1.0
电流表量限（平均值，mA）	5	5
电流表误差	2mA以下时，≤±2%；2.5mA时，≤±5%	
下限动作电流（8/20μs，峰值，A）	≤50	≤50
工频交流过载能力（有效值，mA）	50	50
方波电流耐受（2000μs，峰值，A）	600	1200
冲击大电流耐受（4/10μs，峰值，kA）	40	65
重量（kg）	3.00	3.00

（四）外形及安装尺寸

该产品外形及安装尺寸，见图3-1-9。

（五）生产厂

天津市申达电力设备器材厂、天津市高压供电公司。

十六、BLJ1避雷器漏电放电监测器

（一）概述

BLJ1型避雷器漏电放电监测器为天津市高压供电公司在吸取国内外先进测试技术基础上研制的专利产品，无须外电源，是“全工况”免维护的在线监测装置，可以监测避雷器运行工况下的全电流（平均值）及记录放电动作次数。当漏电流超过“监测电流表”的量限时可自动分流保护，“过载电流表”继续指示避雷器内流过的电流。在正常工况下，因避雷器受潮、内部有缺陷以致电流增大并超过“监测电流表”的量限，则“过载电流表”可起到报警作用。

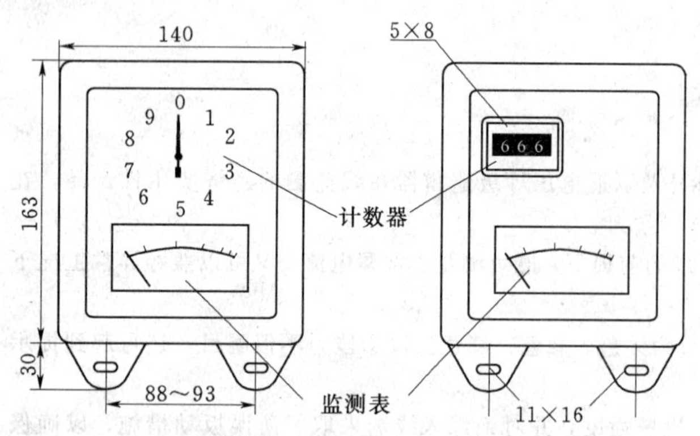

图 3-1-9　BLJ1—GA（GB）避雷器漏电放电监测器外形及安装尺寸（单位：mm）

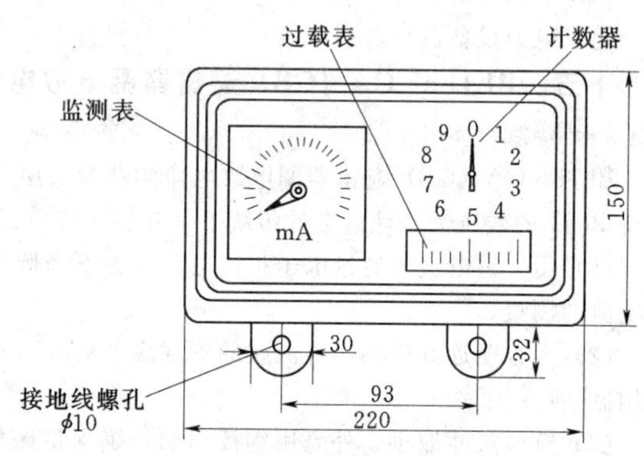

图 3-1-10　BLJ1 型避雷器漏电放电监测器外形及安装尺寸（单位：mm）

该装置采用压铸铝合金外壳，密封性能好。屏蔽性能强，采用广角度监测表、指针式计数器，4m 视距内指示清晰，运行人员在巡视时即可观测避雷器的漏电流是否正常。可免去雷雨季节对避雷器的频繁带电测试，大大减少不安全因素和试验人员的劳动强度，及时发现有隐患的避雷器，为延长停电测试周期及避雷器的动态检修提供重要的科学依据。

该产品广泛适用于 35～500kV 电压电网中在线监测户内、外装设的磁吹、阀式避雷器与无间隙氧化锌避雷器。适用环境温度－40～＋40℃。

（二）型号含义

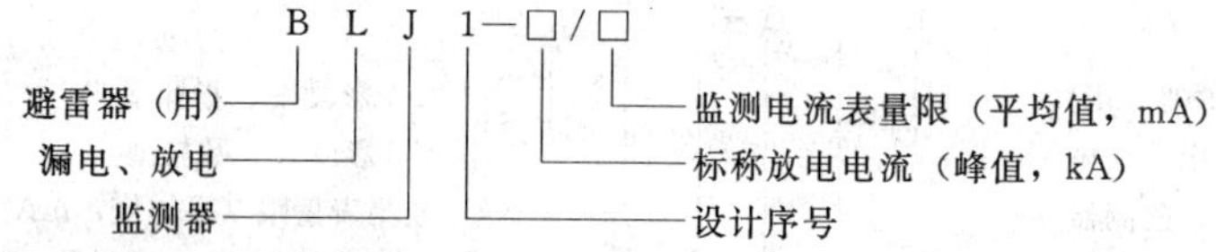

（三）结构特性

该产品采用了特殊的“浪涌电流吸收元件”，当冲击电流通过时“非线性电阻片”强行分流，部分电流经“浪涌电流吸收元件”电容器，通过脉冲计数器放电，累计避雷器的动作次数，“监测电流表”、“过载电流表”受“浪涌电流吸收元件”的保护，元件不损坏，性能不会变。正常运行时避雷器的泄漏电流为毫安级，“非线性电阻片”与“浪涌电流吸收元件”并联，电阻片阻抗很高，“浪涌电流吸收元件”的输入阻抗远小于“非线性电阻片”，“非线性电阻片”的分流可略去不计，绝大部分电流经“浪涌电流吸收元件”、“监测电流表”、“过载电流表”、组成的整流电路读取避雷器泄漏电流的平均值。

该产品监测表采用广角型电流表，过载表选用质优的槽型表。性能稳定，准确度高，计数器为指针型，监测及指示读数清晰、准确可靠。内部各元件均经严格检测筛选，具有良好的抗老化性能，全部元件装于合金铝盒中，屏蔽性能好，经全密封处理适用于户外长期运行。

（四）技术数据

BLJ1 型避雷器漏电放电监测器技术数据，见表 3-1-11。

表 3-1-11　　BLJ1 型避雷器漏电放电监测器技术数据

型号		BLJ1—5/0.5	BLJ1—10/1	BLJ1—20/5
标称放电电流（8/20μs，峰值）（kA）		5	10	20
标称放电电流时残压（kV）		≤1.0	≤1.0	≤1.5
监测电流表量限（平均值）（mA）		0.5	1.0	5
过载电流表量限（平均值）（mA）		5	10	25
电流测量误差	监测表 90%量限以下时	≤±3%	≤±3%	≤±3%
	过载表 80%量限以下时	≤±5%	≤±5%	≤±5%
下限动作电流（8/20μs，峰值）（A）		≤50	≤50	≤50
工频交流过载能力（有效值）mA（1min）		100	100	100
方波电流耐受（2000μs，峰值）（A）		600	1200	1500
冲击大电流耐受（4/10μs，峰值）（kA）		40	65	65
重量（kg）		4.00	4.00	4.00

（五）外形及安装尺寸

该产品外形及安装尺寸，见图 3-1-10。

（六）生产厂

天津市申达电力设备器材厂、天津市高压供电公司。

十七、DK202 氧化锌避雷器检测仪

（一）概述

DK202 氧化锌避雷器检测仪是用于现场和实验室检测避雷器各项相关电气参数的专用仪器，广泛应用于测量氧化锌避雷器在工频电压下的全电流、3 次谐波、阻性电流、阻性电流峰值、容性电流、有功功率等。

该产品采用微电脑采样、控制，大屏幕液晶显示，汉字菜单提示操作，人机交换功能强，打印输出，接线简单，测量可靠，精度高。执行标准 DL 474.5—92。

（二）型号含义

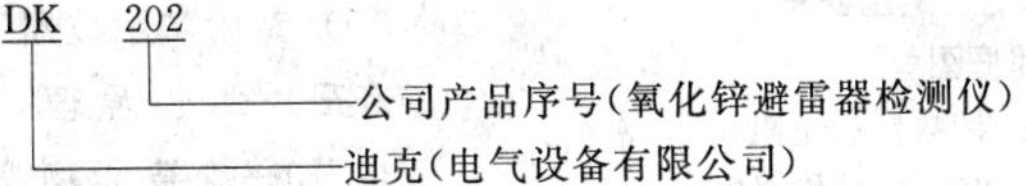

（三）技术数据

(1) 测量参数及范围。

试验电压（kV），3 次谐振电压（kV）。

全电流（峰值，mA）：0～20。

3 次谐波电流（mA）：0～20。

阻性电流（峰值，mA）：0～20。

容性电流（峰值，mA）：0～20。

避雷器功耗（W）：0～8（TV 为 1∶1）。

(2) 测量误差。

试验电压（%）：±5。

全电流（%）：±2。

阻性电流（%）：±5。

容性电流（%）：±5。

避雷器功耗（%）：±5。

(3) 输入信号。

电压信号（TV 的低压侧）（V）：AC 5～200。

电流信号（mA）：AC 0～20。

(4) 工作电源电压（V）：AC 220±10%。

(5) 电源频率（Hz）：50。

（四）外形及安装尺寸

DK202 氧化锌避雷器测试仪外形尺寸（长×宽×高）（mm×mm×mm）：400×300×210。

（五）生产厂

武汉迪克电气设备有限公司。

十八、GCBL—2 智能型避雷器特性测试仪

（一）概述

GCBL—2 智能型避雷器特性测试仪主要用于无间隙金属氧化物避雷器的交流特性测试，测试避雷器的泄漏电流、阻性电流、容性电流、工频参考电压和阻性电流正负峰值等项目。

该产品以单片机为控制核心，充分利用计算机潜能，自动化程度高，体积小，重量轻，便于现场使用。仪器内部采用精确的数学模型和先进的算法处理，简化了硬件结构，大幅度提高测试准确度和可靠性。在带电运行和停电检测两种情况下均能检测，是电力系统预防性试验中的必备设备。

（二）型号含义

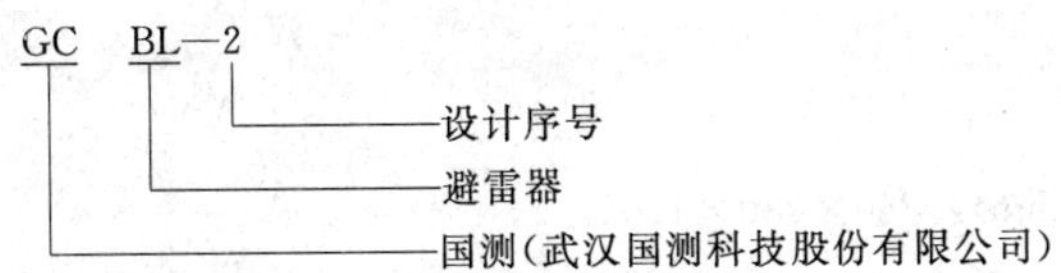

（三）使用条件

电源电压（V）：AC 220±10%。

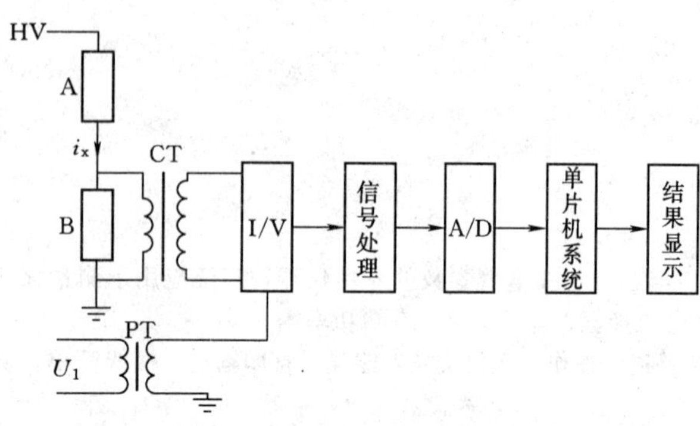

图 3-1-11　GCBL—2 智能型避雷器特性测试仪工作原理框图

A—金属氧化物避雷器；B—计数器或电阻；CT—电流信号传感器；PT—电压信号传感器

频率（Hz）：50±1%。

参考电压输入范围（V）：AC 20～120。

环境温度（℃）：0～+40。

相对湿度（%）：<90（RH）。

（四）特点

（1）采用自行研制的微弱信号传感器，准确度高，线性好。

（2）测量及数据处理由专用软件实现，稳定性好，可靠性高。

（3）保护设计周密，保证使用和仪器安全。

（4）特殊的抗干扰结构，抗干扰性能好。

（5）专用“示波器”接口，直接观察泄漏电波波形。

（五）工作原理

GCBL—2 智能型避雷器特性测试仪主要原理，见图3-1-11。

（六）技术数据

该产品技术数据，见表 3-1-12。

表 3-1-12　　GCBL—2 智能型避雷器特性测试仪

GCBL—2 智能型	范　围	准　确　度	GCBL—2 智能型	范　围	准　确　度
泄漏电流 i_x（mA）	0～10	±（2%×读数+4 个字）	容性电流 i_C（mA）	0～10	±（2%×读数+4 个字）
阻性电流 i_R（mA）	0～10	±（5%×读数+4 个字）	功耗（W）	0～600	±（5%×读数+4 个字）

（七）外形及安装尺寸

GCBL—2 智能型避雷器特性测试仪外形尺寸（mm×mm×mm）：470×220×350（重量 8.5kg）。

（八）生产厂

武汉国测科技股份有限公司。

十九、YD—Ⅰ型金属氧化物避雷器检测仪

（一）概述

YD—Ⅰ型无间隙金属氧化物避雷器漏电流检测仪，是用于电力系统进行无间隙金属氧化物避雷器阻性电流及全电流测试的一种精密电子仪器。采用补偿法对避雷器的阻性电流进行测量，并将其峰值和有效值直接用数字式显示出来，具有操作简单、测试数据直观、稳定、精度高等优点，还具有体积小、重量轻、便于携带等特点。适用于变电站、发电厂、试验室等无间隙金属氧化物避雷器阻性电流、全电流的测试。

（二）技术数据

（1）测量方法：自动补偿法，外取参考电压手动补偿法。

（2）测量范围。

全电流：2mA，10mA，20mA 三个挡。

阻性电流：×1、×10 两个挡（以全电流为基准）。

（3）测量精度。

全电流：I_x±5%。

阻性电流：自动补偿±5%，手动补偿±3%。

（4）电源：6V（1 号电池 4 节）DC。

（5）输入阻抗：电流输入为零 Ω；电压输入阻抗为 200kΩ。

（6）功耗（W）：<0.8。

（7）重量（kg）：3.5。

（三）外形及安装尺寸

该产品外形尺寸（mm×mm×mm）：280×280×110。

（四）生产厂

西安电瓷研究所。

二十、BLQ—1型氧化锌避雷器测试仪

（一）概述

BLQ—1型氧化锌避雷器测试仪适用于各种电压等级的氧化锌避雷器的带电或停电检测。由电脑控制，全汉字菜单操作，使用简便，抗干扰能力强，测量准确可靠，是现场和实验室检测避雷器各项相关电气参数的理想测试仪器。

（二）技术数据

输入交流电压（V）：0～180（有效值）。

电源电压（V）：AC 220±10%。

电源频率（Hz）：50±5%。

泄漏全电流（mA）：0～15（有效值）。

阻性泄漏电流（mA）：0～15（有效值）。

容性泄漏电流（mA）：0～15（有效值）。

泄漏电流的三次谐波值（mA）：0～20（峰值）。

避雷器功耗（W）：0～9999。

测量精度（%）：3。

（三）生产厂

武汉中试电力试验设备有限公司。

二十一、YJ2系列金属氧化物避雷器监视器

（一）概述

YJ2系列金属氧化物避雷器监视器适用于标称放电电流不大于20kA、额定电压不大于500kV的金属氧化物避雷器的在线监测，能对处于运行状态的金属氧化物避雷器进行全电流测试和记录其动作的次数。能提供通过光电转换、远程传输、室内监控和自动报警的后置设备，组成避雷器自动监测系统。产品性能符合LD434JT标准。

（二）型号含义

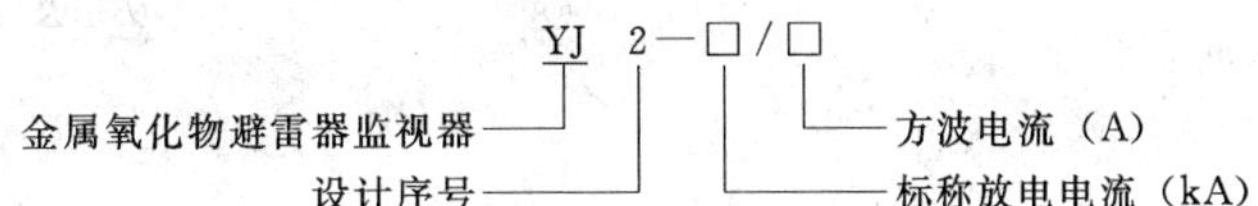

（三）使用条件

(1) 适用于户内外。

(2) 环境温度（℃）：−40～+40。

(3) 耐太阳光的辐射。

(4) 海拔（m）：<2000。

(5) 电源频率（Hz）：48～62。

（四）产品特点

(1) 动作可靠，示值直观。不锈钢外壳，外观漂亮。

(2) 体积小巧，安装方便，不需电源，使用方便。

(3) 选配后置设备组成自动监测系统，则能对避雷器运行状况自动跟踪，发现异常情况能同时报警，为变电所无人值班创造条件。

（五）技术数据

该产品技术数据，见表3-1-13。

表3-1-13　YJ2型金属氧化物避雷器监视器技术数据

型　号	上限动作电流 8/20μs（峰值，kA）	下限动作电流 8/20μs（峰值，A）	2000μs方波通流容量18次（峰值，A）	冲击大电流 4/10μs 2次（峰值，kA）	8/20μs标称放电电流残压（峰值，kV）	量程峰值/$\sqrt{2}$（mA）
YJ2—10/800	10	50	800	100	≤3	0～10
YJ2—20/1500	20	50	1500	100	≤3	0～10

（六）外形及安装尺寸

YJ2系列金属氧化物避雷器监视器外形尺寸（mm×mm×mm）：195×187×223。

（七）生产厂

上海电瓷厂。

二十二、JCQ1 型 MOA 在线监测器

(一) 用途

JCQ1 型 MOA 在线监测器用于监测无间隙 MOA 在运行电压下的电流和记录 MOA 的动作次数。

(二) 产品特点

(1) 电路设计简单合理，可靠性高。

(2) 累计 MOA 的动作次数。

(3) 密封性能好，外壳为不锈钢材质，可防锈蚀。

(三) 技术数据

JCQ1 型 MOA 在线监测器技术数据，见表 3-1-14。

表 3-1-14　JCQ1 型 MOA 在线监测器

型　　号	JCQ1—10/600	JCQ1—5/400
标称放电电流（kA）	10	5
标称放电电流下残压（kV）	3.0	1.5
电流表量程（mA）	3	3（1.5）
电流表误差（%）	≤5	≤5
下限动作电流（A）	50	50
上限动作电流（kA）	10	5
方波电流耐受（A）	600（800）	400
冲击大电流耐受（kA）	65	65
重量（kg）	2.5	2.5

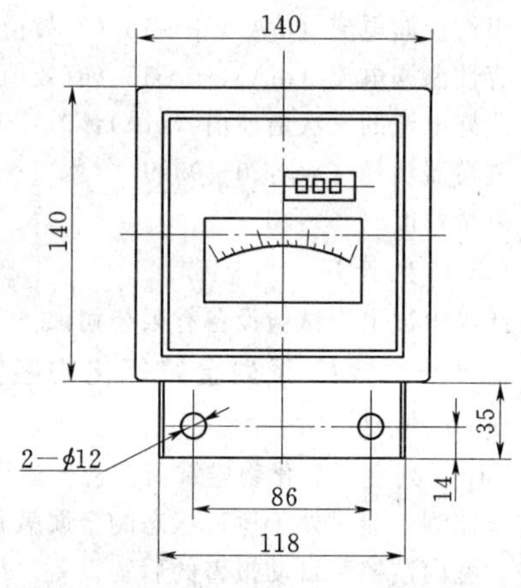

图 3-1-12　JCQ1 型 MOA 在线监测器外形及安装尺寸（单位：mm）

(四) 外形及安装尺寸

该产品外形及安装尺寸，见图 3-1-12。

(五) 生产厂

大连经济技术开发区法伏安电器有限公司。

二十三、ST4300 氧化锌避雷器测试仪

(一) 概述

ST4300 氧化锌避雷器测试仪是用于现场和试验室检测避雷器电气性能的专用仪器，用于各种电压等级氧化锌避雷器的带电或停电检测。采用电容电流补偿法的测量原理，测量过程全部由微电脑控制，测量氧化锌避雷器的全电流（平均值）、阻性电流（最大值）、工频参考电压和有功功率，在线离线都可使用。仪器的电压输入经隔离变压器与电压互感器隔离、电流输入端采用零阻抗电流互感器使测试仪与系统隔离，防止对系统的影响。仪器采用大屏幕液晶显示屏，菜单式操作，每步操作有汉字提示，面板式微型打印机打印测量结果，操作极其简便。

在交流电压作用下，避雷器的总泄漏电流包含阻性电流（有功分量）和容性电流（无功分量）。在正常运行情况下，流过避雷器的主要容性电流、阻性电流只占很小一部分，约为 10%～20%，氧化锌避雷器老化受潮、内部绝缘部件受损以及表面严重污秽时，容性电流变化不多，而阻性电流却大大增加，所以测量泄漏电流及其有功分量是监测避雷器的主要方法。

(二) 型号含义

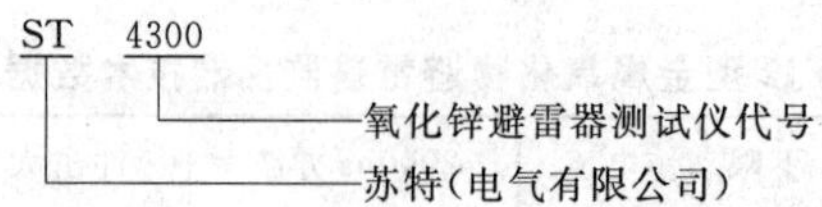

(三) 技术数据

ST4300 氧化锌避雷器测试仪技术数据，见表 3-1-15。

表 3-1-15　ST4300 氧化锌避雷测试仪技术数据

测　量　项　目	全电流	阻性电流	有功功率	工频参考电压
测量范围	0～10mA	0～10mA	8W（变比为 1）	10～500kV
测量精度（%）	1.5	2.5	2.5	1.5
输入信号	电压信号 57～220V，电流信号 0～10mA			

续表

测量项目	全电流	阻性电流	有功功率	工频参考电压
工作电源（V）	220			
仪器净外形尺寸（mm×mm×mm）	3000×260×120			
包装箱外形尺寸（mm×mm×mm）	430×280×220			
重量（kg）	2			

（四）生产厂

南京苏特电气有限公司。

二十四、BC2930 氧化锌避雷器测试仪

（一）概述

BC2930 氧化锌避雷器测试仪是用于现场和试验室检测避雷器电气性能的专用仪器，用于各种电压等级氧化锌避雷器的带电或停电检测。大屏幕液晶显示，全中文界面汉化提示操作，贮存数据功能，可同时显示试验时工频参考电压、全电流、阻性电流、功耗，打印全部数据和波形。

（二）型号含义

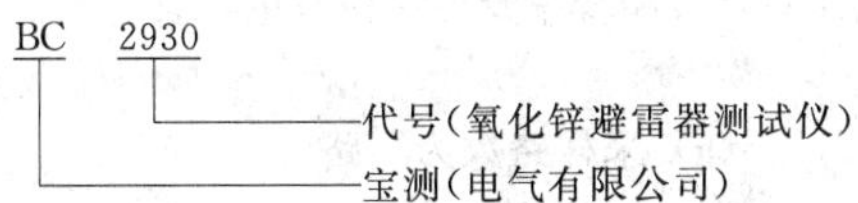

（三）技术数据

工作电源电压（V）：AC 220±10%。

电源频率（Hz）：50。

电压输入信号（V）：2～220。

电流输入信号（mA）：0～10。

精确度（%）：2.0。

重量（kg）：3。

（四）生产厂

扬州宝测电气有限公司。

二十五、LCM—Ⅲ氧化锌避雷器带电测试仪

（一）用途

LCM—Ⅲ氧化锌避雷器带电测试仪用于测试氧化锌避雷器正常运行电压下流过氧化锌阀片的阻性泄漏电流的变化，测试全电压、全电流和阻性电流的波形及峰值，测试阻性电流基波值、伏安特性及功耗。

（二）特点

(1) 采用 8098 单片计算机进行数据采集和数据处理。

(2) 大屏幕液晶显示全电压波形、阻性电流波形、伏安特性、特征值，并打印输出。

(3) 电流信号采用电阻取样。

(4) 运用谐波分析法排除系统电压谐波分量的影响。

(5) 排除系统频率变化对测试结果的影响。

(6) 运用伏安特性判断氧化锌避雷器的运行情况。

(7) 采用程控放大技术。

（三）技术数据

(1) 电压传感器箱。

辅助电源：220V，50Hz。

输入电压（V）：50～120。

输出电流（mA）：1（有效值）。

(2) 电流取样方式为内藏式 1Ω 电阻。

(3) 电压比为 PT 的相电压之比。

（四）生产厂

武汉依特电气有限公司、武汉市电气测试设备厂。

二十六、RDT—Ⅰ统计型电压质量监测仪

（一）概述

RDT—Ⅰ统计型电压质量监测仪采用大规模集成电路，应用高科技数字采样处理技术制造。用于监测和统计系统电压有效值及2～25次谐波电压含有率和总畸变率，并将数据存储于非易失性存储器中。

（二）型号含义

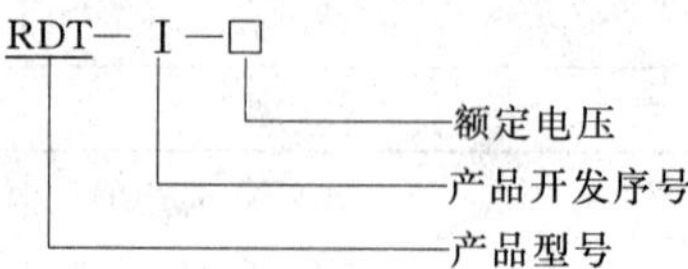

（三）产品特点

(1) 同时具有日统计和月统计功能。

(2) 具有记录最近256次来电或停电时间的功能，并可调显。

(3) 完善的设定和保护功能。

(4) 失电后数据保存10年以上。

(5) 采用液晶显示和薄膜开关，自带背光，6键组合，操作简便。

(6) 存储容量大，可连续记录3个月数据。

(7) 实时显示时间、当前电压、电压总谐波畸变率及各次谐波电压含有率。

(8) 各项数字均可调显。

(9) 采样路数为一路。

（四）技术数据

额定采样电压（V）：100。

测量精度：电压0.5级（80%U_n～120%U_n）。

谐波：B类表标准。

时钟：<5min/年（23℃）。

电源电压（V）：～220±20%。

电源频率（Hz）：50。

环境温度（℃）：－40～＋65。

相对湿度（%）：≤90。

具有RS—232、RS—485通信接口，数据下载方便。

整机功耗（W）：<4。

（五）外形及安装尺寸

采用壁挂式电能表外壳，安装方便，外形尺寸与接线见图3-1-13。

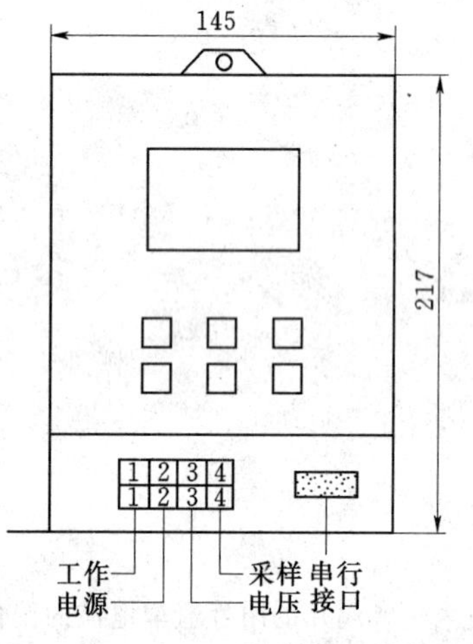

图3-1-13　RDT—Ⅰ统计型电压质量监测仪外形尺寸（单位：mm）

（六）生产厂

浙江丽水市瑞泰电子有限公司。

二十七、GCJX—01B型微机小电流接地选线装置

（一）用途

GCJX—01B型微机小电流接地选线装置主要用于不接地系统中，对发生单相接地的馈线进行自动判别。适用66kV及以下的中性点不接地系统、四段线和不超过24条馈线，必须装有零序CT或三相CT中。

（二）型号含义

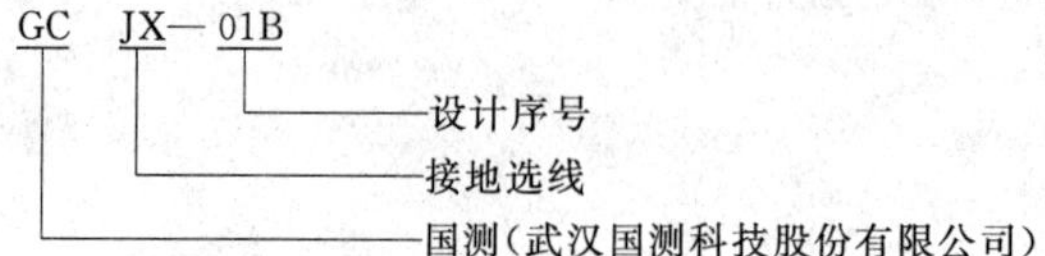

（三）使用条件

环境温度（℃）：0～45，24h内平均温度<35。

相对湿度（%）：5～95。最高温度40℃时，平均最大相对湿度<50，最湿月的平均最大为90，同时该月平均温度为25℃，表面无凝露。

大气压力（kPa）：80～110（相对海拔2000m以下）。

运输极限环境温度（℃）：－25～＋70。

安装处无爆炸危险，无腐蚀气体及导电尘埃，无严重霉菌，无剧烈振动源，不允许有超过发电厂、变电站范围内可

能遇到的电磁场存在。有防腐、雨、风、沙、尘埃及防静电措施。场地符合 GB 9361 规定。

（四）结构及特征

该装置包括 2 个交流通道板、1 个 CPU 板、1 个电源插件。输电线路零序二次侧强电信号进入装置后，由交流通道板上的 PT、CT 进行再次转换为主板可用的模拟信号，经数据采集系统转换为数字量后供 CPU 分析判断。电源插件输出的各组电源供本装置其他插件使用。

装置正常运行时，面板上 4 个绿色指示灯亮，以监测装置各种电源正常与否。

结构特征：

(1) 装置的构成原理为微机型。

(2) 安装方式为嵌入式。

(3) 插件式样结构。

(4) 接线为后接线方式。

（五）特点

(1) 选线准确。

(2) 有自动复归功能。

(3) 显示故障测量。当系统发生单相接地时，装置显示接地母线段和零序电压的大小、接地馈线编号和零序电流的大小与相位、接地持续时间等故障信息。也可按选择键查看接地后各馈线的零序电流大小和相位的测量值。

(4) 可靠性高。采用全模块化设计，内部插件通用性强；采用 C51 高级语言编程，程序模块化，维护简单方便。

(5) 人机界面友好。

(6) 测量精度高。

(7) 有故障记录功能。

(8) 装置背板提供标准 RS—422 通信接口，可与综合自动化系统通信，构成综合自动化的组成单元。

(9) 定值可在 EEPROM 内同时储存 10 套。

(10) 为防误操作或其他意外，对重要功能或参数的修改设置保护密码。

(11) 信号系统完善，液晶显示屏中文显示故障信息。

(12) 有远动通信功能，实现遥测、通信。

（六）技术数据

(1) 额定参数。

零序电流（A）：0～0.999（取自零序 TA）。

零序电压（V）：0～100（取自零序 TV）。

频率（Hz）：50。

工作/控制电压输入（V）：直流 220±10%；交流 220±10%。

(2) 功率消耗。

交流电流回路：当 $I_n=1A$ 时，每相<0.5VA。

交流电压回路：当额定电压时，每相<1VA。

直流电源回路<30W。

(3) 过载能力。

交流电流回路：零序电流<1A，连续工作。

交流电压回路：1.5 倍额定电压，连续工作。

(4) 绝缘耐压性能符合 IEC 255－5、GB/T 15145—94 标准。

(5) 抗干扰性能符合 IEC 255－5、GB/T 15145—94 标准。

(6) 冲击电压。各输入与输出端子分别对地，交流回路与直流回路之间、交流电流回路与交流电压回路之间能承受 5kV（峰值）的标准雷电波冲击。

(7) 机械性能。

能承受Ⅰ级的振动响应、冲击响应。

运输条件能承受严酷等级为Ⅰ级的振动耐久、冲击耐久及碰撞。

(8) 启动元件。

$$\text{绝对值启动：}\begin{cases} U_0>U_z\ \text{（门槛）} \\ T_0>T_z \\ I_0>I_z \end{cases}$$

其中：U_0——零序电压；

I_0——零序电流；

U_z——单相接地时零序电压给定值；

I_z——零序电流门槛值（以躲不平衡电流）；

T_z——启动时间设定值。

(9) 电流元件。

电流门槛值范围：0～50（采样值）。

整定级差：1。

整定值误差不超过5%±2bit。

(10) 电压元件。

整定范围（V）：0～99.9。

整定级差（V）。0.1。

整定值误差不超过5%±2bit。

(11) 时间元件。

整定范围（s）：0～30.00。

时间级差（ms）：10。

整定误差不超过整定值的2.5%±1bit。

（七）外形及安装尺寸

GCJX—01B型微机小电流接地选线装置外形尺寸（长×宽×高）（mm×mm×mm）：273×305×178。

（八）生产厂

武汉国测科技股份有限公司。

二十八、DDS—02型配电网接地故障智能检测装置

（一）概述

中性点不接地或经消弧线圈接地的配电网发生单相接地故障后，如何快速正确地选出接地线路是长期困扰电力系统的一个难题。在配电网发生单相接地后快速正确地选出接地线路，对保障电力系统安全稳定运行起着非常重要的作用。

广州智光电气有限公司在成功研制、推广KD—XH型配电网智能化快速消弧系统的基础上，研制出DDS系列配电网接地故障智能检修装置。采用先进的软硬件设计，应用独特的选线原理，克服了系统运行方式复杂、接地电流小等因素的影响，在配电网线路发生金属性接地或电阻接地时均能正确选线。

DDS系列配电网接地故障智能检修装置广泛适用于变电站、发电厂及大型厂矿企业，实现3～66kV小电流接地系统（中性点不接地系统或中性点经消弧线圈接地系统）的单相接地选线。装置可实现线路或母线单相接地故障的自动识别，有效提高了配电系统的供电可靠性和运行自动化水平。

DDS—02型装置为该系列产品中01型的改进型，除完成接地选线功能外，还可与REB—213型跳闸箱相配合，实现故障线路的跳闸控制，两台DDS—02型装置可以并联运行适应于4主变4分段复杂场合的接地选线。

（二）特点

(1) 采用DSP（数字信号处理器）芯片作为核心运算控制单元，利用静态CMOS集成电路工艺制造，内部采用先进的改进型哈佛结构，程序存储器和数据存储器具有各自的总线，多级流水线。该芯片速度高，指令周期50ns，指令集具有乘法累加的指令，特别适用于快速傅氏变换及谐波分析等应用。与80C196单片机相比，集成度高，抗干扰能力强，可靠高，运算速度快（为80C196运算速度的40倍）。

(2) 装置与KD—XH型配电网智能化快速消弧系统相配合，根据消弧线圈投入补偿前后各线路的电量特征，采用零序电压、零序电流突变量和功率方向等综合判据，能够快速准确地选出接地线路；在消弧线圈退出和无消弧线圈的情况下，采用零序电流相对值和功率方向判据，也可独立运行并快速准确地选出接地线路。

(3) 采用相对电流比较的方法，无须进行电流整定，使用灵活、方便，具有较强的纠错、识别和排除干扰的能力。

(4) 采用多片14位多路A/D转换芯片，数据采样频率高、速率快、计算精度高，实现母线电压与出线零序电流同时采样，通道数可达每段母线19路出线。

(5) 全优化硬件设计，CPU系统采用总线不出板结构，与外部任何电气联系均通过光电隔离，有效防止外界干扰。先进的表面粘贴工艺，系统抗干扰设计，CPU在电源电压不稳定或强大干扰程序出格时，能够快速自恢复。

(6) 交直流供电，保证装置工作不受供电电源的影响。

(7) 装置采用大屏幕液晶显示，全中文菜单，各项操作及动作、故障信息均有完整的中文显示，人机界面友好，操作方便。

(8) 装置自动跟踪系统零序电流的变化，不需调整和设置放大倍数，可适用于现场一次零序电流 0.5～200A 的系统，即一次接地电流较小时，装置无死区，一次接地电流较大时装置不饱和。

(9) 具有完善的自检和故障报警、自调试功能，装置调试简单，维护量小。

(10) 提供系统接地的报警接点输出、选线结果编码遥信接点输出，同时提供可选 RS422 或 RS485 的串行通信接口，与 RTU 或变电站自动化系统进行通信。

(11) 装置可动态存储 22 次接地故障选线信息，方便事故分析。

(三) 功能

1. 接地选线

3～66kV 中性点不接地或中性点经电阻、消弧线圈接地系统的单相接地选线，其工作方式不受系统运行方式及接地过渡电阻的影响。

2. 显示功能

以中文方式显示实时时钟、装置运行状态、系统配置参数、接地或谐振故障的母线或线路序号、故障发生时间等。

3. 设置功能

通过汉字菜单提示，用户可以设置或修改线路的标号、参与选线的投退、实时时钟等。

4. 故障追忆功能

可追忆 22 次接地故障的事件记录，包括母线电压、选线结果、各线路的电流及方向。

5. 装置在线自检功能

该装置在正常工作时在线自检，发现故障及时报警，并显示故障类型。

(四) 结构及原理

1. 装置硬件

装置硬件，见图 3-1-14。

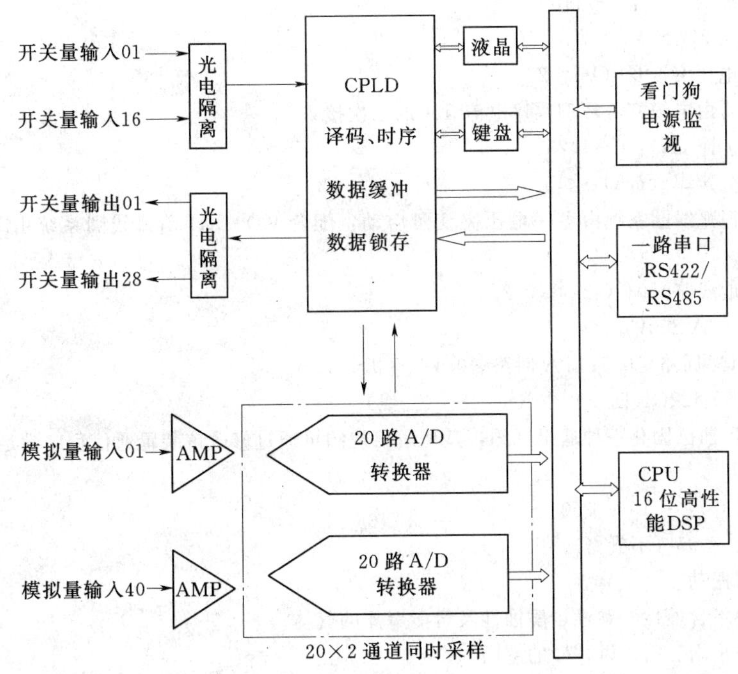

图 3-1-14 DDS—02 型配电网接地故障智能检测装置 CPU 板原理框图

CPU 采用德州仪器公司高性能 16 位 DSP，每秒可完成定点运算 200 万次，保证装置快速准确的计算和进行复杂的逻辑判断；40 路模拟信号分两组分别输入 A/D 转换芯片，同时采样和转换，确保装置采集母线电压对各线路零序电流的相位精度，保证选线的准确性。

CPU 板其他配置有：与消弧控制器配合的 8 路遥信量开入，8 路与外界两级光耦隔离 220V 开入，10 路继电器出口，2 路 6 位 BCD 码用于送选线结果到跳闸箱，该箱根据选线装置传来的跳闸指令执行相应的动作，1 路 6 位 BCD 码将选线结果送消弧控制器，大屏幕液晶显示接口，8 个触摸式按键，看门狗监视等。

2. 装置插件

该装置插件，见图 3-1-15。

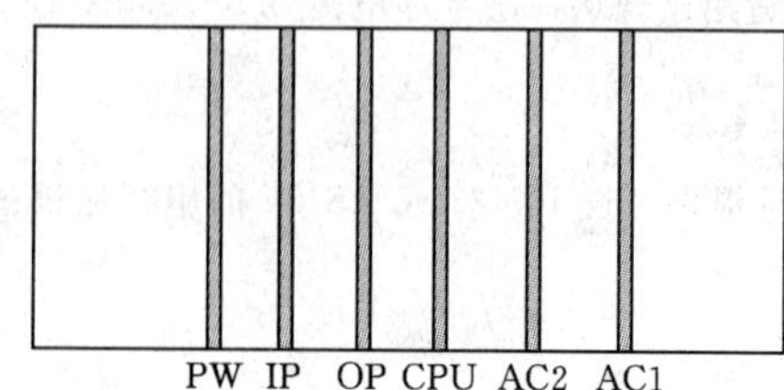

图 3-1-15 DDS—02 型装置插件布置图（正视）

PW—电源与开关量输入板。直流 220V 或 110V 输入，经 DC/DC 变换后提供+5V、±15V、+24V 给装置使用；外部开关量经光电隔离送入装置。

IP—开入板。现场 220V 直流信号经隔离、变换以及信号调理后，形成标准开入信号供给选线 CPU 系统。

OP—开出板。含 10 路继电器开出。

CPU—CPU 板。采用 DSP 芯片作为核心运算及控制中心。

AC1—Ⅰ段交流板。调理Ⅰ段母线上的零序电压和 19 回线路零序电流。

AC2—Ⅱ段交流板。调理Ⅱ段母线上的零序电压和 19 回线路零序电流。

MB—装置面板。采用大屏幕带背光液晶显示屏和薄膜式触摸按键，实现人机对话。

BB—装置背板。外部端子输入及信号转接板。

其中面板和背板未在图中标识，它们分别位于装置的前面和后面。在组屏上接有零序电流和零序电压互感器箱，其输出经电缆接机箱背板的交流输入。

（五）技术数据

(1) 工作电源：

交流 220V±20%，47～63Hz；

直流 220V 或 110V，±20%。

(2) 单台母线段数：2 段（分列或并联运行），两台并联运行可支持 4 主变 4 段。

(3) 检测回路数：每段 19 路。

(4) 零序电压 U_0：由母线电压互感器开口三角绕组接入。

零序电压 TV 输入范围（V）：0～110。

接地启动电压（V）：27。

无消弧系统自启动电压突变量（V）：27。

(5) 零序电流输入：由电缆穿心环型零序电流 TA 的二次接入。

TA 二次电流输入范围（A）：0～1.25。

零序电流二次测量分辨率（mA）：≤5。

(6) 启动方式：无消弧线圈系统由零序电压突变量启动，配套 KD—XH 消弧线圈系统由 KD—XH 发出选线命令启动。

(7) 启动后计算接地线路时间（s）：≤0.2。

(8) 输出接点容量：5A 250V_{AC}。

(9) 功耗（VA）：TV 回路≤0.5；TA 回路≤0.1；整机≤30。

(10) 通信接口：RS—422C（四线）或 RS—485（二线）。

通信规约：装置出厂前已固化一种通讯规约，其他通信规约可通过修改该装置通信程序满足要求。

(11) 使用环境。

1) 工作环境温度（℃）：−15～+50。

2) 相对湿度（%）：<95（不凝露）。

3) 安装场所无强烈振动

4) 安装场所空气中不含酸性、碱性、腐蚀性及可能爆炸的气体。

5) 安装场所为能防止雨、雪、风、砂的室内。

(12) 重量（kg）：≤15。

（六）外形及安装尺寸

DDS—02 型配电网接地故障智能检测装置外形及安装尺寸，见图 3-1-16。

（七）生产厂

广州智光电气有限公司。

二十九、GZDW 微机型高频开关直流电源柜

（一）概述

GZDW 微机型高频开关直流柜为智能高频型直流电源柜，采用高频软开关技术，模块化设计，适用于铅酸电池、镉镍电池以及免维护铅酸电池，免维护镉镍电池，输出标称电压为 220V 或 110V，单柜最大配制可达 150A，配有标准

RS 232 接口。该系统具有“遥控、遥测、遥信、遥调”功能，易于实现变电站综合自动化，适用于大、中型发电厂、变电站、工矿企事业单位作为直流分合闸、控制、信号及事故等用电电源。

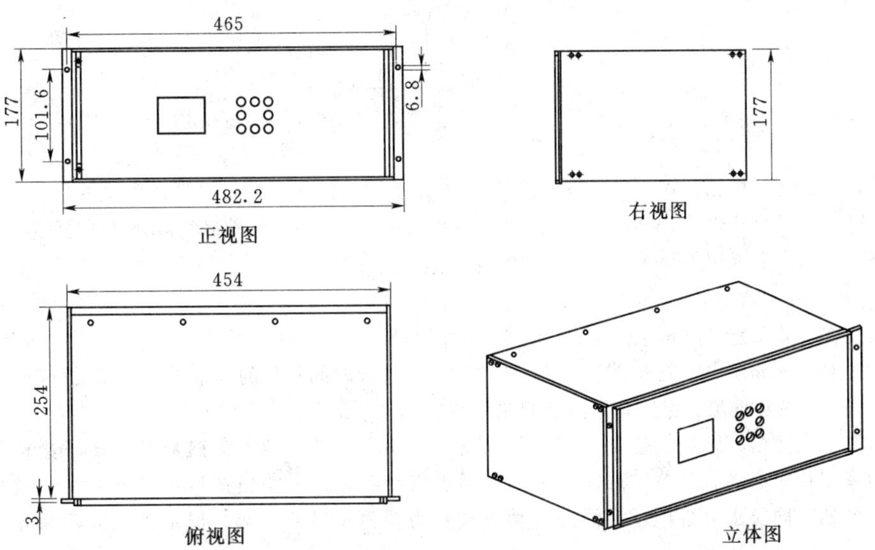

图 3-1-16　DDS—02 型配电网接地故障智能检测装置外形及安装尺寸（单位：mm）

（二）功能特点

(1) 效率高，纹波系数小，稳压精度高。

(2) 模块化设计，$N+1$ 冗余热备份可平滑扩容。

(3) 模块可带电插拔、更换安全可靠。

(4) 监控功能完善，大屏幕液晶显示，声光告警。

(5) 配有标准的 RS—232 接口，采用电力部标准通信规约，方便接入自动化系统，或单独组网，实现“四遥”及无人值守。

(6) 实时监测蓄电池组的端电压、充放电电流、自动控制均、浮充以及维护性定期保护均充。

（三）在线绝缘监测装置

(1) 在线实时监测直流系统的绝缘状态，一旦系统的接地电阻低于预先设定的报警值，则自动报警，之后装置进入选线状态，显示出接地支路号。

(2) 采用汉字液晶显示器（LCD），显示信息丰富，通过指示灯显示当前工作状态及事故指示。

(3) 在线实时监测并显示两段母线电压，一旦系统出现过压、欠压情况，则自动报警。

(4) 可通过 RS—232 或 422/485 通信接口实现与上位机的通信。

单片机监控系统采用以微处理为核心的集散式监控系统，模块化设计，对交流配电、直流馈电、整流模块和电池组实现全方位的监测和控制。

（四）技术数据

(1) 交流输入电压（V）：380+15%（三相）。

(2) 直流输出电压（V）：180～320（220V 系统）连续可调；90～160（110 系统）连续可调。

(3) 稳流精度（%）：≤±0.5。

(4) 稳压精度（%）：≤±0.5。

(5) 纹波系数（%）：≤±0.1。

(6) 效率（%）：≥94。

（五）订货须知

订货时必须提供电池容量、控制母线及合闸母线数量。

（六）生产厂

保定天威集团成套设备有限公司。

三十、PWGL—21 微机型故障记录与分析屏

（一）概述

PWGL—21 微机型故障记录与分析屏对机组运行工况和故障状况进行全面可靠的检测和记录，提高机组的安全运

行水平，降低运营和维修成本，同时也是适应未来电厂设备状态的检修发展需要的一项基础性工作。

（二）型号含义

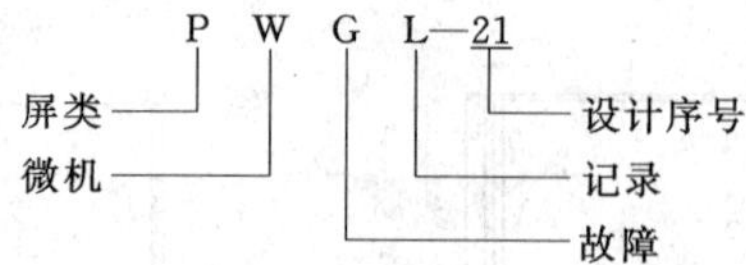

（三）结构

屏体柜式结构，内有变换机箱，WGL—21录波装置、液晶显示一体化工控机、键盘和鼠标、打印机。其中后台工控机配置为PⅢ866MHz CPU/128MRAM/20G硬盘/10M以太网卡/10.4TFT真彩色液晶平板显示器，56K调制解调器，交直流两用电源。操作系统用Windows 2000。

（四）特点

(1) 装置的录波容量最大配置按64路模拟量和128路开关量。

(2) 机组录波数据的记录方式以全速采样值记录为主，对于持续时间较长的异常工况（即长过程），辅之以相量实、虚部记录方式，以减少记录数据量，保证有效消息的完整性。

(3) 故障启动方式包括相、序量突变量和稳态量启动、逆功率启动、转子失磁启动、转子接地启动、过激磁启动、频差启动、频率变化率启动、开关量启动、手动及远方启动等。任一路模拟量可设置为突变量和稳态量启动方式，以满足运行现场的不同要求。合理、灵活的启动方式将为全面、可靠检测、记录机组故障和异常运行工况提供有力保证。

(4) 提供较全面的机组运行状态检测和记录功能，除可对所接入的各路模拟量和开关量信号进行在线检测、记录外，还可根据需要完成其他关键电气参数的检测和分析，包括发电机、厂用电和变压器高压侧各端的有功、无功分布、各侧的负序电流和电压分布、机端电量的谐波分布及系统频率和发电机功角的实时测量等。

(5) 提供机组实验过程和自动记录与分析功能、实验报告。所涉及的主要实验项目包括空载实验和短路实验等。实验数据自动保存。

(6) 配备了功能丰富的故障数据综合分析软件，主要包括波形分析、相量分析、序量分析、谐波分析、有功和无功功率分析、频率分析、机端测量阻抗分析、差流分析、发电机功角变化分析等，并可转换为IEEE COMTRADE标准格式，以利于数据共享。

(7) 记录数据自动保存于本机存储介质，并通过备份存档提高数据保存的安全性。

(8) 硬件平台以适用于电力系统恶劣运行环境要求的APC15000型专用工业控制机为核心构造，具有结构紧凑、资源丰富、扩展性强、抗干扰能力强及运行可靠等优点。

(9) 软件采用GPS卫星对时，保证数据采集时间的准确。

(10) 后台软件全中文菜单及对话框，适应当前应用软件中文化视窗的要求。

（五）技术数据

(1) 交流电流额定参数（A）：1，5。

(2) 交流电压额定参数（V）：$100/\sqrt{3}$，100。

(3) 额定频率（Hz）：50。

(4) 直流工作电源（V）：220，110。

(5) 打印机工作电源（V）：220（交流）。

(6) 采样频率（kHz）：2。

(7) 采样精度：A/D为16位。

(8) 模拟量（路）：64。

(9) 开关量（路）：128。

（六）外形及安装尺寸

PWGL—21微机型故障记录与分析屏屏体外形尺寸（长×宽×高）（mm×mm×mm）：800×600×2360或2260×800×600。

（七）订货须知

订货时必须提供直流电源选择（220V或110V）、模拟量（64路或32路）、开关量（128路或64路）、励磁机和直流信号的名称及输入范围、电压信号、电流信号额定值、屏体尺寸与颜色及特殊要求。

（八）生产厂

保定天威电气成套设备有限公司。

三十一、青岛四方泰合电气设备公司新型互感器特性测试仪

（一）产品概述

SFA—106B型互感器特性测试仪是一种专门为测试互感器的伏安特性、变比、极性、误差曲线、角差、比差、直阻、二次实际负荷和二次侧回路检查等设计的多功能现场试验仪器。实验时仅需设定测试电压/电流值，设备便能够自动升压/升流，并将互感器的伏安特性曲线或变比、极性等实验结果快速显示出来，支持数据保存和现场打印，不但省去手动调压、人工记录、描曲线等繁琐劳动，还能通过USB接口将测试数据上传到电脑进行编辑保存或打印。操作简单方便，提高工作效率，是一种性价比较高的高科技产品。

（二）产品特点

1. 安全可靠

国内首创MBC电源控制技术，单相AC 220V输入电源，并且工作电源与功率电源共用一个输入端口，设计更加科学合理，使用更加安全可靠。其他同类产品工作电源与功率电源是分开输入方式，并且还需要使用三相AC 380V双火线输入才能满足实验要求，存在极大的安全隐患，容易造成使用人员触电甚至伤亡等事故。

2. 符合国家检修规程

设备电源输出全部为真实电压和电流值，并且波形为标准正弦波，频率为50～60Hz；能够真正有效模拟互感器的真实状态，符合国家相关检修规定。

3. 输出容量大

单机220V输入时最大电压输出0～6000V，单机电流输出0～1000A，非常适合现场检修使用。

4. 功能齐全

即可检测TA/TV的伏安特性、变比、极性、直阻、5%和10%误差曲线、TA一次通流和TA退磁等项目，又可测量互感器的实际二次负荷，轻松实现一机多用。

5. 接线方式简单

采用单电源输入端口；仅有8个测试端口就可完成TA/TV所有测试项目，接线方式安全简单，非常适合现场使用，能够有效降低劳动强度，提高工作效率；

6. 测试范围大

对于CT负荷测量0.1～30Ω、CT变比测量范围25000A/5A、5000A/1A，对于TV负荷测量10～500VA。在不需要外接升压器或外接升流器情况下的测量范围。

7. 快速打印

采用热敏打印机，自动筛选打印典型报告使用数据，非常适合进行现场数据对比。

8. 大容量FLASH存储

可保存1000组试验数据，掉电后可保存10年。

9. USB接口

方便连接新式笔记本电脑。

10. 体积小、重量轻

方便现场使用。

（三）SFA—106系列互感器综合测试仪选型表

见表3-1-16。

表3-1-16

型　号	主　要　功　能	参　数	型　号	主　要　功　能	参　数
SFA—106	CT伏安特性、5%和10%误差曲线、变比、极性、退磁、二次回路、二次交流耐压	工作电源：AC 220V 输出电压：0～1000V 输出电流：0～600V	SFA—106C	具有106A型所有功能外 提高输出电压和电流	工作电源：AC 220V 输出电压：0～2500V 输出电流：0～1000A
SFA—106A	具有106型所有功能外 增加PT伏安特性、变比、极性、二次交流耐压测试功能	工作电源：AC 220V 输出电压：0～1000V 输出电流：0～600A	SFA—106D	具有其他型号所有功能 增加CT \ PT二次实际负荷测量	工作电源：AC 220V 输出电压：0～2500V 输出电流：0～1000A
SFA—106B	具有106型所有功能外 提高输出电压和电流	工作电源：AC 220V 输出电压：0～2000V 输出电流：0～800A	SFA—106E	具有106C型所有功能外 增加6000V高压输出	工作电源：AC 220V 输出电压：0～6000A 输出电流：0～1000A

续表

型 号	主 要 功 能	参 数	型 号	主 要 功 能	参 数
SFA—106F	具有106型所有功能外增加CT角差比差测试功能	工作电源：AC 220V 输出电压：0～1000V 输出电流：0～600A	SFA—106B+	具有106F型所有功能外 提高单机输出容量	工作电源：AC 220V 输出电压：0～2000V 输出电流：0～800A
SFA—106A+	具有106A型所有功能外增加CT＼PT角差比差测试功能	工作电源：AC 220V 输出电压：0～1000V 输出电流：0～600A	SFA—106C+	具有106A+型所有功能外 提高单机输出容量	工作电源：AC 220V 输出电压：0～2500V 输出电流：0～1000A

（四）生产厂

（1）青岛四方泰合电气设备有限公司下设电工仪器部、低压电器部、仪表部、软件部、销售部、电控室六个部门。新一代专业检测产品有：互感器综合测试仪、热继电器测试仪系列、大电流发生器系列、伏安特性测试仪、继电保护测试仪系列、高压模拟开关、直流电阻测试仪、接触电阻测试仪、高压发生器系列。新一代低压电气自动化装置：变频器，电子式软启动器，双电源转换开关，交流综合电量表及与产品配套的相关软件。

（2）联系方式。电话：0532－86639361，86639362；传真：0532－88317871；地址：山东省平度市南京路148号；邮编：266700；网址：http：//www.qingdaosifang.com；E－mail：qdsfok@163.com。

三十二、宁波舜阳电测仪器有限公司GZDW微机监控高频开关直流电源柜

（一）用途

舜阳牌GZDW微机监控高频开关直流电源柜（电力工程直流电源设备）是集多年电源产品开发经验和广大用户设备网上运行经验设计开发的一种集控制、保护、管理、测量为一体的新型直流屏，该直流系统配有标准的通信接口，满足电力自动化、电力系统无人值班变电所和“四遥”的要求，可方便纳入电站的自动化系统。广泛适用于各类变电站、电厂、及水电站、冶金矿山、石油化工等，为断路器分、合闸及二次回路中的仪表、仪器、继电保护和故障照明提供可靠的直流电源。

（二）系统特点

（1）采用高频开关电源技术、模块化设计、$N+1$热备份。

（2）电压输入范围宽，电网适应性强。

（3）充电模块可带电插拔，维护方便快捷。

（4）有可靠的防雷及电气绝缘防护措施，确保系统和人身安全。

（5）采用大屏幕触摸屏，点阵液晶显示，CCFL背光，实现全汉化实时显示及操作。

（6）可通过点击触摸屏进行系统参数查询、设置，人机界面友好，操作简单方便。

（7）监控系统可自动完成对电池电压、充放电电流及温度补偿的精确管理，确保电池工作在最佳状态，延长电池使用寿命。

（8）采用以微处理器为核心的集散式监控系统，模块化设计，实施对电源系统全方位的监测、控制及电源系统的“四遥”，实现无人值守。

（9）实时监测蓄电池端电压、充放电电流，精确控制蓄电池的均充和浮充，具有电池过欠压告警、电池过温告警及过充保护等功能。

（10）系统具有对蓄电池温度补偿的管理功能。

（11）可采用一套监控系统管理双组蓄电池组、三组充电装置、母线分段，实现双组电池独立充电管理。

（三）主要技术参数

1. 主要技术数据

输入电压：380V±15%。

电网频率：50Hz±10%。

稳压精度：不超过±0.5%。

稳流精度：不超过±1%。

纹波系数：纹波系数有效值不大于0.5%，纹波峰值系数值不大于1.0%。

噪声：≤45dB。

2. 柜体的外形尺寸

2260mm×800mm×600mm（高×宽×深，高度包含眉头60mm）。

（四）生产厂

宁波舜阳电测仪器有限公司；地址：浙江余姚市长城路9号；邮编：315400；电话：0574－62661205，62662788；

传真：0574－62635795；E－mail：yydc@shunyang.com.cn；网址：www.shunyang.com.cn。

三十三、宁波舜阳电测仪器有限公司GSM/GPRS/LAN型统计式电压监测仪

（一）简介

具有GSM/GPRS无线远程数据通信、LAN有线远程数据通信的统计式电压监测仪是在舜阳牌DT系列统计式电压监测仪的基础上，利用GSM/GPRS无线远程通信及LAN有线远程通信技术，实现对电压监测仪数据的远程传输。

（二）组成及功能

1. GSM/GPRS无线远程数据传输的组成及功能

GSM/GPRS无线远程数据通信统计式电压监测仪由系统管理站［包括GSM通信控制仪或GPRS TCP/IP服务器、计算机、DT1（DT5）综合数据管理系统等］、GSM/GPRS网络、GSM/GPRS无线传输模块、DT系列统计式电压监测仪等组成。

（1）系统管理站由GSM通信控制仪或GPRS TCP/IP服务器、计算机和DT1（DT5）综合数据管理系统组成：GSM通信控制仪或GPRS TCP/IP服务器负责对各个下位终端进行控制及接受下位终端上传的电压监测仪数据并送到DT1（DT5）综合数据管理系统中。DT1（DT5）综合数据管理系统负责对电压监测数据进行采集、管理、查询、统计、分析、打印等。

（2）GSM/GPRS网络由各地的移动营运商提供。

（3）GSM/GPRS无线传输模块负责接收GSM通信控制机或GPRS TCP/IP服务器发来的指令，按规约解释、处理、组织、转换相应电压监测数据并上传至GSM通信控制仪或GPRS TCP/IP服务器。

（4）DT系列统计式电压监测仪是以MCS—96系列单片16位微机为核心，可对1～3路电网电压信号（TV输出～100V或220V、380V）进行采集、显示、分类统计。

2. LAN有线远程数据传输的组成及功能

舜阳牌DT1、DT5电压监测仪外置或内置的NETCOM终端，是一款TCP/IP以太网转串口设备，它内部集成了TCP/IP协议，对采用串行通信方式的仪表能通过NETCOM终端实现以太网远程数据采集。

（三）产品特点

GSM/GPRS无线远程通信具有覆盖范围广、在线保持、自动传送、费用低廉、稳定性高等特点。

LAN（外置）有线远程通信可实现一个终端连接多个电压监测仪，节省LAN有线数传终端费用、以太网布线费用和局域网IP地址资源等（适用于一个安装有多台电压监测仪的场所）；LAN（内置）有线远程通信可节省电压监测仪间通信线布线费用、安装费用等（适用于安装单台电压监测仪的场所）。专对抗电磁干扰要求高的变电站、实验室等重要场所实现远程数据采集建议采用LAN方式组网。

（四）GSM/GPRS无线远程通信方式已达到的主要性能

1. 通信数据范围

（1）表号、路数、整定值、上限值、下限值。

（2）当月、上月统计值。

（3）当月、上月各典型日时数据（即任意日统计值及整点值数据）。

可根据客户要求在不同的通信平台上实现无线远程通信（如电力短信息中心、UMS短信网关等）。

2. 通信效率

（1）对GSM网络一次通信数据往返时间大约需要40s（对GPRS网络可明显缩短时间，一般在1～3s之内）。

（2）单路及双路表采用一条消息就可返回表号、路数、整定值、上限值、下限值、月统计值等数据，三路表分两条消息返回数据。

（3）采集典型日时数据时，用一条消息返回一个回路一日的典型日时数据。

（4）可一次性选择需要通信的电压监测仪，自动对所选监测仪依次进行数据通信，而无须人工干预。

（五）LAN有线远程通信方式已达到的主要性能

（1）LAN有线数传终端独立供电，保证电压监测仪实时采集电压的准确性。

（2）费用低廉：只有初装时的设备购置费用及布线费用，不产生通信费，设备运行稳定可靠节省了人工维护费。

（3）支持动态（DHCP）获取或静态分配IP地址。

（4）LAN永远在线，数据传输不产生费用的，数据采集实时性高、实效性好，是一种高效、低成本的数据采集方式。

（5）内嵌TCP/IP协议，支持透明数据传输，为用户的数据设备提供透明传输通道。

（6）性能稳定，传输速度极快：采用TCP/IP协议有线传输，是最稳定的数据传输方式，每帧报文的回复时间在0.5s以内，传输报文几乎不受字节大小限制。

(7) LAN有线数传终端上电自动连接以太网。

(8) LAN有线数传终端支持在线维护。

(9) 灵活配置，节约成本：变电站多个电压监测仪只用一个LAN终端就可以完成通信。

(10) 安全可靠，无信号干扰，不会对其他设备的运行造成任何影响。

(六) 生产厂

宁波舜阳电测仪器有限公司（余姚市电测仪器厂）；浙江余姚市长城路9号；邮编：315400；电话：0574-62662788，62662002；传真：0574-62635795；E-mail：yydc@shunyang.com.cn；网址：http://www.shunyang.com.cn。

三十四、湖州久天电力科技有限公司新型保护电器

(一) 智能数字式漏电保护器

1. 产品概述

JTHM1L系列智能数字式漏电保护器（剩余电流保护断路器）是公司为适应低压配电网的发展而研制的智能机电一体化产品。该产品具有多种智能保护功能，可实现智能化选择保护，参数设置方便，同时带有RS—485开放式通信接口，有远动功能。结构先进，分断能力高，安装方便和外形美观等优点。

产品现主要适用于二相、三相或三相四线中性点不直接接地的低压配电系统，用来对人身触电危险提供间接保护，也可用来对线路接地故障保护，防止由此引起的设备故障或电气火灾。并广泛适用工矿企业、配电变压器下侧的总保护及线路漏电，过载，短路，欠压，过压，缺相保护。

符合标准：GB 14048.2—2008《低压开关设备和控制设备　低压断路器》；

GB 6829—1995《剩余电流动作保护器的一般要求》；

DL/T 499—2001《农村低压电力技术规程》；

GB/T 13955—2005《剩余电流动作保护装置的安装和运行》；

JB/T 8756—2008《剩余电流动作继电器》。

2. 产品功能及特点

(1) 剩余动作电流挡位智能自动跟踪功能（可根据使用环境自动设置合适的额定剩余动作电流）。

(2) 智能断路器功能。具有智能断路器功能额定电流及短路分断时间多档可调。且分断能力高，飞弧距离短。

(3) 自动重合闸及闭锁功能。对于非永久性故障引起的保护器动作保护器可自动得合闸；对重复性故障或永久性故障引起的保护器动作保护器将闭锁。

(4) 漏电相判断功能。能具体指出漏电相位及漏电电流。

(5) 负载监控功能。保护器信号采集使用高精度电流电压传感器，信号处理采用专用电能表计量芯片。大大提高了保护器的测量精度；可实时监控线路电流、电压值及分时段控制用电负荷。

(6) 故障查询功能。保护器具有故障查询功能，可查询历次故障发生的时间和故障发生的原因及故障电流电压值。

(7) 自诊断功能。

1) 保护器漏电故障动作后能自动显示故障相位及发生故障的剩余电流值（并自动保存故障发生的时间及相关数据）。

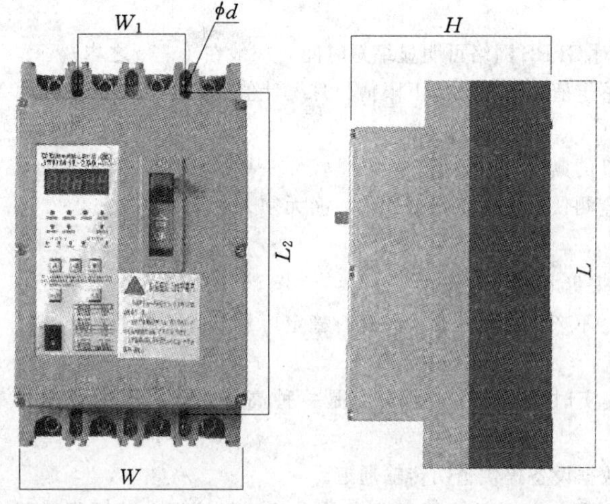

图3-1-17　产品结构

2) 故障预警。当故障电流达到设定值时故障预警灯开始闪烁，并随作故障电流的上升预警灯的闪烁频率也在同步提高。

(8) 可设置功能。

1) 功能性设置：欠压保护、过压保护、缺相保护、自动重合闸、漏电预警等功能的开启与关闭设置和漏电保护模式的设置。

2) 参数设置：欠压、过压、自动重合时间、漏电预警、剩余动作电流、剩余电流分断时间、额定工作电流、短路整定电流，过载动作时间的设置及通信波特率及通信地址设置。

(9) 通信。内置通信接口可实现远程通信和控制及远程测量。还可接入工业以太网及电力控制网络。

(10) 结构。一体化设计使产品体积更小，结构更合

理。同时具有手动合闸与电动合闸功能无须转换方便客户使用。

3. 产品结构

见图 3-1-17。

4. 产品正常工作条件

(1) 环境温度：－25～65℃。

(2) 海拔不超过：2000m。

(3) 安装类别：Ⅲ。

(4) 污染等级：Ⅲ。

(5) 使用类别：A 类。

(6) 剩余电流动作特性类别：AC 型。

(7) 剩余电流动作时间分类：S 型。

(8) 安装场所的外磁场在任何方向不超过地磁场的 5 倍。

(9) 保护器应安装在干燥、通风、无尘、无有害气体，远离磁场和无震动的地方，保护器应垂直固定。

5. 产品主要技术参数

见表 3-1-17。

表 3-1-17

智能数字漏电保护器																
型号规格	JTHM1L—100				JTHM1L—250				JTHM1L—400				JTHM1L—630			
额定工作电压 U_e	AC 400V															
额定辅助电压 U_{on}	AC 230V															
额定频率 f	50Hz															
额定电流 I_n	100A/80A/63A/50A/32A				250A/200A/160A/125A				400A/350A/315A/250A				630A/500A/400A			
额定剩余动作电流 $I_{\Delta n}$	0.075A/0.15A/0.2A/0.3A				0.1A/0.2A/0.3A/0.5A				0.3A/0.5A/0.8A/1A				0.3A/0.5A/0.8A/1A			
额定剩余不动作电流 $I_{\Delta on}$	$1/2I_{\Delta n}$															
额定剩余电流分断时间 Δt	0.2s/0.4s				0.2s/0.4s				0.3s/0.5s				0.3s/0.5s			
额定极限短路分断能力 I_{cu}	6kA				35kA				65kA				100kA			
额定运行短路分断能力 I_{cs}	3kA				18kA				35kA				55kA			
额定剩余接通分断能力 $I_{\Delta m}$	1.5kA				9kA				16kA				25kA			
重合闸时间	20～60s															
外形尺寸及安装尺寸 (mm)	H	110	W	127	H	130	W	143	H	175	W	198	H	178	W	206
	L	227	W_1	60	L	240	W_1	70	L	336	W_1	96	L	360	W_1	102
	L_1	176	ϕd	6.5	L_1	183	ϕd	4.5	L_1	253	ϕd	6.5	L_1	274	ϕd	6.5

(二) 信息化家用漏电保护器

1. 产品概述

JTHXL 智能信息化家用漏电保护器（以下简称保护器）是公司根据智能电网发展的要求而设计的智能化信息化的电力开关电器。适用于交流 50Hz 或 60Hz，额定电压单极两线 230V，三极四线 400V。额定电流 6～63A 的线路中，当人身触电或电网泄漏电流超过规定值，保护器能在极短时间内迅速切断故障电源，保护人身及用电设备的安全。

保护器具有过载保护短路保护和剩余电流保护功能。同时具有过压、欠压保护功能及 485 通信功能和故障记忆保存功能。

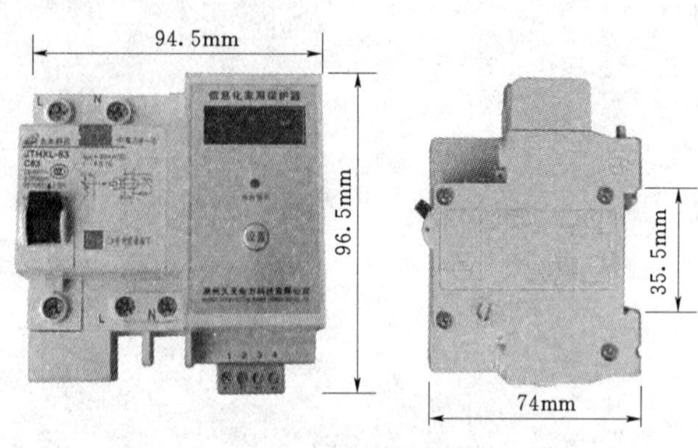

图 3-1-18　产品结构

2. 产品功能及特点

(1) 保护器是集高分断小型断路器、高精度传感器、信号采集装置和通信于一体的智能综合性用电控制及保护设备。产品体积小，安装方便，分断能力高，抗干扰能力强及信息化通信功能强等特点。

(2) 保护器有漏电保护、短路保护、过载保护、过压保护、欠压保护及远程通信控制和数据测量功能。

(3) 保护器可与计算机终端或专用网络平台及通信网络系统相连可实现远程通信控制查询等功能。

(4) 保护器也可与IC卡电表相连接，通过IC卡电表的付费情况可控制保护器分断电源。

(5) 家用保护器可直接显示相关数据（电流电压及剩余电流等）。

(6) 当保护器动作后（如发生触电或漏电及短路情况）自带蜂鸣器可报警。

3. 产品结构

见图 3-1-18。

4. 产品正常工作条件

(1) 环境温度：－25～65℃。

(2) 海拔不超过：2000m。

(3) 安装类别：Ⅱ、Ⅲ。

(4) 污染等级：Ⅲ。

(5) 安装形式：采用 TH35—7.5 型钢安装轨安装。

(6) 安装场所的外磁场在任何方向不超过地磁场的 5 倍。

(7) 保护器应安装在干燥、通风、无尘、无有害气体，远离磁场和无震动的地方，保护器应垂直固定。

(8) 接线方法：用螺钉压紧接线。

5. 产品主要技术参数

(1) 额定工作电压：AC 400V/AC 230V。

(2) 额定频率：50Hz/60Hz。

(3) 额定电流 I_n：6～63A。

(4) 额定剩余动作电流 $I_{\Delta n}$：0.03A \ 0.1A \ 0.3。

(5) 额定剩余不动作电流 $I_{\Delta on}$：$1/2I_{\Delta n}$。

(6) 额定极限短路分断能力：$I_{cu}=6$kA。

(7) 额定运行短路分断能力：$I_{cs}=3$kA。

(8) 额定剩余接通分断能力：$I_{\Delta m}=2$kA。

(9) 短路脱扣器特性分类：C 型$(5\sim10)I_n$，D 型$(10\sim16)I_n$。

(10) 剩余动作电流分断时间见表 3-1-18。

表 3-1-18

I_n (A)	$I_{\Delta n}$ (A)	剩余电流等于下列值时分断时间 (s)			
		$1I_{\Delta n}$	$2I_{\Delta n}$	$5I_{\Delta n}$	$10I_{\Delta n}$
6～63	0.03，0.1，0.3	0.1	0.05	0.04	0.04

(11) 过电流保护特性见表 3-1-19。

（三）JTHL 系列智能漏电继电器

1. 产品概述

JTHL 系列智能漏电继电器是公司开发出的一种更适应城乡需要、性能更优越、质量更可靠稳定的新型继电器，它与交流接触器或断路器组合成漏电保护装置。

适用于中性点直接接地的低压（380/220V）配电系统，主要是对有致命危险的人身触电或线路、设备漏电提供间接接触保护。由于采用新技术，消除了触电对地的不灵敏及死区，能自动区分漏电与触电，动作一致性好，可以区分漏电动作（显示漏电电流）和触电动作（显示 A，B，C）并具有节能消声等其他功能。

表 3-1-19

序　号	额定电流 I_n（A）	起始状态	试验电流	规定时间 t	预期结果	备　注
1	6～63	冷态	$1.13I_n$	$t \geqslant 1h$	不脱扣	
2	6～63	紧接前项试验进行	$1.45I_n$	$t < 1h$	脱扣	电流在5s内稳定上升到规定值
3	6～63	冷态	$2.25I_n$	$1s < t < 60s$	脱扣	$I_n \leqslant 32A$
				$1s < t < 120s$	脱扣	$I_n > 32A$
4	6～63	冷态	$5I_n$	$t \geqslant 0.1s$	不脱扣	C型
			$10I_n$	$t < 0.1s$	脱扣	
			$10I_n$	$t \geqslant 0.1s$	不脱扣	D型
			$16I_n$	$t < 0.1s$	脱扣	

JTHL 漏电继电器增加了额定漏电动作电流能够自动跟踪并分挡这一功能，扩大了保护范围，减少了跳闸次数，该继电器采用单片机计算控制，增加了抗干扰电路，使继电器在比较恶劣环境中能稳定运行，使用简便，经济实用，为国内首创。

产品符合 GB 6829、JB 87256 标准。

2. 产品功能及特点

(1) 在三相漏电不平衡的情况下，突变漏电动作无死区。

(2) 自动区分漏电与触电信号，能在线路绝缘水平低，漏电电流较大的状况下正常投运。

(3) 用户根据需要，可以用波段开关将额定漏电动作电流设置为 300mA 挡或自动挡（自动挡额定漏电动作电流值 300～1000mA）出厂时已设定在 300mA 挡。当设置自动挡时，漏电继电器能自动根据线路中漏电电流的大小，选择额定漏电动作电流，其变化规则是：通电后自动选择额定动作 1000mA，如果线路中漏电电流小于 150mA，经过 20 多分钟将额定漏电动作电流改为 300mA，在额定漏电动作电流为 300mA 的情况下，如果线路中漏电小于 75mA 时，再经过 20 分钟将额定漏电动作改为 200mA，额定动作漏电电流增加的变化过程相反。

该情况特别适用于不同季节（雨季和干燥季节）漏电电流相差较大，保障雨季与干燥季节的不同漏电保护要求。

波段开关设置为“300mA”挡或自动挡时，必须是在关机状态进行改变，在开机下设置无效。

(4) 采用软件数字滤波技术，增强了抗干扰能力，在雷电、电网谐波、线路瞬时过电流等干扰情况下，不误动作，投运率高。

(5) 开机试送电（0.1～1s）跳闸，27.5±2.5s 后自动重合闸，安全省力。

(6) 漏电或触电动作 27.5±2.5s 后自动重合闸，在 2～8s 范围内再发生触电，或 10±2s 内漏电电流超过动作值，漏电继电器不再重合闸。

(7) 漏电电流数字显示，漏电保护动作及故障指示，利于故障分析。跳闸指示灯灭，数字显示为漏电电流，在跳闸指示灯亮的情况下，数字显示含义如下：

1) 数字显示灭，表示开机试送电后等待重合闸过程。

2) 显示数字，表示线路漏电电流值。

3) 显示数字时继电器动作，表示缓变漏电动作，数字为动作时漏电电流值。

4) 显示 E 表示漏电电流超过显示量程范围，但突变漏电电流动作也可能显示 E。

5) 显示 H 表示漏电或触电动作后经 27.5±2.5s 后自动重合闸，在 2～8s 范围内不再发生触电，或 10±2s 内漏电电流超过动作值，漏电继电器闭锁。

6) 显示 P 表示电源有故障，一般表示继电器通电后无法检测到 A 相同步信号。

7) 显示 F 表示电源频率超过范围，漏电继电器正常工作频率为 40～65Hz。

3. 产品结构

见图 3-1-19。

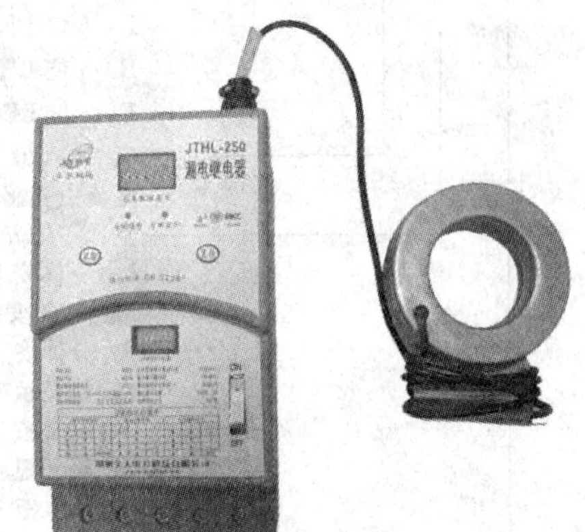

图 3-1-19　产品结构

4. 产品正常工作条件

(1) 环境温度：−25～+40℃。

(2) 温度：+20℃，相对湿度≤90%。

(3) 海拔：≤2000m。

(4) 污染等级：3 级。

5. 产品主要技术参数

见表3-1-20。

表3-1-20

额定电压	380/220V	额定漏电不动作电流	150mA或自动选择
额定频率	50Hz	额定触电动作电流	50mA
额定电流	63，250，630A	额定触电不动作电流	25mA
额定辅助电源电压	220V	最大分断时间	0.2s
额定漏电动作电流	300mA或自动选择	延时重合闸	27.5±2.5s

（四）生产厂

（1）生产厂名称：湖州久天电力科技有限公司。

（2）联系方式。电话：0572-5227880，13511229869；传真：0572-5229801；地址：安吉阳光工业园区（灵峰北路）；网址：www.hzjtpt.cn。

三十五、沈阳维新自动化有限公司新型AMD系列电动机保护器

（一）AMD系列电动机保护器型号意义

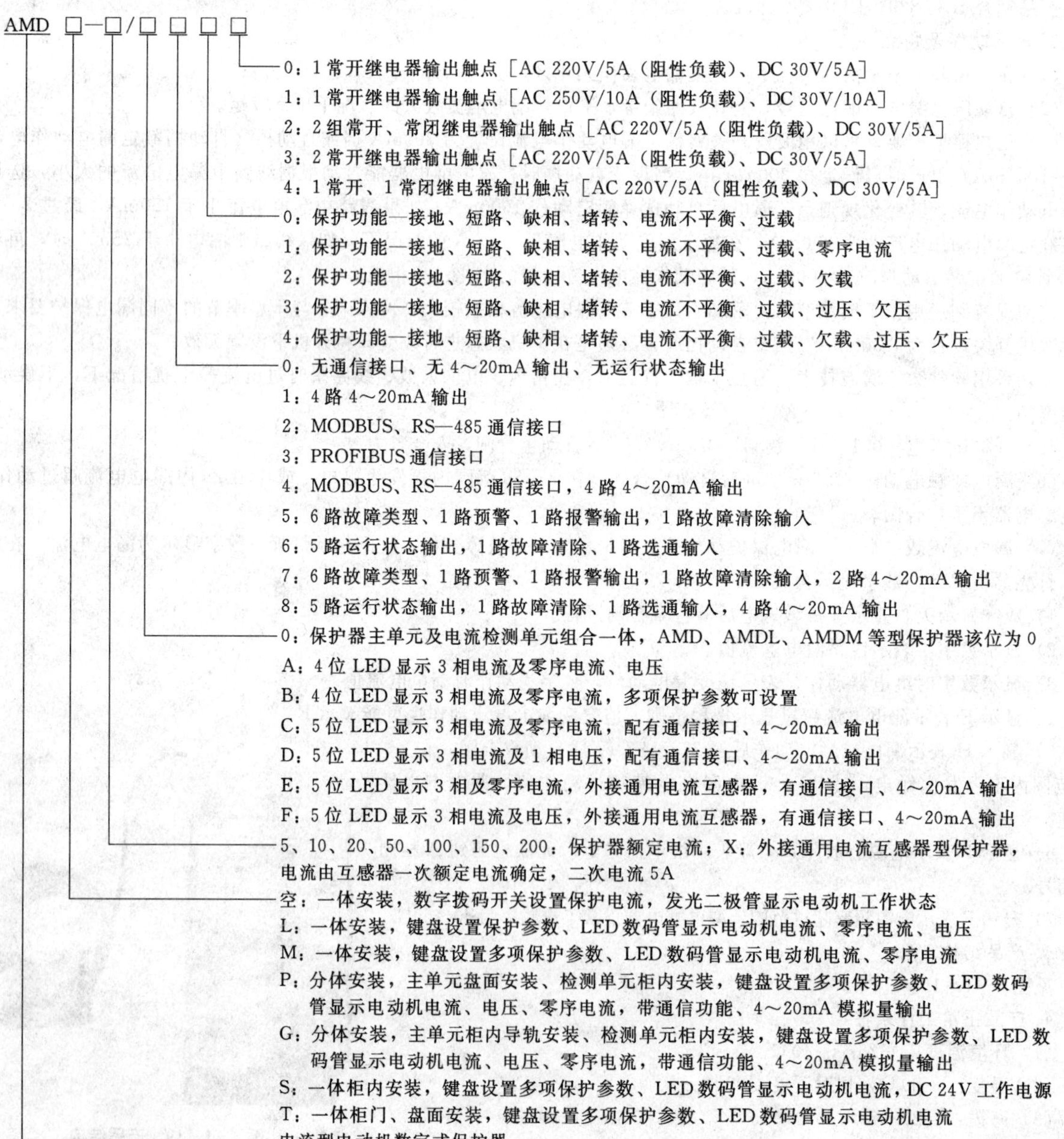

（二）AMD系列电动机保护器概述

（1）主要特点：单片机、DSP为核心，品种多功能全，是数字式智能的电动机综合保护器。可选RS—485、MODBUS、PROFIBUS通信接口；可选4路与采集电路及DSP隔离、参数设置输出范围的4～20mA模拟量信号输出；可选运行状态、故障类型开关量信号输出。

（2）保护功能：接地、短路、缺相、堵转、电流不平衡、过载是所有AMD系列保护器都具有的基本保护功能；此外还有欠载、过压、欠压、零序电流保护功能可选。

（3）适用范围：电压不高于1140V，频率为50Hz或60Hz的三相交流电动机。

（4）环境温度：−20～50℃。

（三）AMDL、AMDM系列保护器

AMDL、AMDM系列保护器柜内一体安装，技术数据如表3-1-21所示（表中AMD□的□代表M或L）。AMDL、AMDM系列保护器硬件性能相同，有4位LED显示数码管，按键设置保护参数。除AMDL—□/002□、AMDL—□/003□、AMDL—□/004□系列外，AMDL与AMDM系列保护器在软件方面只是可设置的保护参数个数有差别，其余完全一样。AMDL—□/000□有3个可设置参数，AMDM—□/000□有8个可设置参数，虽然可设置参数个数不同，但保护功能和保护性能是一样的。AMDL—□/000□除3个可设置参数，其他参数采用不可设置且是优化的固定参数。

表3-1-21　AMDL、AMDM系列保护器技术数据（保护器型号省略了AMDL—□/00□□及AMDM—□/00□□中的/00□□）

电动机保护器型号	AMD□—5	AMD□—10	AMD□—20	AMD□—50	AMD□—100	AMD□—150	AMD□—200
最大设定电流（A）	5.5	11	23	55	110	165	220
最小设定电流（A）	1	2	4	10	20	30	40
电动机最大功率（kW）	2.2	4	11	22	45	75	110
电动机最小功率（kW）	0.55	1.1	2.2	5.5	11	18.5	22
电动机电源穿线孔ϕ（mm）	15	15	15	15	15	29	29

（四）AMDP、AMDG系列保护器

AMDP、AMDG系列保护器分体安装，AMDP系列保护器主单元安装在柜门、盘面上；AMDG系列保护器主单元由导轨或螺丝钉固定安装在柜内。AMD□—□/A、AMD□—□/B、AMD□—□/C、AMD□—□/D技术数据如表3-1-22所示（表中AMD□的□代表P或G）；AMD□—X/E、AMD□—X/F系列保护器可采用100/5、150/5、200/5、300/5、400/5、500/5、600/5、800/5通用电流互感器之一检测电流，技术数据如表3-1-23所示（表中AMD□的□代表P或G）。

表3-1-22　AMD□—□/□系列保护器技术数据（保护器型号省略了AMD□—□/□□□□中的/□□□□）

电动机保护器型号	AMD□—5	AMD□—10	AMD□—20	AMD□—50	AMD□—100	AMD□—150	AMD□—200
最大设定电流（A）	5.5	11	23	55	110	165	220
最小设定电流（A）	1	2	4	10	20	30	40
电动机最大功率（kW）	2.2	4	11	22	45	75	110
电动机最小功率（kW）	0.55	1.1	2.2	5.5	11	18.5	22
电动机电源穿线孔ϕ（mm）	20	20	20	20	20	30	30

表3-1-23　AMD□—X/E系列保护器技术数据（保护器型号只列出了AMDP—X/E□□□中的X值）

电流互感器一次电流X（A）	100	150	200	300	400	500	600	800
最大设定电流（A）	100	150	200	300	400	500	600	800
最小设定电流（A）	20	30	40	60	80	100	120	160
电动机最大功率（kW）	45	75	110	160	200	250	315	355
电动机最小功率（kW）	11	15	22	30	45	55	75	90

1. AMDP—□/A、AMDP—□/B系列保护器

AMDP—□/A、AMDP—□/B系列保护器硬件性能相同，有4位LED显示数码管，按键设置保护参数。除AM-

DP—□/A02□、AMDP—□/A03□、AMDP—□/A04□系列外，AMDP—□/A与AMDP—□/B系列保护器在软件方面只是可设置的保护参数个数有差别，其余完全一样。AMDP—□/A00□有3个可设置参数，AMDP—□/B00□有8个可设置参数，虽然可设置参数个数不同，但保护功能和保护性能是一样的。AMDP—□/A00□除3个可设置参数，其他参数采用不可设置且是优化的固定参数。

2. AMDP—□/C、AMDP—□/D系列保护器

AMDP—□/C、AMDP—□/D系列保护器有5位LED显示数码管，按键设置保护参数。在硬件方面，AMDP—□/D比AMDP—□/C系列保护器多采集1相电压，AMDP—□/C比AMD□—□/D系列保护器多采集零序电流（可选），其余都一样。在软件方面，AMDP—□/D比AMDP—□/C系列保护器多显示1相电压，多过压、欠压可选保护功能，少零序电流可选保护功能。

AMDP—□/C、AMDP—□/D系列保护器有故障后自复位功能，多可选的RS—485、MODBUS、PROFIBUS通信接口及4～20mA信号输出，多可选的电动机故障类型及电动机运行状态输出信号。

3. AMDP—X/E、AMDP—X/F系列保护器

AMDP—X/E、AMDP—X/F系列保护器有5位LED显示数码管，按键设置保护参数。AMDP—X/E、AMDP—X/F系列保护器可采用100/5、150/5、200/5、300/5、400/5、500/5、600/5、800/5通用电流互感器之一作电流检测单元，目的是扩大保护器保护电动机的功率范围，额定电流大于200A的大功率电动机都应选择AMDP—X/E或AMDP—X/F系列保护器。AMDP—X/E系列保护器除采用通用电流互感器作电流检测单元外，其他性能与AMDP—□/C系列保护器相同；AMDP—X/F系列保护器除采用通用电流互感器作电流检测单元外，其他性能与AMDP—□/D系列保护器相同。

在硬件方面，AMDP—X/F比AMDP—X/E系列保护器多采集1相电压，AMDP—X/E比AMDP—X/F系列保护器多采集零序电流（可选），其余都一样。在软件方面，AMDP—X/F除比AMDP—X/E系列保护器多显示1相电压外，多过压、欠压可选保护功能，少零序电流可选保护功能。

4. AMDG—□/A、AMDG—□/B系列保护器

AMDG—□/A、AMDG—□/B系列保护器与对应的AMDP—□/A、AMDP—□/B系列保护器的差别是保护器主单元安装方式及工作电源，AMDG—□/A、AMDG—□/B系列保护器主单元是柜内导轨安装，DC 24V工作电源。

AMDG—□/A、AMDG—□/B系列保护器硬件性能相同，除AMDG—□/A02□、AMDG—□/A03□、AMDG—□/A04□系列外，AMDG—□/A与AMDG—□/B系列保护器在软件方面只是可设置的保护参数个数有差别，其余完全一样。AMDG—□/A00□有3个可设置参数，AMDG—□/B00□有8个可设置参数，虽然可设置参数个数不同，但保护功能和保护性能是一样的。AMDG—□/A00□除3个可设置参数，其他参数采用不可设置且是优化的固定参数。

5. AMDG—□/C、AMDG—□/D、AMDG—X/E、AMDG—X/F系列保护器

AMDG—□/C、AMDG—□/D、AMDG—X/E、AMDG—X/F与对应的AMDP—□/C、AMDP—□/D、AMDP—X/E、AMDP—X/F系列保护器的差别在于保护器主单元的安装方式，AMDG系列保护器主单元是通过导轨或螺钉固定的方式在柜内安装的。在硬件方面，AMDG—□/D比AMDG—□/C系列保护器多采集1相电压，其余都一样。在软件方面，AMDG—□/D除比AMDG—□/C系列保护器多显示1相电压外，多过压、欠压可选保护功能，少零序电流可选保护功能。

AMDG系列主单元安装在电气柜内，AMDP系列保护器主单元是安装在柜门或盘面上。除保护器主单元的安装方式不同外，AMDP—□/C、AMDP—□/D、AMDP—X/E、AMDP—X/F系列保护器性能分别与AMDG—□/C、AMDG—□/D、AMDG—X/E、AMDG—X/F系列保护器相同。

6. PROFIBUS、MODBUS、RS—485通信接口

AMDG—□/C、AMDG—□/D、AMDG—X/E、AMDG—X/F、AMDP—□/C、AMDP—□/D、AMDP—X/E、AMDP—X/F系列保护器有可选的PROFIBUS、MODBUS、RS—485通信接口，在需要将三相及零序电流、电压、电动机运行状态通过通信接口传送到DCS、PLC、计算机时，可选带PROFIBUS、MODBUS、RS—485通信接口的保护器。

当要将三相及零序电流、电压、电动机运行状态传送到SIEMENS PLC或有PROFIBUS通信功能的DCS、PLC、计算机时，可选择带PROFIBUS通信接口的保护器。

当要将三相及零序电流、电压、电动机运行状态传送到有MODBUS通信功能的DCS、PLC、计算机时，可选择带MODBUS通信接口的保护器。

当要将三相及零序电流、电压、电动机运行状态传送到有RS—485通信功能的DCS、PLC、计算机时，可选择带RS—485通信接口的保护器。

7. 4～20mA输出信号

AMDG—□/C、AMDG—□/D、AMDG—X/E、AMDG—X/F、AMDP—□/C、AMDP—□/D、AMDP—X/E、

AMDP—X/F 系列保护器有可选的 3 路或 4 路与采集、保护电路及 DSP 隔离的 4～20mA 输出信号，在需要将三相及零序电流、电压通过 4～20mA 输出信号传送到 DCS、PLC、计算机时，可选带 4～20mA 输出信号的保护器。表示 A、B、C 相电流的 3 路 4～20mA 输出信号，通过参数可设置电流范围。

8. 电动机故障类型、电动机运行状态输出信号

AMDG—□/C、AMDG—□/D、AMDG—X/E、AMDG—X/F、AMDP—□/C、AMDP—□/D、AMDP—X/E、AMDP—X/F 系列保护器有可选的电动机故障类型及电动机运行状态输出信号。电动机故障类型及运行状态输出信号工作电源为 DC24V，最大负载为 100mA。电动机故障类型及运行状态输出信号可直接驱动 DC 24V 继电器，也可进入 PLC、DCS。

（五）AMDS 系列保护器

AMDS 系列保护器为一体式小体积柜内导轨安装，DC 24V 工作电源。AMDS 系列保护器有 AMDS—□/A、AMDS—□/B、AMDS—X/E 三个品种，AMDS—□/A、AMDS—□/B 只有 5A、10A 两个规格，适用 380V、10A 以下的小功率电动机保护，技术数据如表 3-1-24 所示（表中 AMD□的□代表 S 或 T）；AMDS—X/E 可选 100/5、150/5、200/5、300/5、400/5、500/5、600/5、800/5 通用电流互感器之一检测电流，技术数据如表 3-1-23 所示。

表 3-1-24　AMD□—□/□000 系列保护器技术数据

电动机保护器型号	AMD□—5/□000	AMD□—10/□000
最大设定电流（A）	5.5	11
最小设定电流（A）	1	2
电动机最大功率（kW）	2.2	4
电动机最小功率（kW）	0.55	1.1

（六）AMDT 系列保护器

AMDT 系列保护器，一体式小体积柜门、盘面安装。AMDT 系列保护器有 AMDT—□/A、AMDT—□/B、AMDT—X/E 三个品种，AMDT—□/A、AMDT—□/B 只有 5A、10A 两个规格，适用 380V、10A 以下的小功率电动机保护；AMDT—X/E 可选 100/5、150/5、200/5、300/5、400/5、500/5、600/5、800/5 通用电流互感器之一检测电流，技术数据如表 3-1-23 所示。

（七）生产厂

（1）生产厂家：沈阳新维自动化有限公司。

（2）电话：024-83812196，83812195；网址：www.sy-xinwei.com。

第二节　在线监测系统

一、GD—9 型分布式断路器状态监测系统

（一）概述

GD—9 型分布式断路器实时状态监测系统，是广州高德电气有限公司综合国内外相关先进技术和长期现场经验而研制推出的高压断路器智能化监测与专家诊断系统，采用先进的数字信号处理器（DSP）及国际上流行的现场总线技术（Field Bus)，系统稳定、可靠、经济。

（二）型号含义

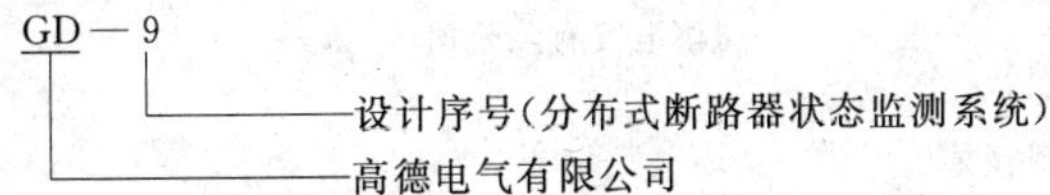

（三）产品功能

（1）电寿命诊断监测：开断电流监测；开断次数监测；累计触头磨损量监测与诊断。

（2）机械状态诊断功能。

1）分闸、合闸电磁铁线圈电流的状态。

2）断路器操作时的机械振动信号监测与诊断。

3）装置投运时，经若干次规定的例行操作现场录取各断路器的“指纹”作为诊断的参考，通过对分、合闸磁铁线圈电流及振动信号的综合分析，可间接得之其速度及机械负载的变化。

4）储能电机关键信息的监测。

(3) 实时监测功能。

1) 当有断路器发生开断时，能迅速显示发生开断的断路器的运行编号、相别和开断电流值。

2) 相关波形及机械振动波形。

(4) 统计功能及自动报警功能。

动作次数统计：记录各断路器累计开断次数，并在一定数量的开断操作之后给出警报。

累计开断电流统计：永久保存断路器最近100次开断电流的大小与开断时间，并永久保存总的累计开断电流值。

各断路器电寿命统计：根据断路器电寿命的标定方法，诊断各断路器的剩余寿命，当某断路器寿命到时报警。

(5) 分析手段：机械状态分析、分合闸电流波形分析，当某断路器有明显机械故障或异常时报警。

(6) 提供CP/IP网络远程传输接口。

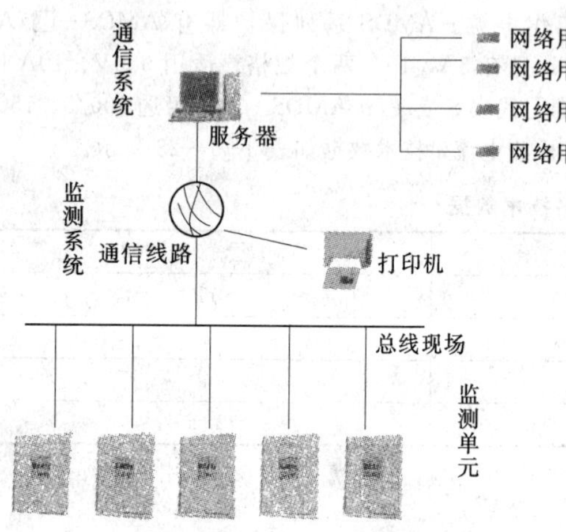

图3-2-1 GD—9型分布式断路器状态监测系统结构示意图

(四) 产品特点

(1) CAN现场总线控制技术。

传感器信号离现场单元近，传输距离短，干扰小。

以数字信号取代传统的模拟信号，进行双向传输。

通信总线延伸到现场传感器、检测及控制部件，操作人员在主控室就可实现对现场测量设备的监视、诊断、校验或参数设定。

现场总线在结构上只有现场测控设备和操作管理两个层次。

总线网络系统是开放的，扩展性强。

施工大为简化，安装方便，费用低。

(2) 以DSP+CPLD为核心的嵌入式模块，是GD—9监测系统的核心部件，具备强大的实时数据处理能力及端口控制能力。

(3) 功能强大的远程控制方式。

(4) 人性化的操作界面设计和实用的数据分析功能。

(五) 系统结构

GD—9型分布式断路器状态监测系统结构，见图3-2-1。

(六) 生产厂

广州高德电气有限公司武汉分公司。

二、GD—10型分布式电气状态在线监测系统

(一) 概述

GD—10型分布式电气状态在线监测系统适合于所有类型的变电站，对变电站的各种高电压电气设备状态（介质损耗、断路器机械振动及电寿命、局部放电等）进行在线监测。分布式监测单元主控采用DSP微处理器、现场同步完成数据高速采集和CZT频谱变换，各单元及上位机之间通过CAN现场总线连接，保证了数据传输的万无一失，将高电压电气设备状态在线监测工作带入了一个崭新的天地，为最终状态检修管理、设备安全运行及无人值班变电站等项工作，提供了一项真正可以信赖的有效手段。

该产品主要监测对象为各种电压等级的耦合电容器、电流互感器、电压互感器、主变套管、主变铁芯、各种避雷器、开关断路器等。

(二) 型号含义

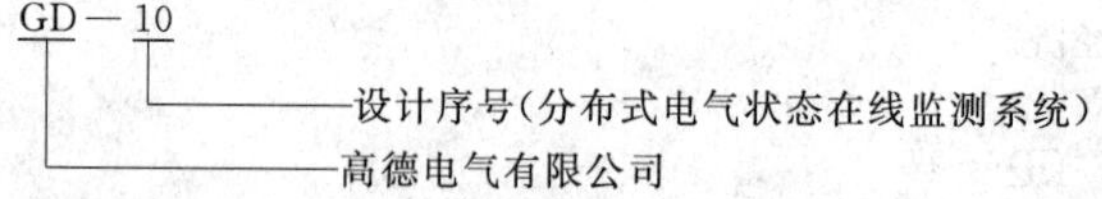

(三) 产品特点

(1) 独特的CNA现场总线控制技术。

(2) 数字信号传输，系统抗干扰能力强。

(3) 安全可靠的取样方式和高精度零磁通传感技术。

(4) 系统采用良好的技术工艺和隔离措施。

(5) 采用自适应频谱分析法。

(6) 具有较强的抗波抗干扰能力。

(7) 具有良好的测量稳定性与重复性。

(8) 国际流行的（CNA）总线设计。

(9) 具有超强的扩展性。

（四）产品结构

GD—10型分布式电气状态在线监测系统结构，见图3-2-2。

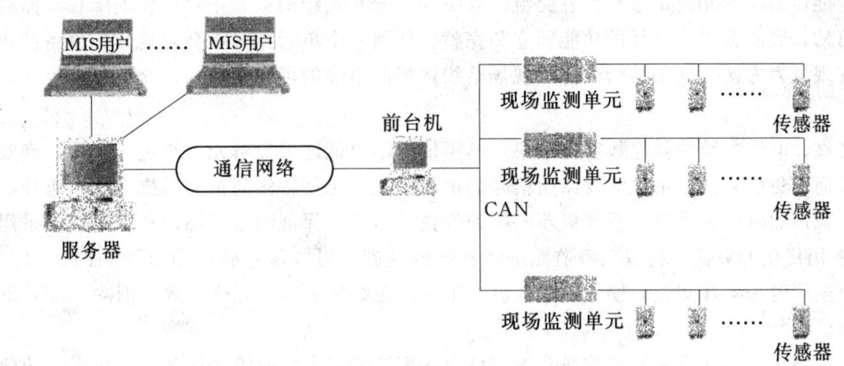

图3-2-2　GD—10型分布式电气状态在线监测系统示意图

（五）技术数据

系统周波：±0.01Hz。

等值电容（%）：±1。

系统电压（%）：±0.5。

介质损耗（%）：±0.1。

泄漏电流（%）：±0.5。

避雷器全电流（%）：±2。

避雷器阻性电流（%）：±2。

（六）生产厂

广州高德电气有限公司武汉分公司。

三、HVM2000智能型变电站绝缘状态监测及诊断系统

（一）概述

HVM2000智能型变电站绝缘状态监测及诊断系统充分应用和吸收了传感器、计算机、网络通信、数字信号处理、数据库以及智能诊断技术的最新成果，实现绝缘参数的就地式在线监测，系统的抗干扰性能、测量的准确性和可靠性取得了突破性进展，达到国内外同类系统领先水平。系统提出了基于在线监测数据的绝缘专家诊断系统，实现了从传统的离线设备故障诊断到绝缘在线专家诊断系统的转换。该系统综合运用智能诊断技术，通过提出绝缘诊断模拟并构造相应的诊断算法，为设备维护提供更加全面、科学的决策支持，提高设备管理自动化及智能化水平。该系统适用于110kV及以上电压等级变电站内的主变压器、电流互感器、电压互感器、避雷器、电容型套管和耦合电容器等高压设备，提供绝缘在线监测及诊断。

（二）结构

系统结构，见图3-2-3。

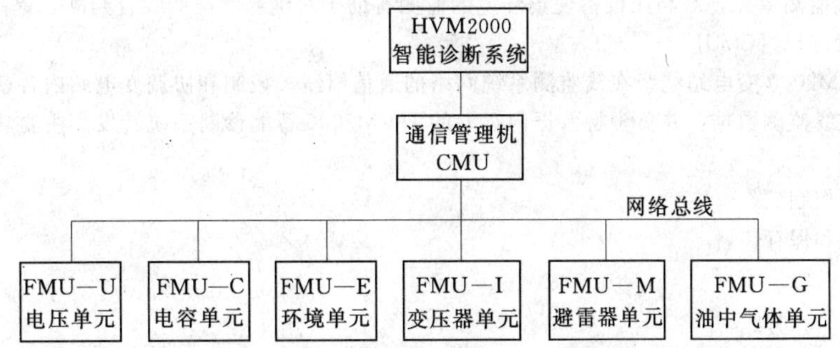

图3-2-3　HVM2000系统结构示意图

HVM2000智能型变电站绝缘状态监测及诊断系统为分层分布式系统结构，由HVM2000智能诊断系统、变电站（发电厂）通信管理系统（CMU）和就地智能化监测单元（FMU）组成。HVM2000系统整体上分为监测和诊断两个层次。在监测层、就地智能监测单元（FMU）完成对站内每组（台）高压设备绝缘参数的监测。诊断层又分为数据库和

用户应用两个层次。数据库对各变电站监测数据的管理和分析，应用层向用户提供所有设备管理和故障诊断功能。变电站的监测层通过通信管理机（CMU）与诊断层连接，向诊断层提供设备实时监测信息。在每个变电站内，通信管理机通过通信与各就地智能监测单元相连，进行信息交流。系统分层分布式结构概念是对传统绝缘在线监测的突破，使整套系统的结构清晰和简洁，底层各组成单元的功能独立和完整。任何一个单元异常不会影响其他设备的正常工作，系统的扩展、通信方式的实现极为方便。网络结构简化了现场结线，提高系统的可靠性、易扩充性和兼容性。

（三）特点

（1）测量准确可靠。电气参数的就地数字化采集，模拟信号不出就地采集单元，避免了微安、毫安级小电流模拟信号的远距离传输，从而避免引入大量足以淹没原始信号的电磁干扰。选用特制高精度、抗干扰单匝穿心式传感器，保证对信号的准确反映。就地测量单元采取一系列最新的软硬件技术措施，保证测量准确性和可靠性。采用运算精度高、速度快的DSP芯片，采用优化的算法，构成精确监测绝缘参数的基础。对电压互感器角差影响的处理。该系统的网络实现各智能监测单元完全同时采集和测量，使TV对各监测单元测量结果的影响完全一致，消除了TV角差对介损变化趋势和绝缘诊断的影响。

（2）诊断系统的智能化。建立了完善的数据仓库，综合运用智能技术提取绝缘征兆，具备强大的数据分析功能，综合多种人工智能方法，为运行管理提供强有力的工具及助手，实时对在线监测及常规试验数据的分析管理，显著提高设备维护的科学化和智能化水平。

（3）诊断系统网络化。通过现场总线网络完成对变电站内各就地监测单元的管理和控制。专家系统可在办公桌上实现对设备的实时监测、状态诊断和优化决策。

（4）系统安全性强。监测系统与高压设备没有直接的电气连接，不改变高压设备的接地方式，确保对主设备的运行不产生任何影响。借助于先进的现场总线控制技术和高精度的相位测量技术，对电容性设备的介损测量采用了新的相位比较测量方式，较好地解决了基准电压信号的取样，不需到处引电压信号，减少现场布线工作量，对变电站运行无任何安全隐患。

（5）系统施工安装简便。

（6）系统可维护性、可扩展性。由于采用先进的现场总线网络、模块化的硬件结构以及友好的人机界面，使系统维护简便、扩展容易、灵活。

（四）功能

1. FMU系列智能监测单元

该单元是变电站绝缘状态监测及诊断系统的“触角”，伸向现场高压设备处，就地完成设备绝缘数据的在线测量。FMU系列监测单元包括：

（1）FMU—U系统电压监测单元，监测各高压母线电压，为绝缘参数的计算提供电压数据。

（2）FMU—C电容型高压设备监测单元，监测设备的介质损耗角和电容量，发现绝缘缺陷。

（3）FMU—M金属氧化物避雷器监测单元，有效地准确测量全电流和阻性电流，全面反映避雷器的绝缘状态。

（4）FMU—Ⅰ变压器铁芯电流监测单元，有效监测油中溶解气体含量和铁芯接地电流。

（5）FMU—G变压器油气监测单元，尽早发现设备内部存在的潜伏性故障，并可随时掌握故障的发展情况。引进加拿大两种在线式油中溶解气体监测装置（H201Ti型和C201—6型在线色谱监测传感器），主要监测参数：

1）H201Ti：氢气、一氧化碳、乙炔和乙烯等气体的综合数值。

2）C201—6：氢气、一氧化碳、乙炔、甲烷、乙烷和乙烯六种气体各自的含量。

（6）FMU—E环境监测单元，对高压设备现场环境的监测有助于对绝缘状况的综合判断，提高状态诊断的准确性。

2. HVM2000通信管理机（CMU）

通信管理机是HVM2000变电站绝缘在线监测系统网络的通信枢纽，控制和协调变电站内各就地智能监测单元的工作状态，收集和处理在线监测数据，并负责将数据向远方的HVM2000智能诊断系统转发。主要功能：

（1）现场网络管理。

（2）就地单元测量控制。

（3）在线数据处理和保存。

（4）就地通信。

（5）远程通信。

（6）状态指示。

3. HVM2000智能诊断系统

智能诊断系统是HVM2000系统的“大脑”中枢。主要功能：

（1）设备管理。

（2）远程通信。

(3) 在线数据分析。

(4) 设备状态诊断决策。

(5) 信息查询。

(6) 报表系统。

(7) 信息共享。

（五）使用条件

(1) 环境温度（℃）：−40～+70。

(2) 相对湿度（%）：日平均<95，月平均<95。

(3) 大气压力（kPa）：86～106。

(4) 工作电源电压（V）：220±20%（AC）。

(5) 电源频率（Hz）：50。

（六）技术数据

HVM2000 就地智能监测单元（FMU 系列）技术数据，见表 3-2-1。

表 3-2-1　HVM2000 就地智能监测单元技术数据

设备名称	监测参数	测量范围	测量精度
母线 PT 电压	母线电压	35～550kV	±0.5%
	谐波电压	3、5、7、9 次	±2%
	系统频率	45～55Hz	±0.01Hz
电容型设备	末屏电流	2～200mA	±1%
	介质损耗角正切	−10%～10%	±0.1%
	等值电容	30～10000pF	±1%
金属氧化物避雷器	泄漏电流	100μA～10mA	±1%
	阻性电流	10～100μA	±1%
	容性电流	100μA～10mA	±1%
电力变压器	铁芯接地电流	100mA～10A	±2%
	油气含量（H201Ti）	0～2000ppm	±10%
现场环境	污秽电流	1μA～50mA	±1%
	环境温度	−50～+80℃	±0.5℃
	环境湿度	0～100%（RH）	±2%

（七）外形及安装尺寸

该产品外形及安装尺寸，见图 3-2-4。

（八）订货须知

订货时必须提供变电站系统主接线图、平面布置图、监测设备资料（设备铭牌、参数、交接试验及历年预试报告）。

（九）生产厂

上海龙源·智光电气有限公司。

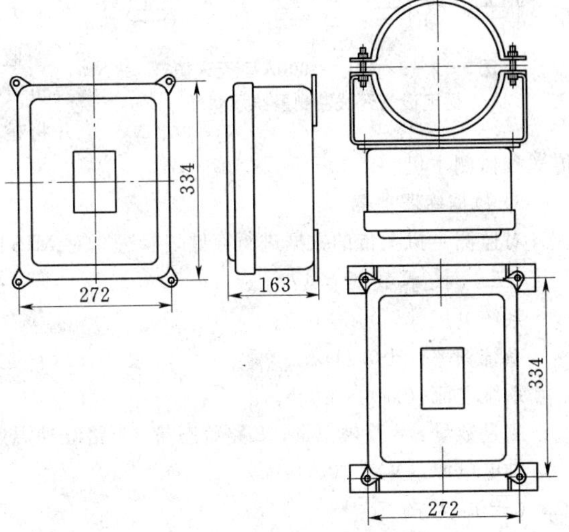

图 3-2-4　FMU 系列智能监测单元外形及安装尺寸（单位：mm）

四、GD—1000A 型无人值守配电设备无线监测系统

（一）概述

随着城市电力负荷密度的增加，环网柜、开关柜、箱式变电站、干式变电站、小型变电站的应用越来越普及，常规的继电保护手段只能在突发事故（过流、过压等）出现后，减少破坏的危害性，但对缓慢变化的事故隐患如设备过热、绝缘缺陷、漏油等，以及非法人侵、火灾、敏感气体泄漏等事件不能实时监测，这些因素对设备的安全运行构成潜在的威胁，影响城市正常的生活和工作秩序。广州高德电气有限公司在原有的在线监测系统的基础上开发了适用于无人值守的小型变电站、环网柜等中小型电力设备的无线监测系统。通过对设备的运行状态和运行环境进行实时检测，并利用 GSM 通信模块或

GPRS通信模块把数据传送给监测主机，从而实现对该设备的远程监测。

（二）型号含义

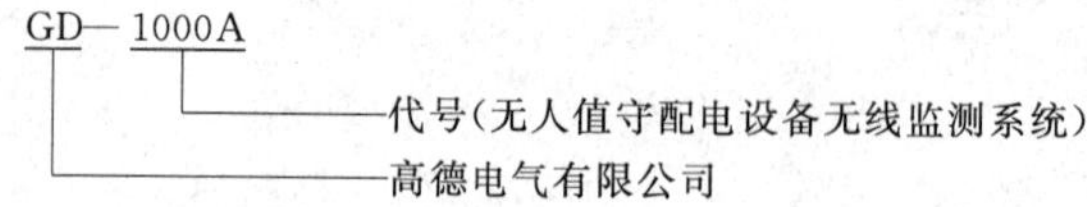

（三）功能及特点

1. 监测范围广

（1）采用零磁通信号传感器，可以对运行设备的绝缘状态进行监测。

（2）采样高精度电流、电压传感器和红外温度传感器，对设备的运行状态进行监测。

（3）采用温湿传感器和门控开关等，对设备的运行环境进行监测。

（4）信号采集兼容性强，支持不同供应商提供的传感器，支持多种信号类型和总线协议。

2. 安全可靠性高

（1）监测单元对所有的监控对象进行实时检测，异常情况立即报警。

（2）利用GSM或GPRS网络传输，可靠性高。

（3）采样单元具有对历史数据保存功能，确保数据传输万无一失。

（4）采用穿心式传感器和红外测温，不影响运行设备可靠性。

（5）严格的防雷、防潮、防过电压等可靠性设计。

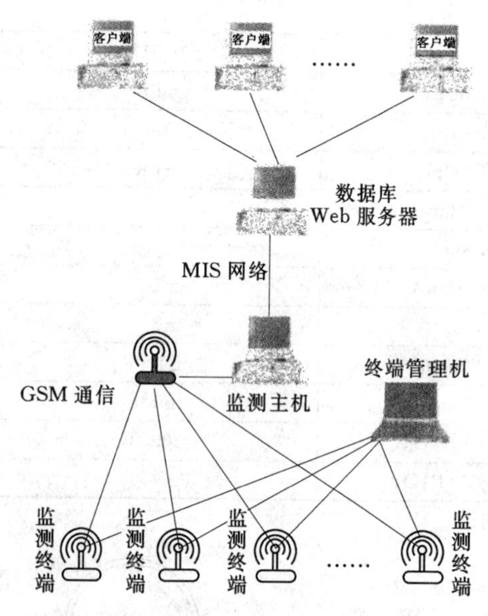

图3-2-5　GD—1000A型无人值守配电设备无线监测系统示意图

3. 使用方便

（1）向MIS网中各客户端提供数据库和WEB功能。

（2）可以使用手机随时随地调试设备、查询数据、修改参数。

（3）可利用笔记本电脑现场调试设备。

（4）配置灵活，所有监测终端中的检测对象独立工作．互不影响。

4. 施工方便，费用低

（1）利用现有的GSM或GPRS网络，施工方便，投资少。

（2）技术成熟，系统稳定性高，运行成本低。

（四）产品结构

该产品系统构架，见图3-2-5。

1. 监测主机

监测主机是小型变压器监测系统的监控和管理中心层，主要负责采集、管理整个系统中监测终端传上来的数据，负责数据的处理、存储，事故的报警、事故转发，负责与其他电力远程自动化系统的接口，监测主机可放在区供电分局。

2. 监测终端

监测终端设在中小型无人值守变电站或开关站内（35kV以下），主要负责监测其所辖区域的下属环网柜、小型变电站的状况及周边环境，并将检测数据实时上传，所有现场监测信息通过GSM或GPRS通信模块传送到监测主机。

3. 数据库服务器

对监测主机上传的数据进行存储、管理。对MIS网中的各客户端提供数据库及WEB服务。

（五）技术数据

系统电压（%）：±0.5。

系统频率：±0.1Hz。

系统电流（%）：±0.5。

测量数量：8路模拟量；8路状态量；1路红外温度（可扩展）。

供电电源（V）：220（AC）。

（六）生产厂

广州高德电气有限公司武汉分公司。

五、GD—SOL型状态检修管理系统

（一）概述

提供电气设备状态检修的整体解决方案，是对各种运行设备进行在线检测的基础上，对系统的运行状况作综合的分

析和判断的综合化、智能化平台。

状态检修系统集成了 GD —8、GD —10 绝缘在线监测系统及 CD —9 断路器在线监测系统。

系统采用开放式的软件及数据接口，支持多种数据库，易实现与其他检测系统及第三方 MIS 系统集成。

使用 Mircosoft. Net 的分布式软件体系结构，基于 XML 的 WEB 服务设计思想，实现基于 WEB 的多层软件结构体系。

系统采用最新的网络矢量化图形技术实现变电站的定位、设备管理及设备状态的实时查询与控制。

采用基于神经网络、专家系统的状态分析及智能诊断技术，采用多参数对比、温度补偿、趋势分析等方法实现对设备状态的综合判断。

（二）型号含义

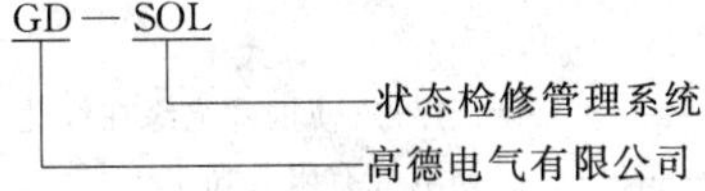

（三）结构

系统主要包括两部分：

1. 变电设备管理

设备管理、试验管理、生产计划管理、员工班组管理等。

2. 状态检修分析

基于神经网络的绝缘故障分析，基于专家系统的状态推理分析，缺陷分析，状态检修建议及反馈等。

GD —SOL 状态检修管理系统结构示意图，见图 3-2-6。

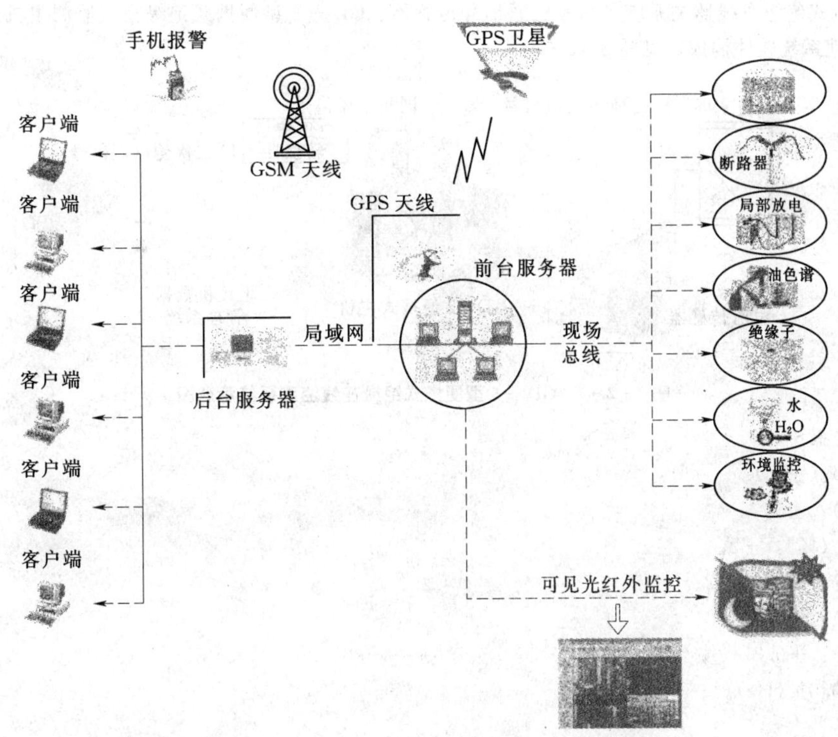

图 3-2-6　GD —SOL 状态检修管理系统结构示意图

（四）功能

GD —SOL 状态检修管理系统功能有：

（1）权限管理功能。

（2）系统管理功能。

（3）设备管理功能。

（4）状态分析功能。

（5）状态检修维护功能。

（6）企业资源管理功能。

（7）CIS 界面查询功能。

（五）生产厂

广州高德电气有限公司武汉分公司。

六、GD—5型便携式绝缘在线监测系统

（一）概述

GD—5型便携式绝缘在线监测系统是广州高德电气有限公司研制开发的新型监测系统产品，与集中式绝缘在线监测系统相比，具有安装方便、费用低、配置灵活等优点，可在设备不停电的情况下测量其各项绝缘指标，而且可方便地升级为GD—8集中式绝缘在线监测系统或GD—10分布式监测系统。

该系统主要监测对象：避雷器、电流互感器、主变套管、电压互感器、主变压器铁芯、耦合电容器。

（二）型号含义

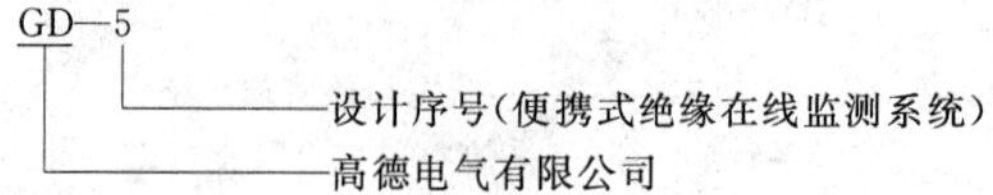

（三）产品特点

(1) 先进的测量方式和精确的测量精度。

(2) 零磁通传感器技术。

(3) 安全可靠的技术工艺及保护措施。

(4) 安全方便、费用低、具备很强的扩展性。

(5) 完善的数据上传、数据查询分析功能。

（四）结构（系统构成）

GD—5型便携式绝缘在线监测系统是由零磁通信号传感器、GD—5型便携式绝缘在线监测主机、便携式数据上传和GD—8数据管理系统软件构成，见图3-2-7。

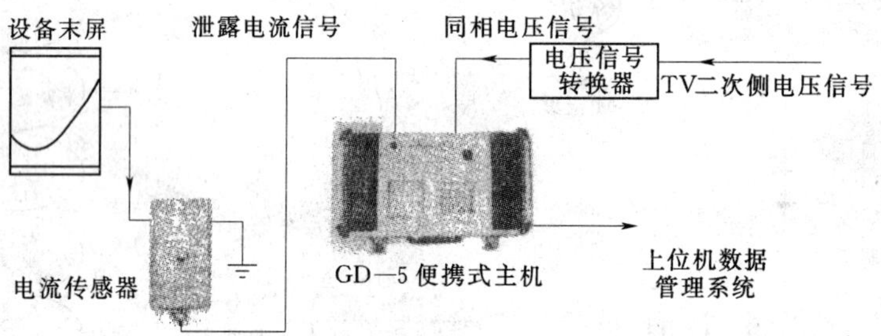

图3-2-7 GD—5型便携式绝缘在线监测系统示意图

（五）技术数据

介质损耗（%）：±0.1。

等值电容（%）：±1。

避雷器全电流（%）：±2。

避雷器阻性电流（%）：±2。

泄漏电流（%）：±0.5。

系统电压（%）：±0.5。

系统周波：±0.01（Hz）。

（六）生产厂

广州高德电气有限公司武汉分公司。

七、GD—8型高电压设备绝缘在线监测系统

（一）概述

绝缘在线监测是在电气设备运行过程中运用综合性的技术手段，借助专家分析系统准确掌握设备运行状态，早期发现电气设备绝缘劣化，及时发现缺陷，杜绝事故发生的一种有效的监测手段。

GD—8型高压设备绝缘在线监测系统采用特殊的设计思想，在多项技术上均有独到之处，被公认为高电压绝缘在线监测领域内有重大突破，并具有国际先进水平。

GD—8型高电压设备绝缘在线监测系统主要监测对象是避雷器、电流互感器、主变套管、电压互感器、主变压器铁芯、耦合电容器。

（二）型号含义

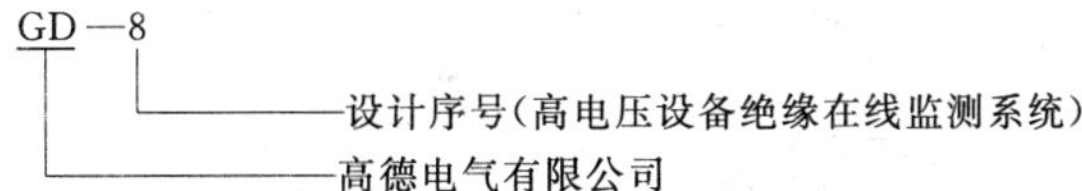

（三）产品特点

（1）独特的总线控制技术。

（2）先进的测量方式和精确的测量精度。

（3）率先采用自适应频谱分析法。

（4）零磁通传感器技术。

（5）安全可靠的技术工艺及保护措施。

（6）功能强大的远程控制方式。

（7）流行的 Web 设计和 MIS 网的数据查询分析功能。

（8）具有良好的兼容性及强大的二次开发功能。

（9）质量保证，完善的售后服务体系，全面的客户监测数据库。

（四）结构（系统构成）

该产品系统构成，见图 3-2-8。

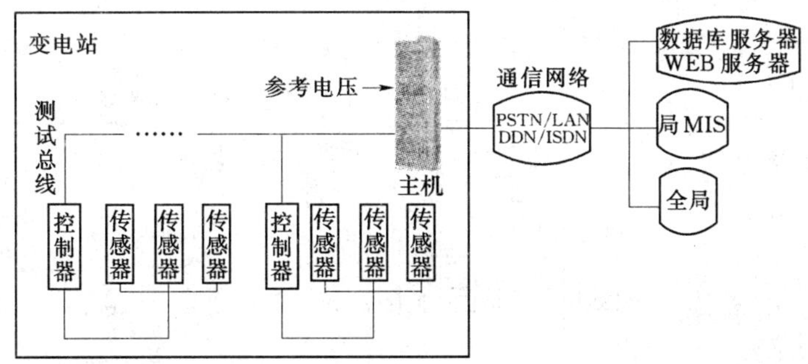

图 3-2-8　GD—8 高电压设备绝缘在线监测系统示意图

（五）技术数据

介质损耗（%）：±0.1。

等值电容（%）：±1。

避雷器全电流（%）：±2。

避雷器阻性电流（%）：±2。

泄漏电流（%）：±0.5。

系统电压（%）：±0.5。

系统周波：±0.01（Hz）。

（六）生产厂

广州高德电气有限公司武汉分公司。

八、GD —3000 型电站远程图像监控系统

（一）概述

GD —3000 型变电站远程图像监控系统是对无人值守变电站特别设计的专业监控系统。广州高德电气有限公司应用了多年积累的各种先进在线监测技术，汇集图像监控技术、安防报警技术、数据库管理技术、网络通信技术为一体，使电力生产专业工作者和管理者在远方如在现场一样，安全、实时地监控变电站现场的各种状态，并及时进行处理。

（二）型号含义

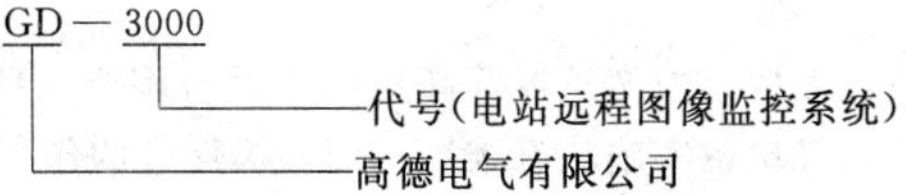

（三）产品功能

（1）现场日夜电视监控。

（2）电气设备热故障红外热像实时监控。

（3）防火防盗监控。

(4) 门监监控系统。

(四) 特点

(1) 监测面广，功能齐全。
(2) 红外热像故障监测及报警。
(3) 多种可见光摄像方式。
(4) 无线视频监控技术。
(5) 技术独特的电缆防火系统。
(6) 点式红外测温报警器。
(7) 布防方针灵活。
(8) 图像自动识别与警视联动。
(9) 灵活方便的控制方式。
(10) 完备的视频、报警资料管理功能。
(11) 先进而方便的远程监控诊断功能。
(12) 可同时对多个站进行监控。

(五) 系统组网 (结构)

GD—3000 型变电站远程图像监控系统组网，见图 3-2-9。

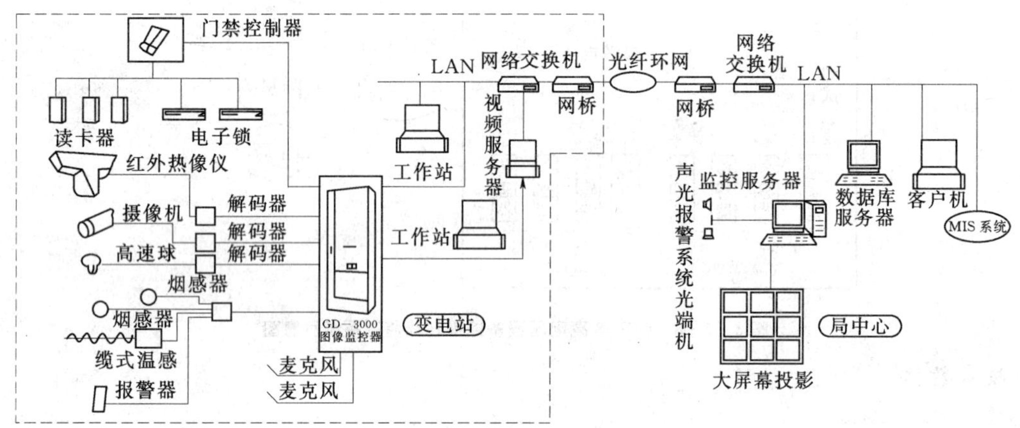

图 3-2-9 GD—3000 型变电站远程图像监控系统组网示意图

(六) 生产厂

广州高德电气有限公司武汉分公司。

九、大型电力变压器综合在线监测系统

(一) 概述

大型电力变压器综合在线监测系统利用先进的检测技术和手段将多种检测装置综合在一起，实现变压器运行状态的综合数据分析和数据处理，为变压器的状态维护提供可靠依据。该系统的应用将为大型电力变压器等高压电气设备的长期安全运行提供更加安全的保障。

综合在线监测系统集成了局部放电在线监测、油中溶解气体分析、温度负荷在线监测、综合状态特性分析和网络数据传输等技术，实时的多渠道采集各种运行数据，在线监测电力变压器等高压电气设备运行状态，通过多种网络传输技术，将监测结果传送到本地监控中心，还可以通过远程通讯装置与已有的电力通讯专用网、电话网、Internet 等通信网连接，将监测数据发往远方数据分析部门、配电管理系统及维护部门，实现远程监控和运行状态分析，在第一时间内发现变压器等高压电气设备内部潜伏性故障，根据综合监测数据的分析结果，估算出变压器的运行特性和寿命损失，为设备安全运行提供可靠依据。

该系统广泛应用于发电厂、变电站等大型电力变压器等高压电气设备综合在线监测，实现真正意义上的无人值守，避免事故发生，减少维护费用，为高压电气设备实施状态维护起到积极促进的作用。

(二) 系统组成

系统是由局部放电在线监测装置、油溶解气体在线监测装置、温度负荷在线监控装置、在线监测综合分析软件和数据服务器五部分组成。

(1) 局部放电在线监测装置：采用最新声、光、电传感器、信号处理器、计算机等技术，连续记录高压电气设备局部放电的变化趋势。

(2) 油溶解气体在线监测装置：动态监测高压电气设备油中溶解气体的含量和变化趋势，分析出设备的运行状况和潜在故障。

(3) 温度负荷在线监控装置：根据被测设备的电压、温度、负荷以及冷却器的工作状态，连续记录变压器的运行数据，分析其运行特性，智能控制冷却器运行。

(4) 在线监测综合分析软件：对局放监测数据、油气监测数据、温度负荷监测数据进行综合分析，判断运行状态，记录参数及变化趋势，超限报警，估算出变压器等高压电气设备的寿命损失。

(5) 数据服务器：控制各监测装置的运行，收集监测数据、运行分析软件，提供网络服务。

(三) 功能特点

(1) 具备强大的局部放电、油中气体、温度负荷数据分析和快速超限报警功能，所有数据连续记录、自动保存。

(2) 在局部放电监测中应用了天线门控抗干扰技术，能完全去除空间电磁干扰；利用数字与模拟混合滤波技术有效滤除来自电网中的干扰信号；采用局放波形智能识别技术，准确地识别局部放电波形；利用波形分析功能可实现频谱分析和时域分析，使用户很容易判断放电性质。

(3) 油中溶解气体监测装置是一种实用在线监测仪器，用于监测溶解于变压器油中故障气体的含量和产生速率，详细记录监测和报警信息，及时发现故障并报警。报警值可按浓度、增长率设定，也可两者同时设定。

(4) 实时监测变压器冷却装置工作状态，并采集设备运行的温度负荷参数，计算变压器绕组热点温度；根据绕组热点温度对冷却装置运行进行智能控制，使变压器运行在安全的温度范围内，延长变压器运行寿命；根据监测的绕组热点温度，按照 IEC354 提供的变压器运行寿命损失计算方法，估算出变压器的运行寿命损失。

(5) 多种在线监测装置互补工作，对高压电气设备的运行状态进行全方位综合监测，实时处理采集的各项数据，智能控制冷却器、报警等装置或其他状态异常输出。通过对数据分析系统的综合处理，为变压器维护人员提供各种分析曲线、数据结果。

(6) 系统配有标准现场总线接口，各种装置即可单台工作，又可多台联网工作，还可异种系统联网；通过通信控制器与现有数字保护系统、数据采集和监控系统、电网调度系统、配电管理系统等联网。

(7) 通过 RS—485 通信接口系统接入本地监控中心，进行本地数据接收和状态记录，通过电话网或 Internet 网，在任何时间、任何地点分析变压器的运行状态。

综合在线监测系统，见图 3-2-10。

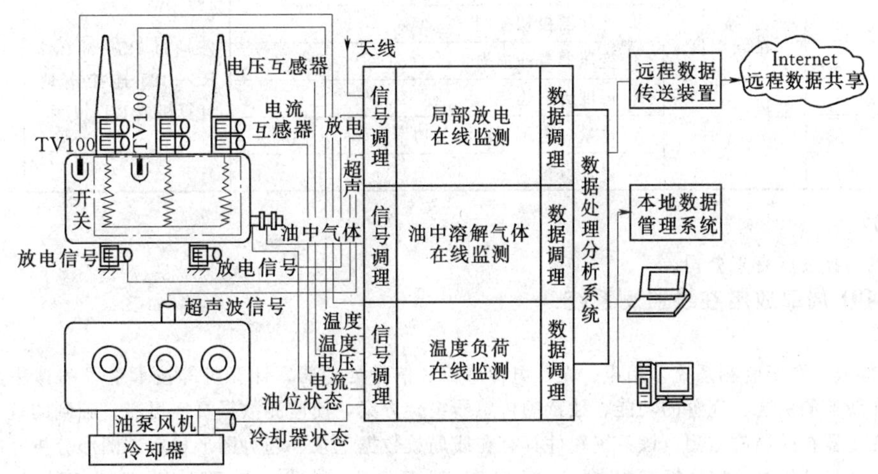

图 3-2-10 综合在线监测系统示意图

(四) 网络体系结构

该在线监控系统采用多单元分布式网络结构，每个单元可单独工作，也可联网，主控制器为通信控制器或工业控制计算机。一个系统最多可连接 100 个从设备。主控制器可接入电力系统专用网、现场控制总线网、电话网或 Internet 网。单元装置可直接接入现场控制总线网。

网络体系结构，见图 3-2-11。

(五) 检测参数和控制对象

该在线检测系统检测参数和控制对象，见表 3-2-2。

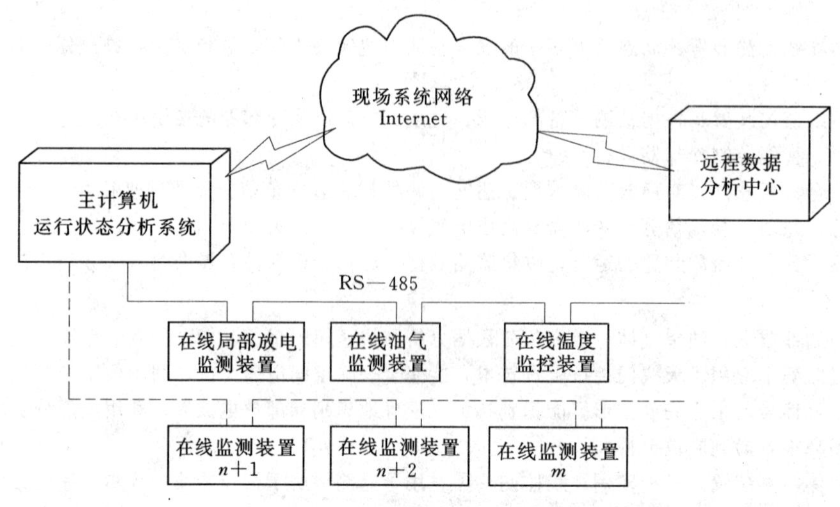

图 3-2-11　网络体系结构示意图

表 3-2-2　检测参数和控制对象

<table>
<tr><th>在线前端探测器</th><th>检测设备</th><th>显示或控制对象</th><th>本地通信</th><th>远程通信</th></tr>
<tr><td>超声波</td><td rowspan="4">局部放电在线测量</td><td>1. 放电量变化趋势</td><td rowspan="4">通过 RS—232 或 RS—485 连接本地计算机或 RTU</td><td rowspan="14">通过 Internet 连接，可在任何时间、任何地点分析变压器的运行状态</td></tr>
<tr><td>电信号</td><td>2. 波形显示</td></tr>
<tr><td rowspan="2">空间干扰信号</td><td>3. 异常报警</td></tr>
<tr><td>4. 放电量或相对放电量</td></tr>
<tr><td rowspan="4">油中气体</td><td rowspan="4">油中溶解气体在线监测与分析</td><td>1. 油中溶解气体浓度</td><td rowspan="4">通过 RS—232 或 RS—485 连接本地计算机或 RTU</td></tr>
<tr><td>2. 油中溶解气体变化率</td></tr>
<tr><td>3. 油中溶解气体历史趋势</td></tr>
<tr><td>4. 异常报警</td></tr>
<tr><td>温度</td><td rowspan="6">在线温度、负荷综合监控</td><td>1.（油、绕组、开关）温度显示</td><td rowspan="6">通过 RS—232 或 RS—485 连接本地计算机或 RTU</td></tr>
<tr><td>电压</td><td>2. 冷却器投切控制</td></tr>
<tr><td>电流</td><td>3. 变压器寿命损失</td></tr>
<tr><td>冷却器运行状态</td><td>4. 温度历史趋势</td></tr>
<tr><td>油位状态</td><td>5. 电量（电压、电流、功率、$\cos\varphi$）监测</td></tr>
<tr><td>开关状态</td><td>6. 异常报警</td></tr>
</table>

（六）生产厂

保定天威新域科技发展有限公司。

十、OLM0401 局部放电在线监测系统

（一）概述

OLM0401 局部放电在线监测系统采用声、光、电传感器、信号处理器、计算机等技术手段和算法，实现新一代高性能数字化局放在线监测系统。完善的功能、独特的传感器组合方案，使监测数据真实可靠；独到的抗干扰技术在强干扰环境下实现对变压器在线局放监测。该系统软件具有在线局放数据记录、趋势图形显示、图形分析、超限报警、放电波形的实时显示、波形分析等功能。系统配有标准网络接口，通过现场总线、电话网、Internet 网络与本地或远程数据分析中心连接。可在任何时间、任何地点在线分析变压器的运行状态，也可与保定天威新域科技发展有限公司生产的其他在线监测装置联网形成综合在线监测系统。

（二）型号含义

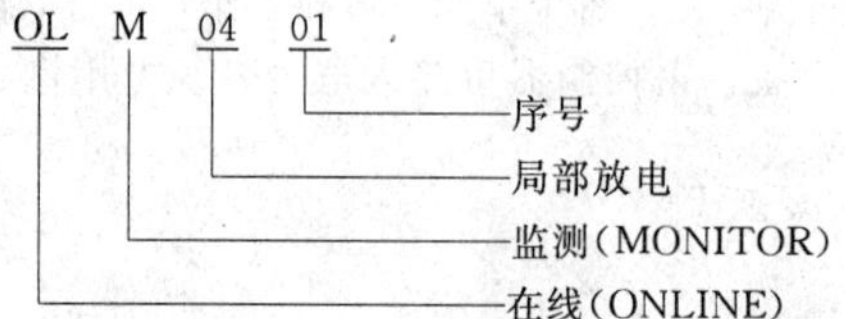

（三）功能特点

(1) 利用超声和电脉冲综合检测方法，确定变压器内部放电。

（2）实用的天线门控抗干扰技术，几乎能完全去除空间电磁干扰；利用数字和模拟混合滤波技术有效滤除来自电网的干扰信号；通过对放电信号的智能识别，可屏蔽与放电信号混在一起的外部各种干扰信号，实现强干扰环境下局部放电在线监测。

（3）带通滤波器带宽可任意组合，有效抑制各种干扰。技术实现上既可使用模拟滤波器，也能使用数字滤波器，两者也可同时使用。

（4）采用局部放电波形智能识别技术，准确地识别局部放电波形。

（5）具备强大的局部放电趋势分析和局部放电实时报警功能。放电量、趋势图数据及报警事件连续记录、自动保存，并可随时查看分析。

（6）利用波形分析功能实现频谱分析和时域分析，很容易判断放电性质。

（7）系统采用多通道、12位、5MHz同步数据采集；可对放电电信号、超声波信号、天线信号等多种类型的信号进行综合处理。

（8）随时保存、分析并显示放电波形频域图谱。

（9）配置高性能工业控制计算机，Windows操作系统，图形画面显示更流畅。

（10）通过现场总线、电话网或Internet网络实现异地数据传输，进行高压电气设备的远程在线监测、运行分析及系统维护。

（四）技术数据

（1）测量通道：1～12。

（2）系统频带。

超声波传感器（kHz）：5～350。

高频电流互感器：10kHz～1.2MHz。

天线放大器：5kHz～1.2MHz。

通道低频（kHz）：10，40，80，150，OFF（可选）。

通道高频（kHz）：100，300，400，800，OFF（可选）。

（3）增益（dB）：60。

（4）采样速率（MHz）：5。

（5）采样精度：12bit±0.4LSB。

（6）检测灵敏度：在线状态（电脉冲）500pC。

（7）测量范围：200pC～70nC。

（8）运行环境（℃）：－10～＋50。

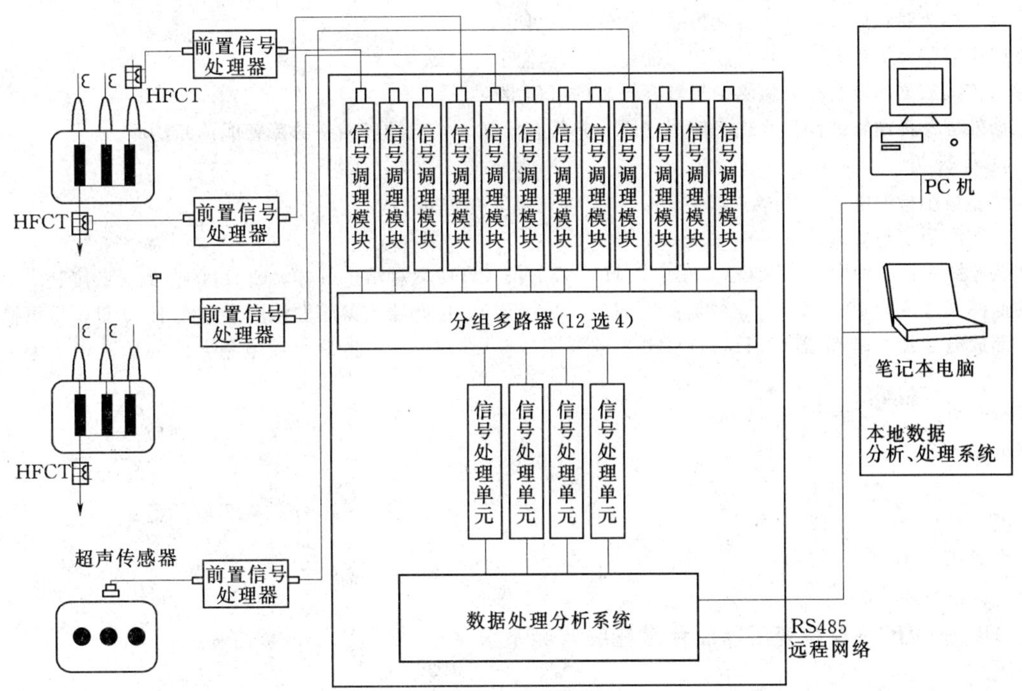

图3-2-12　OLM0401—PD12/4多通道变压器局部放电在线监测系统

(9) 电源：单相，220V，50Hz。

(五) 系统示意图

OLM0401—PD12/4多通道变压器局部放电在线监测系统，见图3-2-12。

(六) 外形及安装尺寸

OLM0401变压器局部放电在线监测系统主柜外形尺寸（长×宽×高）(mm×mm×mm)：800×595×2260。

(七) 生产厂

保定天威新域科技发展有限公司。

十一、HG—DZJ—Ⅳ型电气设备绝缘在线监测系统

(一) 概述

HG—DZJ—Ⅳ型电气设备绝缘在线监测系统为国家级高新技术产品，在线监测变压器油中6种溶解气体、电容性设备和氧化锌避雷器、变压器局部放电、线路电压、电流暂稳态谐波等参量，具有监测参量最多、功能齐全、智能化程度高、可靠性高、灵敏度高等显著特点。主要应用于变电站高压电气设备绝缘在线监测与智能诊断，为运行检修人员提供可靠的设备绝缘信息和科学的检修依据，减少事故发生，延长检修间隔，减少停电检修次数和时间，提高设备利用率和整体经济效益。该技术具有国际领先水平，已在国内10多个省市地区、近100个变电站应用。

(二) 型号含义

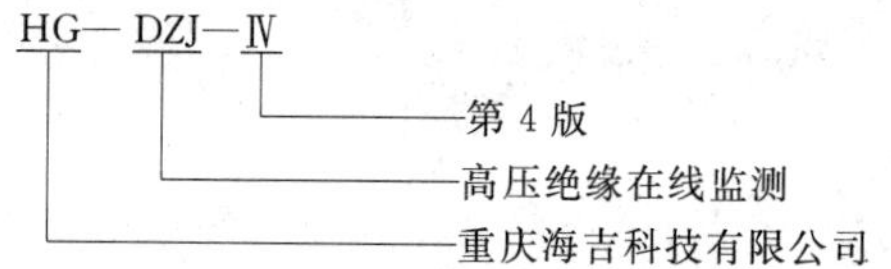

(三) 系统特点

HG—DZJ—Ⅳ型电气设备绝缘在线监测系统主要由无源微电流传感器、现场信号处理箱、微机处理控制单元及远程MIS系统等单元组成。该系统特点：

(1) 总线组团式技术设计方案：采用无源微电流传感器获取信号、长距离传输、数字采样、工业控制机中心处理、多机通信、多参量、多功能综合在线智能化监测及故障诊断系统，抗干扰能力强，现场运行良好，监测结果满足工程需要，对实现状态维修提供可靠的技术保障。

(2) 传感器性能稳定，灵敏度高，使用寿命长，良好的抗电磁干扰能力。

(3) 采用单元独立管理，模块化设计，电源自动控制，电缆用量少，安装、调试和维护方便。

(4) 采用定向耦合差动平衡—多端调节及高速采样等硬件方法与自适应滤波、格型滤波器滤波、自相关小波变换等数字化滤波技术相结合，实现强电磁干扰背景下高速、高频的对变压器局部放电信号的在线监测。

(5) 现场监测数据与MIS系统联网的传送稳定、可靠。

(6) 系统电磁兼容性较好，抗干扰能力强，软件运行可靠。

(7) 可根据需要灵活扩充，实现对新的特征量的在线监测。

(8) 各项监测数据离散性小，监测结果具有较高的可信度。

(9) 数据处理及界面软件设计合理，使用方便，并具有模糊、人工神经网络故障智能诊断功能。

(四) 技术数据

(1) 传感器最小检测电流0.3mA，误差±0.1%，抗干扰，抗腐蚀。

(2) 介损监测稳定绝对误差(%)：≤±0.1。

(3) 在线监测变压器油中H_2、CO、CH_4、C_2H_4、C_2H_2、C_2H_6六种溶解气体，C_2H_2的监测灵敏度达1ppm，其余五种气体的监测灵敏度为10×10^{-6}。在线监测周期短（2～3天），传感器及薄膜的使用寿命大于10年，易更换。

(4) 局部放电监测系统带宽50kHz～1MHz，采样率3～12MS/s，监测最小放电量：220kV及以上系统为3000～5000pC。

(5) 运行环境。

海拔(m)：<3000。

环境温度(℃)：−20～+60。

相对湿度(%)：日平均<80，月平均<70。

(五) 生产厂

重庆海吉科技有限公司。

十二、HG—SPJC—Ⅳ型变压器油色谱在线监测系统

(一) 概述

HG—SPJC—Ⅳ型变压器油色谱在线监测系统在线监测变压器油中H_2、CH_4、C_2H_6、C_2H_4、C_2H_2、CO等六种溶

解气体含量，为及时准备发现潜伏性绝缘故障和缺陷，随时提供可靠的数据信息。采用自主研制、性能优异的高分子聚合薄膜分离油中溶解气体，透气率高，机械强度好，耐污染能力强和耐老化时间长，具有良好的油中溶解气体分离性能。采用气体复合多传感器直接检测上述六种气体含量，乙炔检测灵敏度为 1×10^{-6}，其他五种气体检测灵敏度为 10×10^{-6}。

（二）结构

变压器油色谱在线监测系统主要由油气分离检测器、色谱监测控制箱、微机处理单元等组成。一台主变压器对应一个油气分离检测器。微机处理单元由信号处理模块、数字采样模块、通信模块、工业计算机构成。一台微机能控制多台油气分离检测器，完成对多台主变压器的在线监测。

色谱监测控制箱与微机处理单元间采用 RS485 总线接口，检测信号在现场进行 A/D 转换，用数字信号将转换数据传送到主控室，消除了长距离传输耦合的干扰，电缆用量少，在控制箱与主机之间仅用一条电缆，施工简便，可靠性高，抗干扰能力强。

（三）技术数据

(1) 检测灵敏度：C_2H_2 监测灵敏度 1×10^{-6}，测量误差 ±10%；H_2、CO、CH_4、C_2H_4、C_2H_6 监测灵敏度 10×10^{-6}，测量误差±10%。

(2) 检测周期：2～3 天自动检测一次。

(3) 传感器及薄膜使用寿命：>10 年，易更换。

(4) 供电电源（V）：220（工频交流）。

(5) 重量（kg）：油气分离检测器 10；色谱监测控制箱 30。

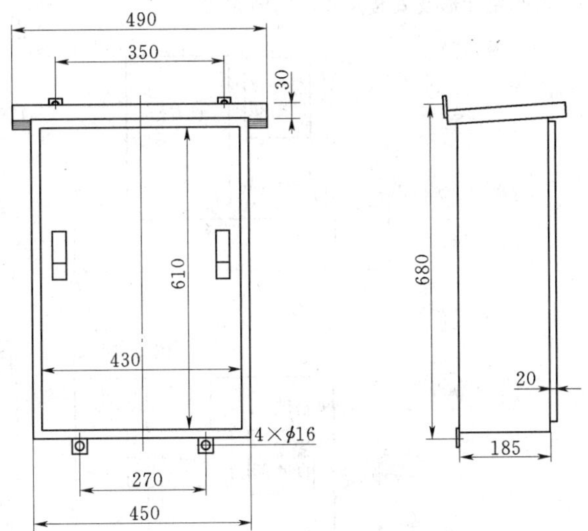

图 3-2-13　色谱监测控制箱的外形及安装尺寸（单位：mm）

（四）外形及安装尺寸

HG—SPJC—Ⅳ型变压器油色谱在线监控制箱的外形及安装尺寸，见图 3-2-13。

（五）生产厂

重庆海吉科技有限公司。

十三、HG—JSJC—Ⅳ型介损在线监测系统

（一）概述

HG—JSJC—Ⅳ型介损在线监测系统适用于 110～500kV 电压等级的主变套管、主变铁芯、电流互感器、电压互感器、避雷器、耦合电容器、变电站支柱污秽的在线监测及智能化诊断，线路暂、稳态电压和电流谐波监测。可监测 TV、TA、主变套管、耦合电容等高压电容性设备的介质损耗，泄漏电流、等值电容等各项绝缘指标；氧化锌避雷器阻性电流、总泄漏电流、泄漏功率；主变铁芯、支柱污秽泄漏电流；线路暂、稳态电压或电流谐波；母线电压、系统频率等。

（二）型号含义

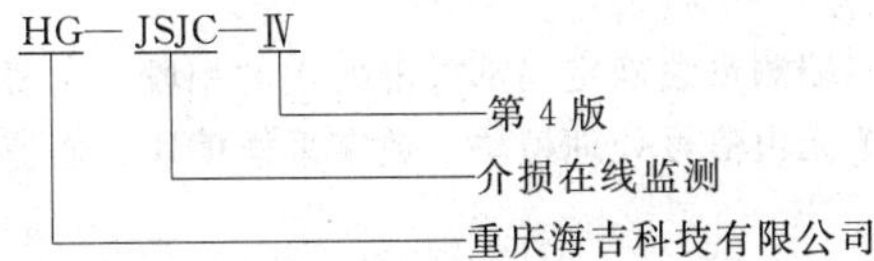

（三）结构

HC—JSJC—Ⅳ在线监测主要由无源电流传感器、介损信号处理箱、微机处理单元等组成。一台设备每相对应一只传感器。微机处理单元由信号选通模块、信号处理模块、A/D 采样模块、通信模块、工业计算机构成。

介损信号处理箱与微机处理单元采用 RS485 总线接口送出选通信号，检测信号经选通后送到微机处理单元进行 A/D 转换，在控制箱与主机之间仅用一条电缆，施工简便、可靠性高、抗干扰能力强。

（四）技术数据

系统周波误差（%）：±0.01。

等值电容误差（%）：±1。

系统电压误差（%）：±0.5。

介质损耗绝对误差（%）：±0.1。

泄漏电流误差（%）：±0.5。

避雷器全电流误差（%）：±2。

避雷器阻性电流误差（%）：±5。

最小检测电流（mA）：0.3。

环境温度监测误差（%）：±3。

重量（kg）：传感器 1.5；介损信号处理箱 25。

（五）外形及安装尺寸

该产品外形及安装尺寸，见图 3-2-14。

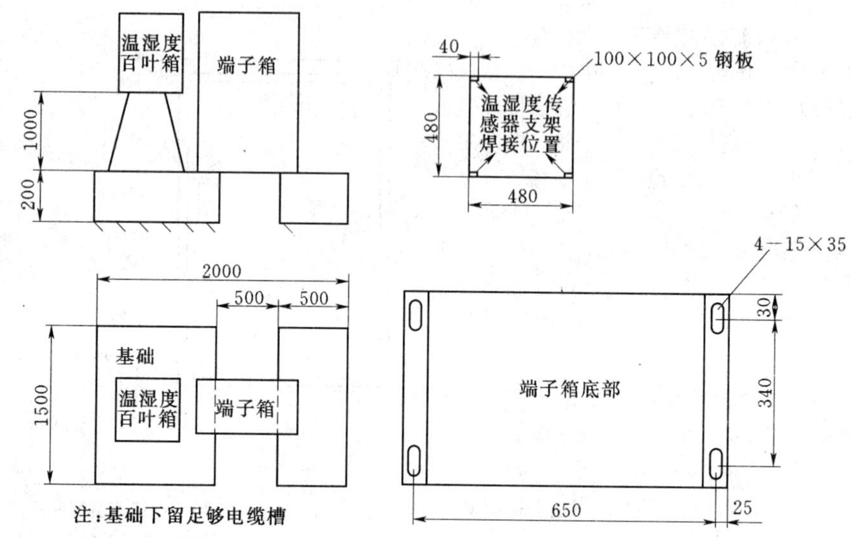

图 3-2-14　HG—JSJC—Ⅳ型介损信号处理箱外形及安装尺寸（单位：mm）

（六）生产厂

重庆海吉科技有限公司。

十四、HG—JFJC—Ⅳ型局部放电在线监测系统

（一）用途

HG—JFJC—Ⅳ型局部放电在线监测系统，适用于 110～500kV 大型电力变压器局部放电在线监测及智能诊断监测电力变压器局部放电量与故障模式识别。

（二）型号含义

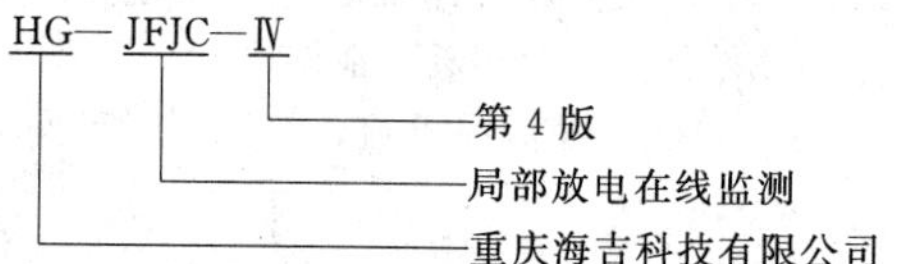

（三）结构

该产品采用高频脉冲电流测量法、多端测量法确定局部放电发生的相段。主要由高频谐振式电流传感器、局放信号处理箱、微机控制单元组成。微机处理单元由信号处理模块、数字采样模块、通信模块、工业计算机构成。

（四）技术数据

(1) 最小检测放电量（pC）：110kV 系统变压器 3000；220kV 系统变压器 5000。

(2) 系统检测频带：50kHz～1MHz。

(3) 高速数据采集单元。

最大采样速率（Mbit/s）：24。

通道数（个）：2。

幅值分辨率（位）：8。

输入阻抗（Ω）：50，10。

(4) 电源（V）：220（交流）。

(5) 环境温度（℃）：－20～＋60。

(6) 相对湿度（%）：日平均＜80，月平均＜70。

(7) 海拔（m）：＜3000。

(8) 重量(kg):传感器 1.5;局部放电监测控制箱 25。

(五) 生产厂

重庆海吉科技有限公司。

十五、RCD—1B 介质损耗及阻性电流在线检测系统

(一) 概述

RCD—1B 介质损耗及阻性电流在线检测系统,可用于带电检测容性电气设备(套管、TA、CVT、耦合电容器)的介质损耗。电容量和氧化锌避雷器的阻性电流、全电流等绝缘参数,现已近 6000 台高压电气设备上安装使用,有效检测出多起绝缘缺陷。

该产品采用便携式结构和全数字化测量技术,内置两个高精度电流传感器,只需在被测电气设备下方安装专用的 RCD—TB 取样保护单元,即可实现对运行中电气设备进行定期检测,及时发现绝缘缺陷,延长停电预期周期。

(二) 工作原理

RCD—1B 在线检测系统主要包括 RCD—1B 便携式带电检测仪和 RCD—TB 取样保护单元两部分。工作原理,见图 3-2-15。

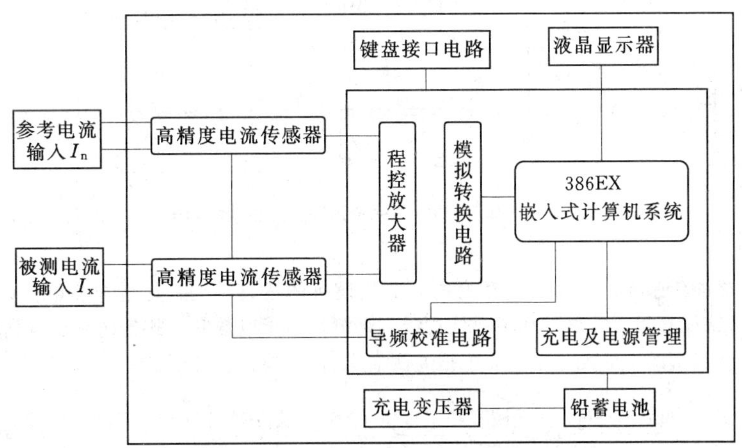

图 3-2-15 RCD—1B 介质损耗及阻性电流在线检测仪原理框图

(三) 性能特点

(1) 多种测试功能,在线监测电容性设备介质损耗、电容量和氧化锌避雷器阻性电流、全电流参数。

(2) 高精度的穿芯式电流传感器,独特的异频自校技术,可准确检测 70μA~700mA 范围内的电流信号,介质损耗测试结果完全不受谐波及脉冲干扰的影响,具有±0.05%的检测精度。

(3) 独特介质损耗在线检测方式,既可测量两个电容型设备的介质损耗差值和电容量比值,又可利用 PT 的二次侧电压作为基准信号,测量设备介质损耗及电容量的绝对值。

(4) 完善的阻性电流在线监测方式,即使母线电压含有谐波,或者存在相间电场干扰,也能准确测量避雷器的全电流、阻性电流、阻性电流基波及容性电流等多种参数。

(5) 便携式结构,操作简单,机内铅蓄电池(可充电)可维持 8h 的连续工作时间。

(四) 技术数据

RCD—1B 介质损耗及阻性电流在线检测系统技术数据,见表 3-2-3。

表 3-2-3 RCD—1B 介质损耗及阻性电流在线检测系统技术数据

检测参数	测量范围	测量精度	检测参数	测量范围	测量精度
电流信号	I_x 或 I_n=70μA~700mA	±0.5%	阻性电流	I_{rp}=10μA~100mA	±1%
电压信号	U_n=3~300V	±0.5%	容性电流	I_{cp}=100μA~300mA	±1%
介质损耗	tanδ=-100%~100%	±0.05%	相位	α=-180°~180°	±0.02°
电容量	C_x=10pF~0.3μF	±0.5%	频率	f=45~55Hz	±0.01%
电容比值	C_x:C_n=1:1000~1000:1	±0.2%			

(五) 生产厂

中国电力科学研究院北京圣泰实时电气技术有限公司。

十六、SIM—1 变电站电气设备绝缘状态在线监测系统

（一）概述

SIM—1 绝缘状态监测系统是一套对 110kV 及以上电压等级的电气设备，实施绝缘状态在线监测及诊断的完整监测系统，是国内最早采用分布式测量结构产品，适用于监测运行中电力变压器、互感器、耦合电容器、避雷器等高压电气设备的绝缘状况。目前已在多个 220kV 及 500kV 变电站安装运行，安全、可靠、有效。

（二）结构

该产品采用分布式结构、就地测量、数字传输，由安装在变电站内的监测系统和安装在用户端的数据管理系统两部分构成。通过局域网或电话网，用户把若干个变电站的监测数据汇集到数据管理及诊断中心。整个系统的结构，见图3-2-16。

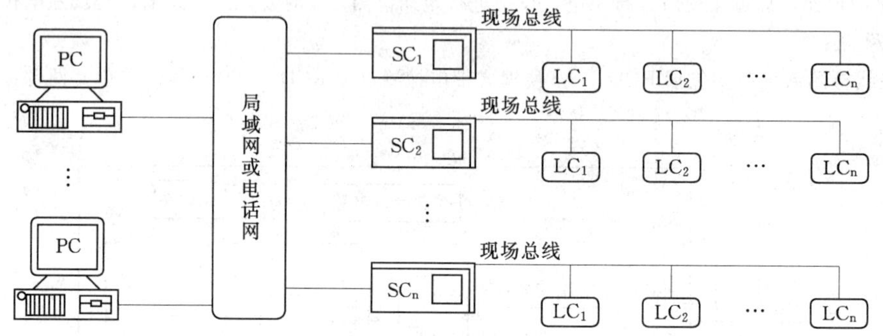

图 3-2-16 SIM—1 绝缘在线监测系统示意图

1. 本地测量单元（LC）

本地测量单元 LC（智能传感器）通常安装在变电站电气设备的运行现场，每组被测电气设备（三相）安装一台，就地监测电气设备的绝缘特征参量，并通过现场通信总线，将测量结果以数字方式传送到变电站的中央监控器 SC。

SIM—1 系统包括 5 种类型的本地测量单元，根据监测需求自由进行组合，见图 3-2-17。

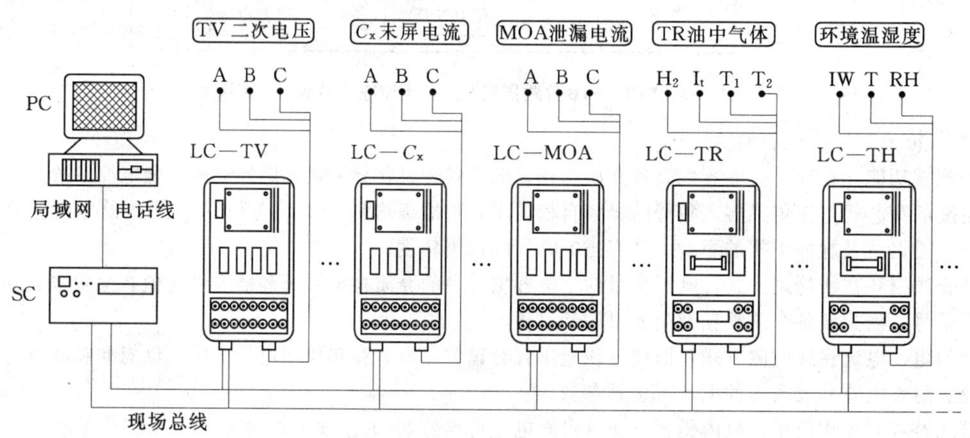

图 3-2-17 本地测量单元 LC 的构成及系统连接

2. 中央监控器（SC）

采用嵌入式结构，直接安装在电气设备运行区域（不占用主控室空间），每个变电站通常使用一台，通过现场总线控制各个本地测量单元 LC 的工作状态，读取和处理测量数据及异常信息，现场只需提供一个局域网或电话信道，中央监控器即可实现远程通信功能，随时接受远方数据管理系统的访问。

3. 数据管理系统（PC）

用于远程汇集各个变电站内中央监控器 SC 的监测数据，并自动进行分析判断，可安装在管理部门的计算机中运行，通过电话通信或局域网通信方式定时获得各个变电站的监测数据，对监测数据进行分析判断，便于管理人员作出更为精确的诊断。

（三）性能特点

（1）配置灵活。采用全分布式现场总线结构，就地测量，数字传输，扩展性极强，增加或减少监测设备和监测项目均不需改变系统结构，可根据需要在中央监控器提供现场总线上挂接不同类型及数量的本地测量单元，实现对变压器、

互感器、耦合电容器、避雷器、套管等电气设备的监测和诊断。

(2) 安装简便。

(3) 测量准确。采用高精度及高稳定性的穿芯式零磁通电流传感器，配合先进的检测技术及数字化通信技术，彻底解决了电容型设备介质损耗测量和避雷器设备阻性电流测量的精度及稳定性问题。保证了对不同电气设备监测的同时性，使监测数据具备较强的可比性，有效消除外部环境因素的影响，提高诊断结果的可靠性。

(4) 数据可靠。本地测量单元具备较完善的自检功能，及时反映测量单元自身的工作状况。测量信号全部采用数字通信方式传输，彻底消除了因工频电磁干扰所导致的模拟信号传输失真问题，提高介损监测数据的准确度和可信度。

(5) 功能齐全。

(6) 维护简单。所有的本地测量单元均采用模块化结构设计，对于使用数量较多的电容型设备及避雷器测量单元采用完全相同的硬件结构（包括电流传感器），具备高度的通用性和互换性，可在设备带电运行的条件下，对包括传感器在内的所有部件进行维修或更换。

(7) 安全可靠。所有容性设备的末屏电流信号均采用穿芯结构的电流传感器进行取样，不会改变设备原有的电气接线。整套监测系统的所有模块均采用工业化标准，全部经过高温老化和电磁兼容试验，并且选用德国进口机箱，密封好，防腐性能好，满足长期运行要求。

（四）技术数据

SIM—1 变电站电气设备绝缘状态在线监测系统技术数据，见表 3-2-4。

表 3-2-4　**SIM—1 型在线监测系统技术数据**

设备名称	监测参数	测量范围	测量精度
系统电压	母线电压	35～550kV	0.5%
电容型设备	末屏电流	70μA～700mA	0.5%
	介质损耗	−100%～100%	±0.05%
	等值电容	30pF～0.3μF	0.5%
MOA 避雷器	泄漏电流	35μA～700mA	0.5%
	阻性电流	50μA～500mA	0.5%
	容性电流	50μA～500mA	0.5%
电力变压器	油中氢气	$10 \sim 1200 \times 10^{-6}$	10%
	铁芯电流	10μA～700mA	0.5%
环境参数	污秽电流	1μA～70mA	0.5%
	环境温度	−20～80℃	±0.5℃
	环境湿度	0～100% (RH)	2%

（五）外形及安装尺寸

SIM—1 型测量单元的外形及安装尺寸，见图 3-2-18。

（六）生产厂

中国电力科学研究院北京圣泰实时电气技术有限公司。

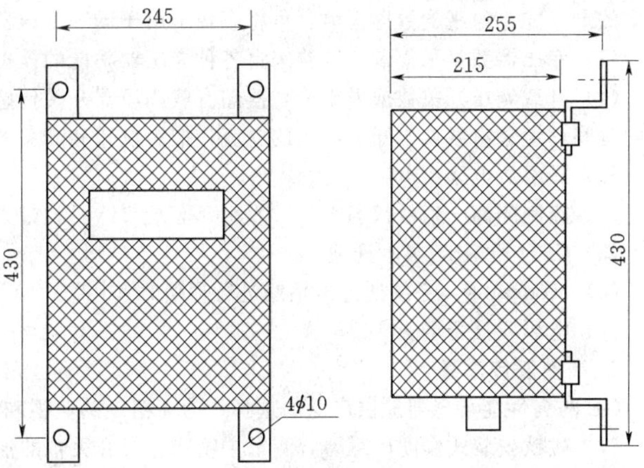

图 3-2-18　SIM—1 型变电站电气设备绝缘状态在线监测系统测量单元外形及安装尺寸（单位：mm）

十七、T—MAP™3100 变压器综合在线监测系统

（一）用途

T—MAP™3100 变压器综合在线监测系统适用于所有的关键变压器，连续的状态监测，优化变压器性能，延长设备的寿命。

（二）性能

1. 装置的性能和资源的利用达到最大化

该在线系统提供了广泛的监测和诊断能力，对需要监视多状态和面向性能的参数（包括声学局部放电）是一个理想的解决方案，允许电力公司将变压器监测集成于综合检修管理策略中。通过监视器或者远程计算机查看实时数据、报警信息和参数。

2. 不仅提供数据，更是决策依据

通过分析软件，可按变压器实际要求设置 T—MAP™3100 硬件，使用最新的技术采集、分析和处理数据，评估设备的状态，产生可视化报警及报警信号。

SAGE™软件允许运行人员为装置各部分自定义诊断算法。通过结合传感器输入和采用统计处理，SAGE™可产生“虚拟传感器”，可以预测有载调压开关的触点磨损、静态电气老化和其他一些潜在的故障，当虚拟传感器的读数接近临界值时产生多级软件报警，发出需要维护的信号。

SAGE™统计分析能力包括变化率和趋势分析。通过该软件建立正常的运行模式，为装置的每一部分建立一个标准评估程序。SAGE™作图法可以生成自定义的模拟图形、X—Y 图形、历史图表、事件图表和周期图形，即给运行人员提供设备性能图。可以集成多种监视，并可安装于一个集中的在线设备管理系统中。

3. 硬件模块的最大可扩展性

T—MAP™3100 系统采用单元机架，不锈钢防震、室外型，NEMA4X 外壳。安装于室内或室外变压器上或变压器附近。系统包括荧光显示，4 个报警 LED，5 个用于选择、查看，获得报警及查看数据的按钮。T—MAP™3100 机架是一个基于 VME 的插卡式机架，有专用的后接线板和通信总线。1 个机架可以用于监视 1 个或几个变压器的多种参数，未使用的通道用于将来的扩展，包括增加参数监视和增加变压器。传感器通过屏蔽双绞线或同轴电缆与内插卡的前端端子相连。

4. 主站计算机通信

T—MAP™3100 和主机之间的通信有很大方式，该主机可下载数据和上传设置。可以通过 CPU 模块，利用本地串行通信端口、modem 拨号或者其他媒介包括环网、无线、宽带或者光纤通信完成。当一个变电站安装多系统时，通过电话交换机和多通道无线连接，进行 T—MAP™3100 和运行 SAGE 软件的主机之间的通信。

（三）使用条件

（1）运行环境温度（℃）：−40～+70（−40～158℉），有加热器。

（2）相对湿度（%）：5～95，无凝结。

（3）电源输入标准。交流 120V 或 240V，50～60Hz；可选择的直流±125V。

（4）电源输入保护（T—MAP3100 卡）。125V 直流，240V 直流。

熔断保护：F2，类型 3AG，额定值 6.25A、250V 交流。

熔断保护：F3、F4，类型 KLK 快速装置，额定值 2A、600V 交流，120V 直流。

（5）外壳材料：不锈钢，防雨。

（6）机架设计：防震，可容纳 10 块卡式单元。

（四）结构

1. T—MAP™3100 系统卡

一个机架包括一个用于处理和通信的 CPU 卡，T—MAP™3100 功能模块智能卡，通过通信总线在机架中通讯。数据采集卡监视、存储和分析来自于变压器传感器的数据。对应于装置有载调压开关和未装有载调压开关的变压器分别有独立的卡。如果监视的数据很大，可将多块卡用于同一变压器。采集卡按不同信号或范围的传感器要求设置。

（1）变压器数据采集卡，监测来自各种变压器功能的模拟和数字量输入。

（2）有载调压开关数据采集卡，监测有载调压器开关传感器输入的模拟量和数字量，包括抽头变化的次数和每次持续的时间，记录有载调压开关电机的电流，抽头位置和开关的动作。

（3）局部放电采集卡。

（4）控制隔离—信号状态卡。120/240$V_{a.c}$或 24$V_{d.c}$，带光隔离的数据采集卡，测量数据状态（1，0）。

（5）CPU 通信卡/显示选项。

（6）Modem 卡，系统通过电话线进行通信时使用该卡。

（7）电源和报警卡。

2. 高性能传感器

GE 的高性能传感器提供广泛的选择，为高精度的监视和检修计划提供输入。

（1）磁铁安装式温度传感器，测量主箱和有载开关箱的油温。磁铁式安装于变压器的外部。

（2）RTD 传送器和热电偶套管，嵌入式温度传感器。箱体内传送器与热电偶套管中封装的 RTD 传感器相连接。

（3）环境温度和局放装置，监测环境温度和环境局放。

（4）霍尔效应电流传感器，为直流电机提供非接触式直流电流传感器，监测有载调压开关直流电机操作电流。

（5）钳式交流电流传感器，监测有载调压开关电机和负载相电流，夹在导线出线处，与电源没有直接的电气连接。

（6）HYDRN®可燃气体传感器——Model 201 型，监测溶解于绝缘油中的故障气体：氢气和一氧化碳气体的混合浓度。

（7）内部的局放传感器，对绝缘油中局放水平的声学检测。安装于变压器顶端，插入变压器箱中的玻璃纤维棒上。

（8）外部的局放传感器，对绝缘油中局放水平的声学检测。安装于变压器外部箱体上。

（9）AQUAOIL 湿度传感器，测量绝缘油中的湿度。

（10）太阳能磁铁式泄漏电流传感器，监测变压器中性点的直流电流来预测铁芯的饱和度冷却器监视器。监测冷却器的温度、识别泵或者风扇组件的故障。跳线设置为 10～200A。安装于变压器主控制箱。

（五）外形与安装尺寸

T—MAP™ 3100 变压器综合在线监测系统箱体安装于室内或室外的一个支持 40kg 以上重量的表面上，应有足够的开门空间和底部进线空间，如果安装了显示，应安装于方便观察的高度。

如果机箱安装于变压器上，安装位置应该远离制冷系统的热空气排放口，在机箱和变压器之间必须至少留有 15cm 的间距，以便通风。

外形尺寸（mm×mm×mm）：610×610×480。

重量（kg）：42.7（不包括附件）。

（六）生产厂

GE 公司中国大陆独家代理中能电力科技开发公司。

十八、北京领翼中翔科技有限公司 LBPD—2000 GIS 局部放电在线监测系统

（一）LBPD —2000 系统概述

LBPD —2000 GIS 局部放电在线监测系统是北京领翼中翔公司采用清华大学技术推出的基于超高频（UHF）检测技术的 GIS 设备状态在线监测产品。局部放电特性是衡量 GIS 绝缘系统质量的重要指标，对运行中的 GIS 的绝缘状况进行在线检测即是保证设备安全运行的可靠手段。GIS 局部放电在线检测能够帮助及时发现 GIS 的绝缘缺陷，避免绝缘故障，提高 GIS 的安全运行水平。基于 GIS 局部放电在线监测，可以实现 GIS 绝缘的状态维修，减少停电时间和节省维修费用。

LBPD —2000 采用先进的软硬件模块化设计思路，既可以提供 GIS 局放在线监测的全套解决方案，也可以提供与第三方硬件的集成解决方案。

（二）LBPD —2000 系统适用范围

110～1000kV 电压等级 GIS（含 HGIS）设备。

（三）LBPD —2000 系统组成

LBPD —2000 硬件部分由内置式或外置式超高频（UHF）传感器、宽带放大器、通信光缆、数据集中器、就地屏柜等组成。LBPD —2000 软件部分由专家分析系统模块、数据库模块、人机界面等部分组成。

LBPD —2000 GIS 局放在线监测系统采用模块化设计的软硬件结构，可实现分层分布式在线监测。

（四）LBPD —2000 系统功能及特点

1. 系统功能

（1）测量放电信号的幅值、放电的相位、放电次数等基本的局部放电表征参数及各种统计算数据。

（2）显示二维（$Q-\phi$，$N-\phi$，$\log N-Q$）、三维（$N-Q-\phi$）放电谱图、工频周期放电图。

（3）利用各种谱图分析，放电模式识别及故障类型诊断；可进行 GIS 故障类型的判断，观察和预测局部放电故障的发展趋势，故障信号及故障严重性报警，为绝缘状态诊断提供重要判据。

（4）提供放电发展趋势图、历史查询、报表和设定报警等多项功能。

（5）可定时自动启动测量，整个监测过程自动化。

（6）可以通过局域网、IEC 61850 等方式实现数据上网，对系统进行远程访问。

2. 系统特点

（1）抗干扰性能显著：基于超高频测量传感器，采用数字滤波、动态阈值等综合抗干扰技术，有效地把干扰抑制到允许的水平以下，保证测得数据可靠。

（2）功能强大，灵活性强：系统结构稳定，基于 PowerPC 构架的 Linux 编程，通过软件实现各种功能，便于拓展多参数测量和在线监测。

（3）灵敏度高：可达 10pC。

（4）可提供局放定位，采用时差法、平分面法等方法实现故障点定位，精度可达±50cm。

（5）多维报警功能，综合采用阈值报警、关联报警、趋势报警的手段。

（6）简单直观、方便易用的监测软件。

（7）软件功能可按用户需求定制。

（8）系统采用分层分布、面向对象的设计理念。

(9) 模块化功能设计，可扩展性。

(10) 监测系统适用于多操作系统（Windows/UNIX），多硬件系统（64 位、32 位）的混合平台。

(11) 监测系统支持 IEC 61850 标准。

(12) 采用图库一体化设计，支持拓扑分析动态着色。

（五）LBPD—2000 系统硬件设备及主要技术参数

(1) PDS—600 系列超高频（UHF）传感器技术参数见表 3-2-5。

表 3-2-5

系数	数值	系数	数值
天线驻波比	200～1500MHz，≤2	放大器工作电流	50mA
天线工作带宽	200～1500MHz	超高频探头工作电压	直流 5V
放大器工作频率	200～800MHz	工作时间	可连续工作
放大器增益	50dB	超高频探头灵敏度	10pC
噪声系数	$N_F \leqslant 3$dB		

(2) 在线式分内置式或外置式超高频（UHF）传感器。

(3) 数据集中器及组屏柜。

(4) 实现对 GIS 多测点同步实时监测。

(5) 可实时采集 8 个通道的数据。

(6) 采用高速 A/D 采集系统，每通道采样率为 30MS/s，采样精度为 12 位。

(7) 数据集中器内置数字滤波器及数据分析系统，实时捕获放电统计特征。

(8) 传感单元与数据集中器间采用光纤隔离，充分保证监测系统的安全性。

（六）PDMS 软件介绍

局放在线监测软件可实现对局部放电信号的在线数据采集、局放数据的处理及存储、谱图分析及趋势分析、预警报警、历史查询、生成报表等功能。读取、保存、分析检测数据；可以记录测试日期、时间、操作人员等信息；可以进行全套数据备份和拷贝；分析设备状况预警级别及局放量超限个数。PDMS 智能监测诊断软件系统充分考虑用户的实际需求，对功能进行了合理的分配：监测过程的智能管理；数据存储；多角度的放电信息描述；利用人工智能技术实现故障自动诊断；稳健的报警策略；放电源的精确定位；安全完善的网络功能。

（七）生产厂

(1) 生产厂名称：北京领翼中翔科技有限公司。

(2) 联系方式。电话：010-62987878；传真：010-82251516；地址：北京市海淀区上地东路 9 号得实大厦 1 层南区；邮编：100085；网址：www.linbo.com.cn；E-mail：lizl@linbo.com.cn。

十九、保定市五星光纤传感技术有限公司 WX 系列高压接点光纤传感在线监测系统

（一）WX 系统概述

保定市五星光纤传感技术有限公司创立于 2005 年，是保定国家高新技术产业开发区重点支持的专业从事光纤传感技术研发与生产的高科技企业，是政府授牌的“保定国家高新技术产业开发区光纤传感技术研发中心”。公司研发制造的“旋转反射式光纤温度传感器（无源）”、“光纤型可见光定向耦合器”被以中国工程院院士杨奇逊教授为首的电力系统专家组鉴定为“国际首创”、“具有重大创新”。旋转反射式光纤传感阵列测温系统共获得四项国家专利，其整体技术达到了国际先进水平。

WX 系列高压接点光纤传感在线监测系统（旋转反射式光纤传感阵列测温系统）适用于 3.3～750kV 电压等级室内开关柜及室外隔离开关、断路器、电流互感器等设备接点温度的在线监测，是对由于温度过高造成事故的预警系统。系统强大而可靠的功能，可保证早期发现温度偏高的事故隐患点，为早期排除隐患从而消除事故提供可靠的安全空间。

（二）WX 系统组成

WX 系列高压接点光纤传感在线监测系统由与被测点牢固接触的光纤温度传感器实时采集温度信号，光纤传输携带温度信息的光信号，光电转换器接收光纤信号转换为电信号，然后在通过数据线传输给处理器进行信号分析，提取温度信息并进行编码，最后通过 485 总线通信把信号传输至服务器经路由器或交换机进入系统局域网，也可经通信管理机进入电力系统专用通信通道远传，这样网内计算机可应用测温客户端程序完成接点温度的灾时监测。系统组成图见图3-2-19。

（三）WX 系统技术优势

对高压接点进行实时在线监测，目前在理论和技术应用层面提出了不同的方案，主要有：光纤光栅式、光纤分布

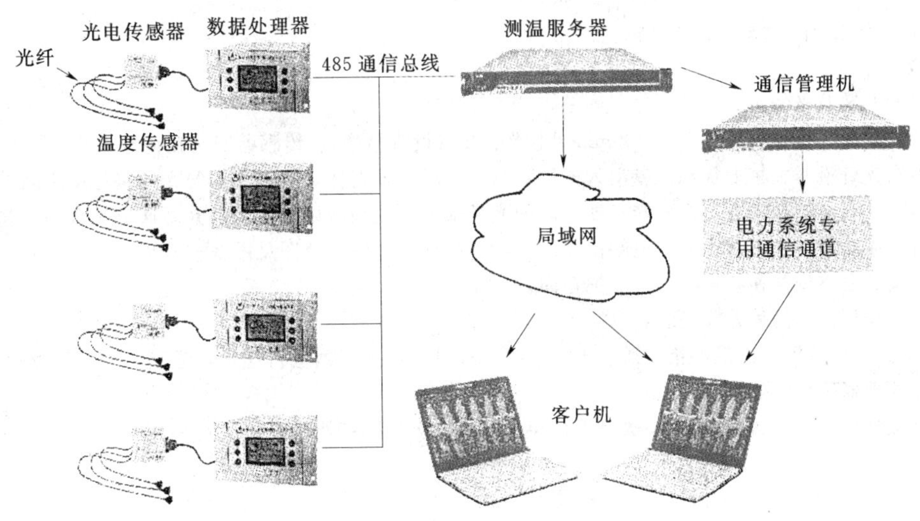

图 3-2-19　系统组成

式、红外成像仪、无线组网式、旋转反射光纤传感式。各方案在性能、测量精度、成本上各有优劣。表 3-2-6 为各方案的综合比较表。

表 3-2-6

种类	类源类型	光纤类型	一二次隔离度	传感器类型	精度	抗干扰性	成本	维修成本
光纤光栅	激光	SiO_2 光纤	较高	无源光栅	高 （有交叉干扰）	强	高	中
光纤分布式	激光脉冲	SiO_2 单模	高	分布光纤 （测量间距足够大）	较高线性好	强	高	较高
红外成像仪	红外	—	高	红外摄取	低	低	中	中
无线组网	射频	—	高	有源电子	中	低	低	高
旋转反射式	可见光	大直径 树脂光纤	高	无源	较高线性好	强	低	低

WX 系列高压接点光纤传感在线监测系统（旋转反射式光纤传感阵列测温系统）的工作原理是利用旋转受温度调制的部件使反射光的强弱在很大的范围内线性地受温度的影响，通过测量反射光的强弱来测量温度的高低。传感器本身是无源器件，工作时无需从高压侧取能或外加电池，相比于其他无线组网方式，无需考虑工作电源在强电磁环境下的自身安全问题和使用寿命问题，适合在高压环境下安装使用。传感器外形精巧，结构简单，安装方便，可直接安装在 750kV 及以下各电压等级各类室内、外接点，动、静态接点，电缆接头，地沟内电缆接头等位置，实时、准确、连续地监测各接点的运行温度。

该系统采用大直径树脂光纤作为传输通道，抗弯曲能力和抗扭曲能力很强，抗剪切力和抗拉力远远优于 SiO_2 光纤，自支撑能力接近相同直径的塑胶铜线，靠自身支撑便容易保证安全距离并生成整齐牢固的走线布局。也适合在户外恶劣气象条件下使用，抗风、抗覆冰、抗风霜雪的能力均很好，安装成本较低。参数指标符合作为预警监测的要求。但对温度的响应速度较低，需要几分钟的跟进时间。这一点对接点温度实际为缓变的对象影响不大（电力系统接头温度突然上升很快往往是短路故障引发的，保护系统会发生作用）。

该系统光源采用近红光的可见光作为测量媒介，光源容易获得，降低了制造成本。该系统为光强调制类型，系统的光路部分自身密闭，防止了外界光的干扰。传感器与传感光纤通道之间的连接采用无接头设计，减少了接头温漂对测量数据的影响。并且系统具有衰减自动跟踪补偿功能和温漂补偿功能。可以保证电源波动时和光源功率老化衰减 40%时仍能准确测量，在 0～45℃环境温度范围内，温漂小于 2%，适宜长期稳定运行。

该系统在 35～200℃范围内，具有良好的测量线性，可以准确可靠地实时在线测量被测点的温度。单台处理器可连接的传感器数分别为 3 个、6 个、9 个、12 个、15 个五种规格。传感器每三个可分为一组，每组均可设定投入/退出。系统可显示测点实时温度，工作模式，预、报警状态，寿命等信息。工作模式可设定为实际温度模式或温升模式，每种模式均可设定预警和报警状态，预警和报警值依现场需要灵活设定。系统可通过串口依需要修改软件程序。通过以太网或光纤通信网将信息远传至集控室或调度中心。这为实现由计划维修到状态维修及无人值守和数字化智能变电站提供了基础。

(四) WX系统室外安装方案举例

1. 室内安装

(1) 传感器的安装及光纤走线。

传感器安装的位置与接点处距离50～100mm（不影响接点设备检修），传感器安装在传感器座内，与母排表面接触紧实。传感器引出光纤沿开关柜底板和侧壁引入电缆室与光电转换器对接。且传感器与光纤接地端之间需按污染等级要求加上特定伞裙。从光纤接地端起至光电转换器之间的光纤通道，三根及以上数量的光纤通道汇合到一起后用蛇皮管缠绕，多根光纤可成束布局，光纤在进入光电转换器前需良好接地。安装示意图见图3-2-20。

(2) 光电转换器安装位置在各柜的二次保护箱内。

(3) 处理器可采用以下两种方式安装：

1) 处理器安装在开关柜二次保护箱。通过485总线形式对多台处理器进行连接，通过RS—485/232转换器连接到服务器。适用于处理器数量较少时。

2) 多台处理器集中配屏。数据线由二次保护箱穿入电缆沟至主控室处理器屏。

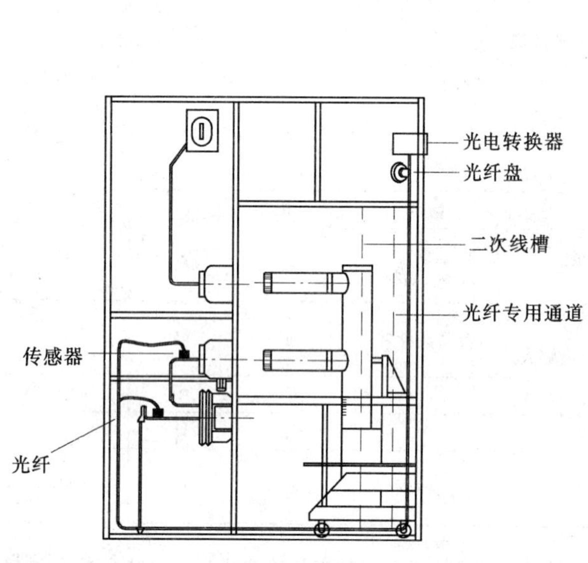

图3-2-20　开关柜安装测温设备示意图

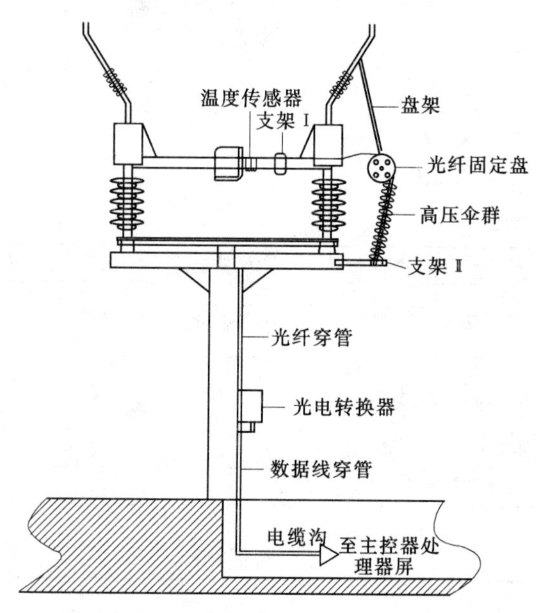

图3-2-21　隔离开关安装测温设备示意图（依辅式一）

2. 室外安装

(1) 所有处理器及测温服务器统一安装在一面（或几面）PK—10型配电屏内（每面配电屏最多考虑安装24台处理器）。处理器屏全部安装在主控室内。

(2) 光电转换器保护箱分别安装在各组隔离开关的架构立柱距地面1.3m的位置上，光电转换器安装在箱内。

(3) 隔离开关传感器的安装及光纤走线。

1) 依辅式。依辅于一次设备的主体和架构安装，适用于35～220kV隔离开关接点监测。

a. 传感器分别安装在隔离开关A、B、C各相的触头处：传感器距触头50～100mm处，不能影响分合闸操作。传感器座采取耐高温胶贴接，同时采用机械方式固定。传感器安装在传感器座内。在导电杆的中部加光纤固定座，对引出光纤进行固定。下引光纤采用光纤盘架导向，光纤盘架固定在相应的导线上。由光纤盘至开关底座段采用光纤保护管并加高压硅橡胶伞裙，以满足爬距的要求。开关基座上加绝缘支撑板，避开隔离开关接地刀传动机构连杆。安装示意图见图3-2-21。

b. 传感器分别安装在隔离开关A、B、C各相的触头处：传感器距触头50～100mm处，不能影响分合闸操作。由于导电杆是圆形，不能直接固定传感器，故采用铝制欧姆卡子卡在导电杆上，传感器座固定在欧姆卡子上。传感器座采取耐高温胶贴接，同时采用机械方式固定。传感器安装在传感器座内。将引出光纤沿静触头导电杆走线，在静触头侧的导电杆根部加光纤固定座，对引出光纤进行固定。将外加有机硅橡胶绝缘裙的刚性绝缘护套用绝缘支架固定在绝缘子的关节处，分别借用瓷瓶法兰螺丝固定。刚性绝缘护套穿入光纤后，用绝缘防水胶将护套口密封。安装示意图见图3-2-22。

2) 独立支撑式。采用独立架构安装，适用于330～750kV隔离开关接点监测。安装示意图见图3-2-23。

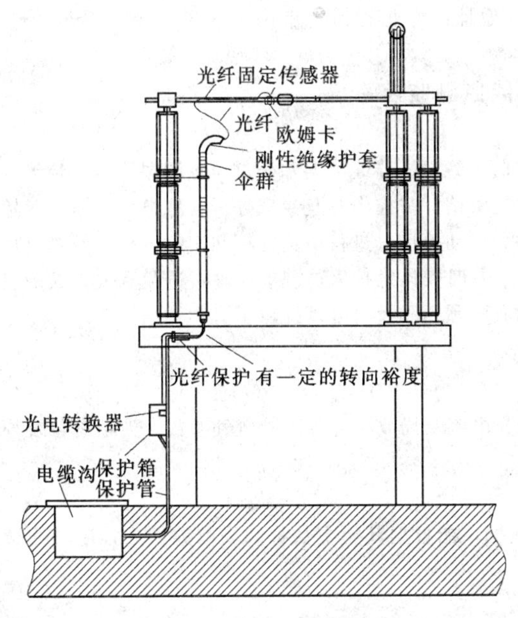

图 3-2-22　隔离开关安装测温设备示意图（依辅式二）

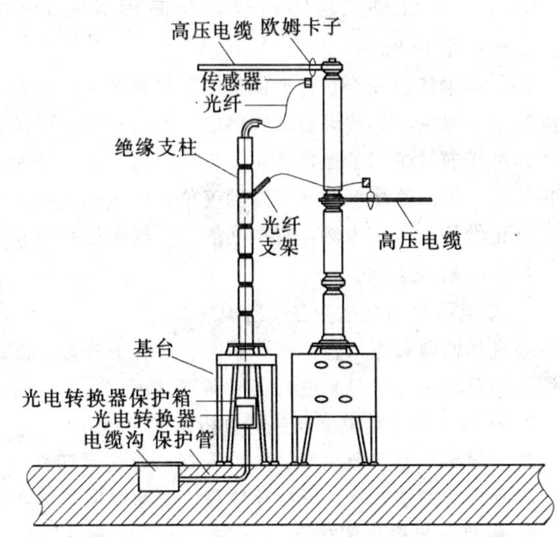

图 3-2-23　隔离开关安装测温设备示意图（独立支撑式）

传感器与光纤的安装方案同依辅式二，刚性绝缘护套的底座固定在与之配套的架构上，架构需要单独设置，与一次设备的本体和主架构分开。

(4) 光纤经支架后接地，在架构槽钢内侧走线穿入光纤保护管，引至光电转换器箱。光电转换器与处理器之间的数据线由光电转换器箱经地面保护管穿入电缆沟至主控室处理器屏。

（五）WX 系统基本参数与技术指标

1. 基本参数

(1) 环境温度：－10～40℃（监测装置、数据处理器）。

(2) 工作电压：AC/DC 220V±10%。

(3) 功耗：各型号装置 P_{max}≤10W。

(4) 电源对地（外壳）电阻 R_{min}≥20MΩ（使用 500V 摇表）。

(5) 工作湿度：相对湿度≤90%。

2. 技术指标

(1) 光纤和传感器阵列系统能够安全、长期运行在 750kV 及以下各电压等级。光纤交流耐压 V_{max}≥30kV/10cm。光纤具有自成形支撑力，满足布线要求，抗拉能力大于 15kg。

(2) 温度检测精度，实际温度在 40～100℃范围内小于或等于±3℃。实际温度在 40℃以下误差较大，为正常状态。实际温度大于 100℃后，测量显示温度稍大于实际温度，以提高预、报警的安全性。

(3) 检测动态范围：35～200℃。

(4) 具有单测点的温度预警、温度报警功能，分别在当地和远端，通过无源接点发出声、光报警信号。预警和报警具有实际温度和相对温升两种算法。警示的定值及两种算法的选择可软件设定。

(5) 每三个测点为一组（A、B、C 三相的对应空间位置），每组均可软件设定投入/退出。

(6) 温度预警和报警均可软件设定投入/退出，现场处理器有 150 次预警和 50 次报警循环记忆、追忆功能。

(7) 有可自检发光管寿命的告警功能。

(8) 能实时显示当地环境温度。

(9) 内设 E2ROM，通过通信口可改变通信规约或升级软件。

(10) 设有 RS—485 通信串口和串口服务器；可直接与以太网连接。

(11) 实现网内计算机用户以 web 形式访问服务器查看即时温度信息。

(12) 服务器温度信息以每小时为间隔存储温度信息作为温度信息历史记录。预警、报警信息无条件存储。

(13) 软件具有预警、报警信息主动上传功能。

执行标准为 BGWXQB—01—2009。

（六）生产厂

(1) 生产厂名称：保定市五星光纤传感技术有限公司。

(2) 联系方式。电话：0312－5903130；传真：0312－5903130；地址：河北省保定市高开区风能街120号；E－mail：bdwxz@sina.com。

二十、浙江硕网电力科技公司高压输电线路安全运行智能监测监控系统

(一) 系统概述

高压输电线路安全运行智能监测监控系统主要由绝缘子绝缘在线监测终端、导线测温和金具节点测温终端、绝缘闪络故障定位终端、导线倾角监测终端、无线视频实时监测终端、小型气象站、监控中心及专家分析软件组成。通过对输电线路杆塔通过绝缘子运行状态、所处地区气象条件及对导线的弧垂、舞动等情况进行仿真计算和实时分析，及时给出预警信息，预防铁塔、输电线路因气象、电气、机械或外力导致破坏，及时安排维护人员现场处理，避免重大事故的发生，真正做到防患于未然，对电网的安全稳定运行及实现状态检修的故障预知和及时处理提供了科学依据。

(二) 系统功能

1. 输电线路综合信息在线监测功能

对现场监测数据（包括覆冰状态、微气象参数、图像、绝缘子泄露电流及局放脉冲频次等电气参数、力学参数及导线温度弧垂等综合信息）进行实时动态显示。

2. 导线覆冰在线监测及趋势分析功能

建立线路覆冰等监测参数的数据库，通过周期性采集导线监测数据，能根据其历史数据和当前数据来推断导线覆冰，弧垂等的发展趋势，形成导线等值覆冰厚度趋势曲线。

3. 微气象参数监测功能

测量微气象环境的温度、湿度、风速、风向、日照辐射强度等，为系统计算模型提供数据。

4. 杆塔受力状态监测分析功能

通过在线监测导线倾角、绝缘子垂直荷载和气象参数，建立了一个科学的覆冰导线非线性动力学模型，综合杆塔与导线的静力和动力分析，得出杆塔任何气象条件下任意截面与节点的动态应力分布，提示电力部门采取相应的除冰措施，防止和杜绝倒塔断线事故的发生。

5. 风偏状态分析及舞动仿真功能

通过覆冰导线的非线性有限元动力学模型，与现场得到的实时冰、风参数、进行线路舞动仿真，得到舞动的幅值与频次。

6. 3G无线智能视频实时监测功能

采用现代先进的3G无线视频技术，前端球机水平360°旋转，垂直92°任一点的图像，景深范围可在200～400m内选择，通过3G通信方式将实时图像远传至监控中心。并具有智能视频模拟墙和智能围界检测功能。

7. 导线应力在线监测及危急预警功能

综合覆冰静力和舞动的动力学计算，得到杆塔各截面的应力分布，找到杆塔的危险点并给出预报警信息，综合杆塔与导线的静力和动力分析，可以得到任一截面与节点的动态应力分布规律，能对倒塔断线等灾害事故进行预警。

8. 后台系统功能

数据库、数学模型分析、报表生成、预警功能等。

(三) 生产厂

浙江硕网电力科技有限公司（联系人：金竹声；电话：13336010597）。

二十一、浙江硕网电力科技公司高压输电线路金具节点无线测温系统

(一) 系统概述

输电线路是电力的输送网络，其运行状态直接决定了电力系统的安全和效益。输电线路的常见事故多由设备过热引起，尤其是输电线路中线路金具的热缺陷较多，集中在耐张线夹、连接导流板、跳线线夹、接续管等连接部分。为了构建坚强智能电网的需要，随着电网发展和电力科技进步，迫切要求推广应用在线监测技术，对输电线路金具等发热温度进行远程智能实时在线监测。高压输电线路金具节点无线测温系统主要由等电位无线测温探头、集控监测终端和专家分析软件等组成。它不仅可以取代人工巡检，而且做到实时在线监测输电线路金具的发热状况，防止和避免事故发生，大大提高变电所安全运行水平，必将带来显著的社会效益和经济效益。

(二) 系统功能

(1) 无线温度监测探头最高工作温度为125℃，满足户外稳定可靠运行的需要。

(2) 系统采用免维型设计，温度传感器微功耗，内附电池寿命可达7年。整机寿命在5年以上。

(3) 无线射频发射模块工作频率为433MHz，发射功率甚微，从而保证不影响输电线路的正常运行。

(4) 远程、智能、在线实时监测高压输电线路金具的发热温度。

(5) 实现运行中的高压输电线路金具的发热温度的超限预、报警功能。

(6) 集控监测终端（基站）通过无线网络与系统主站连接，可以实时监测高压输电线路金具温度。

（三）生产厂

浙江硕网电力科技有限公司。

二十二、浙江硕网电力科技公司 JWJ 型电气结点发热温度在线监测系统

（一）系统概述

JWJ 型电气结点发热温度在线监测系统是公司最新研制的高科技新产品。长期以来电力部门对发电厂、变电所运行中的电气设备结点发热温度采用传统的人工巡检测试手段。随着电网发展和电力科技进步，电力系统变电所的自动化、信息化水平不断提高，变电所基本上实现了无人值班或少人值守，JWJ 型电气结点发热温度在线监测系统这一高新技术产品在电力系统的推广应用是电力生产自动化、信息化发展的必然趋势和要求，它不仅取代了人工巡检，而且做到实时在线远程监测电气结点的发热状况、实施超限报警，防止和减少事故发生，大大提高了电气装置安全运行水平，必将带来显著的社会效益和经济效益。该系统不仅适用于任何电压等级的配电装置中电气结点发热温度的在线监测，而且也适用于其他领域的温度在线监测。

（二）系统原理图

见图 3-2-24。

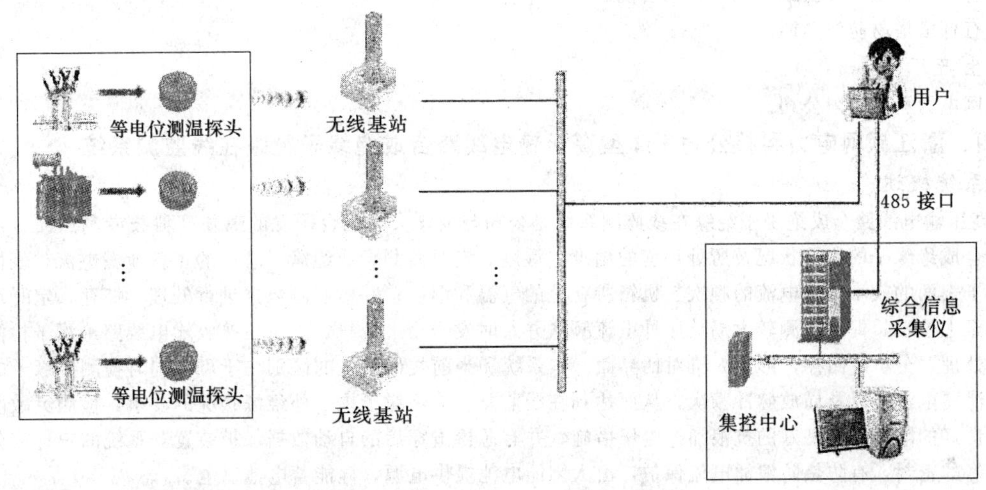

图 3-2-24　系统原理图

（三）系统特点

(1) 等电位监测，无线传输。

(2) 无线缆、无紧固件安装。

(3) 超限预、报警。

（四）生产厂

浙江硕网电力科技有限公司。

二十三、浙江硕网电力科技公司 SFJ 系列高压输电线路绝缘闪络故障定位系统

（一）系统概述

SFJ 系列高压输电线路绝缘闪络故障定位系统是公司最新研制成功的高新技术专利产品。当高压输电线路绝缘子串因各种原因发生对地闪络时，系统能能在第一时间（30～60s）内将发生闪络的确切地点、电压等级、杆塔编号及闪络性质（雷击或污闪）等故障信息通过无线通信网以短消息（GSM）通信方式，远传至监控中心和线路专职人员手机（移动末端），为线路故障抢修及尽快恢复供电赢得宝贵时间。

同时本产品还具有杆塔器材防盗监控功能，系统通过超声、人体热释双探头，全天候、360°扫视塔脚区域及塔身，根据疑情逗留时间及距离，向监控中心发出预警和报警信号，即时通知线路专职人员，并可与警方 110 联网，配合行动。

（二）系统原理图

见图 3-2-25。

（三）系统特点

(1) 能在第一时间内指明故障确切地点（具体杆塔、相别）。

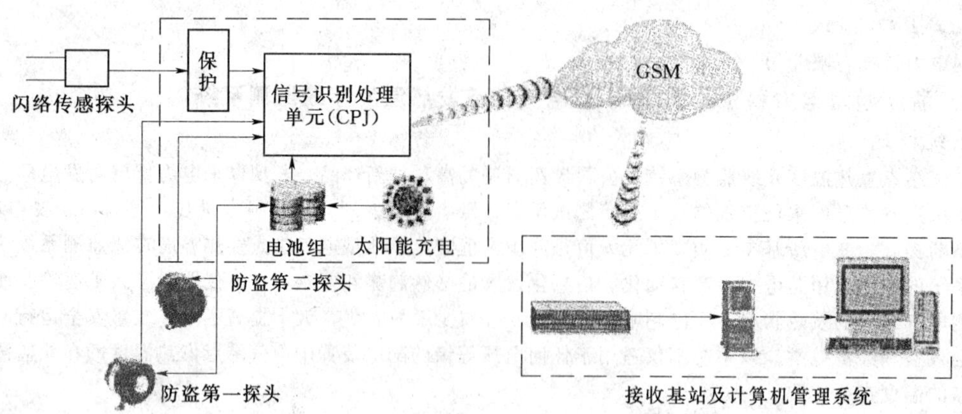

图 3-2-25

(2) 具有闪络性质（雷击或污闪）识别功能。

(3) 具有杆塔塔材防盗功能。

(四) 生产厂

浙江硕网电力科技有限公司。

二十四、浙江硕网电力科技公司 FJJ 型高压输电线路合成绝缘子绝缘在线监测系统

(一) 系统概述

FJJ 型高压输电线路合成绝缘子绝缘在线监测系统是公司与浙江大学联合研发的最新高科技专利产品。可以在线监测线路三相合成绝缘子的绝缘状况及所处环境的温度、湿度。定时监测合成绝缘子芯棒的正弦泄漏电流、表面正弦泄漏电流、绝缘子表面的较小脉冲电流的频次、机箱所在处的气温和湿度；并对监测数据进行处理、储存，定时地以无线通信方式传送至上位机；即时检测较大局放脉冲电流频次并及时发送至上位机。上位机接收输电线路绝缘子检测点发来的数据，进行处理、分析、储存，形成人机对话界面。本系统和当前类似系统的区别在于可以同时检测绝缘子的芯棒泄漏电流和表面泄漏电流，以及局放脉冲频次；从而达到在线监测合成绝缘子内、外绝缘状况的要求，检测灵敏度高；三相信号之间有良好的隔离，有良好的抗浪涌过电压措施；并有芯棒击穿后的自动数据保护装置。系统的户外部分安装在铁塔上，有良好的密封，有防热防浪涌电流保护，由太阳能电池提供电源，硅能蓄电池供电。

(二) 系统原理图

见图 3-2-26。

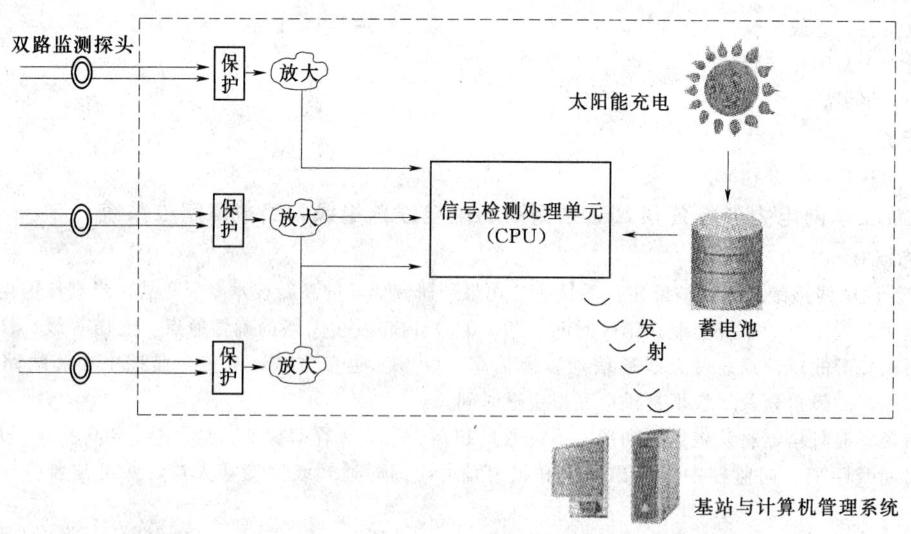

图 3-2-26

(三) 系统特点

(1) 可同时监测绝缘子内、外绝缘，即芯棒泄露电流和表面泄露电流及局放脉冲频次。

(2) 具有芯棒击穿后自动数据保护装置。

(四) 生产厂

浙江硕网电力科技有限公司。

二十五、浙江硕网电力科技公司CDMA无线视频监控系统

(一) 系统概述

浙江硕网电力科技有限公司公司研发出具有采集高清晰图像、采集环境和有关数据、无线实时数据传输等综合功能的基于CDMA网络的图像监控系统。该系统适用于电力系统安全生产、环保以及公安应急系统等。系统具有能够依靠在太阳能供电的条件下长期工作的特点。监测点可以安置在施工现场和电力线铁塔上，数据传输手段主要依靠无线网络，实现对远地“无距离感”的巡视、监控、数据采集。该系统真正解决了超远距离、复杂地形、无有线网络，无电源的图像监控的难题，对保障电网的安全、稳定运行具有重要的现实意义。根据需要前端图像采集分为图片和视频两种。

(二) 系统原理图

见图3-2-27。

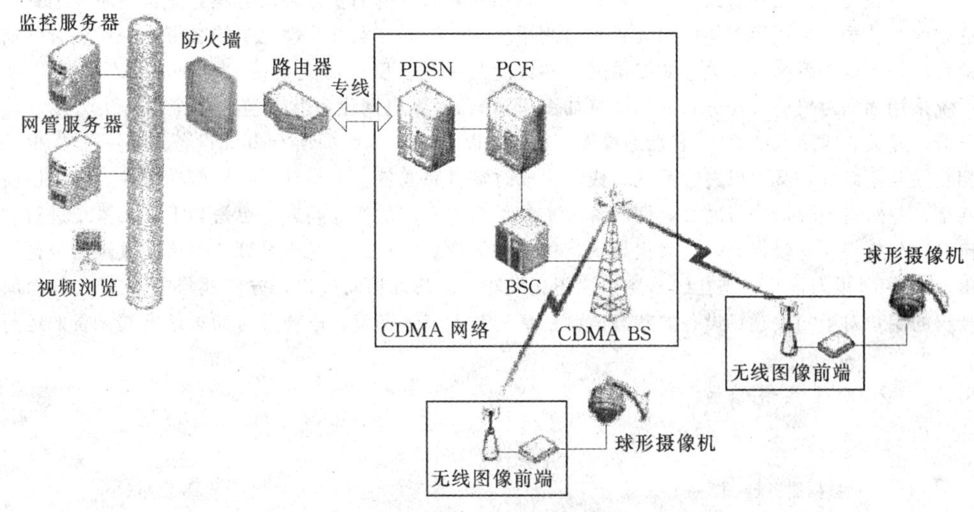

图3-2-27　系统原理图

(三) 系统特点

(1) 实现超远距离、复杂地形、无线网络、无市电的图像监控。

(2) 前端图像采集分为图片和视频两种。

(四) 生产厂

浙江硕网电力科技有限公司。

二十六、武汉康普常青软件技术公司光传感器输变电设备盐密在线监测系统

(一) 企业简介

武汉康普常青软件技术有限公司成立于1997年，是国内专业围绕输变电外绝缘设备监测进行研制、开发及生产的开发商及解决方案提供商，为该领域技术应用的领跑者。

由于康普公司重视与客户建立合作伙伴关系，以及在技术和应用方面的卓越表现，光传感器输变电设备盐密在线监测系统作为防污闪管理工作的重要手段，已在我国电力系统获得大范围应用。

本系统荣获2006年河南省电力公司科技进步一等奖，2006年武汉市重点高新技术产品证书以及2006年国家电网公司科技进步三等奖；同年12月，项目列入国家电网公司科技成果推广目录（第一批）。

出于对事业的执着追求，康普公司不断地自我升华，在高技术团队建设、技术创新体系创立、核心技术积累完善、技术管理机制健全等方面日臻完美。经过多年的潜心研究和经验积累，康普公司已经从产品开发商发展成输变电外绝缘设备全面运行状态监测的解决方案提供商。

(二) ODS—Ⅱ型监测系统技术参数和性能

绝缘子盐密监测的全新技术体系，可以替代等值盐密法准确测取监测点的实时盐密值和饱和盐密值；同时能够监测线路、变电站盐密变化情况，掌握监测点的积污规律。

(1) 盐密监测范围：0～0.8mg/cm^2。

(2) 工作环境温度范围：－30～60℃。

(3) 蓄电池 DC 12V，12Ah。

(4) 太阳能电池 DC 12V，5W。

(5) 监测参数：时间、温度、相对湿度、盐密。

(6) 监测周期：每 30min 监测一次（可调整监测周期）。

(7) 整机功耗：监测状态 0.1W；通信状态 1W。

(三) 生产厂

厂名：武汉康普常青软件技术有限公司；联系人：马剑辉。

地址：武汉市关山一路光谷软件园 A9 栋 3 楼；邮编：430074。

电话：027－87611009，87611443；传真：027－87611357－8008。

网址：www.insulators.net.cn；E-mail：kp_marketing@126.com。

二十七、北京华瑞中自科技有限公司 SAIC—2000M 电力设备状态在线监测系统

(一) SAIC—2000M 系统概述

北京华瑞中自科技有限公司一直致力于提供智能变电站和智能电网的整体解决方案，是国内较早研究 IEC 61850 国际标准规约的企业。公司主要从事智能电网装置和监测系统、电厂和变电站自动化系统、继电保护装置的研究、开发设计、生产、销售，是为电力系统及相关行业提供高可靠性产品和完善服务的高新技术企业。SAIC—2000M 电力设备状态在线监测系统采用面向对象的分层分布式结构（如图所示），提供电网设备状态监测的全面解决方案。监测的设备涵盖机组、变压器、开关、线路（电缆）、容性绝缘等 35kV 及以上电压等级的所有电气设备。每一个监测子系统既可以单独运行，相互间互不影响，又可以进行系统集成，集成时除了完成各自本身独立的监测功能外，还可以将采集的数据和分析结论共享，并对有关数据进行融合，彻底解决了各子系统间信息孤岛问题，更是为上一级系统进行“纵向”、“横向”的综合比对和分析提供有效依据，大大提高状态检修的决策效率；同时对于可疑的潜伏性故障点进行远程专家在线的会诊。SAIC—2000M 电力设备状态在线监测系统还提供安全的数据访问接口，方便地与电力 MIS 等管理信息系统对接，实现经授权的用户对于相关现场设备的状态监测信息实时无缝地浏览，以便及时动态地掌握设备的运行状况以及制定检修策略。

(二) SAIC—2000M 系统组成

见图 3－2－28。

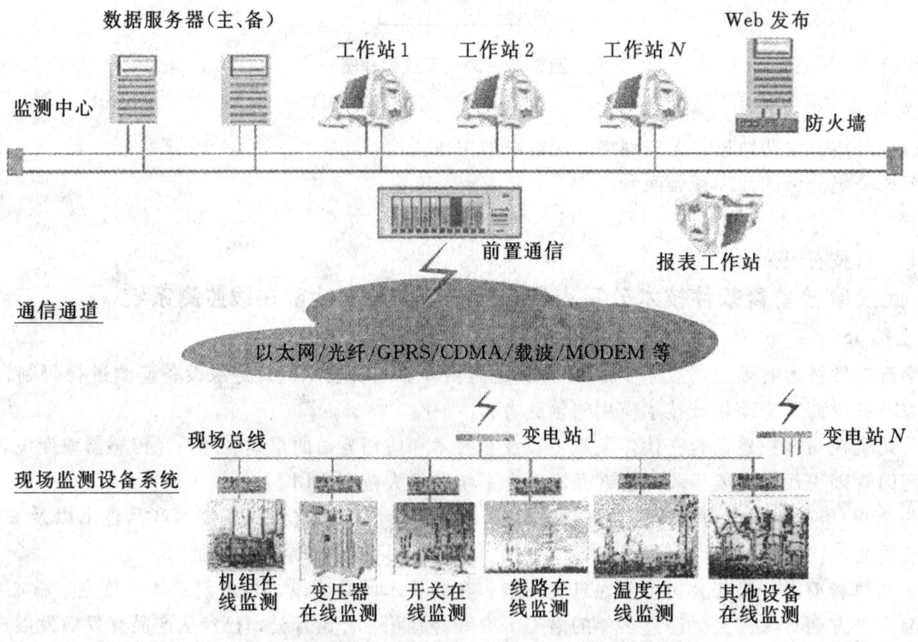

图 3－2－28　SAIC—2000M 电力设备状态在线监测系统

系统共划分为现场监测设备/系统、通信通道和监测中心等三层。

1. 监测中心层

由部署在省级或地市级供电公司办公大楼内的计算机群组成。可以定时或实时地通过通讯通道采集现场监测设备（系统）的数据并控制和管理各监测系统，对高压电气设备的健康状况进行评价和分析，并对有关数据进行融合，建立

高压设备运行与检修管理数据中心。在统一平台下，用户可结合 MIS 系统及其他相关设备信息实现对高压设备的状态远程实时在线监测和诊断，制定维护和检修策略。同时，该系统为状态检修提供了广泛而综合的设备状态信息，为专家咨询论证和深入分析提供了有力手段。

系统是建立在对设备静态和动态数据进行挖掘分析的基础上，对设备的状态进行分析和评估，形成设备状态检修的知识库，为实施设备状态检修管理提供技术支持，并根据状态评估的结果拟定检修计划，从而提高设备检修的准确性和可靠性，达到降低设备检修费用、延长设备使用周期的目的。

设备静态和动态数据主要包括：实时的设备在线监测数据、设备运行巡检和日志记录、常规预防性检修数据以及设备出厂时标称参数等；系统对这些数据进行融合后构成通用数据平台即系统的核心。在此基础之上利用专业的数学模型、专家系统等，建立数据分析、故障诊断及维修决策技术高级应用支撑平台，对指定监测数据进行数据分析或对指定设备进行状态评估分析、故障诊断及制定维修决策。系统将设备的运行状况划分为极其危急、比较危急、状态稍差、状态正常、状态良好等五个级别，与之对应的维修决策是：立即维修或更换、限期维修或更换、缩短维修周期、正常维修周期、延长维修周期等。

同时系统还提供图模一体化解决方案，可以方便、直观地查看某类数据的历史变化曲线，掌握部件参数的变化规律：不仅可以看到某设备部件试验评分在不同时间的纵向变化趋势，还可以同时查看设定条件下与其类似设备的横向比对。

系统数据处理流程见图 3-2-29。

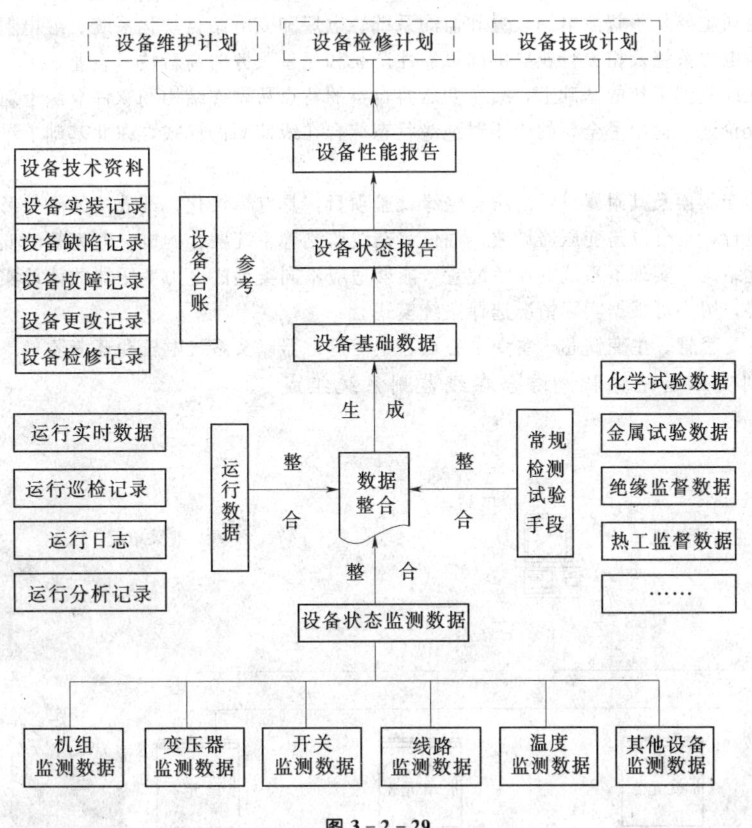

图 3-2-29

2. 通信通道层

物理通道可以采用以太网/光纤/载波/MODEM（拨号/GPRS/CDMA）等的任何一种或几种。数据接口方式有 XML 等文件交换方式和异构商用数据库如 SQLSERVER、MYSQL、ORACLE、SYBASE 等直接数据访问；也可以采用通信规约如 Modbus 规约（Modbus/TCP 或 Modbus/RTU）进行现场监测数据的远程采集。Modbus 规约的主要特点是获得了设备/系统的广泛支持，还有就是它是目前唯一能适应包括以太网和串行口等多种物理链路的应用层规约，方便维护。

3. 现场监测设备子系统层

智能监测单元分布地安装在被监测设备现场，通过实时监视高压电气设备相关特征参量数据，经过计算、分析和判断，完成电力设备当前运行状况的就地监测功能，可以由就地的专家系统进行状态分析，除了将分析的结果就地显示、打印外，还能够经由通信端口按照 Modbus 规约的要求送往远程监测中心。按照监测的对象分为以下子系统：

(1) 机组（发电机）在线监测子系统。

(2) 变压器综合在线监测子系统。

(3) GIS设备在线监测子系统。

(4) 高压断路器在线监测子系统。

(5) 高压设备绝缘在线监测子系统。

(6) 输电线路/电缆在线监测子系统。

(7) 温度在线监测子系统。

(8) 高压开关柜在线监测子系统。

(9) 通信协议转换子系统。

（三）生产厂

(1) 生产厂：北京华瑞中自科技有限公司。

(2) 联系方式。电话：010-62985128，62960635；传真：010-62985170；地址：北京市海淀区上地三街9号嘉华大厦B座B1209室；邮编：100085；网址：www.automatek.com.cn；E-mail：service@automatek.com.cn。

二十八、北京华瑞中自科技有限公司SAIC系列变压器绝缘状态综合在线监测系统

（一）SAIC系列变压器绝缘状态综合在线监测系统概述

北京华瑞中自科技有限公司一直致力于提供智能变电站和智能电网的整体解决方案，是国内较早研究IEC61850国际标准规约的企业。公司主要从事智能电网装置和监测系统、电厂和变电站自动化系统、继电保护装置的研究、开发设计、生产、销售，是为电力系统及相关行业提供高可靠性产品和完善服务的高新技术企业。

在总结国内绝缘在线监测工作的基础上，结合变压器自身的特点从硬件结构和软件算法上对变压器绝缘状态在线监测系统作了大量的研究论证，提出了全新的变压器绝缘状态综合在线监测的模式，在此基础上推出了变压器绝缘参数在线监测系统。

该系统可在线监测变压器及其附属设备的所有绝缘试验项目，具有模块化、开放式的硬件及软件架构、人机界面友好，可作为独立系统运行，也可以与变压器局放、油色谱在线监测等系统融合构成一套完整的变压器综合参数在线监测系统，因采用了模块化结构，实现了系统的灵活配置，能够适应不同类型的电力变压器的就地实时监测，符合变压器绝缘状态监测的发展趋势，用户可根据实际情况选择系统模式。

监测项目包括：主变套管、主变铁芯、主变中心点、主变避雷器以及系统电压和环境监测等。

（二）SAIC系列变压器绝缘状态综合在线监测系统组成

见图3-2-30。

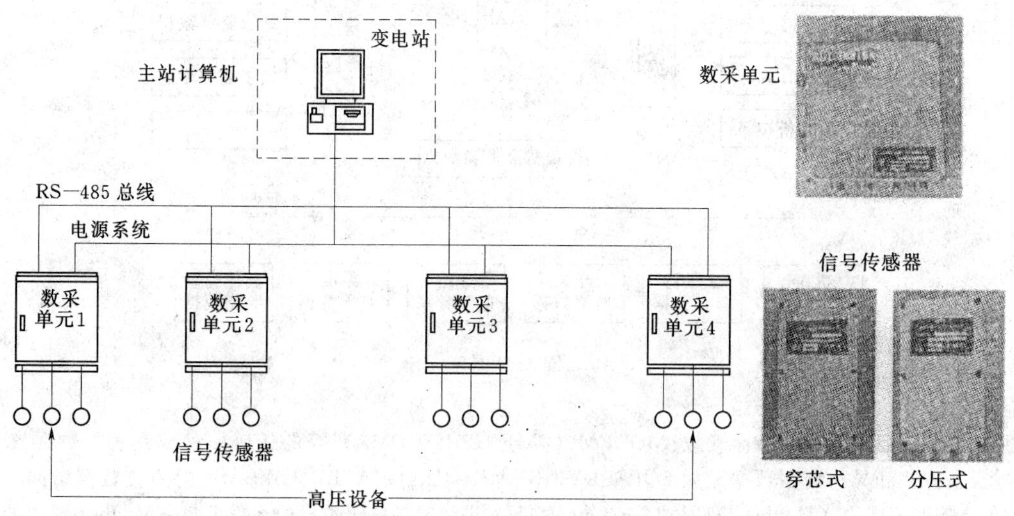

图3-2-30

系统主要由信号传感器、TV信号端子箱、数据采集单元、系统监视主机、信号传输电缆以及各类仪表组成。信号传感器可根据现场的不同情况选择穿芯式或分压式。

（三）SAIC系列变压器绝缘状态综合在线监测系统特点

(1) 系统实现监测数据现场数字化，避免了信号传输干扰和失真等弊病。

(2) 系统采用分布式结构，485总线数据传输，结构简洁，易于维护、可靠性高。

(3) 系统采用开放性设计思想，具有与其他智能设备的互相连接接口和互操作性。

(4) 系统采用了模块化的设计方法以及通用的软、硬件平台。

(5) 高性能的信号采集单元，系统采集单元模块的核心组件采用 DSP 数字处理器，配置以大容量的 RAM 和 Flash Memory，使采集单元模块具有很强的信号采集、数据处理和信息存储能力。

(6) 单元设备可以记录完整的过程信息，实现了过程的全息再现，为系统的运行和分析提供了有力的保障。

(7) 从单元设备的交流输入、直流电源、信号回路以及通讯等各个环节进行特殊的电磁兼容设计；提高了产品的整体电磁兼容性能。

(8) 具备多种报警方式，当某台设备的某项绝缘状态参数超标后可就地或远程报警。

(9) 具有独立的自适应信号处理技术，有很强的抗干扰、抗谐波、自调零、校准、更换量程和自适应能力。

(四) SAIC 系列变压器绝缘状态综合在线监测系统主要技术参数

见表 3-2-7。

表 3-2-7

设备类型	监测参数	测量范围	测量精度
SAIC—50U 系统电压测量单元	母线电压	10～500kV	0.5%
	系统频率	45～65Hz	0.01%
SAIC—50C/BS 主变套管测量单元	末屏电流	0～1000mA	0.5%
	介质损耗（tanδ）	0～100%	0.01（分辨率）
	等值电容	0～99999pF	1%
SAIC—50M 避雷器测量单元	避雷器泄漏电流	0～10mA	±2%
	避雷器阻性电流	0～1000μA	±5%
SAIC—50I 铁芯接地电流测量单元	铁芯接地电流	0～1000μA	0.5%
SAIC—50E 环境测量单元	环境温度	−25～65℃	1%
	环境湿度	0～99%RH	<5%

(五) 生产厂

(1) 生产厂：北京华瑞中自科技有限公司。

(2) 联系方式。电话：010-62985128，62960635；传真：010-62985170；地址：北京市海淀区上地三街 9 号嘉华大厦 B 座 B1209 室；邮编：100085；网址：www.automatek.com.cn；E-mail：service@automatek.com.cn。

二十九、北京华瑞中自科技有限公司 SAIC—50B 断路器在线状态监测系统

(一) SAIC—50B 系统概述

北京华瑞中自科技有限公司一直致力于提供智能变电站和智能电网的整体解决方案，是国内较早研究 IEC 61850 国际标准规约的企业。公司主要从事智能电网装置和监测系统、电厂和变电站自动化系统、继电保护装置的研究、开发设计、生产、销售，是为电力系统及相关行业提供高可靠性产品和完善服务的高新技术企业。SAIC—50B 断路器状态监测系统可应用于 10～1000kV 各种类型（少油、多油、真空、SF_6）断路器，它通过在线监测断路器，能够实时的了解断路器的状态，减少过早或者不必要的停电试验或检修，做到应修必修，这样就可以显著提高电力系统的可靠性和经济性，该系统的数据采集单元可以直接安装在断路器控制柜或控制室内，安装简单方便，免维护运行。

(二) SAIC—50B 系统组成

见图 3-2-31。

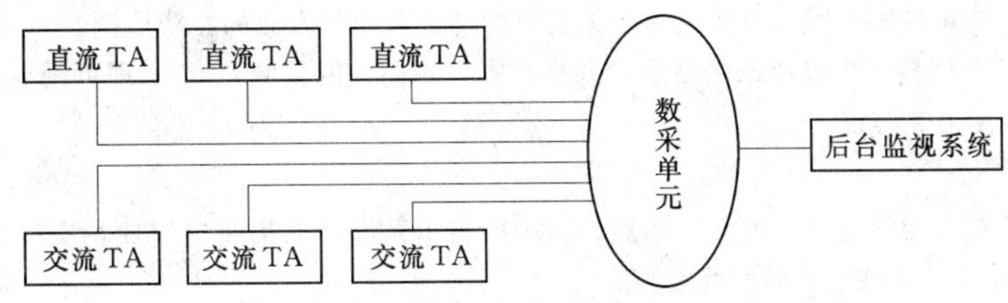

图 3-2-31　系统组成图

（三）SAIC—50B 系统功能

它能够监测断路器导电回路、控制回路、储能机构的状态，记录主要开关触点的磨损状况。该系统通过监测断路器每一次分合闸动作期间产生的下列参数，来实现上述功能：

(1) 分合闸时刻。

(2) 断路器分/合状态。

(3) 分合闸动作次数。

(4) 电弧持续时间。

(5) 主触头累计电磨损（以 I2T 表征）。

(6) 线圈分合闸时间。

(7) 辅助触点动作时间。

(8) 储能时刻。

(9) 储能次数。

(10) 分合闸过程三相电流波形。

(11) 分合闸线圈电流波形。

(12) 储能电机工作电流波形。

（四）SAIC—50B 系统主要技术参数

见表 3-2-8。

表 3-2-8

电源	220V AC，+/－ 20%	最大负荷（VA）	15
温度（℃）	－40～70	环境	ANSI C37.1
采样频率（Hz）	100×50＝5000	重量（kg）	1.5
最大电弧时间	10 个周波	尺寸（mm×mm×mm）	12 长×18.5 宽×8 高
抗浪涌	GB/T 17626.5—1998	抗高频干扰	GB/T 17626.12—1998
电源电压突降	GB/T 17626.11—1998	抗静电干扰	GB/T 17626.2—1998
抗工频磁场干扰	GB/T 17626.8—1998	抗瞬变脉冲群	GB/T 17626.4—1998

（五）生产厂

(1) 生产厂：北京华瑞中自科技有限公司。

(2) 联系方式。电话：010-62985128，62960635；传真：010-62985170；地址：北京市海淀区上地三街 9 号嘉华大厦 B 座 B1209 室；邮编：100085；网址：www.automatek.com.cn；E-mail：service@automatek.com.cn。

三十、武汉慧测电力科技有限公司 HCDL 型基于无线传感技术的输变电设备在线监测系统

（一）系统概述

HCDL 型基于无线传感技术的输变电设备在线监测系统合运用当前国内外最先进的通信和检测技术，突破目前在线监测的传统模式，创造性地建立了全无线数字化的输变电设备在线监测系统。系统由无线容性设备监测系统、无线温度监测系统、无线断路器监测系统、输电线路运行状态监测系统以及后台软件系统等部分构成。创新点表现如下：

(1) 国内首创将无线传感技术运用到输变电设备在线监测系统，现场无需敷设任何电缆。

(2) 完全浮地测量技术最大限度抑制现场干扰，系统运行可靠性和抗干扰能力得到最大的提高。

(3) 无线同步传感技术的运用，对于容性设备的在线监测是一次技术上的突破，它很好地解决了目前阻碍容性设备在线监测技术应用的几个根本问题，如现场对测量信号的干扰，现场干扰对信号传输回路的破坏，施工安装以及维护维修的方便等。

(4) 采用雷达测距的测量技术，实现对输电导线弧垂、摆动、舞动等方面的在线监测。

(5) 软件系统采用 B/S 结构，串口通讯网络平台共享，客户端输入网页域名或 IP 即可浏览。

（二）无线容性设备监测系统

1. 系统构成

容性设备在线监测系统由无线电流、电压传感器、同步控制单元以及采集装置组成，实现对变电站内 PT \ CT \ CVT \ 套管 \ 避雷器等设备的绝缘状态的在线监测。

2. 监测设备和技术指标

见表 3-2-9。

表 3-2-9

监测设备名称	监测参数	测量范围	测量精度
电容性设备（TV \ TA \ CVT \ 套管等）	末屏电流	1～700mA	±0.5%
	介质损耗	0～10%	±（2%D±0.0005）
	等值电容	30～0.3μF	±1%
MOA 避雷器	全电流和阻性电流	35～10mA	±2.5%
	动作次数	0～60000 次	
变压器	铁芯电流	10～500mA	±2%

3. 设备简介及原理

系统通过同步控制单元同步启动无线电流、电压传感器，并将测量信息传送至采集装置，由采集装置对信息进行分析、计算后，上传至上位管理计算机。

（三）无线温度监测系统

1. 系统构成

系统采用无线传感技术，实现对电力系统的开关柜、高压和超高压母线、高压开关接点、运行电缆、电缆沟的（以及人员无法接近的其他危险、恶劣环境）温度进行实时在线监测，实现在中心监控室内就可以监视设备的运行温度状态。

2. 监测设备和技术指标

见表 3-2-10。

表 3-2-10

监测设备名称	设备监测点	监测设备名称	设备监测点
变压器、电抗器	测量套管及接头、油箱壳、油枕、冷却器进出口等部位	开关设备	测量各连接部位、断路器、隔离开关触头等部位
		避雷器	测量引线接头及瓷套表面等部位
电流互感器	测量引线接头、瓷套表面、二次端子箱等部位	线路接续金具	线路连接点
		10kV 开关柜	电缆接头、柜内温度

（1）频率范围：2.4GHz（可选）。

（2）发射电流：11mA。

（3）测量温度：－55～＋125℃。

（4）测量时间间隔：60s～1h 可设。

（5）传输距离：100m。

（6）睡眠电流：2μA。

（7）测量精度：＋0.5℃。

3. 工作原理

无线温度传感器由单片微处理器将被测设备温度转换成数字信号，再通过无线发射接收模块传送至无线温度采集单元，无线温度采集单元通过微处理器将采集到的温度信息转送给接收装置接收并上传到上位管理计算机。

（四）无线断路器监测系统

1. 系统构成

断路器在线监测装置由断路器监测单元、区域控制单元以及采集装置组成，采集装置通过区域控制单元将断路器监测单元的信息采集上来，经过整理分析后上传至上位管理计算机。

2. 技术内容及技术指标

（1）实时记录断路器在正常开断、空载开断、故障开断的动作日期。

（2）累计记录断路器在正常开断、空载开断、故障开断的动作次数。

（3）实时记录断路器开断时分闸线圈电流波形及动作时间。

（4）实时记录断路器合闸时合闸线圈电流波形及动作时间。

（5）监督断路器偷跳及断路器拒动。

（五）输电线路运行状态监测系统

1. 系统构成

本系统由温度测量单元、电流测量单元、导线对地距离测量单元、气象监测单元、绝缘子串泄漏电流测量单元、GPRS远程传输单元以及同定IP计算机和系统管理软件几部分组成。

2. 技术指标

（1）温度测量单元。测量范围：－55～＋125℃；测量误差：≤＋0.5℃。

（2）距离测量单元。测量间隔时间：可设；测量范围：1～50m；测量误差：±（1%D+10）cm。

（3）电源。通过开口式TA从线路电流上取得，线路电流≥30A。

3. 工作原理

装置内CPU中央处理单元将温度测量单元、电流测量单元、距离测量单元导线、气象监测单元以及绝缘子串泄漏电流测量单元所采集的相关参数进行处理成数字信号传输到GPRS通信模块，最后通过GPRS无线网络将数据传送给固定IP上位管理计算机，通过相应的分析软件进行图表、曲线等数据分析。

（六）生产厂

（1）生产厂家：武汉慧测电力科技有限公司。武汉慧测电力科技有限公司是一家专业从事电气设备状态监测的高科技产业公司，公司位于："中国光谷"的武汉东湖高新技术开发区SBI创业街，公司以华中科技大学为强大的技术后盾，充分利用先进的电力电子技术和科技成果，勇于开拓创新，成功地开发了基于无线传感技术的输变电设备在线监测系统，获两项专利。

专利号：一种基于无线传感技术的输变电在线监测装置ZL200820065281.9。

专利号：一种无线同步电流电压传感器ZL200720083988.8。

（2）联系方式。电话：027-87420263（销售），027-87423280，87450383（技术）；传真：027-87780263（销售）；027-87494181（技术）；E-mail：wws@wh-huice.com，wh_wlx@163.com；网址：www.wh-huice.com；地址：武汉东湖开发区光谷创业街SBI一栋4048号；邮编：430074。

三十一、北京深浪电子技术有限公司新型巡检和检测装置

（一）高压输电线路地线巡检系统

1. 产品主要功能及特点

高压输电线路地线巡检系统弥补了传统的地线巡检方法无法准确判断地线断股、散股及表面损伤情况的不足，实现了220～500kV超高压输电线路地线的带电自动检测，为检修提供了可靠依据。

该系统由线上行走检测仪和线下无线接收仪两部分组成。线上行走检测仪的双路CCD对地线两侧进行360°图像采集，通过无线图像传输通道和无线数传通道进行交互式通信，由线下无线接收仪进行监控。线上行走检测仪具有加减速、前进、后退等功能，反馈速度与位置信息，能够对地线断股、损伤等情况进行精确定位。线上行走检测仪采用双轮支撑对称分布的结构设计，配合大摩擦系数的行走轮及大转矩电机，使车体具备一定的爬坡和制动能力。它两端安装传感器，遇到障碍及时报警，自动停止。线下无线接收仪的专用图像处理软件具有显示、存储、录像和回放图像等功能，通过触摸屏进行操作，实时显示设备供电电池电量。

高压输电线路地线巡检系统在输电线路带电运行情况下对地线进行检测，抗电磁干扰能力强、传输距离远。该套系统体积小、重量轻、结构设计紧凑、功能齐全、操作方便、安全可靠，特别适应于电力行业野外便携应用。

中国电力企业联合会组织的技术鉴定会，认定该产品的技术性能达到了国内领先水平，目前已经批量生产，并在电力系统逐步推广。

2. 技术参数

主要技术参数见表3-2-11。

表3-2-11

产品名称	高压输电线路地线巡检系统	
	线上行走检测仪	线下无线接收仪
产品型号	XJCP—500	XJSP—500
供电方式	24V锂离子电池	16V+12V锂离子电池
持续工作时间	6～8h	
电池使用寿命	在循环充放电600次后放电容量仍大于额定容量的60%	
无线图像传输	2～5km（1.5GHz）	
	图像制式PAL/NTSC	

续表

产 品 名 称	高压输电线路地线巡检系统	
	线上行走检测仪	线下无线接收仪
无线数传	2km (433MHz)	
	空中波特率 9600bit/s	
CCD分辨率	659 (H) ×494 (V)	
地线表面检测精度	0.5mm	
线上爬坡能力	地线悬挂点等高情况完全适用； 地线悬挂点不等高情况下，高差小于挡距10%时适用	
变速控制	5～50cm/s (三挡变速)	
监测精度	电量监测：≤2%；速度监测：≤0.5%；里程检测：≤2%；位置监测：精确到1cm	
使用工作条件	环境温度：－15～40℃；相对湿度：≤75%；大气压力：86～106kPa；风速：≤5级； 注意：雨雪天气下无法使用	
贮存条件	环境温度：－25～40℃；相对湿度：≤90%；大气压力：86～106kPa	
整机重量	10kg	9kg
整机尺寸	380×265×260 (mm×mm×mm)	405×205×320 (mm×mm×mm)

(二) 精密绝缘检测分析仪

1. 产品主要功能及特点

精密绝缘检测分析仪是一种高智能绝缘检测仪器，主要用于发电机、变压器、电线电缆等各种电气绝缘设备的试验、维修及检定试验中做绝缘电阻、极化指数和吸收比的检测分析。

该仪器采用先进的单片机控制、人机界面对话，操作简单、携带方便；内置蓄电池，并具有自动分析存储、查询和打印功能；具有电池欠压及过充保护功能；可广泛应用于研究所、实验室做绝缘检测分析；也可用于发供电运行企业和其他电器设备制造厂及铁路、工厂、矿山等电力建设维修安装调试部门的实验室及户外维修试验使用。

2. 主要技术参数

见表3-2-12。

表3-2-12

产 品 名 称	精密绝缘检测分析仪	产 品 名 称	精密绝缘检测分析仪
产品型号	SL—JF50	电 源	内置12V可充电电源免维护、操作简单、携带方便。
适用范围	检测输出电压：2000V、3000V、4000V、5000V，自动、手动任意设置	使用工作条件	环境温度：－25～＋40℃
误差范围	±5%		相对湿度：≤75%
测量范围	1MΩ～50GΩ程序自动换挡测量		大气压力：86～106kPa
数 据	配有上位机管理软件，便于检测数据系统管理分析	整机重量	2.5kg
		外形尺寸	长×宽×高：370mm×285mm×135mm
显示方式	汉字液晶显示（带背光）自动存档	打 印	高级热敏打印机，输出检测结果

(三) 手持智能绝缘子检测仪

1. 产品主要功能与特点

JXS10—500型手持智能绝缘子检测仪是定量检测与分析的仪器，主要用于10～500kV高压输电线路盘形悬式绝缘子的不带电检测。该仪器能在线路停电的情况下，定量检测出每片绝缘子的绝缘电阻及临界损坏的绝缘子（含传统方法说的低值零值绝缘子），测量准确度高，误差可控制在±10%以内。对零值和低值绝缘子能自动报警，在检测方法上是一个质的飞跃。能对检测结果以数字形式实时显示并存储，通过上位机能打印输出检测报告。

手持智能绝缘子检测仪可根据不同气象条件下对整串绝缘子的检测数据，分析不同气象条件下整串绝缘子绝缘状态，为查找不明原因的闪络事故提供了个有力的手段；根据整条线路的全部检测数据，实施对整条线路绝缘子进行统计分析，从而了解整条线路绝缘体系的安全性，并对其进行有效的评估，根据评估结论进行绝缘体系的改造与建设；可根据检测记录考核操作人员的工作到位情况，避免人为因素造成漏检、误检或不检而忽略掉有缺陷的绝缘子，为企业的安全生产管理提供科学依据；该仪器体积小、重量轻、结构新颖美观，功能齐全、操作简单快捷、安全可靠。

2. 主要技术参数

见表 3-2-13。

表 3-2-13

产品名称	手持智能绝缘子检测仪	产品名称	手持智能绝缘子检测仪
型号	JXS10—500	使用工作条件	环境温度：−25～+40℃
适用范围	10～500kV 高压输电线路盘型悬式绝缘子停电检测		相对湿度：≤75%
			大气压力：86～106kPa
测量范围	10～2500MΩ	贮存条件	环境温度：−40～+55℃
测量误差	±10%		相对湿度：≤90%
显示方式	液晶显示		大气压力：86～106kPa
电源	3.6V 可充锂电池	重量	300g
连续使用时间	不小于 7h	外形尺寸	长×宽×高：190mm×110mm×34mm
待机时间	30h	执行标准	Q/HDSLE001—2003

（四）手爪式智能线路清障机器人

1. 产品主要功能及特点

手爪式智能线路清障机器人用于清除架空高压输电线地线上悬挂的塑料布、风筝、编织袋等悬挂物，防止地线上这些悬挂物在雷电或雨天与导线接触发生电力事故。手爪式智能线路清障机器人由线上手爪式清障机和线下无线控制器组成。线上手爪式清障机的机械手可以准确抓紧障碍物，通过拖拽或使用滚刀切割的方法清除地线上的障碍物，线下无线控制器人机界面由液晶屏幕与 4×4 键盘组成，可以通过按键控制线上机器人工作，同时可以接收线上机器人的电量、速度、里程等信息。

线上手爪式清障机可以工作在手动清障模式与自动清障模式，手动模式下通过操作按键控制线上手爪式清障机达到对障碍物的切割或拖拽，自动模式下线上手爪式清障机靠光电传感器来自动判别障碍物并自动抓紧与切割障碍物；具有快速、慢速、点动三个速度等级和前进、后退两个方向功能，并可以反馈速度与位置信息，还可以检测出它所携带的锂电池剩余电量；线上手爪式清障机采用双轮支撑同侧分布的结构设计，使得上线更为容易，同时配合大摩擦系数的行走轮及大转矩电机，使车体具备一定的爬坡和制动能力；线上手爪式清障机前端安装传感器，遇到障碍及时报警，自动停止。

手爪式智能线路清障机器人在输电线路带电运行情况下对输电线路进行检测，抗电磁干扰能力强、传输距离远。该套系统体积小、重量轻、结构设计紧凑、功能齐全、操作方便、安全可靠，特别适应于电力行业野外便携应用。

2. 技术参数

见表 3-2-14。

表 3-2-14

产品名称	手爪式智能线路清障机器人	
	线上手爪式清障机	线下无线控制器
适用范围	各种等级电压的无障碍的架空输电线路	
供电方式	24V 锂离子电池	24V 锂离子电池
持续工作时间	6～8h	
电池使用寿命	在循环充放电 600 次后放电容量仍大于额定容量的 60%	
无线数传	2km（433MHz）	
	空中波特率 9600bit/s	
线上爬坡能力	地线悬挂点等高情况完全适用；地线悬挂点不等高情况下，高差小于挡距 10%时适用	
变速控制	20～50cm/s（两挡变速）	
监测精度	电量监测：≤2%；速度监测：≤0.5%；里程检测：≤2%；位置监测：精确到 1cm	
使用工作条件	环境温度：−15～40℃；相对湿度：≤75%；大气压力：86～106kPa；风速：≤5 级；注意：雨雪天气下无法使用	
贮存条件	环境温度：−25～40℃；相对湿度：≤90%；大气压力：86～106kPa	

（五）无线红外热像线路巡检系统

1. 产品主要功能及特点

无线红外热像线路巡检系统利用红外热成像技术，通过线上红外热像 CCD 旋转移动平台的双自由度旋转带动红外热像 CCD 转动，将远距离的架空线路上的地线、金具、导线、杆塔、绝缘子的红外温度图像的完整信息通过无线方式传输到远端的线下无线红外接收仪，从而弥补了通用手持热像仪无法进行远距离清晰探测整个输电线路温度热像的不足，能够较好地实现输电线路的整体温度热像探测，为电网的安全运行提供了新的巡检途径。无线红外热像线路巡检系统由线上红外热像 CCD 旋转移动平台和线下无线红外接收仪组成，线上红外热像 CCD 旋转移动平台的两自由度转动带动红外热像 CCD 对地线、金具、导线、杆塔、绝缘子等进行温度热像信息采集，通过无线图像传输通道和无线数传通道进行交互式通信，由线下无线接收仪进行监控。

线上红外热像 CCD 旋转移动平台能进行两自由度精确的转动与调整，进而保证相机能达到准确视角；采用双轮支撑同侧分布的结构设计，使得上线更为容易，同时配合大摩擦系数的行走轮及大转矩电机，使车体具备一定的爬坡和制动能力；具有加减速、前进、后退等功能，反馈速度与位置信息，对线路中发热较高的点进行定位；线上红外热像 CCD 旋转移动平台两端安装传感器，遇到障碍及时报警，自动停止。线下无线红外接收仪的专用红外温度图像处理软件具有显示、存储、录像和回放温度图像等功能，同时能够对线路的发热温度进行分析，通过触摸屏进行操作，能够实时显示设备供电电池电量。

无线红外热像线路巡检系统在输电线路带电运行情况下对输电线路进行检测，抗电磁干扰能力强、传输距离远。该套系统体积小、重量轻、结构设计紧凑、功能齐全、操作方便、安全可靠，特别适应于电力行业野外便携应用。

2. 技术参数

见表 3-2-15。

表 3-2-15

产品名称	无线红外热像线路巡检系统	
	线上红外热像 CCD 旋转移动平台	线下无线红外接收仪
适用范围	220～500kV 高压输电线路	
供电方式	24V 锂离子电池	24V 锂离子电池
持续工作时间	6～8h	
电池使用寿命	在循环充放电 600 次后放电容量仍大于额定容量的 60%	
无线图像传输	2～5km (1.5GHz)	
	图像制式 NTSC	
无线数传	2km (433MHz)	
	空中波特率 9600bit/s	
CCD 分辨率	640 (*H*) ×480 (*V*)	
线上爬坡能力	地线悬挂点等高情况完全适用；地线悬挂点不等高情况下，高差小于挡距 10%时适用	
变速控制	20～50cm/s (两挡变速)	
监测精度	电量监测：≤2%；速度监测：≤0.5%；里程检测：≤2%；位置监测：精确到 1cm	
使用工作条件	环境温度：−15～40℃；相对湿度：≤75%；大气压力：86～106kPa；风速：≤5 级；注意：雨雪天气下无法使用	
贮存条件	环境温度：−25～40℃；相对湿度：≤90%；大气压力：86～106kPa	

（六）智能绝缘子检测仪

1. 产品主要功能及特点

JXD35—500 型智能绝缘子检测仪是定量检测与分析的仪器，主要用于 35～500kV 高压输电线路盘形悬式绝缘子的检测。该仪器能在线路带电或停电的情况下，定量检测出每片绝缘子的绝缘电阻及临界损坏的绝缘子（含传统方法说的低值零值绝缘子），测量准确度高，误差可控制在±10%以内。对零值和低值绝缘子能自动报警，在检测方法上是一个质的飞跃。同时，能对检测结果以数字形式实时显示并存储，通过上位机能打印输出检测报告。

智能绝缘子检测仪可根据不同气象条件下对整串绝缘子的检测数据，分析不同气象条件下整串绝缘子的绝缘状态，为查找不明原因的闪络事故提供了一个有力的手段。并且，能根据整条线路绝缘子的全部检测数据，对整条线路绝缘子进行统计分析，从而了解整条线路绝缘体系的安全性，并对其进行有效的评估，根据评估结论进行绝缘体系的改造与建设。另外，还可根据检测记录考核操作人员的工作到位情况，避免人为因素造成漏检、误检或不检而忽略掉有缺陷的绝缘子，为企业的安全生产管理提供科学依据。该仪器体积小、重量轻、结构新颖美观、功能齐全、操作简单快捷、安全可靠。

中国电机工程学会组织的专家评审会，认定该产品位于国内同类产品的领先水平，填补了高压输电线路绝缘子不能带电定量检测的技术空白。

2. 主要技术参数

见表 3-2-16。

表 3-2-16

产品名称	智能绝缘子检测仪	产品名称	智能绝缘子检测仪
型号	JXD35—500	使用工作条件	环境温度：－25～＋40℃
适用范围	35～500kV 高压输电线路盘型悬式绝缘子带电（或停电）检测		相对湿度：≤75%
			大气压力：86～106kPa
测量范围	10～2500MΩ	贮存条件	环境温度：－40～＋55℃
测量误差	±10%		相对湿度：≤90%
显示方式	液晶显示		大气压力：86～106kPa
电源	3.6V 可充锂电池	整机重量	260g
连续使用时间	不小于 7h	外形尺寸	长×宽×高：165mm×120mm×30mm
待机时间	30h	执行标准	Q/HDSLE001—2003

（七）生产厂

（1）生产厂名称：北京深浪电子技术有限公司。

（2）联系方式。电话：010-62047539，62047299 转 8111；公司地址：北京市西城区德外安德路 67-5 号；E-mail：market@shenlangdz.com；联系人：何先生；传真：010-62047299 转 8103；邮编：100120；http：//www.shenlangdz.com。

三十二、宁波理工 MDS4000 输变电设备状态监测与评估系统

（一）MDS4000 系统概述

宁波理工监测在业内率先推出了完全适应智能电网的要求的 MDS4000 输变电设备状态监测与评估系统，提供输变电设备状态监测一体化解决方案，产品成功应用于电网公司变电站智能化改造项目当中。

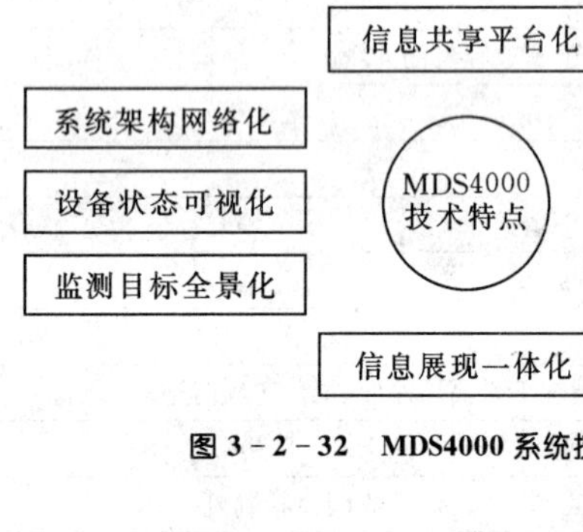

图 3-2-32 MDS4000 系统技术特点图

MDS4000 系统是智能电网建设的重要内容，它通过各种先进的传感技术、数字化技术、嵌入式计算机技术、广域分布的通信技术、在线监测技术以及故障诊断技术实现各类电网设备运行状态的实时感知、监视、分析、预测、故障诊断和评估。输变电设备状态监测技术是实现智能变电站建设的关键支撑技术，是智能变电站建设的核心内容。

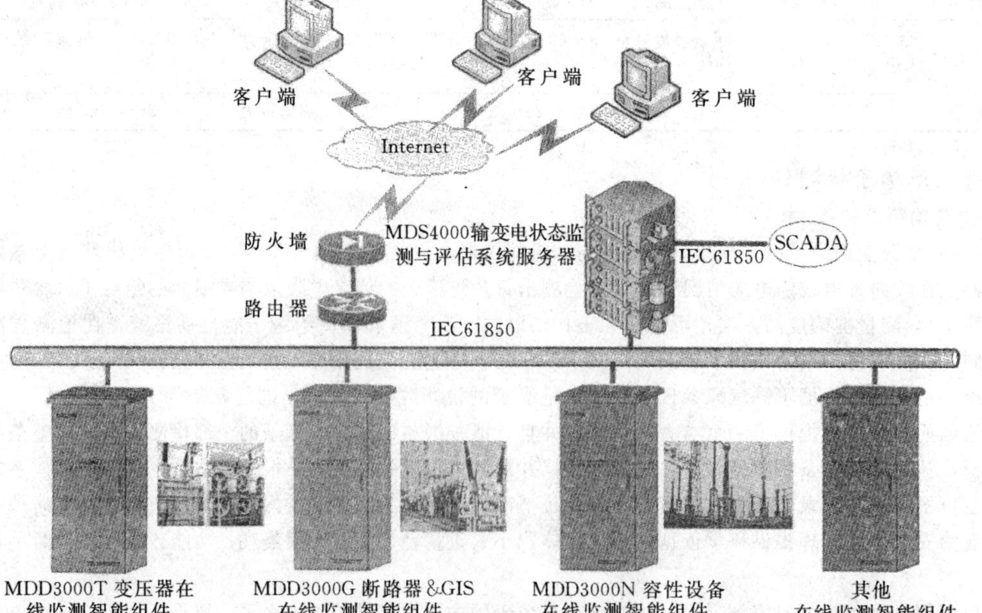

图 3-2-33 MDS4000 系统组成图

MDS4000 输变电设备状态监测与评估系统可对变压器温度及负荷、油中溶解气体、油中微水、套管绝缘、铁芯接地电流、局部放电、辅助设备（冷却风扇、油泵、瓦斯继电器、有载分接开关等）；断路器及 GIS 中 SF_6 气体密度及微水、GIS 局部放电、断路器动作特性、GIS 室内 SF_6 气体泄露；电流互感器及容性电压互感器、耦合电容器和避雷器绝缘等信息进行综合监测。

（二）MDS4000 系统技术特点

见图 3-2-32。

（三）MDS4000 系统组成

MDS4000 输变电设备状态监测与评估系统由 MDD3000T 变压器在线监测智能组件、MDD3000G 断路器 &GIS 在线监测智能组件、MDD3000N 容性设备在线监测智能组件与 MDD3000C 电缆在线监测智能组件等组成，可根据用户需求扩展其他智能组件。见图 3-2-33。

1. MDD3000 系列智能组件（图 3-2-34）

MDD3000 系列智能组件满足智能变电站及电力设备远程监测诊断中心的技术要求，采用模块化、标准化、就地化设计原则，以监测对象进行组柜，满足高压设备全景式监测的要求。MDD3000 系列智能组件是一个能独立运行的智能监测与诊断系统，由主 IED（智能组件柜处理器）、多个子 IED（监测子系统）、交换机、继电保护单元等组成。各单元之间采用光纤连接，统一采用 IEC61850 通信规约。某一智能组件柜故障不影响其他智能组件柜的运行，同一智能组件

图 3-2-34　MDD3000T 智能组件组成

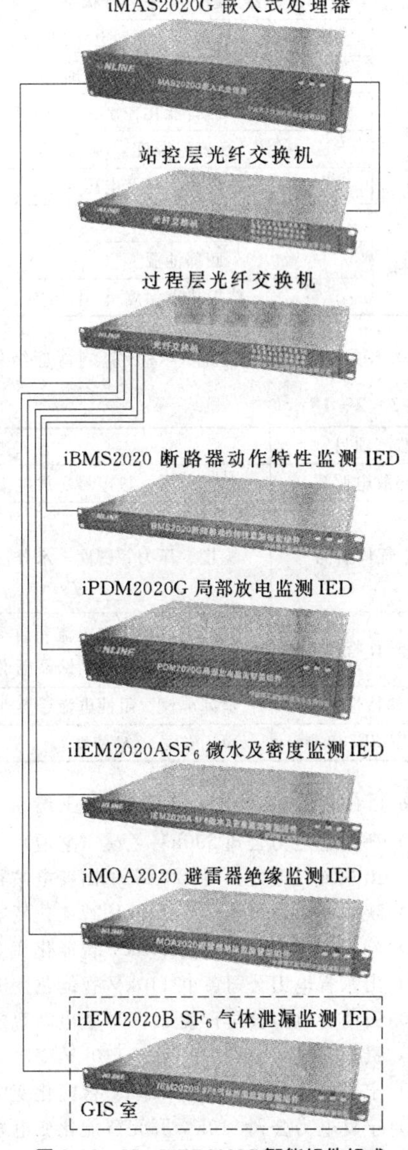

图 3-2-35　MDD3000G 智能组件组成

柜某一子 IED 故障也不影响其他 IED 的运行，可靠性高、扩展性好。

智能组件柜采用不锈钢和具有磁屏蔽功能涂层的保温材料组成的双层结构，内部有温湿度自动调节功能，确保组件柜内所有监测 IED 和电气元件工作在良好的环境条件下。各监测 IED 均采用无风扇冷却方式设计以提高可靠性，采用上架式 19in 标准机箱安装在组件柜内，并根据用户需要进行方案设计，以满足不同的监测需求。

2. MDD3000T 变压器监测智能组件组成（图 3-2-35）

智能组件在现场就近变压器安装，采用双 220V 交流电源或双 220V 直流电源供电，通过电源自诊断实现电源的自动切换。

MDD3000 系列在线监测智能组件是一次设备的智能化装置，可根据需要扩展其他监测 IED。

（四）MDS4000 系统主要监测功能

（1）MDD3000T 变压器监测智能组件主要功能见表 3-2-17。

表 3-2-17

监测项目	监 测 内 容	IED	监测项目	监 测 内 容	IED
器身	油中溶解气体	iMGA2020	套管	介质损耗	iMM2020
	油中水含量			等值电容	
	局部放电	iPDM2020T		泄露电流	
绕组	绕组热点光纤温度	iOFT2020	铁芯	铁芯接地电流	iOCM2020
冷却单元	冷却器风扇及油泵运行状态	iCSM2020	有载开关	触头位置及触头磨损状态	iOLTC2020
	冷却器风扇及油泵马达驱动电流和电压			马达驱动电流及电压	
	冷却器风扇及油泵累计运行时间			保护继电器状态	
	冷却器智能化控制			在线滤油机运行状态	
	环境温湿度			OLTC 智能化控制	
	变压器负荷电流及电压		工况信息	瓦斯含量及瓦斯继电器状态	iOCM2020
	顶部油温			主油箱油位及油位状态	
	底部油温			OLTC 油箱油位及油位状态	
	绕组热点温度			泄压设备状态	

（2）MDD3000G 断路器 &GIS 监测智能组件主要功能见下表 3-2-18。

表 3-2-18

监测项目	监 测 参 数	监测原理	IED
局部放电监测	放电位置、放电量、放电类型	超高频	iPDM2020G
SF_6 气体监测	温度、压力、密度、水分	湿度传感器 压力传感器 温度传感器	iIEM2020A
断路器动作特性监测	储能电机的工作电流和启动次数、触头开断一次主电流、分合闸线全电流、燃弧时间、断路器电寿命、打压泵启动次数、I^2-t 曲线等	电流互感器	iBMS2020
避雷器特性监测	泄漏电流、阻性电流、容性电流	基波法	iMOA2020
GIS 室 SF_6 监测	SF_6 浓度、O_2 浓度	SF_6 传感器	iIEM2020B

（五）MDS4000 系统产品主要业绩

（1）浙江省电力公司 500kV 兰溪（芝堰）变电站智能化改造项目。

（2）山东青岛电力公司 220kV 午山变电站智能化改造项目。

（3）陕西省电力公司延安 750kV 智能化变电站新建工程。

（4）湖南省电力公司金南 110kV 智能化变电站新建工程。

（5）山东省电力公司黄屯 110kV 智能化变电站新建工程。

（6）云南省电力公司官渡 220kV 变电站智能化改造项目。

（7）贵州省电力公司小河四方 110kV 变电站新建工程。

（8）宁夏电力公司石嘴山 220kV 智能化变电站新建工程。

（9）宁夏电力公司 110kV 开元智能化变电站新建工程。

（10）天津市电力公司和畅路（生态城）110kV 输变电工程。

(11) 特变电工新疆变压器厂变压器智能组件（应用于延安 330kV 变电站智能化改造项目)。

（六）生产厂

(1) 生产厂名称：宁波理工监测科技股份有限公司。

(2) 联系方式。电话：400-826-9696；传真：0574-86868280；地址：浙江省宁波市保税区留学人员创业园 4 号楼；邮编：315800；网址：www.lgom.com.cn；E-mail：service@lgom.com.cn。

三十三、宁波理工 MGA2000 系列变压器色谱在线监测系统

（一）MGA2000 系统简介

MGA2000 系列变压器色谱在线监测系统是用于电力变压器油中溶解气体的在线分析与故障诊断，适用于 35kV 及以上电压等级的电力变压器、电弧炉变压器、电抗器以及互感器等油浸式高压设备。系统采用气相色谱原理对变压器油中溶解故障特征气体进行在线监测，采用 HC 系列电容式敏感元件微水检测单元对变压器油中微水含量进行在线监测，能够提供高精度定量分析，长期在线监测电力大型充油设备的运行状态；能够分析长期积累的监测数据，判断所监测设备的状态，预测设备初期故障。

（二）MGA2000 系统组成

MGA2000 系列变压器色谱在线监测系统由现场监测单元（色谱数据采集器)、主站单元（数据处理服务器）及监控软件（状态监测与预警软件）组成。现场监测单元即色谱数据采集器由油样采集单元、油气分离单元、气体检测单元、数据采集单元、现场控制处理单元、通信控制单元及辅助单元组成。其中辅助单元包括置于色谱数据采集器内的载气、变压器接口法兰、油管及通信电缆等。

其组成示意图见图 3-2-36。

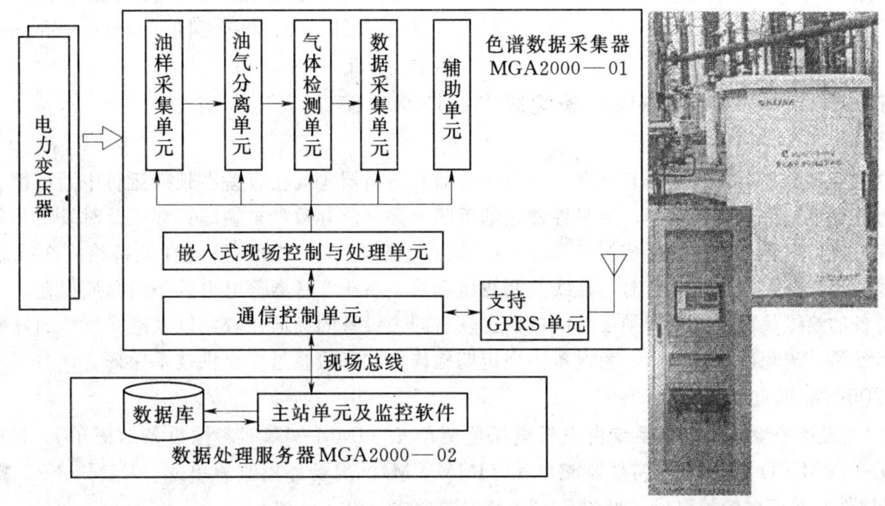

图 3-2-36　MGA2000 系列变压器色谱在线监测系统组成示意图

（三）MGA2000 系统功能

(1) 定量、在线检测 H_2、CO、CH_4、C_2H_4、C_2H_2、C_2H_6、H_2O（选配)、CO_2（选配）的浓度及增长率。

(2) 循环取样，真实地反应变压器油中溶解气体状态。

(3) 在线、高效、安全可靠的油气分离，不污染、不排放变压器油。

(4) 成熟可靠的通信方式，采用标准网络协议，支持远程数据传输，提供网络化远程功能。

(5) 多样的数据显示及查询方式，提供报表和趋势图，历史数据存储寿命为 10 年。

(6) 提供有两级报警功能，可声/光报警，报警信号可远传。

(7) 开放的数据库，可接入电力系统局域网。

(8) 故障诊断功能，提供改良三比值法、大卫三角法和立方体图示法，给出诊断结果。

（四）MGA2000 系统技术特点

(1) 更快的分析周期，最小监测周期为 1h，可由用户自行设置，推荐为 24h。

(2) 油气分离速度快，仅需 15min，分析后的油样采用二次脱气技术和过滤处理，消除回注变压器本体、的油样中夹杂的气泡。采用特殊的环境适应技术，消除温、湿度变化对气体分配系数的影响。

(3) 采用专用复合色谱柱，提高气体组分的分离度。

(4) 采用特制的纳米晶半导体检测器，提高烃类气体的检测灵敏度。

(5) C_2H_2 最低检测限可达 0.1μL/L。

(6) 采用双回路多模式恒温控制，控温精度达±0.1℃，环境恶劣地区可选配工业空调。

(7) 环境适应能力强，成功应用于高寒、高温、高湿度、高海拔地区。

(8) 抗干扰性能高，电磁兼容性能满足 GB/T 17626 与 IEC 61000 标准。

(9) 采用嵌入式处理器控制系统，将油气分离、数据采集、色谱分析、浓度计算、数据报警、设备状态监控等多功能集于一体，不会出现数据丢失等情况，大大提高了系统的可靠性和稳定性。

(10) 功能接口电路采用光耦隔离设计，进一步提高系统抗干扰性能。

(11) 采用基于 CAN2.0B 的现场总线标准，可实现全数字、远程数据化输、控制和参数设置。

(12) 加强系统自检，增加远程维护功能，提供设备异常事件报警。

(13) 支持 TCP/IP 网络协议，提供同类监测设备组网功能，可实现某一区域的集中远程诊断。

(14) 可扩展性高，可便捷的与其他监测装置集成。

(15) 系统结构紧凑，安装维护简便，操作人性化，维护量少。

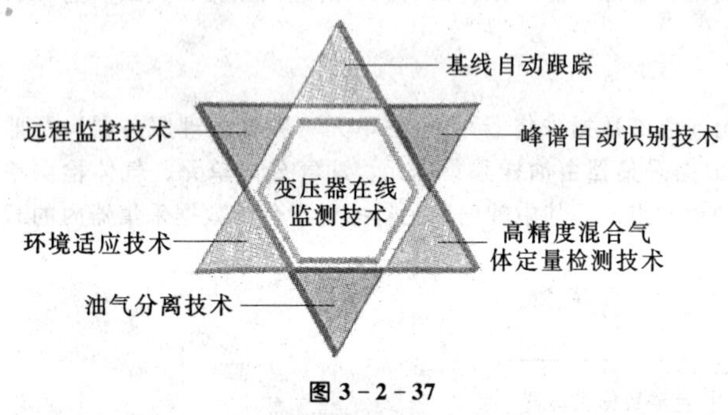

图 3-2-37

(五) MGA2000 系统核心技术

见图 3-2-37。

(六) 生产厂

(1) 生产厂名称：宁波理工监测科技股份有限公司。

(2) 联系方式。电话：400-826-9696；传真：0574-86868280；地址：浙江省宁波市保税区留学人员创业园 4 号楼；邮编：315800；网址：www.lgom.com.cn；E-mail：service@lgom.com.cn。

三十四、宁波理工 IMM2000 容性设备绝缘在线监测系统

(一) IMM2000 系统概述

高压套管、电流互感器、电容式电压互感器、耦合电容器及避雷器等高压设备在长期运行中因污秽、化学腐蚀、电闪、发热、机械力等环境条件变化的影响，绝缘性能逐渐下降，并可能导致严重缺陷。如未及时发现并采取措施，潜在缺陷逐渐发展，并可能引发绝缘击穿，造成设备损坏，带来巨大损失。IMM2000 型容性设备绝缘在线监测系统是一种高可靠的绝缘在线监测设备，可连续、实时、在线监测高压套管、高压互感器等电力设备的介质损耗、末屏电流及电容量，可及时掌握设备的绝缘状况，并据同类设备的横向比较、同一设备的纵向比较，以及绝缘特性的发展趋势，及早发现潜伏故障，提出预警，避免事故的发生，为设备实现定期检修向状态检修过度提供技术保证。

(二) IMM2000 系统组成

IMM2000 型容性设备绝缘在线监测系统由系统电压监测单元（IMM—U）、容性设备监测单元（IMM—C）、铁芯接地电流监测单元（IMM—I）、MOA 避雷器监测单元（IMM—M）、现场环境监测单元（IMM—E）、数据处理服务器（IMM—Z）、应用软件及通信电缆等组成。见图 3-2-38、图 3-2-39。

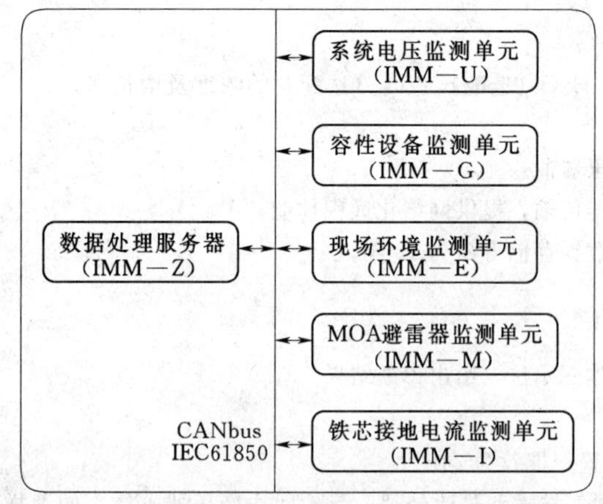

图 3-2-38　IMM2000 型容性设备绝缘在线监测系统组成

图 3-2-39　IMM2000 系统组成实物

(三) IMM2000 系统功能

(1) 可实现变压器套管、电流互感器、电压互感器等的介质损耗 tanδ 及电容量监测，铁芯接地电流监测以及避雷

器全电流和阻性电流监测。

（2）提供横向比较报警和纵向比较报警功能和报警限设置功能。

（3）多样的数据显示及查询方式，提供直观的实时数据和波形数据曲线图，历史数据曲线图、报表和横向数据比较曲线图、报表的显示和打印功能，历史数据存储寿命为10年。

（4）成熟可靠的通信方式，采用标准网络协议，支持远程数据传输，提供网络化远程功能。

（5）开放的数据库，可接入电力系统局域网。

（四）IMM2000系统技术特点

（1）采用锁相技术自动跟踪电网频率，解决频谱分析中的频谱泄漏问题。

（2）全数字化交流同步采样。

（3）可采用无线电流传感器，实现信号的无线传输。

（4）分析周期：最小2s，由用户设定，默认为1h。

（5）系统结构：分层分布式系统结构、模块化设计技术。

（6）检测原理：采用穿芯式零磁通微电流传感器技术，相位误差在2′以内。

（7）硬件平台：基于DSP、CPLD及高精度同步AD等技术开发的全数字式、一体化的现场监测单元，专业测量微小信号，防强电磁干扰。

（8）数据采集：电网频率跟踪技术，参考源同步技术。

（9）数据处理：傅立叶频谱分析，多次谐波电压测量。

（五）生产厂

（1）生产厂名称：宁波理工监测科技股份有限公司。

（2）联系方式。电话：400-826-9696；传真：0574-86868280；地址：浙江省宁波市保税区留学人员创业园4号楼；邮编：315800；网址：www.lgom.com.cn；E-mail：service@lgom.com.cn。

三十五、宁波理工IPDM2000T变压器局部放电在线监测系统

（一）IPDM2000T系统概述

IPDM2000T变压器局部放电在线监测系统采用UHF检测技术，通过超高频传感器检测变压器内部局部放电激发的电磁波信号，检测到的信号经过RF滤波、射频前置放大器和检波器后，以1～10MHz带宽信号输山，由高速ADC＋FPGA＋DSP组成的高速数据采集模块进行同步采样、采用小波分析等数字处理技术，在强噪声背景下提取出局部放电信号，并自动完成对局部放电信息的PRPD/PRPS等二维、三维多种放电特征图谱分析。

（二）IPDM2000T系统组成

IPDM2000T变压器局部放电在线监测系统包括内置特高频传感器（UHF）、现场监测单元、中央控制单元、高频电缆、机械附件以及局放分析软件组成。现场监测单元有四个同步的高速采样通道，可以配置四个超高频传感器或配置三个超高频传感器和一个背景噪声传感器。

（三）IPDM2000T系统技术特点

（1）检测原理：基于超高频的全频带动态扫频局放检测技术。

（2）超高频传感器：输出阻抗自动平衡，不需阻抗变换器，可以带电检修。

（3）采样方式：四通道高速同步采样。

（4）去噪技术：复合除噪技术和自动阈值小波除噪原理。

（5）信号处理：双DSP＋FPGA全数字化处理，软件算法硬件化。

（6）放电图谱：采用先进的PRPD/PRPS分析。

（7）放电类型识别：基于放电图谱库的神经网络专家系统。

（四）生产厂

（1）生产厂名称：宁波理工监测科技股份有限公司。

（2）联系方式。电话：400-826-9696；传真：0574-86868280；地址：浙江省宁波市保税区留学人员创业园4号楼；邮编：315800；网址：www.lgom.com.cn；E-mail：service@lgom.com.cn。

三十六、宁波理工IPDM2000G GIS局部放电在线监测系统

（一）IPDM2000G系统概述

IPDM2000G GIS局部放电在线监测系统采用特高频（UHF，100～2000MHz）传感方式，能够在GIS运行条件下，对其内部局部放电进行检测和定位，及时发现绝缘缺陷，避免绝缘故障。可实现对GIS绝缘状况的动态监视，有效预防电力系统的突发性事故，并可为状态检修提供科学的数据依据。该系统充分利用了特高频传感器技术、并结合了宁波理工监测在变压器、GIS及其他一次设备在线监测方面的技术成果，使系统在传感技术、在线抗干扰、在线数据分析技术

等方面具有自己的独到之处和技术上的领先性。

（二）IPDM2000G 系统组成

IPDM2000G GIS 局部放电在线监测系统主要由 UHF 传感器、背景噪声传感器、现场监测单元（LCU）和主处理单元（MCU）组成，数据可远传至用户控制中心，系统组成图如图 3-2-40 所示。

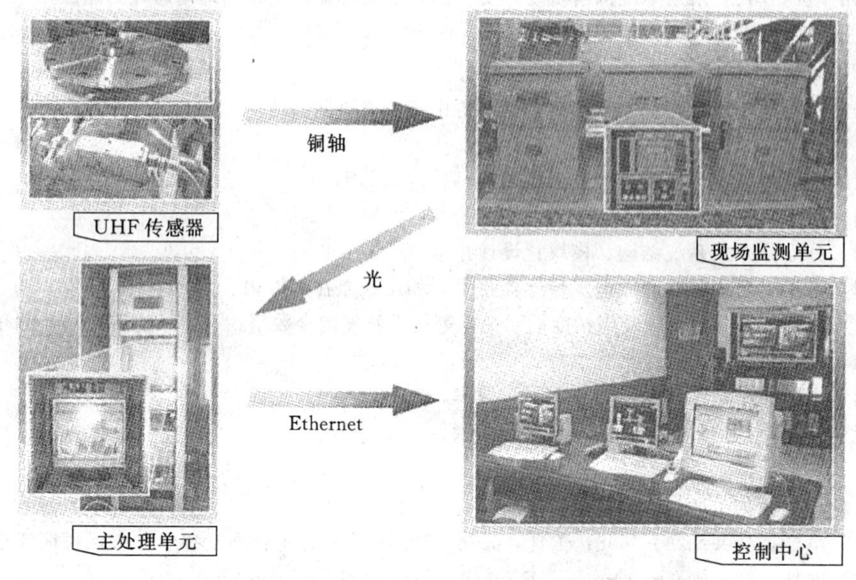

图 3-2-40　IPDM2000G GIS 局部放电在线监测系统组成图

（三）IPDM2000G 系统技术特点

（1）UHF 传感器灵敏度高。0.3pC（内置式传感器）；2pC（外置式传感器）。

（2）全带宽扫频方式，获取的信息量大。300～2000MHz 全带宽扫频（传感器工作带宽：100～3000MHz）；步进 10MHz。

（3）信号接收动态范围大。UHF 信号输入范围：－90～＋10dBm；前置放大：0～60dB 增益自动控制。

（4）多种噪声去除技术，抗干扰能力强。传感器屏蔽；数字滤波；阈值处理；屏蔽噪声频段；人工神经网络技术。

（5）多种信号强度表示方式 dBm；pC。

（6）PRPS/PRPD 放电图谱显示。PRPD 二维谱图分析与显示：H_{qmax}（ϕ）、H_{qn}（ϕ）、H_n（ϕ）、H（q）二维放电谱图；PRPS 三维谱图分析与显示：N—ϕ—U 和 T—ϕ—U 三维放电谱图。

（7）放电类型识别。强大的专家谱图库，多种局部放电类型波形特征图，能识别放电故障类型，让故障判断更及时、准确。

（8）支持故障在线定位，定位精度高。幅值比较法；定位精度＜0.5m。

（9）支持 IEC 61850 协议。系统支持 IEC 61850 协议，可方便接入变电站自动化系统。

（10）安全可靠性高。UHF 传感器电路与 GIS 工作回路没有任何电气上的连接，传感器可带电检修，无论对试验装置和操作者都更加安全可靠。

（四）IPDM2000G 系统核心技术

（1）传感器设计技术：根据生产单位，电压，GIS 各种结构，设计多样的传感器。

（2）局部放电检测技术：可检测 2pC 以下局部放电信号。

（3）传感器布置技术：根据各种部件信号衰减的传感器布置技术。

（4）噪声去除技术：采用频域屏蔽、小波变换及基于背景传感器的噪声处理技术。

（5）动态扫频技术：以 10MHz 带宽步进，在 300～1500MHz 的动态扫频处理技术。

（6）DSP 设计技术：超高速信号处理及多通道技术。

（7）分析应用程序：加载多种分析功能和智能神经网络分析判断技术。

（8）在线定位技术：基于部件衰减值标定、幅值差的故障定位技术、定位精度＜0.5m。

（9）检测模式：实时，趋势，事件方式（Real Time，Trend，Event Mode）。

（五）生产厂

（1）生产厂名称：宁波理工监测科技股份有限公司。

(2) 联系方式。电话：400-826-9696；传真：0574-86868280；地址：浙江省宁波市保税区留学人员创业园4号楼；邮编：315800；网址：www.lgom.com.cn；E-mail：service@lgom.com.cn。

三十七、西安金源电气有限公司新型监测装置

(一) 企业简介

西安金源电气有限公司专业从事于电力系统软件开发，设备状态在线监测系统、设备安全运行保障系统、大电流限流开关设备等产品的科研、设计、制造和销售。现已成长为智能电网输变电设备在线监测系统及整体解决方案提供商，是陕西省优秀软件企业、西安市优秀高新技术企业、陕西省制造业信息化科技工程示范企业、陕西省首批“非公有制重点联系企业”和西安市高新区优秀“瞪羚”企业。现今，公司技术研发中心拥有一支具有很强产品研发能力的自主科研队伍，同时与电力系统科研部门联合承担了多项科研课题，特别是在输电线路和变电设备在线监测领域开展很多创新研究，获得了多项科研成果和国家技术专利。新近研制成功并已投入市场使用的大电流限开断器系列产品，其技术和性能走在世界前列，是世界上最快的开断短路电流的装置。金源数据中心可接收安装在全国范围内的绝缘子泄露电流在线监测、覆冰监测、气象监测、视频监测等数据，将数据统一存放，利用开发的在线监测数据分析软件平台可对各地数据进行研究、总结分析，将分析结果反馈给用户，用以指导生产。用户可通过授权登录数据中心查阅本地或其他单位数据，提供数据共享；中心也可对用户设备运行状况进行监督，在设备发生异常时及时通知用户进行维护。公司生产厂区具备专业化的厂房和生产线，完善的生产和检测设备，产品独特的设计和精湛的制造工艺，保证了产品的技术创新和质量领先。在“诚信是金，创新为源”的理念下，公司打造了一支团结高效、锐意开拓的优秀管理团队，形成了一支老、中、青相结合，内外携手合作的专业技术人才团队，带领企业快速驶上现代化企业的快车道。走过9年的历程，公司获得了政府和客户的高度评价和支持，获得了多项荣誉：通过了最新的ISO9001：2008质量管理体系认证；部分产品获得第十一届中国国际软件博览会金奖；部分产品获得陕西省软件行业协会的“优先使用产品”；部分产品获得陕西省优秀软件产品；部分产品获得科技部科技型中小企业技术创新基金的支持；十一项软件产品先后获得“软件产品认定证书”和“软件著作权登记证书”；公司被中国电力设备管理协会评定为“中国电气监测类设备AAA级制造企业”；公司注册商标“金源电气+JINPOWER”和图形被评为“陕西省著名商标”和“西安市著名和商标”；中国电力招投标管理中心授予“全国电网建设与改造所需主要产品选型选厂企业”；中国电力设备管理协会授予首批“全国电力行业设备管理战略合作伙伴单位”；陕西省人民政府授予“陕西省科学技术奖”三等奖。杰出的成绩离不开广大客户的支持，愿我们付出的真诚和智慧，获得您对我们的满意和信任，我们将为智能化电网建设提供安全、高效的在线监测产品，为打造坚强的智能化电网做贡献。

(二) 主要装置技术性能

1. 输电线路等值覆冰系统

集成了覆冰拉力的监测（拉力传感器）、气象条件的监测（温度、湿度、风速、风向）、信息采集，并借助现有GPRS/CDMA/3G强大的通信网络进行实时数据传输，结合专家知识库和各种修正理论模型给出预报，及时给出除冰信息，有效预防冰害事故。现了对线路覆冰的定性分析、定量测量，为线路防冰改造提供现场数据，为实现供电设备从计划检修过渡到状态检修提供技术保障。

(1) 适用电压等级：10～1000kV输电线路。

(2) 传输方式：用户可以根据需要选择GSM/GPRS/CDMA中的任意一种。

(3) 摄像传输方式：双通道CDMA1x无线传输/3G。

(4) 采样时间间隔：用户可按自己实际情况设定。

(5) 绝缘子串拉力测量范围：0～60t；准确度级别（FS）：0.5。

(6) 绝缘子倾斜角测量范围：双轴≥±60°；测量精度：≤±0.1°，测量分辨率：±0.01°。

(7) 环境温度测量范围：-40～80℃；测量误差：±0.5℃。

(8) 湿度监测范围：0～99%。

(9) 湿度测量精度：0～80%，±4%RH；80～100%，精度：±8%RH。

(10) 超声风速风向传感器。风速：测量范围：0～60m/s；精确性：±0.3m/s；风向：测量范围：0～360°；精确性：±3°。

(11) 视频监测数据量：实时视频图像。

(12) 摄像机芯片：1/4in CCD；最低照度：0.5lx。

(13) 摄像机水平清晰度：工业球形摄像机，480电视线。

(14) 变焦率：18倍光学变倍/12倍电子放大。

(15) 照片格式：JPEG。

(16) 远程控制功能：摄像机的转动、自动聚焦、图像大小、拍摄照片。

(17) 云台可设置不少于64个预置位。

(18) 拍摄角度：水平 360°，垂直 90°，连续可调。

(19) 视频分辨率：大于 640×480，可根据用户要求调整。

(20) 压缩格式：H.264。

(21) 标准分辨率。CIF：PAL 制 352×288，NTSC 制 320×240。

(22) 传输性能：CIF 最高可达 20 帧/s，平均延时 3～10s（视网络决定）。

(23) 码率控制：无线信道自适应码率控制算法。

(24) 拍照触发方式：定时或远程召唤。

(25) 防护等级：IP66。

(26) 工作电源：DC 12V。

(27) 监测分机电源。太阳能＋蓄电池浮充，其中太阳能电池为：17V/40W，蓄电池规格：12V/60Ah；采用环保免维护硅能蓄电池，蓄电池的使用寿命大于 5 年。

(28) 持续冰雨、无光照天气 30 天，保持设备电源供应，设备正常工作。

(29) 报警值：可以根据实际情况进行修改。

2. 输电线路视频图像监控系统

主要利用 CDMA/GPRS 无线网络或光纤、采用先进的 H.264 视频压缩技术，实现视频/数据同步传输设备。CDMA/GPRS 双卡无线视频传输监控终端集成有功能强大的网络协议栈，支持多种网络协议，其特有的可靠连接技术，克服了 CDMA 无线网络带宽窄、信道不稳定等不足，保证了视频图像清晰流畅地传输。使之在同等无线条件下图像质量远高于国内外同类产品。

(1) 适用范围：各种电压等级输电线路及变电站。

(2) 监测数据量：实时视频图像。

(3) 摄像机芯片：1/4in CCD；最低照度：0.5lx。

(4) 像素数：≥752（H）×582（V）（PAL），或根据用户要求调整。

(5) 水平分辨率：≥480TV 线。

(6) 最低照度：≤0.01lx/f1.2。

(7) 变焦率：≥光学 18 倍。

(8) 照片格式：JPEG。

(9) 远程控制功能：摄像机的转动、自动聚焦、图像大小、拍摄照片。

(10) 云台可设置不少于 64 个预置位。

(11) 拍摄角度：水平 360°，俯仰角度：0～90°，连续可调。

(12) 压缩格式：H.264。

(13) 标准分辨率。CIF：PAL 制 352×288，NTSC 制 320×240。

(14) 传输性能：CIF 最高可达 20 帧/s，平均延时 3～10s（视网络决定）。

(15) 码率控制：无线信道自适应码率控制算法。

(16) 拍照触发方式：定时或远程召唤。

(17) 监测分机电源：太阳能＋蓄电池浮充。

(18) 工作电源：DC 12V。

(19) 太阳能电池为：17V/40W，蓄电池规格：12V/60Ah。

(20) 蓄电池使用寿命：5 年以上。

(21) 太阳能电池使用寿命：10 年以上。

(22) 在无阳光情况下可连续运行时间：30 天。

(23) 分机具有防雷、防高压等过电压保护设计。

(24) 中心软件数据库：Microsoft SQL Server 2000。

(25) 运行环境温度：－40～＋80℃。

(26) 运行环境湿度：0～100％。

(27) 通信方式：GPRS/双通道 CDMA1x 无线传输/3G/光纤。

(28) 装置防护级别：IP66。

3. 输电线路微气象监测系统

通过在线监测线路附近环境温度、湿度、风速、风向、雨量、大气压力等气象参数。将这些参数实时采集后，进行压缩处理，通过 GSM/GPRS 等通信方式将数据传往监测中心，由分析查询系统对数据进行综合分析，将所有数据通过各种报表、统计图、曲线等方式显示给用户。当出现异常情况时，采用声、光报警适用范围：各种电压等级输电线路及变电站。

(1) 适用范围：各种电压等级输电线路及变电站。

(2) 监测数据量：环境温度、湿度、风速、风向、雨量、气压、日照（光辐射）、电源电压。

(3) 温度监测范围。测量范围：－40～＋80℃；分辨力：0.1℃；准确度：±0.3℃。

(4) 湿度测量范围。测量范围：0～100%；分辨力：0.03%；准确度：±1.8%RH。

(5) 超声波风速风向传感器（公司自主研发，以保证设备的可靠性）。风向测量范围：0～360°；分辨力：0.1°；准确度：±3°；无启动风速限制，抗风强度：75m/s。

(6) 风速测量范围。测量范围：0～60m/s；分辨力：0.1m/s；准确度：±0.2m/s（当风速在0～5m/s范围内），＜测量值的3%（当风速＞5m/s）；无启动风速限制，抗风强度：75m/s。

超声传感器特点如下：

1) 无启动风速限制，360°操作，同时具备风速、风向的测量。

2) 测量精度高；性能稳定。

3) 结构坚固，仪器抗腐蚀性强，在安装和使用时无需担心损坏。

4) 克服了机械式风速风向仪固有的缺陷，能全天候地、长久地正常工作，不受暴雨、冰雪、霜冻天气的影响。

5) 设计灵活、轻巧，携带轻便，安装、拆卸容易。

6) 不需要维护和现场校准。

(7) 通信方式：GSM/GPRS。

(8) 传输距离：GSM/GPRS信号覆盖范围内。

(9) 监测主机电源：太阳能板＋蓄电池。

(10) 监测分机无阳光情况下可连续运行时间：＞30天。

(11) 监测分机运行环境温度：－40～＋80℃；环境湿度：1%～100%。

(12) 采样时间间隔：用户可按自己实际情况设定。

(13) 蓄电池寿命：5年以上。

(14) 太阳能电池板寿命：10年以上。

(15) 防护等级：IP66。

可选测量信号如下：

(1) 雨量测量范围：≤4mm/min。分辨力：0.1mm。准确度：±0.4mm（≤10mm时）；±4%（＞10mm时）。

(2) 日照（光辐射）测量范围：0～1800W/m²；分辨力：1W/m²；准确度：≤5%；非线性误差：≤3%。

(3) 气压测量范围：300～1200hPa；分辨力：0.1hPa；准确度：±0.27hPa。

4. 输电线路导线测温监测系统

通过实时监测输电线路导线温度、导线电流、日照、风速、风向、环境温度、湿度、雨量（可选）、大气压力（可选）等参数。将这些参数实时采集后，进行压缩处理通过SMS/GPRS/CDMA1X等通信方式将数据传往监测中心，由分析查询系统对数据进行综合分析，将所有数据通过各种报表、统计图、曲线等方式显示给用户。当出现异常情况时，采用声、光报警，同时将报警信息以短信方式发往有关人员的手机上。

(1) 适用范围：10～750kV输电线路导线、跳线、节点、金具等的温度。

(2) 塔上监测主机工作电源：DC＋6V（太阳能＋蓄电池）。

(3) 传输方式：测温单元与塔上监测主机之间采用低功率射频通信，塔上监测主机与基站之间用户可以根据需要选择GSM/GPRS中的任意一种。

(4) 传输距离：GSM/GPRS信号覆盖范围内。

(5) 采样时间间隔：用户可按自己实际情况设定。

(6) 环境温度测量范围：－55～＋85℃，测试精度：1℃。

(7) 环境湿度测量范围：1%～100%；测量精度：5%RH。

(8) 运行环境温度：－40～＋80℃；湿度：0～100%。

(9) 风速测量范围：0.5～60m/s；测量精度：±1m/s。

(10) 风向测量范围：8风向；测量精度：5°。

(11) 日照测量光谱范围：0.3～3.2μm，精度：±2%。

(12) 塔上监测主机整机平均功耗：≤5mA。

(13) 蓄电池寿命：5年以上。

(14) 太阳能电池板寿命：10年以上。

(15) 测温单元工作电源：DC 3.6V（高温锂电池）。

(16) 测温单元整机功耗：≤0.3mA。

(17) 传输方式：测温单元与塔上监测主机之间采用低功率射频通信。

(18) 导线、金具温度测量范围：－55～＋230℃，测量精度：0.5℃。

5. 输电线路导线舞动系统

基于位移传感器、加速度传感器的输电导线舞动在线监测技术，通过模型估算舞动频率和幅值，达到预警，避免相间短路或对地短路事故发生。

(1) 环境温度：－40～＋70℃。

(2) 环境相对湿度：1%RH～100%RH。

(3) 大气压力：86～110kPa。

(4) 储存温度：－40～＋85℃。

(5) 工作线路最高电压：110～1000kV。

(6) 工作线路电流：≤1000A（指分裂导线子导线）。

(7) 工作温度：－40～＋85℃（扩展工业级）。

(8) 海拔：≤3000m。

(9) 舞动幅值测量量程：0～10m；精度：±10%。

(10) 舞动波数量程：≤10；精度：±5%

(11) 舞动频率测量量程：0.1～5Hz；精度：±10%。

(12) 舞动监测装置同步采集误差：＜20ms。

(13) 数据采样频率：不低于30Hz。

(14) 单次采样点数：400点以上。

(15) 温度监测范围：－40～80℃；精度：±0.5℃；分辨率：0.1℃。

(16) 湿度监测范围：0～100%，0～80%RH，精度：±4%RH；80%RH～100%RH，精度：±8%RH；分辨率：1%RH。

(17) 超声波风速风向传感器。风速：测量范围：0～60m/s；精确性：±0.3m/s；风向：测量范围：0～360°；精确性：±3°。

(18) 气压测量范围。测量范围：550～1060hPa；分辨力：0.1hPa；准确度：±0.3hPa。

(19) 支持无线通信方式：无线网桥/GPRS/GSM/光纤等通信方式。

(20) 监测主机电源：太阳能板＋蓄电池。

(21) 监测分机无阳光情况下可连续运行时间：＞30天。

(22) 监测分机运行环境温度：－40～＋80℃，环境湿度：1%～100%。

(23) 采样时间间隔：用户可按自己实际情况设定。

(24) 蓄电池寿命：5年以上。

(25) 太阳能电池板寿命：10年以上。

(26) 防护等级：IP66。

6. 输电线路绝缘子风偏系统

通过多组高精度双轴倾角传感器对各绝缘子串的倾斜角度进行精确测量，并集成有风速、风向等风属信息传感器，能实现对塔头附近风速（包括平均风速和最大瞬时风速）、风向、阵风时段的测量与计算。既可加强对危险或重点线路的实时监测，充分掌握沿线气象条件并将风闪事故消除在萌芽状态，提高供电设备运行的可靠性，也可全面收集和长期积累气象资料，自动完成线路走廊各关键点的气象参数及风偏信息的整理和归档建库，为输电线路设计、运行维护提供基础数据。该系统是提高供电可靠性的必要措施，是实现供电设备从计划检修过渡到状态检修的重要步骤。

(1) 传感器。

1) 倾角传感器测量范围：－50°～＋50°。

2) 倾角传感器测量精度：±10′（1/6°）。

3) 风速传感器测量范围：0～60m/s。

4) 风速传感器测量精度：0.5m/s。

5) 风向传感器测量范围：0～360°。

6) 风向传感器测量精度：16方位。

7) 温度传感器测量范围：－40～＋80℃。

8) 温度传感器测量精度：±0.5℃。

9) 湿度传感器测量范围：1%～100%。

10）湿度传感器测量精度：1%。

（2）监测终端技术参数。

1）通信方式：SMS/GPRS/CDMA无线通信。

2）运行环境温度：－40～＋80℃。

3）运行环境湿度：1%～100%。

4）海拔：≤3000m。

5）地震烈度：7级及以下。

6）污秽等级：e级。

7）具有防雷、防高压等过电压保护设计。

8）适应电压等级：10～750kV。

9）最长无阳光工作时间：30天。

10）监测分机电源。蓄电池：6V/12Ah；太阳能电池板：9V/6W；太阳能电池板＋蓄电池浮充。

11）蓄电池使用寿命：5年以上。

12）太阳能电池板使用寿命：10年以上。

13）在无阳光情况下可连续运行时间：30天。

14）装置防护级别：IP66。

7. 输电线路杆塔倾斜

杆塔倾斜监测装置，通过两点的二维角度同时进行监测，并借助GPRS/GSM通信网络进行实时数据传输，结合计算理论模型给出杆塔倾斜情况，及时给出抢修信息，有效预防杆塔倾斜引起的各种事故。

（1）适用电压等级：10～1100kV。

（2）工作温度：－40～＋85℃。

（3）储存温度：－40～＋85℃。

（4）运行环境温度范围：－25～＋70℃。

（5）运行环境湿度范围：1%～95%。

（6）运行环境大气压力：86～106kPa。

（7）倾斜角测量范围：双轴±30°或双轴±90°。

（8）杆塔倾斜角测量误差：≤±0.05°。

（9）杆塔倾斜角测量分辨率：±0.01°。

（10）监测子站通信方式：GSM/GPRS无线通信。

（11）监测子站蓄电池规格：6V/12Ah。

（12）蓄电池使用寿命：≥5年。

（13）监测子站太阳能电池板规格：9V/6W。

（14）太阳能电池使用寿命：≥10年。

（15）监测子站装置防护级别：IP66。

8. 输电线路泄漏电流污秽度监测

通过在线监测各绝缘子串的泄漏电流的平均值、泄漏电流最大值、泄漏电流尺度穿越率、局放、环境温度、湿度、风速（可选）、风向（可选）、雨量（可选）、大气压力（可选）等参数。将这些参数实时采集后，进行压缩处理通过SMS/GPRS/CDMA1X等通信方式将数据传往监测中心，由分析查询系统对数据进行综合分析，将所有数据通过各种报表、统计图、曲线等方式显示给用户。采用了趋势分析技术，根据泄漏电流、温度、湿度等参数及历史数据的积累，结合当地气象、历史盐密清扫情况推算出当前的积污水平、运行状态及系统的运行趋势。经过一段时间运行总结出适合于当地的清扫标准。

（1）适用范围：110～750kV输电线路的瓷质绝缘子、玻璃质盘式及硅橡胶复合绝缘子。

（2）监测数据量：泄漏电流（平均值、最大值、脉冲频次）、环境温度、湿度、风速、风向。

（3）泄漏电流测量范围：10μA～100mA。

（4）泄漏电流精度：1%。

（5）泄漏电流采样频率范围：200kHz。

（6）泄漏电流报警值：10mA，可以根据用户实际情况进行修改。

（7）采样时间间隔：可在5min～1h之间远程设置。

（8）泄漏电流测点数量：3串绝缘子/每台分机。

（9）信号输入量程：100mA。

（10）整机功耗：≤10mA（在无阳光情况下可连续运行60天以上）。

9. 输电线路防盗监测

利用超振动传感器、红外传感器、超声波（射频）传感器和微型麦克风传感器4种传感器互补的监控结果，再综合外界条件（地理、天气等）触发启动视频，判断出是否满足报警的条件，在确认监测到报警信号同时，启动GSM拨号到系统指定的管理人员手机上，管理人员即可通过手机监听到现场的声音，以便再次确认情况是否发生。这就可以减少漏报和误报，从而真正起到保障输电线路安全的作用。

GSM/CDMA通讯网络特性如下：

（1）测量数据：实时视频图像，振动传感器、红外传感器、和超声波传感器信号和声音信号。环境温湿度、风速、风向。

（2）环境温度测量范围：－40～＋60℃；测量精度：±1℃。

（3）湿度测量范围：0～100％；测量精度：±5％。

（4）风速测量范围：0～35m/s；测量精度：≤0.5m/s。

（5）风向测量范围：八风向。

（6）通信方式：GSM、CDMA。

（7）触发方式：触发。

（8）摄像机水平清晰度：工业红外摄像机，480电视线。

（9）最低照度：0lx。

（10）压缩格式：H.264。

（11）标准分辨率。CIF：PAL制352×288，NTSC制320×240。

（12）传输性能：CIF最高可达20帧/s，平均延时3～10s（视网络决定）。

（13）帧率设置：1～25帧/s，由网络情况而定。

（14）码率控制：无线信道自适应码率控制算法。

（15）监测分机电源：太阳能＋蓄电池浮充。

（16）蓄电池：12V/60Ah。

（17）太阳能电池板：17V/40W。

（18）蓄电池使用寿命：5年以上。

（19）太阳能电池板使用寿命：10年以上。

（20）运行环境温度：－30～＋60℃。

（21）运行环境湿度：20％～98％。

（22）监测单元防护等级：IP66。

（三）生产厂

企业名称：西安金源电气有限公司；地址：西安市高新区沣惠南路20号华晶广场B座E层；邮编：710075；销售负责人：惠建立；销售部电话：029－62669090；技术部电话：029－68687358；传真：029－62669080；网址：www.jinpower.com；E－mail：jinpower_market@163.com。

三十八、上海哈德电气公司GIS状态监测——SF_6气体密度微水在线监测系统

（一）产品概述

按照GB/T 8905—1996《六氟化硫电气设备中气体管理和检测导则》规定，在电气设备充气前和运行中必须对SF_6气体进行质量监督和管理，保证电气设备的安全运行。在高压电力设备运行过程中，对其内部SF_6气体的密度和微水进行实时、连续监测，记录并预测数据的变化趋势，不仅能有效保障设备的安全运行，而且可为合理、有计划性地安排检修工作提供参考依据。

（二）系统结构

HEAD2398/HEAD2138是哈德公司集在线微水传感技术、数字处理技术、数据通信技术、数据库技术等相关电力系统信息化管理技术于一身的SF_6气体密度与微水在线监测系统。哈德技术人员多年来对SF_6气体中杂质含量的正态变化与微水量分布关系的技术数据总结分析（哈德版权号：2008SR20180），通过微水含量的变化来更精准地反映内部气体质量恶化的趋势变化情况，从而保障设备运行安全（注：HEAD2398为密度微水综合在线监测系统；HEAD2198为密度在线监测系统）。

（三）关键技术

1. 独特设计的“电气结构分离”专利技术（发明专利号：201010505637.8）

监测单元作为状态监测系统的前端信息采集装置，它的准确性直接影响后续设备运行状态分析、诊断及最终的策

略；作为如此重要的装置，其可靠性及稳定性是其考量的关键指标。

哈德在监测单元的设计及开发上，通过选取高精度、高可靠性的进口传感器，利用自身长期传感器及状态监测领域产品开发及成功运行的经验积累，针对以往监测单元一体化装置电气部分散热、老化对传感器的性能影响，及装置维护不便等原因，创新性的发明了“电气结构分离”技术，有效地解决了传统装置中传感器影响因素，无论是其精度、线性、密封性能等达到甚至于高于国家标准，并使监测单元具备了长期稳定性，系列产品全部通过了省部级及行业内的电磁兼容试验。

2. “双免”维护技术（发明专利号：201010167914.9）

监测单元后续在线维护中，在哈德离线装置“一键标定”专利技术的配合下，具备“不停电、免拆卸”诊断维护功能，给电力客户后续检修带来了极大的便利。

3. 状态评估技术（哈德版权号：2008SR20180）

将监测单元采集的数据，通过智能技术转变为满足支持高级应用要求的智能化信息，是智能高压设备的核心技术之一。

哈德状态监测系统通过对智能化信息进行分析、诊断后能够准确描述了设备运行状态，将此作为状态评估及决策的依据。

（四）产品特点

(1) 进口高精密传感器，测量精准，优异的长期稳定性。

(2) 有点时自动精度校准功能，出色稳定性为您节省校准费用。

(3) 密度及微水带电独立使用技术（哈德发明专利：201010505637.8）。

(4) 独创专利密封技术。

(5) 独特的传感器在线数字校准技术（哈德版权号：2008SR20180）。

（五）技术指标

露点测量：(50～1000) $\times10^{-6}$V。

工作压力：0.1～1.0MPa。

测量温度：－35～＋70℃，分辨率：0.1℃。

测量精度：微水≤±5%（FS）；压力≤±0.5%（FS）；温度≤±1%（FS）。

报警门限：0.52MPa，300×10^{-6}V（或根据设备要求预设）。

闭锁门限：0.50MPa，（或根据设备要求预设）。

通信接口：CAN/RS—485。

气路接口：根据断路器接口结构要求定制相应接口件。

外形尺寸：监测单元尺寸 250mm×155mm×80mm。

各继电器接点容量：5A/250V AC，5A/30V DC。

电源电压：AC/DC 220V±25%。

最大耐受压力：2MPa。

抗震性能：200m/s^2。

外壳防护等级：IP65。

（六）产品选配表

见表 3-2-19。

表 3-2-19 产品选配表

功能型号	HEAD2138 监测单元型号：HEAD—Z20/A（有屏）	HEAD2138 监测单元型号：HEAD—Z21/A	HEAD2398 监测单元型号：HEAD—Z22/A（有屏）	HEAD2398 监测单元型号：HEAD—Z23/A
温度检测	●	●	●	●
温度现场显示	●		●	
密度值检测	●	●	●	●
密度现场值显示	●		●	
密度达告警门限告警	●	●	●	●
密度达闭锁门限闭锁	●	●	●	●

续表

功 能 型 号	HEAD2138 监测单元型号：HEAD—Z20/A （有屏）	HEAD2138 监测单元型号：HEAD—Z21/A	HEAD2398 监测单元型号：HEAD—Z22/A （有屏）	HEAD2398 监测单元型号：HEAD—Z23/A
微水含量检测			●	●
微水含量现场显示			●	
微水含量超限告警			●	●
监测单元任意扩充	●	●	●	●
自动绘制变化趋势图	●	●	●	●
就地单元显示密度值	●		●	
就地单元显示微水值			●	
传感器在线标定	●	●	●	●
数据存储查询	●	●	●	●
密度值监测分析诊断	●	●	●	●
与IED智能组件通信	●	●	●	●
通信方式	CAN/RS485	CAN/RS485	CAN/RS485	CAN/RS485
交/直流电源接入	AC/DC	AC/DC	AC/DC	AC/DC
数据断电存储	●	●	●	●

注 1. “●”指产品拥有该项功能。

2. 如需详细资料请致电哈德电气 021-54886722 或登录 www.chinahead.cn 查询。

（七）生产厂

上海哈德电气技术有限公司。

三十九、上海哈德电气公司 SF_6 气体密度继电器校验分析

（一）产品概述

以《中华人民共和国强制检定工作计量器具目录》、《电力预防性试验规程》和《防止电力生产重大事故的二十五项重点要求》之指导精神，定期地对 SF_6 密度继电器进行校验显得尤为重要。从实际运行情况来看，对现场 SF_6 气体密度继电器进行定期校验是防患于未然，保障电力设备安全、可靠运行的必要手段之一。

SF_6 气体密度继电器校验分析仪是哈德公司采用全新的 ARM 平台嵌入式 UCLINUX 操作系统，经过长时间的研究而专业设计的 SF_6 气体密度继电器校验分析仪器。仪器设计采用嵌入式微机技术，结合国际上最新磁流体密封技术，构成全封闭的 SF_6 气体循环系统。同时选用进口的高性能压力、温度传感器，可以方便地实现密度继电器的现场校验。该校验仪可以直接将测试的压力、温度数值自动换算成 20℃压力值进行记录、存储、分析、生成表格、打印，让用户简单方便地完成校验，并且得到详细的校验数据，便于存档与上报。

（二）产品特点

(1) 采用精密数字式传感器，测试稳定、精度高（哈德版权号：2006SR08093）。

(2) 采用嵌入式平台 LINUX 操作系统，保障系统运行稳定、便捷。

(3) 仪器整个操作指引由液晶触摸界面完成，实现真正无纸化。

(4) 采用自封闭全循环气路系统，双重密封技术，不外带气瓶，校验过程中不浪费 SF_6 气体。

(5) 独创的“一键标定”功能，可对智能电网中密度在线监测装置精度“一键标定”（专利号：201010167914.9）。

(6) 多重密封技术、进口微型自锁接头，接插式设计。

(7) 高海拔修正，可输入当地海拔数值自动修正，实现不同海拔环境下的密度校验。

(8) 多行程采样，三周期上下行程自动采样重复性好，校验更精准（哈德版权号：2010SR016525）。

(9) 数字密度表校验及自动校正功能，采集数字式密度表输出节点信号，实现校验并自行校正。

(10) 可满足多行程校验，操作时可自由选择单行程、双行程、三行程校验模式。

(11) 自动判断校验结果，校验结果具备实时打印功能。

(12) 具备 USB 数据接口，数据可自动导出 WORD 报表。

(13) 采样点加有智能电压保护器，即使强电压接入也不会损坏仪器。

(14) 内置高性能充电电池，能够连续使用 10h 以上，电量实时显示。

（三）技术指标

(1) 压力测试范围：0.0000～1.0000MPa。

(2) 压力测试精度：0.25级（其他等级可定制）。

(3) 温度测试范围：－40～＋80℃。

(4) 温度测试精度：±0.1℃。

(5) 显示方式：中文液晶触摸屏显示。

(6) 校验压力范围：0.20～0.80MPa（20℃）。

(7) 通信接口：USB接口。

(8) 工作电源：AC 165～260V。

(9) 储气容量：1.73L。

(10) 尺寸：长×宽×高：456mm×372mm×185mm（HEAD2198/A），515mm×434mm×200mm（HEAD2300）。

（四）产品选配表

见表3-2-20。

表3-2-20　　**产品选配表**

功能　型号	HEAD2300 全自动 SF_6 气体密度继电器校验分析仪	HEAD2198/A SF_6 气体密度继电器校验分析仪
“一键标定”功能	●	●
操作全自动	●	
报警、闭锁值校验	●	●
多行程采样	●	●
自动分析与诊断	●	●
压力与密度换算	●	●
补气超压报警	●	●
压力表精度校验	●	●
仪器自标定	●	●
校验结果自动判定	●	●
报表自动生成	●	●
USB数据导出	●	●
全触摸屏操作	●	●
全程操作指引	●	●
高海拔修正	●	●
智能电量显示	●	●
屏幕校准	●	●

注　1.“●”指产品拥有该项功能。

2. 如需详细资料请致电哈德电气021-54886722或登录www.chinahead.cn查询。

（五）生产厂

上海哈德电气技术有限公司。

四十、上海哈德电气公司变电站室内环境监测解决方案

（一）产品概述

安全永远是电力系统运行、控制和管理工作当中的首要问题，根据DL/T 639—1997《六氟化硫电气设备运行、试验及检修人员安全防护细则》、GB/T 8905—1996《六氟化硫电气设备中气体管理和检测导则》以及《国家电网公司十八项电网重大反事故措施》等的指导精神，在安装有 SF_6 设备的室内环境中有必要选配相应的气体泄漏监测系统来时刻保障现场环境的安全，并能为维护人员提供 SF_6 电气设备气体泄漏的变化数据，从而既保证现场工作人员的人身安全，也可预知设备运行过程中是否泄漏及变化趋势。

哈德变电站室内环境监测系统中HEAD2905、HEAD2000CAN/B通过对密闭空间中 SF_6 和氧气含量等环境参数的实时监测，当环境异常时，及时警示并采取处理措施，以保障人员及设备安全。

其中，HEAD2905系列产品特别适用于安装环境较复杂（安装环境不宜布线）及对系统要求较高的场合。

（二）产品特点

（1）数据精准：原装进口传感器，快速响应的数字信号 DSP 专利处理技术（哈德版权号：2005SR03891）。

（2）操作便捷：大尺寸彩色触摸屏操作（HEAD2905）。

（3）无线传输：使现场布线美观、安全、方便（HEAD2905A）。

（4）单元扩充：用户可任意增减监测点数量。

（5）系统集成：可与变电站安防、消防系统联动监控。

（6）兼容多种通信协议：MODBUS—RTU/TCP、IEC101/103 等市场上常见通讯规约。

（7）产品定制：功能模块化，可按实际需求选择选配。

（8）数据“一键备份”（HEAD2905 系列产品，哈德版权号：2005SR03891）。

（9）适用多种通信接口：具备无线通信（HEAD2905A）、标准 CAN 总线（默认）和 485 通信接口。

（三）技术指标

（1）SF_6 浓度超限报警点：1000×10^{-6}（可定义），精度＜5%FS。

（2）氧气含量检测范围：1%～99%，精度＜1%FS。

（3）缺氧报警点：18.5%（可定义 15.0～18.5%）；风机动作点：19.6%（可定义）。

（4）温度检测范围：－40～99℃，精度：±0.5℃。

（5）湿度检测范围：(10%～99%)RH，精度：±0.5%RH。

（6）工作电源：AC 165～260V/50Hz。

（7）风机输出接点：AC 380V/220V/120A。

（8）继电器触点输出功率：AC 220V/10A。

（四）产品选配表

见表 3－2－21。

表 3－2－21　　产品选配表

功能型号	HEAD2905A	HEAD2905B	HEAD2905C	HEAD2000CAN
数据一键备份	●	●		
GPRS 远程通信	●			
远程技术支持服务	●			
无线通信	●			
网络通信	●	●		
动态显示屏扩展输出	●			
语音扬声器扩展输出	●			●
红外感应点扩充输入	●	●		●
火灾接点输入	●	●		●
安防接点输入	●	●		●
触摸屏操作	●	●	●	
SF_6 气体含量检测	●	●	●	●
SF_6 气体含量状态显示	●	●	●	●
O_2 含量检测	●	●	●	●
O_2 含量显示	●	●	●	●
SF_6 气体含量超标告警	●	●	●	●
O_2 含量降低告警	●	●	●	●
温度、湿度检测及显示	●	●	●	●
温度、湿度异常告警	●	●	●	●
远动告警接点输出	●	●	●	●
语音及声光告警	●	●	●	●
红外人体感应语音提示	●	●	●	●

续表

功　能　型　号	HEAD2905A	HEAD2905B	HEAD2905C	HEAD2000CAN
历史数据记录及查询	●	●	●	●
报警阀值修改	●	●	●	●
告警自动通风	●	●	●	●
强制通风	●	●	●	●
定时通风	●	●	●	●
上位机数据通讯遥控操作	●	●	●	●
风机分区控制	三区控制	三区控制	一区控制	三区控制
大屏幕显示	●	●	●	●
主机通信方式	CAN/无线	CAN	CAN	CAN

注　1. "●"指产品拥有该项功能。

2. 如需详细资料请致电哈德电气 021－54886722 或登录 www.chinahead.cn 查询。

（五）生产厂

上海哈德电气技术有限公司。

四十一、上海哈德电气公司 SF_6 气体检漏解决方案——激光成像 SF_6 泄露定位系统

（一）产品概述

SF_6 电气设备因制作工艺、装配工艺、老化过程、温度变化、压力差等因素的影响而不可避免地导致设备中气体的泄漏，从而影响到设备的运行安全和检修人员的人身安全。哈德公司推出的 HEAD2088 激光成像 SF_6 泄露定位系统可方便、精确的检测到泄露点位置，以便对泄露点进行修复，保障设备运行安全和检修人员的人身安全。

（二）功能特点

（1）激光成像。利用 SF_6 气体对特定波长红外光的吸收特性，采用激光照射待检测区域，观察其反射光所形成的数字式视频图像，可直观、便捷的查找 SF_6 泄漏点，快速定位泄漏位置。

（2）自动对焦。成像主机根据被检测设备距离自动对焦，并在成像显示器上自动调整对比度和亮度以使用户得到最佳的显示效果。

（3）图像保存。成像主机通过连接存储设备，保存图片或动态图像数据，便于用户分析检漏结果和备档。

（4）光学变焦。在定位漏点时，可以按照用户预期的，将显示器上所发现的局部泄漏图像放大，以使用户能够更清楚地判断该处的 SF_6 泄漏程度。

（5）激光功率可调。根据用户需要，测试时可调整激光功率，可以满足不同环境条件下测试的需要。

（6）UPS 电源。提供直流和交流两种电源，用户在野外现场检测时，可使用直流供电功能，更加方便。

（7）全数字处理技术。从成像输出到最终显示，全数字信号处理技术。通过直接驱动液晶显示器，比早期同类产品的在取景器上模拟显示方式有明显优势。它能获得更高的清晰度，尤其图像的对比度，这一结论已在实践中得到证明。设计获 2007 年度最新发明专利。专利号：ZL200710045856.0；ZL200720069949.2。

（8）色相光谱分离技术。国际先进的 SF_6 色相分离技术，对获得的灰度图像执行灰度运算及色差调整后，形成区分于背景图像的红颜色 SF_6 泄漏成像，使用户更易于分辨出 SF_6 泄漏图像与背景图像。

（9）先进的图像处理技术。图像经过视场矫正后，通过美国 TI 公司的高性能数字处理芯片，使用户看到的图像更清晰。

（10）大屏幕液晶显示器。大屏幕液晶显示器，便于同时显示多个漏点。

（11）超清晰的成像处理技术。镜头大、视角大：获得光源多，成像更清晰，成像距离远。捕捉成像区域更多的图像元素，成像效果好。

（12）非接触、远距离带电检测。运行设备不需要停电就能准确发现泄漏点。用户可随时安排设备检漏工作。

（13）图像变焦显示。可通过按键操作，切换光学变焦功能，进行图像的放大及细节化查看。

（三）技术指标

（1）检测距离：1～30m，与被检设备点距离。

（2）检测精度：$1\mu L/s$，可检测最小泄漏量（0.6MPa）。

（3）定位误差：±2mm，可允许泄漏点定位偏差。

（4）空间分辨率：0.6×10^{-3}rad，对目标空间的分辨能力。

(5) 检测视场：20.8°×15.7°，目标设备的成像空间范围。

(6) 电子变焦倍率：2×，二倍光学电子变焦。

(7) 视频输出：PAL 或 NTSC 制式，视频输出标准（中国采用 PAL 制）。

(8) 图像显示：3.5in 真彩液晶动态显示。

(9) 聚焦现场：1～50m。

(10) 激光器功率可调：0～100%。

(11) 工作寿命：≥10000h。

(12) 仪器重量：成像仪 5.6kg，电源单元 2.5kg。

（四）生产厂

上海哈德电气技术有限公司。

四十二、上海哈德电气公司 SF_6 气体检测分析解决方案

（一）产品概述

SF_6 气体是迄今为止最优异的绝缘和灭弧介质，是目前高压、超高压领域唯一的绝缘和灭弧介质，SF_6 的绝缘性能直接关系到开关设备和相关工作人员的安全，而 SF_6 气体的纯度、微水，以及产生的分解物将严重影响 SF_6 气体的绝缘性能，给安全生产带来了极大的威胁。所以，SF_6 气体的微水、分解物和纯度的检测是十分重要的。

哈德电气生产的气体检测仪可迅速、准确的检测出 SF_6 气体的纯度、微水和分解物，仪器具备“一键标定”功能（专利号：201010167914.9）且有用气量少的特点。

（二）产品特点

(1) 仪器对智能电网分解物、露点在线监测单元具备“一键标定”功能（专利号：201010167914.9）。

(2) 采用进口传感器及微弱信号专用处理系统，保障测试精度、线性、重复性和响应时间（哈德版权号：2010SR035506）。

(3) 自动零点校准，保障测试精度（哈德版权号：2009SR051683）。

(4) 内含微型泵，可在测量前、后进行管道清洁，防止残留气体影响测试结果。

(5) 具有温度补偿和检测终点自动判断。

(6) 简便式操作设计，数据一键测量，一次进气完成所有参数检测，提高工作效率。

(7) 仪器整个操作指引由液晶触摸界面完成，实现真正无纸化。

(8) 电子流量显示、智能电量显示、屏幕校准功能、智能节流设计。

(9) 被测气体和功能模块化设计，可任意选择与组合被测气体或功能。

(10) 大容量电池，两小时可完成充电，一次充电可待机工作 8h 以上。

(11) 数据存储、删除及打印，USB 数据下载，方便查询及记录，数据可自动导出 WORD 报表。

（三）技术指标

(1) 分解物传感器：SO_2：0～100ppm；H_2S：0～100ppm；HF：0～100ppm；CO：0～500ppm。

(2) 精度：$\pm 1\times 10^{-6}$。

(3) 露点传感器：－80～＋20℃范围，精度为±0.5℃。

(4) 纯度传感器：0～100%范围，精度为 0.1%。

(5) 气体连接：Swagelok 快插接头。

(6) 显示：5.7in 液晶屏。

(7) 测量单位：$\times 10^{-6}$、℃、%。

(8) 数据存储：4000 多次测量数据。

(9) 通信：USB 接口。

(10) 电源：内置可充电电池，充电一次使用 6h。

(11) 防护等级：IP65。

(12) 运行温度：－20～＋50℃。

(13) 保存温度：－40～＋80℃。

(14) 运行压力：最大为 0.1MPa。

(15) 流量：0～1.0L/min。

(16) 尺寸：长×宽×高：415mm×319mm×168mm。

（四）产品选配表

见表 3-2-22。

表 3-2-22　　　　产品选配表

功能型号	HEAD2310 SF_6 便携式露点仪	HEAD8100 SF_6 气体综合测试仪	HEAD1900 SF_6 气体纯度分析仪	HEAD2111 SF_6 分解物测试仪
"一键标定"功能	●	●	●	●
露点检测	●	●		
分解物检测		●		●
纯度检测		●	●	
温度检测	●	●	●	●
压力检测	●	●		●
湿度检测	●	●		
流量检测	●	●	●	●
记录保存和显示	●	●	●	
USB 数据导出	●	●	●	●
压力设定	●	●		
温度设定	●	●		
外部压力输入	●	●		
内部温度测量	●	●		
外部温度输入	●	●		
触摸屏操作	●	●	●	
全程操作指引	●	●	●	●
测试结果直接打印	●	●	●	●

注 1. "●"指产品拥有该项功能。
2. 如需详细资料请致电哈德电气 021-54886722 或登录 www.chinahead.cn 查询。

（五）生产厂

上海哈德电气技术有限公司。

四十三、上海西邦公司 ZF 型变压器冷却系统智能控制装置

（一）概述

西邦 XBZF 变压器冷却系统智能控制装置采用 PLC 为智能控制中枢，以模块可插拔式为主电气结构，安全、方便、节能，主要是针对大型风冷变压器所设计，适用于所有型号的风冷变压器，直接代替传统的继电式风冷控制装置。

（二）使用环境条件

(1) 使用环境温度：-25～80℃。

(2) 海拔不超过 2000m。

(3) 空气湿度不超过 95%。

(4) 无火灾、爆炸危险、严重污染、化学腐蚀及剧烈震动的场所。

(5) 无剧烈振动和冲击的地方。

（三）技术参数

见表 3-2-23。

表 3-2-23　　　　XBZF 型智能变压器风冷控制装置参数表

<table>
<tr><td colspan="2">项目</td><td colspan="8">技术要求</td></tr>
<tr><td rowspan="5">电源</td><td rowspan="3">动力电源</td><td colspan="4">动力电源Ⅰ</td><td colspan="4">动力电源Ⅱ</td></tr>
<tr><td>电压</td><td>监测形式</td><td>控制方式</td><td>备用电源</td><td>电压</td><td>监测形式</td><td>控制方式</td><td>备用电源</td></tr>
<tr><td>AC 380V</td><td>指示灯</td><td>自动</td><td>动力电源Ⅱ</td><td>AC 380V</td><td>指示灯</td><td>自动</td><td>动力电源Ⅰ</td></tr>
<tr><td rowspan="2">控制电源</td><td colspan="4">电压规格</td><td colspan="4">监测形式</td></tr>
<tr><td colspan="4">DC 220V</td><td colspan="4">接点</td></tr>
<tr><td rowspan="4">冷却器</td><td rowspan="2">第 1—N 组</td><td colspan="4">工作模式</td><td colspan="4">故障输出</td></tr>
<tr><td>工作</td><td>辅助</td><td>备用</td><td>停止</td><td>冷却器故障</td><td colspan="2">电源故障（动力）</td><td>冷却器全停故障</td></tr>
<tr><td rowspan="2">控制类型</td><td colspan="8">自动投入</td></tr>
<tr><td colspan="3">按油温控制</td><td colspan="3">按负荷控制</td><td colspan="2">智能控制器监测</td></tr>
</table>

续表

项目		技术要求	
信号	远方信号	冷却器故障：冷却器油泵电机、风扇电机热继动作	65℃高温跳闸信号
		PLC或直流电源故障	电源全停报警信号
		冷却器全停报警	电源故障信号
		冷却器全停跳闸	电源全停跳闸信号
		65℃高温报警	
	就近信号	动力电源1监视信号	负荷信号
		动力电源2监视信号	直流电源工作指示
		冷却器运行信号	65℃温度指示
接线端子		冷控箱至变压器本体分控箱动力线	冷控箱至保护屏跳闸信号线、负荷信号线
		冷控箱至主控室远方信号	冷控箱至变压器本体温度继电器信号线
		冷控箱至主控室控制电源、低压室动力电源	

（四）功能和特点

(1) 完备的系统保护功能。具有过流保护、缺相保护、电源保护、系统故障保护等保护功能。系统采用双母线结构，每段母线完全独立工作，即使一段母线出现短路故障，另外一段母线仍然可以正常工作。

(2) 智能化控制。依据预设的运行参数和当下的变压器油温值，自动控制风机和强油泵的投放和轮换，并实时反馈（强油）风冷系统的运行情况。

(3) 人机界面友好。控制面板布局人性化，运行参数设置采用多档开关方法。

(4) 易于安装和维护。自动运行参数设置通过面板的开关或选配的即插即用的参数修改器进行，操作方便。接口与老系统完全兼容，无需另外接线，安装简单，系统为模组式结构，每组冷却器为一个独立的模组，可以在不停电时方便地进行维修更换，无需详细分析电气图。更换完毕后，可以立即启用，无需系统复位。

主接触器采用双备用结构，可以在系统不停电时单独更换。

(5) 丰富的远传状态显示和卓越的远程控制功能。

(6) PLC故障应急处理信号采用的是硬结点信号，重要信号均采用硬结点直接输出。在PLC故障或瘫痪的情况下系统随即自动转入手动运行，同时将信号远传或显示，使系统控制风险分散，保证了PLC故障状态下仍然可以手动监视、手动安全控制。

(7) 系统可自动复位。

(8) 可选的61850通信模块功能可以与智能变电站系统无缝对接。

（五）售后服务

(1) 指导产品的现场安装调试，保证按时正常投运。

(2) 产品三年免费保修，终身维修。

(3) PLC三年内出现故障，免费更换。

(4) 24h故障快速解决方案。

（六）生产厂

上海西邦电气有限公司。

四十四、上海西邦公司ZKJ系列有载开关在线净油装置

（一）概述

西邦ZKJ系列变压器有载开关在线净油装置主要用于变压器有载分接开关绝缘油在运行状态下的循环过滤。该装置能够在保证变压器正常运行条件下，根据调压开关的切换情况而自动在线地净化开关油，有效地去除油中的游离碳、微水、裂化物和酸等杂质，恢复分接开关的绝缘强度和性能，保障了有载分接开关运行的安全性、可靠性。同时，由于开关油的运行寿命得以成倍延长，减少了变压器的停电次数，从而提高了系统运行的可靠性和经济性。

（二）技术参数

额定压力：＜0.4MPa。

油管：150mm。

进出油法兰：DN15。

整机重量：115kg。

外形尺寸：1100mm×700mm×350mm。

电源：380V/50Hz。

电机功率：0.75kW。

额定流量：10～15L/min。

环境温度：－50～70℃。

防护等级：IP54。

（三）选型表

见表3-2-24。

表3-2-24

型　号	过滤精度	进出口法兰	说　明	适用地区	备　注
ZKJ—2	除杂精度：1μm 除水精度：3μm	DN15	基本型	温度0～50℃	
ZKJ—H	除杂精度：1μm 除水精度：3μm	DN15	低温型	温度－50～70℃ （如东北地区）	
ZKJ—S	除杂精度：1μm 除水精度：3μm	DN15	保护型	温度－50～70℃	具有电机保护功能

（四）功能和特点

(1) 过滤精度高，滤芯寿命长。过滤器两个，杂质和微水分开过滤，采用经久耐用的不锈钢滤芯，过滤精度小于1μm，过滤器容量大。

(2) 运行控制方式灵活，保障过滤充分。具有现场手动启动、自动运行（根据分接开关的启动）、定时运行三种运行控制模式。我们推荐正常情况下采用自动运行模式，即分节开关每次一动作即启动在线净油装置。运行持续时间可任意调整，以确保过滤充分。默认的出厂运行持续时间为30min。

(3) 设计合理，保护完备。具有滤芯失效报警停机功能，一旦滤芯阻塞失效，其压力发讯器动作，装置面板显示报警并停止运行。在两个过滤器的底座上各装有一个压力表，监视工作时油回路是否畅通或异常压力增高。

(4) 一体化连接，杜绝渗漏油。在线滤油设备的管路渗漏油关系到整个有载开关的安全运行。西邦ZKJ内部布局合理连接简洁，整套设备的连接点仅为四处，无残留空气，将设备渗漏油的隐患降为同类产品的最低。

(5) 采用进口件，性能稳定可靠。西邦ZKJ关键元器件如滤芯、油泵、PLC—LOGO均采用先进可靠的进口产品，为整个装置的稳定安全运行提供了有效保证。

（五）售后服务

(1) 指导产品的现场安装调试，保证按时正常投运。

(2) 产品三年免费保修，终身维修。

(3) PLC三年内出现故障，免费更换。

(4) 24h故障快速解决方案。

（六）生产厂

上海西邦电气有限公司（上海市闵行区虹梅南路4999号吴泾科技园15幢；邮编：201109；电话：021-51593186-807，021-51593186-818；传真：021-51593190；网站：www.xiban.com）。

四十五、德国WEIS电力测试设备

（一）概述

德国WEIS公司是一家致力于电力开关测试、维护设备方面具有20多年经验的专业开关测试设备制造公司。

WEIS机械特性测试仪适合应用于开关厂断路器的出厂检验、电厂及用户变电站的现场验收及维护试验。

由于其方便灵活的操作界面、可靠的工作状态，以及德国WEIS公司一贯迅速、良好的售后服务支持，此设备被应用在目前国内各主要开关厂的生产线，如SIEMENS、ABB、AREVA、Schneider、华电等。

（二）技术特性

见表3-2-25。

表3-2-25

机械特性测试仪型号	SA100	SA100R	SA100RS	SA1003R	SA1003RS
合、分闸线圈控制电压	24～400V				
线圈峰值电流	5A/30A 双量程				

续表

机械特性测试仪型号	SA100	SA100R	SA100RS	SA1003R	SA1003RS
数字信号分辨率	100ms				
模拟信号精确度	<0.5%满量程				
电阻触点阻值	15～10000Ω				
合、分闸线圈控制单元	3	1		1	1
主触头时间通道	12	4		4	4
行程传感器输入通道	3	1		3	3
自定义数字通道数量	6	2		2	2
自定义模拟通道数量	9	3		3	3

（三）连接端口

见图3-2-41。

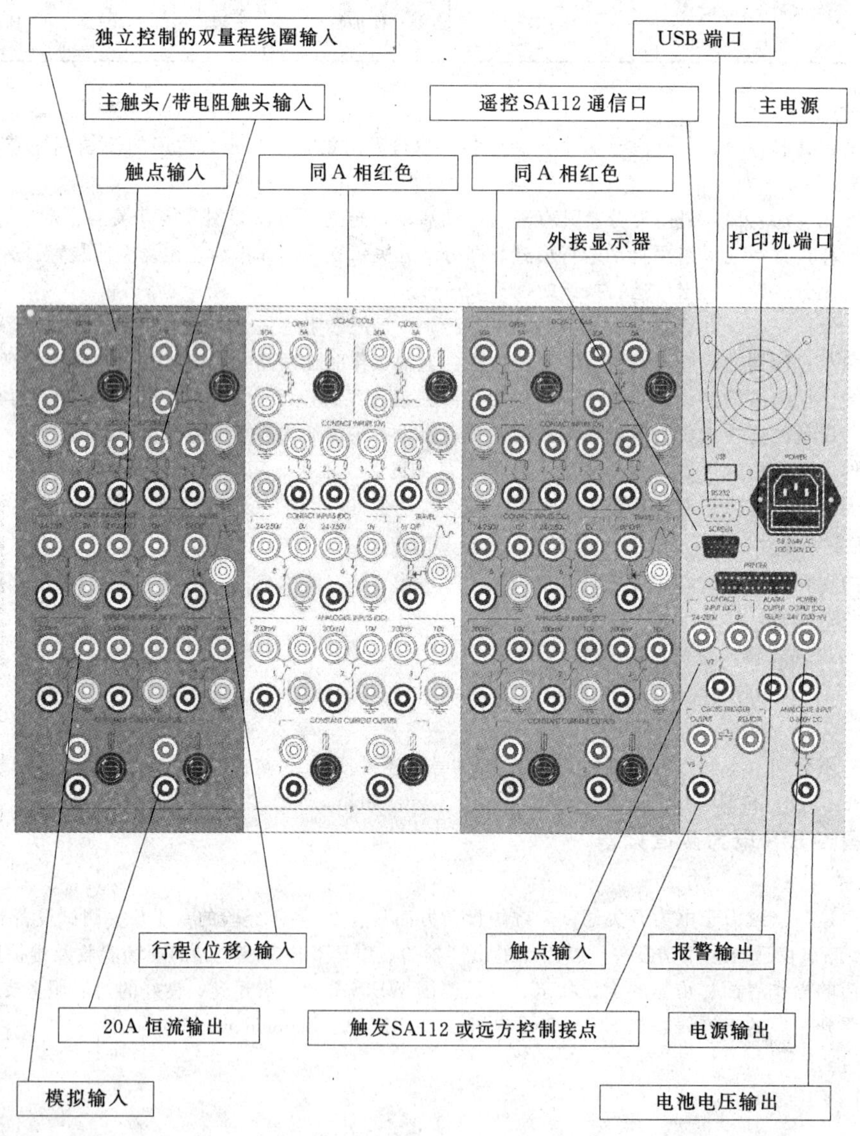

图3-2-41

（四）主要测试设备

见图3-2-42～图3-2-48。

图 3-2-42　SA100s 断路器动作时间测试仪

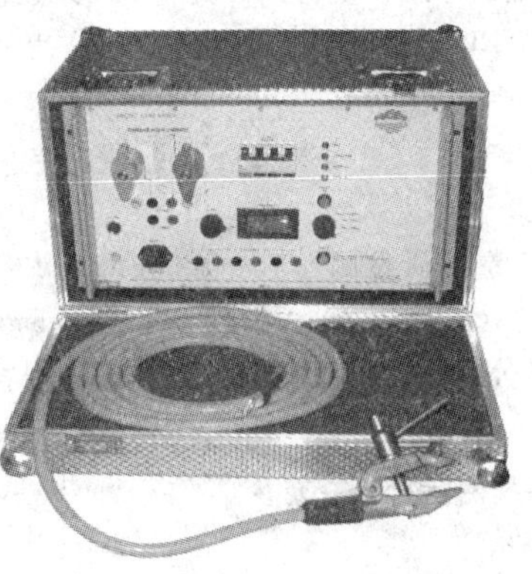

图 3-2-43　MM100 微欧计/大电流发生器

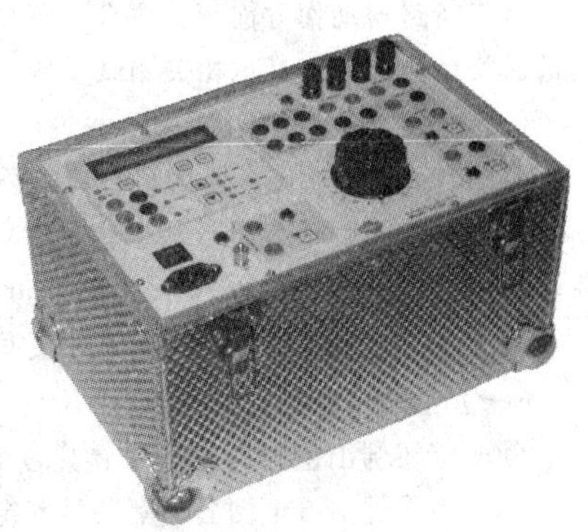

图 3-2-44　RT100 继电保护测试仪

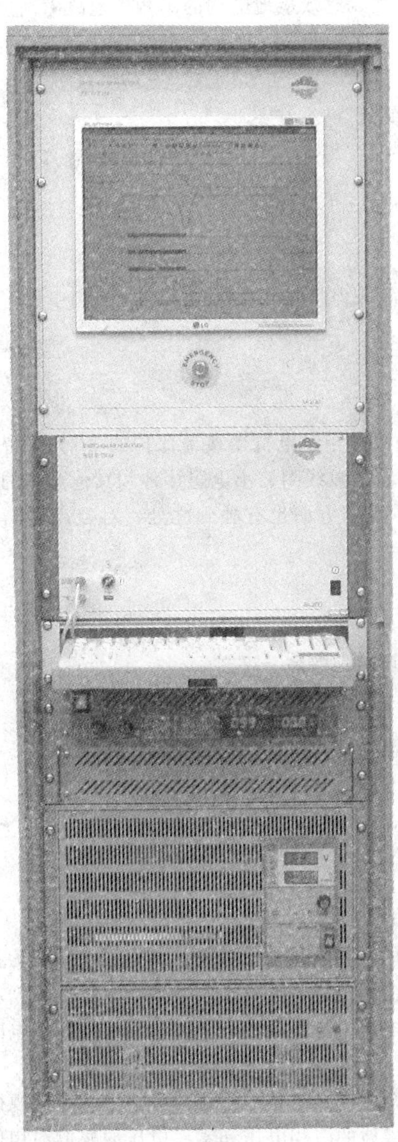

图 3-2-45　SA200 工厂用开关机械特性测试、分析仪

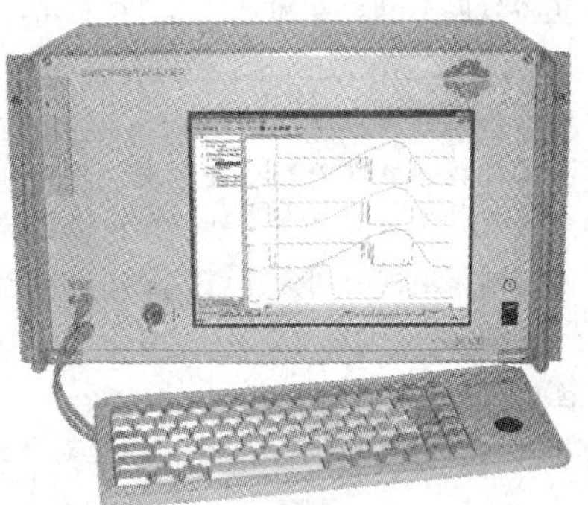

图 3-2-46　SA100/SA100R/SA1003R 断路器机械特性测试仪

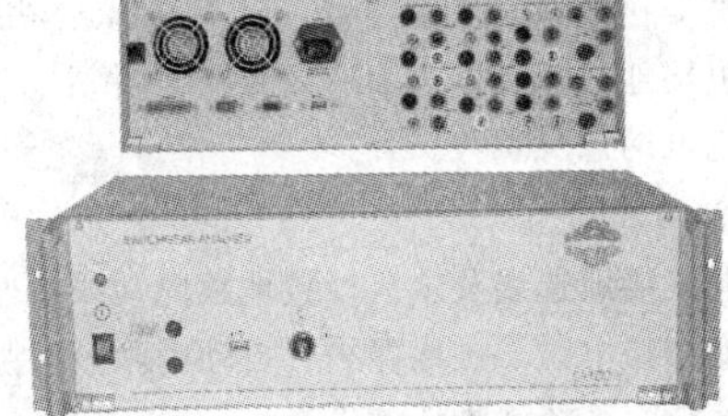

图 3-2-47　SA100RS（便携式）断路器机械特性测试仪

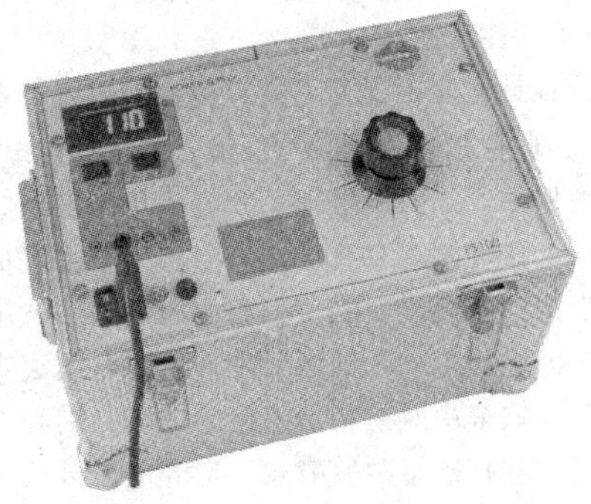

图 3-2-48　PS100 交、直流可调稳压电源

德国WEIS公司是一家致力于电力开关测试、维护设备方面具有20多年经验的专业开关测试设备制造公司。基于多年对于断路器动作方面测试技术的研究，WEIS公司将他们的专业技术应用、开发出一系列适合高、中、低压断路器的机械特性测试仪及其他相关测试设备。

（五）生产厂

（1）名称：上海纬仕电力科技有限公司。

（2）地址：上海市闵行区申南路59号，泰弘研发园，7号楼506室；201108；电话：+86（0）21 34635190；传真：+86（0）21 24289981；E-mail：info@weisgmbh.cn；网址：www.weisgmbh.cn。

四十六、广州市宁志电力科技有限公司ZN05A故障相经电抗器接地智能保护装置

（一）企业概述

2004年在佛山供电局110kV南庄变电站挂网运行第一套。

2007年通过南方电网公司新产品鉴定。

2007年获得计算机软件著作权登记书，软件名称：宁志ZN05A智能型接地综合保护控制软件V1.01。

2007年获得发明专利，专利号：ZL 2007 10000539.7，专利名称：中性点非有效接地电网的消谐、消弧方法及综合保护装置专利。

2008年获得发明专利，专利号：ZL 2008 10130377.3，专利名称：中性点非有效接地电网的单相接地故障判别、保护方法及系统。

2008年被列为国家重点新产品。

2008年获得计算机软件著作权登记书：软件名称：宁志ZNJK—1监控软件V08.1.01。

2009年列入《广东电网公司中性点接地设备运行管理规定》。

2009年通过国家电网公司天津电力公司科技评审并获二等奖。

（二）产品概述

影响供电可靠性的问题主要有：

（1）对高阻接地故障的判别有误区，以至对断线、绝缘老化等高阻接地故障保护经常拒动或误动，继而引发更大的事故。

（2）小电流接地选线准确率低。

（3）消除弧光接地过于复杂，有效率不高。

公司创新性地解决了对高阻接地故障判断和保护的难题，首创单相接地故障相经电抗器接地保护的ZN05A智能型故障相经电抗器接地综合保护装置（以下简称ZN05A装置），该产品能够超越消弧线圈、小电阻接地和其他产品的保护范畴，对高阻接地故障提供全面有效保护，并具有选线高准确率，在消弧、消谐方面也有独到之处，对提高供电可靠性，建设绿色电网意义重大。

（三）产品功能

（1）小电流接地选线及永久性接地故障馈线跳闸。

（2）故障相经电抗器接地保护，自动消除短时弧光接地、高阻接地、金属接地故障。

（3）自动消除系统铁磁性谐振。

（4）限制相间短路电流和完善的过流保护。

（5）过电压保护，在消弧或消谐的同时，限制过电压发展。

（6）完善的串口通信和信号继电器输出。

（7）PT柜功能。

（8）保护容量适应范围宽，体积小，结构简单，安装和维护方便。

（四）独创单相接地故障选相、选线方法

大多数的保护产品对不接地系统发生单相接地时的电压分析都是按典型的金属性接地来分析，判电压最低相为接地故障相。实际上这种判据只在接地电阻小于某临界值的范围内是正确的，当接地电阻大于这个临界值时，按此判据就是误判！并且当接地电阻很大时，三相电压和零序电压的偏移量都很小，零序电流电流也很小，消弧线圈接地或小电阻接地的保护都会因此而拒动，继而引发人畜伤亡或火灾等严重事故。

公司创新性地解决对单相高阻接地故障判别和保护技术难题，独创了符合中性点不接地系统单相接地故障的规律的单相接地判据，它打破了“故障相一定为电压最低相”的传统判据，按单相接地的三相电压和零序电压的幅值和相位之间的相互制约的规律判断故障相，无论接地电阻怎样变化，装置都能准确判别故障性质和故障相，从而对所有接地故障实施有效的保护，特别是对以往难以判断的架空线路断线，电缆线路受潮、老化等高阻接地故障提供有效的保护，能够预防因绝缘下降引起弧光接地故障，并为准确接地选线提供了基础。

（五）选线原理和特点

ZN05A 装置在 100%准确判断各种接地故障的基础上，采用了零序电流群体比幅比相加零序电压相位的选线原理：当 $3U_0$ 大于整定值，启动对所有馈线的零序电流幅值排序，取幅值大的前 4 个电流比相，若某电流与其他电流方向相反，并滞后零序电压相位 90°，则判定该线路接地，否则为母线接地。此种方法为多重判据（又称 3C 方案），它既可以避免单一判据带来的局限性，也可以相对缩短选线的时间，其优点如下：

(1) 不受系统运行方式、长短线、接地电阻的影响，判据具有“水涨船高”的优点，选线准确率达 100%。

(2) 能够准确选出高阻接地线路，门槛值低至零序电流 20mA、$3U_0 \geqslant 12V$。

(3) 能够同时选出一条以上的接地线路。

(4) 能够区分馈线或母线接地。

（六）故障相经电抗器接地综合保护实现原理和特点

故障相经电抗器接地保护的方法通过 ZN05A 装置来实现，该装置主要部件有：微机控制器、电抗器、单极真空接触器、电压互感器、隔离开关、避雷器等；所有部件均安装于一面高压开关柜内，与其他高压开关柜组屏，连接于系统母线，形成受控于微机控制器的测量和保护两大回路。

（七）故障相经电抗器接地灭弧原理

ZN05A 装置的微机控制器采集电网系统的三相电压、零序电压，判断系统状况，当判定单相接地发生，立刻驱动故障相的开关闭合，将故障相通过电抗器接地，以钳制故障相电压，旁路故障电流的方法实施保护。

（八）单相接地保护方案（见图 3-2-49）

ZN05A 装置第一次保护动作时间满 t_1，分断故障相开关，退出电抗器，若故障消除，系统恢复正常。若故障仍存在，立刻再次闭合故障相的开关，满 t_2 时间再分断。若故障仍存在，则判为永久性接地，此时装置有三种保护方式供选择：

(1) 设定 t_4＞馈线零序保护装置跳闸时间，由馈线零序保护装置动作切断接地馈线。

(2) 设定 $t_4=0$，再次使故障相通过电抗器接地，进入 t_3 长延时末电抗器复归，同时由装置的跳闸箱发跳闸命令切除故障线路。

(3) 不投跳闸压板，设定 $t_4=0$，再次使故障相通过电抗器接地，在 t_3 时间内由人工跳闸切除故障线路。

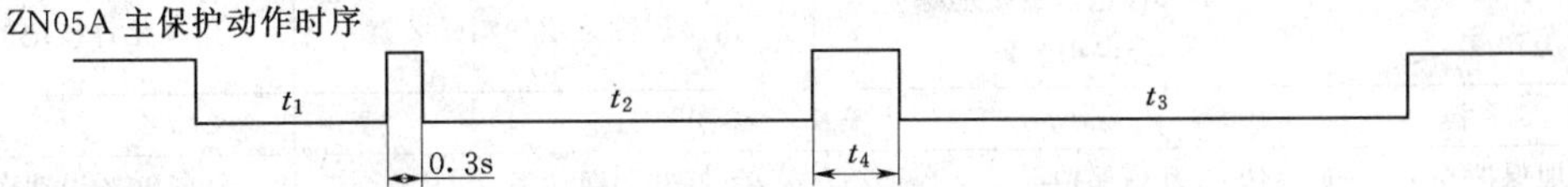

图 3-2-49　ZN05A 装置消除单相接地故障的保护方案

（九）智能型故障相经电抗器接地综合保护系统配置

主保护：ZN05A 装置，安装于一级主母线。

配套保护：NZ—X1 线路零序综合保护装置，安装于各个出线柜。

选线跳闸条件：(U_0、I_0、t_0)＞设定值，且 U_0 和 I_0 相位属于 −30°～150°；准确区分本线路故障和外线路故障，实现分散式一对一就地保护，可靠切除永久性接地故障线路。

ZN05B 智能 PT 选线消谐装置，安装于二级母线的柜，具有接地故障报警、选线（集中式）跳闸、二次消谐功能。

（十）消谐

ZN05A 装置当检测到谐振发生后，使产生磁路饱和的那相母线通过电抗器接地，立刻改变回路电感参数，使系统远离谐振点，可靠消除谐振，同时电抗器旁路了励磁涌流，并且限制谐振过电压。

（十一）故障相经电抗器接地装置与其他中性点接地设备综合对比（见表 3-2-26、表 3-2-27）

表 3-2-26　**ZN05A 装置与常规保护方式技术经济综合比较表**

比较项目	小电阻接地	消弧线圈接地	故障相经电抗器接地保护方式
高阻接地保护	有保护盲区，接地电流＜40A，装置不动作	有保护盲区，$3U_0$＜1500V，装置不动作	独创判据，$3U_0$＜1500V，接地电流低至 0.8A，装置准确动作和选线
对电缆线路的保护	仅在电缆绝缘击穿后，保护动作跳闸	仅在电缆绝缘击穿后，保护动作	检测出电缆受潮或老化导致绝缘局部受损的状态，装置保护分流并告警，可避免电缆绝缘击穿故障

续表

比较项目	小电阻接地	消弧线圈接地	故障相经电抗器接地保护方式
选线准确率	准确性高	准确率较低	准确性高
消弧原理	通过加大流经故障点电流使保护启动跳开故障线路	电流法用电感电流补偿接地电容电流	电压法将弧光接地转化为通过电抗器接地
弧光接地过电压	$2.8U_x$	$(2.5\sim3.2)U_x$	$\leqslant1.73U_x$
弧光重燃	靠跳闸断弧	不能100%熄弧	100%熄弧
单相接地供电可靠性	跳开故障设备和线路，供电可靠性低	不影响三相设备正常运行，供电可靠性高	不影响三相设备正常运行，供电可靠性高
保护动作对系统的安全性	故障线路瞬时断开，系统安全性好	不能消除弧光过电压，有时甚至加大过电压，安全性较差	安全性好，电抗器限制短路电流，相间短路保护完善
对通信的感应危害	大	小	小
运行维护	需出线开关柜，运行维护相对简单	需出线开关柜，运行维护较为复杂	无需出线开关柜，运行维护简单
10kV装置外形尺寸（长×深×高）(mm×mm×mm)	2500×1200×2000	3000×1800×2000	1000×1500×2300
单套综合造价（接地变及消弧容量按630kVA计列）	成套设备费用＋占地、接地网、线路、设备改造等单套均摊费用	成套设备费用＋占地、附加设备、电缆等费用	成套设备费用＋0附加费用

表3-2-27　　ZN05A装置与其他同类产品主要差异表

比较项目 \ 产品	ZN05A电抗器接地综合保护装置	用金属性接地的消弧装置	用氧化锌接地的消弧装置
故障判断准确率	100%	<70%	<70%
高阻接地保护	100%准确保护	存在30%误动率	存在30%误动率
选线	速度快、准确率高	无，需另加，且配合差	速度慢、准确率低
消弧原理及方法	电压法将弧光接地转化为通过电抗器接地	电压法将弧光接地转化为金属性接地	电压法将弧光接地转化为通过氧化锌电阻接地
灭弧有效率	100%	较好	很低，当电容电流>5A时不能灭弧
保护动作对系统安全性	安全性好，电抗器限制短路电流，相间短路保护完善	安全性差，不能限制相间短路电流	安全性差，氧化锌电阻易炸，不能长期通流
零序过流保护	有，无小过流保护死区	无，有小过流保护死区	无，有小过流保护死区
消谐性能	消谐可靠性100%，无消谐死区	差，易引发谐振，易烧TV熔管	有消谐死区，易烧TV熔管
保护参数设定	可面板设定，现场适应性好	不可设定，现场适应性差	不可设定，现场适应性差
继电器干接点报警	项目齐全、有二进制选线报警	项目少、无二进制选线报警	项目少、无二进制选线报警
通信功能	完善	少	少
网络校时/遥控复位	有	无	无
主要保护元件监控	有	无	无
母线并列，主后备保护选择	有、各段装置保护协调	无、各段装置保作互扰	无、各段装置保护互扰
产品检测	检测全面，功能特点经完整检测	检测不全面，缺功能特点检测	检测不全面，缺功能特点检测
高压电网现场接地试验	有、试验地点：南网广东110kV变电站	无	无
产品鉴定	国家级新产品鉴定	省级科技成果鉴定	市级科技成果鉴定

比消弧线圈保护的优势如下：

(1) 无高阻接地的保护盲区，$3U_0 \geqslant 12V$，保护准确动作并准确选线。

(2) 无须追踪电容电流的变化，100%可靠熄灭电弧、并测控简单。

(3) 无需出接地变、电抗器室等附加设施、综合造价低。

(4) 保护容量适应范围宽，包容系统各种运行方式和变电站发展的需要（通常10kV配置的保护额定电流150A，满足110%长期通流，相当于900kVA的消弧线圈装置容量）。

比小电阻保护的优势如下：

(1) 无高阻接地的保护盲区，$3U_0 \geqslant 12V$，保护准确动作并准确选线。

(2) 保护消除瞬时和短时接地故障无须跳闸，供电可靠性高。

(3) 接地电流小、对人身设备威胁低、对通信干扰小。

(4) 对系统的地网、线路耐火等级、自动化等指标要求较低，不需要接地变、电阻室等附加设施、综合造价低。

比其他同类产品的优势如下：

(1) 依据单相接地数学模型，独创完善的接地判据，判断准确率100%。

(2) 电抗器既满足限压灭弧，又满足限制相间短路电流，还满足长期通流。

(3) 完善的相间短路保护，无小过电流分断死区。

(4) 独特的保护动作方向选择、主/后备保护选择，保证母线并列时，各装置协调动作。

(5) 严谨的科学态度，独特的电网（10kV）现场接地试验。

(6) 严格的品质保证，所有出厂产品都经1∶1高压试验合格。

(7) 电力系统长期挂网运行，安全可靠性100%。

(8) 国家级产品鉴定、国家重点新产品，技术水平居国内领先。

（十二）技术及售后服务

公司根据用户要求进行设计和生产，指导产品的现场安装及调试，直至用户验收合格；负责对用户进行技术培训，并对产品进行终身质量跟踪和服务，若有技术或质量问题，保证24小时内服务到现场。

（十三）生产厂

(1) 生产厂家：广州市宁志电力科技有限公司。

(2) 联系方式。电话：020-22883341，22883254，22883741；传真：020-34811741；地址：广州市番禺区迎宾路730号天安节能科技园创新大厦821号；邮编：511400；网址：www.nzhdl.com；E-mail：zaonet@126.com。

第六篇

绝缘子、避雷器、电线电缆及电工测量仪表

第一章 绝 缘 子

一、概述

我国生产的高压电瓷，分普通型、高原型、防污型三种。适用于工频交流额定电压6～500kV，环境温度－40～45℃的地区，海拔普通型为1000m以下，高原型为1000～4000m。35kV以下户内支柱绝缘子及穿墙套管的相对湿度不应超过85%。

二、高压户内支柱绝缘子

（一）型号含义

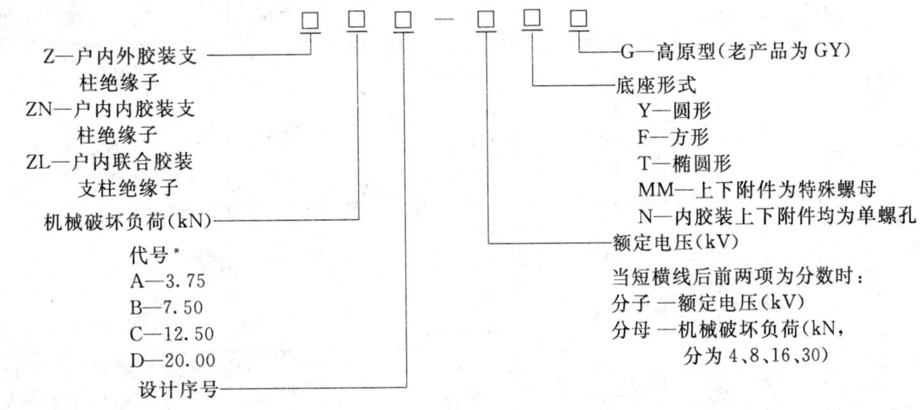

* 代号的两种表示方式不同时出现。

（二）技术数据

见表1-1。

表1-1

型号	额定电压(kV)	外形尺寸(mm) H	h_1	h_2	D	d_1	d_2	d_3	d_4	a_1	a_2	b	质量(kg)	机械破坏负荷(kN)	生产厂	备注
ZA—6Y	6	165	27	36	86	62	M10	2—M6	M12	36		106	2.35	3.75	①②③④⑤⑥⑦⑧⑩⑪⑬⑭	
ZA—6Y		165	27	36	86	62	M12	2—M6	M12	36		106	2.35	3.75	⑨	
ZB—6Y		185	38	48	106	82	M16	2—M10	M16	46		129	4.1	7.5	①②③④⑤⑥⑦⑧⑨⑩⑪⑬⑭	
MA—6T		165	27	36	86	62	M10	2—M6	2—ϕ12	36	135	110	2.7	3.75	①②③④⑤⑥⑦⑧⑩⑪⑬⑮	
ZB—6T		185	38	48	106	82	M16	2—M10	2—ϕ15	46	175	140	5.5	7.5		
200113		150	—	—	—	—	—	2×M8	M12	18			1.2	3.75	②	
ZA—10Y	10	190	27	36	86	62	M10	2—M6	M12	36		106	2.65	3.75	①②③④⑤⑥⑦⑧⑨⑩⑪⑬⑭	
ZB—10Y		215	38	48	106	82	M16	2—M10	M16	46		129	4.7	7.5		
ZA—10T		190	27	36	86	62	M10	2—M6	2—ϕ12	36	135	110	2.9	3.75	①②③④⑤⑥⑦⑧⑩⑪⑬⑭	
ZB—10T		215	38	48	106	82	M16	2—M10	2—ϕ15	46	175	140	5.7	7.5		
201112		120						2—M8	M12	18			1.6	3.75	②	
201113		170						2—M8	M12	18			1.3	3.75	②	
201212		120						M16	M16				2.1	7.5	②	
200113		168						.M16	M16				2.4	7.5	②	
201214		120						2—M10	M16	24			2.5	7.5	②	
201215		145					M16	2—M10	M16	36			2.84	7.5	②	
ZC—10F		225	42	53	130	98	M16	4—M10	4—ϕ15	66	140	175	8.25	12.5	②③④⑤⑥⑦⑧⑨⑩⑪⑬⑭	
ZD—10F		235	46	60	150	128	M16	4—M12	4—ϕ15	76	155	190	12.0	20		
ZLD—10F		215	46	65	110	160	M16	4—M12	4—ϕ15	76	125	160	9.5	20	①	
ZLD—20F	20	315	46	80	135	128	M18	4—M12	4—ϕ18	76	155	195	16.0	20	①	
ZD—20F		315	46	64	170	128	M18	4—M12	4—ϕ18	76	175	220	15.5	20	②③④⑤⑥⑦⑧⑨⑩⑪⑬⑭	
ZA—35Y	35	380	38	50	120	84	M10	2—M8	M16	36	—	133	7.5	3.75	②③④⑤⑥⑦⑧⑨⑩⑪⑬⑭	
ZA—35T		380	38	48	120	82	M10	2—M8	2—ϕ15	36	175	140	8.25	3.75	②③④⑤⑥⑦⑧⑩⑪⑫⑬⑭	
ZB—35F		400	40	60	150	98	M16	2—M10	4—ϕ15	46	155	190	13.0	7.5	②③④⑤⑥⑦⑧⑨⑩⑪⑬⑭	

续表

型　号	额定电压(kV)	外形尺寸(mm)					质量(kg)	机械破坏负荷(kN)	生产厂	备注
		H	D	d_1	d_2	a				
ZN—6/4	6	100	78	M12	2—M8	18	1.25	4	①②④⑤⑥⑦⑧⑨⑪⑭	
ZNA—6MM		100	77	M12	2—M8	18	1.20	3.75	⑤⑦⑧⑨⑩⑪⑬⑭	
ZN—10/4	10	120	85	M12	2—M8	18	1.6	4	①②④⑤⑥⑦⑧⑨⑪⑭⑬	
ZN—10/4N		120	85	M12	M10		1.6	4		
ZN—10/8		120	100	M16	2—M10	24	2.5	8		
ZN—10/8N		120	100	M16	M16		2.5	8		
ZN—10/16		170	152	M20	2—M12	36	7.3	16		
ZNA—10MM		125	82	M12	2—M8	18	1.6	3.75	⑤⑧⑨⑩⑭	
ZNA—10MM		120	82	M12	2—M8	18	1.5	3.75	③⑦⑪⑬	
ZNA—10MM		120	100	M16	2—M10		2	3.75	③⑬	
ZNB—10MM		120	100	M16	M16		2.5	7.5	③⑬	
ZNB—10MM		125	100	M16	M16	24	2.1	7.5	⑤⑧⑨⑩⑪⑭	
ZND—10MM		168	160	M20	2—M10	36	7.7	20	⑩⑪⑭③	
ZNB2—10MM		120	100	M16	2—M10	24	2.1	7.5	⑦⑨⑩⑪	
ZNB3—10MM		140	105	M16	ϕ8 2×ϕ11	18	2.6	7	⑤	
ZNB4—10		136	105	2—M8	M10 2×M6	36	7		⑤	
ZN—20/16	20	230	150	2—M12	M20	36	16		②⑤⑥⑦⑧⑪⑬	
ZN—20/30		230	185	2—M16	2—M20	46	30		②⑤⑥⑦⑧⑨⑪⑬⑭	
ZNE—20MM		203	185	2—M20	2—M16	40/45	12.4	20	③⑦⑬	
2038		205	190	4—M16	4—M12	40/65	15	30	①	
ZNA—35MM	35	300		M16	2—M8	18	5.3	3.75	⑨	
2047		320	130	M16	M10		8.1	7.5	①	

型　号	额定电压(kV)	外形尺寸(mm)										适用海拔(m)	质量(kg)	机械破坏负荷(kN)	生产厂	备注
		H	D	h	d_1	d_2	d_3	d_4	b	a_1	a_2					
ZL—10/4	10	160	72	44	70		M10	2—ϕ12	112	18	130	1000	2.4	4	②⑤⑥⑦⑧⑨⑪⑬⑭	
ZL—10/8		170	86	52			M16	2—ϕ14			145	1000	3.5	8		
ZL—10/16		185	110	68			M16	4—ϕ14			180	1000	5.5	16		
ZL—10/4G		210	90	60			2M8	2—ϕ14			145	4000	5.4	4	①	
ZL—20/16	20	265	125	—		M16		4—ϕ14			210	1000	12.5	16	②⑤⑥⑦⑧⑨⑪⑬⑭	
ZL—20/30		290	160	—		M20		4—ϕ18			250	1000	21.3	30	②⑤⑥⑧⑨⑪⑬	
ZL—20/30		290	160	—		M20		4—ϕ20			250		21.3	30	⑦⑭	
ZL—35/4Y	35	380	90	60	62	M10	2—M8	M16	114	36		1000	6.2	4	①②④⑤⑥⑦⑧⑨⑪⑬⑭	
ZL—35/4		380	90	60	62	M10	2—M8	2—ϕ14	112	36	145	1000	7.5	4		
ZL—35/8		400	110	65	68	M16	2—M10	4—ϕ14	160	46	180	1000	11.2	8		
ZLA—35GY		445	100	64	62	M10	2—M8	2—ϕ12	120	36	150	3000	9.3	4	①	
ZLB—35GY		450	125	70	68	M16	2—M10	2—ϕ14	—	46	180	3000	11.4	7.5	①	
ZL—35/4G		535	110	65	68	M16	2—M10	4—ϕ14	—	46	180	4000	14.0	4	①	

型　号	额定电压(kV)	外形尺寸(mm)														机械破坏负荷不小于(kN)		质量(kg)	生产厂
		H	b_1	b_2	b_3	h_1	h_2	h_3	h_4	d_1	d_2	a_1	a_2	a_3	a_4	横向	纵向		
2019	6	182	242	266	140	36	45	6	17	2×ϕ12	4×ϕ14	106	236	111		16	12	11	①
3148	6	182	—	—	—	—	—	—	—	2×ϕ12	4×ϕ14	106	236	111	126	—	—	9	⑦

三、高压户外支柱绝缘子

（一）型号含义

1. 针式支柱绝缘子

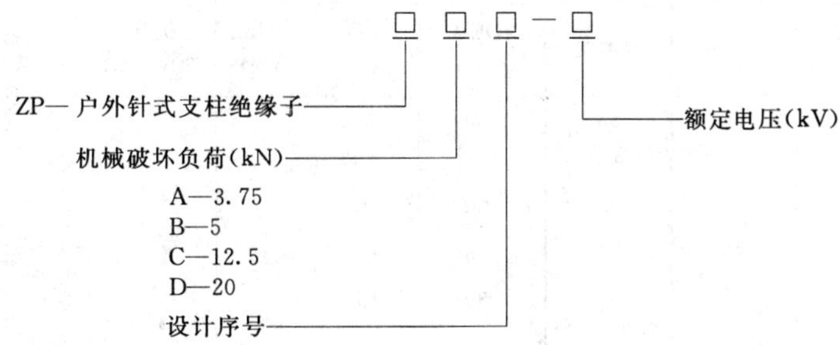

2. 棒式支柱绝缘子

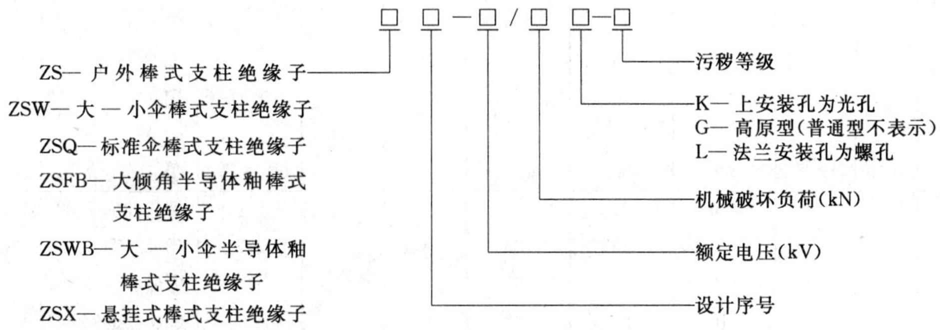

（二）技术数据

见表1-2～表1-4。

表 1-2

型 号	额定电压(kV)	工频试验电压有效值不小于(kV)			机械破坏负荷不小于(kN)	全波冲击耐受电压幅值不小于(kV)	生 产 厂	备 注
		干闪络	湿闪络	击 穿				
ZPA—6	6	36	36	58	3.75	60	②③⑤⑥⑧⑨⑩⑪⑬	
ZPB—10 ZPD—10	10	47	34	75	5 20	80	②③⑤⑥⑨⑩⑪⑬⑧	
ZPC1—35 ZPC2—35 ZPD1—35	35	110	85	176	12.5 12.5 20	12.5	⑥⑩ ⑥⑩ ⑩	

表 1-3

型 号	适用海拔(m)	额定电压(kV)	工频试验电压有效值不小于(kV)		全波冲击试验电压幅值不小于(kV)	机械破坏负荷不小于			生 产 厂	备注
			干耐受	湿耐受		抗弯(kN)	抗压(kN)	抗扭(kN·m)		
ZS—10/4	1000	10	47	34	80	4			①⑤⑥⑦⑧⑨⑩⑪⑬⑭	
ZS—10/4				30	75	4			①	
ZS—10/5	3000		59	42	100	5			⑩⑬	
ZS—10/5L	3000			30	75	5			①	
ZS—15/4T		15	63	45	105	4			④	
2961	1000		50	45	110	8.9		0.80	①	
ZSX—15/4T			63	45	105	4			④	

续表

型　号	适用海拔(m)	额定电压(kV)	工频试验电压有效值不小于(kV)		全波冲击试验电压幅值不小于(kV)	机械破坏负荷不小于			生　产　厂	备注
			干耐受	湿耐受		抗弯(kN)	抗压(kN)	抗扭(kN·m)		
ZS—20/8	1000		75	55	125	8			⑤⑥⑦⑧⑨⑩⑪⑬⑭	
ZS—20/8	1000			50	150	8			①	
ZS—20/10				50	150	10			①④	
ZS—20/16	1000		75	55	125	16			⑤⑦⑧⑪⑭	
ZS—20/16				50	150	16			①	
ZS—20/20	20			50	150	20			①	
ZS—20/20			75	55	125	20			④	
ZS—20/30				50	150	30			①	
ZS—20/30			75	55	125	30			⑤⑦⑧	
2962			70	60	150	8.9		0.91	①	
34620*						9			④	
2912N*	1000		68	50	125	8		—	①	
ZS—35/4	1000		100	85	195	4			②④⑤⑥⑦⑧⑨⑩⑪⑬⑭	
ZS—35/4K				80	185	4		1.2	①	
ZS—35/6L	1000		110	85	195	6			⑧⑩⑭	
ZS—35/8	1000		110	85	195	8			②④⑤⑥⑦⑧⑨⑩⑪⑬⑭	
ZS—35/8				80	185	8		2.0	①	
ZS—35/16	1000		110	85	195	16			②④	
ZS—35/4G			35	70	200	4			①	
ZS2—35/6L	1000		100	80	185	6			③	
ZSX—35/4			110	80	195	4			④⑤⑦⑧⑪⑬⑭	
2251	4000		157	122	279	4		1.5	①	
2242	1000		100	80	185				③	
2913N	1000		100	80	185	6		1	①	
ZSX—35/6L			100	80	185	6			③	
ZSX—35/4			110	85	195	4			⑤⑦⑧⑪⑬⑭	
2963*	1000		95	80	200	8.9		1.2	①	
2965*	1000		95	80	200	17.8		2.3	①	
ZS—60/4	1000	60	180	140	335	4			⑤⑦⑧⑩⑬⑭	
ZS—60/4L	1000	60	180	140	335	4			⑤⑦⑧⑬⑭	
ZS—60/5L		60	180	140	335	5		1.5	⑧	
ZS—60/8	1000	60	180	140	335	8			②⑩	
ZS—63/4		63		140	325	4.0		2.0	①	
ZS—63/5		63		140	325	5.0		2.0	①	
ZS2—63/5L	1000	63	165	140	325	5.0			③	
ZSX—63/5L	1000	63	165	140	325	5			②	
ZS—63/15		63		140	325	15		4	①	
2917N	1000	63	165	140	325	6		2	①	
ZSX—60/4		60	180	140	335	4			⑤⑦⑧⑬⑭	
28910—1	1000	60	180		335	8		3	④	
28910—2	1000	60	180		335	12		4	④	
28910—3	1000	60	180		300	20		5	④	
ZS—110/3			295	215	480	3		2	②	

续表

型 号	适用海拔(m)	额定电压(kV)	工频试验电压有效值不小于(kV)		全波冲击试验电压幅值不小于(kV)	机械破坏负荷不小于			生产厂	备注
			干耐受	湿耐受		抗弯(kN)	抗压(kN)	抗扭(kN·m)		
ZS—110/4	1000		295	215	480	4		2	②④⑤⑥⑦⑨⑬⑭	
ZS—110/4				185	450	4		2	①	
ZS2—110/4	1000		265	200	450	4			③	
ZS—110/4L	1000		295	215	480	4		2	⑤⑦⑧⑨⑭	
ZS2—110/4L			265	200	450	4			③	
ZSX—110/4			295	215	480	4			④⑤⑦⑧⑬	
ZS—110/4G	2000～3000	110		230	550	4			①	
ZS—110/5	1000		295	215	480	4		1.5	①②⑦⑧⑭	
ZS—110/5				185	450	5		2	⑤	
ZS—110/8.5	1000		295	215	480	8.5			②⑨⑩	
ZS2—110/8.5	1000		265	200	450	8.5			③	
ZS2—110/8.5A	1000		265	200	450	8.5			③	
ZS—110/10K	1000			185	450	10		4	①	
ZS—110/10—G				275	650	10		4	①	
ZS—110/15	1000			230	480	15			⑭⑩	
ZS2—110/15	1000		265	200	450	15			③	
ZS3—110/16	1000		265	200	450	16			③	
ZS—110/16K	1000			185	450	16		6	①	
ZS—1060—8.5			205	215	480	8.5	4.7**	2	①②④⑧	
ZS—1070—15						15	9.3	2		
ZSI—1100—12		110				12	7	2	①	
ZSI—1100—23.5						23.5	19	2		
2283		4000	422	308	686	4		2	①	
ZS—154/3			375	290	660	3			⑩	
ZS—154/5	1000	154	375	290	660	5			⑩	
ZS—154/4			375	290	660	4		4	①	
ZS—220/2.5			550	425	950	2.5			⑩	
ZS—220/3	1000		550	425	950	3			②③	
ZS—220/4	1000		550	425	950	4		2	②④⑤⑨①	
ZS—220/4				395	950	4		2	①	
ZS—220/4		220		460	1050	4		2	①	
ZS2—220/4			495	395	950	4			③	
ZS—220/10K				395	950	10		4	①	
ZS—220/16K				395	950	16		6		
2278	3000		688	531	1188	4			⑨⑭	
ZS—220/4			550	425	980	4				
ZS—330/4K	2000		1050***	630	1425	4			①	
ZS2—330/4	1000	330	950***	850	1175	4			③	
ZS—330/5K	3000		1175***	680	1550	5			①	
ZS—330/4			765***	611	1300	4			⑩	
ZS1—500/5K			1300***	800	1950	5		2		
ZS—500/8K			1300***	800	1950	8		10		
ZS1—500/11K		500	1300***	800	1950	11		10		
ZS1—500/14			1300***	800	1950	14		10	①	
ZS1—500/14K			1300***	800	1950	14		10		
ZS1—500/10K			1300***	800	1950	10		10		

* 该数据产品的机械、电气性能全部符合美标 ANSI. C29.9—1983，NEMA 刊物 HVI—1973 及加拿大标准 CAN/CSA—C156.1—M86 之规定。

** 此数据为倒装抗弯强度。

*** 此数据为操作耐受电压。

表 1-4

型　号	适用海拔 (m)	额定电压 (kV)	工频试验电压有效值不小于 (kV)		全波冲击试验电压幅值不小于 (kV)	机械破坏负荷不小于		生产厂	备注
			干耐受	湿耐受		抗弯 (kN)	抗扭 (kN·m)		
ZSW—35/4	1000	35	110	85	195	4	1	②	
ZSW—35/4	1000		110	85	195	4	1	②	
ZSW—35/4			100	85	185	4	1	④	
ZSW1—35/4			110	85	195	4	1	④⑤	
ZSW2—35/4			110	85	195	4	1	④	
ZSW—35/4G			—	70	200	4	1.2	①	
ZSW1—35/4	1000		100	80	185	4		③	
ZSW1—35/4L	1000		100	80	185	4		③	
ZSW1—35/4—4				70	200	4	1.2	①	
ZSW2—35/4	1000		110	85	195	4	1.5	⑧	
ZSW1—35/6			110	85	195	6		⑦⑬	
ZSW2—35/6L	1000		110	85	195	6	1.5	⑧	
ZSW2—35/6						6		⑦⑬	
ZSW2—35/8	1000		110	85	195	8		⑧	
22406	1000		100	80	185	4		③	
22407	1000		100	80	185	4		③	
2231，2232			180	140	300	4	1	⑤	
2237						4	1	⑤	
2238						4	1 (1.5)	⑤	
2239						4	1	⑤	
ZSW1—60/4		60				4		④	
ZSW1—63/4	1000		165	140	325	4		③	
ZSW1—63/4L	1000		165	140	325	4		③	
ZSW—60/5L	1000		180	140	335	5		⑧	
22515	1000		165	140	325	5		③	
22517	1000		165	140	325	5		③	
2917N			165	140	325	6	2	①	
ZSW—110/4	1000	110	295	215	480	4	2	②	
ZSW—110/4			265	260	450	4	2	③	
ZSW—110/4L			265	215	450	4		②	
ZSW—110/4—2				230	550	4	3	①	
ZSW—110/4—3				275	650	4	2	①	
ZSW—110/4K—2				230	550	4	3	①	
ZSW—110/4K—3				185	450	10	4	①	
ZSW—110/5	1000		295	215	480	5		⑨	
ZSW—110/6			265	215	450	6		②	
ZSW—110/6—3				185	450	6	3	①	
ZSW—110/8K—2				230	550	8	4	①	
ZSW—110/8.5			265	215	450	8.5		②	
ZSW1—110/4	1000		295	215	480	4		⑦⑬	

续表

型　　号	适用海拔(m)	额定电压(kV)	工频试验电压有效值不小于(kV)		全波冲击试验电压幅　值不小于(kV)	机械破坏负荷不小于		生　产　厂	备　注
			干耐受	湿耐受		抗　弯(kN)	抗　扭(kN·m)		
ZSW1—110/4	1000		295	215	480	4		④	
ZSW1—110/4			265	200	450	4	2	③	
ZSW1—110/4L			295	215	480	4		⑨⑬	
ZSW1—110/8K—3				230	550	8	2	①	
ZSW—110/10			265	200	450	10		③	
ZSW2—110/4			295	215	480	4		⑨	
ZSW2—110/4	1000		295	215	480	4	2	④	
ZSW2—110/4			295	215	480	4	2	⑨	
ZSW2—110/4L	1000	110	295	215	480	4	2	⑦⑨⑬	
ZSW2—110/4—2				230	550	4	3	①	
ZSW2—110/8.5	1000		295	215	480	8.5		⑨	
ZSW3—110/4			265	215	450	4	2	⑬	
ZSW3—110/4			295	215	480	4		⑨	
ZSW3—110/4			295	215	480	4	2	①	
ZSW2—110/4	3000		369	269	600	4	2	①	
ZSW4—110/4K	3000		369	269	600	4		①	
ZSW6—110/4			265	215	450	4		⑬	
ZSW7—110/4			265	215	450	4		⑬	
ZSQ1—110/4	3000		295	215	480	4	2	①	
ZSFB1—110/4	1000		295	215	480	4	2	①	
ZSFB2—110/4	3000		369	269	600	4	2	①	
ZSFB3—110/4	3000		369	269	600	4		①	
ZSXW1—110/4L			265	200	450	4	2	③	
ZSW—110/20K—3				185	450	16	6	①	
2272						4	2	⑤	
22614	1000		265	200	450	4	2		
22615	1000		265	200	450	4	2	③	
22705	1000		265	200	450	8.5			
22706	1000		265	200	450	8.5			
2923N	2500		312	218	530	8	4		
2924N	2500		312	218	530	10	4		
2925N	4000	110	380	265	650	6	4	①	
2926N	4000		380	265	650	10	4		
2930N	1000		265	185	450	6	4		
2934N	1000		265	185	450	12.5	6		
T2N—110/4			265	185	450	4		⑩	
T2N—110/8.5			265	185	450	8.5			

续表

型　号	适用海拔(m)	额定电压(kV)	工频试验电压有效值不小于(kV)		全波冲击试验电压幅值不小于(kV)	机械破坏负荷不小于		生产厂	备注
			干耐受	湿耐受		抗弯(kN)	抗扭(kN·m)		
ZSW—220/4	1000		550	425	950	4	2	⑨	
ZSW—220/4	1000		550	425	950	4		②	
ZSW1—220/4	1000		550	425	950	4		④⑬	
ZSW2—220/4	1000		550	425	950	4		④	
ZSW4—220/4	2000		610	470	1060	4			
ZSW4—220/4K	2000		610	470	1060	4		③	
ZSQ1—220/4	2000		610	470	1060	4			
ZSW3—220/4	2000		610	470	1060	4			
2274+2283	1000	220	495	395	950	4			
2274+2284		1000	495	395	950	4			
2280+2284		1000	495	395	950	4			
22708+22815		1000	495	395	950	8			
22709+22816		1000	495	395	950	8		③	
22709+22817		1000	495	395	950	10			
22912		1000	495	395	950	12			
22614+22705		1000	495	395	950	4			
22614+22706		1000	495	395	950	4			
ZSW—330/6—3			1175	680	1550	6	3		
ZSW1—330/8K—3		330	1175	680	1550	8	10	①	
2269			755	611	1582	5	2		
ZSW1—500/8—3			1300	800	1950	8	10		
ZSW1—500/10K—3			1300	800	1950	11	10		
ZSW2—500/10K—3			1300	800	1950	8	10		
ZSW1—500/11K—3			1300	800	1950	11	10	①	
ZSW2—500/11K—3			1300	800	1950	11	10		
ZSW1—500/14—3		500	1300	800	1950	14	10		
ZSW1—500/14K—3			1300	800	1950	14	10		
2268		1000	1240	1160*	1675	5	2		
22910	1000			1300	1800	10			
22906	1000			1300	1800	20		③	
22907	1000			1300	1800	20			

*　此数据为操作电压下的湿耐受试验电压。

四、高压盘形悬式绝缘子

（一）型号含义

1. 普通型盘形悬式绝缘子型号含义

老系列产品

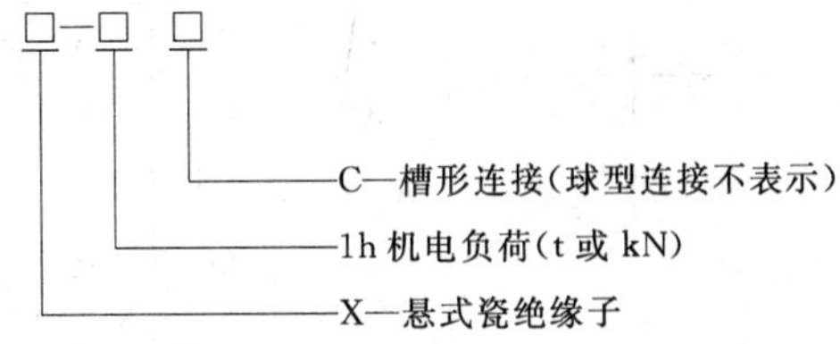

新系列产品

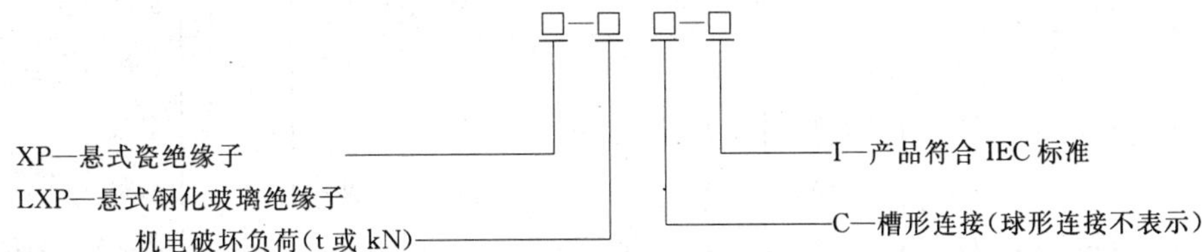

2. 防污型盘形悬式绝缘子型号含义

老系列产品

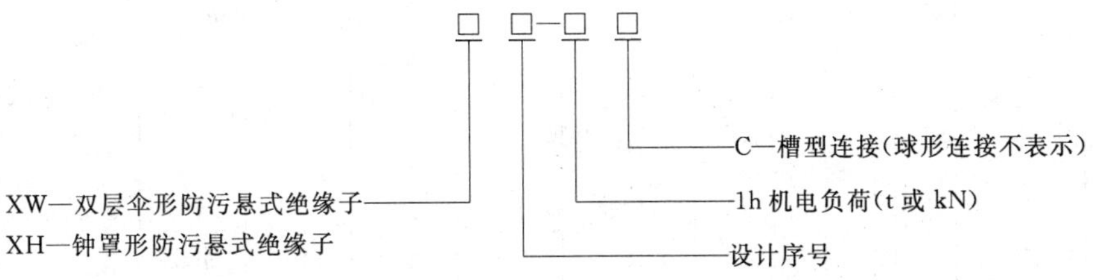

新系列产品

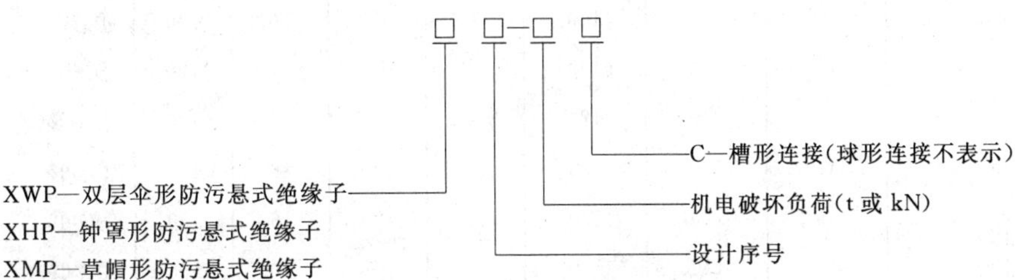

3. 直流盘形悬式绝缘子型号含义

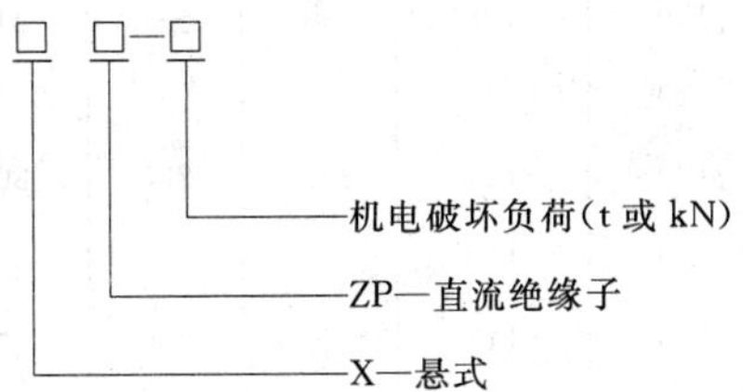

（二）技术数据

见表 1-5～表 1-7。

五、SGX 系列硅橡胶合成绝缘子

（一）用途

本产品与传统的瓷、玻璃绝缘子相比具有重量轻、体积小、机械强度高和耐污秽性能好的优点，无需清扫，运行维护量小，特别适用于城市电网改造中实施架空输电线路紧凑型布置和中等及以上污秽地区以防止绝缘子污秽闪络事故，还可作事故抢修备用品。有标准型、防污型、加强型产品。

表 1-5

型　号	工频试验电压有效值不小于（kV）			50%全波冲击闪络电压幅值不小于（kV）	机电试验负荷不小于				生　产　厂	备　　注
	干闪络	湿闪络	击　穿		1h负荷		破坏负荷			
					t	kN	t	kN		
X—3	60	30	90	—	3	30	4	40	⑥⑧⑩⑪	
X—3	60	30	90	—	4.41	44.1	3	30	②	
X—3C	60	30	90	100	3	30	4	40	①⑧⑩⑪	
X—4.5	75	45	110	120	4.5	45	6	60	①⑤⑥⑦⑧⑩⑪⑫	
X—4.5C	75	45	110	120	4.5	45	6	60	⑥⑩⑪⑫	
XP—4C	60	30	90	115	2.94	29.4	4	40	②④	
XP—6	75	45	110	120	4.5	45	6	60	⑤⑪	
XP—6C	75	45	110	120	4.5	45	6	60	⑥⑩	
XP—7	75	45	110	120	5.2	52	7	70	①②⑤⑦⑧⑪	
XP—7	75	45	120	120	5.25	52.5	7	70	⑩⑫	
XP—7	75	45	120	125	5.25	52.5	7	70	⑦	
XP—70	—	40[①]	110	(100)	—	—	7	70	④⑬	
XP—7C	75	45	110	120	5.2	52	7	70	①②⑧⑩⑫	
XP—7C	75	45	120	125	—	—	7	70	⑦	
XP—70C		40[①]	110	(100)	—	—	7	70	④⑬	
XP—10	75	45	120	120	7.5	75	10	100	⑪	
XP—10	75	45	110	120	7.5	75	10	100	①②⑤⑦⑧⑫	
XP—10	—	40[①]	110	(100)	—	—	10	100	④⑬	
XP—12	—	40[①]	110	(100)	—	—	12	120	④	
XP—12	75	45	110	120	8.82	88.2	12	120	②④⑫⑬	
XP—16	75	45	110	120	12	120	16	160	①⑤⑫	
XP—16	75	45	120	120	12	120	16	160	⑦⑧⑪	
XP—16	—	40[①]	110	100	—	—	16	160	④⑫⑬	
XP—21	80	50	120	130	16	160	21	210	①②④⑦	
XP—21	—	42[①]	120	(105)	—	—	21	210	⑫	
XP—21	—	45[①]	120	(105)	—	—	21	210	⑬	
XP—30	80	50	120	130	22.5	225	30	300	①④⑦	
XP—30	—	45[①]	120	(110)	—	—	30	300	⑫⑬	
XP—40	—	50[①]	130	(140)	30	300	40	400		
XP—53	—	50[①]	140	(140)	39.75	397.5	53	530		
XP3—7	—	40[①]	120	(100)	5.25	52.5	7	70		
XP3—10	—	40[①]	120	(100)	7.5	75	10	100	⑫	
XP3—16	—	42[①]	120	(105)	12	120	16	160		
XP3—21	—	42[①]	120	(105)	16	160	21	210		
XP4—16	—	42[①]	120	(105)	12	120	16	160		

续表

型 号	工频试验电压有效值不小于（kV）			50%全波冲击闪络电压幅值不小于（kV）	机电试验负荷不小于				生 产 厂	备注
					1h负荷		破坏负荷			
	干闪络	湿闪络	击穿		t	kN	t	kN		
XP—7—I	75	45	120	120	—	—	7	70		
XP—7C—I	75	45	120	120	—	—	7	70		
XP—8—I	75	45	120	120	—	—	8	80		
XP—8C—I	75	45	120	120	—	—	8	80		
XP—10—I	75	45	120	120	—	—	10	100		
XP—10C—I	75	45	120	120	—	—	10	100		
XP—12—I	75	45	120	120	—	—	12	120		
XP—12C—I	75	45	120	120	—	—	12	120	⑫	
XP—16—I	80	50	120	130	—	—	16	160		
XP—16C—I	80	50	120	130	—	—	16	160		
XP—21—I	80	50	120	130	—	—	21	210		
XP—21C—I	80	50	120	130	—	—	21	210		
XP—30—I	80	50	130	130	—	—	30	300		
XP—40—I	95	55	140	145	—	—	40	400		
XP—53—I	95	55	140	150	—	—	53	530		
LXP—6	75	45	110	110	4.5	45	6	60		
LXP—7	75	45	110	110	5.25	52.5	7	70		
LXP—10	75	45	110	110	7.5	75	10	100	②	
LXP—12	75	45	110	110	9	90	12	120		
LXP—16	80	50	120	125	12	120	16	160		
LXP—21	80	50	120	125	16	160	21	210		

注 1. 大连电瓷厂还生产符合美国、英国和澳大利亚标准的产品。

2. 南京电瓷厂还生产符合 IEC 标准的 LXP 型玻璃钢绝缘子。

3. 表中括号内数据为雷电全波冲击耐受电压。

① 此数据为工频 1min 湿耐受电压。

表 1-6

型 号	工频试验电压有效值不小于（kV）			50%全波冲击闪络电压幅值不小于（kV）	机电试验负荷不小于				生 产 厂	备注
					1h负荷		破坏负荷			
	干闪络	湿闪络	击 穿		t	kN	t	kN		
XW—4.5	107	50	110	130	4.5	45	6	60	①⑪⑧⑩	
XW—4.5C	107	50	110		4.5	45	6	60	⑪⑩	
XW1—4.5	90	50	110	120	4.5	45	6	60	⑥	
XW1—4.5C	90	50	110	120	4.5	45	6	60	⑥⑩	
XW2—4.5	90	50	110	120	4.5	45	6	60	⑥⑧	
XW2—4.5	90	50	120	120	4.5	45	6	60	⑩	
XW2—4.5C	90	50	110	120	4.5	45	6	60	⑥⑧⑫	
XW2—4.5C	90	50	120	120	4.5	45	6	60	⑩	
XH1—4.5	90	45	110	130	4.5	45	6	60	①	

续表

型　号	工频试验电压有效值不小于（kV）			50%全波冲击闪络电压幅值不小于（kV）	机电试验负荷不小于				生　产　厂	备注
	干闪络	湿闪络	击　穿		1h负荷		破坏负荷			
					t	kN	t	kN		
1216	80	50	120	130	12	120	16	160	⑦	
1216		45[①]	110	(105)	—	—	16	160	⑬	
1142	75	45	120	130	12	120	16	160	⑦	
1143	80	50	120	130	12	120	16	160	⑦	
1143		45[①]	110	(105)	—	—	16	160	⑬	
1144	80	50	120	130	12	120	16	160	⑦	
1145	80	50	120	120	12	120	16	160	⑦	
1140	90	50	110		7.5	75	10	100	⑦	
1141 (L16—W2)	90	50	120		12	120	16	160	⑦	
XWP—6	90	45	110	130	4.5	45	6	60	①	
XWP—6	90	50	120	130	4.5	45	6	60	⑦	
XWP—7	80	45	120	120	5.25	52.5	7	70	⑫	
XWP—8	90	45	120	135	—	—	8	80	⑫	
XWP—10	80	45	120	120	7.5	75	10	100	⑫	
XWP—100	90	45	120	130	—	—	10	100	④	
XWP—100	—	45	105	—			10	100	⑬	
XWP—12	80	45	120	120	9	90	12	120	⑫	
XWP—16	90	50	120	130	12	120	16	160	⑫	
XWP—160	—	45[①]	110	(105)	—	—	16	160	⑬	
XWP—21	90	50	120	135	—	—	21	210	⑫	
XWP—30	90	50	130	135	—	—	30	300	⑫	
XWP—7C	90	45	120	135	—	—	7	70	⑫	
XWP—8C	90	45	120	135	—	—	8	80	⑫	
XWP—10C	90	50	120	135	—	—	10	100	⑫	
XWP—12C	90	50	120	135	—	—	12	120	⑫	
XWP—16C	90	50	120	135	—	—	16	160	⑫	
XWP—21C	90	50	120	135	—	—	21	210	⑫	
XWP1—70	90	45	120	130	—	—	7	70	④	
XWP1—7	80	45	120	120	5.1	51	7	70	②	
XWP1—10	80	45	120	120	7.35	73.5	10	100	②	
XWP2—6	80	45	120	120	4.5	45	6	60	④⑧	
XWP2—6C	80	45	120	120	4.5	45	6	60	④	
XWP2—7	80	45	120	120	5.2	52	7	70	⑧	
XWP2—70	90	45	120	130			7	70	④	
XWP2—70C	90	45	120	130			7	70	④	
XWP2—16(160)	90	50	120	130	12	120	16	160	④⑫	
XWP3④—7	80	45	120	120	5.25	52.5	7	70	⑫	
XWP5—16	90	50	120	130	12	120	16	160	⑫	
XHP—7	80	45	120	120	5.25	52.5	7	70	⑫	
XHP—8	90	50	120	135	—	—	8	80	⑫	
XHP—10	80	45	120	120	7.5	75	10	100	⑫	
XHP—12	80	45	120	120	9	90	12	120	⑫	

续表

型　号	工频试验电压有效值不小于（kV）			50%全波冲击闪络电压幅值不小于（kV）	机电试验负荷不小于				生　产　厂	备注
	干闪络	湿闪络	击　穿		1h负荷		破坏负荷			
					t	kN	t	kN		
XHP—16	90	50	120	130	12	120	16	160		
XHP—21	90	50	120	130	16	160	21	210		
XHP—30	90	50	120	140	22.5	225	30	300		
XHP—40	95	55	140	145	—	—	40	400		
XHP—7C	90	50	120	135	—	—	7	70		
XHP—8C	90	50	120	135	—	—	8	80	⑫	
XHP—10C	90	50	120	135	—	—	10	100		
XHP—12C	90	50	120	135	—	—	12	120		
XHP—16C	90	50	120	135	—	—	16	160		
XHP—21C	90	50	120	135	—	—	21	210		
XHP1—10	90	50	110	130	7.5	75	10	100	①	
XHP1—16	90	50	110	130	12	120	16	160	①	
XHP1—80	—	40①	130	(125)			8	80	⑬	
XMP—7	—	40①	120	(100)	—	—	7	70		
XMP—10	—	40①	120	(100)	—	—	10	100	⑫	
XMP—12	—	40①	120	(100)	—	—	12	120		
XMP—16	—	40①	120	(100)	—	—	16	160		
1336（半导体釉）	60	45	110	120	—	—	6	60	①	
XMP—7C	—	40①	120	(100)	—	—	7	70		
XMP—10C	—	40①	120	(105)	—	—	10	100	⑫	
XMP—12C	—	40①	120	(105)	—	—	12	120		

注　表中括号内数据为雷电全波冲击耐受电压。

①　此数据为工频1min湿耐受电压。

表1-7

型　号	试验电压有效值不小于（kV）			雷电全波冲击闪络电压幅值不小于（kV）	机电试验负荷不小于				生　产　厂	备　注
	直　流干闪络	直　流湿闪络	工　频击　穿		1h负荷		破坏负荷			
					t	kN	t	kN		
XZP—70	±155	±65	120	135	5.25	52.5	7	70		
XZP—120	±155	±65	130	135	9	90	12	120		
XZP—160	±170	±70	130	150	12	120.	16	160	⑫	
XZP—210	±170	±70	130	150	16	160	21	210		
XZP—300	±180	±75	140	160	22.5	225	30	300		

（二）型号含义

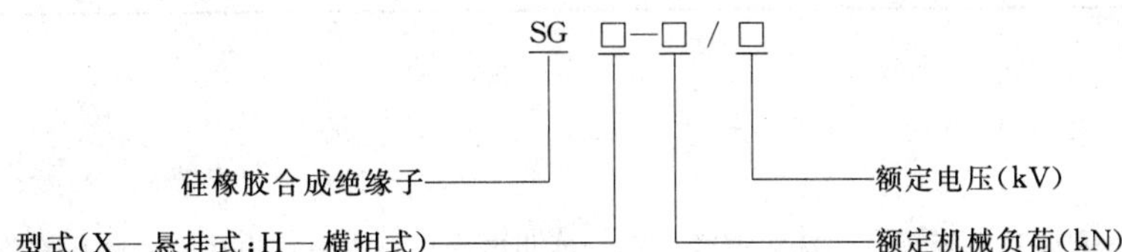

（三）技术数据

见表1-8。

表 1-8

型 号	额定机械负荷 (kV)	额定电压 (kV)	工频耐受电压 (kV)	50%雷电冲击闪络电压 (kV)	最低人工污秽闪络电压 (kV)	直流泄漏电流 (μA)	质 量 (kg)	备 注
SXG—70/35	70	35	187	388	90	≤1	3.5	
SXG—70/110	70	110	390	745	250	≤1	5.5	
SGX—100/100	100	110	390	745	250	≤1	7	
SGX—70/220	70	220	720	>1200	400	≤1	8.6	
SGX—100/220	100	220	720	>1200	400	≤1	11.2	
SGX—160/220	160	220	720	>1200	400	≤1	13	
SGX—4/35	4	35	187	388	90	≤1	5	
SGX—5/110	5	110	390	745	250		18.5	
SGX—4/220	4	220	720	>1200	400		32	

注 1. 直流泄漏电流测试施加电压按绝缘距 80kV/m 计算。
2. 人工污秽试验（盐雾法）等值盐度 40kg/m³。

（四）生产厂

温州市国工实业公司；申工电力设备厂；武汉三鼎电力设备有限公司。

六、HJX 系列悬式合成绝缘子

（一）用途

本产品采用绝缘耐污性能优良的硅橡胶材料，具有耐污闪、阻燃、耐老化、耐低温的特点，是电力线路瓷绝缘子的更新产品。体积小，重量轻，便于运输和安装。

（二）型号含义

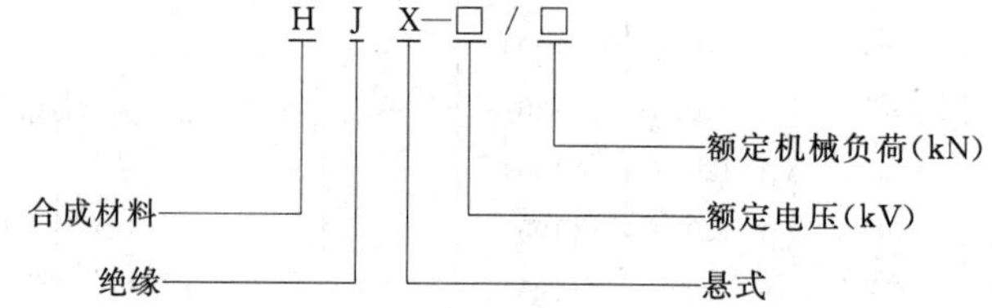

（三）技术数据

见表 1-9。

表 1-9

型 号	额定机械负荷 (kV)	额定电压 (kV)	公称结构高度 H (mm)	绝缘距离 A (mm)	公称爬电距离 L (mm)	雷电全波冲击耐受电压（正极）(kV)	操作冲击耐受电压（正极）(kV)	工频 1min 耐受电压 (kV)	备 注
HJX—35/70	70	35	630	380	980	185		100	
HJX—66/70	70	66	950	700	1700	360		180	
HJX—110/70	70	110	1250	1000	2640	450		265	
HJX—110/100	100	110	1250	1000	2640	450		265	
HJX—220/100	100	220	2200	1950	5280	950		495	
HJX—220/160	160	220	2200	1950	5280	9500		495	
HJX—500/160	160	500	4360	4100	12000	1550	1240	980	
HJX—500/210	210	500	4360	4100	12000	1500	1240	980	

（四）生产厂

武汉高压研究所新技术公司。

七、生产厂

①西安高压电瓷厂；②南京电瓷厂；③抚顺电瓷厂；④苏州电瓷厂；⑤重庆电瓷厂；⑥山东淄博电瓷厂；⑦中南电瓷电器厂；⑧石家庄市电瓷厂；⑨唐山市高压电瓷厂；⑩九江电瓷厂；⑪云南个旧电瓷厂；⑫中国大连电瓷厂；⑬湖南省醴陵电瓷厂；⑭景德镇市电瓷电器工业公司；⑮西安电瓷研究所；⑯福州开关厂。

八、钢化玻璃绝缘子

（一）技术数据

见表1-10。

表1-10

产品类型	产品型号	强度等级(kN)	结构高度(mm)	盘径(mm)	爬电距离(mm)	锁紧销类型
标准型	1508BCF	60	127/140/146	175	195	16R
	FC70	70	127/146	255	320	16R
	FC100	100	127/146	255	320	16R
	FC120	120	127/146	255	320	16R
	FC160	160	146/155/170	280	400	20R
	FC210	210	170	280	400	20R
	FC240	240	170	280	400	24R
	FC300	300	195	320	485	24R
	FC400	400	205	360	550	28R
	BC8	80	127/146	255	320	16W
	BC8T	80	146	255	320	16W
	BC13	125	146	255	320	20W
耐污型	BC8P	80	146	255	400	16W
	BC8PT	80	146	255	400	16W
	FC7P	70	146	255	400	16R
	FC70P	70	146	280	450	16R
	FC70PL	70	146	320	550	16A
	FC10P	100	146	255	400	16R
	FC100P	100	146	280	450	16R
	FC100PL	100	146	320	550	16A
	FC12P	120	146	255	400	16R
	FC120P	120	146	280	450	16R
	FC120PL	120	146	320	550	16A
	FC120PH	120	146	330	550	16R
	FC16P	160	155/170	280	450	20R
	FC160P	160	146/155/170	330	550	20R
	FC160PH	160	155/170	330	550	20R
	FC21P	210	170	280	450	20R
	FC210P	210	170	330	550	20R
	FC210PH	210	170	330	550	20R
	FC24P	240	170	330	450	24R
	FC240P	240	170	330	550	24R
	FC30P	300	195	330	620	24R
	FC300P	300	195	380	690	24R
	FC400P	400	205	360	620	28R
地线	FC70C	70	200	200	200	16C
	FC70CN	70	200	200	200	16C
空气动力型	FC70D	70	127/146	380	365	16R
	FC100D	100	127/146	380	365	16R
	FC120D	120	127/146	380	365	16R
	FC160D	160	146/155	420	380	20R
	FC210D	210	170	420	380	20R
	FC240D	240	170	420	380	24R

（二）生产厂

四川自贡塞迪维尔钢化玻璃绝缘子有限公司（四川省自贡市贡井区虎头街 162 号；邮编：643020；电话：0813-3302761；传真：0813-3302615；E-mail：zg-sed@zg-sediver.com；网址：www.sediver.cn）。

九、FP—20 型高压线路针式绝缘子

（一）用途与特点

FP—20 型高压针式复合绝缘子用于 6～35kV 高压架空输配电线路，该产品具有体积小、重量轻、耐污秽性强等优点。

（二）技术数据

见表 1-11。

表 1-11

产品型号	FPQ2—10T	瓷件弯曲破坏负荷 (kN)		—
公称外径（mm）	150	绝缘子弯曲受负荷 (kN)		3.0
公称结构高度（mm）	—	工频电压 (kV)	干	86
爬电距离（mm）	460		湿	57
连接标记	M20		击穿	—
额定电压（kV）	10	重量（kg）		1.5

（三）生产厂

江苏定东电力设备有限公司。

十、10～110kV FXBW 型高压线路用棒式悬式复合绝缘子

（一）用途与特点

10～110kV FXBW 型高压线路用棒式悬式复合绝缘子用于高压输电线路，供悬挂或张紧导线，并使其与塔杆绝缘。具有体积小、重量轻、耐污秽性强等优点。

（二）技术数据

见表 1-12。

表 1-12

产品型号	FXBW—10/100	FXBW—35/70	FXBW—35/100	FXBW—35/100	FXBW—66/70	FXBW—66/100	FXBW—66/100	FXBW—110/70	FXBW—110/100	FXBW—110/100
额定电压 (kV)	10	35	35	35	66	66	66	110	110	110
额定机械拉伸负荷 (kN)	100	70	100	100	70	100	100	70	100	100
连接结构标记	16	16	16	16	16	16	16	16	16	16
结构高度 (mm)	380±15	650±15	650±15	683±15	962±15	962±15	1016±15	1240±15	1240±15	1265±15
最小电弧距离 (mm)	216 (200)	485 (450)	485 (450)	515 (450)	790 (700)	790 (700)	850 (700)	1080 (1000)	1080 (1000)	1100 (1000)
最小公称爬电距离 (mm)	570 (400)	1390 (1015)	1390 (1015)	1580 (1015)	2360 (1900)	2360 (1900)	2650 (1900)	3220 (3150)	3220 (3150)	3440 (3150)
雷电全波冲击耐受电压 (kV,峰值,不小于)	165	230	230	230	410	410	410	550	550	550
工频 1min 湿耐受电压(kV,不小于)	50	95	95	95	185	185	185	230	230	230
绝缘子重量 (kg)	2.2	3.4	3.4	3.8	4.7	4.7	5.1	6.1	6.1	6.5

注　表中括弧内尺寸为国标规定值。

（三）生产厂

江苏定东电力设备有限公司。

十一、大连连泰电力器材厂新型复合绝缘子用对接式均压环

（一）概述

该厂专业生产国家科技进步二等奖获得者，享受国务院政府津贴的辽宁省优秀专家帅上本发明和设计的复合绝缘子用对接式均压环，包括对接式防鸟害上均压环、对接式防脆断下均压环、对接式防脆断圆管均压环。

（二）结构图

见图1-1、图1-2。

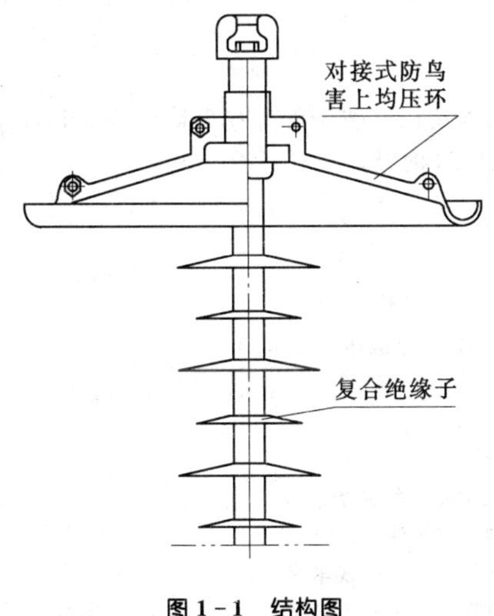

图1-1 结构图

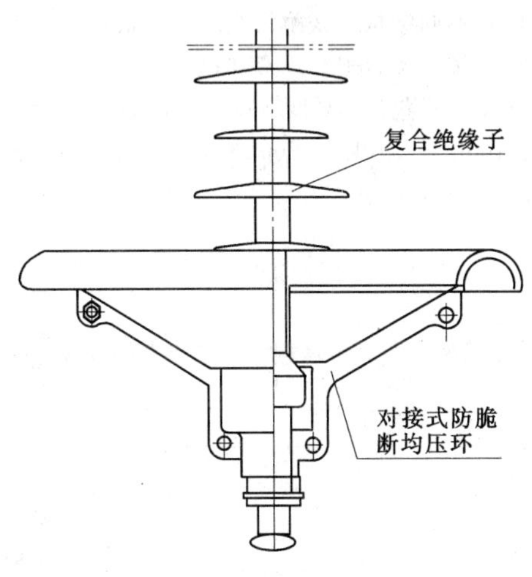

图1-2 结构图

（三）功能特点

（1）对接式防鸟粪上均压环是两片形状尺寸完全相同，没有孔的半圆形薄壳（见图1-1）对接而成，其边缘是半圆弧形向上弯曲，两片组装之后，两个半圆形薄壳合起来成为一个带有圆环边缘的近似草帽的形状。因此它能阻挡鸟去啄伤绝缘子上伞裙；能承接站立上绝缘子上方横担上的鸟排出的鸟粪，使之不能形成长长的“鸟粪导线”，能防止发生“鸟粪闪络”和“不明原因闪络”事故；能防止维修铁塔时油漆滴落到绝缘子硅橡胶伞上，油漆污染伞裙不仅会减少有效爬电距离，还会在油漆点周边形成环状裂纹，加速绝缘子老化；在冬季能承接冰雪，能防止冰凌桥接整个绝缘子伞裙，能防止发生冰闪。因此，对接式防鸟粪上均压环是装不反，踩不坏，性能可靠的均压环。均压环的外径有300mm、350mm、400mm、450mm、560mm等多种规格，已包括了1000kV以下所有电压等级复合绝缘子用均压环。

（2）对接式防脆断下均压环是由其边缘又是半圆弧形向上弯曲，两个半圆形薄壳组装起来成为一个带有圆环边缘的近似汽车方向盘的形状。圆环有较大的曲率半径，有合理的屏蔽深度，中心有一个凹槽，如图1-2所示。安装时包在绝缘子端部金具上，使端部密封完全被屏蔽，因此具有防止绝缘子芯棒脆断功能。同时也具有唯一的安装方式，确保了固定的合理的屏蔽深度，为了能牢固地卡在绝缘子端部金具上，两片合起来有1～2mm的缝隙，在边缘处存在局部电场集中，起始电晕和放电都发生这个地方，因此具有电弧导向作用，在安装时要使合缝与线路运行方向垂直，这样就可以保护导线不被烧坏。因此，对接式均压环是装不反，刚性好，机械强度高，踩不坏，具有防芯棒脆断的性能可靠的均压环。均压环的外径有130mm、250mm、300mm、350mm、400mm、450mm、560mm等750kV以下所有电压等级复合绝缘子用均压环。

（3）对接式防脆断圆管均压环是用具有类似结构的支架与半圆环焊接而成，支架中心有一个凹槽，因此同样具有上述的防脆断功能等优点。

此外，该厂还能生产各种绝缘子用的焊接均压环，外径已达到ϕ1400mm。

同时，该厂还生产132kV以下悬式、针式、线路柱式、电站开关支柱，绳索拉紧复合绝缘子以及压铸成形铝合金零部件。

（四）生产厂

名称：大连连泰电力器材厂。

联系人：帅上本，帅兵，杨胜华，帅涛。

联系电话：0411-84775176，13904118224，13940862389，13842858462，13889628528。

传真：0411-84775176。
地址：辽宁省大连市甘井子区红旗街道刘家村。
E-mail：ssblt@sina.com。
邮编：116023。

十二、高压线路盘形悬式瓷绝缘子

(一) 概述

高压线路盘形悬式绝缘子供高压架空输配电线路中的绝缘和固定导线用，一般组装成绝缘子串用于不同电压等级的线路上。绝缘子按其使用环境和地区，分普通型和耐污型两类，普通型绝缘子适用于一般地区，如适当增加绝缘子片数可提高污闪性能。耐污型绝缘子按其伞形结构分为钟罩形、双层伞形、草帽形，适用于工业粉尘、化工、盐碱、沿海及多雾地区，不同结构型式耐污绝缘子的最佳使用范围需通过试预运行后确定。

绝缘子按连接方式分球形和槽形。

普通型悬式包括 XP 型（新型号）、X 型（老型号）两个系列。XP 型系列按机电破坏负荷有 70kN、80kN、100kN、120kN、160kN、210kN、300kN 七级；X 型系列按 1h 机电负荷有 30kN、40kN 两级。

(二) 型号含义

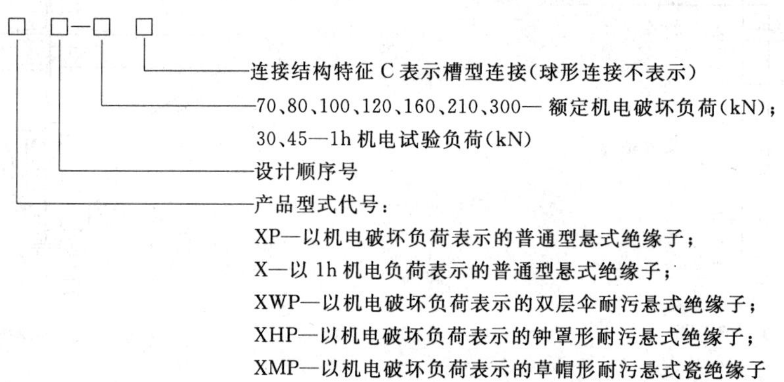

(三) 结构

(1) 悬式绝缘子由瓷件、铁帽和钢脚用不低于 525 号硅酸盐水泥、瓷砂或石英砂胶合剂胶装而成。铁帽及钢脚与胶合剂接触表面薄涂一层缓冲层。钢脚顶部有弹性衬垫。瓷件表面一般上白釉，也可上棕釉或蓝灰釉。球形连接结构的推拉式弹性锁紧销有 W 形和 R 形，弹性及防腐性好，拆装方便。槽形连接的圆柱销和驼背形开口销。

(2) 普通型绝缘子瓷件伞裙的棱与棱之间留有较大间距，特别是 XP—70 和 X—45 型绝缘子，棱槽宽，清扫方便，钢脚球头一般均伸出瓷裙外有利于带电作业。

(3) 双层伞耐污绝缘子爬距大，伞形开放，裙内光滑无棱，积灰速率低，风雨自洁性能好。

(4) 钟罩形耐污悬式绝缘子，吸收了欧、美和日本防雾型绝缘子的结构特点，利用伞内外受潮的不同期性及伞下高棱的抑制放电作用，防污性能较好，污闪电压比同级普通绝缘子可提高 20%～50%。

同一强度等级的普通型和耐污型绝缘子采用相同的球窝连接尺寸互换。

普通盘形悬式绝缘子执行标准 GB 1001《盘形悬式绝缘子技术条件》和 GB 7253《盘形悬式绝缘子串元件尺寸与特性》。

耐污盘形悬式绝缘子执行标准 GB 1001 和 ZBK 50008《高压线路耐污盘形悬式绝缘子》。

(四) 技术数据

该产品技术数据，见表 1-13。

(五) 外形及安装尺寸

该产品外形及安装尺寸，见图 1-3。

十三、XWP6 型高压线路耐污盘形悬式瓷绝缘子

(一) 概述

XWP6 型高压线路耐污盘形悬式瓷绝缘子是石家庄电瓷有限责任公司新开发的具有国际先进水平、填补了国内空白的新产品，适用于交流架空电力线路、变电站和电气化铁路接触网悬挂或张紧导线并与杆塔有效绝缘的场所。该产品为大伞径、大爬距及三层伞结构，具有优异的防污闪特性，在相同污秽条件下，XWP6—100 比 XP—100 的污秽闪络电压提高幅度为 46.2%；XWP6—70 比 XP—70 的污秽闪络电压提高幅度为 72.5%，特别适用于重污秽地区使用。

执行标准 GB 1001—1986《盘形悬式绝缘子技术条件》、JB 9681—1999《高压线路耐污盘形悬式绝缘子》、Q/SC 049—2002《XWP6 型高压线路耐污盘形悬式瓷绝缘子》。

表 1-13　高压线路盘形悬式绝缘子技术数据

工厂代号	型号	额定机电破坏负荷（kN）	打击破坏负荷（N·cm）	爬电距离（mm）	连接尺寸标记	主要尺寸（mm）					耐受电压（kV）			闪络电压（kV）				工频击穿电压（kV）	重量（kg）	备注	生产厂
						H	D	d_1	b	b_1	工频 1min		雷电冲击	工频		雷电冲击					
											干	湿		干	湿	正极性	负极性				
1119	X—30C	40	565	220	16C	146	200	16	19	12.7	55	25	85	60	30	100	105	90	3.8	普通型盘形悬式绝缘子	西安西电高压电瓷有限责任公司
1123	X—45	60	565	300	16	150	255	16	18		70	40	100	75	45	120	125	110	5.1		
1144	XP—70	70	565	300	16	146	255	16	19.5		70	40	100	75	45	120	125	110	4.6		
1160	XP—70	70	565	300	16	146	255	16	19.5		70	40	100	75	45	120	125	110	5.0		
1161	XP—70C	70	565	300	16C	146	255	16	19	13.5	70	40	100	75	45	120	125	110	5.2		
1163	XP—80	80	565	300	16	146	255	16	19.5		70	40	100	75	45	120	125	110	5.0		
1165	XP—80C	80	565	300	16C	146	255	16	18.5	13.5	70	40	100	75	45	120	125	110	5.2		
1146	XP—100	100	678	300	16	146	255	16	19.5		70	40	100	75	45	120	125	110	5.4		
1166	XP—100	100	678	300	16	146	255	16	19.5		70	40	100	75	45	120	125	110	5.4		
1164	XP—120	120	678	300	16	146	255	16	19.5		70	40	100	75	45	120	125	110	5.7		
1167	XP2—160	160	1017	305	20	146	280	20	23		76	42	105	80	50	130	135	110	6.9		
1170	XP—160	160	1017	305	20	155	255	20	23		70	40	100	75	45	120	125	110	6.3		
1348		210	1017	370	20	170	280	20	23		75	42	105	80	50	130	135	120	8.8		
1148	XP—210	210	1017	340	24	170	280	24	27.5		75	42	105	80	50	130	135	120	8.9		
1168	XP1—210	210	1017	335	20	170	280	20	23		75	42	105	80	50	130	135	120	8.5		
1149	XP—300	300	1017	380	24	195	320	24	27.5		75	42	105	80	50	130	135	120	13.6		
1351	XWP2—70	70		400	16	146	255	16	19.5		70	42	120	85	45	130	140	120	5.6	耐污型（双层伞形）	
1362	XWP2—100	100		450	16	160	280	16	19.5		80	45	120	90	50	135	145	120	8.5		
1363		100		450	16	160	280	16	19.5		80	45	120	90	50	135	145	120	8.4		
1364	XWP—120	120		450	16	160	280	16	19.5		80	45	120	90	50	135	145	120	8.2		
1367	XWP—160	160		450	20	155	300	20	23		80	45	120	90	50	135	145	120	9.5		
1337	XHP—70	70	565	430	16	146	255	16	19.5		80	42	120	90	45	130	140	120	6.1	耐污型（钟罩伞形）	
1338		70	565	430	16	160	255	16	19.5		80	42	120	90	45	130	140	120	6.1		
1353	XHP—100	100	678	430	16	146	280	16	19.5		80	45	120	90	50	135	145	120	7.0		
1355	XHP1—100	100	678	400	16	160	270	16	19.5		80	45	120	90	50	135	145	120	6.5		
1357	XHP1—160	160	1017	400	20	155	280	20	23		80	45	120	90	50	135	145	120	7.5		

续表

工厂代号	型号	额定机电破坏负荷(kN)	打击破坏负荷(N·cm)	爬电距离(mm)	连接尺寸标记	主要尺寸(mm)					耐受电压(kV)			闪络电压(kV)				工频击穿电压(kV)	重量(kg)	备注	生产厂
											工频1min		雷电冲击	工频		雷电冲击					
						H	D	d_1	b	b_1	干	湿		干	湿	正极性	负极性				
1116		45	500	178		140	165	14	19	12.7				60	30	100	100	80	2.6	美标盘形悬式绝缘子	西安西电高压电瓷有限责任公司
1117		70	550	218		146	200	16	19	12.7				65	35	115	115	90	4.1		
1180		70	600	300		146	254	16	19.2					80	50	125	130	110	5.0		
1181		80	600	300		146	254	16	19.2					80	50	125	130	110	5.0		
1161		70	600	292		146	254	16	18.5	13.5				80	50	125	130	110	5.2		
1185		111	700	292		146	254	18	19.5					80	50	125	130	110	5.7		
1187		160	1000	280		146	298	23	25					80	50	125	130	110	6.9		
1189		222	1000	381		156	296	23	25					80	50	140	140	125	9.3		
	X—3 (C)	40		200	14 (16)	140 (146)	200				60	30						90	3.25 (4.1)	普通型	石家庄市电瓷有限责任公司
	XP—40C	40		200	13C	140	190				60	30	115					90	3.6		
	XP—70 (C)	70		295	16	146	255				75	45	120					110	4.7 (4.9)		
	XP_3—70 (X—4.5)	70		300	16	146	255				75	45	120					110	4.9		
	XP—100	100		295	16	146	255				75	45	120					110	5.1		
	XP—160	160		305	20	15	255				75	45	120					110	6.5		
	XWP_1—70	70		400	16	160	255					45	120					120	6.1	防污型	
	XWP_2—70 (C)	70		400	16	146	255					45	120					120	5.9		
	XWP_3—70	70		450	16	160	280					45	120					120			
	XWP_1—100	100		400	16	160	255					45	120					120	8.5		
	XWP_2—100	100		450	16	160	280					45	120					120			
	X—4.5	60		280		146	254						100					110	5		重庆电瓷厂
	XP—70	70		295		146	255						100					110	4.5		
	XWP_2—70	70		400		146	255						120					120	6		

续表

工厂代号	型号	额定机电破坏负荷（kN）	打击破坏负荷（N·cm）	爬电距离（mm）	连接尺寸标记	主要尺寸（mm）					耐受电压（kV）			闪络电压（kV）				工频击穿电压（kV）	重量（kg）	备注	生产厂
											工频 1min		雷电冲击	工频		雷电冲击					
						H	D	d_1	b	b_1	干	湿		干	湿	正极性	负极性				
12103	XP—60	60		280		146	255	16										110	4.6	普通型	景德镇电瓷电器工业公司
12104	XP—70	70		295		146	255	16					100		40			110	5.1		
12105	XP—100	110		295		146	255	16					100		40			110	5.6		
12106	XP_1—160	160		305		146	255	20					100		40			110	6.4		
12116	XP_2—160	160		330		146	280	20					105		42			110			
12310	XWP_1—60	60		400		160	255	16				45	120					120	5.5	双层伞耐污悬式	
12315	XWP_1—70	70		400		160	255	16				45	120					120			
12312	XWP_2—60	60		400		146	255	16				45	120					120			
12316	XWP_2—70	70		400		146	255	16				45	120					120			
12314	$JXWP_2$—70	70		400		146	270	16				45	120					120	6.5		
12313	XWP_3—70	70		450		160	280	16				45	120					120			
12317	XWP_1—100	100		400		160	255	16				45	120					120			
12318	XWP_2—100	70		450		160	280	16				45	120					120			
12319	XWP_1—160	160		400		160	280	20				50	130					120			
12320	XWP_6—160	160		400		160	280	20				50	130					120		钟罩伞耐污悬式	
12401	XHP_1—60	60		400		160	255	16				45	120					120			
12402	XHP_1—70	60		400		160	255	16				45	120					120			
12403	XHP_1—100	100		400		160	270	16				45	120					120			
12411	XHP_1—160	160		400		160	280	16				50	130					120			
12501	XAP_1—160	160		400		160	300	16				50	130					120		大伞径	
	XWP—210	210		450	24	170	300				80	45	130					130	12	耐污悬式	内蒙古精诚高压电瓷有限公司
	XWP—70	70		430	16	146	255				80	42	120					120	7.1	钟罩形	
	XWP—100	100		430	16	160	280				80	45	120					120	8.5		
	XWP—160	160		450	20	155	300				80	45	120					130	10.5		

续表

型号	绝缘子等级	主要尺寸(mm)				机电破坏负荷(kN)	执行标准	重量(kg)	备注	生产厂
		结构高度 H	公称盘径 D	爬电距离 L	连接标记					
XP—40C	U40C	140	200	220	14C	40	GB1001 IEC383 BS137 AS2947	2.5	盘形悬式瓷绝缘子	牡丹江北方高压电瓷有限责任公司
XP—70	U70BL	146	255	295	16	70		5.0		
XP—70C	U70C	146	255	295	16C	70		5.0		
XP_1—70	U70BS	127	255	295/320	16	70		4.8/5.0		
XP—80	U80BL	146	255	295	16	80		5.0		
XP—80C	U80C	146	255	295	16C	80		5.0		
XP—100	U100BL	146	255	295	16	100		5.4		
XP—120	U120B	146	255	295/320	16	120		5.6/5.8		
XP—160	U160B	155	255	305	20	160		6.3		
XP_1—160	U160BL	170	280	370	20	160		8.0		
XP_1—210	U210B	170	280	335	20/24	210		9.5		
XP—45C—M	52—1	140	160	178	13C	45	ANSI C29.2	2.5		
XP_1—70C—M	52—2	146	200	210	16C	70		3.6		
XP—70—M	52—3	146	255	295	16	70		4.6		
XP—70C—M	52—4	146	255	295	16C	70		4.9		
XP—110—M	52—5	146	255	295	16	111		5.6		
XP—110C—M	52—6	146	255	295	16C	111		5.9		
XP—160—M	52—8	146	255	305	20	160		6.7		
XP_1—45C—M	52—9	159	108	171	13C	45		2.5		
XP—160C—M	52—10	165	255	305	20C	160		7.2		
XP—220—M	52—11	156	300	381	24	222		9.2		

续表

型号	主要尺寸（mm）				机电破坏负荷（kN）	执行标准	重量（kg）	备注	生产厂
	结构高度 *H*	公称盘径 *D*	爬电距离 *L*	连接标记					
XHP—70	146	255	432	16	70	ZBK50008 IEC383 BS137 AS2947	6.5	耐污盘形钟罩式	牡丹江北方高压电瓷有限责任公司
XHP_1—70	160	255	400	16	70		5.6		
XHP—80	160	255	400	16	80		6.0		
XHP_1—80	146	255	432	16	80		7.0		
XHP—100	160	280	430	16	100		7.9		
XHP_1—100	146	280	450	16	100		7.6		
XHP_2—100	146	255	432	16	100		7.9		
XHP_3—100	146	320	555	16	100		11.5		
XHP_4—100	160	270	400	16	100		6.8		
XHP—120	160	280	430	16	120		7.9		
XHP_1—120	146	280	450	16	120		7.6		
XHP_2—120	146	255	432	16	120		7.9		
XHP_3—120	146	320	555	16	120		11.5		
XHP—160	155	300	450	20	160		10.3		
XHP_3—160	155	280	400	20	160		7.5		
XHP_2—160	170	320	525/550	20	160		11.5		
XHP_4—160	146	330	440	20	160		10.4		
XHP—190	170	340	556	20/40	190		15.0		
XHP—210	170	300	450	20/24	210		12.5		
XHP_1—210	170	320	550	20	210		14.6		
XWP_1—70	160	255	400	16	70	ZBK IEC BS AS	6.0	耐污盘形双层伞形	
XWP_2—70	146	255	400	16	70		6.0		
XWP_2—70C	146	255	400	16C	70		6.2		
XWP_3—70	160	280	450	16	70		7.0		

续表

型　号	主要尺寸(mm)				机电破坏负荷(kN)	执行标准	重量(kg)	备注	生产厂
	结构高度 H	公称盘径 D	爬电距离 L	连接标记					
XWP_4—70	146	300	400	160	70	ZBK IEC BS AS	6.5	耐污盘形 双层伞形	牡丹江北方高压电瓷有限责任公司
XWP_6—70	146	255	450	16	70		5.9		
XWP_7—70	146	280	450	16	70		7.0		
XWP_1—100	160	255	400	16	100		7.3		
XWP_2—100	160	280	450	16	100		8.4		
XWP_3—100	146	280	450	16	100		8.1		
XWP_2—120	160	280	450	16	120		8.4		
XWP_3—120	146	280	450	16	120		8.1		
XWP—160	155	300	400	20	160		8.8		
XWP_1—160	160	280	400	20	160		8.8		
XWP_2—160	155	300	450	20	160		10.0		
XWP_3—160	155	280	450	20	160		8.2		
XWP_6—160	170	330	450	20	160		9.4		
XWP_7—160	170	340	545	20	160		12.0		
XWP—210	170	300	450	20/24	210		11.5		
XWP_3—210	170	350	525	20	210		13.5		
XMP—70	146	350	300	16	70	QB	6.2	耐污盘形 草帽形	
XMP—70C	146	350	300	16C	70		6.4		
XMP—80	146	350	300	16	80		6.7		
XMP—100	146	360	300	16	100		7.5		
XMP—100C	146	360	300	16C	100		7.7		
XMP—120	146	360	300	16	120		7.8		
XMP—160	155	360	300	20	160		8.1		
XMP_2—160	146	425	385	20	160		10.6		

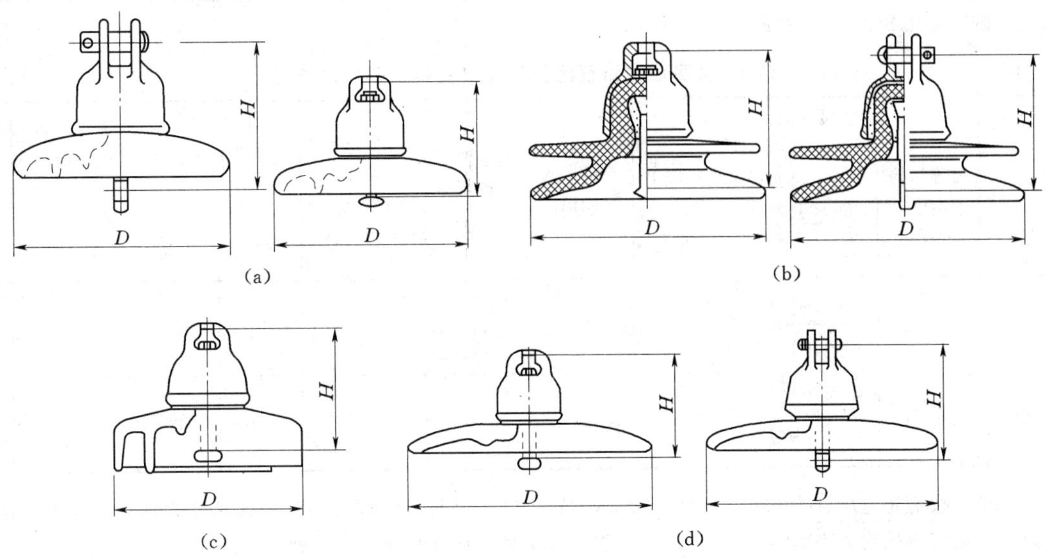

图 1-3 高压线路盘形悬式绝缘子

(a) 普通型；(b) 双层伞；(c) 钟罩形；(d) 草帽形

（二）型号含义

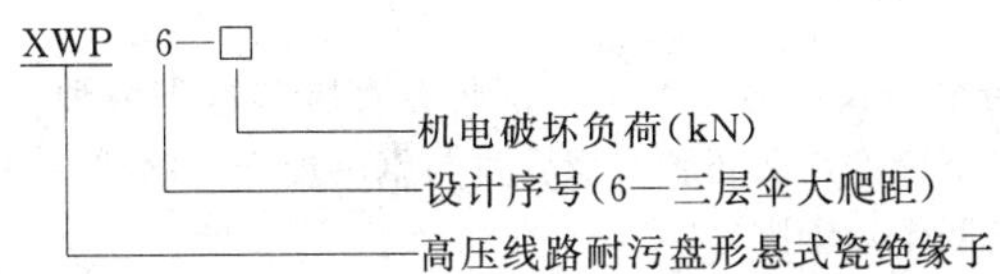

（三）产品特点

该产品机械强度高，分散性小，爬电距离大，防污性能好，达到国际先进水平，填补了国内空白，与其他悬式瓷绝缘子相比具有如下特点：

(1) XWP6 型产品有三层伞结构，即有两大伞中间增加一个小伞裙。两大伞之间的伞间距较普通耐污型增加 42%，提高了绝缘子的耐污闪和湿闪性能。

(2) 上面大伞直径大于下面大伞直径，可减少冰雪天气状况下伞间短路的机会。

(3) 大伞裙与小伞裙之间空间距离大，便于人工冲洗和清扫。

(4) 由于加大了绝缘子的盘径，爬电距离为 545mm，较普通耐污型提高了 36.25% 和 21.1%（普通耐污型爬电距离 400mm 和 450mm），故具有很好的防污闪性能。

(5) 在相同污秽条件下，XWP6—70 的人工污秽闪络电压值比 XP—70 提高 72.5%，XWP6—100 的人工污秽闪络电压值比 XP—100 提高 46.2%，而普通耐污型瓷绝缘子提高的幅度仅有 10%～25%。

(6) XWP2 型耐污盘形悬式绝缘子爬电距离为 400mm，以 220kV 线路为例，采用 15 片爬电比距为 2.38cm/kV，仅能满足三级污区下限的要求。而采用 15 片 XWP6 型产品，爬电比距可达 3.24cm/kV，可满足四级污区的要求。

(7) XWP6 型连接金具与 XWP2 型完全相同，产品可互换。在结构高度上 110kV 采用 8 片比原来长约 72mm，220kV 采用 15 片比原来长约 150mm。因此，XWP6 型产品不但适用于新建线路，而且也适用于老线路的改造。

综上所述，XWP6 型耐污盘形悬式绝缘子的耐污性能得到了很大提高，特别适用于重污秽地区。

（四）技术数据

该产品技术数据，见表 1-14。

（五）外形及安装尺寸

XWP6 型高压线路耐污盘形悬式绝缘子外形及安装尺寸，见图 1-4。

（六）生产厂

石家庄市电瓷有限责任公司

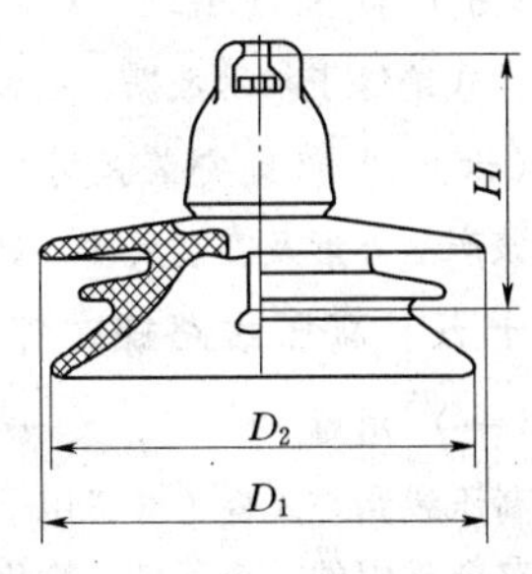

图 1-4 XWP6 型耐污盘形悬式瓷绝缘子外形尺寸

十四、高压线路针式瓷绝缘子

（一）概述

高压线路针式瓷绝缘子用于工频电压 6～35kV 高压架空输配电线路，用以绝缘和支持导线，适用于海拔1000m以下的工业区和农村线路。对于高原或污秽地区需加强绝缘，视情况选用加强型产品或选用比线路的额定电压高1～2级的一般绝缘子。

表1-14　XWP6型高压线路耐污盘形悬式瓷绝缘子技术数据

型　号	主要尺寸（mm）			连接形式标记	机电破坏负荷（kN）	50%雷电全波冲击闪络电压（峰值，kV）	工频电压（有效值，kV）≥		人工污秽闪络电压 盐密：0.1 灰密：1.0（kV）	重量（kg）
	公称结构高度 H	瓷件公称盘径 D_1（上伞）/D_2（下伞）	公称爬电距离 L				湿闪络	击穿		
XWP6—70	155±5	ϕ320（上伞） ϕ300（下伞）	545	16	70	>145	50	120	13.6	9.0
XWP6—100	170±5	ϕ320（上伞） ϕ300（下伞）	545	16	100	>145	50	120	13.6	9.5

绝缘子老型号按额定电压分为6kV、10kV、15kV、20kV4个品种，每种按钢脚型式又分为铁担直脚和木担直脚两种规格。新型号额定电压均为10kV，分普通型、加强绝缘1型、加强绝缘2型三种。

（二）结构

针式绝缘子由起绝缘作用的瓷件、钢脚（或螺套）用不低于525号的硅酸盐水泥、石英砂胶合剂胶装而成，钢脚胶入瓷件部分压有深槽，防钢脚松动，钢脚顶端与瓷件之间垫有弹性衬垫。瓷件表面一般上棕釉或白釉。钢脚或套筒经热镀锌处理，防锈蚀。

6～15kV绝缘子为单层瓷件，与钢脚胶装为一整体，钢脚有直脚和弯脚两种。20kV、35kV绝缘子钢脚为可拆卸式，主绝缘体由两层瓷件胶合而成，下瓷件内孔还胶有螺套供与钢脚旋合。钢脚一般为双头螺栓。为提高强度，还配有铸铁套筒（也可采用截面逐渐增大的圆锥形钢脚）。

（三）型号含义

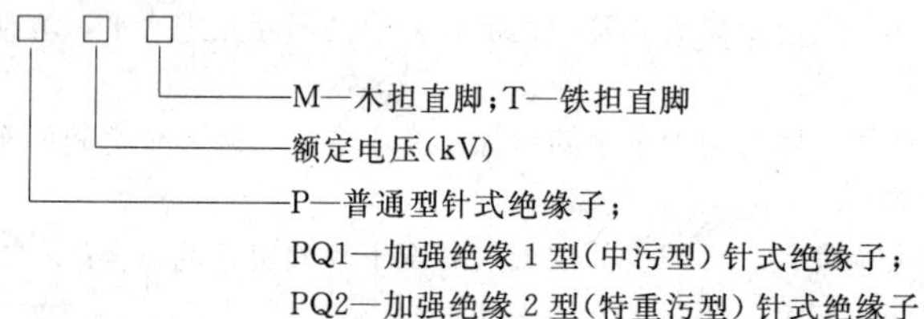

（四）绝缘子选用

1. 绝缘强度

该系列产品适用于一般工业区和农村线路，用木横担时选用与线路电压相同等级绝缘子；用铁横担时，对于10kV级电力线路应充分考虑地区污秽等级，建议Ⅰ、Ⅱ级选用P—15或PQ1型；Ⅲ、Ⅳ级选用P—20或PQ2型。

2. 机械强度

现行国标中未规定瓷件与钢脚装配为成品的机械强度。瓷件抗弯破坏负荷是确保瓷件和水泥胶合剂经受长期机电负荷作用而不致损坏，不能作为选择绝缘子强度依据。由于瓷件的机械强度很高，试验时应加强钢脚。绝缘子弯曲耐受负荷是允许钢脚在受力后中心轴线偏斜5°时的试验负荷，此值可作为选用绝缘子强度时参考。

（五）技术数据

针式绝缘子技术数据，见表1-15。

（六）外形及安装尺寸

该产品外形及安装尺寸，见图1-5。

十五、高压线路蝶式瓷绝缘子

（一）用途

高压线路蝶式瓷绝缘子用于架空配电线路终端，耐张及转角杆上作为绝缘和固定导线用，与线路悬式绝缘子配合作为线路金具中的一个元件，简化金具结构。

蝶式绝缘件的瓷件带有2个（老型号）或4个（新型号）较大的伞裙，形如蝴蝶。

表 1-15 **高压线路针式瓷绝缘子技术数据**

工厂代号	型号	额定电压（kV）	最高工作电压（kV）	公称爬电距离（mm）	公称结构尺寸（mm） 高度 H			外径 D	连接标记	瓷件弯曲破坏负荷（kN）	弯曲耐受负荷（kN）	工频电压（kV）			雷电全波冲击电压（kV）		重量（kg）	生产厂
					H	H_1	H_2					干	湿	击穿	50%闪络	耐受		
	P—6T（M）	6		150	90	128	35	125	16	13.7	1.4	50	28	65			1.3 (1.4)	石家庄市电瓷有限责任公司
	P—10T（M）	10		195	105	151	35	145	16	13.7	1.4	60	32	95			2.0 (2.16)	
	P—15T（M）	15		280	120	185	40 (140)	190	20	13.7	20	75	45	98			3.7 (3.9)	
	P—20T（M）	20		370	165	221	45 (178)	228	20	13.2	2.0	86	57	111			6.5 (7.1)	
	P—11T（M）(PQ—10T16)	11		255	133	183	40	140	16	13.7	2.0	75	45	130			2.5	
	PQ1—10T	10		450	165	209	40	228	20	13.3	3.0			145			6.6	
	FPQ2—10T	10		460				150	20		3.0	86	57				1.5	
	ST—20	20		340	185	229	40	175	20	13.0	2.0	80	45	120			4.4	
11201	P—6T	6	6.9	150	90			125		14	1.4	50	28	65	70	60	1.4	牡丹江北方高压电瓷有限责任公司
11200	P—6M	6	6.9	150	90			125		14	1.4	50	28	65	70	60	1.5	
11301	P—10T	10	11.5	185	105			145		14	1.4	60	32	78	85	75	2.0	
11300	P—10M	10	11.5	185	105			145		14	1.4	60	32	78	85	75	2.2	
11401	P—15T	15	17.5	280	120			190		14	2.5	75	45	98	118	90	3.2	
11400	P—15M	15	17.5	280	120			190		14	2.5	75	45	98	118	90	3.5	
11402	P—15T16	15	17.5	280	120			190		14	2.5	75	45	98	118	90	3.0	
11501	P—20T	20	23	370	165			228		13.5	3.0	86	57	111	140	110	6.2	
11301	P—10T	10	11.5	195	105	151	35	145		13.7	1.4		28	95		75	2.0	
11502	PQ1—10T20	10	11.5	255	133	183	40	140		10.6	2.0		40	130		90	3.0	
11503	PQ1—10L	10	11.5	255	133			140		10.6			40	130		90	2.7	
11504	PQ1—10LT	10	11.5	255	133	183	40	140		10.6	4.0		40	130		90	3.1	
11511	PQ2—10T	10	11.5	450	165	209	40	228		13.3	3.0		50	145		110	5.0	

续表

工厂代号	型　号	额定电压(kV)	最高工作电压(kV)	公称爬电距离(mm)	公称结构尺寸(mm)				连接标记	瓷件弯曲破坏负荷(kN)	弯曲耐受负荷(kN)	工频电压(kV)			雷电全波冲击电压(kV)		重量(kg)	生产厂
					高度			外径										
					H	H_1	H_2	D				干	湿	击穿	50%闪络	耐受		
11512	PQ2—10L	10	11.5	450	165			228		13.3			50	145		110	4.6	牡丹江北方高压电瓷有限责任公司
11513	PQ2—10LT	10	11.5	450	165	209	40	228		13.3	3.5		50	145		110	5.1	
11514	PQ2—10BT	10	11.5	450	165	209	40	228		13.3	3.0		54	145		110	5.0	
11515	PQ2—10BL	10	11.5	450	165			228		13.3			50	145		110	4.6	
11516	PQ2—10BLT	10	11.5	450	165	209	40	228		13.3	3.5		50	145		110	5.1	
11107	P—10T	10		195	105	151	35	M16		13.7	1.4		28	95		75		景德镇电瓷电器工业公司
11112		10		280	120	40	35	M20		14	1.4		45①	98		118①		
11127	PQ—10T16	10		255	133	183	40	M16		10.6	2.0		40	130		90		
11128	PQ—10T20	10		255	133	183	40	M20		10.6	2.0		40	130		90		
11129	PQ—10L	10		255	133					10.6			40	130		90		
11130	PQ—10LT	10		255	133	183	40	M20		10.6	4.0		40	130		90		
11131	PQ1—10T	10		450	165	209	40	M20		13.3	3.0		50	145		110		
11132	PQ1—10L	10		450	165					13.3			50	145		110		
11133	PQ1—10LT	10		450	165	209	40	M20		13.3	3.5		50	145		110		
11134	PQ1—10BT	10		450	165	209	40	M20		13.3	3.0		50	145		110		
11135	PQ1—10BL	10		450	165					13.3			50	145		110		
11136	PQ1—10BLT	10		450	165	209	40	M20		13.3	3.5		50	145		110		
11114		10		450	165	45		M20		13.3	3.5		50	145		110		
	P—10T	10		195						13.7	1.4		28	95		75	2	重庆电瓷厂
	PQ1—10T	10		255						10.6	2		40	130		90		
	PQ2—10T	10		450						13.3	3		50	145		110		
	P—15	15		280						10.6	2		40	130		90	3.2	
	P—20	20		370						13.3	3		50	145		110	6.2	

注　新型号中：B—瓷件侧槽以上部分，除承烧面外，全部上半导体釉；T—带脚，瓷件与脚直接胶装，铁担；L—不带脚，瓷件与螺纹连接；LT—带脚，瓷件与脚螺纹连接，铁担。

①　闪络值。

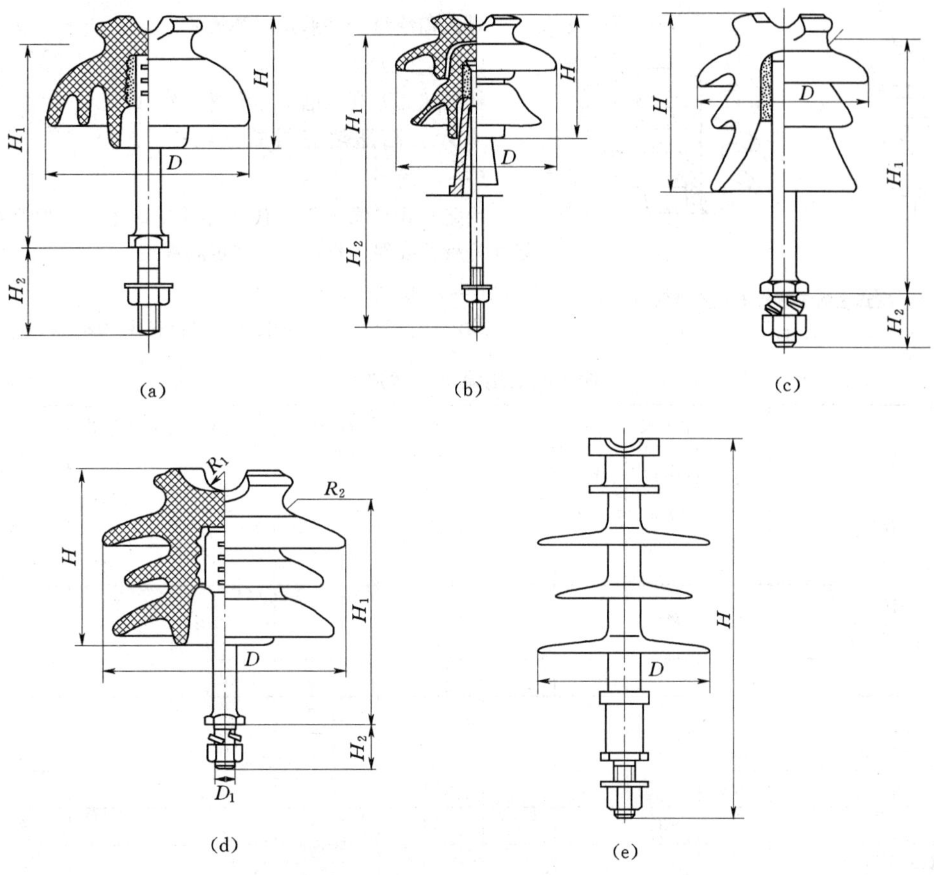

图 1-5　高压线路针式绝缘子外形尺寸

(a) P—6T (M), P—10T (M), P—15T (M); (b) P—20T (M); (c) P—11T (M) (PQ—10T16), ST—20; (d) PQ1—10T; (e) FPQ2—10T

（二）型号含义

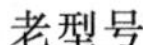

老型号

E—□

- □——额定电压(kV)
- E——蝶式瓷绝缘子

新型号

E—□

- □——形状尺寸序数,"1"—尺寸最大的一种
- E——蝶式瓷绝缘子

（三）技术数据

该产品的技术数据，见表 1-16。

表 1-16　　高压线路蝶式瓷绝缘子技术数据

型　号	主　要　尺　寸 (mm)				机械破坏负荷 (kN)	执行标准	重量 (kg)
	瓷件高度 H	最大伞径 D	安装孔径 ϕ	线槽半径 R			
E—10	175	180	26	12	15	GB 1390	3.5
E—6	145	150	26	12	15		1.8
E—1	180	150	26	12	20		4.0
E—2	150	130	26	12	20		2.2

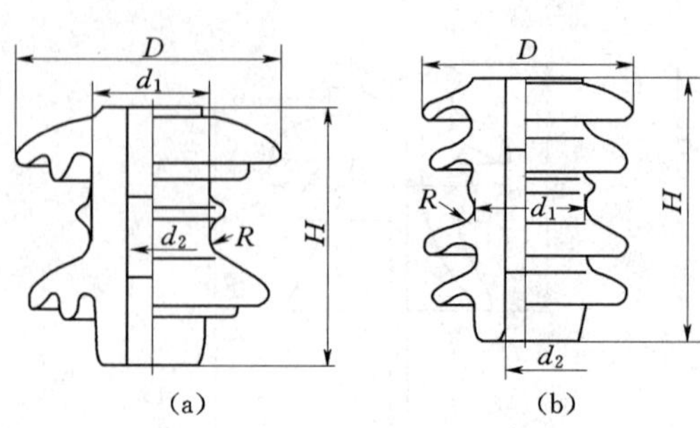

图 1-6　蝶式瓷绝缘子外形及安装尺寸

(a) E—10，E—6；(b) E—1，E—2

(四) 外形及安装尺寸

蝶式瓷绝缘子外形及安装尺寸，见图 1-6。

(五) 生产厂

牡丹江北方高压电瓷有限责任公司。

十六、高压线路柱式绝缘子

(一) 用途

线路柱式绝缘子用于代替针式绝缘子，在提高耐污秽和机械强度等级的线路上作绝缘和固定导线用。

(二) 技术数据

该产品技术数据，见表 1-17、表 1-18。

表 1-17　线路柱式绝缘子技术数据

产品品号	型　号	主要尺寸 (mm)				公称爬电距离 (mm)	弯曲破坏负荷 (kN)	工频湿耐受电压 (kV)	雷电冲击耐受电压 (kV)	伞数	生产厂
		H	D	L_1	L_2						
121003	PS—105/3Z (PS—15/3)	224	ϕ120	40	40	300	3.0	40	105		南京电气（集团）有限责任公司
121004	PS—105/5ZS (PS—15/5)	283	ϕ125	50	45	360	5.0	40	105		
	57—1	222	140			356	12.5	60		4	重庆电瓷厂
	57—2	305	155			560	12.5	85		6	
	57—3	370	165			737	12.5	100		8	
	57—4	432	180			1016	12.5	125		10	
	57—5	510	190			1143	12.5	150		12	
	R12.5ET95L	222	160			350	12.5		95	3	
	R12.5ET125N	305	155			400	12.5		125	4	
	R12.5ET125L	305	165			530	12.5		125	5	
	R12.5ET170N	370	165			580	12.5		170	6	
	R12.5ET170L	370	175			720	12.5		170	7	
	R12.5ET200N	430	170			620	12.5		200	6	
	R12.5ET200L	430	185			900	12.5		200	8	
	R12.5ET250N	510	185			860	12.5		250	8	
	R12.5ET250L	510	195			1140	12.5		250	10	
	R12.5ET325N	660	195			1200	12.5		325	10	
	R12.5ET325L	660	205			1450	12.5		325	12	

表 1-18　高压线路柱式瓷绝缘子技术数据

型　号	主要尺寸 (mm)				雷电全波冲击耐受电压 (kN)	抗弯破坏负荷 (kN)	执行标准	重量 (kg)	生产厂
	公称总高 H	瓷件最大公称直径 D	公称爬电距离 L	底座螺孔 M					
PS—105/3Z	224	120	300	—	105	3	JB/T 8509	3.5	牡丹江北方高压电瓷有限责任公司
PSN—105/5ZS	283	125	360	16	105	5		4.3	
PSN_1—105/5ZS	283	125	400	16	105	5		5.1	
PSN—95/8ZS	222	145	350	20	95	8			
PSN—125/8ZS	305	150	530	20	125	8			
PSN—170/8ZS	370	160	720	20	170	8			
PS—150/12.5Z	336	170	534	—	150	12.5			
PS—170/12.5ZS	370	170	580	20	170	12.5			

续表

型号	主要尺寸（mm）				雷电全波冲击耐受电压（kN）	抗弯破坏负荷（kN）	执行标准	重量（kg）	生产厂
	公称总高 *H*	瓷件最大公称直径 *D*	公称爬电距离 *L*	底座螺孔 *M*					
PS—200/12.5ZS	430	180	620	20	200	12.5	JB/T 8509		牡丹江北方高压电瓷有限责任公司
PS—250/12.5ZS	510	190	860	20	250	12.5			
PS—325/12.5ZS	660	200	1200	24	325	12.5			
PSN—95/12.5ZS	222	165	350	20	95	12.5			
PSN—125/12.5ZS	305	170	530	20	125	12.5			
PSN—170/12.5ZS	370	180	720	20	170	12.5			
PSN—200/12.5ZS	430	190	900	20	200	12.5			
PSN—250/12.5ZS	510	200	1140	20	250	12.5			
PSN—325/12.5ZS	660	210	1450	24	325	12.5			
PSJ—125/12.5ZS	350	160	400	20	125	12.5			
PSJ—125/12.5S	370	160	400	20	125	12.5			
PSJ—170/12.5ZS	420	170	580	20	170	12.5			
PSJ—170/12.5S	440	170	580	20	170	12.5			
PSJ—200/12.5ZS	490	180	620	20	200	12.5			
PSJ—200/12.5S	515	180	620	20	200	12.5			
PSJ—250/12.5ZS	570	190	860	20	250	12.5			
PSJ—250/12.5S	590	190	860	20	250	12.5			
PST—325/12.5ZS	710	200	1200	24	325	12.5			
PSJ—325/12.5S	730	200	1200	24	325	12.5			
PSJN—95/12.5ZS	270	165	350	20	95	12.5			
PSJN—95/12.5S	290	165	350	20	95	12.5			
PSJN—125/12.5ZS	350	170	530	20	125	12.5			
PSJN—125/12.5S	370	170	530	20	125	12.5			
PSJN—170/12.5ZS	420	180	720	20	170	12.5			
PSJN—170/12.5S	440	180	720	20	170	12.5			
PSJN—200/12.5ZS	495	190	900	20	200	12.5			
PSJN—200/12.5S	515	190	900	20	200	12.5			
PSJN—250/12.5ZS	570	200	1140	20	250	12.5			
PSJN—250/12.5S	590	200	1140	20	250	12.5			
PSJN—325/12.5ZS	710	210	1450	24	325	12.5			
PSJN—325/12.5S	730	210	1450	24	325	12.5			
57—1S (L)	223	146	356	20	130/155	12.5	ANSIC 29.7	5.2	
57—2S (L)	305	152	559	20	180/205	12.5		9.0	
57—3S (L)	368	165	737	20	210/260	12.5		11.0	
57—4S (L)	432	178	1015	20	255/340	12.5		16.0	
57—5S (L)	176	184	1145	20	290/380	12.5		18.0	
57—11	257	146	356	20	130/155	12.5		6.8	
57—12	333	160	559	20	180/205	12.5		10.0	
57—13	400	160	737	20	210/260	12.5		11.8	
57—14	483	184	1015	20	255/340	12.5		15.9	
57—15	549	184	1145	20	290/380	12.5		18.6	
57—16	276	146	356	20	130/155	12.5		7.5	
57—17	352	160	559	20	180/205	12.5		10.5	

续表

型号	主要尺寸（mm）				雷电全波冲击耐受电压（kN）	抗弯破坏负荷（kN）	执行标准	重量（kg）	生产厂
	公称总高 H	瓷件最大公称直径 D	公称爬电距离 L	底座螺孔 M					
57—18	419	160	737	20	210/260	12.5	ANSIC 29.7	12.7	牡丹江北方高压电瓷有限责任公司
57—19	502	184	1015	20	255/340	12.5		16.8	
57—20	568	184	1145	20	290/380	12.5		19.5	
24463	336	170	534	20	180/205	12.5		8.8	
24413	263	155	625	20	166	4	IEC 60383	7.0	
24414	275	155	625	20	166	4		6.5	
24461	340	175	530	20	150	12.5		9.8	
24462	336	175	500	20	150	12.5		9.4	

（三）外形及安装尺寸

该产品外形及安装尺寸，见图 1-7。

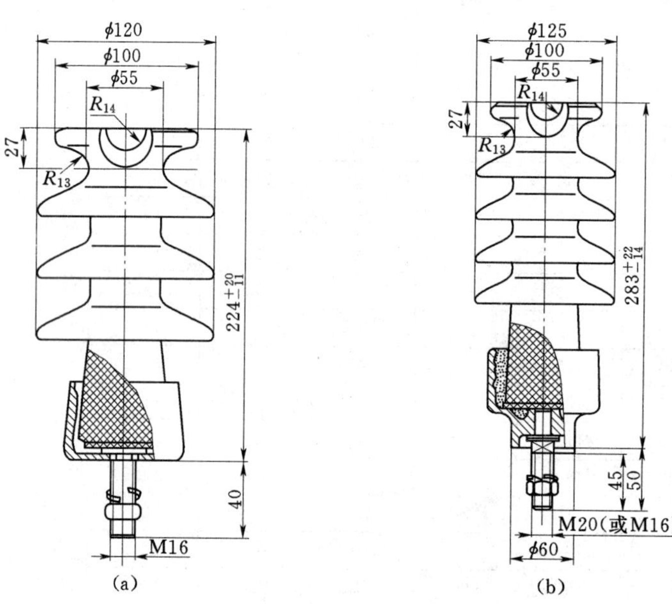

图 1-7 线路柱式绝缘子［南京电气（集团）有限责任公司］（单位：mm）

(a) PS—105/3Z (PS—15/3)；(b) PSN—105/5ZS (PS—15/5)

十七、电站用高压户内支柱瓷绝缘子

高压支柱绝缘子电气性能，见表 1-19。

表 1-19 高压支柱绝缘子电气性能

额定电压（kV）		6	7.2	10	12	15	20	24	35	40.5	110	220
最高电压（kV）		6.9		11.5		17.5	23		40.5		126	252
工频试验电压（有效值，kV）≥	干耐受 1min	32	36	42	47	57	68	68	100	110	265	450，495
	湿耐受 1min①	23		30		40	50		80		185	360，395
	击穿②	56	58	74	75	100	119	119	175			
标准雷电冲击耐受电压（峰值，kV）≥		60	60	75	80	105	125	125	185	195	450	850，950

① 仅对户外绝缘子进行。

② 仅对 35kV 及以下 B 型绝缘子进行。

该产品执行标准 GB 8287.1《高压支柱瓷绝缘子技术条件》、GB/T 8287.2《高压支柱瓷绝缘子尺寸与特性》。

(一) 概述

户内支柱绝缘子用于额定电压 6～35kV 户内电站、变电所配电装置及电器设备中，作绝缘和固定导电体用。

绝缘子适用于周围环境温度为－40～＋40℃，安装地点海拔普通型不超过 1000m，高原型不超过 4000m。

绝缘子按胶装结构分为外胶装、内胶装和联合胶装三种结构形式，按额定电压与弯曲强度分类，见表 1－20。

表 1－20 支柱绝缘子按额定电压与弯曲强度分类

额定电压 (kV)	弯曲强度 (kN)			额定电压 (kV)	弯曲强度 (kN)		
	外胶装	内胶装	联合胶装		外胶装	内胶装	联合胶装
7.2	3.75，7.5	4		24	20		30
12	3.75，7.5，20	4，(7)，8，16	4	40.5		(7.5)	4，(7.5)，8

注 （ ）表示非标准等级。

西安西电高压电瓷有限责任公司还开发了爬电比距为 20mm/kV 的户内支柱绝缘子，用在户内污秽加上凝露的环境下，以改善绝缘子的外绝缘性能。

南京电气（集团）有限责任公司高压电瓷厂生产的雷电牌高压支柱绝缘子历史悠久，产品结构合理，采用高强度料方，工艺先进。

(二) 型号含义

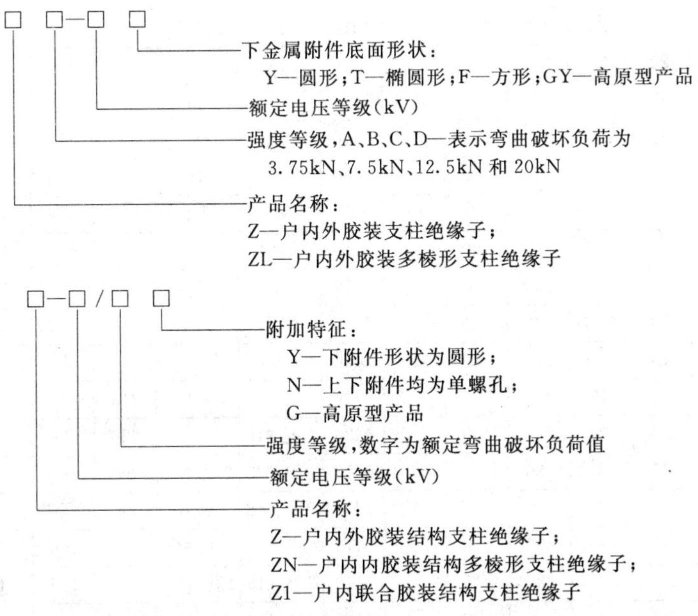

(三) 结构

该产品由瓷件和上下金属附件用胶合剂胶装而成，瓷件端面与金属附件胶装接触部位垫有衬垫，瓷件胶装部位分别采用上砂、滚花、挖槽等结构，以保证机械强度，并防止松动、扭转。瓷件表面均匀上白釉（也可按需求上棕釉），金属附件表面涂灰磁漆。

绝缘子瓷件主体结构有空腔隔板（可击穿型）结构和实心（不可击穿型）结构两种，联合胶装支柱绝缘子一般属实心不可击穿型结构。后一种结构比前一种结构提高了安全可靠性，减少了维护测试工作量。

绝缘子瓷件外形有多棱和少棱两种。多棱形增加了沿面距离，电气性能优于少棱形，除将逐步淘汰的外胶装支柱绝缘子外，其余产品均为多棱形。

绝缘子的胶装结构分为外胶装、内胶装和联合胶装三种结构。

外胶装结构是两端金属附件胶在瓷件外面，机械强度较高，但在放电距离一定的情况下，安装时占空间位置较大。

内胶装结构是两端金属附件全部胶入瓷件孔内，相应地增加了绝缘距离，提高了电气性能，同时缩小了安装时所占空间位置，但内胶装对提高机械强度不利。

联合胶吸收了外胶装和内胶装结构的优点，上部金属附件胶入瓷件孔内，下部金属附近胶在瓷件外面。这种胶装结构，安装时所占空间位置比外胶装结构小，而机械强度却比内胶装结构高。

瓷件表面一般带有 2 个螺孔。带一个螺孔为供支持母线用；联合胶装支柱绝缘子主要用于变电所、电站支持母线，下附件有 2 个或 4 个光孔，上附件仅有一中心螺孔；35kV 支柱上附件为 3 个螺孔，亦可供电器使用。

（四）技术数据

该产品技术数据，见表 1-21、表 1-22。

表 1-21　　高压户内支柱绝缘子技术数据

型号	产品品号		额定电压(kV)	弯曲破坏负荷(kN)≥	主要尺寸(mm)								重量(kg)	备注	生产厂
	新品号	老品号			H	D	d	d_1	d_2	d_3	a_1	a_2			
ZA—6Y	200151	12100	6	3.75	165	109	M12	M10		M6	36		2.45	户内外胶装	南京电气(集团)有限责任公司
ZA—6T	200152	12101	6	3.75	166	160		M10	12	M6	36	135	2.75		
ZB—6Y	200251	12102	6	7.5	185	135	M16	M16		M10	46		4.25		
ZB—6T	200252	12103	6	7.5	185	215		M16	15	M10	46	175	4.77		
ZA—10Y	201151	12105	10	3.75	190	109	M12	M10		M6	36		2.5		
ZA—10T	201152	12106	10	3.75	190	160		M10	12	M6	36	135	2.77		
ZB—10Y	201251	12107	10	7.5	215	136	M16	M16		M10	46		4.7		
ZB—10T	201252	12108	10	7.5	215	215		M16	15	M10	46	175	5.2		
ZC—10F	201351	12109	10	12.5	225	175		M16	15	M10	66	140	7.43		
ZD—10F	201451	12110	10	20	235	190		M16	15	M12	76	155	11.5		
ZD—20F	202451	12113B	20	20	315	220		M18	18	M12	76	175	17		
ZA—35Y	203151	12114	35	3.75	380	135	M16	M10		M6	36		6.45		
ZA—35T	203152	12115	35	3.75	380	215		M10	15	M6	36	175	7.34		
ZB—35F	203251	12116	35	7.5	400	190		M16	15	M10	46	155	14.25		
ZLA—10MM	201114	2513	10	3.75	120	80	h1	M12	M8	h2	18	h3	1.5	户内内胶装	
ZLB—10MM	201214	2514	10	7.5	120	100		M16	M10		24		2.5		
ZNA—6MM	200112	2506	6	3.75	100	75		M12	M8		18		1.3		
ZNB—10MM	201212	2510	10	7.5	120	100		M16	M16				2.1		
ZNB—10SS	201213	2511	10	7.5	168	100	120	M16	M16	25		23	2.4		
ZL—20/16	272301		20	16	265	125		M16	4孔 ϕ14		210			户内联合胶装	
ZL—20/30	272503		20	30	290	160		M20	4孔 ϕ18		250				
ZL—35/4	273101		35	4	380	90		M10	2孔 M8	2孔 ϕ14	36	145	7		
ZL—35/4Y	273102		35	4	380	90		M10	2孔 M8	M16	36				
ZL—35/8	273201		35	8	400	110		M16	2孔 M14	4孔 ϕ14	46	180	11.3		
ZL—35T	273131	2013	35	3.75	380	215		M10	2孔 ϕ15	2孔 M16	36	175	10		
ZL—35/4	273103		35	4	380	90		M10	2孔 M8	2孔 ϕ14	36	145		爬距729mm	
ZL—35/8	273202		35	8	400	110		M16	2孔 M14	4孔 ϕ14	46	180			
ZB—12T	2023		12	7.5	215	106		M16	2—ϕ15	2—M10	46	175	5.5	户内外胶装	西安西电高压电瓷有限责任公司
ZLD—12F	2054		12	20	215	115		M16	4—ϕ15	4—M12	76	125	9.7		
12kV/3.75kN	2075		12	3.75	190	110		M10	M12	2—M6	36		2.8		
12kV/7.5kN	2076		12	7.5	215	126		M16	2—ϕ15	2—M10	46	175	6		
12kV/20kN	2055		12	20	215	115		M16	4—ϕ15	4—M12	76	155	10.9		
12kV/20kN	2077		12	20	215	160		M16	4—ϕ15	4—M12	76	125	10		
ZLD—24F	2062		24	20	315	143		M18	4—ϕ18	4—M12	76	135	16.3		
ZN—7.2/4	2006		7.2	4	100	78		M12	2—M8				1.25	户内内胶装	
	2007		7.2	4	100	78		M12	M12				1.25		
NZ—12/4	2027		12	4	120	82		M12	2—M8				1.6		
NZ—12/8	2036		12	8	120	100		M16	2—M10				2.55		
NZ—12/8N	2074		12	8	120	100		M16	M16				2.55		
NZ—12/16	2037		12	16	170	140							8		
	2038		24	30	205	200							15.2		

续表

型号	产品品号		额定电压(kV)	弯曲破坏负荷(kN)≥	主要尺寸(mm)								重量(kg)	备注	生产厂
	新品号	老品号			H	D	d	d_1	d_2	d_3	a_1	a_2			
	2047		40.5	7.5	320	120							8.1	户内内胶装	
	2048		40.5	7.5	320	120							10.1		
	2049		40.5	7.5	320	120							9.3		
ZL—12/4G	2017		12	4	210	90			2—ϕ14	2—M8	18	145	5.4	户内联合胶装	西安西电高压电瓷有限责任公司
ZL—24/30	2064		24	30	290	160		M20	4—ϕ18			250	24.6		
ZL—40.5/4Y	2070		40.5	4	380	95		M10	M16	2—M8	36		7.1		
ZL—40.5/4	2071		40.5	4	380	95		M10	2—ϕ14	2—M8	36	145	8.3		
ZL—40.5/8	2072		40.5	8	400	120		M16	4—ϕ14	2—M10	46	180	11.4		
ZLA—40.5GY	2083		40.5	3.75	445	105		M10	2—ϕ12	2—M8	36	150	10.4		
ZLB—40.5GY	2084		40.5	7.5	450	125		M16	4—ϕ14	2—M10	46	180	11.4		
ZL—40.5/4G	2085		40.5	3.75	535	110		M16	4—ϕ14	2—M10	46	180	14		
ZA—7.2Y	2000		7.2	3.75	165	86		M10	M12	2—M6	36		2.38	户内外胶装	
ZA—7.2T	2001		7.2	3.75	165	86		M10	2—ϕ12	2—M6	36	135	2.56		
ZA—7.2Y	2002		7.2	7.5	185	106		M16	M16	2—M10	46		4.7		
ZA—7.2T	2003		7.2	7.5	185	106		M16	2—ϕ15	2—M10	46	175	5.2		
ZA—12Y	2020		12	3.75	190	86		M10	M12	2—M6	36		2.5		
ZA—12T	2021		12	3.75	190	86		M10	2—ϕ12	2—M6	36	135	2.7		
ZB—12Y	2022		12	7.5	215	106		M16	M16	2—M10	46		5.1		

表 1-22　　高压户内支柱瓷绝缘子技术数据

型号	额定电压(kV)	高度 h (mm)	绝缘件最大公称直径 D (mm)	上附件				下附件				额定机械破坏负荷(kN)		备注	生产厂
				旁孔			中心孔	旁孔			中心孔				
				a_1	d_2	孔数(个)	d_1	a_2	d_4	孔数(个)	d_3	弯曲	拉伸		
ZA—7.2Y	7.2	165	90	36	M6	2	M10				M12	3.75	3.75	户内外胶装	石家庄市电瓷有限责任公司
ZB—7.2Y	7.2	185	110	46	M10	2	M16				M16	7.5	7.5		
ZA—7.2T	7.2	165	90	36	M6	2	M10	135	12	2		3.75	3.75		
ZB—7.2T	7.2	185	110	46	M10	2	M16	175	15	2		7.5	7.5		
ZA—12Y	12	190	90	36	M6	2	M10				M12	3.75	3.75		
ZB—12Y	12	215	110	46	M10	2	M16				M16	7.5	7.5		
ZA—12T	12	190	90	36	M6	2	M10	135	12	2		3.75	3.75		
ZB—12T	12	215	110	46	M10	2	M16	175	15	2		7.5	7.5		
ZC—12F	12	225	135	66	M10	4	M16	140	15	4		12.5	12.5		
ZD—12F	12	235	170	76	M12	4	M16	155	15	4		20	20		
ZD—24F	24	315	180	76	M12	4	M18	175	18	4		20	20		
ZN—7.2/4	7.2	100	85	18	M8	2					M12			户内胶装	
ZN—12/4	12	120	85	18	M8	2					M12				
ZN—12/8	12	120	105	24	M0	2					M16				
ZN—12/16	12	170	160	36	M12	2					M20				
ZN—24/16	24	230	160	36	M12	2					M20				

续表

型　号	额定电压(kV)	高度 h (mm)	绝缘件最大公称直径 D (mm)	上附件 旁孔 a_1	上附件 旁孔 d_2	上附件 旁孔 孔数(个)	上附件 中心孔 d_1	下附件 旁孔 a_2	下附件 旁孔 d_4	下附件 旁孔 孔数(个)	下附件 中心孔 d_3	额定机械破坏负荷(kN) 弯曲	额定机械破坏负荷(kN) 拉伸	备注	生产厂
ZL—12/4	12	160	95				M10	130	12	2					
ZL—12/8	12	170	95				M16	145	14	2					
ZL—12/16	12	185	120				M16	180	14	4				联合胶装	石家庄市电瓷有限责任公司
ZL—24/16	24	265	130				M16	210	14	4					
ZL—24—30	24	290	170				M20	250	18	4					

型　号	额定电压(kV)	弯曲破坏负荷(kN) ≥	主要尺寸(mm) H	D	d	d_1	d_2	d_3	a_1	a_2	重量(kg)	备注	生产厂
ZA—6Y	6	3.75	165	86	M12	M10		2—M6	36		2.1		
ZB—6Y	6	7.5	185	106	M16	M16		2—M10	46		4.2		
ZA—10Y	10	3.75	190	86	M12	M10		2—M6	36		2.3		
ZB—10Y	10	7.5	215	106	M16	M16		2—M10	46		4.7		
ZA—35Y	35	3.75	380	120	M16	M10		2—M8	36		6.9		
ZA—6T	6	3.75	165	86		M10		2—M6	36	135	2.4		
ZB—6T	6	7.5	185	106		M16		2—M10	46	175	4.9	户内外胶装	
ZA—10T	10	3.75	190	86		M10		2—M6	36	135	2.5		
ZB—10T	10	7.5	215	106		M16		2—M10	46	175	5.2		
ZA—35T	35	3.75	380	120		M10		2—M8	36	175	7.6		
ZC—10F	10	12.5	225	130		M16	4—ϕ15	4—M10	66	140	7.7		
ZD—10F	10	20	235	150		M16	4—ϕ15	4—M12	76	155	12.2		牡丹江北方高压电瓷有限责任公司
ZD—20F	20	20	315	170		M18	4—ϕ18	4—M12	76	175	15.5		
ZB—35F	35	7.5	400	150		M16	4—ϕ15	2—M10	46	155	12.9		
ZN—6/4	6	4	100	85					18		1.2		
ZN—10/4	10	4	120	85					18		1.6		
ZN—10/8N	10	8	120	105							2.6	户内内胶装	
ZN—10/8	10	8	120	105					24		2.6		
ZN—10/16	10	16	170	160					36		7.7		
ZN—20/30	20	30	230	200					46		11.0		
ZL—10/4G	10	4	210	90			2—ϕ14		18	145	5.4		
ZL—35/4Y	35	4	380	90		M10	M16		36		6.2	户内联合胶装	
ZL—35/4G	35	4	445	100		M10	2—ϕ12		36	150	9.3		
ZL—35/8G	35	8	445	125		M16	4—ϕ14		46	180	11.4		
ZA—7.2Y	7.2	3.75	165	90		M10		M6	36		2.35		
ZA—7.2T	7.2	3.75	165	90		M10	12	M6	36	135	2.7		
ZB—7.2Y	7.2	7.5	185	110		M16		M10	46		4.1		
ZB—7.2T	7.2	7.5	185	110		M16	15	M10	46	175	5.5		
ZA—12Y	12	3.75	190	90		M10		M6	36		2.65	户内外胶装	上海电瓷厂
ZA—12T	12	3.75	190	90		M10	15	M6	36	135	3.0		
ZAW—12Y	12	3.75	190	110		M10		M6	36		2.9		
ZAW—12T	12	3.75	190	110		M10	15	M6	36	135	3.2		
ZB—12Y	12	7.5	215	110		M16		M10	46		4.7		
ZB—12T	12	7.5	215	110		M16	15	M10	46	175	5.7		

续表

型 号	额定电压(kV)	弯曲破坏负荷(kN)≥	主 要 尺 寸 (mm)								重量(kg)	备注	生产厂
			H	D	d	d_1	d_2	d_3	a_1	a_2			
ZBW—12Y	12	7.5	215	130		M16		M10	46		5.0	户内外胶装	上海电瓷厂
ZBW—12T	12	7.5	215	130		M16	15	M10	46	175	6.0		
ZC—12F	12	12.5	225	135		M16	15	M10	66	140	8.3		
ZD—12F	12	20	235	170		M16	15	M12	76	155	12		
ZD—24F	24	20	315	180		M18	18	M12	76	175	17.5		
ZA—40.5Y	40.5	3.75	380	120		M10		M6	36		7.6		
ZA—40.5T	40.5	3.75	380	120		M10	15	M6	36	175	8.3		
ZAW—40.5Y	40.5	3.75	380	120		M10		M6	36		9.0		
ZAW—40.5T	40.5	3.75	380	120		M10	15	M6	36	175	9.7		
ZB—40.5F	40.5	7.5	400	150		M16	15	M10	46	155	13		
ZBW—40.5F	40.5	7.5	400	150		M16	15	M10	46	155	15		
ZN—7.2/4	7.2	4	85	100				M8	18		1.3	户内内胶装	
ZN—12/4	12	4	85	120				M8	18		1.8		
ZN—12/8	12	8	105	120				M8	24		2.2		
ZL—40.5/4Y	40.5	4	105	380		M10		M8	36		6	户内联合胶装	
ZL—40.5/4T	40.5	4	105	380		M10	14	M8	36	145	6.4		
ZN—10/4	10	4	120	85			2—M8		18		1.6	户内内胶装	景德镇电瓷电器工业公司
ZN—10/4N	10	4	120	85		M10					1.6		
ZN—10/8	10	8	120	105			2—M10		24		2.5		
ZN—10/8N	10	8	120	105		M16					2.5		
ZN—10/16	10	16	170	160			2—M12		36				
ZN—20/16	20	16	230	160			2—M12		36				
ZL—10/4	10	4	160	95		M10	2—ϕ12			130		户内联合胶装	
ZL—10/8	10	8	170	95		M16	2—ϕ14			145			
ZL—10/16	10	16	185	120		M16	4—ϕ14			180			
ZL—20/16	20	16	265	130		M16	4—ϕ14			210			
ZL—20/30	20	30	290	170		M20	4—ϕ18			250			
ZA—10Y	10	3.75	190	90		M10			36		2.3	户内外胶装	
ZA—10T	10	3.75	190	90		M10			36	135	2.5		
ZB—10Y	10	7.5	215	110		M16			46		4.7		
ZB—10T	10	7.5	215	110		M16			46	175	5.2		
ZC—10F	10	12.5	225	135		M16			66	140	7.7		
ZD—10F	10	20	235	170		M16			76	155	12.2		
ZD—20F	20	20	315	180		M18			76	175	15.5		
ZA—12T	10	3.75	190	90		M10	2/12	2/M6	36	135	2.5	户内外胶装	重庆电瓷厂
ZA—12Y	10	3.75	190	90	M12	M10		2/M6	36		2.3		
ZB—12T	10	7.5	215	110		M16	2/15	2/M10	46	175	25.2		

续表

型　号	额定电压(kV)	弯曲破坏负荷(kN)≥	主　要　尺　寸 (mm)								重量(kg)	备注	生产厂
			H	D	d	d_1	d_2	d_3	a_1	a_2			
ZB—12Y	10	7.5	215	110	M16	M16		2/M10	46		4.7	户内外胶装	重庆电瓷厂
ZC—12F	10	12.5	225	135		M16	4/15	4/M10	66	140	7.7		
ZD—12F	10	20	235	170		M16	4/15	4/M12	76	155	12.2		
ZD—24F	20	20	315	180		M18	4/18	4/M12	76	175	15.5		
ZN—12/4	10	4	120	85	M12			2/M8	18		1.56	户内内胶装	
ZN—12/4N	10	4	120	85	M12	M10					1.56		
ZN—12/8	10	8	120	105	M16			2/M10	24		2.5		
ZN—12/8N	10	8	120	105	M16	M16					2.5		
ZN—12/16	10	16	170	160	M20			2/M12	36				
ZN—24/16	20	16	230	160	M20			2/M12	36				
ZN—24/30	20	30	230	200			2/M20	2/M16	46	46			
ZL—12/4	10	4	160	95		M10	2/ϕ12			130		户内联合胶装	
ZL—12/8	10	8	170	95		M16	2/ϕ14			145			
ZL—12/16	10	16	185	120		M16	4/ϕ14			180			
ZL—24/16	20	16	265	130		M16	4/ϕ14			210			
ZL—24/30	20	30	290	170		M20	4/ϕ18			250			
ZL—40.5/4Y	35	4	380	105	M16	M10		2/M8	36		6.2		
ZL—40.5/4	35	4	380	105		M10	2/ϕ14	2/M8	36	145	6.2		
ZL—40.5/8	35	8	400	120		M16	4/ϕ14	2/M10	46	180	10.7		

（五）外形及安装尺寸

该产品外形及安装尺寸，见图 1－8。

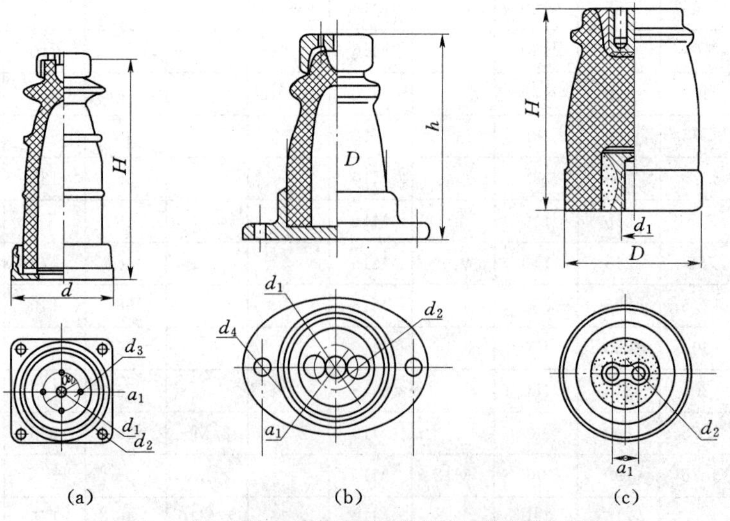

图 1－8（一）　电站用高压户内支柱绝缘子外形及安装尺寸

(a)、(b) 户内外胶装；(c) 户内胶装

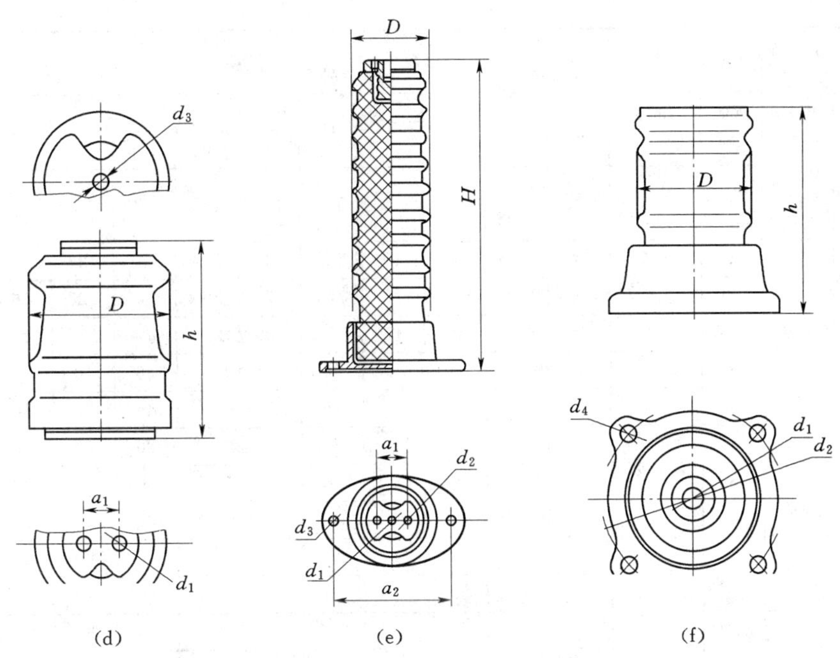

图 1-8（二）　电站用高压户内支柱绝缘子外形及安装尺寸

（d）户内胶装；（e）、（f）户内联合胶装

十八、电站用高压户外支柱瓷绝缘子

（一）用途

电站用高压户外支柱绝缘子用于户内外电站、变电所电器和配电装置的绝缘和支撑用。

（二）技术数据

该绝缘子技术数据，见表 1-23。

表 1-23　　电站用高压户外支柱绝缘子

型号	雷电冲击耐受电压(kV)	工频湿耐受电压(kV)	破坏负荷		爬电距离(mm)		伞数		主要尺寸(mm)							备注
			弯曲(kN)	扭转(kN·m)	Ⅰ	Ⅱ	Ⅰ	Ⅱ	H	D Ⅰ	D Ⅱ	L	d	M	螺孔数(个)	
C4—60	60	20	4	0.6	120	190	2	2	190	110	130		76	12	4	户外外胶装支柱绝缘子
C8—60	60	20	8	0.8	120	190	2	2	190	120	140		76	12	4	
C4—75	75	28	4	0.6	190	280	2	3	215	120	135		76	12	4	
C8—75	75	28	8	0.8	190	280	2	3	215	135	150		76	12	4	
C4—95	95	38	4	0.8	280	380	3	4	255	130	145		76	12	4	
C8—95	95	38	8	1.2	280	380	3	4	255	150	165		76	12	4	
C4—125	125	50	4	0.8	380	500	4	5	305	135	150		76	12	4	
C8—125	125	50	8	1.2	380	500	4	5	305	155	170		76	12	4	
C4—150	150	50	4	1.0	450	660	5	6	355	140	165		76	12	4	
C8—150	150	50	8	1.5	450	660	5	6	355	160	185		76	12	4	
C4—170	170	70	4	1.2	580	850	6	7	445	140	180		76	12	4	
C8—170	170	70	8	2.0	580	850	6	7	445	170	200		76	12	4	
C8—200	200	70	4	1.2	680	950	6	8	475	155	180		76	12	4	
C8—200	200	70	8	2.0	680	950	6	8	475	180	200		76	12	4	

续表

型号	雷电冲击耐受电压(kV)	工频湿耐受电压(kV)	破坏负荷		爬电距离(mm)		伞数		主要尺寸(mm)							备注
			弯曲(kN)	扭转(kN·m)	Ⅰ	Ⅱ	Ⅰ	Ⅱ	H	D Ⅰ	D Ⅱ	L	d	M	螺孔数(个)	
C4—250	250	95	4	1.8	835	1200	7	10	560	165	185		76/127	12/16	4	户外外胶装支柱绝缘子
C8—250	250	95	8	2.5	835	1200	7	10	560	190	210		127	16	4	
C4—325	325	140	4	2.0	1160	1600	10	12	770	175	200		127	16	4	
C8—325	325	140	8	3.0	1160	1600	10	12	770	200	225		127	16	4	
H4—60	60	20	4		220		3		95	120		36	60	16		户外内胶装支柱绝缘子
H8—60	60	20	8		220		3		95	130		46	70	16		
H4—75	75	28	4		240		3		130	120		36	60	16		
H8—75	75	28	8		240		3		130	135		46	70	20		
H4—95	95	38	4		330		4		175	130		36	70	16		
H8—95	95	38	8		330		4		175	145		46	80	20		
H4—125	125	50	4		430		5		210	130		36	70	16		
H8—125	125	50	8		430		5		210	150		46	80	20		
H4—170	170	70	4		600		6		300	145		36	80	16		
H8—170	170	70	8		600		6		300	165		46	90	24		
H4—250	250	95	4		980		8		500	175		36	90	16		
H8—250	250	95	8		980		8		500	195		46	100	24		
H4—325	325	140	4		1200		10		620	180		36	100	20		
H8—325	325	140	8		1200		10		620	205		46	110	24		
OL—150	150	50	4		455		6		225	120		40	50	12		非标准型
OL—200	200	70	4		600		8		300	130		50	60	16		
P—125	125	50	4		380		6		230	120		62	14			
P—200	200	70	2.25		1000		10		370	167		74	14			
P—250	250	95	2.25		1000		10		460	170		74	14			
HN1—30	170	70		拉伸 10kN	720		7		436	140		12				

（三）外形及安装尺寸

电站用高压户外支柱绝缘子外形及安装尺寸，见图1-9。

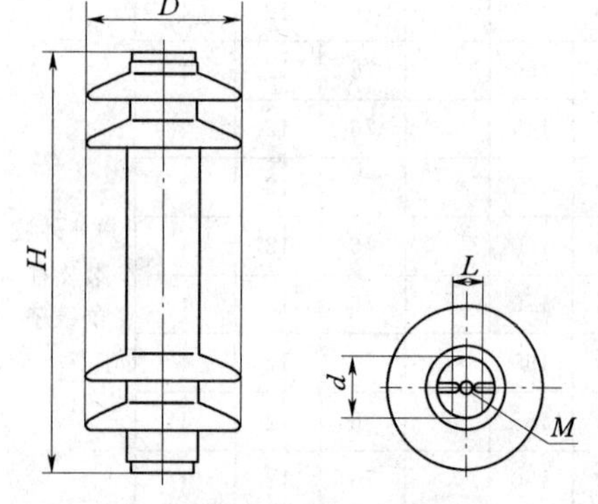

图1-9　电站用高压户外支柱绝缘子外形及安装尺寸

（四）生产厂

重庆电瓷厂。

十九、户外棒形支柱绝缘子

（一）概述

户外实心棒形支柱绝缘子用于工频交流电压10～800kV户外电站、变电所配电装置和电器设备中，作带电部分的绝缘和支持用。严格执行标准IEC 60168《标称电压高于1000V系统用户内和户外瓷或玻璃支柱绝缘子的试验》、GB 8287.1《高压支柱绝缘子技术条件》。适用于环境温度为－40～＋40℃，安装地点海拔高度最高可达4000m。产品分普通型和耐污型两大类，耐污型适用于中等、重及特重污区。

（二）结构

该系列绝缘子瓷件为实心结构，胶装部分采用柱体上砂结构。上砂用的砂子是专用的经过严格工艺控制的造粒砂，具有与瓷体优良的结合性能和合理的膨胀系数，能有效地提高机械强度。产品的法兰结构合理，受力时应力分布均匀，材料为机械强度高的球墨铸铁，表面热镀锌，具有优良的抗锈蚀能力。胶装用的水泥为高标号，合理的养护工艺，使瓷的强度得到充分的发挥。任何电压等级的产品皆为单柱式，具有结构简单、运行使用寿命长和维护工作量少等优点。

西安西电高压电瓷有限责任公司从美国引进了“等温高速喷嘴抽屉窑”，从瑞典引进等静压成形工艺及关键设备，建成了具有国际先进水平的棒形生产线。产品瓷质结构均匀，强度分散性小，尺寸精确，形位公差好，强度高。500kV等级的绝缘子弯曲破坏强度最高可达20kN，完全可以替代进口产品。

(三) 型号含义

产品型号

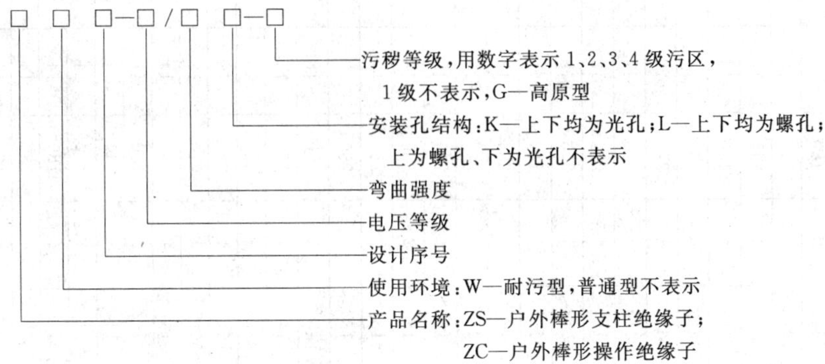

元件型号

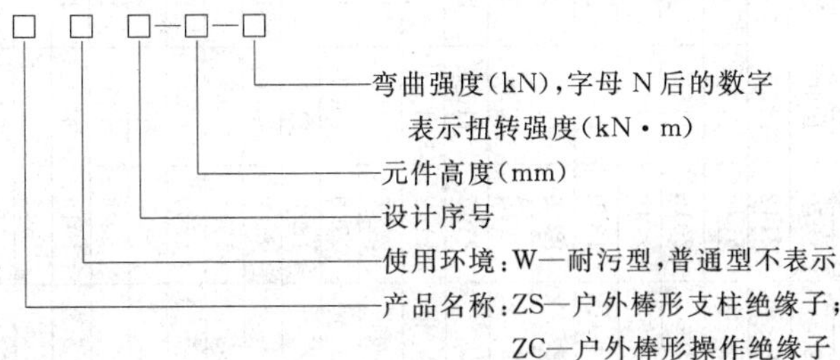

(四) 技术数据

户外棒形支柱绝缘子电气性能，见表1-24。

表1-24　户外棒形支柱绝缘子电气性能

系统标称电压 (kV)	额定电压 (kV)	工频耐受电压 (有效值，kV) ≥		标准雷电冲击耐受电压 (峰值，kV) ≥	标准操作冲击湿耐受电压 (峰值，kV) ≥
		干	湿		
10	12	42	30	75	
20	24	68	50	125	
35	40.5	100	80	185	
66	72.5	165	140	325	
110	126	265	185	450	
132	145	375	275	650	
220	252	495	395	950	
330	363			1175	950
500	550			1800/1950	1300
750	800			2100	1550

注　海拔超过1000m的绝缘子的电气性能，为此表中数值乘以海拔高度校正系数K：$K=1/(1.1-H/10000)$，H为海拔(m)。

(1) 南京电气(集团)有限责任公司产品技术数据，见表1-25。

(2) 西安西电高压电瓷有限责任公司产品技术数据，见表1-26、表1-27。

(3) 唐山市高压电瓷厂产品技术数据，见表1-28。

(4) 石家庄市电瓷有限责任公司产品技术数据，见表1-29。

表 1－25 户外棒形支柱绝缘子技术数据

型号	产品品号		额定电压(kV)	机械破坏负荷≥			爬电距离(mm)	主要尺寸(mm)							重量(kg)	备注
	新品号	老品号		弯曲(kN)		扭矩(kN·m)		H	上附件			下附件				
				正装	倒装				a_1	d_1	孔数(个)	a_2	d_2	孔数(个)		
ZS—15/4		4815 部 6	15	4			300	240	70	M10	2	125	12	4	8	普通型
ZS—20/4		76451 部 1	20	4		1	400	290	70	M10	2	125	12	4	9	
ZS—20/8	262007		20	8			400	350	76	M12	2	180	14	4	12	
ZS—20/16	262001		20	16			400	350	140	M12	4	210	18	4	19.5	
ZS—20/30	262003		20	30			400	400	140	M12	4	210	18	4	29	
ZS—35/4	263110	2630	35	4		1	625	400	140	14	4	140	14	4	112	
ZS—35/8	263210	2632	35	8		1.5	625	420	140	M12	4	180	14	4	18.5	
ZS—110/4	265112	2673	110	4		2	1870	1060	140	M12	4	225	18	4	49	
ZS—110/4L	265113		110	4		2	1870	1080	140	M12	4	140	M12	4	47	
ZS—110/8.5	265210	2672	110	8.5	4.8	2	1870	1060	225	18	4	250	18	4	76	
ZS—110/4	265003		110	4		2	2142	1150	140	M12	4	225	18	4	53	
ZS—110/4L	265103		110	4		3	2142	1170	140	M12	4	140	M12	4	49	
ZS—110/17	265301		110	17	9.4	4	2016	1150	225	18	4	254	18	8	95.5	
ZS—110/6	265203		110	6		3	2142	1150	140	M12	4	225	18	4	49	
ZS—110/8.5	265210		110	8.5			1870	1060	225	18	4	250	18	4	76	
ZS—110/23.5	265411		110	23.5		2	2200	1100	250	18	8	300	18	8	109	
ZS—110/12.5	265321		110	12.5		2	2016	1080	225	18	4	250	18	4	79	
ZS—1150—8.5	265004		110	8.5	4.8	2	2142	1150	225	18	4	250	18	4	76	
ZS—1150—12.5	265302		110	12.5	7.2	3	2142	1150	225	18	4	250	18	4	74	
ZC—1150—N1.5	265001		110			1.5	2016	1150	180	14	4	180	14	4	37	
ZSX—110/4	265146		110	4		2	1900	1060	140	M12	4	225	18	4	50	
ZS—110/4	265025		110	4		2	1870	1170	140	M12	4	225	18	4	65	
ZSW—20/16—3	262009D		20	16	1.8		600	405	140	M12	4	210	18	4	22	耐污型
ZSW—35/4—3	263004D		35	4		1.2	1015	405	140	14	4	140	14	4	14	
ZSW—35/4	263007D		35	4		1.5	1200	610	140	M12	2	140	M12	4	27	
ZSW—35/4—2			35	4		1	900	405	140	14	4	140	14	4	14.2	
ZSW—35/4—2	263140D		35	4		1	920	405	140	14	4	140	14	4	15	
ZSW—35/8—3	263001D		35	8		1.5	1015	450	140	M12	4	180	14	4	20	
ZSW—40.5/4—4	263008D		35	4		2	1256	525	140	M12	4	180	14	4	20	
ZSW—40.5/8—4	263009D		35	8		2	1256	525	140	M12	4	180	14	4	22	
ZSW—72.5/4—3	264001D		63	4		1.5	1813	760	140	M12	4	140	M12	4	31	
ZSW—110/10—3	265017D		110	10	8	4	3150	1150	140	M12	4	225	18	4	92	
ZSW—110/6—4	265023D		110	6		3	3906	1340	140	M12	4	225	18	4	90	
ZSW—110/4（倒置）	265027D		110	6		2	3150	1200	140	M12	4	225	18	4	73	
ZSW—110/4	265028D		110	4		2	3150	1170	140	M12	4	225	18	4	75	
ZSW—110/4L	265029D		110	6		3	3150	1190	140	M12	4	140	M12	4	72	

续表

型号	产品品号		额定电压 (kV)	机械破坏负荷≥			爬电距离 (mm)	主要尺寸 (mm)							重量 (kg)	备注
				弯曲 (kN)		扭矩 (kN·m)		H	上附件			下附件				
	新品号	老品号		正装	倒装				a_1	d_1	孔数(个)	a_2	d_2	孔数(个)		
ZSW—110/4—2	265144D	2676	110	4		2	2750	1080	140	M12	4	225	18	4	65	
ZSW—110/8.5—2	265246D	2681	110	8.5	4.8	2	2750	1080	225	18	4	250	18	4	83	
ZSW—110/4—3	265005D		110	4		2	3150	1150	140	M12	4	225	18	4	65	
ZSW—110/4L—3	265104D		110	4		3	3150	1170	140	M12	4	140	M12	4	53	
ZSW—110/6—3	265204D		110	6		3	3150	1150	140	M12	4	225	18	4	57	
ZSW—110/4—3	265101D		110	4		2	3150	1200	140	M12	4	225	18	4	57.5	
ZSW—110/4—3	265011D		110	4		3	4012	1340	140	M12	4	225	18	4	63	
ZSW—110/6.12	265244D		110	6.12		2	2676	1080	140	M12	4	225	18	4	63	
ZSW—110/12.75	265245D		110	12.75		2	2676	1080	225	18	4	250	18	4	85	
ZSW—110/4	265140D		110	4		2	2676	1080	140	M12	4	225	18	4	62	
ZSW—110/4	265021D		110	4		2	3528	1340	140	M12	4	225	18	4	83	
ZSW—110/8.5	265242		110	8.5			2676	1080	225	18	4	250	18	4	80	
ZSW—110/10	265017D		110	10	8	4	3150	1150	127	M16	4	225	18	4	92	
ZSW—110/4	265145D		110	4		2	2676	1100	140	M12	4	140	M12	4	63	
ZSW—110—4L	265032D		110	4		1.5	2750	1190	140	M12	4	140	M12	4	67	
ZSW—110/4	265026D		110	4		2	2750	1170	140	M12	4	225	18	4	73	
ZSW—1150—20	265018D		110	20	14	4	3150	1150	225	18	4	254	18	8	118	耐污型
ZSW—1150—28	265015D		110	28	20	4	3150	1150	254	18	8	275	18	8	109	
ZSW—1150—8.5	265006D		110	8.5	4.8	2	3150	1150	225	18	4	250	18	4	83	
ZSW—1150—12.5	265303D		110	12.5	7.2	3	3150	1150	225	18	4	250	18	4	81	
ZSW—1150—17	265014D		110	17	9.4		3150	1150	225	18	4	254	18	8	110	
ZSW—1200—8.5	265031D		110	8.5	4.8	4	3150	1200	225	18	4	250	4	18	88	
ZSW—1330—8.5	265012D		110	8.5		3	3800	1330	225	18	4	250	18	4	71	
ZSW—1390—8.5	265030D		110	8.5		4	3906	1390	225	18	4	250	18	4	104	
ZCW—1150—N1.5	265002D		110			1.5	3150	1150	180	14	4	180	14	4	57	
ZCW—1150—N1.5	265022D		110		1.5		3150	1150	182	18	6	182	18	6	58	
ZCW—1150—N1.5	265002D		110			1.5	3150	1150	180	14	4	250	18	4	71	
ZS—220/4	265112、265210 组合		220	4		2	3740	2120	140	M12	4	250	18	4		
ZS—220/4	265003、265004 组合		220	4		2	4284	2300	140	M12	4	250	18	4		
ZS—220/6	265203、265302 组合		220	6		3	4284	2300	140	M12	4	250	18	4		
ZSW—220/4	265144D、265246D 组合		220	4		2	5500	2160	140	M12	4	250	18	4		
ZSW—220/4	265005D、265006D 组合		220	4		2	6300	2300	140	M12	4	250	18	4		
ZSW—220/4	265011D、265012D 组合		220	4		3	7812	2670	140	M12	4	250	18	4		
ZSW—220/6	265204D、265303D 组合		220	6		3	6300	2300	140	M12	4	250	18	4		
ZSW—220/10	265017D、265018D 组合		220	10		4	6300	2300	127	M16	4	254	18	8		

表 1-26

户外棒形支柱绝缘子技术数据

代号	型号	电压等级(kV)	弯曲负荷(kN)	扭转负荷(kN·m)	公称爬距(mm)	雷电全波冲击耐受电压(kV)	工频干耐受电压(kV)	工频湿耐受电压(kV)	重量(kg)	主要尺寸(mm) 总高 H	最大伞径 D	干弧距离	伞数(个)	上附件 孔数(个)	d_1	a_1	下附件 孔数(个)	d_2	a_2	备注
2210	ZS—12/5L	12	5		230	75	40	28	6	220	140	125	2	2	M8	φ36	4	M10	φ55	普通伞形(12～72.5kV)
2211	ZS—12/4	12	4		230	75	40	28	6.1	210	140	123	2	2	M8	φ36	2	φ12	φ130	
2220	ZS—24/10	24	10		400	150	75	50	18	350	180	224	4	4	M12	φ140	4	φ18	φ210	
2221	ZS—24/8	24	8		400	150	75	50	14.5	350	165	217	4	2	M12	76(φM16)	4	φ14	φ180	
2222	ZS—24/8	24	8		400	150	75	50	14.5	350	165	217	4	2	M12		4	φ14	φ180	
2224	ZS—24/16	24	16		470	150	75	50	20	350	190	218	5	4	M12	φ140	4	φ18	φ210	
2225	ZS—24/30	24	30		470	150	75	50	32	400	205	222	5	4	M12	φ140	4	φ18	φ250	
2226	ZS—24/30—G	24	30		575	170	100	70	32.6	450	205	272	5	4	M12	φ140	4	φ18	φ225	
2229	ZY—24/20K	24	20		400	150	75	50	31.2	370	210	206	4	4	φ18	φ225	4	φ18	φ225	
2200	ZS—40.5/6L	40.5	6	3	648	170	100	70	17	420	165	308	7	4	M12	φ140	4	M12	φ140	
2204	ZS—40.5/8	40.5	8	2	625	170	100	70	16	420	165	306	6	4	M12	φ140	4	φ14	φ180	
2206	ZS—40.5/4K	40.5	4	2	648	170	100	70	12	400	150	300	7	4	φ14	φ140	4	φ14	φ140	
2207	ZSW—40.5/4K—2	40.5	4	1.2	875	185	100	80	13	445	150	345	10	4	φ14	φ140	4	φ14	φ140	
2209	ZS—40.5/4—4	40.5	4	1	650	185	100	80	14.6	480	155	370	7	4	φ14	φ140	4	φ14	φ180	
2213	ZSW2—40.5/4—4	40.5	4	1.8	1260	250	135	90	27	560	235	405	大5小4	4	M16	φ127	4	φ14	φ180	大小开放伞
2270	ZSW—40.5/4—G	40.5	4	1.2	875	200	110	70	15	480	170	372	7	4	φ14	φ140	4	M12	φ140	普通伞形(12～17.5kV)
2240	ZS—72.5/5	72.5	5	2	1160	325	165	140	38.1	710	180	565	11	4	M12	φ140	4	φ18	φ225	
2241	ZS—72.5/4	72.5	4	2	1104	325	175	140	28.5	760	170	627	10	4	M12	φ140	4	φ14	φ180	
2242	ZS—72.5/15K	72.5	15	4	1104	325	175	140	58.4	840	230	628	9	4	φ18	φ210	8	φ18	φ250	
2830	ZSW—72.5/4—3	72.5	4	2	2010	325	175	140	50	850	235	705	15	4	M12	φ140	4	φ18	φ225	
2800	ZSW—72.5/8—2	72.5	8	4	1380	325	175	140	39	850	235	705	12	4	M12	φ140	4	φ18	φ225	
22301	ZSW3—40.5/4—2	40.5	4	4	875	185	100	80	14	445	150	350	10	4	M12	φ140	4	φ14	φ180	
22302	ZSW2—40.5/4—2	40.5	4	4	875	185	100	80	13.5	445	150	351	10	4	M12	φ140	4	M12	φ140	
22303	ZSW—40.5/10—4	40.5	10	2	1260	250	135	90	31.4	560	245	405	大5小4	4	M16	φ127	4	φ14	φ180	大小开放伞
22304		40.5	10	2	1092	250	140	100	25.5	530	178	408	12	4	φ18	φ180	4	φ18	φ180	普通伞形
22201		24	8.9	1.2	610	150	70	60	15	330	168	232	7	4	M12	φ140	4	φ18	φ180	
22306	ZSW—40.5/10—3	40.5	10	2	1015	250	150	90	26	560	210	405	5大4小	4	M16	φ127	4	φ14	φ180	开放伞形
22307	ZS—40.5/6L	40.5	6	2	648	185	100	80	16	420	165	313	7	4	M12	φ140	4	M12	φ140	普通伞形

续表

代号	型号	电压等级(kV)	弯曲负荷(kN)	扭转负荷(kN·m)	公称爬距(mm)	雷电全波冲击耐受电压(kV)	工频干耐受电压(kV)	工频湿耐受电压(kV)	重量(kg)	主要尺寸(mm) 总高 H	最大伞径 D	干弧距离	伞数(个)	上附件 孔数(个)	上附件 d_1	上附件 a_1	下附件 孔数(个)	下附件 d_2	下附件 a_2	备注
22308	ZS—72.5/4L	72.5	4	2	1815	325	180	140	32.5	760	210	629	8大7小	4	M12	ϕ140	4	M12	ϕ140	开放伞形
22309	ZS—40.5/5L	40.5	5	2	1300	185	100	80	23.6	625	205	470	9	4	M12	ϕ120	4	M12	ϕ120	伞下带棱伞
22303a	ZSW—40.5/10—4	40.5	10	2	1260	250	135	90	29.9	560	245	327	5大4小	4	M12	ϕ140	4	ϕ18	ϕ180	开放伞形
2243	ZS—126/4—G	126	4	4	2016	550	300	230	52	1200	170	1055	16	4	M12	ϕ140	4	ϕ18	ϕ225	普通伞形
2272	ZSW—126/8K—2	126	8	4	2830	550	300	230	90.5	1200	250	1008	大12小12	4	ϕ18	ϕ225	4	ϕ18	ϕ250	大小开放伞
2272D	ZSW2—126/8K—2	126	8	4	2830	550	300	230	85	1200	250	1008	大12小12	4	ϕ18	ϕ250	4	ϕ18	ϕ225	
2295	ZSW—126/4K—2	126	4	2	3025	550	300	230	70	1200	245	1050	大12小12	4	ϕ14	ϕ190	4	ϕ18	ϕ225	
2805	ZS—126/6	126	6	4	2016	450	362	185	47	1060	195	917	16	4	M12	ϕ140	4	ϕ18	ϕ225	普通伞形
2807	ZSW—126/6—2	126	6	4	3050	550	300	230	76	1200	245	1038	大12小12	4	M12	ϕ140	4	ϕ18	ϕ225	大小开放伞
2809	ZSW—126/10—4	126	10	4	3906	650	375	275	128.5	1400	280	1222	大15小14	4	M12	ϕ140	8	ϕ18	ϕ254	
2810	ZS—126/10K	126	10	4	2142	450	245	185	76	1050	220	878	18	4	ϕ18	ϕ225	8	ϕ18	ϕ254	普通伞形
2811	ZS—126/10K	126	10	6	2200	450	245	185	93	1050	240	866	18	8	ϕ18	ϕ254	8	ϕ18	ϕ254	
2813	ZS3—126/10K	126	10	4	2520	450	245	185	85	1050	230	878	23	4	ϕ18	ϕ225	8	ϕ18	ϕ254	
2814	ZS3—126/16K	126	16	10	2520	450	245	185	95	1050	240	866	23	8	ϕ18	ϕ254	8	ϕ18	ϕ254	
2818	ZSW—145/8K—4	145	8	4	4612	650	375	275	123	1500	280	1326	大16小15	4	ϕ18	ϕ225	8	ϕ18	ϕ254	大小开放伞
2819	ZSW—126/6—3	126	6	3	3150	550	280	230	77	1200	250	1023	大13小12	4	M12	ϕ140	4	ϕ18	ϕ225	大小开放伞
2820	ZSW—126/10K—3	126	10	4	3150	450	245	185	87	1150	270	978	大12小11	4	ϕ18	ϕ225	8	ϕ18	ϕ254	
2821	ZSW—126/20K—3	126	20	10	3200	450	245	185	102	1150	285	953	大12小11	8	ϕ18	ϕ254	8	ϕ18	ϕ254	
2831	ZS—126/4	126	4	2	2016	450	245	185	44	1060	195	917	16	4	M12	ϕ140	4	ϕ18	ϕ225	普通伞形
2832	ZSW—126/4—4	126	4	2	3906	650	375	275	72	1400	255	1240	大12小11	4	M12	ϕ140	4	ϕ18	ϕ225	大小带棱伞
2833	ZS2—126/4	126	4	2	2142	450	245	185	50	1060	197	915	19	4	M12	ϕ140	4	ϕ18	ϕ225	普通伞形
2834	ZS1—126/4	126	4	3	2016	550	280	230	46	1190	195	1037	18	4	M12	ϕ140	4	M12	ϕ140	
2835	ZSW3—126/4—2	126	4	3	2750	550	280	230	66	1190	235	1020	大12小11	4	M12	ϕ140	4	M12	ϕ140	大小开放伞
2837	ZS—126/5K	126	5	2	2016	450	245	185	52.2	1060	210	886	15	4	ϕ14	ϕ190	4	ϕ18	ϕ225	普通伞形
2838	ZS2—126/8K	126	8	4	2142	450	245	185	75	1060	230	868	18	4	ϕ18	ϕ225	4	ϕ18	ϕ250	
2850	ZSW1—126/8K—3	126	8	4	3780	550	280	230	104	1220	270	1048	大13小13	4	ϕ18	ϕ225	8	ϕ18	ϕ254	大小开放伞
2867	ZS—145/10	145	10	10	3300	650	375	275	108	1500	230	1288	26	4	M16	ϕ127	8	ϕ18	ϕ254	普通伞形
2868	ZS—145/4	145	4	2	2520	650	375	275	70	1400	210	1240	19	4	M12	ϕ140	4	ϕ18	ϕ225	

续表

代号	型号	电压等级(kV)	弯曲负荷(kN)	扭转负荷(kN·m)	公称爬距(mm)	雷电全波冲击耐受电压(kV)	工频干耐受电压(kV)	工频湿耐受电压(kV)	重量(kg)	主要尺寸(mm)										备注
										总高 H	最大伞径 D	干弧距离	伞数(个)	上附件			下附件			
														孔数(个)	d_1	a_1	孔数(个)	d_2	a_2	
2869	ZS—145/8K	145	8	6	2900	650	375	275	114	1500	230	1316	26	4	ϕ18	ϕ225	8	ϕ18	ϕ254	普通伞形
2886	ZSW—126/4—2	126	4	4	2750	550	300	230	59	1200	205	1055	大14小13	4	M12	ϕ140	4	ϕ18	ϕ225	大小开放伞
2888	ZSW2—126/4—2	126	4	2	3050	550	300	230	71	1200	245	1040	大12小12	4	M12	ϕ140	4	ϕ18	ϕ225	
22401	ZSW2—126/6—3	126	6	4	3150	550	300	230	78.6	1200	250	970	大13小12	4	ϕ18	ϕ210	4	ϕ18	ϕ210	
22402	ZSW—126/12.5—2	126	12.5	8	2750	550	300	230	96	1200	260	1013	大12小11	8	ϕ18	ϕ254	4	ϕ18	ϕ225	
22403	ZSW2—126/4—4	126	4	2	3906	650	375	275	88	1400	255	1210	大12小11	4	M12	ϕ140	4	M12	ϕ140	大小带棱伞，正装倒装通用
22404	ZSW—126/8—2	126	8	4	2350	450	265	185	68.5	1220	215	1034	21	4	M16	ϕ188	4	ϕ20	ϕ250	普通伞形
22405	ZSW—126/16—2	126	16	10	2520	450	265	185	95.6	1075	250	878	22	4	M12	ϕ140	8	ϕ18	ϕ254	
22405D	ZSW—126/16—2	126	16	10	2520	450	265	275	95.6	1075	250	878	22	8	ϕ18	ϕ254	4	M12	ϕ140	
22406	ZSW—145/10	145	10	10	3780	650	375	275	117	1500	250	1275	大18小18	4	M16	ϕ127	8	ϕ18	ϕ254	开放伞形
22407	ZSW—126/8.5	126	8.5	6	3906	650	375	275	118.4	1400	280	1218	大15小14	4	ϕ18	ϕ225	4	ϕ22	ϕ250	
22407a	ZSW—126/8.5	126	8.5	6	3906	650	375	275	125.8	1400	280	1218	大15小14	4	ϕ18	ϕ225	4	ϕ18	ϕ270	
22408	ZSW—145/6—3	145	6	3	3625	650	375	275	91	1500	230	1328	大18小17	4	M12	ϕ140	4	ϕ18	ϕ225	
22408a	ZSW—145/6—3	145	6	3	3625	650	375	275	94.2	1500	230	1336	大18小17	4	ϕ14	ϕ190	4	ϕ18	ϕ225	

代号	型号	电压等级(kV)	弯曲负荷(kN)	扭转负荷(kN·m)	公称爬距(mm)	雷电全波冲击耐受电压(kV)	操作波冲击湿耐受电压(kV)	工频干耐受电压(kV)	工频湿耐受电压(kV)	重量(kg)	主要尺寸(mm)										元件组成
											总高 H	最大伞径 D	干弧距离	伞形	上附件			下附件			
															孔数(个)	d_1	a_1	孔数(个)	d_2	a_2	
2261	ZSW4—252/4K—2	252	4	4	5500	1050	850	525	460	146	2300	245	1968	开放伞	4	ϕ12	ϕ190	4	ϕ18	ϕ250	2295+2889
2262	ZSW2—252/4—2	252	4	4	5500	1050	850	525	460	146	2300	245	1973		4	M12	ϕ140	4	ϕ18	ϕ250	2888+2889
2274	ZSW1—252/8K—2	252	8	4	5500	1050	850	525	460	189	2300	280	1898		4	ϕ18	ϕ225	8	ϕ18	ϕ250	2272+2273
2276	ZSW1—252/15K—2	252	15	10	5500	1050	850	525	460	239	2300	290	1805		4	ϕ18	ϕ250	8	ϕ18	ϕ310	2273+2273
2278	ZS—252/4	252	4	4	4510	1050	850	525	460	249	2420	240	2073	普通伞	4	M12	ϕ140	4	ϕ18	ϕ250	2283+2847
2701	ZS2—252/4	252	4	4	4284	950	750	490	395	123	2120	230	1832		4	M12	ϕ140	4	ϕ18	ϕ250	2833+2838
2703	ZS—252/10K	252	10	10	4284	950	750	490	395	169	2100	240	1732		4	ϕ18	ϕ225	8	ϕ18	ϕ254	2810+2811
2704	ZS—252/6	252	6	6	3776	950	750	490	395	122	2120	230	1777		4	M12	ϕ140	4	ϕ18	ϕ250	2805+2806
2705	ZSW—252/6—2	252	6	6	5500	1050	850	525	460	156	2300	245	1973	开放伞	4	M12	ϕ140	4	ϕ18	ϕ250	2807+2808

续表

代号	型号	电压等级(kV)	弯曲负荷(kN)	扭转负荷(kN·m)	公称爬距(mm)	雷电全波冲击耐受电压(kV)	操作波冲击湿耐受电压(kV)	工频干耐受电压(kV)	工频湿耐受电压(kV)	重量(kg)	主要尺寸(mm)										元件组成
											总高 H	最大伞径 D	干弧距离	伞形	上附件			下附件			
															孔数(个)	d_1	a_1	孔数(个)	d_2	a_2	
2706	ZS—252/16K	252	16	10	4284	950	750	490	395	207	2100	270	1691	普通伞	8	ϕ18	ϕ254	8	ϕ18	ϕ300	2811+2812
2707	ZC—252/N2L	252	2.5	2	4280	1050	850	525	460	114	2400	190	2046		4	M16	ϕ27	4	M16	ϕ127	2801+2802
2708	ZS—252/8	252	8	8	4284	1050	850	525	460	191	2400	240	2004		4	M16	ϕ127	6	ϕ18	ϕ286	2803+2804
2712	ZSW—252/6—3	252	6	6	6300	1050	850	525	460	164	2350	260	2001	开放伞	4	M12	ϕ140	8	ϕ18	ϕ254	2819+2820A
2713	ZSW—252/10K—3	252	10	10	6300	1050	850	525	460	190	2300	285	1931		4	ϕ18	ϕ225	8	ϕ18	ϕ254	2820+2821
2714	ZSW—252/8K—4	252	8	8	7812	1175	950	525	510	227	2650	285	2279		4	ϕ18	ϕ225	8	ϕ18	ϕ254	2818+2821
2715	ZSW—252/10K—4	252	10	8	7812	1175	950	525	510	253	2650	310	2251		4	ϕ18	ϕ225	8	ϕ18	ϕ300	2818+2822
2716	ZSW—252/16K—3	252	16	6	6300	1050	850	525	460	232	2300	310	1878		8	ϕ18	ϕ254	8	ϕ18	ϕ300	2821+2822
2717	ZSW—252/12.5K—3	252	12.5	6	6300	1050	850	525	460	224	2300	310	1888		4	ϕ18	ϕ225	8	ϕ18	ϕ275	2823+2824
2718	ZSW2—252/10K—3	252	10	6	6300	1050	850	525	460	201.3	2400	290	2019		4	ϕ18	ϕ225	8	ϕ18	ϕ254	2825+2826
2719	ZSW—252/8K—3	252	8	10	6300	1050	850	525	460	209	2300	295	1913		4	ϕ18	ϕ225	8		ϕ254	2850+2851
2720	ZCW—252/N2L—3	252	2.5	2	6300	1050	850	525	460	146.7	2400	240	2046	开放伞	4	M16	ϕ127	4	M16	ϕ127	2827+2828
2860	ZS—252/4	252	4	2	3776	950	750	490	395	114	2120	230	1777	普通伞	4	M12	ϕ140	4	ϕ18	ϕ250	2831+2836
22601	ZCW—252/N2K—2	252	—	2	5500	1050	850	525	460	122.5	2300	210	2012	开放伞	4	ϕ18	ϕ210	4	ϕ18	ϕ210	23401+23401
22602	ZSW3—252/4—2	252	4	2	5500	1050	850	525	460	146	2300	245	1973		4	M12	ϕ140	4	ϕ18	ϕ270	2888+23403
22603	ZSW—252/6—2	252	6	4	5500	1050	850	525	460	158	2370	245	2026	开放伞	4	M12	ϕ140	4	ϕ22	ϕ250	23404+23405
22604	ZSW—252/6K—3	252	6	6	6300	1050	850	525	460	173	2300	275	1966	开放伞	4	ϕ18	ϕ225	8	ϕ18	ϕ254	23411+23412
22605	ZS2—252/6	252	6	4	3776	950	750	490	395	122	2120	230	1777	普通伞	4	M12	ϕ140	4	ϕ18	ϕ270	2805+23410
22606	ZSW1—252/8K—3	252	8	8	6300	1050	850	525	460	216	2400	285	2031	开放伞	4	ϕ18	ϕ225	8	ϕ18	ϕ254	23413+23414
22607	ZSW2—252/8K—2	252	8	4	5500	1050	850	525	460	234	2400	270	2012	开放伞	6	ϕ18	ϕ286	6	ϕ18	ϕ286	23415+23415
22608	ZCW—252/N4K—2	252		4	5500	1050	850	525	460	105.3	2300	205	2028	开放伞	4	ϕ13	ϕ180	4	ϕ13	ϕ180	23416+23416
22609	ZSW—252/8—2	252	8	4	5500	950	850	490	395	163	2120	280	1793	开放伞	4	M12	ϕ140	4	ϕ18	ϕ270	23417+23418
22610	ZSW2—252/6—2	252	6	4	5500	950	750	490	395	150.7	2200	255	1858	开放伞	4	M12	ϕ140	4	ϕ18	ϕ250	23419+23420
22611	ZS—252/8K	252	8	4	4284	950	750	490	395	172.5	2100	250	1731	普通伞	4	ϕ18	ϕ225	8	ϕ18	ϕ254	2810+23424

续表

代号	型号	电压等级(kV)	弯曲负荷(kN)	扭转负荷(kN·m)	公称爬距(mm)	雷电全波冲击耐受电压(kV)	操作波冲击湿耐受电压(kV)	工频干耐受电压(kV)	工频湿耐受电压(kV)	重量(kg)	主要尺寸(mm)										元件组成
											总高 H	最大伞径 D	干弧距离	伞形	上附件			下附件			
															孔数(个)	d_1	a_1	孔数(个)	d_2	a_2	
22612	ZSW3—252/10K—3	252	10	6	6300	1050	750	525	460	199.5	2300	300	1931	开放伞	4	$\phi18$	$\phi225$	8	$\phi18$	$\phi254$	2820+23427
22613	ZSW2—252/12.5K—3	252	12.5	6	6300	1050	850	525	460	217.5	2300	315	1901	开放伞	4	$\phi18$	$\phi225$	8	$\phi18$	$\phi275$	23412+23428
22614	ZSW2—252/16K—3	252	16	10	6300	1050	850	525	460	43.7	2300	330	1878	开放伞	8	$\phi18$	$\phi254$	8	$\phi18$	$\phi300$	23427+23429
22604a	ZSW—252/6—3	252	6	6	6300	1050	850	525	460	170	2300	275	1954	开放伞	4	$\phi14$	$\phi190$	4	$\phi18$	$\phi250$	23411a+23412a
22604b	ZSW—252/6—3	252	6	6	6300	1050	850	525	460	170.6	2300	275	1956	开放伞	4	M12	$\phi140$	4	$\phi18$	$\phi250$	23411b+23412a
22606a	ZSW—252/8K—3	252	8	8	6300	1050	850	525	460	217	2400	285	2031	开放伞	4	$\phi22$	$\phi250$	8	$\phi18$	$\phi280$	23413a+23414a
22609a	ZSW—252/8—2	252	8	4	5500	950	750	495	395	162.5	2120	280	1793	开放伞	4	M12	$\phi140$	4	$\phi22$	$\phi250$	23417+23418A
22612a	ZSW—252/10K—3	252	10	6	6300	950	850	495	395	199.5	2300	300	1931	开放伞	4	$\phi18$	$\phi225$	8	$\phi18$	$\phi250$	2820+23427a
22615	ZCW—252/N3K—3	252	2	3	6300	1050	850	525	460	121	2300	230	2012	开放伞	4	$\phi18$	$\phi210$	4	$\phi18$	$\phi210$	23409+23409
22616	ZSW—252/4K—3	252	4	3	6300	1050	850	525	460	155	2300	265	1974	开放伞	4	$\phi14$	$\phi190$	4	$\phi18$	$\phi250$	23425+23426
22616A	ZSW—252/4—3	252	4	4	6300	1050	850	525	460	154.5	2320	265	1986	开放伞	4	M12	$\phi140$	8	$\phi18$	$\phi254$	23425A+23426A
22616b	ZSW—252/4—3	252	4	4	6300	1050	850	525	460	155	2300	265	1958	开放伞	4	M12	$\phi140$	4	$\phi18$	$\phi250$	23425b+23426
22617	ZSW—252/8K—3	252	8	4	6300	1050	850	525	460	189.5	2300	290	1910	开放伞	4	$\phi18$	$\phi225$	8	$\phi18$	$\phi250$	23430+23431
22617A	ZSW—252/8K—3	252	8	4	6300	1050	850	525	460	190.6	2300	290	1915	开放伞	4	$\phi18$	$\phi225$	8	$\phi18$	$\phi254$	23430+23431A
22617B	ZSW—252/8—3	252	8	8	6300	1050	850	525	460	190	2320	290	1913	开放伞	4	M12	$\phi140$	8	$\phi18$	$\phi254$	23430A+23431A
22617C	ZSW—252/8—3	252	8	4	6300	1050	850	525	460	187	2300	290	1900	开放伞	4	M12	$\phi140$	8	$\phi18$	$\phi250$	23430B+23431
22617d	ZSW—252/8—3	252	8	4	6300	1050	850	525	460	189	2300	290	2108	开放伞	4	$\phi14$	$\phi190$	8	$\phi18$	$\phi250$	23430C+23431
22618	ZSW—252/8—3	252	8	6	6300	1050	850	525	460	220	2400	290	2031	开放伞	8	$\phi18$	$\phi254$	4	$\phi18$	$\phi225$	23433+23432
22620	ZSW—252/8.5—3	252	8.5	4	6700	1050	850	525	460	226	2600	290	2196	开放伞	4	$\phi18$	$\phi225$	8	$\phi18$	$\phi300$	22407+23436
22622	ZCW—252/N3K—3	252		3	6300	1050	850	525	460	100	2300	215	2020	开放伞	4	$\phi14$	$\phi160$	4	$\phi14$	$\phi160$	22439+23439
22623	ZSW—252/6—3	252	6	4	6300	1050	850	525	460	186.8	2350	275	1980	开放伞	4	M12	$\phi140$	4	$\phi18$	$\phi270$	23430b+23412b
22624	ZSW—252/10—3	252	10	4	6300	1050	850	525	460	224.7	2400	305	2021	开放伞	4	$\phi18$	$\phi225$	8	$\phi18$	$\phi254$	2825+23441
2265	ZS—363/4K	363	4	2	5610	1425	950	695	630	230	3200	240	2614	普通伞	4	$\phi14$	$\phi190$	8	$\phi18$	$\phi250$	均压环+2837+2836+2848

续表

代号	型号	电压等级(kV)	弯曲负荷(kN)	扭转负荷(kN·m)	公称爬距(mm)	雷电全波冲击耐受电压(kV)	操作波冲击湿耐受电压(kV)	工频干耐受电压(kV)	工频湿耐受电压(kV)	重量(kg)	主要尺寸(mm)										元件组成
											总高 H	最大伞径 D	干弧距离	伞形	上附件			下附件			
															孔数(个)	d_1	a_1	孔数(个)	d_2	a_2	
2277	ZS—363/5K	363	5	5	6890	1425	950	695	630	250	3480	240	2884	普通伞	4	$\phi14$	$\phi190$	8	$\phi18$	$\phi250$	均压环+2244+2847+2848
2736	ZS1—363/10K	363	10	10	6171	1425	950	695	630	285	3150	270	2551	普通伞	4	$\phi18$	$\phi225$	8	$\phi18$	$\phi300$	均压环+2810+2811+2812
2737	ZS3—363/10K	363	10	6	7260	1425	950	695	630	297	3150	270	2569	普通伞	4	$\phi18$	$\phi225$	8	$\phi18$	$\phi300$	均压环+2813+2814+2815
2740	ZSW—363/4K—2	363	4	2	8210	1550	1050	740	680	257	3400	280	2858	开放伞	4	$\phi14$	$\phi190$	8	$\phi18$	$\phi250$	均压环+2295+2889+2273
2744	ZSW—363/6—3	363	6	3	9075	1550	1050	740	680	268	3500	285	2936	开放伞	4	M12	$\phi140$	8	$\phi18$	$\phi254$	均压环+2819+2820A+2821
2745	ZSW1—363/8K—3	363	8	10	9075	1550	1050	740	680	361	3500	315	2896	开放伞	4	$\phi18$	$\phi225$	8	$\phi18$	$\phi275$	均压环+2850+2851+2852
2746	ZSW—363/10K—3	363	10	4	9075	1550	1050	740	680	325	3460	310	2860	开放伞	4	$\phi18$	$\phi225$	8	$\phi18$	$\phi300$	均压环+2820+2821+2822
22701	ZSW—363/4K—2	363	4	2	8250	1550	1050	740	630	230	3200	270	2739	开放伞	4	$\phi14$	$\phi190$	8	$\phi18$	$\phi250$	23406+23407+23408
22702	ZSW—363/4K—3	363	4	4	9075	1550	1050	740	630	241	3200	285	2739	开放伞	4	$\phi14$	$\phi190$	8	$\phi18$	$\phi250$	23421+23422+23423
22703	ZSW2—363/4K—3	363	4	2	9075	1550	1050	740	630	256.7	3400	280	2858	开放伞	4	$\phi14$	$\phi190$	8	$\phi18$	$\phi250$	23425+23426+2273
2267	ZS1—550/5K	550	5	5	8710	1950	1240	900	800	385	4570	240	3796	普通伞	4	$\phi18$	$\phi225$	8	$\phi18$	$\phi300$	均压环+2846+2847+2848+2849
2750	ZC1—550/N4L	550	4	8800	1950	1240	900	800	193	4400	200	3942			8	M10	$\phi127$	8	M10	$\phi127$	2871+2872+2873
2751	ZC1—550/N4K	550	4	8800	1950	1240	900	800	198	4400	200	3968			4	$\phi18$	$\phi210$	4	$\phi18$	$\phi210$	2872+2872+2877
2753	ZS1—550/8K	550	8	10	8800	1950	1240	900	800	432	4400	290	3713		8	$\phi18$	$\phi275$	8	$\phi18$	$\phi300$	2861+2862+2863

续表

代号	型号	电压等级 (kV)	弯曲负荷 (kN)	扭转负荷 (kN·m)	公称爬距 (mm)	雷电全波冲击耐受电压 (kV)	操作波冲击湿耐受电压 (kV)	工频干耐受电压 (kV)	工频湿耐受电压 (kV)	重量 (kg)	主要尺寸 (mm)										元件组成
											总高 H	最大伞径 D	干弧距离	伞形	上附件			下附件			
															孔数 (个)	d_1	a_1	孔数 (个)	d_2	a_2	
2754	ZS1—550/11K	550	11	10	8800	1950	1240	900	800	465	4400	290	3700	普通伞	8	ϕ18	ϕ275	8	ϕ18	ϕ325	2866+2866+2865
2755	ZS1—550/12K—3	550	12	10	8800	1950	1240	900	800	532	4400	305	3660		4	M16	ϕ127	8	ϕ18	ϕ325	2881+2882+2883
2756	ZS1—550/14K	550	14	10	8800	1950	1240	900	800	536	4400	305	3675		8	ϕ18	ϕ275	8	ϕ18	ϕ325	2880+2882+2883
2757	ZS3—550/10K	550	10	10	8800	1950	1240	900	800	424	4400	305	3726		8	ϕ18	ϕ254	8	ϕ18	ϕ325	2864+2862+2865
2770	ZCW—550/N4L—3	550		4	13750	1950	1240	900	800	242	4400	290	3842	带棱伞	8	M10	ϕ127	8	M10	ϕ127	2874+2875+2876
2771	ZCW—550/N4K—3	550		4	13750	1950	1240	900	800	247	4400	240	3968		4	ϕ18	ϕ210	4	ϕ18	ϕ210	2875+2875+2878
2773	ZSW1—550/8K—3	550	8	10	13750	1950	1300	900	800	540	4700	335	3848	开放伞	4	ϕ18	ϕ225	8	ϕ18	ϕ300	均压环+2850+2851+2852+2853
2774	ZSW1—550/11K—3	550	11	10	13750	1950	1240	900	800	530	4400	320	3670	带棱伞	8	ϕ18	ϕ275	8	ϕ18	ϕ325	2896+2896+2897
2775	ZSW1—550/12—3	550	12	10	13750	1950	1240	890	790	546	4400	335	3660		4	M16	ϕ127	8	ϕ18	ϕ325	2884+2885+2887
2776	ZSW1—550/14K—3	550	14	10	13750	1675	1240	890	790	554	4400	335	3675		8	ϕ18	ϕ275	8	ϕ18	ϕ325	2890+2885+2887
2777	ZSW2—550/10K—3	550	10	4	13750	1950	1240	890	790	494	4400	320	3713		8	ϕ18	ϕ254	8	ϕ18	ϕ325	2895+2896+2897
2778	ZSW3—550/8K—3	550	8	10	13750	1950	1240	890	790	494	4400	320	3700		8	ϕ18	ϕ275	8	ϕ18	ϕ300	2894+2896+2898
2784	ZSW2—550/11K—3	550	11	10	13750	1950	1240	890	790	540	4400	320	3670		8	ϕ18	ϕ275	8	ϕ18	ϕ325	均压环+2896+2896+2897
27801	ZSW4—550/11K—3	550	11	10	13750	1950	1240	890	790	505	4400	320	3713		8	ϕ18	ϕ254	8	ϕ18	ϕ325	均压环+2895+2896+2897

表 1-27 户外棒形支柱绝缘子元件技术数据

代号	型　号	弯曲		扭转负荷(kN·m)	公称爬距(mm)	主要尺寸(mm)							伞数(个)	最大伞径(mm)	重量(kg)
		力臂(mm)	力臂升高后的负荷(kN)			总高 H	上部安装尺寸			下部安装尺寸					
							孔数(个)	d_1	a_1	孔数(个)	d_2	a_2			
23401	ZCW—1150—N2	1150	4	2	2750	1150	4	ϕ18	ϕ210	4	ϕ18	ϕ210	大 14 小 13	210	61
23402	ZCW1—1060—6	1060	6	4	2142	1060	4	ϕ18	ϕ225	4	M12	ϕ140	18	205	56
23403	ZSW1—1100—8.5	2300	4	2	2368	1100	4	ϕ18	ϕ225	4	ϕ18	ϕ270	大 11 小 10	245	74.5
23404	ZSW—1235—6	1235	6	4	3132	1235	4	M12	ϕ140	4	ϕ18	ϕ225	大 12 小 12	245	77
23405	ZSW—1135—12.5	2370	6	6	2368	1135	4	ϕ18	ϕ225	4	ϕ22	ϕ250	大 11 小 10	245	81
23406	ZSW—1060—4	1060	4	2	2750	1060	4	ϕ14	ϕ190	8	ϕ18	ϕ225	大 11 小 10	235	62
23407	ZSW—1060—8	2120	4	2	2750	1060	8	ϕ18	ϕ225	8	ϕ18	ϕ225	大 11 小 10	250	74
23408	ZSW—1080—12	3200	4	2	2750	1080	8	ϕ18	ϕ225	8	ϕ18	ϕ250	大 11 小 10	270	92
28110	ZSW—1500—20	1500	20	15	4780	1500	8	ϕ18	ϕ254	8	ϕ18	ϕ300	25	300[①]	176
28111	ZSW—1500—40	3000	20	15	4765	1500	8	ϕ18	ϕ300	8	ϕ18	ϕ325	24	335[①]	232
28112	ZSW—1400—62.9	4400	20	15	4205	1400	8	ϕ18	ϕ225	8	ϕ18	ϕ225	22	360[①]	263
23410	ZS—1060—6	1060	6	6	1760	1060	4	ϕ18	ϕ225	4	ϕ18	ϕ270	13	230	74.7
23411	ZSW—1150—6	1150	6	6	3150	1150	4	ϕ18	ϕ225	4	ϕ18	ϕ225	大 12 小 11	250	74
23412	ZSW—1150—12	2300	6	6	3150	1150	4	ϕ18	ϕ225	8	ϕ18	ϕ254	大 12 小 11	275	98
23413	ZSW—1200—8	1200	8	8	3150	1200	4	ϕ18	ϕ225	8	ϕ18	ϕ254	大 13 小 12	255	93
23414	ZSW—1200—16	2400	8	8	3150	1200	8	ϕ18	ϕ225	8	ϕ18	ϕ254	大 13 小 12	285	122
23415	ZSW2—1200—16	2400	8	6	2750	1200	6	ϕ18	ϕ286	6	ϕ18	ϕ286	大 12 小 11	270	116.5
23416	ZSW2—1150—N4	1150		4	2750	1150	4	ϕ13	ϕ180	4	ϕ13	ϕ180	大 13 小 12	205	52.6
23417	ZSW—1060—8	1060	8	4	2750	1060	4	M12	ϕ225	4	ϕ18	ϕ225	大 10 小 10	260	70.5
23418	ZSW—1060—16	2120	8	4	2750	1060	4	ϕ18	ϕ270	4	ϕ18	ϕ270	大 10 小 9	280	92
23419	ZSW—1100—6	1100	6	4	2800	1100	4	M12	ϕ225	4	ϕ18	ϕ225	大 12 小 12	235	65.7
23420	ZSW—1100—12	2200	6	4	2700	1100	4	ϕ18	ϕ250	4	ϕ18	ϕ250	大 12 小 11	255	84.3
23421	ZSW2—1060—4	1060	4	4	3025	1060	4	ϕ14	ϕ225	8	ϕ18	ϕ225	大 11 小 10	250	65
23422	ZSW2—1060—8	2120	4	4	3025	1060	8	ϕ18	ϕ225	8	ϕ18	ϕ225	大 11 小 10	265	77.5
23423	ZSW2—1080—12	3200	4	4	3025	1080	8	ϕ18	ϕ250	8	ϕ18	ϕ250	大 11 小 10	285	96.5
23424	ZS—1050—16	2100	8	8	2142	1050	8	ϕ18	ϕ254	8	ϕ18	ϕ254	18	250	95.3
23425	ZSW—1200—4	1100	4	2	3400	1200	4	ϕ14	ϕ190	4	ϕ18	ϕ225	大 12 小 12	245	69.7
23426	ZSW2—1100—8.5	2300	4	2	2965	1100	4	ϕ18	ϕ225	4	ϕ18	ϕ250	大 11 小 10	265	84.7
2823	ZSW—1150—12.5	1150	12.5	6	3200	1150	4	ϕ8	ϕ225	8	ϕ18	ϕ254	大 12 小 11	285	97
2824	ZSW—1150—25	2300	12.5	6	3100	1150	8	ϕ18	ϕ254	8	ϕ18	ϕ275	大 11 小 11	310	125
2825	ZSW—1200—10	1200	10	4	3032	1200	4	ϕ18	ϕ225	8	ϕ18	ϕ254	大 13 小 12	260	89
23427	ZSW—1150—20	2300	10	6	3200	1150	8	ϕ18	ϕ254	8	ϕ18	ϕ254	大 12 小 11	300	111.3
23428	ZSW—1150—25	2300	12.5	6	3100	1150	8	ϕ18	ϕ254	8	ϕ18	ϕ275	大 11 小 11	315	118.3
23429	ZSW2—1150—32	2300	16	10	3100	1150	8	ϕ18	ϕ254	8	ϕ18	ϕ300	大 11 小 11	330	131.2
23411a	ZSW—1150—6	1150	6	6	3150	1150	4	ϕ14	ϕ190	4	ϕ18	ϕ225	大 12 小 11	250	72
23411b	ZSW—1150—6	1150	6	6	3150	1150	4	M12	ϕ140	4	ϕ18	ϕ225	大 12 小 11	250	72

续表

代号	型　号	弯曲		扭转负荷(kN·m)	公称爬距(mm)	主要尺寸(mm)							伞数(个)	最大伞径(mm)	重量(kg)
		力臂(mm)	力臂升高后的负荷(kN)			总高 H	上部安装尺寸			下部安装尺寸					
							孔数(个)	d_1	a_1	孔数(个)	d_2	a_2			
23411c	ZSW—1170—6	1170	6	6	3150	1170	4	M12	ϕ140	4	ϕ18	ϕ225	大12小11	250	72.4
23412a	ZSW—1150—12	2300	6	6	3150	1150	4	ϕ18	ϕ225	4	ϕ18	ϕ250	大12小11	275	98
23413a	ZSW—1200—8	1200	8	8	3150	1200	4	ϕ22	ϕ250	8	ϕ18	ϕ254	大13小12	255	93
23414a	ZSW—1200—8	2400	8	8	3150	1200	8	ϕ18	ϕ254	8	ϕ18	ϕ280	大13小12	285	122.8
23418A	ZSW—1060—16	2120	8	4	2750	1060	4	ϕ18	ϕ225	4	ϕ22	ϕ250	大10小9	280	91.5
23425A	ZSW—1220—4	1220	4	4	3400	1220	4	M12	ϕ140	4	ϕ18	ϕ225	大12小12	245	70
23425b	ZSW—1200—4	1200	4	4	3335	1200	4	M12	ϕ140	4	ϕ18	ϕ225	大12小12	245	70
23426A	ZSW—1100—8.5	2300	4	4	2965	1100	4	ϕ18	ϕ225	8	ϕ18	ϕ254	大11小10	265	84
23427a	ZSW—1150—20	2300	10	6	3200	1150	8	ϕ18	ϕ254	8	ϕ18	ϕ250	大12小11	300	111
23430	ZSW—1200—8	1200	8	4	3340	1200	4	ϕ18	ϕ225	4	ϕ8	ϕ250	大12小12	265	90
23430A	ZSW—1200—8	1220	8	4	3340	1220	4	M12	ϕ140	4	ϕ18	ϕ250	大12小12	265	89.3
23430b	ZSW—1200—8	1200	8	4	3340	1200	4	M12	ϕ140	4	ϕ18	ϕ250	大12小11	265	87.5
23430c	ZSW—1200—8	1200	8	4	3340	1200	4	ϕ14	ϕ190	4	ϕ18	ϕ250	大12小12	265	89.5
23431	ZSW—1100—16	2300	8	4	2960	1100	4	ϕ18	ϕ250	8	ϕ18	ϕ250	大11小10	290	99
23431A	ZSW—1100—16	2300	8	4	2960	1100	4	ϕ18	ϕ250	8	ϕ18	ϕ254	大11小10	290	100
23409	ZCW—1150—N3K	2300	2	3	3150	1150	4	ϕ18	ϕ210	4	ϕ18	ϕ210	大13小12	230	60.2
23432	ZSW—1200—8	1200	8	4	3150	1200	8	ϕ18	ϕ254	4	ϕ18	ϕ225	大12小11	270	93
23433	ZSW—1200—16	2400	8	6	3150	1200	8	ϕ18	ϕ254	8	ϕ18	ϕ254	大12小11	290	126
23434	ZSW—1150—12	2300	12	6	3100	1150	8	ϕ18	ϕ275	8	ϕ18	ϕ254	大11小11	319	138
23435	ZSW—1150—12	1150	12	6	3200	1150	8	ϕ18	ϕ254	4	ϕ18	ϕ225	大12小11	277	97
23436	ZSW—1200—8.5	2600	8.5	4	2800	1200	4	ϕ22	ϕ250	8	ϕ18	ϕ300	大12小11	290	127
23439	ZSW—1150—N3K	2300		3	3150	1150	4	ϕ14	ϕ160	4	ϕ14	ϕ160	大13小12	215	49.8
23440	ZSW—1050—8	2250	8	4	2635	1050	4	ϕ18	ϕ250	8	ϕ18	ϕ254	大10小10	290	98.8
2876a	ZCW—1400—8.5	1400		4	4310	1400	4	ϕ13	ϕ180	8	M10	ϕ127	21	240①	71.5
2244	ZS—1300—5	1300	5	4	2705	1300	4	ϕ14	ϕ190	4	ϕ18	ϕ225	20	220	68.5
2273	ZSW—1100—17	2300	8	8	2710	1100	4	ϕ18	ϕ250	8	ϕ18	ϕ250	大10小9	280	98
2275	ZSW—1200—29	2300	15	10	2800	1200	8	ϕ18	ϕ250	8	ϕ18	ϕ310	大11小11	290	137.4
2812	ZS—1050—32	2100	16	6	2084	1050	8	ϕ18	ϕ254	8	ϕ18	ϕ300	17	270	114
2815	ZS3—1050—32	2100	16	10	2500	1050	8	ϕ18	ϕ254	8	ϕ18	ϕ300	22	270	118
2818	ZSW—1500—8	1500	8	4	4612	1500	4	ϕ18	ϕ225	8	ϕ18	ϕ254	大16小15	280	123
2822	ZSW—1150—32	2300	16	6	3100	1150	8	ϕ18	ϕ254	8	ϕ18	ϕ300	大11小11	310	129
2823	ZSW—1150—12	1150	12	10	3150	1150	4	ϕ18	ϕ225	8	ϕ18	ϕ254	大12小11	285	97
2824	ZSW—1150—25	2300	12.5	6	3100	1150	8	ϕ18	ϕ254	8	ϕ18	ϕ275	大11小11	310	125
2825	ZSW—1200—10	1200	10	4	3150	1200	4	ϕ18	ϕ225	8	ϕ18	ϕ254	大13小12	260	89
2826	ZSW—1200—20	2400	10	6	3150	1200	8	ϕ18	ϕ254	8	ϕ18	ϕ254	大12小12	290	111
2836	ZS—1060—8.5	2120	4	4	1760	1060	4	ϕ18	ϕ225	4	ϕ18	ϕ250	13	230	69

续表

代号	型　　号	弯曲		扭转负荷(kN·m)	公称爬距(mm)	主　要　尺　寸(mm)							伞数(个)	最大伞径(mm)	重量(kg)
		力臂(mm)	力臂升高后的负荷(kN)			总高 H	上部安装尺寸			下部安装尺寸					
							孔数(个)	d_1	a_1	孔数(个)	d_2	a_2			
2846	ZS—1300—5	1300	5	4	2705	1300	4	ϕ18	ϕ225	4	ϕ18	ϕ225	20	230	80
2847	ZS1—1100—11	2400	5	4	2240	1100	4	ϕ18	ϕ225	4	ϕ18	ϕ250	16	240	82.1
2848	ZS1—1070—16.5	3470	5	4	1945	1075	4	ϕ18	ϕ250	8	ϕ18	ϕ250	15	240	91
2849	ZS1—1100—21.7	4570	5	4	1820	1100	8	ϕ18	ϕ250	8	ϕ18	ϕ300	15	240	116
2851	ZSW1—1080—17.5	2300	8	8	3090	1080	8	ϕ18	ϕ254	8	ϕ18	ϕ254	大 11 小 10	295	114
2852	ZSW—1200—23.5	3500	8	8	3500	1200	8	ϕ18	ϕ254	8	ϕ18	ϕ275	大 12 小 12	315	145
2853	ZSW—1200—31.5	4700	8	8	3380	1200	8	ϕ18	ϕ275	8	ϕ18	ϕ300	大 12 小 11	335	171
2861	ZS1—1500—8	1500	8	10	3100	1500	8	ϕ18	ϕ275	8	ϕ18	ϕ254	26	230	116
2862	ZS—1500—20	3000	10	10	3100	1500	8	ϕ18	ϕ254	8	ϕ18	ϕ275	25	270	147.3
2863	ZS—1400—25.5	4400	8	10	2600	1400	8	ϕ18	ϕ275	8	ϕ18	ϕ300	22	290	167
2864	ZS2—1500—10	1500	10	10	3100	1500	8	ϕ18	ϕ254	8	ϕ18	ϕ254	26	230	112
2865	ZS—1400—35	4400	11	10	2600	1400	8	ϕ18	ϕ275	8	ϕ18	ϕ325	22	290	163
2866	ZS—1500—22	3000	11	10	3100	1500	8	ϕ18	ϕ275	8	ϕ18	ϕ275	25	270	150
2871	ZC1—1500—N4	—	—	4	2940	1500	8	M10	ϕ127	4	ϕ18	ϕ210	26	200	64.5
2872	ZC2—1500—N4	—	—	4	2940	1500	4	ϕ18	ϕ210	4	ϕ18	ϕ210	26	200	67
2873	ZC1—1400—N4	—	—	4	2920	1400	4	ϕ18	ϕ210	8	M10	ϕ27	24	200	60.5
2874	ZCW1—1500—N4	—	—	4	4720	1500	8	M10	ϕ127	4	ϕ18	ϕ210	23	240①	89
2875	ZCW2—1500—N4	—	—	4	4720	1500	4	ϕ18	ϕ210	4	ϕ18	ϕ210	23	240①	91
2876	ZCW1—1400—N4	—	—	4	4310	1400	4	ϕ18	ϕ210	8	M10	ϕ127	21	240①	75.3
2877	ZC2—1400—N4	—	—	4	2950	1400	4	ϕ18	ϕ210	4	ϕ18	ϕ210	24	200①	63
2878	ZCW2—1400—N4	—	—	4	4310	1400	4	ϕ18	ϕ210	4	ϕ18	ϕ210	21	240①	82
2880	ZS2—1500—14	1500	14	10	3095	1500	8	ϕ18	ϕ275	8	ϕ18	ϕ254	26	245	134
2881	ZS—1500—16	1500	12	10	3095	1500	4	M16	ϕ127	8	ϕ18	ϕ254	26	245	126
2882	ZS—1500—32	3000	12	10	3090	1500	8	ϕ18	ϕ254	8	ϕ18	ϕ300	26	280	177
2883	ZS—1400—50	4400	12	10	2615	1400	8	ϕ18	ϕ300	8	ϕ18	ϕ325	22	305	206
2884	ZSW1—1500—12	1500	12	10	4780	1500	4	M16	ϕ127	8	ϕ18	ϕ254	25	275①	137.4
2885	ZSW—1500—24	300	12	10	4765	1500	8	ϕ18	ϕ254	8	ϕ18	ϕ300	25	310①	188
2887	ZSW—1400—50	4400	12	10	4205	1400	8	ϕ18	ϕ300	8	ϕ18	ϕ325	22	335①	218.4
2889	ZSW—1100—8.5	2300	4	2	2368	1100	4	ϕ18	ϕ225	4	ϕ18	ϕ250	大 11 小 10	245	74
2890	ZSW—1500—14	1500	14	10	4780	1500	8	ϕ18	ϕ275	8	ϕ18	ϕ254	25	275①	145
2894	ZSW—1500—8	1500	8	10	4760	1500	8	ϕ18	ϕ275	8	ϕ18	ϕ275	25	270①	145
2895	ZSW—1500—10	1500	10	10	4760	1500	8	ϕ18	ϕ254	8	ϕ18	ϕ275	25	270①	142
2896	ZSW1—1500—22	3000	11	10	4760	1500	8	ϕ18	ϕ275	8	ϕ18	ϕ275	25	295①	173
2897	ZSW1—1400—36	4400	11	10	4230	1400	8	ϕ18	ϕ275	8	ϕ18	ϕ325	22	320①	181.5
2898	ZSW2—1400—33	4400	8	10	4230	1400	8	ϕ18	ϕ275	8	ϕ18	ϕ300	22	320①	184
2806	ZS1—1060—12	2120	6	6	1760	1060	4	ϕ18	ϕ225	4	ϕ18	ϕ250	13	230	74
2808	ZSW—1100—11.5	2300	6	6	2368	1100	4	ϕ18	ϕ225	4	ϕ18	ϕ250	大 11 小 10	245	80

注　330kV 及以上产品有带均压环与分水罩结构，也有不带均压环和分水罩。前者用于母线支柱，后者一般用于隔离开关，亦可用于母线支柱用。

①　伞下带棱伞产品。

表 1-28　户外棒形支柱瓷绝缘子技术数据

型　号	代号	额定电压 (kV)	系统标称电压 (kV)	海拔 (m)	公称爬电距离 (mm)	主要尺寸 (mm)						机械破坏负荷		重量 (kg)	备注
						H	D	a_1	d_1	a_2	d_2	弯曲 (kN)	扭转 (kN·m)		
ZSWN—12/4	2310	12	10	～1000	400	200	143	36	2—M8	70	2—11	4		3.9	耐污型户外棒形支柱瓷绝缘子
ZSW—24/9L	2324	24	20	～1000	610	356	176	76	4—M12	76	4—M12	9	1	14	
ZSW—24/10	2321	24	20	～1000	600	350	205	140	4—M12	210	4—ϕ18	10	—	15	
ZSW1—24/10L	2323	24	20	～1000	600	380	205	76	4—M12	76	4—M12	10	7	16	
ZSW—24/30	2322	24	20	～1000	600	400	235	140	4—M12	250	4—ϕ18	30	2	22	
ZSW2—40.5/4	2330	40.5	35	～1000	875	400	198	140	4—ϕ14	140	4—ϕ14	4	1.5	13	
ZSW—40.5/4L	2330A	40.5	35	～1000	875	400	198	140	4—M12	140	4—M12	4	1.5	13	
ZSW1—40.5/4	2338	40.5	35	～1000	875	400	202	140	4—M12	180	4—ϕ14	4	1.5	20	
ZSW3—40.5/4	23310	40.5	35	～1000	875	440	202	140	4—M12	180	4—ϕ14	4	1.5	22	
ZSXW—40.5/4L	2339	40.5	35	～1000	875	450	208	140	4—M12	140	4—M12	4	1.5	21	
ZSW6—40.5/4L	23320	40.5	35	～1000	1013	445	210	76	4—M12	76	4—M12	4	1.5	21	
ZSW7—40.5/4	23321	40.5	35	～1000	1013	440	210	140	4—M12	180	4—ϕ14	4	1.5	22	
ZSW4—40.5/4	23311	40.5	35	～1000	1015	450	210	140	4—M12	180	4—ϕ14	4	1.5	22	
ZSW4—40.5/4L	23315	40.5	35	～1000	1015	470	210	140	4—M12	140	4—M12	4	1.5	23	
ZSW5—40.5/4	2337	40.5	35	～1000	1200	550	215	140	4—M12	180	4—ϕ14	4	1.5	24	
ZSW8—40.5/4	23323	40.5	35	～2000	1300	560	220	127	4—M16	180	4—ϕ14	4	1.5	26	
ZSW5—40.5/6L	23317	40.5	35	～1000	810	500	202	140	4—M12	140	4—M12	6	1.5	24	
ZSW—40.5/6L	2331	40.5	35	～1000	875	420	202	140	4—M12	140	4—M12	6	1.5	17.5	
ZSW1—40.5/6L	2333	40.5	35	～1000	875	450	202	140	4—M12	140	4—M12	6	1.5	22	
ZSW4—40.5/6L	23316	40.5	35	～1000	1015	500	202	140	4—M12	140	4—M12	6	1.5	24	
ZSW2—40.5/6L	23312	40.5	35	～1000	1300	510	220	140	4—M12	140	4—M12	6	1.5	26	
ZSW3—40.5/6L	23314	40.5	35	～2000	1300	560	220	140	4—M12	140	4—M12	6	1.5	27	
ZSW4—40.5/8	2336	40.5	35	～1000	875	420	210	140	4—M12	180	4—ϕ14	8	1.5	17	
ZSW2—40.5/8	2332	40.5	35	～1000	875	450	210	140	4—M12	180	4—ϕ14	8	1.5	18	
ZSW—40.5/8L	23313	40.5	35	～2000	1300	560	220	140	4—M12	140	4—M12	8	2	27	
ZSW3—40.5/8	2334	40.5	35	～2000	1300	560	220	225	4—ϕ18	225	4—ϕ18	8	2	27	
ZSW—40.5/10	23324	40.5	35	～2000	1300	560	215	127	4—M16	180	4—ϕ14	10	4	27	
ZSW1—40.5/12	23319	40.5	35	～2000	1015	560	240	225	4—ϕ18	225	4—ϕ18	12	7	30	
ZSW—40.5/12L	23318	40.5	35	～2000	1300	560	240	140	4—M12	140	4—M12	12	7	30	

续表

型 号	代号	额定电压 (kV)	系统标称电压 (kV)	海拔 (m)	公称爬电距离 (mm)	主要尺寸 (mm)						机械破坏负荷		重量 (kg)	备注
						H	D	a_1	d_1	a_2	d_2	弯曲 (kN)	扭转 (kN·m)		
ZCW—500—N1.5	2335	40.5	35	~1000	1300	500	220	140	4—M12	140	4—M12	—	1.5	24	耐污型户外棒形支柱瓷绝缘子
ZSW—72.5/4L	2340	72.5	63	~1000	1500	760	210	140	4—M12	140	4—M12	4	1.5	39	
ZSXW—72.5/4L	2346	72.5	63	~1000	1575	760	210	140	4—M12	140	4—M12	4	1.5	41	
ZSW1—72.5/4L	2344	72.5	63	~1000	1700	760	210	140	4—M12	140	4—M12	4	1.5	40	
ZSW2—72.5/5	2341	72.5	62	~1000	1600	760	210	140	4—M12	225	4—ϕ18	5	2	42	
ZSW—72.5/5L	2347	72.5	63	~1000	1813	760	225	140	4—M12	140	4—M12	5	2	43	
ZSW1—72.5/5	2343	72.5	63	~2000	2205	870	220	140	4—M12	210	4—ϕ15	5	2	43	
ZSW1—72.5/5L	2342	72.5	63	~2000	2205	890	220	140	4—M12	140	4—M12	5	2	45	
ZSXW—72.5/5L	2345	72.5	63	~2000	2205	890	230	140	4—M12	140	4—M12	5	2	45	
ZSWZ—72.5/5L	23418	72.5	63	~1000	2250	760	230	140	4—M12	140	4—M12	5	2	45	
ZSW—72.5/6L	23410	72.5	63	~1000	1450	760	210	140	4—M12	140	4—M12	6	2	39	
ZSW1—72.5/6L	2349	72.5	63	~1000	1800	770	225	127	4—M16	127	4—M16	6	3	42	
ZSW—72.5/8	23413	72.5	63	~2000	2205	870	220	190	4—ϕ14	225	4—ϕ18	8	4	45	
ZSW1—72.5/8	23417	72.5	63	~2000	2205	890	220	140	4—M12	225	4—ϕ18	8	4	43	
ZSW2—72.5/8L	23419	72.5	63	~1000	1815	760	235	140	4—M12	140	4—M12	8	3	47	
ZSW1—72.5/8.5	23412	72.5	63	~1000	1550	740	255	225	4—ϕ18	250	4—ϕ18	8.5	2	49	
ZSW—72.5/8.5	23411	72.5	63	~1000	1813	760	225	225	4—ϕ18	250	4—ϕ18	8.5	2	51	
ZSW—72.5/18	23415	72.5	63	~2000	2205	870	255	225	4—ϕ18	270	4—ϕ18	18	7	53	
ZSW1—72.5/18L	23416	72.5	63	~1000	1829	762	235	127	4—M16	127	4—M16	18	5	48	
ZSW—72.5/21.5	2348	72.5	63	~1000	1550	740	255	225	4—ϕ18	270	4—ϕ18	21.5	7	49	
ZSW2—126/4	2350	126	110	~1000	2750	1060	225	140	4—M12	225	4—ϕ18	4	2	53	
ZSW2—126/4L	2351	126	110	~1000	2750	1080	225	140	4—M12	140	4—M12	4	2	52	
ZSW17—126/4L	235246	126	110	~2000	2750	1150	220	140	4—M12	140	4—M12	4	2	61	
ZSW1—126/4L	2352	126	110	~2500	2750	1190	225	140	4—M12	140	4—M12	4	2	60	
ZSW1—126/4	2353	126	110	~2500	2750	1170	225	140	4—M12	225	4—ϕ18	4	2	56	
ZSW7—126/4	23521	126	110	~2500	2750	1160	215	190	4—ϕ14	225	4—ϕ18	4	2	61	
ZSW11—126/4	235191	126	110	~2000	2750	1150	220	190	4—ϕ14	225	4—ϕ18	4	2	60	
ZSW13—126/4	235196	126	110	~2000	2750	1150	220	140	4—M12	225	4—ϕ18	4	2	60	
ZSW12—126/4	235195	126	110	~2000	3150	1150	230	140	4—M12	225	4—ϕ18	4	2	64	

续表

型号	代号	额定电压 (kV)	系统标称电压 (kV)	海拔 (m)	公称爬电距离 (mm)	主要尺寸 (mm)						机械破坏负荷		重量 (kg)	备注
						H	D	a_1	d_1	a_2	d_2	弯曲 (kN)	扭转 (kN·m)		
ZSW12—126/4L	235205	126	110	～2000	3150	1170	230	140	4—M12	140	4—M12	4	2	65	耐污型户外棒形支柱瓷绝缘子
ZSW19—126/4	235252	126	110	～2000	3150	1150	220	127	4—M16	200	4—ϕ18	4	4.6	60	
ZSW15—126/4	235232	126	110	～2000	3150	1150	230	190	4—ϕ14	225	4—ϕ18	4	2	62	
ZSW18—126/4	235250	126	110	～2000	3150	1150	230	225	4—ϕ18	225	4—ϕ18	4	2	62	
ZSW14—126/4L	235231	126	110	～2000	3150	1170	230	140	4—M12	127	4—M16	4	2	65	
ZSW20—126/4	235287	126	110	～2500	3150	1170	232	190	4—ϕ14	225	4—ϕ18	4	2	63	
ZSW6—126/4	23546	126	110	～2500	3150	1170	230	140	4—M12	225	4—ϕ18	4	2	63	
ZSW6—126/4L	23547	126	110	～2500	3150	1190	230	140	4—M12	140	4—M12	4	2	62	
ZSW9—126/4	23539	126	110	～3000	3150	1200	235	190	4—ϕ14	225	4—ϕ18	4	2	63	
ZSW10—126/4	23584	126	110	～3000	3150	1200	235	140	4—M12	225	4—ϕ18	4	2	64	
ZSW3—126/4	2354	126	110	～3000	3150	1200	235	140	4—M12	225	4—ϕ18	4	2	64	
ZSW22—126/4L	235297	126	110	～3000	3150	1220	230	127	4—M16	127	4—M16	4	2	65	
ZSW23—126/4	235307	126	110	～3000	3150	1220	210	127	4—M16	178	4—ϕ18	4	2	65	
ZSW5—126/4	2355	126	110	～3000	3410	1200	245	140	4—M12	225	4—ϕ18	4	2	74	
ZSW4—126/4	2356	126	110	～3000	3410	1220	245	140	4—M12	225	4—ϕ18	4	2	75	
ZSW16—126/4	235238	126	110	～2000	3528	1150	245	140	4—M12	225	4—ϕ18	4	2	65	
ZSW8—126/4	23555	126	110	～4000	3700	1400	255	140	4—M12	225	4—ϕ18	4	2	97	
ZSW8—126/4L	23556	126	110	～4000	3700	1420	255	140	4—M12	140	4—M12	4	2	98	
ZSW21—126/4L	235290	126	110	～3000	3906	1220	270	140	4—M12	140	4—M12	4	2	79	
ZSW—126/5.4	23560S	126	110	～2500	3150	1170	230	140	4—M12	225	4—ϕ18	5.4	3	63	
ZSW7—126/6	235136	126	110	～1000	2750	1060	225	140	4—M12	225	4—ϕ18	6	3	53	
ZSW7—126/6L	235281	126	110	～1000	2750	1080	225	140	4—M12	140	4—M12	6	3	53	
ZSW5—126/6	235117	126	110	～2000	2750	1150	220	140	4—M12	225	4—M18	6	3	60	
ZSW5—126/6L	235118	126	110	～2000	2750	1170	220	140	4—M12	140	4—M12	6	3	62	
ZSW9—126/6	235145	126	110	～2000	2750	1150	220	190	4—ϕ14	225	4—ϕ18	6	3	63	
ZSW12—126/6L	235178	126	110	～2000	2750	1150	220	140	4—M12	140	4—M12	6	3	61	
ZSW22—126/6	235274	126	110	～3000	3906	1230	230	140	4—M12	225	4—ϕ18	6	3	78	
ZSW22—126/6L	235272	126	110	～3000	3906	1250	230	140	4—M12	140	4—M12	6	3	80	
ZCW—1150—N1.5	23519	126	110	～2000	2750	1150	220	180	4—ϕ13	180	4—ϕ13		1.5	56	

续表

型号	代号	额定电压 (kV)	系统标称电压 (kV)	海拔 (m)	公称爬电距离 (mm)	主要尺寸 (mm)						机械破坏负荷		重量 (kg)	备注
						H	D	a_1	d_1	a_2	d_2	弯曲 (kN)	扭转 (kN·m)		
ZCW1—1150—N1.5	23520	126	110	～2000	3150	1150	230	180	4—ϕ13	180	4—ϕ13		1.5	65	
ZCW1—1170—N1.5	23524	126	110	～2500	3140	1170	235	180	4—ϕ13	180	4—ϕ13		1.5	67	
ZCW—1060—N2	23589	126	110	～1000	2520	1060	210	160	4—M12	180	4—ϕ13		2	45	
ZCW1—1060—N2	235121	126	110	～1000	2520	1060	210	180	4—ϕ13	160	4—M12		2	45	
ZCW4—1060—N2	235216	126	110	～1000	2520	1060	210	127	4—M16	180	4—ϕ13		2	45	
ZCW5—1060—N2	235217	126	110	～1000	2520	1060	210	180	4—ϕ13	127	4—M16		2	45	
ZCW—1080—N2	235122	126	110	～1000	2520	1080	210	160	4—M12	160	4—M12		2	47	
ZCW7—1060—N2	235220	126	110	～1000	2750	1060	210	160	4—ϕ13	160	4—ϕ13		2	45	
ZCW10—1150—N2	235296	126	110	～2000	2750	1150	220	180	4—ϕ13	180	4—ϕ13		2	56	
ZCW—1150—N2	235123	126	110	～2000	2750	1150	220	160	4—M12	180	4—ϕ13		2	55	
ZCW1—1150—N2	235124	126	110	～2000	2750	1150	220	180	4—ϕ13	160	4—M12		2	55	
ZCW—1170—N2	235125	126	110	～2500	2750	1170	220	160	4—M12	160	4—M12		2	56	
ZCW7—1150—N2	235170	126	110	～2000	2750	1150	215	160	4—ϕ13	160	4—ϕ13		2	54	
ZCW—1200—N2	23511	126	110	～2500	2750	1200	220	127	4—M16	225	4—ϕ18		2	64	耐污型户外棒形支柱瓷绝缘子
ZCW1—1200—N2	23512	126	110	～2500	2750	1200	220	225	4—ϕ18	127	4—M16		2	64	
ZCW4—1200—N2	235138	126	110	～2500	2750	1200	220	225	4—ϕ18	225	4—ϕ18		2	64	
ZCW2—1060—N2	235214	126	110	～1000	3150	1060	255	127	4—M16	225	4—ϕ18		2	50	
ZCW6—1060—N2	235219	126	110	～1000	3150	1060	255	160	4—ϕ13	160	4—ϕ13		2	55	
ZCW3—1060—N2	235215	126	110	～1000	3150	1060	255	225	4—418	127	4—M16		2	50	
ZCW2—1150—N2	235126	126	110	～2000	3150	1150	230	160	4—M12	180	4—ϕ13		2	63	
ZCW3—1150—N2	235127	126	110	～2000	3150	1150	230	180	4—ϕ13	160	4—M12		2	63	
ZCW11—1150—N2	235321	126	110	～2000	3150	1150	185	127	4—ϕ12	127	4—ϕ12		2	52	
ZCW8—1150—N2	235181	126	110	～2000	3150	1150	221	180	4—ϕ13	180	4—ϕ13		2	55	
ZCW6—1150—N2	235169	126	110	～2000	3150	1150	225	160	4—ϕ13	160	4—ϕ13		2	57	
ZCW1—1170—N2	235100	126	110	～2500	3150	1170	230	160	4—M12	160	4—M12		2	64	
ZCW2—1200—N2	23563	126	110	～2500	3150	1200	235	127	4—M16	225	4—ϕ18		2	66	
ZCW3—1200—N2	23564	126	110	～2500	3150	1200	235	225	4—ϕ18	127	4—M16		2	66	
ZCW5—1200—N2	235147	126	110	～2500	3150	1200	235	225	4—ϕ18	225	4—ϕ18		2	66	
ZCW—1220—N2	235304	126	110	～3000	3150	1220	220	127	4—M16	127	4—M16	2	2	63	

续表

型号	代号	额定电压 (kV)	系统标称电压 (kV)	海拔 (m)	公称爬电距离 (mm)	主要尺寸 (mm)						机械破坏负荷		重量 (kg)	备注
						H	D	a_1	d_1	a_2	d_2	弯曲 (kN)	扭转 (kN·m)		
ZSXW—126/6	23545	126	110	～2500	2750	1160	225	190	4—ϕ14	225	4—ϕ18	6	3	68	
ZSW1—126/6	23515	126	110	～2500	2750	1170	225	140	4—M12	225	4—ϕ18	6	3	60	
ZSW3—126/6	23583	126	110	～2500	2750	1200	235	210	4—ϕ18	210	4—ϕ18	6	3	68	
ZSW19—126/6	235245	126	110	～3000	2750	1200	220	140	4—M12	225	4—ϕ18	6	3	66	
ZSW15—126/6	235207	126	110	～1000	3150	1060	235	140	4—M12	225	4—ϕ18	6	3	55	
ZSW6—126/6	235119	126	110	～2000	3150	1150	230	140	4—M12	225	4—ϕ18	6	3	64	
ZSW6—126/6L	235120	126	110	～2500	3150	1170	230	140	4—M12	140	4—M12	6	3	65	
ZSW26—126/6	235327	126	110	～2000	3150	1150	225	127	4—M16	225	8—ϕ18	6	4	60	
ZSW21—126/6	235253	126	110	～2000	3150	1150	220	127	4—M16	200	4—ϕ18	6	5	58	
ZSW20—126/6	235249	126	110	～2000	3150	1150	230	225	4—ϕ18	225	4—ϕ18	6	3	62	
ZSW24—126/6	235309	126	110	～2000	3150	1150	225	225	4—ϕ18	225	8—ϕ18	6	4.5	56	
ZSW8—126/6	235142	126	110	～2000	3150	1150	230	190	4—ϕ14	225	4—ϕ18	6	3	62	
ZSW11—126/6L	235177	126	110	～2000	3150	1150	230	140	4—M12	140	4—M12	6	3	62	
ZSW27—126/6	235333	126	110	～2000	3150	1150	230	127	4—M16	225	4—ϕ18	6	3	65	耐污型户外棒形支柱瓷绝缘子
ZSW4—126/6	235113	126	110	～2500	3150	1160	230	190	4—ϕ14	225	4—ϕ18	6	3	63	
ZSW—126/6	23560	126	110	～2500	3150	1170	230	140	4—M12	225	4—ϕ18	6	3	63	
ZSW—126/6L	235116	126	110	～2500	3150	1190	230	140	4—M12	140	4—M12	6	3	64	
ZSW18—126/6L	235229	126	110	～2000	3150	1170	232	140	4—M12	127	4—M16	6	3	64	
ZSXW2—126/6	235164	126	110	～3000	3150	1200	245	140	4—M12	225	4—ϕ18	6	3	70	
ZSW1—1200—6	23522	126	110	～2500	3150	1200	245	210	4—ϕ18	210	4—ϕ18	6	3	70	
ZSW2—126/6	23570	126	110	～3000	3150	1200	235	140	4—M12	225	4—ϕ18	6	3	64	
ZSXW3—126/6	235322	126	110	～3000	3150	1200	245	210	4—ϕ18	225	4—ϕ18	6	8	72	
ZSW13—126/6	235182	126	110	～3000	3150	1220	235	127	4—M16	200	4—ϕ18	6	4	68	
ZSW25—126/6	235311	126	110	～3000	3150	1215	220	120	4—M12	165	4—ϕ18	6	3	70	
ZSXW1—126/6	235110	126	110	～3000	3150	1220	245	140	4—M12	225	4—ϕ18	6	3	72	
ZSW14—126/6	235206	126	110	～3000	3410	1200	245	140	4—M12	225	4—ϕ18	6	3	70	
ZSW17—126/6	235227	126	110	～2500	3906	1170	270	140	4—M12	225	4—ϕ18	6	3	76	
ZSW16—126/6	235226	126	110	～2500	3906	1200	270	190	4—ϕ14	225	4—ϕ18	6	3	79	
ZSW10—126/6	235148	126	110	～3000	3906	1200	270	140	4—M12	225	4—ϕ18	6	3	78	

续表

型号	代号	额定电压 (kV)	系统标称电压 (kV)	海拔 (m)	公称爬电距离 (mm)	主要尺寸 (mm)						机械破坏负荷		重量 (kg)	备注
						H	D	a_1	d_1	a_2	d_2	弯曲 (kN)	扭转 (kN·m)		
ZSW10—126/6L	235151	126	110	～3000	3906	1220	270	140	4—M12	140	4—M12	6	3	79	耐污型户外棒形支柱瓷绝缘子
ZCW9—1150—N2	235273	126	110	～2000	3906	1150	245	180	4—ϕ13	180	4—ϕ13		2	67	
ZCW6—126/N2	235152	126	110	～3000	3906	1200	265	160	4—M12	160	4—M12		2	75	
ZCW7—1200—N2	235153	126	110	～3000	3906	1200	265	160	4—M12	180	4—ϕ13		2	75	
ZCW8—1200—N2	235154	126	110	～3000	3906	1200	265	180	4—ϕ13	160	4—M12		2	75	
ZCW9—1200—N2	235244	126	110	～3000	3906	1200	265	180	4—ϕ13	180	4—ϕ13		2	74	
ZCW10—1200—N2	235279	126	110	～2500	3906	1200	265	127	4—M16	225	4—ϕ18		2	68	
ZCW11—1200—N2	235280	126	110	～2500	3906	1200	265	225	4—ϕ18	127	4—M16		2	68	
ZCW5—1150—N3	235143	126	110	～2000	2750	1150	220	210	4—ϕ18	210	4—ϕ18	4	3	61	
ZCW—1150—N3	235251	126	110	～2000	3150	1150	195	127	4—ϕ12	127	4—ϕ12		3	50	
ZCW4—1150—N3	235160	126	110	～2000	3150	1150	230	210	4—ϕ18	210	4—ϕ18	4	3	63	
ZCW9—1150—N3	235329	126	110	～2000	3150	1150	230	127	4—M16	200	4—ϕ18		3	62	
ZCW10—1150—N3	235330	126	110	～2000	3150	1150	230	200	4—ϕ18	127	4—M16		3	62	
ZCW—1220—N3	235332	126	110	～3000	3150	1220	220	127	4—M16	127	4—M16		3	67	
ZCW8—1150—N3	235237	126	110	～2000	3528	1150	236	160	4—ϕ13	160	4—ϕ13		3	67	
ZCW11—1150—N3	235358	126	110	～2000	3906	1150	255	127	4—M16	200	4—ϕ18		3	65	
ZCW12—1150—N3	235359	126	110	～2000	3906	1150	255	200	4—ϕ18	127	4—M16		3	65	
ZCW—1200—N3	235267	126	110	～3000	3906	1200	265	160	4—ϕ13	160	4—ϕ13	4	3	75	
ZCW1—1220—N3	235350	126	110	～3000	3906	1220	245	127	4—M16	127	4—M16		3	70	
ZCW—1200—N6	235344	126	110	～2500	2750	1200	220	127	4—M16	225	4—ϕ18		6	65	
ZCW1—1200—N6	235345	126	110	～2500	2750	1200	220	225	4—ϕ18	127	4—M16		6	65	
ZSW—126/8	23565	126	110	～1000	2750	1060	225	140	4—M12	225	4—ϕ18	8	4	56	
ZSW19—126/8	235212	126	110	～1000	2750	1060	225	127	4—M16	225	4—ϕ18	8	4	60	
ZSW7—126/8	235167	126	110	～2000	2750	1150	230	127	4—M16	225	4—ϕ18	8	4	60	
ZSW17—126/8	235199	126	110	～2000	2750	1150	230	140	4—M12	225	4—ϕ18	8	4	57	
ZSW13—126/8	235190	126	110	～2000	2750	1150	230	225	4—ϕ18	225	4—ϕ18	8	4	59	
ZSW15—126/8	235193	126	110	～2000	2750	1150	230	190	4—ϕ14	225	4—ϕ18	8	4	59	
ZSW4—126/8	235161	126	110	～2500	2750	1170	225	140	4—M12	225	4—ϕ18	8	4	62	
ZSW9—126/8	235175	126	110	～2500	2750	1200	225	127	4—M16	225	4—ϕ18	8	4	62	

续表

型号	代号	额定电压(kV)	系统标称电压(kV)	海拔(m)	公称爬电距离(mm)	主要尺寸(mm)						机械破坏负荷		重量(kg)	备注
						H	D	a_1	d_1	a_2	d_2	弯曲(kN)	扭转(kN·m)		
ZSW11—126/8	235185	126	110	～2500	2750	1200	225	127	4—M16	250	8—ϕ18	8	4	63	耐污型户外棒形支柱瓷绝缘子
ZSW2—126/8	235106	126	110	～2500	2750	1200	260	140	4—M12	270	4—ϕ18	8	7	94	
ZSW18—126/8	235210	126	110	～1000	3150	1060	235	127	4—M16	225	8—ϕ18	8	4	62	
ZSW6—126/8	235165	126	110	～2000	3150	1150	230	127	4—M16	225	4—ϕ18	8	4	62	
ZSW16—126/8	235198	126	110	～2000	3150	1150	230	140	4—M12	225	4—ϕ18	8	4	58	
ZSW12—126/8	235189	126	110	～2000	3150	1150	230	225	4—ϕ18	225	4—ϕ18	8	4	61	
ZSW14—126/8	235192	126	110	～2000	3150	1150	230	190	4—ϕ14	225	4—ϕ18	8	4	61	
ZSW27—126/8	235295	126	110	～2000	3150	1170	225	140	4—M12	225	4—ϕ18	8	4	61	
ZSW8—126/8L	235171	126	110	～2000	3150	1190	265	140	4—M12	140	4—M12	8	7	95	
ZSW8—126/8	235173	126	110	～2500	3150	1200	235	127	4—M16	225	4—ϕ18	8	4	64	
ZSW10—126/8	235183	126	110	～2000	3150	1200	235	127	4—M16	250	8—ϕ18	8	4	65	
ZSW25—126/8	235284	126	110	～2500	3150	1200	225	140	4—M12	225	4—ϕ18	8	4	63	
ZSW20—126/8	235222	126	110	～2500	3150	1200	235	225	4—ϕ18	225	4—ϕ18	8	4	64	
ZSW10—126/8L	235298	126	110	～2500	3150	1220	265	127	4—M16	127	4—M16	8	4	112	
ZSW29—126/8	235308	126	110	～2500	3400	1200	265	140	4—M12	286	6—ϕ18	8	12	110	

型号	代号	额定电压(kV)	系统标称电压(kV)	海拔(m)	公称爬电距离(mm)	主要尺寸(mm)						机械破坏负荷			重量(kg)	备注
						H	D	a_1	d_1	a_2	d_2	弯曲(kN)		扭转(kN·m)		
												正装	倒装			
ZSW3—126/8	235134	126	110	～2000	3430	1210	265	140	4—M12	270	4—ϕ18	8		4	117	耐污型户外棒形支柱瓷绝缘子
ZSW21—126/8	235235	126	110	～2000	3528	1150	245	225	4—ϕ18	225	4—ϕ18	8		4	63	
ZSW2—1250—8	235323	126	110	～3000	3550	1250	260	225	4—ϕ18	225	4—ϕ18	8		6	102	
ZSW1—1250—8	235105	126	110	～3000	3670	1250	275	225	4—ϕ18	270	4—ϕ18	8		7	103	
ZSW1—126/8	23582	126	110	～2500	3780	1220	270	225	4—ϕ18	250	4—ϕ18	8		7	104	
ZSW—1250—8	23535	126	110	～3000	3820	1250	275	225	4—ϕ18	254	8—ϕ18	8		7	103	
ZSW32—126/8	235353	126	110	～2000	3906	1150	265	225	4—ϕ18	225	4—ϕ18	8		4	78	
ZSW28—126/8	235305	126	110	～2000	3906	1170	265	140	4—M12	225	4—ϕ18	8		4	78	
ZSW30—126/8	235312	126	110	～2000	3906	1170	275	140	4—M12	270	4—ϕ18	8		10	79	
ZSXW—126/8	235263	126	110	～2500	3906	1200	295	225	4—ϕ18	250	4—ϕ18	8		7	108	
ZSW22—126/8	235265	126	110	～2500	3906	1200	275	225	4—ϕ18	225	4—ϕ18	8		4	105	

续表

型号	代号	额定电压 (kV)	系统标称电压 (kV)	海拔 (m)	公称爬电距离 (mm)	主要尺寸 (mm)						机械破坏负荷			重量 (kg)	备注
						H	D	a_1	d_1	a_2	d_2	弯曲 (kN) 正装	弯曲 (kN) 倒装	扭转 (kN·m)		
ZSW23—126/8	235270	126	110	～2500	3906	1200	275	190	4—ϕ14	225	4—ϕ18	8		4	108	耐污型户外棒形支柱瓷绝缘子
ZSW24—126/8	235271	126	110	～2500	3906	1200	275	140	4—M12	225	4—ϕ18	8		4	108	
ZSW5—126/8	235155	126	110	～2500	3906	1200	295	225	4—ϕ18	250	4—ϕ18	8		7	108	
ZSW31—126/8	235349	126	110	～2500	3906	1215	260	120	4—M12	方 165	4—ϕ18	8		4	82	
ZSW2—1060—8.5	23571	126	110	～1000	2750	1060	260	225	4—ϕ18	250	4—ϕ18	8.5	4.7	7	84	
ZSW2—1060—8.5D	2357	126	110	～1000	2750	1060	260	225	4—ϕ18	270	4—ϕ18	8.5	4.7	7	89	
ZSW—126/8.5	235102	126	110	～1000	2750	1060	260	140	4—M12	250	4—ϕ18	8.5		7	85	
ZSW—1150—8.5	23513D	126	110	～2000	2750	1150	255	225	4—ϕ18	250	4—ϕ18	8.5	4.7	7	91	
ZSW8—1150—8.5	235286	126	110	～2000	2750	1150	253	225	4—ϕ18	250	4—ϕ22	8.5		7	93	
ZSW4—1150—8.5	235225	126	110	～2000	2750	1150	250	225	4—ϕ18	250	8—ϕ18	8.5	4.7	7	94	
ZSW3—1200—8.5	235112	126	110	～2500	2750	1200	250	225	4—ϕ18	250	4—ϕ18	8.5	4.7	7	93	
ZSW2—1200—8.5D	2358	126	110	～2500	2750	1200	250	225	4—ϕ18	270	4—ϕ18	8.5	4.7	7	94	
ZSW1—1200—8.5	23517	126	110	～2500	2750	1200	250	225	4—ϕ18	250	4—ϕ22	8.5	4.7	7	92	
ZSW1—1150—8.5	235131	126	110	～2000	3150	1150	265	225	4—ϕ18	250	4—ϕ18	8.5	4.7	7	91	
ZSW2—1150—8.5	235157	126	110	～2000	3150	1150	265	225	4—ϕ18	250	4—ϕ22	8.5	4.7	7	93	
ZSW7—1150—8.5	235254	126	110	～2000	3150	1150	235	200	4—ϕ18	200	4—ϕ18	8.5	4.7	4.6	85	
ZSW3—1150—8.5	235221	126	110	～2000	3150	1150	265	225	4—ϕ18	250	8—ϕ18	8.5	4.7	4	97	
ZSW1—1200—8.5D	23518	126	110	～2500	3150	1200	260	225	4—ϕ18	270	4—ϕ18	8.5	4.7	7	97	
ZSW2—1200—8.5	23532	126	110	～2500	3150	1200	260	225	4—ϕ18	250	4—ϕ18	8.5	4.7	7	95	
ZSW4—1200—8.5	235159	126	110	～2500	3150	1200	260	225	4—ϕ18	250	4—ϕ22	8.5	4.7	7	95	
ZSW5—1150—8.5	235234	126	110	～2000	3200	1150	265	225	4—ϕ18	254	8—ϕ18	8.5		7	97	
ZSW—1220—8.5D	23527	126	110	～2500	3410	1220	265	225	4—ϕ18	270	4—ϕ18	8.5	4.7	7	99	
ZSW—1220—8.5	23572	126	110	～2500	3410	1220	260	225	4—ϕ18	250	4—ϕ18	8.5	4.7	7	98	
ZSW6—1150—8.5	235239	126	110	～2000	3528	1150	285	225	4—ϕ18	250	4—ϕ18	8.5		7	100	
ZSW—1400—8.5	23557	126	110	～3000	3700	1400	265	225	4—ϕ18	250	4—ϕ22	8.5	4.7	7	125	
ZSW—1400—8.5D	23558	126	110	～300	3700	1400	265	225	4—ϕ18	270	4—ϕ18	8.5	4.7	7	126	
ZSW5—1200—8.5	235228	126	110	～2500	3906	1200	295	225	4—ϕ18	250	8—ϕ18	8.5		7	108	
ZSW6—1200—8.5	235268	126	110	～2500	3906	1200	295	225	4—ϕ18	250	4—ϕ18	8.5	4.7	7	108	
ZSW6—1200—8.5D	235326	126	110	～2500	3906	1200	295	225	4—ϕ18	270	4—ϕ18	8.5	4.7	7	108	

续表

型号	代号	额定电压 (kV)	系统标称电压 (kV)	海拔 (m)	公称爬电距离 (mm)	主要尺寸 (mm)						机械破坏负荷			重量 (kg)	备注
						H	D	a_1	d_1	a_2	d_2	弯曲 (kN) 正装	弯曲 (kN) 倒装	扭转 (kN·m)		
ZSW2—1100—9	2359	126	110	～1000	2750	1100	258	225	4—ϕ18	250	4—ϕ18	9	5	7	87	耐污型户外棒形支柱瓷绝缘子
ZSW—126/9	23510	126	110	～2000	2750	1200	250	127	4—M16	286	6—ϕ18	9		7	112	
ZSW1—126/9	23543	126	110	～2000	2750	1200	258	140	4—M12	286	6—ϕ18	9		7	112	
ZSW1—1100/9	23573	126	110	～1000	2890	1100	265	225	4—ϕ18	250	4—ϕ18	9	5	7	89	
ZSW3—1100—9	235115	126	110	～1000	3150	1100	275	225	4—ϕ18	250	4—ϕ18	9	5	7	94	
ZSW2—126/9	23553	126	110	～2500	3150	1200	280	127	4—M16	286	6—ϕ18	9		7	110	
ZSW3—126/9	23585	126	110	～2500	3400	1200	265	225	4—ϕ18	250	4—ϕ18	9		7	92	
ZSW4—126/9	23588	126	110	～2500	3400	1200	265	127	4—M16	286	6—ϕ18	9		7	130	
ZSW5—126/9	235158	126	110	～2500	3550	1200	270	140	4—M12	250	4—ϕ18	9		7	126	
ZSW6—126/9	235278	126	110	～2500	3906	1200	275	127	4—M16	250	6—ϕ18	9		7	115	
ZSW—1200—10	23513	126	110	～2500	2750	1200	250	286	6—ϕ18	286	6—ϕ18	10		7	116	
ZSW4—1200—10	235111	126	110	～2500	2750	1200	250	127	4—M16	280	8—ϕ18	10		7	112	
ZSW5—1200—10	235187	126	110	～2500	2750	1200	250	225	4—ϕ18	250	8—ϕ18	10		7	112	
ZSW7—1200—10	235257	126	110	～2500	2900	1200	270	286	6—ϕ18	286	6—ϕ18	10		7	122	
ZSW5—126/10	235315	126	110	～1000	3150	1060	265	140	4—M12	225	4—ϕ8	10		7	80	
ZSW6—126/10	235319	126	110	～2000	3150	1150	260	225	4—ϕ18	225	4—ϕ18	10		8	95	
ZSW—126/10	23559A	126	110	～2000	3150	1150	265	225	4—ϕ18	254	8—ϕ18	10		7	97	
ZSW2—126/10L	235299	126	110	～2500	3150	1220	265	127	4—M16	127	4—M16	10		4	62	
ZSW3—126/10	235300	126	110	～2500	3150	1220	265	127	4—M16	225	4—ϕ18	10		4	60	
ZSW1—1200—10	23530	126	110	～2500	3400	1200	265	250	4—ϕ22	280	8—ϕ18	10		7	117	
ZSW2—1200—10	23541	126	110	～2500	3400	1200	265	250	4—ϕ22	286	6—ϕ18	10		7	117	
ZSW3—1200—10	235101	126	110	～2500	3400	1200	265	286	6—ϕ18	286	6—ϕ18	10	8	7	120	
ZSW6—1200—10	235200	126	110	～2500	3400	1200	265	225	4—ϕ18	250	4—ϕ18	10		6	116	
ZSW8—126/10	235360	126	110	～1000	3528	1060	275	140	4—M12	225	4—ϕ18	10		7	85	
ZSW7—126/10	235351	126	110	～2000	3906	1150	265	127	4—M16	225	4—ϕ18	10		4	110	
ZSW4—126/10	235313	126	110	～2000	3906	1170	275	140	4—M12	225	4—ϕ18	10		10	102	
ZSW1—126/10	235276	126	110	～2500	3906	1200	270	286	6—ϕ18	250	6—ϕ18	10	8	7	110	
ZSW—126/11	235140	126	110	～2500	2750	1220	260	140	4—M12	270	4—ϕ18	11		4	94	
ZSW2—126/11	235204	126	110	～2500	2750	1200	250	286	6—ϕ18	286	6—ϕ18	11		7	116	

续表

型号	代号	额定电压 (kV)	系统标称电压 (kV)	海拔 (m)	公称爬电距离 (mm)	主要尺寸 (mm)						机械破坏负荷			重量 (kg)	备注
						H	D	a_1	d_1	a_2	d_2	弯曲 (kN) 正装	弯曲 (kN) 倒装	扭转 (kN·m)		
ZSW4—126/11	235260	126	110	~1000	3150	1060	290	140	4—M12	270	4—ϕ18	11		7	95	耐污型户外棒形支柱瓷绝缘子
ZSW3—126/11	235259	126	110	~1000	3150	1120	275	140	4—M12	270	4—ϕ18	11		7	96	
ZSW1—126/11	235179	126	110	~2000	3400	1200	265	286	6—ϕ18	286	6—ϕ18	11		7	117	
ZSW—1100—12	23540	126	110	~1000	2750	1100	265	225	4—ϕ18	250	4—ϕ18	12	7	7	91	
ZSW1—126/12	23587	126	110	~2000	3150	1150	265	225	4—M16	254	8—ϕ18	12		7	97	
ZSW—1150—12	23525	126	110	~2000	3150	1150	265	225	4—ϕ18	254	8—ϕ18	12		7	97	
ZSXW—1150—12	235342	126	110	~2000	3150	1150	265	225	4—M16	254	8—ϕ18	12		7	96	
ZSW—1060—12.5D	235137	126	110	~1000	2750	1060	260	225	4—ϕ18	270	4—ϕ18	12.5	7	7	88	
ZSW—1060—12.5	235139	126	110	~1000	2750	1060	260	225	4—ϕ18	250	4—ϕ18	12.5	7	7	87	
ZSW2—1060—12.5	235209	126	110	~1000	2750	1060	260	225	4—ϕ18	250	8—ϕ18	12.5	7	7	87	
ZSW—1150—12.5	235128	126	110	~2000	2750	1150	250	225	4—ϕ18	250	8—ϕ18	12.5	7	7	94	
ZSW3—1150—12.5	235146	126	110	~2000	2750	1150	250	225	4—ϕ18	250	4—ϕ8	12.5	7	7	92	
ZSW2—1200—12.5D	23516	126	110	~2500	2750	1200	250	225	4—ϕ18	270	4—ϕ18	12.5	7	7	94	
ZSW—1200—12.5	23574	126	110	~2500	2750	1200	250	225	4—ϕ18	250	4—ϕ22	12.5	7	7	92	
ZSXW—1200—12.5D	23548	126	110	~2500	2750	1200	250	225	4—ϕ18	270	4—ϕ18	12.5	7	7	94	
ZSW1—1060—12.5	235208	126	110	~1000	3150	1060	270	225	4—ϕ18	250	8—ϕ18	12.5	7	7	89	
ZSW6—1150—12.5	235328	126	110	~2000	3150	1150	240	225	4—ϕ18	225	4—ϕ18	12.5	7	3	80	
ZSW1—1150—12.5	235129	126	110	~2000	3150	1150	270	225	4—ϕ18	250	8—ϕ18	12.5	7	7	97	
ZSW2—1150—12.5	235144	126	110	~2000	3150	1150	265	225	4—ϕ18	250	4—ϕ18	12.5	7	7	90	
ZSW3—126/12.5	23559	126	110	~2000	3150	1150	265	225	4—ϕ18	254	8—ϕ18	12.5	7.5	7	98	
ZSW4—1150—12.5	235255	126	110	~2000	3150	1150	245	200	4—ϕ18	225	4—ϕ18	12.5	7	5	80	
ZSW5—1150—12.5	235310	126	110	~2000	3150	1150	245	225	8—ϕ18	225	8—ϕ18	12.5	7	4.5	80	
ZSW4—126/12.5	235347	126	110	~2000	3150	1150	245	127	4—M16	254	8—ϕ18	12.5		6	80	
ZSW1—1200/12.5	23575	126	110	~2500	3150	1200	260	225	4—ϕ18	250	4—ϕ22	12.5	7	7	95	
ZSW3—1200—12.5	235346	126	110	~2500	3150	1200	260	225	4—ϕ18	250	4—ϕ18	12.5	7	7	95	
ZSW3—1200—12.5D	23561	126	110	~2500	3150	1200	260	225	4—ϕ18	270	4—ϕ18	12.5	7	7	97	
ZSW5—1200—12.5	235163	126	110	~2500	3150	1200	260	225	4—ϕ18	254	8—ϕ18	12.5	6.7	3.5	97	
ZSW—126/12.5	235301	126	110	~2500	3150	1220	275	127	4—M16	254	8—ϕ18	12.5		6	87	
ZSW5—126/12.5	235355	126	110	~2000	3906	1150	275	127	4—M16	254	8—ϕ18	12.5		6	85	

续表

型号	代号	额定电压(kV)	系统标称电压(kV)	海拔(m)	公称爬电距离(mm)	主要尺寸(mm)						机械破坏负荷			重量(kg)	备注
						H	D	a_1	d_1	a_2	d_2	弯曲(kN)		扭转(kN·m)		
												正装	倒装			
ZSW4—1200—12.5	235149	126	110	~2500	3906	1220	295	225	4—ϕ18	250	8—ϕ18	12.5		7	108	
ZSW—1220—12.5	235247	126	110	~2500	3906	1220	295	127	4—M16	250	8—ϕ18	12.5		7	108	
ZSW4—1200—12.5D	235275	126	110	~2500	3906	1220	295	225	4—ϕ18	270	4—ϕ18	12.5	7	7	108	
ZSW7—1200—12.5	235269	126	110	~2500	3906	1220	295	225	4—ϕ18	250	4—ϕ18	12.5	7	7	108	
ZSXW—126/13	23549	126	110	~2000	3150	1150	265	225	4—ϕ18	254	8—ϕ18	13		7	97	
ZSW—1050—14	235108	126	110	~1000	2750	1050	290	127	4—M16	254	8—ϕ18	14		7	98	
ZSW—1070—15	23529	126	110	~1000	2750	1070	265	250	4—ϕ18	250	8—ϕ18	15	9	7	92	
ZSW—1100—15	23533	126	110	~1000	2750	1100	265	250	4—ϕ18	250	8—ϕ18	15		7	93	
ZSW—1200—15D	23577	126	110	~2000	2750	1200	265	270	4—ϕ18	270	6—ϕ18	15	9	7	102	
ZSW—126/15	225258	126	110	~2000	3150	1150	285	254	8—ϕ18	254	8—ϕ18	15		7	110	
ZSW—1170—16	235230	126	110	~2000	2750	1170	265	250	4—ϕ22	270	4—ϕ22	16		7	120	
ZSW—1200—16	23528	126	110	~2000	2900	1200	260	286	6—ϕ18	286	6—ϕ18	16	10	7	122	
ZSW1—126/16	235302	126	110	~2500	3150	1220	285	127	4—M16	254	8—ϕ18	16		6	75	
ZSW—1150—16	235343	126	110	~2000	3150	1150	280	254	8—ϕ18	254	8—ϕ18	16		16	110	耐污型户外棒形支柱瓷绝缘子
ZSXW—1150—16	235338	126	110	~2000	3150	1150	285	127	4—M16	275	8—ϕ18	16		10	110	
ZSW—126/16	23568	126	110	~2000	3150	1150	285	254	8—ϕ18	254	8—ϕ18	16	10	7	110	
ZSW—1220—16	23523	126	110	~2000	3410	1220	285	286	6—ϕ18	286	6—ϕ18	16	10	7	129	
ZSW1—1200—16	235243	126	110	~2000	3906	1200	300	286	6—ϕ18	286	6—ϕ18	16	10	7	124	
ZSW1—1060—18	235213	126	110	~1000	2750	1060	265	225	4—ϕ18	250	8—ϕ18	18	10	4	90	
ZSW—1070—18	23566	126	110	~1000	2750	1070	265	225	4—ϕ18	250	4—ϕ18	18	11	4	90	
ZSW—1070—18D	235114	126	110	~1000	2750	1070	265	225	4—ϕ18	270	4—ϕ18	18	11	7	92	
ZSW1—1070—18	23579	126	110	~1000	2750	1070	260	250	4—ϕ18	250	8—ϕ18	18	11	7	92	
ZSW—1100—18	23552	126	110	~1000	2775	1100	260	250	4—ϕ18	250	8—ϕ18	18	11	7	102	
ZSW2—1150—18	235168	126	110	~2000	2750	1150	255	225	4—ϕ18	250	8—ϕ18	18	10	4	103	
ZSW—1160—18	235135	126	110	~2000	2750	1160	250	270	4—ϕ18	250	4—ϕ18	18	10.5	7	105	
ZSW7—1200—18	235176	126	110	~2000	2750	1200	250	225	4—ϕ18	250	8—ϕ18	18	10	4	107	
ZSW9—1200—18	235186	126	110	~2000	2750	1200	250	250	8—ϕ18	250	8—ϕ18	18	10	4	109	
ZSW4—1200—18D	235162	126	110	~2000	2750	1200	250	225	4—ϕ18	270	4—ϕ18	18	9.5	4	95	
ZSW—1160—18D	235107	126	110	~2000	2870	1160	265	270	4—ϕ18	270	4—ϕ18	18	10.5	7	105	

续表

型　号	代号	额定电压 (kV)	系统标称电压 (kV)	海拔 (m)	公称爬电距离 (mm)	主　要　尺　寸 (mm)						机械破坏负荷			重量 (kg)	备注
						H	D	a_1	d_1	a_2	d_2	弯曲 (kN)		扭转		
												正装	倒装	(kN·m)		
ZSW—1080—18	23576	126	110	～1000	2890	1080	270	250	4—ϕ18	254	8—ϕ18	18	12	7	95	耐污型户外棒形支柱瓷绝缘子
ZSW2—1100—18	23586	126	110	～1000	2900	1100	285	250	4—ϕ18	250	8—ϕ18	18	11	7	125	
ZSW1—1100—18	23544	126	110	～1000	2900	1100	270	250	4—ϕ18	254	8—ϕ18	18	12	7	97	
ZSW2—1200—18	23531	126	110	～2000	2900	1200	260	280	8—ϕ18	280	8—ϕ18	18	11	7	122	
ZSW10—1200—18	235203	126	110	～2000	2900	1200	265	250	4—ϕ18	254	8—ϕ18	18	10	7	114	
ZSW—1200—18	23514	126	110	～2000	2900	1200	260	286	6—ϕ18	286	6—ϕ18	18	11	7	122	
ZSW1—1200—18D	23542	126	110	～2000	2900	1200	260	286	6—ϕ18	270	4—ϕ18	18	11	7	120	
ZSW—1060—18	235211	126	110	～1000	3150	1060	290	225	8—ϕ18	250	8—ϕ18	18	10	4	98	
ZSW3—1150—18	235233	126	110	～2000	3150	1150	265	225	4—ϕ18	254	8—ϕ18	18	10	4	115	
ZSW1—1150—18	235166	126	110	～2000	3150	1150	265	225	4—ϕ18	250	8—ϕ18	18	10	4	116	
ZSW5—1150—18	235283	126	110	～2000	3150	1150	265	225	4—ϕ18	250	4—ϕ22	18	10	4	112	
ZSW6—1150—18	235291	126	110	～2000	3150	1150	300	254	8—ϕ18	275	8—ϕ18	18	10	4	130	
ZSW3—1200—18	23554	126	110	～2000	3150	1200	290	286	6—ϕ18	286	6—ϕ18	18	11	7	125	
ZSW6—1200—18	235174	126	110	～2000	3150	1200	250	225	4—ϕ18	250	8—ϕ18	18	10	4	120	
ZSW8—1200—18	235184	126	110	～2000	3150	1200	250	250	8—ϕ18	250	8—ϕ18	18	10	4	122	
ZSW14—1200—18	235285	126	110	～2000	3150	1200	250	225	4—ϕ18	250	4—ϕ22	18	10	4	115	
ZSW16—1200—18D	235317	126	110	～2000	3150	1200	250	225	4—ϕ18	270	4—ϕ22	18	10	6	118	
ZSW—126/18	235172	126	110	～2000	3150	1200	250	225	4—ϕ18	270	4—ϕ18	18	11	7	120	
ZSW1—126/18	235223	126	110	～2000	3150	1200	250	225	4—ϕ18	280	8—ϕ18	18		4	116	
ZSW17—1200—18	235324	126	110	～2000	3350	1200	280	225	4—ϕ18	254	8—ϕ18	18	10	6	128	
ZSW12—1200—18	235256	126	110	～2000	3400	1200	295	286	6—ϕ18	286	6—ϕ18	18	11	7	127	
ZSW—1150—18	23536	126	110	～2000	3410	1150	300	254	8—ϕ18	275	8—ϕ18	18	10.5	7	126	
ZSW4—1150—18	235236	126	110	～2000	3528	1150	285	225	4—ϕ18	250	8—ϕ18	18	10	7	120	
ZSW7—1150—18	235354	126	110	～2000	3906	1150	300	225	4—ϕ18	254	8—ϕ18	18	10	4	122	
ZSW5—1200—18	235156	126	110	～2500	3906	1200	300	250	4—ϕ18	250	8—ϕ18	18	10	7	116	
ZSW13—1200—18	235266	126	110	～2000	3906	1200	295	225	4—ϕ18	250	8—ϕ8	18	10	4	123	
ZSW15—1200—18D	235306	126	110	～2000	3906	1200	295	225	4—ϕ18	270	4—ϕ18	18	9.5	4	110	
ZSXW—1200—18	235264	126	110	～2000	3906	1200	300	250	4—ϕ18	250	8—ϕ18	18	10	7	110	
ZSW11—1200—18	235277	126	110	～2000	3906	1200	290	250	6—ϕ18	286	6—ϕ18	18	10	7	120	

续表

型　号	代号	额定电压(kV)	系统标称电压(kV)	海拔(m)	公称爬电距离(mm)	主要尺寸(mm)						机械破坏负荷			重量(kg)	备注
						H	D	a_1	d_1	a_2	d_2	弯曲(kN)		扭转(kN·m)		
												正装	倒装			
ZSW—1200—19.5D	235133	126	110	～2000	2775	1200	260	270	4—ϕ18	270	6—ϕ18	19.5	13.7	7	115	耐污型户外棒形支柱瓷绝缘子
ZSW—1150—21	23562	126	110	～2000	3150	1150	300	254	8—ϕ18	254	8—ϕ18	21	14.5	7	130	
ZSW1—1150—21	235335	126	110	～2000	3150	1150	295	250	4—ϕ18	250	8—ϕ18	21	12.5	8	120	
ZSW2—1200—21D	235318	126	110	～2500	3150	1200	270	225	4—ϕ18	270	4—ϕ22	21	12	8	115	
ZSW2—1150—21	235352	126	110	～2000	3906	1150	315	225	4—ϕ18	275	8—ϕ18	21	12	4	117	
ZSW—1200—21D	235314	126	110	～2500	3906	1200	305	225	4—ϕ18	270	4—ϕ18	21	12	10	125	
ZSW—1250—21	235248	126	110	～2500	3906	1250	315	250	8—ϕ18	275	8—ϕ18	21	11.5	7	130	
ZSW—1200—21.5	235188	126	110	～2500	2750	1200	265	250	8—ϕ18	275	8—ϕ18	21.5	12	7	120	
ZSW1—1200—21.5	235201	126	110	～2500	2900	1200	265	250	4—ϕ18	254	8—ϕ18	21.5	12	6	122	
ZSW2—1200—21.5	235202	126	110	～2000	2900	1200	265	286	6—ϕ18	286	6—ϕ18	21.5	12.5	7	122	
ZSW—1060—21.5	235316	126	110	～1000	3150	1060	295	225	4—ϕ18	250	4—ϕ18	21.5	12	7	95	
ZSW1—1150—21.5D	235320	126	110	～2000	3150	1150	270	225	4—ϕ18	270	4—ϕ18	21.5	12.5	8	110	
ZSW1—1060—21.5	235361	126	110	～1000	3528	1060	300	225	4—ϕ18	250	4—ϕ18	21.5	12	7	105	
ZSW1—1060—21.5D	235362	126	110	～1000	3528	1060	300	225	4—ϕ18	270	4—ϕ18	21.5	12	7	106	
ZSW—1150—23D	235261	126	110	～2000	3150	1150	295	270	4—ϕ18	270	6—ϕ18	23	13	7	130	
ZSW—1060—23.5D	235262	126	110	～1000	3150	1060	305	270	4—ϕ18	270	6—ϕ18	23.5	13.6	7	116	
ZSW—1200—24	23551	126	110	～2000	2750	1200	265	280	8—ϕ18	280	8—ϕ18	24	14.5	7	132	
ZSW—1160—24D	235141	126	110	～2000	2750	1160	265	270	4—ϕ18	270	6—ϕ18	24	14	4	110	
ZSW1—1200—24	235180	126	110	～2000	2900	1200	270	286	6—ϕ18	286	6—ϕ18	24	14	7	134	
ZSW—1200—25	23580	126	110	～2000	3500	1200	315	254	8—ϕ18	275	8—ϕ18	25	19	7	145	
ZSW—1150—26	23526	126	110	～2000	3150	1150	300	254	8—ϕ18	275	8—ϕ18	26	16	7	130	
ZSXW—1150—26	23550	126	110	～2000	3150	1150	300	254	8—ϕ18	275	8—ϕ18	26	16	7	130	
ZSW—1200—26	235282	126	110	～2000	3906	1200	315	250	8—ϕ18	275	8—ϕ18	26	14.5	7	145	
ZSW—1150—26.5	235341	126	110	～2000	3150	1150	305	254	8—ϕ18	300	8—ϕ18	26.5	15.5	7	130	
ZSW—1200—26.5	235325	126	110	～2000	3150	1200	305	254	8—ϕ18	300	8—ϕ18	26.5	19	6	140	
ZSW1—1150—26.5	235348	126	110	～1000	3150	1150	290	254	8—ϕ18	275	8—ϕ18	26.5	15.5	6	130	
ZSW2—1150—26.5	235356	126	110	～1000	3906	1150	325	254	8—ϕ18	275	8—ϕ8	26.5	15.5	6	140	
ZSW—1100—27	235194	126	110	～1000	2775	1100	285	250	8—ϕ18	275	8—ϕ18	27	19.5	7	120	
ZSW—1150—27	23537	126	110	～2000	3350	1150	310	275	8—ϕ18	300	8—ϕ18	27	20	7	146	

续表

型号	代号	额定电压 (kV)	系统标称电压 (kV)	海拔 (m)	公称爬电距离 (mm)	主要尺寸 (mm)						机械破坏负荷			重量 (kg)	备注
						H	D	a_1	d_1	a_2	d_2	弯曲 (kN) 正装	弯曲 (kN) 倒装	扭转 (kN·m)		
ZSW—1050—30	235109	126	110	～1000	2750	1050	315	254	8—ϕ18	254	8—ϕ18	30	17	7	120	
ZSW—1200—30	235224	126	110	～2000	3150	1200	290	280	8—ϕ18	325	8—ϕ18	30	17.5	7	148	
ZSW—1200—31	23534	126	110	～2000	2750	1200	290	250	8—ϕ18	310	8—ϕ18	31	17.5	8	145	
ZSW—1150—32	23581	126	110	～1000	3150	1150	310	254	8—ϕ18	300	8—ϕ18	32	23	7	129	
ZSW—1200—33	235197	126	110	～2000	3050	1200	290	286	6—ϕ18	286	6—ϕ18	33	24	7	146	
ZSW—1150—34	23569	126	110	～1000	3150	1150	310	254	8—ϕ18	300	8—ϕ18	34	19.5	7	138	
ZSXW—1150—34	235339	126	110	～1000	3150	1150	310	275	8—ϕ18	300	8—ϕ18	34	19.5	10	138	
ZSW1—1150—34	235357	126	110	～1000	3906	1150	345	254	8—ϕ18	300	8—ϕ18	34	19.5	8	140	
ZSW—1150—36	23538	126	110	～1000	3170	1150	320	300	8—ϕ18	325	8—ϕ18	36	29	7	168	
ZSW1—1150—36	23567	126	110	～1000	3170	1150	320	300	8—ϕ18	300	8—ϕ18	36	29	7	166	
ZSW1—145/4	23597	145	132	～1000	3300	1400	240	140	4—M12	225	4—ϕ18	4		2	93	
ZSW3—145/4L	235911	145	132	～2000	3625	1500	230	127	4—M16	127	4—M16	4		3	95	
ZSW2—145/4	23593	145	132	～2000	3906	1500	240	140	4—M12	225	4—ϕ18	4		2	98	
ZSW2—145/4L	23594	145	132	～2000	3906	1520	240	140	4—M12	140	4—M12	4		2	100	
ZSW—145/4L	23595	145	132	～1000	3906	1420	230	140	4—M12	140	4—M12	4		2	95	耐污型户外棒形支柱瓷绝缘子
ZSW—145/4	23599	145	132	～1000	3906	1400	230	140	4—M12	225	4—ϕ18	4		2	94	
ZSW—145/5L	23591	145	132	～1000	2900	1420	230	140	4—M12	140	4—M12	5		2	95	
ZSW—145/6	23598	145	132	～1000	3906	1400	230	140	4—M12	225	4—ϕ18	6		3	94	
ZSW1—145/6L	235218	145	132	～1000	2900	1420	220	140	4—M12	140	4—M12	6		3	92	
ZSW2—145/6	235910	145	132	～2000	3625	1500	230	140	4—M12	225	4—ϕ18	6		3	94	
ZSW3—145/6L	235912	145	132	～2000	3625	1500	230	127	4—M16	127	4—M16	6		3	95	
ZSW—145/8	23596	145	132	～1000	3300	1400	240	140	4—M12	225	4—ϕ18	8		3	95	
ZSW1—145/8L	235913	145	132	～2000	3625	1500	230	127	4—M16	127	4—M16	8		4	97	
ZSW2—145/8	235914	145	132	～2000	3625	1500	230	127	4—M16	225	4—ϕ18	8		4	96	
ZSW—170/8	23592	170	154	～1000	4300	1800	225	140	4—M12	270	4—ϕ18	8		3	134	
ZSW1—1500—8	2390	126	110	～4000	5060	1500	290	275	8—ϕ18	275	8—ϕ18	8		7	127	
ZSW1—1500—17	2391	126	110	～4000	4840	1500	315	275	8—ϕ18	275	8—ϕ18	17	9.5	7	152	
ZSW1—1400—27	2392	126	110	～3000	3850	1400	315	275	8—ϕ18	300	8—ϕ18	27	19.5	7	168	
ZSW—1400—8	23934	126	110	～3000	3900	1400	260	225	4—ϕ18	275	8—ϕ18	8		7	115	
ZSW—1300—18	23955	126	110	～3000	3600	1300	290	275	8—ϕ18	300	8—ϕ18	18	10.5	7	130	
ZSW—1300—27	23936	126	110	～3000	3500	1300	305	300	8—ϕ18	325	8—ϕ18	27	19.5	7	150	
ZSW2—1400—27	23947	126	110	～3000	3850	1400	310	300	8—ϕ18	300	8—ϕ18	27	20	7	170	

续表

型号	代号	额定电压(kV)	系统标称电压(kV)	海拔(m)	公称爬电距离(mm)	主要尺寸(mm)						机械破坏负荷			重量(kg)	备注
						H	D	a_1	d_1	a_2	d_2	弯曲(kN) 正装	弯曲(kN) 倒装	扭转(kN·m)		
ZSW1—1500—10	2393	126	110	～4000	5150	1500	280	225	4—ϕ18	254	8—ϕ18	10		10	142	耐污型户外棒形支柱瓷绝缘子
ZSW2—1500—10	2396	126	110	～4000	4760	1500	280	254	8—ϕ18	254	8—ϕ18	10		10	144	
ZSW1—1400—34	2395	126	110	～3000	4230	1400	320	300	8—ϕ18	325	8—ϕ18	34	24.6	10	185	
ZSW2—1500—21	23967	126	110	～4000	4840	1500	310	254	8—ϕ18	300	8—ϕ18	21	12	10	156	
ZSW2—1400—34	23968	126	110	～3000	3850	1400	310	300	8—ϕ18	300	8—ϕ18	34	25	10	178	
ZSW—1500—11	23931	126	110	～4000	5060	1500	315	127	4—M16	254	8—ϕ18	11		10	155	
ZSW1—1500—11	23946	126	110	～4000	5060	1500	290	275	8—ϕ18	254	8—ϕ18	11		10	153	
ZSW—1500—23	23932	126	110	～4000	4840	1500	310	254	8—ϕ18	300	8—ϕ18	23	13	10	175	
ZSW—1400—37.5	23933	126	110	～3000	3850	1400	310	300	8—ϕ18	325	8—ϕ18	37.5	27.5	10	185	
ZSW—1500—12	2397	126	110	～4000	4760	1500	280	275	8—ϕ18	275	8—ϕ18	12		10	145	
ZSW—1500—25	2398	126	110	～4000	4760	1500	300	275	8—ϕ18	300	8—ϕ18	25	14	10	172	
ZSW—1400—41	2399	126	110	～3000	4230	1400	320	300	8—ϕ18	325	8—ϕ18	41	30	10	185	
ZSW1—1500—12	23924	126	110	～4000	4450	1500	290	127	4—M16	254	8—ϕ18	12		10	142	
ZSW1—1500—25	23925	126	110	～4000	4300	1500	310	254	8—ϕ18	300	8—ϕ18	25	14	10	165	
ZSW1—1400—41	23926	126	110	～3000	3850	1400	320	300	8—ϕ18	325	8—ϕ18	41	30	10	185	
ZSW2—1500—12	23927	126	110	～4000	5060	1500	315	275	8—ϕ18	275	8—ϕ18	12		10	155	
ZSW2—1500—25	23928	126	110	～4000	4840	1500	320	275	8—ϕ18	300	8—ϕ18	25	14	10	175	
ZSW3—1500—12	23929	126	110	～4000	5060	1500	315	127	4—M16	254	8—ϕ18	12		10	155	
ZSW3—1500—25	23930	126	110	～4000	4840	1500	320	254	8—ϕ18	300	8—ϕ18	25	14	10	175	
ZSW1—1500—12.5	23910	126	110	～4000	5060	1500	295	225	4—ϕ18	254	8—ϕ18	12.5		10	147	
ZSW—1500—12.5	23969	126	110	～4000	5060	1500	300	127	4—M16	254	8—ϕ18	12.5		10	145	
ZSW1—1500—26.5	23911	126	110	～4000	4840	1500	310	254	8—ϕ18	300	8—ϕ18	26.5	14.5	10	178	
ZSW1—1400—42.5	23912	126	110	～3000	3850	1400	310	300	8—ϕ18	325	8—ϕ18	42.5	31	10	190	
ZSW2—1500—12.5	23913	126	110	～4000	5060	1500	295	254	8—ϕ18	275	8—ϕ18	12.5		10	148	
ZSW2—1500—26.5	23914	126	110	～4000	4840	1500	310	275	8—ϕ18	300	8—ϕ18	26.5	14.5	10	179	
ZSW3—1500—12.5	23948	126	110	～4000	5100	1500	320	127	4—M16	254	8—ϕ18	12.5		10	155	
ZSW—1500—26	23949	126	110	～4000	5100	1500	325	254	8—ϕ18	300	8—ϕ18	26	14.5	10	175	
ZSW—1500—40	23950	126	110	～4000	5000	1500	355	300	8—ϕ18	325	8—ϕ18	40	28.5	10	195	
ZSW—1500—54.5	23951	126	110	～4000	4800	1500	380	325	8—ϕ18	356	8—ϕ18	54.5	42.5	10	215	

续表

型 号	代号	额定电压 (kV)	系统标称电压 (kV)	海拔 (m)	公称爬电距离 (mm)	主要尺寸 (mm)						机械破坏负荷			重量 (kg)	备注
						H	D	a_1	d_1	a_2	d_2	弯曲 (kN) 正装	弯曲 (kN) 倒装	扭转 (kN·m)		
ZSW1—1500—14	23915	126	110	～4000	4760	1500	280	127	4—M16	275	8—ϕ18	14		10	145	耐污型户外棒形支柱瓷绝缘子
ZSW2—1500—14	23918	126	110	～4000	4760	1500	280	275	8—ϕ18	275	8—ϕ18	14		10	146	
ZSW1—1500—30	23916	126	110	～4000	4760	1500	300	275	8—ϕ18	325	8—ϕ18	30	16.5	10	185	
ZSW1—1400—48	23917	126	110	～3000	4230	1400	335	325	8—ϕ18	356	8—ϕ18	48	32.5	10	202	
ZSW3—1500—14	23952	126	110	～4000	5150	1500	315	275	8—ϕ18	254	8—ϕ18	14		10	210	
ZSW2—1500—30	23953	126	110	～4000	4750	1500	320	254	8—ϕ18	300	8—ϕ18	30	16.5	10	220	
ZSW2—1400—48	23954	126	110	～3000	3850	1400	320	300	8—ϕ18	325	8—ϕ18	48	34.5	10	230	
ZSW—1500—16	23955	126	110	～4000	5150	1500	315	275	8—ϕ18	254	8—ϕ18	16		10	210	
ZSW—1500—33.5	23956	126	110	～4000	4750	1500	320	254	8—ϕ18	300	8—ϕ18	33.5	19	10	220	
ZSW—1400—54.5	23957	126	110	～3000	3850	1400	320	300	8—ϕ18	325	8—ϕ18	54.5	39.5	10	230	
ZCW1—1500—N4	23919	126	110	～4000	4720	1500	220	127	8—M10	210	4—ϕ18			4	75	
ZCW—1500—N4	23920	126	110	～4000	4720	1500	220	210	4—ϕ18	210	4—ϕ18			4	75	
ZCW1—1400—N4	23921	126	110	～3000	4310	1400	220	210	4—ϕ18	127	8—M10			4	70	
ZCW2—1500—N4	23922	126	110	～4000	4720	1500	220	210	4—ϕ18	210	4—ϕ18			4	76	
ZCW2—1400—N4	23923	126	110	～3000	4310	1400	220	210	4—ϕ18	210	4—ϕ18			4	72	
ZCW3—1500—N4	23937	126	110	～4000	4720	1500	240	210	4—ϕ18	210	4—ϕ18			4	76	
ZCW3—1400—N4	23938	126	110	～3000	4310	1400	240	210	4—ϕ18	210	4—ϕ18			4	72	
ZSW2—252/4	2360	252	220	～1000	5500	2120	260	140	4—M12	250	4—ϕ18	4		2	137	
ZSW2—252/4D	2361	252	220	～1000	5500	2120	260	140	4—M12	250	4—ϕ18	4		2	138	
ZSW9—252/4	23631	252	220	～2000	5500	2300	255	140	4—M12	250	4—ϕ18	4		2	151	
ZSW14—252/4	23681	252	220	～2000	5500	2300	255	190	4—ϕ14	250	4—ϕ18	4		2	151	
ZSW7—252/4	23610	252	220	～2500	5500	2360	250	190	4—ϕ14	250	4—ϕ22	4		2	153	
ZSW1—252/4	2362	252	220	～2500	5500	2370	250	140	4—M12	250	4—ϕ22	4		2	148	
ZSW1—252/4D	2363	252	220	～2500	5500	2370	250	140	4—M12	270	4—ϕ18	4		2	150	
ZSW10—252/4	23632	252	220	～2000	5900	2300	258	190	4—ϕ14	250	4—ϕ18	4		2	150	
ZSW3—252/4	2364	252	220	～2000	5900	2300	258	140	4—M12	250	4—ϕ18	4		2	151	
ZSW13—252/4	23674	252	220	～2000	6300	2300	265	140	4—M12	250	4—ϕ22	4		2	157	
ZSW5—252/4	23611	252	220	～2000	6300	2300	265	140	4—M12	250	4—ϕ18	4		2	163,158	
ZSW12—252/4	23664	252	220	～2000	6300	2300	265	190	4—ϕ14	250	4—ϕ18	4		2	153	

续表

型　号	代号	额定电压(kV)	系统标称电压(kV)	海拔(m)	公称爬电距离(mm)	主要尺寸(mm)						机械破坏负荷		重量(kg)	备注
						H	D	a_1	d_1	a_2	d_2	弯曲(kN)	扭转(kN·m)		
ZSW8—252/4D	23615	252	220	～4000	7400	2800	265	140	4—M12	270	4—ϕ18	4	2	223	
ZSW17—252/4	236110	252	220	～2500	7812	2400	295	190	4—ϕ14	250	4—ϕ18	4	2	186	
ZSW18—252/4	236113	252	220	～2500	7812	2400	295	140	4—M12	250	4—ϕ18	4	2	186	
ZSW6—252/6D	23646	252	220	～1000	5500	2120	260	140	4—M12	270	4—ϕ18	6	3	140	
ZSW12—252/6	23695	252	220	～1000	5500	2120	260	140	4—M12	250	8—ϕ18	6	3	140	
ZSW6—252/6	23656	252	220	～2000	5500	2300	250	190	4—ϕ14	250	4—ϕ18	6	3	155	
ZSW2—252/6	23634	252	220	～2000	5500	2300	260	140	4—M12	250	8—ϕ18	6	3	154	
ZSXW—252/60	23620	252	220	～2500	5500	2360	250	190	4—ϕ14	270	4—ϕ18	6	3	162	
ZSW1—252/6D	23616	252	220	～2500	5500	2370	250	140	4—M12	270	4—ϕ18	6	3	154	
ZSW1—252/6	23617	252	220	～2500	5500	2370	250	140	4—M12	250	4—ϕ22	6	3	152	
ZSW11—252/6	23694	252	220	～1000	6300	2120	270	140	4—M12	250	8—ϕ18	6	3	152	
ZSW10—252/6	23675	252	220	～2000	6300	2300	265	140	4—M12	254	8—ϕ18	6	3	161	
ZSW3—252/6	23635	252	220	～2000	6300	2300	265	140	4—M12	250	8—ϕ18	6	3	161	
ZSW7—252/6	23663	252	220	～2000	6300	2300	265	190	4—ϕ14	250	4—ϕ18	6	3	152	耐污型户外棒形支柱瓷绝缘子
ZSW13—252/6	236104	252	220	～2000	6300	2300	235	127	4—M16	225	4—ϕ18	6	5	143	
ZSW26—252/6	236143	252	220	～2000	6300	2300	250	127	4—M16	225	8—ϕ18	6	4	140	
ZSW25—252/6	236142	252	220	～2000	6300	2300	270	140	4—M12	250	4—ϕ18	6	6	154	
ZSW27—252/6	236147	252	220	～2000	6300	2300	250	127	4—M16	225	4—ϕ18	6	3	145	
ZSW24—252/6	236133	252	220	～2000	6300	2300	245	225	4—ϕ18	225	8—ϕ18	6	4.5	142	
ZSXW2—252/6	236141	252	220	～2000	6300	2350	265	210	4—ϕ18	254	8—ϕ18	6	3	169	
ZSW9—252/6	23668	252	220	～2000	6300	2350	260	140	4—M12	254	8—ϕ18	6	3	161	
ZSW5—252/6D	23636	252	220	～2500	6300	2360	260	190	4—ϕ14	270	4—ϕ18	6	3	160	
ZSW5—252/6	23637	252	220	～2500	6300	2360	260	190	4—ϕ14	250	4—ϕ22	6	3	158	
ZSW1—252/6	23638	252	220	～2500	6300	2370	265	140	4—M12	254	8—ϕ18	6	3	169	
ZSW—252/6D	23618	252	220	～2500	6300	2370	260	140	4—M12	270	4—ϕ18	6	3	160	
ZSW—252/6	23619	252	220	～2500	6300	2370	260	140	4—M12	250	4—ϕ22	6	3	158	
ZSW8—252/6	23667	252	220	～2500	7812	2400	295	140	4—M12	250	8—ϕ18	6	3	186	
ZSW14—252/6	236111	252	220	～2500	7812	2400	295	190	4—ϕ14	250	4—ϕ18		3	186	
ZSW15—252/6D	236115	252	220	～2500	7812	2400	275	140	4—M12	270	4—ϕ18	6	3	186	

续表

型号	代号	额定电压 (kV)	系统标称电压 (kV)	海拔 (m)	公称爬电距离 (mm)	主要尺寸 (mm)						机械破坏负荷		重量 (kg)	备注
						H	D	a_1	d_1	a_2	d_2	弯曲 (kN)	扭转 (kN·m)		
ZCW—252/N1.5	23653	252	220	～2000	5500	2300	220	180	4—ϕ13	180	4—ϕ13		1.5	112	
ZCW1—252/N1.5	23654	252	220	～2000	6300	2300	230	180	4—ϕ13	180	4—ϕ13		1.5	130	
ZCW4—252/N2	23651	252	220	～1000	5040	2120	210	160	4—M12	160	4—M12		2	90	
ZCW12—252/N2	23699	252	220	～1000	5500	2120	210	127	4—M16	127	4—M16		2	90	
ZCW14—252/N2	236101	252	220	～1000	5500	2120	210	160	4—ϕ13	160	4—ϕ13		2	90	
ZCW—252/N2	23647	252	220	～2000	5500	2300	220	160	4—M12	160	4—M12		2	110	
ZCW9—252/N2	23672	252	220	～2000	5500	2300	215	160	4—ϕ13	160	4—ϕ13		2	108	
ZCW2—252/N2	23649	252	220	～2000	5500	2400	220	127	4—M16	127	4—M16		2	128	
ZCW11—252/N2	23698	252	220	～1000	6300	2120	255	127	4—M16	127	4—M16		2	100	
ZCW13—252/N2	236100	252	220	～1000	6300	2120	255	160	4—ϕ13	160	4—ϕ13		2	110	
ZCW1—252/N2	23648	252	220	～2000	6300	2300	230	160	4—M12	160	4—M12		2	126	
ZCW17—252/N2	236140	252	220	～2000	6300	2300	200	127	4—ϕ12	127	4—ϕ12		2	102	
ZCW8—252/N2	23671	252	220	～2000	6300	2300	225	160	4—ϕ13	160	4—ϕ13		2	114	
ZCW3—252/N2	23650	252	220	～2000	6300	2400	235	127	4—M16	127	4—M16		2	132	耐污型户外棒形支柱瓷绝缘子
ZCW10—252/N2	23657	252	220	～2000	7056	2300	236	160	4—ϕ13	160	4—ϕ13	2	2	132	
ZCW16—252/N2	236119	252	220	～2000	7812	2300	265	180	4—ϕ13	180	4—ϕ13	—	2	134	
ZCW7—252/N2	23656	252	220	～2500	7812	2400	265	160	4—M12	160	4—M12		2	150	
ZCW15—252/N2	236118	252	220	～2500	7812	2400	265	127	4—M16	127	4—M16		2	132	
ZCW6—252/N3	23655	252	220	～2000	5500	2300	220	210	4—ϕ18	210	4—ϕ18	2	3	122	
ZCW—252/N3	236102	252	220	～2000	6300	2300	195	127	4—ϕ12	127	4—ϕ12		3	100	
ZCW5—252/N3	23652	252	220	～2000	6300	2300	230	210	4—ϕ18	210	4—ϕ18	2	3	126	
ZCW10—252/N3	236144	252	220	～2000	6300	2300	230	127	4—M16	127	4—M16		3	124	
ZCW3—252/N3	236158	252	220	～2000	7812	2300	255	127	4—M16	127	4—M16		3	130	
ZCW7—252/N3	236109	252	220	～2500	7812	2400	265	160	4—ϕ13	160	4—ϕ13	2	3	150	
ZCW—252/N6	236155	252	220	～2500	5500	2400	220	127	4—M16	127	4—M16	—	6	130	
ZSW29—252/8	23697	252	220	～1000	5500	2120	265	127	4—M16	250	8—ϕ18	8	4	150	
ZSW10—252/8	23639	252	220	～1000	5500	2130	260	140	4—M12	250	8—ϕ18	8	7	177	
ZSW10—252/8D	23640	252	220	～1000	5500	2130	265	140	4—M12	270	4—ϕ18	8	7	148	
ZSW5—252/8	23624	252	220	～1000	5500	2130	265	140	4—M12	250	4—ϕ18	8	4	146	

续表

型号	代号	额定电压 (kV)	系统标称电压 (kV)	海拔 (m)	公称爬电距离 (mm)	主要尺寸 (mm)						机械破坏负荷		重量 (kg)	备注
						H	D	a_1	d_1	a_2	d_2	弯曲 (kN)	扭转 (kN·m)		
ZSW6—252/8	23625	252	220	～1000	5500	2130	260	225	4—ϕ18	250	8—ϕ18	8	7	176	耐污型户外棒形支柱瓷绝缘子
ZSW3—252/8	23690	252	220	～2000	5500	2300	260	225	4—ϕ18	250	8—ϕ18	8	4、7	162、195	
ZSW19—252/8	23670	252	220	～2000	5500	2300	255	127	4—M16	250	8—ϕ18	8	4	163	
ZSW25—252/8	23683	252	220	～2000	5500	2300	255	140	4—M12	250	8—ϕ18	8	4	160	
ZSW23—252/8	23680	252	220	～2000	5500	2300	255	190	4—ϕ14	250	8—ϕ18	8	4	162	
ZSW15—252/8D	23659	252	220	～2000	5500	2370	265	140	4—M12	270	4—ϕ18	8	4	157	
ZSW14—252/8	23658	252	220	～2000	5500	2380	260	140	4—M12	250	4—ϕ18	8	7	199	
ZSW16—252/4	236103	252	220	～2000	6300	2300	235	127	4—M16	200	4—ϕ18	4	4.6	145	
ZSW19—252/4	236145	252	220	～2000	6300	2320	265	140	4—M12	250	4—ϕ18	4	2	154	
ZSW11—252/4	23692	252	220	～2000	6300	2370	260	140	4—M12	250	4—ϕ22	4	2	158	
ZSW6—252/4D	23612	252	220	～2500	6300	2370	260	140	4—M12	270	4—ϕ18	4	2	160	
ZSW10—252/4D	23633	252	220	～2500	6820	2420	275	140	4—M12	270	4—ϕ18	4	2	166	
ZSW4—252/4D	23613	252	220	～3000	6820	2440	265	140	4—M12	270	4—ϕ18	4	2	174	
ZSW15—252/4	23687	252	220	～2000	7056	2300	285	140	4—M12	250	4—ϕ18	4	2	165	
ZSW8—252/4	23614	252	220	～4000	7400	2800	265	140	4—M12	250	4—ϕ22	4	2	222	
ZSW11—252/8D	23641	252	220	～1000	5500	2380	265	140	4—M12	270	4—ϕ18	8	7	199	
ZSW21—252/8	23677	252	220	～2000	5500	2400	250	127	4—M16	250	8—ϕ18	8	4	169、172	
ZSW—252/8	2365	252	220	～2000	5650	2400	260	127	4—M16	286	6—ϕ18	8	7	234	
ZSW8—252/8D	23623	252	220	～2000	5650	2400	260	140	4—M12	270	4—ϕ18	8	7	232	
ZSW12—252/8	23642	252	220	～2000	5650	2400	260	286	6—ϕ18	286	6—ϕ18	8	7	238	
ZSW28—252/8	23696	252	220	～1000	6300	2120	275	127	4—M16	250	8—ϕ18	8	4	160	
ZSW24—252/8	23682	252	220	～2000	6300	2300	265	140	4—M12	250	8—ϕ18	8	4	174	
ZSW9—252/8	23630	252	220	～2000	6300	2300	285	225	4—ϕ18	250	8—ϕ18	8	4、7	177、217	
ZSW7—252/8	23621	252	220	～2000	6300	2300	270	225	4—ϕ18	254	8—ϕ18	8	7	193	
ZSW16—252/8	23662	252	220	～2000	6300	2300	285	140	4—M12	250	8—ϕ18	8	3	251	
ZSW18—252/8	23669	252	220	～2000	6300	2300	265	127	4—M16	250	8—ϕ18	8	4	178	
ZSW22—252/8	23679	252	220	～2000	6300	2300	265	190	4—ϕ14	250	8—ϕ18	8	4	177	
ZSW35—252/8	236120	252	220	～2000	6300	2300	265	140	4—M12	250	4—ϕ22	8	4	170	
ZSW37—252/8D	236124	252	220	～2500	6300	2370	250	140	4—M12	270	4—ϕ18	8	6	181	

续表

型号	代号	额定电压(kV)	系统标称电压(kV)	海拔(m)	公称爬电距离(mm)	主要尺寸(mm)						机械破坏负荷		重量(kg)	备注
						H	D	a_1	d_1	a_2	d_2	弯曲(kN)	扭转(kN·m)		
ZSW42—252/8D	236137	252	220	～2500	6300	2370	250	140	4—M12	270	4—ϕ22	8	6	179	耐污型户外棒形支柱瓷绝缘子
ZSW16—252/8D	23660	252	220	～2000	6300	2370	265	140	4—M12	270	4—ϕ18	8	7	222	
ZSW20—252/8	23676	252	220	～2000	6300	2400	260	127	4—M16	250	8—ϕ18	8	4	185、188	
ZSW1—252/8	2368	252	220	～2000	6300	2400	265	250	4—ϕ22	280	8—ϕ18	8	7	239	
ZSW2—252/8	2369	252	220	～2000	6300	2400	265	250	4—ϕ22	286	6—ϕ18	8	7	239	
ZSW4—252/8	23622	252	220	～2000	6300	2400	290	127	4—M16	286	6—ϕ18	8	7	235、252	
ZSW13—252/8	23643	252	220	～2000	6300	2400	265	286	6—ϕ18	286	6—ϕ18	8	7	242	
ZSW36—252/8	236121	252	220	～2500	6300	2400	265	140	4—M12	250	4—ϕ22	8	4	177	
ZSW40—252/8	236132	252	220	～2500	6300	2400	270	140	4—M12	286	6—ϕ18	8	12	232	
ZSW26—252/8	23684	252	220	～2500	6300	2400	260	225	4—ϕ18	250	8—ϕ18	8	4	184	
ZSW43—252/8	236149	252	220	～2500	6900	2400	265	190	4—ϕ14	250	8—ϕ18	8	4	228	
ZSW27—252/8	23686	252	220	～2000	7056	2300	285	225	4—ϕ18	250	8—ϕ18	8	4	183	
ZSW39—252/8D	236131	252	220	～2500	7812	2370	295	140	4—M12	270	4—ϕ18	8	6	213	
ZSW31—252/8	236112	252	220	～2500	7812	2400	295	190	4—ϕ14	250	8—ϕ18	8	4	228	
ZSW30—252/8	236108	252	220	～2500	7812	2400	295	225	4—ϕ18	250	8—ϕ18	8	4	228	
ZSW32—252/8	36114	252	220	～2500	7812	2400	295	140	4—M12	250	8—ϕ18	8	4	228	
ZSW33—252/8	236116	252	220	～2500	7812	2400	300	286	6—ϕ18	286	6—ϕ18	8	7	230	
ZSW34—252/8	236117	252	220	～2500	7812	2400	300	127	4—M16	286	6—ϕ18	8	7	230	
ZSW17—252/8	23665	252	220	～2500	7812	2400	300	225	4—ϕ18	250	8—ϕ18	8	7	224	
ZSW2—252/10	23644	252	220	～2000	5500	2400	260	127	4—M16	280	8—ϕ18	10	7	244	
ZSW—252/10	2366	252	220	～2000	6150	2400	265	250	4—ϕ22	280	8—ϕ18	10	7	249	
ZSW9—252/10	236136	252	220	～1000	6300	2120	295	140	4—M12	250	4—ϕ18	10	7	175	
ZSW12—252/10	236150	252	220	～2000	6300	2300	295	225	4—ϕ18	250	8—ϕ18	10	8	215	
ZSW11—252/10D	236139	252	220	～2000	6300	2300	270	225	4—ϕ18	270	4—ϕ18	10	8	205	
ZSW1—252/10	23626	252	220	～2000	6300	2300	300	225	4—ϕ18	254	8—ϕ18	10	7	228	
ZSW10—252/10D	236138	252	220	～2500	6300	2370	270	140	4—M12	270	4—ϕ22	10	8	195	
ZSW13—252/10	236161	252	220	～1000	7056	2120	300	140	4—M12	250	4—ϕ18	10	7	190	
ZSW13—252/10D	236160	252	220	～1000	7056	2120	300	140	4—M12	270	4—ϕ18	10	7	191	
ZSW8—252/10D	236135	252	220	～2500	7812	2370	305	140	4—M12	270	4—ϕ18	10	10	237	

续表

型 号	代号	额定电压(kV)	系统标称电压(kV)	海拔(m)	公称爬电距离(mm)	主要尺寸(mm)						机械破坏负荷		重量(kg)	备注
						H	D	a_1	d_1	a_2	d_2	弯曲(kN)	扭转(kN·m)		
ZSW4—252/10	23693	252	220	~3000	7812	2470	315	127	4—M16	275	8—ϕ18	10	7	238	
ZSW3—252/10	23688	252	220	~2500	7812	2450	315	225	4—ϕ18	275	8—ϕ18	10	7	238	
ZSW—252/11D	23661	252	220	~2000	5500	2380	265	140	4—M12	270	6—ϕ18	11	7	204	
ZSW3—252/11D	236107	252	220	~1000	6300	2120	305	140	4—M12	270	6—ϕ18	11	7	222	
ZSW2—252/11D	236106	252	220	~2000	6300	2270	305	140	4—M12	270	6—ϕ18	11	7	226	
ZSW1—252/11	23678	252	220	~2500	6300	2400	286	286	6—ϕ18	286	6—ϕ18	11	7	251	
ZSW1—252/12	23645	252	220	~2000	6300	2300	300	225	4—M16	275	8—ϕ18	12	7	227	
ZSW—252/12	2367	252	220	~2000	6300	2300	300	225	4—ϕ18	275	8—ϕ18	12	7	227	
ZSXW—252/12	23627	252	220	~2000	6300	2300	300	225	4—ϕ18	275	8—ϕ18	12	7	232	
ZSXW1—252/12	236153	252	220	~2000	6300	2300	300	225	4—M16	275	8—ϕ18	12	7	232	
ZSW2—252/12	236122	252	220	~2000	7812	2400	320	225	4—ϕ18	275	8—ϕ18	12	7	253	
ZSW2—252/12.5	236151	252	220	~2000	6300	2300	305	225	4—ϕ18	275	8—ϕ18	12.5	7	228	
ZSW—252/14	23689	252	220	~1000	5500	2100	315	127	4—M16	254	8—ϕ18	14	7	218	
ZSW1—252/14	23685	252	220	~2000	6300	2400	315	225	4—ϕ18	325	8—ϕ18	14	7	264	耐污型户外棒形支柱瓷绝缘子
ZSW—252/15	23691	252	220	~2000	5500	2300	290	250	4—ϕ18	310	8—ϕ18	15	7	238	
ZSW1—252/15	23673	252	220	~2000	6300	2300	320	275	8—ϕ18	325	8—ϕ18	15	7	314	
ZSW2—252/15	236105	252	220	~2000	6300	2300	310	254	8—ϕ18	300	8—ϕ18	15	7	239	
ZSW—252/16	23628	252	220	~2000	6300	2300	310	254	8—ϕ18	300	8—ϕ18	16	7	248	
ZSW1—252/16	236154	252	220	~2000	6300	2300	310	254	8—ϕ18	300	8—ϕ18	16	16	248	
ZSXW—252/16	236152	252	220	~2000	6300	2300	310	127	4—M16	300	8—ϕ18	16	10	248	
ZSW—363/4	2380	363	330	~2000	8250	3400	260	190	4—ϕ14	250	8—ϕ18	4	2	252	
ZSW1—363/4	2381	363	330	~3000	8250	3570	265	140	4—M12	270	6—ϕ18	4	2	256	
ZSW2—363/4	2386	363	330	~2000	9075	3400	265	190	4—ϕ14	250	8—ϕ18	4	2	255	
ZSW—363/6	2382	363	330	~2500	9075	3500	300	140	4—M12	254	8—ϕ18	6	3	292	
ZSW1—363/6D	2385	363	330	~2500	9075	3570	260	140	4—M12	270	6—ϕ18	6	3	275	
ZSW2—363/8	23810	363	330	~2000	8250	3400	285	225	4—ϕ18	275	8—ϕ18	8	4	297	
ZSW1—363/8	2389	363	330	~2000	9075	3400	285	225	4—ϕ18	275	8—ϕ18	8	4	282	
ZSW—363/8	2383	363	330	~2500	9075	3500	315	225	4—ϕ18	275	8—ϕ18	8	7	344	
ZSW—363/10	2384	363	330	~2000	9075	3450	310	225	4—ϕ18	300	8—ϕ18	10	7	357	

续表

型　号	代号	额定电压 (kV)	系统标称电压 (kV)	海拔 (m)	公称爬电距离 (mm)	主要尺寸 (mm)						机械破坏负荷		重量 (kg)	备注
						H	D	a_1	d_1	a_2	d_2	弯曲 (kN)	扭转 (kN·m)		
ZSW1—363/10	23811	363	330	～2000	9350	3600	290	286	6—ϕ18	286	6—ϕ18	10	7	388	耐污型户外棒形支柱瓷绝缘子
ZCW—363/N2	2387	363	330	～2000	8250	3600	220	127	4—M16	127	4—M16	—	2	192	
ZCW1—363/N2	2388	363	330	～2000	9450	3600	235	127	4—M16	127	4—M16	—	2	198	
ZSW—550/8	2371	550	500	～1000	13750	4700	320	225	4—ϕ18	300	8—ϕ18	8	7	541	
ZSW2—550/8	23716	550	500	～1000	11000	4000	305	225	4—ϕ18	325	8—ϕ18	8	7	450	
ZSW10—550/8	2370	550	500	～1000	13750	4700	320	225	4—ϕ18	325	8—ϕ18	8	7	543	
ZSW3—550/8	23724	550	500	～1000	13750	4400	320	275	8—ϕ18	300	8—ϕ18	8	7	498	
ZSW1—550/8	2372	550	500	～1000	13750	4400	305	275	8—ϕ18	300	8—ϕ18	8	7	447	
ZSW1—550/10	2373	550	500	～1000	13750	4400	320	225	4—ϕ18	325	8—ϕ18	10	10	483	
ZSW2—550/10	2374	550	500	～1000	13750	4400	320	254	8—ϕ18	325	8—ϕ18	10	10	485	
ZSW5—550/10	23726	550	500	～1000	13750	4400	310	254	8—ϕ18	300	8—ϕ18	10	10	515	
ZSW7—550/10	23734	550	500	～1000	13750	4400	310	275	8—ϕ18	300	8—ϕ18	10	10	487	
ZSW—550/11	23715	550	500	～1000	13750	4400	310	127	4—M16	325	8—ϕ18	11	10	515	
ZSW1—550/11	23725	550	500	～1000	13750	4400	310	275	8—ϕ18	325	8—ϕ18	11	10	513	
ZSW1—550/12	23712	550	500	～1000	12500	4400	320	127	4—M16	325	8—ϕ18	12	10	492	
ZSW10—550/12	2375	550	500	～1000	13750	4400	320	275	8—ϕ18	325	8—ϕ18	12	10	502	
ZSW2—550/12	23713	550	500	～1000	13750	4400	320	275	8—ϕ18	325	8—ϕ18	12	10	515	
ZSW9—550/12	23714	550	500	～1000	13750	4400	320	127	4—M16	325	8—ϕ18	12	10	515	
ZSW—550/12.5	23733	550	500	～1000	13750	4400	310	127	4—M16	325	8—ϕ18	12.5	10	513	
ZSW1—550/12.5	2376	550	500	～1000	13750	4400	310	225	4—ϕ18	325	8—ϕ18	12.5	10	515	
ZSW2—550/12.5	2377	550	500	～1000	13750	4400	310	254	8—ϕ18	325	8—ϕ18	12.5	10	517	
ZSW1—550/14	2378	550	500	～1000	13750	4400	335	127	4—M16	356	8—ϕ18	14	10	532	
ZSW2—550/14	2379	550	500	～1000	13750	4400	335	275	8—ϕ18	356	8—ϕ18	14	10	533	
ZSW3—550/14	23728	550	500	～1000	13750	4400	320	275	8—ϕ18	325	8—ϕ18	14	10	660	
ZSW—550/16	23729	550	500	～1000	13750	4400	320	275	8—ϕ18	325	8—ϕ18	16	10	660	
ZCW1—550/N4	23710	550	500	～1000	13750	4400	220	127	8—M10	127	8—M10	—	4	221	
ZCW2—550/N4	23711	550	500	～1000	13750	4400	220	210	4—ϕ18	210	4—ϕ18	—	4	224	
ZCW3—550/N4	23717	550	500	～1000	13750	4400	240	210	4—ϕ18	210	4—ϕ18	—	4	196	
ZSW—800/12.5	2300	800	750	～1000	20000	6000	380	127	4—M16	356	8—ϕ18	12.5	10	740	

续表

型号	代号	额定电压 (kV)	系统标称电压 (kV)	海拔 (m)	公称爬电距离 (mm)	主要尺寸 (mm)						机械破坏负荷		重量 (kg)	备注
						H	D	a_1	d_1	a_2	d_2	弯曲 (kN)	扭转 (kN·m)		
ZS—12/4	2210	12	10	～1000	200	210	140	36	2—M8	55	4—M10	4		5.4	
ZSN—12/4	2212	12	10	～1000	200	190	133	36	2—M18	70	2—11	4		3.5	
ZS1—12/5	2213	12	10	～1000	200	210	140	36	2—M8	130	2—ϕ12	5		6	
ZS—24/8	2220	24	20	～1000	400	350	165	76	2—M12	180	4—ϕ14	8		13	
ZS—24/10	2223	24	20	～1000	400	350	165	76	2—M12	180	4—ϕ14	10		14.5	
ZSX—24/10	2224	24	20	～1000	400	350	185	140	4—M12	210	4—ϕ18	10		17.5	
ZS—24/16	2221	24	20	～1000	400	350	175	140	4—M12	210	4—ϕ18	16		16	
ZS2—24/20	2222	24	20	～1000	400	345	175	140	4—M12	200	4—ϕ14	20		16	
ZS—24/30	2225	24	20	～1000	470	400	205	140	4—M12	250	4—ϕ18	30	2	32	
ZS—40.5/4	2230	40.5	35	～1000	625	400	150	140	4—ϕ14	140	4—ϕ14	4	1.5	10.5	
ZS—40.5/4L	2230A	40.5	35	～1000	625	400	150	140	4—M12	140	4—M12	4	1.5	10.7	
ZS—40.5/6L	2234	40.5	35	～1000	625	420	180	140	4—M12	140	4—M12	6	1.5	14	
ZSX—40.5/6L	2231	40.5	35	～1000	625	450	190	140	4—M12	140	4—M12	6	2	14	
ZS1—40.5/6L	2232	40.5	35	～1000	625	450	180	140	4—M12	140	4—M12	6	2	14	普通型户外棒形支柱瓷绝缘子
ZS—40.5/8	2233	40.5	35	～1000	625	420	170	140	4—M12	140	4—ϕ14	8	2	16	
ZS—72.5/5L	2241	72.5	63	～1000	1200	760	190	140	4—M12	140	4—M12	5	2	33	
ZSX—72.5/5L	2243	72.5	63	～1000	1100	760	200	140	4—M12	140	4—M12	5	2	34	
ZS—72.5/8.5	2242	72.5	63	～1000	1100	760	210	225	4—ϕ18	250	4—ϕ18	8.5	2	55	
ZS—126/4	2250	126	110	～1000	1870	1060	200	140	4—M12	225	4—ϕ18	4	2	48	
ZS—126/4L	2251	126	110	～1000	1870	1080	200	140	4—M12	140	4—M12	4	2	46	
ZS1—126/4L	2259	126	110	～2500	1870	1190	200	140	4—M12	140	4—M12	4	2	48	
ZS1—126/4	22513	126	110	～2500	1870	1170	200	140	4—M12	225	4—ϕ18	4	2	50	
ZSX—126/4	22531	126	110	～1000	2020	1060	210	140	4—M12	225	4—ϕ18	4	2	49	
ZS2—126/4	22518	126	110	～2500	2150	1170	210	140	4—M12	225	4—ϕ18	4	2	52	
ZS2—126/4L	22519	126	110	～2500	2150	1190	210	140	4—M12	140	4—M12	4	2	50	
ZSX—126/4L	22532	126	110	～2500	2150	1190	210	140	4—M12	140	4—M12	4	2	50	
ZS—1300—5	2256	126	110	～3000	2700	1300	220	190	4—ϕ14	225	4—ϕ18	5	2	69	
ZS5—126/6	2252	126	110	～1000	1870	1060	200	190	4—ϕ14	225	4—ϕ18	6	3	47	
ZS—126/6	22510	126	110	～1000	1870	1060	200	140	4—M12	225	4—ϕ18	6	3	48	

续表

型号	代号	额定电压 (kV)	系统标称电压 (kV)	海拔 (m)	公称爬电距离 (mm)	主要尺寸 (mm)						机械破坏负荷		重量 (kg)	备注
						H	D	a_1	d_1	a_2	d_2	弯曲 (kN)	扭转 (kN·m)		
ZS1—126/6	22537	126	110	~2500	1870	1200	210	210	4—ϕ18	210	4—ϕ18	6	3	54	普通型户外棒形支柱瓷绝缘子
ZS2—126/6	22541	126	110	~1000	1870	1170	200	140	4—M12	225	4—ϕ18	6	3	50	
ZS4—126/6	22546	126	110	~1000	2016	1170	215	140	4—M12	225	4—ϕ18	6	3	52	
ZS3—126/6	22544	126	110	~1000	2150	1060	225	140	4—M12	225	4—ϕ18	6	3	49	
ZC—1200/N2	22561	126	110	~2000	1870	1200	192	127	4—M16	225	4—ϕ18		2	50	
ZC1—1200/N2	22562	126	110	~2000	1870	1200	192	225	4—ϕ18	127	4—M16		2	50	
ZC—1150/N1.5	22512	126	110	~2000	1870	1150	180	180	4—ϕ13	180	4—ϕ13		1.5	47	
ZC—1060—N2	22530	126	110	~1000	2024	1060	195	160	8—ϕ11	160	8—ϕ11		2	44	
ZC1—1060—N2	22542	126	110	~1000	2024	1060	195	160	4—M12	180	4—ϕ13		2	44	
ZC2—1060—N2	22543	126	110	~1000	2024	1060	195	180	4—ϕ13	160	4—M12		2	44	
ZC—1080—N2	22548	126	110	~1000	2024	1080	195	160	4—M12	160	4—M12		2	45	
ZC—1060—8.5	2253	126	110	~1000	1870	1060	230	225	4—ϕ18	250	4—ϕ18	8.5	7	72	
ZS—1060—8.5D	2254	126	110	~1000	1870	1060	230	225	4—ϕ18	270	4—ϕ18	8.5	7	74	
ZS2—1060—8.5	22580	126	110	~1000	1870	1060	230	225	4—ϕ18	250	4—ϕ22	8.5	7	72	
ZS—1200—8.5D	22514	126	110	~2500	1870	1200	230	225	4—ϕ18	270	4—ϕ18	8.5	7	79	

型号	代号	额定电压 (kV)	系统标称电压 (kV)	海拔 (m)	公称爬电距离 (mm)	主要尺寸 (mm)						机械破坏负荷			重量 (kg)	备注
						H	D	a_1	d_1	a_2	d_2	弯曲 (kN)		扭转 (kN·m)		
												正装	倒装			
ZS—1200—8.5	22515	126	110	~2500	1870	1200	230	225	4—ϕ18	250	4—ϕ18	8.5	4.7	7	77	普通型户外棒形支柱瓷绝缘子
ZSX—126/8.5D	22533	126	110	~1000	2020	1060	230	225	4—ϕ18	270	4—ϕ18	8.5	4.7	7	71	
ZS1—1200—8.5D	22516	126	110	~2500	2150	1200	230	225	4—ϕ18	270	4—ϕ18	8.5	4.7	7	81	
ZS—126/9	2255	126	110	~2000	1870	1200	230	127	4—M16	286	6—ϕ18	9	5	7	109	
ZS—1200—10	22520	126	110	~2000	1870	1200	230	250	4—ϕ22	280	8—ϕ18	10	5	7	112	
ZS—126/10	22534	126	110	~1000	2600	1050	230	225	4—ϕ18	254	8—ϕ18	10	5	7	78	
ZS—1100—12	22511	126	110	~1000	2240	1100	240	225	4—ϕ18	250	4—ϕ18	12	7	7	82	
ZS1—1200—12D	22538	126	110	~1000	2400	1200	250	225	4—ϕ18	270	4—ϕ18	12		7	82	
ZS—1060—12.5	22549	126	110	~1000	1870	1060	230	225	4—ϕ18	250	4—ϕ18	12.5	6.8	7	74	
ZS—1060—12.5D	22522	126	110	~1000	1870	1060	230	225	4—ϕ18	270	4—ϕ18	12.5	6.8	7	75	
ZS—1200—12.5D	22517	126	110	~2500	1870	1200	240	225	4—ϕ18	270	4—ϕ18	12.5	6.8	7	80	

续表

型号	代号	额定电压(kV)	系统标称电压(kV)	海拔(m)	公称爬电距离(mm)	主要尺寸(mm)						机械破坏负荷			重量(kg)	备注
						H	D	a_1	d_1	a_2	d_2	弯曲(kN)		扭转(kN·m)		
												正装	倒装			
ZS1—1200—12.5D	22547	126	110	~1000	2016	1200	230	225	4—ϕ18	270	4—ϕ18	12.5	7	7	78	
ZS2—1060—12.5D	22545	126	110	~1000	2150	1060	255	225	4—ϕ18	270	4—ϕ18	12.5	7	7	76	
ZS—1150—12.5	22521	126	110	~2000	2400	1150	250	225	4—ϕ18	254	8—ϕ18	12.5	6.8	7	113	
ZS—1200—16	2257	126	110	~2000	1870	1200	245	286	6—ϕ18	286	6—ϕ18	16	9	7	112	
ZS1—1200—16	22524	126	110	~2000	1870	1200	245	127	4—M16	286	6—ϕ18	16	9	7	106	
ZS—1150—16	22525	126	110	~2000	2400	1150	260	254	4—ϕ18	275	8—ϕ8	16	9	7	106	
ZS—1200—18	2258	126	110	~2000	1870	1200	245	286	6—ϕ18	286	6—ϕ18	18	11	7	112	
ZS—1070—18	22526	126	110	~1000	1980	1070	245	250	4—ϕ18	250	8—ϕ18	18	13.5	7	116	
ZS—1050—21.5	22535	126	110	~1000	2600	1050	250	254	8—ϕ18	254	8—ϕ18	21.5	12.5	7	95	
ZS—1200—24	22527	126	110	~2000	1870	1200	245	280	8—ϕ18	280	8—ϕ18	24	14.4	7	134	
ZS—1150—25.4	22528	126	110	~2000	2400	1150	260	254	8—ϕ18	275	8—ϕ18	25.4	14.6	7	130	
ZS—1050—32	22536	126	110	~1000	2600	1050	280	254	8—ϕ18	300	8—ϕ18	32	23	7	117	
ZS—1150—34	22529	126	110	~1000	2200	1150	270	275	8—ϕ18	300	8—ϕ18	34	20	7	136	
ZS—1500—12	2290	126	110	~4000	3090	1500	245	127	4—M16	254	8—ϕ18	12		8	129	普通型户外棒形支柱瓷绝缘子
ZS—1500—25	2291	126	110	~4000	3090	1500	270	254	8—ϕ18	300	8—ϕ18	25	14	8	171	
ZS—1400—41	2292	126	110	~3000	2615	1400	300	300	8—ϕ18	325	8—ϕ18	41	30	8	203	
ZS—1500—14	2293	126	110	~4000	3090	1500	245	275	8—ϕ18	254	8—ϕ18	14		10	134	
ZS—1500—30	2294	126	110	~4000	3090	1500	280	254	8—ϕ18	300	8—ϕ18	30	16.5	10	177	
ZS—1400—47.5	2295	126	110	~3000	2615	1400	305	300	8—ϕ18	325	8—ϕ18	47.5	34.5	10	206	
ZC1—1500—N4	2296	126	110	~4000	2940	1500	205	127	8—M10	210	4—ϕ18			4	65	
ZC—1500—N4	2297	126	110	~4000	2940	1500	205	210	4—ϕ18	210	4—ϕ18			4	67	
ZCl—1400—N4	2298	126	110	~3000	2920	1400	205	210	4—ϕ18	127	8—M10			4	61	
ZC2—1400—N4	2299	126	110	~3000	2950	1400	205	210	4—ϕ18	210	4—ϕ18			4	63	
ZSl—145/4	22598	145	132	~1000	2400	1400	210	140	4—M12	225	4—ϕ18	4		2	86	
ZS2—145/4	22597	145	132	~1000	2900	1400	215	140	4—M12	225	4—ϕ18	4		2	90	
ZS2—145/4L	22596	145	132	~1000	2900	1420	215	140	4—M12	140	4—M12	4		2	92	
ZS—145/4L	22599	145	132	~2000	2900	1500	215	140	4—M12	140	4—M12	4		2	95	
ZS3—145/4	22594	145	132	~1000	2900	1500	215	1400	4—M12	225	4—ϕ18	4		2	93	
ZS3—145/4L	22595	145	132	~1000	2900	1520	215	140	4—M12	140	4—M12	4		2	96	

续表

型号	代号	额定电压 (kV)	系统标称电压 (kV)	海拔 (m)	公称爬电距离 (mm)	主要尺寸 (mm)						机械破坏负荷		重量 (kg)	备注
						H	D	a_1	d_1	a_2	d_2	弯曲 (kN)	扭转 (kN·m)		
ZS—252/4	2260	252	220	～1000	3740	2120	230	140	4—M12	250	4—ϕ18	4	2	120	普通型户外棒形支柱瓷绝缘子
ZS—252/4D	2261	252	220	～1000	3740	2120	230	140	4—M12	270	4—ϕ18	4	2	122	
ZS1—252/4D	2265	252	220	～2500	3740	2370	—230	140	4—M12	270	4—ϕ18	4	2	129	
ZS1—252/4	2266	252	220	～2500	3740	2370	230	140	4—M12	250	4—ϕ18	4	2	127	
ZSX—252/4D	22612	252	220	～1000	4040	2120	230	140	4—M12	270	4—ϕ18	4	2	120	
ZS3—252/6	2267	252	220	～1000	3740	2120	230	190	4—ϕ14	250	4—ϕ18	6	3	121	
ZS—252/6D	2262	252	220	～1000	3740	2120	230	140	4—M12	270	4—ϕ18	6	3	123	
ZS1—252/6D	22620	252	220	～1000	4300	2120	255	140	4—M12	270	4—ϕ18	6	3	125	
ZS2—252/6D	22621	252	220	～1000	4032	2370	230	140	4—M12	270	4—ϕ18	6	3	130	
ZS3—252/6D	2268	252	220	～1000	3740	2120	230	190	4—ϕ14	270	4—ϕ18	6	3	122	
ZC—252/N2	2263	252	220	～2500	3740	2400	192	127	4—M16	127	8—M16		2	100	
ZS—252/8	2264	252	220	～2500	3740	2400	245	127	4—M16	286	6—ϕ18	8	7	221	
ZS—252/10	2269	252	220	～2500	3740	2400	245	250	4—ϕ22	280	8—ϕ18	10	7	246	
ZS—252/12	22610	252	220	～2000	4800	2300	260	225	4—ϕ18	275	8—ϕ18	12	7	243	
ZS—252/16	22611	252	220	～2000	4600	2300	270	254	4—ϕ18	300	8—ϕ18	16	7	242	
ZS—363/5	2280	363	330	～2000	6920	3470	245	190	4—ϕ14	250	8—ϕ18	5	2	267	
ZS—363/10	2281	363	330	～1000	7800	3150	280	225	4—ϕ18	300	8—ϕ18	10	6	290	
ZS—550/12	2270	550	500	～1000	8800	4400	300	127	4—M16	325	8—ϕ18	12	8	503	
ZS—550/14	2271	550	500	～1000	8800	4400	305	275	8—ϕ18	325	8—ϕ18	14	10	517	
ZC1—550/N4	2272	550	500	～1000	8800	4400	205	127	8—M10	127	8—M10		4	193	
ZC2—550/N4	2273	550	500	～1000	8800	4400	205	210	4—ϕ18	210	4—ϕ18		4	197	

表 1-29　　**户外棒形支柱瓷绝缘子技术数据**

型　号	额定电压 (kV)	最小公称爬电距离 (mm)	额定弯曲破坏负荷 (kN)	主要尺寸 (mm)								重量 (kg)
				高度 H	直径 D	上附件			下附件			
						a_1	d_1	孔数 (个)	a_2	d_2	孔数 (个)	
ZS—12/4	12	200	4	210	145	36	M8	2	130	12	2	
ZS—24/8	24	400	8	350	185	76	M12	2	180	14	4	
ZS—24/16	24	400	16	350	210	140	M12	4	210	18	4	
ZS—24/30	24	400	30	400	230	140	M12	4	250	18	4	

(5) 上海电瓷厂产品技术数据，见表 1-30。

表 1-30　　**户外棒形支柱瓷绝缘子技术数据**

型　号	额定电压 (kV)	总高 H (mm)	上附件安装尺寸			下附件安装尺寸			爬电距离 (mm)	机械破坏负荷不小于		重量 (kg)
			孔中心圆直径 a_1 (mm)	孔径 d_1 (mm)	孔数 (个)	孔中心圆直径 a_2 (mm)	孔径 d_2 (mm)	孔数 (个)		弯曲 (kN)	扭转 (kN·m)	
ZS—12/4	12	210	36	M8	2	130	12	2	200	4	—	4.9
ZS—12/4L		220	36	M8	2	56	M10	2			—	4.9
ZS—17.5/4	17.5	260	36	M8	2	130	12	2	300	4		6.2
ZSX—17.5/4		260	130	12	2	36	M8	2				6.2
ZS—24/8	24	350	76	M12	2	180	14	4	400	8	—	15.6
ZS—24/10		350	140	M12	4	210	18	4		10		19.1
ZS—24/16		350	140	M12	4	210	18	4		16		20.2
ZS—24/20		400	140	M12	4	210	18	4		20		22
ZS—24/30		400	140	M12	4	250	18	4		30		31
ZS—40.5/4	40.5	400	140	14	4	140	14	4	625	4	—	10.5
ZSX—40.5/4		400	140	14	4	140	14	4		4		10.5
ZS—40.5/6L		420	140	M12	4	140	M12	4		6		18.5
ZS—40.5/8		420	140	M12	4	180	14	4		8	1.5	20.9
ZS—40.5/16		500	190	14	4	250	18	4		16	2	36
ZSW2—40.5/4—2		400	140	14	4	140	14	4	875	4	1	13.5
ZSW2—40.5/8—2		450	140	M12	4	180	14	4		8	1.5	21

(6) 牡丹江北方高压电瓷有限责任公司产品技术数据，见表 1-31。

表 1-31　　**户外实心棒形支柱瓷绝缘子技术数据**

型　号	代号	主要尺寸 (mm)							机械破坏负荷≥		工频 1min 耐受电压 (kV) ≥		雷电全波冲击耐受电压 (kV) ≥	重量 (kg)	备注
		H	D	爬距	a_1	d_1	a_2	d_2	弯曲 (kN)	扭转 (kN·m)	干	湿			
ZS—10/4	21100	210	145	200	ϕ36	2—M8	ϕ130	2—ϕ12	4.0	—	42	30	75	6	普通型
ZS—20/8	21101	350	185	400	ϕ76	2—M12	ϕ180	4—ϕ14	8.0	—	68	50	125	15	
ZS—35/4K	21104	400	185	625	ϕ140	4—ϕ14	ϕ140	4—ϕ14	4.0	1.0	100	80	185	12	
ZS—35/6L	21103	420	200	625	ϕ140	4—M12	ϕ140	4—M12	6.0	1.0	100	80	185	17	
ZS—35/8	21105	420	200	625	ϕ140	4—M12	ϕ180	4—ϕ14	8.0	1.5	100	80	185	16	
ZS—63/4L	21107	785	200	1100	ϕ140	4—M12	ϕ140	4—M12	4.0	1.5	165	140	325	30	
ZS—63/4	21108	760	200	1100	ϕ140	4—M12	ϕ180	4—ϕ14	4.0	1.5	165	140	325	29	

续表

型号	代号	主要尺寸（mm）							机械破坏负荷≥		工频1min耐受电压（kV）≥		雷电全波冲击耐受电压（kV）≥	重量（kg）	备注
		H	D	爬距	a_1	d_1	a_2	d_2	弯曲（kN）	扭转（kN·m）	干	湿			
ZSW2—35/4L—2	21110	420	230	875	ϕ140	4—M12	ϕ140	4—M12	4.0	1.0	100	80	185	15	耐污型
ZSW2—63/4L—2	21111	785	210	1670	ϕ140	4—M12	ϕ140	4—M12	4.0	1.5	165	140	325	48	
ZSW1—63/4L—3	21109	760	230	1725	ϕ140	4—M12	ϕ140	4—M12	4.0	1.5	165	140	325	52	
ZSW1—110/4L—2	21112	1200	230	2800	ϕ140	4—M12	ϕ140	4—M12	4.0	2.0	265	185	450	68	
ZSW2—110/4—2	21114	1200	245	3050	ϕ140	4—M12	ϕ225	4—ϕ18	4.0	3.0	265	185	450	71	
ZSW1—1200—8.5	21113	1200	245	2880	ϕ225	4—ϕ18	ϕ250	4—ϕ22	8.5	2.0	265	185	450		
ZSW1—220/4—2	21220	2400	245	5930	ϕ140	4—M12	ϕ250	4—ϕ22	4.0	2.0	495	395	950		

（7）重庆电瓷厂产品技术数据，见表1-32。

表1-32　高压户外支柱绝缘子技术数据

型号	额定电压（kV）	系统标称电压（kV）	伞数	爬电距离（mm）	破坏负荷		主要尺寸（mm）						重量（kg）	备注
					弯曲（kN）	扭转（kN·m）	H	D	a_1	d_1	a_2	d_2		
ZS—12/4	12	10	2	200	4		210	145	36	2—M8	130	2—ϕ12	5.4	普通型
ZS—24/8	24	20	4	400	8		350	185	76	2—M12	180	4—ϕ14	14	
ZS—24/16	24	20	4	400	16		350	210	140	4—M12	210	4—ϕ18	18	
ZS—24/30	24	20	4	400	30		400	230	140	4—M12	250	4—ϕ18	36	
ZS—40.5/4	40.5	35	6	625	4		400	185	140	4—ϕ14	140	4—ϕ14	11	
ZS—40.5/8	40.5	35	6	625	8	1	420	200	140	4—M12	180	4—ϕ14	16	
ZS—72.5/4	72.5	63	10	1100	4	1.5	760	200	140	4—M12	180	4—ϕ14	27	
ZS—72.5/4L	72.5	63	10	1100	4	1.5	785	200	140	4—M12	140	4—M12	27	
ZS—126/4	126	110	14	1870	4	2	1060	210	140	4—M12	225	4—ϕ18	50	
ZS—126/4L	126	110	14	1870	4	2	1080	210	140	4—M12	140	4—M12	50	
ZS—1060—8.5	126	110	13	1870	8.5	2	1060	225	225	4—ϕ18	250	4—ϕ18	76	
ZSW3—40.5/4L	40.5	35	4/3	900	4	1	420	210 170	140	4—M12	140	4—M12		耐污型
ZSW3—40.5/4	40.5	35	4/3	900	4	1	420		140		180	4—ϕ14		
ZSW3—40.5/8	40.5	35	4/3	870	8	1.5	420		140		180	4—ϕ14		
ZSW3—40.5/8L	40.5	35	4/3	870	8	1.5	435		140		180	4—M12		
ZSW1—40.5/4	40.5	35	4/4	870	4	1	440		140		180	4—ϕ14		
ZSW—126/4	126	110	11/10	2880	4	2	1170	230 190	140		225	4—ϕ18		

（8）景德镇电瓷电器工业公司产品技术数据，见表1-33。

表1-33　户外棒形支柱绝缘子技术数据

型号	代号	额定电压（kV）	伞数（大/小）	主要尺寸（mm）							机械破坏负荷		重量（kg）	备注
				H	D	a_1	d_1	a_2	d_2	爬电距离	弯曲（kN）	扭转（kN·m）		
ZS—35/4	21603	35	6	400	145	140	4—ϕ14	140	4—ϕ14	625	4		10.2	普通型户外棒形支柱绝缘子
J·ZS—35/6L	21638	35	6	450	160	140	4—M12	140	4—M12	625	4		17	
ZS—63/4L	21607	63	10	785	170	140	4—M12	140	4—M12	1100	4		31	
ZS—110/4L	21616	110	14	1080	190	140	4—M12	140	4—M12	1870	4	2		
ZS5—110/4L	21628	110	16	1190	200	140	4—M12	140	4—M12	1870	4	1.5		

续表

型　号	代号	额定电压(kV)	伞数(大/小)	主要尺寸(mm)							机械破坏负荷		重量(kg)	备注
				H	D	a_1	d_1	a_2	d_2	爬电距离	弯曲(kN)	扭转(kN·m)		
J·ZC1—1200—N2	21630		16	1200	200	127	4—M16	225	4—ϕ18	1870		2		
J·ZC2—1200—N2	21631		16	1200	200	225	4—ϕ18	127	4—M16	1870		2		
J·ZS—1200—8	21632		16	1200	235	127	4—M16	286	6—ϕ18	1870	8	2		
J·ZS—1200/16	21633		16	1200	250	286	4—ϕ18	286	6—ϕ18	1870	16	2		
ZS—110/4	21640	110	14	1060	200	140	4—M12	225	4—ϕ18	1870	4	2		
ZS—1060—8.5	21641		14	1060	230	225	4—ϕ18	250	4—ϕ18	1870	8.5			
J—ZS—110/4	21642	110	15	1060	190	140	4—M12	225	4—ϕ18	1870	4	2		
ZS—1200—12.8	21643		16	1200	290	280	8—ϕ18	280	8—ϕ18	1870	12.8	2		
ZS—1200—17	21645		16	1200	290	280	8—ϕ18	280	8—ϕ18	1870	17	2		
ZC—1150—N1.5	21647		14	1150	210	180	4—ϕ14	180	4—ϕ14	1870		1.5		普通型户外棒形支柱绝缘子
J—ZS—145/4	21648	145	23	1400	200	140	4—M12	225	4—ϕ18	2400	4	2		
J·ZS—110/5K	21653	110	14	1060	210	190	4—ϕ14	225	4—ϕ18	1960	5	2		
J·ZS—1070—18	21655		14	1070	240	250	4—ϕ18	250	4—ϕ18	1980	18	2		
J·ZC1—1150—N1.5	21657		14	1150	210	225	4—ϕ18	225	4—ϕ18	1870		1.5		
J·ZC2—1150—N1.5	21658		14	1150	210	210	4—ϕ18	210	4—ϕ18	1870		1.5		
ZS—1400—5	21620		20	1400	230	225	4—ϕ18	225	4—ϕ18	2920	5	2		
ZS—1400—10.6	21621	500kV元件	20	1400	260	225	4—M16	250	8—ϕ18	3060	10.6	2		
ZS—1400—16.2	21622		19	1400	275	250	8—ϕ18	300	8—ϕ18	2750	16.2	2		
ZS—220/4	21639	220		2120	230	140	4—M12	250	4—ϕ18	3740				
ZS—220/6K	21644	220		2400	290	280	8—ϕ18	280	8—ϕ18	3740				
J·ZS—220/8K	21634	220		2400	250	127	4—M16	286	6—ϕ18	3740				
ZS—220/8K	21646	220		2400	290	280	8—ϕ18	280	8—ϕ18	3740				
ZS—500/5K	21624	500		4200	275	225	4—ϕ18	300	8—ϕ18	8730				
J·ZSW—35/4L—2	21701	35	6/5	420	200	140	4—M12	140	4—M12	875	4	2		
ZSW4—35/4L—2	21740	35	6/5	450	200	140	4—M12	140	4—M12	875	4	2		
ZSW5—110/4—3	21709	110	13/12	1200	230	140	4—M12	225	4—ϕ18	3150	4	2		
ZSW5—1200/8.5—3	21710		13/12	1200	265	225	4—ϕ18	250	4—ϕ18	3150	8.5	2		
ZSW6—1200—6—3	21712		13/12	1200	230	210	4—ϕ18	210	4—ϕ18	2900	6	4		
J·ZSW—145/4—3	21717	145	15/14	1400	235	140	4—M12	225	4—ϕ18	2906	4	2		
ZSW—1200—4—3	21719		13/12	1200	230	190	4—ϕ14	225	4—ϕ18	3150	4	2		
ZSW6—1060—8—2	21723		11/10	1060	255	140	4—M12	250	4—ϕ18	2600	8	3		
J·ZSW1—110/4—2	21726	110	11/10	1060	230	140	4—M12	225	4—ϕ18	2500	4	2		耐污型户外棒形支柱绝缘子
J·ZSW1—110/4L—3	21734	110	12/11	1190	230	140	4—M12	140	4—M12	2800	4	2		
ZSW6—1080—16—2	21739		11/10	1080	270	250	4—ϕ18	250	4—ϕ21	2600	16	3		
J·ZSW2—110/4—3	21742	110	12/11	1060	230	140	4—M12	225	4—ϕ18	2850	4	2		
J·ZSW2—1060—8.5—2	21743		11/11	1060	260	225	4—ϕ18	250	4—ϕ18	2720	8.5	2		
ZSW2—110—4L—2	21744	110	11/10	1080	230	140	4—M12	140	4—M12	2750	4	2		
J·ZSW2—110/4L—4	21745	110	13/12	1190	260	140	4—M12	140	4—M12	3520	4	2		
J·ZSW3—1060—8—3	21746		11/10	1060	270	140	4—M12	225	4—ϕ18	2800	8	4		
J·ZSW3—1060—16—3	21747		11/10	1080	285	225	4—ϕ18	250	4—ϕ21	2800	16	4		
J·ZSW3—110/4—3	21751	110	13/12	1200	230	225	4—M14	225	4—ϕ18	3150	4	2		
J·ZSW3—1200—8.5—3	21752		13/12	1200	260	225	4—ϕ18	225	8—ϕ18	3150	8.5	2		
J·ZSW1—1200—9—3	21754		13/12	1200	270	127	4—M16	286	6—ϕ18	3150	9			
J·ZSW1—1200—16—3	21755		12/11	1200	285	286	6—ϕ18	286	6—ϕ18	3150	16			

续表

型　　号	代号	额定电压(kV)	伞数(大/小)	主要尺寸(mm)							机械破坏负荷		重量(kg)	备注
				H	D	a_1	d_1	a_2	d_2	爬电距离	弯曲(kN)	扭转(kN·m)		
J·ZCW1—1200—N2—3	21757		12/11	1200	230	127	4—M16	225	4—ϕ18	3150		2		
J·ZCW2—1200—N2—3	21758		12/11	1200	230	225	4—ϕ18	127	4—M16	3150		2		
J·ZSW6—1200—8—3	21760		13/12	1200	270	225	4—ϕ18	250	4—ϕ18	3150	8	3		
J·ZSW6—1100—17—2	21761		11/10	1100	270	250	4—ϕ18	250	8—ϕ18	2650	17			
J·ZSW4—110/4L—3	21762	110	13/12	1220	230	140	4—M12	140	4—M12	3150	4	2		
J·ZSW—1100—18—2	21771		11/10	1100	280	250	4—ϕ18	225	4—ϕ18	2550	18			
J·ZSW1—110/6—3	21777	110	13/12	1200	240	140	4—M12	225	4—ϕ18	3150	6	3		
J·ZSW1—1200—13—3	21778		13/12	1200	265	225	4—ϕ18	250	4—ϕ18	3150	13	3		
ZSW4—1100—8.5—3	21779		11/10	1100	250	225	4—ϕ18	250	4—ϕ18	2450	8.5	2		
ZSW—1150—12—3	21782		11/10	1150	275	225	4—ϕ18	254	8—ϕ18	3200	12	6		
ZSW—1150—28—3	21783		10/9	1150	315	254	8—ϕ18	275	8—ϕ18	3100	28	6		
ZSW7—1400—10—2	21902		14/13	1400	270	225	4—ϕ18	254	8—ϕ18	4100	10	4		
ZSW7—1400—23—2	21903		14/3	1400	300	254	8—ϕ18	275	8—ϕ18	4100	23	4		
ZSW7—1200—40—2	21904		11/10	1200	325	275	8—ϕ18	325	8—ϕ18	3260	40	4		
ZSW8—1150—8—2	21906		11/10	1150	240	225	4—ϕ18	254	8—ϕ18	2850	8	4		
ZSW8—1150—17—2	21907		11/10	1150	260	254	8—ϕ18	254	8—ϕ18	2850	17	4		
ZSW9—1050—26—2	21908		10/9	1050	280	254	8—ϕ18	275	8—ϕ18	2825	26	4		
ZSW9—1050—28—2	21909		10/9	1050	310	275	8—ϕ18	300	8—ϕ18	2825	38	4		耐污型户外棒形支柱绝缘子
ZSW10—1250—10—3	21911		12/11	1250	270	225	4—ϕ18	254	8—ϕ18	3725	10	4		
ZSW10—1250—22—3	21912		12/11	1250	290	254	8—ϕ18	275	8—ϕ18	3725	22	4		
ZSW10—1150—34—3	21913		11/10	1150	320	275	8—ϕ18	300	8—ϕ18	3150	34	4		
ZSW10—1050—53—3	21914		11/10	1050	350	300	8—ϕ18	325	8—ϕ18	3150	53	4		
ZSW5—220/4—3	21711	220		2400	265	140	4—M12	250	4—ϕ18	6300	4	2		
ZSW6—220/8—2	21738	220		2140	275	140	4—M12	250	4—ϕ21	5200	8	3		
J·ZSW2—220/4—3	21741	220		2120	260	140	4—M12	250	4—ϕ18	5570	4	2		
J·ZSW3—220/8—3	21748	220		2140	285	140	4—M12	250	4—ϕ21	5600	8	3		
ZSW4—220/4—3	21749	220		2300	245	140	4—M12	250	4—ϕ18	5600	4	2		
J·ZSW3—220/4—3	21753	220		2400	260	225	4—M14	250	8—ϕ18	6300	4	2		
J·ZSW1—220/8—3	21756	220		2400	285	127	4—M16	286	6—ϕ18	6300	8	3		
J·ZSW6—220/8—3	21759	220		2300	270	225	4—ϕ18	250	4—ϕ18	5800	8	3		
J·ZSW1—220/6—3	21776	220		2400	265	140	4—M12	250	4—ϕ18	6300	6	3		
J·ZSW1—220/4K—3	21780	220		2400	250	190	4—ϕ14	250	4—ϕ18	6300	4	2		
ZSW—220/12—3	21784	220		2300	315	250	4—ϕ18	275	8—ϕ18	6300	12	6		
ZSW9—500/10K—2	21901	500		4000	325	225	4—ϕ18	325	8—ϕ18	11460	10	4		
ZSW8—500/8K—2	21905	500		4400	325	225	4—ϕ18	300	8—ϕ18	11350	8	4		
ZSW10—500/10K—3	21910	500		4700	350	225	4—ϕ18	325	8—ϕ18	13750	10	4		

注　J—景瓷暂编代号。

（五）外形及安装尺寸

户外棒形支柱瓷绝缘子外形及安装尺寸，见图 1-10。

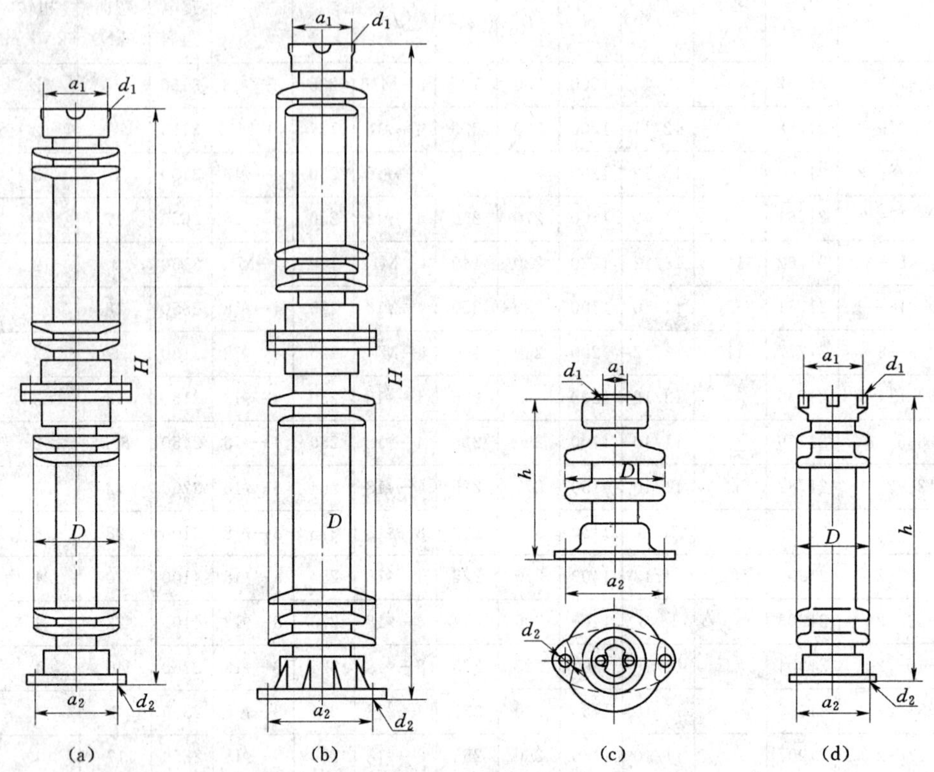

图 1-10　户外棒形支柱瓷绝缘子外形及安装尺寸

(a) 耐污型（252kV）；(b) 普通型（252kV）［南京电气（集团）有限责任公司］；(c) ZS—12/4；(d) ZS—24/16，ZS—24/30（石家庄市电瓷有限责任公司）

（六）订货须知

(1) 订货时必须提供产品型号及工厂代号（以工厂代号为准，型号仅作参考）。

(2) 如要支撑阻波器用时，订货加注，最上端的法兰采用铸铜件。

(3) 对于隔离开关用棒形支柱绝缘子应注明法兰底面的具体形状（圆形、方形、梅花形）。

(4) 330kV 及以上亦有不带均压环和分水罩结构的产品，一般用于隔离开关，如作母线支柱用必须注明，另增配均压环和水分罩。

（七）生产厂

南京电气（集团）有限责任公司、中国西电集团西安西电高压电瓷有限责任公司、唐山市高压电瓷厂、石家庄市电瓷有限责任公司、上海电瓷厂、牡丹江北方高压电瓷有限责任公司、重庆电瓷厂、景德镇电瓷电器工业公司。

二十、高压线路瓷横担绝缘子

（一）概述

高压线路瓷横担绝缘子用于工频交流高压架空输配电线路中绝缘和支持导线，可以代替悬式绝缘子和针式绝缘子。绝缘子的安装方式为水平式（边相用）和直立式（顶相用）两种。

瓷横担绝缘子采用实心不可击穿的瓷件与金属附件胶装而成，具有自洁性好、维护简单、线路材料省、造价低、运行安全可靠等优点。瓷件表面为均匀的棕色或白色瓷釉，金属附件表面全部热镀锌。绝缘子各项性能符合国家标准 GB 11029.1—11029.2，瓷件符合 GB 772 标准。

（二）型号含义

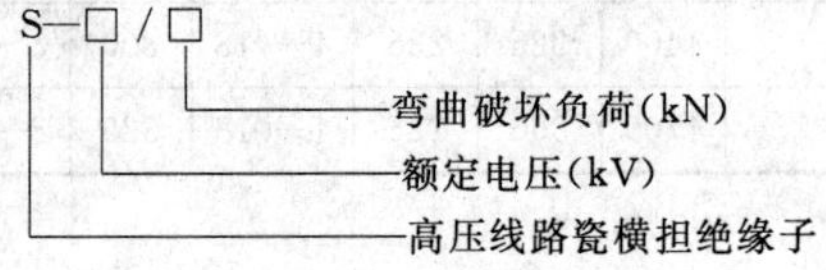

（三）技术数据

该产品技术数据，见表 1-34。

表 1-34　　高压线路瓷横担绝缘子技术数据

型　号	代号	额定电压（kV）	工频耐受电压（kV）	雷电全波冲击耐受电压（kV）	额定弯曲破坏负荷（kN）	爬电距离（mm）	重量（kg）	主要尺寸（mm）													生产厂
								L	L_1	L_2	l_1	R	d	D	L_3	d_1	d_2	h	b	a	
S—10/2.5 (Sc—185)	13105	10			2.5	320		400	340	315			45	75	22	18		68	45		景德镇电瓷电器工业公司
S—10/2.5 (Sc—185Z)	13106	10			2.5	320		400	340	315		11	45	75	22	18		68	45		
S—10/2.5 (Sc—210)	13109	10			2.5	380		450	390	365			45	82	22	18		72	45		
S—10/2.5 (Sc—210Z)	13110	10			2.5	380		450	390	365		11	45	82	22	18		72	45		
S—35/3.5 (Sc—280)	13107	35			3.5	600		600	530	490			60	110	26	22		90	80		
S—35/3.5 (Sc—280Z)	13108	35			3.5	600		600	530	490		13	60	110	26	22		90	80		
S—10/2.5 (S—185)	13201	10			2.5	320		470	390	315			45	75	22	18	6.5	14		40	
S—10/2.5 (S—185Z)	13202	10	45	165	2.5	320		470	390	315		11	45	75	22	18	6.5	14		40	
S—10/2.5 (S—210)	13203	10			2.5	380		520	440	365			45	82	22	18	6.5	14		40	
S—10/2.5 (S—210Z)	13204	10	50	185	2.5	380		520	440	365		11	45	85	22	18	6.5	14		40	
S—35/5 (S—280)	13205	35		185	5.0	700		670	580	490			60	115	26	22	11	140		40	
S—35/5 (S—280Z)	13206	35	85	250	5.0	700		670	580	490		13	60	115	26	22	11	140		40	
S—10/2.5	14107	10	45	165	2.5	320	5.0	390			315	11			(12) 22	18±0.5	6.5	64		40±1	牡丹江北方高压电瓷有限责任公司
S—35/5.0	14115	35	85	250	5.0	700	12.2	580			490	14			28	22±0.5	11.0	140		40±1	

（四）外形及安装尺寸

高压线路瓷横担绝缘子外形及安装尺寸，见图 1-11。

（五）生产厂

牡丹江北方高压电瓷有限责任公司、景德镇电瓷电器工业公司。

二十一、南瓷钢化玻璃绝缘子

（一）概述

南京电气（集团）有限责任公司生产钢化玻璃绝缘子已有 40 多年历史，国产生产线的部分产品在 35～500kV 线路上投入运行的达 2200 多万片（截至 2002 年 5 月），其中引进生产线的产品已有 1267 万片进入国内外市场。在国内已有 61 条 500kV 线路和 9 条 330kV 线路采用引进生产线生产的高吨位玻璃绝缘子 262 万片，160～300kN 直流玻璃绝缘子在

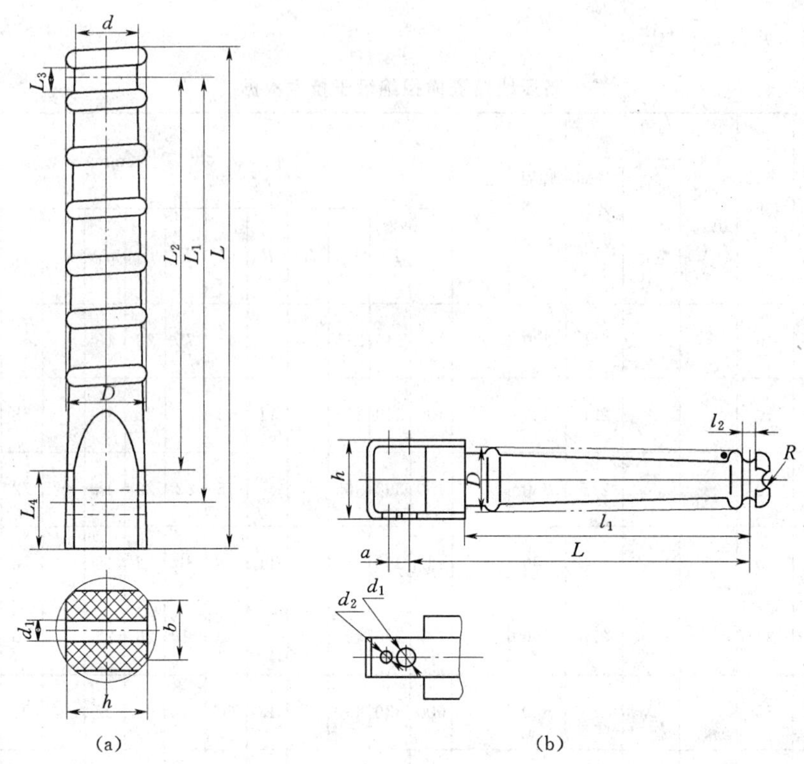

图 1-11 高压线路瓷横担绝缘子外形及安装尺寸

(a) S—10/2.5（景德镇电瓷电器工业公司）；(b) S—35/5.0（牡丹江北方高压电瓷有限责任公司）

500kV 葛上线路挂网试运行 6000 片，产品首次在±500kV 三峡至上海的龙政线路大批量的使用，为我国直流输电工程填补了这项产品的空白。盘形悬式钢化玻璃绝缘子是该公司主导产品之一。产品生产技术和质量具有当今世界先进水平。品种齐全，有 40～530kN 的标准系列、70～300kN 的耐污系列、160～400kN 的直流型系列及空气动力形、球面形、铁道棒形和地线形玻璃绝缘子等系列产品，用于高压和超高压交直流输电线路中绝缘和悬挂导线用。

产品符合国标、国际电工标准（IEC）、英标（BS）、澳标（AS）和美标（ANSI）等。

（二）型号含义

1. 钢化玻璃绝缘子型号

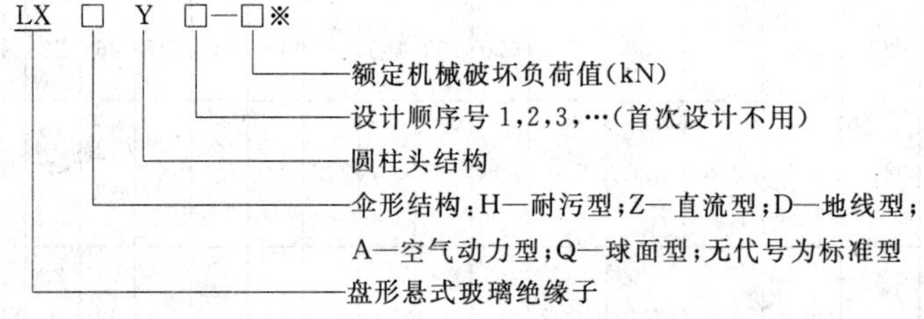

※T 为电气化铁道用耳环形绝缘子。

2. 电气化铁道接触网用棒形玻璃绝缘子型号

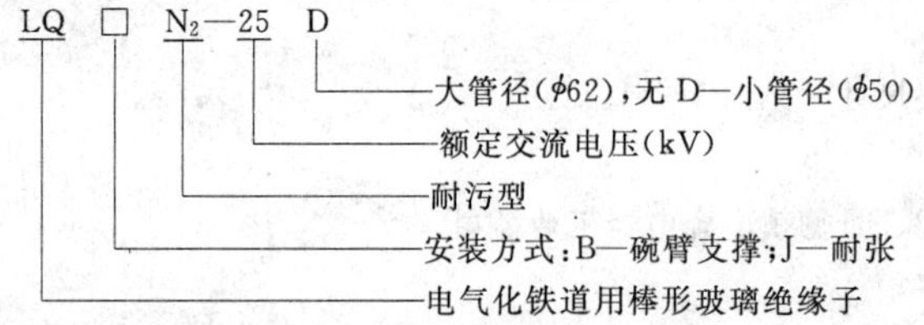

（三）结构

产品由铁帽、钢化玻璃件和钢脚组成，并用水泥胶合剂胶合为一体。全部采用国际最先进的圆柱头型结构，其特点是头部尺寸小、重量轻、强度高和爬电距离大，可节约金属材料和降低线路造价。为满足带电作业的需要，在帽檐上采用国内传统的结构形状。

(四) 产品特点

1. 零值自破，便于检测

只要在地面或在直升机上观测即可，无需登杆逐片检测，降低了工人的劳动强度。

引进生产线的产品，年运行自破率为0.02%～0.04%，节约线路的维护费用。

2. 耐电弧和耐振动性能好

在运行中玻璃绝缘子遭受雷电烧伤的新表面仍是光滑的玻璃体，并有钢化内应力保护层，保持了足够的绝缘性能和机械强度。

在500kV线路上多次发生导线覆冰引起舞动的灾害，受导线舞动后的玻璃绝缘子经测试，机电性能没有衰减。

3. 自洁性能好和不易老化

玻璃绝缘子不易积污和易于清扫，南方线路运行的玻璃绝缘子雨后冲洗得干净。对典型地区线路上的玻璃绝缘子定期取样测定运行后的机电性能，从积累上千个数据表明运行35年后与出厂时基本一致，未出现老化现象。

4. 主电容大，成串电压分布均匀

玻璃的介电常数7～8，使玻璃绝缘子具有较大的主电容和成串的电压分布均匀，有利于降低导线侧和接地侧附近绝缘子所承受的电压，达到减少无线电干扰、降低电晕损耗和延长玻璃绝缘子的寿命目的。

(五) 技术数据

(1) 标准型盘形悬式玻璃绝缘子技术数据，见表1-35。

表1-35　标准型盘形悬式玻璃绝缘子技术数据

绝缘子型号	品号	机械破坏负荷(kN) ≥	打击破坏负荷(N·cm) ≥	1h机电负荷试验值(kN)	公称结构高度 H (mm)	绝缘件公称直径 D (mm)	最小公称爬电距离 (mm)	连接型式标记	锁紧销型式	雷电全波冲击耐受电压(峰值，kV) ≥	工频电压(有效值，kV) ≥ 1min湿耐受	工频电压(有效值，kV) ≥ 击穿	单件重量(kg)
LXY—40	131202	40		30	110	175	190	11	11R				2.10
LXY_1—40	131205	40		30	100	175	190	11	11R				2.10
LXY—70		70	565	52.5	127	255	320	16	16W	100	40	130	3.77
LXY_1—70	132202	70	565	52.5	146	255	320	16	16W	100	40	130	3.78
LXY—100	133201	100	678	75.0	146	255	320	16	16W	100	40	130	4.10
LXY—120	134205	120	678	90.0	146	255	320	16	16W	100	40	130	4.20
LXY—160	135208	160	1017	120.0	170	280	380	20	20W	105	42	130	6.30
LXY_3—160	135013	160	1017	120.0	155	280	380	20	20W	105	42	130	6.20
LXY_4—160	135014	160	1017	120.0	146	280	380	20	20W	150	42	130	6.10
LXY_3—210	136202	210	1017	157.5	170	280	390	20	20R	105	42	130	6.70
LXY—240	136206	240	1017	180.0	170	280	390	24	24R	105	42	130	6.80
LXY_3—300	137201	300	1017	225.0	195	320	485	24	24R	110	45	130	10.70
LXY—400	138201	400	1017	300	205	360	550	28	28R	140	55	130	16.00
LXY—530	139201	530	1017	397.5	240	380	600	32	32R	140	55	130	21.50

(2) 耐污型盘形悬式玻璃绝缘子技术数据，见表1-36。

表1-36　耐污型盘形悬式玻璃绝缘子技术数据

型号	品号	机械破坏负荷(kN) ≥	打击破坏负荷(N·cm) ≥	1h机电负荷试验值(kN)	公称结构高度 H (mm)	绝缘件公称直径 D (mm)	最小公称爬电距离 (mm)	连接型式标记	锁紧销型式	50%雷电冲击闪络电压(峰值，kV) ≥	工频电压(有效值，kV) > 湿耐受	工频电压(有效值，kV) > 击穿	单件重量(kg)
$LXHY_4$—70	132605	70	565	52.5	146	255	400	16	16W	120	45	130	4.8
LXHY—70	132608	70	565	52.5	160	255	400	16	16W	120	45	130	4.9
$LXHY_5$—70	132603	70	565	52.5	146	280	450	16	16W	130	45	130	5.3
$LXHY_4$—100	133602	100	678	75.0	146	280	450	16	16W	130	45	130	5.4
$LXHY_4$—120	134602	120	678	90.0	146	280	450	16	16W	130	45	130	5.5

续表

型　号	品号	机械破坏负荷(kN)≥	打击破坏负荷(N·cm)≥	1h机电负荷试验值(kN)	公称结构高度 H (mm)	绝缘件公称直径 D (mm)	最小公称爬电距离 (mm)	连接型式标记	锁紧销型式	50%雷电冲击闪络电压(峰值，kV)≥	工频电压(有效值，kV)≥		单件重量(kg)
											湿耐受	击穿	
$LXHY_3$—160	135605	160	1017	120.0	155	280	450	20	20W	130	50	130	7.0
$LXHY_4$—160	135606	160	1017	120.0	170	280	450	20	20W	130	50	130	7.10
$LXHY_5$—160	135603	160	1017	120.0	170	320	550	20	20W	130	55	130	8.9
$LXHY_6$—160	135607	160	1017	120.0	155	320	550	20	20W	130	55	130	8.8
$LXHY_3$—200	136201	200	1017	157.5	170	320	550	20	20R	130	55	130	9.23
LXHY—240		240	1017	180.0	170	320	550	24	24R	130	55	130	9.33
LXHY—300	137202	300	1017	225.0	195	340	550	24	24R	140	55	130	12.2
$LXHY_3$—300		300	1017	225.0	195	380	635	24	24R	155	60	130	14.3

(3) 直流形盘形悬式玻璃绝缘子技术数据，见表1-37。

表1-37　　直流形盘形悬式玻璃绝缘子技术数据

绝缘子型号	品号	公称结构高度 H (mm)	绝缘件公称直径 D (mm)	最小公称爬电距离 L (mm)	机械破坏负荷(kN)≥	打击破坏负荷(N·m)≥	1h机电负荷试验值(kN)	连接型式标记	雷电全波冲击耐受电压(峰值，kV)≥	直流1min湿耐受电压(峰值，kV)≥	工频击穿电压(有效值，kV)≥	单件重量(kg)
LXZY—160	135901	170	320	550	160	10	120.0	20	140	65	130	9.60
LXZY—210	136901	170	320	550	210	10	157.5	20	140	65	130	10.0
LXZY—300	137901	195	400	635	300	10	225.0	24	15	70	140	14.30
LXZY—400		205	360	550	400	10	300	28	140	65	140	16.0

(4) 球面形盘形悬式玻璃绝缘子技术数据，见表1-38。

表1-38　　球面形盘形悬式玻璃绝缘子技术数据

绝缘子型号	品号	机械破坏负荷(kN)≥	打击破坏负荷(N·cm)≥	1h机电负荷试验值(kN)	公称结构高度 H (mm)	绝缘件公称直径 D (mm)	最小公称爬电距离 (mm)	连接型式标记	锁紧销型式	50%雷电冲击闪络电压(峰值，kV)≥	工频电压(有效值，kV)≥		单件重量(kg)
											湿闪络	击穿	
LXQY—100	133610	100	678	75.0	146	255	320	16	16W	100	45	120	4.10
LXQY—120	134014	120	678	90.0	140	255	320	16	16W	100	45	120	4.10
LXQY—120	134015	120	678	90.0	146	255	320	16	16W	100	45	120	4.11

(5) 空气动力形盘形悬式玻璃绝缘子技术数据，见表1-39。

表1-39　　空气动力形盘形悬式玻璃绝缘子技术数据

绝缘子型号	品号	机械破坏负荷(kN)≥	打击破坏负荷(N·cm)≥	1h机电负荷试验值(kN)	公称结构高度 H (mm)	绝缘件公称直径 D (mm)	最小公称爬电距离 (mm)	连接型式标记	锁紧销型式	50%雷电冲击闪络电压(峰值，kV)≥	工频电压(有效值，kV)≥		单件重量(kg)
											湿闪络	击穿	
LAXY—120	134012	120	678	90	146	390	360	16	16W	100	50	120	5.3
$LAXY_1$—120	134016	120	678	90	140	390	360	16	16W	100	50	120	5.3
LAXY—160	135012	160	1017	120	146	390	360	20	20W	100	50	120	7.0
LAXY—210		210	1017	157.5	160	390	350	20	20R	100	50	120	7.47
LAXY—240		240	1017	180	170	390	360	24	24R	100	50	120	7.6

(6) 地线形盘形悬式玻璃绝缘子技术数据，见表 1-40。

表 1-40 地线形盘形悬式玻璃绝缘子技术数据

绝缘子型号	公称高度 H	公称直径 D	公称爬电距离	机械破坏负荷 (kN) ≥	打击破坏负荷 (N·cm) ≥	工频湿耐受电压	工频击穿电压	去掉上极地线绝缘子的工频闪络电压 (kV) ≥		地线绝缘子工频(干或湿)放电电压 (间隙 20mm, kV)		单件重量 (kg)
	mm					(kV) ≥		干	湿	上限值	下限值	
LXDY—70CN	200	160	160	70	565	30	110	45	25	30	8	
LXDY—100CN	200	170	170	100	678	30	110	45	25	30	8	

注 其他技术特性符合 JB/T 9680 标准。

(7) 电气化铁道接触网用玻璃绝缘子技术数据，见表 1-41。

表 1-41 电气化铁道接触网用玻璃绝缘子技术数据

型 号	品号	机械破坏负荷 (kN) ≥		公称结构高度 H	绝缘件公称直径 D	最小公称爬电距离	雷电全波冲击耐受电压 (峰值, kV) ≥	工频电压 (有效值, kV) ≥		0.32mg/cm³ 盐密下人工污秽闪络电压 ≥	单件重量 (kg)
		弯曲	拉伸	mm				1min 湿耐受	击穿		
$LQBN_2$—25D①	163102	4	70	610	255	1260	300	150		31.5	17.3
LXY—70T②	132213		70	146	255	320	100	40	110		3.77
LXHY—70T②	132606		70	146	255	400	(120)	(45)	120		4.8

注 括号（ ）内为闪络电压值。

① 可用于耐张。

② 70T 钢帽窝用 16W 销子连接，钢脚用 16C 销连接。

(六) 外形及安装尺寸

该产品外形及安装尺寸，见图 1-12。

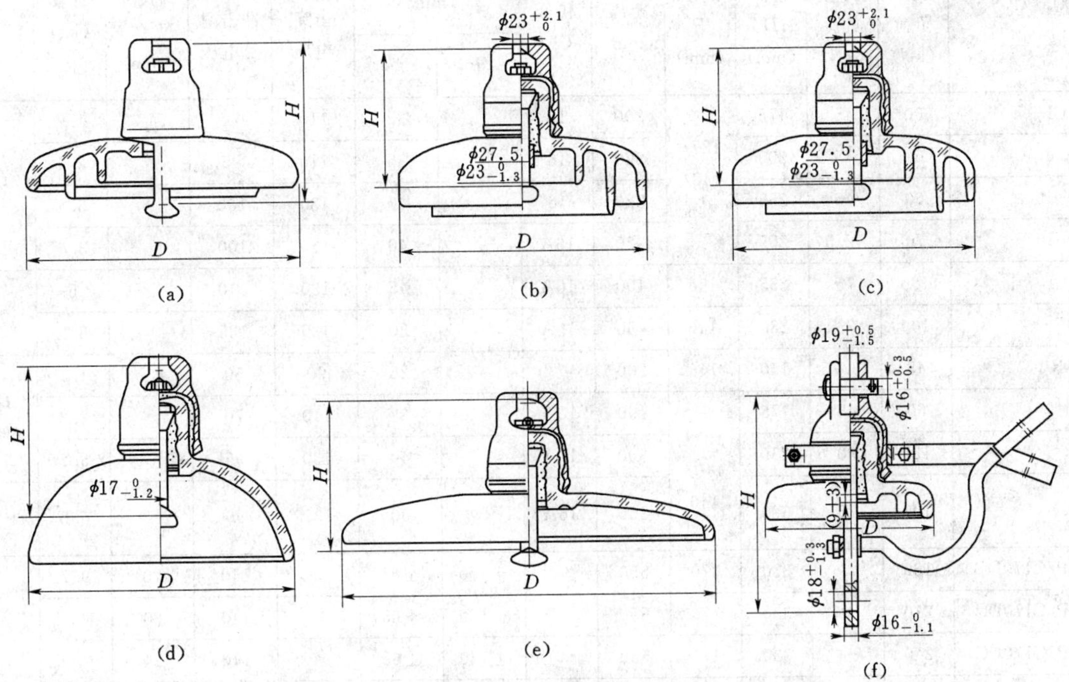

图 1-12 盘形悬式钢化玻璃绝缘子外形及安装尺寸

(a) 标准型；(b) 耐污型；(c) 直流形；(d) 球面形；(e) 空气动力形；(f) 地线形

（七）生产厂

南京电气（集团）有限责任公司

二十二、自贡塞迪维尔钢化玻璃绝缘子

自贡塞迪维尔是中法合资企业，生产用于输电线路的钢化玻璃绝缘子。法国（SEDIVER）塞迪维尔公司生产架空线路用绝缘子已具有50多年的丰富经验，悬式绝缘子选用钢化玻璃作为绝缘壳材料，具有耐疲劳、耐雷电、运行条件下无击穿、无隐蔽性缺陷、目测便能识别损坏程度等优良性能，能长期经受时间和各种环境条件的考验。自贡塞迪维尔钢化玻璃绝缘子有限公司于1994年投产，采用法国SEDIVER所拥有的技术、工艺、完善的测试设备，法国专家现场指导生产。钢化玻璃件从法国塞迪维尔集团公司进口，铸铁钢帽由SEDIVER另一家独资企业采用法国高技术设备在中国生产。

（一）钢化玻璃悬式绝缘子

1. 概述

自贡塞迪维尔钢化玻璃悬式绝缘子产品类型有直流型、交流型、标准型、耐污型，规格40～400kN，是我国输电线路更新换代及替代进口产品的理想选择。悬式绝缘子在架空输电线路上起着支撑导体和防止电流回地的作用。

标准型的形状和尺寸根据国际标准IEC 305/1978、美国标准ANSIC 29.2/1993和英国标准BS 137（第Ⅱ部分）而设计的，由于内侧伞棱较浅、间隔适当、泄漏距离超过标准要求，因此这种绝缘子适宜在中等污秽地区使用。

耐污型（A型）绝缘壳的直径比标准型的大，有2或3个较深的伞棱，外形和较宽的伞棱间隔能促进由风或雨引起的有效的自然清洗作用，必要时人工清洗也极容易，较宽的伞棱间隔可阻止在严重污秽时引起的电弧跨越相邻的伞棱，整个内侧形状便于带电维护。

耐污型（B型）绝缘件下部的外边有一很深的伞棱，作为屏障阻止污秽在靠近脚附近的壳内堆积，防止绝缘子表面形成导电层。这种绝缘壳外形特别适用于重盐雾污秽地区和海边污秽地区。

高压直流用钢化玻璃绝缘子采用专门开发的高阻值玻璃材料作为绝缘件，在钢脚和铁帽上配制高纯度锌质防腐环（取得专利）。

2. 技术数据

自贡塞迪维尔钢化玻璃悬式绝缘子技术数据，见表1-42、表1-43。

表1-42　　自贡塞迪维尔钢化玻璃悬式绝缘子技术数据

型号	最小机械破坏负荷（kN）	1h机电负荷（kN）	公称直径 D（mm）	结构高度 P（mm）	泄漏距离（mm）	钢脚代号CEI	工频耐受电压（kV） 1min 干	工频耐受电压（kV） 1min 湿	击穿电压	冲击耐受电压	金属配件尺寸 N（1）（mm）	重量（kg）	备注
1508BCF	60	45	175	127/140/146	200	16		32	110	70		1.7	标准型
FC60—8	60	45	200		220	16		35	110	95		2.1	
FC60—10	60	45	255		320	16		40	130	100		3.4	
FC70—10	70	52.5	255		320	16A		40	130	100		3.6	
FC90	100	75	255	146	400	16A		45	130	110		5	耐污型
FC100P	100	75	280	146	450	16A		50	130	125		5.9	
CT—4R	45	33.75	150	146	200			25	90	50		1.5	球窝型（地面型）
FC6R	60	45	175	127/140/146	190	16A		33	110	70		2.3	
FC12R	120	90	255		300	16A		40	130	95		5.2	
FC100D	100	75	380		365	16A		50	130	90		5.6	空气动力型
FC160P/C170DC	160		330	170	550		±150	±65		140	20	9.7	直流型
FC210P/C170DC	210		330	170	550		±150	±65		140	20	10.2	
FC240P/C170DC	240		330	170	550		±150	±65		140	24	10.5	
FC300P/C195DC	300		380	195	710		±170	±75		140	24	15.4	
FC400P/C205DC	400		360	205	550		±150	±60		140	28	14	

注　金属配件尺寸 N（1）按IEC 120标准。

表 1－43　　地线绝缘子技术数据

型　号	最小机械破坏负荷（kN）	1h机电负荷（kN）	悬挂方式	公称直径 D（mm）	结构高度 H（mm）	泄漏距离（mm）	20mm间隙工频放电电压（kV）		15mm间隙2500V时熄弧能力（kA）		电极耐弧能力（不小于）			工频击穿电压（kV）	连接型式标记	单件重量（kg）
							上限值	下限值	感性电流	容性电流	工频电流（kA）	时间（s）	次数			
FC70C/200	70	52.5	悬垂	200	200	217	30	8	35	20	10	0.2	2	130	16C	4
FC70CN/200	70	52.5	耐张	200	200	217	30	8	35	20	10	0.2	2	130	16C	4
FC100C/200	100	75	悬垂	200	200	217	30	8	35	20	10	0.2	2	130	16C	4.5
FC100CN/200	100	75	耐张	200	200	217	30	8	35	20	10	0.2	2	130	16C	4.5

3. 外形及安装尺寸

该产品外形及安装尺寸，见图 1－13。

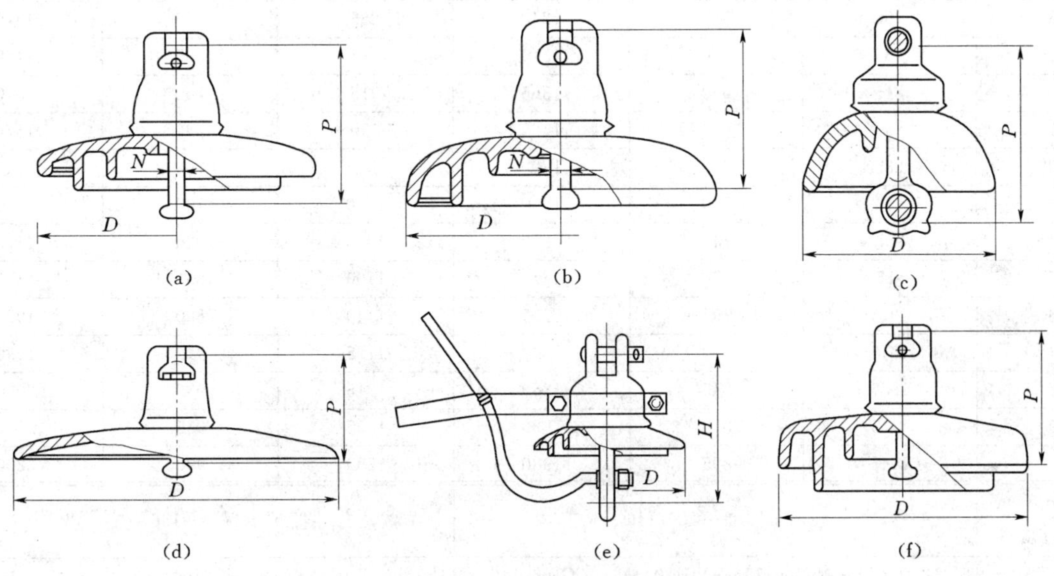

图 1－13　自贡塞迪维尔钢化玻璃绝缘子外形及安装尺寸

（a）标准型；（b）耐污型；（c）球窝形；（d）空气动力形；（e）地线形；（f）直流形

（二）钢化玻璃绝缘串

标准型钢化玻璃绝缘子串技术数据，见表 1－44；耐污型绝缘子串技术数据，见表 1－45。

表 1－44　　标准型钢化玻璃绝缘子串技术数据（电气额定值，闪络电压）

直径/结构高度	ϕ255/127			ϕ255/146　　ϕ280/146		
型　号	FC70/127—FC100/127—FC120/127			FC100/146—FC160/146—FC120/146		
片　数	工频耐受电压（kV）		雷电冲击耐受电压（kV）	工频耐受电压（kV）		雷电冲击耐受电压（kV）
	干耐受	湿耐受		干耐受	湿耐受	
2	120	72	175	130	75	195
3	165	110	245	180	115	275
4	215	145	320	235	155	360
5	260	180	395	280	195	430
6	300	210	460	325	230	505
7	335	245	525	375	265	580
8	380	275	585	420	300	660
9	420	305	660	465	325	730

续表

直径/结构高度	ϕ255/127			ϕ255/146 ϕ280/146		
型 号	FC70/127—FC100/127—FC120/127			FC100/146—FC160/146—FC120/146		
片 数	工频耐受电压（kV）		雷电冲击耐受电压（kV）	工频耐受电压（kV）		雷电冲击耐受电压（kV）
	干耐受	湿耐受		干耐受	湿耐受	
10	455	340	720	510	375	800
11	495	370	785	550	410	880
12	535	405	850	595	440	955
13	575	435	920	635	475	1025
14	605	470	985	675	510	1095
15	645	510	1050	715	540	1160
16	675	525	1115	755	570	1230
17	710	555	1180	800	600	1300
18	750	585	1240	855	635	1370
19	785	610	1310	875	665	1440
20	815	640	1365	915	700	1510
21	850	670	1425	950	730	1575
22	885	690	1490	990	760	1640
23	915	720	1550	1030	790	1710
24	950	745	1610	1065	820	1775
25	985	770	1670	1100	855	1850
26	1015	795	1735	1140	880	1920
27	1045	820	1800	1175	910	1990
28	1080	845	1860	1215	935	2060
29	1115	870	1920	1255	965	2130
30	1145	895	1980	1290	990	2200

直径/结构高度	ϕ255/146—ϕ280/146				ϕ280/156			
型 号	NC70/146—NC100/146—NC120/146—NC160/146				NC210/156			
片 数	工频耐受电压（kV）		临界冲击闪络电压（kV）		工频耐受电压（kV）		临界冲击闪络电压（kV）	
	干闪	湿闪	＋	—	干闪	湿闪	＋	—
2	145	90	220	225	145	90	230	230
3	205	130	315	320	210	130	325	330
4	270	170	410	420	275	170	425	440
5	325	215	500	510	330	215	515	540
6	380	255	595	605	385	255	610	630
7	435	295	670	695	435	295	700	720
8	485	335	760	780	490	335	790	810
9	540	375	845	860	540	375	880	900
10	590	415	930	945	595	415	970	990
11	640	455	1015	1025	645	455	1060	1075
12	690	490	1105	1105	695	490	1150	1160
13	735	525	1185	1190	745	525	1240	1245
14	785	565	1265	1275	790	565	1330	1330
15	830	600	1345	1360	840	600	1415	1420
16	875	635	1425	1440	890	635	1500	1510
17	920	670	1505	1530	935	670	1585	1605

续表

直径/结构高度	φ255/146—φ280/146				φ280/156			
型 号	NC70/146—NC100/146—NC120/146—NC160/146				NC210/156			
片 数	工频耐受电压（kV）		临界冲击闪络电压（kV）		工频耐受电压（kV）		临界冲击闪络电压（kV）	
	干闪	湿闪	+	—	干闪	湿闪	+	—
18	965	705	1585	1615	980	705	1670	1700
19	1010	740	1665	1700	1025	740	1755	1795
20	1050	775	1745	1785	1070	775	1840	1895
21	1100	810	1825	1870	1115	810	1925	1985
22	1135	845	1905	1955	1160	845	2010	2080
23	1180	880	1985	2040	1205	880	2095	2175
24	1220	915	2065	2125	1250	915	2185	2270
25	1260	950	2145	2210	1290	950	2260	2365
26	1300	985	2220	2295	1330	985	2390	2465
27	1340	1015	2300	2380	1370	1015	2470	2555
28	1380	1045	2375	2465	1410	1045	2570	2650
29	1425	1080	2455	2550	1455	1080	2650	2740
30	1460	1110	2530	2635	1490	1110	2740	2830

注 1. 该表额定值适用于塞迪维尔公司的未配备消弧配件或屏蔽环的悬式绝缘子串。
2. 根据美国标准，对于工频干闪，3 个试验串的平均值应等于或超过表中的保证值的 95%。
3. 对于工频湿闪，应等于或超过保证值的 90%。
4. 对于临界冲击闪络，应等于或超过保证值的 92%。

表 1-45　耐污型钢化玻璃悬式绝缘子串技术数据（电气额定值）

直径/结构高度	φ280/146				φ330/171			
型 号	NC120P/146				NC160P/171			
片 数	工频闪络电压（kV）		临界冲击闪络电压（kV）		工频闪络电压（kV）		临界冲击闪络电压（kV）	
	干闪	湿闪	+	—	干闪	湿闪	+	—
2	155	95	270	260	160	110	315	300
3	215	130	380	355	230	145	440	410
4	270	165	475	435	260	155	550	505
5	325	200	570	520	350	225	660	605
6	380	240	665	605	405	265	775	705
7	435	275	750	690	460	310	870	800
8	485	315	835	775	515	355	970	900
9	540	350	920	860	570	390	1070	1000
10	590	375	1005	950	625	430	1170	1105
11	640	410	1090	1040	680	460	1270	1210
12	690	440	1175	1130	735	495	1370	1315
13	735	470	1260	1220	790	530	1465	1420
14	785	500	1345	1310	840	565	1565	1525
15	830	525	1430	1400	885	595	1665	1630
16	875	555	1515	1490	935	630	1765	1735
17	920	580	1600	1595	980	660	1860	1845
18	965	615	1685	1670	1030	690	1960	1945
19	1010	640	1770	1755	1075	725	2060	2040
20	1055	670	1850	1840	1120	755	2155	2140

续表

直径/结构高度	ϕ280/146				ϕ330/171			
型　号	NC120P/146				NC160P/171			
片　数	工频闪络电压（kV）		临界冲击闪络电压（kV）		工频闪络电压（kV）		临界冲击闪络电压（kV）	
	干闪	湿闪	+	−	干闪	湿闪	+	−
21	1100	695	1930	1925	1165	785	2245	2240
22	1145	725	201	2010	1210	820	2340	2340
23	1190	750	2090	2095	1255	850	2430	2440
24	1235	780	2170	2180	1300	885	2525	2540
25	1280	810	2250	2265	1345	910	2620	2635
26	1325	835	2330	2350	1385	945	2710	2735
27	1370	860	2410	2435	1460	975	2805	2835
28	1410	890	2490	2520	1470	1005	2900	2935
29	1455	915	2560	2600	1515	1035	2980	3025
30	1495	940	2630	2680	1555	1065	3060	3120

直径/结构高度	ϕ280/146—ϕ330/146			ϕ330/170		
型　号	FC120P/146—FC160P/146			FC160P/170—FC210P/170—FC240P/170		
片　数	工频耐受电压（kV）		雷电冲击耐受电压（kV）	工频耐受电压（kV）		雷电冲击耐受电压（kV）
	干耐受	湿耐受		干耐受	湿耐受	
2	140	85	210	150	105	235
3	195	115	295	210	150	335
4	240	150	380	265	190	435
5	290	180	465	320	230	535
6	335	210	530	370	270	625
7	380	240	600	420	300	710
8	425	270	680	470	335	800
9	465	300	760	515	365	890
10	510	330	840	570	395	980
11	550	360	920	610	430	1070
12	585	390	1000	660	460	1170
13	630	410	1080	700	490	1260
14	670	430	1160	745	520	1355
15	710	460	1240	785	550	1450
16	750	490	1320	830	575	1540
17	785	510	1410	870	605	1640
18	825	530	1500	910	630	1730
19	860	550	1580	950	655	1810
20	895	570	1655	990	680	1900
21	925	590	1730	1030	700	1990
22	960	610	1810	1060	720	2080
23	995	630	1885	1090	740	2160
24	1025	650	1950	1130	755	2245
25	1060	670	2025	1170	780	2325
26	1090	690	2100	1200	800	2410
27	1120	710	2180	1250	825	2490
28	1155	730	2260	1290	850	2575
29	1185	750	2340	1330	885	2650
30	1215	770	2420	1360	910	2720

注　该表额定值适用于塞迪维尔公司的未配备消弧配件或屏蔽环的悬式绝缘子串。

（三）钢化玻璃高压支柱绝缘子

1. 概述

钢化玻璃高压支柱绝缘子为多锥体型，通过水泥胶合剂连接将一只只钢化玻璃元件叠装而成，确保母线和隔离开关的绝缘性能，经受极端温度、污染、电动应力和地震影响的最严酷的运行条件的考验。

塞迪维尔高压支柱玻璃绝缘子的基础元件钢化多锥体玻璃系列有 210～375mm 4 种不同直径的玻璃元件，各种不同组装的绝缘子可满足任何电气绝缘水平和机械强度。执行标准 IEC 第 168 和 273 规范要求。

2. 型号含义

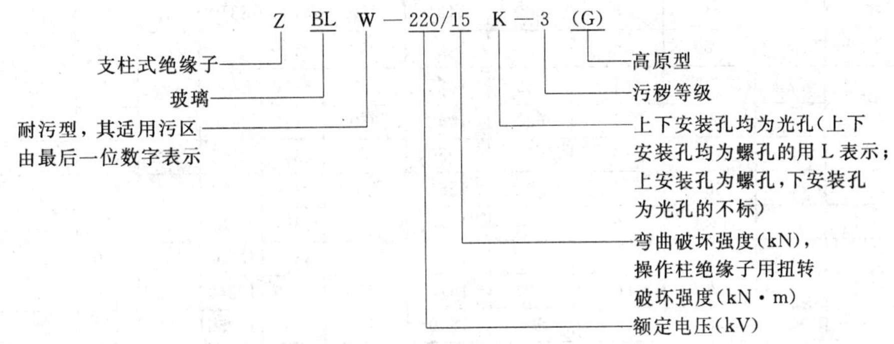

3. 产品特点

（1）机械强度强，不易老化减弱。

（2）抗污能力强，闪络路径长，符合 IECⅡ级标准。

（3）抗冲击强度高，减小运输途中或安装过程中受碰撞损坏。

（4）挠性大，特别在受到短路电流而产生的电动应力时，或当在多地震地区使用时更显其卓越特性。

4. 技术数据

钢化玻璃高压支柱绝缘子技术数据，见表 1-46。

表 1-46　　自贡塞迪维尔钢化玻璃高压支柱绝缘子技术数据

型号	每柱元件数	最小破坏负荷		耐受电压（kV）≥			主要尺寸（mm）						每只重量（kg）
		弯曲强度（kN）	扭曲强度（kN・m）	工频湿（有效值）	雷电冲击（峰值）	标准波冲击（峰值）	高度	爬电距离	伞裙直径 上节	伞裙直径 下节	法兰 孔中心圆直径	法兰 孔数直径	
ZBLW—35/8—2	1	8	2.5	95	250	NA	560	1595	210		127	4M16	25
ZBLW—66/6—3	1	6	3	140	325	NA	770	1850	210		127	4M16	34
ZBLW—66/8—3	1	8	3	140	325	NA	770	1850	210		127	4M16	34
ZBLW—110/6—3	1	6	3.5	185	450	NA	1060	2590	210		140	4M12	48
ZBLW—110/12.5—2	1	12.5	6	185	450	NA	1060	2520	260		140	4M12	65
ZBLW—110/4—3	1	4	3	230	550	NA	1220	3145	210		140	4M12	55
ZBLW—110/8—3	1	8	4	230	550	NA	1220	3110	260		140	4M12	82
ZBLW—110/12.5—3	1	12.5	6	230	550	NA	1220	3104	260		140	4M12	82
ZBLW—110/4—4	1	4	3	275	650	NA	1500	4070	210		140	4M12	68
ZBLW—110/8—4	1	8	4	275	650	NA	1500	3880	260		140	4M12	98
ZBLW—110/10—4	1	10	4	275	650	NA	1500	3880	260		140	4M12	100
ZBLW—220/6	1	6	3	395	950	750	2100	5820	260		140	4M12	144
ZBLW—220/12.5	1	12.5	6	395	950	750	2100	6119	310		225	8ϕ18	233
ZBLW—220/4—2	1	4	3	460	1050	750	2100	6402	260		140	4M12	155
ZBLW—220/6—2	1	6	3	460	1050	750	2100	6402	260		140	4M12	160
ZBLW—220/10—2	1	10	4	460	1050	750	2300	6965	310	375	255	8ϕ18	250
ZBLW—154/12.5—2	2	12.5	6	460	1050	750	2300	6330	310		225	8ϕ18	315
ZBLW—220/4—3	1	4	3	510	1175	850	2650	7380	260		140	4M12	180
ZBLW—220/8—3	1	8	4	510	1175	850	2650	8020	310		225	8ϕ18	296
ZBLW—220/12.5—3	2	12.5	6	510	1175	850	2650	7175	310	375	225	8ϕ18	360

续表

型号	每柱元件数	最小破坏负荷		耐受电压（kV）≥			主要尺寸（mm）						每只重量（kg）
		弯曲强度（kN）	扭曲强度（kN·m）	工频湿（有效值）	雷电冲击（峰值）	标准波冲击（峰值）	高度	爬电距离	伞裙直径		法兰		
									上节	下节	孔中心圆直径	孔数直径	
ZBLW—220/4—4	1	4	3	570	1300	950	2900	8150	260		140	4M12	200
ZBLW—220/8—4	2	8	4	570	1300	950	2900	7840	260	310	140	4M12	263
ZBLW—330/4	2	4	3	630	1425	950	3150	8310	210	260	140	4M12	180
ZBLW—330/8	2	8	4	630	1425	950	3150	8690	260	310	140	4M12	280
ZBLW—330/10	2	10	4	630	1425	950	3150	8860	310	375	225	8ϕ18	430
ZBLW—330/12.5	2	12.5	6	630	1425	950	3150	8860	310	375	225	8ϕ18	435
ZBLW—330/4—2	2	4	3	680	1550	1050	3350	8895	210	260	140	4M12	180
ZBLW—330/8—2	2	8	4	680	1550	1050	3350	9120	260	310	225	8ϕ18	282
ZBLW—330/12.5—2	2	12.5	6	680	1550	1050	3350	9495	310	375	225	8ϕ18	448
ZBLW—330/6—3	2	6	3	740	1675	1050	3650	10200	260	310	140	4M12	310
ZBLW—330/12.5—3	2	12.5	6	740	1675	1050	3650	10340	310	375	225	8ϕ18	490
ZBLW—330/6—4	2	6	3	800	1800	1175	4000	11255	260	310	225	4M18	345
ZBLW—330/8—4	2	8	4	800	1800	1175	4000	11425	260	310	225	4ϕ18	375
ZBLW—330/12.5	2	12.5	6	800	1800	1175	4000	11815	310	375	225	8ϕ18	555
ZBLW—500/4—2	2	4	3		1950	1300	4400	12435	260	310	225	4ϕ18	370
ZBLW—500/6—2	2	6	3		1950	1300	4400	12520	260	310	225	4ϕ18	380
ZBLW—500/12.5—2	2	12.5	6		1950	1300	4400	13080	310	375	225	4ϕ18	616
ZBLW—500/4—3	2	4	3		2100	1300	4700	13785	260	310	225	4ϕ18	420
ZBLW—500/10—3	2	10	4		2100	1300	4700	14135	310	375	225	8ϕ18	650

5. 外形及安装尺寸

该产品外形及安装尺寸，见图 1-14。

（四）生产厂

自贡塞迪维尔钢化玻璃绝缘子有限公司。

二十三、高压线路用 10～500kV 棒形悬式复合绝缘子

（一）概述

FXBW 复合绝缘子系列产品适用于普通和污秽地区的交流额定电压不大于 500kV、频率不超过 100Hz、海拔不超过 3000m 的架空线路、变电站悬、耐张系统中，安装地点环境温度在－60～200℃，最适宜严重污秽地区、不便于安装地区、高机械拉伸负荷、大跨距和紧凑型线路中使用。产品执行标准 JB 5892—91《高压线路用有机复合绝缘子技术条件》、JB/T 8460—1996《高压线路用棒形悬式复合绝缘子尺寸与特性》、JB/T 8737—1998《高压线路用复合绝缘子使用导则》。

（二）型号含义

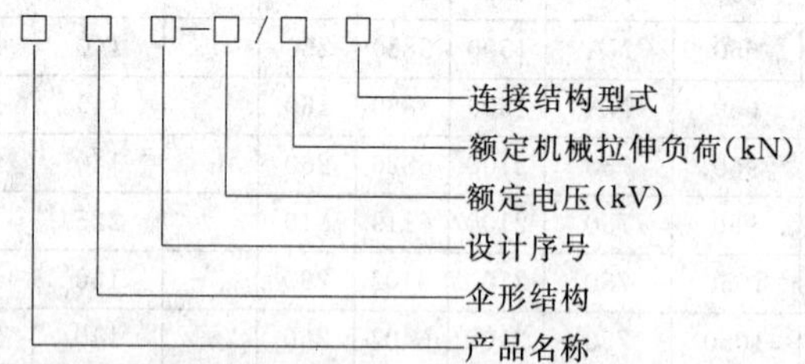

图 1-14 高压支柱玻璃绝缘子外形及安装尺寸（单位：mm）

(a) 35～220kV 每柱元件数为 1 外形（ZBLW—110/4—4）；
(b) 154～500kV 每柱元件数为 2 外形（ZBLW—220/12.5—3）

产品名称：FXB—高压线路用棒形悬式复合绝缘子。

伞形结构：W—大小伞，等径伞不表示。

设计序号：1、2—爬电比距为 20mm/kV；3、4—爬电比距为 25mm/kV；连接结构型式（基本型不表示）。

（三）结构特点

西安西电高压电瓷有限责任公司产品均采用压接式结构，不破坏芯棒的完整性，连接牢固可靠。耐电蚀能力强，伞

群材料耐漏电起痕可达到 TMA6.0 级水平；抗污闪性能较瓷绝缘子高 1～2 倍；内部承载的玻璃纤维引拔棒抗张强度比普通钢材高 1 倍。

西安电瓷研究所电力线路用 35～500kV 棒形悬式复合绝缘子适用于中等级以上污秽地区，连接结构采用上端为球窝，下端为球头的形式。伞裙材料的关键技术指标一耐漏电起痕和电蚀损性电压水平达到 IEC 最高指标，经 1000h 人工加速老化试验和数年自然老化试验，性能无明显下降。采用国内独创的整体注压工艺，解决了影响复合绝缘子可靠性的关键问题一界面电气击穿。该产品胶装结构可靠、新颖、不损伤芯棒，能充分发挥芯棒的机械强度，为国内独家采用。

石家庄市电瓷有限责任公司复合绝缘子 FXBW4—10/100、FXBW4—35/100、FXBW4—66/100、FXBW4—110/100 等系列产品结构，由端头、端脚、芯棒、复合伞套、锁紧销组成。绝缘子所有金属表面均通过热镀锌处理，伞套为伞径不同的大小伞结构，在淋雨情况下，大小伞中小伞能受大伞的遮挡，不易形成连续的潮湿面，污闪性能好于等径伞结构。伞裙护套成型采用模压成型工艺，复合绝缘子端头部金具和芯棒的连接型式为胶装型式，即在端头金具和芯棒的连续部位用环氧树脂按一定比例配合成胶装剂进行粘接。由于各种材料的膨胀系数不同，所以在各个接触面均涂有缓冲层。该公司产品的连接结构主要为球窝连接，也可根据要求生产其他连接结构的绝缘子，并配有相应的锁紧销。正在进行压接成型工艺实验，为尽快和国际接轨。

襄樊国网合成绝缘子股份有限公司棒形悬式合成绝缘子结构，由伞盘、芯棒及金属端头三部分组成，对 110kV 以上的产品配备 1～2 只均压环。伞盘由硅橡胶为基体的高分子聚合物制成，具有良好的憎水性和优良的耐电腐蚀性。芯棒采用环氧玻璃纤维棒制成，具有很高的抗张强度（大于 600MPa），约为普通钢的 1.5～2 倍，为高强度瓷的 3～5 倍，采用 ϕ50mm 的芯棒可制成机械负荷达 100t 的合成绝缘子，为输电线路向超（特）高压、大吨位发展创造了条件。芯棒还具有良好的减振性，抗蠕变性及抗疲劳断裂性。金属端头与芯棒的连接采用压接式连接结构，保护芯棒的完整性，通过金属变形增大对芯棒的握紧力，牢固可靠，分散性极小，具有国际先进水平。均压环具有改善电压分布及引弧作用，保护伞盘在强电弧时不烧坏。新设计的密封环保证产品的密封性能，并改善局部电压分布（已报专利）。

重庆市华能氧化锌避雷器有限公司的复合绝缘子整体棒形设计，结构紧凑，质轻高强，重量是同等级瓷和玻璃绝缘子的 1/10～1/7。

河南金冠王码信息产业股份有限公司南阳氧化锌避雷器厂复合绝缘子结构，由伞套、芯棒及端部附件三部分组成，对于 110kV 及以上的绝缘子配备 1～2 只均压环。伞套由硅橡胶制成，芯棒采用环氧玻璃纤维引拔制成，端部附件与芯棒的连接采用胶装结构，保持芯棒完整性。

保定电力修造厂是国内最早研制复合绝缘子的专业厂之一，拥有一流的生产设备和先进的检测手段。“三力”牌复合绝缘子系列产品多项技术获国家专利，填补了国内空白。其中芯棒连续挤压护套成型技术，使复合绝缘子内绝缘和绝缘抗老化性能达到国际同类产品的先进水平；压紧式端部密封结构，密封、防护性能优良，能完全消除人为因素的影响，对确保电网安全运行起“双保险”作用。伞裙设计符合空气动力学原理，均压环独特的设计有效改善了端部场强分布。金具采用优质钢机械加工而成，芯棒采用 ECR 耐酸芯棒。

河北省任丘市新华高压电器有限公司采用当代最先进的压接式全自动注射整体成型装备和生产工艺，选用优质的原材料配方，生产出 10/70、35/70、66/70、110/100、220/100、220/160、330/160、500/160 八个额定电压等级有机复合绝缘子系列产品。压紧式注射整体型合成绝缘子结构紧凑，整体性强，界面少，细长，结构高度和爬距大，内外绝缘水准高，体积小，重量轻（为同级瓷绝缘子串重的 1/10～1/7），机械强度高，属全不可击穿型。

（四）技术数据

高压线路用 10～500kV 棒形悬式复合绝缘子技术数据，见表 1 - 47。

表 1 - 47　FXBW 系列棒形悬式复合绝缘子技术数据

型号	系统电压（kV）	额定拉伸负荷（kN）	连接结构标记	雷电全波冲击耐受电压（kV）≥	工频 1min 湿耐受电压（kV）≥	操作冲击耐受电压（kV）≥	结构高度 H（mm）	最小电弧距离（mm）	最小公称爬电距离（mm）	重量（kg）	生产厂
FXBW4—35/70	35	70	16	230	95		663±2	462±2	1015	2.873	西安西电高压电瓷有限责任公司
FXBW4—110/100	110	110	16	550	230		1250±2	1050±2	3150	6.057	
FXBW4—220/100	220	100	16	1000	395		2230±2	2030±2	6300	13.357	
FXBW3—35/70	35	70	16	230	95		610±15	450	1050	3.25	西安电瓷研究所
FXBW4—35/70	35	70	16	230	95		650±15	450	1015	3.15	
FXBW5—35/70	35	70	16	270	130		650±15	490	1430	2.70	
FXBW3—66/70	66	70	16	410	185		870±15	700	1900	3.80	
FXBW4—66/70	66	70	16	410	185		940±15	700	1900	4.05	

续表

型号	系统电压(kV)	额定拉伸负荷(kN)	连接结构标记	雷电全波冲击耐受电压(kV)≥	工频1min湿耐受电压(kV)≥	操作冲击耐受电压(kV)≥	结构高度 H (mm)	最小电弧距离(mm)	最小公称爬电距离(mm)	重量(kg)	生产厂
FXBW3—110/70	110	70	16	550	230		1180±15	1000	3150	4.90	西安电瓷研究所
FXBW4—110/70	110	70	16	550	230		1240±15	1050	3150	4.95	
FXBW3—110/100	110	100	16	550	230		1180±15	1000	3150	4.90	
FXBW4—110/100	110	100	16	550	230		1240±15	1050	3150	4.95	
FXBW3—220/100	220	100	16	1000	395		2150±30	1900	6300	8.40	
FXBW4—220/100	220	100	16	1000	395		2240±30	1950	6300	8.90	
FXBW3—220/160	220	160	20	1000	395		2150±30	1900	6300	11.10	
FXBW4—220/160	220	160	20	1000	395		2240±30	1900	6300	11.25	
FXBW3—330/100	330	100	16	1425	570	950	2930±40	2600	9075	15.60	
FXBW4—330/100	330	100	16	1425	570	950	2990±40	2700	9075	15.90	
FXBW3—330/160	330	160	20	1425	570	950	2930±40	2600	9075	15.60	
FXBW4—330/160	330	160	20	1425	570	950	2990±40	2700	9075	15.90	
FXBW3—500/160	500	160	20	2050	740	1240	4030±50	3600	13750	21.90	
FXBW4—500/160	500	160	20	2250	740	1240	4450±50	4000	13750	22.60	
FXBW4—10/100	10	100	16	165	50		380±15	216 (200)	570 (400)	2.2	石家庄市电瓷有限责任公司
FXBW4—35/70	35	70	16	230	95		650±15	485 (450)	1390 (1015)	3.4	
FXBW4—35/100	35	100	16	230	95		650±15	485 (450)	1390 (1015)	3.4	
FXBW4—35/100	35	100	16	230	95		683±15	515 (450)	1580 (1015)	3.8	
FXBW4—66/70	66	70	16	410	185		962±15	790 (700)	2360 (1900)	4.7	
FXBW4—66/100	66	100	16	410	185		962±15	790 (700)	2360 (1900)	4.7	
FXBW4—66/100	66	100	16	410	185		1016±15	850 (700)	2650 (1900)	5.1	
FXBW4—110/70	110	70	16	550	230		1240±15	1080 (1000)	3220 (3150)	6.1	
FXBW4—110/100	110	100	16	550	230		1240±15	1080 (1000)	3220 (3150)	6.1	
FXBW4—110/100	110	100	16	550	230		1265±15	1100 (1000)	3440 (3150)	6.5	
FXBW—35/70	35	70	16	230	95		670±15	450	1015	3.5	河南金冠王码信息产业股份有限公司南阳氧化锌避雷器厂
FXBW—35/100	35	100	16	230	95		670±15	450	1015	3.5	
FXBW—66/70	66	70	16	410	185		870±15	700	1900	4.0	
FXBW—66/100	66	100	16	410	185		870±15	700	1900	4.0	
FXBW—110/70	110	70	16	550	230		1230±15	1000	3150	5.0	
FXBW—110/100	110	100	16	550	230		1230±15	1000	3150	5.0	
FXBW—220/100	220	100	16	1000	395		2170±30	1900	6300	7.7	
FXBW—220/160	220	160	20	1000	395		2170±30	1900	6300	11.5	
FXBW—330/100	330	100	16	1425	570	950	2930±40	2600	9075	15.6	
FXBW—330/160	330	160	20	1425	570	950	2930±40	2600	9075	15.6	
FXBW—500/100	500	100	16	2050	740	1240	4000±50	3600	11800	22.0	
FXBW—500/160	500	160	20	2050	740	1240	4000±50	3600	11800	22.0	

续表

型 号	系统电压（kV）	额定拉伸负荷（kN）	连接结构标记	雷电全波冲击耐受电压（kV）≥	工频1min湿耐受电压（kV）≥	操作冲击耐受电压（kV）≥	结构高度 H（mm）	最小电弧距离（mm）	最小公称爬电距离（mm）	重量（kg）	生产厂
FXBW4—10/50	10	50		150	60		340±10	195	480		重庆市华能氧化锌避雷器有限责任公司
FXBW4—10/70	10	70		150	60		375±10	195	480		
FXBW4—35/70	35	70		230	95		650±15	450	1270		
FXBW4—110/100	100	100		550	230		1240±15	1000	3280		
FXBW—10/70	10	70	16	75	42		310±15	160	340		襄樊国网合成绝缘子股份有限公司
FXBW2—35/70	35	70	16	230	95		650±15	450	810		
FXBW4—35/70	35	70	16	230	95		650±15	450	1015		
FXBW1—66/70	66	70	16	410	185		880±15	700	1450		
FXBW2—66/70	66	70	16	410	185		940±15	700	1450		
FXBW3—66/70	66	70	16	410	185		880±15	700	1900		
FXBW4—66/70	66	70	16	410	185		940±15	700	1900		
FXBW1—110/70	110	70	16	550	230		1180±15	1000	2520		
FXBW2—110/70	110	70	16	550	230		1240±15	1000	2520		
FXBW3—110/70	110	70	16	550	230		1180±15	1000	3150		
FXBW4—110/70	110	70	16	550	230		1240±15	1000	3150		
FXBW2—110/100	110	100	16	550	230		1240±15	1000	2520		
FXBW4—110/100	110	100	16	550	230		1240±15	1000	3150		
FXBW1—220/100	220	100	16	1000	395		2150±30	1900	5040		
FXBW2—220/100	220	100	16	1000	395		2240±30	1900	5040		
FXBW3—220/100	220	100	16	1000	395		2150±30	1900	6300		
FXBW4—220/100	220	100	16	1000	395		2240±30	1900	6300		
FXBW2—220/160	220	160	20	1000	395		2240±30	1900	5040		
FXBW4—220/160	220	160	20	1000	395		2240±30	1900	6300		
FXBW1—330/100	330	100	16	1425	570	950	2930±40	2600	7260		
FXBW2—330/100	330	100	16	1425	570	950	2990±40	2600	7260		
FXBW3—330/100	330	100	16	1425	570	950	2930±40	2600	9075		
FXBW4—330/100	330	100	16	1425	570	950	2990±40	2600	9075		
FXBW1—330/160	330	160	20	1425	570	950	2930±40	2600	7260		
FXBW2—330/160	330	160	20	1425	570	950	2990±40	2600	7260		
FXBW3—330/160	330	160	20	1425	570	950	2930±40	2600	9075		
FXBW4—330/160	330	160	20	1425	570	950	2990±40	2600	9075		
FXBW2—330/210	330	210	20	1425	570	950	2990±40	2600	7260		
FXBW4—330/210	330	210	20	1425	570	950	2990±40	2600	9075		
FXBW1—500/160	500	160	20	2050	740	1240	4030±50	3600	11000		
FXBW2—500/160	500	160	20	2250	740	1240	4450±50	4000	11000		
FXBW3—500/160	500	160	20	2050	740	1240	4030±50	3600	13750		
FXBW4—500/180	500	180	20	2250	740	1240	4450±50	4000	13750		
FXBW1—500/210	500	210	20	2050	740	1240	4030±50	3600	11000		
FXBW2—500/210	500	210	20	2250	740	1240	4450±50	4000	11000		
FXB3—500/210	500	210	20	2050	740	1240	4030±50	3600	13750		
FXB4—500/210	500	210	20	2250	740	1240	4450±50	4000	13750		
FXBW1—500/300	500	300	24	2050	740	1240	4030±50	3600	11000		
FXBW2—500/300	500	300	24	2250	740	1240	4450±50	4000	11000		
FXB3—500/300	500	300	24	2050	740	1240	4030±50	3600	13750		
FXB4—500/300	500	300	24	2250	740	1240	4450±50	4000	13750		

续表

型 号	系统电压(kV)	额定拉伸负荷(kN)	连接结构标记	雷电全波冲击耐受电压(kV)≥	工频1min湿耐受电压(kV)≥	操作冲击耐受电压(kV)≥	结构高度H(mm)	最小电弧距离(mm)	最小公称爬电距离(mm)	重量(kg)	生产厂
FXBW—10/70	10	70	16	165	42		330±10	160	360		保定电力修造厂
FXBW0—35/70	35	70	16	230	95		680±15	450	1050		
FXBW1—35/70	35	70	16	230	95		610±15	450	810		
FXBW2—35/70	35	70	16	230	95		650±15	450	810		
FXBW3—35/70	35	70	16	230	95		610±15	450	1015		
FXBW4—35/70	35	70	16	230	95		650±15	450	1015		
FXBW1—66/70	66	70	16	410	185		870±15	700	1450		
FXBW2—66/70	66	70	16	410	185		940±15	700	1450		
FXBW3—66/70	66	70	16	410	185		870±15	700	1900		
FXBW4—66/70	66	70	16	410	185		940±15	700	1900		
FXBW2—66/100	66	100	16	410	185		940±15	700	1450		
FXBW4—66/100	66	100	16	410	185		940±15	700	1900		
FXBW0—110/70	110	70	16	550	230		1240±15	1000	2420		
FXBW1—110/70	110	70	16	550	230		1180±15	1000	2750		
FXBW2—110/70	110	70	16	550	230		1240±15	1000	2750		
FXBW3—110/70	110	70	16	550	230		1180±15	1000	3150		
FXBW4—110/70	110	70	16	550	230		1240±15	1000	3150		
FXBW0—110/100	110	100	16	550	230		1240±15	1000	2420		
FXBW1—110/100	110	100	16	550	230		1180±15	1000	2750		
FXBW2—110/100	110	100	16	550	230		1240±15	1000	2750		
FXBW3—110/100	110	100	16	550	230		1180±15	1000	3150		
FXBW4—110/100	110	100	16	550	230		1240±15	1000	3150		
FXBW3—110/120	110	120	16	550	230		1270±15	1000	3150		
FXBW0—110/160	110	160	20	550	230		1290±15	1000	2420		
FXBW2—110/160	110	160	20	550	230		1290±15	1000	2750		
FXBW4—110/160	110	160	20	550	230		1290±15	1000	3150		
FXBW0—220/100	220	100	16	1000	395		2150±30	1900	4840		
FXBW1—220/100	220	100	16	1000	395		2150±30	1900	5040		
FXBW2—220/100	220	100	16	1000	395		2240±30	1900	5040		
FXBW3—220/100	220	100	16	1000	395		2150±30	1900	6300		
FXBW4—220/100	220	100	16	1000	395		2240±30	1900	6300		
FXBW3—220/120	220	120	16	1000	395		2170±30	1900	6300		
FXBW0—220/160	220	160	20	1000	395		2150±30	1900	4840		
FXBW2—220/160	220	160	20	1000	395		2240±30	1900	5040		
FXBW3—220/160	220	160	20	1000	395		2150±30	1900	6300		
FXBW4—220/160	220	160	20	1000	395		2240±30	1900	6300		
FXBW1—330/100	330	100	16	1425	570	950	2930±40	2600	7260		
FXBW2—330/100	330	100	16	1425	570	950	2990±40	2600	7260		
FXBW3—330/100	330	100	16	1425	570	950	2930±40	2600	9075		
FXBW4—330/100	330	100	16	1425	570	950	2990±40	2600	9075		
FXBW1—330/160	330	160	20	1425	570	950	2930±40	2600	7260		
FXBW2—330/160	330	160	20	1425	570	950	2990±40	2600	7260		

续表

型号	系统电压(kV)	额定拉伸负荷(kN)	连接结构标记	雷电全波冲击耐受电压(kV)≥	工频1min湿耐受电压(kV)≥	操作冲击耐受电压(kV)≥	结构高度H(mm)	最小电弧距离(mm)	最小公称爬电距离(mm)	重量(kg)	生产厂
FXBW3—330/160	330	160	20	1425	570	950	2930±40	2600	9075		保定电力修造厂
FXBW4—330/160	330	160	20	1425	570	950	2990±40	2600	9075		
FXBW1—330/210	330	210	20	1425	570	950	2930±40	2600	7260		
FXBW2—330/210	330	210	20	1425	570	950	2990±40	2600	7260		
FXBW3—330/210	330	210	20	1425	570	950	2930±40	2600	9075		
FXBW4—330/210	330	210	20	1425	570	950	2990±40	2600	9075		
FXBW1—500/100	500	100	16	2050	740	1240	4030±50	3600	11000		
FXBW2—500/100	500	100	16	2250	740	1240	4450±50	4000	11000		
FXBW3—500/100	500	100	16	2050	740	1240	4030±50	3600	13750		
FXBW4—500/100	500	100	16	2250	740	1240	4450±50	4000	13750		
FXBW1—500/160	500	160	20	2050	740	1240	4030±50	3600	11000		
FXBW2—500/160	500	160	20	2250	740	1240	4450±50	4000	11000		
FXBW3—500/160	500	160	20	2050	740	1240	4030±50	3600	13750		
FXBW4—500/160	500	160	20	2250	740	1240	4450±50	4000	13750		
FXBW1—500/210	500	210	20	2050	740	1240	4030±50	3600	11000		
FXBW2—500/210	500	210	20	2250	740	1240	4450±50	4000	11000		
FXBW3—500/210	500	210	20	2050	740	1240	4030±50	3600	13750		
FXBW4—500/210	500	210	20	2250	740	1240	4450±50	4000	13750		
FXBW1—500/300	500	300	24	2050	740	1240	4030±50	3600	11000		
FXBW2—500/300	500	300	24	2250	740	1240	4450±50	4000	11000		
FXBW3—500/300	500	300	24	2050	740	1240	4030±50	3600	13750		
FXBW4—500/300	500	300	24	2250	740	1240	4450±50	4000	13750		
FXBZW—500/160	±500	160	20	2550	直流1min≥600kV	1550	5440±50	5100	18000		
FXBZW—500/210	±500	210	20	2550		1550	5440±50	5100	18000		
FXBZ—500/210	±500	210	20	2250		1550	5440±50	5000	18000		
FXBZ—500/300	±500	300	24	2250		1550	5440±50	5000	18000		
FXB—10/70	10	70	16	110	42		380±10	190	550		河北省任丘市新华高压电器有限公司
FXBW4—35/70	35	70	16	230	95		650±15	450	810		
FXBW4—35/70—1	35	70	16	230	95		650±15	450	1015		
FXBW4—35/70—2	35	70	16	230	95		650±15	450	1280		
FXBW2—66/70	66	70	16	410	185		940±15	700	1450		
FXBW4—66/70	66	70	16	410	185		940±15	700	1900		
FXBW2—110/70	110	70	16	550	230		1240±15	700	2520		
FXBW4—110/70	110	70	16	550	230		1240±15	1000	3150		
FXBW2—110/100—1	110	100	16	550	230		1240±15	1000	2520		
FXBW2—110/100—2	110	100	16	550	230		1240±15	1000	2820		
FXBW4—110/100	110	100	16	550	230		1240±15	1000	3150		
FXBW4—110/120	110	120	16	550	230		1240±15	1000	3150		
FXBW2—220/100—1	220	100	16	1000	395		2240±30	1900	5040		
FXBW2—220/100—2	220	100	16	1000	395		2240±30	1900	5650		
FXBW2—220/100—3	220	100	16	1000	395		2240±30	1900	5680		
FXBW4—220/100	220	100	16	1000	395		2240±30	1900	6300		

续表

型　号	额定电压（kV）	额定机械拉伸负荷（kN）	连接结构标记	雷电全波冲击耐受电压（峰值，kV）≥	工频 1min 湿耐受电压（有效值，kV）≥	操作冲击耐受电压（峰值，kV）≥	结构高度 H（mm）	最小电弧距离（mm）	最小公称爬电距离（mm）	重量（kg）	生产厂
FXBW2—220/160—1	220	160	20	1000	395		2240±30	1900	5040		河北省任丘市新华高压电器有限公司
FXBW2—220/160—2	220	160	20	1000	395		2240±30	1930	5810		
FXBW4—220/160—1	220	160	20	1000	395		2240±30	1900	6300		
FXBW4—220/160—2	220	160	20	1000	395		2350±30	2100	6300		
FXBW2—330/100—1	330	100	16	1425	570	950	2990±40	2600	7260		
FXBW2—330/100—2	330	100	16	1425	570	950	2990±40	2600	8600		
FXBW4—330/160	330	160	20	1425	570	950	2990±40	2600	9075		
FXBW2—330/160—1	330	160	20	1425	570	950	2990±40	2600	7260		
FXBW2—330/160—2	330	160	20	1425	570	950	2990±40	2600	8600		
FXBW4—330/160	330	160	20	1425	570	950	2990±40	2600	9075		
FXBW2—330/210	330	210	20	1425	570	950	2990±40	2600	7260		
FXBW4—330/210	330	210	20	1425	570	950	2990±40	2600	9075		
FXBW2—500/160—1	500	160	20	2250	740	1240	4450±50	4000	11000		
FXBW2—500/160—2	500	160	20	2250	740	1240	4450±50	4000	12600		
FXBW4—500/160	500	160	20	2250	740	1240	4450±50	4000	13750		
FXBW2—500/210	500	210	20	2250	740	1240	4450±50	4000	11000		
FXBW4—500/210	500	210	20	2250	740	1240	4450±50	4000	13750		

（五）外形及安装尺寸

FXBW 型系列产品外形及安装尺寸，见图 1-15。

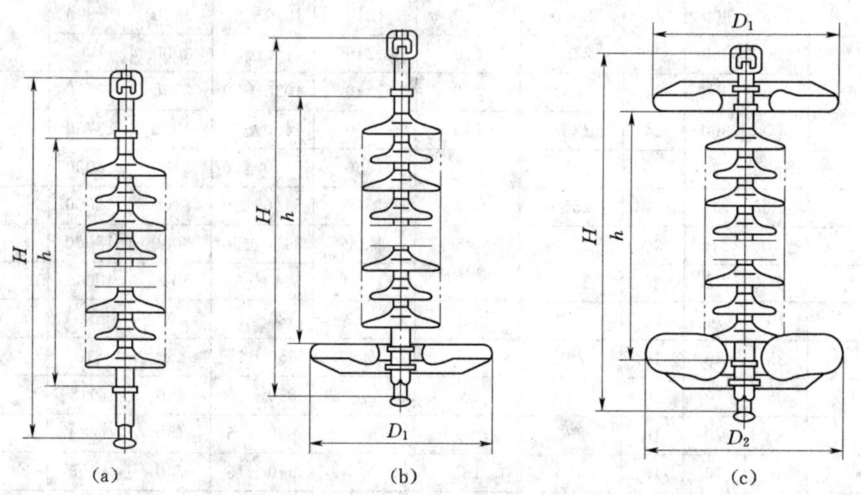

图 1-15　FXBW 型系列产品外形及安装尺寸

(a) 35～110kV；(b) 220kV；(c) 330～500kV

（六）订货须知

订货时必须提供产品型号、规格、数量、采用何种工艺生产、交货期及特殊要求。

二十四、10～220kV 复合棒形支柱绝缘子

（一）概述

电站用 10～220kV 复合棒形支柱绝缘子（全复合），用于 10～220kV 交流系统中运行的电力设备和装置，尤其适用于污秽地区，能有效防止污闪事故，减少运行中维护工作量，是一种性能优良的新一代绝缘子产品。

复合棒形支柱绝缘子伞裙具有良好的憎水性和抗老化性能。机械性能主要由芯棒承担，具有很高的抗张强度和抗弯强度（大于 500MPa），为普通钢材的 2 倍，是高强度瓷材料的 8～10 倍，分散性小，变异系数在 3%以内，可靠性高。体积小，重量轻（仅为瓷绝缘子的 1/3～1/5），不易破碎，运输安装维护方便，有良好的抗震性。

（二）型号含义

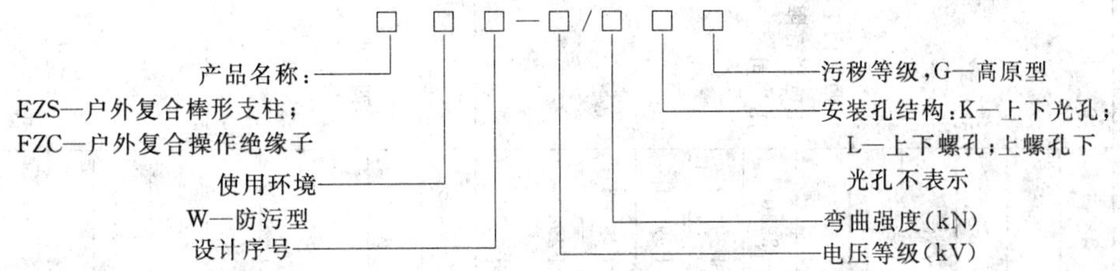

（三）结构特点

整体复合棒形支柱绝缘子是西安西电高压电瓷有限责任公司开发的新产品，采用独有的整体成型技术，淘汰了国内广泛采用的单伞粘接工艺，能制造任何所需的形状和大型产品，与其他有机材料相比具有较高的抗电蚀能力、耐老化和抗紫外线辐射能力。

同单伞粘接工艺相比，整体复合型不存在粘接界面，彻底杜绝气隙的产生，生产效率大幅度提高，外观整洁光滑美观。

整体复合棒形支柱绝缘子采用中强度和高强度等静压瓷芯，胶装部分采用柱体上砂结构，严格控制造粒砂具有与瓷体优良的结合性能和合理的膨胀系数，有效提高机械强度。法兰结构合理，应力分布均匀，材料为机械强度高的球墨铸铁，表面热镀锌。

产品结构为单柱式，结构简单，运行使用寿命长。

执行标准 GB 12744、JB 5892、GB 311.1、XC/JT 2004—2001。

（四）技术数据

10～220kV 复合棒形支柱绝缘子技术数据，见表 1-48。

表 1-48　　10～220kV 复合棒形支柱绝缘子技术数据

型号	产品代号	电压等级(kV)	弯曲负荷(kN)	扭转负荷(kN·m)	公称爬距(mm)	雷电全波冲击耐受电压(kV)	工频耐受电压(kV)		重量(kg)	备注	生产厂
							干	湿			
FZS—35/4—3	27301	40.5	4	1.2	1260	200	110	70	20.2	瓷芯棒	西安西电高压电瓷有限责任公司
FZSW—110/8—3	F29401	126	8	8	3150	450	265	185	77.4		
FZSW—110/16—4	F29402	126	16	8	3906	450	265	185	80.3		
FZSW—110/10—4	F29403	126	10	8	3906	450	265	185	80.3		
FZSW—110/12—3	F29404	126	12	8	3150	450	265	185	77.4		
FZSW—110/8—3	F29405	126	8	8	3150	450	265	185	81.6		
FZSW—220/6—3	F29601	252	6	8	6300	1050	525	460	154.8		
FZSW—220/8—4	F29602	252	8	8	7812	1050	525	460	160.6		
FZSW—220/4—3	F29603	252	4	8	6300	1050	525	460	154.8		
FZSW—220/6—4	F29604	252	6	8	7812	1050	525	460	160.6		
FZSW—220/4—4	F29605	252	4	8	6300	1050	525	460	159.0		
FZSW—220/6—4	F29606	252	6	8	6300	1050	525	460	159.0		
FZSW1—10/4	2261	10	4	0.6	270	75		30	0.75		西安电瓷研究所
FZSW1—20/8	2250	20	8	1.5	450	125		50	3.5		
FZSW1—35/6	2271	35	6	1.5	750	185		80	2.7		
FZSW6—110/10	2220	110	10	4	2750	500		230	16		
FZSW7—110/12.5	2221	110	12.5	4	2550	500		230	17		
FZSCW1—110/6	2201	110	6	4	3150	500		250	57	瓷芯棒	
FZSCW2—110/8	2202	110	8	4	3610	500		250	64		
FZSCW3—110/12.5	2203	110	12.5	4	3390	500		250	72		
FZSCW1—220/8	2210	220	8	4	7000	1000		500	136		
FZSCW1—220/10	2211	220	10	4	7000	1000		500	141		
FZS—12/4		12	4		320	90	40				保定电力修造厂
FZS—24/4		24	4		620	90	50				
FZS—40.5/4		40.5	4	1	800	230	95				
FZS—72.5/8		72.5	8	2	1790	410	185				
FZS—126/4		126	4	1.5	1010	550	230				
FZS—126/10		126	10	2.5	2750	550	230				

表 1-49　10～220kV 复合棒形支柱绝缘子外形及安装尺寸

单位：mm

产品代号	型号	总高 H	最大伞径 D	干弧距离	伞形	h_1	h_2	上部安装尺寸（孔数 n_1—孔径 d_1—孔中心圆心）	下部安装尺寸（孔数 n_2—孔径 d_2—孔中心圆心）	元件组成	生产厂
27301	FZS—35/3	560	181	405	大小开放伞		18	4—M16—ϕ127	4—ϕ14—ϕ180		西安西电高压电瓷有限责任公司
F29401	FZSW—110/8—3	1150	238	990	大小开放伞	20	20	4—ϕ18—ϕ225	4—ϕ18—ϕ225		
F29402	FZSW—110/16—4	1150	261	990	大小开放伞	20	20	4—ϕ18—ϕ225	4—ϕ18—ϕ225		
F29403	FZSW—110/10—4	1150	261	990	大小开放伞	20	20	4—ϕ18—ϕ225	4—ϕ18—ϕ225		
F29404	FZSW—110/12—3	1150	238	990	大小开放伞	20	20	4—ϕ18—ϕ225	4—ϕ18—ϕ225		
F29405	FZSW—110/8—3	1172	238	990	大小开放伞		20	4—M12—ϕ140	4—ϕ18—ϕ225		
F29601	FZSW—220/6—3	2300	238	1980	大小开放伞	20	20	4—ϕ18—ϕ225	4—ϕ18—ϕ225	F29401＋F29404	
F29602	FZSW—220/8—4	2300	261	1980	大小开放伞	20	20	4—ϕ18—ϕ225	4—ϕ18—ϕ225	F29403＋F29402	
F29603	FZSW—220/4—3	2300	238	1980	大小开放伞	20	20	4—ϕ18—ϕ225	4—ϕ18—ϕ225	F29401＋F29401	
F29604	FZSW—220/6—4	2300	261	1980	大小开放伞	20	20	4—ϕ18—ϕ225	4—ϕ18—ϕ225	F29403＋F29403	
F29605	FZSW—220/4—4	2322	238	1980	大小开放伞		20	4—M12—ϕ140	4—ϕ18—ϕ225	F29405＋F29401	
F29606	FZSW—220/6—4	2322	238	1980	大小开放伞		20	4—M12—ϕ140	4—ϕ18—ϕ225	F29405＋F29404	
2261	FZSW1—10/4	215	ϕ90		伞数 3			4—M12—ϕ76	4—ϕ13—ϕ76		西安电瓷研究所
2250	FZSW1—20/8	350	ϕ130		伞数 3			4—M12—ϕ140	4—ϕ18—ϕ210		
2271	FZSW1—35/6	445	ϕ131		伞数 6			4—M12—ϕ76	4—M12—ϕ76		
2220	FZSW6—110/10	1220	ϕ190		伞数 17			4—M12—ϕ127	4—ϕ18—ϕ178		
2221	FZSW7—110/12.5	1150	ϕ190		伞数 16			4M12—ϕ140	4—ϕ18—ϕ225		
	FZS—12/4	210						4—M12—ϕ76	4—ϕ14—ϕ100		保定电力修造厂
	FZS—24/4	350						4—M12—ϕ76	4—ϕ14—ϕ100		
	FZS—40.5/4	550						4—M12—ϕ76	4—ϕ14—ϕ100		
	FZS—72.5/8	760						4—M12—ϕ140	4—ϕ14—ϕ180		
	FZS—126/4	1150						4—M16—ϕ127	4—ϕ18—ϕ170		
	FZS—126/10	1200						4—M12—ϕ140	4—ϕ18—ϕ225		

（五）外形及安装尺寸

该产品外形及安装尺寸，见表1-49、表1-50及图1-16。

表1-50　　复合棒形支柱绝缘子（瓷芯棒）外形及安装尺寸　　单位：mm

产品代号	绝缘子型号	总高 H	伞裙直径 D_1/D_2	瓷芯棒直径	伞数对	上附件安装尺寸		下附件安装尺寸		生产厂
						孔中心圆直径 a_1	孔径 $4—d_1$	孔中心圆直径 a_2	孔径 $4—d_2$	
2201	FZSCW1—110/6	1060	242/282	132	10	140	4—M12	225	4—ϕ18	西安电瓷研究所
2202	FZSCW2—110/8	1200	242/282	132	12	140	4—M12	225	4—ϕ18	
2203	FZSCW3—110/12.5	1150	259/299	142	11	140	4—M12	225	4—ϕ18	
2210 2211	FZSCW1—220/8 FZSCW1—220/10	2300	242/282 259/299	132/132 132/132	23	140	4—M12	275 (250)	4—ϕ18	

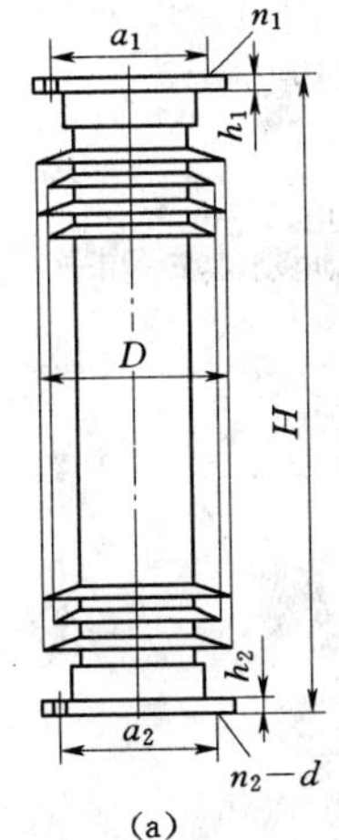

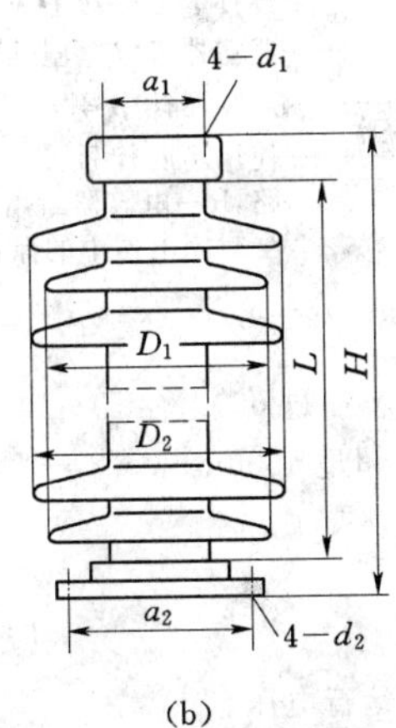

图1-16　10～220kV复合棒形支柱绝缘子外形及安装尺寸

(a) 110kV；(b) 110～220kV（瓷芯棒）

图1-17　±500kV直流复合棒形悬式绝缘子外形及安装尺寸

（六）订货须知

订货时必须提供产品型号和代号（以代号为主）、特殊要求等。

（七）生产厂

西安西电高压电瓷有限责任公司、西安电瓷研究所、保定电力修造厂、河南金冠王码信息产业股份有限公司南阳氧化锌避雷器厂。

二十五、直流复合棒形悬式绝缘子

±500kV直流复合棒形悬式绝缘子技术数据见表1-51，外形及安装尺寸见图1-17。

表1-51　　直流复合棒形悬式绝缘子技术数据

型　号	额定电压 (kV)	额定机械拉伸负荷 (kN)	结构高度 (mm)	绝缘距离 (mm)	最小公称爬电距离 ≥（mm）	雷电全波冲击耐受电压 ≥（kV）	湿操作冲击电压 ≥（kV）	直流湿耐受电压 (kV)	伞径 (mm)	重量 (kg)
FXBZW3—500/160	±500	160	5440±50	5320	17500	±2500	±1550	+600	152/120	35

生产厂：西安电瓷研究所。

第二章 避 雷 器

一、概述

氧化锌避雷器是当前最先进的过电压保护设备，是传统碳化硅阀式避雷器的升级换代产品，用来保护电力系统中各种电气设备的绝缘免受过电压损坏。氧化锌避雷器与传统的碳化硅避雷器相比，具有响应迅速、陡波特性好、残压低、通流容量大、无续流、结构简单、重量轻、可靠性高、耐污秽能力强、维护简便等优点，零部件减少了40%～50%，重量减轻了50%～60%，保护性能改善了10%～15%，放电容量增大了30%～40%。

（一）型号含义

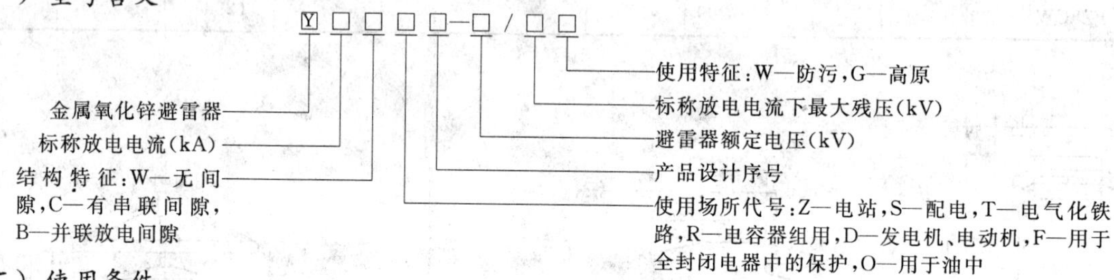

（二）使用条件

(1) 适用于户内或户外。

(2) 环境温度－40～＋45℃，太阳光辐射下产品表面温度不超过60℃。

(3) 海拔不超过2000m（Y5C型不超过1000m，高原型不超过4500m）。

(4) 风速不超过35m/s。

(5) 交流系统的频率范围48～62Hz。

(6) 地震烈度为8度以下。

(7) 长期施加在避雷器上的工频电压不超过避雷器的持续运行电压。

(8) 顶端引线水平拉力最大允许为294N，42kV及以上等级的在500N以内。

二、3～10kV配电、电站型无间隙氧化锌避雷器

（一）用途

额定电压7.6～16.5kV无间隙氧化锌避雷器适用于6～10kV中性点非有效接地、经小电阻接地、经高阻接地和直接接地的系统，是电力系统电站及配电设备免受过电压损害的主要保护设备。

（二）技术数据

见表2-1。

表2-1

型号	避雷器额定电压(kV)	系统额定电压(kV)	持续运行电压(kV)	直流1mA参考电压(kV)≥	雷电冲击残压(kV)≤	操作冲击残压(kV)≤	陡波冲击残压(kV)≤	2ms方波冲击容量(A)	4/10μs冲击电流(kA)	生产厂	备注
Y5WZ—3.8/13.5	3.8	3	2.0	7.2	13.5	11.5	15.5	150，200，300，400	40	上海电瓷厂、武汉三鼎电力设备有限公司	
Y5WZ—7.6/27	7.6	6	4.0	14.4	27	23	31	150，200，300，400	40		
Y5WZ—12.7/45	12.7	10	6.6	24	45	38.3	51.8	150，200，300，400	40		
Y5WS2—3.8/17	3.8	3	2.0	7.5	17	14.5		75	25		
Y5WS2—7.6/30	7.6	6	4.0	15	30	25.5		75	25		
Y5WS2—12.7/50	12.7	10	6.6	25	50	42.5		75	25		
Y5W—7.6/30	7.6	6	4	15	30	25.5		100		广州华盛避雷器实业有限公司、武汉三鼎电力设备有限公司	
Y5W—12.7/50	12.7	10	6.6	25	50	42.5		100			
Y5W—7.6/27	7.6	6	4	14.4	27	23		400			
Y5—12.7/44	12.7	10	6.6	24	44	37.5		400			
Y5W—10/27	10	6	7.9	16	27	23		400			
Y5W—16.5/45	16.5	10	13.2	26	45	38.3		400			

续表

型号	避雷器额定电压(kV)	系统额定电压(kV)	持续运行电压(kV)	直流1mA参考电压(kV)≥	雷电冲击残压(kV)≤	操作冲击残压(kV)≤	陡波冲击残压(kV)≤	2ms方波冲击容量(A)	4/10μs冲击电流(kA)	生产厂	备注
Y5W—7.6/24	7.6	6	4.0	13.7	24		27	200，400	40	西安电瓷研究所避雷器分厂、武汉三鼎电力设备有限公司	
Y5W—7.6/26	7.6	6	4.0	14.4	26		30	200，400	40		
Y5W—12.7/42	12.7	10	6.6	24	42		48	200，400	40		
Y5W—12.7/44	12.7	10	6.6	24	44		51.8	200，400	40		
Y5W—7.6/30	7.6	6	4.0	15	30		34.5	75	25		
Y5W—12.7/50	12.7	10	6.6	25	50		57.5	25	25		
Y5W1—3.8/13.5	3.8	3	2.0	7.2	13.5	11.5	15.5	400	40	中国科学院等离子体物理研究所、武汉三鼎电力设备有限公司	
Y5W1—7.6/27	7.6	6	4.0	14.4	27	23	33	400	40		
Y5W1—12.7/25	12.7	10	6.6	25	25			400	40		
Y5W2—3.8/17	3.8	3	2.0	7.5			19.6	100	25		
Y5W2—7.6/30	7.6	6	4.0	15.0			34.5	100	25		
Y5W2—12.7/50	12.7	10	6.6	26.0			57.5	100	25		
Y5WS—7.6	7.6	6	4.0	15.0	30	25.5	34.5	100	25	南阳氧化锌避雷器厂、武汉三鼎电力设备有限公司	
Y5WS—12.7	12.7	10	6.6	25	50	42.5	57.5	100	25		
Y5W—4*	4	3	2.0	6.0	12	9.5	13.8	300	40		
Y5W—10.5*	10.5	6	4.0	15.0	30.0	25.5	34.5	100	25		
Y5W—10*	10	6	4.0	14.4	27.0	23.0	31.0	300	40		
Y5W—8*	8	6	4.0	11.6	21.0	17.5	24.0	400	40		
Y5W—17*	17	10	6.6	25	50.0	42.5	57.5	100	25		
Y5W—165*	16.5	10	6.6	24	45.0	38.3	51.8	300	40		
Y5W—13*	13	10	6.6	19	35.0	29.0	40.0	400	40		
Y10WZ—17/45	17	10	8.6	25	45	38.3		150		北京电力设备总厂电器厂、武汉三鼎电力设备有限公司	
Y10WZ—12.7/45	12.7	10	6.6	24	45	38.3		150			
Y10WZ—10/27	27	10	5.2	15	27	23		150			
Y10WZ—7.6/27	7.6	6	4.0	14.4	27	23		150			
Y10WZ—5/13.5	5	3	2.6	7.5	13.5	11.5		150			
Y10WZ—3.8/13.5	3.8	3	2.0	7.2	13.5	11.5		150			
Y5WZ—17/45	17	10	8.6	25	45	38.3		150			
Y5WZ—12.7/45	12.7	10	6.6	24	45	38.3		150			
Y5WZ—10/27	10	10	5.2	15	27	23		150			
Y5WZ—7.6/27	7.6	6	4.0	14.4	27	23		150			
Y5WZ—5/13.5	5	3	2.6	7.5	13.5	11.5		150			
Y5WZ—3.8/13.5	3.8	3	2.0	7.2	13.5	11.5		150			
Y5WS—17/50	17	10	8.6	25	50	42		75			
Y5WS—12.7/50	12.7	10	6.6	25	50	42		75			
Y5WS—10/30	10	10	5.2	15	30	25		75			
Y5WS—7.6/30	7.6	6	4.0	15	30	25		75			
Y5WS—5/17	5	3	2.6	7.5	17	14		75			
Y5WS—3.8/17	3.8	3	2.0	7.5	17	14		75			
Y5WZ1—3.8/13.5	3.8	3	2	7.2	13.5			150		景德镇电瓷电器工业公司、武汉三鼎电力设备有限公司	
Y5WZ1—7.6/27	7.6	6	4	14.4	27			150			
Y5WZ1—12.7/45	12.7	10	6.6	24	45			150			
Y5WZ1—14/44	14	11	7.2	24	44			400			
Y5WZ1—16/50	16	11	7.2	26	50			400			

续表

型　号	避雷器额定电压（kV）	系统额定电压（kV）	持续运行电压（kV）	直流 1mA 参考电压（kV）≥	雷电冲击残压（kV）≤	操作冲击残压（kV）≤	陡波冲击残压（kV）≤	2ms 方波冲击容量（A）	4/10μs 冲击电流（kA）	生产厂	备注
Y5W—7.6/30	7.6	6	4.0	15	30	25.5	34.5	100	100	深圳宝安银星电子公司、武汉三鼎电力设备有限公司	
Y5W—7.6/30FT	76	6	4.0	15	30	25.5	34.5	100	100		
Y5W—12.7/50	12.7	6	6.6	25	50	42.5	57.5	100	100		
Y5W—16.5/50	16.5	10	12.7	26	50	42.5	57.5	100	100		
Y5W—12.7/50FT	12.7	10	6.6	25	50	42.5	57.5	100	100		
Y5W—16.5/50FT	16.5	10	12.7	26	50	42.5	57.5	100	100		
Y5WZ—12.7/45	12.7	10	6.6	24	45	38.3	51.8	150，400	100，150		
Y5WZ—16.5/45	16.5	10	12.7	25	45	38.3	51.8	150，400	100，150		
Y5WZ—12.7/45FT	12.7	10	6.6	24	45	38.3	51.8	150，400	100，150		
Y5WZ—16.5/45FT	16.5	10	12.7	25	45	38.3	51.8	150，400	100，150		
Y5WS1—7.6/30	7.6	6	4	15	30			75		西安市西北电子城避雷器厂、武汉三鼎电力设备有限公司	
Y5WZ1—7.6/27	7.6	6	4	14.4	27			150			
Y5WS1—12.7/50	12.7	10	6.6	25	50			75			
Y5WZ1—12.7/45	12.7	10	6.6	24	45			150			

*　为非标型号。

三、35～500kV 电站型、线路型无间隙氧化锌避雷器

（一）用途

额定电压 42～468kV 交流无间隙氧化锌避雷器是用于保护 35～500kV 交流输变电设备免受大气过电压及操作过电压损害的重要保护电器。

（二）技术数据

见表 2-2。

四、中性点保护用无间隙氧化锌避雷器

（一）用途

Y1W 系列无间隙氧化锌避雷器主要用于电气设备中性点免受雷电过电压和操作过电压的危害，具有动作快、保护性能好、寿命长、性能稳定、结构简单等特点。

（二）技术数据

见表 2-3。

五、并联补偿电容器组保护用无间隙氧化锌避雷器

（一）用途

Y5WR 系列无间隙氧化锌避雷器用于限制投切电容器组的重燃过电压。10kV 系统并联补偿电容器组用无间隙氧化锌避雷器保护，只要电压超过避雷器转折电压，电阻片就开始导通，泄放电流，吸收能量，从而使过电压受到限制。本产品配有防爆脱离装置，可免维护检修。

（二）技术数据

见表 2-4。

六、低压无间隙氧化锌避雷器

（一）用途

低压无间隙氧化锌避雷器主要用于 220V、380V、50Hz 及 60Hz 的电气设备免受雷电过电压和操作过电压的危害，具有保护性能好、动作快、寿命长、性能稳定、结构简单等优点。产品性能符合 GB 11032 的规定。

（二）技术数据

见表 2-5。

七、有并联间隙氧化锌避雷器

（一）用途

有并联间隙氧化锌避雷器是用于限制操作过电压和雷电过电压，保护配电网、交流电机弱绝缘类设备免受过电压损害的一种保护电器。

表 2-2

型 号	避雷器额定电压(kV)	系统额定电压(kV)	持续运行电压(kV)	直流 1mA 参考电压(kV)≥	雷电冲击残压(kV)≤	操作冲击残压(kV)≤	陡波冲击残压(kV)≤	2ms 方波冲击容量(A)	4/10μs 冲击电流(kA)≥	生 产 厂	备 注
Y5WZ—41/131	41	35	23.4	71	131	111	150	150,200,300,400	40	上海电瓷厂、武汉三鼎电力设备有限公司	
Y5WZ—42/134	42	35	23.4	73	134	114	154	150,200,300,400	40		
Y5W—45/143	45	35	23.4	78	143	122	165	150,200,300,400	40		
Y10W—42/134	42	35	23.4	73	134	114	154	400	65		
Y5W—42/128	42	35	23.4	73	128	108		400,500		广州华盛避雷器实业有限公司	
Y5W—42/134	42	35	23.4	73	134	114		400,500			
Y5W—54/134	54	35	41	78	134	114		400,500			
Y5W1—42/134	42	35	23.4	75	134	114	154	400	40	中国科学院等离子体物理研究所	
Y5W—41/115	41	35	23.4	66	115		133	400	40	西安电瓷研究所避雷器分厂	
Y5W—41/130	41	35	23.4	66	130		150	400	40		
Y5W—42/134G	42	35	23.4	73	134		154	400	40		
Y5W—41/134G	41	35	23.4		134			400			
Y5W—51①	51	35	23.2	72	127	108	146	300	40	南阳氧化锌避雷器厂、武汉三鼎电力设备有限公司	
Y5W—54①	54	35	23.2	76	134	114	154	300	40		
Y5W—42	42	35	23.4	73	134	114	154	300	40		
Y5W—42(G)	42	35	23.4	73	134	114	154	300	40		
Y5WZ—42	42	35	23.4	73	127	108	146	400	45		
Y5W1—45/126	45	35	23.4	72	126			300		抚顺电瓷厂	
Y5W1—50/134	50	35	23.4	76	134			300			
Y5W1—50/134G	50	35	23.4	76	134			300			
Y10W1—42/126	42	35	23.4	73	126			400			
Y10W1—42/130	42	35	23.4	73	130			400			
Y10W1—41/116	41	35	23.4		108(5kA) 116(10kA)			400			
Y10W1—51/125	51	35	23.4		116(5kA) 125(10kA)			400			

续表

型号	避雷器额定电压(kV)	系统额定电压(kV)	持续运行电压(kV)	直流1mA参考电压(kV)≥	雷电冲击残压(kV)≤	操作冲击残压(kV)≤	陡波冲击残压(kV)≤	2ms方波冲击容量(A)	4/10μs冲击电流(kA)≥	生产厂	备注
Y10W5—45/135	45	35		64(工频)	124(5kA) 135(10kA)					西安高压电瓷厂	
Y5W—42/128	42	35	23.4	73	128	108	146	200,400	150	深圳宝安银星电力电子公司	
Y5W—42/134	42	35	23.4	73	134	114	154	200,400	150		
Y5W—54/134	54	35	41	78	134	114	154	200,400	150		
Y5WZ1—36/104	36	30	20	55	104			400		景德镇电瓷电器工业公司	
Y5WZ1—40/124	40	33	22	65	124			400			
Y5WZ1—42/134	42	35	23.4	73	134			200			
Y10WZ1—42/134GW	42	35	23.4	73	134			400			
Y5WZ1—41/115	41	35	23.4	66	115			400		西安市西北电子城避雷器厂、武汉三鼎电力设备有限公司	
Y5WZ1—41/130	41	35	23.4	73	130			400			
Y5WZ1—42/108	42	35	23.4	66	108			400			
Y5WZ1—42/134	42	35	23.4	73	134			400			
Y10WZ1—42/122	42	35	23.4	65	122			400			
Y10WZ1—45/135	45	35	23.4	70	135			400			
Y10W—30/85	30	33	22	43	85			400			
Y10W—36/100	36	33	22	51	100			400			
Y5W—36/110	36	33	26	56	110			150			
Y20WZ—52.7/134	52.7	35	40.5	76	134	114		150		北京电力设备总厂电器厂	
Y20WZ—51/134	51	35	30.5	73	134	114		150			
Y20WZ—42/134	42	35	23.4	73	134	114		150			
Y10WZ—52.7/134	52.7	35	40.5	76	134	114		150			
Y10WZ—51/134	51	35	30.5	73	134	114		150			
Y10WZ—42/134	42	35	23.4	73	134	114		150			
Y5WZ—52.7/134	52.7	35	40.5	76	134	114		150			
Y5WZ—51/134	51	35	30.5	73	134	114		150			
Y5WZ—42/134	42	35	23.4	73	134	114		150			
Y20WZ—94.2/224	94.2		72.5	128	224	176		150			
Y20WZ—84/215	84		52	119	215	169		150			

续表

型 号	避雷器额定电压(kV)	系统额定电压(kV)	持续运行电压(kV)	直流1mA参考电压(kV)≥	雷电冲击残压(kV)≤	操作冲击残压(kV)≤	陡波冲击残压(kV)≤	2ms方波冲击容量(A)	4/10μs冲击电流(kA)≥	生 产 厂	备 注
Y20WZ—69/210	69		40	119	210	160		150		北京电力设备总厂电器厂	
Y10WZ—94.3/224	94.2		72.5	128	224	176		150			
Y10WZ—84/215	84		52	119	215	169		150			
Y10WZ—69/210	69		40	119	210	160		150			
Y5WZ—94.2/224	94.2		72.5	128	224	176		150			
Y5WZ—84/215	84		52	119	215	169		150			
Y5WZ—69/210	69		40	119	210	160		150			
Y10W1—75/223	75	63	40		223			600		抚顺电瓷厂	
Y5W—69/224	69	63	40	122	224	190	258	150,200,300,400	40	上海电瓷厂	
Y5W1—69/224	69	63	40	122	224			400		景德镇电瓷电器工业公司	
Y5W—90①	90	66	42	127	224	190	258	400	40	南阳氧化锌避雷器厂	
Y5W—96①	96	66	42	136	238	202	274	300	40		
Y5W—72①	72	66	42	102	180	153	205	400	40		
Y5W—100/285	100	110	73	150	285	242	328	150,200,300,400	40	上海电瓷厂	
Y5W—100/260	100	110	73	150	260	221	299	150,200 300,400	40		
Y10W2—100/260	100	110	73	145	260	221	291	400,600	65		
Y10W2—100/248	100	110	73	145	248	221	273	400,600	65		
Y10W2—108/268	108	110	73	157	268	228	295	400,600	65		
Y10W2—100/290	100	110	73	145	290	247	325	400			
Y5W—100/260	100	110	73	145	260	221		400,500		广州华盛避雷器实业有限公司	
Y5W—108/281	108	110	73	157	281	239		400,500			
Y10W—100/260	100	110	73	145	260	221		600,800			
Y10W—108/281	108	110	73	157	281	239		600,800			
Y10W—126/326	126	110	73	172	326	277		600,800			
Y10W—100/260W	100	110	73	145	260	221		600,800			
Y10W—108/281W	108	110	73	157	281	239		600,800			

续表

型号	避雷器额定电压(kV)	系统额定电压(kV)	持续运行电压(kV)	直流1mA参考电压(kV)≥	雷电冲击残压(kV)≤	操作冲击残压(kV)≤	陡波冲击残压(kV)≤	2ms方波冲击容量(A)	4/10μs冲击电流(kA)≥	生产厂	备注
Y10W1—96/238	96	110	73		238(10kA) 255(20kA)	262(1μs) 275(0.5μs)		800		抚顺电瓷厂	
Y10W1—100/248	100	110	73		248(10kA) 266(20kA)		273(1μs) 286(0.5μs)	800			
Y10W1—108/268	108	110	73		268(10kA) 278(20kA)		295(1μs) 309(0.5μs)	800			
Y10W1—126/340	126	110	73		340			800			
Y10W—100	100	110	73	148	290	234	325	600	65	南阳氧化锌避雷器厂	
Y10W—100G(W)	100	110	73	148	290	234	325	600	65		
Y10W—100/260	100	110	73	145	260	221	291	800	100		
Y10W—100/260G(W)	100	110	73	145	260	221	291	800	100		
Y10W—96/248①	96	110	73	136	248	204	273	800	100		
Y10W—102/290①	102	110	73	148	290	234	325	600	65		
Y10W—102/260①	102	110	73	145	260	221	291	800	100		
Y10W—108/285①	108	110	73	156	285	239	325	700	65		
Y10W—108/268①	108	110	73	153	268	227	297	800	100		
Y5W—100	100	110	73	156	290	247	334	400	40		
Y5W—100/260	100	110	73	148	260	221	299	600	65		
Y5W—100/260G(W)	100	110	73	148	260	221	299	600	65		
Y5W—102/260①	102	110	73	148	260	221	299	500	40		
Y5W—108/290①	108	110	73	156	290	247	334	400	40		
Y10W5—96/238	96	110	73	136(工频)	238(10kA) 255(20kA)		262			西安高压电瓷厂	
Y10W5—96/238G	96	110	73				262				
Y10W5—100/248	100	110	73	142(工频)	248(10kA) 266(20kA)		273				
Y10W5—100/248G	100	110	73				273				
Y10W5—108/268	108	110	73	153(工频)	268(10kA) 287(20kA)		295				
Y10W5—100/268G	108	110	73				295				
Y5W2—84/197	84	110	52	119	197	200		400		北京电力设备总厂电器厂	
Y5W2—96/225	96	110	73	136	225	210		400			
Y5W2—100/260	100	110	73	145	260	221		400			

续表

型号	避雷器额定电压(kV)	系统额定电压(kV)	持续运行电压(kV)	直流1mA参考电压(kV)≥	雷电冲击残压(kV)≤	操作冲击残压(kV)≤	陡波冲击残压(kV)≤	2ms方波冲击容量(A)	4/10μs冲击电流(kA)≥	生产厂	备注
Y5W2—102/240	102	110	73	145	240	221		400		北京电力设备总厂电器厂	
Y5W2—108/253	108	110	73	153	253	221		400			
Y10W2—84/208	84	110	52	119	208	200		400			
Y10W2—96/238	96	110	73	136	238	210		400			
Y10W2—100/260	100	110	73	145	260	221		400			
Y10W2—102/254	102	110	73	145	254	221		400			
Y10W2—108/268	108	110	73	153	268	221		400			
Y20W2—84/214	84	110	52	119	214	200		400			
Y20W2—96/248	96	110	73	136	248	210		400			
Y20W2—100/260	100	110	73	145	260	221		400			
Y20W2—102/260	102	110	73	145	260	221		400			
Y20W2—108/276	108	110	73	153	276	221		400			
Y10W2—192/475	192	220	146	271	475	440		600			
Y10W2—200/520	200	220	146	290	520	442		600			
Y10W2—204/504	204	220	146	288	504	440		600			
Y10W2—216/534	216	220	146	305	534	460		600			
Y20W2—192/488	192	220	146	271	488	440		600			
Y20W2—200/520	200	220	146	290	520	442		600			
Y20W2—204/520	204	220	146	288	520	442		600			
Y20W2—216/549	216	220	146	305	549	460		600			
Y5W5—96/250	110	96	73	136(工频)	250(5kA) 266(10kA)		274(5kA) 293(10kA)			西安高压电瓷厂	
Y5W5—96/250G	96	110	73								
Y5W5—100/260	100	110	73	142(工频)	260(5kA) 278(10kA)		286(5kA) 306(10kA)				
Y5W5—100/260G	100	110	73								
Y5W5—108/280	108	110	73	153(工频)	280(5kA) 300(10kA)		308(5kA) 330(10kA)				
Y5W5—108/280G	108	110	73								
Y5W1—100/260	100	110	73	145	260			400		景德镇电瓷电器工业公司	
Y10W1—96/238GW	96	110	73	140	238			400,600			
Y10W1—100/248GW	100	110	73	145	248			400,600			
Y10W1—100/260GW	100	110	73	145	260			400,600			

续表

型号	避雷器额定电压(kV)	系统额定电压(kV)	持续运行电压(kV)	直流1mA参考电压(kV)≥	雷电冲击残压(kV)≤	操作冲击残压(kV)≤	陡波冲击残压(kV)≤	2ms方波冲击容量(A)	4/10μs冲击电流(kA)≥	生产厂	备注
Y10W1—108/268GW	108	110	73	150	268			600		景德镇电瓷电器工业公司	
Y10W1—126/340GW	126	110	73	198	340			600			
Y5W—100/260	100	110	73	145	260	221	291	400,600	200	深圳宝安银星电力电子公司	
Y5W—108/268	108	110	73	156	268	227	295	400,600	200		
Y10W—108/268	100	110	73	145	260	221	291	400,600	200		
Y10W—108/268	108	110	73	156	268	227	295	400,600	200		
Y10W—108/285	108	110	73	156	285	239	325	400,600	200		
Y10W2—200/520	200	220	146	290	52	442	582	600	65	上海电瓷厂	
Y10W2—200/496	200	220	146	290	496	422	546	600	65		
Y10W2—200/580	200	220	146	290	580	494	650	600			
Y10W—200/520	200	220	146	290	520	442		600,800		广州华盛避雷器实业有限公司	
Y10W—216/562	216	220	146	314	562	478		600,800			
Y10W—252/652	252	220	146	344	652	554		600,800			
Y10W—200/520W	200	220	146	290	520	442		600,800			
Y10W—216/562W	216	220	146	314	562	478		600,800			
Y10W1—192/476	192	220	146		476(10kA) 510(20kA)	414	524(1μs) 549(0.5μs)	800		抚顺电瓷厂	
Y10W1—200/496	200	220	146		496(10kA) 532(20kA)	431	546(1μs) 573(0.5μs)	800			
Y10W1—228/565	228	220	146		565(10kA) 602(20kA)	491	622(1μs) 652(0.5μs)	800			
Y10W—200	200	220	146	297	580	464	650	600	65	南阳氧化锌避雷器厂	
Y10W—200G(W)	200	220	146	290	580	464	650	600	65		
Y10W—200/520	200	220	146	290	520	442	582	800	100		
Y10W—200/520G(W)	200	220	146	290	520	442	582	800	100		
Y10W—192/496①	192	220	146	272	496	414	546	800	100		
Y10W—204/520①	204	220	146	290	520	442	582	800	100		
Y10W—210/580①	210	220	146	297	580	464	650	700	65		
Y10W—216/540①	216	220	146	306	540	452	594	600	65		
Y5W—200	200	220	146	320	580	494	668	600	40		

续表

型号	避雷器额定电压（kV）	系统额定电压（kV）	持续运行电压（kV）	直流 1mA 参考电压（kV）≥	雷电冲击残压（kV）≤	操作冲击残压（kV）≤	陡波冲击残压（kV）≤	2ms 方波冲击容量（A）	4/10μs 冲击电流（kA）≥	生产厂	备注
Y5W—200/520	200	220	146	297	520	442	598	600	65	南阳氧化锌避雷器厂	
Y5W—210/520[①]	210	220	146	297	520	442	598	500	40		
Y5W—228/580[①]	228	220	146	323	580	494	668	500	40		
Y10W5—192/476	192	220	146	272（工频）	476(10kA) 510(20kA)	414	524			西安高压电瓷厂	
Y10W5—192/476G	192	220	146			414	524				
Y10W5—200/496	200	220	146	283（工频）	496(10kA) 532(20kA)	431	546				
Y10W5—200/496G	200	220	146			431	546				
Y10W5—228/565	228	220	146	323（工频）	565(10kA) 606(5kA)	491	622				
Y10W5—228/565G	228	220	146			491	622				
Y5W5—192/500	192	220	146	272（工频）	500(5kA) 532(10kA)	463	548(5kA) 586(10kA)				
Y5W5—192/500G	192	220	146			463					
Y5W5—200/520	200	220	146	283（工频）	520(5kA) 556(10kA)	483	572(5kA) 612(10kA)				
Y5W5—200/520G	200	220	146			483					
Y5W5—228/592	228	220	146	323（工频）	592(5kA) 634(10kA)	550	652(5kA) 698(10kA)				
Y5W5—228/592G	228	220	146			550					
Y10W—200/520	200	220	146	290	520	442	582	600,800	200	深圳宝安银星电力电子公司	
Y10W—216/536	216	220	146	312	536	454	590	600,800	200		
Y5W1—200/520	200	220	146	290	520			600		景德镇电瓷电器工业公司	
Y10W1—192/476GW	192	220	146	290	476			600			
Y10W1—200/496GW	200	220	146	290	496			600			
Y10W1—200/520GW	200	220	146	290	520			600			
Y10W1—210/536GW	210	220	146	300	536			600			
Y10W1—228/565GW	228	220	146	328	565			600			
Y10W1—290/670	290	330	210	410（工频）	670(10kA) 716(20kA)	582	730(1μs) 774(0.5μs)	1000		抚顺电瓷厂	
Y10W1—300/693	300	330	210	424（工频）	693(10kA) 740(20kA)	602	755(1μs) 801(0.5μs)	1000			
Y10W1—312/720	312	330	210	441（工频）	720(10kA) 770(20kA)	626	785(1μs) 833(0.5μs)	1000			

续表

型号	避雷器额定电压(kV)	系统额定电压(kV)	持续运行电压(kV)	直流1mA参考电压(kV)≥	雷电冲击残压(kV)≤	操作冲击残压(kV)≤	陡波冲击残压(kV)≤	2ms方波冲击容量(A)	4/10μs冲击电流(kA)≥	生产厂	备注
Y10W5—290/670	290	330	210	410(工频)	670(10kA) 716(20kA)	582	730			西安高压电瓷厂	
Y10W5—290/670G	290	330	210								
Y10W5—300/693	300	330	210	425(工频)	693(10kA) 740(20kA)	602	755				
Y10W5—300/693G	300	330	210								
Y10W5—312/720	312	330	210	442(工频)	720(10kA) 770(20kA)	626	785				
Y10W5—312/720G	312	330	210								
Y10W5—290/792	290	330	210	410(工频)	792(10kA) 845(20kA)	688	863(10kA)				
Y10W5—290/792G	290	330	210								
Y10W5—300/820	300	330	210	425(工频)	820(10kA) 875(20kA)	712	893(10kA)				
Y10W5—300/820G	300	330	210								
Y10W5—312/852	312	330	210	442(工频)	885(10kA) 910(20kA)	740	928(10kA)				
Y10W5—312/852G	312	330	210								
Y10W5—396/896	396	500	318	560(工频)	896(10kA) 967(20kA)	788	986				
Y10W5—420/950	420	500	318	594(工频)	950(10kA) 1026(20kA)	826	1045				
Y10W5—444/995	444	500	318	628(工频)	995(10kA) 1075(20kA)	875	1095				
Y10W5—468/1058	468	500	318	662(工频)	1058(10kA) 1143(20kA)	920	1165				
Y10W5—396/981	396	500	318	560(工频)	981(10kA) 1060(20kA)	862	1079				
Y10W5—420/1040	420	500	318	594(工频)	1040(10kA) 1123(20kA)	915	1145				
Y10W5—444/1100	444	500	318	628(工频)	1100(10kA) 1188(20kA)	967	1210				
Y10W5—468/1160	468	500	318	662(工频)	1160(10kA) 1253(20kA)	1019	1275				
Y10W1—420/950	420	500	318	594(工频)	950(10kA) 1028(20kA)	826	1045(1μs) 1097(0.5μs)	1500		抚顺电瓷厂	
Y10W1—444/995	444	500	318	628(工频)	995(10kA) 1075(20kA)	875	1095(1μs) 1149(0.5μs)	1500			
Y10W1—468/1059	468	500	318	662(工频)	1059(10kA) 1143(20kA)	920	1165(1μs) 1222(0.5μs)	1500			

① 为非标型号。

表 2-3

型号	避雷器额定电压(kV)	系统额定电压(kV)	持续运行电压(kV)	参考电压(kV)≥		雷电冲击残压(kV)≤	操作冲击残压(kV)≤	陡波冲击残压(kV)≤		2ms方波冲击容量(A)	4/10μs冲击电流(kA)	质量(kg)	生产厂	备注
				直流	工频			5kA	10kA					
Y1W2—60/144	63	110		86	60	144	137			400 500	40	76	上海电瓷厂	
Y1W2—73/200	73	110		103	73	200	165			400 500	40	80		
Y1W2—146/320	146	220		190	146	320	304			400 500	40	137		
Y1W—60/144	60	110		86		144	137			400			广州华盛避雷器实业有限公司	
Y1W—73/220	73	110		103		200	165			400				
Y1W—146/320	146	220		190		320	304			400				
Y1W—55/151	55	110		86		151				400	40		西安电瓷研究所避雷器分厂	
Y1W—60/144	60	110		86		144				400	40			
Y1W—73/200	73	110		103		200				400	40			
Y1W1—146/320	146			190		320	304			400		180	北京电力设备总厂电器厂	
Y1W1—144/320	144			190		320	304			400		180		
Y1W1—108/260	108			152		260	243			400		95		
Y1W1—72/200	72			103		200	165			400		80		
Y1W1—60/144	60			86		144	137			400		79		
Y1W1—40/108	40			57		108	91.1			400		45		
Y1W1—31/82	31			43		82	69.4			400		45		
Y1W1—8/19	8			11.3		19				200		5.5		
Y1W1—7.6/19	7.6			11.3		19				200		5.5		
Y1W1—5/12	5			6.9		12				200		4.5		
Y1W1—4.6/12	4.6			6.9		12				200		4.5		
Y1W1—3/6	3			3.4		6				200		4		
Y1W1—2.3/6	2.3			3.4		6				200		4		
Y1W1—60/144	60	110		86		144				400			景德镇电瓷电器实业公司	
Y1W1—73/200	73	110		103		200				400				
Y1W1—146/320	146	220		190		146				600				
Y1W1—100/260	100	500		152		260				600				
Y1W1—210/440	210	330		250		440				600				
Y1W—33②	33	35		50	33	80/85				450	50	60	南阳氧化锌避雷器厂	
Y1W—42②	42	35		60	40	95/102				450	50	60		
Y1W—55②	55	110		78	54	125/131				450	50	60		
Y1W—60②	60	110		86	60	137/144				400	40	60		
Y1W—73②	73	110		106	73	165/176				400	40	65		
Y1W—100②	100	500		152		243/260				400	40	120		
Y1W—110①	110	220		156	107	232/250				450	50	130		
Y1W—146②	146	220		196		304/320				400	40	140		
Y10W5—56/162	56				80	162						67	西安高压电瓷厂	
Y5W5—56/162	56				80	162						67		
Y5W5—177/439	177					439		483						
Y5W5—177/439G	177					439		483						

① 为非标型号。

② 为雷电冲击残压，分子为 0.5kA 时的残压，分母为 1kA 时的残压。

表 2－4

型　　号	避雷器额定电压(kV)	系统额定电压(kV)	持续运行电压(kV)	直流1mA参考电压(kV)≥	雷电冲击残压(kV)≤	操作冲击残压(kV)≤	2ms方波冲击容量(A)	4/10μs冲击电流(kA)	公称爬电比距(cm/kV)	生产厂	备注
Y5W—3.8/13.5	3.8	3	2.0	6.9	13.5	10.5	400	40	爬电距离134	上海电瓷厂	
Y5W—7.6/27	7.6	6	4.0	13.8	27	20.8	400	40	爬电距离200		
Y5W—12.7/45	12.7	10	6.6	23.0	45	35	400	40	爬电距离300		
Y5W—42/126	42	35	23.4	70	126	105	400,500	40	爬电距离891		
Y5W—69/210	69	63	40	117	210	176	400,500	40	爬电距离1782		
Y5W—7.6/27	7.6	6	4	14.4	27	23	400		3.0	广州华盛避雷器实业有限公司	
Y5W—12.7/44	12.7	10	6.6	24	44	37.5	400		3.0		
Y5W—10/27	10	6	7.9	16	27	23	400		3.0		
Y5W—16.5/45	16.5	10	13.2	26	45	38.3	400		3.0		
Y5W—42/128	42	35	23.4	73	128	108	400,500				
Y5W—42/134	42	35	23.4	73	134	114	400,500				
Y5W—54/134	54	35	41	78	134	114	400,500				
Y5WR—12.7/45	12.7	10	6.6	23	45	35	400,600	150		深圳保安银星电力电子公司	
Y5WR—16.5/45	16.5	10	12.7	24	45	35	400,600	150			
Y5WR—12.7/45FT	12.7	10	6.6	23	45	35	400,600	150			
Y5WR—16.5/45FT	16.5	10	12.7	24	45	35	400,600	150			
Y5W1—3.8/13.5	3.8	3	2.0	7.0	13.5	10.5	400	40		中国科学院等离子体物理研究所	
Y5W1—7.6/25	7.6	6	4.0	13.8	25	20.8	400	40			
Y5W1—12.7/42	12.7	10	6.6	23	42	35.0	400	40			
Y5W1—42/127	42	35	23.4	70	127	105	400	40			
Y5W1—69/224	69	63	40	118	224	176	400	40			
Y5WR—3.8/13.5	3.8	3	2	6.9	13.5		400			景德镇电瓷电器工业公司	
Y5WR—7.6/27	7.6	6	4	13.8	27		400				
Y5WR—12.7/45	12.7	10	6.6	23	45		400				
Y5WR—42～52/134	42～52	35	23.4～30	70～80	134		400				
Y5WR—69/224	69	63	40	117	224		400				
Y5W5—4.2/15	4.2	3	2		15					西安高压电瓷厂	
Y5W5—8.5/30	8.4	6	4.0		30						
Y5W5—14/50	14	10	6.6		50						
Y5W5—45/110	45	35	24		110						
Y5WR—4.2/13.5	4.2	3	2.0	8	13.5	10.5	400，500			抚顺电瓷厂	
Y5WR—8.4/27	8.4	6	4.0	16	27	20.8	400，500				
Y5WR—14/45	14	10	6.6	25	45	35	400，500				
Y5WR—55/140	55	35	23.4	82	140	119	500				
Y10WR—48/140	48	35	30	85	140	105	1500				
Y5WR—3.8	3.8	3.0	2.0	6.9	13	10.5	400	40		南阳氧化锌避雷器厂	
Y5WR—7.6	7.6	6.0	4.0	13.8	25.5	20.8	400	40			
Y5WR—12.7	12.7	10	6.6	23	42.5	35.0	400	40			
Y5WR—42	35	42	23.4	70	127	105	400	40			
Y5WR—7.6①	7.6	6.0	4.0	13.8	24.5	20.3	400	40			
Y5WR—12.7①	12.7	10	6.6	23	42.0	34.5	400	40			
Y5WR—42①	42	35	23.4	70	127	105	400	40			

续表

型号	避雷器额定电压(kV)	系统额定电压(kV)	持续运行电压(kV)	直流1mA参考电压(kV)≥	雷电冲击残压(kV)≤	操作冲击残压(kV)≤	2ms方波冲击容量(A)	4/10μs冲击电流(kA)	公称爬电比距(cm/kV)	生产厂	备注
Y5W—4.8①	4.8	3	2.0	6.9	13.0	10.5	400	40		南阳氧化锌避雷器厂	
Y5WR—9.5①	9.5	6	4.0	13.8	24.5	20.3	600	40			
Y5W—16①	16	10	6.6	23	42.5	35.0	400	40			
Y5WR—15①	15	10	6.6	23	42.0	34.5	600	40			
Y5WR—51①	51	35	23.2	72	127	105	400	40			
Y5W—48①	48	35	23.2	68	120	102	600	40			
Y5WR—90①	90	66	42	123	214	176	600	40			
Y5WR1—94.2/224	94.2		72.5	123	224	176	400～800		32	北京电力设备总厂电器厂	
Y5WR1—84/224	84		52	117	224	176	400～800		32		
Y5WR1—69/224	69		40	117	224	176	400～800		32		
Y5WR1—52.7/134	52.7		40.5	75	134	105	400～800		32		
Y5WR1—51/134	51		30.5	70	134	105	400～800		32		
Y5WR1—42/134	42		23.4	70	134	105	400～800		32		
Y5WR1—17/45	17		8.6	23	45	35	400～800		32		
Y5WR1—12.7/45	12.7		6.6	23	45	35	400～800		32		
Y5WR1—10/27	10		5.2	13.8	27	20.8	400～800		32		
Y5WR1—7.6/27	7.6		4.0	13.8	27	20.8	400～800		32		
Y5WR1—5/13.5	5		2.6	6.9	13.5	10.5	400～800		32		
Y5WR1—3.8/13.5	3.8		2.0	6.9	13.5	10.5	400～800		32		
Y5WR1—7.6/26	7.6	6	4	13.8	26		400			西安市西北电子城避雷器厂	
Y5WR1—12.7/45	12.7	10	66	23	45		400				
Y5WR1—42/134	42	35	23.4	70	134		400,600				

① 为非标型号。

表 2-5

型号	避雷器额定电压(kV)	系统额定电压(kV)	持续运行电压(kV)	直流1mA参考电压(kV)≥	标称放电电流(kA,峰值)	雷电冲击残压(kV)≤	2ms方波冲击电流(A)≥	爬电比距(cm/kV)	质量(kg)	生产厂	备注
Y3W—0.28/1.3	0.28	0.22	0.24	0.6		1.3	100		0.286	上海电瓷厂	
Y3W1—0.28/1.3	0.28	0.22	0.24	0.6		1.3	50		0.143		
Y3W—0.5/2.6	0.5	0.38	0.42	1.2		2.6	100		0.394		
Y3W1—0.5/2.6	0.5	0.38	0.42	1.2		2.6	50		0.193		
Y1.5W1—0.5/2.6	0.5	0.38	0.42	1.2	1.5	2.6	50	3.2	0.8	北京电力设备总厂电器厂	
Y1.5W1—0.38/1.3	0.38	0.22	0.24	0.6	1.5	1.3	50	3.2	0.7		
Y1.5—0.28	0.28	0.22	0.22	0.6		1.3	100			南阳氧化锌避雷器厂	
Y1.5W—0.5	0.50	0.38	0.44	1.2		2.6	100				

（二）技术数据

见表 2-6。

表 2-6

型号	避雷器额定电压（kV）	系统额定电压（kV）	持续运行电压（kV）	直流 1mA 参考电压（kV）≥	雷电冲击残压（kV）≤	操作冲击残压（kV）≤	陡波冲击残压（kV）≤	2ms 方波通流容量（A）	直流泄漏电流		生产厂	备注
									外加电压（kV）	泄漏电流（μA）≤		
Y0.5B—7.6/15	7.6	6	4.0	11.5	15			400	6	100	西安市西北电子城避雷器厂	
Y0.5B—12.7/28	12.7	10	6.7	21	28			400	10	100		
Y3B—3.8/8	3.8	3.15	2	5.6	8	6.5	10	400				
Y3B—7.6/16	7.6	6.3	4	11.3	16	13	18.4	400				
Y3B—12.7/26.5	12.7	10.5	6.6	18.9	26.5	22	30.5	400			南阳氧化锌避雷器厂	
Y3B—16.7/35	16.7	13.8	9	24.8	35	28	40.3	400				
Y3B—19/40	19	15.75	10	28.2	40	32	46	400				
Y3B—23/47.5	23	18	12.1	34	47.5	38.3	54.6	400				
Y3B—25.4/52	25.4	20	13.3	37.7	52	42	59.8	400				
Y1B—2.3/5.2	2.3	3.15		3.4	5.2	4.2		400				
Y1B—4.6/10.5	4.6	6.3		6.9	10.5	8.5		400				
Y3B—3.8/9	3.8	3.15	2.0	6.2	9	7.2	10.3	400			抚顺电瓷厂	
Y3B—7.6/18	7.6	6.3	4.0	12.4	18	14.2	20.7	400				
Y3B—12.7/29	12.7	10.5	6.6	20.7	29	23.4	33.4	400				
Y3B—16.7/38	16.7	13.8	9.0	27.2	38	30.4	43.7	400				
Y3B—19/42	19	15.75	10	30	42	33.6	48.3	400				
Y3B—25.4/58	25.4	20.0	13.2	41.3	58	46.4	66.7	400				

八、35～110kV 合成绝缘氧化锌避雷器

（一）用途

35～110kV 合成绝缘氧化锌避雷器是电力系统中用的全新高可靠防雷保护装置，由氧化锌阀柱、上下电极、橡胶裙套等特殊树脂灌封而成，结构紧凑，零部件少，体积重量分别为瓷套避雷器的 1/3 和 1/4。

（二）技术数据

见表 2-7。

表 2-7

型号	持续运行电压（kV）	避雷器额定电压（kV）	直流 1mA 参考电压（kV）	雷电冲击残压（kV）≤	操作冲击残压（kV）≤	2ms 方波冲击电流（A）≥	高度 H（mm）	伞径 ϕ（mm）	质量（kg）	生产厂	备注
HY5W	146	216	305	549	460	600	2620	205	200	北京电力设备总厂电器厂	
	146	204	288	520	442	600	2620	205	200		
	146	200	290	520	442	600	2620	205	200		
	146	192	271	488	440	600	2620	205	200		
		146					1330	205	100		
		144					1330	205	100		
	73	108	153	276	221	400	1330	205	100		
	73	102	145	260	221	400	1330	205	100		
	73	100	145	260	221	400	1330	205	100		
	73	96	136	248	210	400	1330	205	100		
		94.2					1330	205	100		

续表

型号	持续运行电压（kV）	避雷器额定电压（kV）	直流1mA参考电压（kV）	雷电冲击残压（kV）≤	操作冲击残压（kV）≤	2ms方波冲击电流（A）≥	高度 H（mm）	伞径 ϕ（mm）	质量（kg）	生产厂	备注
HY5W1—54/134	52	84	119	214	200	400	1330	205	100	北京电力设备总厂电器厂	
		72					1330	205	100		
	40	69	119	210	160	150	1330	205	100		
		60					1330	205	100		
	40.5	52.7	76	134	114	150	625	180	18		
	30.5	51	73	134	114	150	625	180	18		
		48					625	180	18		
	23.4	42	73	134	114	150	625	180	18		
		40					625	180	18		
	43.2	54	76	134	114	400	560	112	7.4	武汉高压研究所新技术公司	
HY5W—42/128	23.4	42	73	128	108	200，400	600			深圳宝安银星电力电子公司	
HY5W—42/134	23.4	42	73	134	114	200，400	600				
HY5W—54/134	41	54	78	134	114	200，400	600				
H5WZ—42/134	23.4	42	73	134		150，400				广州电缆附件厂	
		42	75	134		200	660	120	3.0	武汉三鼎电力设备有限责任公司	

九、有机外套有串联间隙氧化锌避雷器

（一）用途

HY5CS2—7.6/25、HY5CS2—12.7/40型氧化锌避雷器是有机外套带并联电阻的有串联间隙金属氧化物避雷器，适用于6kV、10kV中性点非直接接地的配电系统，保护配电变压器和电缆头等交流配电设备免受雷电过电压的损害。该系列产品间隙放电特性稳定，保护特性优异，有理想的动作负载特性和工频过电压承受能力，重量轻，体积小，密封可靠且耐污能力强，防爆性能好。

（二）技术数据

见表2-8。

表2-8

型号	避雷器额定电压（kV）	系统额定电压（kV）	波前冲击放电的波前陡度（kV/μs）	工频放电电压（kV,有效值）≥	1.2/50μs冲击放电电压（kV,峰值）≤	波前冲击放电电压（kV,峰值）≤	8/20μs、5kA标称放电电流残压（kV,峰值）≤	备注
HY5CS2—7.6/25	7.6	6	63	16	25	31.3	25	
HY5CS2—12.7/40	12.7	10	106	26	40	50	40	

（三）生产厂

上海电瓷厂。

十、合成绝缘氧化锌低压避雷器

（一）用途

合成绝缘氧化锌低压避雷器是MY31型氧化锌无间隙低压避雷器的改进的新型产品，广泛适用于配电变压器的低压侧、通信、广播、铁路信号以及各种半导体器件的过电压保护。

（二）技术数据

见表2-9。

表 2-9

型　号	避雷器额定电压(kV)	系统额定电压(kV)	持续运行电压(kV)	直流参考电压(kV)≥	残压(1.5kA 等级)雷电冲击电流(kV，峰值)≤	2ms 方波冲击电流(A)≥	4/10μs 冲击电流(kA)≥	持续运行电流(μA)≤		备注
								全电流	阻性电流	
HY5W4—0.28/1.3	0.22	0.28	0.24	0.6	1.3	50	10	300	150	
HY5W4—0.50/2.6	0.38	0.50	0.42	1.2	2.6	50	10	300	150	

（三）生产厂

武汉压敏电阻厂。

十一、整体式合成绝缘氧化锌避雷器

（一）用途

ZHY5W□系列整体模压式无间隙氧化锌避雷器已获专利。该型产品是采用少量的硅橡胶（SR）作为合成绝缘材料，采用整体模压成型技术，用于保护 3～10kV 电力系统电气设备免遭大气过电压和操作过电压损害的配电型避雷器。

（二）技术数据

见表 2-10。

表 2-10

型　号	系统额定电压(kV)	避雷器额定电压(kV)	持续运行电压(kV)	直流 1mA 参考电压(kV)≥	最大残压（峰值）≤						备注
					雷电冲击		陡波冲击		操作冲击		
					电流(kA)	残压(kV)	电流(kA)	残压(kV)	电流(kA)	残压(kV)	
ZHY5W—5/5	3	5	3.8	8.0	5	15	5	19	100	14.5	
ZHY5W—10/30	6	10	7.6	15.9	5	30	5	33	100	25.5	
ZHY5W—16.5/30	10	16.5	12.7	26.5	5	50	5	55	100	42.5	
ZHY5W—3.8/15	3	3.8	2	7.9	5	15	5	19	100	14.5	
ZHY5W—7.6/30	6	7.6	4	15.8	5	30	5	33	100	25.5	
ZHY5W—12.7/50	10	12.7	6.6	26.3	5	30	5	55	100	42.5	

注　工频参考电压为直流参考电压的 1～1.05 倍。

（三）生产厂

武汉泛科电力电器实业公司。

十二、HY 系列避雷器

（一）HY_5WS_2 系列配电型

见表 2-11。

表 2-11

型　号	避雷器额定电压	系统额定电压	避雷器持续运行电压	直流参考电压 U_{1mA}（不小于）	残　压			通流容量		$0.75U_{1mA}$ 下泄漏电流（不大于）	爬电比距（不小于）	产品外形				重量
					雷电冲击电流下 5kA	陡坡冲击电流下 5kA	操作冲击电流下 0.1kA	2ms18 次（不小于）	4/10μs 2 次（不小于）			安装高度 H	结构高度 h	伞裙直径 ϕ_1/ϕ_2	伞裙数量	
	kV（有效值）			kV	kV			A	kA	μA	mm/kV	mm	mm	mm	个	kg
HY_5WS_2—5/15	5	3	4	7.5	15.0	17.3	12.8	100	65	50	46	203	118	90/75	2/1	0.7
HY_5WS_2—10/30	10	6	8	15	30.0	34.6	25.6	100	65	50	35	238	153	90/75	2/2	1
HY_5WS_2—12/35.8	12	10	9.6	18	35.8	41.2	30.6	100	65	50	32	278	193	90/75	3/3	1.2
HY_5WS_2—15/45.6	15	10	12	23	45.6	52.5	39.0	100	65	50	32	288	203	90/75	3/3	1.3
HY_5WS_2—17/50	17	10	13.6	25	50.0	57.5	42.5	100	65	50	32	288	203	90/75	3/3	1.4

（二）HY_5WZ_2 系列电站型

见表 2－12。

表 2－12

型 号	避雷器额定电压	系统额定电压	避雷器持续运行电压	直流参考电压 U_{1mA}（不小于）	残 压			通流容量		$0.75U_{1mA}$ 下泄漏电流（不大于）	爬电比距（不小于）	产品外形				重量
					雷电冲击电流下 5kA	陡坡冲击电流下 5kA	操作冲击电流下 0.25kA	2ms18 次（不小于）	4/10μs 2 次（不小于）			安装高度 H	结构高度 h	伞裙直径 ϕ_1/ϕ_2	伞裙数量	
	kV（有效值）			kV	kV			A	kA	μA	mm/kV	mm	mm	mm	个	kg
HY_5WZ_2—5/13.5	5	3	4	7.2	13.5	15.5	11.5	400	65	50	46	203	118	105/90	2/1	1.2
HY_5WZ_2—10/27	10	6	8	14.4	27	31	23	400	65	50	35	238	153	105/90	2/2	1.6
HY_5WZ_2—10/26	10	6	8	14.4	26	31	23	400	65	50	35	238	153	105/90	2/2	1.6
HY_5WZ_2—10/24	10	6	8	14.4	24	31	23	400	65	50	35	238	153	105/90	2/2	1.6
HY_5WZ_2—12/32.4	12	10	9.6	17.4	32.4	37.2	27.6	400	65	50	31	278	193	105/90	3/3	1.9
HY_5WZ_2—15/40.5	15	10	12	21.8	40.5	46.5	34.5	400	65	50	32	288	203	105/90	3/3	2.0
HY_5WZ_2—17/45	17	10	13.6	24	45	51.8	38.3	400	65	50	32	288	203	105/90	3/3	2.2
HY_5WZ_2—17/42	17	10	13.6	24	42	48.3	35.7	400	65	50	32	288	203	105/90	3/3	2.2
HY_5WZ_2—30/88	30	20	24	45	88	101	75	400	65	50	31	474	386	150/125	6/6	4.8
HY_5WZ_2—33/99	33	20	26.4	49	99	114	84	400	65	50	31	474	386	150/125	6/6	4.9
HY_5WZ_2—51/134	51	35	40.8	73	134	154	114	400	65	50	28	688/741	623/631	160/135	6/6	19/11
HY_5WZ_2—51/130	51	35	40.8	73	130	149	111	400	65	50	28	688/741	623/631	160/135	6/6	19/11
HY_5WZ_2—51/122	51	35	40.8	73	122	140	104	400	65	50	31	688/741	623/631	180/155	6/6	21/13
HY_5WZ_2—51/116G	51	35	40.8	73	116	133	99	400	65	50	31	688/741	623/631	180/155	6/6	21/13
HY_5WZ_2—54/134	54	35	43.2	76	134	154	114	400	65	50	28	688/741	623/631	160/135	6/6	19/11
HY_5WZ_2—84/221	84	66	67.2	121	221	254	188	600	65	50	33	1108	1043	180/155	12/11	30.5

型 号	避雷器额定电压	系统额定电压	避雷器持续运行电压	直流参考电压 U_{1mA}（不小于）	残 压			通流容量		$0.75U_{1mA}$ 下泄漏电流（不大于）	爬电比距（不小于）	产品外形				重量
					雷电冲击电流下 5kA	陡坡冲击电流下 5kA	操作冲击电流下 0.5kA	2ms18 次（不小于）	4/10μs 2 次（不小于）			安装高度 H	结构高度 h	伞裙直径 ϕ_1/ϕ_2	伞裙数量	
	kV（有效值）			kV	kV			A	kA	μA	mm/kV	mm	mm	mm	个	kg
HY_5WZ_2—90/235	90	110	72.5	130	235	270	201	600	100	50	26	1318	1253	180/155	16/15	34
HY_5WZ_2—96/250	96	110	75	140	250	288	213	600	100	50	26	1318	1253	180/155	16/15	34
HY_5WZ_2—96/232	96	66	75	134	232	267	198	600	100	50	33	1108	1043	180/155	12/11	30.5
HY_5WZ_2—100/260	100	110	78	145	260	299	221	600	100	50	26	1318	1253	180/155	16/15	34.5
HY_5WZ_2—102/266	102	110	79.6	148	266	305	226	600	100	50	26	1318	1253	180/155	16/15	35
HY_5WZ_2—108/281	108	110	84	157	281	323	239	600	100	50	26	1318	1253	180/155	16/15	35.5

（三）$HY_{1.5}W_2$ 系列电机中性点型

见表 2-13。

表 2-13

型　号	避雷器额定电压	电机额定电压	避雷器持续运行电压	直流参考电压 U_{1mA}（不小于）	残压			通流容量		$0.75U_{1mA}$ 下泄漏电流（不大于）	爬电比距（不小于）	产品外形				重量
					雷电冲击电流下 1.5kA	陡坡冲击电流下	操作冲击电流下 0.1kA	2ms18 次（不小于）	4/10μs 2 次（不小于）			安装高度 H	结构高度 h	伞裙直径 $\phi 1/\phi 2$	伞裙数量	
	kV（有效值）			kV	kV			A	kA	μA	mm/kV	mm	mm	mm	个	kg
$HY_{1.5}W_2$—2.4/6	2.4	3.15	1.9	3.4	6		5	400	10	50	45	203	118	105/90	2/1	1.1
$HY_{1.5}W_2$—4.8/12	4.8	6.3	3.8	6.8	12		10	400	10	50	23	203	118	105/90	2/1	1.4
$HY_{1.5}W_2$—8/19	8	10.5	6.4	11.4	19		15.9	400	10	50	23	238	153	105/90	2/2	1.8
$HY_{1.5}W_2$—10.5/23	10.5	13.8	8.4	14.9	23		19.2	400	10	50	21	238	153	105/90	2/2	2.1
$HY_{1.5}W_2$—12/26	12	15.75	9.6	17	26		21.6	400	10	50	24	278	193	105/90	3/3	2.3
$HY_{1.5}W_2$—13.7/29.2	13.7	18.2	11.0	19.5	29.2		24.3	400	10	50	21	278	193	105/90	3/3	2.4
$HY_{1.5}W_2$—15.2/31.7	15.2	20.22	12.2	21.6	31.7		26.4	400	10	50	19	278	193	105/90	3/3	2.5

（四）$HY_{1.5}WZ_2$ 系列变压器中性点型

见表 2-14。

表 2-14

型　号	避雷器额定电压	系统额定电压	避雷器持续运行电压	直流参考电压 U_{1mA}（不小于）	残压			通流容量		$0.75U_{1mA}$ 下泄漏电流（不大于）	爬电比距（不小于）	产品外形				重量
					雷电冲击电流下 1.5kA	陡坡冲击电流下	操作冲击电流下 0.5kA	2ms18 次（不小于）	4/10μs 2 次（不小于）			安装高度 H	结构高度 h	伞裙直径 $\phi 1/\phi 2$	伞裙数量	
	kV（有效值）			kV	kV			A	kA	μA	mm/kV	mm	mm	mm	个	kg
$HY_{1.5}WZ_2$—30/72	30	35	24	45	72		67	400	10	50	28	688	623	160/135	6/6	19
$HY_{1.5}WZ_2$—33/81	33	35	26.4	50	81		76	400	10	50	28	688	623	160/135	6/6	19
$HY_{1.5}WZ_2$—54/127	54	110	43.2	76	127		119	400	10	50	27	1108	1043	180/155	12/11	26
$HY_{1.5}WZ_2$—42/110	42	110	34	65	110		103	400	10	50	27	1108	1043	180/155	12/11	24.5
$HY_{1.5}WZ_2$—60/144	60	110	48	85	144		135	400	10	50	27	1108	1043	180/155	12/11	26.5
$HY_{1.5}WZ_2$—72/186	72	110	58	103	186		174	400	10	50	21	1108	1043	180/155	12/11	27.5
$HY_{1.5}WZ_2$—96/260	96	500	77	137	260		243	400	10	50	30	1318	1253	180/155	16/15	31
$HY_{1.5}WZ_2$—144/320	144	220	116	205	320		299	400	10	50	28	2095		180/155	24/22	46.5
$HY_{1.5}WZ_2$—207/440	207	330	166	292	440		410	400	10	50	21	2095		180/155	24/22	34

注　$HY_{1.5}WZ_2$—42/110 型用于薄绝缘变压器和棒间隙配合使用。

（五）HY_5WT_2 系列、$HY_{10}WT_2$ 系列铁道型

见表 2-15。

表 2-15

型　号	避雷器额定电压	系统额定电压	避雷器持续运行电压	直流参考电压 U_{1mA}（不小于）	残压			通流容量		$0.75U_{1mA}$ 下泄漏电流（不大于）	爬电比距（不小于）	产品外形				重量
					雷电冲击电流下 5kA	陡坡冲击电流下 5kA	操作冲击电流下 0.5kA	2ms18 次（不小于）	4/10μs 2 次（不小于）			安装高度 H	结构高度 h	伞裙直径 $\phi1/\phi2$	伞裙数量	
	kV（有效值）			kV	kV			A	kA	μA	mm/kV	mm	mm	mm	个	kg
HY_5WT_2—42/120	42	27.5	34	65	120	138	98	400	65	50	36	688	623	160/135	6/6	18
HY_5WT_2—42/110	42	27.5	34	65	120	138	98	400	65	50	36	688	623	160/135	6/6	18
HY_5WT_2—84/240	84	55	68	130	240	276	196	600	100	50	36	1108	1043	180/155	12/11	30
HY_5WT_2—100/260	100	110	78	145	260	299	221	600	100	50	26	1318	1253	180/155	16/15	34.5

型　号	避雷器额定电压	系统额定电压	避雷器持续运行电压	直流参考电压 U_{1mA}（不小于）	残压			通流容量		$0.75U_{1mA}$ 下泄漏电流（不大于）	爬电比距（不小于）	产品外形				重量
					雷电冲击电流下 10kA	陡坡冲击电流下 10kA	操作冲击电流下 0.5kA	2ms18 次（不小于）	4/10μs 2 次（不小于）			安装高度 H	结构高度 h	伞裙直径 $\phi1/\phi2$	伞裙数量	
	kV（有效值）			kV	kV			A	kA	μA	mm/kV	mm	mm	mm	个	kg
$HY_{10}WT_2$—42/110	42	27.5	34	65	110	127	90	600	100	50	43	688	623	200/175	6/6	22
$HY_{10}WT_2$—84/240	84	55	68	130	240	276	196	600	100	50	44	1108	1043	200/175	12/11	33
$HY_{10}WT_2$—100/260	100	110	78	145	260	299	221	600	100	50	28	1318	1253	200/175	16/15	38.5
$HY_{10}WT_2$—42/105	42	27.5	34	65	105	121	86	600	100	50	43	623		200/175	6/6	14.5

注　$HY_{10}WT_2$—42/105 型避雷器用于电力机车过电压保护，防止运行中的电力机车受大气及操作过电压的危害，安装在机车顶部，不用安装底座。由于采用复合绝缘材料做外绝缘，一次成型，较原瓷套型避雷器具有高的耐污能力。良好的防爆性能，体积小，重量轻，不怕震动，更适应机车应用。

（六）$HY_{1.5}WS_2$ 系列低压型

见表 2-16。

表 2-16

型　号	避雷器额定电压	系统额定电压	避雷器持续运行电压	直流参考电压 U_{1mA}（不小于）	残压			通流容量		$0.75U_{1mA}$ 下泄漏电流（不大于）	爬电比距（不小于）	产品外形				重量
					雷电冲击电流下 1.5kA	陡坡冲击电流下 1.5kA	操作冲击电流下 0.1kA	2ms18 次（不小于）	4/10μs 2 次（不小于）			安装高度 H	结构高度 h	伞裙直径 $\phi1/\phi2$	伞裙数量	
	kV（有效值）			kV	kV			A	kA	μA	mm/kV	mm	mm	mm	个	kg
$HY_{1.5}WS_2$—0.28/1.3	0.28	0.22	0.24	0.6	1.3	1.49	1.1	100	10	50	489	123	78	90/75	1/1	0.3
$HY_{1.5}WS_2$—0.5/2.6	0.5	0.38	0.42	1.2	2.6	2.98	2.2	100	10	50	268	123	78	90/75	1/1	0.4

（七）HY_5WS_1 系列配电型

见表 2－17。

表 2－17

型　号	避雷器额定电压	系统额定电压	避雷器持续运行电压	直流参考电压 U_{1mA}（不小于）	残　压			通流容量		$0.75U_{1mA}$ 下泄漏电流（不大于）	爬电比距（不小于）	产品外形				重量
					雷电冲击电流下 5kA	陡坡冲击电流下 5kA	操作冲击电流下 0.1kA	2ms18 次（不小于）	4/10μs 2 次（不小于）			安装高度 H	结构高度 h	伞裙直径 ϕ_1/ϕ_2	伞裙数量	
	kV（有效值）			kV	kV			A	kA	μA	mm/kV	mm	mm	mm	个	kg
HY_5WS_1—3.8/17	3.8	3	2	7.5	17	19.6	14.5	100	25	50	46	203	118	90/75	2/1	0.7
HY_5WS_1—7.6/30	7.6	6	4	15	30	34.5	25.5	100	25	50	35	238	153	90/75	2/2	1
HY_5WS_1—12.7/50	12.7	10	6.6	25	50	57.5	42.5	100	25	50	32	288	203	90/75	3/3	1.4

（八）HY_5WZ_1 系列电站型

见表 2－18。

表 2－18

型　号	避雷器额定电压	系统额定电压	避雷器持续运行电压	直流参考电压 U_{1mA}（不小于）	残　压			通流容量		$0.75U_{1mA}$ 下泄漏电流（不大于）	爬电比距（不小于）	产品外形				重量
					雷电冲击电流下 5kA	陡坡冲击电流下 5kA	操作冲击电流下 0.25kA	2ms18 次（不小于）	4/10μs 2 次（不小于）			安装高度 H	结构高度 h	伞裙直径 ϕ_1/ϕ_2	伞裙数量	
	kV（有效值）			kV	kV			A	kA	μA	mm/kV	mm	mm	mm	个	kg
HY_5WZ_1—3.8/13.5	3.8	3	2	7.2	13.5	15.5	11.5	300	40	50	46	203	118	105/90	2/1	1.2
HY_5WZ_1—7.6/27	7.6	6	4	14.4	27	31	23	300	40	50	35	238	153	105/90	2/2	1.6
HY_5WZ_1—12.7/45	12.7	10	6.6	24	45	51.8	38.3	300	40	50	32	288	203	105/90	3/3	2.2
HY_5WZ_1—42/134	42	35	23.4	73	134	154	114	300	40	50	28	688/741	623/631	160/135	6/6	19/11
HY_5WZ_1—69/224	69	66	40	122	224	258	190	300	40	50	33	1108	1043	180/155	12/11	30.5

（九）HY_5WR_1 系列电容器型

见表 2－19。

表 2－19

型　号	避雷器额定电压	系统额定电压	避雷器持续运行电压	直流参考电压 U_{1mA}（不小于）	残　压			通流容量		$0.75U_{1mA}$ 下泄漏电流（不大于）	爬电比距（不小于）	产品外形				重量
					雷电冲击电流下 5kA	陡坡冲击电流下 5kA	操作冲击电流下 0.5kA	2ms18 次（不小于）	4/10μs 2 次（不小于）			安装高度 H	结构高度 h	伞裙直径 ϕ_1/ϕ_2	伞裙数量	
	kV（有效值）			kV	kV			A	kA	μA	mm/kV	mm	mm	mm	个	kg
HY_5WR_1—3.8/13.5	3.8	3	2	6.9	13.5		10.5	400	40	50	46	203	118	105/90	2/1	1.2
HY_5WR_1—7.6/27	7.6	6	4	13.8	27		20.8	400	40	50	35	238	153	105/90	2/2	1.6
HY_5WR_1—12.7/45	12.7	10	6.6	23	45		35	400	40	50	32	288	203	105/90	3/3	2.2
HY_5WR_1—42/134	42	35	23.4	70	134		105	400	40	50	28	688/741	623/631	160/135	6/6	19/11
HY_5WR_1—69/224	69	63	40	117	224		176	600	40	50	33	1108	1043	180/155	12/11	30.5

（十）$HY_{2.5}W_1$ 系列电机型

见表 2-20。

表 2-20

型号	避雷器额定电压	电机额定电压	避雷器持续运行电压	直流参考电压 U_{1mA}（不小于）	残压			通流容量		$0.75U_{1mA}$ 下泄漏电流（不大于）	爬电比距（不小于）	产品外形				重量
					雷电冲击电流下 2.5kA	陡坡冲击电流下 2.5kV	操作冲击电流下 0.1kA	2ms18 次（不小于）	4/10μs 2 次（不小于）			安装高度 H	结构高度 h	伞裙直径 ϕ_1/ϕ_2	伞裙数量	
	kV（有效值）			kV	kV			A	kA	μA	mm/kV	mm	mm	mm	个	kg
$HY_{2.5}W_1$—3.8/9.5	3.8	3.15	2	5.6	9.5	10.9	7.6	300	25	50	45	203	118	105/90	2/1	1.1
$HY_{2.5}W_1$—7.6/19	7.6	6.3	4	11.3	19	21.9	15	300	25	50	35	238	153	105/90	2/2	1.3
$HY_{2.5}W_1$—12.7/31	12.7	10.5	6.6	18.9	31	35.7	25	300	25	50	31	278	193	105/90	3/3	2

（十一）HY_5WT_1 系列铁道型

见表 2-21。

表 2-21

型号	避雷器额定电压	系统额定电压	避雷器持续运行电压	直流参考电压 U_{1mA}（不小于）	残压			通流容量		$0.75U_{1mA}$ 下泄漏电流（不大于）	爬电比距（不小于）	产品外形				重量
					雷电冲击电流下 5kA	陡坡冲击电流下 5kV	操作冲击电流下 0.5kA	2ms18 次（不小于）	4/10μs 2 次（不小于）			安装高度 H	结构高度 h	伞裙直径 ϕ_1/ϕ_2	伞裙数量	
	kV（有效值）			kV	kV			A	kA	μA	mm/kV	mm	mm	mm	个	kg
HY_5WT_1—42/120	42	27.5	31.5	65	120	138	98	400	40	50	36	688	623	160/135	6/6	18

（十二）HY_5WZ_2、$HY_{10}WZ_2$ 系列悬挂式电站型

见表 2-22。

表 2-22

型号	避雷器额定电压	系统额定电压	避雷器持续运行电压	直流参考电压 U_{1mA}（不小于）	残压			通流容量		$0.75U_{1mA}$ 下泄漏电流（不大于）	爬电比距（不小于）	产品外形				重量
					雷电冲击电流下 5kA	陡坡冲击电流下 5kA	操作冲击电流下 0.25kA	2ms18 次（不小于）	4/10μs 2 次（不小于）			安装高度 H	结构高度 h	伞裙直径 ϕ_1/ϕ_2	伞裙数量	
	kV（有效值）			kV	kV			A	kA	μA	mm/kV	mm	mm	mm	个	kg
HY_5WZ_2—51/134S	51	35	40.8	73	134	154	114	400	65	50	28	689	539	160/135	6/6	9.5
HY_5WZ_2—51/130S	51	35	40.8	73	130	149	111	400	65	50	28	689	539	160/135	6/6	9.5
HY_5WZ_2—51/122S	51	35	40.8	73	122	140	104	400	65	50	31	689	539	180/155	6/6	11.5
HY_5WZ_2—90/295S	90	110	72.5	130	235	270	201	600	100	50	26	1325	1175	180/155	16/15	24.5
HY_5WZ_2—96/250S	96	110	75	140	250	288	213	600	100	50	26	1325	1175	180/155	16/15	24.5
HY_5WZ_2—96/232S	96	66	75	134	232	267	198	600	100	50	33	1115	965	180/155	12/11	21
HY_5WZ_2—100/260S	100	110	78	145	260	299	221	600	100	50	26	1325	1175	180/155	16/15	25
HY_5WZ_2—102/2665	102	110	79.6	148	266	305	226	600	100	50	26	1325	1175	180/155	16/15	25.5

续表

型号	避雷器额定电压	系统额定电压	避雷器持续运行电压	直流参考电压 U_{1mA}（不小于）	残压			通流容量		$0.75U_{1mA}$下泄漏电流（不大于）	爬电比距（不小于）	产品外形				重量
					雷电冲击电流下10kA	陡坡冲击电流下10kA	操作冲击电流下0.5kA	2ms18次（不小于）	4/10μs 2次（不小于）			安装高度 H	结构高度 h	伞裙直径 $\phi1/\phi2$	伞裙数量	
	kV（有效值）			kV	kV			A	kA	μA	mm/kV	mm	mm	mm	个	kg
HY_5WZ_2—108/281S	108	110	84	157	281	323	239	600	100	50	26	1325	1175	180/155	16/15	26
$HY_{10}WZ_2$—51/134S	51	35	40.8	73	134	154	114	600	100	50	33	689	539	200/175	6/6	13.5
$HY_{10}WZ_2$—51/122S	51	35	40.8	73	122	140	104	600	100	50	33	689	539	200/175	6/6	13.5
$HY_{10}WZ_2$—90/235S	90	110	72.5	130	235	264	201	600	100	50	28	1325	1175	200/175	16/15	32
$HY_{10}WZ_2$—96/250S	96	110	75	140	250	280	213	600	100	50	28	1325	1175	200/175	16/15	32.5
$HY_{10}WZ_2$—96/232S	96	66	75	134	232	260	198	600	100	50	38	1115	965	200/175	12/11	28
$HY_{10}WZ_2$—100/260S	100	110	78	145	260	291	221	600	100	50	28	1325	1175	200/175	16/15	31.5
$HY_{10}WZ_2$—102/266S	102	110	79.6	148	266	297	226	600	100	50	28	1325	1175	200/175	16/15	32
$HY_{10}WZ_2$—108/281S	108	110	84	157	281	315	239	600	100	50	28	1325	1175	200/175	16/15	32.5
$HY_{10}WZ_2$—192/500S	192	220	150	280	500	560	426	600	100	50	28	2595		200/175	32/30	48
$HY_{10}WZ_2$—200/520S	200	220	156	290	520	582	442	600	100	50	28	2595		200/175	32/30	55.5
$HY_{10}WZ_2$—204/532S	204	220	159	296	532	594	452	600	100	50	28	2595		200/175	32/30	56
$HY_{10}WZ_2$—216/562S	216	220	168.5	314	562	630	478	600	100	50	28	2595		200/175	32/30	56.5

型号	避雷器额定电压	系统额定电压	避雷器持续运行电压	直流参考电压 U_{1mA}（不小于）	残压			通流容量		$0.75U_{1mA}$下泄漏电流（不大于）	爬电比距（不小于）	产品外形				重量
					雷电冲击电流下10kA	陡坡冲击电流下10kA	操作冲击电流下0.5kA	2ms18次（不小于）	4/10μs 2次（不小于）			安装高度 H	结构高度 h	伞裙直径 $\phi1/\phi2$	伞裙数量	
	kV（有效值）			kV	kV			A	kA	μA	mm/kV	mm	mm	mm	个	kg
$HY_{10}WZ_2$—51/134	51	35	40.8	73	134	154	114	600	100	50	33	688/741	623/631	200/175	6/6	23/15
$HY_{10}WZ_2$—51/122	51	35	40.8	73	122	140	104	600	100	50	33	688/741	623/631	200/175	6/6	23/15
$HY_{10}WZ_2$—90/235	90	110	72.5	130	235	264	201	600	100	50	28	1318	1253	200/175	16/15	39
$HY_{10}WZ_2$—96/250	96	110	75	140	250	280	213	600	100	50	28	1318	1253	200/175	16/15	39
$HY_{10}WZ_2$—96/232	96	66	75	134	232	260	198	600	100	50	38	1108	1043	200/175	12/11	34.5
$HY_{10}WZ_2$—100/260	100	110	78	145	260	291	221	600	100	50	28	1318	1253	200/175	16/15	38.5
$HY_{10}WZ_2$—100/248	100	110	78	145	248	278	211	600	100	50	28	1318	1253	200/175	16/15	38.5
$HY_{10}WZ_2$—102/266	102	110	79.6	148	266	297	226	600	100	50	28	1318	1253	200/175	16/15	39
$HY_{10}WZ_2$—102/254	102	110	79.6	148	254	284	216	600	100	50	28	1318	1253	200/175	16/15	39

续表

型 号	避雷器额定电压	系统额定电压	避雷器持续运行电压	直流参考电压 U_{1mA}（不小于）	残压 雷电冲击电流下10kA	残压 陡坡冲击电流下10kV	残压 操作冲击电流下0.5kA	通流容量 2ms18次（不小于）	通流容量 4/10μs 2次（不小于）	$0.75U_{1mA}$下泄漏电流（不大于）	爬电比距（不小于）	产品外形 安装高度 H	产品外形 结构高度 h	伞裙直径 φ1/φ2	伞裙数量	重量
	kV（有效值）			kV	kV			A	kA	μA	mm/kV	mm	mm	mm	个	kg
$HY_{10}WZ_2$—108/281	108	110	84	157	281	315	239	600	100	50	28	1318	1253	200/175	16/15	39.5
$HY_{10}WZ_2$—108/288	108	110	84	157	268	300	228	600	100	50	28	1318	1253	200/175	16/15	39.5
$HY_{10}WZ_2$—192/500	192	220	150	280	500	560	426	600	100	50	28	2515		200/175	32/30	55
$HY_{10}WZ_2$—192/464	192	220	150	268	464	520	396	600	100	50	28	2515		200/175	32/30	55
$HY_{10}WZ_2$—200/520	200	220	156	290	520	582	442	600	100	50	28	2515		200/175	32/30	62.5
$HY_{10}WZ_2$—200/496	200	220	156	290	496	556	422	600	100	50	28	2515		200/175	32/30	62.5
$HY_{10}WZ_2$—204/532	204	220	159	296	532	594	452	600	100	50	28	2515		200/175	32/30	63
$HY_{10}WZ_2$—204/508	204	220	159	296	508	568	432	600	100	50	28	2515		200/175	32/30	63
$HY_{10}WZ_2$—216/562	216	220	168.5	314	562	630	478	600	100	50	28	2515		200/175	32/30	63.5
$HY_{10}WZ_2$—216/536	216	220	168.5	314	536	600	456	600	100	50	28	2515		200/175	32/30	63.5

（十三）$HY_{10}WS_2$ 系列悬挂式线路型

见表 2-23。

表 2-23

型 号	避雷器额定电压	系统额定电压	避雷器持续运行电压	直流参考电压 U_{1mA}（不小于）	残压 雷电冲击电流下10kA	残压 陡坡冲击电流下10kA	残压 操作冲击电流下0.5kA	通流容量 2ms18次（不小于）	通流容量 4/10μs 2次（不小于）	$0.75U_{1mA}$下泄漏电流（不大于）	爬电比距（不小于）	产品外形 安装高度 H	产品外形 结构高度 h	伞裙直径 φ1/φ2	伞裙数量	重量
	kV（有效值）			kV	kV			A	kA	μA	mm/kV	mm	mm	mm	个	kg
$HY_{10}WS_2$—54/150	54	35	43.2	76	150	168	128	400	65	50	31	745	595	150/125	7/7	9
$HY_{10}WS_2$—60/163	60	35	48	84	163	183	139	400	65	50	31	745	595	150/125	7/7	10
$HY_{10}WS_2$—100/300	100	66	80	145	300	337	257	600	100	50	33	1115	965	180/155	12/11	23
$HY_{10}WS_2$—108/281	108	110	84	157	281	316	240	600	100	50	28	1325	1175	200/175	16/15	32.5
$HY_{10}WS_2$—120/308	120	110	93	172	308	346	263	600	100	50	28	1325	1175	200/175	16/15	32.5
$HY_{10}WS_2$—216/562	216	220	168	314	562	631	480	600	100	50	28	2595		200/175	32/30	56.5
$HY_{10}WS_2$—240/616	240	220	186	344	616	692	527	600	100	50	28	2595		200/175	32/30	58

（十四）HY_5WR_2 系列电容器型

见表 2-24。

表 2-24

型号	避雷器额定电压	系统额定电压	避雷器持续运行电压	直流参考电压 U_{1mA}（不小于）	残压 雷电冲击电流下 5kA	残压 陡坡冲击电流下 5kA	残压 操作冲击电流下 0.5kA	通流容量 2ms18 次（不小于）	通流容量 4/10μs 2 次（不小于）	$0.75U_{1mA}$ 下泄漏电流（不大于）	爬电比距（不小于）	产品外形 安装高度 H	产品外形 结构高度 h	产品外形 伞裙直径 ϕ_1/ϕ_2	产品外形 伞裙数量	重量
	kV（有效值）			kV	kV			A	kA	μA	mm/kV	mm	mm	mm	个	kg
HY_5WR_2—5/13.5	5	3	4	7.2	13.5		10.5	400	65	50	46	203	118	105/90	2/1	1.2
HY_5WR_2—10/27	10	6	8	14.4	27		21	400	65	50	35	238	153	105/90	2/2	1.6
HY_5WR_2—12/32.4	12	10	9.6	17.4	32.4		25.2	400	65	50	31	278	193	105/90	3/3	1.9
HY_5WR_2—15/40.5	15	10	12	21.8	40.5		31.5	400	65	50	32	288	203	105/90	3/3	2
HY_5WR_2—17/46	17	10	13.6	24	46		35	400	65	50	32	288	203	105/90	3/3	2.2
HY_5WR_2—51/134	51	35	40.8	73	134		105	400	65	50	28	688/741	623/631	160/135	6/6	19/11
HY_5WR_2—84/221	84	66	67.2	121	221		176	600	65	50	33	1108	1043	180/155	12/11	30.5
HY_5WR_2—90/236	90	66	72.5	130	236		190	600	65	50	33	1108	1043	180/155	12/11	34

（十五）$HY_{2.5}W_2$ 系列、HY_5W_2 系列旋转电机型

见表 2-25。

表 2-25

型号	避雷器额定电压	系统额定电压	避雷器持续运行电压	直流参考电压 U_{1mA}（不小于）	残压 雷电冲击电流下 2.5kA	残压 陡坡冲击电流下 2.5kA	残压 操作冲击电流下 0.1kA	通流容量 2ms18 次（不小于）	通流容量 4/10μs 2 次（不小于）	$0.75U_{1mA}$ 下泄漏电流（不大于）	爬电比距（不小于）	产品外形 安装高度 H	产品外形 结构高度 h	产品外形 伞裙直径 ϕ_1/ϕ_2	产品外形 伞裙数量	重量
	kV（有效值）			kV	kV			A	kA	μA	mm/kV	mm	mm	mm	个	kg
$HY_{2.5}W_2$—4/9.5	4	3.15	3.2	5.7	9.5	10.7	7.6	400	65	50	45	203	118	108/90	2/1	1.1
$HY_{2.5}W_2$—8/18.7	8	6.3	6.3	11.2	18.7	21	15	400	65	50	35	238	153	105/90	2/2	1.3
$HY_{2.5}W_2$—13.5/31	13.5	10.5	10.5	18.6	31	34.7	25	400	65	50	31	278	193	105/90	3/3	2

型号	避雷器额定电压	系统额定电压	避雷器持续运行电压	直流参考电压 U_{1mA}（不小于）	残压 雷电冲击电流下 5kA	残压 陡坡冲击电流下 5kA	残压 操作冲击电流下 0.25kA	通流容量 2ms18 次（不小于）	通流容量 4/10μs 2 次（不小于）	$0.75U_{1mA}$ 下泄漏电流（不大于）	爬电比距（不小于）	产品外形 安装高度 H	产品外形 结构高度 h	产品外形 伞裙直径 ϕ_1/ϕ_2	产品外形 伞裙数量	重量
	kV（有效值）			kV	kV			A	kA	μA	mm/kV	mm	mm	mm	个	kg
HY_5W_2—4/9.5	4	3.15	3.2	5.7	9.5	10.7	7.6	400	65	50	45	203	118	115/100	2/1	1.3
HY_5W_2—8/18.7	8	6.3	6.3	11.2	18.7	21	15	400	65	50	35	238	153	115/100	2/2	1.5
HY_5W_2—13.5/31	13.5	10.5	10.5	18.6	31	34.7	25	400	65	50	31	278	193	115/100	3/3	2.2
HY_5W_2—17.5/40	17.5	13.8	13.8	24.4	40	448	32	400	65	50	28	288	203	115/100	3/3	3
HY_5W_2—20/45	20	15.75	15.8	28	45	50.4	36	400	65	50	34	353	268	115/100	5/4	3.8
HY_5W_2—23/51	23	18.2	18	31.9	51	57.2	40.8	400	65	50	31	353	268	115/100	5/4	4.5
HY_5W_2—25/56.2	25	20.22	20	35.4	56.2	62.9	45	400	65	50	31	353	268	115/100	5/4	4.9

（十六）生产厂

大连法伏安电器有限公司。

十三、YH系列复合绝缘金属氧化物避雷器

（一）概述

氧化锌避雷器是当今国际上公认的最可靠的高电压绝缘保护设备，在电网当中得到了广泛的应用。氧化锌电阻片有极其优异的非线性特性，容易与被保护设备实现绝缘配合，而且通流容量大、不易老化。

近年来，由于新材料和新工艺的迅速发展，使得避雷器的外绝缘水平得到了相应的提高，20世纪70年代开始研究的有机硅聚合物在近几年中已得到了广泛的应用，这种材料的主要特点为：优异的耐气候性、耐臭氧特性；可在－50～＋200℃下长期工作；优异的耐污性和良好的防爆性。

复合绝缘氧化锌避雷器已有多年的历史，是国内最早生产复合绝缘避雷器的企业之一，特别是多年来在复合绝缘材料及其应用工艺方面不懈的研究，LSR工艺技术在国内乃至国际上处于领先地位，已有十余万只复合绝缘氧化锌避雷器产品在电网上安全地运行。

电阻片的伏安特性可分为三个典型区域，区域Ⅰ为低电场区，电流密度与电场强度的1/2次方成正比，非线性系数α较高，约为0.1～0.2。区域Ⅱ为中电场区，相当于$U = CI^{\alpha}$表示的非线性区域，非线性系数大大降低，约为0.015～0.05。区域Ⅲ为高电场区，伏安特性曲线上翘。

（二）工作原理

金属氧化物电阻片具有非线性电阻的特征，在正常电压下，只有以容性电流为主的很少的电流（μA级）通过，任何原因造成设备两端产生过电压，都会导致通过电阻片的电流迅速增大，并立即将其两端的电压限制在一定的范围之内，随着过电压的下降，电阻片迅速转到正常的非导通状态。

（三）性能

(1) 高耐污性能、耐电蚀、抗老化、抗电弧能力为4.5级。

(2) 体积小、重量轻、全密封。

(3) 散热性能好、防止电阻片老化。

(4) 机械强度高、抗震性能好、耐碰撞。

(5) 产品的技术性能指标符合GB 11032—2000及JB/T 8952—1999的有关规定，同时达到IEC 99－4的标准要求。

（四）结构特点

(1) 复合绝缘氧化锌避雷器由氧化锌电阻片、电极、环氧管和硅橡胶裙套等部件构成。

(2) 充分利用硅橡胶优良的耐气候性能、电气性能和憎水性能，使避雷器具有极强的抗污能力和抗老化能力。

(3) 通过一次成型的工艺和专用的结合剂，使硅橡胶裙套和芯棒成为不可分割的整体，杜绝了因避雷器受潮而导致的事故。

(4) 避雷器的优化设计，保证了其电气性能和绝缘性能优于国家标准。

(5) 避雷器体积小、重量轻，便于运输和安装。

(6) 免于维护。

（五）保护特性的注释

(1) 无间隙氧化锌避雷器不存在电压跳跃，其保护水平用残压U_p表示，它是指一个峰值为5kA（或2.5kA、或10kA）波形为8/20μs的脉冲电流通过避雷器时两端的电压。

(2) 最大持续运行电压U_C是指避雷器所能持续承受的最大工频电压，单位kV（r.m.s）。

(3) 直流参考电压U_{1mA}表示避雷器中流过1mA直流电流时两端所呈现的电压值，单位kV。

(4) 在通常的中性点不接地电网中和感性接地电网中，均含发生单相接地故障而不马上被中断的情况，非故障相对地电压有可能升高到相间系统电压，在这种情况下，持续操作电压应与最大电网相间电压相同。这样，即使是单相接地故障，亦允许工频电压的暂态上升。

（六）应用

用于限制高、中压交流电网过电压，真空开关的操作过电压，适用于发电、变电、输配电设备及线路和电缆的保护。

（七）型号说明

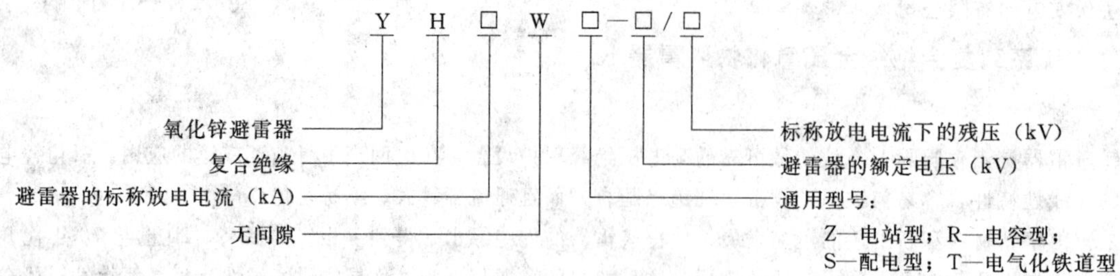

（八）技术参数

（1）典型的电站和配电用避雷器参数见表 2-26。

表 2-26

型号＼参数＼电气特性	额定电压 U_r	标称系统电压 U_R	持续运行电压 U_c	标称放电电流 10kA 等级				标称放电电流 5kA 等级							
				电站型				电站型				配电型			
				陡波冲击电流残压	雷电冲击电流残压	操作冲击电流残压	直流 1mA 参考电压	陡波冲击电流残压	雷电冲击电流残压	操作冲击电流残压	直流 1mA 参考电压	陡波冲击电流残压	雷电冲击电流残压	操作冲击电流残压	直流 1mA 参考电压
	kV（有效值）			kV（峰值）≤			kV≥	kV（峰值）≤			kV≥	kV（峰值）≤			kV≥
YH5WS—10/30	10	6	8.0	—	—	—	—	—	—	—	—	34.6	30.0	25.6	15.0
YH5WS—17/50	17	10	13.6	—	—	—	—	—	—	—	—	57.5	50.0	42.5	25.0
YH5WZ—10/27	10	6	8.0	—	—	—	—	31.0	27	23.0	14.4	—	—	—	—
YH5WZ—17/45	17	10	13.6	—	—	—	—	51.8	45	38.3	24.0	—	—	—	—
YH5WZ—51/134	51	35	40.8	—	—	—	—	154	134	114	73.0	—	—	—	—
YH5WZ—84/221	84	66	67.2	—	—	—	—	254	221	188	121	—	—	—	—
YH5W—96/250	96	110	75.0	—	—	—	—	288	250	213	140	—	—	—	—
YH5W—100/260	100	110	78.0	—	—	—	—	299	260	221	145	—	—	—	—
YH5W—102/266	102	110	79.6	—	—	—	—	305	266	226	148	—	—	—	—
YH5W—108/281	108	110	84.0	—	—	—	—	323	281	239	157	—	—	—	—
YH10W—100/260	100	110	78.0	291	260	221	145	—	—	—	—	—	—	—	—
YH10W—102/266	102	110	79.6	297	266	226	148	—	—	—	—	—	—	—	—
YH10W—108/281	108	110	84.0	315	281	239	157	—	—	—	—	—	—	—	—
YH10W—192/500	192	220	150.0	560	500	426	280	—	—	—	—	—	—	—	—
YH10W—200/520	200	220	156.0	582	520	442	290	—	—	—	—	—	—	—	—
YH10W—204/532	204	220	159.0	594	532	452	296	—	—	—	—	—	—	—	—
YH10W—216/562	216	220	168.5	630	562	478	314	—	—	—	—	—	—	—	—

续表

参数 型号 \ 电气特性	通流容量			复合外套外绝缘耐受电压		运行电压下持续电流	爬电比距	最大外径	总高度	伞裙数量	净重	对应图号
	2ms方波冲击耐受电流	4/10μs大电流冲击耐受电流	线路放电等级	工频湿耐受1min	雷电冲击耐受							
	A	kA	级	kV		mA	mm/kV≥	mm			kg	
YH5WS—10/30	150	65	—	23	±60	I_x≤0.8 I_R≤0.4	25	95	225±3	3	1.05	1
YH5WS—17/50	150	65	—	30	±75			95	270±3	5	1.40	2
YH5WZ—10/27	250	65	—	23	±60			110	225±3	3	1.32	3
YH5WZ—17/45	250	65	—	30	±75			110	280±3	5	1.87	4
YH5WZ—51/134	400	65	—	80	±185	I_x≤0.8 I_R≤0.3		150	745±3	13	14.5	7
YH5WZ—84/221	400	65	—	140	±325			160	1055±3	21	23.0	8
YH5W—96/250	600	100	1	185	±450			210	1360±3	27	43.0	9
YH5W—100/260	600	100	1	185	±450			210	1360±3	27	43.5	9
YH5W—102/266	600	100	1	185	±450			210	1360±3	27	43.5	9
YH5W—108/281	600	100	1	185	±450			210	1360±3	27	44.0	9
YH10W—100/260	800	100	2	185	±450			210	1360±3	27	47.2	9
YH10W—102/266	800	100	2	185	±450			210	1360±3	27	47.7	9
YH10W—108/281	800	100	2	185	±450			210	1360±3	27	48.5	9
YH10W—192/500	800	100	2	360	±950			210	2515±5	54	96	10
YH10W—200/520	800	100	2	360	±950			210	2515±5	54	102	10
YH10W—204/532	800	100	2	360	±950			210	2515±5	54	106	10
YH10W—216/562	800	100	2	360	±950			210	2515±5	54	108	10

(2) 典型的并联补偿电容器用避雷器参数见表 2-27。

表 2-27

参数 型号 \ 电气特性	额定电压 U_r	标称系统电压 U_R	持续运行电压 U_c	标称放电电流5kA等级			通流容量		复合外套外绝缘耐受电压		运行电压下持续电流	爬电比距	最大外径	总高度	伞裙数量	净重	对应图号
				雷电冲击电流残压	操作冲击电流残压	直流1mA参考电压	2ms方波冲击耐受电流	4/10μs大电流冲击耐受电流	工频湿耐受1min	雷电冲击耐受							
	kV(有效值)			kV(峰值)≤		kV≥	A	kA	kV		mA	mm/kV≥	mm			kg	
YH5WR—10/27	10	6	8.0	27	21	14.4	400	65	23	±60	I_x≤0.8 I_R≤0.4	25	120	225±3	3	1.76	5
YH5WR—17/46	17	10	13.6	46	35	24.0	400	65	30	±75			120	280±3	5	2.16	6
YH5WR—51/134	51	35	40.8	134	105	73.0	400	65	80	±185	I_x≤0.8 I_R≤0.3		150	745±3	13	14.5	7
YH5WR—84/221	84	66	67.2	221	176	121	400	65	140	±325	I_x≤0.8 I_R≤0.3		160	1055±3	21	23.0	8

(3) 典型的电机用避雷器参数见表 2-28。

表 2-28

参数 电气特性 型号	额定电压 U_r	电机出口电压 U_R	持续运行电压 U_c	标称放电电流5kA等级				标称放电电流2.5kA等级			
				陡波冲击电流残压	雷电冲击电流残压	操作冲击电流残压	直流1mA参考电压	陡波冲击电流残压	雷电冲击电流残压	操作冲击电流残压	直流1mA参考电压
	kV（有效值）			kV（峰值）≤			kV≥	kV（峰值）≤			kV≥
YH2.5W—8/18.7	8	6.3	6.3	21.0	18.7	15.0	11.2	—	—	—	—
YH5W—8/18.7	8	6.3	6.3	—	—	—	—	21.0	18.7	15.0	11.2

参数 电气特性 型号	通流容量		复合外套外绝缘耐受电压		运行电压下持续电流	爬电比距	最大外径	总高度	伞裙数量	净重	对应图号
	2ms方波冲击耐受电流	4/10μs大电流冲击耐受电流	工频湿耐受1min	雷电冲击耐受							
	A	kA	kV		mA	mm/kV≥	mm			kg	
YH2.5W—8/18.7	400	65	23	±60	I_x≤0.8 I_R≤0.4	25	120	225±3	3	1.66	5
YH5W—8/18.7	400	65	23	±60			120	225±3	3	1.66	5

（4）典型的变压器中性点用避雷器参数见表 2-29。

表 2-29

参数 电气特性 型号	额定电压 U_r	持续运行电压 U_R	标称放电电流1.5kA等级			通流容量		复合外套外绝缘耐受电压		运行电压下持续电流	爬电比距	最大外径	总高度	伞裙数量	净重	对应图号
			雷电冲击电流残压	操作冲击电流残压	直流1mA参考电压	2ms方波冲击耐受电流	4/10μs大电流冲击耐受电流	工频湿耐受1min	雷电冲击耐受							
	kV（有效值）		kV（峰值）≤		kV≥	A	kA	kV		mA	mm/kV≥	mm			kg	
YH1.5W—60/144	60	48	144	135	85	400	65	80	±185	I_x≤0.8 I_R≤0.3	25	160	1055±3	21	21.7	8
YH1.5W—72/186	72	58	186	174	103	400	65	140	±325			160	1055±3	21	21.8	8
YH1.5W—144/320	144	116	320	299	205	400	65	360	±950			160	1980±3	42	48	

（5）典型的电气化铁路用避雷器参数见表 2-30。

表 2-30

参数 电气特性 型号	额定电压 U_r	标准系数电压 U_R	持续运行电压 U_c	标称放电电流5kA等级				通流容量		复合外套外绝缘耐受电压		运行电压下持续电流	爬电比距	最大外径	总高度	伞裙数量	净重	对应图号
				陡波冲击电流残压	雷电冲击电流残压	操作冲击电流残压	直流1mA参考电压	2ms方波冲击耐受电流	4/10μs大电流冲击耐受电流	工频湿耐受1min	雷电冲击耐受							
	kV（有效值）			kV（峰值）≤			kV≥	A	kA	kV		mA	mm/kV≥	mm			kg	
YH5WT—42/120	42	27.5	34	138	120	98	65	400	65	80	±185	I_x≤0.8 I_R≤0.3	25	150	745±3	13	13.9	7
YH5WT—84/240	84	55	68	276	240	196	130	400	65	140	±325	I_x≤0.8 I_R≤0.3		160	1055±3	21	23.5	8

(九) 生产厂

山东彼岸电力科技有限公司。

十四、HY0.5—5 系列复合外套氧化锌避雷器

(一) 用途与特点

HY0.5 系列氧化锌避雷器用于保护交流电力系统的电气设备的绝缘免遭大气过压和操作过电压损害，它由氧化锌阀片芯体经硅橡胶整体一次热压硫化成型。从根本上解决了避雷器受潮、漏气、密封不良的问题，具有体积小、重量轻、结构简单、密封可靠、耐污秽性强、防爆性及保护特性优异等特点。

(二) 技术数据

见表 2-31。

表 2-31

产品型号		HY5WS—5/15	HY5WS—10/30	HY5WS—17/50	HY5WZ—17/45	HY5WZ—51/134
系统标称电压 (kV)		3	6	10	10	35
避雷器额定电压 (kV)		5	10	17	17	51
避雷器持续运行电压 (kV)		4.0	8.0	13.6	13.6	40.8
直流参考电压 U_{1mA} (kV，不小于)		7.5	15.0	25.0	24.0	73.0
75%U_{1mA}下泄漏电流 (μA，不大于)		50	50	50	50	50
标称放电电流下残压 [kV (峰值)，不大于]		15.0	30.0	50.0	45.0	134.0
方波通流容量 (A，不小于)		100	100	100	200	400
重量 (kg)		1.2	1.2	1.5	2.0	20
用途		用于配电线路，开关柜等保护			电站	电站
主要尺寸	高度 (mm)	200	240	280	280	730
	直径 (mm)	90	90	90	100	180
	上部螺杆	M10	M10	M10	M10	M20

(三) 生产厂

江苏定东电力设备有限公司。

十五、3～500kV 交流无间隙瓷壳式氧化锌避雷器

(一) 概述

额定电压 3～500kV 交流无间隙瓷壳式氧化锌避雷器，用于保护交流输变电设备免受大气过电压和操作过电压损害的重要保护电器，适用于户内、户外。

正常使用条件：

(1) 交流系统额定频率 (Hz)：48～62。

(2) 海拔 (m)：≤1000。

(3) 最大风速 (m/s)：<35。

(4) 环境温度 (℃)：−40～+40。

(5) 地震烈度 (度)：<8。

(6) 太阳光最大辐射强度 (kW/m²)：1.1。

对于使用在异常使用条件下的避雷器，有高原型、耐污型和抗震型产品。

高原型使用于海拔超过 1000m 的高海拔地区；

耐污型爬电比距不小于 25mm/kV，等值附盐密度为≥0.03mg/cm² （重污秽地区）；

抗震型使用于地震烈度 8 度以上。

3～500kV 交流无问隙壳式氧化锌避雷器分类，见表 2-32。

表 2-32　　3～500kV 交流无间隙瓷壳式氧化锌避雷器分类

保护对象	电压等级(kV)	产品型号	标称电流(kA)	备注
3～500kV 电站或线路	500	Y10W5—420～468	10	爬电比距 27.5mm/kV，有耐污型、抗震型
		Y20W5—420～468	20	
	330	Y10W5—288～330	10	爬电比距 31mm/kV、25mm/kV，有耐污型、高原型
	220	Y10W5—192～228	10	爬电比距 31mm/kV、25mm/kV，有高原型、耐污型和普通型
		Y5W5—192～228	5	
	110	Y10W5—96～126	10	爬电比距 31mm/kV、25mm/kV，有高原型、耐污型和普通型
		Y5W5—96～126	5	
	66	Y10W5—84～94	10	爬电比距 31mm/kV、25mm/kV，有高原型、耐污型和普通型
		Y5W5—84～94	5	
	35	Y10W5—51～55	10	爬电比距大于 31mm/kV，有耐污型、高原型
		Y5W5—51～55	5	
	3～10	Y5W5—5～17	5	
110～500kV 变压器中性点	500	Y1.5W5—96～132	1.5	
	330	Y1.5W5—204～210	1.5	
	220	Y1.5W5—144～146	1.5	
	110	Y1.5W5—55～73	1.5	
并联电容器组	35	Y5WR5—48～54	5	2ms 方波电流 400～2000A，爬电比距大于 25mm/kV
		Y10WR5—48～54	10	
	3～10	Y5WR5—5～17	5	2ms 方波电流 400～1000A
电气化铁道	55	Y10WT5—82～84	10	2ms 方波电流 400～600A
		Y5WT5—82～84	5	
	27.5	Y10WT5—41～42	10	
		Y5WT5—41～42	5	

注　1. 330kV 交流用氧化锌避雷器最高海拔 3000m。

2. 220kV 交流用氧化锌避雷器最高海拔 3000m。

3. 110kV 交流用氧化锌避雷器最高海拔 4300m。

4. 3～500kV 交流用氧化锌避雷器全部为单柱式结构，不采用多柱电阻片并联的方式。

5. 110～500kV 交流用氧化锌避雷器分为普通充氮型、微正压充氮型及微正压充 SF_6 型。

6. 35～500kV 交流用氧化锌避雷器的绝缘底座为整体瓷底座。

（二）型号含义

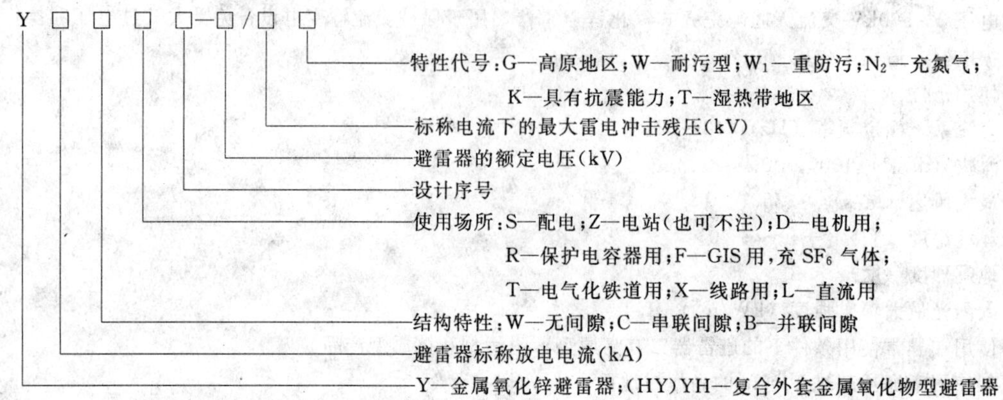

（三）特点

1. 优异的保护特性

无间隙氧化锌避雷器由于采用了非线性伏—安特性十分优异的氧化锌电阻片、陡波、雷电波、操作波下的保护特性比传统的碳化硅避雷器均有显著的改善。特别是氧化锌电阻片良好的陡波响应特性，对陡波电压无迟延、操作残压低、无放电分散性等优点，克服了碳化硅避雷器所固有的因陡波放电迟延引起陡波放电电压高，操作波放电分散性大，致使操作波放电电压高等缺点，从而增大了陡波、操作波下的保护裕度，在绝缘配合方面可以做到陡波、雷电波、操作波下的保护裕度接近一致，对设备提供最佳保护，提高了保护可靠性。

2. 大的通流能力

氧化锌避雷器具有吸收各种雷电过电压、操作过电压和工频暂态过电压能力。

(1) 4/10μs 大电流冲击耐受能力。氧化锌电阻片的大电流冲击耐受能力，在引进技术的基础上有改进和提高。不同标称放电电流等级产品的大电流冲击耐受能力为：

20kA、10kA 氧化锌避雷器：100kA；

5kA 氧化锌避雷器：65～100kA。

(2) 线路放电等级和 2ms 方波通流能力。氧化锌避雷器能够吸收切空载长线过电压或重合闸过电压线路所释放的能量，其能力大小规定用线路放电等级和 2ms 方波电流表征。Y5W5、Y10W5、Y20W5 系列氧化锌避雷器，其吸收过电压能量的能力，见表 2-33。

表 2-33　Y5W5、Y10W5、Y20W5 系列吸收过电压能量能力

系统电压等级 (kV)	产品型号	线路放电等级				能量吸收 (kJ/kV)	2ms 方波 20 次 (A)
		等级	波阻抗 (Ω)	电流持续时间 (μs)	充电电压 (kV)		
110～220	YSW5 Y10W5	2～3	$1.3U_r$	2400	$2.8U_r$	6.3	600～800
330	Y10W5	4	$0.8U_r$	2800	$2.6U_r$	9	1000
500	Y10W5	5	$0.5U_r$	3200	$2.4U_r$	13.4	1500
	Y20W5	5	$0.5U_r$	3200	$2.4U_r$	15	2000

注　U_r 为避雷器额定电压。

(3) 暂态过电压耐受能力。由于系统单相接地、长线电容效应以及甩负荷引起的工频暂态过电压升高，要求避雷器具有一定的耐受能力，见表 2-34。

表 2-34　避雷器工频暂态过电压耐受能力

电压等级 (kV)	500	330	110～220	35～66 中性点非有效接地系统
工频暂态过电压耐受时间特性	注入二次线路放电等级能量负载后： $1.3U_r$　$1.2U_r$　$1.15U_r$　$1.1U_r$　$1.0U_r$ 0.1s　1s　10s　100s　1200s			大电流冲击后： U_r　2h U_c　24h

注　U_r 为避雷器额定电压。

(4) 良好的耐污性能。氧化锌避雷器由于采用了无间隙结构，瓷套表面的污秽对避雷器性能的影响（如使碳化硅避雷器的间隙放电电压降低，遮断性能变坏等）相应减少。

避雷器瓷套最小公称爬电比距（爬电距离与系统最高线电压之比）为：

无明显污秽地区：17mm/kV；

中等污秽地区：20mm/kV；

重污秽地区：25mm/kV；

特重污秽地区：31mm/kV。

对耐污型产品，执行 GB 11032《交流无间隙金属氧化物避雷器》标准，耐污性能见表 2-35。

(5) 独特的压力释放装置。35kV 及以上等级氧化锌避雷器带有压力释放装置。压力释放装置由隔弧筒、放压板和压力释放排气口组成。隔弧筒避免电弧直接烧灼瓷壁，能有效地防止电弧的热冲击引起瓷套碎裂；放压板保证动作可靠，及时排除内部压力；排气口使得电弧从内部很快转移到外部，在瓷套外形成电弧短接。

(6) 高的运行可靠性。

表 2-35 氧化锌避雷器耐污性能

电压等级 (kV)	产品型号①	爬电比距 (mm/kV)	耐污能力 (mg/cm^2)②	压力释放试验电流值	
				大电流 (kA)	小电流 (A)
35	Y5W5 Y10W5 —48～55	35		16	800
110～220	YSW5 Y10W5 —192～228GW	25	0.03～0.06	50	
		31			
330	Y10W5—228～330GW	25	0.03	50	
		31			
500	Y10W5—420～468W	27.5	0.06 可带电水冲洗	63	
	Y20W5—420～468W				

① 产品型号包括各种使用场所。

② 等值附盐密度。

(7) 氧化锌电阻片的老化特性。各种电压等级的氧化锌避雷器采用的氧化锌电阻片均通过 115℃、1000h、荷电率 85%～95%的老化试验，性能稳定，功耗随时间增长基本保持稳定略有下降。

(8) 避雷器元件的密封性能。避雷器元件采用气密性好、恒定压缩永久变形小的优质橡胶作为密封材料，采用控制密封圈压缩量和增涂密封胶等措施，确保密封可靠。35kV 及以上电压等级的产品漏率小于 4.43×10^{-5}Pa。

(9) 独特、新颖的微正压自封阀结构。对于 110～500kV 氧化锌避雷器增加了自封阀结构。产品内部充以微正压的高纯度干燥氮气或 SF_6 气体，杜绝了潮气浸入。

(10) 机械强度。3～500kV 氧化锌避雷器的芯体采用单柱结构，氧化锌电阻片用绝缘棒固定，结构简单，牢固可靠。使用在地震烈度 7 度及以下地区的避雷器，瓷套抗弯应力大于导线拉力和风力之和，具有 2.5 倍以上的裕度；使用在地震烈度 7 度以上的避雷器，除满足上述要求外，瓷套的抗弯应力对于地震力具有 1.67 倍的裕度。

500kV 氧化锌避雷器标准型可以耐受 8 度地震烈度，抗震型产品可以耐受 9 度地震烈度。

各种型号产品的安全系数见表 2-36。

表 2-36 氧化锌避雷器安全系数

型　号	导线水平拉力 (N)	风力 (35m/s) (N)	安全系数	型　号	导线水平拉力 (N)	风力 (35m/s) (N)	安全系数
Y5W5 Y10W5 —48～55	294	80	18	Y5W5 Y10W5 —288～330	980	609	4.0
Y5W5 Y10W5 —96～126	490	199	22	Y10W5 Y20W5 —420～468	1470	1309	3.0
Y5W5 Y10W5 —192～228	980	440	5.0				

(四) 结构

该产品由基本元件、均压环（额定电压 192kV 及以上产品）、绝缘底座组成。基本元件内部由氧化锌电阻片串联组成，不同电压等级的避雷器选用规格不同的电阻片。方波电流 400A 及以下的避雷器采用圆饼状电阻片，方波电流 400A 以上避雷器采用环状电阻片，均用绝缘棒固定。500kV 氧化锌避雷器为改善电压分布，还带有均压电容器。

(五) 技术数据

3～500kV 电力系统用交流无间隙氧化锌避雷器的性能完全符合国家标准 GB 11032 及 IEC 60099-4《交流无间隙金属氧化物避雷器》、XC/JT 8001《3～500kV 交流无间隙金属氧化物避雷器技术条件》。

(1) 3～500kV 电站型和线路型无间隙瓷氧化锌避雷器的技术数据，见表 2-37～表 2-41。

(2) 变压器中性点保护用瓷氧化锌避雷器。Y1W、Y1.5W 系列氧化锌避雷器是用于保护 110kV、220kV、300kV、500kV 变压器中性点绝缘免受过电压损坏的保护电器，克服了过去传统避雷器的保护不能与中性点绝缘相配合的缺点，可实现最佳保护，技术数据见表 2-42、表 2-43。

(3) 并联补偿电容器组保护用瓷氧化锌避雷器。随着电压等级提高和电网输送容量的增大，为解决无功补偿，提高功率因数，安装电容器组已成为最经济和收效最快的措施。由于调整电压经常切合电容器组，产生的过电压对电容器及其相连设备都易造成损坏，必须用避雷器保护。

表 2-37　　3～500kV 电站型和线路型无间隙瓷氧化锌避雷器技术数据

型　号	避雷器额定电压	系统额定电压	避雷器持续运行电压	直流参考电压 ≥	2ms 方波电流 ≥	线路放电等级	陡波冲击电流残压	雷电冲击电流残压	操作冲击电流残压	备注	生产厂
	有效值，kV			(kV)	(A)		≤（峰值，kV）				
Y5WS5—5/15	5	3	4.0	7.5	100		17.3	15	12.8	操作冲击电流 250A	中国西电集团西安西电高压电瓷有限责任公司
Y5WZ5—5/13.5	5	3	4.0	7.5	150		15.5	13.5	11.5		
Y5WS5—10/30	10	6	8.0	15.0	100		34.6	30	25.6		
Y5WZ5—10/27	10	6	8.0	15.0	150		31.0	27	23.0		
Y5WS5—17/50	17	10	13.6	25.0	100		57.5	50	42.5		
Y5WZ5—17/48	17	10	13.6	25.0	100		55.5	48	41.0		
Y5WZ5—17/45	17	10	13.6	24.0	150		51.8	45	38.3		
Y5WZ5—17/44	17	10	13.6	24.0	150		50.5	44	37.5		
Y5W5—51/134	51	35	40.8	73.0	400		154	134	114	操作冲击电流 500A	
Y5W5—51/130	51	35	40.8	73.0	400		150	130	112		
Y5W5—51/125	51	35	40.8	73.0	400		145	125	110		
Y5W5—52.7/134	52.7	35	42.2	76.0	400		154	134	114		
Y5W5—52.7/130	52.7	35	42.2	74.0	400		150	130	112		
Y5W5—52.7/125	52.7	35	42.2	73.0	400		145	125	110		
Y5W5—54/134	54	35	43.2	76.0	400		154	134	114		
Y5W5—54/130	54	35	43.2	74.0	400		150	130	112		
Y5W5—54/125	54	35	43.2	73.0	400		145	125	110		
Y5W5—84/215	84	63	67.2	122	600		245	215	181	操作冲击电流 1kA	
Y5W5—84/221	84	63	67.2	121	600		254	221	188		
Y5W5—90/235	90	63	72.5	130	600		270	235	201		
Y5W5—90/224	90	63	72.5	128	600		258	224	190		
Y5W5—94/234	94	63	75.2	134	600		270	234	198		
Y5W5—96/250	96	110	75	140	600		288	250	213		
Y5W5—100/260	100	110	78	145	600		299	260	221		
Y5W5—102/266	102	110	79.6	148	600		305	266	226		
Y5W5—108/281	108	110	84	157	600		323	281	239		
Y5W5—116/302	116	110	90	168	600		338	302	256		
Y5W5—192/500	192	220	150	280	600		560	500	426		
Y5W5—200/520	200	220	156	290	600		582	520	442		
Y5W5—204/532	204	220	159	296	600		594	532	452		
Y5W5—216/562	216	220	168.5	314	600		630	562	478		
Y5W5—228/593	228	220	178	336	600		665	593	502		
Y10W5—51/134	51	35	40.8	73	400		154	134	114	操作冲击电流 500A	
Y10W5—51/130	51	35	40.8	73	400		150	130	112		
Y10W5—51/125	51	35	40.8	73	600		144	125	110		
Y10W5—52.7/134	52.7	35	42.2	75	400		154	134	114		
Y10W5—52.7/130	52.7	35	42.2	75	400		144	130	113		
Y10W5—52.7/125	52.7	35	42.2	75	600		144	125	110		
Y10W5—54/134	54	35	43.2	76	600		154	134	114		
Y10W5—54/130	54	35	43.2	76	600		144	130	112		
Y10W5—84/215	84	63	67.2	122	600	2	245	215	181	操作冲击电流 1kA	
Y10W5—90/224	90	63	72.5	128	600	2	248	224	190		
Y10W5—90/235	90	63	72.5	130	600	2	264	235	201		
Y10W5—94/234	94	63	75.5	133	600	2	270	234	198		

续表

型　号	避雷器额定电压	系统额定电压	避雷器持续运行电压	直流参考电压≥ (kV)	2ms方波电流≥ (A)	线路放电等级	陡波冲击电流残压	雷电冲击电流残压	操作冲击电流残压	备注	生产厂
	有效值，kV						≤（峰值，kV）				
Y10W5—96/250	96	110	75.0	140	600	2	280	250	213	操作冲击电流1kA	中国西电集团西安西电高压电瓷有限责任公司
Y10W5—100/260	100	110	78.0	145	600	2	291	260	221		
Y10W5—102/266	102	110	79.6	148	600	2	297	266	226		
Y10W5—108/281	108	110	84.0	157	600	2	315	281	239		
Y10W5—116/302	116	110	90.0	168	600	2	338	302	257		
Y10W5—126/328	126	110	98.0	183	600	2	367	328	279		
Y10W5—192/500	192	220	150.0	280	800	3	560	500	426		
Y10W5—200/520	200	220	156.0	290	800	3	582	520	442		
Y10W5—204/532	204	220	159.0	296	800	3	594	532	452		
Y10W5—216/562	216	220	168.5	314	800	3	630	562	478		
Y10W5—288/698	288	330	219.0	408	1000	4	782	698	893		
Y10W5—300/727	300	330	228.0	425	1000	4	814	727	618		
Y10W5—306/742	306	330	233.0	433	1000	4	831	742	630		
Y10W5—312/760	312	330	237.0	442	1000	4	847	760	643		
Y10W5—324/789	324	330	246.0	459	1000	4	880	789	668		
Y10W5—420/960	420	500	318	565	1500	5	1075	960	852	操作冲击电流2kA	
Y10W5—420/950	420	500	318	565	1500	5	1064	950	843		
Y10W5—444/1015	444	500	324	597	1500	5	1137	1015	900		
Y10W5—444/995	444	500	324	597	1500	5	1115	995	882		
Y10W5—468/1070	468	500	330	630	1500	5	1198	1070	950		
Y10W5—468/1046	468	500	330	630	1500	5	1170	1046	928		
Y20W5—200/566	200	220	152.0	304	1200	4	634	566	464		
Y20W5—420/1006	420	500	318	565	2000	5	1067	1006	826		
Y20W5—420/1046	420	500	318	565	2000	5	1070	1046	830		
Y20W5—420/1066	420	500	318	565	2000	5	1096	1066	832		
Y20W5—444/1050	444	500	324	597	2000	5	1126	1050	874		
Y20W5—444/1063	444	500	324	597	2000	5	1159	1063	882		
Y20W5—444/1106	444	500	324	597	2000	5	1238	1106	907		
Y20W5—468/1120	468	500	330	630	2000	5	1222	1120	926		
Y20W5—468/1166	468	500	330	630	2000	5	1306	1166	956		

表 2-38　　3～500kV电站型和线路型无间隙瓷氧化锌避雷器技术数据

系统额定电压 (kV)	型　号	持续运行电压 (kV)	残压≤（kV）			直流1mA参考电压≥（kV）	工频参考电压（阻性1mA）≥（kV）	2ms方波 (A)	生产厂
			1/4	8/20	30/60				
6	Y5WZ—7.6/24	4	27	24	20.4	13.7	8.8	200，400	西安电瓷研究所
	Y5WZ—7.6/26	4	30	26	22.1	14.4	9	200，400	
	Y5WZ—7.6/27	4	31	27	23	15	10.3	200，400	
10	Y5WZ—12.7/42	6.6	48	42	35.7	24	15.5	200，400	
	Y5WZ—12.7/45	6.6	51.8	45	38.3	24	16	200，400	
35	Y5W—41/115	23.4	133	115	98	66	42	400	
	Y5W—41/130	23.4	150	130	110	73	46	400	
	Y5W—42/122	23.4	140	122	104	66	42	400	

续表

系统额定电压（kV）	型　号	持续运行电压（kV）	残压≤（kV）			直流 1mA 参考电压≥（kV）	工频参考电压（阻性 1mA）≥（kV）	2ms 方波（A）	生产厂
			1/4	8/20	30/60				
35	Y5W—42/134	23.4	154	134	114	73	46	400	
	Y5W—45/135	23.4	155	135	115	70	45	400	
110	Y5W—96/238	73	262	238	202	140	96	600，800	
	Y5W—100/260	73	299	260	221	145	100	600，800	
	Y5W—108/281	73	314	281	239	156	108	600，800	
	Y5W—126/332	73	382	332	282	214	134	600，800	
	Y10W—96/238	73	262	238	202	140	96	600，800	
	Y10W—100/248	73	273	248	211	145	100	600，800	
	Y10W—100/260	73	291	260	221	145	100	600，800	
	Y10W—102/255	73	282	255	217	148	102	600，800	
	Y10W—108/268	73	295	268	228	156	108	600，800	
220	Y5W—192/476	146	524	476	404	280	192	600，800	
	Y5W—200/520	146	598	520	442	290	200	600，800	
	Y5W—216/562	146	628	562	478	314	216	600，800	
	Y5W—228/593	146	663	593	504	331	228	600，800	
	Y10W—192/476	146	524	476	404	280	192	600，800	
	Y10W—200/496	146	546	496	422	290	200	600，800	
	Y10W—200/520	146	582	520	442	290	200	600，800	
	Y10W—204/515	146	564	515	438	296	204	600，800	
	Y10W—216/536	146	590	536	456	314	216	600，800	
	Y10W—228/565	146	622	565	480	331	228	600，800	
330	Y10W—288/698	210	782	698	593	408	280	1200	西安电瓷研究所
	Y10W—300/727	215	814	727	618	424	291	1200	
	Y10W—312/756	220	847	756	643	441	302	1200	
500	Y10W—420/960	318	1075	960	852	565	420（3mA）	1800，2400	
	Y10W—444/965	324	1080	965	854	597	420（3mA）	1800，2400	
	Y10W—468/1070	330	1198	1070	950	630	430（3mA）	1800，2400	
6	Y5WZ—10/27	8	31	27	23	14.4	9	200，400	
10	Y5WZ—17/45	13.6	51.8	45	38.3	24	16	200，400	
35	Y5WZ—51/134	40.8	154	134	114	73	48	400	
66	Y5W—84/221	67.2	254	221	188	121	84	600，800	
	Y5W—90/235	72.5	270	235	201	130	90	600，800	
	Y10W—90/235	72.5	264	235	201	130	90	600，800	
110	Y5W—96/250	75	288	250	213	140	96	600，800	
	Y10W—96/250	75	280	250	213	140	96	600，800	
	Y5W—100/260	78	299	260	221	145	100	600，800	
	Y10W—100/260	78	291	260	221	145	100	600，800	
	Y5W—102/266	79.6	305	266	226	148	102	600，800	
	Y10W—102/266	79.6	297	266	226	148	102	600，800	
	Y5W—108/281	84	323	281	239	157	108	600，800	
	Y10W—108/281	84	315	281	239	157	108	600，800	
220	Y10W—192/500	150	560	500	426	280	192	600，800	
	Y10W—200/520	156	582	520	442	290	200	600，800	
	Y10W—204/532	159	594	532	452	296	204	600，800	
	Y10W—216/562	168.5	630	562	478	314	216	600，800	

续表

系统额定电压(kV)	型号	持续运行电压(kV)	残压≤(kV)			直流1mA参考电压≥(kV)	工频参考电压(阻性1mA)≥(kV)	2ms方波(A)	生产厂
			1/4	8/20	30/60				
330	Y10W—288/698	219	782	698	593	408	280	1200	西安电瓷研究所
	Y10W—300/727	228	814	727	618	425	291	1200	
	Y10W—312/760	237	847	760	643	442	302	1200	
500	Y10W—420/960	318	1075	960	852	565	420 (3mA)	1800, 2400	
	Y20W—420/1046	318	1170	1046	858	565	420 (3mA)	1800, 2400	
	Y10W—444/1015	324	1137	1015	900	597	444 (3mA)	1800, 2400	
	Y20W—444/1106	324	1238	1106	907	597	444 (3mA)	1800, 2400	

表 2-39 3～500kV电站型和线路型无间隙瓷氧化锌避雷器技术数据

型号	系统标称电压	避雷器额定电压	避雷器持续运行电压	直流1mA参考电压≥(kV)	2ms方波通流容量(A)	雷电冲击电流下残压	陡波冲击电流下残压	操作冲击电流下残压	伞径 ϕ (mm)	高度 H (mm)	生产厂
	有效值, kV					≤(峰值, kV)					
Y5WZ—5/13.5	3	5	4	7.2	150	13.5	15.5	11.5	95	208	西安神电电器有限公司
Y5WZ—10/27	6	10	8	14.4	150	27	31	23	95	208	
Y5WZ—12/32.4	10	12	9.6	17.4	150	32.4	37.2	27.6	95	255	
Y5WZ—15/40.5	10	15	12	21.8	150	40.5	46.5	34.5	95	255	
Y5WZ—17/45	10	17	13.6	24.0	150	45	51.8	38.3	95	255	
Y5WZ—51/134	35	51	40.8	73	150	134	154	114	240 215	1030 650	
Y5WZ—84/221	66	84	67.2	121	600	221	254	188	252	1210	
Y5WZ—90/235	66	90	72.5	130	600	235	270	201	252	1210	
Y10WZ—90/235	66	90	72.5	130	600	235	264	201	252	1210	
Y5WZ—96/250	110	96	75	140	600	250	288	213	308	1800	
Y10WZ—96/250	110	96	75	140	600	250	280	213	308	1800	
Y5WZ—100/260	110	100	78	145	600	260	299	221	308	1800	
Y10WZ—100/260	110	100	78	145	600	260	291	221	308	1800	
Y5WZ—102/266	110	102	79.6	148	600	266	305	226	308	1800	
Y10WZ—102/266	110	102	79.6	148	600	266	297	226	308	1800	
Y5WZ—108/281	110	108	84	157	600	281	323	239	308	1800	
Y10WZ—108/281	110	108	84	157	600	281	315	239	308	1800	
Y10WZ—192/500	220	192	150	280	800	500	560	426	308	3210	
Y10WZ—200/520	220	200	156	290	800	520	582	442	308	3210	
Y10WZ—204/532	220	204	159	296	800	532	594	452	308	3210	
Y10WZ—216/562	220	216	168.5	314	800	562	630	478	308	3210	
Y5WZ—17/45	10	17	13.6	24	150	45	51.8	38.3	89	340	紫金集团南京紫金电力保护设备有限公司

表 2-40　　电站型、线路型瓷外套无间隙瓷氧化锌避雷器技术数据

型号	系统标称电压	避雷器额定电压	持续运行电压	直流1mA参考电压≥(kV)	最大残压（峰值，kV）			电流冲击耐受			备注	生产厂
	有效值，kV				陡波冲击电流下1/5μs	雷电冲击电流下8/20μs	操作冲击电流下30/60μs	2000μs方波电流(峰值，A)	8/20μs冲击电流(kA)	4/10μs冲击电流(峰值,kA)		
Y1.5W—0.28/1.30	0.22	0.28	0.24	0.60		1.30		50	1.5	10	低压	武汉博大科技集团随州避雷器有限公司
Y1.5W—0.50/2.6	0.38	0.50	0.42	1.20		2.60		50	1.5	10		
Y5WZ—7.6/27	6	7.6	4.0	14.4	31	27	23	300	5	65	电站型(Z)	
Y5WZ—10/27	6	10	8	15	31	27	23	300	5	65		
Y5WZ—12.7/45	10	12.7	6.6	24	51.8	45	38.3	300	5	65		
Y5WZ—17/45	10	17	13.6	25	51.8	45	38.3	300	5	65		
Y5WZ—42/134	35	42	23.4	73	154	134	114	400	5	65		
Y5WZ—51/134	35	51	40.8	76	154	134	114	400	5	65		
Y5W—96/250	110	96	75	140	280	250	213	400	5	65		
Y5W—100/260	110	100	78	145	299	260	221	600	5	65		
Y5W—108/281	110	108	84.2	157	323	281	239	600	5	65		
Y10W—100/260	110	100	78	145	291	260	221	600	10	100		
Y10W—108/281	110	108	84	157	315	281	239	600	10	100		
Y10W—200/520	220	200	156	290	582	520	442	800	10	100		
Y10W—216/562	220	216	168.4	314	630	562	478	800	10	100		
Y10W—300/727	330	300	228	425	814	727	618	1200	10	100		
Y10W—444/1015	500	444	324	597	1137	1015	900	1500	10	100		
Y20W—468/1166	500	468	330	630	1306	1166	956	2000	20	100		
Y10WX—17/60	10	17	13.6	28	64	60		18/40μs	8/20μs	100	线路型(X)	
Y10WX—51/170	35	51	40.8	80	185	170		10kA	20kA			

表 2-41　　电站型、线路型瓷外套无间隙瓷氧化锌避雷器技术数据

型号	避雷器额定电压	系统额定电压	持续运行电压	直流参考电压≥(kV)	操作冲击电流残压	雷电冲击电流残压	陡波冲击电流残压	2ms方波通流容量(A)	4/10μs大电流冲击耐受(kA)	标称爬电距离(mm)	生产厂
	有效值，kV				残压≤kV						
Y20W—420/1046	420	500	335	588	858	1046	1170	1800	150	15120	河南金冠王码信息产业股份有限公司、南阳氧化锌避雷器厂
Y20W—444/1095	444	500	335	628	900	1095	1192	1800	150	15120	
Y20W—468/1153	468	500	375	655	950	1153	1270	1800	150	15120	
Y20W——420/1006	420	500	335	588	832	1006	1096	2000	150	15120	
Y20W—444/1063	444	500	355	628	896	1063	1159	2000	150	15120	
Y20W—468/1120	468	500	375	655	926	1120	1222	2000	150	15120	
Y10W—420/960	420	500	335	588	852	960	1075	1500，2000	100	15120	
Y10W—444/1015	444	500	355	628	900	1015	1137	1500，2000	100	15120	
Y10W—468/1070	468	500	375	655	950	1070	1198	1500，2000	100	15120	
Y10W—192/500	192	220	150	280	426	500	560	800	100	5480	
Y10W—200/496	200	220	156	290	414	496	555	800	100	5480	
Y10W—200/520	200	220	156	290	442	520	582	800	100	5480	
Y10W—204/520	204	220	159	296	442	520	582	800	100	5480	
Y10W—204/532	204	220	159	296	452	532	594	800	100	5480	
Y10W—216/536	216	220	168.5	314	456	536	616	800	100	5480	
Y10W—216/540	216	220	168.5	314	460	540	620	800	100	5480	
Y10W—216/562	216	220	168.5	314	478	562	630	800	100	5480	

续表

型　号	避雷器额定电压	系统额定电压	持续运行电压	直流参考电压≥	操作冲击电流残压	雷电冲击电流残压	陡波冲击电流残压	2ms方波通流容量(A)	4/10μs大电流冲击耐受(kA)	标称爬电距离(mm)	生产厂
	有效值，kV			(kV)	残压≤kV						
Y10W—192/500W	192	220	150	280	426	500	560	800	100	6400	河南金冠王码信息产业股份有限公司、南阳氧化锌避雷器厂
Y10W—200/496W	200	220	156	290	414	496	555	800	100	6400	
Y10W—200/520W	200	220	156	290	442	520	582	800	100	6400	
Y10W—204/520W	204	220	159	296	442	520	582	800	100	6400	
Y10W—204/532W	204	220	159	296	452	532	594	800	100	6400	
Y10W—216/536W	216	220	168.5	314	456	536	616	800	100	6400	
Y10W—216/540W	216	220	168.5	314	460	540	620	800	100	6400	
Y10W—216/562W	216	220	168.5	314	478	562	630	800	100	6400	
Y10W—192/500W	192	220	150	280	426	500	560	800	100	8540	
Y10W—200/496W	200	220	156	290	414	496	555	800	100	8540	
Y10W—200/520W	200	220	156	290	442	520	582	800	100	8540	
Y10W—204/520W	204	220	159	296	442	520	582	800	100	8540	
Y10W—204/532W	204	220	159	296	452	532	594	800	100	8540	
Y10W—216/536W	216	220	168.5	314	456	536	616	800	100	8540	
Y10W—216/540W	216	220	168.5	314	460	540	620	800	100	8540	
Y10W—216/562W	216	220	168.5	314	478	562	630	800	100	8540	
Y10W—96/250	96	110	75	140	213	250	280	600，800	100	2740	
Y10W—100/248	100	110	78	145	211	248	273	600，800	100	2740	
Y10W—100/260	100	110	78	145	221	260	291	600，800	100	2740	
Y10W—102/260	102	110	80	148	221	260	291	600，800	100	2740	
Y10W—102/266	102	110	80	148	226	266	297	600，800	100	2740	
Y10W—108/268	108	110	84	157	227	268	300	600，800	100	2740	
Y10W—108/281	108	110	84	157	239	281	315	600，800	100	2740	
Y10W—96/250W	96	110	75	140	213	250	280	600，800	100	3200	
Y10W—100/248W	100	110	78	145	211	248	273	600，800	100	3200	
Y10W—100/260W	100	110	78	145	221	260	291	600，800	100	3200	
Y10W—102/260W	102	110	80	148	221	260	291	600，800	100	3200	
Y10W—102/266W	102	110	80	148	226	266	297	600，800	100	3200	
Y10W—108/268W	108	110	84	157	227	268	300	600，800	100	3200	
Y10W—108/281W	108	110	84	157	239	281	315	600，800	100	3200	
Y10W—96/250W1	96	110	75	140	213	250	280	600，800	100	4270	
Y10W—100/248W1	100	110	78	145	211	248	273	600，800	100	4270	
Y10W—100/260W1	100	110	78	145	221	260	291	600，800	100	4270	
Y10W—102/260W1	102	110	80	148	221	260	291	600，800	100	4270	
Y10W—102/266W1	102	110	80	148	226	266	297	600，800	100	4270	
Y10W—108/268W1	108	110	84	157	227	268	300	600，800	100	4270	
Y10W—108/281W1	108	110	84	157	239	281	315	600，800	100	4270	

型　号	避雷器额定电压	系统额定电压	持续运行电压	直流参考电压≥	2ms方波冲击电流(峰值)	操作冲击电流残压	雷电冲击电流残压	陡波冲击电流残压	避雷器爬电比距(mm/kV)	重量(kg)	备注	生产厂
	有效值，kV			(kV)	≥(A)	≤(kV)						
Y1.5W—0.5/2.6	0.5	0.38	0.42	1.2	150		2.6		32	1	低压	北京电力设备总厂电器厂
Y1.5W—0.28/1.3	0.28	0.22	0.24	0.6	150		1.3		32	1		

续表

型　　号	避雷器额定电压	系统额定电压	持续运行电压	直流参考电压≥	2ms方波冲击电流(峰值)≥	操作冲击电流残压	雷电冲击电流残压	陡波冲击电流残压	避雷器爬电比距(mm/kV)	重量(kg)	备注	生产厂
	有效值，kV			(kV)	(A)	≤(kV)						
Y20W—468/1100	468	500	369	630	2500	956	1100		25	1688	电站型	北京电力设备总厂电器厂
Y20W—444/1060	444	500	353	597	2500	907	1060		25	1688		
Y20W—420/1005	420	500	331	565	2500	858	1005		25	1688		
Y20W—396/968	396	500	318	532	2500	808	986		25	1688		
Y10W—468/1045	468	500	369	630	1500	950	1045		25	1688		
Y10W—444/1015	444	500	353	597	1500	900	1015		25	1688		
Y10W—420/958	420	500	331	565	1500	852	958		25	1688		
Y10W—396/905	396	500	318	532	1500	804	905		25	1688		
Y10W—324/789	324	330	246	459	1500	668	789		25	700		
Y10W—312/760	312	330	237	442	1500	643	760		25	700		
Y10W—306/742	306	330	233	433	1500	630	742		25	700		
Y10W—300/727	300	330	228	425	1500	618	727		25	700		
Y10W—288/698	288	330	219	408	1500	593	698		25	700		
Y10W—216/562	216	220	169	314	600	478	562		25	340		
Y10W—204/532	204	220	159	296	600	452	532		25	340		
Y10W—200/520	200	220	156	290	600	442	520		25	340		
Y10W—192/500	192	220	150	280	600	426	500		25	340		
Y10W—108/281	108	110	84	157	600	239	281		25	180		
Y10W—102/266	102	110	80	148	600	226	266		25	180		
Y10W—100/260	100	110	78	145	600	221	260		25	180		
Y10W—96/250	96	110	75	140	600	213	250		25	180		
Y10W—90/235	90	66	73	130	600	201	235		25	180		
Y5W—108/281	108	110	84	157	600	239	281		25	180		
Y5W—108/268	108	110	84	157	600	235	268		25	180		
Y5W—102/266	102	110	80	148	600	226	266		25	180		
Y5W—100/260	100	110	78	145	600	221	260		25	180		
Y5W—96/250	96	110	75	140	600	213	250		25	180		
Y5W—90/235	90	66	73	130	600	201	235		25	180		
Y5W—84/221	84	66	67.5	121	600	188	221		25	180		
Y5WZ—51/134	51	35	40.8	73	200	114	134		25	45		
Y5WZ—17/45	17	10	13.6	24	200	38.3	45		25	12		
Y5WZ—15/40.5	15	10	12	21.8	200	34.5	40.5		25	10		
Y5WZ—12/32.4	12	10	9.6	17.4	200	27.6	32.4		25	9		
Y5WZ—10/27	10	6	8	14.4	200	23	27		25	7		
Y5WZ—5/13.5	5	3	4	7.2	200	11.5	13.5		25	5		
Y1.5W—0.28/1.3	0.28	0.22	0.24	0.6	75		1.3				低压	汉光电子集团电力电器公司
Y1.5W—0.5/2.6	0.5	0.38	0.42	1.2	75		2.6					
Y5WZ—3.8/13.5	3.8	3	2.0	7.2	200		13.5	14.5			电站型	
Y5WZ—7.6/27	7.6	6	4.0	14.4	200		27	31				
Y5WZ—10/27	10	6	8.0	14.4	200		27	31				
Y5WZ—12.7/45	12.7	10	6.6	24	200		45	51.8				
Y5WZ—17/45	17	10	13.6	24	200		45	51.8				
Y5WZ—42/134	42	35	23.4	73	400		134	154				
Y5WZ—51/134	51	35	40.8	73	400		134	154				
Y5WZ—100/260	100	110	78	145	400，600		260	291				
Y5WE—100/260	100	110	78	145	600，800		260	291				

续表

型　号	避雷器额定电压	系统额定电压	持续运行电压	直流参考电压≥(kV)	2ms方波冲击电流(峰值)≥(A)	操作冲击电流残压	雷电冲击电流残压	陡波冲击电流残压	避雷器爬电比距(mm/kV)	重量(kg)	备注	生产厂
	有效值，kV					≤(kV)						
Y10WZ—100/260	100	110	73	148	600		260				电站型	宁波市镇海国创高压电器有限公司
Y5WZ—51/134	51	35	40.8	75	400～500		134					
Y10WZ—90/235	90	66	72.5	130	800		235					
Y10WZ—96/250	96	110	75	140	800		250					
Y10WZ—100/260	100	110	78	145	800		260					
Y10WZ—102/260	102	110	79.6	148	800		260					
Y10WZ—108/281	108	110	84	157	800		281					
Y10WZ—192/500	192	220	150	280	800		500					
Y10WZ—200/520	200	220	156	290	800		520					
Y10WZ—204/532	204	220	159	296	800		532					
Y10WZ—216/562	216	220	168.5	314	800		562					

型　号	避雷器额定电压	系统额定电压	持续运行电压	直流1mA参考电压≥(kV)	2ms方波通流容量(A)	操作冲击电流残压	雷电冲击电流残压	陡波冲击电流残压	4/10μs冲击大电流2次(峰值)(kA)	爬电距离(mm)	生产厂
	有效值，kV					≤(kV)					
Y10W2—96/250	96	110	75	140	400，600	213	250	280	100	3780	上海电瓷厂
Y10W2—96/250N_2	96	110	75	140	400，600	213	250	280	100	3780	
Y10W2—96/238	96	110	75	140	400，600	202	238	262	100	3780	
Y10W2—96/238N_2	96	110	75	140	400，600	202	238	262	100	3780	
Y10W2—100/260	100	110	78	145	400，600	221	260	291	100	3780	
Y10W2—100/260N_2	100	110	78	145	400，600	221	260	291	100	3780	
Y10W2—100/248	100	110	78	145	400，600	211	248	273	100	3780	
Y10W2—100/248N_2	100	110	78	145	400，600	211	248	273	100	3780	
Y10W2—102/266	102	110	79.6	148	400，600	226	266	297	100	3780	
Y10W2—102/266N_2	102	110	79.6	148	400，600	226	266	297	100	3780	
Y10W2—102/253	102	110	79.6	148	400，600	215	253	278	100	3780	
Y10W2—102/253N_2	102	110	79.6	148	400，600	215	253	278	100	3780	
Y10W2—108/281	108	110	84	157	400，600	239	281	315	100	3780	
Y10W2—108/281N_2	108	110	84	157	400，600	239	281	315	100	3780	
Y10W2—108/268	108	110	84	157	400，600	228	268	295	100	3780	
Y10W2—108/268N_2	108	110	84	157	400，600	228	268	295	100	3780	
Y10W2—192/500	192	220	150	280	600，800	426	500	560	100	7560	
Y10W2—192/500N_2	192	220	150	280	600，800	426	500	560	100	7560	
Y10W2—192/476	192	220	150	280	600，800	404	476	524	100	7560	
Y10W2—192/476N_2	192	220	150	280	600，800	404	476	524	100	7560	
Y10W2—200/520	200	220	156	290	600，800	442	520	582	100	7560	
Y10W2—200/520N_2	200	220	156	290	600，800	442	520	582	100	7560	
Y10W2—200/496	200	220	156	290	600，800	422	496	546	100	7560	
Y10W2—200/496N_2	200	220	156	290	600，800	422	496	546	100	7560	
Y10W2—204/532	204	220	159	296	600，800	452	532	594	100	7560	
Y10W2—204/532N_2	204	220	159	296	600，800	452	532	594	100	7560	
Y10W2—204/506	204	220	159	296	600	430	506	556	100	7560	
Y10W2—204/506N_2	204	220	159	296	800	430	506	556	100	7560	

续表

型 号	避雷器额定电压	系统额定电压	持续运行电压	直流 1mA 参考电压 ≥ (kV)	2ms 方波通流容量 (A)	操作冲击电流残压	雷电冲击电流残压	陡波冲击电流残压	4/10μs 冲击大电流 2 次（峰值）(kA)	爬电距离 (mm)	生产厂
	有效值，kV					≤ (kV)					
Y10W2—216/562	216	220	168.5	314	600 800	478	562	630	100	7560	上海电瓷厂
Y10W2—216/562N_2	216	220	168.5	314		478	562	630	100	7560	
Y10W2—216/536	216	220	168.5	314		456	536	590	100	7560	
Y10W2—216/536N_2	216	220	168.5	314		456	536	590	100	7560	
Y5WZ2—5/13.5	5	3	4	7.2	150	11.5 (250)	13.5	15.5	40，65	134	
Y5W—5/13.5	5	3	4	7.2	200， 300，400	11.5 (250)	13.5	15.5	65	134	
Y5WZ2—10/27	10	6	8	14.4	150	23 (250)	27	31	40，65	200	
Y5W—10/27	10	6	8	14.4	200， 300，400	23 (250)	27	31	65	200	
Y5WZ2—17/45	17	10	13.6	24	150	38.3 (250) 35	27	51.8	40，65	300	
Y5W—17/45	17	10	13.6	24	200， 300，400		27	51.8	65	300	
Y5WZ2—51/134	51	35	40.8	73	200	114 (250)	134	154	65	189 1313 (W)	
Y5WZ2—84/221	84	66	67.2	121	400 500 600	188 (250)	221	254	65	1782 2626 (W)	
Y5WZ2—90/235	90	66	72.5	130		201	235	270	65		
Y5W—96/250	96	110	75	140		213	250	288	65	2712 3244 (W)	
Y5W—100/260	100	110	78	145		221	260	299	65		
Y5W—102/266	102	110	79.6	148		226	266	305	65		
Y5W—108/281	108	110	84	157		239	281	323	65		
Y5W—51/126	51	35	40.8	73	200 300 400	102 (250)	126	145	65	891 1313 (W)	
Y5W—52.7/134	52.7	35	42	74.5		114 (250)	134	154	65		
Y5W—52.7/126	52.7	35	42	74.5		102 (250)	126	145	65		

型 号	避雷器额定电压	系统额定电压	持续运行电压	直流 1mA 参考电压 ≥ (kV)	2ms 方波电流冲击耐受 (A)	操作冲击电流残压	雷电冲击电流残压	陡波冲击电流残压	爬电距离 (mm)	重量 (kg)	生产厂
	有效值，kV					≤ (kV)					
Y5WZ2—5/13.5	5	3	4.0	7.2	200	11.5	13.5	15.5	200	3	牡丹江电业局避雷器厂
Y5WZ2—10/27	10	6	8.0	14.4	200	23.0	27	31.0	250	4	
Y5WZ2—17/45	17	10	13.6	24.0	200	38.3	45	51.8	330	4	
Y5WZ2—51/134W	51	35	40.8	73.0	300	114.0	134	154.0	1790	65	
Y5WZ2—51/134	51	35	40.8	73.0	300	114.0	134	154.0	940	65	
Y5WZ2—84/221W	84	66	67.2	121	500	188	221	254	1980	144	
Y5WZ2—84/221W	84	66	67.2	121	500	188	221	254	1790	144	
Y5WZ2—90/235W	90	66	72.5	130	500	201	235	270	1980	150	
Y10WZ2—90/235W	90	66	72.5	130	500	201	235	264	1980	150	

续表

型号	避雷器额定电压	系统额定电压	持续运行电压	直流 1mA 参考电压 ≥ (kV)	2ms 方波电流冲击耐受 (A)	操作冲击电流残压	雷电冲击电流残压	陡波冲击电流残压	爬电距离 (mm)	重量 (kg)	生产厂
	有效值，kV					≤（kV）					
Y5WZ2—90/235W	90	66	72.5	130	500	201	235	270	1790	150	牡丹江电业局避雷器厂
Y10WZ2—90/235W	90	66	72.5	130	500	201	235	264	1790	150	
Y5WZ2—96/250W	96	66	75	140	500	213	250	288	1980	156	
Y10WZ2—96/250W	96	66	75	140	500	213	250	280	1980	156	
Y5WZ2—96/250W	96	66	75	140	500	213	250	280	1790	156	
Y5WZ2—100/260W①	100	110	78	145	500～600	221	260	299	3270	174	
Y5WZ2—100/260W①	100	110	78	145	500～600	221	260	291	3270	174	
Y5WZ2—102/266W	102	110	79.6	148	500～600	226	266	305	3270	174	
Y10WZ2—102/266W	102	110	79.6	148	500～600	226	266	297	3270	174	
Y5WZ2—108/281W	108	110	84	157	500～600	239	281	323	3270	174	
Y10WZ2—108/281W	108	110	84	157	500～600	239	281	315	3270	174	
Y10WZ2—192/500W	192	192	150	280		426	500	560	6540	348	
Y10WZ2—200/520W①	200	200	156	290		442	520	582	6540	348	
Y10WZ2—204/532W	204	204	159	296		452	532	594	6540	348	
Y10WZ2—216/562W	216	216	168.5	314		478	562	630	6540	348	

注　操作冲击电流残压一栏中括号内的数值为该产品的操作冲击电流值，未注括号为500A。

①　过渡产品。

表 2-42　　变压器中性点保护用瓷氧化锌避雷器技术数据

型号	变压器额定电压	避雷器额定电压	避雷器持续运行电压	雷电冲击电流残压	操作冲击电流残余	直流参考电压 ≥ (kV)	2ms 方波电流 ≥ (A)	4/10μs 冲击大电流 2 次 (峰值，kA)	爬电距离 (mm)	外形尺寸 (宽×高) (mm×mm)	生产厂
	有效值，kV			≤（峰值，kV）							
Y1.5W5—55/132	110	55	44	132	126	79	400				西安西电高压电瓷有限责任公司
Y1.5W5—60/144	110	60	48	144	135	85	400				
Y1.5W5—72/186	110	72	58	186	174	103	400				
Y1.5W5—144/320	220	144	116	320	299	205	600				
Y1.5W5—204/440	330	204	164	440	410	288	600				
Y1.5W5—207/440	330	207	166	440	410	292	600				
Y1.5W5—102/260	500	102	82	260	243	150	600				
Y1.5W5—96/260	500	96	77	260	243	137	600				
Y1W—55/151	110	55		151		86	400				西安电瓷研究所
Y1W—60/144	110	60		144		86	400				
Y1W—73/200	110	73		200		103	400				
Y1W—146/320	220	146		320		190	400				
Y1W—210/440	330	210		440		270	400				
Y1W—100/260	500	100		260		152	600				
Y1.5W—30/80	35	30		80		44	400				
Y1.5W—60/144	110	60		144		86	400				
Y1.5W—72/186	110	72		186		105	400				
Y1.5W—144/320	220	144		320		204	400				
Y1.5W—207/440	330	207		440		288	400				
Y1.5W—102/206	500	102		206		155	600				

续表

型　号	变压器额定电压	避雷器额定电压	避雷器持续运行电压	雷电冲击电流残压	操作冲击电流残余	直流参考电压≥	2ms方波电流≥	4/10μs冲击大电流2次	爬电距离(mm)	外形尺寸(宽×高)(mm×mm)	生产厂
	有效值，kV			≤（峰值，kV)		(kV)	(A)	(峰值，kA)			
Y1.5W2—60/144	110	60	48	144	135	85	400 500 600	65	1356 1622 (W)	224 (240) ×1015	上海电瓷厂
Y1.5W2—72/186	110	72	58	186	174	103		65	1416 1682 (W)	224 (240) ×1075	
Y1.5W2—96/260	500	96	77	260	243	137		65	2712 3244 (W)	224 (240) ×1724	
Y1.5W2—144/320	220	144	116	320	299	205		65	2832 1622 (W)	224 (240) ×1884	

表 2-43　变压器中性点保护用瓷氧化锌避雷器技术数据

型　号	变压器额定电压	避雷器额定电压	避雷器持续运行电压	雷电冲击电流残压	操作冲击电流残压	直流参考电压≥(kV)	2ms方波电流(A)	伞径 ϕ (mm)	高度 H (mm)	重量(kg)	生产厂
	有效值，kV			≤（峰值，kV)							
Y1.5W—60/144	110	60	48	144	135	85	400	240	1170		西安神电电器有限公司
Y1.5W—72/186	110	72	58	186	174	103	400	240	1170		
Y1.5W—96/260	500	96	77	260	243	137	600	252	1210		
Y1.5W—144/320	220	144	116	320	299	205	600	308	1800		
Y1.5W—33/90	35	33	24	90	78	50	400				武汉博大科技集团随州避雷器有限公司
Y1.5W—60/144	110	60	48	144	137	85	400				
Y1.5W—72/186	110	72	58	186	174	103	400				
Y1.5W—96/260	500	96	77	260	243	137	400				
Y1.5W—144/320	220	144	116	320	299	205	400				
Y1.5W—207/440	330	207	166	440	410	292	400				
Y1.5W—60/144	110	60	48	144		85	135				汉光电子集团汉光电力电器公司
Y1.5W—72/186	110	72	58	186		103	174				
Y1.5W—207/440	330	207	166	440	410	292	400	1070	3040	340	北京电力设备总厂电器厂
Y1.5W—144/320	220	144	116	320	299	205	400	370	1610	180	
Y1.5W—96/260	500	96	77	260	243	137	400	370	1610	175	
Y1.5W—72/186	110	72	58	186	174	103	400	302	1310	80	
Y1.5W—60/144	110	60	48	144	135	85	400	302	1310	75	
Y1.5W—31/85	35	31	24.8	85		52	400	215	920		宁波市镇海国创高压电器有限公司
Y1.5W—60/144	110	60	48	144		85	400	215	920		
Y1.5W—72/186	110	72	58	186		103	400	215	920		
Y1.5W—96/260	500	96	77	260		137	400				
Y1.5W—144/320	220	144	116	320		205	400				
Y1.5W—207/440	330	207	166	440		292	400				
Y1.5W2—60/144W	110	60	48	144	135	85	500	240/210	1070	140	牡丹江电业局避雷器厂
Y1.5W2—72/186W	110	72	58	186	174	103	500	250/220	1320	150	
Y1.5W2—96/260W	220	96	77	260	243	137	500	250/220	1320	156	
Y1.5W2—144/320W	220	144	116	320	299	205	500	300/260	1520	180	

传统的碳化硅避雷器在放电瞬间，电容器阻抗为零，避雷器流过高达几千安的电流，将严重烧伤电极或使间隙重燃，导致避雷器损坏。氧化锌避雷器完全不同，由于没有间隙，只要过电压超过直流参考电压，就开始导通，吸收过电压能量，因此对限制投切电容器组的重燃过电压具有明显的抑制效果。

并联补偿电容器组保护用氧化锌避雷器技术数据，见表 2-44、表 2-45。

表 2-44　　并联补偿电容器组保护用瓷氧化锌避雷器技术数据

型　号	避雷器额定电压	系统额定电压	避雷器持续运行电压	直流参考电压≥(kV)	2ms方波电流≥(A)	雷电冲击电流残压	操作冲击电流残压	工频参考电压（阻性1mA）≥（kV）	伞径 ϕ（mm）	高度 H（mm）	生产厂
	有效值，kV					≤（峰值，kV）					
Y5WR5—5/13.5	5	3	4.0	7.2	400	13.5	10.5				西安西电高压电瓷有限责任公司
Y5WR5—10/27	10	6	8.0	14.4	400	27.0	21.0				
Y5WR5—17/46	17	10	13.6	24	400～1000	46	35.0				
Y5WR5—48/134 Y10WR5—48/134	48	35	38.4	70	400～2000	134	105				
Y5WR5—51/134 Y10WR5—51/134	51	35	40.8	73	400～2000	134	105				
Y5WR5—52.7/134 Y10WR5—52.7/134	52.7	35	42.2	76	400～2000	134	105				
Y5WR5—54/134 Y10WR5—54/134	54	35	43.3	78	400～2000	134	105				
Y5WR—12.7/45	12.7	10	6.6	23	400	45	38.3	16			西安电瓷研究所
Y5WR—42/134	42	35	23.4	70	400	134	114	46			
Y5WR—17/45	17	10	13	24	400	45	35	16			
Y5WR—51/134	51	35	40.8	73	400	134	105	48			
Y5WR—5/13.5	5	3	4.0	7.2	400	13.5	10.5		110	208	西安神电电器有限公司
Y5WR—10/27	10	6	8.0	14.4	400	27.0	21.0		110	208	
Y5WR—12/32.4	12	10	9.6	17.4	400	32.4	25.2		110	255	
Y5WR—10/40.5	15	10	12.0	21.8	400	40.5	31.5		110	255	
Y5WR—17/46	17	10	13.6	24.0	400	46.0	35.0		110	255	
Y5WR—51/134	51	35	40.8	73.0	400	134	105.0		240	1030	
Y5WR—84/221	84	66	67.2	121	400	221	176		252	1210	
Y5WR—90/236	90	66	72.5	130	400	236	190		252	1210	

表 2-45　　并联补偿电容器组保护用瓷氧化锌避雷器技术数据

型　号	避雷器额定电压	系统额定电压	避雷器持续运行电压	直流1mA参考电压≥（kV）	2ms方波电流≥（A）	雷电冲击电流残压	操作冲击电流残压	爬电距离（mm）	外形尺寸（宽×高）（mm×mm）	生产厂
	有效值，kV					≤（峰值，kV）				
Y5WR2—5/13.5	5	3	4	7.2	400	13.5	10.5	134	32×230	上海电瓷厂
Y5WR2—10/27	10	6	8	14.4	400	27	21	200	132×270	
Y5WR2—17/45	17	10	13.6	24	400	45	35	300	132×320	
Y5WR2—51/134	51	35	40.8	73	400 500 600	134	105	891 1313（W）	327×918	
Y5WR2—84/221	84	66	67.2	121		221	176	1782 2626（W）	327×1563	
Y5WR2—90/235	90	66	72.5	130		235	190			
Y5WR2—52.7/126	52.7	35	42	74.5		126	105	891 1313（W）	327×918	

续表

<table>
<tr><th rowspan="2">型　　号</th><th>避雷器额定电压</th><th>系统额定电压</th><th>避雷器持续运行电压</th><th rowspan="2">直流1mA参考电压≥(kV)</th><th rowspan="2">2ms方波电流≥(A)</th><th>雷电冲击电流残压</th><th colspan="2">操作冲击电流残压</th><th rowspan="2" colspan="2">爬电距离(mm)</th><th rowspan="2">外形尺寸(宽×高)(mm×mm)</th><th rowspan="2">生产厂</th></tr>
<tr><th colspan="3">有效值，kV</th><th colspan="3">≤(峰值，kV)</th></tr>
<tr><td>Y5WR—3.8/13.5</td><td>3.8</td><td>3</td><td>2</td><td>7.2</td><td>400</td><td>13.5</td><td rowspan="6">陡波冲击残压</td><td>14.8</td><td colspan="2"></td><td></td><td rowspan="6">汉光电子集团汉光电力电器公司</td></tr>
<tr><td>Y5WR—7.6/27</td><td>7.6</td><td>6</td><td>4</td><td>14.4</td><td>400</td><td>27</td><td>30.8</td><td colspan="2"></td><td></td></tr>
<tr><td>Y5WR—10/27</td><td>10</td><td>6</td><td>8</td><td>14.4</td><td>400</td><td>27</td><td>31.0</td><td colspan="2"></td><td></td></tr>
<tr><td>Y5WR—12.7/45</td><td>12.7</td><td>10</td><td>6.6</td><td>24</td><td>400</td><td>45</td><td>51</td><td colspan="2"></td><td></td></tr>
<tr><td>Y5WR—17/45</td><td>17</td><td>10</td><td>13.6</td><td>24</td><td>400</td><td>45</td><td>51</td><td colspan="2"></td><td></td></tr>
<tr><td>Y5WR—51/134</td><td>51</td><td>35</td><td>40.5</td><td>73</td><td>400</td><td>134</td><td>154</td><td colspan="2"></td><td></td></tr>
<tr><td>Y5WR—90/236</td><td>90</td><td>66</td><td>72.5</td><td>130</td><td>400</td><td>236</td><td colspan="2">190</td><td rowspan="8">爬电比距(mm/kV)</td><td>25(32)</td><td>370×1610</td><td rowspan="8">北京电力设备总厂电器厂</td></tr>
<tr><td>Y5WR—84/221</td><td>84</td><td>66</td><td>67.2</td><td>121</td><td>400</td><td>221</td><td colspan="2">176</td><td>25(32)</td><td>370×1610</td></tr>
<tr><td>Y5WR—51/134</td><td>51</td><td>35</td><td>40.8</td><td>73</td><td>400</td><td>134</td><td colspan="2">105</td><td>32</td><td>ϕ245×855</td></tr>
<tr><td>Y5WR—17/46</td><td>17</td><td>10</td><td>13.6</td><td>24</td><td>400</td><td>46</td><td colspan="2">35</td><td>32</td><td>ϕ138×358</td></tr>
<tr><td>Y5WR—15/40.5</td><td>15</td><td>10</td><td>12</td><td>21.8</td><td>400</td><td>40.5</td><td colspan="2">31.5</td><td>32</td><td>ϕ138×358</td></tr>
<tr><td>Y5WR—12/32.4</td><td>12</td><td>10</td><td>9.6</td><td>17.4</td><td>400</td><td>32.4</td><td colspan="2">25.2</td><td>32</td><td>ϕ138×285</td></tr>
<tr><td>Y5WR—10/27</td><td>10</td><td>6</td><td>8</td><td>14.4</td><td>400</td><td>27</td><td colspan="2">21</td><td>32</td><td>ϕ138×285</td></tr>
<tr><td>Y5WR—5/13.5</td><td>5</td><td>3</td><td>4</td><td>7.2</td><td>400</td><td>13.5</td><td colspan="2">10.5</td><td></td><td>ϕ138×250</td></tr>
<tr><td>Y5WR—51/128</td><td>51</td><td>35</td><td>40.8</td><td>75</td><td rowspan="3">400～500</td><td>128</td><td colspan="2"></td><td colspan="2"></td><td></td><td rowspan="3">宁波市镇海国创高压电器有限公司</td></tr>
<tr><td>Y5WR—84/221</td><td>84</td><td>66</td><td>67.2</td><td>121</td><td>221</td><td colspan="2"></td><td colspan="2"></td><td></td></tr>
<tr><td>Y5WR—90/236</td><td>90</td><td>66</td><td>72.5</td><td>130</td><td>236</td><td colspan="2"></td><td colspan="2"></td><td></td></tr>
<tr><td>Y5WR2—10/27</td><td>10</td><td>6</td><td>8</td><td>14.4</td><td>500</td><td>27</td><td colspan="2">21</td><td colspan="2">260</td><td>123×280</td><td rowspan="6">牡丹江电业局避雷器厂</td></tr>
<tr><td>Y5WR2—17/46</td><td>17</td><td>10</td><td>13.6</td><td>24</td><td>500</td><td>46</td><td colspan="2">35</td><td colspan="2">350</td><td>123×280</td></tr>
<tr><td>Y5WR2—51/134W</td><td>51</td><td>35</td><td>40.8</td><td>73</td><td>500</td><td>134</td><td colspan="2">105</td><td colspan="2">1790</td><td>240×1220</td></tr>
<tr><td>Y5WR2—90/236W</td><td>90</td><td>66</td><td>72.5</td><td>130</td><td>500</td><td>236</td><td colspan="2">190</td><td colspan="2">1980</td><td>250×1320</td></tr>
<tr><td>Y5WR2—51/134</td><td>51</td><td>35</td><td>40.8</td><td>73</td><td>500</td><td>134</td><td colspan="2">105</td><td colspan="2">1080</td><td>240×1080</td></tr>
<tr><td>Y5WR2—90/236</td><td>90</td><td>66</td><td>72.5</td><td>130</td><td>500</td><td>234</td><td colspan="2">190</td><td colspan="2">1380</td><td>250×1380</td></tr>
</table>

(4) 电气化铁道保护用瓷氧化锌避雷器技术数据，见表 2-46。

表 2-46　　电气化铁道保护用瓷氯化锌避雷器技术数据

型　　号	避雷器额定电压	系统额定电压	避雷器持续运行电压	直流参考电压≥(kV)	2ms方波电流≥(A)	陡波冲击电流残压	雷电冲击电流残压	操作冲击电流残压	伞径 ϕ (mm)	高度 H (mm)	生产厂
	有效值，kV					≤(峰值，kV)					
Y5WT5—42/120	42	27.5	34	65	400	138	120	98			西安西电高压电瓷有限责任公司
Y5WT5—41/115	41	27.5	32.8	65	400	133	115	94			
Y5WT5—84/240	84	55	68	130	400	276	240	196			
Y5WT5—82/230	82	55	65.6	128	400	266	230	188			
Y10WT5—42/120	42	27.5	34	65	400	138	120	98			
Y10WT5—41/115	41	27.5	32.8	65	400	133	115	94			
Y10WT5—84/240	84	55	68	130	400	276	240	196			
Y10WT5—82/230	82	55	65.6	128	400	266	230	188			
Y5WT—42/110	42	27.5	31.5	60	400	127	110	94			西安电瓷研究所
Y5WT—42/120	42	27.5	34	65	400	138	120	98			
Y5WT—42/128	42	27.5	31.5	65	400	147	128	109			

续表

型号	避雷器额定电压	系统额定电压	避雷器持续运行电压	直流参考电压≥	2ms方波电流≥	陡波冲击电流残压	雷电冲击电流残压	操作冲击电流残压	伞径 ϕ (mm)	高度 H (mm)	生产厂
	有效值，kV			(kV)	(A)	≤（峰值，kV）					
Y5WT—42/140	42	27.5	31.5	65	400	157	140	119			西安电瓷研究所
Y5WT—84/240	84	55	63	125	400	276	240	204			
Y5WT—84/240	84	55	68	130	400	276	240	196			
Y10WT—84/260	84	55	63	125	400	291	260	221			
Y5WT—100/260	100	110	73	145	600	291	260	221			
Y5WT—100/275	100	110	73	150	400	316	275	234			
Y10WT—100/290	100	110	73	145	600	325	295	247			
Y10WT—100/295	100	110	73	150	400	330	295	251			
Y10WT—42/105	42	27.5	31.5	58	400	118	105	89			
Y5WT—42/120	42	27.5	34	65	400	138	120	98	240	1030	西安神电电器有限公司
Y5WT—84/240	84	55	68	130	400	276	240	196	252	1210	
Y5WT—42/120	42	27.5	34	65	400	138	120	98			武汉博大科技集团随州电器有限公司
Y5WT—84/240	84	55	68	130	400	276	240	196			
Y5WT—42/120	42	27.5	34	65	600	138	120	98			
Y5WT—84/240	84	55	68	130	600	276	240	196			
Y5WT—84/240	84	55	68	130	400		240	196	203	1250	北京电力设备总厂电器厂
Y5WT—42/120	42	27.5	34	65	400		120	98	130 (135)	665 (586)	
Y5WT2—42/120	42	27.5	34	65	400	138	120	98	327	918	上海电瓷厂
Y5WT2—84/240	84	55	68	130	400，500，600	276	240	196	327	1563	
Y5WT—42/120	42	27.5	34	65	400		120				宁波市镇海国创高压电器有限公司
Y5WT—84/240	84	55	68	130	400		240				

(5) 配电用无间隙瓷氧化锌避雷器技术数据，见表2-47。

表2-47　配电用无间隙瓷氧化锌避雷器技术数据

型号	系统额定电压	避雷器额定电压	避雷器持续运行电压	直流1mA参考电压≥	2ms方波通流容量	雷电冲击电流下残压	陡波冲击电流下残压	操作冲击电流下残压	伞径 ϕ (mm)	高度 H (mm)	生产厂
	有效值，kV			(kV)	(A)	≤（峰值，kV）					
Y5WS—5/15	3	5	4	7.5	100	15.0	17.3	12.8	88	215	西安神电电器有限公司
Y5WS—10/30	6	10	8	15	100	30.0	34.6	25.6	88	215	
Y5WS—12/38.8	10	12	9.6	18	100	35.8	41.2	30.6	88	255	
Y5WS—15/45.6	10	15	12	23	100	45.6	52.5	39.0	88	255	
Y5WS—17/50	10	17	13.6	25	100	50	57.5	42.5	88	255	
Y5WS—7.6/30	6	7.6	4	15	100	34.5	30	25.6			武汉博大科技集团随州避雷器有限公司
Y5WS—10/30	6	10	8	16	100	34.5	30	25.6			
Y5WS—12.7/50	10	12.7	6.6	25	100	57.5	50	42.5			
Y5WS—17/50	10	17	13.6	26	100	57.5	50	42.5			

续表

型　号	系统额定电压	避雷器额定电压	避雷器持续运行电压	直流1mA参考电压≥(kV)	2ms方波通流容量(A)	雷电冲击电流下残压	陡波冲击电流下残压	操作冲击电流下残压	伞径 ϕ (mm)	高度 H (mm)	生产厂
	有效值，kV					≤（峰值，kV）					
Y5WS—3.8/17	3	3.8	2	7.5	100	17	19.6				汉光电子集团汉光电力电器公司
Y5WS—7.6/30	6	7.6	4	15	100	30	34.5				
Y5WS—10/30	6	10	8	15	100	30	34.5				
Y5WS—12.4/50	10	12.4	6.6	25	100	50	57.5				
Y5WS—17/50	10	17	13.6	25	100	50	57.5				
Y5WS—17/50	10	17	13.6	25	150	50		42.5	138	358	北京电力设备总厂电器厂
Y5WS—15/45	10	15	12	23	150	45		39	138	358	
Y5WS—12/36	10	12	9.6	18	150	36		30.6	138	285	
Y5WS—10/30	6	10	8	15	150	30		25.6	138	285	
Y5WS—5/15	3	5	4	7.5	150	15		12.8	138	250	
Y5WS2—5/15	3	5	4	7.5	75 100	15	17.3	12.8	111	267	上海电瓷厂
Y5WS2—10/30	6	10	8	15		30	34.6	25.6	111	267	
Y5WS2—17/50	10	17	13.6	25		50	57.5	42.5	111	318	
Y5WS2—5/15	3	5	4	7.5	100	15.0	17.3	12.8	80	240	牡丹江电业局避雷器厂
Y5WS2—10/30	6	10	8	15	100	30.0	34.6	25.6	80	280	
Y5WS2—17/50	10	17	13.6	25	100	50.0	57.5	42.5	80	320	

（6）电机用无间隙瓷氧化锌避雷器技术数据，见表2-48。

表2-48　　电机用无间隙瓷氧化锌避雷器技术数据

型　号	电机额定电压	避雷器额定电压	避雷器持续运行电压	直流1mA参考电压≥(kV)	2ms方波通流容量(A)	雷电冲击电流下残压	陡波冲击电流下残压	操作冲击电流下残压	伞径 ϕ (mm)	高度 H (mm)	备注	生产厂
	有效值，kV					≤（峰值，kV）						
Y2.5WD—4/9.5	3.15	4	3.2	5.7	400	9.5	10.7	7.6	110	208	电动机用	西安神电电器有限公司
Y2.5WD—8/18.7	6.3	8	6.3	11.2	400	18.7	21.0	15.0	110	208		
Y2.5WD—13.5/31	10.5	13.5	10.5	18.6	400	31	34.7	25.0	110	255		
Y2.5WD—4/9.5	3.15	4	3.2	5.7	400	9.5	10.7	7.6	110	208	发电机用	
Y2.5WD—8/18.7	6.3	8	6.3	11.2	400	18.7	21.0	15.0	110	208		
Y2.5WD—13.5/31	10.5	13.5	10.5	18.6	400	31	34.7	25.0	110	255		
Y2.5WD—17.5/40	13.8	17.5	13.8	24.4	400	40	44.8	32.0	110	255		
Y2.5WD—20/45	15.75	20	15.8	28.0	400	45	50.4	36.0	110	255		
Y2.5WD—23/51	18	23	18	31.9	400	51	57.2	40.8	110	335		
Y2.5WD—25/56.2	20	25	20	35.4	400	56.2	62.9	45.0	110	335		
Y2.5W—3.8/9.5		3.8	2	5.6	200 400	9.5	10.9	7.6			电动机、发电机用	西安电瓷研究所
Y2.5W—7.6/19		7.6	4	11.5		19	21.9	15				
Y2.5W—12.7/31		12.7	6.6	18.9		31	35.7	25				
Y2.5W—16.7/40		16.7	9	24.8		40	46	32				
Y2.5W—19/45		19	10	28.2		45	51.8	36				
Y5W—4/9.5	3.15	4	3.2	5.7	400	9.5	10.7	7.6			发电机用	
Y5W—8/18.7	6.3	8	6.3	11.2		18.7	21	15				
Y5W—13.5/31	10.5	13.5	10.5	18.6		31	34.7	25				
Y5W—17.5/40	13.8	17.5	13.8	24.4		40	44.8	32				
Y5W—20/45	15.75	20	15.8	28		45	50.4	36				

续表

型号	电机额定电压	避雷器额定电压	避雷器持续运行电压	直流1mA参考电压≥	2ms方波通流容量(A)	雷电冲击电流下残压	陡波冲击电流下残压	操作冲击电流下残压	伞径 ϕ (mm)	高度 H (mm)	备注	生产厂
	有效值，kV			(kV)		≤（峰值，kV）						
Y5W—23/51	18	23	18.0	31.9	400	51	57.2	40.8			发电机用	西安电瓷研究所
Y5W—25/56.2	20	25	20.0	35.4		56.2	62.9	45.0				
Y2.5W—4/9.5	3.15	4	3.2	5.7	200 400	9.5	10.7	7.6			电动机用	
Y2.5W—8/18.7	6.3	8	6.3	11.2		18.7	21	15				
Y2.5W—13.5/31	10.5	13.5	10.5	18.6		31	34.7	25				
Y2.5WD—3.8/9.5	3	3.8	2.0	5.7	400	9.5	10.7				旋转电机	汉光电子集团汉光电力电器公司
Y2.5WD—7.6/19	6	7.6	4.0	11.2	400	19	21.9					
Y2.5WD—12.7/31	10	12.7	6.6	18.6	400	31	35.7					
Y5W—25/56.2	20	25	20	35.4	400	56.2		45	138	455	电动机、发电机用	北京电力设备总厂电器厂
Y5W—23/51	18	23	18	31.9	400	51		40.8	138	455		
Y5W—20/45	15.75	20	15.8	28	400	45		36	138	358		
Y5W—17.5/40	13.8	17.5	13.8	24.4	400	40		32	138	358		
Y5W—13.5/31	10.5	13.5	10.5	19.6	400	31		25	138	285		
Y5W—8/18.7	6.3	8	6.3	11.2	400	18.7		15	138	285		
Y5W——4/9.5	3.15	4	3.2	5.7	400	9.5		7.6	138	250		
Y2.5W—13.5/31	10.5	13.5	10.5	18.6	400	31		25	138	285		
Y2.5W—8/18.7	6.3	8	6.3	11.2	400	18.7		15	138	285		
Y2.5W—4/9.5	3.15	4	3.2	5.7	400	9.5		7.6	138	250		
Y2.5W2—4/9.5	3.15	4	3.2	5.7	200	9.5	10.7	7.6	132	230	电动机用	上海电瓷厂
Y2.5W2—8/18.7	6.3	8	6.3	11.2	300	18.7	21	15	132	270		
Y2.5W2—13.5/31	10.5	13.5	10.5	18.6	400	31	34.7	25	132	320		
Y2.5W2—4/9.5	3.15	4	3.2	5.7	200	9.5	10.7	7.6	123	250	电动机用	牡丹江电业局避雷器厂
Y2.5W2—8/18.7	6.3	8	6.3	11.2	200	18.7	21.0	15.0	123	280		
Y2.5W2—13.5/31	10.5	13.5	10.5	18.6	200	31	34.7	25.0	123	320		

(7) 电机中性点用无间隙瓷氧化锌避雷器技术数据，见表 2-49。

表 2-49　　电机中性点用无间隙瓷氧化锌避雷器技术数据

型号	电机额定电压	避雷器额定电压	避雷器持续运行电压	直流1mA参考电压≥	2ms方波通流容量(A)	雷电冲击电流下残压	陡波冲击电流下残压	操作冲击电流下残压	伞径 ϕ (mm)	高度 H (mm)	生产厂
	有效值，kV			(kV)		≤（峰值，kV）					
Y1.5W—2.4/6	3.5	2.4	1.9	3.4	400	6		5.0	110	208	西安神电电器有限公司
Y1.5W—4.8/12	6.3	4.8	3.8	6.8	400	12		10.0	110		
Y1.5W—8/19	10.5	8	6.4	11.4	400	19		15.9	110	208	
Y1.5W—10.5/23	13.8	10.5	8.4	14.9	400	23		19.2	110	208	
Y1.5W—12/26	15.75	12	9.6	17	400	26		21.6	110	208	
Y1.5W—13.7/29.2	18	13.7	11.0	19.5	400	29.2		24.3	110	255	
Y1.5W—15.2/31.7	20	15.2	12.2	21.6	400	31.7		26.4	110	255	
Y1W—2.3/6		2.3		3.4	200 400	6	6				西安电瓷研究所
Y1W—4.6/12		4.6		6.9		12	12				
Y1W—7.6/19		7.6		11.5		19	19				
Y1.5W—2.4/6	3.2	2.4	1.9	3.4	200 400	6		5			
Y1.5W—4.8/12	6.3	4.8	3.8	7.1		12		10			
Y1.5W—8/19	10.5	8	6.4	11.4		19		15.9			

续表

型号	电机额定电压	避雷器额定电压	避雷器持续运行电压	直流1mA参考电压≥(kV)	2ms方波通流容量(A)	雷电冲击电流下残压	陡波冲击电流下残压	操作冲击电流下残压	伞径 ϕ (mm)	高度 H (mm)	生产厂
	有效值，kV					≤（峰值，kV）					
Y1.5W—2.4/6	3.2	2.4	1.9	3.4		6					汉光电子集团汉光电力电器公司
Y1.5W—4.8/12	6.3	4.8	3.8	6.8		12					
Y1.5W—8/19	10.5	8	6.4	11.4		19					
Y1.5W—15.2/31.7	20	15.2	12.2	21.6	200	31.7		26.4	138	358	北京电力设备总厂电器厂
Y1.5W—13.7/29.2	18	13.7	11	19.5	200	29.2		24.3	138	285	
Y1.5W—12/26	15.75	12	9.6	17	200	26		21.6	138	285	
Y1.5W—10.5/23	13.8	10.5	8.4	14.9	200	23		19.2	138	285	
Y1.5W—8/19	10.5	8	6.4	11.4	200	19		15.9	138	285	
Y1.5W—4.8/12	6.3	4.8	3.8	6.8	200	12		10	138	250	
Y1.5W—2.4/6	3.15	2.4	1.9	3.4	200	6		5	110	240	
Y1.5W2—2.4/6	3.15	2.4	1.9	3.4	200 300 400	6		5	132	230	上海电瓷厂
Y1.5W2—4.8/12	6.3	4.8	3.8	6.8		12		10	132	270	
Y1.5W2—8/19	10.5	8	6.4	11.4		19		15.9	132	320	
Y1.5W2—2.4/6	3.15	2.4	1.9	3.4	200	6		5.0	123	280	牡丹江电业局避雷器厂
Y1.5W2—4.8/12	6.3	4.8	3.8	6.8	300	12		10.0	123	280	
Y1.5W2—8/19	10.5	8	6.4	11.4	300	19		15.9	123	280	

（8）静止补偿装置用成套瓷金属氧化物避雷器。

对于静止补偿装置35kV母线，TCR支路，滤波电容器组2、3、4、5支路，以及FC支路中性点保护用的成套金属氧化物避雷器技术数据，见表2-50。

表2-50　静止补偿装置用成套瓷金属氧化物避雷器技术数据

型号	系统额定电压(kV)	持续运行电压(kV)	残压≤(kV) 8/20	直流1mA参考电压≥(kV)	工频参考电压(阻性1mA)≥(kV)	2ms方波(A)	生产厂
Y0.5WR—45/106	35	41.26	106	76.4	45	600	西安电瓷研究所
Y0.5WR—45/110	35	38.8	110	76.3	45	1200	
Y0.5WR—42/98.7	35	34.8	98.7	69.6	42	600	
Y0.5WR—36/81.6	35	28.36	81.6	56.64	36	600	
Y0.5WR—42/92	35	23	92	60	42	600	
Y0.5WR—24/56.2	35		56.2	37.8	24	600	

（9）三相组合式瓷金属氧化物避雷器。为了保护由于真空开关切合而产生的相间及相地操作过电压而设计的Y0.1W—51/127×51/140组合式避雷器和为了保护旋转电机而设计的Y0.5W—17/45×2组合式避雷器，一台三相组合式可以替代六台普通型避雷器使用，典型的技术数据，见表2-51。

表2-51　三相组合式瓷金属氧化物避雷器

型号	系统额定电压(kV)	连接方式	持续运行电压(kV)	残压8/20(kV)		直流1mA参考电压≥(kV)	工频参考电压(阻性1mA)≥(kV)	2ms方波(A)	生产厂
				0.1kA	0.5kA				
Y0.5W—17/45×2	10	相—相	13.6	42	45	28	17	200	西安电瓷研究所
		相—地	13.6	42	45	28	17	200	
Y0.1W—51/127×51/140	35	相—相	41	140	154	102	65	400	
		相—地	41	127	143	92.5	58	400	
		上部单元	24	70	77	51	33.5	400	
		下部单元	24	57	66	41.5	28.3	600	

续表

型　号	系统额定电压（kV）	连接方式	持续运行电压（kV）	残压 8/20（kV）		直流 1mA 参考电压 ≥（kV）	工频参考电压（阻性 1mA）≥（kV）	2ms 方波（A）	生产厂
				0.1kA	0.5kA				
Y0.5W—51/143×51/154	35	相—相	41	140	154	102	65	400	西安电瓷研究所
		相—地	41	127	143	92.5	58	400	
		上部单元	24	70	77	51	33.5	400	
		下部单元	24	57	66	41.5	28.3	600	

（六）外形及安装尺寸

3～500kV 交流无间隙瓷壳式氧化锌避雷器外形及安装尺寸，见表 2-52～表 2-54 及图 2-1。

表 2-52（1）　　无间隙瓷氧化避雷器外形及安装尺寸　　单位：mm

型　号	元件高度 h_2	大伞外径 ϕa_3	小伞外径 ϕa_2	瓷件杆径 ϕa_1	均压环外径 K	均压环下沉 L	元件数量（节）	爬电距离（mm）	使用海拔（m）	参考重量（kg）	整体瓷底座 产品总高 H	底座高度 h_1	底座螺栓规格	备注	生产厂
Y5W5，Y10W5—51～55	766 802	215		135		1		1556 1664	2000 3000	78 84	969 1009	182 182	M12×60	2ms 方波 400A	西安西电高压电瓷有限责任公司
Y5W5，Y10W5—96～126W	1428	310	280	180			1	3150	3000	194	1704	252	M16×80	2ms 方波 600A	
Y5W5，Y10W5—96～126WG	1559	310	280	180			1	3906	3000	210	1835	252	M16×80	2ms 方波 600A	
YSW5，Y10W5—192～216W	1428	310	280	180	850	360	2	6300	3000	400	3138	252	M16×80	2ms 方波 800A	
Y5W5，Y10W5—192～216WG	1559	310	280	180	850	360	2	7812	3000	415	3400	252	M16×80	2ms 方波 800A	
Y5W5，Y10W5—192～216WG	2624	320	290	190	1260	734	1	6300	3000	435	2981	314	M24×100	2ms 方波 800A	
Y10W5—288～330WG	1694	351	311	205	1120	735	2	9075	3000	580	3820	314	M24×100	2ms 方波 1000A	
Y10W5—288～330WG	1824	365	335	205	1120	735	2	11253	3000	630	4080	314	M24×100	2ms 方波 1000A	
Y10W5—420～468W	1695	398	368	260	1500	862	3	15125	2000	1276	5659	382	M24×120	2ms 方波 1500A	
Y20W5—420～468W	1760	482	452	320	1500	862	3	15125	2000	1565	5856	384	M27×120	2ms 方波 2000A	
Y1.5W5—55～73	802	275	245	135			1	2263	3000	75	1005	182	M12×60	2ms 方波 400A	
Y1.5W5—96～132	1559	280		180			1	3150	3000	200	1835	252	M16×80	2ms 方波 600A	
Y1.5W5—144～146	1559	280		180			1	3150	3000	230	1835	252	M16×80	2ms 方波 600A	
Y1.5W5—204～210	1559	280		180	850	360	2	6300	3000	400	3400	252	M16×80	2ms 方波 800A	
Y5WT5，Y10WT5—41～42	802	215		135			1	1664	3000	84	1005	182	M12×60	2ms 方波 400A	
Y5WT5，Y10WT5—82～84	802	215		135			2	3328	3000	168	1810	182	M12×60	2ms 方波 400A	

表 2-52（2） **电站型无间隙瓷氯化锌避雷器外形及安装尺寸** 单位：mm

型 号	每相节数	单节高度	总高 H	瓷套最大外径 D	均压环		产品参考重量(kg)	绝缘底座高度	备 注	生产厂
					最大外径	下垂高度				
Y5W—7.6～10	1	224	224	112			4		卡装	西安电瓷研究所
Y5W—12.7～17	1	286	286	112			4		卡装	
Y5W—41～51	1	758	1080	232			70	242	可用于海拔 3000m	
Y10W—45～51	1	758	1080	232			70	242		
Y5W—84～108	1	1331	1745	304			140	308	爬距 25mm/kV 可用于海拔 2000m	
Y10W—84～108	1	1331	1745	304			140	308		
Y5W—90～108G	1	1596	2010	304			155	308	爬距 25mm/kV 可用于海拔 3000m	
Y10W—90～108G	1	1596	2010	304			155	308		
Y5W—90～108W	1	1596	2010	304			155	308	爬距 31mm/kV	
Y10W—90～108W	1	1596	2010	304			155	308		
Y5W—192～228	2	1331	3068	304	850	360	260	308	爬距 25mm/kV 可用于海拔 2000m	
Y10W—192～228	2	1331	3068	304	850	360	260	308		
Y5W—192～228G	2	1596	3606	304	850	360	290	308	可用于海拔 3000m	
Y10W—192～228G	2	1596	3606	304	850	360	290	308		
Y5W—192～228W	2	1596	3606	304	850	360	290	308	爬距 31mm/kV	
Y10W—192～228W	2	1596	3606	304	850	360	290	308		
Y10W—228～312	2	1700	3516	335	1122	700	534	91	爬距 25mm/kV	
Y10W—228～312	1	3303	3868	450	1500	835	974	420		
Y10W—420～468	3	1610	5040	390	1500	862	1005	86		
Y10W—420～468	1	4722	5343	566	1900	1198	1173	462		
Y20W—420～468	1	4722	5343	566	1900	1198	1173	462		
Y20W—420～468	3	1610	5040	390	1500	862	1005	86		

表 2-53 **Y5WT、Y10WT、Y1W、Y1.5W 系列无间隙瓷金属氧化物避雷器外形及安装尺寸** 单位：mm

型 号	每相节数	单节高度	总 高 H	最大伞径 D	参考质量(kg)	绝缘底座高度	备 注	生产厂
Y1.5W—30/80	1	608	950	232	45	242		西安电瓷研究所
Y1W—55～73	1	758	1080	232	70	242		
Y1.5W—55～73	1	758	1080	232	70	242		
Y1W—146/320	2	758	1770	232	108	242		
Y1.5W—144/320	2	758	1770	232	108	242		
Y1W—210/440	2	1331	3068	304	260	308		
Y1.5W—207/440	2	1331	3068	304	260	308		
Y1W—100/260	1	1331	1745	304	140	308		
Y1.5W—102/260	1	1331	1745	304	140	308		
Y10WT—42/105	1	540	555	232	40		电力机车用，带防爆装置	
Y5WT—42/110	1	758	1080	232	70		牵引网用	
Y5WT—42/128	1	758	1080	232	70			
Y10WT—42/140	1	758	1080	232	70			
Y5WT—84//240	2	758	1770	232	108			
Y10WT—84/260	2	758	1770	232	108			
Y5WT—100/275	2	890	2034	232	129			
Y10WT—100/295	2	890	2034	232	129			
Y5WT—100/260	1	1320	1703	256	110			
Y10WT—100/290	1	1320	1703	256	110			

表 2-54　　南阳氧化锌避雷器厂瓷氧化锌避雷器外形及安装尺寸　　单位：mm

代　号	系统电压	D	H	d	b	h	爬距
电站、电容型	6kV	$\phi120$	310	$\phi10.5$	60	32	190
	10kV	$\phi120$	370	$\phi10.5$	60	32	310
配电型	6kV	$\phi84$	260	$\phi8.5$	50	27	230
	10kV	$\phi84$	300	$\phi8.5$	50	27	310

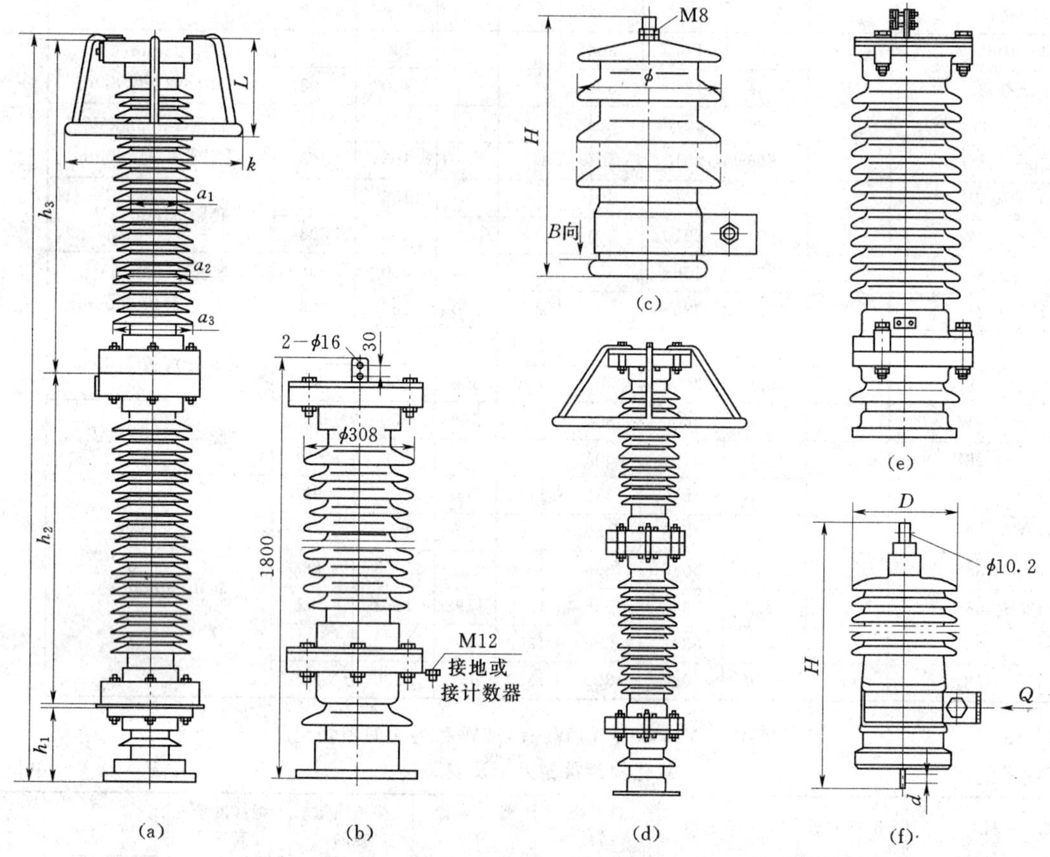

图 2-1　3～500kV 无间隙瓷壳式氧化锌避雷器外形及安装尺寸

(a) 西安西电高压电瓷有限责任公司 MOA (35～220kV)；(b) 西安神电电器有限公司 MOA (110kV 电站型)；
(c) 西安神电电器有限公司 MOA (电机、并联补偿电容器、配电、电机中性点、电站用)；
(d) 西安电瓷研究所 220kV MOA (双节)；(e) 西安电瓷研究所 Y1.5W—35，110 MOA；
(f) 南阳氧化锌避雷器厂 MOA

十六、SF_6 罐式氧化锌避雷器

(一) 概述

罐式氧化锌避雷器是全封闭组合电器 (GIS) 的重要配套产品，近年来得到迅速发展。GIS 用罐式氧化锌避雷器，除了具有瓷壳式氧化锌避雷器所具有的优点外，还具有以下特点：

(1) 保护性能优异，陡波响应好，对于伏一秒特性比较平坦的 GIS 产品保护非常有利。

(2) 性能稳定，不受外界气象条件及污秽的影响。

(3) 内部采用特殊均压措施，改善电位分布，电位分布比较均匀。

(4) 罐体内部充入一定压力的 SF_6 气体，绝缘性能优异，较空气绝缘性能高许多倍，可大幅度减小相间及相地间距离。

(5) 密封性能可靠，出厂前进行 SF_6 气体检漏，年漏率小于 1%。

(6) SF_6 气体水分含量检测，含量小于 150×10^{-6}。

西安西电高压电瓷有限责任公司在引进日立 GIS 用罐式氧化锌避雷器制造技术的基础上，已开发生产了一相一罐式、三相共罐式 63kV、110kV GIS 用顶出线、侧出线和底出线罐式氧化锌避雷器；一相一罐式 220kV GIS 用顶出线和侧

出线罐式氧化锌避雷器，以及一相一罐式 330kV、500kV GIS 用顶出线罐式氧化锌避雷器。

西安电瓷研究所已开发了 63～500kV 系统用的各种型号规格的避雷器。

产品性能符合 IEC 60099-4、GB 11032、JB/T 7617—94 六氟化硫罐式无间隙金属氧化物避雷器标准。

（二）结构

罐式氧化锌避雷器的结构与瓷套式氧化锌避雷器完全不同，罐式氧化锌避雷器的电阻片串联叠装在金属罐体内，内部充有 0.35～0.50MPa 额定压力的 SF_6 气体。高压侧通过特殊环氧浇注的盆式绝缘子出线与 GIS 相连，低压侧通过密封端子及放电计数器或泄漏电流监测仪接地。110kV 及以下等级的产品采用三相共罐结构，大大缩小相间、相地之间的距离，结构更加紧凑。220kV 及以上等级的产品一相一罐，采用电阻片多柱并列布置，电气上串联连接。为了改善产品的电位分布，内部装有不同形状和尺寸的均压屏蔽屏。

（三）技术数据

SF_6 罐式金属氧化物避雷器技术数据，见表 2-55。

表 2-55　　　63～500kV SF_6 罐式氧化锌避雷器技术数据

型号	避雷器额定电压	系统额定电压	避雷器持续运行电压	直流参考电压	2ms 方波电流	线路放电等级	陡波冲击电流残压	雷电冲击电流残压	操作冲击电流残压	标称放电电流（kA）	内绝缘耐受 1min 工频耐受电压（有效值，kV）	内绝缘耐受 全波冲击耐受电压（峰值，kV）	生产厂
	有效值，kV			≥（kV）	≥（峰值，A）		≤（峰值，kV）						
Y5WF5—90/235	90	63	72.5	130	600	2	270	235	201	5	230	500	中国西电集团西安西电高压电瓷有限责任公司
Y5WF5—94/245	94	63	73.3	137	600	2	281	245	208				
Y5WF5—96/250	96	110	75.0	140	600	2	288	250	213				
Y5WF5—100/260	100	110	78.0	145	600	2	299	260	221				
Y5WF5—102/266	102	110	79.6	148	600	2	305	266	226				
Y5WF5—108/281	108	110	84.2	157	600	2	323	281	239				
Y5WF5—116/302	116	110	92.8	169	600	2	347	302	257				
Y10WF5—90/235	90	63	72.5	130	600	2	264	235	201	10			
Y10WF5—94/228	94	63	75.2	133	600	2	263	228	200				
Y10WF5—96/250	96	110	75.0	140	600	2	280	250	213				
Y10WF5—100/260	100	110	78.0	145	600	2	291	260	221				
Y10WF5—102/266	102	110	79.6	148	600	2	297	266	226				
Y10WF5—108/281	108	110	84.2	157	600	2	315	281	239				
Y10WF5—116/302	116	110	90.5	169	600	2	338	302	257				
Y10WF5—126/328	126	110	98.3	183	600	2	367	328	279				
Y10WF5—192/500	192	220	150	280	800	3	560	500	426	10	460	1050	
Y10WF5—200/520	200	220	156.0	290	800	3	582	520	442				
Y10WF5—204/532	204	220	159.0	296	800	3	594	532	452				
Y10WF5—216/562	216	220	168.5	314	800	3	630	562	478				
Y10WF5—288/698	288	330	219	408	1000	4	782	698	593	10	510	1175	
Y10WF5—300/727	300	330	228.0	425	1000	4	814	727	618				
Y10WF5—306/742	306	330	233	433	1000	4	831	742	630				
Y10WF5—312/756	312	330	237	442	1000	4	847	756	643				
Y10WF5—324/789	330	330	246	459	1000	4	880	789	668				
Y10WF5—420/960	420	500	318	565	1500	5	1075	960	852	10	680	1675	
Y10WF5—444/1015	444	500	324	597	1500	5	1137	1015	900				
Y10WF5—468/1070	468	500	330	630	1500	5	1198	1070	950				
Y20WF5—420/1006	420	500	318	565	2000	5	1067	1006	826	20			
Y20WF5—444/1050	444	500	324	597	2000	5	1126	1050	874				
Y20WF5—468/1120	468	500	330	630	2000	5	1222	1120	926				

续表

型　号	避雷器额定电压	系统额定电压	避雷器持续运行电压	直流参考电压	2ms方波电流	线路放电等级	陡波冲击电流残压	雷电冲击电流残压	操作冲击电流残压	工频参考电压（阻性1mA）	4/10μs冲击大电流2次	生产厂
	有效值，kV			≥（kV）	≥（A）		≤（峰值，kV）			≥（kV）	（峰值，kV）	
Y10WF—84/224	84	63	4.0（67.2）	122	600 800		258	224	190	84		西安电瓷研究所
Y10WF—96/235	96	68	42（67.2）	130			271	235	200	90		
Y10WF—96/224	96	68		128			258	224	190	90		
Y10WF—100/248	100	110	73（78）	145	800		278	248	211	100		
Y10WF—100/260	100	110		145			291	260	221	100		
Y10WF—102/248	102	110	73（79.6）	148			278	248	221	102		
Y10WF—108/281	108	110	73（84.2）	156			315	281	239	108		
Y10WF—200/520	200	220	146（156）	290	800		582	520	442	200		
Y10WF—216/562	216	220	146（168.4）	314			630	562	478	216		
Y10WF—300/727	300	330	215（228）	424	1200		814	727	618	291		
Y10WF—444/1015	444	500	324	597	1500		1137	1015	900	420		
Y1.5WF2—72/186	72	110	58	103	400			186	174		100	上海电瓷厂
Y10WF2—100/260	100	110	73	145	600			260	221		100	
Y10WF2—200/520	200	220	146	290	600，800			520	442		100	

（四）外形及安装尺寸

该产品外形及安装尺寸，见表 2-56 及图 2-2。

表 2-56　　63～500kV 罐式氧化锌避雷器外形尺寸　　单位：mm

系统电压（kV）	出线方式	总高	罐体外径	参考重量（kg）	结　构	生产厂
63	顶出线	1385	ϕ618	620		西安西电高压电瓷有限责任公司
	侧出线	1830	ϕ618	764		
110	顶出线 A	1385	ϕ618	623.8		
	顶出线 B	1794	ϕ610	732		
	侧出线	1830	ϕ618	770		
	底出线	1042	ϕ624	306		
	顶出线（一相一罐）	1272	ϕ340	200		
220	顶出线 A	1690	ϕ718	750		
	顶出线 B	2143	ϕ720	997		
	侧出线	1800	ϕ718	895		
330	顶出线	2040	ϕ812	975		
550	顶出线	2660	ϕ1100	2200		
Y10WF—84～108	顶出线	1416	ϕ350	230	单相单罐	西安电瓷研究所
Y10WF—84～108	右侧出线	1830	ϕ618	780	三相一罐	
Y10WF—84～108	左侧出线	1930	ϕ618	820	三相一罐	
Y10WF—84～108	顶出线	1385	ϕ618	650	三相一罐	
Y10WF—192～228	侧出线	1800	ϕ718	910	单相单罐	
Y10WF—192～228	顶出线	1690	ϕ718	780	单相单罐	
Y10WF—288～312	顶出线	2290	ϕ812	1300		
Y10WF—420～468	顶出线	269	ϕ1100	2300		
Y1.5WF2—72/186		1423	ϕ710	246		上海电瓷厂
Y10WF2—100/260		1423	ϕ710	246		
Y10WF2—200/520		2174	ϕ965	555		

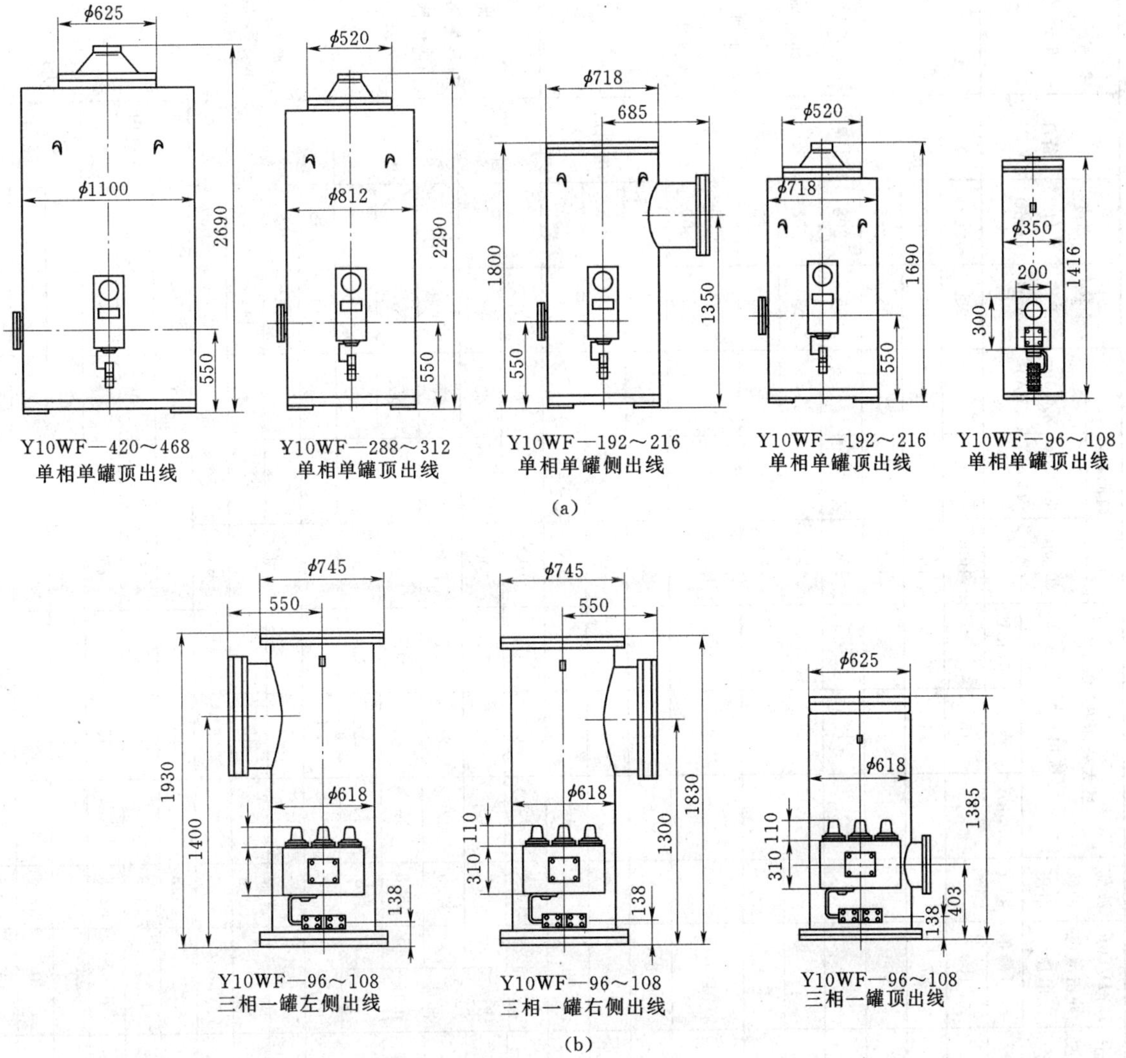

Y10WF—420～468
单相单罐顶出线

Y10WF—288～312
单相单罐顶出线

Y10WF—192～216
单相单罐侧出线

Y10WF—192～216
单相单罐顶出线

Y10WF—96～108
单相单罐顶出线

(a)

Y10WF—96～108
三相一罐左侧出线

Y10WF—96～108
三相一罐右侧出线

Y10WF—96～108
三相一罐顶出线

(b)

图 2-2 63～500kV SF_6 罐式氧化锌避雷器外形及安装尺寸（西瓷所）

(a) 单相单罐结构出线；(b) 三相一罐结构出线

十七、带串联间隙系列金属氧化物避雷器

（一）概述

Y5CS系列有串联间隙配电型金属氧化物（氧化锌）避雷器，适用于6kV、10kV中性点对地绝缘的配电系统，当系统发生单相接地故障或弧光接地时可能产生比较严重的暂态过电压，且持续时间较长，无间隙氧化锌避雷器难于承受此种过电压，而有串联间隙的Y5CS系列氧化锌避雷器克服了上述缺点，在单相接地和较低幅值的弧光接地过电压下，串联间隙不动作，使避雷器与系统隔离；在高于上述过电压下，间隙放电，氧化锌阀片优异的V—A特性限制了避雷器两端的残压，且通过避雷器的续流值很小，极易切断，对变压器的绝缘提供可靠保护。

（二）型号含义

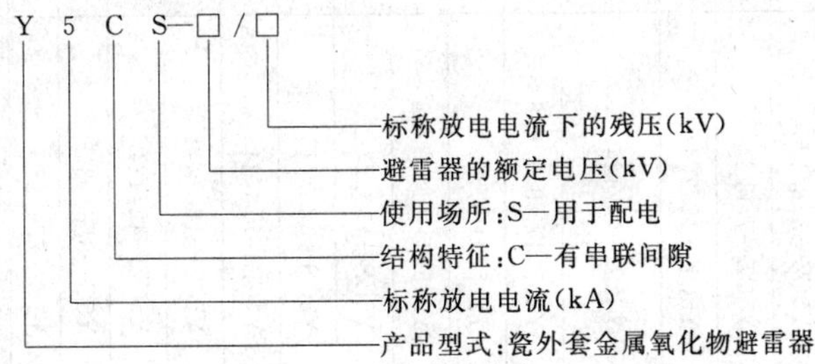

表 2-57　带串联间隙系列金属氧化物避雷器技术数据

型号	系统标称电压	避雷器额定电压	持续运行电压	工频放电电压 ≥	波前冲击放电的波前陡度	1.2D/50μs冲击放电电压	波前冲放电压	最大残压 8/20μs（峰值，kV）			通流容量			伞径 ϕ	高度 H	备注	生产厂
	有效值，kV				(kV/μs)	≤（峰值，kV）		2.5kA	5kA	10kA	2000μs (A)	8/20μs (kA)	4/10μs (kA)	(mm)	(mm)		
Y5CS—3.8/15	3	3.8		9		15			15		100			95	208	配电用	西安神电电器有限公司
Y5CS—7.6/27	6	7.6		16		27			27		100			95	208		
Y5CS—12.7/45	10	12.7		26		45			45		100			95	255		
Y5CZ—3.8/12	3	3.8		9		12			12		150			95	208	电站用	
Y5CZ—7.6/24	6	7.6		16		24			24		150			95	208		
Y5CZ—12.7/41	10	12.7		26		41			41		150			95	255		
Y5CZ—42/124	35	42		80		124			124		150			240 215	1030 650		
Y2.5CD—3.8/8.6	3	3.8		7.6		8.6		8.6			200			110	208	电机用	
Y2.5CD—7.6/17	6	7.6		15		17		17			200			110	208		
Y2.5CD—12.7/28	10	12.7		25		28		28			200			110	255		
Y5CS—7.6/27	6	7.6		16		1.25/50μs冲放电压 35	43.8	25	27	30	100	5	40			配电用	武汉博大科技集团随州避雷器有限公司
Y5CS—12.7/45	10	12.7		26		50	62.5	40	45	50	100	3	40				
Y5CZ—7.6/24	6	7.6		16		30	37.5	22	24	27	300	5	65			电站用	
Y5CZ—12.7/41	10	12.7		26		45	56.5	38	41	45	300	5	65				
Y5CZ—42/124	35	42		80		134	168	114	124	134	300	5	65				
Y5C—3.8/13.5	3	3.8	2	9		20			13.5					114	298		西安电瓷研究所
Y5C—7.6/27	6	7.6	4	16		35			27		75 150			114	298		
Y5C—12.7/45	10	12.7	6.6	26		45			45					114	430		
Y5C—22/58	18	22	12	42		58			58		400			232	1080		
Y5CS—3.8/15	3	3.8		9		21	26.3		15		75		40			配电用	汉光电子集团汉光电力电器公司
Y5CS—7.6/27	6	7.6		16		35	43.8		27		75		40				
Y5CS—12.7/45	10	12.7		26		50	62.5		45		75		40				
Y5CZ—3.8/12	3	3.8		9		20	25		12		75		65			电站用	
Y5CZ—7.6/24	6	7.6		16		30	37.5		24		75		65				
Y5CZ—12.7/41	10	12.7		26		45	56.5		41		75		65				

续表

型号	系统标称电压	避雷器额定电压	持续运行电压	工频放电电压 ≥	波前冲击放电的波前陡度 (kV/μs)	1.2D/50μs冲击放电电压	波前冲放电压	最大残压 8/20μs (峰值，kV)			通流容量			伞径 ϕ (mm)	高度 H (mm)	备注	生产厂
	有效值，kV					≤（峰值，kV）		2.5kA	5kA	10kA	2000μs (A)	8/20μs (kA)	4/10μs (kA)				
Y5CS2—3.8/13.5	3	3.8		9	32	13.5	18.8		13.5		75			80	244	配电用	上海电瓷厂
Y5CS2—7.6/27	6	7.6		16	63	27	33.8		27		75			80	244		
Y5CS2—12.7/45	10	12.7		26	106	45	56.3		45		75			80	295		
Y5C—18	20	18		30	126	60	69.3		60		75			80	425		
Y5C—24	20	24		49	168	80	92.4		80		75			80	425		
Y5CZ2—3.8/12	3	3.8		9	32	15	18.8		12		150			92	230	电站用	
Y5CZ2—7.6/24	6	7.6		16	63	27	33.8		24		150			92	270		
Y5CZ2—12.7/36	10	12.7		26	106	40	50		36		150			92	320		
Y5CZ2—42/110	35	42		80	343	110	143		110		150			120	640		
Y5CS—7.6/27	6	7.2		16	63		43.8		27		50	5	25	87	272	配电用	牡丹江北方高压电瓷有限责任公司
Y5CS—12.7/45	10	12.7		26	106		62.5		45		50	5	25	87	312		
Y5（10）CZ—42/124	35	42		80		134	168		124	124	200			245	855	电站型	北京电力设备总厂电器厂
Y5（10）CZ—12.7/41	10	12.7		26		45	56.5		41	41	200			138	358		
Y5（10）CZ—7.6/24	6	7.6		16		32	37.5		24	24	200			138	285		
Y5（10）C2—3.8/12	3	3.8		9		20	25		12	12	200			138	250		

型号	系统标称电压	避雷器额定电压	工频放电电压 ≥	1.2/50μs冲击放电电压	波前冲放电压	最大残压 8/20μs (峰值，kV)			通流容量			避雷器爬电比距 (mm/kV)	重量 (kg)	伞径 ϕ (mm)	高度 H (mm)	备注	生产厂
	有效值，kV			≤（峰值，kV）		20kA	5kA	10kA	2000μs (A)	8/20μs (kA)	4/10μs (kA)						
Y5（10）CS—12.7/45	10	12.7		50	62.5		45	45	150			25（32）	10	138	358	配电型	北京电力设备总厂电器厂
Y5（10）CS—7.6/27	6	7.6		35	43.8		27	27	150			25（32）	7	138	285		
Y5（10）CS—3.8/15	3	3.8		21	26.3		15	15	150			25（32）	5	138	250		
Y20CB—61/202		61	73.2	134.3	165.2	202			600			25（32）	80	302	1310	阻波器用	
Y20CB—48/159		48	57.6	105.7	130	159							40	138	1000		
Y20CB—38/125.8		38	45.6	83.7	103	125.8							30	138	1000		
Y20CB—30/99.3		30	36	66.1	81.3	99.3							25	138	1000		
Y20CB—24/79.4		24	28.8	53	65.2	79.4							20	138	900		

续表

型号	系统标称电压	避雷器额定电压	工频放电电压≥	1.2D/50μs冲击放电电压	波前冲放电压	最大残压8/20μs（峰值，kV）			通流容量			避雷器爬电比距（mm/kV）	重量（kg）	伞径ϕ（mm）	高度H（mm）	备注	生产厂
	有效值，kV			≤（峰值，kV）		20kA	5kA	10kA	2000μs（A）	8/20μs（kA）	4/10μs（kA）						
Y20CB—19/62.9		19	22.8	42	51.7	62.9			600			25（32）	10	138	455	阻波器用	北京电力设备总厂电器厂
Y20CB—15/49.7		15	18	33	40.6	49.7							10	138	455		
Y20CB—12/39.7		12	14.4	26.5	32.6	39.7							8	138	455		
Y20CB—9.5/31.5		9.5	11.4	24.5	30.1	31.5							8	138	358		
Y20CB—7.6/25.2		7.6	9.1	19.6	24.1	25.2							6	138	285		
Y20CB—6.1/20.1		6.1	7.3	15.7	19.3	20.1							3	138	285		
Y20CB—4.8/15.8		4.8	5.8	12.4	15.2	15.8							5	138	250		
Y20CB—3.8/12.5		3.8	4.6	10.2	12.5	12.5							4	138	250		
Y20CB—3/9.9		3	3.6	8.1	10	9.9							4	138	250		
Y20CB—2.4/7.9		2.4	2.9	6.5	8	7.9							3	110	240		
Y20CB—1.9/6.3		1.9	2.3	5.1	6.3	6.3							3	110	240		
Y5（10）CB—61/183.6		61	73.2	134.3	165.2		183.6	183.6	400				80	302	1310	阻波器用有间隙	
Y5（10）CB—48/144.5		48	57.6	105.7	130		144.5	144.5					40	138	1000		
Y5（10）CB—38/114.4		38	45.6	83.7	103		114.4	114.4					30	138	1000		
Y5（10）CB—30/90.3		30	36	66.1	81.3		90.3	90.3					25	138	1000		
Y5（10）CB—24./72.2		24	28.8	53	65.2		72.2	72.2					20	138	900		
Y5（10）CB—19/57.2		19	22.8	42	51.7		57.2	57.2					10	138	455		
Y5（10）CB—15/45.2		15	18	33	40.6		45.2	40.2					10	138	455		
Y5（10）CB—12/36.1		12	14.4	26.5	32.6		36.1	36.1					8	138	455		
Y5（10）CB—9.5/28.6		9.5	11.4	24.5	30.1		28.6	28.6					8	138	358		
Y5（10）CB—7.6/22.9		7.6	9.1	19.6	24.1		22.9	22.9					6	138	285		
Y5（10）CB—6.1/18.3		6.1	7.3	15.7	19.3		18.3	18.3					5	138	285		
Y5（10）CB—4.8/14.4		4.8	5.8	12.4	15.2		14.4	14.4					5	138	250		
Y5（10）CB—3.8/11.4		3.8	4.6	10.2	12.5		11.4	11.4					4	138	250		
Y5（10）CB—3/9		3	3.6	8.1	10		9	9					4	138	250		
Y5（10）CB—2.4/7.2		2.4	2.9	6.5	8		7.2	7.2					3	110	240		
Y5（10）CB—1.9/5.7		1.9	2.3	5.1	6.3		5.7	5.7					3	110	240		
Y5（10）CB—1.5/4.5		1.5	1.8	4.1	5		4.5	4.5					2	110	240		
Y5（10）CB—1/3		1	1.2	2.8	3.4		3	3					2	110	240		
Y5（10）CB—0.6/1.8		0.6	0.7	1.6	2		1.8	1.8					2	110	240		

（三）使用条件

（1）适用于户内。

（2）环境温度（℃）：－40～＋40。

（3）海拔（m）：<1000。

（4）避雷器安装点电力系统的短时工频电压升高不得超过避雷器的额定电压。

（5）避雷器顶端承受导线的最大允许水平拉力为200N。

（四）产品特点

（1）由具有十分优良非线性伏安特性的氧化锌电阻片和带并联电阻环的间隙串联组成。在正常工作状态时，电压由电阻环和氧化锌电阻片共同承担，由于电阻环的分压作用，减轻了氧化锌电阻片在工作电压下的负担，使氧化锌电阻片的老化基本可忽略。

（2）冲击系数低，工频过电压耐受能力强。

（3）由于采用了特殊的间隙结构，消除了淋雨、污秽等外界因素对产品的影响。

（五）技术数据

该产品技术数据，见表2－57。

（六）外形及安装尺寸

带串联间隙系列金属氧化物避雷器外形及安装尺寸，见图2－3。

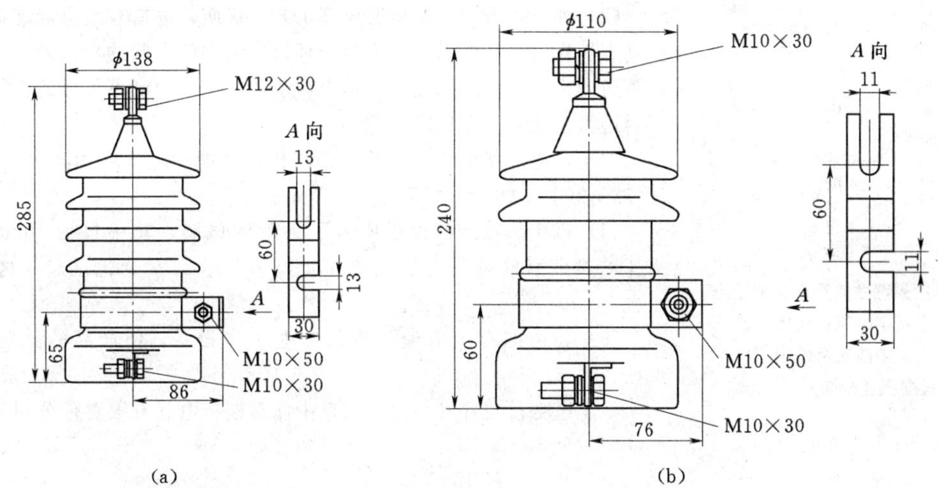

图2－3　带串联间隙系列金属氧化物避雷器外形及安装尺寸（北京电力设备总厂电器厂）（单位：mm）

（a）配电、电站型；（b）阻波器用

十八、带并联间隙系列金属氧化物避雷器

对于6～27.5kV系统弱绝缘的保护，开发了带并联间隙的金属氧化物避雷器，技术数据见表2－58。

表2－58　带并联间隙的金属氧化物避雷器技术数据

型　号	系统额定电压	避雷器额定电压	持续运行电压	标称放电电流下残压≤（峰值，kV）	直流1mA参考电压≥（kV）	2ms方波通流容量（A）	伞径 ϕ（mm）	高度 H（mm）	生产厂
	有效值，kV								
Y0.5B—8/15	6.3	8	6.3	15	11.5	400	110	208	西安神电电器有限公司
Y0.5B—13.5/28	10.5	13.5	10.5	28	21	400	110	255	
Y0.5B—7.6/15	6	7.6	4	15	11.5	400			西安电瓷研究所
Y0.5B—12.7/28	10	12.7	6.7	28	21	400			
Y0.2B—42/79	27.5	42	31.5	79	60	400			

十九、交流系统用复合外套金属氧化物避雷器

（一）概述

复合外套金属氧化物避雷器是20世纪90年代国际上的高科技产品，将金属氧化物避雷器和有机硅橡胶材料的优异

特性聚为一体，成为原瓷套避雷器的更新换代产品。

该产品是一种性能优异的过电压保护设备，用于限制雷电过电压和操作过电压，适用于发变电设备、电缆终端及输电线路的保护。

金属氧化物避雷器很容易实现与被保护设备的绝缘配合，现已成为国际上公认的最可靠的过电压保护设备，在电力系统中得到广泛应用。近年来复合绝缘材料的应用有了长足的发展，特别是复合绝缘材料应用于避雷器以来，使避雷器的性能得到很大提高，给其发展又带来了一次革命。

复合外套金属氧化物避雷器除具有瓷外套金属氧化物避雷器的优点外，还具有体积小、重量轻、密封性能好、耐污性能优良和极好的压力释放特性等特点。安装方式灵活、可座式安装，也可用于线路悬挂，进行沿线保护，降低整个系统的过电压水平。

中能电力科技开发公司隶属于中国国电集团公司，与北京中能瑞斯特电气有限责任公司研制生产的复合外套金属氧化物避雷器，从1995年第一组挂网运行至今，35kV及以上电压等级的产品有7000多相在系统运行，尤其是110kV、220kV电压等级的线路避雷器产品市场占有率分别为15.6%和56%，普及全国20多个省（自治区、直辖市），至今运行良好。产品分类：6～220kV电站用立柱式、悬挂式，66～220kV变压器中性点用，35～220kV交流输电线路用无间隙、带串联间隙共计60多个种类。

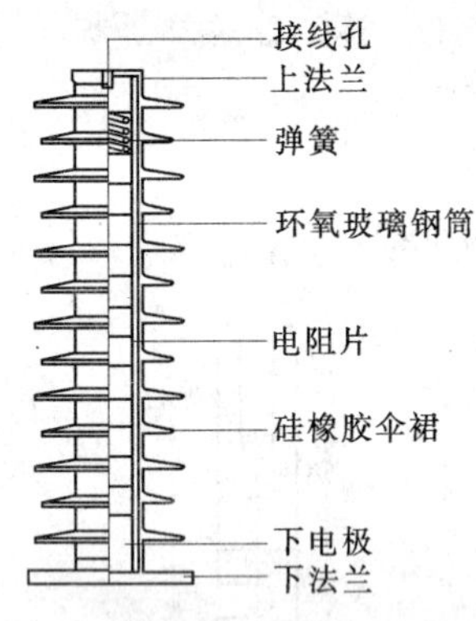

图2-4　复合外套金属氧化物避雷器结构示意图（中能电力科技开发公司、北京中能瑞斯特电气有限责任公司）

结构特点：

（1）复合外套金属氧化物避雷器是由氧化锌电阻片、环氧玻璃钢筒、硅橡胶伞裙、电极等部件组成。

（2）外伞裙采用一次注射成型工艺、优质、进口双组分液态硅橡胶，更使其具有极高的抗拉伸强度。伞裙与环氧玻璃钢筒之间的界面处理良好，环氧玻璃钢筒内部空隙用液态硅橡胶填充，使之成为一个密不可分的整体，从而杜绝了因避雷器受潮而导致的事故。

（3）在避雷器设计上精益求精，机械性能和电气性能满足IEC99-4、GB 11032—2000、DL/T 815—2002等标准。

（4）该产品在研制过程中做了大量的试验，其中包括1000h盐雾试验，委托瑞典皇家输电研究院通过了5000h综合因素老化试验，这在国内是第一次。

（5）公司拥有国内最先进的专业生产设备，使产品的品质根本上得到保证。

中能电力科技开发公司、北京中能瑞斯特电气有限责任公司复合外套金属氧化物避雷器结构，见图2-4。

（二）型号含义

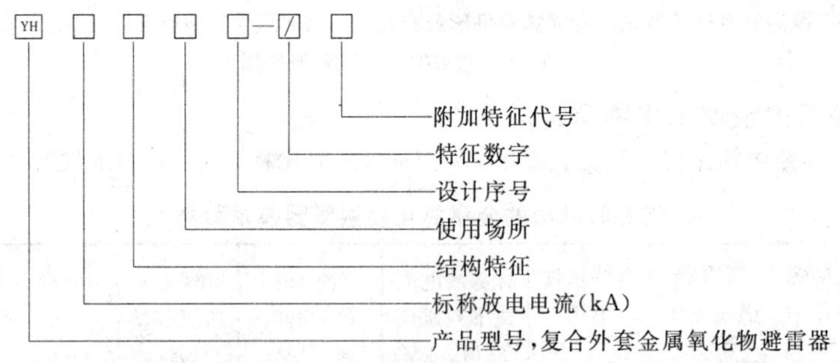

标称放电电流：当产品无标称放电电流要求时，则表示操作放电电流，但必须与残压值相对应。

结构特征代号：W—无间隙；C—有串联间隙；B—有并联间隙。

使用场所代号：S—配电型；Z—用于发变电站；R—用于保护电容器组；T—铁道型；X—用于变电站线路侧；L—用于直流；O—用于油浸式。

特征数字：在斜线上方为避雷器的额定电压值（kV），斜线下方为避雷器标称放电电流下的残压值（kV）。

附加特征代号：J—系统中性点有效接地；W—重污秽地区；G—高海拔地区；X—悬挂式；D—跌落式；R—熔断器式；L—带脱离器（或用FT、TL表示）；K—线路用带串联空气间隙。

目前氧化锌避雷器正处于新旧版国家过渡时期，为了便于对所需产品进行合理选型，避免在使用中误解，表2-59列出西安西电高压电瓷有限责任公司产品新旧型号及相关参数。

表 2-59 新旧版国标型号对照

系统额定电压(kV)	新版标准 型号	新版标准 持续运行电压(kV)	旧版标准 型号	旧版标准 持续运行电压(kV)	2ms方波通流容量(A)	用途	生产厂
3	YH5WS5—5/15	4.0	HY5WS5—3.8/15	2.0	100	配电	西安西电高压电瓷有限责任公司
3	YH5WZ5—5/13.5	4.0	HY5WZ5—3.8/13.5	2.0	150	电站	
3	YH5WR5—5/13.5	4.0	HY5WR5—7.6/30	2.0	400	电容器	
6	YH5WS5—10/30	8.0	HY5WS5—3.8/15	4.0	100	配电	
6	YH5WZ5—10/27	8.0	HY5WZ5—7.6/27	4.0	150	电站	
6	YH5WR5—10/27	8.0	HY5WR5—7.6/27	4.0	400	电容器	
10	YH5WS5—17/50	13.6	HY5WS5—12.7/50	6.6	100	配电	
10	YH5WZ5—17/45	13.6	HY5WZ5—12.7/45	6.6	150	电站	
10	YH5WR5—17/45	13.6	HY5WR5—12.7/45	6.6	400	电容器	
35	YH5W5—51/134	40.8	HY5W5—42/134	23.4	400	电站	
35	YH10W5—51/134	40.8	HY10W5—42/134	23.4	400		
35	YH5WR5—51/134	40.8	HY5WR5—42/134	23.4	400	电容器	
35	YH10WR5—51/134	40.8	HY10WR5—42/134	23.4	400		
3.15	YH2.5W5—4/9.5	3.2	HY2.5W5—3.8/9.5	2.0	200	电动机	
3.15	YH5W5—4/9.5	3.2	HY5W5—3.8/9.5	2.0	400	发电机	
6.3	YH2.5W5—8/18.7	6.3	HY2.5W5—7.6/19	4.0	400	电动机	
6.3	YH5WS5—8/18.7	6.3	HY5W5—7.6/19	4.0	400	电机	
10.5	YH2.5W5—13.5/31	10.5	HY2.5W5—12.7/31	6.6	200	电动机	
10.5	YH5W5—13.5/31	10.5	HY5W5—12.7/31	6.6	400	发电机	
13.8	YH5W5—17.5/40	13.8	HY5W5—16.7/40	9.8	400		
15.75	YH5W5—20/45	15.8	HY5W5—19/45	16.0	400		
3.15	YH1.5W5—2.4/6	1.9	HY1W5—2.3/6		200	电机中性点	
6.3	YH1.5W5—4.8/12	3.8	HY1W5—4.6/12		200		
10.5	YH1.5W5—8/19	6.4	HY1W5—7.6/19		200		

（三）使用条件

(1) 户内、户外。

(2) 环境温度（℃）：－40～＋40。

(3) 海拔（m）：＜2600。

(4) 电源频率（Hz）：48～62。

(5) 长期施加在避雷器端子间的工频电压不超过避雷器的持续运行电压。

(6) 地震烈度（度）：＜8。

(7) 最大风速（m/s）：＜35。

(8) 最适宜严重污秽地区、防爆地区、紧凑型开关柜内、预防性检验困难和不宜维护地区。

(9) 太阳光的辐射。

(10) 覆冰厚度（cm）：＜2。

（四）技术数据

(1) 中能电力科技开发公司、北京中能瑞斯特电气有限责任公司的交流输电线路用复合外套金属氧化物避雷器，采用独特的绝缘结构设计，避雷器与构架可直接连接，给计数器的安装提供了方便。根据线路塔形采用不同的安装方式，耐张转角塔安装于跳线上，直线塔采用支架安装于输电线路上方。适用于Ⅲ级以上重污秽地区，覆冰厚度不大于 2cm，技术数据见表 2-60。电站用复合外套金属氧化物避雷器技术数据，见表 2-61。

表 2-60　　交流输电线路用复合外套金属氧化物避雷器技术数据

型　号	类型		系统标称电压	避雷器额定电压	避雷器持续运行电压	避雷器标称放电电流（峰值，kV）	陡波冲击电流残压	雷电冲击电流残压	操作冲击电流残压	直流 1mA 参考电压 ⩾（kV）	2ms 方波通流容量（峰值，A）	生产厂
			有效值，kV				⩽（峰值，kV）					
YH5WX—54/42	无间隙		35	54	43.2	5	163	142	121	77	400	中能电力科技开发公司、北京中能瑞斯特电气有限责任公司
YH5WX—96/250			66	96	75.0	5	288	250	213	140	400	
YH5WX—108/281			110	108	84.0	5	323	281	239	157	400	
YH10WX—108/281			110	108	84.0	10	315	281	239	157	600	
YH10WX—216/562			220	216	168.0	10	630	562	478	314	600	
YH5CX—90/260	带串联间隙	串联绝缘支撑件间隙	110	90	(67.5)	5	292	260	222	130	400	
YH10CX—90/260			110	90	(67.5)	10	292	260	222	130	600	
YH10CX—96/280			110	96	(72)	10	314	280	239	140	600	
YH10CX—102/296			110	102	(76.5)	10	332	296	252	148	600	
YH5CX—180/520			220	180	(135)	5	584	520	444	260	400	
YH10CX—180/520			220	180	(135)	10	584	520	444	260	600	
YH10CX—192/560			220	192	(144)	10	628	560	478	280	600	
YH10CX—204/592			220	204	(153)	10	664	592	504	296	600	
YH5CX—90/260K		空气间隙	110	90	(67.5)	5	292	260	222	130	400	
YH10CX—90/260K			110	90	(67.5)	10	292	260	222	130	600	
YH10CX—96/280K			110	96	(72)	10	314	280	239	140	600	
YH10CX—102/296K			110	102	(76.5)	10	332	296	252	148	600	
YH5CX—180/520K			220	180	(135)	5	584	520	444	260	400	
YH10CX—180/520K			220	180	(135)	10	584	520	444	260	600	
YH10CX—192/560K			220	192	(144)	10	628	560	478	280	600	
YH10CX—204/592K			220	204	(153)	10	664	592	504	296	600	

型　号	类型		4/10μs 大电流冲击耐受电流（峰值，kA）	工频湿耐受电压 1min（有效值，kV）	雷电冲击耐受电压（峰值，kV）	运行电压下持续电流 ⩽ I_X（有效值，mA）	运行电压下持续电流 ⩽ I_R（峰值，mA）	0.75 U_{1mA} 下漏电流 ⩽（μA）	爬电比距 ⩾（cm/kV）	总高度（mm）	最大外径（mm）	伞数大/小（个）	重量（kg）	生产厂
YH5WX—54/142	无间隙		65	80	185	1.0	0.2	30	2.6	700	148	9	11.5	中能电力科技开发公司、北京中能瑞斯特电气有限责任公司
YH5WX—96/250			65	140	325	1.0	0.2	30	2.6	1300	230	11/10	29	
YH5WX—108/281			100	185 (200)	450	1.0	0.2	30	2.6	1300	230	11/10	29	
YH10WX—108/281			100	185 (200)	450	1.0	0.2	30	2.6	1300	230	11/10	31	
YH10WX—216/562			100	395	950	1.0	0.2	30	2.6	2600	230	22/20	70	
YH5CX—90/260	带串联间隙	串联绝缘支撑件间隙	65	185 (200)	450	1.0	0.2	30	2.6	1686	148	13	19	
YH10CX—90/260			100	185 (200)	450	1.0	0.2	30	2.6	1686	148	13	20	
YH10CX—96/280			100	185 (200)	450	1.0	0.2	30	2.6	1686	148	13	20	
YH10CX—102/296			100	185 (200)	450	1.0	0.2	30	2.6	1686	148	13	20	
YH5CX—180/520			65	395	950	1.0	0.2	30	2.6	3035	148	25	31	
YH10CX—180/520			100	395	950	1.0	0.2	30	2.6	3035	148	25	31	
YH10CX—192/560			100	395	950	1.0	0.2	30	2.6	3035	148	25	31	
YH10CX—204/592			100	395	950	1.0	0.2	30	2.6	3035	148	25	31	
YH5CX—90/260K		空气间隙	65	185 (200)	450	1.0	0.2	30	2.6	1615	148	13	15	
YH10CX—90/260K			100	185 (200)	450	1.0	0.2	30	2.6	1615	148	13	16	

续表

型号	类型		4/10μs大电流冲击耐受电流（峰值，kA）	工频湿耐受电压1min（有效值，kV）	雷电冲击耐受电压（峰值，kV）	运行电压下持续电流≤		0.75 U_{1mA}下漏电流≤（μA）	爬电比距≥（cm/kV）	总高度	最大外径	伞数大/小（个）	重量（kg）	生产厂
						I_X（有效值，mA）	I_R（峰值，mA）			mm				
YH10CX—96/280K	带串联间隙	空气间隙	100	185（200）	450	1.0	0.2	30	2.6	1615	148	25	16	中能电力科技开发公司、北京中能瑞斯特电气有限责任公司
YH10CX—102/296K			100	185（200）	450	1.0	0.2	30	2.6	1615	148	25	16	
YH5CX—180/520K			65	395	950	1.0	0.2	30	2.6	2865	148	25	26	
YH10CX—180/520K			100	395	950	1.0	0.2	30	2.6	2865	148	25	28	
YH10CX—192/560K			100	395	950	1.0	0.2	30	2.6	2865	148	25	28	
YH10CX—204/592K			100	395	950	1.0	0.2	30	2.6	2865	148	25	28	

表 2-61　　电站用复合外套金属氧化物避雷器技术数据

型号	类型	系统标称电压	避雷器额定电压	避雷器持续运行电压	避雷器标称放电电流（峰值，kV）	陡波冲击电流残压	雷电冲击电流残压	操作冲击电流残压	直流1mA参考电压≥（kV）	2ms方波通流容量（峰值，A）	生产厂
		有效值，kV				≤（峰值，kV）					
YH5WS—10/30	配电用	6	10	8.0	0	34.6	30.0	25.6	15	150	中能电力科技开发公司、北京中能瑞斯特电气有限责任公司
YH5WS—12/35.8		10	12	9.6	5	41.2	35.8	30.6	18	150	
YH5WS—15/45.6		10	15	12.0	5	52.5	45.6	39.0	23	150	
YH5WS—17/50		10	17	13.6	5	57.5	50.0	42.6	25	150	
YH5WR—10/27	并联补偿电容器用	6	10	8.0	5	—	27.0	21.0	14.4	400	
YH5WR—12/32.4		10	12	9.6	3	—	32.4	25.2	17.4	400	
YH5WR—15/40.5		10	15	12.0	5	—	40.5	31.5	21.8	400	
YH5WZ—10/27	立柱式	6	10	8.0	5	31.0	27.0	23.0	14.4	250	
YH5WZ—12/32.4		10	12	9.6	5	37.2	32.4	37.6	17.4	250	
YH5WZ—15/40.5		10	15	12.0	5	46.2	40.5	34.5	21.8	250	
YH5WZ—17/45		10	17	13.6	5	51.8	45.0	38.8	24.0	250	
YH5WZ—51/134		35	51	40.8	5	154.0	134.0	114.0	73.0	400	
YH5WZ—84/221		66	84	67.2	5	254	221	118	121	600	
YH5WZ—90/235		66	90	72.5	5	270	235	201	130	600	
YH10WZ—90/235		66	90	72.5	10	264	235	201	130	800	
YH5WZ—96/250		110	96	75.0	5	288	250	213	140	600	
YH5WZ—100/260		110	100	78.0	5	299	260	221	145	600	
YH5WZ—102/266		110	102	79.6	5	305	266	226	148	600	
YH5WZ—108/281		110	108	84	5	323	281	239	157	600	
YH10WZ—96/250		110	96	75.0	10	280	250	213	140	800	
YH10WZ—100/260		110	100	78.0	10	291	260	221	145	800	
YH10WZ—102/266		110	102	79.6	10	297	266	226	148	800	
YH10WZ—108/281		110	108	84.0	10	315	281	239	157	800	
YH10WZ—192/500		220	192	150.0	10	560	500	426	280	800	
YH10WZ—200/520		220	200	156.0	10	582	520	442	290	800	
YH10WZ—204/532		220	204	159.0	10	594	532	452	296	800	
YH10WZ—216/562		220	216	168.5	10	630	562	478	314	800	
YH5WZ—51/134G		35	51	40.8	5	154.0	134.0	114.0	73.0	400	
YH5WZ—84/221G		66	84	67.2	0	254	221	118	121	600	

续表

型号	类型	系统标称电压	避雷器额定电压	避雷器持续运行电压	避雷器标称放电电流（峰值，kV）	陡波冲击电流残压	雷电冲击电流残压	操作冲击电流残压	直流 1mA 参考电压 ≥（kV）	2ms 方波通流容量（峰值，A）	生产厂
		有效值，kV				≤（峰值，kV）					
YH5WZ—90/235G	悬挂式	66	90	72.5	5	270	235	201	130	600	中能电力科技开发公司、北京中能瑞斯特电气有限责任公司
YH10WZ—90/235G		66	90	72.5	10	264	235	201	130	800	
YH5WZ—96/250G		110	96	75.0	3	288	250	213	140	600	
YH5WZ—100/260G		110	100	78.0	5	299	260	221	145	600	
YH5WZ—102/266G		110	102	79.6	5	305	266	226	148	600	
YH5WZ—108/281G		110	108	84	5	323	281	239	157	600	
YH10WZ—96/250G		110	96	75.0	10	280	250	213	140	800	
YH10WZ—100/260G		110	100	78.0	10	291	260	221	145	800	
YH10WZ—102/266G		110	102	79.6	10	297	266	226	148	800	
YH10WZ—108/281G		110	108	84.0	10	315	281	239	157	800	
YH10WZ—192/500G		220	192	150.0	10	560	500	426	280	800	
YH10WZ—200/520G		220	200	156.0	10	582	520	442	290	800	
YH10WZ—204/532G		220	204	159.0	10	594	532	452	296	800	
YH10WZ—216/562G		220	216	168.5	10	630	562	478	314	800	
YH1.5WZ—60/144	变压器中性点用	110	60	48.0	1.5	—	144	135	85	600	
YH1.5WZ—72/186		110	72	58.0	1.5	—	186	174	103	600	
YH1.5WZ—144/320		220	144	116.0	1.5	—	320	299	205	600	

型号	类型	4/10μs 大电流冲击耐受电流（峰值，kA）	工频湿耐受电压 1min（有效值，kV）	雷电冲击耐受电压（峰值，kV）	运行电压下持续电流 ≤		0.75 U_{1mA} 下漏电流 ≤（μA）	爬电比距 ≥（cm/kV）	总高度	最大外径	伞数大/小（个）	重量（kg）	生产厂
					I_X（有效值，mA）	I_R（峰值，mA）			mm				
YH5WS—10/30	配电用	65	25	60	0.8	0.15	30	3.0	220	90	3	1.1	中能电力科技开发公司、北京中能瑞斯特电气有限责任公司
YH5WS—12/35.8		65	30	75	0.8	0.15	30	3.0	260	90	5	1.7	
YH5WS—15/45.6		65	30	75	0.8	0.15	30	3.0	260	90	5	1.7	
YH5WS—17/50		65	30	75	0.8	0.15	30	3.0	260	90	5	1.7	
YH5WR—10/27	并联补偿电容器用	65	25	60	0.8	0.15	30	3.0	220	120	3	1.1	
YH5WR—12/32.4		65	30	75	0.8	0.15	30	3.0	260	120	6	2.8	
YH5WR—15/40.5		65	30	75	0.8	0.15	30	3.0	260	120	6	2.8	
YH5WZ—10/27	立柱式	65	25	60	0.8	0.15	30	3.0	220	90	3	1.7	
YH5WZ—12/32.4		65	30	75	0.8	0.15	30	3.0	260	90	6	1.7	
YH5WZ—15/40.5		65	30	75	0.8	0.15	30	3.0	260	90	6	1.7	
YH5WZ—17/45		65	30	75	0.8	0.15	30	3.0	260	90	6	1.7	
YH5WZ—51/134		65	80	185	1.0	0.2	30	3.0	768	148	9	18	
YH5WZ—84/221		65	140	325	1.0	0.2	30	2.6	1391	230	11/10	43	
YH5WZ—90/235		65	140	325	1.0	0.2	30	2.6	1391	230	11/10	43	
YH10WZ—90/235		100	140	325	1.0	0.2	30	2.6	1391	230	11/10	45	
YH5WZ—96/250		65	185（200）	450	1.0	0.2	30	2.6	1391	230	11/10	43	
YH5WZ—100/260		65	185（200）	450	1.0	0.2	30	2.6	1391	230	11/10	43	
YH5WZ—102/266		65	185（200）	450	1.0	0.2	30	2.6	1391	230	11/10	43	
YH5WZ—108/281		65	185（200）	450	1.0	0.2	30	2.6	1391	230	11/10	43	
YH10WZ—96/250		100	185（200）	450	1.0	0.2	30	2.6	1391	230	11/10	45	

续表

型 号	类型	4/10μs大电流冲击耐受电流(峰值,kA)	工频湿耐受电压1min(有效值,kV)	雷电冲击耐受电压(峰值,kV)	运行电压下持续电流≤		0.75 U_{1mA}下漏电流≤(μA)	爬电比距≥(cm/kV)	总高度	最大外径	伞数大/小(个)	重量(kg)	生产厂
					I_X(有效值,mA)	I_R(峰值,mA)			mm				
YH10WZ—100/260	立柱式	100	185(200)	450	1.0	0.2	30	2.6	1391	230	11/10	45	中能电力科技开发公司、北京中能瑞斯特电气有限责任公司
YH10WZ—102/266		100	185(200)	450	1.0	0.2	30	2.6	1391	230	11/10	45	
YH10WZ—108/281		100	185(200)	450	1.0	0.2	30	2.6	1391	230	11/10	45	
YH10WZ—192/500		100	395	950	1.0	0.2	30	2.6	2678	230	22/20	107	
YH10WZ—200/520		100	395	950	1.0	0.2	30	2.6	2678	230	22/20	107	
YH10WZ—204/532		100	395	950	1.0	0.2	30	2.6	2678	230	22/20	107	
YH10WZ—216/562		100	395	950	1.0	0.2	30	2.6	2678	230	22/20	107	
YH5WZ—51/134G	悬挂式	65	80	185	1.0	0.2	30	2.6	700	148	9/9	11.5	
YH5WZ—84/221G		65	140	325	1.0	0.2	30	2.6	1300	230	11/10	29	
YH5WZ—90/235G		65	140	325	1.0	0.2	30	2.6	1300	230	11/10	29	
YH10WZ—90/235G		100	140	325	1.0	0.2	30	2.6	1300	230	11/10	31	
YH5WZ—96/250G		65	185(200)	450	1.0	0.2	30	2.6	1300	230	11/10	29	
YH5WZ—100/260G		65	185(200)	450	1.0	0.2	30	2.6	1300	230	11/10	29	
YH5WZ—102/266G		65	185(200)	450	1.0	0.2	30	2.6	1300	230	11/10	29	
YH5WZ—108/281G		65	185(200)	450	1.0	0.2	30	2.6	1300	230	11/10	29	
YH10WZ—96/250G		100	185(200)	450	1.0	0.2	30	2.6	1300	230	11/10	31	
YH10WZ—100/260G		100	185(200)	450	1.0	0.2	30	2.6	1300	230	11/10	31	
YH10WZ—102/266G		100	185(200)	450	1.0	0.2	30	2.6	1300	230	11/10	31	
YH10WZ—108/281G		100	185(200)	450	1.0	0.2	30	2.6	1300	230	11/10	31	
YH10WZ—192/500G		100	395	950	1.0	0.2	30	2.6	2600	230	22/20	70	
YH10WZ—200/520G		100	395	950	1.0	0.2	30	2.6	2600	230	22/20	70	
YH10WZ—204/532G		100	395	950	1.0	0.2	30	2.6	2600	230	22/20	70	
YH10WZ—216/562G		100	395	950	1.0	0.2	30	2.6	2600	230	22/20	70	
YH1.5WZ—60/144	变压器中性点用	65	95	250	1.0	0.2	30	2.6	1047	230	8/7	35	
YH1.5WZ—72/186		65	95	250	1.0	0.2	30	2.6	1047	230	8/7	35	
YH1.5WZ—144/320		65	200	400	1.0	0.2	30	2.6	1910	230	15/14	55	

(2)西安西电高压电瓷有限责任公司的复合外套氧化锌避雷器。

1)配电型3～220kV复合外套座装式氧化锌避雷器技术数据,见表2-62。

表2-62　配电型3～220kV复合外套氧化锌避雷器技术数据(座装式)

避雷器型号	系统额定电压	避雷器额定电压	避雷器持续运行电压	直流参考电压 U_{1mA}	陡波冲击电流下残压	雷电冲击电流下残压	操作冲击电流下残压	方波通流容量(2ms)	大电流冲击耐受	爬电比距		重量		最大伞径 ϕ (mm)	总高 H (mm)	生产厂
										≥(cm/kV)		kg				
	kV			≥(kV)	≤(kV)			A	kA	1	2	1	2			
YH5WS5—5/17	3	5	4.0	8.0	19.6	17	14.5	100	65	3.1		1.02		87	155±5	西安西电高压电瓷有限责任公司
YH5WS5—5/16	3	5	4.0	8.0	18.8	16	13.5	100	65	3.1		1.02		87	155±5	
YH5WS5—10/30	6	10	8.0	16.0	34.5	30	25.5	100	65	3.1		1.27		87	230±5	
YH5WS5—10/28	6	10	8.0	16.0	32.5	28	24.5	100	65	3.1		1.27		87	230±5	

续表

避雷器型号	系统额定电压	避雷器额定电压	避雷器持续运行电压	直流参考电压 U_{1mA}	陡波冲击电流下残压	雷电冲击电流下残压	操作冲击电流下残压	方波通流容量(2ms)	大电流冲击耐受	爬电比距 ≥ (cm/kV)		重量 kg		最大伞径 ϕ (mm)	总高 H (mm)	生产厂
	kV			≥ (kV)	≤ (kV)			A	kA	1	2	1	2			
YH5WS5—17/50	10	17	13.6	25.0	57.5	50	38.5	100	65	3.1		1.8		204	275±5	西安西电高压电瓷有限责任公司
YH5WS5—17/47	10	17	13.6	25.0	54.5	47	36.5	100	65	3.1		1.8				
YH5W5—51/134	35	51	40.8	76.0	154	134	114①	400	65	3.1	2.5	15.8	13.3	(1) 150 (2) 150	592 740	
YH5W5—51/130	35	51	40.8	75.0	150	130	112①	400	65	3.1	2.5	15.2	12.8			
YH5W5—51/125	35	51	40.8	73.0	145	125	110①	400	65	3.1	2.5	14.5	12.2			
YH5W5—52.7/134	35	52.7	42.2	77.0	154	134	114	400	65	3.1	2.5	16.0	13.5			
YH5W5—52.7/130	35	52.7	42.2	76.0	150	130	113	400	65	3.1	2.5	15.4	13.0			
YH5W5—52.7/125	35	52.7	42.2	73.0	145	125	110	400	65	3.1	2.5	14.5	12.2			
YH5W5—54/134	35	54	43.2	77.0	154	134	114	400	65	3.1	2.5	16.0	13.5			
YH5W5—54/130	35	54	43.2	76.0	150	130	113	400	65	3.1	2.5	15.4	13.0			
YH5W5—54/125	35	54	43.2	74.0	145	125	110	400	65	3.1	2.5	14.5	12.2			
YH5W5—84/208	63	84	67.2	122	245	208	178①	600	100	3.1		44.2		220	1295±5	
YH5W5—84/221	63	84	67.2	125	254	221	188①	600	100	3.1		44.5				
YH5W5—90/224	63	90	72.5	130	258	224	188①	600	100	3.1		45.0				
YH5W5—94/233	63	94	75.2	133	268	233	195①	600	100	3.1		45.5				
YH5W5—96/250	110	96	76.8	145	287	250	213②	600	100	2.5		46.5				
YH5W5—100/260	110	100	80.0	151	299	260	221②	600	100	2.5		47.6				
YH5W5—102/265	110	102	81.6	154	305	265	226②	600	100	2.5		48.0				
YH5W5—108/281	110	108	86.4	163	323	281	239②	600	100	2.5		49.0				
YH5W5—116/302	110	116	92.8	175	347	302	256②	600	100	2.5		50.5		220	1295±5	
YH5W5—192/500	220	192	153.6	290	558	500	424②	800	100	2.5		122.0				
YH5W5—200/520	220	200	160.0	302	582	520	442②	800	100	2.5		123.2				
YH5W5—204/530	220	204	163.2	308	588	530	452②	800	100	2.5		124.8				
YH5W5—216/562	220	216	172.8	326	628	562	478②	800	100	2.5		126.0				
YH5W5—228/593	220 220	228	182.4	344	663	593	504②	800	100	2.5		127.5				

① 30/60μs1kA 下的残压值；

② 30/60μs2kA 下的残压值。

保护相应电压等级的开关柜、箱式变电站、电力电缆出线头、柱上油开关等配电设备，免受大气和操作过电压的损坏。

2）电站型 3～220kV 复合外套座装式氧化锌避雷器保护发电厂、变电站的交流电气设备，免受大气过电压和操作过电压的损坏，技术数据，见表 2-63。

3）并联电容器型 3～35kV 复合外套座装式氧化锌避雷器抑制真空开关及少油开关操作电容器组产生的过电压，保护电容器组免受过电压的破坏并吸收过电压能量，技术数据，见表 2-64。

4）旋转电机型 3～20kV 复合外套座装式氧化锌避雷器，限制真空开关或少油开关切换旋转电机时产生的过电压，保护旋转电机免受操作过电压损坏，技术数据，见表 2-65。

5）电气化铁道型 3～220kV 复合外套座装式氧化锌避雷器，保护电气化铁道的各种电气设备、接触网、电力机车，免受大气过电压和操作过电压的损坏，技术数据，见表 2-66。

6）变压器中性点型 3～220kV 复合外套座装式氧化锌避雷器，保护相应等级的变压器中性点免受大气过电压和操作过电压的损坏，技术数据，见表 2-67。

表 2-63 电站型 3～220kV 复合外套座装式氧化锌避雷器技术数据

避雷器型号	系统额定电压	避雷器额定电压	避雷器持续运行电压	直流参考电压 U_{1mA}	陡波冲击电流下残压	雷电冲击电流下残压	操作冲击电流下残压	方波通流容量(2ms)(A)	大电流冲击耐受(kA)	爬电比距 ≥(cm/kV)		重量(kg)		最大伞径 ϕ (mm)		总高 H (mm)		生产厂
	有效值，kV			≥(kV)	≤(kV)					1	2	1	2	1	2	1	2	
YH5WZ5—5/13.5	3	5	4.0	7.5	15.5	13.5	11.5	150	65	3.1		1.02		87				西安西电高压电瓷有限责任公司
YH5WZ5—10/27	6	10	8.0	15.0	31.0	27	23.0	150	65	3.1		1.27		87				
YH5WZ5—17/45	10	17	13.6	24.0	51.5	45	38.3	150	65	3.1		1.8		108				
YH5WZ5—17/44	10	17	13.6	24.0	50.5	44	37.5	150	65	3.1		1.8						
YH5W5—51/134	35	51	40.8	76.0	154	134	114[①]	400	65	3.1	2.5	15.8	13.3	150	140	592 742	593±5 741±5	
YH5W5—51/130	35	51	40.8	75.0	150	130	112[①]	400	65	3.1	2.5	15.2	12.8					
YH5W5—51/125	35	51	40.8	73.0	145	125	110[①]	400	65	3.1	2.5	14.5	12.2					
YH5W5—52.7/134	35	52.7	42.2	77.0	154	134	114	400	65	3.1	2.5	16.0	13.5					
YH5W5—52.7/130	35	52.7	42.2	76.0	150	130	113	400	65	3.1	2.5	15.4	13.0					
YH5W5—52.7/125	35	52.7	42.2	73.0	145	125	110	400	65	3.1	2.5	14.5	12.2					
YH5W5—54/134	35	54	43.2	77.0	154	134	114	400	65	3.1	2.5	16.0	13.5					
YH5W5—54/130	35	54	43.2	76.0	150	130	113	400	65	3.1	2.5	15.4	13.0					
YH5W5—54/125	35	54	43.2	74.0	145	125	110	400	65	3.1	2.5	14.5	12.2					
YH10W5—51/134	35	51	40.8	75.0	154	134	114	400	100	3.1	2.5	15.8	13.3					
YH10W5—51/130	35	51	40.8	73.0	150	130	112	400	100	3.1	2.5	15.2	12.8					
YH10W5—51/125	35	51	40.8	74.0	144	125	110	600	100	2.5		25.2		178	554			
YH10W5—51/120	35	51	40.8	72.0	140	120	108	600	100	2.5		25.0						
YH10W5—52.7/134	35	52.7	42.2	75.0	154	134	114	400	100	3.1	2.5	16.0	13.5	150	140	592 742	593±5 741±5	
YH10W5—52.7/130	35	52.7	42.2	74.0	150	130	112	400	100	3.1	2.5	15.4	13.0					
YH10W5—52.7/125	35	52.7	42.2	72.5	144	125	110	600	100	2.5		25.0		178		554		
YH10W5—54/134	35	54	43.2	76.0	154	134	114	400	100	3.1	2.5	16.0	13.5	150		592，740		
YH10W5—54/130	35	54	43.2	75.0	144	130	112	600	100	2.5		25.0		178		554		
YH10W5—94/228	63	94	75.2	133	263	228	200	600	100	3.1		45.5		220		1295±5		
YH10W5—96/250	110	96	76.8	146	280	250	212	600	100	2.5		46.5		220	1295±5			
YH10W5—100/260	110	100	80.0	152	291	260	221	600	100	2.5		47.6						
YH10W5—102/265	110	102	81.6	155	297	265	225	600	100	2.5		48.0						
YH10W5—108/281	110	108	86.4	164	314	281	239	600	100	2.5		49.0						
YH10W5—116/302	110	116	92.8	176	338	302	257	600	100	2.5		50.5						
YH10W5—126/328	110	126	100.8	192	367	328	279	600	100	2.5		52.0						

续表

避雷器型号	系统额定电压	避雷器额定电压	避雷器持续运行电压	直流参考电压 U_{1mA}	陡波冲击电流下残压	雷电冲击电流下残压	操作冲击电流下残压	方波通流容量（2ms）（A）	大电流冲击耐受（kA）	爬电比距 ≥（cm/kV）		重量（kg）		最大伞径 ϕ（mm）		总高 H（mm）		生产厂
	有效值，kV			≥（kV）	≤（kV）					1	2	1	2	1	2	1	2	
YH10W5—192/500	220	192	153.6	292	560	500	424	800	100	2.5		122.0		800	2380±10			西安西电高压电瓷有限责任公司
YH10W5—198/565	220	198	158.4	322	633	565	490	800	100	2.5		126.2						
YH10W5—200/520	220	200	160.0	304	582	520	442	800	100	2.5		124.8						
YH10W5—204/530	220	204	163.2	310	594	530	451	800	100	2.5		126.0						
YH10W5—216/562	220	216	172.8	328	628	562	477	800	100	2.5		127.5						

① 为 30/60μs1kA 下的残压值。

表 2-64　　并联电容器型 3～60kV 复合外套座装式氧化锌避雷器技术数据

避雷器型号	系统额定电压	避雷器额定电压	避雷器持续运行电压	直流参考电压 U_{1mA}	雷电冲击电流下残压	操作冲击电流下残压	方波通流容量（2ms）（A）	大电流冲击耐受（kA）	爬电比距 ≥（cm/kV）		重量（kg）		最大伞径 ϕ（mm）	总高 H（mm）	生产厂
	有效值，kV			≥（kV）	≤（kV）				1	2	1	2			
YH5WR5—5/13.5	3	5	4.0	7.2	13.5	10.5	400	65	3.1		1.50		116	160±5	西安西电高压电瓷有限责任公司
YH5WR5—10/27	6	10	8.0	14.4	27.0	21.0	400	65	3.1		1.92		120	225±5	
YH5WR5—17/44	10	17	13.6	24.0	44	35.0	400	65	3.1		2.8		120	275±5	
YH5WR5—17/42					42	34.0	600	100	3.1		3.8		140	354±5	
YH5WR5—17/42					42	34.0	800		3.1		3.8				
YH5WR5—17/41					41	34.0①	1000		3.1		5.0		158	360±5	
YH5WR5—17/40					40	34.0①	1200	100	3.1		5.0				
YH5WR5—48/134	35	48	38.4	72.5	134	105	400	65	3.1	2.5	15.0	12.8	150	592 740	
YH5WR5—48/130					130				3.1	2.5	15.0	12.8			
YH5WR5—48/125					125				3.1	2.5	15.0	12.8			
YH5WR5—48/125	35	48	38.4	72.0	125	102	600	100	2.5		25.0		178	554	
YH5WR5—48/120				71.0	120	102									
YH5WR5—48/134				73.0	134	105									
YH10WR5—48/134				73.0	134	105									
YH10WR5—48/125				72.0	125	104									

续表

避雷器型号	系统额定电压	避雷器额定电压	避雷器持续运行电压	直流参考电压 U_{1mA}	雷电冲击电流下残压	操作冲击电流下残压	方波通流容量（2ms）（A）	大电流冲击耐受（kA）	爬电比距 ≥（cm/kV）		重量（kg）		最大伞径 ϕ（mm）	总高 H（mm）	生产厂
	有效值，kV			≥（kV）	≤（kV）				1	2	1	2			
YH5WR5—48/125	35	48	38.4	73.0	125	104	800	100	2.5		25.0		178	554	西安西电高压电瓷有限责任公司
YH5WR5—48/120					120										
YH5WR5—48/134					134										
YH10WR5—48/134					134										
YH10WR5—48/125					125										
YH5WR5—48/134	35	48	38.4	74.0	134	105	1000	100	2.5		28.8		178	554	
YH5WR5—48/125				74.0	125	105									
YH5WR5—48/120				73.0	120	102									
YH10WR5—48/134	35	48	38.4	73.0	134	105[①]	1000	100	2.5		28.8		178	554	
YH10WR5—48/125				71.0	125	103[①]									
YH10WR5—48/120				70.0	120	100[①]									
YH5WR5—51/134	35	51	40.8	72.5	134	105	400	65	3.1	2.5	15.0	12.8	150 150	592 740	
YH5WR5—51/130					130				3.1						
YH5WR5—51/125					125				3.1						
YH5WR5—51/134	35	51	40.8	73.0	134	105	600	100	2.5		25.0		178	554	
YH5WR5—51/125				72.0	125	104									
YH5WR5—51/120				71.0	120	102									
YH10WR5—51/134				73.0	134	105									
YH10WR5—51/125				72.0	125	104									
YH5WR5—51/134	35	51	40.8	73.0	134	104	800	100	2.5		25		178	554	
YH5WR5—51/125					125										
YH5WR5—51/120					120										
YH10WR5—51/134					134										
YH10WR5—51/125					125										
YH5WR5—51/134	35	51	40.8	74.0	134	105	1000	100	2.5		28.8		178	554	
YH5WR5—51/125				74.0	125	105									
YH5WR5—51/120				73.0	120	102									
YH10WR5—51/134				73.0	134	105[①]									

续表

避雷器型号	系统额定电压	避雷器额定电压	避雷器持续运行电压	直流参考电压 U_{1mA}	雷电冲击电流下残压	操作冲击电流下残压	方波通流容量（2ms）（A）	大电流冲击耐受（kA）	爬电比距 ≥（cm/kV）		重量（kg）		最大伞径 ϕ（mm）	总高 H（mm）	生产厂
	有效值，kV			≥（kV）	≤（kV）				1	2	1	2			
YH10WR5—51/125	35	51	40.8	71.0	125	103①	1000	100	2.5		28.8		178	554	西安西电高压电瓷有限责任公司
YH10WR5—51/120				70.0	120	100①									
YH5WR5—52.7/134	35	52.7	42.2	73.0	134	105	400	65	3.1	2.5	15.0	12.8	150	592	
YH5WR5—52.7/130					130								150	740	
YH5WR5—52.7/125	35	52.7	42.2	73.0	125	105	400	65	3.1	2.5	15.0	12.8	178	554	
YH5WR5—52.7/134	35	52.7	42.2	73.5	134	105	600	100	2.5		25.0				
YH5WR5—52.7/125				73.5	125	105									
YH10WR5—52.7/134				73.5	134	105									
YH10WR5—52.7/125				72.5	125	104									
YH5WR5—52.7/134	35	52.7	42.2	74.5	134	105	800	100	2.5		25.0		178	554	
YH5WR5—52.7/125				74.5	125	105									
YH5WR5—52.7/120				72.5	120	104									
YH10WR5—52.7/134				74.5	134	105									
YH10WR5—52.7/125				72.5	125	104									
YH5WR5—52.7/134	35	52.7	42.2	74.5	134	105	1000	100	2.5		28.8		178	554	
YH5WR5—52.7/125				74.5	125	105									
YH5WR5—52.7/120				73.5	120	103									
YH10WR5—52.7/134				74.5	135	105①									
YH10WR5—52.7/125				73.5	125	105①									
YH10WR5—52.7/120				71.0	120	103①									
YH5WR5—54/134	35	54	43.2	75.0	134	105	600	100	2.5		25.5		178	554	
YH5WR5—54/125					125										
YH10WR5—54/134	35	54	43.2	75.0	134	105	600	100	2.5		25.5				
YH5WR5—54/134	35	54	43.2	75.0	134	105	800	100	2.5		25.5				
YH5WR5—54/125					125										
YH10WR5—54/134					134										
YH5WR5—54/134	35	54	43.2	75.0	134	105	1000	100	2.5		29.5				

续表

避雷器型号	系统额定电压	避雷器额定电压	避雷器持续运行电压	直流参考电压 U_{1mA}	雷电冲击电流下残压	操作冲击电流下残压	方波通流容量（2ms）（A）	大电流冲击耐受（kA）	爬电比距 ≥（cm/kV） 1	爬电比距 2	重量（kg） 1	重量 2	最大伞径 ϕ（mm）	总高 H（mm）	生产厂
	有效值，kV			≥（kV）	≤（kV）										
YH5WR5—54/125				75.0	125	105									
YH5WR5—54/122				74.5	122	104									
YH10WR5—54/134	35	54	43.2	75.0	134	105	1000	100	2.5		29.5		178	554	西安西电高压电瓷有限责任公司
YH10WR5—54/130				75.0	130	105									
YH10WR5—54/125				74.0	125	104									

① 为1kA操作冲击电流下残压。

表 2-65 旋转电机型3～20kV复合外套座装式氧化锌避雷器技术数据

避雷器型号	系统额定电压	避雷器额定电压	避雷器持续运行电压	直流参考电压 U_{1mA}	陡波冲击电流下残压	雷电冲击电流下残压	操作冲击电流下残压	方波通流容量（2ms）（A）	大电流冲击耐受（kA）	爬电比距 ≥（cm/kV） 1	爬电比距 2	重量（kg） 1	重量 2	最大伞径 ϕ（mm）	总高 H（mm）	生产厂
	有效值，kV			≥（kV）	≤（kV）											
YH5W5—4/9.5	3.15	4	3.2	5.7	10.7	9.5	7.6	400	65	3.1		1.5		116	160±5	西安西电高压电瓷有限责任公司
YH5W5—8/18.7	6.3	8	6.3	11.3	21.0	18.7	15.0	400	65	3.1		1.9		120	225±5	
YH5W5—13.5/31	10.5	13.5	10.5	18.9	34.7	31.0	25.0	400	65	3.1		2.8		120	275±5	
YH5W5—17.5/40	13.8	17.5	13.8	24.8	44.8	40.0	32.0	400	65	3.1		3.0		120	275±5	
YH5W5—20/45	15.8	20	15.8	28.4	50.4	45.0	36.0	400	65	2.5		3.3				
YH5W5—21/48	20.0	21	16.8	29.0	54.6	48.0	44.0	1200	100	2.5		3.4		158	360±5	
YH5W5—23/51	18.0	23	18.0	32.0	57.2	51.0	40.8	400	65	2.5		3.7		120	275±5	
YH5W5—25/56.2	20.0	25	20.0	35.4	62.9	56.2	45.0	400	65	2.5		4.0				
YH2.5W5—4/9.5①	3.15	4	3.2	5.7	10.7	9.5	7.6	200	65	3.1		1.2		97	155±5	
YH2.5W5—8/19①	6.3	8	6.3	11.3	21.0	19.0	15.0	200	65	3.1		1.6		97	230±5	
YH2.5W5—13.5/31①	10.5	13.5	10.5	18.9	34.7	31.0	25.0	200	65	3.1		2.2		108	275±5	
YH1.5W5—2.4/6②	3.15	2.4	1.9	3.4		6.0		200	65	3.1		1.2		97	155±5	
YH1.5W5—5/12②	6.3	5	4.0	7.1		12.0		200	65	3.1		1.6		97	230±5	
YH1.5W5—8/19②	10.5	8	6.4	11.3		19.0		200	65	3.1		2.2		108	275±5	

① 为电动机用。

② 为电机中性点用；其余为发电机用。

表 2-66　电气铁道化复合外套座套式氧化锌避雷器技术数据

避雷器型号	系统额定电压	避雷器额定电压	避雷器持续运行电压	直流参考电压 U_{1mA}	陡波冲击电流下残压	雷电冲击电流下残压	操作冲击电流下残压	方波通流容量(2ms)	大电流冲击耐受	爬电比距 ≥(cm/kV)		重量(kg)		最大伞径 ϕ	总高 H	生产厂
	有效值，kV			≥(kV)	≤(kV)			(A)	(kA)	1	2	1	2	(mm)	(mm)	
YH5WT5—42/120	27.5	42	34.0	67	138	120	98	400	65	3.1		13.0		140	593±5	西安西电高压电瓷有限责任公司
YH5WT5—41/115	27.5	41	32.8	67	133	115	94	400	65	3.1		13.0				
YH5WT5—84/240	55.0	84	68.0	134	276	240	196	400	65	3.1		18.0		150	767±5	
YH5WT5—82/230	55.0	82	65.6	134	266	230	188	400	65	3.1		18.0				
YH10WT5—42/120	27.5	42	34.0	66	138	120	98	400	100	3.1		13.0		140	593±5	
YH10WT5—41/115	27.5	41	32.8	66	133	115	94	400	100	3.1		13.0				
YH10WT5—84/240	55.0	84	68.0	132	276	240	196	400	100	3.1		18.0		150	767±5	
YH10WT5—82/230	55.0	82	65.6	132	266	230	188	400	100	3.1		18.0				

表 2-67　变压器中性点型 3～220kV 复合外套氧化锌避雷器技术数据

避雷器型号	系统额定电压	避雷器额定电压	避雷器持续运行电压	直流参考电压 U_{1mA}	雷电冲击电流下残压	操作冲击电流下残压	方波通流容量(2ms)	大电流冲击耐受	爬电比距 ≥(cm/kV)		重量(kg)		最大伞径 ϕ	总高 H	生产厂
	有效值，kV			≥(kV)	≤(kV)		(A)	(kA)	1	2	1	2	(mm)	(mm)	
YH1.5W5—55/132	110	55	44.0	79	132	126	400	65	3.1		16.2		150	592	西安西电高压电瓷有限责任公司
YH1.5W5—60/144	110	60	48.0	86	144	135	400	65	3.1		16.7				
YH1.5W5—72/186	110	72	58.0	103	186	174	400	65	3.1		18.5				
YH1.5W5—73/200	110	73	58.4	105	200	165	400	65	3.1		18.5				
YH1.5W5—96/260	500	96	76.8	137	260	243	600	100	2.5		41.0		220	1295±5	
YH1.5W5—102/260	500	102	80.0	158	260	243	600	100	2.5		43.5				
YH1.5W5—144/320	220	144	115.8	205	320	299	600	100	2.5		48.0				
YH1.5W5—146/320	220	146	116.8	208	320	304	600	100	2.5		48.5				
YH1.5W5—207/440	330	207	165.6	292	440	410	600	100	2.5		123		800	2380±10	
YH1.5W5—210/440	330	210	168.0	296	440	399	600	100	2.5		123				
YH1.5W5—132/320①	500	132	105.6	187	320	272	800	100	2.5		46.0		220	1295±5	

注　操作冲击电流值为 500A。

①　电抗器用。

(3) 西安电瓷研究所生产的复合外套金属氧化物避雷器技术数据，见表 2-68。

表 2-68 **复合外套金属氧化物避雷器技术数据**

型 号	系统额定电压(kV)	持续运行电压(kV)	残压≤(kV)			直流 1mA 参考电压≥(kV)	工频参考电压(阻性 1mA)≥(kV)	2ms 方波(A)	伞径 ϕ (mm)	高度 H (mm)	生产厂
			1/4	8/20	30/60						
YH5W—96/238	110	73	262	238	202	140	96	400，600	190	1188(座式)1280(悬挂式)	西安电瓷研究所
YH5W—100/260		73	291	260	221	145	100	400，600			
YH5W—108/281		73	314	281	239	156	108	400，600			
YH5W—126/332		73	382	332	282	214	134	400，600			
YH10W—96/238		73	262	238	202	140	96	600，800			
YH10W—100/248		73	273	248	211	145	100	600，800			
YH10W—100/260		73	291	260	221	145	100	600，800			
YH10W—120/255		73	282	255	217	148	102	600，800			
YH10W—108/268		73	295	268	228	156	108	600，800			
YH5W—192/476	220	146	524	476	404	280	192	400，600	850	2481(座式)2560(悬挂式)	
YH5W—200/520		146	582	520	442	290	200	400，600			
YH5W—216/562		146	628	562	478	314	216	400，600			
YH5W—228/593		146	663	593	504	331	228	400，600			
YH10W—192/476		146	524	476	404	280	192	600，800			
YH10W—200/496		146	546	496	422	290	200	600，800			
YH10W—200/520		146	582	520	442	290	200	600，800			
YH10W—204/515		146	564	515	438	296	204	600，800			
YH10W—216/536		146	590	536	456	314	216	600，800			
YH10W—228/565		146	622	565	480	331	228	600，800			
YH10W—420/960	500	318	1075	960	852	565	385	1500，1800	1500	5256(座式)5402±50(悬挂式)	
YH10W—444/1015		324	1137	1015	900	597	408				
YH10W—468/1070		330	1198	1070	950	630	430				
YH5WS—5/15	3	4	17.3	15	12.8	7.5		75	88	297	
YH5WZ—5/13.5		4	15.5	13.5	11.5	7.2		75	108	297	
YH5WS—10/30	6	8	34.6	30	25.5	15	10	75，150	88	297	
YH5WZ—10/27		8	31	27	23	14.4	10	200，400	108	297	
YH5WS—17/50	10	13.6	57.5	50	42.5	25	17	75，150	88	297	
YH5WZ—17/45		13.6	51.8	45	38.3	24	17	200，400	108	297	
YH5WZ—51/134	35	40.8	154	134	114	73	48	400	140	599 (661)	
YH5W—84/221	66	67.2	254	221	188	121	84	400，600	90	1188(1280)	
YH10W—90/235		72.5	268	235	201	128	90	400，600			
YH10W—90/235		72.5	264	235	201	128	90	600，800			
YH5W—96/250	110	75	288	250	213	140	96	400，600	190	1188(1280)	
YH5W—100/260		78	299	260	221	145	100	400，600			
YH5W—102/266		79.6	305	266	226	148	102	400，600			
YH5W—108/281		84	323	281	239	157	108	400，600			
YH10W—96/250		75	280	250	213	140	96	600，800			
YH10W—100/260		78	291	260	221	145	100	600，800			
YH10W—102/266		79.6	297	266	226	148	102	600，800			
YH10W—108/281		84.2	315	281	239	157	108	600，800			

续表

型号	系统额定电压(kV)	持续运行电压(kV)	残压≤(kV)			直流1mA参考电压≥(kV)	工频参考电压(阻性1mA)≥(kV)	2ms方波(A)	伞径φ(mm)	高度H(mm)	生产厂
			1/4	8/20	30/60						
YH10W—192/500	220	148	460	500	426	280	192	600，800	850	2481 (2560)	西安电瓷研究所
YH10W—200/520		156	582	520	441	290	200	600，800			
YH10W—204/532		159	592	532	452	296	204	600，800			
YH10W—216/562		168.5	630	562	478	314	216	600，800			
YH10W—420/960	500	318	1075	960	852	565	385	1500，1800	1500 (2000)	5256 (5402±50)	
YH10W—444/1015		324	1137	1015	900	597	408	1500，1800			
YH10W—468/1070		330	1198	1070	950	630	430	1500，1800			
YH20W—420/960		318	1075	960	852	565	385	1500，1800			
YH20W—444/1106		324	1238	1106	907	597	408	1500，1800			
YH20W—468/1166		330	1306	1166	956	630	430	1500，1800			
YH1.5W—30/80	35			80		44	30	400	168	940	
YH1.5W—60/144	110			144		86	59	400	168	940	
YH1.5W—72/186	110			186		105	72	400	168	940	
YH1.5W—144/320	220			320		204	140	400	168	1835	
YH10CX1—84/220	110			220		123		400			
YH10CX2—100/320	110			320		145		400			
YH10CX1—168/440	220			440		246		400，600			
YH10C2—200/640	220			640		290		400，600			
YH10WT—42/105	27.5	31.5	118	105	89	58	40	400	160	530	
YH0.5W—17/45×2	10	13.6		45		28	17	200		相—相	
		13.6		45		28	17	200		相—地	
YH0.1W—51/127 ×51/140	35	41		140		102	65	400		相—相	
		41		127		92.5	58	400		相—地	
YH0.1W—51/127 ×51/140	35	24		70		51	33.5	400		上部单元	
		24		57		41.5	28.3	600		下部单元	
YH0.5W—51/143 ×51/154	35	41		154		102	65	400		相—相	
		41		143		92.5	58	400		相—地	
		24		77		51	33.5	400		上部单元	
		24		66		41.5	28.3	600		下部单元	

(4) 西安神电电器有限公司生产的复合外套金属氧化物避雷器技术数据，见表2-69。

表2-69　复合外套金属氧化物避雷器技术数据

型号	系统标称电压	避雷器额定电压	避雷器持续运行电压	直流1mA参考电压≥(kV)	2ms方波通流容量(A)	雷电冲击电流下残压	陡波冲击电流下残压	操作冲击电流下残压	伞径φ(mm)	高度H(mm)	备注	生产厂
	有效值，kV					≤(峰值，kV)						
YH5WS—5/15	3	5	4	7.5	100	15.0	17.3	12.8	91	218	配电用	西安神电电器有限公司
YH5WS—10/30	6	10	10	15	100	30.0	34.6	25.6	91	218		
YH5WS—12/35.8	10	12	12	18	100	35.8	41.2	30.6	91	270		
YH5WS—15/45.6	10	15	15	23	100	45.6	52.5	39.0	91	270		
YH5WS—17/50	10	17	17	25	100	50.0	57.5	42.5	91	270		
YH5WZ—5/13.5	3	5	4	7.2	150	13.5	15.5	11.5	98	213	电站用	
YH5WZ—10/27	6	10	8	14.4	150	27.0	31.0	23.0	98	213		

续表

型 号	系统标称电压	避雷器额定电压	避雷器持续运行电压	直流 1mA 参考电压 ≥ (kV)	2ms 方波通流容量 (A)	雷电冲击电流下残压	陡波冲击电流下残压	操作冲击电流下残压	伞径 ϕ (mm)	高度 H (mm)	备注	生产厂
	有效值，kV					≤（峰值，kV）						
YH5WZ—12/32.4	10	12	9.6	17.4	150	32.4	37.2	27.6	98	263	电站用	西安神电电器有限公司
YH5WZ—15/40.5	10	15	12.0	21.8	150	40.5	46.5	34.5	98	263		
YH5WZ—17/45	10	17	13.6	24.0	150	45.0	51.8	38.3	98	263		
YH5WZ—51/134	35	51	40.8	73.0	150	134.0	154	114.0	136	562		
YH5WZ—84/221	66	84	67.2	121	600	221	254	188	178	1150		
YH5WZ—90/235	66	90	72.5	130	600	235	270	201	178	1150		
YH10WZ—90/235	66	90	72.5	130	600	235	264	201	178	1150		
YH5WZ—96/250	110	96	75	140	600	250	288	213	226	1280		
YH10WZ—96/250	110	96	75	140	600	250	280	213	226	1280		
YH5WZ—100/260	110	100	78	145	600	260	299	221	226	1280		
YH10WZ—100/260	110	100	78	145	600	260	291	221	226	1280		
YH5WZ—102/266	110	102	79.6	148	600	266	305	226	226	1280		
YH10WZ—102/266	110	102	79.6	148	600	266	297	226	226	1280		
YH5WZ—108/281	110	108	84	157	600	281	323	239	226	1280		
YH10WZ—108/281	110	108	84	157	600	281	315	239	226	1280		
YH10WZ—192/500	220	192	150	280	800	500	560	426	226	2430		
YH10WZ—200/520	220	200	156	290	800	520	582	442	226	2430		
YH10WZ—204/532	220	204	159	296	800	532	594	452	226	2430		
YH10WZ—216/562	220	216	168.5	314	800	562	630	478	226	2430		
YH5WR—5/13.5	3	5	4.0	7.2	400	13.5		10.5	113	213	并联补偿电容器用	
YH5WR—10/27	6	10	8.0	14.4	400	27.0		21.0	113	213		
YH5WR—12/32.4	10	12	9.6	17.4	400	32.4		25.2	113	263		
YH5WR—15/40.5	10	15	12.0	21.8	400	40.5		31.5	113	263		
YH5WR—17/46	10	17	13.6	24.0	400	46.0		35.0	113	263		
YH5WR—51/134	35	51	40.8	73.0	400	134.0		105.0	152	562		
YH5WR—84/221	66	84	67.2	121	400	221		176	178	1150		
YH5WR—90/236	66	90	72.5	130	400	236		190	178	1150		
YH5WT—42/120	27.5	42	34.0	65.0	400	120.0	138	98	152	562	电气化铁道用	
YH5WT—84/240	55	84	68	130	400	240	276	196	178	1150		
YH1.5W—60/144	110	60	48	85	400	144		135	178	1150	变压器中性点用	
YH1.5W—72/186	110	72	58	103	400	186		174	178	1150		
YH1.5W—96/260	500	96	77	137	600	260		243	178	1150		
YH1.5W—144/320	220	144	116	205	600	320		299	226	1280		
YH5WX—51/134	35	51	40.8	73	400	134	154	114	152	622	线路用	
YH5WX—54/142	35	54	43.2	77	400	142	163	121	152	622		
YH5WX—54/150	35	54	43.2	80	400	150	169	128	152	622		
YH5WX—96/250	66	96	75	140	600	250	288	213	178	1220		
YH5WX—96/275	66	96	75	154	600	275	316	234	178	1220		
YH5WX—108/281	110	108	84	157	600	281	323	239	226	1276		
YH5WX—108/309	110	108	84	173	600	309	348	263	226	1276		
YH10WX—108/281	110	108	84	157	600	281	315	239	226	1276		
YH10WX—108/309	110	108	84	173	600	309	348	263	226	1276		
YH10WX—216/562	220	216	168	314	600	562	630	478	226	2520		
YH10WX—216/618	220	216	168.5	346	600	618	693	526	226	2520		

续表

型　号	电机额定电压	避雷器额定电压	避雷器持续运行电压	标称放电电流下残压（峰值，kV）	直流1mA参考电压≥（kV）	2ms方波通流容量（A）	雷电冲击电流下残压	陡波冲击电流下残压	操作冲击电流下残压	伞径 ϕ（mm）	高度 H（mm）	备注	生产厂
	有效值，kV						≤（峰值，kV）						
YH2.5WD—4/9.5	3.15	4	3.2		5.7	400	9.5	10.7	7.6	113	213	电机用	西安神电电器有限公司
YH2.5WD—8/18.7	6.3	8	6.3		11.2	400	18.7	21.0	15	113	213		
YH2.5WD—13.5/31	10.5	13.5	10.5		186	400	31	34.7	25	113	263		
YH5WD—4/9.5	3.15	4	3.2		5.7	400	9.5	10.7	7.6	113	213		
YH5WD—8/18.7	6.3	8	6.3		11.2	400	18.7	21.0	15	113	213		
YH5WD—13.5/31	10.5	13.5	10.5		18.6	400	31	34.7	25	113	263		
YH5WD—17.5/40	13.8	17.5	13.8		24.4	400	40	44.8	32	113	263		
YH5WD—20/45	15.75	20	15.8		28.0	400	45	50.4	36	113	263		
YH5WD—23/51	18	23	18		31.9	400	51	57.2	40.8	113	348		
YH5WD—25/56.2	20.0	25	20		35.4	400	56.2	62.9	45	113	348		
YH1.5W—2.4/6	3.15	2.4	1.9		3.4	400	6.0		5.0	113	213	电机中性点用	
YH1.5W—4.8/12	6.3	4.8	3.8		6.8	400	12.0		10.0	113	213		
YH1.5W—8/19	10.5	8	6.4		11.4	400	19		15.9	113	213		
YH1.5W—10.5/23	13.8	10.5	8.4		14.9	400	23		19.2	113	213		
YH1.5W—12/26	15.75	12	9.6		17.0	400	26		21.6	113	213		
YH1.5W—13.7/29.2	18	13.7	11.0		19.5	400	29.2		24.3	113	263		
YH1.5W—15.2/31.7	20	15.2	12.0		21.6	400	31.7		26.4	113	263		
YH0.5B—8/15	6.3	8	6.3		15	11.5	400			113	213		
YH0.5B—13.5/28	10.5	13.5	10.5		28	21	400			113	263		

型　号	系统标称电压	避雷器额定电压	标称放电电流下残压≤（峰值，kV）	工频放电电压≥（有效值，kV）	1.2/50冲击放电电压≤（峰值，kV）	直流1mA参考电压≥（kV）	2ms方波通流容量（A）	避雷器工频耐受电压≥（有效值，kV）	避雷器雷电冲击 $U_{50\%}$ 放电电压≤（峰值，kV）	陡波冲击电流下残压	雷电冲击电流下残压	伞径 ϕ（mm）	高度 H（mm）	备注	生产厂
	有效值，kV									≤（峰值，kV）					
YH5CS—3.8/15	3	3.8	15	9	15		100					98	213	带串联间隙	西安神电电器有限公司
YH5CS—7.6/27	6	7.6	27	16	27		100					98	213		
YH5CS—12.7/45	10	12.7	45	26	45		100					98	263		
YH5CZ—3.8/12	3	3.8	12	9	12		150					98	213		
YH5CZ—7.6/24	6	7.6	24	16	24		150					98	213		
YH5CZ—12.7/41	10	12.7	41	26	41		150					98	263		
YH5CZ—42/124	35	42	124	80	124		150					136	562		
YH2.5CD—3.8/8.6	3	3.8	8.6	7.6	8.6		200					113	213		
YH2.5CD—7.6/17	6	7.6	17	15	17		200					113	213		
YH2.5CD—12.7/28	10	12.7	28	25	28		200					113	263		
YH5CX—42/120	35	42	120			65	400	70	240	138	120	152	640	线路用带间隙	
YH5CX—75/218	66	75	218			108	600	117	400	246	218	178	1260		
YH5CX—90/260	110	90	260			130	600	170	525	292	260	178	1260		
YH10CX—96/280	110	96	280			140	600	170	525	314	280	178	1260		
YH10CX—102/296	110	102	296			148	600	170	525	332	296	178	1260		

续表

型号	系统标称电压	避雷器额定电压	标称放电电流下残压≤(峰值，kV)	工频放电电压≥(有效值，kV)	1.2/50冲击放电电压≤(峰值，kV)	直流1mA参考电压≥(kV)	2ms方波通流容量(A)	避雷器工频耐受电压≥(有效值，kV)	避雷器雷电冲击$U_{50\%}$放电电压≤(峰值，kV)	陡波冲击电流下残压	雷电冲击电流下残压	伞径ϕ(mm)	高度H(mm)	备注	生产厂
	有效值，kV									≤(峰值，kV)					
YH10CX—180/520	220	180	520			260	600	340	900	584	520	178	2280	线路用带间隙	西安神电电器有限公司
YH10CX—192/560	220	192	560			280	600	340	900	628	560	178	2280		
YH10CX—204/592	220	204	592			296	600	340	900	664	592	178	2280		
YH10CX—90/260	110	90	260			130	600	170	525	292	260	178	1260		
YH1.5W—0.28/1.3	0.22	0.28	1.3			0.6	50					50	95	低压用	
YH1.5W—0.5/2.6	0.38	0.5	2.6			1.2	50					50	95		

(5) 紫金集团生产的复合外套金属氧化物避雷器技术数据，见表2-70。

表2-70　紫金集团复合外套金属氧化物避雷器技术数据

型号	系统额定电压	避雷器额定电压	避雷器持续运行电压	陡波冲击电流下残压	雷电冲击电流下残压	操作冲击电流下残压	4/10μs大电流冲击耐受	直流1mA电压≥(kV)	2ms方波电流(峰值)≥(A)	备注	生产厂
	有效值，kV			峰值，kV							
YH5WS—5/15	3	5	4.0	17.3	15	12.8	65	7.5	75 (100)	配电型	紫金集团南京紫金电力保护设备有限公司
YH5WS—10/30	6	10	8	34.6	10	25.6	65	15	75 (100)		
YH5WS—17/50	10	17	13.6	57.5	50	42.5	65	25 (26)	75 (100)		
YH5WS—17/50L	10	17	13.6	57.5	50	42.5	65	25 (26)	75 (100)		
YH5WS1—17/50	10	17	13.6	57.5	50 (48)	42.5		25 (26)	75 (100)		
YH5WS2—17/50	10	17	13.6	50	50 (48)	42.5 (39.4)		26 (26)	75 (100)		
YH5WS3—17/50	10	17	13.6	57.5	50 (48)	42.5		25 (26)	75 (100)		
YH5WZ—5/13.5	3	5	4.0	15.5	13.5	11.5	65	7.2	150 (200)	电站型	
YH5WZ—10/27	6	10	8	31	27	23	65	14.4	150 (200)		
YH5WZ—17/45	10	17	13.6	51.8	45	38.3	65	24	150 (200)		
YH5WZ—51/134	35	51	40.8	154	134	114	100	73 (76)	400		
YH5WZ1—17/45	10	17	13.6	51.8	45 (43)	38.3		24 (25)	150 (200)		
YH5WZ1—17/45L	10	17	13.6	51.8	45 (43)	38.3		24 (25)	150 (200)		
YH5WZ1—51/134	35	51	40.8	154	134 (130)	114		73 (76)	400		

续表

型　号	系统额定电压	避雷器额定电压	避雷器持续运行电压	陡波冲击电流下残压	雷电冲击电流下残压	操作冲击电流下残压	4/10μs大电流冲击耐受	直流1mA电压≥(kV)	2ms方波电流(峰值)≥(A)	备注	生产厂
	有效值，kV			峰值，kV							
YH5W—4/9.5		4	3.2	10.7	9.5	65	5.7	5.7	400	发电机、电动机保护用	紫金集团南京紫金电力保护设备有限公司
YH2.5W—4/9.5		4	3.2	10.7	9.5	65	5.7	5.7	200		
YH5W—8/19		8	6.3	21.0	18.7	65	11.2	11.2	400		
YH2.5W—8/19		8	6.3	21.0	18.7	65	11.2	11.2	200		
YH2.5W—13.5/31		13.5	10.5	34.7	31	65	18.6	18.6	400		
YH5W—13.5/31		13.5	10.5	34.7	31	65	18.6	18.6	400		
YH5W—17.5/40		17.5	13.8	44.8	40	65	24.4	24.4	400		
YH5W—20/45		20	13.8	50.4	45	65	28	28	400		
YH5W—23/51		23	18	57.2	51	65	31.9	31.9	400		
YH5W—25/56.2		25	20	62.9	56.2	65	35.4	35.4	400		
YH1.5W—0.28/1.3	0.22	0.28	0.24		1.3			0.6 (0.65)	50 (75)	低压用补偿电容器用	
YH1.5W—0.5/2.6	0.38	0.5	0.42		2.6			1.2 (1.26)	50 (75)		
YH5WR—10/27	6	10	8		27	21	100	14.4	400		
YH5WR—17/45	10	17	13.6		45	35	100	24	400		
YH5WR—51/134	35	51	40.8		134	105	100	76 (73)	400		
YH5WR1—17/46	10	17	13.6		46	35		24 (25)	400		
YH5WT—42/120	27.5	42	34	138	120	98	100	65	400	电气化铁道用	
5H10WT—42/120	27.5	42	34	138	120	98	100	65	400		
5H5WT—84/240	55	84	68	276	240	196	100	130	400		
5H10WT—84/240	55	84	68	276	240	196	100	130	400		

注　1. 括号内为企业内控参数。

2. YH5WZ1—17/45L、YH5WS—17/50L 为带脱离装置的复合外套无间隙氧化锌避雷器。

(6) 武汉博大科技集团随州避雷器有限公司 0.28～216kV 复合外套避雷器，采用 500kV 合成绝缘子技术与高水平的氧化锌阀片融为一体，重量、体积为瓷外套的 1/3～1/7。线路型避雷器能明显降低雷击跳闸率，提高线路耐雷水平，特别适用于雷电活动频繁、土壤电阻率高、杆塔接地电阻大、跨江河高山的输电线路，以及变电站、开关站进线端。该公司产品技术数据，见表 2-71。

表 2-71　　复合外套避雷器技术数据

型　号	避雷器额定电压	系统标称电压	持续运行电压	最小参考电压(1mA)	最大残压			电流冲击耐受			备　注	生产厂
					陡波冲击电流下	雷电冲击电流下	操作冲击电流下	2000μs方波电流(A)	8/20μs冲击电流(kA)	4/10μs冲击大电流(kA)		
	有效值，kV				峰值，kV							
YH1.5W—0.28/1.3	0.28	0.22	0.24	0.60		1.30		50	1.5	10	低压型	武汉博大科技集团随州避雷器有限公司
YH1.5W—0.50/2.6	0.50	0.38	0.42	1.20		2.60		50	1.5	10		
YH5WS—7.6/3.0	7.6	6	4.0	15	34.5	30	25.6	100	5	65	配电型(S)	
YH5WS—10/30	10	6	8	10	34.5	30	25.6	100	5	65		
YH5WS—12.7/50	12.7	10	6.6	25	57.5	50	42.5	100	5	65		
YH5WS—17/50	17	10	13.6	26	57.5	50	42.5	100	5	65		

续表

型　号	避雷器额定电压	系统标称电压	持续运行电压	最小参考电压(1mA)	最大残压 陡波冲击电流下	雷电冲击电流下	操作冲击电流下	电流冲击耐受 2000μs方波电流(A)	8/20μs冲击电流(kA)	4/10μs冲击大电流(kA)	备　注	生产厂
	有效值，kV				峰值，kV							
YH5WR—7.6/27	7.6	6	4.0	13.8		27	21		5	65	电容器型(R)	武汉博大科技集团随州避雷器有限公司
YH5WR—10/27	10	6	8	14.4		27	21		5	65		
YH5WR—12.7/45	12.7	10	6.6	23.0		45	35	400	5	65		
YH5WR—17/45	17	10	13.6	24		45	35		5	65		
YH5WR—42/134	42	35	23.4	70		134	105	600	5	65		
YH5WR—51/134	51	35	40.8	73		134	105		5	65		
YH5WR—84/221	84	63	67.2	121		221	176		5	65		
YH5WZ—7.6/27	7.6	6	4.0	14.4	31	27	23	300	5	65	电站型(Z)	
YH5WZ—10/27	10	6	8	15	31	27	23	300	5	65		
YH5WZ—12.7/45	12.7	10	6.6	24	51.8	45	38.3	300	5	65		
YH5WZ—17/45	17	10	13.6	25	51.8	45	38.3	300	5	65		
YH5WZ—42/134	42	35	23.4	73	154	134	114	400	5	65		
YH5WZ—51/134	51	35	40.8	76	154	134	114	400	5	65		
YH5W—96/250	96	110	75	140	280	250	213	400	5	65		
YH5W—100/260	100	110	78	145	299	260	221	600	5	65		
YH5W—108/281	108	110	84.2	157	323	281	239	600	5	65		
YH10W—100/260	100	110	78	145	291	260	221	600	5	65		
YH10W—108/281	108	110	84	157	315	281	239	600	10	100		
YH10W—200/520	200	220	156	290	582	520	442	800	10	100		
YH10W—216/562	216	220	168.4	314	630	562	478	800	10	100		
YH10W—300/727	300	330	228	425	814	727	618	1200	10	100		
YH10W—444/1015	444	500	324	597	1137	1015	900	1500	10	100		
YH20W—468/1166	468	500	330	630	1306	1166	956	2000	20	100		
YH1.5W—33/90	33	35	24	50		90	78	400	1.5	10	变压器中性点型	
YH1.5W—60/144	60	110	48	85		144	137	400	1.5	10		
YH1.5W—72/186	72	110	58	103		186	174	400	1.5	10		
YH1.5W—96/260	96	500	77	137		260	243	400	1.5	10		
YH1.5W—144/320	144	220	116	205		320	299	400	1.5	10		
YH1.5W—207/440	207	330	166	292		440	410	400	1.5	10		
YH5WT—42/120	42	27.5	34	65	138	120	98	400	5	65	电气化铁道型	
YH5WT—84/240	84	55.0	68	130	276	240	196	400	5	65		
YH10WT—42/120	42	27.5	34	65	138	120	98	60	10	100		
YH10WT—84/240	84	55	68	130	276	240	196	60	10	100		
YH10WX—17/60	17	10	13.6	28	64	60		18/40 μs	8/20 μs	100	线路型 H 420，D 140，座式	
YH10WX—51/170	51	35	40.8	80	185	170		10kA	20kA	100	线路型 H 770，D 160，座式	
YH10WX—10/36	10	6	8	18	40	36		400	10	100	线路型 H 340，D 120	
YH10WX—51/170X	51	35	40.8	80	185	170		400	10	100	线路型 H 760，D 160，挂式	
YH10WX—108/290	108	110	78	160	310	290		800	10	100	线路型 H 1200，D 180，座式	
YH10WX—108/290X	108	110	78	160	310	290		800	10	100	线路型 H 1320，D 180，挂式	
YH10WX—216/580	216	220	156	320	620	580		800	10	100	线路型 H 2200，D 180，座式	
YH10WX—216/580X	216	220	156	320	620	580		800	10	100	线路型 H 2750，D 180，挂式	

注　1. $0.75U_{1mA}$ 直流参考电压下泄漏电流不大于 50μA，爬电比距不小于 25mm/kV，持续运行电压下的全电流不大于 800μA。

2. 线路型 H 为总高，D 最大伞径，单位 mm。

（7）宁波天安（集团）股份有限公司 6～35kV 交流电力系统用复合外套无间隙金属氧化物避雷器技术数据，见表 2-72。

表 2-72　　6～35kV 交流电力系统用复合外套无间隙金属氧化物避雷器技术数据

型号	避雷器			冲击电流残压			直流 1mA 参考电压	电流冲击耐受		重量 (kg)	主要尺寸（mm）			生产厂
	系统电压	额定电压	持续运行电压	陡波残压 5kA	雷电残压 5kA	操作残压		2ms 方波 (A)	4/10μs 大电流（峰值，kA）		高度 H	伞径 ϕ	伞数	
	有效值，kV			≤（峰值，kV）			≤（kV）							
YH5WS—7.6/30	6	7.6	4.0	34.5	30.0	25.5	15.0	150	40	1.2	225	94	3	宁波天安（集团）股份有限公司
YH5WS—12/35.8	10	12	9.6	41.2	35.8	30.6	18.0	150	40	1.6	275	94	5	
YH5WS—15/45.6	10	15	12.0	52.5	45.6	39.0	23.0	150	40	1.6	275	94	5	
YH5WS—17/50	10	17	13.6	57.5	50.0	42.5	25.0	250	40	1.6	275	94	5	
YH5WZ—7.6/27	6	5	4.0	31.0	27.0	23.0	14.4	250	40～65	1.6	225	102	3	
YH5WZ—12/32.4	10	12	9.6	37.2	32.4	27.6	17.4	250	40～65	2.2	275	102	5	
YH5WZ—15/40.5	10	15	12.0	46.5	40.5	34.5	21.8	250	40～65	2.2	275	102	5	
YH5WZ—17/45	10	17	13.6	518	45.0	38.3	24.0	250	40～65	2.2	275	102	5	
YH5WZ—51/134	35	51	40.8	154.0	134.0	114.0	73.0	250	40～65	10	713	148	11	

（8）北京电力设备总厂电器厂复合外套金属氧化物避雷器技术数据，见表 2-73。

表 2-73　　复合外套金属氧化物避雷器技术数据

型号	避雷器额定电压	避雷器持续运行电压	直流参考电压 ≥（kV）	雷电冲击残压	操作冲击残压	2ms 方波冲击电流（峰值）≥（A）	避雷器爬电比距 (mm/kV)	重量 (kg)	伞径 ϕ (mm)	总高 H (mm)	备注	生产厂
	有效值，kV			≤（峰值，kV）								
HY10W—216/562	216	169	314	562	478	600	32	70	900 920	2550 2450	电站型	北京电力设备总厂电器厂
HY10W—204/532	204	159	296	532	452	600		70	900 920	2550 2450		
HY10W—200/520	200	156	290	520	442	600		70				
HY10W—192/500	192	150	280	500	426	600		70				
HY10W—108/281	108	84	157	281	239	600		30	203	1250		
HY10W—102/266	102	810	148	266	226	600		30				
HY10W—100/260	100	78	145	260	221	600		30				
HY10W—96/250	96	75	140	250	213	600		30				
HY10W—90/235	90	73	130	235	201	600		30				
HY5W—108/281	108	84	157	281	239	600		30				
HY5W—108/268	108	84	157	268	235	600		30				
HY5W—102/266	102	84	148	266	226	600		30				
HY5W—100/260	100	78	145	260	221	600		30				
HY5W—96/250	96	75	140	250	213	600		30				
HY5W—90/235	90	73	130	235	201	600		30				
HY5W—84/221	84	67.5	121	221	188	600		30				
HY5WZ—51/134	51	40.8	73	134	114	200		15	130	665		
HY5WZ—17/45	17	13.6	24	45	38.3	200		3	110	300		
HY5WZ—15/40.5	15	12	21.8	40.5	34.5	200		3	110	260		
HY5WZ—12/32.4	12	9.6	17.4	32.4	27.6	200		3	110	260		
HY5WZ—10/27	10	8	14.4	27	23	200		2	110	260		
HY5WZ—5/13.5	5	4	7.2	13.5	11.5	200		1	110	225		

续表

型 号	避雷器额定电压	避雷器持续运行电压	直流参考电压≥（kV）	雷电冲击残压	操作冲击残压	2ms方波冲击电流（峰值）≥（A）	避雷器爬电比距（mm/kV）	重量（kg）	伞径φ（mm）	总高H（mm）	备注	生产厂
	有效值，kV			≤（峰值，kV）								
HY5WS—17/50	17	13.6	25	50	42.5	150		3	90	263	配电型	北京电力设备总厂电器厂
HY5WS—15/45	15	12	23	45	39	150		3	90	263		
HY5WS—12/36	12	9.6	18	36	30.6	150	32	3	90	263		
HY5WS—10/30	10	8	15	30	25.6	150		2	90	263		
HY5WS—5/15	5	4	7.5	15	12.8	150		1	90	263		
HY1.5W—0.5/2.6	0.5	0.42	1.2	2.6		150	32	0.5	110	80	低压避雷器	
HY1.5W—0.28/1.3	0.28	0.24	0.6	1.3		150	32	0.5	110	80		
HY5W—25/56.2	25	20	35.4	56.2	45	400	32	5	110	325	电动机、发电机用	
HY5W—23/51	23	18	31.9	51	40.8	400	32	5	110	300		
HY5W—20/45	20	15.8	28	45	36	400	32	4	110	300		
HY5W—17.5/40	17.5	13.8	24.4	40	32	400	32	3	110	300		
HY5W—13.5/31	13.5	10.5	18.6	31	25	400	32	3	110	260		
HY5W—8/18.7	8	6.3	11.2	18.7	15	400	32	2	110	225		
HY5W—4/9.5	4	3.2	5.7	9.5	7.6	400	32	1	110	225		
HY2.5W—13.5/31	13.5	10.5	18.6	31	25	400	32	3	110	260		
HY2.5W—8/18.7	8	6.3	11.2	18.7	15	400	32	2	110	225		
HY2.5W—4/9.5	4	3.2	5.7	9.5	7.6	400	32	1	110	225		
HY1.5W—207/440	207	166	292	440	410	400	32	70	920	2450	变压器中性点用	
HY1.5W—144/320	144	116	205	320	299	400	32	50	920	2450		
HY1.5W—96/260	96	77	137	260	243	400	32	30	203	1250		
HY1.5W—72/186	72	58	103	186	174	400	32	20	203	1250		
HY1.5W—60/144	60	48	85	144	135	400	32	20	203	1250		
HY1.5W—15.2/31.7	15.2	12.2	21.6	31.7	26.4	200	32	3	110	260	电机用中性点	
HY1.5W—13.7/29.2	13.7	11	19.5	29.2	24.3	200	32	3	110	260		
HY1.5W—12/26	12	9.6	17	26	21.6	200	32	3	110	260		
HY1.5W—10.5/23	10.5	8.4	14.9	23	19.2	200	32	2	110	260		
HY1.5W—8/19	8	6.4	11.4	19	15.9	200	32	2	110	225		
HY1.5W—4.8/12	4.8	3.8	6.8	12	10	200	32	1	110	225		
HY1.5W—2.4/6	2.4	1.9	3.4	6	5	200	32	1	110			
HY5WR—90/236	90	72.5	130	236	190	400	32	30	203	1250	并联补偿电容器用	
HY5WR—84/221	84	67.2	121	221	176	400	32	30	203	1250		
HY5WR—51/134	51	40.8	73	134	105	400	32	15	130	665		
HY5WR—17/46	17	13.6	24	46	35	400	32	10	110	300		
HY5WR—15/40.5	15	12	21.8	40.5	31.5	400	32	3	110	260		
HY5WR—12/32.4	12	9.6	17.4	32.4	25.2	400	32	3	110	260		
HY5WR—10/27	10	8	14.4	27	21	400	32	2	110	260		
HY5WR—5/13.5	5	4	7.2	13.5	10.5	400	32	1	110	225		
HY5WT—84/240	84	68	130	240	196	400	32	25	203	1250	电气化铁道用	
HY5WT—42/120	42	34	65	120	98	400	32	15	130	665		

续表

型号	避雷器额定电压	工频放电电压≥	雷电冲击残压	波前放电电压	1.2/50μs冲击放电电压	2ms方波冲击电流（峰值）≥（A）	避雷器爬电比距（mm/kV）	重量（kg）	伞径 ϕ（mm）	总高 H（mm）	备注	生产厂
	有效值，kV		≤（峰值，kV）									
HY5（10）CZ—42/124	42	80	124	168	134	200	32	10	110	600	电站型有间隙	北京电力设备总厂电器厂
HY5（10）CZ—12.7/41	12.7	26	41	56.5	45	200	32	3	110	300		
HY5（10）CZ—7.6/24	7.6	16	24	37.5	30	200	32	2	110	265		
HY5（10）CZ—3.8/12	3.8	9	12	25	20	200	32	1	110	230		
HY5（10）CS—12.7/45	12.7	26	45	62.5	50	150	32	3	110	300	配电型有间隙	
HY5（10）CS—7.6/27	7.6	16	27	43.8	35	150	32	2	110	265		
HY5（10）CS—3.8/15	3.8	9	15	26.3	21	150	32	1	110	230		
HY20CB—61/202	61	73.2	202	165.2	134.3	600	32	25	130	930	阻波器用有间隙	
HY20CB—48/159	48	57.6	159	130	105.7	600	32	15	130	835		
HY20CB—38/125.8	38	45.6	125.8	103	83.7	600	32	10	110	600		
HY20CB—30/99.3	30	36	99.3	81.3	66.1	600	32	6	110	600		
HY20CB—24/79.4	24	28.8	79.4	65.2	53	600	32	5	110	415		
HY20CB—19/62.9	19	22.8	62.9	51.7	42	600	32	4	110	375		
HY20CB—15/49.7	15	18	49.7	40.6	33	600	32	3	110	340		
HY20CB—12/39.7	12	14.4	39.7	32.6	26.5	600	32	3	110	300		
HY20CB—9.5/31.5	9.5	11.4	31.5	30.1	24.5	600	32	2	110	265		
HY20CB—7.6/25.2	7.6	9.1	25.2	24.1	19.6	600	32	2	110	265		
HY20CB—6.1/20.1	6.1	7.3	20.1	19.3	15.7	600	32	1.5	110	230		
HY20CB—4.8/15.8	4.8	5.8	15.8	15.2	12.4	600	32	1.5	110	230		
HY20CB—3.8/12.5	3.8	4.6	12.5	12.5	10.2	600	32	1	110	230		
HY20CB—3/9.9	3	3.6	9.9	10	8.1	600	32	1	110	190		
HY20CB—2.4/7.9	2.4	2.9	7.9	8	6.5	600	32	0.5	110	190		
HY20CB—1.9/6.3	1.9	2.3	6.3	6.3	5.1	600	32	0.5	110	190	阻波器用有间隙	
HY5（10）CB—61/183.6	61	73.2	183.6	165.2	134.3	400	32	25	130	930		
HY5（10）CB—48/144.5	48	57.6	144.5	130	105.7	400	32	15	130	835		
HY5（10）CB—38/114.4	38	45.6	114.4	103	83.7	400	32	10	110	600		
HY5（10）CB—30/90.3	30	36	90.3	81.3	66.1	400	32	6	110	600		
HY5（10）CB—24/72.2	24	28.8	72.2	65.2	53	400	32	5	110	415		
HY5（10）CB—19/57.2	19	22.8	57.2	51.7	42	400	32	4	110	375		
HY5（10）CB—15/45.2	15	18	45.2	40.6	33	400	32	3	110	340		
HY5（10）CB—12/36.1	12	14.4	36.1	32.6	26.5	400	32	3	110	300		
HY5（10）CB—9.5/28.6	9.5	11.4	28.6	30.1	24.5	400	32	2	110	265		
HY5（10）CB—7.8/22.9	7.8	9.1	22.9	24.1	19.6	400	32	2	110	265		
HY5（10）CB—6.1/18.3	6.1	7.3	18.3	19.3	15.7	400	32	1.5	110	230		
HY5（10）CB—4.8/14.4	4.8	5.8	14.4	15.2	12.4	400	32	1.5	110	230		
HY5（10）CB—3.8/11.4	3.8	4.6	11.4	12.5	10.2	400	32	1	110	230		
HY5（10）CB—3/9	3	3.6	9	10	8.1	400	32	1	110	190		
HY5（10）CB—2.4/7.2	2.4	2.9	7.2	8	6.5	400	32	0.5	110	190		

续表

型　号	避雷器额定电压	工频放电电压≥	雷电冲击残压	波前放电电压	1.2/50μs冲击放电电压	2ms方波冲击电流（峰值）≥（A）	避雷器爬电比距（mm/kV）	重量（kg）	伞径 ϕ（mm）	总高 H（mm）	备注	生产厂
	有效值，kV		≤（峰值，kV）									
HY5（10）CB—1.9/5.7	1.9	2.3	5.7	6.3	5.1	400	32	0.5	110	190	阻波器用有间隙	北京电力设备总厂电器厂
HY5（10）CB—1.5/4.5	1.5	1.8	4.5	5	4.1	400	32	0.5	110	190		
HY5（10）CB—1/3	1	1.2	3	3.4	2.8	400	32	0.5	110	190		
HY5（10）CB—0.6/1.8	0.6	0.7	1.8	2	1.6	400	32	0.5	110	190		
HY10Y1—385/918	385		918			800	16			3330	500kV带串联间隙	

（9）汉光电力电器公司HYW型系列复合绝缘避雷器技术数据，见表2-74。

表2-74　　汉光电力电器公司的5kA、10kA无间隙复合绝缘避雷器

型　号	额定电压（kV）	最大持续运行电压（kV）	残　压（kV）			方波冲击电流耐受2000μs（A）	大电流耐受4/10μs（kA）	线路放电等级	生产厂
			陡波冲击电流	操作冲击电流	8/20μs标准雷电流				
HY5W—3	3	2.55	9.5	7.7	9	100	65		汉光电子集团汉光电力电器公司
HY5W—6	6	5.1	19.0	15.4	18	100	65		
HY5W—9	9	7.65	28.5	23.1	27	100	65		
HY5W—12	12	10.2	38.0	30.8	36	100	65		
HY5W—15	15	12.7	47.5	38.5	45	100	65		
HY5W—18	18	15.3	57.0	46.2	54	100	65		
HY5W—21	21	17.0	66.5	53.9	63	100	65		
HY5W—24	24	19.2	76.0	61.6	72	100	65		
HY5W—27	27	21.9	85.5	69.3	81	100	65		
HY5W—30	30	24.4	95.0	76.5	90	100	65		
HY5W—33	33	26.8	104.5	84.7	99	100	65		
HY5W—36	36	29	114.0	92.4	108	100	65		
HY5W—42	42	34.1	132.3	100.1	126	100	65		
HY5W—3	3	2.55	9.5	7.7	9		100	1	
HY5W—6	6	5.1	19.0	15.4	18				
HY5W—9	9	7.65	28.5	23.1	27				
HY5W—12	12	10.2	38.0	30.8	36				
HY5W—15	15	12.7	47.5	38.5	45				
HY5W—18	18	15.3	57.0	46.2	54				
HY5W—21	21	17.0	66.5	53.9	63				
HY5W—24	24	19.2	76.0	61.6	72				
HY5W—27	27	21.9	85.5	69.3	81				
HY5W—30	30	24.4	95.0	76.5	90				
HY5W—33	33	26.8	104.5	84.7	99				
HY5W—36	36	29	114.0	92.4	108				
HY5W—42	42	34.1	132.3	100.1	126				

注　如果是瓷套避雷器应去掉型号前的“H”。

（10）上海电瓷厂复合外套金属氧化物避雷器技术数据，见表2-75。

表2-75　　复合外套金属氧化物避雷器技术数据

型号	避雷器额定电压（有效值，kV）	系统额定电压（有效值，kV）	避雷器持续运行电压（有效值，kV）	直流1mA参考电压≥（kV）	波头1μs 10kA陡波冲击电流残压≤（峰值，kV）	8/20μs 10kA雷电冲击电流残压≤（峰值，kV）	30/60μs 500A操作冲击电流残压≤（峰值，kV）	2000μs方波通流容量18次（峰值，A）	4/10μs冲击大电流2次（峰值，kA）	爬电距离（mm）	生产厂
YH10W2—96/250（238）	96	110	75	140	280/262	250/238	213/202	600 800 1000	100	3906	上海电瓷厂
YH10W2—100/260（248）	100		78	145	291/273	260/248	221/211				
YH10W2—102/266（253）	102		79.6	148	297/278	266/253	226/215				
YH10W2—108/281（268）	108		84	157	315/295	281/268	239/228				
YH10W2—192/500（476）	192	220	150	280	560/524	500/476	426/404			7812	
YH10W2—200/520（496）	200		156	290	582/546	520/496	442/422				
YH10W2—204/532（506）	204		159	296	594/556	532/506	452/430				
YH10W2—216/562（536）	216		168.5	314	630/590	562/536	478/456				
HY5WZ2—10/27	10	6	8	14.4	31	27	23	150	45，65	370	
HY5WR2—10/27							21	400，600	65		
HY5WS2—10/30				15	34.6	30	25.6	75，100	40	330	
HY5WZ2—17/45	17	10	13.6	24	51.8	45	38.3	150	40，65	370	
HY5WR2—17/45							35	400，600	65		
HY5WS2—17/50				25	57.5	50	42.5	75，100	400	330	
ZHY5WS2—17/50①										380	
HY5WZ2—51/134	51	35	40.8	73	154	134	114	150，400	40，65	1200	
HY5WR2—51/134							105	400，600	65		
HY5WZ2—52.7/134	52.7		42	74.5	154		114	150，400	40，65		
HY5WR2—52.7/134							105	400，600	65		
HY5WR2—52.7/126						126	102				

型号	避雷器额定电压	系统额定电压	避雷器持续运行电压	标称放电电流（kA）	直流1mA参考电压≥（kV）	波头1μs陡波冲击电流残压	8/20μs雷电冲击电流残压	30/60μs 100A操作冲击电流残压	2000μs方波通流容量18次（峰值，A）	4/10μs冲击大电流2次（峰值，kA）	适用场所	外形尺寸H，D（mm）	爬电距离（mm）	生产厂
	有效值，kV					≤（峰值，kV）								
HY5W2—4/9.5	4	3.15	3.2	5	5.7	10.7	9.5	7.6	400 600 800	65，100	保护发电机用	258，130	370	上海电瓷厂
HY5W2—8/18.7	8	6.3	6.3		11.2	21	18.7	15						
HY5W2—13.5/31	13.5	10.5	10.5		18.6	34.7	31	25						
HY5W2—17.5/40	17.5	13.8	13.8		24.4	44.8	40	32						

续表

型号	避雷器额定电压	系统额定电压	避雷器持续运行电压	标称放电电流(kA)	直流1mA参考电压≥(kV)	波头1μs陡波冲击电流残压	8/20μs雷电冲击电流残压	30/60μs 100A操作冲击电流残压	2000μs方波通流容量18次(峰值,A)	4/10μs冲击大电流2次(峰值,kA)	适用场所	外形尺寸H,D(mm)	爬电距离(mm)	生产厂
	有效值，kV					≤（峰值，kV）								
HY2.5WZ—4/9.5	4	3.15	3.2	2.5	5.7	10.7	9.5	7.6	200 400 600	65	保护电动机用	258，120	370	上海电瓷厂
HY2.5W2—8/18.7	8	6.3	6.3		11.2	21	18.7	15						
HY2.5W2—13.5/31	13.5	10.5	10.5		18.6	34.7	31	25						
HY1.5W2—2.4/6	2.4	3.15	1.9	1.5	3.4		6	5	200 400		电机中性点保护用	258，120		
HY1.5WZ—4.8/12	4.8	6.3	3.8		6.8		12	10						
HY1.5W2—8/19	8	10.5	6.4		11.4		19	15.9						
HY1.5W2—10.5/23	10.5	13.8	8.4	1.5	14.9		23	19.2	400 600	65，100	电机中性点保护用	258，130		
HY1.5W2—12/26	12	15.75	9.6		17		26	21.6						
HY1.5W2—13.7/29.2	13.7	18	11		19.5		29.2	24.3						

注 1. 操作冲击电流残压一栏中 HY5WZ2 系列产品的操作冲击电流值为 250A，HY5WS2 系列产品的操作冲击电流值为 100A。

2. 每只产品的陡波冲击和雷电冲击的冲击电流值为该产品标称放电电流一栏中的值。

3. 保护发电机用产品的操作冲击电流值为 250A。

① 产品 ZHY5WS2—17/50 为支柱式金属氧化物避雷器，弯曲耐受负荷为 1.6kN，扭转耐受力矩为 600N·m。

(11) 宁波市镇海国创高压电器有限公司 220kV 及以下系列交流电力系统用复合外套金属氧化物避雷器技术数据，见表 2-76。

表 2-76　10kV 及以下系列复合外套金属氧化物避雷器技术数据

避雷器型号	避雷器额定电压(kV)	持续运行电压(kV)	直流1mA参考电压≥(kV)	标称放电电流下残压≤(kV)	2ms方波通流容量(A)	4/10μs大电流通流容量(kA)	最大伞径φ(mm)	总高H(mm)	重量(kg)	备注	生产厂
HY5WS—17/50	17	13.6	25	50	150	40～65	89	270	1.3	配电型	宁波市镇海国创高压电器有限公司
HY5WS—10/30	10	8	15	30	150	40～65					
HY5WS—5/15	5	4	7.5	15	150	40～65					
HY5WZ—17/45	17	13.6	24	45	250	40～65	102	270	1.9	电站型	
HY5WZ—10/27	10	8	14.4	27	250	65					
HY5WZ—5/13.5	5	4	7.2	13.5	250	65					
HY5WR—17/45	17	13.6	24	45	400～500	65	110	270	2.7	电容型	
HY5WR—10/27	10	8	14.4	27	400～500	65					
HY5WR—5/13.5	5	4	7.2	13.5	400～500	65					
HY5WD—13.5/31	13.5	10.5	18.6	31	400～500	65				电机型	
HY5WD—8/18.7	8	6.3	11.2	18.7	400～500	65					
HY5WD—4/9.5	4	3.2	5.7	9.5	400～500	65					
HY2.5WD—13.5/31	13.5	10.5	18.6	31	250	65					
HY2.5WD—8/18.7	8	6.3	11.2	18.7	250	65					
HY2.5WD—4/9.5	4	3.2	5.7	9.5	250	65					

续表

避雷器型号	避雷器额定电压(kV)	持续运行电压(kV)	直流1mA参考电压≥(kV)	标称放电电流下残压≤(kV_p)	2ms方波通流容量(A)	4/10μs大电流通流容量(kA)	最大伞径ϕ(mm)	总高H(mm)	重量(kg)	备注	生产厂
HY1.5W—2.4/6	2.4	1.9	3.4	6	250	65				电机中性点型	宁波市镇海国创高压电器有限公司
HY1.5W—4.8/12	4.8	3.8	6.8	12	250	65					
HY1.5W—8/19	8	6.4	11.4	19	250	65					
HY1.5W—15.2/31.7	15.2	12.2	21.6	31.7	250	65					
HY1.5W—0.28/13	0.28	0.24	0.6	1.3	50	10				低压型	
HY1.5W—0.5/2.6	0.5	0.42	1.2	2.6	50	10					

产品型号	避雷器额定电压(kV)	避雷器持续运行电压(kV)	标称放电电流下残压≤(kV)	直流1mA参考电压≥(kV)	持续运行电压下阻性电流≤(μA)	2ms方波通流容量(A)	4/10μs大电流通流容量(kA)	备注	生产厂
HY5WZ—51/134	51	40.8	134	75	200	400～500	65	电站型	
HY5WR—51/128	51	40.8	128	75	200	400～500	65	电容型	
HY5WD—23/51	23	18	51	31.9	200	400～500	65		
HY5W—33/86	33	26.4	86	45	200	400～500	65		
HY5WR—84/221	84	67.2	221	121	200	400～500	65	电容型	宁波市镇海国创高压电器有限公司
HY5WR—90/236	90	72.5	236	130	200	400～500	65		
HY10WZ—90/235	90	72.5	235	130	200	600～800	100	电站型	
HY10WZ—96/250	96	75	250	140	200	600～800	100		
HY10WZ—100/260	100	78	260	145	200	600～800	100		
HY10WZ—102/266	102	79.6	266	148	200	600～800	100		
HY10WZ—108/281	108	84	281	157	200	600～800	100		
HY10WZ—192/500	192	150	500	280	200	600～800	100		
HY10WZ—200/520	200	156	520	290	200	600～800	100		
HY10WZ—204/532	204	159	532	296	200	600～800	100		
HY10WZ—216/562	216	168.5	562	314	200	600～800	100		
HY10WZ—25/62	25	20	62	37	200	600	100		
HY5WT—42/120	42	34	120	65	200	400	65	电气化铁道用	
HY5WT—84/240	84	68	240	130	200	400	65		
HY1.5W—31/85	31	24.8	85	52	200	400	65		
HY1.5W—60/144	60	48	144	85	200	400	65		
HY1.5W—72/186	72	58	186	103	200	400	65		
HY1.5W—96/260	96	77	260	137	200	400	65		
HY1.5W—144/320	144	116	320	205	200	400	65		
HY1.5W—207/440	207	166	440	292	200	400	65		
HY10CX—90/260	90		260①	130		400	100	串联间隙（绝缘子支撑空气间隙和纯空气间隙）	
HY10CX—90/260K									
HY10CX—180/520	180		520①	260		500	100		
HY10CX—180/520K									
HY10WX—57/170TL	57		170①	85		400	100	无间隙（带脱离装置）	
HY10WX—120/334TL	120		334①	180		400	100		

（12）牡丹江北方高压电瓷有限责任公司复合外套金属氧化物避雷器技术数据，见表2-77。

（13）法伏安电器有限公司“法伏安牌”复合绝缘金属氧化物避雷器（PMOA）技术数据，见表2-78。

表 2-77 220kV及以下交流系统用复合外套金属氧化物避雷器技术数据

型号	系统额定电压	避雷器额定电压	持续运行电压	标称放电电流(kA)	避雷器残压 陡波冲击 1/10(1/4)μs	雷电冲击 8/20μs	操作冲击 30/60μs	直流1mA参考电压≥(kV)	2ms方波通流容量(20次)(A)	外部串联间隙(mm)	外爬距(mm)	总高H(mm)	伞径φ(mm)	备注	生产厂
	有效值，kV				≤(峰值，kV)										
YH5WS—10/30	6	10	8.0	5	(34.6)	30	25.6	15	100			200	90	配电型	牡丹江北方高压电瓷有限责任公司
YH5WS—17/50	10	17	13.6	5	(57.5)	50	42.5	25	100			260	90		
YH5WZ—10/27	6	10	8.0	5	(31.0)	27	23	14.4	200			240	128	电站型	
YH5WZ—17/45	10	17	13.6	5	(51.8)	45	38.3	24	200			300	128		
YH5WR—10/27	6	10	8.0	5		27	21	14	400			240	128	电容器型	
YH5WR—17/46	10	17	13.6	5		46	35	24	400			300	128		
YH5CX—42/120W	35	42	33.6	5	138	120		60	400	200±10	1194	584	160	输电线路有串联间隙	
YH5CX—69/198W	66	69	55.2	5	228	198		100	500	370±20	3583	1142	200		
YH5CX—90/260W	110	90	72.5	5	292	260		130	500	450±30	3583	1142	200		
YH10CX—90/260W	110	90	72.5	10	292	260		130	600	450±30		1142	200		
YH5CX—96/280W	110	96	75	5	314	280		140	500	450±30		1142	200		
YH10CX—96/280W	110	96	75	10	314	280		140	600	450±30		1142	200		
YH5CX—108/320W	110	108	84	5	358	320		160	500	450±30		1142	200		
YH10CX—108/320W	110	108	84	10	358	320		160	600	450±30		1142	200		
YH10CX—180/520W	220	180	140	10	584	520		260	600	850±50	7166	2194	200		
YH10CX—192/560W	220	192	150	10	628	560		280	600	850±50		2194	200		
YH10CX—216/640W	220	216	168.5	10	716	640		320	600	850±50		2194	200		
YH10WZ2—90/235W	66	90	72.5	10	264	235	201	130	500		1220	1060	216	发变电站	
YH10WZ3—192/500W	220	192	150	10	560	500	426	280	600～800		6794	2538	216		
YH10WZ3—200/520W	220	200	156	10	582	520	442	290	600～800		6794	2538	216		
YH10WZ3—204/532W	220	204	159	10	594	532	452	296	600～800		6794	2538	216		
YH10WZ3—216/562W	220	216	168.5	10	630	562	478	314	600～800		6794	2538	216		
YH1.5W2—60/144W	110	60	48	1.5		144	135	85	500		933	820	216	中性点	
YH1.5W2—144/320W	220	144	116	1.5		320	299	205	500		1866	1620	216		

表 2-78　　法伏安牌复合绝缘金属氧化物避雷器技术数据

型号	避雷器额定电压	系统标称电压	避雷器持续运行电压	直流参考电压 U_{1mA} ≥ (kV)	残压			通流容量		0.75U_{1mA}漏电流 ≤ (μA)	爬电比距 ≥ (mm/kV)	外形尺寸 (mm)			重量 (kg)	备注	生产厂
					雷电冲击电流 8/20 5kA	陡波冲击电流 1/10 5kA	操作冲击电流 30/60 0.25kA	2ms方波 (A)	4/10μs大电流 (kA)			安装高度 H	结构高度 h	最大裙径 ϕ			
	有效值，kV				≤（峰值，kV）												
HY$_5$WS$_2$—5/15	5	3	4.0	7.5	15	17.3	12.8	100	65	50	57	175	105	90	0.7	配电型	大连经济技术开发区法伏安电器有限公司
HY$_5$WS$_2$—10/30	10	6	8.0	15	30	34.6	25.6	100	65	50	35	208	138	90	1.1		
HY$_5$WS$_2$—12/35.8 (1)	12	10	9.6	18	35.8	41.2	30.6	100	65	50	35	270	200	90	1.1		
HY$_5$WS$_2$—15/45.6 (2)	15	10	12	23	45.6	52.5	39	100	65	50	31	270	200	95	1.2		
HY$_5$WS$_2$—17/50	17	10	13.6	25	50	57.5	42.5	100	65	50	32	270	200	95	1.2		
HY$_5$WS$_2$—17/50k	17	10	13.6	25	50	57.5	42.5	100	65	50	28	256	182	90	1.0		
HY$_5$WS$_2$—10/30TL	10	6	8	15	30.0	34.6	25.6	100	65	50	31	261	116	90	1.37	带脱离器	
HY$_5$WS$_2$—12/35.8TL	12	10	9.6	18	35.8	41.2	30.6	100	65	50	31	323	172.5	90	1.37		
HY$_5$WS$_2$—17/50TL	17	10	13.6	25	50.0	17.5	42.5	100	65	50	31	323	172.5	95	1.77		
HY$_5$WZ$_2$—10/27TL	10	6	8	14.4	27	31	23	400	65	50	31	261	116	100	1.97		
HY$_5$WZ$_2$—12/32.4TL	12	10	9.6	17.4	32.4	37.2	27.6	400	65	50	31	319	170	105	2.45		
HY$_5$WZ$_2$—17/45TL	17	10	13.6	24	45	51.8	38.7	400	65	50	31	319	170	105	2.75		
HY$_5$WZ$_2$—51/134TL	51	35	40.8	73	134	154	114	400	65	50	31	763	570	200	11.6		
HY$_5$WR$_2$—5/13.5	5	3	4	7.2	13.5		10.5	400	65	50	35	175	105	100	1.1	电容器组型	
HY$_5$WR$_2$—10/27	10	6	8	14.4	27		21	400	65	50	36	208	138	100	1.5		
HY$_5$WR$_2$—12/32.4 (1)	12	10	9.6	17.4	32.4		25.2	400	65	50	26	266	196	105	2.1		
HY$_5$WR$_2$—15/40.5 (2)	15	10	12	21.8	40.5		31.5	400	65	50	26	254	186	100	2.3		
HY$_5$WR$_2$—17/46	17	10	13.6	24	46		35	400	65	50	26	254	186	100	2.5		
HY$_5$WR$_2$—51/134	51	35	40.8	73	134		105	400	65	50	38	590	550	160	10.3		
HY$_5$WR$_2$—90/236	90	66	72.5	130	236		190	400	65	50	32	1200	1068	180	24.2		
HY$_{2.5}$W$_2$—4/9.5	4	3	3.2	5.7	9.5	10.7	7.6	400	65	50	32	175	105	100	1.0	电动机型	
HY$_{2.5}$W$_2$—8/18.7	8	6	6.3	11.2	18.7	21	15	400	65	50	32	208	138	100	1.4		
HY$_{2.5}$W$_2$—13.5/31	13.5	10	10.5	18.6	31	34.7	25	400	65	50	29	254	186	100	2.3		
HY$_{1.5}$W$_2$—2.4/6	2.4	3.15	1.9	3.4	6		5	400	10	50	35	175	105	100	0.7	电机中性点型	
HY$_{1.5}$W$_2$—4.8/12	4.8	6.3	3.8	6.8	12		10	400	10	50	35	175	105	100	1.0		
HY$_{1.5}$W$_2$—8/19	8	10.5	6.4	11.4	19		15.9	400	10	50	36	208	138	100	1.4		

续表

型号	避雷器额定电压	系统标称电压	避雷器持续运行电压	直流参考电压 U_{1mA} ≥ (kV)	残压 雷电冲击电流 8/20 5kA	残压 陡波冲击电流 1/10 5kA	残压 操作冲击电流 30/60 0.25kA	通流容量 2ms 方波 (A)	通流容量 4/10μs 大电流 (kA)	$0.75U_{1mA}$ 漏电流 ≤ (μA)	爬电比距 ≥ (mm/kV)	外形尺寸 (mm) 安装高度 H	外形尺寸 (mm) 结构高度 h	外形尺寸 (mm) 最大裙径 ϕ	重量 (kg)	备注	生产厂
	有效值，kV				≤(峰值，kV)												
HY_5WZ_2—5/13.5	5	3	4	7.2	13.5	15.5	11.5	400	65	50	35	175	105	100	1.4		大连经济技术开发区法伏安电器有限公司
HY_5WZ_2—10/27	10	6	8	14.4	27	31	23	400	65	50	36	208	138	100	1.9	电站型	
HY_5WZ_2—10/24	10	6	8	14.4	24	27.6	20.4	400	65	50	36	208	138	110	2.0		
HY_5WZ_2—12/32.4 (1)	12	10	9.6	17.4	32.4	37.2	27.6	400	65	50	36	266	196	105	2.1		
HY_5WZ_2—15/40.5 (2)	15	10	12	21.8	40.5	46.5	34.5	400	65	50	32	266	196	105	2.1		
HY_5WZ_2—17/45	17	10	13.6	24	45	51.8	38.3	400	65	50	32	266	196	105	2.2		
HY_5WZ_2—17/42	17	10	13.6	24	42	48.3	35.7	400	65	50	32	266	196	105	2.2		
HY_5WZ_2—17/45k	17	10	13.6	24	45	51.8	38.3	400	65	50	26	254	182	100	1.9		
HY_5WZ_2—30/80	30	20	24	43	80	92	68	400	65	50	31	474	386	150	4.8		
HY_5WZ_2—32/84	32	20	25.6	45	84	96.7	71.5	400	65	50	31	474	386	150	4.9		
HY_5WZ_2—51/134	51	35	40.8	73	134	154	114	400	65	50	28	590	550	160	10.3		
HY_5WZ_2—51/130	51	35	40.8	73	130	149	111	400	65	50	28	590	550	160	10.3		
HY_5WZ_2—51/122	51	35	40.8	73	122	140	104	400	65	50	28	590	550	180	11.2		
HY_5WZ_2—51/116G	51	35	40.8	73	116	133	99	400	65	50	28	590	550	180	11.2		
HY_5WZ_2—54/134	54	35	43.2	76	134	154	114	400	65	50	28	590	550	160	10.3		
HY_5WZ_2—84/224	84	66	67.2	121	224	254	188	400	65	50	32	1120	980	180	29.8		
HY_5WZ_2—90/235	90	66	72.5	130	235	270	201	600	65	50	32	1120	980	180	29.8		
HY_5WZ_2—96/232	96	66	75	134	232	267	198	600	65	50	32	1120	980	180	29.8		
HY_5WZ_2—96/250	96	110	75	140	250	288	213	600	65	50	32	1268	1182	180	31.2		
HY_5WZ_2—100/260	100	110	78	145	260	299	221	600	65	50	25	1268	1182	180	35.2		
HY_5WZ_2—102/266	102	110	79.6	148	266	305	226	600	65	50	25	1268	1182	180	35.2		
HY_5WZ_2—108/281	108	110	84	157	281	323	239	600	65	50	25	1268	1182	180	35.2		
$HY_{10}WZ_2$—51/134	51	35	40.8	73	134	154	114	600	100	50	32	590	550	180	14.9		
$HY_{10}WZ_2$—51/122	51	35	40.8	73	122	140	104	600	100	50	32	590	550	180	14.9		
$HY_{10}WZ_2$—90/235	90	66	72.5	130	235	264	201	600	100	50	32	1120	980	200	39.8		
$HY_{10}WZ_2$—96/232	96	66	75	134	232	267	198	600	100	50	32	1120	980	200	39.8		
$HY_{10}WZ_2$—96/250	96	110	75	140	250	280	213	600	100	50	32	1268	1182	200	40.8		

续表

型　号	避雷器额定电压	系统标称电压	避雷器持续运行电压	直流参考电压 U_{1mA} ≥ (kV)	残压 雷电冲击电流 8/20 5kA	残压 陡波冲击电流 1/10 5kA	残压 操作冲击电流 30/60 0.25kA	通流容量 2ms方波 (A)	通流容量 4/10μs大电流 (kA)	0.75U_{1mA}漏电流 ≤ (μA)	爬电比距 ≥ (mm/kV)	外形尺寸 (mm) 安装高度 H	外形尺寸 (mm) 结构高度 h	外形尺寸 (mm) 最大裙径 ϕ	重量 (kg)	备注	生产厂
	有效值，kV				≤（峰值，kV）												
$HY_{10}WZ_2$—100/260	100	110	78	145	260	291	221	600	100	50	27	1268	1182	200	43.8	电站型	大连经济技术开发区法伏安电器有限公司
$HY_{10}WZ_2$—100/248	100	110	78	145	248	278	211	600	100	50	27	1268	118	200	43.8		
$HY_{10}WZ_2$—102/266	102	110	79.6	148	266	297	226	600	100	50	27	1268	1182	200	43.8		
$HY_{10}WZ_2$—102/254	102	110	79.6	148	254	284	216	600	100	50	27	1268	1182	200	43.8		
$HY_{10}WZ_2$—108/281	108	110	84	157	281	315	239	600	100	50	27	1268	1182	200	44.8		
$HY_{10}WZ_2$—192/500	192	220	150	280	500	560	426	600，800	100	50	28	2515		200	72.6		
$HY_{10}WZ_2$—192/464	192	220	150	268	464	520	396	600，800	100	50	28	2515		200	72.6		
$HY_{10}WZ_2$—200/520	200	220	156	290	520	582	442	600，800	100	50	28	2515		200	80.6		
$HY_{10}WZ_2$—200/496	200	220	156	290	496	556	422	600，800	100	50	28	2515		200	80.6		
$HY_{10}WZ_2$—204/532	204	220	159	296	532	594	452	600，800	100	50	28	2515		200	80.6		
$HY_{10}WZ_2$—204/508	204	220	159	296	508	569	433	600，800	100	50	28	2515		200	80.6		
$HY_{10}WZ_2$—216/562	216	220	168.5	314	562	630	478	600，800	100	50	28	2515		200	80.6		
$HY_{10}WZ_2$—216/536	216	220	168.5	314	536	600	457	600，800	100	50	28	2515		200	80.6		
$HY_{10}WZ_3$—192/500	192	220	150	280	500	560	426	600 800	100	50	28	2388	2248	230	70.2		
$HY_{10}WZ_3$—192/464	192	220	150	268	464	520	396										
$HY_{10}WZ_3$—200/520	200	220	156	290	520	582	442	600 800	100	50	28	2388	2248	230	78.2		
$HY_{10}WZ_3$—200/496	200	220	156	290	496	556	422										
$HY_{10}WZ_3$—204/532	204	220	159	296	532	594	452										
$HY_{10}WZ_3$—204/508	204	220	159	296	508	569	433										
$HY_{10}WZ_3$—216/562	216	220	168.5	314	562	630	478										
$HY_{10}WZ_3$—216/536	216	220	168.5	314	536	600	457										
HY_5W_2—4/9.5	4	3.15	3.2	5.7	9.5	10.7	7.6	400	65	50	35	175	105	110	1.2	发电机型	
HY_5W_2—8/18.7	8	6.3	6.3	11.2	18.7	21	15	400	65	50	36	208	138	110	1.8		
HY_5W_2—13.5/31	13.5	10.5	10.5	18.6	31	34.7	25	400	65	50	29	254	186	110	2.9		
HY_5W_2—17.5/40	17.5	13.8	13.8	24.4	40	44.8	32	600	65	50	32	266	196	110	3.4		
HY_5W_2—20/45	20	15.75	15.8	28	45	50.4	36	600	65	50	34	338	268	120	4.6		
HY_5W_2—23/51	23	18.2	18	31.9	51	57.2	40.8	600	65	50	31	338	268	120	5.5		
HY_5W_2—25/56.2	25	20.22	20	35.4	56.2	62.9	45	600	65	50	31	338	268	120	6.0		

续表

型号	避雷器额定电压	系统标称电压	避雷器持续运行电压	直流参考电压 U_{1mA} ≥ (kV)	残压 雷电冲击电流 8/20 5kA	残压 陡波冲击电流 1/10 5kA	残压 操作冲击电流 30/60 0.5kA	通流容量 2ms方波 (A)	通流容量 4/10μs大电流 (kA)	$0.75U_{1mA}$漏电流 ≤ (μA)	爬电比距 ≥ (mm/kV)	外形尺寸(mm) 安装高度 H	外形尺寸(mm) 结构高度 h	外形尺寸(mm) 最大裙径 ϕ	重量 (kg)	备注	生产厂
	有效值，kV				≤(峰值，kV)												
$HY_{1.5}WZ_2$—30/72	30	35	24	45	72		67	400	10	50	28	590	350	160	9.5	变压器中性点型	大连经济技术开发区法伏安电器有限公司
$HY_{1.5}WZ_2$—33/81	33	35	26.4	50	81		76	400	10	50	28	590	550	160	9.5		
$HY_{1.5}WZ_2$—42/110	42	66	34	65	110		103	400	10	50	28	590	550	160	25.6		
$HY_{1.5}WZ_2$—54/127	54	66	43.2	76	127		119	400	10	50	28	590	550	160	26.8		
$HY_{1.5}WZ_2$—60/144	60	110	48	85	177		135	400	10	50	32	1200	1068	180	39.8		
$HY_{1.5}WZ_2$—72/186	72	110	58	103	186		174	400	10	50	32	1200	1068	180	39.8		
$HY_{1.5}WZ_2$—96/260	96	500	77	137	260		243	400	10	50	32	2388	2248	230	78.2		
$HY_{1.5}WZ_2$—144/320	144	220	116	205	320		299	400	10	50	28	1859	1719	230	52.0		
$HY_{1.5}WZ_2$—207/440	207	330	166	292	440		410	400	10	50	28	2388	2248	230	78.2		
$HY_{1.5}W_2$—10.5/23	10.5	13.8	8.4	14.9	23		19.2	400	10	50	26	208	138	100	1.8	电机中性点型	
$HY_{1.5}W_2$—12/26	12	15.75	9.6	17	26		21.6	400	10	50	26	254	186	100	2.3		
$HY_{1.5}W_2$—13.7/29.2	13.7	18	11	19.5	29.2		24.3	400	10	50	26	254	186	100	2.3		
$HY_{1.5}W_2$—15.2/31.7	15.2	20	12.2	21.6	31.7		26.4	400	10	50	26	254	186	100	2.3		

型号	避雷器额定电压	系统标称电压	避雷器持续运行电压	直流参考电压 U_{1mA} ≥ (kV)	残压 雷电冲击电流 8/20 5kA	残压 陡波冲击电流 1/10 5kA	残压 操作冲击电流 30/60 0.5kA	通流容量 2ms方波 (A)	通流容量 4/10μs大电流 (kA)	$0.75U_{1mA}$漏电流 ≤ (μA)	爬电比距 ≥ (mm/kV)	外形尺寸(mm) 安装高度 H	外形尺寸(mm) 结构高度 h	外形尺寸(mm) 最大裙径 ϕ	重量 (kg)	备注	生产厂
	有效值，kV				≤(峰值，kV)												
HY_5WZ_2—51/134S	51	35	40.8	73	134	154	114	400	65	50	30	688	538	160	9.6	悬挂式无间隙避雷器，用于保护变电站、开关断口、电缆头、输电线路	大连经济技术开发区法伏安电器有限公司
HY_5WZ_2—51/122S	51	35	40.8	73	122	140	104	400	65	50	30	688	538	180	11.5		
HY_5WZ_2—54/150S	54	35	43.2	76	150	168	128	400	65	50	30	688	538	180	12.0		
HY_5WZ_2—90/235S	90	66	72.5	130	235	270	201	600	100	50	28	1120	960	180	23.5		
HY_5WZ_2—96/232S	96	66	75	134	232	267	198	600	100	50	32	1120	960	180	23.5		
HY_5WZ_2—96/250S	96	110	75	140	250	288	213	600	100	50	28	1330	1170	180	23.5		
HY_5WZ_2—100/260S	100	110	78	145	260	299	221	600	100	50	28	1330	1170	180	27.1		
HY_5WZ_2—102/266S	102	110	79.6	148	266	301	226	600	100	50	28	1330	1170	180	27.1		

续表

型号	避雷器额定电压	系统标称电压	避雷器持续运行电压	直流参考电压 U_{1mA} ≥ (kV)	残压 雷电冲击电流 8/20 5kA	残压 陡波冲击电流 1/10 5kA	残压 操作冲击电流 30/60 0.5kA	通流容量 2ms 方波 (A)	通流容量 4/10μs 大电流 (kA)	$0.75U_{1mA}$ 漏电流 ≤ (μA)	爬电比距 ≥ (mm/kV)	外形尺寸(mm) 安装高度 H	外形尺寸(mm) 结构高度 h	外形尺寸(mm) 最大裙径 ϕ	重量 (kg)	备注	生产厂
	有效值，kV				≤(峰值，kV)												
HY_5WZ_2—108/281S	108	110	84	157	281	323	239	600	100	50	28	1330	1170	180	27.5	悬挂式无间隙避雷器，用于保护变电站、开关断口、电缆头、输电线路	大连经济技术开发区法伏安电器有限公司
$HY_{10}WZ_2$—51/134S	51	35	40.8	73	134	154	114	600	100	50	32	688	538	180	11.5		
$HY_{10}WZ_2$—51/122S	51	35	40.8	73	122	140	104	600	100	50	32	688	538	200	11.5		
$HY_{10}WZ_2$—51/150S	54	35	43.2	76	150	168	128	600	100	50	30	680	538	180	12.0		
$HY_{10}WZ_2$—90/235S	90	66	72.5	130	235	264	201	600	100	50	32	1120	960	200	36.6		
$HY_{10}WZ_2$—96/232S	96	66	75	134	232	267	198	600	100	50	32	1120	960	200	36.6		
$HY_{10}WZ_2$—96/250S	96	110	75	140	250	280	213	600	100	50	32	1330	1170	200	36.6		
$HY_{10}WZ_2$—100/260S	100	110	78	145	260	291	221	600	100	50	27	1330	1170	200	36.6		
$HY_{10}WZ_2$—102/266S	102	110	79.6	148	266	297	226	600	100	50	27	1330	1170	200	36.6		
$HY_{10}WZ_2$—108/281S	108	110	84	157	281	315	239	600	100	50	27	1330	1170	200	36.6		
$HY_{10}WZ_2$—192/500S	192	220	150	280	500	560	426	600	100	50	28	2595		200	69.6		
$HY_{10}WZ_2$—200/520S	200	220	156	290	520	582	442	600	100	50	28	2595		200	73.6		
$HY_{10}WZ_2$—204/532S	204	220	159	296	532	594	452	600	100	50	28	2595		200	73.6		
$HY_{10}WZ_2$—216/562S	216	220	168.5	314	562	630	478	600	100	50	28	2595		200	73.6		
$HY_{10}WZ_2$—192/500S	192	220	150	280	500	560	426	600	100	50	28	2380		230	63.2		
$HY_{10}WZ_2$—200/520S	200	220	156	290	520	582	442	600	100	50	28	2380		230	61.2		
$HY_{10}WZ_2$—204/532S	204	220	159	296	532	594	452	600	100	50	28	2380		230	71.2		
$HY_{10}WZ_2$—216/562S	216	220	168.5	314	562	630	478	600	100	50	28	2380		230	71.2		

型号	避雷器额定电压	系统标称电压	避雷器持续运行电压	直流参考电压 U_{1mA} ≥ (kV)	残压 雷电冲击电流 8/20 5、10kA	残压 陡波冲击电流 1/10 5、10kA	残压 操作冲击电流 30/60 0.25、0.5kA	通流容量 2ms 方波 (A)	通流容量 4/10μs 大电流 (kA)	$0.75U_{1mA}$ 漏电流 ≤ (μA)	爬电比距 ≥ (mm/kV)	外形尺寸(mm) 安装高度 H_1/H_2	外形尺寸(mm) 结构高度 h	外形尺寸(mm) 最大裙径 ϕ	重量 (kg)	备注	生产厂
	有效值，kV				≤(峰值，kV)												
HY_5CX_1—42/120	42	35	33.6	60	120	130	96	250	65	50	47.0	688/490	538	160	11.5	悬挂式带串联间隙线路型	大连经济技术开发区法伏安电器有限公司
HY_5CX_1—78/203	78	66	62.4	110	203	233	173	400	65	50	51.0	1135/880	960	180	24.5		

续表

型　号	避雷器额定电压	系统标称电压	避雷器持续运行电压	直流参考电压 U_{1mA} ≥ (kV)	残压 雷电冲击电流 8/20 5、10kA	残压 陡波冲击电流 1/10 5、10kA	残压 操作冲击电流 30/60 0.25、0.5kA	通流容量 2ms方波 (A)	通流容量 4/10μs大电流 (kA)	$0.75U_{1mA}$漏电流 ≤ (μA)	爬电比距 ≥ (mm/kV)	外形尺寸(mm) 安装高度 H_1/H_2	外形尺寸(mm) 结构高度 h	外形尺寸(mm) 最大裙径 ϕ	重量 (kg)	备注	生产厂
	有效值，kV				≤（峰值，kV）												
HY_5CX_1—84/221	84	66	67.2	120	221	254	188	400	65	50	51.0	1135/880	960	180	25.1	悬挂式带串联间隙线路型	大连经济技术开发区法伏安电器有限公司
HY_5CX_1—90/235	90	110	72	130	235	264	200	400	65	50	33.7	1135/1000	960	180	26.0		
HY_5CX_1—96/250	96	110	76.8	136	250	280	212	400	65	50	33.7	1135/1000	960	180	26.5		
HY_5CX_1—180/470	180	220	144	260	470	528	400	400	65	50	33.7	1850/1460	1675	230	46.0		
HY_5CX_1—192/500	192	220	156.8	272	500	560	424	400	65	50	33.7	1850/1460	1675	230	48.0		
$HY_{10}CX_1$—78/203	78	66	62.4	110	203	233	173	600	100	50	51.0	1135/880	960	200	25.5		
$HY_{10}CX_1$—84/221	84	66	67.2	120	221	254	188	600	100	50	51.0	1135/880	960	200	26.0		
$HY_{10}CX_1$—90/235	90	110	72	130	235	264	201	600	100	50	33.7	1135/1000	960	200	26.5		
$HY_{10}CX_1$—96/250	96	110	76.8	136	250	280	200	600	100	50	33.7	1135/1000	960	200	27.0		
$HY_{10}CX_1$—180/470	180	220	144	260	470	528	402	800	100	50	33.7	1850/1460	1675	230	52.0		
$HY_{10}CX_1$—192/500	192	220	156.8	272	500	560	400	800	100	50	33.7	1850/1460	1675	230	52.0		
HY_5CX_2—42/120	42	35	33.6	60	120	130	96	250	65	50	35.5	738	550	160	11.5		
HY_5CX_2—78/203	78	66	62.4	110	203	233	173	400	65	50	34.2	1360	980	180	24.5		
HY_5CX_2—84/221	84	66	67.2	120	221	254	188	400	65	50	34.2	1360	980	180	25.0		
HY_5CX_2—90/235	90	110	72	130	235	264	200	400	65	50	22.2	1530	980	180	25.5		
HY_5CX_2—96/250	96	110	76.8	136	250	280	212	400	65	50	22.2	1530	980	180	26.5		
HY_5CX_2—180/470	180	220	144	260	470	528	402	400	65	50	22.2	2555	1690	230	45.0		
HY_5CX_2—192/500	192	220	156.8	272	500	560	424	400	65	50	22.2	2555	1690	230	47.0		
$HY_{10}CX_2$—78/203	78	66	62.4	110	203	233	173	600	100	50	34.2	1360	980	200	27.1		
$HY_{10}CX_2$—84/221	84	66	67.2	120	221	254	188	600	100	50	34.2	1360	980	200	28.0		
$HY_{10}CX_2$—90/235	90	110	72	130	235	264	200	600	100	50	22.2	1530	980	200	28.5		
$HY_{10}CX_2$—96/250	96	110	76.8	136	250	280	212	600	100	50	22.2	1530	980	200	29.2		
$HY_{10}CX_2$—180/470	180	220	144	260	470	528	400	600	100	50	22.2	2555	1690	230	54.0		
$HY_{10}CX_2$—192/500	192	220	156.8	272	500	560	424	800	100	50	22.2	2555	1690	230	55.5		

续表

型号	避雷器额定电压	系统标称电压	避雷器持续运行电压	直流参考电压 U_{1mA} ≥ (kV)	残压 雷电冲击电流 8/20 5、10kA	残压 陡波冲击电流 1/10 5、10kA	残压 操作冲击电流 30/60 0.25、0.1kA	通流容量 2ms 方波 (A)	通流容量 4/10μs 大电流 (kA)	$0.75U_{1mA}$ 漏电流 ≤ (μA)	爬电比距 ≥ (mm/kV)	外形尺寸(mm) 安装高度 H	外形尺寸(mm) 结构高度 h	外形尺寸(mm) 最大裙径 φ	重量 (kg)	备注	生产厂
	有效值,kV				≤(峰值,kV)												
HY_5WS_2—10/33—P_3	10	6	8	19	33	37.9	28.1	200	65	50	40	320	210	135	5.6	复合绝缘柱式绝缘子—避雷器	大连经济技术开发区法伏安电器有限公司
HY_5WS_2—17/56—P_3	17	10	13.6	33	56	64.3	47.7	200	65	50	40	370	260	135	5.7		
HY_5WT_2—42/120	42	27.5	34	65	120	138	98	400	65	50	36	590	550	160	18	电气化铁道型	
HY_5WT_2—84/240	84	55	68	130	240	276	196	600	100	50	36	1120	980	180	30		
$HY_{10}WT_2$—42/110	42	27.5	34	65	110	127	90	600	100	50	43	590	550	180	22		
$HY_{10}WT_2$—84/220	84	55	68	130	220	253	180	600	100	50	44	1120	980	180	33		
$HY_{2.5}W_2$—5.5/12.2×3 相—相 + $HY_{2.5}W_2$—2.4/6.5 相—地	11.2 8	6	8.8 6.3	15.2 11.2	24.4 18.7		20.4 15	400	65	50	28	220	150	115	2×3	相—相相—地式复合绝缘无间隙型	
$HY_{2.5}W_2$—9.4/20.5×3 相—相 + $HY_{2.5}W_2$—4.1/10.5 相—地	18.8 13.5	10	14.6 10.5	26 18.6	41 31		34 25	400	65	50	28	270	200	115	2.4×3		
HY_5WZ_2—5.5/13.5×3 相—相 + HY_5W_2—4.5/11.5 相—地	11 10	6	8.8 8	15.8 14.4	27 25	24.4 22.6	23 21	400	65	50	28	240	170	105	2×3		
HY_5WZ_2—9.4/22.5×3 相—相 + HY_5WZ_2—7.6/19.5 相—地	18.8 17	10	15 13.6	26.4 24	45 42	40.6 37.9	38.3 36	400	65	50	28	285	215	105	2.4×3		
HY_5WZ_2—31/77×3 相—相 + HY_5WZ_2—20/57 相—地	62 51	35	49.6 40.8	90 73	154 134	139 121	131 114	400	65	50	31	600	565	160	10.1×3		
HY_5WZ_2—31/74×3 相—相 + HY_5WZ_2—20/48 相—地	62 51	35	49.6 40.8	90 73	148 122	134 110	126 104	400	65	50	31	600	565	160	10.1×3		
$HY_{1.5}WS_2$—0.28/1.3	0.28	0.22	0.24	0.6	1.3	1.49	1.1	100	10	50	250	65	32	65	0.2	低压型	
$HY_{1.5}WS_2$—0.5/2.6	0.5	0.38	0.42	1.2	2.6	2.98	2.2	100	10	50	156	65	32	65	0.2		
ZB—1.0		220		1.2	2.6			600	65	50	100	115	44	112	0.6	电流互感器匝间绝缘保护器型	

(14) 上海上友电气有限公司交流复合外套避雷器技术数据，见表 2-79。

表 2-79 **交流复合外套避雷器技术数据**

避雷器型号	避雷器额定电压（kV）	系统标称电压（kV）	持续运行电压（kV）	直流 1mA 参考电压 ≥（kV）	工频（阻性）1mA 参考电压 ≥（kV）	残压≤（kV） 8/20μs 雷电冲击	30/60μs 操作冲击	1/5μs 陡波冲击	2000μs 方波通流容量（A）	4/10μs 大电流冲击耐受（kA）	0.75U 泄漏电流（μA）	使用场所	生产厂
HY5WS—5/15	5	3	4.0	7.5	5.0	15.0	12.8	17.3	150	40	50	配电	上海上友电气有限公司
HY5WS—10/30	10	6	8.0	15.0	10.0	30.0	25.6	34.6					
HY5WS—17/50	17	10	13.6	25.0	17.0	50.0	42.5	57.5					
HY5WZ—5/13.5	5	3	4.0	7.2	5.0	13.5	11.5	15.5	200/400	65	50	电站	
HY5WZ—10/27	10	6	8.0	14.4	10.0	27.0	23.0	31.0					
HY5WZ—51/134	17	10	13.6	24.0	17.0	45.0	38.3	51.8					
HY5WR—5/13.5	51	35	40.8	73.0	51.0	134.0	114.0	154.0					
HY5WZ—17/45	5	3	4.0	7.2	5.0	13.5	10.5		400/600	65	50	电容器组并联补偿	
HY5WR—10/27	10	6	8.0	14.4	10.0	27.0	21.0						
HY5WR—17/45	17	10	13.6	24.0	17.0	45.0	35.0						
HY5WR—51/134	51	35	40.8	73.0	51.0	134.0	105.0						
HY5WD—4/9.5	4	3.15①	3.2	5.7		9.5	7.6	10.7	400	65	50	发电机	
HY5WD—8/18.7	8	6.3①	6.3	11.2		18.7	15.0	21.0					
HY5WD—13.5/31	13.5	10.5①	10.5	18.6		31.0	25.0	34.7					
HY5WD—17.5/40	17.5	13.8①	13.8	24.4		40.0	32.0	44.8					
HY5WD—20/45	20	15.75①	15.8	28.0		45.0	36.0	50.4					
HY5WD—23/51	23	18.0①	18.0	31.9		51.0	40.8	57.2					
HY5WD—25/56.2	25	20.0①	20.0	35.4		56.2	45.0	62.9					
HY2.5WD—4/9.5	4	3.15①	3.2	5.7		9.5	7.6	10.7	200	40	50	电动机	
HY2.5WD—8/18.7	8	6.3①	6.3	11.2		18.7	15.0	21.0					
HY2.5WD—13.5/31	13.5	10.5①	10.5	18.6		31.0	25.0	34.7					
HY1.5W—0.28/1.3	0.28	0.22	0.24	0.6		1.3			75	25	50	低压	
HY1.5W—0.5/2.6	0.5	0.38	0.42	1.2		2.6							
HY5WT—42/120	42	27.5	34.0	65.0		120.0	98.0	138.0	400	65	50	电铁	
HY5WT—84/240	84	55.0	63.0	130.0		240.0	196.0	276.0					

① 为电机额定电压。

(15) 山东彼岸电力科技有限公司复合绝缘氧化锌避雷器技术数据，见表 2-80。

表 2-80 **山东彼岸电力科技有限公司复合绝缘氧化锌避雷器技术数据**

型 号	标称系统电压	避雷器额定电压	持续运行电压	直流 1mA 参考电压 ≥（kV）	2ms 方波冲击耐受电流（A）	4/10μs 大电流冲击耐受电流（kA）	残压 陡波冲击电流下	雷电冲击电流下	操作冲击电流下	总高 H（mm）	最大伞径 ϕ（mm）	重量（kg）	备注	生产厂
	有效值，kV						≤（峰值，kV）							
YH5WS—10/30	6	10	8.0	15	150	65	34.6	30	25.6	225±3	95	1.05	配电型	山东彼岸电力科技有限公司
YH5WS—17/50	10	17	13.6	25.0	150	65	57.5	50	42.5	270±3	95	1.32		
YH5WZ—17/45	10	17	13.6	24.0	250	65	51.8	45	38.3	280±3	110	1.87	电站型	
YH5WZ—51/134	35	51	40.8	73	400	65	154	134	114	745±3	150	14.5		
YH5W—96/250	110	96	75.0	140	600	100	288	250	213	1360±3	210	43		
YH5W—100/260	110	100	78	145	600	100	299	260	221	1360±3	210	43.5		
YH5W—108/281	110	108	84.0	157	600	100	323	281	239	1360±3	210	44		

续表

型号	标称系统电压	避雷器额定电压	持续运行电压	直流1mA参考电压≥(kV)	2ms方波冲击耐受电流(A)	4/10μs大电流冲击耐受电流(kA)	残压			总高H(mm)	最大伞径φ(mm)	重量(kg)	备注	生产厂
	有效值，kV						陡波冲击电流下	雷电冲击电流下	操作冲击电流下					
							≤（峰值，kV）							
YH10W—102/266	110	102	79.6	148	800	100	297	266	226	1360±3	210	47.7	电站型	山东彼岸电力科技有限公司
YH10W—108/281	110	108	84	157	800	100	315	281	239	1360±3	210	48.5		
YH10W—192/500	220	192	150	280	800	100	560	500	426	2515±5	210	96		
YH10W—200/520	220	200	156.0	290	800	100	582	520	442	2515±5	210	102		
YH10W—204/532	220	204	159	296	800	100	594	532	452	2515±5	210	100		
YH10W—216/562	220	216	168.5	314	800	100	630	562	478	2515±5	210	108		
YH5WZ—10/27	6	10	8.0	14.4	250	65	31.0	27	23.0	225±3	110	1.32		
YH5WZ—84/221	66	84	67.2	121	400	65	254	221	188	1055±3	160	23		
YH10WZ—100/260	110	100	78.0	145	600	100	291	260	221	1360±3	210	47.2		
YH5W—102/266	110	102	79.6	148	800	100	305	266	226	1360±3	210	43.5		
YH5WR—10/27	6	10	8.0	14.4	400	65		27	21	225±3	120	1.76	电容器型	
YH5WR—17/46	10	17	13.6	24.0	400	65		46	35	280±3	120	2.16		
YH5WR—51/134	35	51	40.8	73.0	400	65		134	105	745±3	150	14.5		
YH5WR—84/221	66	84	67.2	121	400	65		221	176	1055±3	160	23.0		
YH2.5W—8/18.7	6.3	8	6.3	11.2	400	65	21	18.7	15.0	225±3	120	1.66	电机型	
YH5W—8/18.7	6.3	8	6.3	11.2	400	65	21	18.7	15.0	225±3	120	1.66		
YH1.5W—60/144		60	48	85	400	65		144	135	1055±3	160	21.7	变压器中性点型	
YH1.5W—72/186		72	58	103	400	65		186	174	1055±3	160	21.8		
YH1.5W—144/320		144	110	205	400	65		320	299	1980±3	160	48		
YH5WT—42/120	27.5	42	34	65	400	65	138	120	98	745±3	150	13.9	电气化铁道型	
YH5WT—84/240	55	84	68	130	400	65	276	240	196	1055±3	160	23.5		

（16）牡丹江电业局避雷器厂复合外套无间隙金属氧化物避雷器技术数据，见表2-81。

表2-81　　牡丹江电业局避雷器厂复合外套无间隙金属氧化物避雷器技术数据

产品称号	系统（设备）额定电压	避雷器额定电压	避雷器持续运行电压	避雷器残压≤（有效值，kV）			避雷器直流参考电压≥(kV)	方波通流容量2ms20次（峰值，A）	外爬距(mm)	高度H(mm)	伞径φ(mm)	备注	生产厂
	有效值，kV			操作冲击	雷电冲击	陡波冲击							
YH2.5W2—4/9.5	3.15	4	3.2	7.6	9.5	10.7	5.7	200	170	150	113	电动机用	牡丹江电业局避雷器厂
YH2.5W2—8/18.7	6.3	8	6.3	15.0	18.7	21.0	11.2	200	300	230	113		
YH2.5W2—13.5/31	10.5	13.5	10.5	25.0	31.0	34.7	18.6	200	450	285	113		
YH5W3—4/9.5	3.15	4	3.2	7.6	9.5	10.7	5.7	500	120	130	113	发电机用	
YH5W3—8/18.7	6.3	8	6.3	15.0	18.7	21.0	11.2	500	250	230	113		
YH5W3—13.5/31	10.5	13.5	10.5	25.0	31.0	34.7	18.6	500	400	290	113		
YH5WR2—10/27①	6	10	8.0	21.0	27.0		14.4	500	250	230	125	电容器组用	
YH5WR2—17/46①	10	17	13.6	35.0	46.0		24.0	500	400	290	125		
YH5WR2—51/134①	35	51	40.8	105.0	134.0		73.0	500	830	615	140		
YH5WR2—90/236W①	66	90	72.5	190	236		130	500	2670	1245	210		
YH5WS3—5/15	3	5	4.0	12.8	15.0	17.3	7.5	100	160	150	90	配电用	
YH5WS3—10/30	6	10	8.0	25.6	30.0	34.6	15.0	100	250	200	90		
YH5WS3—17/50	10	17	13.6	42.5	50.0	57.5	25.0	100	400	285	90		

续表

产品称号	系统(设备)额定电压	避雷器额定电压	避雷器持续运行电压	避雷器残压≤(有效值，kV)			避雷器直流参考电压≥(kV)	方波通流容量2ms20次(峰值，A)	外爬距(mm)	高度H(mm)	伞径φ(mm)	备注	生产厂
	有效值，kV			操作冲击	雷电冲击	陡波冲击							
YH5WZ2—5/13.5	3	5	4.0	11.5	13.5	15.5	7.2	200	170	150	113	电站用	牡丹江电业局避雷器厂
YH5WZ2—10/27	6	10	8.0	23.0	27.0	31.0	14.4	200	300	230	113		
YH5WZ2—17/45	10	17	13.6	38.3	45.0	51.8	24.0	200	450	285	113		
YH5WZ2—51/134	35	51	40.8	114.0	134.0	154.0	73.0	300	830	615	140		
YH5WZ2—84/221W	66	84	67.2	188	221	254	121	500	2800	1245	210		
YH5WZ2—90/235W	66	90	72.5	201	235	270	130	500	2800	1245	210		
YH10WZ2—90/235W	66	90	72.5	201	235	264	130	500	2800	1245	210		
YH5WZ2—96/250W	66	96	75	213	250	288	140	500	2800	1245	210		
YH10WZ2—96/250W	66	96	75	213	250	280	140	500	2800	1245	210		
YH5WZ2—100/260W②	110	100	78	221	260	299	145	500～600	2800	1245	210		
YH10WZ2—100/260W②	110	100	78	221	260	291	145		2800	1245	210		
YH5WZ2—102/266W	110	102	79.6	226	266	305	148		2800	1245	210		
YH10WZ2—102/266W	110	102	79.6	226	266	297	148		2800	1245	210		
YH5WZ2—108/281W	110	108	84	239	281	323	157		2800	1245	210		
YH10WZ2—108/281W	110	108	84	239	281	315	157		2800	1245	210		
YH1.5W2—60/144W	110	60	48	135	144		85	500	2800	1245	210	变压器中性点用	
YH1.5W2—72/186W	110	72	58	174	186		103	500	2800	1245	210		
YH1.5W2—96/260W	220	96	77	243	260		137	500	2800	1245	210		
YH1.5W2—2.4/6.0	3.15	2.4	1.9	5.0	6.0		3.4	200	170	150	113	电机中性点用	
YH1.5W2—4.8/12	6.3	4.8	3.8	10.0	12		6.8	200	300	230	113		
YH1.5W2—8/19	10.5	8	6.4	15.9	19		11.4	200	450	285	113		
YH1.5W2—0.28/1.3	0.22	0.28	0.24		1.3		0.6	50	80	98	90	低压	
YH1.5W2—0.5/2.6	0.38	0.5	0.42		2.6		1.2	50	80	98	90		

① 方波如有更高要求，由供需双方协商。

② 过渡产品。

(17) 重庆电瓷厂复合外套金属氧化物避雷器技术数据，见表 2-82。

表 2-82 重庆电瓷厂复合外套金属氧化物避雷器技术数据

型号	系统额定电压	避雷器额定电压	持续运行电压	标称放电电流(kA)	1mA直流参考电压(kV)	2ms方波冲击电流(A)	残压(kV)			4/10μs冲击大电流(kA)	公称爬电距离(mm)	总高度H(mm)	最大伞径φ(mm)	生产厂
	有效值，kV						陡波冲击电流	雷电冲击电流	操作冲击电压					
HY5WS—10/30	6	10	8	5	15		34.6	30	100		245	200	90	重庆电瓷厂
HY5WS—17/50	10	17	13.6	5	25		57.5	50	100		345	250	90	
HY5WZ—10/27	6	10	8	5	14.4		31	27	250		255	220	105	
HY5WZ—17/45	10	17	13.6	5	24		51.8	45	250		355	270	105	
HY5WZ—51/134	35	51	40.8	5	73		154	134	250		950	685	130	
HY10WZ—100/260	110	100	78	10	145		291	260	125，500		2530	1230	160	
HY5WR—10/27	6	10	8	5	14.4			27	125，500		265	260	130	
HY5WR—17/45	10	17	13.6	5	24			45	125，500		385	310	130	
HY5WR—51/134	35	51	40.8	5	73			134	125，500		950	685	130	
HY5WT—42/120	27.5	42	34	5	65		138	120	500		930	685	130	
HY5W—24/70		24	19.5	5	38	150	80	70	100，250	65	495	300	90	
HY5W—36/100		36	30.4	5	57	150	115	100	100，250	65	725	430	90	
HY10W—24/70		24	19.5	10	36	300	80	70	100，500	65	515	310	130	
HY10W—36/100		36	30.4	10	54	300	115	100	100，500	65	750	445	130	

(18) 襄樊国网合成绝缘子股份有限合成外套无间隙金属氧化物避雷器技术数据，见表 2-83。

表 2-83 复合外套金属氧化物避雷器技术数据

型 号	额定电压(kV)	持续运行电压(kV)	最小绝缘距离(mm)	最小爬电距离(mm)	总高(mm)	陡波冲击电流残压	雷电冲击电流残压	操作冲击电流残压	直流 1mA 参考电压	生产厂
						≤（峰值，kV）			≥（kV）	
YH5WS—17/50	17	13.0	180	220	260	57.5	50.0	42.5	25.0	襄樊国网合成绝缘子股份有限公司
YH5WZ—51/134	51	40.8	480	800	590	154	134	114	73	
YH5WZ—17/45	17	13.6			180		45		24	

(五) 外形及安装尺寸

复合外套金属氧化物避雷器外形及安装尺寸，见图 2-5。

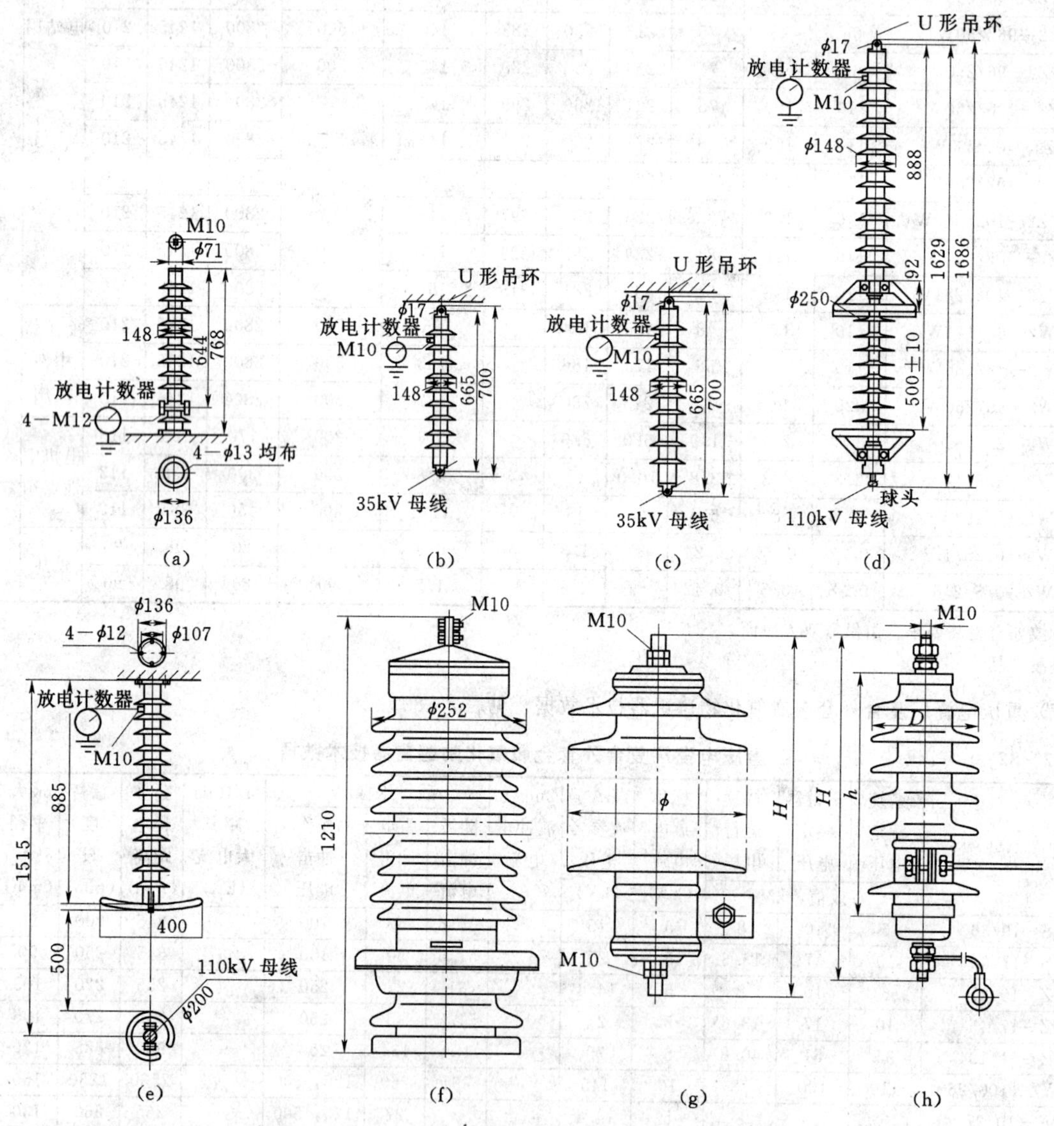

图 2-5 复合外套金属氧化物避雷器外形及安装尺寸（单位：mm）

(a) 电站型 35～220kV 立柱式（中能电力科技开发公司）；(b) 电站型 35～220kV 悬挂式（中能电力科技开发公司）；(c) 电站型 35/66～110/220kV 无间隙（中能电力科技开发公司）；(d) 线路型 110/220kV 带串联绝缘支撑件间隙（中能电力科技开发公司）；(e) 线路型 110/220kV 带空气间隙（中能电力科技开发公司）；(f) 电站型（西安神电电器有限公司）；(g) 带串联间隙（西安神电电器有限公司）；(h) 带脱离器（西安神电电器有限公司）

表 2-84 35～220kV线路悬挂式复合外套氧化锌避雷器技术数据

避雷器型号	系统额定电压	避雷器额定电压	避雷器持续运行电压	直流参考电压 U_{1mA}	陡波冲击电流下残压	雷电冲击电流下残压	操作冲击电流下残压	方波通流容量（2ms）	大电流冲击耐受	爬电比距 ≥（cm/kV）		避雷器雷电冲击 $U_{50\%}$ 放电电压	重量（kg）		最大伞径 ϕ	总高 H（mm）	备注
	有效值，kV			≥（kV）	≤（kV）			（A）	（kA）	1	2	≤（kV）	1	2	（mm）		
YH5WX5—17/50	10	17	13.6	25.0	57.5	50.0	42.5	150	65	3.1			1.8		108	275±5	
YH5WX5—51/134	35	51	40.8	76.0	154	134	114	400	65	3.1	2.5		16.5	14.0	150	710±5	无间隙型悬挂式
YH5WX5—54/134	35	54	43.2	77.0	154	134	114	400	65	3.1	2.5		17.0	14.5			
YH10WX5—102/265	110	102	81.6	152.0	297	265	225	600	100	2.5			41.0		210	1435±10	
YH10WX5—108/281	110	108	86.4	164.0	311	281	239	600	100	2.5			42.5				
YH10WX5—114/300	110	114	91.2	173.0	336	300	255	600	100	2.5			43.5				
YH10WX5—120/320	110	120	96.0	184.0	358	320	272	600	100	2.5			44.5				
YH10WX5—126/328	110	126	100.8	190.0	367	328	279	600	100	2.5			45.2				
YH10WX5—204/530	220	204	163.2	304.0	594	530	450	800	100	2.5			80.0		210	2643±15	
YH10WX5—216/562	220	216	172.8	328.0	628	562	478	800	100	2.5			83.0				
YH10WX5—228/600	220	228	182.4	346.0	627	600	510	800	100	2.5			85.2		210	2643±15	
YH10WX5—240/640	220	240	192.0	368.0	716	640	544	800	100	2.5			87.8				
YH10WX5—252/656	220	252	201.6	380.0	734	656	558	800	100	2.5			89.2				
YH10CX5—84/240	110	84	67.2	132.0	276	240	204	600	100	2.5		560	43.0		210	1435±10	外间隙型悬挂式
YH10CX5—96/260	110	96	76.8	145.0	299	260	221	600	100	2.5			44.5				
YH10CX5—108/281	110	108	86.4	164.0	314	281	239	600	100	2.5			45.5				
YH10CX5—168/480	220	168	134.4	264.0	552	480	408	800	100	2.5		960	82.0		210	2643±15	
YH10CX5—192/520	220	192	153.6	290.0	598	520	442	800	100	2.5			85.8				
YH10CX5—216/562	200	216	172.8	328.0	628	562	478	800	100	2.5			87.0				

二十、35～220kV 线路悬挂式复合外套氧化锌避雷器

（一）概述

交流输变线路用悬挂式有机复合外套氧化锌避雷器并联连接于绝缘子（串）两端，限制线路雷电过电压，提高线路耐雷水平，降低系统因雷击故障引起的跳闸率。西安西电高压电瓷有限责任公司专门设计一种悬挂安装于输电杆上的新型避雷器，主要用于电压等级 3kV、6kV、10kV、35kV、110kV、220kV 的交流电力输变电系统中，用于限制输变电线路中可能出现的各种过电压，以保证输变电线路的安全。

复合外套氧化锌避雷器内装有优异伏安特性的氧化锌电阻片，复合外套采用高压注射、整体成型的先进工艺。

（二）使用条件

（1）海拔（m）：＜2000。

（2）环境温度（℃）：－40～＋40。

（3）电源频率（Hz）：48～62。

（4）最大风速（m/s）：35。

（5）避雷器允许摆脱，根据塔形，考虑悬挂方式。

（6）最适宜下列场合和地区使用：

1）耐雷水平较低、雷击跳闸率偏高的输电线路。

2）干旱、少雨的丘陵、山区等地区。

3）接地电阻较高的杆塔及地区。

4）较大跨距的过江杆塔。

5）操作过电压较高，需要对在进入变电站前进行限制场合。

6）严重污秽地区。

7）不宜维护地区。

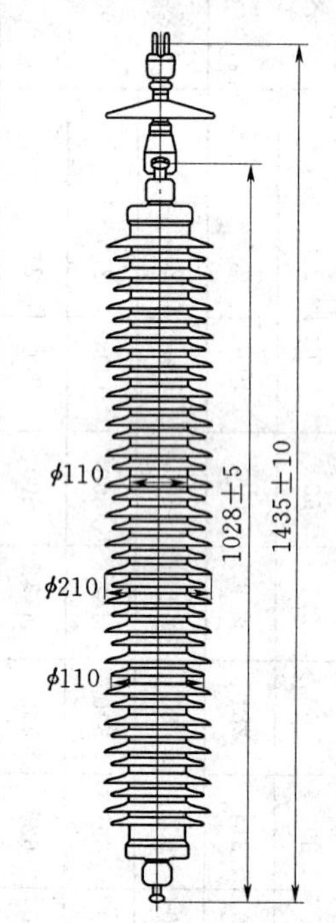

图 2-6 35～220kV 线路悬挂式复合外套氧化锌避雷器外形及安装尺寸（单位：mm）

（三）结构特点

（1）高压注射整体成型，密封性能好。

（2）散热性能好，具有较大的过电压能量吸收能力。

（3）耐污性能优良。

（4）特殊结构，防潮，防爆。

（5）体积小，重量轻，安装灵活。

（6）抗拉强度高，耐碰撞，运输无破损。

（四）技术数据

35～220kV 线路悬挂式复合外套氧化锌避雷器执行标准 GB 11032—2000、JB/T 8952—1999、GB 311.1—1997、JB/T 8459—1996 等，技术数据见表 2-84。

（五）外形及安装尺寸

该产品外形及安装尺寸，见图 2-6。

（六）订货须知

订货时必须提供产品名称及型号、特殊要求等。

（七）生产厂

中国西电集团西安西电高压电瓷有限责任公司。

二十一、6～35kV 组合式复合外套氧化锌避雷器

（一）概述

6～35kV 组合式复合外套氧化锌避雷器是用于保护电力设备绝缘免受过电压危害的保护电器，是一种新型避雷器，在限制相地之间过电压的同时又对相间过电压进行有效地限制。这种组合避雷器已运行十几年，实践证明是一种切实可行有效限制相间过电压的措施。一台组合式避雷器可起到 6 台普通避雷器的作用。该产品内部采用氧化锌电阻片作为主要元件，具有良好的伏安特性，对被保护设备提供可靠的保护，目前已为电力系统选用。适用于户内、外。

（二）结构特点

（1）外形结构小巧，绝缘耐压高，极大地利用和缩减使用空间。

（2）整体模压一次成型，具有良好的密封、耐污、防爆、防潮性能。

（3）结构新颖独特，技术性能合理可靠，特别是引用硅橡胶外套金属氧化物避雷器的优点，电气绝缘性能好。

（4）介电强度高，抗漏痕，抗电蚀，耐热，耐寒，耐老化，防爆和良好的化学稳定性、憎水性、密封性。

（5）体积小，重量轻，节省占地，安装灵活。

（三）型号含义

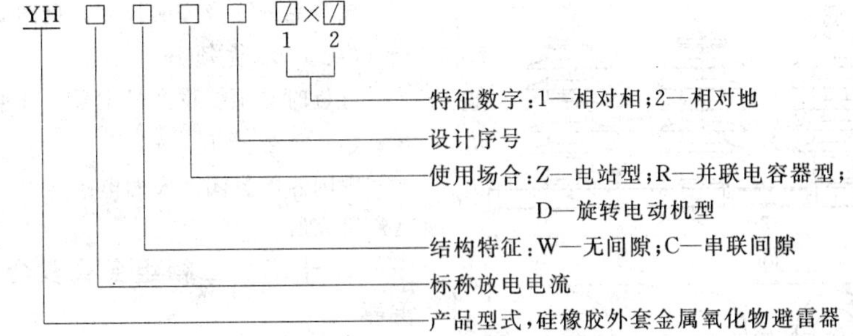

（四）使用条件

（1）海拔（m）：<2000。

（2）环境温度（℃）：－40～＋40。

（3）电源频率（Hz）：40～62。

（4）长期施加在避雷器上的工频电压不超过避雷器的持续运行电压。

（5）最大风速（m/s）：<35。

（6）地震烈度：7度及以下地区。

（7）最适宜电厂厂用电系统、电弧炉系统、紧凑型开关柜内。

（五）技术数据

执行标准 GB 11032—2000、JB/T 8952—1999、GB 311.1—1997、DL/T 620—1997、JB/T 8459—1996、JB/T 9672.2—1999。

6～35kV组合式复合外套氧化锌避雷器技术数据，见表2-85。

表2-85　6～35kV组合式复合外套氧化锌避雷器技术数据

型号	系统额定电压（kV）	避雷器额定电压（kV）	接线方式	持续运行电压（kV）	直流1mA参考电压≥（kV）	工频1mA参考电压≥（kV）	标称放电电流下残压≤（kV）	方波冲击电流耐受2ms（A）	备注	生产厂
YH5WZ5—10/27×2	6	10	相—相	6.9	15	9.5	27	150	电站型	西安西电高压电瓷有限责任公司
			相—地	4.0	14.4	9.5	27	150		
YH5WZ5—17/45×2	10	17	相—相	11.5	25	16.5	45	150		
			相—地	6.6	24	16	45	150		
YH5WZ5—51/160×51/134	35	51	相—相	41	88	59	160	150		
			相—地	23.4	73	49	134	150		
YH5WR5—10/27×2	6.3	10	相—相	6.9	15	10.6	27	400	并联补偿电容器	
			相—地	4.0	13.8	9.3	27	400		
YH5WR5—17/45×2	10	17	相—相	11.5	26	17	45	400		
			相—地	6.6	23	15.4	45	400		
YH5WR5—51/150×51/134	35	51	相—相	41	88	59	150	400		
			相—地	23.4	70	47	134	400		
YH2.5WD5—7.6/25×7.6/19	6.3	7.6	相—相	6.9	15	10	25	200	保护旋转电动机	
			相—地	4.0	11.3	7.6	19	200		
YH2.5WD5—12.7/41.5×12.7/31	105	12.7	相—相	11.5	25	16.5	41.5	200		
			相—地	6.6	18.9	12.7	31	200		
YH0.5W—17/45×2	10	17	相—地	13.6	28	17	45	200	保护旋转电机	西安电瓷研究所
			相—相	13.6	28	17	45	200		
YH0.1W—51/127×51×140	35	51	相—相	41	102	65	127	400	保护真空开关	
			相—地	41	92.5	58	140	400		
YH0.5W—51/143×51/154	35	51	相—相	41	102	65	143	400		
			相—地		92.5	58	154	400		

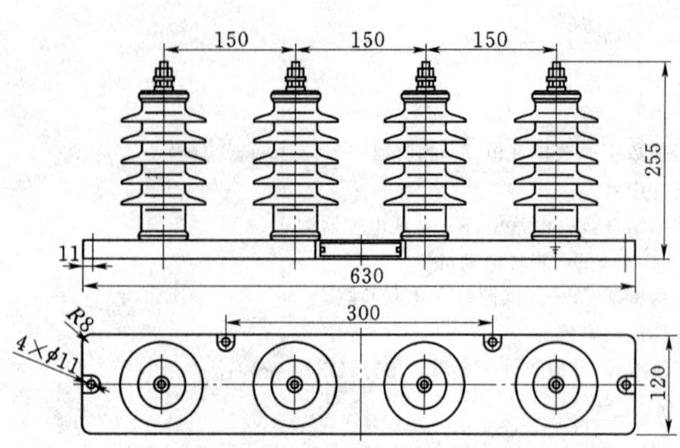

图 2-7　10kV（150A）组合式复合外套氧化锌避雷器外形及安装尺寸（单位：mm）（西安西电高压电瓷有限责任公司）

（六）外形及安装尺寸

该产品外形及安装尺寸，见图 2-7。

（七）订货须知

订货时必须提供产品型号、外型结构及特殊要求。

（八）生产厂

中国西电集团西安西电高压电瓷有限责任公司、西安电瓷研究所。

二十二、三相组合式复合外套金属氧化物避雷器

（一）概述

三相组合式复合外套金属氧化物避雷器是西安神电电器有限公司研制开发的一种新型过电压保护器，对相地之间、相间过电压提供保护。

该产品结构新颖独特，外形组合灵活多变，有效地利用和缩减了使用空间，技术性能合理可靠，保护水平严格执行 GB 11032—2000、JB/T 9672.2—1999、DL/T 620—1997 标准。目前广泛为电力、石化、铁道、煤炭等系统选用。

（二）型号含义

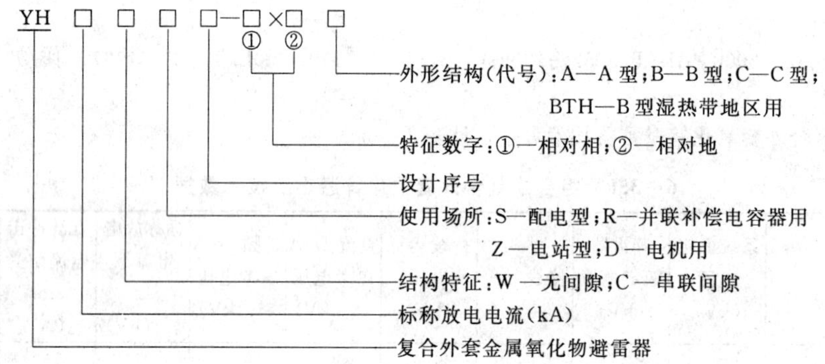

（三）使用条件

(1) 适用于户内、外。

(2) 环境温度（℃）：−40～+40。

(3) 海拔（m）：<2600。

(4) 电源频率（Hz）：48～62。

(5) 地震烈度（度）：<8。

(6) 最大风速（m/s）：<35。

(7) 重污秽以下地区。

（四）技术数据

该产品结构特征分为无间隙和有串联间隙两大类，技术数据，见表 2-86～表 2-89。

表 2-86　三相组合式复合外套无间隙金属氧化物避雷器技术数据

型　号	系统标称电压	避雷器额定电压	避雷器持续运行电压	接线方式	直流 1mA 参考电压 ≥（kV）	标称放电电流下残压	操作冲击电流下残压	2ms 方波通流容量（A）	外形结构	备注
	有效值，kV					≤（峰值，kV）				
YH5WS1—5/15×5/15	3	5	4.0	相—相	8.0	15.0	12.8	100	A 型 B 型 C 型	配电型
				相—地	7.5	15.0	12.8			
YH5WS1—10/30×10/30	6	10	8.0	相—相	16.0	30.0	23.0			
				相—地	15.0	30.0	23.0			
YH5WS1—17/50×17/50	10	17	13.6	相—相	26.5	50.0	38.0			
				相—地	25.0	50.0	38.0			

续表

型号	系统标称电压	避雷器额定电压	避雷器持续运行电压	接线方式	直流1mA参考电压≥(kV)	标称放电电流下残压	操作冲击电流下残压	2ms方波通流容量(A)	外形结构	备注
	有效值，kV					≤(峰值，kV)				
YH5WZ1—5/13.5×5/13.5	3	5	4.0	相—相 相—地	8.0 7.2	13.5 13.5	11.5 11.5	150	A型 B型 C型	电站型
YH5WZ1—10/27×10/27	6	10	8.0	相—相 相—地	15.0 14.4	27.0 27.0	22.0 22.0			
YH5WZ1—17/45×17/45	10	17	13.6	相—相 相—地	25.0 24.0	45.0 45.0	36.0 36.0			
YH5WZ1—51/150×51/134	35	51	40.8	相—相 相—地	88.0 73.0	150.0 134.0	122.0 105.0			
YH5WR1—5/13.5×5/13.5	3	5	4.0	相—相 相—地	8.0 7.2	13.5 13.5	10.5 10.5	400 600	A型 B型 C型	并联补偿电容器用
YH5WR1—10/27×10/27	6	10	8.0	相—相 相—地	15.0 14.4	27.0 27.0	21.0 21.0			
YH5WR1—17/46×17/46	10	17	13.6	相—相 相—地	25.0 24.0	46.0 46.0	35.0 35.0			
YH5WR1—51/150×51/134	35	51	40.8	相—相 相—地	88.0 73.0	150.0 134.0	122.0 105.0			
YH5WR1—5/13.5×5/13.5	3	5	4.0	相—相 相—地	8.0 7.2	13.5 13.5	10.5 10.5	800 1000 1200	C型	
YH5WR1—10/27×10/27	6	10	8.0	相—相 相—地	15.0 14.4	27.0 27.0	21.0 21.0			
YH5WR1—17/46×17/46	10	17	13.6	相—相 相—地	25.0 24.0	46.0 46.0	35.0 35.0			
YH5WR1—51/150×51/134	35	51	40.8	相—相 相—地	88.0 73.0	150.0 134.0	122.0 105.0			
YH2.5WD1—4/11.5×4/9.5	3.15①	4	3.15	相—相 相—地	7.5 5.7	11.5 9.5	9.8 7.6	200	A型 B型 C型	电动机用
YH2.5WD1—8/23×8/18.7	6.3①	8	6.3	相—相 相—地	15.0 11.2	23.0 18.7	19.5 15.0			
YH2.5WD1—13.5/38×13.5/31	10.5①	13.5	10.5	相—相 相—地	25.0 18.6	38.0 31.0	32.5 25.0			
YH5WD1—4/11.5×4/9.5	3.15①	4	3.15	相—相 相—地	7.5 5.7	11.5 9.5	10.0 7.6	800	C型	发电机用
YH5WD1—8/23×8/18.7	6.3①	8	6.3	相—相 相—地	15.0 11.2	23.0 18.7	20.0 15.0			
YH5WD1—13.5/38×13.5/31	10.5①	13.5	10.5	相—相 相—地	25.0 18.6	38.0 31.0	33.0 25.0			

注 配电型、电动机用操作冲击电流为100A；电站型、发电机用操作冲击电流为250A；并联补偿电容器用操作冲击电流为500A。

① 参数表示电机额定电压。

表 2-87　三相组合式复合外套有串联间隙金属氧化物避雷器技术数据

型　号	系统标称电压	避雷器额定电压	接线方式	工频放电电压≥（有效值，kV）	1.2/50冲击放电电压	操作冲击电流下残压	标称放电电流下残压	2ms方波通流容量（A）	备注
	有效值，kV				≤（峰值，kV）				
YH5CS1—38/15×3.8/13.5	3	3.8	相—相（相—地）	10.0（9.0）	15.0（13.5）	11.3（10.2）	15.0（13.5）	100	配电型
YH5CS1—7.6/27×7.6/24.5	6	7.6		17.6（16.0）	27.0（24.5）	20.4（18.5）	27.0（24.5）		
YH5CS1—12.7/45×12.7/41	10	12.7		28.6（26.0）	45.0（41.0）	33.9（30.8）	45.0（41.0）		
YH5CZ1—3.8/12×3.8/11	3	3.8		10.0（9.0）	12.0（11.0）	9.6（8.9）	12.0（11.0）	150	电站型
YH5CZ1—7.6/24×7.6/22	6	7.6		17.6（16.0）	24.0（22.0）	19.5（17.8）	24.0（22.0）		
YH5CZ1—12.7/41×12.7/38	10	12.7		28.6（26.0）	41.0（38.0）	33.0（30.5）	41.0（38.0）		
YH5CZ1—42/124×12/116	35	42		88.0（80.0）	124.0（116.0）	100.0（93.0）	124.0（116.0）		
YH5CR1—3.8/12×3.8/11	3	3.8		10.0（9.0）	12.0（11.0）	9.6（8.9）	12.0（11.0）	400 600	并联补偿电容器用
YH5CR1—7.6/24×7.6/22	6	7.6		17.6（16.0）	24.0（22.0）	19.5（17.8）	24.0（22.0）		
YH5CR1—12.7/41×12.7/38	10	12.7		28.6（26.0）	41.0（38.0）	33.0（30.5）	41.0（38.0）		
YH5CR1—42/124×42/116	35	42		88.0（80.0）	124.0（116.0）	100.0（93.0）	124.0（116.0）		
YH2.5CD1—3.8/8.5×3.8/8.5	3.15①	3.8		7.5（7.5）	8.5（8.5）	6.5（6.5）	8.5（8.5）	200	电动机用
YH2.5CD1—7.6/17×7.6/17	6.3①	7.6		15.0（15.0）	17.0（17.0）	13.0（13.0）	17.0（17.0）		
YH2.5CD1—12.7/29×12.7/29	10.5①	12.7		25.0（25.0）	29.0（29.0）	22.0（22.0）	29.0（29.0）		
YH5CD1—3.8/8.5×3.8/8.5	3.15①	3.8		7.5（7.5）	8.5（8.5）	6.8（6.8）	8.5（8.5）	400	发电机用
YH5CD1—7.6/17×7.6/17	6.3①	7.6		15.0（15.0）	17.0（17.0）	13.6（13.6）	17.0（17.0）		
YH5CD1—12.7/29×12.7/29	10.5①	12.7		25.0（25.0）	29.0（29.0）	23.0（23.0）	29.0（29.0）		

注　1. 括号内为相—地数据。

2. 配电型、电动机用操作冲击电流为100A；电站型、发电机用操作冲击电流为250A；并联补偿电容器用操作冲击电流为500A。

①　参数表示电机额定电压。

表 2-88　　C 型三相组合复合式外套无间隙金属氧化物避雷器技术数据

型　号	系统标称电压	避雷器额定电压	直流 1mA 参考电压 ≥（kV）		标称放电电流下残压 ≤（峰值，kV）		操作冲击电流下残压 ≤（峰值，kV）		2ms 方波通流容量（A）	伞径 ϕ（mm）	高度 H（mm）	备注
	有效值，kV		相单元	地单元	相单元	地单元	相单元	地单元				
YH5WS1—5/15×5/15	3	5	4	3.5	7.5	7.5	6.4	6.4	100	98	263	配电型
YH5WS1—10/30×10/30	6	10	8	7	15	15	11.5	11.5		98	263	
YH5WS1—17/50×17/50	10	17	13.3	11.7	25	25	19	19		98	258	
YH5WZ1—5/13.5×5/13.5	3	5	4	3.2	6.8	6.7	5.8	5.7	150	98	263	电站型
YH5WZ1—10/27×10/27	6	10	7.5	6.9	13.5	13.5	11.0	11		98	263	
YH5WZ1—17/45×17/45	10	17	12.5	11.5	22.5	22.5	18	18		98	358	
YH5WZ1—51/150×51/134	35	51	44	29	75	59	61	44		136	562	
YH5WR1—5/13.5×5/13.5	3	5	4	3.2	6.8	6.7	5.3	5.2	400 600	113	263	并联补偿电容器用
YH5WR1—10/27×10/27	6	10	7.5	6.9	13.5	13.5	10.5	10.5		113	263	
YH5WR1—17/46×17/46	10	17	12.5	11.5	23	23	17.5	17.5		113	358	
YH5WR1—51/150×51/134	35	51	44	29	75	59	61	44		152	562	
YH5WR1—5/13.5×5/13.5	3	5	4	3.2	6.8	6.7	5.3	5.2	800 1000 1200	184	325	
YH5WR1—10/27×10/27	6	10	7.5	6.9	13.5	13.5	10.5	10.5		184	325	
YH5WR1—17/46×17/46	10	17	12.5	11.5	23	23	17.5	17.5		184	365	
YH5WR1—51/150×51/134	35	51	44	29	75	59	61	44		184	365	
YH2.5WD1—4/11.5×4/9.5	3.15①	4	3.8	1.9	5.7	3.8	4.9	2.7	200	113	263	电动机用
YH2.5WD1—8/23×8/18.7	6.3①	8	7.5	3.7	11.5	7.2	9.7	5.3		113	263	
YH2.5WD1—13.5/38×13.5/31	10.5①	13.5	12.5	6.1	19	12	16.3	8.7		113	358	
YH5WD1—4/11.5×4/9.5	3.15①	4	3.8	1.9	5.7	3.8	5	2.6	800	184	325	发电机用
YH5WD1—8/23×8/18.7	6.3①	8	7.5	3.7	11.5	7.2	10	5.0		184	365	
YH5WD1—13.5/38×13.5/31	10.5①	13.5	12.5	6.1	19	12	16.5	8.5		184	615	

注　配电型、电动机用操作冲击电流为 100A；电站型、发电机用操作冲击电流为 250A；并联电补偿电容器用操作冲击电流为 500A。

①　参数表示电机额定电压。

表 2-89　　C 型三相组合式复合外套有串联间隙金属氧化物避雷器技术数据

型　号	系统标称电压	避雷器额定电压	工频放电电压 ≥（有效值，kV）		标称放电电流下残压 ≤（峰值，kV）		操作冲击电流下残压 ≤（峰值，kV）		2ms 方波通流容量（A）	伞径 ϕ（mm）	高度 H（mm）	备注
	有效值，kV		相单元	地单元	相单元	地单元	相单元	地单元				
YH5CS1—3.8/15×3.8/13.5	3	3.8	5.0	4.0	7.5	6.0	5.6	4.6	100	98	263	配电型
YH5CS1—7.6/27×7.6/24.5	6	7.6	8.8	7.2	13.5	11.0	10.2	8.3		98	358	
YH5CS1—12.7/45×12.7/41	10	12.7	14.3	11.7	22.5	18.5	17.0	13.8		98	358	
YH5CZ1—3.8/12×3.8/11	3	3.8	5.0	4.0	6.0	5.0	4.8	4.1	150	98	263	电站型
YH5CZ1—7.6/24×7.6/22	6	7.6	8.8	7.2	12.0	10.0	9.7	8.1		98	358	
YH5CZ1—12.7/41×12.7/38	10	12.7	14.3	11.7	20.5	17.5	16.5	14.0		98	358	
YH5CZ1—42/124×42/116	35	42	44.0	36.0	62.0	54.0	50.0	43.0		160	690	
YH5CR1—3.8/12×3.8/11	3	3.8	5.0	4.0	6.0	5.0	4.8	4.1	400 600	98	263	并联补偿电容器用
YH5CR1—7.6/24×7.6/22	6	7.6	8.8	7.2	12.0	10.0	9.7	8.1		98	358	
YH5CR1—12.7/41×12.7/38	10	12.7	14.3	11.7	20.5	17.5	16.5	14.0		98	358	
YH5CR1—42/124×42/116	35	42	44.0	36.0	62.0	54.0	50.0	43.0		160	690	
YH2.5CD1—3.8/8.5×3.8/8.5	3.15①	3.8	3.8	3.7	4.3	4.2	3.3	3.2	200	113	263	电动机用
YH2.5CD1—7.6/17×7.6/17	6.3①	7.6	7.5	7.5	8.5	8.5	6.5	6.5		113	358	
YH2.5CD1—12.7/29×12.7/29	10.5①	12.7	12.5	12.5	14.5	14.5	11.0	11.0		113	358	
YH5CD1—3.8/8.5×3.8/8.5	3.15①	3.8	3.8	3.7	4.3	4.2	3.4	3.4	400	113	263	发电机用
YH5CD1—7.6/17×7.6/17	6.3①	7.6	7.5	7.5	8.5	8.5	6.8	6.8		113	358	
YH5CD1—12.7/29×12.7/29	10.5①	12.7	12.5	12.5	14.5	14.5	11.5	11.5		113	358	

注　配电型、电动机用操作冲击电流为 100A；电站型、发电机用操作冲击电流为 250A；并联补偿电容器用操作冲击电流为 500A。

①　参数表示电机额定电压。

（五）外形及安装尺寸

该产品外形结构有A型、B型、C型，外形及安装尺寸见图2-8。

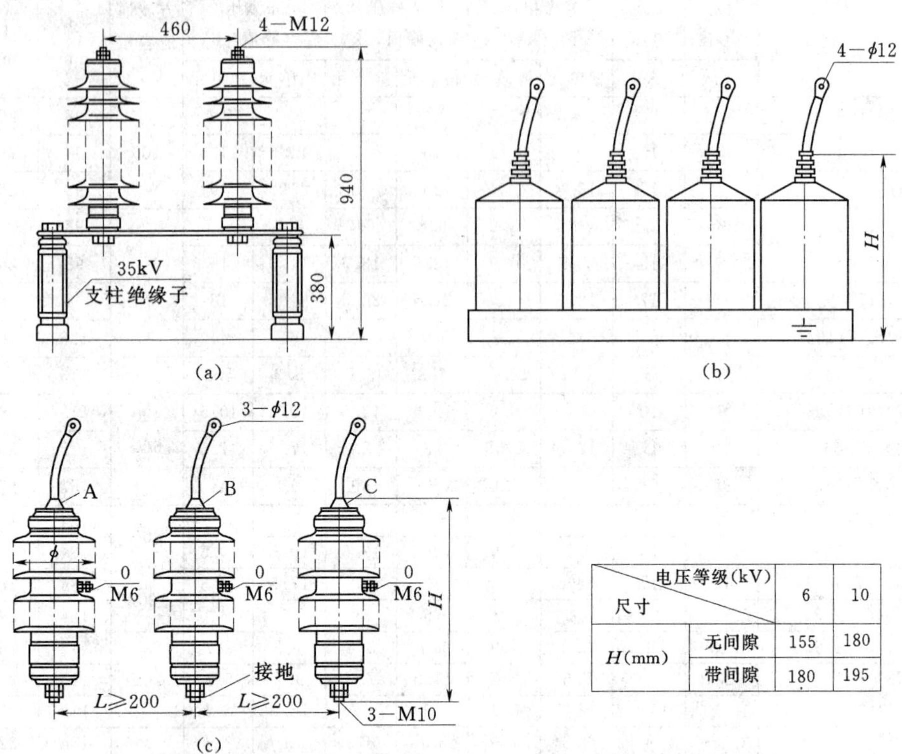

尺寸 \ 电压等级(kV)		6	10
H(mm)	无间隙	155	180
	带间隙	180	195

图2-8　三相组合式复合外套金属氧化物避雷器外形及安装尺寸

(a) A2型（35kV）；(b) 3kV、6kV、10kV B型（BTH型）；(c) 3～10kV（C型）

（六）订货须知

订货时必须提供产品型号及特殊要求。

（七）生产厂

西安神电电器有限公司。

二十三、三相组合式避雷器

（一）用途

三相组合式避雷器是一种新颖的过电压保护器，主要用于35kV及以下电力系统中，保护变压器、开关、母线、电动机、并联电容器等电气设备，可限制大气过电压及各种真空断路器引起的操作过电压，对相地和相间的过电压均能起到可靠的限制作用。

（二）型号含义

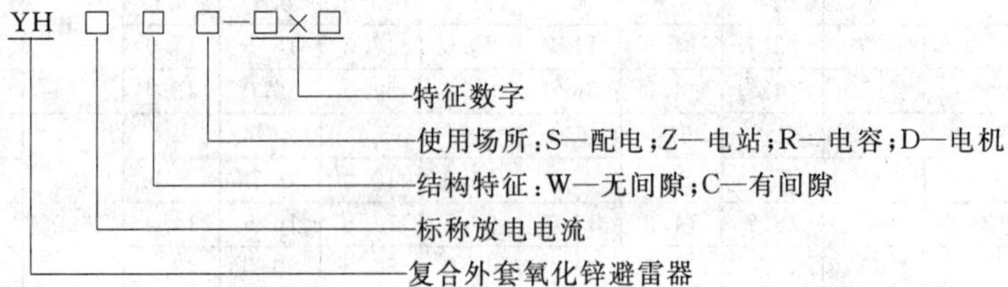

（三）使用条件

(1) 适用于户内、外。

(2) 环境温度（℃）：－40～＋40。

(3) 海拔（m）：＜2500。

(4) 电源频率（Hz）：48～62。

(5) 地震烈度：7度及以下地区。

(6) 最大风速（m/s）：＜35。

(7) 组合式避雷器长期工作电压应不超过持续运行电压。

(四) 结构特点

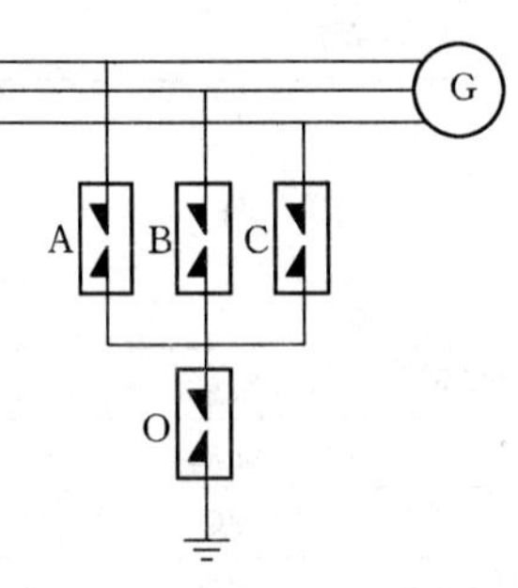

图 2-9 四星形接法

三相组合式避雷器由 4 只避雷器组成四星形接法（见图 2-9），从而使各相地、相间的过电压都得到保护。由于结构上的巧妙配合，使 1 台避雷器起到 6 只避雷器的作用，同时克服了简单的 3 只避雷器星形接法不能更好保护相间过电压的缺点。

三相组合式避雷器可以是有串联间隙型，也可是无间隙型。

该产品可以装在各种不同型号的 KYN、GBC、JYN、GZSI、XGN 等 35kV 以下高压开关柜内。组合式避雷器除 4 个线鼻子为裸导体外，其他部分绝缘体封闭，故安装时无需考虑它的相间距离和对地距离，只需将标有接地符号单元的电缆接地外，其余分接 A、B、C 三相即可。该产品可直接安装在高压开关柜的底盘和互感器室内。

(五) 技术数据

该产品技术数据，见表 2-90。

表 2-90 三相组合式避雷器技术数据

三相组合式避雷器	电动机型			真空断路器、开关型				电容器型				电机中性点型	
电动机额定电压（kV）	有效值	6.3	10.5	有效值				有效值				6.3	10.5
系统额定电压（kV）					6.3	10.5	35		6.3	10.5	35		
组合式避雷器持续运行电压（kV）		7.6	12.5		7.6	12.7	42		7.6	12.7	42	4.5	7.8
工频放电电压（kV）⩾		10.3	17		14	23.2	72		14.6	24.2	74		
直流 1mA 参考电压（kV）⩾	峰值	10	16.2	峰值	13.6	22.5	70	峰值	13.8	23	70	6.7	11.5
1.2/50μs 冲击放电电压（kV）⩽		15	24.8		20.4	33.8	105						
100A 操作冲击电流残压（kV）⩽		14	23.1										
500A 雷电冲击电流残压（kV）⩽		15	25		24	40	119		23.4	39.1	119	12.2	19.3
2000μs 方波冲击电流（A）		400			400				400				
安全净距离（mm）⩾		95	120		95	120	285		95	120	285		
沿面爬离（mm）⩾		140	235		140	235	1020		140	235	1020		
最小相间距离（mm）		115	145		115	145	470		115	145	470		
500A 操作冲击电流残压（kV）⩽				峰值	20.4	33.8	105	峰值	20.7	34.5	105		

(六) 生产厂

汉光电子集团、汉光电力电器公司。

二十四、全绝缘复合外套金属氧化物避雷器

(一) 概述

全绝缘复合外套金属氧化物避雷器，是西安神电电器有限公司研制开发的一种新型过电压保护器，外形结构简洁，高压端的绝缘导线与避雷器芯体整体成型，密封性能良好，介电强度高。

由于避雷器在使用时必须保证相间绝缘距离，且随着使用条件变化，其爬电距离、相间距离也相应增加。该产品克服了这些缺点，提高了避雷器的爬电距离，缩小了避雷器本体之间的绝缘尺寸，方便、灵活地适用不同安装环境，尤其适用于有限空间的开关柜中和高海拔、重污秽等地区。

(二) 型号含义

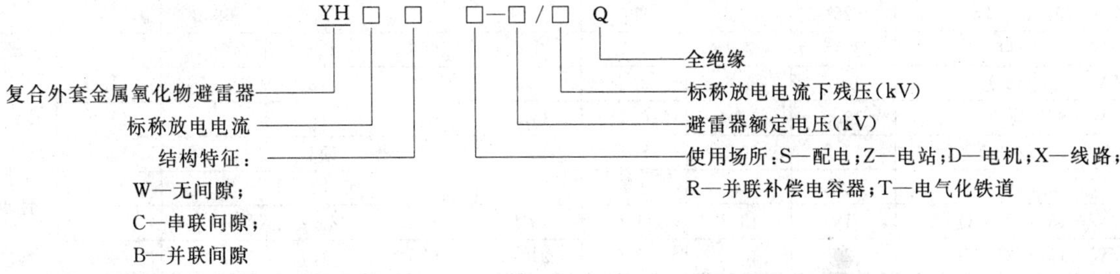

(三) 技术数据

全绝缘复合外套金属氧化物避雷器技术数据，见表 2-91。

表 2-91　　**3～35kV全绝缘复合外套金属氧化物避雷器技术数据**

型号	系统标称电压	避雷器额定电压	避雷器持续运行电压	直流1mA参考电压(kV)≥	2ms方波通流容量(A)	雷电冲击电流下残压	陡波冲击电流下残压	操作冲击电流下残压	备注
	有效值，kV					(峰值，kV)≤			
YH5WS—5/15Q	3	5	4	7.5	100	15	17.3	12.8	配电用
YH5WS—10/30Q	6	10	10	15	100	30	34.6	25.6	
YH5WS—12/35.8Q	10	12	12	18	100	35.8	41.2	30.6	
YH5WS—15/45.6Q	10	15	15	23	100	45.6	52.5	39.0	
YH5WS—17/50Q	10	17	17	25	100	50	57.5	42.5	
YH5WZ—5/13.5Q	3	5	4	7.2	150	13.5	15.5	11.5	电站用
YH5WZ—10/27Q	6	10	8	14.4	150	27	31	23	
YH5WZ—12/32.4Q	10	12	9.6	17.4	150	32.4	37.2	27.6	
YH5WZ—15/40.5Q	10	15	12	21.8	150	40.5	46.5	34.5	
YH5WZ—17/45Q	10	17	13.6	24	150	45	5.8	38.3	
YH5WZ—51/134Q	35	51	40.8	73	150	134	154	114	
YH5WR—5/13.5Q	3	5	4	7.2	400	13.5		10.5	并联补偿电容器用
YH5WR—10/27Q	6	10	8	14.4	400	27		21.0	
YH5WR—12/32.4Q	10	12	9.6	17.4	400	32.4		25.2	
YH5WR—15/40.5Q	10	15	12.0	21.8	400	40.5		31.5	
YH5WR—17/46Q	10	17	13.6	24.0	400	46		35.0	
YH5WR—51/134Q	35	51	40.8	73.0	400	134		105	
YH5WT—42/120Q	27.5	42	34	65	400	120	138	98	电气化铁道用
YH5WX—51/134Q	35	51	40.8	73	400	134	154	114	线路用
YH5WX—54/142Q	35	54	43.2	77	400	142	163	121	
YH5WX—54/150Q	35	54	43.2	80	400	150	169	128	

型号	电机额定电压	避雷器额定电压	避雷器待续运行电压	直流1mA参考电压(kV)≥	2ms方波通流容量(A)	雷电冲击电流下残压	陡波冲击电流下残压	操作冲击电流下残压	备注
	有效值，kV					(峰值，kV)≤			
YH2.5WD—4/9.5Q	3.15	4	3.2	5.7	400	9.5	10.7	7.6	电动机
YH2.5WD—8/18.7Q	6.3	8	6.3	11.2	400	18.7	21.0	15	
YH2.5WD—13.5/31Q	10.5	13.5	10.5	186	400	31	34.7	25	
YH5WD—4/9.5Q	3.15	4	3.2	5.7	400	9.5	10.7	7.6	
YH5WD—8/18.7Q	6.3	8	6.3	11.2	400	18.7	21.0	15	
YH5WD—13.5/31Q	10.5	13.5	10.5	18.6	400	31	34.7	25	
YH5WD—17.5/40Q	13.8	17.5	13.8	24.4	400	40	44.8	32	
YH5WD—20/45Q	15.75	20	15.8	28.0	400	45	50.4	36	
YH5WD—23/51Q	18	23	18	31.9	400	51	57.2	40.8	
YH5WD—25/56.2Q	20	25	20	35.4	400	56.2	69.2	45	
YH1.5W—2.4/6Q	3.15	2.4	1.9	3.4	400	6.0		5	电机中性点用
YH1.5W—4.8/12Q	6.3	4.8	3.8	6.8	400	12		10	
YH1.5W—8/19Q	10.5	8	6.4	11.4	400	19		15.9	
YH1.5W—10.5/23Q	13.8	10.5	8.4	14.9	400	23		19.2	
YH1.5W—12/26Q	15.75	12	9.6	17.0	400	26		21.6	
YH1.5W—13.7/29.2Q	18	13.7	11.0	19.5	400	29.2		24.3	
YH1.5W—15.2/31.7Q	20	15.2	12.0	21.6	400	31.7		26.4	
YH0.5B—8/15Q	6.3	8	6.3	11.5	400				
YH0.5B—13.5/28Q	10.5	13.5	10.5	21	400				

续表

型 号	系统标称电压	避雷器额定电压	标称放电电流下残压（峰值，kV）≤	工频放电电压（有效值，kV）≥	1.2/50μs 冲击放电电压（峰值，kV）≤	直流 1mA 参考电压（kV）≥	2ms 方波通流容量（A）	备注
	有效值，kV							
YH5CS—3.8/15Q	3	3.8	15	9	15		100	带串联间隙
YH5CS—7.6/27Q	6	7.6	27	16	27		100	
YH5CS—12.7/45Q	10	12.7	45	26	45		100	
YH5CZ—3.8/12Q	3	3.8	12	9	12		150	
YH5CZ—7.6/24Q	6	7.6	24	16	24		150	
YH5CZ—12.7/41Q	10	12.7	41	26	41		150	
YH5CZ—42/124Q	35	42	124	80	124		150	
YH2.5CD—3.8/8.6Q	3	3.8	8.6	7.6	8.6		200	
YH2.5CD—7.6/17Q	6	7.6	17	15	17		200	
YH2.5CD—12.7/28Q	10	12.7	28	25	28		200	
YH5CX—42/120Q	35	42	120			65	400	线路用带间隙

（四）外形及安装尺寸

3～35kV 全绝缘复合外套金属氧化物避雷器外形及安装尺寸，见图 2-10。新开发的三相一体型全绝缘复合外套金属氧化物避雷器外形及安装尺寸，见图 2-11 及表 2-92。外型结构分Ⅰ型、Ⅱ型，单只产品型号后“×3”，再加上外形结构代号，如 YH5WZ—17/45×3Ⅰ。

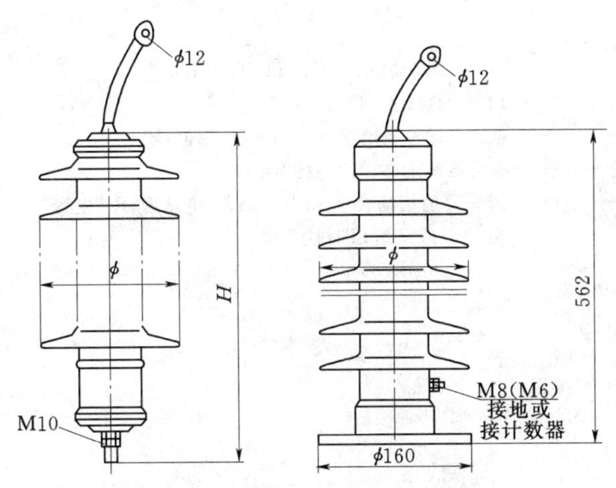

图 2-10　3～35kV 全绝缘复合外套金属氧化物避雷器外形及安装尺寸

表 2-92　三相一体型全绝缘复合外套金属氧化物外形及安装尺寸

	系统标称电压（kV）	6	10	35
Ⅰ型（mm）	H	150	200	500
	L_1	280	300	460
	L_2	80	80	90
	L_3	90	100	180
Ⅱ型（mm）	系统标称电压（kV）	6	10	35
	H	150	200	500
	$\phi1$	86	86	124
	$\phi2$	140	140	230
	$\phi3$	210	210	300

（五）生产厂

西安神电电器有限公司。

二十五、带脱离器复合外套金属氧化物避雷器

（一）概述

带脱离器复合外套金属氧化物避雷器是国际上 20 世纪 90 年代初的高科技产品，目前已广泛应用在电力、石化、铁道、煤炭、冶金等系统中，运行质量可靠，效果显著。

脱离器作为避雷器的特殊附件，分为热爆式和热熔式两种，与避雷器串联使用。热爆式脱离器是利用避雷器损坏时其工频故障电流持续增大，使脱离器内部产生电弧及热能，迅速引爆特制炸药，将避雷器退出运行；热熔式脱离器是利用避雷器损坏时其工频故障电流持续增大，避雷器内部的电阻片产生相当大的热量，使脱离器在避雷器热崩溃前及时可靠的动作，将避雷器退出运行。脱离器迅速动作后有明显的脱离标志，使避雷器免维护，提高电力系统运行的稳定性和安全性，线路故障点容易发现。

带脱离器复合外套金属氧化物避雷器仍可附带放电计数器或在线监测器。避雷器正常运行时，监测避雷器泄漏电流

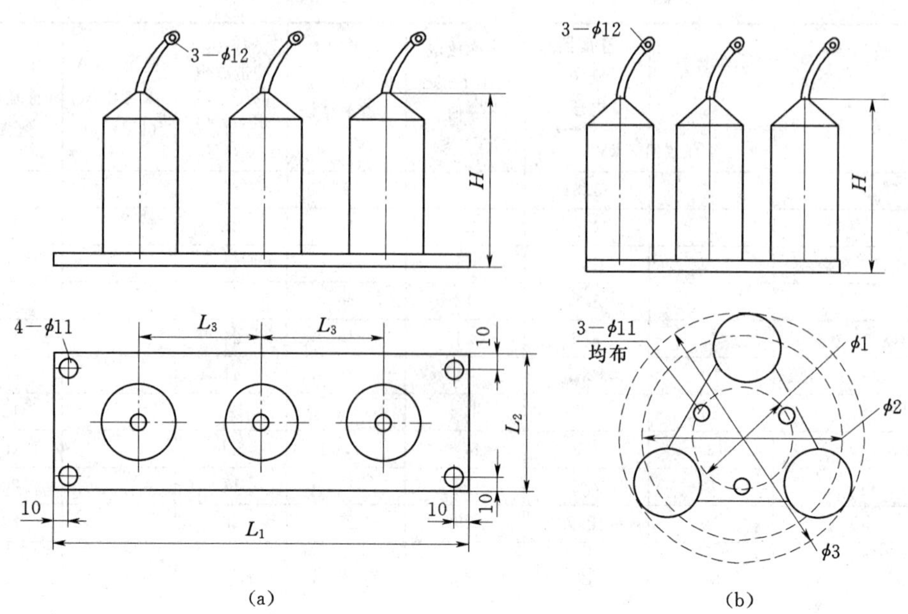

图 2-11　三相一体型全绝缘复合外套金属氧化物避雷器外形及安装尺寸

(a) Ⅰ型；(b) Ⅱ型

的变化及记录动作次数。脱离器动作后，放电计数器或在线监测器连同避雷器同时退出运行。

（二）型号含义

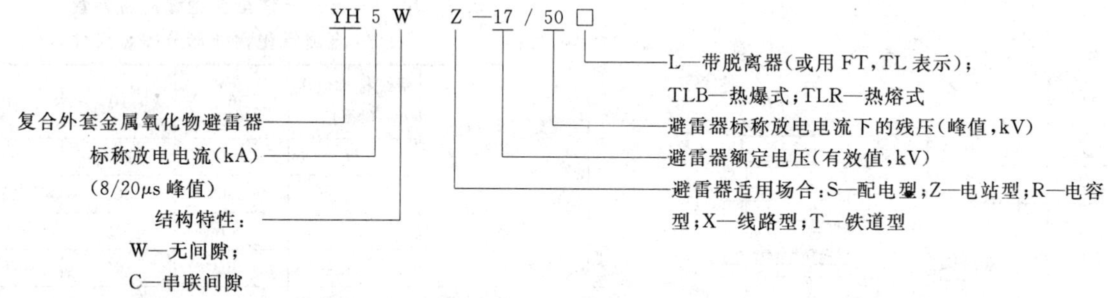

（三）使用条件

(1) 环境温度（℃）：−40～+40。

(2) 海拔（m）：<2600。

(3) 电源频率（Hz）：48～62。

(4) 长期施加在避雷器端子间的工频电压应不超过避雷器的持续运行电压。

(5) 地震烈度（度）：<8。

(6) 最大风速（m/s）：<35。

(7) MOA 顶端导线的最大水平拉力：147N。

（四）结构特点

该产品由主体元件、脱离器和绝缘支架等组成。主体元件内部采用非线性的金属氧化物电阻片作为核心元件，具有优异的伏安特性。当系统出现大气过电压或操作过电压时，电阻片呈现低电阻，使 MOA 的残压被限制在允许值下，同时吸收过电压能量，从而对电力设备提供可靠的保护。在 MOA 的正常运行电压下，电阻片呈高电阻，使流过 MOA 的电流很小，起到与系统绝缘隔离作用。

该产品安—秒特性稳定，反应快，灭弧效果好，分断能力强，工作可靠性高，体积小，密封性能好，防爆性能强，耐污性能优良，便于及时迅速发现故障点并及时维修。

执行标准 GB 11032—2000、JB 8952—1999。

（五）技术数据

带脱离器复合外套无间隙金属氧化避雷器技术数据见表 2-93，带间隙金属氧化物避雷器技术数据见表 2-94。

表 2-93　　带脱离器复合外套无间隙金属氧化物避雷器技术数据

型　号	系统标称电压	避雷器额定电压	避雷器持续运行电压	直流 1mA 参考电压 (kV) ≥	2ms 方波通流容量 (A)	标称放电电流下残压（峰值，kV）≤	伞径 ϕ (mm)	高度 H (mm)	备注	生产厂
	有效值，kV									
YH5WS—10/30 TLB（TLR）	6	10	8.0	15.0	100	30.0	91	223	配电用（无间隙）	西安神电电器有限公司
YH5WS—12/35.8 TLB（TLR）	10	12	9.6	18.0	100	35.8	91	275		
YH5WS—15/45.6 TLB（TLR）	10	15	12.0	23.0	100	45.6	91	275		
YH5WS—17/50 TLB（TLR）	10	17	13.6	25.0	100	50.0	91	275		
YH5WZ—10/27 TLB（TLR）	6	10	8.0	14.4	150	27.0	98	218	电站用（无间隙）	
YH5WZ—12/32.4 TLB（TLR）	10	12	9.6	17.4	150	32.4	98	268		
YH5WZ—15/40.5 TLB（TLR）	10	15	12.0	21.8	150	40.5	98	268		
YH5WZ—17/45 TLB（TLR）	10	17	13.6	24.0	150	45.0	98	268		
YH5WZ—51/134 TLB（TLR）	35	51	40.8	73.0	150	134.0	136	640，820		
YH5WZ—84/221 TLB	66	84	67.2	121	600	221	178	1650		
YH5WZ—90/235 TLB	66	90	72.5	130	600	235	178	1650		
YH10WZ—90/235 TLB	66	90	72.5	130	600	235	178	1650		
YH5WZ—96/250 TLB	110	96	75	140	600	250	226	1950		
YH10WZ—96/250 TLB	110	96	75	140	600	250	226	1950		
YH5WZ—100/260 TLB	110	100	78	145	600	260	226	1950		
YH10WZ—100/260 TLB	110	100	78	145	600	260	226	1950		
YH5WZ—102/266 TLB	110	102	79.6	148	600	266	226	1950		
YH10WZ—102/266 TLB	110	102	79.6	148	600	266	226	1950		
YH5WZ—108/281 TLB	110	108	84	157	600	281	226	1950		
YH10WZ—108/281 TLB	110	108	84	157	600	281	226	1950		
YH10WZ—192/500 TLB	220	192	150	280	800	500	226	3460		
YH10WZ—200/520 TLB	220	200	156	290	800	520	226	3460		
YH10WZ—204/532 TLB	220	204	159	296	800	532	226	3460		
YH10WZ—216/562 TLB	220	216	168.5	314	800	562	226	3460		
YH5WR—10/27 TLB（TLR）	6	10	8.0	14.4	400	27.0	113	218	并联补偿电容器用（无间隙）	
YH5WR—12/32.4 TLB（TLR）	10	12	9.6	17.4	400	32.4	113	268		
YH5WR—15/40.5 TLB（TLR）	10	15	12.0	21.8	400	40.5	113	268		
YH5WR—17/46 TLB（TLR）	10	17	13.6	24.0	400	46.0	113	268		
YH5WR—51/134 TLB（TLR）	35	51	40.8	73.0	400	134.0	152	640，820		
YH5WX—51/134 TLB（TLR）	35	51	40.8	73	400	134.0	152	640 280	线路用（无间隙）	
YH5WX—54/142 TLB（TLR）	35	54	43.2	77	400	142	152			
YH5WX—54/150 TLB（TLR）	35	54	43.2	80	400	150	152			
YH5WX—96/250 TLB	66	96	75	140	600	250	178	1700 1650 1600		
YH5WX—96/275 TLB	66	96	75	154	600	275	178			
YH5WX—108/281 TLB	110	108	84	157	600	281	226	1950 1900 1850		
YH5WX—108/309 TLB	110	108	84	173	600	309	226			
YH10WX—108/281 TLB	110	108	84	157	600	281	226			
YH10WX—108/309 TLB	110	108	84	173	600	309	226			
YH10WX—216/562 TLB	220	216	168	314	600	562	226	3450 3650 3550		
YH10WX—216/618 TLB	220	216	168.5	346	600	618	226			
YH5WT—42/120 TLB（TLR）	27.5	42	34	65.0	400	120	152	640 820	铁道用（无间隙）	

续表

型　号	系统标称电压	避雷器额定电压	避雷器持续运行电压	直流1mA参考电压(kV)≥	2ms方波通流容量(A)	标称放电电流下残压（峰值，kV）≤	伞径 ϕ (mm)	高度 H (mm)	备注	生产厂
	有效值，kV									
YH2.5WD—8/18.7 TLB (TLR)	6.3①	8	6.3	11.2	400	18.7	113	218	电动机用（无间隙）	西安神电电器有限公司
YH2.5WD—13.5/31 TLB (TLR)	10.5①	13.5	10.5	18.6	400	31	113	268		
YH5WD—8/18.7 TLB (TLR)	6.3①	8	6.3	11.2	400	18.7	113	218	发电机用（无间隙）	
YH5WD—13.5/31 TLB (TLR)	10.5①	13.5	10.5	18.6	400	31	113	268		
YH5WD—17.5/40 TLB (TLR)	10.5①	17.5	13.8	24.4	400	40	113	268		
YH5WD—20/45 TLB (TLR)	15.75①	20	15.8	28.0	400	45	113	268		
YH5WD—23/51 TLB (TLR)	18.0①	23	18.0	31.9	400	51	113	353		
YH5WD—25/56.2 TLB (TLR)	20.0①	25	20.0	35.4	400	56.2	113	353		
YH5WS—17/50L	10	17	13.6	25 (26)	75 (100)	50			配电用	紫金集团（南京有线电厂）、南京紫金电力保护设备有限公司
YH5WZ1—17/45L	10	17	13.6	24 (25)	150 (200)	45			电站用	
HY5WS—17/50L	10	17	13.6	25	150	50			配电用	宁波市镇海国创高压电器有限公司
HY5WZ—17/45L	10	17	13.6	24	250	45			电站用	
HY5WR—17/45L	10	17	13.6	24	400	45			电容器用	

注　括号内为企业内控参数。

①　参数为电机额定电压。

表 2-94　带脱离器复合外套带间隙金属氧化物避雷器技术数据

型　号	系统标称电压	避雷器额定电压	标称放电电流下残压（峰值，kV）≤	工频放电电压（有效值，kV）≥	1.2/50冲击放电电压（峰值，kV）≤	直流1mA参考电压(kV)≥	2ms方波通流容量(A)	伞径 ϕ (mm)	高度 H (mm)	备注	生产厂
	有效值，kV										
YH5CS—7.6/27 TLB (TLR)	6	7.6	27.0	16	27		100	98	218	配电用	西安神电电器有限公司
YH5CS—12.7/45 TLB (TLR)	10	12.7	45.0	26	45		100	98	268		
YH5CZ—7.6/24TLB (TLR)	6	7.6	24.0	16	24		150	98	218	电站用	
YH5CZ—12.7/41 TLB (TLR)	10	12.7	41.0	26	41		150	98	268		
YH5CZ—42/124 TLB (TLR)	35	42	124.0	80	124		150	136	640，820		
YH2.5CD—8/17 TLB (TLR)	6.3①	8	17.0	15	17		200	113	218	电机用	
YH2.5CD—13.5/28 TLB (TLR)	10.5①	13.5	28.0	25	28		200	113	268		
YH0.5B—7.6/15 TLB (TLR)	6	7.6	15.0			11.5	400	113	218	并联间隙线路用	
YH0.5B—12.7/28 TLB (TLR)	10	12.7	28.0			21	400	113	268		
YH5CX—42/120 TLB (TLR)	35	42	120.0	82	120		400	152	640，820		
YH5CB—6.1/18.3 TLB (TLR)		6.1	18.3	7.3～10.3	15.7		300	113	218	阻波器用	
YH5CB—7.6/22.9 TLB (TLR)		7.6	22.9	9.1～12.8	19.6		300	113	218		
YH5CB—9.5/28.6 TLB (TLR)		9.5	28.6	11.4～16.0	24.5		300	113	268		
YH5CB—12/36.1 TLB (TLR)		12	36.1	14.4～17.3	26.5		300	113	268		
YH5CB—15/45.2 TLB (TLR)		15	45.2	18.0～21.6	33.0		300	113	353		
YH5CB—19/57.2 TLB (TLR)		19	57.2	22.8～27.4	42.0		300	113	353		
YH5CB—24/72.2 TLB (TLR)		24	72.2	28.8～34.6	53.0		300	113	353		
YH5CB—30/90.3 TLB (TLR)		30	90.3	36.0～43.2	66.1		300	113	353		
YH5CB—38/114.4 TLB (TLR)		38	114.4	45.6～54.7	83.7		300	152	640，820		
YH5CB—48/144.5 TLB (TLR)		48	144.5	57.6～69.1	105.7		300	152	640，820		

①　参数为电机额定电压。

（六）外形及安装尺寸

该产品外形及安装尺寸，见图 2-12。

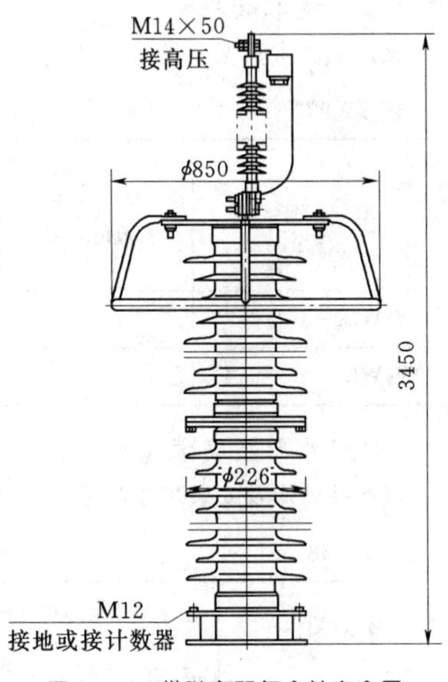

图 2-12　带脱离器复合外套金属氧化物避雷器外形及安装尺寸（西安神电电器有限公司）

二十六、直流系统用金属氧化物避雷器

（一）概述

为了保护 0.825～500kV 直流系统电器设备免受大气及某些操作过电压的损害，西安电瓷研究所专门研究开发了直流系统保护用避雷器。分为两类：一类是带串联间隙；另一类无间隙。在舟山 100kV 直流系统以及许多地铁直流系统的应用，效果十分显著。产品性能符合 JB 9672.1—1999 标准。

（二）技术数据

直流系统用串联金属间隙氧化物避雷器技术数据，见表 2-95；直流系统用无间隙金属氧化物避雷器技术数据，见表 2-96。

（三）外形及安装尺寸

Y10WL—571/1225 型直流用无间隙金属氧化物避雷器外形及安装尺寸，见图 2-13。

（四）生产厂

西安电瓷研究所。

二十七、HY_3WL_1 型复合绝缘金属直流避雷器

（一）用途

HY_3WL_1 型复合绝缘金属直流避雷器主要用于 0.825～1.65kV 直流系统电气设备免受雷电过电压的损坏，对户内外运行的变电站、频繁启动的矿山电机车等设备有可靠的保护作用。

（二）产品特点

(1) 在直流电压长期作用下具有持久的抗老化能力和稳定的保护特性。

(2) 密封性能好，体积小，重量轻，易安装。

(3) 整体成型，耐振动，特别适用于电力机车等场所的应用。

表 2-95　直流系统用串联金属间隙氯化物避雷器技术数据

系统额定电压 (kV)	避雷器型号	直流放电电压 (kV)		冲击放电电压 ⩽ (kV)	3kA 下残压 ⩽ (kV)	2ms 方波 (A)
		⩾	⩽			
0.825	Y3CL—1.1/2.7	2.0	2.4	2.7	2.7	200
1.658	Y3CL—2.2/5.4	4.0	4.8	5.4	5.4	200
1.5	Y5CL—1.8/5.45	3.9	4.7	7.5	5.45 (3kA 下)	600

表 2-96　直流系统用无间隙金属氧化物避雷器技术数据

系统额定电压 (kV)	避雷器型号	8/20 下残压 ⩽ (kV)	2ms 方波 (A)	备注	系统额定电压 (kV)	避雷器型号	8/20 下残压 ⩽ (kV)	2ms 方波 (A)	备注
50	YH3WL—65.6/110	110	2000	复合外套	100	Y5WL—103/250	250	800	瓷外套
	YH3WL—72/126	126	1500		500	Y10WL—571/1225	1225	2400	瓷外套

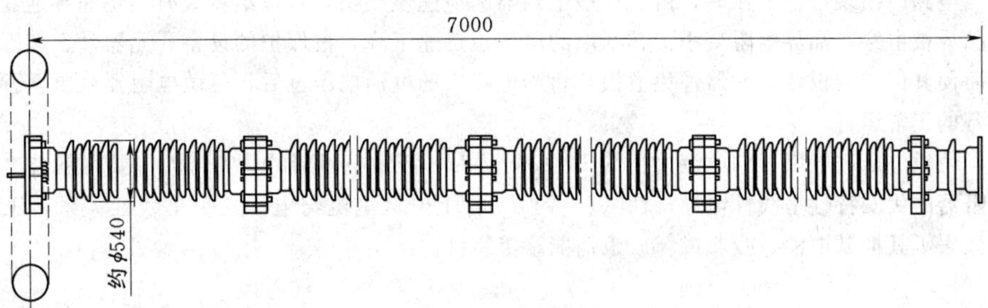

图 2-13　Y10WL—571/1225 型直流系统用无间隙金属氧化物避雷器外形及安装尺寸

（三）技术数据

该产品技术数据，见表2-97。

表2-97　　HY_3WL_1 型复合绝缘金属直流避雷器技术数据

型　号	系统电压（有效值，kV）	避雷器额定电压（有效值，kV）	直流参考电压（kV）≥	80/20μs3kA冲击残压（峰值，kV）≤	2ms方波冲击电流耐受	$0.75U_{1mA}$下漏电流（μA）≥
HY_3WL_1—1.1/2.7	0.825	1.1	1.6	2.7	200	50
HY_3WL_1—2.2/5.4	1.658	2.2	3.2	5.4	200	50

（四）外形及安装尺寸

该产品外形及安装尺寸，见表2-98及图2-14。

表2-98　　HY_3WL_1 型外形尺寸　　单位：mm

型　号	安装高度 H	结构高度 h	最大裙径 ϕ_1	重量（kg）	型　号	安装高度 H	结构高度 h	最大裙径 ϕ_1	重量（kg）
HY_3WL_1—1.1/2.7	100	50	110	0.3	HY_3WL_1—2.2/5.4	100	50	110	0.4

（五）生产厂

大连经济技术开发区法伏安电器有限公司。

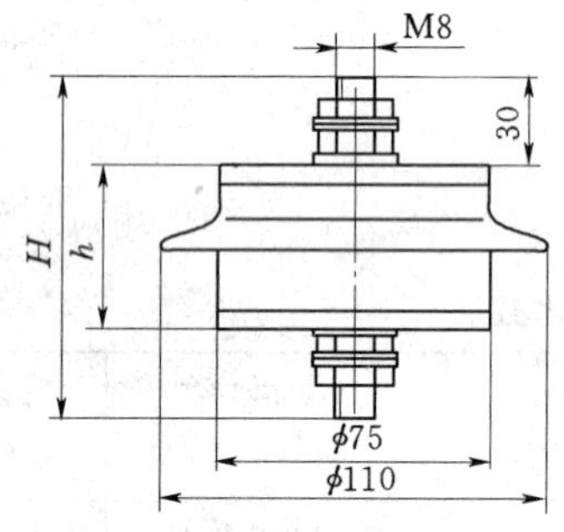

图2-14　HY_3WL_1 型复合绝缘金属直流避雷器外形及安装尺寸

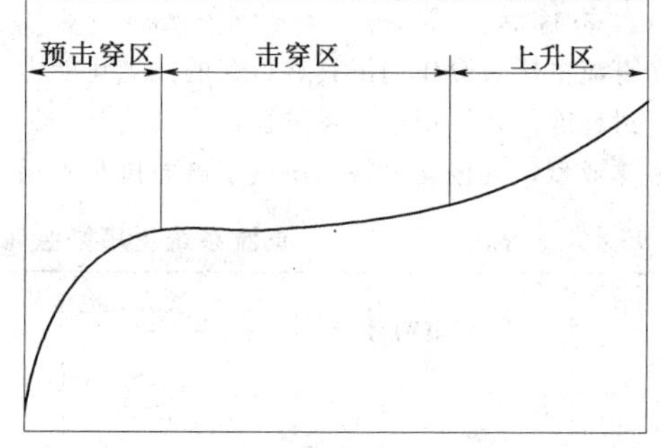

图2-15　氧化锌压敏电阻器工作原理

二十八、MYG2、G3型氧化锌压敏电阻器

（一）概述

MYG2、G3型氧化锌压敏电阻器是一种以氧化锌为主体，添加多种氧化物，经典型的电子陶瓷工艺制成的多晶半导体陶瓷元件。因其特有的非线性电导特性及通流容量大、限制电压低、响应速度快、无续流、无极性、电压温度系数低等特点，广泛应用于电力、通信、铁路、邮电、化工、石油等领域的设施设备，免受瞬时电涌电压的损害。

氧化锌压敏电阻器工作原理（见图2-15）：压敏电阻器与被保护的电器设备或元器件并联。当电路中未出现电涌电压时，压敏电阻器工作在预击穿区，等效电路中晶界电阻约为 $10^{12}\sim10^{13}\Omega/cm$，压敏电阻器为高阻，不影响被保护设备的正常运行；当电路中出现电涌电压时，由于压敏电阻器响应速度很快，它以纳秒级时间迅速导通，此时压敏电阻器工作在击穿区，晶界被击穿，晶界电阻变小，其两端的电压也迅速下降，被保护的设备、元器件上实际承受的电压远低于电涌电压，从而使其保护的设备、元器件免遭损坏；当电路中的电涌电压过后，压敏电阻器恢复至预击穿区，呈高阻状态，不影响设备的正常运行。

当电涌很大，使通过压敏电阻器的电流大于约 $100A/cm^2$ 时，压敏电阻器的伏安特性主要由晶粒电阻的伏安特性决定，此时压敏电阻器的伏安特性呈线性电导特性（$I=V/R_g$），上升区电流与电压几乎呈线性关系，压敏电阻器在该区域已经劣化，也失去了其抑制电涌、吸收或释放浪涌能量等特性。

使用条件：

（1）避免在恶劣的环境中使用，如高温、高湿环境不应使用，户外、露天场合不宜使用。

（2）保存在常温、常湿的环境中（5～35℃、45%RH～75%RH），避免温度急剧变化。

(3) 避免在腐蚀性气体、尘埃多的场合保存。

(4) 避免冲击负重。

(二) 型号含义

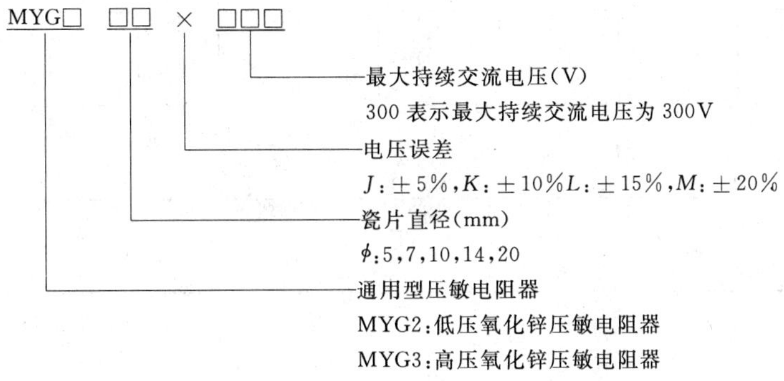

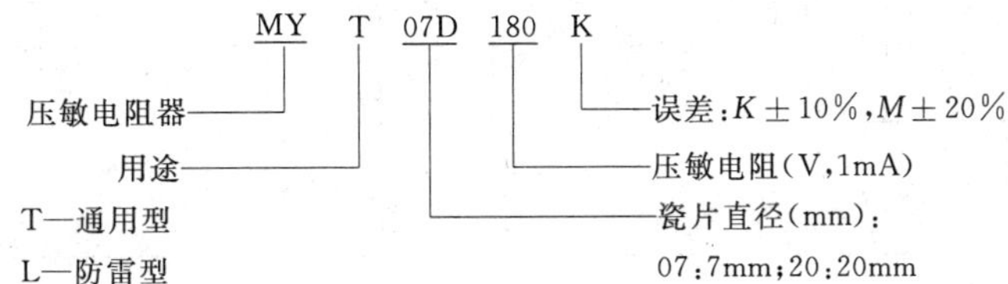

(三) 产品特点

(1) 通流容量大。

(2) 响应速度快。

(3) 限制电压低。

(4) 电压范围宽。

(5) 无续流、无极性。

(6) 电压温度系数低。

(四) 选用方法

1. 压敏电压

压敏电压值应大于实际电路的电压峰值，一般为：

$$U_{1mA}=K_1\times U_c/K_2\times K_3$$

式中 U_{1mA}——压敏电压；

U_c——电路直流工作电压（交流时为有效值）；

K_1——电源电压波动系数，一般取 1.2；

K_2——压敏电压误差，一般取 0.85；

K_3——老化系数，一般取 0.9。

交流状态下，应将有效值变为峰值，即扩大$\sqrt{2}$倍，实际应用中可参考此公式通过实验确定压敏电压值。

2. 通流量

实际应用中，压敏电阻器所吸收的浪涌电流应小于压敏电阻的最大峰值电流，以延长产品的使用寿命。

(五) 技术数据

(1) 常规参数，见表 2-99。

表 2-99　　MYT 系列压敏电阻器常规参数

电压范围 (V，1mA)	漏电流 (μA)	电压比	电压范围 (V，1mA)	漏电流 (μA)	电压比
<50	≤400	≤1.20	>100	≤20	≤1.08
50～100	≤300	1.15			

(2) 测压敏电压时通过的规定电流为 1mA。

(3) 技术数据，见表 2-100、表 2-101。

表 2 - 100　　**MYG2、MYG3 系列氧化锌压敏电阻器技术数据**

系列	型号	规定电流下的电压 V_{1mA}（V）	持续电压（V）		最大限制电压（8/20μs）		最大静态功率（W）	能量耐量（J）		通流容量 8/20μs（A）		静态电容量 1kHz（pF）	外形尺寸（mm）				生产厂
			AC（有效值）	DC	V_C（V）	I_P（A）		10/1000 μs	2ms	1次	2次		H	D_{max}	A	W_{max}	
MYG2 ϕ05A 型	05K11	18（16～20）	11	14	40	1	0.01	0.4	0.3	100	50	1600	11.5	7.5	5.0±1	3.0	西安神电电器有限公司
	05K14	22（19～25）	14	18	48			0.6	0.4			1300					
	05K17	27（24～30）	17	22	60			0.7	0.5			1050					
	05K20	33（29～37）	20	26	73			0.8	0.6			900				3.5	
	05K25	39（35～43）	25	31	86			1.1	0.8			500				4.0	
	05K30	47（42～52）	30	38	104			1.4	1.0			450					
	05K35	56（50～62）	35	45	123			1.7	1.2			400				4.5	
	05K40	68（61～75）	40	56	150			2.1	1.5			350					
MYG3 ϕ05A 型	05K50	82（73～91）	50	65	145	5	0.1	2.4	1.7	400	200	250					
	05K60	100（90～110）	60	85	175			2.8	2.0			200				5.0	
	05K75	120（108～132）	75	100	210			3.5	2.5			170					
	05K95	150（135～165）	95	125	260			4.2	3.0			90				5.3	
	05K115	180（162～198）	115	150	317			5.0	3.6			90				5.5	
	05K130	200（180～220）	130	170	355			5.6	4.0			80					
	05K140	220（198～242）	140	180	380			6.3	4.5			70				5.0	
	05K150	240（216～264）	150	200	415			7.0	5.0			70					
	05K175	270（243～297）	175	225	475			8.4	6.0			65				5.2	
	05K190	300（270～330）	190	250	523			9.1	6.5			60				5.3	
	05K210	330（297～363）	210	276	572			9.8	7.0			55				5.5	
	05K230	360（324～396）	230	300	620			10.5	7.5			50					
	05K250	390（351～429）	250	320	675			11.2	8.0			50					
	05K275	430（387～473）	275	350	745			12.6	9.0			45				6.0	
	05K300	470（423～517）	300	385	810			14.0	10.0			10					
MYG2 ϕ05B 型	05K11	18（16～20）	11	14	40	1	0.01	3.5	2.5	100	50	1525	11.5	7.5	5.0±1	4.5	
	05K14	22（19～25）	14	18	48			3.5	2.5			1250				5.0	
	05K17	27（24～30）	17	22	60			3.5	2.5			1100					
	05K20	33（29～37）	20	26	73			3.5	2.5			950				5.5	
	05K25	39（35～43）	25	31	86			3.5	2.5			850				6.0	

续表

系列	型号	规定电流下的电压 V_{1mA} (V)	持续电压 (V)		最大限制电压 (8/20μs)		最大静态功率 (W)	能量耐量 (J)		通流容量 8/20μs (A)		静态电容量 1kHz (pF)	外形尺寸 (mm)				生产厂
			AC (有效值)	DC	V_C (V)	I_P (A)		10/1000 μs	2ms	1次	2次		H	D_{max}	A	W_{max}	
MYG2 ϕ05B 型	05K30	47 (42～52)	30	38	104	1	0.01	3.5	2.5	100	50	750	11.5	7.5	5.0±1	6.5	西安神电电器有限公司
	05K35	56 (50～62)	35	45	123			3.5	2.5			630				7.0	
	05K40	68 (61～75)	40	56	150			3.5	2.5			520				7.5	
MYG3 ϕ05B 型	05K50	82 (73～91)	50	65	145	5	0.1	3.5	2.5	800	600	200	11.5	7.5	5.0±1	5.0	
	05K60	100 (90～110)	60	85	175			4.0	3.0			160					
	05K75	120 (108～132)	75	100	210			5.0	3.5			135					
	05K95	150 (135～165)	95	125	260			6.5	4.5			105					
	05K115	180 (162～198)	115	150	317			7.0	5.0			90					
	05K130	200 (180～220)	130	170	355			8.5	6.0			80					
	05K140	220 (198～242)	140	180	380			9.0	6.5			75					
	05K150	240 (216～264)	150	200	415			10.5	7.5			70					
	05K175	270 (243～297)	175	225	475			11.0	8.0			65				5.5	
	05K190	300 (270～300)	190	250	523			12.0	8.5			59					
	05K210	330 (297～363)	210	276	572			13.0	9.5			55				6.5	
	05K230	360 (324～396)	230	300	620			16.0	11.0			55					
	05K250	390 (351～429)	250	320	675			17.0	12.0			50					
	05K275	430 (387～473)	275	350	745			20.0	13.5			50					
	05K300	470 (423～517)	300	385	810			21.0	15.0			40					
MYG2 ϕ07A 型	07K11	18 (16～20)	11	14	36	2.5	0.02	1.1	0.8	250	125	3500	12.5	9.5	5.0±1	3.5	
	07K14	22 (19～25)	14	18	43			1.3	0.9			2800				4.0	
	07K17	27 (24～30)	17	22	53			1.4	1.0			2000					
	07K20	33 (29～37)	20	26	65			1.7	1.2			1500					
	07K25	39 (35～43)	25	31	77			2.1	1.5			1350				4.5	
	07K30	47 (42～52)	30	38	93			2.5	1.8			1150					
	07K35	56 (50～62)	35	45	110			3.1	2.2			950				5.0	
	07K40	68 (61～75)	40	56	135			3.5	2.5			700				5.2	
MYG3 ϕ07A 型	07K50	82 (73～91)	50	65	135	10	0.25	4.9	3.5	1200	600	550	12.5	9.5	5.0±1	4.5	
	07K60	100 (90～110)	60	85	175			5.6	4.0			500				5.0	

续表

系列	型号	规定电流下的电压 V_{1mA} (V)	持续电压 (V)		最大限制电压 (8/20μs)		最大静态功率 (W)	能量耐量 (J)		通流容量 8/20μs (A)		静态电容量 1kHz (pF)	外形尺寸 (mm)				生产厂
			AC (有效值)	DC	V_C (V)	I_P (A)		10/1000 μs	2ms	1次	2次		H	D_{max}	A	W_{max}	
MYG3 ϕ07A型	07K70	110 (99~121)	60	92	180	10	0.25	6.2	4.4	1200	600	470	12.5	9.5	5.0±1	5.0	西安神电电器有限公司
	07K75	120 (108~132)	75	100	200			7.0	5.0			450				5.3	
	07K95	150 (135~165)	95	125	250			8.4	6.0			280				5.5	
	07K115	180 (162~198)	115	150	305			11.8	8.4			280					
	07K130	200 (180~220)	130	170	340			13.1	9.3			250				4.5	
	07K140	220 (198~242)	140	180	360			14.3	10.2			250					
	07K150	240 (216~264)	150	200	395			15.6	11.1			200				4.6	
	07K175	270 (243~297)	175	225	455			17.5	12.5			170				5.0	
	07K190	300 (270~330)	190	250	505			18.2	13.0			155					
	07K210	330 (297~363)	210	276	545			19.6	14.0			140				5.5	
	07K230	360 (324~396)	230	300	595			21.0	15.0			130					
	07K250	390 (351~429)	250	320	650			23.8	17.0			130				5.6	
	07K275	430 (387~473)	275	350	710			26.2	18.7			110				6.0	
	07K300	470 (423~517)	300	385	775			28.0	20.0			100					
MYG2 ϕ07B型	07K11	18 (16~20)	11	14	36	2.5	0.02	7.0	5.0	250	125	3360	12.5	9.5	5.0±1	4.5	
	07K14	22 (19~25)	14	18	43			7.0	5.0			2750				5.0	
	07K17	27 (24~30)	17	22	53			7.0	5.0			2250				5.0	
	07K20	33 (29~37)	20	26	65			7.0	5.0			2000				5.5	
	07K25	39 (35~43)	25	31	77			7.0	5.0			1700				6.0	
	07K30	47 (42~52)	30	38	93			7.0	5.0			1500				6.5	
	07K35	56 (50~62)	35	45	110			7.0	5.0			1260				7.0	
	07K40	68 (61~75)	40	56	135			7.0	5.0			1040				7.5	
MYG3 ϕ07B型	07K50	82 (73~91)	50	65	135	10	0.25	7.0	5.0	1750	1250	395	12.5	9.5	5.0±1	5.0	
	07K60	100 (90~110)	60	85	175			8.5	6.0			325				5.0	
	07K70	110 (99~121)	70	92	180			9.0	6.5			295				5.0	
	07K75	120 (108~132)	75	100	200			10.0	7.0			270				5.0	
	07K95	150 (135~165)	95	125	250			13.0	9.0			215				5.0	
	07K115	180 (162~198)	115	150	305			13.3	9.5			180				5.0	

续表

系列	型号	规定电流下的电压 V_{1mA} (V)	持续电压 (V)		最大限制电压 (8/20μs)		最大静态功率 (W)	能量耐量 (J)		通流容量 8/20μs (A)		静态电容量 1kHz (pF)	外形尺寸 (mm)				生产厂
			AC (有效值)	DC	V_C (V)	I_P (A)		10/1000 μs	2ms	1次	2次		H	D_{max}	A	W_{max}	
MYG3 φ07B型	07K130	200 (180～220)	130	170	340	10	0.25	17.5	12.5	1750	1250	165	12.5	9.5	5.0±1	5.0	西安神电电器有限公司
	07K140	220 (198～242)	140	180	360			19.0	13.5			150				5.0	
	07K150	240 (216～264)	150	200	395			21.0	15.0			140				5.0	
	07K175	270 (243～297)	175	225	455			24.0	17.0			125				5.5	
	07K190	300 (270～330)	190	250	505			25.0	18.0			110				5.5	
	07K210	330 (297～363)	210	276	545			28.0	20.0			110				6.5	
	07K230	360 (324～396)	230	300	595			32.0	23.0			100				6.5	
	07K250	390 (351～429)	250	320	650			35.0	25.0			95				6.5	
	07K275	430 (387～473)	275	350	710			40.0	27.5			85				6.5	
	07K300	470 (423～517)	300	385	775			42.0	30.0			80				6.5	
MYG2 φ10A型	10K11	18 (16～20)	11	14	36	5	0.05	2.1	1.5	500	250	7500	18	14	7.5±1	3.5	
	10K14	22 (19～25)	14	18	43			2.8	2.0			6000				4.0	
	10K17	27 (24～30)	17	22	53			3.5	2.5			4000					
	10K20	33 (29～37)	20	26	65			4.2	3.0			3000				4.5	
	10K25	39 (35～43)	25	31	77			4.9	3.5			2600				5.0	
	10K30	47 (42～52)	30	38	93			6.3	4.5			2200					
	10K35	56 (50～62)	35	45	110			7.7	5.5			1800				5.3	
	10K40	68 (61～75)	40	56	135			9.1	6.5			1300				5.0	
MYG3 φ10A型	10K50	82 (73～91)	50	65	135	25	0.4	11.2	8.0	2500	1250	1800	18	14	7.5±1	5.1	
	10K60	100 (90～110)	60	85	165			14.0	10.0			1400					
	10K75	120 (108～132)	75	100	200			16.8	12.0			1100				5.5	
	10K95	150 (135～165)	95	125	250			22.4	16.0			560				6.0	
	10K115	180 (162～198)	115	150	305			25.8	18.4			560					
	10K130	200 (180～220)	130	170	340			28.0	20.0			500				5.0	
	10K140	220 (198～242)	140	180	360			32.2	23.0			450					
	10K150	240 (216～264)	150	200	395			35.0	25.0			400				5.2	
	10K175	270 (243～297)	175	225	455			39.0	28.0			350					
	10K190	300 (270～330)	190	250	505			43.0	31.0			300					

续表

系列	型号	规定电流下的电压 V_{1mA}（V）	持续电压（V）		最大限制电压（8/20μs）		最大静态功率（W）	能量耐量（J）		通流容量 8/20μs（A）		静态电容量 1kHz（pF）	外形尺寸（mm）				生产厂
			AC（有效值）	DC	V_C（V）	I_P（A）		10/1000 μs	2ms	1 次	2 次		H	D_{max}	A	W_{max}	
MYG3 ϕ10A 型	10K210	330（297～363）	210	276	545	25	0.4	48.0	34.0	2500	1250	325	18	14	7.5±1	5.5	西安神电电器有限公司
	10K230	360（324～396）	230	300	595			52.0	37.0			300					
	10K250	390（351～429）	250	320	650			56.0	40.0			270				6.0	
	10K275	430（387～473）	275	350	710			63.0	45.0			250				6.5	
	10K300	470（423～517）	300	385	775			63.0	45.0			230					
	10K325	510（459～561）	325	425	840			63.0	45.0			230					
	10K340	530（477～583）	340	445	870			63.0	45.0			220				6.7	
	10K360	560（504～616）	360	470	925			63.0	45.0			200				7.0	
	10K385	625（558～682）	385	505	1025			63.0	45.0			130					
	10K420	680（612～748）	420	560	1120			63.0	45.0			120				7.5	
	10K460	750（270～330）	460	615	1240			70.0	50.0			110					
	10K480	780（702～858）	480	650	1290			70.0	50.0			110				8.0	
	10K510	820（738～902）	510	670	1355			77.0	55.0			100					
	10K550	910（819～1001）	550	745	1500			84.0	60.0			90					
	10K625	1000（900～1100）	625	825	1650			91.0	65.0			90				8.5	
	10K680	1100（990～1210）	680	895	1815			98.0	70.0			80				9.0	
MYG2 ϕ10B 型	10K11	18（16～20）	11	14	36	5	0.05	14.0	10.0	500	250	6965	18.0	14.0	7.5±1	5.5	
	10K14	22（19～25）	14	18	43			14.0	10.0			5700					
	10K17	27（24～30）	17	22	53			14.0	10.0			5100					
	10K20	33（29～37）	20	26	65			14.0	10.0			4500				6.0	
	10K25	39（35～43）	25	31	77			14.0	10.0			4000				6.5	
	10K30	47（42～52）	30	38	93			14.0	10.0			3700				7.0	
	10K35	56（50～62）	35	45	110			14.0	10.0			3100				7.5	
	10K40	68（61～75）	40	56	135			14.0	10.0			2560				8.0	
MYG3 ϕ10B 型	10K50	82（73～91）	50	65	135	25	0.4	14.0	10.0	3500	2500	860	18.0	14.0	7.5±1	5.5	
	10K60	100（90～110）	60	85	165			17.0	12.0			710					
	10K75	120（108～132）	75	100	200			20.0	14.5			590					
	10K95	150（135～165）	95	125	250			25.0	18.0			475					

续表

系列	型号	规定电流下的电压 V_{1mA}（V）	持续电压（V）		最大限制电压（8/20μs）		最大静态功率（W）	能量耐量（J）		通流容量 8/20μs（A）		静态电容量 1kHz（pF）	外形尺寸（mm）				生产厂
			AC（有效值）	DC	V_C（V）	I_P（A）		10/1000 μs	2ms	1 次	2 次		H	D_{max}	A	W_{max}	
MYG3 φ10B 型	10K115	180（162～198）	115	150	305	25	0.4	31.0	22.0	3500	2500	395	18.0	14.0	7.5±1	5.5	西安神电电器有限公司
	10K130	200（180～220）	130	170	340			35.0	25.0			360					
	10K140	220（198～242）	140	180	360			39.0	27.5			330					
	10K150	240（216～264）	150	200	395			42.0	30.0			305					
	10K175	270（243～297）	175	225	455			49.0	35.0			275				6.0	
	10K190	300（270～330）	190	250	505			53.0	38.0			250					
	10K210	330（297～363）	210	276	545			58.0	42.0			230					
	10K230	360（324～396）	230	300	595			65.0	45.0			215				6.5	
	10K250	390（351～429）	250	320	650			70.0	50.0			200					
	10K275	430（387～473）	275	350	710			80.0	55.0			185					
	10K300	470（423～517）	300	385	775			85.0	60.0			170				7.0	
	10K325	510（459～561）	325	425	840			92.0	67.0			155					
	10K340	530（477～583）	340	445	870			92.0	67.0			150				8.0	
	10K360	560（504～616）	360	470	925			92.0	67.0			140					
	10K385	625（558～682）	385	505	1025			92.0	67.0			135				8.5	
	10K420	680（617～748）	420	560	1120			92.0	67.0			125				9.0	
	10K460	750（270～330）	460	615	1240			100.0	20.0			115				9.5	
	10K480	780（702～858）	480	650	1290			105.0	75.0			110					
	10K510	820（738～902）	510	670	1355			110.0	80.0			105					
	10K550	910（819～1001）	550	745	1500			130.0	90.0			95				10.0	
	10K625	1000（900～1100）	625	825	1650			140.0	100.0			90				10.5	
	10K680	1100（990～1210）	680	895	1815			155.0	110.0			85					
MYG2 φ14A 型	14K11	18（16～20）	11	14	36	10	0.1	4.9	3.5	1000	500	18000	22.0	17.5		4.0	
	14K14	22（19～25）	14	18	43			5.6	4.0			15000					
	14K17	27（24～30）	17	22	53			7.6	5.0			10000					
	14K20	33（29～37）	20	26	65			8.4	6.0			7500				4.5	
	14K25	39（35～43）	25	31	77			9.8	7.0			6500					
	14K30	47（42～52）	30	38	93			11.9	8.5			5500				5.0	

续表

系列	型号	规定电流下的电压 V_{1mA}（V）	持续电压（V）		最大限制电压（8/20μs）		最大静态功率（W）	能量耐量（J）		通流容量 8/20μs（A）		静态电容量 1kHz（pF）	外形尺寸（mm）				生产厂
			AC（有效值）	DC	V_C（V）	I_P（A）		10/1000 μs	2ms	1 次	2 次		H	D_{max}	A	W_{max}	
MYG2 ϕ14A 型	14K35	56（50～62）	35	45	110	10	0.1	14.0	10.0	1000	500	4500	22.0	17.5		5.5	西安神电电器有限公司
	14K40	68（61～75）	40	56	135			16.8	12.0			3300					
MYG3 ϕ14A 型	14K50	82（73～91）	50	65	135	50	0.6	19.6	14.0	4500	2500	2900	22.0	17.5		5.0	
	14K60	100（90～110）	60	85	165			25.2	18.0			2400				5.5	
	14K75	120（108～132）	75	100	200			28.0	20.0			1900					
	14K95	150（135～165）	95	125	250			35.0	25.0			1150				6.0	
	14K115	180（162～198）	115	150	305			43.4	31.0			1150				6.2	
	14K130	200（180～220）	130	170	340			49.0	35.0			1000				6.3	
	14K140	220（198～242）	140	180	360			56.0	40.0			1000				5.2	
	14K150	240（216～264）	150	200	395			56.0	40.0			900				5.5	
	14K175	270（243～297）	175	225	455			70.0	50.0			750					
	14K190	300（270～330）	190	250	505			77.0	55.0			675				5.7	
	14K210	330（297～363）	210	276	545			84.0	60.0			600				6.0	
	14K230	360（324～396）	230	300	595			91.0	65.0			550					
	14K250	390（351～429）	250	320	650			80.0	70.0			500				6.3	
	14K275	430（387～473）	275	350	710			105.0	75.0			450				6.5	
	14K300	470（423～517）	300	385	775			112.0	80.0			440					
	14K325	510（459～561）	325	425	840			119.0	85.0			415				6.7	
	14K340	530（477～583）	340	445	870			119.0	85.0			400					
	14K360	560（504～616）	360	470	925			119.0	85.0			370				7.0	
	14K385	625（558～682）	385	505	1025			119.0	85.0			250				7.2	
	14K420	680（612～748）	420	560	1120			116.0	90.0			230				7.5	
	14K460	750（270～330）	460	615	1240			140.0	100.0			200					
	14K480	780（702～858）	480	650	1290			147.0	105.0			180				7.7	
	14K510	820（738～902）	510	670	1355			154.0	110.0			180				8.0	
	14K550	910（819～1001）	550	745	1500			168.0	120.0			150				8.6	
	14K625	1000（900～1100）	625	825	1650			182.0	130.0			150				9.0	
	14K680	1100（990～1210）	680	895	1815			196.0	140.0			150				9.5	
	14K1000	1800（1620～1980）	1000	1465	2970			336.0	240.0			100				13.0	

续表

系列	型号	规定电流下的电压 V_{1mA} (V)	持续电压 (V)		最大限制电压 (8/20μs)		最大静态功率 (W)	能量耐量 (J)		通流容量 8/20μs (A)		静态电容量 1kHz (pF)	外形尺寸 (mm)				生产厂
			AC (有效值)	DC	V_C (V)	I_P (A)		10/1000 μs	2ms	1次	2次		H	D_{max}	A	W_{max}	
MYG2 ϕ14B型	14K11	18 (16～20)	11	14	36	10	0.1	28	20	1000	500	13400	22	17.5	7.5±1	5.5	西安神电电器有限公司
	14K14	22 (19～25)	14	18	43			28	20			11000					
	14K17	27 (24～30)	17	22	53			28	20			10000					
	14K20	33 (29～37)	20	26	65			28	20			9500				6.0	
	14K25	39 (35～43)	25	31	77			28	20			9000				6.5	
	14K30	47 (42～52)	30	38	93			28	20			8600				7.0	
	14K35	56 (50～62)	35	45	110			28	20			7220				7.5	
	14K40	68 (61～75)	40	56	135			28	20			5945				8.0	
MYG3 ϕ14B型	14K50	82 (73～91)	50	65	135	50	0.6	28	20	6000	5000	1625	22	17.5	7.5±1	5.5	
	14K60	100 (90～110)	60	85	165			35	25			1330					
	14K75	120 (108～132)	75	100	200			42	30			1110					
	14K95	150 (135～165)	95	125	250			53	37			900					
	14K115	180 (162～198)	115	150	305			60	43			750					
	14K130	200 (180～220)	130	170	340			70	50			680					
	14K140	220 (198～242)	140	180	360			78	55			630					
	14K150	240 (216～264)	150	200	395			84	60			580					
	14K175	270 (243～297)	175	225	455			99	70			520				6.0	
	14K190	300 (270～330)	190	250	505			105	75			475					
	14K210	330 (297～363)	210	276	545			115	80			430					
	14K230	360 (324～396)	230	300	595			130	90			400				6.5	
	14K250	390 (351～429)	250	320	650			140	100			370					
	14K275	430 (387～473)	275	350	710			155	110			340					
	14K300	470 (423～517)	300	385	775			175	125			315				7.0	
	14K325	510 (459～561)	325	425	840			190	136	5000	4500	295					
	14K340	530 (477～583)	340	445	870			190	136			280				8.0	
	14K360	560 (504～616)	360	470	925			190	136			270					
	14K385	625 (558～682)	385	505	1025			190	136			250				8.5	
	14K420	680 (612～748)	420	560	1120			190	136			230				9.0	

续表

系列	型号	规定电流下的电压 V_{1mA}（V）	持续电压（V）		最大限制电压（8/20μs）		最大静态功率（W）	能量耐量（J）		通流容量 8/20μs（A）		静态电容量 1kHz（pF）	外形尺寸（mm）				生产厂
			AC（有效值）	DC	V_C（V）	I_P（A）		10/1000 μs	2ms	1次	2次		H	D_{max}	A	W_{max}	
MYG3 φ14B型	14K460	750（270～330）	460	615	1240	50	0.6	210	150	5000	4500	205	22	17.5	7.5±1	9.5	西安神电电器有限公司
	14K480	780（702～858）	480	650	1290			217	155			200					
	14K510	820（738～902）	510	670	1355			235	165			190					
	14K550	910（819～1001）	550	745	1500			255	180			175				10.0	
	14K625	1000（900～1100）	625	825	1650			280	200			160				10.5	
	14K680	1100（990～1210）	680	895	1815			310	220			150					
	14K1000	1800（1620～1980）	1000	1465	2970			510	360			95				14.5	
MYG2 φ20A型	20K11	18（16～20）	11	14	36	20	0.2	14.0	10.0	2000	1000	37000	29.0	24.0	10.0±1	4.0	
	20K14	22（19～25）	14	18	43			18.2	13.0			35000					
	20K17	27（24～30）	17	22	53			21.0	15.0			22000				4.5	
	20K20	33（29～37）	20	26	65			28.0	20.0			17000				5.0	
	20K25	39（35～43）	25	31	77			33.6	24.0			15000				5.0	
	20K30	47（42～52）	30	38	93			42.0	30.0			13000				5.0	
	20K35	56（50～62）	35	45	110			49.0	35.0			11000				5.5	
	20K40	68（61～75）	40	56	135			60.0	40.0			7000				5.8	
MYG3 φ20A型	20K50	82（73～91）	50	65	135	100	1.0	37.8	27.0	6500	4000	5500	29.0	24.0	10.0±1	6.0	
	20K60	100（90～110）	60	85	165			42.0	30.0			4800				6.0	
	20K75	120（108～132）	75	100	200			56.0	40.0			3800				6.2	
	20K95	150（135～165）	95	125	250			70.0	50.0			2250				6.5	
	20K115	180（162～198）	115	150	305			86.8	62.0			2250				6.7	
	20K130	200（180～220）	130	170	340			98.8	70.0			2000				7.0	
	20K140	220（198～242）	140	180	360			105.0	75.0			2000				6.0	
	20K150	240（216～264）	150	200	395			112.0	80.0			1800				6.2	
	20K175	270（243～297）	175	225	455			126.0	90.0			1600				6.3	
	20K190	300（270～330）	190	250	505			140.0	100.0			1440				6.5	

续表

系列	型号	规定电流下的电压 V_{1mA}（V）	持续电压（V）		最大限制电压（8/20μs）		最大静态功率（W）	能量耐量（J）		通流容量 8/20μs（A）		静态电容量 1kHz（pF）	外形尺寸（mm）				生产厂
			AC（有效值）	DC	V_C（V）	I_P（A）		10/1000 μs	2ms	1次	2次		H	D_{max}	A	W_{max}	
	20K210	330（297～363）	210	276	545			154.0	110.0			1310				6.5	
	20K230	360（324～396）	230	300	595			168.0	120.0			1200				6.7	
	20K250	390（351～429）	250	320	650			182.0	130.0			1000				6.8	
	20K275	430（387～473）	275	350	710			196.0	140.0			900				7.0	
	20K300	470（423～517）	300	385	775			210.0	150.0			900				7.0	
	20K325	510（459～561）	325	425	840			210.0	150.0			830				7.2	
	20K340	530（477～583）	340	445	870			210.0	150.0			800				7.3	
	20K360	560（504～616）	360	470	925			210.0	150.0			750				7.5	
MYG3 φ20A型	20K385	625（558～682）	385	505	1025	100	1.0	210.0	150.0	6500	4000	500	29.0	24.0	10.0±1	7.7	
	20K420	680（612～748）	420	560	1120			224.0	160.0			420				8.0	
	20K460	750（270～330）	460	615	1240			245.0	175.0			400				8.3	
	20K480	780（702～858）	480	650	1290			252.0	180.0			380				8.6	西安神电电器有限公司
	20K510	820（738～902）	510	670	1355			266.0	190.0			350				8.8	
	20K550	910（819～1001）	550	745	1500			301.0	215.0			320				9.0	
	20K625	1000（900～1100）	625	825	1650			322.0	230.0			320				9.5	
	20K680	1100（990～1210）	680	895	1815			350.0	250.0			300				10.3	
	20K1000	1800（1620～1980）	1000	1465	2970			560.0	400.0			200				14.0	
	20K11	18（16～20）	11	14	36			56.0	40.0			28110					
	20K14	22（19～25）	14	18	43			56.0	40.0			23000				6.0	
	20K17	27（24～30）	17	22	53			56.0	40.0			19500					
MYG2 φ20B型	20K20	33（29～37）	20	26	65	20	0.2	56.0	40.0	2000	1000	16000	29.0	24.0	10.0±1	6.5	
	20K25	39（35～43）	25	31	77			56.0	40.0			13500				7.0	
	20K30	47（42～52）	30	38	93			56.0	40.0			11000				7.5	
	20K35	56（50～62）	35	45	110			56.0	40.0			9230				8.0	
	20K40	68（61～75）	40	56	135			56.0	40.0			7600				8.5	

续表

系列	型号	规定电流下的电压 V_{1mA}（V）	持续电压（V）		最大限制电压（8/20μs）		最大静态功率（W）	能量耐量（J）		通流容量 8/20μs（A）		静态电容量 1kHz（pF）	外形尺寸（mm）				生产厂
			AC（有效值）	DC	V_C（V）	I_P（A）		10/1000 μs	2ms	1次	2次		H	D_{max}	A	W_{max}	
MYG3 ϕ20B型	20K50	82（73～91）	50	65	135			56.0	40.0			3220				6.0	
	20K60	100（90～110）	60	85	165			70.0	50.0			2640					
	20K75	120（108～132）	75	100	200			85.0	60.0	10000	7000	2200					
	20K95	150（135～165）	95	125	250			106.0	75.0			1770					
	20K115	180（162～198）	115	150	305			119.0	85.0			1475					
	20K130	200（180～220）	130	170	340			140.0	100.0			1350					
	20K140	220（198～242）	140	180	360			155.0	110.0			1230					
	20K150	240（216～264）	150	200	395			168.0	120.0			1150					
	20K175	270（243～297）	175	225	455			190.0	135.0			1010				6.5	
	20K190	300（270～330）	190	250	505			203.0	145.0			910					
	20K210	330（297～363）	210	276	545			228.0	160.0			850					
	20K230	360（324～396）	230	300	595			255.0	180.0			780				7.0	
	20K250	390（351～429）	250	320	650			275.0	195.0			730					
	20K275	430（387～473）	275	350	710	100	1.0	303.0	215.0			660	29.0	24.0	10.0±1		西安神电电器有限公司
	20K300	470（423～517）	300	385	775			350.0	250.0			600				7.5	
	20K325	510（459～561）	325	425	840			382.0	273.0			570					
	20K340	530（477～583）	340	445	870			382.0	273.0		6500	550				8.0	
	20K360	560（504～616）	360	470	925			382.0	273.0			520				8.5	
	20K385	625（558～682）	385	505	1025			382.0	273.0			475				9.5	
	20K420	680（612～748）	420	560	1120			382.0	273.0			435					
	20K460	750（270～330）	460	615	1240			420.0	300.0			395				10.0	
	20K480	780（702～858）	480	650	1290			434.0	310.0			380					
	20K510	820（738～902）	510	670	1355			460.0	325.0	7500		370					
	20K550	910（819～1001）	550	745	1500			510.0	360.0			330				10.5	
	20K625	1000（900～1100）	625	825	1650			565.0	400.0			305				11.0	
	20K680	1100（990～1210）	680	895	1815			620.0	440.0			280					
	20K1000	1800（1620～1980）	1000	1465	2970			1020.0	720.0			175				15.0	

表 2-101 **MYT 系列压敏电阻器技术数据**

型号		压敏电压	最大连续工作电压		最大限制电压 (8/20μs)		最大峰值电流		脉冲电流寿命值 8/20μs 10^4 次	电容量 (参考值) 1kHz	生产厂
							8/20μs 2次	2ms			
		V	V_{AC}	V_{DC}	V	A	A	J	A	μF	
	07D100M	10 (8～12)	5	7	22	1	70	0.3	7	5.0	
	10D100M	10 (8～12)	5	7	22	2	150	0.6	20	10.0	
	07D150M	15 (12～18)	8	10	33	1	70	0.5	7	4.0	
	10D150M	15 (12～18)	8	10	33	2	150	1.0	20	8.0	
	07D180M	18 (16～20)	11	14	35	2	125	0.8	15	3.0	
	10D180M	18 (16～20)	11	14	35	5	250	1.5	60	6.0	
	12D180M	18 (16～20)	11	14	35	7	360	3.0	68	9.0	
	14D180M	18 (16～20)	11	14	35	10	500	5.0	80	13.0	
	16D180M	18 (16～20)	11	14	35	13	640	6.5	90	16.0	
	20D180M	18 (16～20)	11	14	35	20	1000	10.0	120	25.0	
	07D220M	22 (20～24)	14	18	45	2	125	1.0	15	2.5	
	10D220M	22 (20～24)	14	18	45	5	250	2.0	60	5.0	
	12D220M	22 (20～24)	14	18	45	7	360	3.0	68	8.0	
	14D220M	22 (20～24)	14	18	45	10	500	5.0	80	12.0	
	16D220M	22 (20～24)	14	18	45	13	640	6.5	90	15.0	
	20D220M	22 (20～24)	14	18	45	20	1000	10.0	120	21.0	
	07D270K	27 (24～30)	17	22	54	2	125	1.0	15	2.0	
	10D270K	27 (24～30)	17	22	54	5	250	2.5	60	4.0	
	12D270K	27 (24～30)	17	22	54	7	360	3.0	68	6.0	
	14D270K	27 (24～30)	17	22	54	10	500	5.0	80	8.0	
	16D270K	27 (24～30)	17	22	54	13	640	6.5	90	11.0	
MYG2型	20D270K	27 (24～30)	17	22	54	20	1000	10.0	120	17.0	中国科学院力学研究所、北京中科天力电子有限公司
	07D330K	33 (30～36)	20	26	65	2	125	1.2	15	1.5	
	10D330K	33 (30～36)	20	26	65	5	250	3.0	60	3.0	
	12D330K	33 (30～36)	20	26	65	7	360	4.5	68	4.5	
	14D330K	33 (30～36)	20	26	65	10	500	6.0	80	6.0	
	16D330K	33 (30～36)	20	26	65	13	640	7.5	90	9.0	
	20D330K	33 (30～36)	20	26	65	20	1000	11.0	120	13.0	
	07D390K	39 (36～43)	25	31	75	2	125	1.5	15	1.3	
	10D390K	39 (36～43)	25	31	75	5	250	3.5	60	2.5	
	12D390K	39 (36～43)	25	31	75	7	360	5.0	68	4.0	
	14D390K	39 (36～43)	25	31	75	10	500	9.0	80	5.0	
	16D390K	39 (36～43)	25	31	75	13	640	10.0	90	7.0	
	20D390K	39 (36～43)	25	31	75	20	1000	14.0	120	11.0	
	07D470K	47 (43～52)	30	38	90	2	125	1.8	15	1.2	
	10D470K	47 (43～52)	30	38	90	5	250	4.5	60	2.3	
	12D470K	47 (43～52)	30	38	90	7	360	5.5	68	3.4	
	14D470K	47 (43～52)	30	38	90	10	500	10.0	80	4.5	
	16D470K	47 (43～52)	30	38	90	13	640	11.5	90	6.0	
	20D470K	47 (43～52)	30	38	90	20	1000	16.0	120	9.0	
	07D560K	56 (52～62)	35	45	110	2	125	2.2	15	1.0	
	10D560K	56 (52～62)	35	45	110	5	250	5.5	60	2.0	
	12D560K	56 (52～62)	35	45	110	7	360	7.5	68	3.0	

续表

型号		压敏电压	最大连续工作电压		最大限制电压 (8/20μs)		最大峰值电流 8/20μs 2次	最大峰值电流 2ms	脉冲电流寿命值 8/20μs 10^4次	电容量（参考值）1kHz	生产厂
		V	V_{AC}	V_{DC}	V	A	A	J	A	μF	
MYG2型	14D560K	56 (52～62)	35	45	110	10	500	10.0	80	4.0	中国科学院力学研究所、北京中科天力电子有限公司
	16D560K	56 (52～62)	35	45	110	13	640	12.5	90	5.3	
	20D560K	56 (52～62)	35	45	110	20	1000	18.0	120	8.0	
	07D680K	68 (62～75)	40	56	130	2	125	2.5	15	0.9	
	10D680K	68 (62～75)	40	56	130	5	250	6.5	60	1.8	
	12D680K	68 (62～75)	40	56	130	7	360	9.0	68	2.7	
	14D680K	68 (62～75)	40	56	130	10	500	12.0	80	3.5	
	16D680K	68 (62～75)	40	56	130	13	640	14.5	90	4.6	
	20D680K	68 (62～75)	40	56	130	20	1000	20.0	120	7.0	
MYG3型	07D820K	82 (74～90)	50	65	160	10	600	4	85	0.8	
	10D820K	82 (74～90)	50	65	160	25	1250	8	100	1.6	
	12D820K	82 (74～90)	50	65	160	36	1800	12	110	2.3	
	14D820K	82 (74～90)	50	65	160	50	2500	15	130	3.0	
	16D820K	82 (74～90)	50	65	160	64	3200	20	150	4.0	
	20D820K	82 (74～90)	50	65	160	100	4000	27	200	6.0	
	07D101K	100 (90～110)	60	85	165	10	600	4	85	0.7	
	10D101K	100 (90～110)	60	85	165	25	1250	10	100	1.5	
	12D101K	100 (90～110)	60	85	165	36	1800	14	110	2.0	
	14D101K	100 (90～110)	60	85	165	50	2500	20	130	2.5	
	16D101K	100 (90～110)	60	85	165	64	3200	23	150	3.5	
	20D101K	100 (90～110)	60	85	165	100	4000	30	200	5.5	
	07D121K	120 (110～134)	75	100	200	10	600	5	85	0.6	
	10D121K	120 (110～134)	75	100	200	25	1250	12	100	1.4	
	12D121K	120 (110～134)	75	100	200	36	1800	16	110	1.8	
	14D121K	120 (110～134)	75	100	200	50	2500	20	130	2.2	
	16D121K	120 (110～134)	75	100	200	64	3200	27	150	3.1	
	20D121K	120 (110～134)	75	100	200	100	4000	40	200	5.0	
	07D151K	150 (135～165)	95	125	240	10	600	6	85	0.5	
	10D151K	150 (135～165)	95	125	240	25	1250	16	100	1.3	
	12D151K	150 (135～165)	95	125	240	36	1800	20	110	1.6	
	14D151K	150 (135～165)	95	125	240	50	2500	25	130	2.1	
	16D151K	150 (135～165)	95	125	240	64	3200	30	150	3.0	
	20D151K	150 (135～165)	95	125	240	100	4000	50	200	4.5	
	07D201K	200 (190～210)	130	170	330	10	600	10	85	0.3	
	10D201K	200 (190～210)	130	170	330	25	1250	20	100	1.0	
	12D201K	200 (190～210)	130	170	330	36	1800	25	110	1.2	
	14D201K	200 (190～210)	130	170	330	50	2500	35	130	1.5	
	16D201K	200 (190～210)	130	170	330	64	3200	45	150	1.8	
	20D201K	200 (190～210)	130	170	330	100	4000	70	200	2.5	
	07D221K	220 (210～230)	140	180	370	10	600	10	85	0.25	
	10D221K	220 (210～230)	140	180	370	25	1250	25	100	0.8	
	12D221K	220 (210～230)	140	180	370	36	1800	30	110	1.0	
	14D221K	220 (210～230)	140	180	370	50	2500	40	130	1.2	

续表

型号		压敏电压	最大连续工作电压		最大限制电压 (8/20μs)		最大峰值电流		脉冲电流寿命值 8/20μs 10^4 次	电容量（参考值）1kHz	生产厂
							8/20μs 2次	2ms			
		V	V_{AC}	V_{DC}	V	A	A	J	A	μF	
MYG3型	16D221K	220 (210～230)	140	180	370	64	3200	50	150	1.5	中国科学院力学研究所、北京中科天力电子有限公司
	20D221K	220 (210～230)	140	180	370	100	4000	75	200	2.0	
	07D241K	240 (230～255)	150	200	400	10	600	10	85	0.25	
	10D241K	240 (230～255)	150	200	400	25	1250	25	100	0.8	
	12D241K	240 (230～255)	150	200	400	36	1800	30	110	1.0	
	14D241K	240 (230～255)	150	200	400	50	2500	40	130	1.2	
	16D241K	240 (230～255)	150	200	400	64	3200	55	150	1.5	
	20D241K	240 (230～255)	150	200	400	100	4000	80	200	2.0	
	07D271K	270 (255～297)	175	225	460	10	600	12	85	0.2	
	10D271K	270 (255～297)	175	225	460	25	1250	30	100	0.6	
	12D271K	270 (255～297)	175	225	460	36	1800	40	110	0.8	
	14D271K	270 (255～297)	175	225	460	50	2500	50	130	1.0	
	16D271K	270 (255～297)	175	225	460	64	3200	60	150	1.3	
	20D271K	270 (255～297)	175	225	460	100	4000	90	200	1.8	
	07D331K	330 (298～350)	210	270	555	10	600	8	85	0.15	
	10D331K	330 (298～350)	210	270	555	25	1250	15	100	0.5	
	12D331K	330 (298～350)	210	270	555	36	1800	20	110	0.65	
	14D331K	330 (298～350)	210	270	555	50	2500	30	130	0.8	
	16D331K	330 (298～350)	210	270	555	64	3200	40	150	1.1	
	20D331K	330 (298～350)	210	270	555	100	4000	60	200	1.6	
	07D361K	360 (350～380)	230	300	600	10	600	15	85	0.13	
	10D361K	360 (350～380)	230	300	600	25	1250	35	100	0.4	
	12D361K	360 (350～380)	230	300	600	36	1800	45	110	0.5	
	14D361K	360 (350～380)	230	300	600	50	2500	60	130	0.6	
	16D361K	360 (350～380)	230	300	600	64	3200	80	150	0.9	
	20D361K	360 (350～380)	230	300	600	100	4000	120	200	1.4	
	07D391K	390 (380～420)	250	320	660	10	600	17	85	0.13	
	10D391K	390 (380～420)	250	320	660	25	1250	40	100	0.4	
	12D391K	390 (380～420)	250	320	660	36	1800	55	110	0.5	
	14D391K	390 (380～420)	250	320	660	50	2500	70	130	0.6	
	16D391K	390 (380～420)	250	320	660	64	3200	90	150	0.8	
	20D391K	390 (380～420)	250	320	660	100	4000	130	200	1.2	
	07D431K	430 (420～450)	275	350	720	10	600	20	85	0.12	
	10D431K	430 (420～450)	275	350	720	25	1250	45	100	0.3	
	12D431K	430 (420～450)	275	350	720	36	1800	60	110	0.4	
	14D431K	430 (420～450)	275	350	720	50	2500	75	130	0.5	
	16D431K	430 (420～450)	275	350	720	64	3200	95	150	0.7	
	20D431K	430 (420～450)	275	350	720	100	4000	140	200	1.0	
	07D471K	470 (450～517)	300	385	795	10	600	20	85	0.11	
	10D471K	470 (450～517)	300	385	795	25	1250	45	100	0.25	
	12D471K	470 (450～517)	300	385	795	36	1800	60	110	0.35	
	14D471K	470 (450～517)	300	385	795	50	2500	80	130	0.45	
	16D471K	470 (450～517)	300	385	795	64	3200	105	150	0.6	

续表

型号		压敏电压	最大连续工作电压		最大限制电压 (8/20μs)		最大峰值电流		脉冲电流寿命值 8/20μs 10^4 次	电容量（参考值）1kHz	生产厂
							8/20μs 2次	2ms			
		V	V_{AC}	V_{DC}	V	A	A	J	A	μF	
	20D471K	470（450～517）	300	385	795	100	4000	150	200	0.9	
	10D561K	560（517～600）	320	450	945	25	1250	30	100	0.2	
	12D561K	560（517～600）	320	450	945	36	1800	45	110	0.3	
	14D561K	560（517～600）	320	450	945	50	2500	80	130	0.4	
	16D561K	560（517～600）	320	450	945	64	3200	105	150	0.55	
	20D561K	560（517～600）	320	450	945	100	4000	150	200	0.8	
	10D621K	620（600～660）	385	505	1050	25	1250	45	100	0.18	
	12D621K	620（600～660）	385	505	1050	36	1800	65	110	0.25	
	14D621K	620（600～660）	385	505	1050	50	2500	85	130	0.35	
	16D621K	620（600～660）	385	505	1050	64	3200	105	150	0.45	
	20D621K	620（600～660）	385	505	1050	100	4000	150	200	0.7	
	10D681K	680（660～730）	420	565	1090	25	1250	45	100	0.16	
	12D681K	680（660～730）	420	565	1090	36	1800	65	110	0.23	
	14D681K	680（660～730）	420	565	1090	50	2500	90	130	0.3	
	16D681K	680（660～730）	420	565	1090	64	3200	110	150	0.4	
	20D681K	680（660～730）	420	565	1090	100	4000	160	200	0.6	
	10D751K	750（730～800）	460	615	1200	25	1250	50	100	0.14	
	12D751K	750（730～800）	460	615	1200	36	1800	75	110	0.19	
	14D751K	750（730～800）	460	615	1200	50	2500	100	130	0.25	
	16D751K	750（730～800）	460	615	1200	64	3200	125	150	0.35	中国科学院力学研究所、北京中科天力电子有限公司
	20D75IK	750（730～800）	460	615	1200	100	4000	175	200	0.55	
MYG3型	10D781K	780（702～858）	480	640	1250	25	1250	52	100	0.13	
	12D781K	780（702～858）	480	640	1250	36	1800	78	110	0.18	
	14D781K	780（702～858）	480	640	1250	50	2500	105	130	0.25	
	16D781K	780（702～858）	480	640	1250	64	3200	130	150	0.32	
	20D781K	780（702～858）	480	640	1250	100	4000	182	200	0.53	
	10D821K	820（800～890）	510	670	1315	25	1250	55	100	0.12	
	12D821K	820（800～890）	510	670	1315	36	1800	80	110	0.17	
	14D821K	820（800～890）	510	670	1315	50	2500	110	130	0.22	
	16D821K	820（800～890）	510	670	1315	64	3200	135	150	0.30	
	20D821K	820（800～890）	510	670	1315	100	4000	190	200	0.50	
	10D911K	910（890～990）	550	745	1460	25	1250	60	100	0.11	
	12D911K	910（890～990）	550	745	1460	36	1800	90	110	0.15	
	14D911K	910（890～990）	550	745	1460	50	2500	120	130	0.20	
	16D911K	910（890～990）	550	745	1460	64	3200	150	150	0.28	
	20D911K	910（890～990）	550	745	1460	100	4000	215	200	0.40	
	10D102K	1000（990～1080）	625	825	1600	25	1250	65	100	0.10	
	12D102K	1000（990～1080）	625	825	1600	36	1800	95	110	0.14	
	14D102K	1000（990～1080）	625	825	1600	50	2500	130	130	0.18	
	16D102K	1000（990～1080）	625	825	1600	64	3200	160	150	0.25	
	20D102K	1000（990～1080）	625	825	1600	100	4000	230	200	0.35	
	10D112K	1100（1080～1200）	680	895	1760	25	1250	70	100	0.09	
	12D112K	1100（1080～1200）	680	895	1760	36	1800	105	110	0.12	

续表

型　号		压敏电压	最大连续工作电压		最大限制电压（8/20μs）		最大峰值电流		脉冲电流寿命值 8/20μs 10^4 次	电容量（参考值）1kHz	生产厂
							8/20μs 2次	2ms			
		V	V_{AC}	V_{DC}	V	A	A	J	A	μF	
MYG3 型	14D112K	1100（1080～1200）	680	895	1760	50	2500	140	130	0.16	中国科学院力学研究所、北京中科天力电子有限公司
	16D112K	1100（1080～1200）	680	895	1760	64	3200	175	150	0.22	
	20D112K	1100（1080～1200）	680	895	1760	100	4000	250	200	0.32	
	10D182K	1800（1620～1980）	1000	1465	2900	25	1250	75	100	0.08	
	12D182K	1800（1620～1980）	1000	1465	2900	36	1800	130	110	0.11	
	14D182K	1800（1620～1980）	1000	1465	2900	50	2500	240	130	0.14	
	16D182K	1800（1620～1980）	1000	1465	2900	64	3200	290	150	0.17	
	20D182K	1800（1620～1980）	1000	1465	2900	100	4000	400	200	0.25	

（六）外形及安装尺寸

MYG2、MYG3 氧化锌压敏电阻器外形及安装尺寸，见表 2-102 及图 2-16。

表 2-102　　通用型压敏电阻器外形尺寸　　单位：mm

规格	D_{max}	L	C	H_{max}	ϕ_d	F	生产厂
7D	9.5	30±5	5.0	5.2～7.0	0.7	3～5	中国科学院力学研究所、北京中科天力电子有限公司
10D	14.0		7.5	5.3～14.0	0.7		
12D	16.0		7.5	5.4～14.0	0.7		
14D	17.5		7.5	5.5～14.0	0.7		
16D	20.0		10.0	5.7～14.0	1.0		
20D	24.0		10.0	5.8～14.0	1.0		

（七）生产厂

西安神电电器有限公司、中国科学院力学研究所、北京中科天力电子有限公司。

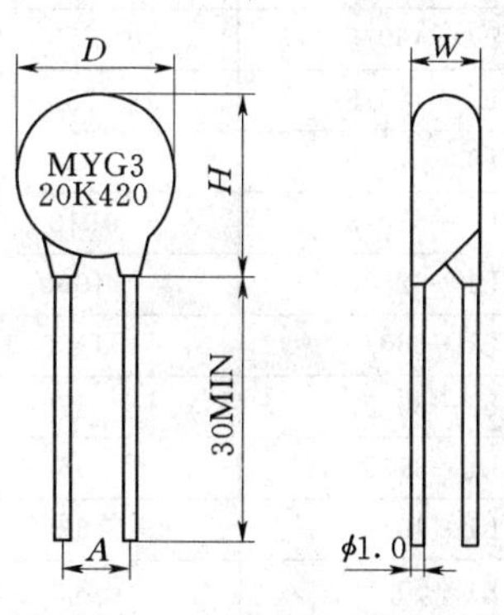

图 2-16　MYG3（20K420）型氧化锌压敏电阻器外形尺寸（西安神电电器有限公司）

二十九、MYL 型防雷用压敏电阻器

（一）用途

防雷型压敏电阻器包括 MYL1、MYL2、MYL3、MYL4、MYL5、MYL6、MYL7、MYL8、MYL9、MYL10 型等，其通流能量（8/20μs）从 3～100kA，广泛应用于电力输变电、铁路信号、通信建筑等的雷电电涌和操作电涌防护。

（二）型号含义

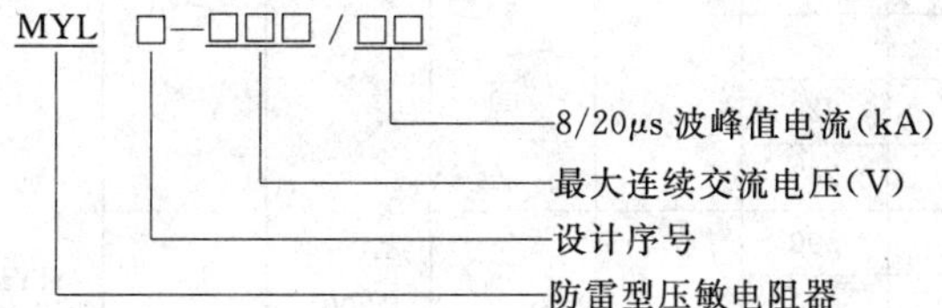

（三）特点

(1) 结构简单，使用可靠。

(2) 通流容量大，为 3～100kA。

(3) 使用电压范围宽。

(4) 种类多，可实现不同的安装方式。

（四）技术数据

该系列产品技术数据，见表 2-103、表 2-104。

表 2-103　MYL 型防雷用压敏电阻器技术数据

型　号	规定电流下的电压 V_{1mA} (V)	最大持续电压 (V)		限制电压		最大峰值电流 8/20μs 2次 (kA)	能量耐量 2ms 1次 (A)	漏电流 (μA)	备注	生产厂
		AC	DC	V_P (V)	I_P (A)					
MYL1—30/3	47	30	38	105	50	3	150	≤40	MYL1—25	西安神电电器有限公司
MYL1—35/3	56	35	45	125						
MYL1—40/3	68	40	56	150						
MYL1—50/3	82	50	65	180						
MYL1—60/3	100	60	80	220						
MYL1—75/3	120	75	100	265						
MYL1—95/5	150	95	125	300	150	5		≤20		
MYL1—115/5	180	115	150	340						
MYL1—130/5	200	130	170	350						
MYL1—140/5	220	140	180	375						
MYL1—150/5	240	150	200	395						
MYL1—175/5	270	175	225	455						
MYL1—195/5	300	195	250	505						
MYL1—215/5	330	215	275	555						
MYL1—230/5	360	230	300	595						
MYL1—250/5	390	250	320	650						
MYL1—275/5	430	275	350	710						
MYL1—300/5	470	300	385	775						
MYL1—320/5	510	320	415	845						
MYL1—365/5	560	365	465	925						
MYL1—385/5	620	385	505	1025						
MYL1—420/5	680	420	560	1120						
MYL1—460/5	750	460	615	1240						
MYL1—485/5	780	485	640	1290						
MYL1—510/5	820	510	670	1355						
MYL1—550/5	910	550	745	1500						
MYL1—625/5	1000	625	825	1650						
MYL1—680/5	1100	680	895	1815						
MYL1—30/5	47	30	38	105	75	5	200	≤40	MYL1—32	
MYL1—35/5	56	35	45	125						
MYL1—40/5	68	40	56	150						
MYL1—50/5	82	50	65	180						
MYL1—60/5	100	60	85	220						
MYL1—75/5	120	75	100	265						
MYL1—95/5	150	95	125	300	200	10		≤20		
MYL1—115/10	180	115	150	340						
MYL1—130/10	200	130	170	350						
MYL1—140/10	220	140	180	375						
MYL1—150/10	240	150	200	395						
MYL1—175/10	270	175	225	455						
MYL1—195/10	300	195	250	505						
MYL1—215/10	330	215	275	555						
MYL1—230/10	360	230	300	595						

续表

型号	规定电流下的电压 V_{1mA} (V)	最大持续电压 (V)		限制电压		最大峰值电流 8/20μs 2次 (kA)	能量耐量 2ms 1次 (A)	漏电流 (μA)	备注	生产厂
		AC	DC	V_P (V)	I_P (A)					
MYL1—250/10	390	250	320	650	200	10	200	≤20	MYL1—32	西安神电电器有限公司
MYL1—275/10	430	275	350	710						
MYL1—300/10	470	300	385	775						
MYL1—320/10	510	320	415	845						
MYL1—365/10	560	365	465	925						
MYL1—385/10	620	385	505	1025						
MYL1—420/10	680	420	560	1120						
MYL1—460/10	750	460	615	1240						
MYL1—485/10	780	485	640	1290						
MYL1—510/10	820	510	670	1355						
MYL1—550/10	910	550	745	1500						
MYL1—625/10	1000	625	825	1650						
MYL1—680/10	1100	680	895	1815						
MYL1—30/10	47	30	38	105	125	10	250	≤40	MYL1—40	
MYL1—35/10	56	35	45	125						
MYL1—40/10	68	40	56	150						
MYL1—50/10	82	50	65	180						
MYL1—60/10	100	60	85	220						
MYL1—75/10	120	75	100	265						
MYL1—95/20	150	95	125	300	250	20		≤20		
MYL1—115/20	180	115	150	340						
MYL1—130/20	200	130	170	350						
MYL1—140/20	220	140	180	375						
MYL1—150/20	240	150	200	395						
MYL1—175/20	270	175	225	455						
MYL1—195/20	300	195	250	505						
MYL1—215/20	330	215	275	555						
MYL1—230/20	360	230	300	595						
MYL1—250/20	390	250	320	650						
MYL1—275/20	430	275	350	710						
MYL1—300/20	470	300	385	775						
MYL1—320/20	510	320	415	845						
MYL1—365/20	560	365	465	925						
MYL1—385/20	620	385	505	1025						
MYL1—420/20	680	420	560	1120						
MYL1—460/20	750	460	615	1240						
MYL1—485/20	780	485	640	1290						
MYL1—510/20	820	510	670	1355						
MYL1—550/20	910	550	745	1500						
MYL1—625/20	1000	625	825	1650						
MYL1—680/20	1100	680	895	1815						
MYL2—30/5	47	30	38	105	75	5	200	≤20	MYL2	
MYL2—35/5	56	35	45	125						

续表

型号	规定电流下的电压 V_{1mA} (V)	最大持续电压 (V)		限制电压		最大峰值电流 8/20μs 2次 (kA)	能量耐量 2ms 1次 (A)	漏电流 (μA)	备注	生产厂
		AC	DC	V_P (V)	I_P (A)					
MYL2—40/5	68	40	56	150	75	5	200	≤20	MYL2	西安神电电器有限公司
MYL2—50/5	82	50	65	180						
MYL2—60/5	100	60	85	220						
MYL2—75/5	120	75	100	265						
MYL2—95/20	150	95	125	300	200	20				
MYL2—115/20	180	115	150	340						
MYL2—130/20	200	130	170	350						
MYL2—140/20	220	140	180	375						
MYL2—150/20	240	150	200	395						
MYL2—175/20	270	175	225	455						
MYL2—195/20	300	195	250	505						
MYL2—215/20	330	215	275	555						
MYL2—230/20	360	230	300	595						
MYL2—250/20	390	250	320	650						
MYL2—275/20	430	275	350	710						
MYL2—300/20	470	300	385	775						
MYL2—320/20	510	320	415	845						
MYL2—365/20	560	365	465	925						
MYL2—385/20	620	385	505	1025						
MYL2—420/20	680	420	560	1120						
MYL2—460/20	750	460	615	1240						
MYL2—485/20	780	485	640	1290						
MYL2—510/20	820	510	670	1355						
MYL2—550/20	910	550	745	1500						
MYL2—95/40	150	95	125	300		40				
MYL2—115/40	180	115	150	340						
MYL2—130/40	200	130	170	350						
MYL2—140/40	220	140	180	375						
MYL2—150/40	240	150	200	295						
MYL2—175/40	270	175	225	455						
MYL2—195/40	300	195	250	505						
MYL2—215/40	330	215	275	555						
MYL2—230/40	360	230	300	595						
MYL2—250/40	390	250	320	650						
MYL2—275/40	430	275	350	710						
MYL2—300/40	470	300	385	775						
MYL2—320/40	510	320	415	845						
MYL2—365/40	560	365	465	925						
MYL2—385/40	620	385	505	1025						
MYL2—420/40	680	420	560	1120						
MYL2—460/40	750	460	615	1240						
MYL2—485/40	780	485	640	1290						
MYL2—510/40	820	510	670	1355						

续表

型号	规定电流下的电压 V_{1mA} (V)	最大持续电压 (V)		限制电压		最大峰值电流 8/20μs 2次 (kA)	能量耐量 2ms 1次 (A)	漏电流 (μA)	备注	生产厂
		AC	DC	V_P (V)	I_P (A)					
MYL2—550/40	910	550	745	1500	200	40	200	≤20	MYL2	西安神电电器有限公司
MYL2A—30/1	47	30	38	93	20	1	125	≤10	MYL2A	
MYL2A—35/1	56	35	45	110						
MYL2A—40/1	68	40	56	135						
MYL2A—50/4	82	50	65	135	100	4	100			
MYL2A—60/4	100	60	85	165						
MYL2A—75/4	120	75	100	200						
MYL2A—95/4	150	95	125	250						
MYL2A—130/4	180	130	170	340						
MYL2A—140/4	220	140	180	360						
MYL2A—150/4	240	150	200	395						
MYL2A—175/4	270	175	225	455						
MYL2A—230/4	360	230	300	595						
MYL2A—250/4	390	250	320	650						
MYL2A—275/4	430	275	350	710						
MYL2A—300/4	470	300	385	775						
MYL2A—385/4	620	385	505	1025						
MYL2A—420/4	680	420	560	1120						
MYL2A—460/4	750	460	615	1240						
MYL2A—485/4	780	485	640	1290						
MYL2A—510/4	820	510	670	1500						
MYL2A—550/4	910	550	745	1500						
MYL3—30/3	47	30	38	105	50	3	150	≤40	MYL3	
MYL3—35/3	56	35	45	125						
MYL3—40/3	68	40	56	150						
MYL3—50/3	82	50	65	180						
MYL3—60/3	100	60	85	220						
MYL3—75/3	120	75	100	265						
MYL3—95/5	150	95	125	300	150	5		≤20		
MYL3—115/5	180	115	150	340						
MYL3—130/5	200	130	170	350						
MYL3—140/5	220	140	180	375						
MYL3—150/5	240	150	200	395						
MYL3—175/5	270	175	225	455						
MYL3—195/5	300	195	250	505						
MYL3—215/5	330	215	275	555						
MYL3—230/5	360	230	300	595						
MYL3—250/5	390	250	320	650						
MYL3—275/5	430	275	350	710						
MYL3—300/5	470	300	385	775						
MYL3—320/5	510	320	415	845						
MYL3—365/5	560	365	465	925						
MYL3—385/5	620	385	505	1025						

续表

型　号	规定电流下的电压 V_{1mA} (V)	最大持续电压 (V)		限制电压		最大峰值电流 8/20μs 2次 (kA)	能量耐量 2ms 1次 (A)	漏电流 (μA)	备注	生产厂
		AC	DC	V_P (V)	I_P (A)					
MYL3—420/5	680	420	560	1120	150	5	150	≤20	MYL3	西安神电电器有限公司
MYL3—460/5	750	460	615	1240						
MYL3—485/5	780	485	640	1290						
MYL3—510/5	820	510	670	1355						
MYL3—550/5	910	550	745	1500						
MYL3—625/5	1000	625	825	1650						
MYL3—680/5	1100	685	895	1815						
MYL3—30/5	47	30	38	105	75	5	200	≤40		
MYL3—35/5	56	35	45	125						
MYL3—40/5	68	40	56	150						
MYL3—50/5	82	50	65	180						
MYL3—60/5	100	60	85	220						
MYL3—75/5	120	75	100	265						
MYL3—95/10	150	95	125	300	200	10		≤20		
MYL3—115/10	180	115	150	340						
MYL3—130/10	200	130	170	350						
MYL3—140/10	220	140	180	375						
MYL3—150/10	240	150	200	395						
MYL3—175/10	270	175	225	455						
MYL3—195/10	300	195	250	505						
MYL3—215/10	330	215	275	555						
MYL3—230/10	360	230	300	595						
MYL3—250/10	390	250	320	650						
MYL3—275/10	430	275	350	710						
MYL3—300/10	470	300	385	775						
MYL3—320/10	510	320	415	845						
MYL3—365/10	560	365	465	925						
MYL3—385/10	620	385	505	1025						
MYL3—420/10	680	420	560	1120						
MYL3—460/10	750	460	615	1240						
MYL3—485/10	780	485	640	1290						
MYL3—510/10	820	510	670	1355						
MYL3—550/10	910	550	745	1500						
MYL3—625/10	1000	625	825	1650						
MYL3—680/10	1100	680	895	1815						
MYL3—95/20	150	95	125	300		20				
MYL3—115/20	180	115	150	340						
MYL3—130/20	200	130	170	350						
MYL3—140/20	220	140	180	375						
MYL3—150/20	240	150	200	395						
MYL3—175/20	270	175	225	455						
MYL3—195/20	300	195	250	505						
MYL3—215/20	330	215	275	555						

续表

型号	规定电流下的电压 V_{1mA} (V)	最大持续电压 (V)		限制电压		最大峰值电流 8/20μs 2次 (kA)	能量耐量 2ms 1次 (A)	漏电流 (μA)	备注	生产厂
		AC	DC	V_P (V)	I_P (A)					
MYL3—230/20	360	230	300	595	200	20	200	≤20	MYL3	西安神电电器有限公司
MYL3—250/20	390	250	320	650						
MYL3—275/20	430	275	350	710						
MYL3—300/20	470	300	385	775						
MYL3—320/20	510	320	415	845						
MYL3—365/20	560	365	465	925						
MYL3—385/20	620	385	505	1025						
MYL3—420/20	680	420	560	1120						
MYL3—460/20	750	460	615	1240						
MYL3—485/20	780	485	640	1290						
MYL3—510/20	820	510	670	1355						
MYL3—550/20	910	550	745	1500						
MYL4—130/10	200（180～220）	130	170	350	150	10	150	≤10	MYL4	
MYL4—140/10	220（198～242）	140	180	375						
MYL4—150/10	240（216～264）	150	200	395						
MYL4—175/10	270（243～297）	175	225	455						
MYL4—215/10	330（297～363）	215	275	555						
MYL4—230/10	360（324～396）	230	300	595						
MYL4—250/10	390（351～429）	250	320	650						
MYL4—275/10	430（387～473）	275	350	710						
MYL4—300/10	470（423～517）	300	385	775						
MYL4—320/10	510（495～561）	320	415	845						
MYL4—365/10	560（504～616）	365	465	925						
MYL4—385/10	620（558～682）	385	505	1025						
MYL4—420/10	680（612～748）	420	560	1120						
MYL5—130/10	200（180～220）	130	170	350				≤15	MYL5	
MYL5—140/10	220（198～242）	140	180	375						
MYL5—150/10	240（216～264）	150	200	395						
MYL5—175/10	270（243～297）	175	225	455						
MYL5—215/10	330（297～363）	215	275	555						
MYL5—230/10	360（324～396）	230	300	595						
MYL5—250/10	390（351～429）	250	320	650						
MYL5—275/10	430（387～473）	275	350	710						
MYL5—300/10	470（423～517）	300	385	775						
MYL5—320/10	510（495～561）	320	415	845						
MYL5—365/10	560（504～616）	365	465	925						
MYL5—385/10	620（558～682）	385	505	1025						
MYL5—420/10	680（612～748）	420	560	1120						
MYL6—180/10	180	115	150	340	200	10	200	≤20	MYL6—10kA	
MYL6—200/10	200	130	170	350						
MYL6—220/10	220	140	180	375						
MYL6—240/10	240	150	200	395						
MYL6—270/10	270	175	225	455						

续表

型号	规定电流下的电压 V_{1mA} (V)	最大持续电压 (V)		限制电压		最大峰值电流 8/20μs 2次 (kA)	能量耐量 2ms 1次 (A)	漏电流 (μA)	备注	生产厂
		AC	DC	V_P (V)	I_P (A)					
MYL6—300/10	300	195	250	505	200	10	200	≤20	MYL6—10kA	西安神电电器有限公司
MYL6—330/10	330	215	275	555						
MYL6—360/10	360	230	300	595						
MYL6—390/10	390	250	320	650						
MYL6—435/10	430	275	350	710						
MYL6—470/10	470	300	385	775						
MYL6—510/10	510	320	415	845						
MYL6—560/10	560	365	465	925						
MYL6—620/10	620	385	505	1025						
MYL6—680/10	680	420	560	1120						
MYL6—750/10	750	460	615	1240						
MYL6—780/10	780	485	640	1290						
MYL6—820/10	820	510	670	1355						
MYL6—910/10	910	550	745	1500						
MYL6—1000/10	1000	625	825	1650						
MYL6—1100/10	1100	680	895	1815						
MYL6—220/20	220	140	180	375	200	20	200	≤20	MYL6—20kA	
MYL6—240/20	240	150	200	395						
MYL6—270/20	270	175	225	455						
MYL6—300/20	300	195	250	505						
MYL6—330/20	330	215	275	555						
MYL6—360/20	360	230	300	595						
MYL6—390/20	390	250	320	650						
MYL6—430/20	430	275	350	710						
MYL6—470/20	470	300	385	775						
MYL6—510/20	510	320	415	845						
MYL6—560/20	560	365	465	925						
MYL6—620/20	620	385	505	1025						
MYL6—680/20	680	420	560	1120						
MYL6—750/20	750	460	615	1240						
MYL6—780/20	780	485	640	1290						
MYL6—820/20	820	510	670	1355						
MYL6—910/20	910	550	745	1500						
MYL6—1000/20	1000	625	825	1650						
MYL6—1100/20	1100	680	895	1815						
MYL6—220/40	220	140	180	375	500	40	500	≤20	MYL6—40kA	
MYL6—240/40	240	150	200	395						
MYL6—270/40	270	175	225	455						
MYL6—300/40	300	195	250	505						
MYL6—330/40	330	215	275	555						
MYL6—360/40	360	230	300	595						
MYL6—390/40	390	250	320	650						
MYL6—430/40	430	275	350	710						

续表

型　号	规定电流下的电压 V_{1mA} (V)	最大持续电压 (V)		限制电压		最大峰值电流 8/20μs 2次 (kA)	能量耐量 2ms 1次 (A)	漏电流 (μA)	备注	生产厂
		AC	DC	V_P (V)	I_P (A)					
MYL6—470/40	470	300	385	775	500	40	500	≤20	MYL6—40kA	西安神电电器有限公司
MYL6—510/40	510	320	415	845						
MYL6—560/40	560	365	465	925						
MYL6—620/40	620	385	505	1025						
MYL6—680/40	680	420	560	1120						
MYL6—750/40	750	460	615	1240						
MYL6—780/40	780	485	640	1290						
MYL6—820/40	820	510	670	1355						
MYL6—910/40	910	550	745	1500						
MYL6—1000/40	1000	625	825	1650						
MYL6—1100/40	1100	680	895	1815						
MYL6—220/65	220	140	180	375	500	65	500	≤20	MYL6—65kA	
MYL6—240/65	240	150	200	395						
MYL6—270/65	270	175	225	455						
MYL6—300/65	300	195	250	505						
MYL6—330/65	330	215	275	555						
MYL6—360/65	360	230	300	595						
MYL6—390/65	390	250	320	650						
MYL6—430/65	430	275	350	710						
MYL6—470/65	470	300	385	775						
MYL6—510/65	510	320	415	845						
MYL6—560/65	560	365	465	925						
MYL6—620/65	620	385	505	1025						
MYL6—680/65	680	420	560	1120						
MYL6—750/65	750	460	615	1240						
MYL6—780/65	780	485	640	1290						
MVL6—820/65	820	510	670	1355						
MYL6—910/65	910	550	745	1500						
MYL6—1000/65	1000	625	825	1650						
MYL6—1100/65	1100	680	895	1815						
MYL7—95/20	150	95	125	300	200	20	200	≤20	MYL7—20kA	
MYL7—115/20	180	115	150	340						
MYL7—130/20	200	130	170	350						
MYL7—140/20	220	140	180	375						
MYL7—150/20	240	150	200	395						
MYL7—175/20	270	175	225	455						
MYL7—195/20	300	195	250	505						
MYL7—215/20	330	215	275	555						
MYL7—230/20	360	230	300	595						
MYL7—250/20	390	250	320	650						
MYL7—275/20	430	275	350	710						
MYL7—300/20	470	300	385	775						
MYL7—320/20	510	320	415	845						

续表

型号	规定电流下的电压 V_{1mA} (V)	最大持续电压 (V)		限制电压		最大峰值电流 8/20μs 2次 (kA)	能量耐量 2ms 1次 (A)	漏电流 (μA)	备注	生产厂
		AC	DC	V_P (V)	I_P (A)					
MYL7—365/20	560	365	465	925	200	20	200	≤20	MYL7—20kA	西安神电电器有限公司
MYL7—385/20	620	385	505	1025						
MYL7—420/20	680	420	560	1120						
MYL7—460/20	750	460	615	1240						
MYL7—485/20	780	485	640	1290						
MYL7—510/20	820	510	670	1355						
MYL7—550/20	910	550	745	1500						
MYL7—95/40	150	95	125	300	200	40	250	≤20	MYL7—40kA	
MYL7—115/40	180	115	150	340						
MYL7—130/40	200	130	170	350						
MYL7—140/40	220	140	180	375						
MYL7—150/40	240	150	200	395						
MYL7—175/40	270	175	225	455						
MYL7—195/40	300	195	250	505						
MYL7—215/40	330	215	275	555						
MYL7—230/40	360	230	300	595						
MYL7—250/40	390	250	320	650						
MYL7—275/40	430	275	350	710						
MYL7—300/40	470	300	385	775						
MYL7—320/40	510	320	415	845						
MYL7—365/40	560	365	465	925						
MYL7—385/40	620	385	505	1025						
MYL7—420/40	680	420	560	1120						
MYL7—460/40	750	460	615	1240						
MYL7—485/40	780	485	640	1290						
MYL7—510/40	820	510	670	1355						
MYL7—550/40	910	550	745	1500						
MYL8—130/70	200	130	170	350	200	70	600	≤30	MYL8	
MYL8—140/70	220	140	180	375						
MYL8—150/70	240	150	200	395						
MYL8—175/70	270	175	225	455						
MYL8—195/70	300	195	250	505						
MYL8—215/70	330	215	275	555						
MYL8—230/70	360	230	300	595						
MYL8—250/70	390	250	320	650						
MYL8—275/70	430	275	350	710						
MYL8—300/70	470	300	385	775						
MYL8—320/70	510	320	415	845						
MYL8—365/70	560	365	465	925						
MYL8—385/70	620	385	505	1025						
MYL8—420/70	680	420	560	1120						
MYL8—460/70	750	460	615	1240						
MYL8—485/70	780	485	640	1290						

续表

型号	规定电流下的电压 V_{1mA} (V)	最大持续电压 (V)		限制电压		最大峰值电流 8/20μs 2次 (kA)	能量耐量 2ms 1次 (A)	漏电流 (μA)	备注	生产厂
		AC	DC	V_P (V)	I_P (A)					
MYL8—510/70	820	510	670	1355	200	70	600	≤30	MYL8	西安神电电器有限公司
MYL8—550/70	910	550	745	1500						
MYL8—680/70	1100	680	895	1640						
MYL8—750/70	1200	750	975	1880						
MYL8—880/70	1500	880	1150	2340						
MYL9—95/40	150	95	125	300	200	40	250	≤20	MYL9	
MYL9—115/40	180	115	150	340						
MYL9—130/40	200	130	170	350						
MYL9—140/40	220	140	180	375						
MYL9—150/40	240	150	200	395						
MYL9—175/40	270	175	225	455						
MYL9—195/40	300	195	250	505						
MYL9—215/40	330	215	275	555						
MYL9—230/40	360	230	300	595						
MYL9—250/40	390	250	320	650						
MYL9—275/40	430	275	350	710						
MYL9—300/40	470	300	385	775						
MYL9—320/40	510	320	415	845						
MYL9—365/40	560	365	465	925						
MYL9—385/40	620	385	505	1025						
MYL9—420/40	680	420	560	1120						
MYL9—460/40	750	460	615	1240						
MYL9—485/40	780	485	640	1290						
MYL9—510/40	820	510	670	1355						
MYL9—550/40	910	550	745	1500						
MYL10—140/60	220 (198～242)	140		440	1000	40	500	≤20	MYL10—60kA	
MYL10—150/60	240 (216～264)	150		480						
MYL10—175/60	270 (243～297)	175		540						
MYL10—230/60	360 (324～396)	230		720						
MYL10—250/60	390 (351～429)	250		780						
MYL10—275/60	430 (387～473)	275		860						
MYL10—300/60	470 (423～517)	300		940						
MYL10—320/60	510 (495～561)	320		1020						
MYL10—365/60	560 (504～616)	365		1120						
MYL10—385/60	620 (558～682)	385		1240						
MYL10—420/60	680 (612～748)	420		1360						
MYL10—460/60	750 (675～825)	460		1500						
MYL10—510/60	820 (738～902)	510		1640						
MYL10—550/60	910 (819～1001)	550		1820						
MYL10—625/60	1000 (900～1100)	625		2000						
MYL10—680/60	1140 (990～1210)	680		2200						
MYL10—140/100	220 (198～242)	140		440	2000	100	800	≤20	MYL10—100kA	
MYL10—150/100	240 (216～264)	150		480						

续表

型号	规定电流下的电压 V_{1mA} (V)	最大持续电压 (V)		限制电压		最大峰值电流 8/20μs 2次 (kA)	能量耐量 2ms 1次 (A)	漏电流 (μA)	备注	生产厂
		AC	DC	V_P (V)	I_P (A)					
MYL10—175/100	270 (243～297)	175		540	2000	100	800	≤20	MYL10—100kA	西安神电电器有限公司
MYL10—230/100	360 (324～396)	230		720						
MYL10—250/100	390 (351～429)	250		780						
MYL10—275/100	430 (387～473)	275		860						
MYL10—300/100	470 (423～517)	300		940						
MYL10—320/100	510 (495～561)	320		1020						
MYL10—365/100	560 (504～616)	365		1120						
MYL10—385/100	620 (558～682)	385		1240						
MYL10—420/100	680 (612～748)	420		1360						
MYL10—460/100	750 (675～825)	460		1500						
MYL10—510/100	820 (738～902)	510		1640						
MYL10—550/100	910 (819～1001)	550		1820						
MYL10—625/100	1000 (900～1100)	625		2000						
MYL10—680/100	1140 (990～1210)	680		2200						

表 2-104　MYL 防雷型压敏电阻器技术数据

型号		压敏电压 (V)	最大连续电压 (V)		脉冲电压 (操作限制电压)		脉冲电压 (雷电限制电压)		最大峰值电流 (8/20μs) (kA)	最大峰值电流 (2ms) (A)	脉冲电流寿命 (8/20μs) (A)	漏电流 (μA)	电容量 (pF)	生产厂
			AC (有效值)	DC	V_{p1} (8/20s) (V)	I_{p1} (A)	V_{p2} (8/20s) (V)	I_{p2} (kA)						
MYL—32	MYL—47/3	47	30	38	105	50	210	1	3	150	125	≤40	15000	中国科学院力学研究所、北京中科天力电子有限公司
	MYL—56/3	56	35	45	125	50	250	1	3	150	125	≤40	13000	
	MYL—68/3	68	40	56	150	50	300	1	3	150	125	≤40	10000	
	MYL—82/3	82	50	65	180	50	360	1	3	150	125	≤40	8500	
	MYL—100/3	100	60	85	220	50	440	1	3	150	125	≤40	7000	
	MYL—120/3	120	75	100	265	50	530	1	3	150	125	≤40	6000	
	MYL—150/3	150	95	125	300	50	630	1	3	150	125	≤40	5000	
	MYL—180/3	180	115	150	340	50	650	1	3	150	125	≤40	4000	
	MYL—200/5	200	130	170	350	150	660	3	5	150	250	≤20	3400	
	MYL—220/5	220	140	180	375	150	700	3	5	150	250	≤20	3200	
	MYL—240/5	240	150	200	395	150	765	3	5	150	250	≤20	3000	
	MYL—270/5	270	175	225	455	150	860	3	5	150	250	≤20	2200	
	MYL—330/5	330	215	275	555	150	1040	3	5	150	250	≤20	2000	
	MYL—360/5	360	230	300	595	150	1100	3	5	150	250	≤20	1900	
	MYL—390/5	390	250	320	650	150	1200	3	5	150	250	≤20	1800	
	MYL—430/5	430	275	350	710	150	1325	3	5	150	250	≤20	1500	
	MYL—470/5	470	300	385	775	150	1450	3	5	150	250	≤20	1500	
	MYL—510/5	510	320	415	845	150	1570	3	5	150	250	≤20	1400	
	MYL—560/5	560	365	465	925	150	1725	3	5	150	250	≤20	1350	
	MYL—620/5	620	385	505	1025	150	1910	3	5	150	250	≤20	1300	
	MYL—680/5	680	420	560	1120	150	2095	3	5	150	250	≤20	1250	
	MYL—750/5	750	460	65	1240	150	2310	3	5	150	250	≤20	1200	

续表

型 号		压敏电压（V）	最大连续电压（V）		脉冲电压（操作限制电压）		脉冲电压（雷电限制电压）		最大峰值电流（8/20μs）（kA）	最大峰值电流（2ms）（A）	脉冲电流寿命（8/20μs）（A）	漏电流（μA）	电容量（pF）	生产厂
			AC（有效值）	DC	V_{p1}（8/20s）（V）	I_{p1}（A）	V_{p2}（8/20s）（V）	I_{p2}（kA）						
MYL—32	MYL—780/5	780	485	640	1290	150	2400	3	5	150	250	≤20	1200	中国科学院力学研究所、北京中科天力电子有限公司
	MYL—820/5	820	510	670	1355	150	2525	3	5	150	250	≤20	1100	
	MYL—910/5	910	550	745	1500	150	2800	3	5	150	250	≤20	1000	
	MYL—1000/5	1000	625	825	1650	150	3080	3	5	150	250	≤20	500	
	MYL—1100/5	1100	680	895	1815	150	3380	3	5	150	250	≤20	400	
	MYL—47/5	47	30	38	105	75	210	2.5	5	200	150	≤40	27000	
	MYL—56/5	56	35	45	125	75	250	2.5	5	200	150	≤40	23000	
	MYL—68/5	68	40	56	150	75	300	2.5	5	200	150	≤40	18000	
	MYL—82/5	82	50	65	180	75	360	2.5	5	200	150	≤40	15000	
	MYL—100/5	100	60	85	220	75	440	2.5	5	200	150	≤40	13000	
	MYL—120/5	120	75	100	265	75	530	2.5	5	200	150	≤40	10000	
	MYL—150/5	150	95	125	300	75	630	2.5	5	200	150	≤40	9000	
	MYL—180/5	180	115	150	340	75	650	2.5	5	200	150	≤40	8000	
	MYL—200/10	200	130	170	350	200	660	5	10	200	300	≤20	5500	
	MYL—220/10	220	140	180	375	200	700	5	10	200	300	≤20	5200	
	MYL—240/10	240	150	200	395	200	765	5	10	200	300	≤20	5000	
	MYL—270/10	270	175	225	455	200	860	5	10	200	300	≤20	4200	
	MYL—330/10	330	215	275	555	200	1040	5	10	200	300	≤20	4000	
	MYL—360/10	360	230	300	595	200	1110	5	10	200	300	≤20	3500	
	MYL—390/10	390	250	320	650	200	1200	5	10	200	300	≤20	3000	
	MYL—430/10	430	275	350	710	200	1325	5	10	200	300	≤20	2500	
	MYL—470/10	470	300	385	775	200	1450	5	10	200	300	≤20	2500	
	MYL—510/10	510	320	415	845	200	1570	5	10	200	300	≤20	2400	
	MYL—560/10	560	365	465	925	200	1725	5	10	200	300	≤20	2300	
	MYL—620/10	620	385	505	1025	200	1910	5	10	200	300	≤20	2200	
	MYL—680/10	680	420	560	1120	200	2095	5	10	200	300	≤20	2100	
	MYL—750/10	750	460	65	1240	200	2310	5	10	200	300	≤20	2000	
	MYL—780/10	780	485	640	1290	200	2400	5	10	200	300	≤20	1900	
	MYL—820/10	820	510	670	1355	200	2525	5	10	200	300	≤20	1800	
	MYL—910/10	910	550	745	1500	200	2800	5	10	200	300	≤20	1700	
	MYL—1000/10	1000	625	825	1650	200	3080	5	10	200	300	≤20	1000	
	MYL—1100/10	1100	680	895	1815	200	3380	5	10	200	300	≤20	800	
MYL—40	MYL—47/10	47	30	38	105	125	210	5	10	250	200	≤40	55000	
	MYL—56/10	56	35	45	125	125	250	5	10	250	200	≤40	46000	
	MYL—68/10	68	40	56	150	125	300	5	10	250	200	≤40	38000	
	MYL—82/10	82	50	65	180	125	360	5	10	250	200	≤40	30000	
	MYL—100/10	100	60	85	220	125	440	5	10	250	200	≤40	25000	
	MYL—120/10	120	75	100	265	125	530	5	10	250	200	≤40	20000	
	MYL—150/10	150	95	125	300	125	630	5	10	250	200	≤40	18000	
	MYL—180/10	180	115	150	340	125	650	5	10	250	200	≤40	16000	
	MYL—200/20	200	130	170	350	250	660	10	20	250	500	≤20	10000	
	MYL—220/20	220	140	180	375	250	700	10	20	250	500	≤20	9000	

续表

型号		压敏电压(V)	最大连续电压(V)		脉冲电压(操作限制电压)		脉冲电压(雷电限制电压)		最大峰值电流(8/20μs)(kA)	最大峰值电流(2ms)(A)	脉冲电流寿命(8/20μs)(A)	漏电流(μA)	电容量(pF)	生产厂
			AC(有效值)	DC	V_{p1}(8/20s)(V)	I_{p1}(A)	V_{P2}(8/20s)(V)	I_{p2}(kA)						
MYL—40	MYL—240/20	240	150	200	395	250	765	10	20	250	500	≤20	8000	中国科学院力学研究所、北京中科天力电子有限公司
	MYL—270/20	270	175	225	455	250	860	10	20	250	500	≤20	8000	
	MYL—330/20	330	215	275	555	250	1040	10	20	250	500	≤20	7000	
	MYL—360/20	360	230	300	595	250	1110	10	20	250	500	≤20	6000	
	MYL—390/10	390	250	320	650	250	1200	10	20	250	500	≤20	5000	
	MYL—430/20	430	275	350	710	250	1325	10	20	250	500	≤20	4500	
	MYL—470/20	470	300	385	775	250	1450	10	20	250	500	≤20	4000	
	MYL—510/20	510	320	415	845	250	1570	10	20	250	500	≤20	3800	
	MYL—560/20	560	365	465	925	250	1725	10	20	250	500	≤20	3700	
	MYL—620/20	620	385	505	1025	250	1910	10	20	250	500	≤20	3400	
	MYL—680/20	680	420	560	1120	250	2095	10	20	250	500	≤20	3000	
	MYL—750/20	750	460	65	1240	250	2310	10	20	250	500	≤20	2700	
	MYL—780/20	780	485	640	1290	250	2400	10	20	250	500	≤20	2600	
	MYL—820/20	820	510	670	1355	250	2525	10	20	250	500	≤20	2500	
	MYL—910/20	910	550	745	1500	250	2800	10	20	250	500	≤20	2200	
	MYL—1000/20	1000	625	825	1650	250	3080	10	20	250	500	≤20	2000	
	MYL—1100/20	1100	680	895	1815	250	3380	10	20	250	500	≤20	1800	

（五）外形及安装尺寸

MYL 防雷型压敏电阻器外形及安装尺寸，见图 2－17 及表 2－105～表 2－107。

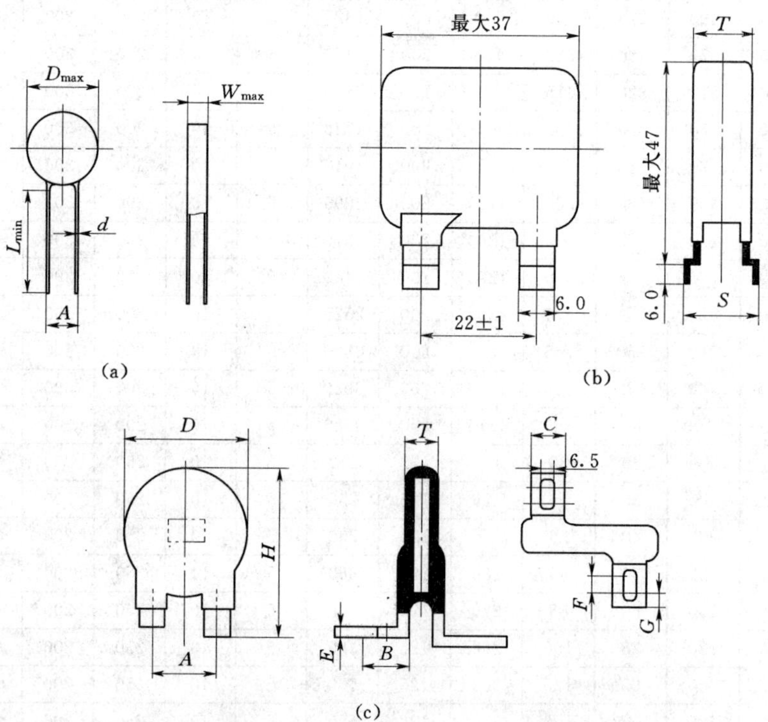

图 2－17　MYL 防雷型压敏电阻器外形尺寸（西安神电电器有限公司）（单位：mm）

(a) MYL1 型；(b) MYL9 型；(c) MYL10 型

表 2-105　　MYL 防雪型压敏电阻器外形尺寸

型　号		外　形　尺　寸 (mm)					生产厂
		D	d	W	A	L	
		最大	±0.1	最大	±1	最小	
MYL1—25		30	1.2	12	17	40	西安神电电器有限公司
MYL1—32		38	1.5	13	25	40	
MYL1—40		48	1.5	13	32	40	
A 型	MYL—25	30	1.2①	12	17	40	中国科学院力学研究所、北京中科天力电子有限公司
	MYL—32	38	1.5	13	25	40	
	MYL—40	48	2.0②	13	32	40	
C 型 (mm×mm×mm)		45×28×17					
通流能量 (kA)		3	5	10	20		
B 型		ϕ32×11	ϕ36×14	ϕ42×14	ϕ54×18		

① 允许采用 1.0mm 和 1.5mm 直径。
② 允许采用 1.5mm 直径。

表 2-106　　MYL10 型防雷用压敏电阻器外形及安装尺寸

型　号	通流能量 (kA)	外　形　尺　寸 (mm)									生产厂
		A	B	C	D	E	F	G	H	T	
MYL10	60	38±1	20±0.5	15±0.1	≤63	1±0.1	4±0.2	7.5±0.1	≤80	6.5±0.1	西安神电电器有限公司
	100	44±1	40±0.5	20±0.1	≤77	1±0.1	21±0.2	8.5±0.1	≤93	6.5±0.1	

表 2-107　　MYL9、MYL10 型防雷用压敏电阻器外形尺寸　　单位：mm

型　号	S (±1.0)	T_{max}	生产厂	型　号	S (±1.0)	T_{max}	生产厂
MYL9—130/40	5.0	6.6	西安神电电器有限公司	MYL9—485/40	8.5	10.1	西安神电电器有限公司
MYL9—140/40	5.1	6.7		MYL9—510/40	8.8	10.4	
MYL9—150/40	5.2	6.8		MYL9—550/40	9.3	10.9	
MYL9—175/40	5.4	7.0		MYL10—140/60～175/60		12.0	
MYL9—195/40	5.6	7.2		MYL10—230/60～250/60		13.0	
MYL9—215/40	5.8	7.4		MYL10—275/60～300/60		14.0	
MYL9—230/40	6.0	7.6		MYL10—320/60～365/60		15.0	
MYL9—250/40	6.2	7.6		MYL10—385/60～460/60		16.0	
MYL9—275/40	6.4	8.0		MYL10—510/60～680/60		17.0	
MYL9—300/40	6.7	8.3		MYL10—140/60～175/60		13.0	
MYL9—320/40	6.9	8.5		MYL10—230/60～250/60		15.0	
MYL9—365/40	7.2	8.8		MYL10—275/60～300/60		16.0	
MYL9—385/40	7.6	9.2		MYL10—320/60～365/60		17.0	
MYL9—420/40	7.9	9.5		MYL10—385/60～460/60		20.0	
MYL9—460/40	8.3	9.9		MYL10—510/60～680/60		23.0	

三十、上海昕亦电工设备有限公司 DL 复合型防腐接地装置

(一) 产品概述

DL 复合型防腐接地装置具有优异的防腐性能、导电性能、热稳定性能、耐冲击性能、使用寿命长的特性，是热镀锌电网接地装置的升级换代产品，是当今地网装置首选的防腐接地材料。

DL 复合型防腐接地装置：采用了先进的纳米碳系列的防腐导电涂层和热镀锌协同保护技术，结合我公司自主研发的独有技术是进行专业生产，具有技术领先水平，已申报国家专利，申请号：2010201360321。

(二) 产品类别

DL 复合防腐接地极、DL 复合防腐接地线、降阻剂等。

(三) 技术参数

(1) 附着力 1 级。

(2) 耐盐水性（在10%的NaCl溶液中浸泡720h）无溶胀、起泡及脱落现象。

(3) 涂层的热稳定性在电流30kA、持续时间2s的作用下涂层无灼伤、无剥离现象。

(4) 耐腐蚀年限40年。

(四) 技术优势

(1) DL复合型防腐接地装置的防腐涂层选用获得国家专利的纳米碳防腐导电涂料，确保涂层具有优良的防腐性能、导电性能、热稳定性能，是土壤强腐蚀环境首选的复合防腐接地装置。

(2) DL复合型防腐接地装置为提高防腐涂层的附着力，钢材热镀锌表面采用公司自主研发的独有技术进行特殊表面粗化处理，以增强涂层附着力。

(3) DL复合型防腐接地装置防腐涂层采用高压喷涂技术流水线生产——应用高压喷涂技术将纳米碳防腐导电材料喷涂在特殊表面粗化处理的镀锌钢材表面，产品表面涂层均匀平滑，无针孔、麻点、漏喷现象；无龟裂、擦伤、皱纹等外观疵点。

(五) 应用范围

DL复合型防腐接地装置广泛应用于工矿企业及建筑所需的接地网建设。

(六) 安装施工要求

(1) 接地极及接地线的施工应符合GB 50169—2006的规定。

(2) 焊接部位和施工过程造成的涂层损坏，必须采用纳米碳防腐导电涂料进行修复。

(七) 生产厂名

(1) 生产厂名称：上海昕亦电工设备有限公司。

(2) 联系方式。咨询热线：021－57281388；传真：021－57281388；网址：www.xinyidl.com；E－mail：service@xinyidl.com；地址：上海市金山区亭林镇松前公路1808号；邮编：201504。

三十一、武汉岱嘉电气技术有限公司火泥熔接技术

(一) 产品概述

火泥熔接是放热熔接的一种，利用化学反应产生的超高热将需熔接处金属熔化，然后再冷却结晶来完成金属连接的方法。火泥熔接是分子间的结合，没有接触面，无机械性压力，不会松弛或腐蚀，通电流性能高于导线，熔点与导线相同，能承受大电流（故障时）冲击，不至熔断且作业时无需外加电源，熔接速度快，作业简单，对绝缘物的破坏小，品质容易控制。

ATI Tectoniks公司的产品均从国外进口，拥有多项专利技术和产品，符合多项国际IEC、IEEE、UL、BS等专业标准，并已经被列入多项中国国家标准，规范，施工图集如GB 50343、GB 50169等。

(二) 产品类别

火泥熔接、ATI镀铜钢棒、IEA电解离子接地极、回填料。

(三) 技术参数

(1) 熔粉反应瞬时的温度：2000℃。

(2) ATI镀铜钢棒：使用寿命30年以上。

(3) IEA使用寿命：100年以上，长效免维护。

(4) 熔接头抗张力：3550kgf。

(5) 熔接头耐大电流冲击：29.5kA。

(四) 技术优势

(1) ATI镀铜钢棒是电解铜分子覆盖在低碳钢棒上构造，完全符合UL规范并通过了UL的严格认证。铜分子与钢棒的完美结合，使得ATI镀铜钢棒具有较强的耐腐蚀性和泄流能力，施工时易于打入地下且铜皮不破裂或脱落，适用于一些低成本接地。

(2) IEA离子接地系统由先进的合金化合物组成，电极外表是铜合金，确保最高导电性能及较长的使用寿命，通过潮解作用，将活性离子不断释放到周围土壤中，很大程度的降低土壤电阻率，充分发挥接地系统的保护作用。适用于高电阻率地区。

(五) 应用范围

火泥熔接产品广泛应用于各行各业，包括电力系统，建筑工程，通信系统，民航系统石化系统，军事指挥等方面。

(六) 安装施工要求

接地极和火泥熔接接头的安装应符合GB 50169—2006的规定。

(七) 生产厂

(1) 生产厂名称：ATI Tectoniks（武汉岱嘉电气技术有限公司）。

(2) 联系方式。咨询热线：027-82309081，027-82353181；传真：027-82353048；地址：武汉市江岸区黄浦大街86号黄埔东宫B座2505；邮编：430012；网址：www.atitec.com；E-mail：china@atitec.com。

三十二、北京金煜瑞利科技发展有限公司接地系统新技术与新产品

(一) 公司简介

北京金煜瑞利科技发展有限公司是一家专门从事各类接地系统工程的专业公司。公司引进美国高科技技术及先进产品，专业从事防雷技术的推广，各类接地网的测量、设计、施工、接地设备的销售及接地技术咨询、培训等。公司主要从事的产品有美国ATI公司的IEA电解离子接地系统、火泥熔接技术及接地测量仪表。公司以一批大学的老、中、青老师为依托，具有较高的知识层次及较强的技术力量，并注重了解国外的新动态、新技术，使公司具有较为超前的意识及先进的产品应用。目前，公司的业务范围已涉及电力、电信、交通、航空、银行、石油、建筑等领域。公司具有良好的信誉及优良的技术服务。多年来公司经过实践积累了较丰富的设计、施工经验，针对不同的接地技术要求和不同的环境有不同的设计施工方法，力求用最省的资金达到最好的效果。公司具有完善的技术支持体系和良好的售后服务保证，对用户提供免费技术指导和咨询。工程无论本公司施工与否均能做到跟随工程进度现场指导。公司的宗旨是“以人为本，客户至上”，密切保持与用户的联系及时解决客户的问题。公司与许多大的企事业单位有着密切的合作，公司全体职工愿为各行各业的朋友竭诚服务。

(二) ATI镀铜钢棒

ATI镀铜钢棒是由铜覆盖到低碳钢芯棒上制成，镀铜层的厚度为0.01英寸，完全符合UL规范并通过了UL的严格认证。

铜分子与钢棒的完美结合，使得ATI镀铜钢棒具有较强的耐腐蚀性和较长的使用寿命，施工时易于打入地下且铜皮不破裂或脱落。在土壤条件恶劣的情况下，配合IEA回填料，可大大提高其接地效果。

(三) 电解离子接地系统

电解离子接地系统（简称IEA）的电极为高导电率的铜合金，内含特制的电解离子化合物，并配以专用的回填材料。当电极吸收土壤中的水分后，内部化合物进行潮解，并将潮解出的活性离子有效的释放到周围的土壤中，大大降低了土壤电阻率。电极特制的回填材料，具有非常好的膨胀性、吸水性和离子渗透性，无论天气或周围环境如何变化，都能使电极周围土壤保持一定的湿度，更为重要的是，回填材料可使电极和周围土壤紧密结合在一起，从而大大降低了接触电阻。

正是因为电解离子化合物和电极专用的回填材料的完美结合，才使得电极周围土壤的导电性可以始终保持在较高的水平，使故障电流或雷电流泄放速度大大加快，从而充分发挥接地系统的保护作用。

电解离子接地系统（Ionic Earthing Array，简称IEA）非常适用于各种有较高接地要求的场合。传统的接地系统，如用金属棒、金属带、板状导体或深井接地等，仅单纯地将故障电流通过这些金属导体而流入大地，但不能对故障电流如何更快扩散于土壤中产生影响。因此，在恶劣地土壤条件下，金属导体的接地效果并不十分理想。经过实验证明，土壤电阻率过高的直接原因是因为缺乏自由离子的辅助导电作用。IEA能解决上述的接地问题。

(1) 先进科技及材料。IEA由先进陶瓷合金化合物组成，电极外表是铜合金，以确保最高导电性能及较长使用寿命，内部含有特制的电解离子化合物，能够吸收空气中的水分，通过潮解作用，将活性电解离子有效释放到周围土壤中，正是因为IEA能不断地自动释放出活性电解离子，大大降低了土壤的导电率，才使得周围土壤的导电性能可以始终保持在较高的水平，于是故障电流就能够很轻易地扩散到周围的土壤中，从而充分发挥接地系统的保护作用。

(2) 突破土壤的限制。环境和气候条件也对接地系统产生影响，在干燥的气候里，土壤经常是比较松散，土壤的导电率也很低，传统的接地方法在此情况下往往也不能发挥良好的保护效果。IEA接地系统中包含的回填材料具有非常好的膨胀性、吸水性及离子渗透性，无论天气或周围环境如何变化，都能使周围土壤保持一定的湿度，以达到最佳的导电状态，且能随着时间的推移，逐渐扩大周围土壤的导电范围。这才是真正可靠的接地保护系统。

(四) 火泥熔接技术

火泥熔接（Tectoweld）是一种放热式熔接技术，是利用化学反应时产生的超高热在瞬间完成导体之间的连接。它是通过导体熔化后分子间力的作用来连接导体的，使被连接导体熔为一体，没有接触面，这样就克服了传统焊接工艺在连接点处存在表面接触电阻等无法克服的困难。火泥熔接的接头具有较大的散热面积，熔点也与导体相同，故通电流能力与导体相同，能承受重复性大电流的冲击。火泥熔接接头不仅外形美观一致，而且品质是其他连接方式无法比拟的。

火泥熔接在作业上的特点如下：

(1) 无需外加热源，设备轻便，适合于任何现场熔接作业。

(2) 熔接速度快，可节省人工。

(3) 作业方法简单，无需技术性焊接工人。

(4) 因为铸造熔接，接头形状统一，品质管制容易。

(5) 所需热量比其他熔接方法少，对绝缘物的破坏少。

火泥熔接可熔接下列金属材料：普通钢铁、纯铁、镀锌钢铁、不锈钢、锻铁、铜材、铜包钢等。

(五) 生产厂

名称：北京金煜瑞利科技发展有限公司。

地址：北京市海淀区高梁斜街 19 号院 29 号楼三层；邮政编码：100044；电话：(010) 62170969；传真：(010) 62224065；E-mail：webmaster@jyrl.com；网址：http://www.jyrl.com。

三十三、武汉建人电力防腐科技有限公司 JR 纳米碳防腐导电涂料

(一) 概述

接地网是电力、石化安全运行的重要装置。近年来随着我国电力容量的增大和电压等级的升高，国内因地网腐蚀屡屡引发重大事故。各省（自治区、直辖市）开挖检查表明，一般地区的地网 15 年左右即腐蚀，盐碱地区或使用劣质“降阻剂”的地网腐蚀更加严重。按 15 年腐蚀计算，地网难以满足热稳定的要求，无法承受雷电或短路事故形成的大电流。一旦地网烧毁，接地电阻变大，地电位猛升，造成送变电设备大量烧毁；石化油罐区避雷装置变成引雷装置，从而引发火灾事故。

(二) JR 纳米碳防腐导电涂料的特性

1. JR 纳米碳防腐导电涂料具有优异的导电性

纳米碳作为导电添加剂，比石墨粉和镍粉赋予涂料更好的导电性。镍粉、石墨粉和纳米碳的物质结构与导电性见表 2-108。

表 2-108　镍粉、石墨和纳米碳的物质结构与导电性

导电材料	物质结构	导电性
镍粉	金属晶体	容易氧化，氧化后不导电
石墨粉	层状晶体	仅层间导电，导电有方向性
纳米碳	纳米结构	不氧化，导电不受方向限制

2. JR 纳米碳防腐导电涂料具有优异的防腐性

纳米导电材料与成膜材料以几乎同一数量级的粒径相互渗透，彼此无明显的界面，电解质溶液无法渗透到涂层内部。由于采用纳米技术，JR 纳米碳防腐导电涂料的防腐性能显然比一般防腐导电涂料更好。

3. JR 纳米碳防腐导电涂料的热稳定性

《接地装置施工及验收规范》(GB 50169—2006) 规定接地装置应符合热稳定的要求。JR 纳米碳防腐导电涂料是我国目前唯一通过热稳定试验（即大电流冲击实验也叫雷电冲击试验）的合格的产品，技术指标为 30kA/2s。这是因为雷击或电网短路时，经地网流入大地的电流有数万安培，持续时间 0.1～1s。伪劣产品不具备热稳定性，一旦发生雷击或电网短路事故，地网即被大电流烧毁，接地电阻变大，避雷针变成引雷针，地电位猛升，电力设备及油库将大量烧毁。

JR 纳米碳防腐导电涂料与其他防腐导电涂料热稳定性能对比见表 2-109。

表 2-109　性能对比

防腐导电涂料种类	大电流冲击性对比	防腐导电涂料种类	大电流冲击性对比
JR 纳米碳防腐导电涂料	30kA、2s	青岛某公司接地装置	原代理本公司产品，现自产，8kA、2s
KV 石墨防腐导电涂料	2.5kA、2s	新昌某接地装置和涂料	原代理本公司产品，该公司检测报告用本公司的产品送检。现自产
SE-88 石墨防腐导电涂料	无热稳定性试验数据		

JR 纳米碳防腐导电涂料通过 30kA、2s 大电流冲击试验，因此获得国家发明专利，发明专利号：ZL 03 1 25237.0。

(三) JR 纳米碳防腐导电涂料与热镀锌联合保护地网实用价值极高

JR 纳米碳防腐导电涂料具有优良的导电性、防腐性和热稳定性，它是在目前石墨防腐导电涂料挂网运行多年经验基础上推出的第二代产品。

JR 纳米碳防腐导电涂料与热镀锌联合保护地网，具有 1+1>2 的效果。

在发电厂、变电站及输电线路杆塔地网防腐措施中采用 JR 纳米碳防腐导电涂料，尽管一次性投入很少，但解决了地网易腐蚀的一大技术难题。

该项目通过了湖北省科技厅主持的科技成果鉴定，被认定为国际领先水平，产品鉴定证书号：鄂科鉴字 [2003] 第 22273130 号、成果登记号：EK030559。

（四）JR 纳米碳防腐导电涂料的技术指标

JR 纳米碳防腐导电涂料的主要技术指标是：①表干燥时间 2h；②实干燥时间 6h；③附着力 1 级；④耐盐碱性（10%NaCl）720h 不起泡不生锈；⑤电阻率 $10^{-3}\Omega\cdot cm$；⑥大电流冲击（30kA/2s）涂层不烧失。

（五）JR 纳米碳防腐导电涂料主要业绩（国家重点工程）

湖北省电力公司送变电工程公司鄂豫Ⅲ回 500kV 线、宁夏电力公司送变电工程公司青铜峡 330kV 变、山西省电力公司送变电工程公司呼伦贝尔煤炭基地电源 500kV 送出工程、吉林送变电工程公司呼伦贝尔煤炭基地电源 500kV 送出工程、安徽省电力公司送变电工程公司新疆 750kV 哈安线Ⅱ标段、湖南省电力公司送变电工程公司新疆 750kV 哈安线Ⅲ标段、武警水电二总队新疆 750kV 哈安线Ⅰ标段、山西省电力公司送变电工程公司新疆 750kV 吐鲁番—巴音郭楞线等，更多业绩由公司代理商提供。

（六）JR 纳米碳防腐导电涂料用量及施工工艺

JR 纳米碳防腐导电涂料尽管是一种特殊涂料，但其施工方法与普通单组分油漆一样施工，简便易行，且对人体无毒副作用。

JR 纳米碳防腐导电涂料的用量：每公斤涂料可涂刷 3～4m^2（指涂刷 2 遍的用量）。施工工艺：先除去镀锌层上的污物，再开罐将涂料彻底搅拌均匀后即可涂刷。涂层 1～2h 表干，8～12h 实干。应涂刷 2 遍，间隔时间夏季为 2h、冬季为 4h。涂刷时，应预留焊接部位；焊接后需除渣补涂 2 遍。

（七）产品包装及贮存

JR 纳米碳防腐导电涂料产品外包装为瓦楞纸箱，每箱 4 桶涂料，净重 16kg；内包装为 1 加仑彩印铁桶，每桶涂料净重 4kg。本产品应存放在阴凉通风处，并注意防火，贮存期一年。本产品内包装见图 2－18。

注意：凡白铁桶贴不干胶商标的涂料，一定是仿冒伪劣产品，它不具备 30kA/2s 的热稳定性，不能承受雷电或短路事故形成的大电流冲击。

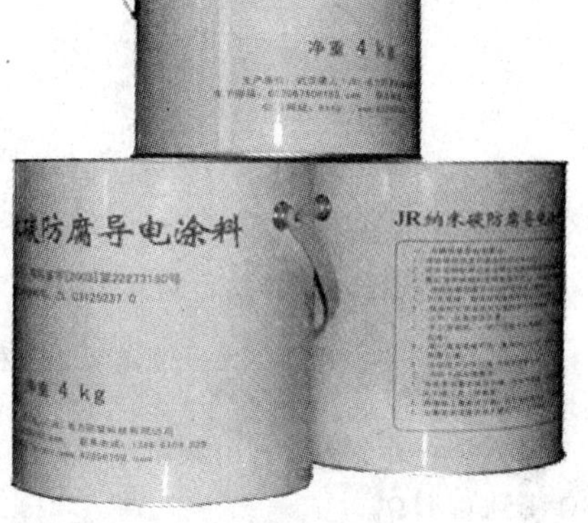

图 2－18 产品外包装

（八）生产厂

武汉建人电力防腐科技有限公司。（网址：www.62206750.cn）

三十四、贵阳方正新技术发展有限公司防雷降阻产品

（一）企业概述

贵阳方正新技术发展有限公司是中国防雷委员会会员是专业生产高科技防雷接地产品（稀土防雷防腐降阻剂、铜管高效离子接地极及用液压机生产稀土降阻模块）和专业设计、施工防雷接地工程的科技服务一条龙的公司。

公司下设：贵阳方正稀土降阻材料厂、贵阳方正青岛降阻材料分厂。

公司负责防雷接地工程的设计、施工、安装的防雷接地工程成功率 100%，从未出现过雷击事故和接地电阻回升。

贵阳方正稀土降阻材料厂是国内最早唯一研究和生产稀土防雷防腐降阻剂的工厂，至今 22 年的研制历史，目前的主要任务对特殊用途降阻材料，如：稀土防雷防腐降阻剂、稀土降阻填充料、稀土防雷降阻模块的研制和铜管离子接地极以及球形不锈钢避雷针，是公司的研制基地。

青岛降阻材料分厂是公司设立在青岛·胶南·海青工业园内的降阻材料分厂，生产稀土防雷防腐降阻剂和用液压机生产稀土降阻模块，是公司的生产基地。

（二）防雷降阻系列产品

1. 贵阳方正稀土降阻材料厂（研制基地）产品

（1）稀土防雷防腐降阻剂：是粉末状材料适用于泥土、土夹石、岩石等高土壤电阻率地区、高山及干旱缺水地区，可直接使用干粉施工。根据土质情况不同，可用不同型号的防雷防腐降阻剂进行施工。主要用途：运用在高土壤电阻率地区，如：岩石、土夹石和沙石土地区，改造其土壤电阻率、降低接地电阻达到瞬间泄放雷击电流或工频短路电流以及通信、计算机网络回路通安全的目的。

（2）防雷接地填充料：是粉末状材料主要与岩石深井中的铜管离子接地极配合使用，更好地达到防雷接地降阻的目的。

（3）免维护铜管高效离子接地极：适用于高土壤电阻率地区和施工面积狭小地区。外壳是用铜合金属制造，在管中存放有长效高效离子材料，在吸收空气和土壤中的水分后，会自行潮解。

（4）不锈钢球头形避雷针：由不锈钢针尖、不锈钢圆球形球头（单球头或双球头）及不锈钢管组成。

2. 青岛降阻分厂（生产基地）产品

（1）稀土防雷防腐降阻剂：是粉末状材料适用于泥土、土夹石、岩石等高土壤电阻率地区、高山及干旱缺水地区。

(2) 稀土防雷降阻模块（方板形、方柱形、圆柱形、梅花形）：固体材料使用方法简便，还具有截面积固定和截面积大的优点，并具有良好的稳定性、抗腐蚀性、抗老化和在高、低温环境中不爆裂、不龟裂，具有吸湿降阻功能。可随军队临时设施或野外流动设施的搬迁，接地降阻块也可随之搬迁到异地并可反复作接地极使用。

（三）产品展示

见图 2-19。

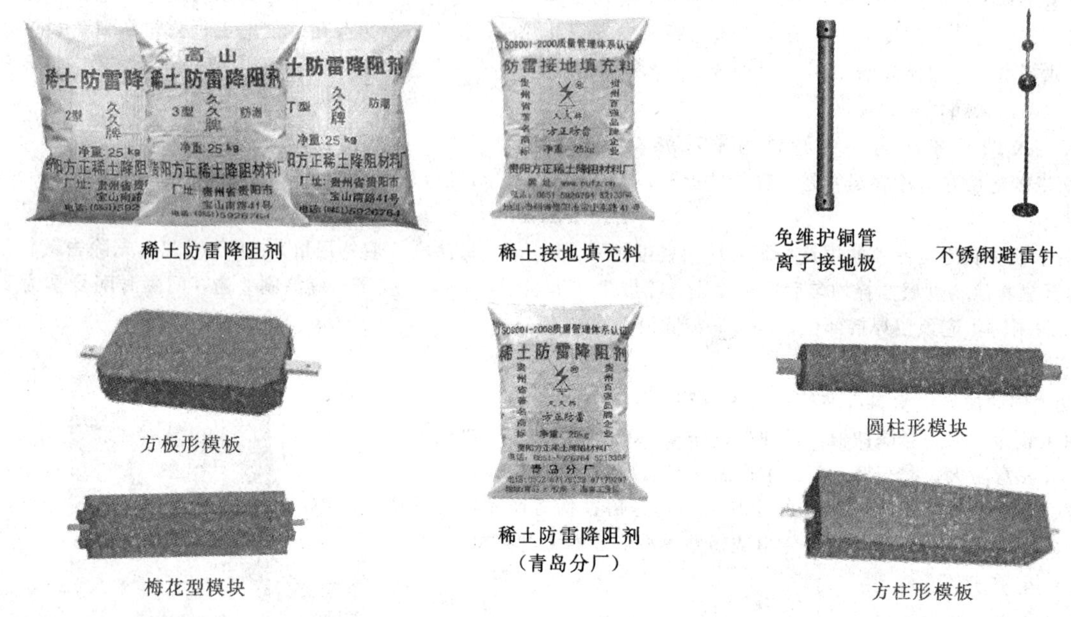

图 2-19　系列产品

（四）公司工程案例

(1) 2006 年，在新疆戈壁滩做接地工程，用接地降阻模块和降阻剂结合进行接地，接地电阻值小于 0.5Ω，创造了接地技术的新纪录。

(2) 2007 年，在广西田林铁道电力牵引变电站用接地降阻模块和降阻剂结合进行接地改造，接地电阻值由原来的 68Ω 降到 0.41Ω。

(3) 2007 年，在贵州兴义岩石地区电力变电站也是用稀土降阻剂、稀土降阻填充料和接地降阻模块以及铜管离子接地极相结合进行接地改造，接地电阻值小于 1Ω。

(4) 2006 年，贵州地矿中心实验大楼配电房在运用区域防雷理论安装避雷针和接地改造后，雷击跳闸率从每年几十次至今（2010 年）跳闸率为零，深受用户和电力供电系统好评。

（五）生产厂

贵阳方正新技术发展有限公司。电话：0851-5213358；传真：0851-5213007；地址：贵阳市延安中路 1 号虹祥大厦；邮编：550001。

贵阳方正稀土降阻材料厂（研制基地）。电话：0851-5603108；传真：0851-5926764；地址：贵阳市宝山南路 41 号；邮编：550001。

青岛降阻材料分厂（生产基地）。电话：0532-87179229；传真：0532-87179297；地址：青岛胶南海青工业园；邮编：266415。

网址：www.pufz.cn；E-mail：sales@pufz.cn。

三十五、浙江新昌县雷鹰科技公司新型接地装置

（一）水平连铸铜包钢接地型材

1. 产品概述

水平连铸铜包钢接地型材是借鉴国外技术的基础上研制开发的新型复合型材。采用冷轧拉工艺生产的系列产品，克服了电镀法和套管包覆法存在的结合力差等缺陷，具有铜层厚、阻值低、耐腐蚀性强、强度高、安装方便、电气连接性能好等显著优点，可广泛用于输变电和通信线路、电站、建筑物及天线的接地装置中，也可用于计算机等电子设备的接地系统，并可与接闪器（避雷针、避雷线）及引下线组成防雷接地装置。

2. 产品特点及技术优势

(1) 制造工艺独特：采用冷轧热拔生产工艺，实现铜与钢之间冶金熔接。可像拉拔单一金属一样任意拉拔，不出现

脱节、翘皮、开裂现象。

(2) 防腐蚀性优越：复合界面采用高温熔接，无残留物，结合面不会出现腐蚀现象；表面铜层较厚（平均厚度大于0.4mm）耐腐蚀性强，使用寿命长（大于40年），减轻检修劳动强度。

(3) 电气性能更佳：表层紫铜材料优良的导电特性，使其自身电阻值远低于常规材料。

(4) 广泛安全可靠：该产品适用于不同土壤湿度、温度、pH值及电阻率变化条件下的接地建造。

(5) 连接安全可靠：使用专用连接管或采用热熔焊接，接头牢固、稳定性好。

(6) 安装方便快捷：配件齐全、安装便捷，可有效地提高施工速度。

(7) 提高接地深度：特殊的连接传动方式，可深入地下35m，以满足特殊场合低阻值要求。

(8) 建造成本低：对比传统上采用纯铜接地棒、接地带的建造方式，成本大幅度下降。

3. 产品性能指标

见表2-110。

表2-110　　产品性能指标

序号	项　目	指　标
1	铸铜层平均厚度 δ	0.5mm±0.2mm
2	电阻率 ρ	≤0.100Ω·mm^2/m
3	抗拉强度	≥550N/mm^2
4	铸铜层结合力	接地线夹在虎口钳之间，钳口之间的距离等于线的直径减去1.2mm，挤压接地线，切去与之接触的铸铜，而表面的其余部分铜层不会剥落
5	铸铜层可塑性	接地线弯曲成U形，折角内外缘无裂缝现象
6	耐腐蚀性	浓度10%的硝酸液中浸泡90h以上，腐蚀不得失重≥15%

4. 外观质量

(1) 表面应光洁无毛刺。

(2) 铜层粘合度好，不剥离。

5. 注意事项

运输过程中应避免日晒雨淋；应放置在通风干燥的库房内，避免潮湿。

（二）铸铜接地棒

1. 产品概述

雷鹰科技生产的铸铜接地棒由高抗拉强度的低碳钢（参照BS 6651、BS 7430和UL 4637标准），通过电极原理，将99%的铜离子均匀吸附在每根钢芯表面（铜层厚度≥0.25mm），使铜与钢芯完全分子结合（如两者结合不密，在通电的情况下，会产生原电池反应，阳极金属铁发生氧化反应变成铁离子流失，反而加快钢芯受蚀），以降低电阻及持续负载大电流和延长使用寿命的一种导电性能等同于纯铜的防雷接地棒。该产品已通过浙江省省级工业新产品鉴定。

此接地棒既有钢的强度和韧性，又有铜的良好导电性和耐腐蚀性。为确保地网最大使用年限及最佳导电率，同时考虑到施工方便性及造价低廉等特点采用电镀铜接地极，为保障接地棒打入地下不会开裂脱落，应该采用镀铜工艺生产，严格禁止使用铜包钢及水平连铸工艺的接地棒。铜层厚度必须大于0.25mm，且接地棒必须完全被铜层覆盖，为确保产品质量，电铸铜接地棒必须经国家权威机构检测，将接地棒折弯90℃时，铜层应没有起皱和破裂的现象。垂直接地极与水平母线之间采用LYH放热焊接来连接，为保证接头质量，该焊接必须具有国网武汉高压研究院试验报告。在产品的使用方法上，根据接地电阻要求的高低和接地面积的大小来选择接地棒的截面积。接地棒的截面积越大，其电荷泄流能力越强，其接地电阻就越低。接地棒供货时，应配套提供施工时所用的保护端盖。

2. 产品特点

(1) 制造工艺独特：采用电铸工艺将99.9%纯铜离子均匀地吸附在钢芯表面，使铜和钢完全结合。

(2) 表面美观：钢体完全被铜层所覆盖，较同类产品外观更美，能与纯铜媲美。

(3) 具铜钢复合性能：有恒定的低电阻及良好的可塑性。

(4) 抗拉强度大：高达600N/mm^2。

(5) 防腐性能和导电率更优：接地棒完全受铜层的保护，其性能等同于铜的良好导电率及优良的抗腐蚀性能。使用寿命可达30年以上。

(6) 提高接地深度：特殊的传动连接方式，可深入地下35m处，以满足特殊场合的低阻值要求。

3. 产品性能参数

(1) 铜层厚度（δ）≥0.25mm。

(2) 抗拉强度≥600N/mm^2。

(3) 平面度误差≤1mm/m。

(4) 铜层结合力：经附着力试验及夹在平口虎钳之间挤压接地棒的破坏性试验，铜层不出现剥落。

(5) 铜层可塑性：接地棒弯曲成U形，铜层不出现裂缝和剥落。

(6) 耐腐蚀性：在浓度为10%的硝酸液中浸泡90h以上，腐蚀失重≤15%。

(三) 电解离子接地系统

1. 产品概述

电解离子接地系统是一种适用于各类有较高接地要求、接地工程难度较大的场所的新型接地系统。传统的接地系统，如金属棒，金属带，板状导体或深井接地等，仅单纯地将故障电流通过金属导体而流向大地，而无法对故障电流如何更快扩散于土壤中产生影响。而离子接地系统所应用的保湿配方、离子缓释、潜深接地、长效降阻四项前沿科技最大程度解决了降阻性、耐腐性和使用寿命等问题，使得该产品在各项接地性能和适应性方面具有明显优势，应用领域十分广阔。经过实践证明：土壤电阻率过高的直接原因是由于缺乏自由离子在土壤中的辅助导电作用。因此，在恶劣的土壤条件下，LYDJ的接地效果尤为显著。

该产品已通过浙江省省级工业新产品鉴定。

2. 产品优点

(1) 装置自动调节功能强，不断向电极周围土壤补充导电离子，改善周围土壤电阻率。

(2) 高能回填料采用具防腐性能和耐高压冲击的化学材料为辅料。大大延长其使用寿命。保证使用30年。

(3) 回填料以强吸水性、强吸附力和离子交换能力强的物理化学物质为主体材料。完成电极单元与周围土壤的高效紧密结合，且将降低周围土壤电阻率，有效增强了雷电导通释放能力。

(4) 高能回填料能与接地极和周围土壤充分接触，大大降低接触电阻。且流动性和渗透性好，增大与土壤的接触面积，从而增大泄流面积。

(5) 由于电极单元采用低导磁率材料，抗直击雷感应脉冲袭击强，防雷电二次效应。

(6) 由于其优异的接地效果和很强的调节功能，主要用于高土壤率地区和建筑物高度密集的城市。

(7) 由于其优异的接地效果，占地面积少，施工工程量小，节约材料。

(8) 防腐离子接地体所用的一切材料均无毒无污染，属绿色环保产品。

3. 产品规格及尺寸

见表2-111。

表2-111

产品名称	产品型号	外形尺寸 (mm)	净重 (kg)	备　注
电解离子接地极	LYDJ—1	ϕ60×1500	8	铜管
	LYDJ—2	ϕ60×2000	11	
	LYDJ—3	ϕ60×3000	16	
	LYDJ—4	ϕ50×1200	8	电镀铜包钢型

每根电解离子接地极须配一个接地检测井和100kg的回填料。推算公式：

$$n \approx \left(0.06 \times \frac{\rho}{R}\right) - 0.5$$

式中　n——所需要接地电极的支数；

ρ——土壤电阻率；

R——接地电阻最大值。

电解离子接地极要达到某接地电阻 (R)，需要电解离子接地极的数量见表2-112 (此表离子电极长度为3m)。

表2-112

R \ 土壤电阻率	200Ω·m	300Ω·m	500Ω·m	1000Ω·m	2000Ω·m
0.5Ω	23	36	69	115	
1Ω	12	17	30	68	
2Ω	5	10	15	30	68
4Ω	4	5	7	15	30
10Ω	1	2	4	7	12

4. 产品安装程序

LYDJ 电极一般安装在建筑物周围的平坦地带，且电极之间必须用裸铜缆连接起来（裸铜缆要求直接埋入土壤中0.5～1.0m深）。

(1) 电极安装在直径为 20cm 的垂直孔内，孔深与电极的长度相当，这种垂直孔要求事先准备好。

注意：由于纯铜材料自身物理特性，电极不得直接打入土壤中。

(2) 从包装袋中取出电极。

(3) 将电极放入已准备好的垂直孔中，用特制的回填料填入孔中的电极周围。

注意：电极的周围不得有空隙存在，必须将电极的周围填实。

(4) 将安装完的电极用裸铜缆连接起来，形成主环，其连接点用放热焊接。对于其他电极的安装重复第一至第四步即可。按以上步骤安装完成后，即可投入使用。

注意：避雷针的引下线必须直接接到接地系统的接地主环上，其他设备的接地线则要求连接到接地主汇流排上。

（四）生产厂

(1) 名称：新昌县雷鹰科技发展有限公司。

(2) 电话：0575-86263866，86270158；传真：0575-86263799；地址：浙江省新昌县七星街道上三溪村；邮编：312500；网址：www.chinaleiying.com；E-mail：leiying@chinaleiying.com。

三十六、成都星王科技有限公司星王电力复合脂

（一）概述

本品属中性导电材料，具有良好的导电性能，还具有耐高温、耐潮湿、抗氧化、防腐蚀、不流失、不结焦、不硬化、附着力强、密封性好、对皮肤无刺激、理化性能稳定、使用寿命长、降低接触电阻和缓解电化腐蚀等优良性能。取代传统的镀（搪）锡、灌锡、过渡片、凡士林及镀银工艺。适用于母线与母线，母线与电器接线端子，导线和各种连接线夹，避雷器各连接处的金属接触面，电容式电压互感器各组件连接处的接触面，铝制引流连板及并沟线夹的连接面，导线与连接管，蓄电池组的接头连接部分，电缆终端与电气装置的连接处，钢管与钢管，钢管与电气设备，钢管与钢管附件之间的连接，接地或接零用的螺栓，无电镀或磷化层的隔爆面及其他电气接头，还可用于电器插接件及家用电器。

本品质量稳定，使用广泛，施工工艺简便，对保证电气设备及电网的安全运行，省工节材，增收节支，效果十分显著。已在北京、广州、深圳、南京、重庆等城市的重大工程及巴基斯坦、印度尼西亚、土耳其等援外工程中使用，深受用户好评，已荣获“质量信誉跟踪产品”、“质量达标合格产品”、“用户喜爱产品”等证书。

（二）特点

检测达标，降阻防腐，安全可靠，节能降耗，效果显著。

（三）生产厂

名称：成都星王科技有限公司

电话：028-84315047。

地址：成都市建设路 54 号。

网址：http：//www.cdxwkj.com。

传真：028-84315047。

邮编：610051。

E-mail：cdxwkj@cdxwkj.com。

三十七、成都标定科技有限责任公司变电站二次设备防雷系统

（一）公司介绍

1999 年在成都成立了成都标定科技有限责任公司，注册资金 1000 万元，是国内最早从事防雷产品的企业。2000 年获得了防雷工程、设计的专业资质证书，成为防雷销售、设计、施工、培训等综合提供商。2001 年通过了 ISO 9001：2000 质量管理体系国际权威认证。2002 年成为中国气象学会雷电防护研究会会员。2004 年在全国各大城市设立多个办事处，形成了覆盖全国的销售及售后服务网络。2006 年建立海外办事处，将产品销售及服务扩展至香港、泰国、马来西亚、印尼、印度等国家和地区。2008 年成立大客户部，负责为重要客户提供系统的服务，以促进高质量客户群体的建立和维护。2009 年成为 Emerson、ELTEKVALERE 等公司的签约供应商，为其持续、大批量的供货，获得了广泛的认可。

（二）产品介绍

1. 二次设备防雷系统图

见图 2-20。

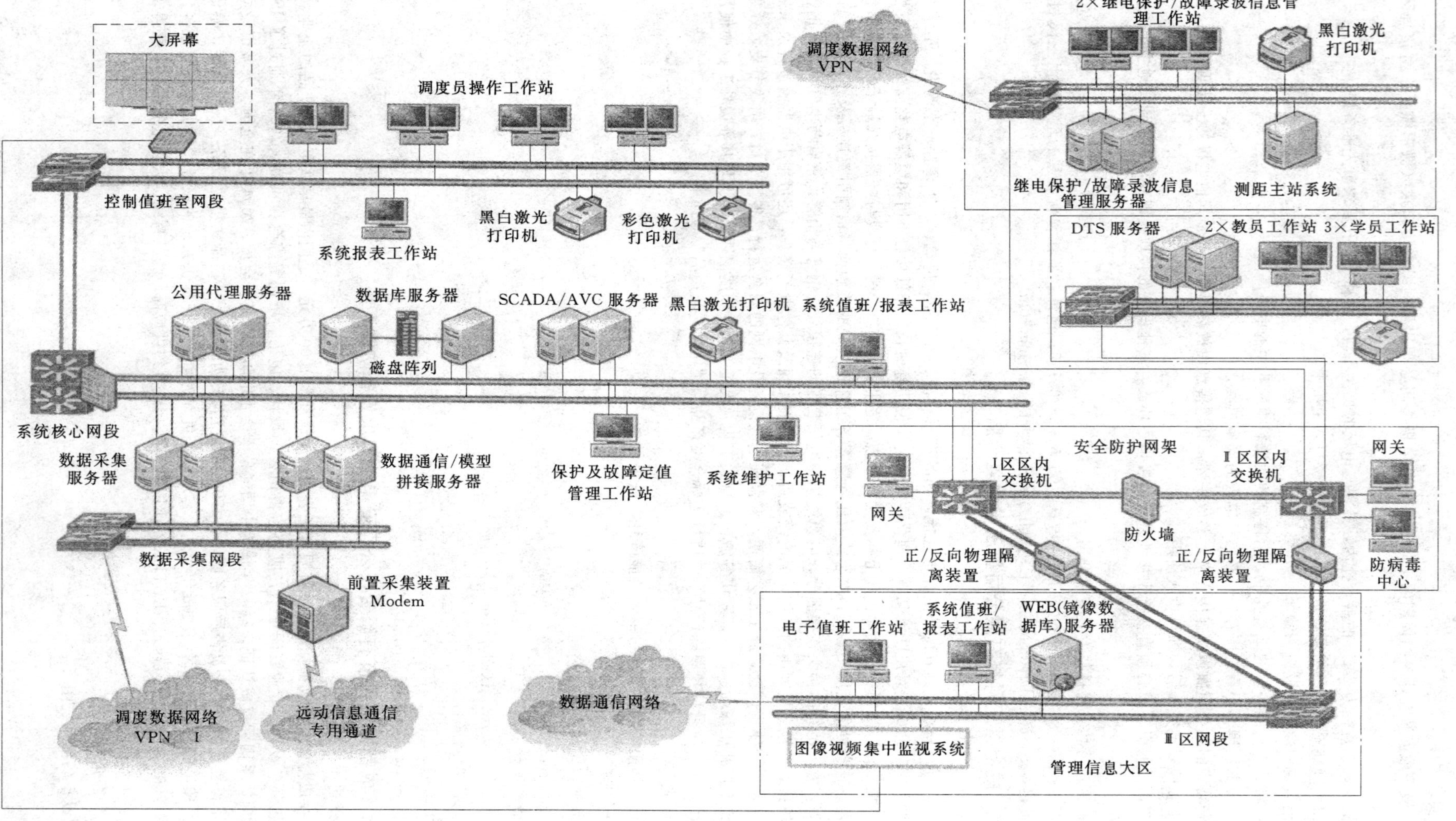

大屏幕
调度员操作工作站
控制值班室网段
系统报表工作站
黑白激光打印机
彩色激光打印机
调度数据网络
VPN Ⅱ
2×继电保护/故障录波信息管理工作站
黑白激光打印机
继电保护/故障录波信息管理服务器
测距主站系统
DTS 服务器
2×教员工作站
3×学员工作站
公用代理服务器
数据库服务器
磁盘阵列
SCADA/AVC 服务器
黑白激光打印机
系统值班/报表工作站
系统核心网段
数据采集服务器
数据通信/模型拼接服务器
保护及故障定值管理工作站
系统维护工作站
安全防护网架
网关
Ⅰ区区内交换机
防火墙
Ⅱ区区内交换机
网关
正/反向物理隔离装置
正/反向物理隔离装置
防病毒中心
数据采集网段
前置采集装置
Modem
电子值班工作站
系统值班/报表工作站
WEB(镜像数据库)服务器
调度数据网络
VPN Ⅰ
远动信息通信专用通道
数据通信网络
Ⅱ区网段
图像视频集中监视系统
管理信息大区

图 2-20　防雷系统图

2.220kV 变电站二次系统防雷配置表

见表 2-113。

表 2-113

名　　称	型号和规格	单位	数量	用　　途
电源 B 级防雷器	RPT385—120	套	2	站用电屏每段 380V 交流母线
	空开 AC 3P63A	套	2	
电源 C 级防雷器	RPM—80/3N+NPG	套	10	直流屏、通信电源、二次交流电源交流进线侧（380V 系统）
	空开 AC 3P32A	套	10	
电源 D 级防雷器	RPM—40/2P	套	1	逆变电源交流进线侧（220V 系统）
	空开 AC 1P16A	套	1	
电源 D 级防雷器	RPM—40/2P	套	1	图像监控交流进线侧（220V 系统）
	空开 AC 1P16A	套	1	
直流电源防雷器	RPD220—60	套	10	每段直流母线及 10kV 配电装置进线端
	空开 DC 2P32A	套	10	
RJ45 信号防雷器	RPX10K05X—RJ45	只	4	监控系统控制层与 10kV 开关室通信管理机（网关）之间的网络端口
GPS 天馈线的防雷	RPK20K230W—BNC	只	1	GPS 时钟天线
RS232/485 信号防雷器	RP—12T	只	6	控制室远动屏至通信屏的语音线或 RS—232、RS—485 等信号线，应在远动屏侧安装信号 SPD，在 35kV 及 10kV 高压室到主控室的通信线路（如 RS—232、RS—485、CAN 总线等）安装信号防雷器
其他辅材	含空开、线材等	套	1	

EMS 电能量管理系统防雷配置表见表 2-114。

表 2-114

序号	防雷器型号	用　途	数量
1	RPK10K05X—24—RJ45	网络防雷	15 台
2	RPZ10K05W—B75	2M 专线	30 个
3	RPK20K90W—BNC	GPS 天线	2 个
4	RPX10K05X—F	模拟 4 线专线	64 个
5	RPK10K15X—9	RS232 串口	10 个

（三）生产厂

生产厂家：成都标定科技有限责任公司。

联系人：赵海斌。

电话：028-87079970～6（总机），028-87079985（直拨）。

地址：成都市青羊工业集中发展区（东区）同诚路 8 号 7 幢 5 号。

网址：www.pedaro.com.cn。

手机：13980524610。

传真：028-87079979。

邮编：610092。

E-mail：pedaro@vip.163.com。

第三章　电　线　电　缆

一、型号含义及生产厂

（一）型号含义

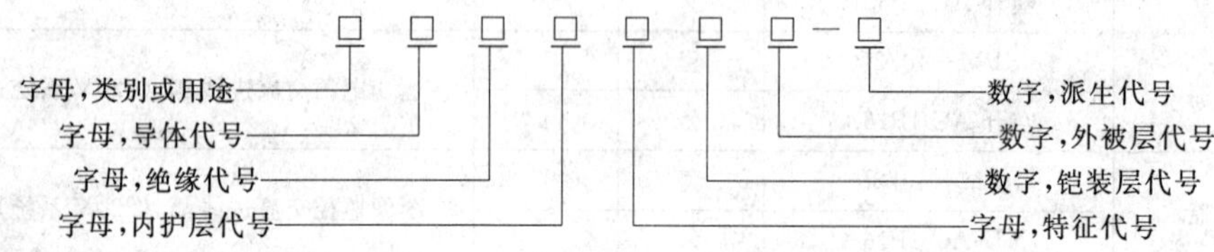

详见表 3－1。

表 3－1

字　母	含　　义	字　母	含　　义
A	（聚）氨（酯），安（装），铝塑料护套	N	（自）粘（性），泥（炭），（高阻）尼（线芯），尼（龙）
B	扁，半，编（织），泵，布，（聚）苯（乙烯），玻（璃纤维），补	O	同轴（结构代号）
C	车，醇，采（掘机），瓷，重（型），船用，（蓄电）池，磁充，偿（黄腊）绸，（三）醋（酸薄膜），自承式	P	排，（芯）屏（蔽），配（线），贫（泛浸渍，即干绝缘），信号电缆（用途代号），平（行）
D	带，（不）滴（流），灯，电，（冷）冻（即耐寒），丁（基橡皮），镀	Q	牵（引车），漆，铅，轻（型），气，汽（车），高强度（聚乙烯醇缩醛）
E	二（层），野（外），对称（结构代号），乙（丙橡皮）（EPR）	R	软，人（造丝），日用（用途代号），（耐）热（化）
F	（聚四）氟（乙烯），分（相），非（燃性），飞（机），泡沫聚乙烯（YF）	S	刷，丝，射频（用途代号），双，钢塑料护层
G	钢、沟、硅，改（性漆），管，高（压）	T	铜，梯，特，通，陶，（电）梯，探
H	合（金），环（氧漆），焊、花，通信电缆（用途代号），H（H 型，即分相屏蔽结构代号），寒	U	矿，棉（指石棉），矿用（用途代号）
J	绞，加（强），加（厚），锯，局（用）	V	（P）V（C）（聚氯乙烯）
K	（真）空，卡（普隆），控制，铠装，空心	W	（地球）物（理），皱纹护套，无（磁性），（耐高）温，（野）外，石油（用途代号）
L	铝，炉，腊（克），沥（青），（防）雷，磷	X	橡（力缆），聚酰胺，橡（皮绝缘）
M	棉（纱）、麻、母（线）、帽、膜	Y	硬，圆，油，氧，（耐）油，移动（用途代号），（聚）乙（烯），压
		Z	（聚）酯，纸，（电）钻，中型，综（合）

注　表中字母为无括号字拼音的第一个字母。

（二）生产厂

见表 3－2。

表 3－2

代　号	厂　　名	主　要　产　品	代　号	厂　　名	主　要　产　品
①	北京电线厂	塑料绝缘电线、电缆	⑦	天津市第二电缆厂	塑料绝缘电线及通信电线、电缆
②	北京电线二厂	橡皮绝缘电线、电缆	⑧	天津市漆包线厂	各种漆包线
③	北京电磁线厂	电磁线	⑨	天津市电磁线厂	电磁线
④	北京电线七厂	铜软绞线，塑胶线	⑩	天津市电线厂	橡皮、塑料绝缘布电线
⑤	北京延庆县电线厂	铝绞线及钢芯铝绞线	⑪	天津市塑胶线厂	塑胶线及潜水电机绕组线
⑥	天津市电缆厂	钢芯铝绞线，橡塑绝缘电缆、矿用电缆等	⑫	天津市软线厂	橡套软线，矿工帽灯线

续表

代 号	厂 名	主 要 产 品
⑬	天津市电线二厂	塑料绝缘电线
⑭	天津市铝线厂	钢芯铝绞线，电磁线类
⑮	天津市线材厂	裸铜线类
⑯	邢台市电线厂	钢芯铝绞线，橡皮、塑料绝缘布电线类
⑰	邯郸市电磁线厂	电磁线
⑱	榆次电缆厂	钢芯铝绞线，电磁线，橡塑绝缘电线、电缆
⑲	离石县电线厂	钢芯铝绞线，漆包线，橡塑绝缘布电线类
⑳	内蒙古电缆厂	钢芯铝绞线，橡皮、塑料绝缘电线，矿用电缆等
㉑	内蒙古漆包线厂	漆包线
㉒	赤峰市电线厂	铝绞线，橡皮、塑料绝缘布电线类
㉓	沈阳电缆厂	钢芯铝绞线，电磁线，各类电力电缆，通信电缆及专用电线、电缆
㉔	沈阳市电线厂	钢芯铝绞线，橡皮、塑料绝缘电线、电缆
㉕	沈阳市电磁线厂	电磁线
㉖	营口电线厂	钢芯铝绞线，漆包线，布电线等
㉗	阜新市电缆厂	钢芯铝绞线，电车线，橡皮绝缘电线、电缆
㉘	大连材料改制厂	铜、铝排扁线等
㉙	长春市电线厂	钢芯铝绞线，电磁线
㉚	吉林市电线厂	钢芯铝绞线及布电线等
㉛	辽源市电线厂	
㉜	哈尔滨电缆厂	裸电线，电磁线，电力电缆
㉝	牡丹江电线电缆厂	橡皮、塑料绝缘电线、电缆等
㉞	齐齐哈尔电线厂 青冈县电线厂 肇东电线厂	钢芯铝绞线，布电线
㉟	上海电缆厂	电车线，电力电缆，船用电缆，控制电缆，通信电缆等
㊱	上海铝线厂	铝母线，钢芯铝绞线
㊲	上海铜材厂	铜排，扁线，绞线，编织线
㊳	上海国荣漆包线厂	聚酯漆包圆铜线普通型及快速起动静流器
㊴	南京线材厂	聚酯漆，聚酯亚胺汞，自粘直焊漆包圆铜线
㊵	无锡市电线厂	橡皮绝缘电线及橡套软电缆，塑料绝缘电线等
㊶	无锡市电线分厂	橡皮绝缘电线及橡套电缆，塑料绝缘电线、电缆
㊷	丹阳县电线厂	铝绞线，漆包线，塑料绝缘电线等
㊸	常熟市森泉冶炼厂	裸铜线及塑料绝缘电线
㊹	太仓县塑料制品三厂	电线、电缆用聚氯乙烯绝缘料、护层料以及阻燃型电缆绝缘与护层用料等
㊺	南通电线厂	电刷线，橡皮绝缘电线及橡套电缆，无线电装置用电线，塑料绝缘电线
㊻	扬州市东方电缆厂	铝绞线及钢芯铝绞线，橡皮绝缘电线及橡套电缆，塑料绝缘电线
㊼	连云港市新海电缆厂	塑料绝缘电线电缆
㊽	清江线材厂	裸铜线，聚酯漆包线，塑料绝缘电线及控制电缆
㊾	镇江市电磁线厂	聚酯漆包圆铜线，聚氯乙烯玻璃纤维管
㊿	无锡第二电缆厂	钢芯铝绞线，塑料绝缘电线及通信、信号电缆等
51	常州船用电缆厂	船用电缆，橡套电缆，通信电缆等
52	吴县电讯电缆厂	裸铜圆线，漆包线，塑料绝缘电线等
53	泰兴县电缆厂	铝绞线及钢芯铝绞线，梯形铜排，铜扁线铜带，铝扁线，聚酯漆包线，塑料绝缘电线及市话电缆
54	港江县电线厂	裸铜圆线，塑料绝缘电线，电视机馈线及封闭式连接插头等
55	杭州余杭电线电缆厂	各种塑料绝缘电线及屏蔽型软电线等
56	浙江省瑞安县电缆厂	铝绞线及钢芯铝绞线，塑料绝缘电线等
57	兰溪县电工器材厂	聚酯漆（彩色）聚氨酯漆，油性漆包圆铜线
58	上海裸铜线厂	铜圆线
59	上海电磁线厂	电磁线
60	上海电磁线一厂	电磁线
61	上海电线二厂	橡皮绝缘电线、电缆
62	上海电线三厂	电工仪表安装线，电话机听筒线等
63	上海电线五厂	塑料绝缘电线
64	上海塑胶线厂	
65	上海灯具电器附件厂	电缆终端盒及导体连接金具
66	福州电线厂	钢芯铝绞线，电磁线
67	南平电线电缆厂	橡皮、塑料绝缘电线电缆

续表

代号	厂　名	主要产品
68	南昌电线厂	钢芯铝绞线，电磁线布电线等
69	瑞金电线厂	钢芯铝绞线，漆包线，布电线
70	杭州电缆厂	钢芯铝绞线，橡皮、塑料绝缘电线、电缆
71	杭州电工器材厂	漆包线，胶质线
72	杭州无线电材料厂	各种漆包圆铜线，丝包电磁线及高频绕组线等
73	安庆市电线厂	铝绞线及钢芯铝绞线，橡皮绝缘电线及软电缆，塑料绝缘电线
74	安徽省桐城县电线厂	通用橡套电缆，电焊机用电缆，塑料绝缘电线
75	安徽淮南特种线缆厂	各种聚四氟乙烯绝缘电线，射频对称90双绞传输线，双色平衡馈线
76	安徽省通讯电缆厂	各种全塑市话、农话、矿话、局用电缆等
77	蚌埠市电线厂	铝绞线及钢芯铝绞线，塑料绝缘电线及通信线、爆破线等
78	江西省九江市电线厂	铝绞线及钢芯铝绞线，橡皮绝缘电线及橡套软电缆
79	南昌市八一电线厂	铝绞线及钢芯铝绞线，橡皮、塑料绝缘电线
80	进贤县电讯器材厂	聚酯漆包圆铜、铝线，塑料绝缘电线
81	江西省上饶市线材厂	聚酯漆包圆铜线
82	萍乡市电线厂	铝绞线及钢芯铝线绞，聚酯漆包圆铜线，塑料绝缘电线
83	福建闽侯电线厂	铝绞线及铜绞线，橡皮绝缘电线及橡套电缆，塑料绝缘电线
84	济南电磁线厂	漆包线、纸包线、玻璃丝包线
85	泰安市电力机车线厂	FGLC型钢芯铝合金接触导线（用于铁路、矿山以及市内交通电气化运输接触网线路）
86	山东枣庄市电线厂	铝绞线，橡皮绝缘电线及橡套软线，电焊机用电缆，塑料绝缘电线
87	山东省黄县电缆厂	铝绞线及钢芯铝绞线，橡皮绝缘电线及橡套电缆，塑料绝缘电线、电缆
88	潍坊市寒亭电线厂	铝绞线，橡皮绝缘电线及橡套电缆，塑料绝缘电线
89	保定市电线电缆厂	全塑电力电缆及控制电缆，通用橡套电缆及各种电线
90	武汉电线三厂	铝绞线及钢芯铝绞线，橡皮绝缘电线及橡套软电缆
91	天门县电线厂	铝绞线及钢芯铝绞线，塑料绝缘电线、农用地埋线、汽车及拖拉机用低压电线
92	汉川县电线厂	铝绞线及钢芯铝绞线，橡皮绝缘电线及橡套电缆、电焊机线等
93	沔阳县电线厂	铝绞线及钢芯铝绞线，橡皮绝缘电线及橡套软线，塑料绝缘电线，玻璃丝包线
94	沙市电线厂	铝绞线及钢芯铝绞线，橡皮绝缘电线、电缆，塑料绝缘电线，汽车用高压阻尼点火线等
95	益阳县电线厂	铝绞线及钢芯铝绞线，橡皮绝缘电线及橡皮电缆，塑料绝缘电线
96	沅江县塞波电线厂	铝绞线，橡皮绝缘电线，塑料绝缘电线
97	石家庄市电线厂	通用橡套软电缆，电焊机用电缆
98	石家庄市漆包线厂	聚酯漆包圆铜线
99	太原市电线一厂	橡皮绝缘电线及橡套电缆，塑料绝缘电线等
100	山西省芮城县电线厂	橡皮绝缘电线及橡套电缆、电梯电缆，潜水泵用扁电缆等
101	内蒙古漆包线厂	聚酯及聚氨酯漆包圆铜线
102	包头交通电线厂	铝绞线，橡皮绝缘电线
103	林西电线厂	各种电磁线，塑料绝缘电线，铜裸线等
104	乌兰浩特市电线厂	橡皮绝缘电线及橡套电缆，塑料绝缘电线
105	沈阳市新城子电线厂	橡皮绝缘“花线”及软橡套线，塑料绝缘电线
106	鞍山市电线厂	铝绞线及钢芯铝绞线，橡套电缆，塑料绝缘电线电缆
107	哈尔滨市第一电缆厂	通用橡套电缆、全塑电力电缆
108	五常县拉林电线厂	铝绞线及钢芯铝绞线，橡皮、塑料绝缘电线
109	开封市第二电线厂	橡皮绝缘“花线”，塑料绝缘电线等
110	河南省禹县电线厂	铝绞线及钢芯铝绞线，塑料绝缘电线、电缆，通信及控制电缆
111	潢川电线厂	铝绞线及钢芯铝绞线，橡皮、塑料绝缘电线

续表

代　号	厂　　名	主　要　产　品
112	莱阳县电线厂	橡皮、塑料绝缘电线
113	攸县电线厂	塑料绝缘电线及铝绞线
114	洞口电线厂	橡皮绝缘“花线”及橡套软电线，塑料绝缘电线
115	湘乡县电线一厂	铝绞线及钢芯铝绞线，塑料绝缘电线
116	沅江县电线厂	铝绞线及钢芯铝绞线，塑料绝缘电线及农用地埋线等
117	宜章县五岭电线厂	聚酯漆包圆铜线，塑料绝缘电线铝绞线及钢芯铝绞线
118	韶关市电线厂	铝绞线及钢芯铝绞线，聚酯漆包圆铜线，橡皮绝缘电线及橡套电缆，塑料绝缘电线
119	海口电线厂	铝绞线及钢芯铝绞线，橡皮、塑料绝缘电线
120	台山县电线厂	铝绞线及钢芯铝绞线，塑料绝缘电线，橡套电缆等
121	顺德县三轻电线厂	橡皮绝缘电线及橡套电缆，船用电缆，塑料绝缘电线等
122	湘潭电缆厂	裸电线、电磁线，电力电缆、船用电缆，通信电缆及专用电线、电缆
123	湘潭市电线厂	钢芯铝绞线，布电线
124	衡阳电缆厂	布电线，通信电线、电缆
125	长沙市电缆附件厂	电缆终端盒、连接盒、金具及压接钳
126	广州电线厂	钢芯铝绞线，电力电缆，布电线
127	广州第二电线厂	电磁线，塑料绝缘电线
128	南海电线厂	铜软绞线，编织线，塑料绝缘电线、电缆
129	南宁电线厂	钢芯铝绞线，电磁线，布电线
130	西安电缆厂	铜、铝排扁线，电磁线，通信电缆等
131	西安电线厂	钢芯铝绞线，橡皮绝缘电线、电缆
132	昆明电缆厂	钢芯铝绞线，电磁线，电力电缆，布电线及专用电线、电缆
133	红河电线厂	钢芯铝绞线，电磁线，布电线
134	贵阳电线厂	
135	四川电缆厂	钢芯铝绞线，电磁线，电力电缆，布电线
136	重庆电线厂	铜绞线，型线，电磁线等
137	重庆塑料电线厂	塑料绝缘电线
138	兰州电缆厂	钢芯铝绞线，电磁线，布电线
139	银川电线厂	钢芯铝绞线，布电线
140	新疆电线厂	
141	无锡市电缆厂	钢芯铝绞线，电磁线，电力电缆，布电线等
142	常州有色金属压延厂	钢芯铝绞线
143	常熟县电缆厂	塑料绝缘电线
144	无锡县电缆电力附件厂	电缆终端头、连接盒等附件
145	合肥电缆厂	钢芯铝绞线，电磁线，电力电缆，布电线
146	揭西县电线厂	铝合金绞线及钢芯铝绞线，漆包线及玻璃丝包线，橡皮绝缘橡套软电缆及电焊机电缆，塑料绝缘电线等布线产品
147	昆明市电线厂	铝绞线及钢芯铝绞线，塑料绝缘电线
148	桂林市电线厂	橡皮绝缘电线及橡套电缆，塑料绝缘电线等
149	柳州市电磁线厂	聚酯漆包圆铜线
150	桂林电信器材厂	全塑市内电话电缆、局用配线电缆及农村话务用通信线，电话终端机等
151	资阳县电磁线厂	聚酯漆包圆铜线
152	自贡市电磁线厂	聚酯漆包圆铜线
153	延安市电线厂	铝绞线及钢芯铝绞线，塑料绝缘电线及农用直埋电线
154	西安电磁线厂	聚酯漆包线，尼龙护套耐水线
155	户县电线厂	铝绞线及钢芯铝绞线，铜绞线，橡皮、塑料绝缘电线，通用橡套电缆等
156	兰州黄河电线厂	橡皮绝缘电线，塑料绝缘电线
157	天水铁路电缆厂	钢芯铝绞线，塑料绝缘电线、电缆，控制电缆，通信及信号电缆
158	浙江电工器材厂	电磁线，塑料绝缘电线
159	兰溪电缆厂	钢芯铝绞线，橡皮绝缘电线、电缆
160	郑州电缆厂	钢芯铝绞线，电力电缆，通信电缆及电工专用机械等
161	开封电线厂	钢芯铝绞心，布电线类
162	焦作市电缆厂	
163	新乡市电线厂	铜绞线及布电线等
164	湖北红旗电缆厂	钢芯铝绞线，电力电缆，通信电缆等

续表

代号	厂名	主要产品
(165)	武汉电线厂	钢芯铝合金绞线，电车线，电磁线，布电线等
(166)	黄石市电线厂	钢芯铝绞线及布电线
(167)	武汉塑料电线厂	塑料绝缘电线
(168)	湖北塑料电线厂	
(169)	武汉电线二厂	橡皮绝缘布电线
(170)	武汉电缆附件厂	电缆终端盒、连接盒、金具及压接工具
(171)	芜湖市电线厂	钢芯铝绞线，塑料绝缘电线
(172)	新泰电缆厂	钢芯铝绞线，漆包线，电力电缆，布电线
(173)	青岛电线厂	
(174)	烟台铜材厂	铜排，扁线
(175)	国营 8390 厂湖滨分厂	通信电缆

二、铝绞线及钢芯铝绞线

（一）用途

铝绞线及钢芯铝绞线按材料可分为普通铝绞线、普通钢芯铝绞线、铝合金绞线、钢芯铝合金绞线。按结构形式又可分为铝包钢绞线和钢芯铝包钢绞线。以上产品均适用于架空电力线路作为输送电能之用。但铝绞线由于机械强度低，耐腐蚀性能差，故使用范围受到一定限制。

（二）技术数据

（1）LT 型铝绞线技术数据及外形尺寸见表 3－3。

表 3－3

标称截面 (mm²)	计算截面 (mm²)	根数/直径 (根/mm)	外径 (mm)	直流电阻不大于 (Ω/km)	质量 (kg/km)	计算拉断力 (N)	生产厂	备注
16	15.89	7/1.70	5.10	1.802	43.5	2840		
25	25.41	7/2.15	6.45	1.127	69.6	4355	(5)(42)	
35	34.36	7/2.50	7.50	0.8332	94.1	5760	(22)(46)	
50	49.48	7/3.00	9.00	0.5786	135.5	7930	(53)(56)	
70	71.25	9/3.60	10.80	0.4018	195.1	10950	(73)(77)	
95	95.14	7/4.16	12.48	0.3009	260.5	14450	(78)(79)	
120	121.21	19/2.85	14.25	0.2373	333.5	19420	(82)(83)	
150	148.07	19/3.15	15.75	0.1943	407.4	23310	(86)(87)	
185	182.80	19/3.50	17.5	0.1574	503.0	28440	(88)(90)	
210	209.85	19/3.75	18.75	0.1371	577.4	32260	(91)(95)	
240	238.76	19/4.00	20.00	0.1205	656.7	36260	(92)(96)	
300	297.57	37/3.20	22.40	0.09689	820.4	46850	(93)(102)	
400	397.83	37/3.70	25.90	0.07247	1097	61150	(108)(110)	
500	502.90	37/4.16	29.12	0.05733	1387	76370	(111)(115)	
630	631.30	61/3.63	32.67	0.04577	1744	91940	(116)(118)	
800	805.36	61/4.10	36.90	0.03588	2225	115900	(119)(120) (153)(155) (147)(94)	

（2）LGJ 型钢芯铝绞线技术数据及外形尺寸见表 3－4。

（3）LHBJ 型铝合金绞线技术数据及外形尺寸见表 3－5。

（4）LHBGJ 型钢芯铝合金绞线技术数据及外形尺寸见表 3－6。

（5）LHBGJQ 型及 LHBGJJ 型钢芯铝合金绞线技术数据及外形尺寸见表 3－7。

（6）铝包钢绞线及钢芯铝包钢绞线技术数据见表 3－8。

三、铜绞线及铜编织线

（一）用途

铜绞线分为硬铜绞线和软铜绞线。硬铜绞线适用于架空电力线路；软铜绞线适用于电气装置及电子设备元件之间的连接。

表 3-4

标称截面 铝/钢 (mm^2)	根数/直径 (根/mm)		计　算　截　面 (mm^2)			外径 (mm)	直流电阻 (Ω/km)	质　量 (kg/km)	计　算 拉断力 (N)	生产厂	备　注
	铝	钢	铝	钢	总计						
10/2	6/1.50	1/1.50	10.60	1.77	12.37	4.50	2.706	42.9	4120		
16/3	6/1.85	1/1.85	16.13	2.69	18.82	5.55	1.779	65.2	6130		
25/4	6/2.32	1/2.32	25.36	4.23	29.59	6.96	1.131	102.6	9290		
35/6	6/2.72	1/2.72	34.86	5.81	40.67	8.16	0.8230	141.0	12630		
50/8	6/3.20	1/3.20	48.25	8.04	56.29	9.60	0.5946	195.1	16870		
50/30	12/2.32	7/2.32	50.73	29.59	80.32	11.60	0.5692	372.0	42620		
70/10	6/3.80	1/3.80	68.05	11.34	79.39	11.40	0.4217	275.2	23390		
70/40	12/2.72	7/2.72	69.73	40.67	110.40	13.60	0.4141	511.3	58300		
95/15	26/2.15	7/1.67	94.39	15.33	109.72	13.61	0.3058	380.8	35000		
95/20	7/4.16	7/1.85	95.14	18.82	113.96	13.87	0.3019	408.9	37200		
95/55	12/3.20	7/3.20	96.51	56.30	152.81	16.00	0.2992	707.7	78110		
120/7	18/2.90	1/2.90	118.89	6.61	125.50	14.50	0.2422	379.0	27570		
120/20	26/2.38	7/1.85	115.67	18.82	134.49	15.07	0.2496	466.8	41000		
120/25	7/4.72	7/2.10	122.48	24.25	149.73	15.74	0.2345	526.6	47880		
120/70	12/3.60	7/3.60	122.15	71.25	193.40	18.00	0.2364	895.6	98370		
150/8	18/3.20	1/3.20	144.76	8.04	152.80	16.00	0.1989	461.4	32860		
150/20	24/2.78	7/1.85	145.68	18.82	164.50	16.67	0.1980	549.4	46630		
150/25	26/2.70	7/2.10	148.86	24.25	173/11	17.10	0.1939	601.0	54110	⑤㉒	
150/35	30/2.50	7/2.50	147.26	34.36	181.62	17.50	0.1962	676.2	65020	㊷㊻	
185/10	18/3.60	1/3.60	183.22	10.18	193.40	18.00	0.1572	584.0	40880	(53)(56)	
185/25	24/3.15	7/2.10	187.04	24.25	211.29	18.90	0.1542	706.1	59420	(73)(77)	
185/30	26/2.98	7/2.32	181.34	29.59	210.93	18.88	0.1592	732.6	64320	(78)(79)	
185/45	30/2.80	7/2.80	184.73	43.10	227.83	19.60	0.1564	848.2	80190	(82)(83)	
210/10	18/3.80	1/3.80	204.14	11.34	215.48	19.00	0.1411	650.7	45140	(86)(87)	
210/25	24/3.33	7/2.22	209.02	27.10	236.12	19.98	0.1380	789.1	65990	(88)(90)	
210/35	26/3.22	7/2.50	211.73	34.36	246.09	20.38	0.1363	853.9	74250	(91)(92)	
210/50	30/2.98	7/2.98	209.24	48.82	258.06	20.86	0.1381	960.8	90830	(93)(94)	
240/30	24/3.60	7/2.40	244.29	31.67	275.96	21.60	0.1181	922.2	75620	(95)(96)	
240/40	26/3.42	7/2.66	238.85	38.90	277.75	21.66	0.1209	964.3	83370	(102)(108)	
240/55	30/3.20	7/3.20	241.27	56.30	297.57	22.40	0.1198	1108	102100	(110)(111)	
300/15	42/3.00	7/1.67	296.88	15.33	312.21	23.01	0.09724	939.8	68060	(115)(116)	
300/20	45/2.93	7/1.95	303.42	20.91	324.33	23.43	0.09520	1002	75680	(118)(119)	
300/25	48/2.85	7/2.22	306.21	27.10	333.31	23.76	0.09433	1058	83410	(120)(153)	
300/40	24/3.99	7/2.66	300.09	38.90	338.99	23.94	0.09614	1133	92220	(155)(147)	
300/50	26/3.83	7/2.98	299.54	48.82	348.36	24.26	0.09636	1210	103400		
300/70	30/3.60	7/3.60	305.36	71.25	376.61	25.20	0.09463	1402	128000		
400/20	42/3.51	7/1.95	406.40	20.91	427.31	26.91	0.07104	1286	88850		
400/25	45/3.33	7/2.22	391.91	27.10	419.01	26.64	0.07370	1295	95940		
400/35	48/3.22	7/2.50	390.88	34.36	425.24	26.82	0.07389	1349	103900		
400/50	54/3.07	7/3.07	399.73	51.82	451.55	27.63	0.07232	1511	123400		
400/65	26/4.42	7/3.44	398.94	65.06	464.00	28.00	0.07236	1611	135200		
400/95	30/4.16	19/2.50	407.75	93.27	501.02	29.14	0.07087	1860	171300		
500/35	45/3.75	7/2.50	497.01	34.36	531.37	30.00	0.05812	1642	119500		
500/45	48/3.60	7/2.80	488.58	43.10	531.68	30.00	0.05912	1688	128100		
500/65	54/3.44	7/3.44	501.88	65.06	566.94	30.96	0.05760	1897	154000		
630/45	45/4.20	7/2.80	623.45	43.10	666.55	33.60	0.04633	2060	148700		
630/55	48/4.12	7/3.20	639.92	56.30	696.22	34.32	0.04514	2209	164400		
630/80	54/3.87	19/2.32	635.19	80.32	715.51	34.82	0.04551	2388	192900		
800/55	45/4.80	7/3.20	814.30	56.30	870.60	38.40	0.03547	2690	191500		
800/70	48/4.63	7/3.60	808.15	71.25	879.40	38.58	0.03574	2791	207000		
800/100	54/4.33	19/2.60	795.17	100.88	896.05	38.98	0.03635	2991	241100		

表 3-5

截面 (mm²)		根数/直径 (根/mm)	外径 (mm)	20℃时直流电阻 (Ω/km)	质量 (kg/km)	载流量 (A)	生产厂	备注
标称截面	计算截面							
25	24.7	7/2.12	6.4	1.344	68	103	武汉电线厂	
35	34.4	7/2.5	7.5	0.966	95	126		
50	49.5	7/3	9	0.671	136	158		
70	69.3	7/3.55	10.7	0.48	191	193		
95	93.3	19/2.5	12.5	0.359	257	231		
95	94.2	7/4.14	12.4	0.352		233		
120	117	19/2.8	14	0.286	322	265		
150	148.1	19/3.15	15.8	0.226	409	306		
185	182.8	19/3.5	17.5	0.183	504	347		
240	236.4	19/3.98	20	0.141	652	405		
300	297.6	37/3.2	22.4	0.113	822	465		
400	397.8	37/3.7	25.8	0.0843	1099	554		
500	498.1	37/4.14	29.1	0.0673	1376	633		
600	603.8	61/3.55	32	0.0555	1668	709		

表 3-6

标称截面 (mm²)	根数/直径 (根/mm)		外径 (mm)		20℃时直流电阻 (Ω/km)	计算拉断力 (kgf)	载流量 (A)	质量 (kg/km)		生产厂	备注
	铝合金 根数/直径	钢芯 根数/直径	绞线 外径	其中钢芯 外径				总质量	其中铝合 金质量		
25	6/2.2	1/2.2	6.6	2.2	1.458	1100	100	92	62.55	武汉电线厂	
35	6/2.8	1/2.8	8.4	2.8	0.9	1240	131	150	100.97		
50	6/3.2	1/3.2	9.6	3.2	0.698	2270	153	196	132.27		
70	6/3.8	1/3.8	11.4	3.8	0.489	3200	185	275	186.54		
95	28/2.07	7/1.8	13.7	5.4	0.356	5110	235	401	261.61		
95	7/4.14	7/1.8	13.7	5.4	0.353	4800	220	398	258.61		
120	28/2.3	7/2.0	15.2	6.0	0.288	5920	267	495	322.91		
120	7/4.6	7/2.0	15.2	6.0	0.286	5920	245	492	319.91		
150	28/2.53	7/2.2	17	6.6	0.239	7160	310	589	389.77		
185	28/2.88	7/2.5	19	7.5	0.184	9270	350	774	505		
240	28/3.22	7/2.8	21.3	8.4	0.147	11240	400	969	631.71		
300	28/3.8	19/2.0	25.3	10.0	0.106	16120	486	1348	879.53		
400	28/4.17	19/2.2	27.7	11.0	0.088	19450	542	1626	1059.16		

表 3-7

型号	标称截面 (mm²)	根数/直径 (根/mm)		导线外径 (mm)	载流量 (A)	钢芯外径 (mm)	20℃时 直流电阻 (Ω/km)	计算拉断力 (N)	质量 (kg/km)		生产厂	备注
		铝合金股	钢芯						总质量	其中铝合金重		
LHBGJQ	150	24/2.78	7/1.8	16.44	318	5.4	0.288	57908	537	397.61	武汉电线厂	
	185	24/3.06	7/2.0	18.24	359	6.0	0.186	72730	661	488.91		
	240	24/3.67	7/2.4	21.83	446	7.2	0.149	104650	951	703.19		
	300	51/2.65	7/2.6	23.70	485	7.8	0.110	122770	1116	825.17		
	300 (1)	24/3.98	7/2.6	23.72	491	7.8	0.1099	122990	1117	856.71		
	400	54/3.06	7/3.0	27.36	573	9.0	0.0826	163650	1487	109.98		
	400 (1)	24/4.60	7/3.0	27.40	9.0	582	0.0822	164140	1491	1103.8		
	500	54/3.36	19/2.0	30.16	639	10.0	0.0685	197340	1795	1326.53		
LHBGJJ	150	30/2.5	7/2.5	17.50	309	7.5	0.223	77020	677	408		
	185	30/2.8	7/2.8	19.60	354	8.4	0.178	96610	850	522.71		
	240	30/3.2	7/3.2	22.40	415	9.6	0.136	126190	1110	669.45		
	300	30/3.67	19/2.2	25.68	487	11.0	0.103	164110	1446	879.16		
	400	30/4.17	19/2.5	29.18	566	12.5	0.0801	211910	1868	1136.03		

表 3-8

型　号	名　称	标称截面 (mm²)	外径 (mm)	热膨胀系数 (×10⁻⁶/℃)	20℃时直流电阻 (Ω/km)	弹性模数 (N/mm²)	载流量 (A)	质量 (kg/km)	总拉断力 (N)	生产厂	备　注
GLJ—40	铝包钢绞线	43.11	8.4	14.53	1.43	132940		257	31654	湘潭电缆厂	
GLJ—75		79.4	11.4	13.4	0.785	137930		480	64778		
GLJ—120		117	14.0	13.4	0.544	136300		708	84280		
GLJ—240		238.83	20.0	13.3	0.272	139970		1473.5	196000		
GLGJ—80	钢芯铝包钢绞线	79.31	11.4	13.3	0.959	154000		541	111720		
GGLJ—400	高强度铝包钢绞线	465	28	13.34	0.1235	137600	676	2827	398860		
GGLJ—500		566	30.8	14.1	0.0958	126170	800	3091	431200		
GGLGJ—150	钢芯高强度铝包钢绞线	150.26	15.8	13.448	0.548	136800		906	112700		
GGLGJ—325		324.8	23.4	12.5	0.2822	152300		2273	388080		
GGLGJ—560		561.4	30.8	12.7	0.135	139400	585	3740	590940		
GGLGJ—580		584	31.6	12.9	0.126	145690	680	3741	617400		

（二）技术数据

（1）TJ 型硬铜绞线技术数据及外形尺寸见表 3-9。

表 3-9

标称截面 (mm²)	外　径 (mm)	20℃时直流电阻 (Ω/km)	质量 (kg/km)	拉断力 (N)	生产厂	备注	标称截面 (mm²)	外　径 (mm)	20℃时直流电阻 (Ω/km)	质量 (kg/km)	拉断力 (N)	生产厂	备　注
16	5.1	1.14	143	575			120	14.0	0.156	1062	41278		
25	6.36	0.733	232	872			150	15.75	0.123	1344	50931		
35	7.5	0.527	309	12123	㊲(83)		185	17.5	0.101	1650	64080	㊲(83)	
50	9.0	0.366	445	17454	(136)(163)		240	19.5	0.078	2145	83271	(136)(163)	
70	10.6	0.273	609	23670			300	22.05	0.063	2620	99186		
95	12.5	0.196	847	32908			400	25.65	0.047	3540	137288		

（2）$\frac{\text{TJR—1}}{\text{TJRX—1}}$型软铜绞线技术数据及外形尺寸见表 3-10。

表 3-10

标称截面 (mm²)	股数×根数/直径 (mm)	质量 (kg/km)	外径 (mm)	生产厂	备注	标称截面 (mm²)	股数×根数/直径 (mm)	质量 (kg/km)	外径 (mm)	生产厂	备　注
0.5	16/0.2	4.65	0.94	重庆电线厂 福州电线厂①		35	19×7/0.58	325	8.7	重庆电线厂 福州电线厂①	
0.75	19/0.23	7.30	1.15			50	19×7/0.68	447	10.2		
1.00	19/0.26	9.33	1.30			70	27×7/0.68	635	12.6		
1.50	19/0.32	14.13	1.60			95	37×7/0.68	870	14.3		
2.00	7×7/0.23	18.82	2.07			120	27×12/0.68	1088	17.4		
2.50	7×7/0.26	24.06	2.34			150	14×19/0.85	1396	18.8		
4	7×7/0.32	36.44	2.88			185	27×12/0.85	1700	21.8		
6	7×7/0.39	54.08	3.51			240	37×12/0.85	2330	24.7		
10	12×7/0.39	92.71	4.86			300	27×19/0.85	2691	26.2		
16	12×7/0.49	146.5	6.11			400	37×19/0.85	3688	29.8		
25	19×7/0.58	231.9	7.35			500	37×19/0.95	4607	33.3		

① 该厂仅生产 TJR—1 型 10～50mm² 产品。

（3）$\frac{\text{TJR—2}}{\text{TJRX—2}}$型软铜绞线技术数据及外形尺寸见表 3-11。

表 3-11

标称截面 (mm^2)	股数×根数（×套数）/直径（mm）	质 量 (kg/km)	外 径 (mm)	生产厂	备 注
6	7×27/0.2	55	3.7	重庆电线厂	
10	7×46/0.2	94	4.9		
16	7×3×23/0.2	140	7.8		
25	7×5×23/0.2	234	9.7		
35	7×4×42/0.2	342	11.6		
50	7×5×42/0.2	427	13.0		

(4) TJR—3 / TJRX—3 型软铜绞线技术数据及外形尺寸见表 3-12。

表 3-12

标称截面 (mm^2)	股数×根数（×套数）/直径（mm）	质量 (kg/km)	外径 (mm)	生产厂	备注	标称截面 (mm^2)	股数×根数（×套数）/直径（mm）	质量 (kg/km)	外径 (mm)	生产厂	备注
0.50	7×19/0.07	4.7	1.05	重庆电线厂		35	7×4×3×50/0.10	305	13.1	重庆电线厂	
0.75	7×28/0.07	7.0	1.35			50	14×3×3×50/0.10	457	17.2		
1.0	7×37/0.07	9.2	1.47			70	12×7×50/0.15	686	15.7		
1.5	7×50/0.07	12.1	1.77			95	27×4×50/0.15	882	18.8		
2.5	7×3×30/0.07	22.4	2.90			120	19×7×50/0.15	1086	18.9		
4.0	7×5×30/0.07	37.4	3.64			150	21×6×50/0.15	1325	23.3		
6.0	7×7×30/0.07	52.3	4.04			185	14×14×50/0.15	1600	24.6		
10	7×4×45/0.10	87.0	5.80			240	37×7×50/0.15	2131	26.5		
16	12×4×43/0.10	150.0	8.00			300	27×7×50/0.20	2745	31.1		
25	7×3×3×50/0.10	229	11.7								

(5) 铜编织线技术数据及外形尺寸见表 3-13。

表 3-13

标称截面 (mm^2)	股数×根数×套数/直径(mm)			宽度(mm)			厚度(mm)			质量(kg/km)			生产厂	备注
	TZ—1	TZ—2 TZX—2	TZ—3 TZX—3	TZ—1	TZ—2 TZX—2	TZ—3 TZX—3	TZ—1	TZ—2 TZX—2	TZ—3 TZX—3	TZ—1	TZ—2 TZX—2	TZ—3 TZX—3		
4		48×4×1/0.15	36×14×1/0.1		9	8		1	1		34	40		
6		48×6×1/0.15	36×21×1/0.1		12	10		1.2	1.2		51	59		
10		48×12×1/0.15	36×36×1/0.1		20	14		1.4	2.0		102	102		
16	24×22×1/0.2	48×20×1/0.15	36×56×1/0.1	16	22	16	3	2	2.5	166	170	158		
25	24×33×1/0.2	48×15×2/0.15	36×42×2/0.1	18	22	18	3.5	3	3.5	249	254	237		
35	24×44×1/0.2	48×20×2/0.15	36×42×3/0.1	20	26	20	4	3.2	4.5	331	340	356		
50	24×33×2/0.2	48×20×3/0.15		22	28		5	4.8		498	509			
70	24×44×2/0.2	48×28×3/0.15		24	36		6.5	5		664	713			
95	24×40×3/0.2	48×28×4/0.15		20	40			6		905	950			
120	24×40×3/0.2	48×28×5/0.15		22	42			7		1207	1187			
150	24×40×5/0.2			24						1508				
185	24×40×6/0.2			26						1810			㊲	
240	24×40×8/0.2			30						2413				
300	24×40×10/0.2			35						3016				
400	24×40×10/0.2+36×44×2/0.2			40						4004				
500	24×40×10/0.2+48×44×3/0.2			45						5007				
630	24×40×10/0.2+48×44×5/0.2			50						6334				
800	24×40×10/0.2+48×44×7/0.2			55						7661				

四、扩径导线

（一）用途

扩径导线具有截面大，能有效降低线路电晕起始电压的作用，一般适用于330kV及以上超高压电力线路和配电装置。

（二）技术数据

见表3-14。

表3-14

型号	标称截面 (mm²)	拉断力 (N)	外径 (mm)	70℃时载流量 (A)	质量 (kg/km)	生产厂	备注
LGJK—300	301	14300	27.4	739	1420	⑫ ㉟ ㉓	
LGJK—630	630	206000	48	1000	2985		
LGJK—800	800	215000	49	1150	3467		
LGJK—1000	1000	225000	51	1300	3997		
LGJK—1250	1250	235000	52	1430	4712		
LGJK—1400	1399.6	—	51	—	4962		
LGKK—600	587	152000	51	1204	2690		
LGKK—900	906.4	209000	49	1270	3620		
LGKK—1400	1387.8	295000	57	1621	5129		
KKZ—3	587	145172	51	—	2673		
KKZ—600	587	—	51	—	2666		

五、铝合金绞线及钢芯铝合金绞线

（一）用途

铝合金绞线及钢芯铝合金绞线具有良好的抗拉能力和载流能力，在高压配电装置和输电线路上得到广泛应用。

（二）技术数据

（1）LHBJ型铝合金绞线技术数据及外形尺寸见表3-15。

表3-15

标称截面 (mm²)	根数/直径 (根/mm)	拉断力 (N)		20℃时直流电阻 (Ω/km)	外径 (mm)	载流量 (A)			质量 (kg/km)	生产厂	备注
		热处理型 HLJ	非热处理型 HL_2J			70℃	80℃	90℃			
10	3/2.07	2880	2450	3.27	4.5	61	72	81	29	武汉电线厂	
16	7/1.70	4530	3850	2.09	5.1	79	93	106	44		
25	7/2.12	7040	5980	1.34	6.4	103	123	139	68		
35	7/2.50	9800	8300	0.966	7.5	126	151	172	95		
50	7/3.00	14100	11000	0.671	9.0	158	190	216	136		
70	7/3.55	19800	14800	0.480	10.7	193	234	267	191		
95	19/2.50	26600	22600	0.359	12.5	231	281	322	257		
95（1）	7/4.14	26900	20200	0.352	12.4	233	283	325			
120	19/2.80	33300	26100	0.286	14.0	265	324	372	322		
150	19/3.15	42200	33000	0.226	15.8	306	375	432	409		
185	19/3.50	52100	40800	0.183	17.5	347	428	494	504		
240	19/3.98	67400	50500	0.141	20.0	405	502	581	652		
300	37/3.20	84800	66400	0.113	22.4	465	580	673	822		
400	37/3.70	113000	85000	0.0843	25.8	554	695	809	1099		
500	37/4.14	142000	106000	0.0673	29.1	633	800	935	1376		
600	61/3.55	173000	129000	0.0555	32.0	709	902	1060	1668		

（2）LHBGJ型钢芯铝合金绞线技术数据及外形尺寸见表3-16。

（3）NAHLGJQ型高强度耐热铝合金导线技术数据及外形尺寸见表3-17。

表 3-16

标称截面 (mm²)	根数/直径 (根/mm)		拉断力 (N)	20℃时直流电阻 (Ω/km)	外径 (mm)	质量 (kg/km)	载流量 (A)	生产厂	备注
	铝合金	钢芯							
10	6/1.5	1/1.5	5140	3.137	4.4	42.9	62	武汉电线厂	
16	6/1.8	1/1.8	7390	2.178	5.4	62	78		
25	6/2.2	1/2.2	11000	1.458	6.6	92	100		
35	6/2.8	1/2.8	12400	0.9	8.4	150	131		
50	6/3.2	1/3.2	22700	0.698	9.6	196	153		
70	6/3.8	1/3.8	32000	0.489	11.4	275	185		
95	28/2.07	7/1.8	51100	0.356	13.7	401	235		
95	7/4.14	7/1.8	48000	0.353	13.7	398	220		
120	28/2.3	7/2.0	52900	0.288	15.2	495	267		
120	7/4.6	7/2.0	52900	0.286	15.2	492	245		
150	28/2.53	7/2.2	71600	0.239	17.0	589	310		
185	28/2.88	7/2.5	92700	0.184	19.0	774	350		
240	28/3.22	7/2.8	112400	0.147	21.3	969	400		
300	28/3.8	19/2.0	161200	0.106	25.2	1348	486		
400	28/4.17	19/2.2	194500	0.088	27.7	1626	542		

表 3-17

标称截面 铝/钢 (mm²)	根数/直径（根/mm）		热膨胀系数 (×10⁻⁶/℃)	弹性系数 (N/mm²)	外径 (mm)	载流量 (A)				质量 (kg/km)	生产厂	备注
	铝	钢				90℃	100℃	110℃	150℃			
50/8	6/3.2	1/3.2	19.1	81000	9.6	216	235	256	326	195.1	武汉电线厂	
70/10	6/3.8	1/3.8	19.1	81000	11.4	256	290	317	407	275.2		
70/40	12/2.72	7/2.72	15.3	107000	13.6	249	277	303	401	511.3		
95/55	12/3.2	7/3.2	15.3	107000	16	298	331	365	498	707.7		
120/7	18/2.9	1/2.9	21.2	67000	14.5	337	430	469	594	379		
120/70	12/3.6	7/3.6	15.3	107000	18	383	373	410	570	895.2		
150/8	18/3.2	1/3.2	21.2	67000	16	438	488	533	676	461.4		
150/25	26/2.7	7/2.1	18.9	77000	17.1	452	504	550	699	601		
185/10	18/3.6	1/3.6	21.2	67000	18	508	567	620	789	584		
185/30	26/2.98	7/2.32	18.9	77000	18.88	512	572	625	796	732.6		
210/10	18/3.8	1/3.8	21.2	67000	19	545	608	664	847	650.7		
210/35	26/3.22	7/2.5	18.9	77000	20.38	565	631	690	882	853.9		
240/30	24/3.6	7/2.4	19.6	74000	21.6	613	691	756	967	922.2		
240/40	26/3.42	7/2.66	18.9	77000	21.66	610	682	746	956	964.3		
300/20	45/2.93	7/2.95	20.9	64000	23.43	697	778	850	1084	1002		
300/50	26/3.83	7/2.98	18.9	77000	24.26	702	786	861	1105	1210		
300/70	30/3.6	7/3.6	17.8	82000	25.2	718	805	882	1134	1402		
400/25	45/3.33	7/2.22	20.9	64000	26.64	817	913	999	1276	1295		
400/50	54/3.07	7/3.07	19.3	70000	27.63	821	916	998	1269	1511		
400/95	30/4.16	19/2.5	18	80000	29.14	863	970	1065	1374	1860		
500/35	45/3.75	7/2.5	20.9	64000	30	944	1057	1156	1481	1642		
500/65	54/3.44	7/3.44	19.3	70000	30.96	950	1062	1159	1478	1897		
630/45	45/4.2	7/2.8	20.9	64000	33.6	1083	1211	1325	1701	2060		
630/80	54/3.87	19/2.32	19.4	68000	34.82	1091	1221	1331	1698	2388		
800/55	45/4.8	7/3.2	20.9	64000	38.4	1268	1424	1559	2012	2690		
800/100	54/4.33	19/2.6	19.4	68000	38.98	1251	1386	1508	1933	2991		
1440/120	84/4.16	19/2.8	23.6	72080	51.36				2580	4928		

六、橡皮绝缘导线

（一）用途

橡皮绝缘导线适用于交流额定电压500V及以下或直流电压1000V及以下的电气设备连接线和照明装置。

（二）技术数据

(1) BLXF (BXF) 型单芯橡皮绝缘导线技术数据及外形尺寸见表3-18。

表 3-18

标称截面 (mm²)	外　径 (mm)	根数/直径 (根/mm)	质量 (kg/km)		生产厂	备　注
			BXLF	BXF		
0.75	3.4	1/0.97		16.6	②	
1	3.5	1/1.13		19.8	⑥	
1.5	3.7	1/1.37		25.3	⑯	
2.5	4.1	1/1.76	20.6	35.7	㉓	
4	4.6	1/2.24	27.1	51.5	㉖	
6	5.6	1/2.73	39.8	76.1	㉛	
10	7.0	7/1.33	62.1	123.08	㉗	
16	8.7	7/1.7	95.3	195.6	⑭⑲	
25	10.1	7/2.12	132.5	287.5	⑦⓪	
35	11.8	7/2.5	181.5	396.9	⑥⑦	
50	13.6	19/1.83	237.6	550.4	㉒	
70	15.7	19/2.12	315.1	734.8	⑯⑤	
95	17.7	19/2.54	11.2	994.9	⑳	

(2) BXR 型铜芯橡皮绝缘导线技术数据及外形尺寸见表 3-19。

表 3-19

标称截面 (mm²)	质　量 (kg/km)	外　径 (mm)	生产厂	备　注
0.75	20.2	4.5	②⑥ ⑳㉓ ㉖㉛ ㉗⑭⑲ ⑦⓪⑥⑦ ㉒⑯⑤	
1	23.68	4.7		
1.5	29.52	5.0		
2.5	41.32	5.6		
4	59.5	6.2		
6	82.36	6.8		
10	129.98	8.2		
16	202.82	10.1		
25	324.33	12.6		
35	417.4	13.8		
50	568.7	15.8		
70	713.88	18.4		
95	1049.25	21.4		
120	1082.06	22.2		
150	—	24.9		
185	—	27.3		
240	—	30.8		
300	—	34.6		
400	—	38.8		

(3) BLXE、BXE、BXRE 型双层橡皮绝缘导体技术数据及外形尺寸见表 3-20。

表 3-20

标称截面 (mm²)	BLXE		BXE		BXRE		生产厂	备　注
	外径 (mm)	质量 (kg/km)	外径 (mm)	质量 (kg/km)	外径 (mm)	质量 (kg/km)		
0.75			3.4	17.7	3.6	18	黄石市电线厂	
1			3.5	20.9	3.7	22		
1.5			3.7	27	3.9	27.4		
2.5	4.1	22	4.1	38	4.4	39.1		
4	4.6	29	4.6	77	5.0	55		
6	5.6	43	5.6	124	6.1	80.4		
10	7.0	64	7.0	188	7.7	131.3		
16	8.7	87	8.7	289	9.4	189.1		
25	10.1	134	10.1	391	11.4	304.4		
35	11.8	172	11.8	551	13.0	404.4		
50	13.6	238	13.6	748	14.6	544.6		
70	15.7	321	15.7	1001	17.6	774.7		
95	17.7	416	17.7	1214.8	19.5	1031.3		
120	19.2	480.9	19.2	1522	21.2	1247.5		
150	21.5	600.3	21.5	1891.85	23.9	1536.4		
185	23.9	745	23.9	2485.8	26.4	1943.5		
240	26.5	966.18	26.5					

(4)BLX、BX型橡皮绝缘导线技术数据及外形尺寸见表3－21。

表3－21

标称截面	BLX								BX								生产厂	备注
	单芯		二芯		三芯		四芯		单芯		二芯		三芯		四芯			
(mm²)	外径(mm)	质量(kg/km)	外径(mm)	质量(kg/km)	外径(mm)	质量(kg/km)	外径(mm)	质量(kg/km)	外径(mm)	质量(kg/km)	外径(mm)	质量(kg/km)	外径(mm)	质量(kg/km)	外径(mm)	质量(kg/km)		
1.5									4.8	27.42	9.2	65.8	9.7	98.8	10.7	131.7	②⑥⑯㉓㉖㉛㊲㊺(70)(67)㉒(165)⑳(126)(68)(166)(135)(138)(139)	
2.5	5.2	25.6	10.0	65.7	10.7	85.5	11.7	113.9	5.2	38.02	10.0	87.8	10.7	132.3	11.7	176.3		
4	5.8	32.7	11.1	71.2	11.8	106.8	13.0	142.4	5.8	54.1	11.1	121.7	11.8	182.6	13.0	243.5		
6	6.3	41.0	12.2	87.8	13	131.7	14.3	175.6	6.3	74.75	12.2	159.1	13.0	244.3	14.3	325.7		
10	8.1	69.9	15.8	151.6	16.9	227.4	18.7	303.2	8.1	126.84	15.8	278.8	16.9	418.2	16.7	557.6		
16	9.4	97.7	18.3	207.6	19.5	311.4	21.7	415.2	9.4	193.17	18.3	415.6	19.5	623.4	21.7	831.2		
25	11.2	143.7	21.9	304.5	23.5	456.8	26.1	609	11.2	293.24	21.9	669.2	23.5	941.8	26.1	1255.7		
35	12.4	182.1	24.4	385.6	26.2	578.5	29.1	771.3	12.4	398.03	24.4	835.1	26.2	1252.8	29.1	1670.4		
50	14.7	250.5	28	527.7	31	791.5	34.6	1055.4	14.7	558.51	28.9	1187.3	31.0	1780.9	34.6	1780.9		
70	16.4	315.3	32.3	660.1	34.7	990.2	38.7	1320.2	16.4	728.76	32.3	1545.0	34.7	2317.5	38.7	3089.9		
95	19.5	425.5	38.5	889.5	41.4	1335.5	46.1	1780.7	19.5	1004.54	38.5	2120.7	41.4	3182.3	46.1	4243.1		
120	20.2	506.7	39.9	1050.5	42.9	1576.4	47.8	2095.8	20.2	1225.73								
150	22.3	629.9							22.3	1333.21								
185	24.7	776.5							24.7	1915.3								
240	27.9	998							27.9	2504								
300	30.8	1226.5							30.8	31025								
400	34.5	1560							34.5	3998.1								
500	38.2	—							38.2	5007.12								
630	42.5	—																

(5) BX型附有接地线芯的橡皮绝缘导线技术数据及外形尺寸见表3-22。

表 3-22

二芯			三芯			生产厂	备注
标称截面 (mm²)	外径 (mm)	质量 (kg/km)	标称截面 (mm²)	外径 (mm)	质量 (kg/km)		
2×1.5+1×1	9.7	93.31	3×1.5+1×1.0	10.7	125	② (165) ⑥ ⑳ ⑯ (126) ㉓ (68) ㉖ (166) ㊲ (135) ㉛ (138) (145) (139) (70) (67) ㉒	
2×2.5+1×1.5	10.7	123.77	3×2.5+1×1.5	11.7	169		
2×4+1×2.5	11.8	170.93	3×4+1×2.5	13	232		
2×6+1×4	13.0	229.83	3×6+1×4	14.3	317		
2×10+1×6	16.9	370.82	3×10+1×6	18.7	522		
2×16+1×6 (10)	19.5	524.22	3×16+1×6 (10)	21.7	715		
2×25+1×10 (16)	23.5	819.11	3×25+1×10 (16)	26.1	1104		
2×35+1×10 (16)	26.2	1034.16	3×35+1×10 (16)	29.1	1418		
			3×50+1×16 (25)	34.6	2013		
			3×70+1×25 (35)	38.7	3000		
			3×95+1×35 (50)	46.1	4042		

注 表中带有括号的数字为新标准加大后的中性线截面。

(6) RXB型橡皮绝缘平型软导线技术数据及外形尺寸见表3-23。

表 3-23

标称截面 (mm²)	股数×根数/直径 (mm)	外径 (mm)	质量 (kg/km)	生产厂	备注	标称截面 (mm²)	股数×根数/直径 (mm)	外径 (mm)	质量 (kg/km)	生产厂	备注
2×0.4	2×23/0.15	2.7×5.4	23	沈阳市电线厂		2×1	2×32/0.2	3.5×7	44	沈阳市电线厂	
2×0.5	2×28/0.15	28×5.6	28			2×1.5	2×48/0.2	3.8×7.6	55		
2×0.6	2×34/0.15	2.9×5.8	32			2×2	2×64/0.2	4.3×8.6	70		
2×0.75	2×42/0.15	3.1×6.2	39			2×2.5	2×77/0.2	4.7×9.4	80		

七、聚氯乙烯绝缘导线

(一) 用途

聚氯乙烯绝缘导线适用于交流额定电压500V及以下或直流电压1000V及以下的电气装置、电工仪表、动力及照明线路。

(二) 技术数据

(1) 电压500V单芯聚氯乙烯绝缘导线技术数据及外形尺寸见表3-24。

表 3-24

标称截面 (mm²)	外径 (mm)		质量 (kg/km)				生产厂	备注
	BV BLV	BVV BLVV	BV	BLV	BVV	BLVV		
0.75	2.4	3.9	10.48	—	18.64	—	⑯ ⑩ ⑳ ㉒ ㉓ ㉔ ㉚ ㉜ ㉛ ㉞ ㉗ (143) (161)	
1	2.6	4.1	13.23	—	21.84	16.11		
1.5	3.3	4.4	20.31	12	27.31	18.81		
2.5	3.7	4.8	30.12	16	37.9	23.45		
4	4.2	5.3	45.11	22	53.86	30.16		
6	4.8	6.5	63.76	28	80.37	45.2		
10	6.6	8.4	110.93	52	132.46	73.86		
16	7.8		173.43	76				
25	9.6		267.99	117				
35	10.9		363.66	153				
50	13.2		521.48	215				
70	14.7		687.97	280				
95	17.3		952.65	380				
120	18.1		1168.2	449				
150	20.2		1465.89	551				
185	22.2		1807.54	668				

(2) 电压500V二芯及三芯聚氯乙烯绝缘平型导线技术数据及外形尺寸见表3-25。

表 3-25

标称截面（mm^2）	外径（mm）				质量（kg/km）				生产厂	备注
	BV	BLV	BVV		BV	BLV	BVV			
	二芯		二芯	三芯	二芯		二芯	三芯		
0.75	2.4×4.8		3.9×6.3	4.2×8.9	20.96		34.37	52.69	①㉜	
1	2.6×5.2		4.1×6.7	4.3×9.5	26.46		40.86	62.54	⑯㉛	
1.5	3.3×6.6	3.3×6.6	4.4×7.2	4.6×10.2	40.62	23	51.83	79.34	⑩㉞	
2.5	3.7×7.4	3.7×7.4	4.8×8.1	5×11.5	60.74	31	73.25	111.91	⑳㉗	
4	4.2×8.4	4.2×8.4	5.3×9.1	5.5×13.1	90.22	43	105.56	160.97	㉒(143)	
6	4.8×9.6	4.8×9.6	6.5×11.3	7×16.5	127.52	57	158.39	245.82	㉓(161)	
10	6.6×13.2	6.6×13.2	8.4×14.5	8.8×21.1	221.86	104	261.58	402.62	㉔ ㉚	

八、聚氯乙烯绝缘电力电缆

（一）用途

聚氯乙烯绝缘电力电缆适用于交流50Hz、额定电压6kV及以下的输配线路。该产品除具有良好的电气性能以外，还具有耐酸、耐碱、耐盐和有机溶剂，电缆敷设不受落差限制，质量轻、安装维护简便等优点。

（二）技术数据

(1) 电压0.6/1kV聚氯乙烯（PVC）绝缘电力电缆技术数据及外形尺寸见表3-26。

表 3-26

标称截面（mm^2）	单芯电缆					二芯电缆					三芯电缆					备注
	外径（mm）	质量（kg/km）				外径（mm）	质量（kg/km）				外径（mm）	质量（kg/km）				
		VV	VY	VLV	VLY		VV	VY	VLV	VLY		VV	VY	VLV	VLY	
1.5	5.98	49	40	40	31	9.88	118	101	99	83	10.3	146	129	118	101	
2.5	6.38	62	52	47	37	10.68	145	127	114	96	11.2	185	165	138	119	
4	7.24	85	74	61	50	12.40	197	175	147	126	13.0	255	232	181	159	
6	7.73	101	95	71	59	13.38	244	220	171	147	14.1	322	297	212	188	
10	8.52	150	137	90	76	14.96	334	307	212	186	15.8	451	423	269	241	
16	9.45	212	196	116	100	16.82	462	432	269	238	17.8	637	605	346	314	
25	11.82	335	315	175	155	18.16	707	664	395	352	20.2	1005	957	536	488	
35	12.96	438	415	215	193	19.56	908	861	475	429	22.0	1301	1249	653	600	
50	14.70	579	552	278	251	21.94	1188	1135	603	550	24.9	1712	1652	835	774	
70	16.50	794	764	359	329	24.38	1611	1552	764	705	27.7	2341	2273	1071	1003	
95	18.80	1075	1041	472	438	27.60	2174	2107	1002	934	32.7	3245	3146	1486	1387	
120	21.41	1370	1319	607	556	30.62	2730	2637	1247	1154	35.2	3980	3872	1756	1648	
150	23.35	1664	1608	727	671	33.40	3307	3205	1485	1383	38.6	4836	4717	2104	1985	
185	25.64	2059	1996	884	822	36.64	4089	3977	1801	1689	43.3	6083	5923	2651	2491	
240	28.65	2659	2589	1115	1045						48.3	7831	7651	3327	3147	
300	31.48	3295	3217	1358	1280						52.9	9657	9459	4029	3831	
400	34.85	4158	4071	1680	1594											
500	39.40	5264	5142	2141	2019											
630	43.60	6758	6622	2663	2527											
800	47.89	8487	8337	3258	3108											
1000	53.80	10678	10476	4107	3906											

续表

标称截面 (mm²)	四芯电缆					(3+1)芯电缆					生产厂	备注
	外径 (mm)	质量 (kg/km)				外径 (mm)	质量 (kg/km)					
		VV	VY	VLV	VLY		VV	VY	VLV	VLY		
1.5											① ⑥ ⑱ ⑳ ㉓ ㉖ ㉚ ㉜ ㉟ (145) (160)	
2.5												
4	14.1	303	278	205	180	13.7	291	267	202	178		
6	15.3	390	363	244	217	15.0	379	352	245	218		
10	17.2	559	528	317	286	16.9	529	499	311	280		
16	20.5	846	797	458	409	20.1	796	748	407	397		
25	22.1	1290	1237	665	612	21.3	1179	1128	614	563		
35	24.3	1682	1624	818	759	23.4	1480	1423	735	678		
50	27.5	2222	2155	1052	985	26.8	1996	1931	962	897		
70	32.0	3124	3027	1430	1333	29.9	2719	2645	1233	1159		
95	36.5	4237	4125	1892	1780	34.6	3736	3631	1684	1579		
120	39.5	5213	5091	2247	2124	37.5	4675	4560	2027	1912		
150	44.2	6436	6272	2793	2630	40.6	5528	5402	2373	2247		
185	48.7	7978	7797	3402	3221	45.7	7042	6873	3024	2855		
240						50.8	9023	8834	3779	3590		
300						56.8	11245	10999	4706	4460		
400												
500												
630												
800												
1000												

(2) 电压 1.8/3kV 聚氯乙烯（PVC）绝缘电力电缆技术数据及外形尺寸见表 3-27。

(3) 电压 3/3kV 聚氯乙烯（PVC）绝缘电力电缆技术数据及外形尺寸见表 3-28。

(4) 电压 3.6/6kV 聚氯乙烯（PVC）绝缘电力电缆技术数据及外形尺寸见表 3-29。

(5) 电压 6/6kV 聚氯乙烯（PVC）绝缘电力电缆技术数据及外形尺寸见表 3-30。

(6) 电压 0.6/1kV 聚氯乙烯（PVC）绝缘阻燃电力电缆技术数据及外形尺寸见表 3-31。

(7) 电压 3.6/6kV 聚氯乙烯（PVC）绝缘阻燃电力电缆技术数据及外形尺寸见表 3-32。

九、交联聚乙烯绝缘电力电缆

(一) 用途

该产品适用于交流 50Hz，额定电压 1～110kV 输配电系统中，并可逐步取代常规的纸绝缘电力电缆。

(二) 技术数据

(1) 电压 3.6/6kV 交联聚乙烯绝缘单芯电力电缆技术数据及外形尺寸见表 3-33。

(2) 电压 6/6kV、6/10kV 交联聚乙烯绝缘单芯电力电缆技术数据及外形尺寸见表 3-34。

(3) 电压 8.7/10kV、8.7/15kV 交联聚乙烯绝缘单芯电力电缆技术数据及外形尺寸见表 3-35。

(4) 电压 26/35kV 交联聚乙烯绝缘单芯电力电缆技术数据及外形尺寸见表 3-36。

(5) 电压 8.7/10kV 交联聚乙烯绝缘阻燃电力电缆技术数据及外形尺寸见表 3-37。

(6) 电压 12/20kV、26/35kV 交联聚乙烯绝缘阻燃电力电缆技术数据及外形尺寸见表 3-38。

表 3-27

标称截面 (mm^2)	单芯电缆					二芯电缆					三芯电缆					四芯电缆					生产厂	备注
	外径 (mm)	质量(kg/km)				外径 (mm)	质量(kg/km)				外径 (mm)	质量(kg/km)				外径 (mm)	质量(kg/km)					
		VV	VY	VLV	VLY		VV	VY	VLV	VLY		VV	VY	VLV	VLY		VV	VY	VLV	VLY		
4																21.7	626	574	528	476	①⑥⑱⑳㉓㉖㉚㉜㉟⑭⑤⑯⓪	
6																22.9	733	678	587	532		
10	12.6	290	268	229	207	21.5	604	552	483	431	22.7	769	714	587	533	24.8	935	875	692	632		
16	13.5	364	340	268	244	23.4	758	701	564	508	24.7	986	926	696	636	27.0	1217	1151	830	764		
25	15.5	505	477	345	317	22.9	961	906	649	594	25.3	1324	1263	855	794	26.8	1656	1591	1031	965		
35	16.6	622	592	400	370	24.3	1182	1123	750	691	27.1	1647	1581	999	933	29.0	2082	2011	1218	1146		
50	18.0	769	736	468	435	25.9	1455	1392	870	807	29.2	2048	1976	1171	1099	32.4	2679	2580	1509	1410		
70	20.8	1049	999	614	564	28.3	1906	1837	1059	990	32.9	2783	2682	1512	1412	36.0	3569	3459	1875	1765		
95	22.7	1342	1287	739	684	31.8	2529	2433	1357	1260	36	3614	3504	1856	1745	39.7	4668	4545	2323	2200		
120	24.3	1614	1555	852	793	33.8	3047	2944	1564	1461	38.6	4378	4259	2153	2034	43.7	5771	5610	2805	2643		
150	25.8	1906	1843	969	907	35.8	3601	3491	1779	1669	42.1	5288	5133	2556	2401	46.6	6865	6692	3222	3050		
185	27.7	2300	2232	1125	1057	39.2	4439	4296	2151	2008	44.9	6411	6245	2979	2813	50.3	8358	8171	3782	3595		
240	30.3	2901	2826	1357	1282						49.1	8115	7933	3611	3428							
300	33.2	3562	3479	1625	1543						53.7	9971	9770	4343	4142							
400	36.5	4455	4364	1977	1886																	
500	41.1	5596	5469	2473	2346																	
630	45.3	7127	6986	3032	2891																	
800	49.6	8895	8740	3666	3511																	
1000	55.5	11132	10925	4562	4355																	

表 3-28

标称截面 (mm²)	单芯电缆					二芯电缆					三芯电缆					四芯电缆					生产厂	备注
	外径 (mm)	质量(kg/km)				外径 (mm)	质量(kg/km)				外径 (mm)	质量(kg/km)				外径 (mm)	质量(kg/km)					
		VV	VY	VLV	VLY		VV	VY	VLV	VLY		VV	VY	VLV	VLY		VV	VY	VLV	VLY		
4															25.5	795	732	696	634		①⑥⑱⑳㉓㉖㉚㉜㉟⑭⑤⑯⓪	
6															26.7	909	843	763	698			
10	14.2	344	318	283	258	24.7	719	659	598	538	26.2	918	854	736	673	28.6	1121	1051	878	808		
16	15.1	421	394	325	298	26.6	879	814	686	621	28.2	1145	1076	854	785	30.9	1416	1340	1028	952		
25	17.1	569	538	409	378	26.1	1098	1034	785	722	28.7	1508	1438	1039	969	30.0	1874	1800	1249	1175		
35	18.2	690	657	468	435	27.5	1328	1260	895	828	30.6	1843	1768	1195	1120	33.2	2385	2284	1521	1419		
50	20.6	883	834	582	533	29.1	1610	1539	1025	954	33.6	2327	2225	1450	1347	35.6	2936	2827	1766	1657		
70	22.4	1131	1077	696	642	32.5	2141	2041	1294	1194	36.4	3019	2907	1748	1636	39.2	3852	3731	2158	2037		
95	24.3	1430	1371	827	768	35.0	2717	2610	1545	1438	39.5	3870	3748	2111	1989	43.9	5069	4907	2724	2562		
120	25.9	1708	1645	945	882	37.0	3247	3133	1764	1650	43.0	4740	4581	2515	2357	46.9	6109	5935	3142	2969		
150	27.4	2005	1938	1068	1001	39.9	3894	3748	2073	1926	45.5	5583	5415	2851	2683	49.8	7225	7039	3582	3397		
185	29.3	2405	2333	1230	1158	42.4	4670	4514	2382	2226	48.4	6726	6547	3294	3115	53.5	8744	8544	4168	3968		
240	31.9	3015	2936	1471	1392						52.5	8457	8261	3953	3757							
300	34.4	3654	3569	1717	1632						57.3	10368	10120	4740	4492							
400	38.3	4602	4484	2124	2006																	
500	41.5	5633	5505	2510	2382																	
630	45.7	7168	7026	3073	2931																	
800	50.0	8939	8782	3710	3554																	
1000	55.5	11132	10925	4562	4355																	

表 3-29

标称截面 (mm^2)	单芯电缆					二芯电缆					三芯电缆					生产厂	备注
	外径 (mm)	质量 (kg/km)				外径 (mm)	质量 (kg/km)				外径 (mm)	质量 (kg/km)					
		VV	VY	VLV	VLY		VV	VY	VLV	VLY		VV	VY	VLV	VLY		
10	15.0	372	346	312	286	26.3	781	717	660	595	27.9	999	931	817	749	①⑥⑱⑳㉓㉖㉚㉜㉟(145)(160)	
16	15.9	452	423	356	327	28.2	944	875	751	682	29.9	1231	1157	940	866		
25	17.9	603	570	442	410	27.7	1170	1102	858	790	30.5	1606	1531	1137	1062		
35	20.0	767	720	545	497	29.1	1404	1333	972	901	33.3	2017	1915	1368	1267		
50	21.4	923	872	622	571	31.7	1758	1662	1173	1077	35.3	2442	2333	1564	1456		
70	23.2	1174	1118	739	683	34.1	2231	2127	1384	1280	38.1	3142	3025	1872	1755		
95	25.1	1476	1415	873	812	36.6	2815	2703	1643	1530	41.2	4004	3876	2245	2117		
120	26.7	1756	1691	994	929	39.6	3433	3289	1950	1806	44.7	4886	4720	2661	2496		
150	28.2	2056	1987	1120	1051	41.6	4006	3854	2165	2032	47.2	5737	5562	3005	2830		
185	30.1	2460	2385	1285	1211	44.0	4790	4627	2502	2339	50.1	6890	6704	3458	3272		
240	32.7	3074	2993	1530	1449						54.2	8634	8432	4130	3928		
300	35.2	3717	3630	1780	1693						59.0	10562	10306	4934	4678		
400	39.1	4672	4551	2194	2074												
500	42.3	5709	5577	2585	2454												
630	46.5	7251	7105	3156	3010												
800	51.8	9138	8945	3909	3716												
1000	56.3	11232	11021	4661	4451												

表 3-30

标称截面 (mm^2)	单芯电缆					二芯电缆					三芯电缆					生产厂	备注
	外径 (mm)	质量 (kg/km)				外径 (mm)	质量 (kg/km)				外径 (mm)	质量 (kg/km)					
		VV	VY	VLV	VLY		VV	VY	VLV	VLY		VV	VY	VLV	VLY		
10	17.2	457	426	397	366	30.7	960	885	839	763	32.6	1236	1155		973	①⑥⑱⑳㉓㉖㉚㉜㉟(145)(160)	
16	19.1	535	535	484	439	32.6	1132	1051	938	857	35.6	1554	1444	1054	1154		
25	21.1	693	693	583	533	33.1	1445	1344	1132	1031	36.2	1961	1850	1263	1381		
35	22.2	820	820	651	598	34.5	1693	1588	1261	1155	38.0	2321	2204	1492	1556		
50	23.6	978	978	734	677	36.1	1996	1885	1411	1300	40.1	2762	2638	1673	1761		
70	25.4	1231	1231	858	796	38.5	2483	2346	1636	1517	43.9	3578	3417	1885	2146		
95	27.3	1537	1537	1000	934	41.9	3173	3019	2000	1846	47.0	4471	4297	2308	2538		
120	28.9	1820	1820	1128	1057	44.0	3727	3565	2244	2082	49.5	5284	5100	2712	2876		
150	30.4	2122	2122	1260	1185	46.0	4313	4143	2491	2321	52.0	6156	5962	3060	3230		
185	32.3	2528	2528	1433	1353	48.4	5113	4933	2825	2645	54.8	7333	7128	3424	3696		
240	34.9	3147	3147	1689	1603						60.0	9237	8976	3901	4472		
300	38.4	3848	3848	2030	1912						63.7	11079	10801	—	5173		
400	41.3	4730	4730	2381	2253												
500	44.5	5770	5770	2785	2646												
630	48.7	7315	7315	3372	3220												
800	54.0	9175	9175	4148	3946												
1000	58.5	11270	11270	4919	4700												

表 3-31

标称截面 (mm²)	单芯			二芯						三芯					
	ZRC(A)—VV ZRC(A)—VLV			ZRC(A)—VV ZRC(A)—VLV			ZRC(A)—VV22 ZRC(A)—VLV22			ZRC(A)—VV ZRC(A)—VLV			ZRC(A)—VV22 ZRC(A)—VLV22		
	外径 (mm)	质量(kg/km) 铜芯	铝芯	外径 (mm)	质量(kg/km) 铜芯	铝芯	外径 (mm)	质量(kg/km) 铜芯	铝芯	外径 (mm)	质量(kg/km) 铜芯	铝芯	外径 (mm)	质量(kg/km) 铜芯	铝芯
1.5	7.2	75		7.8×10.8①	120					11.2	165				
2.5	7.6	90	75	8.2×11.5①	145	115				12.1	205	160			
4	8.5	115	90	9.1×13.3①	200	145	16.3	435	385	14	280	220	17	500	430
6	9.0	140	105	9.5×14.3①	250	185	17.3	500	435	15	355	250	18	590	490
10	9.8	190	125	15.9	390	260	18.9	660	525	16.7	515	325	19.7	780	590
16	10.7	250	155	17.7	530	330	20.1	835	635	18.7	715	420	21.7	1015	715
25	12.6	370	215	17.6	685	375	20.6	990	675	20.1	995	530	23.2	1315	850
35	13.6	470	255	19.2	890	460	22.2	1230	785	22.1	1305	650	25.1	1555	905
50	15.3	640	330	21.8	1225	605	24.8	1605	975	25.7	1815	880	28.9	2240	1305
70	17.0	850	415	24.2	1635	765	27.2	2065	1180	28.3	2420	1120	32.3	2910	1605
95	19.0	1115	525							32.6	3230	1460	36.8	3815	2050
120	21.0	1360	620							35.6	3985	1750	39.8	4625	2390
150	23.0	1670	740							39.7	4965	2170	43.7	5655	2860
185	24.6	2040	900							43.8	6080	2635	48	6870	3420
240	27.8	2600	1115							49.4	7815	3435	54	8695	4230
300	30.4	3225	1365							54.3	9680	4090	58.9	10650	5060
400	34.2	4230	1755												
500	37.6	5240	2140												
630	41.2	6500	2600												
800	45.6	8135	3180												

标称截面 (mm²)	(3+1)芯						四芯						生产厂	备注
	ZRC(A)—VV ZRC(A)—VLV			ZRC(A)—VV22 ZRC(A)—VLV22			ZRC(A)—VV ZRC(A)—VLV			ZRC(A)—VV22 ZRC(A)—VLV22				
	外径 (mm)	质量(kg/km) 铜芯	铝芯	外径 (mm)	质量(kg/km) 铜芯	铝芯	外径 (mm)	质量(kg/km) 铜芯	铝芯	外径 (mm)	质量(kg/km) 铜芯	铝芯		
1.5														
2.5														
4	14.5	325	240	17.6	565	475	15.1	350	255	18.1	595	500		
6	15.8	420	290	18.7	675	560	16.3	445	305	19.3	710	580		
10	17.6	645	410	20.6	945	705	18.2	650	400	21.2	925	705		
16	19.7	960	545	22.7	1250	865	20.4	915	520	23.4	1260	860		
25	22.2	1190	625	25.2	1550	990	23.4	1305	680	26.4	1685	1065		
35	24.5	1505	745	27.7	1920	1165	25.9	1715	845	29.1	2150	1280		
50	28.8	2100	1015	32.7	2830	1745	30.1	2400	1160	34.2	3145	1905		
70	31.6	2810	1295	35.6	3610	2090	33.7	3215	1480	37.9	4070	2330	㉓	
95	37.1	3810	1730	41	4740	2660	39	4300	1940	43.2	5285	2925		
120	39.8	4760	2090	44	5780	3110	42.3	5320	2340	46.3	6360	3380		
150	44.2	5725	2495	48.3	6860	3635	47.2	6605	2880	51.8	7790	4065		
185	48.9	7125	3090	52.9	8410	4370	52.1	8115	3520	56.7	9420	4825		
240	54.9	9110	3890	59.3	10510	5290								
300	60.8	11290	4770	65.2	12840	6325								
400														
500														
630														
800														

① 此数据表示该电缆为扁平结构。

表 3-32

标称截面 (mm²)	单芯			三芯												生产厂	备注
	ZRC(A)—VV ZRC(A)—VLV			ZRC(A)—VV ZRC(A)—VLV			ZRC(A)—VV22 ZRC(A)—VLV22			ZRC(A)—VV32 ZRC(A)—VLV32			ZRC(A)—VV42 ZRC(A)—VLV42				
	外径 (mm)	质量(kg/km) 铜芯	铝芯	外径 (mm)	质量(kg/km) 铜芯	铝芯	外径 (mm)	质量(kg/km) 铜芯	铝芯	外径 (mm)	质量(kg/km) 铜芯	铝芯	外径 (mm)	质量(kg/km) 铜芯	铝芯		
10	14.9	370	310	22.4	1040	850	31.6	1730	1535							㉓	
16	15.8	450	350	29.6	1305	1005	33.6	2030	1730	35.8	2650	2350	40	4020	3720		
25	17.3	570	415	30.2	1535	1065	34.4	2290	1820	36.4	2915	2450	40.8	4290	3820		
35	18.3	690	470	32.3	1900	1250	36.3	2690	2035	38.5	3380	2730	42.7	4855	4205		
50	19.6	850	550	35.1	2430	1500	39.1	3285	2350	41.3	4030	3100	45.5	5610	4680		
70	21.3	1085	650	37.5	3085	1780	41.7	4015	2710	45.1	5220	3920	48.3	6625	5325		
95	22.9	1355	765	41.1	3930	2160	45.3	4945	3180	48.7	6250	4480	52	7700	5930		
120	24.9	1620	875	44.1	4740	2505	48.1	5650	3415	51.7	7205	4970	55	8645	6410		
150	26.5	1935	1005	47.1	5695	2905	51.5	6680	3885	54.8	8345	5550	58	9930	7135		
185	28.1	2295	1145	50.3	6795	3350	54.8	8025	4580	58.2	9650	6205	61.4	11280	7835		
240	30.4	2860	1375	54.6	8485	4015	59.3	9850	5380	62.9	11635	7165	66.1	13375	8905		
300	32.8	3475	1610	58.8	10285	4700	63.3	11535	5945	67.2	13695	8110	70.4	15545	9955		
400	36.3	4485	2000														
500	39.3	5480	2375														
630	42.8	6765	2850														
800	47.2	8455	3490														

表 3-33

标称截面 (mm²)	外径 (mm)	质量 (kg/km)		20℃时直流电阻 (Ω/km)		制造长度 (m)	工作电容 (μF/km)	载流量 (A)				生产厂	备注
								空气中		土壤中			
		YJV	YJLV	YJV	YJLV			YJV	YJLV	YJV	YJLV		
25	20	685	520	0.727	1.2	400	0.24	170	130	170	135	⑥ ㉓ ㉟ ⑫	
35	21	770	580	0.524	0.868	400	0.26	205	165	205	165		
50	23	980	660	0.387	0.641	400	0.3	245	195	240	185		
70	24	1220	750	0.268	0.443	400	0.34	305	245	295	235		
95	26	1500	890	0.193	0.320	400	0.38	365	295	345	275		
120	27	1780	1010	0.153	0.253	300	0.42	415	335	385	310		
150	29	2170	1200	0.124	0.206	300	0.46	460	380	420	345		
185	31	2430	1240	0.0991	0.164	300	0.5	515	420	465	380		
240	33	3240	1580	0.0754	0.125	200	0.54	590	495	530	435		
300	37	4570	2210	0.0601	0.1	200	0.56	655	555	580	480		
400	41	4990	2430	0.047	0.0778	200	0.61	755	655	650	550		
500	45	6050	2810	0.0366	0.0605	200	0.63	835	725	710	610		
630	49	7430	3420	0.0469	0.7	200	0.7	920	805	770	665		
800	54		3940	0.0367	0.78	200	0.78						
1000	58		4680	0.0291	0.87	200	0.87						

表 3-34

标称截面(mm²)	外径(mm)	质 量(kg/km)		20℃时直流电阻(Ω/km)		制造长度(m)	工作电容(μF/km)	载 流 量 (A)				生产厂	备注
								空 气 中		土 壤 中			
		YJV	YJLV	YJV	YJLV			YJV	YJLV	YJV	YJLV		
25	22	750	590	0.727	1.2	400	0.19	170	130	170	135		
35	23	860	640	0.524	0.868	400	0.21	205	165	205	165		
50	25	1150	780	0.387	0.641	400	0.23	245	195	240	185		
70	26	1390	890	0.268	0.443	400	0.27	305	245	295	235		
95	28	1690	1010	0.193	0.320	300	0.3	365	295	345	275		
120	29	2010	1130	0.153	0.253	300	0.32	415	335	385	310		
150	31	2320	1300	0.124	0.206	300	0.35	460	380	420	345	⑥	
185	32	2630	1430	0.0991	0.164	300	0.38	515	420	465	380	㉓	
240	36	3110	1580	0.0754	0.125	200	0.42	590	495	530	435	㉟	
300	38	4570	2220	0.0601	0.1	200	0.47	655	555	580	480	⑫	
400	42	4990	2410	0.047	0.0778	200	0.55	755	655	650	550		
500	46	6030	2870	0.0366	0.0605	200	0.6	835	725	710	610		
630	49	7350	3350	0.0469	0.7	200	0.66	920	805	770	665		
800	55		3980	0.0367	0.78	200	0.74						
1000	59		4710	0.0291	0.87	200	0.82						

表 3-35

标称截面(mm²)	外径(mm)	质 量(kg/km)		20℃时直流电阻(Ω/km)		制造长度(m)	工作电容(μF/km)	载 流 量 (A)				生产厂	备注
								空 气 中		土 壤 中			
		YJV	YJLV	YJV	YJLV			YJV	YJLV	YJV	YJLV		
25	24	810	670	0.727	1.2	400	0.15	170	130	170	135		
35	25	960	750	0.524	0.868	400	0.18	2.5	165	205	165		
50	27	1240	870	0.387	0.641	400	0.19	245	195	240	185		
70	28	1500	990	0.268	0.443	300	0.21	305	245	295	235		
95	30	1810	1120	0.193	0.32	300	0.24	365	295	345	275		
120	31	2010	1180	0.153	0.253	300	0.26	415	335	385	310		
150	33	2430	1410	0.124	0.206	300	0.28	460	380	420	345	⑥	
185	34	2850	1670	0.0991	0.164	300	0.3	515	420	465	380	㉓	
240	38	3610	2070	0.0754	0.125	200	0.34	590	495	530	435	㉟	
300	40	4680	2350	0.0601	0.1	200	0.37	655	555	580	480	⑫	
400	44	5190	2640	0.047	0.0788	200	0.43	755	655	650	550		
500	48	6250	3060	0.0366	0.0605	200	0.47	835	725	710	610		
630	52	7600	3580	0.0283	0.0469	200	0.52	920	805	770	665		
800	56		4250	0.0221	0.0367	200	0.57						
1000	61		4490	0.0176	0.0291	200	0.63						

表 3-36

标称截面(mm²)	外径(mm)	质 量(kg/km)		20℃时直流电阻(Ω/km)		制造长度(m)	工作电容(μF/km)	载 流 量 (A)				生产厂	备注
								空 气 中		土 壤 中			
		YJV	YJLV	YJV	YJLV			YJV	YJLV	YJV	YJLV		
50	43	1950	1620	0.387	0.641	400	0.11	250	200	255	165		
70	44	2220	1770	0.268	0.443	400	0.12	320	250	275	215		
95	46	2520	1920	0.193	0.32	400	0.13	385	300	325	255		
120	47	2830	2060	0.153	0.253	400	0.14	445	345	365	285		
150	49	3280	2320	0.124	0.206	400	0.15	505	295	410	320		
185	51	3690	2510	0.0991	0.164	400	0.16	570	445	460	360	⑥	
240	54	4380	2850	0.0754	0.125	400	0.18	665	525	530	120	㉓	
300	56	5100	3180	0.0601	0.1	300	0.19	760	600	595	470	㉟	
400	59	6310	3740	0.047	0.0778	300	0.21	875	695	670	535	⑫	
500	64	7500	4290	0.0366	0.0605	300	0.23	990	795	750	605		
630	67	8920	4870	0.0283	0.0469	300	0.25	1130	915	835	685		
800	71		5670	0.0221	0.0367	200	0.28		1055		770		
1000	75		6550	0.0176	0.291	200	0.3		1185		850		

表 3-37

标称截面 (mm²)	单芯						三芯									生产厂	备注
	ZRC(A)—YJV ZRC(A)—YJLV			ZRC(A)—YJV42 ZRC(A)—YJLV42			ZRC(A)—YTV ZRC(A)—YJLV			ZRC(A)—YJV22 ZRC(A)—YJLV22			ZRC(A)—YJV42 ZRC(A)—YJLV42				
	外径 (mm)	质量(kg/km)		外径 (mm)	质量(kg/km)		外径 (mm)	质量(kg/km)		外径 (mm)	质量(kg/km)		外径 (mm)	质量(kg/km)			
		铜芯	铝芯		铜芯	铝芯		铜芯	铝芯		铜芯	铝芯		铜芯	铝芯		
25	26.3	879	724	37.8	3307	3153	49.6	2637	2169	56.2	4169	3701	62.5	7207	6739		
35	27.3	1006	790	38.8	3546	3330	52.4	3122	2464	58.6	4669	4014	64.9	7838	7138		
50	28.6	1192	883	40.3	3865	3555	55.4	3733	2794	61.7	5366	4431	67.9	8699	7763		
70	30.3	1437	1004	41.9	4229	3795	59.2	4536	3226	65.5	6282	4972	71.7	9824	8512		
95	32.1	1737	1149	43.8	4651	4063	63.2	5503	3725	69.4	7359	5581	75.7	11109	9331		
120	33.5	2016	1273	45.2	5045	4303	66.4	6415	4168	72.6	8364	6117	78.9	12290	10043	⑥	
150	35.4	2363	1434	47	5517	4587	70.1	8003	4695	76.4	9559	6751	82.6	13689	10881	㉓	
185	37	2738	1593	48.6	6011	4865	73.7	8723	5260	81	11092	7628	87.5	15477	12014	㉟	
240	39.4	3334	1848	51.1	6838	5352	79	10631	6139	87.5	14124	9632	92.5	17829	13337	⑫	
300	41.8	3977	2120	53.5	7713	5856	83.9	12643	7026	92.4	16349	10733	97.4	20270	14654		
400	46.4	5133	2657	58.1	9223	6747	96.7	17385	9883								
500	50.3	6238	3142	61.9	10677	7581											
630	54.3	7632	3732	65.6	12256	8356											

表 3-38

标称截面 (mm²)	单芯												三芯			生产厂	备注
	ZRC(A)—YJV ZRC(A)—YJLV			ZRC(A)—YJV42 ZRC(A)—YJLV42			ZRC(A)—YJV ZRC(A)—YJLV			ZRC(A)—YJV42 ZRC(A)—YJLV42			ZRC(A)—YJV ZRC(A)—YJLV				
	外径 (mm)	质量(kg/km)		外径 (mm)	质量(kg/km)		外径 (mm)	质量(kg/km)		外径 (mm)	质量(kg/km)		外径 (mm)	质量(kg/km)			
		铜芯	铝芯		铜芯	铝芯		铜芯	铝芯		铜芯	铝芯		铜芯	铝芯		
35							29.9	1135	918	41.6	3927	3310					
50	44.9	2261	1951	56.6	6231	5921	31.2	1325	1015	42.9	4231	3921	94	7452	6515		
70	46.6	2549	2116	58.3	6637	6204	33.1	1592	1159	44.8	4622	4187	97.6	8379	7066		
95	48.4	2898	2310	60.1	7213	6625	34.7	1884	1296	46.4	5033	4445	101.1	9418	7636		
120	50	3235	2493	61.5	7643	6900	36.4	2186	1439	48	5456	4713	104.1	10409	8158	⑥	
150	51.6	3614	2685	63.3	8162	7233	37.9	2524	1595	49.6	5911	4982	107.6	11579	8764	㉓	
185	53.9	4113	2967	64.9	8696	7551	39.8	2924	1778	51.5	6435	5289	111.9	13073	9602	㉟	
240	56.1	4751	3265	67.3	9587	8102	42.2	3531	2045	53.9	7275	5789	116.6	15064	10562	⑫	
300	58.8	5463	3606	69.8	10432	8565	44.4	4164	2307	56.1	8133	6276	121.3	17189	11564		
400	61.9	6589	4113	73.2	11900	9424	48.8	5324	2848	60.5	9650	7174	128.3	20645	13143		
500	66.1	7706	4612	78.7	13660	10565	53.1	6498	3403	64.2	10986	7891					
630	69.7	9109	5210	82.3	15412	11412	56.8	7853	3953	67.8	12681	8781					

十、橡皮绝缘电力电缆

（一）用途

橡皮绝缘电力电缆适用于交流 50Hz、额定电压 6kV 及以下输配电系统。

（二）技术数据

(1) 电压 500V 橡皮绝缘聚氯乙烯护套电力电缆技术数据及外形尺寸见表 3-39。

(2) 电压 500V 橡皮绝缘铅包钢带铠装电力电缆技术数据及外形尺寸见表 3-40。

(3) 电压 500V 橡皮绝缘铅包裸钢带铠装电力电缆技术数据及外形尺寸见表 3-41。

表 3-39

标称截面 (mm^2)	单芯			双芯			三芯			四芯			生产厂	备注
	外径 (mm)	质量 (kg/km)		外径 (mm)	质量 (kg/km)		外径 (mm)	质量 (kg/km)		外径 (mm)	质量 (kg/km)			
		XLV	XV		XLV	XV		XLV	XV		XLV	XV		
2.5	7.0	56	71	11.2	123	153	11.8	146	191	12.8	174	222		
4	7.4	66	90	12.2	147	197	12.8	176	250	13.6	202	292		
6	8	76	113	13.2	175	249	13.9	210	320	14.6	240	400		
10	9.6	114	174	15.6	246	399	16.5	297	514	17.4	342	644		
16	10.7	147	246	19.1	375	575	20.5	457	694	19.7	492	765		
25	12.4	201	354	22.4	530	842	24.3	660	1127	24.9	714	1275		
35	13.5	246	460	25.1	673	1107	26.7	817	1467	27.1	881	1599		
50	16.1	338	649	30.6	929	1560	32.6	1173	2119	33	1236	2283		
70	17.5	412	829	33.5	1123	1969	36.5	1463	2737	37.5	1602	3028	⑥	
95	20.2	556	1138	38.9	1513	2690	41.5	1896	3662	42.6	2070	4052	㉟	
120	21.7	648	1374	41.9	1766	3237	44.7	2230	4437	46.1	2467	4890	㉓	
150	24.2	807	1717	46.9	2222	4067	50	2769	5536	51.3	3027	5960		
185	26.4	971	2106	51.3	2650	4948	54.8	3333	6786	56.3	3685	7447		
240	29	1255	2760	58.2	3432		62.1	4418		62.9	4617			
300	32.6	1513												
400	36.9	1948												
500	40.5	2359												
630	44.6	2907												

表 3-40

标称截面 (mm^2)	双芯			三芯			四芯			生产厂	备注
	外径 (mm)	质量 (kg/km)		外径 (mm)	质量 (kg/km)		外径 (mm)	质量 (kg/km)			
		XLQ2	XQ2		XLQ2	XQ2		XLQ2	XQ2		
4	19.8	815	864	20.4	886	961	22	1079	1169		
6	20.7	903	977	22.3	1122	1232	23.2	1257	1409		
10	23.9	1255	1475	24.9	1387	1691	25.8	1474	1814		
16	27.8	1616	1817	28.2	1735	1972	28.1	1862	2135		
25	31.1	1987	2299	31	2195	2663	32.7	2326	2901		
35	32.9	2312	2745	34.5	2548	3198	35.1	2735	3470		
50	38.4	3097	3728	40.4	3467	4413	40.8	3563	4610	⑥	
70	41.3	3499	4346	46	4011	5281	45.1	4113	5539	㉟	
95	46.2	4326	5504	49	5104	6870	50.1	5358	7340	㉓	
120	49.4	4956	6430	53.2	5721	7928	52.9	6052	8475		
150	53.7	5896	7735	56.9	6675	10443	58.8	7072	10005		
185	58.2	6672	8970	61.7	7630	11077	62.4	7960	11728		
240	64.3	7857		68.3	9145		68.9	9419			

表 3-41

标称截面 (mm^2)	双芯			三芯			四芯			生产厂	备注
	外径 (mm)	质量 (kg/km)		外径 (mm)	质量 (kg/km)		外径 (mm)	质量 (kg/km)			
		XLQ20	XQ20		XLQ20	XQ20		XLQ20	XQ20		
4	15.8	726	775	16.4	791	865	18	990	1078		
6	16.7	804	898	18.3	1012	1122	19.2	1156	1308		
10	19.9	1143	1348	20.9	1249	1502	21.8	1358	1682		
16	23.8	1450	1651	24.2	1581	1817	24.7	1705	1978		
25	27.1	1792	2104	27	2024	2491	28.7	2144	2719		
35	28.9	2116	2550	30.5	2354	3004	31.1	2538	3271	⑥	
50	34.4	2863	3493	36.4	3237	4183	36.8	3329	4376	㉟	
70	37.3	3246	4093	42	3744	5014	41.1	3884	5310	㉓	
95	42.2	4049	5227	45	4811	6577	46.1	5067	7048		
120	45.4	4658	6129	49.2	5410	7616	48.9	5741	8164		
150	49.7	5556	7401	52.9	6340	10107	54.8	6726	9659		
185	54.2	6318	8617	57.7	7284	10711	58.4	7589	11351		
240	60.3	7454		64.3	8739		64.9	9007			

(4) 电压 6000V 橡皮绝缘裸铅包单芯电力电缆主要技术数据及外形尺寸见表 3-42。

表 3-42

标称截面 (mm²)	外径 (mm)	质量 (kg/km)		生产厂	备注	标称截面 (mm²)	外径 (mm)	质量 (kg/km)		生产厂	备注
		XLQ	XQ					XLQ	XQ		
2.5	10.4		406	⑥ ㉓ ㉟		95	22.1	1332	1913	⑥ ㉓ ㉟	
4	10.9	418	443			120	23.6	1477	2203		
6	12.4	447	484			150	25.9	1777	2688		
10	13.2	541	603			185	27.7	1983	3117		
16	14.5	640	739			240	31	2456	3959		
25	15.8	727	881			300	33.3	2765	4490		
35	16.5	810	1024			400	37.2	3458	5893		
50	18.6	964	1276			500	40.4	3959			
70	20	1115	1533								

(5) 电压 0.6/1kV 及以下乙丙橡皮绝缘阻燃电力电缆技术数据及外形尺寸见表 3-43。

十一、通用橡套软电缆

(一) 简介

通用橡套软电缆适用于日用电器、农用机械、工程机械、起重运输机械及电动机械等各种电器设备，电缆线芯长期工作温度为+65℃。产品型号含义如下：

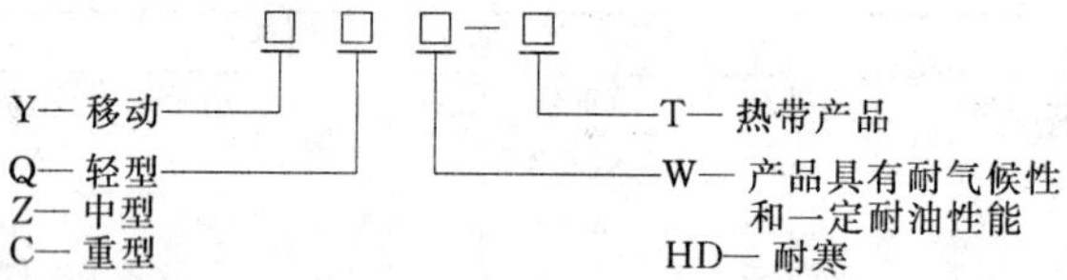

(二) 技术数据

(1) 电压 250V 铜芯通用橡套软电缆技术数据及外形尺寸见表 3-44。

(2) 电压 500V 铜芯通用橡套软电缆技术数据及外形尺寸见表 3-45。

(3) 电压 500VYHD 型铜芯通用橡套软电缆技术数据及外形尺寸见表 3-46。

十二、交联电力电缆

(一) 概述

该产品适用于固定敷设在交流 50Hz，额定电压 35kV 以下的电力输配电线路上作输送电能。与聚氯乙烯电缆相比，该产品不仅具有优异的电气性能、机械性能、耐热老化性能、耐环境应力和耐化学腐蚀性能的能力，而且具有结构简单，重量轻，不受敷设落差限制，长期工作温度高 (90℃) 等特点。

(二) 执行标准

GB/T 12706—2002 等同采用国际电工委员会 IEC 60502。

(三) 技术参数

(1) 电缆的绝缘和护套材料通用试验方法按 GB/T 2951.1～10 有关规定执行。

(2) 阻燃电缆应符合 GB/T 18380—2001 阻燃特性要求。

(3) 电缆表面应有清晰的制造厂名、型号及电压等级的连续标志等。

(4) 电缆表面无损伤，电缆封头严密。

(5) 包装、标志、运输、储放：按 GB/T 133384—92《机电产品包装通用技术条件》等有关标准。

(四) 使用特点

(1) 敷设时的环境温度不得低于 0℃，电缆的落差不受限制。

(2) 电缆的最小弯曲半径规定如下：单芯，$20(d+D)\pm5\%$；三芯，$15(D+d)\pm5\%$ (式中 D 为电缆实际外径，d 为导体实际外径)。

(3) 电缆的运行温度：聚氯乙烯护套不超过 90℃。

(4) 电缆导体的最高额定温度为 90℃，短路时 (最长持续时间不超过 5s)，温度不超过 250℃。

(五) 生产厂

安徽天康 (集团) 股份有限公司。

表 3-43

标称截面 (mm^2)	单芯			双芯			三芯			(3+1)芯			四芯			生产厂	备注
	外径 (mm)	质量(kg/km)		外径 (mm)	质量(kg/km)		外径 (mm)	质量(kg/km)		外径 (mm)	质量(kg/km)		外径 (mm)	质量(kg/km)			
		ZRC(A)—XEF ZRC(A)—XEYH	ZRC(A)—XEV		ZRC(A)—XEF ZRC(A)—XEYH	ZRC(A)—XEV		ZRC(A)—XEF ZRC(A)—XEYH	ZRC(A)—XEV		ZRC(A)—XEF ZRC(A)—XEYH	ZRC(A)—XEV		ZRC(A)—XEF ZRC(A)—XEYH	ZRC(A)—XEV		
1.5	6.9	86	80	11.7	205	180	12.2	250	210				13.2	295	250		
2.5	7.3	105	95	12.5	245	215	13.2	305	255				14.2	360	310		
4	7.8	125	115	13.6	295	260	14.3	380	320	15.2	405	370	15.6	450	390		
6	8.4	150	145	14.7	360	315	15.5	470	390	16.6	505	465	16.9	570	490	㉓	
10	9.3	210	200	16.6	540	480	17.5	670	600	18.7	770	705	19.2	825	760		
16	10.4	275	265	18.7	715	640	19.8	905	820	21.2	1060	975	21.7	1130	1045		
25	12.1	395	385	22.2	1025	920	23.6	1130	1000	25.1	1340	1220	26	1400	1275		
35	12.7	480	470	23.4	1235	1115	24.8	1625	1480	26.2	1830	1690	27.4	2050	1915		
50	14.5	645	635	26.8	1655	1495	28.8	2215	2015	30.6	2535	2350	31.8	2825	2640		
70	16.6	850	840	31.3	2225	2005	33.6	2985	2715	35.2	3380	3130	37.3	2815	2555		
95	18.4	1130	1115				37.3	3910	3575	39.5	4445	4185	41.4	5015	4695		
120	19.8	1390	1375				40.5	4785	4390	43.5	5595	5220	45	6175	5795		
150	22.1	1710	1690				45.2	5970	5475	47.6	6719	6265					
185	24.3	2090	2070				49.9	7295	6690	52.7	8320	7775					
240	27.2	2665	2645				56	9330	8545	58.8	10610	9915					
300	30.1	3305	3275														
400	39.9	4350	4320														

表 3-44

芯数×标称截面 (mm²)	外 径 (mm)	质量 (kg/km)		载流量 (A)	生产厂	备注
		YQ	YQW			
2×0.3	5.5	33.3	34	7	郑州电缆厂	
2×0.5	6.5	48.7	49.8	11		
2×0.75	7.4	65.6	67	14		
3×0.3	5.8	38.5	39.3	6		
3×0.5	6.8	56.6	57.7	9		
3×0.75	7.8	77	78.3	12		

表 3-45

标称截面 (mm²)	单 芯				双 芯			
	外径 (mm)	质量 (kg/km)		载流量 (A)	外径 (mm)	质量 (kg/km)		载流量 (A)
		YC	YCW			YC	YCW	
0.5					(8.3)	(73.8)	(75.6)	(12)
0.75					(8.8)	(85.5)	(88.2)	(14)
1					(9.1)	(96.5)	(98.6)	(17)
1.5					(9.7)	(115.1)	(118.6)	(21)
2					(10.9)	(150.1)	(151.7)	(20)
2.5	8.1	82	83	37	13.9 (13.2)	224 (210.4)	229 (212.5)	30 (30)
4	8.7	101	103	47	15 (15.2)	278 (293)	283 (295.4)	39 (41)
6	9.3	127	129	52	17.4 (16.7)	383 (375.3)	391 (379.1)	51 (53)
10	12.5	232	235	75	22.7	630	643	74
16	13.8	308	312	112	25.1	840	855	98
25	17.3	462	467	148	32.1	1285	1309	135
35	18.5	584	591	183	34.8	1615	1542	157
50	21.8	802	810	226	38.7	2097	2128	208
70	24.1	1052	1062	289	45.8	2958	3006	259
95	26.3	1347	1358	353	50.1	3751	3809	318
120	30.4	1735	1750	415	53.5	4453	4517	371

标称截面 (mm²)	三 芯				3+1 芯				生产厂	备注
	外径 (mm)	质量 (kg/km)		载流量 (A)	外径 (mm)	质量 (kg/km)		载流量 (A)		
		YC	YCW			YC	YCW			
0.5	(8.7)	(84.5)	(86.2)	(10)	(9.5)	(99.5)	(101.3)	(9)	郑州电缆厂	
0.75	(9.3)	(99.8)	(101.7)	(12)	(10.5)	(127)	(129.3)	(11)		
1	(9.6)	(113.1)	(115.1)	(14)	(10.8)	(134.9)	(137.4)	(13)		
1.5	(10.7)	(145.6)	(148.1)	(18)	(11.4)	(166.4)	(169.2)	(18)		
2	(11.5)	(174.3)	(177.7)	(22)	(12.6)	(205.6)	(209)	(22)		
2.5	14.6 (14)	264 (243.5)	269 (247.6)	25 (25)	16.5 (15)	328 (279.1)	334 (283.6)	27 (25)		
4	17 (16)	365 (343.5)	372 (348.9)	34 (35)	18 (17.5)	416 (402.2)	423 (408.2)	34 (35)		
6	18.3 (18.1)	381 (462.1)	389 (469)	43 (45)	19.5 (19.4)	(528.1)	(535.2)	44 (45)		
10	23.9	757	769	63	24.9	839	851	63		
16	26.5	1023	1037	84	28.2	1093	1108	84		
25	33.9	1570	1593	115	36	1700	1722	115		
35	36.8	1997	2024	142	38.6	2100	2135	143		
50	43.4	2784	2821	176	45.8	2954	2991	177		
70	48.4	3680	3726	224	51.5	3943	3988	224		
95	53.1	4715	4769	273	55.8	5008	5120	273		
120	56.7	5632	5693	315	60	5953	6011	315		

注 表中括号内数值运用于 YZ、YZW 中型通用橡套软电缆。

表 3-46

标称截面（mm^2）	1		1.5		2.5		4	
芯 数	外径（mm）	质量（kg/km）	外径（mm）	质量（kg/km）	外径（mm）	质量（kg/km）	外径（mm）	质量（kg/km）
2	9.6	114	10.2	135	11.7	185	12.8	237
3	10.1	134	10.8	162	12.3	222	15.5	358
4	11	161	11.7	194	15.5	330	16.8	420
5	12.5	188	15.3	284	18.3	419	19.8	520
6	15.5	282	16.4	331	19.6	490	22.2	658
7	15.5	289	16.4	344	19.6	508	22.2	692
8	16.5	329	18.5	431	20.9	582	23.7	793

标称截面（mm^2）	6		10		16		25		生产厂	备注
芯 数	外径（mm）	质量（kg/km）	外径（mm）	质量（kg/km）	外径（mm）	质量（kg/km）	外径（mm）	质量（kg/km）		
2	16	363	20.5	596	24	857	29.3	1291	郑州电缆厂	
3	16.9	441	22.5	768	25.3	1050	30.9	1588		
4	19.3	574	24.5	930	29.5	1403	33.5	1943		
5	22.5	710								
6	24.1	835								
7	24.1	877								
8	25.8	1010								

十三、聚氯乙烯绝缘电力电缆、交联聚乙烯绝缘电力电缆

（一）额定电压0.6/1kV及以下聚氯乙烯绝缘电力电缆（GB/T 12706—2002）

1. 产品用途

用于交流额定电压1kV及以下输配电线路固定敷设输送电能。

电缆导体最高额定工作温度为70℃，短路时（最长持续时间不超过5s）电缆导体最高温度不超过160℃。

2. 型号名称

见表3-47。

表 3-47

型 号	名 称	敷设场合
VV VLV	铜芯聚氯乙烯绝缘聚氯乙烯护套电力电缆 铝芯聚氯乙烯绝缘聚氯乙烯护套电力电缆	室内、隧道、管道中，不能承受机械外力
VV22 VLV22	铜芯聚氯乙烯绝缘钢带铠装聚氯乙烯护套电力电缆 铝芯聚氯乙烯绝缘钢带铠装聚氯乙烯护套电力电缆	室内、隧道中、电缆沟及地下，可承受机械压力
VV32 VLV32	铜芯聚氯乙烯绝缘细钢丝铠装聚氯乙烯护套电力电缆 铝芯聚氯乙烯绝缘细钢丝铠装聚氯乙烯护套电力电缆	高落差、竖井，可承受一定的机械拉力
VV62 VLV62	铜芯聚氯乙烯绝缘无磁金属带铠装聚氯乙烯护套电力电缆 铝芯聚氯乙烯绝缘无磁金属带铠装聚氯乙烯护套电力电缆	室内、隧道中、电缆沟及地下，可承受机械压力
VV72 VLV72	铜芯聚氯乙烯绝缘无磁金属丝铠装聚氯乙烯护套电力电缆 铝芯聚氯乙烯绝缘无磁金属丝铠装聚氯乙烯护套电力电缆	高落差、竖井，可承受一定的机械拉力

3. 聚氯乙烯绝缘电缆的绝缘厚度

见表3-48。

4. 电缆参考外径和近似重量

见表3-49。

表 3-48

导体标称截面 (mm²)	1.5，2.5	4，6	10	16	25	35	50，70
绝缘标称厚度 (mm)	0.8	1.0	1.0	1.0	1.2	1.2	1.4
导体标称截面 (mm²)	95，120	150	185	240	300	400	500～800
绝缘标称厚度 (mm)	1.6	1.8	2.0	2.2	2.4	2.6	2.8

表 3-49

芯数×截面 (mm²)	电缆参考外径 (mm)			电缆近似重量 (kg/km)					
	VV 系列	VV22 系列	VV32 系列	VV	VLV	VV22	VLV22	VV32	VLV32
1×1.5	6.0	—	—	51	—	—	—	—	—
1×2.5	6.4	—	—	64	49	—	—	—	—
1×4	7.3	—	—	88	63	—	—	—	—
1×6	7.8	—	—	111	76	—	—	—	—
1×10	9.1	11.9	13.7	162	100	264	202	264	202
1×16	10.1	12.9	14.7	226	128	333	235	333	235
1×25	11.4	14.2	16.9	324	171	445	291	445	291
1×35	12.5	15.3	18.0	422	210	553	341	553	341
1×50	14.1	17.3	19.6	566	271	749	454	749	454
1×70	15.8	19.0	21.3	770	352	974	556	974	556
1×95	18.1	21.1	24.1	1051	462	1272	684	1272	684
1×120	19.4	22.4	25.4	1287	546	1524	782	1524	782
1×150	21.6	24.4	27.4	1596	675	1846	925	1846	925
1×185	23.9	26.5	29.7	1973	829	2237	1093	2237	1093
1×240	26.7	29.3	32.5	2543	1044	2836	1338	2836	1338
1×300	29.5	32.1	36.1	3164	1277	3486	1599	3486	1599
1×400	33.1	36.9	39.7	4088	1638	4773	2323	4773	2323
1×500	36.8	40.6	43.2	5108	2046	5866	2804	5866	2804
1×630	40.3	43.9	47.9	6347	2486	7176	3315	7176	3315
2×1.5	9.8	11.8	13.8	111	—	202	—	295	—
2×2.5	10.6	12.6	14.6	140	109	238	207	340	309
2×4	12.4	14.4	17.3	196	147	312	263	544	495
2×6	13.4	15.4	18.3	248	176	373	302	620	548
2×10	16.0	18.0	20.9	365	241	516	392	810	685
2×16	18.0	20.0	23.6	506	308	669	471	1145	948
2×25	20.6	22.6	26.2	726	417	913	604	1443	1134
2×35	22.8	24.8	28.4	942	515	1149	722	1751	1325
2×50	20.3	23.1	26.3	1135	537	1372	775	1889	1292
2×70	22.9	25.7	29.7	1553	701	1819	968	2567	1716
2×95	27.5	31.5	34.3	2142	959	2736	1553	3362	2180
2×120	29.7	33.7	36.3	2631	1139	3270	1778	3927	2435
2×150	32.5	36.3	40.3	3243	1392	3935	2084	5000	3148
2×185	36.1	40.1	44.1	4010	1707	4796	2493	5967	3664
2×240	41.7	45.9	49.9	5209	2206	6135	3133	7463	4460
2×300	44.7	49.3	53.3	6432	2651	7468	3688	8911	5130
3×1.5	10.3	12.3	14.3	135	—	230	—	329	—
3×2.5	11.1	13.1	15.1	173	127	277	230	384	337
3×4	13.1	15.1	18.0	249	175	372	298	610	536
3×6	14.1	16.2	19.1	320	213	454	346	716	609
3×10	16.9	19.0	21.9	480	293	641	454	959	772

续表

芯数×截面 (mm²)	电缆参考外径（mm）			电缆近似重量（kg/km）					
	VV 系列	VV22 系列	VV32 系列	VV	VLV	VV22	VLV22	VV32	VLV32
3×16	19.1	21.1	24.7	676	379	849	552	1353	1057
3×25	21.9	23.9	27.5	985	522	1184	721	1757	1294
3×35	24.3	26.3	30.1	1291	651	1512	872	2152	1512
3×50	23.7	26.5	30.5	1663	767	1941	1045	2731	1835
3×70	27.3	29.9	33.9	2296	1019	2600	1323	3502	2225
3×95	32.3	36.3	38.9	3153	1379	3848	2074	4565	2791
3×120	34.5	38.3	42.1	3866	1628	4589	2351	5694	3456
3×150	37.9	42.1	46.1	4760	1983	5607	2830	6824	4047
3×185	42.7	46.7	50.7	5931	2477	6859	3405	8250	4796
3×240	48.7	52.9	56.9	7677	3173	8757	4253	10339	5834
3×300	53.5	58.1	62.1	9544	3873	10782	5110	12529	6858
3×400	58.2	63.0	69.3	12288	4930	13659	6301	16409	9051
4×1.5	11.0	13.1	15.0	163	—	266	—	370	—
4×2.5	12.0	14.0	16.9	213	151	325	263	548	486
4×4	14.2	16.2	19.1	309	210	442	344	705	606
4×6	15.4	17.4	20.3	401	257	546	403	832	689
4×10	18.5	20.6	24.1	608	358	784	535	1250	1000
4×16	20.9	23.0	26.5	865	469	1055	660	1600	1205
4×25	24.1	26.1	29.9	1268	651	1487	870	2129	1512
4×35	26.7	29.0	32.7	1669	816	1926	1073	2639	1786
4×50	26.7	29.5	33.5	2179	984	2490	1295	3368	2174
4×70	30.9	34.9	37.5	3020	1317	3685	1981	4373	2670
4×95	36.7	40.7	44.5	4148	1782	4935	2569	6157	3791
4×120	39.3	43.5	47.3	5101	2116	5963	2978	7235	4251
4×150	43.5	47.5	51.5	6304	2602	7250	3547	8667	4964
4×185	49.1	53.3	57.3	7849	3243	8938	4332	10513	5907
4×240	55.5	60.1	64.1	10148	4143	11432	5427	13228	7223
4×300	61.1	65.9	71.2	12627	5066	14067	6506	16812	9250
4×400	67.4	73.8	77.9	16285	6475	18607	8796	20969	11159
5×1.5	11.9	13.9	16.8	192	—	303	—	527	—
5×2.5	13.0	15.0	17.9	255	177	376	299	615	537
5×4	15.4	17.4	20.3	371	249	516	394	803	680
5×6	16.8	18.8	22.4	486	307	645	466	1070	891
5×10	20.3	22.3	25.9	740	429	933	622	1456	1144
5×16	23.0	25.0	28.6	1059	565	1268	774	1870	1376
5×25	26.5	28.7	32.5	1562	790	1816	1044	2530	1758
5×35	29.7	31.9	36.5	2073	1006	2357	1290	3388	2321
5×50	30.5	34.5	37.1	2722	1229	3379	1885	4048	2555
5×70	35.3	39.1	42.9	3761	1632	4501	2372	5634	3505
5×95	41.7	45.9	49.7	5162	2205	6076	3119	7431	4473
5×120	45.1	49.3	53.1	6360	2629	7346	3615	8811	5080
5×150	49.7	53.9	57.9	7871	3243	8973	4345	10578	5950
5×185	55.9	60.3	64.3	9792	4034	11056	5298	12849	7092
5×240	63.3	68.1	73.4	12659	5152	14151	6644	16987	9480
5×300	69.9	75.1	80.4	15732	6280	17445	7993	20561	11109
3×2.5+1.5	11.8	13.8	16.7	208	149	319	259	525	465
3×4+2.5	13.7	15.6	18.6	295	204	422	332	666	577

续表

芯数×截面 (mm^2)	电缆参考外径 (mm)			电缆近似重量 (kg/km)					
	VV 系列	VV22 系列	VV32 系列	VV	VLV	VV22	VLV22	VV32	VLV32
3×6+4	15.1	17.1	20.0	394	260	536	404	798	666
3×10+6	17.8	19.7	23.4	574	352	742	519	1174	952
3×16+10	20.4	22.3	26.0	831	472	1016	657	1513	1154
3×25+16	23.3	25.3	28.9	1211	650	1424	862	1994	1432
3×35+16	25.3	27.3	31.1	1510	771	1740	1001	2351	1612
3×50+25	26.1	28.9	32.9	1979	929	2278	1228	3139	2090
3×70+35	30.1	32.9	36.9	2702	1212	3052	1562	4040	2550
3×95+50	34.9	38.7	41.5	3675	1602	4407	2333	5205	3132
3×120+70	37.5	41.5	45.3	4577	1913	5381	2717	6601	3936
3×150+70	41.3	45.3	49.3	5498	2296	6398	3196	7726	4523
3×185+95	47.1	51.3	55.3	6948	2902	7994	3948	9516	5470
3×240+120	52.9	57.3	61.3	8915	3665	10113	4863	11829	6579
3×300+150	57.9	62.5	66.5	11077	4480	12413	5817	14296	7699
3×400+185	63.6	68.4	73.7	14197	5688	15693	7184	18530	10021
3×2.5+2×1.5	12.6	14.6	17.5	246	173	364	291	574	501
3×4+2×2.5	14.5	16.5	19.4	346	242	483	378	728	623
3×6+2×4	16.2	18.2	21.1	473	316	626	469	891	734
3×10+2×6	19.0	21.0	24.6	681	424	861	604	1295	1037
3×16+2×10	21.9	23.9	27.5	998	577	1197	776	1699	1278
3×25+2×16	25.2	27.2	31.0	1454	793	1683	1023	2257	1596
3×35+2×16	27.1	29.3	33.1	1753	915	2013	1175	2644	1806
3×50+2×25	30.5	33.3	37.3	2284	1080	2637	1432	3646	2441
3×70+2×35	34.1	38.1	40.7	3110	1406	3841	2137	4605	2901
3×95+2×50	37.5	41.5	45.3	4188	1819	4992	2623	6211	3842
3×120+2×70	40.9	45.1	48.9	5311	2227	6207	3124	7534	4451
3×150+2×70	43.9	47.9	51.9	6214	2593	7166	3544	8573	4951
3×185+2×95	49.9	54.1	58.1	7919	3284	9026	4390	10628	5992
3×240+2×120	55.9	60.3	64.3	10132	4138	11396	5403	13189	7196
3×300+2×150	61.7	66.5	71.8	12606	5087	14060	6541	16858	9339
4×2.5+1.5	12.8	14.8	17.7	250	175	370	295	617	541
4×4+2.5	14.9	16.9	19.8	358	244	498	384	782	668
4×6+4	16.5	18.5	22.1	479	312	635	467	1074	906
4×10+6	19.6	21.6	25.2	710	425	896	611	1413	1128
4×16+10	22.5	24.5	28.1	1030	572	1234	777	1816	1358
4×25+16	25.8	27.8	31.6	1506	790	1741	1025	2407	1691
4×35+16	28.2	30.4	35.0	1903	950	2173	1221	3158	2205
4×50+25	29.7	32.5	36.5	2477	1129	2822	1474	3788	2439
4×70+35	33.5	37.5	40.1	3392	1476	4113	2197	4861	2946
4×95+50	39.3	43.3	47.1	4644	1982	5487	2825	6757	4096
4×120+70	42.9	47.1	50.9	5834	2431	6772	3368	8152	4748
4×150+70	46.7	50.9	54.9	7035	2914	8073	3952	9601	5479
4×185+95	52.9	57.3	61.3	8820	3624	10018	4822	11734	6538
4×240+120	59.3	63.9	67.9	11346	4597	12715	5967	14616	7868
4×300+150	65.5	71.5	75.6	14126	5641	16319	7835	18600	10116

注 1. 本电缆参数表适用于 VV、VLV、VV22、VLV22、VV32、VLV32、VV62、VLV62、VV72、VLV72 系列。

2. VV 系列包含 VV、VLV；VV22 系列包含 VV22、VLV22、VV62、VLV62，其中 VV62、VLV62 是采用非磁性金属带铠装的单芯电缆；VV32 系列包含 VV32、VLV32、VV72、VLV72，其中 VV72、VLV72 是采用非磁性金属丝铠装的单芯电缆。

3. VV22 和 VV32 型单芯电缆只适用于直流线路，VV62 和 VV72 型单芯电缆采用非磁性材料铠装，适用于交流线路。

（二）额定电压35kV及以下交联聚乙烯绝缘电力电缆（GB/T 12706—2002）

1. 产品用途

用于交流额定电压35kV及以下输配电线路固定敷设输送电能。

电缆导体最高额定工作温度为90℃，短路时（最长持续时间不超过5s），电缆导体最高温度不超过250℃。

2. 敷设电缆允许的最大拉力

见表3-50。

表3-50

导体材料	允许最大牵引力（kg）
铜导体电缆	7×芯数×导体截面
铝导体电缆	4×芯数×导体截面

3. 型号名称

见表3-51。

表3-51

型　号	名　称	敷设场合
YJV YJLV	铜芯交联聚乙烯绝缘聚氯乙烯护套电力电缆 铝芯交联聚乙烯绝缘聚氯乙烯护套电力电缆	室内、隧道中、管道中，不能承受机械外力
YJV22 YJLV22	铜芯交联聚乙烯绝缘钢带铠装聚氯乙烯护套电力电缆 铝芯交联聚乙烯绝缘钢带铠装聚氯乙烯护套电力电缆	室内、隧道中、电缆沟及地下，可承受机械压力
YJV32 YJLV32	铜芯交联聚乙烯绝缘细钢丝铠装聚氯乙烯护套电力电缆 铝芯交联聚乙烯绝缘细钢丝铠装聚氯乙烯护套电力电缆	高落差、竖井，可承受一定的机械拉力
YJV62 YJLV62	铜芯交联聚乙烯绝缘无磁金属带铠装聚氯乙烯护套电力电缆 铝芯交联聚乙烯绝缘无磁金属带铠装聚氯乙烯护套电力电缆	室内、隧道中、电缆沟及地下，可承受机械压力
YJV72 YJLV72	铜芯交联聚乙烯绝缘无磁金属丝铠装聚氯乙烯护套电力电缆 铝芯交联聚乙烯绝缘无磁金属丝铠装聚氯乙烯护套电力电缆	高落差、竖井，可承受一定的机械拉力

4. 电缆的绝缘厚度

见表3-52。

表3-52

导体标称截面（mm^2）	额定电压（kV）							
	0.6/1	3.6/6	6/6，6/10	8.7/10，8.7/15	12/20	18/20，18/30	21/35	26/35
	绝缘标称厚度（mm）							
1.5，2.5	0.7	—	—	—	—	—	—	—
4，6	0.7	—	—	—	—	—	—	—
10，16	0.7	—	—	—	—	—	—	—
25	0.9	2.5	3.4	4.5	5.5	—	—	—
35	0.9	2.5	3.4	4.5	5.5	8.0	9.3	10.5
50	1.0	2.5	3.4	4.5	5.5	8.0	9.3	10.5
70，95	1.1	2.5	3.4	4.5	5.5	8.0	9.3	10.5
120	1.2	2.5	3.4	4.5	5.5	8.0	9.3	10.5
150	1.4	2.5	3.4	4.5	5.5	8.0	9.3	10.5
185	1.6	2.5	3.4	4.5	5.5	8.0	9.3	10.5
240	1.7	2.6	3.4	4.5	5.5	8.0	9.3	10.5
300	1.8	2.8	3.4	4.5	5.5	8.0	9.3	10.5
400	2.0	3.0	3.4	4.5	5.5	8.0	9.3	10.5
500	2.2	3.2	3.4	4.5	5.5	8.0	9.3	10.5
630	2.4	3.2	3.4	4.5	5.5	8.0	9.3	10.5

5. 电缆参考外径和近似重量

（1）0.6/1kV交联聚乙烯绝缘电力电缆的外径和近似重量见表3-53。

表 3-53

芯数×截面 (mm²)	电缆参考外径（mm）			电缆近似重量（kg/km）					
	YJV 系列	YJV22 系列	YJV32 系列	YJV	YJLV	YJV22	YJLV22	YJV32	YJLV32
1×1.5	5.8	—	—	46	—	—	—	—	—
1×2.5	6.2	—	—	59	43	—	—	—	—
1×4	6.7	—	—	76	51	—	—	—	—
1×6	7.2	—	—	97	63	—	—	—	—
1×10	8.5	11.3	13.1	146	84	242	180	343	281
1×16	9.6	12.4	14.2	207	109	315	217	427	329
1×25	10.8	13.6	15.4	301	147	421	267	547	394
1×35	11.9	14.7	17.4	396	183	527	315	781	568
1×50	13.3	16.5	18.8	529	233	695	400	961	666
1×70	15.2	18.4	20.7	732	314	921	503	1215	797
1×95	17.1	20.1	23.1	992	403	1194	605	1652	1064
1×120	18.6	21.6	24.6	1229	488	1448	706	1946	1205
1×150	20.8	23.6	26.6	1526	605	1758	837	2293	1372
1×185	22.9	25.7	28.7	1880	737	2136	962	2723	1579
1×240	25.5	28.1	31.1	2424	926	2695	1196	3349	1850
1×300	28.1	30.7	34.7	3016	1130	3313	1426	4263	2376
1×400	31.7	34.3	38.7	3910	1460	4243	1793	5323	2873
1×500	35.4	39.4	42.2	4900	1838	5640	2577	6444	3381
1×630	39.5	43.1	47.1	6158	2297	6939	3079	8261	4400
2×1.5	9.5	11.5	13.5	102	—	189	—	301	—
2×2.5	10.3	12.3	14.3	127	96	223	192	343	312
2×4	11.2	13.2	15.2	171	122	275	226	403	354
2×6	12.2	14.2	17.1	216	145	330	260	579	519
2×10	14.8	16.8	19.7	327	202	466	341	773	649
2×16	16.9	18.9	21.8	467	269	626	428	964	766
2×25	19.4	21.4	25.0	671	362	855	546	1385	1076
2×35	21.6	23.6	27.2	876	449	1081	654	1666	1239
2×50	19.6	22.1	25.3	1055	458	1273	676	1796	1199
2×70	22.2	24.9	28.9	1460	608	1718	866	2522	1671
2×95	26.6	29.1	33.1	2006	823	2300	1117	3160	1977
2×120	29.0	32.9	35.7	2496	1003	3117	1625	3770	2277
2×150	31.8	35.4	39.4	3083	1232	3743	1892	4785	2934
2×185	35.2	39.2	43.2	3802	1499	4568	2265	5720	3417
2×240	40.6	44.6	48.6	4933	1931	5814	2811	7086	4084
2×300	43.6	47.8	51.8	6119	2339	7084	3303	8476	4695
3×1.5	9.9	11.9	13.9	120	—	212	—	326	—
3×2.5	10.8	12.8	14.8	159	113	259	213	385	339
3×4	11.8	13.8	16.7	212	139	322	249	584	510
3×6	12.9	14.9	17.8	279	173	400	295	667	561
3×10	15.7	17.7	20.6	429	242	577	390	900	713
3×16	18.0	20.0	23.6	621	325	791	495	1295	998
3×25	20.6	22.6	26.2	909	446	1104	641	1677	1214
3×35	23.0	25.0	28.6	1199	559	1418	778	2045	1405
3×50	23.0	25.8	29.0	1553	657	1822	926	2440	1544
3×70	26.5	29.2	33.2	2167	889	2474	1196	3384	2107
3×95	31.2	35.4	38.2	2951	1177	3641	1867	4330	2556
3×120	33.5	37.5	40.3	3665	1427	4387	2148	5144	2906
3×150	37.2	41.0	45.0	4539	1762	5330	2553	6569	3792
3×185	41.8	46.0	50.0	5644	2190	6574	3120	7945	4490

续表

芯数×截面 (mm²)	电缆参考外径（mm）			电缆近似重量（kg/km）					
	YJV 系列	YJV22 系列	YJV32 系列	YJV	YJLV	YJV22	YJLV22	YJV32	YJLV32
3×240	47.5	52.0	56.0	7300	2796	8380	3876	9906	5402
3×300	52.1	56.5	60.5	9079	3408	10257	4586	11918	6247
3×400	57.0	61.9	67.2	11761	4403	13106	5748	15676	8319
4×1.5	10.6	12.6	14.6	146	—	244	—	367	—
4×2.5	11.6	13.6	16.5	193	131	301	239	554	492
4×4	12.7	14.7	17.6	257	159	376	278	643	545
4×6	13.9	15.9	18.8	350	209	480	341	772	632
4×10	17.2	19.2	22.1	542	293	705	455	1051	801
4×16	19.7	21.7	25.3	792	397	979	583	1507	1112
4×25	22.7	24.7	28.3	1173	556	1389	772	2001	1384
4×35	25.3	27.3	31.1	1556	702	1797	944	2492	1639
4×50	25.9	28.7	32.7	2038	843	2340	1145	3253	2058
4×70	30.2	34.2	37.2	2855	1152	3508	1805	4228	2525
4×95	35.5	39.4	42.2	3891	1525	4652	2286	5456	3090
4×120	38.4	42.4	46.4	4843	1859	5667	2682	6964	3979
4×150	42.6	46.8	50.8	5998	2296	6946	3243	8383	4681
4×185	48.1	52.3	56.3	7477	2871	8545	3939	10101	5495
4×240	54.4	59.0	63.0	9666	3660	10923	4917	12668	6663
4×300	59.8	64.5	68.5	12028	4467	13411	5849	15355	7794
4×400	66.0	71.2	76.5	15569	5759	17185	7375	20191	10381
5×1.5	11.4	13.3	15.4	165	—	271	—	402	—
5×2.5	12.5	14.4	17.4	222	144	339	261	597	520
5×4	13.8	15.6	18.7	313	190	442	319	724	602
5×6	15.1	17.1	20.0	422	245	564	389	870	704
5×10	18.7	20.4	24.3	663	352	841	529	1357	1046
5×16	21.5	23.5	27.1	973	478	1177	683	1762	1268
5×25	24.9	26.6	30.7	1444	673	1682	910	2362	1591
5×35	27.8	29.8	34.6	1921	855	2200	1133	3222	2155
5×50	29.6	32.4	36.6	2535	1042	2879	1386	3905	2412
5×70	34.6	38.6	41.4	3557	1428	4302	2173	5093	2964
5×95	40.5	44.5	48.5	4845	1888	5714	2756	7018	4061
5×120	44.2	48.5	52.5	6039	2308	7027	3296	8438	4707
5×150	48.7	53.0	57.0	7492	2864	8576	3948	10162	5534
5×185	55.0	59.4	63.4	9332	3575	10577	4819	12351	6594
5×240	62.2	67.0	70.8	12061	4554	13526	6019	15445	7938
5×300	68.7	73.6	78.9	15016	5564	16634	7182	19661	10210
3×2.5+1×1.5	11.4	13.4	15.4	181	—	287	—	419	—
3×4+1×2.5	12.4	14.4	17.3	245	155	360	271	619	530
3×6+1×4	13.6	15.6	18.5	328	198	455	327	738	609
3×10+1×6	16.4	18.4	21.3	496	274	651	428	990	768
3×16+1×10	19.0	21.0	24.6	732	373	912	553	1444	1085
3×25+1×16	21.9	23.9	27.5	1080	518	1288	726	1888	1326
3×35+1×16	24.0	26.0	29.6	1375	636	1604	865	2259	1520
3×50+1×25	25.1	27.7	31.1	1838	788	2128	1078	2803	1753
3×70+1×35	29.3	31.7	36.3	2548	1058	2882	1392	3889	2398
3×95+1×50	33.8	37.6	40.5	3441	1368	4163	2090	4920	2847
3×120+1×70	36.8	40.4	44.8	4357	1693	5123	2458	6389	3725
3×150+1×70	40.4	43.8	48.4	5221	2018	6081	2879	7450	4248
3×185+1×95	46.0	49.0	54.1	6598	2552	7565	3519	9066	5021

续表

芯数×截面 (mm^2)	电缆参考外径（mm）			电缆近似重量（kg/km）					
	YJV 系列	YJV22 系列	YJV32 系列	YJV	YJLV	YJV22	YJLV22	YJV32	YJLV32
3×240+1×120	51.7	54.9	59.9	8482	3232	9594	4344	11252	6002
3×300+1×150	56.6	60.2	65.0	10545	3948	11796	5199	13618	7021
3×400+1×185	62.2	66.1	72.3	13562	5053	14993	6484	17833	9324
3×2.5+2×1.5	12.1	14.1	17.0	206	—	318	—	569	—
3×4+2×2.5	13.3	15.3	18.2	282	177	407	302	680	576
3×6+2×4	14.5	16.5	19.4	378	224	515	362	813	660
3×10+2×6	17.3	19.3	22.2	566	308	729	473	1085	828
3×16+2×10	20.4	22.4	26.0	849	427	1042	621	1600	1179
3×25+2×16	23.6	25.6	29.2	1257	597	1482	822	2123	1462
3×35+2×16	25.5	27.5	31.3	1545	707	1789	951	2499	1661
3×50+2×25	29.8	32.6	36.8	2140	936	2485	1280	3481	2276
3×70+2×35	33.4	37.4	40.4	2938	1233	3657	1952	4454	2750
3×95+2×50	36.6	40.4	43.4	3926	1557	4693	2324	5526	3157
3×120+2×70	40.0	44.0	48.0	5027	1944	5885	2802	7197	4114
3×150+2×70	42.9	46.9	51.1	5895	2273	6828	3207	8282	4661
3×185+2×95	48.9	53.1	57.1	7509	2873	8594	3959	10178	5543
3×240+2×120	54.7	59.1	63.2	9631	3638	10869	4876	12610	6617
3×300+2×150	60.3	64.9	68.9	11985	4466	13376	5857	15314	7795
4×2.5+1×1.5	12.3	14.3	17.2	218	—	333	—	593	—
4×4+1×2.5	13.5	15.5	18.4	299	185	425	311	709	595
4×6+1×4	14.8	16.8	19.7	402	237	542	378	849	684
4×10+1×6	18.0	20.0	23.6	613	328	784	499	1287	1002
4×16+1×10	21.0	23.0	26.6	910	452	1110	652	1681	1223
4×25+1×16	24.3	26.3	30.1	1350	634	1582	866	2249	1533
4×35+1×16	26.7	28.9	32.5	1725	773	1993	1040	2718	1766
4×50+1×25	28.7	31.5	35.6	2294	945	2628	1280	3604	2255
4×70+1×35	32.9	36.9	39.7	3211	1295	3919	2003	4661	2745
4×95+1×50	38.4	42.2	46.4	4369	1707	5174	2512	6450	3788
4×120+1×70	41.9	46.1	50.0	5530	2126	6449	3045	7812	4408
4×150+1×70	45.8	49.8	53.8	6685	2563	7679	3558	9150	5029
4×185+1×95	51.9	56.1	60.1	8392	3196	9542	4346	11204	6008
4×240+1×120	58.2	62.8	67.0	10810	4061	12155	5406	14031	7282
4×300+1×150	64.2	69.0	74.3	13461	4976	14972	6488	17812	9328

注 1. 本电缆参数表适用于 YJV、YJLV、YJV22、YJLV22、YJV32、YJLV32、YJV62、YJLV62、YJV72、YJLV72 系列；我公司还可生产相应的聚乙烯护套系列和阻燃系列。

2. YJV 系列包含 YJV、YJLV；YJV22 系列包含 YJV22、YJLV22、YJV62、YJLV62，其中 YJV62、YJLV62 是采用非磁性金属带铠装的单芯电缆；YJV32 系列包含 YJV32、YJLV32、YJV72、YJLV72，其中 YJV72、YJLV72 是采用非磁性金属丝铠装的单芯电缆。

3. YJV22 和 YJV32 型单芯电缆只适用于直流线路，YJV62 和 YJV72 型单芯电缆采用非磁性材料铠装，适用于交流线路。

（2）3.6/6kV 交联聚乙烯绝缘电缆参考外径和近似重量见表 3－54。

表 3－54

芯数×截面 (mm^2)	电缆参考外径（mm）			电缆近似重量（kg/km）					
	YJV 系列	YJV22 系列	YJV32 系列	YJV	YJLV	YJV22	YJLV22	YJV32	YJLV32
1×25	17.5	20.4	23.6	507	353	707	554	1164	1010
1×35	18.6	21.5	24.7	617	405	829	617	1312	1100
1×50	19.8	22.7	25.9	762	467	988	693	1496	1201
1×70	21.5	24.4	27.6	985	567	1229	811	1792	1374
1×95	23.2	26.1	29.5	1260	671	1524	935	2137	1549
1×120	24.5	27.6	30.8	1508	767	1798	1057	2425	1684

续表

芯数×截面 (mm²)	电缆参考外径 (mm)			电缆近似重量 (kg/km)					
	YJV 系列	YJV22 系列	YJV32 系列	YJV	YJLV	YJV22	YJLV22	YJV32	YJLV32
1×150	26.1	29.2	32.6	1804	883	2112	1191	2793	1872
1×185	28.0	31.1	35.3	2175	1031	2506	1362	3456	2312
1×240	30.6	33.5	37.9	2747	1249	3094	1595	4149	2650
1×300	33.2	37.7	40.5	3365	1479	4109	2223	4884	2997
1×400	36.9	41.1	44.1	4309	1858	5105	2654	5974	3524
1×500	40.9	45.3	49.3	5363	2300	6256	3194	7625	4562
3×25	36.1	36.9	42.8	1550	1088	2329	1867	3156	2694
3×35	38.7	42.4	46.4	1909	1270	2746	2107	4035	3396
3×50	41.4	45.2	49.2	2380	1490	3278	2389	4648	3759
3×70	45.2	49.3	53.3	3092	1833	4099	2840	5572	4312
3×95	49.1	53.2	57.2	3973	2199	5069	3296	6685	4912
3×120	52.1	56.4	60.4	4768	2534	5961	3727	7652	5418
3×150	55.8	60.2	64.2	5739	2965	7027	4252	8861	6086
3×185	59.6	64.1	68.1	6879	3433	8270	4825	10210	6764
3×240	65.0	69.8	75.0	8660	4147	10247	5734	12329	7816
3×300	71.0	75.8	81.1	10657	4974	12399	6716	15575	9893
3×400	78.6	85.1	89.1	13621	6241	16424	9044	19195	11815
3×500	87.4	94.0	98.1	16972	7747	20123	10898	23204	13979

(3) 6/10kV 交联聚乙烯绝缘电缆参考外径和近似重量见表 3-55。

表 3-55

芯数×截面 (mm²)	电缆参考外径 (mm)			电缆近似重量 (kg/km)					
	YJV 系列	YJV22 系列	YJV32 系列	YJV	YJLV	YJV22	YJLV22	YJV32	YJLV32
1×25	19.3	22.2	25.4	565	412	786	632	1296	1143
1×35	20.4	23.3	26.5	678	466	911	699	1447	1235
1×50	21.6	24.5	27.7	827	532	1073	778	1635	1339
1×70	23.3	26.2	29.6	1054	636	1318	900	1932	1514
1×95	25.0	28.1	31.5	1334	745	1630	1041	2284	1695
1×120	26.3	29.4	33.6	1585	844	1896	1155	2802	2060
1×150	28.1	31.2	35.4	1896	975	2228	1307	3177	2256
1×185	29.8	32.9	37.1	2261	1118	2613	1469	3629	2485
1×240	32.2	36.5	39.5	2830	1332	3536	2037	4292	2793
1×300	34.6	38.9	41.8	3445	1559	4202	2315	5017	3131
1×400	37.7	42.0	46.0	4357	1907	5180	2730	6436	3985
1×500	41.3	45.7	49.7	5390	2327	6292	3229	7654	4591
3×25	40.2	44.2	48.2	1762	1300	2652	2190	3999	3537
3×35	42.7	46.7	50.7	2135	1496	3083	2444	4475	3836
3×50	45.5	49.7	53.7	2620	1731	3656	2767	5165	4276
3×70	49.5	53.8	57.6	3372	2113	4503	3244	6089	4830
3×95	53.4	57.4	61.4	4274	2501	5472	3699	7225	5452
3×120	56.2	60.6	64.6	5074	2840	6383	4149	8211	5977
3×150	59.8	64.5	68.5	6041	3267	7469	4694	9402	6627
3×185	63.7	68.3	72.4	7214	3769	8738	5293	10831	7385
3×240	68.8	73.5	79.0	9011	4498	10664	6151	13780	9267
3×300	73.7	78.8	84.1	10927	5244	12778	7096	16103	10421
3×400	80.5	87.0	91.1	13829	6449	16682	9302	19494	12113
3×500	88.3	95.1	99.2	17069	7845	20296	11071	23356	14132

(4) 8.7/15kV 交联聚乙烯绝缘电缆参考外径和近似重量见表 3-56。

表 3-56

芯数×截面 (mm²)	电缆参考外径 (mm)			电缆近似重量 (kg/km)					
	YJV 系列	YJV22 系列	YJV32 系列	YJV	YJLV	YJV22	YJLV22	YJV32	YJLV32
1×25	21.5	24.4	27.6	643	490	888	735	1450	1297
1×35	22.6	25.5	28.9	760	548	1017	805	1618	1406
1×50	23.8	26.7	30.1	912	617	1183	887	1809	1514
1×70	25.5	28.6	32.0	1145	727	1446	1028	2114	1696
1×95	27.4	30.3	34.7	1441	852	1751	1162	2692	2104
1×120	28.7	31.8	36.0	1697	956	2036	1295	3008	2266
1×150	30.5	33.4	37.8	2015	1094	2360	1439	3415	2494
1×185	32.2	36.5	39.5	2386	1242	3092	1948	3848	2704
1×240	34.6	38.9	41.8	2964	1465	3720	2222	4536	3037
1×300	37.0	41.2	44.2	3588	1701	4386	2499	5254	3367
1×400	40.0	44.4	48.4	4511	2061	5385	2935	6728	4277
1×500	43.7	48.3	52.3	5557	2495	6534	3471	7980	4917
3×25	45.2	49.3	53.3	2064	1601	3071	2609	4543	4081
3×35	47.8	51.9	55.9	2454	1815	3520	2881	5077	4438
3×50	50.6	54.8	58.8	2957	2068	4115	3225	5749	4859
3×70	54.5	58.9	62.9	3716	2457	4968	3709	6769	5510
3×95	58.1	62.8	66.8	4629	2855	6012	4238	7891	6118
3×120	61.1	66.0	70.0	5459	3225	6947	4714	8942	6708
3×150	65.0	69.7	75.1	6476	3701	8049	5275	11012	8237
3×185	68.8	73.5	79.0	7673	4228	9326	5881	12442	8997
3×240	73.7	78.8	84.1	9476	4963	11328	6815	14653	10139
3×300	78.8	85.4	89.4	11453	5771	14264	8581	17029	11347
3×400	85.5	92.1	96.2	14369	6988	17449	10068	20452	13071
3×500	93.3	100.2	104.3	17692	8467	21115	11890	24369	15144

(5) 12/20kV 交联聚乙烯绝缘电缆参考外径和近似重量见表 3-57。

表 3-57

芯数×截面 (mm²)	电缆参考外径 (mm)			电缆近似重量 (kg/km)					
	YJV 系列	YJV22 系列	YJV32 系列	YJV	YJLV	YJV22	YJLV22	YJV32	YJLV32
1×25	23.5	26.4	29.8	720	567	987	834	1586	1433
1×35	24.6	27.7	30.9	840	628	1131	919	1758	1546
1×50	25.8	28.9	33.1	996	701	1301	1006	1983	1688
1×70	27.7	30.8	35.0	1244	826	1571	1153	2523	2105
1×95	29.4	32.5	36.7	1535	947	1882	1293	2875	2286
1×120	30.9	34.0	38.2	1808	1066	2172	1431	3211	2469
1×150	32.5	37.0	39.8	2118	1197	2847	1926	3607	2686
1×185	34.4	38.7	41.6	2508	1364	3260	2116	4054	2910
1×240	36.8	41.0	44.0	3094	1596	3888	2389	4733	3235
1×300	39.0	43.5	47.5	3711	1824	4581	2694	5898	4011
1×400	42.0	46.6	50.6	4644	2193	5581	3131	6974	4524
1×500	45.7	50.5	54.5	5701	2638	6743	3681	8280	5217
3×25	50.0	54.2	58.0	2373	1910	3516	3053	5133	4671
3×35	52.5	56.6	60.6	2778	2138	3955	3316	5682	5043
3×50	55.1	59.6	63.6	3298	2409	4569	3680	6374	5485
3×70	59.0	63.4	67.4	4068	2809	5445	4186	7354	6095
3×95	62.8	67.5	71.5	5015	3242	6517	4744	8568	6795
3×120	65.8	70.7	76.0	5864	3630	7473	5239	10471	8238
3×150	69.5	74.3	79.6	6878	4103	8581	5807	11718	8943
3×185	73.2	78.4	83.7	8097	4651	9936	6490	13268	9823
3×240	78.4	84.9	88.9	9959	5446	12755	8242	15468	10954
3×300	83.3	90.2	94.3	11935	6252	14973	9291	17900	12218
3×400	90.1	97.0	101.1	14924	7543	18225	10845	21371	13990
3×500	98.0	104.9	109.0	18295	9071	21899	12674	25297	16073

(6) 18/30kV 交联聚乙烯绝缘电缆参考外径和近似重量见表 3-58。

表 3-58

芯数×截面 (mm^2)	电缆参考外径（mm）			电缆近似重量（kg/km）					
	YJV 系列	YJV22 系列	YJV32 系列	YJV	YJLV	YJV22	YJLV22	YJV32	YJLV32
1×35	30.4	33.5	37.7	1113	901	1471	1259	2509	2297
1×50	31.8	36.1	39.1	1292	997	1667	1371	2751	2456
1×70	33.7	38.0	40.8	1558	1140	2295	1877	3065	2647
1×95	35.4	39.7	42.6	1865	1276	2638	2049	3467	2878
1×120	36.9	41.1	44.1	2152	1410	2947	2206	3817	3075
1×150	38.5	42.8	46.8	2477	1556	3317	2396	4600	3679
1×185	40.3	44.7	48.7	2885	1741	3765	2622	5103	3959
1×240	42.5	47.1	51.1	3477	1978	4425	2927	5850	4352
1×300	44.9	49.5	53.5	4131	2244	5134	3247	6641	4755
1×400	48.0	52.8	56.6	5093	2642	6187	3736	7747	5297
1×500	51.7	56.5	60.5	6184	3121	7364	4301	9091	6028
3×35	65.0	69.8	73.7	3824	3185	5359	4720	7441	6802
3×50	67.8	72.6	77.9	4393	3503	5998	5109	9092	8203
3×70	71.7	76.7	82.2	5239	3980	6976	5716	10239	8979
3×95	75.6	80.7	86.0	6284	4511	8125	6352	11553	9779
3×120	78.6	85.1	89.1	7186	4952	9926	7693	12697	10463
3×150	82.2	88.9	93.0	8263	5488	11155	8381	14045	11271
3×185	86.1	92.7	96.8	9551	6105	12585	9140	15573	12127
3×240	91.1	98.1	102.2	11503	6990	14770	10256	17953	13440
3×300	96.1	103.1	107.3	13566	7884	17043	11361	20444	14762
3×400	102.7	110.1	114.2	16636	9255	20438	13057	24037	16657
3×500	110.6	118.2	122.2	20145	10921	24313	15088	28134	18909

(7) 21/35kV 交联聚乙烯绝缘电缆参考外径和近似重量见表 3-59。

表 3-59

芯数×截面 (mm^2)	电缆参考外径（mm）			电缆近似重量（kg/km）					
	YJV 系列	YJV22 系列	YJV32 系列	YJV	YJLV	YJV22	YJLV22	YJV32	YJLV32
1×35	33.2	37.7	40.5	1262	1049	2005	1793	2780	2568
1×50	34.6	38.9	41.8	1447	1152	2203	1908	3019	2724
1×70	36.3	40.7	43.5	1707	1289	2508	2090	3340	2922
1×95	38.2	42.5	46.5	2035	1447	2869	2280	4157	3568
1×120	39.5	44.0	48.0	2313	1571	3194	2452	4503	3761
1×150	41.2	45.6	49.6	2661	1740	3561	2639	4924	4003
1×185	42.9	47.7	51.7	3060	1916	4041	2897	5496	4352
1×240	45.3	50.1	54.1	3678	2180	4712	3214	6215	4717
1×300	47.7	52.3	56.3	4342	2456	5407	3520	6995	5108
1×400	50.8	55.6	59.6	5317	2867	6477	4026	8138	5688
1×500	56.0	60.8	65.0	6613	3550	7912	4849	9795	6732
3×35	71.0	75.8	81.1	4320	3681	6061	5422	9273	8634
3×50	73.7	78.8	84.3	4908	4018	6759	5869	10120	9231
3×70	77.5	84.3	88.3	5781	4522	8581	7322	11312	10053
3×95	81.6	88.0	92.1	6855	5082	9748	7975	12595	10821
3×120	84.6	91.2	95.3	7778	5544	10824	8590	13786	11553
3×150	88.1	95.1	99.2	8879	6105	12105	9331	15168	12393
3×185	92.0	98.9	103.0	10194	6749	13567	10122	16791	13346
3×240	97.1	104.1	108.2	12183	7669	15751	11238	19109	14596
3×300	102.1	109.2	113.5	14279	8597	18091	12409	21691	16008
3×400	108.6	116.3	120.3	17395	10015	21571	14190	25316	17936
3×500	120.0	128.0	132.0	21407	12183	25939	16714	30239	21014

(8) 26/35kV交联聚乙烯绝缘电缆参考外径和近似重量见表3-60。

表 3-60

芯数×截面 (mm²)	电缆参考外径 (mm)			电缆近似重量 (kg/km)					
	YJV系列	YJV22系列	YJV32系列	YJV	YJLV	YJV22	YJLV22	YJV32	YJLV32
1×35	35.8	40.2	43.1	1411	1199	2193	1980	3015	2803
1×50	37.2	41.5	45.5	1602	1306	2414	2119	3677	3382
1×70	53.4	57.0	61.0	1868	1450	2736	2318	4054	3636
1×95	40.7	45.1	49.1	2204	1616	3094	2505	4465	3876
1×120	42.0	46.6	50.6	2487	1745	3425	2683	4818	4076
1×150	43.8	48.4	52.4	2842	1921	3821	2900	5266	4345
1×185	45.5	50.3	54.3	3248	2104	4286	3143	5786	4642
1×240	47.9	52.5	56.5	3876	2377	4945	3446	6530	5031
1×300	50.3	55.1	58.9	4549	2663	5698	3811	7341	5454
1×400	53.4	58.0	62.0	5537	3086	6729	4279	8473	6023
1×500	58.4	63.4	67.4	6817	3755	8196	5134	10097	7035
3×35	76.5	82.8	86.9	4872	4232	7558	6919	10273	9634
3×50	79.2	85.8	89.8	5478	4589	8303	7414	11059	10169
3×70	83.1	89.7	94.0	6380	5121	9372	8113	12343	11084
3×95	87.0	93.8	97.9	7450	5676	10627	8853	13656	11883
3×120	90.1	97.0	101.1	8428	6195	11729	9496	14875	12641
3×150	93.7	100.8	104.8	9556	6782	13017	10243	16243	13468
3×185	97.6	104.5	108.6	10899	7453	14487	11041	17895	14450
3×240	102.5	109.9	114.0	12884	8371	16760	12247	20301	15788
3×300	107.6	115.0	119.1	15056	9374	19141	13459	22874	17191
3×400	114.2	121.9	126.0	18220	10839	22651	15271	26606	19225
3×500	125.5	134.7	137.7	22300	13076	27076	17851	31563	22339

注 1. 本电缆参数表适用于YJV、YJLV、YJV22、YJLV22、YJV32、YJLV32、YJV62、YJLV62、YJV72、YJLV72系列。

2. YJV系列包含YJV、YJLV；YJV22系列包含YJV22、YJLV22、YJV62、YJLV62，其中YJV62、YJLV62是采用非磁性金属带铠装的单芯电缆；YJV32系列包含YJV32、YJLV32、YJV72、YJLV72，其中YJV72、YJLV72是采用非磁性金属丝铠装的单芯电缆。

3. YJV22和YJV32型单芯电缆只适用于直流线路，YJV62和YJV72型单芯电缆采用非磁性材料铠装，适用于交流线路。

(三) 生产厂

特变电工（德阳）电缆股份有限公司（四川德阳市旌阳经济技术开发区；电话：0838-2800408；邮编：618000）。

十四、JL/LB系列铝包钢芯铝绞线

(一) 型号及标识

(1) 铝包钢芯铝绞线的代码为JL/LB14或JL/LB20A。分别表示以14%或20.3%IACS导电率的铝包钢做加强芯的铝包钢芯铝绞线。

(2) 型号标识方法。产品用代码、规格及本标准编号标识，以铝线及铝包钢线的标称截面积区别规格。

(二) 技术性能

1. 材料

圆铝线符合GB/T 17048—1997《架空绞线用硬铝线》的规定。JL/LB14和JL/LB20A型号的导线用的铝包钢线分别符合Q/XH A001—2005《电工用铝包钢线》中LB14和LB20A型铝包钢线的规定。

2. 结构

(1) 绞线中铝线和铝包钢线的根数和标称直径见表3-61和表3-62。

(2) 任一绞层铝线或铝包钢线的节径比应分别不大于其相邻内层的节径比。相邻层的绞向应相反，铝线最外层为右向。

表 3-61

标称截面 铝/钢 (mm^2)	结构，根数/直径 (mm)		计算面积 (mm^2)			外径 (mm)	20℃最大直流电阻 (Ω/km)	计算拉断力 (N)	计算重量 (kg/km)
	铝	铝包钢	铝	铝包钢	总计				
25/4	6/2.32	1/2.32	25.36	4.23	29.59	6.96	1.0891	10400	99.8
35/6	6/2.72	1/2.72	34.86	5.81	40.67	8.16	0.7924	14120	137.1
50/8	6/3.20	1/3.20	48.25	8.04	56.29	9.60	0.5725	19060	189.8
50/30	12/2.32	7/2.32	50.73	29.59	80.32	11.60	0.5010	50600	352.6
70/10	6/3.80	1/3.80	68.05	11.34	79.39	11.40	0.4059	26080	267.7
70/40	12/2.72	7/2.72	69.73	40.67	110.40	13.60	0.3645	69200	484.3
95/55	12/3.20	7/3.20	96.51	56.30	152.81	16.00	0.2634	93620	670.3
120/7	18/2.90	1/2.90	118.89	6.61	125.50	14.50	0.2391	28740	374.9
120/70	12/3.60	7/3.60	122.15	71.25	193.40	18.00	0.2081	115000	848.4
150/8	18/3.20	1/3.20	144.76	8.04	152.80	16.00	0.1964	34980	456.0
150/35	30/2.50	7/2.50	147.26	34.36	181.62	17.50	0.1861	74220	653.5
185/10	18/3.60	1/3.60	183.22	10.18	193.40	18.00	0.1551	42960	577.3
185/30	26/2.98	7/2.32	181.34	29.59	210.93	18.88	0.1533	72550	713.0
185/45	30/2.80	7/2.80	184.73	43.10	227.83	19.60	0.1483	92180	819.6
210/10	18/3.80	1/3.80	204.14	11.34	215.48	19.00	0.1392	47860	643.1
210/35	26/3.22	7/2.50	211.73	34.36	246.09	20.38	0.1314	83380	831.1
210/50	30/2.98	7/2.98	209.24	48.82	258.06	20.86	0.1310	104400	928.4
240/30	24/3.60	7/2.40	244.29	31.67	275.96	21.60	0.1146	83740	901.2
240/40	26/3.42	7/2.66	238.84	38.90	277.74	21.66	0.1164	93070	938.5
240/55	30/3.20	7/3.20	241.27	56.30	297.57	22.40	0.1136	117500	1070.5
300/40	24/3.99	7/2.66	300.09	38.90	338.99	23.94	0.09332	102900	1107.1
300/50	26/3.83	7/2.98	299.54	48.82	348.36	24.26	0.09284	116800	1177.3
300/70	30/3.60	7/3.60	305.36	71.25	376.61	25.20	0.08974	144300	1354.9
400/35	48/3.22	7/2.50	390.88	34.36	425.24	26.82	0.07241	112900	1326.3
400/50	54/3.07	7/3.07	399.73	51.82	451.55	27.63	0.07019	137500	1476.8
400/65	26/4.42	7/3.44	398.94	65.06	464.00	28.00	0.06970	153600	1568.2
400/95	30/4.16	19/2.50	407.75	93.27	501.02	29.14	0.06728	196800	1798.0
500/35	45/3.75	7/2.50	497.01	34.36	531.37	30.00	0.05719	128000	1619.1
500/45	48/3.60	7/2.80	488.58	43.10	531.68	30.00	0.05792	138900	1658.9
500/65	54/3.44	7/3.44	501.88	65.06	566.94	30.96	0.05591	172600	1854.1
630/45	45/4.20	7/2.80	623.45	43.10	666.55	33.60	0.04559	160500	2031.0
630/55	48/4.12	7/3.20	639.92	56.30	696.22	34.32	0.04423	208000	2171.7
630/80	54/3.87	19/2.32	635.19	80.32	715.51	34.82	0.04421	214900	2334.0
800/55	45/4.80	7/3.20	814.30	56.30	870.60	38.40	0.03491	208000	2654.5
800/70	48/4.63	7/3.60	808.15	71.25	879.40	38.58	0.03502	224800	2743.7
800/100	54/4.33	19/2.60	795.17	100.88	896.05	38.98	0.03531	269500	2924.3

注 如采用其他尺寸或结构，如混绞或特殊截面，请要求厂方提供上述参数。

表 3-62

标称截面 铝/钢 (mm^2)	结构，根数/直径 (mm)		计算面积 (mm^2)			外径 (mm)	20℃最大直流电阻 (Ω/km)	计算拉断力 (N)	计算重量 (kg/km)
	铝	铝包钢	铝	铝包钢	总计				
25/4	6/2.32	1/2.32	25.36	4.23	29.59	6.96	1.0709	9514	97.5
35/6	6/2.72	1/2.72	34.86	5.81	40.67	8.16	0.7792	12900	133.9
50/8	6/3.20	1/3.20	48/25	8.04	56.29	9.60	0.5629	17610	185.4
50/30	12/2.32	7/2.32	50.73	29.59	80.32	11.60	0.4753	44390	336.0
70/10	6/3.80	1/3.80	68.05	11.34	79.39	11.40	0.3991	23360	261.5

续表

标称截面铝/钢 (mm²)	结构，根数/直径 (mm)		计算面积 (mm²)			外径 (mm)	20℃最大直流电阻 (Ω/km)	计算拉断力 (N)	计算重量 (kg/km)
	铝	铝包钢	铝	铝包钢	总计				
70/40	12/2.72	7/2.72	69.73	40.67	110.40	13.60	0.3458	60660	461.8
95/15	26/2.15	7/1.67	94.39	15.33	109.72	13.61	0.2899	35390	362.1
95/20	7/4.16	7/1.85	95.14	18.82	113.96	13.87	0.2831	37810	386.0
95/55	12/3.20	7/3.20	96.51	56.30	152.81	16.00	0.2498	83480	639.2
120/7	18/2.90	1/2.90	118.89	6.61	125.50	14.50	0.2377	28140	370.8
120/20	26/2.38	7/1.85	115.67	18.82	134.49	15.07	0.2365	42830	443.9
120/25	7/4.72	7/2.10	122.48	24.25	146.73	15.74	0.2199	48700	497.1
120/70	12/3.60	7/3.60	122.15	71.25	193.40	18.00	0.1974	100800	809.0
150/8	18/3.20	1/3.20	144.76	8.04	152.80	16.00	0.1952	33530	451.5
150/20	24/2.78	7/1.85	145.68	18.82	164.50	16.67	0.1898	47350	526.5
150/25	26/2.70	7/2.10	148.86	24.25	173.11	17.10	0.1838	54410	571.5
150/35	30/2.50	7/2.50	147.26	34.36	181.62	17.50	0.1818	67000	634.4
185/10	18/3.60	1/3.60	183.22	10.18	193.40	18.00	0.1542	40920	571.4
185/25	24/3.15	7/2.10	187.04	24.25	211.29	18.90	0.1478	59960	676.6
185/30	26/2.98	7/2.32	181.34	29.59	210.93	18.88	0.1508	66340	696.5
185/45	30/2.80	7/2.80	184.73	43.10	227.83	19.60	0.1449	83120	795.8
210/10	18/3.80	1/3.80	204.14	11.34	215.48	19.00	0.1384	45140	636.7
210/25	24/3.33	7/2.22	209.02	27.10	236.12	19.98	0.1322	67010	756.1
210/35	26/3.22	7/2.50	211.73	34.36	246.09	20.38	0.1292	76170	812.0
210/50	30/2.98	7/2.98	209.24	48.82	259.06	20.86	0.1280	94160	901.4
240/30	24/3.60	7/2.40	244.29	31.67	275.96	21.60	0.1131	77090	883.7
240/40	26/3.42	7/2.66	238.84	38.90	277.74	21.66	0.1145	86090	916.9
240/55	30/3.20	7/3.20	241.27	57.30	297.57	22.40	0.1110	107370	1039.4
300/15	42/3.00	7/1.67	296.88	15.33	312.21	23.01	0.09557	68870	921.1
300/20	45/2.93	7/1.95	303.42	20.91	324.33	23.43	0.09301	76670	976.4
300/25	48/2.85	7/2.22	306.21	27.10	333.31	23.76	0.09160	84580	1025.5
300/40	24/3.99	7/2.66	300.09	38.90	338.99	23.94	0.09211	94690	1085.5
300/50	26/3.83	7/2.98	299.54	48.82	348.36	24.26	0.09132	106510	1150.2
300/70	30/3.60	7/3.60	305.36	71.25	376.61	25.20	0.08768	130100	1315.4
400/20	42/3.51	7/1.95	406.40	20.91	427.31	26.91	0.06982	90120	1260.4
400/25	45/3.33	7/2.22	391.91	27.10	419.01	26.64	0.07200	97190	1261.8
400/35	48/3.22	7/2.50	390.88	34.36	425.24	26.82	0.07177	105700	1307.5
400/50	54/3.07	7/3.07	399.73	51.82	451.55	27.63	0.06927	128100	1448.1
400/65	26/4.42	7/3.44	398.94	65.06	464.00	28.00	0.06857	140600	1532.1
400/95	30/4.16	19/2.50	407.75	93.27	501.02	29.14	0.06577	177200	1746.2
500/35	45/3.75	7/2.50	497.01	34.36	531.37	30.00	0.05678	120800	1600.2
500/45	48/3.60	7/2.80	488.58	43.10	531.68	30.00	0.05741	129900	1635.3
500/65	54/3.44	7/3.44	501.88	65.06	566.94	30.96	0.05517	159600	1818.2
630/45	45/4.20	7/2.80	623.45	43.10	666.55	33.60	0.04526	151500	2007.2
630/55	48/4.12	7/3.20	639.92	56.30	696.22	34.32	0.04384	169900	2140.8
630/80	54/3.87	19/2.32	635.19	80.32	715.51	34.82	0.04364	198000	2289.5
720/50	45/4.53	7/3.02	725.27	50.14	775.41	36.2	0.03905	167000	2337
800/55	45/4.80	7/3.20	814.30	56.30	870.60	38.40	0.03466	197800	2621.7
800/70	48/4.63	7/3.60	808.15	71.25	879.40	38.58	0.03471	210500	2704.6
800/100	54/4.33	19/2.60	795.17	100.88	896.05	38.98	0.03486	248300	2868.3

注 如采用其他尺寸或结构，如混绞或特殊截面，请要求厂方提供上述参数。

3. 成品绞线

(1) 绞后圆铝线的性能符合下列规定：

1) 抗拉强度不小于硬铝线抗拉强度最小值的95%。试验时，夹具的移动速度应为25～100mm/min。

2) 卷绕性能应符合GB/T 17048—1997的规定。

3) 20℃时的电阻率应不大于0.028264Ω·mm^2/m。

(2) 绞后铝包钢线不做机械和电气性能试验。

(3) 成品绞线表面应光洁，无过量润滑油脂和与良好的工业产品不相称的缺陷。

(4) 如合同未对每卷长度做规定，生产厂可以按照自己的包装标准供货。

(三) 包装及标志

(1) 绞线应成盘交货，最外一层与电缆盘侧板边缘的距离应不小于30mm，并妥善包装。连在一起的两根绞线，其连接处应至少剪断一半铝线，并将连接处的两边扎牢。

电缆盘应符合GB/T 8137—1999《电线电缆交货盘》要求，有特殊需要加强时可以增强结构。

短段绞线允许成卷交货，每卷应至少捆扎三处，并妥善包装。

(2) 每盘或每卷绞线附有标签。标明下列内容：

1) 制造厂名称。

2) 绞线的型号规格标识及产品的盘卷号。

3) 由外至内每根绞线的长度(m)。

4) 毛重及净重(kg)。

5) 制造日期。

6) 本标准编号。

(四) 生产厂

新华金属制品股份有限公司。

十五、JLB系列铝包钢绞线

(一) 标识

成品铝包钢绞线的标识：J+单线代码—铝包钢绞线的标称截面积，例如JLB20A—80。

(二) 订货要求

订购材料的合同应包括：

(1) 每种规格的数量(长度、重量)。

(2) 成品铝包钢绞线的标识，或单线导电率、数量及直径。

(3) 除右捻之外，外层的捻制方向。

(4) 包装规格。

(5) 是否需要特别的包装标识。

(6) 是否需要特别的外包装。

(7) 除产地以外的检验地。

(三) 技术要求

1. 单线的要求

铝包钢线满足Q/XH A001的相应要求，但1%伸长时的应力不做要求。单线尺寸见表3-63～表3-66。

2. 焊接

铝包钢绞线用铝包钢线不应有任何接头。

3. 绞合

(1) 对3丝铝包钢绞线，节距采用外径的16.5倍，不小于公称直径的14倍，不大于公称直径的20倍。

(2) 对7、19丝和37丝铝包钢绞线，节距采用外径的13.5倍，不小于公称直径的10倍，不大于公称直径的16倍。相邻两层中外层的节径比等于或小于内层的节径比。

(3) 如客户对捻向没有特别说明，外层捻向应为右捻。

(4) 相邻层的捻向应相反。

(5) 在成品铝包钢绞线中，所有钢线应自然捻制在它们的准确位置上。当在铝包钢绞线的任何点切开时，钢线应趋向保持它们的位置。铝包钢绞线的切头如有松散，可以用手复位。

表 3-63

导电率	标称面积（mm^2）	结构根数/直径（根/mm）	计算截面积（mm^2）			外径（mm）	直流电阻不大于（20℃）（Ω/km）	计算拉断力（kN）	计算质量（kg/km）
			铝	钢	总计				
14% IACS	35	7/2.50	4.47	29.89	34.36	7.50	3.6200	49.17	247.8
	40	7/2.75	5.41	36.17	41.58	8.25	2.9914	59.50	299.9
	45	7/2.90	6.01	40.23	46.24	8.70	2.6899	66.17	333.5
	50	7/3.00	6.43	43.05	49.48	9.00	2.5138	70.81	356.8
	55	7/3.20	7.32	48.98	56.30	9.60	2.2093	78.54	406.00
	65	7/3.50	8.76	58.59	67.35	10.50	1.8468	93.95	485.7
	70	7/3.60	9.26	61.99	71.25	10.80	1.7457	97.47	513.8
	80	7/3.80	10.32	69.07	79.39	11.40	1.5667	108.61	572.5
	95	7/4.16	12.37	82.77	95.14	12.48	1.3074	130.15	686.1
	100	19/2.60	13.11	87.77	100.88	13.00	1.2378	144.36	730.4
	120	19/2.85	15.76	105.45	121.21	14.25	1.0302	173.45	877.6
	150	19/3.15	19.25	128.82	148.07	15.75	0.8433	206.56	1072.0
	185	19/3.50	23.76	159.04	182.80	17.50	0.6831	255.01	1323.5
	210	19/3.75	27.28	182.57	209.85	18.75	0.5951	287.07	1519.3
	240	19/4.00	31.04	207.72	238.76	20.00	0.5230	326.62	1728.6
	300	37/3.20	38.68	258.89	297.57	22.40	0.4221	415.11	2167.1
	380	37/3.60	48.96	327.66	376.62	25.20	0.3335	515.22	2742.8
	420	37/3.80	54.55	365.07	419.62	26.60	0.2993	574.07	3056.0
	465	37/4.00	60.44	404.52	464.96	28.00	0.2702	636.07	3386.2
	510	37/4.20	66.64	445.97	512.61	29.40	0.2450	701.25	3733.2
20.3% IACS	35	7/2.50	8.59	25.77	34.36	7.50	2.4927	41.44	228.7
	45	7/2.90	11.56	34.68	46.24	8.70	1.8522	55.77	307.8
	50	7/3.00	12.37	37.11	49.48	9.00	1.7310	59.67	329.3
	55	7/3.20	14.08	42.22	56.30	9.60	1.5213	67.90	374.7
	65	7/3.50	16.84	50.51	67.35	10.50	1.2717	76.98	448.3
	70	7/3.60	17.81	53.44	71.25	10.80	1.2021	81.44	474.2
	80	7/3.80	19.85	59.54	79.39	11.40	1.0788	89.31	528.4
	95	7/4.16	23.79	71.35	95.14	12.48	0.9002	101.04	633.2
	100	19/2.60	25.22	75.66	100.88	13.00	0.8524	121.66	674.1
	120	19/2.85	30.30	90.91	121.21	14.25	0.7094	146.18	810.0
	150	19/3.15	37.02	111.05	148.07	15.75	0.5807	178.57	989.4
	185	19/3.50	45.70	137.10	182.80	17.50	0.4704	208.94	1221.5
	210	19/3.75	52.46	157.39	209.85	18.75	0.4098	236.08	1402.3
	240	19/4.00	59.69	179.07	238.76	20.00	0.3601	260.01	1595.5
	300	37/3.20	74.39	223.18	297.57	22.40	0.2907	358.87	2000.2
	380	37/3.60	94.16	282.46	376.62	25.20	0.2297	430.48	2531.6
	420	37/3.80	104.91	314.71	419.62	26.60	0.2061	472.07	2820.6
	465	37/4.00	116.24	348.72	464.96	28.00	0.1860	493.79	3125.4
	510	37/4.20	128.15	384.46	512.61	29.40	0.1687	544.39	3445.7

表 3-64

导电率	标称面积 (mm²)	结构 根数/直径 (根/mm)	计算截面积 (mm²) 铝	钢	总计	外径 (mm)	直流电阻不大于 (20℃) (Ω/km)	计算拉断力 (kN)	计算质量 (kg/km)
23% IACS	35	7/2.50	10.31	24.05	34.36	7.50	2.2034	37.73	217.6
	45	7/2.90	13.87	32.37	46.24	8.70	1.6373	50.77	292.8
	50	7/3.00	14.84	34.64	49.48	9.00	1.5301	54.33	313.3
	55	7/3.20	16.89	39.41	56.30	9.60	1.3448	61.82	356.5
	70	7/3.60	21.38	49.87	71.25	10.80	1.0626	78.23	451.2
	80	7/3.80	23.82	55.57	79.39	11.40	0.9536	87.17	502.8
	95	7/4.16	28.54	66.60	95.14	12.48	0.7958	104.46	602.5
	100	19/2.60	30.26	70.62	100.88	13.00	0.7535	110.77	641.4
	120	19/2.85	36.36	84.85	121.21	14.25	0.6271	133.09	770.6
	150	19/3.15	44.42	103.65	148.07	15.75	0.5133	162.58	941.4
	185	19/3.50	54.84	127.96	182.8	17.50	0.4158	200.71	1162.2
	210	19/3.75	62.96	146.89	209.85	18.75	0.3622	230.42	1334.2
	240	19/4.00	71.63	167.13	238.76	20.00	0.3184	262.16	1518.0
	300	37/3.20	89.27	208.30	297.57	22.40	0.2569	326.73	1903.1
	380	37/3.60	112.99	263.63	376.62	25.20	0.2030	413.53	2408.6
	420	37/3.80	125.89	293.73	419.62	26.60	0.1822	460.74	2683.6
	465	37/4.00	139.49	325.47	464.96	28.00	0.1644	510.53	2973.6
	510	37/4.20	153.78	358.83	512.61	29.40	0.1492	562.85	3278.3
	590	37/4.50	176.54	411.92	588.46	31.50	0.1299	646.13	3763.4
27% IACS	45	7/2.90	17.11	29.13	46.24	8.70	1.3949	44.95	276.0
	50	7/3.00	18.31	31.17	49.48	9.00	1.3035	48.09	295.4
	55	7/3.20	20.83	35.47	56.30	9.60	1.1456	54.72	336.1
	65	7/3.50	24.92	42.43	67.35	10.50	0.9577	65.46	402.0
	70	7/3.60	26.36	44.89	71.25	10.80	0.9052	69.26	425.3
	80	7/3.80	29.37	50.02	79.39	11.40	0.8124	77.17	473.9
	95	7/4.16	35.20	59.94	95.14	12.48	0.6779	92.48	567.9
	100	19/2.60	37.33	63.55	100.88	13.00	0.6419	98.06	604.5
	120	19/2.85	44.85	76.36	121.21	14.25	0.5342	117.82	726.4
	150	19/3.15	54.79	93.28	148.07	15.75	0.4373	143.92	887.3
	185	19/3.50	67.64	115.16	182.80	17.50	0.3542	177.68	1095.5
	210	19/3.75	77.64	132.21	209.85	18.75	0.3086	203.97	1257.6
	240	19/4.00	88.34	150.42	238.76	20.00	0.2712	232.07	1430.8
	300	37/3.20	110.10	187.47	297.57	22.40	0.2189	289.24	1793.8
	380	37/3.60	139.35	237.27	376.62	25.20	0.1730	366.07	2270.3
	420	37/3.80	155.26	264.36	419.62	26.60	0.1552	407.87	2529.6
	465	37/4.00	172.04	292.92	464.96	28.00	0.1401	451.94	2802.9
	510	37/4.20	189.67	322.94	512.61	29.40	0.1271	498.26	3090.1
	590	37/4.50	217.73	370.73	588.46	31.50	0.1107	571.98	3547.4
	670	37/4.80	247.73	421.81	669.54	33.60	0.0973	650.79	4036.1

表 3-65

导电率	标称面积 (mm^2)	结构 根数/直径 (根/mm)	计算截面积 (mm^2)			外径 (mm)	直流电阻不大于 (20℃) (Ω/km)	计算拉断力 (kN)	计算质量 (kg/km)
			铝	钢	总计				
30% IACS	45	7/2.90	19.88	26.36	46.24	8.70	1.2553	36.62	262.00
	50	7/3.00	21.28	28.20	49.48	9.00	1.1731	39.19	280.4
	55	7/3.20	24.21	32.09	56.30	9.60	1.0310	44.59	319.00
	65	7/3.50	28.96	38.39	67.35	10.50	0.8618	53.34	381.6
	70	7/3.60	30.64	40.61	71.25	10.80	0.8147	56.43	403.7
	80	7/3.80	34.14	45.25	79.39	11.40	0.7311	62.88	449.8
	95	7/4.16	40.91	54.23	95.14	12.48	0.6101	75.35	539.1
	100	19/2.60	43.38	57.50	100.88	13.00	0.5777	79.90	573.90
	120	19/2.85	52.12	69.09	121.21	14.25	0.4808	96.00	689.5
	150	19/3.15	63.67	84.40	148.07	15.75	0.3936	117.27	842.3
	185	19/3.50	78.60	104.20	182.80	17.50	0.3188	144.78	1039.9
	210	19/3.75	90.23	119.62	209.85	18.75	0.2777	166.20	1193.7
	240	19/4.00	102.67	136.09	238.76	20.00	0.2441	189.10	1358.2
	300	37/3.20	127.96	169.61	297.57	22.40	0.1970	235.68	1702.8
	380	37/3.60	161.95	214.67	376.62	25.20	0.1556	298.28	2155.1
	420	37/3.80	180.44	239.18	419.62	26.60	0.1397	332.34	2401.1
	465	37/4.00	199.93	265.03	464.96	28.00	0.1261	368.25	2660.6
	510	37/4.20	220.42	292.19	512.61	29.40	0.1144	405.99	2933.3
	590	37/4.50	253.04	335.42	588.46	31.50	0.0996	466.06	3367.3
	670	37/4.80	287.90	381.64	669.54	33.60	0.0876	530.28	3831.2
35% IACS	50	7/3.00	25.73	23.75	49.48	9.00	1.0055	36.07	257.4
	55	7/3.20	29.28	27.02	56.30	9.60	0.8837	41.04	292.8
	65	7/3.50	35.02	32.33	67.35	10.50	0.7387	49.10	350.3
	70	7/3.60	37.05	34.20	71.25	10.80	0.6983	51.94	370.6
	80	7/3.80	41.28	38.11	79.39	11.40	0.6267	57.88	412.9
	95	7/4.16	49.47	45.67	95.14	12.48	0.5229	69.36	494.9
	100	19/2.60	52.46	48.42	100.88	13.00	0.4951	73.54	526.8
	120	19/2.85	63.03	58.18	121.21	14.25	0.4121	88.36	633.0
	150	19/3.15	77.00	71.07	148.07	15.75	0.3373	107.94	773.2
	185	19/3.50	95.06	87.74	182.80	17.50	0.2732	133.26	954.6
	210	19/3.75	109.12	100.73	209.85	18.75	0.2380	152.98	1095.9
	240	19/4.00	124.16	114.60	238.76	20.00	0.2092	174.06	1246.8
	300	37/3.20	154.74	142.83	297.57	22.40	0.1689	216.93	1563.1
	380	37/3.60	195.84	180.78	376.62	25.20	0.1334	274.56	1978.4
	420	37/3.80	218.20	201.42	419.62	26.60	0.1197	305.90	2204.3
	465	37/4.00	241.78	223.18	464.96	28.00	0.1081	338.96	2442.4
	510	37/4.20	266.56	246.05	512.61	29.40	0.0980	373.69	2692.7
	590	37/4.50	306.00	282.46	588.46	31.50	0.0854	428.99	3091.2
	670	37/4.80	348.16	321.38	669.54	33.60	0.0750	488.09	3517.1

表 3-66

导电率	标称面积 (mm²)	结构 根数/直径 (根/mm)	计算截面积（mm²）			外径 (mm)	直流电阻不大于（20℃） (Ω/km)	计算拉断力 (kN)	计算质量 (kg/km)
			铝	钢	总计				
40% IACS	50	7/3.00	30.68	18.80	49.48	9.00	0.8798	30.28	231.9
	55	7/3.20	34.91	21.39	56.30	9.60	0.7732	34.46	263.8
	65	7/3.50	41.76	25.59	67.35	10.50	0.6463	41.22	315.6
	70	7/3.60	44.18	27.07	71.25	10.80	0.6110	43.61	333.9
	80	7/3.80	49.22	30.17	79.39	11.40	0.5483	48.59	372.1
	95	7/4.16	58.99	36.15	95.14	12.48	0.4575	58.23	445.9
	100	19/2.60	62.55	38.33	100.88	13.00	0.4332	61.74	474.6
	120	19/2.85	75.15	46.06	121.21	14.25	0.3606	74.18	570.3
	150	19/3.15	91.80	56.27	148.07	15.75	0.2952	90.62	696.7
	185	19/3.50	113.34	69.46	182.80	17.50	0.2391	111.87	860.1
	210	19/3.75	130.11	79.74	209.85	18.75	0.2083	128.43	987.3
	240	19/4.00	148.03	90.73	238.76	20.00	0.1830	146.12	1123.4
	300	37/3.20	184.49	113.08	297.57	22.40	0.1477	182.11	1408.3
	380	37/3.60	233.50	143.12	376.62	25.20	0.1176	230.49	1782.5
	420	37/3.80	260.16	159.46	419.62	26.60	0.1048	256.8	1986.0
	465	37/4.00	288.28	176.68	464.96	28.00	0.0946	284.56	2200.6
	510	37/4.20	317.82	194.79	512.61	29.40	0.0858	313.72	2426.1
	590	37/4.50	364.85	223.61	588.46	31.50	0.0747	360.14	2785.1
	670	37/4.80	415.11	254.43	669.54	33.60	0.0657	409.76	3168.8

4. 铝包钢绞线的拉断力

由 7 丝、19 丝和 37 丝组成的成品铝包钢绞线的计算拉断力为铝包钢线破断强度总和的 90%，铝包钢线的破断强度由其公称直径及 Q/XH A001 标准中给出的抗拉强度最小值计算得到。由 3 丝组成的成品铝包钢绞线的破断强度为铝包钢线破断强度总和的 95%，铝包钢线的破断强度由同样方法计算。

5. 长度

交付长度在订货时商定。如无特别要求，标准供货长度将由卖方推荐，长度不小于标准长度的 1/2 的短尺交货盘数在合同总量中不得多于 5%。

（四）生产厂

新华金属制品股份有限公司。

十六、N、W、JLS 系列 10～35kV 冷缩式电力电缆附件

（一）概述

10～35kV 冷缩式电力电缆附件，采用先进的 LSR 一次成型工艺，半导电应力结构和主绝缘一起成型，消除了电缆半导电切口处电场集中问题，具有优良的机械和电气性能；并采用独特的冷缩预扩张技术，安装非常方便，附件对电缆本体提供恒定持久的径向压力，局部放电小，确保内部电性能，提高了产品的运行可靠性。

（二）产品特点

1. 材料性能稳定

采用进口优质液体硅橡胶，表面具有良好的耐电蚀、耐高温、耐酸碱性和抗污秽性，绝缘性能好，使用寿命长。

硅橡胶具有良好的憎水性能，水滴在附件表面能随时滚落，不形成导电水膜。

硅橡胶良好的弹性，使附件与电缆本体紧密贴合且同步缩胀，密封性能好，运行可靠。

采用特殊的防水密封胶来缠绕电缆和中间接头，能可靠保证最佳的防水密封性和外形，并采用独特的装甲带来恢复外护套，给电缆提供高强度的机械保护。

2. 电性能优异

冷缩式附件内部采用独特的半导电应力控制，整体结构经过计算机辅助设计，妥善解决了电应力集中的问题。

冷缩式中间接头采用半导电应力管来包覆高压连接区，采用应力锥来均匀半导电屏蔽断口处的电场，表面半导电层和绝缘层一起成型，提供了可靠的电应力控制、绝缘恢复和屏蔽层恢复。

附件安装后对电缆本体保持恒定持久的径向压力，使内界面紧密贴合，有效地防潮并与电缆本体同步缩胀，杜绝在运行时产生电击穿。高低温环境不影响施工及运行稳定性。

3. 安装方便

采用独特的冷缩预扩张技术，现场安装时无需明火和使用特殊工具，只用调整好位置，抽掉支撑的芯绳。

接地连接采用恒力弹簧，恢复接地线时不用焊接或铜扎线，接地快速、可靠、方便。

（三）型号说明

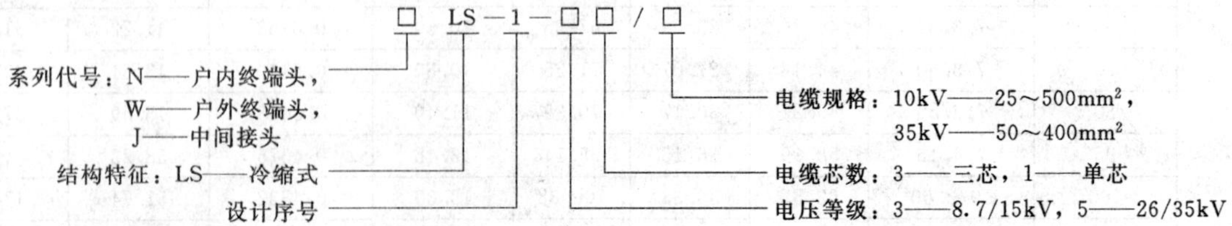

（四）运行环境参数

（1）环境温度：－40～＋55℃。

（2）海拔：不超过2000m。

（3）空气湿度：在雨、雾、霜等天气下均可安全运行。

（4）安装地点应避免强污染；附件的长期工作温度、过载温度和短路温度，完全满足与其配套电缆的要求。

（五）性能参数

见表3-67。

表3-67

试验项目	参数值		试验项目	参数值	
	10kV电缆附件	35kV电缆附件		10kV电缆附件	35kV电缆附件
工频电压试验　5min	45kV	117kV	冲击电压试验1.2/50μs±10次	95kV	200kV
局部放电试验	15kV，≤5pC	45kV，≤5pC	工频电压试验　15min	22kV	65kV

（六）生产厂

山东彼岸电力科技有限公司。

十七、加铝（天津）铝合金产品有限公司新型电缆

（一）概述

加铝电缆（ALCAN）隶属于力拓加铝集团。2007年力拓与加铝合并，组建了力拓加铝公司——全球铝业的领导者。加铝电缆已有100多年的悠久历史，是整个北美地区唯一一家综合生产合金电缆、铝棒和铝带产品的先进制造商。加铝电缆的总部位于美国佐治亚州亚特兰大市，在北美地区拥有六家生产基地和整套营销网络，并在美国宾夕法尼亚州威廉斯波特市设有自己的研发中心。加铝电缆最新设立的制造工厂位于中国天津。该工厂设备先进，为中国市场生产世德合金铝合金产品，应用于住宅、商用、公用建筑及工业应用场合。加铝电缆公司是电气行业所有部门的主要供应商。其核心产品为电力输电和配电用裸导线、600伏架空和埋地绝缘铝导线以及世德合金和NUAL电力电缆。此外，加铝电缆还生产全系列的电气和机械铝棒以及用于铠装电缆、螺旋片换热器和其他机械应用的平面铝带。加铝电缆公司的MODEX模块化布线系统更是包含全套布线产品，并可按客户需求定制，从而显著节省总装成本，与其生产的世德合金电力电缆相得益彰。加铝电缆产品质量优越、客户服务和技术支持服务完善，是电气行业公认的领导者。公司世界一流的业务管理，不断超越客户的期望，赢得了来自各行各业用户的信任，也赢得了富有创新精神的设计工程师和要求日益严格的承建商的高度认可。加铝电缆还自豪地提供世德合金电缆产品，该产品在低压配电领域日渐成为电力电缆的最佳选择。

作为世界五百强企业在中国的分支机构——加铝（天津）铝合金产品有限公司是加铝电缆在中国境内设立的第一家独资世界级的生产基地，也是加铝电缆最新的生产部门，该项目投资6000万美元，坐落于天津空港经济区内，占地总面积14万m²。天津工厂于2009年第二季度投产。工厂向中国市场提供包括住宅，商业，公共建筑和工业项目等应用的世德合金电力电缆产品，其中包括：世德合金ZA—AC90（－40）铠装电缆；世德合金ZB—ACWU90（－40）带PVC护套铠装电缆；世德合金ZC—TC90（－40）非铠装电缆；以及其他世德合金电缆产品。世德合金电缆在北美作为行业的领先者拥有近40年的合金生产安装和无故障运行经验，证明了其安全，可靠，经济的优秀品质。新的天津工厂拥有一流的生产设备，特有的合金技术，先进的加工工艺，完善的质量控制，最重要的是拥有一批高素质的行业专家，他们为客户提供了优质的产品和服务，同时也向客户提供对产品应用，安装指导和设计等技术支持。

（二）世德合金电力电缆

世德合金电力电缆卓越的特色是可以节约大量的安装成本和时间。与传统的导管布线方法相比，世德合金配置了灵活的联锁铝铠装，所以安装更加方便和快捷。

（1）世德合金是一种为配电应用特殊设计的铝合金，在北美地区拥有近40年的成功安装经验。

（2）多合一集成，一步到位安装，大量节省了安装时间。

（3）结实，轻便的铝合金铠装比普通钢铠装更轻，更容易剥离。

（4）世德合金电缆具备普通导管所没有的超强柔韧性，在拐角容易弯曲，减少对弯管的需求。

（5）由于采用了联锁型铠装，所以在室内许多应用场合并不需要使用PVC护套。这不但消除了不必要的成本，而且还带来了低烟无卤的优势。

（6）ZB—ACWU90（−40）型电缆采用无铅、无镉PVC护套，从而很好地保护了环境。适应潮湿的安装环境，可直埋或封装在水泥中及其他应用。

（7）特殊的合金材料，完备的制造工艺，使世德合金电缆的安装过程中可有效减少导线受损。

（8）机械和电气性能符合或超过GB 12706.1性能要求。

1. ZA—AC90（−40）铠装电缆

ZA—AC90（−40）是一种高柔韧性的联锁型铝合金铠装、90℃交联聚乙烯绝缘单芯或多芯电缆，并且不含重金属元素，绿色环保。减少了管道布线所带来的施工难度和人力成本。电缆已在工厂用高柔韧性的联锁型铝合金铠装组装完毕，不需要管道及其附近和人工密集的拉线、扣纹和成管等工序。ZA—AC90（−40）通过CSA认证可应用于非潮湿环境的明线或暗线敷设，并具备与管道方式敷线的相同性能。ZA—AC90（−40）为低烟无卤型电缆，经国家防火建筑材料质量监督检验中心测试达到阻燃A级，所做试验完全符合GB 17650.1，见图3-1。

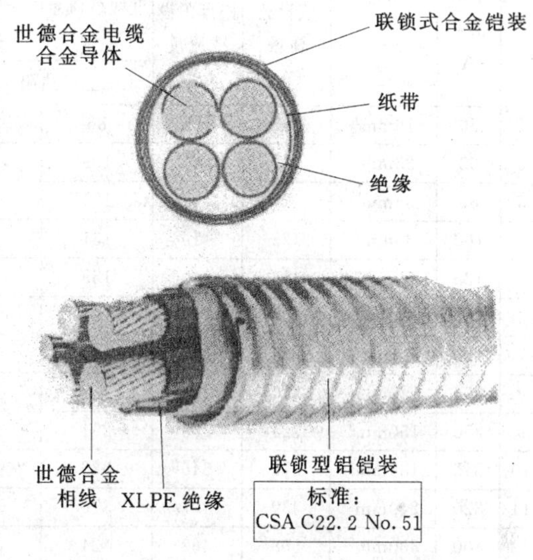

图3-1

2. ZB—ACWU90（−40）铠装电缆

ZB—ACWU90（−40）是一种高柔韧性的联锁型铝合金铠装、PVC外护套、90℃交联聚乙烯防水型绝缘单芯或多芯电缆，并且不含重金属元素，绿色环保。ZB—ACWU90（−40）可直接埋地敷设，并适用于腐蚀环境中。减少了管道布线所带来的施工难度和人力成本。电缆已在工厂用高柔韧性的联锁型铝合金铠装和密封PVC外护套组装完毕，不需要管道及其附件和人工密集的拉线、扣纹和成管等工序。ZB—ACWU90（−40）通过CSA认证可应用于干燥和潮湿环境的明线或暗线敷设，也可应用于1区和2区1级危险环境，以及2、3级危险环境。其优异的护套性能，保证了防水特性的同时，更难能可贵的提

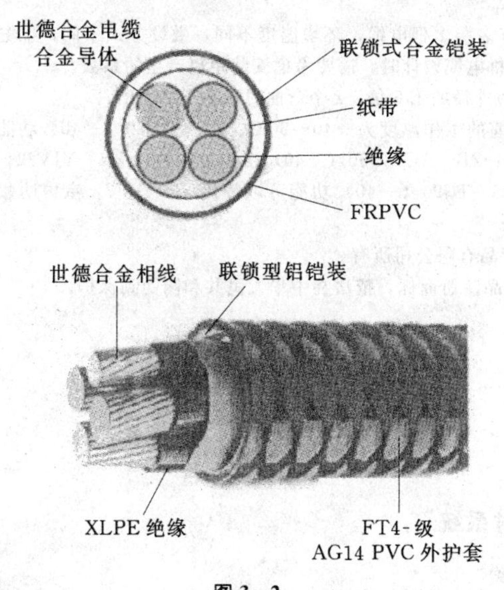

图3-2

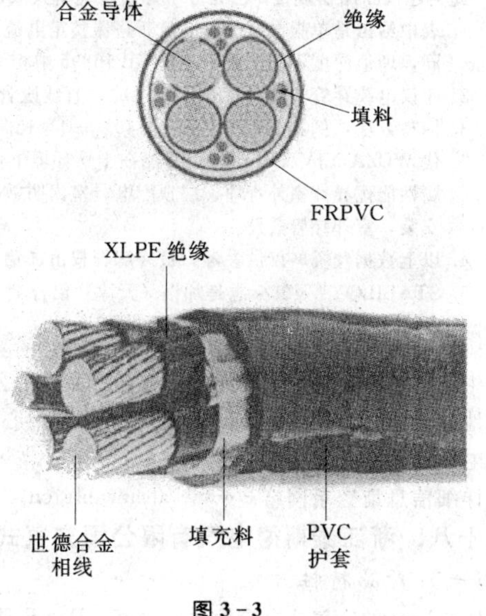

图3-3

供了抗紫外线的出色性能和−40℃正常运行的低温性能。见图3-2。

3. ZC—TC90（−40）单芯/多芯非铠装电缆

ZC—TC90（−40）采用世德合金®导体制造，线芯为ASTMB级压紧绞股型，采用工作温度90℃的交联聚乙烯绝缘层及黑色PVC外护套。产品并且不含重金属元素，绿色环保。世德合金导体完全符合CSA22.2No.38关于ACM合金导体的标准，ZC—TC90（−40）型电缆经国家防火建筑材料质量监督检验中心测试达到阻燃C级。每米设有标定标记，以便准确地确定电缆长度。其优异的护套性能，保证了防水特性的同时，更难能可贵的提供了抗紫外线的出色性能和−40℃正常运行的低温性能。见图3-3。

（三）快速选型表

见表3-68。

表3-68 STABILOY合金电缆快速选型表

序号	断路器整定电流①（A）	型号	ZA—AC90(−40)30℃梯架敷设载流量（A）	ZC—TC90(−40)30℃无孔托盘敷设载流量（A）	ZB—ACWU90(−40)20℃直埋载流量（A）	ZC—TC90(−40)20℃穿管埋地载流量（A）	重量（kg/km）		外径（mm）		穿管管径（mm）（按照一个弯曲，不小于2倍外径）	三相380V系统电压降（%A·km）功率因数		
					土壤热阻1.2		4c	4+1c	4c	4+1c		0.7	0.8	0.9
1	50	16mm²	76	73	86	63	348	—	19.9	21.6	40	0.730	0.826	0.914
2	63	25mm²	102	97	109	81	502	544	23.7	24.8	50	0.477	0.537	0.595
3	80	35mm²	125	119	131	101	645	707	26.3	27.1	50	0.347	0.389	0.429
4	100	35mm²	125	119	131	101	645	707	26.3	27.1	50	0.347	0.389	0.429
5	125	50mm²	158	149	159	123	864	962	29.9	31.2	65	0.250	0.278	0.304
6	160	70mm²	197	185	191	152	1191	1321	35.7	37.0	80	0.185	0.204	0.222
7	160	95mm²	239	224	230	179	1525	1707	39.6	41.3	80	0.142	0.155	0.167
8	200	120mm²	280	263	257	226	1879	2128	44.0	46.2	100	0.117	0.127	0.135
9	250	150mm²	324	303	291	254	2319	2646	48.8	51.3	100	0.099	0.106	0.111
10	315	185mm²	372	346	326	292	2815	3129	53.5	55.0	125	0.085	0.090	0.093
11	320	240mm²	439	407	376	336	3549	3952	59.5	61.6	125	0.071	0.074	0.075
12	400	300mm²	508	469	424	386	4346	4852	65.5	67.9	150	0.061	0.063	0.063
13	500	2×150mm²	648	606	582	509	4638	5292	48.8×2	51.3×2	2×100	0.049	0.053	0.056
14	500	400mm²	609	558	494	449	5441	4282	74	76	150	0.052	0.053	0.052
15	630	2×185mm²	744	692	653	583	5630	6258	53.5×2	55×2	2×125	0.042	0.045	0.047
16	630	2×240mm²	878	814	751	672	7098	7904	59.5×2	61.6×2	2×125	0.035	0.037	0.038

① 此为建议断路器规格，已充分考虑到电缆增大截面的节能需求。

注 1. 表中给出是单根电缆敷设满足断路器整定电流的载流量。如果有多层多根电缆，环境温度不同，敷设方式不同，土壤热阻不同，埋地深度不同，需要乘以GB 16895中相应的修正系数。双拼电缆设计时，需要考虑安装距离产生的系数。

2. 建议电缆穿管长度在30m及以下时，直线段管内径不应小于电缆外径的1.5倍，2个弯曲时不小于2.5倍。

3. 标写方法：例如ZA—AC90（−40）−4×150+1×70。所有电缆的工作温度为−40～90℃。ZA—AC90（−40）功能可以替代WDZA YJV（YJY），但只能在干燥环境下使用，可以省桥架；ZB—ACWU90（−40）功能可以替代ZR—YJV22，防水防腐性能优异，室外直埋、层顶配电，室内明敷梯架安装均可。ZC—TC90（−40）功能可以替代ZR—YJV，室内明敷或桥架安装，室外穿管敷设。

4. 以上数据及资料仅供参考，最终解释权由加铝（天津）铝合金产品有限公司所有。

5. STABILOY®及其标志是加铝（天津）铝合金产品有限公司的产品注册商标，依法在中华人民共和国受到保护。

（四）生产厂

生产厂名称：加铝（天津）铝合金产品有限公司。

地址：北京市朝阳区建国路77号，华贸中心3号楼2201。

电话：400-650-8577，010-858888577。

详细信息请登录网站：www.alcancable.cn。

十八、浙江泰斯德电气有限公司充气式电缆管道密封系统

（一）产品特性

Raychem的充气式电缆管道密封塞—RDSS是针对各种塑胶、铁（钢）、混凝土等管道提供完全的防水密封。本产

品可防止水渗漏而流入人手孔、变电站地下室或用户端的受电室。

1. 完全水封

本产品系由软式金属及多层高分子材料组合成为一个充气封袋。两侧并附有可承受高温之防水胶片。当充气达到45psi（3bar）气压时，两侧胶片会贴紧管道与电缆，达到完全防水，充气口内含有自我填充的胶质材料，以防止充气管抽出时，气体泄漏。

2. 节省时间人力

安装完毕，充气式管塞立即提供一个干净且干燥的环境，并免除日后人手孔施工前得先抽水的麻烦及时间。

3. 多芯电缆密封

分歧夹 RDSS—CLIP 是针对三芯以上多条电缆使用时，置于电缆间之产品。本材料系由高温胶片组成，搭配充气式封塞，用于电缆间密封防水的胶片。

4. 充气快速确实

Raychem 提供两种充气工具运用于此，配合二氧化碳钢瓶为充气源或由用户直接接至空压机为气源，此两种工具皆可充气至 45psi（3bar）的内部气压。Raychem 工具由一方便读取之压力表头及释放阀组成，以确定气压的固定。

（二）产品特点与优点

(1) 安装快速、便捷。
(2) 应用范围完整。
(3) 渗水的管道亦可安装。
(4) 椭圆形的管道或电缆皆可安装。
(5) 空管及多芯电缆均可应用。
(6) 充气式的管塞、不含有毒的泡沫及树脂。
(7) 防止电缆潜动位移。
(8) 符合 IEEE—404 负载循环试验。
(9) 拆除简便。
(10) 可抵抗严苛的环境（盐、菌类及化学性腐蚀物质）。
(11) 可适用于 PVC、铁（钢）管及各种模铸式管道。
(12) 降低库存，少量种类的产品即可应用于各种尺寸、环境。
(13) 使用寿命 25 年以上。

（三）产品材料组成

1. 充气式管塞 **RDSS**

(1) 充所袋附充气管。
(2) 润滑剂。
(3) 分歧夹（用于三芯或多芯电缆）。
(4) 二氧化碳钢瓶。

2. 充气工具

(1) RDSS—IT—16，充气工具设计有一开关可控制进气达 45psi±3psi（3bar）及一自动定压力表头。须配合二氧化碳钢瓶使用。

(2) E7512—0160，16 克二氧化碳钢瓶。

(3) RDSS—IG—SR—AS，此工具须配合用户自备之空压机之气源。

3. 特性

Raychem 充气式管塞经过严密试验与现场实际运转考验，符合甚至超过 IEEE—404 负载循环试验，见表 3-69。

表 3-69

测试项目	测试条件	测试结果
紧密性	7.25psi（0.5bar），15min	通过
水压	16.4 英尺（5m）水柱高，30d	通过
温度循环	−15℃/+30℃，20 次，及紧密性测试	通过
储藏性	60℃，30d，及紧密性测试	通过
低频振动	10Hz，6mm 峰对峰值，10d，及紧密性测试	通过
弯曲	45°弯曲角度，5min，固定，及紧密性测试	通过

续表

测试项目	测试条件	测试结果
轴向拉力	7尺一磅负载，5h，及紧密性测试	通过
扭力	D（电缆外径）/2×10N，及紧密性测试	通过
电缆负载循环	导体温度130℃8h，On/Off，16h30次于10英尺（3m）水深	通过
抗化学物质	紧密性测试于浸化学物质30d后测试 化学物质如：氯化氢（HCl）溶液pH值为2、 煤油、柴油、石油矿、脂、 氯化钠（NaCl）3.5%溶液、 硫酸钠（Na_2SO_2）3.5%溶液、 氢氧化钠（NaOH）pH值为12溶液	通过

（四）产品选型表

（1）确定管道的尺寸及电缆数量。

（2）依表3-70选购适当的充气式管道封塞。

表3-70

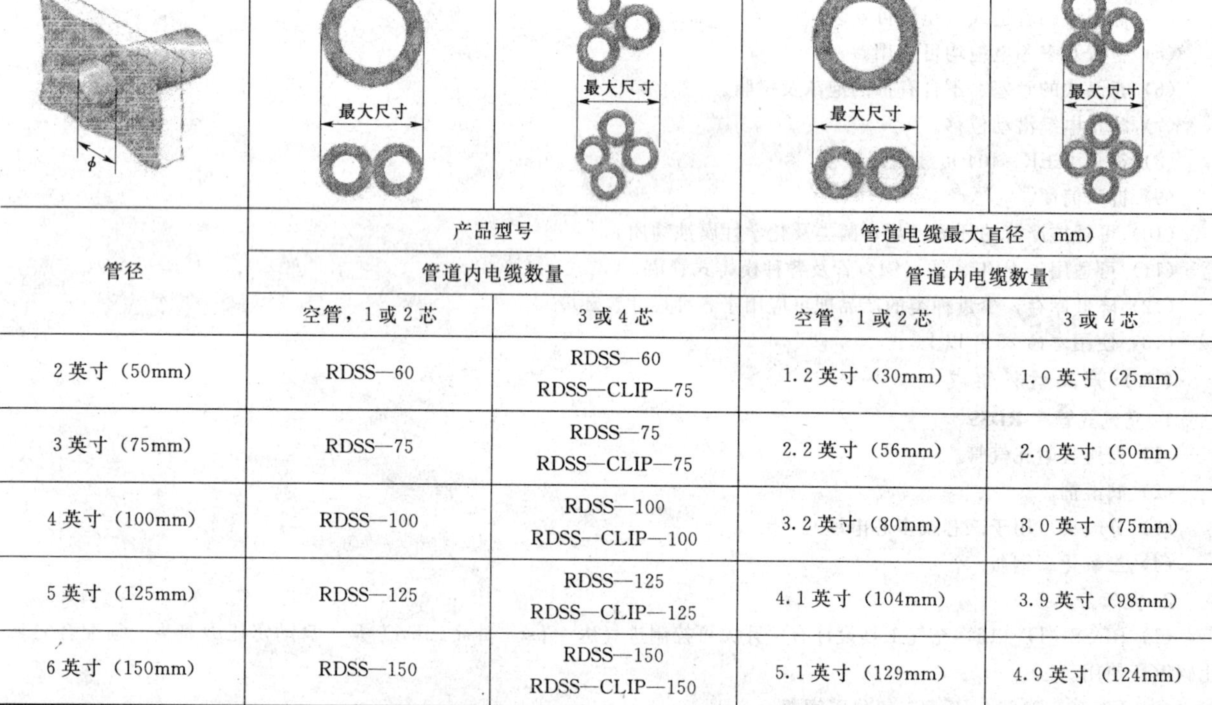

管径	产品型号		管道电缆最大直径（mm）	
	管道内电缆数量		管道内电缆数量	
	空管，1或2芯	3或4芯	空管，1或2芯	3或4芯
2英寸（50mm）	RDSS—60	RDSS—60 RDSS—CLIP—75	1.2英寸（30mm）	1.0英寸（25mm）
3英寸（75mm）	RDSS—75	RDSS—75 RDSS—CLIP—75	2.2英寸（56mm）	2.0英寸（50mm）
4英寸（100mm）	RDSS—100	RDSS—100 RDSS—CLIP—100	3.2英寸（80mm）	3.0英寸（75mm）
5英寸（125mm）	RDSS—125	RDSS—125 RDSS—CLIP—125	4.1英寸（104mm）	3.9英寸（98mm）
6英寸（150mm）	RDSS—150	RDSS—150 RDSS—CLIP—150	5.1英寸（129mm）	4.9英寸（124mm）

注　1. RDSS—150使用于空管中，须加装一假电缆直径为60mm。

2. RDSS—150使用于200mm管道中，须加装一橡胶圈直径为200mm。

3. 充气管塞——RDSS：标准包装——10只/盒。

4. 分歧夹——RDSS—CLIP；标准包装——5片/盒。

5. 二氧化碳气瓶——E7512—0160：标准包装——10瓶/盒。

6. 携带型充气式工具——RDSS—IT—16：标准包装——1组/盒（使用二氧化碳气瓶）。

7. 充气式工具——RDSS—IG—SR—AS：标准包装——1组/盒（需自备压缩空气供应）。

8. 管道电缆容许量可达7芯。

（五）生产厂

名称：浙江泰斯德电气有限公司。

电话：0571-87230999；传真：0571-87219980。

地址：浙江省杭州市庆春路72号东清大厦裙楼5A27；邮编：310033。

网址：www.hztk.com；E-mail：zjtsddq@163.com。

十九、常熟市电力机具有限公司新型施工机具

（一）公司简介

公司是一个以科研与生产相结合，生产输变电线路施工机具的专业工厂。建厂于1962年，经过四十多年的奋斗拼搏，技术不断进步，产品不断更新，市场不断扩大，资金不断增加，逐步形成了一个具有一定规模、水平的机械生产厂。公司地处苏南福地，东邻上海浦东开发区，西靠张家港，南依苏州新加坡工业园区，北临长江，与南通隔江相望，水陆交通方便，素有锦绣江南之美称。公司为适应输变电工程建设飞速发展的需要，生产超高压液压泵、导线压接机、放线、紧线、切剥线、起重、登高等各类电力施工机具。品种、规格齐全，具有结构新颖、性能良好、操作简便、使用安全、携带方便等特点，产品经国电公司电力工程施工机械质量检测中心检测认证，并通过全国各省、自治区、直辖市电力部门多年来的实际应用，评价较高，享有一定的声誉。公司有较强的设计能力，精良的制造设备，完整的质量控制与质量工作保证体系，确保了质量的一致性、可靠性、稳定性。公司通过了ISO9001：2000质量管理体系的认证。多年来与国电电力建设研究所联合协作，广采国际先进技术，赶超世界先进水平，产品不断更新换代，质量不断巩固提高，并能承接特殊要求产品的设计和制造，以满足用户的需求。公司一贯以质量第一、用户至上、恪守信誉、服务周到为宗旨，实践证明，此一宗旨深受广大用户欢迎。在此公司向多年来和公司长期协作、关心、帮助的各位专家、用户表示敬意。公司要以更新的产品、更高的质量，更务实的服务态度，集更强的优势、实力参与市场竞争，为发展我国电力建设事业多作贡献。

（二）主要设备

见表3-71。

表3-71

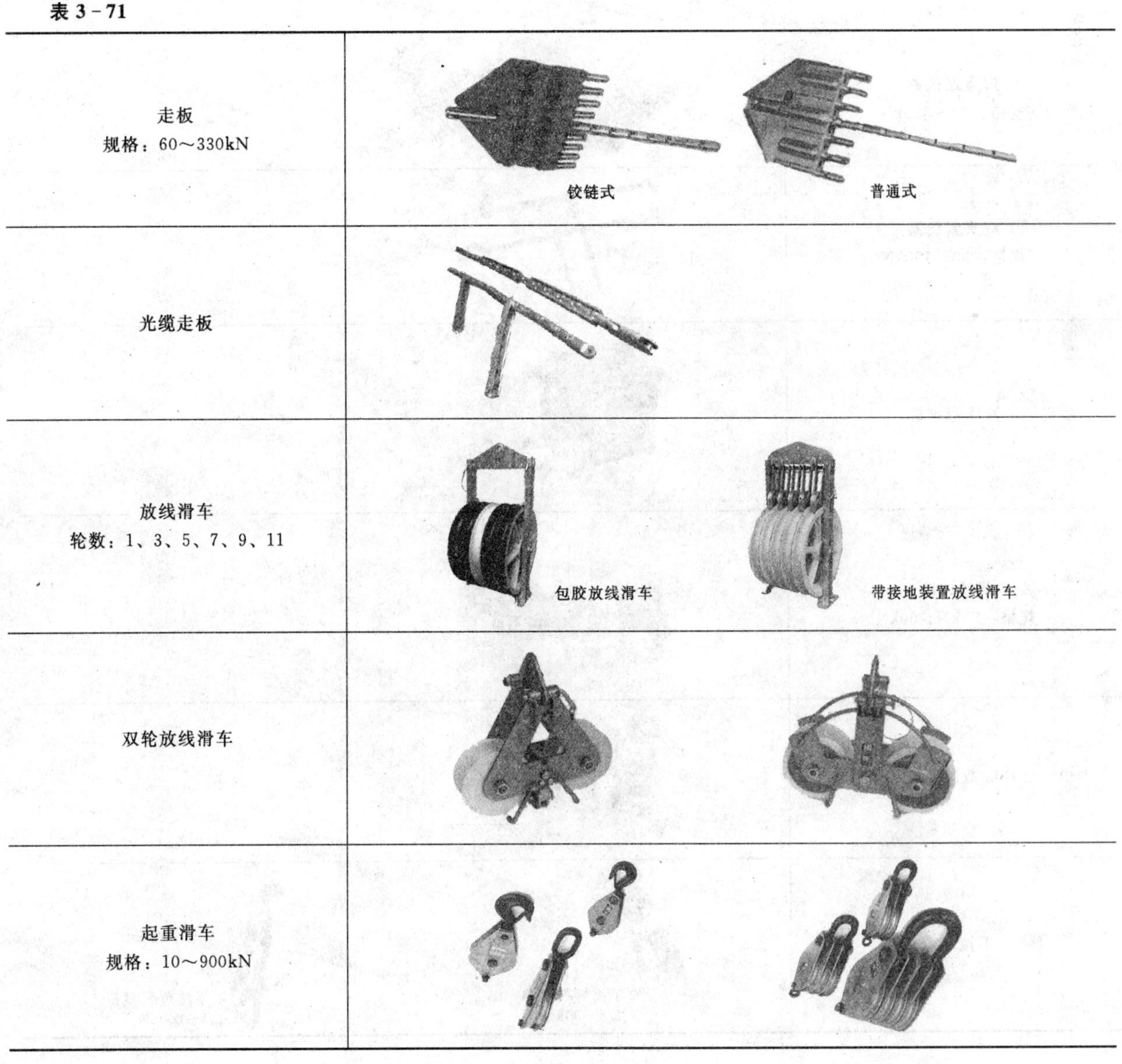

走板 规格：60～330kN	铰链式　普通式
光缆走板	
放线滑车 轮数：1、3、5、7、9、11	包胶放线滑车　带接地装置放线滑车
双轮放线滑车	
起重滑车 规格：10～900kN	

续表

接地滑车	 导线接地滑车 　地线接地滑车
地钻	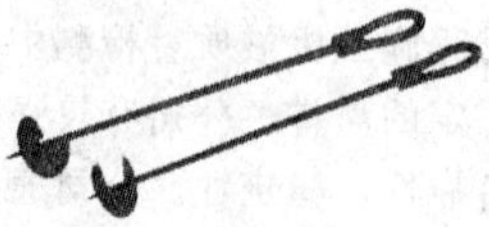
旋转连接器 规格：30～320kN	
抗弯—旋转连接器 规格：30kN、50kN、80kN	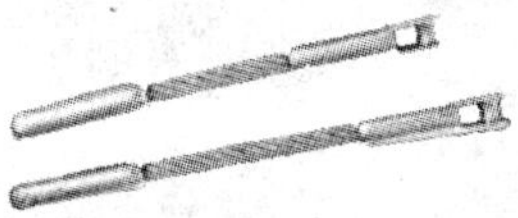
抗弯连接器 规格：30～320kN	
双头紧线器 规格：30～160kN	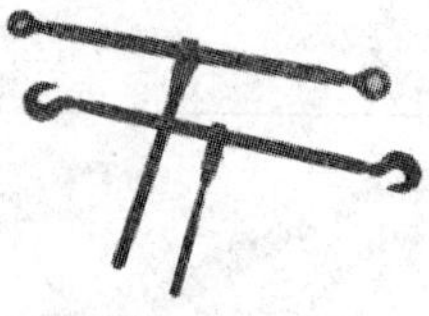
液压弯排机	
机动绞磨 规格：30kN、50kN	
SJM5 双滚筒绞磨	
手拉葫芦	 手扳葫芦 规格：2.5～90kN 　手拉葫芦 规格：5～200kN

续表

收线机	
剪线钳	 剪切范围：导线≤LGJ1250、钢绞线≤GJ196 钢丝绳≤ϕ38
机动泵、压接机	  超高压液压泵  液压压接机 规格：1250kN、2000kN、2500kN、3000kN、1000kN　　1000kN 压接机
5000kN 液压压接机	
合金钢卸扣 规格：10～500kN	
登杆脚扣 SC300、SC400	 
地线卡线器 规格：GJ35～GJ240	 
防捻钢丝绳卡线器 规格：适用口 6～口 30	 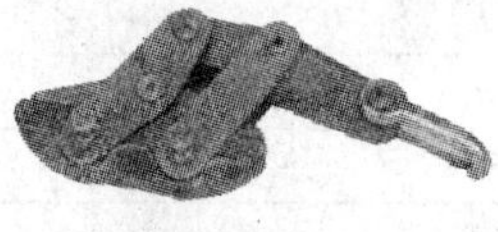
光缆卡线器	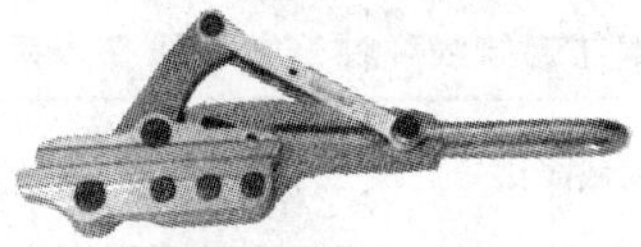 
900～1000mm² 大截面导线卡线器	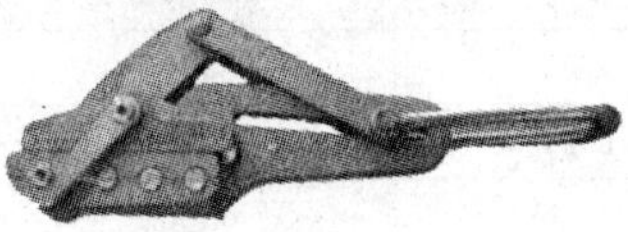 

续表

钢芯铝绞线 剥线器 LGJ120—LGJ1440	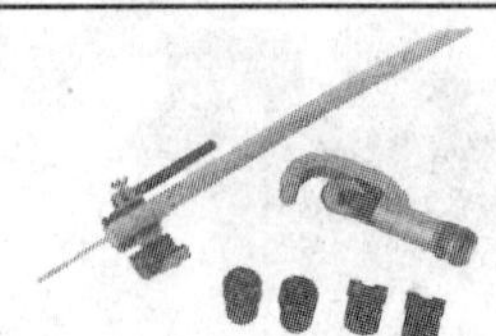
导线隔离器	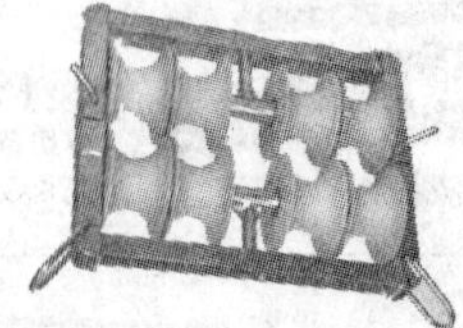

(三) 生产厂

(1) 生产厂家：常熟市电力机具有限公司。

(2) 联系方式。电话：0512-52621102，0512-52324829；传真：0512-52324829；地址：江苏省常熟市海虞镇福山；网址：www.cf-cs.com.cn。

二十、铝绞线和钢芯铝绞线

(一) 用途

铝绞线由圆铝线绞制而成，它的机械性能比较低，用于一般架空配电线路中。钢芯铝绞线的内部为加强钢芯，它的机械性能高于铝绞线，广泛用于各种输配电线路中。

(二) 技术数据

铝绞线和钢芯铝绞线的技术数据，见表 3-72～表 3-76。

表 3-72 铝绞线和钢芯铝绞线型号、规格

型 号	名 称	规格 (mm^2)	适 用 范 围
LJ	铝绞线	16～800	受力不大，挡距较小的一般输配电线路
LGJ	钢芯铝绞线	10～800	高压和超高压受力大，大跨越输配电线路
LGJF	防腐钢芯铝绞线	10～800	高压和超高压、受力大，易腐蚀的大跨越输配电线路
LJX	稀土铝绞线	16～800	
LGJX	稀土钢芯铝绞线	10/2～800/100	
LGJXX	双稀土钢芯铝绞线	10/2～800/100	
LGJQ	轻型钢芯铝绞线	25～1200	
生产厂	4、5、6、7、11、17、38、39、40、41、42、43、44、45、46、47、48、49、60、61、62、63、64、65、66、67、68、69、70、71、72、73、74、75、76、77、78、79、80		

表 3-73 铝绞线弹性系数和线膨胀系数

单线根数	最终弹性系数（实际数）		线膨胀系数
	N/mm^2	kgf/mm^2	1/℃
7	59000	6000	23.0×10^{-6}
9	56000	5700	23.0×10^{-6}
37	56000	5700	23.0×10^{-6}
61	54000	5500	23.0×10^{-6}

表 3-74 钢芯铝绞线弹性系数和线膨胀系数

结构		铝钢截面比	最终弹性系数	实际值	线膨胀系数（计算值）
铝	钢		(N/mm^2)	(kgf/mm^2)	($℃^{-1}$)
6	1	6.00	79000	8100	19.1×10^{-6}
7	7	5.06	76000	7700	18.5×10^{-6}
12	7	1.71	105000	10700	15.3×10^{-6}
18	1	18.00	66000	6700	21.2×10^{-6}

续表

结构		铝钢截面比	最终弹性系数 (N/mm²)	实际值 (kgf/mm²)	线膨胀系数（计算值）(℃⁻¹)
铝	钢				
24	7	7.71	73000	7700	19.6×10^{-6}
26	7	6.18	76000	7700	18.9×10^{-6}
30	7	4.29	80000	8200	17.8×10^{-6}
30	19	4.37	78000	8000	18.0×10^{-6}
42	7	19.44	61000	6200	21.4×10^{-6}
45	7	14.46	63000	6400	20.9×10^{-6}
48	7	11.34	65000	6600	20.5×10^{-6}
54	7	7.71	69000	7000	19.3×10^{-6}
54	19	7.90	67000	6800	19.4×10^{-6}

表 3-75　LJ 型铝绞线技术数据

标称截面 (mm²)	结构 根数/直径 (mm)	计算截面 (mm²)	外径 (mm)	直流电阻 (≤) (Ω/km)	计算拉断力 (N)	计算重量 (kg/km)	交货长度 (≥) (m)
16	7/1.70	15.89	5.10	1.802	2840	43.5	4000
25	7/2.15	25.41	6.45	1.127	4355	69.6	3000
35	7/2.50	34.36	7.50	0.8332	5760	94.1	2000
50	7/3.00	49.48	9.00	0.5786	7930	135.5	1500
70	7/3.60	71.25	10.80	0.4018	10950	195.1	1250
95	7/4.16	95.14	12.48	0.3009	14450	260.5	1000
120	19/2.85	121.21	14.25	0.2373	19420	333.5	1500
150	19/3.15	148.07	15.75	0.1943	23310	407.1	1250
185	19/3.50	182.80	17.50	0.1574	28440	503.0	1000
210	19/3.75	209.85	18.75	0.1371	32260	577.4	1000
240	19/4.00	238.76	20.00	0.1205	36260	656.9	1000
300	37/3.20	297.57	22.40	0.09689	46850	820.4	1000
400	37/3.70	397.83	25.90	0.07147	61150	1097	1000
500	61/4.16	502.90	29.12	0.05733	76370	1387	1000
630	61/3.63	631.30	32.67	0.04577	91940	1744	800
800	61/4.10	805.36	36.90	0.03588	115900	2225	800

表 3-76　LJ 型钢芯铝绞线（含 LGJF 型）技术数据

标称截面 (钢/铝) (mm²)	结构 根数/直径 (mm)		计算截面 (mm²)			外径 (mm)	直流电阻 (Ω/km)	计算拉断力 (N)	计算重量 (kg/km)	交货长度 (m)
	铝	钢	铝	钢	总计					
10/2	6/1.50	1/1.50	10.60	1.77	12.37	4.50	2.706	2140	242.3	3000
16/3	6/1.85	1/1.85	16.13	2.69	18.82	5.55	1.779	6130	65.2	3000
25/4	6/2.32	1/2.32	25.36	4.23	29.59	6.96	1.131	9290	102.6	3000
35/6	6/2.72	1/2.72	34.86	5.81	40.67	8.36	0.8230	12630	141.0	3000
50/8	6/3.20	1/3.20	48.25	8.04	56.29	9.60	0.5946	16870	195.1	2000
50/30	12/3.32	7/2.32	50.73	29.59	80.32	11.60	0.5692	42620	372.0	3000
70/10	6/3.80	1/3.80	68.05	11.34	79.39	11.40	0.4217	23390	275.2	2000
70/40	12/2.72	7/2.72	69.73	40.67	110.40	13.60	0.4141	58300	511.3	2000
95/15	26/2.15	7/1.67	94.39	15.33	109.72	13.61	0.3058	35000	380.8	2000
95/20	7/4.16	7/1.85	95.14	18.82	113.96	13.87	0.3019	37200	408.9	2000
95/55	12/3.20	7/3.20	96.51	56.30	152.81	16.00	0.2992	78110	707.7	2000
120/7	18/2.90	1/2.90	118.89	6.61	125.50	14.50	0.2422	27570	379.0	2000

续表

标称截面(钢/铝)(mm²)	结构 根数/直径(mm)		计算截面(mm²)			外径(mm)	直流电阻(Ω/km)	计算拉断力(N)	计算重量(kg/km)	交货长度(m)
	铝	钢	铝	钢	总计					
120/20	26/2.38	7/1.85	115.67	18.82	134.49	15.07	0.2496	41000	466.8	2000
120/25	7/4.72	7/2.10	122.48	24.25	146.73	15.74	0.2345	47880	526.6	2000
120/70	12/3.60	7/3.60	122.15	71.25	193.40	18.00	0.2364	98370	895.6	2000
150/8	18/3.20	1/3.20	144.76	8.04	152.80	16.00	0.1989	32860	461.4	2000
150/20	24/2.78	7/1.85	145.68	18.82	164.50	16.67	0.1980	46630	549.4	2000
150/25	26/2.70	7/2.10	148.86	24.25	173.11	17.10	0.1939	54110	601.0	2000
150/35	30/2.50	7/2.50	147.26	34.36	181.62	17.50	0.1962	65020	676.2	2000
185/10	18/3.60	1/60	183.22	10.18	193.40	18.00	0.1572	40880	584.0	2000
185/25	24/3.15	7/2.10	187.04	24.25	211.29	18.90	0.1542	59420	706.1	2000
185/30	26/2.98	7/2.32	181.34	29.59	210.93	18.88	0.1592	64320	732.6	2000
185/45	20/2.80	7/2.80	184.73	43.10	227.83	19.60	0.1564	80190	848.2	2000
210/10	18/3.80	1/3.80	204.14	11.34	215.48	19.00	0.1411	45140	650.7	2000
210/25	24/3.33	7/2.22	209.02	27.10	236.12	19.98	0.1380	65990	789.1	2000
210/35	26/3.22	7/2.50	211.73	34.73	246.09	20.38	0.1363	74250	853.9	2000
210/50	30/2.98	7/2.98	209.24	48.82	258.06	20.86	0.1381	90830	960.8	2000
240/30	24/3.60	7/2.40	244.29	31.67	275.96	21.60	0.1181	75620	922.2	2000
240/40	26/3.42	7/2.66	238.85	38.90	277.75	21.66	0.1209	83370	964.3	2000
240/55	30/3.20	7/3.20	241.27	56.30	297.57	22.40	0.1198	102100	1108	2000
300/15	42.300	7/1.67	296.88	15.33	312.21	23.01	0.09724	68060	939.8	2000
300/20	45/2.93	7/1.95	303.42	20.91	324.33	23.43	0.09520	75680	1002	2000
300/25	48/2.85	7/2.22	306.21	27.10	333.31	23.76	0.09433	83410	1058	2000
300/40	24/3.99	7/2.66	300.09	38.90	338.99	23.94	0.09614	92220	1133	2000
300/50	26/3.83	7/2.98	299.54	48.82	348.82	24.26	0.09636	103400	1210	2000
300/70	30/3.60	7/3.60	305.36	71.25	376.61	25.20	0.09463	128000	1402	2000
400/20	42/3.51	7/1.95	406.40	20.91	427.31	26.91	0.07104	88850	1286	1500
400/25	45/3.33	7/2.22	391.91	27.10	419.01	26.64	0.07370	95940	1295	1500
400/35	48/3.22	7/2.50	390.88	34.36	425.24	26.82	0.07389	10390	1349	1500
400/50	54/3.07	7/3.07	399.73	51.82	451.55	27.63	0.07232	123400	1511	1500
400/65	26/4.42	7/3.44	398.94	65.06	464.00	28.00	0.07236	135200	1611	1500
400/95	30/4.16	19/2.50	407.75	93.27	501.02	29.14	0.07087	171300	1860	1500
500/35	45/3.75	7/2.50	497.01	34.36	531.37	30.00	0.05812	119500	1640	1500
500/45	48/3.60	7/2.80	488.58	43.10	531.68	30.00	0.05912	128100	1688	1500
500/65	54/3.44	7/3.44	501.88	65.06	566.94	30.96	0.05760	15400	1897	1500
630/45	45/4.20	7/2.80	623.45	43.10	666.55	33.60	0.04633	148700	2060	1200
630/55	48/4.12	7/3.20	639.92	56.30	696.22	34.32	0.04514	164400	2209	1200
630/80	54/3.87	19/2.32	635.19	80.32	715.51	34.82	0.04551	19200	2388	1200
800/55	45/5.80	7/3.20	814.30	526.30	870.60	38.40	0.03547	191500	2690	1000
800/70	48/4.63	7/3.60	808.15	71.25	879.40	38.58	0.03574	207000	2791	1000
800/100	54/4.33	19/2.60	795.17	100.88	896.05	38.98	0.03635	241100	2991	1000

注 LGJF 型的计算重量应在表的规定值中增加防腐涂料的重量，其增值为：钢芯涂防腐涂料者增加 2%；内部铝钢各层间涂防腐涂料者增加 5%。

（三）交货要求

(1) 成品表面应光洁，不得有过量的润滑油脂，不得存在缺陷。

(2) 交货的重量和长度应符合表 3-75、表 3-76 中的规定值，每根绞线交货长度允许±5%，每一合同的总交货量中，允许有5%不小于1/3制造长度的短线，根据双方协议，也可以以任何长度交货。

(3) 绞线要成盘交货，最外层与电缆侧板的距离应不少于30mm，并妥善包装。

(4) 电缆盘应符合《电线电缆交货盘型尺寸》和《电线电缆交货盘技术要求》的规定。

(5) 短段线允许成圈交货，每圈应至少捆扎三处，并妥善包装。

(四) 生产厂 (本章以下内容共用此生产厂家)

见表3-77。

表3-77 **生产厂代号**

编号	生产厂	编号	生产厂	编号	生产厂
1	马鞍山市联农铜材有限公司	41	上海朗达电缆有限公司	81	武汉电缆集团有限公司
2	铜陵精迅特种漆包线有限责任公司	42	无锡电线厂	82	浙江富春江通信集团
3	铜陵顶科镀锡铜线有限公司	43	四川川东电缆公司	83	特变电工德阳电缆股份有限公司
4	安徽驰宇集团	44	上海华新丽华电力电缆有限公司	84	上海维生铜编织线有限公司
5	安徽华能电缆厂	45	上海红旗电缆厂	85	罗尼斯常州铜线有限公司
6	安徽天康集团公司	46	攸县电线厂	86	上海顺潮工业有限公司
7	安徽省砀山兴华电缆有限公司	47	重庆地康电器有限公司	87	邢台市进财电缆有限公司
8	安徽新华特种电缆有限公司	48	无锡市中汇线缆有限公司	88	上海申裕导线有限公司
9	新疆特变电工股份有限公司线缆厂	49	无锡东方电线电缆有限公司	89	玉溪电线电缆厂
10	巩义市正泰电缆有限公司	50	宁波鄞州美科内燃机配件有限公司	90	上海新力铜材导线有限公司
11	江苏省上上电缆集团	51	华菱电工机械有限公司	91	上海惠华金属线有限公司
12	成都市鑫牛线缆有限公司	52	常州连环集团公司	92	常州全盛有色金属线丝材有限公司
13	沈阳电缆厂佳木斯分厂	53	黄骅市漆包线厂	93	福建南平太阳电缆股份有限公司
14	南昌电缆有限责任公司	54	上海中电漆包线有限公司	94	宁波鄞县南方线绒厂
15	天津市通用电缆厂	55	上海青浦金云漆包线厂	95	安徽昊天电缆股份有限公司
16	上海上铜金属编织铜材厂	56	武进市前黄接漆包线厂	96	江苏昆山市昌立电工线缆有限公司
17	陕西吉元电工股份有限公司	57	山东蓬泰股份有限公司	97	昆山市七浦电刷线有限公司
18	浙江南翔电工股份有限公司	58	常州市武进漆包线厂	98	苏州吴中区电工厂九分厂
19	深圳金鑫实业有限公司	59	惠州市鑫洋漆包线厂	99	乐清市鑫隆铜材厂
20	海亮集团有限公司	60	宁夏天嘉电线电缆有限公司	100	北京市电线电缆总厂电线七厂
21	沈阳星河有色金属加工厂	61	广州市花都区东风电缆厂	101	阜新市通讯电缆厂
22	广州市赛法利电子科技有限公司	62	辽宁金环特种电缆有限公司	102	浙江永康市压延厂
23	江西亚菲达铜业有限公司	63	南通电缆厂	103	辽宁利亚铜材加工厂
24	宁波金田铜业集团股份有限公司	64	天津市燎原钢绞线厂	104	苏州市新的电工有限公司
25	成都万达实业公司	65	大连庄河中兴电缆厂	105	江阴市电工合金有限公司
26	上海华普电缆有限公司	66	兴乐集团有限公司	106	华西铜业
27	云南前列电缆厂	67	廊坊津峰线缆有限公司	107	浙江宏磊集团有限公司
28	湖南湘能线缆有限公司	68	石家庄铝业有限责任公司	108	大连宜金电线电缆有限公司
29	重庆泰山电线电缆有限责任公司	69	哈尔滨电缆厂	109	山东华能铜铝制品厂
30	温岭市电工器材厂	70	郑州电缆集团公司	110	张家港联合铜业公司
31	嘉善善佳线缆有限公司	71	江苏广汇电缆有限公司	111	重庆鸽牌电线电缆有限公司
32	中国铝业青海分公司	72	上海浦虹电缆厂	112	青岛坤秦铜铝制品有限公司
33	广西德胜铝业有限责任公司	73	银川电线厂	113	安徽精工电缆桥架有限公司
34	永兴铜材有限公司	74	甘肃诚信电线电缆厂	114	青海铝厂
35	杭州电缆有限公司	75	山东阳谷电缆集团	115	淄博铝厂
36	沈阳电缆电线有限公司	76	江苏东强股份有限公司	116	山西阳泉铝业股份有限公司
37	惠州震雄铜导体有限公司	77	江苏江扬电缆有限公司	117	山东平阴铝厂
38	南阳金戈利镁业有限公司	78	鸿燊电业有限公司	118	铜川鑫光铝业有限公司
39	宜昌金狮电线有限公司	79	泸州福利电线电缆厂	119	白银银铝实业公司
40	镇江市电缆二厂	80	无锡江南电缆有限公司	120	兰州铝业股份有限公司

续表

编号	生 产 厂	编号	生 产 厂	编号	生 产 厂
121	青岛凯泰铜铝制品有限公司	167	常州市电线电缆厂	213	铜陵电工材料厂
122	福州市广福有色金属制品有限公司	168	湖北恒泰电线电缆有限公司	214	常德中南电工厂
123	赣州铝厂	169	苏州古河电力光缆有限公司	215	天津耐克森电磁线缆有限公司
124	绍兴市力博投资有限公司	170	郑州锦水实业有限公司	216	天津市奇美电磁有限责任公司
125	苏州通力铜业有限公司	171	河北省邢台市电缆厂	217	浙江开关厂有限公司
126	胶州市南关鑫光线材厂	172	保定市满城县万通线缆有限公司	218	上海裕生特种线材有限公司
127	无锡市宇峰有色材料有限公司	173	成都特种电缆厂	219	天津市光华电磁线厂
128	上海杨行铜材有限责任公司	174	张家港市金鑫金属线有限公司	220	江西鑫新股份有限公司
129	天津市绝缘材料总厂	175	张家港友谊金属复合材料有限公司	221	广州新市联边机电设备器材厂
130	无锡环宇电磁线有限公司	176	赣州宏昌合金线有限公司	222	句容市电磁线公司
131	菏泽广源铜带有限责任公司	177	芜湖中佳电子有限公司	223	浙江浦江县电工厂
132	四川金瑞电工有限责任公司	178	张家港市联宇金属制品有限公司	224	沈阳市大东电磁线厂
133	贵溪华泰铜业有限公司	179	南京新兴电子材料有限公司	225	昆明云铜云珠电磁线工贸公司
134	江苏方圆集团	180	马鞍山市线路器材公司	226	常州金方圆铜业有限公司
135	浙江华伟电力线材有限公司	181	盐城市铜材厂	227	河北徐水镇中线材有限公司
136	江苏万宝集团有限公司	182	西安新兴电缆设备有限公司	228	常州中力铜业有限公司
137	保定天威集团有限公司	183	江苏远方电缆厂	229	无锡太湖铜材厂
138	宁波兴业电子铜带有限公司	184	江西联创光电线缆分公司	230	常熟市豪威富集团有限公司
139	康市芝英铜带厂	185	浙江南天铜包钢公司	231	常州市环银电器材料有限公司
140	无锡南丰铜业有限责任公司	186	金亿漆包线厂	232	常州市好利莱光电有限公司
141	苏州市新泰铜业有限公司	187	东莞新隆漆包线有限公司	233	陕西新舟特种电线有限公司
142	广州铜材厂有限公司	188	南通市东园漆包线有限公司	234	无锡飞龙电磁线有限公司
143	安徽鑫科新材料股份有限公司铜带分公司	189	瑞安市升华漆包线厂	235	天顺电工有限公司
144	无锡市龙升塑业电器有限公司	190	东莞市正隆漆包线有限公司	236	无锡华达铜业有限公司
145	广东佛山市南西安全滑触线厂	191	铜陵精达特种漆包线股份有限公司	237	湖南省湘潭市霞城电工厂
146	扬中市通亚滑触电器厂	192	江苏省江阴市漆包线厂	238	保定市南市区宏通电磁线厂
147	江苏江洲集团公司	193	安徽省淮南市漆包线厂	239	湖南株洲特种电磁线厂
148	无锡市东亭春鑫滑触线厂	194	广州万宝漆包线有限公司	240	郑州电磁线厂
149	扬州市天宝集团公司	195	浙江浦江申花电器有限公司	241	天长市长城仪表线缆有限公司
150	无锡市安能滑触电器有限公司	196	新乡市漆包线厂	242	江苏捷尔电缆有限公司
151	无锡市中林滑触电力设备厂	197	上海国荣漆包线厂	243	郑州恒天电缆厂
152	无锡市山北安全滑触线有限公司	198	深圳市多成特种漆包线有限公司	244	天津市电缆总厂
153	郑州起重设备厂	199	天津市漆包线厂	245	安徽省天长市亨利仪表线缆有限责任公司
154	无锡市双乐电器有限公司	200	铜陵精工特种漆包线有限公司	246	廊坊柏康电线电缆有限公司
155	上海浦帮机电制造有限公司	201	铜陵有色金属（集团）公司	247	河间市长通电缆厂
156	锡山市后宅繁昌滑触线厂	202	霍州市漆包线厂	248	邢台金世纪电缆有限公司
157	郑州宏蜂滑导电器有限公司	203	宁波甬发特种漆包线厂	249	上海虹桥电缆厂
158	洛阳市中鹏机电有限责任公司	204	南阳德力电磁线厂	250	常州市新东方电缆有限公司
159	河北韩一铝包钢线缆制造有限公司	205	海南威特电气集团有限公司	251	辽宁金环电缆厂
160	常州市武进恒通金属钢丝有限公司	206	浙江三门浦东电工电器有限公司	252	宁夏天嘉电线电缆有限责任公司
161	明达线缆集团	207	东港市电磁线厂	253	江苏新恒通电缆集团公司
162	甘肃长通电缆集团	208	鲁能菏泽电磁线有限公司	254	安徽源力特种电缆有限公司
163	邢台市腾达电缆有限公司	209	湘潭市电磁线厂	255	吴江飞乐恒通光纤光缆有限公司
164	浙江昌泰电力电缆有限公司	210	天津市环浦电材有限公司	256	苏州恒久光电科技有限公司
165	江苏金塔电力器材设备有限公司	211	盐城市苏源豪威富铜业有限公司	257	重庆长恒网络线缆有限公司
166	天津市大成五金厂	212	上海鸿盛电工器材厂，上海电线电缆	258	重庆市浦东电力电缆厂

续表

编号	生产厂	编号	生产厂	编号	生产厂
259	广东金华电缆厂	281	永进电缆集团有限公司	303	安徽华电线缆集团有限公司
260	八方电工集团	282	安徽华润仪表线缆有限公司	304	春辉（集团）仪表线缆有限公司
261	天津市津瑞达电线电缆有限公司	283	河北东风线缆集团有限公司	305	江苏盐城摩尔实业公司
262	宁波市江东胜宇线缆有限公司	284	安徽新亚特电缆集团有限公司	306	新疆德鼎科技开发有限公司
263	国营扬州曙光电缆厂	285	安徽宏源特种电缆集团有限公司	307	上海田力电缆有限公司
264	江苏圆通电缆有限公司	286	安徽新华特种电缆有限公司	308	上海电线电缆有限公司
265	兴化市海南电线电缆厂	287	上海胜华电缆（集团）有限公司	309	上海光宇电缆制造有限公司
266	河北东风线缆集团	288	安徽华通电缆集团有限公司	310	广东省肇庆通信电缆厂
267	天诚集团	289	安徽环宇电缆集团有限公司	311	华伦集团
268	沧州会友线缆集团有限公司	290	金湖县华能特种线缆有限公司	312	天津市天马线缆实业有限公司
269	远东电缆厂	291	安徽猎塔电缆集团有限公司	313	河南金龙电缆集团有限公司
270	大连津成电线电缆有限公司	292	天长市徽宁电器仪表厂	314	泰安市电缆厂
271	安徽蓝德集团	293	上海赛克力光电缆有限责任公司	315	淮安市特种电缆厂
272	明达线缆集团	294	无锡金城电缆厂	316	广东德隆电线电缆有限公司
273	浙江浦东电缆	295	天长市神华特种线缆仪表有限公司	317	杭州临安物理高发泡电缆厂
274	宝胜集团有限公司	296	天长市鑫源机电仪表有限公司	318	天津六〇九电缆有限公司
275	浙江中策电缆有限公司	297	江苏华能电缆有限公司	319	安徽省巢湖科瑞达电子有限公司
276	常州市昌盛线缆有限公司	298	青岛汉缆集团有限公司	320	上海致锦光纤网络科技有限公司
277	天长市虹江仪表厂	299	沈阳特种电缆有限公司	321	上海拓洋网络科技有限公司
278	安徽华峰电缆集团有限公司	300	安徽新科电缆集团	322	安徽东方特种电缆有限公司
279	安庆电缆厂	301	白城华威特种电缆制造有限公司		
280	安徽华海特种电线电缆集团	302	无锡江南电缆有限公司		

二十一、铝合金绞线和钢芯铝合金绞线

（一）用途

铝合金绞线由铝合金圆线绞制而成。它的标称截面、结构、单位重量与弹性系数同铝绞线一样，但强度较大，可在一般输配电线路中应用。钢芯铝合金绞线的结构同钢芯铝绞线，但电阻稍大，载流量约小5%，它的特点是强度较高，超载能力较大，常被用于重冰区大跨越输电线路中。

（二）技术数据

铝合金绞线及钢芯铝合金绞线的技术数据，见表3-78～表3-81。

表3-78　铝合金绞线和钢芯铝合金绞线的型号及规格

型号	名称	规格（mm^2）	生产厂
LHAJ	热处理铝镁硅合金绞线	10～1000	8、12、35、81、82、83
LHBJ	热处理铝镁硅稀土合金绞线		
LHAGJ	钢芯热处理铝镁硅合金绞线		
LHBGJ	钢芯热处理铝镁硅稀土合金绞线		
LHAGF1	轻防腐钢芯热处理铝镁硅合金绞线		
LHBGF1	轻防腐钢芯热处理铝镁硅稀土合金绞线		
LHAGF2	中防腐钢芯热处理铝镁硅合金绞线		
LHBGF2	中防腐钢芯热处理铝镁硅稀土合金绞线		

表3-79　铝合金绞线技术数据

型号	标称截面（mm^2）	结构根数/直径（mm）	计算截面（mm^2）	计算重量（kg/km）	计算拉断力（kN）	20℃直流电阻（≤）（Ω/km）	交货长度（≥）
LHAJ LHBJ	10	7/1.35	10.2	27.4	2.80	3.31596	4000
	16	7/1.71	16.08	44.0	4.49	2.06673	4000

续表

型　号	标称截面 (mm²)	结构根数/直径 (mm)	计算截面 (mm²)	计算重量 (kg/km)	计算拉断力 (kN)	20℃直流电阻 (≤) (Ω/km)	交货长度 (≥)
LHAJ LHBJ	25	7/2.13	24.94	68.2	6.97	1.33024	3000
	35	7/2.52	34.91	95.5	9.75	0.95165	2000
	50	7/3.02	50.14	137.1	14.00	0.66262	1500
	70	7/3.51	70.07	191.6	19.57	0.47418	1250
	95	7/4.16	95.14	260.2	26.57	0.34921	1000
	120	19/2.84	120.36	330.9	33.62	0.27745	1500
	150	19/3.17	149.96	412.2	41.88	0.22269	1250
	185	19/3.52	184.90	508.3	51.64	0.18061	1000
	210	19/3.75	209.85	576.8	58.61	0.15913	1000
	240	19/4.01	239.96	659.6	67.02	0.13917	1000
	300	37/3.21	299.43	825.2	83.63	0.11181	1000
	400	37/3.71	399.98	1102.3	111.71	0.08370	1000
	500	37/4.15	500.48	1379.2	139.78	0.06689	1000
	630	61/3.63	631.30	1742.2	176.32	0.5310	1000
	800	61/4.09	801.43	2211.7	223.84	0.04183	1000
	1000	61/4.57	1000.58	2761.3	279.46	0.03351	1000

（三）交货要求

交货长度及重量应符合表 3-79、表 3-81 中的规定，其他要求同对铝绞线和钢芯铝绞线的要求一致。

表 3-80　　**铝合金绞线技术数据**

结构		绞合常数			弹性系数 (N/mm²)	膨胀系数 (×10⁻⁶/℃)
铝合金	钢	电阻	重量			
			铝合金	钢		
6	1	0.1692	6.0907	1.000	79000	19.1
7	0	0.14471	7.0907	0.000	59000	23.0
12	7	0.08514	12.260	7.030	105000	15.3
18	1	0.05662	18.344	1.000	66000	21.2
19	0	0.05358	19.344	0.000	56000	23.0
24	7	0.04255	24.511	7.030	73000	19.6
26	7	0.03931	26.569	7.030	76000	18.9
30	7	0.03410	30.688	7.030	80000	17.8
37	0	0.02759	37.765	0.000	56000	23.0
45	7	0.02272	46.016	7.030	62000	20.9
54	7	0.01896	55.276	7.030	69000	19.3
54	19	0.01896	55.276	19.147	67000	19.1

注　弹性系数值的允许偏差为±3000N/mm²。

表 3-81　　**钢芯铝合金绞线技术数据**

型　号	标称截面 (mm²)	结构 根数/直径(mm)		计算截面(mm²)			外径 (mm)	计算重量(kg/km)					计算拉断力 (kN)	20℃直流电阻不大于 (Ω/km)	交货长度不小于 (m)
		铝合金	钢	铝合金	钢	总计		铝合金	钢	LHAGJ LHBGJ	LHAGJ1 LHBGJ1	LHAGJ2 LHBGJ2			
LHAGJ	10/2	6/1.50	1/1.50	10.60	1.76	12.37	4.5	29.0	13.7	42.8	42.8	42.8	5.18	3.14026	3000
	16/3	6/1.85	1/1.85	16.12	2.68	18.81	5.55	44.2	20.9	65.1	65.1	65.1	7.89	2.06445	3000
	25/4	6/2.32	1/2.32	25.36	4.22	29.59	6.96	69.5	32.8	102.4	102.4	102.4	12.26	1.31272	3000
	35/6	6/2.72	1/2.72	34.86	5.81	40.67	8.16	95.5	45.2	140.7	140.7	140.7	16.86	0.95501	3000
	50/8	6/3.20	1/3.20	48.25	8.04	56.29	9.60	132.2	62.5	194.8	194.8	194.8	23.05	0.68999	2000

续表

型 号	标称截面 (mm²)	结构 根数/直径(mm)		计算截面(mm²)			外径 (mm)	计 算 重 量(kg/km)					计算拉断力 (kN)	20℃直流电阻不大于 (Ω/km)	交货长度不小于 (m)
		铝合金	钢	铝合金	钢	总计		铝合金	钢	LHAGJ LHBGJ	LHAGJ1 LHBGJ1	LHAGJ2 LHBGJ2			
LHBGJ	50/30	12/2.32	7/2.32	50.72	29.59	80.31	11.60	139.9	231.2	371.1	378.7	382.6	48.58	0.66059	3000
LHAGJ1	70/10	6/3.80	1/3.80	68.04	11.34	79.38	11.40	186.5	88.2	274.7	274.7	274.7	32.51	0.48930	2000
	70/40	12/2.72	7/2.72	69.72	40.67	110.40	13.60	192.3	317.7	510.1	520.6	525.9	66.78	0.48058	2000
	95/15	26/2.15	7/6.17	94.39	15.33	109.72	13.61	260.4	119.7	380.2	384.1	400.8	45.72	0.35508	2000
LHBGJ1	95/55	12/3.20	7/3.20	96.50	56.29	152.80	16.00	266.2	439.8	706.0	720.6	728.0	90.46	0.34722	2000
	120/7	18/2.90	1/2.90	118.89	6.60	125.49	14.50	327.1	51.3	378.5	378.5	396.7	42.47	0.28114	2000
	120/20	26/2.38	7/1.85	115.66	18.81	134.48	15.07	319.1	144.0	466.1	471.0	491.4	56.05	0.28977	2000
LHAGJ2	120/70	12/3.60	7/3.60	122.14	71.25	193.39	18.00	336.9	556.6	893.6	912.0	921.3	114.50	0.27435	2000
LHBGJ2	150/8	18/3.20	1/3.20	144.76	8.04	152.80	16.00	398.3	62.5	460.9	460.9	483.9	51.43	0.23090	2000
	150/25	26/2.70	7/2.10	148.86	24.24	173.10	17.10	410.7	189.4	600.1	606.4	632.7	72.18	0.22515	2000
	185/10	18/3.60	1/3.60	183.21	10.17	193.39	18.00	504.1	79.1	583.3	583.3	611.3	65.09	0.18244	2000
	185/30	26/2.98	7/2.32	181.34	29.59	210.93	18.88	500.3	231.2	731.5	739.1	771.3	86.98	0.18483	2000
	210/10	18/3.80	1/3.80	204.14	11.34	215.48	19.00	561.7	88.2	649.9	649.9	681.1	72.52	0.16374	2000
	210/35	26/3.22	7/2.50	211.72	34.36	246.08	20.38	584.1	268.1	852.6	861.5	898.7	101.35	0.15830	2000
	240/30	24/3.60	7/2.40	244.29	31.66	275.95	21.60	673.6	247.4	921.0	929.2	971.3	107.85	0.13712	2000
	240/40	26/3.42	7/2.66	238.84	38.90	277.74	21.66	658.9	303.9	962.9	972.9	1045.2	114.48	0.14033	2000
	300/20	45/2.93	7/1.95	303.41	20.90	324.32	23.43	837.7	163.3	1001.0	1006.4	1071.3	113.70	0.11054	2000
	300/50	26/3.83	7/2.98	299.54	48.82	348.36	24.26	826.4	381.4	1207.9	1220.5	1273.5	143.62	0.11189	2000
	300/70	30/3.60	7/3.60	305.36	71.25	376.61	26.20	843.3	556.6	1400.0	1418.4	1474.7	168.36	0.10987	2000
	400/25	45/3.33	7/2.22	391.91	27.09	416.00	26.64	1082.0	211.6	1292.7	1300.7	1384.9	146.97	0.08558	1500
	400/25	54/3.07	7/3.07	399.72	51.81	451.54	27.63	1104.7	404.8	1509.6	1522.9	1611.6	174.67	0.08399	1500
	400195	30/4.61	19/2.50	407.75	93.26	501.01	29.14	1126.1	731.2	1857.4	1884.1	1959.6	226.01	0.08228	1500
	500/35	45/3.75	7/2.50	197.00	34.36	531.37	30.00	1372.2	268.4	1640.6	1919.5	1756.2	185.22	0.06748	1500
	500/65	54/3.44	7/3.44	501.88	65.05	566.93	30.96	1387.0	508.3	1895.4	1912.2	2023.5	219.31	0.06689	1500
	630/45	45/4.20	7/2.80	623.44	43.10	666.55	33.00	1721.3	336.7	2058.0	2069.2	2203.0	232.31	0.05379	1200
	630/80	54/3.87	19/3.32	635.19	80.31	715.51	34.82	1755.5	629.7	2385.2	2408.2	2548.8	278.14	0.05285	1200
	800/55	15/4.80	7/3.20	844.30	56.29	870.59	38.40	2248.2	439.8	2688.1	2702.6	2877.5	301.50	0.04118	1000
	800/100	54/4.33	19/2.60	795.16	100.87	896.87	38.98	2197.6	790.8	2988.5	3017.1	3194.1	348.57	0.04222	1000
	1000/45	72/4.21	7/2.80	10002.27	43.10	1045.37	42.08	2769.2	336.7	3105.9	3117.1	3353.3	313.71	0.03318	1000
	1000/125	54/4.84	19/2.90	993.51	125.49	1119.01	13.54	2745.8	983.9	3729.8	3765.7	3985.2	434.91	0.03379	1000

二十二、聚氯乙烯绝缘聚氯乙烯护套电力电缆

该电缆长期使用温度不得超过 70℃，5s 短时不超过 160℃，敷设时的环境温度不低于 0℃。敷设时电缆的最小弯曲半径：单心电缆为 $20(d+D)$ mm，多心电缆为 $15(D+d)$ mm。D 与 d 分别为电缆和导体的实际外径，若主导体不是圆形，则 $d=1.13\sqrt{S}$，S 为主导体的标称截面，单位 mm²。

（一）用途

用于输配电线路中输配电能。

（二）技术数据

各种技术数据详见表 3-82～表 3-95。

表 3-82　聚氯乙烯绝缘电力电缆型号

型号		名　称
铜芯	铝芯	
VV	VLV	聚氯乙烯绝缘聚氯乙烯护套电力电缆
VY	VLY	聚氯乙烯绝缘聚乙烯护套电力电缆
VV22	VLV22	聚氯乙烯绝缘钢带铠装聚氯乙烯护套电力电缆
VV23	VLV23	聚氯乙烯绝缘钢带铠装聚乙烯护套电力电缆
VV32	VLV32	聚氯乙烯绝缘细钢丝铠装聚氯乙烯护套电力电缆
VV33	VLV33	聚氯乙烯绝缘细钢丝铠装聚乙烯护套电力电缆
VV42	VLV42	聚氯乙烯绝缘粗钢丝铠装聚氯乙烯护套电力电缆
VV43	VLV43	聚氯乙烯绝缘粗钢丝铠装聚乙烯护套电力电缆
生产厂	4、6、8、9、12、14、15、26、61、70、71、75、81、87、93、95、111、164、170、241～278	

表 3-83　电缆的规格

型号		芯数	额定电压（kV）		
			0.6/1	1.8/3	3.6/6.6/6.6/10
铜芯	铝芯		标称截面（mm²）		
VV　VY		1	1.5～800	10～800	10～1000
—	VLV　VLY		2.5～1000	10～1000	10～1000
VV22　VV23	VLV22　VLV23		10～1000	10～1000	10～1000
VV　VY	—	2	1.5～185	10～185	10～150
—	VLV　VLY		2.5～185	10～185	10～150
	VLV22　VLV23		4～185	10～185	10～150
VV　VY		3	1.5～300	10～300	10～300
—	VLV　VLY		2.5～300	10～300	10～300
VV22　VV23	VLV22　VLV23		4～300	10～300	10～300
VV32　VV33	VLV32　VLV33				16～300
VV42　VV43	VLV42　VLV43				16～300
VV　VY	VLV　VLY	3+1	4～300	10～300	
VV22　VV23	VLV22　VLV23		4～300	10～300	
VV　VY	VLV　VLY	4	4～185	10～185	
VV22　VV23	VLV22　VLV23		4～185	10～185	

注　单芯电缆铠装应采用非磁性材料，或采用减少磁损耗结构。

表 3-84　导体电阻和铠装电阻

标称截面（mm²）	最大导体电阻（Ω/km）		最大铠装电阻（Ω/km）						
			单芯（V）		双芯（V）	三芯（V）		四芯（V）	(3+1) 芯（V）
	Cu	Al	600/1000	1900/3300	600/1000	600/1000	1900/3300	600/1000	600/1000
1.5	12.1				10.7	10.2		9.5	
2.5	7.41				9.1	8.8		7.9	
4	4.61				7.5	7.0		4.6	
6	3.08				6.8	4.6		4.1	
10	1.83				3.9	3.7		3.4	
16	1.15	1.91			4.5	3.8	2.1	2.6	
25	0.727	1.20			2.6	2.4	1.9	2.1	2.1
35	0.524	0.867			2.4	2.1	1.8	1.9	1.9
50	0.387	0.641	4.0	3.6	2.1	1.9	1.3	1.3	1.7
70	0.268	0.443	3.6	3.2	1.9	1.3	1.2	1.2	1.2
95	0.193	0.320	3.1	2.2	1.3	1.2	1.1	0.98	1.0

续表

标称截面 (mm^2)	最大导体电阻 (Ω/km)		最大铠装电阻 (Ω/km)						
			单芯 (V)		双芯 (V)	三芯 (V)		四芯 (V)	(3+1) 芯 (V)
	Cu	Al	600/1000	1900/3300	600/1000	600/1000	1900/3300	600/1000	600/1000
120	0.153	0.253	2.2	2.0	1.2	1.1	0.76	0.71	0.72
150	0.124	0.206	2.0	1.9	1.1	0.74	0.71	0.65	0.66
185	0.099	0.164	1.8	1.8	0.78	0.68	0.66	0.59	0.60
240	0.0754	0.125	1.6	1.6	0.69	0.60	0.60	0.52	0.54
300	0.0601	0.100	1.5	1.5	0.63	0.54	0.54	0.47	0.48 ($150mm^2$) 0.47 ($185mm^2$)
400	0.0470	0.0778	1.1	1.1	0.36	0.49	0.49	0.34	0.35
500	0.0366	0.0617	0.92	0.92					
630	0.0283	0.0478	0.84	0.84					

表 3-85　　成品耐压试验值（单相试验）　　单位：kV

额定电压 U_0	0.6	1.8	3.6	6	8.7	12	18	21	26
试验电压	3.5	6.5	11	15	22	30	45	53	65

表 3-86　　600/1000V 单芯聚氯乙烯绝缘聚氯乙烯护套电缆技术数据

标称截面 (mm^2)	绝缘厚度 (mm)	VV、VLV				VV32、VLV32					
		护套厚度 (mm)	电缆外径 (mm)	电缆重量 (kg/km)		衬垫厚度 (mm)	钢丝直径 (mm)	外护套厚度 (mm)	电缆外径 (mm)	电缆重量 (kg/km)	
				铜	铝					铜	铝
50	1.1	1.4	15.1	600	290	0.8	1.25	1.5	19.1	1010	700
70	1.4	1.4	16.9	810	380	0.8	1.25	1.6	21.1	1280	850
95	1.6	1.5	19.4	1100	510	0.8	1.25	1.6	23.4	1620	1030
120	1.6	1.5	21.0	1350	610	1.0	1.6	1.7	26.3	2100	1360
150	1.8	1.6	23.2	1650	720	1.0	1.6	1.7	28.3	2460	1530
185	2.0	1.7	25.8	2080	920	1.0	1.6	1.8	30.8	2940	1800
240	2.2	1.8	29.0	2670	1180	1.0	1.6	1.9	34.1	3660	2170
300	2.4	1.9	32.1	3320	1460	1.0	1.6	1.9	37.0	4390	2530
400	2.6	2.0	35.3	4190	1710	1.2	2.0	2.1	42.0	5720	3240
500	2.8	2.1	39.6	5230	2140	1.2	2.0	2.1	45.6	6890	3800
630	2.8	2.2	43.8	6630	2720	1.2	2.0	2.2	49.7	8440	4530

表 3-87　　600/1000V 双芯绞合聚氯乙烯绝缘聚氯乙烯护套电缆的技术数据

标称截面 (mm^2)	绝缘厚度 (mm)	VV、VLV				VV32、VLV32									
		护套厚度 (mm)	电缆外径 (mm)	电缆重量 (kg/km)		衬垫厚度 (mm)		钢丝直径 (mm)	外护套厚度 (mm)	电缆外径 (mm)		电缆重量 (kg/km)			
												挤压型		绕包型	
				铜	铝	挤压型	绕包型			挤压型	绕包型	铜	铝	铜	铝
1.5	0.6					0.8	0.8	0.9	1.3	11.7	—	280			
2.5	0.7					0.8	0.8	0.9	1.4	13.1	—	350			
4	0.8					0.8	0.8	0.9	1.4	15.1	—	460			
6	0.8					0.8	0.8	0.9	1.5	16.1	—	550			
10	1.0	1.8	16.1			0.8	0.8	1.25	1.6	20.1	—	880			
16	1.0	1.8	15.6	470	370	0.8	0.8	1.25	1.6	18.9	18.9	840	740	850	750
25	1.2	1.8	18.4	690	540	1.0	0.8	1.6	1.7	23.0	22.6	1280	1130	1260	1110
35	1.2	1.8	20.1	950	730	1.0	0.8	1.6	1.8	24.9	24.5	1610	1390	1590	1370
50	1.4	1.8	22.8	1260	950	1.0	0.8	1.6	1.9	27.8	27.4	2010	1700	1990	1680

续表

标称截面 (mm²)	绝缘厚度 (mm)	VV、VLV				VV32、VLV32									
		护套厚度 (mm)	电缆外径 (mm)	电缆重量 (kg/km)		衬垫厚度 (mm)		钢丝直径 (mm)	外护套厚度 (mm)	电缆外径 (mm)		电缆重量 (kg/km)			
												挤压型		绕包型	
				铜	铝	挤压型	绕包型			挤压型	绕包型	铜	铝	铜	铝
70	1.4	1.9	25.5	1700	1270	1.0	0.8	1.6	1.9	30.4	30.0	2520	2090	2500	2070
95	1.6	2.0	29.3	2310	1720	1.2	0.8	2.0	2.1	35.5	34.7	3520	2930	3460	2870
120	1.6	2.1	31.8	2880	2140	1.2	0.8	2.0	2.2	38.0	37.2	4200	3460	4120	3380
150	1.8	2.2	315.1	3520	2590	1.2	0.8	2.0	2.3	41.3	40.5	4960	4030	4890	3960
185	2.0	2.4	39.1	4390	3250	1.4	0.8	2.5	2.4	46.4	45.2	6390	5240	6250	5100
240	2.2	2.5	43.9	5760	4270	1.4	0.8	2.5	2.5	51.2	50.0	8020	6530	7860	6370

表 3-88　600/1000V 三芯绞合聚氯乙烯绝缘聚氯乙烯护套电缆技术数据

标称截面 (mm²)	绝缘厚度 (mm)	VV、VLV				VV32、VLV32									
		护套厚度 (mm)	电缆外径 (mm)	电缆重量 (kg/km)		衬垫厚度 (mm)		钢丝直径 (mm)	外护套厚度 (mm)	电缆外径 (mm)		电缆重量 (kg/km)			
												挤压型		绕包型	
				铜	铝	挤压型	绕包型			挤压型	绕包型	铜	铝	铜	铝
1.5	0.6					0.8	0.8	0.9	1.4	12.3	12.3	310		310	
2.5	0.7					0.8	0.8	0.9	1.4	13.6	13.6	390		390	
4	0.8					0.8	0.8	0.9	1.4	15.8	15.8	520		520	
6	0.8					0.8	0.8	1.25	1.5	18.0	18.0	730		730	
10	1.0	1.8	17.0	540		0.8	0.8	1.25	1.6	21.2	21.2	1010		1010	
16	1.0	1.8	17.2	670	570	0.8	0.8	1.25	1.6	20.6	20.6	1080	980	1100	1000
25	1.2	1.8	20.4	1000	850	1.0	0.8	1.6	1.7	25.0	24.6	1670	1520	1650	1500
35	1.2	1.8	22.4	1300	1080	1.0	0.8	1.6	1.8	27.5	26.9	2050	1830	2030	1810
50	1.4	1.8	25.5	1720	1410	1.0	0.8	1.6	1.9	30.5	30.1	2580	2270	2560	2250
70	1.4	1.9	28.7	2360	1930	1.2	0.8	2.0	2.0	35.0	34.2	3590	3160	3520	3090
95	1.6	2.1	33.3	3330	2740	1.2	0.8	2.0	2.1	39.3	38.5	4710	4120	4640	4050
120	1.6	2.2	36.3	4100	3360	1.2	0.8	2.4	2.2	42.5	41.4	5590	4850	5510	4770
150	1.8	2.3	40.0	5020	4090	1.4	0.8	2.5	2.4	47.5	46.3	7110	6180	6970	6040
185	2.0	2.5	44.6	6260	5110	1.4	0.8	2.5	2.5	51.9	50.7	8540	7390	8390	7240
240	2.2	2.6	50.1	8150	6660	1.6	0.8	2.5	2.6	57.8	56.2	10790	9300	10550	9060
300	2.4	2.8	55.6	10140	8280	1.6	0.8	2.5	2.8	63.2	61.6	13040	11180	12790	10930

表 3-89　600/1000V 四芯绞合聚氯乙烯绝缘聚氯乙烯护套电缆技术数据

标称截面 (mm²)	绝缘厚度 (mm)	VV、VLV				VV32、VLV32									
		护套厚度 (mm)	电缆外径 (mm)	电缆重量 (kg/km)		衬垫厚度 (mm)		钢丝直径 (mm)	外护套厚度 (mm)	电缆外径 (mm)		电缆重量 (kg/km)			
												挤压型		绕包型	
				铜	铝	挤压型	绕包型			挤压型	绕包型	铜	铝	铜	铝
1.5	0.6					0.8		0.9	1.4	13.0	13.0	350			
2.5	0.7					0.8		0.9	1.4	14.5	14.5	440			
4	0.8					0.8		1.25	1.5	17.8	17.8	710			
6	0.8					0.8		1.25	1.5	19.2	19.2	850			
10	1.0	1.8	18.6	738		0.8		1.25	1.6	22.8	22.8	1200			
16	1.0	1.8	19.3	860		1.0	0.8	1.6	1.7	23.9	23.5	1490		1470	
25	1.2	1.8	22.9	1290	1140	1.0	0.8	1.6	1.8	27.8	27.4	2050	1900	2030	1880
35	1.2	1.8	25.4	1690	1470	1.0	0.8	1.6	1.9	30.5	30.1	2530	2310	2510	2290
50	1.4	1.9	29.2	2250	1940	1.2	0.8	2.0	2.0	35.4	34.6	3480	3170	3410	3100
70	1.4	2.0	33.0	3100	2670	1.2	0.8	2.0	2.1	39.2	38.4	4470	4040	4400	3970

续表

标称截面（mm²）	绝缘厚度（mm）	VV、VLV				VV32、VLV32									
		护套厚度（mm）	电缆外径（mm）	电缆重量（kg/km）		衬垫厚度（mm）		钢丝直径（mm）	外护套厚度（mm）	电缆外径（mm）		电缆重量（kg/km）			
												挤压型		绕包型	
				铜	铝	挤压型	绕包型			挤压型	绕包型	铜	铝	铜	铝
95	1.6	2.2	38.3	4360	3770	1.2	0.8	2.0	2.2	44.3	43.5	5900	5310	5830	5240
120	1.6	2.3	41.8	5380	4640	1.4	0.8	2.5	2.4	49.3	48.1	7540	6800	7400	6660
150	1.8	2.5	46.3	6630	5700	1.4	0.8	2.5	2.5	53.6	52.4	8970	8040	8810	7880
185	2.0	2.6	51.3	8250	7100	1.6	0.8	2.5	2.6	59.0	57.4	10890	9740	10660	9510
240	2.2	2.8	58.0	10730	9240	1.6	0.8	2.5	2.8	65.7	64.1	13690	12200	13430	11940
300	2.4	3.1	64.6	13380	11520	1.6	0.8	2.5	3.0	72.0	70.4	16610	14750	16330	14470

表 3-90　600/1000V 铜导体聚氯乙烯绝缘聚氯乙烯护套电力电缆在空气中敷设长期连续负荷允许载流量

单位：A

标称截面（mm²）	VV					VV32				
	单　芯			双芯	三芯及四芯	单　芯			双芯	三芯及四芯
	2 根	3 根				2 根	3 根			
	（· ·）	∴	···			（· ·）	∴	···		
1.5									21	19
2.5									30	25
4									29	33
6									50	43
10									69	59
16				86	73				90	77
25				115	98				120	100
35				145	120				150	125
50	190	170	185	170	150	205	180		175	155
70	245	220	235	220	185	255	230		220	190
95	300	270	300	265	230	310	280		270	235
120	355	310	345	305	265	360	325		310	270
150	410	360	400	350	300	405	370		355	310
185	475	420	460	400	350	460	425		410	355
240	590	495	590	475	415	530	500		485	420
300	680	580	680		475	600	570			475
400	790	660	780		550	660	640			550
500	900	760	890			730	720			
630	1050	870	1030			820	810			

表 3-91　600/1000V 铜导体聚氯乙烯绝缘聚氯乙烯护套电力电缆直埋敷设长期连续负荷允许载流量

单位：A

标称截面（mm²）	VV						VV32			
	单　芯				双芯	三芯及四芯	单　芯		双芯	三芯及四芯
	2 根		3 根				2 根	3 根		
	· ·	· ·	∴···	···			· ·	∴		
1.5									30	26
2.5									40	34
4									53	45
6									66	57
10									88	75

续表

标称截面（mm²）	VV						VV32			
	单　芯				双芯	三芯及四芯	单　芯		双芯	三芯及四芯
	2 根		3 根				2 根	3 根		
	• •	• •	∴···	···			• •	∴		
16					115	98			115	98
25					150	130			150	130
35					185	155			185	155
50	235	240	200	210	215	185	235	200	215	185
70	290	300	245	260	270	225	290	245	320	225
95	345	355	295	310	320	270	345	295	270	270
120	395	410	335	355	365	310	390	335	365	310
150	445	455	375	395	410	345	440	370	410	345
185	500	520	425	450	465	390	490	415	465	390
240	580	600	490	520	540	455	570	480	540	455
300	660	680	550	590		510	630	530		510
400	750	780	630	680		570	700	590		570
500	840	880	700	760			770	640		
630	950	1010	780	870			850	710		

表 3-92　　600/1000V 铜导体聚氯乙烯绝缘聚氯乙烯护套电力电缆管道敷设长期连续负荷允许载流量

单位：A

标称截面（mm²）	VV				VV32			
	单　芯		双芯	三芯及四芯	单　芯		双芯	三芯及四芯
	2 根	3 根			2 根	3 根		
	• •	∴···			• •	∴		
1.5							26	22
2.5							34	29
4							44	37
6							55	47
10							73	62
16			96	80			96	80
25			125	105			125	105
35			150	125			150	125
50	220	205	180	150	215	200	180	150
70	270	250	220	185	260	240	220	185
95	325	300	265	225	305	280	265	225
120	370	340	300	255	340	310	300	255
150	415	380	340	285	370	340	340	285
185	470	430	385	325	410	375	385	325
240	550	500	445	375	460	415	445	375
300	620	560		425	500	455		425
400	710	640		480	540	485		485
500	800	720			580	520		
630	920	820			630	560		

表 3-93　600/1000V 铝导体聚氯乙烯绝缘聚氯乙烯护套电力电缆在空气中敷设长期连续负荷允许载流量

单位：A

标称截面 (mm²)	VV					VV32			
	单芯			双芯	三芯及四芯	单芯		双芯	三芯及四芯
	2 根	3 根				2 根	3 根		
	• •	∴	···			• •	∴		
16				65	55			67	55
25				85	70			90	75
35				105	90			110	90
50	140	130	135	125	110	150	135	130	115
70	180	165	175	165	140	190	170	165	140
95	225	200	225	195	170	230	210	200	175
120	265	230	255	230	195	270	240	230	200
150	305	270	300	260	225	300	275	265	230
185	335	315	345	300	260	345	315	305	265
240	440	370	440	355	310	395	275	360	315
300	510	435	510		355	450	425		355
400	590	495	585		410	495	480		410
500	675	570	665			545	540		
630	785	650	770			615	605		

表 3-94　600/1000V 铜导体聚氯乙烯绝缘聚氯乙烯护套电力电缆直埋敷设长期连续负荷允许载流量

单位：A

标称截面 (mm²)	VV						VV32			
	单芯				双芯	三芯及四芯	单芯		双芯	三芯及四芯
	2 根		3 根				2 根	3 根		
	• •	• •	∴···	···			• •	∴		
16					86	73			85	73
25					110	95			110	95
35					135	115			135	115
50	175	180	150	155	160	135	175	150	160	140
70	215	225	180	195	200	165	215	180	200	170
95	255	265	215	230	240	200	255	220	240	200
120	295	305	250	265	270	230	290	250	270	230
150	330	340	280	295	305	255	330	275	305	260
185	375	390	315	335	345	290	365	310	350	290
240	435	450	365	390	405	340	425	360	405	340
300	495	510	410	440		380	470	395		380
400	560	585	470	510		425	525	420		435
500	630	660	525	570			575	480		
630	710	755	585	650			635	530		

表 3-95　600/1000V 铝导体聚氯乙烯绝缘聚氯乙烯护套电力电缆管道敷设长期连续负荷允许载流量

单位：A

标称截面 (mm²)	VV				VV32			
	单芯		双芯	三芯及四芯	单芯		双芯	三芯及四芯
	2 根	3 根			2 根	3 根		
	• •	∴···			• •	∴		
16			72	60			72	60
25			94	78			94	78
35			110	93			110	93
50	165	150	135	112	160	150	135	112

续表

标称截面 (mm²)	VV				VV32			
	单芯		双芯	三芯及四芯	单芯		双芯	三芯及四芯
	2根 ··	3根 ∴···			2根 ··	3根 ∴		
70	200	185	165	135	195	180	165	135
95	245	225	195	165	230	210	195	165
120	275	255	225	190	255	230	225	190
150	310	285	255	210	280	255	255	210
185	350	320	290	245	305	280	290	245
240	410	375	330	280	345	310	330	280
300	465	420		320	375	345		320
400	530	480		360	405	365		360
500	600	540			435	390		
630	690	615			470	420		

二十三、交联聚乙烯电力电缆

交联聚乙烯塑料：用化学方法或物理方法使聚乙烯分子由线性结构转变为立体网状结构，即将热塑性的聚乙烯转变为热固性的交联聚乙烯。交联聚乙烯主要使用化学方法和物理方法。

(1) 化学方法交联：聚乙烯中加入一定比例的交链剂（有机过氧化物，如DCP过氧二异丙苯），在交链反应中，反应剂受到加热时，交链剂中央断开，夺取聚乙烯分子中的氧原子，于是有结合链的聚乙烯分子相互结合成交链聚乙烯分子，最终成为交联聚乙烯。

(2) 物理方法交联：辐射交链是用电子射线（β射线）照射聚乙烯，高能电子线打出聚乙烯中的氢原子，使聚乙烯分子变成具有结合链的聚乙烯分子，进而相互交链，最终成为交联聚乙烯。

交联聚乙烯的耐热性能：它不像聚乙烯那样在105～115℃温度下就熔化，但如果长时间处于300℃以上，它将分解和碳化；对交联聚乙烯电缆，其连续工作导体温度定为90℃，5s短路电流导体的最高温度不超过250℃。

交联聚乙烯的电气性能：高温和常温下的交流击穿电压相接近，比常温下的聚乙烯高，介损（tgδ）低，局部放电量小。

交联聚乙烯的机械性能：交联聚乙烯有优良的机械性能，在工作温度下，耐局部应力好，在高温下仍有较高的机械性能。

（一）用途

用于35kV及以下系统中电能的输送。

（二）技术数据

交联聚乙烯电缆的型号、规格和技术数据，见表3-96～表3-124。

表3-96　交联聚乙烯绝缘层物理与电气性能指标

性能项目	单位	规定值	性能项目	单位	规定值
相对密度	—	0.90～0.93	击穿电场强度	kV/mm	≥30
抗张强度	N/cm²	≥1200	体积电阻系数	Ω·cm	≥1×10¹⁶
伸率	%	≥350	介质损耗角正切	50Hz（室温）	≤0.003
老化性能	%	≥75	介电常数	50Hz（室温）	≤2.5
耐环境应力龟裂	h	≥500	抗臭氧性		不龟裂
脆化温度	℃	≤-60	交联度		≥75

表3-97　交联聚乙烯电缆型号

型号		名称	主要用途
铜芯	铝芯		
YJV	YJLV	交联聚乙烯绝缘聚氯乙烯护套电力电缆	敷设于室内、隧道、电缆沟及管道中，也可埋在松散的土壤中，电缆不能承受机械外力作用，但可承受一定敷设牵引
YJY	YJLY	交联聚乙烯绝缘聚乙烯护套电力电缆	

续表

型号		名称	主要用途
铜芯	铝芯		
YJV22	YJLV22	交联聚乙烯绝缘钢带铠装聚氯乙烯护套电力电缆	适用于室内、隧道、电缆沟及地下直埋敷设，电缆能承受机械外力作用，但不能承受大的拉力
YJV23	YJLV23	交联聚乙烯绝缘钢带铠装聚乙烯护套电力电缆	
YJV32	YJLV32	交联聚乙烯绝缘细钢丝铠装聚氯乙烯护套电力电缆	敷设在竖井、水下及具有落差条件下的土壤中，电缆能承受机械外力作用的相当的拉力
YJV33	YJLV33	交联聚乙烯绝缘细钢丝铠装聚乙烯护套电力电缆	
YJV42	YJLV42	交联聚乙烯绝缘粗钢丝铠装聚氯乙烯护套电力电缆	适于水中、海底、电缆能承受较大的正压力和拉力的作用
YJV43	YJLV43	交联聚乙烯绝缘粗钢丝铠装聚乙烯护套电力电缆	
生产厂		4、6、8、9、12、14、15、26、61、70、71、75、81、87、93、95、111、164、170、241～278	

表 3-98　交联聚乙烯电缆规格

型号	芯数	额定电压（kV）					
		0.6/1	1.8/3	3.6/6，6/6	6/10，8.7/10	8.7/15～12/20	18/20～26/35
		标称截面（mm²）					
YJV　YJLV	1①	1.5～800	10～800	25～1200	25～1200	35～1200	50～1200
YJY　YJLY		2.5～1000	10～1000	25～1200	25～1200	35～1200	50～1200
YJV32　YJLV32		10～1000	10～1000	25～1200	25～1200	35～1200	50～1200
YJV33　YJLV33		10～1000	10～1000	25～1200	25～1200	35～1200	50～1200
YJV42　YJLV42		10～1000	10～1000	25～1200	25～1200	35～1200	50～1200
YJV43　YJLV43		10～1000	10～1000	25～1200	25～1200	35～1200	50～1200
YJV　YJLV	3	1.5～300	10～300	25～300	25～300	35～300	
YJY　YJLY		2.5～300	10～300	20～300	25～300	35～300	
YJV22　YJLV22		4～300	10～300	25～300	25～300	35～300	
YJV23　YJLV23		4～300	10～300	25～300	25～300	35～300	
YJV32　YJLV32		4～300	10～300	25～300	25～300	35～300	
YJV33　YJLV33		4～300	10～300	25～300	25～300	35～300	
YJV42　YJLV42		4～300	10～300	25～300	25～300	35～300	
YJV43　YJLV43		4～300	10～300	25～300	25～300	35～300	

①　单芯电缆铠装应采用非磁性材料或采用减少磁损耗结构。

表 3-99　交联聚乙烯电缆绝缘的标称厚度

导体标称截面（mm²）	额定电压（kV）								
	0.6/1	1.8/3	3.6/6	6/6，6/10	8.7/10 8.7/15	12/20	18/20 18/30	21/35	26/35
	绝缘标称厚度（mm）								
1.5、2.5	0.7								
4、6	0.7								
10	0.7	2.0	2.5						
16	0.7	2.0	2.5	3.4					
25	0.9	2.0	2.5	3.4	4.5				
35	0.9	2.0	2.5	3.4	4.5	5.5			
50	1.0	2.0	2.5	3.4	4.5	5.5	8.0	9.3	10.5
70、95	1.1	2.0	2.5	3.4	4.5	5.5	8.0	9.3	10.5
120	1.2	2.0	2.5	3.4	4.5	5.5	8.0	9.3	10.5
150	1.4	2.0	2.5	3.4	4.5	5.5	8.0	9.3	10.5
185	1.6	2.0	2.5	3.4	4.5	5.5	8.0	9.3	10.5
240	1.7	2.0	2.6	3.4	4.5	5.5	8.0	9.3	10.5
300	1.8	2.0	2.8	3.4	4.5	5.5	8.0	9.3	10.5

续表

导体标称截面 (mm²)	额定电压(kV)								
	0.6/1	1.8/3	3.6/6	6/6,6/10	8.7/10 8.7/15	12/20	18/20 18/30	21/35	26/35
	绝缘标称厚度(mm)								
400	2.0	2.0	3.0	3.4	4.5	5.5	8.0	9.3	10.5
500	2.2	2.2	3.2	3.4	4.5	5.5	8.0	9.3	10.5
630	2.4	2.4	2.4	3.4	4.5	5.5	8.0	9.3	10.5
800	2.6	2.6	3.2	3.4	4.5	5.5	8.0	9.3	10.5
1000	2.8	2.8	3.2	3.4	4.5	5.5	8.0	9.3	10.5
1200	3.0	3.0	3.2	3.4	4.5	5.5	8.0	9.3	10.5

表 3-100　交联聚乙烯电缆导电线芯的直流电阻

标称截面 (mm²)	25	35	50	70	95	120	150	185	240	300	400	500	630	809
铜芯(Ω/km)(20℃时)	0.727	0.524	0.387	0.268	0.193	0.153	0.124	0.0991	0.0754	0.0601	0.0470	0.0366	0.0283	0.0221
铝芯(Ω/km)(20℃时)	1.20	0.868	0.641	0.443	0.320	0.253	0.206	0.164	0.125	0.100	0.0778	0.0605	0.0469	0.0367

表 3-101　交联聚乙烯电缆的电压试验及局部放电试验标准

项目 \ 额定电压 U_0/U (kV)	条件	3.6/6	6/6 6/10	8.7/10 8.7/15	12/20	18/20 18/30	21/35	26/35
电压试验	试验电压(kV)	11	15	22	30	45	53	65
	试验时间(min)	5	5	5	5	5	5	5
局部放电试验	试验电压(kV)	6	9	13	18	27	32	39
	放电量(pC)	≤20	≤20	≤20	≤20	≤20	≤10	≤10

表 3-102　0.6/1kV 单芯交联聚乙烯绝缘电力电缆

标称截面 (mm²)	绝缘厚度 (mm)	电缆外径及近似重量				载流量(A)			
		YJV		YJLV		在土壤中		在空气中	
		外径(mm)	重量(kg/km)	外径(mm)	重量(kg/km)	铜	铝	铜	铝
1.5	0.7	6	53			25		35	
2.5	0.7	6	68	6	53	30	25	45	35
4	0.7	7	87	7	64	45	35	60	50
6	0.7	7	110	7	73	55	45	70	55
10	0.7	8	155	8	95	75	60	95	75
16	0.7	9	220	9	120	100	80	125	100
25	0.9	10	345	10	190	140	115	160	130
35	0.9	12	424	12	207	175	140	190	150
50	1.0	13	555	13	245	210	170	225	180
70	1.1	14	770	14	336	270	215	280	225
95	1.1	16	1040	16	455	340	275	335	270
120	1.2	18	1290	18	550	400	320	380	305
150	1.4	21	1590	21	650	460	370	425	340
185	1.6	23	1944	23	804	530	415	480	375
240	1.7	25	2510	25	1021	625	490	555	435

表 3-103 **0.6/1kV 三芯铜导体交联聚乙烯绝缘电力电缆**

标称截面 (mm²)	绝缘厚度 (mm)	铠装	电缆外径及近似重量						载流量 (A)	
		钢带厚度 (mm)	YJV		YJV22		YJV32			
			外径 (mm)	重量 (kg/km)	外径 (mm)	重量 (kg/km)	外径 (mm)	重量 (kg/km)	在土壤中	在空气中
1.5	0.7	2×0.3	10	145	13	273			25	30
2.5	0.7	2×0.3	11	185	14	321			30	35
4	0.7	2×0.3	12	250	15	390	18	550	40	50
6	0.7	2×0.3	13	320	16	471	19	650	50	60
10	0.7	2×0.3	15	450	18	622	21	920	65	80
16	0.7	2×0.5	17	640	22	1005	25	1450	85	100
25	0.9	2×0.5	21	940	25	1371	28	1850	115	130
35	0.9	2×0.5	23	1260	27	1724	31	2300	145	155
50	1.0	2×0.5	27	1670	30	2247	32	2650	175	185
70	1.1	2×0.5	30	2280	35	3023	38	3650	220	225
95	1.1	2×0.5	34	3020	39	3825	41	4550	270	270
120	1.2	2×0.5	38	3790	42	4642	43	5450	315	305
150	1.4	2×0.5	42	4750	48	5767	48	7000	360	345
185	1.6	2×0.5	45	5654	51	6896	58	9328	420	390
240	1.7	2×0.5	51	7243	56	8617	65	1136	500	455

表 3-104 **0.6/1kV 三芯铝导体交联聚乙烯绝缘电力电缆**

标称截面 (mm²)	绝缘厚度 (mm)	铠装标称尺寸		电缆外径及近似重量						载流量 (A)	
		钢带厚度 (mm)	钢丝直径 (mm)	YJLV		YJLV22		YJLV32			
				外径 (mm)	重量 (kg/km)	外径 (mm)	重量 (kg/km)	外径 (mm)	重量 (kg/km)	在土壤中	在空气中
1.5	0.7	2×0.3		10	—	13					
2.5	0.7	2×0.3		11	140	14	175			25	30
4	0.7	2×0.3	1.6	12	175	15	315	18	480	30	40
6	0.7	2×0.3	1.6	13	210	16	360	19	540	40	45
10	0.7	2×0.3	1.6	15	260	18	433	21	630	50	60
16	0.7	2×0.5	2.0	17	340	22	705	25	1150	65	80
25	0.9	2×0.5	2.0	21	470	25	898	28	1400	90	100
35	0.9	2×0.5	2.0	23	600	27	1061	31	1650	110	120
50	1.0	2×0.5	2.0	27	730	30	1300	32	1750	130	140
70	1.1	2×0.5	2.5	30	970	35	1697	38	2350	170	175
95	1.1	2×0.5	2.5	34	1240	39	2026	41	2800	205	210
120	1.2	2×0.5	2.5	38	1540	42	2370	43	3200	240	235
150	1.4	2×0.5	2.5	42	1940	48	2926	48	4200	275	265
185	1.6	2×0.5	3.15	45	2248	51	3391	58	5949	320	301
240	1.7	2×0.5	3.15	51	2123	56	4072	65	6587	385	355

表 3-105 **3.6/6kV 单芯铜导体交联聚乙烯绝缘电力电缆**

标称截面 (mm²)	绝缘厚度 (mm)	金属屏蔽厚度 (mm)	铠装标称尺寸		电缆外径及近似重量						载流量 (A)	
			细钢丝	粗钢丝	YJV		YJV32		YJV42			
			直径 (mm)	直径 (mm)	外径 (mm)	重量 (kg/km)	外径 (mm)	重量 (kg/km)	外径 (mm)	重量 (kg/km)	在土壤中	在空气中
25	2.5	1×0.12	1.6	4.0	18.8	617	24.4	1302	30.8	2310	190	179
35	2.5	1×0.12	1.6	4.0	19.8	736	25.4	1441	32.0	2536	230	215
50	2.5	1×0.12	1.6	4.0	21.1	903	26.7	1645	33.3	2810	269	257
70	2.5	1×0.12	1.6	4.0	22.8	1129	28.4	1927	35.2	3145	330	320

续表

标称截面(mm²)	绝缘厚度(mm)	金属屏蔽厚度(mm)	铠装标称尺寸		电缆外径及近似重量						载流量(A)	
			细钢丝	粗钢丝	YJV		YJV32		YJV42			
			直径(mm)	直径(mm)	外径(mm)	重量(kg/km)	外径(mm)	重量(kg/km)	外径(mm)	重量(kg/km)	在土壤中	在空气中
95	2.5	1×0.12	1.6	4.0	24.4	1407	30.2	2260	36.8	3608	386	383
120	2.5	1×0.12	1.6	4.0	25.8	1676	31.6	2585	38.4	3989	431	436
150	2.5	1×0.12	2.0	4.0	27.4	1990	34.2	3241	40.0	4415	470	483
185	2.5	1×0.12	2.0	4.0	29.2	2358	36.0	3697	41.8	4897	521	541
240	2.5	1×0.12	2.0	4.0	31.6	2935	38.6	4367	44.4	5695	594	620
300	2.8	1×0.12	2.5	4.0	34.4	3648	41.2	5122	47.0	6554	650	688
400	3.0	1×0.12	2.5	4.0	38.2	4675	46.4	6713	51.0	7925		
500	3.2	1×0.12	2.5	4.0	44.1	5750	52.2	8076	55.0	9335		
630	3.2	1×0.12	2.5	4.0	48.9	7089	57.2	9708	60.0	11034		

表 3-106　3.6/6kV 单芯铝导体交联聚乙烯绝缘电力电缆

标称截面(mm²)	绝缘厚度(mm)	金属屏蔽厚度(mm)	铠装标称尺寸		电缆外径及近似重量						载流量(A)	
			细钢丝	粗钢丝	YJLV		YJLV32		YJLV42			
			直径(mm)	直径(mm)	外径(mm)	重量(kg/km)	外径(mm)	重量(kg/km)	外径(mm)	重量(kg/km)	在土壤中	在空气中
25	2.5	1×0.12	1.6	4.0	18.8	459	24.4	1144	30.8	2152	151	136
35	2.5	1×0.12	1.6	4.0	19.8	515	25.4	1220	32.0	2315	185	173
50	2.5	1×0.12	1.6	4.0	21.1	587	26.7	1329	33.3	2494	207	205
70	2.5	1×0.12	1.6	4.0	22.8	687	28.4	1485	35.2	2703	263	257
95	2.5	1×0.12	1.6	4.0	24.4	807	30.2	1661	36.8	3009	308	310
120	2.5	1×0.12	1.6	4.0	25.8	918	31.6	1827	38.4	3232	347	352
150	2.5	1×0.12	2.0	4.0	27.4	1043	34.2	2294	40.0	3468	386	399
185	2.5	1×0.12	2.0	4.0	29.2	1190	36.0	2529	41.8	3729	426	441
240	2.6	1×0.12	2.0	4.0	31.6	1420	38.6	2851	44.4	4180	487	520
300	2.8	1×0.12	2.0	4.0	34.4	1754	41.2	3228	47.0	4660	538	583
400	3.0	1×0.12	2.5	4.0	38.2	2149	46.4	4187	51.0	5399		
500	3.2	1×0.12	2.5	4.0	44.1	2594	52.2	4919	55.0	6128		
630	3.2	1×0.12	2.5	4.0	48.9	3111	57.2	5730	60.0	7057		

表 3-107　3.6/6kV 三芯铜导体交联聚乙烯绝缘电力电缆

标称截面(mm²)	绝缘厚度(mm)	金属屏蔽厚度(mm)	铠装标称尺寸			电缆外径及近似重量								载流量(A)	
			钢带	细钢丝	粗钢丝	YJV		YJV22		YJV32		YJV42			
			厚度(mm)	直径(mm)	直径(mm)	外径(mm)	重量(kg/km)	外径(mm)	重量(kg/km)	外径(mm)	重量(kg/km)	外径(mm)	重量(kg/km)	在土壤中	在空气中
3×25	2.5	1×0.12	2×0.5	2.5	4.0	38.3	1888	43.1	2829	46.3	3957	51.1	5164	151	137
3×35	2.5	1×0.12	2×0.5	2.5	4.0	40.7	2287	45.5	3301	48.7	4465	53.3	5807	184	168
3×50	2.5	1×0.12	2×0.5	2.5	4.0	43.7	2783	48.5	3855	51.7	5205	56.3	6527	224	205
3×70	2.5	1×0.12	2×0.5	2.5	4.0	47.5	3551	52.5	4845	55.7	6183	60.3	7652	269	252
3×95	2.5	1×0.12	2×0.5	2.5	4.0	51.2	4483	56.6	5797	59.8	7260	64.0	8869	325	299
3×120	2.5	1×0.12	2×0.5	3.0	4.0	54.4	5338	59.8	6735	64.0	8925	67.2	10061	364	341
3×150	2.5	1×0.12	2×0.5	3.0	4.0	58.3	6279	63.7	7924	68.0	10152	70.9	11262	414	394
3×185	2.5	1×0.12	2×1.5	3.15	4.0	61.9	7565	67.5	9216	72.2	11767	74.5	12786	459	436
3×240	2.6	1×0.12	2×0.5	3.15	4.0	67.3	9304	73.3	11236	78.0	14165	80.1	15280	532	520
3×300	2.8	1×0.12	2×0.8	3.15	4.0	73.1	11371	80.9	14437	84.2	16608	86.1	17854	605	593

表 3-108 3.6/6kV 三芯铝导体交联聚乙烯绝缘电力电缆

标称截面 (mm²)	绝缘厚度 (mm)	金属屏蔽厚度 (mm)	铠装标称尺寸			电缆外径及近似重量								载流量 (A)	
			钢带	细钢丝	粗钢丝	YJLV		YJLV22		YJLV32		YJLV42			
			厚度 (mm)	直径 (mm)	直径 (mm)	外径 (mm)	重量 (kg/km)	外径 (mm)	重量 (kg/km)	外径 (mm)	重量 (kg/km)	外径 (mm)	重量 (kg/km)	在土壤中	在空气中
3×35	2.5	1×0.12	2×0.5	2.5	4.0	38.3	1414	43.1	2355	46.3	3483	51.1	4690	118	110
3×35	2.5	1×0.12	2×0.5	2.5	4.0	40.7	1624	45.5	2638	48.7	3803	53.3	5144	134	137
3×50	2.5	1×0.12	2×0.5	2.5	4.0	43.7	1836	48.5	2908	51.7	4258	56.3	5580	179	163
3×70	2.5	1×0.12	2×0.5	2.5	4.0	47.5	2225	52.5	3519	55.7	4857	60.3	6326	213	189
3×95	2.5	1×0.12	2×0.5	2.5	4.0	51.2	2683	56.6	3998	59.8	5460	64.0	7070	252	231
3×120	2.5	1×0.12	2×0.5	3.0	4.0	54.4	3065	59.8	4462	64.0	6652	67.2	7788	280	268
3×150	2.5	1×0.12	2×0.5	3.0	4.0	58.3	3438	63.7	5083	68.0	7311	70.9	8421	325	305
3×185	2.5	1×0.12	2×0.5	3.15	4.0	61.9	4061	67.5	5712	72.2	8263	74.5	9281	358	341
3×240	2.6	1×0.12	2×0.5	3.15	4.0	67.3	4858	73.3	6690	78.0	9620	80.1	10734	414	404
3×300	2.8	1×0.12	2×0.8	3.15	4.0	73.1	5689	80.9	8755	84.2	10926	86.1	12172	470	462

表 3-109 6/6、6/10kV 单芯铜导体交联聚乙烯绝缘电力电缆

标称截面 (mm²)	绝缘厚度 (mm)	金属屏蔽厚度 (mm)	铠装标称尺寸		电缆外径及近似重量						载流量 (A)	
			细钢丝	粗钢丝	YJV		YJV32		YJV42			
			直径 (mm)	直径 (mm)	外径 (mm)	重量 (kg/km)	外径 (mm)	重量 (kg/km)	外径 (mm)	重量 (kg/km)	在土壤中	在空气中
25	3.4	1×0.12	1.6	4.0	20.6	685	26.2	1426	32.8	2488	190	178
35	3.4	1×0.12	1.6	4.0	21.6	807	27.2	1584	34.0	2716	229	214
50	3.4	1×0.12	1.6	4.0	22.9	977	28.5	1791	35.3	2993	268	256
70	3.4	1×0.12	1.6	4.0	24.6	1207	30.4	2061	37.2	3409	330	319
95	3.4	1×0.12	1.6	4.0	26.2	1489	32.2	2610	38.8	3804	385	381
120	3.4	1×0.12	2.0	4.0	27.6	1762	34.4	3040	40.4	4189	429	434
150	3.4	1×0.12	2.0	4.0	29.4	2080	36.2	3419	42.2	4619	468	481
185	3.4	1×0.12	2.0	4.0	31.2	2453	37.8	3854	43.8	5105	518	538
240	3.4	1×0.12	2.0	4.0	33.4	3100	40.4	4543	45.9	5898	591	617
300	3.4	1×0.12	2.0	4.0	35.8	3723	42.6	5253	48.4	6736	647	684
400	3.4	1×0.12	2.5	4.0	39.2	4728	47.2	6810	51.8	8086		
500	3.4	1×0.12	2.5	4.0	44.5	5779	52.6	8148	55.4	9469		
630	3.4	1×0.12	2.5	4.0	49.3	7120	57.6	9742	60.4	11172		

表 3-110 6/6、6/10kV 单芯铝导体交联聚乙烯绝缘电力电缆

标称截面 (mm²)	绝缘厚度 (mm)	金属屏蔽厚度 (mm)	铠装标称尺寸		电缆外径及近似重量						载流量 (A)	
			细钢丝	粗钢丝	YJLV		YJLV32		YJLV42			
			直径 (mm)	直径 (mm)	外径 (mm)	重量 (kg/km)	外径 (mm)	重量 (kg/km)	外径 (mm)	重量 (kg/km)	在土壤中	在空气中
25	3.4	1×0.12	1.6	4.0	20.6	527	26.2	1268	32.8	2330	151	136
35	3.4	1×0.12	1.6	4.0	21.6	586	27.2	1363	34.0	2495	184	172
50	3.4	1×0.12	1.6	4.0	22.9	661	28.5	1476	35.3	2677	206	204
70	3.4	1×0.12	1.6	4.0	24.6	765	30.4	1619	37.2	2967	262	256
95	3.4	1×0.12	1.6	4.0	26.2	889	32.2	2010	38.8	3204	307	306
120	3.4	1×0.12	2.0	4.0	27.6	1004	34.4	2283	40.4	3432	346	350
150	3.4	1×0.12	2.0	4.0	29.4	1133	36.2	2472	42.5	3672	385	397
185	3.4	1×0.12	2.0	4.0	31.2	1285	37.8	2686	43.8	3937	424	439
240	3.4	1×0.12	2.0	4.0	33.4	1584	40.4	3028	45.9	4383	485	517

续表

标称截面 (mm²)	绝缘厚度 (mm)	金属屏蔽厚度 (mm)	铠装标称尺寸		电缆外径及近似重量						载流量 (A)	
			细钢丝	粗钢丝	YJLV		YJLV32		YJLV42			
			直径 (mm)	直径 (mm)	外径 (mm)	重量 (kg/km)	外径 (mm)	重量 (kg/km)	外径 (mm)	重量 (kg/km)	在土壤中	在空气中
300	3.4	1×0.12	2.0	4.0	35.8	1829	42.6	3358	48.4	4842	535	580
400	3.4	1×0.12	2.5	4.0	39.2	2203	47.2	4284	51.8	5561		
500	3.4	1×0.12	2.5	4.0	44.5	2622	52.6	4991	55.4	6312		
630	3.4	1×0.12	2.5	4.0	49.3	3143	57.6	5765	60.0	7194		

表 3-111　6/6、6/10kV 三芯铜导体交联聚乙烯绝缘电力电缆

标称截面 (mm²)	绝缘厚度 (mm)	金属屏蔽厚度 (mm)	铠装标称尺寸			电缆外径及近似重量								载流量 (A)	
			钢带	细钢丝	粗钢丝	YJV		YJV22		YJV32		YJV42			
			厚度 (mm)	直径 (mm)	直径 (mm)	外径 (mm)	重量 (kg/km)	外径 (mm)	重量 (kg/km)	外径 (mm)	重量 (kg/km)	外径 (mm)	重量 (kg/km)	在土壤中	在空气中
3×25	3.4	1×0.12	2×0.5	2.5	4.0	42.6	2132	47.4	3190	50.6	4510	55.2	5871	151	137
3×35	3.4	1×0.12	2×0.5	2.5	4.0	44.8	2491	50.0	3731	53.2	5026	57.6	6370	184	168
3×50	3.4	1×0.12	2×0.5	2.5	4.0	47.8	3091	53.0	4396	56.2	5766	60.6	7196	224	205
3×70	3.4	1×0.12	2×0.5	2.5	4.0	51.8	3884	57.0	5198	60.2	6661	64.4	8270	269	252
3×95	3.4	1×0.12	2×0.5	3.0	4.0	55.5	4778	61.1	6350	65.3	8453	68.1	9532	325	299
3×120	3.4	1×0.12	2×0.5	3.0	4.0	58.7	5595	64.1	7257	68.5	9473	71.5	10686	364	341
3×150	3.4	1×0.12	2×0.5	3.15	4.0	62.3	6732	68.1	8383	72.6	10934	75.1	11953	414	394
3×185	3.4	1×0.12	2×0.5	3.15	4.0	66.0	7954	72.0	9741	76.5	12571	78.8	13711	459	436
3×240	3.4	1×0.12	2×0.5	3.15	4.0	71.1	9729	77.1	11854	81.8	14748	83.9	15980	532	520
3×300	3.4	1×0.12	2×0.8	3.15	4.0	76.1	11855	83.4	14861	87.0	17080	88.8	18302	605	593

表 3-112　6/6、6/10kV 三芯铝导体交联聚乙烯绝缘电力电缆

标称截面 (mm²)	绝缘厚度 (mm)	金属屏蔽厚度 (mm)	铠装标称尺寸			电缆外径及近似重量								载流量 (A)	
			钢带	细钢丝	粗钢丝	YJLV		YJLV22		YJLV32		YJLV42			
			厚度 (mm)	直径 (mm)	直径 (mm)	外径 (mm)	重量 (kg/km)	外径 (mm)	重量 (kg/km)	外径 (mm)	重量 (kg/km)	外径 (mm)	重量 (kg/km)	在土壤中	在空气中
3×25	3.4	1×0.12	2×0.5	2.5	4.0	42.6	1658	47.4	2716	50.6	4036	55.2	5398	118	110
3×35	3.4	1×0.12	2×0.5	2.5	4.0	44.8	1828	50.0	3068	53.2	4363	57.6	5707	134	137
3×50	3.4	1×0.12	2×0.5	2.5	4.0	47.8	2144	53.0	3449	56.2	4819	60.6	6249	179	163
3×70	3.4	1×0.12	2×0.5	2.5	4.0	51.8	2558	57.0	3872	60.2	5335	64.4	6945	213	189
3×95	3.4	1×0.12	2×0.5	3.0	4.0	55.5	2978	61.1	4551	65.3	6654	68.1	7732	252	231
3×120	3.4	1×0.12	2×0.5	3.0	4.0	58.7	3322	64.1	4984	68.5	7200	71.5	8413	280	268
3×150	3.4	1×0.12	2×0.5	3.15	4.0	62.3	3891	68.1	5542	72.6	8093	75.1	9111	325	305
3×185	3.4	1×0.12	2×0.5	3.15	4.0	66.0	4450	72.0	6237	76.5	9067	78.8	10207	358	341
3×240	3.4	1×0.12	2×0.5	3.15	4.0	71.1	5183	77.1	7309	81.8	10202	83.9	11434	414	404
3×300	3.4	1×0.12	2×0.8	3.15	4.0	76.1	6173	83.4	9178	87.0	11398	88.8	12619	470	462

表 3-113　8.7/10、8.7/15kV 单芯铜导体交联聚乙烯绝缘电力电缆

标称截面 (mm²)	绝缘厚度 (mm)	金属屏蔽厚度 (mm)	铠装标称尺寸		电缆外径及近似重量						载流量 (A)	
			细钢丝	粗钢丝	YJV		YJV32		YJV42			
			直径 (mm)	直径 (mm)	外径 (mm)	重量 (kg/km)	外径 (mm)	重量 (kg/km)	外径 (mm)	重量 (kg/km)	在土壤中	在空气中
25	4.5	1×0.12	1.6	4.0	22.8	775	28.4	1590	35.2	2792	189	177
35	4.5	1×0.12	1.6	4.0	23.8	899	29.6	1751	36.2	3098	228	213

续表

标称截面 (mm^2)	绝缘厚度 (mm)	金属屏蔽厚度 (mm)	铠装标称尺寸		电缆外径及近似重量						载流量 (A)	
			细钢丝	粗钢丝	YJV		YJV32		YJV42			
			直径 (mm)	直径 (mm)	外径 (mm)	重量 (kg/km)	外径 (mm)	重量 (kg/km)	外径 (mm)	重量 (kg/km)	在土壤中	在空气中
50	4.5	1×0.12	1.6	4.0	25.1	1073	30.9	1962	37.7	3278	266	255
70	4.5	1×0.12	2.0	4.0	26.8	1308	33.6	2456	39.6	3626	327	317
95	4.5	1×0.12	2.0	4.0	28.4	1596	35.4	2904	41.2	4130	383	380
120	4.5	1×0.12	2.0	4.0	30.0	1874	36.8	3242	42.8	4520	427	432
150	4.5	1×0.12	2.0	4.0	31.6	2197	38.6	3626	44.4	4955	466	478
185	4.5	1×0.12	2.0	4.0	33.4	2649	40.2	4066	46.2	5447	516	536
240	4.6	1×0.12	2.0	4.0	35.8	3234	42.6	4764	48.4	6247	588	614
300	4.5	1×0.12	2.5	4.0	38.0	3865	46.2	5903	50.8	7218	644	681
400	4.5	1×0.12	2.5	4.0	41.6	4880	49.6	7159	54.2	8458		
500	4.5	1×0.12	2.5	4.0	46.7	5943	55.0	8467	58.0	9873		
630	4.5	1×0.12	2.5	4.0	52.5	7409	60.0	10080	64.0	11729		

表 3-114　　8.7/10、8.7/15kV 单芯铝导体交联聚乙烯绝缘电力电缆

标称截面 (mm^2)	绝缘厚度 (mm)	金属屏蔽厚度 (mm)	铠装标称尺寸		电缆外径及近似重量						载流量 (A)	
			细钢丝	粗钢丝	YJLV		YJLV32		YJLV42			
			直径 (mm)	直径 (mm)	外径 (mm)	重量 (kg/km)	外径 (mm)	重量 (kg/km)	外径 (mm)	重量 (kg/km)	在土壤中	在空气中
25	4.5	1×0.12	1.6	4.0	22.8	617	28.4	1432	35.2	2634	150	135
35	4.5	1×0.12	1.6	4.0	23.8	678	29.6	1530	36.2	2877	183	172
50	4.5	1×0.12	1.6	4.0	25.1	757	30.9	1646	37.7	2962	205	203
70	4.5	1×0.12	2.0	4.0	26.8	866	33.6	2014	39.6	3184	261	253
95	4.5	1×0.12	2.0	4.0	28.4	996	35.4	2305	41.2	3530	305	307
120	4.5	1×0.12	2.0	4.0	30.0	1116	36.8	2485	42.8	3762	344	348
150	4.5	1×0.12	2.0	4.0	31.6	1250	38.6	2679	44.4	4008	383	395
185	4.5	1×0.12	2.0	4.0	33.4	1481	40.2	2898	46.2	4279	422	437
240	4.5	1×0.12	2.0	4.0	35.8	1719	42.6	3248	48.4	4732	482	515
300	4.5	1×0.12	2.5	4.0	38.0	1971	46.2	4009	50.8	5324	533	577
400	4.5	1×0.12	2.5	4.0	41.6	2354	49.6	4633	54.2	5932		
500	4.5	1×0.12	2.5	4.0	46.7	2786	55.0	5310	58.0	6716		
630	4.5	1×0.12	2.5	4.0	52.5	3432	60.0	6102	64.0	7751		

表 3-115　　8.7/10、8.7/15kV 三芯铜导体交联聚乙烯绝缘电力电缆

标称截面 (mm^2)	绝缘厚度 (mm)	金属屏蔽厚度 (mm)	铠装标称尺寸			电缆外径及近似重量								载流量 (A)	
			钢带	细钢丝	粗钢丝	YJV		YJV22		YJV32		YJV42			
			厚度 (mm)	直径 (mm)	直径 (mm)	外径 (mm)	重量 (kg/km)	外径 (mm)	重量 (kg/km)	外径 (mm)	重量 (kg/km)	外径 (mm)	重量 (kg/km)	在土壤中	在空气中
3×25	4.5	1×0.12	2×0.5	2.5	4.0	47.6	2486	53.0	3796	55.9	5162	60.3	6592	151	137
3×25	4.5	1×0.12	2×0.5	2.5	4.0	49.9	2963	55.1	4252	58.5	5693	62.7	7341	184	168
3×50	4.5	1×0.12	2×0.5	3.0	4.0	52.9	3481	58.3	4829	62.5	6994	65.7	8085	224	205
3×70	4.5	1×0.12	2×0.5	3.0	4.0	56.8	4236	62.4	5834	66.6	7978	69.6	9101	269	252
3×95	4.5	1×0.12	2×0.5	3.0	4.0	60.4	5147	66.2	6885	70.4	9183	73.2	10383	325	299
3×120	4.5	1×0.12	2×0.5	3.15	4.0	63.6	6116	69.4	7807	74.1	10393	76.4	11451	364	341
3×150	4.5	1×0.12	2×0.5	3.15	4.0	67.5	7187	73.3	8995	78.0	11876	80.1	13055	414	394
3×185	4.5	1×0.12	2×0.5	3.15	4.0	71.1	8379	77.1	10493	81.8	13393	83.9	14625	459	436
3×240	4.5	1×0.12	2×0.8	3.15	4.0	76.1	10391	83.6	13381	87.0	15613	88.8	16834	532	520
3×300	4.5	1×0.12	2×0.8	3.15	4.0	81.2	12336	88.8	15564	92.1	18155	94.0	19472	605	593

表 3-116 **8.7/10、8.7/15kV 三芯铝导体交联聚乙烯绝缘电力电缆**

标称截面 (mm^2)	绝缘厚度 (mm)	金属屏蔽厚度 (mm)	铠装标称尺寸			电缆外径及近似重量								载流量 (A)	
			钢带	细钢丝	粗钢丝	YJLV		YJLV22		YJLV32		YJLV42			
			厚度 (mm)	直径 (mm)	直径 (mm)	外径 (mm)	重量 (kg/km)	外径 (mm)	重量 (kg/km)	外径 (mm)	重量 (kg/km)	外径 (mm)	重量 (kg/km)	在土壤中	在空气中
3×25	4.5	1×0.12	2×0.5	2.5	4.0	47.6	2012	53.0	3323	55.9	4689	60.03	6118	118	110
3×35	4.5	1×0.12	2×0.5	2.5	4.0	49.9	2300	55.1	3589	58.5	5030	62.7	6678	134	137
3×50	4.5	1×0.12	2×0.5	3.0	4.0	52.9	2534	58.3	3881	62.5	6047	65.7	7138	179	163
3×70	4.5	1×0.12	2×0.5	3.0	4.0	56.8	2911	62.4	4508	66.6	6652	69.6	7775	213	189
3×95	4.5	1×0.12	2×0.5	3.0	4.0	60.4	3348	66.2	5085	70.4	7384	73.2	8584	252	231
3×120	4.5	1×0.12	2×0.5	3.15	4.0	63.6	3843	69.4	5534	74.1	8120	76.4	9178	280	268
3×150	4.5	1×0.12	2×0.5	3.15	4.0	67.5	4346	73.3	6154	78.0	9035	80.1	10213	325	305
3×185	4.5	1×0.12	2×0.5	3.15	4.0	71.1	4874	77.1	6989	81.8	9889	83.9	11121	358	341
3×240	4.5	1×0.12	2×0.8	3.15	4.0	76.1	5845	83.6	8835	87.0	11067	88.8	12288	414	404
3×300	4.5	1×0.12	2×0.8	3.15	4.0	81.2	6653	88.8	9881	92.1	12472	94.0	13790	470	462

表 3-117 **21/35kV 单芯铜导体交联聚乙烯绝缘电力电缆**

标称截面 (mm^2)	绝缘厚度 (mm)	金属屏蔽厚度 (mm)	铠装标称尺寸		电缆外径及近似重量						载流量 (A)	
			细钢丝	粗钢丝	YJV		YJV32		YJV42			
			直径 (mm)	直径 (mm)	外径 (mm)	重量 (kg/km)	外径 (mm)	重量 (kg/km)	外径 (mm)	重量 (kg/km)	在土壤中	在空气中
50	9.3	1×0.12	2.0	4.0	35.3	1652	42.1	3151	47.9	4557	286	263
70	9.3	1×0.12	2.5	4.0	37.0	1913	45.2	3863	49.8	5048	308	336
95	9.3	1×0.12	2.5	4.0	38.8	2229	46.8	4267	51.6	5582	364	404
120	9.3	1×0.12	2.5	4.0	40.2	2531	48.4	4656	53.0	5996	409	467
150	9.3	1×0.12	2.5	4.0	42.0	2878	50.4	5217	54.8	6475	459	530
185	9.3	1×0.12	2.5	4.0	43.6	3285	52.0	5716	56.4	6998	515	599
240	9.3	1×0.12	2.5	4.0	46.0	3904	54.4	6432	58.8	7838	945	698
300	9.3	1×0.12	2.5	4.0	48.4	4568	57.0	7255	61.2	8878	666	798
400	9.3	1×0.12	2.5	4.0	51.8	5737	60.4	8625	64.6	10168		
500	9.3	1×0.12	3.0	4.0	57.3	6857	67.0	10468	69.0	11649		
630	9.3	1×0.12	3.0	4.0	63.1	8423	71.8	12227	73.8	13428		

表 3-118 **21/35kV 单芯铝导体交联聚乙烯绝缘电力电缆**

标称截面 (mm^2)	绝缘厚度 (mm)	金属屏蔽厚度 (mm)	铠装标称尺寸		电缆外径及近似重量						载流量 (A)	
			细钢丝	粗钢丝	YJLV		YJLV32		YJLV42			
			直径 (mm)	直径 (mm)	外径 (mm)	重量 (kg/km)	外径 (mm)	重量 (kg/km)	外径 (mm)	重量 (kg/km)	在土壤中	在空气中
50	9.3	1×0.12	2.0	4.0	35.3	1336	42.1	2836	47.9	4242	185	210
70	9.3	1×0.12	2.5	4.0	37.0	1471	45.2	3421	49.8	4606	241	263
95	9.3	1×0.12	2.5	4.0	38.8	1630	46.8	3668	51.6	4983	286	315
120	9.3	1×0.12	2.5	4.0	40.2	1773	48.4	3898	53.0	5239	319	362
150	9.3	1×0.12	2.5	4.0	42.0	1931	50.4	4270	54.8	5528	358	415
185	9.3	1×0.12	2.5	4.0	43.6	2117	52.0	4548	56.4	5830	403	467
240	9.3	1×0.12	2.5	4.0	46.0	2388	54.4	4916	58.8	6323	470	551
300	9.3	1×0.12	2.5	4.0	48.4	2674	57.0	5361	61.2	6984	526	630
400	9.3	1×0.12	2.5	4.0	51.8	3212	60.4	6100	64.6	7643		
500	9.3	1×0.12	3.0	4.0	57.3	3701	67.0	7311	69.0	8492		
630	9.3	1×0.12	3.0	4.0	63.1	4446	71.8	8249	73.8	9450		

表 3-119 **21/35kV 三芯铝导体交联聚乙烯绝缘电力电缆**

标称截面(mm²)	绝缘厚度(mm)	金属屏蔽厚度(mm)	铠装标称尺寸		电缆外径及近似重量						载流量(A)	
			钢带	粗钢丝	YJLV		YJLV22		YJVL42			
			厚度(mm)	直径(mm)	外径(mm)	重量(kg/km)	外径(mm)	重量(kg/km)	外径(mm)	重量(kg/km)	在土壤中	在空气中
3×50	9.3	1×0.12	2×0.5	4.0	74.98	4266	81.38	7264	87.63	11099	168	170
3×70	9.3	1×0.12	2×0.8	4.0	78.85	4763	86.65	7945	91.14	11966	204	209
3×95	9.3	1×0.12	2×0.8		82.51	5292	90.50	8658			245	251
3×120	9.3	1×0.12	2×0.8		85.73	5743	93.93	9120			277	288
3×150	9.3	1×0.12	2×0.8		89.59	6389	97.59	10031			311	327
3×185	9.3	1×0.12	2×0.8		93.24	7009	101.64	10886			353	372
3×240	9.3	1×0.12	2×0.8		98.39	7965	106.79	12049			410	440
3×300	9.3	1×0.12	2×0.8		103.35	8910	111.95	13245			464	500

表 3-120 **21/35kV 三芯铜导体交联聚乙烯绝缘电力电缆**

标称截面(mm²)	绝缘厚度(mm)	金属屏蔽厚度(mm)	铠装标称尺寸	电缆外径及近似重量						载流量(A)	
			钢带	YJV		YJV22		YJV42			
			厚度(mm)	外径(mm)	重量(kg/km)	外径(mm)	重量(kg/km)	外径(mm)	重量(kg/km)	在土壤中	在空气中
3×50	9.3	1×0.12	2×0.5	74.98	5214	81.38	8211	87.63	12047	202	235
3×70	9.3	1×0.12	2×0.8	78.85	6089	86.65	9271	91.14	13322	263	269
3×95	9.3	1×0.12	2×0.8	82.51	7091	90.50	10457			316	324
3×120	9.3	1×0.12	2×0.8	85.73	8016	93.93	11393			357	372
3×150	9.3	1×0.12	2×0.8	89.59	9230	97.59	12872			402	423
3×185	9.3	1×0.12	2×0.8	93.24	10514	101.64	14390			456	481
3×240	9.3	1×0.12	2×0.8	98.39	12511	106.79	16594			529	568
3×300	9.3	1×0.12	2×0.8	103.35	14592	111.95	18927			599	646

表 3-121 **26/35kV 单芯铜导体交联聚乙烯绝缘电力电缆**

标称截面(mm²)	绝缘厚度(mm)	金属屏蔽厚度(mm)	铠装标称尺寸		电缆外径及近似重量						载流量(A)	
			细钢丝	粗钢丝	YJV		YJV32		YJV42			
			直径(mm)	直径(mm)	外径(mm)	重量(kg/km)	外径(mm)	重量(kg/km)	外径(mm)	重量(kg/km)	在土壤中	在空气中
50	10.5	1×0.12	2.5	4.0	37.9	1803	45.9	3797	50.5	4941	281	258
70	10.5	1×0.12	2.5	4.0	39.6	2070	47.8	4150	52.4	5426	303	330
95	10.5	1×0.12	2.5	4.0	41.4	2393	49.4	4561	54.0	5967	358	397
120	10.5	1×0.12	2.5	4.0	42.8	2699	51.2	5084	55.6	6406	402	458
150	10.5	1×0.12	2.5	4.0	44.6	3052	52.8	5487	57.2	6871	451	520
185	10.5	1×0.12	2.5	4.0	46.2	3465	54.6	5993	59.0	7400	506	587
240	10.5	1×0.12	2.5	4.0	48.6	4092	57.2	6779	61.4	8402	583	685
300	10.5	1×0.12	2.5	4.0	51.0	4876	59.4	7590	63.6	9303	656	783
400	10.5	1×0.12	3.0	4.0	54.4	5949	64.2	9493	67.2	10629		
500	10.5	1×0.12	3.0	4.0	59.7	7082	69.4	10827	71.4	11995		
630	10.5	1×0.12	3.15	4.0	65.5	8670	74.7	12864	76.4	13922		

表 3-122　　26/35kV 单芯铝导体交联聚乙烯绝缘电力电缆

标称截面 (mm²)	绝缘厚度 (mm)	金属屏蔽厚度 (mm)	铠装标称尺寸		电缆外径及近似重量						载流量 (A)	
			细钢丝	粗钢丝	YJLV		YJLV32		YJLV42			
			直径 (mm)	直径 (mm)	外径 (mm)	重量 (kg/km)	外径 (mm)	重量 (kg/km)	外径 (mm)	重量 (kg/km)	在土壤中	在空气中
50	10.5	1×0.12	2.5	4.0	37.9	1487	45.9	3481	50.5	4626	182	206
70	10.5	1×0.12	2.5	4.0	39.6	1628	47.8	3709	52.4	4985	237	258
95	10.5	1×0.12	2.5	4.0	41.4	1793	49.4	3962	54.0	5367	281	309
120	10.5	1×0.12	2.5	4.0	42.8	1942	51.2	4327	55.6	5648	314	355
150	10.5	1×0.12	2.5	4.0	44.6	2104	52.8	4540	57.2	5924	352	407
185	10.5	1×0.12	2.5	4.0	46.2	2297	54.6	4825	59.0	6232	396	458
240	10.5	1×0.12	2.5	4.0	48.6	2557	57.2	5264	61.4	6887	462	541
300	10.5	1×0.12	2.5	4.0	51.0	2982	59.4	5695	63.6	7409	517	618
400	10.5	1×0.12	3.0	4.0	54.4	3424	64.2	6967	67.2	8103		
500	10.5	1×0.12	3.0	4.0	59.7	3925	69.4	7670	71.4	8838		
630	10.5	1×0.12	3.15	4.0	65.5	4692	74.7	8887	76.4	9944		

表 3-123　　26/35kV 三芯铜导体交联聚乙烯绝缘电力电缆

标称截面 (mm²)	绝缘厚度 (mm)	金属屏蔽厚度 (mm)	铠装标称尺寸	电缆外径及近似重量						载流量 (A)	
			钢带	YJV		YJV22		YJV42			
			厚度 (mm)	外径 (mm)	重量 (kg/km)	外径 (mm)	重量 (kg/km)	外径 (mm)	重量 (kg/km)	在土壤中	在空气中
3×50	10.5	1×0.12	2×0.8	80.65	5730	88.65	9162	93.60	13327	215	220
3×70	10.5	1×0.12	2×0.8	84.32	6626	92.52	10260			264	272
3×95	10.5	1×0.12	2×0.8	88.09	7644	96.29	11475			316	329
3×120	10.5	1×0.12	2×0.8	91.32	8673	99.72	12599			358	375
3×150	10.5	1×0.12	2×0.8	94.97	9851	103.37	13976			403	426
3×185	10.5	1×0.12	2×0.8	98.83	11153	107.43	15481			456	488
3×240	10.5	1×0.12	2×0.8	103.78	13132	112.38	17769			527	572
3×300	10.5	1×0.12	2×0.8	108.93	15330	177.33	20210			603	656

表 3-124　　26/35kV 三芯铝导体交联聚乙烯绝缘电力电缆

标称截面 (mm²)	绝缘厚度 (mm)	金属屏蔽厚度 (mm)	铠装标称尺寸			电缆外径及近似重量						载流量 (A)	
			钢带	细钢丝	粗钢丝	YJLV		YJLV22		YJLV42			
			厚度 (mm)	直径 (mm)	直径 (mm)	外径 (mm)	重量 (kg/km)	外径 (mm)	重量 (kg/km)	外径 (mm)	重量 (kg/km)	在土壤中	在空气中
3×50	10.5	1×0.12	2×0.8		4.0	80.65	4783	88.65	8215	93.60	12380	167	171
3×70	10.5	1×0.12	2×0.8			84.32	5300	92.52	8934			205	211
3×95	10.5	1×0.12	2×0.8			88.09	5845	96.29	9676			245	255
3×120	10.5	1×0.12	2×0.8			91.32	6400	99.72	10326			278	291
3×150	10.5	1×0.12	2×0.8			94.97	7010	103.37	11135			312	330
3×185	10.5	1×0.12	2×0.8			98.83	7648	107.43	11976			354	378
3×240	10.5	1×0.12	2×0.8			103.78	8586	112.38	13224			408	444
3×300	10.5	1×0.12	2×0.8			108.93	9647	177.33	14528			467	508

注　本节产品的技术数据主要由中国昆明电缆厂及河北新华线缆集团提供。

（三）交货要求

（1）额定电压为 15kV 及以下电缆，制造长度应不小于 100m，允许有 50m 的短段电缆出厂（钢丝铠装电缆除外），但数量不能超过总交货长度的 10%。

（2）额定电压 35kV 及以下电缆，制造长度不小于 200m，允许有不小于 100m 的短段电缆出厂（钢丝铠装电缆除外），但数量不能超过总交货长度的 10%。

二十四、聚氯乙烯绝缘和护套控制电缆

（一）用途

适于交流额定电压 U_0/U 为 450/750V 及以下，控制、监控回路及保护回路等场合做连接线用。电缆导体的长期允许工作温度为 70℃；电缆的敷设温度应不低于 0℃。推荐的允许弯曲半径：无铠装层的电缆，应不小于电缆外径的 6 倍；有铠装或铜带屏蔽结构的电缆，应不小于电缆外径的 12 倍；有屏蔽层结构的软电线，应不小于电缆外径的 6 倍。

（二）命名与代号

系列代号——K。

材料特征代号：

铜导体——省略；

聚氯乙烯绝缘——V；

聚氯乙烯护套——V。

结构特征代号：

编织屏蔽——P；

铜带屏蔽——P2；

软结构——R；

圆形——省略；

平形（扁形）——B。

（三）技术数据

聚氯乙烯绝缘和护套控制电缆技术数据，见表 3-125～表 3-135。

表 3-125 聚氯乙烯绝缘和护套控制电缆型号

型号	名 称	使 用 范 围
KVV	铜芯聚氯乙烯绝缘聚氯乙烯护套控制电缆	敷设在室内、电缆沟、管道固定场合
KVVP	铜芯聚氯乙烯绝缘聚氯乙烯护套编织屏蔽控制电缆	敷设在室内、电缆沟、管道等要求屏蔽的固定场合
KVV29	铜芯聚氯乙烯绝缘和护套钢带铠装控制电缆	
KVVP2	铜芯聚氯乙烯绝缘聚氯乙烯护套铜带屏蔽控制电缆	敷设在室内、电缆沟、管道等要求屏蔽的固定场合
KVV22	铜芯聚氯乙烯绝缘聚氯乙烯护套钢带铠装控制电缆	敷设在室内、电缆沟、管道、直埋等能承受较大的机械外力等固定场合
KVV32	铜芯聚氯乙烯绝缘聚氯乙烯护套细钢丝铠装控制电缆	敷设在室内、电缆沟、管道、竖井等能承受较大机械拉力等固定场合
KVVR	铜芯聚氯乙烯绝缘聚氯乙烯护套控制软电缆	敷设在室内移动要求柔软等场合
KVVRP	铜芯聚氯乙烯绝缘聚氯乙烯护套编织屏蔽控制软电缆	敷设在室内移动要求柔软、屏蔽等场合
生产厂	8、87、93、244、248、261、267、276、279、280、282、291、305、316	

表 3-126 聚氯乙烯绝缘和护套控制电缆规格

<table>
<tr><th rowspan="3">型 号</th><th rowspan="3">额定电压
(V)</th><th colspan="8">导 体 标 称 截 面 (mm²)</th></tr>
<tr><th>0.5</th><th>0.75</th><th>1.0</th><th>1.5</th><th>2.5</th><th>4</th><th>6</th><th>10</th></tr>
<tr><th colspan="8">芯 数</th></tr>
<tr><td>KVV
KVVP</td><td rowspan="7">450/750</td><td></td><td colspan="4">2～61</td><td colspan="2">2～14</td><td>2～10</td></tr>
<tr><td>KVV29</td><td></td><td colspan="4">2～37</td><td colspan="2">2～14</td><td>2～10</td></tr>
<tr><td>KVVP2</td><td></td><td colspan="4">4～61</td><td colspan="2">4～14</td><td>4～10</td></tr>
<tr><td>KVVP22</td><td></td><td colspan="3">7～61</td><td>4～61</td><td colspan="2">4～14</td><td>4～10</td></tr>
<tr><td>KVVP32</td><td></td><td colspan="2">19～61</td><td colspan="2">7～61</td><td colspan="2">4～14</td><td>4～10</td></tr>
<tr><td>KVVR</td><td colspan="5">4～61</td><td></td><td></td><td></td></tr>
<tr><td>KVVRP</td><td colspan="3">4～61</td><td colspan="2">4～48</td><td></td><td></td><td></td></tr>
</table>

注 推荐的芯数系列为：2、3、4、5、7、8、10、12、14、16、19、24、27、30、37、44、48、52 芯和 61 芯。

表 3-127　　KVV 型 450/750V 铜芯聚氯乙烯绝缘聚氯乙烯护套控制电缆的结构及电气参数

芯数×标称截面 (mm^2)	导体种类	绝缘标称厚度 (mm)	护套标称厚度 (mm)	平均外径 (mm)		70℃最小绝缘电阻 (MΩ/km)
				下限	上限	
2×0.75	1	0.6	1.2	6.4	8.0	0.012
2×0.75	2	0.6	1.2	6.6	8.4	0.014
2×1.0	1	0.6	1.2	5.8	8.4	0.011
2×1.0	2	0.6	1.2	6.8	8.8	0.013
2×1.5	1	0.7	1.2	7.6	9.4	0.011
2×1.5	2	0.7	1.2	7.8	10.0	0.010
2×2.5	1	0.8	1.2	8.6	10.5	0.010
2×2.5	2	0.8	1.2	9.0	11.5	0.009
2×4	1	0.8	1.2	9.6	11.5	0.0085
2×4	2	0.8	1.2	10.0	12.5	0.0077
2×6	1	0.8	1.2	10.5	12.5	0.0070
2×6	2	0.8	1.2	11.0	14.0	0.0065
2×10	2	1.0	1.5	14.0	17.5	0.0065
3×0.75	1	0.6	1.2	6.8	8.4	0.012
3×0.75	2	0.6	1.2	7.0	8.8	0.014
3×1.0	1	0.6	1.2	7.0	8.8	0.011
3×1.0	2	0.6	1.2	7.2	9.2	0.013
3×1.5	1	0.7	1.2	8.0	9.8	0.011
3×1.5	2	0.7	1.2	8.2	10.5	0.010
3×2.5	1	0.8	1.2	9.2	11.0	0.010
3×2.5	2	0.8	1.2	9.4	12.0	0.009
3×4	1	0.8	1.2	10.0	12.5	0.0085
3×4	2	0.8	1.2	10.5	13.5	0.0077
3×6	1	0.8	1.5	11.5	14.0	0.0070
3×6	2	0.8	1.5	12.0	15.0	0.0065
3×10	2	1.0	1.5	14.5	18.5	0.0065
4×0.75	1	0.6	1.2	7.2	9.0	0.012
4×0.75	2	0.6	1.2	7.4	9.6	0.014
4×1.0	1	0.6	1.2	7.6	9.4	0.011
4×1.0	2	0.6	1.2	7.8	10.0	0.013
4×1.5	1	0.7	1.2	8.6	10.5	0.011
4×1.5	2	0.7	1.2	9.0	11.5	0.010
4×2.5	1	0.8	1.2	10.0	12.0	0.010
4×2.5	2	0.8	1.2	10.0	13.0	0.009
4×4	1	0.8	1.5	11.5	14.0	0.0085
4×4	2	0.8	1.5	12.0	15.0	0.0077
4×6	1	0.8	1.5	12.5	15.0	0.0070
4×6	2	0.8	1.5	13.0	16.5	0.0065
4×10	2	1.0	1.5	16.0	20.0	0.0065
5×0.75	1	0.6	1.2	7.8	9.6	0.012
5×0.75	2	0.6	1.2	8.0	10.5	0.014
5×1.0	1	0.6	1.2	8.2	10.0	0.011
5×1.0	2	0.6	1.2	8.4	11.5	0.013
5×1.5	1	0.7	1.2	9.4	12.5	0.011
5×1.5	2	0.7	1.2	9.8	12.0	0.010

续表

芯数×标称截面（mm²）	导体种类	绝缘标称厚度（mm）	护套标称厚度（mm）	平均外径（mm）		70℃最小绝缘电阻（MΩ/km）
				下限	上限	
5×2.5	1	0.8	1.5	11.5	14.0	0.010
5×2.5	2	0.8	1.5	11.5	14.5	0.009
5×4	1	0.8	1.5	12.5	15.0	0.0085
5×4	2	0.8	1.5	13.0	16.5	0.0077
5×6	1	0.8	1.5	14.0	16.5	0.0070
5×6	2	0.8	1.5	14.5	18.0	0.0065
5×10	2	1.0	1.7	18.0	22.5	0.0065
7×0.75	1	0.6	1.2	8.4	10.5	0.012
7×0.75	2	0.6	1.2	8.8	11.0	0.014
7×1.0	1	0.6	1.2	9.0	11.0	0.011
7×1.0	2	0.6	1.2	9.2	11.5	0.013
7×1.5	1	0.7	1.2	10.0	12.5	0.011
7×1.5	2	0.7	1.2	10.5	13.5	0.010
7×2.5	1	0.8	1.5	12.5	15.0	0.010
7×2.5	2	0.8	1.5	12.5	16.0	0.009
7×4	1	0.8	1.5	13.5	16.5	0.0085
7×4	2	0.8	1.5	14.0	17.5	0.0077
7×6	1	0.8	1.5	15.0	18.0	0.0070
7×6	2	0.8	1.5	15.5	19.5	0.0065
7×10	2	1.0	1.7	20.0	24.0	0.0065
8×0.75	1	0.6	1.2	9.4	11.5	0.012
8×0.75	2	0.6	1.2	9.6	12.0	0.014
8×1.0	1	0.6	1.2	10.0	12.0	0.011
8×1.0	2	0.6	1.2	10.0	13.0	0.013
8×1.5	1	0.7	1.5	12.0	14.5	0.011
8×1.5	2	0.7	1.5	12.5	15.5	0.010
8×2.5	1	0.8	1.5	14.0	16.5	0.010
8×2.5	2	0.8	1.5	14.0	17.5	0.009
8×4	1	0.8	1.5	15.5	18.0	0.0085
8×4	2	0.8	1.5	16.0	19.5	0.0077
8×6	1	0.8	1.7	17.5	20.0	0.0070
8×6	2	0.8	1.7	18.0	22.0	0.0065
8×10	2	1.0	1.7	22.5	27.0	0.0065
10×0.75	1	0.6	1.2	10.5	12.5	0.012
10×0.75	2	0.6	1.2	10.5	13.5	0.014
10×1.0	1	0.6	1.5	11.5	14.0	0.011
10×1.0	2	0.6	1.5	12.0	15.0	0.013
10×1.5	1	0.7	1.5	13.5	16.0	0.011
10×1.5	2	0.7	1.5	14.0	17.0	0.010
10×2.5	1	0.8	1.5	15.5	18.5	0.010
10×2.5	2	0.8	1.5	16.0	19.5	0.009
10×4	1	0.8	1.7	18.0	20.5	0.0085
10×4	2	0.8	1.7	18.5	22.5	0.0077
10×6	1	0.8	1.7	19.5	22.5	0.0070
10×6	2	0.8	1.7	20.5	25.0	0.0065

续表

芯数×标称截面 (mm²)	导体种类	绝缘标称厚度 (mm)	护套标称厚度 (mm)	平均外径 (mm)		70℃最小绝缘电阻 (MΩ/km)
				下限	上限	
10×10	2	1.0	1.7	25.5	30.5	0.0065
12×0.75	1	0.6	1.5	11.5	13.5	0.012
12×0.75	2	0.6	1.5	11.5	14.5	0.014
12×1.0	1	0.6	1.5	12.0	14.5	0.011
12×1.0	2	0.6	1.5	12.5	15.5	0.013
12×1.5	1	0.7	1.5	14.0	16.5	0.011
12×1.5	2	0.7	1.5	14.0	17.5	0.010
12×2.5	1	0.8	1.5	16.0	19.0	0.010
12×2.5	2	0.8	1.5	16.5	20.5	0.009
12×4	1	0.8	1.7	18.5	21.5	0.0085
12×4	2	0.8	1.7	19.0	23.0	0.0077
12×6	1	0.8	1.7	20.5	23.5	0.0070
12×6	2	0.8	1.7	21.0	26.0	0.0065
14×0.75	1	0.6	1.5	12.0	14.5	0.012
14×0.75	2	0.6	1.5	12.0	15.0	0.014
14×1.0	1	0.6	1.5	12.5	15.0	0.011
14×1.0	2	0.6	1.5	13.0	16.0	0.013
14×1.5	1	0.7	1.5	14.5	17.0	0.011
14×1.5	2	0.7	1.5	15.0	18.5	0.010
14×2.5	1	0.8	1.5	17.0	19.5	0.010
14×2.5	2	0.8	1.5	17.5	21.5	0.009
14×4	1	0.8	1.7	19.5	22.5	0.0085
14×4	2	0.8	1.7	20.0	24.5	0.0077
14×6	1	0.8	1.7	21.5	24.5	0.0070
14×6	2	0.8	1.7	22.5	27.0	0.0065
16×0.75	1	0.6	1.5	12.5	15.0	0.012
16×0.75	2	0.6	1.5	13.0	16.0	0.014
16×1.0	1	0.6	1.5	13.0	15.5	0.011
16×1.0	2	0.6	1.5	13.5	17.0	0.013
16×1.5	1	0.7	1.5	15.0	18.0	0.011
16×1.5	2	0.7	1.5	15.5	19.5	0.010
16×2.5	1	0.8	1.7	18.0	21.0	0.010
16×2.5	2	0.8	1.7	19.0	23.0	0.009
19×0.75	1	0.6	1.5	13.0	15.5	0.012
19×0.75	2	0.6	1.5	13.5	16.5	0.014
19×1.0	1	0.6	1.5	14.0	16.5	0.011
19×1.0	2	0.6	1.5	14.5	17.5	0.013
19×1.5	1	0.7	1.5	16.0	19.0	0.011
19×1.5	2	0.7	1.5	16.5	20.5	0.010
19×2.5	1	0.8	1.7	19.0	22.0	0.010
19×2.5	2	0.8	1.7	20.0	24.0	0.009
24×0.75	1	0.6	1.5	15.0	18.0	0.012
24×0.75	2	0.6	1.5	15.5	19.0	0.014
24×1.0	1	0.6	1.5	16.0	19.0	0.011
24×1.0	2	0.6	1.5	16.5	20.5	0.013

续表

芯数×标称截面（mm²）	导体种类	绝缘标称厚度（mm）	护套标称厚度（mm）	平均外径（mm）		70℃最小绝缘电阻（MΩ/km）
				下限	上限	
24×1.5	1	0.7	1.7	19.0	22.0	0.011
24×1.5	2	0.7	1.7	20.0	24.0	0.010
24×2.5	1	0.8	1.7	22.5	25.5	0.010
24×2.5	2	0.8	1.7	23.0	28.0	0.009
27×0.75	1	0.6	1.5	15.5	18.0	0.012
27×0.75	2	0.6	1.5	16.0	19.5	0.014
27×1.0	1	0.6	1.5	16.5	19.0	0.011
27×1.0	2	0.6	1.5	17.0	20.5	0.013
27×1.5	1	0.7	1.7	19.5	22.5	0.011
27×1.5	2	0.7	1.7	20.0	24.5	0.010
27×2.5	1	0.8	1.7	23.0	26.0	0.010
27×2.5	2	0.8	1.7	23.5	28.5	0.009
30×0.75	1	0.6	1.5	16.0	19.0	0.012
30×0.75	2	0.6	1.5	16.5	20.0	0.014
30×1.0	1	0.6	1.7	17.5	20.5	0.011
30×1.0	2	0.6	1.7	18.0	22.0	0.013
30×1.5	1	0.7	1.7	20.0	23.0	0.011
30×1.5	2	0.7	1.7	21.0	25.0	0.010
30×2.5	1	0.8	1.7	24.0	27.0	0.010
30×2.5	2	0.8	1.7	24.5	29.5	0.009
37×0.75	1	0.6	1.7	17.5	20.5	0.012
37×0.75	2	0.6	1.7	18.0	22.0	0.014
37×1.0	1	0.6	1.7	18.5	21.5	0.011
37×1.0	2	0.6	1.7	19.5	23.5	0.013
37×1.5	1	0.7	1.7	21.5	25.0	0.011
37×1.5	2	0.7	1.7	22.5	27.0	0.010
37×2.5	1	0.8	1.7	25.5	29.0	0.010
37×2.5	2	0.8	1.7	26.5	31.5	0.009
44×0.75	1	0.6	1.7	19.5	23.0	0.012
44×0.75	2	0.6	1.7	20.5	24.5	0.014
44×1.0	1	0.6	1.7	21.0	24.0	0.011
44×1.0	2	0.6	1.7	21.5	26.0	0.013
44×1.5	1	0.7	1.7	24.5	28.0	0.011
14×1.5	2	0.7	1.7	25.5	30.5	0.010
44×2.5	1	0.8	1.7	29.5	33.5	0.010
44×2.5	2	0.8	1.7	30.5	36.0	0.009
48×0.75	1	0.6	1.7	20.0	23.0	0.012
48×0.75	2	0.6	1.7	20.5	25.5	0.014
52×1.0	1	0.6	1.7	22.0	25.0	0.011
52×1.0	2	0.6	1.7	22.5	27.0	0.013
52×1.5	1	0.7	1.7	25.5	29.0	0.011
52×1.5	2	0.7	1.7	26.5	31.5	0.010
52×2.5	1	0.8	2.0	31.0	35.0	0.010
52×2.5	2	0.8	2.0	32.0	38.0	0.009
61×0.75	1	0.6	1.7	22.0	25.0	0.012

续表

芯数×标称截面 (mm^2)	导体种类	绝缘标称厚度 (mm)	护套标称厚度 (mm)	平均外径 (mm)		70℃最小绝缘电阻 (MΩ/km)
				下限	上限	
61×0.75	2	0.6	1.7	22.5	27.0	0.014
61×1.0	1	0.6	1.7	23.0	26.5	0.011
61×1.0	2	0.6	1.7	24.0	28.5	0.013
61×1.5	1	0.7	2.0	27.5	31.5	0.011
61×1.5	2	0.7	2.0	28.5	34.0	0.010
61×2.5	1	0.8	2.2	33.0	37.5	0.010
61×2.5	2	0.8	2.2	34.0	40.5	0.009

注 电气装备用电线电缆导电线芯分为第1种、第2种、第3种、第4种共4种。第1种和第2种适合固定敷设电线电缆用，第1种为实心导体，第2种为绞合导体，第3种和第4种为绞合导体，适合软电缆和软电线，第4种比第3种更软。

表 3-128 KVVP型450/750V钢芯聚氯乙烯绝缘聚氯乙烯护套编织屏蔽控制电缆的结构及电气参数

芯数×标称截面 (mm^2)	导体种类	绝缘标称厚度 (mm)	屏蔽单线标称直径 (mm)	护套标称厚度 (mm)	平均外径 (mm)		70℃最小绝缘电阻 (MΩ/km)
					下限	上限	
2×0.75	2	0.6	0.15	1.2	7.8	9.8	0.014
2×1.0	2	0.6	0.15	1.2	8.2	10.5	0.013
2×1.5	2	0.7	0.15	1.2	9.2	11.5	0.010
2×2.5	2	0.8	0.15	1.2	10.0	12.5	0.009
2×4	2	0.8	0.20	1.5	11.5	14.5	0.0077
2×6	2	0.8	0.20	1.5	13.0	16.0	0.0065
2×10	2	1.0	0.20	1.5	15.5	19.0	0.0065
3×0.75	2	0.6	0.15	1.2	8.2	10.5	0.014
3×1.0	2	0.6	0.15	1.2	8.6	10.5	0.013
3×1.5	2	0.7	0.15	1.2	9.6	12.0	0.010
3×2.5	2	0.8	0.15	1.2	10.5	13.5	0.009
3×4	2	0.8	0.20	1.5	12.5	15.5	0.0077
3×6	2	0.8	0.20	1.5	13.5	17.0	0.0065
3×10	2	1.0	0.20	1.5	16.5	20.0	0.0065
4×0.75	2	0.6	0.15	1.2	8.8	11.0	0.014
4×1.0	2	0.6	0.15	1.2	9.2	11.5	0.013
4×1.5	2	0.7	0.15	1.2	10.0	12.5	0.010
4×2.5	2	0.8	0.20	1.5	12.5	15.0	0.009
4×4	2	0.8	0.20	1.5	13.5	16.5	0.0077
4×6	2	0.8	0.20	1.5	15.0	18.0	0.0065
4×10	2	1.0	0.20	1.7	18.0	22.0	0.0065
5×0.75	2	0.6	0.15	1.2	9.4	11.5	0.014
5×1.0	2	0.6	0.15	1.2	9.8	12.0	0.013
5×1.5	2	0.7	0.15	1.2	11.0	13.5	0.010
5×2.5	2	0.8	0.20	1.5	13.5	16.5	0.009
5×4	2	0.8	0.20	1.5	14.5	18.0	0.0077
5×6	2	0.8	0.20	1.5	16.0	19.5	0.0065
5×10	2	1.0	0.20	1.7	19.5	24.0	0.0065
7×0.75	2	0.6	0.15	1.2	10.0	12.5	0.014
7×1.0	2	0.6	0.15	1.2	10.5	13.0	0.013
7×1.5	2	0.7	0.15	1.5	12.5	15.0	0.010
7×2.5	2	0.8	0.20	1.5	14.5	17.5	0.009

续表

芯数×标称截面 (mm²)	导体种类	绝缘标称厚度 (mm)	屏蔽单线标称直径 (mm)	护套标称厚度 (mm)	平均外径 (mm)		70℃最小绝缘电阻 (MΩ/km)
					下限	上限	
7×4	2	0.8	0.20	1.5	15.5	19.0	0.0077
7×6	2	0.8	0.20	1.5	17.5	21.0	0.0065
7×10	2	1.0	0.20	1.7	21.5	26.0	0.0065
8×0.75	2	0.6	0.15	1.2	11.0	13.5	0.014
8×1.0	2	0.6	0.15	1.5	12.0	15.0	0.013
8×1.5	2	0.7	0.20	1.5	14.0	17.0	0.010
8×2.5	2	0.8	0.20	1.5	16.0	19.0	0.009
8×4	2	0.8	0.20	1.7	18.0	21.5	0.0077
8×6	2	0.8	0.20	1.7	19.5	24.0	0.0065
8×10	2	1.0	0.25	1.7	24.0	29.0	0.0065
10×0.75	2	0.6	0.20	1.5	13.0	16.0	0.014
10×1.0	2	0.6	0.20	1.5	13.5	16.5	0.013
10×1.5	2	0.7	0.20	1.5	15.5	18.5	0.010
10×2.5	2	0.8	0.20	1.5	17.5	21.5	0.009
10×4	2	0.8	0.20	1.7	20.0	24.0	0.0077
10×6	2	0.8	0.25	1.7	22.5	27.0	0.0065
10×10	2	1.0	0.25	1.7	27.0	32.5	0.0065
12×0.75	2	0.6	0.20	1.5	13.0	16.0	0.014
12×1.0	2	0.6	0.20	1.5	14.0	17.0	0.013
12×1.5	2	0.7	0.20	1.5	16.0	19.0	0.010
12×2.5	2	0.8	0.20	1.7	18.5	22.5	0.009
12×4	2	0.8	0.20	1.7	20.5	25.0	0.0077
12×6	2	0.8	0.25	1.7	23.0	27.5	0.0065
14×0.75	2	0.6	0.20	1.5	14.0	17.0	0.014
14×1.0	2	0.6	0.20	1.5	14.5	17.5	0.013
14×1.5	2	0.7	0.20	1.5	16.5	20.0	0.010
14×2.5	2	0.8	0.20	1.7	19.5	23.5	0.009
14×4	2	0.8	0.20	1.7	21.5	26.0	0.0077
14×6	2	0.8	0.25	1.7	24.0	29.0	0.0065
16×0.75	2	0.6	0.20	1.5	14.5	17.5	0.014
16×1.0	2	0.6	0.20	1.5	15.0	18.5	0.013
16×1.5	2	0.7	0.20	1.5	17.5	21.0	0.010
16×2.5	2	0.8	0.20	1.7	20.5	24.5	0.009
19×0.75	2	0.6	0.20	1.5	15.0	18.0	0.014
19×1.0	2	0.6	0.20	1.5	16.0	19.0	0.013
19×1.5	2	0.7	0.20	1.7	18.5	22.5	0.010
19×2.5	2	0.8	0.20	1.7	21.5	25.5	0.009
24×0.75	2	0.6	0.20	1.5	17.0	20.5	0.014
24×1.0	2	0.6	0.20	1.7	18.5	22.0	0.013
24×1.5	2	0.7	0.20	1.7	21.5	25.5	0.010
24×2.5	2	0.8	0.25	1.7	25.0	29.5	0.009
27×0.75	2	0.6	0.20	1.5	17.5	21.0	0.014
27×1.0	2	0.6	0.20	1.7	19.0	22.5	0.013
27×1.5	2	0.7	0.20	1.7	21.5	26.0	0.010
27×2.5	2	0.8	0.25	1.7	25.5	30.5	0.009

续表

芯数×标称截面 (mm^2)	导体种类	绝缘标称厚度 (mm)	屏蔽单线标称直径 (mm)	护套标称厚度 (mm)	平均外径 (mm)		70℃最小绝缘电阻 (MΩ/km)
					下限	上限	
30×0.75	2	0.6	0.20	1.7	18.5	22.0	0.014
30×1.0	2	0.6	0.20	1.7	19.5	23.5	0.013
30×1.5	2	0.7	0.25	1.7	22.5	27.0	0.010
30×2.5	2	0.8	0.25	1.7	26.5	31.5	0.009
37×0.75	2	0.6	0.20	1.7	19.5	23.5	0.014
37×1.0	2	0.6	0.20	1.7	21.0	25.0	0.013
37×1.5	2	0.7	0.25	1.7	24.5	29.0	0.010
37×2.5	2	0.8	0.25	2.0	29.0	34.0	0.009
44×0.75	2	0.6	0.25	1.7	22.0	26.5	0.014
44×1.0	2	0.6	0.25	1.7	23.5	28.0	0.013
44×1.5	2	0.7	0.25	1.7	27.0	32.0	0.010
44×2.5	2	0.8	0.30	2.0	32.5	38.5	0.009
48×0.75	2	0.6	0.25	1.7	22.5	26.5	0.014
48×1.0	2	0.6	0.25	1.7	23.5	28.0	0.013
48×1.5	2	0.7	0.25	1.7	27.5	32.5	0.010
48×2.5	2	0.8	0.30	2.0	33.0	39.0	0.009
52×0.75	2	0.6	0.25	1.7	23.0	27.5	0.014
52×1.0	2	0.6	0.25	1.7	24.5	29.0	0.013
52×1.5	2	0.7	0.25	2.0	29.0	34.0	0.010
52×2.5	2	0.8	0.30	2.2	34.5	40.5	0.009
61×0.75	2	0.6	0.25	1.7	24.5	29.0	0.014
61×1.0	2	0.6	0.25	1.7	25.5	30.5	0.013
61×1.5	2	0.7	0.25	2.0	30.5	36.0	0.010
61×2.5	2	0.8	0.30	2.2	36.5	42.5	0.009

注　1. 铜线编织屏蔽允许用软铜线或镀锡铜线构成，其编织密度应不小于80%。编织用圆铜线的标称直径规定在相应的各后续标准中。

2. 编织层不允许整体接续，露出的铜线头应修齐，每1m长度上允许更换金属线锭一次。

表3-129　KVVP2型450/750V铜芯聚氯乙烯绝缘聚氯乙烯护套铜带屏蔽控制电缆的结构及电气参数

芯数×标称截面 (mm^2)	导体种类	绝缘标称厚度 (mm)	屏蔽单线标称直径 (mm)	护套标称厚度 (mm)	平均外径 (mm)		70℃最小绝缘电阻 (MΩ/km)
					下限	上限	
4×0.75	1	0.6	0.05～0.15	1.2	8.0	10.0	0.012
4×1.0	1	0.6	0.05～0.15	1.2	8.4	10.5	0.011
4×1.5	1	0.7	0.05～0.15	1.2	9.4	11.5	0.011
4×2.5	1	0.8	0.05～0.15	1.5	11.0	14.0	0.010
4×4	1	0.8	0.05～0.15	1.5	12.5	15.0	0.0085
4×6	1	0.8	0.05～0.15	1.5	13.5	16.0	0.0070
4×10	2	1.0	0.05～0.15	1.7	17.5	21.5	0.0065
5×0.75	1	0.6	0.05～0.15	1.2	8.6	11.0	0.012
5×1.0	1	0.6	0.05～0.15	1.2	9.0	11.0	0.011
5×1.5	1	0.7	0.05～0.15	1.5	10.0	12.5	0.011
5×2.5	1	0.8	0.05～0.15	1.5	12.0	15.0	0.010
5×4	1	0.8	0.05～0.15	1.5	13.5	16.0	0.0085
5×6	1	0.8	0.05～0.15	1.5	14.5	17.5	0.0070
5×10	2	1.0	0.05～0.15	1.7	19.0	21.5	0.0065

续表

芯数×标称截面 (mm²)	导体种类	绝缘标称厚度 (mm)	屏蔽单线标称直径 (mm)	护套标称厚度 (mm)	平均外径 (mm)		70℃最小绝缘电阻 (MΩ/km)
					下限	上限	
7×0.75	1	0.6	0.05～0.15	1.2	9.2	11.5	0.012
7×1.0	1	0.6	0.05～0.15	1.2	9.6	12.0	0.011
7×1.5	1	0.7	0.05～0.15	1.5	11.5	14.0	0.011
7×2.5	1	0.8	0.05～0.15	1.5	13.0	16.0	0.010
7×4	1	0.8	0.05～0.15	1.5	14.5	17.5	0.0085
7×6	1	0.8	0.05～0.15	1.5	16.0	19.0	0.0070
7×10	2	1.0	0.05～0.15	1.7	20.5	25.0	0.0065
8×0.75	1	0.6	0.05～0.15	1.5	10.0	12.5	0.012
8×1.0	1	0.6	0.05～0.15	1.5	11.0	13.5	0.011
8×1.5	1	0.7	0.05～0.15	1.5	12.5	15.5	0.011
8×2.5	1	0.8	0.05～0.15	1.5	14.0	17.5	0.010
8×4	1	0.8	0.05～0.15	1.7	16.0	19.0	0.0085
8×6	1	0.8	0.05～0.15	1.7	18.0	21.0	0.0070
8×10	2	1.0	0.05～0.15	1.7	23.0	28.0	0.0065
10×0.75	1	0.6	0.05～0.15	1.5	11.5	14.5	0.012
10×1.0	1	0.6	0.05～0.15	1.5	12.5	15.0	0.011
10×1.5	1	0.7	0.05～0.15	1.5	14.0	17.0	0.011
10×2.5	1	0.8	0.05～0.15	1.7	16.5	19.5	0.010
10×4	1	0.8	0.05～0.15	1.7	18.5	21.5	0.0085
10×6	1	0.8	0.05～0.15	1.7	20.5	23.5	0.0070
10×10	2	1.0	0.05～0.15	1.7	26.0	31.5	0.0065
12×0.75	1	0.6	0.05～0.15	1.5	12.0	14.5	0.012
12×1.0	1	0.6	0.05～0.15	1.5	12.5	15.5	0.011
12×1.5	1	0.7	0.05～0.15	1.5	14.5	17.5	0.011
12×2.5	1	0.8	0.05～0.15	1.7	17.0	20.5	0.010
12×4	1	0.8	0.05～0.15	1.7	19.0	22.5	0.0085
12×6	1	0.8	0.05～0.15	1.7	21.0	24.5	0.0070
14×0.75	1	0.6	0.05～0.15	1.5	12.5	15.5	0.012
14×1.0	1	0.6	0.05～0.15	1.5	13.5	16.0	0.011
14×1.5	1	0.7	0.05～0.15	1.5	15.0	18.0	0.011
14×2.5	1	0.8	0.05～0.15	1.7	18.0	21.0	0.010
14×4	1	0.8	0.05～0.15	1.7	20.0	23.5	0.0085
14×6	1	0.8	0.05～0.15	1.7	22.0	25.5	0.0070
16×0.75	1	0.6	0.05～0.15	1.5	13.0	16.0	0.012
16×1.0	1	0.6	0.05～0.15	1.5	14.0	16.5	0.011
16×1.5	1	0.7	0.05～0.15	1.5	16.0	19.0	0.011
16×2.5	1	0.8	0.05～0.15	1.7	19.0	22.0	0.010
19×0.75	1	0.6	0.05～0.15	1.5	14.0	16.5	0.012
19×1.0	1	0.6	0.05～0.15	1.5	14.5	17.5	0.011
19×1.5	1	0.7	0.05～0.15	1.7	16.5	20.0	0.011
19×2.5	1	0.8	0.05～0.15	1.7	20.0	23.0	0.010
24×0.75	1	0.6	0.05～0.15	1.5	16.0	19.0	0.012
24×1.0	1	0.6	0.05～0.15	1.7	17.0	20.5	0.011
24×1.5	1	0.7	0.05～0.15	1.7	20.0	23.0	0.011
24×2.5	1	0.8	0.05～0.15	1.7	23.0	26.5	0.010

续表

芯数×标称截面 (mm²)	导体种类	绝缘标称厚度 (mm)	屏蔽单线标称直径 (mm)	护套标称厚度 (mm)	平均外径 (mm)		70℃最小绝缘电阻 (MΩ/km)
					下限	上限	
27×0.75	1	0.6	0.05～0.15	1.7	16.0	19.0	0.012
27×1.0	1	0.6	0.05～0.15	1.7	17.5	20.5	0.011
27×15	1	0.7	0.05～0.15	1.7	20.0	23.5	0.011
27×2.5	1	0.8	0.05～0.15	1.7	23.5	27.0	0.010
30×0.75	1	0.6	0.05～0.15	1.7	17.0	20.0	0.012
30×1.0	1	0.6	0.05～0.15	1.7	18.0	21.5	0.011
30×1.5	1	0.7	0.05～0.15	1.7	21.0	24.0	0.011
30×2.5	1	0.8	0.05～0.15	1.7	24.5	28.0	0.010
37×0.75	1	0.6	0.05～0.15	1.7	18.5	21.5	0.012
37×1.0	1	0.6	0.05～0.15	1.7	19.5	22.5	0.011
37×1.5	1	0.7	0.05～0.15	1.7	22.5	26.0	0.011
37×2.5	1	0.8	0.05～0.15	2.0	26.5	30.0	0.010
44×0.75	1	0.6	0.05～0.15	1.7	20.5	24.0	0.012
44×1.0	1	0.6	0.05～0.15	1.7	21.5	25.0	0.011
44×1.5	1	0.7	0.05～0.15	1.7	25.0	29.0	0.011
44×2.5	1	0.8	0.05～0.15	2.0	30.0	34.5	0.010
48×0.75	1	0.6	0.05～0.15	1.7	27.0	24.0	0.012
48×1.0	1	0.6	0.05～0.15	1.7	22.0	25.5	0.011
48×1.5	1	0.7	0.05～0.15	1.7	25.5	29.5	0.011
48×2.5	1	0.8	0.05～0.15	2.0	30.5	35.0	0.010
52×0.75	1	0.6	0.05～0.15	1.7	21.5	24.5	0.012
52×1.0	1	0.6	0.05～0.15	1.7	22.5	26.0	0.011
52×1.5	1	0.7	0.05～0.15	2.0	26.0	30.0	0.011
52×2.5	1	0.8	0.05～0.15	2.2	31.5	36.0	0.010
61×0.75	1	0.6	0.05～0.15	1.7	22.5	26.0	0.012
61×1.0	1	0.6	0.05～0.15	1.7	24.0	27.5	0.011
61×1.5	1	0.7	0.05～0.15	2.0	28.5	32.5	0.011
61×2.5	1	0.8	0.05～0.15	2.2	34.0	38.5	0.010

注　铜带屏蔽允许采用0.05～0.15mm软铜带重叠绕包，重叠率应不小于15%。

表3-130　KVV22型450/750V铜芯聚氯乙烯护套钢带铠装控制电缆的结构及电气参数

芯数×标称截面 (mm²)	导体种类	绝缘标称厚度 (mm)	钢带层数×厚度 (mm)	护套标称厚度 (mm)	平均外径 (mm)		70℃最小绝缘电阻 (MΩ/km)
					下限	上限	
4×2.5	1	0.8	2×0.2 (0.3)	1.5	13.0	17.0	0.010
4×4	1	0.8	2×0.2 (0.3)	1.5	14.0	18.5	0.0085
4×6	1	0.8	2×0.2 (0.3)	1.5	15.5	19.0	0.0070
4×10	2	1.0	2×0.2 (0.3)	1.7	19.0	25.0	0.0065
5×2.5	1	0.8	2×0.2 (0.3)	1.5	14.0	18.0	0.010
5×4	1	0.8	2×0.2 (0.3)	1.5	15.0	19.5	0.0085
5×6	1	0.8	2×0.2 (0.3)	1.7	17.0	21.5	0.0070
5×10	2	1.0	2×0.2 (0.3)	1.7	20.5	26.5	0.0065
7×0.75	1	0.6	2×0.2 (0.3)	1.5	11.5	15.5	0.012
7×1.0	1	0.6	2×0.2 (0.3)	1.5	12.0	16.0	0.011
7×1.5	1	0.7	2×0.2 (0.3)	1.5	13.5	17.5	0.011
7×2.5	1	0.8	2×0.2 (0.3)	1.5	15.0	19.0	0.010
7×4	1	0.8	2×0.2 (0.3)	1.5	16.5	20.5	0.0085

续表

芯数×标称截面 (mm²)	导体种类	绝缘标称厚度 (mm)	钢带层数×厚度 (mm)	护套标称厚度 (mm)	平均外径 (mm)		70℃最小绝缘电阻 (MΩ/km)
					下限	上限	
7×6	1	0.8	2×0.2 (0.3)	1.7	18.0	22.5	0.0070
7×10	2	1.0	2×0.2 (0.3)	1.7	22.5	28.5	0.0065
8×0.75	1	0.6	2×0.2 (0.3)	1.5	12.5	16.5	0.012
8×1.0	1	0.6	2×0.2 (0.3)	1.5	13.0	17.0	0.011
8×1.5	1	0.7	2×0.2 (0.3)	1.5	14.5	18.5	0.011
8×2.5	1	0.8	2×0.2 (0.3)	1.5	16.5	21.0	0.010
8×4	1	0.8	2×0.2 (0.3)	1.7	18.5	23.0	0.0085
8×6	1	0.8	2×0.2 (0.3)	1.7	20.0	24.5	0.0070
8×10	2	1.0	2×0.2 (0.3)	1.7	25.0	31.5	0.0065
10×0.75	1	0.6	2×0.2 (0.3)	1.5	13.5	18.0	0.012
10×1.0	1	0.6	2×0.2 (0.3)	1.5	14.5	18.5	0.011
10×1.5	1	0.7	2×0.2 (0.3)	1.5	16.0	20.5	0.011
10×2.5	1	0.8	2×0.2 (0.3)	1.7	18.5	23.0	0.010
10×4	1	0.8	2×0.2 (0.3)	1.7	20.5	25.0	0.0085
10×6	1	0.8	2×0.2 (0.3)	1.7	22.5	27.0	0.0070
10×10	2	1.0	2×0.2 (0.3)	2.0	28.5	35.5	0.0065
12×0.75	1	0.6	2×0.2 (0.3)	1.5	14.0	18.0	0.012
12×1.0	1	0.6	2×0.2 (0.3)	1.5	14.5	19.0	0.011
12×1.5	1	0.7	2×0.2 (0.3)	1.5	16.5	20.5	0.011
12×2.5	1	0.8	2×0.2 (0.3)	1.7	19.0	23.5	0.010
12×4	1	0.8	2×0.2 (0.3)	1.7	21.0	25.5	0.0085
12×6	1	0.8	2×0.2 (0.3)	1.7	23.0	28.0	0.0070
14×0.75	1	0.6	2×0.2 (0.3)	1.5	14.5	18.5	0.012
14×1.0	1	0.6	2×0.2 (0.3)	1.5	15.0	19.5	0.011
14×1.5	1	0.7	2×0.2 (0.3)	1.7	17.5	22.0	0.011
14×2.5	1	0.8	2×0.2 (0.3)	1.7	20.0	24.5	0.010
14×4	1	0.8	2×0.2 (0.3)	1.7	22.0	26.5	0.0085
14×6	1	0.8	2×0.2 (0.3)	1.7	24.0	29.0	0.0070
16×0.75	1	0.6	2×0.2 (0.3)	1.5	15.0	19.5	0.012
16×1.0	1	0.6	2×0.2 (0.3)	1.5	16.0	20.0	0.011
16×1.5	1	0.7	2×0.2 (0.3)	1.7	18.0	22.5	0.011
16×2.5	1	0.8	2×0.2 (0.3)	1.7	21.0	25.5	0.010
19×0.75	1	0.6	2×0.2 (0.3)	1.5	15.5	20.0	0.012
19×1.0	1	0.6	2×0.2 (0.3)	1.7	17.0	21.5	0.011
19×1.5	1	0.7	2×0.2 (0.3)	1.7	19.0	23.5	0.011
19×2.5	1	0.8	2×0.2 (0.3)	1.7	22.0	26.5	0.010
24×0.75	1	0.6	2×0.2 (0.3)	1.7	18.0	22.5	0.012
24×1.0	1	0.6	2×0.2 (0.3)	1.7	19.0	23.5	0.011
24×1.5	1	0.7	2×0.2 (0.3)	1.7	21.5	26.5	0.011
24×2.5	1	0.8	2×0.2 (0.3)	1.7	25.0	30.0	0.010
27×0.75	1	0.6	2×0.2 (0.3)	1.7	18.5	23.0	0.012
27×1.0	1	0.6	2×0.2 (0.3)	1.7	19.5	24.0	0.011
27×1.5	1	0.7	2×0.2 (0.3)	1.7	22.0	27.0	0.011
27×2.5	1	0.8	2×0.2 (0.3)	1.7	25.5	30.5	0.010
30×0.75	1	0.6	2×0.2 (0.3)	1.7	19.0	23.5	0.012

续表

芯数×标称截面 (mm²)	导体种类	绝缘标称厚度 (mm)	钢带层数×厚度 (mm)	护套标称厚度 (mm)	平均外径 (mm)		70℃最小绝缘电阻 (MΩ/km)
					下限	上限	
30×1.0	1	0.6	2×0.2 (0.3)	1.7	20.0	24.5	0.011
30×1.5	1	0.7	2×0.2 (0.3)	1.7	23.0	27.5	0.011
30×2.5	1	0.8	2×0.2 (0.3)	1.7	26.5	31.5	0.010
37×0.75	1	0.6	2×0.2 (0.3)	1.7	20.5	25.0	0.012
37×1.0	1	0.6	2×0.2 (0.3)	1.7	21.5	26.0	0.011
37×1.5	1	0.7	2×0.2 (0.3)	1.7	24.5	29.5	0.011
37×2.5	1	0.8	2×0.5	2.0	30.0	35.0	0.010
44×0.75	1	0.6	2×0.2 (0.3)	1.7	22.5	27.0	0.012
44×1.0	1	0.6	2×0.2 (0.3)	1.7	23.5	28.5	0.011
44×1.5	1	0.7	2×0.2 (0.3)	2.0	27.5	33.0	0.011
14×2.5	1	0.8	2×0.5	2.2	33.5	39.0	0.010
48×0.75	1	0.6	2×0.2 (0.3)	1.7	22.5	27.5	0.012
48×1.0	1	0.6	2×0.2 (0.3)	1.7	24.0	29.0	0.011
48×1.5	1	0.7	2×0.2 (0.3)	2.0	29.0	34.0	0.011
48×2.5	1	0.8	2×0.5	2.2	34.0	39.5	0.010
52×0.75	1	0.6	2×0.2 (0.3)	1.7	23.0	28.0	0.012
52×1.0	1	0.6	2×0.2 (0.3)	1.7	24.5	29.5	0.011
52×1.5	1	0.7	2×0.5	2.0	30.0	35.0	0.011
52×2.5	1	0.8	2×0.5	2.2	35.0	40.5	0.010
61×0.75	1	0.6	2×0.2 (0.3)	1.7	24.5	29.5	0.012
61×1.0	1	0.6	2×0.2 (0.3)	1.7	26.0	31.0	0.011
61×1.5	1	0.7	2×0.5	2.0	31.5	36.5	0.011
61×2.5	1	0.8	2×0.5	2.2	37.0	42.5	0.010

表 3-131 KVV32 型 450/750V 铜芯聚氯乙烯绝缘聚氯乙烯护套细钢丝铠装控制电缆结构及电气参数

芯数×标称截面 (mm²)	导体种类	绝缘标称厚度 (mm)	细钢丝直径 (mm)	护套标称厚度 (mm)	平均外径 (mm)		70℃最小绝缘电阻 (MΩ/km)
					下限	上限	
4×4	1	0.8	0.8~1.6	1.5	15.0	20.5	0.0085
4×6	1	0.8	0.8~1.6	1.5	16.0	21.5	0.0070
4×10	2	1.0	1.6~2.0	1.7	21.5	28.0	0.0065
5×4	1	0.8	0.8~1.6	1.5	16.0	21.5	0.0085
5×6	1	0.8	0.8~1.6	1.7	17.5	23.5	0.0070
5×10	2	1.0	1.6~2.0	1.7	23.0	29.5	0.0065
7×1.5	1	0.7	0.8~1.6	1.5	14.0	19.5	0.011
7×2.5	1	0.8	0.8~1.6	1.5	16.0	21.5	0.010
7×4	1	0.8	0.8~1.6	1.7	17.5	23.0	0.0085
7×6	1	0.8	0.8~1.6	1.7	19.0	24.5	0.0070
7×10	2	1.0	1.6~2.0	1.7	24.5	31.5	0.0065
8×1.5	1	0.7	0.8~1.6	1.5	15.5	21.0	0.011
8×2.5	1	0.8	0.8~1.6	1.7	17.5	23.5	0.010
8×4	1	0.8	1.6~2.0	1.7	20.5	26.0	0.0085
8×6	1	0.8	1.6~2.0	1.7	22.5	27.5	0.0070
8×10	2	1.0	1.6~2.0	1.7	27.5	34.5	0.0065
10×1.5	1	0.7	0.8~1.6	1.5	17.0	23.0	0.011
10×2.5	1	0.8	1.6~2.0	1.7	21.0	26.0	0.010

续表

芯数×标称截面 (mm²)	导体种类	绝缘标称厚度 (mm)	细钢丝直径 (mm)	护套标称厚度 (mm)	平均外径（mm）		70℃最小绝缘电阻 (MΩ/km)
					下限	上限	
10×4	1	0.8	1.6~2.0	1.7	22.5	28.0	0.0085
10×6	1	0.8	1.6~2.0	1.7	24.5	30.0	0.0070
10×10	2	1.0	1.6~2.0	2.0	31.0	38.5	0.0065
12×1.5	1	0.7	0.8~1.6	1.7	16.5	23.5	0.011
12×2.5	1	0.8	1.6~2.0	1.7	21.5	26.5	0.010
12×4	1	0.8	1.6~2.0	1.7	23.5	28.5	0.0085
12×6	1	0.8	1.6~2.0	1.7	25.5	31.0	0.0070
14×1.5	1	0.7	0.8~1.6	1.7	18.0	24.0	0.011
14×2.5	1	0.8	1.6~2.0	1.7	22.5	27.5	0.010
14×4	1	0.8	1.6~2.0	1.7	24.0	29.5	0.0085
14×6	1	0.8	1.6~2.0	1.7	26.5	32.0	0.0070
16×1.5	1	0.7	1.6~2.0	1.7	20.5	25.5	0.011
16×2.5	1	0.8	1.6~2.0	1.7	23.0	28.5	0.010
19×0.75	1	0.6	0.8~1.6	1.5	16.5	22.0	0.012
19×1.0	1	0.6	0.8~1.6	1.7	17.5	23.5	0.011
19×1.5	1	0.7	1.6~2.0	1.7	21.5	26.5	0.011
19×2.5	1	0.8	1.6~2.0	1.7	24.0	29.5	0.010
24×0.75	1	0.6	1.6~2.0	1.7	20.5	25.5	0.012
24×1.0	1	0.6	1.6~2.0	1.7	21.5	26.5	0.011
24×1.5	1	0.7	1.6~2.0	1.7	24.0	29.5	0.011
24×2.5	1	0.8	1.6~2.0	2.0	28.0	33.5	0.010
27×0.75	1	0.6	1.6~2.0	1.7	21.0	26.0	0.012
27×1.0	1	0.6	1.6~2.0	1.7	22.0	27.0	0.011
27×1.5	1	0.7	1.6~2.0	1.7	24.5	30.0	0.011
27×2.5	1	0.8	1.6~2.0	2.0	28.5	34.0	0.010
30×0.75	1	0.6	1.6~2.0	1.7	21.5	26.5	0.012
30×1.0	1	0.6	1.6~2.0	1.7	22.5	27.5	0.011
30×1.5	1	0.7	1.6~2.0	1.7	25.0	30.5	0。011
30×2.5	1	0.8	1.6~2.0	2.0	29.5	34.5	0.010
37×0.75	1	0.6	1.6~2.0	1.7	22.5	28.0	0.012
37×1.0	1	0.6	1.6~2.0	1.7	23，5	29.0	0.011
37×1.5	1	0.7	1.6~2.0	2.0	27.5	33.0	0.011
37×2.5	1	0.8	2.0~2.5	2.2	32.5	38.5	0.010
44×0.75	1	0.6	1.6~2.0	1.7	24.5	30.0	0.012
44×1.0	1	0.6	1.6~2.0	1.7	26.0	31.5	0.011
44×1.5	1	0.7	1.6~2.0	2.0	30.0	36.0	0.011
44×2.5	1	0.8	2.0~2.5	2.2	35.5	42.0	0.010
48×0.75	1	0.6	1.6~2.5	1.7	25.0	30.5	0.012
48×1.0	1	0.6	1.6~2.5	2.0	27.0	32.5	0.011
48×1.5	1	0.7	2.0~2.5	2.0	31.0	37.5	0.011
48×2.5	1	0.8	2.0~2.5	2.2	36.0	42.5	0.010
52×0.75	1	0.6	1.6~2.0	1.7	25.5	31.0	0.012
52×1.0	1	0.6	1.6~2.0	2.0	27.5	33.0	0.011
52×1.5	1	0.7	2.0~2.5	2.0	32.0	38.0	0.011
52×2.5	1	0.8	2.0~2.5	2.2	37.0	43.5	0.010

续表

芯数×标称截面 (mm²)	导体种类	绝缘标称厚度 (mm)	细钢丝直径 (mm)	护套标称厚度 (mm)	平均外径 (mm)		70℃最小绝缘电阻 (MΩ/km)
					下限	上限	
61×0.75	1	0.6	1.6～2.0	2.0	27.5	33.0	0.012
61×1.0	1	0.6	1.6～2.0	2.0	29.0	34.5	0.011
61×1.5	1	0.7	1.6～2.5	2.2	34.0	40.0	0.011
61×2.5	1	0.8	1.6～2.5	2.5	39.5	46.5	0.010

表 3-132 KVVR 型 450/750V 铜芯聚氯乙烯绝缘聚氯乙烯护套控制软电缆结构及电气参数

芯数×标称截面 (mm²)	导体种类	绝缘标称厚度 (mm)	护套标称厚度 (mm)	平均外径 (mm)		70℃最小绝缘电阻 (MΩ/km)
				下限	上限	
4×0.5	3	0.6	1.2	7.2	9.0	0.013
4×0.75	3	0.6	1.2	7.6	9.4	0.011
4×1.0	3	0.6	1.2	8.0	10.0	0.010
4×1.5	3	0.7	1.2	9.0	11.5	0.010
4×2.5	3	0.8	1.2	10.5	13.0	0.009
5×0.5	3	0.6	1.2	7.8	9.6	0.013
5×0.75	3	0.6	1.2	8.4	10.5	0.011
5×1.0	3	0.6	1.2	8.8	11.0	0.010
5×1.5	3	0.7	1.2	9.8	12.0	0.010
5×2.5	3	0.8	1.5	12.0	14.5	0.009
7×0.5	3	0.6	1.2	8.4	10.5	0.013
7×0.75	3	0.6	1.2	9.0	11.0	0.011
7×1.0	3	0.6	1.2	9.6	11.5	0.010
7×1.5	3	0.7	1.2	10.5	13.0	0.010
7×2.5	3	0.8	1.5	13.0	16.0	0.009
8×0.5	3	0.6	1.2	9.4	11.5	0.013
8×0.75	3	0.6	1.2	10.0	12.0	0.011
8×1.0	3	0.6	1.2	10.5	13.0	0.010
8×1.5	3	0.7	1.5	12.5	15.0	0.010
8×2.5	3	0.8	1.5	15.0	17.5	0.009
10×0.5	3	0.6	1.2	10.5	12.5	0.013
10×0.75	3	0.6	1.2	11.0	13.5	0.011
10×1.0	3	0.6	1.5	12.5	15.0	0.010
10×1.5	3	0.7	1.5	14.0	17.0	0.010
10×2.5	3	0.8	1.5	16.5	19.5	0.009
12×0.5	3	0.6	1.2	10.5	13.0	0.013
12×0.75	3	0.6	1.5	12.0	14.5	0.011
12×1.0	3	0.6	1.5	12.5	15.5	0.010
12×1.5	3	0.7	1.5	14.5	17.5	0.010
12×2.5	3	0.8	1.5	17.5	20.5	0.009
14×0.5	3	0.6	1.2	11.0	13.5	0.013
14×0.75	3	0.6	1.5	12.5	15.0	0.011
14×1.0	3	0.6	1.5	13.5	16.0	0.010
14×1.5	3	0.7	1.5	15.0	18.0	0.010
14×2.5	3	0.8	1.5	18.0	21.0	0.009
16×0.5	3	0.6	1.5	12.5	15.0	0.013
16×0.75	3	0.6	1.5	13.5	16.0	0.011
16×1.0	3	0.6	1.5	14.0	17.0	0.010

续表

芯数×标称截面 (mm²)	导体种类	绝缘标称厚度 (mm)	护套标称厚度 (mm)	平均外径（mm）		70℃最小绝缘电阻 (MΩ/km)
				下限	上限	
16×1.5	3	0.7	1.5	16.0	19.0	0.010
16×2.5	3	0.8	1.7	19.5	23.0	0.009
19×0.5	3	0.6	1.5	13.0	15.5	0.013
19×0.75	3	0.6	1.5	14.0	16.5	0.011
19×1.0	3	0.6	1.5	15.0	17.5	0.010
19×1.5	3	0.7	1.5	16.5	20.0	0.010
19×2.5	3	0.8	1.7	20.5	24.0	0.009
24×0.5	3	0.6	1.5	15.0	18.0	0.013
24×0.75	3	0.6	1.5	16.0	19.0	0.011
24×1.0	3	0.6	1.5	17.0	20.0	0.010
24×1.5	3	0.7	1.7	20.0	23.5	0.010
24×2.5	3	0.8	1.7	24.0	27.5	0.009
27×0.5	3	0.6	1.5	15.0	18.0	0.013
27×0.75	3	0.6	1.5	16.5	19.5	0.011
27×1.0	3	0.6	1.5	17.5	20.5	0.010
27×1.5	3	0.7	1.7	20.5	24.0	0.010
27×2.5	3	0.8	1.7	24.5	28.5	0.009
30×0.5	3	0.6	1.5	16.0	18.5	0.013
30×0.75	3	0.6	1.5	17.0	20.0	0.011
30×1.0	3	0.6	1.7	18.5	21.5	0.010
30×1.5	3	0.7	1.7	21.0	25.0	0.010
30×2.5	3	0.8	1.7	25.5	29.5	0.009
37×0.5	3	0.6	1.5	17.0	20.0	0.013
37×0.75	3	0.6	1.7	19.0	21.5	0.011
37×1.0	3	0.6	1.7	20.0	23.5	0.010
37×1.5	3	0.7	1.7	22.5	27.0	0.010
37×2.5	3	0.8	1.7	27.5	31.5	0.009
44×0.5	3	0.6	1.7	19.5	22.5	0.013
44×0.75	3	0.6	1.7	21.0	24.5	0.011
44×1.0	3	0.6	1.7	22.5	26.0	0.010
44×1.5	3	0.7	1.7	25.5	30.0	0.010
44×2.5	3	0.8	2.0	32.0	36.0	0.009
48×0.5	3	0.6	1.7	20.0	23.0	0.013
48×0.75	3	0.6	1.7	21.5	25.0	0.011
48×1.0	3	0.6	1.7	23.0	26.5	0.010
48×1.5	3	0.7	1.7	26.0	30.5	0.010
48×2.5	3	0.8	2.0	32.5	36.5	0.009
52×0.5	3	0.6	1.7	20.5	23.5	0.013
52×0.75	3	0.6	1.7	22.0	25.5	0.011
52×1.0	3	0.6	1.7	23.5	27.0	0.010
52×1.5	3	0.7	1.7	26.5	31.0	0.010
52×2.5	3	0.8	2.0	33.0	37.5	0.009
61×0.5	3	0.6	1.7	21.5	25.0	0.013
61×0.75	3	0.6	1.7	23.5	27.0	0.011
61×1.0	3	0.6	1.7	25.0	28.5	0.010
61×1.5	3	0.7	2.0	29.0	33.5	0.010
61×2.5	3	0.8	2.2	35.5	40.5	0.009

表 3-133 KVVRP 型 450/750V 铜芯聚氯乙烯绝缘聚氯乙烯护套编织屏蔽控制软电缆的结构及电气参数

芯数×标称截面 (mm²)	导体种类	绝缘标称厚度 (mm)	屏蔽单线标称直径 (mm)	护套标称厚度 (mm)	平均外径 (mm)		70℃最小绝缘电阻 (MΩ/km)
					下限	上限	
4×0.5	3	0.6	0.15	1.2	8.6	10.5	0.013
4×0.75	3	0.6	0.15	1.2	9.0	11.0	0.011
4×1.0	3	0.6	0.15	1.2	9.4	11.5	0.010
4×1.5	3	0.7	0.15	1.2	10.0	12.5	0.010
4×2.5	3	0.8	0.20	1.5	12.5	15.0	0.009
5×0.5	3	0.6	0.15	1.2	9.0	11.0	0.013
5×0.75	3	0.6	0.15	1.2	9.6	11.5	0.011
5×1.0	3	0.6	0.15	1.2	10.0	12.0	0.010
5×1.5	3	0.7	0.15	1.2	11.0	13.5	0.010
5×2.5	3	0.8	0.20	1.5	13.5	16.0	0.009
7×0.5	3	0.6	0.15	1.2	9.8	11.5	0.013
7×0.75	3	0.6	0.15	1.2	10.0	12.5	0.011
7×1.0	3	0.6	0.15	1.2	10.5	13.0	0.010
7×1.5	3	0.7	0.15	1.2	12.5	15.0	0.010
7×2.5	3	0.8	0.20	1.5	15.0	17.5	0.009
8×0.5	3	0.6	0.15	1.2	10.5	13.0	0.013
8×0.75	3	0.6	0.15	1.2	11.0	13.5	0.011
8×1.0	3	0.6	0.15	1.5	12.5	15.0	0.010
8×1.5	3	0.7	0.20	1.5	14.0	17.0	0.010
8×2.5	3	0.8	0.20	1.5	16.5	19.0	0.009
10×0.5	3	0.6	0.15	1.5	12.0	14.5	0.013
10×0.75	3	0.6	0.20	1.5	13.5	15.5	0.011
10×1.0	3	0.6	0.20	1.5	14.0	16.5	0.010
10×1.5	3	0.7	0.20	1.5	15.5	18.5	0.010
10×2.5	3	0.8	0.20	1.5	18.5	21.0	0.009
12×0.5	3	0.6	0.15	1.2	12.5	15.0	0.013
12×0.75	3	0.6	0.20	1.2	13.5	16.0	0.011
12×1.0	3	0.6	0.20	1.5	14.5	17.0	0.010
12×1.5	3	0.7	0.20	1.5	16.0	19.0	0.010
12×2.5	3	0.8	0.20	1.7	19.0	22.5	0.009
14×0.5	3	0.6	0.20	1.5	13.5	16.0	0.013
14×0.75	3	0.6	0.20	1.5	14.0	16.5	0.011
14×1.0	3	0.6	0.20	1.5	15.0	17.5	0.010
14×1.5	3	0.7	0.20	1.5	16.5	20.0	0.010
14×2.5	3	0.8	0.20	1.7	20.0	23.0	0.009
16×0.5	3	0.6	0.20	1.5	14.0	16.5	0.013
16×0.75	3	0.6	0.20	1.5	15.0	17.5	0.011
16×1.0	3	0.6	0.20	1.5	15.5	18.5	0.010
16×1.5	3	0.7	0.20	1.5	17.5	20.5	0.010
16×2.5	3	0.8	0.20	1.7	21.0	24.5	0.009
19×0.5	3	0.6	0.20	1.5	14.5	17.0	0.013
19×0.75	3	0.6	0.20	1.5	15.5	18.0	0.011
19×1.0	3	0.6	0.20	1.5	16.5	19.0	0.010
19×1.5	3	0.7	0.20	1.7	18.5	22.0	0.010

续表

芯数×标称截面 (mm²)	导体种类	绝缘标称厚度 (mm)	屏蔽单线标称直径（mm）	护套标称厚度 (mm)	平均外径（mm）		70℃最小绝缘电阻 (MΩ/km)
					下限	上限	
19×2.5	3	0.8	0.20	1.7	22.0	25.5	0.009
24×0.5	3	0.6	0.20	1.5	16.5	19.5	0.013
24×0.75	3	0.6	0.20	1.5	18.0	20.5	0.011
24×1.0	3	0.6	0.20	1.7	19.0	22.0	0.010
24×1.5	3	0.7	0.20	1.7	21.5	25.0	0.010
24×2.5	3	0.8	0.25	1.7	26.0	29.5	0.009
27×0.5	3	0.6	0.20	1.5	17.0	19.5	0.013
27×0.75	3	0.6	0.20	1.5	18.0	21.0	0.011
27×1.0	3	0.6	0.20	1.7	19.5	22.5	0.010
27×1.5	3	0.7	0.20	1.7	22.0	25.5	0.010
27×2.5	3	0.8	0.25	1.7	26.5	30.0	0.009
30×0.5	3	0.6	0.20	1.5	17.5	20.5	0.013
30×0.75	3	0.6	0.20	1.7	19.0	22.0	0.011
30×1.0	3	0.6	0.20	1.7	20.0	23.5	0.010
30×1.5	3	0.7	0.25	1.7	23.0	27.0	0.010
30×2.5	3	0.8	0.25	1.7	27.5	31.0	0.009
37×0.5	3	0.6	0.20	1.7	19.0	22.0	0.013
37×0.75	3	0.6	0.20	1.7	20.5	23.5	0.011
37×1.0	3	0.6	0.20	1.7	21.5	25.0	0.010
37×1.5	3	0.7	0.25	1.7	24.5	28.5	0.010
37×2.5	3	0.8	0.25	2.0	30.0	34.0	0.009
44×0.5	3	0.6	0.20	1.7	21.0	24.5	0.013
44×0.75	3	0.6	0.25	1.7	23.0	26.0	0.011
44×1.0	3	0.6	0.25	1.7	24.0	27.0	0.010
44×1.5	3	0.7	0.25	1.7	27.5	32.0	0.010
44×2.5	3	0.8	0.30	2.0	34.0	38.0	0.009
48×0.5	3	0.6	0.20	1.7	21.5	24.5	0.013
48×0.75	3	0.6	0.25	1.7	23.5	26.5	0.011
48×1.0	3	0.6	0.25	7.7	24.5	28.0	0.010
48×1.5	3	0.7	0.25	1.7	28.0	32.0	0.010
48×2.5	3	0.8	0.30	2.0	34.5	38.5	0.009
52×0.5	3	0.6	0.20	1.7	22.0	25.0	0.013
52×0.75	3	0.6	0.25	1.7	24.0	27.0	0.011
52×1.0	3	0.6	0.25	1.7	25.0	29.0	0.010
61×0.5	3	0.6	0.25	1.7	23.5	27.0	0.013
61×0.75	3	0.6	0.25	1.7	25.0	28.5	0.011
61×1.0	3	0.6	0.25	1.7	26.5	30.5	0.010

表 3-134 **绝缘及护套的选用**

项目	绝缘	护套	项目	绝缘	护套
固定敷设用硬结构电缆	PVC—I1	PVC—S1	移动场合用软结构电缆	PVC—I2	PVC—S2

表 3-135 **电阻试验**

标称截面 (mm²)	导体结构		20℃时导体电阻（Ω/km）不大于	
	种类	根数/单线标称直径（mm）	不镀锡	镀锡
0.5	3	16/0.20	39.0	40.1
0.75	1	1/0.97	24.5	24.8
0.75	2	7/0.37	24.5	24.8
0.75	3	24/0.20	26.0	26.7

续表

标称截面 (mm²)	导体结构		20℃时导体电阻（Ω/km）不大于	
	种类	根数/单线标称直径（mm）	不镀锡	镀锡
1.0	1	1/1.13	18.1	18.2
1.0	2	7/0.43	18.1	18.2
1.0	3	32/0.20	19.5	20.0
1.5	1	1/1.38	12.1	12.2
1.5	2	7/0.52	12.1	12.2
1.5	3	30/0.25	13.3	13.7
2.5	1	1/1.78	7.41	7.56
2.5	2	7/0.68	7.41	7.56
2.5	3	50/0.25	7.98	8.21
4	1	1/2.25	4.61	4.70
4	2	7/0.85	4.61	4.70
6	1	1/2.76	3.08	3.11
6	2	7/1.04	3.08	3.11
10	2	7/1.35	1.83	1.84

（四）交货要求

(1) 成圈长度为100m，成盘长度应不小于100m，长度计量误差应不超过±0.5%。

(2) 24芯及以下，允许长度不小于20m的短段电缆交货，其数量应不超过交货总长度的5%。

(3) 24芯以上，允许长度不小于20m的短段电缆交货，其数量则不超过交货总长度的10%。

二十五、耐火电力电缆

（一）用途与性能

适用于在电缆电线着火以后需保持一段时间继续运行的场合。例如高层建筑、地下铁道、核电站、发电厂以及重要的工矿企业等与消防救生有关的地方。

主要性能：

(1) 其耐火特性要求和试验方法应符合IEC331 (1970)，成品电缆（线）允许在750～800℃火焰下燃烧3h，且在额定电压下不会击穿。

(2) 电缆在20℃时经受35kV耐压试验5min不击穿。

(3) NH—BV电缆的绝缘和NH—BVVB电缆（线）的护套采用了阻燃聚乙烯塑料，其氧指数不小于30%，并对成品电缆规定了成束燃烧试验。

(4) 除上述性能外，其他性能与相应的普通型电缆相同。

（二）技术数据

耐火电力电缆技术数据，见表3-136～表3-139。

表3-136　　耐火电线电缆型号

型号	名称
NH—BV	耐火铜芯聚氯乙烯绝缘电缆（电线）
NH—BVVB	耐火铜芯聚氯乙烯绝缘聚氯乙烯护套平型电缆（电线）
NH—VV	耐火铜芯聚氯乙烯绝缘聚氯乙烯护套电力电缆
NH—VV22	铜芯阻燃聚氯乙烯绝缘及护套钢带铠装耐火电力电缆
NH—FF	铜芯氟塑料绝缘及护套耐火电力电缆
NH—FF22	铜芯氟塑料绝缘及护套钢带铠装耐火电力电缆
NH—FV	铜芯氟塑料绝缘阻燃聚氯乙烯护套耐火电力电缆
NH—FV22	铜芯氟塑料绝缘钢带铠装阻燃聚氯乙烯护套耐火电力电缆
生产厂	95、241、243、245、246、251、274

表 3-137 **NH—BV 型 450/750V 耐火铜芯聚氯乙烯绝缘电缆规格**

标称截面 (mm^2)	导电线芯 (根数/直径) (mm)	耐火层 (mm)		绝缘标称厚度 (mm)	绝缘标称外径 (mm)	20℃时导体最大直流电阻 (Ω/km)		70℃时最小绝缘电阻 (MΩ/km)	近似重量 (kg/km)
		厚度	层×宽			铜芯	镀锡铜芯		
2.5	1/1.78	0.14	2×10	0.8	4.50	7.41	7.56	0.010	41.45
2.5	7/0.68	0.14	2×10	0.8	4.50	7.41	7.56	0.009	41.45
4	1/2.25	0.14	2×15	0.8	4.97	4.61	4.70	0.0085	57.78
4	7/0.85	0.14	2×15	0.8	4.97	4.61	4.70	0.0077	57.78
6	1/2.76	0.14	2×15	0.8	5.88	3.08	3.11	0.0070	78.71
6	7/1.04	0.14	2×15	0.8	5.88	3.08	3.11	0.0065	78.71
10	7/1.35	0.14	2×20	1.0	7.17	1.83	1.84	0.0065	131.70
16	7/1.70	0.14	2×25	1.0	8.62	1.15	1.16	0.0050	193.56
25	7/2.14	0.14	2×25	1.2	9.94	0.727	0.734	0.0050	294.12
35	7/2.52	0.14	2×25	1.2	11.48	0.524	0.529	0.0045	395.25
50	19/1.78	0.14	2×30	1.4	12.82	0.387	0.391	0.0040	527.45
70	19/2.14	0.14	2×30	1.4	14.62	0.268	0.270	0.0035	726.41
95	19/2.52	0.14	2×35	1.6	16.9	0.193	0.195	0.0035	888.76

表 3-138 **NH—BVVB 型 300/500V 铜芯聚氯乙烯绝缘聚氯乙烯护套平型电缆规格**

芯数×截面 (mm^2)	导电线芯根数/直径 (mm)	耐火层 (mm)		绝缘标称厚度 (mm)	护套标称外径 (mm)	标称外径 (mm×mm)	20℃时导体最大直流电阻 (Ω/km)		70℃时最小绝缘电阻 (MΩ/km)	近似重量 (kg/km)
		厚度	层×宽				铜芯	镀锡铜芯		
2×2.5	1/1.78	0.14	2×10	0.8	1.0	6.5×11	7.41	7.56	0.010	148.60
2×4	1/2.25	0.14	2×15	0.8	1.0	6.97×11.94	4.61	4.70	0.009	194.80
2×6	1/2.76	0.14	2×15	0.8	1.1	7.68×13.16	3.08	3.11	0.0070	252.17
2×10	7/1.35	0.14	2×20	1.0	1.2	9.57×16.74	1.83	1.84	0.0065	485.45

表 3-139 **NH—VV 耐火（圆形）电缆结构参数**

芯数×截面 (mm^2)	标称外径 (mm)	近似重量 (kg/km)	芯数×截面 (mm^2)	标称外径 (mm)	近似重量 (kg/km)
2×2.5	13	187.57	3×35	29	1471.26
2×4	14.5	229.56	3×50	34	2004.73
2×6	15.5	294.80	3×70	39	2624.30
2×10	18	400.99	3×95	44	3448.86
2×16	21	571.82	3×120	48	4290.61
2×25	24.5	935.34	3×150	53	5287.00
2×35	27	1085.56	3×185	58	6415.34
2×50	32	1391	3×4+1×2.5	16.5	379.26
2×70	35	1809.61	3×6+1×4	18.5	
2×95	41	2365.90	3×10+1×6	22.5	744.60
2×120	44	2872.50	3×16+1×10	25	1014.55
2×150	50	3526.33	3×25+1×16	29	1457.13
2×185	54		3×35+1×16	31	1779.93
3×2.5	13.5	245.60	3×50+1×25	37	2347.50
3×4	15.5	308.66	3×70+1×35	41	3071.35
3×6	16.5	380.41	3×95+1×50	46	4182.57
3×10	20.5	579.61	3×120+1×70	51	5144.45
3×16	22.5	826.18	3×150+1×70	55	6130.12
3×25	26	1188.28	3×185+1×95	61	7048.31

续表

芯数×截面 (mm²)	标称外径 (mm)	近似重量 (kg/km)	芯数×截面 (mm²)	标称外径 (mm)	近似重量 (kg/km)
3×4+2×2.5	18		4×185	63	8560
3×6+2×6	23.5		4×6+1×4	20	
3×16+2×10	26		4×10+1×6	23.5	
3×25+2×16	31		4×16+1×10	26	
3×35+2×16	34		4×25+1×16	31	
3×50+2×16	39		4×35+1×16	34	
3×50+2×25	40		4×50+1×25	39	
3×70＋2×25	44		4×70+1×35	44.5	
3×70+2×35	44.5		4×95+1×50	51.5	
3×95+2×35	51		4×120+1×70	56	
3×95+2×50	51.5		4×150+1×70	60	
3×120+2×50	55		4×185＋1×95	68	
3×120+2×70	56		5×2.5	16	
3×150+2×70	60		5×4	19	
3×185+2×70	67		5×6	20.5	
3×185+2×95	68		5×10	24	
4×4	17	411.63	5×16	27	
4×6	19.5	553.96	5×25	31.5	
4×10	22.5	830.08	5×35	35.5	
4×16	25	1106.11	5×50	40.5	
4×25	29.5	1600	5×70	46	
4×35	32	2024	5×95	52.5	
4×50	38	2600	5×120	56.5	
4×70	43	3413	5×150	63	
4×95	49	4618	5×185	69	
4×120	53	5625	5×240	77	
4×150	58	6944	3×6+2×4	20	

注　括号内数据为截面是 50mm² 以上的主线芯为圆形结构的电缆的标称外径。

第四章　电 工 测 量 仪 表

一、概述

(一) 电工仪表型号

1. 安装式电测量指示仪表型号含义

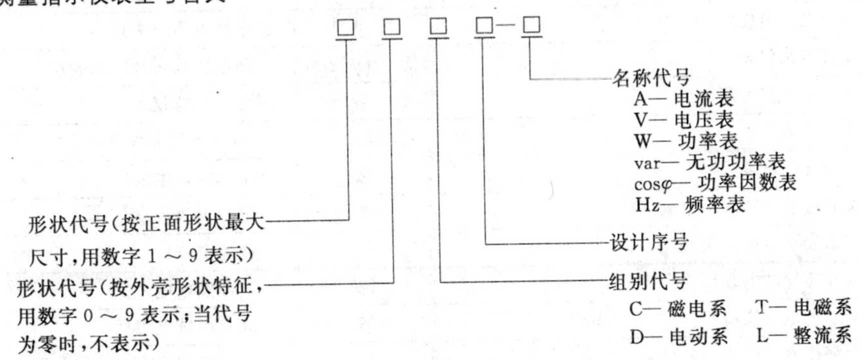

部分电能表型号含义

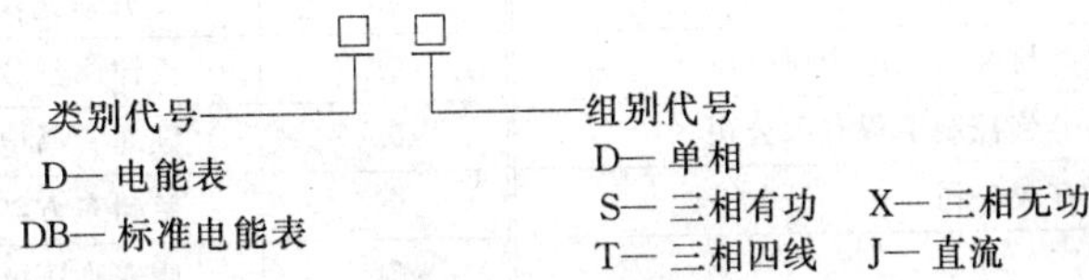

2. 可携式及实验室电测量指示仪表型号含义

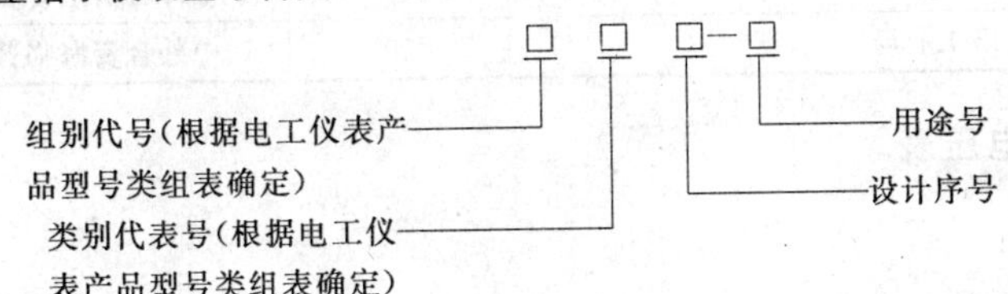

(二) 生产厂

见表 4-1。

表 4-1

代　号	生　产　厂	代　号	生　产　厂
①	北京自动控制设备厂	⑭	天津第三电表厂
②	天津第五电表厂	⑮	哈尔滨市自动化仪表八厂
③	上海浦江电表厂	⑯	浙江省新安江电表厂
④	贵阳永胜电表厂	⑰	南通电表二厂
⑤	许昌电表厂	⑱	黑龙江省五常电表厂
⑥	重庆电表厂	⑲	福州电表厂
⑦	西安电表厂	⑳	大连电表厂
⑧	海城电表厂	㉑	无锡电表厂
⑨	成都红星电表厂	㉒	杭州仪表厂
⑩	衡阳电表厂	㉓	沈阳第二电表厂
⑪	柳州电表厂	㉔	南京电表厂
⑫	桂林电表厂	㉕	上海自动化仪表一厂
⑬	温州电工仪表厂	㉖	银川电表仪器厂

续表

代号	生产厂	代号	生产厂
㉗	山东博山电表厂	(52)	贵阳永恒精密电表厂
㉘	天津市第二电表厂	(53)	北京电表厂
㉙	广东德安电表厂	(54)	上海新华仪表厂
㉚	镇海县电表厂	(55)	天津电表厂
㉛	辽源市仪表厂	(56)	天津中环电工仪器仪表公司
㉜	武汉三五仪表厂	(57)	上海电表厂
㉝	武汉电工仪表厂	(58)	上海第五电表厂
㉞	山东潍坊电表厂	(59)	上海电表厂电表分厂
㉟	苏州第二电表厂	(60)	浙江电力仪表厂
㊱	武汉卫东仪表厂	(61)	河南驻马店地区电表厂
㊲	武昌电工仪表厂	(62)	深宝电器仪表公司
㊳	南昌电表厂	(63)	ABB中国有限公司
㊴	上海光明电表厂	(64)	上海控江电表厂
㊵	黑龙江省双鸭山市电表厂	(65)	邢台电表厂
㊶	安徽安庆市电工仪表厂	(66)	南通电表厂
㊷	天津市塘沽电表厂	(67)	沈阳铁西电表厂
㊸	哈尔滨电表仪器厂	(68)	北京西城电表厂
㊹	上海仪表（集团）公司第二电表厂	(69)	上海电表厂交流仪器分厂
㊺	上海电表厂电子仪器分厂	(70)	上海华光仪器仪表厂
㊻	河南省驻马店市科委双宝电子研究所	(71)	天津永红仪表厂
㊼	北京国际银燕电脑控制工程有限公司	(72)	湖北宜昌电工仪器厂
㊽	台技电机股份有限公司	(73)	兰州东方红电表厂
㊾	成都府河仪表厂	(74)	西安高压电器研究所三室
㊿	深圳桑达电能仪表公司	(75)	中外合资上普自动化控制设备有限公司
(51)	上海市仪表电讯工业局	(76)	中外合资海临普博电机有限公司

二、1系列电流表与电压表

见表4-2。

表4-2

型号	名称	量限	使用条件	准确度（±%）	接入方式	用途	生产厂	备注
1C1—A	直流电流表	1，3，5，10，20，30，50，75，100，150，200，300，500mA 1，2，3A	−20～+50℃，相对湿度≤90%	1.5	直接接通	该表为开关板式仪表，适用于直流电路中测量电流或电压	(66)	
		5，10，15，20，30，50，75，100，150，200，300，500，750A 1，1.5，2，3，4，5，6，7.5，10kA			配用FL_2定值分流器			
1C1—V	直流电压表	3，7.5，15，30，50，75，100，150，200，300，450，600V	B组	1.5	直接接通			
		1，1.5，2，3kV			外附定值电阻			
1C2—A	直流电流表	1，3，5，10，20，30，50，75，100，150，200，300，500mA	B组	1.5	直接接通	该仪表适用于发电站、变电所或其他固定电力装置上测量直流电路中电流或电压	① ④ ② ③ ⑤ ⑥ ⑦ ⑩ ⑪	
		1，2，3，5，7.5，10，15，20，30，50A						
		75，100，150，200，300，500，750A 1，1.5，2，3，4，5，6，7.5，10kA			外附分流器			
1C2—V	直流电压表	3，7.5，15，20，30，50，75，100，150，250，300，450，600V	B组	1.5	直接接通			
		750V，1，1.5，3kV			外附电阻器			

续表

型　号	名　称	量　　限	使用条件	准确度(±%)	接入方式	用　　途	生产厂	备注
1T1—A	交流电流表	0.5，1，2，3，5，10，15，20，30，50，75，100，150，200A	B组	1.5	直接接通	该仪表适用发电站、变电所或其他固定电力装置上作为测量频率为50～60Hz的交流电流或电压	①④②③⑤⑥⑦⑩⑪	
		5，10，15，20，30，50，75，100，150，200，300，400，500，600，750A 1，1.5，2，2.5，3，4，5，6，7.5，10kA			配接二次侧电流为5A的电流互感器			
1T1—V	交流电压表	15，30，50，75，100，150，250，300，450，500，600V	B组	1.5	直接接通			
		3.6，7.2，12，18，42，150，300，460kV			配接二次侧电压为100V电压互感器			
1T9—A	交流过载电流表	5 (15)，10 (30)，20 (50)，30 (100)，50 (150)，75 (200)，100 (300) A	B组	2.5	直接接通		(67)⑧㊷⑰	
		5 (15)，10 (30)，20 (50)，30 (100)，50 (150)，75 (200)，100 (300)，200 (500)，300 (1000)，600 (1500)，750 (2000) A 1 (3)，2 (5)，3 (10)，5 (15)，7.5 (20)，10 (30)，15 (45)，25 (75) kA			配接二次侧电流为5A的电流互感器			

三、6系列电流表与电压表

见表4－3。

表4－3

型　号	名　称	量　　限	使用条件	准确度(±%)	接入方式	用　　途	生产厂	备注
6C2—A	直流电流表	50，100，150，200，300，500μA	C组	1.5	直接接通	用于电器设备上测量直流电流或交流电压。能在恶劣环境下正常工作	③⑧⑨②⑫	
		1，2，3，5，7.5，10，15，20，30，50，75，100，150，200，300，500mA 1，2，3，5，7.5，10，15，20，30，50A						
		75，100，150，200，300，500，750A 1，1.5，2，3，4，5，6，7.5，10kA			外附分流器			
6C2—V	交流电压表	1.5，3，7.5，10，15，20，30，50，75，100，150，200，250，300，450，500，600V	C组	1.5	直接接通			
		0.75，1，1.5kV			外附附加电阻			
6L2—A	交流电流表	0.5，1，2，3，5，10，15，20，30，50A	C组	1.5	直接接通	用于电器设备上测量交流电流或电压	⑧㉑⑨③⑫②㊲	
		5，10，15，20，30，50，75，100，150，200，300，400，600，750A 1，1.5，2，3，5，6，7.5，10kA			配接次级电流为5A的电流互感器			
	交流过载电流表	0.5，5A			直接接通			
		10，15，20，30，50，75，100，150，200，300，400，500，600，750，800A 1，1.5，4，5，6，8，10kA			配接次级电流为5A的电流互感器			
6L2—V	交流电压表	3，5，7.5，10，15，20，30，50，60，75，100，120，150，200，250，300，450，500，600V	C组	1.5	直接接通			
		1，3，6，10，15，35，110，220，380kV			配接次级电压为100V的电压互感器			

四、12系列电流表与电压表

见表4－4。

表 4-4

型号	名称	量限	使用条件	准确度(±%)	接入方式	用途	生产厂	备注
12C1—A	直流电流表	1，3，5，10，15，20，30，50，75，100，200，300，500mA 1，2，3，5，7.5，10，15，20，30，50A	B组	2.5	直接接通	安装在开关板和电工仪器上，测量直流电路中的电流或电压	④ (65)	
		75，100，150，200，300，500，750A 1，1.5，2，3，4，5，6，7.5，10kA			外附定值分流器			
12C1—V	直流电压表	1.5，3.5，7.5，15，20，30，50，75，100，150，250，300，450，600，750V	B组	2.5	直接接通			
		1，1.5，3kV			外附定值附加电阻			
12C5—A	直流电流表	50，100，150，200，300，500μA 1，2，3，5，10，15，20，30，40，50，75，100，150，200，300，500mA 1，2，3，5，7.5，(10) A	B组	1.5	大于10A起配用FL—2型75mV分流器	适用于电子仪器及通信设备上作直流电流表或电压表测量直流电流或电压	③	
12C5—V	直流电压表	1.5，3，5，7.5，10，15，20，30，50，75，100，150，200，250，300，450，500，600V	B组	1.5	直接接通			
12L1—A	交流电流表	0.5，1，2，3，5，10，20A	B组	2.5	直接接通	安装在开关板和电工仪器上，测量交流电路中的电流或电压	④ (65)	
		5，10，15，20，30，50，75，100，150，200，300，400，600，750，800A 1，1.5，2，3，5，10kA			外附电流互感器			
12L1—V	交流电压表	15，30，50，75，100，150，250，300，450，600V	B组	2.5	直接接通			
		1，2，3，6，7.2，12，18，42，150，300，450kV			外附电压互感器			

五、13系列电流表与电压表

见表4-5。

表 4-5

型号	名称	量限	使用条件	准确度(±%)	接入方式	用途	生产厂	备注
13C1—A	直流电流表	1，3，5，10，15，20，30，50，75，100，150，200，300，500mA 1，1.5，2，3，5，10A	C组	1.5	直接接通	嵌入安装在船舶的移动电力装置上测量直流电流或电压，也可作为电子仪器的指示仪表，或其他非电量转换成电量的二次仪表	㉕	
		15，20，30，50，75，100，150，200，300，500，750A 1，1.5，2，3，4，5，6，7.5，10kA			配用75mV外附定值分流器			
13C1—V	直流电压表	3，7.5，10，15，20，30，50，75，100，150，250，300，350，500，600V	C组	1.5	直接接通			
13C3—A	直流电流表	500，800μA	C组	1.5	直接接通		㉕	
		1，3，5，10，15，20，30，50，75，100，150，200，300，500，750mA						
		1，2，3，5，7.5，10A						
		15，20，30，50，75，100，150，200，300，500，750A 1，1.5，2，3，4，4.5，5，6，7.5kA			配用75mV外附定值分流器			
13C3—V	直流电压表	3，7.5，10，15，20，30，50，75，100，150，250，300，350，500，600V	C组	1.5	直接接通			

续表

型 号	名 称	量 限	使用条件	准确度(±%)	接入方式	用 途	生产厂	备注
13D1—A	交流电流表	5，10，20，30，50A	C组	2.5	直接接通	为广角度抗冲击仪表，供电力系统开关板、移动装置和船舶装置配套使用，用来测量频率为 50Hz、400Hz、427Hz 交流电路中的电流或电压	㉕	
		10，20，30，50，75，100，150，200，300，400，600，750，800A 1，1.5，2，3，4，5，6，7.5，10kA			配接二次侧电流为 5A 的电流互感器			
13D1—V	交流电压表	30，150，250，450V	C组	2.5	直接接通			
		450V			经 380/100V 或 380/127VTV 接通			
		3.6kV			经 3kV/100VTV 接通			
		7.2kV			经 6kV/100VTV 接通			
		12kV			经 10kV/100VTV 接通			
		18kV			经 15kV/100VTV 接通			
		42kV			经 35kV/100VTV 接通			
13L1—A	交流电流表	0.5，1，2，3，5，10，20，30，50A	C组	2.5	直接接通	为广角度抗冲击仪表，嵌入安装在船舶和其他移动电力设备装置上，用来测量额定频率为 50Hz、400Hz、427Hz 交流电路中的电流或电压	㉕	
		5，10，20，30，50，75，100，150，200，300，400，600，750，800A 1，1.5，2，3，4，5，6，7.5，10kA			配接二次侧电流为 5A 的电流互感器			
13L1—V	交流电压表	30，50，75，100，150，250，300，450，500，600V	C组	2.5	直接接通			
		450V			经 380/127V 或 380/100VPT 接通			
		3.6kV			经 3kV/100VTV 接通			
		7.2kV			经 6kV/100VTV 接通			
		12kV			经 10kV/100VTV 接通			
		18kV			经 15kV/100VTV 接通			
		42kV			经 35kV/100VTV 接通			

六、16 系列电流表与电压表

见表 4-6。

表 4-6

型 号	名 称	量 限	使用条件	准确度(±%)	接入方式	用 途	生产厂	备注
16C1—A	直流电流表	50～500μA，1～500mA，1～10A	B组	1.5	直接接通	供装在开关板及各类无线电电子测试仪器设备上，测试直流电流或电压，具有防光、防溅、防震性能	⑱	
		15～750A，1～1.5kA			外附定值分流器			
16C1—V	直流电压表	1.5～600V	B组	1.5	直接接通			
		750V，1～1.5kV			外附定值附加电阻			

续表

型　号	名　称	量　　限	使用条件	准确度(±%)	接入方式	用　　途	生产厂	备注
16C2—A 16C4—A 16C13—A	直　流 电流表	1，3，5，10，15，20，30，50，75，100，150，200，300，500，750mA	B组	1.5	直接接通	16C2—A、V适用于发电站变电所的控制屏或控制台、电力系统的开关板或试验台、电讯控制设备上测量直流电路中的电流或电压。16C4—A、V适用于发电站、变电所和其他固定的电力装置上。16C13—A、V用于电站配电盘及移动电源装置配套，测量直流电流或电压	⑬ ⑭ ⑧ ⑮ ⑯ ③ ⑩ ⑰ ⑤ ⑱	
		1，2，3，5，7.5，10，15，20，30，50A						
		75，100，150，200，300，500，750A 1，1.5，2，3，4，5，6，7.5，10kA			外附分流器			
16C2—V 16C4—V 16C13—V	直　流 电压表	3，5，7.5，15，30，50，75，100，150，250，300，450，600V	B组	1.5	直接接通			
		0.75，1，1.5，3kV			外附电阻器			
16C14—A	直　流 电流表	50，100，150，200，300，500μA ±25，±50，±100，±150，±250，±300，±500μA 1，2，3，5，10，15，20，30，40，50，75，100，150，200，300，500mA 1，2，3，5，7.5，10A	B组	1.5	直接接通	适用于电子仪器及无线电设备上测量直流电流或电压	③ ④	
		15，20，30，40，50，75，100，150，200，300，500，750A 1，2，3，5，7.5，10kA			外附FLZ型分流器			
16C14—V	直　流 电压表	1.5，3，5，7.5，10，15，20，30，50，75，100，150，200，250，300，450，500，600V	B组	1.5	直接接通			
		750，1000，1500V			外附FJ17型定值电阻器			
16C15—μA	直　流 微安表	0～100μA，0～150μA，0～200μA，0～300μA，0～500μA，0～1000μA，−500～0～+500μA	A_1	0.5	直接接通		⑰	
16C16—A	槽　形 双指针 直　流 电流表	1～500mA，1～10A	B_1组	1.5	直接接通	用于电站及移动电源装置配套，测量直流电流或电压，同时可测两个被测量，并能直观比较	⑱	
		20～750A，1～6kA			外附定值分流器			
16C16—V	槽　形 双指针 直　流 电压表	1.5～600V	B_1组	1.5	直接接通			
		1～3kV			外附附加电阻			
16L1—A	交　流 电流表	0.5，1，2，3，5，10，20，30，50A	B_1组	1.5	直接接通	适用于发电站、变电所和其他固定的电力装置上测量交流电流或电压	⑮ ⑥ ⑩ ③ ⑱ ⑰ ㊲ ⑨	
		5，10，15，20，30，50，75，100，150，200，300，400，500，600，750A 1，1.5，2，3，4，5，6，7.5，10kA			配用二次侧电流为0.5A或5A的电流互感器			
16L1—V	交　流 电压表	15，30，50，75，100，150，250，300，450，500，600V	B_1组	1.5	直接接通			
		3.6，7.2，12，18，42，150，300，460kV			配用电压互感器二次侧电压50V或100V			

续表

型号	名称	量限	使用条件	准确度(±%)	接入方式	用途	生产厂	备注
16L8—A	交流电流表	0.5，1，2，3，5，10，20A	B_1组	1.5	直接接通		①	
		5，10，15，20，30，50，75，100，150，200，300，400，500，600，750A 1，1.5，2，3kA			外附电流互感器			
16L8—V	交流电压表	15，30，50，75，100，150，250，300，450，500，600V	B_1组	1.5	直接接通			
		3.6，7.2，12，18，42，150，300，460kV			配用电压互感器			
16L13—A	交流电流表	0.5～5A，10～750A，1～10kA	B_1组	1.5	配用电流互感器		⑱	
16L13—V	交流电压表	30～600V	B_1组	1.5	直接接通			
		3～460kV			配用电压互感器			
16L14—A	交流电流表	0.5，1，2，3，5，10，20A	B	1.5	直接接通		③ ④	
		5，10，15，20，30，40，50，75，80，100，150，200，300，400，600，750，800A 1，1.5，2，3，5，10kA		2.5	配接二次侧电流为5A的电流互感器			
16L14—V	交流电压表	5，7.5，10，15，30，50，75，100，150，250，300，450，500，600V	B_1组	1.5	直接接通			
		450，500，600V 1，2，4，7.5，12，20，45，150，300，450kV		2.5	配用电压互感器			
16T2—A	交流电流表	0.5，1，2，3，5，10，20A	B_1组	1.5	直接接通	用于安装在发电厂、变电站的控制屏或控制台上，电力系统的开关板上或试验台上，测量频率50Hz的交流电路中的电流或电压	⑭ ⑧ ③ ⑮ ⑤	
		5，10，20，30，40，50，75，100，150，200，300，400，600，750A 1，1.5，2，3，4，5，6，7.5，10kA			配接二次侧电流为5A的电流互感器			
16T2—V	交流电压表	15，30，50，75，100，150，250，300，450，500，600V	B_1组	1.5	直接接通			
		3.6，7.2，12，18，42，150，300，460kV			配用电压互感器二次侧电压50V或100V			

七、42系列电流表与电压表

见表4-7。

表4-7

型号	名称	量限	使用条件	准确度(±%)	接入方式	用途	生产厂	备注
42C3—A	直流电流表	50，100，150，200，300，500μA	B组	1.5	直接接通	适用于安装在电站、电网等电力系统的开关板配电屏上，作测量直流电流或电压	③ ⑫ ⑲ ⑳ ㉗ ㉟ ⑤ ㉑	
		1，2，3，5，7.5，10，15，20，30，50，75，100，150，200，300，500mA 1，2，3，5，7.5，10，15，20，30，50A						
		75，100，150，200，300，500，750A 1，1.5，2，3，4，5，6，7.5，10kA			外附分流器			
42C3—V	直流电压表	1.5，3，5，7.5，10，15，20，30，50，75，100，150，200，250，300，450，500，600V	B组	1.5	直接接通			
		0.75，1，1.5kV			外附分流器			

续表

型　号	名　称	量　　限	使用条件	准确度(±%)	接入方式	用　　途	生产厂	备注
42C6—A	直　流电流表	1，2，3，5，7.5，10，15，20，30，50，75，100，150，200，300，500mA 1，2，3，5，7.5，10，15，20，30A	B组	1.5	直接接通	适用于直流电路测量电流或电压	② ③ ⑫ ⑥ ⑲	
		75，100，150，200，300，500，750A 1，1.5，2，3，4，5，6，7.5，10kA			外附定值分流器			
42C6—V	直　流电压表	3，7.5，10，15，20，30，50，75，150，200，250，300，450，500，600V	B组	1.5	直接接通			
		0.75，1，1.5kV			外附定值分流器			
42C20—A	直　流电流表	100，200，300，500μA 1，2，3，5，10，20，30，50，75，100，150，200，250，300，500，750mA 1，2，3，5，7.5，10，15，20，30，50A	B组	1.5	直接接通		①	
		75，100，150，200，300，500，750A 1，1.5，2，3，4，5，6，10kA			外附分流器			
42C20—V	直　流电压表	1.5，3，7.5，10，15，20，30，50，75，100，150，200，250，300，450，500，600V	B组	1.5	直接接通			
		0.75，1，1.5kV			外附定值电阻器			
42L6—A	交、直流电流表	0.5，1，2，3，5，10，30，50A	B_1组	1.5	直接接通	适用于各种交、直流电路，电站、电网等电力系统控制台面板上测量交、直流电流或电压	⑫ ⑳ ㉟ ⑲ ⑯ ③ ⑤ ㊲ ㉛	
		5，10，15，20，30，50，75，100，150，200，300，450，500，600，750A			配接二次侧电流为5A的电流互感器			
42L6—V	交、直流电压表	15，20，30，50，60V	B_1组	1.5	直接接通			
42L9—A	交、直流电流表	0.5，1，2，3，5，10，15，20，30，50A	B_1组	1.5	直接接通	适用于各种交、直流电路，电站、电网等电力系统控制台面板上测量交、直流电流或电压	⑲	
		5，10，15，20，30，50，75，100，150，200，300，400，500，600，750A 1，1.5，2，3，4，5，6，7.5，10kA			配接二次侧电流为5A的电流互感器			
42L9—V	交、直流电压表	15，30，50，75，100，150，250，300，450，500，600V	B_1组	1.5	直接接通			
		3，7.5，12，15，150，300，450kV			配接二次侧电压100V的电压互感器			
42L20—A	交　流电流表	0.5，1，2，3，5，10，15，30A	B组	1.5	直接接通		①	
		5，10，15，30，50，75，100，150，300，450，500，750A 1，2，3，5，7.5，10kA			配接二次侧电流为5A的电流互感器			
42L20—V	交　流电压表	30，50，75，100，150，250，300，500，600V	B组	1.5	直接接通			
		3.6，7.2，12，18，42，72，150，300，450kV			配用电压互感器二次侧电压100V			

八、44系列电流表与电压表

见表4-8。

表4-8

型号	名称	量限	使用条件	准确度(±%)	接入方式	用途	生产厂	备注
44C1—A	直流电流表	50，100，150，200，300，500μA 1，2，3，5，10，15，20，30，50，75，100，150，200，300，500mA 1，2，3，5，7.5，10，15，20A	B_1组	1.5	直接接通	为磁电系内磁式测量机构加晶体管整流电路而成，适用于交流或直流电路中测量电流或电压，供开关板或电子仪器上配套安装使用	㉓	
		30，50，75，100，150，200，300，500，750A 1，1.5，2，3kA			外附定值分流器			
44C1—V	直流电压表	1.5，3，5，7.5，10，15，20，30，50，75，100，150，200，250，300，450，500，600V	B组	1.5	直接接通			
		0.75，1，1.5，2，3，5kV			外附定值附加电阻			
44C2—A	直流电流表	50，100，150，200，300，500μA	B_1组	1.5	直接接通	适用于直流电路测量电流或电压	⑬㉓㉘⑮㉑⑳㊸③㉗㉚㉜⑯㉟⑱㊴㊵⑰⑧㉞㉙㊶㉖⑤	
		1，2，3，5，10，15，20，30，50，75，100，150，200，300，500mA						
		1，2，3，5，7.5，10A						
		15，20，30，50，75，100，150，200，300，500，750A			外附定值分流器			
		1，1.5kA						
44C2—V	直流电压表	1.5，3，5，7.5，10，15，20，30，50，75，100，150，200，250，300，450，500，600V	B组	1.5	直接接通			
		0.75，1，1.5kV			外附定值附加电阻			
44C5—A	直流电流表	100，150，200，300，500μA	B组	1.5	直接接通	供嵌入安装在船舶和其他移动电力设备装置上测量直流电流或电压，也可作为电子仪器的指示仪表，或其他非电量转换成电量的二次仪表	㉕	
		1，2，3，5，10，15，20，30，50，75，100，150，200，300，500mA						
		1，2，3，5，7.5，10A						
		15，20，30，50，75，100，150，200，300，500，750A			配用75mV，外附定值分流器			
		1，1.5，2，3，4.5，5，6，7.5kA						
44C5—V	直流电压表	3，7.5，15，30，50，75，100，150，250，300，500，600V	B组	1.5	直接接通			

续表

型号	名称	量限	使用条件	准确度(±%)	接入方式	用途	生产厂	备注
44L1—A	交流电流表	0.5，1，2，3，5，10，20A	B组	1.5	直接接通	适用于交流或直流电路中测量电流电压，可作为开关板或电子仪器配套安装使用	㉓ ③ ㉘ ⑮ ㉑ ㉞ ㉙ ⑰ ㉛ ㉟ ⑯ ㉝ ㉚ ㉗ ⑳ ⑱ ㉜ ⑬ ⑥ ㊱ ⑤	
		5，10，15，20，30，50，75，100，150，200，300，400，600，750A 1.5，2，3，4，5，6，7.5，10kA			配接二次侧电流为5A的电流互感器			
44L1—V	交流电压表	3，5，7.5，10，15，20，30，50，75，100，150，250，300，450，500，600V	B组	1.5	直接接通			
		1，3，6，10，15，35，60，100，220，380kV			配接二次侧电压100V的电压互感器			
44L13—A	交流电流表	0.5，1，2.5，5，10A	B组	1.5	直接接通	适用于各种试验台开关板，电子仪器及其他交流电路中测量电流或电压	㊸	
		15，20，30，50，75，100，150，200，300，450，600，750A			经电流互感器			
		1，1.5kA						
44L13—V	交流电压表	10，15，30，50，75，100，150，250，300，450V	B组	1.5	直接接通			
		450，600，750V			经电压互感器			
		1，1.5kV						
44T1—A	交流安培表	1，2，3，5，10，20，30，50A	C组	2.5	直接接通	用于大型电站测量交流电流或电压	⑫	
44T1—V	交流伏特表	30，50，100，150，250，300，460V	C组	2.5	直接接通			

九、45系列电流表与电压表

见表4-9。

表4-9

型号	名称	测量范围		零Ω时额定电压(V)	内阻(kΩ)	接入电路方法	标度尺长(mm)		工作条件	准确度	用途	生产厂	备注
		电压(V)	高阻部分有效刻度(MΩ)				电压部分	高阻部分					
45C1—V/MΩ	直流电压—高阻表	150	0.01～1	115	51	直接	≥170	≥69	C组	1.5级，高阻部分为2.5级	该表为磁电系广角开关板式抗冲击仪表，供嵌入安装在船舶和其他移动电力设备上测量直流电压和绝缘电阻	㉕	
		250	0.01～1	230	100	直接	≥170	≥75					
		300	0.01～1	230	100	直接	≥170	≥75					

续表

<table>
<tr><th rowspan="2">型 号</th><th rowspan="2">名称</th><th colspan="2">测量范围</th><th rowspan="2">零Ω时额定电压（V）</th><th rowspan="2">内阻（kΩ）</th><th rowspan="2">接入电路方法</th><th colspan="2">标度尺长（mm）</th><th rowspan="2">工作条件</th><th rowspan="2">准确度</th><th rowspan="2">用 途</th><th rowspan="2">生产厂</th><th rowspan="2">备注</th></tr>
<tr><th>电压（V）</th><th>高阻部分有效刻度（MΩ）</th><th>电压部分</th><th>高阻部分</th></tr>
<tr><td rowspan="3">45C3—V/MΩ</td><td rowspan="3">直流电压—高阻表</td><td>150</td><td>0.01～1</td><td>115</td><td>51</td><td>直接</td><td>≥170</td><td>≥69</td><td rowspan="3">C组</td><td rowspan="3">1.5级，高阻部分为2.5级</td><td rowspan="3">该表为磁电系广角开关板式仪表，可嵌入安装在船舶和移动电力设备上测量直流电压和绝缘电阻</td><td rowspan="3">㉕</td><td rowspan="3"></td></tr>
<tr><td>300</td><td>0.01～1</td><td>230</td><td>100</td><td>直接</td><td>≥170</td><td>≥75</td></tr>
<tr><td>350</td><td>0.01～1</td><td>230</td><td>120</td><td>直接</td><td>≥170</td><td>≥62</td></tr>
</table>

<table>
<tr><th>型 号</th><th>名 称</th><th>测 量 范 围</th><th>使用条件</th><th>准确度（±%）</th><th>接入方法</th><th>用 途</th><th>生产厂</th><th>备注</th></tr>
<tr><td rowspan="2">45C1—A</td><td rowspan="2">直 流电流表</td><td>1，3，5，10，20，30，50，100，150，200，300，500mA
1，1.5，2，3，5，10A</td><td rowspan="2">C</td><td rowspan="2">1.5</td><td>直接接通</td><td rowspan="3">本表为开关板式抗冲击仪表，供船舶和其他移动电力设备装置上测量直流电流和电压，也可作为电子仪器的指示仪表，或其他非电量转换成电量的二次仪表</td><td rowspan="3">�51</td><td rowspan="13"></td></tr>
<tr><td>15，20，30，50，75，100，150，200，300，500，750A
1，1.5，2，3，4，5，6，7.5kA</td><td>配用75mV，外附定值分流器</td></tr>
<tr><td>45C1—V</td><td>直 流电压表</td><td>30，50，75，100，150，250，350，500V</td><td>C</td><td>1.5</td><td>直接接通</td></tr>
<tr><td rowspan="5">45C3—A</td><td rowspan="5">直 流电流表</td><td>500，800μA</td><td rowspan="5">C</td><td rowspan="5">1.5</td><td rowspan="3">直接接通</td><td rowspan="6">本表为开关板式抗冲击仪表，适于嵌入安装在船舶和其他移动电力设备装置上测量直流电流和电压，也可作为电子仪器的指示仪表，或其他非电量转换成电量的二次仪表</td><td rowspan="6">㉕</td></tr>
<tr><td>1，3，5，10，15，20，30，50，75，100，150，200，300，500，750mA</td></tr>
<tr><td>1，2，3，5，7.5，10A</td></tr>
<tr><td>15，20，30，50，75，100，150，200，300，500，750A</td><td rowspan="2">配用75mV，外附定值分流器</td></tr>
<tr><td>1，1.5，2，3，4，4.5，5，6，7.5kA</td></tr>
<tr><td>45C3—V</td><td>直 流电压表</td><td>3，7.5，10，15，20，30，50，75，100，150，250，300，350，500，600V</td><td>C</td><td>1.5</td><td>直接接通</td></tr>
<tr><td rowspan="2">45D1—A</td><td rowspan="2">交 流电流表</td><td>5，10，20，30，50A</td><td rowspan="2">C</td><td rowspan="2">2.5</td><td>直接接通</td><td rowspan="9">本表为开关板式抗冲击仪表，供船舶和其他移动电力设备装置上测量额定工作频率为50Hz、400Hz或427Hz的交流电流和电压</td><td rowspan="9">㉕</td></tr>
<tr><td>10，20，30，50，75，100，150，200，300，400，600，750，800A
1，1.5，2，3，4，5，6，7.5，10kA</td><td>配接二次侧电流为5A的电流互感器</td></tr>
<tr><td rowspan="7">45D1—V</td><td rowspan="7">交 流电压表</td><td>30，150，250，450V</td><td rowspan="7">C</td><td rowspan="7">2.5</td><td>直接接通</td></tr>
<tr><td>450V</td><td>经380/100或380/127VTV接通</td></tr>
<tr><td>3.6kV</td><td>经3000/100VTV接通</td></tr>
<tr><td>7.2kV</td><td>经6000/100VTV接通</td></tr>
<tr><td>12kV</td><td>经10000/100VTV接通</td></tr>
<tr><td>18kV</td><td>经15000/100VTV接通</td></tr>
<tr><td>42kV</td><td>经35000/100VTV接通</td></tr>
</table>

十、46 系列电流表与电压表

见表 4-10。

表 4-10

型 号	名 称	量 限	使用条件	准确度(±%)	接入方式	用 途	生产厂	备注
46C1—A	直流电流表	1，3，5，10，15，20，30，50，75，100，150，200，300，500mA	B组	1.5	直接接通	用于发电站、变电所的控制屏上或控制台上，各企业电气系统的开关屏或试验台上及电子设备上测量直流电路中的电流或电压	② ③ ④ ⑬	
		1，2，3，5，7.5，10，15，20A						
		30，50，75，150，200，300，500，750A			外附定值分流器			
		1，1.5，2，3，4，5，6，7.5，10kA						
46C1—V	直流电压表	3，5，7.5，15，30，50，75，100，150，250，300，450，600V	B组	1.5	直接接通			
		1，1.5，3kV			外附定值附加电阻			
46L1—A	交流电流表	0.5，1，2，3，5，10，20，30，50A	B组	1.5	直接接通	用于电站、变电所输配电控制屏上作测量交流电流或电压	③ ④ ② ⑬	
		5，10，15，20，30，50，75，100，150，200，250，300，500，750A 1，1.5，2，3，5，7.5，10kA			配接次级电流为5A的电流互感器			
46L1—V	交流电压表	20，30，50，75，100，150，250，300，450，500，600V	B组	1.5	直接接通			
		4，7.5，12，20，45，150，300，450kV			经电压互感器			
46L2—A	交流电流表	0.5，1，2，3，5，10，15，20A	B_1组	1.5	直接接通		①	
		5，10，15，20，30，50，75，100，150，200，300，400，500，600，750A 1，1.5，2，3kA			配用电流互感器			
46L2—V	交流电压表	5，7.5，10，15，30，50，75，100，150，250，300，450，500，600V	B_1组	1.5	直接接通			
		3.6，7.2，12，18，42，150，300，460kV			经电压互感器			

十一、59 系列电流表与电压表

见表 4-11。

表 4-11

型 号	名 称	量 限	使用条件	准确度（±%）	接入方式	用 途	生产厂	备注
59C2—A	矩形直流电流表	1，2，3，5，10，15，20，30，50，75，100，150，200，300，500mA	B组	1.5	直接接通	适于电气开关板、试验台及各种电子仪器等配套使用，测量直流电流或电压	㊴ ㊵ ㉟ ㉔ ⑱ ㉛ ⑯ ㉜ ㉚ ㉗ ⑬ ⑮ ㉓ ㉝ ㉘ ⑥ ③ ⑳ ⑧ ㉖ ㉞ ⑲ ⑩ ㊳ ⑤	
		1，2，3，5，7.5，10，15，20A						
		30，50，75，100，150，200，300，500，750A			外附定值分流器			
		1，1.5kA						
59C2—V	矩形直流电压表	1.5，3，5，7.5，10，15，20，30，50，75，100，150，200，250，300，450，500V	B组	1.5	直接接通			
		1，1.5kV			外附定值附加电阻			
59C9—A	直流电流表	50～500μA，1～500mA，1～10A	B组	1.5	直接接通	适用于安装在开关板、电子仪器设备上测量直流电流或电压	④	
		15～750A，1，1.5kA			外附定值分流器			
59C9—V	直流电压表	0.75，1，1.5，3kV	B组	1.5	外附定值附加电阻			
59C10—A	直流电流表	50，100，150，200，300，500μA	B组	1.5	直接接通	供开关板、电子仪器、移动装置上配套安装使用	㉓ ㉔	
		1，2，3，5，10，15，20，30，50，75，100，150，200，300，500mA						
		1，2，3，5，7.5，10，15，20A						
		30，50，75，100，150，200，300，500，750A			外附定值分流器			
		1，1.5，2，3kA						
59C10—V	直流电压表	1.5，3，5，7.5，10，15，20，30，50，75，100，150，200，250，300，450，500，600V	B组	1.5	直接接通			
		0.75，1，1.5，2，3，5kV			外附定值附加电阻			
59C15—A	直流电流表	100，150，200，300，500μA	B组	1.5	直接接通	供嵌入安装在船舶和移动电力设备装置上测量直流电流或电压，可做电子仪器的指示仪表或非电量转换成电量的二次仪表	㉕	
		1，2，3，5，10，15，20，30，50，75，100，150，200，300，500mA						
		1，2，3，5，7.5，10A						
		15，20，30，50，75，100，150，200，300，500，750A			配用 75mV，外附定值分流器			
		1，1.5，2，3，4.5，5，6，7.5kA						
59C15—V	直流电压表	3，7.5，15，30，50，75，100，150，250，300，500，600V	B组	1.5	直接接通			

续表

<table>
<tr><th>型　号</th><th>名　称</th><th>量　　限</th><th>使用条件</th><th>准确度(±%)</th><th>接入方式</th><th>用　　途</th><th>生产厂</th><th>备注</th></tr>
<tr><td rowspan="4">59C23—A</td><td rowspan="4">直　流
电流表</td><td>50，100，150，200，300，500μA，±25，±50，±100，±150，±250，±300，±500μA</td><td rowspan="4">B组</td><td rowspan="4">1.5</td><td rowspan="3">直接接通</td><td rowspan="6">可供电子仪器配套，测量直流电路中的电流电压</td><td rowspan="6">③
④</td><td rowspan="24"></td></tr>
<tr><td>1，2，3，5，10，15，20，30，40，50，75，100，150，200，300，500mA</td></tr>
<tr><td>1，2，3，5，7.5，10A</td></tr>
<tr><td>15，20，30，40，50，75，100，150，200，300，500，750A
1，2，3，5，7.5，10kA</td><td>外附FL—2型分流器</td></tr>
<tr><td rowspan="2">59C23—V</td><td rowspan="2">直　流
电压表</td><td>1.5，3，5，7.5，10，15，20，30，50，75，100，150，200，250，300，450，500，600V</td><td rowspan="2">B组</td><td rowspan="2">1.5</td><td>直接接通</td></tr>
<tr><td>750，1000，1500V</td><td>外附FJ—17型定值电阻器</td></tr>
<tr><td rowspan="2">59L1—A
59L2—A</td><td rowspan="2">交　流
电流表</td><td>0.5，1，2，3，5，10，20A</td><td rowspan="2">B组</td><td rowspan="2">1.5</td><td>直接接通</td><td rowspan="4">适于电气开关板、试验台及各种电子仪器等配套使用，测量交流电流电压</td><td rowspan="4">⑤
⑬
⑯
㊱
㉞
⑰
㊳
⑲
㉜
㉟
③
㉔
㉛
㉚
㉓
⑮
㉗
㉘
⑳
⑱</td></tr>
<tr><td>5，10，15，20，30，50，75，100，150，200，250，300，400，600，750A
1，1.5，2，3，4，5，6，7.5，10kA</td><td>配用二次侧电流0.5A或5A的电流互感器</td></tr>
<tr><td rowspan="2">59L1—V
59L2—V</td><td rowspan="2">交　流
电压表</td><td>3，5，7.5，10，15，20，30，50，75，100，150，250，300，450，500，600V</td><td rowspan="2">B组</td><td rowspan="2">1.5</td><td>直接接通</td></tr>
<tr><td>3.6，7.2，12，18，42，150，300，460kV</td><td>配用电压互感器二次侧电压50V或100V</td></tr>
<tr><td rowspan="3">59L10—A</td><td rowspan="3">交　流
电流表</td><td>0.5，1，2，3，5，10，20A</td><td rowspan="3">B_1组</td><td rowspan="3">1.5</td><td>直接接通</td><td rowspan="5">供开关板、电子仪器、移动装置上配套安装使用</td><td rowspan="5">㉓
㉔</td></tr>
<tr><td>5，10，15，20，30，50，75，100，150，200，300，400，600，750A</td><td rowspan="2">配接次级电流为5A的电流互感器</td></tr>
<tr><td>1，1.5，2，3，4，5，6，7.5，10kA</td></tr>
<tr><td rowspan="2">59L10—V</td><td rowspan="2">交　流
电压表</td><td>3，5，7.5，10，15，20，30，50，75，100，150，250，300，450，500，600V</td><td rowspan="2">B_1组</td><td rowspan="2">1.5</td><td>直接接通</td></tr>
<tr><td>1，3，6，10，15，35，60，100，220，380kV</td><td>配接二次侧电压100V的电压互感器</td></tr>
<tr><td rowspan="3">59L23—A</td><td rowspan="3">交　流
电流表</td><td>0.5，1，2，3，5，10，15，20A</td><td rowspan="3">B_1组</td><td rowspan="2">2.5</td><td>直接接通</td><td rowspan="5"></td><td rowspan="5">④</td></tr>
<tr><td>5，10，15，20，30，40，50，75，80，100，150，200，300，400，600，750，800A</td><td rowspan="2">配接二次侧电流为5A的电流互感器</td></tr>
<tr><td>1，1.5，2，3，5，10kA</td><td>1.5</td></tr>
<tr><td rowspan="2">59L23—V</td><td rowspan="2">交　流
电压表</td><td>5，7.5，10，15，30，50，75，100，150，250，300，450，500，600V</td><td rowspan="2">B_1组</td><td>1.5</td><td>直接接通</td></tr>
<tr><td>450，500，600V
1，2，4，7.5，12，20，45，150，300，450kV</td><td>2.5</td><td>配用电压互感器</td></tr>
</table>

十二、61系列电流表与电压表

见表4－12。

表4－12

型 号	名 称	量 限	使用条件	准确度(±%)	接入方式	用 途	生产厂	备注
61C1—A	直流电流表	50，100，150，200，300，500μA	温度－20～＋50°C，相对湿度≤95%	1.5	直接接通	适用于直流电路中测量电流或电压，可作电子仪器和电工仪器配套使用	⑳ ④	
		1，2，3，5，10，15，20，30，50，75，100，150，200，300，500mA						
		1，2，3，5，7.5，10A			外附定值分流器75mA			
		15，20，30，50，75，100，150，200，300，500，750A 1，1.5kA						
61C1—V	直流电压表	1.5，3，5，7.5，10，15，20，30，50，75，100，150，200，250，300，450，500，600V	温度－20～＋50°C，相对湿度≤95%	1.5	直接接通	适用于直流电路中测量电流或电压，可作电子仪器和电工仪器配套使用	⑳ ④	
		0.75，1，1.5kV			外附定值附加电阻5mA			
61C5—A	直流电流表	1，2，3，5，10，15，20，30，50，75，100，150，200，300，500mA	C组	1.5	直接接通	适用于安装在开关板和电子设备上测量直流电路中的电流或电压	⑳ ④	
		1，2，3，5，7.5，10A			外附定值分流器75mA			
		15，20，30，50，75，100，150，200，300，500，750A						
		1，1.5kA						
61C5—V	直流电压表	3,7.5，15，30，50，75，100，150，250，300，500，600V	C组	1.5	直接接通			
		1，1.5kV			外附电阻器5mA			
61L1—A	交流电流表	0.5，1，2，3，5，10，20A	B_1组	2.5	直接接通	适用于交流电路中测量电流或电压，可作为电子仪器、电工仪器配套使用	⑳ ㉓ ㉔	
		5，10，15，20，30，50，75，100，150，200，300，400，600，750A			配接二次侧电流为5A的电流互感器			
		1，1.5，2，3，4，5，6，7.5，10kA						
61L1—V	交流电压表	3，5，7.5，10，15，20，30，50，75，100，150，250，300，450，500，600V	B_1组	2.5	直接接通			
		1，3，6，10，15，35，60，100，220，380kV			配接二次侧电压为100V的电压互感器			
61L5—A	交流电流表	0.5，1，2，3，5，10，20A	B_1组	1.5	配接二次侧电流为5A的电流互感器	适用于交流电路中测量电流或电压，可作为电子仪器、电工仪器配套使用	⑳	
		5，10，15，20，30，50，75，100，200，300，400，500，600，700，750，1000A						
61L5—V	交流电压表	3，5，7.5，10，15，20，30，50，75，100，150，200，250，300，450，500，600V	B_1组	1.5	直接接通			

续表

型　号	名　称	量　　限	使用条件	准确度(±%)	接入方式	用　　途	生产厂	备注
61T1—A	交　流电流表	100，200，300，500mA	C组	2.5	直接接通	适用于电气系统的开关板、试验台及电子工业装置中，测量频率为50Hz的交流电流或电压	㉘ ㉞	
		1，2，3，5，10，15，20，30，50A						
		10，15，20，30，50，75，100，150A			配用二次侧电流为5A的电流互感器			
		200，300，400，500，600，1000，1500A						
61T1—V	交　流电压表	15，30，50，75，150，250V	C组	2.5	直接接通			
		300，450，460，500V						

十三、62系列电流表与电压表

见表4-13。

表4-13

型　号	名　称	量　　限	使用条件	准确度(±%)	接入方式	用　　途	生产厂	备　注
62C4—A	直　流电流表	50，100，150，200，300，500μA	B组	1.5 2.5	直接接通	用于直流电路中测量电流或电压，可作为电子仪器、电工仪器配套使用	㉓ ㉔ ⑳ ㉗	
		1，2，3，5，10，15，20，30，50，75，100，150，200，300，500mA						
		1，2，3，5，7.5，10，15，20A						
		30，50，75，100，150，200，300，500，750A			外附定值分流器			
		1，1.5，2，3kA						
62C4—V	直　流电压表	1.5，3，5，7.5，10，15，20，30，50，75，100，150，200，250，300，450，500，600V	B组	1.5 2.5	直接接通			
		0.75，1，1.5，2，3，5kV			外附定值附加电阻			
62C12—A	直　流电流表	50，75，100，150，200，300，500，750μA	C组	2.5	直接接通	用于各种电子仪器、无线电设备及电源开关板配套使用，用以测量直流电流、电压或以直流电流、电压测量非电量	㉘	
		1，2，3，5，7.5，10，15，20，30，50，75，100，150，200，300，500mA						
		1，2，3，5，7.5，10，15，20，30，50A			外附定值分流器			
		75，100，150，200，250，300，500，750A						
		1，1.5kA						
62C12—V	直　流电压表	75,100，150，200，300，500，750mV 1,1.5，2.5，3，5，7.5，10，15，20，30，50，75，100，150，200，250，300，400，450，460，500，600V	C组	2.5	直接接通			
62L4—A	交　流电流表	0.5，1，2，3，5，10，20A	C组	1.5 2.5	直接接通	用于交流电路中测量电流或电压，也可作为无线电设备、电子仪器、电工仪器配套使用	㉓ ㉔ ⑳	
		5，10，15，20，30，50，75，100，150，200，300，400，600，750A			经电流互感器接通次级电流5A			
		1，1.5，2，3，4，5，6，7.5，10kA						
62L4—V	交　流电压表	3，5，7.5，10，15，20，30，50，75，100，150，250，300，450，500，600V	C组	1.5 2.5	直接接通			
		1，3，6，10，15，35，60，100，220，380kA			配接二次侧电压为100V的电压互感器			

续表

型号	名称	量限	使用条件	准确度(±%)	接入方式	用途	生产厂	备注
62T2—A	交流电流表	50，100，150，200，300，500，750mA 1，2，3，5，10，15，20，25，30，50A	C组	2.5	直接接通	适用于电气系统和开关板、试验台及电子工业装置中，测量频率为50Hz的交流电流及电压	㉘⑲㉝⑧㊴㉖⑨	
		10，15，20，30，40，50，75，100，150，200，300，500，600A			配用次级电流为0.5A或5A的电流互感器			
		1，1.5，2，3，4，5，6，7.5，10kA						
62T2—V	交流电压表	30，50，75，100，120，150，200，250，300，450，460，500，600V	C组	2.5	直接接通			
		1，1.5，3，3.6，5，7.2，12，36，72，150，300，460kV			配用次级电压为50V或100V的电压互感器			
62T4—A	交流电流表	100，300，500mA 1，2，3，5，10，20，30，50A	C组	2.5	直接接通	供开关板配电屏上测量50Hz正弦波交流电路中的电流或电压	⑧㉘㊵㊲㉙㊴⑬⑫⑲㉖㉞⑨⑤	
		10，20，30，40，50，75，100，150，200，300，600，1000，1500A			配电流互感器（二次侧电流5A）			
62T4—V	交流电压表	30，100，150，250，460V	C组	2.5	直接接通			
62T51—A	交流电流表	100，300，500mA 1，2，3，5，10，20，30，50A	C组	2.5	直接接通	用于测量频率为50Hz、60Hz、400Hz、427Hz、500Hz、800Hz、1000Hz、1500Hz交流电路中的电流或电压，广泛用于各种中频设备及开关板等的配套	⑧㉘㊵㊲㉙㊴⑬⑫⑲㉖㉞⑨⑤	
		10，20，30，40，50，75，100，150，200，300，600，1000，1500A			配电流互感器（二次侧电流5A）			
62T51—V	交流电压表	30，100，150，250，460V	C组	2.5	直接接通			

十四、63系列电流表与电压表

见表4-14。

表4-14

型号	名称	量限	使用条件	准确度(±%)	接入方式	用途	生产厂	备注
63L10—A	交流电流表	0.5，1，2，3，5，10，20A	C组	2.5	直接接通	供嵌入安装在船用电力装置和移动电站的开关板上，用来测量额定工作频率为50Hz、400Hz、427Hz交流电路中的电流或电压	㉕	
		5，10，20，30，50，75，100，150，200，300，400，600，750，800A 1，1.5，2，3，4，5，6，7.5，10kA			经电流互感器接入二次侧电流5A			

续表

型 号	名 称	量 限	使用条件	准确度(±%)	接入方式	用 途	生产厂	备 注
63L10—V	交流电压表	30，50，75，100，150，250，300，450，500，600V	C组	2.5	直接接通	供嵌入安装在船用电力装置和移动电站的开关板上，用来测量额定工作频率为50Hz、400Hz、427Hz交流电路中的电流或电压	㉕	
		450V			经380/127V或380/100VTV接通			
		3.6kV			经3kV/100VTV接通			
		7.2kV			经6kV/100VTV接通			
		12kV			经10kV/100VTV接通			
		18kV			经15kV/100VTV接通			
		42kV			经35kV/100VTV接通			
63T1—A	交流电压表	1，2，3，4，5，10，15，20，25，30A	B_1组	2.5	直接接通	用于测量50～60Hz的交流电路中的电流或电压。电流表设有缓冲量程，能防过电流冲击，适于各种电工仪器、各类开关板、电子仪器、电信设备配套	㊴	
63T1—V	交流电压表	30，50，100，150，250，300V	B_1组	2.5	直接接通			

十五、69系列电流表与电压表

见表4-15。

表4-15

型 号	名 称	量 限	使用条件	准确度(±%)	接入方式	用 途	生产厂	备 注
69C7—A	直流电流表	100，150，200，300，500μA	B组	2.5	直接接通	供嵌入安装在船舶和其他移动电力设备装置上测量直流电流或电压，也可作为电子仪器的指示仪表，或其他非电量转换成电量的二次仪表	㉕	
		1，2，3，5，10，20，30，50，75，100，150，200，300，500mA						
		1，2，3，5，7.5，10A						
		15，20，30，50，75，100，150，200，300，500，750A 1，1.5，2，3，4.5，5，6，7.5kA			外附定值分流器			
69C7—V	直流电压表	3，7.5，15，30，50，75，100，150，250，300，500，600V	B组	2.5	直接接通			
69C9—A	直流电流表	50，75，100，150，200，300，500，750μA 1，2，3，5，7.5，10，15，20，30，50，75，100，150，200，300，500mA 1，2，3，5，7.5，10A	B组	2.5	直接接通	适用于各种无线电、电信设备、电子仪器等配套使用。供测量交、直流电流或电压，或以交、直流电流、电压测量非电量	㉘⑱③⑫㉜㉟㉓㉚⑯㉗㉑⑲㉔⑩	
		15，20，30，50，75，100，150，200，250，300，500，750A 1，1.5kA			外附定值分流器			
69C9—V	直流电压表	75，100，150，200，300，500，750mV 1，1.5，2.5，3，5，7.5，10，15，20，30，50，75，100，150，200，250，300，400，450，460，500，600V	B组	2.5	直接接通			

续表

型号	名称	量限	使用条件	准确度（±%）	接入方式	用途	生产厂	备注
69L9—A	平均值交流电流表	50，100，150，200，300，500mA 1，2，3，5，10，15，20A	B_1组	2.5	直接接通	适用于各种无线电、电信设备、电子仪器等配套使用。供测量交、直流电流或电压，或以交、直流电流、电压测量非电量	㉘ ㉟ ㉓ ㉚ ⑯ ㉗ ⑳ ③ ㉝ ㉜ ⑩ ⑲ ㉔	
	有效值交流电流表	30，50，75，100，150，200，300，600A 1，1.5，2，3，4，5，6，7.5，10kA			配用次级电流为0.5A或5A的电流互感器			
69L9—V	平均值交流电压表	5，7.5，10，15，20，30，50，75，100，120，150，200，250，300，450，460，600V	B_1组	2.5	直接接通			
	有效值交流电压表	1，1.5，3，3.6，5，7.2，12，36，72，150，300，460kV			配用次级电压为50V或100V的电压互感器			
69L9—A	中频电流表	50，100，150，200，300，500mA	B_1组	2.5	直接接通	可供400～1500Hz任意频率的交流电路测量电流或电压	㉘ ㉟ ㉓ ㉚ ⑯ ㉗ ⑳ ③ ㉝ ㉜ ⑩ ⑲ ㉔	
		1，2，3，5A 0.5，1，2，3，5，10，20A			经电流互感器			
		5，10，15，20，30，50，75，100，150，200，250，300，400，600，750A 1，1.5，2，3，4，5，6，7.5，10kA						
69L9—V	中频电压表	5，7.5，10，15，20，30V	B_1组	2.5	直接接通			
		50，75，100，120，150，200，250，300，450，460，600V						
		1，1.5，3，3.6，5，7.2，12，36，72，150，300，460kV			经电压互感器			
69L11—A	交流电流表	0.5，1，2，3，5，10，20A	B_1组	2.5	直接接通		①	
		5，10，15，20，30，50，75，100，150，200，250，300，400，600，750A 1，1.5，2，3，4，5，6，7.5，10kA			配用电流互感器			
69L11—V	交流电压表	3，5，7.5，10，15，20，30，50，75，100，150，200，250，300，450，500，600V	B_1组	2.5	直接接通			
		450，600V 3，6，7.2，12，18，42，150，300，460kV			配用电压互感器			

十六、81系列电流表与电压表

见表4-16。

表 4-16

型 号	名 称	量 限	使用条件	准确度(±%)	接入方式	用 途	生产厂	备 注
81C1—A	直流电流表	50，75，100，150，200，500，750μA 1，2，3，5，7.5，10，15，20，30，50，75，100，150，200，300，500mA 1，2，3，5，7.5，10，15，20，30，50A	B组	2.5	直接接通	为小型化仪表，用于直流电路中测量电流或电压，供电子仪器、移动装置上配套安装使用	㉘ ㉓ ⑫ ⑳ ㉔	
		75，100，150，200，250，300，500，750A 1，1.5kA			外附定值分流器			
81C1—V	直流电压表	75，100，150，200，300，500，750mV 1，1.5，2.5，3，5，7.5，10，15，20，30，50，75，100，150，200，250，300，400，450，460，500，600V	B组	2.5	直接接通			
81C6—A	直流电流表	1，3，5，10，15，30，75，100，150，300，500mA 1，2，3，5，10A	B组	2.5	直接接通	用于开关板或电子测量直流电路中电流或电压	⑧	
		20，30，50，75，100，150，200，300，500，750A			外附 FL—29 型分流器			
81C6—V	直流电压表	3，7.5，15，30，50，75	B组	2.5	直接接通			
		150，250，300，450，600，1000V			外附附加电阻			
81C10—A	直流电流表	50，100，150，200，300，500μA 内阻≤6100，2100，2700，2700，1300，600Ω	C组	2.5	直接接通	适用于小型仪器及开关板上作测量直流电流或电压用	⑫	
		1，2，3，5，10，20，30，50，100，200，300，500mA			直接接通			
		1，2，3，5，7.5，10A			直接接通			
		20，30，50，75，100，150，200，300，500，750A			通过 FL—2 型外附分流器			
		1，1.5kA						
81C10—V	直流电压表	1.5，3，7.5，15，30，50，75，150，250，300，450，600V	C组	2.5	直接接通			
		750V			通过 3mA 外附电阻器			
		1，1.5kV						
81L1—A	交流电流表	100，200，300，500，750mA 1，2，3，5，10，15，20A	B组	2.5	直接接通	为小型化仪表，用于交流电路中测量电流或电压，供电子仪器、移动装置上配套安装使用	㉘ ㉓ ⑧ ⑳ ㉔	
		10，20，30，40，50，75，100，150，200，300，500，600，750，1000，1500A			配接二次侧电流为5A的电流互感器			
81L1—V	交流电压表	15，30，50，75，100，150，200，250，300，450，500，600V	B组	2.5	直接接通			
81T1—A	交流电流表	500mA	C组 B_1组	2.5	直接接通	用于开关板及各种无线电设备、电信仪器装置中，测量50Hz交流电路中的电流或电压	⑧ ④ ⑳ ㉗	
		1，2，3，5，10A						
		10，20，30，50，75，100，150，200，300，600，1000，1500A			经电流互感器（次级电流5A）接通			
81T1—V	交流电压表	30，50，100，150，250，300，450V	C组 B_1组	2.5	直接接通			
		30，50，100，150，250，300，460，600，1000，1500，2000V			经电压互感器（次级电压100V）接通			

十七、84系列电流表与电压表

见表4-17。

表 4-17

型 号	名 称	量 限	使用条件	准确度（±%）	接入方式	用 途	生产厂	备 注
84C4—A	直流电流表	100，150，200，300，500μA	C组	2.5	直接接通	供嵌入安装在船舶和其他移动电力设备装置上测量直流电流或电压，也可作为电子仪器的指示仪表，或其他非电量转换成电量的二次仪表	㉕	
		1，2，3，5，10，15，20，30，50，75，100，150，200，300，500mA						
		1，2，3，5，7.5，10A						
		15，20，30，50，75，100，150，200，300，500，750A 1，1.5，2，3，4.5，5，6，7.5kA			配用75mV，外附定值分流器			
84C4—V	直流电压表	3，7.5，15，30，50，75，100，150，250，300，500，600V	C组	2.5	直接接通			
84C7—A	直流电流表	50,75,100,150,200,300,500,750μA 1，2，3，5，7.5，10，15，20，30，50，75，100，150，200，300，500mA 1，2，3，5，7.5，10，15，20A	B_1组	2.5	直接接通	适于各种无线电、电信设备、电子仪器等配套使用，供测量直流电流和电压	㉘	
		30，50，75，100，150，200，250，300，500，750A 1，1.5kA			外附定值分流器			
84C7—V	直流电压表	75，100，150，200，300，500，750mV 1，1.5，2.5，3，5，7.5，10，15，20，30，50，75，100，150，200，300，400，450，460，500，600V	B_1组	2.5	直接接通			
84L1—A	交流电流表	50，100，150，200，300，500mA 1，2，3，5，10，15，20A	B_1组	2.5	直接接通	适于各种无线电、电信设备、电子仪器等配套使用，供测量交流电流和电压	㉘	
		30，50，75，100，150，200，300，600A 1，1.5，2，3，4，5，6，7.5，10kA			配用次级电流为0.5A或5A的电流互感器			
84L1—V	交流电压表	5，7.5，10，15，20，30，50，75，100，150，200，250，300，400，450，460，600V	B_1组	2.5	直接接通			
		1，1.5，3，3.6，5，7.2，12，36，72，150，300，460kV			配用次级电压为50V或100V的电压互感器			
84L1—A	中频电流表	550，100，150，200，300，500mA 1，2，3，5A	B_1组	2.5	直接接通	适于各种无线电、电信设备、电子仪器等配套使用，供测量频率在400～1500Hz的交流电流和电压	㉘	
		10A～10kA			配用次级电流为0.5A或5A的电流互感器			
84L1—V	中频电压表	5，7.5，10，15，20，30，50，75，100，150，200，250，300，450，460，600V	B_1组	2.5	直接接通			
		1，1.5，3，3.6，5，7.2，12，36，72，150，300V						
		460kV			配用次级电压为50V或100V的电压互感器			

十八、85系列电流表与电压表

见表4-18。

表 4-18

型号	名称	量限	使用条件	准确度(±%)	接入方式	用途	生产厂	备注
85C1—A	直流电流表	1，2，3，5，10，15，20，30，50，75，100，150，200，300，500mA 1，2，3，5，7.5，10A	B_1组	2.5	直接接通	用于直流电流中测量电流电压。适用于开关板、试验台或电子仪器配套用	⑧㉙㉘㉖⑬⑤⑫⑮⑳⑥㉑③㉓㉗⑰㉚㉛㉜①	
		15，20，30，50，75，100，150，200，300，500，750A 1，1.5kA			外附分流器			
85C1—V	直流电压表	1.5，3，5，7.5，10，15，20，30，50，75，100，150，200，250，300，450，500，600V	B_1组	2.5	直接接通			
		0.75，1，1.5，3kV			外附电阻器			
85L1—A	交流电流表	0.5，1，2，3，5，10，15，20A	B组	2.5	直接接通	为小型仪表，供电子仪器和电工仪器配套测量交流电路中的电流和电压	⑯㉜⑬③⑳⑮⑧⑫㉝㉟㉓⑥㉙㉚㉗㉛⑤㉘㉑	
		5，10，15，20，30，50，75，100，150，200，300，400，500，600，750A 1，1.5，2，3，4，5，6，7.5，10kA			配接次级电流为0.5A或5A的电流互感器			
85L1—V	交流电压表	3，5，7.5，10，15，20，30，50，75，100，120，150，200，250，300，450，500，600V	B组	2.5	直接接通			
		3.6，7.2，12，18，42，150，300，460kV			经电压互感器接通（次级电压50V或100V）			

十九、89系列电流表与电压表

见表 4-19。

表 4-19

型号	名称	量限	使用条件	准确度(±%)	接入方式	用途	生产厂	备注
89C7—A	直流微安表	20，30，50，75，100，150，200，250，300，500μA	B_1组	2.5	直接接通	适用于各种小型电子仪器作测量直流电流和电压	⑫	
	直流毫安表	1,2,3,5,7.5,10,15,20,30,50,75,100,150,200,250,300,500mA						
	直流安培表	1，2，3，5，7.5，10A						
		15，30，50，75，100，150，200，250，300，500，750A			配用FL—2外附分流器			
		1，1.5kA						

续表

型　号	名　称	量　　限	使用条件	准确度(±%)	接入方式	用　　途	生产厂	备　注
89C7—V	直　流毫伏表	10，20，30，50，75，100，150，200，250，300，500mV	B_1组	2.5	直接接通	适用于各种小型电子仪器作测量直流电流和电压	⑫	
	直　流电压表	1，1.5，3，5，7.5，10，15，20，30，50，75，100，150，200，250，300，450，500，600V						
		750V，1，1.5kV			配用5mA，外附电阻			
89L1—A	交　流毫安表	5，7.5，10，15，20，25，30，50，75，100，150，200，250mA	B_1组	2.5	直接接通	适用于各种小型电子仪器作测量交流电流和电压	⑫	
		300，500mA						
	交　流安培表	1，2，3，5A						
89L1—V	交　流电压表	10，15，20，30，50，75，100，150，200，250，300，400，450V	B_1组	2.5	直接接通			

二十、91系列电流表与电压表

见表4-20。

表4-20

型　号	名　称	量　　限	使用条件	准确度(±%)	接入方式	用　　途	生产厂	备　注
91C2—A	直　流电流表	50，100，150，200，300，500μA	C组	5.0	直接接通	为小型仪表，适用于无线电通信设备上作测量直流电路的电流和电压	①③④㉝⑯	
		1，2，5，10，15，30，50，75，100，150，200，300，500mA						
		1A						
		2，3，5，10，15，20，30，50A			外附定值分流器75mA			
91C2—V	直　流电压表	1.5，3，5，7.5，10，15，30，50，75，100，150，250，300，450，500，600V	C组	5.0	直接接通			
91C4—A	直　流电流表	50，100，150，200，300，500μA	B组	5.0	直接接通	适用于无线电通信设备上作测量直流电路的电流和电压	⑯⑩㉘③⑫㊵⑳㉚㉝	
		1，2，5，10，15，20，30，50，75，100，150，200，300，500mA						
		1A						
		2，3，5，10，15，20，30，50A			配用外附定值分流器			
91C4—V	直　流电压表	1.5，3，5，7.5，10，30，50，75，100，150，250，300，450，500，600V	B组	5.0	直接接通			
91L4—A	交　流电流表	0.5，1，2，3，5，10A	B组	5.0	直接接通	适用于无线电通信设备上作测量交流电路的电流和电压	③④②⑯㉘⑫⑳㉚㉝	
		15，20，30，50，75，100，150，200，300，400，500，600，750A			配用电流互感器			
91L4—V	交　流电压表	5，10，15，30，50，75，100，150，200，250V	B组	5.0	直接接通			

二十一、99 系列电流表与电压表

见表 4 - 21。

表 4 - 21

型　号	名　称	量　　　限	使用条件	准确度(±%)	接入方式	用　　途	生产厂	备　注
99L1—V	槽　形 电压表	7.5，15，30，50，75V	B_1组	5.0	直接接通	可安装在小型电子仪器上测量 50Hz 正弦交流电路的电压	⑫	
99C2—A	槽　形 直　流 电流表	最高灵敏度 50μA	B_1组	2.5		适用仪器设备、控制台面板上及自动化仪表配套，可测量直流电流和电压及相应非电量等参数	㉘ ③ ㊷	
99C2—1A	直　流 电流表	±25，± 50，± 100μA；± 1，±5，±10mA 50，100，200，500μA；1，5，10，15，30mA	B 组	2.5	直接接通	本产品为微型槽形电表，可供电子仪器及自动化仪表变送器配套用	③ ⑳ ㉚	
99C14—μA	直　流 微安表	200，300，500μA	B_1组	5.0	直接接通	适用于安装在小型电子仪器上测量直流电流电压	⑫	
99C14—mA	直　流 毫安表	1，2，5，10，30，50，75，100，150，200，300，500mA	B_1组	5.0	直接接通			
99C14—A	直　流 毫安表	1，2mA	B_1组	5.0	直接接通			
99C14—V	直　流 伏特表	1.5，3，7.5，15，30，50，75V	B_1组	5.0	直接接通			
99C18—A	直　流 电流表	200，300，500μA 1，2，3，5，7.5，10，15，20，30mA	B_1 组	5.0	直接接通	本产品用于各种电子仪器、小型无线电设备及家用电器等作指示或调整用	㉔	
99C18—V	直　流 电压表	75mV 1.5，3，7.5，10，15，20，30，50，75，100，150，300V	B_1 组	5.0	直接接通			
99L18—V	交　流 电压表	10，15，20，30，50，75，100，150，250，300，450V	B_1 组	5.0	直接接通			
99C22—A	直　流 电流表	50，100，150，200，300，500μA 1，2，3，5，7.5，10，15，20，30，50，75，100，150，200，300，500mA 1，2A	B_1	2.5	直接接通	适用于电子仪器及自动化仪表变送器配套用。正面尺寸为 51mm×13mm	③	
99C22—V	直　流 电压表	1.5，3，7.5，10，15，20，30V	B_1	2.5	直接接通			
99C23—A	直　流 电流表	50，100，150，200，300，500μA 1，2，3，5，7.5，10，15，20，30，50，75，100，150，200，300，500mA 1，2A	B_1	2.5	直接接通	适用于电子仪器及自动化仪表变送器配套用。正面尺寸为 60mm×15mm	③	
99C23—V	直　流 电压表	1.5，3，7.5，10，15，20，30V	B_1	2.5	直接接通			

二十二、DAM05 型数字电流表与 DVM05 型数字电压表

（一）用途

DAM05 型数字电流表与 DVM05 型数字电压表分为 A 型、B 型、C 型、D 型、E 型五个品种。A 型、B 型为槽型表；C 型、D 型、E 型为矩形表。A 型配用马赛克屏（模拟屏），B 型为国标 16 型，C 型为国标 1T1 型，D 型为国标 42 型，E 型为国标 6C2 型。采用直接接通或配互感器等多种形式，适于变电所、配电屏、控制台等各计量行业配套使用。

（二）技术数据

见表 4－22。

表 4－22

<table>
<tr><th colspan="2">型　号</th><th>名　称</th><th>准确度
（±%）</th><th colspan="2">简　要　说　明</th><th>生产厂</th><th>备　注</th></tr>
<tr><td rowspan="4">DAM05D</td><td>$3\frac{1}{2}$位</td><td rowspan="4">直　流
电流表</td><td rowspan="2">0.5</td><td rowspan="8">量　限

表壳尺寸（mm）
（高×宽×深）

开孔尺寸（mm）
（高×宽）

读数形式
功　耗
环境温度
质　量</td><td rowspan="8">电流 5A（1A）等，或扩充
电压 100V（200V、220V、400V）等，或扩充

A 型 50×100×120　标准型
B 型 80×160×200　16 型
C 型 160×160×95　1T1 型
D 型 120×120×95　42 型
E 型 80×80×95　6C2 型

A 型 50×100　B 型 70×150
C 型 151×151　D 型 112×112
E 型 75×75

直读、百分读
≤3VA
－20～＋45℃，湿度≤85%
0.55kg（A 型），0.65kg（B 型），0.5kg（C 型），0.45kg（D 型），0.4kg（E 型）</td><td rowspan="8">㊻</td><td rowspan="16"></td></tr>
<tr><td>$4\frac{1}{2}$位</td></tr>
<tr><td>$3\frac{1}{2}$位</td><td rowspan="2">0.2</td></tr>
<tr><td>$4\frac{1}{2}$位</td></tr>
<tr><td rowspan="4">DVM05D</td><td>$3\frac{1}{2}$位</td><td rowspan="4">直　流
电压表</td><td rowspan="2">0.5</td></tr>
<tr><td>$4\frac{1}{2}$位</td></tr>
<tr><td>$3\frac{1}{2}$位</td><td rowspan="2">0.2</td></tr>
<tr><td>$4\frac{1}{2}$位</td></tr>
<tr><td rowspan="4">DAM05</td><td>$3\frac{1}{2}$位</td><td rowspan="4">交　流
电流表</td><td rowspan="2">1.0</td><td rowspan="8">量　限

表壳尺寸（mm）
（高×宽×深）

开孔尺寸（mm）
（高×宽）

读数形式
功　耗
环境温度
质　量</td><td rowspan="8">电流 5A（1A 等），电压 100V（400V 等），量限可按用户不同需要制作与扩充

A 型 50×100×120　标准型
B 型 80×160×200　16 型
C 型 160×160×95　1T1 型
D 型 120×120×95　42 型
E 型 80×80×95　6C2 型

A 型 50×100　B 型 70×150
C 型 151×151　D 型 112×112
E 型 75×75

直读或百分读数
≤3VA
－20～＋45℃，湿度≤85%
0.55kg（A 型），0.65kg（B 型），0.5kg（C 型），0.45kg（D 型），0.4kg（E 型）</td><td rowspan="8">㊻</td></tr>
<tr><td>$4\frac{1}{2}$位</td></tr>
<tr><td>$3\frac{1}{2}$位</td><td rowspan="2">0.5</td></tr>
<tr><td>$4\frac{1}{2}$位</td></tr>
<tr><td rowspan="4">DVM05</td><td>$3\frac{1}{2}$位</td><td rowspan="4">交　流
电压表</td><td rowspan="2">1.0</td></tr>
<tr><td>$4\frac{1}{2}$位</td></tr>
<tr><td>$3\frac{1}{2}$位</td><td rowspan="2">0.5</td></tr>
<tr><td>$4\frac{1}{2}$位</td></tr>
</table>

续表

型　号	名　称	准确度（±%）	简　要　说　明		生产厂	备　注
DAM05D	电力电网专用直流电流表	0.2	量　限	直流电流表 5～1000A，1～15kA（外附分流器）；直流电压表：1～3kV（外附电阻器）；交流电流表：0.5～20A（直接接通），5A～35kA（配用电流互感器 5A）；交流电压表：15～600V（直接接通），3～500kV（配用电压互感器 100V）	㊻	
		0.5				
DVM05D	电力电网专用直流电压表	0.2	过载能力	瞬间额定电压 10 倍，额定电流 20 倍		
		0.5	功　耗	0.1VA（配用 TA、TV）		
			显示方式	TV 一次值，TV 二次值，可另配微机接口或过载报警等		
DAM05	电力电网专用交流电流表	0.5	读数形式	直读或百分读等		
		1.0	表壳尺寸（mm）（高×宽×深）	A 型 50×100×120　标准型 B 型 80×160×200　16 型 C 型 160×160×95　1T1 型 D 型 120×120×95　42 型 E 型 80×80×95　6C2 型		
DVM05	电力电网专用交流电压表	0.5				
		1.0	质　量	0.55kg（A 型），0.65kg（B 型），0.5kg（C 型），0.45kg（D 型），0.4kg（E 型）。各种参数按用户需要制作与扩充		

二十三、S2 系列数字式盘面电流表与电压表

（一）性能

（1）高稳定性，高精密度设计。

（2）高辉亮 LED 显示（14.2mm 红色）。

（3）高耐压保护设计（AC2kV，IEC688）。

（4）标准 DIN 尺寸，易于安装（96mm×48mm）。

（5）可配合广角面板使用（110mm×110mm）。

（二）技术数据

见表 4-23。

表 4-23

品　名	型　号	最大指示	输　入　范　围	外形尺寸（宽×高×深）（mm×mm×mm）	备　注	生产厂	备　注
数字式盘面交流电压(流)表	S2—312 S2—334 S2—412	1999 3999 19999	AC　200mV～750V AC　200μA～30A X/5A（TA） X/110V　或　220V（TV）	96×48×113，96×48×113 开孔尺寸：(92+0.8)×(45+0.5)	1. 可测量有效值 2. 具有可程式显示之几种可供选择	㊼	
数字式盘面直流电压(流)表	S2—312 S2—334 S2—412	1999 3999 19999	DC　200mV～750V DC　200μA～15A X/50mV（分流器）	96×48×113 开孔尺寸：(92+0.8)×(45+0.5)	具有可程式显示之几种可供选择	㊼	

二十四、S2 系列数字式设定电流表与电压表

（一）性能

（1）高稳定性，高精密度设计。

（2）高辉亮 LED 显示（14.2mm 红色）。

(3) 高耐压保护设计（AC2kV，IEC688）。
(4) 标准 DIN 尺寸，易于安装（96mm×48mm）。
(5) SPDT 延时输出 AC110V/220V，DC24V，3A。
(6) 可配合各种信号传送器使用。

（二）技术数据

见表 4－24。

表 4－24

品名	型号	最大指示	输入范围	外形尺寸（mm×mm×mm）	生产厂	备注
数字式设定交流电压(流)表	S2—312A S2—400A	1999 3999	AC 200μA～15A AC 200mV～750V X/5A（TA） X/110V 或 220V（TV）	312A：96×48×113 400A：96×48×153 开孔尺寸：（92＋0.8）×（45＋0.5）	㊼	
数字式设定直流电压(流)表	S2—312A S2—400A	1999 3999	AC 200μA～15A AC 200mV～750V X/50mV（分流器）	312A：96×48×113 400A：96×48×153 开孔尺寸：（92＋0.8）×（45＋0.5）	㊼	

二十五、S2 系列数字式盘面电流表与电压表（含转换器输出）

（一）性能

(1) 高稳定性，高精密度设计。
(2) 高辉亮 LED 显示（14.2mm 红色）。
(3) 高耐压保护设计（AC2kV，IEC688）。
(4) 定电压、定电流、低涟波输出。
(5) 标准 DIN 尺寸，易于安装（96mm×48mm）。
(6) 可配合广角面板使用（110mm×110mm）。

（二）技术数据

见表 4－25。

表 4－25

品名	型号	最大指示	精确度	输入范围	输出范围	外形尺寸（mm×mm×mm）	备注	生产厂	备注
电流表	S2—334AT	3999	±0.25%	AC 0～5A X/5A（TA）	直流电压 0～1V 0～5V 1～5V 0～10V 直流电流 0～1mA 0～10mA 0～20mA 4～20mA 脉波 1k/kWh 10k/kWh 100k/kWh	96×48×113 开孔尺寸：（92＋0.8）×（45＋0.5）	可程式显示	㊼	
电压表	S2—334VT			AC 150V AC 300V X/110V 或 220V（TV）					

二十六、PA15 型数字电流表

见表 4－26。

二十七、PZ 系列面板式数字电压表

（一）用途

PZ 系列面板式数字电压表中的电子器件采用大规模集成电路，具有可靠性高、体积小、功耗低、使用方便等特点。

这类仪表可以直接与各种传感器、转换器相配合，实现各种电量和非电量的数字化测量，是各类测量仪器与控制台上理想的配套仪表。

表 4－26

名　称	型　号	测量范围	灵敏度	基　本　误　差	外形尺寸 (mm×mm×mm)	生产厂	备　注
数字电流表	PA15/1	0～19.99μA	0.01μA	±(0.3%读数+0.15%满度)	48×110×112 开孔尺寸：44×95	④	
	PA15/2	0～199.9μA	0.1μA	±(0.3%读数+0.15%满度)			
	PA15/3	0～1.999mA	1μA	±(0.2%读数+0.1%满度)			
	PA15/4	0～19.99mA	10μA	±(0.2%读数+0.1%满度)			
	PA15/5	0～199.9mA	100μA	±(0.3%读数+0.1%满度)			
	PA15/6	0～1.999A	1mA	±(0.4%读数+0.1%满度)			

（二）技术数据

见表 4－27。

表 4－27

产品名称	型　号	测量范围	灵敏度	基　本　误　差	外形尺寸 (mm×mm×mm)	生产厂	备　注
面板式数字电压表	PZ28C/1	0～19.999V	1mV	±(0.04%读数+0.01%满度)	70×130×160 开孔尺寸：62×122	㊺	
	PZ28C/2	0～199.99V	10mV				
	PZ28C/3	0～999.9V	100mV				
面板式数字电压表	PZ88/1	0～19.99mV	10μV	±(0.1%读数+0.15%满度)	48×110×112 开孔尺寸：44×95	㊺	
	PZ88/2	0～199.9mV	100μV	±(0.1%读数+0.15%满度)			
	PZ88/3	0～1.999V	1mV	±(0.1%读数+0.1%满度)			
	PZ88/4	0～19.99V	10mV	±(0.1%读数+0.1%满度)			
	PZ88/5	0～199.9V	100mV	±(0.1%读数+0.1%满度)			
面板式数字电压表	PZ90/1	0～199.9mV	100μV	±(0.2%读数+0.2%满度) (50Hz～1kHz)	48×110×112 开孔尺寸：44×95	㊺	
	PZ90/2	0～1.999V	1mV	±(0.2%读数+0.2%满度) (50Hz～1kHz)			
	PZ90/3	0～19.99V	10mV	±(0.2%读数+0.2%满度) (50Hz～1kHz)			
	PZ90/4	0～199.9V	100mV	±(0.3%读数+0.2%满度) (50～500Hz)			
	PZ90/5	0～400V	1V	±(1%读数+1%满度) (50～500Hz)			
面板式数字电压表	PZ91/1	0～199.9mV	10μV	±(0.04%读数+0.01%满度)	48×110×112 开孔尺寸：44×95	㊺	
	PZ91/2	0～1.9999V	100μV	±(0.03%读数+0.01%满度)			
	PZ91/3	0～19.999V	1mV	±(0.04%读数+0.01%满度)			
	PZ91/4	0～199.9V	10mV	±(0.04%读数+0.01%满度)			

二十八、PZ 系列便携式数字电压表

（一）用途

PZ 系列便携式数字电压表中的电子器件采用中、大规模数字集成电路，具有性能稳定可靠，使用方便等优点。这类仪表，一般是多量程、高精度的仪表，携带方便，是计量室、生产现场测试的理想仪表。

（二）技术数据

见表 4－28。

表 4-28

型号名称	量　程	测量范围	灵敏度	基　本　误　差	外形尺寸 (mm×mm×mm)	生产厂	备注
PZ92 电压表	20mV	0～19.99mV	10μV	±（0.2%读数+0.15%满度）	157×54 ×140	④	
	200mV	0～199.9mV	100μV	±（0.15%读数+0.1%满度）			
	2V	0～1.999V	1mV	±（0.1%读数+0.1%满度）			
	20V	0～19.99V	10mV				
	200V	0～199.9V	100mV	±（0.1%读数+0.1%满度）			
PZ93 电压表	200mV	0～199.99mV	10μV	±（0.035%读数+0.015%满度）	157×54 ×140	㊺	
	2V	0～1.9999V	100μV	±（0.03%读数+0.01%满度）			
	20V	0～19.999V	1mV				
	200V	0～199.99V	10mV	±（0.04%读数+0.01%满度）			
PZ114 直　流 数　字 电压表	200mV	0～199.99mV	10μV	±（0.04%读数+0.015%满度）	230×250 ×85	㊺	
	2V	0～1.9999V	100μV	±（0.03%读数+0.01%满度）			
	20V	0～19.999V	1mV	±（0.04%读数+0.015%满度）			
	200V	0～199.99V	10mV	±（0.04%读数+0.01%满度）			
	1000V	0～1000.0V	100mV	±（0.04%读数+0.01%满度）			
	输出偏置电流与输入电阻						
	量　程	输入电阻		输入偏置电流			
	200mV	＞100MΩ		≤2×10⁻¹⁰A			
	2V	＞100MΩ					
	20V	10MΩ 允差±10%					
	200V						
	1000V						

型号名称	额定量程	$4\frac{1}{2}$字		$3\frac{1}{2}$字		外形尺寸 (mm×mm×mm)	生产厂	备注
		分辨率	测量范围	分辨率	测量范围			
PZ115 直　流 数　字 电压表	300mV	10μV	0～0.30000V	100μV	0～0.3000V	390×292×120	㊺	
	3V	100μV	0～3.0000V	1mV	0～0.3000V			
	30V	1mV	0～30.000V	10mV	0～30.00V			
	300V	10mV	0～300.00V	100mV	0～300.0V			
	1000V	100mV	0～1000.0V	1V	0～1000V			
	速度（积分时间）与基本误差							
PZ115 直　流 数　字 电压表	量　程	24h 基本误差				390×292 ×120	㊺	
		$4\frac{1}{2}$d 快速	$4\frac{1}{2}$d 中速	$4\frac{1}{2}$d 慢速	$3\frac{1}{2}$d			
	0.3V	±（0.03%+2d）	±（0.02%+2d）	±（0.02%+2d）	±（0.04%+2d）			
	3V	±（0.02%+2d）	±（0.01%+2d）	±（0.01%+2d）				
	30V	±（0.03%+2d）	±（0.02%+2d）	±（0.02%+2d）				
	300V	±（±0.03%+2d）	±（0.02%+2d）	±（0.02%+2d）				
	1000V	±（±0.03%+2d）	±（0.02%+2d）	±（0.02%+2d）				
	$4\frac{1}{2}$d　快速 50×（1±3%）r/s　$4\frac{1}{2}$d　中速 25×（1±3%）r/s $4\frac{1}{2}$d　慢速 5×（1±3%）r/s　$3\frac{1}{2}$d　300×（1±3%）r/s							
	长期（6个月）稳定性							
	字长、速度、量程			（6月）误差				
	$4\frac{1}{2}$d　快速　3V			±（0.03%+2d）				
	$4\frac{1}{2}$d　快速　其他量程			±（0.04%+2d）				
	$4\frac{1}{2}$d　中、慢速　3V			±（0.02%+2d）				
	$4\frac{1}{2}$d　中、慢速　其他量程			±（0.03%+2d）				
	$3\frac{1}{2}$d			±（0.07%+2d）				

续表

型号名称	额定量程	4$\frac{1}{2}$字		3$\frac{1}{2}$字		外形尺寸（mm×mm×mm）	生产厂	备注
		分辨率	测量范围	分辨率	测量范围			
PZ115a 直流数字电压表	量程	24h 基本误差					㊺	
		5$\frac{1}{2}$快速	4$\frac{1}{2}$中速	4$\frac{1}{2}$快速	3$\frac{1}{2}$d			
	0.3V	±（0.003%+3d）	±（0.02%+2d）	±（0.03%+2d）	±（0.04%+2d）			
	3V	±（0.002%+3d）	±（0.01%+2d）	±（0.02%+2d）				
	30V	±（0.003%+3d）	±（0.02%+2d）	±（0.03%+2d）				
	300V	±（±0.003%+3d）	±（0.02%+2d）	±（0.03%+2d）				
	1000V	±（±0.002%+2d）	±（0.02%+2d）	±（0.03%+2d）				
	5$\frac{1}{2}$：2.5r/s　4$\frac{1}{2}$ 中速：25r/s　4$\frac{1}{2}$ 快速：50r/s　3$\frac{1}{2}$d：300r/s							

型号名称	量程、测量范围、灵敏度及基本误差					外形尺寸（mm×mm×mm）	生产厂	备注
	型号	量程	测量范围	分辨率	基本误差			
PZ119 直流数字电压表	PZ119—1	200mV	0～199.99mV	10μV	±（0.08%读数+0.05%满度）	135×100×50	㊺	
	PZ119—2	2V	0～1.9999V	100μV				
	PZ119—3	20V	0～19.999V	1mV				
	PZ119—4	200V	0～199.99V	10mV				
	PZ119—5	1000V	0～1000.0mV	100mV				
	输入偏置电流和输入电阻							
	PZ119—1	200mV	500MΩ	2×10^{-10}A				
	PZ119—2	2V	100MΩ					
	PZ119—3	20V	10±10kΩ					
	PZ119—4	200V						
	PZ119—5	1000V						

型号名称	型号	量程	测量范围	分辨率	基本误差		外形尺寸（mm×mm×mm）	生产厂	备注
					45Hz～1kHz	45～500Hz			
PZ120 数字电压表	PZ120—1	200mV	0～199.99mV	10μV	±（0.2%读数+1.5%满度）		135×100×50	㊺	
	PZ120—2	2V	0～1.9999V	100μV					
	PZ120—3	20V	0～19.999V	1mV					
	PZ120—4	200V	0～199.99V	10mV	±（0.3%读数+0.2%满度）				
	PZ120—5	750V	0～750.0V	100mV		±（0.2%读数+1.5%满度）			
	输入阻抗								
	型号	量程	输入阻抗						
	PZ120—1	200mV	1MΩ/100pF						
	PZ120—2	2V	1MΩ±0.1MΩ/100pF						
	PZ120—3	20V	1MΩ/100pF						
	PZ120—4	200V							
	PZ120—5	750V							

续表

型号名称	量 程	测量范围	灵敏度	基 本 误 差	外形尺寸 (mm×mm×mm)	生产厂	备注
PZ126 电压表	20mV	0～19.999mV	1μV	±(0.03%读数+0.015%满度)	300×270×70	㊺	
	200mV	0～1999.99mV	10μV	±(0.03%读数+0.01%满度)			
	2V	0～1.9999V	100μV	±(0.02%读数+0.01%满度)			
	20V	0～19.999V	1mV	±(0.03%读数+0.01%满度)			
	200V	0～199.99V	10mV	±(0.03%读数+0.01%满度)			
	1000V	0～1000.0V	100mV	±(0.03%读数+0.01%满度)			

二十九、PF3 型多路直流数字电压表

(一) 用途

PF3 型多路直流数字电压表，可用于巡回检测 20 路以下的 0～60V 直流电压，也作非电量转换成电量的温度、位移、压力等参数的测量。仪表采用双积分原理。

(二) 技术数据

见表 4-29。

表 4-29

型号名称	量 程	分 辨 力	输 入 阻 抗	外形尺寸 (mm×mm×mm)	生产厂	备 注
PF3 多路直流 数 字 电压表	60mV	10μV	>100MΩ	134×440×450	㊺	
	600mV	100μV	>500MΩ			
	6V	1mV	>1000MΩ			
	60V	10mV	10MΩ			
	1. 测量通路：20 路 2. 准确度：±(0.05%读数字±2 字) 3. 采样时间：0.1、0.2、0.5、1、2、5s 六档 4. 工作方式：定点、连扫、单扫、遥控 5. 抗干扰能力：串模：40dB；共模：120dB 6. 信息输出：8，4，2，1 二-十进码 7. 电源与功率：交流 220V，功耗≤35VA					

三十、PF66 型数字多用表

(一) 用途

PF66 型数字多用表，具有最新型的塑料机壳，结构先进，轻巧耐用，携带方便。该表由双积分式单片 CMOS 大规模集成电路，A/D 转换器高稳定基准源，以及 CMOS 斩波稳零单片集成运算放大器等电路组成。表内使用的各档精密电阻，都具有严格的工艺保证。该产品所用元器件均经科学方法严格筛选，因而具有很高的可靠性。

(二) 技术数据

见表 4-30。

表 4-30

型号名称		量 程	测量范围	分辨率	基 本 误 差		生产厂	备 注
					100Hz～1kHz	45～100Hz 1～5kHz		
PF66 数字 多用表	交流 电流 测量	2mA	0～1.9999mA	0.1μA	±(0.2%+10 字)	±(0.2%+20 字)	㊺	
		20mA	0～19.999mA	1μA	±(0.2%+20 字)	±(0.2%+20 字)		
		200mA	0～199.99mA	10μA				
		2A	0～1.9999A	1mA	±(0.5%+20 字)	±(0.5%+20 字)		
	交流 电压 测量	200mV	199.99mV	10μV	±(0.15%+20 字)	±(0.2%+20 字)		
		2V	1.9999V	100μV	±(0.1%+10 字)	±(0.15%+20 字)		
		20V	19.999V	1mV	±(0.2%+20 字)	±(0.2%+30 字)		
		200V	199.99V	10mV				
		750V	750.0V	100mV	±(0.5%+40 字)	±(0.15%+50 字)		
		1. 频率范围为 45～100Hz、1～5kHz 2. 频率范围为 45～100Hz						

续表

型号名称		量　程	测量范围	分辨率	基本误差		生产厂	备　注
					100Hz~1kHz	45~100Hz 1~5kHz		
PF66 数　字 多用表	直流 电压 测量	200mV	0~199.99mV	10μV	±（0.03%+2字）		㊺	
		2V	0~1.9999V	100μV				
		20V	0~19.999V	1mV				
		200V	0~199.99V	10mV				
		1000V	0~1000.0V	100mV				
	直流 电流 测量	2mA	0~1.9999mA	0.1μA	±（0.10%+2字）			
		20mA	0~19.999mA	1μA				
		200mA	0~199.99mA	10μA				
		10A	0~10.000mA	1mA	±（0.8%+5字）			
	电阻 测量	200Ω	199.99Ω	0.01Ω	±（0.05%+2字） 输入线电阻除外			
		2kΩ	1.9999kΩ	0.1Ω				
		20kΩ	19.999kΩ	1Ω				
		200kΩ	199.99kΩ	10Ω				
		2MΩ	1.9999mΩ	100Ω	±（0.1%+5字）			
		20MΩ	19.999MΩ	1kΩ	±（0.5%+10字）			

三十一、1系列功率表

见表4-31。

表4-31

型号	名　称	量　限		准确度 （±%）	使用条件	用　　途	接入方式	生产厂	备　注
		额定电压 （V）	额定电流 （A）						
1D1—W	三相有功 功率表	100,127,220	5	2.5	周围温度－20～＋50°C，相对湿度30%～80%	适于装置在开关板上，测量三相负荷不平衡交流线路中的有功功率	直接接通	⑰ ㊷ ⑥ ⑪ (64)	
1D5—W	三相有功 功率表			2.5	B组	应用在工业频率为50Hz各相负载平衡及不平衡的三相电路中测量有功功率和无功功率	直接接通	⑤ ⑩ ⑬	
1D5—var	三相无功 功率表			2.5	B组		直接接通		
1L2—W	三相有功 功率表	直接接入电压127、220、380V 额定电流5~10000/5A或/0.5A 额定电压380～380000/100V或/50V		2.5	B_1组	适用于发电站、变电所或其他固定电力装置上，测量50Hz或60Hz三相电路的有功功率	直接接通	⑧ ④	

三十二、6系列功率表

见表4-32。

表 4-32

型　号	名　称	量限 额定电压（V）	量限 额定电流（A）	准确度（±%）	使用条件	用　　途	接入方式	生产厂	备　注
6L2—W	单相有功功率表	50,100,220	5	2.5	C组	适用于电器、电力设备上作测量单相或三相电路中的有功功率和无功功率	经外附功率变换器接入	③⑧㉑㊲⑫②	
		50，100	0.5						
	三相有功功率表	50，100	5						
		5，100	0.5						
6L2—var	三相无功功率表	380	5	2.5	C组		经外附功率变换器接入		

三十三、13D1—W型功率表

见表4-33。

表 4-33

型　号	名　称	量限 额定电压（V）	量限 额定电流（A）	准确度（±%）	用　　途	使用条件	生产厂	备　注
13D1—W	功率表	见本表		2.5	供嵌入安装在船舶和其他移动电力设备装置上，测量额定工作频率为50、400、427 Hz三相电路中平衡或不平衡的相负载下的有功功率	C组	㉕	

BD1—W型有功功率表额定电流（经次级电流为5A之电流互感器接通）（A）	测量范围	额定电压（V） 直接接通 127	220	380	经电压互感器接通（次级电压为100V） 3k	6k	10k	15k	35k	110k	220k	380k
5	kW	1	2	3	25	50	80	120	300	1	2	3
7.5		1.5	3	5	40	80	120	200	500	1.5	3	5
10		2	4	6	50	100	150	250	600	2	4	6
15		3	6	10	80	150	250	400	1	3	6	10
20		4	8	12	100	200	300	500	1.2	4	8	12
30		6	12	20	150	300	500	800	2	6	12	20
40		8	15	25	200	400	600	1	2.5	8	15	25
50		10	20	30	250	500	800	1.2	3	10	20	30
75		15	30	50	400	800	1.2	2	5	15	30	50
100		20	40	60	500	1	1.5	2.5	6	20	40	60

续表

BD1—W型有功功率表额定电流（经次级电流为5A之电流互感器接通）(A)	测量范围	额定电压 (V)										
		直接接通		经电压互感器接通（次级电压为100V）								
		127	220	380	3k	6k	10k	15k	35k	110k	220k	380k
150	kW	30	60	100	800	1.5	2.5	4	10	30	60	100
200	kW	40	80	120	1	2	3	5	12	40	80	120
300	kW	60	120	200	1.5	3	5	8	20	60	120	200
400	kW	80	150	250	2	4	6	10	25	80	150	250
600	kW	120	250	400	3	6	10	15	40	120	250	400
750	kW	150	300	500	4	8	12	20	50	150	300	500
800	kW	150	300	500	4	8	12	20	50	150	300	500
1k	kW	200	400	600	5	10	15	25	60	200	400	600
1.5k	kW	300	600	1	8	15	25	40	100	300	600	1000
2k	kW	400	800	1.2	10	20	30	50	120	400	800	1200
3k	kW	600	1.2	2	15	30	50	80	200	600	1200	2000
4k	kW	800	1.5	2.5	20	40	60	100	250	800	1500	2500
5k	MW	1	2	3	25	50	80	120	300	1000	2000	3000
6k	MW	1.2	2.5	4	30	60	100	150	400	1200	2500	4000
7.5k	MW	1.5	3	5	40	80	120	200	500	1500	3000	5000
10k	MW	2	4	6	50	100	150	250	600	2000	4000	6000

三十四、16系列功率表

见表4-34。

表4-34

型号	名称	量限		准确度(±%)	使用条件	用途	接入方式	生产厂	备注
		额定电压(V)	额定电流(A)						
16L2—W、var	三相有功无功功率表	100,220,380	5	2.5	B_1组	安装在发电站的控制屏或控制台上，各企业电气系统的开关板或控制台上，测量三相有功功率、平衡三相无功功率和平衡三相功率因数	直接接通	⑧	
16L8—W	三相有功功率表			2.5	B_1组		外附功率变换器	①	
16L8—var	三相无功功率表			2.5	B_1组		外附功率变换器	①	

续表

型号	名称	量限		准确度（±%）	使用条件	用途	接入方式	生产厂	备注
		额定电压（V）	额定电流（A）						
16L14—W	单相有功功率表	100，220	5	1.5	B_1组		外附功率变换器	④	
	三相有功功率表	100，380	5						
16L14—var	三相无功功率表	100，380	5	1.5	B_1组		外附功率变换器		
16D2—W	三相有功功率表			2.5	B_1组	适用于厂矿企业的电力系统，安装于发电厂、变电站的控制屏、控制台、三相试验台或开关板上，测量频率50Hz任意负载下的三相制的交流电路中的有功功率或无功功率	直接接通	⑭	
16D2—var	三相无功功率表			2.5	B_1组		直接接通		
16D3—W	三相有功功率表	127,220,380	5	2.5	B组	用于发电厂或配电站及其他电气装置上，测量频率50Hz交流电路中的平衡、不平衡负载三相有功功率或平衡负载无功功率	直接接通	③ ⑱	
		380～380000	5～10000				经电流互感器（次级5A）、电压互感器（次级 100V）接通		
16D3—var	三相无功功率表	127,220,380	5	2.5	B组		直接接通		
		380～380000	5～10000				经电流互感器（次级5A）、电压互感器（次级 100V）接通		
16D3—W、var	三相有功无功功率表	经电流互感器接通次级电流为5A，经电压互感器接通次级电压为100V		2.5	B组	测量频率50Hz交流电路中的平衡、不平衡负载三相有功功率和平衡负载无功功率		⑬	

三十五、42 系列功率表

见表 4-35。

表 4-35

型　号	名　称	量限		准确度(±%)	使用条件	用　　途	接入方式	生产厂	备　注
		额定电压(V)	额定电流(A)						
42L6—W	单相有功功率表	50,100,220	0.5，5	2.5	B组	用于电器、电力设备上作测量单相或三相电路中的有功功率或无功功率	直接接通	⑳③①㉟⑲㉛㊷㉗	
	三相有功功率表	50,100,380	0.5，5						
42L6—var	单相无功功率表	50,100,220	0.5，5	2.5	B组		直接接通		
	三相无功功率表	50,100,380							
42L20—W	三相有功功率表			1.5	B组		直接接通	⑳③①㉟⑲㉛㊷㉗	
42L20—var	三相无功功率表			2.5	B组		直接接通		

三十六、44 系列功率表

见表 4-36。

表 4-36

型　号	名　称	量限		准确度(±%)	使用条件	用　　途	接入方式	生产厂	备　注
		额定电压(V)	额定电流(A)						
44L1—W	三相有功功率表	100,127,220,380V～380kV/100V	5～1000/5A	1.5	B组	用于交流电路测量有功功率或无功功率，可广泛用于开关板、电子仪器配套用	外附功率变换器	⑮⑧㉟㉘⑳㉜③	
44L1—var	三相无功功率表								
44L6—W	三相有功功率表	220	20，50，100，200，300，500，1000/5	2.5	C组	适于三相三线不平衡负载的有功功率及三相交流电路的功率因数等之用	外附变换器	⑫	
		380V	10，25，50，100，150，250，500/5A						

三十七、46 系列功率表

见表 4-37。

表 4-37

型 号	名 称	准确度（±%）	接入方式	使用条件	用 途	生产厂	备 注
46L2—W	单、三相有功功率表	2.5	外附功率变换器	B_1组		①	
46L2—var	单、三相无功功率表	2.5	外附功率变换器	B_1组			
46D1—W	三相有功功率表	2.5	直接接通	B组	适于电站、变电所输配电控制屏上作测量功率用	③ ④	
46D1—var	三相无功功率表	2.5	直接接通	B组			

三十八、59 系列功率表

见表 4-38。

表 4-38

型 号	名 称	量限		准确度（±%）	使用条件	接入方式	用 途	生产厂	备 注
		额定电压（V）	额定电流（A）						
59L1—W	单相有功功率表 三相有功功率表	100，127，220 380～380000V/100V	5～1000/5A	2.5	B_1组	外附功率变换器	适于电气开关板、试验台及各种无线电、电信设备、电子仪器等配套使用	㉘ ⑮ ㉗ ㉟ ㉜ ⑤	
59L1—var	平衡三相无功功率表	100，127，220 380～380000V/100V	5～1000/5A	2.5	B_1组	外附功率变换器			
59L2—W	三相有功功率表			2.5	B_1组	外附功率变换器	适于电器电力设备上作测量三相电路的有功功率或无功功率用	④	
59L2—var	三相无功功率表			2.5	B_1组	外附功率变换器			
59L4—W	三相有功功率表			2.5	B组	外附功率变换器		①	
59L4—var	三相无功功率表			2.5	B组	外附功率变换器			
59L9—W	三相有功功率表	220	20，50，100，200，300，500，1000/5A	1.5	C组	外附功率变换器	适于各种开关板、配电屏、电子仪器测量功率用	⑫	
		380	10，25，50，100，150，250，500/5A						

三十九、69 系列功率表

见表 4-39。

表 4-39

型 号	名 称	量限		准确度（±%）	接入方式	使用条件	用 途	生产厂	备 注
		额定电压（V）	额定电流（A）						
69L9—W	三相有功功率表	100，127，220，380	5	2.5	外附功率变换器	B组	用于测量交流三相电路的有功功率或无功功率用	㉜ ⑮ ③	
69L9—var	三相无功功率表	100，127，220，380	5	2.5	外附功率变换器	B组			

四十、81L3—W 型三相有功功率表

见表 4-40。

表 4-40

型号	名称	量限		准确度(±%)	接入方式	使用条件	用途	生产厂	备注
		额定电压(V)	额定电流(A)						
81L3—W	三相有功功率表	220	20，50，100，200，300，500，1000/5A	2.5	通过变换器	温度 −10 ～ +60℃，相对湿度 ≤85%	适于小型仪器及开关板上作测量交流电路的三相三线制不平衡负载的有功功率	⑫	
		380	10，25，50，100，150，250，500/5A						

四十一、85 系列功率表

见表 4-41。

表 4-41

型号	名称	量限		准确度(±%)	接入方式	使用条件	用途	生产厂	备注
		额定电压(V)	额定电流(A)						
85L1—W	单相有功功率表	50,100,220	0.5，5	2.5	外附功率变换器	B组	适于测量交流三相电路中的有功功率或无功功率	㉗㉜⑮②㊷㉓⑳⑲⑩㉞⑦	
	三相有功功率表	50,100,380	0.5，5						
85L1—var	单相无功功率表	50，100，220	0.5，5	2.5	外附功率变换器	B组	适于测量交流三相电路中的有功功率或无功功率	㉗㉜⑮②㊷㉓⑳⑲⑩㉞⑦	
	三相无功功率表	50，100，380	0.5，5						

四十二、Q96 系列功率表

见表 4-42。

表 4-42

型号	名称	标度尺展开角(°)	额定频率(Hz)	准确度(±%)	使用条件	接入方式	生产厂	备注
Q96—WMC	单相有功功率表	90	50，60	1.5	−25～+55℃	直接接通或经互感器接通	㉕	
Q96—WMCZ		240						
Q96—YMC	单相无功功率表	90	50，60	1.5	−25～+55℃	直接接通或经互感器接通	㉕	
Q96—YMCZ		240						
Q96—WTCA	三相有功功率表	90	50，60	1.5	−25～+55℃	直接接通或经互感器接通	㉕	
Q96—WTCZA		240						
Q96—YTCA	三相无功功率表	90	50，60	1.5	−25～+55℃	直接接通或经互感器接通	㉕	
Q96—YTCAZ		240						

四十三、DWM05 型数字功率表

（一）用途

DWM05 型数字功率表分为 A 型、B 型、C 型、D 型、E 型五个品种。A 型、B 型为槽型表；C 型、D 型、E 型为矩

型表。A 型配用马赛克屏（模拟屏），B 型为国标 16 型，C 型为国标 1T1 型，D 型为国标 42 型，E 型为国标 6C2 型。采用直接接通或配互感器等多种形式，适于变电站、配电屏、控制台等各计量行业配套使用。

（二）技术数据

见表 4-43。

表 4-43

型号		名称	准确度（±%）	简要说明		生产厂	备注
DWM05	$3\frac{1}{2}$位	功率表	1.0	量　限	100V　5A 或按用户需要制作或扩充	㊻	
				表壳尺寸（mm） （高×宽×深）	A 型 50×100×120　标准型 B 型 80×160×200　16 型 C 型 160×160×95　1T1 型 D 型 120×120×95　42 型 E 型 80×80×95　6C2 型		
	$4\frac{1}{2}$位		1.0	开孔尺寸（mm） （高×宽）	A 型 50×100　B 型 70×150 C 型 151×151　D 型 112×112 E 型 75×75		
	$3\frac{1}{2}$位		0.5	读数形式	直读、百分读		
				功　耗	≤3VA		
				环境温度	－20～＋45℃		
	$4\frac{1}{2}$位		0.5	质　量	0.6kg（A 型），0.7kg（B 型），0.55kg（C 型），0.5kg（D 型），0.45kg（E 型）		
DWM05		电力电网专用三相交流有功功率表	0.5	功　率	1A，100V～1A，380V 6A，100V～6A，380V	㊻	
				过载能力	瞬间额定电压 10 倍，额定电流 20 倍		
			1.0	功　耗	0.1VA（配用 TA、TV）		
				显示方式	TV 一次值，TV 二次值，可另配微机接口或过载报警等		
				读数形式	直读或百分读等		
DWM05V		电力电网专用三相交流无功功率表	0.5	表壳尺寸（mm） （高×宽×深）	A 型 50×100×120　标准型 B 型 80×160×200　16 型 C 型 160×160×95　1T1 型 D 型 120×120×95　42 型 E 型 80×80×95　6C2 型		
			1.0	质　量	0.55kg（A 型），0.65kg（B 型），0.5kg（C 型），0.45kg（D 型），0.4kg（E 型） 各种参数按用户需要制作与扩充		

四十四、S2 系列数字功率表

见表 4-44。

表 4-44

名称	型号	最大指示	输入范围	备注	生产厂	备注
数字式盘面有功功率表	S2—334W—12 S2—334W—33 S2—334W—34	3999	1Φ2W AC　110V　5A AC　200V　5A 3Φ3W AC　110V　5A AC　200V　5A 3Φ4W AC　110V，63V　5A AC　190V，110V　5A AC　380V，220V　5A	1. 具有几种直流功率表 2. 具有几种可程式显示可供选择	北京国际银燕电脑控制工程有限公司	
无功功率表	S2—334R—12 S2—334R—33 S2—334R—34			具有几种可程式显示可供选择		
数字式设定有功功率表	S2—312A S2—400A	1999 9999	1Φ2W 3Φ3W 3Φ4W	配合 S3-WD 转换器使用		

续表

品　名	型　　号	最大指示	精确度	输入范围	输出范围	备注	生产厂	备　注
有功功率表	S2—334WT—12 S2—334WT—33 S2—334WT—34	3999	±0.25%	1Φ2W AC　110V　5A AC　220V　5A 3Φ3W AC　110V　5A AC　220V　5A 3Φ4W AC　110V/63V　5A AC　190V/110V　5A AC　380V/220V　5A	直流电压 0～1V 0～5V 1～5V 0～10V 直流电流 0～1mA 0～10mA 0～20mA 4～20mA 脉波 1k/（kWh） 10k/（kWh） 100k/（kWh）	可程式显示	北京国际银燕电脑控制工程有限公司	
无功功率表	S2—334RT—12 S2—334RT—33 S2—334RT—34							

四十五、PS系列数字功率表

（一）PS-5型数字功率表

适于电力和计量部门作电能计量标准和功率计量标准，也可作为一般的数字电压表、频率计及功率电压变换器使用。主要技术数据如下：

（1）准确度：当频率为40～65Hz，cosφ≥0。8h测量误差为0.1%（满量程）。

（2）测量范围及读数：输入电压：交直流50V，100V，250V，300V，500V。输入电流：交直流0.5A，1A，2A，5A，10A，20A。读数：各量程的额定读数±10000字。分辨率1个字。

（3）工作条件：温度10～35℃，相对湿度小于80%。

（4）电源：220V±10%，50Hz。

（5）工作时间：连续8h。

（6）外形尺寸（mm）：454×480×162。

生产厂：天津电表厂。

（二）PS-8型数字直流功率表

用于冶金、化工等工业部门强直流供电系统，对工业现场直流功率进行精确计量。主要技术数据如下：

（1）精度：标准条件下（20±2℃）为0.2%±1个字，额定条件下（0～45℃）为0.5%±1个字。

（2）测量范围：输入电压为50V，100V，500V，1000V；电流：0～99.99kA。

（3）最大数字容量：瞬时值为9999kW；累积999999kW·h。

（4）线性：优于0.1%。

（5）温度：0～45℃范围内，每10℃小于0.05%。

（6）共模抑制比：（CMRR）大于65dB。

（7）外形尺寸（mm）：300×100×240。

生产厂：温州电工仪表厂。

四十六、单相电能表

见表4-45。

表4-45

型　号	名　称	量　　限		用　途	准确度（级）	生产厂	备　注
		额定电压（V）	标定电流（最大电流）（A）				
DD15	单相电能表	220	3（6），5（10），10（20）		2.0	㉒	
DD154			3（12），5（20），10（40）				
DD28			2（4），5（10），10（20）				
DD284			5（20），10（40），15（60），20（80）				

续表

型号	名称	量限		用途	准确度(级)	生产厂	备注
		额定电压(V)	标定电流(最大电流)(A)				
DD15	单相电能表	220	1(2)	用于家庭中计量电能消耗	2.0	㊶	
DD154		220	2(4)				
DD28		220	3(6)				
		220	5(10)				
		220	10(20)				
		220	20(40)				
DDJ—28	节能单相电能表	220	2(4)	用于家庭中计量电量。当用户不开启负载时，节能器自动切断电压线圈的电压，使其断路，节约空耗	2.0	㊶	
		220	5(10)				
DD28—3	单相电能表(过载3倍)	220	2(6)	适用于家庭用电量多的用户计量电能	2.0	㊶	
		220	5(15)				
		220	10(30)				
		220	20(60)				
DD28—4	单相电能表(过载4倍)	220	2(8)		2.0		
		220	5(20)				
		220	10(40)				
		220	20(80)				
DD862—4	单相电能表	220	1.5(6)，2.5(10)，5(20)，10(40)，15(60)，20(80)，30(100)	用于测量额定频率为50Hz的单相交流有功电能	2.0	㊳	
DD862a	单相电能表	220	1.5(6)　2.5(10)		2.0		
		220	5(20)				
		220	10(40)				
		220	20(80)				
		220	30(100)				
DD36	单相电能表	220	3(6)		1.0	㉒	
		220	1.5(6)　5(20)				
DDS30	电子式单相电能表	220	5(30)，5(40)	该电能表容易实现同计算机联网，可用它来设计预付费表(电卡、磁卡)		㊿	
Alpha	单相电能表(过载4倍)	220	2(8)，5(20)，10(40)，20(80)		2.0	㊸	

四十七、三相电能表

见表4-46。

表4-46

型号	名称	量限		用途	准确度（级）	生产厂	备注
		额定电压（V）	标定电流（最大电流）（A）				
DS15	三相三线有功电能表	100，110，380	5，10，20，40，50		2.0	㉒	
DX15	三相无功电能表	100，110，380	5，10，20，40，50		2.0	㉒	
DX16	三相无功电能表	100，110，380	5，10，20，40，50		3.0	㉒	
DT6	三相四线有功电能表	380/220	5，10，20，40，50		2.0	㉒	
DS16	精密级三相三线有功电能表	220，380	5，10		1.0	㉒	
DS33	精密级三相三线有功电能表	初级：根据电压互感器额定电压值 次级：100	初级：根据电流互感器额定电流值 次级：5		0.5	㉒	
DS21	三相三线有功电能表	3×100	3×5	用于各大供电局和发电厂准确计量三相三线有功电能	0.5	61	
DS862—2/4	三相三线有功电能表	3×100	3×3(6)，3×1.5(6)	供计量额定频率为50Hz三相三线、三相四线制电网中的有功和无功电能	2.0	58	
		3×380	3×3(6)，3×5(20)，3×10(40)，3×15(60)，3×20(80)，3×1.5(6)				
DT862—2/4/6	三相四线有功电能表	3×380/220	3×3(6)，3×1.5(6)，3×5(20)，3×10(40)，3×15(60)，3×15(90)，3×20(80)，3×30(100)		2.0		
DX862—2/4	三相四线无功电能表	3×380	3×3(6)，3×1.5(6)		3.0		
DX865—2/4	三相三线无功电能表	3×100	3×3(6)，3×1.5(6)		3.0		
		3×380					
DT864—2/4	三相四线有功电能表	3×380/220	3×1.5(6)，3×3(6)	供额定频率为50Hz的三相电路中计量电能	1.0	58	
DS864—2/3/4	三相三线有功电能表	3×100	3×3(6)，3×1.5(6) 3×2(6)，3×1(2)		1.0		
DX863—2/4	三相三线无功电能表	3×100	3×1.5(6)，3×3(6)，3×1(2)		2.0		
		3×380	3×1.5(6)，3×3(6)				
DX864—2/4	三相四线无功电能表	3×380	3×1.5(6)，3×3(6)		2.0		

续表

型号	名称	量限		用途	准确度（级）	生产厂	备注
		额定电压（V）	标定电流（最大电流）（A）				
DS862a	三相三线有功电能表	3×100	3×3（6）		2.0	㉒	
		3×380	3×3（6）				
		3×380	3×5（20）				
		3×380	3×10（40）				
		3×380	3×20（80）				
		3×380	3×30（100）				
DT862a	三相四线有功电能表	3×380/220	3×3（6）		2.0		
		3×380/220	3×1.5（6）				
		3×380/220	3×5（20）				
		3×380/220	3×10（40）				
		3×380/220	3×20（80）				
		3×380/220	3×30（100）				
DX862a	三相无功电能表	3×100	3×3（6）		3.0	㉒	
		3×380	3×3（6）				
		3×380	3×1.5（6）				
DS864a	三相三线有功电能表	3×100	3×3（6）		1.0		
		3×380	3×3（6）				
		3×100	3×1.5（6）				
DT864a	三相四线有功电能表	3×380/220	3×3（6）		1.0		
		3×100/57.7	3×1.5（6），3×3（6）				
		3×380/220	3×1.5（6）				
DX864a	三相无功电能表	3×100	3×1.5（6）		2.0		
		3×380	3×3（6）				
		3×380	3×1.5（6）				
SBDS873	三相三线有功电能表	3×100	3×2（6）	供精确计量50Hz电网三相电路的有功电能，也可供315kVA以上变压器计费用	1.0	52	
		3×380	3×2（6）				
SBDT874	三相四线有功电能表	3×380/220	3×2（6）		1.0		
SBDX875	三相三线无功电能表	3×100	3×2（6）	供精确计量50Hz电网三相电路的无功电能，也可供315kVA以上变压器计费用	2.0	52	
		3×380	3×2（6）				
SBDX876	三相四线无功电能表	3×380/220	3×2（6）		2.0		

续表

型　号	名　称	量　限		用　途	准确度（级）	生产厂	备　注
		额定电压（V）	标定电流（最大电流）（A）				
DS22—4	三相三线有功电能表	3×100	3×0.3（1.2）	供计量50Hz三线制电路中有功或无功电能用	1.0	⑥1	
		3×100	3×1.5（6）				
		3×380	3×1.5（6）				
DX22—4	三相四线无功电能表	3×100	3×0.3（1.2）		2.0		
		3×100	3×1.5（6）				
		3×380	3×1.5（6）				
DT22—4	三相四线有功电能表	3×380/220	3×1.5（6）		1.0		
		3×100/57.7	3×1.5（6）				
DS22	三相三线有功电能表	3×100	3×1		1.0		
		3×100	3×5				
		3×380	3×5				
DT22	三相四线有功电能表	3×100/57.7	3×1		1.0		
		3×100/57.7	3×5				
		3×380/220	3×5				
DX22	三相三线无功电能表	3×100	3×1		2.0		
		3×100	3×5				
		3×380	3×5				
DX22	三相四线无功电能表	3×100	3×1		2.0		
		3×100	3×5				
		3×380	3×5				
DT8	三相四线有功电能表	3×380/220	3×5		2.0		
		3×380/220	3×10				
		3×380/220	3×25				
		3×380/220	3×40				
DS8	三相三线有功电能表	3×100	3×5		2.0		
		3×380	3×5				
		3×380	3×10				
		3×380	3×25				
DX8	三相三线无功电能表	3×380	3×5		3.0		
		3×100	3×5				
DX13	双向计量三相三线无功电能表	100	5	供计量50Hz三线制电路中无功电能用。本表采用了双排计度器，下排字轮记录的是用户实用的无功电能，上排字轮记录的是用户向电网倒送的无功电能，是电力部门按功率因数收费的无功表	2.0		
		100	1				
		380	5				
DX13-1	双向计量三相四线无功电能表	100	5		2.0		
		100	1				
		380	5				

续表

型　号	名　称	量　　限		用　　途	准确度（级）	生产厂	备　注
		额定电压（V）	标定电流（最大电流）（A）				
DX863—SX	三相三线双向无功电能表	3×100	3×3（6）	适用于频率为50Hz的三相三线制电网中，分别计量超前、滞后两种无功电能。根据本表记录的两种无功电能数据计费，可以促使用户补偿滞后的无功电能的消耗，也防止超前无功能的消耗，以达到有效的功率因数的提高。对装有功率因数补偿装置的用户，可实现无功电能全面科学记录与考核	2.0	⑥⓪	
DX22—SX	三相三线双向无功电能表	3×100	3×5		2.0		

四十八、三相复费率电能表

见表 4-47。

表 4-47

型　号	名　称	量　　限		用　　途	准确度（级）	生产厂	备　注
		额定电压（V）	标定电流（最大电流）（A）				
FSB—23	三相三线有功复费率电能表	3×100 3×380	2（6）	供50Hz电网计量三相有功（无功）电能及预定时段的高峰、低谷有功（无功）电能，并可计量正常时段有功（无功）电能	1.0	⑥②	
FSB—24	三相四线有功复费率电能表	3×380/220	2（6）		1.0		
FSB—25	三相三线无功复费率电能表	3×100	2（6）		2.0		
FSB—26	三相四线无功复费率电能表	3×380	2（6）		2.0		
DSF19a	三相三线有功复费率电能表	3×100	3×5		0.5	㉒	
		3×100，3×380	3×3（6）		1.0		
		3×380	3×1.5（6）				
DTF19a	三相四线有功复费率电能表	3×100/57.7	3（6）		1.0		
		3×380/220	3（6）		2.0		
		3×380/220	1.5（6）～20（80）				
DXF19a	三相无功复费率电能表	3×100	3×3（6）		2.0		
		3×380	3×3（6）				
		3×380	3×1.5（6）				

续表

<table>
<tr><th rowspan="2">型　号</th><th rowspan="2">名　称</th><th colspan="2">量　　限</th><th rowspan="2">用　　途</th><th rowspan="2">准确度
（级）</th><th rowspan="2">生产厂</th><th rowspan="2">备　注</th></tr>
<tr><th>额定电压
（V）</th><th>标定电流（最大电流）
（A）</th></tr>
<tr><td>DF1—SO</td><td>三相三线有功复费率电能表</td><td>3×100</td><td>5</td><td rowspan="7"></td><td>0.5</td><td rowspan="7">⑥⓪</td><td rowspan="18"></td></tr>
<tr><td rowspan="2">DF1—S1—1</td><td rowspan="2">三相三线有功复费率电能表</td><td rowspan="2">3×100</td><td>3（6）</td><td rowspan="2">1.0</td></tr>
<tr><td>1.5（6）</td></tr>
<tr><td>DF1—T2—1</td><td>三相四线有功复费率电能表</td><td>3×380/220</td><td>3（6）</td><td>2.0</td></tr>
<tr><td>DF1—T2—2</td><td>三相四线有功数　显复费率电能表</td><td>3×380/220</td><td>3（6）</td><td>2.0</td></tr>
<tr><td>DF1—X2—1</td><td>三相三线无功复费率电能表</td><td>3×100</td><td>3（6）</td><td>2.0</td></tr>
<tr><td>DS22FC—1</td><td>三相三线有功复费率超容量电能表</td><td>3×100</td><td>5</td><td>1.0</td></tr>
<tr><td rowspan="2">DF1—S1—2</td><td>三相三线有功数　显复费率电能表</td><td>3×100</td><td>5
3（6）</td><td rowspan="2">主要用于电能分时统计，以实现电价的分时计费，并可对电网或用户的功率进行监视。因具有能识别功率潮流方向与摆动，适用于功率潮流方向频繁变动的场合</td><td>1.0</td><td rowspan="2">⑥⓪</td></tr>
<tr><td>三相三线有功精密复费率电能表（单片微机时控开关型）</td><td>3×100</td><td>3×5</td><td>0.5，1.0</td></tr>
<tr><td>DSF—22</td><td>三相三线有功复费率电能表</td><td>3×100</td><td>3×1
3×5</td><td rowspan="8">DTF1 型三相四线有功复费率电能表和 DSF22 型三相三线有功复费率电能表，是为电力部门实行二部制电价、节约能源而设计的。该表除具备一般三相四线和三相三线有功电能表用于计量三相电路中的有功电能的功能外，还设有“峰”、“谷”两个计度装置，可以测量任意时间分段内电能的积累值</td><td>1.0</td><td rowspan="8">⑥①</td></tr>
<tr><td>DSF—22A</td><td>三相三线有功复费率电能表</td><td>3×100</td><td>3×1.5（6）</td><td>1.0</td></tr>
<tr><td>DSF—1</td><td>三相三线有功复费率电能表</td><td>3×380</td><td>3×5</td><td>2.0</td></tr>
<tr><td>DTF—1</td><td>三相四线有功复费率电能表</td><td>3×380/220</td><td>3×5</td><td>2.0</td></tr>
<tr><td>DTF—22</td><td>三相四线有功复费率电能表</td><td>3×380/220</td><td>3×5</td><td>1.0</td></tr>
<tr><td>DTF—22A</td><td>三相四线有功复费率电能表</td><td>3×380/220</td><td>3×1.5（6）</td><td>1.0</td></tr>
<tr><td>DXF—22</td><td>三相四线有功复费率电能表</td><td>3×100</td><td>3×5</td><td>2.0</td></tr>
<tr><td>DXF—22A</td><td>三相四线有功复费率电能表</td><td>3×100</td><td>3×1.5（6）</td><td>2.0</td></tr>
</table>

四十九、预付费电能表

（一）概述

DDY79FB单相预付费电能表是以DD862型电能表为计量基表（其他基表也可）加装预付费电子单元制作而成。它采用了先进的智能卡技术，通过微电脑的处理和控制，使传统型电能表的功能增加了先交钱后用电的电卡表功能、脉冲输出功能、防窃电功能、保安（漏电保护）功能，非常适合于城网农网改造，是用电部门降低线损、限制电价、电费结零、集中管理的理想用表。该表适应性强，有无计算机均可使用。

（二）主要技术数据

（1）基表采用DD862型电能表，符合GB/T 15283—94标准及JB/T 8382—96的要求。

（2）规格：220V，50Hz，1.5（6）A、2.5（10）A、5（20）A、10（40）A。

（3）准确度等级：2.0。

（4）使用环境温度：－20～＋50℃，相对湿度不大于85％。

（5）电子单元显示范围：0～9999kWh。

（6）电压适应范围：220V±20％。

（7）电卡重复读写有效次数：＞100000次。

（8）窃电及漏电保护的动作时间为1s。

（9）安装尺寸：170mm×106mm。

（10）整机重量：＜2kg。

（三）主要结构、功能及特点

1. 主要结构

不改变DD862型或其他表的机芯结构，加装预付费电子单元。方便生产新表，也适应于普通电度表改制。该表采取非接触式光电传感方式在母表上取得与电能表转盘转动转数相同的电脉冲经过微电脑处理后，转换成电度数。

2. 功能及特点

（1）自动读卡，自动计量，内存电量指示，报警。电量为零时，自动拉闸断电。

（2）电卡能双向传递数据。

（3）防窃电功能。具有防跨线、防倒线（换位）、防倒转、防窃电器、防脱钩、防一线一地等功能。

（4）有漏电保护功能。

（5）有脉冲输出功能方便集中管理，掌握用电情况。

（6）采用高性能的继电器，有足够的通断容量（一般达40A）。

（7）电子单元具有很强的抗干扰能力和安全性能，数据可保持10年以上。

（四）使用方法

（1）本表出厂时，内部存储的电量为12kWh。

（2）用户安装本表时，应在供用电营业处去开户、建档，并对本表初始化，购买相应电卡和电量。以后购电时，购电前用户须将电卡插入电卡座内一次，便于表内数据送回计算机数据库。

（3）如用户要了解当前电表剩余电量可将电卡插入电卡座内，如是有效卡数码管就显示表内剩余电量。

（4）当供电部门的查电人员要查看表内的购电次数、购入电量、剩余电量、总用电量、超容电量、透支电量等数据时，可将专用查电卡插入卡座，显示器就依次显示。要了解当前功率时，须在10s内将电卡在电表卡座上连续插两次，即显示当前功率，显示时间为60s，如60s内未测出功率，则程序等待接收到脉冲信号后，显示测量值，显示时间为12s。

（5）用户持有电卡不能互换，卡遗失后可另购一只。

（6）剩余电量为本次购电量的10％时，电表拉闸断电警告，此时将电卡在表卡座上插一次即恢复供电。

（7）剩余电量为0时，显示器显示0000，自动拉闸断电。

（五）生产厂

上海大华测控设备公司。

五十、防窃电电能表

（一）防窃电电能表特点

DD862F、DD282F系列新型防窃电电能表是在一般电能表转动原理的基础上加装了防窃电部件，使防窃电电能表的各项技术指标不低于一般电能表的技术要求，又增加了防窃电的功能，不管使用何种不正当的窃电手段，防窃电电能表都能取得相当满意的效果。

（二）防窃电电能表的主要防窃电功能

1. 防跨线功能

在用户对电能表使用各种短路、分流手段进行窃电时，普通电能表此时停转或慢转而被窃电，本产品根据短路情况按100%～112%正向计数，使窃电者不仅达不到窃电目的，同时受到小的惩罚。

2. 防倒线功能（进出线换位）

在用户对电能表的进、出线调换位置进行窃电时，普通电能表此时因为电表倒转引起计度器反向计数减少了用电累计数而被窃电。本产品此时虽然电能表倒转，但计度器仍正向计数，用电累计数仍在正常累加，使窃电者达不到窃电目的。

3. 防脱勾

一般电能表的电压元件和电流原件的公共接点在接线盒上用金属小勾连接，当窃电者把金属小勾取下时，引起电能表停转而窃电。本产品的金属小勾在表内，使窃电者无法脱勾窃电。

4. 防倒转

当用户用倒表装置或先进的窃电装置使电能表反转，一般电能表此时因倒转被窃电，本产品仍正向计数。

（三）防窃电电能表规格

DD862F：1.5（6）A、2.5（10）A、5（20）A。

DD282F：3（6）A、5（10）A、10（20）A。

可根据用户需要制造特殊规格防窃电电能表。

（四）生产厂

上海大华测控设备公司。

五十一、PD194Z网络电力仪表

（一）概述

PD194Z网络电力仪表用于配电系统的连续监视与控制。可测量各种常用电力参数、有无功电能、需量，可进行远端控制、越限报警、并且有模拟量变送输出功能、最大需量统计。DO输出可用于越限报警或远程遥控。报警的门限值可程控设置。所有的数据都可以通过RS—485通信口用MODBUS协议读出，开关量输入DI可用于监视开关的状态。PD194Z仪表将高精确电量测量、智能化电能计量与管理和简单人机界面结合在一起。

（二）特点

(1) 测量全部的电力参数。

(2) 监视和控制电力开关。

(3) 四象限有、无功电能计量，分时复费率。

(4) 多参数越限报警。

(5) 多种外形尺寸：158mm×78mm、96mm×96mm、120mm×120mm，可用于不同开关柜。

(6) 可直接从电流、电压互感器输入，可任意设定TV/TA变比。

(7) LCD/LED显示，显示形象直观。

(8) 可通信接入SCDA、PLC系统中。

(9) 方便安装，工程量小。

（三）应用领域

PD194Z网络电力仪表的应用领域非常广泛，特别适用于对电力监控要求较高，电力安全有较高要求以及需要电能内部计量考核的场所。

（四）技术指标

见表4-48。

表4-48

项目		参数
精度等级		U、I为0.2级，P、Q为0.5级，有功电能为0.5级，无功电能为1级
显示		可编程LCD或LED显示
输入测量	网络	三相三线、三相四线
	额定值	电压：AC 100V、400V；电流：AC 1A、5A
	过负荷	持续：1.2倍　瞬时：电压2倍（10s），电流10倍（5s）
	功耗	电压：<1VA（每相）　电流：<0.4VA（每相）
	阻抗	电压>300kΩ　电流<20mΩ
	频率	50/60Hz±10%

续表

项目		参数
电能计量	电能	正负有功、无功电能计量
	分时计费	四种费率、八个时段
	累计计量	总、本月、上月、上上月的累计电能
	最大需量	滑差式、滑差时间 1min，滑差区间 15min
电源	工作范围	AC、DC 80～270V
	功耗	≤5VA
输出可编程	模拟量	4 路（2 路）模拟量变送输出：4～20mA/0～20mA
	数字量	RS—485 接口，MODBUS—RTU 协议
	脉冲输出	2 路电能脉冲输出，光耦继电器
	开关量输入	4 路（2 路）开关量输入，干结点方式（具体参阅规格型号说明）
	开关量输出	4 路（2 路）开关量输出，光耦继电器（具体参阅规格型号说明）
工作条件		−10～55℃，相对湿度≤93%，无腐蚀气体场所，海拔高度≤2500m
隔离耐压		输入和电源＞2kV，输入和输出＞2kV，电源和输出＞1.5kV
绝缘电阻		≥100MΩ

（五）规格型号

见表 4-49。

表 4-49

型号	测量	显示	外围功能（可选择，订货时说明）			
			变送输出或开关模块		数字通信	电能脉冲
PD194Z—2SY	U、I、P、Q 等全部电量参数和复费率电能计量	蓝色背光 LCD 显示	4 路 0～20mA 或 4～20mA（可选）	4 路开入 4 路开出（可选）	RS—485 MODBUS—RTU（可选）	2 路电能脉冲输出
PD194Z—2S4	U、I、P、Q 等全部电量参数和四象限电能	3 排 LED 显示				
PD194Z—2S7A	电流和有功电能	2 排 LED 显示				
PD194Z—2S7	有功电能、无功电能	2 排 LED 显示	无变送输出	4 路开入 4 路开出（可选）		
PD194Z—9S4	U、I、P、Q 等全部电量参数	3 排 LED 显示	1 路变送输出（可选）	2 路开入 2 路开出（可选）		
PD194Z—9SY	U、I、P、Q 等全部电量参数和复费率电能计量	蓝色背光 LCD 显示	2 路开入，2 路开出（可选）			
PD194Z—9S7	有功电能、无功电能	3 排 LED 显示				
PD194Z—9S7A	三相电流和有功电能	3 排 LED 显示				
PD194Z—9S9	三相电流和有功电能	3 排 LED 显示	1 路变送输出（可选）	2 路开入 2 路开出（可选）		
PD194Z—9S9A	三相电流、三相电压和有功电能	3 排 LED 显示				
PD194Z—1S5	U、I、P、Q 等全部电量参数和有功电能、无功电能	1 排 LED 显示	4 路模拟变送输出（可选）		RS—485 数字通信	
JD194—BS4Z6	U、I、P、Q 等全部电量参数和有功电能、无功电能	无				
PD194Z—2S4K	U、I、P、Q 等全部电量参数和四象限电能	3 排 LED 显示	带 16 路开关输入和 RS—485 数字通信接口，实现“遥测”和“遥信”功能。			
PD194Z—2S4K6	U、I、P、Q 等全部电量参数和四象限电能	3 排 LED 显示	6 路开关输入、2 路继电器输出，RS—485 通信接口。			

（六）生产厂

江苏斯菲尔电气仪表有限公司。

五十二、PD194E多功能电力仪表

（一）概述

PD194E系列产品是一种具有可编程测量、显示、数字通信和电能脉冲变送输出等功能的多功能电力仪表，能够完成电量测量、电能计量、数据显示、采集及传输，可广泛应用变电站自动化、配电自动化、智能建筑、企业内部电能测量、管理、考核。测量精度为0.5级，实现LED现场显示和远程RS—485数字接口通信、采用MODBUS—RTU通信协议。

（二）技术指标

见表4-50。

表4-50

项目			参数
精度等级			U、I为0.2级，P、Q为0.5级，有功电能为0.5级，无功电能为1级
显示			2排、3排、4排LED切换或循环显示
输入测量	网络		三相三线、三相四线
	电压	额定值	AC100V、220V、400V
		过负荷	持续：1.2倍　瞬时：2倍（10s)
		功耗	＜1VA（每相）
		阻抗	＞300kΩ
	电流	额定值	AC1A、5A
		过负荷	持续：1.2倍　瞬时：10倍（5s)
		功耗	＜0.4VA（每相）
		阻抗	＜20mΩ
	频率		50/60Hz±10%
电能			正负有功、无功电能计量
电源	工作范围		AC、DC　80～270V
	功耗		≤5VA
输出	数字量		RS—485接口，MODBUS—RTU协议
	脉冲输出		2路电能脉冲输出，光耦继电器
工作条件			－10～55℃，相对湿度≤93%，无腐蚀气体场所，海拔高度≤2500m
隔离耐压			输入和电源＞2kV，输入和输出＞2kV，电源和输出＞1.5kV
绝缘电阻			≥100MΩ

（三）生产厂

江苏斯菲尔电气仪表有限公司。

五十三、DSSD331/DTSD341—9型三相三线/三相四线电子式多功能电能表（关口表、谐波表）

（一）适用场所

该表计采用高速DSP、高精度A/D技术，每周波采样256点，计算各种电量并进行谐波分析，具有丰富的功能和优良的性能。适用于关口高精度电能计量，变电站、大用户电能计量及谐波分析。对于谐波严重的电气化铁路、炼钢厂等计量点可实现谐波分析、计量，基波计量，适应性强。

（二）技术指标

见表4-51。

（三）主要功能

(1) 分时计量功能。分时计量正反向有功电能，四象限无功电能及4种组合无功方式。

(2) 最大需量计量。分时计量正反有功、组合无功及四象限无功最大需量及最大需量发生时间。

(3) 最大六费率，存储12个月历史用电数据。

(4) 测量总及A、B、C各相有无功功率、电压、电流、功率因数及频率。

(5) 谐波分析功能。测量2～41次电压、电流谐波分量的幅值、相位，计量基波电能、谐波电能和谐波电量。

表 4-51

项 目	技 术 指 标
标 准	GB/T 17883—1999，GB/T 17882—1999，DL/T 614—1997 GB/T 14549—93，GB/T 15284—2002
准确度等级	总有功：0.2S级，0.5S级 基波有功：0.5S级 总无功：1级，2级
参比电压	3×100V 3×57.7V/100V 3×220V/380V
电流规格	1（2）A 1.5（6）A
参比频率	50Hz
工作电压范围	（0.8～1.2）U_n：极限工作电压范围：（0.7～1.3）U_n 加辅助电源供电（可选）
工作温度	−25～+55℃；极限工作温度范围：−35～+65℃
功 耗	<2W，10VA
时钟误差	≤0.5s/d，带温补
功率脉冲输出参数	脉冲宽度：80ms±10ms 空接点输出，外接电源DC：5～24V，允许通过电流≤15mA
通信协议	威胜规约、DL/T 645规约或用户要求的规约
外形尺寸	长×宽×厚：285mm×172mm×80mm
单机重量	约1.9kg
脉冲常数	20000imp/kWh（0.2S级），20000imp/kvarh（1级） 5000imp/kWh（0.5S级），5000imp/kvarh（2级）

（6）外部TV、TA比差和角差的修正和补偿。

（7）负荷曲线记录。可设计8种数据组合记录，最大数据存储容量达4M字节。

（8）变压器损耗补偿。

（9）失流、失压、断相记录功能。

（10）电压合格率记录功能。

（11）记录多种事件发生时间及当时状态，如掉电、清零、清需量、设置参数、掉电、上电、欠压、过压、电流不平衡率超限、校时等事件记录。

（12）具有自诊断、故障报警功能。

（13）TV断电抄表功能。

（14）两路独立RS—485光通信接口、吸附式红外及远红外光通信接口。

（15）四路空接点电能脉冲辅助端子输出及LED电能脉冲输出。

（四）生产厂

威胜仪表集团有限公司。

五十四、DSSD331/DTSD341—MB1（V1.0）型三相三线/三相四线电子式多功能电能表

（一）适用场所

该型表外观新颖，功能丰富，性能优良，已大量广泛应用于发电厂、变电站、各类企事业单位的有功、无功电能计量。

（二）技术指标

见表4-52。

表 4-52

项 目	技 术 指 标
标 准	GB/T 17215—2002 GB/T 17882—1999 GB/T 17883—1999 DL/T 614—1997
准确度等级	有功：0.5S级，1级 无功：2级
参比电压	3×100V 3×220V/380V 3×57.7V/100V
电流规格	0.3（1.2）A 1（2）A 1.5（6）A 3（6）A 5（6）A 5（20）A 10（40）A 15（60）A 20（80）A 30（100）A

续表

项　　目	技 术 指 标
参比频率	50Hz、60Hz
工作电压范围	(0.8～1.2) U_n；极限工作电压范围：(0.7～1.3) U_n
工作温度	−25～+55℃；极限工作温度范围：−35～+65℃
功　　耗	<1.5W，4VA
时钟误差	≤0.5s/d，带温补
功率脉冲输出参数	脉冲宽度：80ms±10ms 空接点输出，外接电源 DC：5～24V，允许通过电流≤15mA
通信协议	威胜规约、DL/T 645 规约或用户要求的规约
外形尺寸	长×宽×厚：291mm×172mm×93mm
单机重量	约 2.8kg

（三）主要功能

(1) 分时计量正反向有功电能、四象限无功电能及四种以上的无功组合方式。

(2) 分时计量正反向有功、输入输出无功最大需量及需量时间。

(3) 分相不分时正反向有功、组合无功电量计量。

(4) 最大六费率，能记录本月和上 12 月历史电量数据，具有主、副两套时段。

(5) 自动及手动需量冻结功能。

(6) 三相总及 A、B、C 各相的电压、电流、有功功率、无功功率、功率因数及电网频率并且显示功率的方向。

(7) 512k 字节负荷曲线记录功能，可设置 6 类数据组合记录。

(8) RS485（可选择双路 RS—485）或 RS232 通信接口、吸附式远红外光通信接口及远红外通信接口。

(9) 失流、失压记录功能，可选择全失压记录功能。

(10) 电压合格率记录功能。

(11) 记录多种事件记录发生的时间及当时状态，如清零、清需量、编程、校时、调表、设置初始底度、掉电、上电、过压、电压逆相序、开盖检测、超功率等。

(12) 具有自检功能。自动检测 A/D 故障、EEPROM 故障、时钟故障、内部电池欠压、外部电池欠压、电压逆相序、过压、失压、失流记录，故障报警功能。

(13) 带背光的液晶显示，停电抄表通过按钮或激光启动。

(14) 四路空接点电能脉冲辅助端子输出及 LED 电能脉冲输出。

(15) 可选择辅助电源配置。

(16) 具有开盖检测功能。

（四）生产厂

威胜仪表集团有限公司。

五十五、DSSD331/DTSD341—MB1（V2.0）型三相三线/三相四线电子式多功能电能表

（一）适用场所

该型表外观新颖，功能丰富，有特殊的冬、夏冻结电量功能，适用于发电厂、变电站、各类企事业单位的有功、无功电能计量。

（二）技术指标

见表 4-53。

表 4-53

项　　目	技 术 指 标
标　　准	GB/T 17215—2002　GB/T 17882—1999 GB/T 17883—1999　DL/T 614—1997
准确度等级	有功：0.5S 级，1.0 级　无功：2.0 级
参比电压	3×100V　3×220V/380V　3×57.7V/100V
电流规格	0.3 (1.2) A　1 (2) A　1.5 (6) A　3 (6) A　5 (6) A　5 (20) A 10 (40) A　15 (60) A　20 (80) A　30 (100) A

续表

项 目	技 术 指 标
参比频率	50Hz，60Hz
工作电压范围	(0.8～1.2) U_n；极限工作电压范围：(0.7～1.3) U_n
工作温度	−25～+55℃；极限工作温度范围：−35～+65℃
功 耗	<1.5W，4VA
时钟误差	≤0.5s/d，带温补
功率脉冲输出参数	脉冲宽度：80ms±10ms 空接点输出，外接电源 DC：5～24V，允许通过电流：15mA
通信协议	DL/T 645 规约或用户要求的规约
外形尺寸	长×宽×厚：254mm×172mm×82mm
单机重量	约 2.8kg

（三）主要功能

(1) 分时计量正反向有功电能、四象限无功电能及四种以上的无功组合方式。

(2) 分时计量正反向有功、输入输出无功最大需量及最大需量发生时间。

(3) 分相不分时正反向有功、组合无功电量计量。

(4) 最大五费率，能记录本月和上 8 月历史电量数据。

(5) 能冻结并记录进入和退出冬季、夏季的谷时段电能，数据保持时间不少于 12 月，进入冬季有中文标识（冬）显示。

(6) 自动及手动需量冻结功能。

(7) 三相总及 A、B、C 各相的电压、电流、有功功率、无功功率、功率因数及电网频率并且显示功率的方向。

(8) 64k 字节负荷曲线记录功能，可设置 6 类数据组合记录。

(9) 双路 RS—485 通信接口、吸附式远红外光通信接口及远红外通信接口。

(10) 失流、失压记录功能、可选择全失压记录功能。

(11) 电压合格率记录功能。

(12) 记录多种事件记录发生的时间及当时状态，如清零、清需量、编程、校时、调表、设置初始底度、掉电、上电、过压、电压逆相序、开盖检测、超功率等。

(13) 具有自检功能：自动检测 A/D 故障、EEPROM 故障、时钟故障、内部电池欠压、外部电池欠压、电压逆相序、过压、失压、失流记录，故障报警功能。

(14) 停电抄表通过按钮或激光启动。

(15) 四路空接点电能脉冲辅助端子输出及 LED 电能脉冲输出。

(16) 具有开盖检测功能。

（四）生产厂

威胜仪表集团有限公司。

五十六、DSSD331/DTSD341—MB2 型三相三线/三相四线电子式多功能电能表

（一）适用场所

该型表具有丰富的功能，外观新颖，宽视角液晶，24 费率计量，2M 字节容量记录负荷曲线数据，标准双 485 口，适用于发电厂、变电站以及各类企事业单位有功、无功电能的超多费率计量。

（二）技术指标

见表 4-54。

表 4-54

项 目	技 术 指 标
标 准	GB/T 17215—2002 GB/T 17882—1999 GB/T 17883—1999 DL/T 614—1997
准确度等级	有功：0.5S 级，1 级 无功：2 级
参比电压	3×100V 3×220V/380V 3×57.7V/100V
电流规格	0.3 (1.2) A 1 (2) A 1.5 (6) A 3 (6) A 5 (6) A 5 (20) A 10 (40) A 15 (60) A 20 (80) A 30 (100) A

续表

项　目	技 术 指 标
参比频率	50Hz，60Hz
工作电压范围	(0.8～1.2) U_n；极限工作电压范围：(0.7～1.3) U_n
工作温度	−25～+55℃；极限工作温度范围：−35～+65℃
功　耗	<1.2W，4VA
时钟误差	≤0.5s/d，带温补
功率脉冲输出参数	脉冲宽度：80ms±10ms 空接点输出，外接电源DC：5～24V，允许通过电流：15mA
通信协议	DL/T 645规约或用户要求的规约
外形尺寸	长×宽×厚：291mm×172mm×93mm
单机重量	约2.2kg

（三）主要功能

(1) 计量正反向有功电能、四象限无功电能及任意组合无功。

(2) 分时计量正向有功最大需量及最大需量发生时间。

(3) 固定24费率，在时钟整点切换费率，双时钟备份，确保时间正确无误。

(4) 计量三相总及A、B、C各相的电压、电流、有功功率、无功功率、功率因数及各元件相角并且显示功率的方向。

(5) 2M字节负荷曲线记录功能，可设置6类数据组合记录。

(6) 表计具有3个独立的物理通信口：第一路RS485口、第二路RS485口、1路远红外口，三个通信口的通信地址为同一个地址。

(7) 记录多种事件记录发生的时间及当时状态，如清零、清需量、编程、校时、置初始底度、掉电、上电等。

(8) 具有自检功能。自动检测A/D故障、EEPROM故障、时钟故障、内部电池欠压、外部电池欠压、失压、失流记录，故障报警功能。

(9) 采用直流24V辅助电源，电表停电后自动切换到辅助电源供电，支持通信和显示。

(10) 电表的电压线路和辅助电源都失电后，电表进入睡眠状态，由低功耗电池维持。按键唤醒后，可通过循环显示或按键翻屏显示抄表。

(11) STN液晶显示，带背光，视角更宽，显示更直观。

(12) 四路空接点电能脉冲辅助端子输出及LED电能脉冲输出。

(13) 具有开盖检测功能：端盖与翻盖。

（四）生产厂

威胜仪表集团有限公司。

五十七、DSSD331/DTSD341—MB3型三相三线/三相四线电子式多功能电能表

（一）适用场所

该型表是新一代威胜多功能电能表，其性能稳定，功能强大，抗干扰能力强，在操作便捷、数据安全方面精心设计，适用于发电厂、变电站以及各类企事业单位的有功、无功电能计量。

（二）技术指标

见表4-55。

表4-55

项　目	技 术 指 标
标　准	GB/T 17215—2002　GB/T 17882—1999 GB/T 17883—1999　DL/T 614—1997
准确度等级	有功：0.5S级，1级　无功：2级
参比电压	3×100V　3×220V/380V　3×57.7V/100V
电流规格	0.3 (1.2) A　1 (2) A　1.5 (6) A　3 (6) A　5 (6) A　5 (20) A 10 (40) A　15 (60) A　20 (80) A　30 (100) A
参比频率	50Hz，60Hz

续表

项　　目	技　术　指　标
工作电压范围	(0.8～1.2) U_n；极限工作电压范围：(0.7～1.3) U_n
工作温度	−25～+55℃；极限工作温度范围：−35～+65℃
功　　耗	<1.2W，4VA
时钟误差	≤0.5s/d，带温补
功率脉冲输出参数	脉冲宽度：80ms±10ms 空接点输出，外接电源 DC：5～24V，允许通过电流：15mA
通信协议	DL/T 645 规约或用户要求的规约
外形尺寸	长×宽×厚：254mm×172mm×93mm
单机重量	约 2.1kg

（三）主要功能

(1) 分时计量正反向有功电量，四象限无功电量，组合 1、2 无功电量。组合方式：四象限无功任意组合，计量分相正反向有功、感容性无功电量。

(2) 分时计量正反向有功，输入、输出无功最大需量及发生时间。

(3) 最大 8 费率，主副两套时段，时钟双备份，自动纠错，最大可记录 13 个月历史记录。

(4) 可设置 6 类数据记录负荷曲线，容量达到 2M 字节。

(5) 双路 RS—485、吸附式、远红外通信接口，相互独立。

(6) 记录失压、全失压、失流、全失流、电压合格率，记录内容丰富。

(7) 记录多种事件。如清零、清需量、编程、校时、调表、设置初始底度、上电、过压、逆相序、开盖等。

(8) 双备份数据存储，具有自检和纠错功能，具有内卡、时钟、电压逆相序、电池欠压、失压、过压失流故障报警功能。

(9) 可配置辅助电源配件。

(10) 四路空接点电能脉冲及 LED 电能脉冲输出。

(11) 大屏幕、背光、宽视角液晶显示，丰富的状态指示和内容提示符，三套显示方案。A 套：抄表结算循显，B 套：状态监测数据循显，C 套：全部数据（按钮翻屏），可使用遥控器翻屏。停电后可通过按钮、遥控器、手抄器唤醒显示，可红外抄表。

(12) IC 卡参数设置功能。

(13) 具有开盖检测功能：端盖与翻盖。

（四）生产厂

威胜仪表集团有限公司。

五十八、DSSD331/DTSD341—MC1 型三相三线/三相四线电子式多功能电能表

（一）适用场所

该型表是低价位的简单多功能电能表，外观新颖，具有分时有功、无功计量，瞬时量测量，最大需量，失压，失流，电压合格率记录等功能。适用于各类中小企业的有功、无功电能的计量。

（二）技术指标

见表 4-56。

表 4-56

项　　目	技　术　指　标
标　　准	GB/T 17215—2002　GB/T 17882—1999 GB/T 17883—1999　DL/T 614—1997
准确度等级	有功：1 级　无功：2 级
参比电压	3×100V　3×220V/380V
电流规格	1.5 (6) A　5 (20) A　10 (40) A　15 (60) A　20 (80) A　30 (100) A
参比频率	50Hz，60Hz
工作电压范围	(0.8～1.2) U_n；极限工作电压范围：(0.7～1.3) U_n
工作温度	−25～+55℃；极限工作温度范围：−35～+65℃

续表

项　　目	技 术 指 标
功　　耗	<1.2W，4VA
时钟误差	≤0.5s/d，带温补
功率脉冲输出参数	脉冲宽度：100ms±10ms 空接点输出，外接电源DC：5～24V，允许通过电流：≤15mA
通信协议	威胜规约，DL/T 645规约或用户要求的规约
外形尺寸	长×宽×厚：246mm×160mm×79mm
单机重量	约2.0kg

（三）主要功能

(1) 分时计量正反向有功，计量总输入输出无功，计量有功最大需量及发生时间，总电能为分相电能代数和或绝对值和可选。

(2) 四费率，能记录本月和上12月历史电量数据。

(3) 1路RS—485通信接口、远红外通信接口。

(4) 记录总及分相视在功率，瞬时有功、无功总及分相功率、电压、电流、频率功率因数。

(5) 失流、失压记录功能。

(6) 全失压记录功能（可选）。

(7) 电压合格率记录功能。

(8) 采用带背光的液晶，停电抄表通过按钮或激光启动。

(9) 三路空接点电能脉冲辅助端子输出及LED电能脉冲输出。

(10) 具有编程、校时、上电、过流、清零、清需量、开盖等记录功能。

(11) 具有开端盖、翻盖检测记录功能。

（四）生产厂

威胜仪表集团有限公司。

五十九、DSSD331/DTSD341—1型三相三线/三相四线电子式多功能电能表

（一）适用场所

该型表采用独特的电钥匙方式进行参数设置、购电、抄表，简单、方便、安全，已大量使用于发电厂、变电站以及各类企事业单位的有功、无功、电能计量，特别适用于需要用电钥匙进行参数设置预付费的场合。

（二）技术指标

见表4-57。

表4-57

项　　目	技 术 指 标
标　　准	GB/T 17215—2002　GB/T 17882—1999 GB/T 17883—1999　DL/T 614—1997
准确度等级	有功：0.5级，1级　无功：2级
参比电压	3×100V　3×220V/380V　3×57.7V/100V
电流规格	0.3 (1.2) A　1 (2) A　1.5 (6) A　3 (6) A　5 (6) A　5 (20) A
参比频率	50Hz，60Hz
工作电压范围	(0.8～1.2) U_n；极限工作电压范围：(0.7～1.3) U_n
工作温度	−25～+55℃；极限工作温度范围：−35～+65℃
功　　耗	<1.5W，4VA
时钟误差	≤0.5s/d
功率脉冲输出参数	脉冲宽度：80ms±10ms 空接点输出，外接电源DC：5～24V，允许通过电流：≤15mA
通信协议	威胜规约、DL/T 645规约或用户要求的规约
外形尺寸	长×宽×厚：287mm×170mm×92mm
单机重量	约2.8kg

（三）主要功能

(1) 分时计量正向、反向有功电量，输入、输出无功电量。

(2) 四费率分时计费、分时计量有功最大需量及最大需量发生时间。

(3) 多种事件记录。包括最近5次的编程记录、总清零记录、清需量记录、失压起始记录和恢复记录、掉电记录、报警跳闸记录、定时或立刻电量冻结与解除电量冻结记录、失压记录、电压合格率记录。

(4) 预付费及超负荷报警、跳闸功能。

(5) 1路RS—485通信接口，四路有功、无功脉冲输出接口。

(6) 具有自诊断功能、故障报警功能。

(7) 停电抄表功能。

(8) 电钥匙抄表、购电、参数设置等。

(9) 可选择辅助电源配置。

（四）生产厂

威胜仪表集团有限公司。

六十、DSSD331/DTSD341—2型三相三线/三相四线电子式多功能电能表

（一）适用场所

该型表有丰富的功能，采用五行液晶显示总有功电量、总峰有功电量、总平有功电量、总谷有功电量、总无功电量，方便抄表，已大量使用于发电厂、变电站以及各类企事业单位的有功、无功、电能计量。

（二）技术指标

见表4-58。

表4-58

项　目	技术指标
标　准	GB/T 17215—2002　GB/T 17882—1999 GB/T 17883—1999　DL/T 614—1997
准确度等级	有功：0.5S级，1级　无功：2级
参比电压	3×100V　3×57.7V/100V　3×220V/380V
电流规格	0.3（1.2）A　1（2）A　1.5（6）A　3（6）A　5（6）A　5（20）A 10（40）A　15（60）A　20（80）A　30（100）A
参比频率	50Hz，60Hz
工作电压范围	（0.8～1.3）U_n；极限工作电压范围：（0.7～1.3）U_n
工作温度	−25～+55℃；极限工作温度范围：−35～+65℃
功　耗	＜1.5W，4VA
时钟误差	≤0.5s/d，带温补
功率脉冲输出参数	脉冲宽度：80ms±10ms 空接点输出，外接电源DC：5～24V，允许通过电流：≤15mA
通信协议	威胜规约、DL/T 645规约或用户要求的规约
外形尺寸	长×宽×厚：285mm×172mm×80mm
单机重量	约1.9kg

（三）主要功能

(1) 分时计量正反向有功电能，四象限无功电能计量及两种组合无功方式。

(2) 分时计量有功最大需量及最大需量发生时间。

(3) 最大四费率，存储当前及上8个月历史用电数据。

(4) 测量总及A、B、C各相有功、无功功率、电压、电流、功率因数及频率。

(5) 失压、失流记录功能，全失压记录功能。

(6) 电压合格率记录功能。

(7) 记录多种事件发生时间及当时状态，如过压、欠压、掉电、上电、清零、清需量、设置参数等事件记录。

(8) 停电抄表功能。

(9) RS—485通信接口、远红外线通信接口、吸附式红外光通信接口。

(10) 4路空接点电能脉冲辅助端子输出。

(11) IC卡参数设置功能。

(12) 自诊断功能，故障报警功能。

(13) 5行大屏幕液晶显示，带背光，停电抄表通过按钮或激光启动。

(14) 可选择辅助电源配置。

(15) 具有开盖检测功能。

(四) 生产厂

威胜仪表集团有限公司。

六十一、DSSD331/DTSD341—3型三相三线/三相四线电子式多功能电能表

(一) 适用场所

该型表功能丰富，性能优良，已广泛应用于发电厂、变电站、各类企事业单位有功、无功电能计量。

(二) 技术指标

见表4-59。

表4-59

项　目	技术指标
标　准	GB/T 17215—2002　GB/T 17882—1999 GB/T 17883—1999　DL/T 614—1997
准确度等级	有功：0.5S级，1级　无功：2级
参比电压	3×100V　3×57.7V/100V　3×220V/380V
电流规格	0.3 (1.2) A　1 (2) A　1.5 (6) A　5 (6) A　5 (20) A　10 (40) A 15 (60) A　20 (80) A　30 (100) A
参比频率	50Hz，60Hz
工作电压范围	(0.8～1.2) U_n；极限工作电压范围：(0.7～1.3) U_n
工作温度	−25～+55℃；极限工作温度范围：−35～+65℃
功　耗	<1.5W，4VA
时钟误差	≤0.5s/d，带温补
功率脉冲输出参数	脉冲宽度：80ms±10ms 空接点输出，外接电源DC：5～24V，允许通过电流：≤15mA
通信协议	威胜规约、DL/T 645规约或用户要求的规约
外形尺寸	长×宽×厚：287mm×170mm×92mm
单机重量	约2.8kg

(三) 主要功能

(1) 分时计量正反向有功电能、四象限无功电能及四种以上的无功组合方式。

(2) 分时计量正反向有功、输入输出无功最大需量及需量时间。

(3) 分相不分时正反向有功、组合无功电量计量。

(4) 最大六费率，能记录本月和上12月历史电量数据，具有主、副两套时段。

(5) 自动及手动需量冻结功能。

(6) 三相总及A、B、C各相的电压、电流、有功功率、无功功率、功率因数及电网频率并且显示功率的方向。

(7) 512k字节负荷曲线记录功能，可设置6类数据组合记录。

(8) RS485（可选择双路RS—485）或RS232通信接口、吸附式远红外光通信接口及远红外通信接口。

(9) 失流、失压记录功能，可选择全失压记录功能。

(10) 电压合格率记录功能。

(11) 记录多种事件记录发生的时间及当时状态，如清零、清需量、编程、校时、调表、设置初始底度、掉电、上电、过压、电压逆相序、开盖检测、超功率等。

(12) 具有自检功能。自动检测A/D故障、EEPROM故障、时钟故障、内部电池欠压、外部电池欠压、电压逆相序、过压、失压、失流记录，故障报警功能。

(13) 带背光的液晶显示，停电抄表通过按钮或激光启动。

(14) 四路空接点电能脉冲辅助端子输出及LED电能脉冲输出。

(15) 可选择辅助电源配置。

(四) 生产厂

威胜仪表集团有限公司。

六十二、DTSD341—3J 型三相四线电子式多功能电能表（配变监测用表）

(一) 适用场所

该型表有丰富的事件记录功能，大容量内卡记录六类负荷曲线数据，可配备各种抄表方式，如 GPRS、无线、RS—485、可吸附式红外、远红外等，是一款专为配变开发的电能表，适用于城市、农村配电变压器的有功、无功、电能计量以及运行监测。

(二) 技术指标

见表 4-60。

表 4-60

项目	技术指标
标准	GB/T 17215—2002 GB/T 17882—1999 DL/T 614—1997
准确度等级	有功：0.5S 级，1 级 无功：2 级
参比电压	3×220V/380V
电流规格	0.3 (1.2) A 1 (2) A 1.5 (6) A 5 (6) A 10 (40) A 15 (60) A 20 (80) A 30 (100) A
参比频率	50Hz，60Hz
工作电压范围	(0.8～1.2) U_n；极限工作电压范围：(0.7～1.3) U_n
工作温度	−25～+55℃；极限工作温度范围：−35～+65℃
功耗	<1.5W，4VA
时钟误差	≤0.5s/d
功率脉冲输出参数	脉冲宽度：80ms±10ms 空接点输出，外接电源 DC：5～24V，允许通过电流：≤15mA
通信协议	DL/T 645 规约或用户要求的规约
外形尺寸	长×宽×厚：287mm×170mm×92mm
单机重量	约 2.8kg

(三) 主要功能

(1) 分时计量三相正向有功、输入、输出无功电量，分时数据可以储存 3 个月。

(2) 计量总及 A、B、C 各相正向有功，输入、输出无功电量，各项电量存储 3 个月。

(3) 分时计量有功量大需量，感容性无功最大需量及最大需量发生时间。

(4) 测量 A、B、C 各相电压、电流及中性线电流、油温。

(5) 测量总及 A、B、C 各相的有功和无功功率。

(6) 测量电网频率、总及 A、B、C 各相功率因数。

(7) 测量并计算当前 A、B、C 各相电压偏差率、合格率、三相负荷率及月供电可靠率。

(8) 六类数据负荷曲线记录功能，记录间隔可分别设定，存储容量可扩展为 512k 字节。

(9) 具有自诊断功能。

(10) 记录多个事件的前 10 次发生起止时间，如清零、清需量、设置参数、掉电、上电、欠压、过压、电流不平衡率超限、过流、功率因数越限、视在功率越限、超功率电压电流逆相序等。

(11) 具有脉冲输出接口，具有吸附式红外数据通信接口远红外和 RS—485 通信接口。

(12) 记录各相电压、电流、有功功率、无功功率等日最大最小值及出现时间，数据保存 38 天。

(13) 记录日电压合格率，各相功率因数，视在功率日最大值及出现时间，数据保存 38 天。

(14) 停电抄表功能（激光点亮液晶）。

(15) 可选配短距离无线抄表接口或 GPRS 无线抄表接口。

(四) 生产厂

威胜仪表集团有限公司。

六十三、DSSD331/DTSD341—4型三相三线/三相四线电子式多功能电能表

(一) 适用场所

该型表是低价位的简单多功能电能表，具有分时有功、无功计量、瞬时量测量、最大需量、失压、失流、电压合格率记录等功能，适用于各类中小企业有功、无功电能的计量。

(二) 技术指标

见表4-61。

表4-61

项　目	技术指标
标　准	GB/T 17215—2002 GB/T 17882—1999 GB/T 17883—1999 DL/T 614—1997
准确度等级	有功：1级 无功：2级
参比电压	3×100V 3×220V/380V
电流规格	1.5 (6) A 5 (20) A 10 (40) A 15 (60) A 20 (80) A 30 (100) A
参比频率	50Hz，60Hz
工作电压范围	(0.8～1.2) U_n；极限工作电压范围：(0.7～1.3) U_n
工作温度	－25～＋55℃；极限工作温度范围：－35～＋65℃
功　耗	＜1.2W，4VA
时钟误差	≤0.5s/d
功率脉冲输出参数	脉冲宽度：100ms±10ms 空接点输出，外接电源DC：5～24V，允许通过电流：≤15mA
通信协议	威胜规约，DL/T 645规约或用户要求的规约
外形尺寸	长×宽×厚：238mm×148mm×80mm
单机重量	约2.0kg

(三) 主要功能

(1) 分时计量正反向有功，计量总输入输出无功，计量有功最大需量及发生时间，总电能为分相电能代数和或绝对值和（可选）。

(2) 四费率，能记录本月和上12月历史电量数据。

(3) 1路RS—485通信接口、远红外通信接口。

(4) 记录总及分相视在功率、瞬时有功、无功总及分相功率、电压、电流、频率功率因数。

(5) 失流、失压记录功能。

(6) 全失压记录功能（可选）。

(7) 电压合格率记录功能。

(8) 采用带背光的液晶，停电显示通过按钮或激光启动。

(9) 三路空接点电能脉冲辅助端子输出及LED电能脉冲输出。

(10) 具有编程、校时、上电、过流、清零、清需量等记录功能。

(四) 生产厂

威胜仪表集团有限公司。

六十四、DTSD341—5A，DTSD341—5B型三相四线电子式多功能电能表

(一) 适用场所

该型表采用IC卡实现预付费功能，安全可靠，A型数码管显示，B型液晶显示，适用于各种预付费的用电场合（需外接跳闸开关）。

(二) 技术指标

见表4-62。

(三) 主要功能

(1) 计量正向有功电能，反向计入正向。

(2) IC卡付费及欠费控制、负荷控制。

(3) 有功电能脉冲输出接口。

表 4-62

项　　目	技 术 指 标
标　　准	GB/T 17215—2002
准确度等级	1级，2级
参比电压	3×220V/380V
电流规格	1.5 (6) A 5 (20) A 10 (40) A 15 (60) A 20 (80) A 30 (100) A
参比频率	50Hz，60Hz
工作电压范围	(0.8～1.2) U_n
工作温度	－25～＋55℃；极限工作温度范围：－35～＋65℃
功　　耗	<1W，3VA
时钟误差	≤0.5s/d
跳闸继电器触点参数	AC250V，1A；DC220V，0.5A（纯阻性负载下）
功率脉冲输出参数	脉冲宽度：80ms±5ms 空接点输出，外接电源 DC：5～24V，允许通过电流：≤15mA
外形尺寸	长×宽×厚：284mm×170mm×94mm
单机重量	约 1.2kg

(4) 自诊断功能，故障报警功能。

(四) 生产厂

威胜仪表集团有限公司。

六十五、DTSD341—5TC，DSSD331/DTSD341—5 型三相三线/三相四线电子式多功能电能表

(一) 适用场所

该表具有复费率：有功计量、IC 卡预付费功能。适用于中、小企业、商业用户的复费率计量及预付费用电场合。

(二) 技术指标

见表 4-63。

表 4-63

项　　目	技 术 指 标
标　　准	GB/T 17215—2002　GB/T 15284—2002
准确度等级	有功：1级、2级
参比电压	3×220V/380V
电流规格	1.5 (6) A 5 (20) A 10 (40) A 15 (60) A 20 (80) A 30 (100) A
参比频率	50Hz，60Hz
工作电压范围	(0.8～1.2) U_n
工作温度	－25～＋55℃；极限工作温度范围：－35～＋65℃
功　　耗	<2W，4VA
时钟误差	≤0.5s/d
跳闸继电器参数	AC250V，1A；DC220V，0.5A（纯阻性负载下）
功率脉冲输出参数	脉冲宽度：80ms±5ms 空接点输出，外接电源 DC：5～24V，允许通过电流：≤15mA
通信协议	DL/T 645 规约
外形尺寸	5TC：长×宽×厚：287mm×170mm×92mm 5 型：长×宽×厚：238.5mm×147.8mm×80mm
单机重量	5TC：约 4.2kg 5 型：约 1.5kg

(三) 主要功能

(1) 分时（可选）计算正向有功电能，反向计入正向。

(2) RS—485 串行通信接口、远红外通信接口。

(3) 有功电能脉冲输出接口。

(4) 最大4费率，储存12个月历史用电数据。

(5) 记录多种事件发生时间及当时状态，如断相、反向等事件。

(6) 停电抄表功能。

(7) 自诊断功能，故障报警功能。

(8) 5TC表内置大电流开关。

(四) 生产厂

威胜仪表集团有限公司。

六十六、DSS (X) 333/DTS (X) 343—1型三相三线/三相四线电子式有无功组合电能表

(一) 适用场所

该型表是机械式电度表的理想替代产品，具有有功、无功电能计量，瞬时量测量功能，1路RS—485口可供远方抄表，适用于无需分时的中小企事业单位的有功、无功电能计量以及电力企业的内部考核。

(二) 技术指标

见表4-64。

表4-64

项　目	技 术 指 标
标　准	GB/T 17215—2002　GB/T 17882—1999
准确度等级	有功：1级　无功：2级
参比电压	3×100V　3×220V/380V
电流规格	1.5 (6) A　5 (20) A　10 (40) A　15 (60) A　20 (80) A　30 (100) A
参比频率	50Hz，60Hz
工作电压范围	(0.8～1.2) U_n；
工作温度	−25～+55℃；极限工作温度范围：−35～+65℃
功　耗	<1W，4VA
时钟误差	≤0.5s/d
功率脉冲输出参数	脉冲宽度：100ms±10ms 空接点输出，外接电源DC：5～24V，允许通过电流：≤15mA
通信协议	威胜规约、DL/T 645规约或用户要求的规约
外形尺寸	长×宽×厚：289mm×172mm×92mm
单机重量	约2.0kg

(三) 主要功能

(1) 双计度器计量有功电能、无功电能，反向电能记入正向。

(2) 总电能为分相电能代数和或绝对值和（可选）。

(3) 1路RS—485通信接口、远红外通信接口。

(4) 两路电量脉冲输出接口及LED指示灯。

(四) 生产厂

威胜仪表集团有限公司。

六十七、DSS (X) 333/DTS (X) 343—2型三相三线/三相四线电子式有无功组合电能表

(一) 适用场所

该型表是机械式电度表的理想替代产品，具有有功、无功电能、瞬时量的计量，精度可靠；RS485口可供远方抄表，适用于无需分时的中小企事业单位有功、无功电能计量以及电力企业内部考核。

(二) 技术指标

见表4-65。

(三) 主要功能

(1) 计量三相有功正反向总电量，反向计入正向可选。总电能为分相电能代数和或绝对值和（可选）。

(2) 计量三相输入、输出无功总电量。

(3) 测量A、B、C各元件电压、电流、频率、零线电流。

表 4-65

项　目	技 术 指 标
标　准	GB/T 17215—2002　GB/T 17882—1999
准确度等级	有功：1级　无功：2级
参比电压	3×100V　3×220V/380V
电流规格	1.5（6）A　1（2）A　5（6）A　5（20）A 10（40）A　15（60）A　20（80）A　30（100）A
参比频率	50Hz，60Hz
工作电压范围	(0.8～1.2) U_n；极限工作电压范围：(0.7～1.3) U_n
工作温度	－25～＋55℃；极限工作温度范围：－35～＋65℃
功　耗	＜1W，4VA
时钟误差	≤0.5s/d
功率脉冲输出参数	脉冲宽度：80ms±10ms 空接点输出，外接电源 DC：5～24V，允许通过电流：≤15mA
通信协议	DL/T 645 规约或威胜规约
外形尺寸	长×宽×厚：238mm×148mm×80mm
单机重量	约 2kg

(4) 测量 A、B、C 各元件有、无功功率、功率因数及总有、无功功率，功率因数。

(5) 记录断相、失压次数及累计时间、可选配负荷曲线记录。

(6) 具有 3 路电能脉冲输出接口。

(7) 具有远红外线或 RS—485 数据通信接口。

(8) LCD 显示、LED 报警指示、液晶背光的功能（可选），具有停电抄表功能。

（四）生产厂

威胜仪表集团有限公司。

六十八、DSS333/DTS343—1，DSS333/DTS343—2 型三相三线/三相四线电子式有功电能表

（一）适用场所

该型表是机械电度表的理想替代产品，运行可靠，1 路 RS—485 口可供远方抄表，适用于无需分时的中小企事业单位的有功电能计量。

（二）技术指标

见表 4-66。

表 4-66

项　目	技 术 指 标
标　准	GB/T 17215—2002
准确度等级	有功：1级
参比电压	3×100V　3×220V/380V
电流规格	1.5（6）A　5（20）A　10（40）A　15（60）A　20（80）A　30（100）A
参比频率	50Hz，60Hz
工作电压范围	(0.8～1.2) U_n；极限工作电压范围：(0.7～1.3) U_n
工作温度	－25～＋55℃；极限工作温度范围：－35～＋65℃
功　耗	＜1W，2VA
功率脉冲输出参数	脉冲宽度：100ms±10ms 空接点输出，外接电源 DC：5～24V，允许通过电流：≤15mA
外形尺寸	长×宽×厚：232mm×145mm×70mm
单机重量	约 1.5kg

（三）主要功能

(1) 计量功能：计量正向三相有功电能。

(2) 断相、逆相序、电流反向指示。

(3) RS—485 通信接口。

(4) 空接点电能脉冲辅助端子输出及 LED 电能脉冲输出。

(5) 液晶显示 (2 型)。

(6) 计度器显示 (1 型)。

(四) 生产厂

威胜仪表集团有限公司。

六十九、DDS102—1 单相电子式交流有功电能表

(一) 适用场所

该产品结构简单、误差稳定、性能可靠，具有防窃电、高精度、高过载、线性好、功耗低、体积小、重量轻等特点。产品可选配 RS485 接口用于抄表。

适用于城、乡居民计费用表。

(二) 技术指标

见表 4-67。

表 4-67

项 目	技 术 指 标
标 准	GB/T 17215—2002
精度等级	1 级 2 级
额定电流	1.5 (6) A 2.5 (10) A 5 (20) A 10 (40) A 15 (60) A 20 (80) A
工作电压	154～286V
电表功耗	<0.6W，4VA
脉冲常数	6400imp/kWh 3200imp/kWh 1600imp/ (kWh) 800imp/kWh
环境温度	−35～+65℃
外形尺寸	长×宽×厚：156mm×110mm×61.5mm

(三) 主要功能

(1) 表壳采用密封防尘结构，阻燃、抗老化。

(2) 机械计度器显示，在正常使用条件下，寿命不小于 10 年。

(3) 采用红色 LED 指示电量脉冲，电表每累计一个脉冲当量的电能时，脉冲灯闪烁一次。

(4) 计量正、反向有功电能，反向电能按正向累计，并可选配反向电能指示。

(5) 远程控制通断电功能 (可选配)。

(6) 双回路计量电能 (可选配)。

(7) RS485 通信 (可选配)。

(四) 生产厂

威胜仪表集团有限公司。

七十、DDS102—3 单相电子式交流有功电能表 (LCD 显示)

(一) 适用场所

该产品结构简单、误差稳定、性能可靠，具有防窃电、高精度、高过载、线性好、功耗低、体积小、重量轻等特点。产品可选配红外接口和 RS485 接口用于抄表。

适用于城、乡居民计费用表。

(二) 技术指标

见表 4-68。

表 4-68

项 目	技 术 指 标	项 目	技 术 指 标
标 准	GB/T 17215—2002	电表功耗	<1W，4VA
精度等级	1 级 2 级	脉冲常数	3200imp/kWh 1600imp/kWh
额定电流	5 (20) A 10 (40) A 15 (60) A	环境温度	−35～+65℃
工作电压	154～286V	外形尺寸	长×宽×厚：174mm×116mm×69mm

（三）主要功能

(1) 表壳采用密封防尘结构，阻燃、抗老化。

(2) 采用大屏幕液晶（LCD）显示电量，清晰直观，在正常使用条件下，寿命不小于10年。

(3) 采用红色LED指示电量脉冲，电表每累计一个脉冲当量的电能时，脉冲灯闪烁一次。

(4) 计量正、反向有功电能，反向电能按正向累计（可防反向窃电）。

(5) 远红外通信功能（可选配）。

(6) RS485通信功能（可选配）。

(7) 双回路计量电能（可选配）。

（四）生产厂

威胜仪表集团有限公司。

七十一、DDSD101—3单相电子式预付费电能表（LED显示）

（一）适用场所

该产品结构简单、误差稳定、性能可靠，具有防窃电、高精度、高过载、线性好、功耗低、体积小、重量轻等特点。产品可选配RS485接口用于抄表。

适用于实施和将要实施预付电费地区的城、乡居民计费用表。

（二）技术指标

见表4-69。

表4-69

项目	技术指标
标准	GB/T 17215—2002
精度等级	1级 2级
额定电流	5(20)A 5(30)A 10(40)A 10(60)A 15(60)A 20(80)A
工作电压	154～286V
电表功耗	＜1.2W，4VA
脉冲常数	1600imp/kWh 800imp/kWh
环境温度	－30～＋65℃
外形尺寸	长×宽×厚：174mm×116mm×67mm 215mm×131mm×72.5mm

（三）主要功能

(1) 表壳采用密封防尘结构，阻燃、抗老化。

(2) LED显示，清晰直观，在正常使用条件下，寿命不小于10年。

(3) 采用红色LED指示电量脉冲，电表每累计一个脉冲当量的电能时，脉冲灯闪烁一次。

(4) 预售电量、用完自动断电。

(5) 计量正、反向有功电能，反向电能按正向累计（可防反向窃电）。

(6) 一表一卡多重动态加密，保证用户安全使用。

(7) 到达报警电量时，LED高频闪烁同时跳闸断电（可设定），超负荷自动断电。

(8) 独特的防死机电路及多项容错设计保证电表安全运行。

(9) 具有过零电量的赊电功能（可设定）。

(10) 错误操作和故障提示。

(11) 配套的IC卡预付费管理系统，采用大型数据库、数据容错和高强度动态加密等先进的技术，操作方便，安全性和可靠性极高。具有完备的售电管理功能、用电监察功能。

(12) 采用具有硬件逻辑加密功能的IC卡作为数据传输介质，接口电路具有防电气短路的措施，安全可靠。

(13) RS485通信功能。

(14) 机械计度器和LED双显示。

(15) 低压电力载波通信抄表。

（四）生产厂

威胜仪表集团有限公司。

七十二、TR 系列电涡流位移传感器

（一）概述

电涡流传感器主要测量被测体（金属导体）与探头端面的相对位置。其长期工作可靠性好，灵敏度高，搞干扰能力强，非接触测量，响应速度快，不受油水等介质影响，主要用于对大型旋转机械的轴位移、轴振动、轴转速等参数进行长期实时监测，可以分析出设备的工作状况和故障原因，有效地对设备进行保护及进行预测性维修。可测量位移、振幅、转速、尺寸、厚度、表面不平度等。

TR 一体化电涡流传感器采用先进的贴片工艺技术，将涡流探头、电缆、前置器微型化和集成化，并封装在标准的 M12 或 M14 带螺纹的探头体内。其涡流测量回路的所有元件都封在传感器探头内，无需高频同轴电缆及高频探头，提高了系统可靠性。同时也降低了传感器的安装费用。

（二）应用领域

广泛应用于石化、冶金、电力、钢铁、航空航天等大中型企业对各种旋转机械的位移、振动、轴转速、胀差、偏心、油膜厚度等进行在线监测和安全保护，为精密诊断系统提供全息动态特性。

（三）生产厂

湖南航空天瑞仪表电器有限责任公司。

七十三、WB85 系列单台数显旋转机械监测仪

（一）概述

WB85 系列监测仪可监测汽轮发电机、鼓风机、压缩机等大型旋转机械的轴振动、轴位移、胀差、转速等机械状态信息。并通过内部线性归一化电路把检测到的物理信息归一化为 4～20mA 及 1～5V 电信号输出，供计算机 A/D 采集及数据记录仪使用，同时提供“报警”、“危险”两极继电器触点信号，仪表前面板均提供传感器原始信号供函数记录仪、示波器作故障分析使用。已广泛应用于发电、石油、化工、冶金等部门旋转机械的测量和保护控制。主要用于轴位移、轴振动、轴转速、壳体振动的在线监测。

（二）技术指标

(1) 显示方式：三位半 LED 数显。

(2) 分辨率：0.1%（FS)。

(3) 精度：指示误差 1%，标准输出 1%。

(4) 输出信号：电源 1～5V，负载≥1kΩ；电流 4～20mA，负载≤500Ω。

（三）生产厂

湖南航空天瑞仪表电器有限责任公司。

七十四、WB8100E/EH 系列旋转机械状态监测系统

（一）概述

WB—8100E 系列监测系统可监测汽轮发电机、鼓风机、压缩机等大型旋转机械的轴振、瓦振、轴位移、轴偏心、胀差、转速、零转速等机械状态信息。并通过内部线性归一化电路把检测到的物理信息归一化为 4～20mA 及 1～5V 电信号输出，供计算机 A/D 采集及数据记录仪使用，同时提供“报警”、“危险”两极继电器触点信号，仪表前面板均提供传感器原始信号供函数记录仪、示波器作故障分析使用。

WB—8100E 系列监测系统符合 API670 及 API678 的设计标准。可连续、长期监测旋转设备的运行状态，及时发现旋转机械的不平衡、轴承失效、不对中及轴承裂纹等早期故障，并提供可靠的保护信号。

（二）技术指标

(1) 显示方式：三位半 LED 显示。

(2) 显示精度：±1%。

(3) 输出精度：电压 1%（FS)，电流 1%（FS)，负载不大于 500Ω。

(4) 控制触点：报警、停机各有两组触点输出触点容量 200V×0.5A，24V×3A。

（三）生产厂

湖南航空天瑞仪表电器有限责任公司。

七十五、FBJ 系列避雷器监测器

（一）概述

适用于 6～330kV、5～10kA 各等级避雷器的在线监测，可以监测避雷器运行工况下的全电流（有效值）并记录其放电动作次数，是无源、全工况、免维护的在线监测装置，也是 BLJ 系列主要设计者为客户作出的又一项新贡献。FBJ 系列残压低、精度稳定、动作可靠、适应不同安装环境的需要，并可扩展（或简化）功能，具有自主知识产权，目前已

通过 CMC 认证。

(1) 分体式避雷器监测器。它是由采样器、电缆与指示器三部分组成。“采样器”串接在避雷器与接地装置之间，它的输出端接电缆再接入“指示器”。采样器将避雷器的漏电流，或是放电动作脉冲信号通过电缆传给指示器。指示器盘面上的毫安表显示避雷器的漏电流（有效值）。其计数器记录避雷器放电动作的次数。

(2) 扩展功能的 FBJ—K 型将采样器与指示器合为一体，有高压套管的输入端铝合金的外壳接地并备有输出电缆插座，通过电缆输出被测电流供远方测量使用。

(3) 简易经济型。主元件与 FBJ1、2 型选配方法相同，只是在结构上将其小型化，因此仍保持着 FBJ 系列的残压低，精度稳定，动作可靠的特点。

1) FBJ2—H 型避雷器监测器。适合 5～10kA 各级电压避雷器使用，电流表直接显示避雷器的漏电流（有效值）数轮式计数器指示避雷器放电动作次数。

2) FBJ2—J 型放电计数器。适合 5～10kA 各级电压避雷器使用记录其放电动作次数。

（二）型号含义

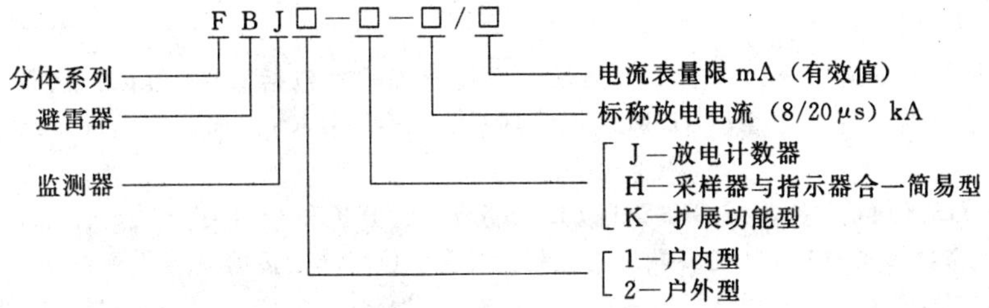

（三）技术参数

见表 4-70。

表 4-70

型号 / 参数	FBJ1—5/2 FBJ2—H	FBJ2—5/5 FBJ2—H FBJ2—J	FBJ2—10/5 FBJ2—H FBJ2—J
标称放电电流（8/20μs 峰值）(kA)	5	5	10
标称残压（kV）	≤1.2		≤1.5
标称输出电压瞬态值（V）	≤100		
电流表量限（有效值）(mA)	2	5	
电流表相对误差	1mA 以下，≤±2%； 1～2mA，≤±5%	2mA 以下，≤±2%； 3～5mA，≤±5%	
动作电流（A）	50～5000～10000		
工频交流过载能力（mA/120min）	25		
方波电流耐受（2000μs 峰值）(A)	400　600		800　1200
冲击大电流耐受（4/10μs 峰值）(kA)	65		100

（四）生产厂

天津市思达电子电力器件加工部。

七十六、JDJ 系列接地电流指示计数器

（一）概述

接地电流指示计数器是无源全工况免维护产品，主要用于电力系统中在线监测工作接地的入地电流；并记录电流超限次数（以下简称 JDJ）。

（二）结构

JDJ 由电流互感器、电流表、功能模块、电磁计数器以及浪涌电流保护管等组成。装于有玻璃窗的密封铝外壳中，通过绝缘套管引入（A 端），密封外壳的两个固定孔同时又是接地引出端（B 端）。

（三）安装和性能

在电力系统中，接地变压器的中性点（或是中性点接地电阻器、电抗器、消弧线圈）的接地端接在 JDJ 的 A 端、B 端接地，即可进行该工作接地点的电流观测与记录该点接地电流超限的次数。

运行时电流表指示观测点的接地电流 I_{jd}，当 I_{jd}超限（大于某一阈值时约 3～5s）计数器显示记录一次，并自动闭锁，I_{jd}电流过大时同时启动保护电路仪表不受损。

（四）主要技术参数

额定电流 I_e：1～30A（电流表精度不低于3级）。

超限动作电流 I_d：$(0.9\sim1.5)I_e$。

最大耐受电流 I_{zd}：2～10s，≤1200A。

（五）生产厂

天津市思达电子电力器件加工部。

七十七、GSM/GPRS型统计式电压监测仪

（一）简介

具有GSM/GPRS无线远程数据通信的统计式电压监测仪是在舜阳牌DT1统计式电压监测仪的基础上，利用GSM/GPRS无线远程数据通信技术，实现对电压监测数据无线传输。

（二）组成及功能

GSM/GPRS无线远程数据通信统计式电压监测仪由系统管理站（包括GSM通信控制仪或GPRS TCPIP服务器、计算机、DT1综合数据管理系统等）、GSM/GPRS网络、GSM/GPRS无线传输模块、DT1统计式电压监测仪等组成。

(1) 系统管理站由GSM通信控制仪或GPRS TCPIP服务器、计算机和DT1综合数据管理系统组成：GSM通信控制仪或GPRS TCPIP服务器负责对各个下位终端进行控制及接受下位终端上传的电压监测数据并送到DT1综合数据管理系统中。DT1综合数据管理系统负责对电压监测数据进行采集、管理、查询、统计、分析、打印等。

(2) GSM/GPRS网络由各地的电信营运商提供。

(3) GSM/GPRS无线传输模块负责接收GSM通信控制仪或GPRS TCPIP服务器发来的指令，按规约解释、处理、组织、转换相应电压监测数据并上传至GSM通信控制仪或GPRS TCPIP服务器。

(4) DT1统计式电压监测仪是以MCS—96系列单片16位微机为核心，可对1～3路电网电压信号（PT输出～100V或220V、380V）进行采集、显示、分类统计。

（三）产品特点

GSM/GPRS远程通信传送具有覆盖范围广、在线保持、自动传送、费用低廉、稳定性高等特点。

（四）无线远程通信方式已达到的主要性能

1. 通信数据范围

(1) 表号、路数、整定值、上限值、下限值。

(2) 当月、上月统计值。

(3) 当月、上月各典型日时数据（即任意日统计值及整点值数据）。

2. 通信平台

可根据客户要求在不同的通信平台上实现无线远程通信（如电力短消息中心、UMS短信网关等）。

3. 通信效率

(1) 对GSM网络一次通信数据往返时间大约需要40s（对GPRS网络可明显缩短时间，一般在1～3s之内）。

(2) 单路及双路表采用一条消息就可返回表号、路数、整定值、上限值、下限值、月统计值等数据，三路表分两条消息返回数据。

(3) 采集典型日时数据时，用一条消息返回一个回路一日的典型日时数据。

(4) 可一次性选择需要通信的电压监测仪，自动对所选监测仪依次进行数据通信，而无须人工干预。

（五）生产厂

余姚市电测仪器厂。

七十八、基于嵌入式系统的高精度开关机械特性测试仪

（一）概述

高压开关是电力系统中常用的关键设备，在使用中，要求高压开关能快速可靠地切断或者连接负载。鉴于开关在电力系统中所处的地位，需要开关可靠地工作，故开关在出厂和电力例行检修时必须对其机械特性进行严格地测试。传统的机械特性测试仪一般都是采用单片机控制，可以进行简单的机械特性测试，但是由于单片机的计算能力有限，只能粗略的测出开关的动作，无法测得精确的行程曲线。随着用户的要求进一步的提高以及对开关测试的新标准GB/T 1984—2004和国际电工委员会标准IEC 62271-100-2001-05的实施，要求用分、合闸过程中位移与时间的关系曲线与该种产品的标准曲线做比对来确定其机械特性是否符合要求，故传统的测试手段及测试设备已经无法满足使用要求，故对更

高速、高精度的开关机械特性测试仪的设计已迫在眉睫。

（二）系统组成及工作原理

该机械特性测试仪系统组成及各部分功能如下：

(1) 上位机软硬件系统。用来对测试方式进行整定，对采集来的开关动作数据进行分析、展示、存储和报表打印。

(2) 嵌入式测试系统。为测试系统的核心，负责向外围电路发送命令、采集线圈带电时刻、传感器的位置信息、开关分合闸线圈电流波形、触头信号等，执行与上位机的通信协议。

(3) 外围驱动板。负责驱动被测高压开关的动作，对要采集的数据进行变换，调理。

(4) 传感器及通用夹具。用来获得高压开关的触头在各个时刻的位置信号。

整个系统的工作过程如下：

(1) 连接好各个系统之间的连接线，给各部分加电，打开上位机的测试控制软件，准备进行测试。

(2) 当用户在上位机上发出测试命令时，由上位机通过 USB 口给下位机发出测试信号，下位机对该测试信号进行协议解析，对该测试信号确认无误后，由下位机通过接口给外围驱动板发出测试命令序列。

(3) 驱动板将低压的测试信号进行放大后驱动高压开关的分合闸机构，使高压开关执行分合闸动作，同时嵌入式测试系统的 AD 芯片对传感器回传的模拟信号进行采样，并记录各个时刻的采样值。

(4) 在开始采样后，嵌入式测试系统一边对测试数据进行采样和存储，一边监视高压开关的动作，当高压开关动作完成后，采样结束。

(5) 采样结束后，嵌入式测试系统开始和上位机通信，将测试的结果传给上位机。

(6) 上位机对测试结果进行分析处理，以图形图标的形式将测试结果显示出来，并将测试结果存储在上位机的数据库中，并且按照用户的需要将测试结果及测试曲线打印出来。

（三）嵌入式测试系统的硬件组成

该嵌入式测试系统的硬件系统主要由嵌入式微处理器、数据存储器 RAM、程序存储器 ROM、采样 AD 芯片、RS232 通信口、USB 主口、USB 从口以及与外围连接的各个接口组成，其连接关系如图 4-1 所示。

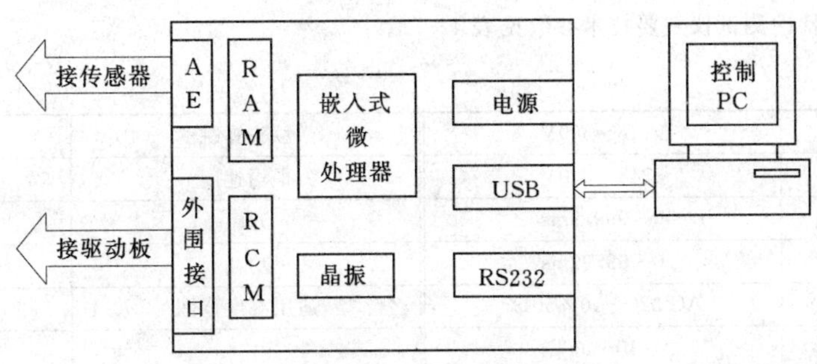

图 4-1　连接关系图

（四）嵌入式测试系统的软件组成

在嵌入式测试系统的硬件设计完成以后，还需要对它的软件系统进行设计，该软件系统主要由如下的一系列软件组成：

(1) 系统初始化软件。用于系统的启动及测试参数的初始化。

(2) 硬件驱动软件。用于对硬件系统中各个功能模块的驱动。

(3) 嵌入式操作系统。利用操作系统进行各个资源的分配及各个子任务的调度。

(4) 测试应用软件。在操作系统的支持下完成测试功能。

（五）上位机软件系统组成

上位机软件采用通用的面向对象技术设计完成，具有良好的人机界面，强大的数据库功能已经完善的报表生成功能。

其基本功能如下：

(1) 开关机械特性测试。在进行开关机械特性测试之前，主要是设置与开关相关的各种参数。设置完毕，只要点击“运行”按钮，系统即可自动完成选定的测试。

(2) 测试结果显示及保存系统完成测试后，会自动处理测试的结果，并给出对应于本次测试的结果参数。

(3) 测试曲线显示主界面的右下部为测试曲线显示区。本部分不但能显示刚刚测试出来的行程、合闸线圈电流、分闸线圈电流曲线，还能显示查询出的对应曲线。

(4) 数据管理及报表的管理和打印。系统具备完善的已测试数据的管理功能。根据各种查询条件，能方便地查询出您想要查询产品的相关参数。

该高精度开关机械特性测试仪具体性能参数如下：

（1）本系统以国标 GB 1984—2003 和国际电工委员会标准 IEC 62271-100-2001-05 为研制依据，充分实现了新标准的测试要求。

（2）时间—行程特性曲线采样频率为 60kHz，时间—行程特性曲线幅值精度为 16 位，时间分辨率为 8.4μs。这为开关设备做研究性测试和本系列产品的进一步升级打下了坚实的基础，也为执行 IEC 新的标准中曲线比对功能奠定了精度上的基础。

（3）本系统的测控部分与作为人机界面的系统计算机用 USB 接口连接，并成功地解决了以往 USB 接口用于电力检测现场的抗干扰问题，使数据传输在强电磁干扰的情况下准确、高速，首次实现了开关测试现场计算机全自动化控制。

（4）本系统的计算机部分是对测控部分采集的数据进行分析、分类存储，参考曲线管理和比对，并进行产品的型号管理，报表管理等。软件的设计在每一细节上，都力求符合行业习惯，充分地反映了最新标准的本质和精华。

该测试仪的研制成功，将有助于推动高压开关的生产、测试和检验；新标准的采用，也必将提高我国高压开关在国际市场上的竞争力。

（六）技术参数

VC 系列真空度测试仪主要技术参数见表 4-71。

表 4-71

测量范围	$1\times10^{-5}\sim1\times10^{-1}$Pa	空气湿度	≤85%RH
测量误差	<10%（$1\times10^{-4}\sim1\times10^{-1}$Pa）	电源	AC 220±10%
测量分辨率	10^{-5}Pa	外形尺寸	VC—VB：455mm×330mm×250mm
允许环温	−20～55℃		VC—VIB：500mm×210mm×360mm
漏气的灭弧室在测量中将发生电击穿			

SWT—Ⅱ型开关机械特性测试仪主要技术参数见表 4-72。

表 4-72

合闸电压	≦48～300V	触头弹跳	0～99.9ms
分闸电压	≦48～300V	平均速度	0～99.99m/s
合（分）闸时间	0～999.9ms	开距	0～999.99mm
分（合）闸不同期	0～99.99ms	功耗	<1.5W
电源	AC 220±10%50Hz	适用湿度范围	<80%RH
适用温度范围	−10～55℃		

SWT—Ⅲ型开关机械特性测试仪主要技术参数见表 4-73。

表 4-73

允许外接电源	0～10A	内置直流电源	0～5A（SWT—ⅢB）
时间分辨率	0.01ms	行程测量范围	0～999.99mm
合（分）闸时间	0～999.99ms	时间—行程特性曲线幅值精度	≤传感器总长/65535
合（分）闸不同期	0～99.99ms	时间—行程特性曲线幅值分辨率	传感器总长/65535
速度测量范围	0～99m/s	时间—行程特性曲线采样频率	60kHz
速度测量分辨率	0.0023m/s	开距	0～999.99mm
速度测量精度	0.0023m/s（传感器总长等于总行程时）		
触头弹跳时间	0～99.99ms	线圈电流波形采样频率	60kHz
线圈电流测试范围	0～15A（标配）（根据客户要求可以制定测量范围 0～15A）	线圈电流波形幅值精度	≤0.1%
适用温度范围	−10～60℃	电源	AC 220V±10%50Hz
适用湿度	≤80%RH		

YB—V氧化锌避雷器测试仪主要技术参数见表4-74。

表4-74

项目	参数	项目	参数
温度	0～40℃	恒定电流	1mA±1%±2个字
湿度	20～80%RH	电压测量误差	在电压输出范围内准确度±1%±2个字
电源电压	210～230V 50～60Hz	漏电流测量	在测得$U_{1000\mu A}$恒压测量泄露电流
电压输出范围	3～30kV/0.1～10kV	测量范围	0～100μA；显示误差：±1.5%±3个字

SWTS开关机械特性测试系统主要技术参数见表4-75。

表4-75

分闸电压	AC/DC 48～300V	位移波形幅值精度	≤传感器总长/65535
合闸电压	AC/DC 48～300V	线圈电流波形采样频率	60kHz
时间精度	≤10μs	线圈电流波形幅值精度	0.1%
平均速度	0～99.999m/s	电源	AC 220V±10%50Hz（操作电源由操作界面输入）
开距	0～999.999mm	适用温度范围	-10℃～55℃
位移波形采样频率	60kHz	适用湿度范围	相对湿度<80%RH

高压断路器磨合测试系统主要技术参数见表4-76。

表4-76

项目	参数	项目	参数
电磁机构电源	直流合闸电源：0～250V、300A，手动可调	交直流分闸电源	0～264V，10A，手动可调
直流分闸电源	0～264V、30A，手动可调	适用温度	-10～55℃
弹簧机构储能电源	交直流储能电源：0～250V，10A，手动可调	适用湿度	相对湿度<80%RH
交直流合闸电源	0～250V，10A，手动可调		

注 操作界面输入磨合台参数和电源参数。当开关拒合时，系统自动切断电源保护分合闸线圈。

VC—Ⅵ型真空度测试系统主要技术参数见表4-77。

表4-77

项目	参数	项目	参数
测量范围	$1\times10^{-5}\sim1\times10^{-1}$Pa	允许环温	-20～55℃
测量误差	≤10%（$1\times10^{-4}\sim1\times10^{-1}$Pa）	空气湿度	≤85%RH
测量分辨率	10^{-5}Pa	电源	AC 220±10%
漏气测量	漏气的灭弧室在测量中发生电击穿		

CTM—Ⅲ通用温升测量装置主要技术参数见表4-78。

表4-78

测量点数	60点（包括3个环温一个冰点）	温度分辨率	0.005℃
电压量程	0～19.99mV	采样速度	3点/s
温升测量范围	IEC标准各热电偶量程	测量时间间隔	0～99min
电压测量精度	<0.1%	允许环温	-10～55℃
测量误差	<0.5℃	空气湿度	相对湿度<85%RH
电压分辨率	1μΩ	电源	AC 220V±10% 50Hz
外形尺寸	500mm×360mm×180mm		

MHV系列微型高压发生器主要技术参数见表4-79。

CR—Ⅲ回路电阻测试仪的主要技术指标见表4-80。

（七）生产厂

西安博能电力技术有限公司（西安市西关正街机场巷6号；邮编：710082；电话：029-84683900；传真：029-84683769）。

表 4-79

最大输出电压	60mm 大气的击穿电压	空气湿度	≤85%RH
充电时间	5h	电源	AC 220V±10%　50Hz
待机时间	180d	外形尺寸	265mm×184mm×80mm
允许温度	-10～55℃		

表 4-80

环境温度	室温，无强电磁场干扰场合	最小分辨率	0.1μΩ
相对湿度	<85%RH	测量误差	<1%
测量范围	0～4000μΩ	测试电流	>100A
显示方式	电流、电阻均为四位数码显示	电源	AC 220V±10%50Hz
外形尺寸	410mm×270mm×210mm	重量	8.0kg

七十九、D 系列新型电能表

（一）基本功能

见表 4-81。

（二）技术参数

见表 4-81。

表 4-81

型　号	名　称	量　限		基　本　功　能	精　度（级）
		额定电压（V）	标定电流（最大电流）（A）		
DTSD15M5 DSSD15M5	三相四线 三相三线 多功能表	3×57.7/100 220/380 3×100	3×1.5（6） 5（20） 10（40） 20（80）	1. 有功正、反向计量；2. 无功四象限计量；3. 最大需量计量；4. 红外抄表及 RS485 通信；5. 实时功率显示；6. 分相显示电流、电压；7. 中文字符提示 LCD 显示	有功：0.5 或 0.5S 无功：2.0
DTSD15M DSSD15M	三相四线 三相三线 多功能表	3×57.7/100 220/380 3×100	3×1.5（6） 5（20） 10（40） 20（80）	1. 有功正、反向计量；2. 无功四象限计量；3. 最大需量计量；4. 红外抄表及 RS485 通信；5. 实时功率显示；6. 分相显示电流、电压；7. 中文字符提示 LCD 显示	有功：1.0 无功：2.0
DTSD15A（A） DSSD15A（A）	三相四线 三相三线 多功能表	3×57.7/100 220/380 3×100	3×1.5（6）	1. 有功无功正、反向计量；2. 复费率；3. 最大需量计量；4. 红外抄表及 RS485 通信；5. 预付费	有功：1.0 无功：2.0
DTSD15A（B） DSSD15A（B）	三相四线 三相三线 多功能表	3×57.7/100 220/380 3×100	3×1.5（6）	1. 有功无功正、反向计量；2. 复费率；3. 最大需量计量；4. 红外抄表及 RS485 通信；	有功：1.0 无功：2.0
DTSD15E	三相四线 多功能表	3×220/380	3×1.5（6） 5（20） 10（40） 20（80）	1. 有功计量；2. 复费率；3. 最大需量计量；4. 红外抄表；5. 预付费（直入式）	有功：1.0
DTSD15F	三相四线 多功能表	3×220/380	3×1.5（6） 5（20） 10（40） 20（80）	1. 有功计量；2. 复费率；3. 最大需量计量；4. 红外抄表；5. RS485 通信（直入式）	有功：1.0
DSS（X）116 DTS（X）116	三相三线 三相四线 有功无功 组合表	3×100 3×57.7/100 220/380	3×1.5（6）	1. 有、无功计量；2. RS485 通信接口；3. LCD 显示	有功：1.0 无功：2.0

续表

<table>
<tr><th rowspan="2">型　号</th><th rowspan="2">名　称</th><th colspan="2">量　　限</th><th rowspan="2">基　本　功　能</th><th rowspan="2">精　度
（级）</th></tr>
<tr><th>额定电压
（V）</th><th>标定电流（最大电流）（A）</th></tr>
<tr><td>DSSY117
DTSY117</td><td>三相三线
三相四线
预付费电能表</td><td>3×100
3×220/380</td><td>3×1.5（6）
5（20）
10（40）
20（80）</td><td>1. 有功双向计量；2. IC 卡预付费用；3. RS485 通信接口可选：电表是流规格 3×1.5（6）A；4. LED 显示</td><td>有功：1.0</td></tr>
<tr><td rowspan="2">DTS29</td><td rowspan="2">三相四线
电子式电能表</td><td rowspan="2">3×220/380</td><td rowspan="2">3×1.5（6）
5（20）
10（40）
15（60）
20（80）
30（100）</td><td>1. 有功双向计量；2. 防潜动逻辑电路，防窃电功能；3. 有电能脉冲输出接口；4. 三相电源供电，任缺一或二相电源均可正常计量</td><td rowspan="2">有功：1.0</td></tr>
<tr><td>C 型表其他功能同上，另加 RS485 通信功能</td></tr>
<tr><td rowspan="2">DSS116</td><td rowspan="2">电子式
三相有功
电能表</td><td rowspan="2">3×100
380</td><td rowspan="2">3×1.5（6）</td><td>1. 有功双向计量；2. 防潜动逻辑电路，防窃电功能；3. 有电能脉冲输出接口；4. 计度器显示</td><td rowspan="2">有功：1.0
或
有功 0.5</td></tr>
<tr><td>C 型表其他功能同上，另加 RS485 通信功能</td></tr>
<tr><td rowspan="2">DXS29
DXS30</td><td rowspan="2">电子式
三相无功
电能表</td><td rowspan="2">3×100
220/380</td><td rowspan="2">3×1.5（6）</td><td>1. 无功双向计量；2. 防潜动逻辑电路，防窃电功能；3. 有电能脉冲输出接口；4. 计度器显示</td><td rowspan="2">无功：2.0</td></tr>
<tr><td>C 型表其他功能同上，另加 RS485 通信功能</td></tr>
<tr><td>DDSY168</td><td>单相预费
电能表</td><td>220</td><td>10（40）</td><td>1. 有功双向计量；2. IC 卡预付费；3. 功率限值；4. IC 卡抄表；</td><td>有功：1.0</td></tr>
<tr><td>DDSF168</td><td>单相复费
率电能表</td><td>220</td><td>1.5（6）
2.5（10）
5（20）
10（40）</td><td>1. 有功双向计量；2. 复费率；3. 红外 RS485，80ms 脉冲输出</td><td>有功：1.0</td></tr>
<tr><td rowspan="2">DDS160</td><td rowspan="2">电子式
单相表</td><td rowspan="2">220</td><td rowspan="2">1.5（6）
5（10）
5（20）
10（40）</td><td>1. 有功双向计量；2. 防潜动逻辑电路，窃电功能；3. 有电能脉冲输出接口</td><td rowspan="2">有功：1.0
或 2.0</td></tr>
<tr><td>C 型表其他功能同上，另加 RS485 通信功能</td></tr>
</table>

（三）生产厂

球海经济特区凯力电器有限公司。

八十、260 数字式转速表

（一）概述

（1）严格按国家规范设计，是国家技术监督局新计量标准产品。

（2）通过 JJG 105—2000 转速表最高精度等级检定。

（3）五位有效数字浮点显示。

（4）独特的浮动多周期平均等时测周法设计，保证全量程范围内同等精度。

（5）最齐全的转速测量功能。

（6）宽据自动存储、回放。

（7）超大液晶屏幕读数，功能菜单显示。

（8）超低功耗设计，美观小巧，操作简便，重量轻。

（9）可连接三角架，便于长时间连续精确监测。

（10）配备信号输入、输出及外接电源端口，满足特定工作要求。

(11) 产品系列化，多种型号可满足您不同的用途。

(二) 功能

可以测量转速、频率、周期、线速度的最大、最小、最终值及周期数或事件计数共16种参数。

(三) 技术指标

(1) 测量范围：转速～99999r/min，频率0.0167～0.6666Hz，周期0.6～60000ms，计数1～99999，线速度0.1～3000.0m/min，0.0017～16.666m/s。

(2) 测量精度：全量程范围误差0.01%的超高精度H（转速、频率、周期）。

(3) 测量距离：光电式0.5～30cm；激光式：0.3～3m。

(4) 显示：五位有效数字动态度液晶浮点显示。

(5) 信号输入：1～5P—PV脉冲输入。

(6) 信号输出：TTL电平脉冲输出。

(7) 电源：两节七号电池供电，可连续使用24h；或外接2～3直流电源供电。

(8) 体积：128mm×58mm×26mm。

(9) 重量：90g。

(四) 型号选择

见表4-82。

表4-82

型　号	特　征	测量功能
260A	LED光源光电（非接触）型	转速、频率、周期的最大、最小、最终值及周期数或事件计数共10种参数
260B	LED光源光电（非接触）＋机械转换头（接触）两用型	转速、频率、周期、线速度的最大、最小、最终值及周期数或事件计数共16种参数
260C	激光光源光电（非接触）触	转速、频率、周期的最大、最小、最终值及周期数或事件计数共10种参数

(五) 生产厂

北京航天村技术研究所。

八十一、6800系列电机故障诊断仪

(一) 用途及特性

(1) 采用先进的诊断技术，判断快捷而准确。6800系列电机故障诊断仪应用了“I/F”法技术，专门用于发现匝间短路和绕组间漏电，从根本上解决了目前在电机故障判断上的猜测行为。

(2) 高电压精确测量。6800系列可以精确测量电要对地绝缘的情况，其中6801/6802使用1000V测量电压，显示0～20MΩ，200MΩ以上显示＋∞。

(3) 使用范围广。6800系列可以对各种单个线圈、电感线圈、绕组电容提供一种简单快捷、准确的状态检测手段。

(4) 非常高的投入产出比。只要发现一台电机的匝间短路故障，获得的效益就会超过该故障诊断仪购置费用。

(5) 提供独特的远距离测试功能。6800系列可以通过功率线进行远距离测试，这对于难以触及的电机特别有用。

(6) 低功耗设计，待机工作时间长。定时关机，低功耗设计，大容量充电电池，使6800系列可能更长时间持续工作。自动的低电压充电提示，充电简单方便。

(7) 轻巧、便携式设计。

(二) 技术参数

(1) 阻抗（Z）：3～1000。

(2) 电感（L）：0.28mH～1.8H。

(3) 电容（C）：60nF～100μF。

(4) 功率因数角：0～90°。

(5) 对地绝缘：0～∞。

(6) 频率范围：100～2400Hz。

(三) 生产厂

北京航天村技术研究所。

八十二、VM—70轴承及齿轮箱检测仪

（一）概述

该仪器重70g，为日本理音（RION）公司专为车间、工厂设备员设计的智能型巡检仪，它具有VM—63振动表中的烈度（速度）诊断功能，又有专门诊断轴承、齿轮箱故障的功能，并具有明确的诊断标准（说明书中提供诊断标准）。这使该仪器特别实用，可立即回答现场人员所关心的设备优劣状态。它还可以储存100组测点的数据（速度值、高频加速度平均值及峰值、表面温度）。提供中文数据管理软件，可对设备劣化做趋势性分析。

（二）技术性能

（1）测量压力：1kgf。

（2）共振频率：约32kHz。

（3）共振频率范围：约550Hz。

（4）灵敏度：约18pC/G（在80Hz时）。

（5）测量压力：最大100g。

（6）最大允许温度：100℃。

（7）响应时间：10s。

（三）测量方式

（1）Lo-AVE（振动速度平均值）。频率范围为5～1000Hz，显示范围为0.10～1.99mm/s，2.0～19.9mm/s，20～199mm/s。

（2）Hi-AVE（振动加速度平均值）。频率范围为中心频率为32kHz，带宽约为550Hz。显示范围为0.01～1.99*g*，2.0～19.9*g*（相对值）。

（3）Hi-PEAK（振动加速度峰值）。频率范围为中心频率32kHz，带宽约为550Hz。显示范围为0.1～19.9*g*，20～99*g*（相对值）。

（4）温度。显示范围为0.1～19.9℃，20～100℃。

（四）标准配置

（1）VM—70主机（包括电池、带子、皮套）1台。

（2）中文数据管理软件1套。

（3）英文说明书1套。

（4）中文说明书1套。

（五）生产厂

北京航天村技术研究所。

八十三、VM—82便携式测振仪

（一）概述

日本理音（RION）公司生产的该仪器重320g，是VM—63测振表的改进型，使用分离式振动传感器，可对微小振动及超强振动进行测量，可测机械设备的振动位移、速度（烈度）和加速度。它可以储存1000组测点的数据，并能与微机进行通信。已开发的软件具有如下功能：①信息管理（包括机器、测点及测试数据的管理、建立档案）；②仪器与微机通信；③趋势分析；④打印报表（机器报表、测点报表）；⑤状态判断（自动判定状态；良好、注意、危险）。

（二）技术指标

1. 测量范围

（1）加速度：0.02～200m/s^2，等效峰值，1Hz～5kHz。

（2）速度：0.3～1000mm/s，RMS，3kHz～1kHz。0.1～1000mm/s，RMS，10Hz～1kHz。

（3）位移：0.02～100mm，等效峰值，3～500Hz。0.001～100mm，等效峰值，10～500Hz。

2. 频率范围

（1）加速度：3Hz～1kHz，3Hz～5kHz，1～100Hz，3Hz～20kHz。

（2）速度：10Hz～1kHz，3Hz～1kHz。

（3）位移：10～500Hz，3～500Hz。

3. 显示

数字显示和棒图显示两种。

4. 内存

1000组数据。

5. 输出

(1) AC 输出，满量程为 1V，输出阻抗 600Ω。

(2) DC 输出，满量程为 1V，输出阻抗 600Ω。

6. 接口

RS232C 串口。

7. 环境温度范围

(1) 探头：—20～70℃，<90%RH。

(2) 主机：—10～50℃，<90%RH。

8. 电源

4 节 5 号电池连续工作时间大约 30h。

9. 尺寸

168 (W) mm×76 (H) mm×35 (D) mm。

(三) 标准配置

(1) VM—82 主机（含电池、皮套）1 台。

(2) 标准探头 PV—57（含电缆、磁铁）1 个。

(3) 通信电缆 1 根。

(4) 通信及管理软件 1 套。

(5) 英文说明书 1 本。

(6) 中文说明书 1 本。

(四) 生产厂

北京航天村技术研究所。

八十四、电站专用热电偶、热电阻

(一) 概述

电站专用热电偶、热电阻是在原形式的基础上，通过长期的现场实践改进，专门为电站设计制造的热电偶、热电阻，其中用于高压、高流速蒸气管道的高压系列，引用了美国 EBASCO 公司设计规范，补充了我国原有单一的品种。该类产品充分考虑到电站温控系统的可靠性、安全性以及使用寿命的特殊要求，从产品的结构、材料、制造工艺以及工艺过程均采取了严格的控制。尤其是高、中压类的套管均进行材料化学分析、探伤及超高压试验，以确保其使用的安全、可靠。另外，针对煤粉锅炉、循环流化床锅炉（CFB）、汽机、电机、给水系统中特殊结构和要求，设计并完善了系列产品，广泛地应用于重大的电站工程中。

(二) 产品特点

(1) 套管的材质经“化分”确认，承压系列的保护套管采用深盲孔技术，实体棒料一体加工而成，承压套管均进行探伤试验和超高压内压试验。

(2) 采用压紧式弹性铠装元件，与可微调长度的接长管的配合，可以确保元件顶端与套管底部压紧，提高热传导效率，减小热惯性时间。

(3) 双支型铠装热电偶元件均为“双支分列绝缘式”，即二对热电偶信号相互绝缘并且与铠装外壳绝缘，常温下绝缘值高达 1000MΩ 以上，采用长时效退火工艺制造的铠装热电偶，确保热电特性的长期使用的稳定性。

(4) 可微调接长管螺纹以适应内中元件的尺寸。

(5) 特殊设计的高端子接线盒，现场接线更为便利。

(三) WR□T—01 锥管热套式高压热电偶

1. 产品说明

WR□T—01　锥管热套式高压热电偶是引进美国 EBSCO 公司设计规范的形式，与传统 625 型热电偶其三棱锥面有所不同。承受高压的锥形保护套管采用了深盲孔技术，整支套管使用 1Cr18Ni9Ti 不锈钢原料整体加工完成，经过材质探伤和 70MPa 的承压试验，确保套管的安全可靠性。其三棱锥面卡在设备的开孔中，上部在设备定制的热套管上焊接，有极强抗御套管的径向冲击能力。保护套管只有一种标准尺寸，安装时必须准确地与设备上的热套管的尺寸相匹配。热电偶使用压紧式铠装元件。有 WRNT—0117、0118、0119 的派生形式以适应现场的需要。

2. 使用场合

承压在 40MPa、流速≤80m/s 的管道、容器。

3. 主要技术参数

见表 4-83。

表 4-83

型号	分度	测温范围（℃）	保护管		热响应时间 τ（0.5/s）	规格（mm×mm）
			公称压力（MPa）	材料		总长×插入深度 $L\times L_0$
WR□T—01	K、E	K：0～900 E：0～800	≤40	1Cr18Ni9Ti	≤40	450×100
WR□T—0117						插入深度同上 总长 L 根据需要
WR□T—0118						
WR□T—0119						

4. 型号及派生型号

(1) 有 K、E 分度可选，双支形式在型号系列字母后加 2，如 K 分度、双支的 WRNT2—01。

(2) 翻盖式接线盒设计序号为 8，如 WRNT—01—8。

(3) WRNT—0117 是总长度在 100mm 范围内任意可调，且带有弹性压紧装置元件的形式。

(4) WRNT—0118、0119 是配用长铠装热电偶、穿越高温区域的形式。

5. 安装警示

热套管为 ϕ60×5mm 与管道同材质的钢管，被测点开孔为 ϕ38mm（绝对不能大于 40mm，否则不能卡住锥管三棱斜面，失去径向支撑点；在高压、高流速介质的冲击下，套管将产生剧烈震荡，导致套管的根部疲劳断裂）。热套管与被测点开孔必须同心焊接（否则锥管三棱斜面单边受力，套管在热套中受扭曲焊接应力，长时间会导致套管的根部疲劳断裂）。修整热套管高度，应与保护套管上部的圆柱面有 2～2.5mm 的均匀环缝（说明保护套管的三棱斜面已经卡在被测点开孔中），实施环焊。

6. 订货要求

见表 4-84。

表 4-84

举例	型号	分度	精度	规格（mm×mm）	数量
常规	WRNT—01	K		450×100	5 支
翻盖式接线盒	WRNT—01—8	K		450×100	
接长管要求加长	WRNT—01	K		H×100	
有精度要求	WRNT—01	K	Ⅰ	450×100	

注 未注精度要求的供货精度热电偶为Ⅱ级。

(四) WR□T—13 防水直焊式高压热电偶

1. 产品说明

13 型热电偶直接焊在被测点开孔中，承受高压的锥形保护套管采用了深盲孔技术，整支套管使用 1Cr18Ni9Ti 不锈钢原料整体加工完成，经过材质探伤和 70MPa 的承压试验，确保套管的安全可靠性。因为工况条件要求，其插入深度尺寸受到一定的限制，极限长度不大于 200mm。13 型热电偶使用压紧式铠装元件：有 WRNT—1317、1318、1319 的派生形式以适应现场的需要。

2. 使用场合

承压在 30MPa、流速在不大于 80m/s 的厚壁管道、容器。

3. 主要技术参数

见表 4-85。

表 4-85

型号	分度	测温范围（℃）	保护管		热响应时间 τ（0.5/s）	规格（mm×mm）
			公称压力（MPa）	材料		总长×插入深度 $L\times L_0$
WR□T—13	K、E	K：0～900 E：0～800	≤30	1Cr18Ni9Ti	≤90	300×50，350×100 400×150
WR□T—0317						
WR□T—0318						插入深度同上 总长 L 根据需要
WR□T—0319						

4. 型号及派生型号注释

(1) 有K、E分度可选，双支形式在型号系列字母后加2，如K分度、双支，WRNT2—13。

(2) 翻盖式接线盒设计序号为8，如WRNT—13—8。

(3) WRNT—1317是总长度在100mm范围内任意可调，且带有弹性压紧装置元件的形式。

(4) WRNT—1318、1319是配用长铠装热电偶、穿越高温区域的形式。

5. 订货要求

见表4-86。

(五) WR□T—14防水焊接式高压热电偶

1. 产品说明

14型热电偶与13型热电偶的形式基本相同。14型热电偶安装焊接在管座上，适用于测点管壁较薄、需要预置管座的场合。其余均与WR□T—13型相同。

表4-86

举例	型号	分度	精度	规格（mm×mm）	数量
常规	WRNT—13	K		300×50	5支
翻盖式接线盒	WRNT—13—8	K		300×50	
接长管要求加长	WRNT—13	K		H×50	
有精度要求	WRNT—13	K	I	300×50	

注　未注精度要求的供货精度热电偶为Ⅱ级。

2. 使用场合

承压在30MPa、流速在不大于80m/s的管道、容器。

3. 主要技术参数

见表4-87。

表4-87

型号	分度	测温范围（℃）	保护管		热响应时间 τ（0.5/s）	规格（mm×mm）
			公称压力（MPa）	材料		总长×插入深度 $L\times L_0$
WR□T—14	K、E	K：0～900 E：0～800	≤30	1Cr18Ni9Ti	≤90	300×50，350×100 400×150
WR□T—1417						
WR□T—1418						插入深度同上 总长 L 根据需要
WR□T—1419						

(六) WR□T—15锥管中压热电偶

1. 产品说明

WR□T—15型热电偶除安装螺纹为NPT自锁螺纹外，其余的形式、技术参数、派生形式均与WR□T—16相同。参见WR□T—16产品介绍。

2. 使用场合

承压在20MPa、流速在不大于60m/s的管道、容器等场合。

3. 主要技术参数

见表4-88。

4. 型号及派生型号注释

(1) 有K、E分度可选，双支形式在型号系列字母后加2，如K分度、双支的WRNT2—15。

(2) 翻盖式接线盒设计序号为8，如WRNT—15—8。

(3) WRNT—1517是总长度在150mm范围内任意可调，且带有弹性压紧装置元件的形式。

(4) WRNT—1518、1519是配用长铠装热电偶、穿越高温区域的形式。

(5) 可配用齿形钢垫，型号后轰WGGZ—08，如WRNT—16 WGGZ—08。

(七) WR□T—17锥管部件热电偶

1. 产品介绍

在实际使用中，往往设备本体上已经有预置的保护套管（温袋），或者在维修中，因为原设备上的保护套管孔深不

表 4-88

型　号	分　度	测温范围（℃）	保护管		热响应时间 τ（0.5/s）	螺纹	规格（mm×mm）
			公称压力（MPa）	材　料			总长×插入深度 $L\times L_0$
WR□T—15	K、E	K：0～900 E：0～800	≤20	1Cr18Ni9Ti	≤90	NPT/1in	275×75 300×100 350×150 400×200 450×250
WR□T—1517							
WR□T—1518							
WR□T—1519							
WR□T—16						M33×2 或 G/1in	
WR□T—1617							
WR□T—1618							
WR□T—1619							

一，插入不到位或过长，更换元件时十分麻烦。WR□T—17 锥管部件热电偶带有过渡卡套螺纹及伸缩管。插入深度可作 150mm 左右的长度调节，并且内中使用了弹性压紧式铠装元件；拆下原热电偶的接线盒，旋上过渡卡套螺纹、调节插入深度，略下压使弹性元件抵紧后锁紧卡套螺母即可。无须逐支测量要更换元件的长度，而且使用了弹性元件，减小了热响应时间。本产品适合于 M22×1 螺纹（本公司产品规范）的接长管上使用；如果原与热电偶的接长管不匹配，可以将原热电偶的接长管一起取下，告之原保护套管（温袋）的内螺纹尺寸，替用本公司的规范接长管（见热电偶附件：WGGZ09）。

2. 使用场合

承压保护套管内。

3. 主要技术参数

见表 4-89。

表 4-89

型　号	分　度	测温范围（℃）	伸　缩　管		热响应时间 τ（0.5/s）	螺　纹	规格（mm×mm×mm）
			直　径	材　料			总长×插入深度 $L\times L_0$
WR□T—17	K、E	K：0～900 E：0～800	16	1Cr18 Ni9Ti	≤8	M22×1	330×150 480×330

（八）WR□T—18、WR□T—19 锥管部件热电偶

1. 产品介绍

在实际使用中，设备本体上已经有预置的保护套管（温袋），但热电偶需要穿越高温区域引出（如联箱至顶棚外）本形式即为此而设计。WR□T—18 是防水接线盒形式，可以现场使用补偿导线连接。WR□T—19 是强力冷端接头补偿导线引出的形式。估计补偿导线的长度（S），可以直接将信号接入端子箱中。它与 WR□T—01、13、14、15、16 型承压热电偶的保护套管（含接长管）配合组成：WR□T—0118、0119、WR□T—1318、1319、WR□T—1418、1419、WR□T—1518、1519、WR□T—1618、1619 型号。

2. 使用场合

承压保护套管内。

3. 主要技术参数

见表 4-90。

表 4-90

型　号	分　度	测温范围（℃）	铠装热电偶		热响应时间 τ（0.5/s）	螺　纹	尾线 S	规格
			直　径	材　料				总长 L
WR□T—18	K、E	K：0～900 E：0～800	$\phi4$ $\phi5$ $\phi6$	1Cr18Ni9Ti	≤8	M22×1	根据需要	
WR□T—19								

（九）WR□T—20 磨煤机出口强耐磨热电偶、热电阻

1. 产品说明

WR□T—20 磨煤机出口热电偶、热电阻是使用了本公司首创的金属陶瓷复合的保护套管，有极强的抗磨性能，保持了常规热电偶的热响应时间，是本公司专门为“CFB”锅炉床温用高温、高耐磨的派生产品。在正常使用的情况下。其耐磨性比一般的同类产品寿命提高数倍以上。

2. 使用场合。

磨煤机出口。

3. 主要技术参数

见表 4-91。

表 4-91

型　号	分　度	测温范围（℃）	保　护　管		热响应时间 τ（0.5/s）	规　格（mm）	
			公称压力（MPa）	材　料		总长度 H	插入深度 L_0
WRNT—20	K	0～900	<10	金属陶瓷复合	⩽90	L = 插入深度（L_0）+150	L_0 = 100（+50 递增）～2000
WRET—20	E	0～800					
WZPT—20	PT100	0～450					

（十）WR□T—21 煤粉仓强耐磨热电偶、热电阻

1. 产品说明

WR□T—21 煤粉仓热电偶、热电阻采用 WR□T—20 型的同样技术制造。超长规格每 2m 为一节，有防松螺纹束节连接，现场配接使用。元件为绝缘式铠装热电偶、热电阻。

2. 使用场合

煤粉舱。

3. 主要技术参数

见表 4-92。

表 4-92

型　号	分　度	测温范围（℃）	保　护　管		热响应时间 τ（0.5/s）	规　格（mm）	
			公称压力（MPa）	材　料		总长度 H	插入深度 L_0
WRNT—21	K	0～900	<10	金属陶瓷复合	⩽90	L = 插入深度（L_0）+150	100（+50 递增）～8000
WRET—21	E	0～800					
WZPT—21	PT100	0～450					

（十一）WR□T—30、WR□T—31 汽缸壁温防爆裂铠装热电偶

1. 产品说明

常规的铠装热电偶因为存在材料、制造工艺等诸多方面的原因，在温差频繁波动剧烈的场合，尤其是用于汽缸壁温的重要测点，往往在使用中会发生爆裂损坏而影响机组的正常运行。经过长期的研究和实践，采用了特殊的制造工艺，设计制造了其外表与尺寸基本与 WR□K—191G 相同的、专门用于汽缸壁温防爆裂 WR□T—30、WR□T—31 铠装热电偶。WR□T—30 型采用防水式接线盒，WR□T—31 型采用强力冷端接线补偿导线直接引出的方式，补偿导线与热电偶芯线的接头牢固可靠，且有良好的气密性和水密性。该形式的单、双支工作端均为绝缘式。

2. 使用场合

汽缸壁温。

3. 主要技术参数

见表 4-93。

（十二）WR□T—34、WR□T—35 加长固定卡套螺纹汽缸壁温热电偶

WR□T—34、WR□T—35 加长固定卡套螺纹汽缸壁温热电偶是 WR□T—30、WR□T—31 的派生形式，增加了安装固定的加长固定卡套螺纹，其余完全相同。

表 4-93

型号	分度	测温范围（℃）	铠装热电偶		热响应时间 τ（0.5/s）	规格
			直径	材料		长度×尾线 L×S
WR□T—30	K	0～900	φ4 φ5	1Cr18 Ni9Ti	≤10	根据需要
WR□T—31	E	0～800	φ6			

(十三) WR□T—1901M、WR□T—1301M、WR□T—1903M、WR□T—1303M 壁温热电偶

1. 产品说明

WR□T—1901M 是 WR□K—191 铠装偶的形式上，加装了金属壁的延伸装置（WGGZ04、05）集热块、集热管，它们的凹曲半径与被测过热器再热器管道或汽包容器的曲率半径相匹配，用点焊固定在被测点上，插入可拆卸的铠装偶，可以精确的测量该点的金属壁温，该测点在保温材料的包裹之中，加之温度、湿度较高，在保温材料酸碱度的影响下，铠装偶往往难以拆卸。为此对行业首创的“集热块”进行了多次改进，可以更换铠装热电偶。WR□T—1903M、WR□T—1303M 是用德国产不锈钢抱箍（WGGZ06、07）取代了现场焊接，使安装更为方便。几种型号可根据习惯要求选择使用。所提供的产品，无论单双支铠装热电偶，均为绝缘式。

2. 使用场合

过热器、再热器管道、汽包壁。

3. 主要技术参数

见表 4-94。

表 4-94

型号	分度	测温范围（℃）	铠装热电偶		热响应时间 τ（0.5/s）	集热块、管			规格
			直径	材料		材料	H	R	长度×尾线 $L\times L_0$
WR□T—1901M	K E	0～900 0～800	φ4 φ5 φ6	1Cr18 Ni9Ti	≤10	1Cr18 Ni9Ti	管道保温层厚度	管道、容器半径	根据需要
WR□T—1903M									
WR□T—1301M									
WR□T—1303M									
WR□T—1902M									
WR□T—1302M									
WR□T—1904M									
WR□T—1304M									

(十四) WR□T—PR□—0□/□□过热器、再热器管壁集约测点装置

1. 产品说明

WR□T—PR□—0□/□□过热器、再热器管壁集约测点装置是特别为上海锅炉厂 30 万 kW 机组锅炉的过热器、再热器屏的测点设计的装置。该装置是将过热器、再热器某一屏测点的热电偶集约在一个特制的单元接线盒中，附有安装固定导入管在现场焊接固定。单元接线盒中的每个测点热电偶均附有隔热垫圈并标以位号，而其中的每一位号的热电偶均可以单独方便地更换，使过热器、再热器管壁温度测点有序规范集约、便于监测、维护的装置；其中所提供的产品热电偶为单支绝缘式。

2. 使用场合

过热器、加热器管道壁温。

3. 主要技术参数

见表 4-95。

(十五) WEPT—001S 双信号轴瓦热电阻热电偶复合元件

1. 产品说明

WEPT—001S 双信号轴瓦热电阻热电偶复合元件是专门为汽轮机推力瓦设计的双重保护信号的产品，当铂电阻信号失去时，在“DCS”系统中可以及时地切换到热电偶信号，以保证机组的正常监视运行。

2. 使用场合

汽轮机推力瓦。

表 4-95

型 号	分 度	测温范围（℃）	保护管		热响应时间 τ（0.5/s）	每单元盒集约测点数量
			铠装偶直径	材 料		
WRKT—PR□	K	0～900	ϕ4	1Cr18 Ni9Ti	≤10	≤20 点
WRET—PR□	E	0～800				

3. 主要技术参数

见表 4-96。

表 4-96

型 号	分 度	测温范围（℃）	热响应时间 τ（0.5/s）	工作端规格		阻油段尺寸 L_1	尾 线 S	螺 纹 M
				直径 ϕ	长度（mm）			
WZPM—001	PT100	0～150	≤8	双支≥4 单支≥3	15～60		根据需要	
WZPM—001Z						根据需要		
WZPM—201								8×0.75
WZPM—201Z						根据需要		
WZCM—001	Cu50				20～60			
WZCM—001Z						根据需要		
WZCM—201								8×0.75
WZCM—201Z						根据需要		
WREM—001	E				8～60			
WREM—001Z						根据需要		
WREM—201								8×0.75
WREM—201Z						根据需要		
W□PT—001S	（K 或 E）+PT100			≥4	20～60			
W□PT—001SZ						根据需要		
W□PT—201S								8×0.75
W□PT—201SZ						根据需要		

（十六）WZPT—38A、WZPT—38B、WZPT—38C、WZPT—38D 抗震阻漏轴瓦热电阻

1. 产品说明

WZPT—38 系列是本公司专门为“KSB”泵设计的抗震、阻漏铂电阻。使用精密进口微型集成铂电阻元件，内部设有耐油橡胶导线塞及弹簧。刚体插入头有 20mm 的压缩量，可以压紧在被测表面并且彻底杜绝了毛细虹吸渗油现象。(未定型时曾用型号 WZPM2K—38B。)

2. 使用场合

适用于各类给水泵轴瓦及抗震阻漏的测点。

3. 主要技术参数

见表 4-97。

表 4-97

型 号	分 度	测温范围（℃）	热响应时间 τ（0.5/s）	工作端规格 $\phi \times L_0$（mm）	插入长度 L_1（mm）	插入长度形态	尾 线 S	常规螺纹
WZPM—38A	PT100	0～250	≤10	4×20	根据需要	软态	根据需要	M18×1.5
WZPM—38C								
WZPM—38B				ϕ6 ϕ8	50～250	刚性		
WZPM—38D								

（十七）WRNT—12 烟道热电偶

1. 产品说明

WRNT—12 型烟道热电偶是根据 EBSC 规范引进形式制造，粗直径的保护套管赖以支撑较长的插入深度而不至于

下坠弯曲变形，采用了头部变端面的结构，使其减小热惯性时间，提高热灵敏性和准确性能。

2. 使用场合

烟道。

3. 主要技术参数

见表 4-98。

表 4-98

型 号	分 度	测温范围（℃）	保 护 管		热响应时间 τ（0.5/s）	规格（mm×mm）
			公称压力（MPa）	材 料		总长×插入深度 $L\times L_0$
WRNT—12	K	0～900	≤10	1Cr18Ni9Ti	≤30	480×230 680×430 880×630 1380×1130 1880×1630 特殊定制

（十八）WRNT—B001、WZPT—B001、电机定子铁心热电偶、热电阻

1. 产品说明

WRNT—B001、WZPT—B001、电机定子铁芯热电偶、热电阻是本公司为发电机定子线圈制作的压嵌式温度元件，热电偶使用薄片芯线、环氧树脂板封装为一体，高温导线引出；热电阻使用双线无阻抗铂金线圈、高温导线引出；结构坚固均能进行镶嵌压操作和压力，有效的检测定子线圈铁芯的温升情况。

2. 使用场合

电机定子线圈内。

3. 主要技术参数

见表 4-99。

表 4-99

型 号	分 度	测温范围（℃）	热响应时间 τ（0.5/s）	规 格（mm）			尾线 S
				长度	宽度	厚度	
WRNT—B001	K	0～200	≤30	300	15	0.7	根据需要
WRET—B001	E						
WZPT—B001	PT100			270	9	2.8	
WZPT—B002				155	20	6	

（十九）生产厂

上海望归仪表有限公司。

八十五、Fluke 系列数字电气仪表

（一）Fluke187/189 模拟/数字万用表

福禄克公司的万用表自从投放市场以来，以它的多用性、高性能、高准确度和坚固耐用性领导着行业的潮流。而全新推出的 187、189 更是在性能、量程和准确度等方面实现了重大的突破。

（1）0.025%的基本直流准确度。

（2）50000 字高分辨率显示模式，并带有瞬时读数的详细分析，模拟指针，双层背景光。

（3）100kHz 交流带宽，dBm/dBV 测量，及真有效值电压电流测量。

（4）响应速度有了显著的提高。

（5）更宽的量程，高阻值测量达 500MΩ，电导量程达 500ns。

（6）内部存储功能可记录和存储高达 1000 个测量数据并带有实时间标记（仅 189 型）。

（7）最新 FlukeView® Forms（FVF1.5 版本）软件更加方便易用。通过 FVF，还可以在线记录测量数据到计算机（187、189 均可）。

（8）电容相对模式可以清除读数中的杂散电容。

（9）非开盖校准，终身保修。

（二）Fluke170系列（175，177，179）数字万用表

（1）6000字万用表提供多种测量功能，包括交直流电压，交直流电流，电阻，电容，频率，通断二极管。

（2）接触保持功能。

（3）自动/手动量程。

（4）睡眠功能。

（5）交直流电压真有效值0.1mV～1000V。

（6）交直流电流真有效值0.01mA～10.00A。

（7）电阻0.1W～50MW。

（8）电容测量1nF～9999mF。

（9）频率测量高到100kHz

（10）更强的抗电磁干扰能力。

（11）符合IEC1010600IV安全标准。

（12）终身保修。

（三）Fluke110系列（111，112）数字万用表

（1）6000字读数。

（2）交直流电压，真有效值1mV～600V。

（3）交流电流，真有效值0.01mA～10.00A。

（4）直流电流，真有效值0.001～10.00A。

（5）电阻0.1Ω～40.00MΩ。

（6）电容测量1nF～9999μF。

（7）频率测量达50kHz。

（8）三年保修。

（四）Fluke 87V——用于马达驱动系统的工业万用表

Fluke新的87V是专为测量调速马达驱动产生的复杂信号而设计的，与仅凭主观判断导致无法诊断驱动系统故障相比，采用87V，您的每项测量、每次测量都是正确的，您会因此获得更高的生产效率。

（1）独特功能精确测量有电气噪音的脉宽调制交流电压。正确测量ASD和马达端的电压。

（2）精确测量频率（马达速度）。频率测量不受ASD载波频率的影响。

（3）使用电流钳选件可测量交流电流。

（4）将用87V测得的数值与ASD上的显示读数比较。

（5）特殊的屏蔽阻断大功率驱动系统产生的高频、高能噪音成分。

（五）Fluke 73—Ⅲ坚固耐用的数字万用表

坚固耐用的Fluke 73—Ⅲ万用表，完全适应工业现场应用。

恶劣的环境和高压很容易损伤万用表，但对F73—Ⅲ数字万用表来说却是微不足道的事。该万用表内外设计坚固，带保护套，使现场应用更加舒适、方便且具有以下特性：

过压保护装置可抗高达6kV冲击电压，并有IEC61010-1过压安全等级认证。

输入保护确保万用表在欧姆挡时，仪器不会由于误接人高压而损坏。

福禄克专利的接触保持Touch-Hold模式，可以锁定读数，使阅读更方便。

（六）Fluke 16数字表/温度计

Fluke16万用表/温度计包含了F12表的全部功能，此外包括了温度测量的附件。

（1）温度测量－40～400℃。

（2）珠形K型热电偶探头。

（3）100μA小电流量程用于微电流（火警传感器）测量。

（4）随机配有黄色护套。

（七）Fluke 7系列“傻瓜表”

Fluke 7系列“傻瓜表”是Fluke公司向数字万用表市场推出的一款新品，操作简单，价格低是其最突出的特点。

Fluke 7系列“傻瓜表”有两个型号：7—300和7—600。它们都有4000位显示，自动选择交、直流电压，电阻，通断性测量，符合IEC1010三类600V安全标准以及UL，CSA，TUV标准，带TL75测试线。

（八）Fluke 45双显示屏万用表

（1）真空荧光管双显示屏。

(2) 真有效值电压、电流，包括交流、直流。

(3) 标准配置 RS—232C 接口，GPIB/IEEE488 可选。

(4) 频率测量到 1MHz。

(5) 可选择参考阻抗的分贝测量功能，阻抗 2～8000Ω，音频功率 2Ω/16Ω。

(6) 比较功能可进行快速误差分选有高/低/通过指示。

(7) 0.05%的直流电流精度的测量用于 4～20mA 电流环故障诊断。

(8) 接触保持，相对值和最大/最小值。

(9) 通断蜂鸣和二极管测试。

(10) 不开盖校准。

(九) Fluke 1550B 高压兆欧表

Fluke 1550B 数字兆欧表是电气工程师得力的工具。可以在高达 5000V 的直流电压下测试断路器、发电机、电动机和电缆的绝缘情况，包括从单一的绝缘测试到绝缘破坏试验的步进测试功能。内部测试数据存储功能及随机附带的软件非常便于电气绝缘的维护。牢固的导线、探头及鳄鱼夹以及便携包可适应任何恶劣的环境。

(1) 测试电压为 250V、500V、1000V、2500V、5000V。

(2) 在 250～1000V 测试电压范围可以选择 50V 的步进测试电压，在 1000～5000V 测试电压范围可以选择 100V 的步进测试电压。

(3) 测量高达 1TΩ 的绝缘电阻。

(4) 电压报警功能提供用户在线电压，可测量至 600V 交流/直流电压。

(5) 无须设置直接计算吸收比和极化指数。

(6) 辅助端子用于消除在高阻测试时的表面漏流效应。

(7) 大屏幕模拟/数字显示可测试电缆或绝缘电容。

(8) 0～5000V 直流斜坡测量功能以进行绝缘破坏试验。

(9) 0～99min 定时器功能方便定时测量。

(10) 99 个内储单元可以存储测试参数，可以快速调用。

(11) 高容量的充电电池，随机附带 Quicklink1550B 软件及光电接口电缆。

(12) 定制软携包和测试附件，测试导线、探头和鳄鱼夹，两年保修。

(十) Fluke 1520 高性能数字兆欧表

(1) 大屏幕、背光显示、模拟指针、数字显示。

(2) 绝缘测试三档测试电压：250V、500V、1000V。

(3) 绝缘测试可测试至 4000MΩ，当电压高于 30V。

(4) AC/DC 时自动切换为电压测试。

(5) AC/DC 电压测量可至 600V。

(6) 低阻测试可用来测试通断。

(7) 最后一次测得的读数自动保持。

(8) 4 节 2 号电池可进行 5000 次测量，具有电池电量指示和自动关机功能。

(9) 自动放电功能。

(10) 手持皮带，便携工具包。

(11) 三年保修。

(十一) Fluke 1587/1577 绝缘多用表

这两款测试工具均具有“二合一”的设计，将数字式绝缘测试仪和全功能的真有效值数字多用表组合到了一个紧凑的手持式测工具之中。具有排障和预防性维护方面的最大灵活性。

(1) 绝缘测试：1587，0.01MΩ～2GΩ。1577，0.1～600MΩ。

(2) 绝缘测试电压：1587，50V、100V、250V、500V、1000V；1577，500V、1000V。

(3) 电容性电压自动放电功能。

(4) 测量交/直流电压、直流毫伏、交/直流毫安、电阻和通断性。

(5) Fluke 1587 包括电容、二极管测试、温度、最小/最大和频率测量功能。

(6) 低通滤波器，适用于调速马达驱动测量（仅限 1587 型）。

(十二) Fluke 1508 绝缘电阻测试仪

Fluke 1508 是第一款具有中文界面和 LCD 显示屏的 Fluke 绝缘电阻测试仪，非常适合于电缆、马达、变压器测试和其他一般用途的各种需求。这款手持式测试工具使得测试简单，便捷。例如，一键计算功能可立即计算极化指标和电介质吸收率，使用者再也无需记忆复杂的公式或写下一串串的读数列表。这仅仅是能够为您节省时间和费用的功能之一而已。

(1) 绝缘测试0.01MΩ～10GΩ。

(2) 绝缘测试电压：50V、100V、250V、500V和1000V，可满足多数应用。

(3) 能够自动测量、计算吸收比或极化指数。

(4) 通过/失败（比较）功能，使重复性测试简单、便捷。

(5) 保存/调用功能，具有19个存储单元，节约时间和劳力。

(6) 线控探头，使重复性测试或难以触及的被测点的测试更加简便。

(7) 带电电路检测功能，如果检测到大于30V的电压，则禁止进行测试，提高了对用户的保护。

(8) 容性电压自动放电功能，提高了对用户的保护。

(9) 交/直流电压：0.1～600V。

(10) 200mA通断性测试。

(11) 电阻：0.01Ω～20.00kΩ。

(12) 自动关闭功能，节约电池电量。

(13) 包括的附件：远程探头、测试线和探头、鳄鱼夹。

(14) 1年质保。

（十三）Fluke 9040/9062 相序指示仪

Fluke 9040相序指示仪是一款便携的手持式仪表，设计用于确定三相系统的磁场。这一坚固的测试仪具有三根测试线，可以很方便地确定顺时针或逆时针方向。

Fluke 9062马达和相序指示仪是一款便携的手持式仪表，设计用于确定三相系统的磁场和马达方向。

如果您经常接触到马达，那么这两款测试仪就是您工具带中的必备品。

（十四）Fluke 1650 系列电能质量分析记录仪

监测和分析电压、电流、频率、电能质量、浪涌、下陷、脉冲、功率、有功功率、无功功率、视在功率、功率因数、谐波、闪变、接地电流、三相不平衡。

(1) 记录电压/电流的真有效值。

(2) 电能质量分析仪。

(3) 谐波分析仪。

(4) 功率分析仪。

(5) 电力需量分析仪。

(6) 电力闪变仪。

(7) 接地电流测量仪。

(8) 暂态分析仪。

(9) 电源干扰分析仪。

(10) 频率计。

(11) 故障记录仪。

(12) 9组通道示波器。

(13) 图形记录仪。

（十五）Fluke 900 系列电能质量监测仪

灵巧型的电能分析可以同时测量电能质量、功率、谐波和闪变，并可在计算机上显示实时示波器与数表。

(1) 电能质量：骤升、骤降、瞬变、波形偏差、中断、频率、三相不平衡。

(2) 功率与潮流：视在功率、有功功率、无功功率、功率因数、电量和需量。

(3) 谐波和闪变：谐波测量至63次谐波，失真度以及IEC868标准闪变。

(4) 谐波跟踪：各次谐波随时间的变化与总结。

(5) 实时数表与示波器：电压、电流、功率、波形、谐波频谱、闪变、三相不平衡。

（十六）Fluke 43B 电能质量分析仪

F43B电能质量分析及电力故障检测仪，提供供电质量分析、系统故障检测和设备故障诊断所需要的全部测量。手持式、坚固耐用。

(1) 集功率谐波测量仪，示波器和万用表于一身。

(2) 众多测量功能：包括真有效值电压、电流，功率因数、真功率因数，谐波、谐波相位、谐波失真总量(THD)，谐波测量高达51次。

(3) 大屏幕、高亮度显示电压、电流波形和谐波频谱，电压通道可至20MHz，电流通道可至15kHz，一个屏幕同时显示，便于故障和谐波分析。

(4) 动态数据存储一次存储可记录下所有谐波信息。

(5) 三相负载的功率因数测量。

(6) 记录模式下的光标读数。

(7) 跟踪间歇性问题，可以监测和记录多达40个瞬态信号，并显示时间标记。

(8) 菜单操作，易学易用。

(9) 随机包括软件和RS232接口及电缆，便于进行计算机分析和文档处理广泛适用于电力、石化、冶金、铁路及通信电源质量监控和故障分析。

(十七) Fluke 430系列三相电能质量分析仪

福禄克公司的F434和F433三相电能质量分析仪可以帮助用户定位、预测、防止和诊断配电系统的故障。对于那些维护或排障三相配电系统的工作人员来说，这些简便易用的手持工具是必不可少的。新的IEC和GB国标关于闪变和电能质量方面的标准使得在对系统进行电能质量分析监测时有了判断的依据。

(1) 记录三相系统中所有电能质量的参数。

(2) 直观的菜单，最大程度上减少所需的设置。

(3) 工业现场使用最高的安全等级。

(4) 4个电压通道和四个电流通道。

(5) 同时在所有相线上捕获波形数据。

(6) 系统监测：在一个仪表板上现实全部电能质量参数。

(7) 自动显示瞬态尖峰脉冲信号：不会漏掉任何一个事件。

(8) 自动趋势绘图 (AutoTrend) 功能：无需对记录进行设置。

(9) 坚固的手持式设计。

(10) 使用镍氢 (NiMH) 电池组时，一次充电可使用7h。

(11) 将数据文件传输到PC，用于编写报告和利用FlukeView®软件进行分析。

(十八) SATURN GEO X接地电阻测试仪

(1) 可完成五种测量方法：三极测量、四极测量、无辅助极测量、二极或四极交直流测量、选择测量方法。

(2) 可测量土壤导电率。

(3) 测量范围：0.02Ω～300kΩ。

(4) 可测量大地网。

(5) 有四种测量频率94Hz、108Hz、111Hz、128Hz和自动频率选择。

(6) 可测量干扰电压、干扰频率。

(7) 测量电压可选择20V和48V。

(8) 大液晶屏显示。

(9) 分辨率达到0.001Ω。

(10) 高精度。

(十九) PQPT 1000电能质量分析仪

(1) 分析干扰原因，查找干扰源。

(2) 捕获和分析瞬态信号。

(3) 衡量电能质量是否符合国家标准。

(4) 各参量实时测量及长期记录。

(5) 四电压 (三相电压及零线对地电压) 输入，四电流 (三相流及零线电流) 输入或八电压输入。

(6) 测量电流和电压谐波、闪变、不平衡度 (正、负，零序) 频率、有功、无功、视在功率、功率因数、电能、电压偏差。

(7) 电压、电流波形显示。

(8) 电流、电压、功率频谱。

(9) 直流测量分数谐波和间谐波。

(10) 采样速率：10MHz/每通道。

(11) 捕获触发后信号变化过程。

(12) 高存储可至10G。

(13) 分析软件功能强大，全中文软件选项。

(14) 以太网、串口、MODEM传输数据。

(二十) AN2060钳型功率谐波分析仪

(1) 各测量功能直观，操作简单，适合基层技术人员使用。

(2) 真有效值测量，自动量程识别。

电流：10A40A/400A/2000A AC/DC。

电压：4V/40V/400V/600V/750DC。

(3) 测量参数多：交直流电流、电压、功率（有功、无功、视在、电能）、功率因数、谐波（THD，0～25次谐波的含量）、频率等。

(4) 测量三相均衡功率。

(5) 数据采集：内部采集>10000个读数，可记录测量时间，外部采集24个/h。

(6) 八屏存储，存储更多现场测量数据。

(7) 多种显示：波形显示，两屏数据显示。

(8) 内部数据存储或数据直接采集至PC机。

(9) 配有强大功能的软件（中文软件平台）。

(10) 价格低廉。

(二十一) NORMA 5000功率分析仪

(1) 单至6相模块化设计，可选择测量通道数。

(2) 带宽：10MHz。

(3) 高精度：0.1%。

(4) 测量量程：电压，0.1～1000V；电流，10mA～20A。如果需要测量更高电流或电压可选择相应的电流，电压传感器选件。

(5) 内置存储器可存储数值各波形。

(6) 谐波分析，是高至500kHz。

(7) 彩色显示屏。

(8) 转矩转速输入接口。

(9) PC机接口GP113、RS232以太网接口。

(10) 适合于变频器及照明设备的检测。

(二十二) 生产厂

美国福禄克公司北京办事处。

八十六、交流/直流电源、蓄电池组检测、维护仪表

(一) 产品特色

见表4-100。

表4-100

产　品	特　色
智能蓄电池综合测试仪	具有智能充电/放电检测仪的充电、放电、检测、在线监测和活化功能外，还可对任意一节单体电池进行充/放电、活化
UPS智能高压负载仪	在智能蓄电池放电仪基础上开发的专门用于UPS电池的测试和维护的产品。先进的测试技术，可靠的电气性能，完善的自动保护和报警功能以及便利的数据管理方式，让UPS蓄电池测试维护变得简单、准确、快速、安全
智能恒流/恒阻/恒功率放电仪	设置相应的电流、电阻或者功率参数，选择不同的检验方式，实现恒流、恒阻或者恒功率放电
RLC电阻/电感/电容式自动负载箱	主要用于UPS等交流电源检测的场合。可模拟纯阻性、感性及容性负载，检测交流电源在接入不同负载时的性能。纯阻性、感性及容性功率投入统一采用优化分段式，以适应不同负载及不同功率因数的需要

(二) 产品技术性能

见表4-101。

表 4-101

产 品 名 称	规 格 型 号	产 品 介 绍
智能蓄电池放电仪	规格：电压 DC 12～600V，电流 30～800A	恒流＼恒阻＼恒功率三种放电模式自动完成蓄电池组的容量测试或直流电源的带载能力。大液晶屏显示，中文菜单提示，单片机控制。时间到、容量到、保护电压到自动停止放电，避免过放电。主机可以存储 8 次放电数据，并具有标准的 USB 接口，可直接接到 U 盘读取数据，解决了大容量存储问题。软件具有强大的在线监控及分析处理能力。可实时控制并获取放电仪的工作状态参数。生成各种图表并可显示、打印，蓄电池性能一目了然
智能蓄电池综合测试仪（国内首创）		在智能充电/放电检测仪的基础上增加了对 2V/6V/12V 单体电池的充电、放电、活化功能。不仅可以对整组电池进行维护，而且可以针对落后的单体电池进行充电、放电、活化等。大液晶屏显示，单片机控制，U 盘数据转存，软件分析各项功能齐全，智能化程度高，是根据蓄电池的全方位维护要求而设计的一款综合仪表
可调式充电/放电二用机	规格：充电电压 0～60V，充电电流 3～100A；放电电压 2～48V，放电电流 0～100A	可在线"激活"电池组中任一 2V、6V、12V 的单体落后电池或脱载对 1～24 节落后电池进行活化处理。提升落后单体容量，预防其进一步加速落后殃及正常电池，提高电池组寿命。集充电＼放电一体，多档电压可选，保护电压可设，大大降低维护人员的劳动强度
智能蓄电池活化仪	规格：电压 DC 48～220V，电流 5～300A，单体单压 2V/6V/12V	集放电、充电、活化、快速充电一体，同时适用 2V、6V、12V 三种不同电压等级的单体或整组电池，一机多用。恒流放电；智能三阶段充电；可以激活电池极板失效的活性物质，延长电池的使用寿命；优化可调整间歇脉冲快速充电方式，能够最大限度地加快蓄电池的化学反应速度，缩短蓄电池达到满充状态的时间，提高蓄电池使用效率；修复复原落后电池，实现资源再生利用。液晶显示，智能控制，U 盘数据转存，配套数据处理软件可以显示、打印各种图表
智能充电/放电检测仪（国内首创）	规格：电压 DC 48～220V，电流 5～300A，单体电压 2V/6V/12V	集充电、放电、检测、在线监测和活化功能五合一体。通过对电池进行容量测试可以准确迅速的找出落后电池，并通过活化使蓄电池组的每节电池都能够较快地充分地提升容量，降低内阻，有效解决单体电压不均衡现象。大屏幕液晶显示，单片机控制，可检测或设定单体或整组电池电压、电流、时间、容量等参数。充/放电结束，数据可通过 232 接口直接上传或现场转存至 U 盘，配套数据处理软件可计算内阻和电池剩余容量，显示，打印各种图表，为分析电池性能提供科学的依据
单体检测整组放电仪	规格：电压 DC 12～600V，电流 30～800A，	同时具有监测单体及整组电压、恒流放电及容量分析三项功能。液晶显示，单片机控制，自动记录测试数据，具有各种保护功能，真正做到无人值守。快速放电分析电池容量，精确查找落后单体。U 盘数据存转存和 232 直接上传功能。强大的数据处理软件可以绘制各种测试曲线：容量分析图、总电压电流曲线、各单体电压曲线、端电压曲线以及数据表格等，电池性能一目了然
直流自动负载箱（高压/低压）	规格：电压 DC 12～600V，电流 10～800A	是对蓄电池组进行深度放电维护和核对性容量检测的仪器。数字表显示电压、电流，定时控制，最低电压保护功能。参数设定后，自动恒流控制完成蓄电池组的容量测试
发电机组智能测试系统（国内首创）	规格：电压 AC 220～400V，功率 10～500kVA	对发电机组所有电参数包括动态参数进行测试，由发电机专用测试仪、测控仪和自动交流负载柜组成，与上位计算机配合使用，实现智能化测试，同时生成图表、曲线及检测报告，全面脱离手工操作

续表

产品名称	规格型号	产品介绍
自动交流负载柜	规格：电压 AC 220～380V 功率 6～1000kVA	用于检测发电机组、大功率 UPS 电源、逆变器的输出功率与带载能力的设备。具有功率密度高，无红热现象，过热自动保护功能，在风机不转的意外情况下也不会发生过热、烧损的情况。电压、电流、功率、功率因数、频率等参数，全程测定，一一显示，为大功率交流电源设备提供了科学的检测手段
智能交流电源检测仪	规格：电压 AC 220～380V 功率 6～1000kVA	是对市电、柴油发电机组、交流稳压电源、逆变器及大功率 UPS 的带载能力和技术参数进行检测的仪器。液晶显示，单片机智能控制，可设置并自动检测各项参数。数据处理软件可以实时监测主机的运行情况并自动生成各种测试报告、图表，直观的反映整个测试过程的电压、电流、功率、频率等各种参数的变化。是 UPS 设备工程验收及日常维护必备的测试工具
电池组参数在线监测仪	规格：单体电压 2V/6V/12V，12～210 节	实时在线测试（不放电），安全、轻松维护蓄电池，降低维护人员的测试劳动强度，提高工作效率和测试的安全性。可对每节单体电池或整组电池电压、电流、电池温度进行自动检测，快速准确采集数据，并根据设定参数进行报警。其检测的参数值，可实时显示，进行后台数据处理，打印曲线和报表，计算电池内阻。可以及时发现劣电池，掌握电池组的健康状态
高压交/直流通用负载柜	规格：电压 AC 380V，DC400V 功率 30～500kVA	主要用于 380V 三相交流设备的带载能力测试及老化和高压直流 400V 设备的放电检测。交/直流两用主回路使整体可以检测交流或直流电源设备，扩大了产品的应用范围
全自动充电机 智能充电机	规格：电压 DC 2～600V，电流 3～1000A	智能充电模式，充电速度快，充电还原效率高，可以使蓄电池组的每节电池都能够较快地充分地充满电，采用多重保护功能，超时充电无过充危险，完全适用于无人值守的充电场合。开关电源控制芯片采用进口军用级集成电路，稳定可靠，延长电池的使用寿命 全自动充电机：恒流—均充—浮充三阶段充电，充电速度快，电流 10%～100%连续可调 UPS 电池充电机：专用于 UPS 后备电池充电，电压在规定范围内可调，可三阶段带载充电 可调式稳压稳流充电机：用于各种不同电压的电池的充电；用于激活、活化电池。稳压稳流充电，电流 10%～100%连续可调，电压 0V～额定值连续可调 智能充电机：集充电、检测于一体。显示所有检测数据：充电电流、电池组总电压、充电时长、充电容量和机内温度等。智能三阶段充电，可设定并控制电压、电流、时间、容量等参数，自动完成对蓄电池组的充电

（三）应用范围

电力、通信、铁路、学校、军队、航天、油田、金融等各行业及使用和生产 UPS 电源、直流电源和蓄电池组的用户和厂家。

（四）生产厂

北京凯翔科技有限公司。

八十七、D 系列多功能电能表

（一）DSSD/DTSD149 型三相三线/三相四线电子式多功能电能表

1. 概述

DSSD/DTSD149 型三相电子式多功能电能表，它采用最新微处理器及外围芯片技术设计、制作。实现了有功双向分时电能计量、需量计量，正弦或无功正反向分时计量，实时电压、电流、功率、功率因数测量、显示，负荷曲线记录等。且可按 DL/T 614—1997《多功能电能表》标准实现全部失压、失流、电压合格率记录、显示功能。

支持红外及 RS485 对电表进行通信，通信规约符合 DL/T 645—1997《多功能电能表通信规约》。

2. 功能和特点

(1) 有数据轮显，按键显示，停电显示功能。

(2) 记录有无功总电量和反向电量以及计算需量。

(3) 可测量和显示当前电压、电流、功率、功率因素等参数值。

(4) 有手动需清和自动需清。

(5) 有有无功脉冲输出指示灯、逆相序指示灯。

(6) 电表编程受硬件、编程密码、软件限制。

(7) 有断相、失压、失流判定和记录。

3. 主要技术参数

(1) 额定电压：3×100V，3×220V/380V。

(2) 标定电流：1.5 (6) A，5 (20) A，10 (40) A，20 (80) A。

(3) 精度等级：0.5 级，1.0 级，2.0 级。

(4) 脉冲常数：100～6400imp/kWh。

(5) 4 费率，12 时段，4 个时区。

(6) 电量计度器：0～999999.99kWh (液晶显示 7 位)。
需量计度器：0～99.9999kW。

(7) 滑差时间：1～5min。
需量时间：最大为 15 倍滑差时间。
滑块时间：1～75min。

(8) 抄表日：任定于某日某时 (1～28)。
负荷代表日：任定于某日 (1～28)。

(9) 功耗：小于 2W (或 10VA)。

(10) 外形尺寸：244mm×160mm×80mm。

(11) 工作寿命：≥15 年。

(二) DSSF/DTSF149 型三相三线/三相四线电子式复费率电能表

1. 概述

DSSF/DTSF149 型三相电子式复费率电能表，系采用先进的单片微处理器及其外围芯片设计制作，可直接精确的测量三相电能计量中正向有功电能，可用于多费率多时段电量的分时计量；采用多种先进算法，充分满足用户的各种需要。可利用 RS485 (可选) 及红外进行编程、抄表，是三相电能复费率计量的一种可靠性电能表。

2. 功能和特点

(1) 分时计量有功电能，具有 4 费率 12 时段 9 个年时区电量的分时计量。

(2) 可通过 RS485 及红外对电表预置参数、时段编程、校正时钟、抄表等操作。

(3) 可实现数据轮显，轮显的数据和时间、顺序可预先设置。

(4) 具有断相检测和记录功能。

(5) 通过大屏幕 LCD 显示各种参数设置和测量数据。

(6) 有带光耦隔离的有功无源脉冲输出接口。

3. 主要技术参数

(1) 额定电压：3×100V、3×220V/380V。

(2) 标定电流：3×1.5 (6) A、3×5 (20) A、3×10 (40) A、3×15 (60) A、3×20 (80) A。

(3) 精度等级：1.0 级、2.0 级。

(4) 脉冲常数：100～6400imp/kWh。

(5) 电量显示器：0～999999.99kWh。

(6) 抄表日：任定于某日某时，保存 12 个月电量。

(7) 负荷代表日：任定于某日。

(8) 时钟精度：0.5s/d (内置 2000～2099 年间百年历)。

(9) 波特率：1200bit/s。

(10) 红外通信口有效距离：不小于 4m。
RS485 通信口有效距离：1.2km。

(11) 功耗：电压回路≤5VA/1.5W。
电流回路：≤2VA。

(12) 外形尺寸：260mm×159mm×78mm。

(13) 停电后数据保持时间：≥10 年。

(14) 工作寿命：≥15 年。

（三）DSS/DTS149 型三相三线/三相四线电子式有功电能表

1. 概述

DSS/DTS149 型三相电子式有功电能表，系采用国外先进的三相双向功率/电能计量专用芯片及 SMT 工艺制造的一种高精度电能表。具有双向功率测量及计数，防窃电，精度高，可靠性好，过载能力强，功耗低等优点。

2. 功能和特点

(1) 三相有功电能测量，长期工作不需调校。

(2) 三相电源供电，一相或两相断电，计量准确性不受影响。

(3) 有缺相指示功能，某相缺相时，相应指示灯灭。

(4) 输出接口为带光耦隔离有功无源脉冲输出接口。

(5) 具有红外抄表功能（对有要求增加该功能的表计而言），可用掌上电脑对电表进行编程、抄表。

3. 主要技术参数

(1) 电压：57.7V、100V、220V/380V。

(2) 电流：1.5 (6) A、5 (20) A、10 (40) A、20 (80) A。

(3) 精度等级：1.0 级、2.0 级。

(4) 脉冲常数：160～1600imp/kWh。

(5) 功耗：每路电压线路有功功耗＜1.5W，视在功耗＜10VA。

(6) 外形尺寸：229mm×145mm×75mm。

(7) 工作寿命：≥15 年。

（四）DSSY/DTSY149 型三相三线/三相四线电子式预付费电能表

1. 概述

DSSY/DTSY149 型电子式预付费电能表，系采用先进的全数字化智能防窃电电表专用芯片设计制造，具有电能计量、预付费控制和用户信息管理等多种功能。是改革用电管理体制，调节电网负荷的一种理想三相电能表。

2. 功能和特点

(1) 电量计量、显示，预付费控制，防窃电、防伪卡，具有很高的可靠性。

(2) 过电流、过电压保护，当超过额定值 20%～30%连续 10～15s 时，自动切断供电回路，同时保持断电时的电量。当恢复正常 3～5min 后自动复原。

(3) 供电部门以出售用电卡（IC 卡）的方式销售电量，用户先买电后用电。

(4) IC 卡经软硬件多重加密，完全确保数据的安全、正确、可靠。IC 卡记录了剩余电量、累计电量和是否有窃电行为等信息。

(5) 具有完善的卡口保护电路，具有防止各种恶意攻击能力。

(6) 停电时自动保存数据，来电自动恢复。

3. 主要技术参数

(1) 额定电压：3×100V、3×220V/380V。

(2) 标定电流：1.5 (6) A、5 (20) A、10 (40) A、20 (80) A。

(3) 精度等级：1.0 级、2.0 级。

(4) 脉冲常数：200～2400imp/kWh。

(5) 功耗：≤1.2W。

(6) 数据保存；断电后数据保存时间：≥10 年。

(7) 工作寿命：≥15 年。

（五）DDSF149 型单相电子式复费率电能表

1. 概述

DDSF149 型单相电子式复费率电能表，系采用先进的电能表专用集成电路，永久保存信息的不挥发性存储器，以及 LED 数码显示，实现三费率分时电能计量，利用 RS485（可选）及红外进行编程、抄表。是电能复费率计量的一种高可靠性电能表。

2. 主要技术参数

(1) 额定电压：～220V。

(2) 标定电流：5 (20) A、10 (40) A、15 (60) A、20 (80) A。

(3) 精度等级：1.0 级、2.0 级。

(4) 费率数：峰、平、谷三费率。

(5) 时段数：8 时段。

(6) 电量计度器：显示 0～99999.9kWh。
(7) 脉冲常数：800、1600、3200imp/kWh。
(8) 负荷代表日：任定于某日，在代表日记录 0～24h 整点时的总电量。
(9) 时钟精度：小于 0.5s/d，可在 5min 的范围内无密码校正本机时钟。
(10) 波特率：1200bit/s。
(11) 红外通信口有效距离：不小于 4m。RS485 通信口有效距离：1.2km。
(12) 功耗：<1W 或 6VA。
(13) 外形尺寸：154mm×107mm×53mm。
(14) 工作寿命：≥15 年。

3. 功能和特点

(1) 电能表的线路设计和元器件的选择以较大的环境允差为依据，从而保证整机长期稳定工作。
(2) 整机体积小、重量轻、密封性能好，可靠性高，抗干扰能力强。
(3) 若电源失电，表计内锂电池作为后备电源，保证表计数据不丢失，来电后自动投入运行。
(4) 电能表端钮盒有光电耦合脉冲输出接口端子，RS485 接口端子（可选）。
(5) 可由 POS 机（掌上电脑）和 PC 机串行口对电表预置参数、时段编程、校正时钟、抄表等操作。

（六）DDSF149 型单相电子式复费率电能表

1. 概述

DDSF149 型单相电子式复费率电能表，系采用先进的电能表专用芯片及微处理器和外围芯片设计制作。LCD 液晶显示，可直接计量正反向有功电能，实现多费率分时电能计量，符合 GB/T 15284—2002《复费率（分时）电能表》和 GB/T 17215—2002《1 级和 2 级静止式交流有功电能表》、DL 645—1997《多功能表通信规约》等标准的要求。

2. 功能和特点

(1) 显示的数据和顺序由软件设定，可轮显、按显（自定义数据及进入可编程状态）。
(2) 有功正反向电量分别计量，并计入相应的计数器。
(3) 抄表日需清为自动需清，其余为手动需清。
(4) 日计时误差<0.5s/d，时钟可带温度补偿（可选）。
(5) 支持红外和 RS485（可选）两种通信方式。

3. 主要技术参数

(1) 额定电压：～220V。
(2) 标定电流：5（20）A、10（40）A、15（60）A、20（80）A。
(3) 精度等级：1.0 级、2.0 级。
(4) 费率数：2～4 费率。
(5) 时段数：12 时段。
(6) 电量计度器：显示 0～99999.9kWh。
(7) 脉冲常数：800、1600、3200imp/kWh。
(8) 负荷代表日：任定于某日，在代表日记录 0～24h 整点时间的总电量。
(9) 时钟精度：<0.5s/d。
(10) 波特率：1200bit/s。
(11) 红外通信口有效距离：不小于 4m。
RS485 通信口有效距离：1.2km。
(12) 功耗：<1W（或 6VA）。
(13) 外形尺寸：154mm×130mm×61mm。
(14) 工作寿命：≥15 年。

（七）DDS149 型单相电子式电能表

1. 概述

DDS149 型单相电子式电能表，系采用电子电能表大规模集成电路设计的一种高精度电能表。具有功耗低、计量精度高、可靠性好，适应环境能力强等优点。

2. 功能和特点

(1) 能够精确测量正负有功功率，并以同一个方向积算电能，有防窃电功能。
(2) 线性好，动态工作范围宽。有防潜动逻辑电路。

(3) 快速输出脉冲适宜于校准及计算机数据处理：慢速输出脉冲能直接驱动步进电机。

(4) 体积小、重量轻，便于安装，便于管理自动化；可扩展功能，实现集中抄表。

3. 主要技术参数

(1) 额定电压：～220V。

(2) 标定电流：2.5 (10) A、5 (20) A、10 (40) A、20 (80) A。

(3) 准确度等级：1.0 级、2.0 级。

(4) 脉冲常数：800、1600、3200imp/kWh。

(5) 外形尺寸：149mm×112mm×54mm。

(6) 工作寿命：≥15 年。

(八) 生产厂

慈溪市迦南电子有限公司。

八十八、多功能电能表

多功能电能表适合供 50Hz 的三相三线或三相四线交流电网中综合计量多种有功电能参数，以及对电量、负荷监控管理。

(一) 外形及安装尺寸

多功能电能表外形及安装尺寸，见图 4-2、图 4-3。

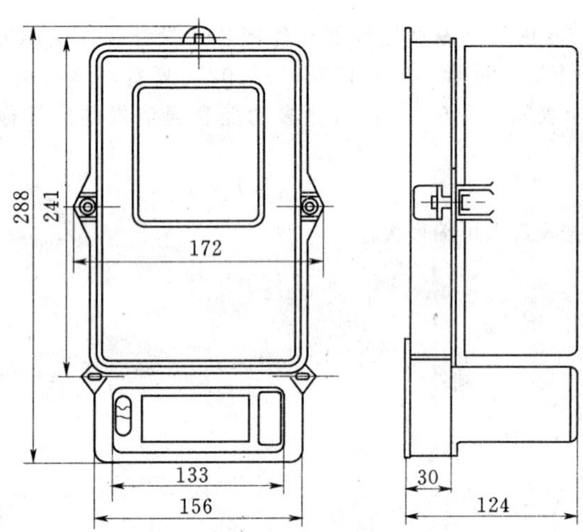

图 4-2 DSD3—1 型三相三线多功能电能表、DSD3—1 型三相四线多功能电能表、DSD3—2 型三相三线多功能电能表外形及安装尺寸

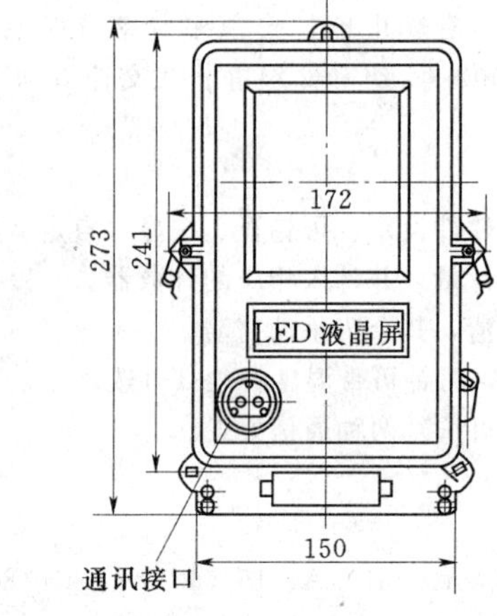

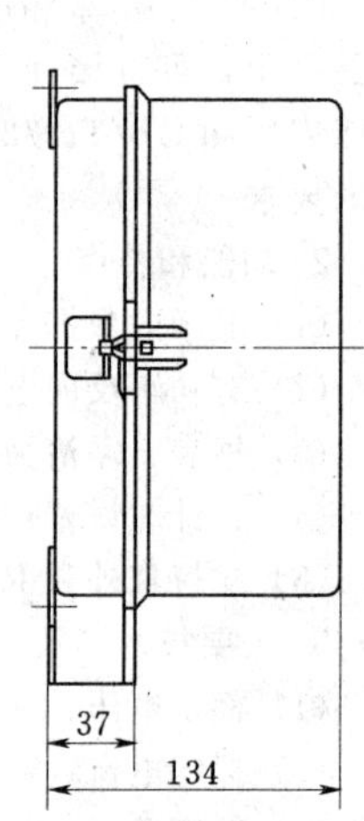

图 4-3 DTD82 型三相四线有功多功能电能表、DTD81 型三相四线有功多功能电能表、DSD82 型三相三线有功多功能电能表、DSD81 型三相三线有功多功能电能表外形及安装尺寸

(二) 主要技术数据

多功能电能表的主要技术数据，见表 4-102。

表 4-102 多功能电能表主要技术数据

型号	名称	量限		准确度（级）	用途	生产厂
		额定电压（V）	标定电流（最大电流）（A）			
DLQ3A	三相三线多功能电能表	3×100	5	0.5		杭州仪表厂
		3×100	3 (6)	1.0		
		3×380				
		3×380	1.5 (6)			
DLQ3B	三相四线多功能电能表	3×100/57.7	3 (6)	1.0		
		3×380/220	3 (6)	2.0		
		3×380/220	1.5 (6)			

续表

型　号	名　称	量限：额定电压（V）	量限：标定电流（最大电流）（A）	准确度（级）	用　途	生产厂
DSD3—1	三相三线多功能电能表	3×100	3×1.5（6）	1.0	DSD3 型多功能电能表由中美合作生产，该型表集电能表、脉冲表、分时表、需量表四表功能于一体。适用于额定频率为 50Hz 的三相三线或三相四线交流电网中综合计量多种有功电能参数以及对电量、负荷监控管理。额定电压为 3×57.7/100V 的 DSD3—1 型三相四线多功能电能表、额定电流为 3×1A 的 DSD3—2 型三相三线多功能电能表，根据用户要求生产	上海电表厂
			3×1（2）			
DSD3—2	三相四线多功能电能表	3×220/380	3×1.5（6）	1.0		
		3×57.7/100				
DSD3—2	三相三线多功能电能表	3×100	3×5	0.5		
			3×1			
DTD82	三相四线有功多功能电能表	3×380/220	3×1.5（6）	2.0	供额定频率为 50Hz 的三相电路中计量电能，并能按预定的峰、谷、平时间分别记录出三相电网中的高峰、低谷、平期的有功电能，以及对多种电网参数的测试记录，更好地对电网进行管理	上海第五电表厂
			3×3（6）			
DTD81	三相四线有功多功能电能表	3×380/220	3×1.5（6）	1.0		
			3×3（6）			
		3×100/57.7	3×1.5（6）			
			3×3（6）			
DSD82	三相三线有功多功能电能表	3×100	3×1.5（6）	2.0		
			3×3（6）			
		3×380	3×1.5（6）			
			3×3（6）			
DSD81	三相三线有功多功能电能表	3×100	3×1.5（6）	1.0		
			3×3（6）			
DSSD837—1，DTSD837—1	三相电子式多功能电能表	3×100，3×57.7/100，3×220/380		有功：0.5，1.0 无功：2.0		柳洲电器仪表公司
DSSD331/DTSD341（—9A）	三相电子式多功能电能表	3×57.7/100	1.5（6）	总有功：0.2 总无功 0.5		长沙威胜电子有限公司
DSSD331/DTSD341（—9B）		3×57.7/100，3×220/380（三相四线）3×100（三相三线）	1.5（6），1（6）	基波有功：0.5 基波无功：2		
DSSD331/DTSD341（—8）		3×100，3×57.7/100	1.5（6），5（6）	有功：0.2，0.5，无功：1		
DSSD331/DTSD341（—1）		3×100，3×220/380，3×57.7/100	0.3（1.2），1（2），1.5（6），3（6），5（6）	有功：0.5，1，无功：2		
DSSD331/DTSD341（—2）		3×100，3×57.7/100，3×220/380	1（2），1.5（6），5（6）			
DSSD331/DTSD341（—3）			0.3（1.2），1（2），1.5（6），5（6），10（40），20（80）	有功：0.5，1，无功：2		

续表

型　号	名　称	量　限		准确度(级)	用　途	生产厂
		额定电压(V)	标定电流（最大电流）(A)			
DSSD331/DTSD341（—3J）	三相电子式多功能电能表	3×220/380	1（2），1.5（6），5（6）	有功：1，无功：2		长沙威胜电子有限公司
DSSD331/DTSD341（—5）		3×100，3×220/380	1.5（6），5（20），10（40），15（60），20（80）	有功：1		
DSSD331/DTSD341（—5G）		2×220/380	10（40）			
DSSD331/DTSD341（—6C）		3×220/380		1		
DSSD331/DTSD341（—6）			5（20），10（40），15（60）			
DTSD43/DSSD43	三相四线/三线电子式多功能电能表	3×57.5/100，3×220/380，3×230/398，3×240/416，3×100，3×380	3×1.5（6），3×10（40），3×10（60）	有功：0.5，1 无功：2.0		南京三能电力仪表有限公司
DSSD708	三相三线电子式多功能电能表	3×380/220，3×100	3×1.5（6），3×5（20）	0.5		深圳市安恒智能实业公司
	三相四线电子式多功能电能表	3×200/380，3×57.7/100V	3×1.5（6），3×3（6）	有功：0.5 无功：1.0		
DDSD110	单相电子式多功能电能表	220	1.5（6），2.5（10），5（20），10（40），15（60），20（80）	1.0，2.0		深圳市江机实业有限公司
DSSD110	三相三线电子式多功能电能表	3×100	3×1.5（6），3×3（6）	有功：0.5，1.0 无功：2.0		
DTSD110	三相四线电子式多功能电能表	3×200/380，3×57.7/100				
DD862a—D	机电式单相多功能电能表	220	5（20），10（40），15（60），20（80）	1.0，2.0		
DSD939J	机电式三相三线多功能电能表	3×100	3×1.5（6），3×3（6）	有功：1.0		
DXD939J	机电式三相三线多功能电能表	3×100	3×3（6）	无功：2.0		
	机电式三相四线多功能电能表	3×380		无功：3.0		
DTD938J	机电式三相四线多功能电能表	3×200	3×1.5（6）	无功：1.0		

续表

型号	名称	量限		准确度（级）	用途	生产厂
		额定电压（V）	标定电流（最大电流）（A）			
DTSD200/DSSD200	三相电子式多功能电能表	3×220/380，3×57.7/100（三相四线），3×100（三相三线）	3×0.5（2），3×1（2），3×1.5（6），3×3（6），3×5（20），3×10（40），3×15（60），3×20（80），3×30（100）	有功：0.5，0.5，1 无功：2.0		天津市新巨升电子工业公司
DSSD166/DTSD166	电子式三相预付费分时电能表	220	1.5（6）	有功：1.0 无功：2.0		深圳市迈特信电子有限公司
DSD94	三相三线有功多功能电能表	3×100	3×1.5（6）	1.0，2.0		深圳市新阳电子机械有限公司
DXD94	三相三线无功多功能电能表			2.0		

八十九、数字式电能表

数字电能表是以脉冲的累积数来记录直流、交流单相或三相电路的有功或无功电能。

（一）S2系列数字电能表

S2系列数字式电能表的技术数据，见表4-103、表4-104。

表4-103　　S2系列数字式盘面电能表主要技术数据

品名	型号	最大指示	输入范围	备注	生产厂
电能表（kWh）	S2—600H—12 S2—600H—33 S2—600H—34	999999	1ϕ2W AC 110V 5A AC 200V 5A 3ϕ3W AC 110V 5A AC 200V 5A 3ϕ4W AC 110V/63V 5A AC 190V/110V 5A AC 380V/220V 5A	TA、TV倍数任意可调	北京市国际银燕电脑控制工程公司

表4-104　　S2系列数字式盘面电能表（内含转换器输出）主要技术数据

品名	型号	最大指示	精确度	输入范围	输出范围	备注	生产厂
电能表（kWh）	S2—600HT—12 S2—600HT—33 S2—600HT—34	999999	±0.3%	1ϕ2W AC 110V 5A AC 200V 5A 3ϕ3W AC 110V 5A AC 200V 5A 3ϕ4W AC 110V/63V 5A AC 190V/110V 5A AC 380V/220V 5A	直流电压 0～1V 0～5V 1～5V 0～10V 直流电流 0～1mA 0～10mA 0～20mA 4～20mA 脉冲 1kpulse/1kWh 10kpulse/1kWh 100kpulse/1kWh	可程式显示	北京市国际银燕电脑控制工程公司

（二）$A_{12}E$ 三相电能表

1. $A_{12}E$ 系列的模块组成

（1）四个电能测量块，每个带有八个计费寄存器。

（2）三个最大需量指示器（MDI），每个带有八个计费寄存器。

（3）内部数据记录器，录下四个独立的负载曲线。

2. 技术数据

（1）精度：0.5 级、1 级。

（2）功率因素：0～±1。

（3）额定电压。三相四线：57.7～63.5V；120～133V；220～240V。三相三线：100～110V。

（4）额定电流：i_b＝5A（i_{max}＝10A）。i_b＝1A（i_{max}＝2A）。

（5）启动电流：≥0.05%i_b。≤0.10%i_b。

（6）频率：50±5%Hz。

（7）工作温度范围：－10～＋55℃。

3. 生产厂

深圳桑达电能仪表公司。

（三）GEC 可编程三相电能表

1. 特点

（1）测量 kWh 和 kvarh。

（2）导出 kVAh。

（3）双向电能测量。

（4）记录最大需量。

（5）光隔离通信接口。

（6）RS—232 接口。

（7）辅助输入。

（8）可编程继电器输出。

（9）数据记录能力。

（10）带有电池后备的内部时钟和日历。

（11）高可靠性设计。

（12）非易失性存储。

（13）结账日期预选。

（14）时间和日期标记。

2. 费率容量

（1）7 个季度计费。

（2）8 个费率寄存器。

（3）4 个最大需量寄存器。

（4）48 个开关定时。

（5）24 个例假日另外计算。

（6）独立的工作日控制。

（7）工作日记录。

（8）考虑到跨年计费。

3. 技术数据

（1）精度：1 级、2 级。

（2）额定电压：63.5V、110V、240V。

（3）电流范围：直接连接 20/100A。TA 连接 5.0/10A，1.0/2.0A。

（4）频率：50Hz 或 60Hz。

（5）温度范围：工作温度－20～＋55℃。精度温度－10～＋40℃。

4. 生产厂

深圳桑达电能仪表公司。

（四）PS—8—b 型数字直流电能表

PS—8—b 型数字直流电能表主要用于冶金、化工等工业部门强直流供电系统，对工业现场直流功率与电能进行精确的计量。主要技术数据如下：

（1）精度：标准条件下（20℃±2℃）为 0.2%±1 个字，额定条件下（0～45℃）为 0.5%±1 个字。

（2）规格：输入电压为 50V、100V、500V、1000V，电流为 0～99.99kA。

（3）最大数字容量：瞬时值为 9999kW，累积 999999kWh。

（4）线性：优于 0.1%。

（5）温漂：0～45℃范围内，每 10℃小于 0.05%。

（6）共模抑制比：（CMRR）大于 65dB。

（7）外形尺寸：200mm×100mm×230mm。

生产厂：温州电工仪表厂

（五）PS—10 型三相单相功率电能表

PS—10 型三相单相功率电能表，能准确、快速地测量三相单相的功率和电能，也能准确地校准 0.5 级以下的标准功率表和电能表。主要技术数据如下：

（1）基准准确度：在温度 20±1℃，相对湿度≤80%，电源电压为 220±10%V，50±0.5Hz 的条件下，功率测量（单相、三相）：基本量程（100V，5A）额定输入时准确度为 0.1%±1 字（四位），其他量程额定输入附加±0.05%。电能测量（单相、三相）：基本量程（100V，5A）加额定电压、额定电流，输出功率在额定值 50%以上时，准确度为 0.1%±1 个字（四位）；在额定值 10%以上时，准确度为 0.2%±1 个字。其他量程再附加基本量程误差的一半。

（2）额定准确度：在温度 10～35℃，相对湿度≤80%，电源电压为 220V±10%V，50±1Hz 的条件下，额定准确度为基准准确度的两倍。

（3）额定输入：电压为 100、220V，电流为 1A、5A、10A。

（4）输入电阻：电压≥1kΩ/V，电流为 1A/0.12Ω，5A/0.08Ω，10A/0.022Ω。

（5）功率测量（单相、三相）：100、220、500、1000、1100、2200W，三相时乘 3。

（6）电能测量（单相、三相）：100W・s～2200×10^4W・s，三相时乘 3。

（7）分辨率：10mW/字，10mW・s/字。

（8）功率因数：$\cos\varphi=0.5\sim1.0$。

（9）频率范围：45～65Hz。

（10）同相和相间干扰：在额定输入的 0.02%以内。

（11）最大显示：10000 荧光显示。

（12）采样速率：1 次/s。

（13）输出信息：计数脉冲输出，幅度 3.5～4.5V，乘法器模拟输出单相 2V、三相 6V。

（14）输入方式：悬浮。

（15）电源电压：220V±10%，50±1Hz。

（16）工作条件：温度 10～35℃，相对湿度≤80%（20℃）。

（17）功耗：30VA。

（18）外形尺寸及重量：460mm×520mm×144mm，20kg。

生产厂：天水长城电工仪器厂。

九十、标准电能表

标准电能表用于调整校检单相、三相三线、三相四线有功电能表。标准电能表为携带式，其主要技术数据见表 4-105～表 4-107。

表 4-105　　标准电能表主要技术数据

型　号	名　称	准确度（级）	额定电压（V）	标定电流（最大电流）（A）	生产厂
DB5	单相标准电能表	0.5	100	1，5	杭州仪表厂
			220	1，5	
DDB7	单相标准电能表	0.2	100、220	5	上海电表厂
PS31	单相标准电能表（静止式）	0.1	100	15	杭州仪表厂
			220	15	
DB9	单相标准电能表	0.2	220 110	5	杭州仪表厂

续表

型　号	名　称	准确度（级）	额定电压（V）	标定电流（最大电流）（A）	生产厂
DBS25	三相三线标准电能表	0.5	3×100，3×380	5，10	杭州仪表厂
DBT25	三相四线标准电能表	0.5	3×380/220	5，10	杭州仪表厂
PS51	三相三线标准电能表（静止式）	0.05	3×100	3×1，3×5	杭州仪表厂
			3×380	3×1，3×5	

表 4-106　　标准电能表主要技术数据

型　号	名　称	准确度	扩充量限	简　要　说　明	生产厂
EWH102	单相电能表	0.2	200	量限：100V（200、400V）/5A（1、20A）等 测量功率和电能，有自动和手动功能 体积：70mm×240mm×240mm 重量：2.5kg	河南双宝电子研究所
		0.1			
EWH102M	单相电能表	0.2	200	量限：100V（200、400V）/5A（1、20A）等 双窗口测量功率和电能、直接显示误差 体积：100mm×240mm×240mm 重量：3.5kg	河南双宝电子研究所
		0.1			
EWH102MA	单相电能表	0.2	200	量限：100V（200、400V）/5A 等 双窗口同时校验三只被校表，测量功率和电能，直接显示误差 体积：100mm×400mm×280mm 重量：4.5kg	河南双宝电子研究所
		0.1			
EWH302	三相电能表	0.2	400	量限：100V（200、400V）/5A 等 测量功率和电能，有自动和手动功能 体积：100mm×360mm×280mm 重量：5.5kg	河南双宝电子研究所
		0.1			
EWH302M	三相电能表	0.2	400	量限：100V（200，400V）/5A 等 双窗口同时校验三只被校表，测量功率和电能，直接显示误差 体积：100mm×400mm×280mm 重量：6.5kg	河南双宝电子研究所
		0.1			

表 4-107　　标准电能表主要技术数据

型号及名称	量程	电流输入	功率测量误差		电能测量误差		外形尺寸（mm×mm×mm）	重量（kg）	简要说明	生产厂
			cosφ=1	cosφ=0.5	cosφ=1	cosφ=0.5				
PS34 电能表	100V/5A 200V/5A 400V/5A	0.5～1.1I_m 0.2I_m 0.1I_m 0.05I_m	±0.05 ±0.05 ±0.05 ±0.1	±0.05 ±0.075 ±0.1	±0.05 ±0.05 ±0.05 ±0.1	±0.05 ±0.075 ±0.1	400×219×380	8	1. 可直读功率值和电能误差； 2. 能测电能表的电能常数和电源频率； 3. 可作无功功率表和校验无功电能表	上海电表厂交流仪器分厂

九十一、秦川机床集团宝鸡仪表有限公司新型 SF_6 专用仪表

（一）概述

秦川机床集团宝鸡仪表有限公司（原宝鸡仪表厂）具有 40 多年工业自动化仪表的生产经验，属省高新技术企业，技术力量雄厚，有多项产品获国家专利授权，产品广泛应用于石油、化工、电力、航天、航海、汽车、轻工、冶金、建

筑等领域。公司目前已形成了特种压力仪表、SF_6 气体密度控制器（SF_6 气体专用阀）、压力传感器、称重传感器及电子衡器、工业自动化成套项目以及机床辅机等六大系列几十个品种上百种规格，产品遍及全国并出口到马来西亚、泰国等十几个国家和地区。公司已通过 ISO9001：2008 质量管理体系和 ISO10012：2003 测量管理体系认证。本着以“超越自我，追求最佳”的方针为宗旨，对质量负责到底，对顾客服务到位，公司愿成为国内外新老客户永远信任的朋友。主要产品如下：

（1）工业自动化仪表。各种规格的普压表、氨压力表、泵压表、耐硫表、远传压力表、电接点压力表（一般电接点压力表、电感式防爆电接点压力表、光电式电接点压力表等）、隔膜耐蚀压力表、卫生型隔膜压力表、耐振压力表、抗震压力表、远传抗震表、拉力表等；

（2）SF_6 气体密度控制器、变送器以及 SF_6 气体阀类产品。各种规格 SF_6 气体密度表、SF_6 气体密度控制器、无油耐振 SF_6 气体密度控制器、SF_6 气体密度数字显示控制器、智能型 SF_6 气体密度变送器以及各种规格的 SF_6 气体充气阀和单向阀。

（3）压力传感器。各种规格的应变式压力传感器、硅压阻压力传感器、陶瓷压力传感器、光电压力传感器、特殊的高压压力传感器、防爆压力传感器以及以上各种压力变送器、智能型压力变送控制器、电子压力开关、隔爆压力控制器、温湿度传感器、温湿度控制器、凝露控制器等；

（4）测力、称重传感器以及电子衡器。各种规格的测力、称重传感器以及电子台秤、汽车衡、计价秤、电子吊秤、容器秤等；

（5）工业自动化成套项目。各种工业自动化配料（化工、建筑、冶金材料等）控制系统、石油固井大型水泥混拌控制系统、大宗农副产品收购称重管理系统（包括管理软件）、粮油配送贸易结算（称重）管理系统（包括管理软件）、节水农业中喷灌及滴灌管水力性能检测系统等。

（6）机床辅机。工业制冷（电箱空调、油冷机）、工业清洁（静电式油雾、水雾分离净化装置）等机床外设产品的定制研发、生产、销售与服务。

（二）远传六氟化硫气体密度控制器

1. 产品说明

MSK—20 型远传六氟化硫气体密度控制器系用于高压开关设备灭弧气体—六氟化硫（SF_6）密度监测的专用仪表，是我公司最新研制的机电一体化产品，仪表由 MS—20 型 SF_6 气体密度变送器、YX—100SF_6 六氟化硫气体压力（密度）表组合而成。变送器输出的 4～20mA 信号可与 XMT 显示仪表配接实时显示六氟化硫气体的密度，并可实现报警和闭锁功能。仪表外观新颖，美观大方。具有独特先进的环境温度补偿功能，改变了传统的一般六氟化硫气体压力表的压力监测值与温度压力变化曲线对照来计算六氟化硫气体实际密度的繁杂检测过程。该表在使用温度范围内的任何温度下指示的压力值即指示的是室温 20℃的压力（密度）值。该表还可配单向阀，拆卸仪表后，单向阀自动关闭，防止六氟化硫气体的泄漏。

2. 主要特点

（1）感压组件、机芯、外壳均为不锈钢。

（2）触点装置为磁助、高可靠镀金电接点。

（3）感压组件氩弧焊焊接，严格检漏，气密性可靠。

（4）变送器输出为 4～20mA 标准电流信号。

（5）变送器经过 EMC 认证，抗干扰能力强。

3. 主要技术指标

（1）精度等级。YX—100SF_6：20℃时 1.0 级，－20～60℃时 1.5 级；MS－20：－20～60℃时 1.0 级。

（2）量程：－0.1～0.9MPa。

（3）使用条件：－30～60℃；相对湿度≤95%。

（4）抗震性：$20m/s^2$。

（5）抗冲击性：$300m/s^2$。

（6）防护等级：IP65。

（7）敏感元件密封度：渗漏率≤1×10^{-15}MPa. m^3/s。

（8）触头容量：$P_{max}=30VA$，$U_{max}=380V$；△变送器输出信号：两线制 4～20mA。

（9）变送器绝缘电阻：≥10MΩ。

（10）变送器工作电源：24V DC。

（11）接头螺纹：M20×1.5。

4. 使用说明

（1）仪表应垂直安装。

(2) 仪表出厂前已调校好，请不要自行打开调整。

(3) 仪表指示不正常时，顾客无条件修理的应退回工厂。

5. 重要提示

(1) 仪表在使用前处于非温度补偿状态，指针初始位置会随环境温度升高而下移，温度降低而上移。

(2) 订货时请注明仪表型号、量程、使用环境温度、额定压力、报警压力、闭锁压力、接头螺纹、是否充硅油。

(3) 顾客特殊要求请在合同中注明或协议解决。

6. 额定压力

见表 4-108。

表 4-108

额定压力 (MPa)	设定点值［20℃时的压力 (MPa)］		设定点值偏差
	1～2 (报警压力)	3～4 (闭锁压力)	
0.30	0.25	0.20	满量程的±1.5%
0.40	0.30	0.30	
0.40	0.35	0.30	
0.45	0.42	0.40	
0.50	0.45	0.40	
0.60	0.55	0.50	
0.70	0.65	0.60	

注 仪表内额定、报警、闭锁压力可根据用户要求而定，但额定、报警及闭锁压力两两间压力差最佳应≥0.05MPa。

(三) SF_6 气体密度变送控制器

1. 产品说明

MS—20—XMT 型 SF_6 气体密度变送控制器由 MS—20 型 SF_6 气体密度变送器和 XMT 型智能显示仪表组成，主要配套于变电站内 SF_6 高、低压电器（如高压断路器、互感器、全封闭组合电器 GIS、绝缘开关柜等），用于检测此类设备内作为绝缘、灭弧介质的 SF_6 气体的密度。

变送器集传感器技术、软件补偿技术、电磁兼容技术于一体，具有输出与设备内 SF_6 气体基准压力对应的 4～20mA 标准电流信号的功能，使其能够与 XMT 显示控制仪表及计算机自动检测系统相连接。XMT 显示仪表不但可以实时显示 SF_6 气体密度，并具有报警、闭锁等开关量输出功能，还具有 RS485 通信接口，便于和计算机远程通信。

2. 主要特点

(1) 气体压力测量采用整体焊接式压力传感器，保证了测量系统密封可靠性。

(2) 气体压力及温度测量采用集成化的双参数传感器，使得变送器能够从设备的一个接口上同时准确地获得所需的两组信号，既减少了泄漏环节，又方便了安装使用。

3. 主要技术指标

(1) 压力测量范围：0～1MPa。

(2) 额定压力（设备充气压力）：0.35MPa。

(3) 输出：两线制 4～20mA。

(4) 温度补偿范围：－30～60℃。

(5) 使用温度：－20～＋40℃。

(6) 工作精度：温度补偿范围内为 1%FS。

(7) 测量系统密封性能：渗漏率≤1×10^{-15} MPa · m^3/s。

(8) 绝缘电阻：≥10MΩ。

(9) 显示仪表工作电源：220V AC。

(10) 变送器工作电源：24V DC（由显示仪表提供）。

(四) MSK—10 智能型 SF_6 气体密度变送控制器

1. 产品说明

MSK—10 智能型 SF_6 气体密度变送控制器主要与变电站 SF_6 高压电器设备（如高压断路器、互感器、全封闭组合电器、绝缘开关柜等）配套，用于监测设备内作为绝缘、灭弧介质的 SF_6 气体的密度。

仪表集计算机技术、传感器技术、电磁兼容技术于一体，不仅能够用数字方式显示设备内 SF_6 气体的密度（用基准温度 20℃条件下的等效压力表示），而且当设备产生泄漏使气体密度下降到设定值时还能及时发出报警、闭锁两组开关信号。另外，仪表还具有输出与设备内 SF_6 气体密度对应的 4～20mA 标准电流信号及 RS485 通信接口的功能，使其能够与变电站控制室计算机自动监测系统相连接。

2. 主要技术指标

(1) 显示方式：4 位 LED 显示。

(2) 测量范围：0～1MPa。

(3) 正常工作环境温度：－20～60℃。

(4) 抗工作环境冲击能力：30g。

(5) 额定压力（即设备充气压力）、报警压力及闭锁压力：在测量范围内根据用户要求设置。

(6) 工作精度：0.5 级。

(7) 仪表输出：

1) 开关信号：2 路（报警及闭锁，可选择常开或常闭方式）。

2) 模拟信号：4～20mA。

3) 数据接口：RS485。

(8) 开关容量：3A/220V。

(9) 绝缘性能（各接线端子与外壳之间）：

1) 绝缘强度：1500V，1min。

2) 绝缘电阻：10MΩ。

(10) 测量系统密封性能：仪表测量系统的渗漏率不大于 1×10^{-15} MPa·m^3/s。

(11) 工作电源：AC/DC 85～265V。

(12) 接头螺纹：M20X1。

（五）YX—100SF_6 气体压力密度表（密度控制器）

1. 产品说明

YX—100SF_6 气体压力密度表（密度控制器）主要应用于输变电网系统中各类以 SF_6 气体为绝缘介质的高压电器设备中气体密度的监测和控制，当密闭系统中的 SF_6 气体发生泄漏时输出报警及闭锁信号，以保证电网输变电系统的安全可靠运行。

2. 主要特点

(1) 感压组件、机芯、外壳均为不锈钢。

(2) 采用双金属温度补偿机构，密度指示准确。

(3) 接点装置为磁助高可靠镀金电接点。

3. 技术性能

见表 4-109、4-110。

表 4-109　　主 要 性 能 指 标

精度等级	1.0（20℃时），1.5（－30～＋60℃时），2.5（－40℃时）
规格	－0.1～0.5MPa，－0.1～0.9MPa
环境温度	－30～＋60℃（要求环境温度－40～＋60℃时应在合同中注明）
抗冲击性	300m/s^2
抗振性	20m/s^2
防护等级	IP65
敏感元件密封度	渗漏率≤1×10^{-15} MPa·m^3/s
最大工作电压	380V
触头容量	30VA
接头螺纹	外螺纹连接：M20×1.5　G1/2　G3/8；　内螺纹连接：M26×1.5　M27×1.5

表 4-110　　技 术 性 能　　单位：MPa

额定压力	报警压力	闭锁压力	额定压力	报警压力	闭锁压力	额定压力	报警压力	闭锁压力	过压	备　注
0.35	0.30	0.30	0.40	0.30	0.30	0.40	0.32/0.32	0.30	—	双报警
0.35	0.32	0.30	0.40	0.32	0.30	0.40	0.35	0.35	0.42	
0.36	0.32	0.32	0.40	0.35	0.30	0.45	0.42	0.40	0.50	
0.38	0.34	0.30	0.40	0.35	0.35	0.50	0.45/0.45	0.40	—	双报警

续表

额定压力	报警压力	闭锁压力	额定压力	报警压力	闭锁压力	额定压力	报警压力	闭锁压力	过压	备　注
0.45	0.40	0.37	0.50	0.42	0.40	0.65	0.62	0.59		
0.45	0.42	0.40	0.50	0.45	0.40	0.62	0.55	0.50	0.70	
0.49	0.44	0.44	0.60	0.55	0.55					
0.50	0.40	0.40	0.60	0.55	0.52					

注　报警、闭锁压力及过压可根据用户要求设定，但报警和闭锁的压力差最佳应不小于0.05MPa。

（六）MK—40型六氟化硫气体（SF_6）密度控制器

1. 产品说明

MK—40型六氟化硫气体（SF_6）密度控制器是用于监控六氟化硫（SF_6）高压电器设备（如高压断路器、互感器、组合电器等）内气体密度的专用仪表，其温度补偿采用等密度SF_6弹性密封气室力平衡法，来弥补热敏双金属元件位移补偿类密度仪表在低密度测控中的不足，特别适合于中低密度SF_6高压电器设备的泄漏及过压监控。

2. 主要特点

（1）仪表测量及补偿弹性组件采用全不锈钢结构，可适应多种恶劣工作环境；

（2）仪表泄漏及过压报警微动开关、燃弧故障报警微动开关分别采用进口及军工产品，输出信号具有很高的可靠性；

（3）仪表测量及补偿弹性组件经过严格的氦质谱检漏，整机经过严格的SF_6气体罩袋积分式检漏，具有良好的密封性能；

（4）仪表经过严格的稳定性处理，其性能具有长期稳定性。

3. 技术指标

见表4－111。

表4－111　　　　**主要技术指标**

仪表正常工作环境温度		−20～60℃	
仪表正常工作环境相对湿度		≤85%	
仪表正常工作环境振动不超过		GB 4439中规定的V·H·3级	
泄漏及过压报警压力点切换差（以额定压力的%计）		≤2.5%（−20～60℃）	
仪表测量及补偿弹性组件的密封度		渗漏率≤1×10^{-15} MPa·m³/s	
仪表开关容量		250V AC/2A，110V　AC/3A	
安装螺纹（内螺纹）		G1/4；M14×1.5	
额定、工作及报警压力（20℃时的绝对压力，kPa）			
压力点		报警压力点误差（以额定压力的%计）	
		20℃	−20～60℃
额定压力	200		
设备充气压力	130		
泄漏报警压力点L1	120	≤±1.5%	≤±2.5%
过压报警压力点L2	150	≤±1.5%	≤±2.5%
燃弧故障报警压力点L3	190	≤±2.5%	≤±5%

（七）MKZ—100无油抗震SF_6密度控制器

1. 产品说明

MKZ—100无油抗震SF_6密度控制器是在YX—100 SF_6充油型专用压力（密度）表基础上，广泛吸收国外同类产品的先进技术而精心研制的一种新型产品，该产品除具有YX—100 SF_6专用压力（密度）表性能、特点外，在设计上采用了独特的隔振原理，使其抗环境震动更加明显。

2. 技术性能

见表4－112。

（八）普通SF_6气体压力表

1. 产品说明

普通SF_6气体压力表主要应用于输变电网系统中各类以SF_6气体为绝缘介质的高压电器设备中气体压力（密度）的

监测。

表 4-112　**主 要 性 能 指 标**

精度等级	1.5 级（−30～+60℃）	接头螺纹	M20×1.5
规格	−0.1～0.9MPa	抗冲击性	300m/s^2
环境温度	−30～+60℃	敏感元件密封度	渗漏率≤1×10^{-15}MPa·m^3/s
环境湿度	<90%	触头容量	30VA
防护等级	IP54	最大工作电压	380V

2. 技术指标

(1) 规格：−0.1～0.1MPa、−0.1～0.15MPa、−0.1～0.9MPa；

(2) 精度：1.5 级；2.5 级。

(3) 渗漏率：≤1×10^{-15}MPa·m^3/s。

(九) SF_6 气体单向阀

1. 使用范围及特点

SF_6 气体单向阀主要用于 SF_6 气体专用压力（密度）表与其设备之间的过渡连接，以便在设备充气状态下能够更换仪表，进行定期鉴定及维护。

SF_6 气体单向阀=自封法兰（自封接头）+连接接头

本产品也可用于其他类似场合和非腐蚀性介质的压力系统，其主要特点是使用方便、密封性可靠。

2. 主要技术指标

(1) 温度范围：−40～+70℃。

(2) 工作压力：≤0.7MPa。

(3) 密封度：SF_6 气体渗漏率≤1×10^{-15}MPa·m^3/s（≤1×10^{-9}Pa·m^3/s)。

(十) SF_6 气体充气阀

1. 使用范围及特点

SF_6 气体充气阀主要用于 SF_6 高压电气设备的充气和补气。

SF_6 气体充气阀=自封法兰（自封接头）+护盖。

该阀也可用于其他类似场合和非腐蚀性介质的压力系统，其主要特点是使用方便、密封性可靠。

2. 主要技术指标

(1) 温度范围：−40～+70℃。

(2) 工作压力：≤0.7MPa。

(3) 密封度：SF_6 气体渗漏率≤1×10^{-15}MPa·m^3/s（≤1×10^{-9}Pa·m^3/s)。

3. 使用方法

当使用充气阀给设备充气时，首先应拧下充气阀上的护盖，将充气接头与充气阀上的自封法兰（自封接头）对接，并将充气接头上六方螺母顺时针旋到底，此时自封法兰（自封接头）内的阀芯被强制打开，可对设备进行充气，当压力充至额定值时，逆时针旋转六方螺母，拆掉充气接头，阀芯在内部弹簧作用下自行关闭，然后装上护盖并拧紧。

公司可根据用户需求特殊订货。

(十一) VT 系列免拆卸阀组

1. 产品说明

免拆卸阀组主要用于 SF_6 高压电气设备的充气和补气，以及在设备充气状态下能够更换 SF_6 密度控制器，同时在不拆卸 SF_6 密度控制器的条件下对 SF_6 密度控制器进行在线鉴定，从而避免 SF_6 密度控制器二次安装时引起的泄露问题。本产品也可用于其他类似场合和非腐蚀性介质的压力系统，其主要特点是使用方便、密封性可靠。在用户不改变现有三通阀外形尺寸前提下均可实现免拆卸功能。

2. 主要技术指标

(1) 温度范围：−40～+60℃。

(2) 工作压力：≤0.7MPa。

(3) 密封度：SF_6 气体渗漏率≤1×10^{-15}MPa·m^3/s（≤1×10^{-9}Pa·m^3/s)。

(十二) 生产厂

名称：秦川机床集团宝鸡仪表有限公司。

电话：0917-3617366/3617346。

传真：0917-3623378。

地址：陕西省宝鸡市清姜东二路十四号。

邮编：721006。

公司主页：http：//www.qcbjyb.net.cn；http：//www.qcbjyb.com；http：//bjybc.cn.alibaba.com。

九十二、绵阳维博电子有限公司智能电能表 WBDTG50

（一）产品概述

智能电能表 WBDTG50 能够实现三相电网系统中的三相电压、三相电流、有功功率、无功功率、视在功率、功率因数、频率、有功电能、无功电能、视在电能、时段电能、四象限电能等电参数的高精度测量，自动完成失压/欠压/过压/过流/欠流检测，并保存报警记录。通过 LCD 中文点阵实时显示数据，同时带有 RS485 通信、红外通信和电能脉冲输出接口，方便用户灵活构建网络化测量系统。

本产品具有可靠性高、抗干扰能力强、体积小、重量轻、功能强大以及安装方便等特点。

本产品获得了中华人民共和国制造计量器具许可证书。

（二）产品特点

(1) 高压大电流模拟信号实现全隔离，保障用户系统安全。

(2) EMC 设计，具有较强的抗干扰能力。

(3) 检测参数齐全，便于数据的分析和利用。

(4) 可编程设置 TV/TA 变比参数，方便系统调试。

(5) 辅助电源：可选用 AC 85～265V，DC+48V，DC 12V/+24V。

(6) 标准的 MODBUS—RTU 或 DL/T645 协议，便于实现数据通信。

(7) 提供红外通信口，可利用手持式抄表设备读取电表数据。

(8) LCD 点阵液晶中文显示界面。

(9) 结构紧凑、安装方便、接线简单、维护方便。

（三）产品用途

本产品广泛应用于通信机房和基站动环监控系统、智能建筑系统、UPS 系统配电盘、智能开关柜、能源管理系统、智能电网、工业自动化等领域。

本公司不带显示的 WB1831、WB9117 电力采集模块产品也有上述用途。见表 4-113。

表 4-113

产品型号	WB1831	WB9117
主要功能	WB1831 是一款总线输出式、三隔离型电力参数谐波采集模块。可测量三相电压、电流、功率、功率因数、频率、电能、零序电流、零序电压等参数，并计算各相电压、电流谐波畸变率，各项电流、电压 2～31 次谐波含量，输出为 RS485 总线	WB9117 单相多功能采集模块是一款总线输出式、三隔离型电力参数采集模块，可测量单相电压、电流、功率、电能和频率等参数，输出为 RS485 总线

（四）生产厂

名称：绵阳维博电子有限责任公司。

电话：0816-2278150/1/2/3/4（销售），2278818（行政）。

传真：0816-2281934（销售），2270571（行政）。

网址：www.wb-my.com，www.wbdz.cn。

地址：四川省绵阳市 508 信箱（621000），四川省绵阳市游仙区游仙东路 98 号。

免费咨询电话：800-8865801。

E-mail：wb@wbdz.cn。

九十三、山东浩特 FDSS（X）型/FDTS（X）型三相电子式复合变比自动转换电能表

（一）用途

本型产品具有在线监测、自动转换复合变比电流互感器（复合变比式电力计量箱）的大小变比，在同一倍率进行电能计量。并采用先进的电能计量专用芯片和应用数字采样处理技术及 SMT 工艺，根据需要显示各种数据，通过 RS485 接口或红外接口进行通信，以及检测运行参数，记录储存各种数据等功能。

产品需与复合变比电流互感器（复合变比式电力计量箱）匹配使用，可对用电负荷大、负荷变化大及季节性用电以

及老计量改造单位的电能计量。能有效地解决（防止）低负荷和超负荷漏电或窃电，明显降低线损，大大提高电能计量的准确度。

（二）结构特点

内部是由采样线路、识别比较、智能控制转换及电能表四部分构成；外部由数个接线端子组成。

（三）工作原理

利用电子采样线路，对采集到的大小变比电流信号进行数字分析、识别比较，并运用防开路灭弧控制技术，做到完全智能化运算，完全实现了在线检测、自动转换复合变比电流互感器（复合变比电力计量箱）的大小变比、同一倍率进行电能计量。

（四）主要技术参数

见表 4－114。

表 4－114

型　号	类　别	参比电压 U_n	额定电流 I_n	有功脉冲（imp/kWh）		无功脉冲（imp/kvarh）		倍　率
				（小变比）基本常数	（大变比）倍率常数	（小变比）基本常数	（大变比）倍率常数	
FDSS（X）	三相三线	3×100V	3×1.5（6）A	6400	6400×倍率	6400	6400×倍率	2、3、4、5
FDTS（X）	三相四线	3×220/380V	3×1.5（6）A					

准确度等级：有功 0.5S—1.0 级、无功 2 级　　额定频率：50Hz

启动电流：有功 0.002（1 级）、无功 0.003（2 级）　　潜动：具有防潜动逻辑设计

（五）型号含义

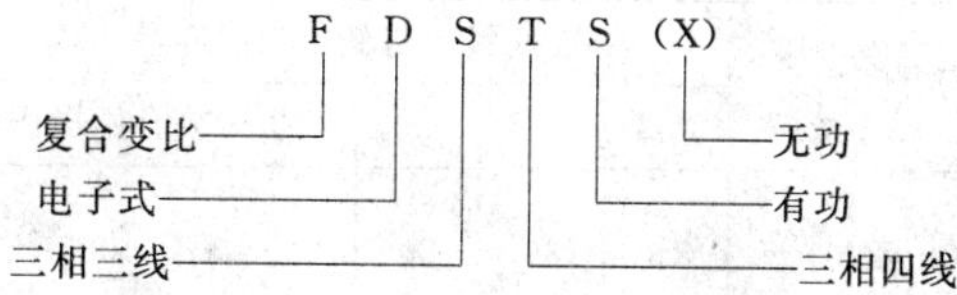

（六）外形尺寸及安装尺寸

见图 4－4。

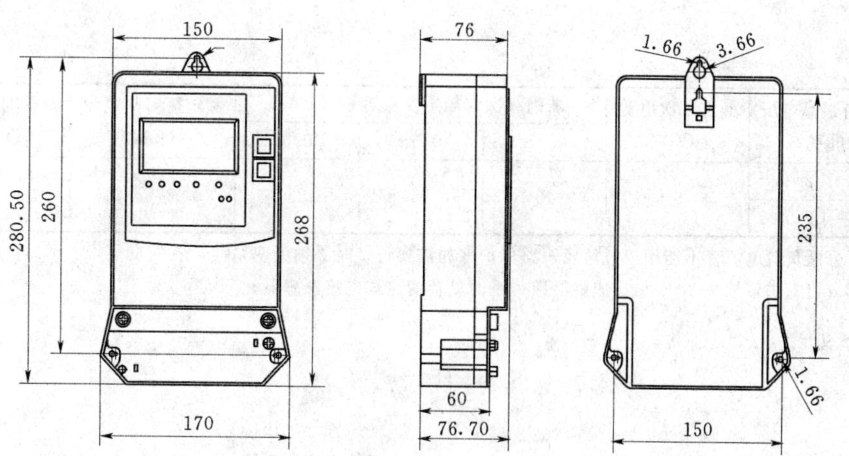

图 4－4　外形及安装尺寸（单位：mm）

（七）订货须知

订货时应向制造商提出下列内容：①复合变比电流互感器（复合变比电力计量箱）的额定电流、线路电压、变比倍率；②额定工作电压；③准确级次；④额定输出容量；⑤特殊要求与制造厂山东浩特电气有限公司协商。

（八）生产厂

（1）生产厂家：山东浩特电气有限公司。

（2）电话：0533－3980166，3981099（兼传真）；手机：13505334925。

（3）地址：山东省淄博市淄博高新区民营科技园民福路 29 号；邮编：255088。

（4）网址：www.sdhaote.cn；E－mail：zbhaote@126.com。

九十四、山东浩特 GSJXK (F) —10 (6) 型预付费复合变比式高压电力计量箱

(一) 用途

本型为干式户外产品。适用于额定频率 50Hz，额定电压 6～10kV 三相三线电力系统中，做预付费高压电力计量使用。解决了用户欠费，收费难的供电管理难题，从而实现了先交费，后供电，欠费自动拉闸的较为先进供电模式，是供电部门优选的电能计量产品。加配 GSM (GPRS) 终端，可实现远控、远抄。

产品电流部分可做成复合变比式。对用电负荷大、负荷变化大，季节性用电以及老计量改造单位的电能计量，可配置复合变比电流互感器自动转换计量装置，能实现在线检测，自动转换复合变比电流互感器的大小变比，同一倍率计量，降低线损，提高电能计量的准确度。

(二) 结构特点

由交流高压真空接触器、计量用电流、电压互感器、远控操作电源、控制柜、预付费电能表等组成。

(三) 工作原理

利用 IC 卡输入用户预购的电量，经预付费控制器确认后，发出准予合闸信号，预付费专用开关自动合闸，向用户供电。当使用电量达到预付费剩余电量的设定值 (1) 时，装置自动发出应付费报警提示；剩余电量低于设定值 (2) 时，预付费控制装置自动操作，预付费专用开关分闸，使用户断电（此时负荷开关处于断电锁定状态）。当用户重新购买电量后，输卡，可重新解锁、合闸供电。

(四) 主要技术参数

1. 电压互感器部分技术参数

见表 4-115。

表 4-115

额定一次电压 (kV)	设备最高电压 (kV)	额定二次电压 (V)	准确级次与额定二次容量 (VA)				极限输出 (VA)	工频耐压 (kV)
			0.2	0.5	1	短时分合闸操作电源		
6	7.2	100 (220)	15	30	50	400	400	32
10	12							42

2. 电流互感器部分技术参数

见表 4-116。

表 4-116

额定一次电流 (A)	设备最高电压 (kV)	额定二次电流 (A)	准确级次与额定二次容量 (VA)			额定短时热电流 (kA)	耐受时间 (s)	额定动稳定电流 (kA)
			0.2S	0.5S	0.5			
5～400	7.2	5	10	15	25	0.375～24	1	1～60
	12							

注　1. 本型产品可分断负荷电流，不能用于过流及短路保护（如需要订货时必须说明）。
　　2. 电流计量部分可提供带抽头 2～5 倍、成整倍数关系的复合变比式电流互感器。

(五) 型号含义

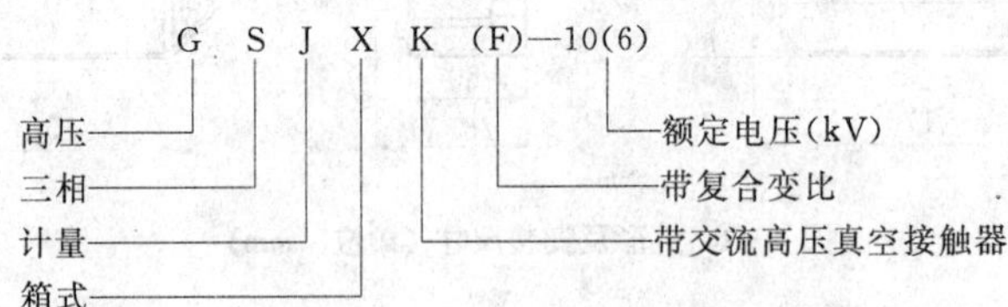

(六) 外形尺寸及安装尺寸

见图 4-5。

(七) 订货须知

订货时应向制造商提出下列内容：①复合变比电流互感器（复合变比电力计量箱）的额定电流、线路电压、变比倍率；②额定工作电压；③准确级次；④额定输出容量；⑤特殊要求与制造厂山东浩特电气有限公司协商。

(八) 生产厂

山东浩特电气有限公司。

九十五、山东浩特 GSJXZ（F）—10（6）型复合变比式高压电力计量箱

（一）用途

本型为环氧树脂浇注全封闭干式户内产品，适用于额定频率50Hz、额定电压6～10kV的三相三线电力系统中，做高压电力计量（操作电源）使用。体积小、重量轻、功能多、安装方便，装入柜体可大大减少空间，减小开关柜体尺寸，降低成本。

产品电流部分可做成复合变比式。对用电负荷大、负荷变化大，季节性用电以及老计量改造单位的电能计量，可配置复合变比电流互感器自动转换计量装置，能实现在线检测，自动转换复合变比电流互感器的大小变比，同一倍率计量，降低线损，提高电能计量的准确度。

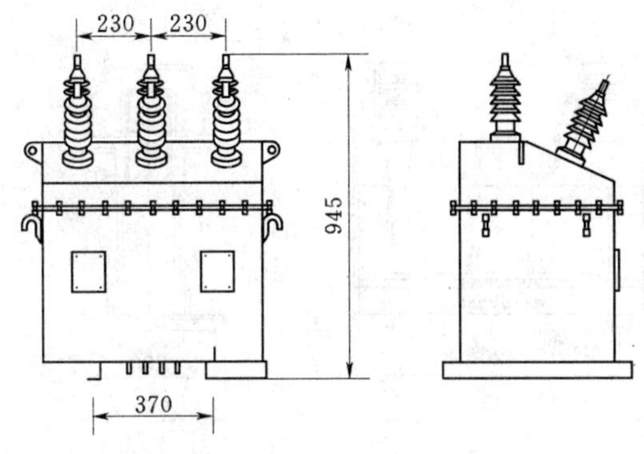

图 4-5　外形尺寸（单位：mm）

（二）结构特点

由计量用两只电流、两只电压互感器、操作电源线圈、二次铠装多芯电缆、电表箱等组成。

（三）工作原理

利用电磁感应原理，采用高导磁率合金，将线路高电压及负荷电流转变成便于低压计量使用的标准电压、电流，主绝缘介质为良好的环氧树脂。

（四）主要技术参数

1. 电压互感器部分技术参数

见表 4-117。

表 4-117

额定一次电压（kV）	设备最高电压（kV）	额定二次电压（V）	准确级次与额定二次容量（VA）				极限输出（VA）	工频耐压（kV）
			0.2			短时分合闸操作电源		
6	7.2	100（220）	15			400	400	32
10	12							42

2. 电流互感器部分技术参数

见表 4-118。

表 4-118

额定一次电流（A）	设备最高电压（kV）	额定二次电流（A）	准确级次与额定二次容量（VA）			额定短时热电流（kA）	耐受时间（s）	额定动稳定电流（kA）
			0.2S	0.5S				
5～600	7.2	5	10	10～15		0.375～40	1	0.95～100
	12							

注　电流计量部分可提供带抽头2～5倍、成整倍数关系的复合变比式电流互感器。

（五）型号含义

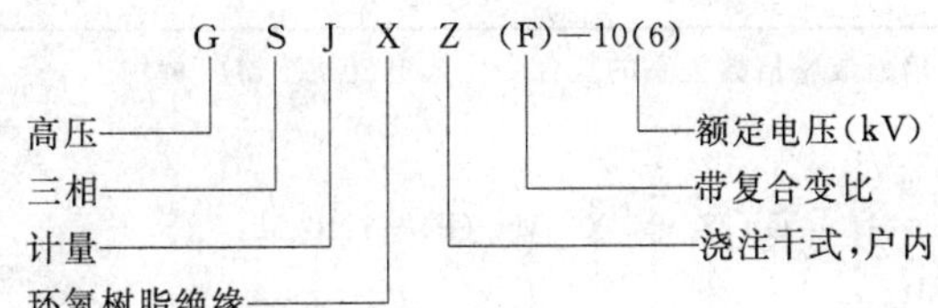

（六）外形尺寸及安装尺寸

见图 4-6。

（七）订货须知

订货时应向制造商提出下列内容：①复合变比电流互感器（复合变比电力计量箱）的额定电流、线路电压、变比倍率；②额定工作电压；③准确级次；④额定输出容量；⑤特殊要求与制造厂山东浩特电气有限公司协商。

（八）生产厂

山东浩特电气有限公司。

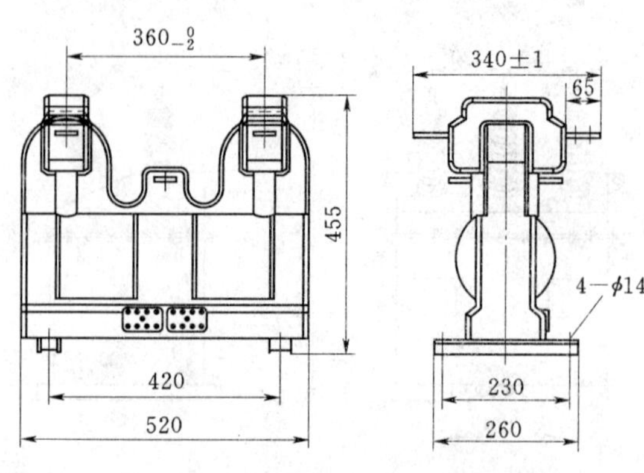

图 4-6　外形尺寸（单位：mm）

九十六、山东浩特 GSJXM（F）—6、10、35 型复合变比式高压电力计量箱

（一）用途

本电力计量箱为油浸式绝缘户外产品，适用于额定频率 50Hz，额定电压 6～35kV 电力系统中，做高压电力计量（操作电源）使用。体积小、重量轻、功能多、安装方便。

产品电流部分可做成复合变比式。对用电负荷大、负荷变化大，季节性用电以及老计量改造单位的电能计量，可配置复合变比电流互感器自动转换计量装置，能实现在线检测，自动转换电流互感器的大小变比，同一倍率计量，降低线损，提高电能计量的准确度。

（二）结构特点

由计量用两只电流、两只电压互感器、操作电源线圈、二次铠装多芯电缆、电表箱等组成。

（三）工作原理

利用电磁感应原理，采用高导磁率合金，将线路高电压及负荷电流转变成便于低压计量使用的标准电压、电流，主绝缘介质为变压器油。

（四）主要技术参数

1. 电压互感器部分技术参数

见表 4-119。

表 4-119

额定一次电压（kV）	设备最高电压（kV）	额定二次电压（V）	准确级次与额定二次容量（VA）cosφ=0.8				极限输出（VA）	工频耐压（kV）
			0.2			短时分合闸操作电源		
6	7.2	100（220）	15			400	400	32
10	12							42
35	40.5		50			1000	1000	80（95）

2. 电流互感器部分技术参数

见表 4-120。

表 4-120

额定一次电流（A）	设备最高电压（kV）	额定二次电流（A）	准确级次与额定二次容量（VA）cosφ=0.8			额定短时热电流（kA）	耐受时间（s）	额定动稳定电流（kA）
			0.2S	0.5S				
5～600	12	5	10	10～15		0.375～40	1	0.95～100
	40.5		20	20				

注　电流计量部分可提供带抽头 2～5 倍、成整倍数关系的复合变比式电流互感器。

（五）型号含义

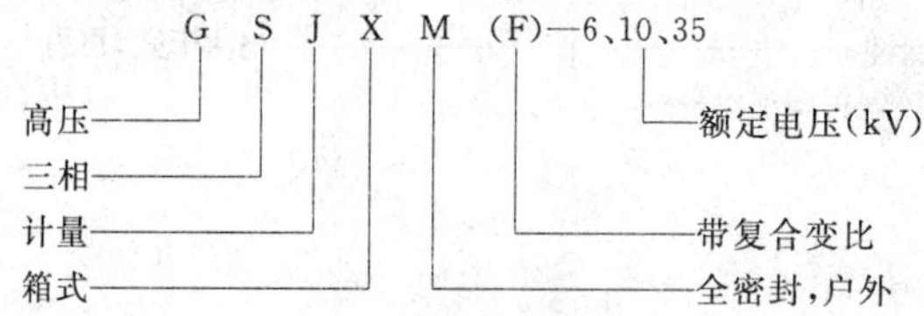

（六）外形尺寸及安装尺寸

见图 4-7、4-8。

（七）订货须知

订货时应向制造商提出下列内容：①复合变比电流互感器（复合变比电力计量箱）的额定电流、线路电压、变比倍

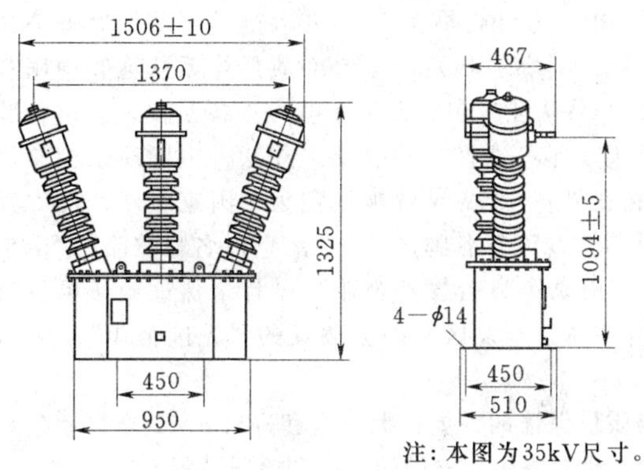

图 4-7 外形尺寸（单位：mm）

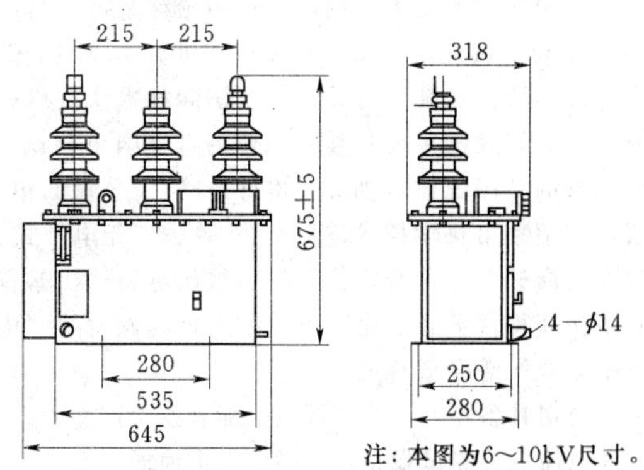

图 4-8 外形尺寸（单位：mm）

率；②额定工作电压；③准确级次；④额定输出容量；⑤特殊要求与制造厂山东浩特电气有限公司协商。

（八）生产厂

山东浩特电气有限公司。

九十七、索凌电气有限公司新型智能电力仪表

（一）SLED/SLCD 系列产品概述

SLED/SLCD 系列智能电力仪表是采用现代微处理技术和交流采样技术设计而成，每个仪表可采集测量多个电气参数，可单独使用，亦可作为配电自动化系统的智能前端。该系列仪表分为 5 个种类：SLED100 系列单相智能数显表、SLED200 系列三相智能数显表、SLCD100 系列单相智能电量仪表、SLCD400 系列三相智能电量仪表、SLCD600 三相多功能表。各款仪表都可装配 RS485 通信接口。

（二）SLS9000 系列产品适用范围

SLED/SLCD 系列仪表是用于中低压系统（6～35kV 和 400V）的智能化装置，广泛适用于电力系统、工矿企业、公共设施、智能大厦等电力监控与计量考核的场合。

（三）生产厂

生产厂家：索凌电气有限公司。

电话：0371-63778496，67832561。

E-mail：sldqjsb@126.com。

公司总部：郑州市索凌路 18 号。

生产基地：郑州市高新技术产业开发区国槐街 22 号。

传真：0371-67832595。

网址：www.suoling.com。

邮编：450001。

九十八、南京三能电力仪表有限公司最新产品

（一）公司及其产品简介

南京三能电力仪表有限公司成立于 1995 年，注册资本 680 万美元。公司坐落于南京高新技术产业开发区内，现有工业厂房 6000 多平方米，员工 200 多人，其中工程技术人员 60 多名，是一家集研发、设计、生产、销售为一体的电能表及电力自动化产品的专业企业，是国家经贸委重点推荐的全国城乡电网建设与改造设备定点采购企业。作为中国电力科学研究院通讯研究所防窃电研究中心，以其完备的质量控制体系和先进的生产能力，同时被选为中国电力科学研究院通讯研究所的生产基地。公司产品行销国内外。

三能公司成立以来，始终致力于开发和生产高性能的电能表和电力自动化产品。公司是国内最早研发、生产和在市场推广销售电子式电能表的企业。全国首次批量使用电子式电能表的地区是江苏省，而当年在江苏省唯一制造电子式电能表的企业就是南京三能电力仪表有限公司。迄今为止，公司生产电子式电能表已有超过 15 年的历史，销售数量超过千万只。

公司还是低压载波（PLC）自动抄表系统技术开发的引领者，始终代表中国载波自动抄表技术的发展潮流。我公司最早在 1998 年就开始了低压载波自动抄表系统的研发。1999 年，全国低压电力载波技术研讨会在公司成功举行，公司参与了低压电力载波自动抄表系统标准 DL/T 698—1999 的制定。公司的载波自动抄表系统最早在 2000 年已走向市场并进行了大规模安装，目前仍在江苏南京、广东茂名、天津、黑龙江大庆等地正常运行，抄表成功率普遍超过 99%。

公司在研发、生产制造过程中始终坚持“精益求精，中国三能”指导方针，早在1998年就通过了英国摩迪公司的ISO9001认证，后来又通过了在世界35个国家通用的中国方圆认证集团的ISO9001/2000质量体系认证和中国进出口商品质量认证中心认证，及国际权威认证机构KEMA和SGS的产品认证。在电力工业电力设备及仪表质量检验测试中心以及国家质量技术监督局对全国单相电子表的抽检中，连续多年一次性抽检合格，并获得中国质量检验协会颁发的“国家监督抽查合格好产品”。公司的单相电子式载波电能表早在1999年就被认定为“国家级新产品”并获得“南京市科学技术进步奖”；单、三相电子式电能表产品先后获得“江苏省名牌产品”“南京市名牌产品”“南京市著名商标”等称号。公司先后被认定为“江苏省高新技术企业”、“南京市高新技术企业”、“计量保证确认单位”，并多次获得江苏省、南京市技术监督局颁发的“用户满意产品”、南京高新开发区管委会颁发的“先进企业”“突出贡献企业”等荣誉称号。

公司具备年产240多万只电能表的生产能力。为满足产品开发和质量保证的需要，拥有全套进口SMT全自动贴装线和电磁兼容测试设备，包括：雷击浪涌、静电放电发生器、群脉冲发生器等国际先进的生产和检测设备。

卓越的设计技术、严格的质量控制方法以及先进的生产和检测设备确保我公司的产品故障率一直低于2‰，在同行业处于领先水平。

（二）DDS43单相电子式电能表

作为国内最早生产电子式电能表的企业之一，公司所生产的DDS43系列单相电子式电能表已广泛运用于全国各地。本产品运用大规模集成电路，采用当今最先进的专用计量芯片、高可靠性电子元器件，以及采用先进的SMT（Surface Mounting Technology）工艺制造。具有精度高、体积小、重量轻、便于安装等特点。其性能完全符合GB/T 17215—2008中相关规定和技术要求。技术参数见表4-121。

表4-121

精度等级	1级和2级
额定电压	220V
额定频率	50Hz，60Hz
额定电流	2.5（10）A、5（20）A、5（30）A、10（40）A、15（60）A、20（80）A （可根据用户要求定制各种规格，如Imax=6Ib 最大可达90A）
	具有逻辑防潜动电路
	具有防窃电功能，能够双向计量，累计总和
	采用计度器显示或者LCD（Liquid Crystal Display液晶显示屏）显示
外形	全塑表壳

（三）DDS43单相高性能电子式电能表

DDS43单相高性能电子式电能表是公司生产的新一代单相电子式有功电能表。产品运用大规模集成电路，采用当今最先进的专用计量芯片、高可靠性电子元器件，以及采用先进的SMT（Surface Mounting Technology）制造工艺。具有精度高、体积小、重量轻、便于安装等特点。在防窃电方面，本产品所特别设计的电路表现极其优秀的性能，能够明确指示电表的接线方式和工作状态。同时还具有双向计量，累计电能总和等功能。其性能完全符合GB/T 17215—2008中相关规定和技术要求。技术参数见表4-122。

表4-122

精度等级	1级和2级
额定电压	220V
额定频率	50Hz，60Hz
额定电流	2.5（10）A、5（20）A、10（40）A、20（80）A（可根据客户要求定制各种规格）
	具有逻辑防潜动电路
	具有防窃电功能，能够双向计量，单向累计；能够指示接线状态和工作状态 （包括显示反相接线、旁路、接地供电指示、校检脉冲）
外形	全塑表壳

（四）DDSY43型单相电子式预付费电能表

DDSY43型单相电子式预付费电能表是采用专用电能表集成电路和单片微型计算机以及应用表面安装等现代先进技术制造的智能型电能计量仪表。它具有单相有功电能计量、防窃电、负荷控制、用电预付费和信息管理等多功能，是实现电能化商品化、解决收费难以及调节电网负荷，加强用电现代化管理的理想产品。技术参数见表4-123。

表 4 - 123

精度等级	1 级和 2 级
额定电压	220V
额定频率	50Hz
额定电流	5（20）A、5（30）A、10（40）A、10（60）A、15（60）A
	具有逻辑防潜动电路
	IC 卡预付费用电，一户一卡，多位随机密码，具有良好的防伪功能
	防窃电、自动记录非法用电信息和错误信息
	数据保护断电后数据保存时间≥10 年
外形	全塑表壳

（五）DDSF43 系列单相电子式复费率电能表

DDSF43 系列单相电子式复费率电能表是公司针对使用电量不同时段、不同费率计量这一需求而设计和制造的新一代电能表，本产品采用大规模集成电路，采用高性能单片机（MCU）和 RTC（Real Time Controlling）时钟芯片及采用先进的 SMT（Surface Mounting Technology）制造工艺。可以编程设置三种费率（可用峰、平、谷来表示），编程设置 6 个不同的时间段，所记录数据采用 LED（Low Emitting Diode 发光二极管）显示或 LCD（Liquid Crystal Display 液晶显示屏）显示；配有红外通讯接口，具有高精度、高灵敏度、高可靠性、宽负荷范围、低功耗、高稳定性、重量轻、体积小、便于安装等特点。其性能完全符合 GB/T 17215、GB/T 15248 和 DL/T 645 中的相关规定和技术要求。技术参数见表 4 - 124。

表 4 - 124

精度等级	1 级和 2 级
额定电压	220V
额定频率	50Hz，60Hz
额定电流	5（20）A、5（30）A、10（40）A、10（60）A、20（80）A （可根据用户要求定制各种规格，如 Imax=6Ib　最大可达 90A）
	具有逻辑防潜动电路
	分时有功计量：三种费率，12 个时段、可根据客户需要设置
	具有防窃电功能，能够双向计量，累计总和或分项累计（可选）；防止非法接线
时钟误差	小于 0.5（秒/日），并具有对时功能
电池寿命	大于 10 年（以出厂日期为准）
	可通过抄表-编程机设置和抄表
红外通讯距离	可达 5m
外形	全塑表壳

（六）DDSI43 型单相电子式载波电能表

作为国内最早开发出电力线载波电能表的企业，公司生产的 DDSI43 型单相电子式载波电能表已经广泛地应用于全国各地。本产品运用大规模集成电路、电力载波技术；采用先进的 SMT（Surface Mounting Technology 表面贴装技术）制造工艺，可广泛运用于远程自动抄表系统。产品采用电子记度，并同步存储在载波电路中。用户可以通过系统计算机通过通信信道（电话线、电力载波、GPRS 等）实时抄读各用户用电负载情况，无需上门抄表。同时解决收费难以及调节电网负荷问题，是加强用电现代化管理的理想产品。技术参数见表 4 - 125。

表 4 - 125

精度等级	1 级
额定电压	220V
额定频率	50Hz，60Hz
额定电流	5（20）A、10（40）A、20（80）A（可根据用户要求定制各种规格）
	具有逻辑防潜动电路
	具有防窃电功能，能够双向计量，单向累计
载波传输距离	冲径 500 米（电缆线长度）
外形	全塑表壳

（七）DDSY（I）43 型单相电子式载波预付费电能表

作为国内最早开发出电力线载波电能表的企业，继 DTSI43 型单相电子式载波电能表广泛地应用于全国各地的同时，公司又开发出单相电子式载波预付费电能表。本产品运用大规模集成电路、电力载波技术；采用先进的 SMT（Surface Mounting Technology 表面贴装技术）制造工艺，可广泛运用于远程自动抄表系统。产品采用电子记度，并同步存储在载波电路中。用户可以通过系统计算机通过通信信道（电话线、电力载波、GPRS 等）实时抄读各用户用电负载情况，无需上门抄表。技术参数见表 4－126。

表 4－126

精度等级	1 级
额定电压	220V
额定频率	50Hz，60Hz
额定电流	1.5（6）A、5（20）A、10（40）A、20（80）A（可根据用户要求定制各种规格）
	具有逻辑防潜动电路
	IC 卡预付费用电，一户一卡，多位随机密码，具有良好的防伪功能
	防窃电、自动记录非法用电信息和错误信息
载波传输距离	冲径 500 米（电缆线长度）
外形	全塑表壳

（八）DDS43 单相费控智能电能表（载波、远程、开关内/外置）

DDS43 单相费控智能电能表（载波/CPU 卡/开关内置）是采用国际上性能优良的单片微处理器和稳定可靠的外围电路，吸收消化国内外同类产品软件功能优点，配以稳定可靠的电子专用计量电路及 IC 卡技术，采用先进的 SMT 工艺，经精心优化设计而成的新一代智能式电能表。该产品结构简单、性能可靠，具有防窃电、高精度、高过载、线性好、功耗低、体积小、重量轻等特点。技术参数见表 4－127。

表 4－127

精度等级	1 级
额定电压	220V
额定频率	50Hz，60Hz
额定电流	1.5（6）A、5（20）A、5（30）A、5（40）A、5（60）A、10（40）A、10（60）A、15（60）A、20（80）A、20（100）A
计量功能	具有正向有功电能、反向有功电能计量功能及分时计量功能，可至少存储上 12 个月的总电能和各费率电能量
费控功能	在电能表内进行电费实时计算，当对电能表进行参数设置、预存电费、信息返写和下发远程控制命令操作时需通过 ESAM 模块安全认证
测量及监测	能测量、记录、显示当前电能表的电压、电流（包括零线电流）、功率、功率因数等运行参数
事件记录	永久记录清零事件及准确记录编程、校时、掉电、拉合闸事件和开表盖事件
费率、时段及电价方案	全年可设置 2 个时区，在 24h 内可以任意编程 8 个时段，具有两套费率时段表及两套电价方案，每套费率可支持 4 个费率
显示功能	采用液晶（LCD）显示器，其对比度高，视角宽，在正常使用条件下，寿命大于 10 年
报警功能	当电能表出现故障时，在液晶显示器上显示出错信息
冻结功能	可实现定时冻结、瞬时冻结、约定冻结、日冻结和整点冻结，冻结内容及对应的数据标识符合 DL/T 645—2007 及其备案文件要求
计时功能	具有温度补偿功能的内置硬件时钟电路，和日历、计时、闰年自动转换功能
通信功能	具有红外接口，其载波模块接口与 RS485 接口物理层相互独立，一个通信接口的损坏不影响其他通信接口正常工作
外形	全塑表壳

（九）DTS43/DSS43 系列三相四线/三线电子式电能表

DTS43/DSS43 系列三相四线/三线电子式电能表是新一代的三相有功电能表，产品运用大规模集成电路，采用当今最先进的专用计量芯片、高可靠性电子元器件及先进的 SMT（Surface Mounting Technology 表面贴装技术）工艺制造。具有精度高、体积小、重量轻、便于安装等特点，其性能完全符合 GB/T 17215—2008 中相关规定和技术要求。技术参数见表 4－128。

表 4-128

精度等级	1级和2级
额定电压	3×57.7V/100V、3×220V/380V、3×100V、3×380V
额定频率	50Hz，60Hz
额定电流	3×1.5（6）A、3×5（20）A、3×10（40）A、3×15（60）A、3×20（80）A、3×30（100）A
	具有逻辑防潜动电路
	具有防窃电功能，能够双向计量，累计总和
	采用计度器显示或者LED（Low Emitting Diode发光二极管）显示
外形	全塑表壳

（十）DTS43/DSS43三相四线/三线（有功、无功）电子式电能表

DTS43/DSS43型三相四线/三线（有功、无功）电子式电能表是公司生产的新一代电能表。产品运用大规模集成电路，采用超低功耗固态集成技术，先进的SMT（Surface Mounting Technology表面贴装技术）工艺制造。本产品可同时计量有功正反向有功电能和无功电能表，由数码管（LED）模块累计指示有功电能、无功电能，以及感性无功电能和容性无功电能；该产品配置标准RS485，可实行数据远传，可抄读正反向有功无功电能、四象限无功和断相记录。当三相三线网络有一相断电或三相四线有两相断电时，电能表仍能够正常计量，精度基本不受频率、温度、电压、高次谐波影响，其安装位置任意。具有精度高、可靠性高、宽负荷、低功耗、误差曲线平直、抗干扰性强等特点。性能完全符合GB/T 17215、GB/T 17882—1999、IEC61036和IEC61268标准。技术参数见表4-129。

表 4-129

精度等级	有功1.0级、无功2.0级
额定电压	3×100V、3×380V、3×220V/380V、3×57.7V/100V
额定频率	50Hz，60Hz
额定电流	3×1.5（6）A
	具有逻辑防潜动电路
	具有防窃电功能，能够双向计量，累计总和
通讯接口	RS485

（十一）DTSI43型三相四线电子式载波电能表

作为国内最早开发出电力线载波电能表的企业，公司生产的DTSI43型单相电子式载波电能表已经广泛地应用于全国各地。本产品运用大规模集成电路、电力载波技术；采用先进的SMT（Surface Mounting Technology表面贴装技术）制造工艺，可广泛运用于远程自动抄表系统。产品采用电子和机械双重记度，所计电量由机械计度器累加记录，并同步存储在载波采集模块中。用户可以通过系统计算机通过信道（电话线、电力载波等）实时监控各用户用电负载情况；本产品在正常电压情况下，一相或两相缺相时仍能准确计量，不丢失数据。其性能完全符合GB/T 17215中有关技术要求。技术参数见表4-130。

表 4-130

精度等级	1级
额定电压	3×220V/380V
额定频率	50Hz，60Hz
额定电流	3×1.5（6）A、3×5（20）A、3×10（40）A、3×20（80）A、3×30（100）A
	具有逻辑防潜动电路
	具有防窃电功能，能够双向计量，单相累计
载波传输距离	冲径500m（电缆线长度）

（十二）DTSF43/DSS43三相四线/三线复费率电能表

DTSF43/DSSF43三相四线/三线电子式复费率电能表是我公司针对使用电量不同时段、不同费率计量这一需求而设计和制造的。产品采用大规模集成电路，核心采用高性能单片机（MCU）和RTC（Real Time Controlling）时钟芯片以及采用先进的SMT（Surface Mounting Technology表面贴装技术）工艺制造。产品可以编程设置三种费率（分别用峰、平、谷来表示），编程设置12个不同的时间段；具备多种通讯方式，包括红外通讯接口、RS485（可选）、光电输出、脉冲输出、时钟信号和编程开关等输出功能。此外本产品还能够记录编程次数，最近一次编程时间、最近反向起始

时间和反向累计总时间。其性能完全符合 GB/T 17215、GB/T 15248 和 DL/T 645 中的相关规定和技术要求。技术参数见表 4-131。

表 4-131

精度等级	1级和2级
额定电压	3×220V/380V、3×100V
额定频率	50Hz，60Hz
额定电流	3×1.5（6）A、3×5（20）A、3×10（40）A、3×15（60）A、3×20（80）A、3×30（100）A （可根据客户需求定制各种规格）
	具有逻辑防潜动电路
显示方式	LED汉字显示
分时有功计量	三种费率，12个时段、可编程、可设置
	具有防窃电功能，能够双向计量，单相累计；防止非法接线
时钟误差	小于0.5（秒/日）并具有对时功能
电池寿命	大于10年（以出厂日期为准）
	可通过抄表-编程机设置和抄表
红外通讯距离	可达5m

（十三）DTSY43型三相电子式预付费电能表

DTSY43型三相电子式预付费电能表是采用专用电能表集成电路和单片微型计算机以及应用表面安装等现代先进技术制造的智能型电能计量仪表。它具有单相有功电能计量、防窃电、负荷控制、用电预付费和信息管理等多功能，是实现电能化商品化、解决收费难以及调节电网负荷，加强用电现代化管理的理想产品。技术参数见表 4-132。

表 4-132

精度等级	1级和2级
额定电压	3×220V/380V
额定频率	50Hz
额定电流	3×1.5（6）A、3×5（20）A、3×10（40）A、3×15（60）A、3×20（80）A、3×30（100）A
	具有逻辑防潜动电路
	IC卡预付费用电，一户一卡，多位随机密码，具有良好的防伪功能
	防窃电、自动记录非法用电信息和错误信息
	数据保护断电后数据保存时间≥10年
外形	全塑表壳

（十四）DTSD43/DSSD43三相四线/三线电子式多功能电能表

DTSD43/DSSD43三相四线/三线电子式多功能电能表是公司开发研制生产的新一代高科技电能计量产品。本产品融合本公司多项专利技术，运用了最新的 DSP（Digital Signal Processing 数字信号处理技术）、微弱信号检测技术和 CPLD（复杂可编程逻辑电路）技术。具有高可靠性、计量电能准确性高、性能稳定等主要特点。运用国内首创技术，在相序颠倒、分流电流线圈、电流线圈的电流反向、电势丢失、中线丢失、强磁场影响等状况下均能准确计量，并作事件记录。可追溯事件的发生起始和结束的日期时间。具备多种通讯方式，包括 RS485、RS232、低速红外或高速红外通信接口；采用简洁明快的 LCD（Liquid Crystal Display 液晶显示屏汉字）显示；本产品能够计算和显示电网中各相电压、电流、功率、功率因数和频率、复费率、最大需量、正向有功电量、四象限无功电量、反向有功电量、具有完备的防窃电功能。其性能完全符合 GB/T 17215、IEC 61036 和 IEC 61268 标准。技术参数见表 4-133。

表 4-133

精度等级	有功0.5级或1级；无功2.0级
额定电压	3×57.5V/100V、3×220V/380V、3×100V
额定频率	50Hz，60Hz
额定电流	3×1.5（6）A、3×10（40）A、3×10（60）A（可根据用户要求定制各种规格）
	具有逻辑防潜动电路
启动	0.5级为0.1%Ib 1.0级为0.2%Ib

续表

功耗	电压线路功耗小，小于2W、5VA
电流线路损耗	小于1VA
通信方式	RS485、RS232、低速红外、高速红外
显示方式	LCD（Liquid Crystal Display液晶显示屏）显示
	具有完备的防窃电功能，包括相序颠倒、分流电流线圈、电流线圈电流反向、电势丢失、中线丢失；并记录最近20次非正常接线的详细信息

（十五）生产厂

厂家名称：南京三能电力仪表有限公司。

地址：南京高新技术产业开发区07幢南京3209信箱—18分箱。

邮编：210061。

电话：025-58690516，58690522，58690501。

传真：025-58690522。

九十九、江苏通驰自动化系统有限公司最新产品

（一）公司及产品简介

江苏通驰自动化系统有限公司成立于2002年1月，成立之初公司名称为南京通驰，2006年更为现名江苏通驰。公司注册资本3010万元人民币，总部位于南京市玄武湖畔中央路天正国际广场，生产基地位于南京市高新技术产业开发区。

公司自成立以来一直致力于电力自动化产品的开发、生产、销售和服务，公司自主研发和创新能力强，是中国智能防窃电、智能中高压计量领域的领军企业。

公司建立了先进的研发管理体系和质量管理体系，先后通过CMMI-3级认证和ISO 9001质量管理体系认证，从研发、原材料、半成品、成品、包装运输的每个环节进行全程管控，有效地保证产品质量。

公司分别于2003年通过南京市高新技术企业认定、2007年通过软件企业认定、2009年通过江苏省高新技术企业认定。截止到目前，公司已经获得中国专利2项、软件著作权9项、软件产品登记3项，目前正在申请PCT国际专利2项。

公司主要产品有智能防窃电终端、智能中高压计量终端、集中抄表终端、配变监测终端/负控终端（专变采集终端）、用电信息采集系统主站等，公司产品种类齐全，能提供用电自动化领域的完整解决方案满足用户的不同需求。

公司在智能防窃电、智能中高压计量、集中抄表领域处于行业领先地位，其中智能防窃电终端、智能中高压计量终端是我公司的创新产品，已获多项国家发明专利，公司在该类产品领域具有领导地位和市场垄断地位。在集中抄表领域，公司是全国范围内最早开发推广集中抄表的厂商，在该领域积累了丰富的经验，公司的集中抄表终端在同类产品中最为成熟稳定、抄读成功率最高。通驰公司产品线见表4-134。

表4-134　　通驰公司产品线

产品线	产品分类	产品名称	备　注
电力自动化终端	配变监测终端/负荷控制终端（专变采集终端）	配变监测终端	
		Ⅱ型负控终端	
		Ⅲ型负控终端	
	集中抄表终端	集中器	上行通道：GPRS/以太网/SCDMA等
		采集器	上行通道：载波/以太网/GPRS等
	智能防窃电终端	无线数据采集器	分为卡口式、母排式两种
		无线数据接收器	分为内置式、外置式、模块式三种
		现场服务终端	
	智能中高压计量终端	智能中高压计量终端	
主站软件	用电信息采集系统主站	用电信息采集系统主站	抄表、负控、防窃电多合一主站
	智能防窃电系统主站	智能防窃电系统主站	

（二）配变监测终端/负控终端（专变采集终端）（见图4-9）

通驰配变监测终端/负控终端（专变采集终端）采用模块化设计，具备控制、状态量采集、模拟量采集、RS485抄

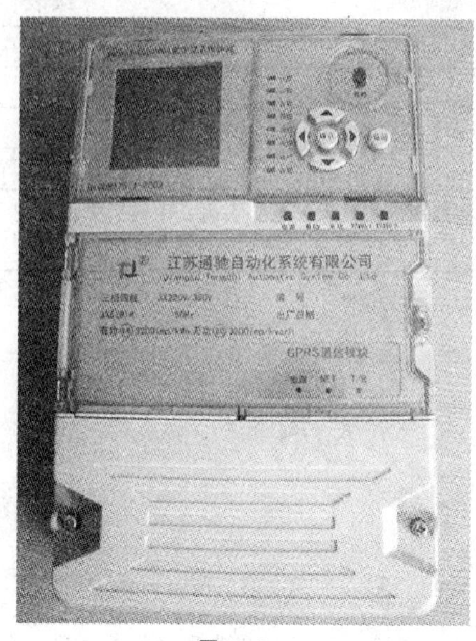

图 4-9

表、电表有功无功输出等功能接口，同时集成了交流采集、谐波测量及 CT 开路、短路检测等功能。

（三）智能防窃电系统

通驰智能防窃电系统采用新一代高压测量技术、无线传感技术，通过采集对比变压器一次侧和二次侧电量数据来判断用户是否窃电，能够从根本上实时查处各种高科技窃电行为。这种基于一次侧中高压电量数据和二次侧低压电量数据进行实时比对的新型的防窃电模式是防窃电领域的创新，整体技术属国际领先。

智能防窃电系统由无线数据采集器、无线数据接收器、负控终端、多功能电能表、主站组成。见图 4-10、4-11、4-12。

（四）智能防窃电系统应用现场（图 4-13）

通驰智能防窃电系统已在湖北、江苏、江西等十几个省应用，查获了一大批原先利用高供高计、负控终端、人工排查难以防范的高科技窃电行为，为国家挽回巨额经济损失，同时对有窃电意图的用户形成强有力的震慑作用，有效地遏制了窃电行为的发生。实践证明，该系统对治理窃电、防止国有资产流失具有重要意义，对降损节能、推动低碳经济具有现实意义，对维护电网安全、为全社会构建和谐供用电环境具有重要意义。

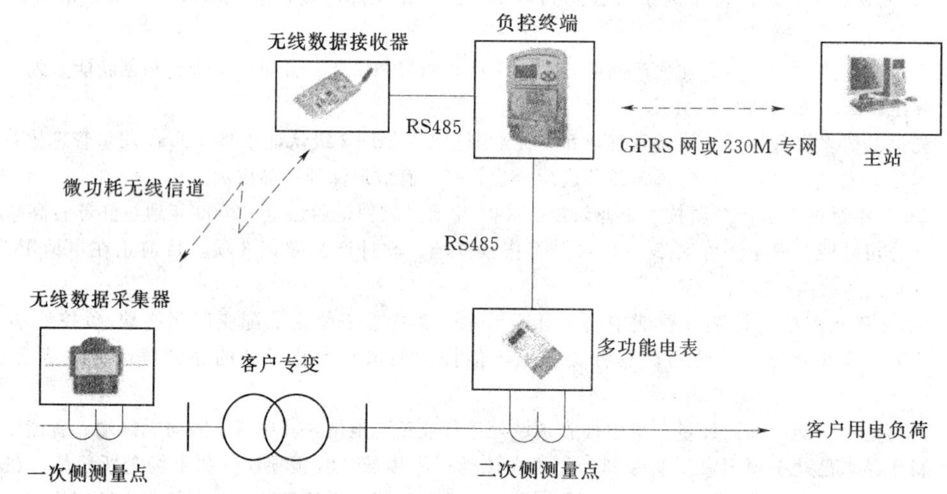

图 4-10　智能防窃电系统组成

图 4-11　母排式无线数据采集器

图 4-12　卡口式无线数据采集器

（五）智能防窃电系统应用案例

某供电公司通过智能防窃电系统快速准确查获了一高供高计用户窃电。该供电公司安装智能防窃电系统后，主站显示某高供高计专变用户的一、二次侧功率曲线对比异常：一次侧比二次侧高 100kW。后经现场检查，在该户 630kVA 高压计量箱中发现遥控器控制三相电流回路分流窃电。见图 4-14、4-15。

又如某厂 2006 年 5 月 12 日安装，主站显示当日白天该户正常用电，当天晚上 9 点开始一、二次侧功率曲线分离，

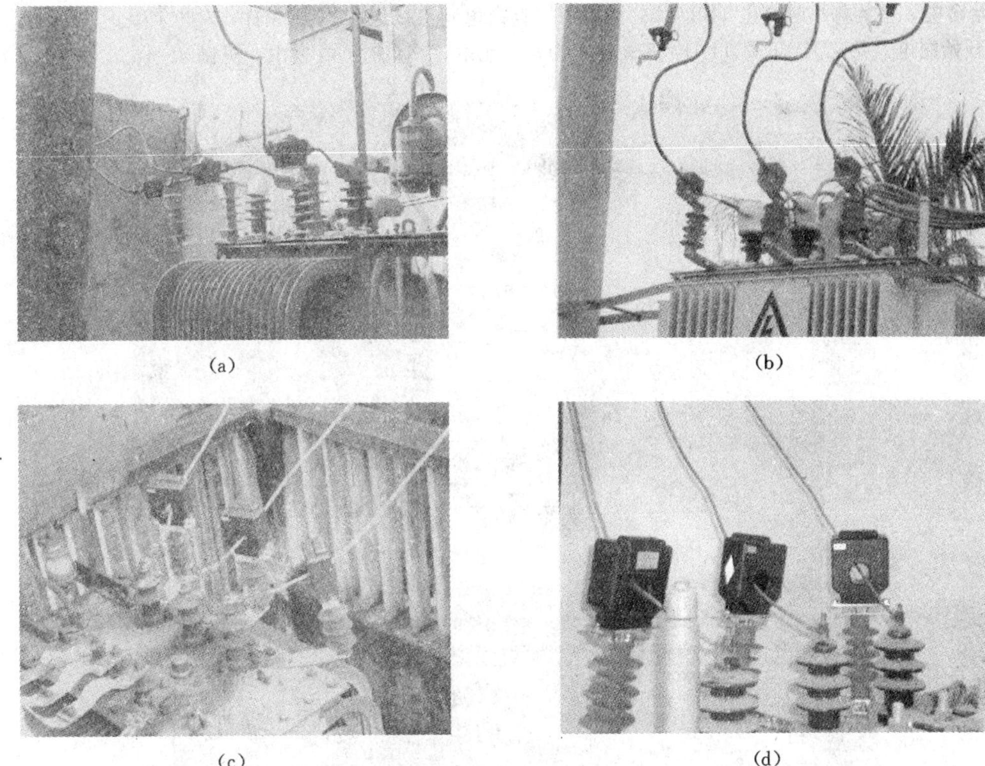

图 4－13

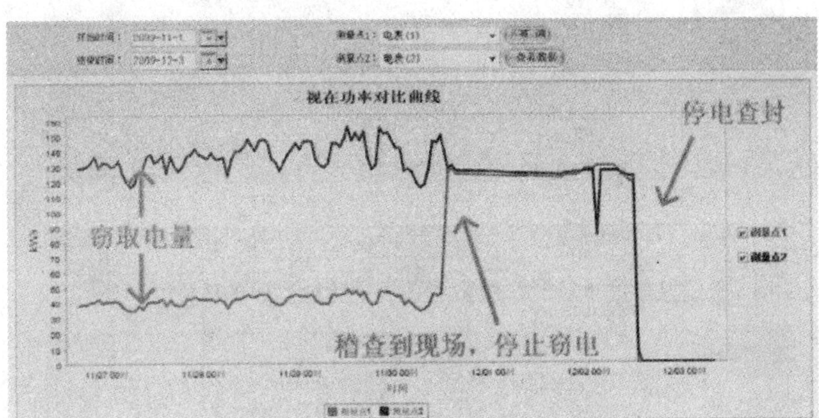

图 4－14 用户一、二次侧功率曲线对比异常，发现窃电

图 4－15 高供高计用户窃电现场

表明用户开始窃电，平均每小时窃电 110kWh。该用户一直窃电到第 2 天（5 月 13 日）7 点才停止，7～18 点为正常用电，18 时又开始窃电。第三天（5 月 14 日）8～19 点为正常用电，其余时间在窃电。见图 4-16。

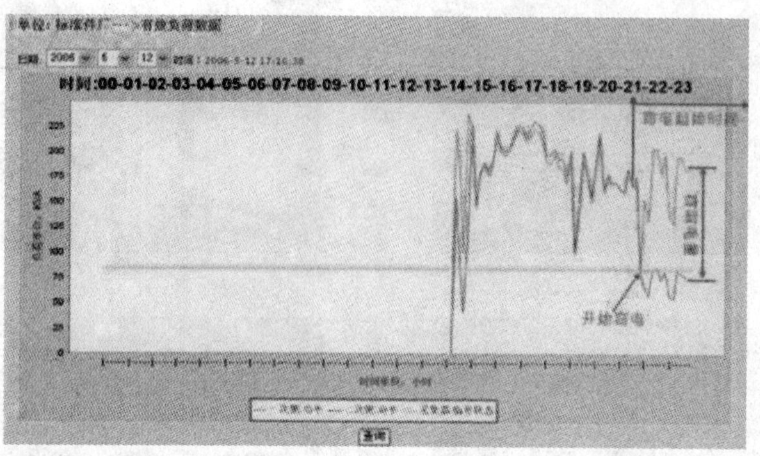

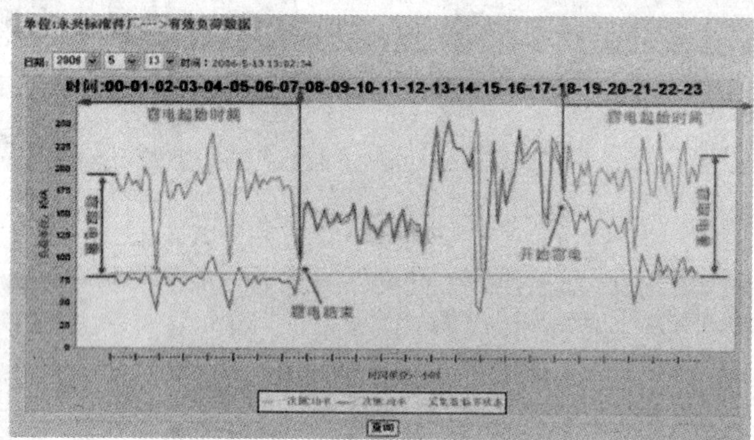

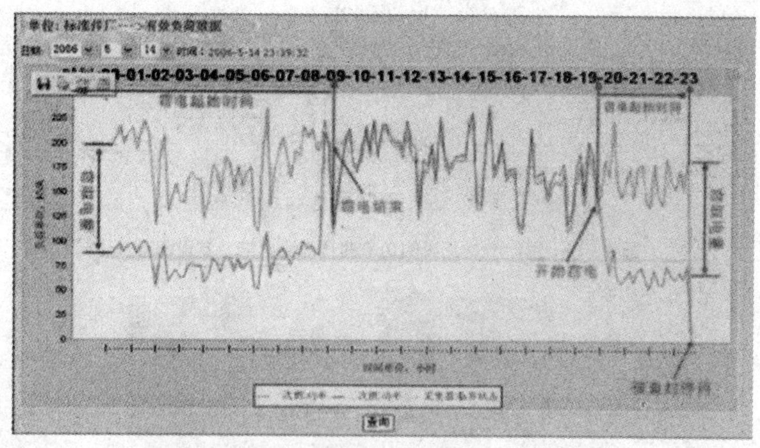

图 4-16

（六）智能中高压计量产品

通驰智能中高压计量产品是智能电网建设中高压计量领域的新一代设备，该产品把中高压侧信号采集（电压、电流、有功功率/电量、无功功率/电量、频率等）与计量部分整体密闭封装并安装在大用户专变中高压一次侧，并通过微功耗无线信道或光纤将数据传输给低压二次侧的负控终端或配变监测终端。与传统中高压计量产品相比，通驰智能中高压计量产品体积小、能耗小、成本低、防窃电能力强，是中高压计量领域的变革。

技术参数如下：

计量精度：有功 0.2、0.5 级，无功 1 级。

通信接口：微功耗无线、单模光纤。

参比电压：6/10/20/35/66/110kV。

电流规格：3×0.5（5）A，3×1（10）A，3×1.5（15）A，3×2（20）A，3×2.5（25）A，3×3.5（35）A，3×5（50）A，3×7.5（75）A，3×10（100）A，3×15（150）A，3×20（200）A，3×25（250）A，3×30（300）A，3×35（350）A，3×40（400）A，3×50（500）A。

启动电流：0.001I_b。

（七）智能中高压计量产品特点（表4-135）

表4-135　智能中高压计量产品与传统产品对比一览表

	传统中高压计量产品	智能中高压计量产品
安装维护简便性	中高压电压互感器、中高压电流互感器必须解决绝缘耐压问题，需要使用大量绝缘材料，设备体积大，安装维护非常不方便	体积小、重量轻，安装方便
原材料与能耗	中高压电压互感器、中高压电流互感器有较大的额定负荷，需要消耗大量铜、铁材料	不需消耗大量铜、铁材料，耗能小、经济环保
抗谐振能力	高压PT在中性点不接地系统运行时，容易诱发铁磁谐振而发生谐振过电压，损坏开关设备并诱发电力事故	抗谐振能力强
防窃电能力	互感器二次接口、多功能电表等低压部分是防窃电的薄弱环节，容易被窃电用户动手脚	采集、计量一体化，并且整体安装在高压侧，用户做手脚很难，防窃电能力强
配变监测能力	无法实现配电变压器的变损等运行工况监测，无法实现配变二次侧的用电工况监测	可实现配电变压器运行工况监测以及二次侧的用电工况监测

目前电力企业针对大用户使用的传统中高压计量产品由中高压电压互感器、中高压电流互感器、低压多功能电能表组成的高供高计电力计量箱组成。传统中高压计量产品存在着体积大、能耗高、成本高、防窃电能力弱等诸多不足，而通驰智能中高压计量产品克服了这些不足。见图4-17。

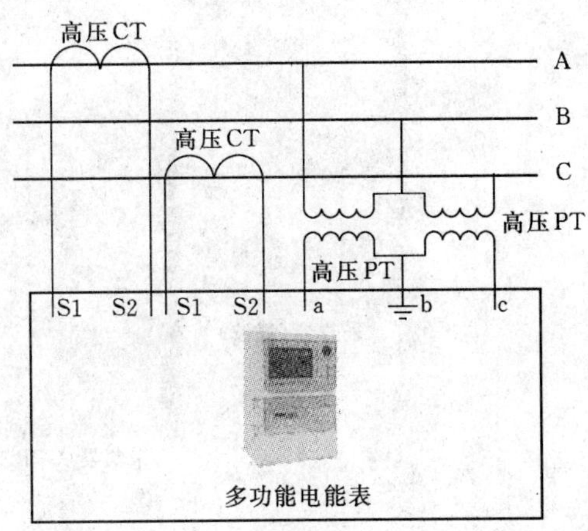

图4-17　传统中高压计量产品

（八）智能防窃电、智能中高压计量业内领先

通驰公司从2003年开始进行智能防窃电、智能中高压计量技术研究和产品开发，在研发过程中，通驰公司申请并获得了发明专利等一系列知识产权，是中国智能防窃电、智能中高压计量领域的领军企业，见表4-136。

表4-136　中高压智能计量产品知识产权一览表

知识产权分类	知识产权名称
中国专利	电力高压设备无线采集器，专利号ZL200520069378.3
	配电变压器自动计量装置，专利号ZL200710134621.9
PCT国际专利申请	电力设备远程监测管理系统，国际申请号PCT/CN2006/003044
	配电变压器自动计量装置，国际申请号PCT/CN2008/001765

续表

知识产权分类	知识产权名称
软件著作权	通驰电力设备远程监测管理系统软件 V1.0，登记号 2006SR14385
	通驰电力设备远程监测管理系统 WEB 服务器软件 V1.0，登记号 0189999
	TC2000 高压电能量数字采集管理系统 V1.0，登记号 2009SR034068
软件产品登记	通驰电力设备远程监测管理系统软件 V1.0，登记号苏 DGY－2006－1375

（九）集中抄表终端

通驰集中抄表终端包括集中器、采集器，其中集中器上行通道支持 GPRS、CDMA、以太网等通信方式，下行通道支持电力线载波等通信方式，采集器上行通道支持以太网、电力线载波、GPRS 等通信方式，下行通道支持 RS485。见图 4－18。

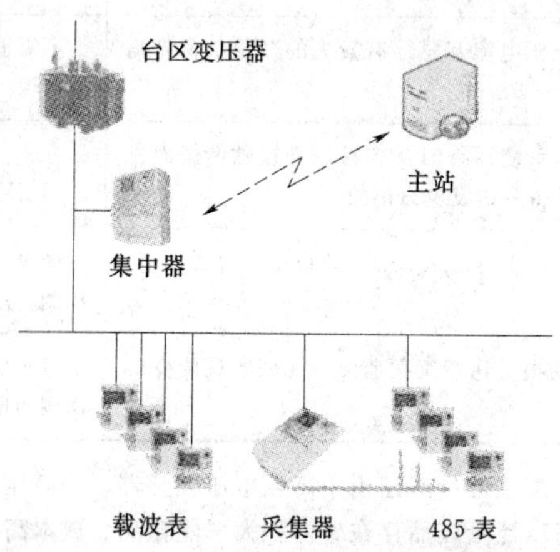

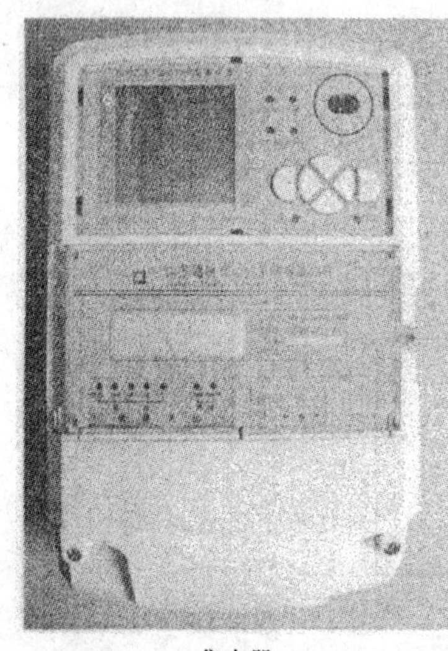

图 4－18　集中抄表系统

（十）用电信息采集系统主站

通驰用电信息采集系统主站是抄表、负荷管理、防窃电等多合一主站，实现电力公司全部电力用户、关口、公变考核点以及发电厂内计量点的"全覆盖、全采集、全预付费"，系统具备自动抄表、线损实时统计、营销业务所需的各种统计分析、计量异常监视、系统工况监视、采集质量分析等功能。见图 4－19。

（十一）生产厂

厂家名称：江苏通驰自动化系统有限公司（智能电网自动化设备专业供应商）。

地址：南京中央路 399 号天正国际广场 06 幢 13C。

邮编：210037。

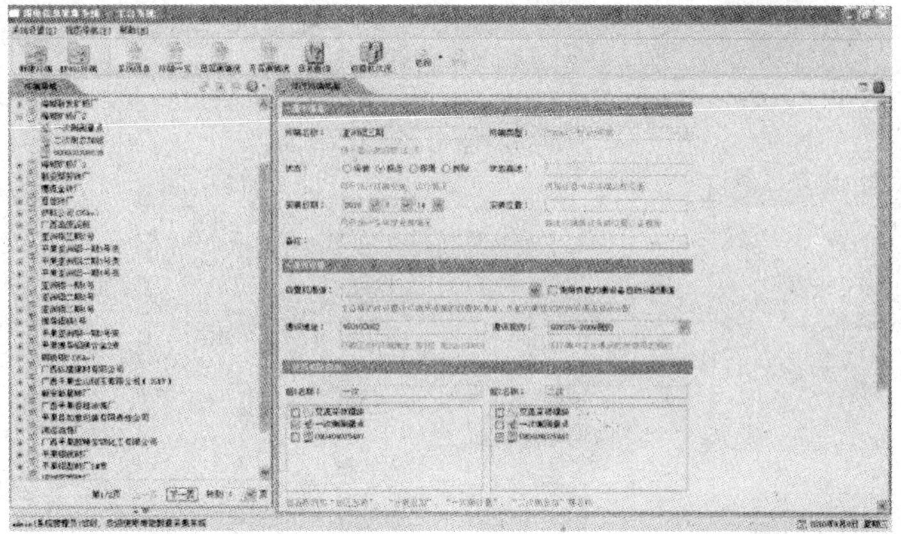

主站

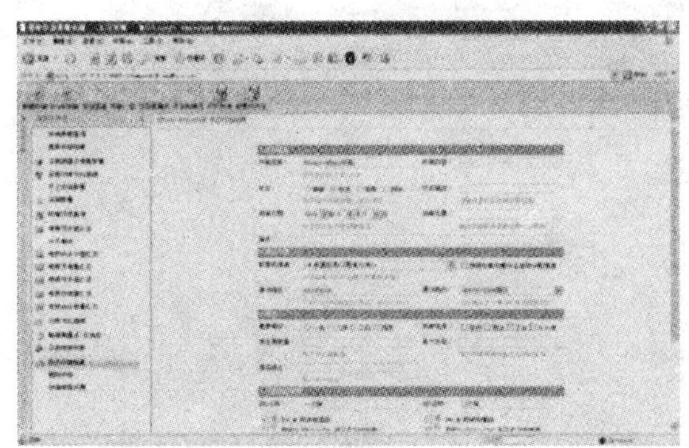

主站WEB界面

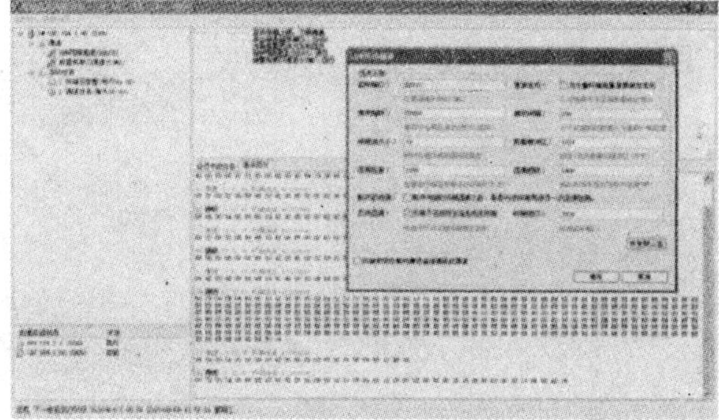

前置机

图 4-19　用电信息采集系统

总机：025-83179208，83179278。

传真：总机转 8009，83179128。

网址：www.tongchi.com.cn。

第七篇

继电保护装置及自动化系统

第一章　继 电 保 护 装 置

第一节　主设备继电保护装置

一、RCS—978E 系列保护装置

（一）装置功能概述

1. 保护功能整体描述

RCS—978 装置中可提供一台变压器所需要的全部电量保护，主保护和后备保护可共用同一 TA。主保护包括：稳态比率差动、差动速断、工频变化量比率差动、零序比率差动/分侧比率差动，后备保护包括复合电压闭锁方向过流、零序方向过流、零序过压、间隙零序过流。另外，还包括以下异常告警功能：过负荷报警、启动冷却器、过载闭锁有载调压、零序电压报警、公共绕组零序电流报警、差流异常报警、零序差流异常报警、差动回路 TA 断线、TA 异常报警和 TV 异常报警。

2. 保护装置 CPU 分工描述

CPU 采用 32 位微处理器 ＋ 双 DSP 的硬件结构，三个 CPU 并行工作，32 位微处理器负责出口逻辑，两个 DSP 负责保护运算。高性能的硬件保证了装置在每一个采样间隔对所有继电器进行实时计算。

3. 其他功能描述

(1) 灵活、完善的后备保护配置：后备保护的配置满足变压器的最大要求，配置方便灵活，跳闸出口采用跳闸矩阵整定，留有可以配置的备用接点，方便特殊应用。

(2) 强大的通信功能：四个与内部其他部分电气隔离的 RS—485 通信口（两个可复用为光纤接口），一个同步时钟接口，另外有一个调试通信口和打印口。可共享网络打印机。通信规约采用电力行业标准 DL/T 667—1999（idt IEC 60870－5－103）和 LFP 规约。

(3) 增加外部保护投退压板变位时，装置面板液晶自动显示压板开入的变位状态并保持 5s，以便运行人员直接检测保护压板是否投入。

4. 保护主要参数

频率：50Hz/60Hz。

直流电源：220V，110V，允许偏差＋15％，－20％。，

交流电压：$100/\sqrt{3}$V，100V。

交流电流：5A。

（二）装置插件结构图简介

图 1－1－1 是 978E 的面板布置图与背板端子图。

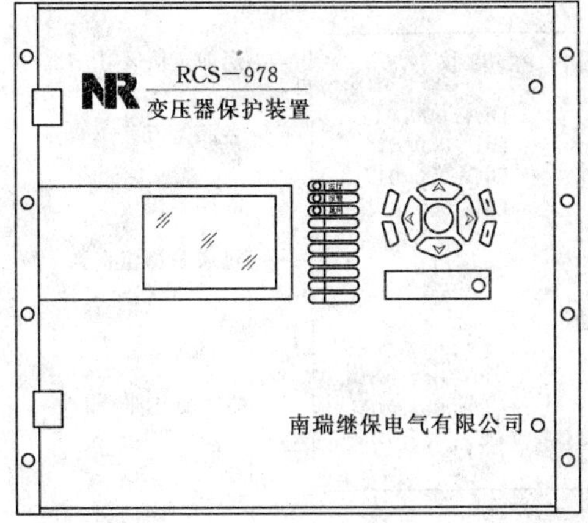

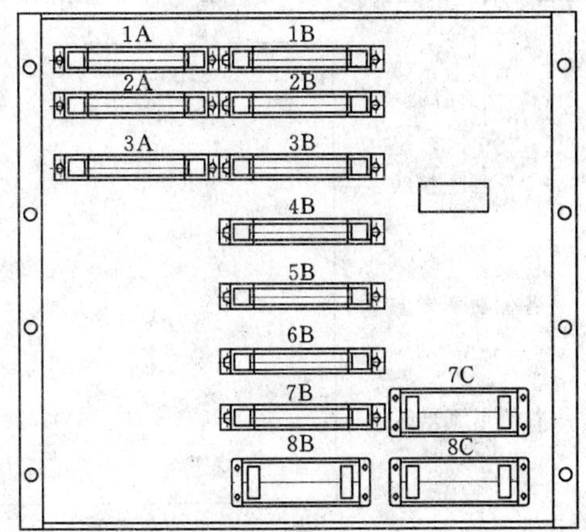

图 1－1－1　978E 的面板布置图与背板端子图

插件注释：

8B、8C、7C——电流输入插件（AC1）。

7B——电压输入插件1（AC2）。

5B——保护CPU插件（CPU）。

6B——管理/录波插件（MONI）。

4B——强弱电开入插件（电源插件DC）。

3A、3B——信号及异常接点（信号插件3SIG3）。

2B——弱电开入（信号插件2SIG2）。

2A——信号接点（信号插件1SIG1）。

1A、1B——跳闸接点（跳闸出口插件OUT）。

（三）装置面板说明

图1-1-2是978E的面板布置图与背板端子图。

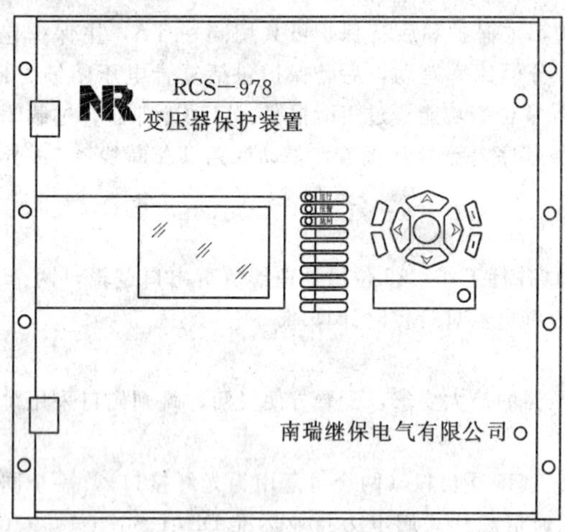

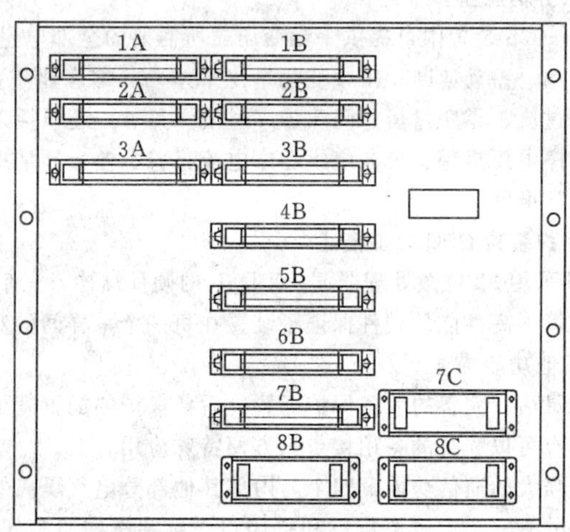

图1-1-2 978E的面板布置图与背板端子图

操作密码：依次输入“＋”、“◀”、“▲”、“－”。

按键说明：

“▲”、“▼”、“◀”、“▶”为方向键；

“＋”、“－”为修改键；

“确认”、“取消”、“区号”为命令键；

“区号”键，定值换区功能可只直接通过“区号”键实现；

液晶显示器（LCD）：用以显示正常运行状态、跳闸报告、自检信息以及菜单。

（四）保护运行液晶显示说明

(1) 装置通电后，装置正常运行时，液晶屏幕将显示如图1-1-3所示信息。

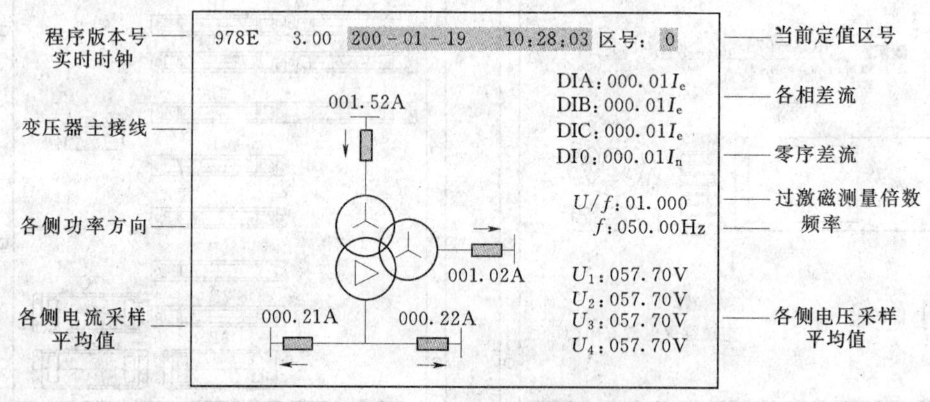

图1-1-3 装置正常运行状态面板显示

图形中上面部分的左侧显示为程序版本号，中间为CPU实时时钟，右侧显示为装置当前运行的保护定值区号。通过显示控制菜单中的“显示变压器类型（二圈/三圈/自耦）:”、“显示低压侧分支（双/单左/单右）:”、“高压侧显示接线方式（Y/△）:”、“中压侧显示接线方式（Y/△）:”和“低压侧显示接线方式（Y/△）:”五个定值参数可控制装置正常运行状态时，液晶屏幕所显示的信息内容。

（2）当保护动作时，当保护动作时，液晶屏幕自动显示最新一次保护动作报告，再根据当前是否有自检报告，液晶屏幕将可能显示以下两种界面，见图1-1-4和图1-1-5。

其中，上半部分为保护动作报告，下半部分为自检报告。对于上半部分，第1行的左侧显示为保护动作报告的记录号，第1行的中间为报告名称；第2行为保护动作报告的时间（格式为：年-月-日 时：分：秒：毫秒）；第3～5行为动作元件，动作元件前还会有动作的相对时间，有的动作元件前还有动作相别；同时如果动作元件的总行数大于3，其右侧会显示出一滚动条，滚动条黑色部分的高度基本指示动作元件的总行数，而其位置则表明当前正在显示行在总行中的位置；且动作元件和右侧的滚动条将以每次1行速度向上滚动，当滚动到最后3行的时候，则重新从最早的动作元件开始滚动。下半部分的格式可参考上半部分的说明。

NO.002
保护动作报告
2002-07-15
04:15:00:003
25ms
工频变化量差动
NO.001
异常记录报告
2002-07-15
04:15:04:001
跳闸报警
光耦失电

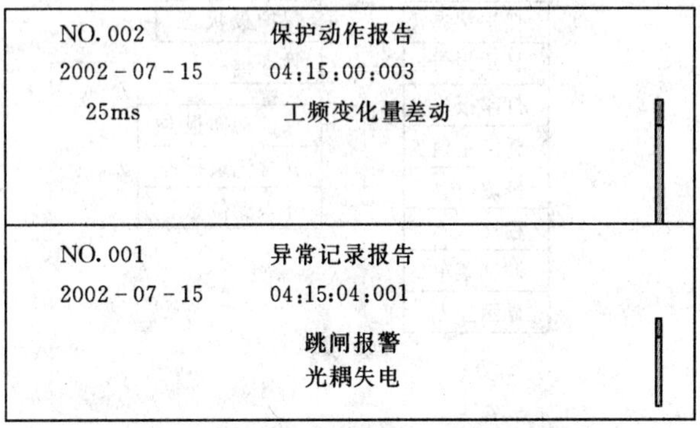

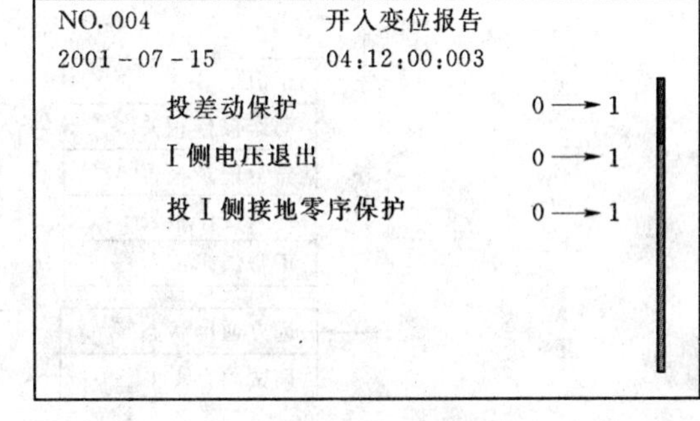

图1-1-4　保护动作报告和自检报告同时存在

图1-1-5是当保护动作时，根据当前没有自检报告的情况；液晶屏幕显示的此图。

图形中的内容可参考上面对保护动作报告的说明。

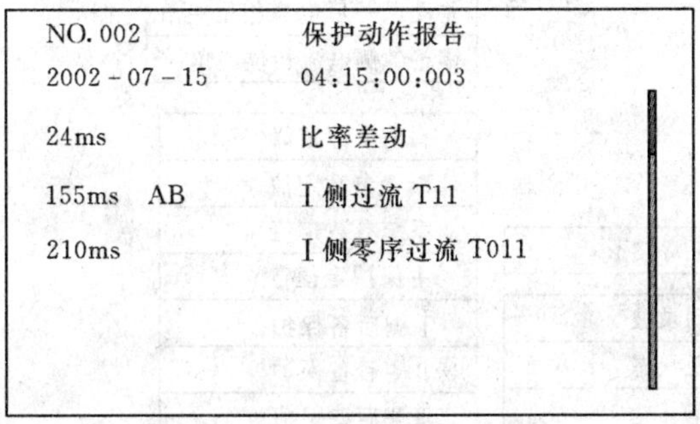

NO.002
保护动作报告
2002-07-15
04:15:00:003
24ms
比率差动
155ms　AB
Ⅰ侧过流 T11
210ms
Ⅰ侧零序过流 T011

图1-1-5　有保护动作报告，没有自检报告

NO.004
开入变位报告
2001-07-15
04:12:00:003
投差动保护
0→1
Ⅰ侧电压退出
0→1
投Ⅰ侧接地零序保护
0→1

图1-1-6　开入变位报告

（3）保护投退压板变位时保护液晶显示说明。液晶屏幕在任一保护投退压板发生变位时将自动显示最新一次开入变位报告，液晶屏幕在显示大约5s左右自动恢复。开入变位报告格式见图1-1-6。

按屏上复归按钮（持续1s）可切换显示保护动作报告、异常记录报告和变压器主接线图。

（五）保护装置菜单说明

1. 菜单目录树

RCS—978E命令菜单目录结构见图1-1-7。

在主接线图状态下，按“ESC”键可进入主菜单；在自动切换至新报告的状态下，按“ESC”键可进入主接线图，再按“ESC”键可进入主菜单。

注意：按键“↑”和“↓”实现上下滚动，按键“ESC”退出至主接线图。光标落在哪一项，按“ENT”键，即选中该项功能。

2. 菜单各功能介绍

（1）定值查询、打印。

1）打印定值。进入打印报告菜单，再进入定值子菜单，打印定值菜单中可以分别单独打印装置参数定值、系统参数定值、主保护定值、各侧后备保护定值、跳闸矩阵、差动计算定值、最新更改定值、各区保护定值以及装置当前全部定值等不同功能，以方便用户使用。

最新更改定值打印功能分别打印最新一次修改的装置参数定值、系统参数定值和保护定值中更改前和更改后的定值。

各区保护定值打印功能可以完成在不修改保护定值区号的前提下，打印不同区号下的保护定值。

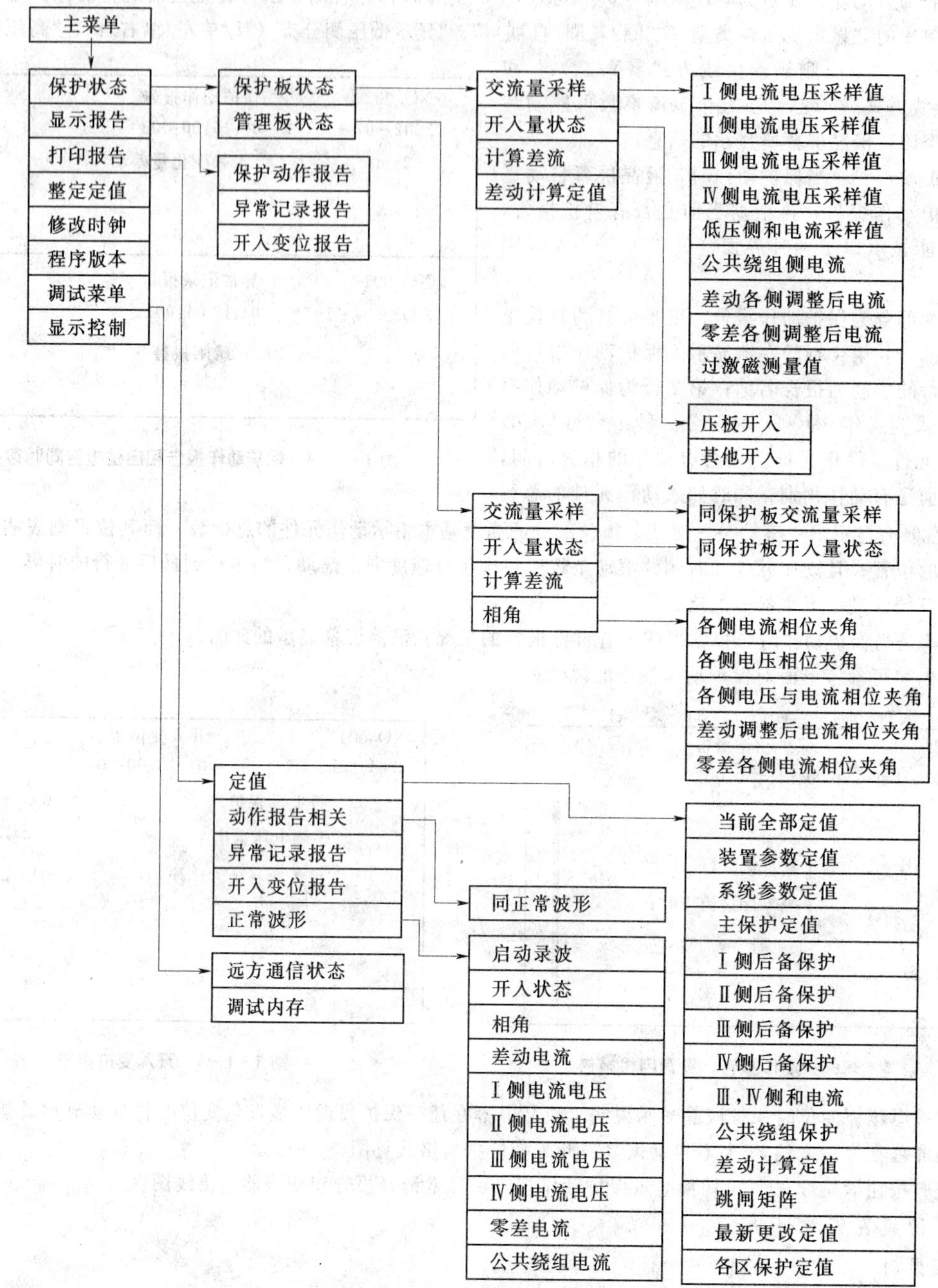

图 1-1-7　装置菜单目录

2）定值查询。进入整定定值菜单中，不做修改便属于查询功能。

（2）故障报告、事故报告查询打印。

1）显示报告。本菜单显示保护动作报告，异常记录报告，及开入变位报告。由于本保护自带掉电保持，不管断电与否，它能记忆保护动作报告，异常记录报告及开入变位报告各 32 次。

按键“↑”和“↓”上下滚动，选择要显示的报告，按键“确认”显示所选定的报告。进入菜单首先显示最新的一条报告；按键“－”，显示前一个报告；按键“＋”，显示后一个报告。若一条报告一屏显示不下，则通过按键“↑”和“↓”上下滚动。按键“取消”退出至上一级菜单。

2）打印报告。本菜单可选择打印定值，正常波形，保护报告相关，异常记录报告，以及开入变位报告。

保护动作报告包括：保护启动的绝对时间、保护元件动作的相对时间、动作相别、动作元件信息以及保护启动前后过程中的开入量状态。

本保护能记忆 8 个整组故障波形报告，其中差动电流打印功能中包括各相差电流波形、差动各侧调整后电流波形、各路波形在启动后10～30ms之间最大的计算幅值、各相差流中2次谐波、3次谐波和5次谐波的含量以及各保护元件动作跳闸时序图；零差电流打印功能中包括零差电流波形、零差各侧调整后零序电流波形、零差各侧相电流波形、各路波形在启动后10～30ms之间最大的计算幅值以及各保护元件动作跳闸时序图；各侧电流电压打印功能中可以选择打印变压器各侧电流电压波形、各路波形在启动后10～30ms之间最大的计算幅值以及各保护元件动作跳闸时序图。

按键"↑"和"↓"上下滚动，选择要打印的报告，按键"确认"打印锁选定的报告。

(3) 采样查询。进入保护状态菜单，本菜单的设置主要用来显示保护装置电流电压实时采样值、相角、开入量状态和差动计算定值，它全面地反映了保护运行的环境，正常情况下这些量的显示值应与实际运行情况一致。本菜单的设置为现场人员的调试与维护提供了极大的方便。

保护状态分为保护板状态和管理板状态两个子菜单：

1) 保护板状态。显示保护板采样得到的各种模拟量、开关量的状态和差动计算定值。对于开关量状态，1表示投入或收到接点动作信号，0表示未投入或没收到接点动作信号。

2) 管理板状态。显示管理板采样得到的各种模拟量、相角和开关量的状态。对于开关量状态，1表示投入或收到接点动作信号，0表示未投入或没收到接点动作信号。

(4) 定值区切换。定值换区功能可只直接通过"区号"键实现。面板上设置键"区号"以方便现场值班运行人员进行保护定值换区操作。具体操作步骤为：按键"区号"，面板液晶显示当前定值区号和修改定值区号，通过按键"+"和"－"修改定值区号数据，按键"取消"不修改返回，按键"确认"后液晶显示屏提示输入确认密码，按次序键入"+"、"←"、"↑"、"－"，再按键"确认"后完成保护定值换区操作后返回。

定值区号：保护定值有3套可供切换，装置参数和系统参数不分区，只有一套定值。

(六) 保护装置部件投退说明

1. 压板说明

表1-1-1是保护装置压板说明。

2. 复归按钮、控制把手说明

复归按钮1FA：差动及后备保护信号、告警信号动作复归按钮。

复归按钮4FA：第一组、第二组跳闸出口继电器动作复归按钮。

打印切换把手DYQH：三侧定值及信息打印切换把手。

表1-1-1　　装置压板说明

序号	压板名称	功能说明	投退说明
1	投差动	投入差动保护功能（功能压板）	需要使用差动保护时，投入该压板
2	投高压侧相间后备	投入高压侧相间后备保护功能（功能压板）	需要使用高压侧相间后备保护时，投入该压板
3	投高压侧接地零序	投入高压侧接地零序保护功能（功能压板）	需要使用高压侧接地零序保护时，投入该压板
4	投高压侧不接地零序	投入高压侧不接地零序保护功能（功能压板）	需要使用高压侧不接地零序保护时，投入该压板
5	退高压侧电压	退出高压侧电压（功能压板），当高压侧TV检修或旁路代路未切换TV时，为保证高压侧复合电压闭锁方向过流的正确动作，需投入"高压侧电压退出"压板或整定控制字，此时它对复合电压元件、方向元件有如下影响： 1. 高压侧复合电压元件不启动，但可由其他侧复合电压元件启动（过流保护经过其他侧复合电压闭锁投入情况） 2. 高压侧方向元件输出为正方向即满足条件 3. 不会使高压侧复合电压元件启动其他侧过流元件（其他侧过流保护经过高压侧复合电闭锁投入情况）	需要退出高压侧电压时，投入该压板
6	投中压侧相间后备	投入中压侧相间后备保护功能（功能压板）	需要使用中压侧相间后备保护时，投入该压板
7	投中压侧接地零序	投入中压侧接地零序保护功能（功能压板）	需要使用中压侧接地零序保护时，投入该压板

续表

序号	压板名称	功能说明	投退说明
8	投中压侧不接地零序	投入中压侧不接地零序保护功能（功能压板）	需要使用中压侧不接地零序保护时，投入该压板
9	退中压侧电压	退出中压侧电压（功能压板），当中压侧TV检修或旁路代路未切换TV时，为保证中压侧复合电压闭锁方向过流的正确动作，需投入“中压侧电压退出”压板或整定控制字，此时它对复合电压元件、方向元件有如下影响： 1. 中压侧复合电压元件不启动，但可由其他侧复合电压元件启动（过流保护经过其他侧复合电压闭锁投入情况） 2. 中压侧方向元件输出为正方向即满足条件 3. 不会使中压侧复合电压元件启动其他侧过流元件（其他侧过流保护经过高压侧复合电压闭锁投入情况）	需要退出中压侧电压时，投入该压板
10	投低压侧后备保护	投入低压侧后备保护功能（功能压板）	需要使用低压侧后备保护时，投入该压板
11	退低压侧电压	退出低压侧电压（功能压板），当低压侧TV检修或旁路代路未切换TV时，为保证中压侧复合电压闭锁方向过流的正确动作，需投入“低压侧电压退出”压板或整定控制字，此时它对复合电压元件、方向元件有如下影响： 1. 低压侧复合电压元件不启动，但可由其他侧复合电压元件启动（过流保护经过其他侧复合电压闭锁投入情况） 2. 低压侧方向元件输出为正方向即满足条件 3. 不会使低压侧复合电压元件启动其他侧过流元件（其他侧过流保护经过高压侧复合电压闭锁投入情况）	需要退出低压侧电压时，投入该压板
12	投检修状态	投入装置检修调试状态（功能压板）	若装置处于检修调试状态，不需要向后台传送报文信息时投入该压板
13	跳高压侧一	差动保护、后备保护跳高压侧开关（出口压板）	需要保护跳高压侧开关（第一组）时，投入该压板
14	跳高压侧二	差动保护、后备保护跳高压侧开关（出口压板）	需要保护跳高压侧开关（第二组）时，投入该压板
15	跳高压侧解除失灵复压	跳高压侧开关时解除失灵复压功能（功能压板）	需要跳高压侧开关时解除失灵复压功能时，投入该压板
16	跳高压侧启动失灵	跳高压侧时启动失灵功能（功能压板）	需要启动高压侧失灵时，投入该压板
17	跳高压侧启动联跳三侧	跳高压侧开关时启动联跳三侧功能（功能压板）	需要跳高压侧开关时启动联跳三侧功能时，投入该压板
18	复压启动输出	三侧复压启动功能（功能压板）	需要使用复压启动功能时，投入该压板
19	跳高压侧母联一	差动保护、高后备保护跳高压侧母联开关（出口压板）	需要保护跳高压侧母联开关（第一组）时，投入该压板
20	跳高压侧母联二	差动保护、高后备保护跳高压侧母联开关（出口压板）	需要保护跳高压侧母联开关（第二组）时，投入该压板
21	跳中压侧	差动保护、中后备保护跳中压侧开关（出口压板）	需要保护跳中压侧开关时，投入该压板
22	跳中压侧母联	中后备保护跳中压侧母联开关（出口压板）	需要中后备保护跳中压侧母联开关时，投入该压板
23	跳低压侧	差动保护、低后备保护跳低压侧开关（出口压板）	需要保护跳低压侧开关时，投入该压板
24	跳低压侧母联	低后备保护跳低压侧母联开关（出口压板）	需要低后备保护跳低压侧母联开关时，投入该压板
25	闭锁低压侧分段备投	与备自投配合使用	当不需要低压侧分段备投时，投入该压板

（七）装置故障信息解析

主程序按固定的采样周期接受采样中断进入采样程序，在采样程序中进行模拟量采集与滤波，开关量的采集、装置硬件自检、外部异常情况检查和启动判据的计算，根据是否满足启动条件而进入正常运行程序或故障计算程序。硬件自检内容包括RAM、E^2PROM、跳闸出口三极管等。

正常运行程序进行装置的自检，装置不正常时发告警信号，信号分两种：一种是运行异常告警，这时不闭锁装置，提醒运行人员进行相应处理；另一种为闭锁告警信号，告警同时将装置闭锁，保护退出。

表 1-1-2 是装置故障信息解析。

表 1-1-2　　　　装置故障信息

序号	事件名称	可能故障原因	处理措施	备注
1	保护板内存出错	RAM 芯片损坏	通知厂家处理	*
2	保护板程序区出错	FLASH 内容被破坏	通知厂家处理	*
3	保护板定值区出错	定值区内容被破坏	通知厂家处理	*
4	读区定值无效	二次额定电流更改后保护定值未重新整定	将保护定值重新整定	*
5	光耦失电	24V 或 220V 光耦正电源失去	检查开入板的隔离电源是否接好	*
6	跳闸出口报警	出口三极管损坏	通知厂家处理	*
7	内部通信出错	CPU 与 MONI 板无法通信	检查 CPU 与 MONI 连线，检查 MONI 板是否在升级程序。仍无法恢复通知厂家处理	#
8	保护板 DSP 出错	CPU 板上 DSP 损坏	通知厂家处理	*
9	管理板内存出错	同 CPU 板	同 CPU 板	*
10	管理板程序区出错	同 CPU 板	同 CPU 板	*
11	管理板定值区出错	同 CPU 板	同 CPU 板	*
12	管理板 DSP 出错	同 CPU 板	同 CPU 板	*
13	面板通信出错	人机面板与 CPU 板无法通信	检查人机面板与 CPU 连线，检查 CPU 板是否在升级程序。仍无法恢复通知厂家处理	#
14	不对应启动报警	CPU 板动作元件与 MONI 板启动元件不对应	通知厂家处理	#
15	保护板长期启动	CPU 板启动元件启动时间超过 10s	检查二次回路接线，定值	#
16	管理板长期启动	MONI 板启动元件启动时间超过 10s	检查二次回路接线，定值	#
17	保护板传动试验报警	保护板处于传动试验状态	检查定值	#
18	管理板传动试验报警	管理板处于传动试验状态	检查定值	#
19	公共绕组 TA 异常	此 TA、TA 回路异常或采样回路异常	检查采样值、二次回路接线，确定是二次回路原因还是硬件原因	#
20	Ⅳ侧 TA 异常			#
21	Ⅲ侧 TA 异常			#
22	Ⅱ侧 TA 异常			#
23	Ⅰ侧 TA 异常			#
24	Ⅰ侧 TV 异常			#
25	Ⅱ侧 TV 异常			#
26	Ⅲ侧 TV 异常			#
27	Ⅳ侧 TV 异常			#
28	零序差动保护差流异常	此回路异常	检查二次回路接线	#
29	差动保护差流异常	此回路异常	检查二次回路接线，定值	#
30	公共绕组 TA 断线	此回路 TA 断线、短路	检查二次回路接线，恢复正常后复位装置	#
31	Ⅳ侧 TA 断线	此回路 TA 断线、短路		#
32	Ⅲ侧 TA 断线	此回路 TA 断线、短路		#
33	Ⅱ侧 TA 断线	此回路 TA 断线、短路		#
34	Ⅰ侧 TA 断线	此回路 TA 断线、短路		#
35	TA 断线	差动回路、零差回路 TA 断线、短路，但装置无法判断具体位置		#
36	管理板差动启动	同信息	无需处理	
37	管理板工频变化量差动启动	同信息	无需处理	
38	管理板零序差动启动	同信息	无需处理	

续表

序号	事件名称	可能故障原因	处理措施	备注
39	管理板Ⅰ侧后备保护启动	同信息	无需处理	
40	管理板Ⅱ侧后备保护启动	同信息	无需处理	
41	管理板Ⅲ侧后备保护启动	同信息	无需处理	
42	管理板Ⅳ侧后备保护启动	同信息	无需处理	
43	管理板公共绕组后备启动	同信息	无需处理	
44	管理板低压侧和电流启动	同信息	无需处理	
45	管理板传动试验启动	同信息	无需处理	
46	启动	装置只启动而无元件动作	无需处理	
47	Ⅰ侧过负荷Ⅰ段	异常元件动作，同信息	按运行要求处理	#
48	Ⅰ侧过负荷Ⅱ段	异常元件动作，同信息	按运行要求处理	#
49	Ⅰ侧启动风冷Ⅰ段	异常元件动作，同信息	按运行要求处理	
50	Ⅰ侧启动风冷Ⅱ段	异常元件动作，同信息	按运行要求处理	
51	Ⅰ侧过载闭锁调压	异常元件动作，同信息	按运行要求处理	
52	Ⅱ侧过负荷Ⅰ段	异常元件动作，同信息	按运行要求处理	#
53	Ⅱ侧过负荷Ⅱ段	异常元件动作，同信息	按运行要求处理	#
54	Ⅱ侧启动风冷Ⅰ段	异常元件动作，同信息	按运行要求处理	
55	Ⅱ侧启动风冷Ⅱ段	异常元件动作，同信息	按运行要求处理	
56	Ⅱ侧过载闭锁调压	异常元件动作，同信息	按运行要求处理	
57	低压侧和电流过负荷	异常元件动作，同信息	按运行要求处理	#
58	Ⅲ侧过负荷	异常元件动作，同信息	按运行要求处理	#
59	Ⅳ侧过负荷	异常元件动作，同信息	按运行要求处理	#
60	Ⅲ侧零序电压告警	异常元件动作，同信息	按运行要求处理	#
61	Ⅳ侧零序电压告警	异常元件动作，同信息	按运行要求处理	#
62	公共绕组启动风冷	异常元件动作，同信息	按运行要求处理	
63	Ⅰ侧复压启动	异常元件动作，同信息	按运行要求处理	
64	Ⅱ侧复压启动	异常元件动作，同信息	按运行要求处理	
65	Ⅳ侧复压启动	异常元件动作，同信息	按运行要求处理	
66	Ⅲ侧复压启动	异常元件动作，同信息	按运行要求处理	
67	公共绕组零序电流报警	异常元件动作，同信息	按运行要求处理	#
68	公共绕组过负荷	异常元件动作，同信息	按运行要求处理	#
69	差动速断	保护元件动作，同信息	按运行要求处理	
70	比率差动	保护元件动作，同信息	按运行要求处理	
71	零序差动速断	保护元件动作，同信息	按运行要求处理	
72	零序比率差动	保护元件动作，同信息	按运行要求处理	
73	工频变化量差动	保护元件动作，同信息	按运行要求处理	
74	传动试验跳闸	传动试验状态，同信息	按运行要求处理	
75	Ⅰ侧过流 T11	保护元件动作，同信息	按运行要求处理	
76	Ⅰ侧过流 T12	保护元件动作，同信息	按运行要求处理	
77	Ⅰ侧过流 T21	保护元件动作，同信息	按运行要求处理	
78	Ⅰ侧过流 T22	保护元件动作，同信息	按运行要求处理	
79	Ⅰ侧过流 T31	保护元件动作，同信息	按运行要求处理	
80	Ⅰ侧过流 T32	保护元件动作，同信息	按运行要求处理	
81	Ⅰ侧零序过流 T011	保护元件动作，同信息	按运行要求处理	
82	Ⅰ侧零序过流 T012	保护元件动作，同信息	按运行要求处理	
83	Ⅰ侧零序过流 T021	保护元件动作，同信息	按运行要求处理	
84	Ⅰ侧零序过流 T022	保护元件动作，同信息	按运行要求处理	

续表

序号	事件名称	可能故障原因	处理措施	备注
85	Ⅰ侧零序过流 T031	保护元件动作，同信息	按运行要求处理	
86	Ⅰ侧零序过流 T032	保护元件动作，同信息	按运行要求处理	
87	Ⅰ侧间隙 T0j1	保护元件动作，同信息	按运行要求处理	
88	Ⅰ侧间隙 T0j2	保护元件动作，同信息	按运行要求处理	
89	公共绕组零序过流	保护元件动作，同信息	按运行要求处理	
90	公共绕组过流	保护元件动作，同信息	按运行要求处理	
91	Ⅱ侧过流 T11	保护元件动作，同信息	按运行要求处理	
92	Ⅱ侧过流 T12	保护元件动作，同信息	按运行要求处理	
93	Ⅱ侧过流 T21	保护元件动作，同信息	按运行要求处理	
94	Ⅱ侧过流 T22	保护元件动作，同信息	按运行要求处理	
95	Ⅱ侧过流 T31	保护元件动作，同信息	按运行要求处理	
96	Ⅱ侧过流 T32	保护元件动作，同信息	按运行要求处理	
97	Ⅱ侧零序过流 T011	保护元件动作，同信息	按运行要求处理	
98	Ⅱ侧零序过流 T012	保护元件动作，同信息	按运行要求处理	
99	Ⅱ侧零序过流 T021	保护元件动作，同信息	按运行要求处理	
100	Ⅱ侧零序过流 T022	保护元件动作，同信息	按运行要求处理	
101	Ⅱ侧零序过流 T031	保护元件动作，同信息	按运行要求处理	
102	Ⅱ侧零序过流 T032	保护元件动作，同信息	按运行要求处理	
103	Ⅱ侧间隙 T0j1	保护元件动作，同信息	按运行要求处理	
104	Ⅱ侧间隙 T0j2	保护元件动作，同信息	按运行要求处理	
105	Ⅲ侧过流Ⅰ段	保护元件动作，同信息	按运行要求处理	
106	Ⅲ侧过流Ⅱ段	保护元件动作，同信息	按运行要求处理	
107	Ⅲ侧过流Ⅲ段	保护元件动作，同信息	按运行要求处理	
108	Ⅲ侧过流Ⅳ段	保护元件动作，同信息	按运行要求处理	
109	Ⅲ侧过流Ⅴ段	保护元件动作，同信息	按运行要求处理	
110	Ⅳ侧过流Ⅰ段	保护元件动作，同信息	按运行要求处理	
111	Ⅳ侧过流Ⅱ段	保护元件动作，同信息	按运行要求处理	
112	Ⅳ侧过流Ⅲ段	保护元件动作，同信息	按运行要求处理	
113	Ⅳ侧过流Ⅳ段	保护元件动作，同信息	按运行要求处理	
114	Ⅳ侧过流Ⅴ段	保护元件动作，同信息	按运行要求处理	
115	Ⅰ侧间隙过流 T0j1	保护元件动作，同信息	按运行要求处理	
116	Ⅰ侧间隙过流 T0j2	保护元件动作，同信息	按运行要求处理	
117	Ⅰ侧零序过压 T0j1	保护元件动作，同信息	按运行要求处理	
118	Ⅰ侧零序过压 T0j2	保护元件动作，同信息	按运行要求处理	
119	Ⅱ侧间隙过流 T0j1	保护元件动作，同信息	按运行要求处理	
120	Ⅱ侧间隙过流 T0j2	保护元件动作，同信息	按运行要求处理	
121	Ⅱ侧零序过压 T0j1	保护元件动作，同信息	按运行要求处理	
122	Ⅱ侧零序过压 T0j2	保护元件动作，同信息	按运行要求处理	
123	Ⅰ侧零序过流 T023	保护元件动作，同信息	按运行要求处理	
124	Ⅱ侧零序过流 T023	保护元件动作，同信息	按运行要求处理	
125	Ⅲ侧零序过压	保护元件动作，同信息	按运行要求处理	
126	Ⅳ侧零序过压	保护元件动作，同信息	按运行要求处理	
127	低压侧和电流 T1	保护元件动作，同信息	按运行要求处理	
128	低压侧和电流 T2	保护元件动作，同信息	按运行要求处理	

注 备注栏内标有"*"的闭锁保护，"#"的只发告警信号。T1 表示过流Ⅰ段，T11 表示过流Ⅰ段Ⅰ时限，T011 表示零序过流Ⅰ段 1 时限，T0j1 表示间隙保护Ⅰ段，其他类推。

（八）装置正常工况与异常工况说明

表1-1-3是装置正常工况与异常工况说明。

表1-1-3 装置正常工况与异常工况说明

名称	定 义	正常运行状态	异 常 状 态 说 明
运行	CPU1运行监视灯	绿色平光	正常为绿色，装置正常运行时点亮，熄灭表明装置不处于工作状态
报警	通信指示灯	不亮	正常为灯灭，装置有报警信号时点亮为黄色平光；报警信号复归后才熄灭
跳闸	保护动作指示灯	不亮	正常为灯灭，当保护动作并出口时点亮，为红色平光，按下“信号复归”或远方信号复归后才熄灭

（九）生产厂家

南京南瑞继保电气有限公司。

二、WBH—800系列保护装置

（一）装置功能概述

1. 保护功能整体描述

WBH—800系列微机型变压器保护适用于500kV及其以下各种电压等级的变压器。WBH—801型装置集成了一台变压器的全部电气量保护，WBH—802型装置集成了变压器非电量类保护。可满足各种电压等级、不同接线方式变压器的双主双后配置及非电量类保护完全独立的配置要求。同时，该系列保护也能满足变电站自动化系统的要求。

2. 保护装置CPU分工描述

装置有两个完全独立的、相同的CPU板，并具有独立的采样、A/D变换、逻辑计算及启动功能，两块CPU板硬件电路完全一样并运行相同的程序。两块CPU板“与”启动出口。另有一块人机对话板，由一片DSP专门处理人机对话任务。人机对话担负键盘操作和液晶显示功能。

3. 其他功能描述

本套变压器保护装置由大屏幕320×240彩色液晶显示屏作为管理机，负责人机对话及全部信息处理，可与变电站综合自动化监控系统相连，并通过监控系统实现对保护的管理。

4. 保护主要参数

额定交流电流：5A或1A。

额定交流电压：线电压100V，相电压$100/\sqrt{3}$V，开口三角电压100V或300V。

额定频率：50Hz。

直流工作电压：220V或110V，允许变化范围80%～110%。

打印机工作电压：AC 220V 50Hz。

交流电压回路：不大于0.5VA/相（额定电压下）。

交流电流回路：当I_n=5A时，每相不大于1VA；当I_n=1A时，每相不大于0.5VA。

直流电压回路：不大于100W。

（二）装置插件结构图简介

图1-1-8是WBH—800装置面板结构图。

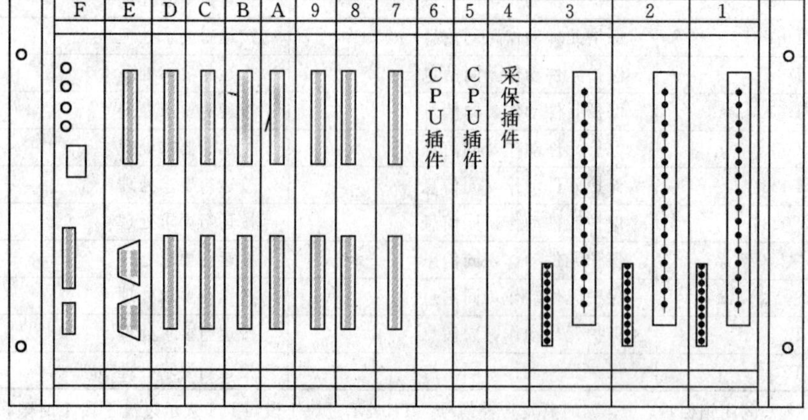

图1-1-8 WBH—800装置面板结构图

1号插件为交流输入插件，型号为 NJL—801，主要是高压侧电流电压输入。

2号插件为交流输入插件，型号为 NJL—801，主要是中压侧电流电压输入。

3号插件为交流输入插件，型号为 NJL—801，主要是低压侧电流电压输入。

4号插件为采样插件。

5号插件为 CPU 插件。

6号插件为 CPU 插件。

7号插件为出口插件，型号为 NKR—801。

8号插件为出口插件，型号为 NKR—801。

9号插件为开入开出，型号为 NRC—801。

A 插件为开入开出，型号为 NRC—801。

B 插件为开入开出，型号为 NRC—801。

C 插件为开入开出，型号为 NRC—801。

D 插件为信号插件，型号为 NXH—801。

E 插件为通信插件，型号为 NTX—801。

F 插件为电源插件，型号为 NDY—801。

（三）装置面板说明

图 1-1-9 是 WBH—800 装置管理机面板图。

图 1-1-9　WBH—800 装置管理机面板图

操作密码：0000

按键说明：WBH—800 单元管理机人机接口采用大屏幕 320×240 彩色液晶显示屏，显示屏下方有一个 8 键键盘（见图 1-1-10），显示屏右侧还有一个复归键。

键盘中各键功能如下：

“↑”键：命令菜单选择，显示换行，或光标上移。

“↓”键：命令菜单选择，显示换行，或光标下移。

“→”键：光标右移。

“←”键：光标左移。

“+”键：数字增加选择。

“−”键：数字减小选择。

“退出”键：命令退出返回上级菜单或取消操作。

“确认”键：菜单执行及数据确认。

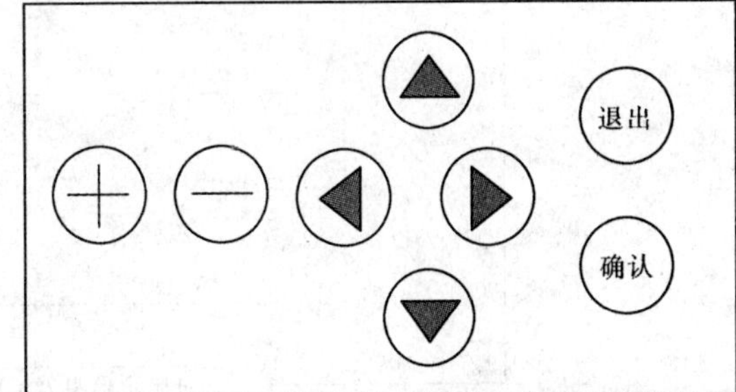

图 1-1-10　键盘

复归：复归告警及动作信号。在装置通电或复位后，单元管理机将自动搜寻各个保护模块，并自动登记各模块中的保护定值配置信息及自检信息，在单元管理机内部建立全套保护配置表。

液晶显示器（LCD）：用以显示正常运行状态、跳闸报告、自检信息以及菜单。

（四）保护运行液晶显示说明

（1）装置通电后，装置正常运行时，液晶屏幕将显示如图 1-1-11 所示信息。

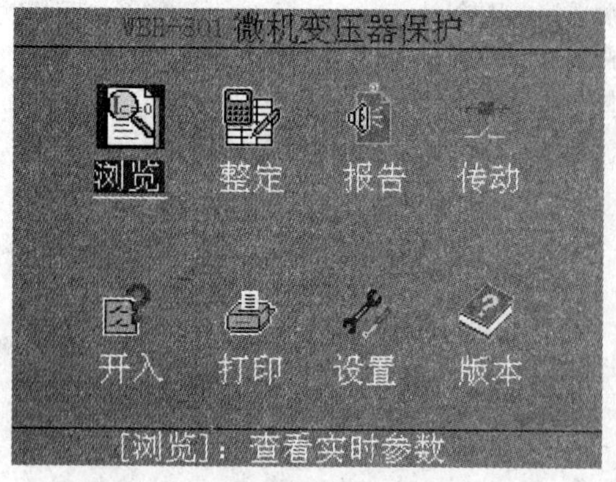

图 1-1-11 WBH—800 装置正常显示图

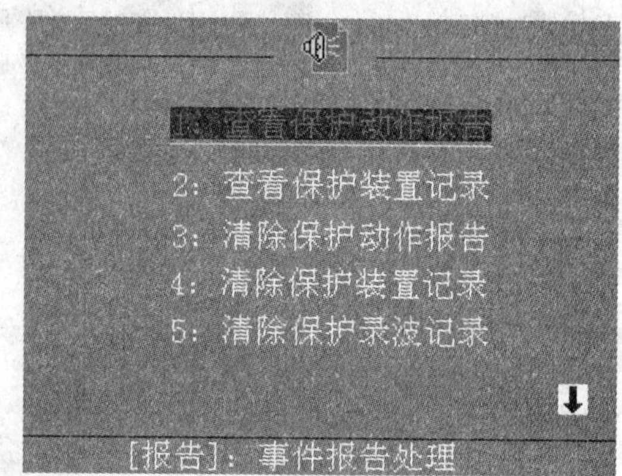

图 1-1-12 WBH—800 装置跳闸报告图

(2) 当保护动作时，移动光标到"报告"处，按"确认"键后，显示如图 1-1-12 所示。

(五) 保护装置菜单说明

1. 菜单目录树

图 1-1-13 是保护装置菜单目录。

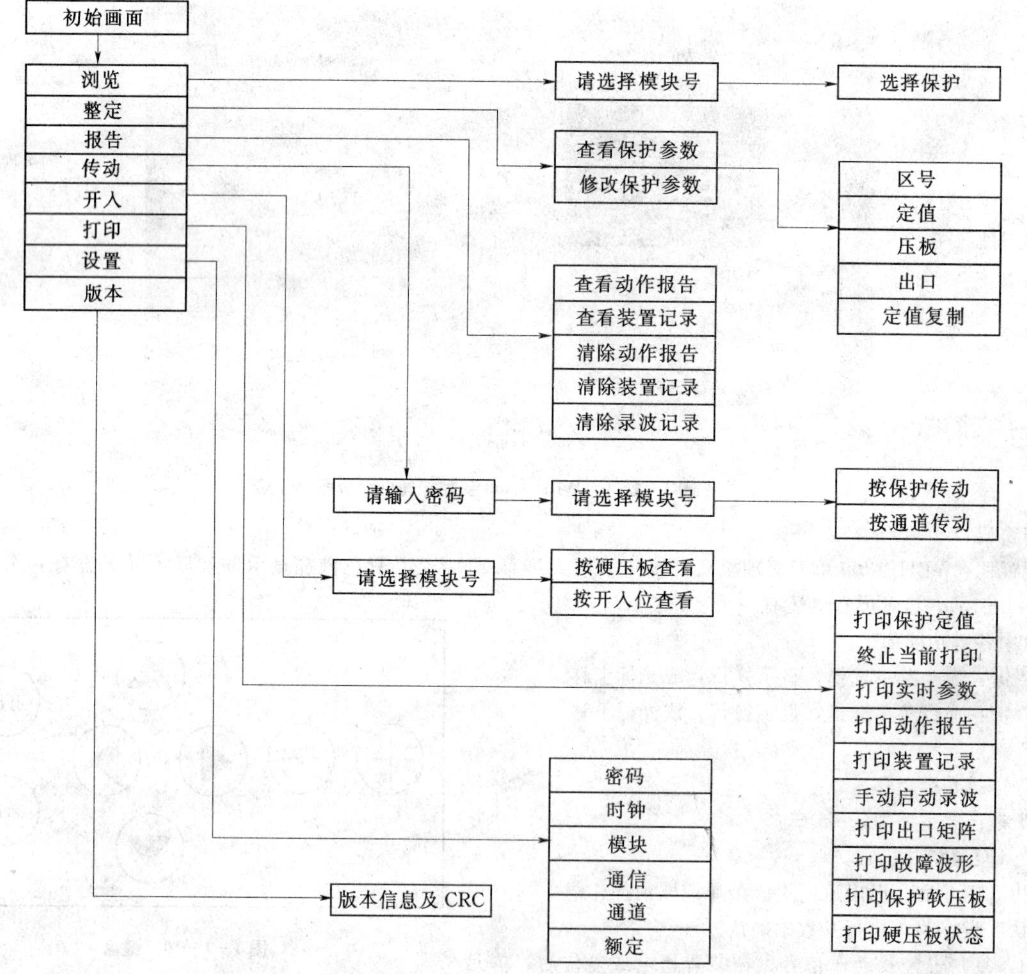

图 1-1-13 装置菜单目录

2. 菜单各功能介绍

(1) 浏览：查看实时运行参数。

(2) 打印：打印保护定值清单、保护动作报告、实时运行参数、软压板投退状况及装置记录等。

(3) 整定：查看修改定值，包括定值区号设置、定值修改及保护软压板投退等。

(4) 报告：动作报告及事件记录处理。

(5) 传动：保护出口传动。

(6) 开入：查看开入量状态。

(7) 设置：装置参数设置，包括设置密码、时钟、模块号设置、通信、通道参数等。

(8) 版本：装置版本说明及各 CPU 的 CRC。

(六) 保护装置部件投退说明

表 1-1-4 是保护装置压板说明。

表 1-1-4　　装置压板说明

压板名称	功能说明	投退说明	压板名称	功能说明	投退说明
LP1	差动保护投入	投入	LP19	复合电压总投入	投入
LP2	高压侧复压（方向）过流投入	投入	LP21	本体重瓦斯出口	投入
			LP22	调压瓦斯出口	投入
LP4	高压侧零序（方向）过流投入	投入	LP23	压力释放出口	基于变压器运行工况，建议退出
LP5	高压侧间隙保护投入	投入	LP24	冷却器全停（t）出口	投入
LP6	启动失灵投入	投入	LP25	绕组温度过高出口	基于变压器运行工况，建议退出
LP7	非全相投入	投入			
LP8	中压侧复压（方向）过流投入	投入	LP27	高压侧跳闸出口一	投入
			LP28	高压侧跳闸出口二	投入
LP10	中压侧零序（方向）过流投入	投入	LP29	中压侧跳闸出口	投入
			LP31	低压侧跳闸出口	投入
LP11	中压侧间隙保护投入	投入	LP32	高母联跳闸出口一	投入
LP12	低压侧限时速断投入	投入	LP33	高母联跳闸出口二	投入
LP13	低压侧复压过流投入	投入	LP34	中母联跳闸出口	投入
LP14	闭锁有载调压投入	投入	LP38	启动失灵出口	投入
LP15	通风启动投入	投入	LP39	闭锁有载调压出口	投入
LP16	高压侧电压投入	投入	LP40	启动通风出口	投入
LP17	中压侧电压投入	投入	LP41	解除失灵保护复压闭锁	投入
LP18	低压侧电压投入	投入			

(七) 装置故障信息解析

表 1-1-5 是装置故障信息解析。

表 1-1-5　　装置故障信息

事件名称	可能故障原因	处理措施
A（B、C）相程序求和错	A 相 CPU 板内存内容出现紊乱，发告警信号，闭锁保护	立即退出保护，装置重新上电，如果异常仍存在，通知厂家处理
A（B、C）相定值自检错	A 相 CPU 内存中的定值有错误，发告警信号，闭锁保护	重新核对定值是否正确，并固化
A（B、C）相变流器变比自检错	A 相 CPU 内存中的 TA 变比有误，发告警信号，闭锁保护	重新核对各间隔 TA 变比设置是否正确，并固化
A（B、C）相采样系统异常	A 相采样数据异常，发告警信号，闭锁保护	重新固化 TA 变比，检查电流回路是否开路。若都正常则可能是 CPU 故障，退出保护，通知厂家处理
A（B、C）相开出测试失败	A 相 CPU 板开出自检异常，可能是开出光耦损坏，发告警信号，闭锁保护	立即退出保护，通知厂家处理
A（B、C）相切换异常	A 相差动保护识别的刀闸位置与实际不符，或刀闸变位，发信号，不闭锁保护	通过保护显示的运行方式字和模拟显示盘上的运行方式对照，确认出现异常的元件，检查该元件的刀闸辅助触点是否正常，如异常应尽快检修
A（B、C）相 CT 断线	A 相某元件电流互感器二次回路断线，闭锁断线段断线相差动保护	退出保护，检查 CT 二次回路

(八) 装置正常工况与异常工况说明

表 1-1-6 是装置正常工况与异常工况说明。

表 1-1-6　　装置正常工况与异常工况说明

名　称	定　义	正常运行状态	异 常 状 态 说 明
跳闸 CPU	CPU1 运行监视灯	绿灯闪烁	如果闪烁不正常，说明信号 CPU 处于不正常运行状态
信号 CPU	CPU2 运行监视灯	绿灯闪烁	如果闪烁不正常，说明信号 CPU 处于不正常运行状态
装置故障	装置故障指示灯	不亮	当装置发生故障时红灯亮
启动	启动指示灯	不亮	当任一保护启动元件启动时黄灯亮
跳闸	跳闸指示灯	不亮	当任一保护跳闸时红灯亮
信号	信号指示灯	不亮	当任一保护动作时红灯亮

(九) 生产厂家

许继电气股份有限公司。

三、CSC—336C1 数字式非电量保护装置

(一) 适用范围

CSC—336C1 数字式非电量保护装置，主要适用于发变组、分组变压器、高压并联电抗器本体非电量保护装置。

(二) 功能

(1) 44 路跳闸/发信类非电量输入：其中包括 3 路组合延时输入和 2 路单延时输入。

(2) 8 类输出通道：其中，一类输出通道最多可出 18 付触点。

(3) 每种保护提供 3 付信号触点输出，其中 1 付保持触点，2 付瞬动触点。

(4) 提供 RS—485、LonWorks 现场总线和光、电以太网等多种接口（其中，光以太网接口为可选)。

(三) 主要特点

(1) 继承了以往同类保护的优点与运行方式。在装置实现数字化的条件下，非电量保护逻辑仍然沿用站内控制(KM) 电源的直控逻辑，采用电磁继电器的输入接口，同时具备 LCD 汉化大屏幕的显示功能以及中文报告打印功能。非电量的中央信号触点以及信号灯为磁保持。

(2) 非电量接点名称与现场完全一致。通过随机附带 CSPC 软件可以方便地修改非电量接点的名称，与现场名称完全一致，中文液晶显示信息简单明确，便于理解。

(3) 大容量的故障录波系统。装置具有完善的事件报文处理，并具备大容量的故障录波系统，可以保存不少于 21 次的全过程记录故障数据。

(4) 完整的事件记录和动作报告。可保存不少于 2000 条动作报告和 2000 次操作记录，停电不丢失。

(5) 装置可以选择提供 3 路高速的电（或光）以太网接口、2 路 LonWorks 网络和 RS—485 接口、串行打印接口。

(6) 可采用 IEC 60870-5-103 规约、四方继保 CSC—2000 规约或 IEC61850 标准通信，实现与变电站自动化系统和继电保护故障信息系统的接口。

(7) 满足网络对时、脉冲对时、IRIG—B 码对时方式的要求。

(四) 主要技术指标

1. 直流电源工作范围

直流电源回路：80%～120%额定电压，连续工作。

2. 输出触点容量

(1) 跳闸触点容量：在电压不大于 250V、电流不大于 1A、时间常数 L/R 为 (5±0.75) ms 的直流有感负荷回路中，触点断开容量为 50W，允许长期通过电流不大于 5A。

(2) 其他触点容量：在电压不大于 250V、电流不大于 0.5A、时间常数 L/R 为 (5±0.75) ms 的直流有感负荷回路中，触点断开容量为 30W，允许长期通过电流不大于 3A。

3. 时间定值范围及误差

时间定值范围：0～9999s。

时间定值允差：不超过±1%整定值±40ms。

4. 出口继电器启动电压

额定电压 55%～70%。

5. 直接跳闸接口驱动功率

输入驱动功率不小于 5W。

6. 直接跳闸接口抗容性耦合冲击能力

能够承受容量不大于 1mF 的电容瞬间接入冲击。

7. 直接跳闸出口时间

不大于 20ms。

（五）生产厂

北京四方继保自动化股份有限公司。

四、WBZ—500 系列保护装置

（一）装置功能概述

1. 保护功能整体描述

WBZ—500 主变保护以大型变压器为研究对象，是由 STD 标准总线 V40 工业控制机实现的超高压变压器微机保护装置，它基本上包括变压器需要的各种保护功能，硬件配置双重化，具有良好的人机界面，适用于 500kV 及以下各电压等级的各类变压器的保护。

本装置由两个标准柜二主一后方式构成，每柜含多套完全独立的 V40 系统。

2. 保护的配置描述

装置的基本配置如下：电量主保护为比率制动特性差动保护，独立组成 1 个机箱具备二次、五次谐波制动及 TA 断线闭锁功能。

后备保护有两个机箱组成，包括：反时限过激磁保护、相间阻抗保护，复合过流或分支过流、零序电流电压或零序阻抗、间隙零序电流电压、过负荷、非全相运行、断路器失灵等保护；每一 V40 系统带 16 路开关量输入，能够实现主变及调压变的轻瓦斯、重瓦斯、压力释放、冷却器全停、油位低、油温高等保护。

3. 其他功能描述

装置具有完善的自动检测功能和自复归功能。设有串行通信口，为保护集中管理实现综合自动化提供条件。

4. 保护主要参数

直流电源电压：220V/110V 。

交流额定电压：$100/\sqrt{3}$V，开口三角为 100V。

交流额定电流：5A 或 1A。

交流额定频率：50Hz 或 60Hz。

直流回路：≤50W。

交流电流回路：≤1VA/相（额定电流下）。

交流电压回路：≤1VA/相（额定电压下）。

差动保护的动作精度：快差≤20ms，差动 ≤30ms 。

（二）装置插件结构图简介

1. WBZ—500 变压器保护插件简介

WBZ—500 变压器保护对不同的变压器（3 侧、4 侧等）插件布置不同，见图 1-1-14。

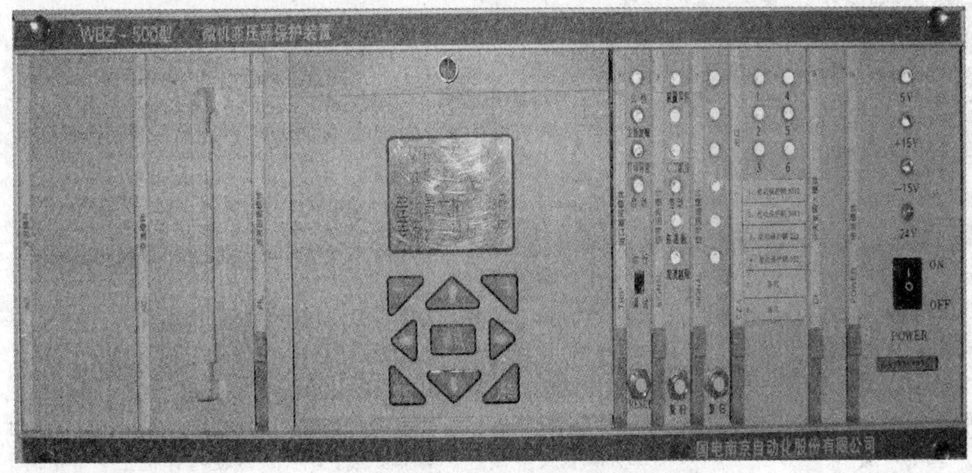

图 1-1-14 WBZ—500 变压器保护插件结构图

插件注释：

1 号——交流模件（AC）。

2 号——交流模件（AC）。
3 号——滤波回路模件（FIL）。
4 号——STD 总线工业控制机 V40 系统Ⅱ。
5 号——出口跳闸模件（TRIP）。
6 号——信号回路模件（SIGNAL）。
7 号——信号回路模件（SIGNAL）。
8 号——出口跳闸模件（TRIP）。
9 号——开关量输入模件（DI）。
10 号——电源模件（Power）。

2. 后备保护

图 1-1-15 是 WBZ—500 变压器后备保护结构图。

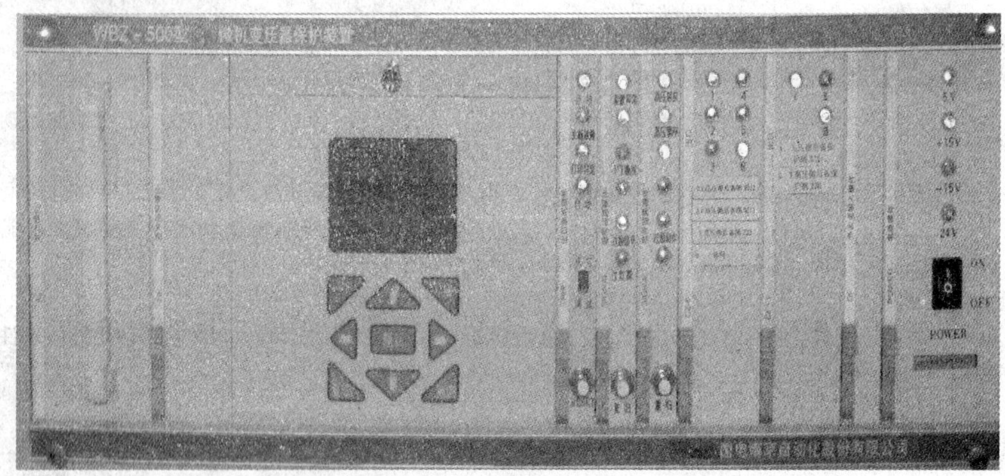

图 1-1-15　WBZ—500 变压器后备保护结构图

插件注释：
1 号——AC 交流插件。
2 号——滤波回路模件（FIL）。
3 号——STD 总线工业控制机 V40 系统Ⅱ。
4 号——出口跳闸模件（TRIP）。
5 号——信号回路模件（SIGNAL）。
6 号——信号回路模件（SIGNAL）。

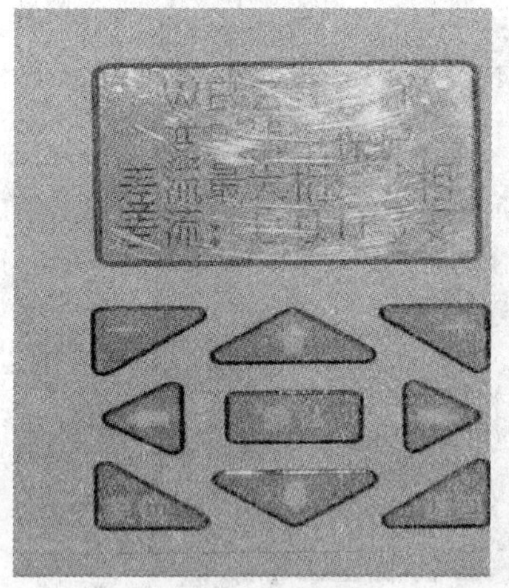

图 1-1-16　键盘

7 号——出口模件（TRIP）。
8 号——出口模件（TRIP）。
9 号——开关量输入模件（DI）。
10 号——电源模件（Power）。

（三）WBZ—500 装置面板说明

1. 保护装置上小键盘布置

保护装置上小键盘布置见图 1-1-16。

2. 操作说明

数字增减选择键：

“＋”：按下该键，光标将显示所示数字值增加 1。

“－”：按下该键，光标显示所示数字值减少 1。

菜单功能的选择键：

“↑”：按下该键，菜单页面上翻一页或使选择符“→”指向上一行功能。

“↓”：按下该键，菜单页面下翻一页或使选择符“→”指向下一行功能。

数字光标选择键：

“→”：按下该键，光标显示左移一位。

"←"：按下该键，光标显示右移一位。

"确认"：当光标在某菜单时，按此键进入下一级菜单或执行菜单功能。

"返回"：退出某一菜单，运行状态下返回主页，调试状态下返回上一级菜单。

"复位"对程序进行总复位。

操作密码：500

液晶显示器（LCD）：用以显示最大差流、跳闸报告、告警信息以及菜单。

（四）保护运行液晶显示说明

(1) 装置正常运行时，液晶屏幕将显示信息见图1-1-17。

(2) 当保护动作时，液晶屏幕将自动显示最新一次跳闸报告，见图1-1-18。

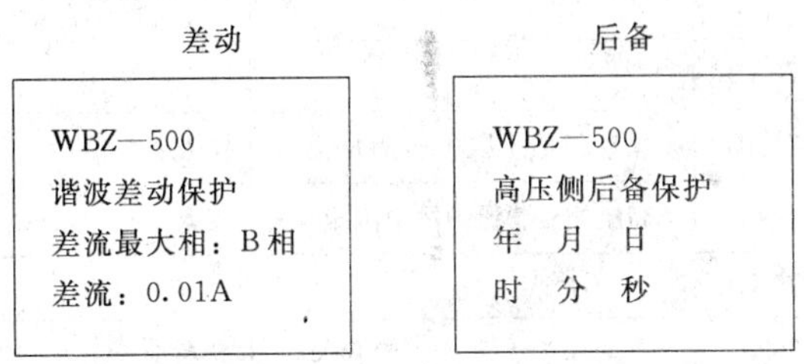

图1-1-17 正常运行液晶显示

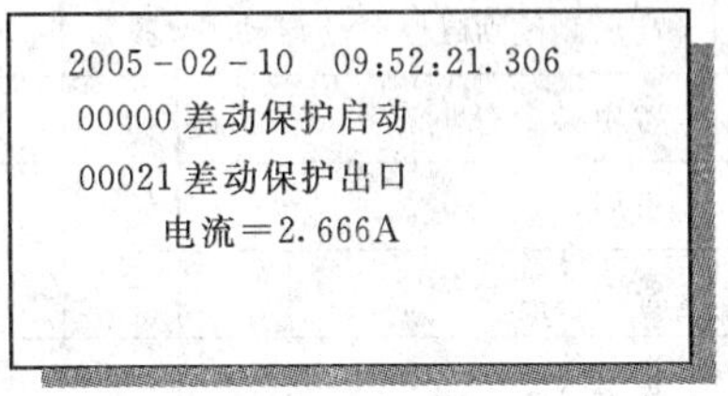

2005-02-10 09:52:21.306
00000差动保护启动
00021差动保护出口
电流=2.666A

图1-1-18 事件显示画面

（五）保护装置菜单说明

1. 菜单目录结构图

图1-1-19是菜单目录结构。

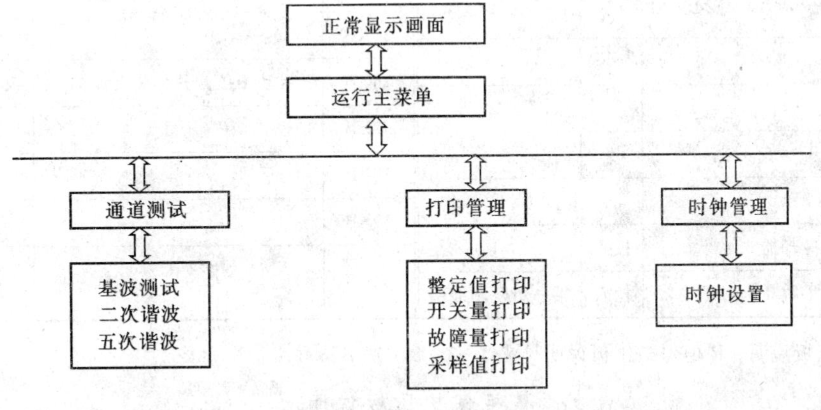

图1-1-19 菜单目录

2. 菜单各功能介绍

(1) 定值打印。正常显示时按"确认"键进入运行主菜单，再按"↓"键选择"打印管理"，再按"↓"键选择"整定值打印"，按"确认"键则打印定值。

(2) 故障报告打印。正常显示时按"确认"键进入运行主菜单，再按"↓"键选择"打印管理"，再按"↓"键选择"故障量打印"，按"+"、"−"键选择所要打印的故障号，其中0为最近一次故障，按"确认"键则打印故障报告。

(3) 采样打印。正常显示时按"确认"键进入运行主菜单，再按"↓"键选择"打印管理"，再按"↓"键选择"采样值打印"，按"确认"键则打印当前的采样报告。

(4) 采样查询。正常显示时按"确认"键进入运行主菜单，再按"↓"键选择"通道测试"，再按"↓"键选择"基波"，按"确认"键则显示各通道的有名值，每页显示4个通道，按"↓"键可以向下翻页。

(5) 其他部分：时钟设置。正常显示时按"确认"键进入运行主菜单，再按"↓"键选择"时钟设置"，按"确认"键进入时钟设置菜单，用"←"、"→"键左右移动选择需要修改的时间，按"+"、"−"键进行修改，按"确认"键保存时钟。

（六）保护装置部件投退说明

1. 压板说明

(1) A柜保护压板说明。A柜保护压板说明见表1-1-7。

表 1-1-7 A 柜保护压板说明

保护压板编号	保护压板名称	正常位置	备注	保护压板编号	保护压板名称	正常位置	备注
1XB	差动保护Ⅰ	投入		22XB	高压侧后备保护跳高压侧开关 1	投入	第一组跳闸线圈
2XB	高压侧阻抗一段 $t1$	投入		23XB			备用
3XB	高压侧阻抗一段 $t2$	投入		24XB	差动保护Ⅰ跳高压侧开关 2	投入	第二组跳闸线圈
4XB	高压侧零序方向过流一段 $t1$	投入		25XB	高压侧后备保护跳高压侧开关 2	投入	第二组跳闸线圈
5XB	高压侧零序方向过流一段 $t2$	投入		26XB			备用
6XB	高压侧过励磁保护 $t1$ 启动	投入		27XB	差动保护Ⅰ跳中压侧开关	投入	
7XB	备用			28XB	高压侧后备保护跳中压侧开关	投入	
8XB	备用			29XB			备用
9XB	备用			30XB	差动保护Ⅰ跳低压侧开关	投入	
10XB	备用			31XB	高压侧后备保护跳低压侧开关	投入	
11XB	备用			32XB			备用
12XB	备用			33XB	高压侧阻抗一段 t 跳中压侧母联开关	投入	
13XB	备用			34XB			备用
14XB	备用			35XB			备用
15XB	备用			36XB	启动中压侧开关失灵保护	投入	
16XB	备用			37XB			备用
17XB	备用			38XB			备用
18XB	备用			39XB			备用
19XB	备用			40XB			备用
20XB	启动风冷冷却器	投入					
21XB	差动保护Ⅰ跳高压侧开关 1	投入	第一组跳闸线圈				

(2) B 柜保护压板说明。B 柜保护压板说明见表 1-1-8。

表 1-1-8 B 柜保护压板说明

保护压板编号	保护压板名称	正常位置	备注	保护压板编号	保护压板名称	正常位置	备注
1XB	差动保护Ⅱ	投入		11XB	备用		
2XB	备用			12XB	备用		
3XB	备用			13XB	中压侧阻抗一段保护 $t1$	投入	
4XB	备用			14XB	中压侧阻抗一段保护 $t2$	投入	
5XB	备用			15XB	中压侧零序方向过流一段 $t11$	投入	
6XB	备用			16XB	中压侧零序方向过流一段 $t2$	投入	
7XB	备用			17XB	中压侧 222 零序过流二段 $t1$	投入	
8XB	备用			18XB	公共绕组零序保护 $t1$	投入	
9XB	备用			19XB	低压侧过流 $t1$	投入	
10XB	备用			20XB	低压侧过流 $t2$	投入	

续表

保护压板编号	保护压板名称	正常位置	备 注
21XB	低压侧速断过流保护 $t1$		不投
22XB			备用
23XB			备用
24XB	本体重瓦斯	投入	投跳闸
25XB	绕组温度		不投跳闸
26XB	压力释放		不投跳闸
27XB	冷却器全停	投入	不投跳闸
28XB	油面温度高		不投跳闸
29XB	有载调压开关重瓦斯	投入	投跳闸
30XB	备用		
31XB	差动跳高压侧开关 1	投入	
32XB	中、低侧后备保护跳高压侧开关 1	投入	
33XB	非电量跳高压侧开关 1	投入	
34XB			备用
35XB	差动跳高压侧开关 2	投入	
36XB	中低侧后备保护跳高压侧开关 2	投入	
37XB	非电量跳高压侧开关 2	投入	
38XB			备用
39XB	差动跳中压侧开关	投入	
40XB	中、低侧后备保护跳中压侧开关	投入	
41XB			备用

保护压板编号	保护压板名称	正常位置	备 注
42XB	非电量跳中压侧开关	投入	
43XB	差动跳低压侧开关	投入	
44XB	中、低侧后备保护跳低压侧开关	投入	
45XB			备用
46XB	非电量跳低压侧开关	投入	
47XB	中压侧零序过流一段 $t1$ 跳中压侧母联开关	投入	
48XB			备用
49XB			备用
50XB			备用
51XB	222 失灵启动	投入	
52XB			备用
53XB			备用
54XB			备用
55XB			备用
56XB			备用
57XB	启动 220kV 失灵（母线）	投入	
58XB	220kV 母线失灵启动跳高压侧开关 1	投入	
59XB	220kV 母线失灵启动跳高压侧开关 2	投入	
60XB	220kV 母线失灵启动跳中压侧开关	投入	

2. 复归按钮、控制把手、重合闸投切把手说明

(1) A 柜。

复归按钮 1：差动保护Ⅰ信号复归按钮。

复归按钮 2：高后备保护信号复归按钮。

复归按钮 3：作用于告警的非电量保护信号复归按钮。

(2) B 柜。

复归按钮 1：差动保护Ⅱ信号复归按钮。

复归按钮 2：高后备保护信号复归按钮。

复归按钮 3：作用于跳闸的非电量保护信号复归按钮。

（七）装置故障信息解析

装置故障信息解析见表 1-1-9。

表 1-1-9　装置故障信息

事件名称	可能故障原因	处理措施
TA 断线	TA 断线、三相电流不平衡	检查电流二次回路，及时消除 TA 回路异常
TV 断线	TV 断线、三相电压不平衡	检查电压二次回路，及时消除 TV 回路异常。当 TV 回路异常时，保护将会退出方向元件
差流越限	差流大于差流越限定值	检查被保护设备是否有故障或异常，及时消除差流
过负荷启动风冷	电流大于过负荷启动风冷定值	检查风冷系统是否正常运行
过负荷闭锁调压	电流大于过负荷闭锁调压值	及时转移负荷，消除过负荷闭锁调压，防止影响主变调压

（八）装置正常工况与异常工况说明

1. A柜差动保护Ⅰ——105号出口跳闸模件

出口跳闸模件见表1-1-10。

表1-1-10 出口跳闸模件

名称	定义	正常运行状态	异常状态说明
自检灯 VL1	自检指示灯	正常运行时，该绿色灯交替明灭	当软件或硬件异常时，该灯不亮或不灭
主板故障灯 VL2	主板故障指示灯	正常时不发光	该灯亮，表明装置有致命部件故障，CPU不能工作
打印异常灯 VL3	打印异常指示灯	正常时不发光	该灯亮，指示打印机异常，不能打印报告
启动灯 VL4	保护启动指示灯	正常时不发光	该灯亮，指示保护正对变压器发生的扰动进行判断，确定是否发生故障，同时表示出口启动回路启动

2. A柜差动保护Ⅰ——106信号模件

信号模件见表1-1-11。

表1-1-11 信号模件

名称	定义	正常运行状态	异常状态说明
装置异常	装置异常指示灯	正常时不发光	装置异常时，为红色平光，信号复归后灯灭
备用	备用	备用	备用
TA断线	TA断线指示灯	正常时不发光	TA断线时，为红色平光，信号复归后灯灭
比率差动动作	比率差动动作指示灯	正常时不发光	比率差动动作时，为红色平光，信号复归后灯灭
差动速断动作	差动速断动作指示灯	正常时不发光	差动速断动作时，为红色平光，信号复归后灯灭
差流越限告警	差流越限告警指示灯	正常时不发光	差流越限告警时，为红色平光，信号复归后灯灭

3. A柜高压侧后备保护——204号出口跳闸模件

出口跳闸模件见表1-1-12。

表1-1-12 出口跳闸模件

名称	定义	正常运行状态	异常状态说明
自检灯 VL1	自检指示灯	正常运行时，该绿色灯交替明灭	当软件或硬件异常时，该灯不亮或不灭
主板故障灯 VL2	主板故障指示灯	正常时不发光	该灯亮，表明装置有致命部件故障，CPU不能工作
打印异常灯 VL3	打印异常指示灯	正常时不发光	该灯亮，指示打印机异常，不能打印报告
启动灯 VL4	保护启动指示灯	正常时不发光	该灯亮，指示保护正对变压器发生的扰动进行判断，确定是否发生故障，同时表示出口启动回路启动

4. A柜高压侧后备保护——205号信号模件

信号模件见表1-1-13。

表1-1-13 信号模件

名称	定义	正常运行状态	异常状态说明
装置异常	装置异常指示灯	正常时不发光	装置异常时，为红色平光，信号复归后灯灭
备用	备用	备用	备用
TV断线	TV断线指示灯	正常时不发光	TV断线时，为红色平光，信号复归后灯灭
备用	备用	备用	备用
过励磁动作	过励磁动作指示灯	正常时不发光	过励磁动作时，为红色平光，信号复归后灯灭
过负荷动作	过负荷动作指示灯	正常时不发光	过负荷动作时，为红色平光，信号复归后灯灭

5. A柜高压侧后备保护——206号信号模件

信号模件见表1-1-14。

表 1-1-14 **信号模件**

名称	定义	正常运行状态	异常状态说明
高压阻抗动作	高压阻抗动作指示灯	正常时不发光	高压阻抗动作时，为红色平光，信号复归后灯灭
高压零序动作	高压零序动作指示灯	正常时不发光	高压零序动作时，为红色平光，信号复归后灯灭

6. B柜差动保护Ⅱ——105号出口跳闸模件

出口跳闸模件见表1-1-15。

表 1-1-15 **出口跳闸模件**

名称	定义	正常运行状态	异常状态说明
自检灯 VL1	自检指示灯	正常运行时，该绿色灯交替明灭	当软件或硬件异常时，该灯不亮或不灭
主板故障灯 VL2	主板故障指示灯	正常时不发光	该灯亮，表明装置有致命部件故障，CPU不能工作
打印异常灯 VL3	打印异常指示灯	正常时不发光	该灯亮，指示打印机异常，不能打印报告
启动灯 VL4	保护启动指示灯	正常时不发光	该灯亮，指示保护正对变压器发生的扰动进行判断，确定是否发生故障，同时表示出口启动回路启动

7. B柜差动保护Ⅱ——106号信号模件

信号模件见表1-1-16。

表 1-1-16 **信号模件**

名称	定义	正常运行状态	异常状态说明
装置异常	装置异常指示灯	正常时不发光	装置异常时，为红色平光，信号复归后灯灭
备用	备用	备用	备用
TA断线	TA断线指示灯	正常时不发光	TA断线时，为红色平光，信号复归后灯灭
比率差动动作	比率差动动作指示灯	正常时不发光	比率差动动作时，为红色平光，信号复归后灯灭
差动速断动作	差动速断动作指示灯	正常时不发光	差动速断动作时，为红色平光，信号复归后灯灭
差流越限告警	差流越限告警指示灯	正常时不发光	差流越限告警时，为红色平光，信号复归后灯灭

8. B柜中低压侧后备保护——203号信号模件

信号模件见表1-1-17。

表 1-1-17 **信号模件**

名称	定义	正常运行状态	异常状态说明
Ⅰ	220kV失灵（母线）	正常时不发光	220kV失灵（母线）动作时，为红色平光，信号复归后灯灭
Ⅱ	备用	备用	备用

9. B柜中低压侧后备保护——204号信号模件

信号模件见表1-1-18。

表 1-1-18 **信号模件**

名称	定义	正常运行状态	异常状态说明
Ⅰ	本体重瓦斯动作指示灯	正常时不发光	本体重瓦斯动作时，为红色平光，信号复归后灯灭
Ⅱ	绕组温度高动作指示灯	正常时不发光	绕组温度高动作时，为红色平光，信号复归后灯灭

10. B柜中低压侧后备保护——205号信号模件

信号模件见表1-1-19。

表 1-1-19 **信号模件**

名称	定义	正常运行状态	异常状态说明
Ⅰ	压力释放动作指示灯	正常时不发光	压力释放动作时，为红色平光，信号复归后灯灭
Ⅱ	冷却器全停动作指示灯	正常时不发光	冷却器全停动作时，为红色平光，信号复归后灯灭

11. B柜中低压侧后备保护——206号信号模件

信号模件见表1-1-20。

表 1-1-20 信号模件

名称	定义	正常运行状态	异常状态说明
Ⅰ	油面温度高动作指示灯	正常时不发光	油面温度高动作时，为红色平光，信号复归后灯灭
Ⅱ	有载开关重瓦斯动作指示灯	正常时不发光	有载开关重瓦斯动作时，为红色平光，信号复归后灯灭

12. B 柜中低压侧后备保护——207 号延时模件

延时模件见表 1-1-21。

表 1-1-21 延时模件

名称	定义	正常运行状态	异常状态说明
T1	冷却器全停 20min 动作指示灯	正常时不发光	冷却器全停 20min 动作时，为红色平光，信号复归后灯灭

13. B 柜中低压侧后备保护——208 号延时模件

延时模件见表 1-1-22。

表 1-1-22 延时模件

名称	定义	正常运行状态	异常状态说明
T2	冷却器全停 60min 动作指示灯	正常时不发光	冷却器全停 60min 动作时，为红色平光，信号复归后灯灭

14. B 柜中低压侧后备保护——305 号出口跳闸模件

出口跳闸模件见表 1-1-23。

表 1-1-23 出口跳闸模件

名称	定义	正常运行状态	异常状态说明
自检灯 VL1	自检指示灯	正常运行时，该绿色灯交替明灭	当软件或硬件异常时，该灯不亮或不灭
主板故障灯 VL2	主板故障指示灯	正常时不发光	该灯亮，表明装置有致命部件故障，CPU 不能工作
打印异常灯 VL3	打印异常指示灯	正常时不发光	该灯亮，指示打印机异常，不能打印报告
启动灯 VL4	保护启动指示灯	正常时不发光	该灯亮，指示保护正对变压器发生的扰动进行判断，确定是否发生故障，同时表示出口启动回路启动

15. B 柜中低压侧后备保护——306 号信号模件

信号模件见表 1-1-24。

表 1-1-24 信号模件

名称	定义	正常运行状态	异常状态说明
装置异常	装置异常指示灯	正常时不发光	装置异常时，为红色平光，信号复归后灯灭
备用	备用	备用	备用
TV 断线	TV 断线指示灯	正常时不发光	TV 断线时，为红色平光，信号复归后灯灭
备用	备用	备用	备用
低压过负荷	低压过负荷动作指示灯	正常时不发光	低压过负荷动作时，为红色平光，信号复归后灯灭
低压接地	低压接地指示灯	正常时不发光	低压接地时，为红色平光，信号复归后灯灭

16. B 柜中低压侧后备保护——307 号信号模件

信号模件见表 1-1-25。

表 1-1-25 信号模件

名称	定义	正常运行状态	异常状态说明
中压阻抗	中压阻抗动作指示灯	正常时不发光	中压阻抗动作时，为红色平光，信号复归后灯灭
中压零序	中压零序	正常时不发光	中压零序动作时，为红色平光，信号复归后灯灭
公共零序	公共零序	正常时不发光	公共零序动作时，为红色平光，信号复归后灯灭
备用	备用	备用	备用
低压过流	低压过流	正常时不发光	低压过流动作时，为红色平光，信号复归后灯灭
备用	备用	备用	备用

（九）生产厂家

国电南京自动化股份有限公司。

五、PST—1200 系列保护装置

（一）装置功能概述

1. 保护功能整体描述

PST—1200 系列数字式变压器保护装置是以差动保护、后备保护和本体保护为基本配置的成套变压器保护装置，适用于 500kV、330kV、220kV、110kV 等大型电力变压器。本系列数字式变压器保护装置有两种不同原理的差动保护。本系列保护装置基本配置设有完全相同的 CPU 插件，分别完成差动保护功能、高压侧后备保护功能、中压侧后备保护功能、低压侧后备保护功能，各种保护功能均由软件实现。瓦斯保护由独立机箱实现。保护的逻辑关系符合国家设计原则。本系列数字式变压器保护装置的保护配置和各保护时限的跳闸逻辑可在线编程。

2. 保护装置 CPU 分工描述

本保护装置采用一体化设计，包括所有的变压器电量保护，其中有二次谐波闭锁原理的差动保护、高压侧后备保护、中压侧后备保护、低压侧后备保护；适用于 220kV 电压等级的变压器。差动保护和后备保护共用 TA 回路、出口回路、信号回路、直流电源回路等；CPU1 为差动保护，CPU2 为高后备保护，CPU3 为中后备保护，CPU4 为低后备保护。

3. 其他功能描述

通信接口方式选择灵活，与变电站自动化系统配合，可实现远方定值修改和切换、事件记录及录波数据上传、压板遥控投退和遥测、遥信、遥控跳合闸。记录保护内部各元件动作行为和录波数据；记录各元件动作时内部各计算值。

4. 保护主要参数

额定直流电压：220V 或 110V。

额定交流数据：

(1) 相电压为 $100/\sqrt{3}$V。

(2) 开口三角电压为 100V 或 300V。

(3) 交流电流为 5A 或 1A。

(4) 额定频率为 50Hz。

（二）装置插件结构图简介

1. PST—1200 系列变压器保护装置背板

图 1-1-20 是 PST—1200 系列变压器保护装置背板。

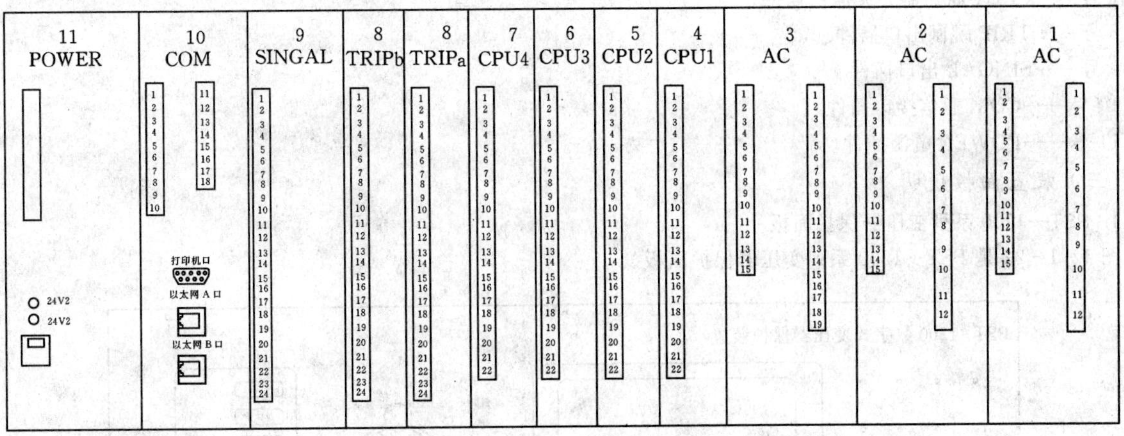

图 1-1-20　PST—1200 系列变压器保护装置背板

插件注释：

1 号——AC 交流插件。

2 号——AC 交流插件。

3 号——AC 交流插件。

4 号——CPU1 差动保护插件。

5 号——CPU2 高后备保护插件。

6 号——CPU3 中后备保护插件。

7 号——CPU4 低后备保护插件。

8 号——TRIPa 跳闸出口插件。

9 号——TRIPb 跳闸出口插件。

10 号——COM 通信接口插件。

11 号——POWER 电源插件。

2. PST 1206B 断路器失灵保护装置背板

图 1-1-21 是 PST—1206B 断路器失灵保护装置背板。

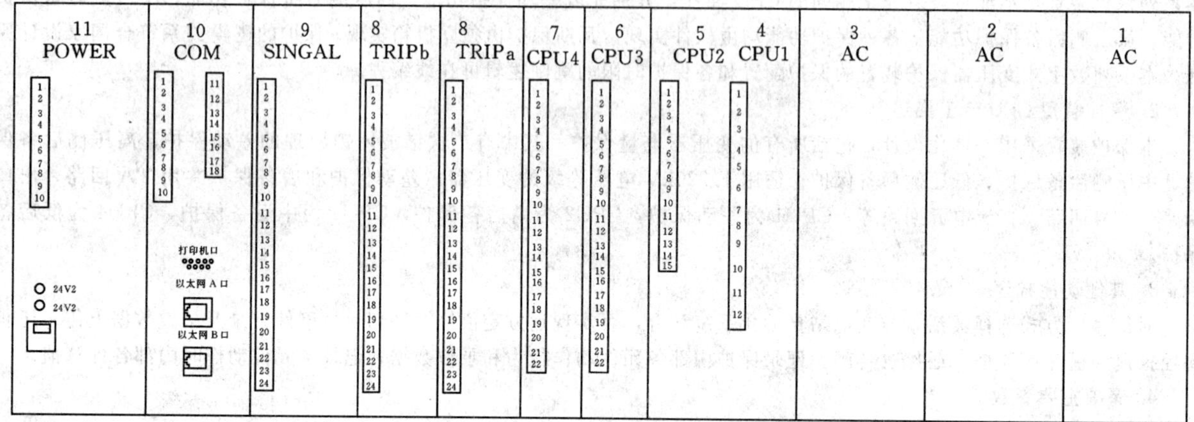

图 1-1-21　PST—1206B 系列变压器保护装置背板

注意：

(1) 本书的保护背板图和各插件端子图都是通用模式；根据不同工程要求可能被更改，应以各工程图为准。

(2) 本装置的 6 号为信号开入插件，为非标工程使用。例如，本体保护可以与其共机箱，也可以提供用户提出的其他特殊配置。

插件注释：

1 号——AC 交流插件。

6 号——DI 信号开入插件。

7 号——CPU4 断路器失灵保护插件。

8 号——TRIP 跳闸出口插件。

9 号——SINGAL 出口插件。

10 号——COM 通信接口插件。

11 号——POWER 电源插件。

（三）装置面板说明

1. PST—1200 系列变压器保护面板

图 1-1-22 是 PST—1200 系列变压器保护面板。

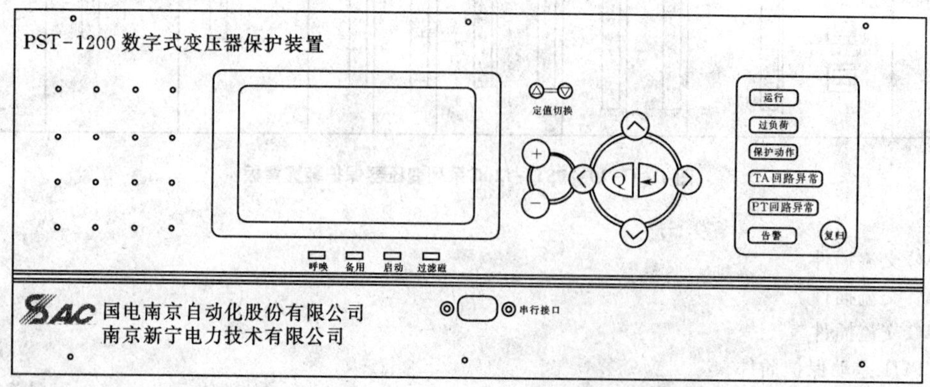

图 1-1-22　PST—1200 系列变压器保护面板

2. PST—1206B 断路器失灵保护装置面板

图 1-1-23 是 PST—1206B 断路器失灵保护装置面板。

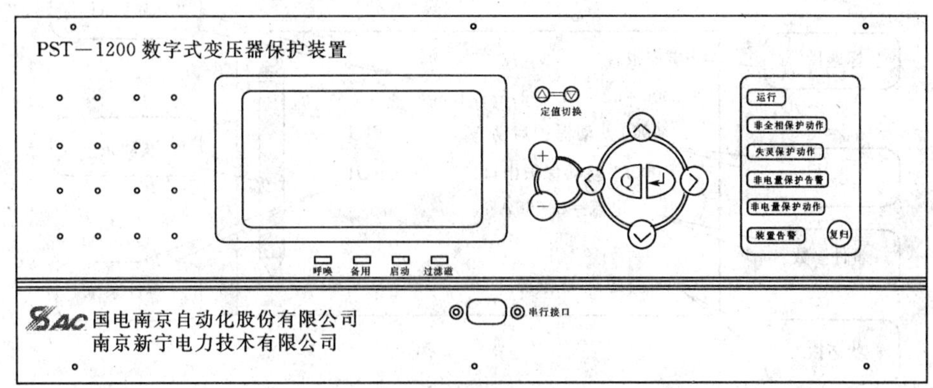

图 1-1-23 PST—1206B 断路器失灵保护装置面板

操作密码：99 内部定值设置密码：3138

按键说明：见图 1-1-24。

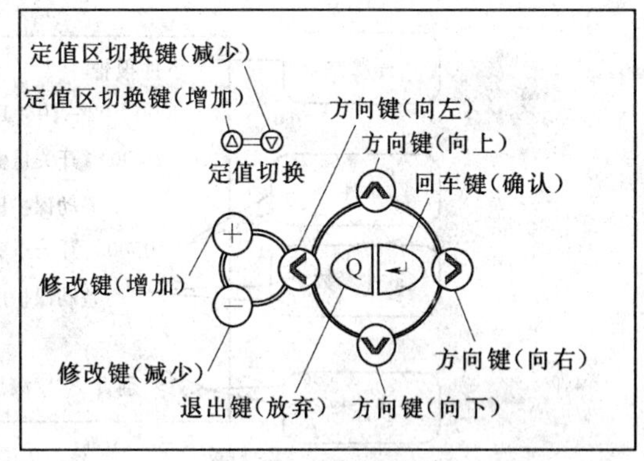

图 1-1-24 按键说明

液晶显示器（LCD）：用以显示正常运行状态、跳闸报告、自检信息以及菜单。

（四）保护运行液晶显示说明

(1) 装置通电后，装置正常运行时，液晶屏幕将显示如图 1-1-25 和图 1-1-26 所示。

图 1-1-25 和图 1-1-26 是 PST—1200 系列数字式保护中使用的两个典型的正常显示画面。图显示三相电压和三相电流的有效值和角度，图 1-1-26 显示保护压板状态（●＝投入，○＝退出）。

装置正常通电运行或者超过 5min 无键盘操作或从主菜单返回，进入正常显示画面，装置轮流显示图 1-1-25 和图 1-1-26 的内容，此时，可以用“Q”键使装置停止显示自动切换，而停留在图 1-1-25 或图 1-1-26（画面内容本身仍然继续刷新），继续按“Q”键则切换图 1-1-25 和图 1-1-26。

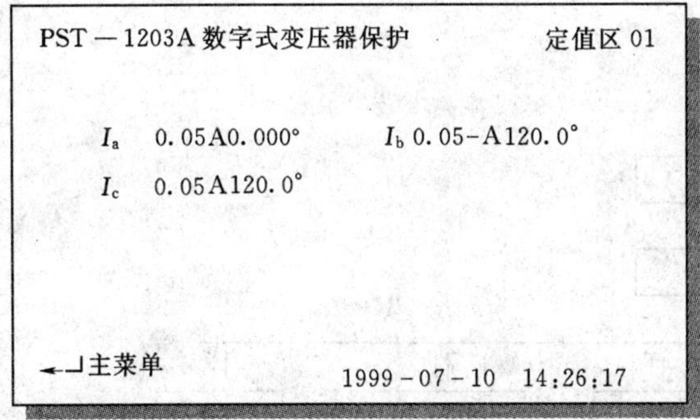

图 1-1-25 正常显示画面示意图 1-1-20

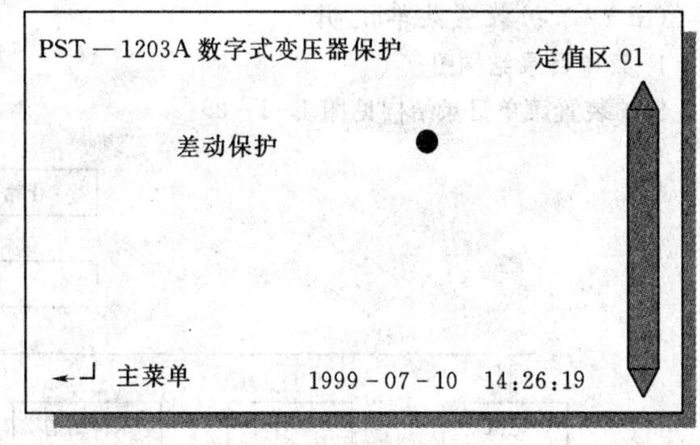

图 1-1-26 正常显示画面示意图 1-1-21

如果需要对装置操作，按“←┘”键即可进入主菜单。

注意：对不同的保护装置，画面显示的模拟量数目和名称可能不同，如差动保护显示差流，而后备保护显示电压、电流等。

(2) 当保护动作时，液晶屏幕在保护整组复归后 15s 左右，将自动显示最新一次跳闸报告。

图 1-1-27 和图 1-1-28 是 PST—1200 系列数字式保护中使用的两个事件报告显示画面，包括标题栏、状态栏、一组事件的开始事件、事件条目（相对事件、事件名称和事件来源）以及可能的事件参数。若操作人员不操作键盘，则可能将若干次故障的事件显示在一个列表中，中间以空行和起始时间分割，可以用“<”键、“>”键翻页或“∧”键、“∨”键滚屏。显示列表最多可以保留 500 行信息（包括事件和参数），超过 500 行自动删除最早的条目。除非事件记录

区刷新，否则删除的事件仍然可以复制。

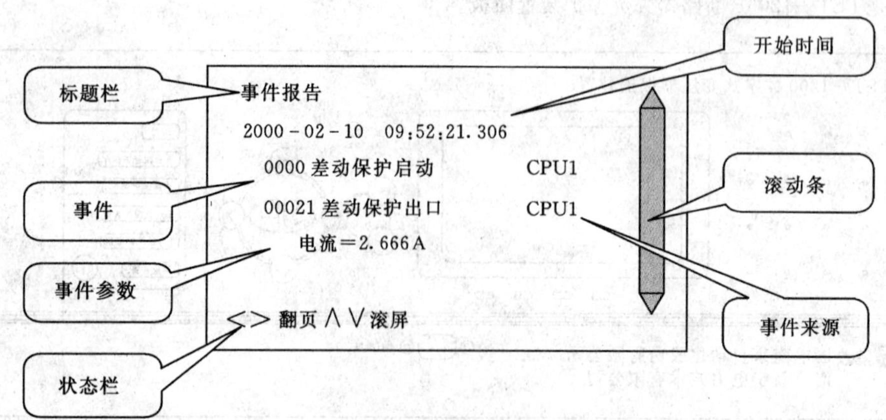

图 1－1－27　事件显示画面示意图 1－1－20

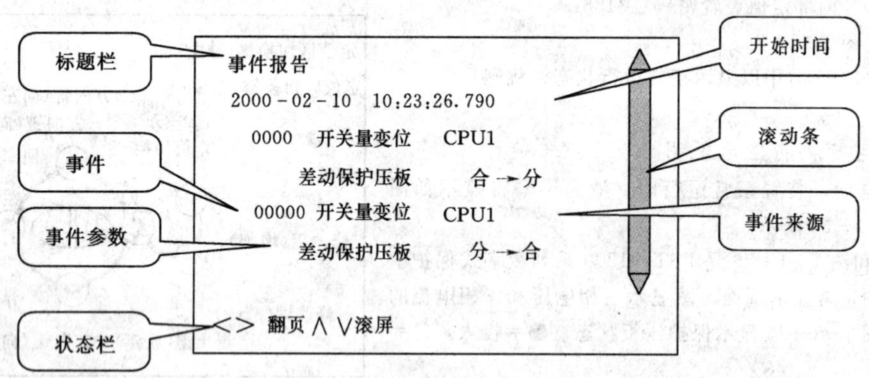

图 1－1－28　事件显示画面示意图 1－1－21

注意：当出厂设置中内部控制字第一位置 1 时，保护装置将在故障发生时只显示预先设定的关键事件，对于如“保护启动”、“保护整组复归”及测距事件等不太重要的事件将不显示，但在报告复制中可将全部事件调出，供事故分析之用。

（五）保护装置菜单说明

1. 菜单目录结构图

保护装置菜单目录结构见图 1－1－29。

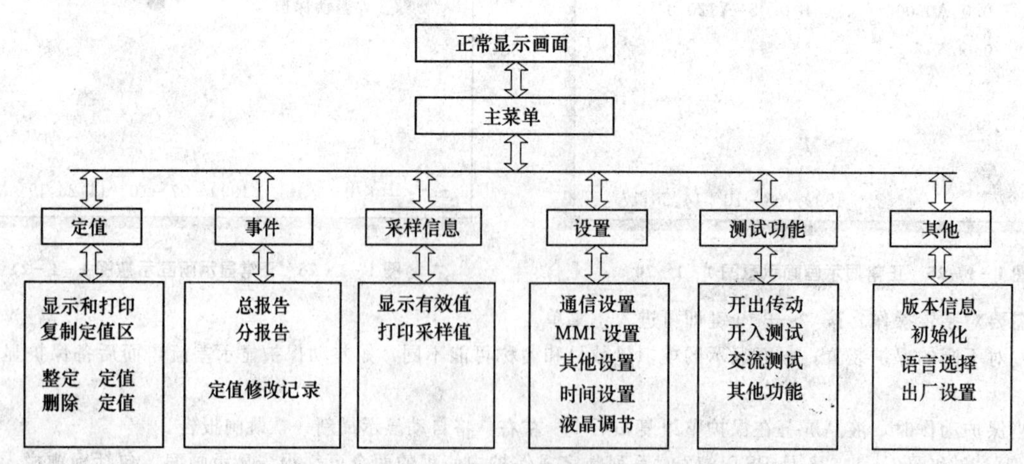

图 1－1－29　菜单目录

2. 菜单各功能介绍

(1) 定值查询、打印。

1）显示定值。PST—1200 系列数字式保护可以在液晶显示器上显示保护模件保存的整定值，操作步骤如下：

a. 进入主菜单。

b. 在主菜单中选择“定值”命令控件，按“←┘”键进入定值操作对话框。

c. 在定值操作对话框中选择“显示和打印”命令控件，按按“←┘”键进入“定值打印/显示”操作对话框。

d. 在“定值显示/打印”操作对话框中选择保护模件（对于单个保护模件的装置不用选择），见图 1-1-30。

e. 用“∧”键或“∨”键将输入焦点改变到定值区号编辑框上，并用“+”键或“-”键选择定值区号，见图 1-1-31。

f. 用“∧”键或“∨”键将输入焦点改变到“显示”命令控件上。

g. 按“←┘”键显示定值，见图 1-1-32。

h. 按“←┘”键显示控制字，见图 1-1-33。

i. 按“←┘”键切换定值显示画面和控制字显示画面。

j. 按“Q”键逐级退回主菜单。

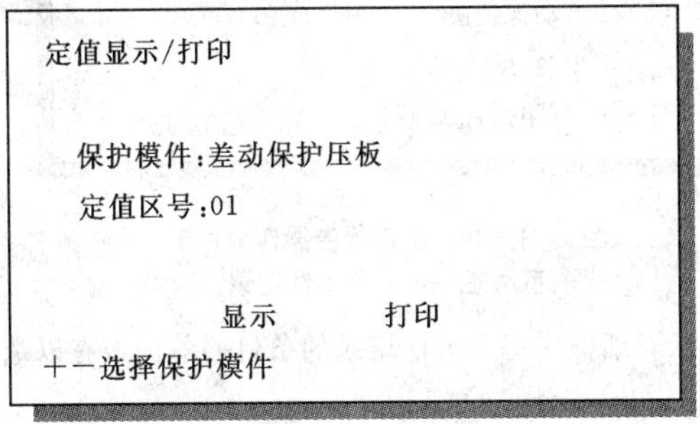

图 1-1-30　定值显示/打印操作对话框示意图——选择保护模件

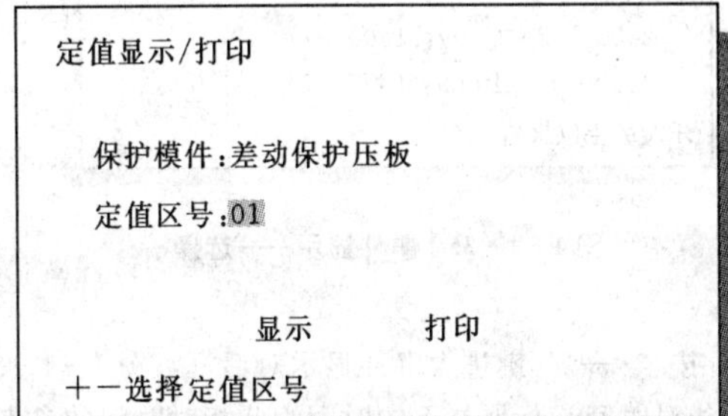

图 1-1-31　定值显示/打印操作对话框示意图——选择定值区号

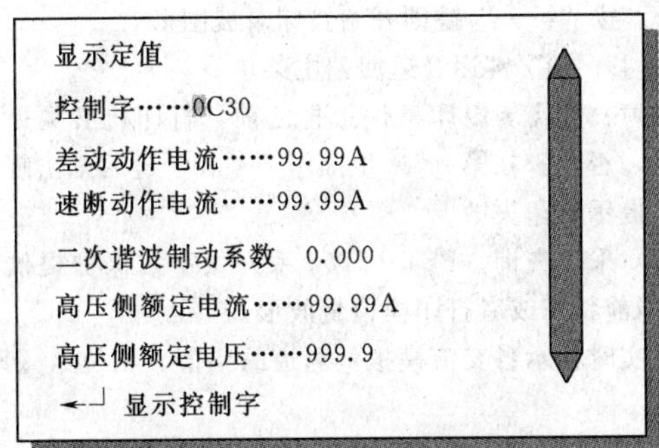

图 1-1-32　定值显示画面示意图

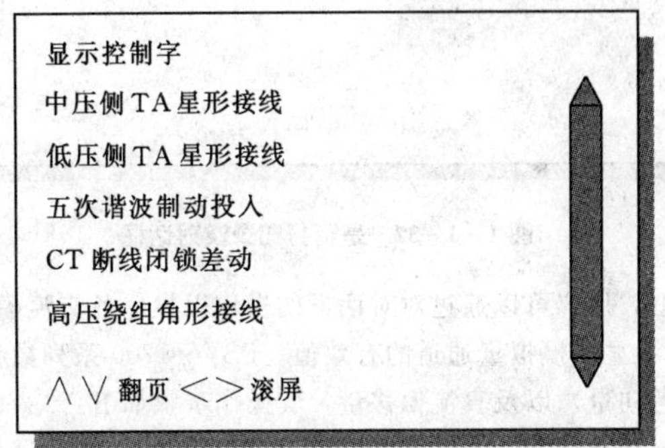

图 1-1-33　控制字显示画面示意图

2）打印定值。PST—1200 系列数字式保护可以用表格的形式打印出保护模件保存的整定值，操作步骤如下：

a. 进入主菜单。

b. 在主菜单中选择“定值”命令控件，按“←┘”键进入定值操作对话框。

c. 在定值操作对话框中选择“显示和打印”命令控件，按按“←┘”键进入“定值打印/显示”操作对话框，见图 1-1-34。

d. 在“定值显示/打印”操作对话框中选择保护模件（对于单个保护模件的装置不用选择）。

e. 用“∧”键或“∨”键将输入焦点改变到定值区号编辑框上，并用“+”键或“-”键选择定值区号。

f. 用“∧”键或“∨”键将输入焦点改变到“打印”命令控件上。

g. 按“←┘”键打印定值。若打印机未连接则会出现一个消息窗口，提示打印机忙或故障，打印失败。

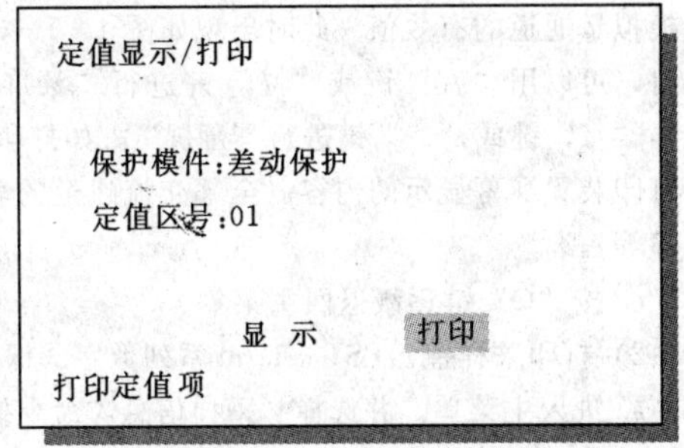

图 1-1-34　定值显示/打印操作对话框示意图——选择“打印”命令控件

（2）故障报告、事故报告查询打印。PST—1200 系列数字式保护中事件报告分为“总报告”和“分报告”两类。“总报告”即存放在人机对话模件中的事件报告记录，包括系统故障时保护启动所产生的事件报告、装置运行过程中的操作报告、装置发生异常时的事件报告等；“分报告”即存放在保护模件中的事件报告。对事件报告的操作即对这两类报告的操作，包括复制以及显示或打印等。

操作过程如下：

1）进入主菜单，在主菜单中选择“事件”命令控件。

2）按“←┘”键进入事件报告操作对话框，并选择“总报告”命令控件。

3）按“←┘”键进入事件显示——选择对话框（图1-1-35），用“∧”键或“∨”键选择某次故障的事件记录，状态栏会提示相应的报告类型（故障报告、告警报告、开关量变位报告等）。列表中的事件记录是按事件发生的时间的先后顺序排列的。

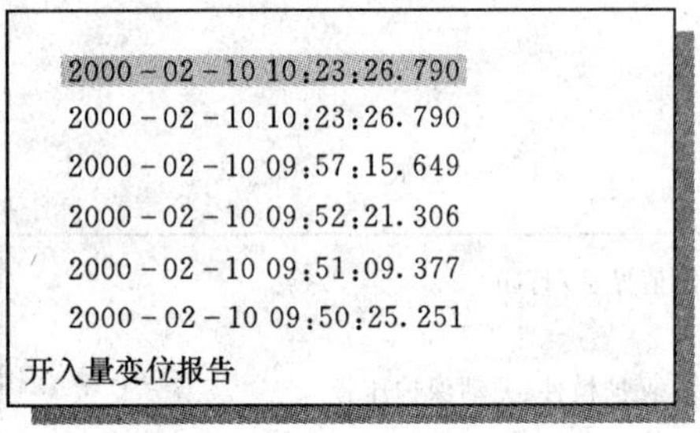

2000-02-10 10:23:26.790
2000-02-10 10:23:26.790
2000-02-10 09:57:15.649
2000-02-10 09:52:21.306
2000-02-10 09:51:09.377
2000-02-10 09:50:25.251
开入量变位报告

图1-1-35　事件显示——选择

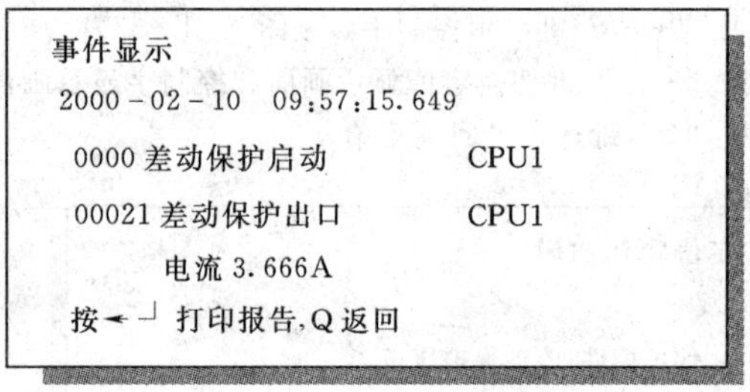

事件显示
2000-02-10　09:57:15.649
0000 差动保护启动　CPU1
00021 差动保护出口　CPU1
电流 3.666A
按←┘ 打印报告,Q 返回

图1-1-36　事件报告操作对话框示意图——显示事件记录

4）按“←┘”键进入事件显示对话框（图1-1-36）。事件显示对话框中每个事件记录的条目的前面带有以毫秒为单位的相对时间，标题栏下的时间为此相对时间的参考时间。

是否打印该报告录波图
是
否

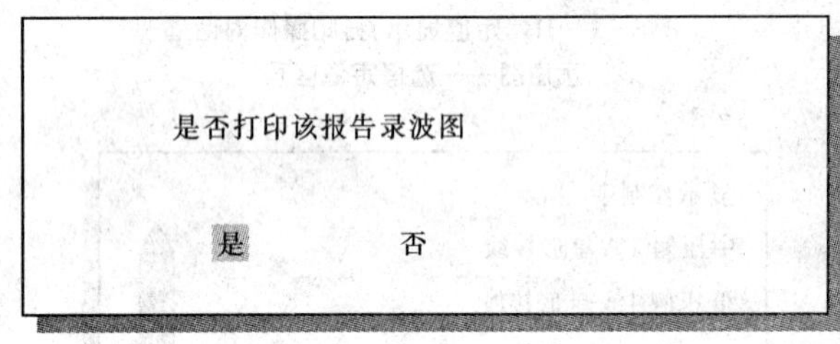

图1-1-37　是否打印录波对话框

5）若需要打印则按“←┘”键，否则按“Q”键退回第（3）步。按“←┘”键后打印事件，如果是故障事件则进入询问是否打印录波对话框（图1-1-37），若选择“是”后按“←┘”键则开始打印录波图形。

6）以“Q”键逐级退回到主菜单。

注意：在需要打印事件报告之前，打印机必须处于联机状态，否则，在第（5）步操作“←┘”键后则出现消息窗口，提示打印失败。

（3）采样查询。PST—1200系列数字式保护提供一组对话框，用户可以通过对对话框的操作以显示各交流模拟量通道的当前状态或者打印模拟量波形。

1）显示模拟量通道的有效值。PST—1200系列数字式保护可以实时显示各交流模拟量通道的幅值、相位角（以U_a为参考向量）以及直流偏移量，其操作步骤如下：

a. 进入主菜单，并选择“采样信息”命令控件。

b. 按“←┘”键进入采样信息操作对话框。用“+”键或“−”键选择保护模件。对于单个保护模件的装置，则不会提示“±”字样，此时“+”、“−”键不起作用。

c. 用“∧”键或“∨”键选择“显示有效值”命令控件。

d. 确认并执行所选操作。按“←┘”键确认并执行所选操作：显示各模拟量通道的有效值。此时出现如图1-1-38所示的列表显示信息。此时，可以用“∧”键或“∨”键进行“滚屏”（向上或向下移动一行），“<”键或“>”键进行“翻屏”。如打印机连接正常，按“←┘”将打印装置屏幕显示的内容（全部交流通道的名称、幅值、相位、直流偏移等）。

2000-02-10　09:52:21
高压侧 HB3　就地修改后
软件版本：　2.25
软件 CRC 码：　FF98
CPU 地址：　2
定值区号：　01
按←┘ 打印定值,Q 返回

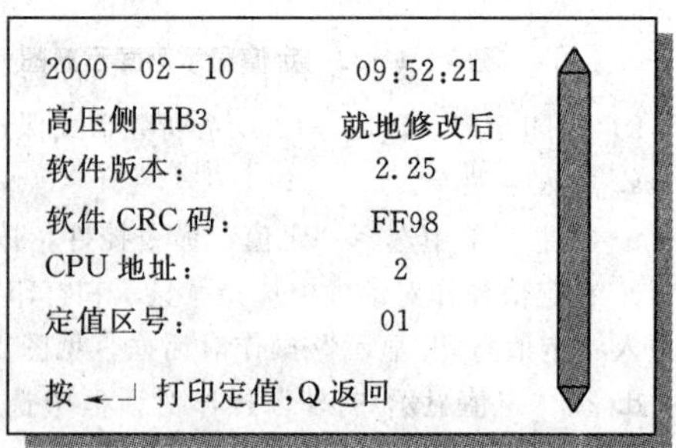

图1-1-38　定值修改定值区切换记录

e. 按“Q”键逐级退回主菜单。

2）打印采样值。PST—1200系列数字式保护可以打印两个周波的波形。操作步骤如下：

a. 进入主菜单，并选择“采样信息”命令控件。

b. 按“←┘”键，进入采样信息操作对话框（见图1-1-39）。用“+”键或“−”键选择保护模件。对于单个保护模件的装置，则不会提示“±”字样，此时“+”、“−”键不起作用。

c. 用“∧”键或“∨”键选择“打印采样值”命令控件。

d. 按“←┘”键打印采样值波形。

注意：在需要打印事件报告之前，打印机必须处于联机状态，否则，在第（4）步操作“←┘”键后则出现消息窗口，提示打印失败。

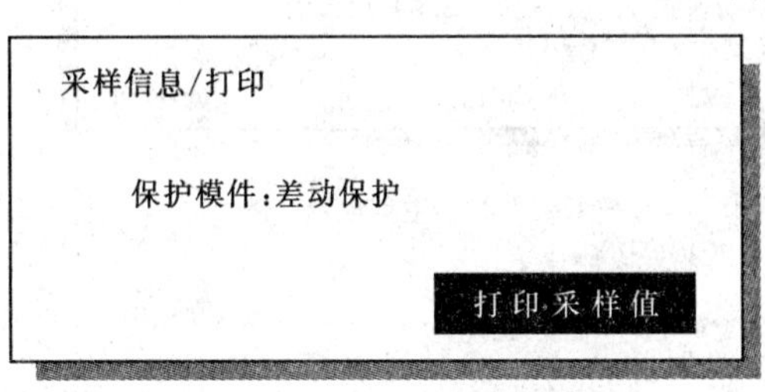

图 1-1-39　打印采样值

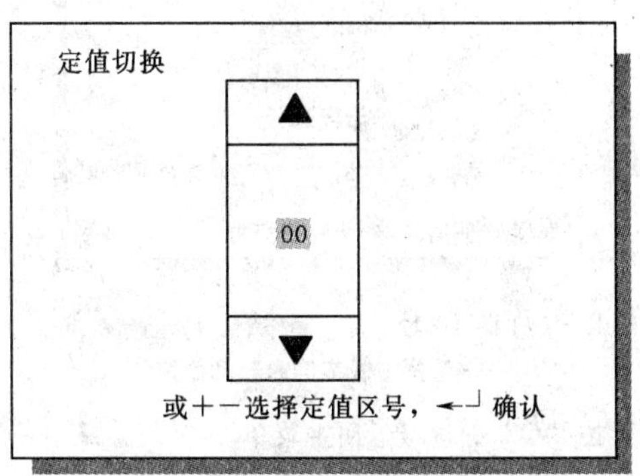

图 1-1-40　切换定值区对话框示意图——选择定值区号

（4）定值区切换。

PST—1200 系列数字式保护的面板上设有两个定值切换按键，用以切换当前运行定值区。操作步骤如下：

1）在任何时候按“▼”键或“▲”键，即出现如图 1-1-40 所示定值切换对话框。

2）按“＋”键或“－”键，选择切换的目标定值区区号。

3）按“←┘”键，确认要执行切换操作，装置显示密码窗口，提示是否将定值切换到所选择的定值区。

4）按“＜”键把光标移到“是”按“←┘”键执行定值区切换。

5）切换完毕后，装置显示一个消息窗口，提示定值切换已经成功。

6）按任意键即返回切换之前的状态。

以上步骤执行过程中，请注意以下几点：

1）若装置有多个保护模件，则多个保护模件将同时切换运行定值区。

2）在第（4）步中，若输入密码错误（≠99），液晶显示器上会提示密码错误，需重新输入。重复执行第（4）步，输入密码后继续执行固化命令。

3）在输入正确的密码并按“←┘”键之前，定值区不会切换，按“Q”键可以退回切换之前的状态，同样，若在这之前，停止键盘操作 5min 也会自动放弃定值区切换操作而退回正常显示画面。

（5）时钟设置。

PST—1200 系列数字式保护的人机对话模件设有硬件日历时钟，用以给各保护模件提供基准时间。人机对话模件的硬件时钟和保护模件的软件时钟均可以经 GPS 对时，对于没有 GPS 装置的运行场所，装置在投入运行前或者定期检验时需要校准日历时钟，而对于装设了 GPS 装置的运行场所只需在投入运行前设置基本时间即可。由人机对话模件操作设置日历时钟的步骤如下：

1）进入主菜单，并选择“设 置”命令控件。

2）按“←┘”键进入监控设置操作对话框。用“∧”键或“∨”键选择“时间设置”命令控件。

3）按“←┘”键进入时钟日期设置操作对话框。用“＜”键或“＞”键选择年、月、日、时、分、秒编辑框并用“＋”键或“－”键设置新的值，见图 1-1-41。

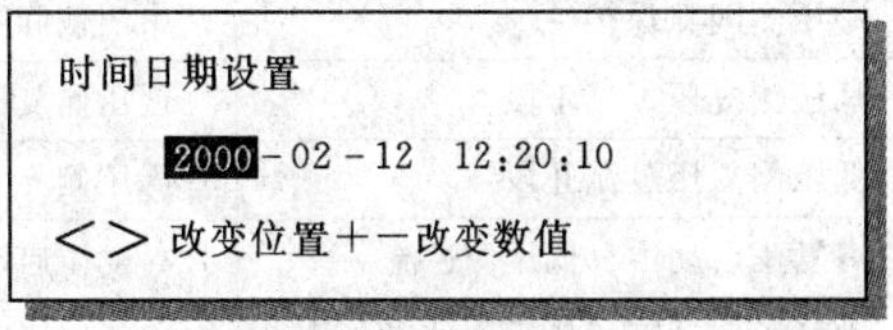

4）按“←┘”键确认设置或按“Q”放弃修改，返回监控设置对话框第（2）步。

时间日期设置

2000-02-12　12:20:10

＜＞改变位置＋－改变数值

图 1-1-41　时间日期设置对话框示意图——设置新的日历时钟值（年份）

5）按“Q”键逐级退回主菜单。

（6）显示版本信息。

用户可以查看当前装置中各保护模件以及人机对话模件的版本号、CRC 校验码等，操作步骤如下：

1）进入主菜单，选择“其他”命令控件。

2）按“←┘”键进入其他操作对话框，选择“版本信息”命令控件，见图 1-1-42。

3）按“←┘”键显示程序版本信息及 CRC 校验码，见图 1-1-43。

4）按“←┘”键或“Q”键将询问“打印装置的版本和 CRC 码信息?”，选择“是”如打印机连接正常，将打印保护装置各个功能模块的版本和CRC码信息。按“Q”键取消，不打印退出。

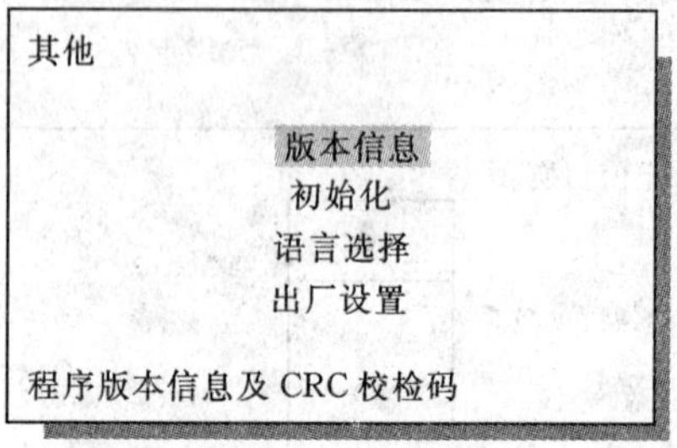

其他

版本信息
初始化
语言选择
出厂设置

程序版本信息及CRC校检码

图1-1-42　其他操作对话框示意图
——选择“版本信息”命令控件

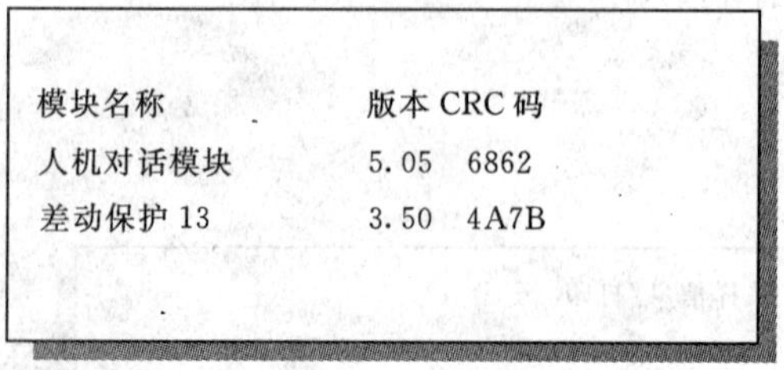

模块名称	版本 CRC码
人机对话模块	5.05　6862
差动保护13	3.50　4A7B

图1-1-43　主菜单示意图

5）按“Q”键逐级返回主菜单。

（六）保护装置部件投退说明

1. 压板说明

保护装置压板说明见表1-1-26。

表1-1-26　　　　装置压板说明

压板名称	功能说明	投退说明
差动压板	差动保护投入功能压板	投入
高压侧复压方向过流Ⅰ段	高压侧复压方向过流Ⅰ段保护投入功能压板	投入
高压侧复压方向过流Ⅱ段	高压侧复压方向过流Ⅱ段保护投入功能压板	投入
高压侧复压过流	高压侧复压过流保护投入功能压板	投入
高压侧零序方向过流Ⅰ段	高压侧零序方向过流Ⅰ段保护投入功能压板	投入
高压侧零序方向过流Ⅱ段	高压侧零序方向过流Ⅱ段保护投入功能压板	投入
高压侧零序过流	高压侧零序过流保护投入功能压板	投入
高压侧间隙保护	高压侧间隙保护投入功能压板	投入
非全相	非全相保护投入功能压板	投入
中压侧复压方向过流Ⅰ段	中压侧复压方向过流Ⅰ段保护投入功能压板	投入
中压侧复压方向过流Ⅱ段	中压侧复压方向过流Ⅱ段保护投入功能压板	投入
中压侧复压过流	中压侧复压过流保护投入功能压板	投入
中压侧零序方向过流Ⅰ段	中压侧零序方向过流Ⅰ段保护投入功能压板	投入
中压侧零序方向过流Ⅱ段	中压侧零序方向过流Ⅱ段保护投入功能压板	投入
中压侧零序过流	中压侧零序过流保护投入功能压板	投入
中压侧间隙保护	中压侧间隙保护投入功能压板	投入
低压侧复压过流Ⅰ段	低压侧复压过流Ⅰ段保护投入功能压板	投入
低压侧复压过流Ⅱ段	低压侧复压过流Ⅱ段保护投入功能压板	投入
高复压启动中、低压侧过流	高复压启动中、低压侧过流保护投入功能压板	投入
中复压启动高、低压侧过流	中复压启动高、低压侧过流保护投入功能压板	投入
低复压启动高、中压侧过流	低复压启动高、中压侧过流保护投入功能压板	投入
投入失灵保护	失灵保护投入功能压板	投入
失灵启动解除电压闭锁	失灵启动解除电压闭锁功能压板	投入
过流启动失灵	过流启动失灵功能压板	投入
闭锁低备投	闭锁低备投功能压板	根据接线进行投退
启动高失灵	启动高失灵功能投入	投入
启动失灵装置	开放启动失灵装置功能	投入
跳低分段开关	出口压板	根据接线及定值单进行投退

续表

压板名称	功能说明	投退说明
跳高开关线圈一	出口压板	根据接线及定值单进行投退
跳高开关线圈二	出口压板	根据接线及定值单进行投退
跳中压侧开关	出口压板	投入
跳低压侧开关	出口压板	投入
跳高母联线圈一	出口压板	根据接线及定值单进行投退
跳高母联线圈二	出口压板	根据接线及定值单进行投退
跳中母联开关	出口压板	根据接线及定值单进行投退

2. 复归按钮、控制把手、重合闸投切把手说明

(1) 屏柜正面。

复归按钮 1：差动及后备保护信号复归按钮。

复归按钮 2：失灵保护信号复归按钮。

(2) 屏柜背面各空开的功能。

1DK——差动及后备保护电源。

2DK——失灵保护电源。

3DK——高压侧切换箱电源。

4DK——中压侧切换箱电源。

1ZKK——高压侧保护电压。

2ZKK——中压侧保护电压。

3ZKK——低压侧保护电压。

(七) 装置故障信息解析

装置故障信息解析见表 1-1-27。

表 1-1-27 装置故障信息

事件名称	可能故障原因	处理措施
TA 回路异常	TA 断线、三相电流不平衡	检查电流二次回路，及时消除 TA 回路异常，否则当控制字中投入 TA 回路异常闭锁差动保护，将会闭锁差动保护
TV 回路异常	TV 断线、三相电压不平衡	检查电压二次回路，及时消除 TV 回路异常，否则当 TV 回路异常时，保护将会退出方向元件
差流越限	差流大于差流越限定值	检查被保护设备是否有故障或异常，及时除差流
过负荷启动风冷	电流大于过负荷启动风冷定值	检查风冷系统是否正常运行
过负荷闭锁调压	电流大于过负荷闭锁调压值	及时转移负荷，消除过负荷闭锁调压，防止影响主变调压

(八) 装置正常工况与异常工况说明

装置正常工况与异常工况说明见表 1-1-28。

表 1-1-28 装置正常工况与异常工况说明

名称	定义	正常运行状态	异常状态说明
运行	运行指示灯	正常为绿色平光	保护启动时闪光，动作后恢复正常，异常时灯灭
过负荷	过负荷	正常时不发光，过负荷时，为绿色平光	信号复归后灯灭
保护动作	保护动作指示灯	正常时不发光	保护动作后，为红色平光，信号复归后灯灭
TA 回路异常	TA 回路异常指示灯	正常时不发光	TA 回路异常时，为橙黄色平光，信号复归后灯灭
TV 回路异常	TV 回路异常指示灯	正常时不发光	TV 回路异常时，为橙黄色平光，信号复归后灯灭
告警	告警指示灯	正常时不发光	装置异常告警时，为红色平光，信号复归后灯灭
非全相保护动作	非全相保护动作指示灯	正常时不发光	非全相保护动作后，为红色平光，信号复归后灯灭
失灵保护动作	失灵保护动作指示灯	正常时不发光	失灵保护动作后，为红色平光，信号复归后灯灭
本体保护动作	本体保护动作指示灯	正常时不发光	本体保护动作后，为红色平光，信号复归后灯灭
本体保护运行	本体保护运行指示灯	正常为绿色平光	装置异常时灯灭

（九）生产厂家

国电南京自动化股份有限公司。

六、CSC—326 系列保护装置

（一）装置功能概述

1. 保护功能整体描述

CSC—326 系列数字式变压器保护装置主要适用于 110kV 及以上电压等级的各种接线方式的变压器。该装置适用于变电站综合自动化系统，也可用于常规的变电站。

2. 保护装置 CPU 描述

（1）采用 32 位 DSP 和 MCU 合一的单片机，程序完全在片内运行，保持了总线不出芯片的优点。同时高性能、大容量、高速的芯片满足了并行实时计算要求。

（2）大容量的故障录波，储存容量达 4Mb，全过程记录故障，可以保存不少于 24 次录波，打印时可以选择数据或波形方式。完整的事件记录，可保存动作报告、告警报告、启动报告和操作记录均不少于 2000 条，停电不丢失。

（3）采用硬件模块化、整背板设计思想，取消传统背板配线的方式，提高了硬件的可靠性，又使得装置机箱统一设计、灵活扩展，充分满足用户的不同要求。

（4）其内部总体结构为网络化设计，有利于提高硬件的可靠性、灵活性和可扩展性，简化硬件实现了“积木式”结构。

（5）双 CPU 双 A/D 采集和互检。

3. 其他功能描述

（1）软件设计模块化，保护功能配置灵活，可满足不同用户的要求。

（2）可选择的励磁涌流判别原理。提供了两种方法识别励磁涌流，即二次谐波原理和模糊识别原理。用户可任选其中一种原理。

（3）方便的差动保护二次电流相位自动补偿。软件采用 Y/Δ 变换调整变压器各侧 TA 二次电流相位，使得变压器各侧 TA 可以按星形接入。

（4）可靠的比率制动差动保护。采用三段式折线特性，提高了区外故障大电流导致 TA 饱和时的制动能力。

（5）自适应的比率制动差动保护。通过自动识别故障状态的变化，采用自适应的差动保护，提高了区外故障切除时防误动的能力。

4. 保护主要参数

（1）额定直流电源电压：220V 或 110V（订货时注明）。

（2）额定交流参数。

1）相电压：$100/\sqrt{3}$V。

2）开口三角电压：300V。

3）交流电流：5A 或 1A（订货时注明）。

4）频率：50Hz。

（二）装置插件结构图简介

图 1-1-44 是 CSC—326 保护装置面板结构图。

装置采用功能模块化设计思想，不同的产品由相同的各功能组件按需要组合配置，实现了功能模块的标准化。装置

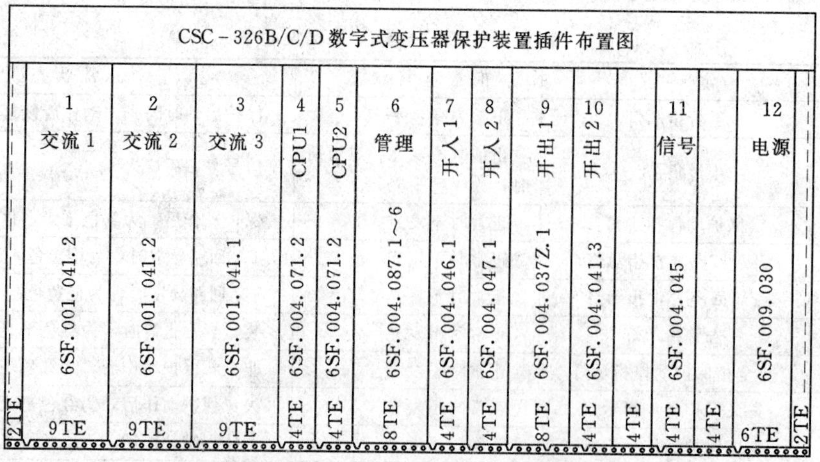

CSC-326B/C/D 数字式变压器保护装置插件布置图

	1	2	3	4	5	6	7	8	9	10		11		12	
	交流 1	交流 2	交流 3	CPU1	CPU2	管理	开入 1	开入 2	开出 1	开出 2		信号		电源	
	6SF.001.041.2	6SF.001.041.2	6SF.001.041.1	6SF.004.071.2	6SF.004.071.2	6SF.004.087.1～6	6SF.004.046.1	6SF.004.047.1	6SF.004.037Z.1	6SF.004.041.3		6SF.004.045		6SF.009.030	
2TE	9TE	9TE	9TE	4TE	4TE	8TE	4TE	4TE	8TE	4TE	4TE	4TE	4TE	6TE	2TE

图 1-1-44　CSC—326 保护装置面板结构图

由交流插件、管理插件、CPU 插件、开入插件、开出插件、信号插件、电源插件等构成。

（三）装置面板说明

图 1-1-45 是装置面板布置图。

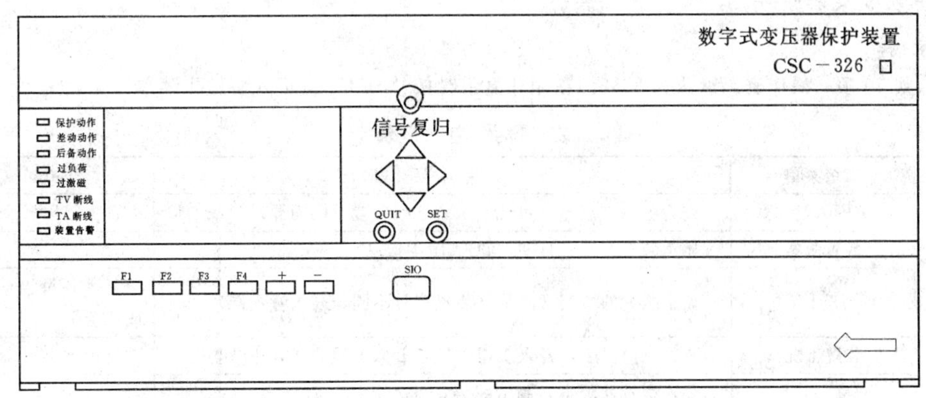

图 1-1-45 装置面板布置图

(1) 液晶左侧为“保护运行”、“差动动作”、“后备动作”、“过负荷”、“过激磁”“TV 断线”、“TA 断线”、“装置告警”灯。

1)“保护运行”灯：正常为绿色，当有保护启动时闪烁。

2)“差动动作”、“后备动作”、“过负荷”、“过激磁”灯：当相应保护动作后为红色，正常灭。

3)“TV 断线”灯：当 TV 断线时亮，为红色。

4)“TA 断线”灯：当 TA 断线时亮，为红色。

5)“装置告警”灯：正常灭，动作后为红色。有告警Ⅰ时（严重告警），此灯闪亮，闭锁保护出口正电源，退出所有保护功能；有告警Ⅱ时（设备异常告警），此灯常亮，仅退出相关保护功能（如 TV 断线，退出或闭锁阻抗保护、复压方向过流保护），不闭锁保护正电源。

(2) 液晶右侧的几个键说明：

1)“SET”：确认键，用于设置。

2)“QUIT”：循环显示时，按此键，可固定显示当前屏幕的内容（显示屏右上角有一个钥匙标示，即定位当前屏，再按即可取消定位当前屏功能）；菜单操作中按此键后，装置取消当前操作，回到上一级菜单；回到正常显示状态时可进行其他按键操作。

3) ▲、▼、◀、▶：选择键，用于从液晶显示器上选择菜单功能命令。选定后用“◀、▶”键移动光标，“▲、▼”键改动内容。

4) 信号复归：用来复归信号灯和使屏幕恢复到循环显示状态。

5) 液晶下部四个快捷键及两个功能键：

F1 键：按一下后提示“是否打印最近一次动作报告？是或否”。选“是”提示“录波打印格式？图形 数据”可选择图形格式或数据格式打印；F1 键的另一作用：在查看定值时，可以按 F1 键，屏幕可向下翻页。

F2 键：按一下后提示“是否打印当前定值区定值？”；F2 键的另一作用：在查看定值时，可以按 F1 键，屏幕可向上翻页。

F3 键：按一下后提示“是否打印采样值?”。

F4 键：按一下后提示“是否打印装置信息和运行工况?”。

＋键：功能键，使定值区加 1。按一下后提示“选择要切换到的定值区号：当前定值区号：××；切换到定值区：××”。

－键：功能键，使定值区减 1。

按一下后提示“选择要切换到的定值区号：当前定值区号：××；切换到定值区：××”。

6) SIO 插座：于连接外接 PC 机用的九针插座，为调试工具软件“CSPC”的专用接口。

（四）保护运行液晶显示说明

装置显示分为循环显示、装置主菜单、主动上送报文窗口。“QUIT”键可以固定显示某一屏的信息，再按“QUIT”继续循环显示。

装置面板正常显示运行状态的光字灯“保护运行”绿灯亮，其他灭，液晶屏循环显示顺序是：年-月-日 时：分：秒；I_{1A}，I_{1B}，I_{1C}，I_{2A}，I_{2B}，I_{2C}，…，U_{HA}，U_{HB}，U_{HC}，…的大小及相位角；已投压板；当前定值区。

刷新时间为 2～3s。

通电 5min 后若不操作，液晶显示器变暗，按“SET”键或“QUIT”键又恢复到正常状态。

合上直流电源，运行灯亮，液晶显示应正常。若有定值错告警，请重新固化定值；若有定值区指针错，请切换定值区到 00 区。

（五）保护装置菜单说明

1. 菜单目录树

装置主菜单共 10 项，操作密码默认为 8888。在循环显示时按“SET”键进入装置主菜单，见表 1-1-29。

表 1-1-29 装置菜单目录

一级菜单	二级菜单	三级菜单	说明
运行工况	模入量	查看各侧交流电流量及电压量（因装置不同而异）	选 CPU 号
	装置版本	显示装置型号、日期、CPU 版本信息	
	开入	显示装置的所有开入量（装置型号不同，开入量不同）	显示各量当前状态，“开”或“合”
	装置工况	装置当前温度，开入 1 组电压，开入 2 组电压，开出电压	显示大小
	装置编码	装置型号及版本，制造编码、开入开出、管理板、CAN 芯片、面板等的版本号	
	测量量	对差流显示其大小，其他显示大小及相位	
报告查询	动作报告	最近一次动作报告（列出最近一次动作报告时间）	按“SET”键查看内容
		最近 6 次动作报告（列出最近 6 次动作报告时间）	
		按时间段查询报告（列出按时间段检索的报告时间）	
	告警报告	最近 6 次报告（列出最近 6 次告警报告时间）	
		按时间段查询报告（列出按时间段检索的报告时间）	
	启动报告	最近 1 次报告（列出最近 1 次动作报告时间）	
		最近 6 次报告（列出最近 6 次动作报告时间）	
		按时间段查询报告（列出按时间段检索的报告时间）	
	操作记录	最近 6 次报告（列出最近 6 次告警报告时间）	
		按时间段查询报告（列出按时间段检索的报告时间）	
打印	定值	请选择定值区号	连接打印机即可按提示进行
	装置参数		
	工况	模入量，装置版本，开入，装置工况，装置编码，压板状态	
	报告	动作报告，启动报告，告警报告，操作记录	
	装置设定		
	采样值	选择 CPU 号后进行	
修改时钟	当前时间	年 月 日 时 分 秒	用上下左右键修改
	整定时间	年 月 日 时 分 秒	
液晶调节	测试效果	按上下键修改对比度	调节液晶亮度
定值设置	保护定值	按“SET”键-选定值区号-按“SET”键后显示所有定值	输入密码
	装置参数	装置参数 0000 按位描述 0000 0000 0000 0000	
装置设定（输入密码）	间隔名称：CSC 系列保护装置（可输入实际变压器名称）		在面板或 CSPS 设置
	通信地址	Lon 网络及 485 串口地址：10～ABH 以太网 1 地址：由调试人员设置；以太网 2 地址：由调试人员设置。（若和 CSN 规约连接扩展 485 口，以太网 2 地址为：10.10.6.124）	以太网 1、2 地址不能为 0
	规约选择	通信规约 V1.10 或 V1.20（选择 CSC—2000 规约版本）若通过 485 接口和监控后台通信时，可不处理该项	
	修改密码	修改密码：旧权限密码：8888 新权限密码：××××（修改后的值）	装置出厂权限密码：8888
	对时方式	网络对时方式	可选择网络对时、GPS 分脉冲或 GPS 秒脉冲
		秒脉冲对时方式	
		分脉冲对时方式	

续表

一级菜单	二级菜单	三级菜单	说明
装置设定 （输入密码）	485 波特率：9600、19200、38400。上下键选择设置 485 口通信波特率		
	SOE 复归选择	手动复归：收到复归命令复归 SOE 自动复归：自动复归（10s 复归 SOE）	可选复归方式
	打印设置	录波打印量设置：模拟量打印设置； 开关量打印设置	"√"为选择该项设置，"×"为不选该项设置
		打印方式设置：自动打印录波，打印控制字内容，录波打印格式	
	103 功能类型：显示当前类型：B2H		设 EC60870－5－103 功能码
开出传动	显示装置的开出量（因装置不同而异）		首先输入密码
测试操作	遥信对点	告警对点、压板对点、模拟上送录波、动作对点、开入对点	
	切换定值区：切换定值区（首先输入密码）		首先输入密码，查看和调整指定 CPU 的零漂及刻度
	查看零漂		
	调整零漂		
	查看刻度		
	调整刻度		
	打印采样值：打印指定 CPU 的采样值		
压板操作	软压板投退：输入密码后进行投退		
	查看压板状态：显示各压板名称及投退状态，第 1 列为软压板，第 2 列为压板总状态		

2. 菜单各功能介绍

（1）定值查询、打印。

本型号定值区只有 00 区，因此不用切换定值区，装置正常运行实时监视每个 CPU 巡检投入情况及保护当前工作定值区号。

定值查询：依次选择 SET→LST→定值区号。一般版本定值区号只有 00 区有效。例如，查看主保护的 00 区定值，见图 1－1－46。

定值打印：经网络线外接打印机，依次选择 SET→PNT→定值区号，打印机即打印相应的定值。

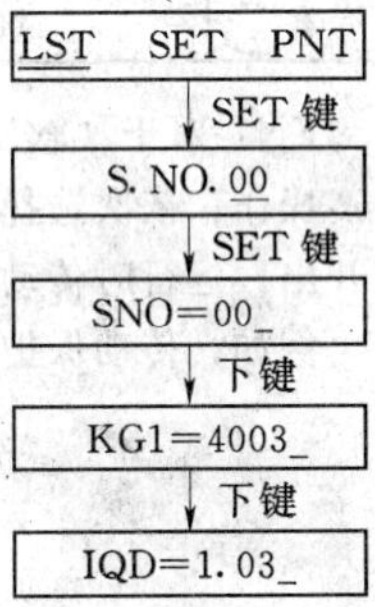

LST SET PNT
↓ SET 键
S. NO. 00
↓ SET 键
SNO＝00_
↓ 下键
KG1＝4003_
↓ 下键
IQD＝1. 03_

图 1－1－46 定值查询操作流程

（2）故障报告、事故报告查询打印。

事故处理时应首先从 CPU 中调报告，因为它含有采样数据，在失电后会丢失。

从 MMI 中调报告

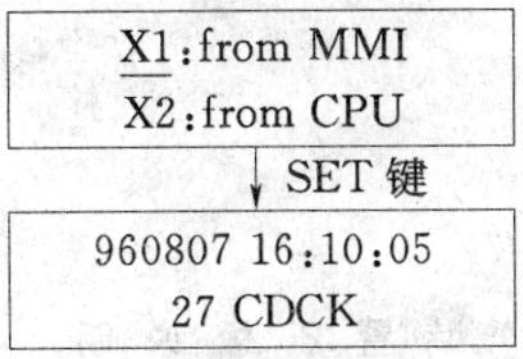

X1:from MMI
X2:from CPU
↓ SET 键
960807 16:10:05
27 CDCK

报告:1996 年 8 月 7 日,16:10:5 保护启动,27ms 以后,差动保护出口。

从 CPU 中调报告

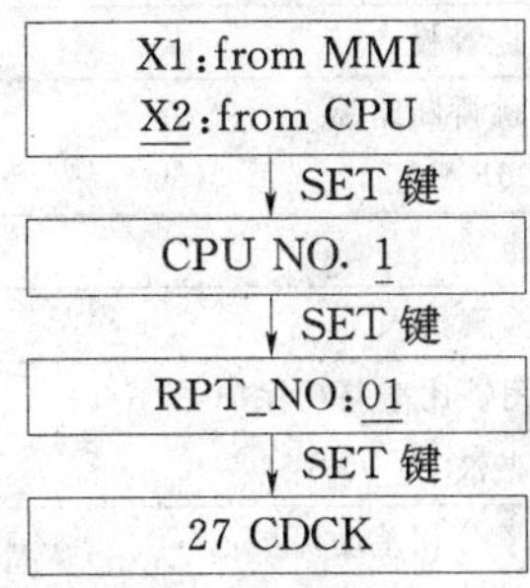

报告:27ms 差动保护出口。

(3) 采样查询。

依次选择 VFC→SAM，对应的采样项同 DC 下的菜单。采样值可以通过打印机打印，也可以用 PC 机的调试软件查看，但不能在液晶上看到。

例如，查看采样值操作流程如下：

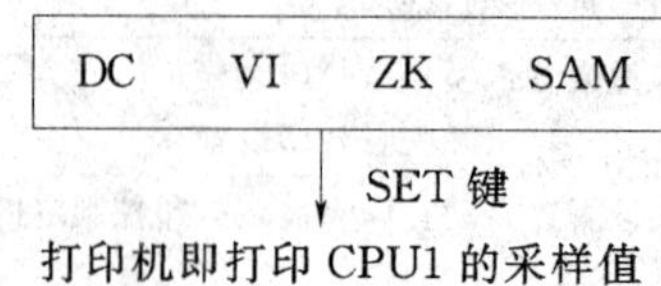

(4) 传动。

"一级子菜单"中选择 CTL 后，液晶显示如下：

DOT EN

DOT：开出传动，用于检验装置的各路开出是否完好，进入后液晶显示开出号，可用"上下"键改变编号，按"SET"键确认，装置相应的继电器接点动作并有灯光信号。复归已驱动的开出只要按面板上的复归按钮。CST 各开出量的编号定义见表 1-1-30。

表 1-1-30　CST 各开出量编号

开出号	CPU1 主保护	开出号	CPU1 主保护	开出号	CPU1 主保护
1	跳三侧开关	4	无	7	告警Ⅱ动作
2	跳高压母联（桥）开关	5	启动继电器动作	8	告警Ⅰ动作
3	过电流闭锁调压	6	启动通风	9	过负荷

EN：对于"软压板"版本，为投退 CPU1 的差动软压板命令。一般为备用。

操作：依次选择 CTL→DOT→开出号→确认→密码确认，则相应的接点、灯光反应。按"复归"钮，复归已驱动的开出。运行时传动会导致开关跳闸，请勿使用。

例如，传动保护告警Ⅱ，即开出 7，则"告警"灯亮。操作流程如下：

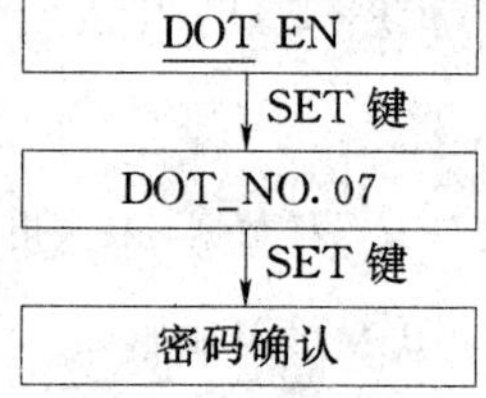

（六）保护装置部件投退说明

1. 压板说明

保护装置压板说明见表 1-1-31。

表 1-1-31　装置压板说明

控制项目	控制字置 1 含义	控制字置 0 含义
差动速断保护投入	差动速断保护投入	差动速断保护退出
差流越限告警投入	差流越限告警投入	差流越限告警退出
差动保护跳桥断路器	差动保护跳桥断路器（CSC—326FA）	差动保护不跳桥断路器（CSC—326FA）
模糊识别制动	模糊识别制动	二次谐波制动
TA 断线检测投入	TA 断线检测投入	TA 断线检测退出
TA 断线闭锁比率差动保护	TA 断线闭锁比率差动保护	TA 断线不闭锁比率差动保护
投入五次谐波	投入五次谐波	退出五次谐波
本装置用于分相差动保护	本装置用于分相差动保护（CSC—326FB/FC）	本装置不用于分相差动保护（CSC—326FB/FC）
复流方向元件灵敏角－30°	复流方向元件灵敏角－30°	复流方向元件灵敏角－45°

续表

控制项目	控制字置1含义	控制字置0含义
复流1段方向投入	复流1段方向投入	复流1段方向退出
复流1段方向指向系统	复流1段方向指向系统	复流1段方向指向变压器
复流1段复压投入	复流1段复压投入	复流1段复压退出
复流2段方向投入	复流2段方向投入	复流2段方向退出
复流2段方向指向系统	复流2段方向指向系统	复流2段方向指向变压器
复流2段复压投入	复流2段复压投入	复流2段复压退出
复流3段复压投入	复流3段复压投入	复流3段复压退出
复压闭锁取高压侧	复压闭锁取高压侧	复压闭锁不取高压侧
复压闭锁取中压侧	复压闭锁取中压侧	复压闭锁不取中压侧
零流1段方向投入	零流1段方向投入	零流1段方向退出
零流1段方向指向系统	零流1段方向指向系统	零流1段方向指向变压器
零流1段零压闭锁投入	零流1段零压闭锁投入	零流1段零压闭锁退出

注 硬压板分保护出口压板及保护（功能）投/退压板，两者操作有所区别，当操作保护投/退压板时，有一确认程序：①保护出口压板不存在确认程序；②若投/退保护功能压板后，忘记按复归钮，则60s后保护“告警”灯亮，并稍后液晶显示出错信息（显示的出错端子号与保护功能对照列于后），此时保护认为是装置硬件回路故障，保护功能状态没有改变；此时应首先按信号复归钮，复归“告警”信号灯。

2. 投退说明

保护装置投退说明见表1-1-32。

表1-1-32 装置投退说明

压板名称	功能说明	投退说明
差动跳高压侧开关压板	差动跳高压侧开关（保护出口压板）	需要差动保护跳高压侧开关时，投入该压板
差动跳中压侧开关压板	差动跳中压侧开关（保护出口压板）	需要差动保护跳中压侧开关时，投入该压板
差动跳低压侧开关压板	差动跳低压侧开关（保护出口压板）	需要差动保护跳低压侧开关时，投入该压板
差动保护投入压板	差动保护投入保护（功能）投/退压板	需要差动保护投入时，投入该压板

（七）装置故障信息解析

1. CSC—326系列装置的Ⅰ类告警报文

Ⅰ类告警报文见表1-1-33。

表1-1-33 Ⅰ类告警报文

告警报文	可能原因及处理措施
模拟量采集错	检查电源输出情况、更换保护CPU插件
跳闸失败	检查跳闸出口回路
压板模式未确认	没有设置压板模式，进入出厂调试菜单进行设置
ROM和校验错	更换保护CPU插件
定值错	重新固化保护定值及装置参数，若仍无效，更换保护CPU插件
定值区指针错	切换定值区，若仍无效，更换保护CPU插件
开出不响应	检查是否有其他告警Ⅰ导致闭锁，+24V失电，否则更换相应开出插件
开出击穿	更换相应开出插件
装置参数错	重新固化装置参数，若无效，更换保护CPU插件
开入异常	检查相应开入外回路及开入插件
软压板错	进行一次软压板投退
系统配置错	重新下载保护配置（由厂家处理）
开出配置错	重新下载保护配置（由厂家处理）
开出E^2PROM出错	更换相应开入插件

2. Ⅱ类告警报文

Ⅱ类告警报文见表1-1-34。

表 1-1-34　　　　Ⅱ类告警报文

告警报文	可能原因及处理措施
开入击穿	检查开入情况，更换开入插件
开入输入不正常	检查装置的电源 24V 输出情况，或更换开入插件
双位置输入不一致	检查或更换开入插件
CAN 通信恢复	
开入配置错	重新下载保护配置（由厂家处理）
开入通信中断	检查开入插件是否插紧，更换开入插件
开出通信中断	检查开出插件是否插紧，更换开入插件
传动状态未复归	开出传动后没有复归，按复归按钮
开入自检回路出错	检查或更换开入插件
开入 E^2PROM 出错	更换相应开入插件
SRAM 自检异常	更换相应开入插件
FLASH 自检异常	更换相应开入插件
TA 断线	检查 TA 回路，按照运行规程执行
差流越限	检查各侧电流回路极性情况以及定值情况
零序差流越限	检查各侧电流回路极性情况以及定值情况
××侧 TV 断线	按照运行规程执行
××侧过负荷	提示变压器某侧过负荷，按照运行规程执行
非全相开入告警	检查非全相开入的外回路情况
××侧母充开入告警	检查该侧充电保护开入的外回路情况
××侧零序过压告警	按照运行规程执行
××侧选跳开入告警	检查该侧选跳开入的外回路情况
消弧零流 1 告警	按照运行规程执行
消弧零流 2 告警	按照运行规程执行
定值不一致	重新整定定值
装置参数不一致	重新整定装置参数
压板不一致	重新投退所有软压板
定值区号不一致	重新整定定值区号

任何异常情况，装置都能够发出告警信号。但告警的原因分外部异常、装置故障、操作错误及个别综合因素，并归纳为Ⅰ类告警（也称告警Ⅰ）和Ⅱ类告警（也称告警Ⅱ）。Ⅰ类告警是保护装置本身元件损坏或自检出错，此类告警为严重告警，需及时处理，通知保护人员，此时保护装置将失去保护功能，Ⅱ类告警是非装置严重故障、外部异常、操作错误等告警，此类告警也需通知保护和调度人员，此时保护装置未失去保护功能。告警类型都可以从液晶显示的报文加以判别，并作不同的处理。另外，保护装置的直流电源消失，通过中央信号告警；若 MMI 坏，面板无任何显示，但“告警”灯仍由 CPU 点亮。

（八）装置正常工况与异常工况说明

装置正常工况与异常工况说明见表 1-1-35。

表 1-1-35　　　　装置正常工况与异常工况说明

名称	定义	正常运行状态	异常状态说明
运行监视	装置运行监视灯	灯亮	差动主保护动作、过电流闭锁调压动作、启动继电器动作、通风启动、过负荷动作时绿色闪光，保护装置的直流电源消失时，灯灭
过负荷	变压器三侧开关过负荷指示灯	不亮	正常为灯灭，变压器三侧开关任何一侧过负荷动作后，为红色平光，信号复归后灯灭
保护动作	保护动作指示灯	不亮	正常为灯灭，保护动作后，为红色平光，信号复归后灯灭
告警	装置异常运行告警灯	不亮	正常为灯灭，任何异常情况，装置都能够发出告警信号，为红色平光，信号复归后灯灭

（九）生产厂家

北京四方继保自动化股份有限公司。

七、CST31A、CST33A 系列保护装置

（一）装置功能概述

1. 保护功能整体描述

CST31A、CST33A 数字式变压器保护装置适用于 220kV 及以下电压等级的电力变压器，该型号保护装置仅配备主保护，按差动保护制动原理的不同分为三种：二次谐波原理制动的为 CST31A，间断角原理制动的为 CST32A，模糊识别原理制动的为 CST33A。主保护采用如下设备：差动速断，二次谐波原理制动的差动保护，比率制动特性，TA 二次断线判别，高、中、低压侧过负荷告警，差流越限告警，过电流启动通风，过负荷闭锁调压。

2. 保护装置 CPU 描述

CST31A、CST33A 的 CPU 插件上有两个 CPU，其中一个为差动 CPU1，一个为启动 CPU5。差动 CPU 模入取自 VFC（模数变换插件），启动 CPU 模入取自 AD 回路。启动 CPU 后开放差动出口回路。

3. 其他功能描述

（1）本装置 MMI 所采用的单片机片内集成了很强的计算机网络功能，可以通过在片外的网络驱动器（主要是一个耐高压的隔离脉冲变压器）直接连至 LONWORKS 数据通信网。对于适用于综合自动化变电站的各种装置，可以利用这些接口联网；对于非综合自动化的变电站，也可以把站内所有四方公司的产品的网络端子直接并联而共享打印机及工程师站。

（2）投/退保护功能压板是在运行中需要的正常操作，但为防止因压板脱落、导线断开等非人为操作引起错误地投/退保护功能压板、定值区切换的严重事故，本型号装置故设置了操作确认程序。

（3）注意事项：

1）运行中，不允许不按指定操作程序随意按动面板上键盘。

2）特别不允许随意操作如下命令：①开出传动；②修改定值，固化定值；③设置运行 CPU 数目；④改变本装置在通信网中的地址。

4. 保护主要参数

额定直流数据：220V。

额定交流数据：交流电流 5A、频率 50Hz。

（二）装置插件结构图简介

图 1－1－47 是 CST31A、CST33A 保护装置面板结构图。

1	2	3	4	5	6	7
AC	VFC	CPU	REC	TRIP	SIGNAL	POWER

图 1－1－47　CST31A、CST33A 保护装置面板结构图

各插件的含义见表 1－1－36。

表 1－1－36　插件含义

插件号	简写	含义	插件号	简写	含义
1	AC	交流插件	5	TRIP	跳闸插件
2	VFC	模数变换插件	6	SIGNAL	信号插件
3	CPU	主保护插件	7	POWER	电源插件
4	REC	录波插件（选件）	面板	MMI	人机对话板

（三）装置面板说明

图 1－1－48 是 CST31A、CST33A 面板示意图。

操作密码：定值固化，开出传动等功能设置了保护密码，液晶显示如图 1－1－49 所示提示输入密码，输入密码，确认正确后，才进入执行。密码在出厂时设置为 8888。

按键说明见表 1－1－37。

液晶显示器（LCD）：用以正常运行显示、事件报文内容、操作提示以及菜单。

表 1－1－37　按键说明

左右键	左右移动光标	左右键	左右移动光标
上下键	①上下移动光标；②改变数字	QUIT 键	退出当前状态或回到正常运行显示
SET 键	选择、确认	复归按钮	①复归灯光信号；②开入操作确认

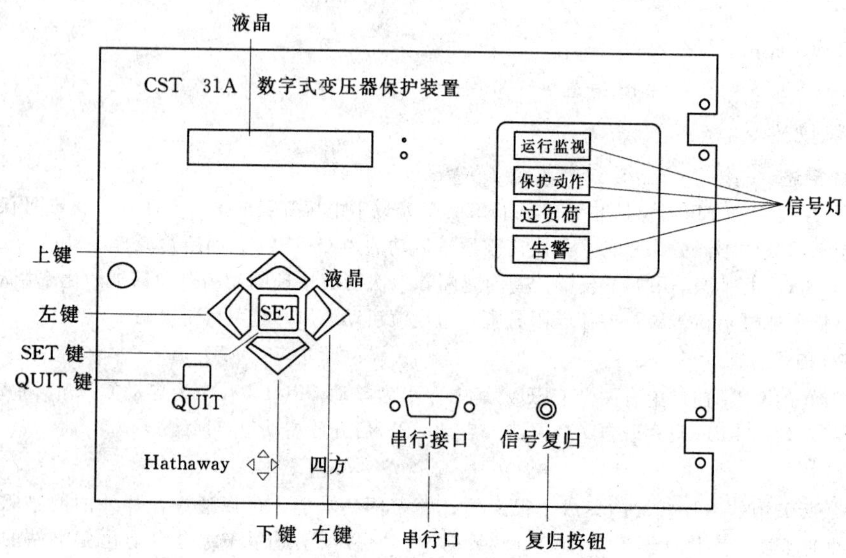

图 1-1-48　CST31A、CST33A 面板示意图

Are You Sure?
CODE 0 0 0 0

图 1-1-49　操作密码

串行口：用以外接 PC 机。

运行监视灯：正常运行时为稳定黄色灯光，保护启动后灯光闪烁。

保护动作灯：差动保护动作出口时，呈红色灯光信号。

告警灯：外部回路、运行状态或保护装置异常，呈红色灯光信号。

（四）保护运行液晶显示说明

(1) 装置上电后，装置正常运行时，液晶屏幕将显示如图 1-1-50 信息。

本装置面板上设有一个双行，每行 16 字符的液晶显示器。正常运行时第一行显示装置的实时时钟，第二行轮流显示当前保护的投退压板位置。在执行任何菜单命令时，如持续 30s 不按任何键，也将自动返回到正常显示。

有的软件版本也显示定值区，SNq 表示启动定值区，SNn 表示差动定值区。

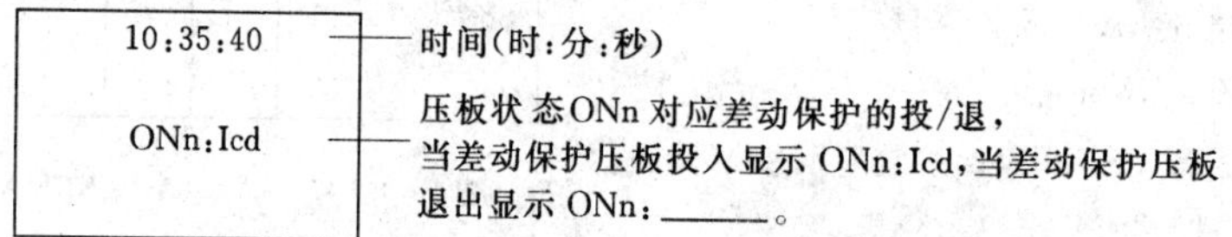

图 1-1-50　CST31A、CST33A 保护装置正常显示图

(2) 当差动保护动作时，“运行监视”灯闪，6s 后自动复归；保护动作灯亮，装置液晶显示的动作报文见图 1-1-51。

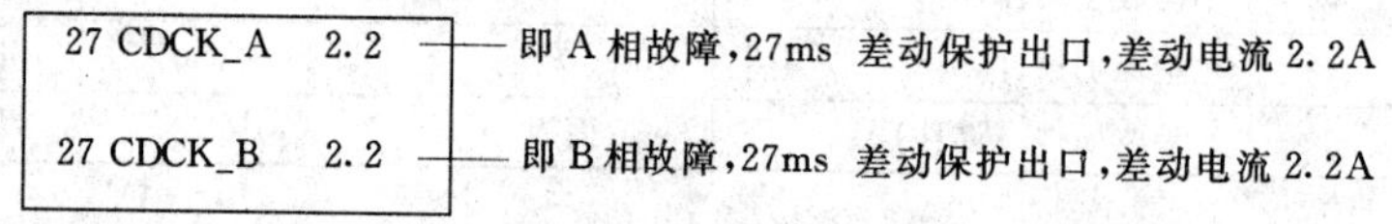

图 1-1-51　CST31A、CST33A 保护装置跳闸报告图

（五）保护装置菜单说明

1. 菜单目录树

保护装置菜单目录见图 1-1-52。

2. 菜单各功能介绍

(1) 定值查询、打印。

本型号定值区只有 00 区，因此不用切换定值区，装置正常运行实时监视每个 CPU 巡检投入情况及保护当前工作定值区号。

定值查询：依次选择 SET→LST→定值区号。一般版本定值区号只有 00 区有效。例如，查看主保护的 00 区定值，操作流程见图 1-1-53。

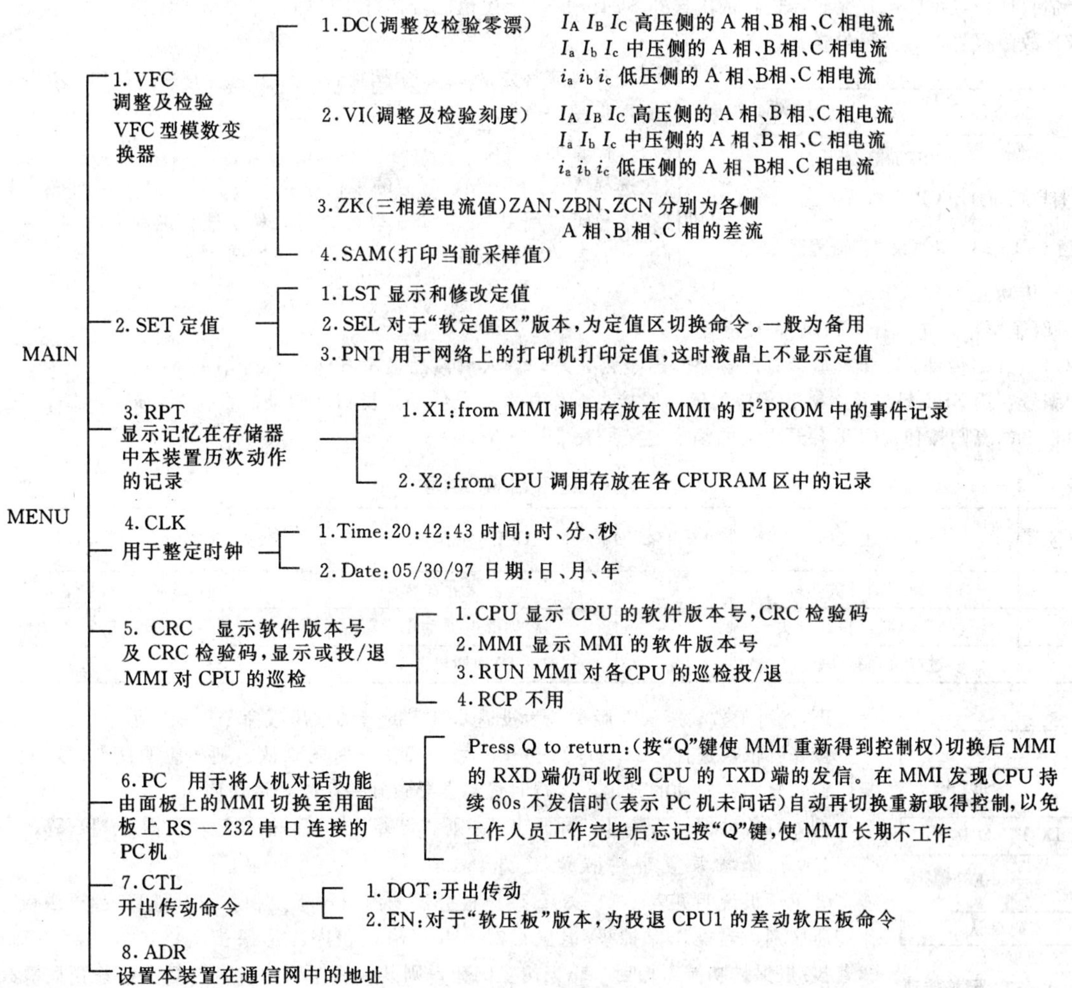

图 1-1-52 装置菜单目录

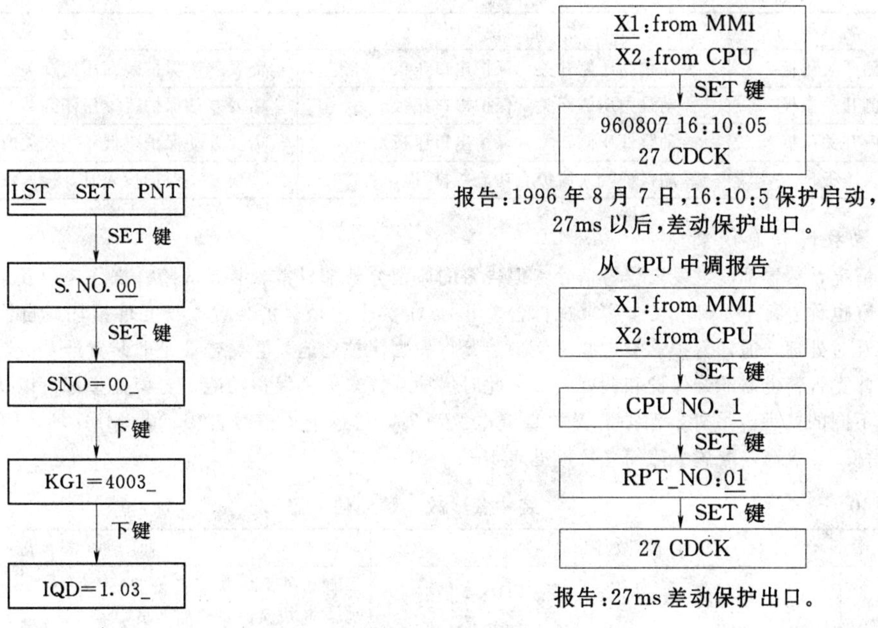

图 1-1-53 定值查询流程图

图 1-1-54 故障报告、事故报告查询流程图

定值打印：经网络线外接打印机，依次选择 SET→PNT→定值区号，打印机即打印相应的定值。

(2) 故障报告、事故报告查询打印。

事故处理时应首先从 CPU 中调报告，因为它含有采样数据，在失电后会丢失，其流程见图1-1-54。

(3) 采样查询。

依次选择 VFC→SAM，对应的采样项同 DC 下的菜单。采样值可以通过打印机打印，也可以用 PC 机的调试软件查看，但不能在液晶上看到。

例如：查看采样值操作流程见图 1-1-55。

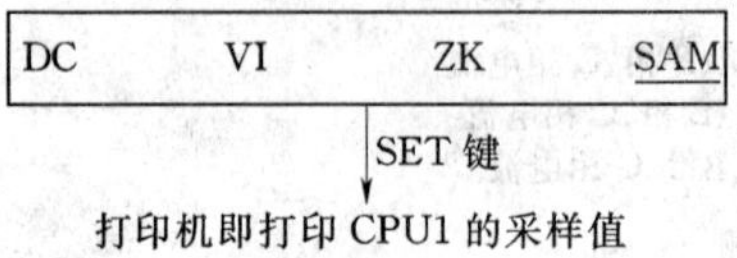

DC VI ZK SAM

SET 键

打印机即打印 CPU1 的采样值

图 1-1-55 查看采样值流程图

(4) 传动。

“一级子菜单”中选择 CTL 后，液晶显示见图 1-1-56。

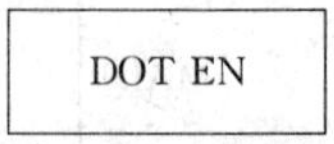

DOT EN

图 1-1-56 液晶显示

DOT：开出传动，用于检验装置的各路开出是否完好，进入后液晶显示开出号，可用上下键改变编号，用 SET 键确认，装置相应的继电器接点动作并有灯光信号。复归已驱动的开出只要按面板上的复归按钮。CST 各开出量的编号定义见表 1-1-38。

表 1-1-38 CST 各开出量编号

开出号	CPU1 主保护	开出号	CPU1 主保护	开出号	CPU1 主保护
1	跳三侧开关	4	无	7	告警Ⅱ动作
2	跳高压母联（桥）开关	5	启动继电器动作	8	告警Ⅰ动作
3	过电流闭锁调压	6	启动通风	9	过负荷

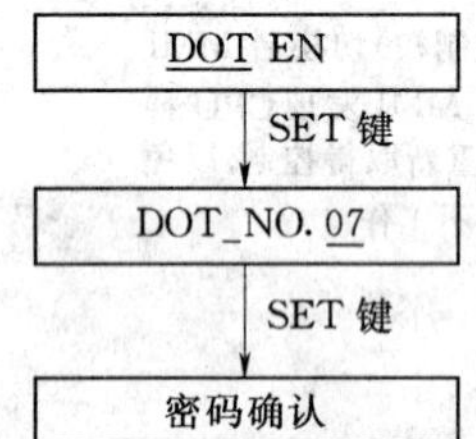

图 1-1-57 保护传动流程图

EN：对于“软压板”版本，为投退 CPU1 的差动软压板命令。一般为备用。

操作：依次选择 CTL→DOT→开出号→确认→密码确认，则相应的接点、灯光反应。按复归钮，复归已驱动的开出。运行时传动会导致开关跳闸，请勿使用。

例如，传动保护告警Ⅱ，即开出 7。则“告警”灯亮。操作流程见图 1-1-57。

（六）保护装置部件投退说明

装置压板说明见表 1-1-39。硬压板分保护出口压板及保护（功能）投/退压板，两者操作有所区别，当操作保护投/退压板时，有一确认程序：①保护出口压板不存在确认程序；②若投/退保护功能压板后，忘记按复归钮，则 60s 后保护“告警”灯亮，并稍后液晶显示出错信息（显示的出错端子号与保护功能对照列于后），此时保护认为是装置硬件回路故障，保护功能状态没有改变；此时应首先按信号复归钮，复归“告警”信号灯。

表 1-1-39 装置压板说明

压板名称	功能说明	投退说明
差动跳高压侧开关压板	差动跳高压侧开关（保护出口压板）	需要差动保护跳高压侧开关时，投入该压板
差动跳中压侧开关压板	差动跳中压侧开关（保护出口压板）	需要差动保护跳中压侧开关时，投入该压板
差动跳低压侧开关压板	差动跳低压侧开关（保护出口压板）	需要差动保护跳低压侧开关时，投入该压板
差动保护投入压板	差动保护投入保护（功能）投/退压板	需要差动保护投入时，投入该压板

（七）装置故障信息解析

任何异常情况，装置都能够发出告警信号。但告警的原因分外部异常、装置故障、操作错误及个别综合因素，并归纳为Ⅰ类告警（也称告警Ⅰ）和Ⅱ类告警（也称告警Ⅱ）。Ⅰ类告警是保护装置本身元件损坏或自检出错，此类告警为严重告警，需及时处理，通知保护人员，此时保护装置将失去保护功能，Ⅱ类告警是非装置严重故障、外部异常、操作错误等告警，此类告警也需通知保护和调度人员，此时保护装置未失去保护功能。告警类型都可以从液晶显示的报文加以判别，并作不同的处理。另外，保护装置的直流电源消失，通过中央信号告警；若 MMI 坏，面板无任何显示，但“告警”灯仍由 CPU 点亮。装置故障信息解析见表 1-1-40。

表 1-1-40 装置故障信息

事件名称	可能故障原因	处理措施
CTDX	TA 二次断线	属于外部异常（告警Ⅱ），为一、二次回路或运行状况异常，通知保护和调度人员
IhFH	高压侧过负荷	属于外部异常（告警Ⅱ），为运行状况异常，通知调度人员

续表

事件名称	可能故障原因	处理措施
ImFH	中压侧过负荷	属于外部异常（告警Ⅱ），为运行状况异常，通知调度人员
IlFH	低压侧过负荷	属于外部异常（告警Ⅱ），为运行状况异常，通知调度人员
CLGJ	差流告警	属于外部异常（告警Ⅱ），为一、二次回路或运行状况异常，通知保护和调度人员
TFQD	过流启动通风	属于外部异常（告警Ⅱ），为运行状况异常，通知调度人员
IVFH	主变高压侧过电流闭锁调压	属于外部异常（告警Ⅱ），为一、二次回路或运行状况异常，通知保护和调度人员
DACERR	数据采集系统出错	属于装置异常（告警Ⅰ），为CPU板或VFC问题，应更换印制板、元器件或通知厂家来人处理
ROMERR	ROM和校验出错	属于装置异常（告警Ⅰ），为CPU板或VFC问题，应更换印制板、元器件或通知厂家来人处理
SETERR	定值校验出错	属于装置异常（告警Ⅰ），为CPU板或VFC问题，应更换印制板、元器件或通知厂家来人处理
BADDRV	开出检测不响应	属于装置异常（告警Ⅰ），为CPU板或VFC问题，应更换印制板、元器件或通知厂家来人处理
BADDRV1	任一路开出光耦或三极管击穿	属于装置异常（告警Ⅰ），为CPU板或VFC问题，应更换印制板、元器件或通知厂家来人处理
A-V-WTB	差动保护VFC异常告警	属于装置异常（告警Ⅰ），为CPU板或VFC问题，应更换印制板、元器件或通知厂家来人处理
V-A-WTB	差动保护AD异常告警	属于装置异常（告警Ⅰ），为CPU板或VFC问题，应更换印制板、元器件或通知厂家来人处理
DIERR ×× “××”为号端子号开入	当投/退保护功能压板，未按要求的程序确认，若无任何操作的情况下，报开入错误，则可能有压板脱落、开入回路断线、元器件损坏等原因，须仔细排查处理。若区分操作错误或回路错误，先按操作错误解决，不行，则为回路硬件问题。注：当投/退保护功能压板，未按要求的程序确认，保护告警，此时保护功能保持投/退前的状态	属于操作错误（告警Ⅱ），按正常的操作步骤进行重复操作、检查压板有无脱落、通知保护和调度人员，检查开入回路有无断线、元器件有无损坏
CPU CAN’T RESET!	主保护发出跳闸命令6s后或后备保护发出跳闸命令10s后跳闸失败，CPU不能复位，保护启动后一分钟内未整组复归	属于装置异常（告警Ⅰ），先检查跳闸出口压板是否正常投入，若投入正常，则为CPU板或VFC问题，应更换印制板、元器件或通知厂家来人处理
CPUX Comm. ERR	“×”号CPU不响应MMI的巡检	属于装置异常（告警Ⅰ），为CPU板或VFC问题，应更换印制板、元器件或通知厂家来人处理
XH-KRCW	差动保护信号开入异常告警，不闭锁差动保护，属CPU板损坏	属于装置异常（告警Ⅰ），为CPU板或VFC问题，应更换印制板、元器件或通知厂家来人处理

（八）装置正常工况与异常工况说明

装置正常工况与异常工况说明见表1-1-41。

表1-1-41　装置正常工况与异常工况说明

名　称	定　义	正常运行状态	异常状态说明
运行监视	装置运行监视灯	灯亮	差动主保护动作、过电流闭锁调压动作、启动继电器动作、通风启动、过负荷动作时绿色闪光，保护装置的直流电源消失时，灯灭
过负荷	变压器三侧开关过负荷指示灯	不亮	正常为灯灭，变压器三侧开关任何一侧过负荷动作后，为红色平光，信号复归后灯灭
保护动作	保护动作指示灯	不亮	正常为灯灭，差动保护动作后，为红色平光，信号复归后灯灭
告警	装置异常运行告警灯	不亮	正常为灯灭，任何异常情况，装置都能够发出告警信号，为红色平光，信号复归后灯灭

（九）生产厂家

北京四方继保自动化股份有限公司。

八、CST231B、CST233B 系列保护装置

（一）装置功能概述

1. 保护功能整体描述

CST231B、CST233B 数字式变压器保护装置适用于 220kV 及以下电压等级的电力变压器。差动主保护包括差动速断、二次谐波制动的比率差动保护、CT 二次回路断线检测、过电流启动通风、过负荷闭锁调压。高压侧后备保护、中压侧后备保护包括：二段复合电压闭锁（方向）过电流保护，三段零序电压闭锁零序（方向）过电流保护，一段间隙零序过流保护和一段间隙零序过电压保护，PT 二次断线检测，过负荷保护，低压侧后备保护包括二段复合电压闭锁（方向）过电流保护，一段零序过电压保护，二段消弧零流保护或间隙零序过流保护，PT 二次断线检测，此外还有重合闸功能。

2. 保护装置 CPU 分工描述

CST231B、CST233B 数字式变压器保护装置设有 4 个通用 CPU 插件，分别实现差动主保护（CPU1）、高压侧后备保护（CPU2）、中压侧后备保护（CPU3）、低压侧后备保护（CPU4）功能。4 个 CPU 插件硬件完全相同，仅单片机内固化程序不同。

3. 其他功能描述

（1）装置背板上设置了两个独立的 LON 网络接口，可以分别接至带双网的综合自动化变电站监控系统。对于非综合自动化环境的变电站，可将本装置的监控和录波网接口并联起来，接一台打印机，打印各种保护动作信息及录波波形图。

（2）投/退保护功能压板是在运行中需要的正常操作，但为防止因压板脱落、导线断开等非人为操作引起错误地投/退保护功能压板、定值区切换的严重事故，本型号装置故设置了操作确认程序。

（3）注意事项：

1）运行中，不允许不按指定操作程序随意按动面板上键盘。

2）特别不允许随意操作如下命令：①开出传动；②修改定值，固化定值；③设置运行 CPU 数目；④改变定值区；⑤改变本装置在通信网中的地址。

4. 保护主要参数

额定直流数据：220V。

额定交流数据：交流电流 5A、相电压 $100/\sqrt{3}$V、频率 50Hz。

（二）装置插件结构图简介

图 1-1-58 是 CST231B、CST233B 保护装置面板结构图。

AC1	AC2	AC3	VFC1	VFC2	CPU1	CPU2	CPU3	CPU4	REC	TRIR1	TRIP2	SIG	POWER
交流 1	交流 2	交流 3	模/数 4	模/数 5	差动 6	高后 7	中后 8	低后 9	录波 10	跳闸 1 11	跳闸 2 12	信号 13	电源 14

图 1-1-58　CST231B、CST233B 保护装置面板结构图

各插件的含义见表 1-1-42。

表 1-1-42　　各插件含义

插件号	简　写	含　　义	插件号	简　写	含　　义
1	AC1	高压侧交流插件	9	CPU4	低后备保护插件
2	AC2	中压侧交流插件	10	REC	录波插件（选件）
3	AC2	低压侧交流插件	11	TRIP1	跳闸插件
4	VFC1	模数变换插件	12	TRIP2	跳闸插件
5	VFC2	模数变换插件	13	SIG	信号插件
6	CPU1	差动主保护插件	14	POWER	电源插件
7	CPU2	高后备保护插件	面板	MMI	人机对话板
8	CPU3	中后备保护插件			

（三）装置面板说明

图 1-1-59 是 CST231B、CST233B 保护装置面板示意图。

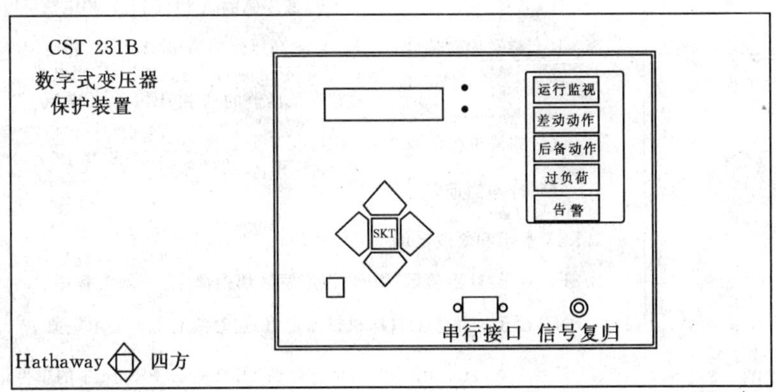

图 1-1-59　CST231B、CST233B 保护装置面板示意图

操作密码：定值固化，开出传动等功能设置了保护密码。液晶显示如图 1-1-60 所示，提示输入密码，输入密码，确认正确后，才进入执行。密码在出厂时设置为 8888。

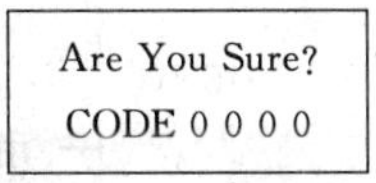

Are You Sure?
CODE 0 0 0 0

图 1-1-60　操作密码

按键说明：见表 1-1-43。

液晶显示器（LCD）：用以正常运行显示、事件报文内容、操作提示以及菜单。

串行口：用以外接 PC 机。

表 1-1-43　按　键　说　明

左　右　键	左右移动光标	左　右　键	左右移动光标
上下键	①上下移动光标；②改变数字	QUIT 键	退出当前状态或回到正常运行显示
SET 键	选择、确认	复归按钮	①复归灯光信号；②开入操作确认

运行监视灯：正常运行时为稳定黄色灯光，保护启动后灯光闪烁。

保护动作灯：差动保护动作出口时，呈红色灯光信号。

告警灯：外部回路、运行状态或保护装置异常，呈红色灯光信号。

（四）保护运行液晶显示说明

（1）装置通电后，装置正常运行时，液晶屏幕将显示如图 1-1-61 所示信息。

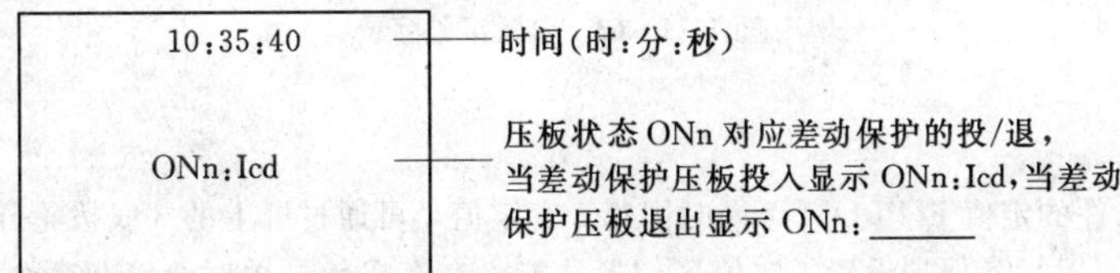

图 1-1-61　CST231B、CST233B 保护装置正常显示图

本装置面板上设有一个双行，每行 16 字符的液晶显示器。正常运行时第一行显示装置的实时时钟，第二行轮流显示各模拟量的测量值及保护压板和定值区号等有关信息。在执行任何菜单命令时，如持续 30s 不按任何键，也将自动返回到正常显示。

（2）当差动保护动作时，“运行监视”灯闪，6s 后自动复归；保护动作灯亮，装置液晶显示的动作报文见图 1-2-62。

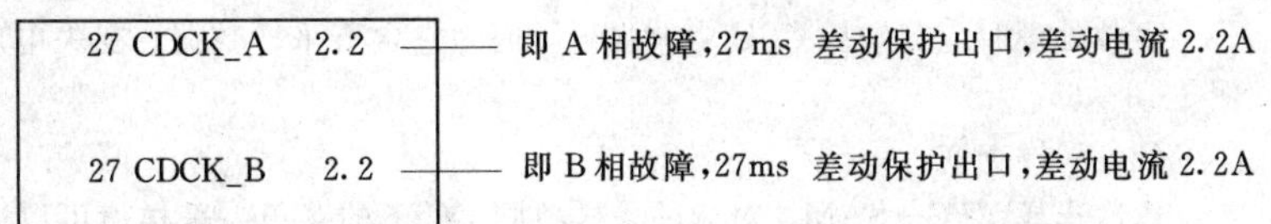

图 1-1-62　CST231B、CST233B 保护装置跳闸报告图

（五）保护装置菜单说明

1. 菜单目录树

图 1-1-63 是装置菜单目录结构。

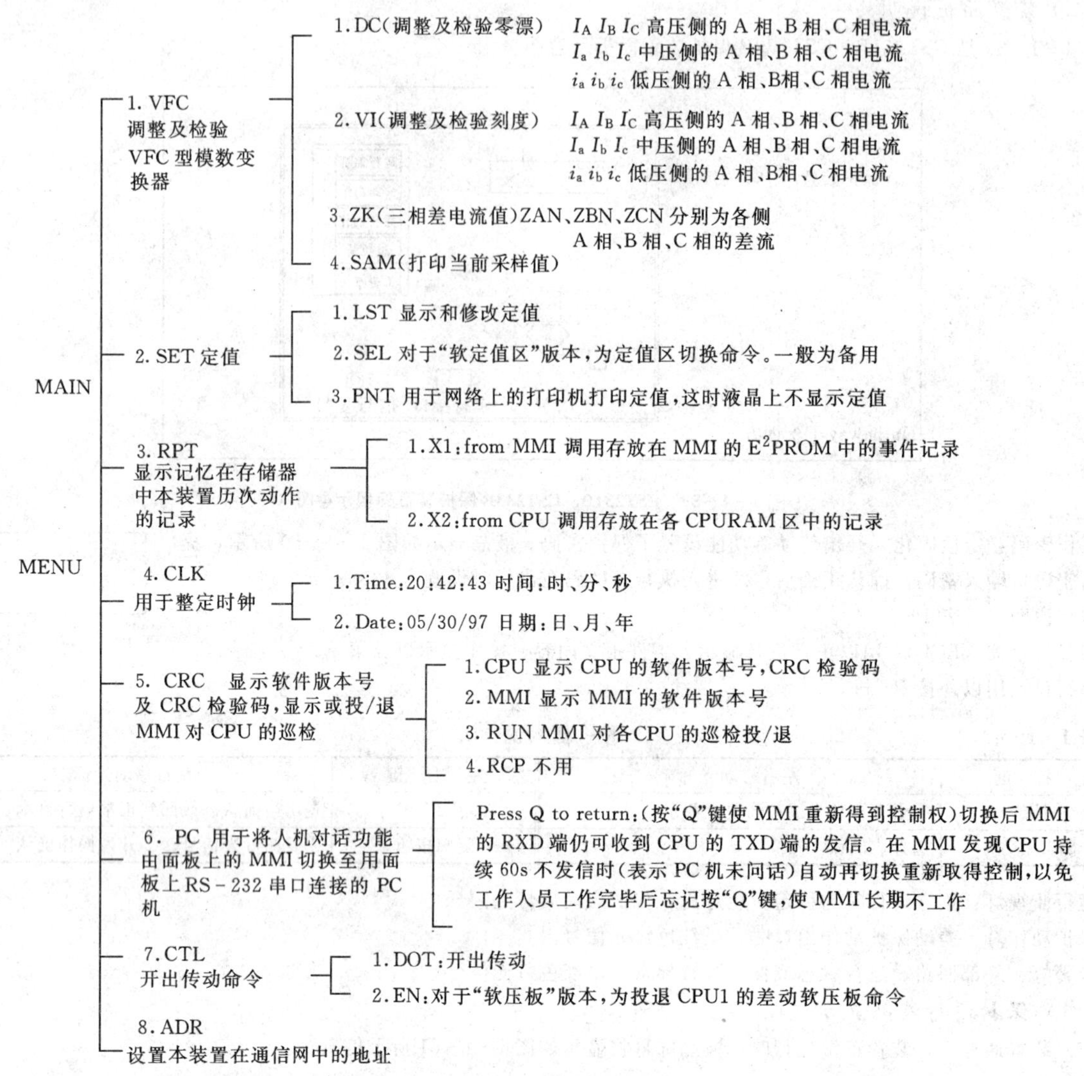

图 1-1-63　装置菜单目录

2. 菜单各功能介绍

(1) 定值查询、打印。

本型号装置各 CPU 插件的定值 E²PROM 可同时固化 8 套定值，可通过屏上的 3 线拨轮开关来选择定值区号，装置中只对后备保护设置了定值区切换功能，在有拨轮开关时，SEL 命令不起作用。装置正常运行实时监视每个 CPU 巡检投入情况及保护当前工作定值区号。

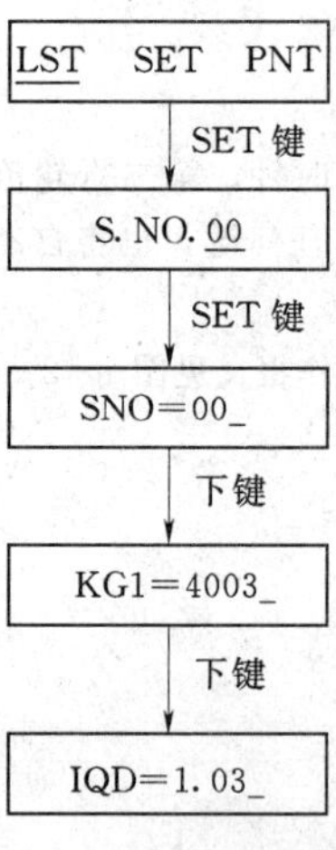

定值查询：依次选择 SET→LST→定值区号。一般版本定值区号只有 00 区有效。例如：查看主保护的 00 区定值的操作流程见图 1-1-64。

定值打印：经网络线外接打印机，依次选择 SET→PNT→定值区号，打印机即打印相应的定值。

(2) 故障报告、事故报告查询打印。

事故处理时应首先从 CPU 中调报告，因为它含有采样数据，在失电后会丢失，其流程图见图 1-1-65。

(3) 采样查询。

依次选择 VFC→SAM，对应的采样项同 DC 下的菜单。采样值可以通过打印机打印，也可以用 PC 机的调试软件查看，但不能在液晶上看到。

例如，查看采样值的操作流程见图 1-1-66。

(4) 传动。

"一级子菜单"中选择 CTL 后，液晶显示见图 1-1-67。

LST　SET　PNT
↓ SET 键
S. NO. 00
↓ SET 键
SNO=00_
↓ 下键
KG1=4003_
↓ 下键
IQD=1. 03_

图 1-1-64　定值查询流程图

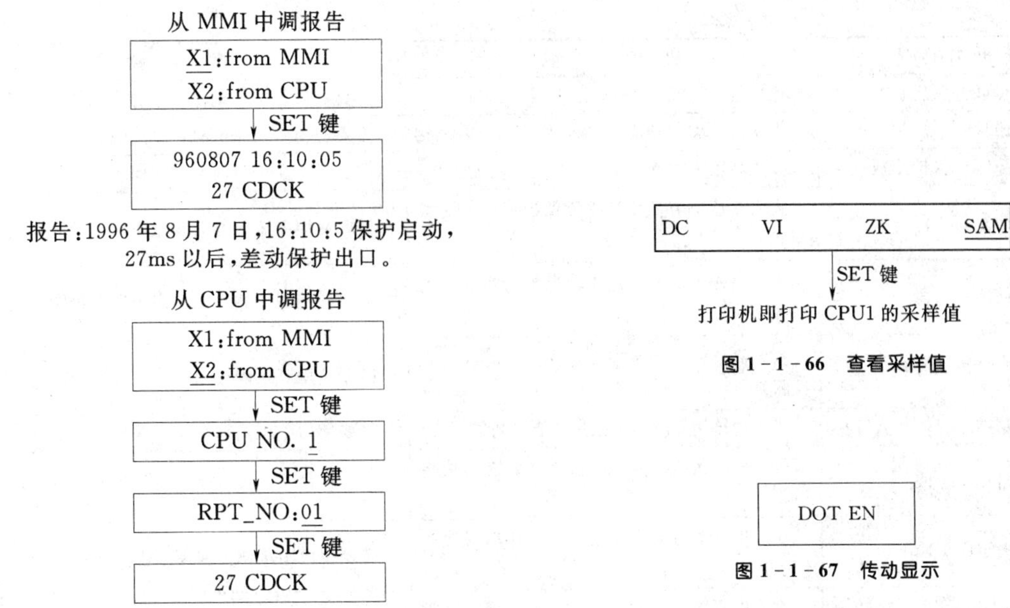

图 1-1-66　查看采样值

图 1-1-67　传动显示

图 1-1-65　故障报告、事故报告查询流程图

DOT：开出传动，用于检验装置的各路开出是否完好，进入后液晶显示开出号，可用“上下”键改变编号，用“SET”键确认，装置相应的继电器接点动作并有灯光信号。复归已驱动的开出只要按面板上的复归按钮。主变保护目前未设远方压板投退功能，因而 EN 不起作用。操作：依次选择 CTL→DOT→开出号→确认→密码确认，则相应的接点、灯光反应。按复归钮，复归已驱动的开出。运行时传动会导致开关跳闸，请勿使用。

（六）保护装置部件投退说明

1. 压板说明

保护装置压板说明见表 1-1-44。硬压板分保护出口压板及保护（功能）投/退压板，两者操作有所区别，当操作保护投/退压板时，有一确认程序：①保护出口压板不存在确认程序；②若投/退保护功能压板后，忘记按复归钮，则 60s 后保护“告警”灯亮，并稍后液晶显示出错信息（显示的出错端子号与保护功能对照列于后），此时保护认为是装置硬件回路故障，保护功能状态没有改变；此时应首先按信号复归钮，复归“告警”信号灯。

表 1-1-44　装置压板说明

压板名称	功能说明	投退说明
跳高压侧开关压板（第一组）	差动保护、后备保护跳高压侧开关（出口压板）	需要保护跳高压侧开关（第一组）时，投入该压板
跳高压侧开关压板（第二组）	差动保护、后备保护跳高压侧开关（出口压板）	需要保护跳高压侧开关（第二组）时，投入该压板
跳高压侧母联开关压板（第一组）	差动保护、高后备保护跳高压侧母联开关（出口压板）	需要保护跳高压侧母联开关（第一组）时，投入该压板
跳高压侧母联开关压板（第一组）	差动保护、高后备保护跳高压侧母联开关（出口压板）	需要保护跳高压侧母联开关（第二组）时，投入该压板
跳中压侧开关压板	差动保护、中后备保护跳中压侧开关（出口压板）	需要保护跳中压侧开关时，投入该压板
跳中压侧母联开关压板	中后备保护跳中压侧母联开关（出口压板）	需要中后备保护跳中压侧母联开关时，投入该压板
跳低压侧开关压板	差动保护、低后备保护跳低压侧开关（出口压板）	需要保护跳低压侧开关时，投入该压板
跳低压侧母联开关压板Ⅰ	低后备保护跳低压侧母联开关（出口压板）	需要低后备保护跳低压侧母联开关时，投入该压板
启动高压失灵压板	启动高压失灵功能（功能压板）	需要启动高压失灵时，投入该压板
高压侧选跳及备用压板	高后备跳其他开关的一个备用跳闸出口接点（出口压板）	不投入

续表

压板名称	功能说明	投退说明
跳低压侧母联开关压板Ⅱ	低后备保护跳低压侧母联开关（出口压板）	需要低后备保护跳低压侧母联开关时，投入该压板
差动保护压板	投入差动保护功能（功能压板）	需要使用差动保护时，投入该压板
高压侧间隙零序保护压板	投入高压侧间隙零序保护功能（功能压板）	需要使用高压侧间隙零序保护时，投入该压板
高压侧方向复流Ⅰ段	投入高压侧方向复流Ⅰ段保护功能（功能压板）	需要使用高压侧方向复流Ⅰ段保护时，投入该压板
高压侧方向零序Ⅰ段	投入高压侧方向零序Ⅰ段保护功能（功能压板）	需要使用高压侧方向零序Ⅰ段保护时，投入该压板
高压侧方向零序Ⅱ段	投入高压侧方向零序Ⅱ段保护功能（功能压板）	需要使用高压侧方向零序Ⅱ段保护时，投入该压板
中压侧间隙零序保护压板	投入中压侧间隙零序保护功能（功能压板）	需要使用中压侧间隙零序保护时，投入该压板
中压侧方向复流Ⅰ段	投入中压侧方向复流Ⅰ段保护功能（功能压板）	需要使用中压侧方向复流Ⅰ段保护时，投入该压板
中压侧方向零序Ⅰ段	投入中压侧方向零序Ⅰ段保护功能（功能压板）	需要使用中压侧方向零序Ⅰ段保护时，投入该压板
中压侧方向零序Ⅱ段	投入中压侧方向零序Ⅱ段保护功能（功能压板）	需要使用中压侧方向零序Ⅱ段保护时，投入该压板
低压侧方向复流Ⅰ段	投入低压侧方向复流Ⅰ段保护功能（功能压板）	需要使用低压侧方向复流Ⅰ段保护时，投入该压板
低压侧方向复流Ⅱ段	投入低压侧方向复流Ⅱ段保护功能（功能压板）	需要使用低压侧方向复流Ⅱ段保护时，投入该压板
中压侧母联充电保护投入压板	投入中压侧母联充电保护功能（功能压板）	中压侧母联充电时，需要投入该压板
低压侧母联充电保护投入压板	投入低压侧母联充电保护功能（功能压板）	低压侧母联充电时，需要投入该压板
本体保护跳高压侧Ⅰ	本体保护跳高压侧开关第一组（出口压板）	需要投入本体保护跳高压侧开关第一组时，投入该压板
本体保护跳高压侧Ⅱ	本体保护跳高压侧开关第二组（出口压板）	需要投入本体保护跳高压侧开关第二组时，投入该压板
本体保护跳中压侧	本体保护跳中压侧开关（出口压板）	需要投入本体保护跳中压侧开关时，投入该压板
本体保护跳低压侧	本体保护跳低压侧开关（出口压板）	需要投入本体保护跳低压侧开关时，投入该压板
失灵启动压板	高压侧开关A相、B相、C相、三相跳闸时，失灵启动（功能压板）	需要投入失灵启动功能时，投入该压板
本体重瓦斯Ⅰ切换压板	本体重瓦斯第一组选择投跳闸、投信号切换压板（功能压板）	根据实际选择使用该压板
本体重瓦斯Ⅱ切换压板	本体重瓦斯第二组选择投跳闸、投信号切换压板（功能压板）	根据实际选择使用该压板
有载调压重瓦斯Ⅰ切换压板	有载调压重瓦斯第一组选择投跳闸、投信号切换压板（功能压板）	根据实际选择使用该压板
有载调压重瓦斯Ⅱ切换压板	有载调压重瓦斯第二组选择投跳闸、投信号切换压板（功能压板）	根据实际选择使用该压板
冷却器全停切换压板	冷却器全停时选择投跳闸、投信号切换压板（功能压板）	根据实际选择使用该压板
压力释放切换压板	压力释放动作时选择投跳闸、投信号切换压板（功能压板）	根据实际选择使用该压板

2. 复归按钮、控制把手、重合闸投切把手说明

复归按钮1FA：差动及后备保护信号、告警信号动作复归按钮。

复归按钮4FA1：第一组跳闸出口继电器动作复归按钮。

复归按钮4FA2：第二组跳闸出口继电器动作复归按钮。

拨轮开关1DQ：拨轮开关来选择定值区号。

控制把手 1—KK：中压侧开关控制把手。

控制把手 2—KK：低压侧开关控制把手。

（七）装置故障信息解析

任何异常情况，装置都能够发出告警信号。但告警的原因分外部异常、装置故障、操作错误及个别综合因素，并归纳为Ⅰ类告警（也称告警Ⅰ）和Ⅱ类告警（也称告警Ⅱ）。Ⅰ类告警是保护装置本身元件损坏或自检出错，此类告警为严重告警，需及时处理，通知保护人员，此时保护装置将失去保护功能，Ⅱ类告警是非装置严重故障、外部异常、操作错误等告警，此类告警也需通知保护和调度人员，此时保护装置未失去保护功能。告警类型都可以从液晶显示的报文加以判别，并作不同的处理。另外，保护装置的直流电源消失，通过中央信号告警；若 MMI 坏，面板无任何显示，但“告警”灯仍由 CPU 点亮。装置故障信息解析见表 1-1-45。

表 1-1-45　　装置故障信息

事件名称	可能故障原因	处理措施
CTDX	TA 二次断线	属于外部异常（告警Ⅱ），为一、二次回路或运行状况异常，通知保护和调度人员
IhFH	高压侧过负荷	属于外部异常（告警Ⅱ），为运行状况异常，通知调度人员
ImFH	中压侧过负荷	属于外部异常（告警Ⅱ），为运行状况异常，通知调度人员
IlFH	低压侧过负荷	属于外部异常（告警Ⅱ），为运行状况异常，通知调度人员
CLGJ	差流告警	属于外部异常（告警Ⅱ），为一、二次回路或运行状况异常，通知保护和调度人员
TFQD	过流启动通风	属于外部异常（告警Ⅱ），为运行状况异常，通知调度人员
IVFH	主变高压侧过电流闭锁调压	属于外部异常（告警Ⅱ），为一、二次回路或运行状况异常，通知保护和调度人员
DACERR	数据采集系统出错	属于装置异常（告警Ⅰ），为 CPU 板或 VFC 问题，应更换印制板、元器件或通知厂家来人处理
ROMERR	ROM 和校验出错	属于装置异常（告警Ⅰ），为 CPU 板或 VFC 问题，应更换印制板、元器件或通知厂家来人处理
SETERR	定值校验出错	属于装置异常（告警Ⅰ），为 CPU 板或 VFC 问题，应更换印制板、元器件或通知厂家来人处理
BADDRV	开出检测不响应	属于装置异常（告警Ⅰ），为 CPU 板或 VFC 问题，应更换印制板、元器件或通知厂家来人处理
BADDRV1	任一路开出光耦或三极管击穿	属于装置异常（告警Ⅰ），为 CPU 板或 VFC 问题，应更换印制板、元器件或通知厂家来人处理
A-V-WTB	差动保护 VFC 异常告警	属于装置异常（告警Ⅰ），为 CPU 板或 VFC 问题，应更换印制板、元器件或通知厂家来人处理
V-A-WTB	差动保护 AD 异常告警	属于装置异常（告警Ⅰ），为 CPU 板或 VFC 问题，应更换印制板、元器件或通知厂家来人处理
DIERR ×× “××” 为号端子号开入	当投/退保护功能压板，未按要求的程序确认，若无任何操作的情况下，报开入错误，则可能有压板脱落、开入回路断线、元器件损坏等原因，须仔细排查处理。若区分操作错误或回路错误，先按操作错误解决，不行，则为回路硬件问题。注：当投/退保护功能压板，未按要求的程序确认，保护告警，此时保护功能保持投/退前的状态	属于操作错误（告警Ⅱ），按正常的操作步骤进行重复操作、检查压板有无脱落、通知保护和调度人员，检查开入回路有无断线、元器件有无损坏
CPU CAN’T RESET!	主保护发出跳闸命令 6s 后或后备保护发出跳闸命令 10s 后跳闸失败，CPU 不能复位，保护启动后 1min 内未整组复归	属于装置异常（告警Ⅰ），先检查跳闸出口压板是否正常投入，若投入正常，则为 CPU 板或 VFC 问题，应更换印制板、元器件或通知厂家来人处理
CPUX Comm. ERR	“X”号 CPU 不响应 MMI 的巡检	属于装置异常（告警Ⅰ），为 CPU 板或 VFC 问题，应更换印制板、元器件或通知厂家来人处理
XH-KRCW	差动保护信号开入异常告警，不闭锁差动保护，属 CPU 板损坏	属于装置异常（告警Ⅰ），为 CPU 板或 VFC 问题，应更换印制板、元器件或通知厂家来人处理

（八）装置正常工况与异常工况说明

装置正常工况与异常工况说明见表1-1-46。

表1-1-46　　装置正常工况与异常工况说明

名　称	定　义	正常运行状态	异常状态说明
运行监视	装置运行监视灯	灯亮	装置异常告警时绿色闪光，保护装置的直流电源消失时，灯灭
过负荷	变压器三侧开关过负荷指示灯	不亮	正常为灯灭，变压器三侧开关任何一侧过负荷动作后，为红色平光，信号复归后灯灭
保护动作	后备保护动作指示灯	不亮	正常为灯灭，高后备、中后备、低后备保护动作后，为红色平光，信号复归后灯灭
差动动作	差动保护动作指示灯	不亮	正常为灯灭，差动保护动作后，为红色平光，信号复归后灯灭
告警	装置异常运行告警灯	不亮	正常为灯灭，任何异常情况，装置都能够发出告警信号，为红色平光，信号复归后灯灭

（九）生产厂家

北京四方继保自动化股份有限公司。

九、BP—2B系列母线保护装置

（一）装置功能概述

1. 保护功能整体描述

BP—2B微机母线保护装置，适用于500kV及以下电压等级，包括单母线、单母分段、双母线、双母分段以及$1\frac{1}{2}$接线在内的各种主接线方式，最大主接线规模为36个间隔（线路、元件和联络开关）。BP—2B微机母线保护装置可以实现母线差动保护、母联充电保护、母联过流保护、母联失灵（或死区）保护以及断路器失灵保护出口等功能。

2. 保护装置CPU描述

BP320作为保护元件和闭锁元件的通用CPU插件，该模件可以完成所有保护功能的逻辑处理。主机是由嵌入式32位微处理器Intel386EX，大规模可编程逻辑阵列，大容量存储器和各种外围电路构成的单片机系统。25MHz的工作主频、32位数据总线和64M的寻址空间，都使它的处理能力比16位单片机有成倍的提高。由固化于EPROM的程序不同而分为“差动主机”（保护主机）和“闭锁主机”，分别位于第二层机箱和第一层机箱的固定位置。另外主机插件还可完成9路模拟量的A/D转换，本装置的电压量最终由此转化为数字量。1NCOM1和2NCOM4为9针简约RS—232调试通信口。

3. 其他功能描述

采用大屏幕彩色液晶显示器，信息显示清楚分明、信息量大。可实时检查母线的差电流情况，查看母线所有连接单元的电流幅值和相位。

（1）快速、高灵敏复式比率差动保护，整组动作时间小于15ms。

（2）自适应全波饱和检测器，差动保护在区外饱和时有极强的抗饱和能力，又能快速切除转换性故障，适用于任何按技术要求正确选型的保护电流互感器。

（3）允许TA型号、变比不同，TA变比可以现场设定。

（4）母线运行方式自适应，电流校验自动纠正刀闸辅助接点的错误。

（5）超大的汉字液晶显示，查询、打印、校时等操作，不影响保护运行。

（6）完善的事件和运行报文记录，与COMTRADE兼容的故障录波，录波波形液晶即时显示。

（7）灵活的后台通信方式，配有RS—232/485通信接口或TCP/IP以太网通信接口，支持电力行业标准通信规约DL/T 667—1999（IEC 60870-5-103）。

（8）自适应现场的秒脉冲，分脉冲和IRIG—B校时方式。

（9）采用插件强弱电分开的新型结构，装置电磁兼容特性满足就地布置运行的要求。

4. 保护主要参数

直流电压：220V，110V；允许偏差：-20%～+15%。

交流电压：$100/\sqrt{3}$V。

交流电流：5A，1A。

频率：50Hz。

打印机工作电压：交流220V。

(二) 装置背板结构图简介

图 1-1-68 即为保护满配置时的机箱背视图，标明了各模块插件名称、编号、位置及其外端子名称、编号。

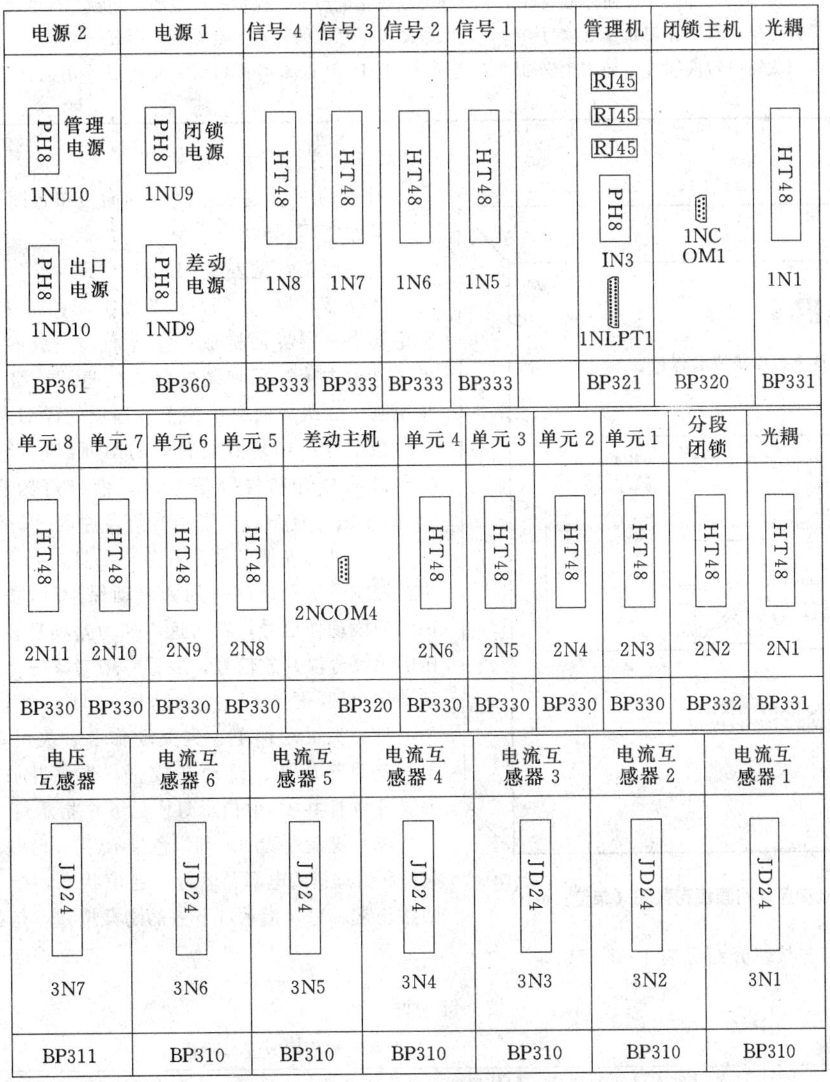

电源 2	电源 1	信号 4	信号 3	信号 2	信号 1		管理机	闭锁主机	光耦
PH8 管理电源 1NU10 PH8 出口电源 1ND10	PH8 闭锁电源 1NU9 PH8 差动电源 1ND9	HT48 1N8	HT48 1N7	HT48 1N6	HT48 1N5		RJ45 RJ45 RJ45 PH8 IN3 1NLPT1	1NCOM1	HT48 1N1
BP361	BP360	BP333	BP333	BP333	BP333		BP321	BP320	BP331

单元 8	单元 7	单元 6	单元 5	差动主机	单元 4	单元 3	单元 2	单元 1	分段闭锁	光耦
HT48 2N11	HT48 2N10	HT48 2N9	HT48 2N8	2NCOM4	HT48 2N6	HT48 2N5	HT48 2N4	HT48 2N3	HT48 2N2	HT48 2N1
BP330	BP330	BP330	BP330	BP320	BP330	BP330	BP330	BP330	BP332	BP331

电压互感器	电流互感器 6	电流互感器 5	电流互感器 4	电流互感器 3	电流互感器 2	电流互感器 1
JD24 3N7	JD24 3N6	JD24 3N5	JD24 3N4	JD24 3N3	JD24 3N2	JD24 3N1
BP311	BP310	BP310	BP310	BP310	BP310	BP310

图 1-1-68 机箱背视图

各插件的含义见表 1-1-47。

表 1-1-47 各插件含义

插件型号	含义
BP320	主机插件（保护元件和闭锁元件通用 CPU）
BP321	管理机插件（液晶控制和驱动模块、键盘输入电路和串口通信电路，以实现人机交互、打印报告并通过它接入变电站监控系统）
BP330	保护单元插件（集成了三个间隔单元的刀闸辅助接点输入、失灵启动接点输入、电流量输入电路，保护跳闸出口回路、闭锁高频、闭锁重合闸接点输出电路）
BP331	光耦输入、输出和电源检测插件（实现公共开关量输入、输出，保证微机系统与外回路的光电隔离，同时实现对装置直流电源的检测）
BP332	电压闭锁插件（为实现各保护的分段复合电压闭锁而设）
BP333	出口信号、告警信号插件（以继电器接点的方式输出装置的出口信号和告警信号，输入 6 路由光耦插件来的驱动信号至继电器动作线圈，输入由保护主机控制的复归信号至继电器的复归线圈）
BP310	辅助电流互感器插件（可输入 3×4 路交流电流量，经采样电阻输出采样电压至保护单元插件）
BP311	辅助电压互感器插件（可输入 3×4 路交流电压量，独立的次级线圈分别输出至保护主机和闭锁主机）

续表

插件型号	含　义
BP360 BP361	电源模块插件（电源插件搭载有4个独立的模块化电源——保护元件电源、闭锁元件电源、管理机电源和24V操作电源。其中保护元件电源与闭锁元件电源是可以互换的。每一电源模块都有一船形小开关）
TY122	以太网口转换插件（装置对外提供三个独立TCP/IP以太网接口时，需配置专用插件：以太网口转换模块TY122）

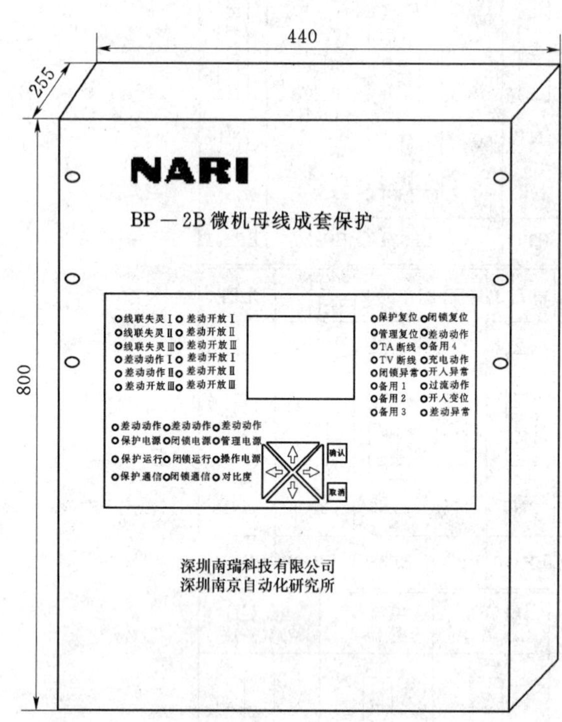

图1-1-69　机箱尺寸和面板布置图（单位：mm）

（三）装置面板说明

图1-1-69是机箱尺寸和面板布置图。

操作密码：800。

按键说明：见表1-1-48。

液晶显示器（LCD）：以数字和图形方式显示装置信息。它主要由三层界面构成：主界面，一级界面，二级界面。主界面显示主接线图和装置状态信息；一级界面显示菜单列表及说明；二级界面显示菜单各选项的详细内容。

指示灯：（1）液晶右侧的两列红色指示灯，分别为装置的出口信号灯和告警信号灯。信号灯为自保持，由屏侧的“复归按钮”复归。告警信号灯及原因分析见表1-1-49。

（2）液晶左侧的两列红色指示灯，分别受保护主机和闭锁主机控制。最左边这一列为差动保护/母联失灵保护、失灵保护的分段动作信号；右边这一列为差动复合电压、失灵复合电压的闭锁分段开放信号。装置一般考虑三个母线段，即有：差动动作/母联失灵Ⅰ、差动动作/母联失灵Ⅱ、差动动作/母联失灵Ⅲ、失灵动作Ⅰ、失灵动作Ⅱ、失灵动作Ⅲ，差动开放Ⅰ、差动开放Ⅱ、差动开放Ⅲ、失灵开放Ⅰ、失灵开放Ⅱ、失灵开放Ⅲ共12个指示灯。后6个指示灯不带自保持。

（3）键盘左侧的三列绿色指示灯，分别表示保护元件、闭锁元件和管理机的电源、运行、通信状态，指示灯闪亮表示相应回路正常。每列指示灯下方的隐藏按钮，是各自的复位按钮。

装置状态指示灯与按钮介绍见表1-1-50。

表1-1-48　按　键　说　明

上、下、左、右键	只在本层界面内改变显示内容
确认键	各层界面之间的切换。如装置通电后，液晶显示主界面。按确认键进入一级界面，再按确认键可进入二级界面
取消键	各层界面之间的切换，如若当前显示二级界面，按取消键退回一级界面，再按取消键退至主界面

表1-1-49　告警信号灯及原因分析

告警信号灯	可　能　原　因
TA断线	流互的变比设置错误、流互的极性接反、接入母差装置的流互断线、其他持续使差电流大于TA断线门坎定值的情况时点亮红色指示灯
TV断线	电压相序接错、压互断线或检修、母线停运、保护元件电压回路异常的情况时点亮红色指示灯
互联	母线互联：母线处于经刀闸互联状态或投入互联压板、保护控制字中，强制母线互联设为“投”、母联TA断线的情况时点亮红色指示灯
开入异常	刀闸辅接点与一次系统不对应、失灵接点误启动、主变失灵解闭锁误启动、联络开关常开与常闭接点不对应、误投“母线分裂运行”压板的情况时点亮红色指示灯
开入变位	刀闸辅接点变位、联络开关接点变位、失灵启动接点变位的情况时点亮红色指示灯
出口退出	保护控制字中出口接点被设为退出状态情况时点亮红色指示灯
保护异常	保护元件硬件故障情况时点亮红色指示灯
闭锁异常	闭锁元件硬件故障情况时点亮红色指示灯
备用信号	备用

表 1-1-50　　状态指示灯与按钮介绍

保护电源	保护元件使用的＋5V、±15V 电平正常	闭锁复位	内藏按钮、正直按下使闭锁主机复位
保护运行	保护主机正常上电、开始运行保护软件	管理电源	管理机与液晶显示使用的＋5V 电平正常
保护通信	保护主机正与管理机进行通信		
保护复位	内藏按钮、正直按下使保护主机复位	操作电源	操作回路使用的＋24V 电平正常
闭锁电源	闭锁元件使用的＋5V、±15V 电平正常	对比度	内藏旋钮，平口起左右旋转可调节液晶显示对比度
闭锁运行	闭锁主机正常上电、开始运行保护软件		
闭锁通信	闭锁主机正与管理机进行通信	管理复位	内藏按钮、正直按下使管理机复位

（四）保护运行液晶显示说明

（1）装置通电后，装置正常运行时，主界面分上、下两个窗口，上窗口显示模拟主接线图，下窗口显示装置状态信息。图 1-1-70 以 5 个单元的双母线接线为例。

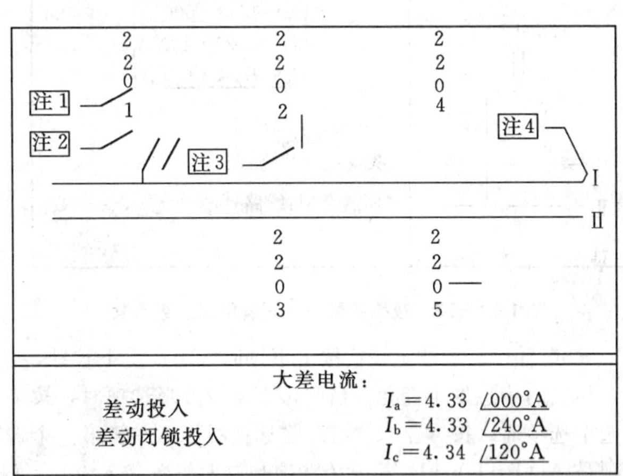

图 1-1-70　液晶主界面

注　1. 此数字一般为间隔单元断路器的 4 位编号。
2. 母联断路器状态，空心为断；实心为合。
3. 刀闸辅助接点状态，斜线为断；直线为合。
4. 母线编号。

母线各间隔单元的顺序按如图所示的编号排列，第 1 间隔一般为母联。在主界面下，当刀闸或母联的断路器状态发生变化时，模拟接线会实时刷新。

主界面的下窗口的显示内容有差动保护投退，失灵保护投退，充电和过流保护投退，自检结果和定值组别，差流和电压值。正常运行时，以上内容在下半窗口定时循环切换，时间间隔是 6s。也可按“上下”键或“左右”键时，手动切换显示内容。

当保护动作时，主界面的下窗口显示动作信息（如Ⅰ母差动动作）。

按“确认”键进入一级菜单。在每级菜单里都有提示性语句，提示相应的操作。

它分为两个窗口，上窗口是菜单列表，下窗口是菜单选项的说明。菜单有 5 列：查看、参数、整定、预设和自检。菜单选项在菜单列表中显示。右上角的“装置运行”（“装置调试”、“通信中断”）表示当前的运行状态：当保护元件和闭锁元件都投入运行时，显示为装置运行；当任一元件无法正常出口动作时（如自检异常、出口退出），显示为装置调试；当管理机无法与保护主机或闭锁主机联系上时，显示通信中断，此时界面显示的数据和状态可能无法实时刷新。

阴影部分表示光标所在位置。当按“上下”键时，光标随按键在菜单列表内上下循环移动。当按“左右”键时，光标随按键左右循环移动。光标移动时，屏幕下半窗口的菜单选项说明做相应的变动。

显示保护单元的刀闸位置、电流量、电压量、TA 变比、失灵接点状态。

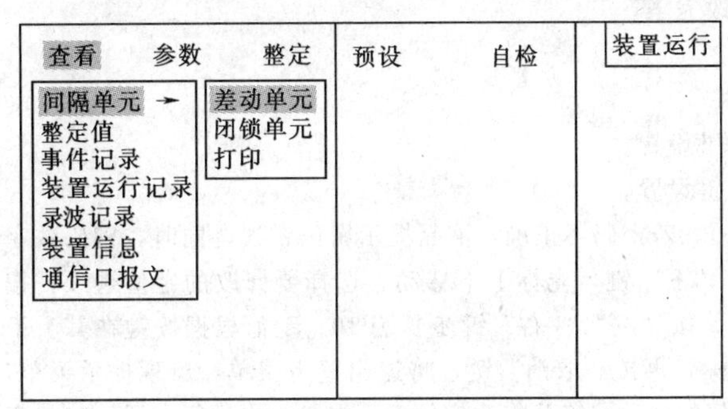

图 1-1-71　液晶一级界面

一级界面按确认键后进入二级界面。它分为两个窗口，上半窗口是所要显示的菜单项目，下半窗口是显示内容。当要修改数据或参数时，先按左右或上下键，将光标移动到要修改的数据或参数下，按确认键，光标由下划线变为阴影，此时按左右或上下键修改数据或参数，修改结束后，按确认键，光标由阴影变为下划线，此时按左右或上下键光标会作相应移动。见图 1-1-71。

● 查看——间隔单元——差动单元：下半窗口左侧显示内容为单元接线图，所示为该间隔单元运行在哪一支母线上，右侧显示，该间隔单元的变化、失灵接点通断状态、间隔类型及其三相电流大小幅值及相角信息。

● 查看——间隔单元——保护单元：按右键时，显示单元 1 至单元 N（假设双母线，共有 N 个单元），大差、Ⅰ母小差、Ⅱ母小差、Ⅰ母电压、Ⅱ母电压的信息。以上部分循环显示。按左键时逆向显示（界面如图 1-1-72、1-1-73 所示）。

● 查看——间隔单元——闭锁单元：按右键时，显示Ⅰ母电压、Ⅱ母小差、其他变量。循环显示方式同上。

● 查看——整定值：按左右键，阴影部分显示定值组别在 0 和 1 之间切换。按上下键，整定值根据保护类别切换显示。此项菜单只能查看定值，不影响保护运行。

● 查看——事件记录：记录最近 32 次事件信息，最近一次为第一次。每屏显示 4 次记录。按上下键循环切换显示事件信息。

● 查看——装置运行记录：包含详细的装置运行过程记录，每个选项记录 32 次信息。按键操作同上。其中：

自检记录：记录自检出错原因及自检时间。自检原因用数字表示如“12　1”表示保护主机插件的定值区出错，其中，第一位数字表示元件名称（1：保护元件；2：闭锁元件；3：管理元件）；第二位数字表示自检内容（对应自检菜单中的选项，如 1：RAM 区；2：定值区等。）；第三位数字表示自检错误的插件编号。

通信无响应：记录管理机与保护主机或管理机与闭锁主机之间通信中断的时间。

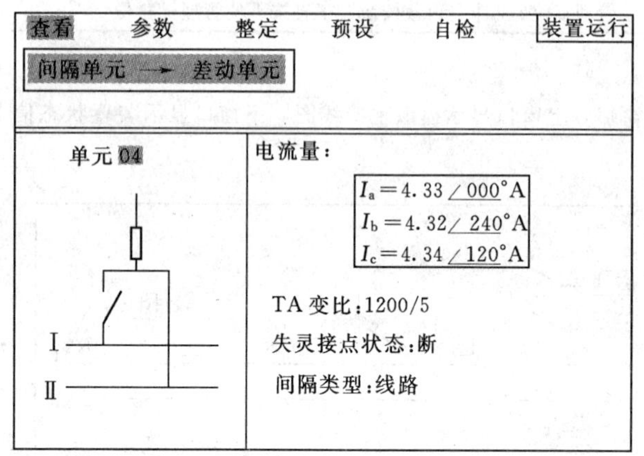

图 1-1-72　液晶查看——间隔单元二级界面

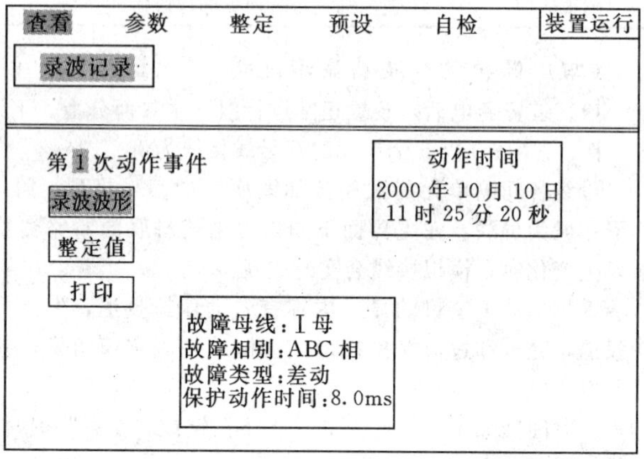

查看　参数　整定　预设　自检　装置运行

录波记录

第 1 次动作事件

录波波形

整定值

打印

动作时间
2000 年 10 月 10 日
11 时 25 分 20 秒

故障母线：Ⅰ母
故障相别：ABC 相
故障类型：差动
保护动作时间：8.0ms

图 1-1-73　液晶查看——录波记录二级界面

● 查看——录波记录：按上下键时，阴影上下移动，在录波次数上，按“左”、“右”键，录波次数发生改变，同时，相应的信息发生变化。当阴影在录波波形选项时，按确认键，进入录波波形界面，左侧的阴影可以上下移动。当阴影选中选项时，按“左”、“右”键选择图形。左侧第一个选项是第 * 单元电流（差流，母线电压，动作脉冲），第二个选项是 A（B，C）相，第三个选项是放大倍数（ * 级），每按一次“左”键或“右”键，级数减或加 1，对应的图形缩小或放大 2 倍。当级数变为 0 时，所对应的图形不显示。最大级数为 9 级。最后一个选项是时标，单位是毫秒，每按一次“左”键或“右”键，时标向左或右移动一个周波，每个录波图形有 10 个周波。按“取消”键时，界面由录波图形退至录波记录界面。当阴影在整定值选项时，按“确认”键，进入整定值界面，显示动作时刻的整定值。按取消键退出此界面。当阴影在打印选项时，按确认键，开始打印录波图形。

● 查看——装置信息：显示本装置信息。

● 参数——运行方式设置：强制各单元的刀闸位置。将光标移至要强制的选项，按“确认”键，光标变为阴影，按“左”、“右”键进行修改，完毕后，选择确认，执行强制操作。

● 参数——保护控制字：按“左”、“右”键直接设置。

● 参数——装置时钟设置：将光标移至要修改的时间选项，按“确认”键，光标变为阴影，按“上”、“下”键进行修改，完毕后，按“确认”键，阴影变为光标，装置时间修改完毕。

● 参数——波特率设置：按“上”、“下”键设置。

● 参数——自动打印设置：按“左”、“右”键设置。

● 参数——网络参数设置：按“上”、“下”、“左”、“右”键设置。

● 参数——通讯参数设置：按“上”、“下”、“左”、“右”键设置。

● 整定——在进入整定菜单之前，需输入密码（打印除外）。若密码不正确，液晶提示密码错误，同时，密码数字清零，正确输入密码后，开始整定定值组别和定值。按“上”、“下”键，光标上下移动。选择要修改的定值选项，按“确认”键，光标变为阴影，此时，按“上”、“下”键步长为 1，按“左”、“右”键步长为 10。定值根据按键在其上下限内调整。定值修改完毕后，按“确认”键，阴影部分变为光标，再按“取消”键，将退出整定菜单，出现提示菜单，若选择确认，表示确认定值的修改；若选择退出，表示取消定值的修改。确认修改定值后，保护退出运行，开始整定定值，整定成功后，保护投入运行。

● 预设——相位基准：按“确认”键后，选择第 * 单元的 A 相电流或第 * 段母线电压的 A 相电压作为基准。确认后，装置的电流和电压都以其为标准显示。

● 预设——母线编号：母线的编号可根据用户的需要在Ⅰ至Ⅹ之间任意选择。操作同上。

● 预设——间隔设置：设置各单元的编号、TA 变化、单元类型。选中单元编号，按“确认”键后，按动任意键，单元编号中对应位的符号将由 0 至 9、A 至 Z 循环递增，步长为 1（其中上键对应个位，下键对应十位，左键对应千位，右键对应百位）。选中TA变比，按“确认”键后，按“上”、“下”键步长为50，按“左”、“右”键步长为1000，选择相应的TA变化。

(2) 当保护动作时，主界面的下窗口显示动作信息（如Ⅰ母差动动作）。

（五）保护装置菜单说明

1. 菜单目录树

装置菜单目录结构见图1-1-74。

- 查看
  - 间隔单元
    - 保护间隔：电流量的幅值和相角，刀闸辅助接点状态，失灵接点状态，TA变比，间隔类型
    - 闭锁间隔：电压量的幅值和相角，母线投入状态
    - 打印：以上信息可以打印
  - 整定值（只能查看，不能整定）
    - 差动保护
    - 失灵保护
    - 母联失灵保护
    - 母联充电保护
    - 母联过流保护
    - TA断线
    - 打印
  - 事件记录（记录最近发生的32次事件的时间和事件名称。）
  - 装置运行记录（在各个选项中分别记录最近发生的32次装置运行的相关内容）
    - 上电时间
    - 失电时间
    - 自检记录
    - 通信无响应
    - 保护投入时间
    - 保护退出时间
    - 差动越限记录
    - 电压波动记录
    - 和电流突变记录
    - 装置告警记录
    - 定值整定记录
    - 预设修改记录
    - 信号复归记录
    - 装置闭锁记录
    - 运行方式变化
  - 录波记录（记录最近6次保护动作的故障信息及录波图形）
  - 装置信息（显示母线主接线，电压等级，额定参数，软件版本及校验码等）
  - 通信口报文（显示装置的串口通信报文）
- 参数
  - 运行方式设置（刀闸辅助接点的强制状态设置，如果不选择强制状态，可选择自动识别方式）
  - 保护控制字（设置定值组别，母线强制互联状态，投充电保护时是否退差动保护。保护出口接点是否投入）
  - 波特率设置（设置管理机与主控进行串口通信的速率）
  - 装置时钟设置
  - 自动打印设置（选择自动打印还是手动打印）
  - 网络参数设置（设置装置与主控的通信时，是否上传保护动作返回报文）
  - 通信参数设置（设置装置与主控通信的通信地址）
- 整定
  - 整定定值组别
  - 差动保护定值
  - 失灵保护定值
  - 母联失灵保护
  - 母联充电保护
  - 母联过流保护
  - TA断线定值
  - 打印
  - 预设
    - 相位基准
    - 母线编号
    - 间隔设置
- 自检
  - 保护元件：差动单元：数据区，定值区，通信串口，中断及时钟，A/D转换通道，装置出口接点状态
  - 闭锁元件：闭锁单元：数据区，定值区，通信串口，中断及时钟，A/D转换通道，装置出口接点状态
  - 管理元件：数据区，通信串口，中断及时钟
  - 强制自检：保护复位时，装置执行全面自检。自检结束且无异常后，保护投入运行

图1-1-74 装置菜单目录

2. 菜单各功能介绍

(1) 定值查询、打印。

在查看——整定值选项中只能查看或打印本装置已整定的保护定值。

(2) 故障报告、事故报告查询打印。

在查看——录波记录选项中按“上”、“下”键时，阴影上下移动；在录波次数上，按“左”、“右”键，录波次数发生改变，同时，相应的信息发生变化。当阴影在录波波形选项时，按“确认”键，进入录波波形界面，左侧的阴影可以上下移动。当阴影选中选项时，按“左”、“右”键选择图形。左侧第一个选项是第 * 单元电流（差流，母线电压，动作脉冲），第二个选项是 A（B，C）相，第三个选项是放大倍数（ * 级），每按一次“左”键或“右”键，级数减或加 1，对应的图形缩小或放大 2 倍。当级数变为 0 时，所对应的图形不显示。最大级数为 9 级。最后一个选项是时标，单位是 ms，每按一次“左”键或“右”键，时标向左或右移动一个周波，每个录波图形有 10 个周波。按“取消”键时，界面由录波图形退至录波记录界面。当阴影在整定值选项时，按“确认”键，进入整定值界面，显示动作时刻的整定值。按取消键退出此界面。当阴影在打印选项时，按确认键，开始打印录波图形。

(3) 采样查询。

进入“查看”子菜单，间隔单元：实时显示各保护单元的电流量的幅值和相角、刀闸辅助接点状态、失灵接点状态、TA 变比、间隔类型、闭锁单元的电压量的幅值和相角、母线投入状态。以上信息可以打印。

(4) 定值区切换。

本装置的保护定值分为两个区，由定值组别进行切换。若整定保护定值，经确认后，保护将退出运行，整定成功后，系统软件将自动复位，经自检正常，保护投入运行。若整定保护定值组别，软件将自动完成定值的切换，而不影响保护的正常运行。

定值整定操作密码：“800”。

（六）保护装置部件投退说明

1. 压板说明

表 1-1-51 是装置压板说明。

表 1-1-51 装置压板说明

压板名称	功能说明	投退说明
母联开关跳闸出口一压板	出口压板	需要出口一跳母联时投入该压板
母联开关跳闸出口二压板	出口压板	需要出口二跳母联开关时投入该压板
1 号主变高压侧开关跳闸出口一压板	出口压板	需要出口一跳 1 号主变高压侧时投入该压板
1 号主变高压侧开关跳闸出口二压板	出口压板	需要出口二跳 1 号主变高压侧时投入该压板
2 号主变高压侧开关跳闸出口一压板	出口压板	需要出口一跳 2 号主变高压侧时投入该压板
2 号主变高压侧开关跳闸出口二压板	出口压板	需要出口二跳 2 号主变高压侧时投入该压板
旁路开关跳闸出口一压板	出口压板	需要出口一跳旁路开关时投入该压板
旁路开关跳闸出口二压板	出口压板	需要出口二跳旁路开关时投入该压板
线路 1 开关跳闸出口一压板	出口压板	需要出口一跳线路 1 开关时投入该压板
线路 1 开关跳闸出口二压板	出口压板	需要出口二跳线路 1 开关时投入该压板
线路 2 开关跳闸出口一压板	出口压板	需要出口一跳线路 2 开关时投入该压板
线路 2 开关跳闸出口二压板	出口压板	需要出口二跳线路 2 开关时投入该压板
线路 3 开关跳闸出口一压板	出口压板	需要出口一跳线路 3 开关时投入该压板
线路 3 开关跳闸出口二压板	出口压板	需要出口二跳线路 3 开关时投入该压板
线路 4 开关跳闸出口一压板	出口压板	需要出口一跳线路 4 开关时投入该压板
线路 4 开关跳闸出口二压板	出口压板	需要出口二跳线路 4 开关时投入该压板
线路 5 开关跳闸出口一压板	出口压板	需要出口一跳线路 5 开关时投入该压板
线路 5 开关跳闸出口二压板	出口压板	需要出口二跳线路 5 开关时投入该压板
线路 6 开关跳闸出口一压板	出口压板	需要出口一跳线路 6 开关时投入该压板
线路 6 开关跳闸出口二压板	出口压板	需要出口二跳线路 6 开关时投入该压板
线路 7 开关跳闸出口一压板	出口压板	需要出口一跳线路 7 开关时投入该压板
线路 7 开关跳闸出口二压板	出口压板	需要出口二跳线路 7 开关时投入该压板
线路 8 开关跳闸出口一压板	出口压板	需要出口一跳线路 8 开关时投入该压板
线路 8 开关跳闸出口二压板	出口压板	需要出口二跳线路 8 开关时投入该压板

续表

压 板 名 称	功 能 说 明	投 退 说 明
线路 9 开关跳闸出口一压板	出口压板	需要出口一跳线路 9 开关时投入该压板
线路 9 开关跳闸出口二压板	出口压板	需要出口二跳线路 9 开关时投入该压板
线路 10 开关跳闸出口一压板	出口压板	需要出口一跳线路 10 开关时投入该压板
线路 10 开关跳闸出口二压板	出口压板	需要出口二跳线路 10 开关时投入该压板
线路 11 开关跳闸出口一压板	出口压板	需要出口一跳线路 11 开关时投入该压板
线路 11 开关跳闸出口二压板	出口压板	需要出口二跳线路 11 开关时投入该压板
线路 12 开关跳闸出口一压板	出口压板	需要出口一跳线路 12 开关时投入该压板
线路 12 开关跳闸出口二压板	出口压板	需要出口二跳线路 12 开关时投入该压板
线路 13 开关跳闸出口一压板	出口压板	需要出口一跳线路 13 开关时投入该压板
线路 13 开关跳闸出口二压板	出口压板	需要出口二跳线路 13 开关时投入该压板
线路 14 开关跳闸出口一压板	出口压板	需要出口一跳线路 14 开关时投入该压板
线路 14 开关跳闸出口二压板	出口压板	需要出口二跳线路 14 开关时投入该压板
母联开关失灵启动压板	功能压板	需要使用母联开关失灵启动功能时投入该压板
1 号主变高压侧开关失灵启动压板	功能压板	需要使用 1 号主变高压侧开关失灵启动功能时投入该压板
2 号主变高压侧开关失灵启动压板	功能压板	需要使用 2 号主变高压侧开关失灵启动功能时投入该压板
旁路开关失灵启动压板	功能压板	需要使用旁路开关失灵启动功能时投入该压板
线路 1 开关失灵启动压板	功能压板	需要使用线路 1 开关失灵启动功能时投入该压板
线路 2 开关失灵启动压板	功能压板	需要使用线路 2 开关失灵启动功能时投入该压板
线路 3 开关失灵启动压板	功能压板	需要使用线路 3 开关失灵启动功能时投入该压板
线路 4 开关失灵启动压板	功能压板	需要使用线路 4 开关失灵启动功能时投入该压板
线路 5 开关失灵启动压板	功能压板	需要使用线路 5 开关失灵启动功能时投入该压板
线路 6 开关失灵启动压板	功能压板	需要使用线路 6 开关失灵启动功能时投入该压板
线路 7 开关失灵启动压板	功能压板	需要使用线路 7 开关失灵启动功能时投入该压板
线路 8 开关失灵启动压板	功能压板	需要使用线路 8 开关失灵启动功能时投入该压板
线路 9 开关失灵启动压板	功能压板	需要使用线路 9 开关失灵启动功能时投入该压板
线路 10 开关失灵启动压板	功能压板	需要使用线路 10 开关失灵启动功能时投入该压板
线路 11 开关失灵启动压板	功能压板	需要使用线路 11 开关失灵启动功能时投入该压板
线路 12 开关失灵启动压板	功能压板	需要使用线路 12 开关失灵启动功能时投入该压板
线路 13 开关失灵启动压板	功能压板	需要使用线路 13 开关失灵启动功能时投入该压板
线路 14 开关失灵启动压板	功能压板	需要使用线路 14 开关失灵启动功能时投入该压板
过流保护投入压板	功能压板，母联（分段）过流保护可以作为母线解列保护，也可以作为线路（变压器）的临时应急保护	需要使用母联（分段）开关过流保护功能时投入该压板
充电保护投入压板	功能压板，分段母线其中一段母线停电检修后，可以通过母联（分段）开关对检修母线充电以恢复双母运行。此时投入母联（分段）充电保护，当检修母线有故障时，跳开母联（分段）开关，切除故障	母线充电以恢复双母运行时投入该压板
互联压板	功能压板，母线上的连接元件倒闸过程中，两条母线经刀闸相连时（母线互联），装置自动转入"母线互联方式"（"非选择方式"）——不进行故障母线的选择，一旦发生故障同时切除两段母线。当运行方式需要时，如母联操作回路失电，也可以投"互联压板"或设定保护控制字中的"强制母线互联"软压板，强制保护进入互联方式	母联操作回路失电，可以投"互联压板"

续表

压板名称	功能说明	投退说明
母线分裂运行压板	功能压板，装置通过自动和手动两种方式判别母线是并列运行还是分裂运行。自动方式是将母联（分断）开关的常开和常闭辅助接点引入装置的端子（若开关的常开和常闭接点不对应，装置默认为开关合，同时发开入异常告警信号）；手动方式是运行人员在母联（分段）开关断开后，投“母线分裂压板”，在合母联（分段）开关前，退出该压板。手动操作分裂压板必须注意操作顺序。以上两种方式中，手动方式优先级最高。即：若投“母线分裂压板”，装置认为母线分裂运行；若退“母线分裂压板”，装置根据自动方式判别母线运行状态	在母联（分段）开关断开后，投“母线分裂压板”，在合母联（分段）开关前，退出该压板
主变失灵解闭锁压板	功能压板，设置“主变失灵解闭锁”的开入接点。当该支路失灵保护启动接点和“主变失灵解闭锁”的开入接点同时动作，实现解除该支路所在母线的失灵保护电压闭锁	需要使用主变失灵解闭锁功能时投入该压板

2. 复归按钮、控制把手说明

“复归按钮”RT：在元器件门侧安装，作用是当液晶右侧的两列红色指示灯亮时，分别为装置的出口信号灯和告警信号灯。出口信号包括差动动作、失灵动作、充电保护、母联过流和备用信号等。每一信号灯点亮分别对应一种保护功能出口动作，同时装置相应的中央信号接点（自保持）、远动接点和启动录波接点一起闭合。告警信号的名称、含义如下表所列，每一告警信号也可引出相应的自保持（1对）和不带自保持（2对）接点。信号灯为自保持，由屏侧的“复归按钮”复归。

“保护切换把手”QB：保护切换把手则是方便运行人员投退差动保护和失灵出口时使用，分别有三种方式：“差动退，失灵投”位置、“差动投，失灵退”位置、“差动投，失灵投”位置。

（七）装置故障信息解析

装置故障信息解析见表1-1-52。

表1-1-52　装置故障信息

<table>
<tr><th>告警信号</th><th colspan="2">可能原因</th><th>导致后果</th><th>处理方法</th></tr>
<tr><td rowspan="4">TA断线</td><td colspan="2">流互的变比设置错误</td><td rowspan="4">闭锁差动保护</td><td rowspan="4">1. 查看各间隔电流幅值、相位关系；
2. 确认变比设置正确；
3. 确认电流回路接线正确；
4. 如仍无法排除，则建议退出装置，尽快安排检修</td></tr>
<tr><td colspan="2">流互的极性接反</td></tr>
<tr><td colspan="2">接入母差装置的流互断线</td></tr>
<tr><td colspan="2">其他持续使差电流大于TA断线门坎定值的情况</td></tr>
<tr><td rowspan="4">TA断线</td><td colspan="2">电压相序接错</td><td rowspan="4">保护元件中该段母线失去电压闭锁</td><td rowspan="4">1. 查看各段母线电压幅值、相位；
2. 确认电压回路接线正确；
3. 确认电压空气开关处于合位；
4. 操作电压切换把手；
5. 尽快安排检修</td></tr>
<tr><td colspan="2">压互断线或检修</td></tr>
<tr><td colspan="2">母线停运</td></tr>
<tr><td colspan="2">保护元件电压回路异常</td></tr>
<tr><td rowspan="3">互联</td><td rowspan="3">母线互联</td><td>母线处于经刀闸互联状态或投入互联压板</td><td rowspan="3">保护进入非选择状态，大差比率动作则切除互联母线</td><td>确认是否符合当时的运行方式，是则不用干预，否则进入参数——运行方式设置，或退出互联压板，使用强制功能恢复保护与系统的对应关系</td></tr>
<tr><td>保护控制字中，强制母线互联设为“投”</td><td>确认是否需要强制母线互联，否则解除设置</td></tr>
<tr><td>母联TA断线</td><td>尽快安排检修</td></tr>
</table>

续表

告警信号	可能原因	导致后果	处理方法
开入异常	刀闸辅助接点与一次系统不对应	能自动修正则修正否则告警	1. 进入参数——运行方式设置，使用强制功能恢复保护与系统的对应关系； 2. 复归信号； 3. 检查出错的刀闸辅接点输入回路
	失灵接点误启动	闭锁误开入回路失灵启动	1. 断开与错误接点相对应的失灵启动压板； 2. 复归信号； 3. 检查相应的失灵启动回路
	主变失灵解闭锁误启动	误开放主变失灵电压闭锁	1. 断开与错误接点相对应的主变失灵解闭锁开入压板； 2. 复归信号； 3. 检查相应的开入回路
	联络开关常开与常闭接点不对应	默认联络开关处于合位	检查开关接点输入回路
	误投“母线分裂运行”压板	母线分裂运行	检查“母线分裂运行”压板投入是否正确
开入变位	刀闸辅接点变位 联络开关接点变位 失灵启动接点变位	装置响应外部开入量的变化	确认接点状态显示是否符合当时的运行方式，是则复归信号，否则检查开入回路
出口退出	保护控制字中出口接点被设为退出状态	保护只投信号，不能跳出口	装置需要投出口时设置保护控制字
保护异常	保护元件硬件故障	退出保护元件	1. 退出保护装置； 2. 查看装置自检菜单，确定故障原因； 3. 交检修人员处理
闭锁异常	闭锁元件硬件故障	退出闭锁元件	1. 退出保护装置； 2. 查看装置自检菜单，确定故障原因； 3. 交检修人员处理
备用信号	根据具体工程定义		

（八）装置正常工况与异常工况说明

装置正常工况与异常工况说明见表1-1-53。

表1-1-53 装置正常工况与异常工况说明

名称	定义	正常运行状态	异常状态说明
差动动作/母联失灵Ⅰ	Ⅰ段母线差动保护/母联失灵动作信号	不亮	当Ⅰ段母线差动保护动作或母联失灵动作时，“差动动作/母联失灵Ⅰ”灯为红色平光，手动复归后灯灭
差动动作/母联失灵Ⅱ	Ⅱ段母线差动保护/母联失灵动作信号	不亮	当Ⅱ段母线差动保护动作或母联失灵动作时，“差动动作/母联失灵Ⅱ”灯为红色平光，手动复归后灯灭
差动动作/母联失灵Ⅲ	Ⅲ段母线差动保护/母联失灵动作信号	不亮	当Ⅲ段母线差动保护动作或母联失灵动作时，“差动动作/母联失灵Ⅲ”灯为红色平光，手动复归后灯灭
失灵动作Ⅰ	Ⅰ段母线失灵保护的动作信号	不亮	当Ⅰ段母线失灵动作时，“失灵动作Ⅰ”灯为红色平光，手动复归后灯灭
失灵动作Ⅱ	Ⅱ段母线失灵保护的动作信号	不亮	当Ⅱ段母线失灵动作时，“失灵动作Ⅱ”灯为红色平光，手动复归后灯灭
失灵动作Ⅲ	Ⅲ段母线失灵保护的动作信号	不亮	当Ⅲ段母线失灵动作时，“失灵动作Ⅲ”灯为红色平光，手动复归后灯灭
差动开放Ⅰ	Ⅰ段母线差动复合电压的闭锁开放信号	不亮	当Ⅰ段母线差动复合电压的闭锁开放时，“差动开放Ⅰ”灯为红色平光，信号复归后灯灭
差动开放Ⅱ	Ⅱ段母线差动复合电压的闭锁开放信号	不亮	当Ⅱ段母线差动复合电压的闭锁开放时，“差动开放Ⅱ”灯为红色平光，信号复归后灯灭

续表

名　称	定　义	正常运行状态	异　常　状　态　说　明
差动开放Ⅲ	Ⅲ段母线差动复合电压的闭锁开放信号	不亮	当Ⅲ段母线差动复合电压的闭锁开放时，"差动开放Ⅲ"灯为红色平光，信号复归后灯灭
失灵开放Ⅰ	Ⅰ段母线失灵复合电压闭锁开放信号	不亮	当Ⅰ段母线失灵复合电压闭锁开放时，"失灵开放Ⅰ"灯为红色平光，信号复归后灯灭
失灵开放Ⅱ	Ⅱ段母线失灵复合电压闭锁开放信号	不亮	当Ⅱ段母线失灵复合电压闭锁开放时，"失灵开放Ⅱ"灯为红色平光，信号复归后灯灭
失灵开放Ⅲ	Ⅲ段母线失灵复合电压闭锁开放信号	不亮	当Ⅲ段母线失灵复合电压闭锁开放时，"失灵开放Ⅲ"灯为红色平光，信号复归后灯灭
差动动作	差动保护动作信号	不亮	当差动保护动作时，"差动动作"灯为红色平光，信号复归后灯灭
失灵动作	失灵动作信号	不亮	当失灵动作时，"失灵动作"灯为红色平光，信号复归后灯灭
充电动作	充电保护动作信号	不亮	当充电保护动作时，"充电保护"灯为红色平光，信号复归后灯灭
过流动作	母联过流保护动作信号	不亮	当母联过流保护动作时，"母联过流"灯为红色平光，信号复归后灯灭
TA 断线	TA 断线信号	不亮	当流互的变比设置错误、流互的极性接反、接入母差装置的流互断线、其他持续使差电流大于 TA 断线门坎定值的情况时为红色平光，信号手动复归后灯灭
TV 断线	TV 断线信号	不亮	当电压相序接错、压互断线或检修、母线停运、保护元件电压回路异常的情况时为红色平光，信号手动复归后灯灭
互联	母线互联状态信号	不亮	当母线互联：母线处于经刀闸互联状态或投入互联压板、保护控制字中，强制母线互联设为"投"、母联 TA 断线的情况为红色平光，信号手动复归后灯灭
开入异常	开入异常信号	不亮	当刀闸辅接点与一次系统不对应、失灵接点误启动、主变失灵解闭锁误启动、联络开关常开与常闭接点不对应、误投"母线分裂运行"压板的情况为红色平光，信号手动复归后灯灭
开入变位	开入变位信号	不亮	当刀闸辅接点变位、联络开关接点变位、失灵启动接点变位的情况时为红色平光，信号手动复归后灯灭
出口退出	保护控制字中出口接点退出状态信号	不亮	当保护控制字中出口接点被设为退出状态情况时为红色平光，信号手动复归后灯灭
保护异常	保护元件硬件异常信号	不亮	当保护元件硬件故障情况时为红色平光，信号手动复归后灯灭
闭锁异常	闭锁元件硬件异常信号	不亮	当闭锁元件硬件故障情况时为红色平光，信号手动复归后灯灭
保护电源	保护元件使用的＋5V、±15V电平电源监视信号	闪亮	当保护元件使用的＋5V、±15V电平正常时为绿色闪光，当不正常时灯灭
保护运行	保护主机正常运行监视信号	闪亮	当保护主机正常上电、开始运行保护软件正常时为绿色闪光，当不正常时灯灭
保护通信	保护主机正与管理机进行通信监视信号	闪亮	当保护主机正与管理机进行通信正常时为绿色闪光，当不正常时灯灭
闭锁电源	闭锁元件使用的＋5V、±15V电平电源监视信号	闪亮	当闭锁元件使用的＋5V、±15V 电平正常时为绿色闪光，当不正常时灯灭
闭锁运行	闭锁主机正常运行监视信号	闪亮	当闭锁主机正常上电、开始运行保护软件正常时为绿色闪光，当不正常时灯灭
闭锁通讯	闭锁主机正与管理机进行通信监视信号	闪亮	当闭锁主机正与管理机进行通信正常时为绿色闪光，当不正常时灯灭
管理电源	管理机与液晶显示使用的＋5V 电平电源监视信号	闪亮	当管理机与液晶显示使用的＋5V 电平正常时为绿色闪光，当不正常时灯灭
操作电源	操作回路使用的＋24V 电平电源监视信号	闪亮	当操作回路使用的＋24V 电平正常时为绿色闪光，当不正常时灯灭

（九）填写说明

（1）填写范围包括装置面板显示灯、屏柜显示灯。

（2）灯种类包括电源灯、运行灯、告警灯、信号灯、通信灯等。

（3）重点对其什么颜色、闪光、平光、点亮、灯灭情况进行叙述。

（4）各种灯的状态应分正常、异常、保护动作等情况进行叙述。

（十）生产厂家

深圳南瑞科技有限公司。

十、RCS—915AB 系列保护装置

（一）装置功能概述

1. 保护功能整体描述

RCS—915AB 型微机母线保护装置设有母线差动保护、母联充电保护、母联死区保护、母联失灵保护、母联过流保护、母联非全相保护、分段失灵保护、启动分段失灵以及断路器失灵保护等功能。

2. 保护装置 CPU 描述

装置核心部分采用 Mortorola 公司的 32 位单片微处理器 MC68332，主要完成保护的出口逻辑及后台功能，保护运算采用 AD 公司的高速数字信号处理（DSP）芯片，使保护装置的数据处理能力大大增强。装置采样率为每周波 24 点，在故障全过程对所有保护算法进行并行实时计算。

3. 其他功能描述

RCS—915AB 型微机母线保护装置，适用于各种电压等级的双母双分段主接线方式，由两套装置完成双母双分段母线的保护。每套装置对应的母线上允许所接的线路与元件数最多为 21 个（包括母联和分段），并可满足有母联兼旁路运行方式主接线系统的要求。装置允许 TA 变比不同，TA 调整系数可以整定。

4. 保护主要参数

母差保护与失灵保护有 4 套定值可供切换。装置参数与系统参数不分区，只有一套定值。TV 二次额定电压固定取为 57.7V；TA 二次额定电流取基准变比的电流互感器的二次额定电流。装置要求没有用到的支路 TA 调整系数整定为 0。

（二）装置插件结构图简介

图 1-1-75 是装置端子布置图（背视）。

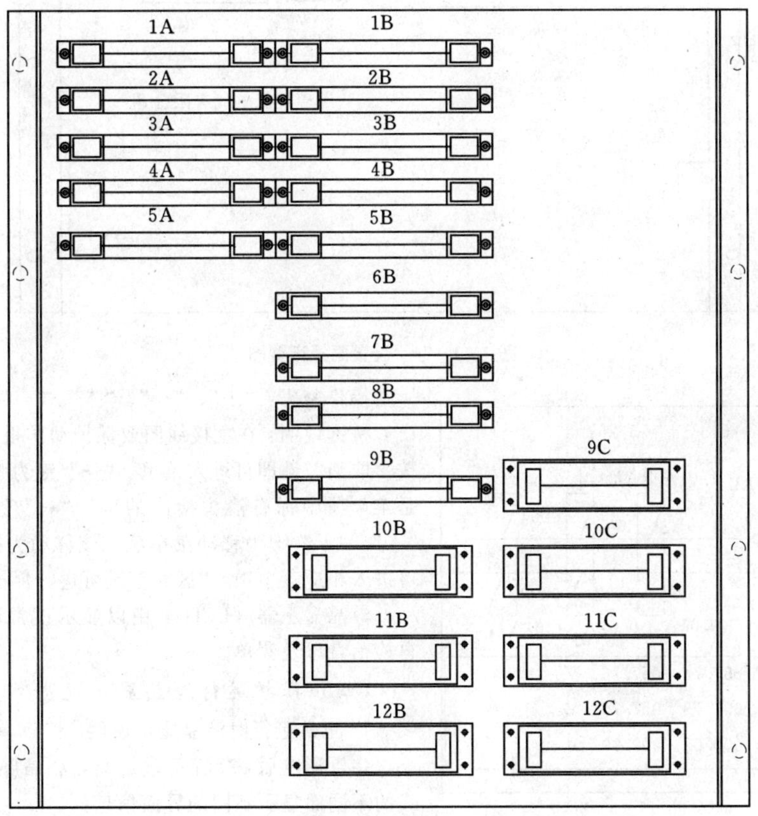

图 1-1-75　装置端子布置图（背视）

端子注释：

1A～4A——刀闸位置开入。

5A——装置信号输出。

1B～3B——线路跳闸出口。

5B——母联跳闸出口。

6B——弱电开入。

7B、8B——通信回路。

9B——母线电压。

10B～12B——各单元电流。

9C～12C——各单元电流。

（三）装置面板说明

图 1－1－76 是装置面板布置图。

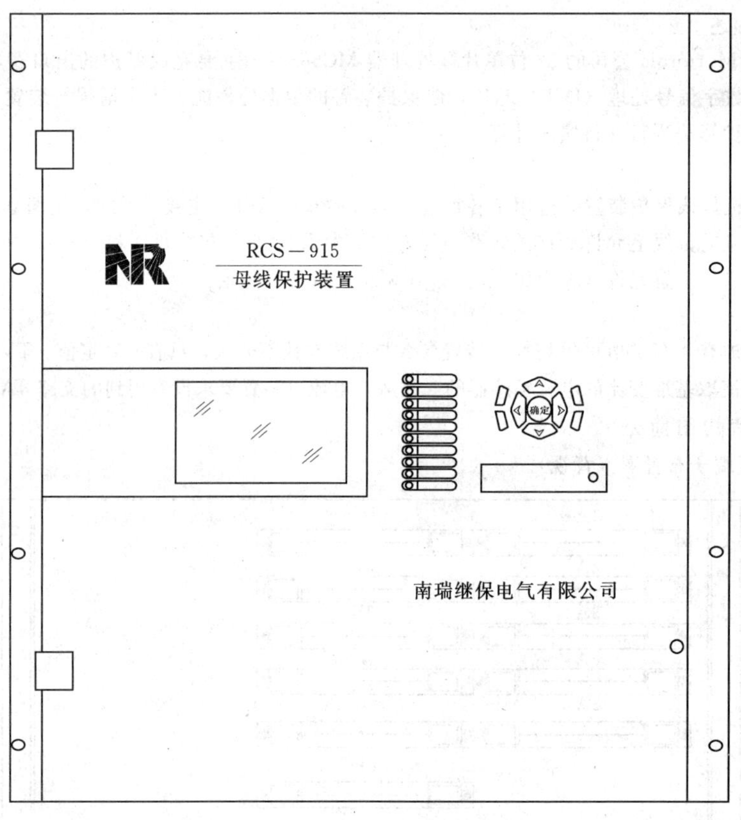

图 1－1－76　装置面板布置图

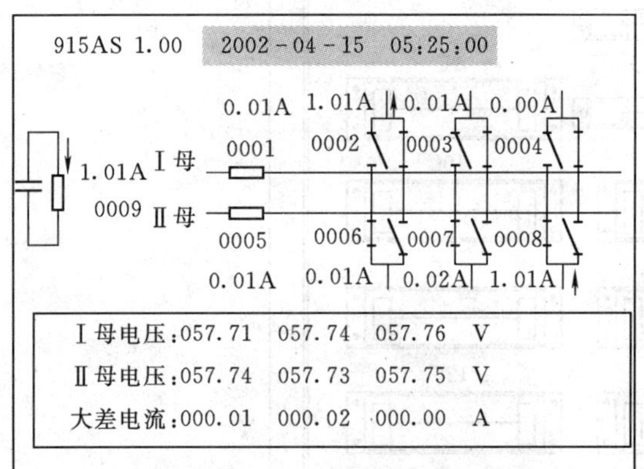

图 1－1－77　双母主接线

操作密码：“＋”、“←”、“↑”、“－”。

按键说明：在主接线图或保护动作报告或自检报告状态下，按“取消”键即可进入菜单。“→”键为弹出下一级菜单（必须是菜单项中标有箭头指向的），“←”键为回到前一级菜单，“↑”、“↓”键为移动菜单项，该移动为循环移动。“确认”键可进入相应菜单项。“区号”键可进行保护定值区切换。

液晶显示器（LCD）：用以显示正常运行状态、跳闸报告、自检信息以及菜单。

（四）保护运行液晶显示说明

1. 正常运行时液晶显示说明

装置通电后，装置正常运行，液晶屏幕将根据系统运行方式的不同而显示不同的界面信息：

（1）双母主接线方式，显示界面见图 1－1－77。

（2）单母运行方式，显示界面见图 1-1-78。

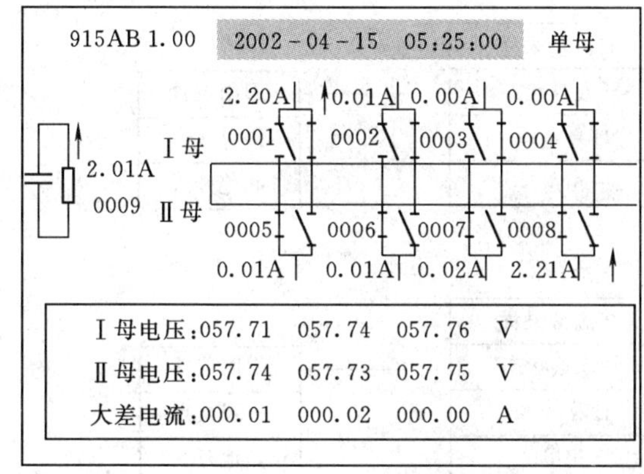

图 1-1-78　单母运行方式

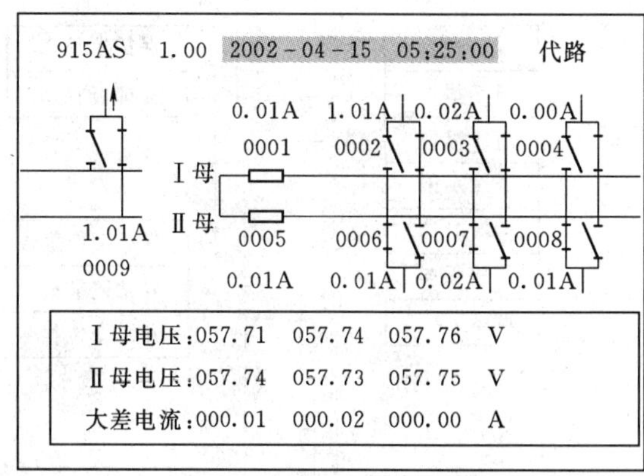

图 1-1-79　投母联兼旁路

在双母主接线方式投单母运行的情况下，同双母线运行方式相比，图形的上面右侧出现“单母”的汉字指示，同时，在图形中部的主接线图中的两条母线被连接在了一起；其余的各内容同双母线。

（3）投母联兼旁路，显示界面见图 1-1-79。

此时图形中间的分段开关则变为代路显示形式，且图形上面右侧出现汉字“代路”指示。上图则是指明了当前分段开关是通过右侧母线代路。

2. 保护动作时液晶显示说明

当保护动作时，液晶屏幕自动显示最新一次保护动作报告，再根据当前是否有自检报告，液晶屏幕将可能显示以下两种界面。

（1）保护动作报告和自检报告同时存在，界面见图 1-1-80。

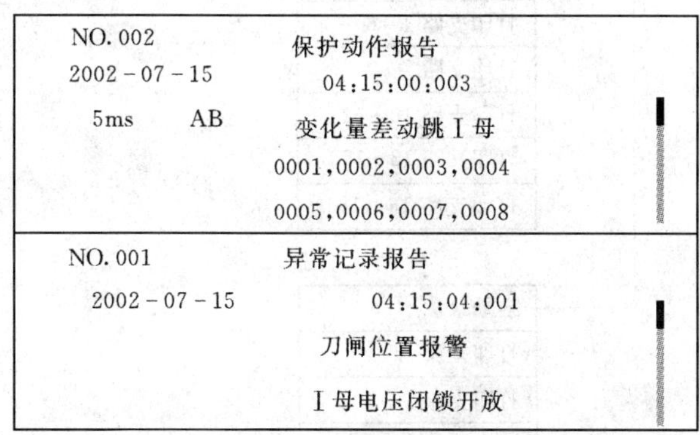

图 1-1-80　保护动作报告和自检报告

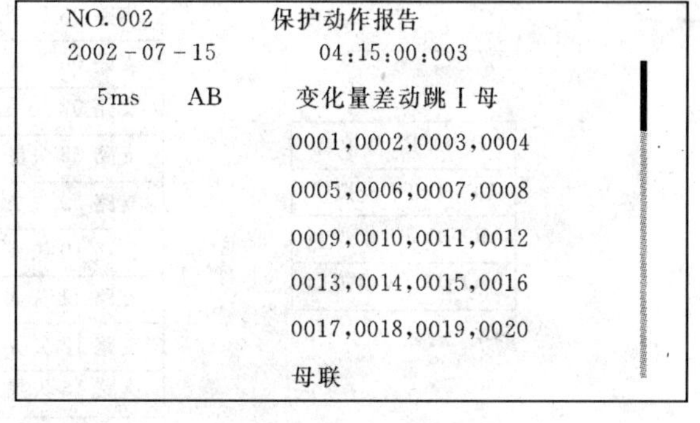

图 1-1-81　保护动作报告

其中，上半部分为保护动作报告，下半部分为自检报告。对于上半部分，第一行的左侧显示为保护动作报告的记录号，第一行的中间为报告名称；第二行为保护动作报告的时间（格式为：年-月-日 时：分：秒：毫秒）；第三～五行为动作元件及跳闸元件，如果是动作元件，则动作元件前还会有动作的相对时间及动作相别；同时如果动作元件及跳闸元件的总行数大于 3，其右侧会显示出一滚动条，滚动条黑色部分的高度基本指示动作元件及跳闸元件的总行数，而其位置则表明当前正在显示行在总行中的位置；且动作元件及跳闸元件和右侧的滚动条将以每次一行速度向上滚动，当滚动到最后三行的时候，则重新从最早的动作元件及跳闸元件开始滚动。下半部分的格式可参考上半部分的说明。

（2）有保护动作报告，没有自检报告，此时界面见图 1-1-81。

图形中的内容可参考上面对保护动作报告的说明。

保护装置运行中，硬件自检出错或系统运行异常将立即显示异常报告，格式同上。

按屏上复归按钮（持续 1s）可切换显示跳闸报告、自检报告和主接线图。

除了以上几种自动切换显示方式外，保护还提供了若干命令菜单，供继电保护工程师调试保护和修改定值用。

（五）保护装置菜单说明

1. 菜单目录树

保护装置菜单目录见图 1-1-82。

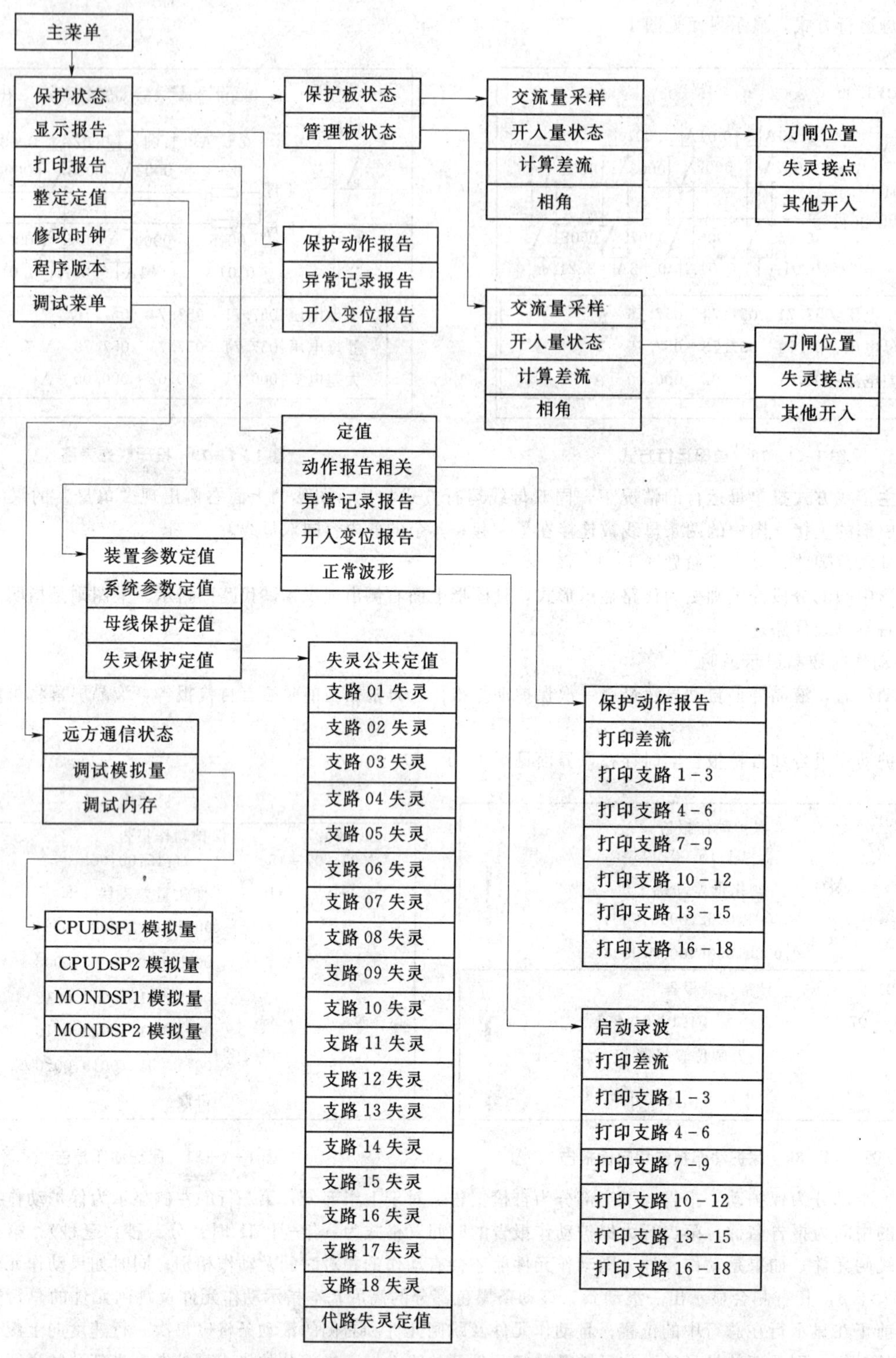

图 1-1-82　装置菜单目录

2. 菜单各功能介绍

(1) 定值查询。进入整定定值菜单，该菜单分为 4 个子菜单：装置参数定值，系统参数定值，母线保护定值和失灵保护定值，进入某一个子菜单整定相应的定值。

按键“↑”、“↓”用来滚动选择要修改的定值，按键“←”、“→”用来将光标移到要修改的那一位，“+”和“−”用来修改数据，按键“取消”为不修改返回，按“确认”键液晶显示屏提示输入确认密码，按次序键入“+←↑−”，完成定值整定后返回。

注意：若整定出错，液晶会显示出错位置，且显示三秒后自动跳转到第一个出错的位置，以便于现场人员纠正错误。另外，定值区号或系统参数定值整定后，母差保护定值和失灵保护定值必须重新整定，否则装置认为该区定值无效。

(2) 整定定值、故障报告、事故报告查询打印。

进入打印报告菜单，该菜单有定值、保护动作报告、异常记录报告、开入变位报告、正常波形子菜单。

本保护能记忆 8 次波形报告，其中差流波形报告中包括大差电流波形、各母线小差电流波形和电压波形以及各保护元件动作时序图，支路电流打印功能中可以选择打印各连接元件的故障前后支路电流波形。

按键"↑"和"↓"用来上下滚动，选择要打印的报告，按键"确认"确认打印选择的报告。

(3) 采样查询。

进入保护状态菜单，其子菜单保护板状态、管理板状态都含有交流量采样、实时刀闸位置、其他开入量状态（包括压板位置）和实时差流大小及电压电流之间的相角。对于开入量状态，1 表示投入或收到接点动作信号，0 表示未投入或没收到接点动作信号。按键"↑"和"↓"用来上下滚动。

(4) 定值区切换。

按面板上"区号"按键，用"＋"和"－"来修改区号，按"确认"键液晶显示屏提示输入确认密码，按次序键入"＋←↑－"，完成定值切换后返回。

(5) 修改时钟。

液晶显示当前的日期和时间。

按键"↑"、"↓"、"←"、"→"用来选择要修改的那一位，"＋"和"－"用来修改。按键"ESC"为不修改返回，"ENT"为修改后返回。

(6) 程序版本。

液晶显示保护板、管理板和液晶板的程序版本以及程序生成时间。

(7) 调试菜单。

1) 远方通信状态。远方通信用于监视与后台机的通信状态情况。

485A、485B 分别表示 485A 口和 485B 口的通信状态。"收到数据"状态常为"N"时表示线路断或线上没有任何报文；"收到完整帧"状态常为"N"时表示通信波特率或通信规约设置错误，也有可能是 485 通信线正负接错；"收到本装置报文"状态常为"N"时表示通信地址设置错误；"发送数据"状态常为"N"时表示报文有问题。各状态均闪烁出现"Y"表示通信正常。

另外，分析通信状态问题时应按菜单次序从上到下进行检查。

2) 调试模拟量。实时显示保护计算出的母线零序、负序电压、各支路零序、负序电流、大差差动和制动电流、各母线差动和制动电流等，以方便装置调试工作。

3) 调试内存（该菜单不建议运行维护人员操作）。实时显示 68332 和 DSP1、DSP2 的内存数值，主要供开发人员调试程序使用。

（六）保护装置部件投退说明

1. 压板说明

保护装置压板说明见表 1－1－54。

表 1－1－54 装置压板说明

压板名称	功能说明	投退说明
1LP1	投母差保护	正常运行时投入
1LP2	投单母方式	正常运行时退出
1LP3	投充电保护	正常运行时退出，母联充电时根据调度令操作
1LP4	投过流保护	正常运行时退出，母联充电时根据调度令操作
1LP5	备用	退出
1LP6	备用	退出
1LP7	投检修状态	正常运行时退出
1LP8	母联做旁路运行	正常运行时退出
1LP9	母联做旁路极性负	正常运行时退出
1LP10	母联检修	正常运行时退出
MLP1、MLP2	跳母联	正常运行时投入
TLP1～TLP14	第 1～14 路线路第一组跳闸	根据现场接线定
BLP1～BLP14	第 1～14 路线路第二组跳闸	根据现场接线定

2. 复归按钮、投切把手说明

母线电压投切把手（1QK）：切换把手有双母，Ⅰ母、Ⅱ母三个位置。当置在双母位置，引入装置的电压分别为Ⅰ母、Ⅱ母 TV 来的电压；当置在Ⅰ母位置，引入装置的电压都为Ⅰ母电压，即 $U_{A_2}=U_{A_1}$，$U_{B_2}=U_{B_1}$，$U_{C_2}=U_{C_1}$；当置在Ⅱ母位置，引入装置的电压都为Ⅱ母电压，即 $U_{A_1}=U_{A_2}$，$U_{B_1}=U_{B_2}$，$U_{C_1}=U_{C_2}$。

信号复归按钮用于复归保护动作信号。

刀闸位置确认按钮是供运行人员在刀闸位置检修完毕后复归位置报警信号。

打印按钮供运行人员打印当次故障报告。

（七）装置故障信息解析

装置故障信息解析见表 1-1-55。

表 1-1-55　　装 置 故 障 信 息

自 检 信 息	含　义	处 理 建 议
保护板（管理板）内存出错	保护板（管理板）的 RAM 芯片损坏，发“装置闭锁”和“其他报警”信号，闭锁装置	立即退出保护，通知厂家处理
保护板（管理板）程序出错	保护板（管理板）的 FLASH 内容被破坏，发“装置闭锁”和“其他报警”信号，闭锁装置	
保护板（管理板）定值出错	保护板（管理板）定值区的内容被破坏，发“装置闭锁”和“其他报警”信号，闭锁装置	
保护板（管理板）DSP 定值出错	保护板（管理板）DSP 定值区求和校验出错，发“装置闭锁”和“其他报警”信号，闭锁装置	
保护板（管理板）FPGA 出错	保护板（管理板）FPGA 芯片校验出错，发“装置闭锁”和“其他报警”信号，闭锁装置	
保护板（管理板）CPLD 出错	保护板（管理板）CPLD 芯片校验出错，发“装置闭锁”和“其他报警”信号，闭锁装置	
跳闸出口报警	出口三极管损坏，发“装置闭锁”和“其他报警”信号，闭锁装置（加电做故障试验时，若故障电流不退，10s 也会报此错误，注意区分）	
保护板（管理板）DSP 出错	保护板（管理板）DSP 自检出错，FPGA 被复位，发“装置闭锁”和“其他报警”信号，闭锁装置	
开关量校验出错	保护板和管理板采样的开入量不一致，发“装置闭锁”和“其他报警”信号，闭锁装置	
管理板启动开出报警	在保护板没有启动的情况下，管理板长期启动，发“其他报警”信号，不闭锁装置	
该区定值无效	该定值区的定值无效，发“装置闭锁”和“其他报警”信号，闭锁装置	定值区号或系统参数定值整定后，母差保护和失灵保护定值必须重新整定
光耦失电	光耦正电源失去，发“装置闭锁”和“其他报警”信号，闭锁装置	请检查电源板的光耦电源以及开入/开出板的隔离电源是否接好
内部通信出错	保护板与管理板之间的通信出错，发“其他报警”信号，不闭锁装置	检查保护板与管理板之间的通信电缆是否接好
保护板（管理板）DSP1 长期启动	保护板（管理板）DSP1 启动元件长期启动（包括母差、母联充电、母联非全相、母联过流长期启动），发“其他报警”信号，不闭锁保护	检查二次回路接线（包括 TA 极性）
外部启动母联失灵开入异常	外部启动母联失灵接点 10s 不返回，报“外部启动母联失灵开入异常”，同时退出该启动功能	检查外部启动母联失灵接点
外部闭锁母差开入异常	外部闭锁母差接点 1s 不返回，发“其他报警”信号，同时解除对母差保护的闭锁	检查外部闭锁母差接点
保护板（管理板）DSP2 长期启动	保护板（管理板）DSP2 启动元件长期启动（包括失灵保护长期启动，解除复压闭锁长期动作），发“其他报警”信号，闭锁失灵保护	检查失灵接点（包括解除电压闭锁接点）
刀闸位置报警	刀闸位置双跨，变位或与实际不符，发“位置报警”信号，不闭锁保护	检查刀闸辅助触点是否正常，如异常应先从模拟盘给出正确的刀闸位置，并按屏上刀闸位置确认按钮确认，检修结束后将模拟盘上的三位置开关恢复到“自动”位置，并按屏上刀闸位置确认按钮确认

续表

自检信息	含义	处理建议
母联 TWJ 报警	母联 TWJ=1 但任意相有电流，发“其他报警”信号，不闭锁保护	检修母联开关辅助接点
TV 断线	母线电压互感器二次断线，发“交流断线报警”信号，不闭锁保护	检查 TV 二次回路
电压闭锁开放	母线电压闭锁元件开放，发“其他报警”信号，不闭锁保护。此时可能是电压互感器二次断线，也可能是区外远方发生故障长期未切除	
闭锁母差开入异常	由外部保护提供的闭锁母差开入保持 1s 以上不返回，发“其他报警”信号，同时解除对母差保护的闭锁	检查提供闭锁母差开入的保护动作接点
TA 断线	电流互感器二次断线，发“断线报警”信号，闭锁母差保护	立即退出保护，检查 TA 二次回路
TA 异常 母联 TA 异常	电流互感器二次回路异常，发“TA 异常报警”信号，不闭锁母差保护	检查 TA 二次回路
面板通信出错	面板 CPU 与保护板 CPU 通信发生故障，发“其他报警”信号，不闭锁保护	检查面板与保护板之间的通信电缆是否接好

（八）装置正常工况与异常工况说明

装置正常工况与异常工况说明见表 1-1-56。

表 1-1-56　装置正常工况与异常工况说明

名称	定义	正常运行状态	异常状态说明
运行	运行监视	绿灯亮	装置未处于运行状态
断线报警	交流回路异常监视	黄灯灭	电压互感器二次回路断线时该灯亮，不闭锁保护
位置报警	刀闸位置监视	黄灯灭	刀闸位置双跨，变位或与实际不符，不闭锁保护
报警	装置异常监视	黄灯灭	装置发生异常情况
跳Ⅰ母、跳Ⅱ母	差动保护动作指示	红灯灭	差动保护动作跳闸
母联保护	母联跳闸监视	红灯灭	母差跳母联、母差跳分段、母联或分段充电、母联或分段非全相、母联或分段过流保护动作或失灵保护跳母联或分段、启动分段失灵
Ⅰ母失灵、Ⅱ母失灵	失灵保护动作指示	红灯灭	母联、分段、断路器失灵保护动作
线路跟跳	失灵保护动作指示	红灯灭	断路器失灵保护动作

（九）生产厂家

南京南瑞继电保护有限公司。

十一、RCS—915CD 系列保护装置

（一）装置功能概述

1. 保护功能整体描述

RCS—915CD 型微机母线保护装置设有母线差动保护、母联充电保护、母联死区保护、母联失灵保护、母联过流保护、母联非全相保护及断路器失灵保护等功能。

2. 保护装置 CPU 分工描述

装置核心部分采用 Mortorola 公司的 32 位单片微处理器 MC68332，主要完成保护的出口逻辑及后台功能，保护运算采用 AD 公司的高速数字信号处理（DSP）芯片，使保护装置的数据处理能力大大增强。装置采样率为每周波 24 点，在故障全过程对所有保护算法进行并行实时计算。

3. 其他功能描述

RCS—915CD 型微机母线保护装置，适用于各种电压等级的双母单分段主接线方式，母线上允许所接的线路与元件数最多为 18 个（不包括母联和分段开关），并可满足有母联兼旁路运行方式主接线系统的要求。装置允许 TA 变比不同，TA 调整系数可以整定。

4. 保护主要参数

母差保护与失灵保护有 4 套定值可供切换。装置参数与系统参数不分区，只有一套定值。TV 二次额定电压固定取为 57.7V；TA 二次额定电流取基准变比的电流互感器的二次额定电流。装置要求没有用到的支路 TA 调整系数整定为 0。

(二) 装置插件结构图简介

图 1-1-83 是装置端子布置图(背视)。

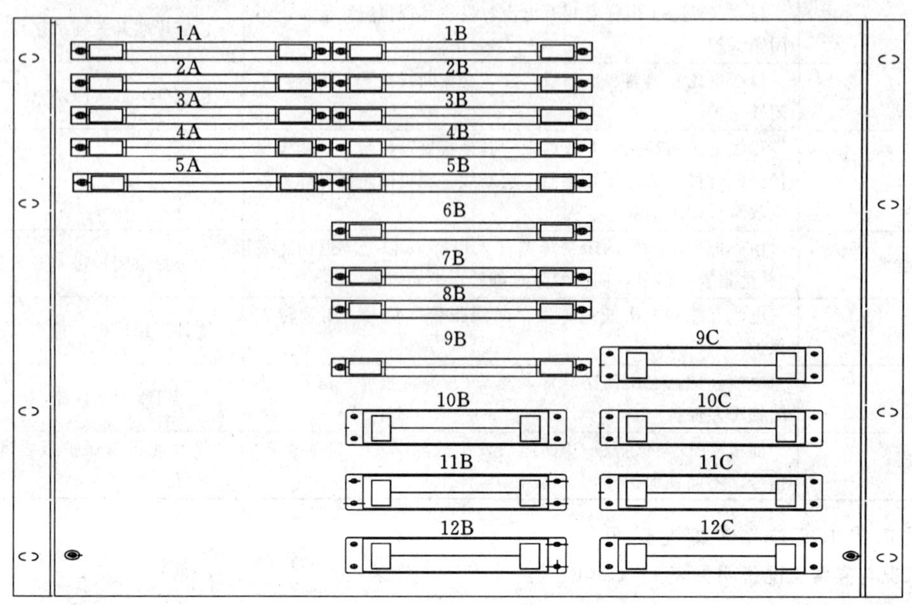

图 1-1-83 装置端子布置图(背视)

端子注释:

1A~4A——刀闸位置开入。

5A——装置信号输出。

1B~3B——线路跳闸出口。

5B——母联跳闸出口。

6B——弱电开入。

7B、8B——通信回路。

9B——母线电压。

10B~12B——各单元电流。

9C~12C——各单元电流。

(三) 装置面板说明

图 1-1-84 是装置面板布置图。

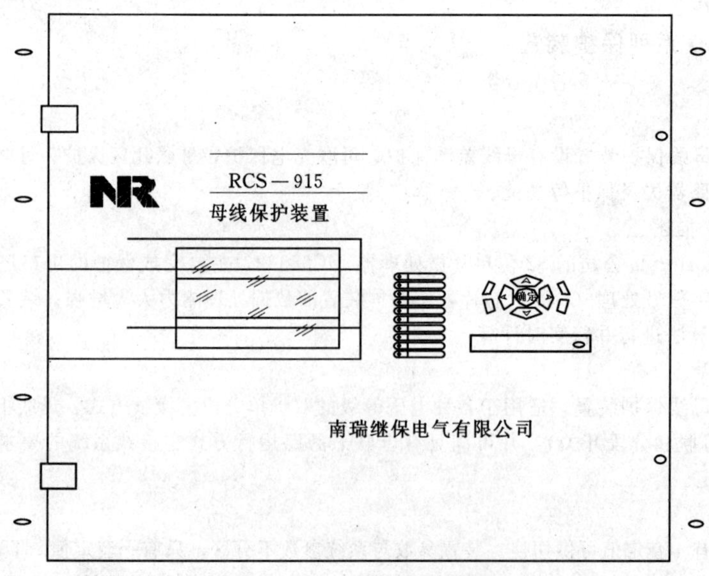

图 1-1-84 装置面板布置图

操作密码："+"、"←"、"↑"、"—"。

按键说明：在主接线图或保护动作报告或自检报告状态下，按"取消"键即可进入菜单。"→"键为弹出下一级菜单（必须是菜单项中标有箭头指向的），"←"键为回到前一级菜单，"↑"、"↓"键为移动菜单项，该移动为循环移动。"确认"键可进入相应菜单项。"区号"键可进行保护定值区切换。

液晶显示器（LCD）：用以显示正常运行状态、跳闸报告、自检信息以及菜单。

（四）保护运行液晶显示说明

1. 正常运行时液晶显示说明

装置上电后，装置正常运行，液晶屏幕将根据系统运行方式的不同而显示不同的界面信息。

（1）单母三分段主接线方式，显示界面大致见图 1-1-85。

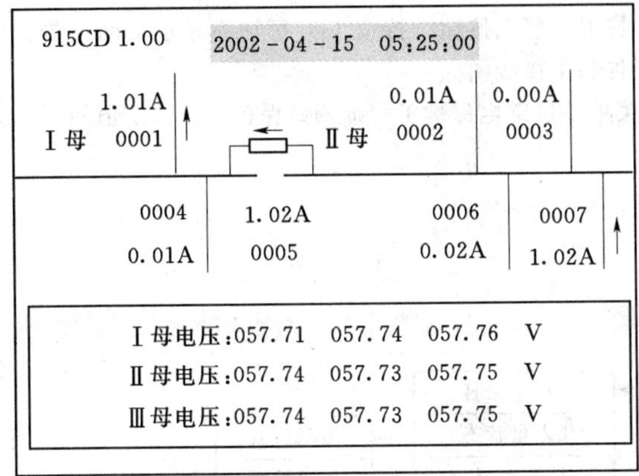

图 1-1-85 单母三分段主接线方式

915CD 1.00
2002-04-15 05:25:00 互联 1
1.01A
Ⅰ母 0001
0.00A
Ⅱ母 0002
0.01A
0003
0004
1.01A
1.02A
0005
0006
0.02A
0007
0.02A
Ⅰ母电压:057.71 057.74 057.76 V
Ⅱ母电压:057.74 057.73 057.75 V
Ⅲ母电压:057.74 057.73 057.75 V

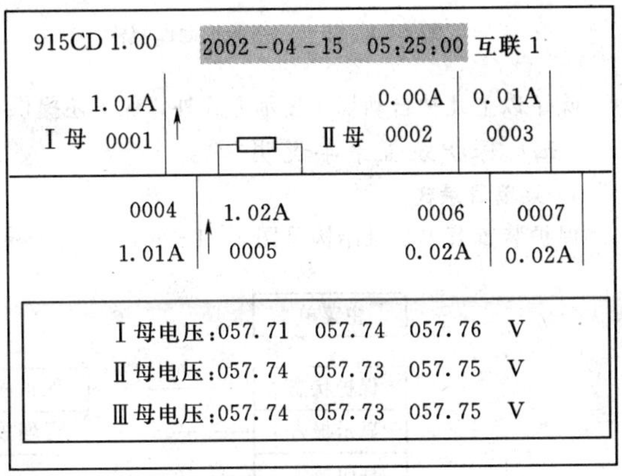

图 1-1-86 单母三分段主接线方式（有互联投入）

（2）单母三分段主接线方式下（有互联投入），显示界面见图 1-1-86。

在主接线图中，第一条母线和第二条母线被连接在一起，同时，在右上角显示文字指示"互联 1"。（如果超过一个互联投入，则在右上角只显示"互联"，不再指明是哪一个互联投入。）

（3）单母三分段主接线方式（有代路投入），显示界面见图 1-1-87。

在主接线图中，母联 1 显示为代路形式，同时，在右上角显示文字指示"代路 1"。（如果两个母联代路都投入，则在右上角只显示"代路"，不再指明是哪一个母联代路。）

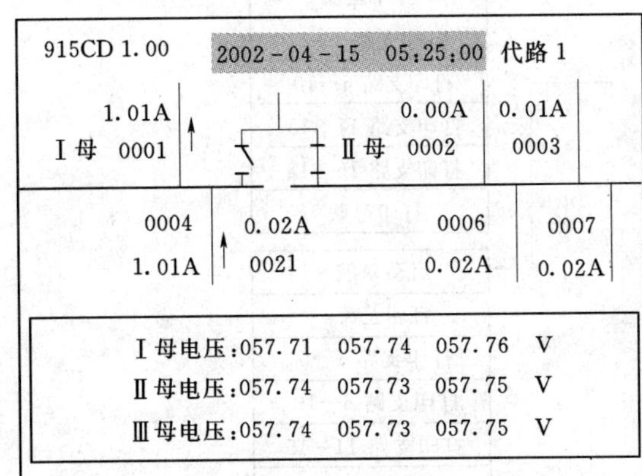

图 1-1-87 单母三分段主接线方式（有代路投入）

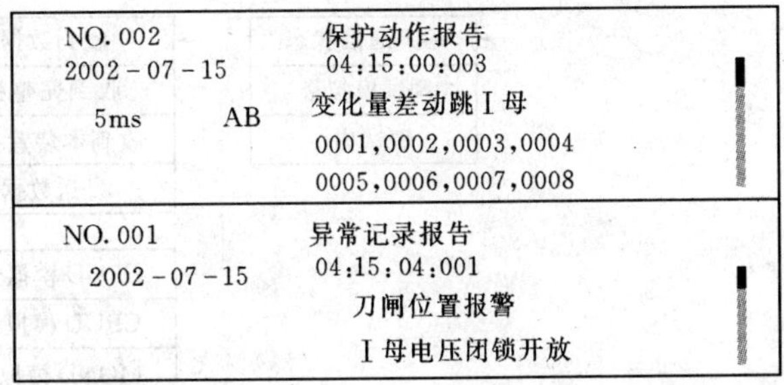

图 1-1-88 保护动作报告和异常记录报告

2. 保护动作时液晶显示说明

当保护动作时，液晶屏幕自动显示最新一次保护动作报告，再根据当前是否有自检报告，液晶屏幕将可能显示以下两种界面。

（1）保护动作报告和自检报告同时存在，界面见图 1-1-88。

其中，上半部分为保护动作报告，下半部分为自检报告。对于上半部分，第一行的左侧显示为保护动作报告的记录号，第一行的中间为报告名称；第二行为保护动作报告的时间（格式为：年-月-日 时：分：秒：毫秒）；第三～五行为动作元件及跳闸元件，如果是动作元件，则动作元件前还会有动作的相对时间及动作相别；同时如果动作元件及跳闸元件的总行数大于 3，其右侧会显示出一滚动条，滚动条黑色部分的高度基本指示动作元件及跳闸元件的总行数，而其位置则表明当前正在显示行在总行中的位置；且动作元件及跳闸元件和右侧的滚动条将以每次一行速度向上滚动，当滚动到最后三行的时候，则重新从最早的动作元件及跳闸元件开始滚动。下半部分的格式可参考上半部分的说明。

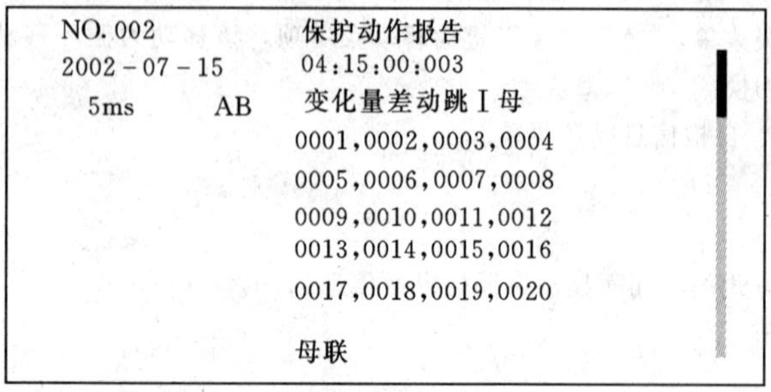

NO.002 保护动作报告
2002-07-15 04:15:00:003
5ms AB 变化量差动跳Ⅰ母
0001,0002,0003,0004
0005,0006,0007,0008
0009,0010,0011,0012
0013,0014,0015,0016
0017,0018,0019,0020
母联

图 1-1-89 只有保护动作报告

(2) 有保护动作报告，没有自检报告，此时界面见图 1-1-89。

图形中的内容可参考上面对保护动作报告的说明。

保护装置运行中，硬件自检出错或系统运行异常将立即显示异常报告，格式同上。

按屏上复归按钮（持续 1s）可切换显示跳闸报告、自检报告和主接线图。

除了以上几种自动切换显示方式外，保护还提供了若干命令菜单，供继电保护工程师调试保护和修改定值用。

（五）保护装置菜单说明

1. 菜单目录树

保护装置菜单目录结构见图 1-1-90。

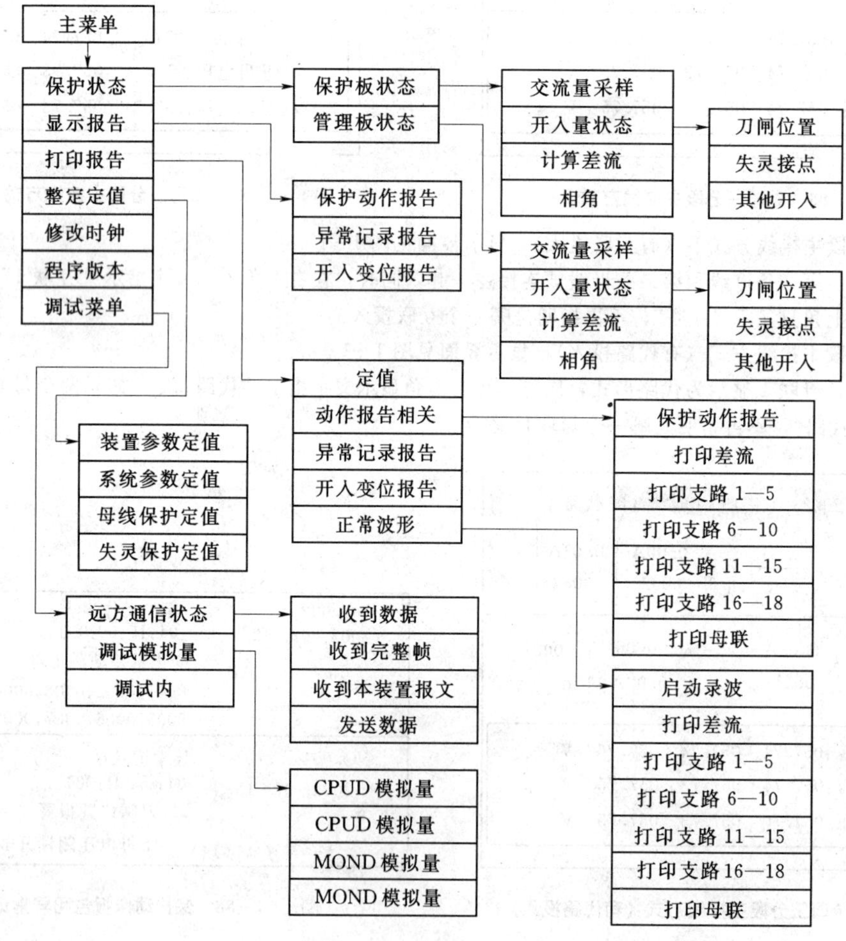

图 1-1-90 装置菜单目录

2. 菜单各功能介绍

(1) 定值查询。进入整定定值菜单，该菜单分为 4 个子菜单：装置参数定值、系统参数定值、母线保护定值和失灵保护定值，进入某一个子菜单整定相应的定值。

按键“↑”、“↓”用来滚动选择要修改的定值，按键“←”、“→”用来将光标移到要修改的那一位，“+”和“-”用来修改数据，按键“ESC”为不修改返回，按“ENT”键液晶显示屏提示输入确认密码，按次序键入“+、←、↑、-”，完成定值整定后返回。

注意：若整定出错，液晶会显示出错位置，且显示 3s 后自动跳转到第一个出错的位置，以便于现场人员纠正错误。另外，定值区号或系统参数定值整定后，母差保护定值和失灵保护定值必须重新整定，否则装置认为该区定值无效。

（2）整定定值、故障报告、事故报告查询打印。

进入打印报告菜单，该菜单有定值、保护动作报告、异常记录报告、开入变位报告、正常波形子菜单。

本保护能记忆 8 次波形报告，其中差流波形报告中包括大差电流波形、各母线小差电流波形和电压波形以及各保护元件动作时序图，支路电流打印功能中可以选择打印各连接元件的故障前后支路电流波形。

按键“↑”和“↓”用来上下滚动，选择要打印的报告；按键“ENT”确认打印选择的报告。

（3）采样查询。

进入保护状态菜单，其子菜单保护板状态、管理板状态都含有交流量采样、实时刀闸位置、失灵接点开入、其他开入量状态（包括压板位置）和实时差流大小及电压电流之间的相角。对于开入量状态，1 表示投入或收到接点动作信号，0 表示未投入或没收到接点动作信号。按键“↑”和“↓”用来上下滚动。

（4）定值区切换。

按面板上“区号”按键，用“＋”和“－”来修改区号，按“ENT”键液晶显示屏提示输入确认密码，按次序键入“＋、←、↑、－”，完成定值切换后返回。

（5）修改时钟。

液晶显示当前的日期和时间。

按键“↑”、“↓”、“←”、“→”用来选择要修改的那一位，“＋”和“－”用来修改。按键“ESC”为不修改返回，“ENT”为修改后返回。

（6）程序版本。

液晶显示保护板、管理板和液晶板的程序版本以及程序生成时间。

（7）调试菜单。

1）远方通信状态。用于监视与后台机的通信状态情况。

485A、485B 分别表示 485A 口和 485B 口的通信状态。“收到数据”状态常为“N”时表示线路断线或没有任何报文；“收到完整帧”状态常为“N”时表示通信波特率或通信规约设置错误，也有可能是 485 通信线正负接错；“收到本装置报文”状态常为“N”时表示通信地址设置错误；“发送数据”状态常为“N”时表示报文有问题。各状态均闪烁出现“Y”表示通信正常。

另外，分析通信状态问题时应按菜单次序从上到下进行检查。

2）调试模拟量。实时显示保护计算出的母线零序、负序电压，各支路零序、负序电流，大差差动和制动电流，各母线差动和制动电流等，以方便装置调试工作。

3）调试内存（该菜单不建议运行维护人员操作）。实时显示 68332 和 DSP1、DSP2 的内存数值，主要供开发人员调试程序使用。

（六）保护装置部件投退说明

1. 压板说明

保护装置压板说明见表 1－1－57。

表 1－1－57　　压板说明

压板名称	功能说明	投退说明
1LP1	投母差保护	正常运行时投入
1LP2	投断路器失灵保护	正常运行时投入
1LP3	投 X 南 220 充电保护	正常运行时退出，母联充电时根据调度令操作
1LP4	投 X 北 220 充电保护	正常运行时退出，母联充电时根据调度令操作
1LP5	投 X 西 220 充电保护	正常运行时退出，母联充电时根据调度令操作
1LP6	投 X 南 220 过流保护	正常运行时退出，母联充电时根据调度令操作
1LP7	投 X 北 220 过流保护	正常运行时退出，母联充电时根据调度令操作
1LP8	投 X 西 220 过流保护	正常运行时退出，母联充电时根据调度令操作
1LP9	备用	正常运行时退出
1LP10	备用	正常运行时退出
1LP11	备用	正常运行时退出

续表

压板名称	功能说明	投退说明
1LP12	投Ⅰ、Ⅲ母互联	根据现场实际运行而定
1LP13	投Ⅱ、Ⅲ母互联	根据现场实际运行而定
1LP14	投Ⅰ、Ⅱ母互联	根据现场实际运行而定
1LP15	置检修状态	正常运行时退出
1LP16	X南220检修状态	正常运行时退出
1LP17	X北220检修状态	正常运行时退出
1LP18	X西220检修状态	正常运行时退出
MLP1、MLP3 MLP4、MLP5 MLP6	跳母联	正常运行时投入
TLP1～TLP14	第1～14路线路第一组跳闸	根据现场接线定
BLP1～BLP14	第1～14路线路第二组跳闸	根据现场接线定

2. 复归按钮说明

机柜正面右上部有三个按钮，分别为信号复归按钮、刀闸位置确认按钮和打印按钮。复归按钮用于复归保护动作信号，刀闸位置确认按钮是供运行人员在刀闸位置检修完毕后复归位置报警信号，而打印按钮是供运行人员打印当次故障报告。

（七）装置故障信息解析

保护装置故障信息解析见表1-1-58。

表1-1-58　　装置故障信息

自检信息	含义	处理建议
保护板（管理板）内存出错	保护板（管理板）的RAM芯片损坏，发“装置闭锁”和“其他报警”信号，闭锁装置	立即退出保护，通知厂家处理
保护板（管理板）程序出错	保护板（管理板）的FLASH内容被破坏，发“装置闭锁”和“其他报警”信号，闭锁装置	
保护板（管理板）定值出错	保护板（管理板）定值区的内容被破坏，发“装置闭锁”和“其他报警”信号，闭锁装置	
保护板（管理板）DSP定值出错	保护板（管理板）DSP定值区求和校验出错，发“装置闭锁”和“其他报警”信号，闭锁装置	
保护板（管理板）FPGA出错	保护板（管理板）FPGA芯片校验出错，发“装置闭锁”和“其他报警”信号，闭锁装置	
保护板（管理板）CPLD出错	保护板（管理板）CPLD芯片校验出错，发“装置闭锁”和“其他报警”信号，闭锁装置	立即退出保护，通知厂家处理
跳闸出口报警	出口三极管损坏，发“装置闭锁”和“其他报警”信号，闭锁装置（加电做故障试验时，若故障电流不退，10s也会报此错误，注意区分）	
保护板（管理板）DSP出错	保护板（管理板）DSP自检出错，FPGA被复位，发“装置闭锁”和“其他报警”信号，闭锁装置	
开关量校验出错	保护板和管理板采样的开入量不一致，发“装置闭锁”和“其他报警”信号，闭锁装置	
管理板启动开出报警	在保护板没有启动的情况下，管理板长期启动，发“其他报警”信号，不闭锁装置	
该区定值无效	该定值区的定值无效，发“装置闭锁”和“其他报警”信号，闭锁装置	定值区号或系统参数定值整定后，母差保护和失灵保护定值必须重新整定
光耦失电	光耦正电源失去，发“装置闭锁”和“其他报警”信号，闭锁装置	请检查电源板的光耦电源以及开入/开出板的隔离电源是否接好
内部通信出错	保护板与管理板之间的通信出错，发“其他报警”信号，不闭锁装置	检查保护板与管理板之间的通信电缆是否接好

续表

自检信息	含义	处理建议
保护板（管理板）DSP1长期启动	保护板（管理板）DSP1启动元件长期启动（包括母差、母联充电、母联非全相、母联过流长期启动），发“其他报警”信号，不闭锁保护	检查二次回路接线（包括TA极性）
外部启动母联失灵开入异常	外部启动母联失灵接点10s不返回，报“外部启动母联失灵开入异常”，同时退出该启动功能	检查外部启动母联失灵接点
外部闭锁母差开入异常	外部闭锁母差接点1s不返回，发“其他报警”信号，同时解除对母差保护的闭锁	检查外部闭锁母差接点
保护板（管理板）DSP2长期启动	保护板（管理板）DSP2启动元件长期启动（包括失灵保护长期启动，解除复压闭锁长期动作），发“其他报警”信号，闭锁失灵保护	检查失灵接点（包括解除电压闭锁接点）
刀闸位置报警	刀闸位置双跨，变位或与实际不符，发“位置报警”信号，不闭锁保护	检查刀闸辅助触点是否正常，如异常应先从模拟盘给出正确的刀闸位置，并按屏上刀闸位置确认按钮确认，检修结束后将模拟盘上的三位置开关恢复到“自动”位置，并按屏上刀闸位置确认按钮确认
母联TWJ报警	母联TWJ＝1但任意相有电流，发“其他报警”信号，不闭锁保护	检修母联开关辅助接点
TV断线	母线电压互感器二次断线，发“交流断线报警”信号，不闭锁保护	检查TV二次回路
电压闭锁开放	母线电压闭锁元件开放，发“其他报警”信号，不闭锁保护。此时可能是电压互感器二次断线，也可能是区外远方发生故障长期未切除	检查TV二次回路
闭锁母差开入异常	由外部保护提供的闭锁母差开入保持1s以上不返回，发“其他报警”信号，同时解除对母差保护的闭锁	检查提供闭锁母差开入的保护动作接点
TA断线	电流互感器二次断线，发“断线报警”信号，闭锁母差保护	立即退出保护，检查TA二次回路
TA异常 母联TA异常	电流互感器二次回路异常，发“TA异常报警”信号，不闭锁母差保护	检查TA二次回路
面板通信出错	面板CPU与保护板CPU通信发生故障，发“其他报警”信号，不闭锁保护	检查面板与保护板之间的通信电缆是否接好

（八）装置正常工况与异常工况说明

装置正常工况与异常工况说明见表1-1-59。

表1-1-59　装置正常工况与异常工况说明

名称	定义	正常运行状态	异常状态说明
运行	运行监视	绿灯亮	装置未处于运行状态
断线报警	交流回路异常监视	黄灯灭	电压互感器二次回路断线时该灯亮，不闭锁保护
位置报警	刀闸位置监视	黄灯灭	刀闸位置双跨，变位或与实际不符，不闭锁保护
报警	装置异常监视	黄灯灭	装置发生异常情况
跳Ⅰ母、跳Ⅱ母、跳Ⅲ母	差动保护动作指示	红灯灭	差动保护动作跳闸
母联保护	母联跳闸监视	红灯灭	母差跳母联、母联充电、母联非全相、母联过流保护动作或失灵保护跳母联时点亮
断路器失灵	失灵保护动作指示	红灯灭	断路器失灵保护动作时点亮
线路跟跳	失灵保护动作指示	红灯灭	断路器失灵保护动作时点亮

（九）生产厂家

南京南瑞继电保护有限公司。

十二、RCS—931A系列保护装置

（一）装置功能概述

1. 保护功能整体描述

RCS—931A保护包括以分相电流差动和零序电流差动为主体的快速主保护，由工频变化量距离元件构成的快速Ⅰ

段保护，三段式相间和接地距离及2个延时段零序方向过流构成的全套后备保护，RCS—931A保护有分相出口，配有自动重合闸功能，对单或双母线接线的开关实现单相重合、三相重合和综合重合闸。

2. 保护装置CPU分工描述

由单片机（CPU）和数字信号处理器（DSP）组成，CPU完成装置的总启动元件和人机界面及后台通信功能，DSP完成所有的保护算法和逻辑功能。装置采样率为每周波24点，在每个采样点对所有保护算法和逻辑进行并行实时计算，使得装置具有很高的固有可靠性及安全性。

启动CPU内设总启动元件，启动后开放出口继电器的正电源，同时完成事件记录及打印、保护部分的后台通信及与面板通信；另外还具有完整的故障录波功能，录波格式与COMTRADE格式兼容，录波数据可单独串口输出或打印输出。

CPU插件还带有光端机，它通过64kbit/s或2048kbit/s高速数据通道（专用光纤或复用通信设备），用同步通信方式与对侧交换电流采样值和信号。

插件还设置了一个用于打印的RS—485或RS—232接口，通过整定控制字选择接口方式，如选用RS—232方式，控制字“网络打印方式”设为“0”，同时将该插件上相应的端子短接于232位置，如选用RS—485方式，控制字“网络打印方式”设为“1”，同时将该插件上相应的端子短接于485位置。与打印机通信的波特率应于打印机整定为一致。

3. 其他功能描述

(1) 装置设有分相电流差动和零序电流差动继电器全线速跳功能。

(2) 64kbit/s高速数据通信接口，线路两侧数据同步采样，两侧电流互感器变比可以不一致。

(3) 利用双端数据进行测距。通道自动监测，通信误码率在线显示，通道故障自动闭锁差动保护。

(4) 动作速度快，线路近处故障跳闸时间小于10ms，线路中间故障跳闸时间小于15ms，线路远处故障跳闸时间小于25ms。

(5) 反应工频变化量的测量元件采用了具有自适应能力的浮动门槛，对系统不平衡和干扰具有极强的预防能力，因而测量元件能在保证安全性的基础上达到特高速，启动元件有很高的灵敏度而不会频繁启动。

(6) 先进可靠的振荡闭锁功能，保证距离保护在系统振荡加区外故障时能可靠闭锁，而在振荡加区内故障时能可靠切除故障。

(7) 灵活的自动重合闸方式。

(8) 装置采用整体面板、全封闭机箱，强弱电严格分开，取消传统背板配线方式；同时在软件设计上也采取相应的抗干扰措施，装置的抗干扰能力大大提高，对外的电磁辐射也满足相关标准。

(9) 完善的事件报文处理，可保存最新128次动作报告，24次故障录波报告。友好的人机界面、汉字显示、中文报告打印。

(10) 后台通信方式灵活，配有RS—485通信接口（可选双绞线、光纤）或以太网。

(11) 支持电力行业标准DL/T 667—1999（IEC 60870-5-103标准）的通信规约。

(12) 与COMTRADE兼容的故障录波。

(13) 装置正常运行实时监视每个CPU情况及保护当前工作定值区号，装置可实时测量三相电流、电压、有功、无功、功率因数及频率。

4. 保护主要参数

保护装置主要参数见表1-1-60。

表1-1-60　　装置额定电气参数

名　称	额　定　电　气　参　数	
直流电源	220V或110V（订货请注明），允许工作范围：80%～115%直流电压	
交流电压	$100/\sqrt{3}$V（额定电压U_n）	
交流电流	5A或1A（额定电流I_n，订货请注明）	
额定频率	50Hz（或60Hz时订货请注明）	
同期电压	100V或$100/\sqrt{3}$V（有重合闸时可用，软、硬件自适应）	
过载能力	交流电流回路	2倍额定电流，连续工作
		10倍额定电流，允许10s
		40倍额定电流，允许1s
	交流电压回路	1.5倍额定电压，连续工作

续表

名 称	额 定 电 气 参 数	
功率消耗	直流回路	正常时，不大于35W
		跳闸时，不大于50W
	交流电压回路	不大于0.5VA/相（额定电压时）
	交流电流回路	不大于1.0VA/相（I_n=5A时）
		不大于0.5VA/相（I_n=1A时）
输出接点容量	信号接点容量：允许长期通过电流8A，切断电流0.3A，(DC220 V/R 1ms)	
	其他辅助继电器接点容量：允许长期通过电流5A，切断电流0.2A，(DC220 V/R 1ms)	
	跳闸出口接点容量：允许长期通过电流8A，切断电流0.3A，(DC220 V/R 1ms)，不带电流保持	
状态量电平	各CPU及通信接口模件的输入状态量电平	24V（18～30V）
	GPS对时脉冲输入电平	
	各CPU输出状态量（光耦输出）允许电平	
	各CPU输出状态量（光耦输出）驱动能力	150mA

（二）装置插件结构图简介

图1-1-91是RCS—931A装置的背面面板布置图（OPT2、OUT为可选件）。

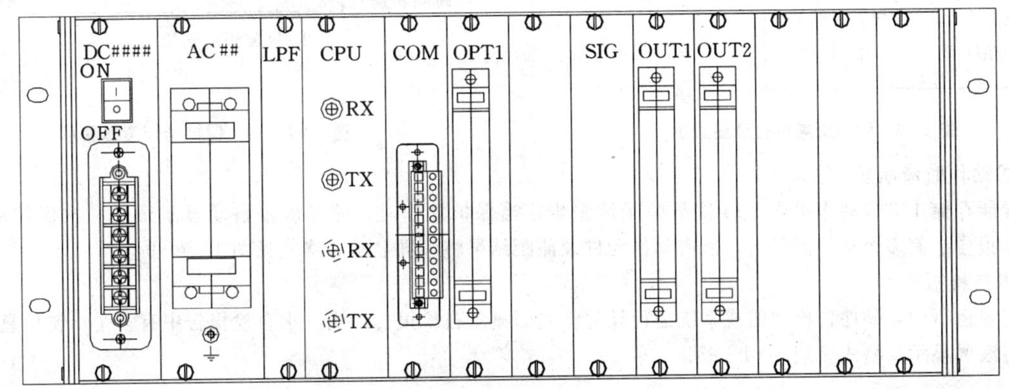

图1-1-91 RCS—931A装置面板结构图插件注释

插件注释：电源插件（DC）、交流插件（AC）、低通滤波器（LPF），CPU插件（CPU）、通信插件（COM）、24V光耦插件（OPT1）、高压光耦插件（OPT2，可选）、信号插件（SIG）、跳闸出口插件（OUT1、OUT2）、扩展跳闸出口（OUT，可选）、显示面板（LCD）。

（三）装置面板说明

图1-1-92是RCS—931A装置的正面面板布置图。

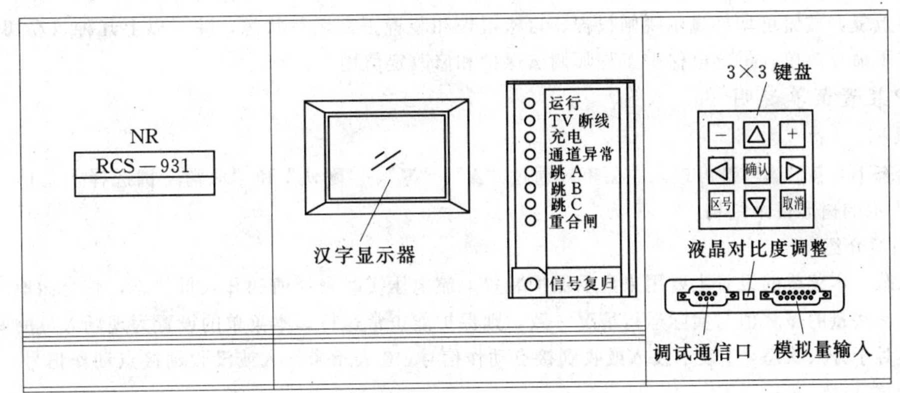

图1-1-92 RCS—931A装置正面面板布置图

操作密码：整定定值的口令为键盘的“＋”、“◀”、“▲”、“－”。

按键说明：按键“▲”、“▼”、“◀”、“▶”用来选择，“＋”和“－”用来修改。按键“取消”为不修改返回，“确认”为修改后返回。

液晶显示器（LCD）：用以显示正常运行状态、跳闸报告、自检信息、运行定值区、负荷电流、电压以及菜单等。

（四）保护运行液晶显示说明

1. 装置指示灯说明

“运行”灯为绿色，装置正常运行时点亮。

“TV断线”灯为黄色，当发生电压回路断线时点亮。

“充电”灯为黄色，当重合充电完成时点亮。

“通道异常”灯为黄色，当通道故障时点亮。

“投保护”灯为黄色，当压板或开关辅助接点闭合时亮（RCS—922A）。

“跳A”、“跳B”、“跳C”、“跳闸”、“重合闸”灯为红色，当保护动作出口点亮，在“信号复归”后熄灭。

2. 液晶显示说明

装置通电后，正常运行时液晶屏幕将显示主画面，格式见图1-1-93。

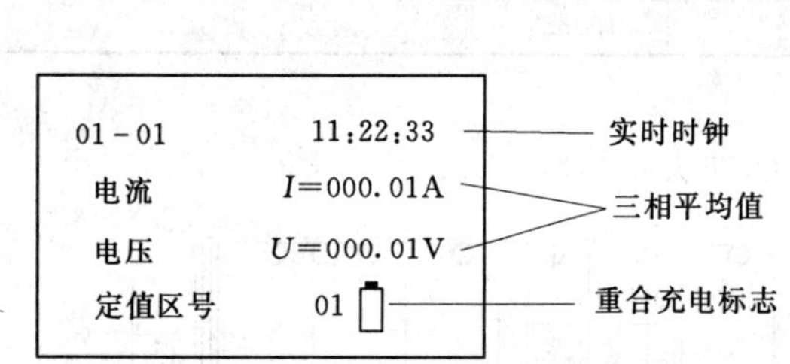

图1-1-93　正常运行液晶显示

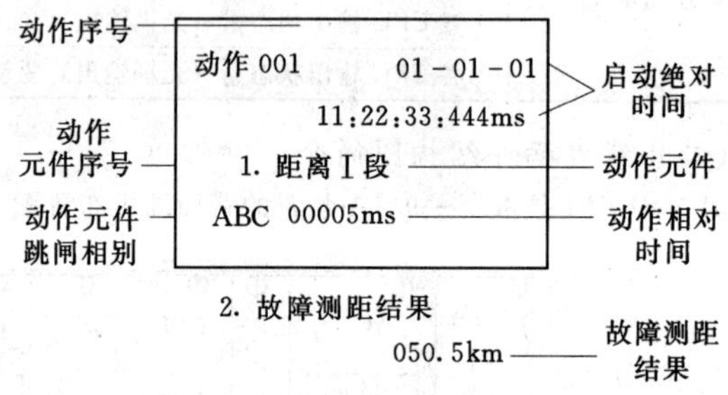

图1-1-94　保护动作液晶显示

3. 保护动作时液晶显示说明

本装置能存储128次动作报告，24次故障录波报告，当保护动作时，液晶屏幕自动显示最新一次保护动作报告，当一次动作报告中有多个动作元件时，所有动作元件及测距结果将滚屏显示，格式见图1-1-94。

4. 装置自检报告

保护装置运行中，硬件自检出错或系统运行异常将立即显示自检报告，当一次自检报告中有多个出错信息时，所有自检信息将滚屏显示，格式见图1-1-95。

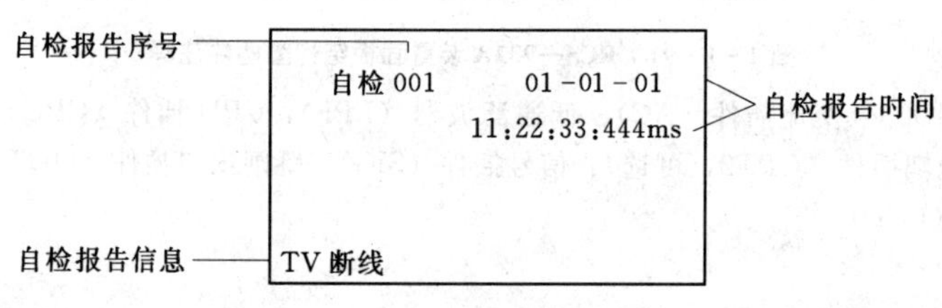

图1-1-95　装置自检报告

按装置或屏上复归按钮可切换显示跳闸报告、自检报告和装置正常运行状态，除了以上几种自动切换显示方式外，保护还提供了若干命令菜单，供继电保护工程师调试保护和修改定值用。

（五）保护装置菜单说明

1. 菜单目录树

在主画面状态下，按“▲”键可进入主菜单，通过“▲”、“▼”、“确认”和“取消”键选择子菜单。命令菜单采用如图1-1-96所示的树形目录结构。

2. 菜单各功能介绍

(1) 保护状态。本菜单的设置主要用来显示保护装置电流电压实时采样值和开入量状态，它全面地反映了该保护运行的环境，只要这些量的显示值与实际运行情况一致，则保护能正常运行，本菜单的设置为现场人员的调试与维护提供了极大的方便。对于开入状态，1表示投入或收到接点动作信号，0表示未投入或没收到接点动作信号，RCS—931A有通道状态显示。

(2) 显示报告。本菜单显示保护动作报告、自检报告及压板变位报告。由于本保护自带掉电保持，不管断电与否，它能记忆上述报告各128次。显示格式同“液晶显示说明”，首先显示的是最新一次报告，按键“▲”显示前一个报告，按键“▼”显示后一个报告，按键“取消”退出至上一级菜单。

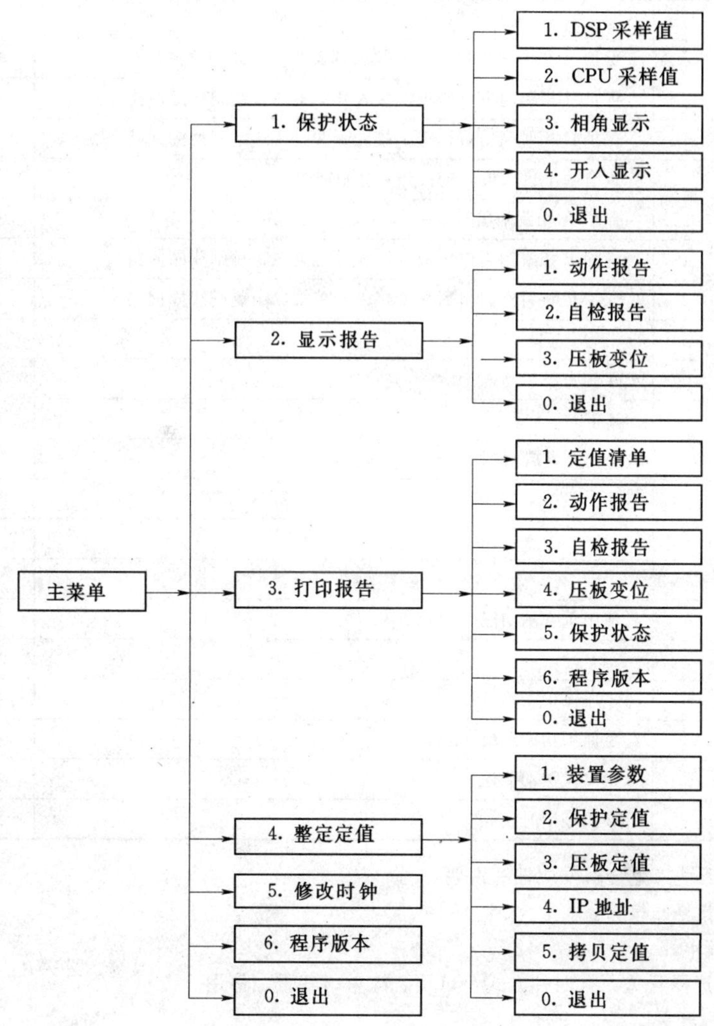

图 1－1－96　装置菜单目录

(3) 打印报告。本菜单选择打印定值清单、动作报告、自检报告、压板变位、保护状态、程序版本。打印动作报告时需选择动作报告序号，动作报告中包括动作元件、动作时间、动作初始状态、开关变位、动作波形、对应保护定值等，其中动作报告记忆最新 64 次，故障录波只记忆最新 24 次。

(4) 整定定值。按键“▲”、“▼”用来滚动选择要修改的定值，按键“◀”、“▶”用来将光标移到要修改的那一位，“＋”和“－”用来修改数据，按键“取消”为不修改返回，按“确认”键完成定值整定后返回。

整定定值菜单中的“拷贝定值”子菜单，是将“当前区号”内的“保护定值”拷贝到“拷贝区号”内，“拷贝区号”可通过“＋”和“－”修改。

注意：若整定出错，液晶会显示错误信息，需重新整定。另外，“系统频率”、“电流二次额定值”整定后，保护定值必须重新整定，否则装置认为该区定值无效。整定定值的口令为：键盘的“＋”、“◀”、“▲”、“－”，输入口令时，每按一次键盘，液晶显示由“.”变为“＊”，当显示四个“＊”时，方可按确认。

(5) 修改时钟。显示当前的日期和时间：按键“▲”、“▼”、“◀”、“▶”用来选择，“＋”和“－”用来修改。按键“取消”为不修改返回，“确认”为修改后返回。

(6) 程序版本。液晶显示程序版本、校验码以及程序生成时间。

(7) 修改定值区号。按键盘的“区号”键，液晶显示“当前区号”和“修改区号”，按“＋”或“－”键来修改区号，按键“取消”为不修改返回，按“确认”键完成区号修改后返回。

(六) 保护装置部件投退说明

1. 压板说明

保护装置压板说明见表 1－1－61。

表 1-1-61　　压板说明

压板名称	功能说明	投退说明
1LP1：A 相跳闸出口一	保护 A 相跳闸出口压板，接入开关第一组跳闸线圈回路	根据接线进行投退
1LP2：B 相跳闸出口一	保护 B 相跳闸出口压板，接入开关第一组跳闸线圈回路	根据接线进行投退
1LP3：C 相跳闸出口一	保护 C 相跳闸出口压板，接入开关第一组跳闸线圈回路	根据接线进行投退
1LP4：合闸出口一	重合闸出口压板，接入开关合闸回路	根据接线进行投退
1LP5：A 相跳闸出口二	保护 A 相跳闸出口压板，接入开关第二组跳闸线圈回路	根据接线进行投退
1LP6：B 相跳闸出口二	保护 B 相跳闸出口压板，接入开关第二组跳闸线圈回路	根据接线进行投退
1LP7：C 相跳闸出口二	保护 C 相跳闸出口压板，接入开关第二组跳闸线圈回路	根据接线进行投退
1LP8：备用		
1LP9：A 相失灵启动	A 相失灵启动	根据接线进行投退
1LP10：B 相失灵启动	B 相失灵启动	根据接线进行投退
1LP11：C 相失灵启动	C 相失灵启动	根据接线进行投退
1LP12：备用		
1LP13：备用		
1LP14：备用		
1LP15：重合闸功能压板	使用重合闸功能时投入	重合闸使用时投入
1LP16：备用		
1LP17：零序保护投入	零序保护功能压板	投入
1LP18：投差动主保护	主保护功能压板	投入
1LP19：投距离保护压板	距离保护功能压板	投入
1LP20：投检修状态	保护停用时投入	装置运行时退出

2. 复归按钮、控制把手、重合闸投切把手说明

FA——线路保护装置复归按钮。

ZKK——保护用交流电压。

QK——重合闸方式选择开关，有四种方式：单重、综重、三重、停用。

1K——保护电源空气开关。

（七）装置故障信息解析

装置故障信息解析见表 1-1-62。

表 1-1-62　　装置故障信息

自检出错信息	含义	处理建议
存储器出错	RAM 芯片损坏，闭锁保护	通知厂家处理
程序出错	FLASH 内容被破坏，闭锁保护	通知厂家处理
定值出错	定值区内容被破坏，闭锁保护	通知厂家处理
采样数据异常	模拟输入通道出错，闭锁保护	通知厂家处理
跳合出口异常	出口三极管损坏，闭锁保护	通知厂家处理
直流电源异常	直流电源不正常，闭锁保护	通知厂家处理
DSP 定值出错	DSP 定值自检出错，闭锁保护	通知厂家处理
该区定值无效	装置参数中二次额定电流更改后，保护定值未重新整定	将保护定值重新整定
光耦电源异常	24V 或 220V 光耦正电源失去，闭锁保护	检查开入板隔离电源是否接好
零序长期启动	零序启动超过 10s，发告警信号，不闭锁保护	检查电流二次回路接线
突变量长启动	突变量启动超过 10s，发告警信号，不闭锁保护	检查电流二次回路接线
TV 断线	电压回路断线，发告警信号，闭锁部分保护	检查电压二次回路接线
线路 TV 断线	线路电压回路断线，发告警信号	检查线路电压二次回路接线
TA 断线	电流回路断线，发告警信号，不闭锁保护	检查电流二次回路接线

续表

自检出错信息	含 义	处 理 建 议
TWJ 异常	TWJ=1 且该相有电流，或三相长期不一致，发告警信号，不闭锁保护	检查开关辅助接点
控制回路断线	TWJ 和 HWJ 都为 0，重合闸放电	检查开关辅助接点
角差整定异常	母线电压 U_A 与线路电压 U_X 的实际接线与固定角度差定值不符	检查线路电压二次回路接线
通道异常	光纤通道有误码，通道不通，定值中有关通道的部分整定不正确	检查与通道相关的部分
远跳异常	远跳长期开入	检查远跳开入

（八）装置正常工况与异常工况说明

保护装置正常工况与异常工况说明见表 1-1-63。

表 1-1-63 装置正常工况与异常工况说明

名 称	定 义	正常运行状态	异 常 状 态 说 明
运行	运行监视灯	绿灯亮	不闪亮或灯灭表示异常
TV 断线	TV 断线信号灯	不发光	电压断线时点亮，发黄色平光
通道异常	通道异常灯	不发光	通道故障时点亮，发黄色平光
充电	重合闸充电灯	黄色灯亮	当重合充电完成时点亮
跳 A	A 相跳闸信号灯	不发光	A 相跳闸时点亮，发红色平光
跳 B	B 相跳闸信号灯	不发光	B 相跳闸时点亮，发红色平光
跳 C	C 相跳闸信号灯	不发光	C 相跳闸时点亮，发红色平光

（九）保护的运行注意事项

(1) 运行中不准随意改定值。

(2) 运行中不允许不按操作程序随意动装置插件上的键盘、开关。

(3) 保护投入、退出两侧应同时进行。

(4) 保护全停，先断开跳闸压板，再停直流电源，不允许用仅停直流电源方法代替。

(5) 定期检查采样情况、校对时间，有功、无功值与表计比较应一致。

(6) 保护定值应与调通局所发布定值相符，并打印一份存档。

(7) 投、退保护压板应紧固，应检查运行指示灯及开关量输入的变化。

(8) 退出本装置某一种保护时，要退出本装置某一种保护的投入压板。

(9) 装置某插件需检修时，需要先断出口压板，再关装置的直流电源，再拔出故障插件，换上备用插件投入运行。

（十）生产厂家

南京南瑞继电保护有限公司。

十三、RCS—916A 系列保护装置

（一）装置功能概述

1. 保护功能整体描述

RCS—916A 型微机母线保护装置为由微机实现的数字式失灵公用装置，用于各种电压等级的单母线、双母线、双母单分段及双母双分段等各种主接线方式，并可满足有母联兼旁路运行方式主接线系统的要求，可用作母联、分段和线路断路器失灵的保护。

2. 保护装置 CPU 描述

该装置核心部分由单片机（CPU）和数字信号处理器（DSP）组成，CPU 完成装置的总启动元件和人机界面及后台通信功能，DSP 完成所有的保护算法和逻辑功能。

3. 其他功能描述

该装置设有失灵启动接点异常监视功能，并具有按接点异常情况闭锁相应失灵保护的功能。装置设有最多跳 35 个元件和 4 对可跳分段、母联断路器的接点。完善的事件报文处理，可保存最新 64 次动作报告，24 次故障录波报告。与 COMTRADE 兼容的故障录波。

4. 保护主要参数

该装置可灵活适应各种主接线系统的各种运行方式，具有主接线方式控制字和母联带路、母线互联等方式压板。具有按母线段判别的复合电压元件，复合电压元件包括相低电压、零序电压和负序电压三个判据。复合电压元件长期开放装置发报警信号。

（二）装置插件结构图简介

图 1－1－97 是装置背板布置图。

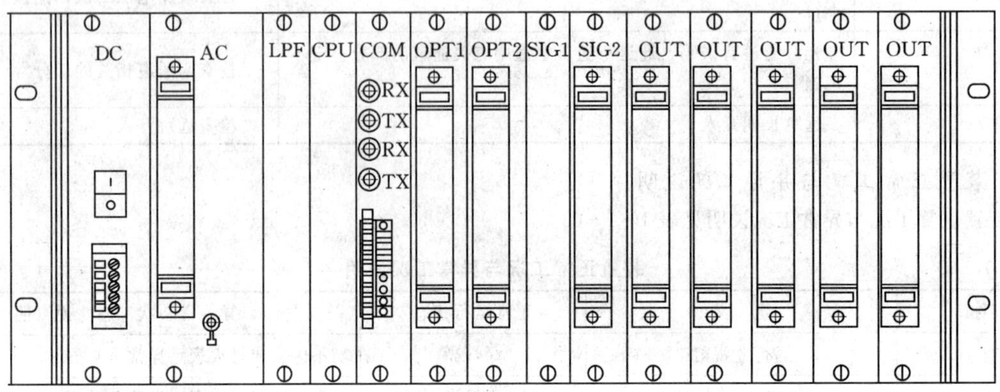

图 1－1－97 装置背板布置图

插件注释：电源插件（DC）、交流插件（AC）、低通滤波器（LPF），CPU 插件（CPU）、通信插件（COM）、高压光耦插件（OPT1）、24V 光耦插件（OPT2）、信号插件（SIG1）、信号继电器插件（SIG2）、跳闸出口插件（OUT1～OUT5）、显示面板（LCD）。

（三）装置面板说明

图 1－1－98 是装置面板布置图。

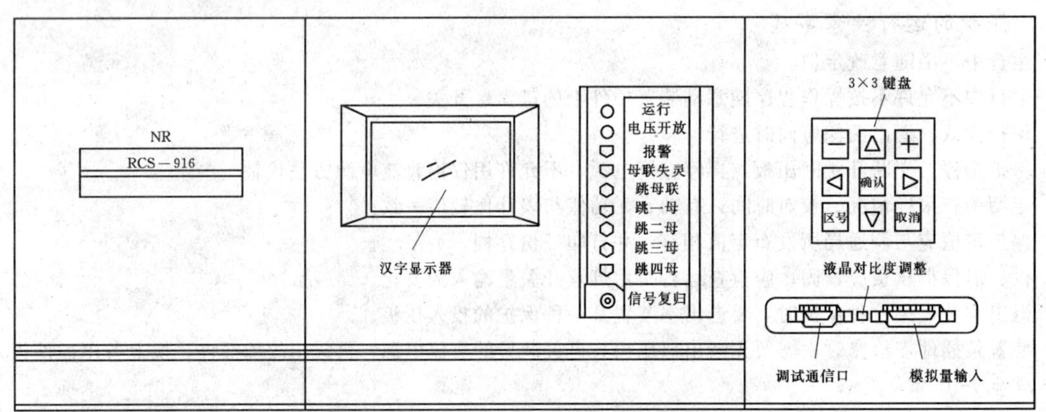

图 1－1－98 装置面板布置图

操作密码："＋"、"◀"、"▶"、"－"。

按键说明：在正常显示状态下，按"▲"键即可进入菜单，"▼"键为移动菜单项，"◀"、"▶"键可移动光标到指定位置，"确认"键可进入相应菜单项，"取消"键为退出菜单项，"区号"键可进行保护定值区切换。

液晶显示器（LCD）：用以显示正常运行状态、跳闸报告、自检信息以及菜单。

09－23 09：07：50
电压 U_1：060.30V
电压 U_2：060.31V
定值区号 01

图 1－1－99 正常运行液晶显示

（四）保护运行液晶显示说明

装置通电后，装置正常运行，液晶屏幕显示信息见图 1－1－99。

液晶显示第一行为日期、时间，第二行为Ⅰ母电压，第三行为Ⅱ母电压，第四行为定值整定区号。

（五）保护装置菜单说明

1. 菜单目录树

保护装置菜单目录结构见图 1－1－100。

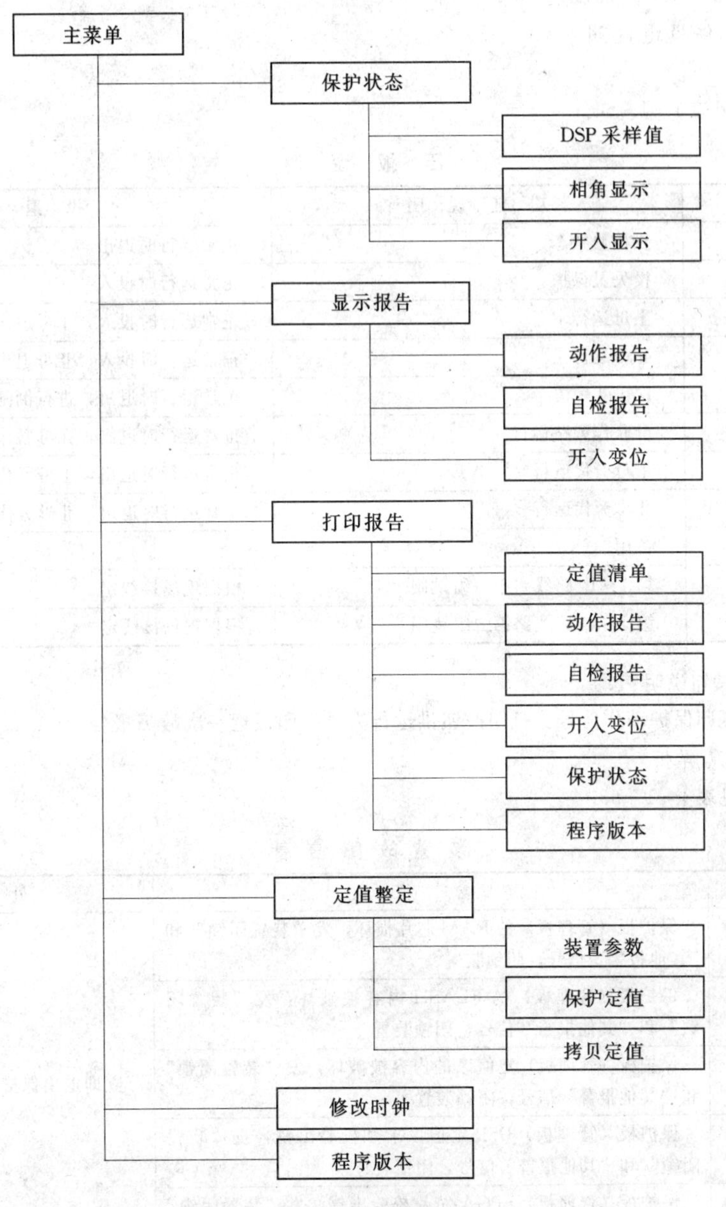

图 1-1-100 菜单目录

2. 菜单各功能介绍

(1) 保护状态。

进入保护状态菜单，其子菜单有DSP采样值、相角显示、开入显示，可分别显示交流量幅值采样、交流量相角采样、实时刀闸位置、其他开入量状态（包括压板位置）。对于开入量状态，1表示投入或收到接点动作信号，0表示未投入或没收到接点动作信号。按键“↑”和“↓”用来上下滚动。

(2) 显示报告。

进入显示报告菜单，其子菜单有动作报告、自检报告、开入变位，可进行历史报告查询，按键“↑”和“↓”用来切换不同时刻报告。

(3) 打印报告。

进入打印报告菜单，其子菜单有定值清单、动作报告、自检报告、开入变位、保护状态、程序版本。按键“↑”和“↓”用来上下滚动，选择要打印的报告，按键“确认”确认打印选择的报告。

(4) 定值整定。

进入整定定值菜单，其子菜单有装置参数、保护定值、拷贝定值，进入某一个子菜单整定相应的定值。按键“↑”、“↓”用来滚动选择要修改的定值，按键“←”、“→”用来将光标移到要修改的那一位，“+”和“−”用来修改数据，按键“取消”为不修改返回，按“确认”键液晶显示屏提示输入确认密码，按次序键入“+、←、↑、−”，完成定值整定后返回。

（六）保护装置部件投退说明

1. 压板说明

保护装置压板说明见表 1-1-64。

表 1-1-64 压板说明

压板名称	功能说明	投退说明
2LP1	投检修状态	正常运行时退出
2LP2	投失灵保护	正常运行时投入
2LP3	Ⅰ母运行	正常运行时投入，Ⅰ母退出运行时退出
2LP4	Ⅱ母运行	正常运行时投入，Ⅱ母退出运行时退出
2LP5	I/Ⅱ母互联	正常运行时退出，进行倒闸操作时投入
2LP6	母联作旁路运行	正常运行时退出，在母联作旁路运行时投入
2LP7	Ⅰ母旁代运行	正常运行时退出，Ⅰ母旁代运行时投入
2LP8	Ⅱ母旁代运行	正常运行时退出，Ⅱ母旁代运行时投入
2LP9	备用	
TLP1～TLP14	第 1～14 路线路第一组跳闸	根据现场接线定
BLP1～BLP14	第 1～14 路线路第二组跳闸	根据现场接线定

2. 复归按钮、打印按钮说明

信号复归按钮用于复归保护动作信号。打印按钮供运行人员打印最近一次故障报告。

（七）装置故障信息解析

装置故障信息解析见表 1-1-65。

表 1-1-65 装置故障信息

自检信息	含义	处理建议
保护板（管理板）内存出错	保护板（管理板）的 RAM 芯片损坏，发“装置闭锁”和“其他报警”信号，闭锁装置	立即退出保护，通知厂家处理
保护板（管理板）程序出错	保护板（管理板）的 FLASH 内容被破坏，发“装置闭锁”和“其他报警”信号，闭锁装置	
保护板（管理板）定值出错	保护板（管理板）定值区的内容被破坏，发“装置闭锁”和“其他报警”信号，闭锁装置	
保护板（管理板）DSP定值出错	保护板（管理板）DSP 定值区求和校验出错，发“装置闭锁”和“其他报警”信号，闭锁装置	
保护板（管理板）FPGA出错	保护板（管理板）FPGA 芯片校验出错，发“装置闭锁”和“其他报警”信号，闭锁装置	
保护板（管理板）CPLD出错	保护板（管理板）CPLD 芯片校验出错，发“装置闭锁”和“其他报警”信号，闭锁装置	立即退出保护，通知厂家处理
跳闸出口报警	出口三极管损坏，发“装置闭锁”和“其他报警”信号，闭锁装置（加电做故障试验时，若故障电流不退，10s 也会报此错误，注意区分）	
保护板（管理板）DSP出错	保护板（管理板）DSP 自检出错，FPGA 被复位，发“装置闭锁”和“其他报警”信号，闭锁装置	
开关量校验出错	保护板和管理板采样的开入量不一致，发“装置闭锁”和“其他报警”信号，闭锁装置	
管理板启动开出报警	在保护板没有启动的情况下，管理板长期启动，发“其他报警”信号，不闭锁装置	
该区定值无效	该定值区的定值无效，发“装置闭锁”和“其他报警”信号，闭锁装置	定值区号或系统参数定值整定后，母差保护和失灵保护定值必须重新整定
光耦失电	光耦正电源失去，发“装置闭锁”和“其他报警”信号，闭锁装置	请检查电源板的光耦电源以及开入/开出板的隔离电源是否接好

续表

自检信息	含义	处理建议
内部通信出错	保护板与管理板之间的通信出错，发“其他报警”信号，不闭锁装置	检查保护板与管理板之间的通信电缆是否接好
外部启动母联失灵开入异常	外部启动母联失灵接点10s不返回，报“外部启动母联失灵开入异常”，同时退出该启动功能	检查外部启动母联失灵接点
刀闸位置报警	刀闸位置双跨，变位或与实际不符，发“位置报警”信号，不闭锁保护	检查刀闸辅助触点是否正常，如异常应先从模拟盘给出正确的刀闸位置，并按屏上刀闸位置确认按钮确认，检修结束后将模拟盘上的三位置开关恢复到“自动”位置，并按屏上刀闸位置确认按钮确认
母联TWJ报警	母联TWJ=1但任意相有电流，发“其他报警”信号，不闭锁保护	检修母联开关辅助接点
TV断线	母线电压互感器二次断线，发“交流断线报警”信号，不闭锁保护	检查TV二次回路
电压闭锁开放	母线电压闭锁元件开放，发“电压开放”信号，不闭锁保护。此时可能是电压互感器二次断线，也可能是区外远方发生故障长期未切除	
面板通信出错	面板CPU与保护板CPU通信发生故障，发“其他报警”信号，不闭锁保护	检查面板与保护板之间的通信电缆是否接好

（八）装置正常工况与异常工况说明

装置正常工况与异常工况说明见表1-1-66。

表1-1-66　装置正常工况与异常工况说明

名称	定义	正常运行状态	异常状态说明
运行	运行监视	绿灯亮	装置未处于运行状态
电压开放	交流回路异常监视	黄灯灭	电压互感器二次回路断线时该灯亮，解除保护闭锁
报警	装置异常监视	黄灯灭	装置发生异常情况
母联失灵	母联失灵保护动作指示	红灯灭	母联、分段、断路器失灵保护动作
跳母联	母联跳闸监视	红灯灭	母联跳闸
跳Ⅰ母	失灵保护动作指示	红灯灭	失灵保护动作跳Ⅰ母所有连接元件
跳Ⅱ母	失灵保护动作指示	红灯灭	失灵保护动作跳Ⅱ母所有连接元件
跳Ⅲ母	失灵保护动作指示	红灯灭	失灵保护动作跳Ⅲ母所有连接元件
跳Ⅳ母	失灵保护动作指示	红灯灭	失灵保护动作跳Ⅳ母所有连接元件

（九）填写说明

(1) 填写范围包括装置面板显示灯、屏柜显示灯。

(2) 灯种类包括电源灯、运行灯、告警灯、信号灯、通信灯等。

(3) 重点对其什么颜色、闪光、平光、点亮、灯灭情况进行叙述。

(4) 各种灯的状态应分正常、异常、保护动作等情况进行叙述。

（十）生产厂家

南京南瑞继电保护有限公司。

十四、WMH—800系列保护装置

（一）装置功能概述

1. 保护功能整体描述

WMH—800型微机母线保护装置适用于500kV及500kV以下电压等级各种主接线形式的母线，作为发电厂、变电站母线的成套保护装置。可以实现母线差动保护、母联充电保护、母联失灵（或死区保护）、母联过流保护（可选）、母联非全相保护（可选）以及断路器失灵保护（可选）等功能。

2. 保护装置 CPU 分工描述

DSP—11 模块是在分析和借鉴了国内外同类产品基础上，从技术和开发手段的先进性，软硬件资源的通用性，系统的可靠性等方面出发，开发研制的 DSP 型保护模块。作为基本的软硬件平台，在单块 PCB 板上完成了数据采集及 A/D 转换、I/O、保护及控制功能等。WMH—800 采用 DSP—11 保护插件作为保护 CPU。

3. 其他功能描述

(1) 采用国内外比较成熟的具有比率制动特性的差动保护原理。

(2) 自适应母线的各种运行方式，倒闸过程自动识别，不需退出保护。

(3) 完善的独有的抗 CT 饱和措施。

(4) 适应 CT 变比不同，CT 变比可由用户现场设置。

(5) 采用独立于差动保护计算机系统的复合电压元件作为差动保护的闭锁措施。

4. 主要参数

额定交流电流：5A 或 1A。

额定交流电压：线电压 100V，相电压 $100/\sqrt{3}$V，开口三角电压 100V 或 300V。

额定频率：50Hz。

直流工作电压：20V 或 110V，允许变化范围 80%～110%。

打印机工作电压：AC 220V 50Hz。

交流电压回路：不大于 0.5VA/相（额定电压下）。

交流电流回路：当 I_n＝5A 时，每相不大于 1VA；当 I_n＝1A 时，每相不大于 0.5VA。

直流电压回路：不大于 100W。

（二）装置插件结构图简介

1. 差动保护箱插件说明

ABC 三相完全相同，WMH—800 差动保护箱插件原理图见图 1－1－101。

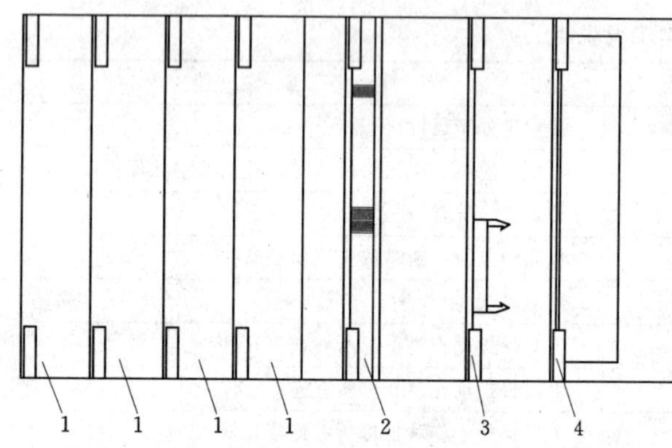

图 1－1－101　WMH—800 差动保护箱内部结构示意图

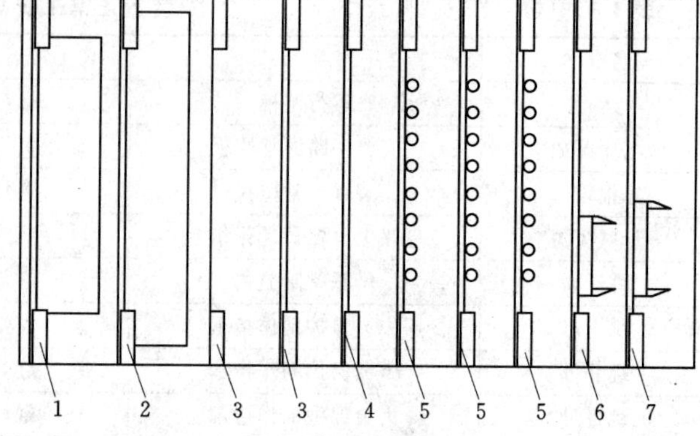

图 1－1－102　WMH—800 电压闭锁箱内部结构示意图

1 为交流插件，它们将输入的电压、电流量转换为保护 CPU 使用的电压量。

2 为 CPU 插件（DSP—11），完成保护逻辑判断和 I/O 量、模拟量的读取。

3 为信号插件，提供差动保护的动作信号和告警信号，信号在面板上显示。

4 为电源插件，将直流 220V 电源输入转换为＋5V、＋15V、－15V、＋24V 四组稳压电源。

2. 电压闭锁箱插件说明

WMH—80 电压闭锁箱内部结构原理图见图 1－1－102。

1 为电源插件，它将直流 220V 电源输入转换为＋24V 稳压电源输出，供开关量输入使用。

2 为电源插件，将直流 220V 电源输入转换为＋5V、＋15V、－15V、＋24V 四组稳压电源。

3 为交流插件。

4 为 CPU 插件（DSP—11），它完成电压闭锁的逻辑判断和 I/O 量、模拟量的读取。

5 为出口插件，提供保护 24 路出口回路和相应信号。

注意：出口插件上的信号灯只反映差动的动作行为，不代表跳闸出口，跳闸出口还要经过电压闭锁。

6 为信号插件，提供电压闭锁的动作信号和告警信号，信号的显示方式同差动保护箱。

7 为 MMI 的接口板。

（三）装置面板说明

1. 差动机箱

图 1-1-103 是 WMH—800 差动机箱示意图。

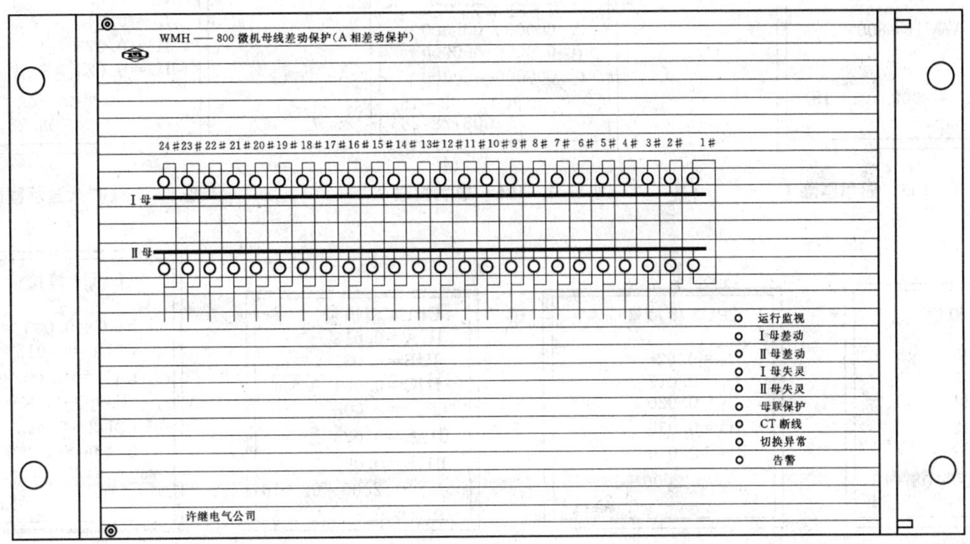

图 1-1-103 WMH—800 差动机箱示意图

每个差动保护装置面板上都装有这 9 个信号灯，名称、颜色和含义是相同的，分别指示各相别的故障或异常。

如果是双母线保护，在 A 相差动保护装置面板上还装有母线运行方式模拟显示盘，用划线表示出双母线和各连接元件，用绿色发光管表示刀闸，每个元件有两个，发光管用外部刀闸辅助接点的开入直接点亮，简单直观，可以用它与液晶屏上显示的经过保护校核的运行方式字对照，如果没有刀闸位置异常，两者是一致的。

2. 电压闭锁机箱

图 1-1-104 是 WMH—800 电压闭锁机箱示意图。

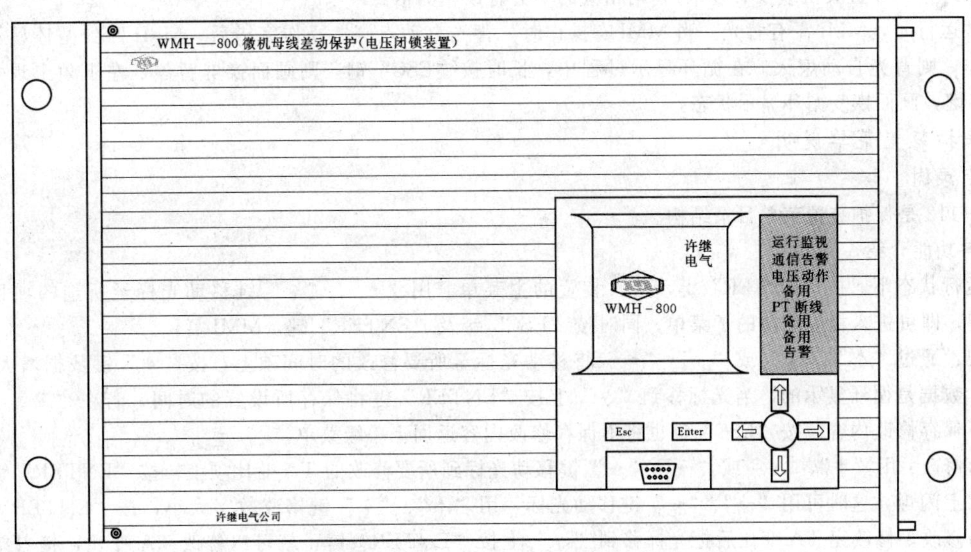

图 1-1-104 WMH—800 电压闭锁机箱示意图

（四）保护运行液晶显示说明

装置通电后，装置正常运行时，液晶屏幕将显示如图 1-1-105～图 1-1-111 所示信息。

正常显示时，显示界面共七屏，分别显示运行方式字和各 CPU 的差流和电压的实时采样值，每隔 4s 换屏一次，循环显示。CPU1、CPU2、CPU3、CPU4 分别代表差动 A 箱、差动 B 箱、差动 C 箱和电压闭锁箱 CPU。

图 1-1-105 中，显示许继商标和保护型号 WMH—800，液晶右下角显示当前日期和时钟。

图 1－1－105 显示画面 1

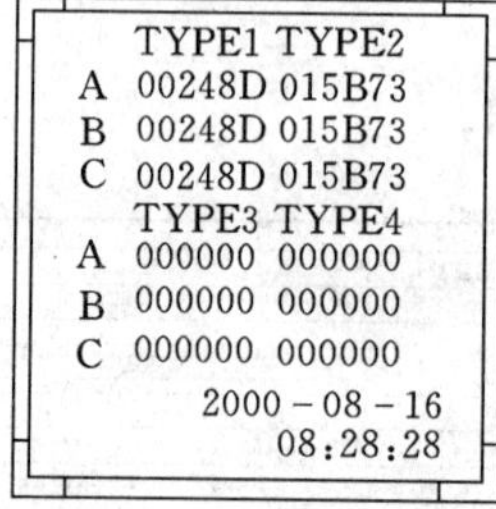

图 1－1－106 显示画面 2

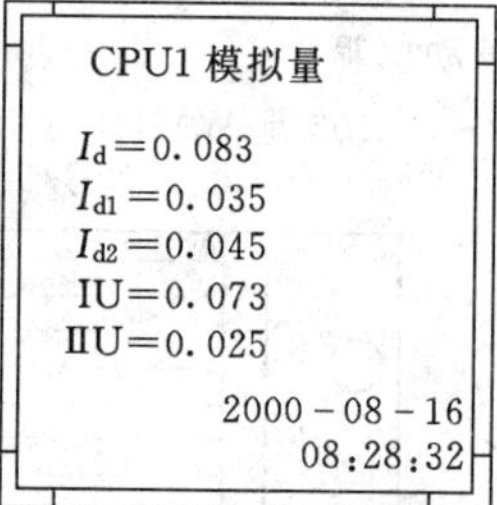

图 1－1－107 显示画面 3

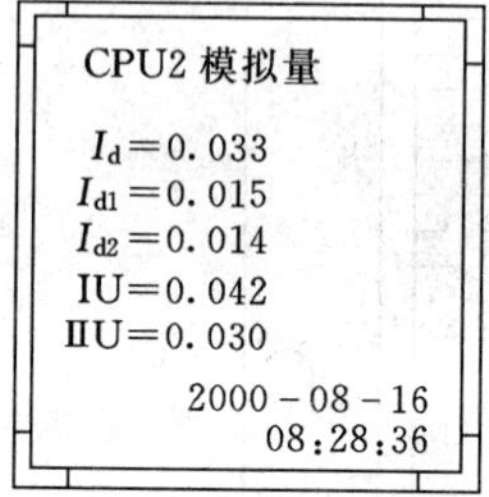

图 1－1－108 显示画面 4

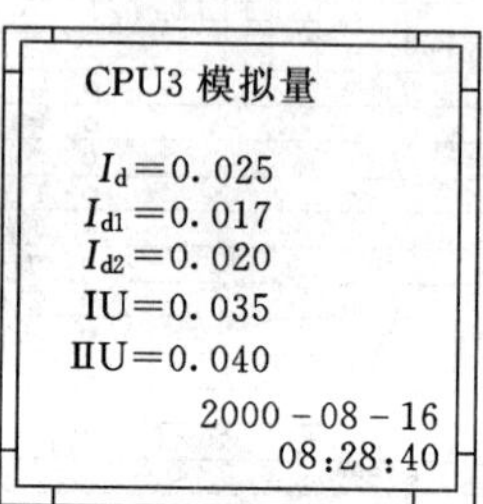

图 1－1－109 显示画面 5

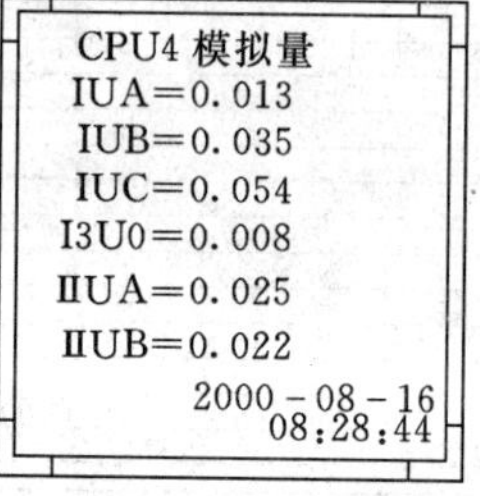

图 1－1－110 显示画面 6

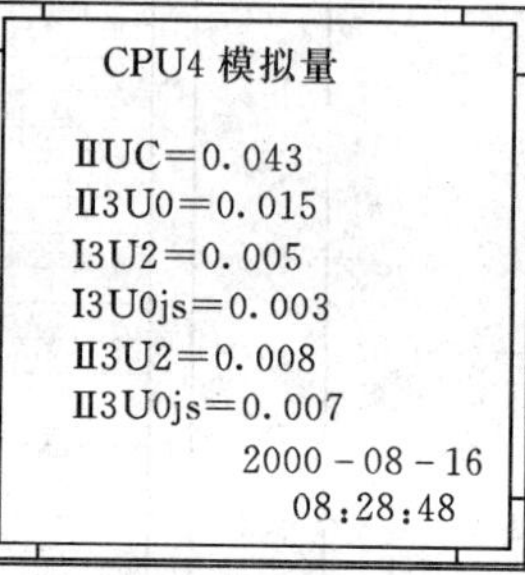

图 1－1－111 显示画面 7

图 1－1－106 中，type1、type2 分别表示一母运行方式字和二母运行方式字，方式字是用 8421 码表示的，例如#3 元件挂在一母，则一母方式字的第 3 位置 1，否则为 0，依此类推，就得到母线运行方式字。A、B、C 表示相别。液晶右下角显示当前日期和时钟。

图 1－1－107～图 1－1－109 中 I_d 表示大差，I_{d1} 表示一母小差，I_{d2} 表示二母小差，IU 表示一母电压，ⅡU 表示二母电压，显示的是有效值。

图 1－1－110 和图 1－1－111 中显示实时电压信息。

若某相不运行（装置关机或没有登录），则相应的不会有该相的信息。

保护正常运行时，MMI 没有背光。当 MMI 有操作时，背光自动点亮。操作完毕后，MMI 回到循环显示状态，如长时间无操作，则背光自动熄灭。在循环显示过程中，长时按“ESC”键，则画面换屏暂停，左下角出现 Stop 提示。再按“ESC”键，画面恢复循环显示状态。

（五）保护装置菜单说明

1. 菜单目录树

图 1－1－112 是保护装置菜单目录结构。

2. 菜单各功能介绍

在正常运行状态下，按“ENTER”键，进入装置的主菜单。用“↑”、“↓”键移动光标至所选的项目后，再按“ENTER”键，即可进入相应功能的子菜单；同时按“ESC”键及“ENTER”键，MMI 复位。

（1）时间：通过“↑”、“↓”或“→”、“←”将移动光标至所要修改的时间项上，按“↑”键数据增大，按“↓”键数据减小，数据是循环显示的。当光标移到“√”上按“ENTER”键将保存所设置的时间，若在“×”上按“ENTER”键将不保存修改内容。按“ESC”键也将不保存修改内容返回上一级菜单。

（2）定值修改：用“↑”、“↓”或“→”、“←”键移动光标到所要修改的 TA 变比项上，按“ENTER”键，光标在最后一位数字上闪烁，这时可用“→”、“←”键移动光标，用“↑”、“↓”键修改数字大小，按“ENTER”键结束本项 TA 变比的修改。修改完 TA 变比后把光标移到“√”上按“ENTER”键，就可以修改 TA 变比，接着接口就会要求修改者输入口令（注：口令出厂设置为“9999”），输入正确的口令后，接口会提示“TA 变比修改？”界面，按“ENTER”键把 TA 变比同时固化到所有登录的 CPU。修改过程中或界面提示过程中按了“ESC”键都将不固化 TA 变比退出，返回到上一级菜单。

（3）定值打印：按“ENTER”键选择 CPU 号，把光标移到“√”上按“ENTER”键就能打印定值清单。

（4）控制字：显示各保护的控制字投退列表，修改方法同上。

（5）压板状态：显示各保护硬压板的投退状态。

（6）总报告：主要是接口保存的历史报告。

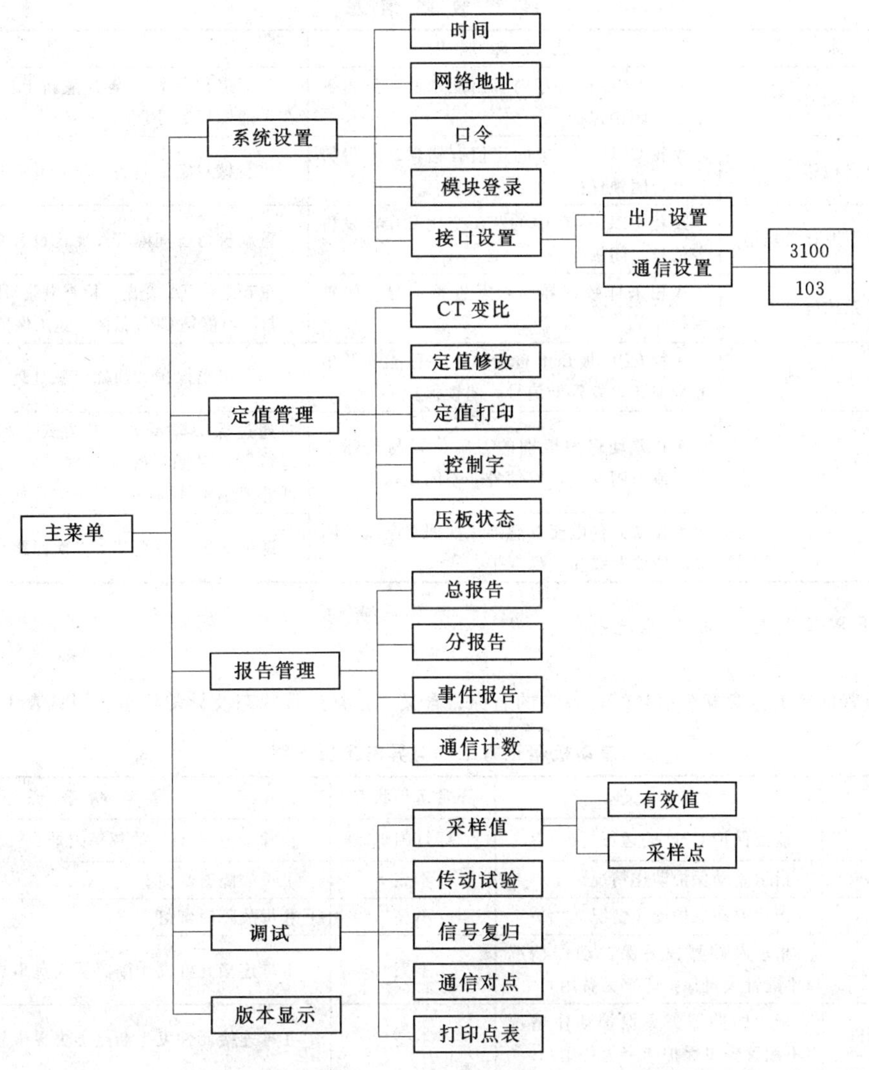

图 1-1-112　菜单目录

(7) 分报告：主要是各个保护板保存的历史报告，可以打印采样值。

(8) 事件报告：保存了接口和保护的事件报告，共可以保存 100 个。

(9) 版本显示：按“ENTER”键能显示已登录的保护的版本号和校验码，再次按“ENTER”键可以打印。

（六）保护装置部件投退说明

保护装置部件投退说明见表 1-1-67。

表 1-1-67　部 件 投 退 说 明

压 板 名 称	功 能 说 明	投 退 说 明
1CLP1～1CLP20	支路 1～20 出口	正常时投入
1KLP1	检修状态投入	装置调试时投入
1KLP2	差动保护投入	正常时投入
1KLP3	母联带旁路投入	母联当旁路运行时投入
1KLP4	母联充电保护投入	充电保护投入时投入
1KLP5	母联过流保护投入	过流保护投入时投入
1KLP6	母联非全相保护投入	非全相保护投入时投入
1KLP7	母线互联	倒闸操作时投入

（七）装置故障信息解析

装置故障信息解析见表 1-1-68。

表 1-1-68 装置故障信息

事件名称	可能故障原因	处理措施
A（B、C）相程序求和错	A相CPU板内存内容出现紊乱，发告警信号，闭锁保护	立即退出保护，装置重新上电，如果异常仍存在，通知厂家处理
A（B、C）相定值自检错	A相CPU内存中的定值有错误，发告警信号，闭锁保护	重新核对定值是否正确，并固化
A（B、C）相变流器变比自检错	A相CPU内存中的TA变比有误，发告警信号，闭锁保护	重新核对各间隔TA变比设置是否正确，并固化
A（B、C）相采样系统异常	A相采样数据异常，发告警信号，闭锁保护	重新固化TA变比，检查电流回路是否开路。若都正常则可能是CPU故障，退出保护，通知厂家处理
A（B、C）相开出测试失败	A相CPU板开出自检异常，可能是开出光耦损坏，发告警信号，闭锁保护	立即退出保护，通知厂家处理
A（B、C）相切换异常	A相差动保护识别的刀闸位置与实际不符，或刀闸变位，发信号，不闭锁保护	通过保护显示的运行方式字和模拟显示盘上的运行方式对照，确认出现异常的元件，检查该元件的刀闸辅助触点是否正常，如异常应尽快检修
A（B、C）相CT断线	A相某元件电流互感器二次回路断线，闭锁断线段断线相差动保护	退出保护，检查TA二次回路

（八）装置正常工况与异常工况说明

1. 差动机箱

各差动保护装置面板上包含9个信号灯，各自的名称、含义、正常运行状态及异常状态说明见表1-1-69。

表 1-1-69 差动机箱正常工况与异常工况说明

名称	定义	正常运行状态	异常状态说明
运行监视	监视保护CPU的运行情况	绿灯闪烁	正常运行以3Hz的频率闪烁
Ⅰ母差动	指示差动保护动作情况	不亮	Ⅰ母故障时红灯亮
Ⅱ母差动	指示差动保护动作情况	不亮	Ⅱ母故障时红灯亮
Ⅰ母失灵（或备用）	指示断路器失灵保护动作情况（不配置失灵保护印字为备用）	不亮	Ⅰ母连接元件发生断路器失灵事故时红灯亮
Ⅱ母失灵（或备用）	指示断路器失灵保护动作情况（不配置失灵保护印字为备用）	不亮	Ⅱ母连接元件发生断路器失灵事故时红灯亮
母联保护	指示与母联相关的辅助保护的动作情况	不亮	母联充电保护、母联过流保护、母联非全相保护动作时红灯亮
TA断线	指示母线差流不平衡情况	不亮	当母线的大差和小差连续7s超过TA断线定值时红灯亮
切换异常	指示母线运行方式识别有异常	不亮	1. 刀闸位置不正确 2. 元件刀闸变位 3. 母线带路，母旁开关的三个刀闸同时闭合 4. 引入母联开关合位接点校核跳位接点有异常时 以上情况发生时红灯亮
告警	指示装置有异常情况发生	不亮	当装置自检错或不应长时间存在的开入长期存在时红灯亮

2. 电压闭锁机箱

电压闭锁装置的信号灯在液晶屏的边上，有8个信号灯，各自的名称、含义、正常运行状态及异常状态说明见表1-1-70。

表 1-1-70 电压闭锁机箱正常工况与异常工况说明

名称	定义	正常运行状态	异常状态说明
运行监视	监视人机接口的运行情况	绿色闪烁	正常运行时闪烁
通信告警	监视人机接口与各保护CPU的通信情况	不亮	当人机接口与登录的CPU通信中断时红灯亮，恢复后自动熄灭

续表

名 称	定 义	正常运行状态	异常状态说明
电压动作	指示复合电压动作情况	不亮	当任一母线的低电压、负序电压、零序电压元件动作时点红灯亮
TV断线	监视母线TV的运行情况	不亮	当TV出现异常时红灯亮
告警	指示装置有异常情况发生	不亮	当装置自检错或不应长时间存在的开入（如失灵解闭锁开入）长期存在时红灯亮

（九）生产厂家

许继电气股份有限公司。

十五、WMZ—41A（B）系列保护装置

（一）装置功能概述

1. 保护功能整体描述

WMZ—41B微机母线保护装置可适用于500kV及以下各种电压等级的母线保护。针对一次系统中各种不同类型的主接线形式，通过对保护配置、回路接线等方面的工程组屏设计构成的GWMZ系列微机母线保护柜，可应用于3/2断路器接线、单母线、单母分段、双母线、双母分段等各种典型及特殊接线方式的母线保护。

保护柜型号说明见图1-1-113。

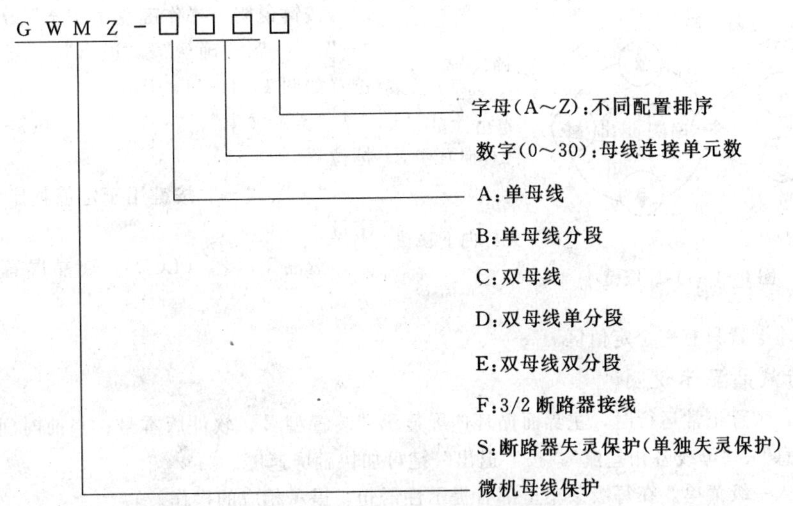

图1-1-113 保护柜型号说明

GWMZ系列微机母线保护柜在双母线标准配置时，其连接最大单元数量为24单元，特殊可视保护配置情况调整母线的连接单元数。

通常应用于单母线、单母分段、双母线、双母单分段系统时，整套母线保护由一面柜组成，应用于双母双分段系统时由两面柜组成。

母线失灵保护可单独组柜，也可在母线保护柜中实现失灵保护功能。

2. 保护装置CPU分工描述

WMZ—41A（B）型微机母线保护装置采用多CPU系统，由四层保护机箱组成。

机箱采用“整体面板统一风格，背插模件母板结构”：

第Ⅰ层“出口跳闸”机箱（4U结构）：主要完成“各单元跳闸，运行方式识别显示”等功能。

第Ⅱ层“主CPU”机箱（4U结构）：主要完成“电压闭锁、人机对话、故障报告打印、通信管理”等功能。

第Ⅲ层“从CPU”机箱（4U结构）：主要完成“A、B、C各相差动保护、失灵保护”等功能。

第Ⅳ层“交流模件”机箱（6U结构）：主要将各单元三相电流、各段母线的三相电压及零序电压变换成相应的电压输入量。

3. 其他功能描述

采用大屏幕彩色液晶显示器，信息显示清楚分明、信息量大。可实时检查母线的差电流情况，查看母线所有连接单

元的电流幅值和相位。

(1) 针对双母线保护，保护柜配置模拟系统主接线图，运行状态清楚明了；设置微动开关可强制保护装置中的双母线运行方式字。

(2) 对装置中CPU、AD、I/O等核心部件、定值区、保护软件设置有完善的自动检测功能，自检出错时告警并闭锁差动保护出口，有效防止装置误出口。

(3) 可打印“整定值、采样值、装置自检及故障记录”等各种报告。故障报告可记录当前最近的8次故障信息，提供“故障简明事件、故障电流采样值，故障电流波形”等三种报告格式便于用户选择打印、分析。

(4) 提供RS—485/RS—422/RS—232标准串口或以太网口可与后台监控及故障信息管理系统通信，支持IEC60870-5-103通信规约。

(5) 采用整面板、背插式机箱结构型式，强弱电完全分开，装置抗电磁干扰能力强。

4. 保护主要参数

直流电源：220V或110V(允许偏差：－20%～＋10%)。

交流电压：$100V/\sqrt{3}$或100V。

额定电流：5A或1A。

额定频率：50Hz。

交流电源：单相220V(允许偏差：－15%～＋10%)。

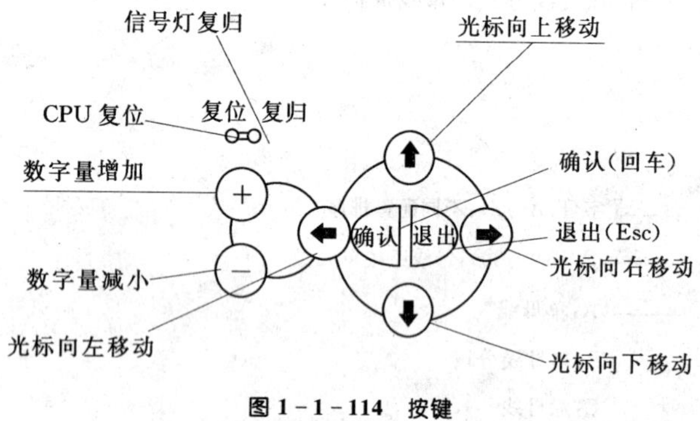

图1-1-114 按键

(二) 装置面板说明

操作密码：权限密码为“↑”、“↑”、“↑”、“↑”。

按键说明：操作键盘由“↑”、“↓”、“←”、“→”、“＋”、“－”、“确认”、“退出”、“复位”等键构成，各键位置如图1-1-114所示。

“↑”、“↓”、“←”、“→”按键控制液晶屏幕中的光标位置。

“＋”、“－”按键用于定值整定、修改过程中增减数字量。

液晶显示器(LCD)：液晶屏幕显示为多级菜单化方式。

定值分区切换：本装置只有一个定值区。

(三) 保护运行液晶显示说明

(1) 装置通电后，装置正常运行时，主界面循环四屏显示“装置型号、软件版本号、当前时间”、“保护功能投退状态”、“母线电压信息”、“母线各相差流”，按“退出”键可加快翻屏速度。

按“确认”键进入一级菜单。在每级菜单里都有提示性语句，提示相应的操作。

(2) 当保护动作时，液晶屏幕在保护整组复归后15s左右，将自动显示最新一次跳闸报告。

(四) 保护装置菜单说明

1. 菜单目录树

图1-1-115是保护装置菜单说明。

2. 菜单各功能介绍

(1) 定值查询、修改。此菜单下分7个子菜单：主机定值，从机定值，通信定值，TA变比，失灵保护定值及控制字。见图1-1-115。

进入定值整定，权限密码为“↑”、“↑”、“↑”、“↑”。

按键“↑”、“↓”用来选择要修改的那一位，“＋”、“－”用来修改，“确认”为修改返回，“退出”为不修改返回。

(2) 故障报告、事故报告查询打印。可选择打印主机或从机整定值报告，主机电压和A、B、C各相从机电流的故障事件、采样点值、采样波形、装置自检等报告。其中故障事件报告又分为：简明故障报告，采样值故障报告及电流波形故障报告，故障报告记录8次保护动作事件，供用户选择打印、分析。

按键“↑”、“↓”用来选择要打印那一个，“＋”、“－”用来修改，“确认”为打印返回，“退出”为不打印返回。

(3) 采样查询。进入“通道测试”子菜单，即可实时显示母线各相电压、零序电压、负序电压以及各单元电流的幅值和相位、各段各相大差和小差的差电流，方便运行人员随时监控装置各模拟通道的工作情况。

(4) 定值区切换。本装置只有一个定值区。

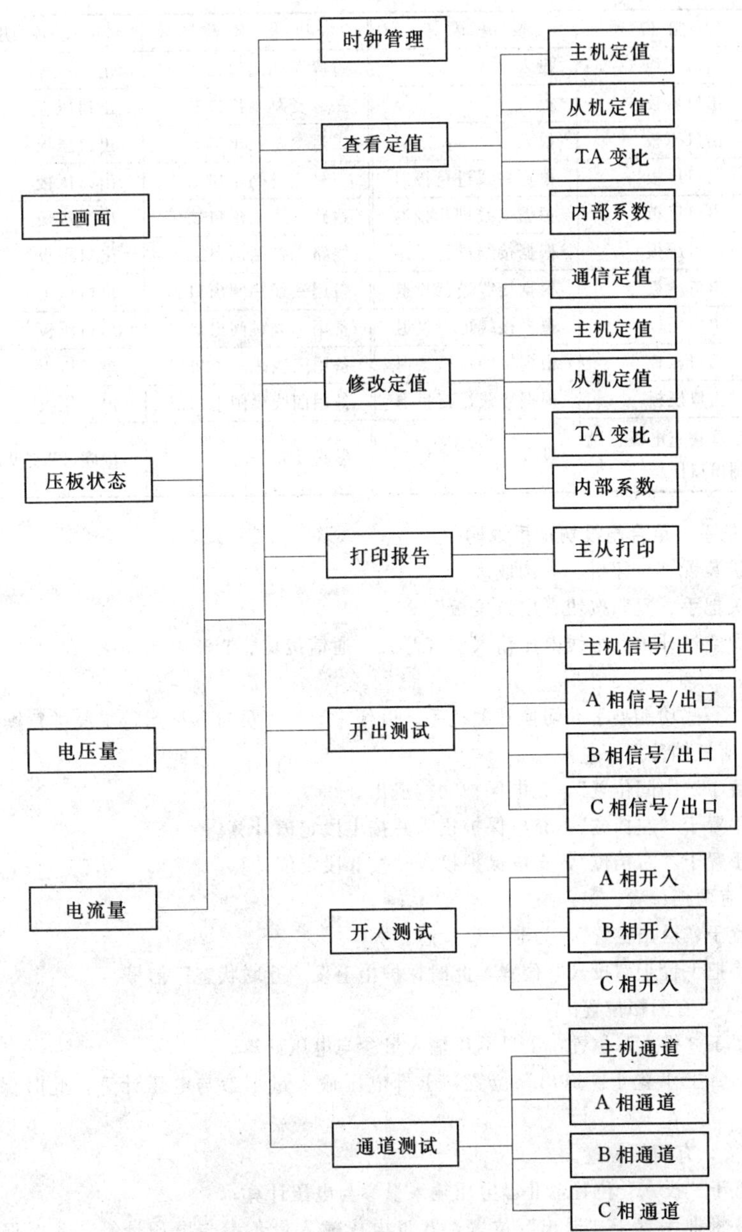

图 1-1-115 装置菜单目录

定值整定操作密码："↑"、"↑"、"↑"、"↑"。

(5) 其他部分。

1) 在运行/调试把手处于"调试"状态下，可进行开入/开出量的通道测试。

进入离线调试的权限密码为"↑"、"↑"、"↓"、"↓"。

2) 时钟管理

液晶显示当前的日期和时间。

按键"↑"、"↓"、"←"、"→"用来选择要修改的那一位，"+"、"−"用来修改，"确认"为修改返回，"退出"为不修改返回。

(五) 保护装置部件投退说明

1. 压板说明

保护装置压板说明见表 1-1-71。

表 1-1-71 压板说明

压板名称	功能说明	投退说明	压板名称	功能说明	投退说明
母联跳闸出口一	出口压板	投入	母联跳闸出口二	出口压板	投入
一号变跳闸出口一	出口压板	投入	一号变跳闸出口二	出口压板	投入
二号变跳闸出口一	出口压板	投入	二号变跳闸出口二	出口压板	投入
三号变跳闸出口一	出口压板	根据接线进行投退	三号变跳闸出口二	出口压板	根据接线进行投退
线路一跳闸出口一	出口压板	根据接线进行投退	线路一跳闸出口二	出口压板	根据接线进行投退
线路二跳闸出口一	出口压板	根据接线进行投退	线路二跳闸出口二	出口压板	根据接线进行投退
备用一线跳闸出口一	出口压板	根据接线进行投退	备用一线跳闸出口二	出口压板	根据接线进行投退
备用二线跳闸出口一	出口压板	根据接线进行投退	备用二线跳闸出口二	出口压板	根据接线进行投退
备用三线跳闸出口一	出口压板	根据接线进行投退	备用三线跳闸出口二	出口压板	根据接线进行投退
备用四线跳闸出口一	出口压板	根据接线进行投退	备用四线跳闸出口二	出口压板	根据接线进行投退
母联充电保护出口	母联充电保护跳闸出口压板	投入	母联 TWJ 投入	母联 TWJ 投入	投入

2. 复归按钮、控制把手、重合闸投切把手说明

保护柜由“母差保护装置、打印机”等构成。

正面设置“切换开关把手、复归按钮、出口压板”。

背面设置“直流电源空气开关、母线电压输入空气开关、通信接口、交流电源插座”。

(1) 切换开关把手。

保护柜体上安装如下一些功能型手动切换开关把手，以便于运行人员对各种运行工况进行操作。

1) 充电启动开关，有三档位置。

正常运行时把手应置于“中间位置”，充电保护功能退出。

短充电状态下，把手置于“左挡位”，充电保护投入并按Ⅰ段定值计算。

长充电状态下，把手置于“右挡位”，充电保护投入并按Ⅱ段定值计算。

2) 互联手动开关，有两档位置。

正常运行时把手应置于“退出位置”，为非互联状态。

倒闸操作时，建议将把手置于“投入”位置，此时保护柜上发“互联状态”信号。

3) Ⅰ母 TV 投切开关，有两档位置。

正常运行时把手应置于“投入”位置，Ⅰ母电压输入量参与电压计算。

当Ⅰ母 TV 检修时，将把手置于“退出”位置，Ⅰ母电压输入量不参与电压计算，此时保护柜上发“Ⅰ母 TV”信号。

4) Ⅱ母 TV 投切开关，有两档位置。

正常运行时把手应置于“投入”位置，Ⅱ母电压输入量参与电压计算；

当Ⅱ母 TV 检修时，将把手置于“退出”位置，Ⅱ母电压输入量不参与电压计算，此时保护柜上发“Ⅱ母 TV”信号。

5) 调试/运行切换开关，有两档位置。保护正常运行时把手应置于“运行”，保护程序处于运行状态，装置的运行指示灯闪烁；当母差装置在试验、硬件测试时，将把手置于“调试”位置，保护程序处于调试状态，装置的运行指示灯不再闪烁，状态为常亮或常灭（取决于把手操作瞬间指示灯的闪烁情况）。

6) 差动保护切换开关（保护柜配置时）。正常运行时把手应置于“投入”位置，差动保护正常投入运行；把手置于“退出”时差动保护功能退出运行。

7) 失灵保护切换开关（保护柜配置时）。正常运行时把手应置于“投入”位置，失灵保护正常投入运行；把手置于“退出”时失灵保护功能退出运行。

(2) 复归按钮。

保护柜正面右侧中部装有复归按钮，用于对事故信号及出口动作保持信号的复归。

(六) 装置故障信息解析

表 1-1-72 是装置故障信息解析。

(七) 装置正常工况与异常工况说明

装置正常工况与异常工况说明见表 1-1-73。

表 1-1-72 装置故障信息

事件名称	可能故障原因	处理措施
TA 断线告警	TA 的变比设置错误，TA 的极性接反，母联 TA 断线，接入装置的电流回路断线或接触不良	1. 查看各单元电流幅值、相位关系； 2. 确认变比设置正确； 3. 确认电流回路接线正确
TA 断线闭锁	TA 的变比设置错误，TA 的极性接反，母联 TA 断线，接入装置的电流回路断线或接触不良	1. 查看各单元电流幅值、相位关系； 2. 确认变比设置正确； 3. 确认电流回路接线正确； 4. 如仍无法排除，则建议退出装置，尽快安排检修
TV 断线	TV 断线或检修	1. 尽快安排检修； 2. 检查 TV 二次回路幅值及相位
识别错误	刀闸接点位置不对应，母线大差平衡，有任一小差不平衡；母联常开与常闭接点开入异常；母联有电流无刀闸；刀闸接点异常变位（多路同时变位）	检查装置的运行方式，与一次符合则不用干预，否则使用面板上小纽子开关强制恢复装置正确的运行方式，另检查刀闸辅助接点
互联	刀闸位置错误即母线大差平衡，两小差均不平衡，强制互联；手动互联把手投入；一次系统处于互联状态	检查装置的运行方式应与一次相符，否则使用面板上小纽子开关强制恢复装置正确的运行方式，另检查刀闸辅助接点；倒闸结束后尽快恢复；正常，无需干预
自检错误	失灵启动接点长期闭合，充电 KK 接点长期闭合，失灵解除电压闭锁接点长期闭合，A/D 采样出错，通信中断，定值区定值出错 RAM 区异常，失灵启动 I/O 通道异常，隔离刀闸 I/O 通道异常	1. 打印自检报告，确认错误问题和原因； 2. 若 IO 通道长期闭合，检查启动接点是否粘死； 3. 若为通信中断，无需退出母差； 4. 其他错误，通知制造厂家更换有关模件
稳压电源消失	稳压电源消失	退出保护装置，尽快安排检修，并检查装置直流电源工作情况

表 1-1-73 装置正常工况与异常工况说明

名称	定义	正常运行状态	异常状态说明
运行监视	CPU 运行监视灯	绿色闪光	当处于调试状态时，“运行监视”灯常亮或常灭
Ⅰ母差动	保护动作指示灯	不亮	正常不亮，保护动作时发红光
Ⅱ母差动	保护动作指示灯	不亮	正常不亮，保护动作时发红光
Ⅰ母失灵	保护动作指示灯	不亮	正常不亮，保护动作时发红光
Ⅱ母失灵	保护动作指示灯	不亮	正常不亮，保护动作时发红光
母联失灵	保护动作指示灯	不亮	正常不亮，保护动作时发红光
充电动作	保护动作指示灯	不亮	正常不亮，保护动作时发红光
Ⅰ母电压（动作）	Ⅰ母电压保护动作指示灯	不亮	正常不亮，保护动作时发红光
Ⅱ母电压（动作）	Ⅱ母电压保护动作指示灯	不亮	正常不亮，保护动作时发红光
TA 断线告警	TA 断线告警指示灯	不亮	正常不亮，TA 断线告警时发黄光
TA 断线闭锁	TA 断线闭锁指示灯	不亮	正常不亮，TA 断线告警时发黄光
自检错误	自检错误指示灯	不亮	正常不亮，自检错误时发黄光
识别错误	识别错误指示灯	不亮	正常不亮，识别错误时发黄光
互联状态	互联状态指示灯	不亮	正常不亮，互联状态时发黄光

（八）生产厂家

许继电气股份有限公司。

十六、SGB750 系列保护装置

（一）装置功能概述

1. 保护功能整体描述

SGB750 数字式微机母线保护装置采用比率制动差动保护原理，分设大差功能及各段母线小差功能，将整个双母线作为被保护组件的大差功能用于判别母线区内故障，仅将每段母线作为被保护组件的小差功能用于选择故障段母线。设置两套差动保护：常规的全电流差动保护和新型的电流变化量差动保护。技术成熟，抗过渡电阻的能力强，受故障前系统功角的影响小。保护装置 CPU 分工描述：设置两块 CPU，分别独立完成保护功能与门出口。

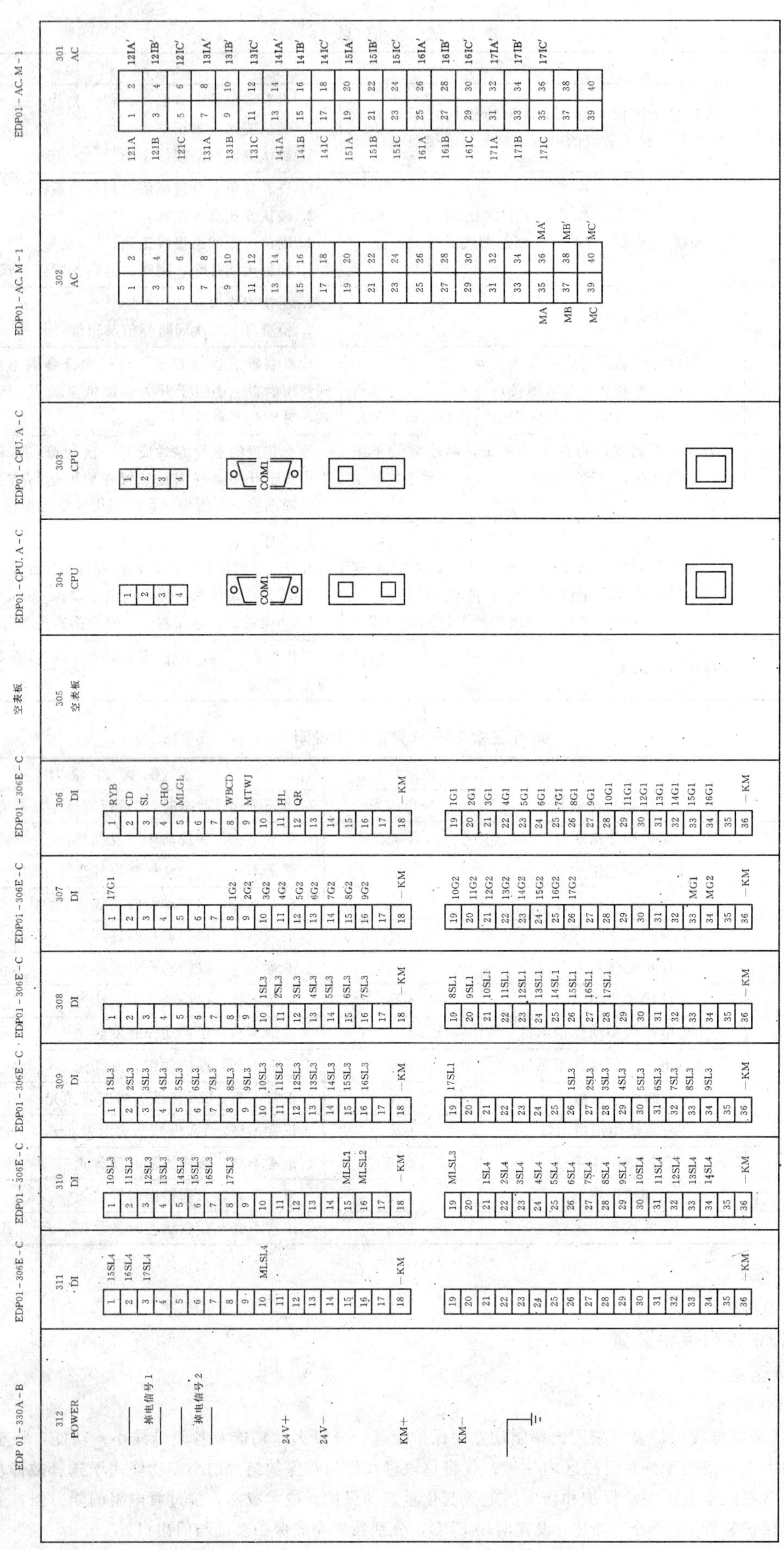

图1-1-116 插件结构背视图一

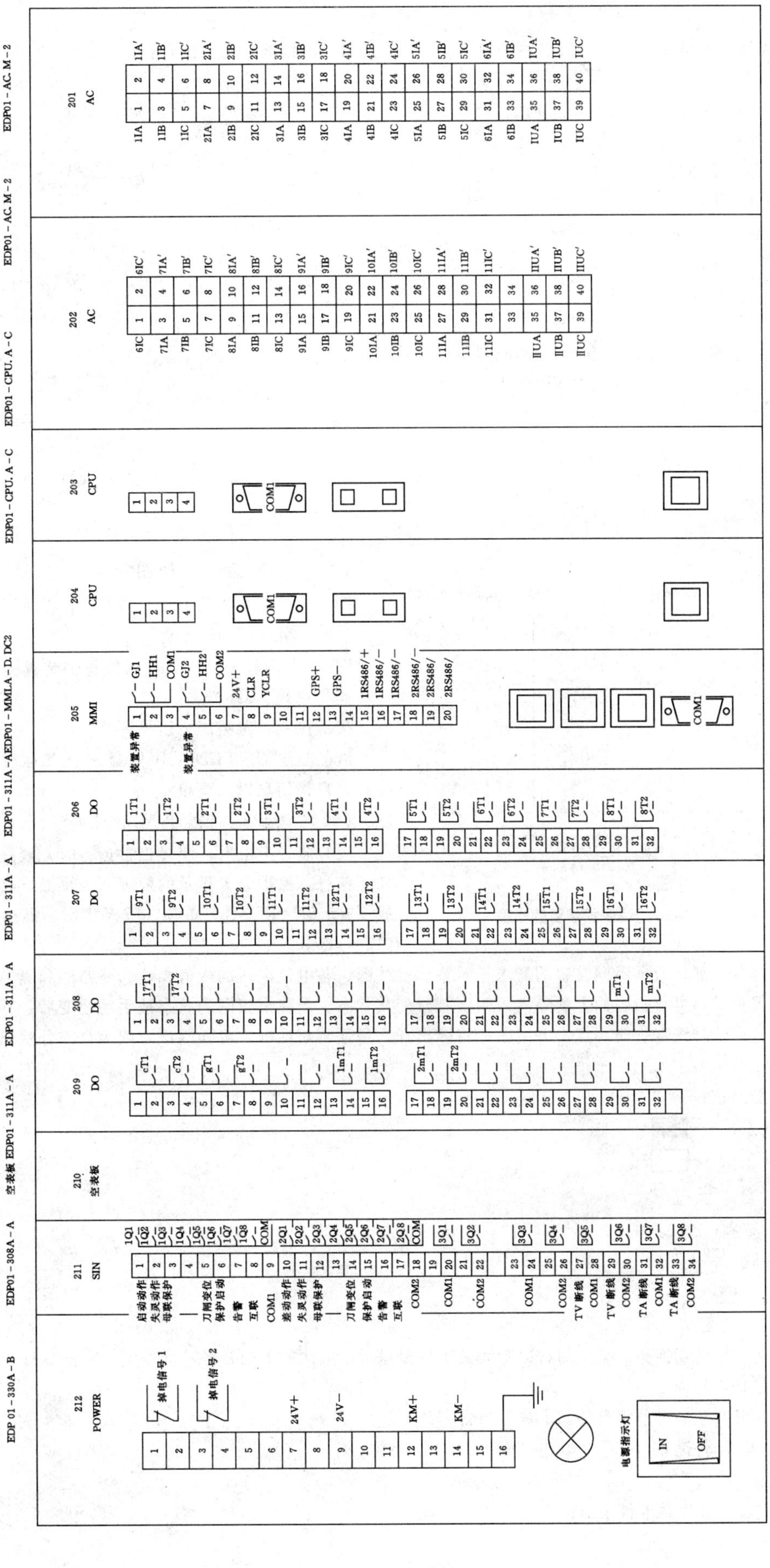

图 1-1-117　插件结构背视图二

2. 保护主要参数

SGB750 系列数字式母线保护装置具有多种保护功能，可根据母线接线要求选择配置：

(1) 母线差动保护。

(2) 母联充电保护。

(3) 母联过流保护。

(4) 母联断路器失灵和盲区保护。

(5) 断路器失灵保护。

(6) 母联断路器非全相保护。

(7) 复合电压闭锁功能。

(8) 运行方式识别功能。

3. 交流电源

(1) 额定电压：单相 220V；允许工作范围 85%～110%。

(2) 频率：50Hz 或 60Hz。允许偏差 ±0.5Hz。

(3) 波形：正弦；畸变≤5%。

4. 直流电源

(1) 额定电压：220V 或 110V。

(2) 允许工作范围：80%～115%。

(3) 纹波系数：≤5%。

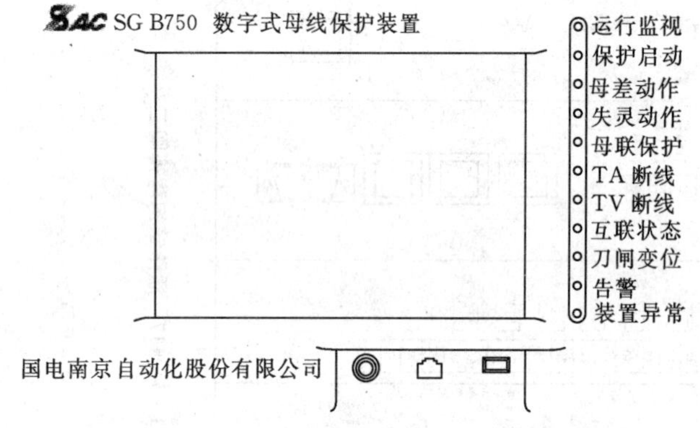

图 1-1-118 SGB750 母线保护装置面板图

(二) 装置插件结构图简介

图 1-1-116 和图 1-1-117 是装置插件结构图。

(三) 装置面板说明

图 1-1-118 是 SGB750 母线保护装置面板图。

操作密码：99

按键说明：触摸屏，所见即所得。

液晶显示器（LCD）：用以显示正常运行状态、跳闸报告、自检信息以及菜单。

(四) 保护运行液晶显示说明

(1) 装置上电后，装置正常运行时，液晶屏幕将显示如下信息：保护装置显示的根画面为桌面。桌面分为主接线图、定值区切换、菜单项、压板状态、提示信息和日历时钟等部分。

主接线图位于屏幕上部，根据不同装置的需求显示系统接线图、各电流电压的幅值相位、断路器和隔离刀闸的状态等信息。用于母差保护时，可点击画面上的隔离刀闸强制改变其状态。当隔离刀闸的状态被手动改变后，其显示的图形将闪烁以提示用户。用于母线保护时，点击刀闸图标将弹出开入量强制对话框，可强制该刀闸为合或分状态，也可退出强制状态。

主接线图显示图例：

1) 断路器合状态：

2) 断路器分状态：

3) 断路器无状态：

4) 隔离刀闸合状态：

5) 隔离刀闸分状态：

6) 母线：

7) 线路：

桌面的右上角是定值区切换键，桌面的右边中间是压板投退键，桌面的下面是各功能按键，点击后打开上拉式主菜单。桌面的右下角是日历时钟键。

(2) 当保护动作时，液晶屏幕将自动显示最新报告。

(五) 保护装置菜单说明

1. 菜单目录树

图 1-1-119 是保护装置菜单目录结构。

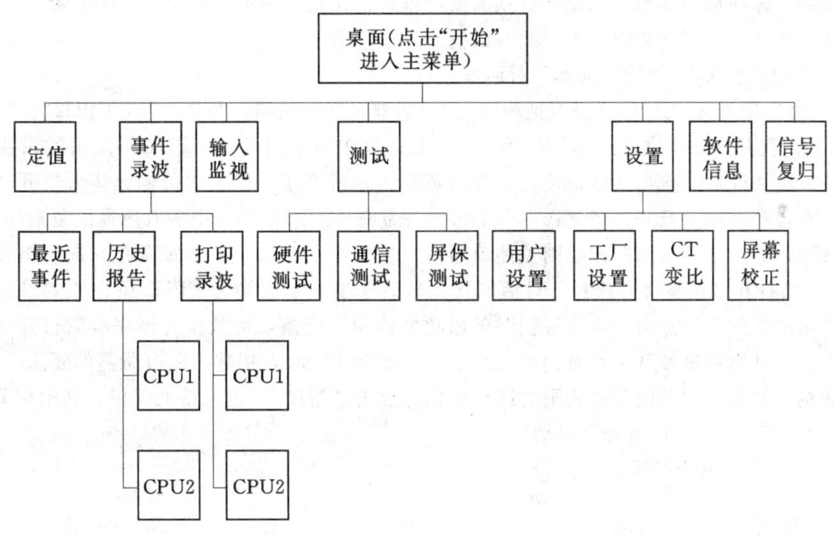

图 1-1-119　菜单结构

2. 菜单各功能介绍

(1) 定值查询、打印。

选择"定值"菜单后将打开定值管理对话框。用定值对话框可显示、修改、打印和删除各定值区的定值。

根据装置的配置，定值按保护功能分成若干页。其中公共页可被若干保护功能使用。特定保护定值页的定值只能被该保护功能使用。当某一种保护功能退出时（参见工厂设置说明），该保护功能的定值页将被屏蔽，对用户不可见。

打开定值管理对话框后自动读取运行定值区的定值以刷新显示内容。

对话框显示各项定值的名称、简称、值、单位、最大值和最小值。点击定值项可自动打开软键盘用以改变定值的值。定值的值修改后还要固化后才能生效。点击定值页的标签方可显示或修改该定值页的内容。

点击"读取"按钮将打开定值区选择对话框，选择需读取的定值区后点击"确定"按钮即可读取或修改选择定值区的定值并刷新显示内容，同时窗口左上角所显示的"定值管理"对话框标签，改为当前的定值区。

点击"固化"按钮将打开定值区输入对话框，输入希望固化到的定值区号后点击"确定"按钮，这时将打开用户密码对话框。点击"取消"按钮关闭用户密码对话框；输入错误密码后点击"确定"按钮，弹出（输入密码错误）"消息框"，点击"OK"按钮重新返回用户密码对话框；输入密码"99"后点击"确定"按钮将把定值固化到输入的定值区。

注意：输入的定值区号只能是"0～31"之间的一个数字，否则系统弹出错误对话框，退出操作。

点击"删除定值区"键将打开定值区选择对话框，选择需删除的定值区后点击"确定"键即可删除选择定值区。

注意：不能删除当前运行定值区，否则系统会弹出"定值删除失败"消息框，退出操作。

点击"打印"键将根据提示选择当前定值区各个页定值的内容进行打印。

点击"关闭"键将退出定值管理对话框。

点击"帮助"键将进入帮助信息框，提供各种帮助项，进入光标处于定值管理项的帮助，可打印帮助信息，通过光标移动也可查看其他帮助项。

(2) 故障报告、事故报告查询打印。

选择"事件录波"菜单后将打开"报告和录波"对话框，此对话框有四个选项："最近事件"、"历史报告"、"打印录波"、"放弃"。

1) 点击"最近事件"后打开"最近事件列表"对话框，此对话框显示保护记录的一系列最近发生的告警及保护动作信息。此对话框有两个按钮——"关闭"、"清屏"。点击"关闭"按钮后此对话框将关闭起来，在有新的事件出现前不再显示，而点击"清屏"按钮后此对话框中的所有信息将被删除。

2) 点击"历史报告"后打开"CPU 选择对话框"，此对话框有 3 个选项："CPU1"、"CPU2"、"放弃"。

a. 点击"CPU1"后打开"历史报告"对话框（此对话框中显示的均为 CPU1 所记录的报告），对话框的上部是报告序号列表，下部是报告内容列表。点击报告序号列表的报告项后，报告内容列表将显示该报告的具体事件信息。对话框最上一排单选按钮用于选择报告类型，以便于查找需要的报告。在此对话框中点击"打印报告"按钮将打印报告列表中选择的报告的事件，点击"关闭"按钮将关闭此对话框。

b. 点击"CPU2"后打开"历史报告"对话框（此对话框中显示的均为 CPU2 所记录的报告），对话框的上部是报告序号列表，下部是报告内容列表。点击报告序号列表的报告项后，报告内容列表将显示该报告的具体事件信息。对话框最上一排单选按钮用于选择报告类型，以便于查找需要的报告。在此对话框中点击“打印报告”按钮将打印报告列表中选择的报告的事件，点击“关闭”按钮将关闭此对话框。

c. 点击“关闭”按钮后将关闭“CPU 选择”对话框。

3）点击“打印录波”后打开“CPU 选择对话框”，此对话框有三个选项：“CPU1”、“CPU2”、“放弃”。

a. 点击“CPU1”后打开“录波文件选择”对话框（此对话框中显示的均为 CPU1 所记录的录波条目），在此对话框中选中所需打印的录波文件后，点击“读取按钮”弹出数据传输进度条，待数据传输完毕后打开“选择待打印条目”对话框，此对话框中有各种模拟量及开关量复选项（最多允许复选 16 项），待选中所有所需的复选项后点击“打印”按钮后开始打印录波数据，如点击“关闭”按钮则关闭对话框。点击“帮助”，进入帮助菜单，提示相关帮助。

b. 点击“CPU2”后打开“录波文件选择”对话框（此对话框中显示的均为 CPU2 所记录的录波条目），在此对话框中选中所需打印的录波文件后，点击“读取按钮”弹出数据传输进度条，待数据传输完毕后打开“选择待打印条目”对话框，此对话框中有各种模拟量及开关量复选项（最多允许复选 16 项），待选中所有所需的复选项后点击“打印”按钮后开始打印录波数据，如点击“关闭”按钮则关闭对话框。点击“帮助”，进入帮助菜单，提示相关帮助。

c. 点击“关闭”后将关闭“CPU 选择”对话框。

d. 点击“放弃”后，关闭整个对话框。

（3）采样查询。

选择从“输入监视”菜单将打开输入监视对话框。

输入监视对话框分为“开关量输入”和“模拟量输入”两页。点击页标签可选择该页。显示刷新频率为每秒一次。

1）在“输入监视”对话框中，选中“模拟量输入”页，在模拟量输入页中显示各项模拟量的名称、幅值、相位、直流偏移。在模拟量输入页中还有两个按钮：“退出”、“打印”，点击“退出”按钮将关闭对话框，点击“打印”按钮装置将打印选中 CPU 系统的所有模拟量采样数据。在模拟量输入页中还有一个“选择 CPU”单选项，其中有两个选项：“CPU1”、“CPU2”，如选中“CPU1”则在模拟量输入页中所显示的模拟量信息均为“CPU1”系统所采集的量，如选中“CPU2”则在模拟量输入页中所显示的模拟量信息均为“CPU2”系统所采集的量。

2）在“输入监视”对话框中，选中“开关量输入”页，在开关量输入页中显示所有开关量的分合状态和是否被手动强制。在开关量输入页中还有一个按钮：“退出”，点击“退出”按钮将关闭对话框。在开关量输入页中还有一个“选择 CPU”单选项，其中有两个选项：“CPU1”、“CPU2”，如选中“CPU1”则在开关量输入页中所显示的开关量信息均为“CPU1”系统所采集的量，如选中“CPU2”则在开关量输入页中所显示的开关量信息均为“CPU2”系统所采集的量。

3）点击“帮助”，按钮提供相应帮助，点击“关闭”则关闭输入监视对话框。

（4）定值区切换。

桌面右上角的按键上显示运行定值区号，点击该键将打开定值区选择对话框，在有效定值区中选择希望切换到的定值区号，点击“确定”按钮后，打开输入用户密码对话框。点击“关闭”按钮关闭整个对话框；输入错误密码后点击“确定”按钮，弹出（输入密码错误）“消息框”，点击“OK”按钮重新返回用户密码对话框；输入用户密码“99”后再点击“确定”按钮，便将运行定值区切换到选择的定值区。

（六）保护装置部件投退说明

压板状态条位于主界面的右上方，在定值切换区的下方。

1. 保护压板切换条

（1）当把保护“工厂设置→强制开入页中的 DI _ 软压阪选项设定为非强制状态”，此时装置的“软、硬压板切换把手”如打在硬压板位置时，此状态条显示为“保护压板【硬】”，如打在软压板位置时，此状态条显示为“保护压板【软】”。

（2）无论装置的“软、硬压板切换把手”打在硬压板位置或软压板位置。把保护“工厂设置→强制开入页中的 DI _ 软压板选项设定为强制合状态”，此状态条显示为“保护压板【软】”。把保护“工厂设置→强制开入页中的 DI _ 软压板选项设定为强制分状态”，此状态条显示为“保护压板【硬】”。

2. 压板投退状态条

（1）当把保护“工厂设置→强制开入页中相对应的保护功能选项设定为非强制状态”，此时相对应的“保护功能投退把手”如打在投入位置时，此保护压板状态条显示为“绿色”表示此保护功能已投入，如打在退出位置时，此保护压板状态条显示为“灰色”表示此保护功能已退出。

（2）无论相对应的“保护功能投退把手”打在投或退位置。把保护“工厂设置→强制开入页中相对应的保护功能选项设定为强制合状态”，此保护压板状态条显示为“绿色”表示此保护功能已投入。把保护“工厂设置→强制开入页中相对应的保护功能选项设定为强制分状态”，此保护压板状态条显示为“灰色”表示此保护功能已退出。

3. 手动压板

保护柜体上安装如下一些功能型手动压板，以便于运行人员对各种运行工况进行操作。

(1) 软、硬压板切换把手：进行软硬压板的功能切换。具体操作如上所述。只有当该压板处于硬压板时以下压板操作才起作用。

(2) 差动保护压板：正常运行时压板应置于“投入”位置，差动保护正常投入运行；压板置于“退出”时差动保护功能退出运行。

(3) 失灵保护压板：正常运行时压板应置于“投入”位置，失灵保护正常投入运行；压板置于“退出”时失灵保护功能退出运行。

(4) 充电保护压板：正常运行时压板应置于“退出”位置，充电保护功能退出；需要投入充电保护时，压板置于“投入”充电保护Ⅰ、Ⅱ段同时投入。

(5) 母联过流保护压板：非标准配置，若工程需要时配置。正常运行时压板应置于“退出”位置，母联过流保护功能退出；需要投入母联过流保护时，压板置于“投入”位置，保护投入。

(6) 母联非全相保护压板：非标准配置，若工程需要时配置。正常运行时压板应置于“退出”位置，母联非全相保护功能退出；需要投入母联非全相保护时，压板置于“投入”位置，保护投入。

(7) 强制互联压板：正常时压板置于“退出”位置，为非互联状态；倒闸操作时，建议压板置于“投入”位置，此时保护柜发“互联状态”信号。倒闸结束后，压板置于“退出”位置。保护柜“互联状态”信号消失。

(8) 特殊方式压板：为非标准配置，若现场接线为诸如“母联兼旁路，旁路兼母联”等特殊方式时配置。母联兼旁路接线：当一次倒闸为带路方式后，经确认投入此压板装置可靠认为带路方式。当退出带路方式时先退此压板，然后在倒刀闸，否则装置判为带路方式。旁路兼母联：当为母联方式时，确认后投入此压板可靠认为母联方式。当退出母联方式时先退此压板，然后在倒刀闸，否则装置判为是母联方式。

(9) 远方就地压板：当压板置于“就地”时，可进行就地的定值整定、压板投退等操作，当压板置于“远方”时，就地操作将不被允许，可通过远方进行整定、压板投退等操作。

（七）装置故障信息解析

装置故障信息解析见表1-1-74。

表1-1-74　装置故障信息

信号名称	信号类型	可能原因	导致后果	处理方法
保护启动	1. 屏正面信号灯 2. 接点输出 3. 事件报文	差流启动	发出启动信号	1. 查看事件报文确认是哪种保护启动 2. 确认是否有硬件开出测试 3. 确认是否实际系统有保护启动事件发生。若无则需查明原因
		失灵开入		
		母联保护动作		
母差动作	1. 屏正面信号灯 2. 接点输出 3. 事件报文	母线差动动作（Ⅰ，Ⅱ母等；装置有电压闭锁时，差动与电压同时动作，此灯亮；装置无电压闭锁时，差动动作，此灯亮）	差动保护动作	1. 确认实际系统是否有故障发生。若有故障发生，打印事故报告，分析故障原因 2. 若无故障发生，退出保护，待厂家查明原因
		大差动作跟跳无方式单元		
失灵动作	1. 屏正面信号灯 2. 接点输出 3. 事件报文	断路器失灵动作（Ⅰ，Ⅱ母等，装置有电压闭锁时，若失灵与电压同时动作，此灯亮）	失灵保护动作	1. 确认是否有失灵开入，若实际有失灵开入，根据报文检查开入单元是否与实际一致，查明原因 2. 若无故障发生，退出保护，待厂家查明原因
母联保护	1. 屏正面信号灯 2. 接点输出 3. 事件报文	充电保护Ⅰ段动作	发告警信号	1. 根据事件确认是哪种保护动作 2. 是否实际有故障发生，若有故障发生，根据报告分析故障原因 3. 若无故障发生，退出保护，待厂家查明原因
		充电保护Ⅱ段动作		
		母联（或分段）失灵动作		
		母联（或分段）死区动作		
		失灵跳母联（或分段）动作		
		母联（或分段）过流保护动作		
		母联（或分段）非全相保护动作		
刀闸变位	1. 屏正面信号灯 2. 接点输出 3. 事件报文	支路刀闸变位	小差及出口回路改变	1. 检查刀闸位置是否与一次系统变位一致，若一致按确认按钮即可消失 2. 若不一致尽快检修
		母联（兼母联）刀闸变位		

续表

信号名称	信号类型	可能原因	导致后果	处理方法
互联状态	1. 屏正面信号灯 2. 接点输出 3. 事件报文	刀闸位置错误即母线大差平衡，两小差均不平衡，强制互联	小差退出装置自动进入单母方式	检查装置的运行方式应与一次相符，否则使用面板上小纽子开关强制恢复装置正确的运行方式，另检查刀闸辅助接点
		手动互联把手投入		倒闸结束后尽快恢复
		一次系统处于互联状态		正常，无需干预
告警	1. 屏正面信号灯 2. 接点输出 3. 事件报文	母联（兼母联）刀闸位置告警	母联刀闸可能不能正常处理	1. 根据事件报文，确认告警问题和原因 2. 若I/O通道长期闭合，包括两个长期启动，检查启动接点是否粘死 3. 若为支路及母联刀闸位置告警，检查是否有电流而无刀闸，尽快处理有电流而无刀闸支路或者母联。若只有一路，无需退出母差，若有多路需退出母差
		支路刀闸位置告警	支路刀闸可能不能正常处理	
		差流告警	告警信号	
		失灵长期开入	失灵保护不再启动	
		THWJ 长期开入	非全相保护不再启动	
TA断线	1. 屏正面信号灯 2. 接点输出 3. 事件报文	TA 单相断线动作	根据控制字决定是否闭锁母差保护	1. 根据事件报文，确认断线支路以及断线相 2. 检查该支路的回路情况，确认是否有断线发生 3. 进一步确认变比以及极性
		TA 多相断线动作		
		变比或 TA 极性错误		
TV断线	1. 屏正面信号灯 2. 接点输出 3. 事件报文	母线 TV 断线（Ⅰ，Ⅱ母等）	发告警信号	1. 尽快安排检修 2. 检查 TV 二次回路幅值及相位
		差动电压动作（Ⅰ，Ⅱ母等）	差动电压开放	
		失灵电压动作（Ⅰ，Ⅱ母等）	失灵电压开放	

（八）生产厂家

国电南京自动化股份有限公司。

十七、CSC—150 系列保护装置

（一）装置功能概述

1. 保护功能整体描述

CSC—150 两相式数字式成套母线保护装置（以下简称装置或产品）适用于 66kV 及以下各种电压等级、中性点不接地、电流为 A、C 两相式接入的母线系统，包括单母线、单母分段、双母线、双母单分段等多种接线形式。其中，CSC—150AG 适用于单母线、单母分段、双母线接线形式；CSC—150DG 适用于双母单分段接线形式，最大接入单元为 36 个（包括线路、元件、母联及分段开关）母线接线形式、供货屏数（面）与每面屏选配机箱的对应见表 1-1-75。

表 1-1-75 母线接线形式、供货屏数（面）与每面屏选配机箱情况

母线接线形式	供货屏数（面）	每面屏选配机箱
单母线接线	1	1 套 8U 机箱、1 套 4U 机箱
单母分段接线	1	1 套 8U 机箱、1 套 4U 机箱
双母线接线	1	1 套 8U 机箱、1 套 4U 机箱
双母单分段接线	1	1 套 8U 机箱、1 套 4U 机箱
双母双分段接线	2	1 套 8U 机箱、1 套 4U 机箱

2. 保护装置 CPU 分工描述

(1) 高性能、高可靠、大资源的硬件系统。

采用 DSP 和 MCU 合一的 32 位单片机，高性能的硬件体系保证了装置对所有继电器进行并行实时计算。保持了总线不出芯片的优点，有利于保护装置的高可靠性。大容量的故障录波，可以保存多次全过程记录故障数据。完整的事件记录和动作报告，可保存几千条动作报告和操作记录，停电不丢失。

(2) 硬件自检智能化。

装置内部各模块智能化设计，实现了装置各模块全面实时自检。模拟量采集回路采用双 A/D 冗余设计，实现了模拟量采集回路的实时自检。继电器检测采用新方法，可以检测继电器励磁回路线圈完好性，实现了继电器状态的检测与异常告警。开入回路检测采用新方法，开入状态经两路光隔同时采集后判断。对微机保护的电源模块各级输出电压进行实时监测。对机箱内温度进行实时监测。

3. 其他功能描述

装置在以下环境条件下能正常工作：

(1) 环境温度：－10～＋55℃，运输中短暂的贮存环境温度－25～＋70℃，在极限值下不施加激励量，装置不出现不可逆的变化，温度恢复后，装置应能正常工作。

(2) 相对湿度：最湿月的月平均最大相对湿度为 90%，同时该月的月平均最低温度为 25℃且表面无凝露。

(3) 大气压力：80～110kPa。

(4) 使用场所不得有火灾、爆炸、腐蚀等危及装置安全的危险和超出本说明书规定的振动、冲击和碰撞。

4. 保护主要参数

(1) 直流电压：220V 或 110V（按订货要求）。

(2) 交流电压：相电压 $100/\sqrt{3}$V。

(3) 交流电流：5A 或 1A（按订货要求）。

(4) 频率：50Hz。

（二）装置插件结构图简介

装置采用符合 IEC60297－3 的标准 19 英寸机箱，整体面板，包括一个 8U 高度的保护箱和一个 4U 高度的辅助箱。装置内部的功能组件具有锁紧机构，前插拔方式。装置的安装方式为嵌入式，接线为后接线方式。

装置包括一个 8U 高度的保护机箱（CSC—150/1）和一个 4U 辅助机箱（CSC—150/2）。针对母线系统的不同接线形式，如无特殊需求供货屏数及每面屏所含机箱可参照有关原则选配。8U 保护机箱共配置 18 个插件和 1 个 CAN 网接口，包括 8 个交流插件、CPU1 插件、CPU2 插件、开入插件 1、管理板、开出插件 1（主板）、开出插件 2（主板）、开出插件 3（主板）、开出插件 4（主板加副板）及电源插件。4U 辅助机箱共配置 3 个插件和 1 个 CAN 网接口，插件包括开入插件 2、开入插件 3、开入插件 4。装置内部插件可根据需要配置以满足用户的需求。交流插件、开出插件、开入插件和电源插件为“直通式”，即插件连接器直接与机箱端子相连，增加了接线的可靠性。插件布置见图 1－1－120 和图 1－1－121。

交流插件1	交流插件2	交流插件3	交流插件4	CPU1插件	CPU2插件	开入插件1		管理插件		电源插件
交流插件5	交流插件6	交流插件7	交流插件8			电源插件	开出插件1(主)	开出插件2(主)	开出插件3(主)	开出插件4(主＋副)

图 1－1－120 8U 保护机箱（CSC—150/1）插件布置图

	开入插件2	开入插件3				开入插件4		

图 1－1－121 4U 辅助机箱（CSC—150/2）插件布置图

1. 交流插件（AC）

本插件共有 8 块交流插件，包括电压变换器和电流变换器两部分。电压变换器相电压额定值为 $100/\sqrt{3}$V；电流变换器根据供货要求提供额定输入电流 5A 或额定输入电流 1A。

2. 保护 CPU 插件（CPU）

CPU 插件是装置的核心插件，本装置共有两块 CPU 插件，硬件完全相同，完成保护功能、A/D 变换、软硬件自检等。一个 CPU 完成所有保护功能，另一个 CPU 完成启动和电压闭锁，各 CPU 具有独立的供电电源。

3. 通信管理插件（MASTER）

本插件是装置的管理和通信插件，其功能为：

(1) 接收和储存 CPU 板的事故和事件报告，将信息输送至打印机打印并通过 Lon 网口、以太网口或 RS—485 口输送至监控后台和工程师站。

(2) 输出报告至液晶显示和通过面板键盘操作装置。连接面板上的标准 RS—232 串口与外接 PC 机通信，完成调试软件 CSPC 的功能。

4. 开入插件（DI）

开入插件用来接入各保护压板、隔离刀闸辅助触点位置等开关量输入信号。开入插件对各路开入回路进行实时自检。

装置设置了 4 个开入插件，同时还留有若干个开入插件的备用位置。开入插件 1 为主开入插件，主要为保护功能压板（24V）及保护信号开入（220V 或 110V）。开入插件 2、开入插件 3、开入插件 4 为隔离开关辅助触点位置，开入插件 2～

开入插件 4 均为 220V 或 110V。

5. 开出插件（DO）

装置共设置了 5 块开出插件，主要输出跳闸及信号接点。

6. 电源插件（POW）

装置采用了双直流逆变电源插件，输入直流为 220V 或 110V（订货时请注明），输出＋24V、±12V、＋5V。

注意：所有的开入、开出实际上是可以灵活、方便地进行配置，其含义可以随不同的工程而改变以适应于各种不同的应用场合。

（三）装置面板说明

图 1-1-122 是装置面板说明。

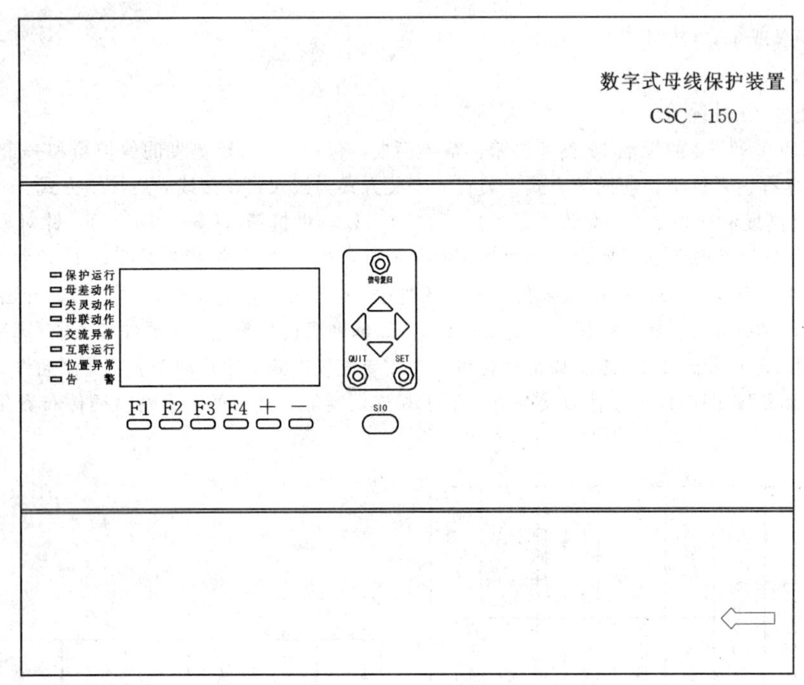

图 1-1-122　CSC—150 装置面板说明

软件的正确性是通过其 CRC 校验码来判别的。按“SET”键进入装置主菜单，进入运行工况—装置编码菜单，记录装置类型、各软件的版本号和 CRC 校验码，并检查其与有效版本是否一致。

（四）保护运行液晶显示说明

1. 液晶显示说明

装置通电后，装置正常运行时，以双母线为例，液晶屏幕显示以下信息：液晶分屏显示母线主接线和相关模拟量。第一屏显示母线保护经校验后的运行方式即主接线；第二屏的第一行显示装置的实时时钟，后续 6 行显示各段母线电压的有效值及相角，第 8 行显示当前定值区号；第三屏的第一行显示装置的实时时钟，后续 6 行显示 A、C 相大差、Ⅰ母小差和Ⅱ母小差差动电流和制动电流的大小，第 8 行显示当前定值区号；第四屏的第一行显示装置的实时时钟，从第 2 行开始显示投入的保护功能名称，第 8 行显示当前定值区号。循环显示的模拟量含义如表 1-1-76 所示。

表 1-1-76　　循环显示模拟量

显示代码	代表意义
U_{A1}=×××.××V　φ=×××.××°	Ⅰ母 A 相电压的大小及相角
U_{B1}=×××.×× V　φ=×××.××°	Ⅰ母 B 相电压的大小及相角
U_{C1}=×××.×× V　φ=×××.××°	Ⅰ母 C 相电压的大小及相角
U_{A2}=×××.×× V　φ=×××.××°	Ⅱ母 A 相电压的大小及相角
U_{B2}=×××.×× V　φ=×××.××°	Ⅱ母 B 相电压的大小及相角
U_{C2}=×××.×× V　φ=×××.××°	Ⅱ母 C 相电压的大小及相角
I_{ACD}=×××.××A　I_{AZD}=×××.×× A	A 相大差差动电流和制动电流的大小

续表

显示代码	代表意义
I_{ACD1}＝×××.×× A I_{AZD1}＝×××.×× A	Ⅰ母A相差动电流和制动电流的大小
I_{ACD2}＝×××.×× A I_{AZD2}＝×××.×× A	Ⅱ母A相差动电流和制动电流的大小
I_{CCD}＝×××.×× A I_{BZD}＝×××.×× A	C相大差差动电流和制动电流的大小
I_{CCD1}＝×××.×× A I_{BZD1}＝×××.×× A	Ⅰ母C相差动电流和制动电流的大小
I_{CCD2}＝×××.×× A I_{BZD2}＝×××.×× A	Ⅱ母C相差动电流和制动电流的大小

注意：因装置由双电源供电，请检查组屏设计图，确保双电源同步工作。

2. 保护设置

按“SET”键进入装置主菜单，在定值设置—装置参数菜单中正确设置装置参数。

3. 装置设定

按“SET”键进入装置主菜单，在装置设定菜单中分别正确设置间隔名称、对时方式、通信地址、SOE复归选择、规约选择、打印设置、修改密码和103功能类型。

按“SET”键进入装置主菜单，在修改时钟菜单中正确设置装置时钟。回到液晶正常显示下，观察时钟应运行正常。拉掉装置电源5min，然后再通电，检查液晶显示的时间和日期，在掉电时间内装置时钟应保持运行，并走时准确。

（五）保护装置菜单说明

1. 菜单目录结构图

菜单显示分为循环显示、装置主菜单、出厂调试菜单、主动上送报文窗口，见表1-1-77。

表1-1-77 菜单结构

主菜单	一级菜单	二级菜单		说明
装置主菜单	运行工况	模入量		查看装置模拟输入量
		装置工况		查看装置工况
		装置版本		显示装置内保护CPU的版本信息
		装置编码		显示装置各种插件编码信息
		开入		查看开入状态
		测量量		显示装置测量量（电流为按TA调整系数归算后的值）
	定值设置	保护定值		整定装置定值
		装置参数		设置装置参数
	报告查询	动作报告	查询最近一次报告	列出最近一次动作报告的时间，按SET键查看内容
			查询最后六次报告	列出最近六次动作报告的时间，上下键选择报告，SET键查看报告内容
			按时间段查询报告	列出按时间段检索的动作报告时间，上下键选择报告，SET键查看报告内容
		启动报告	查询最近一次报告	列出最近一次启动报告的时间，按SET键查看内容
			查询最后六次报告	列出最近六次启动报告的时间，上下键选择报告，SET键查看报告内容
			按时间段查询报告	列出按时间段检索的启动报告时间，上下键选择报告，SET键查看报告内容
		告警报告	查询最后六次报告	列出最近六次告警报告的时间，上下键选择报告，SET键查看报告内容
			按时间段查询报告	列出按时间段检索的告警报告时间，上下键选择报告，SET键查看报告内容
		操作记录	查询最后六次报告	列出最近六次运行报告的时间，上下键选择报告，SET键查看报告内容
			按时间段查询报告	列出按时间段检索的运行报告时间，上下键选择报告，SET键查看报告内容

续表

主菜单	一级菜单	二级菜单			说明
装置主菜单	装置设定	间隔名称			内码输入间隔层名称
		对时方式	设置网络对时方式		设置网络对时方式
			设置秒脉冲对时方式		设置秒脉冲对时方式
			设置分脉冲对时方式		设置分脉冲对时方式
		通信地址			设置 LON 网地址
		SOE 复归选择			自动复归或手动复归
		规约选择			选择装置对外通信规约 V1.20 或 V1.10 高亮选项为当前设置，上下键选择，SET 键设定
		打印设置	录波打印量设置		按保护类型列出的模入和录波事件列表，可以选择 10 路模入 16 个事件，作为以后录波打印量，可是随时更改
			打印方式设置		设置打印方式，选择图形或数据方式
		修改密码			修改装置密码
		103 功能类型			设置 103 功能类型
	开出传动				开出传动
	修改时钟				修改时钟
	液晶调节				调节液晶亮度
	压板操作				投退压板操作
	打印	定值			打印定值
		报告	动作报告	查询最近一次报告	列出最近一次动作报告的时间，按 SET 键查看打印内容
				查询最后六次报告	列出最近六次动作报告的时间，上下键选择报告，SET 键查看报告打印内容
				按时间段查询报告	列出按时间段检索的动作报告时间，上下键选择报告，SET 键查看报告打印内容
			启动报告	查询最近一次报告	列出最近一次启动报告的时间，按 SET 键查看打印内容
				查询最后六次报告	列出最近六次启动报告的时间，上下键选择报告，SET 键查看报告打印内容
				按时间段查询报告	列出按时间段检索的启动报告时间，上下键选择报告，SET 键查看报告打印内容
			告警报告	查询最后六次报告	列出最近六次告警报告的时间，上下键选择报告，SET 键查看报告打印内容
				按时间段查询报告	列出按时间段检索的告警报告时间，上下键选择报告，SET 键查看报告打印内容
			操作记录	查询最后六次报告	列出最近六次运行报告的时间，上下键选择报告，SET 键查看报告打印内容
				按时间段查询报告	列出按时间段检索的运行报告时间，上下键选择报告，SET 键查看报告打印内容
		装置设定			打印装置设定
装置主菜单	打印	装置参数			打印装置参数
		工况	模入量		打印模拟输入量
			装置工况		打印装置工况
			装置版本		打印装置内保护 CPU 的版本信息
			装置编码		打印装置编码
			开入		打印开入
			压板状态		打印压板状态
		打印采样值			打印采样值

续表

<table>
<tr><th>主菜单</th><th>一级菜单</th><th colspan="2">二级菜单</th><th>说明</th></tr>
<tr><td rowspan="12">装置主菜单</td><td rowspan="12">测试操作</td><td rowspan="5">遥信对点</td><td>告警对点</td><td>设置告警对点方式</td></tr>
<tr><td>动作对点</td><td>设置保护动作对点方式</td></tr>
<tr><td>压板对点</td><td>设置压板对点方式</td></tr>
<tr><td>开入对点</td><td>设置开入对点方式</td></tr>
<tr><td>模拟上送录波</td><td>模拟主动上送后台录波</td></tr>
<tr><td colspan="2">切换定值区</td><td>切换装置定值区</td></tr>
<tr><td colspan="2">查看零漂</td><td>查看指定CPU的零漂</td></tr>
<tr><td colspan="2">调整零漂</td><td>调整所有CPU的零漂，上下键移动选择，SET键选中调整的通道，在确定上按SET即可完成调整</td></tr>
<tr><td colspan="2">查看刻度</td><td>查看指定CPU的刻度</td></tr>
<tr><td colspan="2">调整刻度</td><td>调整所有CPU的刻度，上下键移动选择，SET键选中调整的通道或设置电流电压值，在确定上按SET键即可完成调整</td></tr>
<tr><td colspan="2">打印采样值</td><td>打印采样值</td></tr>
</table>

装置循环显示模拟量、投入的压板、当前定值区号，在屏幕顶部显示当前时间。“QUIT”键可以固定显示某一屏的信息，再按“QUIT”键继续循环显示。

装置菜单分为主菜单和出厂调试菜单。

在循环显示时按“SET”键进入装置主菜单。按“QUIT+SET”键进入出厂调试菜单（厂家专用）。

液晶下部有四个快捷键及两个功能键，主要目的是方便使用人员操作：

F1键：打印最近一次动作报告。

F2键：打印当前定值区的定值。

F3键：打印采样值。

F4键：打印装置信息和运行工况。

+键：功能键，定值区号加1。

-键：功能键，定值区号减1。

2. 菜单各功能介绍

(1) 定值查询、打印。

按“SET”键进入装置主菜单，进入定值设置—保护定值菜单，进入定值区0，根据定值通知单输入定值并固化到0区。

(2) 故障报告、事故报告查询打印。

装置可以检查到所有硬件的状态，包括开出回路的继电器线圈。值班人员可以通过告警灯和告警光字排发现装置处于故障状态，并可以通过液晶显示和打印报告（故障信息为汉字）知道故障位置和性质。

消除故障的方法为更换故障插件和消除外部故障（如TA断线、TV断线、刀闸位置异常等）。

(3) 采样查询。

按“SET”键进入装置主菜单，进入运行工况—测量量菜单中，查看各交流量幅值相位是否正确。

(4) 定值区切换。

保护设置按“SET”键进入装置主菜单，在定值设置—装置参数菜单中正确设置装置参数。

(5) 装置设定。

按“SET”键进入装置主菜单，在装置设定菜单中分别正确设置间隔名称、对时方式、通信地址、SOE复归选择、规约选择、打印设置、修改密码和103功能类型。

按“SET”键进入装置主菜单，在修改时钟菜单中正确设置装置时钟。回到液晶正常显示下，观察时钟应运行正常。拉掉装置电源5min，然后再通电，检查液晶显示的时间和日期，在掉电时间内装置时钟应保持运行，并走时准确。

3. 软件版本号及CRC校验码检查

软件的正确性是通过其CRC校验码来判别的。按“SET”键进入装置主菜单，进入运行工况—装置编码菜单，记录装置类型、各软件的版本号和CRC校验码，并检查其与有效版本是否一致。

(1) 定值整定。

按“SET”键进入装置主菜单，进入定值设置—保护定值菜单，进入定值区0，根据定值通知单输入定值并固化到

0区。

(2) 定值区切换。

在液晶面板循环显示内容中，确认当前定值区是否正确。若不正确，按“SET”键进入装置主菜单，进入测试操作—切换定值区菜单中，将定值区切换至正确定值区。母线保护有效定值区为定值区0，在运行时严禁切换定值区。

(六) 保护装置部件投退说明

装置提供两种压板模式供用户选择，用户可以根据需要设置硬压板模式或软硬压板串联模式，出厂默认配置为“软硬压板串联”模式。若用户仅需软压板，则需将屏上相应硬压板投入。若仅需硬压板，可将相应软压板全部投入或由工程设计人员更改出厂默认配置。

软压板不需要整定，根据现场实际运行情况投退。

当装置配置的保护功能不用时，必须将相应的压板退出。

装置硬压板为24V开入，均布置在插件X5上，硬压板投退必须通过合上或断开屏上的短连片来实现。装置硬压板的具体定义及端子编号如表1-1-78所示。

表1-1-78 适用于双母线、单母分段接线装置的压板定义及说明

功能压板定义	插件号	端子	使用说明
母差投入压板	X5	a4	差动保护功能压板，投入后具有差动保护和母联死区保护，差动动作后固定启动母联失灵保护功能，可以长期投入
母联充电压板	X5	a8	母联充电保护功能压板，建议充电时投入
母联过流压板	X5	a10	母联过流保护功能压板，临时带路时使用（过流保护主要在临时带线路时使用），不能长期投入
母线互联压板	X5	a14	满足特殊用户需求，在倒闸操作前投入，倒闸操作结束后退出。投入此压板，保护退出小差，任意一段母线发生区内故障两段母差同时出口
电压断线告警压板	X5	a16	投入后保护进行TV断线判别
检修状态压板	X5	a24	当保护试验时，投入此压板。投入此压板后，不向远方送报文，也不执行远方操作命令。运行时必须退出此压板
电流差动保护	X5	a4	差动保护功能压板，投入后具有差动保护和母联死区保护，差动动作后固定启动母联失灵保护功能，可以长期投入
母联1充电保护	X5	a6	充电保护功能压板，建议充电时投入
母联2充电保护	X5	a8	
母联3充电保护	X5	a10	
母联1过流保护	X5	a12	母联过流保护功能压板，临时带路时使用（过流保护主要在临时带线路时使用），不能长期投入
母联2过流保护	X5	a14	
母联3过流保护	X5	a16	
Ⅰ-Ⅲ母互联运行	X5	a18	满足特殊用户需求，在倒闸操作前投入，倒闸操作结束后退出。投入此压板，保护退出相应段小差，发生互联母线故障两段母差同时出口
Ⅱ-Ⅲ母互联运行	X5	a20	
Ⅰ-Ⅱ母互联运行	X5	a22	

当用户选用硬压板模式时，压板操作—软压板投退菜单中所显示压板不可投退；选用软硬压板串联模式时，压板操作—软压板投退菜单中所显示压板可以投退，但每次只能投退一个。

在压板操作—查看压板状态菜单中，可以查看压板投入情况。第一列为压板名称，第二列为软压板状态，第三列为总压板状态。

(七) 装置故障信息解析

(1) 告警Ⅰ为严重告警，有告警Ⅰ时，装置面板告警灯闪烁，退出所有保护的功能，装置闭锁保护出口电源。

(2) 告警Ⅱ为其他告警，有告警Ⅱ时，装置面板告警灯常亮，告警相关异常情形，不闭锁保护出口电源。

装置的告警报文、告警类别及处理措施见表1-1-79。

表1-1-79 告警Ⅰ列表

告警报文	可能原因及处理措施
模拟量采集错	检查电源输出情况、更换保护CPU插件
装置参数错	重新固化装置参数，若无效，更换保护CPU插件
ROM和校验错	更换保护CPU插件

续表

告警报文	可能原因及处理措施
定值错	重新固化保护定值，若无效，更换保护 CPU 插件
定值区指针错	切换定值区，若无效，更换保护 CPU 插件
开出不响应	检查是否有告警Ⅰ闭锁，导致+24V 失电，否则更换相应开出插件
开出击穿	更换相应开出插件
压板模式未确认	没有设置压板模式，进入出厂调试菜单进行设置
软压板错	进行一次软压板投退
系统配置错	重新下载保护配置，厂家完成
开出 EEPROM 出错	更换相应开出插件
闭锁差动开入异常	长期有“外部充电闭锁差动”开入，检查外部充电闭锁差动开入回路
模拟通道异常	调整刻度时，输入值和选择的基准值不一致，重新调整刻度
传动状态未复归	开出传动后没有复归，按复归按钮
开入击穿	检查开入情况或更换开入插件
开入输入不正常	检查装置电源输出情况或更换开入插件
双位置输入不一致	检查或更换开入插件
开入自检回路出错	检查或更换开入插件
开入 EEPROM 出错	更换相应开入插件
开入异常	检查相应开入外回路及开入插件
开入配置错	重新下载保护配置，厂家完成
开入通信中断	检查开入插件是否插紧，否则更换开入插件
开出通信中断	检查开出插件是否插紧，否则更换开出插件
通信中断	检查保护 CPU 是否插紧，否则更换保护 CPU 插件

（八）装置正常工况与异常工况说明

装置正常工况与异常工况说明见表 1-1-80。

表 1-1-80　装置正常工况与异常工况说明

名称	定义	正常运行状态	异常状态说明
运行监视	装置运行监视灯	灯亮	差动主保护动作、过电流闭锁调压动作、启动继电器动作、通风启动、过负荷动作时绿色闪光，保护装置的直流电源消失时，灯灭
过负荷	变压器三侧开关过负荷指示灯	不亮	正常为灯灭，变压器三侧开关任何一侧过负荷动作后，为红色平光，信号复归后灯灭
保护动作	保护动作指示灯	不亮	正常为灯灭，差动保护动作后，为红色平光，信号复归后灯灭
告警	装置异常运行告警灯	不亮	正常为灯灭，任何异常情况，装置都能够发出告警信号，为红色平光，信号复归后灯灭

（九）生产厂家

北京四方继保自动化股份有限公司。

十八、RCS—9000 系列 A 型（变压器）保护测控装置

（一）概述

1. 装置的主要特点

（1）由 RCS—9000 系列 A 型保护测控装置构成的综合自动化系统是一个分层分布式系统，他按一个元件（一个间隔），一套装置分布式设计配置，直接就地分散安装在高压开关柜上，各间隔功能独立，各装置之间仅通过网络连接，信息共享，这样整个系统不仅灵活性很强，而且其可靠性也得到了很大提高，任一装置故障仅影响一个局部元件。

（2）由于信息的传递由网络系统通过通信网互联而实现，取消了常规的二次信号控制电缆，因而站内二次电缆大大简化，不仅节省了大量投资，而且减轻了 TA、TV 负荷，减少了施工难度及维护工作量，节省了大量的人力物力。

（3）保护测控装置中的保护功能独立，具体体现在以下几个方面：

1）保护功能完全不依赖通信网，网络瘫痪与否不影响保护正常运行。

2）在硬件设计上，装置仍旧保留了传统微机保护所具有的独立的输入输出回路及操作回路。

3）在软件设计上，保护模块与其他模块完全分开，且先启动后测量，保护模块具有独立性。

（4）提高系统可靠性的措施：

1）采用分层分布式系统是提高全站工作可靠性的重要因素，特别是功能独立于通信网的变压器保护，受电线路保护，馈出线保护，备用电源自投，电压无功控制等装置在各间隔的独立配置，它是变电站安全稳定运行的先决条件。

2）装置的背板端子定义仍旧沿用了传统模式，它兼容了传统的操作控制功能，保证在极限工作条件下变电站的运行与控制。

3）通信网络兼容各种网络接口，并可采用双网通信方式，装置能适应多种通信媒介，如光纤，网络双绞线等。通信规约支持电力行业标准 DL/T 667—1999（IEC 60870-5-103）最新保护远动通信标准。

4）装置采用全密封设计，加上精心设计的抗干扰组件，使抗震能力，抗电磁干扰能力有很大提高。

（5）友好的人机界面，具体体现在：

1）装置采用全汉化大屏幕液晶显示，其树形菜单，跳闸报告，告警报告，遥信，遥测，定值整定，控制字整定等都在液晶上有明确的汉字标识，不需对照任何技术资料，现场运行调试人员操作方便。

2）装置内部的任何状态变化都能在液晶上反映，包括开入开出，所有电压电流的有效值、相位、相序、功率、电度等。

（6）由于采用了高性能处理器，结合一些特殊编程手段使它具备了一些同类装置不具备的优点：

1）装置采用了高分辨率的十四位 A/D 转换器，每周波 24 点采样，结合专用的测量 TA，保证了遥测量的高精度。同时能在当地实时完成有功功率、无功功率、功率因素等的计算并能在当地完成有功电度无功电度的实时累加，而不是像其他装置那样在变电站层离线完成。

2）在不增加硬件开销的前提下完成对低压系统的分散故障录波，并能实现故障波形的远传。

3）将保护动作信号在当地间隔层就地转换为遥信信号上传，而不是由变电站层转换，减少保护动作报告向调度转发的时间，使其故障报告传输速度与变位遥信等同，且便于与调度系统接口，调度端不需另作事件解释程序，所作的工作量只相当于增加几个遥信量而已。

（7）本装置基本免调校。

2. 装置的主要技术数据

（1）额定数据。

1）直流电源：220V，110V。

2）交流电压：$100/\sqrt{3}$V，100V。

3）交流电流：5A，1A。

4）频率：50Hz。

（2）功率消耗。

1）直流回路：≤25W。

2）交流电压回路：＜0.5VA/相。

3）交流电流回路：＜1VA/相（I_N=5A）。

＜0.5VA/相（I_N=1A）。

（3）精确工作范围。

1）电流：0.5I_n～20I_n。

2）电压：0.4～100V。

3）频率：45～50Hz。

4）df/dt：0.3～10Hz/s。

5）时间：0～100s。

（4）定值误差。

1）电流及电压定值误差：＜±5%整定值。

2）频率定值误差：＜0.01Hz。

3）时间定值误差：＜±1%整定时间+35ms。

（5）冲击电压。

各输入输出端子对地，交流回路与直流回路间，交流电流与交流电压间能承受 5kV（峰值）标准雷电冲击波试验。

（6）抗干扰性能。

1）能承受频率为 1MHz 及 100kHz 振荡波（差模，共模）脉冲干扰试验。

2）能承受 IEC 255-22-4 标准规定的Ⅳ级（4kV±10%）快速瞬变干扰试验。

（7）机械性能。

能承受严酷等级为Ⅰ级的振动响应，冲击响应。

（8）工作环境。

1）温度：−25～+60℃保证正常工作。

2）温度、压力符合 DL 478。

（9）遥测量计量等级。

电流、频率：0.2 级。

其他：0.5 级。

遥信分辨率：小于 2ms。

信号输入方式：无源接点。

3. 装置的通信接口

RCS—9000 系列 A 型保护测控装置具有两路独立 RS485 的标准通信接口以及一路基于 RS—232 方式的装置打印和调试接口，两路独立的通信接口标准都采用电力行业标准 DL/T 667—1999（IEC 60870-5-103）规约（继电保护设备信息接口标准）或 LFP 规约，其常用通信介质为屏蔽双绞线，其中一路可选配为光纤媒介（带有一路光纤媒介的装置型号其后缀加—OPT）。采用 103 规约时，可配置成独立的双通信网络，建议其中一路作为测控网络，另一路构成录波网络。

（1）双绞线参数。

建议装置使用的双绞线型号为：美国 BELDEN 公司的 1419A 屏蔽双绞线。

推荐传输距离小于 1200m。

（2）光纤参数。

光纤连接器：ST。

光纤方式：多模（50/125μm，62.5/125μm）。

光纤工作波长：0.85μm。

推荐传输距离小于 2000m。

4. 装置的对时方式

RCS—9000 系列 A 型保护测控装置的对时有两种方式，一种为通过软件进行对时，对时精度为 10ms 左右。另一种为通过接收 GPS 硬件秒对时脉冲方式进行对时，对时精度为 1ms 级，所有装置公用一个对时总线，以差分信号输入，对时总线介质用屏蔽双绞线，可用通信电缆中剩余的一对双绞线。上述两种对时方式综合使用。

5. 装置相互间的二次接线说明

（1）各单元开关柜间隔采用保护测控功能‘四合一’装置时相互间的二次电缆连接。

当各单元开关柜间隔采用‘四合一’装置时，由于高性能现场总线的使用，在装置正常运行情况下，各单元间隔层的遥测、遥控、遥信、保护等信号均可通过通信网实时传输，只有在装置故障（含直流消失）情况下例外。一般地，将同一母线段上的装置故障信号并接在一起后作为一个独立的遥信量用电缆送至变电站层的综合测控装置。其优点是能节省电缆及遥信数量，但这种方法的缺点是不能区分具体是哪一台装置故障，当然最好是将每一个间隔的装置故障信号单独用电缆送至综合测控装置。

（2）各单元开关柜间隔采用保护、测控装置独立配置时相互间的二次电缆连接。

当各单元开关柜间隔采用保护、测控装置独立配置时，虽然保护装置除保护功能外也具有保护事件上送功能，但由于该配置的出发点是强调保护与远动功能的明确分工与独立性，因此，在一般情况下，一些反映保护装置基本运行状态的量如：保护装置故障，控制回路断线等信号应送至测控装置。对通信网的处理应视具体情况可以保护装置与测控装置分别组网，也可以混合组一个网。

（3）保护测控装置中装置地、通信口信号地与站内接地网的连接。

RCS—9000 系列 A 型保护测控装置的 AC 地、电源地（端子 320）应与装置地连接在一起后接变电站接地网。

6. 装置的典型设备与配置

RCS—9000 系列 A 型变压器保护测控装置是将保护功能及远动功能综合在一个装置中，该装置即所谓的“四合一”保护（保护、遥测、遥控、遥信），针对中低压变电站中不同的保护测控对象，RCS—9000 系列的变压器保护测控装置型号及功能如下：

（1）RCS—9671/3Ⅱ变压器差动保护装置。多微机实现的变压器差动保护，适用于 110kV 及以下电压等级的双绕组、三绕组变压器，满足四侧差动的要求。

本装置包括差动速断保护，比率差动保护，中、低侧过流保护，TA 断线判别。RCS—9671 装置中的比率差动保护采用二次谐波制动，RCS—9673 装置中的比率差动保护采用偶次谐波判别原理。

（2）RCS—9681Ⅱ 110kV 变压器的高压侧后备保护测控装置。保护方面的主要功能有：①三段复合电压闭锁过流保护（Ⅰ、Ⅱ段可带方向）；②接地零序保护（三段零序过流保护）；③不接地零序保护（一段定值二段时限的零序无流闭锁过压保护、一段定值二段时限的间隙零序过流保护）；④保护出口采用跳闸矩阵方式，可灵活整定；⑤过负荷发信号；⑥启动主变风冷；⑦过载闭锁有载调压；⑧故障录波。

测控方面的主要功能有：①7 路遥信开入采集、遥信变位、事故遥信；②3 路断路器遥控分合，空接点输出，遥控动作保持时间可整定；③P、Q、I（I_A、I_B、I_C）、U（U_A、U_B、U_C、U_{AB}、U_{BC}、U_{CA}、U_0）、$\cos\varphi$ 等模拟量的遥测；④遥控事件记录及事件 SOE 等；⑤四路脉冲累加单元，空接点输入。

（3）RCS—9682Ⅱ 110kV 变压器低压侧后备保护测控装置。保护方面的主要功能有：①四段复合电压闭锁过流保护（Ⅰ、Ⅱ、Ⅲ段可带方向）；②保护出口采用跳闸矩阵方式，可灵活整定；③过负荷发信号；④零序过压报警；⑤故障录波。

测控方面的主要功能有：①8 路遥信开入采集、遥信变位、事故遥信；②5 路断路器遥控分合，空接点输出，遥控动作保护时间可整定；③P、Q、I（I_A、I_B、I_C、I_0）、U（U_A、U_B、U_C、U_{AB}、U_{BC}、U_{CA}、U_0）、$\cos\varphi$ 等模拟量的遥测；④遥控事件记录及事件 SOE 等；⑤四路脉冲累加单元，空接点输入。

（4）RCS—9661Ⅱ为变压器的非电量保护装置。装置对从变压器本体来的非电量接点（如瓦斯等）重起动后发出中央信号、远动信号，并送给本装置的 CPU 作为事件记录，其中中央信号磁保持。需要直接跳闸的则另外起动本装置的跳闸继电器。同时装置还有四路不按相操作断路器的独立的跳合闸操作回路及两个电压切换回路。

（5）RCS—9679Ⅱ变压器保护装置（适用于 66kV 或 35kV 电压等级的变压器保护）。本装置包括差动速断保护，比率差动保护（采用二次谐波制动原理），高、低侧复压过流保护（各三段），10 路非电量保护（其中 6 路可直接跳闸），TA 断线判别，TV 断线判别，过负荷发信，过载闭锁有载调压，过负荷起动风冷和零序过电压报警等功能；同时装置还有三路不按相操作断路器的独立的跳合闸操作回路。

7. RCS—9000 系列 A 型保护测控装置保护信息功能

RCS—9000 系列 A 型保护测控装置支持以下保护信息方面的功能：①保护定值、区号的远方查看、修改功能；②装置保护开入状态的远方查看；③装置运行状态（包括保护动作元件的状态和装置的自检信息）的远方查看；④远方对装置实现信号复归；⑤故障录波（包括波形数据上送）功能。

（二）装置技术使用说明

1. RCS—9671/3Ⅱ变压器差动保护装置

（1）基本配置及规格。

1）基本配置。装置为由多微机实现的变压器差动保护，适用于 110kV 及以下电压等级的双绕组、三绕组变压器，满足四侧差动的要求。

本装置包括差动速断保护，比率差动保护，中、低侧过流保护，TA 断线判别。RCS—9671 装置中的比率差动保护采用二次谐波制动，RCS—9673 装置中的比率差动保护采用偶次谐波判别原理。

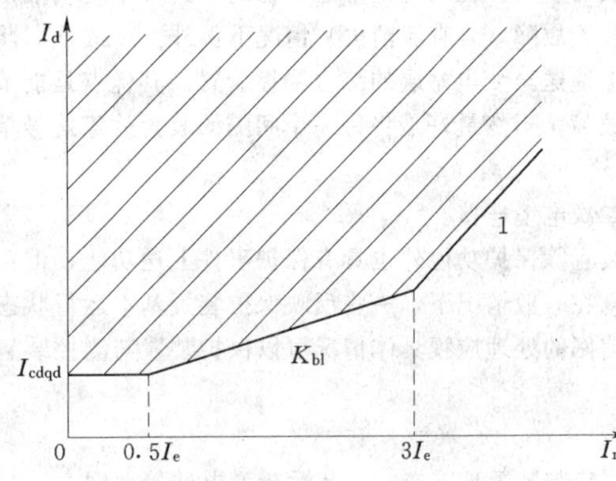

图 1-1-123　动作特性图

I_d—动作电流，I_r—制动电流，I_{cdqd}—差动电流起动值，K_{bl}—比率差动制动系数；I_e—变压器的额定电流（图中阴影部分为保护动作区）

2）装置的性能特征。①本装置有独立的 CPU 作为整机起动元件，该起动元件在电子电路上（包括数据采集系统）与保护 CPU 完全独立，动作后开放保护装置出口继电器正电源。②装置保护 CPU 担负保护功能，完成输入量的采样计算，动作逻辑判断直至跳闸。保护 CPU 还设有本身的起动元件，构成独立完整的保护功能。③差动速断保护实质上为反应差动电流的过电流继电器，用以保证在变压器内部发生严重故障时快速动作跳闸。比率差动保护的动作特性如图1-1-123所示，能可靠躲过外部故障时的不平衡电流。④采用软件调整变压器各侧电流的平衡系数方法，把各侧的额定电流都调整到保护装置的额定工作电流 I_N（I_N=5A 或 1A）。⑤采用可靠的 TA 断线报警闭锁功能，保证装置在 TA 断线及交流回路故障时不误动。⑥采用变压器接线方式整定的方法，使软件适用于变压器的任一接线方式。⑦本装置算法的突出特点是在较高采样率的前提下，保证了在故障全过程对所有继电器的并行实时计算，装置有很高的固有可靠性及动作速度。

3）技术数据。

a. 额定数据。

直流电源：220V，110V 允许偏差+15%，−20%。

交流电流：5A，1A。

频率：50Hz。

b. 功耗。

交流电压：0.5VA/相。

交流电流：<1VA/相（I_N=5A），<0.5VA/相（I_N=1A）。

直流：正常<15W，跳闸<25W。

c. 整组动作时间。

差动速断：<20ms（1.5 倍整定值）。

二次谐波原理比率差动：<25ms（2 倍整定值，无涌流制动情况下）。

偶次谐波原理比率差动：<23ms（2 倍整定值，无涌流制动情况下）。

ⓐ起动元件。

差流电流起动元件，整定范围为：$0.3I_e \sim 1.5I_e$；级差：$0.01I_e$（I_e 为被保护变压器的额定电流）。

ⓑ变压器各侧电流的平衡系数调整通过软件实现，对 Y 侧最大平衡系数应小于 2.3，对△侧最大平衡系数应小于 4。

ⓒ差动速断保护整定范围为：$4 \sim 14I_e$。

ⓓTA 断线可通过整定控制字选择闭锁比率差动保护出口或仅发报警信号。

ⓔ电流定值误差：<5%。

ⓕ比率差动制动系数：0.3～0.75 可调。

ⓖ二次谐波制动系数：0.1～0.35 可调。

d. 后备保护主要技术指标。

电流定值：$0.1I_n \sim 20I_n$。

定值误差：<5%。

时间定值误差：<1%整定值+20ms。

2. 装置原理

(1) 硬件配置及逻辑框图。

见图 1-1-124、1-1-125。

OUT

触点	功能	端子
触点	跳闸出口	401
		402
触点		403
		404
触点		405
		406
触点		407
		408
触点		409
		410
触点		411
		412
触点		413
		414
触点		415
		416
信号公共		417
装置闭锁		418
装置报警		419
TXJ		420

DC

触点	名称	端子
触点	BJJ	301
		302
触点	BSJ	303
		304
		305
		306
		307
		308
		309
		310
		311
		312
投差动		313
投过流		314
信号复归		315
置检修状态		316
光耦公共负		317
装置电源−		318
装置电源+		319
地		320

名称	功能	端子
		201
		202
		203
		204
		205
RXD	串口	206
TXD		207
地		208
SYNA	时钟同步	209
SYNB		210
485A	串口A	211
485B		212
P485A	串口B	213
P485B		214
地		215

光收

光发

端子			功能	端子
101	I_{a1}	I'_{a1}	一侧电流	102
103	I_{b1}	I'_{b1}		104
105	I_{c1}	I'_{c1}		106
107	I_{a2}	I'_{a2}	二侧电流	108
109	I_{b2}	I'_{b2}		110
111	I_{c2}	I'_{c2}		112
113	I_{a3}	I'_{a3}	三侧电流	114
115	I_{b3}	I'_{b3}		116
117	I_{c3}	I'_{c3}		118
119	I_{a4}	I'_{a4}	四侧电流	120
120	I_{b4}	I'_{b4}		121
123	I_{c4}	I'_{c4}		124

地

图 1-1-124　RCS—9671/3 背板端子

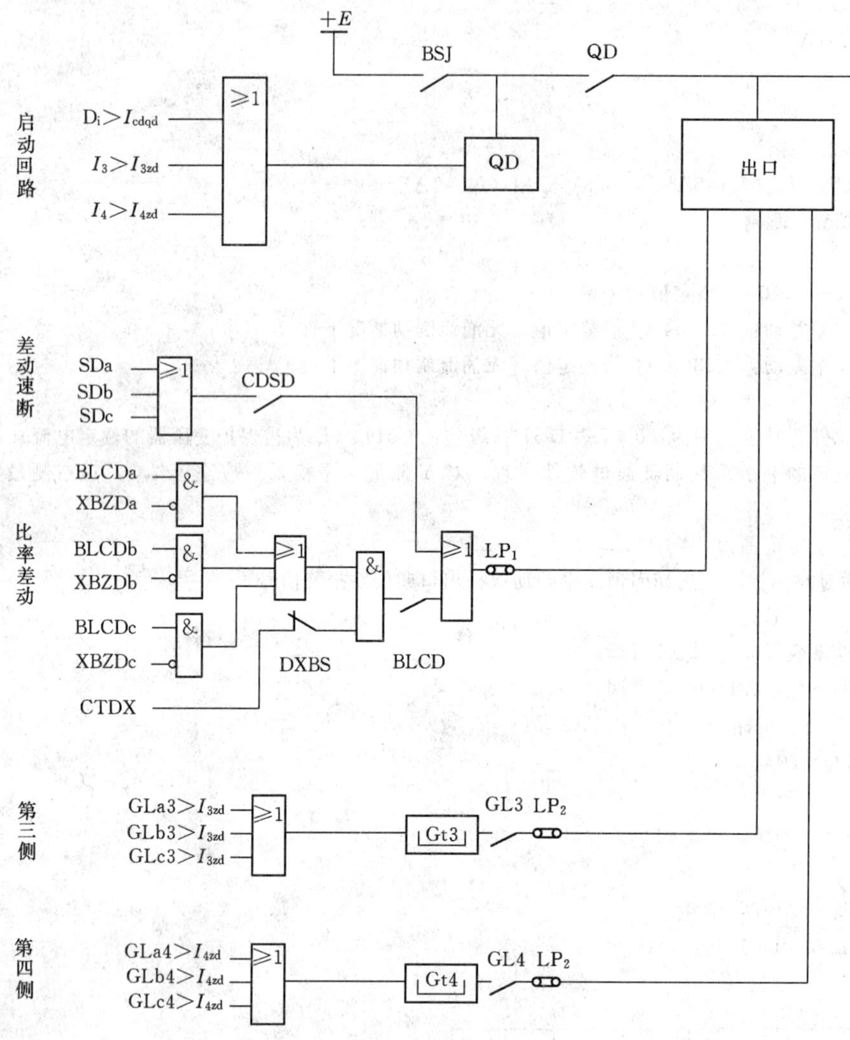

图 1-1-125　RCS—9671 逻辑框图

(2) 模拟量输入。

如图 1-1-126 输入 I_1、I_2、I_3、I_4 四侧电流，由 $(I_1+I_2+I_3+I_4)$ 构成差动电流，作为差动继电器的动作量；由 I_3 构成中压侧后备保护的动作量；由 I_4 构成低压侧后备保护的动作量。在本装置内，变压器各侧电流存在的相位差由软件自动进行校正。变压器各侧的电流互感器均采用星形接线，各侧电流方向均指向变压器。各侧电流的平衡系数调整通过软件完成，不需外接中间电流互感器。

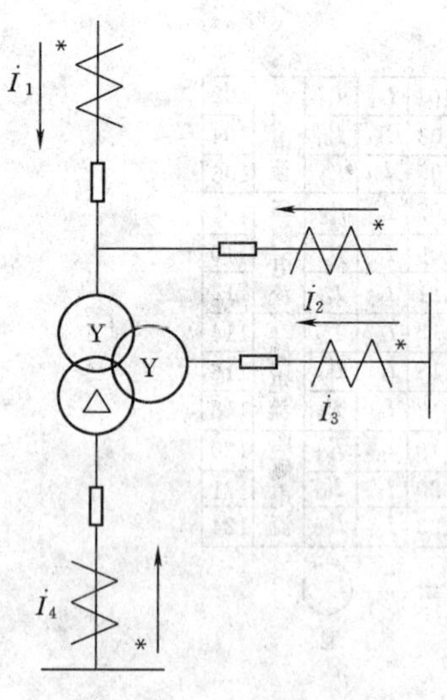

图 1-1-126

(3) 软件说明。

1) 保护总体流程。

保护正常进行在主程序，进行通信及人机对话等工作，间隔一段时间（RCS—9671 保护 1.667ms，RCS—9673 保护为 0.833ms）产生一次采样中断。采样部分通过 AD 采样，进行数字滤波及预处理过程，形成保护判别所需的各量。若保护起动元件动作，则进入保护继电器动作测量程序。首先测量比率制动特性的差动继电器是否动作，若动作，则再经涌流判别元件，以区分是故障还是励磁涌流。比率差动继电器动作后若未被涌流判别元件闭锁，则再进入 TA 断线瞬时判别程序，以区分内部短路故障和 TA 断线。差动速断继电器的动作测量则相应简单，它实质上是一个差动电流过流继电器，不需经过任何涌流闭锁判别和 TA 断线判别环节。随后进行中低压侧的过流保护判别。见图 1-1-127。

2) 装置总起动元件。

起动 CPU 设有装置总起动元件，当三相差流的最大值大于差动电流起动定值时，或者中、低压侧三相电流的最大值（I_3、I_4）大于相应的过流定值时，起动元件动作并展宽 500ms，开放出口继电器正电源。

3）保护起动元件。

若三相差动电流最大值大于差动电流起动定值或中、低压侧电流的最大值（I_3、I_4）大于相应的过电流定值，起动元件动作，在起动元件动作后也展宽 500ms，保护进入故障测量计算程序。

4）比率差动元件。

装置采用三折线比率差动原理，变压器各侧电流经软件进行 Y/△调整，即采用全星形接线方式。采用全星形接线方式对减小电流互感器的二次负荷和改善电流互感器的工作性能有很大好处。

5）二次谐波制动。

在 RCS—9671 保护中，比率差动保护利用三相差动电流中的二次谐波作为励磁涌流闭锁判据。取三相差动电流中二次谐波最大值，作为按相制动的判据。

6）偶次谐波原理。

RCS—9673 保护利用三相差流的偶次谐波作为励磁涌流识别判据。滤除非周期分量后，在内部故障时，差流基本上是工频正弦波，而励磁涌流有大量的偶次谐波分量存在。利用算法识别出这种畸变，即可识别励磁涌流。

当三相中的某一相被判别为励磁涌流识，只闭锁该相比率差动元件。

7）差动速断保护。

当任一相差动电流大于差动速断整定值时瞬时动作于出口继电器。

8）TA 断线报警及闭锁比率差动保护。

设有延时 TA 断线报警及瞬时 TA 断线闭锁或报警功能。延时 TA 断线报警在保护采样程序中进行，当满足以下两个条件中的任一条件，且时间超过 10s 时发出 TA 断线告警信号，但不闭锁比率差动保护。这也兼起保护装置交流采样回路的自检功能：a）任一相差流大于 Ibj 整定值；b）$DI_2>\alpha+\beta DI_{\max}$。（$DI_2$ 为差流的负序电流；$DI_{\max}$ 为三相差流的最大值；α 为固定门槛值；β 为某一比例系数）

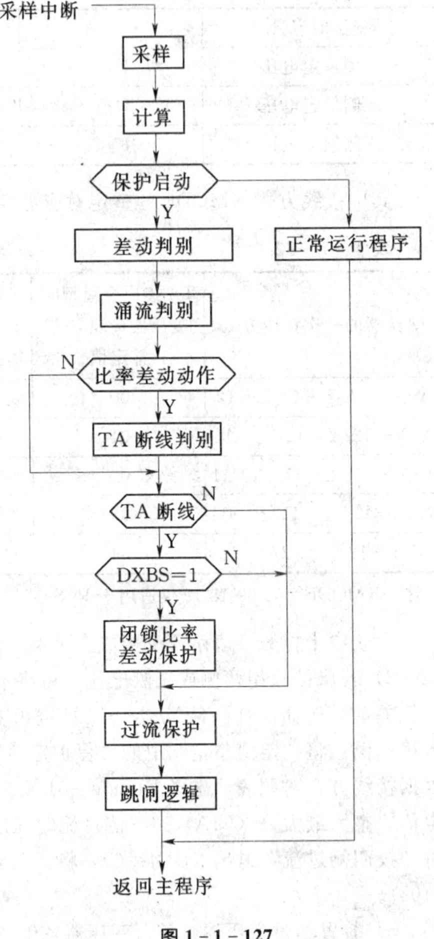

图 1-1-127

瞬时 TA 断线报警或闭锁功能在比率差动元起动作后进行判别。但是当差动保护起动后满足电压电流形成的故障识别判据，被认为是故障情况，为防止瞬时 TA 断线的误闭锁，此时不进行瞬时 TA 断线判别。通过整定控制字选择，瞬时 TA 断线判别动作后可只发报警信号或闭锁比率差动保护出口。

9）差动保护和过流保护动作。

跳各侧断路器，用于跳开变压器各侧断路器。

10）过流保护。

本装置为变压器中、低压侧各设一段过流保护，每段均为一个时限，分别设置整定控制字控制各保护的投退。

11）装置闭锁和装置告警。

当检测到装置本身硬件故障时，发出装置闭锁信号（BSJ 继电器返回），闭锁整套保护。硬件故障包括：RAM、EPROM、定值出错和电源故障。

平衡系数错和接线方式错也将闭锁整套保护。

当检测到下列故障时，发出运行异常报警装置（BJJ 继电器动作）：

a. TA 告警

b. TA 断线（可经控制字选择是否闭锁比率差动保护）

c. 起动 CPU 定值错（将不再开放启动继电器）

d. 起动 CPU 通讯错

e. 起动 CPU 长期起动

（4）定值整定及用户选择。

1）定值整定。

例如，已知变压器容量 31.5/20/31.5MVA，电压 110±4×2.5%/38.5±2×2.5%/11kV；接线方式：Y0/Y/△—12—11；变压器的主接线方式为内桥接线。

则系统参数整定见表 1-1-81。

表 1-1-81

变压器容量	S	31.5MVA	四侧额定电压	U_{4N}	11kV
一侧额定电压	U_{1N}	110kV	二次额定电压	U_2	57.7kV
二侧额定电压	U_{2N}	110kV	接线方式	KMODE	1
三侧额定电压	U_{3N}	38.5kV			

其中接线方式 KMODE 的整定对应见表 1-1-82。

表 1-1-82

变压器的一次接线方式	TA 接成全星型时"变压器接线方式"整定值	TA 在装置外部进行 Y/△转换时，"变压器接线方式"整定值	变压器的一次接线方式	TA 接成全星型时"变压器接线方式"整定值	TA 在装置外部进行 Y/△转换时，"变压器接线方式"整定值
Y/Y—12/Y—12/Y—12	00	10	Y/Y—12/△—1/△—1	05	15
Y/Y—12/Y—12/△—11	01	11	Y/△—1/△—1/△—1	06	16
Y/Y—12/△—11/△—11	02	12	△/△/△/△	07	17
Y/△—11/△—11/△—11	03	13	△/△—12/Y—11/Y—11	08	18
Y/Y—12/Y—12/△—1	04	14	Y/Y—12/△—11/Y—10	09	19

注 KMODE=08 09 18 19 仅适用于 RCS9671。

上表中十位数 0 表示 TA 接成全星形，由程序进行 Y/△转换，1 表示 TA 在装置外部进行 Y/△转换。

2）若保护只用两侧或三侧电流，可将不用的那侧"TA 额定一次值"置为 0，并将该侧电流输入短接，实现两侧或三侧差动。例如：有一台 Y/△—11 两绕组变压器，只需要实现两侧差动，可将高压侧 TA 接入第一侧，低压侧 TA 接入第四侧。将"定值整定"中的"保护定值"菜单下的"二侧 TA 额定一次值"和"三侧 TA 额定一次值"整定为 0，根据接线方式对照表，选择 Kmode=01（或 02、03）。此时应将"投三侧过流"退出（GL3=0），并将"三侧过流电流定值"整为最大值（99A），"三侧过流时间定值"整为最大值（10s）。第四侧即低压侧过流保护按需整定；若不用，则将"投四侧过流"退出（GL4=0），将"四侧过流电流定值"整为最大值（99A），"四侧过流时间定值"整为最大值（10s）。

3）装置通过变压器容量，变压器各侧额定电压和各侧 TA 变比及接线方式的整定，装置自动进行各侧平衡系数的计算，通过软件进行 Y/△转换及平衡系数调整。平衡系数的内部算法如下（以 Kmode=1 为例）。

对于变压器 Y 接线侧

$$K_{ph1}=\frac{U_{1n}\times CT_{11}}{S}\quad K_{ph2}=\frac{U_{2n}\times CT_{21}}{S}\quad K_{ph3}=\frac{U_{3n}\times CT_{31}}{S}$$

对于变压器△接线侧

$$K_{ph4}=\frac{\sqrt{3}\times U_{4n}\times CT_{41}}{S}$$

若报"平衡系数错"，这说明平衡系数太大，最好改变 TA 变比以满足要求。这样更能保证差动保护的性能。

4）比率差动元件的起动值一般取变压器额定电充的 30%。

5）差动速断元件按躲过变压器的励磁涌流，最严重外部故障时的不平衡电流及电流互感器饱和等整定。建议差动速断定值大于 $6I_e$。

6）保护运行时控制字的说明

运行方式控制字在定值整定时输入，用作保护运行功能的切换。其中断线闭锁（DXBS）控制字投入后，一旦瞬时 TA 断线判别元件动作，则闭锁比率差动保护出口，其他保护元件正常运行，正常运行灯不熄灭。比率差动保护出口闭锁后，将一直保护，报警灯不熄灭，直到按面板上的"复位"键，使装置复位。反之，若 DXBS 控制字整定为"0"，则瞬时 TA 断线判别元件动作后仅发告警信号，所有保护元件均正常运行。

3. 装置整体介绍

（1）装置正视图、装置背视图、结构与安装。

见开孔尺寸图。

（2）装置背板端子。

见 RCS—9671/3 背板端子。

（3）背板端子说明。

端子 101～106 为一侧电流输入。

端子 107～112 为二侧电流输入。

端子 113～118 为三侧电流输入。

端子 119～124 为四侧电流输入。

端子 206～208 为 RS232 串口。

端子 209～210 为系统对时总线接口，差分输入，装置内部也可软件对时。

端子 211～212 为 RS485 串口 A 对应于程序设定 A 口。

端子 213～214 为 RS485 串口 B 对应于程序设定 B 口。

端子 215 为装置地。

端子 301～302 为装置报警 BJJ，303～304 为装置闭锁 BSJ。用作远动信号。

端子 313～316 开入接点，均为 220V（110V）光耦开入，其公共负端为 317，该端子应外接 220（110V）信号电源的负端。

端子 313～314 为保护功能投退压板开入。端子 313 为投差动保护，端子 314 为投过流保护。

端子 315 为信号复归接点输入。

端子 316 为装置检修状态开入，当该位投入时表明开关正在检修，此时将屏蔽所有的远动功能。（仅适用于 DL/T 667—1999 规约）。

端子 318～319 为保护用直流电源，320 为装置接地。

端子 401～416 为八组保护跳闸输出接点。

端子 417～420 为中央信号，用来反映本装置的基本运行情况。分别为：装置闭锁 BSJ（包括直流消失），装置报警 BJJ，保护动作 TXJ。

端子 320，215，208，AC 地应连接在一起，并与变电站地网连接。

CPU 端子下部为光纤接口，用于和光纤网接口。

4. 装置定值整定

见表 1-1-83～1-1-86。

表 1-1-83　　系 统 参 数

	定值名称	符号	整定值	单位		定值名称	符号	整定值	单位
1	变压器容量	S		MVA	5	四侧额定电压	U_{4N}		kV
2	一侧额定电压	U_{1N}		kV	6	二次额定电压	U_n		V
3	二侧额定电压	U_{2N}		kV	7	变压器接线方式	KMODE		
4	三侧额定电压	U_{3N}		kV					

表 1-1-84　　保护定值（RCS—9671）

	定 值 名 称	符号	整定范围	整定值		定 值 名 称	符号	整定范围	整定值
1	一侧 TA 额定一次值	CT11	kA		10	差动速断定值	I_{sdzd}	4～14I_e	
2	一侧 TA 额定二次值	CT12	5/1　A		11	比率差动制动系数	K_{bl}	0.3～0.75	
3	二侧 TA 额定一次值	CT21	kA		12	二次谐波制动系数	K_{xb}	0.1～0.35	
4	二侧 TA 额定二次值	CT22	5/1　A		13	TA 报警门槛值	I_{bj}	0.05～0.2I_e	
5	三侧 TA 额定一次值	CT31	kA		14	三侧过流电流定值	I_{3zd}	0.0～20I_n	
6	三侧 TA 额定二次值	CT32	5/1　A		15	四侧过流电流定值	I_{4zd}	0.0～20I_n	
7	四侧 TA 额定一次值	CT41	kA		16	三侧过流时间定值	T_{3zd}	0.0～10s	
8	四侧 TA 额定二次值	CT42	5/1　A		17	四侧过流时间定值	T_{4zd}	0.0～10s	
9	差动电流起动值	I_{cdqd}	0.3～1.5I_e						
以下为整定控制字 SWn，当该位置“1”时相应功能投入，置“0”相应功能退出									
1	投差动速率	CDSD	0/1		4	投三侧过流	GL3	0/1	
2	投比率差动	BLCD	0/1		5	投四侧过流	GL4	0/1	
3	CTDX 闭锁比率差动	DXBS	0/1						

表 1-1-85　保护定值（RCS—9673）

	定值名称	符号	整定范围	整定值		定值名称	符号	整定范围	整定值
1	一侧 TA 额定一次值	CT11	kA		9	差动电流起动值	I_{cdqd}	$(0.3\sim1.5)I_e$	
2	一侧 TA 额定二次值	CT12	5/1　A		10	差动速断定值	I_{sdzd}	$(4\sim14)I_e$	
3	二侧 TA 额定一次值	CT21	kA		11	比率差动制动系数	K_{bl}	0.3～0.75	
4	二侧 TA 额定二次定值	CT22	5/1　A		12	TA 报警门槛值	I_{bj}	$(0.05\sim0.2)I_e$	
5	三侧 TA 额定一次值	CT31	kA		13	三侧过流电流定值	I_{3zd}	$(0.0\sim20)I_n$	
6	三侧 TA 额定二次值	CT32	5/1　A		14	四侧过流电流定值	I_{4zd}	$(0.0\sim20)I_n$	
7	四侧 TA 额定一次值	CT41	kA		15	三侧过流时间定值	T_{3zd}	0.0～10s	
8	四侧 TA 额定二次值	CT42	5/1　A		16	四侧过流时间定值	T_{4zd}	0.0～10s	
以下为整定控制字 SWn，当该位置“1”时相应功能投入，置“0”相应功能退出									
1	投差动速率	CDSD	0/1		4	投三侧过流	GL3	0/1	
2	投比率差动	BLCD	0/1		5	投四侧过流	GL4	0/1	
3	CTDX 闭锁比率差动	DXBS	0/1						

表 1-1-86　装置参数（RCS—9671/3）

位置	名　称	范　围	备注
1	保护定值区号	0～13	
2	装置地址	0～240	
3	规约	1：LFP 规约，0：DL/T 667—1999（IEC 60870-5-103）规约	
4	串口 A 波特率	0：4800，1：9600 2：19200，3：38400	
5	串口 B 波特率		
6	打印波特率		
7	打印方式	0 为就地打印，1 为网络打印	
8	口令	00-99	
9	遥信确认时间	(ms)	

（三）装置整定说明

此说明是关于 RCS—9000 系列变压器保护测控装置的整定计算的补充说明，具体的整定计算请参见相关规程和整定计算导则。有关装置参数等的整定可见相关装置说明书。

1. 差动保护整定计算

(1) 平衡系数的计算。装置通过变压器容量、变压器各侧额定电压和各侧 TA 变比及接线方式的整定，装置自动进行各侧平衡系数的计算，通过软件进行 Y/△转换及平衡系数调整。平衡系数的内部算法如下（以 Kmode=1 为例）。

对于变压器 Y 接线侧

$$K_{ph1}=\frac{U_{1n}\times CT_{11}}{S}$$

对于变压器△接线侧

$$K_{ph2}=\frac{\sqrt{3}\times U_{2n}\times CT_{21}}{S}$$

装置若报“平衡系数错”，这说明平衡系数太大，最好改变 TA 变比以满足要求。这样更能保证差动保护的性能。对 Y 侧最大平衡系数应小于 2.3，对△侧最大平衡系数应小于 4。

定值中的 I_e 为根据变压器最大额定容量归算到本侧 TA 二次的等值额定电流值，即等值额定电流值考虑了接线系数，为 Y→△变换后的额定电流值。对应变压器的 Y 侧（例如第一侧）

$$I_{e1}=\frac{S\times CT_{12}}{U_{1n}\times CT_{11}}$$

对应变压器的△接线侧（例如第二侧）

$$I_{e4}=\frac{S\times CT_{22}}{\sqrt{3}U_{2n}\times CT_{21}}$$

(2) 比率差动保护。

1) 差运保护启动电流的整定。

I_{cdqd}为差动保护最小动作电流值，应按躲过正常变压器额定负载时的最大不平衡电流整定，即：

$$I_{cdqd} \geqslant K_{rel}(K_{er} + \Delta U + \Delta m)I_e$$

式中：I_e为变压器二次额定电流；K_{rel}为可靠系数（一般取 1.3～1.5）；ΔU为变压器调压引起的误差，取调压范围中偏离额定值的最大值（百分值）；Δm为由于电流互感器变比未完全区配产生的误差，可取为 0.05。

在工程实用整定计算中可选取 $I_{cdqd}=$（0.3～0.8）I_e，并应实测最大负载时差回路中的不平衡电流。

注意装置的差动电流起动值的整定计算是以变压器的二次额定电流为基准。若在实际的整定计算中差动起动电流整定值是归算到变压器某一侧的电流有名值，则将这一有名值除以变压器这一侧的变压器二次额定电流，即为保护装置的整定值（标幺值）。

2) 比率差动制动系数（斜率）的整定。

差动保护的制动电流应大于外部短路时流过差动回路的不平衡电流。变压器种类不同，不平衡电流计算也有较大差别，下面给出普通两绕组变压器差动回路最大不平衡电流 $I_{unb.max}$（二次值）的计算公式。

$$I_{unb.max} = (K_{ap}K_{cc}K_{er} + \Delta U + \Delta m)I_{k.max}$$

式中：K_{er}、ΔU、Δm的含义同上；K_{cc}为电流互感器的同型系数（取 1.0）；$I_{k.max}$为外部短路时最大穿越短路电流周期分量（二次值）；K_{ap}为非周期分量系数，两侧同为 TP 级电流互感器取 1.0，两侧同为 P 级电流互感器取 1.5～2.0。

差动保护的动作门槛电流（二次值）

$$I_{op.max} \geqslant K_{rel}I_{unb.max}$$

式中：K_{rel}为可靠系数（一般取 1.3～1.5）。

因此，最大制动系数

$$K_{res.max} \geqslant I_{op.max}/I_{res.max}$$

式中：$I_{res.max}$为最大制动电流（二次值），应根据各侧短路时的不同制动电流而定。

根据差动起动值 I_{cdqd}、第一拐点电流 $I_{res.01}$、$I_{res.max}$、$K_{res.max}$可按下式计算出比率差动保护动作特性曲线中折线的斜率 K_{bl}：

$$K_{bl} = \frac{K_{res} - I_{cdqd}/I_{res}}{1 - I_{res.01}/I_{res}}$$

当 $I_{res.max}=I_{k.max}$时，有 $K_{bl1}=\frac{I_{op.max}-I_{cdqd}}{I_{k.max}-I_{res.01}}$，因此对于本装置比率差动，$I_{res.01}=0.5I_e$，则有 $K_{bl}=\frac{I_{op.max}-I_{cdqd}}{I_{k.max}-0.5I_e}$。

一般比率差动制动系数的值在 0.2～0.75 之间。

3) 二次谐波制动比的整定。

在利用二次谐波制动来防止励磁涌流误动的差动保护中，二次谐波制动比表示差电流中的二次谐波分量与基波分量的比值。一般二次谐波制动比可整定为 0.1～0.2。

(3) 差动速断保护。差动速断保护可以快速切除内部严重故障，防止由于电流互感器饱和引起的纵差保护延时动作。其整定值应按躲过变压器的励磁涌流，最严重外部故障时的不平衡电流及电流互感器饱和等整定，一般可取：

$$I_{cdsd} = KI_e$$

式中：K为倍数，视变压器容量和系统阻抗的大小。变压器容量越小，或系统电抗越小，K的取值越大，一般推荐范围（5～12）I_e。

注意装置的差动速断电流值的整定计算是以变压器的二次额定电流为基准。若在实际的整定计算中差动速断电流整定值是归算到变压器某一侧的电流有名值，则将这一有名值除以变压器这一侧的变压器二次额定电流，即为保护装置的整定值（标幺值）。

(4) 其他注意问题。若保护只用两侧或三侧电流，将不用的那侧“TA 额定一次值”置为 0，“TA 额定二次值”置为 5A 或 1A，并将该侧电流输入短接，实现两侧或三侧差动。例如：有一台 Y/△—11 两圈变压器，只需要实现两侧差动，可将高压侧 TA 接入第一侧，低压侧 TA 接入第四侧。将“定值整定”中的“保护定值”菜单下的“二侧 TA 额定一次值”和“三侧 TA 额定一次值”整定为 0，根据接线方式对照表，选择 Kmode=01（或 02、03）。

差动保护中系统参数里的一次各侧额定电压以实际运行电压为准，否则平衡系数会有误差。

2. 后备保护整定计算

(1) 复合电压起动式电流保护。

1) 电流继电器的整定计算。

电流继电器的动作电流应躲过变压器的额定电流，计算公式如下：

$$I_{op} = \frac{K_{rel}}{K_r} I_n$$

式中：K_{rel}为可靠系数，可取 1.2；K_r 为返回系数，可取 0.95；I_n 为变压器的额定电流（二次值）。

2）低电压继电器的整定计算。

低电压继电器应躲过电动机起动，计算公式如下：

a. 当低电压继电器由变压器低压侧电压互感器供电时

$$U_{op} = \frac{U_{min}}{K_{rel} K_r}$$

式中：K_{rel}为可靠系数，可取 1.1～1.2；K_r 为返回系数，可取 1.05；U_{min}为变压器正常运行可能出现的最低电压，一般可取 $0.9U_n$（额定线电压二次值）。

b. 当低电压继电器由变压器高压侧电压互感器供电时

$$U_{op} = 0.7U_n$$

式中：U_n 为额定线电压二次值。

c. 对发电厂的升压变压器，当低电压继电器由发电机侧电压互感器供电时，还应考虑躲过发电机失磁运行时出现的低电压，可取

$$U_{op} = (0.5 - 0.6)U_n$$

式中：U_n 为额定线电压二次值。

3）负序电压继电器的整定计算。

负序电压继电器应躲过正常运行时出现的不平衡电压，不平衡电压值可实测确定。一般可取：

$$U_{op2} = (0.06 - 0.08)U_{\Phi n}$$

式中：$U_{\Phi n}$为额定相电压二次值。

4）灵敏度校验。

a. 电流继电器的灵敏度校验：

$$K_{sen} = \frac{I_{k.min}^{(2)}}{I_{op}}$$

式中：$I_{k.min}^{(2)}$为后备保护区末端两相金属性短路时流过保护的最小短路电流（二次值），要求 $K_{sen} \geqslant 1.3$（近后备）或 1.2（远后备）。

b. 低电压继电器的灵敏度校验：

$$K_{sen} = \frac{U_{op}}{U_{c.max}}$$

式中：$U_{c.max}$为计算运行方式下，灵敏系数校验点发生金属性相间短路时，保护安装处的最高残压（二次值），要求 $K_{sen} \geqslant 2.0$（近后备）或 1.5（远后备）。

注：在校验电流继电器和电压继电器的灵敏系数时，应分别采用各自的不利正常系统运行方式和不利的短路类型。

c. 负序电压继电器的灵敏度校验：

$$K_{sen} = \frac{U_{k.2.min}}{U_{op.2}}$$

式中：$U_{k.2.min}$为后备保护区末端两相金属性短路时，保护安装处的最小负序电压（二次值），要求 $K_{sen} \geqslant 2.0$（近后备）或 1.5（远后备）。

（2）相间故障后备保护方向元件的整定。

三侧有电源的三绕组升压变压器，相间故障后备保护为了满足选择性的要求，在高压侧或中压侧要加功率方向元件，其方向一般指向该侧母线。

高压及中压侧有电源或三侧均有电源的三绕组降压变压器和联络变压器，相间故障后备保护为了满足选择性的要求，在高压侧或中压侧要加功率方向元件，其方向一般指向变压器，也可指向本侧母线。

3. 零序过流

（1）零序电流继电器的整定。

中性点直接接地的普通变压器接地保护可由两段式零序过电流组成。

1）Ⅰ段零序过电流继电器的动作电流应与相邻线路零序过电流保护第Ⅰ段或Ⅱ段或快速主保护相配合。

$$I_{op.o.Ⅰ}=K_{rel}K_{brl}I_{op.o.Ⅱ/}$$

式中：$I_{op.o.Ⅰ}$为Ⅰ段零序过电流保护动作电流（二次值）；K_{brl}为零序电流分支系数，其值等于线路零序过电流保护Ⅰ段保护区末端发生接地短路时，流过本保护的零序电流与流过该线路的零序电流之比，取各种运行方式的最大值；K_{rel}为可靠系数，取1.1；$I_{op.o.1Ⅱ}$为与之相配合的线路保护相关段动作电流（二次值）。

2）Ⅱ段零序过电流继电器的动作电流应与相邻线路零序过电流保护的后备段相配合。

$$I_{op.o.Ⅱ}=K_{rel}K_{brⅡ}I_{op.o.1Ⅱ}$$

式中：$I_{op.o.Ⅱ}$为Ⅱ段零序过电流保护动作电流（二次值）；$K_{brⅡ}$为零序电流分支系数，其值等于线路零序过电流保护后备段保护区末端发生接地短路时，流过本保护的零序电流与流过该线路的零序电流之比，取各种运行方式的最大值；K_{rel}为可靠系数，取1.1；$I_{op.o.1Ⅱ}$为与之相配合的线路零序过电流保护后备段的动作电流（二次值）。

（2）零序电流继电器的灵敏度的校验。

灵敏度应按下式校验：

$$K_{sen}=\frac{3I_{k.o.min}}{I_{op.o}}$$

式中：$3I_{k.o.min}$为Ⅰ段（或Ⅱ段）保护区末端接地短路时流过保护安装处的最小零序电流（二次值）；$I_{op.o}$为Ⅰ段（或Ⅱ段）零序过电流保护的动作电流，要求$K_{sen}\geqslant 1.5$。

4. 变压器不接地运行时的后备保护

对于中性点经放电间隙接地的变压器，应增设反应零序电压和间隙放电电流的零序电压电流保护。

（1）零序过电压继电器的整定。

过电压保护动作值按下式整定：

$$U_{o.max}<U_{op.o}\leqslant U_{sat}$$

式中：$U_{op.o}$为零序过电压保护动作值（二次值）；$U_{o.max}$为在部分中性点接地的电网中发生单相接地时或中性点不接地变压器两相运行时，保护安装处可能出现的最大零序电压（二次值）；U_{sat}为用于中性点直接接地系统的电压互感器，在失去接地中性点时发生单相接地，开口三角绕组可能出现的最低电压。

考虑到中性点直接接地系统$\frac{X_{o\Sigma}}{X_{1\Sigma}}\leqslant 3$，一般取：$U_{op.o}=180V$（注：高压系统电压互感器开口绕组每相额定电压为100V）。

（2）间隙零序过电流继电器的整定。

装在放电间隙回路的零序过电流保护的动作电流与变压器的零序阻抗、间隙放电的电弧电阻等因素有关，一般保护的一次动作电流可取为100A。

5. 冷控失电保护的整定

装置设有冷控失电保护。根据DL/T 572—95《电力变压器运行规程》：强油循环风冷和强油循环水冷变压器，当冷却系统故障切除全部冷却器时，允许带额定负载运行20min。如20min后顶层油温尚未达到75℃，则允许上升到75℃，但在这种状态下运行的最长时间不得超过1h。冷却失电逻辑图如图1-1-128所示。

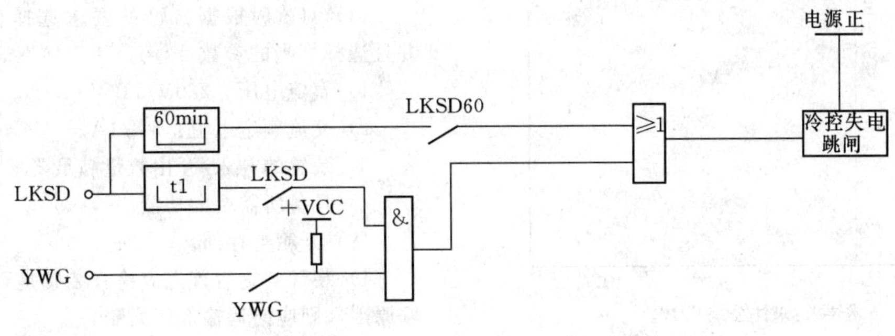

图1-1-128 冷控失电

6. 其他需要注意的问题

在整定定值前须先整定保护定值区号。

保护定值中控制字标＊表示该控制字有对应的软压板（仅指 96XXB、96XXC 型装置）。软压板可以通过后台投退；就地可通过“软压板初始化”菜单将软压板内容全部初始化成“1”。只有控制字、软压板状态（若未设置则不判）、硬压板状态（若未设置则不判）均为“1”时才投入相应保护元件，否则退出该保护元件。

对于装置参数的保护 TA、零序保护 TA、间隙零序 TA 额定一次、二次值须按实际情况整定，和对应的保护采样相关；装置参数的 TV，零序 TV 额定一次、二次值和综合自动化相关，一般按线整定。

（四）装置开孔尺寸和外形图

1. 装置开孔尺寸图

（1）1/3 层机箱开孔图见图 1－1－129，适用于 RCS—9671/9673。

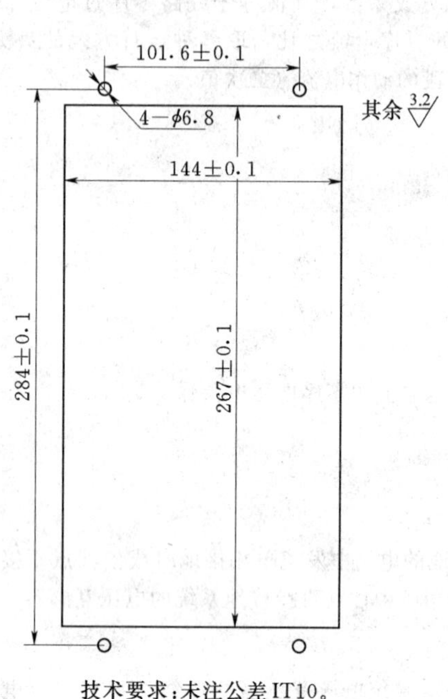

技术要求：未注公差 IT10。

图 1－1－129

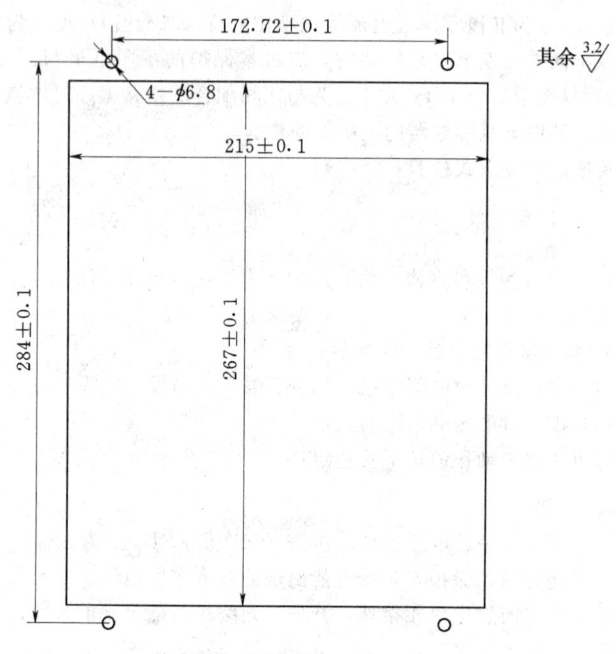

技术要求：未注公差 IT10。

图 1－1－130

（2）1/2 层机箱开孔图见图 1－1－130，适用于 RCS—9681/9682。

（3）2/3 层层机箱开孔图见图 1－1－131，适用于 RCS—9661/9679。

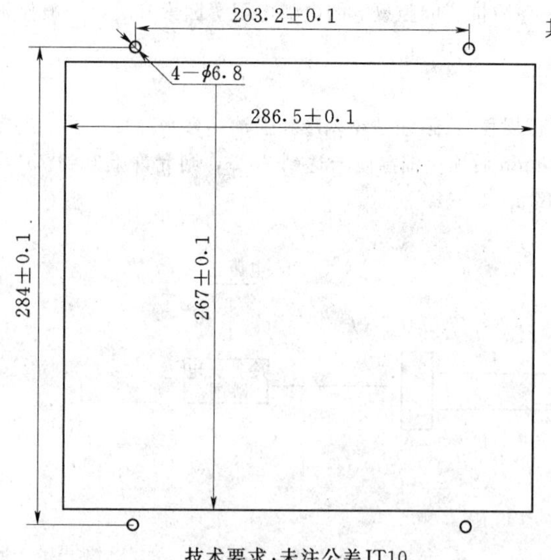

技术要求：未注公差 IT10。

图 1－1－131

2. 装置外形图

见图 1－1－132、图 1－1－133。

（五）订货需知

（1）订货时根据自己的要求选择相应型号的装置，并且选择恰当的参数。

1）直流电压：220V/110V。

2）交流额定电流：5A/1A。

3）装置的开入/开出数量满足要求。

4）具备所需要的功能。

（2）开箱与存储。

1）装置到货后首先应检查装置是否有损坏，如系运输原因，则应向运输部门索赔。

2）开箱后应当立即核对箱内物件是否与装箱单相符。

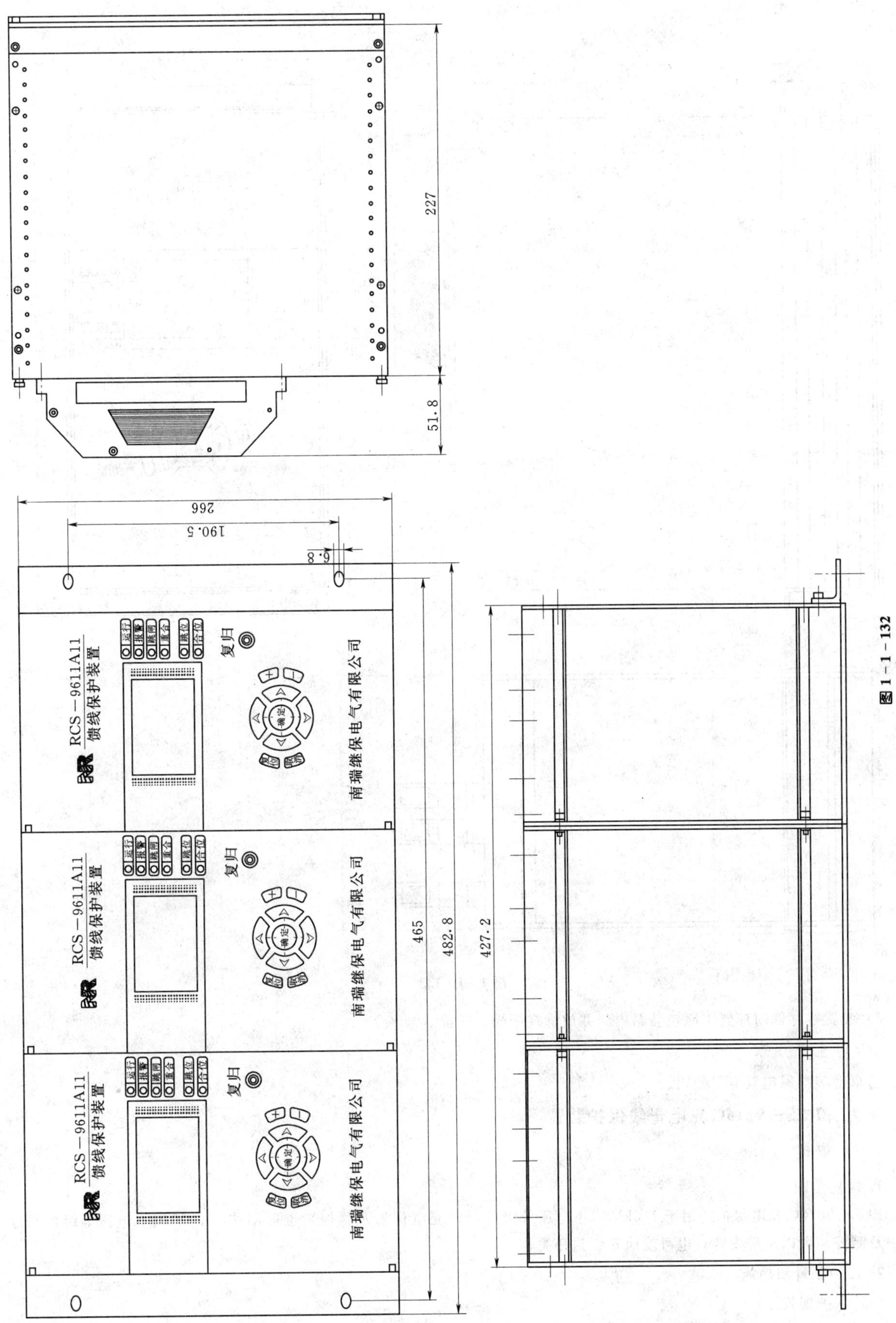
227
51.8
266
190.5
6.8
465
482.8
427.2
RCS-9611A11
馈线保护装置
复归
南瑞继保电气有限公司

图1-1-132

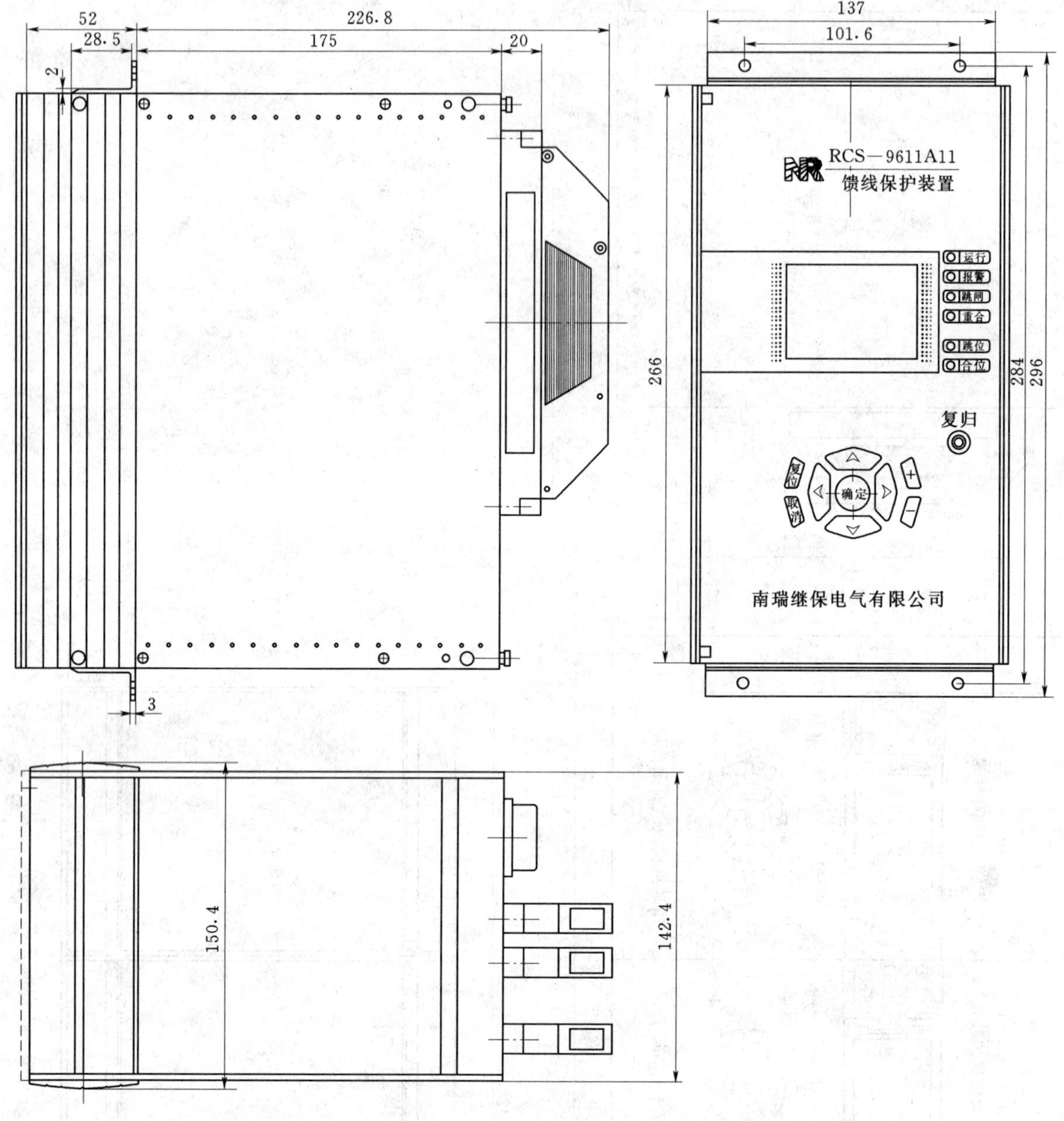

图 1-1-133

3）装置在存储时应置于原包装箱内，并放置在干燥、阴凉、通风。

（六）生产厂家

南京南瑞继保电气有限公司。

十九、RCS—9616C 充电母线保护装置

（一）概述

1. 应用范围

RCS—9616C 充电保护适用于 110kV 以下电压等级的母线充电保护及测控，也可用作 110kV 以下电压等级的母联保护及测控。可以组屏安装，也可就地安装到开关柜。

2. 保护配置和功能

(1) 保护配置。

1）短充过流保护（可经复压闭锁）；

2）短充零序过流保护；

3）两段长充过流保护（可经复压闭锁）；

4）两段长充零序过流保护（零序电流可自产也可外加）；

5）独立的操作回路及故障录波。

（2）测控功能。

1）20路自定义遥信开入；

2）一组断路器遥控分/合（选配方式至多可提供三组遥控）；

3）I_{am}、I_{bm}、I_{cm}、I_0、U_A、U_B、U_C、U_{AB}、U_{BC}、U_{CA}、U_0、F、P、Q、$\cos\varphi$共15个遥测量；

4）事件SOE记录等。

（3）保护信息功能。

1）支持装置描述的远方查看；

2）支持系统定值的远方查看；

3）支持保护定值和区号的远方查看、修改功能；

4）支持软压板状态的远方查看、投退；

5）支持装置保护开入状态的远方查看；

6）支持装置运行状态（包括保护动作元件的状态、运行告警和装置自检信息）的远方查看；

7）支持远方对装置信号复归；

8）支持故障录波上送功能。

支持电力行业标准DL/T 667—1999（IEC 60870-5-103标准）通信规约；配有以太网接口（三网口、100Mbit/s），支持超五类线或光纤接口。

3. 性能特性

（1）保护功能配置齐全、动作快速、性能可靠，短充保护投入判据实用、可靠、自适应。

（2）操作回路配置灵活，可以适应各种操作机构。

（3）功能强大的选配插件能够满足现场各种需要。

（4）装置采用全封闭机箱，强弱电严格分开，取消传统背板配线方式，同时在软件设计上也采取相应的抗干扰措施，装置的抗干扰能力大大提高，对外的电磁辐射也满足相关标准。

（5）完善的事件报告处理功能，可保存最新64次动作报告，最新256次SOE变位记录报告，最新64次用户操作记录报告，最多8次故障录波报告（每次故障录波时间最长15秒）。

（6）友好的人机界面、汉字显示、中文报告显示打印。

（7）灵活的后台通信方式，配有以太网通信接口（可选超五类线、光纤）。

（8）三个独立以太网接口，通道独立、可靠性高，可以同时支持站内监控后台、保护信息工作站、调度通信。

（9）支持电力行业标准DL/T 667—1999（IEC 60870-5-103标准）的通信规约。

（10）符合DL/T 478—2001《静态继电保护及安全自动装置通用技术条件》规程要求。

（11）符合GB 14285—93《继电保护和安全自动装置技术规程》规程要求。

（二）技术参数

1. 机械及环境参数

（1）机箱结构尺寸。

在开关柜安装可以参考图1-1-139开关柜安装参考尺寸（注意：在开关柜安装时，必须考虑装置使用的安装附件的尺寸），组屏安装可以参考图1-1-140、图1-1-141组屏安装参考尺寸。

（2）工作环境。

温度：－25～＋60℃保证正常工作。

温度、压力符合DL478

（3）机械性能。

能承受严酷等级为Ⅰ级的振动响应，冲击响应

2. 额定电气参数

（1）额定数据。

直流电压：220V，110V允许偏差＋15％，－20％。

交流电压：57.7V（相电压），100V（线电压）。

交流电流：5A，1A。

频率：50Hz。

(2) 功耗。

交流电压：<0.5VA/相。

交流电流：<1.0VA/相（I_n=5A），<0.5VA/相（I_n=1A）。

直流：正常<15W，跳闸<25W。

3. 主要技术指标

(1) 过流保护。

电流定值：0.1I_n～20I_n。

定值误差：<2.5%或±0.01I_n。

时间定值：0～100s。

时间误差：时间定值×1%+35ms。

(2) 零序保护。

电流定值：0.1A～12A（外接时）。

定值误差：<2.5%或±0.01A。

时间定值：0～100s。

时间误差：时间定值×1%+35ms。

(3) 遥信开入。

分辨率：<1ms。

信号输入方式：无源接点。

(4) 遥测量计量等级。

电流：0.2级。

其他：0.5级。

(5) 电磁兼容。

辐射电磁场干扰试验符合国际：GB/T 14598.9的规定。

快速瞬变干扰试验符合国际：GB/T 14598.10的规定。

静电放电试验符合国际：GB/T 14598.14的规定。

脉冲群干扰试验符合国际：GB/T 14598.13的规定。

射频场感应的传导骚扰抗扰度试验符合国际：GB/T 17626.6的规定。

工频磁场抗扰度试验符合国际：GB/T 17626.8的规定。

脉冲磁场抗扰度试验符合国际：GB/T 17626.9的规定。

(6) 绝缘试验。

绝缘试验符合国际：GB/T 14598.3—93中第6章的规定。

冲击电压试验符合国际：GB/T 14598.3—93中第8章的规定。

(7) 输出接点容量。

信号接点容量：允许长期通过电流5A；切断电流0.3A（DC 220V，V/R 1ms）。

其他辅助继电器接点容量：允许长期通过电流5A；切断电流0.2A（DC 220V，V/R 1ms）。

跳闸出口接点容量：允许长期通过电流5A；切断电流0.3A（DC 220V，V/R 1ms）。

（三）软件工作原理

1. 短充保护

短充保护为母联开关由跳变合时瞬间投入的保护，配置相间过流和零序过流各一段保护，母联开关由跳变合的T_{kf}内（T_{kf}时间出厂设定为400ms，该时间用户可以根据使用情况整定，整定范围40ms～10s）投入。同时，为投退方便，短充保护加有投退压板，自327端子接入。在投退压板合上情况下，母联开关由跳变合的T_{kf}内投入短充保护：若保护未起动，则T_{kf}后自动退出，直到下次母联开关再次由跳变合；T_{kf}内保护起动，则一直投入，直至故障切除、保护返回后才自动退出。

开关在分位且TA无流前提下，下列两个条件任一个满足，均认为开关由跳变合，将短充保护投入T_{kf}：

(1) TWJ接点自闭合变为断开；

(2) CT自无流变为有流。

2. 长充保护

长充保护配置相间过流和零序过流保护各两段，由投退压板控制投退，在投退压板合上情况下长期投入。投退压板自 326 端子接入。

3. 母联保护

母联保护配置可由长充保护兼顾，投退压板自 327 端子接入。

4. 装置自检

当装置检测到本身硬件故障时，发出装置闭锁信号，同时闭锁装置（BSJ 继电器返回）。硬件故障包括：定值出错、电源故障、CPLD 故障、ROM 故障，当发生硬件故障时请及时与厂家进行联系技术支持。

5. 装置运行告警

当装置检测到下列状况时，发运行异常信号（BJJ 继电器动作）：

TWJ 异常、频率异常、TV 断线、控制回路断线、零序电压报警、弹簧未储能、TA 断线，当发生运行报警时，请

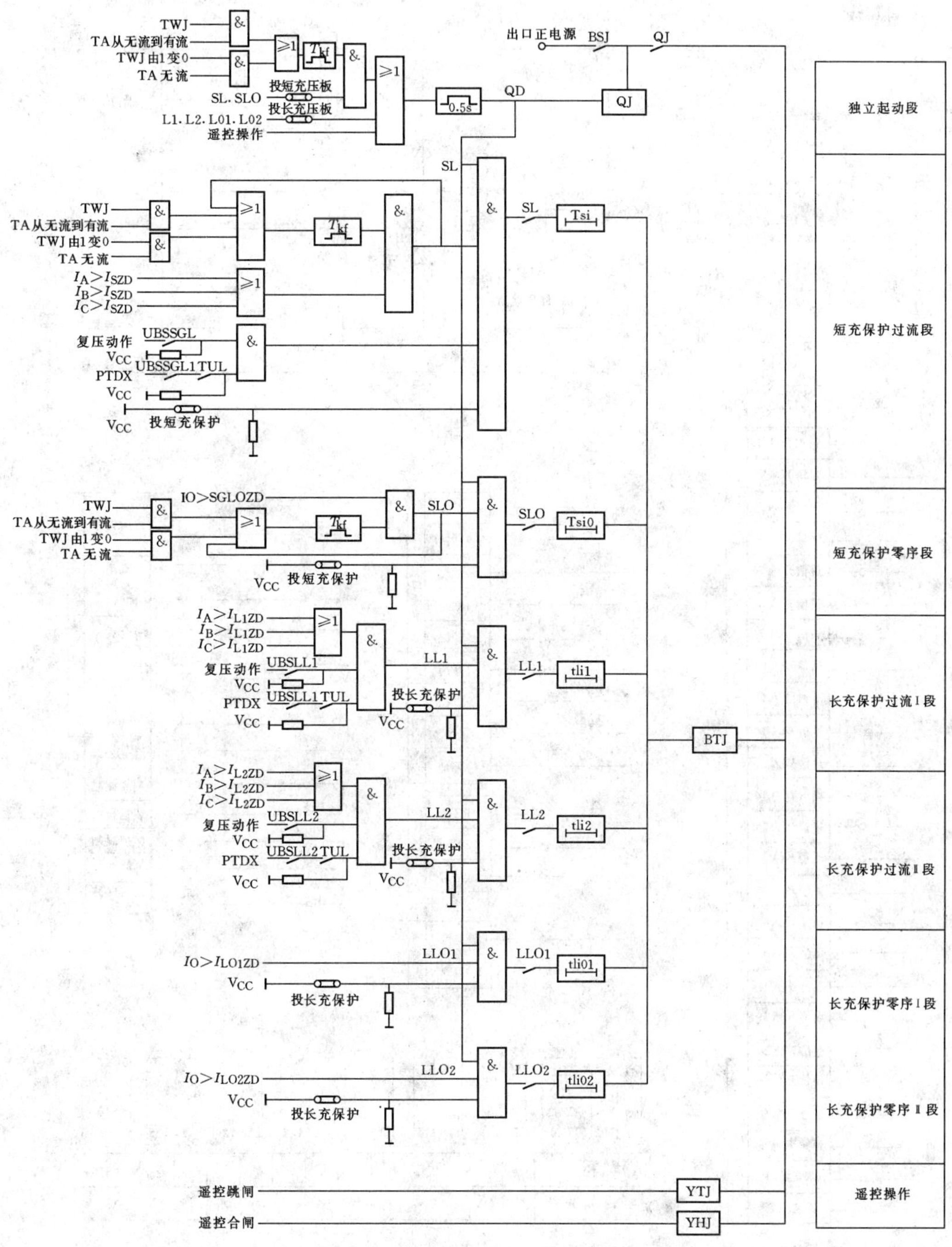

图 1-1-134　RCS—9616C 充电保护测控装置保护逻辑图

检查二次接线或者一次系统。

6. 遥控、遥测、遥信功能

遥控功能主要有两种：正常遥控跳闸，正常遥控合闸。标准配置仅提供一组遥控输出接点（固定对应本开关）；选配方式可额外再提供两组遥控。

遥测量包括 I_{am}、I_{bm}、I_{cm}、I_0、U_A、U_B、U_C、U_{AB}、U_{BC}、U_{CA}、U_0、F、P、Q、$\cos\varphi$ 共 15 个模拟量。通过积分计算得出有功电量、无功电量，所有这些量都在当地实时计算，实时累加。电流精度达到 0.2 级，其余精度达到 0.5 级。

遥信量主要有：20 路自定义遥信开入，并有事件顺序记录（SOE）。遥信分辨率小于 1ms。

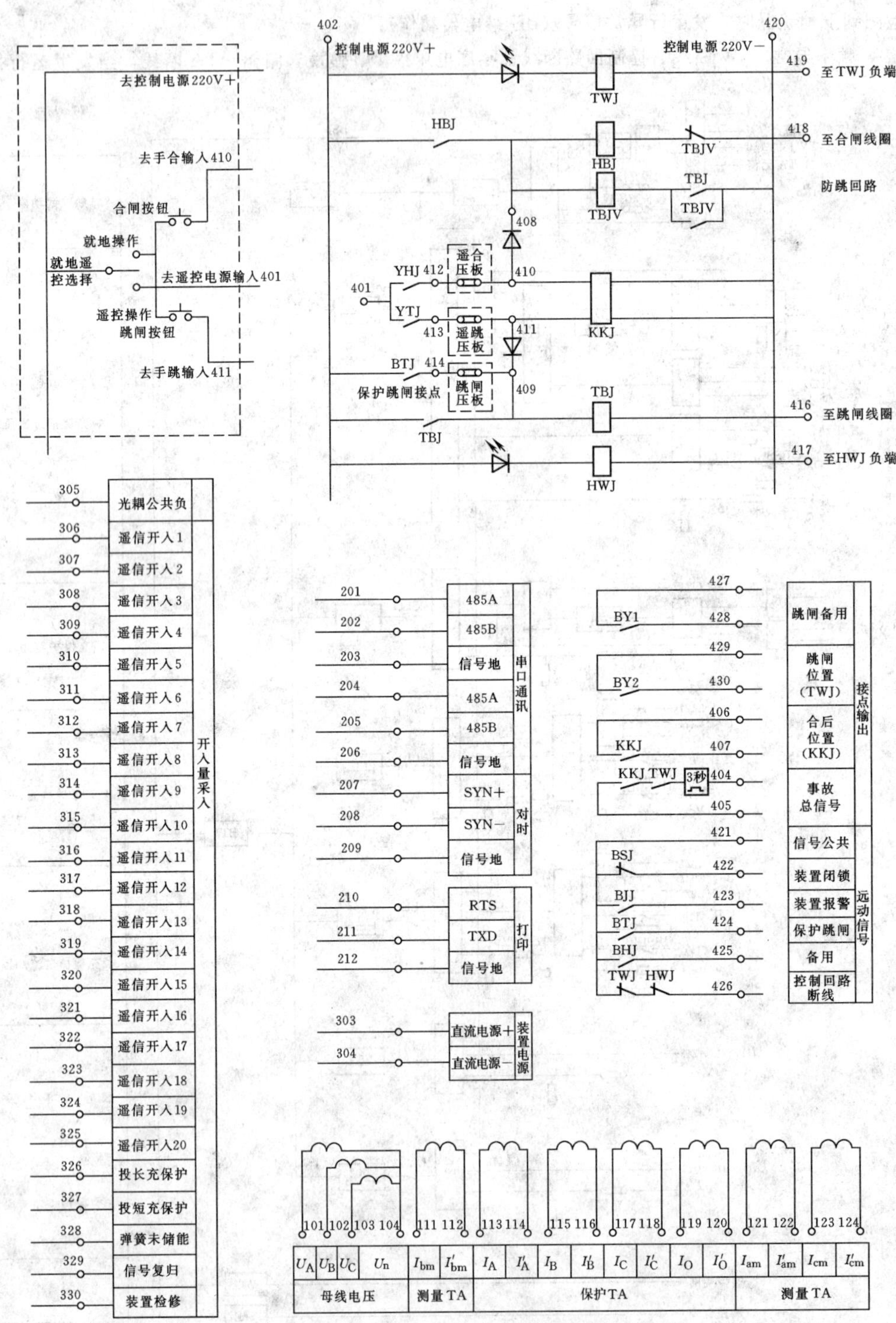

图 1-1-135　RCS—9616C 硬件图

7. 对时功能

装置具备软件对时和硬件对时功能。硬件对时为秒脉冲对时或者 IRIG—B 码对时，装置自动识别。对时接口电平均采用 485 差分电平，对应端子 207～209。

当装置检测到硬件对时信号时，在液晶主界面的右上角显示“·”。

8. 逻辑框图

见图 1-1-134。

（四）硬件原理说明

1. 装置整体结构

本小节所列的硬件图（图 1-1-135）是 9616C 标准配置的硬件图，如果需要更多的出口或者操作回路需要和外部压力机构配合，请参见插件选配部分。

2. 装置面板布置

装置的正面面板布置图见图 1-1-136。

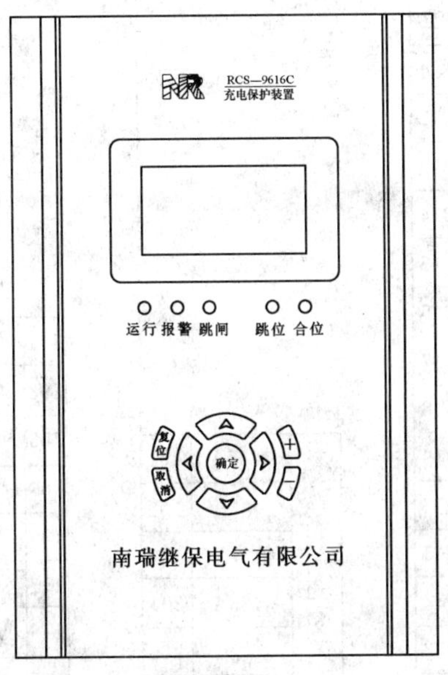

图 1-1-136

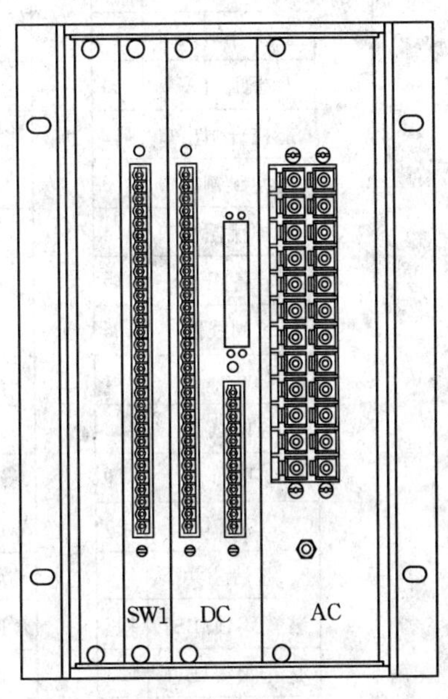

图 1-1-137

装置的背面面板布置图（标准配置）见图 1-1-137。

3. 装置接线端子与说明

本小节所列的背板端子图（图 1-1-138）对应于 9616C 的标准配置（该插件方式为 RCS—9616C），如果需要更多的出口或者操作回路需要和外部压力机构配合，请参见插件选配部分。

（1）模拟量输入。

外部电流及电压输入经隔离互感器隔离变换后，由低通滤波器输入至模数变换器，CPU 经采样数字处理后，构成各种保护继电器。

I_A、I_B、I_C 为保护用三相电流输入。

I_0 为零序电流输入。其可作零序过流保护用。装置使用的零序电流可以外加也以使用装置自产零序，如果使用装置自产零序电流必须在系统定值中将“零序电流自产”置“1”。

I_{am}、I_{bm}、I_{cm} 为测量用电流，需从专用测量 TA 输入，以保证遥测量有足够的精度。

U_A、U_B、U_C 为母线电压，在本装置中作为保护和测量共用，其与 I_{am}、I_{cm} 一起计算形成本线路的 P、Q、$\cos\varphi$、kWh、kvarh。频率测量功能、长充过流保护经复压闭锁功能需要接入母线电压，若无相应的母线 TV 或者本装置所使用的功能不涉及电压（此处请仔细核对），则 U_A、U_B、U_C 可不接。为防止装置发 TV 断线信号，只需将保护定值中“PTDX 检测投入”控制字退出。

本装置零序电压使用装置自产 3U0，用于零序电压报警判断和零序电压测量。

（2）背板接线说明。

端子 401 为遥控正电源输入端子，只有在其接入正电源时装置才将遥跳和遥合功能投入，同时其亦是遥控跳闸出口（413）和遥控合闸出口（412）的公共端。

SW1

名称	端子
遥控电源＋	401
控制电源＋	402
	403
事故总信号	404
事故总信号	405
合后位置(KKJ)	406
合后位置(KKJ)	407
备用	408
保护跳闸入口	409
手动合闸入口	410
手动跳闸入口	411
遥控合闸出口	412
遥控跳闸出口	413
保护跳闸出口	414
备用	415
跳闸线圈	416
HWJ－	417
合闸线圈	418
TWJ－	419
控制电源－	420
遥信公共	421
装置闭锁(BSJ)	422
运行报警(BJJ)	423
保护跳闸信号	424
备用	425
控制回路断线信号	426
跳闸备用	427
跳闸备用	428
跳闸位置(TWJ)	429
跳闸位置(TWJ)	430

DC

名称	端子
电源地	301
	302
装置电源＋	303
装置电源－	304
遥信开入公共负	305
遥信开入1	306
遥信开入2	307
遥信开入3	308
遥信开入4	309
遥信开入5	310
遥信开入6	311
遥信开入7	312
遥信开入8	313
遥信开入9	314
遥信开入10	315
遥信开入11	316
遥信开入12	317
遥信开入13	318
遥信开入14	319
遥信开入15	320
遥信开入16	321
遥信开入17	322
遥信开入18	323
遥信开入19	324
遥信开入20	325
投长充保护	326
投短充保护	327
弹簧未储能	328
信号复归	329
装置检修	330

COM

以太网A

以太网B

功能	名称	端子
串口通信	485A	201
串口通信	485B	202
串口通信	信号地	203
串口通信	485A	204
串口通信	485B	205
串口通信	信号地	206
对时	SYN＋	207
对时	SYN－	208
对时	信号地	209
打印	RTS	210
打印	TXD	211
打印	信号地	212

AC

端子	名称	名称	端子
101	U_a	U_b	102
103	U_c	U_n	104
105			106
107			108
109			110
111	I_{bm}	I'_{bm}	112
113	I_A	I'_A	114
115	I_B	I'_B	116
117	I_C	I'_C	118
119	I_O	I'_O	120
121	I_{am}	I'_{am}	122
123	I_{cm}	I'_{cm}	124

接地端子

图 1-1-138 RCS—9616C 背板端子图

端子 420 为控制正电源输入端子，同时其亦是保护跳闸出口（414）公共端。

端子 404～405 为事故总输出空接点。

端子 406～407 为 KKJ（合后位置）输出空接点。

端子 408 为备用端子。

端子 409 为保护跳闸入口。

端子 410 为手动合闸入口。

端子 411 为手动跳闸入口。

端子 412 为遥控合闸出口（YHJ），可经压板或直接接至端子 410。

端子 413 为遥控合闸出口（YTJ），可经压板或直接接至端子 411。

端子 414 为保护跳闸出口（BTJ），可经压板接至端子 409。

端子 415 为备用端子。

端子 416 接断路器跳闸线圈。

端子 417 为合位监视继电器负端。

端子 418 接断路器合闸线圈。

端子 419 为跳位监视继电器负端。

端子 420 为控制负电源输入端子。

端子 421～426 为信号输出空接点，其中 421 为公共端。

端子 422 对应装置闭锁信号输出。

端子 423 对应装置报警信号输出。

端子 424 对应保护跳闸信号输出，可经跳线选择是否保护（出厂默认是非保持）。

端子 425 为备用端子。

端子 426 对应控制回路断线输出。

端子 427～428 定义成跳闸接点（TJ），所有跳闸元件均经此接点出口。

端子 429～430 定义成跳闸位置（TWJ）接点。

端子 301 为保护电源地。该端子和装置背面右下的接地端子相连后再与变电站地网可靠联结。

端子 303 分别为装置电源正输入端。

端子 304 分别为装置电源负输入端。

端子 305 分别为遥信开入公共负输入端。

端子 306～330 为遥信开入输入端，其中 306～325 为普通遥信输入端。

端子 326 为投长充保护开入。

端子 327 为投短充保护开入。

端子 328 为弹簧未储能开入。

端子 328 为信号复归开入。

端子 330 为装置检修开入。当该开入投入时，装置将屏蔽所有的远动功能。

端子 201～206 为两组 485 通信口。

端子 207～209 为硬接点对时输入端口，接 485 差分电平。

端子 210～212 为打印口。

端子 101～104 为母线电压输入。

端子 105～110 为备用端子。

端子 111～112 为 B 相测量电流输入。

端子 113～114 为保护用 A 相电流输入。

端子 115～116 为保护用 B 相电流输入。

端子 117～118 为保护用 C 相电流输入。

端子 119～120 为外加零序电流输入。

端子 121～122 为 A 相测量电流输入。

端子 123～124 为 C 相测量电流输入。

当使用本装置的操作回路时，装置所需的开关位置信号（TWJ、HWJ、KKJ）可由内部产生，不需要再从外部引入；当使用外部操作回路时就需根据需要将开关位置信号（TWJ、HWJ、KKJ）对应引至 306～308 端子，同时在辅助参数中进行相关整定。

注意：所有未定义的端子，现场请勿配线，让其悬空。

（3）跳线说明。见表 1-1-87。

表 1-1-87

插件名称	跳线名称	出厂默认	描述
CPU 插件	JP2	不跳（禁止下载程序）	和程序下载相关
	JP3	不跳（禁止下载程序）	和程序下载相关
SWI 插件	T4	1—2	跳闸备用，经启动继电器
	T5	2—3	TWJ，不经启动继电器
	A—A′	断开（421～424 为瞬动接点）	希望 421～424 为保持接点时，将其短接
	B—B′	断开（421～425 为瞬动接点）	希望 421～425 为保持接点时，将其短接
	C—C′	断开（本插件具备防跳功能）	希望取消本插件的防跳功能时，将其短接

续表

插件名称	跳线名称	出　厂　默　认	描　　述
SWG 插件	S1—S1′	断开（合闸压力低时闭锁合闸）	希望取消合闸压力闭锁功能时，将其短接
	S2—S2′	断开（本插件具备防跳功能）	希望取消本插件的防跳功能时，将其短接
	S3—S3′	断开（跳闸压力低时闭锁跳闸）	希望取消跳闸压力闭锁功能时，将其短接
OUT 插件	JP1	1—2	

注　SWG 插件和 OUT 插件用于选配方式。

4. 结构与安装

(1) 开关柜安装参考尺寸见图 1-1-139。

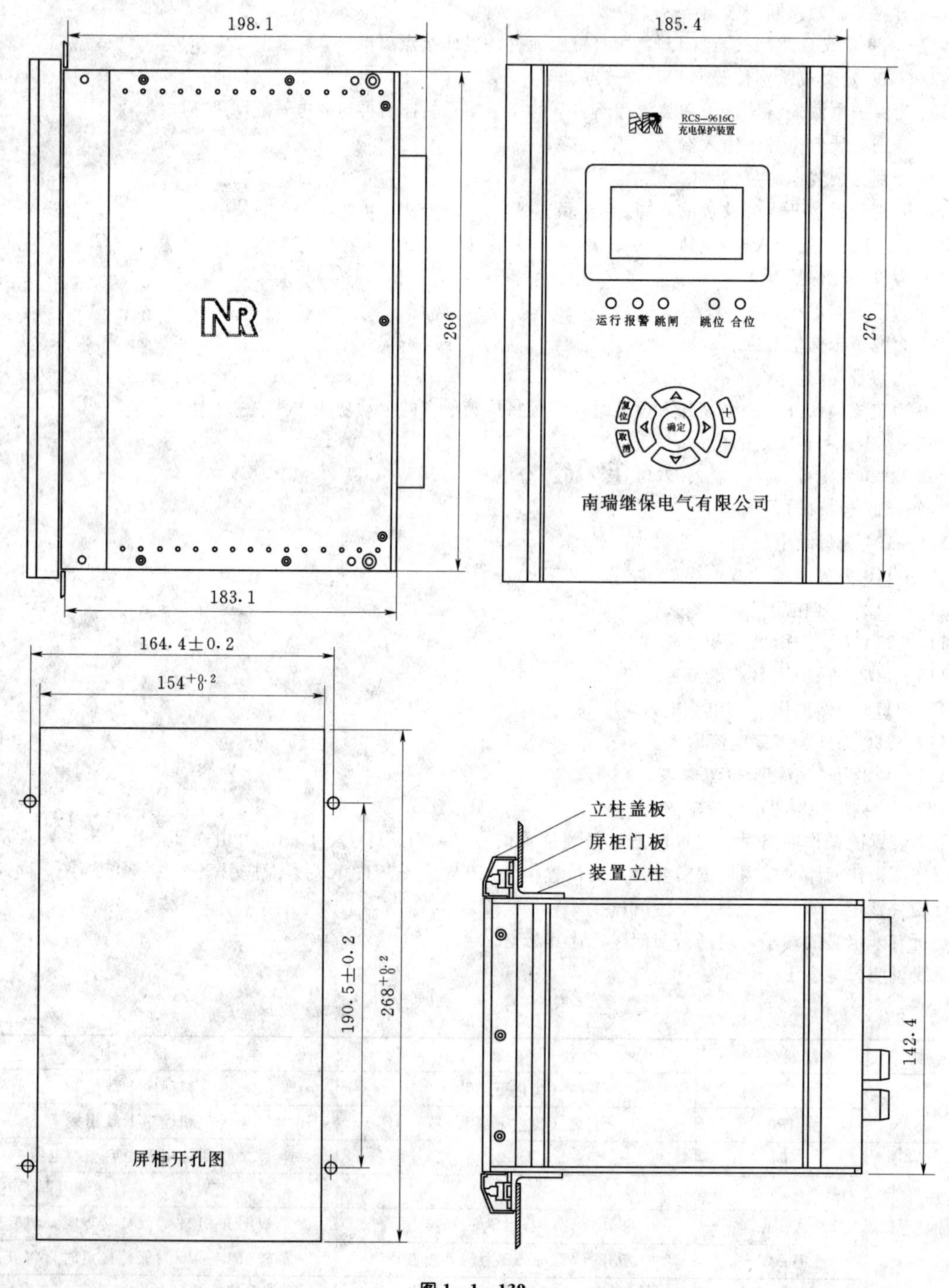

图 1-1-139

(2) 组屏安装参考尺寸见图 1-1-140、1-1-141。

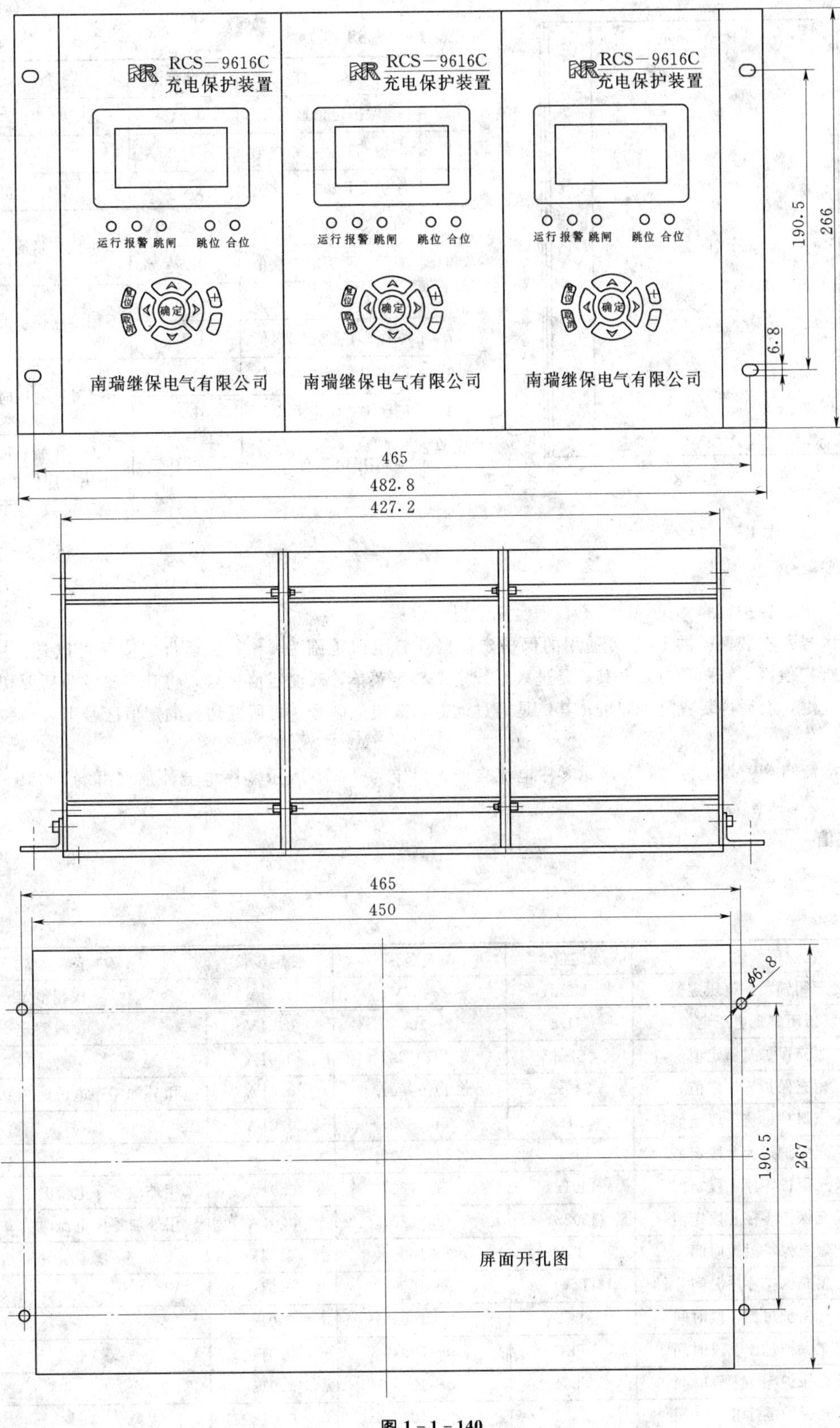

图 1-1-140

(五) 定值内容及整定说明

1. 系统定值

见表 1-1-88。

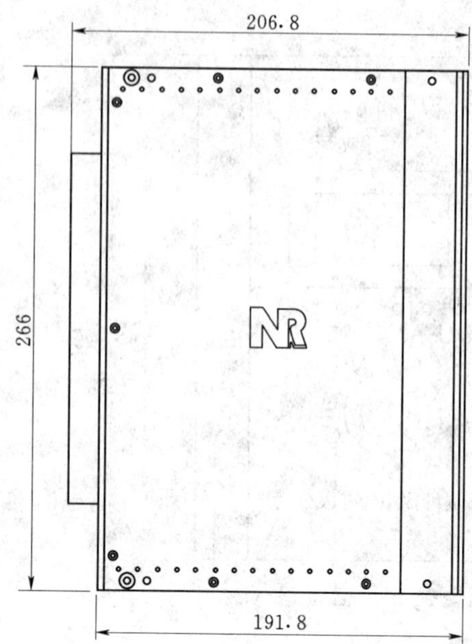

图 1-1-141

表 1-1-88

序号	名　　称	整定范围	备　　注
1	保护定值区号	0～15	
2	保护 CT 额定一次值	0～8000A	
3	保护 CT 额定二次值	1/5A	必须整定
4	测量 CT 额定一次值	0～8000A	不用测量时可以不整
5	测量 CT 额定二次值	1/5A	
6	零序 CT 额定一次值	0～4000A	不用零序保护时可以不整
7	零序 CT 额定二次值	1/5A	
8	母线 PT 额定一次值	0～110.0kV	不接母线电压时可以不整
9	母线 PT 额定二次值	100A	
10	零序电流自产	0/1	0：外加　1：自产 不用零序保护时可不整

说明如下：

(1) 系统定值和保护行为相关，请务必根据实际情况整定。

(2) 定值区号：本装置提供 16 个可使用的保护定值区，整定值范围为 0～15。运行定值区可以是其中任意一个，如果要改变运行定值区，有两种方式：其一是进入系统定值整定菜单，改变定值区号，将其值整定为所要切换的定值区号，按“确认”键，而后再装置复位即可；其二是通过远方修改定值区号，将所要切换的定值区号下装到装置，装置自动复位后即可。

(3) 零序电流自产：设定为“1”，表示零序电流自产，设定为“0”，表示零序电流外加（由端子 119～120 引入）。出厂默认值为“0”。

2. 保护定值

见表 1-1-89。

表 1-1-89

序号	定　值　名　称	定值	整定范围	整定步长	备　　注
1	复压闭锁负序电压定值	U2zd	2～57V	0.01V	按相整定
2	复压闭锁低电压定值	U1zd	2～100V	0.01V	按线整定
3	短充保护过流定值	S1zd	$0.1I_n$～$20I_n$	0.01A	
4	短充保护零序定值	S10zd	$0.1I_n$～$20I_n$	0.01A	用外加零序电流时为 0.02～12A
5	长充保护过流Ⅰ段定值	Li1zd	$0.1I_n$～$20I_n$	0.01A	
6	长充保护过流Ⅱ段定值	Li2zd	$0.1I_n$～$20I_n$	0.01A	
7	长充保护零序Ⅰ段定值	Li01zd	$0.1I_n$～$20I_n$	0.01A	用外加零序电流时为 0.02～12A
8	长充保护零序Ⅱ段定值	Li02zd	$0.1I_n$～$20I_n$	0.01A	用外加零序电流时为 0.02～12A
9	短充保护过流时间	Ts1	0～100s	0.01s	
10	短充保护零序时间	Ts10	0～100s	0.01s	
11	长充保护过流Ⅰ段时间	Tli1	0～100s	0.01s	
12	长充保护过流Ⅱ段时间	Tli1	0～100s	0.01s	
13	长充保护零序Ⅰ段时间	Tli01	0～100s	0.01s	
14	长充保护零序Ⅱ段时间	Tli02	0～100s	0.01s	
以下整定控制字如无特殊说明，则置“1”表示相应功能投入，置“0”表示相应功能退出					
1*	短充保护过流投入	SGL	0/1		
2*	短充保护零序投入	SL0	0/1		

续表

序号	定值名称	定值	整定范围	整定步长	备注
3*	长充保护过流Ⅰ段投入	LL1	0/1		
4*	长充保护过流Ⅱ段投入	LL2	0/1		
5*	长充保护零序Ⅰ段投入	LL01	0/1		
6*	长充保护零序Ⅱ段投入	LL02	0/1		
7*	短充保护过流经复压闭锁	UBSSGL	0/1		
8*	长充保护过流Ⅰ段经复压闭锁	UBSLL1	0/1		
9*	长充保护过流Ⅱ段经复压闭锁	UBSLL2	0/1		
10	PT断线检测	PTDX	0/1		
11	PT断线退与电压有关的保护	TUL	0/1		

说明如下：

(1) 在整定定值前必须先整定保护定值区号。

(2) 短充保护过流定值的整定，可以考虑按最小运行方式下被充电母线相间故障考虑一定灵敏度整定。

(3) 短充保护零序定值的整定，可以考虑按最小运行方式下被充电母线接地故障考虑一定灵敏度整定。

(4) 长充保护过流Ⅰ段定值的整定，可以考虑按最小运行方式下被充电母线相间故障考虑一定灵敏度同时兼顾躲开下级线路带负荷合闸电流。

(5) 长充保护零序Ⅰ段定值的整定，可以考虑按最小运行方式下被充电母线接地故障考虑一定灵敏度同时兼顾躲开下级线路带负荷合闸电流。

(6) 长充保护过流Ⅱ段定值的整定，可以考虑与下级线路保护过流Ⅰ段保护相配合。

(7) 长充保护零序Ⅱ段定值的整定，可以考虑与下级线路保护零序Ⅰ段保护相配合。

(8) 复压闭锁负序电压定值的整定，可以考虑躲过三相不平衡而产生的负序电压。

(9) 复压闭锁低电压定值的整定，可以考虑按躲过最低运行电压整定，在故障切除后能可靠返回。

(10) 当某项定值不用时，如果是过量继电器（比如过流保护、零序电流保护）则整定为上限值；如是欠量继电器（比如低周保护低频定值、低电压保护低压定值）则整定为下限值；时间整定为100s，功能控制字退出，硬压板打开。

(11) 速断保护、加速保护时间一般需整定几十毫秒到100ms的延时。由于微机保护没有过去常规保护中一百毫秒的继电器动作延时，所以整定成0.00s时可能躲不过合闸时的冲击电流，对于零序速断、零序加速，还存在断路器三相不同期合闸产生的零序电流的冲击。

(12) 保护定值中控制字标*表示该控制字有对应的软压板。软压板可以通过后台投退；就地可通过“软压板修改”菜单修改。

(13) 只有控制字、软压板状态（若未设备则不判）、硬压板状态（若未设置则不判）均为“1”时才投入相应保护元件，否则退出该保护元件。举例说明，当“短充保护过流投入”控制字或者软压板没有投入时，则该选择无效。也就是说，此时短充保护过流退出。

3. 通信参数

见表1-1-90。

表1-1-90

名称	整定范围	备注	名称	整定范围	备注
口令	00～99	出厂时设为“01”	掩码地址0位	0～255	
装置地址	0～65535		以太网通信规约	1	1：通用103规约
IP1子网高位地址	0～254		串口1通信规约	1	1：通用103规约
IP1子网低位地址	0～254		串口2通信规约	1	
IP2子网高位地址	0～254		串口1波特率	0～3	0：4800bit/s 1：9600bit/s 2：19200bit/s 3：38400bit/s
IP2子网低位地址	0～254		串口2波特率	0～3	
IP3子网高位地址	0～254		打印波特率	0～3	
IP3子网低位地址	0～254		遥测上送周期	00～99s	步长1s
掩码地址3位	0～255		遥信确认时间1	0～50000ms	出厂时设为20ms
掩码地址2位	0～255		遥信确认时间2	0～50000ms	出厂时设为20ms
掩码地址1位	0～255				

相关说明如下：

(1) 通讯参数可以由调试人员根据现场情况整定。

(2) 装置地址：全站的装置地址必须唯一。

(3) 装置标准配置是两网口，至多可以三个（请在订货时予以说明)。请根据实际的网口配置情况整定相应的子网地址，未曾使用的可不整。

(4) 遥测上送周期：指装置主动上送遥测数据的时间间隔。当整定为“0”表示遥测不需要定时主动上送（此时仍旧响应监控的查询)。本项定值可根据现场情况整定，不用通讯功能时可整定为“0”。出厂黑认值为“0”。

(5) 遥信确认时间1：开入1和开入2的顺序事件记录的确认时间，出厂默认值为“20毫秒”。

(6) 遥信确认时间2：除开入1和开入2的其他开入的顺序事件记录的确认时间，出厂默认值为“20毫秒”。

4. 辅助参数

见表1-1-91。

表1-1-91

名　称	整定范围	出厂设定值	备注	名　称	整定范围	出厂设定值	备注
弹簧未储能报警延时	0～30.0s	15.0s		检测控制回路断线	0/1	1	参见说明
短充保护开放时间	0.4～10s	0.4s	T_{kf}	306定义为TWJ	0/1	0	
第二组遥控跳闸脉宽	0～30.0s	0.4s		307定义为HWJ	0/1	0	
第二组遥控合闸脉宽	0～30.0s	0.4s		308定义为KKJ	0/1	0	
第三组遥控跳闸脉宽	0～30.0s	0.4s		309定义为YK	0/1	0	
第三组遥控合闸脉宽	0～30.0s	0.4s					

说明如下：

(1) 本装置配有操作回路（SWI插件)，若现场不使用本装置自带的操作回路，即用户不将操作回路的416、417、418、419端子与操作机构的端子箱连接，这种情况可以使用保护跳闸出口402～414、遥控合闸出口401～412、遥控跳闸出口401～413，与操作机构对应的跳闸与合闸的入口端子连接实现保护跳闸与遥控合/分闸功能。此时为了避免装置发“控制回路断线”信号，应将“检测控制回路断线”控制字整成0，同时可以设定从306～309引入装置所需的断路器位置信号。

(2) 母联开关由跳变合的T_{kf}内（T_{kf}时间出厂设定为400ms，该时间用户可以根据使用情况整定，整定范围400ms～10s）投入。在短充保护投退压板合上情况下，母联开关由跳变合的T_{kf}内投入短充保护：若保护未起动，则T_{kf}后自动退出，直到下次母联开关再次由跳变合；T_{kf}内保护起动，则一直投入，直至故障切除、保护返回后才自动退。

(3) 若现场使用选配插件（SWG或者OUT）亦需要由外部引入遥控允许信号或者断路器位置信号，并进行相关类似整定。

（六）使用说明

1. 指示灯说明

“运行”灯为绿色，装置正常运行时点亮；

“报警”灯为黄色，当发生报警时点亮；

“跳闸”灯为红色，当保护动作出口点亮，在“信号复归”后熄灭；

“跳位”灯为绿色，不开关在分位时点亮；

“合位”灯为红色，当开关在合位时点亮。

2. 液晶显示说明

(1) 保护运行时液晶显示说明。

装置上电后，正常运行时液晶屏幕将显示主画面，格式如下：

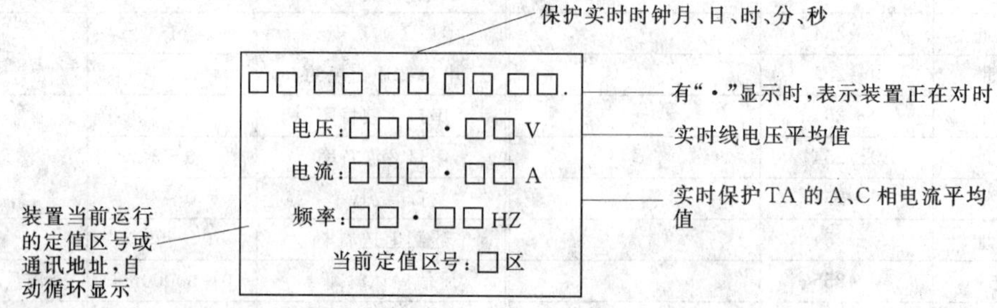

(2) 保护动作时液晶显示说明。

本装置能存储64次动作报告，最多8次故障录波报告，当保护动作时，液晶屏幕自动显示最新一次保护动作报告，当一次动作报告中有多个动作元件时，所有动作元件将滚屏显示，格式如下：

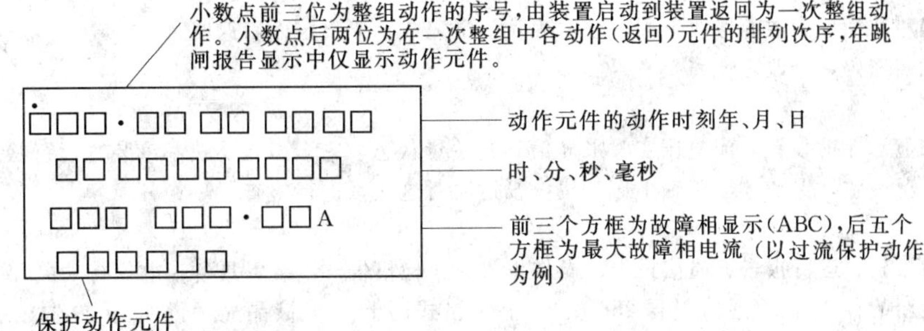

(3) 装置自检报告。

本装置能存储 64 次装置自检报告，保护装置运行中，硬件自检出错或系统运行异常将立即显示自检报告，当一次自检报告中有多个出错信息时，所有自检信息将滚屏显示，格式如下：

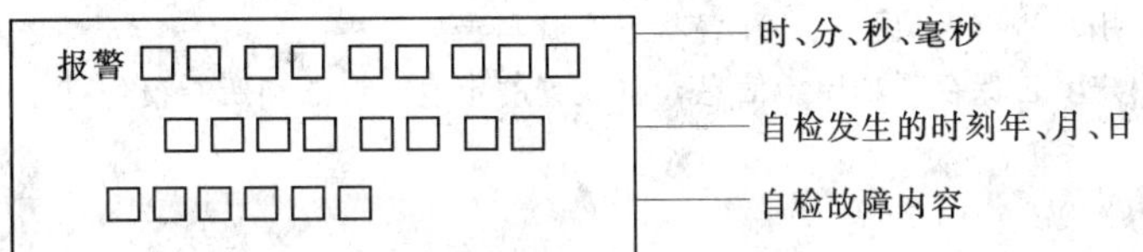

3. 命令菜单使用说明

本装置不提供单独的复归键，在主画面按‘确认’键可实现复归功能。

在主画面状态下，按‘▲’键可进入主菜单，通过‘▲’、‘▼’、‘确认’和‘取消’键选择子菜单。命令菜单采用如图 1-1-142 所示的树形目录结构：

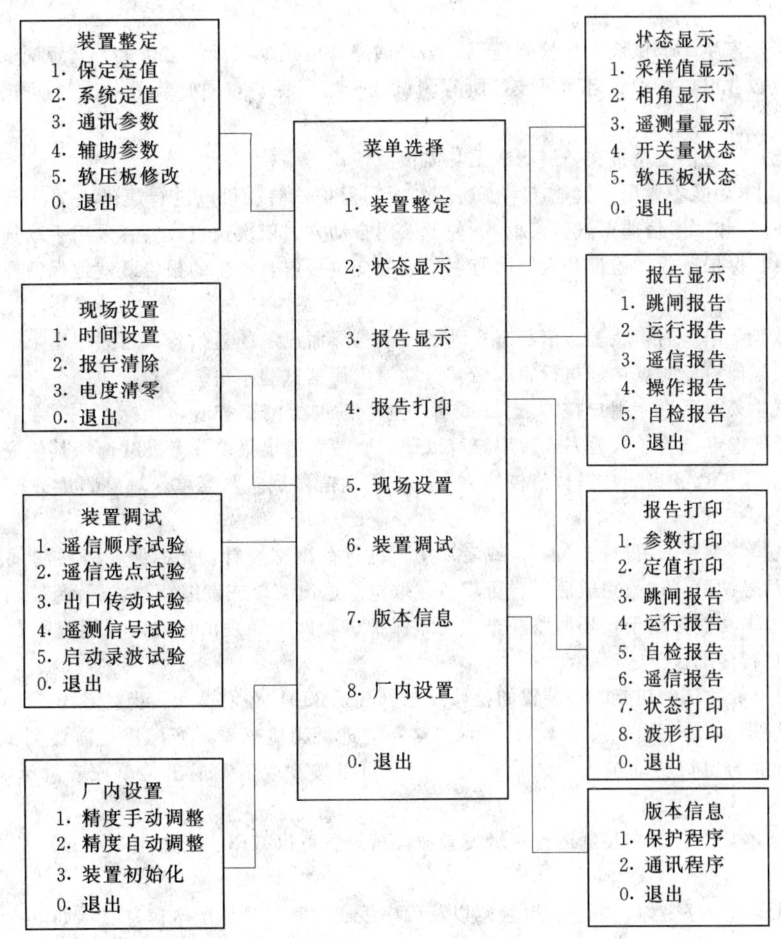

图 1-1-142

（1）装置整定。

按键‘▲’、‘▼’用来滚动选择要修改的定值，按键‘◀’、‘▶’用来将光标移到要修改的位置，‘＋’和‘－’用来修改数据，按键‘取消’为放弃修改返回，按‘确认’键完成定值整定而后返回。

注：查看定值无需密码，修改定值需要密码。

（2）状态显示。

本菜单主要用来显示保护装置电流电压实时采样值和开关量状态，它全面地反映了该装置运行状态。只有这些量的显示值与实际运行情况一致，保护才能正确工作。建议投运时对这些量进行检查。

（3）报告显示。

本菜单显示跳闸报告、运行报告、遥信报告、操作报告、自检报告。本装置具备掉电保持功能，不管断电与否，它均能记忆上述报告最新的各64次（遥信报告256次）。显示格式同上“2. 液晶显示说明”。首先显示的是最新一次报告，按键“▲”显示前一个报告，按键“▼”显示后一个报告，按键‘取消’退出至上一级菜单。

（4）报告打印。

本菜单主要用来选择打印内容，其中包括参数、定值、跳闸报告、运行报告、自检报告、遥信报告、状态、波形的打印。

报告打印功能可以方便用户进行定值核对、装置状态查看与事故分析。

在发生事故时，建议用户妥善保存现场原始信息，将装置的定值、参数和所有报告打印保存以便于进行事后分析与责任界定。

（5）现场设置。

现场设置包括时间设置、报告清除、电度清零三个子菜单。报告清除和电度清零需要密码。

注意：请勿随意使用报告清除功能 。在装置投运前，可使用本功能清除传动试验产生的报告。如果装置投运后，系统发生故障，装置动作出口，或者装置发生异常情况，建议先将装置的报告信息妥善保存（可以将装置内保持的信息和监控后台的信息打印或者抄录），而后再予以清除。

电度清零用以清除当地计算电量的累加值。

（6）装置调试。

辅助调试功能用于厂家生产调试或现场检验通讯、出口回路，可减少调试的工作量、缩短调试工作时间。测试内容包括遥信对点、遥测置数、出口传动、启动录波，所有测试均带密码保护，同时装置对这些操作进行记录以便于事后分析。

本功能可以产生出口、遥信变位报文、遥测数据，需慎重使用。

1）遥信对点功能。本功能主要用于就地产生虚遥信，无需保护试验就可以进行通讯联跳。遥信对点试验有两种方式：“遥信顺序试验菜单”和“遥信选点试验菜单”。前者采用自动方式依次选点，后者采用手动选点方式。两者均可产生动作元件、报警信息、保护压板、遥信开入等所有遥信点的变位报告，产生的报告既就地保留亦上送。具体的操作方法如下：

进入“遥信顺序试验菜单”后，装置遥信状态自动的按液晶界面显示的遥信量条目顺序由上而下变位，同时会形成对应的遥信变位报告，遥信自动对点功能执行完成后，自动退出遥信试验菜单。

进入“遥信选点试验菜单”后，用户按“▲”、或者“▼”键进行浏览查看，光标停在需要测试的遥信点所在行，按“确定”键，进行遥信选点试验，试验完成后用户可以按“取消”退出菜单或者继续选择其他遥信点进行试验。

2）遥测置数功能。用于远方遥测数据数值校核，进入“遥测信号试验”菜单，对遥测量进行人工置数，查看远方遥测数据与就地显示是否一致。

进入“遥测信号试验”菜单，用户按“▲”、或者“▼”键进行浏览查看，光标停在需要测试的遥测量所在行，按“确定”键，进行遥测信号试验，试验完成后用户可以按“取消”退出菜单或者继续浏览遥测量项目并进行试验。

3）出口传动试验。本功能可用于现场回路检查，无需保护试验即可触发出口接点。装置所有的出口接点均可通过“出口传动试验”菜单进行传动。

特别说明：使用出口传动试验功能时，装置的检修压板（端子330）必须投入、装置需处于无压无流的状态。

进入“出口传动试验”菜单，用户按“▲”、或者“▼”键进行浏览查看，光标停在需要测试的出口项目所在行，按“确定”键，进行对应的出口传动试验，试验完成后用户可以按“取消”退出菜单或者继续浏览出口项目并进行试验。

4）启动录波功能。本功能可以在装置运行时触发录波，该录波可以打印、上送。

（7）版本信息。

装置液晶界面可以显示程序名称、版本、校验码以及程序生成时间。具体版本信息显示如下：

保护程序版本信息

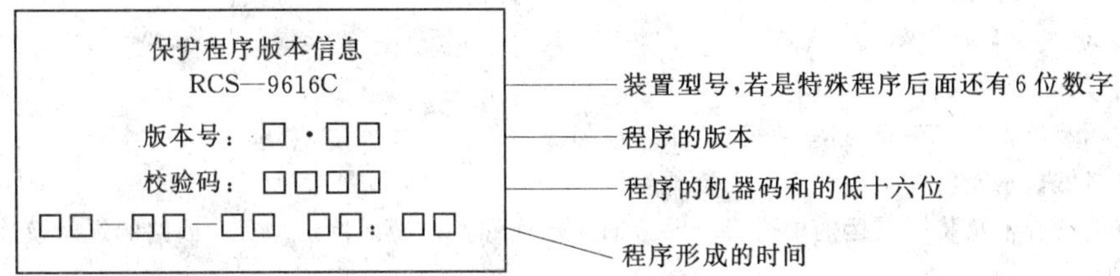

通讯程序版本信息

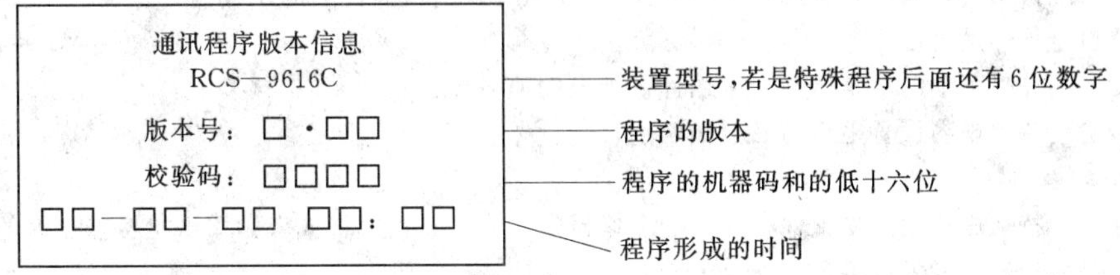

版本信息内容是程序管理识别的标志。

(8) 厂内设置。

厂内设置菜单供制造厂商在装置出厂前生产调试用，现场请勿随意使用。

4. 装置的运行说明

(1) 装置正常运行状态。

装置正常运行时，“运行”灯应亮，告警指示灯（黄灯）应不亮。

按“信号复归”按钮，复归所有跳闸指示灯，并使液晶显示处于正常显示主画面。

(2) 装置异常信息含义及处理建议见表1-1-92。

表1-1-92

自检出错信息	含 义	处 理 建 议
定值出错	定值区内容被破坏，闭锁保护	通知厂家处理
CPLD故障	CPLD芯片损坏，闭锁保护	通知厂家处理
ROM故障	程序芯片损坏，闭锁保护	通知厂家处理
TV断线	电压回路断线，发告警信号，闭锁部分保护	检查电压二次回路接线
TA断线	电流回路断线，发告警信号，不闭锁保护	检查电流二次回路接线
TWJ异常	TWJ=1且该相有电流发告警信号，不闭锁保护	检查开关辅助接点
频率异常	系统频率低于正常运行值下限49.5Hz发报警，不闭锁保护	检查一次系统
零序电压报警	系统发生单相接地零序电压超过门槛值发报警信号，不闭锁保护	检查一次系统
弹簧未储能	弹簧操作机构储能不足超过延时发报警信号，不闭锁保护	检查操作机构

(3) 安装注意事项：

1) 如果组屏安装，保护柜本身必须可靠接地，柜内设有接地铜排，须将其可靠连接到电站的接地网上。

2) 可能的情况下应采用屏蔽电缆，屏蔽层在开关场与控制室同时接地，各相电流线及其中性线应置于同一电缆内。

3) 电流互感器二次回路仅在保护柜内接地。

5. 事故分析注意事项

为方便事故分析，特别建议用户妥善保存装置的动作报告。清除装置报告或者频繁试验覆盖当时的故障信息，不利于用户和厂家进行事后分析和责任确定。

为可靠保存当时的故障信息，可以参考以下方法：

(1) 在进行传动或者保护试验前，对装置的内部存储的信息以及后台存储的信息完整的进行保存（抄录或打印）。

(2) 保存的信息包括装置跳闸报告、故障录波、装置运行报告、装置自检报告、装置参数和定值以及各种操作记录。

(3) 现场的其他信息也应记录，包括事故过程、保护装置指示灯状态、主画面显示内容，如确定有插件损坏，在更换插件时须仔细观察插件状态（包括有无异味、烧痕、元器件异状等）。

(4) 装置本地信息有条件的情况接打印机打印，监控后台的信息为防止被覆盖进行另外存储。

(5) 如有特殊情况，请通知厂家协助故障信息获取与保存。

(6) 事故分析需要原始记录、装置版本信息以及现场故障处理过程的说明。

（七）装置调试大纲

1. 试验注意事项

(1) 试验前请仔细阅读本试验大纲及有关说明书。

(2) 尽量少拔插装置模件，不触摸模件电路，不带电插拔模件。

(3) 使用的电烙铁、示波器必须与屏柜可靠接地。

(4) 试验前应检查屏柜及装置在运输中是否有明显的损伤或螺丝松动。特别是TA回路的螺丝及连片。不允许有丝毫松动的情况。

(5) 校对程序校验码及程序形成时间。

(6) 试验前请对照说明书，检查装置的CPU插件、电源插件、出口插件上的跳线是否正确。

(7) 试验前请检查插件是否插紧。

(8) 装置精度手动调整菜单的值是否与交流插件贴纸上的值一致。

(9) 试验前请检查装置规约设置是否与后台相匹配。

2. 事故分析注意事项

为方便事故分析，特别建议用户妥善保存装置的动作报告。清除装置报告或者频繁试验覆盖当时的故障信息，不利于用户和厂家进行事后分析和责任确定。

为可靠保存当时的故障信息，可以参考以下方法：

(1) 在进行传动或者保护试验前，对装置的内部存储的信息以及后台存储的信息完整的进行保存（抄录或打印）。

(2) 保存的信息包括装置跳闸报告、故障录波、装置运行报告、装置自检报告、装置所有参数和定值以及各种操作记录。

(3) 现场的其他信息也应记录，包括事故过程、保护装置指示灯状态、主画面显示内容，如确定有插件损坏，在更换插件时须仔细观察插件状态（包括有无异味、烧痕、元器件异状等）。

(4) 装置本地信息有条件的情况接打印机打印，监控后台的信息为防止被覆盖进行另外存储。

(5) 如有特殊情况，请通知厂家协助故障信息获取与保存。

(6) 事故分析需要原始记录、装置版本信息以及现场故障处理过程的说明。

3. 交流回路检查

进行“状态显示”菜单中“采样值显示”子菜单，在保护屏端子上（或者装置背板）分别加入额定的电压、电流量，在液晶显示屏上显示的采样值应与实际加入量相等，其误差应小于5%，相角误差小于2°；进行“状态显示”菜单中的“遥测量显示”子菜单，在保护屏端子上（或者装置背板）分别加入额定的电压、电流量，在液晶显示屏上显示的采样值应与实际加入量相等，其误差应小于±2‰，功率的误差应小于±5‰。

4. 输入接点检查

进入“状态显示”菜单中“开关量状态”子菜单，在保护屏上（或装置背板端子）分别进行各接点的模拟导通，在液晶显示屏上显示的开入量状态应有相应改变。

5. 整组试验

下面提到的试验方法适用于RCS—9616C充电保护装置，试验方法并不与软件逻辑判据完全一致，请参照说明书上提到的保护功能对照调试大纲进行调试。进行装置整组实验前，请将对应元件的控制字、软件板、硬压板设置正确，装置整组试验后，请检查装置记录的跳闸报告、SOE事件记录是否正确，对于有通讯条件的试验现场可检查后台监控软件记录的事件是否正确。

附注：下面试验中提到的模拟单相故障的试验，是对应小电阻接地的情况；调校保护精度时，试验设备输出电流时，从零开始逐步增加到试验值。

(1) 短充过流保护。

1) 整定定值控制字中“短充过流保护”置“1”，相应软压板状态置“1”，短充压板投入。

2) 开关由分位到合位，同时加故障电流，故障相电流大于s1zd×1.05（其中s1zd为短充过流保护定值），模拟单相、两相、三相故障，装置面板上跳闸灯点亮，出口继电器闭合，液晶上显示“短充过流保护”动作。

3) 开关由分位到合位，同时加故障电流，故障相电流小于s1zd×0.95，模拟单相、两相、三相故障，短充过流保护不动作。

(2) 短充零序保护：

1) 整定定值控制字中“短充零序保护”置“1”，相应软压板状态置“1”，短充压板投入。

2) 开关由分位到合位，同时加故障电流，故障零序电流大于s10zd×1.05（其中s10zd为短充零序保护定值），模拟单相故障，装置面板上跳闸灯点亮，出口继电器闭合，液晶上显示“短充零序保护”动作。

3) 开关由分位到合位，同时加故障电流，故障零序电流小于s10zd×0.95，模拟单相故障，短充零序保护不动作。

(3) 长充过流保护：

1）整定定值控制字中“长充过流Ⅰ段投入”置“1”，相应软压板状态置“1”，长充压板投入。

2）故障相电流大于LI1zd×1.05（其中LI1zd为长充过流Ⅰ段定值），模拟单相、两相、三相故障，装置面板上跳闸灯点亮，出口继电器闭合，液晶上显示“长充过流Ⅰ段”动作。

3）故障相电流小于LI1zd×0.95，模拟单相、两相、三相故障，长充过流Ⅰ段不动作。

4）校验带复压闭锁元件的长充过流Ⅰ段保护，整定定值控制字中“长充保护过流Ⅰ段经复压闭锁”置1，重复步骤1～3，任一线电压低于“复压闭锁低电压定值”长充过流Ⅰ段动作，反之则长充过流Ⅰ段不动作。

5）同1）～4）条分别校验长充过流Ⅱ段保护，注意加故障量的时间应大于保护定值时间。

（4）长充零序保护：

1）整定保护定值控制字中“长充零序Ⅰ段投入”置“1”，相应软压板状态置“1”，长充压板投入。

2）故障零序电流大于LI01zd×1.05（其中LI01zd为长充零序过流Ⅰ段定值），模拟单相故障，装置面板上跳闸灯点亮，出口继电器闭合，液晶上显示“长充零序Ⅰ段”动作。

3）故障零序电流小于LI01zd×0.95，模拟单相故障，长充零序Ⅰ段保护不动作。

4）同1）～3）条分别校验长序零序Ⅱ段保护，注意加故障量的时间应大于保护定值时间。

6. 运行异常报警试验

下面提到的试验方法试用于RCS—9616C充电保护装置，试验方法并不与软件逻辑判据完全一致，请参照说明书上提到的报警功能对照调试大纲进行调试。进行运行异常报警实验前，请将对应元件的控制字、软压板设置正确，试验项完毕后，请检查装置记录的跳闸报告、SOE事件记录是否正确，对于有通讯条件的试验现场可检查后台监控软件记录的事件是否正确。

（1）频率异常报警。

Uab大于40V，频率小于49.5Hz，延时10s报警，报警灯亮，液晶界面显示频率异常报警。

（2）零序电压报警。

从装置背板的电压端子接入电压模拟量，相电压的幅值大于75V，时间大于15s，报警灯亮，液晶界面显示零序电压报警。

（3）TV断线报警。

TV断线控制字投入，线路有流，正序电压小于30V，延时10s，报警灯亮，液晶界面显示TV断线报警。

（4）控制回路断线报警。

“辅助参数”中“检测控制回路断线”置1，装置TWJ与HWJ状态均为零（在“开关量状态”菜单或者后台压板信息显示中可以查看），延时3s，报警灯亮，液晶界面显示控制回路断线报警。

（5）TWJ异常报警。

电流大于0.06倍额定电流，装置TWJ状态为1（在“开关量状态”菜单或者后台压板信息显示中可以查看），延时10s，报警灯亮，液晶界面显示TWJ异常报警。

（6）TA断线报警。

最大相电流大于最小相电流的4倍且大于0.3倍的额定电流，延时10s，报警灯亮，液晶界面显示TA断线报警。

（7）弹簧未储能报警。

装置“弹簧未储能开入”由分到合（在“开关量状态”菜单或者后台压板信息显示中可以查看），经整定延时报警灯亮（在辅助参数中整定“弹簧未储能报警延时”），液晶界面显示弹簧未储能报警。

7. 装置闭锁试验

（1）定值出错。

（2）用户进行装置“保护定值”菜单，任意修改一个定值的内容后按“确认键”，这时运行灯熄灭，闭锁接点（422－423）闭合，退出菜单到主界面，液晶显示装置闭锁、定值出错。

（3）电源故障（现场无法试验模拟）。

（4）CPLD故障（现场无法试验模拟）。

（5）ROM故障（现场无法模拟）。

8. 输出接点检查

（1）发生保护跳闸，事故总信号接点（404－405）闭合。

（2）手合断路器或者遥合断路器，kkj接点（406－407）闭合。

（3）进行遥控合闸操作，接点（401－412）应由断开变为闭合。

（4）进行遥控合闸操作，接点（401－413）应由断开变为闭合。

（5）断开保护装置的出口跳闸回路，投入短充保护、长充保护，模拟故障，接点（402－414）、（427－428）应由断开变为闭合。

(6) 关闭装置电源，闭锁接点（421-422）闭合，装置处于正常运行状态，闭锁接点断开。

(7) 发生报警时，装置报警接点（421-423）应闭合，报警事件返回，该接点断开。

(8) 发生保护动作时，装置接点（412-424）应闭合，端子412～424是跳闸信号接点。当A—A′短接时该接点是保持信号；出厂时A—A′断开，即421～424是瞬动接点。

(9) 发生控制回路断线报警时，装置接点（412-426）应闭合，控制回路断线报警返回，该接点断开。

9. 装置试验菜单的说明

请参见“装置测试”部分。

10. 装置与监控后台联调的说明

(1) 遥控功能的说明。

用户可以通过后台或远方调度下发遥控命令实现断路器的分闸与合闸功能。

1) 遥控功能的使用条件：具备支持遥控功能监控后台或者远方调度系统（通讯规约支持103规约）；遥控把手放在远方位置，对应装置“开关量状态”菜单中的“遥控投入”状态应为“1”。

2) 遥控功能的操作过程：第一步，遥控选择。在后台或者远方调度遥控画面进行遥控选择，选择成功后进行第二步；第二步，遥控执行或者撤销。选遥控执行，则下发执行命令，装置开始操作断路器；选遥控取消则终止本次遥控过程，断路器仍保持原状态。

(2) 遥测值系数的说明。

1) 装置上送遥测电流值范围为0～I_n×1.2，I_n×1.2对应后台或者远方调度4095码值；

2) 装置上送遥测电压值范围为0～100V×1.2，100V×1.2对应后台或者远方调度4095码值；

3) 装置上送遥测功率值范围为$-I_n$×173.2W×1.2～I_n×173.2W×1.2，I_n×173.2W×1.2对应后台或者远方调度4095码值；

4) 装置上送遥测功率因素值范围为−1×1.2～1×1.2，1×1.2对应后台或者远方调度4095码值；

5) 装置上送遥测频率值范围为0～50Hz×1.2，50×1.2Hz对应后台或者远方调度4095码值。

注：I_n为测量TA额定二次值，1A或者5A。

(3) 装置与后台进行通信联调时信息文本的说明。

装置与后台进行通信联调时，为使装置上送信息与后台解析的内容一致，请注意信息文本的匹配。

(八) 插件选配方式

1. 插件选配方式1（RCS—9616C—YL）

本装置的标准配置只提供一组跳闸/合闸出口、一组遥跳/遥合出口，而有些现场需要多路跳闸出口或者多组遥控，标准配置中的操作回路亦不提供与压力机构配合的接口。为了适应这些情况，装置提供如下出口插件（OUT）和带压力接口的操作回路插件作为选配。

(1) 选配插件硬件图见图1-1-143。

(2) 选配插件背板端子图见图1-1-144。

(3) 选配插件背板端子说明。

出口插件（OUT）提供3对跳闸、3对遥控接点，以及信号接点（包括装置闭锁信号、装置报警信号、跳闸保持信号)。出口插件（OUT）的JP1跳线跳1—2。

操作回路插件（SWG）和标准配置中的SWI相比增加了压力异常输入接口，增加了断路器位置输出接口。SWG插件亦自带防跳功能。

出口插件（OUT）和操作回路插件（SWG）各端子的定义如下：

端子501～502对应装置闭锁信号输出接点，在装置故障或失电时接点闭合。

端子503～504对应装置报警信号输出接点。

端子505～506对应跳闸保护信号输出接点。

端子507～508备用。

端子509～510对应保护跳闸出口接点。

端子511～512备用。

端子513～514对应遥控跳闸出口接点，对应于本开关。

端子515～516对应遥控合闸出口接点，对应于本开关。

端子517～518对应第二组遥控跳闸出口接点。

端子519～520对应第二组遥控合闸出口接点。

端子521～522对应第三组遥控跳闸出口接点。

端子523～524对应第三组遥控合闸出口接点。

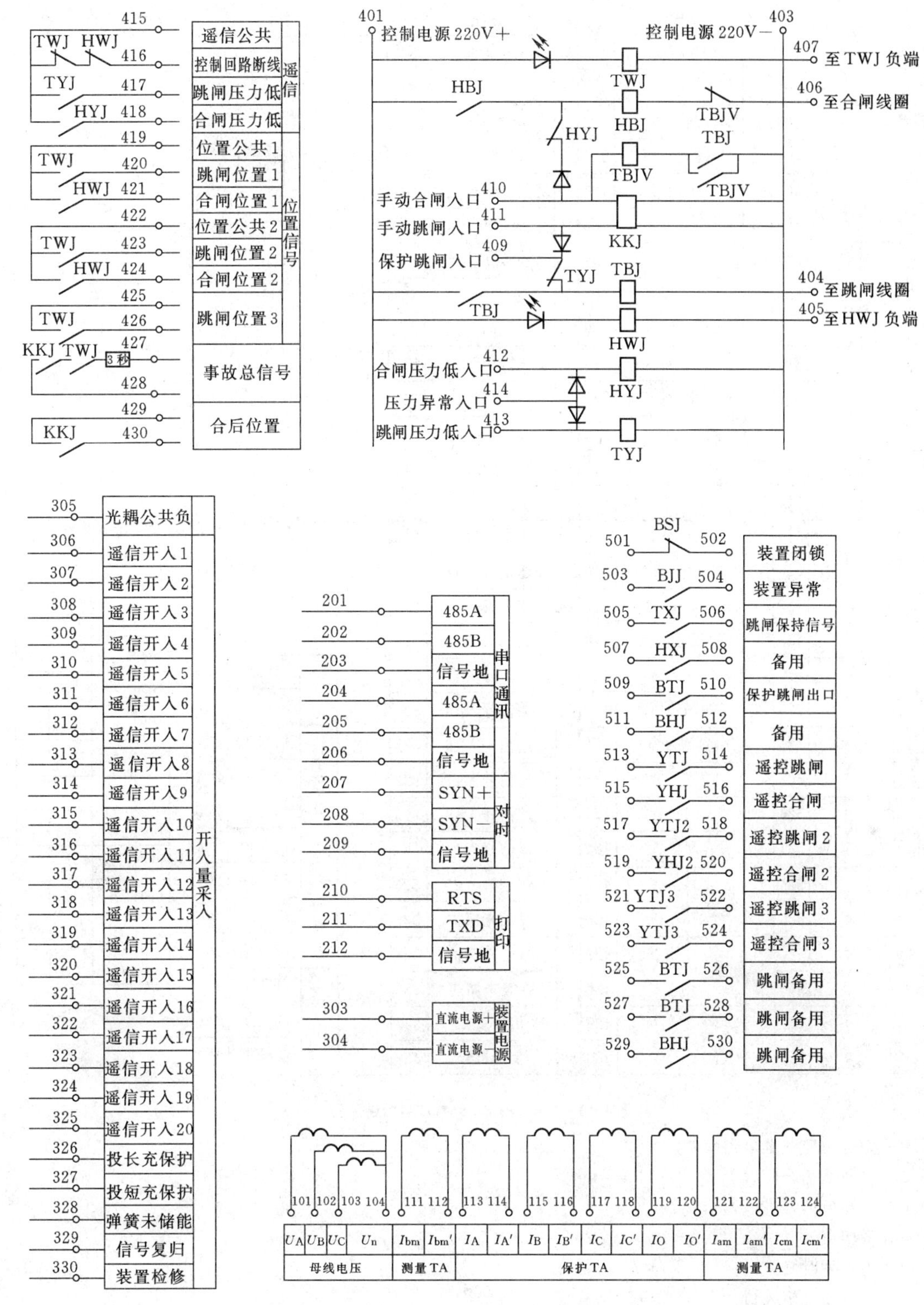

图 1-1-143 RCS—9616C 硬件图

端子 525～526 对应保护跳闸出口接点，同 509～510。

端子 527～528 对应保护跳闸出口接点，同 509～510。

端子 529～530 对应保护跳闸出口接点，同 509～510。

端子 401 为控制正电源输入端子。

端子 403 为控制负电源输入端子。

端子 404 接断路器跳闸线圈。

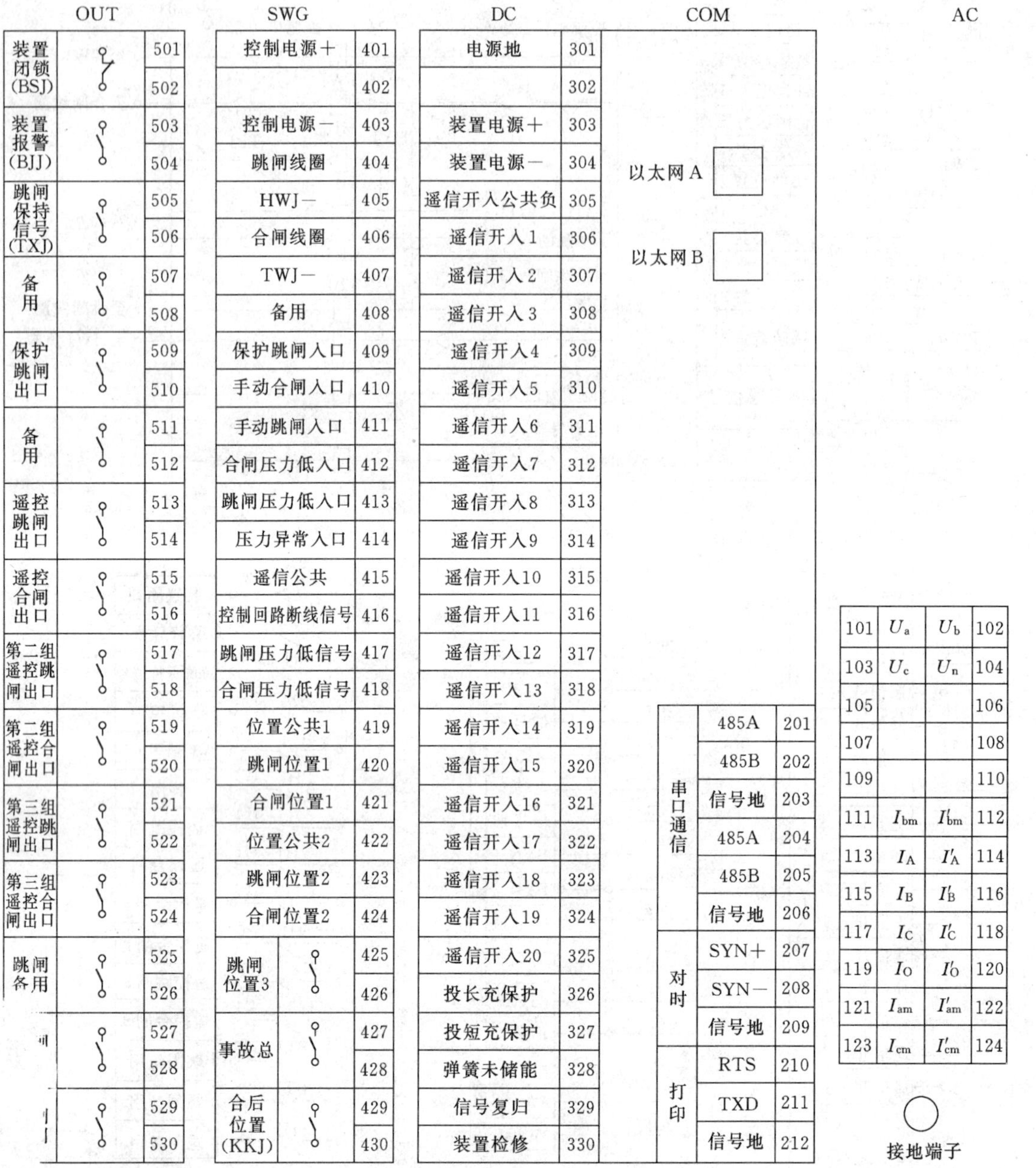

OUT

名称	端子
装置闭锁(BSJ)	501
	502
装置报警(BJJ)	503
	504
跳闸保持信号(TXJ)	505
	506
备用	507
	508
保护跳闸出口	509
	510
备用	511
	512
遥控跳闸出口	513
	514
遥控合闸出口	515
	516
第二组遥控跳闸出口	517
	518
第二组遥控合闸出口	519
	520
第三组遥控跳闸出口	521
	522
第三组遥控合闸出口	523
	524
跳闸各用	525
	526
[illegible]	527
	528
[illegible]	529
	530

SWG

名称	端子
控制电源＋	401
	402
控制电源－	403
跳闸线圈	404
HWJ－	405
合闸线圈	406
TWJ－	407
备用	408
保护跳闸入口	409
手动合闸入口	410
手动跳闸入口	411
合闸压力低入口	412
跳闸压力低入口	413
压力异常入口	414
遥信公共	415
控制回路断线信号	416
跳闸压力低信号	417
合闸压力低信号	418
位置公共1	419
跳闸位置1	420
合闸位置1	421
位置公共2	422
跳闸位置2	423
合闸位置2	424
跳闸位置3	425
	426
事故总	427
	428
合后位置(KKJ)	429
	430

DC

名称	端子
电源地	301
	302
装置电源＋	303
装置电源－	304
遥信开入公共负	305
遥信开入1	306
遥信开入2	307
遥信开入3	308
遥信开入4	309
遥信开入5	310
遥信开入6	311
遥信开入7	312
遥信开入8	313
遥信开入9	314
遥信开入10	315
遥信开入11	316
遥信开入12	317
遥信开入13	318
遥信开入14	319
遥信开入15	320
遥信开入16	321
遥信开入17	322
遥信开入18	323
遥信开入19	324
遥信开入20	325
投长充保护	326
投短充保护	327
弹簧未储能	328
信号复归	329
装置检修	330

COM

以太网 A

以太网 B

分组	名称	端子
串口通信	485A	201
	485B	202
	信号地	203
	485A	204
	485B	205
	信号地	206
对时	SYN＋	207
	SYN－	208
	信号地	209
打印	RTS	210
	TXD	211
	信号地	212

AC

端子	名称	名称	端子
101	U_a	U_b	102
103	U_c	U_n	104
105			106
107			108
109			110
111	I_{bm}	I'_{bm}	112
113	I_A	I'_A	114
115	I_B	I'_B	116
117	I_C	I'_C	118
119	I_O	I'_O	120
121	I_{am}	I'_{am}	122
123	I_{cm}	I'_{cm}	124

接地端子

图 1-1-144　RCS—9616C 背板端子图

端子 405 为合位监视继电器负端。

端子 406 接断路器合闸线圈。

端子 407 为跳位监视继电器负端。

端子 408 备用。

端子 409 为保护跳闸入口。

端子 410 为手动合闸入口。

端子 411 为手动跳闸入口。

端子 412 为合闸压力低入口。

端子 413 为跳闸压力低入口。

端子 414 为压力异常入口。

端子 415～418 为信号输出空接点，其中 415 为公共端。

端子 416 对应控制回路断线信号输出。

端子 417 对应跳闸压力低信号输出。

端子 418 对应合闸压力低信号输出。

端子 419～421 为第一组位置信号输出空接点，其中 419 为公共端。

端子 420 对应跳闸位置输出。

端子 421 对应合闸位置输出。

端子 422～424 为第二组位置信号输出空接点，其中 422 为公共端。

端子 423 对应跳闸位置输出。

端子 424 对应合闸位置输出。

端子 425～426 为第三组跳闸位置输出空接点。

端子 427～428 为事故总信号输出空接点。

端子 429～430 为合后位置（KKJ）输出空接点。

端子 301～124 的定义同本装置的标准配置，参见 4.3.2 节。

所有使用本出口插件（OUT）和操作回路插件（SWG）的装置，都必须从端子 309 引入遥控允许信号，同时在辅助参数中进行相关整定。

2. 插件选配方式 2（RCS—9616C—CK）

有些场合不需要本装置配备操作回路，只需装置提供多路跳合闸接点。此时可以只配置出口插件（OUT），操作回路（SWG）不配（即此位置留空）。

（1）选配插件硬件图见图 1－1－145。

305 光耦公共负
306 遥信开入1
307 遥信开入2
308 遥信开入3
309 遥信开入4
310 遥信开入5
311 遥信开入6
312 遥信开入7
313 遥信开入8
314 遥信开入9
315 遥信开入10
316 遥信开入11
317 遥信开入12
318 遥信开入13
319 遥信开入14
320 遥信开入15
321 遥信开入16
322 遥信开入17
323 遥信开入18
324 遥信开入19
325 遥信开入20
326 投长充保护
327 投短充保护
328 弹簧未储能
329 信号复归
330 装置检修
开入量采入

201 485A
202 485B
203 信号地
204 485A
205 485B
206 信号地
串口通信
207 SYN＋
208 SYN－
209 信号地
对时
210 RTS
211 TXD
212 信号地
打印
303 直流电源＋
304 直流电源－
装置电源

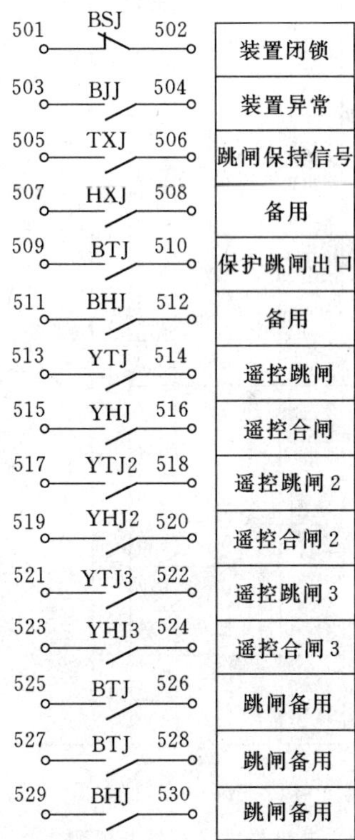

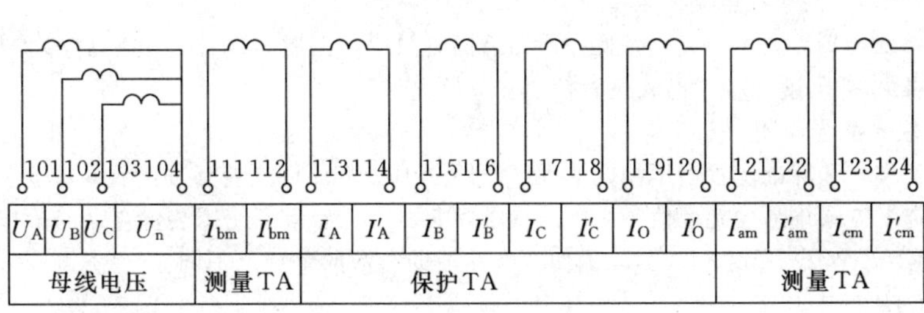

图 1－1－145　RCS—9616C 硬件图

（2）选配插件背板端子图见图 1-1-146。

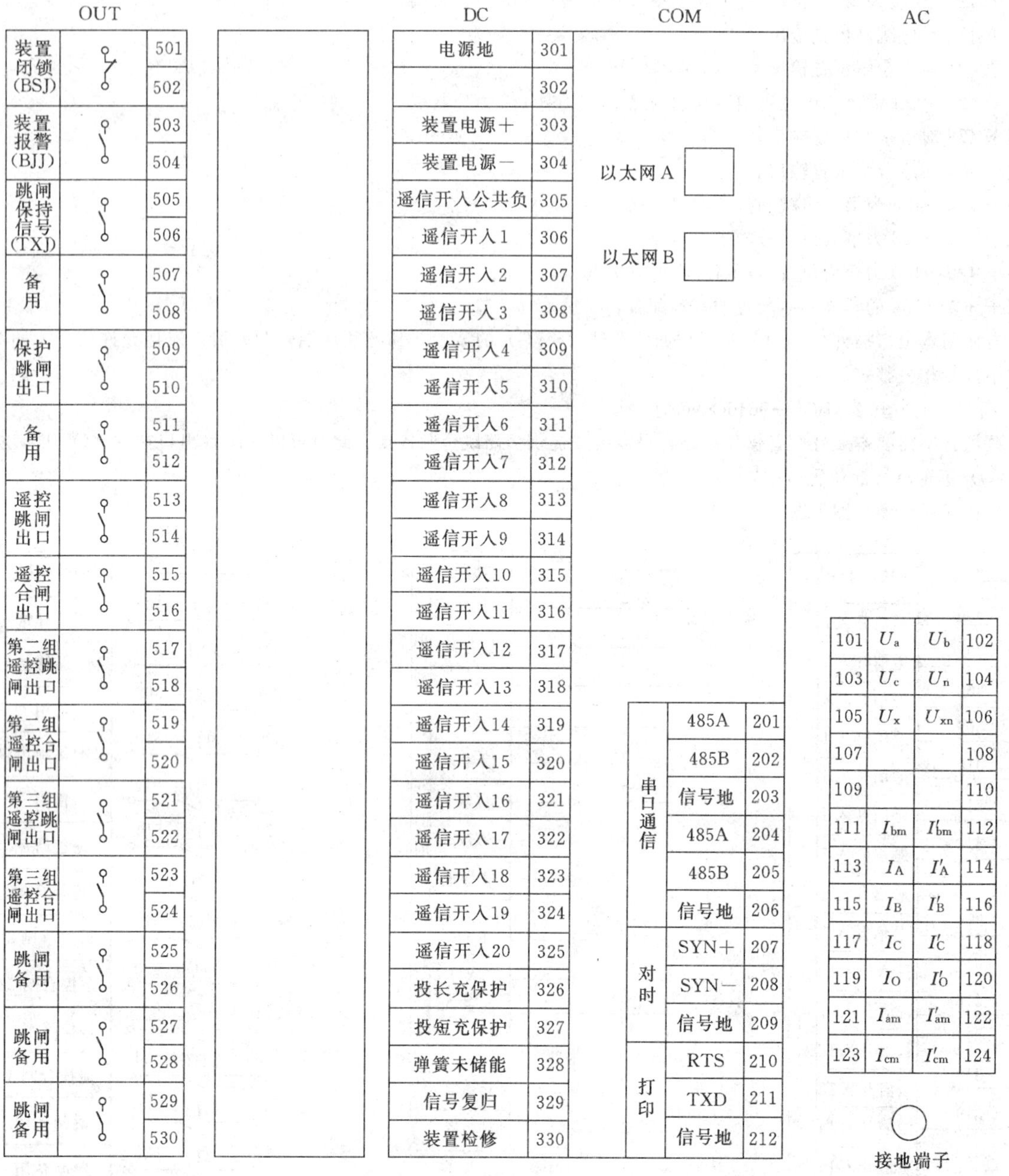

OUT

名称	端子
装置闭锁(BSJ)	501
	502
装置报警(BJJ)	503
	504
跳闸保持信号(TXJ)	505
	506
备用	507
	508
保护跳闸出口	509
	510
备用	511
	512
遥控跳闸出口	513
	514
遥控合闸出口	515
	516
第二组遥控跳闸出口	517
	518
第二组遥控合闸出口	519
	520
第三组遥控跳闸出口	521
	522
第三组遥控合闸出口	523
	524
跳闸备用	525
	526
跳闸备用	527
	528
跳闸备用	529
	530

DC

名称	端子
电源地	301
	302
装置电源＋	303
装置电源－	304
遥信开入公共负	305
遥信开入1	306
遥信开入2	307
遥信开入3	308
遥信开入4	309
遥信开入5	310
遥信开入6	311
遥信开入7	312
遥信开入8	313
遥信开入9	314
遥信开入10	315
遥信开入11	316
遥信开入12	317
遥信开入13	318
遥信开入14	319
遥信开入15	320
遥信开入16	321
遥信开入17	322
遥信开入18	323
遥信开入19	324
遥信开入20	325
投长充保护	326
投短充保护	327
弹簧未储能	328
信号复归	329
装置检修	330

COM

以太网A

以太网B

分组	名称	端子
串口通信	485A	201
	485B	202
	信号地	203
	485A	204
	485B	205
	信号地	206
对时	SYN＋	207
	SYN－	208
	信号地	209
打印	RTS	210
	TXD	211
	信号地	212

AC

端子			端子
101	U_a	U_b	102
103	U_c	U_n	104
105	U_x	U_{xn}	106
107			108
109			110
111	I_{bm}	I'_{bm}	112
113	I_A	I'_A	114
115	I_B	I'_B	116
117	I_C	I'_C	118
119	I_O	I'_O	120
121	I_{am}	I'_{am}	122
123	I_{cm}	I'_{cm}	124

接地端子

图 1-1-146　RCS—9616C 背板端子图

（3）选配插件背板端子说明。

各端子的定义说明见（1），出口插件（OUT）的 JP1 跳线跳 1—2。

需要注意的是此时除了需要由端子 309 引入遥控允许信号外，还需由端子 306～308 引入断路器位置信号（TWJ、HWJ、KKJ），同时在辅助参数中进行相关整定。

如果现场不需要本装置配备操作回路，同时只需一路跳合闸接点和一路遥控接点。此时亦可采用标准配置的 SWI 插件，再由端子 306～309 引入位置信号和遥控允许信号。

3. 软件配合说明

选配方式和标准配置使用相同的程序。即 9616C 程序即支持标准配置，亦支持各种选配方式。

在选配方式下遥控允许信号必须从端子 309 引入；如果不使用装置自带的操作回路（SWG），还需从 306～308 引入位置信号（TWJ、HWJ、KKJ）。因而两者在辅助参数的整定上不同。

（九）生产厂家

南京南瑞继保电气有限公司。

二十、RCS—978系列变压器成套保护装置

（一）概述

RCS—978系列数字式变压器装置保护基于双套主保护、双套后备保护配置的原则，适用于500kV及以下电压等级的各种变压器。保护的主体方案是将一台主变的全套电量保护集成在一套保护装置中，主保护和后备保护共用一组电流互感器TA。主保护包括：稳态比率差动保护、差动速断保护、高灵敏工频变化量比率差动保护、零序比率差动或分侧差动（针对自耦变压器）保护和过励磁保护（定、反时限可选）。后备保护包括：阻抗保护、复合电压闭锁方向过流保护、零序方向过流保护、零序过压保护、间隙零序过流保护、过负荷报警、起动风冷、过载闭锁有载调压、零序电压报警、TA异常报警和TV异常报警等。另外，RCS—978的附加功能包括：完善的事件报文处理、灵活的后台通信方式、与COMTRADE兼容的故障录波、后台管理故障分析软件等。

（二）适用范围

RCS—978系列数字式变压器保护适用于500kV及以下电压等级、需要提供双套主保护、双套后备保护的各种接线方式的变压器。

（三）性能特点

(1) 装置采样率为每周波24点，主要继电器采用全周波傅氏算法。装置在较高采样率前提下仍能保证故障全过程中所有保护继电器（主保护与后备保护）的并行实时计算，使装置具有很高的固有可靠性和安全性。

(2) 管理板中设置了独立的总启动元件，动作后开放保护装置的跳闸出口继电器正电源；同时针对不同的保护采用不同的启动元件，CPU板各保护动作元件只在其相应的启动元件动作后同时管理板相应的启动元件也动作才能有跳闸输出。保护装置的元件在正常情况下损坏不会引起装置误输出，装置的可靠性很高。

(3) 变压器各侧二次电流相位和平衡通过软件调整，平衡系数调整范围可达16倍。装置采用△→Y变化调整差电流平衡，可以明确区分涌流和故障电流，大大加快差动保护在空投变压器于内部故障时的动作速度。

(4) 稳态比率差动保护的动作特性采用三折线，励磁涌流闭锁判据采用差电流二次、三次谐波或波形判别。采用差电流五次谐波进行过励磁闭锁。装置采用适用于变压器的谐波识别抗TA饱和的方法，能有效地解决变压器在区外故障伴随TA饱和时稳态比率差动保护误动作问题。

(5) 工频变化量比率差动保护完全反映差动电流和制动电流的变化量，不受变压器正常运行时负载电流的影响，有很高的检测变压器内部小电流故障的能力（如中性点附近的单相接地及相间短路，单相小匝间短路）。同时，工频变化量比率差动的制动系数和制动电流取值较高，耐受TA饱和的能力较强。

(6) 装置针对自耦变压器设有零序比率差动保护或分侧差动保护。零差保护各侧零序电流均由装置自产得到，各侧二次零序电流平衡由软件调整。又采用正序电流制动与TA饱和判据相结合的方法，以避免区外故障时零差保护误动。

(7) 装置采用电压量与电流量相结合的方法，使差动保护TA二次回路断线和短路判别更加可靠准确。

(8) 反时限过励磁保护的动作特性能针对不同的变压器过励磁倍数曲线进行配合，过励磁倍数测量值更能反映变压器的实际运行工况。

(9) 各侧后备保护考虑最大配置要求，跳闸输出采用跳闸矩阵整定，适用于各种跳闸方式。阻抗保护具有振荡闭锁功能，TV断线时阻抗保护退出。为防止变压器和应涌流对零序过流保护的影响，装置设有零序过流保护谐波闭锁功能。

(10) 采用友好的人机界面。液晶上可显示时间、变压器的主接线、各侧电流、电压大小、功率方向、频率、过励磁倍数和差电流的大小。键盘操作简单，菜单和打印的报告为简体汉字。

(11) 通过相应的PC机软件包，利用通信方式，提供方便与易用的手段进行装置的设置、观察装置状态以及了解记录的信息，例如整定值，模拟量实时值，开入量状态以及录波数据等。故障分析软件包使用户在故障发生后可以方便地进行故障分析。

(12) 装置采用整体面板、全封闭8U机箱，强弱电严格分开，取消传统背板配线方式。在软件设计上也采取相关的抗干扰措施，使装置抗干扰能力大大提高，顺利通过了各种抗干扰标准的测试。

（四）生产厂

南瑞继保电气有限公司。

二十一、DSA2302变压器本体保护操作装置

（一）概述

DSA2302系列变压器本体保护/断路器操作装置是DSA系列变电站综合自动化系统重要的组成部分之一，它主要适用于110kV电压等级及以下变电站中主变压器的本体保护及提供主变压器各侧断路器的操作回路。该装置采用DSA系列产品统一的6U机箱，整板模压成型，安装于保护屏柜上。装置面板布置有指示灯、按钮、船形开关等，方便运行人员进行操作。装置内部采用接插件硬连接，无连接背板，通过背部接线端子与外界连接。装置机箱内部从左到右可以布置非电量重动板（NLR43B）、高压侧桥开关操作板（NLR32F）、高压侧开关操作板（NLR32F）、中压侧开关操作板

(NLR32F)、低压侧开关操作板(NLR32F),根据机箱内部插件的位置及数量的不同,DSA2302 系列变压器本体保护/断路器操作装置又分为四种型号,分别为 DSA2302A、DSA2302B、DSA2302C、DSA2302D 型。

(二)性能特点

在 DSA2302 系列变压器本体保护/断路器操作装置内部,本体保护和各断路器操作回路完全独立,插件背板之间无扎线。具体有以下特点。

1. 独立的工作电源

本体保护工作电源与各断路器操作回路操作电源及其他主变保护单元(差动、后备)的工作电源完全独立,并有电源失电告警信号,保证本体保护动作的可靠性。

2. 独立的重动出口

本体保护中各非电量重动继电器均独立设置,非电量重动继电器出口与其他主变保护单元(差动、后备)也完全独立,没有关联。

3. 独立的信号接点

本体信号继电器均带磁保护,输出一组独立的无源信号接点。本组接点可提供给用户接现场灯光信号或 RTU 装置;若变电站为无人值班变电站,则一般均将本组本体接点信号直接接入主变保护单元中,以 CAN 总线通信方式将本体保护信号上传。

4. 信号复归方式

对信号的复归可以有两种方式:一种是将本装置中的信号复归端子接到保护屏统一的复归按钮上,在就地经复归按钮复归信号;另一种是由主变差动保护单元提供一副复归接点接至本装置的信号复归端子上,通过远方通信报文启动此副接点,对本装置进行信号复归。

5. 断路器操作

除完成断路器操作的全部功能外,还提供了断路器位置接点供相应装置使用,免去引入断路器辅助接点,比断路器辅助接点可靠,其转换延时也小。并具有跳/合闸保持回路、防跳跃回路、断路器跳/合位按钮及指示灯,能接入压力异常、跳/合压力下降三个操作闭锁接点,实现断路器跳闸和合闸闭锁。就地操作断路器使用插件上的跳合闸按钮,也可外接操作把手安装于保护柜上,断路器如果自带防跳跃回路时,建议用户仍使用本装置提供的防跳跃回路。

(三)生产厂

南瑞城乡电网自动化分公司。

二十二、DSA2320/2321/2322/2323 变压器差动保护装置

(一)概述

该装置为由大规模可编程逻辑电路和 Intel 80296 为主 CPU 实现的变压器差动保护,适用于 110kV 及以下电压等级的绕组、绕组变压器,可接入四侧电流量,各侧电流采样回路完全独立,从而具备真正意义上的四侧差动保护。

(二)性能特点

(1)硬件结构单元化、全密封,单元内各模件独立金属腔体,自检和冗余措施完善,抗干扰性能好。

(2)软件面向控制对象开放式设计,实现模块化,可查询 CPU 状态及保护中间过程。

(3)人机接口由宽温大屏幕液晶显示器和薄膜按键组成,信息显示汉化。

(4)详尽的大容量的事件记录功能,便于分析事故及观察运行工况。

(5)保护动作信息及预告信息可由单元转化为遥信上送,提高动作及返回信息实时性。

(6)保护投退状态可转化为遥信上送,并可远方遥控投退保护,无障碍适用于各种调度规约。

(7)交流量、开关量录波功能,录波波形就地显示及后台软件分析相结合。

(8)通信双 CAN 网标配,多 ID 号 2.0B 协议,通信波特率在线修改,自动双网切换,保证通信的可靠性,通信介质简单,并可扩展为光纤网。

(9)14 位 AD 宽幅模数转换,24 点/周波采样,提高了保护精度、灵敏度。

(10)测量精度系数单独存放在交流采样模件带 SPI 接口的独立 E2PROM 中,独立性好。

(11)保护定值多区域相对独立的存放在 E2PROM/DSRAM 中,自动互相校验,自行修复,完全避免运行中定值缺损或丢失。

(12)单元自带蜂鸣器件,故障告警。

(13)电流互感器星角转换可由外部接线完成或由软件移相完成,用户自行选择。

(14)二次谐波制动采取交叉闭锁原理,最大相二次谐波和各相基波进行比较,可靠性和灵敏性得到完美统一。

(15)网络通信方式闭锁 VQC 调节主变分接头。

(三)生产厂

南瑞城乡电网自动化分公司。

二十三、DSA2324/2325/2326 变压器后备保护装置

（一）概述

装置为由大规模可编程逻辑电路和 Intel 80296 为主 CPU 实现的变压器后备保护，适用于 110kV 及以下电压等级的双圈、三圈变压器。本装置包括复合电压闭锁方向过流、限时速断、零序电压、零序电流、间隙零序电流、过负荷告警、闭锁有载调压、启动风冷等保护。

（二）性能特点

(1) 硬件结构单元化、全密封、单元内各模件独立金属腔体、自检和冗余措施完善，抗干扰性能好。

(2) 软件面向控制对象开放式设计，实现模块化，可查询 CPU 状态及保护中间过程。

(3) 人机接口由宽温大屏幕液晶显示趋和薄膜按键组成，信息显示汉化。

(4) 详尽的大容量的事件记录功能，便于分析事故及观察运行工况。

(5) 保护动作信息及预告信息可由单元转化为遥信上送，提高动作及返回信息实时性。

(6) 保护投退状态可转化为遥信上送，并可远方遥控投退保护，无障碍适用于各种调度规约。

(7) 交流量开关量录波功能、录波波形就地显示及后台软件分析相结合。

(8) 通信双 CAN 网标配，多 ID 号 2.0B 协议，通信波特率在线修改、自动双网切换，保证通信的可靠性，通信介质简单，并可扩展为光纤网。

(9) 14 位 AD 宽幅模数转换，24 点/周波采样，提高了保护精度、灵敏度。

(10) 测量精度系数单独存放在交流采样模件带 SPI 接口的独立 E2PROM 中，独立性好。

(11) 保护定值多区域相对独立的 E2PROM/DSRAM 中存放，自动互相校验，自行修复，完全避免运行中定值缺损或丢失。

(12) 单元自带蜂鸣器件，故障告警。

(13) 保护出口继电器组态灵活，满足不同运行方式的要求。

(14) 具备主变中、低压侧母线保护功能，通过网络通信及节点方式区分母线和线路出口故障。

(15) 网络通信及节点方式的相结合闭锁 VQC 调节主变分接头。

（三）生产厂

南瑞城乡电网自动化分公司。

二十四、DSA2329 变压器非电量保护装置

（一）概述

DSA2329 装置由高质量重动继电器和 Intel 80296 CPU 共同实现的变压器非电量保护，适用于 110kV 及以下电压等级的双圈、三圈变压器的非电量保护和非电量信号告警。

（二）技术特点

(1) 硬件结构单元化、全密封、单元内各模件独立金属腔体、自检和冗余措施完善，抗干扰性能好。

(2) 软件面向控制对象开放式设计，实现模块化，可查询 CPU 状态及保护中间过程。

(3) 人机接口由宽温大屏幕液晶显示器和薄膜按键组成，信息显示汉化。

(4) 详尽的大容量的事件记录功能，便于分析事故及观察运行工况。

(5) 保护动作信息及预告信息可由单元转化为遥信上送，提高动作及返回信息实时性。

(6) 开关量录波功能、录波波形就地显示及后台软件分析相结合。

(7) 通信双 CAN 网标配，多 ID 号 2.0B 协议，通信波特率在线修改、自动双网切换，保证通信的可靠性，通信介质简单，并可扩展为光纤网；也可以选用双以太网及光纤介质，独立的 485 校时总线。

(8) 单元自带蜂鸣器件，故障告警。

(9) 保护出口继电器组态灵活，满足不同运行方式的要求。

（三）生产厂

南瑞城乡电网自动化分公司。

二十五、NSP712 变压器保护装置

（一）概述

NSP712 变压器差动保护，适用于 110kV 及以下电压等级的双圈、三圈变压器，满足三侧差动的要求。

（二）性能特点

(1) DSP 硬件平台。采用高性能数字信号处理器 DSP 芯片作为保护装置的硬件平台，为真正的数字式保护。

(2) 独立的启动元件。有独立的整机启动元件，该启动元件动作后才开放保护装置出口继电器正电源，同时进入故障测量计算程序进行动作逻辑判断直至跳闸。

(3) 采用软件调整自动进行 TA 匹配和矢量变换。

(4) 采用可靠的 TA 断线报警闭锁功能，保证装置在 TA 断线及交流回路故障时不误动。

(5) 该装置算法的突出特点是在较高采样率的前提下，保证了在故障全过程对所有继电器的并行实时计算，装置有很高的固有可靠性及动作速度。

(三) 主要功能

(1) 差动速断保护；比率差动保护，采用二次谐波制动。

(2) 复合电压过流保护、零序电压保护、过负荷保护。

(3) TA 断线判别等功能。

(四) 典型应用

国内的工程中已有数十套运行于 220kV、110kV 和 35kV 等各级电压变电站和发电厂中。

(五) 生产厂

南瑞集团中德保护控制系统有限公司。

二十六、BP 型微机母线保护

(一) 概述

BP 型微机母线成套保护装置是深圳南瑞科技有限公司（国电自动化研究院深圳南京自动化研究所）从 1988 年起研制的母线保护定型产品，是国内应用最早最多的微机母线保护产品之一。装置采用全封闭式结构，整套保护装置由一柜构成，可满足 24 单元及以下接线规模，适用于 500kV 电压等级及以下各种主接线方式的母线。1992 年进网试运行，1995 年正式通过原电力部鉴定投入批量生产，1996 年荣获原电力部科技进步二等奖，增强版产品于 2002 年通过广东省经贸委组织的鉴定。技术水平国内领先，主要技术性能达到国际先进水平。应各网省调特别要求，BP 系列微机母线保护装置已分别在华东电力试验研究院、四川电力试验研究所、许昌继电器厂、山东工业大学、华中科技大学、上海电器设备检测所等动模试验室或检测站一次性通过各项动模试验，顺利进入各地电网，并表现出优异的性能，得到各级继电保护管理运行部门的肯定和支持。

BP 型微机母线保护装置具有成熟的设计思想、严格的工艺要求及丰富的工程实践经验，该装置自投入市场以来，无任何误动和拒动记录。至 2002 年底已累计承担 35～500kV 电压等级电厂、变电站母线保护 900 余项（作为国产首家应用于 500kV 电压等级的微机母线保护设备，承担了包括三峡 500kV 输电工程、广东 500kV 输电工程、南方公司 500kV 输电工程、江苏阳城 500kV 送出工程、山东东线 500kV 输电工程、贵州 500kV 输电工程、云南 500kV 输电工程等在内的一百余套 500kV 母线保护项目，具有三年以上的运行业绩），动作正确率 100%。1998 年 10 月 13 日发生在天津杨柳青电厂、1999 年 7 月 28 日发生在四川自贡园湾变、1999 年 8 月 4 日发生在福建龙岩曹溪变、2000 年 6 月 15 日发生在广东佛山 220kV 桃源变、2001 年 6 月 1 日发生在山东黄台发电厂、2002 年 3 月 20 日发生在北京官厅变等站的母线接地、相继故障及母联死区等各类故障中，BP 型微机母线保护装置全部正确动作，有选择性地将故障母线上的所有元件切除，维护了电网安全运行，成为真正值得信赖的母线卫士。

(二) 性能特点

(1) 差动保护采用国际首创的复式比率差动原理。区内故障无制动，区外故障制动性极强。用于实际系统，妥善解决了区内故障时电流汲出或区外故障时故障元件 CT 饱和的困扰，灵敏度及可靠性极高，整组动作时间低于 12ms。

(2) 自适应全波饱和检测器，充分考虑 TA 饱和时的暂态过程及区内外故障时启动元件与差动元件动作的特点，确保差动保护在区外饱和时有极强的抗饱和能力，又能快速切除转换性故障，适用于任何按技术要求正确选型的保护电流互感器。

(3) 自适应母线运行方式：倒闸过程中无需退出保护，装置实时、自动、无触点地切换差动与出口回路；电流校验自动纠正刀闸辅助接点错误。

(4) 无辅助 TA 需求，允许 TA 型号、变比不同，TA 变比可以现场设置。

(5) 采用插件双端接插、强弱电分开、独立电源分配、优化抗干扰设计、多 CPU 系统（闭锁、差动、管理元件各自独立）等新型设计，装置电磁兼容特性满足就地布置运行的要求。

(6) 超大屏幕汉字液晶显示，优美的人机界面，查询、打印、校时等操作不影响保护运行。

(7) 完善的事件和运行报文记录，与 COMTRADE 兼容的故障录波，录波波形液晶即时显示。

(8) 灵活的后台通信方式，配有 RS—232、RS—422/RS—485 和光纤接口（选用），支持电力行业标准通信规约 DL/T 667—1999（IEC 60870-5-103）。

(9) 采用 18U 标准整体机箱，嵌入式安装于保护屏上，可以根据现场布置需要采用旋转机柜或者固定内框架机柜；按母线间隔进行插件设计，便于维护扩展；电路及结构设计合理，装置基本免调，运行维护方便。

(三) 生产厂

深圳南瑞科技有限公司。

二十七、DSA2391 母线差动保护装置

（一）概述

本装置为由大规模可编程逻辑电路和 Intel 80296 为主 CPU 实现的母线差动保护装置，适用于 110kV 及以下电压等级的主接线为单母分段型及双母线型最大 8 个元件的母线差动保护。

（二）技术特点

(1) 硬件结构单元化、全密封、单元内各模件独立金属腔体、自检和冗余措施完善，抗干扰性能好。

(2) 软件面向控制对象开放式设计，实现模块化，可查询 CPU 状态及保护中间过程。

(3) 人机接口由宽温大屏幕液晶显示器和薄膜按键组成，信息显示汉化。

(4) 详尽的大容量的事件记录功能，便于分析事故及观察运行工况。

(5) 保护动作信息及预告信息可由单元转化为遥信上送，提高动作及返回信息实时性。

(6) 保护投退状态可转化为遥信上送，并可远方遥控投退保护，无障碍适用于各种调度规约。

(7) 交流量开关量录波功能、录波波形就地显示及后台软件分析相结合。

(8) 通信双 CAN 网标配，多 ID 号 2.0B 协议，通信波特率在线修改、自动双网切换，保证通信的可靠性，通信介质简单，并可扩展为光纤网；同时可选配双光纤以太网及独立的 485 校时总线。

(9) 14 位 AD 宽幅模数转换，24 点/周波采样，提高了保护精度、灵敏度。

(10) 测量精度系数单独存放在交流采样模件带 SPI 接口的独立 E2PROM 中，独立性好。

(11) 保护定值多区域相对独立的 E2PROM/DSRAM 中存放，自动互相校验，自行修复，完全避免运行中定值缺损或丢失。

(12) 单元自带蜂鸣器件，故障告警。

(13) 允许各元件 TA 变比不同。

（三）装置功能

(1) 模拟量输入。

(2) 开关量输入。

(3) 继电器开出。

(4) 保护功能。

(5) 其他功能。

1) 保护事件记录。

2) 自检事件记录。

3) 遥信事件记录。

4) 差流越限记录。

5) 单元信息记录。

6) 录波功能。

7) 通信功能。

8) 遥信功能。

（四）生产厂

南瑞城乡电网自动化分公司。

二十八、NSP711 发电机保护装置

（一）概述

NSP711 发电机保护装置适用于大、中、小型汽轮发电机、水轮发电机、燃汽轮发电机等类型的发电机直接上网接线方式、发电机变压器组单元接线方式等。NSP711 适用的几种典型接线方式为：

(1) 用于直接上网的发电机保护。

(2) 用于大型发变组的发电机专用保护。

（二）性能特点

1. DSP 硬件平台

NSP711 发电机变压器保护装置采用高性能数字信号处理器 DSP 芯片作为保护装置的硬件平台，为真正的数字式保护。

2. 双 CPU 系统结构

NSP711 发电机变压器保护装置包含两个独立的 CPU 系统，低通、AD 采样、保护计算、逻辑输出完全独立，CPU2 系统用于控制发电机保护出口总启动继电器，CPU1 系统用于控制保护跳闸出口。任意 CPU 故障，装置闭锁并报

警，杜绝硬件故障引起的误动。

3. 独立的启动元件

管理板中设置了独立的总启动元件，动作后开放保护装置的出口继电器正电源；同时针对不同的保护采用不同的启动元件，CPU板各保护动作元件只有在其相应的启动元件动作后同时管理板对应的启动元件动作后才能跳闸出口。正常情况下保护装置任一元件损坏均不会引起装置误出口。

4. 高速采样及并行计算

装置采样率为每周32点，且在每个采样间隔内对所有继电器（包括主保护、后备保护、异常运行保护）进行并行实时计算，使得装置具有很高的可靠性及动作速度。

（三）主要功能

(1) 差动速断保护和比率差动保护，采用二次谐波制动，复合电压闭锁过流。

(2) 定子接地保护（1、电流型，2、采用三次谐波零序电压的100%定子接地保护）。

(3) 转子一点接地、转子两点接地，采用乒乓式开关切换原理。

(4) 失磁保护；过激磁保护，负序电流保护。

(5) 匝间短路保护（横差纵向电压负序功率方向）。

(6) 过压、欠压保护，过频、欠频保护。

(7) 过负荷保护，过功率保护，逆功率保护，阻抗保护，失步保护。

（四）生产厂

南瑞集团中德保护控制系统有限公司。

二十九、MGT100系列型微机发电机、变压器成套保护装置

（一）概述

MGT100系列微机型发电机、变压器成套保护装置1997年开发投运成功，是国内率先推出的基于现场总线CAN网的分布式发电机变压器保护装置，被原国家经贸委列入“两网改造”第一批推荐产品名录，连续三届被原电力部成套设备局、水电水利规划设计总院作为重点推荐产品。

MGT100系列微机型发电机、变压器成套保护装置采用分布式结构，可根据工程需要灵活组屏配置，该系列主要的品种有：

(1) MGT102发电机差动保护装置。

(2) MGT122发电机后备保护方式。

(3) MGT101变压器差动保护装置。

(4) MGT112变压器后备保护装置。

(5) MGT141备用电源自动投入装置。

（二）适用范围

适用于单机容量在200MW以下的水电机组、火电机组、燃汽轮机组，适用于220kV以下的联络变压器、降压变压器。

（三）性能特点

MGT100系列微机型发电机变压器成套保护装置采用分层分布式单元结构和嵌入式控制器技术，每个单元包括独立的CPU主板、交流嵌入变换板、出口和操作继电器板，完成数种保护功能或测控功能，可靠性高，安全性好，升级和更换方便。

主保护和后备保护独立，配置灵活，组合方便，双重化配置时能满足大型发电机、变压器的要求，简化配置时又能满足中小型发电厂、变电站的要求。

采用的保护原理先进，技术成熟，差动保护采用有四段动作特性的比率差动原理，内部故障时更灵敏，外部严重故障时更安全。发电机转子接地保护采用切换式原理，能实时监视励磁回路对地绝缘电阻值。

采用了频率自动跟踪原理和自适应原理，负序电流、三次谐波电压定子接地保护等对系统频率和运行工况敏感的保护都具有很高的稳定性。

该系列保护装置的就地显示、通信、事件记录等辅助功能齐全。V2.X版采用的是字符式液晶显示器、NARI—ISA通信规约、配用通信管理单元进行事故报告的非易失性记录。V3.X版增强为图形式液晶显示器、直接采用DL/T 667 (idt.IEC60870-5-103)通信规约，并增加了数据非易失的故障录波功能。

装置的交、直流负担小，过载能力强，模件间采用总线连接方式，接插可靠。该系列保护装置有多个典型配置方案和工程定型屏方案，设计配合工作量小，整定计算容易，调试简单，运行维护方便。

（四）典型应用

该系列产品的典型应用工程主要有：华能明台电站，贵州天生桥二级电站，四川明珠电力金华电站，云南东方红

二、三、五级电站，广东昌山电站，福建官桥水利枢纽，浙江龙泉电站，江西万安电站，重庆鱼跳电站，湖南张家界木龙滩电站，青海寺沟口电站，甘肃黑河水利枢纽，福建宁德三溪水电厂，昆明绿水河水电站。

（五）生产厂

南瑞动力控制公司。

三十、WBZ—1201微机型变压器成套保护装置

（一）用途

WBZ—1201微机型变压器保护由WBZ—1201A二次谐波差动保护、WBZ—1201B波形对称差动保护、WBZ—1201后备保护及非电量保护构成，各单元保护从电源、交流量输入到跳闸出口完全独立，装置提供用于自动化系统配套的通信接口及各种规约。WBZ—1201微机型变压器保护适用于500kV、330kV、220kV、110kV、35kV等各种电压等级的三绕组、双绕组、自耦变压器的成套保护。

（二）主要技术数据

1. 交流电源

额定电压：单相220V，允许偏差－15%～＋10%。

频率：50Hz，允许偏差±0.5Hz。

波形：正弦，波形畸变不大于5%。

2. 直流电源

额定电压：220V或110V。

允许偏差：－20%～＋10%。

纹波系数：不大于5%。

3. 额定参数

交流电流：5A或1A。

交流电压：100V（线电压），100V或300V（开口三角电压）。

频率：50Hz。

4. 功率消耗

交流电流回路：当I_n=5A时，每相不大于1W；当I_n=1A时，每相不大于0.5W。

交流电压回路：额定电压时，每相不大于1W。

直流电源回路：当正常工作时，不大于50W；当保护动作时，不大于80W。

5. 过载能力

交流电流回路：$2I_n$，连续工作；$10I_n$，允许10s；$40I_n$，允许1s。

交流电压回路：$1.2U_n$，连续工作。

直流电源回路：（80%～110%）U_n，连续工作。

6. 测量元件的准确度

刻度误差：不大于±2%。

温度误差：在工作环境温度范围内，不大于±3%。

综合回路：不大于±5%。

7. 模数转换的精度工作范围

相电压：0.5～80V（有效值）。

开口三角电压：1.5～240V（有效值）。

电流回路：$(0.1\sim20)I_n$。

8. 保护整组动作时间（不包括干簧继电器出口）

不大于23ms（$>1.3I_{zd}$时）。

9. 二次谐波制动的差动保护动作时间

不大于26ms（$>1.3I_{zd}$时）。

10. 波形对称制动的差动保护动作时间

不大于26ms（$>1.3I_{zd}$时）。

11. 环境温度

0～40℃。

12. 抗干扰性能

符合GB 6162。

（三）生产厂

国家电力公司南京电力自动化设备总厂。

三十一、LSA—621 微机型三绕组变压器差动保护装置

（一）用途

本装置适用于 500kV 及以下电压等级三绕组变压器。采用一套装置即可完成一台变压器主保护功能。

（二）主要技术数据

1. 技术指标

（1）装置额定数据：

交流电流：5A 或 1A。

交流电压：100V 或 $100/\sqrt{3}$V。

直流电压（INPUT）：220V 或 110V。

直流电压（OUTPUT）：+5V，±12V。

频率：50Hz。

（2）装置功耗：

交流电流回路：I_n=5A 时每相不大于 0.5VA；I_n=1A 时每相不大于 0.2VA。

交流电压回路：$U=U_n$ 时每相不大于 0.2VA。

直流电源回路：正常工作时，不大于 20W；保护动作时，不大于 30W。

（3）电源：

1）±12V，允许偏差±0.2V。

2）+5V，允许偏差±0.15V。

（4）过载能力：

交流电流回路：$2I_n$，连续工作；$10I_n$，允许工作 16s；$40I_n$，允许工作 1s。

交流电压回路：$1.5U_n$，连续工作。

直流电源回路：(80%～110%)U_n，连续工作。

（5）测量元件精度：

刻度误差：不大于±2%。

温度误差：工作环境温度范围内不大于±3%。

综合误差：不大于±5%。

（6）抗干扰性能：

符合国标 GB 6162 和 IEC - 255 - 4。

（7）绝缘耐压标准：

满足部标 DL 478 和 IEC - 255 - 4。

（8）功能与技术参数：

1）差动速断保护。整定范围：I=10～100A，可投、退。

2）二次谐波制动的比率差动保护门槛电流。整定范围：I=1.25～2.5A，可投、退，二次谐波制动比 0.1～0.15，连续可调。

3）TA 断线闭锁：可投入或退出。

4）非电量报警：高压侧断路器压力异常闭锁，跳、合闸压力闭锁。

5）输出事故总信号触点：保护返回系数不小于 0.9。

2. 设备外形尺寸

屏柜尺寸（mm×mm×mm）有以下几种：

2360×800×600；2260×800×600。

2300×800×600；2200×800×600。

2360×800×550；2260×800×550。

2300×800×550；2200×800×550。

3. 使用环境条件

正常工作温度：0～40℃。

极限工作温度：－10～50℃。

相对湿度：不大于 80%，不凝露。

（三）生产厂

南京南瑞集团公司。

三十二、CST200系列微机型变压器保护装置

（一）用途

(1) CST200系列微机型变压器保护装置包括CST200A（B）各系列装置。适用于220kV及以下电压等级的电力变压器。

CST200A（B）系列装置的主要技术特点如下：

1）装置采用多单片机并行工作式的硬件结构，主保护和各侧后备保护分别采用独立的CPU插件。主、后备保护可以互相闭锁。

2）装置硬件的核心部分是四方公司新推出的通用单片机系统，特点是采用了不扩展的单片机，总线不出芯片，工艺上采用了带屏蔽层的四层印制板和新型表面封装技术，因而抗干扰性能大大提高。采用新型模数变换芯片，分辨率达到了14位。

3）装置引入交流电流的TA接线采用各侧星形接线，软件平衡各侧电流，补偿二次电流相位，使TA断线检测更为可靠准确，并配有完善规范的后备保护。软件设计注重通用性与灵活性，使得方向元件指向、过流保护各侧闭锁电压选择及各段保护不同时限的断路器跳闸选择可以根据不同应用场合任意整定，软件无需改动，可以满足大部分地区的使用场合。

4）装置可选择分散式的专用录波插件，存储容量达0.5MB，并设有录波专用高速网络（LON）接口，可将各装置中记录的数据从网络汇总后存盘或打印或远传。录波数据存盘格式符合国际标准COMTRADE规定，因此可用通用的录波分析软件包来分析。

5）强化了装置的人机对话能力及开放性，设有多种人机对话方式。

6）软、硬件设计充分吸取了国内大量使用的WXH—11型保护装置设计与运行的丰富经验，以及设计者在主设备微机保护方面多年的研制成果，使装置具有较高的整体运行可靠性和稳定性。

(2) CST200A主要适用于110kV及以下电压等级的电力变压器，CST200B主要用于220kV电压等级的电力变压器，其保护功能配置如下：

差动主保护包括差动电流速断保护，二次谐波制动的比率差动保护，TA二次回路断线检测。高压侧后备保护包括二段复合电压闭锁（方向）过电流保护，三段零序电压闭锁零序（方向）过电流保护，一段间隙零序过流保护和一段间隙零序过电压保护，过负荷保护，TV二次断线检测，过流启动通风，过载闭锁有载调压等。中压侧后备保护包括二段复合电压闭锁方向过电流保护，一段零序过电压保护，一段消弧零流保护或间隙零序过流保护，过负荷保护，TV二次断线检测。

低压侧后备保护的保护配置与中压侧相同，此外还配有重合闸功能。

（二）硬件说明

CST231A装置机箱内最多可装14个插件，从左至右依次为：3个交流插件，2个模数变换插件VFC1和VFC2，差动主保护CPU1插件，高压后备保护CPU2插件，中压后备保护CPU3插件，低压后备保护CPU4插件，分散式故障录波REC插件，2个跳闸插件TRIP1和TRIP2，逻辑信号插件SIG，电源插件POW。此外，面板背后还有一个人机对话用CPU板即MM1板。对于CST221A等双绕组变压器保护，只需将对应于中压侧的AC2和CPU3插件去掉即可，其余与三绕组变压器保护CST231A完全兼容。

1. 模数变换

模数变换的作用是将系统电压互感器、电流互感器二次的电压电流信号变换为CPU能够处理的数字信号。装置中由3个交流AC插件和2个VFC插件组成。三绕组变压器高、中、低压侧的二次电压电流分别由相应的3个AC插件变换成保护装置所需的弱电信号。每一个AC插件包含5路电流模拟量和3路电压模拟量，对应于主变压器一侧的电流电压量。2个完全相同的模数变换VFC插件（每个包括12路）分别将交流插件输出的电压、电流变换成脉冲频率随输入模拟量幅值大小变化的脉冲量，送至CPU系统中的计数器计数。本插件采用了国际上最新的电压频率变换器VFC芯片，其最高变换频率达到4MHz。

2. CPU插件系统

装置中设有4个通用CPU插件，分别实现差动主保护（CPU1）、高压侧后备保护（CPU2）、中压侧后备保护（CPU3）、低压侧后备保护（CPU4）功能。4个CPU插件硬件完全相同，仅单片机内固化的程序不同。本插件所用单片机的总线不引出芯片，片内包括了装置所要求的各种外设功能逻辑。有一些片内没有或不够的逻辑需要在片外扩展，但也不用总线，而是用I/O线连接。每个CPU插件最多可以有13路模数转换的计数通道。模入回路设置了锁存器，对抗干扰有利。CPU插件上安排了11路开关量输入回路。装置不单设开关量输入插件，从而避免单片机的任一端子不经

隔离直接引出插件。CPU插件共有9路开出回路，用于驱动出口跳闸继电器和告警继电器。开出分成两种：一种用于驱动出口跳闸及其信号继电器，其开出的+24V电源都是经过本插件告警继电器常闭触点闭锁的；另一种用于驱动告警继电器，其+24V电源是不经过闭锁的。本装置设有两路告警，称告警Ⅰ和告警Ⅱ，告警Ⅰ用于检测到必须闭锁本CPU开出跳闸的致命异常状况时（如插件硬件损件），告警Ⅱ，则用于不需闭锁开出的告警情况（包括保护的告警）。CPU插件单片机片内设有两个串行通信口（UART0及UART1），UART0用于同装在面板上的人机对话（MMI插件）CPU通信。UART1则用作装置内各侧后备保护中复合电压的传送。

3. 保护跳闸及信号

装置设有2个跳闸继电器插件（TRIP1和TRIP2）和1个信号继电器插件，由各个CPU插件上开出去驱动跳闸继电器跳开相应断路器。跳闸插件设计时，均使差动保护与后备保护出口跳闸回路各自独立，以增加出口的可靠性。差动保护动作后跳开变压器高中低三侧断路器，并可选择跳开高压内桥断路器，同时给出高压启动失灵触点。各侧后备保护动作后，可由用户通过整定选择分别跳开高、中、低压侧三个断路器、高压母联、中压母联、低压母联（分段）三个断路器中的任何断路器，给出高压启动失灵接点。跳闸插件上设备了启动继电器，用来闭锁跳闸继电器24V负电源。信号继电器插件（SIG）上信号回路设计分别给出中央信号、远动信号和面板上的灯光信号，它们是：

差动动作——差动主保护的差动速断和比率差动动作。

后备动作——各侧后备保护中任一保护动作。

过负荷——主变压器任一侧过负荷。

告警——告警Ⅰ或告警Ⅱ。

装置除给出上述信号后，对于每一种具体的出口或告警报告都会在面板液晶显示屏上显示出来，并将其储存于CPU插件或MMI插件中。信号插件上还没有信号复归回路。人机对话（MMI），故障录波，打印机和工程师站同CST141B系列微机型变压器保护装置相应内容。

（三）技术数据

1. 额定数据

(1) 额定直流数据：

220V或110V（订货注明）。

(2) 额定交流数据：

相电压：$100/\sqrt{3}$V。

交流电流：5A或1A（订货注明）。

频率：50Hz。

(3) 功率消耗：

直流回路：不大于60W。

交流电压回路：不大于0.5VA/相。

交流电流回路：不大于0.8VA/相。

2. 主要技术性能指标

(1) 模数变换器的精确工作范围（10%误差）：

电流精确工作范围：$(0.08\sim20)I_n$。

电压精确工作范围：1～100V。

注：I_n为额定值，下同。

(2) 差动保护：

突变量启动电流：$(0.2\sim1.0)I_n$。

差动动作门槛电流：$(0.2\sim1.0)I_n$。

无制动区电流：$(0.2\sim1.2)I_n$。

比例制动系数：0.3～0.7。

二次谐波制动系数：10%～30%（间断角为65°）。

差动平衡系数：0～50。

差动速断电流：$(3\sim12)I_n$。

差动保护动作时间：在1.3倍动作值下检测不大于25ms。

差动速断保护动作时间：在1.3倍动作值下检测不大于25ms。

(3) 复合电压保护：

负序电压：2～20V。

低电压：40～100V。

(4) 相间方向保护：

最大灵敏角：－30°、－45°，误差±3°。

动作区：175°±5°。

最小动作功率：在电压为2V时，最大灵敏角下测试，不大于0.2VA。

(5) 零序方向保护：

最大灵敏角：－99°，误差±3°。

动作区：160°±5°。

最小动作功率：在电压为2V时，最大灵敏角下测试，不大于0.2VA。

(6) 过流保护：

包括过负荷、过流启动通风、复合电压方向过流、零序方向过流、间隙零序电流、消弧零序电流。

整定范围：$(0.1\sim2)I_n$。

(7) 后备保护突变量启动电流：

$(0.2\sim1.0)I_n$。

(8) 间隙零序电压：

整定范围：100～130V。

(9) 零序闭锁电压：

整定范围：5～40V。

所有保护整定值除已特殊标明外，误差均不超过±5%。

所有保护时间延时除已特殊标明外，均为0.1～9.9s，误差均不超过±2.5%。

(四) 生产厂

北京哈德威四方保护与设备有限公司；国家电力公司南京电力自动化设备总厂。

三十三、WBH—200B微机型变压器保护装置

(一) 用途

本装置为220kV及以下电压等级的双绕组或三绕组大型变压器提供全套保护。其中主保护包括二次谐波制动原理的比率差动保护、差流速断、断路器失灵保护及TA短线判别功能；后备保护包括复合电压闭锁（方向）过流保护、零序（方向）过流保护、间隙过压保护、过负荷保护、TV断线检测等功能；另外可对非电量保护进行管理。

(二) 主要技术数据

1. 主要技术参数

额定直流工作电源：220V（DC）或110V（DC）。

开关量辅助电源：24V（DC）。

额定交流电压：57.5/相。

额定交流电流：5A或1A。

2. 设备结构

本装置采用标准8U机箱，结构紧凑便于插装，采用双机系统，即主、后备保护的电源、CPU、采样及A/D转换等均各自独立，提高了保护的可靠性。

3. 使用环境要求

室内使用并要求环境温度0～40℃。

(三) 生产厂

保定天威雷诺尔电气有限公司。

三十四、PFH—1B/B集成电路型变压器保护系统

(一) 用途

PFH—1B/B型变压器保护系统（以下简称系统）是在引进瑞士BBC公司的GSX5e发电机、变压器保护系统基础上的简化、升级产品，适用于220kV及以下各种变压器。系统由各种保护装置、电源及系统控制机箱等构成。具有短路、接地、后备及异常运行保护。由于变压器的容量、电压等级及主接线的不同，保护的配置也不同，但电源、系统控制机箱是必不可少的。保护把公用的信号、跳闸矩阵元件、跳闸回路监视元件等装入一个机箱构成系统控制机箱，与同厂生产的集成电路式保护装置共同构成PFH—1B/B型变压器保护系统。

(二) 主要技术数据

1. 交流额定值

电压：100V，110V，200V，220V。

电流：1A，5A。

频率：50Hz，60Hz。

2. 直流辅助电源

110V，125V，220V，250V；允许变化：±20%，100W。

3. 信号触点容量

当电压不大于250V、电流不大于5A时，断开直流有感负荷30W（τ=5±0.75ms），断开交流负荷50VA（cosφ=0.4±0.1）。

4. 跳闸触点容量

在直流回路中（τ=5±0.75ms）长期接通5A，短时接通20A、5s。

5. 环境温度

−10～+55℃。

6. 环境湿度

95%，40℃，56d。

7. 介质强度

直流回路：1kV，1min。

交流回路：2kV，1min。

8. 冲击电压

5kV，12/50μs。

9. 抗高频干扰

2.5kV，1MHz。

10. 耐振力

$10m/s^2$，20s（10～150Hz，1倍频程/min）。

（三）生产厂

阿城继电器股份有限公司。

三十五、WBZ—04微机型变压器保护装置

（一）用途

WBZ—04微机型变压器保护装置适用于220kV及以下各电压等级的大型变压器的保护。可以提供间断角原理的比率差动保护、各种非电量保护和反应相间及接地故障的各类后备保护。其差动保护按四侧电流输入设计，适用于各种接线方式。

（1）采用多CPU并行工作方式，其运算速度快，处理能力强。由三个相互独立的微处理系统分别完成三相保护，另一个微处理系统完成人机界面、监控管理等功能，从而既提高了装置的可靠性和动作速度，又使其便于调试和维护使用。

（2）差动保护采用间断角原理，并利用微机强大计算能力对传统方式进行改进，对于主变压器各种状况下发生的内部故障均能快速可靠切除。其余特点同WBZ—03微机型变压器保护装置。装置和WBZ—03微机型变压器保护装置采用相同硬件和用户界面。可以配合使用为大型变压器提供全套双原理保护。

（二）保护种类

1. 差动保护

（1）差动保护为间断角原理比率制动特性差动保护，具备抗过激磁的波宽闭锁功能。

（2）差动电流速断保护。

（3）TA断线闭锁（告警）功能。

（4）差动电流回路差电流越限延时告警功能。

2. 后备保护

（1）反应相间故障的后备保护：

1）复合电压闭锁方向过流保护。

2）复合电压过流保护。

3）过流速断保护。

（2）反应直接接地侧接地故障的后备保护：

1）零序方向过电流保护。

2）零序过电流保护。

(3) 反应间接接地侧接地故障的后备保护：

1) 间隙过流保护。

2) 零序过电压保护。

(4) TV 断线告警。

(5) 过负荷告警。

(6) 通风启动保护。

(7) 非全相保护。

(8) 断路器失灵保护。

3. 非电量保护

主变压器及调压变压器的轻瓦斯、重瓦斯、压力释放、冷却器故障、油位、油温、强油通风故障等非电量保护，最多可至 12 路，每路均可以选择跳三侧或只发信。

(三) 工作原理

1. 硬件说明

本装置由三块中央处理模块分别完成 A、B、C 三相差动保护，各 CPU 独立启动信号和出口。由监控 CPU 对各保护 CPU 进行管理、巡检和调试操作。装置采用西门子单层机箱由以下插件组成：交流输入模块、中央处理模块、信号模块、出口模块、监控模块、电源模块。

2. 保护原理

(1) 差动电流速断保护。差动电流速断保护主要是在变压器差动区内发生严重故障时快速切除变压器，由于它不须经过比率制动和涌流差别，因此能快速动作确保变压器的安全。差动速断的定值须按以下原则选取：首先要躲过变压器空投时可能产生的最大励磁涌流；其次要躲过变压器差动区外故障时的最大不平衡电流。

(2) 差动保护。差动保护由间断角原理的涌流判别元件、比率制动元件、TA 断线闭锁（报警）判据组成。

(四) 生产厂

国家电力公司南京电力自动化设备总厂。

三十六、LFP—900 系列微机型变压器成套保护装置

该系列保护适用于 220kV 及以下电压等级的双绕组、三绕组变压器。变压器成套保护由差动保护、后备保护和非电量保护组成。对于双绕组变压器，一般配置为 LFP—971＋LFP—973A＋LFP—974，如果变压器低压侧也要装后备保护，则可加装 LFP—973F。对于三绕组变压器，一般配置为 LFP—972＋LFP—973A（高压侧）＋LFP—973F 或 LFP—973A（中压侧）＋LFP—973F（低压侧）＋LFP—974。对于 220kV 大型变压器，一般配置为 LFP—971/972＋LFP—973E（高压侧）＋LFP—973E（中压侧有电源）＋LFP—973F（低压侧）＋LFP—974A。见表 1-1-93。

(一) LFP—971A/B/C、LFP—972A/B/C 变压器差动保护

装置为由多微机实现的变压器差动保护，适用于 220kV 及以下电压等级的双绕组、三绕组变压器，满足变电站综合自动化系统的要求。LFP—971A/B/C 适用于双绕组变压器，LFP—972A/B/C 适用于三绕组变压器。本装置包括差动速断保护、比率差动保护、TA 断线判别、带延时的非电量保护和非电量保护的事件记录等功能。A 型（LFP—971A/972A）装置中的比率差动保护采用二次谐波制动，B 型（LFP—971B/972B）装置中的比率差动保护采用间断角闭锁原理，C 型（LFP—971C/972C）装置中的比率差动保护采用偶次谐波判别原理。

(二) LFP—973A 变压器后备保护

本装置为用于降压变压器的后备保护。适用于 220kV 及以下电压等级的双绕组变压器及三绕组变压器的电源侧。装置包括三段复合电压闭锁过流保护（Ⅰ、Ⅱ段可带方向）、二段零序过流保护、一段定值两段时限的零序无流闭锁零序过电压保护、一段定值两段时限的间隙零序过流保护。另外，装置还具有过负荷发信号、启动主变压器风冷、过载闭锁有载调压等功能。

表 1-1-93

型号		保护内容	应用范围
主保护	LFP—971A LFP—971B LFP—971C	二次谐波制动的比率差动保护 间断角闭锁的比率差动保护 偶次谐波制动的比率差动保护	双绕组变压器
	LFP—972A LFP—972B LFP—972C		三绕组变压器

续表

型号		保护内容	应用范围
后备保护	LFP—973A	1. 三段复合电压闭锁过流保护（Ⅰ、Ⅱ段可带方向）； 2. 变压器直接接地运行的二段零序过流保护； 3. 变压器不接地运行的一段定值两段时限的零序无流闭锁的零序过电压保护； 4. 变压器经间隙接地的一段定值两段时限的零序过流保护； 5. 过负荷信号，启动主变压器风冷，过载闭锁有载调压； 6. TV断线信号	主变压器高压侧/电源侧后备保护
	LFP—973B	1. 二段复合电压闭锁过流保护（可带方向）； 2. 过负荷告警； 3. 一副复合电压并联启动触点，用于启动高压侧复合电压闭锁过流保护，由控制字投退； 4. TV断线信号	主变压器低压侧后备保护
	LFP—973E	1. 二段复合电压闭锁过流保护（均可带方向，每段两个时限）； 2. 三段零序过流保护（Ⅰ、Ⅱ段可带方向，Ⅲ段不带方向，每段两个时限）； 3. 一段零序无流闭锁零序过电压保护（两个时限）； 4. 一段间隙零序过流保护（两个时期）； 5. 过负荷发信号，启动主变压器风冷，过载闭锁有载调压； 6. 两副复合电压并联启动触点； 7. TV断线信号等	220kV变压器的后备保护，适用于220kV高压侧和110kV中压侧
	LFP—973F	1. 四段复合电压闭锁过流保护（Ⅰ、Ⅱ、Ⅲ段可带方向，Ⅳ段不带方向）每段一个时限； 2. 过负荷信号； 3. 零序过电压报警； 4. 两副复合电压并联启动触点； 5. TV断线信号等	变压器的后备保护，适用于低压侧或中压侧（35kV，6～10kV）
	LFP—973G	1. 一段过流保护； 2. 一段零序过流保护； 3. 过负荷信号； 4. 零序过流信号	用于自耦变压器公共绕组的后备保护装置
非电量保护	LFP—974	1. 变压器本体非电量触点重动继电器； 2. 四个相互独立的不按相操作断路器的跳合闸操作回路	变压器非电量保护
	LFP—974A	1. 变压器本体非电量触点重动继电器； 2. 非全相保护； 3. 失灵启动	
	LFP—974B	1. 两个电压切换回路； 2. 四个相互独立的不按相操作断路器的跳合闸操作	

（三）LFP—973B 变压器后备保护

本装置为用于三绕组降压变压器低压侧或中压侧（35kV、10kV或6kV）的后备保护装置。装置包括两段复合电压闭锁过流保护（可带方向）以及过负荷告警功能。另带一副复合电压并联启动触点，用于启动高压侧复合电压闭锁过流保护，该功能可通过控制字投退。

（四）LFP—973E 变压器后备保护

本装置为用于220kV电压等级的变压器的后备保护，适用于220kV的高压侧和110kV的中压侧。装置包括二段复合电压闭锁过流保护（均可带方向，每段两个时限），三段零序过流保护（Ⅰ、Ⅱ段可带方向，Ⅲ段不带方向，每段两个时限），一段零序无流闭锁零序过电压保护（两个时限），一段间隙零序过流保护（两个时限）。另外，装置还具有过负荷发信号，启动主变压器风冷、过载闭锁有载调压等功能。

（五）LFP—973F 变压器后备保护

本装置为用于220kV电压等级的变压器低压侧或中压侧（35kV、10kV或6kV）的后备保护装置。装置包括四段复合电压闭锁过流保护（Ⅰ、Ⅱ、Ⅲ段可带方向，Ⅳ段不带方向），每段一个时限。另外装置还具有过负荷发信号，零序过电压报警等功能。

（六）LFP—973G 变压器后备保护

本装置为用于自耦变压器公共绕组的后备保护装置。装置包括一段过流保护、一段零序过流保护。另外装置还具有过负荷发信号、零序过流发信号等功能。

（七）LFP—974 变压器非电量保护

1. 保护配置与规格

本装置为用于变压器非电量保护装置。装置对从变压器本体来的非电量触点（如瓦斯等）重动后发出中央信号、远动信号，并送给微机保护作为事件记录，需要直接跳闸的则另外启动本装置的跳闸继电器。另外本装置还包括四个相互独立的不按相操作断路器的跳合闸操作回路。

2. 技术数据

直流电源：220V，110V，允许偏差：+15%，−20%。

直流功耗：正常<10W；跳闸<40W。

输出接点容量：出口继电器接点最大导通电流为5A。

正常工作温度：0～40℃。

极限工作温度：−10～50℃。

抗干扰及绝缘：抗干扰能力符合国标 GB 6162，绝缘耐压标准符合 DL 478。

继电器重动时间延时：<5ms。

（八）LFP—974A 变压器非电量保护

1. 保护配置

本装置为变压器非电量保护装置。装置对从变压器本体来的非电量触点（如瓦斯等）重动后发出中央信号、远动信号，并送给装置本身的CPU作为事件记录，需要延时跳闸的由本装置延时跳闸，需直接跳闸的则另外启动本装置的跳闸继电器。另外本装置还设有失灵启动和非全相保护。

2. 技术数据

(1) 额定数据：

直流电源：220V，110V，允许偏差：+15%，−20%。

交流电源：5A，1A。

频率：50Hz。

(2) 功耗：

交流电流：<1VA/相（I_n=5A）。

<0.5VA/相（I_n=1A）。

直流：正常<35W。

跳闸<50W。

(3) 电源：

工作电源：±12V，允许偏差±0.2V。

+5V，允许偏差±0.15V。

光耦隔离电源：24V，允许偏差±2V。

(4) 主要技术指标：

电流定值：(0.1～19)I_n。

定值误差：<5%。

时间误差：<1%，整定值+20ms。

(5) 通信接口：

RS—232 或 RS—422 可选。

(6) 输出触点容量：

出口继电器触点最大导通电流为5A。

(7) 环境温度：

正常工作温度：0～40℃。

极限工作温度：−10～50℃。

(8) 抗干扰及绝缘：

抗干扰能力符合国标 GB 6162，绝缘耐压标准符合 DL 478。

(9) 继电器重动时间延时：

＜5ms。

（九）LFP—974B电压切换及操作回路装置

1. 保护配置

本装置包括两个电压切换回路及四个相互独立的不按相操作断路器的跳合闸操作回路。

2. 技术数据

直流电源：220V，110V；允许偏差：＋15%，－20%。

直流功耗：全部动作时小于 20W。

输出接点容量：最大导通电流为 5A，切换功率最大为 1000VA（AC 220V）。

正常工作温度：0～40℃。

极限工作温度：－10～50℃。

抗干扰及绝缘：抗干扰能力符合国标 GB 6162、绝缘耐压标准符合 DL 478。

（十）生产厂

南京南瑞集团公司。

三十七、LFP—915 微机型母线保护装置

（一）用途

LFP—915 微机型母线保护装置为适用于各种电压等级的母线保护装置，特别是为 220～500kV 母线设计的。适用于单母线、单母分段、双母线以及分段断路器或母联断路器兼作旁路断路器的各种主接线方式的母线。母线上允许接的线路与元件数最多为 21 个（包括母联）。另外，装置还设有母联充电保护和断路器失灵保护。

（二）主要技术数据

1. 额定数据

直流电源：220V，110V（允许偏差＋15%，－20%）。

交流电压：$100/\sqrt{3}$V。

交流电流：5A 或 1A。

频率：50Hz。

2. 功耗

交流电流：＜1VA/相（I_n＝5A）。

＜0.5VA/相（I_n＝1A）。

交流电压：＜0.5VA/相。

直流：正常，＜50W。

跳闸，＜80W。

3. 主要技术指标

差流大于 2 倍整定值时，保护整组动作时间小于 15ms。

定值误差小于 5%。

4. 通信接口

两个与内部其他部分隔离的 RS—232 通信接口，另有一个隔离的 RS—232/RS—422 可选通信接口。通过双绞线或光纤与 Lon 网通信。

5. 输出触点容量

出口继电器触点最大导通电流为 5A。

6. 环境温度

正常工作温度：0～40℃。

极限工作温度：－10～50℃。

7. 抗干扰与绝缘

抗干扰能力符合国标 GB 6162，绝缘耐压标准符合 DL 478。

（三）生产厂

南京南瑞集团公司。

三十八、BP—2A 微机型母线保护装置

（一）用途

BP—2A 微机型母线保护装置适用于 500kV 及以下电压等级各种接线方式的母线。

（二）主要技术数据

1. 技术指标

直流额定电压：220V 或 110V。

交流额定电流：5A 或 1A。

交流额定电压：$100/\sqrt{3}$V。

直流功耗：<100W。

整组动作时间：<20ms。

定值误差：<5%。

整定范围：电流定值 0～99.99A，0.01A 级差；电压定值 0～99.9V，0.1V 级差；时间定值0～99.99s，0.01s 级差；比率定值 0.5～4.0，0.5 级差。

抗干扰水平：符合 IEC－255－4。

最大主接线规模：24 单元/柜。

2. 设备外形尺寸

屏柜尺寸（mm×mm×mm）有以下几种：2360×800×600，2260×800×600，2300×800×600，2200×800×600，2360×800×550，2260×800×550，2300×800×550，2200×800 ×550。

3. 使用环境条件

正常工作温度：0～40℃。

极限工作温度：－10～50℃。

相对湿度：≤80%，不凝露。

（三）生产厂

南京南瑞集团公司。

三十九、WMH—100 微机型母线保护装置

（一）用途

WMH—100 微机型母线保护装置适用于 110～500kV 高压、超高压系统，可以满足各种主接线、各种配置母线成套保护的要求。WMH—100 微机型母线保护装置具有母差保护、电压闭锁、母联死区保护、失灵保护等功能，其最大规模可接 20 个连接元件。动作速度快，整组动作时间不大于 10ms。不受电流互感器饱和的影响，在母线外部故障时，即使电流互感器完全饱和，保护也不会误动作。采用“软件切换”，自动适应双母线各种运行方式的变化。能满足电流互感器变比不一致的情况。采用 STD 计算机系统，具有优良的人机对话接口，采用 bitbus 网络实现各计算机系统的通信，并可方便实现各种通信规约，硬件系统扩展容易。保护软件采用面向对象的 C 语言编程，提高了编程效率，使软件调试、维护简单，系统功能扩展容易。既能作为独立的微机型母线保护装置，也可作为变电站综合自动化的一个部分。实现了功能组件模块化，结构合理，调试维护简单、方便。具有完备的自检、互检功能，使保护可靠性大大提高。

（二）主要技术数据

1. 技术参数

（1）额定参数：

1）交流额定值：

交流电流 5A 或 1A。

交流电压：相电压 $100/\sqrt{3}$V；零序电压 $3U_0$ 100V。

频率：50Hz。

2）打印机工作电压：

交流：220V。

直流额定值：220V 或 110V。

（2）差动继电器：

1）整定范围：

差动继电器动作电流 I_{d0}：（20%～80%）I_n，误差为±10%。

制动系数 K：0.3～0.8，误差为±10%。

2）在母线外部故障，装置通入 0～20I_n 电流时，保护可靠不误动。即使 TA 完全饱和保护装置也不误动。

(3) 电压闭锁元件：

电压闭锁整定为（50%～80%）U_n，误差为±10%。

(4) 整组性能：

1）母线内部故障在 2 倍动作电流、0.5 倍动作电压时保护整组动作时间不大于 10ms，且各信号指示正确。

2）母线外部故障保护可靠不误动，即使 TA 完全饱和，保护也不误动。

对于双母线系统应能正确识别各种运行方式，其中电流识别的精度为 5%I_n。

2. 环境温度

环境温度：0～40℃。

3. 抗电磁干扰能力

1MHz 脉冲群干扰（GB/T 14598.13 idt IEC 255-22-1）：严酷等级为Ⅲ级。

静电放电干扰（GB/T 14598.14 idt IEC 255-22-2）：严酷等级为Ⅲ级。

辐射电磁场干扰（GB/T 14598.9 idt IEC 255-22-3）：严酷等级为Ⅲ级。

快速瞬变干扰（GB/T 14598.10 idt IEC 255-22-4）：严酷等级为Ⅲ级。

（三）生产厂

许继集团有限公司。

四十、WBZ—500 型微机变压器保护装置

（一）概述

WBZ—500 型微机变压器保护装置，适用于 500kV 及以下各电压等级的各类变压器。整套装置由三个独立的单元组成：主保护单元、后备保护单元、非电量保护单元。各单元在电气及结构上均相对独立，必需的连接处均经光电隔离。装置硬件采用 STD 标准总线 V40 系统Ⅱ工业控制机系统。该系统按大规模设置，由专业计算厂家按恶劣的工业现场条件设计，在自动化生产线大批量生产的产品，硬件冗余足，可靠性高，适用范围广，具有良好的人机界面，硬件升级换代方便。配合模块化保护软件设计，整套保护装置配置灵活，设计合理规范，性能稳定可靠。该产品荣获电力机械局 1995 年科技一等奖，1999 年国家电力公司科技进步二等奖，并作为电力部 1996 年重点推广产品中的首选产品。

（二）主要特点

(1) 装置利用微机强大的数字运算及逻辑处理能力，吸收大量现场经验，应用成熟的保护原理及算法，采用一些自适应手段，大大提高了各保护性能，整机性能指标好。

(2) 装置采用针对工业恶劣环境设计的 V40 工业控制机系统，抗干扰能力强，性能稳定可靠，操作安全。它与 PC 机 100%兼容，产品系列化、模块化，软硬件支持丰富，开发调试方便，平均无故障时间长，具有扩展性。

(3) 采用液晶显示，人机界面全部汉化，采用菜单式命令。打印中文报告。

(4) 智能化在线监视，可随时观察整定值、电气量数值、开关量状态、系统频率、程序校验码、过激磁倍率、时钟等，调试维护方便。

(5) 差动保护满足变压器多侧制动的要求。

(6) 保护配置灵活，可以用控制字或压板投退保护。压板投退变化均输出报告。

(7) 整定值（除个别控制字外）均采用十进制连续式整定，操作简单快捷直观，精度高、范围广。整定值一经整定便复制三份永久保存，上电时以三取二方式自我校核，直至下次被修改。正常运行时，对整定值将不时地检查，确保不变。

(8) 用软件调差流平衡及称相，TA 可以全部 Y 型方式接入。也支持常规方式接入。

(9) 采用瞬时差流、相电流突变和零序稳态量或门启动方式，灵敏度高、抗干扰能力较强。

(10) 后备保护配置全面，拥有完善稳定的软件继电器库，所有保护功能均可通过对各继电器模块的调用来方便准确地组合，各项保护功能均能自由投退。

(11) 保护出口回路可由主保护和后备保护出口启动回路互相闭锁，出口干簧包正常时无电源，动作时自动提供正负电源 TA 断线或接触不良、旁路误操作、任何一点误碰线不会引起误出口，可靠性很高。

(12) 设有串行通信口，装置提供 2 个 RS232 口及一个 RS485 口。完全满足综合自动化站通信要求。

（三）功能配置

1. 主保护

差动：比率差动（二段式）＋TA 断线闭锁＋二次谐波制动（高中压侧）＋五次谐波制动（高中压侧）（用于

500kV及330kV变压器保护)。

2. 后备保护

(1) 高压侧:

1) 相间阻抗+TV断线闭锁(用于500kV及330kV变压器保护)。

2) 复合电压(方向)过电流。

3) 零序(方向)过电流。

4) 零序电流电压保护(间隙)。

5) 零序电压保护(直接接地)。

6) 反时限过激磁(用于500kV及330kV变压器保护)。

7) 过负荷。

8) TA、TV断线。

(2) 中压侧:

1) 相间阻抗+TV断线闭锁(用于500kV及330kV变压器保护)。

2) 合电压(方向)过电流。

3) 零序(方向)过电流。

4) 公共线圈过负荷。

5) 公共线圈零序过电流(用于自耦变压器)。

6) 零序电流电压保护(间隙)。

7) 零序电压保护(直接接地)。

8) 负荷。

9) TA、TV断线。

(3) 低压侧:

1) 复合电压过电流保护。

2) $3U_0$ 过电压保护(△侧接地保护)。

3) TA、TV断线。

4) 电量保护。

(四) 技术参数

1. 额定参数

(1) 直流电源电压:220V/110V(订货注明)。

(2) 交流额定电压:$100/\sqrt{3}$V,开口三角为100V,零序电压为300V。

(3) 交流额定电流:5A或1A(订货注明)。

(4) 交流额定频率:50Hz或60Hz。

2. 功率消耗

(1) 直流回路:当正常工作时≤50W/V40系统,当保护动作时≤80W/V40系统。

(2) 交流电流回路:≤1VA/相(额定电流下)。

(3) 交流电压回路:≤1VA/相(额定电压下)。

3. 电流电压精确测量范围

(1) 电流精确测量范围:0.02~100A(TA=5A),0.02~20A(TA=1A)。

(2) 电压精确测量范围:0.05~100V(相电压),0.15~300V(间隙电压)。

4. 主要保护的动作精度

(1) 差动(以四侧制动为例)。采样频率为800Hz时、600Hz时:

整组动作时间:快差≤20ms,快差≤18ms($1.5I_{cp}$)。差动≤30ms,差动≤25ms($1.3I_{cp}$)。

动作精度:差速断动作精度误差≤5%,差动及后备保护动作精度误差≤3%。

(2) 过激励保护:上限1.45倍,下限1.05倍,定值精度<2%,频率跟踪范围25~75Hz。

(3) 阻抗:定值精度2%,精确工作电流$0.1I_e$。

(五) 生产厂

国电南京自动化股份有限公司。

四十一、WFBZ—01型微机发电机变压器组保护装置

(一) 概述

WFBZ—01型微机发电机变压器组保护装置是由东南大学、国电南京自动化股份有限公司联合研制成功的600MW

及以下容量发电机变压器组成套微机保护装置。它由标准16位总线主机构成，可提供30多种，分布于若干个相互完全独立的CPU系统，可满足各种容量的火电或水电发变组保护要求，也可单独作为发电机、主变压器、厂用变压器、高备变、励磁变以及大型同步调相机的保护。保护配置灵活、设计合理，并对主保护进行双重化配置，满足电力系统反事故措施要求，保证装置的使用安全性。

（二）主要特点

(1) 本装置利用微机保护极强的数学运算能力，创造性地应用了许多优秀的保护原理和算法，大大提高了各保护的性能，整体性能指标好。

(2) 工艺上，装置采用进口后接插件和小密封继电器，主要芯片采用军级产品并采用直接装焊工艺，使硬件系统极为可靠，工作环境要求低，装置使用安全。

(3) 保护设有软件投退功能，另设有压板可以投退跳闸回路。

(4) 完善的自检手段可及时发现和帮助查找装置各插件字故障，使维护变得简单。

(5) 有watch dog电路监视CPU工作，CPU故障时自动发出报警。

(6) 出口干簧线包正常时悬浮不带电，动作时自动提供电源，任何一点误碰线不会引起误动。

(7) 提供现场自动和半自动整定手段，简化调试方法，也解决特殊保护字调试困难。

(8) 提供在线监视功能，可随时观察定值、各输入电气量数值、保护计算结果、开关量状态，以及时间、日期、频率等。

(9) 可存储故障消息，提供全表格化随机打印功能和故障自动打印功能，清晰明了，便于存档。打印机自动上电，并延时自动关电源，可提高打印机寿命。

(10) 提供直接试验功能供现场投运前试验。

（三）功能配置

发电机差动保护　定子匝间保护　定子接地保护
失磁保护　失步保护　逆功率保护
低频保护　过激磁保护　过电压保护
定时限对称过负荷保护　反时限对称过负荷保护
定时限不对称过负荷保护　反时限不对称过负荷保护
横差保护　转子一点接地保护
转子两点接地保护　定时限励磁回路过电流保护
反时限励磁回路+过负荷保护　发变组（变压器）差动保护
轴电流保护　轴电压保护
低压过流保护（可带电流记忆）　阻抗保护
变压器零序电流保护　变压器间隙零序电流保护
变压器零序过电压保护　变压器过流保护
复合电压过流保护（可带电流记忆）　负序功率方向保护
零序功率方向保护　相间功率方向保护
厂变分支过流保护　高压断路器失灵启动
高压断路器非全相保护　机组误上电保护
各种非电量保护借口　高压引线差动保护
多分支不完全差动保护　叠加低频交流式100%定子接地保护
抽水蓄能电站各种特殊保护　WFBZ—01微机保护管理一体化系统

（四）主要技术参数

1. 额定参数

(1) 交流电源：5A，1A。

(2) 交流电压：100V，$100/\sqrt{3}$V。

(3) 频率：50Hz。

(4) 直流电压输入：220V，110V。

(5) 直流电压输出：+5V，±15V，+24V。

2. 功率消耗

(1) 交流电流回路：采相不大于0.5VA。

(2) 交流电压回路：当额定电压时，每相不大于 0.25VA。

(3) 直流电源回路：当正常动作时，每个 CPU 不大于 50W。当保护动作时，每个 CPU 不大于 80W。

3. 过载能力

(1) 交流电流回路：20 倍额定电流，连续工作；30 倍额定电流，允许 10s；50 倍额定电流，允许 1s。

(2) 交流电压回路：1.5 倍额定电压，连续工作。

(3) 直流电源回路：80%额定电压，连续工作。

4. 测量元件特性字准确度

(1) 刻度误差：不大于±2%。

(2) 温度变差：在工作环境温度范围内，不大于±3%。

(3) 综合误差：不大于±5%。

（五）生产厂

国电南京自动化股份有限公司。

四十二、PST600 系列数字式变压器保护装置

（一）概述

PST600 系列数字式变压器保护装置是以差动保护、后备保护和瓦斯保护为基本配置的成套变压器保护装置，适用于 500kV、330kV、220kV、110kV、66kV 等大型电力变压器。

（二）配置

该保护装置基本配置设有完全相同的 CPU 插件，分别完成差动保护功能、高压侧后备保护功能、中压侧后备保护功能、低压侧后备保护功能，各种保护功能均由软件实现。瓦斯保护由独立机箱实现。保护的逻辑关系符合国家设计原则。

后备保护软件名称及功能配置见表 1-1-94。

表 1-1-94

功能配置代码 / 软件名称	A	B	C	D	E	F	G	H	I	J	K	L
SOFT—HB1	√	√		√	√	√			√	√		√
SOFT—HB2	√	√		√	√	√					√	
SOFT—HB3			√	√	√	√		√	√	√		√
SOFT—HB4			√	√	√	√		√			√	√
SOFT—HB5				√			√					

功能配置代码说明：

A：相间阻抗保护（两段五时限）。

B：接地阻抗保护（一段三时限）。

C：复合电压闭锁（方向）过流保护（两段六时限）。

D：复合电压闭锁过流保护（一段两时限）。

E：零序（方向）过流保护（两段六时限）。

F：零序过流保护（一段两时限）。

G：速断过流保护（一段两时限）。

H：间隙零序电流保护（一段一时限）。

I：反对限过激磁保护。

J：中性点过流保护（一段一时限）。

K：公共绕组过负荷保护。

L：非全相保护。

差动软件名称及功能配置见表 1-1-95。

该系列产品型号及保护功能配置见表 1-1-96。

表 1-1-95

名 称	基本功能	备 注	名 称	基本功能	备 注
SOFT—CD1	二次谐波原理的差动保护差动速断过流保护	COFT—CD14 为四侧差动	SOFT—CD2	波形对称原理的差动保护差动速断过流保护	COFT—CD24 为四侧差动
		COFT—CD13 为三侧差动			COFT—CD23 为三侧差动
		COFT—CD12 为两侧差动			COFT—CD22 为两侧差动
			SOFT—CD3	零差保护	

表 1-1-96

软件名称 产品型号	CD1	CD2	HB1	HB2	HB3	HB4	HB5	CD3	用 途
PST—601A	✓		✓	✓		✓	✓		适用于 500kV、330kV 变压器；主后共机箱
PST—601B		✓	✓	✓		✓	✓		
PST—602A	✓			✓	✓	✓			适用于 330kV、220kV 变压器；主后共机箱
PST—602B		✓		✓	✓	✓			
PST—602C		✓			✓	✓			适用于 110kV、66kV 变压器；主后共机箱
PST—603A	✓						✓		差动单机；零差保护（CD3）可选配
PST—603B		✓					✓		
PST—603C							✓		
PST—603D	✓	✓					✓		
PST—604		✓							500kV，330kV 后备保护
PST—605			✓						220kV
PST—606				✓					330kV
PST—607					✓				220kV，110kV
PST—608						✓			66kV，35kV，10kV
PST—610A	非电量保护 失灵启动电流判别和延时元件								500kV
PST—610B									330kV，220kV
PST—610C	非电量保护								110kV，66kV

（三）生产厂

国电南京自动化股份有限公司。

四十三、AMD 系列电动机保护器

（一）AMD 系列电动机保护器

1. 主要特点

单片机为核心，数字设定，保护功能完备、保护性能可靠，参数设置简单，使用方便。

2. 保护功能

三相电流不平衡、过载、短路、缺相、接地、堵转。

3. 适用范围

电压小于 1000V，频率为 50Hz 或 60Hz 的三相交流电动机。2 位十进制 BCD 码开关设置电动机工作电流，5 个 LED 指示灯指示电动机故障类型。

4. 保护器工作电源

AC 220V±20%。

5. 继电器触点容量

AC 250V/10A（阻性负载）。

6. 环境温度

−20～50℃。

7. AMD 系列电动机保护器技术数据

见表 1-1-97。

表 1-1-97

电动机保护器型号	AMD—5	AMD—10	AMD—50	AMD—100
最大设定电动机电流（A）	5.5	9.9	55	99
最小设定电动机电流（A）	1	2	10	20
最大电动机功率（kW）	2.2	4	22	45
最小电动机功率（kW）	0.55	1.1	5.5	11
电动机电源穿线孔 ϕ（mm）	15	15	15	15

注 表中电动机的额定电压为380V，电动机因型号、级数的不同，相同功率的额定电流会有不同，选用电动机保护器时应以电动机工作电流值为准。

（二）AMDL系列电动机保护器

1. 主要特点

单片机为核心，数字设定、数字显示，保护功能完备、保护性能可靠，参数设置简单，使用方便。

2. 适用范围

电压小于1000V，频率为50Hz或60Hz的三相交流电动机。

3. 保护功能

接地、短路、缺相、堵转、三相电流不平衡、过载。按键设置电动机工作电流、启动保护时间、堵转保护时间，4位LED数码管显示电动机保护参数、三相电流、故障代码。

4. 保护器工作电源

AC 220V±20%。

5. 继电器触点容量

AC 250V/10A（阻性负载）。

6. 环境温度

−20～50℃。

7. AMDL系列电动机保护器数据

见表1-1-98。

表 1-1-98

电动机保护器型号	AMDL—5	AMDL—10	AMDL—20	AMDL—50	AMDL—100	AMDL—150
最大设定电流（A）	5.5	11	23	55	110	165
最小设定电流（A）	1	2	4	10	20	30
电动机最大功率（kW）	2.2	4	11	22	45	75
电动机最小功率（kW）	0.55	1.1	2.2	5.5	11	15
电动机电源穿线孔 ϕ（mm）	15	15	15	15	15	15

注 表中电动机的额定电压为380V，电动机因型号、级数的不同，相同功率的额定电流会有不同，选用电动机保护器时应以电动机工作电流值为准。

（三）AMDM系列电动机保护器

1. 主要特点

单片机为核心，数字设定、数字显示，保护功能完备、保护性能可靠，参数设置简单，使用方便。

2. 保护功能

接地、短路、缺相、堵转、三相电流不平衡、过载。

3. 适用范围

电压小于1000V，频率为50Hz或60Hz的三相交流电动机。按键设置电动机工作电流、启动保护时间、堵转保护时间、过载保护时间、三相电流不平衡保护时间，4位LED数码管显示电机保护参数、三相电流、故障代码。

4. 保护器工作电源

AC 220V±20%。

5. 继电器触点容量

AC 250V/10A（阻性负载）。

6. 环境温度

−20～50℃。

7. AMDM系列电动机保护器数据

见表1-1-99。

表1-1-99

电动机保护器型号	AMDM—5	AMDM—10	AMDM—20	AMDM—50	AMDM—100	AMDM—150
最大设定电流（A）	5.5	11	23	55	110	165
最小设定电流（A）	1	2	4	10	20	30
电动机最大功率（kW）	2.2	4	11	22	45	75
电动机最小功率（kW）	0.55	1.1	2.2	5.5	11	15
电动机电源穿线孔 ϕ（mm）	15	15	15	15	15	15

注　表中电动机的额定电压为380V，电动机因型号、级数的不同，相同功率的额定电流会有不同，选用电动机保护器时应以电动机工作电流值为准。

（四）AMDP—□/A系列电动机保护器

1. 主要特点

单片机为核心，数字设定、数字显示，保护功能完备、保护性能可靠，参数设置简单，使用方便。

2. 适用范围

电压小于1000V，频率为50Hz或60Hz的三相交流电动机。

3. 保护功能

接地、短路、缺相、堵转、三相电流不平衡、过载。按键设置电动机工作电流、启动保护时间、堵转保护时间，4位LED数码管显示电动机保护参数、三相电流、故障代码。

4. 保护器工作电源

AC　220V±20%。

5. 继电器触点容量

AC　250V/10A（阻性负载）。

6. 环境温度

－20～50℃。

7. AMDP—□/A系列电动机保护器数据

见表1-1-100。

表1-1-100

电动机保护器型号	AMDP—5/A	AMDP—10/A	AMDP—20/A	AMDP—50/A	AMDP—100/A	AMDP—150/A	AMDP—200/A
最大设定电流（A）	5.5	11	23	55	110	165	220
最小设定电流（A）	1	2	4	10	20	30	40
电动机最大功率（kW）	2.2	4	11	22	45	75	110
电动机最小功率（kW）	0.55	1.1	2.2	5.5	11	15	22
电动机电源穿线孔 ϕ（mm）	20	20	20	20	20	20	20

注　表中电动机的额定电压为380V，电动机因型号、级数的不同，相同功率的额定电流会有不同，选用电动机保护器时应以电动机工作电流值为准。

（五）AMDP—□/B系列电动机保护器

1. 主要特点

单片机为核心，数字设定、数字显示，保护功能完备、保护性能可靠，参数设置简单，使用方便。

2. 保护功能

接地、短路、缺相、堵转、三相电流不平衡、过载。

3. 适用范围

电压小于1000V，频率为50Hz或60Hz的三相交流电动机。按键设置电动机工作电流、启动保护时间、堵转保护时间、过载保护时间、三相电流不平衡保护时间，4位LED数码管显示电动机保护参数、三相电流、故障代码。

4. 保护器工作电源

AC　220V±20%。

5. 继电器触点容量

AC　250V/10A（阻性负载）。

6. 环境温度

−20～50℃。

7. AMDP—□/B 系列电动机保护器数据

见表 1-1-101。

表 1-1-101

电动机保护器型号	AMDP—5/B	AMDP—10/B	AMDP—20/B	AMDP—50/B	AMDP—100/B	AMDP—150/B	AMDP—200/B
最大设定电流（A）	5.5	11	23	55	110	165	220
最小设定电流（A）	1	2	4	10	20	30	40
电动机最大功率（kW）	2.2	4	11	22	45	75	110
电动机最小功率（kW）	0.55	1.1	2.2	5.5	11	15	22
电动机电源穿线孔 ϕ（mm）	20	20	20	20	20	20	20

注 表中电动机的额定电压为 380V，电动机因型号、级数的不同，相同功率的额定电流会有不同，选用电动机保护器时应以电动机工作电流值为准。

（六）AMDP—□/C 系列电动机保护器

1. 主要特点

DSP 为核心，数字设定、数字显示，保护功能完备、保护性能可靠，参数设置简单，使用方便。

2. 保护功能

接地、短路、缺相、堵转、三相电流不平衡、过载。

3. 适用范围

电压小于 1000V，频率为 50Hz 或 60Hz 的三相交流电动机。按键设置电动机工作电流、启动保护时间、堵转保护时间、过载保护时间、三相电流不平衡保护时间，5 位 LED 数码管显示电动机保护参数、三相电流、故障代码。

4. 保护器工作电源

AC 220V±20%。

5. 继电器触点容量

AC 250V/10A（阻性负载）。

6. 环境温度

−20～50℃。

7. AMDP—□/C 系列电动机保护器数据

见表 1-1-102。

表 1-1-102

电动机保护器型号	AMDP—5/C	AMDP—10/C	AMDP—20/C	AMDP—50/C	AMDP—100/C	AMDP—150/C	AMDP—200/C
最大设定电流（A）	5.5	11	23	55	110	165	220
最小设定电流（A）	1	2	4	10	20	30	40
电动机最大功率（kW）	2.2	4	11	22	45	75	110
电动机最小功率（kW）	0.55	1.1	2.2	5.5	11	15	22
电动机电源穿线孔 ϕ（mm）	20	20	20	20	20	20	20

注 表中电动机的额定电压为 380V，电动机因型号、级数的不同，相同功率的额定电流会有不同，选用电动机保护器时应以电动机工作电流值为准。

（七）生产厂

沈阳新维自动化有限公司（沈阳市沈河区万柳塘路 45 号；电话：024-24225329）。

四十四、GDH 系列电动机保护器

（一）用途

GDH—10、GDH—20 系列无功耗电动机保护器是用于三相交流电网中作为保护电动机之用。它集缺相、过流、三相电流不平衡保护为一体，而且各保护功能均可独立工作。安装尺寸、使用方法与同规格的热继电器相同，因此在电气系统中可直接替代同规格的热继电器。在热继电器已被淘汰的情况下［八部委“机械科（1996）768 号文”］，它以节能、可靠等显著特点完全可替代热继电器，是热继电器理想的更新换代产品。

GDH—23 系列保护器可用于缺相、相序保护。它是采用锁相环相位控制技术，不同于普通的阻容移相方式，所以稳定可靠，不受电压、环境的影响。GDH—30 系列全数显、智能化电机保护器，不仅具有缺相、过载、三相不平衡保护功能，还具有启动保护、堵转保护、欠电流保护、预报警等保护功能。

（二）技术特点

GDH—30 系列电动机保护器是研制的数显式、智能化电动机保护器，它是为保护中、大型电动机而设计的。它采用国际最先进的单片计算机作中央数据处理、12 位 A/D 转换器为信号采样，因而具有显示直观、控制精度高、保护功能齐全、性能可靠、工作稳定等显著特点。用户可以任意设定各类参数，使其具有更高的灵活性。而故障预报警功能保证了用户及时处理故障，避免因过多停机而造成的不必要的损失。该产品还具有三相电流的动态监视、三相电流不平衡监视、最大电流值、启动时间监视等功能。

（三）选型指南

（1）规格选择。选用不同规格的保护器要根据被保护的电动机的额定电流值选用。选用时尽可能不要选在保护器的下限值上，如 10kW 电机，选用时要选用 GDH—10（20）/25 的保护器，而不要选用 GDH—10（20）/40 的保护器。

（2）保护特性的选择。定时限保护特性的保护器一般应用在被保护电动机通风散热差和负载较稳定的场合。反时限保护特性选用在负载波动较大的场合。长启动特性适用于重载启动，启动时间较长的场合。

（3）使用方法。将选好的保护器安装完后，将负载线穿过穿线孔或压紧在负载接线端子上（无方向要求），将控制回路接到控制线端子上，电流整定钮的刻度的控制回路的额定电流上，带有欠载保护的保护器，欠载电流整定刻度应调在小于正常工作电流值上。产品可以带载试验：缺相试验时应在规定时间内动作，过载试验可将过载电流整定值调小，应在规定时间内动作。

对于 GDH—20 系列保护器，缺相试验时，相应相序的指示灯熄灭后，在规定时间内动作，过载试验时，过载指示灯燃亮，并在规定时间动作。

另外还可以根据用户不同要求制造不同性能及特性的保护器。如：动作时间长短、不平衡被保护范围大小（一般可在 30%～70%之间选择）与被保护电动机配套使用的固定电流值保护器（刻度调整范围在±10%）等特殊用途的保护器。

（四）生产厂

济南新中兴电器有限公司（济南市山大北路 54 号；邮编：250100；电话：0531－88901188；传真：0531－82523029）。

第二节　输电线路继电保护装置

一、CSC—161A/161B/162A 型高中压线路保护装置

（一）适用范围

CSC—161/162 系列数字式线路保护装置，适用于 110kV 中性点直接接地的大电流接地系统的输电线路。

（二）功能

（1）纵联方向距离（相间和接地距离）、纵联零序方向。与远方信号传输装置配合，可构成专用闭锁式、允许式，逻辑由保护控制。

（2）三段相间距离和三段接地距离保护。双回线相继速动、不对称故障相继速动功能。

（3）四段零序电流保护和一段零序加速段（可选）。

（4）PT 断线后的两段过流保护。

（5）三段过流保护和一段过流加速段（可选）。

（6）过负荷保护。

（7）故障测距（CSC—161B 除外）。

（8）三相一次重合闸。

（9）断路器失灵启动电流元件。

（10）三相操作回路，有单跳圈、双跳圈两种型式。

（11）电压切换回路，有单位置、双位置两种型式。

（12）其他选配功能：低周减载、低压减载、相电流反时限、零序电流反时限、相电流后加速、零序电流后加速、慢速重合闸功能。

（三）主要特点

（1）保护功能模块化，实现了功能可配置。在标准配置的基础上，可灵活配置低周、低压减载等选配功能。兼顾需

要选配功能用户的要求和不需要选配功能的用户简化定值等的要求。

(2) 操作回路、电压切换回路可配，可用于保护、操作、切换一体化的场合，也可适用于单独使用保护的场合。

(3) 可适用于弱电源或负荷端、负荷频繁波动的线路、电压慢速恢复需较长时间开放重合闸的系统等。

(4) 更加完善的 dR/dt 的计算公式，能够快速准确地区分振荡和振荡中故障。

“振荡与故障的识别”方法获国家发明专利。

(5) 双 A/D 采集，并实现了 A/D 的互检。

(6) 通过了 IEC61000-4 标准中相关 EMC 的 10 项抗扰度最高等级要求。

(7) 装置可以选择提供 3 路高速的电（或光）以太网接口、2 路 LonWorks 网络和 RS—485 接口、串行打印接口。

(8) 可采用 IEC60870-5-103 规约、四方继保 CSC—2000 规约或 IEC61850 标准通信，实现与变电站自动化系统和继电保护故障信息系统的接口。

(9) 满足网络对时、脉冲对时、IRIG—B 码对时方式的要求。

(10) 大容量的故障录波，兼容 COMTRADE 格式。可以保存不少于 24 次的扰动录波，不少于 2000 条事件的记录，停电不丢失。

(11) 液晶显示采用汉化操作菜单，并提供四个快捷功能键，可以实现“一键化”操作。

(12) 动作过程透明化。装置可以记录保护内部各元件的动作过程、逻辑过程和各种计算值，可通过上位机管理软件 CSPC 分析保护动作的全过程。

(四) 主要技术指标

1. 功率消耗

(1) 直流电源回路：正常工作时，不大于 40W；当保护动作时，不大于 50W。

(2) 交流电流回路：当 $I_n=5A$ 时，不大于 0.3VA/相；当 $I_n=1A$ 时，不大于 0.1VA/相。

(3) 交流电压回路：在额定电压下不大于 0.3VA/相。

2. 额定参数

(1) 交流电压 U_n：57.7V；线路抽取电压 U_x：100V 或 57.7V。

(2) 交流电流 I_n：5A 或 1A。

(3) 交流频率：50Hz。

(4) 直流电压：220V 或 110V。

(5) 整组动作时间：纵联保护动作时间不大于 30ms；距离Ⅰ段 70%处线路金属性故障，主保护平均动作时间不大于 25ms。

(五) 生产厂家

北京四方继保自动化股份有限公司。

二、PCS—902 系列超高压线路成套保护装置

(一) 概述

1. 应用范围

PCS—902 为由微机实现的数字式超高压线路成套快速保护装置，可用作 220kV 及以上电压等级输电线路的主保护及后备保护。PCS—902 是新一代全面支持数字化变电站的保护装置。装置支持电子式互感器和常规互感器，支持电力行业通信标准 DL/T 667—1999（IEC 60870-5-103）和新一代变电站通信标准 IEC 61850。

2. 保护配置

PCS—902 包括以纵联距离和零序方向元件为主体的快速主保护，由工频变化量距离元件构成快速Ⅰ段保护。

保护功能针对不同的应用需求，装置分为 A、B、C、D、XS 等型号；

(1) A 型由三段式相间和接地距离及两个延时段零序方向过流构成全套后备保护；

(2) B 型由三段式相间和接地距离及四个延时段零序方向过流构成全套后备保护；

(3) C 型设有分相命令，纵联保护的方向按相比较，适用于同杆并架双回线，后备保护配置同 A 型；

(4) D 型保护以 A 型为基础，仅将零序Ⅲ段方向过流保护改为零序反时限方向过流保护；

(5) XS 型适用于串联电容补偿的输电系统。

在以后的叙述中，以 X 代替 PCS—902 可能出现的型号，如 A、B、C 或 D 型等。PCS—902 型号包括 A、B、C、D 四种型号，其他型号均是在上述型号上的扩展，因此在以下说明中，均以 A、B、C、D 四种型号为基础，当叙述某种型号的装置时，同时也包含了在该型号基础上扩展的其他装置，例如“A 型装置”则表示 PCS—902A 以及在 PCS—902A 上扩展的其他型号装置，比如 PCS—902AF。

PCS—902 系列保护具体配置如表 1-2-1 所示。

表 1-2-1

型　号	配　置	
PCS—902A	纵联距离方向 纵联零序方向 工频变化量阻抗 三段接地和相间距离 自动重合闸	两个延时段零序方向过流
PCS—902B		四个延时段零序方向过流
PCS—902C		主保护采用分相通道命令，其余同A型
PCS—902D		一个延时段加一个反时限零序方向过流
PCS—902XF		收发信采用光纤接口，通信速率64kbit/s或2048kbit/s

当PCS—902采用光纤通道时装置型号为PCS—902XF，即在上述型号的基础上增加后缀“F”，其含义为fiber（光纤）。XF型保护装置具备光纤接口，以数字通道作为传输通道，数据通信接口可选择64kbit/s或2048kbit/s。除了收发信通道不一样外，PCS—902XF与PCS—902X的保护原理一样。

保护装置设有分相跳闸出口，配有自动重合闸功能，对单或双母线接线的开关实现单相重合、三相重合和综合重合闸。

3. 装置特点

(1) PCS—902是新一代全面支持数字化变电站的保护装置。装置支持电子式互感器和常规互感器，支持新一代变电站通信标准IEC 61850。同时接线端子与国内广泛采用的RCS—900系列的超高压线路保护基本兼容。

(2) 装置采用了32位高性能的CPU和DSP、内部高速总线、智能I/O，硬件和软件均采用模块化设计，灵活可配置，具有通用、易于扩展、易于维护的特点。

(3) 装置采用双重化设计，具有双重化的采样回路和完全独立的启动和保护DSP，可以有效保证装置动作的可靠性。

(4) 保护动作速度快，线路近处故障跳闸时间小于10ms，线路中间故障跳闸时间小于15ms，线路远处故障跳闸时间小于25ms。

(5) 反应工频变化量的测量元件采用了具有自适应能力的浮动门槛，对系统不平衡和干扰具有极强的预防能力，因而测量元件能在保证安全性的基础上达到特高速，起动元件有很高的灵敏度而不会频繁起动。

(6) 具有先进可靠的振荡闭锁功能，保证距离保护在系统振荡加区外故障时能可靠闭锁，而在振荡加区内故障时能可靠切除故障。

(7) 具有灵活的自动重合闸方式。

(8) 装置具有友好的人机界面，液晶为320×240点阵，可以通过整定选择中文或英文显示。

(9) 具有完善的事件报文处理，可保存最新256次动作报告，64次故障录波报告。

(10) 具有与COMTRADE兼容的故障录波。

(11) 具有灵活的通信方式，配有2个独立的以太网接口和2个独立的RS—485通信接口。支持电力行业通信标准DL/T 667—1999（IEC 60870-5-103）和新一代变电站通信标准IEC 61850。

(12) 装置采用整体面板、全封闭机箱，强弱电严格分开，取消传统背板配线方式，装置的抗干扰能力大大提高，达到了电磁兼容各项标准的最高等级。

(二) 技术参数

1. 机械及环境参数

机箱结构尺寸：482mm×177mm×291mm；嵌入式安装。

正常工作温度：0～40℃。

极限工作温度：－10～50℃。

贮存及运输：－25～70℃。

2. 额定电气参数

直流电源：220V，110V；允许偏差：＋15%，－20%。

交流电压：$100/\sqrt{3}$V（额定电压U_n）。

交流电流：5A，1A（额定电流I_n）。

频率：50Hz/60Hz。

过载能力：电流回路2倍额定电流，连续工作，10倍额定电流，允许10s，40倍额定电流，允许1s；电压回路1.5倍额定电流，连续工作。

功耗：交流电流＜1VA/相（I_n=5A），＜0.5VA/相（I_n=1A）；交流电压＜0.5VA/相；直流正常时＜35W，跳闸时＜50W。

3. 主要技术指标

(1) 整组动作时间。

工频变化量距离元件：近处 3～10ms，末端＜20ms。

纵联保护全线路跳闸时间：＜25ms。

距离保护Ⅰ段：≈20ms。

(2) 起动元件。

电流变化量起动元件，整定范围 $0.1I_n \sim 0.5I_n$。

零序过流起动元件，整定范围 $0.1I_n \sim 0.5I_n$。

(3) 纵联保护。

纵联距离元件整定范围：0.1～25Ω（$I_n=5A$）；0.5～125Ω（$I_n=1A$）。

零序方向元件最小动作电压：＞0.5V，＜1V；最小动作电流：$<0.1I_n$。

(4) 工频变化量距离。

动作速度：＜10ms（$\Delta U_{OP}>2U_Z$ 时）。

整定范围：0.1～7.5Ω（$I_n=5A$），0.5～37.5Ω（$I_n=1A$）。

(5) 距离保护。

整定范围：0.01～25Ω（$I_n=5A$），0.05～125Ω（$I_n=1A$）。

距离元件定值误差：＜5%。

精确工作电压：＜0.25V。

最小精确工作电流：$0.1I_n$。

最大精确工作电流：$30I_n$。

Ⅱ、Ⅲ段跳闸时间：0～10s。

(6) 零序过流保护。

整定范围：$0.1I_n \sim 20I_n$。

零序过流元件定值误差：＜5%。

后备段零序跳闸延迟时间：0～10s。

(7) 暂态超越。

快速保护均不大于 2%。

(8) 测距部分。

单端电源多相故障时允许误差：＜±2.5%。

单相故障有较大过渡电阻时测距误差将增大。

(9) 自动重合闸。

检同期元件角度误差：＜±3°。

(10) 电磁兼容。

电压渐变抗扰度：IEC 61000-4-29，+20%～-20%。

电压暂降和短时中断抗扰度：IEC 61000-4-29，50%×0.2s，100%×0.05s。

浪涌（冲击）抗扰度：IEC 61000-4-5（GB/T 17626.5），4 级。

电快速瞬变脉冲群抗扰度：IEC 61000-4-4（GB/T 17626.4），4 级。

振荡波抗扰度：IEC 61000-4-12（GB/T 17626.12），3 级。

静电放电抗扰度：IEC 61000-4-2（GB/T 17626.2），2 级。

工频磁场抗扰度：IEC 61000-4-8（GB/T 17626.8），5 级。

脉冲磁场抗扰度：IEC 61000-4-9（GB/T 17626.9），5 级。

阻尼振荡磁场抗扰度：IEC 61000-4-10（GB/T 17626.10），5 级。

射频电磁辐射抗扰度：IEC 61000-4-3（GB/T 17626.3），3 级。

无线电干扰水平：在 160kV 下无线电干扰电压小于 2500μV。

(11) 绝缘试验。

绝缘试验：满足 GB/T 14598.3—93 第 6 章的规定。

冲击电压试验：满足 GB/T 14598.3—93 第 8 章的规定。

(12) 输出接点容量。

信号接点容量：允许长期通过电流 8A，切断电流 0.3A（DC 220V，V/R 1ms）。

其他辅助继电器接点容量：允许长期通过电流 5A，切断电流 0.2A（DC 220V，V/R 1ms）。

跳闸出口接点容量：允许长期通过电流 8A，切断电流 0.3A（DC 220V，V/R 1ms），不带电流保持。

（13）通信接口。

2 个独立的 RS—485 通信接口（双绞线接口）及 2 个独立的以太网接口，支持电力行业通信标准 DL/T 667—1999（IEC 60870-5-103）和新一代变电站通信标准 IEC 61850。通信速率可整定：

一个用于 GPS 对时的 RS—485 双绞线接口；

一个打印接口，RS—232 方式，通信速率可整定；

一个用于调试的 RS—232 接口（前面板）。

（14）光纤接口（仅 PCS—902XF 型）。

XF 系列保护装置可通过专用光纤或经复接，与对侧变换信号，光接头采用 FC/PC 型式。参数如下：

光纤类型：单模 CCITT Rec. G652，波长：1310nm。

发信功率：－（12.0±2.0）dBm。

接收灵敏度：＜－40dBm。

传输距离：＜50km。

光过载点：＞－8dBm。

当采用专用光纤通道传输时，在传输距离大于 50km，接收功率裕度不够时，需在订货时注明，按特殊工程处理，配用 1550nm 激光器件。

当采用复用通道传输时，装置发送功率为出厂时的默认功率。

采用通信设备复接时，信道类型：数字光纤或数字微波（可多次转接）。

接口标准：64kbit/s G.703 同向数字接口或 2048kbit/s E1 接口。保护对通道的要求为单向传输时延＜15ms。

（三）软件工作主要原理

1. 保护程序结构

保护程序结构框图如图 1-2-1 所示。

主程序按固定的采样周期接受采样中断进入采样程序，在采样程序中进行模拟量采集与滤波，开关量的采集、装置硬件自检、交流电流断线和起动判据的计算，根据是否满足起动条件而进入正常运行程序或故障计算程序。硬件自检内容包括 RAM、E^2PROM、跳闸出口三极管等。正常运行程序中进行采样值自动零漂调整及运行状态检查，运行状态检查包括交流电压断线、检查开关位置状态、变化量制动电压形成、重合闸充电、通道检查、准备手合判别等。不正常时发告警信号，信号分两种，一种是运行异常告警，这时不闭锁装置，提醒运行人员进行相应处理；另一种为闭锁告警信号，告警同时将装置闭锁，保护退出。故障计算程序中进行各种保护的算法计算，跳闸逻辑判断以及事件报告、故障报告及波形的整理。

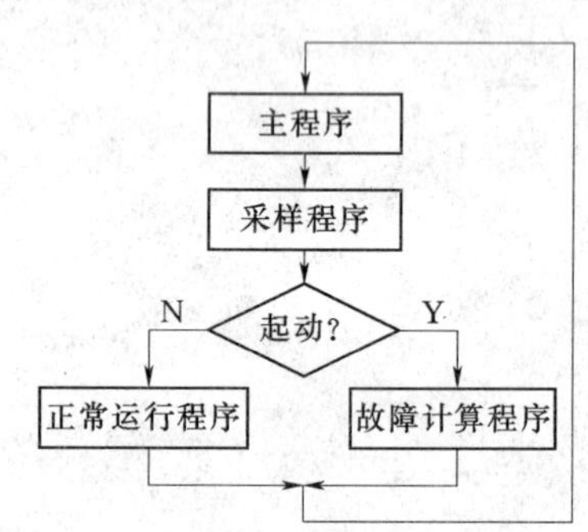

图 1-2-1 保护程序结构框图

2. 装置起动元件

起动元件的主体以反应相间工频变化量的过流继电器实现，同时又配以反应全电流的零序过流继电器互相补充。反应工频变化量的起动元件采用浮动门坎，正常运行及系统振荡时变化量的不平衡输出均自动构成自适应式的门坎，浮动门坎始终略高于不平衡输出，在正常运行时由于不平衡分量很小，而装置有很高的灵敏度。当系统振荡时，自动降低灵敏度，不需要设置专门的振荡闭锁回路。因此，装置在很高的安全性，起动元件有很高的灵敏度而又不会频繁起动，测量元件则不会误测量。

（四）硬件构成

1. 装置硬件框图

装置通用硬件框图如图 1-2-2 所示。

基于电子式互感器的装置硬件框图如图 1-2-3 所示。

基于电子式互感器的装置硬件结构与通用硬件装置的区别仅仅是采样数据接收模块部分，装置通过多模光纤接收合并单元采样数据。

2. 机械结构与安装

装置采用 4U 标准机箱，用嵌入式安装于屏上。机箱结构和屏面开孔尺寸分别见图 1-2-4、图 1-2-5。

3. 面板布置图

图 1-2-6 是装置的正面面板布置图。

4. 背板布置图

图 1-2-7 是通用的装置背面面板布置图。

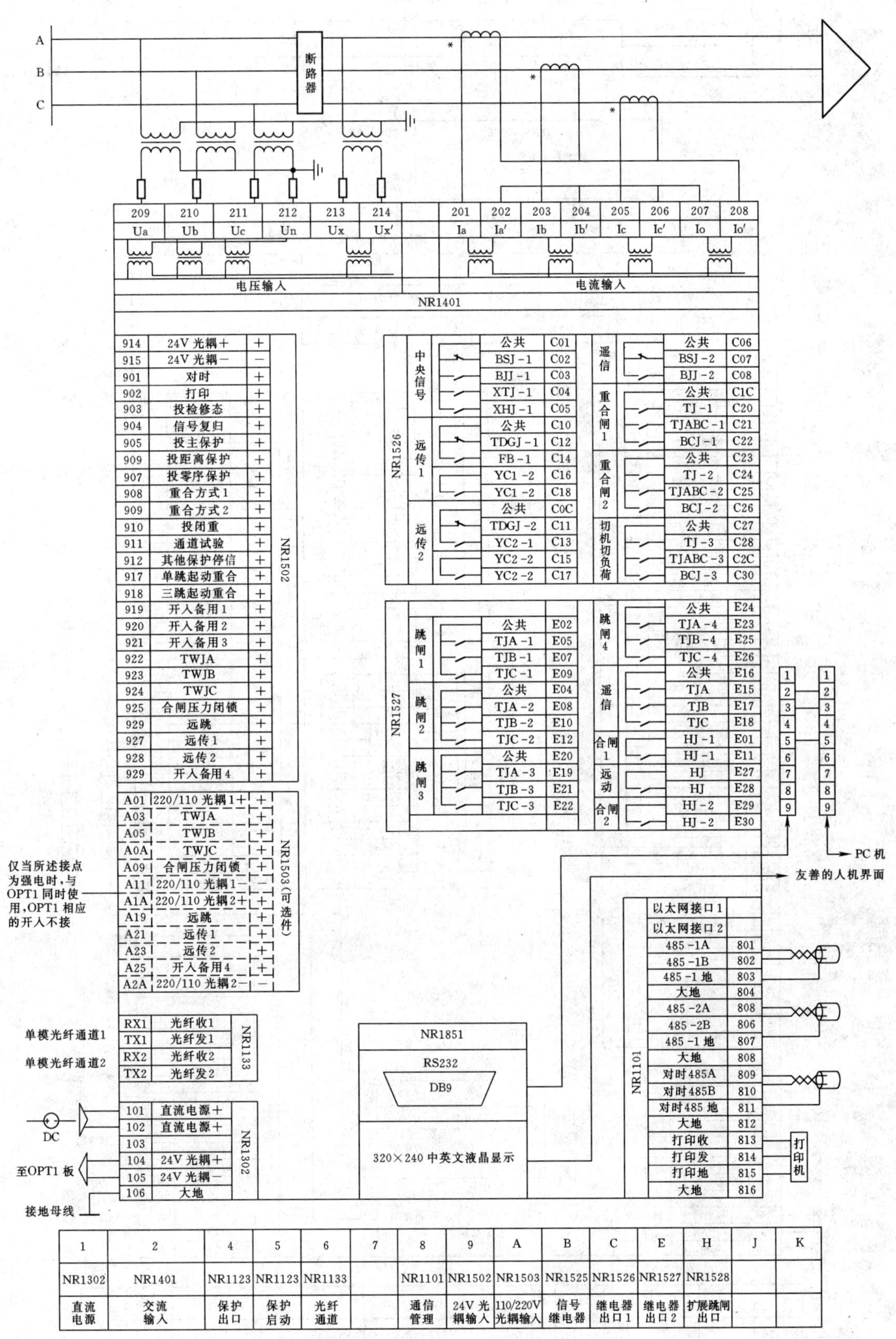

1	2	4	5	6	7	8	9	A	B	C	E	H	J	K
NR1302	NR1401	NR1123	NR1123	NR1133		NR1101	NR1502	NR1503	NR1525	NR1526	NR1527	NR1528		
直流电源	交流输入	保护出口	保护启动	光纤通道		通信管理	24V 光耦输入	110/220V 光耦输入	信号继电器	继电器出口1	继电器出口2	扩展跳闸出口		

图 1-2-2 装置通用硬件框图

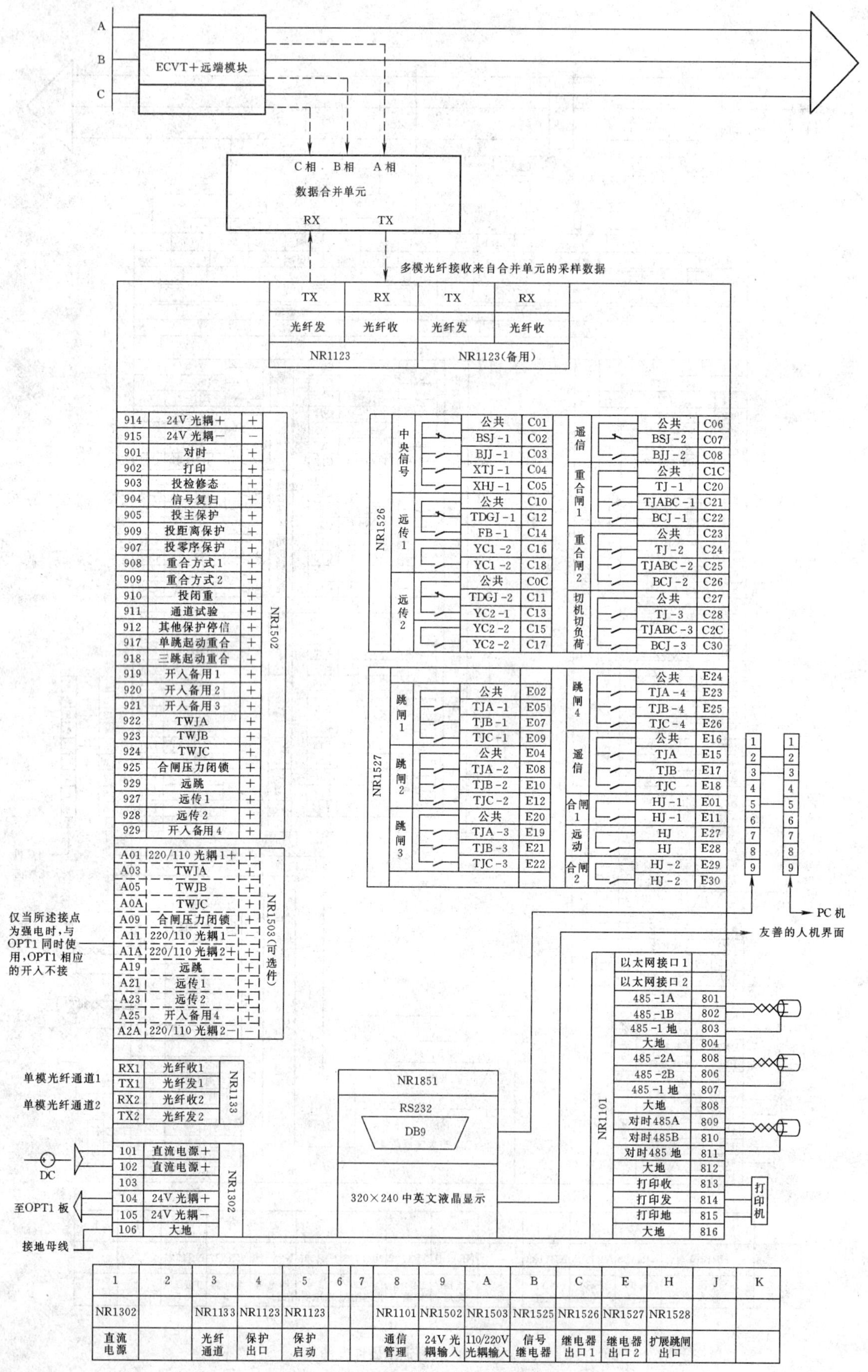

图1-2-3　基于电子式互感器的装置硬件框图

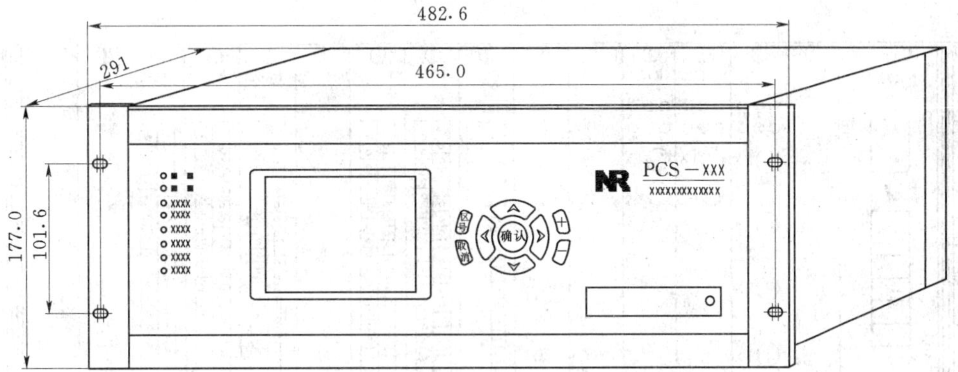

图 1-2-4　机箱结构图及屏面开孔图 1

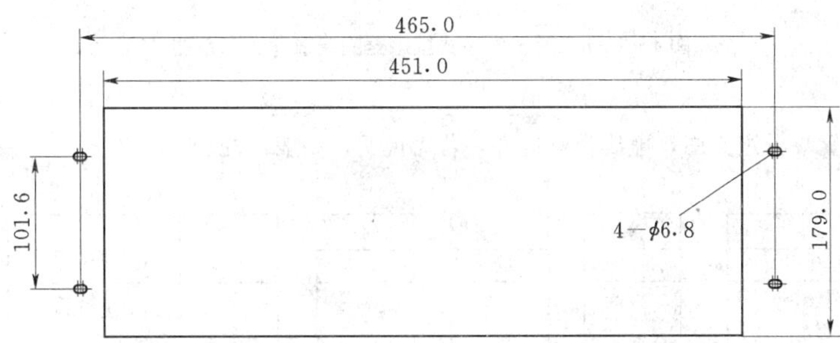

图 1-2-5　机箱结构图及屏面开孔图 2

图 1-2-6　面板布置图

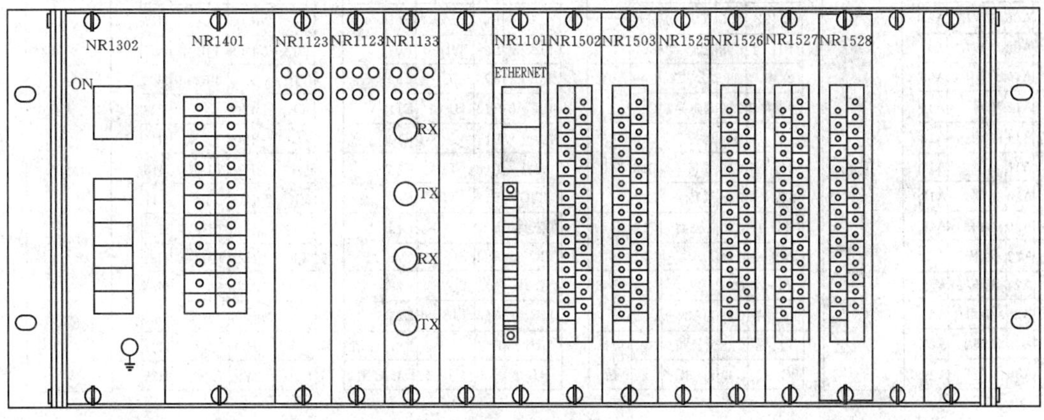

图 1-2-7　通用的装置背板布置图

图 1-2-8 是基于电子式互感器的装置背面面板布置图。

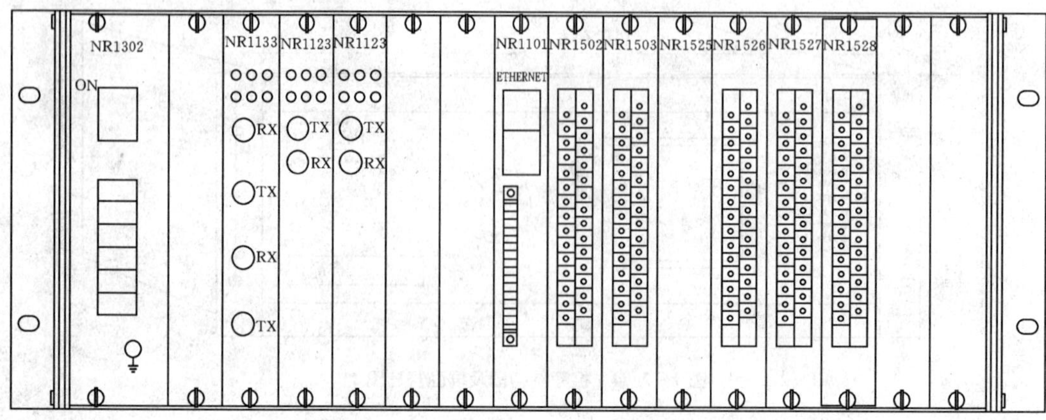

图 1-2-8 基于电子式互感器的装置背板布置图

5. 输入输出定义

图 1-2-9 为通用装置端子定义图，虚线为可选件，若无说明，一般不配。

1	
NR1302	
直流电源+	101
直流电源−	102
	103
24V光耦+	104
24V光耦−	105
大地	106

2			
NR1401			
Ia	201	Ia′	202
Ib	203	Ib′	204
Ic	205	Ic′	206
Io	207	Io′	208
Ua	209	Ub′	210
Uc	211	Un′	212
Ux	213	Ux′	214
	215		216
	217		218
	219		220

4	5	7
NR1123	NR1123	备用

6	
NR1133	
光纤收1	301
光纤发1	302
光纤收2	303
光纤发2	304

8		
NR1101		
以太网口1		以太网
以太网口2		
485-1A	801	串口1
485-1B	802	
485-1地	803	
大地	804	
485-2A	805	串口2
485-2B	806	
485-2地	807	
大地	808	
485-3A	809	时钟同步
485-3B	810	
485-3地	811	
大地	812	
打印RX	813	打印
打印TX	814	
打印地	818	
大地	816	

9			
NR1502(24V)			
打印	902	对时	901
信号复归	904	投检修态	903
投距离	906	投主保护	905
重合方式1	908	投零序	907
投闭重	910	重合方式2	909
备用2	912	备用1	911
24V光耦+	914		913
	916	24V光耦−	915
三跳重合	918	单跳重合	917
备用4	920	备用3	919
TWJA	922	备用5	921
TWJC	924	TWJB	923
远跳	926	压力闭锁	925
远传2	928	远传1	927
	930	备用6	929

A			
NR1503(110/220V)			
	A02	光耦1+	A01
	A04	TWJA	A03
	A06	TWJB	A05
	A08	TWJC	A07
	A10	压力闭锁	A09
	A12	光耦1−	A11
	A14		A13
	A16		A15
	A18	光耦2+	A17
	A20	远跳	A19
	A22	远传1	A21
	A24	远传2	A23
	A26	备用6	A25
	A28	光耦2−	A27
	A30		A29

B
NR1125

C				
NR1526				
BSJ-1	C02	公共1	C01	中央信号
XTJ-1	C04	BJJ-1	C03	
公共2	C06	XHJ-1	C05	遥信
BJJ-2	C08	BSJ-2	C07	
公共3	C30	公共4	C09	通道异常及远传
通道异常	C12	通道异常	C11	
远传1-1	C14	远传2-1	C13	
远传1-2	C16	远传2-2	C15	
远传1-2	C18	远传2-2	C17	
TJ-1	C20	公共	C19	起动重合闸1
BCJ-1	C22	TJABC-1	C21	
TJ-2	C24	公共	C23	起动重合闸2
BCJ-2	C26	TJABC-2	C25	
TJ-3	C28	公共	C27	切机切负荷
BCJ-3	C30	TJABC-3	C29	

E				
NR1527				
跳闸1公共	E02	合闸1公共	E01	公共
跳闸2公共	E04		E03	
	E06	TJA-1	E05	跳合闸
TJA-2	E08	TJB-1	E07	
TJB-2	E30	TJC-1	E09	
TJC-2	E12	HJ-1	E11	
	E14		E13	
公共	E16	TJA	E15	遥信
TJC	E18	TJB	E17	
公共	E20	TJA-3	E19	跳闸3
TJC-3	E22	TJB-3	E21	
公共	E24	TJA-4	E23	跳闸4
TJC-4	E26	TJB-4	E25	
HJ	E28	HJ	E27	遥信
HJ-2	E30	HJ-2	E29	合闸2

H			
NR1528(可选件)			
跳闸5公共	H02		H01
跳闸6公共	H04		H03
	H06	TJA-5	H05
TJA-6	H08	TJB-5	H07
TJB-6	H30	TJC-5	H09
TJC-6	H12		H11
	H14		H13
跳闸7公共	H16	TJA-7	H15
TJC-7	H18	TJB-7	H17
跳闸8公共	H20	TJA-8	H19
TJC-8	H22	TJB-8	H21
	H24		H23
	H26		H25
	H28		H27
	H30		H29

J	K
备用	备用

图 1-2-9 通用装置端子定义图

图 1-2-10 为基于电子式互感器的装置端子定义图，虚线为可选件，若无说明，一般不配。

1 NR1302	
直流电源+	101
直流电源−	102
	103
24V光耦+	104
24V光耦−	105
大地	106

2 备用

3 NR1133	
光纤收1	301
光纤发1	302
光纤收2	303
光纤发2	304

4 NR1123	
光纤发	401
光纤收	402

5 NR1123	
光纤发	501
光纤收	502

6 备用

7 备用

8 NR1101		
以太网口1		以太网
以太网口2		
485-1A	801	串口1
485-1B	802	
485-1地	803	
大地	804	
485-2A	805	串口2
485-2B	806	
485-2地	807	
大地	808	
485-3A	809	时钟同步
485-3B	810	
485-3地	811	
大地	812	
打印RX	813	打印
打印TX	814	
打印地	818	
大地	816	

9 NR1502(24V)			
打印	902	对时	901
信号复归	904	投检修态	903
投距离	906	投主保护	905
重合方式1	908	投零序	907
投闭重	910	重合方式2	909
备用2	912	备用1	911
24V光耦+	914		913
	916	24V光耦−	915
三跳重合	918	单跳重合	917
备用4	920	备用3	919
TWJA	922	备用5	921
TWJC	924	TWJB	923
远跳	926	压力闭锁	925
远传2	928	远传1	927
	930	备用6	929

A NR1503(110/220V)			
	A02	光耦1+	A01
	A04	TWJA	A03
	A06	TWJB	A05
	A08	TWJC	A07
	A10	压力闭锁	A09
	A12	光耦1−	A11
	A14		A13
	A16		A15
	A18	光耦2+	A17
	A20	远跳	A19
	A22	远传1	A21
	A24	远传2	A23
	A26	备用6	A25
	A28	光耦2−	A27
	A30		A29

B NR1125

C NR1526				
BSJ-1	C02	公共1	C01	中央信号
XTJ-1	C04	BJJ-1	C03	
公共2	C06	XHJ-1	C05	遥信
BJJ-2	C08	BSJ-2	C07	
公共3	C30	公共4	C09	
通道异常	C12	通道异常	C11	通道异常及远传
远传1-1	C14	远传2-1	C13	
远传1-2	C16	远传2-2	C15	
远传1-2	C18	远传2-2	C17	
TJ-1	C20	公共	C19	起动重合闸1
BCJ-1	C22	TJABC-1	C21	
TJ-2	C24	公共	C23	起动重合闸2
BCJ-2	C26	TJABC-2	C25	
TJ-3	C28	公共	C27	切机切负荷
BCJ-3	C30	TJABC-3	C29	

E NR1527				
跳闸1公共	E02	合闸1公共	E01	公共
跳闸2公共	E04		E03	
	E06	TJA-1	E05	跳合闸
TJA-2	E08	TJB-1	E07	
TJB-2	E30	TJC-1	E09	
TJC-2	E12	HJ-1	E11	
	E14		E13	
公共	E16	TJA	E15	遥信
TJC	E18	TJB	E17	
公共	E20	TJA-3	E19	跳闸3
TJC-3	E22	TJB-3	E21	
公共	E24	TJA-4	E23	跳闸4
TJC-4	E26	TJB-4	E25	
HJ	E28	HJ	E27	遥信
HJ-2	E30	HJ-2	E29	合闸2

H NR1528(可选件)			
跳闸5公共	H02		H01
跳闸6公共	H04		H03
	H06	TJA-5	H05
TJA-6	H08	TJB-5	H07
TJB-6	H30	TJC-5	H09
TJC-6	H12		H11
	H14		H13
跳闸7公共	H16	TJA-7	H15
TJC-7	H18	TJB-7	H17
跳闸8公共	H20	TJA-8	H19
TJC-8	H22	TJB-8	H21
	H24		H23
	H26		H25
	H28		H27
	H30		H29

J 备用

K 备用

图 1-2-10 基于电子式互感器的装置端子定义图

输出接点如图 1-2-11 所示。

6. 各插件简要说明

本装置基于本公司最新的软硬件平台而研制，新平台的主要特点是：高可靠性、高抗干扰能力、智能化、网络化。通用硬件模块图见图 1-2-12。

(1) 电源插件（NR1302）。从装置的背面看，第一个插件为电源插件，如图 1-2-13 所示。

保护装置的电源从 101 端子（直流电源 220V/110V+端）、102 端子（直流电源 220V/110V−端）经抗干扰盒、背板电源开关至内部 DC/DC 转换器，输出+5V、±12V、+24V（继电器电源）给保护装置其他插件供电；另外经 104、105 端子输出一组 24V 光耦电源，其中 104 为光耦 24V+，105 为光耦 24V−。

输入电源的额定电压有 220V 和 110V 两种，订货时请注明，投运时请检查所提供电源插件的额定输入电压是否与控制电源电压相同，电源输入连接见图 1-2-13 (b)。

光耦电源的连接见图 1-2-13 (c)，电源插件输出光耦 24V−（105 端子），经外部连线直接接至 OPT1 插件的光耦 24V−（915 端子）；输出光耦 24V+（104 端子）接至屏上开入公共端子；为监视开入 24V 电源是否正常，需从开入公共端子或 104 端子经连线接至 24V 光耦插件的光耦 24V+（914 端子），其他开入的连接详见 24V 光耦插件。

(2) 交流输入变换插件（NR1401）。对于支持电子式互感器的保护装置，不配置该插件。

交流输入变换插件（NR1401）适用在有模拟 PT、CT 的厂站，其与系统接线方式如图 1-2-14 所示。

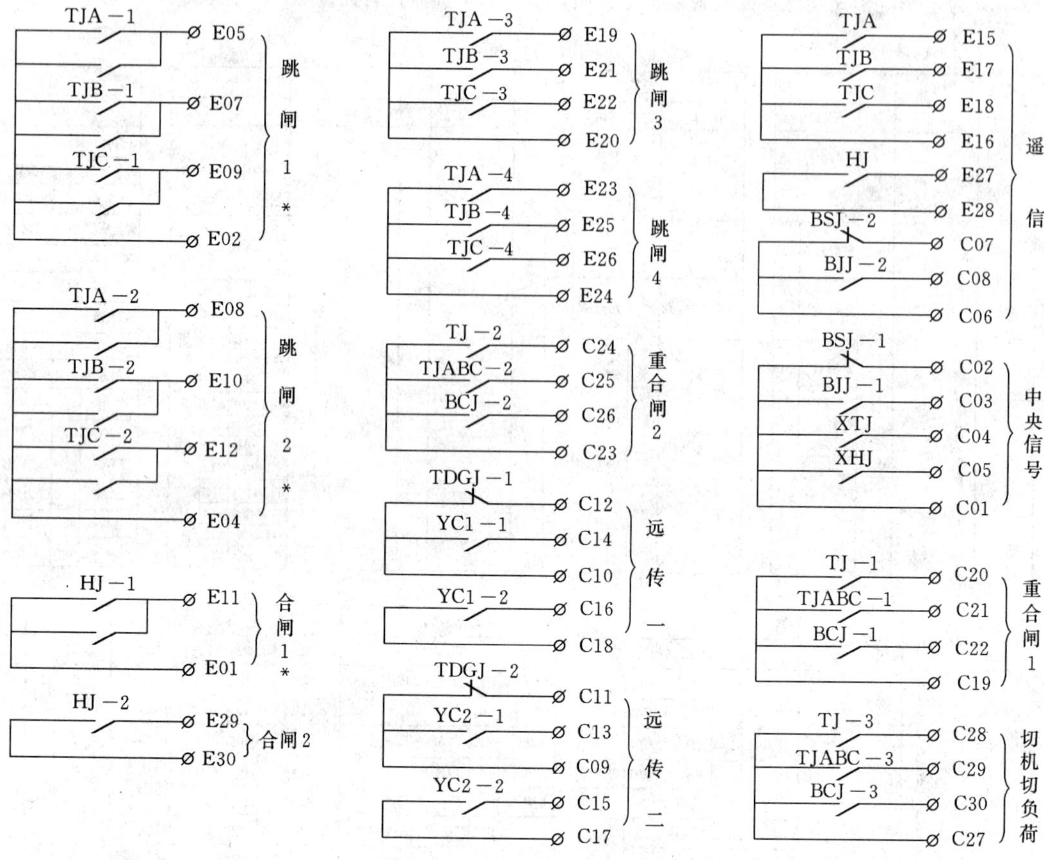

图 1-2-11　输出接点图

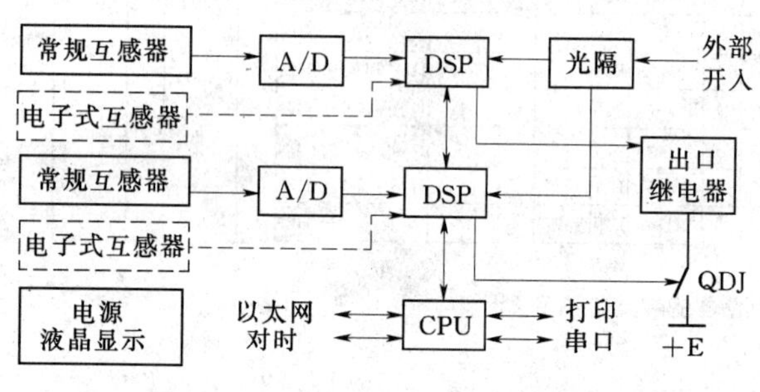

图 1-2-12　通用硬件模块图

I_A、I_B、I_C、I_0，分别为三相电流和零序电流输入，值得注意的是：虽然保护中零序方向、零序过流元件均采用自产的零序电流计算，但是零序电流起动元件仍由外部的输入零序电流计算，因此如果零序电流不接，则所有与零序电流相关的保护均不能动作，如纵联零序方向、零序过流等，电流变换器的线性工作范围为 $30I_N$。

U_A、U_B、U_C 为三相电压输入，额定电压为 $100/\sqrt{3}$V；U_X 为重合闸中检无压、检同期元件用的电压输入，额定电压为 100V 或 $100/\sqrt{3}$V，当输入电压小于 30V 时，检无压条件满足，当输入电压大于 40V 时，检同期中有压条件满足；如重合闸不投或不检重合，则该输入电压可以不接。如果重合闸投入且使用检无压或检同期方式（由定值中重合闸方式整定），则装置在正常运行时检查该输入电压是否大于 40V，若小于 40V，经 10s 延时报线路 TV 断线告警，BJJ 继电器动作。正常运行时测量 U_X 与 U_A 之间的相位差，作为检同期的固有相位差，因此对 U_X 是哪一相或相间是没有要求的，保护能够自动适应。

215 端子为装置的接地点，应将该端子接至接地铜排。

交流插件中三相电流和零序电流输入，按额定电流可分为 1A、5A 两种，订货时请注明，投运前注意检查。

(3) 光纤通道插件（NR1133）。该插件由高性能的数字信号处理器和其他外设组成，通过内部总线与装置内其他插件实现数据同步和高速数据交换。

该插件提供 2 个 2M 或 64K 的单模光纤口与对侧保护交换采样数据和信号。

(4) DSP 插件（NR1123）。该插件由高性能的数字信号处理器、光纤接口、同步采样的 16 位高精度 ADC 以及其他外设组成。插件完成模拟量数据采集功能、保护逻辑计算和跳闸出口等功能。

当连接常规互感器的时候，插件通过交流输入板进行同步数据采集；当连接电子式互感器的时候，插件通过多模光纤接口从合并单元实时接收同步采样数据。

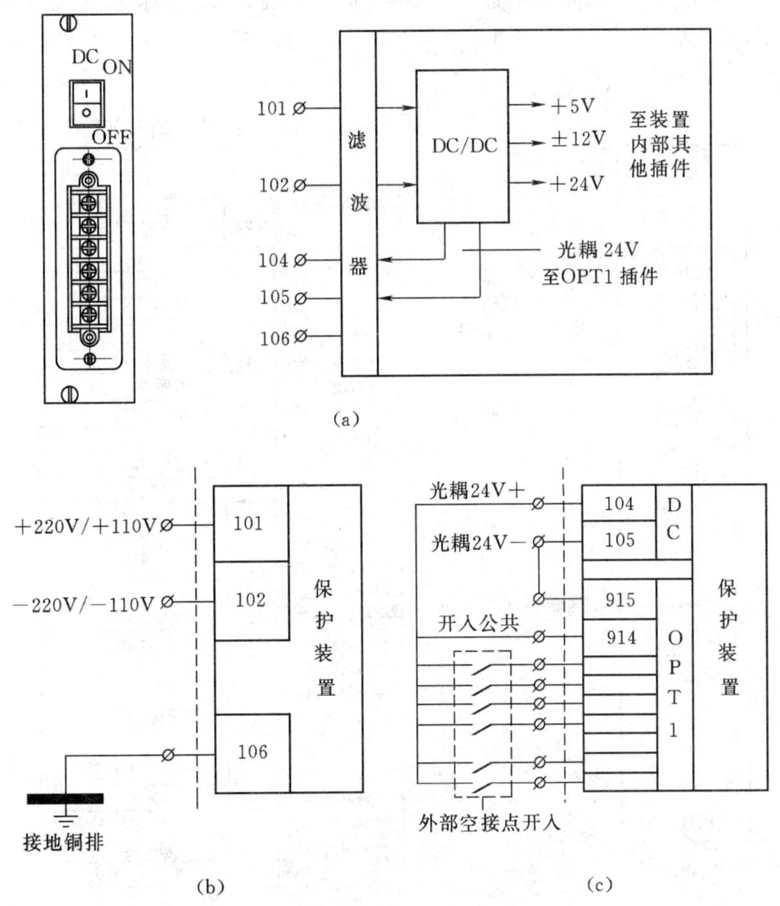

图 1-2-13 电源插件原理及输入接线图

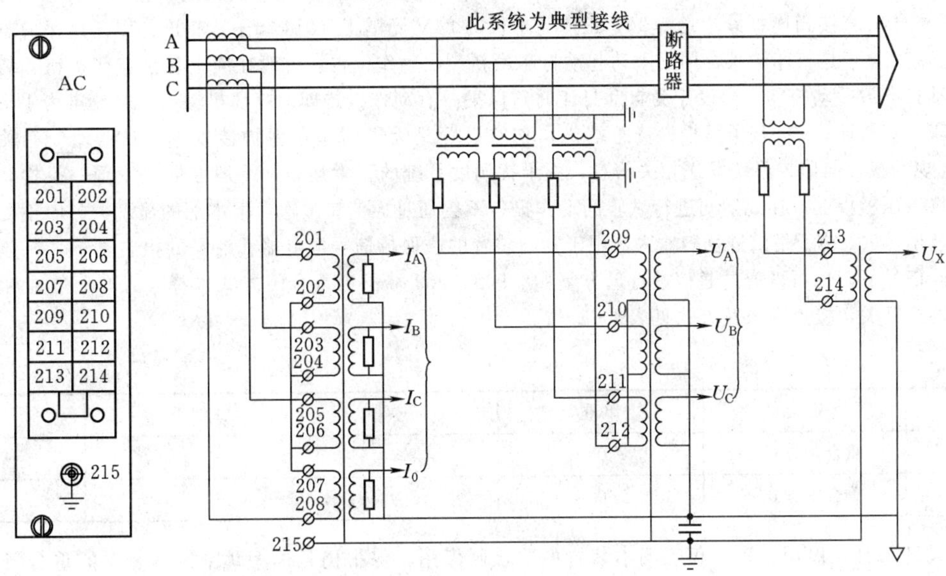

图 1-2-14 交流输入变换插件与系统接线图

(5) CPU 插件（NR1101)。该插件由高性能的嵌入式处理器、FLASH、SRAM、SDRAM、PCI 以太网控制器及其他外设组成。实现对整个装置的管理、人机界面、通信和录波等功能。

该插件使用内部总线接收装置内其他插件的数据，通过 RS—485 总线与 LCD 板通信。此插件具有 2 路以太网接口、2 路 RS—485 外部通信接口、差分对时接口和 RS—232 打印机接口。

(6) 24V 光耦插件（NR1502）。NR1502A 智能开入板同时监测 25 路开入，并将开入信息通过内部总线传给其他板卡。该插件的所有开入的工作电压均为 24V，当开入电压<额定工作电压的 60%时，开入保证为 0，当开入电压>额定工作电压的 70%时，开入保证为 1。见图 1-2-15。

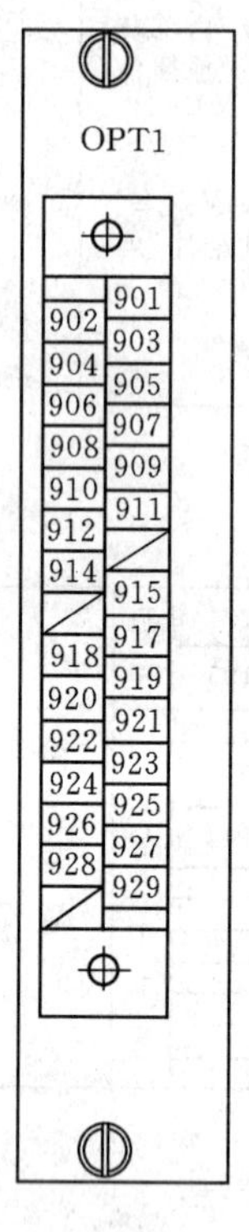

端子	名称
104	24V光耦+（输出）
105	24V光耦-（输出）
914	24V光耦+（输入）
915	24V光耦-（输入）
901	对时
902	打印
903	投检修态
904	信号复归
905	投主保护
906	投距离保护
907	投零序保护
908	重合方式1
909	重合方式2
910	投闭重
911	开入备用1
912	开入备用2
917	单跳起动重合
918	三跳起动重合
919	开入备用3
920	开入备用4
921	开入备用5
922	TWJA
923	TWJB
924	TWJC
925	合闸压力闭锁
926	远跳
927	远传1
928	远传2
929	开入备用6

图 1-2-15　光耦插件背板端子及外部接线图

电源插件输出的光耦 24V 电源，其正端（104 端子）应接至屏上开入公共端，其负端（105 端子）应与本板的 24V 光耦负端（915 端子）直接相连；另外光耦 24V 正应与本板的 24V 光耦正（914 端子）相连，以便让保护监视光耦开入电源是否正常。902 端子是打印输入，用于手动起动打印最新一次动作报告，一般在屏上装设打印按钮。装置通过整定控制字选择自动打印或手动打印，当设定为自动打印时，保护一有动作报告即向打印机输出，当设定为手动打印时，则需按屏上的打印按钮打印。903 端子是投检修态端入，它的设置是为了防止在保护装置进行试验时，有关报告经 IEC 60870-5-103 规约接口向监控系统发送相关信息，而干扰调度系统的正常运行，一般在屏上设置一投检修态压板，在装置检修时，将该压板投上，在此期间进行试验的动作报告不会通过通信口上送，但本地的显示、打印不受影响；运行时应将该压板退出。904 端子是信号复归输入，用于复归装置的磁保持信号继电器和液晶的报告显示，一般在屏上装设信号复归按钮。信号复归也可以通过通信进行远方复归。908、909 端子为重合闸方式选择开入，一般在屏上装设重合闸的方式选择切换开关，接点引入及方式见表 1-2-2。

表 1-2-2

端子	定义	单重	三重	综重	停用
908	重合闸方式 1	0	1	0	1
909	重合闸方式 2	0	0	1	1

重合闸方式开关打在停用位置，仅表明本装置的重合闸停用，保护仍是选相跳闸。本装置的重合闸停用还可由整定控制字中“重合闸投入”置“0”实现。要实现线路重合闸停用，即任何故障三跳且不重，则应将“闭重三跳”（910 端子）压板投入。910 端子是闭重三跳输入，其意义是：①沟三跳，即单相故障保护也三跳；②闭锁重合闸，如重合闸投入则放电。本装置的重合闸起动方式有：①位置（TWJ）接点确定的不对应起动（由整定控制字确定是否投入）；②本保护动作起动；③其他保护动作起动；917、918 端子分别为其他保护动作单跳起动重合闸、三跳起动重合闸输入。这两个接点要求是瞬动接点，即保护动作返回而返回，单跳起动重合闸可为三相跳闸的或门输出，任一相跳闸即动作；而三跳起动重合闸则必须为三相跳闸的与门输出。如果不用本装置的重合闸或

采用位置不对应起动重合闸，则不接这两个输入。922、923、924 端子分别为 A、B、C 三相的分相跳闸位置继电器接点（TWJA、TWJB、TWJC）输入，一般由操作箱提供。位置接点的作用是：①重合闸门（不对应起动重合闸、单重方式是否三相跳开）；②判别线路是否处于非全相运行；③TV 三相失压且线路无流时，看开关是否在合闸位置，若是则经 1.25s 报 TV 断线。925 端子是压力闭锁重合闸输入，仅作用于重合闸，不用本装置的重合闸时，该端子可不接。926 端子定义为远跳：主要为其他装置提供通道切除线路对侧开关，如本侧失灵保护动作，跳闸信号经远跳，结合"远跳经本侧起动"控制字可直接或经对侧起动控制，跳对侧开关。927、928 端子定义为远传 1，远传 2；只是利用通道提供简单的接点传输功能，如本侧失灵保护动作，跳闸信号经远传 1（2），结合对侧就地判据跳对侧开关。

(7) 高压光耦插件（NR1503）。供货时高压光耦插件一般是不配的，其端子定义在升级版说明书中说明，此处未标注。

(8) 信号继电器插件（NR1525）。本插件无外部连线，该板主要是将 5V 的动作信号经三极管转换为 24V 信号，从而驱动继电器。正常运行时，装置会对所有三极管的出口进行检查，若有错则告警并闭锁保护。本板设置了总起动继电器，当 CPU 满足起动条件，则该继电器动作，接点闭合，开放出口继电器的正电源。

(9) 继电器出口 1 插件（NR1526）。插件 NR1526 用在 XF 型装置中，对于非 XF 型装置的 OUT1 插件定义在升级版说明书中说明，此处未标注。本插件提供输出空接点，如图 1-2-16 所示。

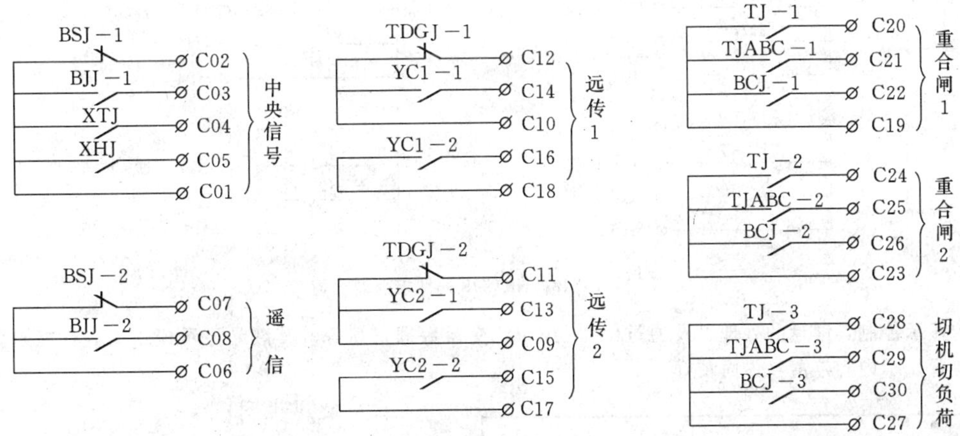

图 1-2-16　OUT1 插件接点输出图

BSJ 为装置故障告警继电器，其输出接点 BSJ—1、BSJ—2、BSJ—3 均为常闭接点，装置退出运行如装置失电、内部故障时均闭合。BJJ 为装置异常告警继电器，其输出接点 BJJ—1、BJJ—2 为常开接点，装置异常如 TV 断线、TWJ 异常、CT 断线等，仍有保护在运行时，发告警信号，BJJ 继电器动作，接点闭合。XTJ、XHJ 分别为跳闸和重合闸信号磁保持继电器，保护跳闸时 XTJ 继电器动作并保持，重合闸时 XHJ 继电器动作并保持，需按信号复归按钮或由通信口发远方信号复归命令才返回。TDGJ、YC1、YC2 为通道告警及远传继电器。TDGJ 定义为通道告警（常开接点），YC1 定义为远传 1，YC2 定义为远传 2。装置给出两组接点，可分别给两套远方起动跳闸装置。TJ 继电器为保护跳闸时动作（单跳和三跳该继电器均动作），保护动作返回时，该继电器也返回，其接点可接至另一套装置的单跳起动重合闸输入。TJABC 继电器为保护发三跳命令时动作，保护动作返回该继电器也返回，其接点可接至另一套装置的三跳起动重合闸输入。BCJ 继电器为闭锁重合闸继电器，当本保护动作跳闸同时满足了设定的闭重条件时，BCJ 继电器动作，例如设置相间距离Ⅱ段闭重，则当相间距离Ⅱ段动作跳闸时，BCJ 继电器动作。BCJ 继电器一旦动作，则直至整组复归返回。TJ、TJABC、BCJ 继电器各有三相接点输出，供其他装置使用。

(10) 继电器出口 2 插件（NR1527）。OUT2 插件输出接点如图 1-2-17 所示。

该插件输出 5 组跳闸出口接点和 3 组重合闸出口接点，均为瞬动接点；用第一组跳闸和第一组合闸接点去接操作箱的跳合线圈，其他供作遥信、故障录波起动、失灵用。如果需跳两个开关，则用第二组跳闸接点去跳第二个开关。

(11) 扩展继电器出口插件（NR1528）（图 1-2-18）。一般而言，继电器出口 2 插件的跳合闸输出接点是够用的，如果不够，可在该插件的右侧插入扩展继电器出口 3 插件，可扩展四组跳闸接点。

供货时一般不配扩展继电器出口插件，如有需要订货时请注明。

(12) 显示面板（NR1851）。显示面板由液晶显示模块、键盘、指示灯以及 ARM 处理器组成，ARM 处理器完成液

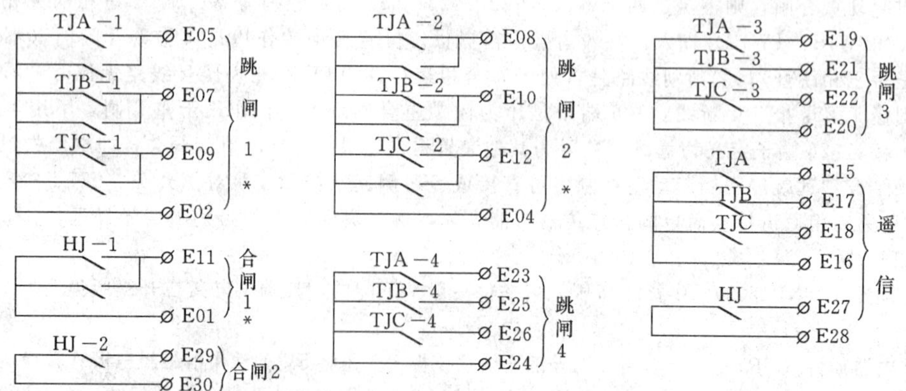

图 1－2－17　OUT2 插件接点输出图

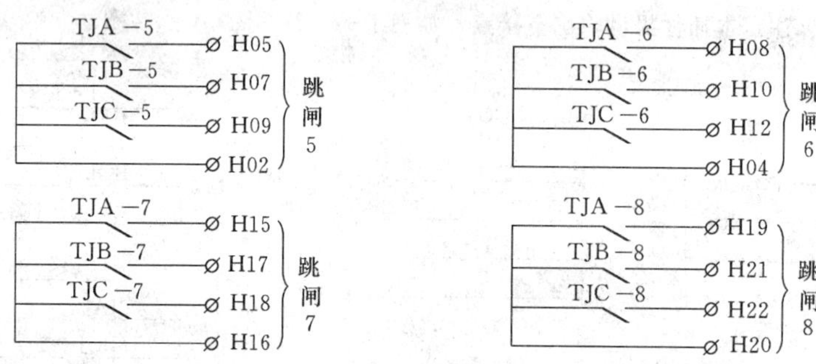

图 1－2－18　NR1528 插件接点输出图

晶显示模块的显示控制，键盘的处理以及通过串口与 CPU 交换数据信息等。其液晶显示模块为高性能超大液晶面板，背光柔和，装置显示内容丰富，界面友好。

2 A B	2006－09－1504：15：00：003
保护板电流 A 相	0.02A
保护板电流 B 相	0.02A
保护板电流 C 相	0.02A
保护板电压 A 相	0.02V
保护板电压 B 相	0.02V
保护板电压 C 相	0.02V
保护板零序电流	0.02A
保护板零序电压	0.02V
定值区号	00

图 1－2－19　主画面格式

（五）使用说明

1. 指示灯说明

(1)“运行”灯为绿色，装置正常运行时点亮。

(2)“报警”灯为黄色，当发生装置自检异常时点亮。

(3)“充电”灯为黄色，当重合充电完成时点亮。

(4)“通道异常”灯为黄色，当通道故障时点亮。

(5)“跳 A”、“跳 B”、“跳 C”、“重合闸”灯为红色，当保护动作出口点亮，在“信号复归”后熄灭。

2. 保护运行时液晶显示说明

装置上电后，正常运行时液晶屏幕将显示主画面，格式见图 1－2－19。

其中：左上角的“2”为以太网后台连接个数，“A”为表明串口 A 通信正常，“B”为表明串口 B 通信正常。

3. 命令菜单目录结构

在主画面状态下，按‘▲’键可进入主菜单，通过‘▲’、‘▼’、‘确认’和‘取消’键选择子菜单。命令菜单采用图 1－2－20 所示的树形目录结构。

4. 装置的运行说明

(1) 装置正常运行状态。

装置正常运行时，“运行”灯应亮，所有告警指示灯（黄灯，“充电”灯除外）应不亮。

按下“信号复归”按钮，复归所有跳闸、重合闸指示灯，并使液晶显示处于正常显示主画面。

(2) 装置异常信息含义及处理建议见表 1－2－3。

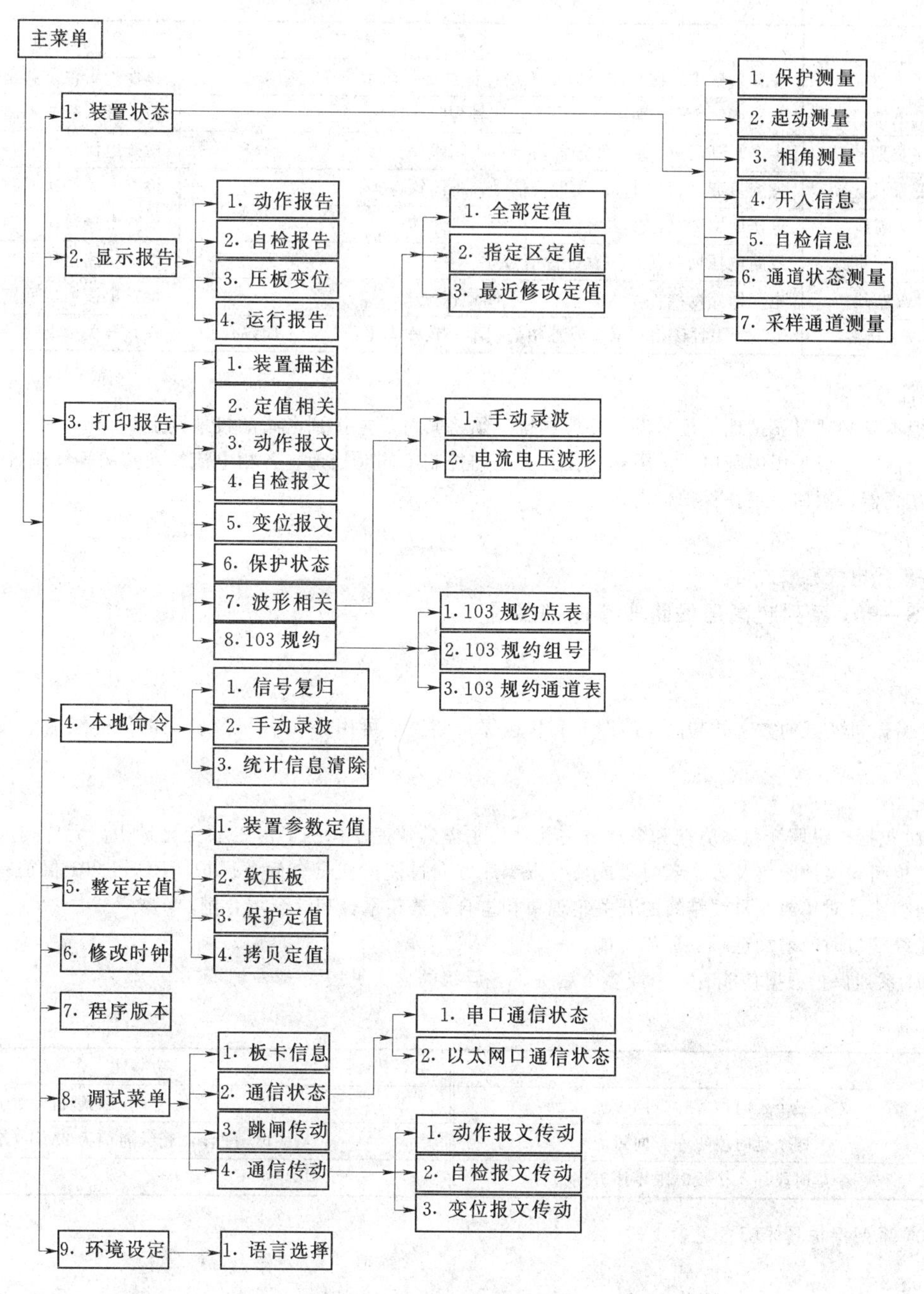

图 1-2-20 树形目录结构

表 1-2-3

序号	自检出错信息	含 义	处 理 建 议
1	存储器出错	RAM 芯片损坏，闭锁保护	通知厂家处理
2	程序出错	FLASH 内容被破坏，闭锁保护	通知厂家处理
3	定值出错	定值区内容被破坏，闭锁保护	通知厂家处理
4	采样数据异常	模拟输入通道出错，闭锁保护	通知厂家处理
5	跳合出口异常	出口三极管损坏，闭锁保护	通知厂家处理
6	直流电源异常	直流电源不正常，闭锁保护	通知厂家处理
7	DSP 定值出错	DSP 定值自检出错，闭锁保护	通知厂家处理

续表

序号	自检出错信息	含　义	处 理 建 议
8	该区定值无效	装置参数中二次额定电流更改后，保护定值未重新整定	将保护定值重新整定
9	光耦电源异常	24V或220V光耦正电源失去，闭锁保护	检查开入板的隔离电源是否接好
10	零序长期起动	零序起动超过10s，发告警信号，不闭锁保护	检查电流二次回路接线
11	突变量长起动	突变量起动超过10s，发告警信号，不闭锁保护	检查电流二次回路接线
12	TV断线	电压回路断线，发告警信号，闭锁部分保护	检查电压二次回路接线
13	线路TV断线	线路电压回路断线，发告警信号	检查线路电压二次回路接线
14	TA断线	电流回路断线，发告警信号，不闭锁保护	检查电流二次回路接线
15	TWJ异常	TWJ＝1且该相有电流或三相长期不一致发告警信号，不闭锁保护	检查开关辅助接点

（3）安装注意事项。

1）保护柜本身必须可靠接地，柜内设有接地铜排，须将其可靠连接到电站的接地网上。

2）可能的情况下应采用屏蔽电缆，屏蔽层在开关场与控制室同时接地，各相电流线及其中性线应置于同一电缆内。

3）电流互感器二次回路仅在保护柜内接地。

（六）生产厂家

南京南瑞继保电气有限公司。

三、RCS—901系列超高压线路成套保护装置

（一）概述

1. 应用范围

本装置为由微机实现的数字式超高压线路成套快速保护装置，可用作220kV及以上电压等级输电线路的主保护及后备保护。

2. 保护配置

RCS—901包括以纵联变化量方向和零序方向元件为主体的快速主保护，由工频变化量距离元件构成的快速Ⅰ段保护，由三段式相间和接地距离及多个延时段或反时限零序方向过流构成全套后备保护；RCS—901保护有分相出口，配有自动重合闸功能，对单或双母线结线的开关实现单相重合、三相重合和综合重合闸

当采用光纤接口时，增加远跳、远传功能。

RCS—901系列保护根据功能有一个或多个后缀，各后缀的含义见表1-2-4。

表1-2-4

后缀	功 能 含 义	后缀	功 能 含 义
A	二个延时段零序方向过流	F	光纤接口，光端机允许式
B	四个延时段零序方向过流	M	与“F”配合，光纤通信为2MB（缺省为64KB）
D	一个延时段加一个反时限零序方向过流		

RCS—901系列保护具体配置见表1-2-5。

表1-2-5

型　号	配　置	
RCS—901A	纵联变化量方向 纵联零序方向 工频变化量阻抗 三段接地和相间距离 自动重合闸	二个延时段零序方向过流
RCS—901B		四个延时段零序方向过流
RCS—901D		一个延时段加一个反时限零序方向过流
RCS—901xL		过负荷告警、过流跳闸
RCS—901xF		收发信采用光纤接口，通信速率64kbit/s
RCS—901xFM		收发信采用光纤接口，通信速率2048kbit/s

注 RCS—901xF（M）中的x可为A、B或D。

3. 性能特征

（1）动作速度快，线路近处故障跳闸时间小于10ms，线路中间故障跳闸时间小于15ms，线路远处故障跳闸时间小于25ms。

（2）主保护采用积分算法，计算速度快；后备保护强调准确性，采用傅氏算法，滤波效果好，计算精度高。

(3) 反应工频变化量的测量元件采用了具有自适应能力的浮动门槛，对系统不平衡和干扰具有极强的预防能力，因而测量元件能在保证安全性的基础上达到特高速，起动元件有很高的灵敏度而不会频繁起动。

(4) 先进可靠的振荡闭锁功能，保证距离保护在系统振荡加区外故障时能可靠闭锁，而在振荡加区内故障时能可靠切除故障。

(5) 灵活的自动重合闸方式。

(6) 装置采用整体面板、全封闭机箱，强弱电严格分开，取消传统背板配线方式，同时在软件设计上也采取相应的抗干扰措施，装置的抗干扰能力大大提高，对外的电磁辐射也满足相关标准。

(7) 完善的事件报文处理，可保存最新 64 次动作报告，24 次故障录波报告。

(8) 友好的人机界面、汉字显示、中文报告打印。

(9) 灵活的后台通信方式，配有 RS—485 通信接口（可选双绞线、光纤）或以太网。

(10) 支持电力行业标准 DL/T 667—1999（IEC 60870-5-103 标准）的通信规约。

(11) 与 COMTRADE 兼容的故障录波。

（二）技术参数

1. 机械及环境参数

机箱结构尺寸：482mm×177mm×291mm；嵌入式安装。

正常工作温度：0～40℃。

极限工作温度：－10～50℃。

贮存及运输：－25～70℃。

2. 额定电气参数

直流电源：220V，110V；允许偏差为＋15%，－20%。

交流电压：$100/\sqrt{3}$V（额定电压 U_n）。

交流电流：5A，1A（额定电流 I_n）。

频率：50Hz/60Hz。

过载能力：电流回路为 2 倍额定电流，连续工作，10 倍额定电流，允许 10s，40 倍额定电流，允许 1s；电压回路为 1.5 倍额定电压，连续工作。

功耗：交流电流为＜1VA/相（$I_n=5$A），＜0.5VA/相（$I_n=1$A）；交流电压为＜0.5VA/相，直流为正常时＜35W，跳闸时＜50W。

3. 主要技术指标

(1) 整组动作时间。

工频变化量距离元件：近处 3～10ms，末端＜20ms。

纵联保护全线路跳闸时间：＜25ms。

距离保护Ⅰ段：≈20ms。

(2) 起动元件。

电流变化量起动元件，整定范围 $0.1I_n$～$0.5I_n$。

零序过流起动元件，整定范围 $0.1I_n$～$0.5I_n$。

(3) 纵联保护。

零序方向元件最小动作电压：＞0.5V，＜1V；

最小动作电流：＜$0.1I_n$。

(4) 工频变化量距离。

动作速度：＜10ms（$\Delta U_{OP}>2U_Z$ 时）。

整定范围：0.1～7.5Ω（$I_n=5$A），0.5～37.5Ω（$I_n=1$A）。

(5) 距离保护。

整定范围：0.01～25Ω（$I_n=5$A），0.05～125Ω（$I_n=1$A）。

距离元件定值误差：＜5%。

精确工作电压：＜0.25V。

最小精确工作电流：$0.1I_n$。

最大精确工作电流：$30I_n$。

Ⅱ、Ⅲ段跳闸时间：0～10s。

(6) 零序过流保护。

整定范围：$0.1I_n$～$20I_n$。

零序过流元件定值误差：＜5%。

后备段零序跳闸延迟时间：0～10s。

(7) 暂态超越。

快速保护均不大于2%。

(8) 测距部分。

单端电源多相故障时允许误差：＜±2.5%。

单相故障有较大过渡电阻时测距误差将增大。

(9) 自动重合闸。

检同期元件角度误差：＜±3°。

(10) 电磁兼容。

辐射电磁场干扰试验符合国标：GB/T 14598.9的规定。

快速瞬变干扰试验符合国际：GB/T 14598.10的规定。

静电放电试验符合国际：GB/T 14598.14的规定。

脉冲群干扰试验符合国际：GB/T 14598.13的规定。

射频场感应的传导骚扰抗扰度试验符合国标：GB/T 17626.6的规定。

工频磁场抗扰度试验符合国标：GB/T 17626.8的规定。

脉冲磁场抗扰度试验符合国标：GB/T 17626.9的规定。

浪涌（冲击）抗扰度试验符合国标：GB/T 17626.5的规定。

(11) 绝缘试验。

绝缘试验符合国际：GB/T 14598.3—93第6章的规定。

冲击电压试验符合国标：GB/T 14598.3—93第8章的规定。

(12) 输出接点容量。

信号接点容量：允许长期通过电流8A，切断电流0.3A（DC 220V，V/R 1ms）。

其他辅助继电器接点容量：允许长期通过电流5A，切断电流0.2A（DC 220V，V/R 1ms）。

跳闸出口接点容量：允许长期通过电流8A，切断电流0.3A（DC 220V，V/R 1ms），不带电流保持。

(13) 通信接口。六种通信插件型号可选，可提供RS—485通信接口（可选光纤或双绞线接口），或以太网接口，通信规约可选择为电力行业标准DL/T 667—1999（idt IEC 60870-5-103）规约或LFP（V2.0）规约，通信速率可整定。

一个用于GPS对时的RS—485双绞线接口。

一个打印接口，可选RS—485或RS—232方式，通信速率可整定。

一个用于调试的RS—232接口（前面板）。

(14) 光纤接口［仅F（M）型）］

RCS—901系列保护装置可通过专用光纤或经复接，与对侧交换信号。光纤接口位于CPU板背面，光接头采用FC/PC形式。

当采用专用光纤时，发送功率分四档，由跳线决定。发送功率见表1-2-6。

表1-2-6

跳线选择＼发送速率	64kbit/s	2048kbit/s	跳线选择＼发送速率	64kbit/s	2048kbit/s
JP301—OFF，JP302—OFF	−16dBm	−16dBm	JP301—OFF，JP302—ON	−7dBm	−9dBm
JP301—ON，JP302—OFF	−9dBm	−12dBm	JP301—ON，JP302—ON	−5dBm	−8dBm

光纤类型：单模CCITT　Rec. G652。

接收灵敏度：−45dBm（64kbit/s）、−35dBm（2048kbit/s）。

传输距离：＜100kM（64kbit/s）、＜60kM（2048kbit/s）。

当采用PCM机复接时，信道类型：数字光纤或数字微波（可多次转接）。

接口标准：64kbit/s G.703同向数字接口或2048kbit/s E1接口。

时延要求：单向传输时延＜15ms。

(三) 硬件原理说明

1. 装置整体结构

见图1-2-21、图1-2-22。

A
B
C
断路器

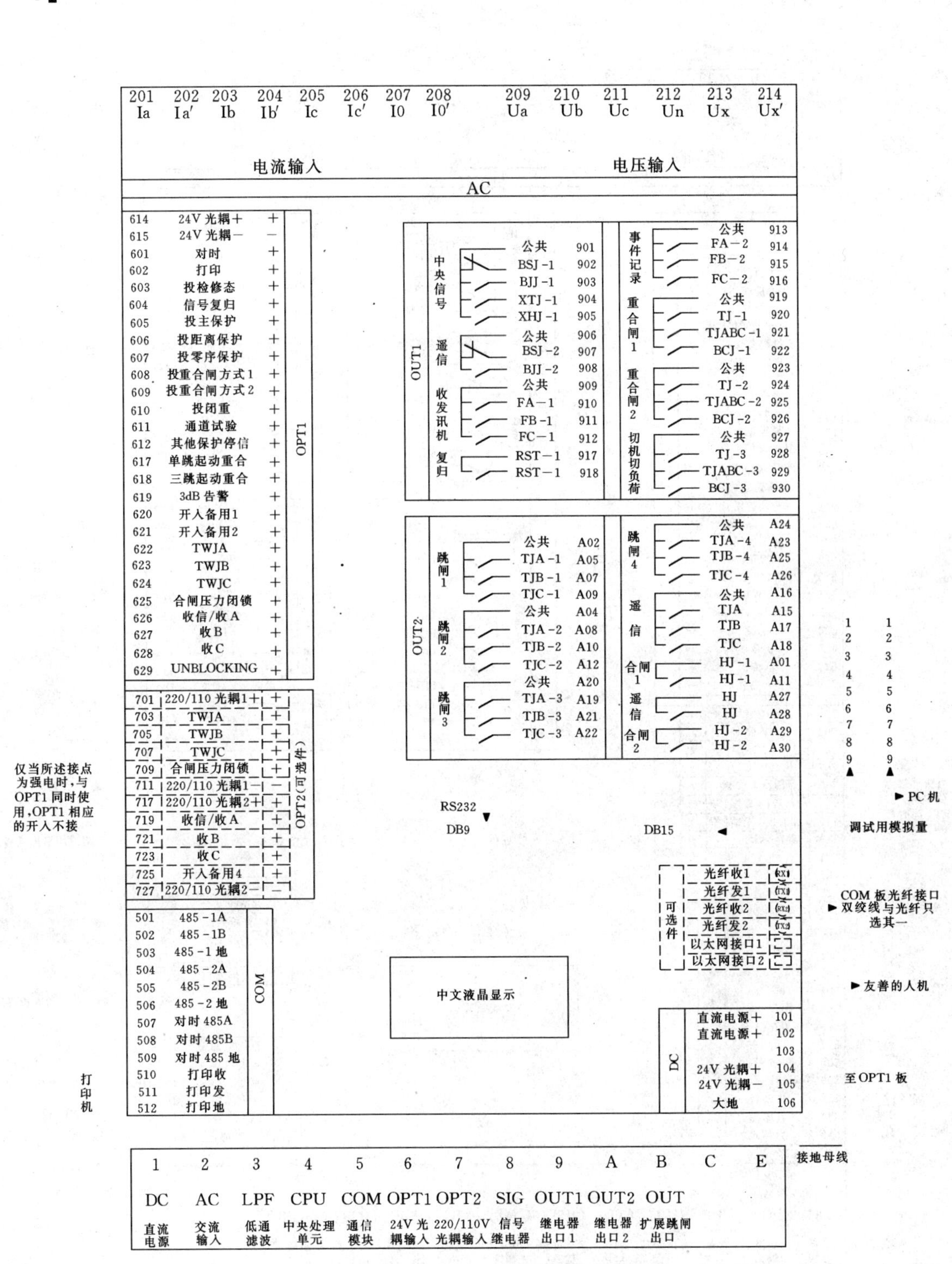

图 1-2-21 RCS—901A、B、D 装置整体结构

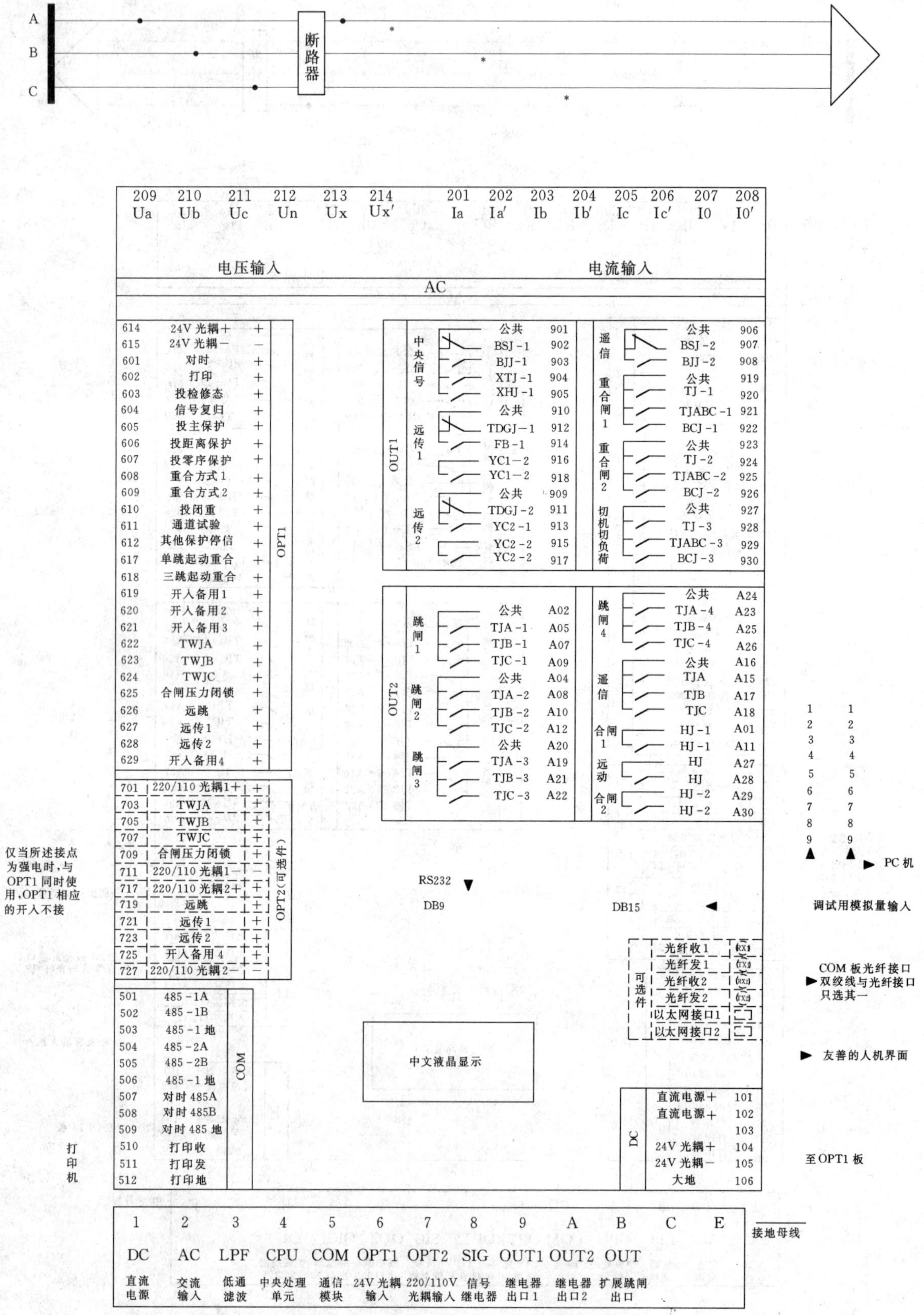

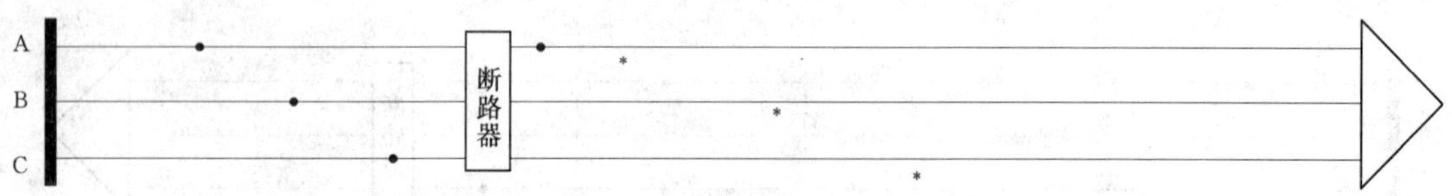

209	210	211	212	213	214	201	202	203	204	205	206	207	208
Ua	Ub	Uc	Un	Ux	Ux′	Ia	Ia′	Ib	Ib′	Ic	Ic′	I0	I0′

电压输入　　电流输入

AC

OPT1

端子	名称	极性
614	24V 光耦＋	＋
615	24V 光耦－	－
601	对时	＋
602	打印	＋
603	投检修态	＋
604	信号复归	＋
605	投主保护	＋
606	投距离保护	＋
607	投零序保护	＋
608	重合方式1	＋
609	重合方式2	＋
610	投闭重	＋
611	通道试验	＋
612	其他保护停信	＋
617	单跳起动重合	＋
618	三跳起动重合	＋
619	开入备用1	＋
620	开入备用2	＋
621	开入备用3	＋
622	TWJA	＋
623	TWJB	＋
624	TWJC	＋
625	合闸压力闭锁	＋
626	远跳	＋
627	远传1	＋
628	远传2	＋
629	开入备用4	＋

OPT2（可选件）

仅当所述接点为强电时，与OPT1同时使用，OPT1相应的开入不接

端子	名称	极性
701	220/110 光耦1＋	＋
703	TWJA	＋
705	TWJB	＋
707	TWJC	＋
709	合闸压力闭锁	＋
711	220/110 光耦1－	－
717	220/110 光耦2＋	＋
719	远跳	＋
721	远传1	＋
723	远传2	＋
725	开入备用4	＋
727	220/110 光耦2－	－

COM

端子	名称
501	485-1A
502	485-1B
503	485-1 地
504	485-2A
505	485-2B
506	485-1 地
507	对时 485A
508	对时 485B
509	对时 485 地
510	打印收
511	打印发
512	打印地

打印机

OUT1

组	名称	端子
中央信号	公共	901
	BSJ-1	902
	BJJ-1	903
	XTJ-1	904
	XHJ-1	905
远传1	公共	910
	TDGJ-1	912
	FB-1	914
	YC1-2	916
	YC1-2	918
远传2	公共	909
	TDGJ-2	911
	YC2-1	913
	YC2-2	915
	YC2-2	917

组	名称	端子
遥信	公共	906
	BSJ-2	907
	BJJ-2	908
重合闸1	公共	919
	TJ-1	920
	TJABC-1	921
	BCJ-1	922
重合闸2	公共	923
	TJ-2	924
	TJABC-2	925
	BCJ-2	926
切机切负荷	公共	927
	TJ-3	928
	TJABC-3	929
	BCJ-3	930

OUT2

组	名称	端子
跳闸1	公共	A02
	TJA-1	A05
	TJB-1	A07
	TJC-1	A09
跳闸2	公共	A04
	TJA-2	A08
	TJB-2	A10
	TJC-2	A12
跳闸3	公共	A20
	TJA-3	A19
	TJB-3	A21
	TJC-3	A22

组	名称	端子
跳闸4	公共	A24
	TJA-4	A23
	TJB-4	A25
	TJC-4	A26
遥信	公共	A16
	TJA	A15
	TJB	A17
	TJC	A18
合闸1	HJ-1	A01
	HJ-1	A11
远动	HJ	A27
	HJ	A28
合闸2	HJ-2	A29
	HJ-2	A30

1 1
2 2
3 3
4 4
5 5
6 6
7 7
8 8
9 9

RS232 DB9　　DB15

PC 机

调试用模拟量输入

可选件：光纤收1、光纤发1、光纤收2、光纤发2、以太网接口1、以太网接口2

COM 板光纤接口 双绞线与光纤接口只选其一

中文液晶显示

友善的人机界面

DC

名称	端子
直流电源＋	101
直流电源＋	102
	103
24V 光耦＋	104
24V 光耦－	105
大地	106

至OPT1板

1	2	3	4	5	6	7	8	9	A	B	C	E
DC	AC	LPF	CPU	COM	OPT1	OPT2	SIG	OUT1	OUT2	OUT		
直流电源	交流输入	低通滤波	中央处理单元	通信模块	24V 光耦输入	220/110V 光耦输入	信号继电器	继电器出口1	继电器出口2	扩展跳闸出口		

接地母线

图 1-2-22　RCS—901xF（M）装置整体结构

2. 装置接线端子

图 1-2-23 为端子定义图，虚线为可选件。

图 1-2-23 RCS—901A、B、D 端子定义图（背视）

3. 输出接点

输出接点如图 1-2-24、图 1-2-25 所示。

（四）生产厂家

南京南瑞继保电气有限公司。

四、RCS—901 系列保护装置

（一）装置功能概述

1. 保护功能整体描述

RCS—901 包括以纵联变化量方向和零序方向元件为主体的快速主保护，由工频变化量距离元件构成的快速Ⅰ段保护，由三段式相间和接地距离及多个延时段或反时限零序方向过流构成全套后备保护；RCS—901 保护有分相出口，配有自动重合闸功能，对单或双母线接线的开关实现单相重合、三相重合和综合重合闸。

当采用光纤接口时，增加远跳、远传功能。

RCS—901 系列保护根据功能有一个或多个后缀，各后缀的含义见表 1-2-7。

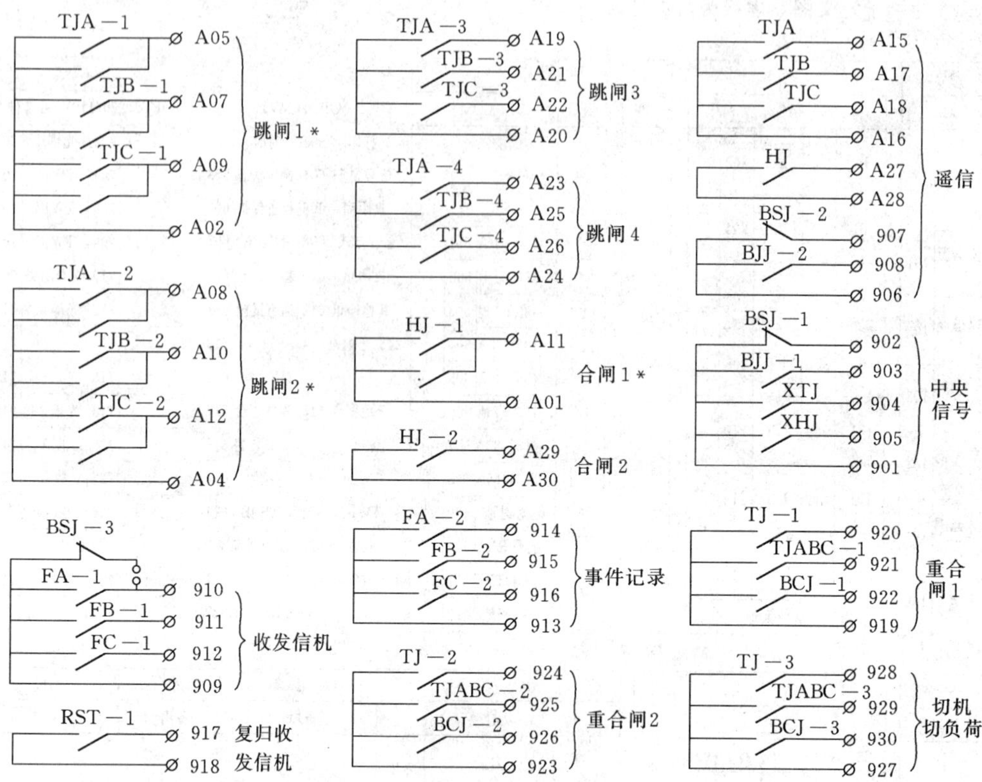

图 1-2-24 RCS—901A、B、D 输出接点图

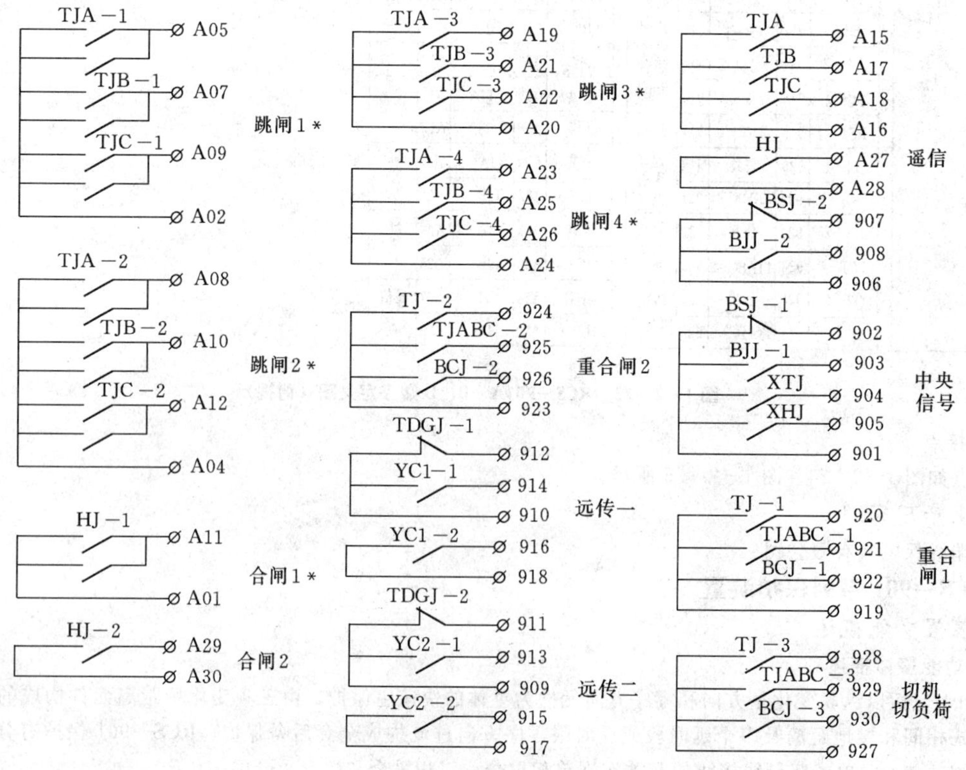

图 1-2-25 RCS—901xF（M）输出接点图

表 1-2-7 RCS—901 系列保护后缀功能含义

后缀	功能含义	后缀	功能含义
A	两个延时段零序方向过流	F	光纤接口，光端机允许式
B	四个延时段零序方向过流	M	与“F”配合，光纤通信为 2M（缺省为 64K）
D	一个延时段加一个反时限零序方向过流		

RCS—901 系列保护具体配置见表 1-2-8。

表 1-2-8 RCS—901 系列保护具体配置

型号	配置	
RCS—901A	纵联变化量方向 纵联零序方向 工频变化量阻抗 三段接地和相间距离 自动重合闸	两个延时段零序方向过流
RCS—901B		四个延时段零序方向过流
RCS—901D		一个延时段加一个反时限零序方向过流
RCS—901XL		过负荷告警、过流跳闸
RCS—901XF		收发信采用光纤接口，通信速率 64kbit/s
RCS—901XFM		收发信采用光纤接口，通信速率 2048kbit/s

2. 保护装置 CPU 插件

保护装置 CPU 插件是装置核心部分，由单片机（CPU）和数字信号处理器（DSP）组成，CPU 完成装置的总启动元件和人机界面及后台通信功能，DSP 完成所有的保护算法和逻辑功能。装置采样率为每周波 24 点，在每个采样点对所有保护算法和逻辑进行并行实时计算，使得装置具有很高的固有可靠性及安全性。

启动 CPU 内设总启动元件，启动后开放出口继电器的正电源，同时完成事件记录及打印、保护部分的后台通信及与面板通信；另外还具有完整的故障录波功能，录波格式与 COMTRADE 格式兼容，录波数据可单独从串口输出或打印输出。

RCS—901XF（RCS—901XFM）的 CPU 插件特有光端机，它通过 64kbit/s（2048kbit/s）高速数据通道（专用光纤或复用 PCM 设备），用同步通信方式与对侧交换方向元件及其他开关量信息。

3. 其他性能

(1) 动作速度快，线路近处故障跳闸时间小于 10ms，线路中间故障跳闸时间小于 15ms，线路远处故障跳闸时间小于 25ms。

(2) 主保护采用积分算法，计算速度快；后备保护强调准确性，采用傅氏算法，滤波效果好，计算精度高。

(3) 反应工频变化量的测量元件采用了具有自适应能力的浮动门槛，对系统不平衡和干扰具有极强的预防能力，因而测量元件能在保证安全性的基础上达到特高速，启动元件有很高的灵敏度而不会频繁启动。

(4) 先进可靠的振荡闭锁功能，保证距离保护在系统振荡加区外故障时能可靠闭锁，而在振荡加区内故障时能可靠切除故障。

(5) 灵活的自动重合闸方式。

(6) 装置采用整体面板、全封闭机箱，强弱电严格分开，取消传统背板配线方式，同时在软件设计上也采取相应的抗干扰措施，装置的抗干扰能力大大提高，对外的电磁辐射也满足相关标准。

(7) 完善的事件报文处理，可保存最新 64 次动作报告，24 次故障录波报告。

(8) 友好的人机界面、汉字显示、中文报告打印。

(9) 灵活的后台通信方式，配有 RS—485 通信接口（可选双绞线、光纤）或以太网。

(10) 支持电力行业标准 DL/T 667—1999《继电保护设备信息接口配套标准》（IEC 60870-5-103 标准）的通信规约。

(11) 与 COMTRADE 兼容的故障录波。

4. 保护主要参数

保护主要参数见表 1-2-9。

表 1-2-9 额定电气参数

名称	额定电气参数
直流电源	220V 或 110V（订货请注明），允许工作范围：80%～115%直流电压
交流电压	$100/\sqrt{3}$V（额定电压 U_n）
交流电流	5A 或 1A（额定电流 I_n，订货请注明）
额定频率	50Hz（或 60Hz 时订货请注明）

续表

名 称	额定电气参数	
同期电压	100V 或 $100/\sqrt{3}$V（有重合闸时可用，软、硬件自适应）	
过载能力	交流电流回路	2 倍额定电流，连续工作
		10 倍额定电流，允许 10s
		40 倍额定电流，允许 1s
	交流电压回路	1.2 倍额定电压，连续工作
		1.4 倍额定电压，允许 10s
功率消耗	直流回路	正常时，不大于 40W
		跳闸时，不大于 50W
	交流电压回路	不大于 0.5VA/相（额定电压时）
	交流电流回路	不大于 1.0VA/相（I_n=5A 时）
		不大于 0.5VA/相（I_n=1A 时）
接点容量	操作回路接点负载	1100VA（不断弧）
	信号回路接点负载	60VA
状态量电平	各 CPU 及通信接口模件的输入状态量电平	24V（18～30V）
	GPS 对时脉冲输入电平	
	各 CPU 输出状态量（光耦输出）允许电平	
	各 CPU 输出状态量（光耦输出）驱动能力	150mA

（二）装置背板结构图简介

图 1－2－26 是装置的正面面板布置图。

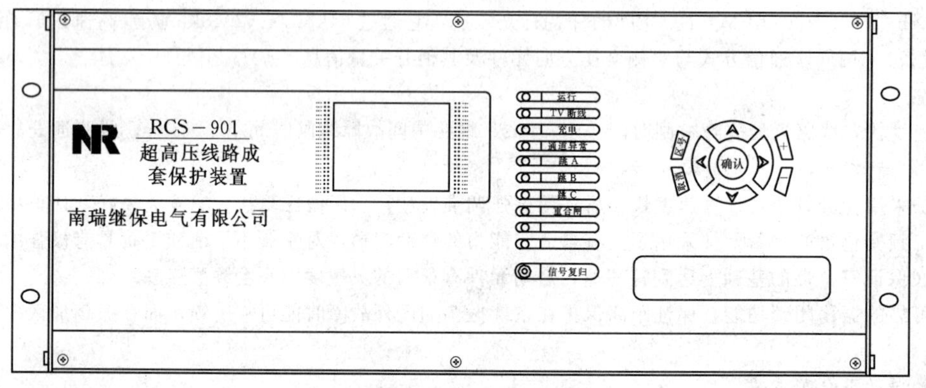

图 1－2－26 面板布置图

图 1－2－27 是装置的背面面板布置图（OPT2、OUT 为可选件）。组成装置的插件有：电源插件（DC），交流插件（AC），低通滤波器（LPF），CPU 插件（CPU），通信插件（COM），24V 光耦插件（OPT1），高压光耦插件（OPT2），信号插件（SIG），跳闸出口插件（OUT1、OUT2），显示面板（LCD）。

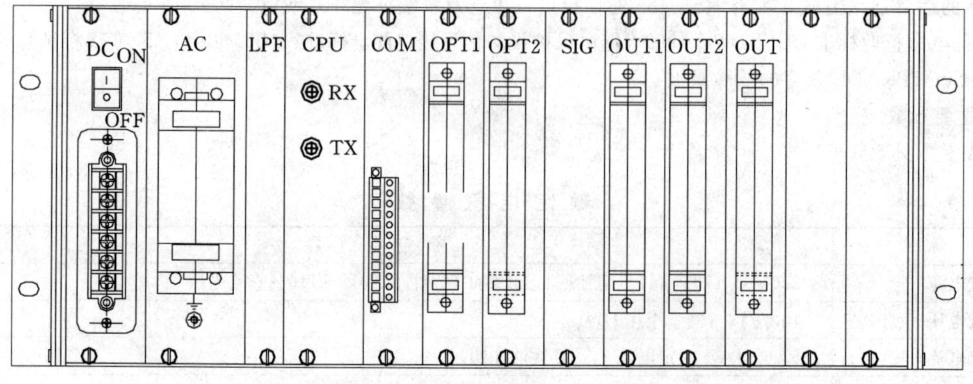

图 1－2－27 端子布置图（背视）（CPU 板上的光纤接口仅用于 F、FM 型）

具体硬件模块图见图 1-2-28。

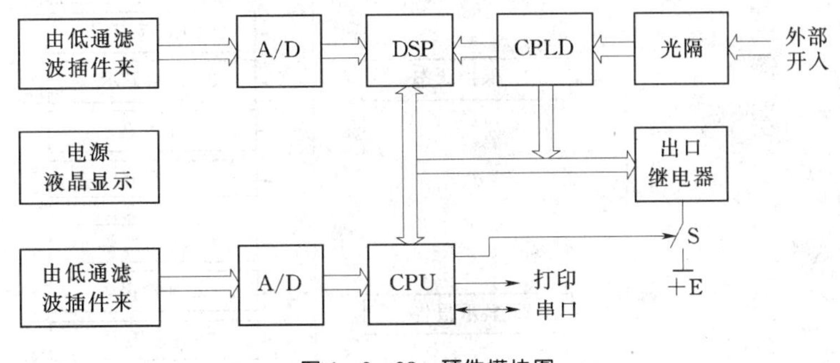

图 1-2-28 硬件模块图

（三）装置面板说明

装置正常运行时，“运行”灯应亮，所有告警指示灯（黄灯、“充电”灯除外）应不亮。

按下“信号复归”按钮，复归所有跳闸、重合闸指示灯，并使液晶显示处于正常显示主画面。

在主画面状态下，按“▲”键可进入主菜单，通过“▲”、“▼”、“确认”和“取消”键选择子菜单。

（四）保护运行液晶显示说明

1. 指示灯说明

“运行”灯为绿色，当装置正常运行时点亮；“TV 断线”灯为黄色，当发生电压回路断线时点亮；“充电”灯为黄色，当重合充电完成时点亮；“通道异常”灯为黄色，当通道故障时点亮；当保护出口动作时，相应的“跳 A、跳 B、跳 C、重合闸”灯点亮，只有手动按触“信号复归”按钮，“跳 A、跳 B、跳 C、重合闸”灯才能复归熄灭。

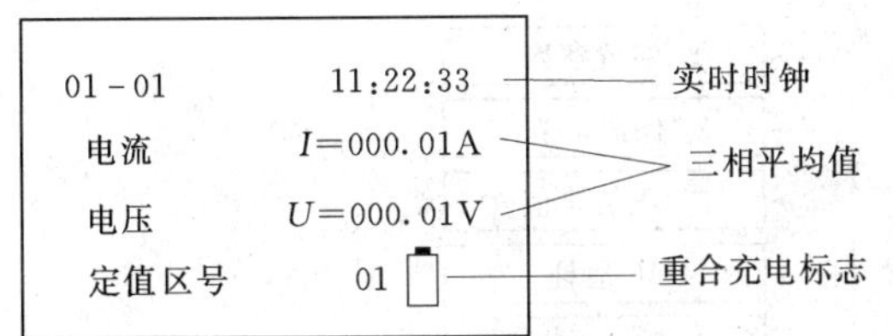

图 1-2-29 正常运行时液晶屏主画面

2. 液晶显示说明

装置通电后，正常运行时液晶屏幕将显示主画面，格式见图 1-2-29。

3. 保护动作时液晶显示说明

本装置能存储 64 次动作报告、24 次故障录波报告。当保护动作时，液晶屏幕自动显示最新一次保护动作报告，当一次动作报告中有多个动作元件时，所有动作元件及测距结果将滚屏显示，格式见图 1-2-30。

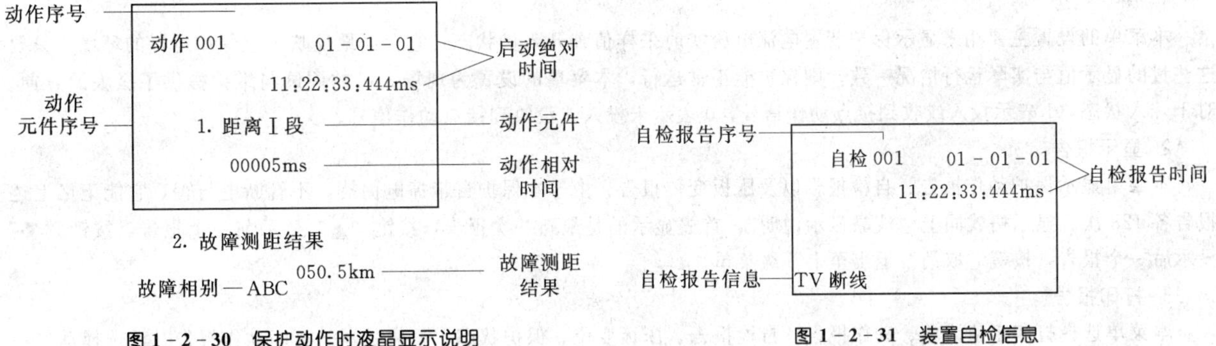

图 1-2-30 保护动作时液晶显示说明

图 1-2-31 装置自检信息

4. 装置自检报告

本装置能存储 64 次装置自检报告，保护装置运行中，硬件自检出错或系统运行异常将立即显示自检报告，当一次自检报告中有多个出错信息时，所有自检信息将滚屏显示，格式见图 1-2-31。

按装置或屏上复归按钮可切换显示跳闸报告、自检报告和装置正常运行状态，除了以上几种自动切换显示方式外，保护还提供了若干命令菜单，供继电保护工程师调试保护和修改定值用。

（五）保护装置菜单说明

命令菜单采用如下的树形目录结构见图 1-2-32。

图 1-2-32 是保护装置命令菜单目录。

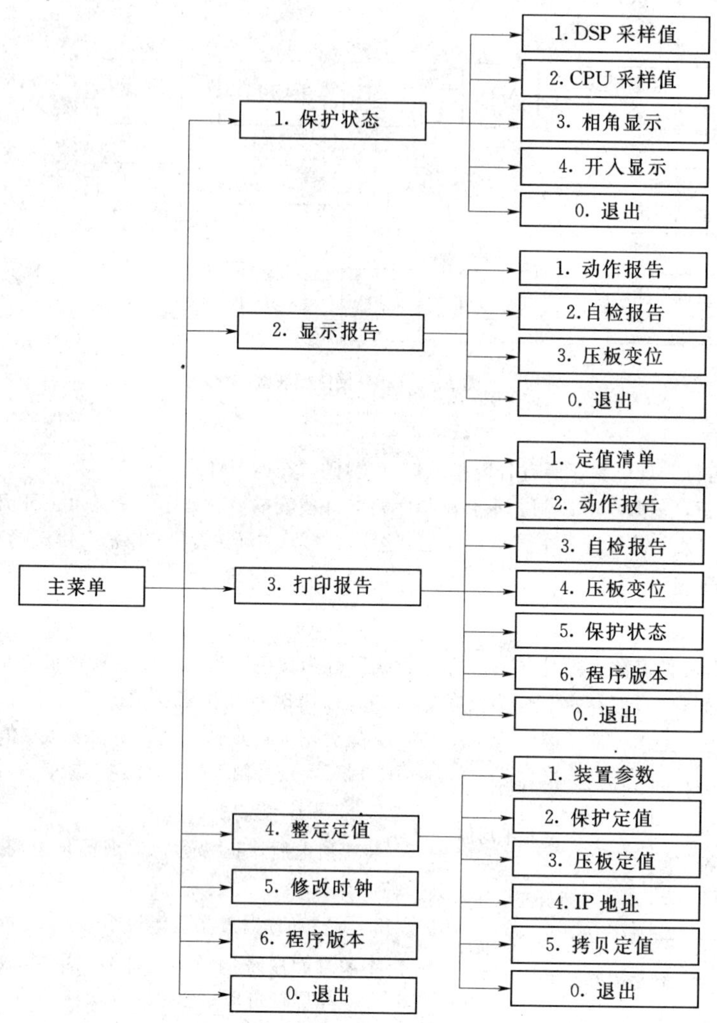

图 1-2-32 保护装置命令菜单

1. 保护状态

本菜单的设置主要用来显示保护装置电流电压实时采样值和开入量状态，它全面地反映了该保护运行的环境，只要这些量的显示值与实际运行情况一致，则保护能正常运行，本菜单的设置为现场人员的调试与维护提供了极大的方便。对于开入状态，1 表示投入或收到接点动作信号，0 表示未投入或没收到接点动作信号。

2. 显示报告

本菜单显示保护动作报告、自检报告以及压板变位报告。由于本保护自带掉电保持，不管断电与否，它能记忆上述报告各 128 次。显示格式同上“液晶显示说明”，首先显示的是最新一次报告，按键“▲”显示前一个报告，按键“▼”显示后一个报告，按键“取消”退出至上一级菜单。

3. 打印报告

本菜单选择打印定值清单、动作报告、自检报告、压板变位、保护状态、程序版本。打印动作报告时需选择动作报告序号，动作报告中包括动作元件、动作时间、动作初始状态、开关变位、动作波形、对应保护定值等，其中动作报告记忆最新 64 次，故障录波只记忆最新 24 次。

4. 整定定值

按键“▲”、“▼”用来滚动选择要修改的定值，按键“◀”、“▶”用来将光标移到要修改的位置，“+”和“−”用来修改数据，按键“取消”为不修改返回，按键“确认”完成定值整定后返回。

整定定值菜单中的“拷贝定值”子菜单，是将“当前区号”内的“保护定值”拷贝到“拷贝区号”内，“拷贝区号”可通过“+”和“−”修改。

注意：若整定出错，液晶会显示错误信息，需重新整定。另外，“系统频率”、“电流二次额定值”整定后，保护定值必须重新整定，否则装置认为该区定值无效。整定定值的口令为：键盘的“+”、“◀”、“▲”、“−”，输入口令时，每按一次键盘，液晶显示由“·”变为“*”，当显示四个“*”时，方可按确认。

5. 修改时钟

按键“▲”、“▼”、“◀”、“▶”用来选择，“+”和“-”用来修改。按键“取消”为不修改返回，按键“确认”为修改后返回。

6. 程序版本

液晶显示程序版本、校验码以及程序生成时间。

7. 修改定值区号

按键“区号”，液晶显示“当前区号”和“修改区号”，按“+”或“-”来修改区号，按键“取消”为不修改返回，按键“确认”完成区号修改后返回。

（六）保护装置部件投退说明

1. 压板说明

表 1-2-10 是保护装置压板说明。

表 1-2-10 压板说明

压板单元	压板名称	功能说明	投退说明
1LP1	A 相跳闸出口一	保护 A 相跳闸出口压板，接入开关第一组跳闸线圈回路	根据接线进行投退
1LP2	B 相跳闸出口一	保护 B 相跳闸出口压板，接入开关第一组跳闸线圈回路	根据接线进行投退
1LP3	C 相跳闸出口一	保护 C 相跳闸出口压板，接入开关第一组跳闸线圈回路	根据接线进行投退
1LP4	合闸出口一	重合闸出口压板，接入开关合闸回路	根据接线进行投退
1LP5	A 相跳闸出口二	保护 A 相跳闸出口压板，接入开关第二组跳闸线圈回路	根据接线进行投退
1LP6	B 相跳闸出口二	保护 B 相跳闸出口压板，接入开关第二组跳闸线圈回路	根据接线进行投退
1LP7	C 相跳闸出口二	保护 C 相跳闸出口压板，接入开关第二组跳闸线圈回路	根据接线进行投退
1LP8	备用		
1LP9	A 相失灵启动	A 相失灵启动	根据接线进行投退
1LP10	B 相失灵启动	B 相失灵启动	根据接线进行投退
1LP11	C 相失灵启动	C 相失灵启动	根据接线进行投退
1LP12	备用		
1LP13	备用		
1LP14	备用		
1LP15	重合闸功能压板	使用重合闸功能时投入	重合闸使用时投入
1LP16	备用		
1LP17	零序保护投入	零序保护功能压板	投入
1LP18	投主保护	主保护功能压板	投入
1LP19	距离保护压板	距离保护功能压板	投入
1LP20	投检修状态	保护停用时退出	装置运行时退出
1LP21	沟通三跳	三跳出口压板	根据接线进行投退

2. 复归按钮、控制把手、重合闸投切把手说明

FA——线路保护装置复归按钮。

DYQK——打印切换开关，有两个位置。

1ZKK——保护用交流电压。

1QK——重合闸方式选择开关，有四种方式：单重、综重、三重、停用。

11QK——高频通道选择开关，有三种方式：本线、停用、旁路。

4QK——远方就地选择开关。

4KK——断路器就地控制开关。

4K1、4K2——控制电源空开。

1K——保护电源空开。

（七）装置故障信息解析

表 1-2-11 是装置故障信息解析。

表 1-2-11 装置故障信息

自检出错信息	含 义	处理建议
存储器出错	RAM 芯片损坏，闭锁保护	通知厂家处理
程序出错	FLASH 内容被破坏，闭锁保护	通知厂家处理
定值出错	定值区内容被破坏，闭锁保护	通知厂家处理
采样数据异常	模拟输入通道出错，闭锁保护	通知厂家处理
跳合出口异常	出口三极管损坏，闭锁保护	通知厂家处理
直流电源异常	直流电源不正常，闭锁保护	通知厂家处理
DSP 定值出错	DSP 定值自检出错，闭锁保护	通知厂家处理
该区定值无效	装置参数中二次额定电流更改后，保护定值未重新整定	将保护定值重新整定
光耦电源异常	24V 或 220V 光耦正电源失去，闭锁保护	检查开入板的隔离电源是否接好
零序长期启动	零序启动超过 10s，发告警信号不闭锁保护	检查电流二次回路接线
突变量长启动	突变量启动超过 10s，发告警信号，不闭锁保护	检查电流二次回路接线
TV 断线	电压回路断线，发告警信号，闭锁部分保护	检查电压二次回路接线
线路 TV 断线	线路电压回路断线，发告警信号	检查线路电压二次回路接线
TA 断线	电流回路断线，发告警信号，不闭锁保护	检查电流二次回路接线
TWJ 异常	TWJ＝1 且该相有电流或三相长期不一致发告警信号，不闭锁保护	检查开关辅助接点

（八）装置正常工况与异常工况说明

表 1-2-12 是装置正常工况与异常工况说明。

表 1-2-12 装置正常工况与异常工况说明

名称	定 义	正常运行状态	异常状态说明
运行	运行监视灯	绿灯亮	正常运行时发平光，其他灯均不亮；保护装置启动时运行灯闪烁
跳 A	A 相跳闸信号灯	不发光	A 相跳闸时点亮，发红色平光
跳 B	B 相跳闸信号灯	不发光	B 相跳闸时点亮，发红色平光
跳 C	C 相跳闸信号灯	不发光	C 相跳闸时点亮，发红色平光
TV 断线	TV 断线信号灯	不发光	闭锁有电压量的保护，TV 断线时发黄色平光
通道异常	通道异常信号灯	不发光	闭锁保护，需要停用该保护装置（定值区错误除外）装置告警时发黄色平光
充电	重合闸充电信号灯	黄色灯光	当重合充电完成时点亮

（九）生产厂家

南京南瑞继保电气有限公司。

五、RCS—931A 系列保护装置

（一）装置功能概述

1. 保护功能整体描述

RCS—931A 保护包括以分相电流差动和零序电流差动为主体的快速主保护，由工频变化量距离元件构成的快速Ⅰ段保护，三段式相间和接地距离及两个延时段零序方向过流构成的全套后备保护。RCS—931A 保护有分相出口，配有自动重合闸功能，对单或双母线接线的开关实现单相重合、三相重合和综合重合闸。

2. 保护装置 CPU 分工描述

保护装置由单片机（CPU）和数字信号处理器（DSP）组成，CPU 完成装置的总启动元件和人机界面及后台通信功能，DSP 完成所有的保护算法和逻辑功能。装置采样率为每周波 24 点，在每个采样点对所有保护算法和逻辑进行并行实时计算，使得装置具有很高的固有可靠性及安全性。

启动 CPU 内设总启动元件，启动后开放出口继电器的正电源，同时完成事件记录及打印、保护部分的后台通信及与面板通信；另外还具有完整的故障录波功能，录波格式与 COMTRADE 格式兼容，录波数据可单独串口输出或打印输出。

CPU 插件还带有光端机，它通过 64kbit/s 或 2048kbit/s 高速数据通道（专用光纤或复用通信设备），用同步通信方式与对侧交换电流采样值和信号。

插件还设置了一个用于打印的 RS—485 或 RS—232 接口，通过整定控制字选择接口方式，如选用 RS—232 方式，控制字“网络打印方式”设为“0”，同时将该插件上相应的端子短接于 232 位置，如选用 RS—485 方式，控制字“网络打印

方式”设为“1”，同时将该插件上相应的端子短接于485位置。与打印机通信的波特率应于打印机整定为一致。

3. 其他功能描述

(1) 设有分相电流差动和零序电流差动继电器全线速跳功能。

(2) 64kbit/s高速数据通信接口，线路两侧数据同步采样，两侧电流互感器变比可以不一致。

(3) 利用双端数据进行测距。通道自动监测，通信误码率在线显示，通道故障自动闭锁差动保护。

(4) 动作速度快，线路近处故障跳闸时间小于10ms，线路中间故障跳闸时间小于15ms，线路远处故障跳闸时间小于25ms。

(5) 反应工频变化量的测量元件采用了具有自适应能力的浮动门槛，对系统不平衡和干扰具有极强的预防能力，因而测量元件能在保证安全性的基础上达到特高速，启动元件有很高的灵敏度而不会频繁启动。

(6) 先进可靠的振荡闭锁功能，保证距离保护在系统振荡加区外故障时能可靠闭锁，而在振荡加区内故障时能可靠切除故障。

(7) 灵活的自动重合闸方式。

(8) 装置采用整体面板、全封闭机箱，强弱电严格分开，取消传统背板配线方式，同时在软件设计上也采取相应的抗干扰措施，装置的抗干扰能力大大提高，对外的电磁辐射也满足相关标准。

(9) 完善的事件报文处理，可保存最新128次动作报告，24次故障录波报告。友好的人机界面、汉字显示、中文报告打印。

(10) 后台通信方式灵活，配有RS—485通信接口（可选双绞线、光纤）或以太网。

(11) 支持电力行业标准DL/T 667—1999（IEC 60870-5-103标准）的通信规约。

(12) 与COMTRADE兼容的故障录波。

(13) 装置正常运行实时监视每个CPU情况及保护当前工作定值区号，装置可实时测量三相电流、电压、有功、无功、功率因数及频率。

4. 保护主要参数

表1-2-13是保护装置额定参数。

表1-2-13　保护装置额定参数

名称	额定电气参数	
直流电源	220V或110V（订货请注明），允许工作范围：80%～115%直流电压	
交流电压	$100/\sqrt{3}$V（额定电压U_n）	
交流电流	5A或1A（额定电流I_n，订货请注明）	
额定频率	50Hz（或60Hz时订货请注明）	
同期电压	100V或$100/\sqrt{3}$V（有重合闸时可用，软、硬件自适应）	
过载能力	交流电流回路	2倍额定电流，连续工作
		10倍额定电流，允许10s
		40倍额定电流，允许1s
	交流电压回路	1.5倍额定电压，连续工作
功率消耗	直流回路	正常时，不大于35W
		跳闸时，不大于50W
	交流电压回路	不大于0.5VA/相（额定电压时）
	交流电流回路	不大于1.0VA/相（I_n=5A时）
		不大于0.5VA/相（I_n=1A时）
输出接点容量	信号接点容量：允许长期通过电流8A，切断电流0.3A，DC220 V/R 1ms	
	其他辅助继电器接点容量：允许长期通过电流5A，切断电流0.2A，DC220 V/R 1ms	
	跳闸出口接点容量：允许长期通过电流8A，切断电流0.3A，DC220 V/R 1ms，不带电流保持	
状态量电平	各CPU及通信接口模件的输入状态量电平	24V（18～30V）
	GPS对时脉冲输入电平	
	各CPU输出状态量（光耦输出）允许电平	
	各CPU输出状态量（光耦输出）驱动能力	150mA

（二）装置插件结构图简介

图1-2-33是RCS—931A装置的背面面板布置图（OPT2、OUT为可选件）。

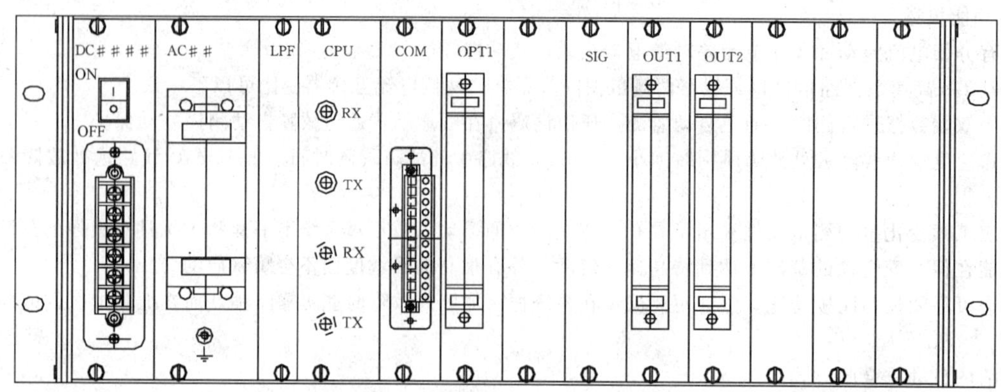

图 1-2-33 RCS—931A 装置面板结构图

插件注释：电源插件（DC）、交流插件（AC）、低通滤波器（LPF），CPU 插件（CPU）、通信插件（COM）、24V 光耦插件（OPT1）、高压光耦插件（OPT2，可选）、信号插件（SIG）、跳闸出口插件（OUT1、OUT2）、扩展跳闸出口（OUT，可选）、显示面板（LCD）。

（三）装置面板说明

图 1-2-34 是 RCS—931A 装置的正面面板布置图。

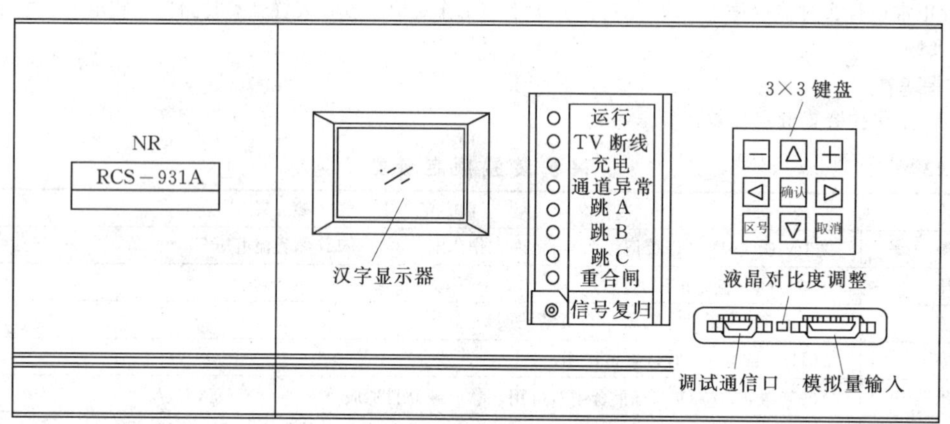

图 1-2-34 RCS—931A 装置正面面板布置图

操作密码：整定定值的口令为键盘的“＋”、“◀”、“▲”、“－”。

按键说明：按键“▲”、“▼”、“◀”、“▶”用来选择，“＋”和“－”用来修改。按键“取消”为不修改返回，按键“确认”为修改后返回。

液晶显示器（LCD）：用以显示正常运行状态、跳闸报告、自检信息、运行定值区、负荷电流、电压以及菜单等。

（四）保护运行液晶显示说明

1. 装置指示灯说明

“运行”灯为绿色，当装置正常运行时点亮；“TV 断线”灯为黄色，当发生电压回路断线时点亮；“充电”灯为黄色，当重合充电完成时点亮；“通道异常”灯为黄色，当通道故障时点亮；“投保护”灯为黄色，当压板或开关辅助接点闭合时亮（RCS—922A）。当保护动作出口时，“跳 A、跳 B、跳 C、重合闸”灯点亮，只有手动按触“信号复归”按钮，“跳 A、跳 B、跳 C、重合闸”灯才能复归熄灭。

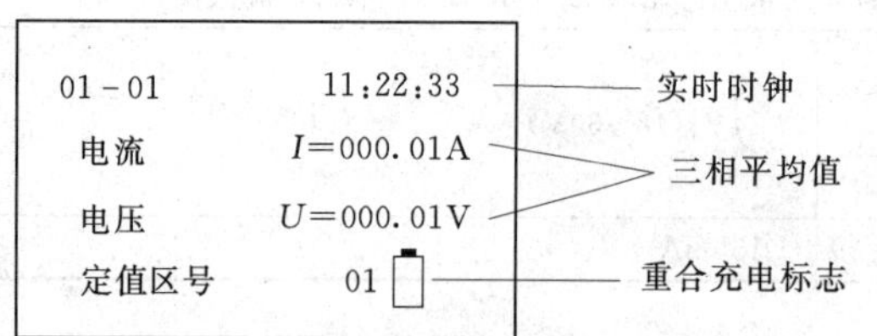

图 1-2-35 正常运行时液晶屏显示

2. 液晶显示说明

装置通电后，正常运行时液晶屏幕将显示主画面，格式见图 1-2-35。

3. 保护动作时液晶显示说明

本装置能存储 128 次动作报告，24 次故障录波报告，当保护动作时，液晶屏幕自动显示最新一次保护动作报告，当一次动作报告中有多个动作元件时，所有动作元件及测距结果将滚屏显示，格式见图 1-2-36。

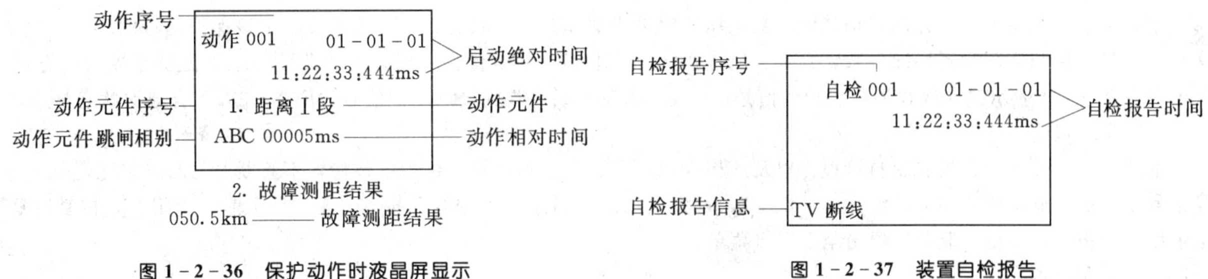

图 1-2-36 保护动作时液晶屏显示

图 1-2-37 装置自检报告

4. 装置自检报告

保护装置运行中，硬件自检出错或系统运行异常将立即显示自检报告，当一次自检报告中有多个出错信息时，所有自检信息将滚屏显示，格式见图 1-2-37。

按装置或屏上复归按钮可切换显示跳闸报告、自检报告和装置正常运行状态，除了以上几种自动切换显示方式外，保护还提供了若干命令菜单，供继电保护工程师调试保护和修改定值用。

(五) 保护装置菜单说明

1. 菜单目录树

在主画面状态下，按键“▲”可进入主菜单，通过“▲”、“▼”、“确认”和“取消”键选择子菜单。命令菜单采用的树形目录结构，见图 1-2-38。

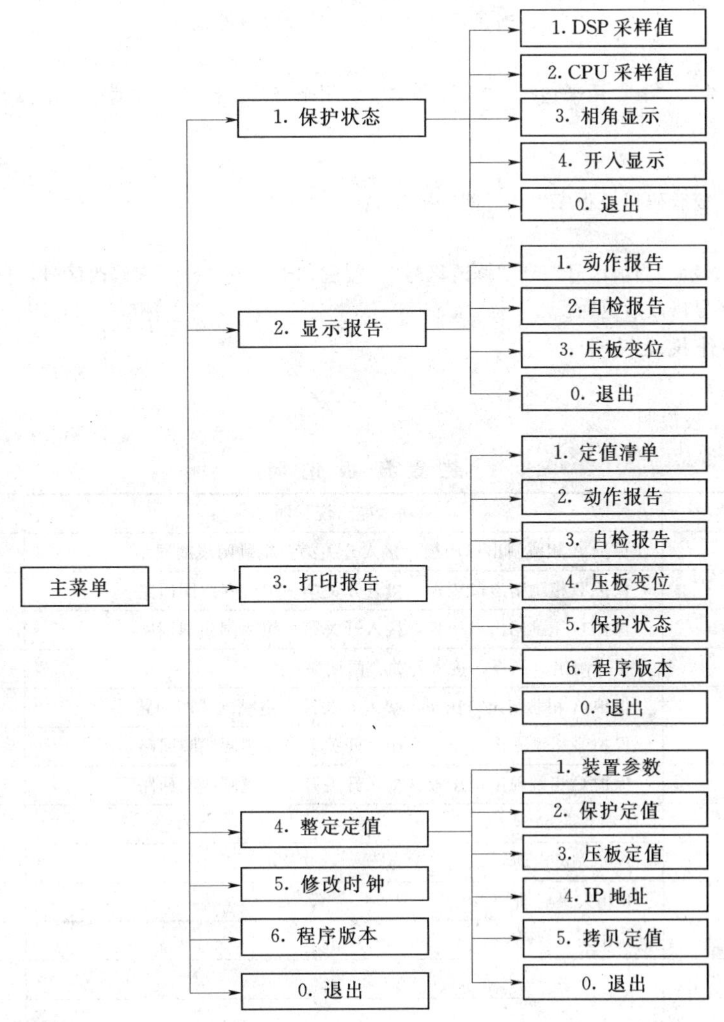

图 1-2-38 命令菜单目录结构

2. 菜单各功能介绍

(1) 保护状态。

本菜单的设置主要用来显示保护装置电流电压实时采样值和开入量状态，它全面地反映了该保护运行的环境，只要这些量的显示值与实际运行情况一致，则保护能正常运行，本菜单的设置为现场人员的调试与维护提供了极大的方便。对于开入状态，1表示投入或收到接点动作信号，0表示未投入或没收到接点动作信号，RCS—931A有通道状态显示。

(2) 显示报告。

本菜单显示保护动作报告、自检报告以及压板变位报告。由于本保护自带掉电保持，不管断电与否，它能记忆上述报告各128次。显示格式同上"液晶显示说明"，首先显示的是最新一次报告，按键"▲"显示前一个报告，按键"▼"显示后一个报告，按键"取消"退出至上一级菜单。

(3) 打印报告。

本菜单选择打印定值清单、动作报告、自检报告、压板变位、保护状态、程序版本。打印动作报告时需选择动作报告序号，动作报告中包括动作元件、动作时间、动作初始状态、开关变位、动作波形、对应保护定值等，其中动作报告记忆最新64次，故障录波只记忆最新24次。

(4) 整定定值。

按键"▲"、"▼"用来滚动选择要修改的定值，按键"◀"、"▶"用来将光标移到要修改的位置，"+"和"−"用来修改数据，按键"取消"为不修改返回，按键"确认"为完成定值整定后返回。

整定定值菜单中的"拷贝定值"子菜单，是将"当前区号"内的"保护定值"拷贝到"拷贝区号"内，"拷贝区号"可通过"+"和"−"修改。

注意：若整定出错，液晶会显示错误信息，需重新整定。另外，"系统频率"、"电流二次额定值"整定后，保护定值必须重新整定，否则装置认为该区定值无效。整定定值的口令为键盘的"+"、"◀"、"▲"、"−"，输入口令时，每按一次键盘，液晶显示由"·"变为"*"，当显示四个"*"时，方可按确认。

(5) 修改时钟。

按键"▲"、"▼"、"◀"、"▶"用来选择，"+"和"−"用来修改。按键"取消"为不修改返回，按键"确认"为修改后返回。

(6) 程序版本。

液晶显示程序版本、校验码以及程序生成时间。

(7) 修改定值区号。

按键"区号"，液晶显示"当前区号"和"修改区号"，按键"+"或"−"来修改区号，按键"取消"为不修改返回，按键"确认"完成区号修改后返回。

(六) 保护装置部件投退说明

1. 压板说明

表1-2-14是装置压板说明。

表1-2-14 装置压板说明

压板名称	功能说明	投退说明
1LP1：A相跳闸出口一	保护A相跳闸出口压板，接入开关第一组跳闸线圈回路	根据接线进行投退
1LP2：B相跳闸出口一	保护B相跳闸出口压板，接入开关第一组跳闸线圈回路	根据接线进行投退
1LP3：C相跳闸出口一	保护C相跳闸出口压板，接入开关第一组跳闸线圈回路	根据接线进行投退
1LP4：合闸出口一	重合闸出口压板，接入开关合闸回路	根据接线进行投退
1LP5：A相跳闸出口二	保护A相跳闸出口压板，接入开关第二组跳闸线圈回路	根据接线进行投退
1LP6：B相跳闸出口二	保护B相跳闸出口压板，接入开关第二组跳闸线圈回路	根据接线进行投退
1LP7：C相跳闸出口二	保护C相跳闸出口压板，接入开关第二组跳闸线圈回路	根据接线进行投退
1LP8：备用		
1LP9：A相失灵启动	A相失灵启动	根据接线进行投退
1LP10：B相失灵启动	B相失灵启动	根据接线进行投退
1LP11：C相失灵启动	C相失灵启动	根据接线进行投退
1LP12：备用		
1LP13：备用		
1LP14：备用		

续表

压板名称	功能说明	投退说明
1LP15：重合闸功能压板	使用重合闸功能时投入	重合闸使用时投入
1LP16：备用		
1LP17：零序保护投入	零序保护功能压板	投入
1LP18：投差动主保护	主保护功能压板	投入
1LP19：投距离保护压板	距离保护功能压板	投入
1LP20：投检修状态	保护停用时投入	装置运行时退出

2. 复归按钮、控制把手、重合闸投切把手说明

FA——线路保护装置复归按钮。

ZKK——保护用交流电压。

QK——重合闸方式选择开关，有四种方式：单重、综重、三重、停用。

1K——保护电源控开。

（七）装置故障信息解析

表 1-2-15 是装置故障信息解析。

表 1-2-15　装置故障信息

自检出错信息	含义	处理建议
存储器出错	RAM 芯片损坏，闭锁保护	通知厂家处理
程序出错	FLASH 内容被破坏，闭锁保护	通知厂家处理
定值出错	定值区内容被破坏，闭锁保护	通知厂家处理
采样数据异常	模拟输入通道出错，闭锁保护	通知厂家处理
跳合出口异常	出口三极管损坏，闭锁保护	通知厂家处理
直流电源异常	直流电源不正常，闭锁保护	通知厂家处理
DSP 定值出错	DSP 定值自检出错，闭锁保护	通知厂家处理
该区定值无效	装置参数中二次额定电流更改后，保护定值未重新整定	将保护定值重新整定
光耦电源异常	24V 或 220V 光耦正电源失去，闭锁保护	检查开入板隔离电源是否接好
零序长期启动	零序启动超过 10s，发告警信号，不闭锁保护	检查电流二次回路接线
突变量长期启动	突变量启动超过 10s，发告警信号，不闭锁保护	检查电流二次回路接线
TV 断线	电压回路断线，发告警信号，闭锁部分保护	检查电压二次回路接线
线路 TV 断线	线路电压回路断线，发告警信号	检查线路电压二次回路接线
TA 断线	电流回路断线，发告警信号，不闭锁保护	检查电流二次回路接线
TWJ 异常	TWJ=1 且该相有电流，或三相长期不一致，发告警信号，不闭锁保护	检查开关辅助接点
控制回路断线	TWJ 和 HWJ 都为 0，重合闸放电	检查开关辅助接点
角差整定异常	母线电压 U_A 与线路电压 U_X 的实际接线与固定角度差定值不符	检查线路电压二次回路接线
通道异常	光纤通道有误码，通道不通，定值中有关通道的部分整定不正确	检查与通道相关的部分
远跳异常	远跳长期开入	检查远跳开入

（八）装置正常工况与异常工况说明

表 1-2-16 是装置正常工况与异常工况说明。

表 1-2-16　装置正常工况与异常工况说明

名称	定义	正常运行状态	异常状态说明
运行	运行监视灯	绿灯亮	不闪亮或灯灭表示异常
TV 断线	TV 断线信号灯	不发光	电压断线时点亮，发黄色平光
通道异常	通道异常灯	不发光	通道故障时点亮，发黄色平光
充电	重合闸充电灯	黄色灯光	当重合充电完成时点亮

续表

名　称	定　义	正常运行状态	异常状态说明
跳 A	A 相跳闸信号灯	不发光	A 相跳闸时点亮，发红色平光
跳 B	B 相跳闸信号灯	不发光	B 相跳闸时点亮，发红色平光
跳 C	C 相跳闸信号灯	不发光	C 相跳闸时点亮，发红色平光

(九) 保护的运行注意事项

(1) 运行中不准随意改定值。

(2) 运行中不允许不按操作程序随意动装置插件上的键盘、开关。

(3) 保护投入、退出两侧应同时进行。

(4) 保护全停，先断开跳闸压板，再停直流电源，不允许用仅停直流电源方法代替。

(5) 定期检查采样情况、校对时间，有功、无功值与表计比较应一致。

(6) 保护定值应与调通局所发布定值相符，并打印一份存档。

(7) 投、退保护压板应紧固，应检查运行指示灯及开关输入的变化。

(8) 退出本装置某一种保护时，要退出本装置某一种保护的投入压板。

(9) 装置某插件需检修时，需要先断出口压板，再关装置的直流电源，再拔出故障插件，换上备用插件投入运行。

(十) 生产厂家

南京南瑞继保电气有限公司。

六、LFP—931A 系列保护装置

(一) 装置功能概述

1. 保护功能整体描述

LFP—931A 保护装置由十六位微处理器实现的全数字式超高压线路快速保护装置。装置包括以分相电流差动元件为快速主保护，有三段式相间和接地距离作为后备的全套保护。保护有分相出口，可作为 220kV 及以上电压等级的输电线路主保护或后备保护。装置设有光纤通道，可与通过标准 64kbit/s 数字同向接口复接 PCM 终端设备（PCM 微波或 PCM 光纤），或采用专用光缆（或光芯）作为通道，同时传送三相电流及一些开关信号。

2. 保护装置 CPU 分工描述

装置设有三个独立单片机，CPU1 为装置的主保护，有三相电流差动继电器和零序电流差动继电器，此外，还与专用通信控制器一起，实现数据通信和通道监测功能。CPU2 为三段式相间和接地距离。CPU3 为启动管理机，内设整机总启动元件，该启动元件与 CPU1、CPU2 完全独立，动作后开放出口电源。此外，CPU3 还作为人机对话的通讯接口。保护跳闸，整组复归后，CPU3 接收 CPU2 来的电压电流信号，进行测距计算。

3. 其他功能描述

装置除设置了独立的总启动元件外，差动和距离保护均设有自身的启动元件，构成独立完整的保护功能。启动元件的主体以反应工频变化量的过流继电器实现，同时又配以反应全电流的零序过流继电器，互相补充。CPU1 和 CPU2 分别作为主保护及后备保护，功能独立，互相补充。CPU1 强调全线快速性，作为短线路或同杆并架双回线保护时，仍能确保区内故障时全线快速正确跳闸。CPU2 可作为一般线路的后备保护。自动重合闸用于单或双母线方式，可选用单相重合，三相重合或综合重合的方式，可根据故障的严重程度引入闭锁重合闸的方式。

4. 保护主要参数

表 1-2-17 是保护装置额定参数。

表 1-2-17　　保护装置额定参数

名　称	额定电气参数	
直流电源	220V 或 110V（订货请注明），允许工作范围：80%～115%直流电压	
交流电压	$100/\sqrt{3}$V（额定电压 U_n）	
交流电流	5A 或 1A（额定电流 I_n，订货请注明）	
额定频率	50Hz（或 60Hz 时订货请注明）	
同期电压	100V 或 $100/\sqrt{3}$V（有重合闸时可用，软、硬件自适应）	
过载能力	交流电流回路	2 倍额定电流，连续工作
		10 倍额定电流，允许 10s
		40 倍额定电流，允许 1s
	交流电压回路	1.5 倍额定电压，连续工作

续表

<table>
<tr><th>名　称</th><th colspan="2">额定电气参数</th></tr>
<tr><td rowspan="5">功率消耗</td><td rowspan="2">直流回路</td><td>正常时，不大于 35W</td></tr>
<tr><td>跳闸时，不大于 50W</td></tr>
<tr><td>交流电压回路</td><td>不大于 0.5VA/相（额定电压时）</td></tr>
<tr><td rowspan="2">交流电流回路</td><td>不大于 1.0VA/相（I_n=5A 时）</td></tr>
<tr><td>不大于 0.5VA/相（I_n=1A 时）</td></tr>
<tr><td rowspan="3">输出接点容量</td><td colspan="2">信号接点容量：允许长期通过电流 8A，切断电流 0.3A，DC220 V/R 1ms</td></tr>
<tr><td colspan="2">其他辅助继电器接点容量：允许长期通过电流 5A，切断电流 0.2A，DC220 V/R 1ms</td></tr>
<tr><td colspan="2">跳闸出口接点容量：允许长期通过电流 8A，切断电流 0.3A，DC220 V/R 1ms，不带电流保持</td></tr>
<tr><td rowspan="2">光纤技术指标</td><td>发送功率</td><td>−20dBm（1.3μm，多模光纤）
−24dBm（1.3μm，单模光纤）</td></tr>
<tr><td>接收灵敏度</td><td>−40dBm</td></tr>
</table>

（二）装置插件结构图简介

装置采用 4U 标准机箱，用嵌入式安装于屏上。机箱结构和屏面开孔尺寸见图 1-2-39。

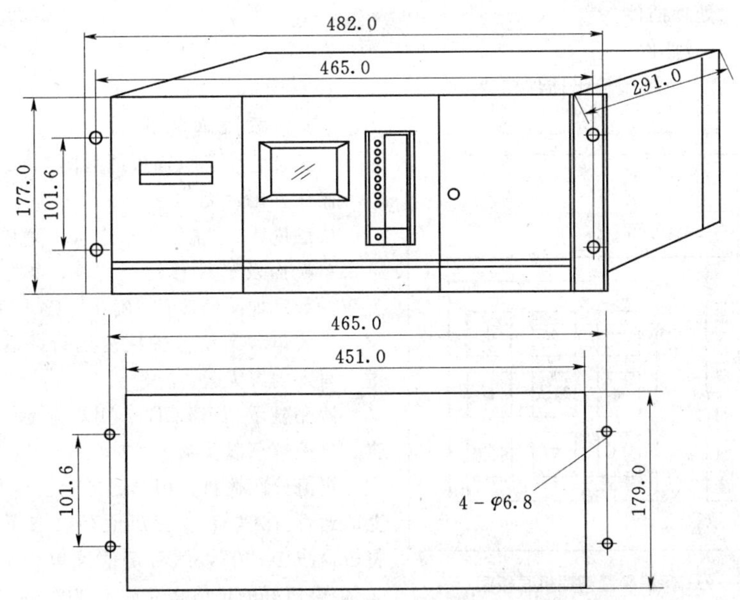

图 1-2-39　机箱结构图及屏面开孔图（单位：mm）

装置的正面面板布置图见图 1-2-40。

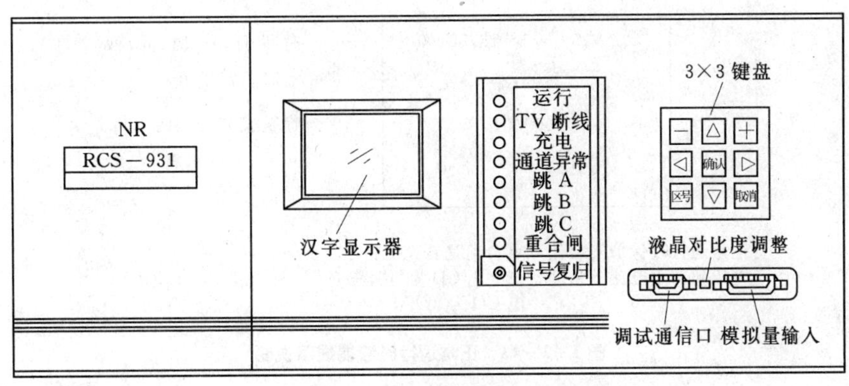

图 1-2-40　正面面板布置图

图 1-2-41 是装置的背面面板布置图。

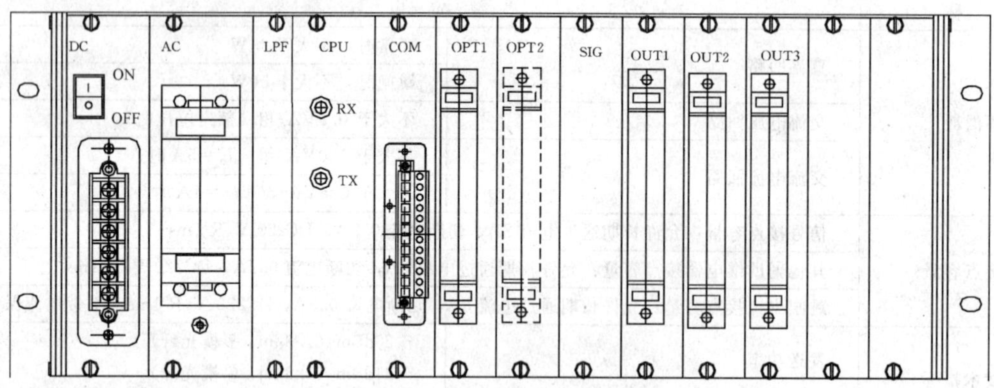

图 1-2-41　背面面板布置图

插件注释：

216NG63——电源插件。

216VC61b、16VE61b——CPU 插件。

216EA61b——模拟量处理插件。

216AB61——信号继电器插件。

216DB61——开关量输入及跳闸输出插件构成。

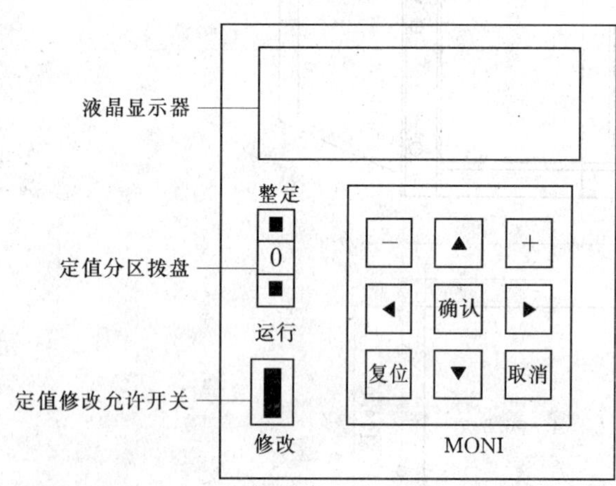

图 1-2-42　LFP—931 保护装置管理机面板图

（三）装置面板说明

保护装置管理机面板图见图 1-2-42。

操作密码：无

按键说明："▲"键—进入主菜单及光标移动；"▼"键—菜单换面及光标移动；"◀、▶"键—光标移动；"＋、－"—数字加减修改；"确认"键—选中某项功能；"复位"键—在菜单状态使保护恢复运行，运行状态禁用；"取消"键—写入内容无效。

液晶显示器（LCD）：用以显示正常运行状态、跳闸报告、自检信息以及菜单。

定值分区拨盘：用来选择定值区号，若该保护有一种以上的运行方式，有一套定值存放在不同的定值区内。例如，将拨盘拨至"0"，此时定值菜单中显示的定值区号也应是"0"，整定好的定值将存放于"0"区。

（四）保护运行液晶显示说明

1. 液晶显示说明

装置通电后，装置正常运行时，液晶屏幕将显示主画面格式见图 1-2-43。

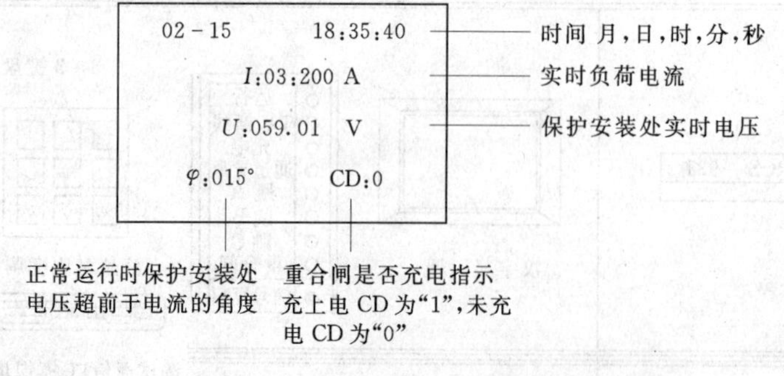

图 1-2-43　正常运行时液晶显示说明

2. 保护动作时液晶显示说明

当保护动作时，液晶屏幕在保护整组复归后 15s 左右，将自动显示最新一次跳闸报告，见图 1-2-44。

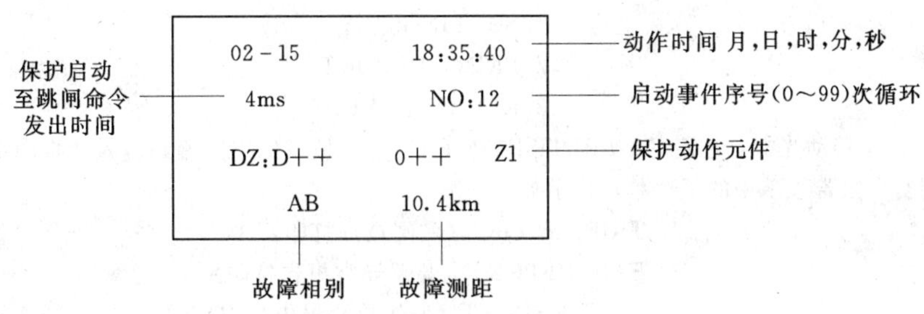

图 1－2－44 保护装置跳闸报告图

注意：

(1) 保护动作元件可能有多个，超过 4 个时，将由右向左循环。

(2) 同一次序号的跳闸显示可对应于同一序号打印报告，更详细的信息可见打印报告。

(五) 保护装置菜单说明

1. 菜单目录树

图 1－2－45 是装置菜单说明。

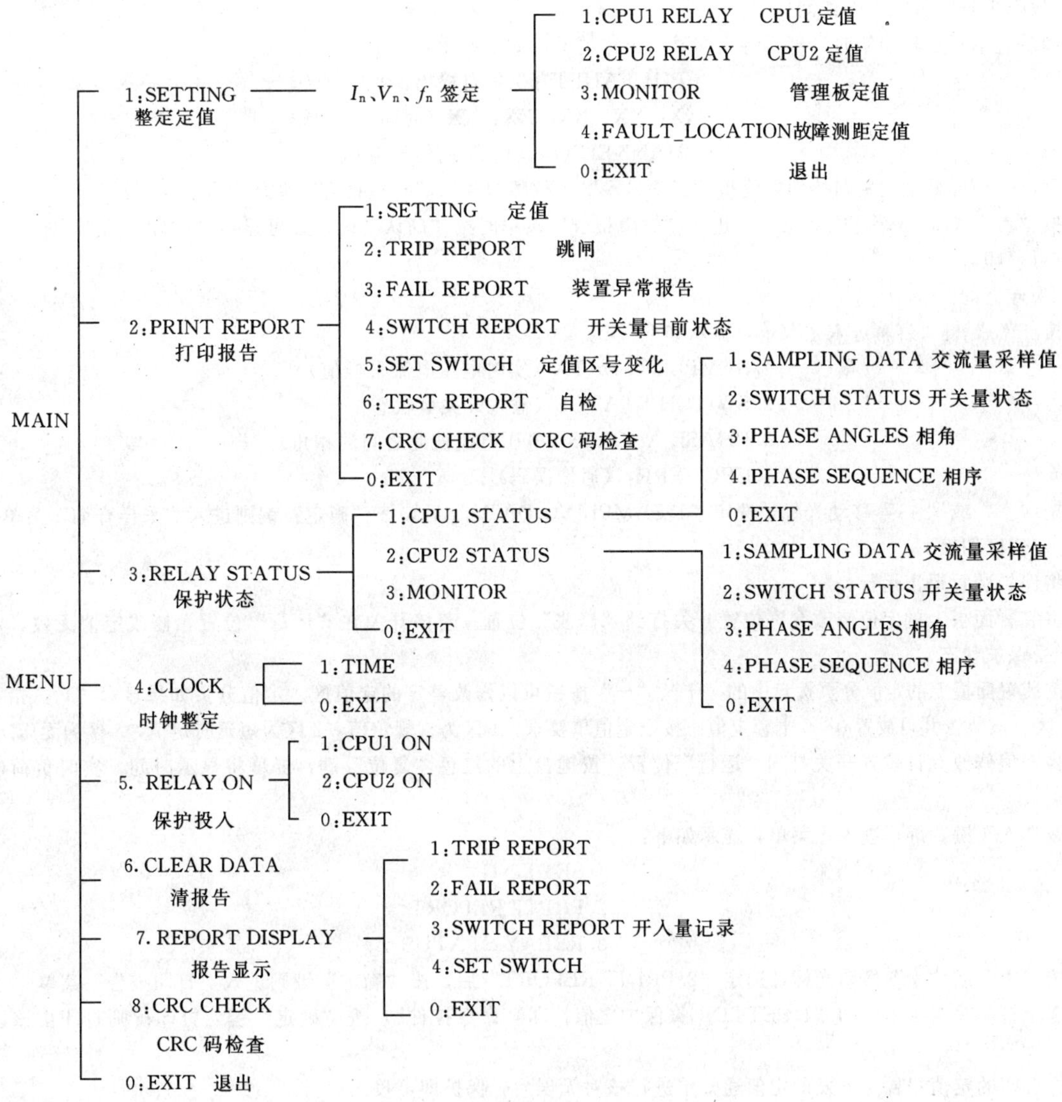

MAIN MENU

- 1:SETTING 整定定值 —— I_n、V_n、f_n 签定
  - 1:CPU1 RELAY CPU1 定值
  - 2:CPU2 RELAY CPU2 定值
  - 3:MONITOR 管理板定值
  - 4:FAULT_LOCATION 故障测距定值
  - 0:EXIT 退出
- 2:PRINT REPORT 打印报告
  - 1:SETTING 定值
  - 2:TRIP REPORT 跳闸
  - 3:FAIL REPORT 装置异常报告
  - 4:SWITCH REPORT 开关量目前状态
  - 5:SET SWITCH 定值区号变化
  - 6:TEST REPORT 自检
  - 7:CRC CHECK CRC 码检查
  - 0:EXIT
- 3:RELAY STATUS 保护状态
  - 1:CPU1 STATUS
    - 1:SAMPLING DATA 交流量采样值
    - 2:SWITCH STATUS 开关量状态
    - 3:PHASE ANGLES 相角
    - 4:PHASE SEQUENCE 相序
    - 0:EXIT
  - 2:CPU2 STATUS
    - 1:SAMPLING DATA 交流量采样值
    - 2:SWITCH STATUS 开关量状态
    - 3:PHASE ANGLES 相角
    - 4:PHASE SEQUENCE 相序
    - 0:EXIT
  - 3:MONITOR
  - 0:EXIT
- 4:CLOCK 时钟整定
  - 1:TIME
  - 0:EXIT
- 5. RELAY ON 保护投入
  - 1:CPU1 ON
  - 2:CPU2 ON
  - 0:EXIT
- 6. CLEAR DATA 清报告
- 7. REPORT DISPLAY 报告显示
  - 1:TRIP REPORT
  - 2:FAIL REPORT
  - 3:SWITCH REPORT 开入量记录
  - 4:SET SWITCH
  - 0:EXIT
- 8:CRC CHECK CRC 码检查
- 0:EXIT 退出

图 1－2－45 装置菜单目录结构

2. 菜单各功能介绍

(1) 定值查询、打印。

1) 按"↑"键，屏幕进入主菜单，显示如下：

1. SETTING
2. PRINT REPORT
3. RELAY STATUS

2）按“↑”或“↓”移动光标，选定“2. PRINT REPORT”后，按“确定”键则进入“打印报告”菜单。

3）按照需求选定打印报告菜单中的子菜单，显示如下：

2. TRIP REPORT（跳闸报告打印）
3. FAIL REPORT（装置异常报告打印）
4. TEST REPORT（装置检测报告打印）
5. CIRENT WAVE（负荷电流波形打印）
6. SWICH STATUS（保护开关状态）
0. EXIT（退出）

在以上5个子菜单中，菜单2、菜单3有下一层菜单，都是一样的“PRINT - NO：＊＊”主要用来选择哪一号报告，刚进入“PRINT - NO：＊”时的报告为最新一次的报告，若要打印前几次报告只要按“－”号即可，一旦选中再按“确定”键即可打印，打完按“EXIT”项，按“确认”键，返回上一层菜单。

本打印是键盘可选择打印，而屏上的打印按钮是当前所有报告的总打印。

（2）故障报告、事故报告查询打印。

1）如装置本身自检出错时，屏幕将立即显示出错情况，如下所示：

CPU1 FAULT（保护自检出错）
XX：XX：XX：XX：XX（时间）
CHANNEL（出错内容 通信故障）

2）可以使用屏幕上的复归按钮，使得“正常显示”、“故障报告”、“自检报告”循环出现。

3）按“↑”键，屏幕进入主菜单，进入“故障报告”菜单时按“确认”键，方可显示“故障报告”，进入“打印”菜单，方可打印。

（3）采样查询。

1）按“↑”键，屏幕进入主菜单，显示如下：

1. SAMPLING DATA（实时电压电流采样值）
2. SWITCH STATUS（输入开关量状态）
3. PHASE ANGLES（电压电流彼此之间的相角）
4. CRC - ERR：（通信误码）

2）按“↑”或“↓”移动光标，选定“1. SAMPLING DATA”后，按“确定”键则进入“采样查询”菜单。

（4）定值区切换。

1）将保护装置退出运行。

2）将装置面板上的定值修改允许位置开关打到“修改”位置。若该开关在“运行”位置，修改定值无效，定值区数据处于受保护状态。

3）按装置面板上的定值分页拨盘中的“＋”、“－”按钮可以修改整定的定值区。定值分页如果显示“1”，指当前运行区为1区。该装置共可放置0～9十套定值。按照定值单要求，1区为常规定值，2区为短延时定值，3区为无压定值。

4）将定值修改允许位置开关打到“运行”位置，按键盘上的红色“复位”键，屏幕将显示时间、实时负荷电流及母线电压。

5）按“↑”键，屏幕进入主菜单，显示如下：

1. SETTING
2. PRINT REPORT
3. RELAY STATUS

6）按“↑”或“↓”移动光标，选定“2. PRINT REPORT”后，按“确定”键则进入“打印报告”菜单。

7）选定打印报告菜单中的“1. SETTING（保护定值打印）命令控件”，按“确定”键，打印机则打印出该区保护定值。

8）将打印的定值报告与下发的定值通知单进行核对无误后，保护即可投入运行。

（5）其他部分。

各继电器的定值整定，移动光标，选择所要整定的继电器后按“确认”键，屏幕即显示该继电器的定值清单，说明书上有详细说明。当继电器所有定值整定完毕后，即可按“确认”键进行写入，等写完后即重现“定值修改”菜单，供选择整定其他的定值，若不想写入定值固化区或定值整定无效，则可不按“确认”键，而按“取消”键，此时也能显示

“定值修改”菜单，再选择其他的定值整定。

整定完毕后，按“↓”键使光标到“EXIT”项，按“确认”键，屏幕显示主菜单。定值修改允许开关此时应切换到“运行”位置，如正在整定保护定值，则对应的CPU板的“OP”灯应不亮，该保护停用，用户可以用主菜单中的“RELAY ON”使保护恢复运行，也可以在退出菜单后按红色“复归”键是保护恢复运行。

（六）保护装置部件投退说明

1. 压板说明

表1-2-18是装置压板说明。

表1-2-18　　装置压板说明

压板名称	功能说明	投退说明
1LP1：A相跳闸出口一	保护A相跳闸出口压板，接入开关第一组跳闸线圈回路	根据接线进行投退
1LP2：B相跳闸出口一	保护B相跳闸出口压板，接入开关第一组跳闸线圈回路	根据接线进行投退
1LP3：C相跳闸出口一	保护C相跳闸出口压板，接入开关第一组跳闸线圈回路	根据接线进行投退
1LP4：合闸出口一	重合闸出口压板，接入开关合闸回路	根据接线进行投退
1LP5：A相跳闸出口二	保护A相跳闸出口压板，接入开关第二组跳闸线圈回路	根据接线进行投退
1LP6：B相跳闸出口二	保护B相跳闸出口压板，接入开关第二组跳闸线圈回路	根据接线进行投退
1LP7：C相跳闸出口二	保护C相跳闸出口压板，接入开关第二组跳闸线圈回路	根据接线进行投退
1LP8：重合闸录波出口	启动故障录波装置	根据接线进行投退
1LP9：A相失灵启动	A相失灵启动（第一组）	根据接线进行投退
1LP10：B相失灵启动	B相失灵启动（第一组）	根据接线进行投退
1LP11：C相失灵启动	C相失灵启动（第一组）	根据接线进行投退
1LP12：A相失灵启动	A相失灵启动（第二组）	根据接线进行投退
1LP13：B相失灵启动	B相失灵启动（第二组）	根据接线进行投退
1LP14：C相失灵启动	C相失灵启动（第二组）	根据接线进行投退
1LP15：重合闸功能压板	使用重合闸功能时投入	重合闸使用时投入
1LP16：重合闸启动压板	（备用）	（备用）
1LP17：投距离保护压板	距离保护功能压板	投入
1LP18：投差动主保护	主保护功能压板	投入
1LP19：切机（备用）	切机（备用）	（备用）

2. 复归按钮、控制把手、重合闸投切把手说明

FA——线路保护装置复归按钮。

ZKK——保护用交流电压空气开关。

1QK——重合闸方式选择开关，有四种方式：单重、综重、三重、停用。

4K1——操作电源空气开关。

4K2——操作电源空气开关。

DK——保护电源空气开关。

QA——打印按钮。

（七）装置故障信息解析

图1-2-46是装置故障信息解析。

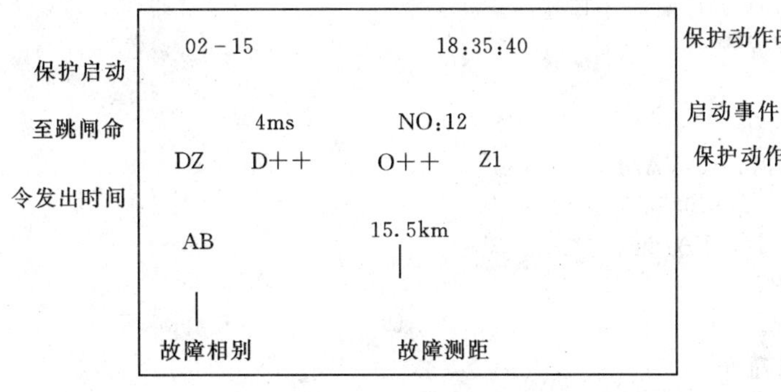

图1-2-46　装置故障信息

（八）装置正常工况与异常工况说明

表1-2-19是装置正常工况与异常工况说明。

表1-2-19 装置正常工况与异常工况说明

名 称	定 义	正常运行状态	异 常 状 态 说 明
运行	运行监视灯	绿灯亮	闪亮或灯灭表示异常
TV断线	TV断线信号灯	不发光	电压断线时点亮，发黄色平光
通道异常	通道异常灯	不发光	通道故障时点亮，发黄色平光
充电	重合闸充电灯	黄色灯光	当重合充电完成时点亮
跳A	A相跳闸信号灯	不发光	A相跳闸时点亮，发红色平光
跳B	B相跳闸信号灯	不发光	B相跳闸时点亮，发红色平光
跳C	C相跳闸信号灯	不发光	C相跳闸时点亮，发红色平光
CPU1运行	CPU1运行监视灯	灯亮	保护告警或整定、修改定值时灭
通信	通信指示灯	闪光	正常为绿色闪光，表示通信正常；不闪亮或灯灭表示异常
保护动作	保护动作指示灯	不亮	正常为灯灭，保护动作后，为红色平光，信号复归后灯灭

（九）保护的运行注意事项

(1) 运行中不准随意改定值。

(2) 运行中不允许不按操作程序随意动装置插件上的键盘、开关。

(3) 保护投入、退出两侧应同时进行。

(4) 保护全停，先断开跳闸压板，再停直流电源，不允许用仅停直流电源方法代替。

(5) 定期检查采样情况、校对时间，有功、无功值与表计比较应一致。

(6) 保护定值应与调通局所发布定值相符，并打印一份存档。

(7) 投、退保护压板应紧固，应检查运行指示灯及开关输入的变化。

(8) 退出本装置某一种保护时，要退出本装置某一种保护的投入压板。

(9) 装置某插件需检修时，需要先断出口压板，再关装置的直流电源，再拔出故障插件，换上备用插件投入运行。

（十）生产厂家

南京南瑞继保电气有限公司。

七、LFP—921B系列保护装置

（一）装置功能概述

1. 保护功能整体描述

LFP—921B是由微机实现的数字式断路器保护与自动重合闸装置，装置功能包括自动重合闸、断路器失灵保护、三相不一致保护和死区保护。本装置适用于各种电压等级的断路器3/2接线与角形接线。

2. 保护装置CPU分工描述

CPU1为断路器失灵保护、三相不一致保护和死区保护；CPU2为自动重合闸；CPU3（MONI）用于通信及数据管理，内设整机总启动元件，动作后开放保护出口电源，另外，CPU3还作为人机对话的通信接口。保护整组复归后，CPU3接收并整理、显示、打印CPU1与CPU2来的跳合闸报告及电压电流波形。

3. 保护主要参数

直流额定电压：220V，110V允许偏差 +15%，−20%。

交流额定电压：100V，57.7V。

交流额定电流：5A，1A。

额定频率：50Hz。

交流电流回路在额定电流时：$<1VA/\Phi$（$I_n=5A$）；

$<0.5VA/\Phi$（$I_n=1A$）。

交流电压回路额定功耗：$<0.5VA/\Phi$。

直流电源功耗：正常 50W；

跳闸 80W。

（二）装置插件结构图简介

LFP—921B装置面板结构图见图1-2-47。

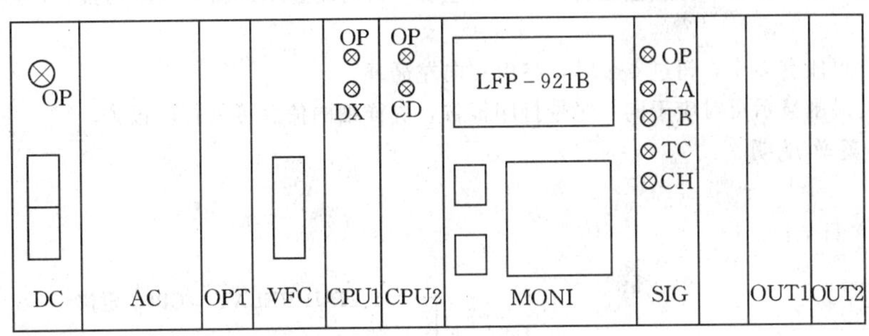

图 1-2-47 LFP—921B 装置面板结构图

插件注释：

DC——直流逆变电源，设有电源监视灯。

AC——交流电压、电流输入模件。

OPT——光耦模件，将输入开关量信号经光电隔离输入到装置内部。

VFC——电压频率变换器，将交流模拟量电压转换成相应的频率信号。

CPU1——断路器失灵保护，三相不一致保护和死区保护。

CPU2——自动重合闸。

MONI——管理 CPU。

SIG——信号及转换模件，OP 为装置正常运行监视灯，TA、TB、TC 为保护跳闸信号，CH 为重合闸信号。

OUT1、OUT2——输出继电器。

（三）装置面板说明

图 1-2-48 是 LFP—921B 保护装置管理机面板图。

操作密码：无

按键说明：

▲——进入主菜单及光标移动；▼——菜单换面及光标移动；

◀ ▶——光标移动；＋、－——数字加减修改；

确认——选中某项功能；

复位——在菜单状态下使保护恢复运行，运行状态禁用；

取消——写入内容无效；

液晶显示器（LCD）——显示正常运行状态、跳闸报告、自检信息以及菜单；

定值分区拨盘——选择定值区号，若该保护有一种以上的运行方式，有一套定值存放在不同的定值区内。例如，将拨盘拨至“0”，此时定值菜单中显示的定值区号也应是“0”，整定好的定值将存放于“0”区。

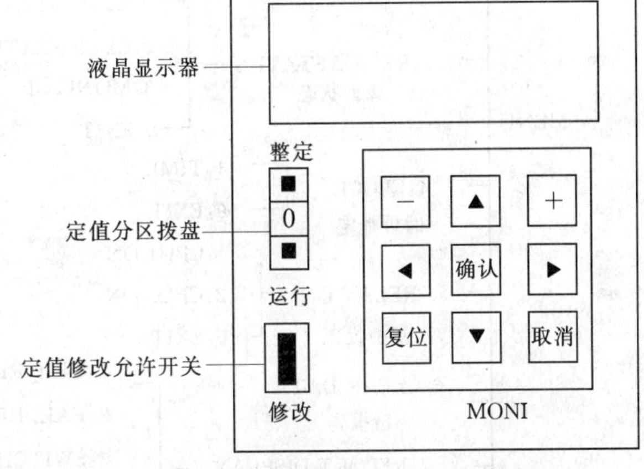

图 1-2-48 LFP—921B 保护装置管理机面板图

（四）保护运行液晶显示说明

（1）装置通电后，装置正常运行时，液晶屏幕显示见图 1-2-49。

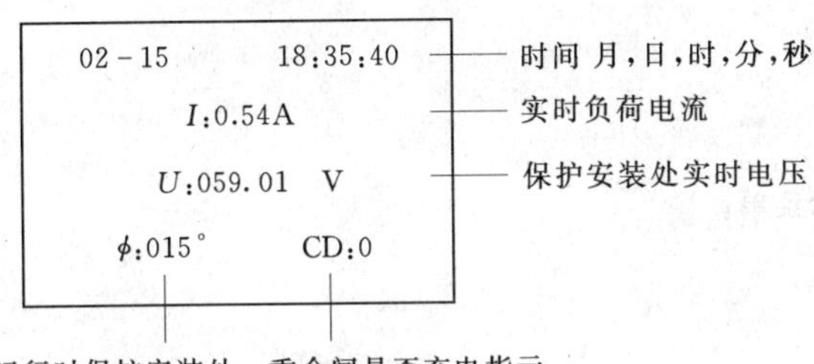

图 1-2-49 装置正常运行时液晶显示

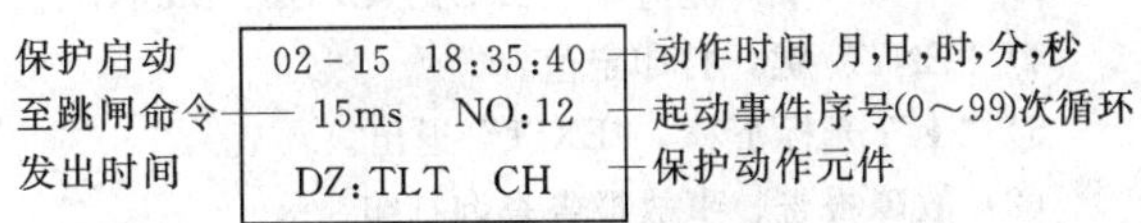

图 1-2-50 LEP—921B 保护装置跳闸报告图

(2) 当保护动作时，液晶屏幕在保护整组复归后15s左右，将自动显示最新一次跳闸报告，显示见图1-2-50。

注意：

(1) 保护动作元件可能有多个，超过4个时，将由右向左循环。

(2) 同一次序号的跳闸显示可对应于同一序号打印报告，更详细的信息可见打印报告。

(五) 保护装置菜单说明

1. 菜单目录树

图1-2-51是菜单目录树。

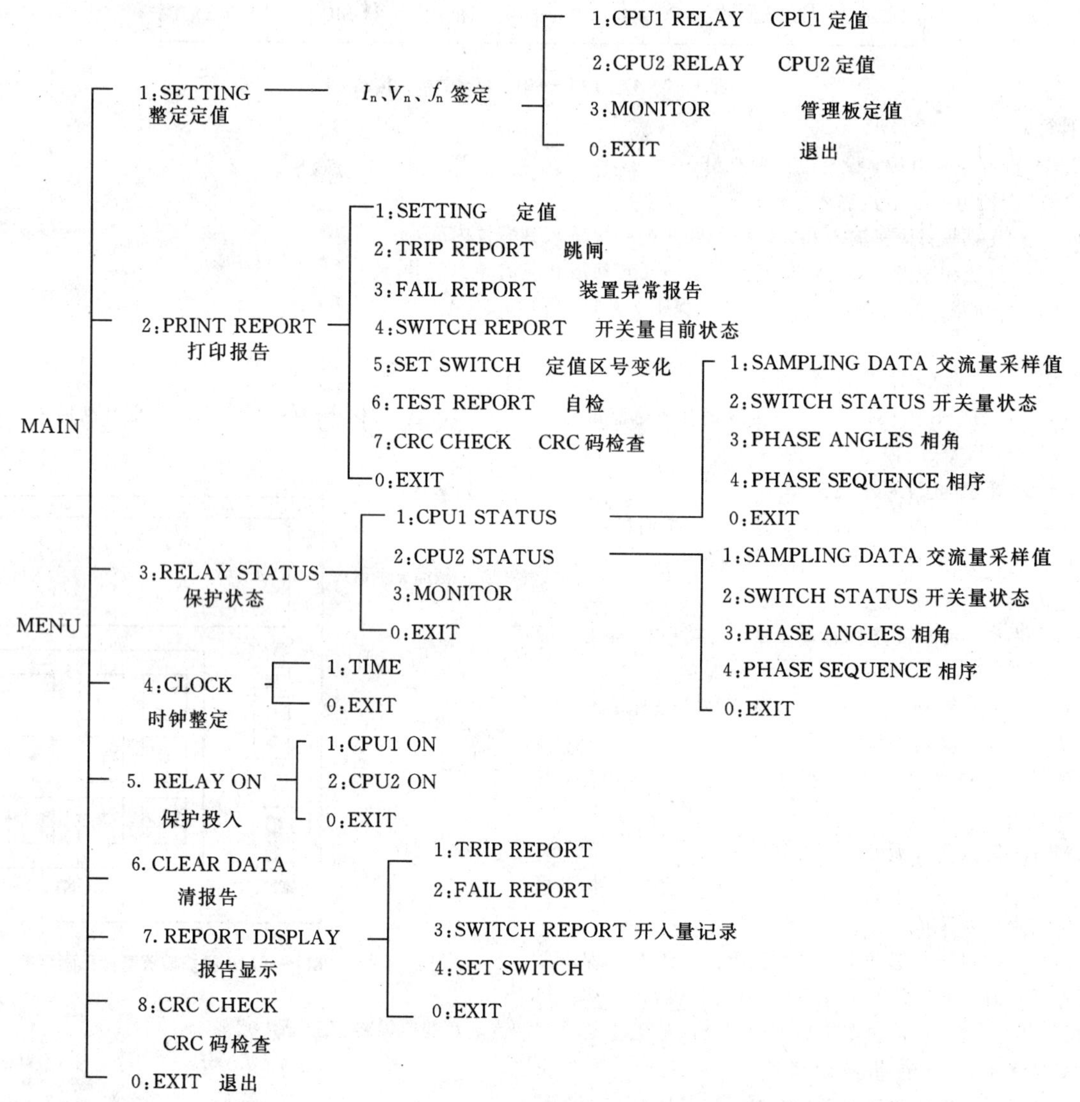

图1-2-51　保护装置菜单目录树

2. 菜单各功能介绍

(1) 定值查询、打印。

1)"↑"键进入主菜单。

2)"↓"键选择"PRINT SETTING","ENT"键，显示菜单。

3)"↑"、"↓"键选择"CPU1、CPU2、MONI"。

4)"ENT"键，打印定值。

5)"↓"光标下移，"EXIT"退出。

(2) 故障报告、事故报告查询打印。

1)"↑"键进入主菜单。

2)"↓"键选择"PRINT REPORT","ENT"键，显示菜单。

3）“↓”键选择“TRIP REPORT”，“ENT”键显示NO××。

4）“+”、“-”键选择报告序号，“ENT”键，打印报告。

5）“↓”光标下移，“EXIT”退出。

（3）采样查询。

1）“↑”键进入主菜单。

2）“↓”键选择“3：RELAY STATUS”，“ENT”键，显示菜单。

3）选择“1：CPU1 STATUS”，“ENT”键，显示菜单。

4）选择“1：SAMPLING DATA”，“ENT”键，显示采样。

5）“↓”光标下移，“EXIT”退出。

（4）定值区切换。

1）退出保护。

2）拨动定值区切换拨轮至所选的区号。

3）按“RESET”键。

4）投入保护。

（六）保护装置部件投退说明

1. 压板说明

表1-2-20是保护装置压板说明。

表1-2-20　　保护装置压板说明

压板名称	功能说明	投退说明	压板名称	功能说明	投退说明
3LP1	A相跳闸出口1	投入	3LP11	失灵联跳断路器2	投入
3LP2	B相跳闸出口1	投入	3LP12	失灵启动母差1（边开关）	投入
3LP3	C相跳闸出口1	投入	3LP13	失灵启动母差2（边开关）	投入
3LP4	重合闸出口	投入	3LP14	备用	
3LP5	A相跳闸出口2	投入	3LP15	备用	
3LP6	B相跳闸出口2	投入	3LP16	备用	
3LP7	C相跳闸出口2	投入	3LP17	备用	
3LP8	失灵启动远方跳闸1	投入	3LP18	投充电保护	正常时退出（充电时投）
3LP9	失灵启动远方跳闸2	投入	4LP19	投先重	根据要求投退
3LP10	失灵联跳断路器1	投入			

2. 复归按钮、控制把手、重合闸投切把手说明

复归按钮：用于复归保护动作信号。

重合闸投切把手：共有综重、三重、单重、停用四个位置，可根据要求投用。

（七）装置故障信息解析

表1-2-21是装置故障信息解析。

表1-2-21　　保护装置故障信息

事件名称	可能故障原因	处理措施
RAM EPROM EERPROM	RAM EPROM EEPROM区检测错误	进行复位，如果不能恢复正常，需退出保护，更换插件
TWJ	TWJ接点与对应相电流同时存在	检查跳位接点回路
VFC	模数变换检测错误	进行复位，如果不能恢复正常，需退出保护，更换插件
PT	PT断线报警	检查交流电压回路
DATA ERROR	数据检测错误	进行复位，如果不能恢复正常，需退出保护，更换插件
EEPROM WR	定值写入EEPROM错误	重新核对定值，正确后固化
OPT DC	光耦错误	退出保护，更换插件
LOQ	零序电流长期启动	检查交流电流回路
TA、TB、TC、HJ	跳闸，合闸出口回路异常	退出保护，更换插件

（八）装置正常工况与异常工况说明

表1-2-22是装置正常工况与异常工况说明。

表 1-2-22 装置正常工况与异常工况说明

名称	定义	正常运行状态	异常状态说明
DC 插件 OP 灯	直流电源监视灯	灯亮绿色	灯灭说明直流电源异常
CPU1 运行	CPU1 运行监视灯	灯亮绿色	保护告警或整定、修改定值时灭
CPU1 DX	TV 断线	不亮	黄色灯亮说明电压回路断线
CPU2 运行	CPU2 运行监视灯	灯亮绿色	保护告警或整定、修改定值时灭
CPU2 CD	重合闸充电完成指示	灯亮	黄色不亮表示重合闸未充电，不能重合
TA、TB、TC	保护动作指示灯	不亮	正常为灯灭，保护动作后，为红色平光，信号复归后灯灭
CH	重合闸动作指示灯	不亮	正常为灯灭，重合闸动作后，为红色平光，信号复归后灯灭

（九）生产厂家

南京南瑞继保电气有限公司。

八、RCS—921A 系列保护装置

（一）装置功能概述

1. 保护功能整体描述

RCS—921A（A _ HD）保护适用于 220kV 及以上各种电压等级的 $1\frac{1}{2}$接线与角形接线的断路器。该装置是由微机实现的数字式断路器保护与自动重合闸装置，装置功能包括断路器失灵保护、三相不一致保护、死区保护、充电保护和自动重合闸。

其中 RCS—921（A _ HD）为华东版本，与 RCS—921A 相比仅在发变三跳启动失灵方面有所区别，即发变启动失灵的零序电流、负序电流辅助判据各自带延时，除此之外其他所有功能均相同。

2. 保护装置 CPU 插件

该插件是装置核心部分，由单片机（CPU）和数字信号处理器（DSP）组成，CPU 完成装置的总启动元件和人机界面及后台通信功能，DSP 完成所有的保护算法和逻辑功能。装置采样率为每周波 24 点，在每个采样点对所有保护算法和逻辑进行并行实时计算，使得装置具有很高的固有可靠性及安全性。

启动 CPU 内设总启动元件，启动后开放出口继电器的正电源，同时完成事件记录及打印、保护部分的后台通信及与面板通信；另外还具有完整的故障录波功能，录波格式与 COMTRADE 格式兼容，录波数据可单独串口输出或打印输出。

3. 其他功能描述

(1) $1\frac{1}{2}$接线线路同一侧的两台装置的重合顺序可切换，后合侧延迟时间可整定，先重合开关合于故障时，后合重合闸装置立即闭锁并发三跳命令。当先合重合闸因故检修或者退出运行时，后合重合闸将以重合闸整定时限动作，而不经过后合侧延迟时间。

(2) 装置采用整体面板、全封闭机箱，强弱电严格分开，取消传统背板配线方式；同时在软件设计上也采取相应的抗干扰措施，装置的抗干扰能力大大提高，对外的电磁辐射也满足相关标准。

(3) 完善的事件报文处理，可保存最新 128 次动作报告，24 次故障录波报告。

(4) 人机界面友好，中文显示，中文报告打印。

(5) 后台通信方式灵活，配有 RS—485 通信接口（可选双绞线、光纤）或以太网，与变电站自动化系统配合，可实现远方定值修改和切换、事件记录及录波数据上传、压板遥控投退。

(6) GPS 对时方式灵活：秒脉冲对时、分脉冲对时、IRIGB 码对时。

(7) 与 COMTRADE 兼容的故障录波。

4. 保护主要参数

表 1-2-23 是保护装置额定参数。

表 1-2-23 保护装置额定参数

名称	额定电气参数
直流电源	220V 或 110V（订货请注明），允许偏差：+15%，−20%
交流电压	$100/\sqrt{3}$V（额定电压 U_n）
交流电流	5A 或 1A（额定电流 I_n，订货请注明）
额定频率	50Hz（或 60Hz 时订货请注明）

续表

名 称		额 定 电 气 参 数
过载能力	交流电流回路	2倍额定电流，连续工作
		10倍额定电流，允许10s
		40倍额定电流，允许1s
	交流电压回路	1.5倍额定电压，连续工作
功率消耗	直流回路	正常时，小于35W
		跳闸时，小于50W
	交流电压回路	小于0.5VA/相（额定电压时）
	交流电流回路	小于1VA/相（I_n=5A时）
		小于0.5VA/相（I_n=1A时）
接点容量	跳闸回路接点负载	允许长期通过电流8A，切断电流0.3A（DC220V，V/R 1ms），不带电流保持
	信号回路接点负载	允许长期通过电流8A，切断电流0.3A（DC220V，V/R 1ms）
状态量电平	各CPU及通信接口模件的输入状态量电平	24V
	GPS对时脉冲输入电平	

（二）装置插件结构图简介

图1-2-52是装置的背面面板布置图。

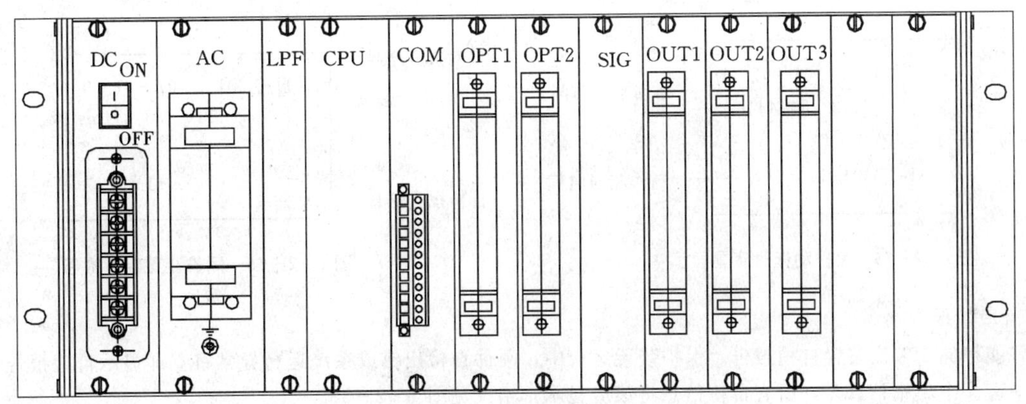

图1-2-52 RCS—921装置面板结构图（背视）

插件注释：电源插件（DC）、交流插件（AC）、低通滤波器（LPF），CPU插件（CPU）、通信插件（COM）、24V光耦插件（OPT1）、高压光耦插件（OPT2）、信号插件（SIG）、跳闸出口插件（OUT1、OUT2、OUT）、显示面板（LCD）。

（三）装置面板说明

图1-2-53是装置的正面面板布置图。

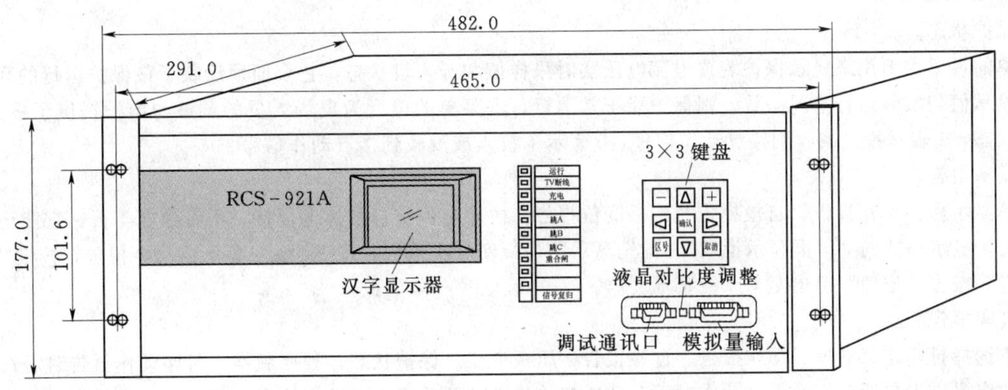

图1-2-53 RCS—921A装置面板布置图（正面）（单位：mm）

操作密码：十、▶、▼、▲、一键。

装置正常运行时，“运行”灯应亮，所有告警指示灯（黄灯，“充电”灯除外）应不亮。

按下“信号复归”按钮，复归所有跳闸、重合闸指示灯，并使液晶显示处于正常显示主画面。

在主画面状态下，按“▲”键可进入主菜单，通过“▲”、“▼”、“确认”和“取消”键选择子菜单。

（四）保护运行液晶显示说明

1. 指示灯说明

“运行”灯为绿色，装置正常运行时点亮。

“TV 断线”灯为黄色，当发生电压回路断线时点亮。

“充电”灯为黄色，当重合充电完成时点亮。

当保护动作出口时，“跳 A”、“跳 B”、“跳 C”、“重合闸”灯点亮，只有手动按触“信号复归”按钮，“跳 A”、“跳 B”、“跳 C”、“重合闸”灯才能复归熄灭。

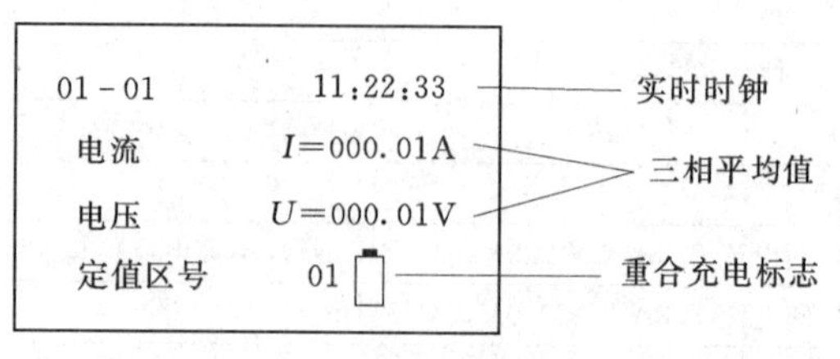

图 1-2-54　装置正常运行时液晶显示

2. 液晶显示说明

装置通电后，正常运行时液晶屏幕将显示主画面，格式见图 1-2-54。

3. 保护动作时液晶显示说明

本装置能存储 128 次动作报告、24 次故障录波报告。当保护动作时，液晶屏幕自动显示最新一次保护动作报告，当一次动作报告中有多个动作元件时，所有动作元件及测距结果将滚屏显示，格式见图 1-2-55。

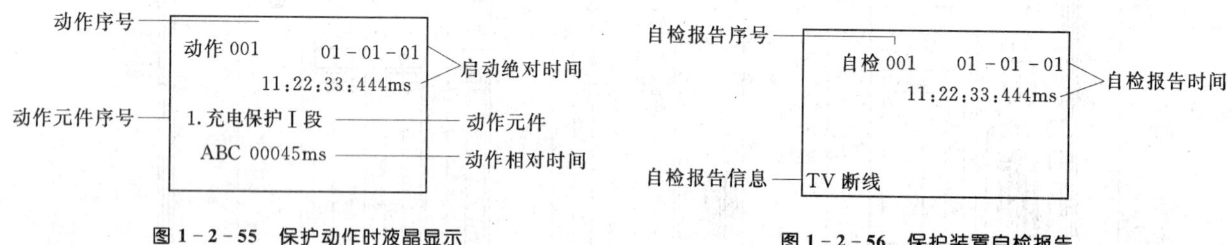

图 1-2-55　保护动作时液晶显示　　　图 1-2-56　保护装置自检报告

4. 装置自检报告

本装置能存储 128 次装置自检报告。保护装置运行中，硬件自检出错或系统运行异常将立即显示自检报告，当一次自检报告中有多个出错信息时，所有自检信息将滚屏显示，格式见图 1-2-56。

按装置或屏上复归按钮可切换显示跳闸报告、自检报告和装置正常运行状态，除了以上几种自动切换显示方式外，保护还提供了若干命令菜单，供继电保护工程师调试保护和修改定值用。

（五）保护装置菜单说明

1. 菜单目录树

在主画面状态下，按“▲”键可进入主菜单，通过“▲”、“▼”、“确认”和“取消”键选择子菜单。命令菜单采用如图 1-2-57 所示的树形目录结构。

2. 菜单各功能介绍

（1）保护状态。

本菜单的设置主要用来显示保护装置电流电压实时采样值和开入量状态，它全面地反映了该保护运行的环境，只要这些量的显示值与实际运行情况一致，则保护能正常运行，本菜单的设置为现场人员的调试与维护提供了极大的方便。对于开入状态，1 表示投入或收到接点动作信号，0 表示未投入或没收到接点动作信号。

（2）显示报告。

本菜单显示保护动作报告、自检报告及压板变位报告。由于本保护自带掉电保持，不管断电与否，它能记忆上述报告各 128 次。显示格式同“液晶显示说明”，首先显示的是最新一次报告，按键“▲”显示前一个报告，按键“▼”显示后一个报告，按键“取消”退出至上一级菜单。

（3）打印报告。

本菜单选择打印定值清单、动作报告、自检报告、压板变位、保护状态、程序版本。打印动作报告时需选择动作报告序号，动作报告中包括动作元件、动作时间、动作初始状态、开关变位、动作波形、对应保护定值等，其中动作报告记忆最新 128 次，故障录波只记忆最新 24 次。

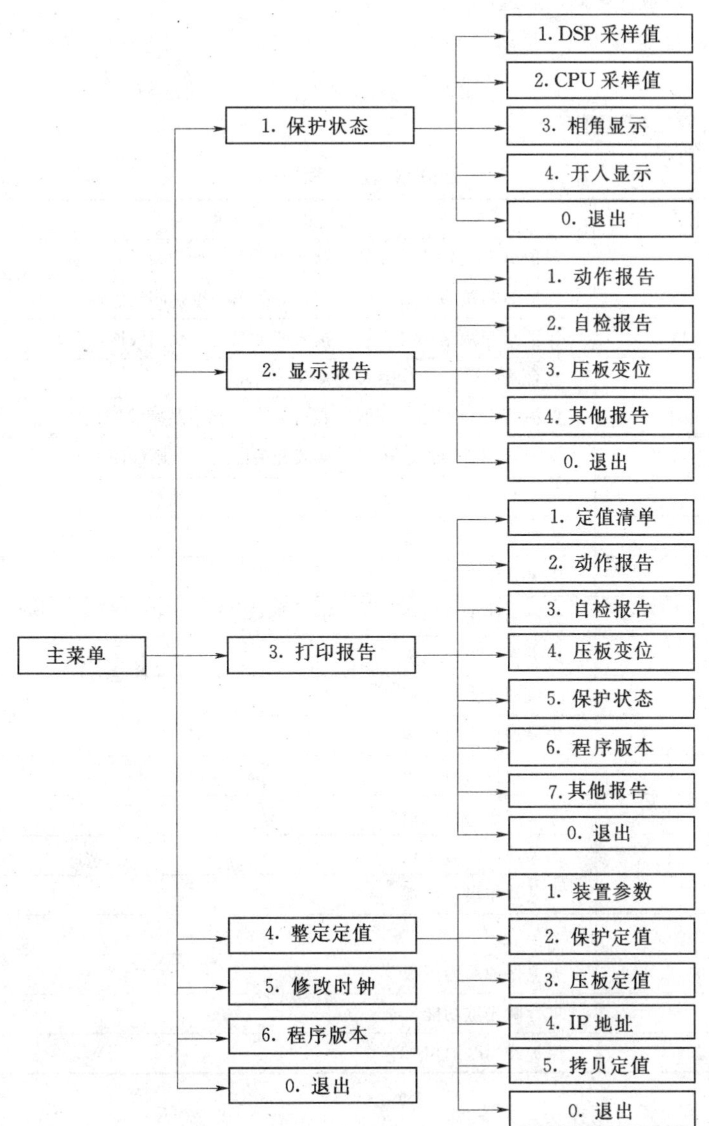

图 1-2-57 保护装置菜单说明

(4) 整定定值。

按键"▲"、"▼"用来滚动选择要修改的定值，按键"◀"、"▶"用来将光标移到要修改的那一位，"+"和"−"用来修改数据，按键"取消"为不修改返回，按键"确认"完成定值整定后返回。

整定定值菜单中的"拷贝定值"子菜单，是将"当前区号"内的"保护定值"拷贝到"拷贝区号"内，"拷贝区号"可通过"+"和"−"修改。

注意：若整定出错，液晶会显示错误信息，需重新整定。另外，"系统频率"、"电流二次额定值"整定后，保护定值必须重新整定，否则装置认为该区定值无效。整定定值的口令为：键盘的"+"、"◀"、"▲"、"−"，输入口令时，每按一次键盘，液晶显示由"·"变为"*"，当显示四个"*"时，方可按确认。

(5) 修改时钟。

显示当前的日期和时间。

按键"▲"、"▼"、"◀"、"▶"用来选择，"+"和"−"用来修改。按键"取消"为不修改返回，按键"确认"为修改后返回。

(6) 程序版本。

液晶显示程序版本、校验码以及程序生成时间。

(7) 修改定值区号。

按键盘的"区号"键，液晶显示"当前区号"和"修改区号"，按键"+"或"−"来修改区号，按键"取消"为不修改返回，按键“确认”完成区号修改后返回。

（六）保护装置部件投退说明

1. 压板说明

表 1-2-24 是保护装置压板说明。

表 1-2-24　　保护装置压板说明

压板单元	压板名称	功　能　说　明	投　退　说　明
LP1	A相跳闸出口一	保护A相跳闸出口压板，接入开关第一组跳闸线圈回路	根据接线进行投退
LP2	B相跳闸出口一	保护B相跳闸出口压板，接入开关第一组跳闸线圈回路	根据接线进行投退
LP3	C相跳闸出口一	保护C相跳闸出口压板，接入开关第一组跳闸线圈回路	根据接线进行投退
LP4	合闸出口	重合闸出口压板，接入开关合闸回路	根据接线进行投退
LP5	A相跳闸出口二	保护A相跳闸出口压板，接入开关第二组跳闸线圈回路	根据接线进行投退
LP6	B相跳闸出口二	保护B相跳闸出口压板，接入开关第二组跳闸线圈回路	根据接线进行投退
LP7	C相跳闸出口二	保护C相跳闸出口压板，接入开关第二组跳闸线圈回路	根据接线进行投退
LP8	失灵跳闸	失灵动作出口压板	根据接线进行投退
LP9	失灵跳闸	失灵动作出口压板	根据接线进行投退
LP10	失灵跳闸	失灵动作出口压板	根据接线进行投退
LP11	失灵跳闸	失灵动作出口压板	根据接线进行投退
LP12	失灵跳闸	失灵动作出口压板	根据接线进行投退
LP13	失灵跳闸	失灵动作出口压板	根据接线进行投退
LP14	失灵跳闸	失灵动作出口压板	根据接线进行投退
LP15	失灵跳闸	失灵动作出口压板	根据接线进行投退
LP16	失灵跳闸	失灵动作出口压板	根据接线进行投退
LP17	失灵跳闸	失灵动作出口压板	根据接线进行投退
LP18	备用		
LP19	投充电保护	充电保护功能压板	正常时退出
LP20	投先重	重合闸先重功能压板	根据重合要求投入
LP21	投检修状态	保护停用时退出	装置运行时退出

2. 复归按钮、控制把手、重合闸投切把手说明

FA——断路器保护装置复归按钮。

YA——打印按钮。

ZKK——保护用交流电压空气开关。

QK——重合闸方式选择开关，有四种方式：单重、综重、三重、停用。

KK——保护装置电源空开。

（七）装置故障信息解析

表 1-2-25 是装置故障信息解析。

表 1-2-25　　装置故障信息

自检出错信息	含　义	处　理　建　议
存储器出错	RAM芯片损坏，闭锁保护	通知厂家处理
程序出错	FLASH内容被破坏，闭锁保护	通知厂家处理
定值出错	定值区内容被破坏，闭锁保护	通知厂家处理
采样数据异常	模拟输入通道出错，闭锁保护	通知厂家处理
跳合出口异常	出口三极管损坏，闭锁保护	通知厂家处理
直流电源异常	直流电源不正常，闭锁保护	通知厂家处理
DSP定值出错	DSP定值自检出错，闭锁保护	通知厂家处理

续表

自检出错信息	含　义	处理建议
该区定值无效	装置参数中二次额定电流更改后，保护定值未重新整定	将保护定值重新整定
光耦电源异常	24V或220V光耦正电源失去，闭锁保护	检查开入板的隔离电源是否接好
零序长期启动	零序启动超过10s，发告警信号，不闭锁保护	检查电流二次回路接线
突变量长期启动	突变量启动超过10s，发告警信号，不闭锁保护	检查电流二次回路接线
TV断线	电压回路断线，发告警信号，闭锁部分保护	检查电压二次回路接线
线路TV断线	线路电压回路断线，发告警信号	检查线路电压二次回路接线
TA断线	电流回路断线，发告警信号，不闭锁保护	检查电流二次回路接线
TWJ异常	TWJ=1且该相有电流，或三相长期不一致，发告警信号，不闭锁保护	检查开关辅助接点
外部跳闸异常	外部跳闸长期有开入，发告警信号	检查外部跳闸开入接点

（八）装置正常工况与异常工况说明

表1-2-26是装置正常工况与异常工况说明。

表1-2-26　装置正常工况与异常工况说明

名称	定　义	正常运行状态	异常状态说明
运行	运行监视灯	绿灯亮	正常运行时发平光，其他灯均不亮；保护装置启动时运行灯闪烁
跳A	A相跳闸信号灯	不发光	A相跳闸时点亮，发红色平光
跳B	B相跳闸信号灯	不发光	B相跳闸时点亮，发红色平光
跳C	C相跳闸信号灯	不发光	C相跳闸时点亮，发红色平光
TV断线	TV断线信号灯	不发光	闭锁有电压量的保护，TV断线时发黄色平光
充电	重合闸充电信号灯	黄色灯光	当重合充电完成时点亮

（九）生产厂家

南京南瑞继保电气有限公司。

九、RCS—925系列保护装置

（一）装置功能概述

1. 保护功能整体描述

RCS—925系列保护装置是由微机实现的数字式过电压保护及故障启动装置，它可用作输电线路过电压保护及远方跳闸的就地判别装置。

该保护装置根据运行要求可投入补偿过电压、补偿欠电压、电流变化量、零负序电流、低电流、低功率因素、低功率等就地判据，能提高远方跳闸保护的安全性而不降低保护的可靠性。另外，本装置还具有过电压保护和过电压启动发远跳的功能。RCS—925系列保护根据功能有一个或多个后缀，各后缀的含义见表1-2-27。

表1-2-27　保护装置后缀含义

序号	后缀	功能含义
1	A	无光纤接口，一组（两个）收信开入
2	B	无光纤接口，两组（四个）收信开入
3	AFF	双光纤接口，光纤通信为64K
4	AMM	双光纤接口，光纤通信为2M
5	CM	远跳命令一路经装置光纤通道传送，另一路走载波或其他通道

2. 保护装置CPU插件

该插件是装置核心部分，由单片机（CPU）和数字信号处理器（DSP）组成，CPU完成装置的总启动元件和人机界面及后台通信功能，DSP完成所有的保护算法和逻辑功能。装置采样率为每周波24点，在每个采样点对所有保护算法和逻辑进行并行实时计算，使得装置具有很高的固有可靠性及安全性。

启动CPU内设总启动元件，启动后开放出口继电器的正电源，同时完成事件记录及打印、保护部分的后台通信及

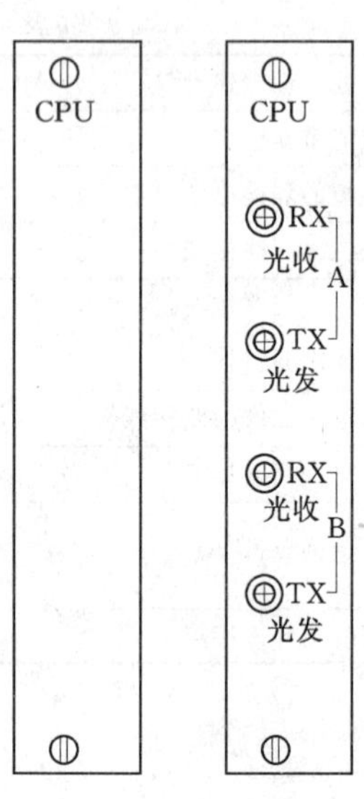

图 1-2-58 CPU 插件

与面板通信；另外还具有完整的故障录波功能，录波格式与 COMTRADE 格式兼容，录波数据可单独串口输出或打印输出。AFF（AMM）的 CPU 插件带有两个光端机（如图 1-2-58 所示），CM 仅带一个光端机。

3. 其他功能描述

（1）补偿过电压、欠电压就地判据充分考虑了分布电容的影响，补偿精度高。

（2）B 型装置可同时接两组收信开入，其远跳出口也分别输出，从而一组启动失灵，另一组不启动失灵（非电量保护远跳用）。

（3）装置采用整体面板、全封闭机箱，强弱电严格分开，取消传统背板配线方式，同时在软件设计上也采取相应的抗干扰措施，装置的抗干扰能力大大提高，对外的电磁辐射也满足相关标准。

（4）完善的事件报文处理，可保存最新 128 次动作报告，24 次故障录波报告。

（5）友好的人机界面、汉字显示、中文报告打印。

（6）灵活的后台通信方式，配有 RS—485 通信接口（可选双绞线、光纤）或以太网。

（7）支持电力行业标准 DL/T 667—1999（IEC 60870-5-103 标准）的通信规约。

（8）与 COMTRADE 兼容的故障录波。

（9）支持三种对时方式：秒脉冲对时、分脉冲对时、IRIGB 码对时。

4. 保护主要参数

保护装置额定参数见表 1-2-28。

表 1-2-28 保护装置额定参数

名称	额定电气参数		
直流电源	220V 或 110V（订货请注明），允许工作范围：+15%、−20%直流电压		
交流电压	$100/\sqrt{3}$V（额定电压 U_n）		
交流电流	5A 或 1A（额定电流 I_n，订货请注明）		
额定频率	50Hz（或 60Hz 时订货请注明）		
同期电压	100V 或 $100\sqrt{3}$V（有重合闸时可用，软、硬件自适应）		
过载能力	交流电流回路	2 倍额定电流，连续工作	
		10 倍额定电流，允许 10s	
		40 倍额定电流，允许 1s	
	交流电压回路	1.5 倍额定电压，连续工作	
功率消耗	直流回路	正常时，小于 35W	
		跳闸时，小于 50W	
	交流电压回路	小于 0.5VA/相（额定电压时）	
	交流电流回路	小于 1.0VA/相（I_n=5A 时）	
		小于 0.5VA/相（I_n=1A 时）	
接点容量	跳闸回路接点负载	允许长期通过电流 8A，切断电流 0.3A（DC220V，V/R 1ms），不带电流保持	
	信号回路接点负载	允许长期通过电流 8A，切断电流 0.3A（DC220V，V/R 1ms）	
状态量电平	各 CPU 及通信接口模件的输入状态量电平		24V
	GPS 对时脉冲输入电平		

（二）装置插件结构图简介

图 1-2-59 是装置的背面面板布置图，仅 AFF（AMM）、CM 型装置有 OUT2 插件。

插件注释：电源插件（DC）、交流插件（AC）、低通滤波器（LPF），CPU 插件（CPU）、通信插件（COM）、24V 光耦插件（OPT1）、高压光耦插件（OPT2）、信号插件（SIG）、跳闸出口插件（OUT1、OUT2）、显示面板（LCD）。

（三）装置面板说明

图 1-2-60 是装置正面面板布置图。

装置正常运行时，“运行”灯应亮，所有告警指示灯（黄灯，“充电”灯除外）应不亮。

按下“信号复归”按钮，复归所有跳闸、重合闸指示灯，并使液晶显示处于正常显示主画面。

在主画面状态下，按“▲”键可进入主菜单，通过“▲”、“▼”、“确认”和“取消”键选择子菜单。

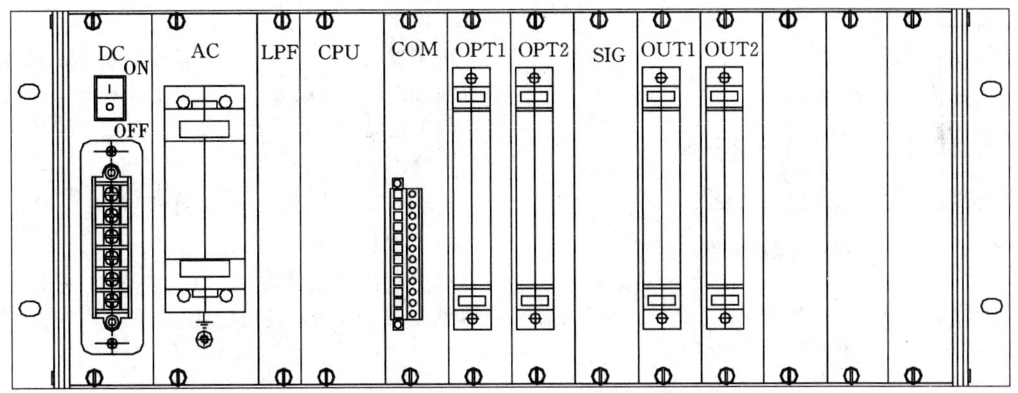

图 1-2-59　RCS—925 装置背面面板结构图

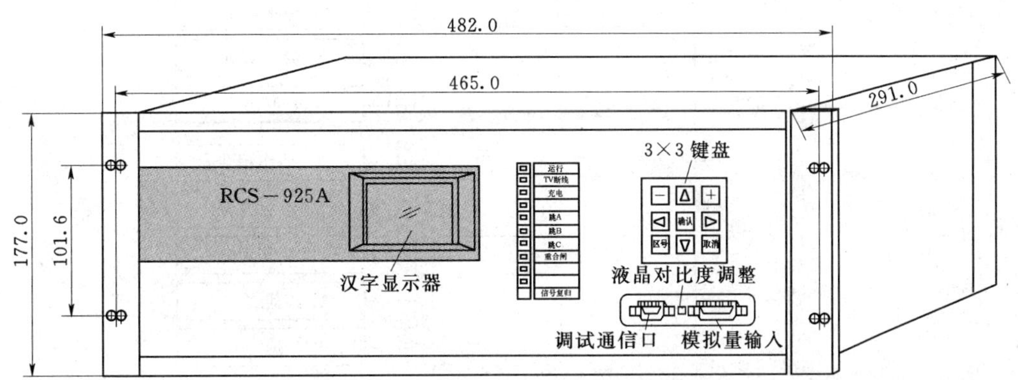

图 1-2-60　RCS—925A 装置面板布置图（正面）（单位：mm）

（四）保护运行液晶显示说明

1. 指示灯说明

保护装置指示灯定义如下：

“运行”灯为绿色，装置正常运行时点亮，装置闭锁时熄灭。

“TV 断线”灯为黄色，当发生电压回路断线时点亮。

“通道异常”灯为黄色，当通道异常时点亮（AFF、AMM 型装置）。

“跳闸”灯为红色，过电压保护元件动作时，跳闸出口亮，在“信号复归”后熄灭。

2. 液晶显示说明

装置通电后，正常运行时液晶屏幕将显示主画面，格式见图 1-2-61。

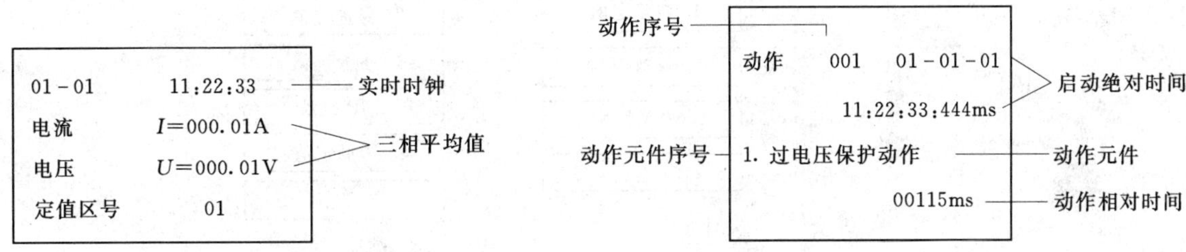

图 1-2-61　正常运行时液晶显示　　图 1-2-62　保护动作时液晶显示

3. 保护动作时液晶显示说明

本装置能存储 128 次动作报告、24 次故障录波报告。当保护动作时，液晶屏幕自动显示最新一次保护动作报告，当一次动作报告中有多个动作元件时，所有动作元件及测距结果将滚屏显示，格式见图 1-2-62。

4. 装置自检报告

本装置能存储 128 次装置自检报告。保护装置运行中，硬件自检出错或系统运行异常将立即显示自检报告，当一次

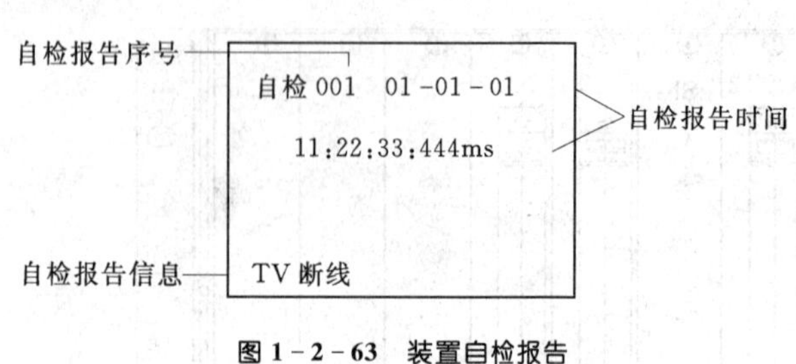

图 1-2-63 装置自检报告

自检报告中有多个出错信息时，所有自检信息将滚屏显示，格式见图 1-2-63。

按装置或屏上复归按钮可切换显示跳闸报告、自检报告和装置正常运行状态，除了以上几种自动切换显示方式外，保护还提供了若干命令菜单，供继电保护工程师调试保护和修改定值用。

（五）保护装置菜单说明

1. 菜单目录树

在主画面状态下，按“▲”键可进入主菜单，通过“▲”、“▼”、“确认”和“取消”键选择子菜单。命令菜单采用如图 1-2-64 所示的树形目录结构。

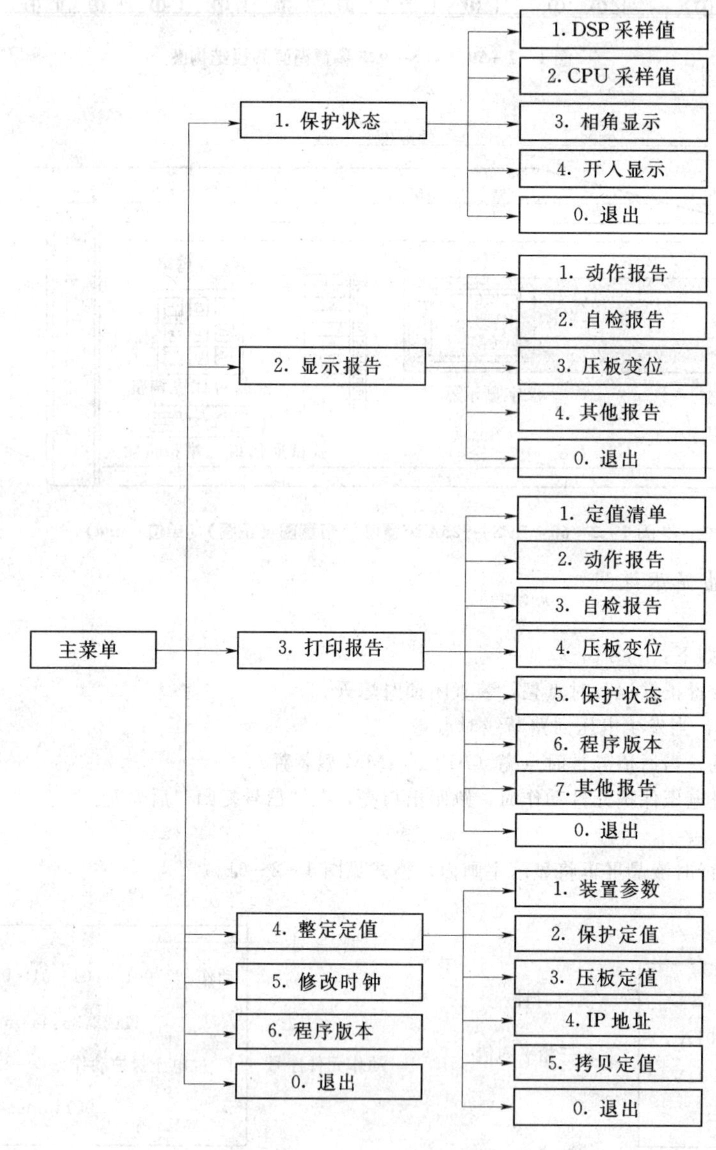

图 1-2-64 菜单目录

2. 菜单各功能介绍

（1）保护状态。

本菜单的设置主要用来显示保护装置电流电压实时采样值和开入量状态，它全面地反映了该保护运行的环境，只要这些量的显示值与实际运行情况一致，则保护能正常运行，本菜单的设置为现场人员的调试与维护提供了极大的方便。对于开入状态，1 表示投入或收到接点动作信号，0 表示未投入或未收到接点动作信号。

(2) 显示报告。

本菜单显示保护动作报告、自检报告及开入变位报告。由于本保护自带掉电保持，不管断电与否，它能记忆上述报告各128次。显示格式同“液晶显示说明”，首先显示的是最新一次报告，按键“▲”显示前一个报告，按键“▼”显示后一个报告，按键“取消”退出至上一级菜单。

(3) 打印报告。

本菜单选择打印定值清单、动作报告、自检报告、压板变位、保护状态、程序版本。打印动作报告时需选择动作报告序号，动作报告中包括动作元件、动作时间、动作初始状态、开关变位、动作波形、对应保护定值等，其中动作报告记忆最新128次，故障录波只记忆最新24次。

(4) 整定定值。

按键“▲”、“▼”用来滚动选择要修改的定值，按键“◀”、“▶”用来将光标移到要修改的那一位，“＋”和“－”用来修改数据，按键“取消”为不修改返回，按键“确认”完成定值整定后返回。

整定定值菜单中的“拷贝定值”子菜单，是将“当前区号”内的“保护定值”拷贝到“拷贝区号”内，“拷贝区号”可通过“＋”和“－”修改。

注意：若整定出错，液晶会显示错误信息，需重新整定。另外，“系统频率”、“电流二次额定值”整定后，保护定值必须重新整定，否则装置认为该区定值无效。整定定值的口令为：键盘的“＋”、“◀”、“▲”、“－”，输入口令时，每按一次键盘，液晶显示由“·”变为“*”，当显示四个“*”时，方可按确认。

(5) 修改时钟。

显示当前的日期和时间。

按键“▲”、“▼”、“◀”、“▶”用来选择，“＋”和“－”用来修改。按键“取消”为不修改返回，“确认”为修改后返回。

(6) 程序版本。

液晶显示程序版本、校验码以及程序生成时间。

(7) 修改定值区号。

按键盘的“区号”键，液晶显示“当前区号”和“修改区号”，按键“＋”或“－”来修改区号，按键“取消”为不修改返回，按键“确认”完成区号修改后返回。

(六) 保护装置部件投退说明

1. 压板说明

表1-2-29是装置压板说明。

2. 复归按钮、控制把手、重合闸投切把手说明

DYQK——打印切换开关，有两个位置。

ZKK——保护用交流电压空气开关。

表1-2-29　装置压板说明

压板单元	压板名称	功能说明	投退说明
LP1	投检修状态	保护停用时退出	装置运行时退出
LP2	投过电压保护	过电压保护功能压板	投入
LP3	远跳及过压跳闸出口	远跳及过压跳闸出口压板	根据接线进行投退
LP4	远跳及过压跳闸出口	远跳及过压跳闸出口压板	根据接线进行投退
LP5	远跳及过压跳闸出口	远跳及过压跳闸出口压板	根据接线进行投退
LP6	远跳及过压跳闸出口	远跳及过压跳闸出口压板	根据接线进行投退
LP7	过电压启动远跳1	过压启动远跳出口压板	根据接线进行投退
LP8	过电压启动远跳2	过压启动远跳出口压板	根据接线进行投退

YA——打印按钮。

FA——保护装置复归按钮。

QK——通道切换开关，有四个位置。

KK——保护装置电源空开。

(七) 装置故障信息解析

表1-2-30是装置故障信息解析。

表 1-2-30 装置故障信息

自检出错信息	含 义	处理建议
存储器出错	RAM 芯片出错，闭锁保护	通知厂家处理
程序出错	FLASH 内容被破坏，闭锁保护	通知厂家处理
定值出错	定值区内容被破坏，闭锁保护	通知厂家处理
数据采集异常	模拟输入通道出错，闭锁保护	通知厂家处理
跳合出口异常	出口三极管损坏，闭锁保护	通知厂家处理
直流电源异常	直流电源不正常，闭锁保护	通知厂家处理
DSP 定值出错	DSP 定值自检出错，闭锁保护	通知厂家处理
该区定值无效	装置参数中二次额定电流更改后，保护定值未重新整定	将保护定值重新整定
光耦电源异常	24V 或 220V 光耦正电源失去，闭锁保护	检查开入板的隔离电源是否接好
装置长期启动	装置长期启动超过 50s，发告警信号，不闭锁保护	检查电流二次回路接线
交流 TV 断线	电压回路断线，发告警信号	检查电压二次回路接线
TWJ 异常	TWJ=1 且该相有电流或三相长期不一致发告警信号，不闭锁保护	检查开关辅助接点
零序长期动作	电流回路断线，发告警信号，不闭锁保护	检查电流二次回路接线
通道告警	外部长期收信或者光通道设备输出告警信号	检查收信接点检查与光通道相关的回路
远跳异常	远跳开入长期存在达 4s，本侧及对侧装置均发告警信号，同时闭锁相应的功能，跳闸开入返回后告警经 10s 延时返回	检查远跳开入接点
通道 A（B）接收错	两侧装置纵联码不对应	检查两侧装置纵联码
通道×异常	光纤通信通道异常	检查光纤通道

（八）装置正常工况与异常工况说明

表 1-2-31 是装置正常工况与异常工况说明。

表 1-2-31 装置正常工况与异常工况说明

名称	定 义	正常运行状态	异常状态说明
运行	运行监视灯	绿灯亮	正常运行时发平光，其他灯均不亮；保护装置启动时运行灯闪烁
跳闸	跳闸信号灯	不发光	保护跳闸时点亮，发红色平光
TV 断线	TV 断线信号灯	不发光	TV 断线时退出有关判据元件并发黄色平光
通道异常	通道异常信号灯	不发光	通道告警时发黄色平光

（九）生产厂家

南京南瑞继保电气有限公司。

十、LFP—925 系列保护装置

（一）装置功能概述

1. 保护功能整体描述

LFP—925 为数字式故障启动装置，可以作为远方跳闸的就地判别装置，根据运行要求可投入补偿过电压、补偿欠电压、零序电流、低电流、低功率因数等就地判据，能提高远方跳闸保护的安全性而不降低保护的可靠性。另外，本装置还具有过电压保护跳闸和过电压启动发信（发远跳信号）的功能。

2. 保护装置 CPU 分工描述

CPU1 为一套完整的主保护，含有收信＋就地判据跳闸功能、过电压跳闸功能、过电压发信功能。

CPU2（MONI）内设总启动元件，启动后开放出口继电器正电源。

3. 保护主要参数

直流额定电压：220V，110V 允许偏差 +15%，-20%。

交流额定电压：100V，57.7V。

交流额定电流：5A，1A。

额定频率：50Hz。

交流电流回路在额定电流时：$<1VA/\Phi$ ($I_n=5A$)；

$<0.5VA/\Phi$ ($I_n=1A$)。

交流电压回路额定功耗：　　<0.5VA/Φ。

直流电源功耗：正常 35W；跳闸 50W。

（二）装置插件结构图简介

图 1-2-65 是 LPF—925 装置面板结构图。

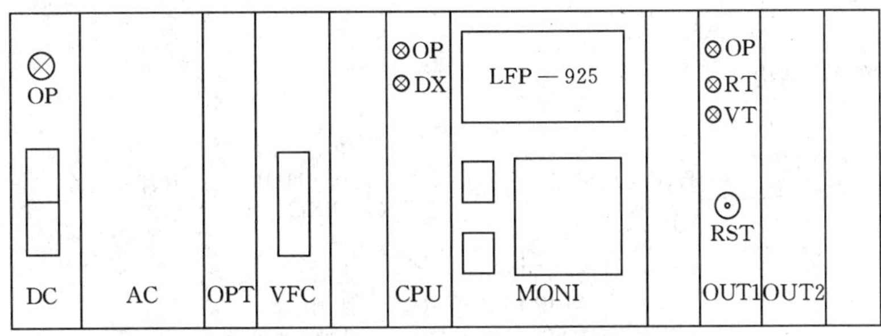

图 1-2-65　LFP—925 装置面板结构图

插件注释：

DC——直流逆变电源，设有电源监视灯。

AC——交流电压、电流输入模件。

OPT——光耦模件，将输入开关量信号经光电隔离输入到装置内部。

VFC——电压频率变换器，将交流模拟量电压转换成相应的频率信号。

CPU——远跳和过电压保护。

MONI——管理 CPU。

SIG——信号及转换模件，OP 为装置正常运行监视灯，RT 为收信跳闸信号，VT 为过电压跳闸信号。

OUT1、OUT2——输出继电器。

（三）装置面板说明

图 1-2-66 是 LPF—925 保护装置管理机面板图。

操作密码：无

按键说明：

▲——进入主菜单及光标移动；▼——菜单切换及光标移动；

◀▶——光标移动；+-——数字加减修改；

确认——选中某项功能；

复位——在菜单状态使保护恢复运行，运行状态禁用；

取消——写入内容无效；

液晶显示器（LCD）——显示正常运行状态、跳闸报告、自检信息以及菜单；

定值分区拨盘——选择定值区号，若该保护有一种以上的运行方式，有一套定值存放在不同的定值区内。例如，将拨盘拨至“0”，此时定值菜单中显示的定值区号也应是“0”，整定好的定值将存放于“0”区。

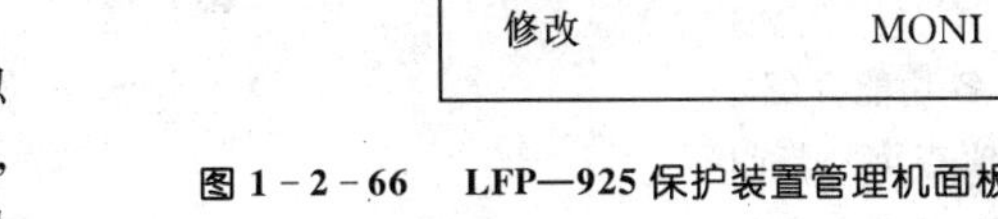

图 1-2-66　LFP—925 保护装置管理机面板图

（四）保护运行液晶显示说明

（1）装置通电后，装置正常运行时，液晶屏幕将显示如图 1-2-67 所示信息。

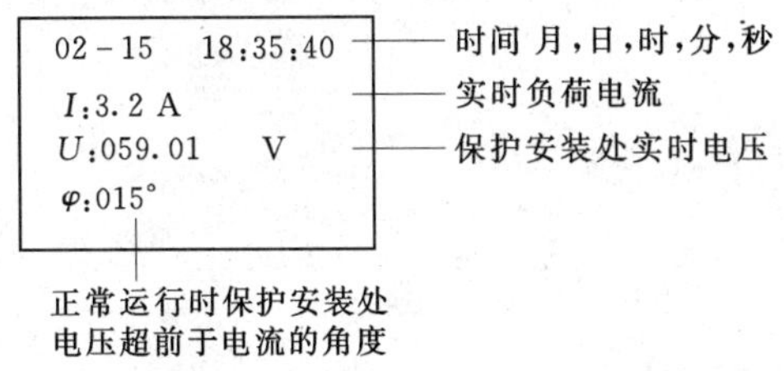

图 1-2-67　正常运行时液晶显示

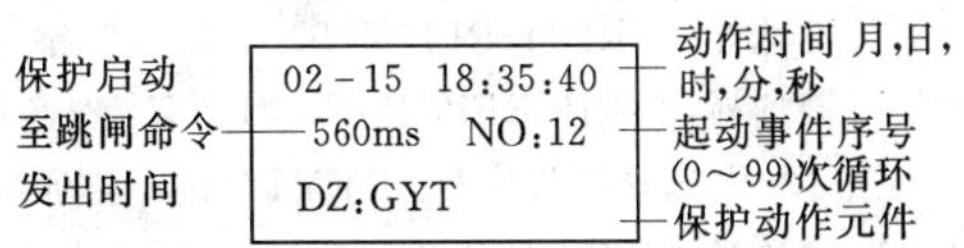

图 1-2-68　LFP—925 保护装置跳闸报告图

(2) 当保护动作时，液晶屏幕在保护整组复归后 15s 左右，将自动显示最新一次跳闸报告，见图 1-2-68。

注意：

(1) 保护动作元件可能有多个，超过 4 个时，将由右向左循环。

(2) 同一次序号的跳闸显示可对应于同一序号打印报告，更详细的信息可见打印报告。

(五) 保护装置菜单说明

1. 菜单目录树

图 1-2-69 是菜单目录结构。

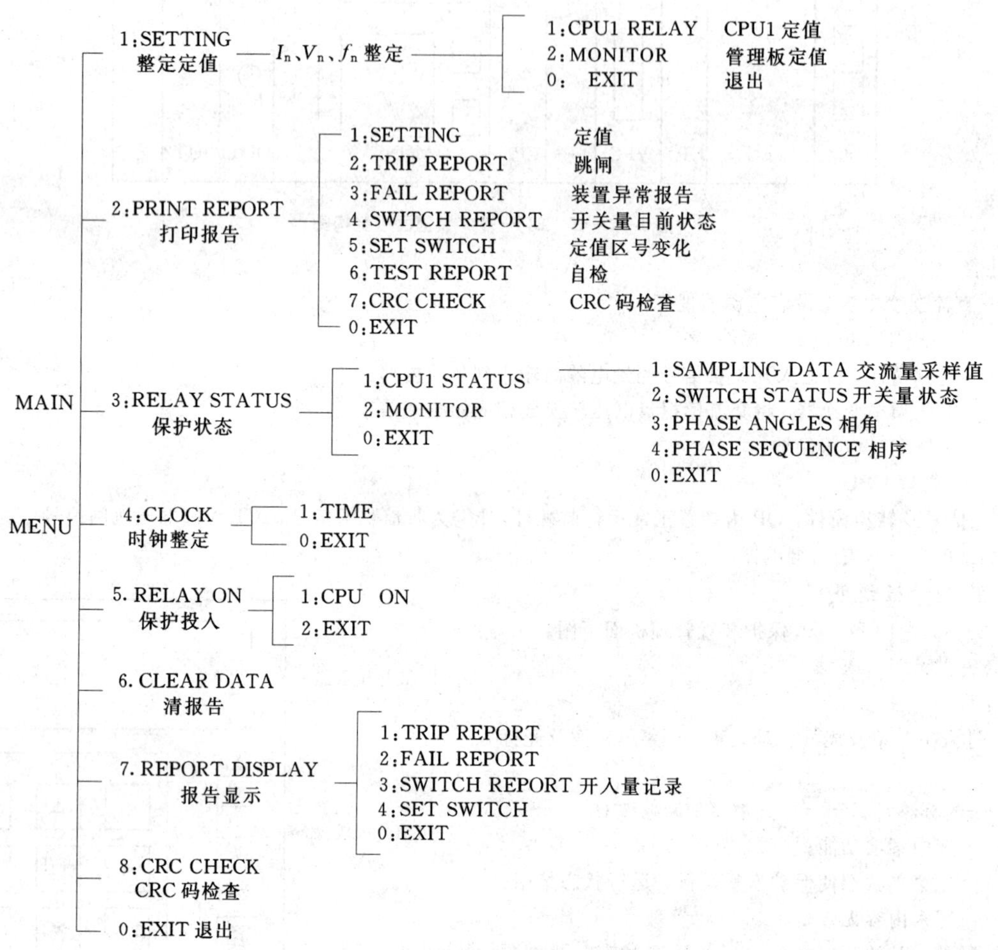

图 1-2-69　菜单目录

2. 菜单各功能介绍

(1) 定值查询、打印。

1) "↑" 键进入主菜单。

2) "↓" 键选择 "PRINT SETTING"、"ENT"，显示菜单。

3) "↑" "↓" 键选择 "CPU1、MONI"。

4) "ENT" 键，打印定值。

5) "↓" 键选择，"EXIT" 退出。

(2) 故障报告、事故报告查询打印。

1) "↑" 键进入主菜单。

2) "↓" 键选择 "PRINT REPORT"，"ENT" 键，显示菜单。

3) "↓" 键选择 "TRIP REPORT"，"ENT" 键显示 NO ××。

4) "+"、"-" 选择报告序号，"ENT" 键，打印报告。

5) "↓" 键选择 "EXIT" 退出。

(3) 采样查询。

1）“↑”键进入主菜单。

2）“↓”键选择“3：RELAY STATUS，“ENT”键，显示菜单。

3）选择“1：CPU1 STATUS”，“ENT”键，显示菜单。

4）选择“1：SAMPLING DATA”，“ENT”键，显示采样。

5）“↓”键选择“EXIT”退出。

(4) 定值区切换。

1）退出保护。

2）拨动定值区切换拨轮至所选的区号。

3）按“RESET”键。

4）投入保护。

(5) 其他部分：修改时钟。

1）“↑”键进入主菜单。

2）“↓”键选择“CLOCK”、“ENT”键显示如下：

```
CLOCK
TIME
0、EXIT
```

3）选“TIME”“ENT”显示如下：

```
CURENTTIME
DATE：YYMMdd
TIME：hhmmrrss
```

4）“←”“↑”“→”“↓”键移动光标至修改处。

5）“+”、“−”修改数字，“ENT”键。

6）“↓”键移光标至“EXIT”退出。

（六）保护装置部件投退说明

1. 压板说明

表 1-2-32 是装置压板说明。

表 1-2-32　装置压板说明

压板名称	功能说明	投退说明
91LP1	跳闸出口 1（跳边开关）	投入
91LP3	跳闸出口 2（跳中开关）	投入
91LP9	过压启动远跳	投入

2. 复归按钮、通道投切把手说明

复归按钮：用于复归保护动作信号。

通道投切把手：共有“通道一投入，通道二退出”、“通道二投入，通道一退出”、“通道一、二投入”、“通道一、二退出”四个位置，可根据通道情况投用。

（七）装置故障信息解析

表 1-2-33 是装置故障信息解析。

表 1-2-33　装置故障信息

事件名称	可能故障原因	处理措施
RAM EPROM EERPROM	RAM EPROM EEPROM 区检测错误	进行复位，如果不能恢复正常，需退出保护，更换插件
VFC	模数变换检测错误	进行复位，如果不能恢复正常，需退出保护，更换插件
TV	TV 断线报警	检查交流电压回路
DATA ERROR	数据检测错误	进行复位，如果不能恢复正常，需退出保护，更换插件
EEPROM WR	定值写入 EEPROM 错误	重新核对定值，正确后固化
OPT DC	光耦错误	退出保护，更换插件

（八）装置正常工况与异常工况说明

表 1-2-34 是装置正常工况与异常工况说明。

表 1-2-34　　　　装置正常工况与异常工况说明

名　称	定　义	正常运行状态	异　常　状　态　说　明
DC 插件 OP	直流电源监视灯	灯亮绿色	灯灭说明直流电源异常
CPU 运行	CPU 运行监视灯	灯亮绿色	保护告警或整定、修改定值时灭
CPU DX	TV 断线	不亮	黄色灯亮说明电压回路断线
RT	远跳保护动作指示灯	不亮	正常为灯灭，远跳保护动作后，为红色平光，信号复归后灯灭
VT	过电压保护动作指示灯	不亮	正常为灯灭，过电压保护动作后，为红色平光，信号复归后灯灭

（九）生产厂家

南京南瑞继保电气有限公司。

十一、WXH—801 系列保护装置

（一）装置功能概述

1. 保护功能整体描述

WXH—801 主要是适用于 110 ～500kV 输电线路的成套数字式保护装置。WXH—801 由带补偿的正序故障分量方向元件和零序方向元件构成全线速动主保护，与 SF600 型收发信机、ZSJ—900 光纤数字接口、音频接口装置、载波机或其他接口装置配合组成纵联保护。

三段式相间距离和三段式接地距离以及六段零序电流方向保护构成后备保护，具有选相、分相传输信号、重合闸和录波功能。

2. 保护装置 CPU 分工描述

WXH—801 装置 CPU1 为纵联保护，CPU2 为距离保护，CPU3 为零序保护，CPU4 为重合闸。

CPU1 纵联保护：纵联方向保护采用正序故障分量方向元件、零序方向元件，具有不怕振荡的优点。

CPU2 距离保护：相间距离保护采用圆特性阻抗继电器，接地距离保护采用四边形特性阻抗继电器。

CPU3 零序保护：六段零序电流保护即零序不灵敏Ⅰ段、零序电流Ⅰ～Ⅳ段及零序不灵敏Ⅱ段。其中零序Ⅰ段及零序不灵敏Ⅰ段为瞬时段，其他为延时段。全相运行及非全相运行时各段保护的投退由压板控制，每段都各由控制字选择经方向或不经方向元件闭锁。此外，本保护还设置了带延时的过流保护Ⅰ段及过流保护Ⅱ段，仅在 TV 断线时由控制字选择投退，弥补 TV 断线时纵联保护、距离保护退出情况下装置无保护的缺陷。

CPU4 重合闸：CPU4 主要承担综合重合闸功能，考虑到目前高压线路保护都具有选相功能，本装置内不再装设选相元件。重合闸装置只管合闸，不再承担保护跳闸选相任务。

3. 其他功能描述

装置正常运行实时监视每个 CPU 巡检投入情况及保护当前工作定值区号，装置可实时测量三相电流、电压、有功、无功、功率因数及频率。

4. 保护主要参数

额定交流电流：5A 或 1A。

额定交流电压：相电压：$100/\sqrt{3}$V，线路抽取电压：$100/\sqrt{3}$V 或 100V。

额定频率：50Hz。

直流工作电压：220V 或 110V，允许变化范围 80%～110%。

打印机工作电压：AC 220V 50Hz。

交流电压回路功耗：不大于 0.5VA/相（额定电压下）。

交流电流回路功耗：当 I_n=5A 时，每相不大于 1VA；当 I_n=1A 时，每相不大于 0.5VA。

直流电压回路功耗：不大于 100W。

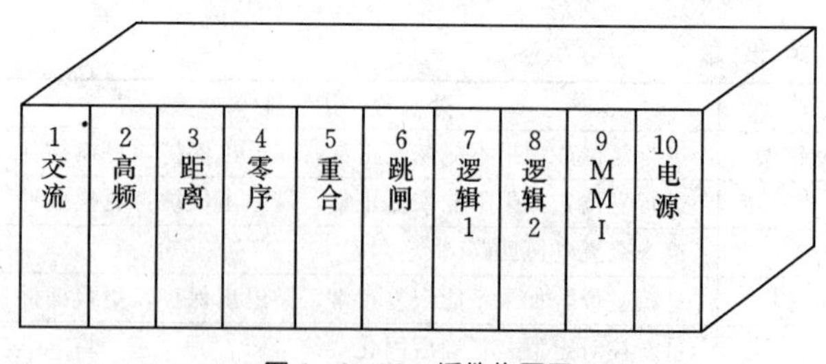

图 1-2-70　插件位置图

（二）装置插件结构图简介

图 1-2-70 是装置插件位置图。

非 CPU 插件介绍：

(1) 交流输入插件（插件 1）：本插件将系统电压互感器、电流互感器二次侧信号变换成保护装置所需的弱电信号，同时起隔离和抗干扰作用。

(2) 继电器跳闸逻辑板（插件 6）：本插件提供了两组跳闸出口继电器。

(3) 逻辑继电器板（LOG1 保护逻辑）（插件 7）：本插件设有三个分相出口继电器 CKJA3、CKCB3、CKJC3 和三跳继电器 CKJQ2 永跳继电器 CKJR2。

(4) 逻辑继电器板 2（重合闸逻辑）（插件 8）。

(5) MMI—1 插件（插件 9）：接口模块是通用的人机接口功能模块。

(6) 电源插件（插件 10）：本插件为直流逆变电源插件。

（三）装置面板说明

图 1-2-71 是 WXH—801 装置面板结构图。

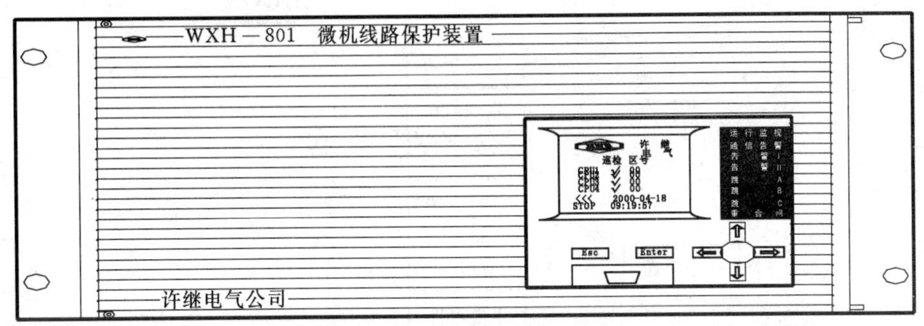

图 1-2-71 WXH—801 装置面板结构图

装置正常运行时，“运行监视”灯亮，“通信告警”、“告警Ⅰ”、“告警Ⅱ”、“跳 A”、“跳 B”、“跳 C”、“重合闸”灯不亮。

（四）保护运行液晶显示说明

1. 键盘与正常显示

本装置采用带自动开启和关闭背景光的显示液晶。键盘有六个小按键，其示意图如 1-2-72 所示。

“→”、“←”键的主要功能是左右移动光标。

“↑”、“↓”键主要功能是在出现大光标时移动光标，在出现小光标时修改数据。

“ENTER”键主要功能表示确认和进入菜单。

“ESC”键主要功能是取消修改和返回上一级菜单。

“ESC＋ENTER”键主要功能是复位接口。

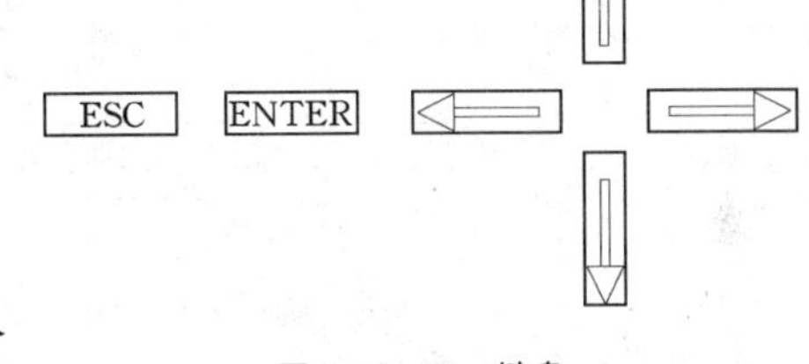

图 1-2-72 键盘

2. 保护运行液晶显示说明

装置通电后，装置正常运行液晶正常显示时，显示界面共三屏，分别显示各 CPU 登录的状态、模拟量的实时采样值和压板的投切状况，如图 1-2-73～图 1-2-75 所示。在以上三个界面状态下如果发生保护启动，面板运行灯闪烁，当面板运行灯停止闪烁时自动弹出报文。

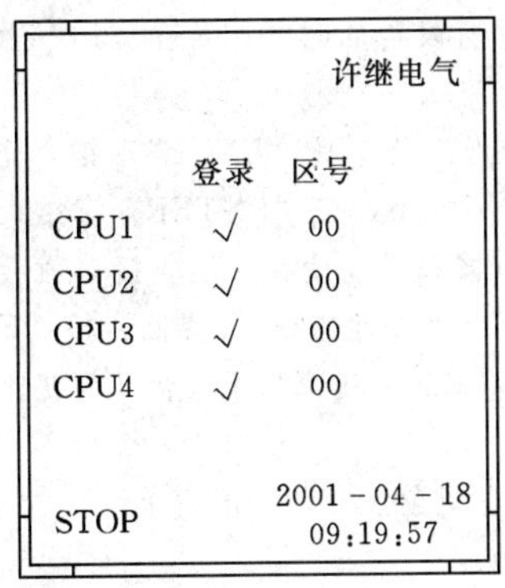

图 1-2-73 CPU 登录状态显示

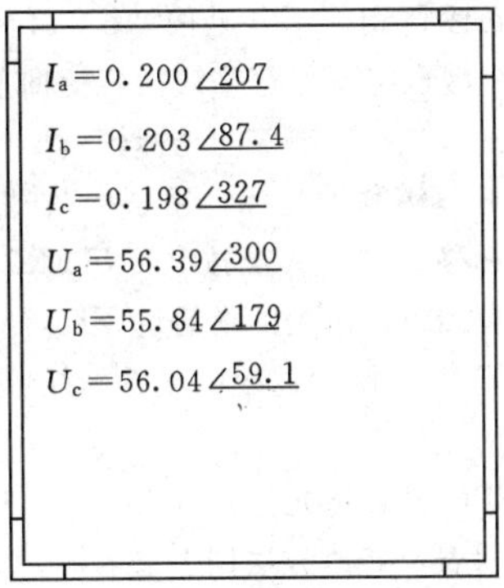

$I_a=0.200\angle 207$

$I_b=0.203\angle 87.4$

$I_c=0.198\angle 327$

$U_a=56.39\angle 300$

$U_b=55.84\angle 179$

$U_c=56.04\angle 59.1$

图 1-2-74 模拟量实时显示

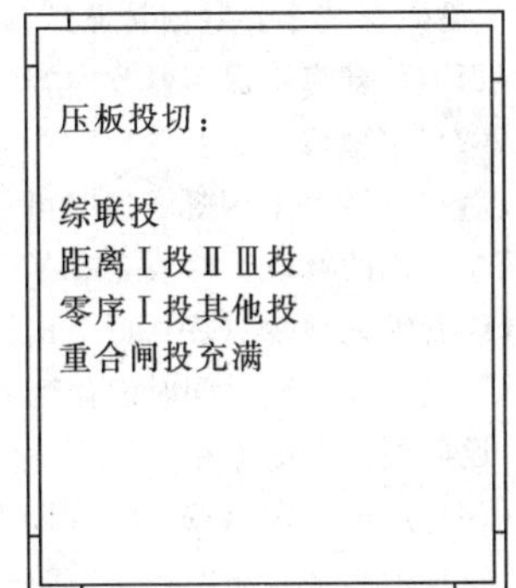

图 1-2-75 压板投切状况显示

（五）保护装置菜单说明

1. 菜单目录树

图 1-2-76 是装置菜单目录结构。

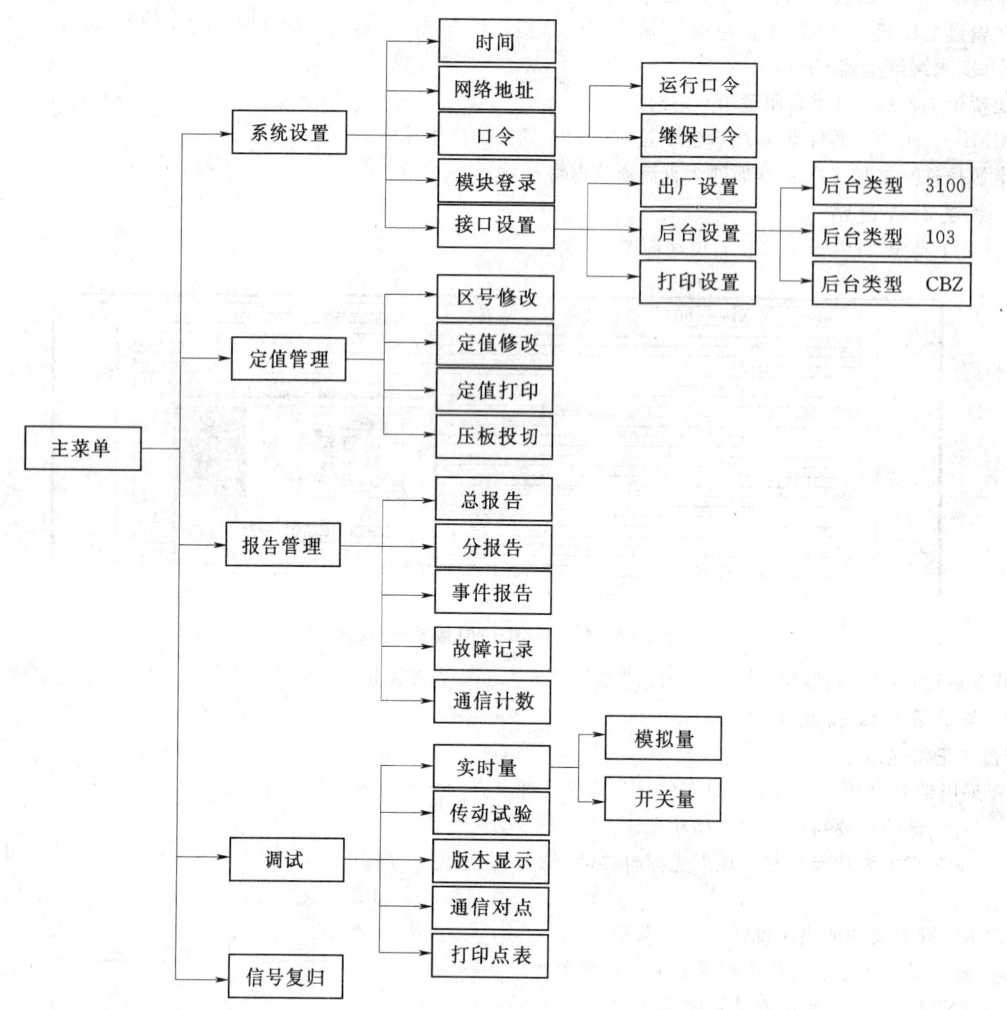

图 1-2-76 装置菜单目录

2. 菜单各功能介绍

在正常运行状态下，按“ENTER”键，进入装置的主菜单。用“↑”、“↓”键移动光标至所选的项目后，再按“ENTER”键，即可进入相应功能的子菜单；同时按“ESC”键及“ENTER”键，MMI复位。

(1) 时间：通过“↑”、“↓”键或“→”、“←”键移动光标至所要修改的时间项上，按“↑”键数据增大，按“↓”键数据减小，数据是循环显示的。当光标移到“√”上按“ENTER”键将保存所设置的时间，若在“×”上按“ENTER”键将不保存修改内容。按“ESC”键也将不保存修改内容返回上一级菜单。

(2) 定值修改：用“↑”、“↓”键或“→”、“←”键移动光标到所要修改的TA变比项上，按“ENTER”键，光标在最后一位数字上闪烁，这时可用“→”、“←”键移动光标，用“↑”、“↓”修改数字大小，按“ENTER”键结束本项TA变比的修改。修改完TA变比后把光标移到“√”上按“ENTER”键，就可以修改TA变比，接着接口就会要求修改者输入口令（注：口令出厂设置为“9999”），输入正确的口令后，接口会提示“TA变比修改?”界面，按“ENTER”键把TA变比同时固化到所有登录的CPU。修改过程中或界面提示过程中按了“ESC”键都将不固化TA变比退出，返回到上一级菜单。

(3) 定值打印：按“ENTER”键选择CPU号，把光标移到“√”上按“ENTER”键就能打印定值清单。

(4) 控制字：显示各保护的控制字投退列表，修改方法同上。

(5) 压板状态：显示各保护硬压板的投退状态。

(6) 总报告：主要是接口保存的历史报告。

(7) 分报告：主要是各个保护板保存的历史报告，可以打印采样值。

(8) 事件报告：保存了接口和保护的事件报告，共可以保存100个。

(9) 版本显示：按“ENTER”键能显示已登录的保护的版本号和校验码，再次按“ENTER”键可以打印。

（六）保护装置部件投退说明

1. 压板说明

表 1-2-35 是保护装置压板说明。

表 1-2-35 **保护装置压板说明**

压板名称	功能说明	投退说明	压板名称	功能说明	投退说明
1LP1	A 相跳闸出口一	投入	1LP18	三跳启动重合	备用
1LP2	B 相跳闸出口一	投入	1LP19	单跳启动重合	备用
1LP3	C 相跳闸出口一	投入	1LP20	三跳启动重合	备用
1LP4	永跳出口一	投入	1LP21	备用	退出
1LP5	三跳出口一	投入	1LP22	备用	退出
1LP6	A 相跳闸出口二	备用	1LP23	备用	退出
1LP7	B 相跳闸出口二	备用	1LP24	备用	退出
1LP8	C 相跳闸出口二	备用	1LP25	纵联保护	投入
1LP9	永跳出口二	备用	1LP26	距离Ⅰ段	投入
1LP10	三跳出口二	备用	1LP27	距离Ⅱ、Ⅲ段	投入
1LP11	A 相启动失灵一	投入	1LP28	零序Ⅰ段保护	投入
1LP12	B 相启动失灵一	投入	1LP29	零序其他段	投入
1LP13	C 相启动失灵一	投入	1LP30	802/A 保护检修状态	退出
1LP14	A 相启动失灵二	备用	1LP31	备用	退出
1LP15	B 相启动失灵二	备用	1LP32	沟通三跳	退出
1LP16	C 相启动失灵二	备用	1LP33	备用	退出
1LP17	单跳启动重合	备用			

2. 复归按钮、控制把手、重合闸投切把手说明

在主菜单中选择“信号复归”菜单，按“ENTER”键能复归面板右侧的 7 个红色信号灯。

重合闸逻辑在重合闸充电未满状态、重合闸停用状态、三相重合闸方式、低气压、装置异常告警、装置失电状态时，都给出 GTST 开出触点，以通知保护配合。

（七）装置故障信息解析

表 1-2-36 是装置故障信息解析。

表 1-2-36 **装置故障信息**

事件名称	可能故障原因	处理措施
纵联定值区号错	保护定值区自检错	更换 CPU 板
纵联闭锁开出错 纵联开出×错	开出回路自检出错可能为对应 CPU 的开出回路击穿、或断开、或开出电压消失	(1) 检查逻辑、跳闸插件是否插拔可靠 (2) 检查是否有告警Ⅰ (3) 更换 CPU 板
纵联 TA 回路异常	电流回路自检错；可能是电流采样回路出错或零序电流长期存在	(1) 打印保护采样，检查保护采样是否正常 (2) 检查系统是否有零序电流存在
纵联软压板自检错 距离软压板自检错	软压板自检错	更换 CPU 板
纵联单跳长期存在 纵联三跳长期存在 纵联复归长期存在 纵联收信输入长期存在 纵联跳位错	开入自检错	检查对应的开入是否长期存在
纵联通道异常	通道自检错	检查保护的收信回路
抽取电压 TV 断线	抽取电压回路异常	检查抽取电压回路

（八）装置正常工况与异常工况说明

装置面板上设有“运行”、“告警Ⅰ”、“告警Ⅱ”等监视装置运行正常与否的信号灯。正常时“运行”灯发绿光；

"告警Ⅰ"、"告警Ⅱ"及其他跳闸灯均不亮。装置异常告警的原因及其处理措施可归纳如表1-2-37所示。

表1-2-37 装置正常工况与异常工况说明

名 称	定 义	正常运行状态	异常状态说明
运行	监视保护CPU的运行情况	绿灯闪烁	不亮
巡检	指示差动保护动作情况	不亮	发红光
告警Ⅰ	CPU自检发现有严重异常情况	不亮	发红光
告警Ⅱ	CPU自检本地和中央信号	不亮	发红光

（九）生产厂家

许继电气股份有限公司。

十二、WXH—802系列保护装置

（一）装置功能概述

1. 保护功能整体描述

WXH—802主要是适用于110～500kV输电线路的成套数字式保护装置。WXH—802由综合距离方向元件和零序方向元件构成全线速动主保护，与SF600型收发信机、ZSJ—900光纤数字接口、音频接口装置、载波机或其他接口装置配合组成纵联保护。

三段式相间距离和三段式接地距离以及六段零序电流方向保护构成后备保护，具有选相、分相传输信号、重合闸和录波功能。

2. 保护装置CPU分工描述

WXH—802装置CPU1为纵联保护，CPU2为距离保护，CPU3为零序保护，CPU4为重合闸。

CPU1纵联保护：纵联方向保护采用正序故障分量方向元件、零序方向元件，具有不怕振荡的优点。

CPU2距离保护：相间距离保护采用圆特性阻抗继电器，接地距离保护采用四边形特性阻抗继电器。

CPU3零序保护：六段零序电流保护即零序不灵敏Ⅰ段、零序电流Ⅰ～Ⅳ段及零序不灵敏Ⅱ段。其中零序Ⅰ段及零序不灵敏Ⅰ段为瞬时段，其他为延时段。全相运行及非全相运行时各段保护的投退由压板控制，每段都各由控制字选择经方向或不经方向元件闭锁。此外，本保护还设置了带延时的过流保护Ⅰ段及过流保护Ⅱ段，仅在TV断线时由控制字选择投退，弥补TV断线时纵联保护、距离保护退出情况下装置无保护的缺陷。

CPU4重合闸：CPU4主要承担综合重合闸功能，考虑到目前高压线路保护都具有选相功能，本装置内不再装设选相元件。重合闸装置只管合闸，不再承担保护跳闸选相任务。

3. 其他功能描述

装置正常运行实时监视每个CPU巡检投入情况及保护当前工作定值区号，装置可实时测量三相电流、电压、有功、无功、功率因数及频率。

4. 保护主要参数

额定交流电压：相电压：$100/\sqrt{3}$V 线路抽取电压：$100/\sqrt{3}$V或100V。

额定频率：50Hz。

直流工作电压：220V或110V，允许变化范围80%～110%。

打印机工作电压：AC 220V 50Hz。

交流电压回路功耗：不大于0.5VA/相（额定电压下）。

交流电流回路功耗：当I_n=5A时，每相不大于1VA；当I_n=1A时，每相不大于0.5VA。

直流电压回路功耗：不大于100W。

（二）装置插件结构图简介

图1-2-77是装置插件位置图。

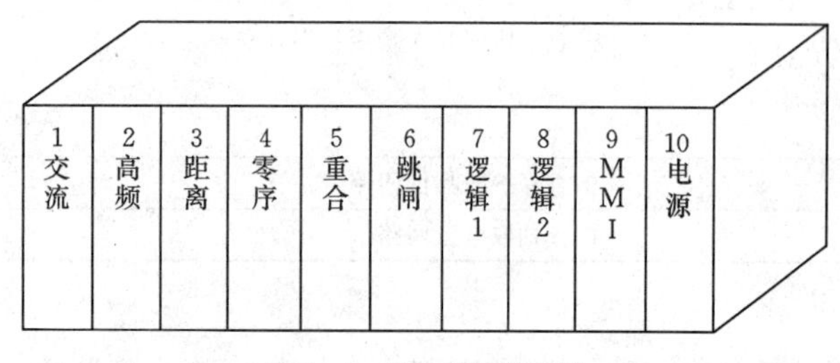

图1-2-77 插件位置图

非CPU插件介绍：

（1）交流输入插件（插件1）：本插件将系统电压互感器、电流互感器二次侧信号变换成保护装置所需的弱电信号，同时起隔离和抗干扰作用。

（2）继电器跳闸逻辑板（插件6）：本插件提供了两组跳闸出口继电器。

（3）逻辑继电器板（LOG1保护逻辑）（插件7）：本插件设有三个分相出口继电器CKJA3、CKCB3、CKJC3

和三跳继电器 CKJQ2 永跳继电器 CKJR2。

(4) 逻辑继电器板 2（重合闸逻辑）（插件 8）。

(5) MMI－1 插件（插件 9）：接口模块是通用的人机接口功能模块。

(6) 电源插件（插件 10）：本插件为直流逆变电源插件。

（三）装置面板说明

图 1－2－78 是装置面板结构图。

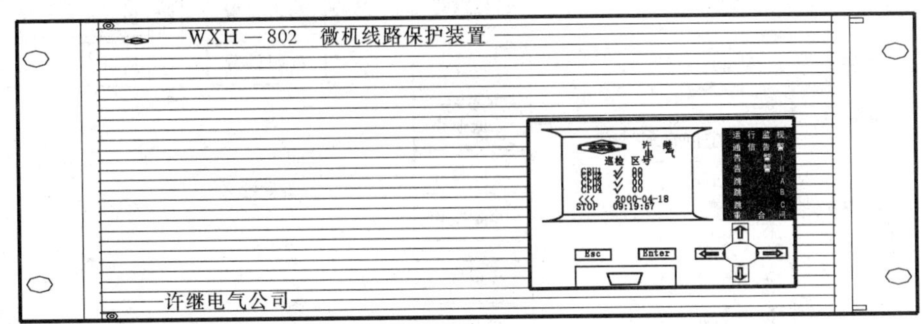

图 1－2－78 WXH—802 装置面板图

装置正常运行时，“运行监视”灯亮，“通信告警”、“告警Ⅰ”、“告警Ⅱ”、“跳 A”、“跳 B”、“跳 C”、“重合闸”灯不亮。

（四）保护运行液晶显示说明

1. 键盘与正常显示

本装置采用带自动开启和关闭背景光的显示液晶。键盘有六个小按键，其示意图如 1－2－79 所示。

“→”、“←”键的主要功能是左右移动光标。

“↑”、“↓”键主要功能是在出现大光标时移动光标，在出现小光标时修改数据。

“ENTER”键主要功能表示确认和进入菜单。

“ESC”键主要功能是取消修改和返回上一级菜单。

“ESC＋ENTER”键主要功能是复位接口。

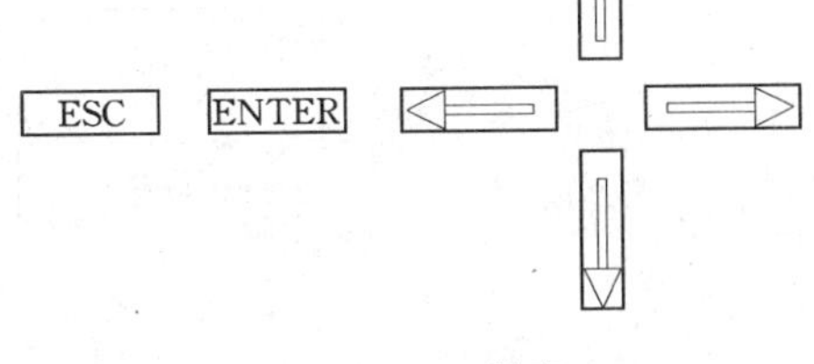

图 1－2－79 键盘

2. 液晶显示说明

装置上电后，装置正常运行，液晶正常显示时，显示界面共三屏，分别显示各 CPU 登录的状态、模拟量的实时采样值和压板的投切状况，如图 1－2－80～图 1－2－82 所示。在以上三个界面状态下如果发生保护启动，面板运行灯闪烁，当面板运行灯停止闪烁时自动弹出报文。

	许继电气	
	登录	区号
CPU1	√	00
CPU2	√	00
CPU3	√	00
CPU4	√	00
STOP		2001－04－18 09:19:57

图 1－2－80 CPU 登录状态显示

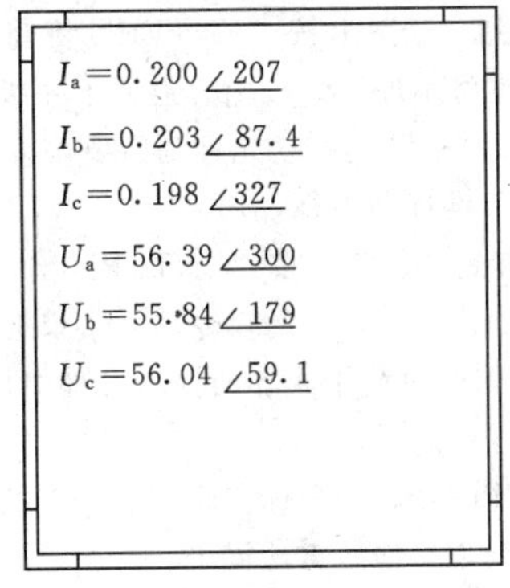

图 1－2－81 模拟量实时显示

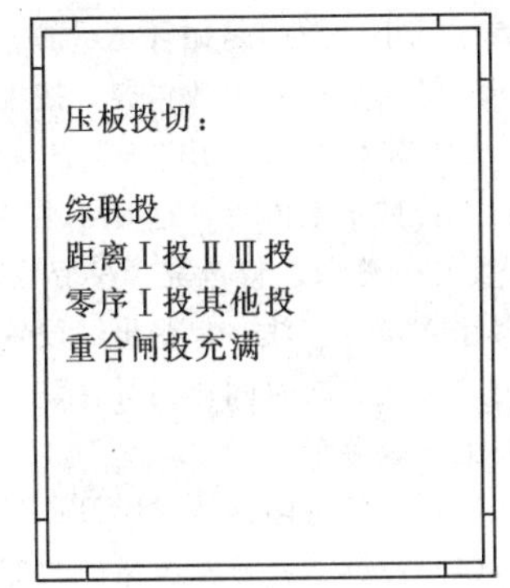

图 1－2－82 压板投切状况显示

（五）保护装置菜单说明

1. 菜单目录树

图 1－2－83 是菜单目录结构。

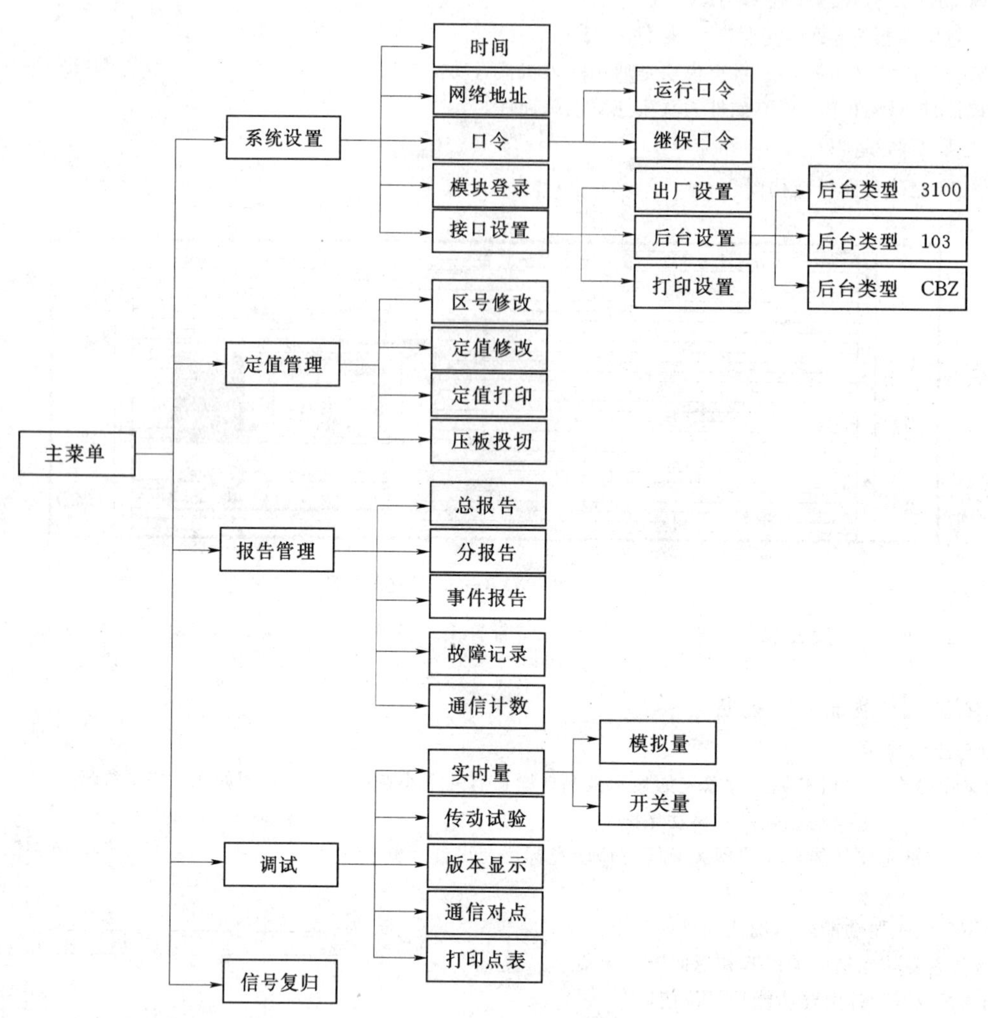

图 1-2-83　装置菜单目录结构

2. 菜单各功能介绍

在正常运行状态下，按“ENTER”键，进入装置的主菜单。用“↑”、“↓”键移动光标至所选的项目后，再按“ENTER”键，即可进入相应功能的子菜单；同时按“ESC”键及“ENTER”键，MMI复位。

(1) 时间：通过“↑”、“↓”或“→”、“←”键移动光标至所要修改的时间项上，按“↑”键数据增大，按“↓”键数据减小，数据是循环显示的。当光标移到“√”上按“ENTER”键将保存所设置的时间，若在“×”上按“ENTER”键将不保存修改内容。按“ESC”键也将不保存修改内容返回上一级菜单。

(2) 定值修改：用“↑”、“↓”或“→”、“←”键移动光标到所要修改的TA变比项上，按“ENTER”键，光标在最后一位数字上闪烁，这时可用“→”、“←”键移动光标，用“↑”、“↓”修改数字大小，按“ENTER”键结束本项TA变比的修改。修改完TA变比后把光标移到“√”上按“ENTER”键，就可以修改TA变比，接着接口就会要求修改者输入口令（注：口令出厂设置为“9999”），输入正确的口令后，接口会提示“TA变比修改?”界面，按“ENTER”键把TA变比同时固化到所有登录的CPU。修改过程中或界面提示过程中按了“ESC”键都将不固化TA变比退出，返回到上一级菜单。

(3) 定值打印：按“ENTER”键选择CPU号，把光标移到“√”上按“ENTER”键就能打印定值清单。

(4) 控制字：显示各保护的控制字投退列表，修改方法同上。

(5) 压板状态：显示各保护硬压板的投退状态。

(6) 总报告：主要是接口保存的历史报告。

(7) 分报告：主要是各个保护板保存的历史报告，可以打印采样值。

(8) 事件报告：保存了接口和保护的事件报告，共可以保存100个。

(9) 版本显示：按“ENTER”键能显示已登录的保护的版本号和校验码，再次按“ENTER”键可以打印。

（六）保护装置部件投退说明

1. 压板说明

表 1-2-38 是保护装置压板说明。

表 1-2-38 **装置压板说明**

压板名称	功能说明	投退说明	压板名称	功能说明	投退说明
1LP1	A 相跳闸出口一	投入	1LP18	三跳启动重合	备用
1LP2	B 相跳闸出口一	投入	1LP19	单跳启动重合	备用
1LP3	C 相跳闸出口一	投入	1LP20	三跳启动重合	备用
1LP4	永跳出口一	投入	1LP21	备用	退出
1LP5	三跳出口一	投入	1LP22	备用	退出
1LP6	A 相跳闸出口一	备用	1LP23	备用	退出
1LP7	B 相跳闸出口一	备用	1LP24	备用	退出
1LP8	C 相跳闸出口一	备用	1LP25	纵联保护	投入
1LP9	永跳出口一	备用	1LP26	距离Ⅰ段	投入
1LP10	三跳出口一	备用	1LP27	距离Ⅱ、Ⅲ段	投入
1LP11	A 相启动失灵	投入	1LP28	零序Ⅰ段保护	投入
1LP12	B 相启动失灵	投入	1LP29	零序其他段	投入
1LP13	C 相启动失灵	投入	1LP30	802 保护检修状态	退出
1LP14	A 相启动失灵	备用	1LP31	备用	退出
1LP15	B 相启动失灵	备用	1LP32	沟通三跳	退出
1LP16	C 相启动失灵	备用	1LP33	备用	退出
1LP17	单跳启动重合	备用			

2. 复归按钮、控制把手、重合闸投切把手说明

在主菜单中选择“信号复归”菜单，按“ENTER”键能复归面板右侧的 7 个红色信号灯。

重合闸逻辑在重合闸充电未满状态、重合闸停用状态、三相重合闸方式、低气压、装置异常告警、装置失电状态时，都给出 GTST 开出触点，以通知保护配合。

（七）装置故障信息解析

表 1-2-39 是装置故障信息解析。

表 1-2-39 **装置故障信息**

事件名称	可能故障原因	处理措施
纵联定值区号错	保护定值区自检错	更换 CPU 板
纵联闭锁开出错 纵联开出×错	开出回路自检出错可能为对应 CPU 的开出回路击穿、或断开、或开出电压消失	(1) 检查逻辑、跳闸插件是否插拔可靠 (2) 检查是否有告警Ⅰ (3) 更换 CPU 板
纵联 TA 回路异常	电流回路自检错，可能是电流采样回路出错或零序电流长期存在	(1) 打印保护采样，检查保护采样是否正常 (2) 检查系统是否有零序电流存在
纵联软压板自检错 距离软压板自检错	软压板自检错	更换 CPU 板
纵联单跳长期存在 纵联三跳长期存在 纵联复归长期存在 纵联收信输入长期存在 纵联跳位错	开入自检错	检查对应的开入是否长期存在
纵联通道异常	通道自检错	检查保护的收信回路
抽取电压 TV 断线	抽取电压回路异常	检查抽取电压回路

（八）装置正常工况与异常工况说明

装置面板上设有“运行”、“告警Ⅰ”、“告警Ⅱ”等监视装置运行正常与否的信号灯。正常时“运行”灯发绿光；

“告警Ⅰ”、“告警Ⅱ”及其他跳闸灯均不亮。装置异常告警的原因及其处理措施可归纳如表1-2-40所示。

表1-2-40 装置正常工况与异常工况说明

名 称	定 义	正常运行状态	异常状态说明
运行	监视保护CPU的运行情况	绿灯闪烁	不亮
巡检	指示差动保护动作情况	不亮	发红光
告警Ⅰ	CPU自检发现有严重异常情况	不亮	发红光
告警Ⅱ	CPU自检本地和中央信号	不亮	发红光

（九）生产厂家

许继电气股份有限公司。

十三、WXH—803系列保护装置

（一）装置功能概述

1. 保护功能整体描述

用于110kV及以上输电线路的成套数字式保护装置。该装置是基于故障分量及稳态分量的分相电流差动保护及零序电流差动保护构成全线速动主保护，由三段式相间距离和接地距离以及六段零序电流方向保护构成后备保护。并配有自动重合闸。

2. 保护装置CPU分工描述

WXH—803装置CPU1为纵联保护，CPU2为距离保护，CPU3为零序保护，CPU4为重合闸。

CPU1纵联保护：装置采用分相电流差动保护作为全线速动主保护。

CPU2距离保护：相间距离保护采用圆特性阻抗继电器，接地距离保护采用四边形特性阻抗继电器。

CPU3零序保护：六段零序电流保护即零序不灵敏Ⅰ段、零序电流Ⅰ～Ⅳ段及零序不灵敏Ⅱ段。其中零序Ⅰ段及零序不灵敏Ⅰ段为瞬时段，其他为延时段。全相运行及非全相运行时各段保护的投退由压板控制，每段都各由控制字选择经方向或不经方向元件闭锁。此外，本保护还设置了带延时的过流保护Ⅰ段及过流保护Ⅱ段，仅在TV断线时由控制字选择投退，弥补TV断线时纵联保护、距离保护退出情况下装置无保护的缺陷。

CPU4重合闸：CPU4主要承担综合重合闸功能，考虑到目前高压线路保护都具有选相功能，本装置内不再装设选相元件。重合闸装置只管合闸，不再承担保护跳闸选相任务。

3. 其他功能描述

装置正常运行实时监视每个CPU巡检投入情况及保护当前工作定值区号，装置可实时测量三相电流、电压、有功、无功、功率因数及频率。

4. 保护主要参数

额定交流电流：5A或1A。

额定交流电压：相电压：$100/\sqrt{3}$V，线路抽取电压：$100/\sqrt{3}$V或100V。

额定频率：50Hz。

直流工作电压：220V或110V，允许变化范围80%～110%。

打印机工作电压：AC 220V 50Hz。

交流电压回路功耗：不大于0.5VA/相（额定电压下）。

交流电流回路功耗：当I_n=5A时，每相不大于1VA；当I_n=1A时，每相不大于0.5VA。

直流电压回路功耗：不大于100W。

（二）装置插件结构图简介

图1-2-84是装置插件位置图。

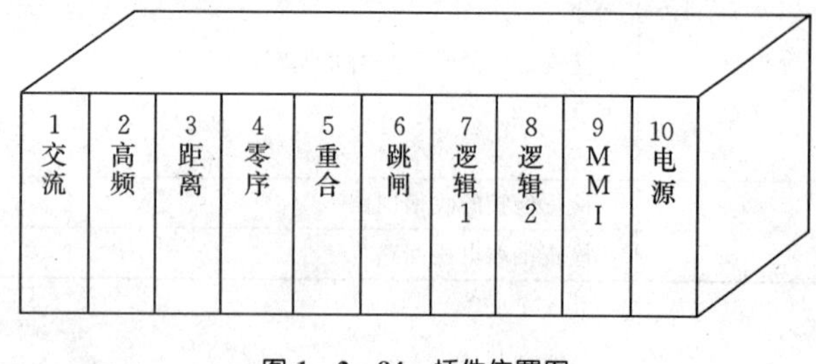

图1-2-84 插件位置图

非CPU插件介绍：

（1）交流输入插件（插件1）：本插件将系统电压互感器、电流互感器二次侧信号变换成保护装置所需的弱电信号，同时起隔离和抗干扰作用。

（2）继电器跳闸逻辑板（插件6）：本插件提供了两组跳闸出口继电器。

（3）逻辑继电器板（LOG1保护逻辑）（插件7）：本插件设有三个分相出口继电器CKJA3、CKCB3、CKJC3和三跳继电器CKJQ2永跳继电器CKJR2。

(4) 逻辑继电器板 2（重合闸逻辑）（插件 8）。

(5) MMI-1 插件（插件 9）：接口模块是通用的人机接口功能模块。

(6) 电源插件（插件 10）：本插件为直流逆变电源插件。

（三）装置面板说明

图 1-2-85 是装置面板结构图。

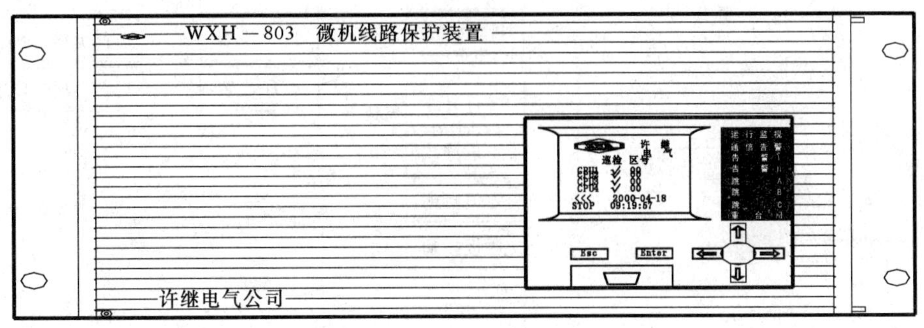

图 1-2-85 WXH—803 装置面板结构图

装置正常运行时，“运行监视”灯亮，“通信告警”、“告警Ⅰ”、“告警Ⅱ”、“跳 A”、“跳 B”、“跳 C”、“重合闸”灯不亮。

（四）保护运行液晶显示说明

1. 键盘与正常显示

本装置采用带自动开启和关闭背景光的显示液晶。键盘有六个小按键，其示意图如 1-2-86 所示。

“→”、“←”键的主要功能是左右移动光标。

“↑”、“↓”键主要功能是在出现大光标时移动光标，在出现小光标时修改数据。

“ENTER”键主要功能表示确认和进入菜单。

“ESC”键主要功能是取消修改和返回上一级菜单。

“ESC+ENTER”键主要功能是复位接口。

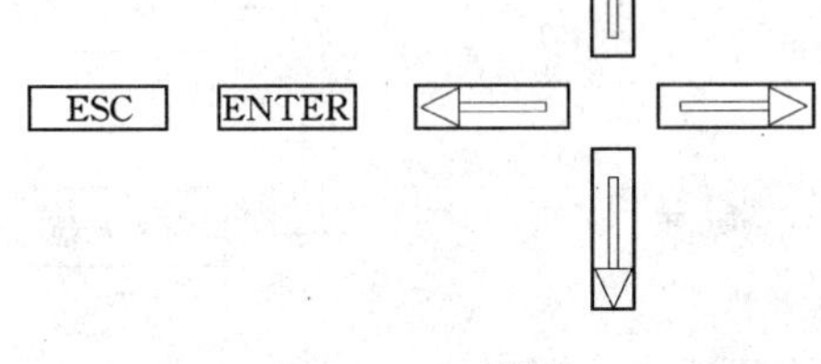

图 1-2-86 键盘

2. 液晶显示说明

装置通电后，装置正常运行，液晶正常显示时，显示界面共三屏，分别显示各 CPU 登录的状态、模拟量的实时采样值和压板的投切状况，如图 1-2-87～图 1-2-89 所示。在以上三个界面状态下如果发生保护启动，面板运行灯闪烁，当面板运行灯停止闪烁时自动弹出报文。

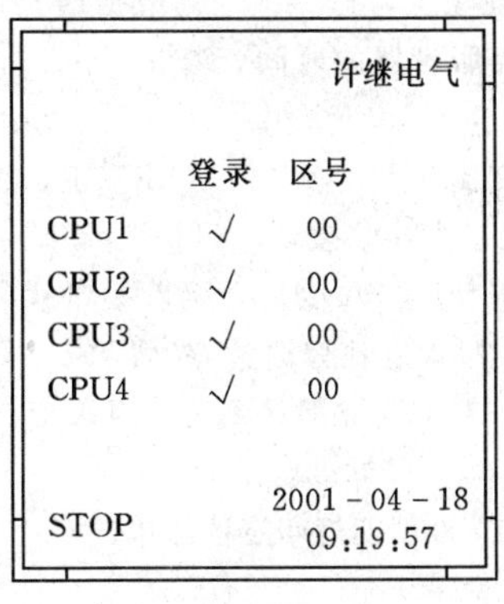

图 1-2-87 CPU 登录状态显示

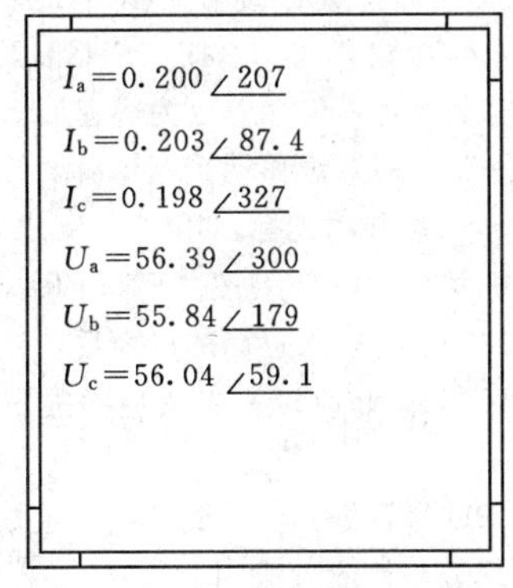

图 1-2-88 模拟量实时显示

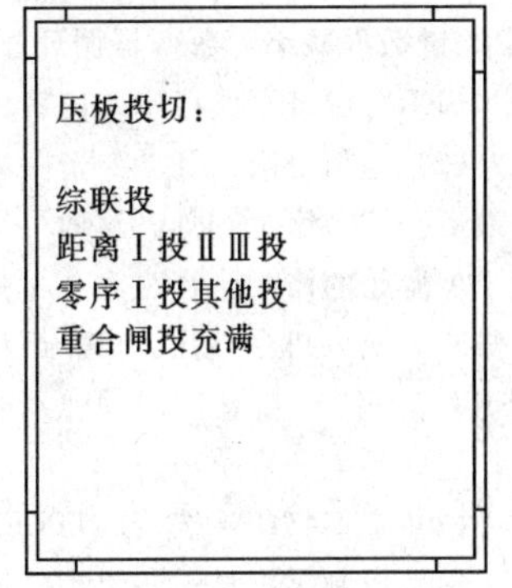

图 1-2-89 压板投切状况显示

（五）保护装置菜单说明

1. 菜单目录树

图 1-2-90 是菜单目录结构。

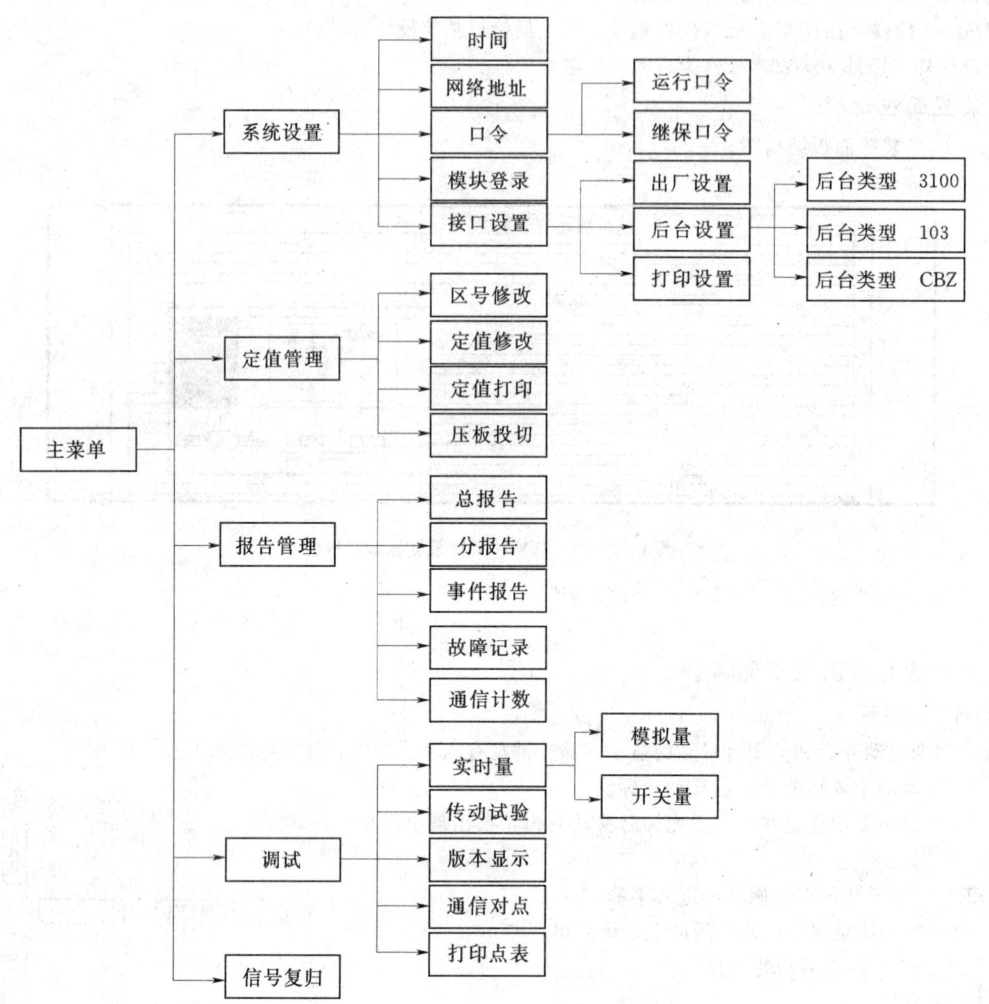

图 1-2-90　保护装置菜单目录结构

2. 菜单各功能介绍

在正常运行状态下，按“ENTER”键，进入装置的主菜单。用“↑”、“↓”键移动光标至所选的项目后，再按“ENTER”键，即可进入相应功能的子菜单；同时按“ESC”键及“ENTER”键，MMI复位。

（1）时间：通过“↑”、“↓”键或“→”、“←”键将移动光标至所要修改的时间项上，按“↑”键数据增大，按“↓”键数据减小，数据是循环显示的。当光标移到“√”上按“ENTER”键将保存所设置的时间，若在“×”上按“ENTER”键将不保存修改内容。按“ESC”键也将不保存修改内容返回上一级菜单。

（2）定值修改：用“↑”、“↓”键或“→”、“←”键移动光标到所要修改的TA变比项上，按“ENTER”键，光标在最后一位数字上闪烁，这时可用“→”、“←”键移动光标，用“↑”、“↓”修改数字大小，按“ENTER”键结束本项TA变比的修改。修改完TA变比后把光标移到“√”上按“ENTER”键，就可以修改TA变比，接着接口就会要求修改者输入口令（注：口令出厂设置为“9999”），输入正确的口令后，接口会提示“TA变比修改?”界面，按“ENTER”键把TA变比同时固化到所有登录的CPU。修改过程中或界面提示过程中按“ESC”键都将不固化TA变比退出，返回到上一级菜单。

（3）定值打印：按“ENTER”键选择CPU号，把光标移到“√”上按“ENTER”键就能打印定值清单。

（4）控制字：显示各保护的控制字投退列表，修改方法同上。

（5）压板状态：显示各保护硬压板的投退状态。

（6）总报告：主要是接口保存的历史报告。

（7）分报告：主要是各个保护板保存的历史报告，可以打印采样值。

（8）事件报告：保存了接口和保护的事件报告，共可以保存100个。

（9）版本显示：按“ENTER”键能显示已登录的保护的版本号和校验码，再次按“ENTER”键可以打印。

（六）保护装置部件投退说明

1. 压板说明

表 1－2－41 是装置压板说明。

表 1－2－41 **装置压板说明**

压板名称	功能说明	投退说明	压板名称	功能说明	投退说明
1LP1	A 相跳闸出口一	投入	1LP18	三跳启动重合	备用
1LP2	B 相跳闸出口一	投入	1LP19	单跳启动重合	备用
1LP3	C 相跳闸出口一	投入	1LP20	三跳启动重合	备用
1LP4	永跳出口一	投入	1LP21	备用	退出
1LP5	三跳出口一	投入	1LP22	备用	退出
1LP6	A 相跳闸出口一	备用	1LP23	备用	退出
1LP7	B 相跳闸出口一	备用	1LP24	备用	退出
1LP8	C 相跳闸出口一	备用	1LP25	差动保护	投入
1LP9	永跳出口一	备用	1LP26	距离Ⅰ段	投入
1LP10	三跳出口一	备用	1LP27	距离Ⅱ、Ⅲ段	投入
1LP11	A 相启动失灵	投入	1LP28	零序Ⅰ段保护	投入
1LP12	B 相启动失灵	投入	1LP29	零序其他段	投入
1LP13	C 相启动失灵	投入	1LP30	803 保护检修状态	退出
1LP14	A 相启动失灵	备用	1LP31	备用	退出
1LP15	B 相启动失灵	备用	1LP32	沟通三跳	退出
1LP16	C 相启动失灵	备用	1LP33	备用	退出
1LP17	单跳启动重合	备用			

2. 复归按钮、控制把手、重合闸投切把手说明

在主菜单中选择“信号复归”菜单，按“ENTER”键能复归面板右侧的 7 个红色信号灯。

重合闸逻辑在重合闸充电未满状态、重合闸停用状态、三相重合闸方式、低气压、装置异常告警、装置失电状态时，都给出 GTST 开出触点，以通知保护配合。

（七）装置故障信息解析

表 1－2－42 是装置故障信息解析。

表 1－2－42 **装置故障信息**

事件名称	可能故障原因	处理措施
纵联定值区号错	保护定值区自检错	更换 CPU 板
纵联闭锁开出错 纵联开出×错	开出回路自检出错可能为对应 CPU 的开出回路击穿、或断开、或开出电压消失	(1) 检查逻辑、跳闸插件是否插拔可靠 (2) 检查是否有告警Ⅰ (3) 更换 CPU 板
纵联 TA 回路异常	电流回路自检错 可能是电流采样回路出错或零序电流长期存在	(1) 打印保护采样，检查保护采样是否正常 (2) 检查系统是否有零序电流存在
纵联软压板自检错 距离软压板自检错	软压板自检错	更换 CPU 板
纵联单跳长期存在 纵联三跳长期存在 纵联复归长期存在 纵联收信输入长期存在 纵联跳位错	开入自检错	检查对应的开入是否长期存在
纵联通道异常	通道自检错	检查保护的光纤通道回路
抽取电压 TV 断线	抽取电压回路异常	检查抽取电压回路

（八）装置正常工况与异常工况说明

装置面板上设有“运行”、“告警Ⅰ”、“告警Ⅱ”等监视装置运行正常与否的信号灯。正常时“运行”灯发绿光；

"告警Ⅰ"、"告警Ⅱ"及其他跳闸灯均不亮。装置异常告警的原因及其处理措施可归纳如表1-2-43所示。

表1-2-43 装置正常工况与异常工况说明

名 称	定 义	正常运行状态	异常状态说明
运行	监视保护 CPU 的运行情况	绿灯闪烁	不亮
巡检	指示差动保护动作情况	不亮	发红光
告警Ⅰ	CPU 自检发现有严重异常情况	不亮	发红光
告警Ⅱ	CPU 自检本地和中央信号	不亮	发红光

(九) 生产厂家

许继电气股份有限公司。

十四、WDLK—861系列保护装置

(一) 装置功能概述

1. 保护功能描述

WDLK 861主要包括断路器失灵启动、断路器三相不一致保护、线路充电保护、综合重合闸等功能，适用于单断路器接线方式，如单母线、双母线等接线方式。

2. 保护装置CPU分工描述

其中断路器失灵启动、断路器三相不一致保护、线路充电保护由CPU1插件完成，综合重合闸功能由CPU4插件完成。

3. 其他功能描述

记录保护跳闸前4个周波、跳闸后6个周波所有电流电压波形，最多可记录30次故障录波。保护装置可循环记录100条故障报告。

4. 保护主要参数

额定交流电流：5A或1A。

额定交流电压：相电压：57.7V，线路抽取电压：57.7V或100V。

额定频率：50Hz。

直流工作电压：220V或110V，允许变化范围80%～110%。

打印机工作电压：AC 220V 50Hz。

交流电压回路功耗：不大于0.5VA/相（额定电压下）。

交流电流回路功耗：当I_n=5A时，每相不大于1VA；当I_n=1A时，每相不大于0.5VA。

直流电压回路功耗：不大于100W。

(二) 装置插件结构图简介

图1-2-91是WDLK—861断路器装置插件位置图。

电压切换插件	交流输入插件	失灵启动CPU1	重合闸CPU4	重合闸逻辑插件	人机接口MMI	失灵及信号插件	电源插件

图1-2-91 WDLK—861断路器装置插件位置图

其中主要插件功能说明：

(1) 交流输入插件：该插件将系统电压互感器、电流互感器二次侧信号变换成保护装置所需的弱电信号，同时起隔离和抗干扰作用。

(2) 失灵及信号插件：断路器失灵保护（母线死区保护）联跳、三相不一致保护和充电保护的出口继电器以及本装置的信号插件。

(3) 人机接口插件：MMI接口模块主要完成继电保护装置的人机对话功能、管理功能及作为监控系统的智能终端。

(4) 电源插件：本插件为直流逆变电源插件。

(三) 装置面板说明

图1-2-92是WDLK—861断路器装置面板图。

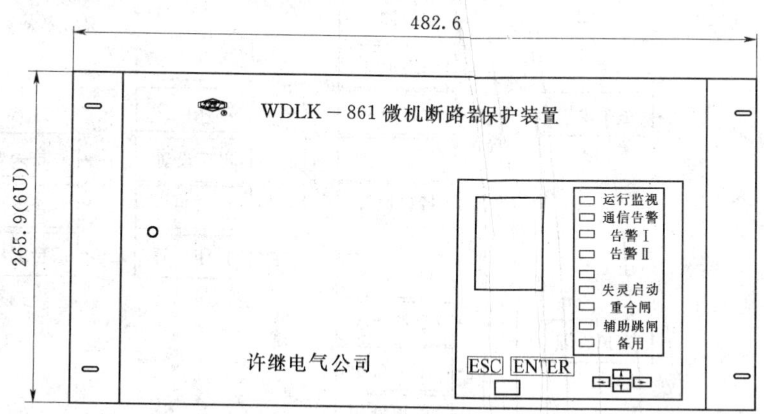

图 1－2－92 WDLK—861 断路器装置面板图（单位：mm）

本装置采用带自动开启和关闭背景光的显示液晶。键盘有 6 个小按键，其示意图如图 1－2－93 所示。

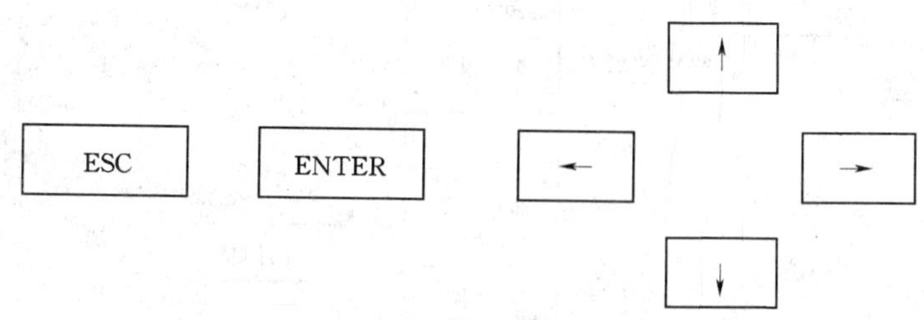

图 1－2－93 键盘示意图

键盘中各键功能如下：

“→”、“←”键：功能是左右移动光标。

“↑”、“↓”键：功能是在出现大光标时移动光标，在出现小光标时修改数据。

“ENTER”键：功能表示确认和进入菜单。

“ESC”键：功能是取消修改和返回上一级菜单。

“ESC”＋“ENTER”键：功能是复位接口。

（四）保护运行液晶显示说明

正常显示时，显示界面共三屏，分别显示各 CPU 登录的状态、模拟量的实时采样值和压板的投切状况，如图 1－2－94～图 1－2－96 所示。按“ESC”键固定显示一状态，屏幕左下角显示 STOP，再按“ESC”键取消固定显示一状态。左下角的“＜＜＜”对应三个通信口的通信状况，通信正常时相应的“＜”会闪烁。

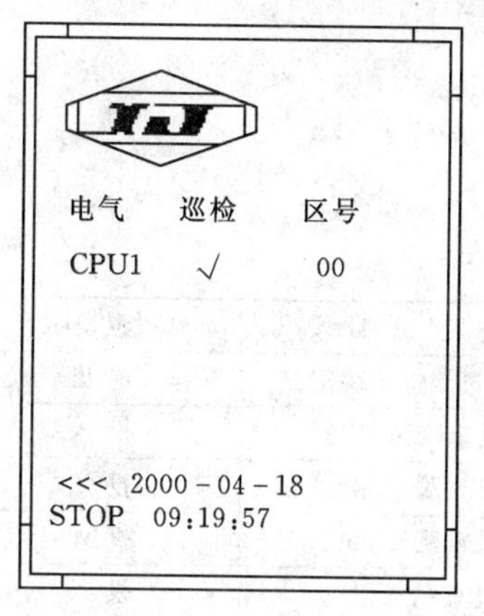

图 1－2－94 CPU 登录状态显示

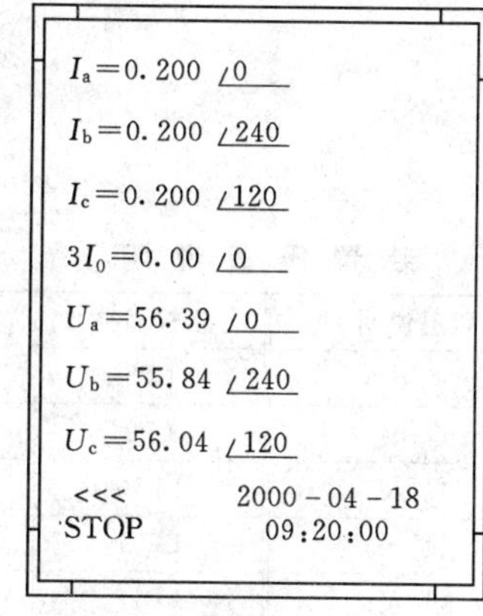

图 1－2－95 模拟量实时显示

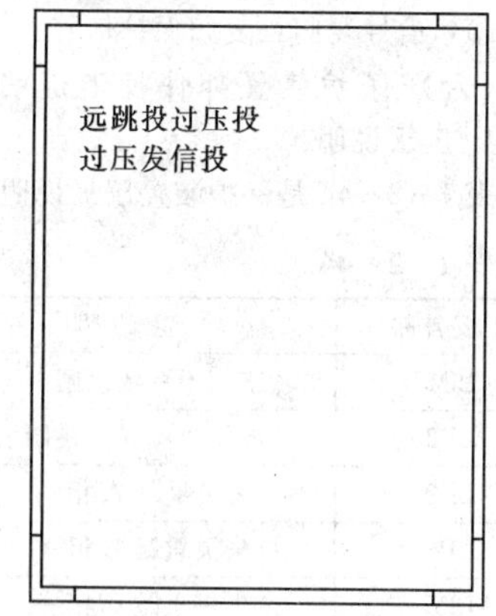

图 1－2－96 压板投切状况显示

（五）保护装置菜单说明

1. 菜单目录树

图 1－2－97 是保护装置菜单目录结构。

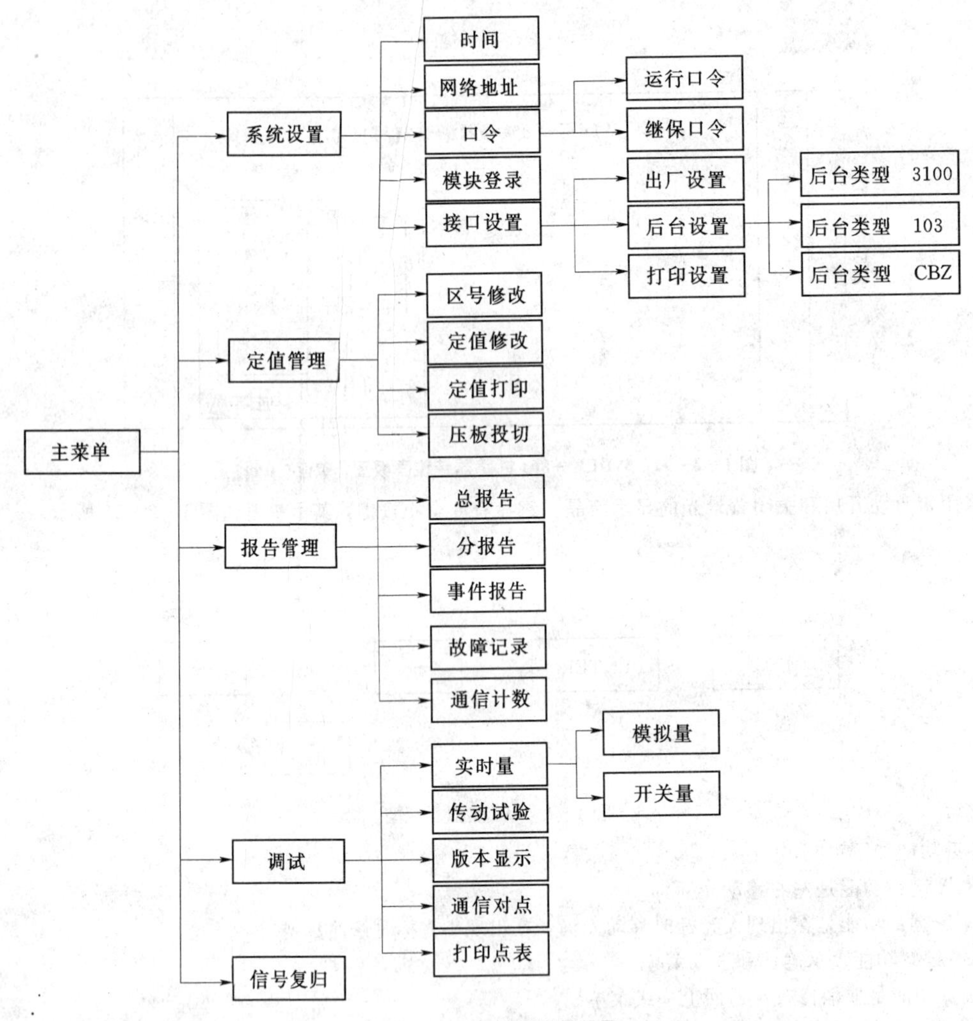

图 1－2－97　装置菜单目录

2. 菜单各功能介绍

(1) 系统设置：装置参数设置，包括设置密码、时钟、模块号设置、通讯、通道参数等。

(2) 定值管理：查看修改定值，包括定值区号设置、定值修改及保护软压板投退等。

(3) 报告管理：动作报告及事件记录处理，包括总报告和分报告。

(4) 调试：查看实时量，保护出口传动，装置版本说明及各 CPU 的 CRC 等。

(5) 信号复归：复归保护信号。

(六) 保护装置部件投退说明

1. 压板说明

表 1－2－44 是保护装置压板说明。

表 1－2－44　　　　　**装置压板说明**

压板名称	功能说明	投退说明	压板名称	功能说明	投退说明
LP1	三相不一致跳闸一	退出	LP8	充电及过流保护跳闸二	退出
LP2	充电及过流保护跳闸一	退出	LP9	失灵重跳 A 相二	投入
LP3	失灵重跳 A 相一	投入	LP10	失灵重跳 B 相二	投入
LP4	失灵重跳 B 相一	投入	LP11	失灵重跳 C 相二	投入
LP5	失灵重跳 C 相一	投入	LP12	失灵重跳三相二	投入
LP6	失灵重跳三相一	投入	LP13	启动失灵保护总出口	投入
LP7	三相不一致跳闸二	退出	LP14	过流保护投入	退出

2. 复归按钮、控制把手、重合闸投切把手说明

本装置重合闸为一次重合闸方式，可实现单相重合闸、三相重合闸或综合重合闸；重合闸的启动方式可以由保护动

作启动或开关位置不对应启动方式，WDLK—861 装置的 CPU4（即本装置中第二块 CPU）主要承担综合重合闸功能。

考虑到目前高压线路保护都具有选相功能，本装置内不再装设选相元件。重合闸装置只管合闸，不再承担保护跳闸选相任务。

（七）装置故障信息解析

表 1-2-45 是装置故障信息解析。

表 1-2-45 装置故障信息

事件名称	可能故障原因	处理措施
定值区号错	保护定值区自检错	更换 CPU 板
闭锁开出错	开出回路自检出错可能为对应 CPU 的开出回路击穿、或断开、或开出电压消失	(1) 检查逻辑、跳闸插件是否插拔可靠 (2) 检查是否有告警Ⅰ (3) 更换 CPU 板
TA 回路异常	电流回路自检错 可能是电流采样回路出错或零序电流长期存在	(1) 打印保护采样，检查保护采样是否正常 (2) 检查系统是否有零序电流存在
软压板自检错	软压板自检错	更换 CPU 板
跳闸长期存在 复归长期存在	开入自检错	检查对应的开入是否长期存在

（八）装置异常告警及其处理

装置面板上设有“运行”、“告警Ⅰ”、“告警Ⅱ”等监视装置运行正常与否的信号灯。正常时“运行”灯发绿光；“告警Ⅰ”、“告警Ⅱ”及其他跳闸灯均不亮。装置异常告警的原因及其处理措施可归纳见表 1-2-46。

表 1-2-46 装置异常告警及其处理

名称	定义	正常运行状态	异常状态说明
运行	监视保护 CPU 的运行情况	绿灯闪烁	不亮
巡检	指示差动保护动作情况	不亮	发红光
告警Ⅰ	CPU 自检发现有严重异常情况	不亮	发红光
告警Ⅱ	CPU 自检本地和中央信号	不亮	发红光

（九）生产厂家

许继电气股份有限公司。

十五、WGQ—871 系列保护装置

（一）装置功能概述

1. 保护功能描述

WGQ—871 故障启动装置与 220kV 及以上电压等级输电线路保护配合使用，主要用作远方跳闸的就地判别装置，根据运行要求可投入补偿过电压、补偿欠电压、零序电流、零序电压、低电流、低功率因数、低功率等就地判据，能提高远方跳闸保护的安全性而不降低保护的可靠性。另外，本装置还具有过电压保护和过电压发信的功能。

2. 保护主要参数

额定交流电流：5A 或 1A。

额定交流电压：$100/\sqrt{3}$V。

额定频率：50Hz。

直流工作电压：220V 或 110V，允许变化范围 80%～110%。

打印机工作电压：AC 220V 50Hz。

交流电压回路功耗：不大于 0.5VA/相（额定电压下）。

交流电流回路功耗：当 I_n=5A 时，每相不大于 1VA；当 I_n=1A 时，每相不大于 0.5VA。

直流电压回路功耗：不大于 100W。

（二）装置插件结构图简介

图 1-2-98 是 WGQ—871 故障启动装置插件位置图。

1 号交流插件（AC）。该插件将系统电压互感器、电流互感器二次侧信号变换成保护装置所需的弱电信号，同时起隔离和抗干扰作用。

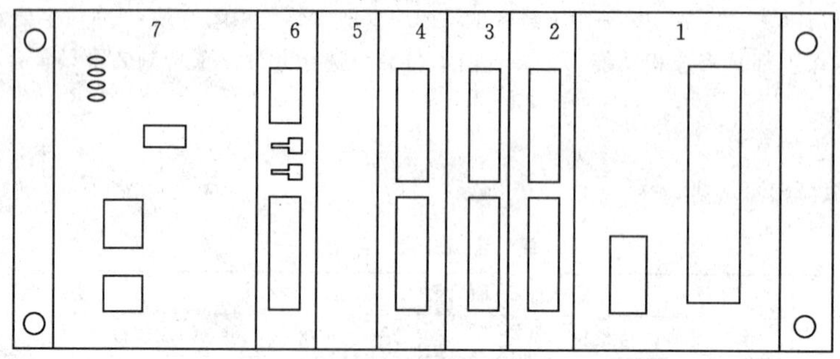

图 1-2-98　WGQ—871 故障启动装置插件位置图

2 号继电器插件Ⅰ（RELAY）
3 号继电器插件Ⅱ（RELAY）
4 号继电器插件Ⅲ（RELAY）

：均为继电时插件，本插件提供了远方跳闸出口继电器、过压跳闸出口继电器、过压发信继电器，启动继电器及各相应继电器的输出触点回路，所有跳闸出口继电器线圈的 24V 负电源都经过启动继电器触点闭锁，另本插件提供了经继电器隔离的收信Ⅰ、Ⅱ及通道Ⅰ、Ⅱ异常开入回路。

5 号 CPU 插件。该插件由数字信号处理器（DSP）、16 位 A/D 转换、I/O 等组成，主要完成数据采集、保护算法和逻辑、控制功能等。

6 号 MMI 插件。MMI 接口模块主要完成继电保护装置的人机对话功能、管理功能及作为监控系统的智能终端。

7 号电源插件：本插件为直流逆变电源插件。

（三）装置面板说明

图 1-2-99 是 WDLK—861 装置面板图。

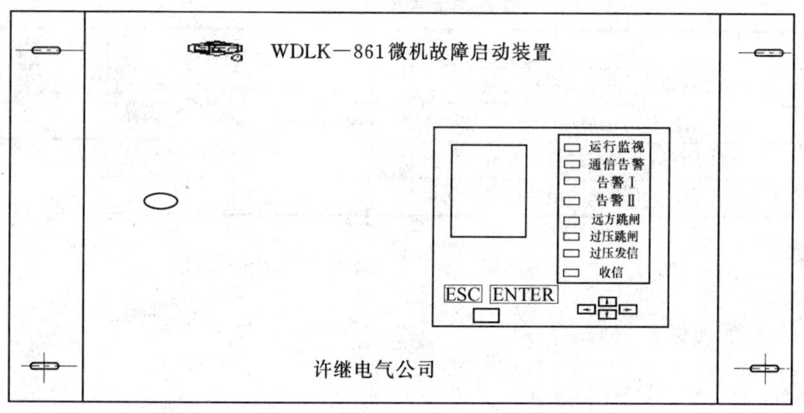

图 1-2-99　WDLK—861 装置面板图

本装置采用带自动开启和关闭背景光的显示液晶。键盘有 6 个小按键，其示意图如图 1-2-100 所示。

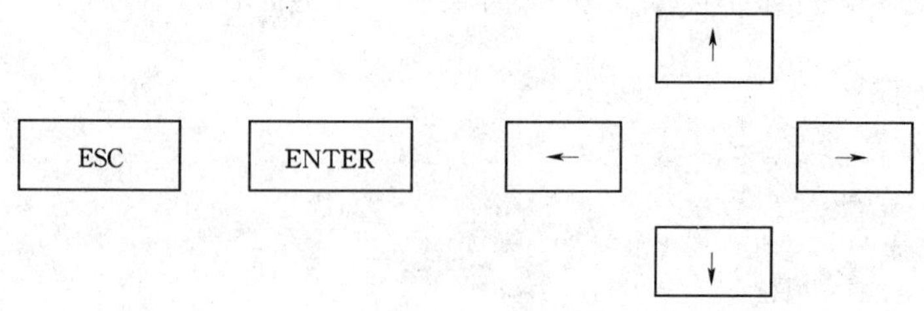

图 1-2-100　键盘示意图

键盘中各键功能如下：

"→"、"←"键：功能是左右移动光标。

"↑"、"↓"键：功能是在出现大光标时移动光标，在出现小光标时修改数据。

"ENTER"键：功能表示确认和进入菜单。

"ESC"键：功能是取消修改和返回上一级菜单。

"ESC"＋"ENTER"键：功能是复位接口。

（四）保护运行液晶显示说明

正常显示时，显示界面共三屏，分别显示各CPU登录的状态、模拟量的实时采样值和压板的投切状况，如图1-2-101～图1-2-103所示。按“ESC”键固定显示一状态，屏幕左下角显示STOP，再按“ESC”键取消固定显示一状态。左下角的“＜＜＜”对应三个通信口的通信状况，通信正常时相应的“＜”会闪烁。

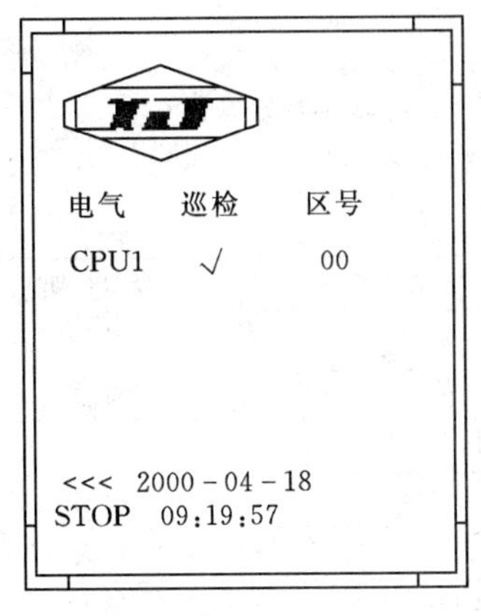

图1-2-101　CPU登录状态显示

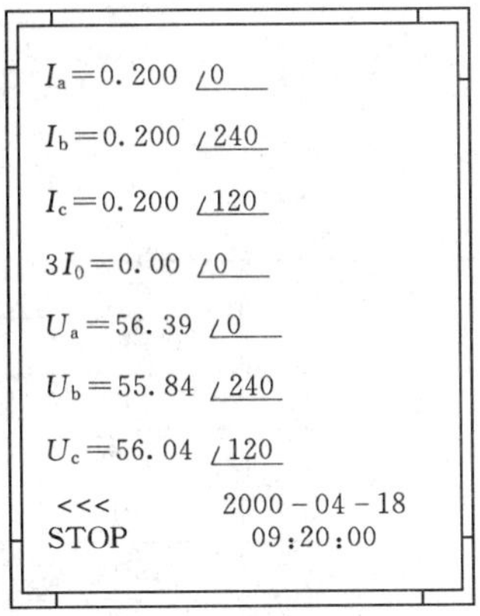

I_a=0.200 ∠0
I_b=0.200 ∠240
I_c=0.200 ∠120
$3I_0$=0.00 ∠0
U_a=56.39 ∠0
U_b=55.84 ∠240
U_c=56.04 ∠120
<<<　2000-04-18
STOP　09:20:00

图1-2-102　模拟量实时显示

图1-2-103　压板投切状况显示

（五）保护装置菜单说明

1. 菜单目录树

图1-2-104是保护装置菜单目录结构。

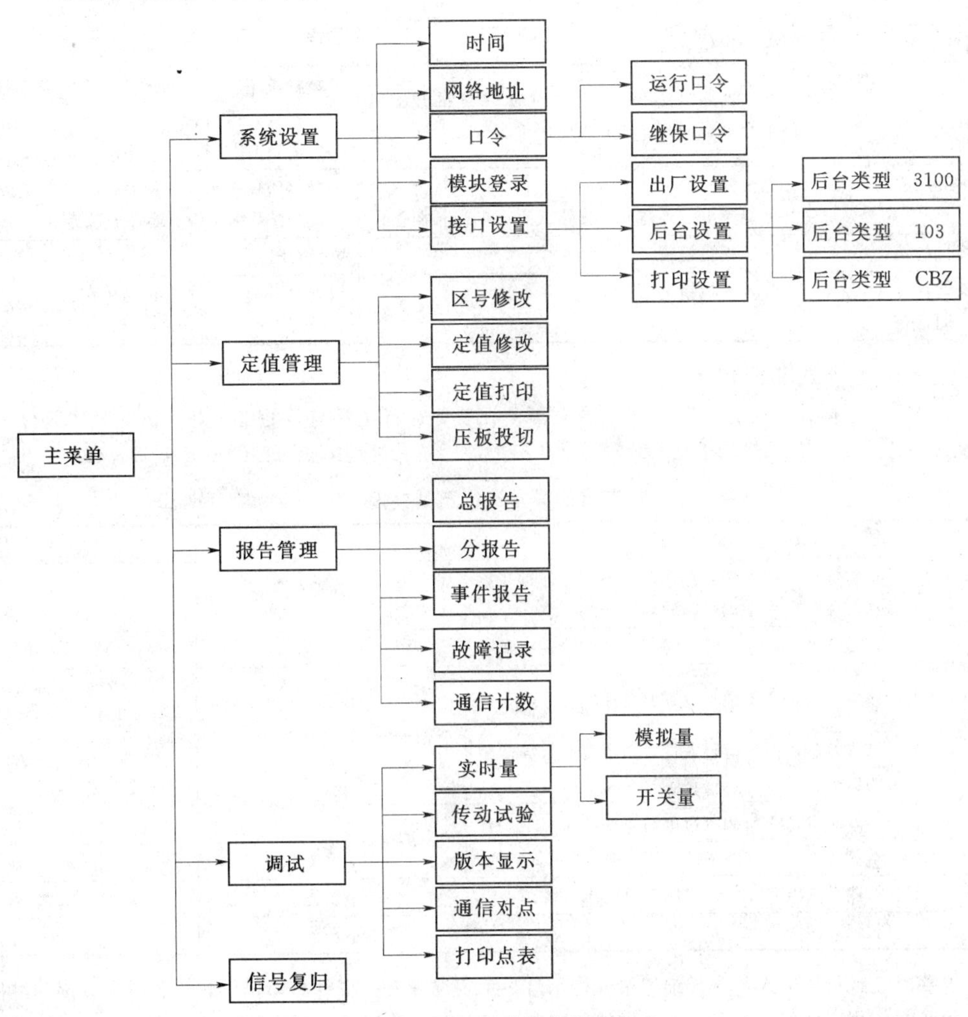

图1-2-104　装置菜单目录

2. 菜单各功能介绍

(1) 系统设置：装置参数设置，包括设置密码、时钟、模块号设置、通讯、通道参数等。

(2) 定值管理：查看修改定值，包括定值区号设置、定值修改及保护软压板投退等。

(3) 报告管理：动作报告及事件记录处理，包括总报告和分报告。

(4) 调试：查看实时量，保护出口传动，装置版本说明及各 CPU 的 CRC 等。

(5) 信号复归：复归保护信号。

(六) 保护装置部件投退说明

表 1-2-47 是保护装置压板说明。

表 1-2-47 装置压板说明

压板名称	功能说明	投退说明	压板名称	功能说明	投退说明
LP1	远方跳闸出口一	投入	LP7	备用	备用
LP2	远方跳闸出口一	投入	LP8	备用	备用
LP3	备用	退出	LP9	过压发信 1	投入
LP4	备用	退出	LP10	备用	退出
LP5	过压跳闸出口一	投入	LP11	过压和远跳保护	投入
LP6	过压跳闸出口一	投入	LP12	871 检修状态	退出

(七) 装置故障信息解析

表 1-2-48 是装置故障信息解析。

表 1-2-48 装置故障信息

事件名称	可能故障原因	处理措施
定值区号错	保护定值区自检错	更换 CPU 板
闭锁开出错	开出回路自检出错可能为对应 CPU 的开出回路击穿、或断开、或开出电压消失	(1) 检查逻辑、跳闸插件是否插拔可靠 (2) 检查是否有告警Ⅰ (3) 更换 CPU 板
TA 回路异常	电流回路自检错 可能是电流采样回路出错或零序电流长期存在	(1) 打印保护采样，检查保护采样是否正常 (2) 检查系统是否有零序电流存在
软压板自检错	软压板自检错	更换 CPU 板
跳闸长期存在 复归长期存在	开入自检错	检查对应的开入是否长期存在

(八) 装置异常告警及其处理

装置面板上设有"运行"、"告警Ⅰ"、"告警Ⅱ"等监视装置运行正常与否的信号灯。正常时"运行"灯发绿光；"告警Ⅰ"、"告警Ⅱ"及其他跳闸灯均不亮。装置异常告警的原因及其处理措施可归纳见表 1-2-49。

表 1-2-49 装置的异常运行及其处理

名称	定义	正常时状态	异常原因
运行监视	正常运行时发平光，其他灯均不亮；保护装置启动时运行灯闪烁；复归后，发平光	绿灯亮	
通信告警		不发光	保护装置通信接口故障
告警Ⅰ	该灯点亮时，闭锁本装置所有保护	不发光	保护装置硬件故障、定值出错、采样出错
告警Ⅱ	该告警后，提醒运行人员，同事闭锁与异常相关的保护	不发光	TV 断线、TA 断线、保护装置开关量错
远方跳闸	对方发信让本侧断路器跳闸后该灯亮	不发光	
过压跳闸	本侧过电压，本侧跳闸后该灯亮	不发光	
过压发信	本侧过电压，发信让对侧（过电压）跳闸	不发光	
收信	收到对侧信号	不发光	

出现上述告警时，运行值班人员应详细记录各指示灯显示情况和有关事件打印报告，并及时向调度和继保人员反映异常情况，以便及时作相应处理。若属于装置硬件的问题，建议与厂家联系，用完好的插件更换，并将故障插件带回或

寄回厂家，以便厂家查找问题，进行相应的检修处理。

(九) 生产厂家

许继电气股份有限公司。

十六、PSL601/602 系列保护装置

(一) 装置功能概述

1. 保护功能整体描述

PSL601 /602 (A、C、D) 数字式超高压线路保护装置以纵联距离和纵联零序作为全线速动主保护，以距离保护和零序方向电流保护作为后备保护。

保护有分相出口，可用作 220kV 及以上电压等级的输电线路的主保护和后备保护。

保护功能由数字式中央处理器 CPU 模件完成，其中 CPU1 模件完成纵联保护功能，CPU2 模件完成距离保护和零序电流保护功能。

对于单断路器接线的线路，保护装置中还增加了实现重合闸功能的 CPU3 模件，可根据需要实现单相重合闸、三相重合闸、综合重合闸或者退出。

2. 保护装置 CPU 分工描述

CPU1 模件完成纵联保护功能，CPU2 模件完成距离保护和零序电流保护功能。CPU3 模件实现重合闸功能。

3. 其他功能描述

PSL 601 /602 (A、C、D) 数字式超高压线路保护装置还具有完善的自动重合闸功能，可以实现单重检线路三相有压重合闸方式，专用于大电厂侧，以防止线路发生永久故障，电厂侧重合于故障对电厂机组造成冲击。强大的故障录波功能，可以保存 1000 次事件，12～48 次故障录波报告（含内部元件动作过程），故障时有重要开关量多次变化时会自动多次启动录波并且记录重要开关量（如发信、收信、跳闸、合闸、TWJ 等）的变化。录波数据可以保存为 COMTRADE 格式。

4. 保护主要参数

表 1-2-50 是保护装置额定参数。

表 1-2-50　　装置额定参数

名　称	额定电气参数	
直流电源	220V 或 110V（订货请注明），允许工作范围：80%～110%直流电压	
交流电压	$100/\sqrt{3}$V（额定电压 U_n）	
交流电流	5A 或 1A（额定电流 I_n，订货请注明）	
额定频率	50Hz（或 60Hz 时订货请注明）	
同期电压	100V 或 $100/\sqrt{3}$V（有重合闸时可用，软、硬件自适应）	
过载能力	交流电流回路	2 倍额定电流，连续工作
		10 倍额定电流，允许 10s
		40 倍额定电流，允许 1s
	交流电压回路	1.2 倍额定电压，连续工作
		1.4 倍额定电压，允许 10s
功率消耗	直流回路	正常时，不大于 40W
		跳闸时，不大于 50W
	交流电压回路	不大于 0.5VA/相（额定电压时）
	交流电流回路	不大于 1.0VA/相（I_n=5A 时）
		不大于 0.5VA/相（I_n=1A 时）
接点容量	操作回路接点负载	1100VA（不断弧）
	信号回路接点负载	60VA
状态量电平	各 CPU 及通信接口模件的输入状态量电平	24V（18～30V）
	GPS 对时脉冲输入电平	
	各 CPU 输出状态量（光耦输出）允许电平	
	各 CPU 输出状态量（光耦输出）驱动能力	150mA

(二) 装置背板结构图简介

图 1-2-105 是装置的背面面板布置图。

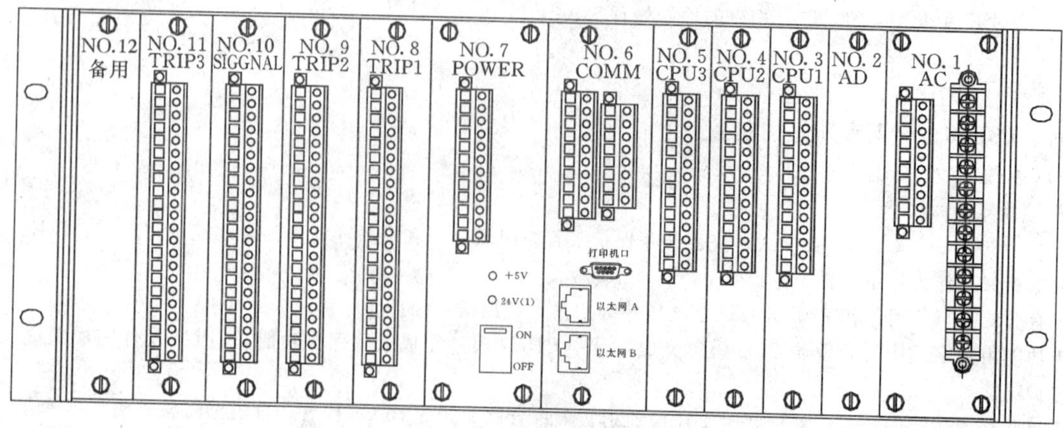

图 1-2-105　装置面板布置图（背面）

插件注释：组成装置的模件有：交流模件（AC）、AD 模件（AD）、保护模件（CPU1、CPU2、CPU3），COM 模件（COM）、电源模件（POWER）、跳闸出口模件（TRIP1、TRIP2）、信号模件（SIGNAL）、重合闸出口模件（TRIP3）、人机对话模件（MMI）。

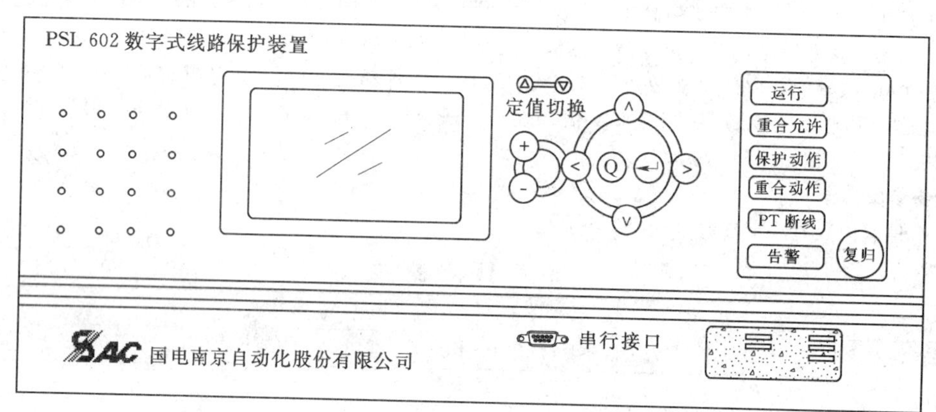

图 1-2-106　面板布置图

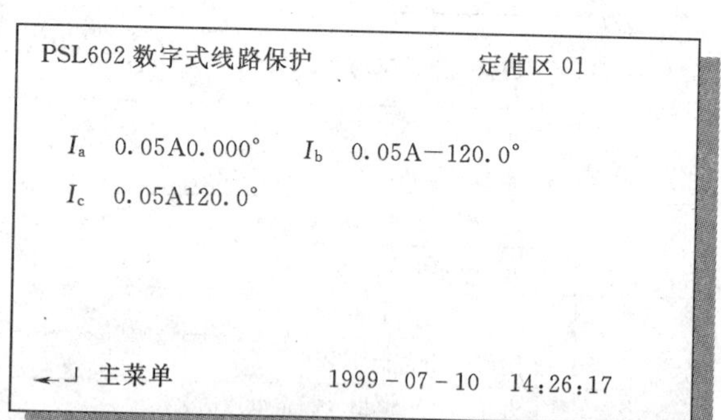

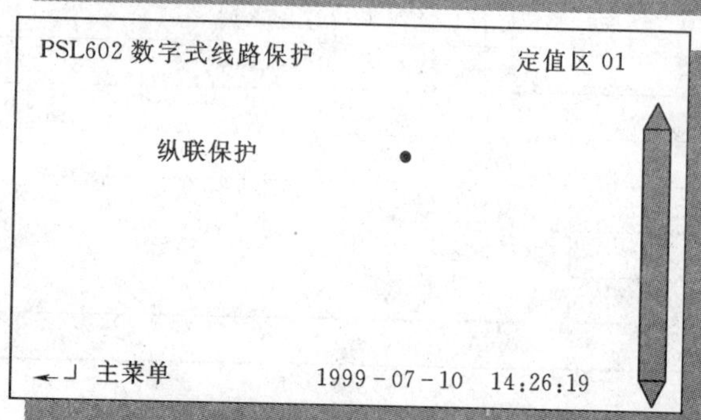

图 1-2-107　正常运行时液晶显示

（三）装置面板说明

图 1-2-106 是装置的正面面板布置图。

操作密码：99

内部定值设置密码：3138

液晶显示器（LCD）：用以显示正常运行状态、跳闸报告、自检信息以及菜单。

定值分区切换：▲▼用来切换定值区号，若该保护有一种以上的运行方式，可以将定值存放在不同的定值区内。

(1) 第一区存放定值单为常规运行方式下的定值。

(2) 第二区为短延时定值。

(3) 第三区定值将重合闸方式字改三相无压。如果定值通知单有要求，则按定值通知单填。

(4) 第四区为双（多）回并列线中停一回或 N 回线时的定值。

(5) 第五区存放特定方式下的定值。

(6) 第六区及以上备用，可输入临时定值。

(7) 旁路的第九区存放代变压器开关运行的定值。

（四）保护运行液晶显示说明

(1) 装置通电后，装置正常运行时，液晶屏幕将显示正常运行状态信息，见图 1-2-107。

(2) 当保护动作时，液晶屏幕在保护整组复归后15s左右，将自动显示最新一次跳闸报告见图1-2-108。

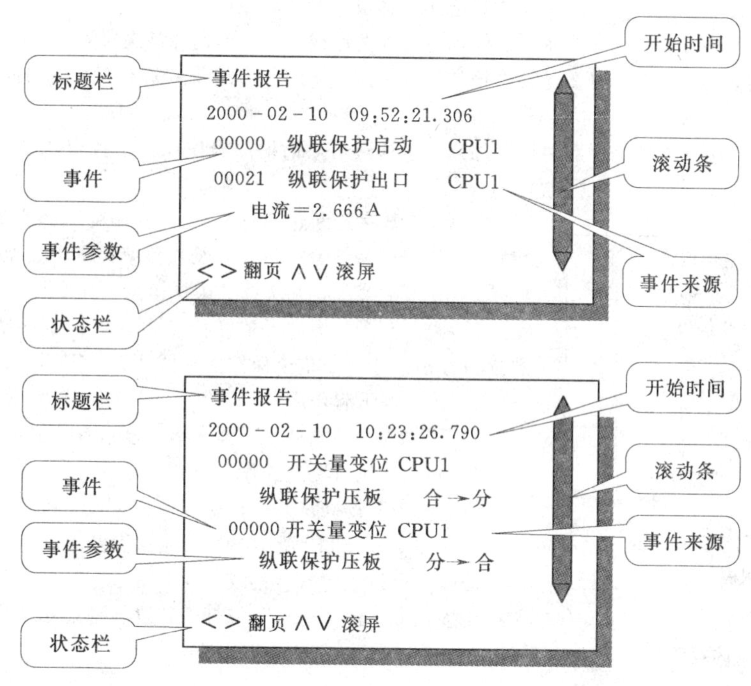

图1-2-108 装置跳闸报告

(五) 保护装置菜单说明

1. 菜单目录结构图

图1-2-109是保护装置菜单目录结构。

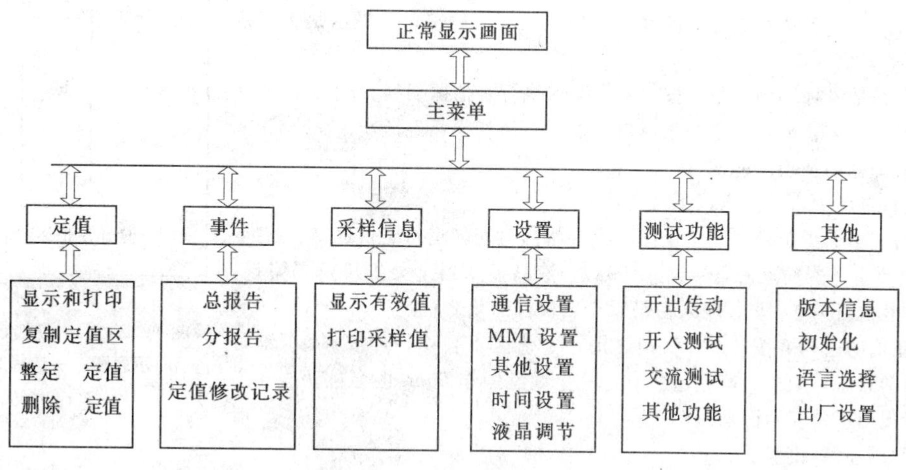

图1-2-109 装置菜单目录

2. 菜单各功能介绍

(1) 定值查询、打印。PSL631数字式断路器保护可以在液晶显示器上显示保护模件保存的整定值，操作步骤如下：

1) 进入主菜单。

2) 在主菜单中选择“定值”命令控件，按“←┘”键进入定值操作对话框。

3) 在定值操作对话框中选择“显示和打印”命令控件，按“←┘”键进入“定值打印/显示”操作对话框。

4) 在“定值显示/打印”操作对话框中选择保护模件（对于单个保护模件的装置不用选择）。

(2) 故障报告、事故报告查询打印。PSL631数字式断路器保护中事件报告分为“总报告”和“分报告”两类。“总报告”即存放在人机对话模件中的事件报告记录，包括系统故障时保护启动所产生的事件报告、装置运行过程中的操作报告、装置发生异常时的事件报告等；“分报告”即存放在保护模件中的事件报告。对事件报告的操作即对这两类报告的操作，包括复制以及显示或打印等。

操作过程如下：

1）进入主菜单，在主菜单中选择“事件”命令控件。

2）按“←┘”键进入事件报告操作对话框，并选择“总报告”命令控件。

3）按“←┘”键进入事件显示——选择对话框，用“∧”键或“∨”键选择某次故障的事件记录，状态栏会提示相应的报告类型（故障报告、告警报告、开关量变位报告等）。列表中的事件记录是按事件发生的时间的先后顺序排列的。

（3）采样查询。

PSL631数字式断路器保护提供一组对话框，用户可以通过对对话框的操作以显示各交流模拟量通道的当前状态或者打印模拟量波形。

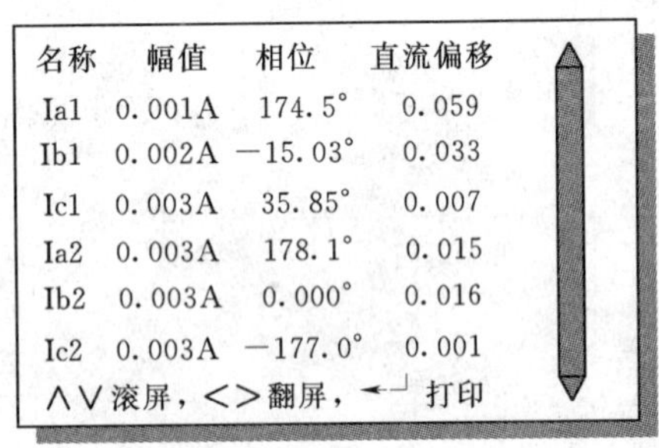

名称	幅值	相位	直流偏移
Ia1	0.001A	174.5°	0.059
Ib1	0.002A	−15.03°	0.033
Ic1	0.003A	35.85°	0.007
Ia2	0.003A	178.1°	0.015
Ib2	0.003A	0.000°	0.016
Ic2	0.003A	−177.0°	0.001

∧∨滚屏，<>翻屏，←┘打印

图1-2-110　各模拟量通道的有效值

PSL631数字式断路器保护可以实时显示各交流模拟量通道的幅值、相位角（以U_a为参考向量）以及直流偏移量，其操作步骤如下：

1）进入主菜单，并选择“采样信息”命令控件。

2）按“←┘”键进入采样信息操作对话框。用“+”键或“−”键选择保护模件。对于单个保护模件的装置，则不会提示“±”字样，此时“+”、“−”键不起作用。

3）用“∧”键或“∨”键选择“显示有效值”命令控件。

4）确认并执行所选操作。

按“←┘”键确认并执行所选操作：显示各模拟量通道的有效值。此时出现如图1-2-110所示的列表显示信息。

此时，可以用“∧”键或“∨”键进行“滚屏”（向上或向下移动一行），“<”键或“>”键进行“翻屏”。如打印机连接正常，按“←┘”将打印装置屏幕显示的内容（全部交流通道的名称、幅值、相位、直流偏移等）。

（4）定值区切换。

PSL631数字式断路器保护的面板上设有两个定值切换按键，用以切换当前运行定值区。操作步骤如下：

1）在任何时候按“▼”键或“▲”键，即出现如图1-2-111所示的定值切换对话框。

2）按“▲”键、“▼”键、“+”键或“−”键，选择切换的目标定值区区号。

3）按“←┘”键，确认要执行切换操作，装置显示密码窗口，提示是否将定值切换到所选择的定值区。

4）按“<”键把光标移到“是”按“←┘”键执行定值区切换。

5）切换完毕后，装置显示一个消息窗口，提示定值切换已经成功。

6）按任意键即返回切换之前的状态。

以上步骤执行过程中，请注意以下几点：

1）若装置有多个保护模件，则多个保护模件将同时切换运行定值区。

2）在第4）步中，若输入密码错误（≠99），液晶显示器上会提示密码错误，需重新输入。重复执行第4）步，输入密码后继续执行固化命令。

3）在输入正确的密码并按“←┘”键之前，定值区不会切换，按“Q”键可以退回切换之前的状态，同样，若在这之前，停止键盘操作5min也会自动放弃定值区切换操作而退回正常显示画面。

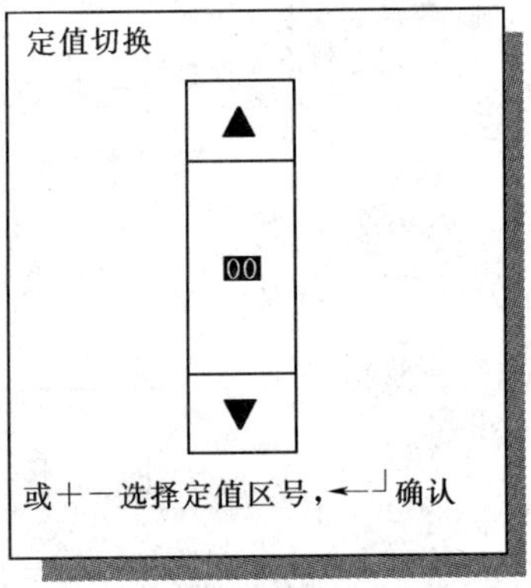

定值切换

▲

00

▼

或+−选择定值区号，←┘确认

图1-2-111　切换定值区对话框示意图——选择定值区号

（5）其他部分：时钟设置。

PSL631数字式断路器保护的人机对话模件设有硬件日历时钟，用以给各保护模件提供基准时间。人机对话模件的硬件时钟和保护模件的软件时钟均可以经GPS对时，对于没有GPS装置的运行场所，装置在投入运行前或者定期检验时需要校准日历时钟，而对于装设了GPS装置的运行场所只需在投入运行前设置基本时间即可。由人机对话模件操作设置日历时钟的步骤如下：

1）进入主菜单，并选择“设置”命令控件。

2）按“←┘”键进入监控设置操作对话框。用“∧”键或“∨”键选择“时间设置”命令控件。

3）按“←┘”键进入时钟日期设置操作对话框。用“<”键或“>”键选择年、月、日、时、分、秒编辑框并用“+”键或“−”键设置新的值，如图1-2-112所示。

4）按“←┘”键确认设置或按“Q”放弃修改，返回监控设置对话框［第2）步］。

时间日期设置

2000-02-12　12:20:10

<>改变位置+−改变数值

图1-2-112　时间日期设置对话框示意图——设置新的日历时钟值（年份）

5）按“Q”键逐级退回主菜单。

（六）保护装置部件投退说明

1. 压板说明

表1-2-51是保护装置压板说明。

表1-2-51　装置压板说明

压板单元	压板名称	功能说明	投退说明
1	A相跳闸出口	保护出口压板	投入
2	B相跳闸出口	保护出口压板	投入
3	C相跳闸出口	保护出口压板	投入
4	三相跳闸出口	保护出口压板	投入
5	永跳出口	保护出口压板	投入
6	重合闸出口	重合闸出口压板	投入
7	A相启动失灵	A相启动失灵压板	投入
8	B相启动失灵	B相启动失灵压板	投入
9	C相启动失灵	C相启动失灵压板	投入
10	沟通三跳	沟通三跳压板	根据接线进行投退
11	闭锁重合闸	闭锁重合闸压板	根据接线进行投退
12	纵联保护1投入	纵联保护1投入保护功能压板	投入
13	纵联保护2投入	纵联保护2投入保护功能压板	投入
14	相间距离投入	相间距离投入保护功能压板	投入
15	接地距离投入	接地距离投入保护功能压板	投入
16	零序Ⅰ段投入	零序Ⅰ段投入保护功能压板	投入
17	零序Ⅱ段投入	零序Ⅱ段投入保护功能压板	投入
18	零序总投入	零序总投入保护功能压板	投入
19	重合闸时间控制	重合闸时间控制压板	根据接线进行投退

2. 复归按钮、控制把手、重合闸投切把手说明

FA——线路保护装置复归按钮。

QK——重合闸切换开关，有四个位置：单重、三重、综重、停用。

ZKK——交流电压空气开关。

DK——纵联保护装置电源。

KG——照明灯门控。

（七）装置故障信息解析

表1-2-52是装置故障信息解析。

表1-2-52　装置故障信息

事件名称	装置反应	处理措施	备注
装置上电			
RAM错误	告警、呼唤、闭锁保护	停机检修	
EPROM错误	告警、呼唤、闭锁保护	停机检修	
闪存错误	呼唤	停机检修	
EEPROM错误	告警、呼唤、闭锁保护	停机检修	
开出异常	告警、呼唤、闭锁保护	停机检修	
AD错误	告警、呼唤、闭锁保护	停机检修	
内部电源偏低	呼唤	停机检修	
定值区无效	告警、呼唤、闭锁保护	切换到有效定值区	无有效定值区则输入正确定值
定值校验错误	告警、呼唤、闭锁保护	重新输入正确定值	
TV断线	TV断线灯亮、呼唤	检修TV回路	

续表

事件名称	装置反应	处理措施	备注
TV三相失压	TV断线灯亮、呼唤	检修TV回路	
TV反序	呼唤	检修TV回路	
TA不平衡	呼唤	检修TA回路	
TA反序	呼唤	检修TA回路	
负载不对称	呼唤	检修TA回路	

（八）装置正常工况与异常工况说明

表1-2-53是装置正常工况与异常工况说明。

表1-2-53　装置正常工况与异常工况说明

名称	定义	正常运行状态	异常状态说明
运行	运行监视灯	绿灯亮	正常运行时发平光，其他灯均不亮；保护装置启动时运行灯闪烁
保护动作	保护跳闸指示灯	不发光	保护跳闸时点亮，发红色平光
重合允许	重合闸充电满指示灯	黄灯亮	闪烁时指示正在充电
重和动作	重和闸动作指示灯	不发光	重和闸动作时点亮，发红色平光
TV断线	TV断线信号灯	不发光	闭锁有电压量的保护，TV断线时发红色平光
告警	装置异常告警灯	不发光	闭锁保护，需要停用该保护装置（定值区错误除外），装置告警时发红色平光

（九）生产厂家

国电南京自动化股份有限公司。

十七、PSL603G系列保护装置

（一）装置功能概述

1. 保护功能整体描述

PSL603系列线路保护装置以分相电流差动和零序电流差动为主体的全线速动主保护，由波形识别原理构成的快速距离Ⅰ段保护，由三段式相间和接地距离保护及零序方向电流保护构成的后备保护。保护有分相出口，并可选配自动重合闸功能，对单或双母线接线的断路器实现单相重合、三相重合、综合重合闸功能。

为了适应不同的线路，增加了一些特殊功能，每个特殊功能都设有相应的功能代码。通过不同组合实现不同保护功能的保护装置，见表1-2-54。

表1-2-54　装置功能代码

代码	功能
G	双A/D，双以太网（或三以太网），双串行通信接口，默认配置
A	不具备重合闸功能
C	可适用于同杆并架线路，跨线故障时能选相跳闸，具备重合闸功能
D	可适用于同杆并架线路，跨线故障时能选相跳闸，不具备重合闸功能
F	具有“本侧编码”、“对侧编码”；可适用于复用64k通道
I	具备反时限零序电流保护
M	具有“本侧编码”、“对侧编码”；可适用于复用2M通道（通信接口装置型号必须为GXC—64/2M）或专用光纤通道
N	双通道，同时具备纵联差动保护和纵联距离保护，不具有重合闸功能
S	可适用于带串补电容的线路
V	具有过负荷告警、过负荷跳闸功能
CW	双通道光纤差动，具有自动重合闸功能，可适用于常规线路和同杆并架线路
W	双通道光纤差动，不具备自动重合闸功能

2. 保护装置CPU分工描述

表1-2-55是保护装置CPU分工描述。

以上型号为PSL603G系列的基本型号，这些型号具有不同的硬件配置，现场需要不同功能时，除“G”字母外，其余功能字母按字母的先后顺序排列，可以组合成不同功能配置的保护装置，如型PSL603GAMS配置功能为：不带重合闸功能、适用于复用2M通道和专用光纤、适用于串补线路保护。

表 1-2-55　　PSL603G系列数字式超高压线路保护的基本配置和型号表

主要功能 \ 保护型号		PSL603G	PSL603GM	PSL603GA	PSL603GAM	PSL603GW	PSL603GCW
CPU1	分相电流差动 零序电流差动	●	●	●	●	●	●
	复用2M通道		●		●	●	●
	复用64k通道	●		●			
	专用光纤通道		●		●	●	●
CPU2	快速距离保护 三段相间距离 三段接地距离 四段零序电流	●	●	●	●	●	●
CPU3	自动重合闸	●	●				●
	纵联差动					●	●

注　"●"表示该型号装置中有此功能，空白表示无此功能。

3. 其他功能描述

PSL603系列线路保护装置完善可靠的振荡闭锁功能，能快速区分系统振荡与故障，在振荡闭锁期间，系统无论发生不对称性故障还是发生三相故障，保护都能可靠快速地动作。完善的自动重合闸功能，可以实现单重检线路三相有压重合闸方式，专用于大电厂侧，以防止线路发生永久故障，电厂侧重合于故障对电厂机组造成冲击。强大的故障录波功能，可以保存1000次事件、12～48次故障录波报告（含内部元件动作过程），故障时有重要开关量多次变化时会自动多次启动录波并且记录重要开关量（如发信、收信、跳闸、合闸、TWJ等）的变化。录波数据可以保存为COMTRADE格式。

4. 保护主要参数

表1-2-56是保护装置额定参数。

表 1-2-56　　装置额定电气参数

名　称	额定电气参数	
直流电源	220V或110V（订货请注明），允许工作范围：80%～110%直流电压	
交流电压	$100/\sqrt{3}$V（额定电压U_n）	
交流电流	5A或1A（额定电流I_n，订货请注明）	
额定频率	50Hz（或60Hz时订货请注明）	
同期电压	100V或$100/\sqrt{3}$V（有重合闸时可用，软、硬件自适应）	
过载能力	交流电流回路	2倍额定电流，连续工作
		10倍额定电流，允许10s
		40倍额定电流，允许1s
	交流电压回路	1.2倍额定电压，连续工作
		1.4倍额定电压，允许10s
功率消耗	直流回路	正常时，不大于40W
		跳闸时，不大于50W
	交流电压回路	不大于0.5VA/相（额定电压时）
	交流电流回路	不大于1.0VA/相（I_n=5A时）
		不大于0.5VA/相（I_n=1A时）
接点容量	操作回路接点负载	1100VA（不断弧）
	信号回路接点负载	60VA
状态量电平	各CPU及通信接口模件的输入状态量电平	24V（18～30V）
	GPS对时脉冲输入电平	
	各CPU输出状态量（光耦输出）允许电平	
	各CPU输出状态量（光耦输出）驱动能力	150mA

（二）装置背板结构图简介

图 1-2-113～图 1-2-116 是装置的背面面板布置图。

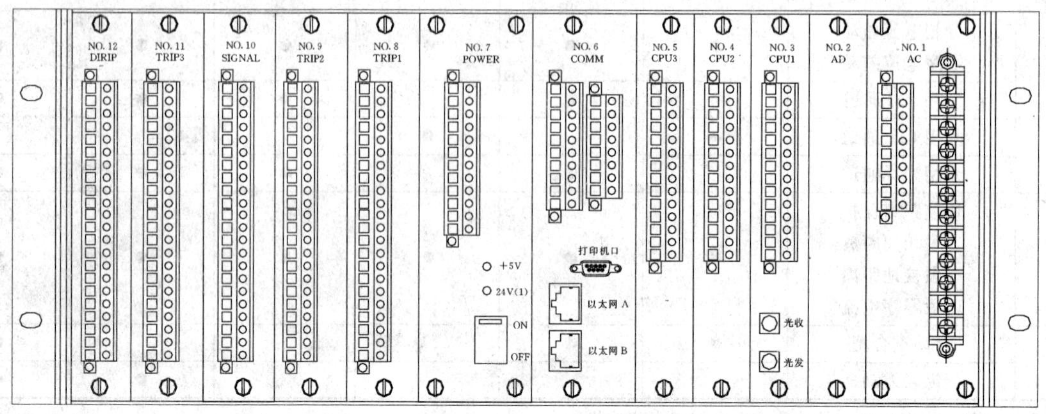

图 1-2-113　PSL603G×××型装置端子布置图（背视）

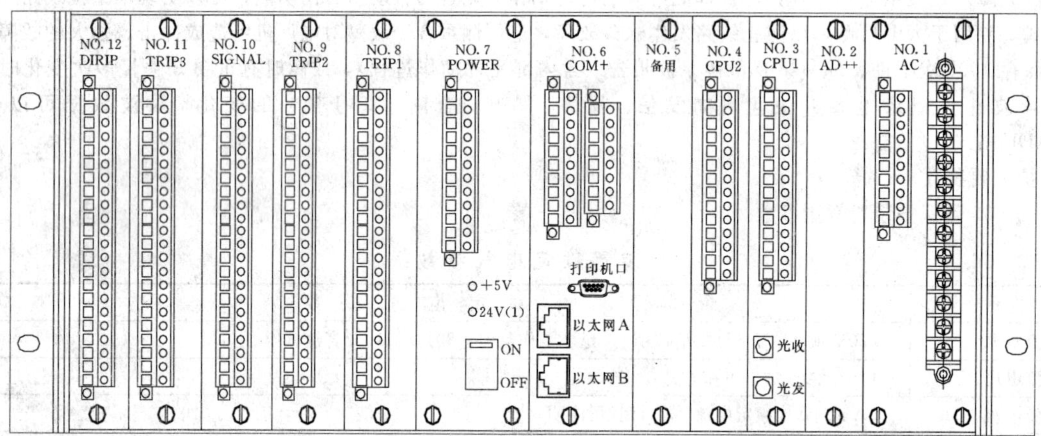

图 1-2-114　PSL603GA×××型装置端子布置图（背视）

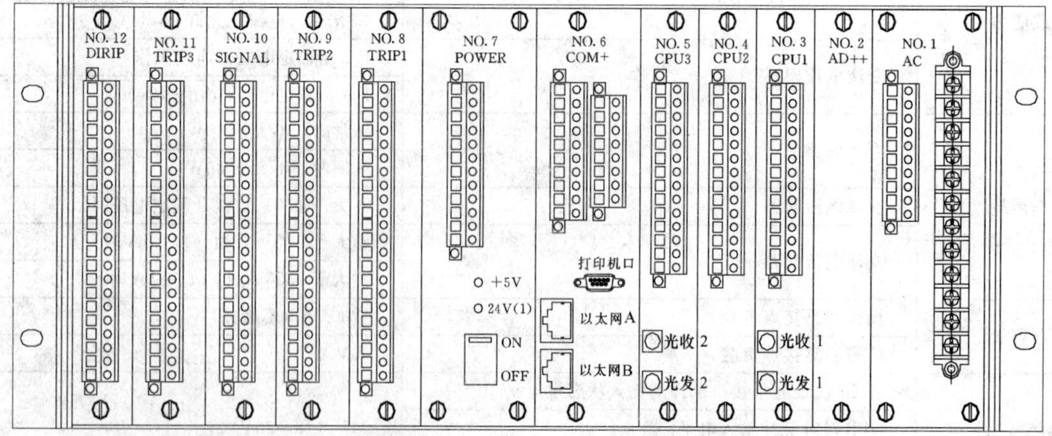

图 1-2-115　PSL603GW（N）××型装置端子布置图（背视）

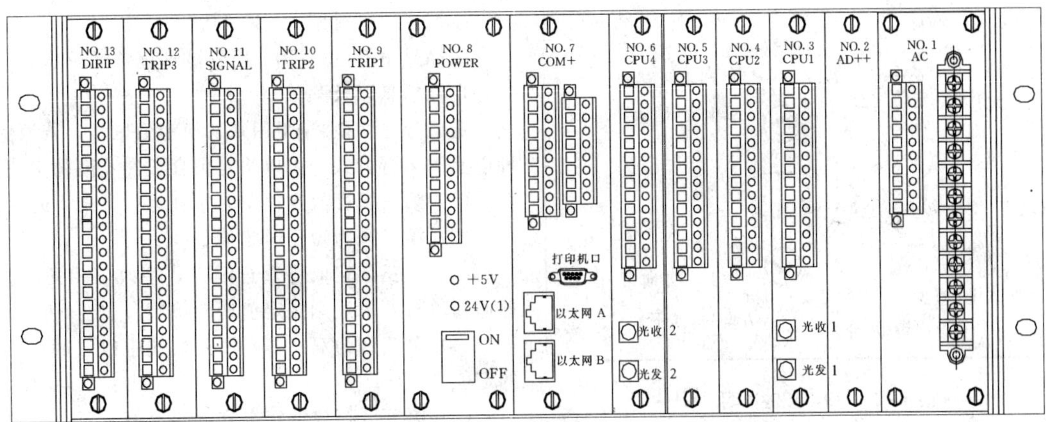

图 1-2-116 PSL603GW 型装置端子布置图（背视）

插件注释：组成装置的插件有：交流模件（AC）、AD++（AD+DSP）模件、保护模件（CPU1、CPU2、CPU3、CPU4），COM模件（COM+、COM++）、电源模件（POWER）、跳闸出口模件（TRIP1、TRIP2）、信号模件（SIGNAL）、重合闸出口模件（TRIP3）、远传出口模件（DTRIP）、人机对话模件（MMI）。

（三）装置面板说明

图 1-2-117 和图 1-2-118 装置的正面面板布置图。

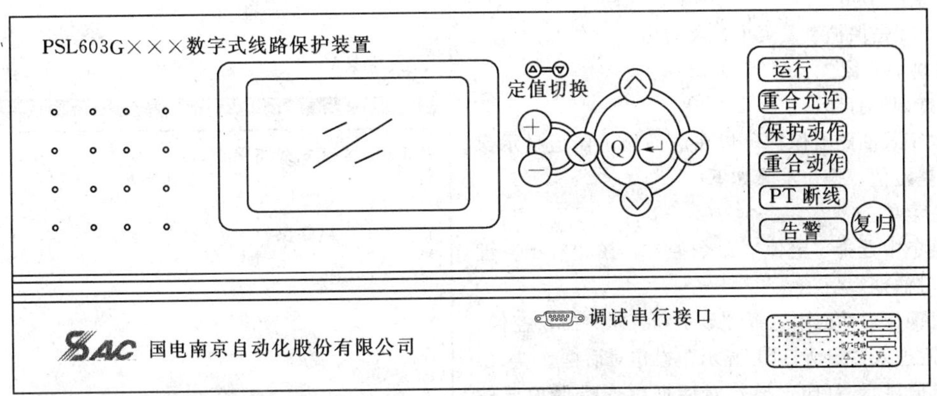

图 1-2-117 PSL603G×××型系列面板布置图

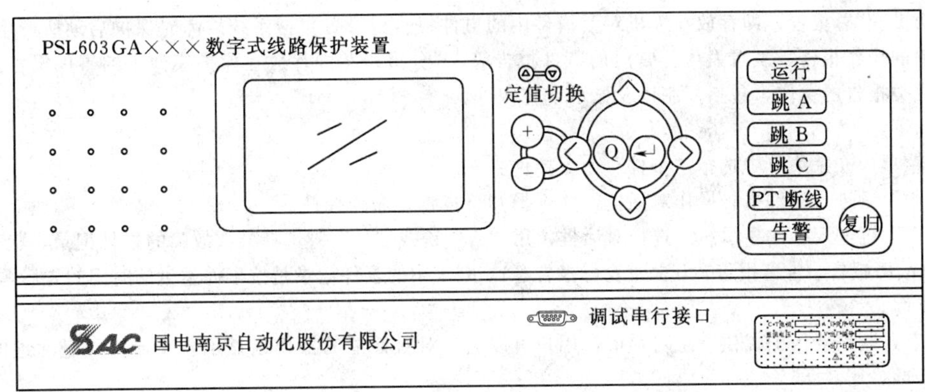

图 1-2-118 PSL603GA×××型系列面板布置图

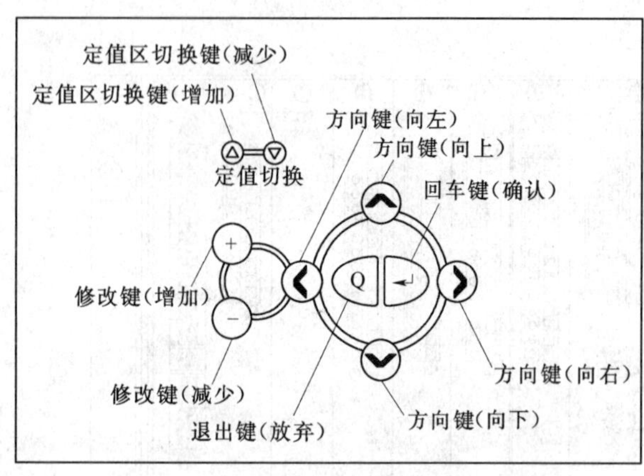

图 1-2-119　按键说明

操作密码：99

内部定值设置密码：3138

按键说明：见图 1-2-119。

液晶显示器（LCD）：用以显示正常运行状态、跳闸报告、自检信息以及菜单。

定值分区切换：▲▼用来切换定值区号，若该保护有一种以上的运行方式，可以将定值存放在不同的定值区内。

(1) 第一区存放定值单为常规运行方式下的定值。

(2) 第二区为短延时定值。

(3) 第三区定值将重合闸方式字改三相无压。如果定值通知单有要求，则按定值通知单填。

(4) 第四区为双（多）回并列线中停一回或 N 回线时的定值。

(5) 第五区存放特定方式下的定值。

(6) 第六区及以上备用，可输入临时定值。

(7) 旁路的第九区存放代变压器开关运行的定值。

(四) 保护运行液晶显示说明

(1) 装置通电后，装置正常运行时，液晶屏幕将显示正常运行状态信息，见图 1-2-120。

(2) 当保护动作时，液晶屏幕在保护整组复归后 15s 左右，将自动显示最新一次跳闸报告，见图 1-2-121。

(五) 保护装置菜单说明

1. 菜单目录结构图

图 1-2-122 是保护装置菜单目录结构。

2. 菜单各功能介绍

(1) 定值查询、打印。

PSL631 数字式断路器保护可以在液晶显示器上显示保护模件保存的整定值，操作步骤如下：

1) 进入主菜单。

2) 在主菜单中选择“定值”命令控件，按“←┘”键进入定值操作对话框。

3) 在定值操作对话框中选择“显示和打印”命令控件，按按“←┘”键进入“定值打印/显示”操作对话框。

4) 在“定值显示/打印”操作对话框中选择保护模件(对于单个保护模件的装置不用选择)。

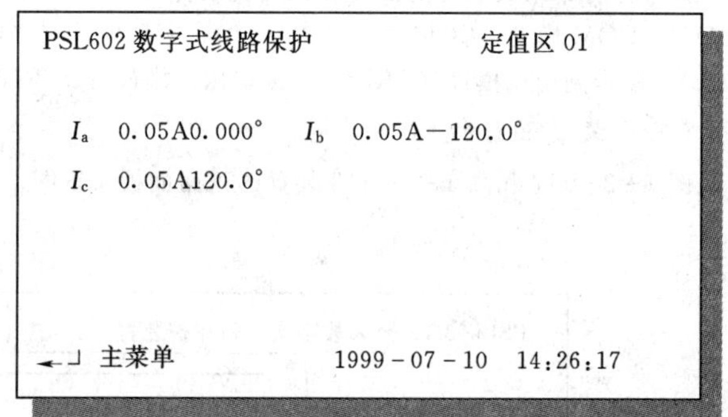

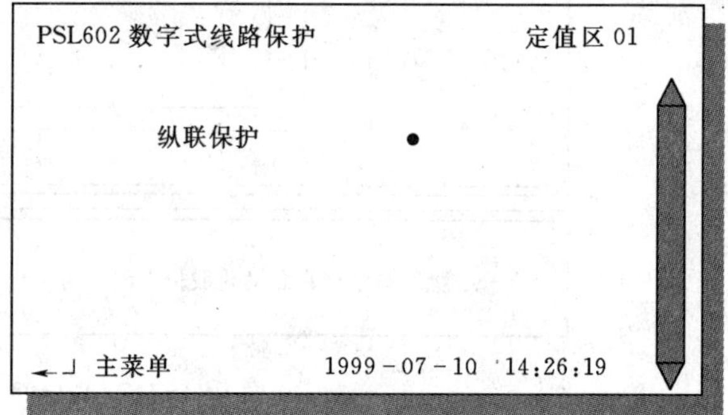

图 1-2-120　正常运行的液晶显示

(2) 故障报告、事故报告查询打印。

PSL631 数字式断路器保护中事件报告分为“总报告”和“分报告”两类。“总报告”即存放在人机对话模件中的事件报告记录，包括系统故障时保护启动所产生的事件报告、装置运行过程中的操作报告、装置发生异常时的事件报告等。“分报告”即存放在保护模件中的事件报告。对事件报告的操作即对这两类报告的操作，包括复制以及显示或打印等。

操作过程如下：

1) 进入主菜单，在主菜单中选择“事件”命令控件。

2) 按“←┘”键进入事件报告操作对话框，并选择“总报告”命令控件。

3) 按“←┘”键进入事件显示——选择对话框，用“∧”键或“∨”键选择某次故障的事件记录，状态栏会提示相应的报告类型（故障报告、告警报告、开关量变位报告等）。列表中的事件记录是按事件发生的时间的先后顺序排列的。

(3) 采样查询。

PSL631 数字式断路器保护提供一组对话框，用户可以通过对对话框的操作以显示各交流模拟量通道的当前状态或者打印模拟量波形。

PSL631 数字式断路器保护可以实时显示各交流模拟量通道的幅值、相位角（以 U_a 为参考向量）以及直流偏移量，其操作步骤如下：

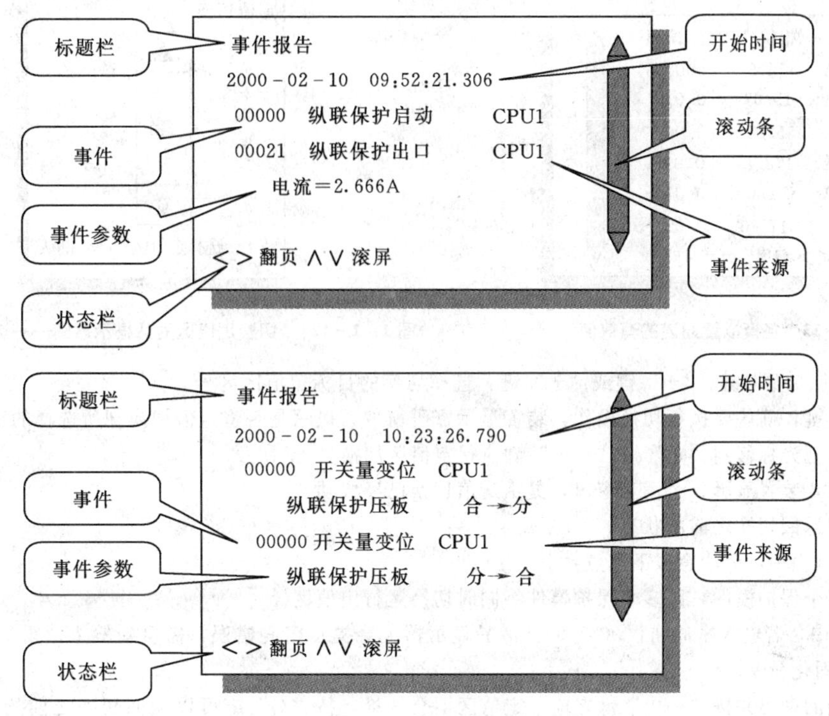

图 1－2－121 事件显示画面

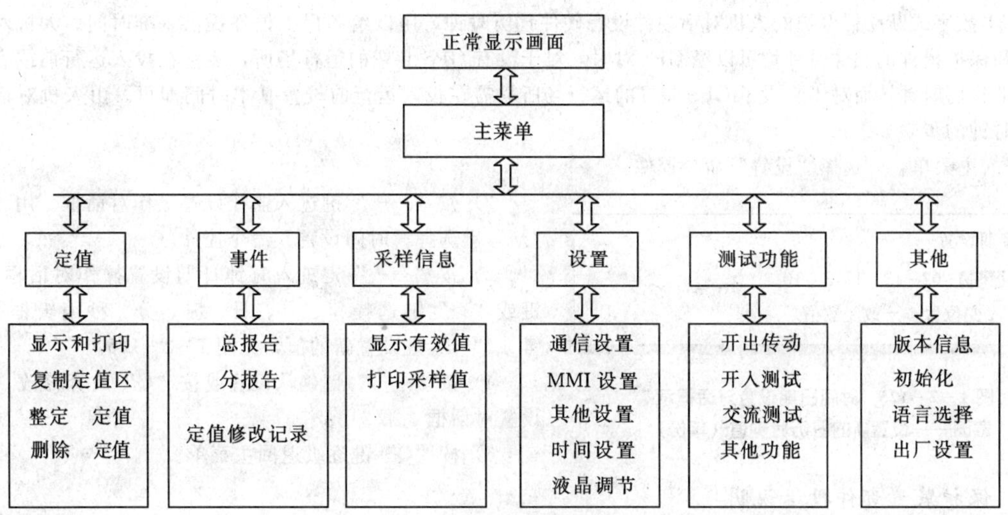

图 1－2－122 菜单目录

1）进入主菜单，并选择“采样信息”命令控件。

2）按“←┘”键进入采样信息操作对话框。用“＋”键或“－”键选择保护模件。

对于单个保护模件的装置，则不会提示“±”字样，此时“＋”、“－”键不起作用。

3）用“∧”键或“∨”键选择“显示有效值”命令控件。

4）确认并执行所选操作。按“←┘”键确认并执行所选操作：显示各模拟量通道的有效值。此时出现如图 1－2－123 所示的列表显示信息。

此时，可以用“∧”键或“∨”键进行“滚屏”（向上或向下移动一行），“＜”键或“＞”键进行“翻屏”。如打印机连接正常，按“←┘”将打印装置屏幕显示的内容（全部交流通道的名称、幅值、相位、直流偏移等）。

（4）定值区切换。

PSL631 数字式断路器保护的面板上设有两个定值切换按键，用以切换当前运行定值区。操作步骤如下：

1）在任何时候按“▼”键或“▲”键，即出现如图 1－2－124 所示的定值切换对话框。

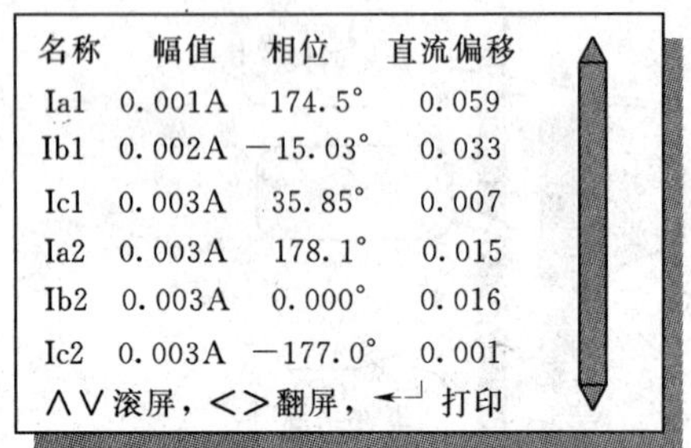

图 1-2-123　各模拟量通道的有效值

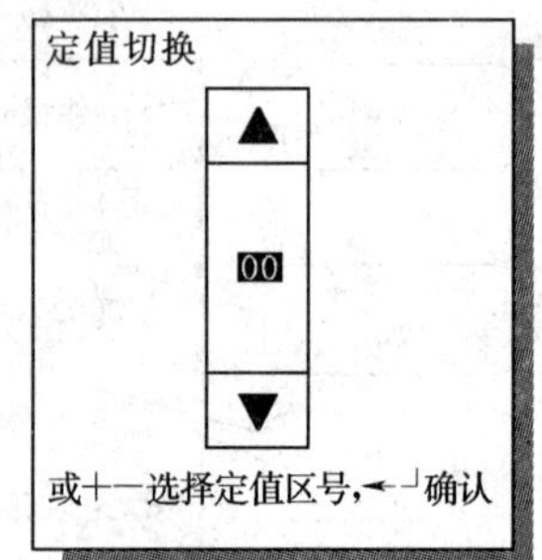

图 1-2-124　切换定值区对话框示意图——选择定值区号

2）按“▲”键、“▼”键、“+”键或“−”键，选择切换的目标定值区区号。

3）按“↵”键，确认要执行切换操作，装置显示密码窗口，提示是否将定值切换到所选择的定值区。

4）按“＜”键把光标移到“是”按“↵”键执行定值区切换。

5）切换完毕后，装置显示一个消息窗口，提示定值切换已经成功。

6）按任意键即返回切换之前的状态。

以上步骤执行过程中，请注意以下几点：

1）若装置有多个保护模件，则多个保护模件将同时切换运行定值区。

2）在第4）步中，若输入密码错误（≠99），液晶显示器上会提示密码错误，需重新输入。重复执行第4）步，输入密码后继续执行固化命令。

3）在输入正确的密码并按“↵”键之前，定值区不会切换，按“Q”键可以退回切换之前的状态，同样，若在这之前，停止键盘操作5min也会自动放弃定值区切换操作而退回正常显示画面。

（5）其他部分：时钟设置。

PSL631数字式断路器保护的人机对话模件设有硬件日历时钟，用以给各保护模件提供基准时间。人机对话模件的硬件时钟和保护模件的软件时钟均可以经GPS对时，对于没有GPS装置的运行场所，装置在投入运行前或者定期检验时需要校准日历时钟，而对于装设了GPS装置的运行场所只需在投入运行前设置基本时间即可。由人机对话模件操作设置日历时钟的步骤如下：

1）进入主菜单，并选择“设置”命令控件。

时间日期设置

2000-02-12　12:20:10

＜＞改变位置+−改变数值

图 1-2-125　时间日期设置对话框示意图——设置新的日历时钟值（年份）

2）按“↵”键进入监控设置操作对话框。用“∧”键或“∨”键选择“时间设置”命令控件。

3）按“↵”键进入时钟日期设置操作对话框。用“＜”键或“＞”键选择年、月、日、时、分、秒编辑框并用“+”键或“−”键设置新的值，见图1-2-125。

4）按“↵”键确认设置或按“Q”放弃修改，返回监控设置对话框［第2）步］

5）按“Q”键逐级退回主菜单。

（六）保护装置部件投退说明

1. 压板说明

表1-2-57是装置压板说明。

表 1-2-57　　装置压板说明

压板单元	压板名称	功能说明	投退说明
1	A相跳闸出口一	PSL603GW保护A相跳闸出口压板，接入开关第一组跳闸线圈回路	根据接线进行投退
2	B相跳闸出口一	PSL603GW保护B相跳闸出口压板，接入开关第一组跳闸线圈回路	根据接线进行投退
3	C相跳闸出口一	PSL603GW保护C相跳闸出口压板，接入开关第一组跳闸线圈回路	根据接线进行投退
4	三相跳闸出口一	PSL603GW保护三相跳闸出口压板，接入开关第一组跳闸线圈回路	根据接线进行投退

续表

压板单元	压板名称	功能说明	投退说明
5	永跳出口一	PSL603GW保护永跳出口压板，接入开关第一组跳闸线圈回路，不启动重合闸	根据接线进行投退
6	A相跳闸出口二	PSL603GW保护A相跳闸出口压板，接入开关第二组跳闸线圈回路	根据接线进行投退
7	B相跳闸出口二	PSL603GW保护B相跳闸出口压板，接入开关第二组跳闸线圈回路	根据接线进行投退
8	C相跳闸出口二	PSL603GW保护C相跳闸出口压板，接入开关第二组跳闸线圈回路	根据接线进行投退
9	三相跳闸出口二	PSL603GW保护三相跳闸出口压板，接入开关第二组跳闸线圈回路	根据接线进行投退
10	永跳出口二	PSL603GW保护永跳出口压板，接入开关第二组跳闸线圈回路，不启动重合闸	根据接线进行投退
11	失灵启动A相及重合闸	失灵启动A相及重合闸压板	根据接线进行投退
12	失灵启动B相及重合闸	失灵启动B相及重合闸压板	根据接线进行投退
13	失灵启动C相及重合闸	失灵启动C相及重合闸压板	根据接线进行投退
14	失灵启动A相及重合闸	失灵启动A相及重合闸压板	根据接线进行投退
15	失灵启动B相及重合闸	失灵启动B相及重合闸压板	根据接线进行投退
16	失灵启动C相及重合闸	失灵启动C相及重合闸压板	根据接线进行投退
17	启动重合1（备用）	启动重合闸（备用）压板	根据接线进行投退
18	保护动作（BDJ1）	保护出口继电器一压板	根据接线进行投退
19	保护动作（BDJ2）	保护出口继电器二压板	根据接线进行投退
20	启动重合2（备用）	启动重合闸（备用）压板	根据接线进行投退
21	分相差动投入	分相差动投入保护功能压版	投入
22	零序差动投入	零序差动投入保护功能压版	投入
23	差动1总投入	主保护CPU1模块差动保护投入	投入
24	差动2总投入	主保护CPU3模块差动保护投入	投入
25	相间距离保护	相间距离保护保护功能压板	投入
26	接地距离保护	接地距离保护保护功能压板	投入
27	零序Ⅰ段投入	零序Ⅰ段投入保护功能压板	投入
28	零序Ⅱ段投入	零序Ⅱ段投入保护功能压板	投入
29	零序保护总投入	零序保护总投入保护功能压板，只有此压板与上面两个压板同时投入时，上面两个压板才起作用	投入
30	A相跳闸出口三	A相跳闸出口压板三	根据接线进行投退
31	B相跳闸出口三	B相跳闸出口压板三	根据接线进行投退
32	C相跳闸出口三	C相跳闸出口压板三	根据接线进行投退
33	A相跳闸出口四	A相跳闸出口压板四	根据接线进行投退
34	B相跳闸出口四	B相跳闸出口压板四	根据接线进行投退
35	C相跳闸出口四	C相跳闸出口压板四	根据接线进行投退
36	分相跳闸公共五	分相跳闸公共五压板	根据接线进行投退

2. 复归按钮、控制把手、重合闸投切把手说明

FA——PSL603GW线路保护装置复归按钮 。

QK——切换开关，有三个位置。

ZKK——PSL603GW光纤差动交流电压空气开关。

DK——PSL603GW光纤差动保护装置电源。

KG——照明灯门控。

ZMD——照明灯。

（七）装置故障信息解析

表1-2-58是装置故障信息解析。

表1-2-58　**装置故障信息**

事件名称	可能故障原因	处理措施	事件名称	可能故障原因	处理措施
差动保护初始化			AD错误	AD模块故障	停机检修
RAM错误	CPU故障	停机检修	零漂越限	采集模块故障	停机检修
EPROM错误	CPU故障	停机检修	TV断线	TV断线	检修TV回路
EEPROM错误	CPU故障	停机检修	TV三相失压	电压空开损坏	检修TV回路
闪存错误	CPU故障	停机检修	TA断线	TA断线	检修TA回路
开入异常	开关量模块故障	停机检修	TA不平衡	TA不平衡	检修TA回路
开出异常	开关量模块故障	停机检修	TA反序	TA反序	检修TA回路

（八）装置正常工况与异常工况说明

表1-2-59是装置正常工况与异常工况说明。

表1-2-59　**装置正常工况与异常工况说明**

名　称	定　义	正常运行状态	异常状态说明
运行	运行监视灯	绿灯亮	正常运行时发平光，其他灯均不亮；保护装置启动时运行灯闪烁
跳A	A相跳闸信号灯	不发光	A相跳闸时点亮，发红色平光
跳B	B相跳闸信号灯	不发光	B相跳闸时点亮，发红色平光
跳C	C相跳闸信号灯	不发光	C相跳闸时点亮，发红色平光
TV断线	TV断线信号灯	不发光	闭锁有电压量的保护，TV断线时发红色平光
告警	告警信号灯	不发光	闭锁保护，需要停用该保护装置（定值区错误除外）装置告警时发红色平光

（九）生产厂家

国电南京自动化股份有限公司。

十八、PSL631系列保护装置

（一）装置功能概述

1. 保护功能整体描述

PSL631是由微机实现的数字式断路器保护与自动重合闸装置，并按照高压线路继电保护装置“四统一”技术要求设计。装置功能包括断路器失灵保护、三相不一致保护、充电保护及独立的过流保护等功能。主要用于220kV及以上电压等级的双母线接线方式。

2. 保护装置CPU分工描述

该装置只有一个保护CPU。

3. 其他功能描述

PSL631数字式断路器保护具备故障录波功能。可记录的模拟量为I_a、I_b、I_c、$3I_0$、U_a、U_b、U_c、$3U_0$、$U_{\text{Ⅱ}a}$、$U_{\text{Ⅱ}b}$、$U_{\text{Ⅱ}c}$，具体记录的模拟量取决于装置接入的模拟量。可记录的状态量为断路器位置、保护跳闸合闸命令等。本装置不外接$3U_0$、$3U_0$由三相电压相加产生，为方便分析，自产的$3U_0$也记录。

可记录的录波报告为12～48个（根据各次故障的复杂程度而不同，通常为30次左右），记录的事件不少于1000条。记录的报告或事件可被PC机读取。除记录系统实时数据外，PSL632还记录状态输入量变位事件、装置告警事件等。PSL632数字式断路器保护记录动作时的录波、事件、定值和保护详细的动作过程（标志集），可通过调试/分析软件PSView读取、分析和保存。PSView调试/分析软件既可以实时读取保护发送的事件，也可以读取装置中记录的历史信息，并且在使用时不影响保护的正常运行。

4. 保护主要参数

直流电源：220V或110V（订货请注明），允许工作范围：80%～115%额定直流电压。

交流电流：5A或1A（额定电流I_n，订货请注明）。

额定频率：50Hz。

过载能力：交流电流回路时，2倍额定电流，连续工作；10倍额定电流，允许10s；40倍额定电流，允许1s。

功率消耗：直流时，正常，不大于40W；跳闸，不大于50W。

交流电流回路：<1.0VA/Φ（I_n=5A时）；<0.5VA/相（I_n=1A时）。

（二）装置背板结构图简介

图1-2-126是装置的背面面板布置图。

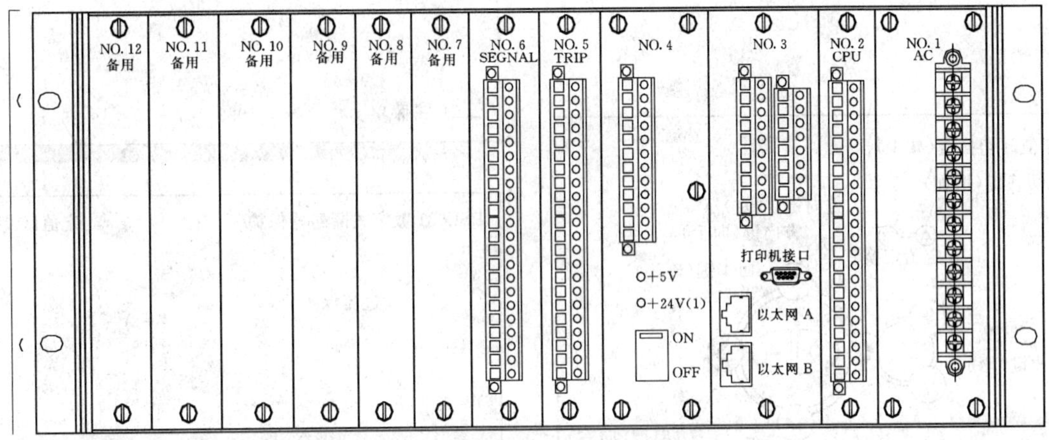

图1-2-126 装置面板布置图（背视）

插件注释：交流模件（AC），保护模件（CPU1），通信模件（COM），电源模件（POWER），跳闸出口模件（TRIP），信号模件（SIGNAL），人机对话模件（MMI）。

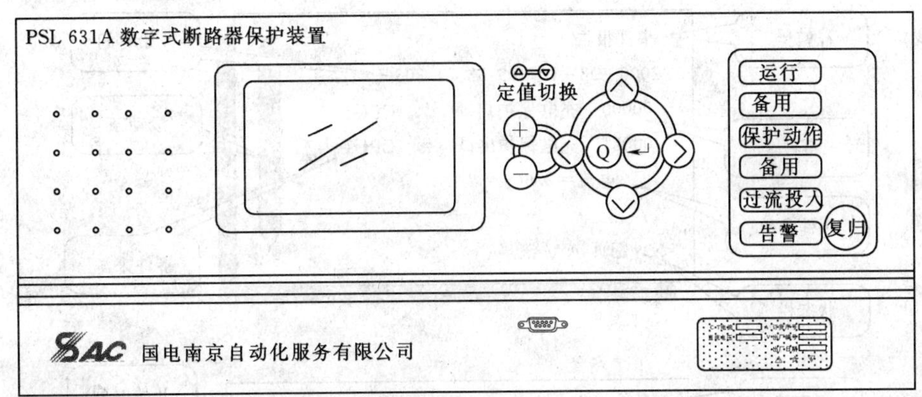

图1-2-127 面板布置图

（三）装置面板说明

图1-2-127是面板布置图。

操作密码：99

内部定值设置密码：3138

按键说明：见图1-2-128。

液晶显示器（LCD）：用以显示正常运行状态、跳闸报告、自检信息以及菜单。

定值分区切换：▲▼用来切换定值区号，若该保护有一种以上的运行方式，可以将定值存放在不同的定值区内。

（四）保护运行液晶显示说明

(1) 装置通电后，装置正常运行时，液晶屏幕将显示正常运行状态信息，见图1-2-129。

(2) 当保护动作时，液晶屏幕在保护整组复归后15s左右，将自动显示最新一次跳闸报告，见图1-2-130。

（五）保护装置菜单说明

1. 菜单目录结构图

图1-2-131是保护装置菜单目录结构。

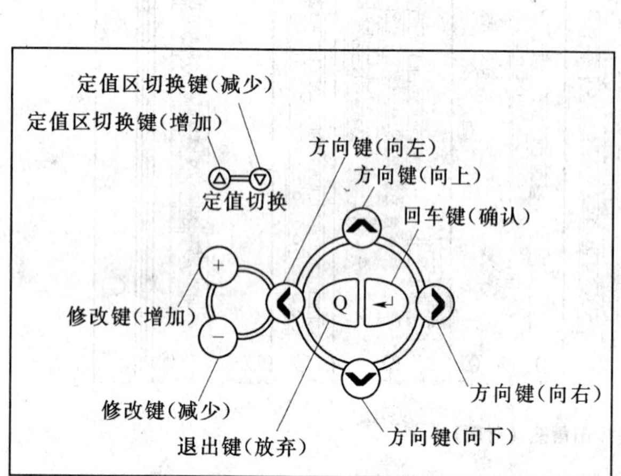

图 1-2-128 按键说明

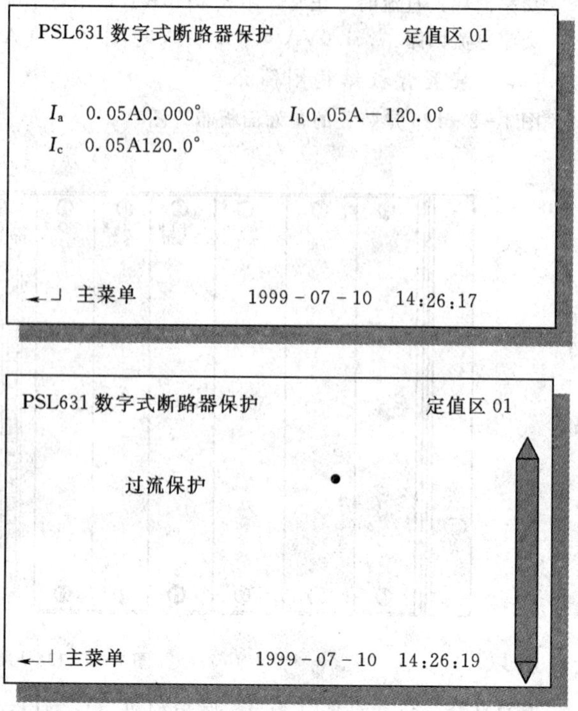

PSL631 数字式断路器保护　　定值区 01

I_a 0.05A0.000°　　I_b0.05A−120.0°

I_c 0.05A120.0°

←┘ 主菜单　　1999-07-10　14:26:17

PSL631 数字式断路器保护　　定值区 01

过流保护

←┘ 主菜单　　1999-07-10　14:26:19

图 1-2-129 正常运行时液晶显示

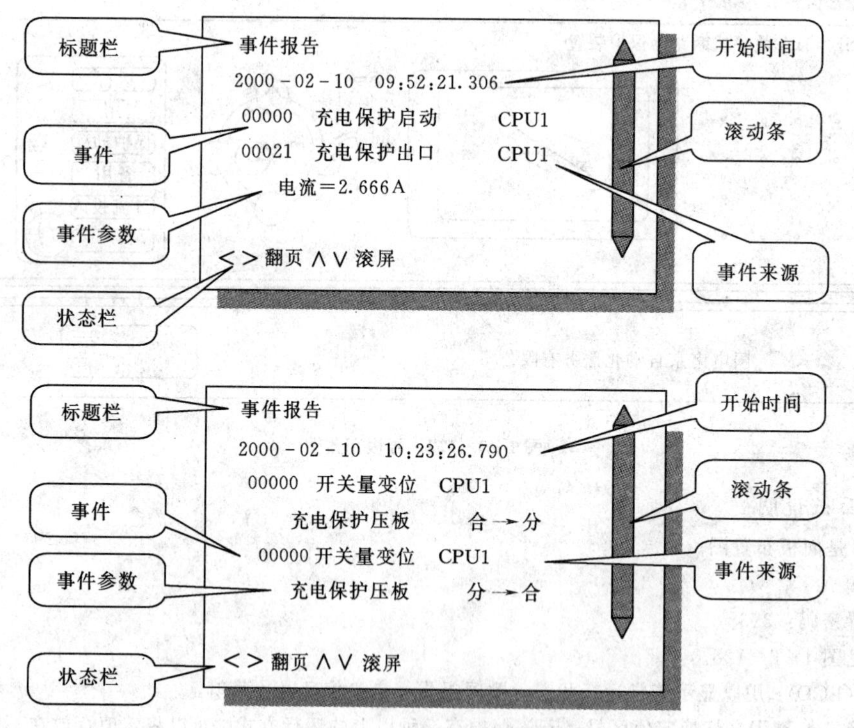

图 1-2-130 事件显示画面

2. 菜单各功能介绍

(1) 定值查询、打印。

PSL631 数字式断路器保护可以在液晶显示器上显示保护模件保存的整定值，操作步骤如下：

1) 进入主菜单。

2) 在主菜单中选择“定值”命令控件，按“←┘”键进入定值操作对话框。

3) 在定值操作对话框中选择“显示和打印”命令控件，按按“←┘”键进入“定值打印/显示”操作对话框。

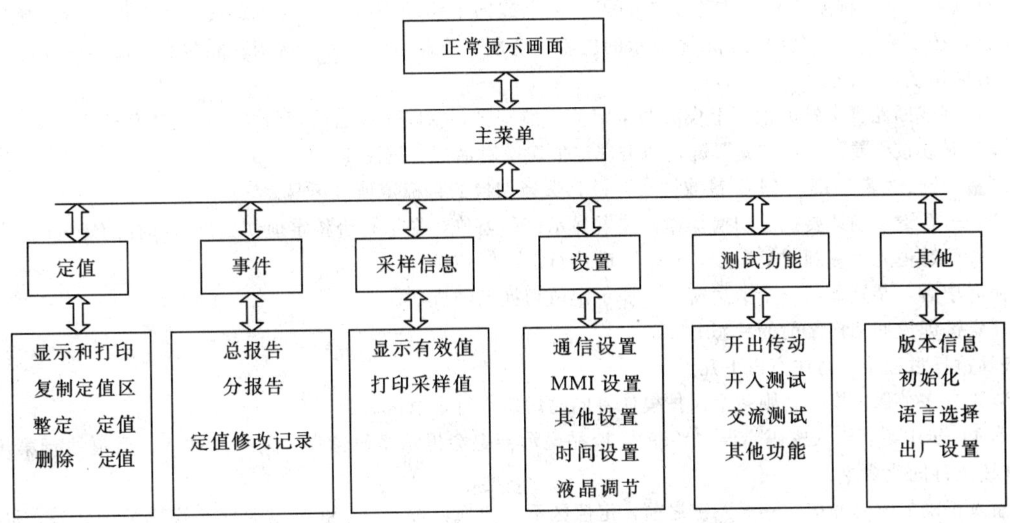

图 1-2-131 装置菜单目录

4）在“定值显示/打印”操作对话框中选择保护模件（对于单个保护模件的装置不用选择）。

（2）故障报告、事故报告查询打印。

PSL631 数字式断路器保护中事件报告分为“总报告”和“分报告”两类。“总报告”即存放在人机对话模件中的事件报告记录，包括系统故障时保护启动所产生的事件报告、装置运行过程中的操作报告、装置发生异常时的事件报告等。“分报告”即存放在保护模件中的事件报告。对事件报告的操作即对这两类报告的操作，包括复制以及显示或打印等。

操作过程如下：

1）进入主菜单，在主菜单中选择“事件”命令控件。

2）按“←┘”键进入事件报告操作对话框，并选择“总报告”命令控件。

3）按“←┘”键进入事件显示——选择对话框，用“∧”键或“∨”键选择某次故障的事件记录，状态栏会提示相应的报告类型（故障报告、告警报告、开关量变位报告等）。列表中的事件记录是按事件发生的时间的先后顺序排列的。

（3）采样查询。

PSL631 数字式断路器保护提供一组对话框，用户可以通过对对话框的操作以显示各交流模拟量通道的当前状态或者打印模拟量波形。

PSL631 数字式断路器保护可以实时显示各交流模拟量通道的幅值、相位角（以 U_a 为参考向量）以及直流偏移量，其操作步骤如下：

1）进入主菜单，并选择“采样信息”命令控件。

2）按“←┘”键进入采样信息操作对话框。用“+”键或“-”键选择保护模件。

对于单个保护模件的装置，则不会提示“±”字样，此时“+”、“-”键不起作用。

3）用“∧”键或“∨”键选择“显示有效值”命令控件。

4）确认并执行所选操作

按“←┘”键确认并执行所选操作：显示各模拟量通道的有效值。此时出现如图 1-2-132 所示的列表显示信息。

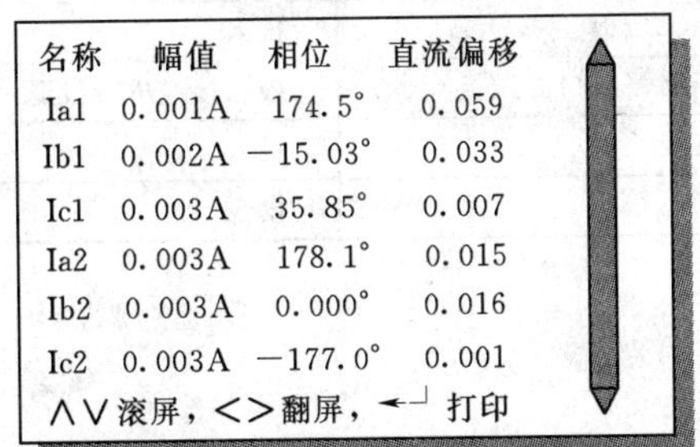

名称	幅值	相位	直流偏移
Ia1	0.001A	174.5°	0.059
Ib1	0.002A	−15.03°	0.033
Ic1	0.003A	35.85°	0.007
Ia2	0.003A	178.1°	0.015
Ib2	0.003A	0.000°	0.016
Ic2	0.003A	−177.0°	0.001

∧∨滚屏，<>翻屏，←┘打印

图 1-2-132 各模拟量通道的有效值

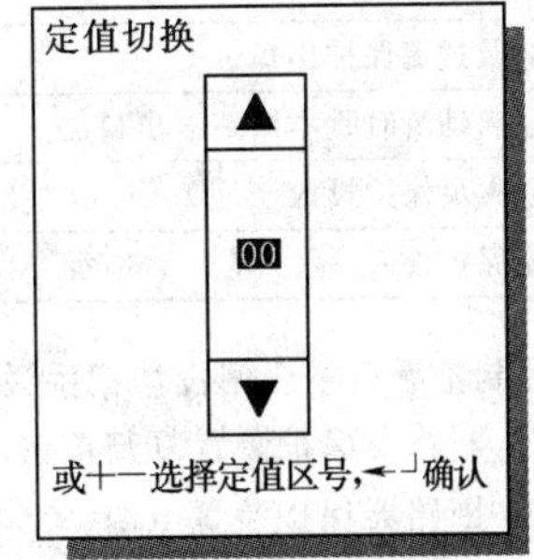

图 1-2-133 切换定值区对话框示意图——选择定值区号

此时，可以用"∧"键或"∨"键进行"滚屏"（向上或向下移动一行），"<"键或">"键进行"翻屏"。如打印机连接正常，按"←┘"将打印装置屏幕显示的内容（全部交流通道的名称、幅值、相位、直流偏移等）。

（4）定值区切换。

PSL631数字式断路器保护的面板上设有两个定值切换按键，用以切换当前运行定值区。操作步骤如下：

1）在任何时候按"▼"键或"▲"键，即出现定值切换对话框，见图1-2-133。

2）按"▲"键、"▼"键、"+"键或"−"键，选择切换的目标定值区区号。

3）按"←┘"键，确认要执行切换操作，装置显示密码窗口，提示是否将定值切换到所选择的定值区。

4）按"<"键把光标移到"是"按"←┘"键执行定值区切换。

5）切换完毕后，装置显示一个消息窗口，提示定值切换已经成功。

6）按任意键即返回切换之前的状态。

以上步骤执行过程中，请注意以下几点：

1）若装置有多个保护模件，则多个保护模件将同时切换运行定值区。

2）在第4）步中，若输入密码错误（≠99），液晶显示器上会提示密码错误，需重新输入。重复执行第4）步，输入密码后继续执行固化命令。

3）在输入正确的密码并按"←┘"键之前，定值区不会切换，按"Q"键可以退回切换之前的状态，同样，若在这之前，停止键盘操作5min也会自动放弃定值区切换操作而退回正常显示画面。

（5）其他部分：时钟设置。

PSL631数字式断路器保护的人机对话模件设有硬件日历时钟，用以给各保护模件提供基准时间。人机对话模件的硬件时钟和保护模件的软件时钟均可以经GPS对时，对于没有GPS装置的运行场所，装置在投入运行前或者定期检验时需要校准日历时钟，而对于装设了GPS装置的运行场所只需在投入运行前设置基本时间即可。由人机对话模件操作设置日历时钟的步骤如下：

1）进入主菜单，并选择"设置"命令控件。

2）按"←┘"键进入监控设置操作对话框。用"∧"键或"∨"键选择"时间设置"命令控件。

3）按"←┘"键进入时钟日期设置操作对话框。用"<"键或">"键选择年、月、日、时、分、秒编辑框并用"+"键或"−"键设置新的值，见图1-2-134。

4）按"←┘"键确认设置或按"Q"键放弃修改，返回监控设置对话框［第2）步］。

5）按"Q"键逐级退回主菜单。

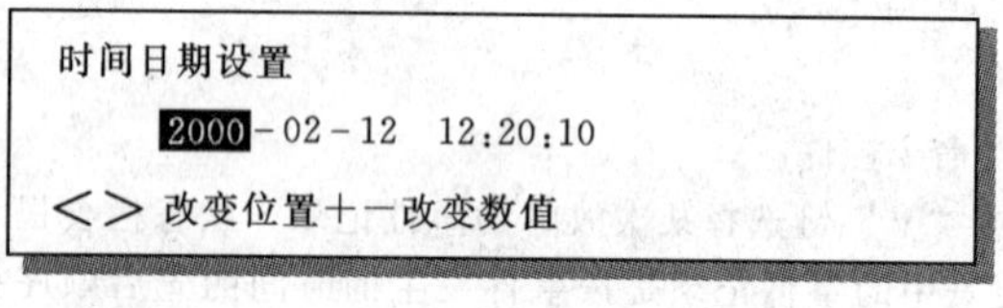

时间日期设置

2000-02-12　12:20:10

<> 改变位置+−改变数值

图1-2-134　时间日期设置对话框示意图——设置新的日历时钟值（年份）

（六）保护装置部件投退说明

1. 压板说明

表1-2-60是保护装置压板说明。

表1-2-60　装置压板说明

压板单元	压板名称	功能说明	投退说明
1	三相不一致跳闸出口一	三相不一致跳闸出口一压板	投入
2	充电及过流保护出口一	充电及过流保护出口一压板	投入
3	失灵启动瞬时跳本断路器出口一	失灵启动瞬时跳本断路器出口一压板	根据接线进行投退
4	三相不一致跳闸出口二	三相不一致跳闸出口二压板	投入
5	充电及过流保护出口二	充电及过流保护出口二压板	投入
6	失灵启动瞬时跳本断路器出口二	失灵启动瞬时跳本断路器出口二压板	根据接线进行投退
7	启动失灵保护投入	启动失灵保护投入压板	投入
8	过流保护投入	过流保护投入压板	投入

2. 复归按钮、控制把手、重合闸投切把手说明

15FA——PSL631断路器保护装置复归按钮。

15DK——PSL631断路器保护装置电源。

KG——照明灯门控。

ZMD——照明灯。

（七）装置故障信息解析

表 1-2-61 是保护装置故障信息解析。

表 1-2-61 装置故障信息

事件名称	装置反应	处理措施	备注
装置上电			
RAM 错误	告警、呼唤、闭锁保护	停机检修	
EPROM 错误	告警、呼唤、闭锁保护	停机检修	
闪存错误	呼唤	停机检修	
EEPROM 错误	告警、呼唤、闭锁保护	停机检修	
开机异常	告警、呼唤、闭锁保护	停机检修	
AD 错误	告警、呼唤、闭锁保护	停机检修	
零漂越限	告警、呼唤、闭锁保护	停机检修	
内部电源偏低	呼唤	停机检修	
定值区无效	告警、呼唤、闭锁保护	切换到有效定值区	无有效定值区则输入正确定值
定值校验错误	告警、呼唤、闭锁保护	重新输入正确定值	
TA 不平衡	呼唤	检修 TA 回路	
TA 反序	呼唤	检修 TA 回路	
负载不对称	呼唤	检修 TA 回路	

（八）装置正常工况与异常工况说明

表 1-2-62 是装置正常工况与异常工况说明。

表 1-2-62 装置正常工况与异常工况说明

名称	定义	正常运行状态	异常状态说明
运行	运行监视灯	绿灯亮	正常运行时发平光，其他灯均不亮；保护装置启动时运行灯闪烁
过流投入	过流投入指示灯	不发光	过流投入时，发红色平光
保护动作	保护跳闸指示灯	不发光	保护动作后，发红色平光
告警	装置异常灯	不发光	闭锁保护，需要停用该保护装置（定值区错误除外），装置告警时，发红色平光

（九）生产厂家

国电南京自动化股份有限公司。

十九、SSR530 系列保护装置

（一）装置功能概述

1. 保护功能整体描述

SSR530 系列装置是由高性能 32 位单片机构成的数字式远方跳闸就地判别装置，该装置同时还具有过电压保护和过压发信启动远方跳闸功能。

2. 保护装置 CPU 分工描述

SSR530 系列装置只有一个保护 CPU，负责完成保护算法处理功能。

3. 其他功能描述

（1）SSR530A 具有光纤信号传输功能。

（2）装置在软、硬件的设计上采取了有效的抗干扰和自检措施；同时，装置采用背插式机箱结构和特殊的屏蔽措施，能通过Ⅳ级瞬变干扰、Ⅳ级静电放电干扰试验，装置整体具备很高可靠性；组屏可不加抗干扰模件。

（3）提供了大屏幕、友好的人机界面、汉字显示、中文报告及打印；具有大容量的事件记录、故障录波功能。

（4）与变电站自动化系统配合，通信接口方式选择灵活，可同时提供完全独立的四个通信口（以太网口和 485 口）以及一个打印接口。

（5）装置还具有 GPS 硬对时功能。

4. 保护主要参数

直流电源：220V 或 110V（订货注明）。

交流电压：$100V/\sqrt{3}$。

额定电流：5A 或 1A（订货注明）。

额定频率：50Hz。

（二）装置插件结构图简介

图 1-2-135 和图 1-2-136 是 SSR530 布置图（背视）。

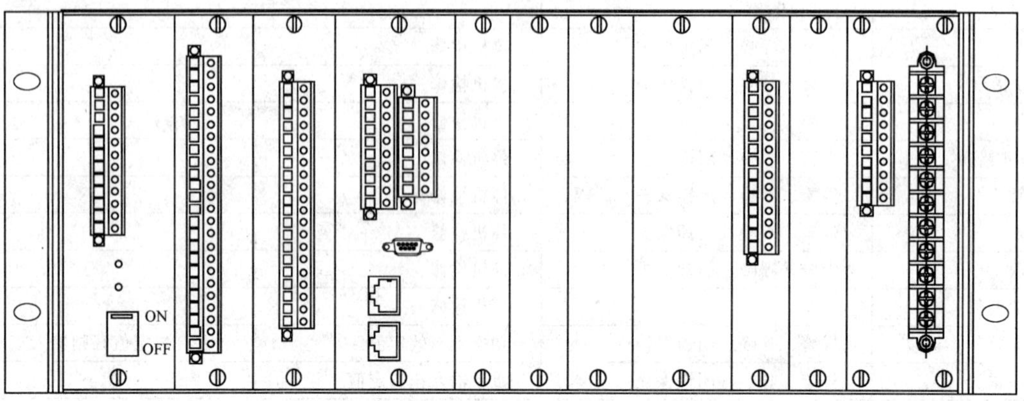

图 1-2-135 SSR530 背板布置图

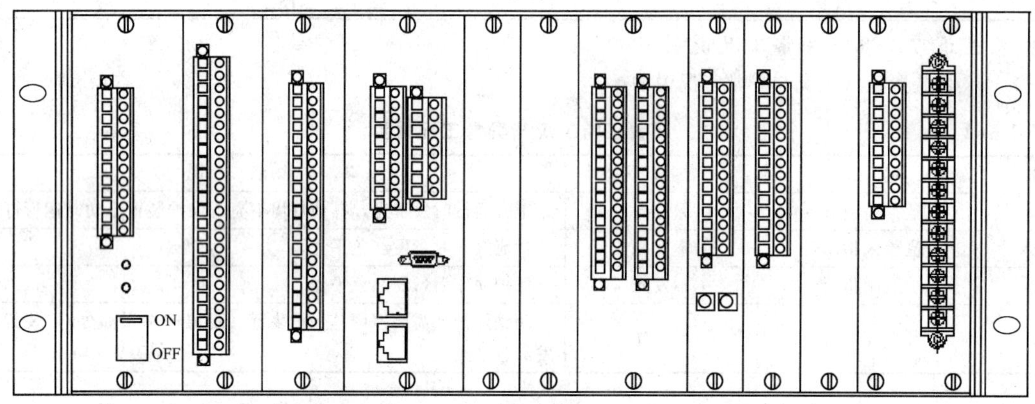

图 1-2-136 SSR530A 背板布置图

插件注释：交流模件（AC）、模数转换模件（AD）、保护模件（CPU1），光纤接口模件（YFCOM）、光纤出口模件（YFTRIP）、通信模件（COM+、COM++）、电源模件（POWER）、跳闸出口模件（TRIP1、TRIP2）、信号模件（SIGNAL）、人机对话模件（MMI）。

（三）装置面板说明

图 1-2-137 和图 1-2-138 是 SSR530 面板布置图。

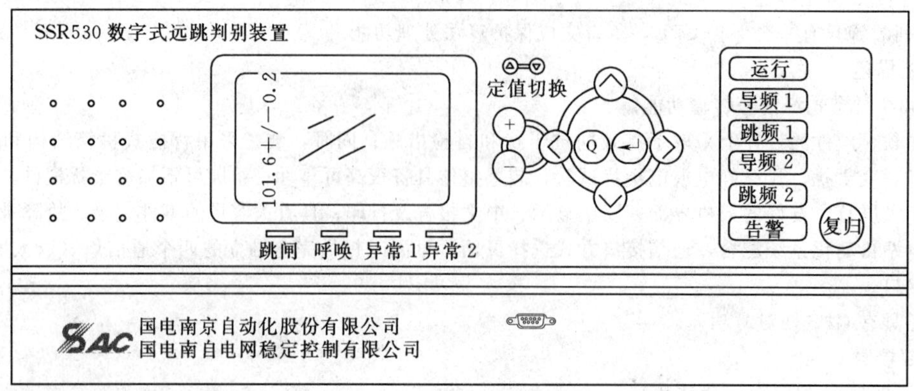

图 1-2-137 SSR530 面板布置图

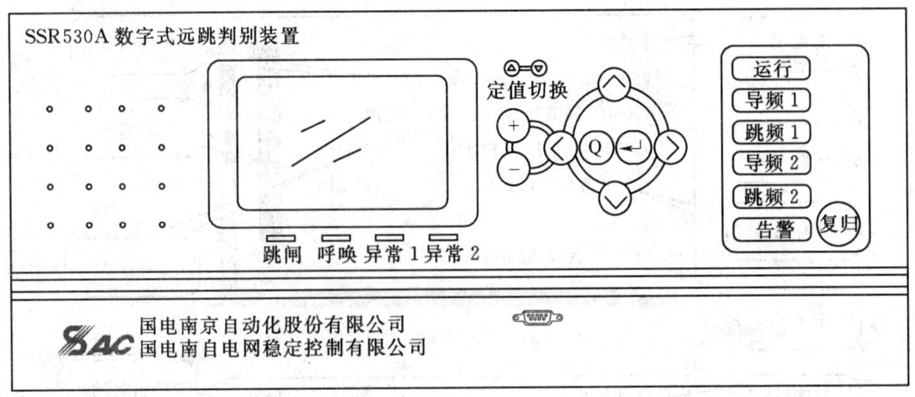

图 1-2-138 SSR530A 面板布置图

操作密码：99

内部定值设置密码：3138

按键说明：见图 1-2-139。

液晶显示器（LCD）：用以显示正常运行状态、跳闸报告、自检信息以及菜单。

定值分区切换：▲▼用来切换定值区号，若该保护有一种以上的运行方式，有一套定值存放在不同的定值区内。

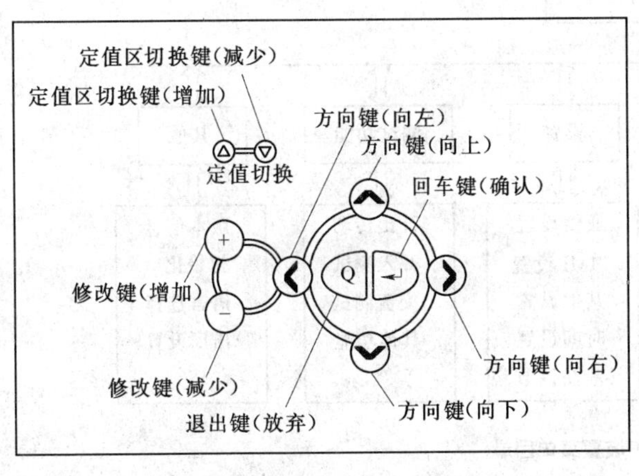

图 1-2-139 按键说明

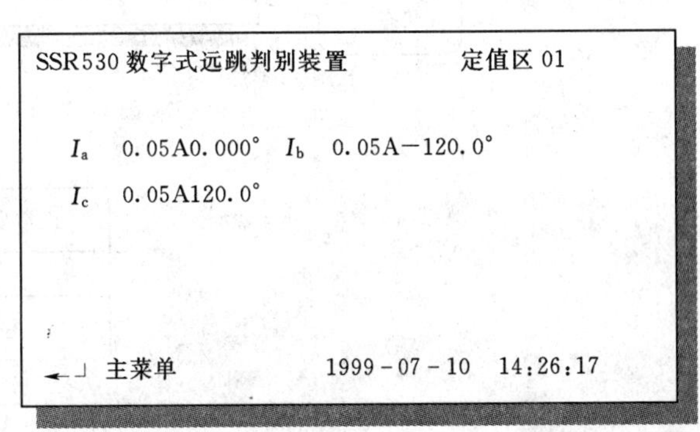

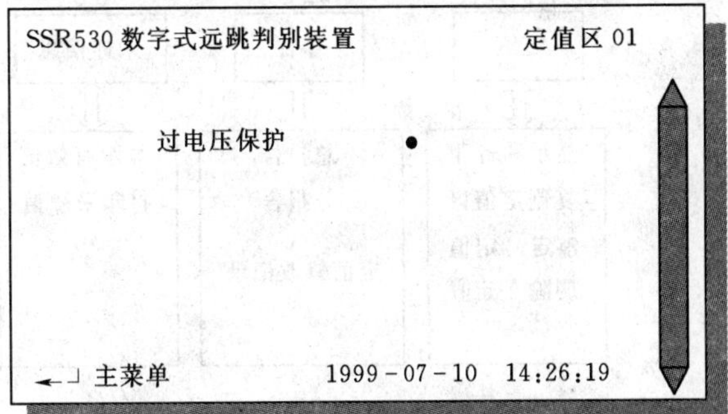

图 1-2-140 正常运行的液晶显示

（四）保护运行液晶显示说明

（1）装置通电后，装置正常运行时，液晶屏幕将显示正常运行状态信息，见图 1-2-140。

（2）当保护动作时，液晶屏幕在保护整组复归后 15s 左右，将自动显示最新一次跳闸报告，见图 1-2-141。

（五）保护装置菜单说明

1. 菜单目录结构图

图 1-2-142 是保护装置菜单目录结构。

2. 菜单各功能介绍

（1）定值查询、打印。

PSL631 数字式断路器保护可以在液晶显示器上显示保护模件保存的整定值，操作步骤如下：

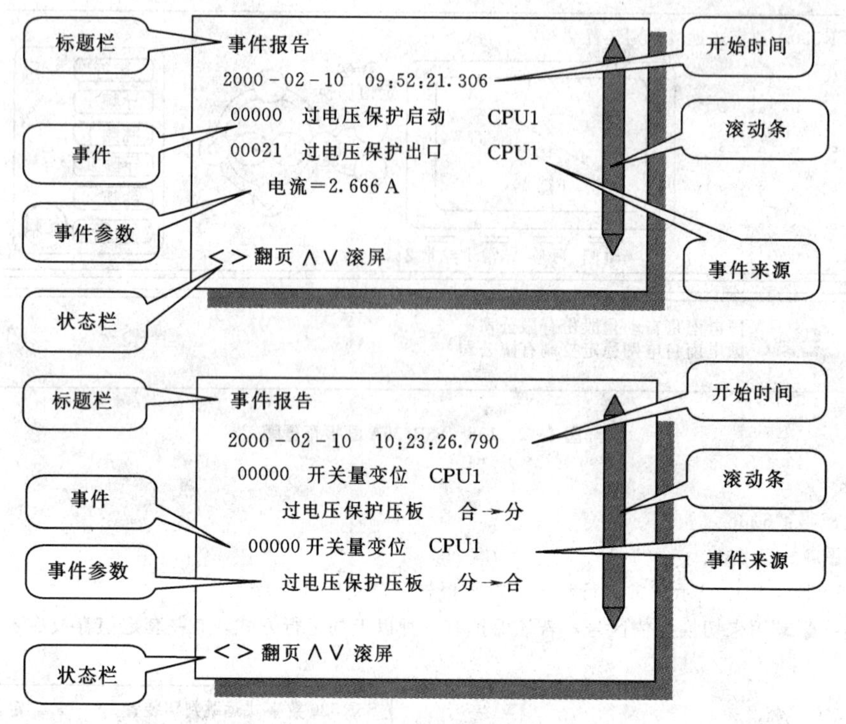

图1-2-141 事件显示画面

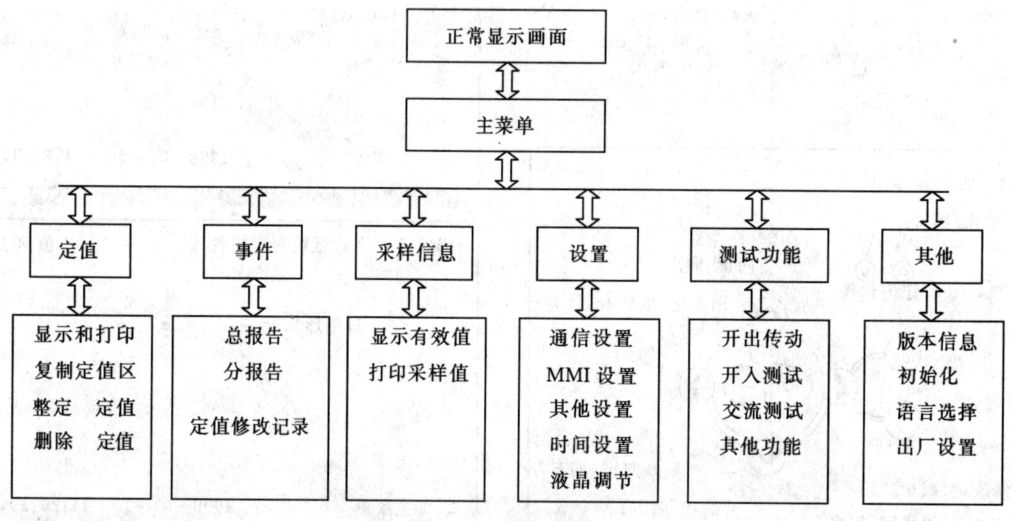

图1-2-142 保护装置菜单目录

1）进入主菜单。

2）在主菜单中选择“定值”命令控件，按“←┘”键进入定值操作对话框。

3）在定值操作对话框中选择“显示和打印”命令控件，按“←┘”键进入“定值打印/显示”操作对话框。

4）在“定值显示/打印”操作对话框中选择保护模件（对于单个保护模件的装置不用选择）。

（2）故障报告、事故报告查询打印。

PSL631数字式断路器保护中事件报告分为“总报告”和“分报告”两类。“总报告”即存放在人机对话模件中的事件报告记录，包括系统故障时保护启动所产生的事件报告、装置运行过程中的操作报告、装置发生异常时的事件报告等。“分报告”即存放在保护模件中的事件报告。对事件报告的操作即对这两类报告的操作，包括复制以及显示或打印等。

操作过程如下：

1）进入主菜单，在主菜单中选择“事件”命令控件。

2）按“←┘”键进入事件报告操作对话框，并选择“总报告”命令控件。

3）按“←┘”键进入事件显示——选择对话框，用“∧”键或“∨”键选择某次故障的事件记录，状态栏会提示相应的报告类型（故障报告、告警报告、开关量变位报告等）。列表中的事件记录是按事件发生的时间的先后顺序排列的。

（3）采样查询。

PSL631数字式断路器保护提供一组对话框，用户可以通过对对话框的操作以显示各交流模拟量通道的当前状态或者打印模拟量波形。

SSR530系列远方跳闸就地判别装置，可以实时显示各交流模拟量通道的幅值、相位角（以U_a为参考向量）以及直流偏移量，其操作步骤如下：

1）进入主菜单，并选择“采样信息”命令控件。

2）按“←┘”键进入采样信息操作对话框。用“＋”键或“－”键选择保护模件。

对于单个保护模件的装置，则不会提示“±”字样，此时“＋”、“－”键不起作用。

3）用“∧”键或“∨”键选择“显示有效值”命令控件。

4）确认并执行所选操作。按“←┘”键确认并执行所选操作：显示各模拟量通道的有效值。此时，可以用“∧”键或“∨”键进行“滚屏”（向上或向下移动一行），“＜”键或“＞”键进行“翻屏”。如打印机连接正常，按“←┘”将打印装置屏幕显示的内容（全部交流通道的名称、幅值、相位、直流偏移等）。

（4）定值区切换。

SSR530系列远方跳闸就地判别装置的面板上设有两个定值切换按键，用以切换当前运行定值区。操作步骤如下：

1）在任何时候按“▼”键或“▲”键，即出现如图1－2－143所示的定值切换对话框。

2）按“▲”键、“▼”键、“＋”键或“－”键，选择切换的目标定值区区号。

3）按“←┘”键，确认要执行切换操作，装置显示密码窗口，提示是否将定值切换到所选择的定值区。

4）按“＜”键把光标移到“是”按“←┘”键执行定值区切换。

5）切换完毕后，装置显示一个消息窗口，提示定值切换已经成功。

6）按任意键即返回切换之前的状态。

以上步骤执行过程中，请注意以下几点：

1）若装置有多个保护模件，则多个保护模件将同时切换运行定值区。

2）在第4）步中，若输入密码错误（≠99），液晶显示器上会提示密码错误，需重新输入。重复执行第4）步，输入密码后继续执行固化命令。

3）在输入正确的密码并按“←┘”键之前，定值区不会切换，按“Q”键可以退回切换之前的状态，同样，若在这之前，停止键盘操作5min也会自动放弃定值区切换操作而退回正常显示画面。

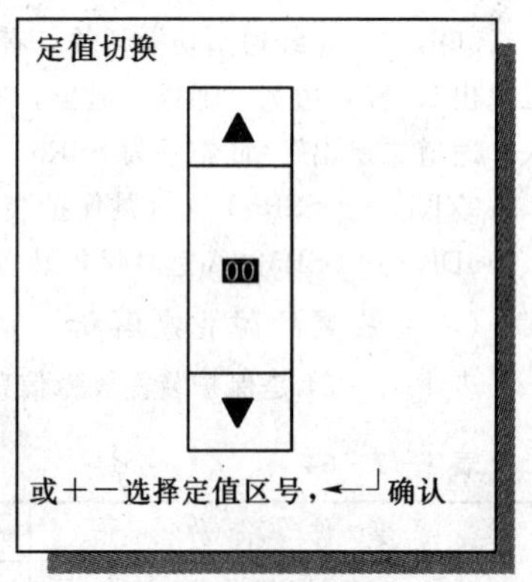

图1－2－143　切换定值区对话框示意图——选择定值区号

（5）其他部分：时钟设置。

SSR530远方跳闸就地判别装置的人机对话模件设有硬件日历时钟，用以给各保护模件提供基准时间。人机对话模件的硬件时钟和保护模件的软件时钟均可以经GPS对时，对于没有GPS装置的运行场所，装置在投入运行前或者定期检验时需要校准日历时钟，而对于装设了GPS装置的运行场所只需在投入运行前设置基本时间即可。由人机对话模件操作设置日历时钟的步骤如下：

1）进入主菜单，并选择“设置”命令控件。

2）按“←┘”键进入监控设置操作对话框。用“∧”键或“∨”键选择“时间设置”命令控件。

3）按“←┘”键进入时钟日期设置操作对话框。用“＜”键或“＞”键选择年、月、日、时、分、秒编辑框并用“＋”键或“－”键设置新的值，见图1－2－144。

4）按“←┘”键确认设置或按“Q”放弃修改，返回监控设置对话框［第2）步］。

5）按“Q”键逐级退回主菜单。

时间日期设置

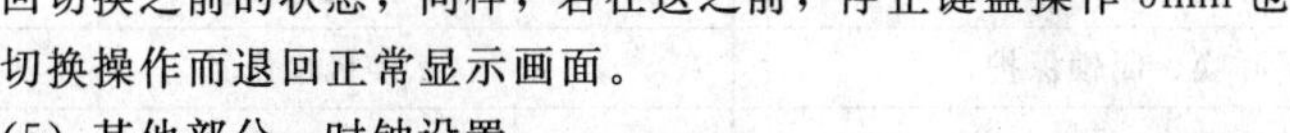

图1－2－144　时间日期设置对话框示意图——设置新的日历时钟值（年份）

（六）保护装置部件投退说明

1. 压板说明

表1－2－63是保护装置压板说明。

表 1-2-63　　装置压板说明

压板名称	功能说明	投退说明
远跳出口一	远方跳闸出口压板一	根据接线进行投退
过压出口一	过压保护跳闸出口压板一	根据接线进行投退
远跳出口二	远方跳闸出口压板二	根据接线进行投退
过压出口二	过压保护跳闸出口压板二	根据接线进行投退
远跳出口三	远方跳闸出口压板三	根据接线进行投退
过压出口三	过压保护跳闸出口压板三	根据接线进行投退
远跳出口四	远方跳闸出口压板四	根据接线进行投退
过压出口四	过压保护跳闸出口压板四	根据接线进行投退
过压发信一	过压发信一压板	根据接线进行投退
过压发信二	过压发信二压板	根据接线进行投退
过压保护投入	保护功能压板	投入
通道 1 退出	通道 1 退出压板	根据接线进行投退
通道 2 退出	通道 2 退出压板	根据接线进行投退

2. 复归按钮、控制把手、重合闸投切把手说明

9FA——SSR530A 保护装置复归按钮。

9QK——光纤通道切换开关，有四个位置。置左边为“通道一退出，通道二退出”，置上边为“通道一投入，通道二退出”，置右边为“通道一退出，通道二投入”，置下边为“通道一投入，通道二投入”，正常运行时指向“通道一投入，通道二退出”（此把手为 SSR530 装置通道，本站只采用通道一）。

9ZKK——SSR530A 远跳保护装置交流电压空气开关。

9DK——SSR530A 远跳保护装置电源。

（七）装置故障信息解析

表 1-2-64 是保护装置故障信息解析。

表 1-2-64　　装置故障信息

事件名称	可能故障原因	处理措施
RAM 错误	告警、呼唤、闭锁保护	停机检修
EPROM 错误	告警、呼唤、闭锁保护	停机检修
闪存错误	呼唤	停机检修
EEPROM 错误	告警、呼唤、闭锁保护	停机检修
AD 错误	告警、呼唤、闭锁保护	停机检修
定值区无效	告警、呼唤、闭锁保护	切换到有效定值区
定值校验错误	告警、呼唤、闭锁保护	重新输入正确定值
TV 断线	TV 断线灯亮、呼唤	检修 TV 回路
TV 三相失压	TV 断线灯亮、呼唤	检修 TV 回路
TV 反序	呼唤	检修 TV 回路

（八）装置正常工况与异常工况说明

表 1-2-65 是装置正常工况与异常工况说明。

表 1-2-65　　装置正常工况与异常工况说明

名称	定义	正常运行状态	异常状态说明
运行	运行监视灯	绿灯亮	正常运行时发平光，其他灯均不亮；保护装置启动时运行灯闪烁；复归后，发平光
跳闸	跳闸信号灯	不发光	断路器跳闸后点亮

续表

名　称	定　义	正常运行状态	异常状态说明
监信 1	监视光纤信号通道 1	不发光	监视第一光纤通道、第二光纤通道的完好性，通道一与通道二同时故障时点亮
监信 2	监视光纤信号通道 2	不发光	备用
收信 1	收到光纤信号通道 1	不发光	通道收到信号后点亮（第一光纤通道或第二光纤通道收信后）
收信 2	收到光纤信号通道 2	不发光	备用
异常 1	异常信号灯 1	不发光	装置故障后或通道异常时此信号灯电量
异常 2	异常信号灯 2	不发光	备用
呼唤	信号变位提示	不发光	信号变位后此灯点亮
告警	告警信号灯	不发光	告警后闭锁装置

（九）生产厂家

国电南京自动化股份有限公司。

二十、CSC—103 系列保护装置

（一）装置功能概述

1. 保护功能整体描述

CSC—103A/103B 数字式超高压线路保护装置适用于 220kV 及以上电压等级的高压输电线路，其主保护为分相式电流差动保护和零序电流差动保护、后备保护为三段式相间和接地距离保护、四段式零序及零序反时限电流保护、CSC—103 系列线路保护有分相出口，配有自动重合闸功能，对双母线接线的开关实现单相重合、三相重合和综合重合闸。CSC—103 系列保护根据功能配置有一个或多个后缀，各后缀的含义见表 1-2-66。

表 1-2-66　　保护装置型号后缀说明

装置型号	主保护	后备保护		综合重合闸	备　注
	纵联电流差动	三段式相间和接地距离	四段式零序及零序反时限		
CSC—103A	√	√	√		适用于双母线及一个半断路器接线的各种形式
CSC—103B	√	√	√	√	适用于双母线接线形式

2. 保护装置 CPU 插件

CPU 插件由 MCU 与 DSP 合一的 32 位单片机组成，保持总线不出芯片的优点，程序完全在片内运行，内存 Flash 为 1M 字节，RAM 为 64k 字节；CPU 插件有两块，其软件相同、硬件不同，用地址设置来区别 CPU1 和 CPU2。在 CPU 的把手侧有 AD3、AD2、AD1、AD0 四组跳线插针，跳线插针旁边标有“H”、“L”，分别表示高电平和低电平，用来设置地址。CPU1 是保护 CPU 插件，具有光纤通信功能，它是装置的核心插件，主要完成采样、A/D 变换计算、上送模拟量及开入量信息、保护动作原理判断、事故录波功能、软硬件自检等。装置的光纤差动保护 CPU 自带 64kbit/s、2Mbit/s 兼容的数据接口，需要根据用户要求配置 1 个数据接口或 2 个数据接口；CPU2 是启动 CPU 插件，该插件完成保护的启动闭锁功能等。单通道 CPU1 板号与双通道 CPU1 板号有不同，双通道 CPU1 板可以完全兼容单通道 CPU1 板。在保护模拟量里面有 I_a 和 I_aR；I_b 和 I_bR 等模拟量，它们的区别是同一路模拟量有两路 A/D 来采集以做备份和 A/D 自检，I_aR、I_bR 等后缀带大写字母“R”的模拟量起备用和自检的作用。

3. 其他功能描述

（1）装置充分利用各种突变量、稳态量保护原理的优点，完善振荡闭锁的算法，实现在任何时候、任何故障情况都有全线快速保护。

（2）64kbit/s 或 2048kbit/s 高速数据通信接口，线路两侧数据同步采样，两侧 TA 变比可以不一致，利用双端数据进行测距。

（3）采用零序和负序电流比较、$\Delta R/\Delta T$ 等判据，根据不同系统情况、不同振荡周期等运行工况，自适应调整其动作门槛，保证了系统振荡时不失去快速保护功能。

（4）将“按相补偿”方法应用于阻抗测量中，使接地阻抗继电器具备较好的选相功能。结合按相补偿和快速滤波、快速计算等方法，构成了快速距离Ⅰ段。

（5）装置可以提供两路高速的以太网接口（可选光纤以太网接口）、两路 LonWorks 网络接口和 RS—485 接口、串

行打印接口。可采用 IEC60870－5－103 规约或四方公司 CSC—2000 规约，实现与变电站自动化系统和保护信息管理系统的接口。在装置的前面板上还提供一个用于调试分析的 RS—232 接口，便于外接 PC 机。

(6) 装置可满足网络对时、脉冲对时、IRIG—B 码对时方式的要求。

(7) 装置配置两个光纤通信接口，可实现一主一备两个通道的通信方式，满足常规接线双通道冗余的要求。

(8) 具有通道监视、误码检测、32 位 CRC 校验功能；通道故障自动闭锁差动保护。

(9) 采用全新的前插拔组合结构，保持了前插拔维护方便的优点，兼有后插拔强弱电分离、强电回路直接从插件上出线的优点。装置的抗干扰能力大大提高，对外的电磁辐射也满足相关标准。

(10) 其内部总体结构为网络化设计，有利于提高硬件的可靠性、灵活性和可扩展性，简化的硬件实现了“积木式”结构。

(11) 大容量的故障录波，储存容量达 4M，全过程记录故障，可以保存不少于 24 次录波，打印时可以选择数据或图形方式。完整的事件记录，可保存动作报告、告警报告、启动报告和操作记录均不少于 2000 条，停电不丢失。

(12) 双 CPU 和双 A/D 采集，并实现了 A/D 的互检。

(13) 友好的人机界面、汉字显示、中文报告打印。

(14) 具有遥信对点功能，可以对保护动作、告警、压板、开入、模拟上送录波等量模拟对点，方便后台调试。

(15) 装置内部各模块采用智能化设计，增加了开入量、开出量、模拟量和电源的在线自检，实现了装置各模块的全面实时自检。

(16) 对机箱内温度能实时监测。

4. 保护主要参数

表 1－2－67 是保护装置额定参数。

表 1－2－67　　　　装置额定电气参数

<table>
<tr><th>名　称</th><th colspan="2">额 定 电 气 参 数</th></tr>
<tr><td>直流电源</td><td colspan="2">220V 或 110V（订货请注明）</td></tr>
<tr><td>交流电压</td><td colspan="2">$100/\sqrt{3}$V（额定电压 U_n）</td></tr>
<tr><td>交流电流</td><td colspan="2">5A 或 1A（额定电流 I_n，订货请注明）</td></tr>
<tr><td>额定频率</td><td colspan="2">50Hz</td></tr>
<tr><td>同期电压</td><td colspan="2">100V 或 $100/\sqrt{3}$V</td></tr>
<tr><td rowspan="5">过载能力</td><td rowspan="3">交流电流回路</td><td>2 倍额定电流，连续工作</td></tr>
<tr><td>20 倍额定电流，允许 10s</td></tr>
<tr><td>40 倍额定电流，允许 2s</td></tr>
<tr><td rowspan="2">交流电压回路</td><td>2 倍额定电压，连续工作</td></tr>
<tr><td>1.4 倍线路抽取电压，连续工作</td></tr>
<tr><td rowspan="5">功率消耗</td><td rowspan="2">直流回路</td><td>正常时，不大于 30W</td></tr>
<tr><td>跳闸时，不大于 40W</td></tr>
<tr><td>交流电压回路</td><td>不大于 0.3VA/相（额定电压时）</td></tr>
<tr><td rowspan="2">交流电流回路</td><td>不大于 0.3VA/相（I_n＝5A 时）</td></tr>
<tr><td>不大于 0.1VA/相（I_n＝1A 时）</td></tr>
<tr><td rowspan="2">接点容量</td><td>其他回路接点负载</td><td>工作容量：电压不大于 250V 允许长期工作电流 3A，允许通过瞬时冲击容量为 62.5VA/30W
断开容量：AC250V（DC30V）/3A</td></tr>
<tr><td>出口回路接点负载</td><td>工作容量：电压不大于 250V 允许长期工作电流 5A，允许通过瞬时冲击容量为 1250VA/150W
断开容量：AC250V（DC30V）/5A</td></tr>
<tr><td rowspan="2">状态量电平</td><td>各 CPU 及通信接口模件的输入状态量电平</td><td rowspan="2">24V</td></tr>
<tr><td>GPS 对时脉冲输入电平</td></tr>
</table>

（二）装置插件结构图简介

图 1－2－145 是装置的背面面板布置图。

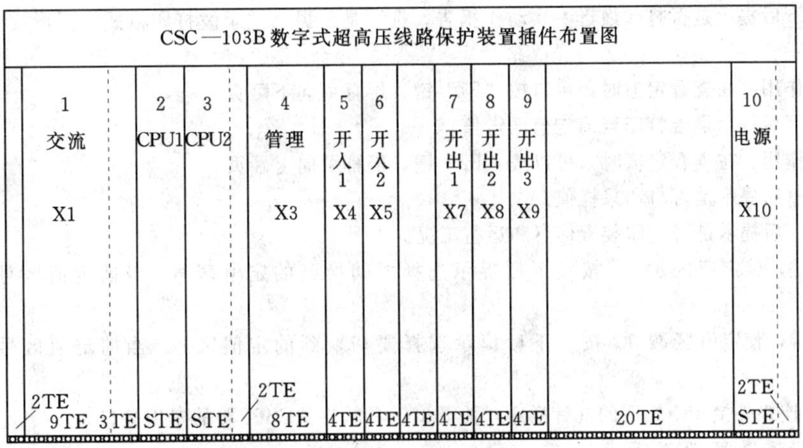

CSC—103B数字式超高压线路保护装置插件布置图
1
交流
X1
2
CPU1
3
CPU2
4
管理
X3
5
开入1
X4
6
开入2
X5
7
开出1
X7
8
开出2
X8
9
开出3
X9
10
电源
X10
2TE
9TE
3TE
STE
STE
2TE
8TE
4TE
4TE
4TE
4TE
4TE
4TE
20TE
2TE
STE

图1-2-145 CSC—103B装置背板结构图

插件注释：CSC—103B型装置配置了10个插件，包括交流插件、保护CPU插件、启动CPU插件、管理板、开入插件1、开入插件2、开出插件1、开出插件2、开出插件3、电源插件。另外，装置面板上配有人机接口组件。X1～X10为装置背后端子编号。

（三）装置面板说明

图1-2-146是装置正面面板布置图。

数字式线路保护装置
CSC—103B
信号复归
运行
跳A
跳B
跳C
重合
充电
通道告警
告警
QUIT
SET
F1 F2 F3 F4 ＋ －
串口

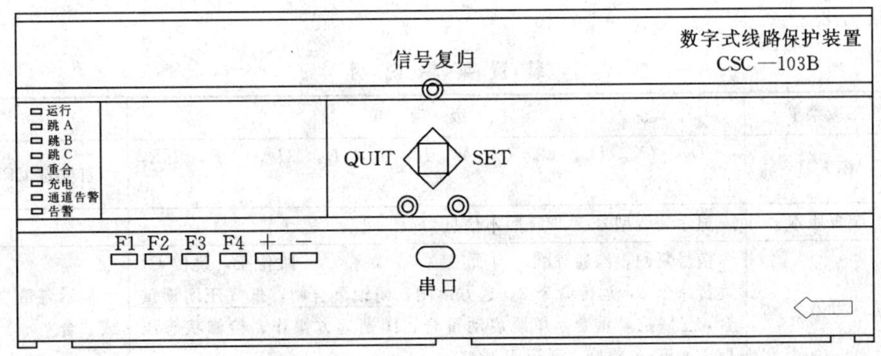

图1-2-146 CSC—103B装置布置图（正面）

(1) B型装置液晶左侧为“运行”、“跳A”、“跳B”、“跳C”、“重合”、“充电”、“通道告警”、“告警”灯。

1)“运行”灯：正常为绿色光，当有保护启动时为闪烁状态。

2)“跳A”、“跳B”、“跳C”灯：保护跳闸出口灯，动作后为红色，正常灭。

3)“重合”灯：B型装置重合闸出口灯，动作后为红色，正常灭。

4)“充电”灯：B型装置重合闸充满电后为绿灯亮，当重合闸停用、被闭锁或合闸放电后为灭。

5)“通道告警”灯：正常灭，当通道未接或中断时亮，为红色。

6)“告警”灯：此灯正常灭，动作后为红色。有告警Ⅰ时（严重告警），装置面板告警灯闪亮，退出所有保护的功能，装置闭锁保护出口电源；有告警Ⅱ时（设备异常告警），装置面板告警灯常亮，仅退出相关保护功能（如TV断线），不闭锁保护出口电源。

(2) B型装置液晶右侧四方按键的说明如下。

“SET”键：确认键，用于设置或确认。

“QUIT”键：循环显示时，按此键，可固定显示当前屏幕的内容（显示屏右上角有一个钥匙标示，即：定位当前屏），再按即可取消定位当前屏功能；菜单操作中按此键后，装置取消当前操作，回到上一级菜单；按此键，回到正常显示状态时可进行其他按键操作。

“上”、“下”、“左”、“右”键：选择键，用于从液晶显示器上选择菜单功能命令。选定后用“左”、“右”键移动光标，“上”、“下”键改动内容。

(3)“信号复归”按钮：用来复归信号灯和使屏幕恢复到循环显示状态。

(4) 液晶下部四个快捷键及两个功能键：

"F1"键：按一下后提示是否打印最近一次动作报告，选"是"提示"录波打印格式？图形或数据"可选择图形格式或数据格式打印。

"F1"键的另一作用：在查看定值时，可以按"F1"键，屏幕可向下翻页。

"F2"键：按一下后提示是否打印当前定值区定值。

"F2"键的另一作用：在查看定值时，可以按"F2"键，屏幕可向上翻页。

"F3"键：按一下后提示是否打印采样值。

"F4"键：按一下后提示是否打印装置信息和运行工况。

"+"键：功能键，使定值区加 1。按一下后提示选择要切换到的定值区号：当前定值区号：xx；切换到定值区：xx。

"－"键：功能键，使定值区减 1。按一下后提示选择要切换到的定值区号：当前定值区号：xx；切换到定值区：xx。

(5) SIO 插座：连接外接 PC 机用的九针插座，为调试工具软件"CSPC"的专用接口。

(四) 保护运行液晶显示说明

装置面板正常显示运行状态的光字灯"运行"绿灯亮，对 B 型装置"充电"灯绿色亮，其他灭，液晶屏循环显示顺序是：年-月-日 时：分：秒；U_a、U_b、U_c、I_a、I_b、I_c、$3I_0$、U_x、P、Q 的大小及相位角；已投压板；当前定值区；通道状态及丢帧数、电容电流值。

B 型装置还显示重合闸方式、检同期方式；右下角常住显示："已充满"；刷新时间为 2～3s。通电过一定时间（由面板背光设置确定）后若无有操作或告警，液晶显示器变暗，按"SET"、"QUIT"键又恢复到正常状态。

(五) 保护装置菜单说明及功能介绍

装置主菜单共 10 项，见表 1-2-68。在循环显示时按"SET"键进入装置主菜单。

操作密码默认为 8888。

表 1-2-68 装置菜单说明

一级菜单	二级菜单	三级菜单	说明
运行工况	模入量	U_a，U_b，U_c，U_x（注），I_a，I_b，I_c，$3I_0$，I_aR，I_bR，I_cR，$3I_0R$	首先选 CPU 号
	装置版本	显示装置型号、CPU 版本信息	
	开入	信号复归，沟通三跳，沟通三跳 *，跳位 A，跳位 B，跳位 C，远传命令 1，远传命令 2，远方跳闸，闭锁重合闸，低气压闭锁重合，三跳启动重合，单跳启动重合，闭锁远方操作，检修状态压板，通道 A 检修，通道 B 检修	显示各量当前状态，"开"或"合"
	阻抗量	Z_a Z_b，Z_c，Z_{ab}，Z_{bc}，Z_{ca}	复数形式显示大小
	装置工况	装置当前温度，开入 1 组电压，开入 2 组电压，开出电压	显示大小
	装置编码	装置型号及版本，制造编码，开入、开出、管理板、CAN 芯片、面板及 CPU 等的版本信息	
	测量量	U_a，U_b，U_c，I_a，I_b，I_c，$3I_0$，$3U_{0ZC}$，U_x，I_aR，I_bR，I_cR，$3I_0R$	显示大小及相位
	通道信息	分别查看通道 A（B）的本侧和对侧电流向量、通道延时、最近 6 天的通道误码和丢帧数	可按时段检索
报告查询	动作报告	最近一次动作报告（列出最近一次动作报告时间）	按 SET 键查看内容
		最近六次动作报告（列出最近六次动作报告时间）	
		按时间段查询报告（列出按时间段检索的报告时间）	
	告警报告	最近六次报告（列出最近六次告警报告时间）	
		按时间段查询报告（列出按时间段检索的报告时间）	
	启动报告	最近一次报告（列出最近一次动作报告时间）	
		最近六次报告（列出最近六次动作报告时间）	
		按时间段查询报告（列出按时间段检索的报告时间）	
	操作记录	最近六次报告（列出最近六次告警报告时间）	
		按时间段查询报告（列出按时间段检索的报告时间）	

续表

一级菜单	二级菜单	三级菜单	说明
打印	定值	请选择定值区号：00～31	连接打印机即可
	装置设定	打印装置设定	
	工况	模入量，装置版本，开入，装置工况，装置编号，压板状态	
	报告	动作报告，启动报告，告警报告，操作记录	
	装置参数	无	
	打印采样值：先选择 CPU 号后进行		
修改时钟	当前时间	年 月 日 时 分 秒	上下左右键修改
	整定时间	年 月 日 时 分 秒	
液晶调节	测试效果	按上下键修改对比度	
定值设置	保护定值	按 SET 键-选定值区号-按 SET 键显示所有定值	首先输入密码
	装置参数	装置参数 0000（H）按位描述 0000 0000 0000 0000	备用
装置设定	间隔名称	可输入实际线路名称	可用内码或 CSPC 设置
	通信地址	设置 Lon 网络及 485 串口地址 1OH～ABH 以太网 1 地址：不能为 0 以太网 2 地址：不能为 0，若和 CSN 规约连接扩展 以太网 2 地址为：10.10.6.124	
	规约选择	通信规约 V1.10 或 V1.20 工程人员选择 CSC—2000 规约版本，装置由 485 口 输出 IEC 60870-5-103 规约信息	若通过 485 接口和监控后台通信时可不处理该项
	修改密码	可修改装置权限密码	装置出厂权限密码：8888
	485 波特率	485_1 波特率、485_2 波特率 选择：9600，19200，38400	上下键选择
	对时方式	网络对时方式、脉冲对时方式、IRIG—B 对时方式	选择现场使用的对时方式
	SOE 复归选择	手动复归：收到复归命令复归 SOE 自动复归：收到自动复归（10s 复归 SOE）	可选复归方式
	打印设置	录波打印量设置：模拟量打印设置，电压和电流；开关量打印设置，跳位和命令等 打印方式设置：自动打印录波，打印控制字内容，录波打印格式	"√"为选择该项设置，"×"为不选该项设置
	103 功能类型	显示当前类型：B2H	设 IEC 60870-5-103 功能码
开出传动	告警Ⅰ，告警Ⅱ，跳 A，跳 B，跳 C，跳三相，永跳，远传命令 1，远传命令 2，合闸出口，沟通三跳		首先输入密码
测试操作（输入密码）	遥信对点	告警对点、动作对点、压板对点、开入对点模拟上送录波、Mst 告警对点	用√或×选择对点
	切换定值区	切换定值区	切换定值区：切换定值区（首先输入密码）
	查看零漂	I_a，I_b，I_c，$3I_0$，U_a，U_b，U_c，U_x，I_aR，I_bR，I_cR，$3I_0R$	输入 CPU 号
	调整零漂	I_a，I_b，I_c，$3I_0$，U_a，U_b，U_c，U_x，I_aR，I_bR，I_cR，$3I_0R$	
	查看刻度	I_a，I_b，I_c，$3I_0$，U_a，U_b，U_c，U_x，I_aR，I_bR，I_cR，$3I_0R$	
	调整刻度	I_a，I_b，I_c，$3I_0$，U_a，U_b，U_c，U_x，I_aR，I_bR，I_cR，$3I_0R$	
	打印采样值	打印采样值	
压板投退	软压板投退	输入密码后进行投退	
	查看压板状态	显示各压板名称及投退状态，压板状态第 1 列为压板名称，压板状态第 2 列为软压板，压板状态第 3 列为压板总状态	

注 表中有下划线的项只 B 型装置有。

(1) 在压板操作一查看压板状态菜单中，可以查看压板投入情况。第一列为压板名称，第二列为软压板状态，第三列为总压板状态。

在硬压板模式下，软压板自动全部投入，若操作软压板投退菜单会显示"切换压板操作失败"。

软硬压板串联模式时，可以在压板操作一软压板投退菜单中，进行软压板投退。也可以通过监控后台进行软压板投退。注意一次只能投退一个压板。否则，只成功最后一个压板的投退。

(2) 如故障后发现录波打印的某路模拟量、开关量未投，可以重新设置，而且能重新打印出新设置的模拟量、开关量等。

(六) 保护装置部件投退说明

1. 压板说明

表1-2-69是保护装置压板说明。

表1-2-69 装置压板说明

压板单元	压板名称	功能说明	投退说明
1CLP1	A相跳闸出口一	保护A相跳闸出口压板，接入开关第一组跳闸线圈回路	根据接线进行投退
1CLP2	B相跳闸出口一	保护B相跳闸出口压板，接入开关第一组跳闸线圈回路	根据接线进行投退
1CLP3	C相跳闸出口一	保护C相跳闸出口压板，接入开关第一组跳闸线圈回路	根据接线进行投退
1CLP4	合闸出口一	重合闸出口压板，接入开关合闸回路	根据接线进行投退
1CLP5	A相跳闸出口二	保护A相跳闸出口压板，接入开关第二组跳闸线圈回路	根据接线进行投退
1CLP6	B相跳闸出口二	保护B相跳闸出口压板，接入开关第二组跳闸线圈回路	根据接线进行投退
1CLP7	C相跳闸出口二	保护C相跳闸出口压板，接入开关第二组跳闸线圈回路	根据接线进行投退
1CLP8	备用		
1CLP9	A相失灵启动	A相失灵启动	根据接线进行投退
1LP10	B相失灵启动	B相失灵启动	根据接线进行投退
1LP11	C相失灵启动	C相失灵启动	根据接线进行投退
1LP12	备用		
1LP13	备用		
1LP14	备用		
1LP15	重合闸功能压板	使用重合闸功能时投入	重合闸使用时投入
1LP16	备用		
1LP17	投零序保护	零序保护功能压板	投入
1LP18	投主保护	主保护功能压板	投入
1LP19	投距离保护	距离保护功能压板	投入
1LP20	投检修状态	保护停用时退出	装置运行时退出

2. 复归按钮、控制把手、重合闸投切把手说明

FA——线路保护装置复归按钮。

DYQK——打印开关。

1ZKK——保护用交流电压空气开关。

1QK——重合闸方式选择开关，有四种方式：单重、综重、三重、停用。

4K3——控制电源空开。

1K——保护电源空开。

(七) 装置故障信息解析

1. Ⅰ类告警

表1-2-70是保护装置Ⅰ类告警信息及其处理方法。

表1-2-70 装置Ⅰ类告警信息及其处理方法

告警信息	告警原因及处理方法
模拟量采集错	分别检查电源输出情况，更换保护CPU插件
装置参数错	重新固化装置参数，若无效，更换保护CPU插件
ROM和校验错	检查CPU插件或更换CPU插件
定值错	重新固化定值及装置参数，否则更换CPU插件
定值区指针错	切换定值区，如无效应更换CPU插件
开出不响应	检查是否有其他告警Ⅰ导致闭锁24V+失电，否则更换相应开出插件
开出击穿	未驱动开出而检测到反馈，表明插件某路开出三极管或光隔被击穿，应更换开出插件
软压板错	进行一次软压板投退
压板模式未确认	没有设置压板模式，进入出厂调试菜单进行设置
开出EEPROM出错	更换相应开出插件

2. Ⅱ类告警

表 1-2-71 是保护装置Ⅱ类告警信息及其处理方法。

表 1-2-71 装置Ⅱ类告警信息及其处理方法

告警信息	可能原因及处理措施
开入通信中断	检查开入插件是否插紧，更换开入插件
开出通信中断	检查开出插件是否插紧，更换开入插件
传动状态未复归	开出传动后没有复归，按复归按钮
开入击穿	检查开入情况，更换开入插件
开入输入不正常	检查装置的电源 24 输出情况，或更换开入插件
开入自检回路出错	检查或更换开入插件
双位置输入不一致	建议查看 24V 电源或更换开入插件
开入 E^2PROM 出错	更换相应开入插件
TV 断线告警	查看循环显示、打印采样值，按运行规程执行，检查电压回路接线
过负荷告警	提示线路过负荷，检查线路负荷或静稳失稳定值
TA 断线告警	查看循环显示、打印采样值，按运行规程执行
跳位 A（BC）开入异常	有“跳位 A（B、C）”开入，且有 A 相电流，则发此告警。检查跳位 A（B、C）开入触点及其开入回路
重合闸压板异常	单重、三重、综重、停用四种方式中有任意两种同时投入，则告警。查重合闸把手及其开入连线
检同期电压异常	在检同期重合方式下，系统正常运行时，线路侧电压和母线侧电压不满足整定的同期条件，则告警。检查同期电压回路
本侧 TA 断线	查看循环显示、打印采样值，按运行规程执行
对侧 TA 断线	按运行规程执行，对侧检查电流回路接线
长期有差流	检查两侧电流互感器极性
同步方式设置出错	检查定值，两侧装置可能都设成“主机方式”，改成一侧“主机方式”另一侧“从机方式”；检查通信通道，通信通道上可能出现环回；做通道自环试验时，必须设成“主机方式”、“通道环回试验投入”
通道 A（B）环回错	在双通道时，其中一个通道出现环回，检查报文指示的那个通道
通道 A（B）通信中断	检查定值，通信速率、通信时钟是否设置正确；检查光纤接口是否连接牢固，光功率是否正常；检查通信通道
通道 A（B）无采样报文	检查定值，两侧装置可能都设成“从机方式”，改成一侧“主机方式”另一侧“从机方式”；检查通信通道，通信通道上可能出现环回；做通道自环试验时，必须设成“主机方式”、“通道环回试验投入”
远方跳闸开入异常	检查开入信号是否长期存在，并消除
三相相序不对应	正常运行时，如果三相电流或三相电压相序不是正相序，则发此告警。应先查看循环显示模拟量，打印采样值。检查电流或电压回路
模拟通道异常	调整刻度时，可能输入值和选择的基准值不一致。重新调整刻度
外接 $3I_0$接反	外接 $3I_0$ 相位和自产 $3I_0$ 相位相反。请检查电流回路接线
永跳失败	发永跳令后 5s 电流未断，则发此告警。请检查跳闸回路
3 次谐波过量告警	系统正常运行时，电压中 3 次谐波过量，则发此告警。请打印采样值，检查电压回路
通道环回长期投入	将“通道环回试验投入”控制字置“0”
重合闸控制字错	检同期、检无压、非同期三种方式任意两种同时投入，则告警。检查综重控制字
差动压板不一致	两侧压板不一致，检查压板
SRAM 自检异常	检查芯片是否虚焊或损坏，更换 CPU 板
FLASH 自检异常	检查芯片是否虚焊或损坏，更换 CPU 板
通道 AB 交叉错	通道 A（B）的收发误接了通道 B（A）的收发，报此报文
纵联保护地址错 A(B)	接收的地址码与“本侧纵联保护地址”、“对侧纵联保护地址”都不相等，报此报文
对侧通信异常	对侧通信异常，本侧报此报文
通道检修差动退出	如果运行通道同时检修且差动压板投入，则延时 1min 报此报文
低气压开入告警	长期有低气压闭锁重合闸开入，检查外部开入
电流不平衡告警	检查交流插件、端子等相关交流电流回路

3. Master 板的告警信息

表 1-2-72 是保护装置 Master 板的告警信息。

表 1-2-72　　装置 Master 板的告警信息

告警信息	原因	处理措施
CPU×异常（CPU X 通信中断）	CPU 与 MASTER 通信中断	CPU 工作不正常或 CAN 网通信异常，可检查各 CPU 是否正常工作，检查背板 CAN 网是否正常
装置参数不一致	CPU 冗余参数区号不一致	再一次固化装置参数，并重新上电，应不再报装置参数不一致
定值区号不一致	CPU 冗余定值区号不一致	再一次切换定值区号，并重新上电，应不再报定值区号不一致
定值不一致	CPU 冗余定值不一致	再一次固化定值，并重新上电，应不再报定值不一致
压板不一致	CPU 冗余压板不一致	所有软压板再投退一次，并重新上电，应不再报压板不一致
压板模式不一致	CPU 冗余压板模式不一致	重新设置压板模式，并重新上电，应不再报压板模式不一致
LON1 通信中断	如果不配置 LON1，请在出厂调试菜单的装置选项菜单中去掉已配置 LON1，并重新上电，应不再报 LON1 通信中断；如果配置 LON1，需更换 MD3120 芯片	
LON2 通信中断	如果不配置 LON2，请在出厂调试菜单的装置选项菜单中去掉已配置 LON2，并重新上电，应不再报 LON2 通信中断，如果配置 LON2，需更换 MD3120 芯片	
召唤 CPU×配置无应答	可能是两块 CPU 板地址相同、一块未插或接触不良	
告警代码××	有一块 CPU 未投入	
CPU×通信恢复	MASTER 和 CPU 通信恢复	

（八）装置正常工况与异常工况说明

表 1-2-73 是保护装置正常工况与异常工况说明。

表 1-2-73　　装置正常工况与异常工况说明

名称	定义	正常运行状态	异常状态说明
运行	运行监视灯	绿灯亮	正常运行时发平光，其他灯均不亮；保护装置启动时运行灯闪烁
跳 A	A 相跳闸信号灯	不发光	A 相跳闸时点亮，发红色平光
跳 B	B 相跳闸信号灯	不发光	B 相跳闸时点亮，发红色平光
跳 C	C 相跳闸信号灯	不发光	C 相跳闸时点亮，发红色平光
重合	重合指示灯	不发光	重合动作时点亮，发红色平光
告警	装置告警信号灯	不发光	此灯正常灭，动作后为红色。有告警Ⅰ时（严重告警），装置面板告警灯闪亮，退出所有保护的功能，装置闭锁保护出口电源；有告警Ⅱ时（设备异常告警），装置面板告警灯常亮，仅退出相关保护功能（如 TV 断线），不闭锁保护出口电源
通道告警	通道异常信号灯	不发光	闭锁保护，需要停用该保护装置（定值区错误除外）装置告警时发红色平光
充电	重合闸充电信号灯	绿灯光	当重合充电完成时点亮，当重合闸停用、被闭锁或合闸放电后为灭

（九）运行情况下注意事项

（1）投入运行后，任何人不得再对装置的带电部位触摸或拔插设备及插件，不允许随意按动面板上的键盘，不允许操作如下命令：开出传动、修改定值、固化定值、装置设定、改变装置在通信网中地址等。

（2）运行中要停用装置的所有保护，要先断跳闸压板再停直流电源。运行中要停用装置的一种保护，只停该保护的压板即可。

（3）运行中系统发生故障时，若保护动作跳闸，则面板上相应的跳闸信号灯亮，MMI 显示保护最新动作报告，若重合闸动作合闸，则“重合”信号灯亮，应自动打印保护动作报告、录波报告，并详细记录信号。

（4）运行中直流电源消失，应首先退出跳闸压板。

（5）运行中若出现告警Ⅰ，应停用该保护装置，记录告警信息并通知继电保护负责人员，此时禁止按复归按钮。若出现告警 Ⅱ，应记录告警信息并通知继电保护负责人员进行分析处理。

（十）生产厂家

北京四方继保自动化股份有限公司。

二十一、CSC—122B系列保护装置

（一）装置功能概述

1. 保护功能整体描述

CSC—122B断路器辅助保护装置适用于220kV及以上电压等级的断路器辅助保护装置，主要包括两段过流保护、两段零序保护、三相不一致保护、失灵启动功能，主要适用于双母线接线形式下的母联断路器。

2. 保护装置CPU分工描述

保护CPU包括失灵启动、三相不一致保护、两段过流保护、两段零序保护功能。

3. 其他功能描述

正常运行时完成装置的硬件自检、投切压板、固化定值、上送报告等功能，进行电气量的采集、录波、突变量启动判别，完成保护功能的逻辑、TA异常判别等。如果有异常，则发出相应的告警信号和报文。对于危及保护安全性和可靠性的严重告警（告警Ⅰ），在发出告警信号的同时，立即闭锁保护出口。

4. 保护主要参数

交流电流 I_n：5A或1A。

交流频率：50Hz。

直流电压：220V或110V。

（二）装置插件结构图简介

图1-2-147是CSC—122B装置插件结构图。

插件注释：

X1——交流插件。

X2——CPU插件。

X3——管理插件。

X4——开入插件。

X5——开出插件1。

X6——开出插件2。

X7——电源插件。

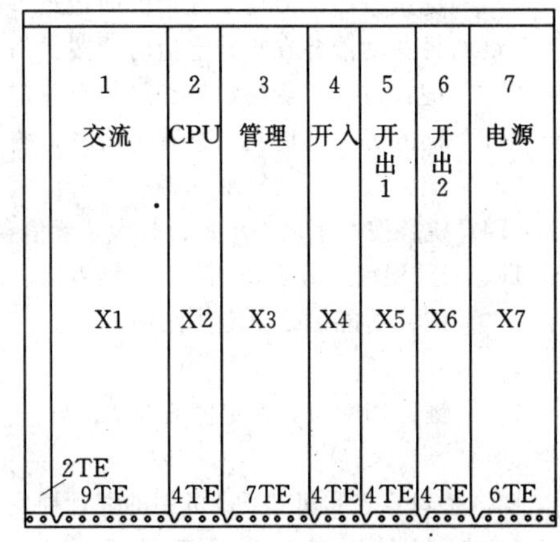

图1-2-147　CSC—122B装置插件结构图

（三）装置面板说明

图1-2-148是CSC—122B装置面板图。

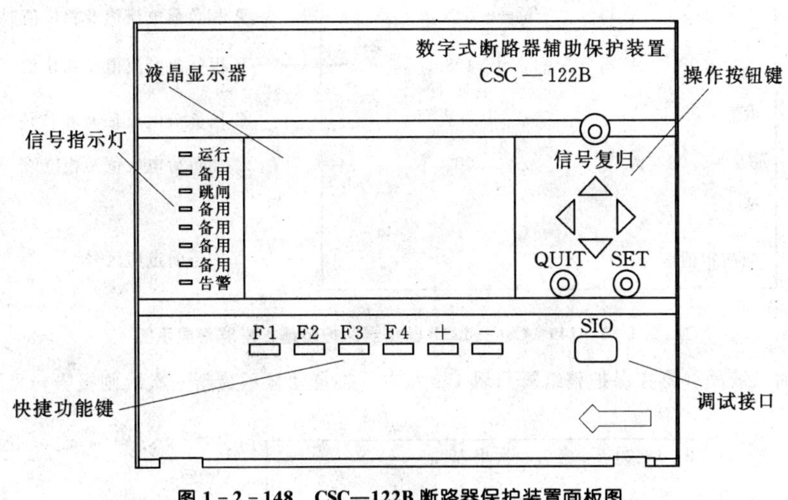

图1-2-148　CSC—122B断路器保护装置面板图

操作密码：8888

液晶显示器（LCD）：用以显示正常运行状态、跳闸报告、自检信息以及菜单。

信号指示灯：液晶左侧为"运行"、"备用"、"跳闸"、"备用"、"备用"、"备用"、"备用"、"告警"灯。

"运行"灯：正常为绿色光，当有保护启动时闪烁。

"跳闸"灯：保护跳闸出口灯，动作后为红色，正常灭。

"告警"灯：此灯正常灭，动作后为红色。有告警Ⅰ时（严重告警），装置面板告警灯闪亮，退出所有保护的功能，

此时闭锁保护出口，若装置运行时有告警Ⅰ出现，不要随便按“信号复归”按钮，而应该分析处理；有告警Ⅱ时（设备异常告警），装置面板告警灯常亮，不闭锁保护出口。

按键说明如下：

操作按钮键：液晶右侧的几个操作按钮键。

“SET”键：确认键，用于设置或确认。

“QUIT”键：循环显示时，按此键，可固定显示当前屏幕的内容（显示屏右上角有一个钥匙标示，即定位当前屏），再按即可取消定位当前屏功能；菜单操作中按此键后，装置取消当前操作，回到上一级菜单；按此键，回到正常显示状态时可进行其他按键操作。

“上”、“下”、“左”、“右”键：选择键，用于从液晶显示器上选择菜单功能命令。选定后用“左”、“右”键移动光标，“上”、“下”键改动内容。

“信号复归”按钮：用来复归信号灯和使屏幕显示恢复正常状态。

快捷功能键：液晶屏下部四个快捷及两个功能键，主要为运行人员的操作接口，可以实现运行人员的简单操作。

“F1”键：按一下后提示是否打印最近一次动作报告，选“是”提示录波打印格式，可选择图形格式或数据格式；“F1”键的另一功能是在查看定值时，按“F1”键，屏幕向下翻页。

“F2”键：按一下后提示是否打印当前定值区定值；

“F2”键的另一功能是在查看定值时，按“F2”键，屏幕向上翻页。

“F3”键：按一下后提示是否打印采样值。

“F4”键：按一下后提示是否打印装置信息和运行工况，按“SET”键后打印当前定值区号、装置地址、压板状况、开入量、当前温度、开入开出电压、模入量、CPU软件版本。

“＋”键：功能键，使定值区加1。按一下后提示选择要切换到的定值区号：当前定值区号：××；切换到定值区：××。

“－”键：功能键，使定值区减1。按一下后提示选择要切换到的定值区号：当前定值区号：××；切换到定值区：××。

调试接口：连接外接PC机用的九针插座，为调试工具软件“CSPC”的专用接口。

（四）保护运行液晶显示说明

(1) 装置通电后，装置正常运行时，液晶屏幕将显示如图1-2-149所示信息。

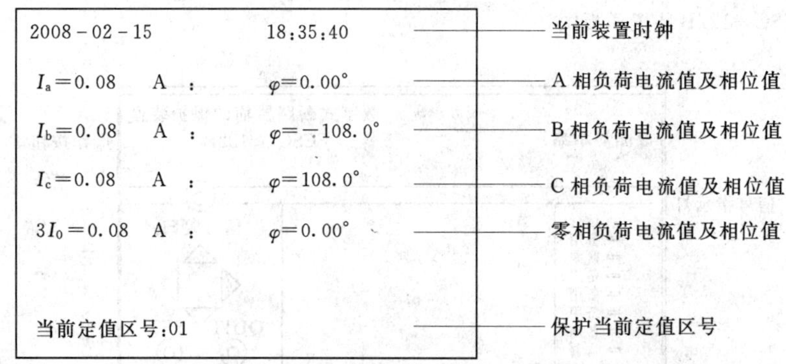

图1-2-149　CSC—122B断路器保护装置正常屏幕显示图

(2) 当保护动作时，液晶屏幕在保护整组复归后15s左右，将自动显示最新一次跳闸报告，见图1-2-150。

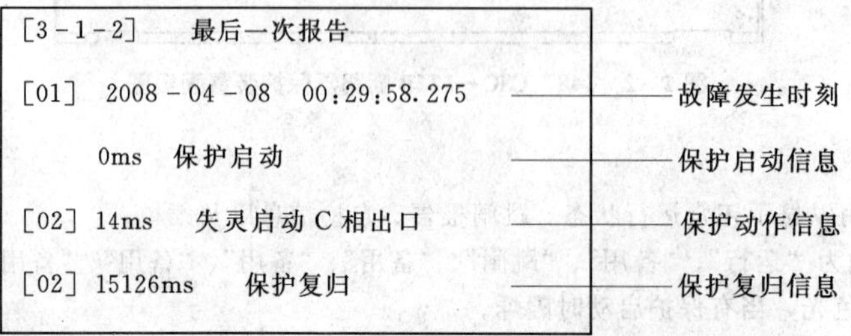

图1-2-150　CSC—122B断路器保护装置跳闸屏幕显示图

(五) 保护装置菜单说明

1. 菜单目录树

图 1-2-151 是保护装置菜单目录结构。

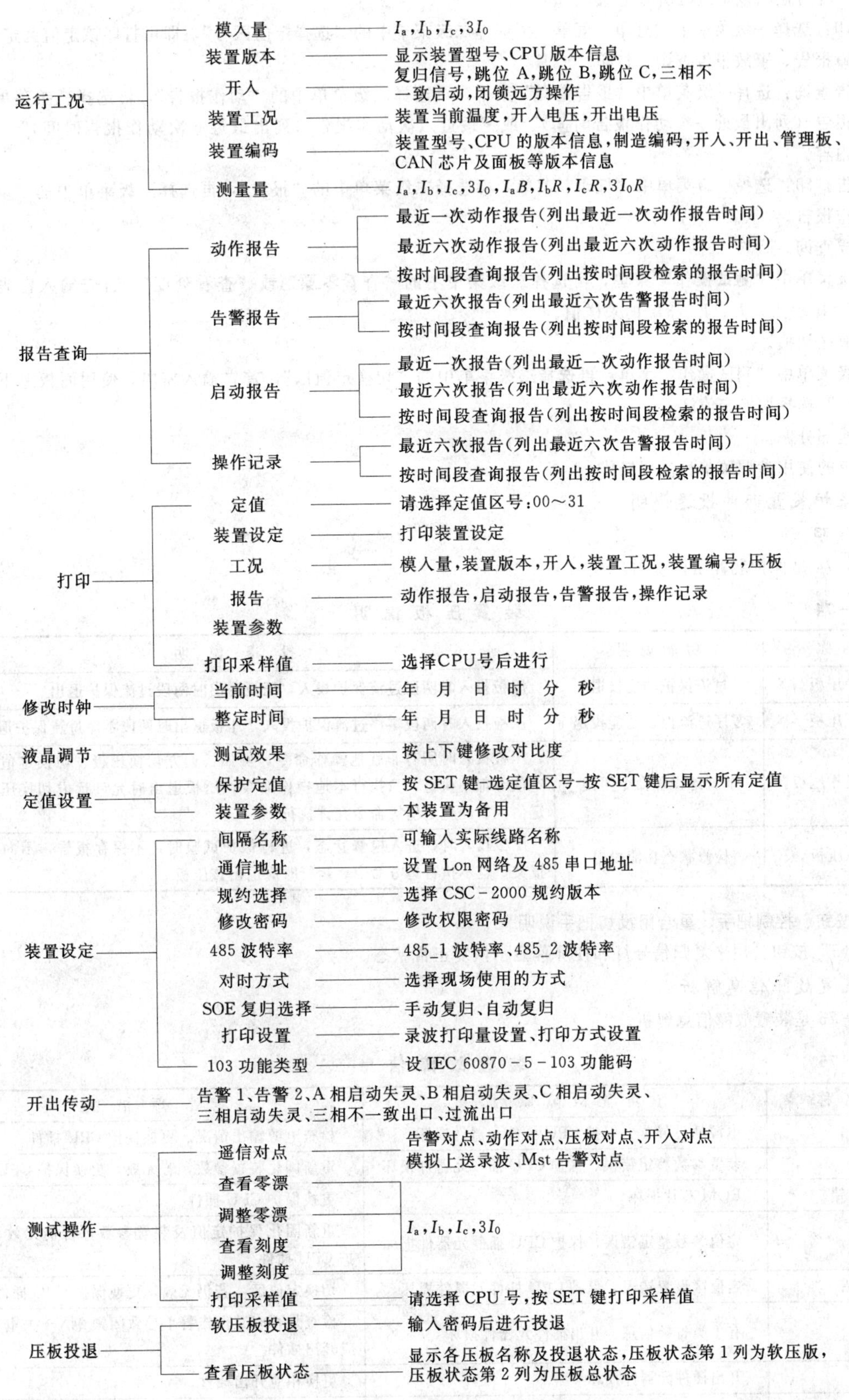

图 1-2-151 CSC—122B 断路器保护装置菜单目录树

2. 菜单各功能介绍

(1) 定值查询、打印。

定值查询：选择一级菜单中“定值设置”菜单，再选择二级菜单中的“保护定值”，按“SET”键→选择定值区号→按“SET”键后显示该定值区所有定值。

定值打印：选择一级菜单中“打印”菜单，再选择二级菜单中的“选择定值区号”，即可打印该定值区定值。

(2) 故障报告、事故报告查询、打印。

动作报告查询：选择一级菜单中“报告查询”菜单，再选择二级菜单中的“动作报告”，再选择三级菜单中的“最近一次动作报告（列出最近一次动作报告时间）”或“最近六次动作报告（列出最近 6 次动作报告时间）”，按“SET”键查看报告内容。

动作报告打印：选择一级菜单中“打印”菜单，再选择二级菜单中的“报告”，再选择三级菜单中的“动作报告”，即可打印动作报告。

(3) 采样查询。

选择一级菜单中“测试操作”菜单，再选择二级菜单中的“查看零漂”或“查看刻度”，首先输入密码，再选择 CPU 号，即可显示 I_a、I_b、I_c、$3I_0$ 的采样值。

(4) 定值区切换。

选择一级菜单中“测试操作”菜单，再选择二级菜单中的“切换定值区”，首先输入密码，使用面板左下部的快捷键“+”、“-”选择切换定值区。

(5) 其他部分。

其他菜单的使用参照菜单目录树操作。

（六）保护装置部件投退说明

1. 压板说明

表 1-2-74 是保护装置压板说明。

表 1-2-74　　　　装置压板说明

压板名称	功能说明	投退说明
过流保护压板	过流保护功能投退	压板投入时两段过流保护投入，压板退出时两段过流保护退出
零序保护压板	零序过流保护功能投退	压板投入时两段零序过流保护投入，压板退出时两段零序过流保护退出
闭锁远方操作压板	非就地操作命令闭锁	压板投入时所有非就地操作命令，例如：远方切换压板、切换定值区、固化定值等都不执行，只执行本地操作命令；压板退出时允许远方切换压板、切换定值区、固化定值等命令允许执行
检修状态压板	检修状态功能投退	压板投入时，进入检修状态，进行保护试验时，不保存报告，不向远方上送报文，也不执行远方命令。运行时应退出该压板

2. 复归按钮、控制把手、重合闸投切把手说明

“信号复归”按钮：用来复归信号灯和使屏幕显示恢复正常状态。

（七）装置故障信息解析

表 1-2-75 是装置故障信息解析。

表 1-2-75　　　　装置故障信息

事件名称	可能故障原因	处理措施
模拟量采集错	电源插件异常、保护 CPU 插件元器件损坏	检查电源输出情况、更换保护 CPU 插件
装置参数错	装置参数整定错误、保护 CPU 插件元器件损坏	重新固化装置参数，若无效，更换保护 CPU 插件
ROM 和校验错	ROM 芯片损坏	更换保护 CPU 插件
定值错	定值参数整定错误、保护 CPU 插件元器件损坏	重新固化保护定值及装置参数，若仍无效，更换保护 CPU 插件
定值区指针错	定值区设置错误、保护 CPU 插件元器件损坏	切换定值区，若仍无效，更换保护 CPU 插件
开出不响应	有Ⅰ类告警信息、开出插件元器件损坏	检查是否有其他告警Ⅰ导致闭锁 24V+失电、更换相应开出插件
开出击穿	开出插件元器件损坏	更换相应开出插件
软压板错	软压板设置错误	进行一次软压板投退

续表

事件名称	可能故障原因	处理措施
压板模式未确认	压板模式设置错误	进入出厂调试菜单进行设置
开出 EEPROM 出错	开出插件 EEPROM 损坏	更换相应开出插件
开入通讯中断	开入插件与母板接触不良、开入插件元器件损坏	插紧开入插件、更换开入插件
开出通讯中断	开出插件与母板接触不良、开出插件元器件损坏	插紧开出插件、更换开出插件
传动状态未复归	开出传动后未复归	按复归按钮复归
开入击穿	开入插件元器件损坏	更换开入插件
开入输入不正常	电源插件异常、保护 CPU 插件元器件损坏	检查装置的 24V 电源输出情况，或更换开入插件
开入自检回路出错	开入插件元器件损坏	检查或更换开入插件
开入 EEPROM 出错	开入插件 EEPROM 损坏	更换相应开入插件
TA 断线告警	TA 回路异常	按照运行规程处理
模拟通道异常	刻度调整错误	调整刻度时，可能输入值和选择的基准值不一致
跳位开入错	跳位开入回路异常	如果有跳位且该相仍有电流，检查开入是否正确
闭锁不一致保护	不一致开入回路异常	非全相已经出口，但仍有不一致开入信号
电流相序不对应	电流相序接反	检查电流回路
双位置输入不一致	电源插件异常、开入插件元器件损坏	建议查看 24V 电源或更换开入插件
SRAM 自检异常	SRAM 芯片虚焊或损坏	更换 CPU 插件
FLASH 自检异常	FLASH 芯片虚焊或损坏	更换 CPU 插件

(八) 装置正常工况与异常工况说明

表 1-2-76 是装置正常工况与异常工况说明。

表 1-2-76　装置正常工况与异常工况说明

名称	定义	正常运行状态	异常状态说明
运行	运行监视灯	绿色灯亮	当有保护启动时闪烁
跳闸	跳闸指示灯	灭	保护动作后为红色
告警	装置告警指示灯	灭	动作后为红色。有告警Ⅰ时（严重告警），装置面板告警灯闪亮，退出所有保护的功能，此时闭锁保护出口；有告警Ⅱ时（设备异常告警），装置面板告警灯常亮，不闭锁保护出口

(九) 填写说明

(1) 填写范围包括装置面板显示灯、屏柜显示灯。

(2) 灯种类包括电源灯、运行灯、告警灯、信号灯、通信灯等。

(3) 重点对其什么颜色、闪光、平光、点亮、灯灭情况进行叙述。

(4) 各种灯的状态应分正常、异常、保护动作等情况进行叙述。

(十) 生产厂家

北京四方继保自动化股份有限公司。

二十二、CSL—101A 系列保护装置

(一) 装置功能概述

1. 保护功能整体描述

CSL—101A 装置是由微机实现的第三代数字式线路保护装置，由高频距离保护、高频负序方向、高频零序方向保护和高频突变量方向保护构成全线速动的高频保护，三段相间和接地距离保护、四段零序方向过流保护构成完整的后备保护。保护具有分相出口，适用于各种接线方式的 220～500kV 高压输电线路。

2. 保护装置 CPU 分工描述

装置配置了三个保护 CPU 插件，高频保护、距离保护和零序保护在功能上彼此完全独立，分别由三个 CPU 插件实现分别承担：CPU1 为高频保护，CPU2 为距离保护，CPU3 为零序保护。

3. 其他功能描述

机箱内设有独立于各保护 CPU 插件的录波插件，具有 0.5M 存储容量，不仅记录了所有进入装置的模拟量，还记录了全部开入量和各继电器动作的全过程，这对消灭“原因不明”的误动作起着重要作用：CPU6 为录波插件。

（二）保护主要参数

额定直流电源电压：220V或110V（订货时注明）。

额定交流参数：

（1）相电压：$100/\sqrt{3}$V。

（2）开口三角电压：100V。

（3）交流电流：5A或1A（订货时注明）。

（4）线路抽取电压：100V或$100/\sqrt{3}$V。

（5）频率：50Hz。

功耗：

（1）直流电源回路：当正常工作时，不大于25W；当保护动作时，不大于50W。

（2）交流电流回路：当$I_n=5$A时，不大于1VA/相；当$I_n=1$A时，不大于0.5VA/相。

（3）交流电压回路：不大于0.5VA/相。

（三）装置插件结构图简介

图1-2-152是CSL—101A装置面板结构图。

AC	VFC	CPU1	CPU2	CPU3	CPU6	TRTP1	TRIP2	LOG	SIG	POWER
交流 1	模/数 2	高频 3	距离 4	零序 5	录波 6	跳闸1 7	跳闸2 8	逻辑 9	信号 10	电源 11

图1-2-152 CSL—101A装置面板结构图

插件注释：

AC——交流电压、电流输入插件。

VFC——模数变换插件。

CPU1——高频保护插件。

CPU2——距离保护插件。

CPU3——零序保护插件。

CPU6——录波插件。

LOG——逻辑插件。

SIG——信号及转换插件。

TRIP1、TRIP2——输出继电器插件。

PORER——直流逆变电源插件。

（四）装置面板说明

图1-2-153是CSL—101A保护装置接口面板图。

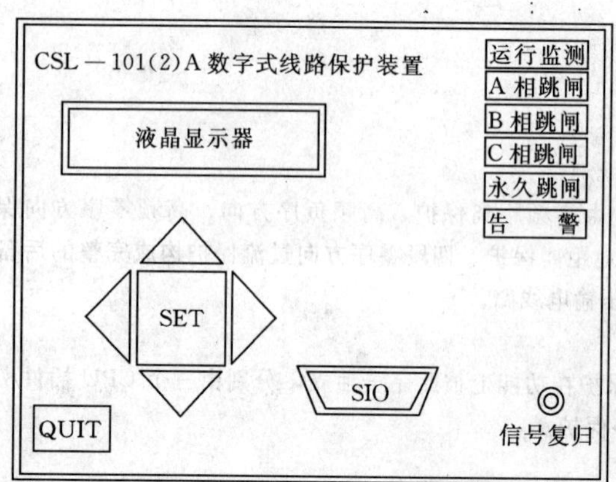

图1-2-153 CSL—101A保护装置接口面板图

操作密码：8888

按键说明：

（1）“SET”键：确认键，用于选中设置或更改数据、命令。

（2）“上、下、左、右”键：选择键，用于从液晶显示器上选择菜单功能、命令及修改数值。

（3）“QUIT”键：复位键，用于放弃修改或退出当前状态，无论在任何时间或执行任何命令，按此键装置将恢复到原始状态。

（4）“LCD”：人机对话显示用液晶显示器。

（5）“SIO”：连接外设PC机用的九针插座。

（6）LED：由发光二极管构成的用于显示装置状态的光字灯，包括运行监视、跳A、跳B、跳C、永久跳闸（B型为重合闸动作）、告警。

（7）“RST”键：信号复归按钮，用来复归光字灯和确认压板的投退及定值区号的改变。

（五）保护运行液晶显示说明

(1) 正常运行显示。本装置面板上有一个双行，每行 16 个字符的液晶显示器 LCD，正常运行时第一行显示装置的实时时钟，按“SET”键显示器则转为显示装置功能键的“一级菜单”，在任何时刻按“QUIT”键则即退出当前状态而回到正常显示，如若希望液晶显示器 LCD 退回到正常显示的实时时钟状态只需按一次或几次“QUIT”键即可。在任何菜单时，如持续 30s 不按任何键，装置自动返回到正常显示状态。

11－25　18：35：40 ——时间(月-日 时:分:秒)

(2) 当保护动作时，液晶屏幕将自动显示最新一次跳闸报告，见图 1－2－154。

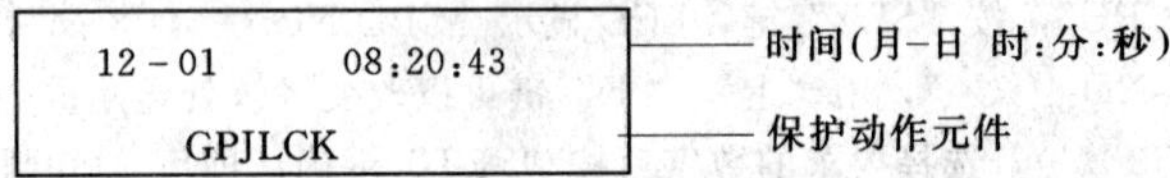

图 1－2－154　CSL—101A 保护装置跳闸报告图

注意：保护动作元件可能有多个，将由右向左循环显示。

（六）保护装置菜单说明

1. 菜单目录

表 1－2－77 是保护装置菜单目录。

表 1－2－77　装置菜单目录

一级菜单	二级菜单	功能说明
VFC	DC 查看通道零漂	A 型：I_a、I_b、I_c、$3I_0$、U_a、U_b、U_c、$3U_0$、对应 RW2n（n=13～6） B 型：I_a、I_b、I_c、$3I_0$、U_a、U_b、U_c、$3U_0$、U_x 对应 RW2n（n=13～5）
	VI 查看通道测量值及压板投入情况	1. 查看各通道测量值及角度：I_a、I_b、I_c、$3I_0$、U_a、U_b、U_c、$3U_0$、U_x 2. DI：CPU 各开入量显示 3. I_3：显示三相电流 4. VV_3：显示三相电压 5. PQ：有、无功功率的单相值 6. S：各保护元件压板投、退情况和当前定值区号 7. BZD：远动对点用 8. IV9：从打印机打印所有通道的电压、电流值
	ZK 显示阻抗	显示测量阻抗值：Z_{AN}、Z_{BN}、Z_{CN}、Z_{CA}、Z_{AB}、Z_{BC}
	SAM 打印采样值	打印采样值
SET	LST：写与修改定值	用于逐行显示和修改定值，（首先要按提示输入 CPU 号及定值区）
	SEL	备用
	PNT：定值打印	用本装置打印机打印整定值（此时液晶上不显示定值）
RPT	CPU	显示和打印分报告
	MMI	显示和打印总报告
	CLR	清除 MMI 中总报告
CLK	MOD	定时模式：NOM：备用；NET：网络对时；SEC：秒对时；MIN：分对时
	TIM	修改时钟：用户可用各键修改和设定年、月、日、时、分、秒
CRC	CPU	显示软件版本号及 CRC 检验码，详见说明
	MMI	显示软件版本号及 CRC 检验码，详见说明
	RUN	设置 CPU 号，详见说明
	RCP	备用
PC		控制切换面板上 MMI 与外接 PC 机，详见说明
CTL	DOT：开出传动	检验装置各开出是否完好，要检验哪一路，可用“上”、“下”键选中编号再用“SET”键确认
	EN：压板投退	要求有远方投退压板功能时采用软压板，一般装设硬压板时不用
ADR		设置本装置在网中地址

2. 菜单各功能介绍

(1) 定值查询、打印。

1) 按“SET”键，显示“一级菜单”包括8项，即VFC、SET、RPT、CLK、CRC、PC、CTL、ADR。

2) 用四方键移动光标至“SET”，按“SET”键，显示下一级菜单，包括三项，即LST、SEL、RPT。

3) 用四方键移动光标至“LST”，按“SET”键，按提示输入CPU号及定值区号，用于逐行显示和修改定值。

4) 用四方键移动光标至“RPT”，按“SET”键，按提示输入CPU号及定值区号，用于打印定值。

5) 按“QUIT”键退出。

(2) 故障报告、事故报告查询打印。

1) 按“SET”键，显示“一级菜单”包括8项，即VFC、SET、RPT、CLK、CRC、PC、CTL、ADR。

2) 用四方键移动光标至“RPT”，按“SET”键，显示下一级菜单，包括三项，即CPU、MMI、CLR。

3) 用四方键移动光标至“CPU”，按“SET”键，LCD显示“CPU NO.× ：××”，(×表示CPU号，××表示故障动作报顺序号)，“REPORT-NO：××”，用“上”、“下”键可以改变××处显示的数字（该数字为00～04，CPU1可存4次，CPU2和CPU3可存3次），选择要求的数字后按“SET”键确认即可。00调出的是采样值或无值，01表示选择最后一次故障动作信息，显示02表示选择往前第二次故障动作信息，依此类推。

4) 要调用总报告，选MMI按“SET”，LCD显示“REPORT-NO ：××”，用“上”、“下”键可以改变××处显示的数字，选择要求的数字后按“SET”键确认。它可记忆5次之多的故障动作记录，第一行是发生故障的时间，此后按动作先后排列的各事件，这些事件是指导致跳闸出口的事件，区外故障启动不跳闸不记录，每次故障后，跳闸事件可能大于一行，但两行LCD将不停地完整地翻滚显示报告，直到按“Q”键才返回正常显示。在报告翻滚显示时，可以按“上”、“下”键选择本次故障前后的各次故障信息。

5) 只要接好打印机，打开电源，在液晶上显示的同时，也在打印机输出。

(3) 采样值打印。

1) 按“SET”键，显示“一级菜单”包括8项，即VFC、SET、RPT、CLK、CRC、PC、CTL、ADR。

2) 用四方键移动光标至“VFC”，按“SET”键，显示下一级菜单，包括4项，即DC、VI、ZK、SAM。

3) 用四方键移动光标至“SAM”，按“SET”键，可打印采样值。

(4) 定值区切换。

1) 退出保护。

2) 把定值选择开关调到所需区号，面板上将显示“SETTING CHANGED PRESS RESET TO ENSURE”。此时按按钮“RST”确认后，面板上显示：“G－SCHG0 ××1-××2”、“J－SCHG0 ××1-××2”、“L－SCHG0 ××1-××2”(G代表高频、J代表距离，××1为改前区号，××2为改后区号)，说明此时已将××2区定值调入RAM区，保护执行此定值。

3) 投入保护。

(七) 保护装置部件投退说明

1. 压板的投退

要特别注意本保护的压板投退需用“RST”按钮确认。

当压板由退出改为投入时，待数秒面板上显示：“DI-CHG? P-RST”此时手动按复归按钮“RST”，确认压板由退出转为投入。此时面板上应显示“DIN×× OFF-ON”，此××号为该压板接入装置的端子号（具体号请看后面调试部分），此时方表示此压板已投入。

当压板由投入改为退出时，面板上亦显示：“DI-CHG? P-RST”此时手动按复归按钮“RST”确认后，面板上应显示“DIN×× ON-OFF”，即该压板由投入状态转为退出。

若改变压板位置而未确认，经过一定延时后，装置将告警，并显示“DIERR ××××（压板端子号）01 01 01（年月日）”。

2. 压板说明

表1-2-78是保护装置压板说明。

表1-2-78　装置压板说明

压板名称	功能说明	投退说明	压板名称	功能说明	投退说明
1LP1	A相跳闸出口	投入	1LP5	永跳出口	投入
1LP2	B相跳闸出口	投入	1LP6	A相启动失灵	投入
1LP3	C相跳闸出口	投入	1LP7	B相启动失灵	投入
1LP4	三相跳闸出口	投入	1LP8	C相启动失灵	投入

续表

压板名称	功 能 说 明	投退说明	压板名称	功 能 说 明	投退说明
1LP9	备用		1LP13	距离Ⅰ段投入	投入
1LP10	备用		1LP14	距离Ⅱ、Ⅲ段投入	投入
1LP11	备用		1LP15	零序Ⅰ段投入	投入
1LP12	高频保护投入	投入	1LP16	零序其他段投入	投入

3. 复归按钮、控制把手

复归按钮：用于复归保护动作信号和压板投退的确认。

（八）装置故障信息解析

表1-2-79是保护装置故障信息解析。

表1-2-79　装置故障信息

事件名称	可能故障原因	处理措施
GDACERR JDACERR LDACERR	相应保护采样出错	检查模/数转换回路，更换VFC插件或CPU插件
GRTFAIL JRTFAIL LRTFAIL	保护发永跳令后一直检测到有电流，相应保护报永跳失败	检查装置跳闸出口回路
GOVLOAD JOVLOAD	静稳检测元件长期动作相应保护告警	更换CPU插件
G-ROMER J-ROMER L-ROMER	相应保护ROM自检出错	更换CPU插件
G-SETER J-SETER L-SETER	定值区定值校验和错或无定值，相应保护报定值出错	重新固化定值，如仍无效，则更换CPU插件
GSZONER JSZONER LSZONER	相应保护定值区指针出错	重新固化定值并切换定值区，如仍无效，则更换CPU插件
GBADDRV XX JBADDRV XX LBADDRV XX	驱动开出而检测不到反馈，相应保护报第××号开出坏	检查是否同时有其他告警Ⅰ导致闭锁24V失电，否则更换CPU插件
GBADDRV1 JBADDRV1 LBADDRV1	未驱动开出而检测到反馈，表明某哪一路开出或反馈回路光耦或三极管击穿，相应保护报开出坏	更换CPU插件
GPPTDX JLPTDX LXPTDX	相应保护TV断线	检查电压保险和TV切换回路，此时距离保护自动退出运行，零序保护改用外接$3U_0$或退出方向，按现场运行规程执行
GPCTDX	高频保护TA断线	按现场运行规程执行
JLCTDX LXCTDX	相应保护TA断线	此时距离和零序保护自动退出运行，按现场运行规程执行
G-DIERR XX J-DIERR XX L-DIERR XX	相应保护开入第××号开入错	检查开入外部回路，如无异常则可能是CPU插件开入光隔损坏，应更换CPU插件
GV30ERR JV30ERR	相应保护外接$3U_0$未接或接反	检查外接$3U_0$回路
GPTDGZ	若有收信中断，则报高频保护通道故障	检查高频通道
GPTXZD JLTXZD LXTXZD	保护与MMI通信中断	将CPU插件插牢，重新通电，仍告警则更换CPU插件

续表

事件名称	可能故障原因	处理措施
SXCC	高频保护未启动而长期有收信开入	检查收发信机收信输出回路，如无异常则可能是CPU插件开入光隔损坏，应更换CPU插件
3DBGJ	保护有收信开入（X101）的同时，有收发信机告警开入（X102）则报3dB告警	检查收发信机收信裕度
SFXJGJ	保护未进行通道检查时有收发信机告警开入（X102）则报收发讯机故障告警	检查收发信机
TXSBGJ	通信设备告警（复用载波机方式）	检查复用接口设备

（九）装置正常工况与异常工况说明

表1-2-80是装置正常工况与异常工况说明。

表1-2-80　装置正常工况与异常工况说明

名称	定义	正常运行状态	异常状态说明
运行监视	装置运行监视灯	灯亮绿色	灯灭说明装置异常
A相跳闸	A相保护跳闸指示灯	不亮	正常为灯灭，保护动作后，为红色平光，信号复归后灯灭
B相跳闸	B相保护跳闸指示灯	不亮	正常为灯灭，保护动作后，为红色平光，信号复归后灯灭
C相跳闸	C相保护跳闸指示灯	不亮	正常为灯灭，保护动作后，为红色平光，信号复归后灯灭
永久跳闸	保护永跳出口指示灯	不亮	正常为灯灭，保护动作后，为红色平光，信号复归后灯灭
告警	保护告警指示灯	不亮	正常为灯灭，若装置异常或故障，为红色平光，信号复归后灯灭

（十）生产厂家

北京四方继保自动化股份有限公司。

二十三、CSL—103系列保护装置

（一）装置功能概述

1. 保护功能整体描述

CSL—103A（B）数字式输电线路纵联电流差动保护装置是北京四方继保自动化有限公司第三代高压输电线路微机保护装置，是利用光纤或微波通道实现同步直接数字通信的新型保护装置，其型号与功能配置见下表。该保护装置适用于220kV及以上电压等级的高压输电线路，其主保护为分相式电流差动保护和零序电流差动保护、后备保护为三段式相间和接地距离保护、四段式零序及二段不灵敏零序方向保护、CSL—103系列线路保护有分相出口，配有自动重合闸功能，对双母线接线的开关实现单相重合、三相重合和综合重合闸。保护带有双LON局域网，可以作为变电站综合自动化的间隔层保护及控制终端。

CSL—103A（B）的电流差动保护、距离保护、零序保护在功能上彼此完全独立，分别由三个CPU插件实现。CSL—103B与CSL—103A的区别在于重合闸部分，CSL—103B带有重合闸CPU4，具有综合重合闸功能；CSL—103A不带重合闸。

装置根据操作面板的不同分为汉化版与英文版，其型号命名见图1-2-155。

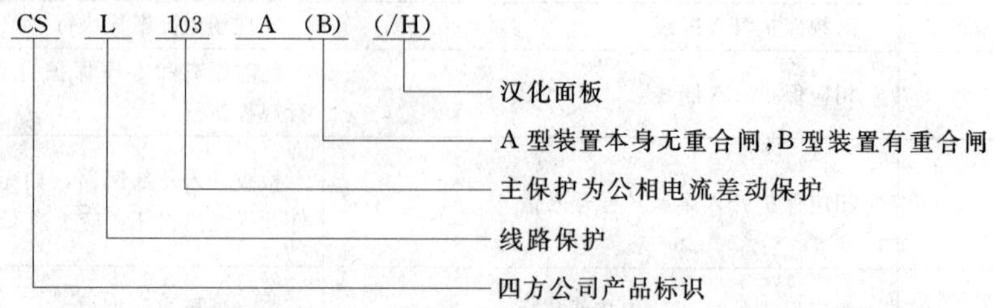

图1-2-155　装置型号

功能配置表见表1-2-81。

2. 保护装置CPU插件

保护装置分为6个CPU插件，其中通信CPU插件适用于A型和B型装置，均为4号插件。在本插件设置采样同步

表 1-2-81 **装置功能配置表**

型号	保护功能配置			重合闸（CPU4）	分散式录波（CPU6）	备 注
	电流差动（CPU1）	距离（CPU2）	零序（CPU3）			
CSL—103A	分相电流差动、零序电流差动	三段式相间距离、三段式接地距离	四段零序方向保护、二段不灵敏零序方向保护	无	10 路模拟量、16 路开入、录波数据送录波网或打印机	适用于单断路器和双断路器接线
CSL—103A/H						
CSL—103B	分相电流差动、零序电流差动	三段式相间距离、三段式接地距离	四段零序方向保护、二段不灵敏零序方向保护	综合重合闸	10 路模拟量、16 路开入、录波数据送录波网或打印机	适用于单断路器方式
CSL—103B/H						

方式（S1 跳线置 1 为采样参考端，S1 跳线置 0 为采样同步端）。通信 CPU 完成差动保护装置的数据传输、数据接收、采样同步、信道监测等功能。本插件接收经 64kB 接口插件处理后的信息，对该信息进行进一步判别、处理。先用 CRC 校验码检错，若所接收的数据无错，则转发至差动 CPU；有错则丢弃该帧数据，每 3ms 发送一帧。本插件在运行中监视信道，若连续 600 帧报文中错误帧数大于 5，驱动通道告警继电器（端子 X106、X102），同时向监控后台上送通道错告警报文。

再者是纵联、距离、零序、重合闸的通用 CPU 插件。这些插件同样适用于 A 型和 B 型装置，纵联、距离、零序分别为 5 号、6 号、7 号插件，只有 B 型装置有重合闸插件，为 8 号插件。差动保护与距离保护、零序保护和重合闸插件的硬件部分大致相同，只是单片机中固化的程序不同。通用 CPU 插件内含有 CPU 芯片、E^2PROM、锁存器、开入、开出和通信接口等元件。两种开出：驱动出口及信号继电器、驱动告警继电器。单片机片内设有两个串行通信口（UART0 及 UART1），均经过光隔后引出插件，UART0 用于同装在面板上的人机接口 CPU 通信。纵联保护 CPU 的 UART1 用于与通信 CPU 通信，其余的 UART1 为备用。

故障录波 CPU 插件适用于 A 型和 B 型保护装置，A 型装置为 8 号插件，B 型装置为 9 号 插件，录波插件与保护 CPU 插件共用模拟量变换回路和开关量采集回路，保证了录波报告与保护 CPU 故障报告数据的一致性。同时，录波插件与保护 CPU 插件又相互独立，录波报告中的所有模拟量和开关量均为录波插件 CPU 独立采集。

3. 其他功能描述

(1) 拥有比例制动分相电流差动和零序电流（$3I_0$）差动保护功能，有很高的灵敏度和可靠性。

(2) 64kbit/s 或 2048kbit/s 高速数据通信接口，线路两侧数据同步采样。

(3) 差动保护具有 TA 断线检测和 TA 饱和判别功能。

(4) 差动保护中具有 TA 变比补偿功能，线路两侧保护可以使用变比不同的 TA。

(5) 差动保护典型动作时间 26ms。

(6) 差动保护间数据通讯采用 CRC 检错措施。

(7) 差动保护有通道监视功能

(8) 保护装置具有较强的对外通信功能，采用高速、可靠的现场总线 LON 网络接口，可以直接和变电站综合自动化系统相连。

(9) 保护通道接口灵活，两侧保护可以通过专用光缆通信；也可以按 ITU—T 建议 G.703 1.2.1 规定与数字通信系统 64kbit/s 数据通道同向接口相连（复接 2M 基群），或者定购 2M 的通信接口盒直接通过 2M 接口相连（复接二次群），用于复用数字微波或光纤通道。

(10) 采用总线不扩展的单片机，核心 CPU 板采用多层印制电路板，表面贴装技术，大大提高了整套保护装置的抗干扰能力。

(11) 装置面板设有 LCD 显示、四方键盘、信号灯及一个串口，利用菜单可以进行各种操作，如：显示定值、开关量状态和电流采样值等。通过串口与 PC 机连接配合使用汉化界面的 MBPC 软件，可方便操作。

(12) 装置具有完备的自检功能，可以对装置的数据采集、开关量输入输出和 CPU 系统进行连续检测，出现一般性异常时驱动告警Ⅱ，发出告警信号；若出现严重异常，驱动告警Ⅰ，可靠闭锁装置出口。

(13) 装置中配置了三个 CPU 插件，分别承担纵联、距离和零序方向保护功能，并且利用由三个保护插件分别驱动的三个启动继电器触点构成三取二回路闭锁各出口继电器。B 型装置具有综合重合闸功能。

(14) 装置机箱内带有一个 0.5M 存储容量的录波插件，记录了所有进入装置的模拟量、开入量和内部各继电器动作的过程。设有录波专用高速网络（LON）接口，可将各装置中记录的数据从网络汇总后打印、存盘或远传。录波数据可用通用的录波分析软件包来分析。

4. 保护主要参数

表 1-2-82 是保护装置主要参数。

表 1-2-82　　**装置额定电气参数**

名　称	额定电气参数	
直流电源	220V 或 110V（订货请注明）	
交流电压	$100/\sqrt{3}$V、100V（额定电压 U_n）	
交流电流	5A 或 1A（额定电流 I_n，订货请注明）	
额定频率	50Hz	
同期电压	100V 或 $100/\sqrt{3}$V	
过载能力	交流电流回路	2 倍额定电流，连续工作
		10 倍额定电流，允许 10s
		40 倍额定电流，允许 1s
	交流电压回路	1.2 倍额定电压，连续工作
		1.4 倍额定电压，允许 10s
功率消耗	直流回路	不大于 40W
	交流电压回路	不大于 1VA/相（额定电压时）
	交流电流回路	不大于 1VA/相（I_n=5A 时）
		不大于 0.5VA/相（I_n=1A 时）
接点容量	其他回路接点负载	工作容量：电压不大于 250V 允许长期工作电流 3A，允许通过瞬时冲击容量为 62.5VA/30W；断开容量：AC250V（DC30V）/3A
	出口回路接点负载	工作容量：电压不大于 250V 允许长期工作电流 5A，允许通过瞬时冲击容量为 1250VA/150W；断开容量：AC250V（DC30V）/5A
状态量电平	各 CPU 及通信接口模件的输入状态量电平	24V
	GPS 对时脉冲输入电平	

（二）装置插件结构图简介

图 1-2-156 是装置的背面面板布置图。

AC	VFC	64KB	CPU	CPU1	CPU2	CPU3	CPU4	CPU6	TRIP	LOG1	LOG2	SIG	POWER
交流	模数	64KB 通信接口	通信	差动	距离	零序	重合闸	录波	跳闸	逻辑 1	逻辑 2	信号	电源
1	2	3	4	5	6	7	8	9	10	11	12	13	14

图 1-2-156　CSL—103B（/H）装置面板结构图

插件注释：CSC—103B 型装置配置的插件包括交流插件、模数变换插件、64kB 通信接口插件、通信 CPU 插件，纵联、距离、零序、重合闸通用 CPU 插件，故障录波 CPU 插件，跳闸继电器插件，逻辑插件，保护信号插件，电源插件。另外，装置面板上配有人机接口组件。

（三）装置面板说明

图 1-2-157 是装置正面面板布置图。

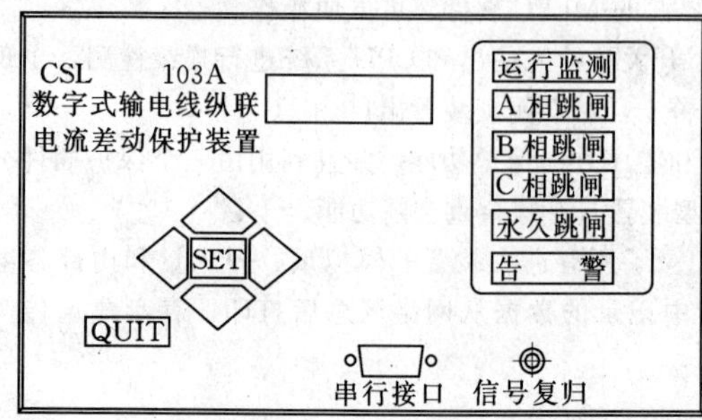

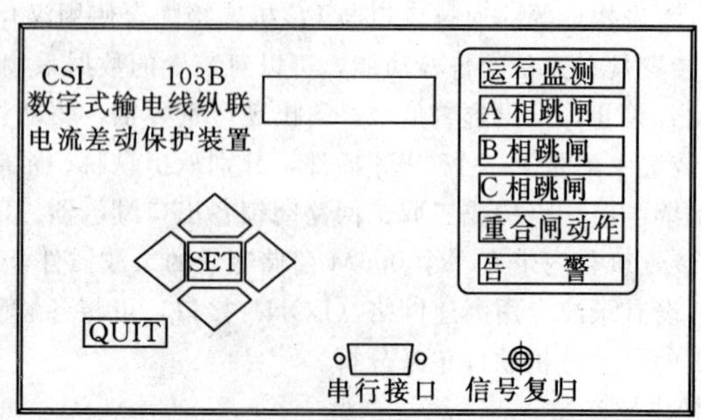

图 1-2-157　装置正面面板布置图

面板上各元件说明：

(1)"SET"键：确认键用于设置或更改数据、命令。

(2)"上"、"下"、"左"、"右"键：选择键，用于从液晶显示器上选择菜单功能、命令。

(3)"QUIT 键"：复位键（"Q"键），按此键装置将取消当前操作，回到上一级菜单。

(4) LCD：人机接口显示用液晶显示器。

(5) SIO：连接外设 PC 机用的九针串口插座。

(6) LED：由发光二极管构成的用于显示装置状态的光字灯，包括 A 相跳闸、B 相跳闸、C 相跳闸、永久跳闸（B：重合闸动作）、告警。

(7) 信号复归："RST"按钮，用来复归光字灯和确认压板的投退及定值区改变。

（四）保护运行液晶显示说明

1. 正常运行显示（英文版）

正常运行时，装置面板上光字灯"运行监视"绿灯亮；双行，每行 16 个字符的液晶显示器 LCD，正常运行时第一行显示装置的实时时钟，第二行轮流显示如表 1-2-83 所示信息：按"SET"键显示器则转为显示装置功能键的"一级菜单"，在任何时刻按"Q"键则即退出当前状态而回到正常显示，如若希望液晶显示器 LCD 退回到正常显示的实时时钟状态只需按一次或几次"Q"键即可。在任何菜单时，如持续 30s 不按任何键，装置自动返回到正常显示状态。

表 1-2-83　　正常运行液晶显示（英文版）

装置名称	显示符号	含义
CSL—103A、CSL—103B	I_m：0.3 0	本侧 A 相电流、角度
	I_n：0.3 180	对侧 A 相电流、角度
	c：0.01 0.01 0.01	三相电容电流
	b：0.01 0.01 0.01	三相制动电流（1.73/1.83 版新增）
	CHANNEL：0	每 600 帧报文中错误帧数
	CD：ON	差动保护压板：投入
	S：00	当前定值区号：0
	S：00 J1 J23	距离Ⅰ段投入、距离Ⅱ、Ⅲ段投入
	S：00 L1 L234	零序Ⅰ段投入、零序Ⅱ、Ⅲ、Ⅳ段投入
CSL—103B	CHZ：READY	重合闸压板投入，充电满

2. 正常运行显示（中文版）

汉化 MMI 面板采用菜单提示和键盘控制相结合的人机对话方式，装置面板上有 6 个键和汉化大屏幕点阵式液晶显示器，汉化菜单显示在液晶显示器上（每屏最大显示容量为 5 行、每行 20 个字节即 10 个汉字），采用分级菜单操作，利用简易键盘可以实现各级菜单的选择及数据的输入。

装置面板上显示装置运行状态的光字灯"运行监视"绿灯亮；正常运行时第一行显示装置的实时时钟，第二行轮流显示如图 1-2-158 所示信息：其中本、对侧相电流取为 A 相，通信错误帧数为连续 600 帧报文中的错误帧数，三相制动电流为 1.71/1.83 版软件增加，CSL—103B/H 型装置"重合闸压板投入：充电满"。

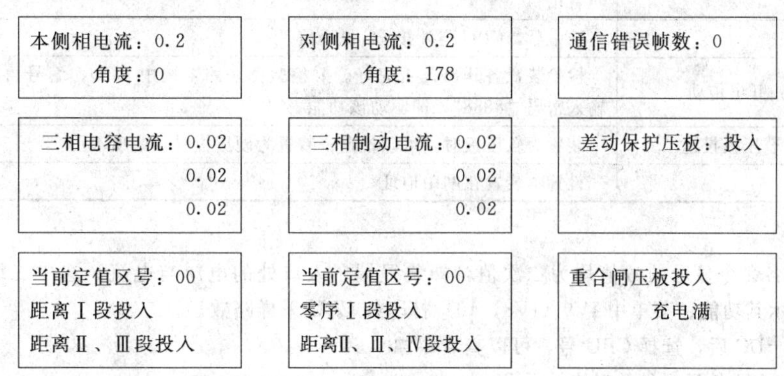

图 1-2-158　正常运行液晶显示（中文版）

装置正常循环显示时，按"SET"键显示器则转为显示装置功能键的"一级菜单"，主菜单向下按照功能分为各级子菜单（目前最多为三级菜单）。进行菜单操作时，通过按"上"、"下"、"左"、"右"键将手形光标移至菜单对应项的前面，按下“SET”键进入该项内容；根据进入菜单的级数，按一次或数次“QUIT”键，可一次或逐级退出当前菜单，返回正常显示状态。

（五）保护装置菜单说明及功能介绍

1. 英文版

（1）菜单结构。

按“SET”键，显示“一级菜单”包括 8 项，即 VFC、SET、RPT、CLK、CRC、PC、CTL、ADR，用四方键移动光标至所选的项目后再按“SET”键，即可进入所选项，如表 1-2-84 所示。

表 1-2-84　　保护装置菜单目录

一级菜单	二级菜单	三级菜单及功能说明
VFC	DC 查看通道零漂	A 型：I_a、I_b、I_c、$3I_0$、U_a、U_b、U_c、$3U_0$ 对应 VFC 插件的 RW2n（n=12～5） B 型：I_a、I_b、I_c、$3I_0$、U_a、U_b、U_c、$3U_0$、U_x 对应 VFC 插件的 RW2n（n=12～4）
	VI 查看通道测量值及压板投入情况	1. 查看通道测量值及角度：I_a、I_b、I_c、$3I_0$、U_a、U_b、U_c、$3U_0$、U_X 2. DI：各 CPU 开入量及对应端子 3. I_2、V_2 PQ_2 三相电流、三个线电压、有功无功功率，I_3、VV_3、PQ 三相电流、三个线电压、有功无功功率 4. S：各保护元件压板投、退情况和当前定值区号 5. BZD：调试时远动对点用 6. IV9：从打印机打印所有通道的电压、电流值
	ZK：显示阻抗	显示测量阻抗值 Z_{AN}、Z_{BN}、Z_{CN}、Z_{AB}、Z_{BC}、Z_{CA}
	SAM：打印采样值	查看各模拟量输入的极性和相序是否正确
SET	LST 显示与修改定值	用于逐行显示和修改定值，（首先要按提示输入 CPU 号及定值区号）
	SEL：选定值区	装置为远方投退压板时，可以切换定值区 装置为常规硬压板时此项不起作用
	PNT：定值打印	用打印机打印整定值（可按 CPU 号选择）
RPT	CPU	调 CPU 中分报告
	MMI	调 MMI 中总报告
	CLR	清除 MMI 中报告
CLK	TIM	修改时钟
	MOD（对时方式）	NOM 备用
		NET 网络对时
		SEC GPS 秒脉冲对时
		MIN GPS 分脉冲对时
CRC	CPU	显示 CPU 软件版本号及检验码
	MMI	显示 MMI 软件版本号
	RUN	设置运行的 CPU 号
	RCP	备用
PC		选中后，CPU 与外接 PC 机通信
CTL	DOT：开出传动	检验装置各开出是否完好。要检验哪一路，选中 CPU、编号再用“SET”键确认后，输入密码“8888”，即驱动该功能
	EN：软压板投退	装置为软压板时，可以投退；装置为硬压板时，此项不用
ADR		设置本装置在网中地址

（2）功能说明。

1）VFC。菜单下各命令显示的数值均为二次值，即装置端子入口处的电压与电流；选中二级菜单后，首先提示 CPU 号，选中后方显示其功能；菜单中 IV9（IV8，10）打印各 CPU 采样路数。

a. DC：选中 VFC－DC 后，选择 CPU 号，可以查看零漂。

b. 二级菜单 DI：CPU 各开入量及对应端子。

c. S：进入 VFC－VI－S 后，选择 CPU 号，可以查看该 CPU 压板投退状态。

2）SET。有 3 个二级菜单，即 LST、SEL、PNT。

a. LST：查看、修改、固化定值。首先从一级菜单中选出 SET 菜单，按“SET”键，选 LST 后按“SET”键，液晶显示“CPU NO-x（x：CPU号1、2、3、4、6）”，设置CPU号后按“SET”键，液晶显示“S-NO：0x（定值区号，由00-07）”，用“上”、“下”键选择需要的定值区号（液晶显“…”时，表示选择当前的定值区号）后按“SET”键，液晶显示“SNo=0X”表示定值区号，按“下”键，液晶显示“KG1=××××……”，即各保护的定值代号，按定值单逐项输入，输入一项后即时按“SET”键进行确认，然后再按“上”或“下”键选另一项，该CPU的定值全部改完液晶显示“Send Setting? Y：SET，N：QUIT”，按“SET”键后液晶显示“BURN TO 00”，设定固化至某一定值区后，按“SET”键确认后液晶显示“Are you Sure? Code 0000”，将“0000”改为“8888”（设置密码），按“SET”键确认后液晶显示“ANS Success!”，“SET BURN OK 00!”，按“Q”键后，液晶显示恢复正常，可进行下一个CPU定值的整定，直至完成。

b. SEL：切换定值区。如果装置为远方投退压板方式，可以进入SET-SEL，选择CPU号后，显示“SWITCH TO 00”，改变切换后的定值区号，MMI显示“ARE YOU SURE? Code 0000”，将“0000”改为“8888”（设置密码），按“SET”键确认后“液晶显示”“ANS Success!”，“CDSCHGO 00-01”等字样，表示定值切换成功。

c. PNT：进入SET-PNT，选择CPU号，按“SET”键确认后，选择定值区号，按“SET”键确认后可以打印定值。

3）RPT：用于显示记忆在存储器中装置历次动作的记录。

a. CPU：用来调用存放在CPU RAM区内的报告，打印报告时会有采样值上送。首先选择CPU号，用“SET”键确定CPU号后，LCD显示RPT-NO：××，用“上”、“下”键可以改变××处显示的数字，选择要求的数字后按“SET”键确认即可。××显示01表示选择最后一次故障动作信息，××显示02表示选择往前第二次故障动作信息，依此类推。CPU RAM区内的报告，掉直流电后会丢失，需要特别注意，故障后不要随意拉直流电，请先将CPU中的报告复制出来再进行其他操作。

b. MMI：用来调用存放在MMI的E^2PROM中的事件记录，第一行是发生故障的时间，此后按动作先后排列的各事件，这些事件是指导致跳闸出口的事件，事件大于一行时，两行LCD将不停地完整的翻滚显示报告，直到按“Q”键才返回正常显示。

4）CLK。

a. MOD：进入CLK-MOD可以设置对时模式。进入CLK-MOD显示“0-NET”等字样，表示当前的对时模式，如果要更改对时模式，按“Q”键，显示“NOM NET SEC MIN”字样，分别表示：备用、网络对时、秒脉冲GPS对时、分脉冲GPS对时。用“左”、“右”键将光标移到相应的对时模式下面，按“SET”键，输入密码“8888”，即可。

b. TIM。进入CLK-TIM显示时间和日期，第一行为时间，第二行为日期。用“左”“右”键将光标移到相应的时间下面，用“上”、“下”键可以改变时间和日期。

5）CRC。用于显示软件版本号及CRC检验码，进入后显示二级菜单：CPU MMI RUN RCP。

a. 进入CRC-CPU后，用“上”、“下”键改变CPU号，按“SET”键，稍候，显示相应的CPU版本号，CRC校验码，C0为原码，C1为计算码，C0、C1相等，表明程序保持不变。

b. 进入CRC-MMI后，按“SET”键，显示MMI的版本情况。

c. 进入CRC-RUN，设置巡检的CPU号，液晶显示见图1-2-159。

CPU	123456
	100000

图1-2-159 液晶显示CPU号

“左”、“右”方向键将光标移动到需要设置的CPU号下，再用“上”、“下”方向键改变0、1，设为1表示该CPU的报文将在MMI上显示；设为0表示MMI不巡检该CPU。按下“SET”键后，输入密码“8888”，即投入MMI对于该CPU的巡检。

CSL—103A（B）的CPU号是：纵联差动为1、距离为2、零序为3、录波为6。CSL—103B的重合闸CPU为4。若某个CPU不存在而又未取消，则MMI将告警并显示“CPU COMM ERR!”表示对该CPU巡检不响应，如所有的CPU均未设置，装置一通电立即告警并显示“SET CPUS，PLAESE”提醒设置投入的CPU号。

6）PC。用于将人机接口功能由面板上MMI切换至面板上RS—232串口连接的PC机，切换后MMI的LCD显示为“Press Q to return”（即按“Q”键使MMI重新获得控制权）。切换后MMI的RXD端仍可收到CPU TXD端的发信。在MMI发现CPU持续60s不发信时，自动再切换重新取得控制以免工作人员忘记按“Q”键，使MMI长期不工作。

7）CTL（Control的缩写）。

a. DOT（开出传动）：用于检验装置各开出是否完好。进入CTL-DOT后，要检验哪一路，可用“上”、“下”键选中编号再用“SET”键确认后即可按显示指示操作驱动该功能开出。

b. EN，对于综合自动化的站，可以在该菜单投退保护压板，各个CPU及对象号见表1-2-85。依次进入“CTL-EN”菜单，选择CPU号，投退的压板号，“SET”键确认后，选择投、切压板（SET投，QUIT切），输入密码

"8888"，按"SET"键，显示"(E1 OFF - ON)"(压板 1 退出-投入)、"(E2 OFF - ON)"(压板 2 退出-投入)等。

表 1-2-85　CSL—103A(B)装置软压板对应表

压板	差动	距离Ⅰ段	距离ⅡⅢ段	零序Ⅰ段	零序其他段	重合闸长延时投入(B型)	三重(B型)	综重(B型)	单重(B型)	重合闸停用(B型)
CPU 号	1	2	2	3	3	4	4	4	4	4
对象号 No.	01	02	03	04	05	06	07	08	09	10

8) ADR。该子菜单设置本装置在监控网中的地址。进入 ADR，显示"NODE _ ADDR ××"，将××改为设置的地址(有效地址范围：10H - ABH)，按"SET"键确认，根据提示输入密码"8888"，按"SET"键确认即可。

(3) 硬压板确认及改变定值区号确认。

装置压板采用硬压板时，定值区号采用拨轮开关。

1) 压板的投退。当压板由退出改为投入时，面板上显示："DI - CHG? P - RST"此时手动按复归按钮"RST"，确认压板由退出转为投入。此时面板上应显示"DIN×× OFF - ON"，即第××号压板由退出转为投入位置，此××号为该压板接入装置的端子号此时方表示此压板已投入。

当压板由投入改为退出时，面板上亦显示："DI - CHG? P - RST"此时手动按复归按钮"RST"确认后，面板上应显示"DIN ×× ON - OFF"，即第××号压板由投入状态转为退出。

若改变压板位置而未确认，经过一定延时后，装置将告警，并显示"DIERR ××"。××对应相应压板的端子号。如果由于忘记复归装置告警 DIERR ××时，需要将告警复归掉，再按"RST"复归确认。

2) 定值区号的改变。当改变定值区号时，把定值选择开关调到所需区号后，面板上将显示"SETTING CHANGED, PRESS RESET TO ENSURE"。此时按复归按钮"RST"确认后，面板上显示："SCHGO ××1 - ××2"(××1 为改前区号，××2 为改后区号)。若调整区号而不确认，经过一定延时后，装置将告警，并显示"SETTING ERROR, PRESS RESET OK"。如果由于忘记复归装置告警 SETTING ERROR 时，需要将告警复归掉，再按"RST"复归确认。

2. 中文版

(1) 菜单结构。

装置菜单结构见表 1-2-86。

表 1-2-86　装置菜单结构

一级菜单	二级菜单	三级菜单	操作功能
模拟量	零漂		调保护零漂
	刻度		调保护刻度
	阻抗		显示测量阻抗值 Z_{AN}、Z_{BN}、Z_{CN}、Z_{AB}、Z_{BC}、Z_{CA}
	采样打印		打印保护采样值
定值	定值修改		调保护定值并修改
	切定值区		切换保护定值区(对于软压板有效)
	定值打印		打印保护定值
报告	MMI 报告		调 MMI 内存放的报告
	CPU 报告		调 CPU 内存放的报告
	删除①		删除 MMI 内存储的报告
设置	CPU 投退		设置装置内运行的 CPU 号
	装置地址		设置装置的网络地址
	时钟	时钟修改	手动设定当前时间
		网络对时	将装置设置为网络对时方式
		秒脉对时	将装置设置为秒脉冲对时方式
		分脉对时	将装置设置为分脉冲对时方式
	面板选型①		选择装置型号
控制	压板投退		压板投退(对于软压板有效)
	开出传动		开出传动
PC 通信			切换到 PC 机与保护 CPU 通信

续表

一级菜单	二级菜单	三级菜单	操 作 功 能
帮助	关于		关于软件及厂家联系方法
	版本	MMI 版本	MMI 版本说明
		CPU 版本	CPU 版本说明
	操作	菜单选择	菜单选择的简要操作说明
		定值修改	定值修改的简要操作说明
		循环显示	循环显示的简要操作说明
		报告显示	报告显示的简要操作说明

① 仅为装置出厂前由调试人员使用，故在操作说明中没作介绍。

(2) 功能说明。

1) 模拟量。

a. 调保护 CPU 的零漂见表 1-2-87。

表 1-2-87　CPU 的 零 漂

模拟量—零漂—CPU	
装置 CPU 号	三级菜单的零漂
CSL—103A (B)/H 的 CPU1、CPU2、CPU3	I_a、I_b、I_c、$3I_0$、U_a、U_b、U_c、$3U_0$ 对应 VFC 插件的 RW2n (n=12～5)
CSL—103B/H 的 CPU4	I_a、I_b、I_c、$3I_0$、U_a、U_b、U_c、$3U_0$、U_x 对应 VFC 插件的 RW2n (n=12～4)

IV8、IV9 用于打印所有零漂。

以查看装置的 A 相电流零漂为例：按“SET”键进入主菜单，依次进入“模拟量—零漂”菜单，按照提示选择需要查看零漂的 CPU 号、依次选择每一通道，再按“SET”键，稍后便显示该项零漂值。在显示某项零漂值时，按复位按钮或下键可循环调出其下一项零漂，按“上”键可循环调出其前一项零漂，按“QUIT”键退出显示零漂。

b. 调 CPU 的刻度见表 1-2-88。

表 1-2-88　装置刻度的显示

选择模拟量—刻度—CPU	
装置 CPU 号	三级菜单的刻度
CSL—103A (B) /H 的 CPU1、CPU2、CPU3	(1) I_a、I_b、I_c、$3I_0$、U_a、U_b、U_c、$3U_0$ 对应 VFC 插件的 RW1n (n=12～5) (2) DI：各 CPU 开入量及对应端子 (3) I_2、V_2、PQ_2 三相电流、三个线电压、有功无功功率 I_3、VV_3、PQ 三相电流、三个线电压、有功无功功率 (4) S：各保护元件压板投、退情况和当前定值区号 (5) BZD：调试时远动对点用 (6) IV8、IV9：从打印机打印所有通道的电压、电流刻度值
CSL—103B/H 的 CPU4	I_a、I_b、I_c、$3I_0$、U_a、U_b、U_c、$3U_0$、U_x 对应 VFC 插件的 RW1n (n=12～4) 其余量含义同上

IV8、IV9 用于打印所有刻度。

c. 阻抗。显示保护 CPU 的测量阻抗值：ZAN ZBN ZCN ZAB ZBC ZCA。

d. 采样打印。此功能用于打印当前采样值，以便查看各模拟量输入的极性和相序是否正确。采样值可以通过打印机打印，也可以用 PC 机的调试软件查看，但不能在面板液晶上看到。

具体操作：按“SET”键进入主菜单，依次进入“模拟量——采样打印”，根据提示选择 CPU 号后按“SET”键，打印机可以打印该“CPU”的采样值，按“QUIT”键后可退出打印。

2) 定值。

a. 定值查看、修改。按“SET”键进入主菜单，依次进入“定值—定值修改”菜单。根据提示按“上”、“下”键选择 CPU 号、定值区号（··表示当前区，下同）后按“SET”键，稍等即调出相应的定值区定值。其中第 00 项为定值区号，从第 01 项开始为定值。

用“左”、“右”键可在定值的各位间移动光标，用“上”、“下”键可改变光标所在位的值。每项定值修改后都必须按“SET”键确认！按“SET”键使定值修改有效，同时将光标移至最右列，这时才可用“上”、“下”键选择其他项定值。

所有定值修改完毕后，按两次“QUIT”键，出现提示：“向 CPU 传送定值?”。按“SET”键，液晶先显示“正在下传定值，请等待……”后又：“固化定值?”。按“SET”键，液晶显示：“固化区号：××”。用“上”、“下”键选择所需要固化的定值区号，按“SET”键，提示：“请输入密码确认：0000”。将密码改为“8888”，按“SET”键后显示：“定值固化成功!”。

注意：对于控制字定值，液晶在上行显示 16 进制数值时，还在下行显示 2 进制数值及其每位的具体含义，所以在修改控制字定值时，既可修改上行的 16 进制数，也可修改下行的 2 进制数，两者联动，效果相同。

b. 软切换定值区。此功能只适用于为综合自动化站设计的装置，可以在 0～7 八个定值区存放定值。定值区可以通过人机接口面板或工程师站进行切换。具体操作可以根据提示。

c. 定值打印。此功能用于经网络线连接在网络上的打印机打印定值，这时液晶不显示定值。

3）报告。

a. MMI 报告。在正常循环显示状态下按“SET”键进入主菜单，依次进入“报告——MMI 报告”菜单，稍等后即显示 MMI 中存储的报告，LCD 上第一行显示“MMI 中第 1 新报告”。

一屏内的短报告静止显示；超过一屏的长报告滚动显示，这时按“上”、“下”键可翻屏浏览该报告的前后内容，10s 后恢复滚动。按“右”键可查看 MMI 中当前报告的更老一次报告，按“左”键可查看 MMI 中当前报告的更新一次报告。按“QUIT”键退出。LCD 上第一行显示“MMI 中第×新报告”、“MMI 中第×老报告”等。

b. CPU 报告。按“SET”键进入主菜单，依次进入“报告——CPU 报告”菜单，按“SET”键，根据提示按“上”、“下”键选择 CPU 号、报告编号（01 表示最新报告，02 表示第 2 新报告，依次类推）。选择所需的报告号后按“SET”键，稍候即显示所选的报告。

4）设置。

a. CPU 投退。在正常循环显示状态下按“SET”键进入主菜单，依次进入“设置——CPU 投退”菜单，按下“SET”键。液晶显示当前 CPU 板投退情况，用左右键将光标移至需要投退的 CPU 号下，用上下键改变 0 或 1，1 表示设置对该 CPU 的巡检，该 CPU 的报文在 MMI 上显示；0 表示不巡检该 CPU。按“SET”键后液晶显示“请输入密码确认：0000”。将密码改为“8888”，按“SET”键后显示：“设置成功!”。

注意：此功能只投退 CPU 与 MMI 之间的通信，CPU 保护功能不受影响。装置的差动保护为 CPU1，距离保护为 CPU2，零序保护为 CPU3，录波为 CPU6，CSL—103B/H 装置的重合闸为 CPU4。

b. 装置地址。此功能用于装置接入通信网时设置装置在网中的地址，范围为 10H—ABH。应保证连接到同一网上的装置地址各不相同。

c. 时钟。进入菜单“设置—时钟—时钟修改”后，可以设定当前时间、日期。进入其他二级菜单，可以选择各种对时模式：网络对时、秒脉冲对时、分脉冲对时。

5）控制。

a. 压板投退。此功能只适用于为综合自动化站设计的装置，可以用后台和 MMI 进行压板投退。

依次进入“控制——压板投退”菜单，选择 CPU 号，投退的压板名称，选择投、切压板（SET 投，QUIT 切），输入密码“8888”，按“SET”键，显示“压板投入”、“压板退出”。

b. 开出传动。此功能用于检验装置的各路开出是否完好，进入后液晶显示开出号、开出名称，选中某项开出后，用 SET 键确认，输入密码“8888”，装置相应的继电器触点动作并有灯光信号。复归已驱动的开出只要按面板上的复归按钮。运行时严禁使用。

6）PC 通信。用于将人机接口功能由面板上的 MMI 切换至同面板上 RS－232 串口连接的 PC 机。

主菜单中将光标移至“PC 通信”时按“SET”键，液晶显示计算机←——→装置 按“QUIT”键退出。用 PC 机可以进行零漂、刻度的调取、采样值的调取、压板投退、开出传动等操作。按“QUIT”键可退出此状态，返回到循环显示，并由 MMI 与保护 CPU 进行通信。在 MMI 发现 CPU 持续 60s 不发信时，自动再切换重新取得控制以免工作人员忘记按“Q”键，使 MMI 长期不工作。

7）帮助。

a. MMI 版本。在正常循环显示状态下按“SET”键进入主菜单，依次进入“帮助－版本－MMI 版本”菜单。液晶显示 MMI 版本号、日期、校验码、当前选型等信息。

b. CPU 版本。具体操作类似上述：依次进入“帮助—版本—CPU 版本”菜单，移动光标选择 CPU 号，液晶显示 CPU 版本号、日期、校验码等信息。

8）硬压板确认及改变定值区号确认：需要确认操作的只有投/退保护功能硬压板、硬定值区切换，这两个功能是在运行中需要的正常操作，但为防止因压板脱落、导线断开等非人为操作引起错误地投/退保护功能压板、定值区切换的严重事故，故设置了操作确认程序。

a. 保护功能硬压板投/退。当压板由退出到投入时，面板上会显示："开入变位 请按复归键确认"此时需现场人员手动按复归按钮，确认压板由退出转为投入。此时，面板上应显示"开入 ×× 分-合"，即第××号压板由退出转为投入位置，此××号均为该压板接入的装置端子号。此时表示此压板已投入。

当压板由投入到退出时，同样，面板上亦会显示："开入变位 请按复归键确认"，现场人员按复归按钮确认后，面板上应显示："开入 ×× 合-分"，即第××号压板由投入状态变为退出状态。

投退压板和改变定值区号操作后，要求操作人员按信号复归按钮（可以按装置面板上的按钮，也可以按屏上的按钮）确认，它可以防止压板或定值拨轮触点接触不良而导致错误地改变定值或退出保护。

若投/退保护功能压板后，忘记按复归钮，则一段时间后保护告警灯亮，并稍后液晶显示出错信息"开入异常××××"。此时保护认为是装置硬件回路故障，保护功能状态没有改变；此时应按信号复归钮复归告警信号灯，继续按信号复归钮确认后，面板显示面板上应显示："开入 ×× 分-合"；此过程同样适用定值区切换后忘记按复归钮确认。

b. 硬切换定值区。硬定值区可以通过屏上的拨轮切换 。可以在0～7八个定值区存放定值，硬定值区切换后备保护CPU同时进行。

硬切换定值区时，MMI提示切换定值区××1～××2，按"SET"键或"RESET"确认或切回原定值区，按"SET"、"RESET"键，MMI报"差动保护、距离保护、零序保护、重合闸切换定值区××1～××2"。如果忘记按"SET"键或"RESET"键，切换定值区不成功，过一段时间装置会告警。

（六）保护装置部件投退说明

1. 压板说明

保护装置压板说明见表1-2-89。

表1-2-89　装置压板说明

压板单元	压板名称	功能说明	投退说明
1CLP1	A相跳闸出口一	保护A相跳闸出口压板，接入开关第一组跳闸线圈回路	根据接线进行投退
1CLP2	B相跳闸出口一	保护B相跳闸出口压板，接入开关第一组跳闸线圈回路	根据接线进行投退
1CLP3	C相跳闸出口一	保护C相跳闸出口压板，接入开关第一组跳闸线圈回路	根据接线进行投退
1CLP4	三跳出口一	保护三跳出口压板，接入开关三跳回路	根据接线进行投退
1CLP5	永跳出口一	保护永跳出口压板，接入开关永跳回路	根据接线进行投退
1CLP6	远跳出口	保护远跳出口压板	根据接线进行投退
1CLP7	A相失灵启动	A相失灵启动	根据接线进行投退
1CLP8	B相失灵启动	B相失灵启动	根据接线进行投退
1CLP9	C相失灵启动	C相失灵启动	根据接线进行投退
1CLP10	合闸出口	重合闸出口压板，接入开关合闸回路	根据接线进行投退
1CLP11	启动重合闸	（单跳或三跳）启动重合闸压板	根据接线进行投退
1CLP12	至其他保护（BDJ）	至其他保护压板	根据接线进行投退
1CLP13	启动切机	启动切机出口压板（单跳、三跳、永跳）	根据接线进行投退
1CLP14	差动保护投入	差动保护功能压板	投入
1CLP15	距离Ⅰ段保护投入	距离Ⅰ段保护功能压板	投入
1CLP16	距离Ⅱ、Ⅲ段保护投入	距离Ⅱ、Ⅲ段保护功能压板	投入
1CLP17	零序Ⅰ段保护投入	零序Ⅰ段保护功能压板	投入
1CLP18	零序其他段保护投入	零序其他段保护功能压板	投入
1CLP19	重合闸时间控制	重合闸时间控制功能压板	根据运行方式投退
1LP1	A相跳闸出口二	保护A相跳闸出口压板，接入开关第二组跳闸线圈回路	根据接线进行投退
1LP2	B相跳闸出口二	保护B相跳闸出口压板，接入开关第二组跳闸线圈回路	根据接线进行投退
1LP3	C相跳闸出口二	保护C相跳闸出口压板，接入开关第二组跳闸线圈回路	根据接线进行投退
1LP4	三跳出口二	保护三跳出口压板，接入开关三跳回路	根据接线进行投退
1LP5	永跳出口二	保护永跳出口压板，接入开关永跳回路	根据接线进行投退

2. 复归按钮、控制把手、重合闸投切把手说明

FA——线路保护装置复归按钮。

1DQ——定值拨轮开关。

1KG——打印机交流电源。

ZKK——保护用交流电压空气开关。

1QK——重合闸方式选择开关，有四种方式：单重、综重、三重、停用。

4DK1、4DK2、4DK3——控制电源空开。

1DK——保护装置电源空开。

（七）装置故障信息解析

1. 差动保护告警信息

装置差动保护告警信息见表 1-2-90。

表 1-2-90　　装置差动保护告警信息

编码（H）	CSL—103A（B）报文代码	告警类别	CSL—103A（B)/H 报文名称	分析和处理
00	DDACERR、CDACERR	Ⅰ	差动保护数据采集出错	检查电源是否插紧，检查模/数转换回路，更换 VFC 插件或 CPU 插件
01	DRTFAIL、CRTFAIL	Ⅰ	差动保护永跳失败	保护发永跳令后一直检测到有电流，保护报永跳失败检查装置跳闸出口回路
03	CDROMER	Ⅰ	差动保护 ROM 求和校验错	更换差动 CPU 插件
04	D-SETER C-SETER	Ⅰ	差动保护定值求和校验错	重新固化定值，如仍无效，则更换 CPU 插件
05	DSZONER CSZONER	Ⅰ	差动保护定值区指针错	进行一次投退压板、切换定值区操作，如仍无效，则更换 CPU 插件
06	DBADDRV CBADDRV	Ⅰ	差动开出检测无响应	检查是否同时有其他告警Ⅰ导致闭锁 24V 失电，否则更换 CPU 插件
07	DBADRV1 CBADRV1	Ⅰ	差动开出击穿	更换 CPU 插件
09	CDCTDX	Ⅱ	本侧差动 TA 断线	本侧差动 CTDX。1.72/1.82 及其以前版本为本侧或对侧差动 CTDX
0B	D-DIERR ×× C-DIERR ××	Ⅱ	差动保护开入异常告警	检查开入外部回路，如无异常则可能是 CPU 插件开入光隔损坏，应更换 CPU 插件
0E	CDTXZD	Ⅱ	差动保护与 MMI 通信中断	将 CPU 插件插牢，重新上电，仍告警则更换 CPU 插件
10	TXDACER	Ⅰ	通信 CPU 数据采集出错	检查电源是否插紧，检查模/数转换回路，更换 VFC 插件或通信 CPU 插件
11	TXROMER	Ⅰ	通信 CPU 的 ROM 求和校验出错	更换通信 CPU 插件
1A	TD0WCLK	Ⅱ	通道 0 无时钟	
1B	TD1WCLK	Ⅱ	通道 1 无时钟	
1C	TD_WDAT	Ⅱ	通道无数据	光通路没接好
1D	NO_DATA	Ⅱ	通道无采样报文传输	收不到对侧正常采样报文
1E	YFTZML1		收到远方跳闸开入	远方跳闸 1（n87）有信号，向对侧传送信号
1F	MCDZML		收到母差动作信号	差动保护启动时，收到母差动作信号（n86），向对侧传送，对侧保护启动时，永跳出口
20	YFTZML2		收到远方跳闸开入 2	特殊的硬件时，远方跳闸 2（n98）有信号，向对侧传送信号
21	TBTZERR	Ⅱ	采样同步设置错	两侧采样同步设置错，均误设为参考端（1.72/1.82 版增）
22	DCCTDX	Ⅱ	对侧差动 CT 断线	对侧差动 CTDX（1.72/1.82 版增）

2. 后备保护告警信息

装置后备保护告警信息见表 1-2-91。

表 1-2-91　装置后备保护告警信息

编码(H)	CSL—103A (B) 报文代码	告警类别	CSL—103A (B) /H 报文名称	分析和处理
00	JDACERR LDACERR	Ⅰ	距离保护数据采集出错 零序保护数据采集出错	相应保护采样出错。检查模/数转换回路，更换 VFC 插件或 CPU 插件
01	JRTFAIL LRTFAIL	Ⅰ	距离保护永跳失败 零序保护永跳失败	保护发永跳令后一直检测到有电流，相应保护报永跳失败。检查装置跳闸出口回路
02	JOVLOAD LOVLOAD	Ⅰ	距离保护过负荷告警 零序保护过负荷告警	静稳检测元件长期动作相应保护告警。检查 IJW、XX3 定值
03	J-ROMER L-ROMER	Ⅰ	距离保护 ROM 求和自检出错 零序保护 ROM 求和自检出错	相应保护 ROM 自检出错 更换 CPU 插件
04	J-SETER L-SETER	Ⅰ	距离保护定值出错 零序保护定值出错	定值区定值校验和错或无定值。重新固化定值，如仍无效，则更换 CPU 插件
05	JSZONER LSZONER	Ⅰ	距离保护定值区指针错 零序保护定值区指针错	进行一次投退压板、切换定值区操作，如仍无效，则更换 CPU 插件
06	JBADDRV XX LBADDRV XX	Ⅰ	距离开出检测无响应 零序开出检测无响应	检查是否同时有其他告警Ⅰ导致闭锁 24V 失电，否则更换 CPU 插件
07	JBADDRV1 LBADDRV1	Ⅰ	距离保护开出击穿 零序保护开出击穿	未驱动开出而检测到反馈，表明某哪一路开出或反馈回路光耦或三极管击穿。更换 CPU 插件
08	JLPTDX LXPTDX	Ⅱ	距离保护 TV 断线 零序保护 TV 断线	检查电压保险和 TV 切换回路，此时距离保护自动退出运行，零序保护改用外接 $3U_0$ 或退出方向，按现场运行规程执行
0A	JLCTDX LXCTDX	Ⅱ	距离保护 TA 断线 零序保护 TA 断线	相应保护 CTDX。此时零序保护自动退出运行，按现场运行规程执行
0B	J-DIERR XX L-DIERR XX	Ⅱ	距离保护开入异常告警 零序保护开入异常告警	检查开入外部回路，如无异常则可能是 CPU 插件开入光隔损坏，应更换 CPU 插件
0C	LV30ERR	Ⅱ	零序外接 $3V_0$ 未接或接反	检查外接 $3U_0$ 回路
0E	JLTXZD LXTXZD	Ⅱ	距离保护与 MMI 通信中断 零序保护与 MMI 通信中断	将 CPU 插件插牢，重新通电，仍告警则更换 CPU 插件

3. 重合闸告警信息

装置重合闸告警信息见表 1-2-92。

表 1-2-92　装置重合闸告警信息

编码(H)	CSL—103B 报文代码	告警类别	CSL—103B/H 报文名称	分析和处理
01	C-DACER	Ⅰ	重合闸数据采集出错	检查模/数转换回路，更换 VFC 插件或 CPU 插件
02	C-ROMER	Ⅰ	重合闸 ROM 求和自检出错	更换重合闸插件
03	C-SETER	Ⅰ	重合闸定值出错	重新固化定值，如仍无效，则更换 CPU 插件
04	C-SZONER	Ⅰ	重合闸定值区指针错	进行一次投退压板、切换定值区操作，如仍无效，则更换 CPU 插件
05	CBADRV	Ⅰ	重合闸开出检测无响应	检查是否同时有其他告警Ⅰ导致闭锁 24V 失电，否则更换重合闸插件
06	CBADRV1	Ⅰ	重合闸开出击穿	更换重合闸插件
07	DYCC	Ⅱ	电压不同期	线路有电流而母线电压与线路抽取电压不同期
08	C _ TXZD	Ⅰ	重合闸与 MMI 通讯中断	将重合闸插件插牢，重新通电，仍告警则更换重合闸插件
09	C-DIERR XX	Ⅱ	重合闸插件开入异常告警	检查开入外部回路，如无异常则可能是 CPU 插件开入光隔损坏，应更换 CPU 插件
0C	CQJERR	Ⅰ	重合闸启动开入错	检查重合闸启动开入外部回路，如无异常则可能是 CPU 插件开入光隔损坏，应更换 CPU 插件

（八）装置正常工况与异常工况说明

装置正常工况与异常工况说明见表1-2-93。

表1-2-93　　　　　　　　　装置正常工况与异常工况说明

名　称	定　义	正常运行状态	异 常 状 态 说 明
运行监视	运行监视灯	绿灯亮	正常运行时发平光，其他灯均不亮；保护装置启动时运行灯闪烁
A相跳闸	A相跳闸信号灯	不发光	A相跳闸时点亮，发红色平光
B相跳闸	B相跳闸信号灯	不发光	B相跳闸时点亮，发红色平光
C相跳闸	C相跳闸信号灯	不发光	C相跳闸时点亮，发红色平光
重合闸动作	重合闸动作指示灯	不发光	重合动作时点亮，发红色平光
告警	装置告警信号灯	不发光	此灯正常灭，动作后为红色。有告警Ⅰ时（严重告警），装置面板告警灯闪亮，退出所有保护的功能，装置闭锁保护出口电源；有告警Ⅱ时（设备异常告警），装置面板告警灯常亮，仅退出相关保护功能（如TV断线），不闭锁保护出口电源

（九）运行情况下注意事项

（1）严禁带电插拔装置各插件、触摸印制电路板上的芯片和器件，不允许随意按动面板上的键盘，不允许操作如下命令：开出传动、修改定值、固化定值、设置运行CPU数目、改变本装置在通信网中地址等。

（2）运行中要停用装置的所有保护，要先断跳闸压板再停直流电源。运行中要停用装置的一种保护，对硬压板只停该保护的压板，复位确认即可；对软压板在监控后台退出压板即可。

（3）运行中直流电源消失，应首先退出跳闸压板。

（4）保护动作后的处理：

1）不应断开装置的直流电，不应急于对装置做模拟试验。

2）完整、准确记录灯光信号、装置液晶循环显示的报告内容。

3）检查后台机（或打印机）的保护动作事件记录。

4）向调度及保护人员报告，如有打印机或工程师站，应立即从CPU和MMI板分别复制保护动作报告，在此之前不应断开装置的直流电或做模拟试验；（非常重要）。

5）收集、整理录波报告（包括分散式录波和集中式录波）。

6）集中所有报告，记录，分析动作原因。如果有疑问，请联系通知制造厂。

（5）异常情况处理。对于异常情况，装置能够发出告警信号。但告警的原因分外部异常、装置故障、操作错误及个别综合因素，并归纳为Ⅰ类告警（也称告警Ⅰ）和Ⅱ类告警（也称告警Ⅱ）。

Ⅰ类告警是装置本身元件损坏或自检出错，此类告警为严重告警，应及时处理并通知继保人员，此时装置将失去保护功能。

Ⅱ类告警是非装置严重故障、外部异常、操作错误等告警，此类告警也应通知继保和调度人员，此时装置未失去保护功能。告警类型可以从液晶显示的报文加以判别，并应分别作不同的处理。

（十）生产厂家

北京四方继保自动化股份有限公司。

二十四、RCS—901A/B型超高压线路成套保护装置

（一）概述

本装置采用整体面板和全封闭机箱，抗干扰能力强，端子采用接插端子，屏上走线整洁。现场调试和维护工作可以用专用调试仪进行，减轻了现场工作量。

装置采用单片机+DSP的模块化设计，单片机（总启动元件）与DSP（保护测量）的数据采样系统的电子电路完全独立，只有总启动元件动作才能开放出口继电器正电源，从而真正保证了任一器件损坏不至于引起保护误动。DSP负责所有保护运算和逻辑判别，单片机负责装置总启动、通信接口、事件记录、故障录波等辅助功能。

装置在较高的采样率（每周24点）的前提下，装置保证在每个采样间隔内完成所有保护运算和逻辑判别，实现了对所有保护继电器（主保护与后备保护）实时并行计算，主要继电器采用全周傅氏算法，具有很高的可靠性及安全性。事件报告的整理与保护逻辑计算同一点完成，避免了在复杂故障情况下，多个CPU插件由于启动不同时造成报告的错位或丢失。

人机接口由面板上9键键盘和汉字化菜单组成，对用户十分友好。装置还设有PC机的接口，装置的调试可以更加方便地在微机上实现。

(二) 适用范围

本装置为由微机实现的数字式超高压线路成套快速保护装置，可用作 220kV 及以上电压等级输电线路的主保护及后备保护。

(三) 性能特点

(1) 采用了大容量内存的高速 DSP，硬件设计精细、简洁、可靠，冗余度高。

(2) 动作速度快，线路近处故障跳闸时间小于 10ms，线路中间故障跳闸时间小于 15ms，线路远处故障跳闸时间小于 25ms。

(3) 反应工频变化量的测量元件采用自适应浮动门槛，对系统不平衡和干扰具有极强的预防能力，因而测量元件能在保证安全性的基础上达到特高速，启动元件有很高的灵敏度而不会频繁启动。

(4) 工频变化量阻抗继电器动作速度快且安全可靠，适用于串补线路。

(5) 先进可靠的振荡闭锁功能，保证在系统振荡时及系统振荡加区外故障时不开放，而区内故障包括振荡加区内故障时能快速开放。

(6) 以工频变化量方向继电器构成的纵联保护，灵敏度高，动作速度快，不需振荡闭锁，不受串补电容影响。

(7) 弱电保护设计完善，能自动适应电源方式的变化。

(8) 高阻接地包括缓慢发展的高阻接地故障，能正确选相跳闸。

(9) 记录信息量大，记录信息完整、安全、可靠，具有与 COMTRADE 兼容的故障录波功能。

(10) 支持电力行业标准 DL/T 667—1999（等同于 IEC 60870-5-103）通信规约，具有以太网接口和 RS—485 接口。

(四) 生产厂

南瑞继保电气有限公司。

二十五、RCS—951A 型高压线路成套保护装置

(一) 概述

本装置采用整体面板和全封闭机箱，抗干扰能力强，端子采用接插端子，屏上走线整洁。现场调试和维护工作可以用专用调试仪进行，减轻了现场工作量。

装置采用单片机+DSP 的模块化设计，单片机（总启动元件）与 DSP（保护测量）的数据采样系统的电子电路完全独立，只有总启动元件动作才能开放出口继电器正电源，从而真正保证了任一器件损坏不至于引起保护误动。DSP 负责所有保护运算和逻辑判别，单片机负责装置总启动、通信接口、事件记录、故障录波等辅助功能。

装置在较高的采样率（每周 24 点）的前提下，装置保证在每个采样间隔内完成所有保护运算和逻辑判别，实现了对所有保护继电器（主保护与后备保护）实时并行计算，主要继电器采用全周傅氏算法，具有很高的可靠性及安全性。事件报告的整理与保护逻辑计算同一点完成，避免了在复杂故障情况下，多个 CPU 插件由于启动不同时造成报告的错位或丢失。

人机接口由面板上 9 键键盘和汉字化菜单组成，对用户十分友好。装置还设有 PC 机的接口，装置的调试可以更加方便地在微机上实现。

(二) 适用范围

本装置为由微机实现的数字式输电线路成套快速保护装置，主要用于中性点不接地或小接地系统中输电线路的主保护及后备保护。

(三) 性能特点

(1) 采用了大容量内存的高速 DSP，硬件设计精细、简洁、可靠，冗余度高。

(2) 反应工频变化量的测量元件采用自适应浮动门槛，对系统不平衡和干扰具有极强的预防能力，启动元件有很高的灵敏度而不会频繁启动。

(3) 在不对称故障时，距离保护能检测对端开关跳闸，实现纵续动作，加速切除线路末端故障。

(4) 在双回线上，通过横向比较两线距离元件的动作，距离保护能纵续动作，加速切除线路末端故障。

(5) 距离保护Ⅰ段的整定阻抗最小可达 0.01Ω（I_n=5A），从而适用于短线路。

(6) 先进可靠的振荡闭锁功能，保证在系统振荡时及系统振荡加区外故障时不开放，而区内故障包括振荡加区内故障时能快速开放。

(7) 记录信息量大，记录信息完整、安全、可靠，具有与 COMTRADE 兼容的故障录波功能。

(8) 支持电力行业标准 DL/T 667—1999（等同于 IEC 60870-5-103）通信规约，具有以太网接口和 RS—485 接口。

(四) 生产厂

南瑞继保电气有限公司。

二十六、RCS—931A/B型超高压线路成套快速保护装置

（一）概述

（1）本装置采用整体面板和全封闭机箱，抗干扰能力强，端子采用接插端子，屏上走线整洁。现场调试和维护工作可以用专用调试仪进行，减轻了现场工作量。

（2）装置采用单片机＋DSP的模块化设计，单片机（总启动元件）与DSP（保护测量）的数据采样系统的电子电路完全独立，只有总启动元件动作才能开放出口继电器正电源，从而真正保证了任一器件损坏不至于引起保护误动。DSP负责所有保护运算和逻辑判别，单片机负责装置总启动、通信接口、事件记录、故障录波等辅助功能。

（3）装置在较高的采样率（每周24点）的前提下，装置保证在每个采样间隔内完成所有保护运算和逻辑判别，实现了对所有保护继电器（主保护与后备保护）实时并行计算，主要继电器采用全周傅氏算法，具有很高的可靠性及安全性。事件报告的整理与保护逻辑计算同一点完成，避免了在复杂故障情况下，多个CPU插件由于启动不同时造成报告的错位或丢失。

（4）人机接口由面板上9键键盘和汉字化菜单组成，对用户十分友好。装置还设有PC机的接口，装置的调试可以更加方便地在微机上实现。

（二）适用范围

本装置为由微机实现的数字式超高压线路成套快速保护装置，可用作220kV及以上电压等级输电线路的主保护及后备保护。

（三）性能特点

（1）装置为低阻抗型母线保护。

（2）采用了大容量内存的高速DSP，硬件设计精细、简洁、可靠，冗余度高。装置采用整体面板、全封闭机箱，取消传统背板配线方式，强弱电完全分开，电磁兼容能力强。

（3）动作速度快，线路近处故障跳闸时间小于10ms，线路中间故障跳闸时间小于15ms，线路远处故障跳闸时间小于25ms。

（4）实现了分相工频变化量电流差动保护，动作速度快、灵敏度高。

（5）提出的零差继电器结合经电容电流补偿的低比率制动系数的稳态相差动继电器的差动保护，具有很高的灵敏度，对于高阻接地故障仍能选相跳闸。

（6）使用双端数据实现电容电流的精确补偿。

（7）采用两侧差动继电器交换允许信号的方式，使差动保护具有非常高的安全性。

（8）采用了较高的比率制动系数结合自适应的浮动制动门槛，抗TA饱和能力强。

（9）差动保护能自动适应系统运行方式的改变，适用于同杆并架双回线和串补线路。

（10）工频变化量阻抗继电器动作速度快且安全可靠，适用于串补线路。

（11）距离保护振荡闭锁功能完善。

（12）记录信息量大，记录信息完整、安全、可靠，具有与COMTRADE兼容的故障录波功能。

（13）支持电力行业标准DL/T 667—1999（等同于IEC 60870-5-103）通信规约，具有以太网接口和RS—485接口。

（四）生产厂

南瑞继保电气有限公司。

二十七、RCS—902A/B型超高压线路成套快速保护装置

（一）概述

本装置采用整体面板和全封闭机箱，抗干扰能力强，端子采用接插端子，屏上走线整洁。现场调试和维护工作可以用专用调试仪进行，减轻了现场工作量。

装置采用单片机＋DSP的模块化设计，单片机（总启动元件）与DSP（保护测量）的数据采样系统的电子电路完全独立，只有总启动元件动作才能开放出口继电器正电源，从而真正保证了任一器件损坏不至于引起保护误动。DSP负责所有保护运算和逻辑判别，单片机负责装置总启动、通信接口、事件记录、故障录波等辅助功能。

装置在较高的采样率（每周24点）的前提下，装置保证在每个采样间隔内完成所有保护运算和逻辑判别，实现了对所有保护继电器（主保护与后备保护）实时并行计算，主要继电器采用全周傅氏算法，具有很高的可靠性及安全性。事件报告的整理与保护逻辑计算同一点完成，避免了在复杂故障情况下，多个CPU插件由于启动不同时造成报告的错位或丢失。

人机接口由面板上9键键盘和汉字化菜单组成，对用户十分友好。装置还设有PC机的接口，装置的调试可以更加方便地在微机上实现。

（二）适用范围

本装置为由微机实现的数字式超高压线路成套快速保护装置，可用作 220kV 及以上电压等级输电线路的主保护及后备保护。

（三）性能特点

（1）采用了大容量内存的高速 DSP，硬件设计精细、简洁、可靠，冗余度高。

（2）动作速度快，线路近处故障跳闸时间小于 10ms，线路中间故障跳闸时间小于 15ms，线路远处故障跳闸时间小于 25ms。

（3）反应工频变化量的测量元件采用自适应浮动门槛，对系统不平衡和干扰具有极强的预防能力，因而测量元件能在保证安全性的基础上达到特高速，起动元件有很高的灵敏度而不会频繁起动。

（4）工频变化量阻抗继电器动作速度快且安全可靠，适用于串补线路。

（5）先进可靠的振荡闭锁功能，保证在系统振荡时及系统振荡加区外故障时不开放，而区内故障包括振荡加区内故障时能快速开放。

（6）弱电保护设计完善，能自动适应电源方式的变化。

（7）高阻接地包括缓慢发展的高阻接地故障，能正确选相跳闸。

（8）记录信息量大，记录信息完整、安全、可靠，具有与 COMTRADE 兼容的故障录波功能。

（9）支持电力行业标准 DL/T 667—1999（等同于 IEC 60870-5-103）通信规约，具有以太网接口和 RS—485 接口。

（四）生产厂

南瑞继保电气有限公司。

二十八、WXH—11A 系列微机型线路保护装置

（一）用途

WXH—11A 系列微机型线路保护装置适用于 220～500kV 高压输电线路，作为输电线路的成套保护装置（以下简称线路）。装置包括高频保护（高频距离和高频零序方向保护）、距离保护、零序保护和综合重合闸功能。这四种功能由四个硬件完全相同的保护 CPU 插件分别配置不同的软件来实现。另外，还设计了人机对话插件完成人机对话功能。装置的高频保护均可与各种保护专用收发信机或电力载波机构成闭锁式（或允许式）的高频保护。见表 1-2-94。

表 1-2-94

装置型号 \ CPU插件配置 \ CPU插件	CPU1 高频保护	CPU2 距离保护	CPU3 零序电流保护	CPU4 综合重合闸	CPU0 人机对话插件
WXH—11A/1	V	V	V	V	V
WXH—11A/2	V	V	V		V

注 V 表示配置有此功能插件。

WXH—11A/2 用于一个半断路器接线方式。

（二）主要技术数据

1. 额定交流数据

（1）相电压：$100/\sqrt{3}$V。

（2）开口三角电压 $3U_0$：100V。

（3）线路抽取电压 U_{XL}：在电压互感器二次侧设有抽头，可分别适用于 $100/\sqrt{3}$V 或 100V。

（4）交流电流：5A 或 1A（订货注明）。

（5）额定频率：50Hz。

（6）打印机工作电压：交流 220V。

2. 额定直流数据

220V 或 110V（订货注明）。

3. 交流回路过载能力

（1）交流电压：$1.2U_n$，持续工作（U_n 为额定电压）。

（2）交流电流：$2I_n$，持续工作（I_n 为额定电流）；$20I_n$，1s。

4. 功率消耗

（1）交流电压回路每相功耗不大于 0.5VA。

(2) 交流电流回路每相功耗不大于0.5VA。

(3) 直流回路功耗不大于50W。

5. 输出触点

(1) 出口跳闸触点。在电压不大于250V，电流不大于1A，时间常数L/R为5ms±0.75ms直流有感负荷电路中，触点断开容量为50W，长期允许通过电流不大于5A。

(2) 其余输出触点。在电压不大于250V，电流不大于0.5A，时间常数L/R为5ms±0.75ms的直流有感负荷电路中，触点断开容量为20W，长期允许通过电流不大于3A。

6. 距离元件

(1) 整定范围：① 0.05～50Ω（I_n=5A）。② 0.05～99.9Ω（I_n=1A）。

(2) 精确工作电流范围：①（0.1～20）I_n（XB二次并联一个电阻）。②（0.2～40）I_n（XB二次并联两个电阻）。

(3) 整定值误差不超过5%，测距误差不超过2%。

(4) 距离Ⅰ段的暂态超越不大于3%。

7. 零序电流方向元件

(1) 整定范围：（0.1～20）I_n。

(2) 在额定电流下动作值的误差：不超过±5%。

(3) 零序功率方向元件的死区电压：不小于1V，不大于2V。

(4) 零序功率方向元件的动作范围：不大于180°，不小于150°。

(5) 零序电流Ⅰ段的暂态超越：不大于5%。

8. 时间元件

时间元件整定值误差不大于±20ms。

9. 整组动作时间

(1) 高频相间距离的动作时间：25ms。

(2) 高频零序方向保护的动作时间：20ms。

(3) 距离Ⅰ段：在0.3倍整定阻抗内为10～13ms，0.7倍整定阻抗内为20ms；0.95倍整定阻抗为55ms。

(4) 零序电流Ⅰ段的动作时间：20ms。

10. 绝缘性能

(1) 绝缘电阻：各带电的导电电路分别对地（即外壳或外露的非带电金属零件）之间，用开路电压为500V的测试仪器测定其绝缘电阻值应不小于100MΩ。

(2) 介质强度：各带电的导电电路分别对地（即外壳或外露的非带电金属零件）之间，能承受50Hz、2kV（有效值）的交流电压，历时1min的检验无击穿或闪络现象。

11. 冲击电压

各输入、输出带电的导电端子分别对地，交流回路与直流回路间，交流电流回路和交流电压回路之间，能承受5kV（峰值）的标准雷电波冲击检验。

12. 抗电气干扰性能

能承受频率为1MHz及100kHz衰减振荡波（第一个半波电压幅值共模为2.5kV、差模为1kV）脉冲干扰检验。

13. 机械性能

(1) 工作条件：能承受严酷等能为1级的振动响应、冲击响应检验。

(2) 运输条件：能承受严酷等能为1级的振动耐久、冲击耐久及碰撞检验。

14. 环境条件

(1) 环境温度：

1) 工作：0～40℃，24h内平均温度不超过35℃。

2) 贮运：－25～70℃，在极限值下不施加激励量，装置不出现不可逆变化，温度恢复后，装置应能正常工作。

(2) 相对湿度。最湿月的月平均最大相对湿度为90%，同时该月的月平均最低温度为25℃，且表面无凝露。最高温度为40℃时，平均最大相对湿度不超过50%。

(3) 大气压力。大气压力为80～110kPa（海拔相对2km及以下）。

（三）生产厂

阿城继电器股份有限公司。

二十九、CSL 100、CSI 100系列微机型保护及断路器控制装置

CSL 100、CSI 100系列微机型保护、重合闸及断路器控制装置，适用于220～500kV各类长短输电线路及断路器接线方式的保护与控制。CSL 100系列微机型保护装置是在吸取了数千套WXH（B）—11型保护装置、WXH（B）—15

型保护装置近10年的现场运行经验的基础上发展的第三代微机保护装置。保护及断路器控制单元的硬件结构采用总线不扩展的单片机，核心CPU板采用多层印制电路板、表面贴装技术，大大提高了整套保护装置的抗干扰能力。CSL 100、CSI 100系列保护及断路器控制单元带有双LON局域网，可以作为变电站综合自动化的间隔层保护及控制终端。

（一）CSL 100、CSI 100系列微机型保护及断路器控制装置的功能配置

CSL 100系列微机型保护及断路器控制装置适用于220kV及以上各类高压长短输电线路，包括CSL 101A、CSL 101B、CSL 102A、CSL 102B、CSL 103A五种型号的保护装置，其中CSL 101A（B）为高频距离保护装置，CSL 102A（B）为高频方向保护装置，CSL 103A为光纤电流差动保护装置。B型装置除保护功能外，还带有综合重合闸功能，A型保护本身无重合闸功能。CSI 100系列断路器控制单元是为了满足高压输电线路保护按线路配置，而重合闸是按断路器配置的原则而设置的，包括CSI 101A和CSI 121A两种保护装置。CSI 101A保护装置包括综合重合闸功能、启动断路器失灵保护的电流元件、断路器三相不一致保护及线路充电保护。CSI 121A保护装置是专为一个半断路器接线方式而设计的，其基本功能包括综合重合闸功能、断路器失灵保护、断路器三相不一致保护及线路充电保护。由于高压输电线路要求配置双套主保护，因此CSL 100、CSI 100系列微机型保护及断路器控制装置在不同的电气主接线方式下推荐按以下方式配合使用，见表1-2-95。

表1-2-95

接线方式	双母线接线方式	一个半断路器接线方式
组合	CSL 101A+CSL 102A（CSL103A）+CSI 101A	CSL 101A+CSL 102A（CSL 103A）+2×CSI 121A
方式	CSL 101B+CSL 102B	（其中CSI 121A按断路器配置）

CSL 101A、CSL 102A、CSL 103A保护装置除主保护软件之外，硬件部分以及后备保护的软件完全相同，CSL 101B、CSL 102B保护装置亦然，高压保护的CPU插件完全相同，具有通用性，只是其中所固化的程序不同而已。

（二）保护装置的主要特点

（1）保持了WXH（B）—11型保护装置成功的经验，配置了三个CPU插件，分别承担高频保护、距离保护和零序方向保护功能，并且利用由三个保护插件分别驱动的三个启动继电器触点构成三取二回路闭锁各出口继电器。

（2）总结了WXH（B）—11型保护装置的运行经验，在以下几个方面作了改进：

1）改进了高频保护的振荡闭锁功能，在任何时候，对任何故障类型都不会失去全线速动保护。

2）在振荡闭锁短时开放的时间（150ms）内，距离保护Ⅰ、Ⅱ段同时装设了反映六种故障相别的六种测量元件。

3）在任何工况下，保护装置都可以选相跳闸。

4）在该线路非全相过程中，保护装置仍然有选择性。

（3）考虑到新老交替过程的需要，特别是旁路代路的需要，该保护的高频保护允许在同一条线路的两端同WXH（B）—11型保护装置配合使用，即一端装设CSL 101保护装置，另一端为WXH（B）—11保护装置。这样装设虽然该保护有些新功能不能发挥作用，但总体效果不低于两侧都是WXH（B）—11保护装置，可以称为“向下兼容”，这一点不但在设计时作了考虑，而且已经经过详尽的动模试验考核。

（4）由于硬件采用了20世纪90年代VLSI的最新成就，速度和功能大大增强，使许多新的软件技术的应用成为可能，例如：

1）采用了模糊控制新概念，在一系列用常规方法难以区分也难以确定的场合，引入模糊控制后，大大提高了可靠性，而且可以不需要整定。

2）装置的自检增加了智能性。

3）保护通道接口方式灵活，可以同各种通道接口，包括同国内外各种复用载波机装置接口，还增设了适用于弱电源的保护的逻辑。

（5）装置机箱内带有一个0.5M存储容量的录波插件，不仅记录了所有进入装置的模拟量，还记录了全部开入量和内部各继电器动作的全过程。它将对消灭“原因不明”的不正确动作起重要作用。

（6）大大强化了装置对外通信功能，既有高速和可靠的现场总线（LON）网络接口，还有标准的RS 232或485接口。该公司可以提供相应的各种网络配件及服务工具，使保护的管理可以上升到崭新的水平。

（三）生产厂

北京哈德威四方保护与控制设备有限公司；许继集团有限公司（生产CSL 101A、CSL 102A型数字式断路器控制装置）。

三十、WXB—11系列微机型高压线路保护装置

（一）用途

WXB—11系列微机型高压线路保护装置包括WXB—11（A）、WXB—11C（D）、WXB—15（A）微机型高压线路保护装置。WXB—11（A）微机型高压线路保护装置为该系列的基本型，WXB—11C（D）、WXB—15（A）微机型高压

线路保护装置为硬件改进型，比 WXH—11（A）微机型高压线路保护装置增加一液晶显示器，键盘简化，菜单操作，并且有通信功能。WXB—11C（D）、WXH—15（A）微机型高压线路保护装置硬件相同，为成套微机高压线路保护装置，适用于 110～500kV 电压等级的输电线路。WXB—11（A）、WXB—11C（D）微机型高压线路保护装置主保护为高频距离保护和高频零序方向保护。WXB—15（A）型为突变量快速方向高频保护。两套保护配置可实现不同原理的微机保护的双重化，使得振荡中也能提供快速保护。WXB—15 微机型高压线路保护装置微机方向高频保护的推出，为同一回线配置不同原理的双套主保护提供了条件。装置硬件特点如下：

（1）采用多单片机并行工作的硬件结构，装置设置四个硬件完全相同的 CPU 插件。每个插件独立完成一种保护功能。这种结构具有如下优点：

1）硬件冗余度提高。四个插件中如有一个损坏，不影响其他三种保护的工作；

2）采用单片机，每个插件上包括一种保护所需的几乎所有电子器件，易受干扰的部分均不引出插件，从而提高了抗干扰性能；

3）每个单片机只承担一种保护功能，因而保护动作速度等指标有所提高；

4）采用多单片机结构后，利用各 CPU 自检及对 CPU 巡检相结合，可以做到任何部位电子器件有故障，能方便地定位到插件，由于各 CPU 插件硬件相同，可以使硬件故障处理时间大大缩短。

（2）采用电压-频率变换原理（VFC）构成的模数变换器，它具有工作稳定、精度高、同 CPU 接口简单和调试方便等一系列优点。

（3）跳闸出口开放回路采用三取二方式，提高了整套保护装置的可靠性。

（4）采用液晶显示，菜单操作，使得人机对话更加简单、灵活，且不需借助打印机［不包括 WXB—11（A）型保护］。

（5）具有 RS232 接口，与该厂的接口装置（WBSJ—01 型通信接口装置）配合，可将全站微机保护就地联网。

（二）主要技术数据

1. 额定数据

（1）直流电压：220V、110V（订货注明）。

（2）交流电压：相电压为 $100/\sqrt{3}$V，开口三角电压为 100V。电压互感器二次侧设有抽头可抽取线路电压，可分别适用于 100V 及 $100/\sqrt{3}$V。

（3）交流电流：5A、1A（订货注明）。

（4）频率：50Hz。

2. 交流回路过负载能力

（1）交流电压：$1.2U_n$，连续工作。

（2）交流电流：① $2I_n$，连续工作；② $20I_n$，1s。

3. 功耗

（1）直流回路：<50W。

（2）交流电压回路：<0.5VA/相。

（3）交流电流回路：<0.5VA/相（1A），<1VA/相（5A）。

4. 整定范围

（1）距离元件：0.05～99.9Ω。

（2）电流元件：0.05～99.9A。

（3）时间元件：① 保护跳闸时间：接地故障 0～12s。相间故障 0～4.5s（当和出口回路三取二闭锁时），0～12s（不采用出口回路三取二闭锁时）。② 其他：0～15.9s。

5. 精确工作范围

（1）距离元件：① 精确工作电压：0.5V。② 精确工作电流：（0～20）I_n 或（0.2～40）I_n。

（2）零序方向元件：① 最小动作电压：2V（固定）。② 最小动作电流：<$0.1I_n$。

（3）突变量方向元件：最小动作电压：4V。最小工作电流：<$0.3I_n$。

6. 精度

（1）突变量元件：±30%。

（2）距离Ⅰ段保护暂态超越：不超过 5%。

（3）零序Ⅰ段保护暂态超越：不超过 5%。

（4）测距元件误差：不超过 2.5%。

7. 整组动作时间

（1）相间和接地距离Ⅰ段 Z_{cl}/Z_{zd} 动作时间：① <30%，10～13ms。② <70%，<20ms。

（2）零序Ⅰ段（$I_{cl}=1.2I_{zd}$时）：<18ms。

（3）高频距离和高频零序方向保护：<30ms（WXB—11C、WXB—11D）。

（4）突变量方向高频保护：<25ms（WXB—15、WXB—15A）。

8. 使用环境要求

（1）正常工作温度：－5～40℃。

（2）湿度：符合 IEC 68－2－3。

（三）生产厂

国家电力公司南京电力自动化设备总厂。

三十一、LFP—901A/B/D 微机型超高压线路成套快速保护装置

（一）用途

该装置为由微机实现的数字式超高压线路成套快速保护装置。该装置包括以工频变化量方向元件和零序方向元件为主体的快速主保护，由工频变化量距离元件构成的快速Ⅰ段保护，有三段式相间和接地距离及两个延时段零序方向过流作为后备的全套后备保护。保护有分相出口，用作 220kV 及以上的输电线路的主保护及后备保护。装置设有重合闸出口。根据需要，实现单相重合、三相重合和综合重合闸方式。LFP—901B 微机型超高压线路成套快速保护装置设有四段零序方向过流保护。LFP—901D 微机型超高压线路成套快速保护装置设有零序反时限方向过流保护。

（二）性能特征

（1）该装置有三个独立的单片机：

1）CPU1 为装置的主保护，由工频变化量方向继电器和零序方向继电器经通道配合构成全线路快速跳闸保护，由Ⅰ段工频变化量距离继电器构成快速独立跳闸段；由两个延时零序方向过流段构成接地后备保护。

2）CPU2 为三阶段式相间和接地距离保护以及重合闸逻辑。

3）CPU3 为启动和管理机，内设整机总启动元件，该启动元件方向保护和距离保护在电子电路上（包括数据采集系统）完全独立，动作后开放保护出口电源。另外，CPU3 还作为人机对话的通信接口。保护跳闸，整组复归后，CPU3 接收并整理、显示、打印 CPU2 来的电压电流信号，进行测距计算。

（2）由工频变化量方向继电器和零序方向继电器构成的主保护全线路跳闸时间小于 25ms；由工频变化量距离继电器实现了近处故障跳闸时间小于 10ms，线路中间故障小于 15ms。由三段式相间和接地距离保护和两延时段零序保护构成了完整的阶段式后备功能。

（3）CPU1 和 CPU2 分别作为主保护及后备保护，功能独立，又互相补充：

1）CPU1 强调快速性，采样率为每周波 20 点，主要继电器采用积分算法，速度快且安全性高。CPU2 作为后备保护强调准确性，采样率为每周 12 点，主要继电器采用付氏算法，计算精度得以提高。

2）CPU1、CPU2 功能上互相补充，CPU1 先选择故障相，然后对故障相进行测量；CPU2 则先对各相进行测量，判为区内故障时再由选相程序选择跳闸相别。因此，在任何复杂的故障形式下，均不可能因选相的错误而导致测量错误。

3）CPU1 中工频变化量方向元件有非常高的灵敏度，可测量很大的故障过渡电阻；CPU2 则强调后备功能的齐全，在各种复杂故障形式下不失去保护。

4）CPU1 内保护以反应故障分量的继电器为主体，而 CPU2 内的主要继电器则全部工作在全电流全电压方式。

（4）装置除设置了独立的总启动元件外，方向保护和距离保护内还均设有该保护的启动元件，构成独立完整的保护功能。启动元件的主体以反应工频变化量的过流继电器实现，同时又配以反应全电流的零序过流继电器，互相补充。

（5）装置中反应工频变化量的启动元件、CPU1 中的选相元件及方向元件均采用浮动门坎，正常运行及系统振荡时，变化量输出回路的不平衡输出均自动构成自适应式的门坎；浮动门坎电压始终略高于不平衡电压，在一般运行情况下，由于不平衡分量很小，装置具有很高的灵敏度。当系统振荡时，自动降低灵敏度，不需要设置专门的振荡闭锁回路。因此，装置有很高的安全性，启动元件有很高的灵敏度而又不会频繁启动，测量元件则不会有误测量。

（6）距离保护性能：

1）对于三阶段式相间和接地距离保护中的不对称短路动态特性和对称短路暂态特性，为了确保Ⅲ段距离元件的后备作用，Ⅲ段距离元件三相短路特性包含原点。

2）继电器由正序电压极化，因而有较大的测量故障过渡电阻的能力。当用于短线路时，为了进一步扩大测量过渡电阻的能力，还可将Ⅰ、Ⅱ段阻抗特性向第Ⅰ象限偏移。

3）接地距离继电器设有零序电抗特性，可防止接地故障时继电器超越。

4）正序极化电压较高时，由正序电压极化的距离继电器有很好的方向性；当正序电压下降至 15%以下时，进入三相低压程序，由正序电压记忆量极化，并且在继电器动作前设置正的门坎，母线三相故障时继电器不可能失去方向性；继电器动作后则改为反门坎，保证正方向三相故障继电器动作后一直保持到故障切除。同时，进入低压程序时，Ⅲ段继

电器采用反门坎，因而三相短路Ⅲ段稳态特性包含原点，不存在电压死区。

(7) 振荡闭锁分为四部分：

1) 在启动元件第一次动作初始开放160ms，以保证正常运行下突然发生故障时能快速开放。

2) 不对称故障时由不对称开放元件LO2Q开放，保证了在任何不对称故障时的快速开放。

3) 测量$U_1\cos\varphi$的幅值，该电压在系统振荡时反应振荡中心电压，在三相短路时反应弧光压降，在三相短路第一部分振闭不能开放的前提下，由该元件经短延时开放。

4) 非全相运行再故障时，可由反应零序、负序电流相位的元件开放健全相单相接地，由反应健全二相电流差的工频变化量的过流继电器开放健全相相间故障。

以上四个部分结合，保证了距离保护在各种故障情况下的快速开放。

(8) 自动重合闸部分：

自动重合闸用于单母线或双母线方式，可选用单相重合闸、三相重合闸或综合重合闸的方式，可根据故障的严重程度引入闭锁重合闸的方式。

重合闸的启动有保护启动和断路器位置不对应启动两种，当与该公司其他产品一起使用，有两套重合闸时，两套装置的重合闸可以同时投入，不会出现二次重合，与其他装置的重合闸配合时，可考虑用连接片仅投入一套重合闸装置。

(9) 键盘操作简单，采用菜单式工作方式，仅有＋、－、上、下、左、右等共九个按键，非常易于掌握。

(10) 配有液晶信号显示。正常运行时，可显示所测量的电流、电压幅值和相位，线路故障时则显示跳闸相别、跳闸类型和测距结果。

(11) 装置背后端子有两个串行口，一个串行口可与打印机相连，另一个串行口作为对外通信用，可与后台计算机相连。

（三）主要技术数据

1. 额定数据

(1) 直流电源：220V、110V，允许偏差为－20%～＋15%。

(2) 交流电压：$100/\sqrt{3}$V。

(3) 交流电流：5A、1A。

(4) 线路电压（重合闸判别）：57.7V。

(5) 频率：50Hz、60Hz。

2. 功率消耗

(1) 交流电流回路在额定电流时：

1) ＜1VA/相（I_n＝5A）。

2) ＜0.5VA/相（I_n＝1A）。

(2) 交流电压回路额定功耗：＜0.5VA/相。

(3) 直流电源功耗：

1) 正常：35W。

2) 跳闸：50W。

3. 电源

(1) 工作电源：

1) ±12V，允许偏差为±0.2V。

2) ＋5V，允许偏差为±0.15V。

(2) 光耦隔离电源：

＋24V，允许偏差为±2V。

4. 主要技术指标

(1) 整组动作时间：

1) 工频变化量距离元件：① 近处，3～10ms。② 中点，＜15ms。

2) 距离保护Ⅰ段：约20ms。

3) 方向保护全线路跳闸时间：＜25ms。

(2) 启动元件：

1) ΔI启动，启动值：$0.2I_n$；

2) 零序过流启动元件，整定范围：$(0.1\sim0.5)I_n$。

(3) 方向保护部分：

1) 相电流差突变量选相元件启动值：$0.2I_n\pm15\%I_n$。

2）工频变化量方向元件：① 最小动作电流：0.2I_n；② 最小动作电压：5V。

3）工频变化量距离元件：＜10ms（$\Delta U_{OP}>2U_z$ 时）。

4）零序方向元件：① 最小动作电压：＞0.5V，＜1V。② 最小动作电流：＜0.1I_n。

5）零序过流元件定值误差：不超过5%。

6）Ⅱ、Ⅲ段零序跳闸延迟时间：0～10s。

（4）距离保护部分：

1）整定范围：① 0.01～25Ω（I_n＝5A）；② 0.05～125Ω（I_n＝1A）。

2）距离元件定值误差：＜5%。

3）精确工作电压：＜0.25V。

4）最小精确工作电流：0.1I_n。

5）最大精确工作电流：25I_n。

6）Ⅱ、Ⅲ段跳闸时间：0～10s。

（5）故障测距：测距误差为±2.5%。

（6）重合闸：

1）检同期元件角度误差：＜±3°。

2）检同期有压元件：＞40V，误差不超过±5%。

3）检无压元件：＜30V，误差不超过±5%。

5. 允许环境温度

1）正常工作温度：0～40℃。

2）极限工作温度：－10～50℃。

6. 抗干扰与绝缘

抗干扰性能符合GB 6162，绝缘耐压标准满足DL 478。

（四）生产厂

南京南瑞集团公司。

三十二、LFP—902A/B/C/D微机型超高压线路成套快速保护装置

（一）用途

该装置为由微机实现的数字式超高压线路成套快速保护装置。该装置包括以复合式距离方向元件和零序方向元件为主体的快速主保护，由工频变化量距离元件构成的快速Ⅰ段保护，有三段式相间和接地距离及两个延时段零序方向过流作为后备的全套后备保护。保护有分相出口，用作220～500kV输电线路的主保护及后备保护。配有自动重合闸功能，对单母线或双母线接线的断路器实现单相重合闸、三相重合闸和综合重合闸功能。LFP—902B保护装置设有四段零序方向过流保护。LFP—902C适用于采用分相式通道的同杆并架双回线，又能切换为LFP—902A保护装置，因此可用作旁路保护，既可代LFP—902C保护装置，也可代LFP—902A保护装置。LFP—902D设有零序反时限方向过流保护。

（二）主要技术数据

额定数据、功率消耗、电源、整组动作时间、启动元件、距离保护部分、故障测距部分、重合闸、允许环境温度、抗干扰性能、绝缘耐压标准等技术数据与LFP—901A型保护装置相同。

1. 四边形距离元件

整定范围：

（1）Zzd：0.1～25Ω（I_n＝5A）；0.5～125Ω（I_n＝1A）。

（2）Rzd：5～15Ω（I_n＝5A）；25～75Ω（I_n＝1A）。

2. 工频变化量距离速跳元件

（1）动作速度：＜10ms（$\Delta U_{op}>2U_z$时）。

（2）整定范围：①0.1～25Ω（I_n＝5A）。②0.5～125Ω（I_n＝1A）。

3. 零序方向元件

（1）最小动作电压：＞0.5V，＜1V。

（2）最小动作电流：＜0.1I_n。

4. 零序过流元件定值误差

不超过5%。

5. Ⅱ、Ⅲ段零序跳闸延迟时间

0～10s。

（三）生产厂

南京南瑞集团公司。

三十三、LFP—931A 型数字分相电流差动保护装置

（一）用途

该装置为由十六位微处理器实现的全数字式超高压线路快速保护装置。该装置包括以分相电流差动元件为快速主保护，有三段式相间和接地距离作为后备保护。保护有分相出口，可作为 220kV 及以上电压等级的输电线主保护及后备保护。

（二）主要技术数据

额定数据、功率消耗、电源、抗干扰性能、绝缘耐压标准与 LFP—901A 微机型超高压线路成套快速保护装置相同。

1. 主要技术指标

（1）整组技术指标。

1）差动继电器：<25ms（故障大于 I_n 电流）。

2）差动继电器：≤30ms（故障小于 I_n 电流）。

（2）启动元件：

1）ΔI 启动，启动值：$0.2I_n$。

2）零序过流启动元件：（0.1～0.5）I_n 可整定。

（3）距离保护部分：

1）整定范围：①0.01～25Ω（I_n=5A）；②0.05～125Ω（I_n=1A）。

2）距离元件定值误差：不超过 5%。

3）精确工作电压：<0.25V。

4）最小精确工作电流：$0.1I_n$。

5）最大精确工作电流：$25I_n$。

6）Ⅱ、Ⅲ段跳闸时间：0～10s。

（4）故障测距部分：允许误差±2.5%。

（5）重合闸：

1）检同期允许误差：<±3°。

2）检同期有压元件：>40V，误差为±5%。

3）检无压元件：<30V，误差为±5%。

2. 光纤接口技术指标

（1）发送功率：

1）－20dBm（1.3μm 多模光纤）。

2）－24dBm（1.3μm 单模光纤）。

（2）接收灵敏度：推荐传输距离<15km（多模）；<25km（单模）。光纤接头采用 FC 型。

3. 环境温度

1）允许环境温度：－10～50℃

2）正常工作温度：0～40℃，保证精度。

（三）生产厂

南京南瑞集团公司。

三十四、LFP—903A 微机型高压输电线路成套保护装置

（一）用途

该装置为用于超高压及高压输电线路的相间过流及零序过流保护装置。该装置由三段相间过流、四段零序方向过流和三相一次重合闸组成，相间过流的各段可通过整定运行方式字选择经低压闭锁重合闸，零序过流各段也可通过整定运行方式字选择经方向或不经方向。通过整定运行方式字还可选择重合闸重合方式（检同期/检无压/不检）。此外装置具有完善的通信功能，可与打印机及变电站监控设备相连。装置本身具有故障录波和故障测距功能。

（二）主要技术数据

额定数据、功耗同 LFP—901A 型微机型超高压线路成套快速保护装置。

1. 启动元件

（1）ΔI 启动，启动值 $0.2I_n$。

（2）零序电流启动元件，$(0.1～0.5)I_n$ 可整定。

2. 相间过流及零序过流保护部分

(1) 零序方向过流保护：

1) 零序过流元件：(0.1～20)I_n。

2) 最小动作电压：0.5V。

3) 最小动作电流：0.1I_n。

4) 零序过流元件定值误差：不超过5%。

Ⅰ、Ⅱ、Ⅲ、Ⅳ段零序跳闸延迟时间0～10s。

(2) 相间过流：

1) 定值范围：(0.1～30)I_n。

2) 低电压闭锁：1～100V。

3) 过流元件定值误差：不超过5%。

3. 重合闸

(1) 重合闸时间：0.1～7s。

(2) 检同期角度误差：<±3°；整定范围：0°～90°。

(3) 检同期有压元件：>40V±5%。

(4) 检无压元件：<30V±5%。

4. 输出触点容量

出口继电器触点最大导通电流为5A。

5. 环境温度

(1) 正常工作温度：0～40℃。

(2) 极限工作温度：－10～50℃。

6. 抗干扰及绝缘

抗干扰能力符合GB 6162，绝缘耐压标准符合DL 478。

(三) 生产厂

南京南瑞集团公司。

三十五、LFP—951A/951B/951D微机型高压线路成套保护装置

(一) 用途

该装置为用于小接地电流系统高压输电线路的距离及过流保护装置。LFP—951A微机型高压线路成套保护装置由三段式相间距离以及四段式过流保护构成，并具有相继速动保护功能。装置设有三相一次重合闸功能，带有跳合闸操作回路以及交流电压切换回路。距离Ⅱ段或Ⅲ段可构成纵联保护，型号为LFP—951B微机型高压线路成套保护装置，通道可采用光纤或载波。LFP—951D微机型高压线路成套保护装置与LFP—951A微机型高压线路成套保护装置同，只是启动元件快速复归，以满足铁道电气化线路保护的特点。

(二) 主要技术数据

1. 额定数据

(1) 直流电源：220V、110V；允许偏差：－20%～15%。

(2) 交流电压：$100/\sqrt{3}$V。

(3) 交流电流：5A、1A。

(4) 线路电压（重合闸判别）：57.7V。

(5) 频率：50Hz、60Hz。

2. 功耗

(1) 交流电流回路在额定电流时：①<1VA/相（I_n=5A)。②<0.5VA/相（I_n=1A)。

(2) 交流电压回路额定功耗：<0.5VA/相。

(3) 直流电源功耗：①正常：35W。②跳闸：50W。

3. 电源

(1) 工作电源：①±12V，允许偏差±0.2V。②+5V，允许偏差+0.2V，－0.1V。

(2) 光耦隔离电源：+24V，允许偏差±2V。

4. 主要技术指标

(1) Ⅰ段整组动作时间：≤20ms。

(2) 启动元件：①ΔI启动值：0.2I_n。②过流启动元件：由第四段过流元件启动。

(3) 过流保护：①过流元件定值误差不超过5%。②Ⅰ、Ⅱ、Ⅲ、Ⅳ段过流跳闸延迟时间：0～10s。

(4) 距离保护部分：

1) 整定范围：0.01～25Ω（I_n=5A）。

0.05～125Ω（I_n=1A）。

2) 距离元件定值误差：不超过5%。

3) 精确工作电压：<0.25V。

4) 最小精确工作电流：0.1I_n。

5) 最大精确工作电流：25I_n。

6) Ⅱ、Ⅲ段跳闸时间：0～10s。

(5) 重合闸部分：

1) 重合闸时间：0～10s。

2) 检同期角整定范围：0°～90°，±3°。

3) 检同期有压元件：>40V，误差±5%。

4) 检无压元件：<30V，误差±5%。

5) 检相邻线有电流元件：0.1I_n±5%I_n。

5. 允许环境温度

正常工作温度：0～40℃。

（三）生产厂

南京南瑞集团公司。

三十六、LFP—953A微机型高压线路成套保护装置

（一）用途

装置由多个十六位微处理器实现的全数字式线路保护装置。主要运用于小接地电流系统的高压输电线路作为成套保护。装置包括以分相电流差动元件作为全线快速主保护，有三段式相间距离及四段式过流保护为后备，设有三相一次重合闸、跳合闸操作回路以及交流电压切换回路。该装置实际是LFP—951A+LFP—931A的电流差动部分(CPU1)。

（二）主要技术数据

额定数据、功耗、电源与LFP—951A微机型高压线路成套保护装置相同。

(1) 整组技术指标。

差动继电器：≤30ms（全线保护）。

(2) 启动元件：①ΔI启动，启动值：0.2I_n。②过流启动元件：同Ⅳ段过流元件。

(3) 距离保护部分：①整定范围：0.01～25Ω（I_n=5A)。0.05～125Ω（I_n=1A)。②距离元件定值误差：不超过5%。③精确工作电压：<0.25V。④最小精确工作电流：0.1I_n。⑤最大精确工作电流：25I_n。⑥Ⅱ、Ⅲ段跳闸时间：0～10s。

(4) 过流保护：①过流元件定值误差：不超过5%。②Ⅰ、Ⅱ、Ⅲ、Ⅳ段过流跳闸延迟时间：0～10s。

(5) 故障测距部分：允许误差为±2.5%。

(6) 重合闸：①检同期允许误差：<±3°。②检同期有压元件：0.7U_n±5%U_n。③检无压元件：0.3U_n±5%U_n。

(7) 光纤接口技术指标：－20dBm（1.3μm，多模光纤）。①发送功率：－24dBm（1.3μm，单模光纤）。②接收灵敏度：－40dBm。③推荐传输距离：<15km（多模）：光纤接头采用FC型。

(8) 环境温度。允许环境温度：－10～50℃。

正常工作温度：0～40℃，保证准确度。

(9) 抗干扰性能：符合GB 6162。

(10) 绝缘耐压标准：满足DL 478。

（三）生产厂

南京南瑞集团公司。

三十七、LFP—967微机型横差保护装置

（一）用途

LFP—967微机型横差保护装置主要作为平行双回线相间短路的主保护装置，另外设一段和电流保护作为后备保护。其中LFP—967A微机型横差保护装置方向横差保护用于平行线线路的负荷侧。而LFP—967B微机型横差保护装置电流平衡保护用于平行线路的电源侧。

（二）主要技术数据

1. 额定数据

（1）直流电源：220V、110V，允许偏差：－20％～＋15％。

（2）交流电压：100V（线电压）。

（3）交流电流：5A、1A。

（4）频率：50Hz。

2. 功耗

（1）交流电流：①＜1VA/相（I_n＝5A）。②＜0.5VA/相（I_n＝1A）。

（2）交流电压：＜1VA/相。

（3）直流：①正常＜15W。②跳闸＜25W。

3. 主要技术指标

（1）电流定值：（0.1～19）I_n。

（2）电压定值：2～100V。

（3）零序电压定值：2～200V。

（4）定值误差：不超过5％。

（5）时间定值误差：＜1％整定值＋20ms。

4. 通信接口

RS—232或RS—422可选。

5. 输出触点容量

出口继电器触点最大导通电流为5A。

6. 环境温度

1）正常工作温度：0～40℃。

2）极限工作温度：－10～50℃。

7. 抗干扰及绝缘

抗干扰能力符合GB 6162，绝缘耐压标准符合DL 478。

（三）生产厂

南京南瑞集团公司。

三十八、PSL630系列光纤电流差动保护装置

（一）概述

PSL630系列光纤电流差动保护装置以分相电流差动保护作为线路全线速动主保护，以距离、零序方向保护作为后备保护，装置的保护功能由三块CPU模件完成，其中一块CPU完成差动主保护，另外两块CPU完成后备保护重合闸，通过选择不同的后备保护和重合闸模件构成了适用于各种电压等级输电线路的光纤电流差动保护装置。

（二）配置

该系列各产品型号及功能配置见表1-2-96。

表1-2-96

型　号	主　要　功　能	备　　注
PSL 630	分相电流差动保护	3/2断路器接线
PSL 631	分相电流差动保护 三段式相间距离保护 三段式接地距离保护 四段式零序方向过流保护（或者零序一段加零序反时限保护） 综合重合闸 远方开关量（或远跳信号）传输（两路）	适用于220kV及其以上线路，单断路器接线
PSL 632	分相电流差动保护 三段式相间距离保护 三段式接地距离保护 四段式零序方向过流保护 三相重合闸 低周减载，电压切换回路 出口操作回路	适用于110kV线路

续表

型　号	主 要 功 能	备　注
PSL 633	分相电流差动保护 三段式相间过电流保护 四段式零序方向过流保护 三相重合闸 低周减载，电压切换回路 出口操作回路	适用于 110kV 线路
PSL 638	用于 T 接线的分相电流差动保护	

装置设有光纤通道接口，可与通过标准 64kbit/s 数字同向接口复接 PCM 终端，或用专用光缆作为通道，同时传送三相电流及一些开关信号，使用专用光纤作为通信通道时装置采用了 1Mbits/s 的传送速率，可以大大提高保护的性能。差动继电器动作逻辑简单、可靠，动作速度快，在故障电流超过额定电流时，确保跳闸时间小于 25ms；即使在经大接地电阻故障，故障电流小于额定电流时，也能在 30ms 内正确动作，而零序差动大大提高了装置的灵敏度，增强了装置对付高阻接地故障的能力。

光纤差动保护中通信可靠是影响保护性能至关重要的因素，因此首先在选用光电器件时我们选择了已经大量适用于通信行业的进口器件并用采用专用 HDLC 通信控制器保证了硬件的可靠性，其次软件设计时对通信进行了严密细致的监视，每帧数据进行 CRC 校验，错误舍弃，延时后进行数据重新同步；每一秒进行错误帧统计，错误帧数大于一给定值时，将上一秒认为通信异常，通信异常延续 10s 报通道失效，闭锁保护，一旦通信恢复，自动恢复保护。

（三）生产厂

国电南京自动化股份有限公司（见企 52～企 55）。

三十九、PSL620 系列数字式线路保护装置

（一）特点

(1) 国内首套以 32 位微处理器为核心的硬件系统。

(2) 国内首套采用 16 位 A/D 的保护装置，精工电流、电压范围达成 800 倍。

(3) 机箱结构在国内率先采用背插式，功能配置灵活，全面提高抗干扰能力。

(4) 所有显示和打印信息全部汉化。

(5) 最多 32 套可独立整定定值区。

(6) 多 CPU 设计，各 CPU 实现 A/D 数据共享（此设计已申请国家专利）。

(7) 多 CPU 之间采用网络通信，实时上送动作、告警事件。

(8) 采用国际领先的 dZ/dt 振荡闭锁原理，保证装置在系统扰动而非振荡时具有速动保护。

(9) 故障录波功能，录波时间长达 10s，同时详细记录动作时刻各元件时序，信息掉电保持，并提供全面调试、分析软件 PSTalk 和自动测试设备 PSMate，方便调试、维护。

(10) 采用综合选相元件，在复故障时准确选相。

(11) 无 2000 年问题。

(12) 基本型 PSL621 功能包括：

1) 三段式相间距离，三段式接地距离。

2) 四段式零序方向电流保护。

3) 三相一次重合闸。

4) 本线路的低周减载。

5) 故障点测距。

6) 双母线电压切换回路。

7) 三相断路器操作回路。

8) 双回线相继速动。

9) 不对称故障相继速动。

10) 无故障快速复归。

11) GPS 对时接口。

(13) 提供多种选配件：

1) 纵联保护。

2) 相间过电流保护。

3）两点接地时投入的接地距离保护。

4）作为纵联保护通道的光纤接口。

5）针对双跳圈断路器的操作回路模件。

6）各种数据通信接口：RS232、RS422/485、CANbus、LonWorks、以太网等。

7）数据通信光纤接口模件。

8）零序电流反时限保护。

（二）选配功能

1. 纵联保护

纵联保护由独立的CPU完成，方向元件为距离元件（相间距离、接地距离）和零序功率方向元件，构成高频距离保护和高频零序保护。发生相间故障和接地故障时，方向元件先选用距离元件，仅当接地距离元件灵敏度不够时，才投入零序功率方向元件。本装置的各方向元件为专用元件，与其他保护的相应元件无关。本保护设有反方向元件，用于无电源或弱电源侧保护。距离元件的特性为四边形特性，同距离保护的阻抗动作特性。保护逻辑快速距离元件利用新颖的相关判别法，能够快速地保护近端故障。

阻抗采用双圆弧的特性，由阻抗定值和电阻定值形成的两段圆弧组成。根据阻抗定值和电阻定值的相对大小分别变为苹果、圆和透镜等形状。整定方法与四边形特性相同。这种方案具有四边形特性的耐受过渡电阻能力强和设计灵活的优点。并且消除了四边形特性的躲负荷能力较差，重负荷长距离输电线路的末端经过渡电阻短路时容易超越，上下级线路阻抗之间在电阻方向的配合较差等弱点。接地阻抗由偏移阻抗元件、零序电抗元件和正序方向元件组成，相间阻抗由偏移阻抗元件和正序方向元件组成。装置的综合选相元件，采用突变量选相和稳态选相相结合，电流、电压元件相结合的方法，充分利用单一选相元件的优点，克服其缺点，来解决复杂故障和特殊系统故障的选相。振荡检测和闭锁的原则：只有在纯振荡时才闭锁，振荡再故障时能可靠开放保护。在突变量启动后的150ms内短时开放，启动后150ms投入阻抗变化检测元件（dZ/dt），当判断为系统振荡时，才进入振荡闭锁逻辑。振荡闭锁期间投入故障开放元件，确保振荡时发生故障，保护能够动作。这样，可以保证系统没有振荡时，保护不会闭锁，振荡中发生故障，保护能够可靠动作。

2. 零序保护

零序保护可以配置为常规的四段式零序方向保护，也可以配置为只保留整定简单的一段和一个反时限段，零序一段作为近区严重故障保护，在非全相运行时退出零序加速段独立整定。零序保护的每一段均可由控制字选择经方向闭锁或不经方向闭锁。

3. 自动重合闸

重合闸可以实现单相重合闸、三相重合闸、综合重合闸、停用重合闸四种方式，重合闸由保护启动或断路器位置不对应启动。重合闸被启动后判断线路电流消失后开始计时，以保证断路器可靠跳开。

重合闸同期方式可选择为检查同期、检查线路无压或者非同期重合闸方式。线路同期电压可以为线路任意相或者相间电压，装置自动识别，不需整定。

4. 主要技术性能

(1) 电压精确工作范围：0.2～70V（10%误差）。

(2) 电流精确工作范围：0.04～20I_n（10%误差）。

(3) 相间和接地距离Ⅰ段的固有动作时间：0.7倍整定值时测量，不大于17ms。

(4) 零序Ⅰ段的固有动作时间：1.2倍整定值时测量，不大于17ms。

(5) 高频保护：全线跳闸时间不大于25ms。

(6) 快速距离：近端，5～10ms。

(7) 暂态超越：距离和零序Ⅰ段均不大于5%。

（三）生产厂

国电南京自动化股份有限公司（见企52～企55）。

四十、PSL600系列数字式高压线路保护装置

（一）概述

PSL600系列数字式高压线路保护装置以高频保护作为线路全线速动主保护，以距离、零序方向保护作为后备保护，装置的保护功能有两块硬件完全相同的CPU模式完成，其中一块CPU完成高频主保护，另外一块CPU完成后备保护。保护分相出口，主要适用于220kV及以上电压等级的输电线路。

（二）功能

对于单断路器接线的线路，保护装置中还增加了实现重合闸功能的CPU模件，根据需要，实现单相重合、三相重合或者综合重合闸功能，见表1-2-97。

表 1-2-97

型　　号	主 要 功 能	备　　注
PSL 601	基于能量方向原理的综合方向纵联保护弱馈保护 快速距离保护 三段式相间距离保护 三段式接地距离保护 四段式零序方向过流保护（或者零序一段加零序反时限保护） 综合重合闸	适用于单断路器接线
PSL 602	距离纵联保护 弱馈保护 快速距离保护 三段式相间距离保护 三段式接地距离保护 四段式零序方向过流保护（或者零序一段加零序反时限保护） 综合重合闸	适用于单断路器接线
PSL 603	除不含综合重合闸外，其余同 PSL 601	适用于3/2断路器接线
PSL 604	除不含综合重合闸外，其余同 PSL 602	适用于3/2断路器接线

1. 高频保护

两套不同原理的高频保护，其中一套是以综合方向元件构成，采用能量方向元件与零序方向元件相结合，能量方向元件不需要滤波，动作速度快，灵敏度高，为了防止通道干扰，能量方向元件动作后出口经阻抗把关，若在阻抗外，延时 30ms 动作；另外一套是以常规的阻抗方向元件构成。能量方向元件是根据故障附加网络的能量来判别故障方向，从理论上解决了传统的故障分量超高速保护不能长期保持正确方向的缺点，保护的动作快速性与安全性之间的矛盾得到了完美解决。系统只需满足叠加原理，系统中电感、电容的暂态过程都不会影响能量函数的方向性。也就是说，能量方向元件不需要滤波，具有极快的动作速度；同时其方向性在故障后是一直存在的，不会随着电压和电流的极性的变化而消失，因此安全性高。另外，反向故障时反向侧能量的绝对值大于正向侧的能量，灵敏度自然得到配合。

2. 通道逻辑

高频保护包括三种通道方式：专用闭锁式、允许式和复用闭锁式，其中用于允许式时，线路故障引起通道阻塞时，可以选用“解除闭锁”式。设有控制字能同各种电力载波设备接口（数字接口、模拟接口均可），包括各种继电保护专用收发信机和复用载波机接口设备。

通道逻辑完全由保护实现。保护装置支持多通道多命令方式，满足同杆双回线使用场合的需要。

3. 距离保护

距离保护在突变量启动后其各段距离保护长期投入。启动 150ms 后，投入振荡检测元件（dZ/dt），当判断为系统振荡时保护进入振荡闭锁逻辑。振荡闭锁期间，投入不对称故障开放元件，此时振荡检测元件用于判断振荡停息。振荡停息后恢复投入各段保护。该元件的设置，可以保证系统在没有真正振荡时能具有速动保护，振荡时也能较快地切除故障。

4. 零序方向电流保护

零序方向电流保护设有四段，每一段均可由控制字选择经方向闭锁或不经方向闭锁。通过切换压板，可分别控制零序Ⅰ段，其他段的投入和退出。

5. 自动重合闸

重合闸为三相一次重合闸。重合闸由保护跳闸触点启动和断路器位置启动。重合闸被启动后判断线路故障电流消失后开始计时，以保证断路器可靠跳开。重合闸同期方式可选择为检查线路同期、检查线路无压或非同期重合闸方式。线路同期电压可以按相或按相间电压同期，同期相及其电压由保护自动识别，不需整定。

6. 双回线相继速动

装置设有一个开出继电器和一个开入端子，用作双回线加速配合。当双回线中一条线路的阻抗Ⅲ段元件动作，然后返回，或者阻抗Ⅲ段元件不动但阻抗Ⅳ段元件动作时，启动开出继电器向另一条线路输出加速信号，加速阻抗Ⅱ段元件。阻抗Ⅱ段加速动作的判据是：①本线路阻抗Ⅱ段元件动作；②装置启动时没有加速信号，然后收到同侧另一回线路保护的加速信号；③本线路阻抗Ⅱ段在满足条件②后经一个短延时仍不返回。

7. 不对称故障相继速动

带负荷的线路发生不对称故障，对侧跳闸后导致本侧非故障相负荷电流消失。本装置利用该特征加速本侧的阻抗Ⅱ段，动作判据是：①本线阻抗Ⅱ段动作；②任一相由故障时有电流突然变为无电流；③本侧阻Ⅱ段在满足条件②后经短延时不返回。

8. 启动失灵保护

在零序、重合闸模件中设置了一个电流继电器，当任一相电流大于定值时，该继电器动作，该继电器触点与保护动作继电器触点串联后用于启动失灵保护。继电器的投退由控制字设置。

9. TV 断线监视

判据 $U_a+U_b+U_c>8V$，保护未启动，且正序电压小于 $0.1U_n$，任一相有电流（$>0.4I_n$）或断路器位置在合位延时100ms报警。TV断线时闭锁距离保护，同时闭锁零序电流保护或将其方向元件退出。为了能保护TV断线时的相间故障，本装置设有一个相电流保护元件和延时元件。该电流保护只在TV断线期间投入，并可以根据控制字投入或退出。

10. 低周减载

设有针对本线路的低周减载功能。低周减载设置低电压闭锁、df/dt 闭锁元件。

11. 低压解列

设置低电压解列功能，满足有小电源接入系统的要求。

12. 故障录波

多CPU同时提供全面反映本CPU实测数据的故障录波，以及装置内部各种继电器的动作时序，辅以PSTalk调试、分析软件，为故障类型分析和定位提供有利条件。各种主要记录均存入快闪内存（Flash RAM）得以长期保存，即使装置失电亦可保护。故障录波数据可转换为COMTRADE格式，实现事故反演。

13. 故障点测距

在本线路任何保护作用于跳闸时，由距离保护给出测距结果。金属性短路时，测距误差小于是2%。

14. 人机界面

装置采用超大屏幕图文液晶显示器，全汉化显示，并设置PC机调试串行口，配备调试和维护软件PSTalk；还可以选配PSMate型保护自动测试仪，形成完备的人机界面。最多可达成32套独立整定的定值，满足了具有复杂运行方式或超大规模变电站的要求。

15. 接口

设置了多种标准的通信接口，适用于常规变电站和综合自动化变电站的要求。当用于常规变电站时，每台装置以串行接口方式分别接打印机或集中打印，当用于综合自动化或有集中PUT设备的变电站时，可以通过另一个串行接口连接。根据变电站层设备要求可以选配RS485、RS422、CANbus、LonWorks总线或以太网接口（见选配功能），以及GPS对时接口。

（三）生产厂

国电南京自动化股份有限公司。

第三节 直流电源

一、PGM全自动免维护电池直流电源

（一）用途

PGM系列全自动免维护电池直流电源（以下简称装置）是经过精心设计，由免维护铅酸电池、专用全自动充电机构成的直流成套装置。该装置在使用现场只需要合上交流进线开关，即可全自动运行，无需操作、整定。整个直流系统设计已全部低压化，各种电压监察、绝缘监察、闪光装置、母线调压装置等全部采用低压集成电路，整个充电机控制单元、各直流监察单元与直流侧及直流输出都完全隔离，装置更安全可靠。见表1-3-1。

表1-3-1

主要技术参数 / 型号规格	交流输入电压（三相，V）	直流输入								馈出回路		备注
		合闸母线电压（V）	控制母线电压（V）	充电机输出额定电流（A）	母线经常负荷电流（A）	事故负荷				控制回路	合闸回路	
						电流（A）	时间（h）	合闸电流（A）	合闸时母线端电压（V）			
PGM—11—75/110	380±10%	110±12.5%	110±2%	30	20	20	2	150	>99	6	6	
PGM—11—100/110	380±10%	110±12.5%	110±2%	40	30	30	2	200	>99	8	8	
PGM—11—200/110	380±10%	110±12.5%	110±2%	60	40	40	2	400	>99	8	8	
PGM—11—300/110	380±10%	110±12.5%	110±2%	100	60	60	3	600	>99	8	8	
PGM—11—500/110	380±10%	110±12.5%	110±2%	200	100	100	3	1000	>99	8	8	

续表

主要技术参数 型号规格	交流输入电压（三相，V）	直流输入								馈出回路		备注
		合闸母线电压（V）	控制母线电压（V）	充电机输出额定电流（A）	母线经常负荷电流（A）	事故负荷				控制回路	合闸回路	
						电流（A）	时间（h）	合闸电流（A）	合闸时母线端电压（V）			
PGM—11—800/110	380±10%	110±12.5%	110±2%	300	150	150	3	1600	>99	8	8	
PGM—12—75/110	380±10%	110±12.5%	110±2%	30	20	2×20	2	2×150	>99	6	6	
PGM—12—100/110	380±10%	110±12.5%	110±2%	40	30	2×30	2	2×200	>99	8	8	
PGM—12—200/110	380±10%	110±12.5%	110±2%	60	40	2×40	2	2×400	>99	8	8	
PGM—12—300/110	380±10%	110±12.5%	110±2%	100	60	2×60	3	2×600	>99	8	8	
PGM—12—500/110	380±10%	110±12.5%	110±2%	200	100	2×100	3	2×1000	>99	8	8	
PGM—12—800/110	380±10%	110±12.5%	110±2%	300	150	2×150	3	2×1600	>99	8	8	
PGM—21—75/110	380±10%	110±12.5%	110±2%	2×30	2×20	20	2	150	>99	6	6	
PGM—21—100/110	380±10%	110±12.5%	110±2%	2×40	2×30	30	2	200	>99	8	8	
PGM—21—200/110	380±10%	110±12.5%	110±2%	2×60	2×40	40	2	400	>99	8	8	
PGM—21—300/110	380±10%	110±12.5%	110±2%	2×100	2×60	60	3	600	>99	8	8	
PGM—21—500/110	380±10%	110±12.5%	110±2%	2×200	2×100	100	3	1000	>99	8	8	
PGM—21—800/110	380±10%	110±12.5%	110±2%	2×300	2×150	150	3	1600	>99	8	8	
PGM—22—75/110	380±10%	110±12.5%	110±2%	2×30	2×20	2×20	2	2×150	>99	12	12	
PGM—22—100/110	380±10%	110±12.5%	110±2%	2×40	2×30	2×30	2	2×200	>99	16	16	
PGM—22—200/110	380±10%	110±12.5%	110±2%	2×60	2×40	2×40	2	2×400	>99	16	16	
PGM—22—300/110	380±10%	110±12.5%	110±2%	2×100	2×60	2×60	3	2×600	>99	16	16	
PGM—22—500/110	380±10%	110±12.5%	110±2%	2×200	2×100	2×100	3	2×1000	>99	16	16	
PGM—22—800/110	380±10%	110±12.5%	110±2%	2×300	2×150	2×150	3	2×1600	>99	16	16	
PGM—11—75/220	380±10%	220±12.5%	220±2%	30	20	20	2	150	>198	6	6	
PGM—11—100/220	380±10%	220±12.5%	220±2%	40	30	30	2	200	>198	8	8	
PGM—11—200/220	380±10%	220±12.5%	220±2%	60	40	40	2	400	>198	8	8	
PGM—11—300/220	380±10%	220±12.5%	220±2%	100	60	60	3	600	>198	8	8	
PGM—11—500/220	380±10%	220±12.5%	220±2%	200	100	100	3	1000	>198	8	8	
PGM—11—800/220	380±10%	220±12.5%	220±2%	300	150	150	3	1600	>198	8	8	
PGM—12—75/220	380±10%	220±12.5%	220±2%	30	20	2×20	2	2×150	>198	6	6	
PGM—12—100/220	380±10%	220±12.5%	220±2%	40	30	2×30	2	2×200	>198	8	8	
PGM—12—200/220	380±10%	220±12.5%	220±2%	60	40	2×40	2	2×400	>198	8	8	
PGM—12—300/220	380±10%	220±12.5%	220±2%	100	60	2×60	3	2×600	>198	8	8	
PGM—12—500/220	380±10%	220±12.5%	220±2%	200	100	2×100	3	2×1000	>198	8	8	
PGM—12—800/220	380±10%	220±12.5%	220±2%	300	150	2×150	3	2×1600	>198	8	8	
PGM—21—75/220	380±10%	220±12.5%	220±2%	2×30	2×20	20	2	150	>198	6	6	
PGM—21—100/220	380±10%	220±12.5%	220±2%	2×40	2×30	30	2	200	>198	8	8	
PGM—21—200/220	380±10%	220±12.5%	220±2%	2×60	2×40	40	2	400	>198	8	8	
PGM—21—300/220	380±10%	220±12.5%	220±2%	2×100	2×60	60	3	600	>198	8	8	
PGM—21—500/220	380±10%	220±12.5%	220±2%	2×200	2×100	100	3	1000	>198	8	8	
PGM—21—800/220	380±10%	220±12.5%	220±2%	2×300	2×150	150	3	1600	>198	8	8	
PGM—22—75/220	380±10%	220±12.5%	220±2%	2×30	2×20	2×20	2	2×150	>198	12	12	
PGM—22—100/220	380±10%	220±12.5%	220±2%	2×40	2×30	2×30	2	2×200	>198	16	16	
PGM—22—200/220	380±10%	220±12.5%	220±2%	2×60	2×40	2×40	2	2×400	>198	16	16	
PGM—22—300/220	380±10%	220±12.5%	220±2%	2×100	2×60	2×60	3	2×600	>198	16	16	
PGM—22—500/220	380±10%	220±12.5%	220±2%	2×200	2×100	2×100	3	2×1000	>198	16	16	
PGM—22—800/220	380±10%	220±12.5%	220±2%	2×300	2×150	2×150	3	2×1600	>198	16	16	

（二）技术特点

（1）全自动工作。充电机可按最适合免维护电池的充电曲线，自动分阶段地给电池充电。充电结束后，自动进入浮充状态，而且交流停电再复电后，充电机自动给电池补充能量，充好电后自动转为浮充电状态。充电机无论在初充还是在交流失电再复电情况下，都自动按电池的充电曲线自动充电，结束后自动转浮充，无需人操作、值守。

（2）充电机电流、电压的采样采用的是最先进的传感器技术，误差小，响应好。

（3）直流系统电压监察以及母线调压装置采样检测也采用传感器，直流母线各种监察、报警、显示均与直流强电隔离，采用低压化（≤24V）设计。

（三）主要技术数据

（1）输入交流电压：380V±10%、50Hz。

（2）输出直流电压：220V±2%（控制母线电压），220V±12.5%（合闸母线电压）；110V±2%（控制母线电压），110V±12.5%（合闸母线电压）。

（3）充电稳流精度：≤1%。

（4）浮充电、均衡充电稳压精度：≤1%。

（5）输出纹波系数：≤2%。

（6）绝缘电阻：合闸母线对地绝缘电阻大于20MΩ；二次控制母线对地绝缘电阻大于20MΩ。

（7）绝缘强度：对信号母线、二次控制母线进行50Hz、2000V对地耐压1min试验，应无闪络和击穿。

（四）生产厂

阿城继电器股份有限公司。

二、PZW系列智能型全自动免维护铅酸电池直流电源装置

（一）用途

PZW系列智能型全自动免维护铅酸电池直流电源装置（以下简称装置）是经过精心设计，采用免维护铅酸电池、专用全自动充电机和微机电源监控系统构成的直流成套装置。该装置在使用现场只需要合上交流进线开关，即可全自动运行，无需操作、整定。电源监控系统可以全面管理电源系统的运行，记录、统计和分析各种运行数据，具有“遥测、遥信、遥控”功能，实现电源系统的全自动无人值守。该装置还可给用户提供电源后台维护软件，并在WINDOWS操作环境下运行，具有友好的全中文界面，多种通信纠错功能。该装置适合无人值守站以及具有当地监控（变电所综合自动化）的变电站，极易升级。

（二）技术特点

1. 专业全自动充电机

（1）全自动工作。充电机可按最适合免维护电池的充电曲线，自动分阶段地给电池充电，充好后自动转为浮充电状态。充电机无论在初充还是在交流失电再复电情况下都自动按电池的充电曲线自动充电，结束后自动转为浮充，无需人操作、值守。

（2）充电机电流、电压的采样采用的是最先进的传感器技术，误差小，响应好。

2. 微机电源监控系统

该装置的微机电源监控系统同PZWG智能型高频免维护电池直流屏。

（三）技术参数

见表1-3-2。

表1-3-2

主要技术参数 / 型号规格	交流输入电压（三相，V）	直流输入								馈出回路		备注
		合闸母线电压（V）	控制母线电压（V）	充电机输出额定电流（A）	母线经常负荷电流（A）	事故负荷				控制回路	合闸回路	
						电流（A）	时间（h）	合闸电流（A）	合闸时母线端电压（V）			
PZW—11—75/110	380±10%	110±12.5%	110±2%	30	20	20	2	150	>99	6	6	
PZW—11—100/110	380±10%	110±12.5%	110±2%	40	30	30	2	200	>99	8	8	
PZW—11—200/110	380±10%	110±12.5%	110±2%	60	40	40	2	400	>99	8	8	
PZW—11—300/110	380±10%	110±12.5%	110±2%	100	60	60	3	600	>99	8	8	
PZW—11—500/110	380±10%	110±12.5%	110±2%	200	100	100	3	1000	>99	8	8	

续表

主要技术参数 / 型号规格	交流输入电压（三相，V）	直流输入								馈出回路		备注
		合闸母线电压（V）	控制母线电压（V）	充电机输出额定电流（A）	母线经常负荷电流（A）	事故负荷				控制回路	合闸回路	
						电流（A）	时间（h）	合闸电流（A）	合闸时母线端电压（V）			
PZW—11—800/110	380±10%	110±12.5%	110±2%	300	150	150	3	1600	＞99	8	8	
PZW—12—75/110	380±10%	110±12.5%	110±2%	30	20	2×20	2	2×150	＞99	6	6	
PZW—12—100/110	380±10%	110±12.5%	110±2%	40	30	2×30	2	2×200	＞99	8	8	
PZW—12—200/110	380±10%	110±12.5%	110±2%	60	40	2×40	2	2×400	＞99	8	8	
PZW—12—300/110	380±10%	110±12.5%	110±2%	100	60	2×60	3	2×600	＞99	8	8	
PZW—12—500/110	380±10%	110±12.5%	110±2%	200	100	2×100	3	2×1000	＞99	8	8	
PZW—12—800/110	380±10%	110±12.5%	110±2%	300	150	2×150	3	2×1600	＞99	8	8	
PZW—21—75/110	380±10%	110±12.5%	110±2%	2×30	2×20	20	2	150	＞99	6	6	
PZW—21—100/110	380±10%	110±12.5%	110±2%	2×40	2×30	30	2	200	＞99	8	8	
PZW—21—200/110	380±10%	110±12.5%	110±2%	2×60	2×40	40	2	400	＞99	8	8	
PZW—21—300/110	380±10%	110±12.5%	110±2%	2×100	2×60	60	3	600	＞99	8	8	
PZW—21—500/110	380±10%	110±12.5%	110±2%	2×200	2×100	100	3	1000	＞99	8	8	
PZW—21—800/110	380±10%	110±12.5%	110±2%	2×300	2×150	150	3	1600	＞99	8	8	
PZW—22—75/110	380±10%	110±12.5%	110±2%	2×30	2×20	2×20	2	2×150	＞99	12	12	
PZW—22—100/110	380±10%	110±12.5%	110±2%	2×40	2×30	2×30	2	2×200	＞99	16	16	
PZW—22—200/110	380±10%	110±12.5%	110±2%	2×60	2×40	2×40	2	2×400	＞99	16	16	
PZW—22—300/110	380±10%	110±12.5%	110±2%	2×100	2×60	2×60	3	2×600	＞99	16	16	
PZW—22—500/110	380±10%	110±12.5%	110±2%	2×200	2×100	2×100	3	2×1000	＞99	16	16	
PZW—22—800/110	380±10%	110±12.5%	110±2%	2×300	2×150	2×150	3	2×1600	＞99	16	16	
PZW—11—75/220	380±10%	220±12.5%	220±2%	30	20	20	2	150	＞198	6	6	
PZW—11—100/220	380±10%	220±12.5%	220±2%	40	30	30	2	200	＞198	8	8	
PZW—11—200/220	380±10%	220±12.5%	220±2%	60	40	40	2	400	＞198	8	8	
PZW—11—300/220	380±10%	220±12.5%	220±2%	100	60	60	3	600	＞198	8	8	
PZW—11—500/220	380±10%	220±12.5%	220±2%	200	100	100	3	1000	＞198	8	8	
PZW—11—800/220	380±10%	220±12.5%	220±2%	300	150	150	3	1600	＞198	8	8	
PZW—12—75/220	380±10%	220±12.5%	220±2%	30	20	2×20	2	2×150	＞198	6	6	
PZW—12—100/220	380±10%	220±12.5%	220±2%	40	30	2×30	2	2×200	＞198	8	8	
PZW—12—200/220	380±10%	220±12.5%	220±2%	60	40	2×40	2	2×400	＞198	8	8	
PZW—12—300/220	380±10%	220±12.5%	220±2%	100	60	2×60	3	2×600	＞198	8	8	
PZW—12—500/220	380±10%	220±12.5%	220±2%	200	100	2×100	3	2×1000	＞198	8	8	
PZW—12—800/220	380±10%	220±12.5%	220±2%	300	150	2×150	3	2×1600	＞198	8	8	
PZW—21—75/220	380±10%	220±12.5%	220±2%	2×30	2×20	20	2	150	＞198	6	6	
PZW—21—100/220	380±10%	220±12.5%	220±2%	2×40	2×30	30	2	200	＞198	8	8	
PZW—21—200/220	380±10%	220±12.5%	220±2%	2×60	2×40	40	2	400	＞198	8	8	
PZW—21—300/220	380±10%	220±12.5%	220±2%	2×100	2×60	60	3	600	＞198	8	8	
PZW—21—500/220	380±10%	220±12.5%	220±2%	2×200	2×100	100	3	1000	＞198	8	8	
PZW—21—800/220	380±10%	220±12.5%	220±2%	2×300	2×150	150	3	1600	＞198	8	8	
PZW—22—75/220	380±10%	220±12.5%	220±2%	2×30	2×20	2×20	2	2×150	＞198	12	12	
PZW—22—100/220	380±10%	220±12.5%	220±2%	2×40	2×30	2×30	2	2×200	＞198	16	16	
PZW—22—200/220	380±10%	220±12.5%	220±2%	2×60	2×40	2×40	2	2×400	＞198	16	16	
PZW—22—300/220	380±10%	220±12.5%	220±2%	2×100	2×60	2×60	3	2×600	＞198	16	16	
PZW—22—500/220	380±10%	220±12.5%	220±2%	2×200	2×100	2×100	3	2×1000	＞198	16	16	
PZW—22—800/220	380±10%	220±12.5%	220±2%	2×300	2×150	2×150	3	2×1600	＞198	16	16	

（四）生产厂

阿城继电器股份有限公司。

三、PZD100 系列直流电源屏

（一）用途

PZD100 系列直流电源屏系以微机为控制核心的装置，采用英国 CT 公司 MENTOR—Ⅱ全数字直流控制器作为系统中的充电机，合理改变其参数即可使其适用于镉镍电池、铅酸免维护电池和普通铅酸电池等多种电池，能够满足发电厂、变电站不同电压等级和层次的要求，有 10 个主接线方案，50 多种规格。

（二）技术特点

(1) 一般方案采用两台相同规格的充电机，两台互为备用，提高系统的可靠性。每台充电机均能独立进行主充电、均衡充电和浮充电，一机多能。

(2) 具有全自动兼容手动功能。正常状态下充电机工作于自动状态，从开机到主充、均充、浮充等功能全过程自动切换。当充电机出现某种故障时，如反馈线断、调节器失稳时，为保证负荷的连续供电，可将充电机设置为手动工作状态，通过一个精密多圈电位器直接调节晶闸管的触发回路，使充电机进行主充、均充、浮充的运行，保证系统的正常工作，从而提高了系统的可靠性。

(3) 充电机按微机内编制好的程序和参数进行主充、均充、浮充运行。

(4) 带有 RS—485 接口，可与综合自动化系统和调度中心联网，进行遥测、遥信、遥控和遥调，全面实现直流电源屏的无人值守。

(5) 电源输入无相序要求。

(6) 充电机具有断相保护和过电压保护等多种保护功能。

(7) 充电机具有故障自诊断功能，给维护人员检修设备提供了方便。

(8) 装置内低压电器元件全部采用德国西门子公司的产品，安全可靠。

（三）主要技术参数

(1) 三相交流输入电压为 380V±10%，频率为 45～62Hz。

(2) 母线直流输出电压等级为 48V，110V，220V。其中：① 控保母线电压范围为 220V±5%，110V±5%，48V±5%。② 动力母线电压范围为 220V±12.5%，110V±12.5%。

(3) 蓄电池额定容量（Ah）为：10，20，40，60，80，100，150，200，250，300，350，400，500，600，800，1000，1500，2000。

(4) MENTOR—Ⅱ型充电机技术参数：

稳压精度：≤1%。

稳流精度：≤1%。

纹波系数：≤0.5%。

效　　率：>85%。

噪　　声：<55dB。

（四）生产厂

阿城继电器股份有限公司。

四、GWZ—281 系列微机监控电池直流系统

（一）用途

GWZ—281 系列微机监控电池直流系统是为了适应无人值班变电站的需要而研制开发的。该系统主要由充电整流装置、微机监控装置、直流馈线回路及降压装置、电池组等部分组成。它主要应用于无人值班变电站、常规变电站、发电厂、工矿企业、铁路运输及科研单位，作为继电保护、控制、信号、通信、事故照明和开关跳合闸电源，也可以作为大中型建筑的直流照明电源。

（二）主要功能特点

(1) 该系统采用全汉化大屏幕液晶显示，人机对话界面十分友好。

(2) 可对充电整流装置的输出电压、电流，控制母线、合闸母线的电压、电流及蓄电池组的充放电电压、电流实时监测。

(3) 可根据蓄电池的充电曲线，自动完成对蓄电池的充电，自动进行充电方式的转换而无需人工干预。

(4) 可对系统的绝缘情况进行监测，能显示出对地电阻值，并越限自动报警。

(5) 可对蓄电池组及每只电池电压进行在线检测，越限自动报警。

(6) 可对蓄电池容量进行在线检测，并显示出当前蓄电池的容量。

(7) 可对整个直流系统的运行状态进行实时监控，打印记录，并能与上位监控机通信，满足了无人值班的需要。

(三) 主要技术参数

1. 技术数据

输入电压：380V±10%。

稳压精度：<1%。

稳流精度：<1%。

纹波系数：<1%。

噪　声：<55dB。

2. 外形尺寸

2260mm×800mm×600mm；2360mm×800mm×600mm。

3. 使用条件

大气压力：86～106kPa。

环境温度：－10～40℃。

月平均相对湿度：5%～95%。

环境：无导电尘埃，无腐蚀性气体，室内通风良好。

(四) 生产厂

国家电力公司南京电力自动化设备总厂。

五、GWZ—282 系列智能高频开关电源电池直流系统

(一) 用途

GWZ—282 系列智能高频开关电源电池直流系统主要用于电力系统中的发电厂、水电站和各类变电站，作为断路器分、合闸及二次回路中的仪器仪表、继电保护和故障照明电源，以及发电厂直流电机电源。该系统主要由高频开关电源充电模块、微机监控模块、自动调压装置、直流馈线回路、蓄电池组及绝缘电压监察装置组成。

(二) 特点

1. 可靠性高

该系统采用开关电源特有的模块化设计，$N+1$ 热备份；动力母线和控制母线均由充电模块单独直接供电，且通过降压装置互为热备份；采用硬件低差自主均流技术，模块间输出电流最大不平衡度小于±5%，安全性好；拥有三级防雷和高度的电绝缘防护措施，绝缘监测仪实时监测对地短路情况，确保系统和人身安全。

2. 智能化程度高

监控单元采用大屏幕、液晶汉字显示、声光告警，可通过监控单元进行充电模块数设置，开关机控制；现代电力电子技术与计算机技术相结合，能实现对电源系统的“遥测、遥控、遥信、遥调”，以及实现无人值守，蓄电池自动管理及保护；实时自动监测蓄电池的端电压，充、放电电流，并控制蓄电池的均充和浮充，进行温度检测、补偿，设有电池过放电声光告警。

(三) 技术参数

1. 主要技术数据

输入电压：380V±15%。

电网频率：50Hz±10%。

功率因数：≥0.9。

输出电压：浮充 198～280V；均充 250～320V。

稳压精度：不超过±0.5%。

稳流精度：不超过±1%。

纹波系数：≤0.3%。

均流不平衡度：不超过±5%。

效率：≥90%。

音响噪声：≤55dB。

2. 使用条件

大气压力：86～106kPa。

相对湿度：≤90%。

环境温度：－5～45℃。

(四) 生产厂

国家电力公司南京电力自动化设备总厂。

六、GZDW—220RS 系列智能高频开关电源直流系统

（一）用途

GZDW—220RS 系列产品由高频开关电源模块（SMR）、监控模块（CSV）和高能阀控式密封铅酸蓄电池（或镉镍电池）组成，具有以下特性：

（1）高可靠性：采用 $n+1$ 冗余配置，各开关电源模块之间热备用。

（2）完备的保护。特点是：

1）设备交流过、欠压保护，输出限流及过压、短路保护。

2）均充/浮充自动转换，开关电源模块和蓄电池充电两级限流。

3）实时监察各馈电回路和母线绝缘。

（3）高智能化。特点是：

1）监控模块采用中、英文液晶显示。

2）能监测开关模块内部故障，绝缘过低、馈电回路故障、电池熔丝熔断、交流故障等多种故障。

3）配有多种通信协议，便于与多种综合自动化网连接。

4）可实现遥测、遥控、遥信和遥调。

（4）能承受大的负荷冲击，并具有很长的使用寿命。

（5）整体布置合理，结构紧凑，操作界面简单明了。

（二）技术参数

1. 主要技术数据

交流额定输入电压：三相四线 380V±20%，频率 50Hz±10%。

直流输出电压：110V，220V。

直流输出电流：10A（一个高频开关电源模块），可任意叠加。

最大电池容量：500Ah。

功率因数：≥0.95。

效　　率：不超过±85%。

稳压精度：不超过±0.5%。

稳流精度：不超过±1%。

纹波电压：不超过±1%。

整机噪声：<55dB。

2. 产品外形尺寸

高×宽×深：2360mm×800mm×550mm；2260mm×800mm×600mm。

3. 使用环境条件

（1）海拔：<2000m。

（2）环境温度：−5～40℃，24h 内的平均温度不大于 35℃。

（3）相对湿度：≤90%。

（4）无导电及易爆危险介质，无强磁场干扰，无腐蚀和破坏绝缘的介质，不允许有明显水蒸气及有大量的霉菌。

（5）无激烈的振动和冲击。

（6）冷却方式：风冷。

（三）生产厂

国家电力公司武汉电力仪表厂。

七、GZD 系列直流电源柜

（一）用途

GZD 系列直流电源柜是一种高性能的电池储能直流电源系统。该产品适用于电力、钢铁、冶金、石油、化工、铁道等系统的输变（配）电室。在 10kV、35kV、110kV、220kV 等级变电站（所）作为直流控制信号电源、继电保护和断路器机构的分合闸电源，也可以作为通信、医院、地铁、宾馆、计算机房、高层建筑等的应急电源。

（二）技术参数

1. 主要技术数据

交流额定输入电压：三相四线 380V±10%，频率 50Hz。

最大直流输出电压：160V、315V。

最大直流输出电流：8A、10A、12A、15A、20A、30A、50A。

最大电池容量：500Ah。

稳压精度：不超过±1%。

稳流精度：不超过±1%。

纹波电压：不超过±1%。

整机噪声：<55dB。

2. 产品外形尺寸

产品为组合结构，采用国家低压电器成套装置的标准尺寸（高×宽×深）（mm×mm×mm）：2260×800×600；2360×800×550；2260×1000×600。

3. 使用环境条件

(1) 海拔：<2000m。

(2) 环境温度：−5～40℃，24h内的平均温度不大于35℃。

(3) 相对湿度：50%（环境温度40℃），90%（环境温度20℃）。

(4) 户内使用，垂直安放；使用地点周围机械振动振幅不大于0.05mm，频率不大于600次/s；无爆炸危险介质，周围不含有腐蚀金属、破坏绝缘的介质，不允许有明显的水汽及有大量的霉菌。

（三）生产厂

国家电力公司武汉电力仪表厂。

八、PZ32系列免维护铅酸蓄电池直流电源系统

（一）用途

PZ32系列免维护铅酸蓄电池直流电源系统是为满足国内外电力市场的需求研制开发的新型无人值守操作电源，它结合了相控技术和计算机技术，直流系统的运行采用微机监控，易于实现电站综合自动化，可广泛地应用于发电厂、水电站及各类变电站。

（二）技术参数

(1) 主要技术数据：

交流输入电压：380V±10%。

电网频率：50Hz±5%。

浮充电压：180～270V（220V系统）。

均充电压：180～270V（220V系统）。

稳压精度：不超过±1%。

稳流精度：不超过±1%。

纹波系数：<1%。

(2) 外形尺寸：2360mm×800mm×550mm；2260mm×800mm×600mm。

(3) 环境温度：−10～40℃。

(4) 抗干扰能力：该产品通过1MHz及100kHz脉冲群干扰、辐射电磁场干扰、静电放电干扰等多项检验，具有很好的抗干扰能力。

（三）生产厂

许继集团有限公司。

九、PZ61系列直流电源屏

（一）用途

PZ61系列直流电源屏是为满足国内外市场的需求，采用高频开关整流模块、智能直流系统监控模块和直流专用断路器等数项新技术、新器件开发的新型无人值守不间断直流电源系统。它主要用于火力发电厂、水电站、电气化铁路和各类变电站的变配电室，提供二次回路设备工作用电、断路器分合闸用电和事故照明用电。

该系列产品主要有如下特点：

(1) 整流器由多个高频开关整流模块并联组成，$N+1$热备份运行，自动均流，可带电更换，大大提高了系统运行的可靠性。

(2) 配套国产或进口免维护密封铅酸蓄电池，具有放电倍率高、不需维护、防爆安全、寿命长等特点，满足了无人值守的需要。

(3) 控制母线电压自动调节，并具有降压硅堆故障开路自动短接闭锁功能，保证系统供电不间断。

(4) 配电开关采用进口或国产直流专用塑壳断路器，具有分断能力高、可密集安装、标识醒目、操作方便等特点。

(5) 系统监控设计为两级：智能直流系统监控和高频开关整流模块自我监控。智能直流系统监控模块实时地监测直流系统中各设备的运行工况，控制整流器的输出电压和电流，实现对蓄电池的智能化管理和直流系统的“四遥”功能，当智能直流系统监控模块故障失效时，整流模块自动处于自主控制方式运行，确保系统安全运行。

(二) 技术参数

(1) 技术数据：

交流输入电压：380V±15%，50Hz±5Hz。

直流输出电压：220 (110) V±5%。

直流输出电流：控制母线 20A，40A；

动力母线 200A，400A。

蓄电池容量：50～300A·h。

稳压精度：不超过±0.5%。

稳流精度：不超过±1%。

纹波系数：不超过±0.3%。

并联均流不平衡度：不超过±5%。

音响噪声：≤55dB。

防护等级：IP30 及以上。

(2) 柜体的外形尺寸：2260mm×800mm×600mm。

(3) 环境温度：－10～40℃。

(4) 抗干扰能力：该产品通过高频电气干扰，辐射电磁场，静电放电干扰等多项检验，具有很好的抗干扰能力。

(三) 生产厂

许继集团有限公司。

十、GZDW 微机型高频电源直流装置

(一) 用途

GZDW 微机型高频电源直流装置是一种新型直流电源，充电设备采用高频开关技术，$N+1$模块组合，微机控制，稳压、稳流精度高，纹波电压小，并能按蓄电池的充电特性，自动对蓄电池进行充电、浮充电和均恒充电；适用于大中小型水电站、火电厂和 35～500kV 电压等级变电站及电气化铁道等直流系统。目前是晶闸管、磁饱和类直流电源的更新换代产品，它同时满足无人值守和“四遥”，以及其他远程自动化的一切要求。

(二) 技术参数

输入电压：AC 380V±20%。

输出电压：DC 198～320V，连续可调。

输出电流：0～120A。

系统精度：不超过±0.5%。

负载调整率：不超过±0.5%。

功率因数：≥0.90。

效　　率：≥90%。

噪　　声：≤45dB。

外形尺寸：2260mm×800mm×600mm；2360mm×800mm×600mm。

(三) 生产厂

许继集团有限公司。

十一、智能蓄电池组测试设备

(一) 智能蓄电池组监测系统

该系统广泛应用于电力、通信、金融、交通等行业的各种蓄电池的性能监测，是直流系统不可缺省的理想保障设备。该系统具有网络通信功能，通过远程服务器经以太网可对各变电站的蓄电池组监测系统进行实时监控与数据管理，实现遥测、遥信、遥控，使蓄电池得以及时的维护，保证直流系统的安全运行，提高供电系统的可靠性。

该系统是集电池测量技术、电子技术、计算机控制技术等多项技术的综合成果。具有如下特点：

(1) 在线自动监测单体电池电压、电池组组端电压、充放电电流和温度，数据采集快速准确。

(2) 动态放电瞬间测量每一单体电池内阻及负载能力，快速判别电池性能。

(3) 静态放电（核对性放电）测量电池组容量，放电过程各项参数、曲线全程显示。

(4) 放电保护：出现单体电池电压低于设定值，放电时间、容量到达设定值，交流失电等情况之一，设备自动停止

放电。

(5) 多种故障报警功能：电压超限、温度超限、电压均差值超限等，报警阀值自由设定。

(6) 自动存储报警信息及动态放电、静态放电数据。

(7) 多个可扩展的I/O口，可用于报警输出，供直流屏等其他设备的采集和控制。

(8) 具有多种通信方式：LAN、RS232、RS485、MODEM等，以适合不同系统的通信要求。

(9) 配备完善的计算机管理分析监控软件，具有强大的数据处理功能，采用先进的数学模型，对电池的多项测量结果进行综合计算分析，准确判别电池性能，并可查询电池的实时运行状态及历史数据，包括各项参数、曲线，并生成报表。

（二）智能蓄电池组负载测试仪

以独有专利技术开发的自动恒流放电设备——智能蓄电池组负载测试仪。该仪器可连续调控放电电流，实现电流恒流放电。广泛应用于对电力、通信、金融、交通等行业的蓄电池维护与测试，为用户提供蓄电池大电流检测能力，对电池组按照多种放电率进行核对放电测试，快捷有效地检测出早期失效电池、准确得知电池的真实容量，预测蓄电池性能变化趋势。

系统特点如下：

(1) PTC恒流放电专利技术，专利号：ZL00 247358.5。

(2) 放电电流连续可调，可并接恒流负载模块，以满足更大放电电流的要求。

(3) 放电保护：组端电压或单体电池电压低于设定值、到达设定的放电时间自动停止放电。

(4) 放电过程各项参数、曲线全程显示，并自动保存在设备中，掉电不丢失。

(5) 多种控制方式：前台手动控制、蓄电池组监测系统联机控制、计算机控制。

(6) 完善的计算机管理分析、控制软件，可查询任意时刻电池的各项参数、曲线，并生成报表；用计算机控制放电时可实时显示放电过程各项参数、曲线，随时掌握蓄电池状态。

(7) 可加配有线或无线蓄电池测试系统监测单体电池电压，或与监测系统配套使用。

(8) 多种故障保护功能，可靠性极高，体积小、重量轻、操作容易、携带方便。

（三）无线蓄电池测试系统

无线蓄电池测试系统是电池测量、无线通信、计算机信息处理等多项技术的综合成果。

(1) 专利技术：采用无线通信传送数据且电压采集2V、6V、12V兼容。

(2) 实时监测单体电池电压、电流及环境温度，数据采集快速准确，可记录电池放电过程每一瞬间的变化，保证对电池性能的准确判别，且无连线引起的测量误差。

(3) 无线模块精度高、功耗低、体积小、重量轻，使用方便、安全可靠。

(4) 单套系统可同时测试1～4组电池，测量电池总节数达320节，测试效率高。

(5) 系统具有RS232/RS485隔离通信接口，可与计算机实时数据通信，或对其他智能设备进行控制。

(6) 完善的计算机管理分析控制软件，可实时显示各项测量数据及曲线，并提供数据查询、报表生成、打印等功能。

（四）智能设备运行状态信息采集系统

设备运行状态信息采集系统（EIS）是针对电力设备状态检修中在线监测提出的新型数据采集系统。它是基于100M以太网传输技术而开发的实时数据采集系统，它能够方便接入各种智能设备，并将所采集数据信息送入开放实时数据库，便于设备运行状态信息处理单元进行分析处理。设备运行状态信息采集系统是整个电力系统的设备运行状态信息管理系统的一个重要的组成部分。

EⅡ—B设备运行状态信息采集仪的特点如下：

(1) 支持NAT网络地址转发，解决网络设备IP地址不够的问题。

(2) 具有防火墙功能，防止网络数据侵入。

(3) 可连接多台智能设备。

(4) 不必在现场设备中编写协议解释程序，支持透明转发技术。

(5) 支持100M以太网络、GPRS通信模式。

(6) 支持传输通道热冗余备份，具有高可靠性。

数据采集平台的特点如下：

(1) 采用C/S架构。

(2) 具有智能辅助协议解释软件帮助用户分解协议。

(3) 采用开放式实时数据库输出采集结果。

(4) 支持传输通道热冗余备份。

(5) 支持OPC标准工业接口。

（五）生产厂

杭州高特电子设备有限公司（见企 30）。

第四节 故障录波装置

一、DSA309 录波管理装置

（一）概述

DSA309 录波管理装置能收集和管理变电站内 DSA 系列保护或保护测控单元录波信息，并在打印机上将故障时电流和电压的原码数据、电流和电压波形及开关量状态打印出来，方便运行及维护人员对事故进行分析和处理。

（二）装置特点

(1) 采用了被工业界广泛证明的，具有高可靠性、扩展性和灵活性的 CAN 网络，采用了 CAN2.0B 协议，使得网络通信更可靠，更安全，信息传输更快。

(2) 采用表贴工艺和大规模复杂现场可编程逻辑器件（CPLD），提高了装置的可靠性。

(3) 装置具有完善的自检功能。

（三）生产厂

南瑞城乡电网自动化分公司。

二、DPR 型数字式故障录波测距装置

（一）概述

录波器的主要任务是记录电力系统大扰动如短路故障系统振荡、频率崩溃、电压崩溃等发生后的有关系统电参量变化过程及继电保护与安控装置的动作行为。

DPR 型数字式故障录波测距装置是南瑞集团公司针对 35～500kV 变电站、火力发电厂、水力发电厂研究开发的专用录波器。

（二）性能特点

该装置采用 32 位 MPU 和 DSP 并行处理技术，性能稳定可靠，操作维护简单，在国内同类产品中居技术领先地位。具有高输入容量，32、48、64、96 线模拟量（含电压、电流、高频及其他特殊量），64～128 路接点信号可供用户选择。多个软化启动元件，多次数的连续启动记录能力，实现零等待切换。高速度、高精度的数据采集处理能力，高精度的自动故障测距（精度 2%）功能，大容量的磁盘存储空间并能远传，高速度的汉化打印输出和详尽的故障分析报告和故障曲线描绘，使用户对故障过程一目了然。

采用 32 位 MPU 和 DSP 并行处理技术。高可靠性，低功耗。

E2PROM 存放启动定值及参数，保证定值的可靠性。

连续启动，连续录波，自动打印输出。

磁盘存储能力大于 10000 次，可自动循环覆盖。

友好的人机界面，Windows NT 操作系统，在线离线分析显示，使用简洁方便。

完善的后台机远传功能，内置式 GPS 对时或分脉冲对时。

完善的一点多通信和网络通信能力（网络、RS—232C 等）。

（三）典型应用

该系列装置自投运至今，已有 800 多台套应用于北京、上海、江苏、河南等全国 30 多个省市。

（四）生产厂

南瑞农电分公司。

三、NSR2000 故障录波测距系统

（一）概述

NSR2000 故障录波测距系统，适用于各种电压等级的变电站和发电厂，用于记录电力系统发生短路故障、系统振荡、频率崩溃、电压崩溃时有关电参量的变化过程及继电保护与安全自动装置的动作行为，为运行人员迅速查找故障原因和故障地点以及检验继电保护动作行为提供依据。

NSR2000 故障录波测距系统主要功能有故障录波、故障分析，另外 NSR2000 具有实时监测电能质量的功能，被监测系统的电压和电流的有效值、各次谐波值、谐波畸变率、功率值、功率因数、电压偏差和波动、频率等电气量可以被长期记录和显示。

（二）性能特点

（1）数据采集装置采用多CPU结构，具有强大的数据处理能力。

（2）实现了高速度、高精度的数据采集及处理。谐波处理能力可准确到50次，适用于对谐波处理能力要求比较高的场合。

（3）主要芯片采用表面贴装技术，6层印制电路板设计，使硬件系统具有很高的抗干扰能力和工作可靠性。

（4）采用频率跟踪技术，实时监视系统频率的变化，实时调整数据采样的时间间隔，可以彻底消除基频波动引起的计算误差，能保证在基频偏离工频50Hz很大的情况下准确计算出当时系统的基频分量、谐波分量和序分量。

（5）每块数据采集板有4MB的NVRAM，装置最多有24MB，能够存储多次录波数据，NVRAM有后备电池保护，掉电时，保证数据不丢失。

（6）数据采集单元采用嵌入式结构，并且实现了网络传输技术和GPS实时同步技术，可以集中组屏，也可以就地分散安装。

（7）记录方式灵活。可记录长期振荡及长期电压、电流和频率越限。

（8）启动判据全面，启动方式灵活、可靠。

（9）自检功能：系统除开机进行一次自检外，还会定时对各功能模块进行自检，出现异常时，指示灯将给出告警信息，并将信息上传后台机。

（10）基于Windows 95/98/NT/2000环境下运行的NSR2000管理及故障分析软件包可用于超高压、高压和中压电力系统，功能强大，不仅能进行一般的参数设置、运行方式设置和数据存储、显示、打印等，还能实现高精度测距、谐波分析、电能质量分析等功能。另外它对所有开关量状态进行检查和评估，提供事件分析和设备分析功能。

（三）典型应用

已有数十套运行于500kV、220kV、110kV等各级电压变电站和发电厂中，如绍兴500kV兰亭变、广州石化自备电厂等。

（四）生产厂

南瑞集团中德保护控制系统有限公司。

四、WGJ系列微机型故障记录器屏

（一）用途

WGJ系列微机型故障记录器屏是以微机为主体构成的快速数据采集、计算分析处理系统，用于自动采集电力系统发生故障的时刻、故障过程（包括故障前、故障发生时刻、故障切除重合闸过程）的电气数据、继电保护装置、开关动作顺序等，计算故障量数据或打印出波形图，还可以打印波形和存入硬盘（配合将故障数据存入硬盘），由故障分析器计算分析显示和打印各种数据，也可以将故障数据远传至千里之外，再由分析器分析显示各种数据。由分析软件可以分析出：

（1）故障距离及随时间变化的阻抗值。

（2）随时间变化的有功功率、无功功率、视在功率的有效值。

（3）随时间变化的有功功率的瞬时值。

（4）谐波分量。

（5）随时间变化电压的有效值。

（6）随时间变化电流的有效值。

（7）随时间变化的频率值。

（8）随时间变化正序、负序、零序电压的有效值。

（9）随时间变化正序、负序、零序电流的有效值。

（10）随时间变化各相电压、电流的相角差。

该设备为分析电力系统发生故障的原因、确定故障点、分析电力系统故障状态、评价继电保护装置动作行为的正确性提供科学依据。

（二）技术参数

1. 额定值

（1）直流操作电压：220V±10%。

（2）交流操作电压：220V。

（3）交流额定电压：100V、$100/\sqrt{3}$V。

（4）交流额定电流：1A、5A，最大20倍额定电流。

（5）额定频率：50Hz。

(6) 开关量额定电压：DC 24V。

2. 启动值

(1) 相电流：2.5～10A。

(2) 零序电流：1.2～3A。

(3) 零序电压：5～30V。

(4) 负序电压：5～10V。

(5) 1～16 路开关量可以启动计算机，其动作电压不大于 DC 6V。

3. 规范及特性量

(1) 误差：电流波形或电压波形的误差，是指计算机打印出的数据的最大值或最小值与平均值的差，应小于平均值的 5%。

(2) 采样频率：1.6kHz，0.24s 后变成 0.8kHz。

(3) 故障前时间：120ms。

(4) 计算机内存：640kB，8 位数据。

(5) 录波长度 20s，故障切除后延时 1.2s，可采集 12 次故障。当第 11 次故障结束时，发贮存器满信号。发生第 12 次故障时，故障切除延时 1.2s，采集故障信息，结束打印出 12 次故障波形并自动返回到 01 记忆区。

WGJ—1A 微机型故障记录器屏故障切除延时 1.2s 采集故障信息结束后，打印出故障波形，然后将故障数据写入磁盘，并自动返回 01 记忆区。当第 11 次故障结束时，发贮存器满信号，发生第 12 次故障时，故障切除延时 1.2s 采集故障信息，结束后打印出第 12 次故障波形并写入磁盘，然后自动返回 01 记忆区。

(6) 打印时标：中心线 2.5ms 打点，120ms 打标记线。

(7) 打印机打出 240ms 长度波形，宽度压缩一倍。故障切除后开始计算并打印出波形图，时间少于 5min。

(8) 打印显示：月、日、小时、分、秒，计算机时钟板带后备镉镍电池，以保证断电后时钟照常运行。

(9) WGJ—1A 微机型故障记录屏，除满足上述特性外，还具有下列显示和打印功能：①故障测距及随时间变化的阻抗值，在规范范围内测距误差不大于 3%；②随时间变化有功功率、无功功率、视在功率的有效值；③随时间变化有功功率的瞬时值；④谐波分量；⑤随时间变化电压的有效值；⑥随时间变化电流的有效值；⑦随时间变化正序、负序、零序电压的有效值；⑧随时间变化正序、负序、零序电流的有效值；⑨随时间变化各相电压、电流的角差；⑩随时间变化的频率值。

(三) 生产厂

阿城继电器股份有限公司。

五、PLW 系列微机型故障录波屏

(一) 用途

PLW 系列微机型故障录波屏主要用于记录电力系统故障前后电流、电压的变化波形，以及有关开关量的变化顺序及波形，为分析事故原因，确定故障性质，寻找故障点，分析继电保护装置动作的正确性及谐波成分，提供确切的定量数据。该装置适用于各类发电厂、变电所及输电线路，同时还可用于科学实验中工频信号的记录及分析。该装置的主要特点是故障录波器采用 MCS—96 系列单片微机和高集成半导体芯片，具有较丰富的软件支持。装置结构简单，在软件启动、连续存贮、磁盘记录、输出绘图等方面具有实用性强、可靠性高、操作方便等特点。

(二) 技术参数

(1) 模拟量通道数：16～48 路。

(2) 模拟量额定输入值：电压 $100/\sqrt{3}$V，电流 5A 或 1A。

(3) 模拟量输入最大值：为额定电压的 1.5 倍，为额定电流的 20 倍。

(4) 开关量通道数：16～48 路。

(5) 开关量输入方式：空触点、有源。

(6) 采集周期：1.25ms。

(7) 记录连续故障次数：使用 360KB 软盘为 15 次；使用 1.44MB 软盘为 47 次，每次 4.2s。

(8) 最长连续故障录波时间：63s (360KB 软盘)；197.4s (1.44MB 软盘)。

(9) 振荡录波时间：每次 67.2s。

(10) 每张软盘存放故障数据次数：6 次 (360KB 软盘)；22 次 (1.44MB 软盘)。

(11) 供电方式：DC 220V，AC 220V。

(12) 环境温度：0～45℃。

相对湿度：不大于 85%。

大气压力：80～100kPa。

（三）生产厂

北京继电器厂。

六、WGL—12B 微机型故障记录装置

（一）用途

WGL—12B 微机型故障记录装置作为输电线路故障录波设备，能正确反映输电线路的各种故障波形、故障相别和故障点距离。记录的故障参量更全面，输出的故障参量更直观，数据采样精度高，硬件自检功能强大，组网功能全面，硬件的模块化设计便于维护和扩展。采用高性能的工控机为硬件核心，软件采用封闭运行方式，可编辑性强，便于升级。该装置适用于 110kV 以上的变电所、发电厂及其他对录波可靠性要求高的场所。

1. 功能特点

(1) 具有 GPS 卫星对时功能，使故障报告的时间准确。

(2) 可实现录波数据远传通信，远传速度快，波特率可达 19.2kbit/s，并可与相同型号、不同厂家、不同型号（由对方提供通信规约）的录波器通信。

(3) 用微机处理数据，存储量大。

(4) 数据分流，区内、区外故障分别保存（区内外故障各保存 100 次）。

(5) 可选择时间段打印。

(6) 新软件在结构上是一个封死的软件包，值班人员不授权使用 DOS，增加了软件的可靠性，在技术上杜绝了病毒从软驱引入。

(7) 能准确记录和输出故障线路的各种参数。

(8) 所有需要记录和计算的参量均汉字化、数值化和表格化，必要时以图形方式输出。

(9) 能记录故障的全过程。

2. 结构特色

(1) 采用前后台机模式，前台机主要进行采样和判断是否启动；后台机主要负责分析、计算和显示。

(2) 采用分插件结构，每个插件独立构成一个微机系统，因此地址、数据总线不用外引，提高了抗干扰性能。

(3) 每个单片机记录 12 路模拟量和 18 路开关量，采用同步采样和同步启动等同步手段，以实现数据的一致性。

(4) 采用多 CPU 结构，将各 CPU 自检及 CPU 间互检结合，可以做到任何部位电子器件有故障均能方便地定位到插件，同时由于各保护 CPU 插件硬件相同，可以减少备品备件，使硬件故障的处理时间大大缩短。

(5) 共 4 个 CPU，最多可记录 48 路模拟量、72 路开关量，装置配置十分灵活、方便，用户可根据需要进行配置模拟量、开关量的路数。

（二）技术参数

(1) 交流电压：$100/\sqrt{3}$V（相电压）；100V（开口三角电压）。

(2) 交流电流：5A 或 1A（订货注明）。

(3) 额定频率：50Hz。

(4) 工作电源：DC 220/110V（订货注明）；AC 220V。

(5) 功率消耗：①直流回路不大于 80W。②交流回路不大于 80W；③交流电压回路不大于 0.5VA/相。

(6) 模拟变换精确工作范围：①相电压：0.5～80V（有效值）；②相电流：0.5～100A（5A 额定值）。

相电压、相电流的额定值为 1A 时，以上值除以 5。

(7) 开关量分辨率：1.0ms。

(8) 谐波分辨率：最高为 10 次。

（三）生产厂

保定天威雷诺尔电气有限公司。

七、WDS 系列微机型故障录波测距装置

（一）用途

WDS 系列微机型故障录波测距装置可安装于电力系统中各电压等级的变电站或发电厂内，对电网中发生的各种类型的故障进行实时录波，并分析故障类型，提供分析报告，为电网安全运行提供技术上的保障。

（二）功能与特点

故障录波器的主要任务是记录系统大扰动如短路故障、系统振荡、频率崩溃、电压崩溃等发生后的有关系统电参量的变化过程及继电保护与安全自动装置的动作行为。WDS 是利用微处理器及工业控制机，将电参量转化为数字量进行处理的数字动态记录处理装置。它将现场量（电压、电流、高频及触点信号）经 ASTU 或 DSSU 调理，通过模数转换，

再由微处理器进行处理，通过不同的判据，获取有用信息，经传输到工业机（DAU）分析存储，最后输出分析报告（电参量的数值变化过程、波形曲线、故障类型及定位等）。

（三）技术参数

1. 主要技术数据

(1) 双CPU结构。

(2) 具有32路模拟量突变和32路模拟量过限启动能力。

(3) 具有72路触点启动能力。

(4) 具有连续启动记录能力，8次缓冲，大于255次磁盘缓冲。

(5) 每次启动记忆时间：启动前，为120ms；启动后，故障大于7s，自适应变化人工启动120ms。

(6) 远方通信，接口为RS—232C，或通过MODEM连接市网、微波电话网或PLC通道。

(7) 最多7回线的测距。

(8) 模拟量分辨率：故障前后120ms期间为12bit。其余时间为8bit。

(9) 开关量分辨率：1.25ms。

(10) 扫描频率：80～4000Hz。

(11) 响应频率：小于400Hz（8次谐波）。

(12) 模拟量输入范围：0～1A/5A（电流），最大过载20倍。额定频率：50Hz。

(13) 开关量输入要求：空触点（使用内部24V电源）或有源。

(14) 触点（DC220V/110V）。

(15) 彩色汉字打印机，132宽行标准打印机。

(16) 电源：110/220V（AC或DC）。

(17) GPS对时。

(18) 无Y2K问题。

2. 设备外形与结构尺寸

WDS系列数字式故障录波器一般组成标准屏、柜，提供的屏、柜尺寸可以是：2360mm×800mm×600mm；2260mm×800mm×600mm；2200mm×800mm×600mm。如订货时不特别注明，将提供2200mm×800mm×600mm的标准屏、柜。

3. 使用环境

1) 温度：0～40℃。

2) 相对湿度：75%。

3) 无粉尘、无腐蚀性。

（四）生产厂

南京南瑞集团公司。

八、WDGL—Ⅲ微机型故障录波测距装置

（一）用途

WDGL—Ⅲ微机型故障录波测距装置，用于当电力系统出现故障和异常工况时，对重要的电气量进行录波和分析，记录和分析故障和异常运行的变化过程，再现故障和异常运行的电气量变化过程，并记录、分析继电保护的动作行为。它适用于110kV及以上的变电所、发电厂及其他对录波可靠性要求较高的场所。

（二）工作原理

该装置由硬件、软件两大系统组成。硬件系统由变送器箱、前置机、后台机、打印机、键盘等组成。前置机主要负责数据的采集，其中智能A/D板管理16路模拟量、32路开关量的数据采集，主CPU为数据管理机。智能A/D板通过双口RAM向主CPU板传送采样数据，主CPU板带有一个大容量内存（常规配置为2.5MB），主要完成故障数据存储、故障启动判断等工作，并将故障数据送给后台机。后台机主要完成数据的分析处理、故障测距、数据打印、数据存盘、数据远传等工作。软件系统由前置机软件、后台机软件两部分组成。前置机软件采用80196汇编语言编制，完成对各种输入信号的数据采集、预处理、启动判断、数据存储、数据传送等功能。后台机软件分在线系统软件和离线系统软件。在线系统软件为实时运行软件，使用Visual C＋＋语言，采用按键菜单方式，主要完成数据通信、数据的分析处理、故障测距、故障波形自动打印、实时模拟量波形显示、时钟显示修改、通道整定、记录文件查询、手动打印分析报告、故障录波波形、数据远传等功能。离线系统软件由参数设定软件和分析处理软件组成，采用Visual C＋＋，在Windows环境下编程，都运行于中文Windows环境下，实现参数设置，再现整个故障过程，完成对故障性质、开关量动作情况的进一步分析处理。

（三）技术参数

1. 工作电源

DC 220/110V，AC 220V、50Hz（供打印机）。

2. 输入信号

（1）模拟量 32 路（或 48 路）。基本配置：8 路电压量、24 路（或 40 路）电流量。

（2）交流电压（有效值）$100/\sqrt{3}$V，测量范围：0～120V。交流电流（有效值）5A（或 1A），最大过载 20 倍，持续时间 3s。

（3）开关量 64 路（或 96 路）。基本配置：空触点 56 路（动合），有源触点 8 路，启动电流 10mA。

3. 采样指标

（1）采样频率：1000Hz（每周波 20 点）。

（2）谐波分辨率：9 次。

（3）开关事件分辨率：1ms。

（4）A/D 精度：12 位，转换速度 10μs。

4. 启动误差

（1）电压量启动时，误差不超过±5%。

（2）电流量启动时，误差不超过±3%。

5. 金属性短路

线路测距误差不超过±2%（采用三种不同的测距算法）。

（四）生产厂

许继集团有限公司。

第二章　调度、综合自动化系统

一、CSC—2000 变电站自动化系统（V2）

（一）适用范围

该系统适用于各种电压等级的变电站，满足 35～1000kV 各种电压等级变电站自动化的需要，也可以用作发电厂的网控自动化系统。

（二）结构

V2 系统为两层式结构，由变电站层和间隔层两部分组成。变电站层和间隔层间采用双网冗余以太网连接，传输速率≥100Mbit/s。

1. 变电站层

变电站层主要包括远动装置与当地监控系统。独立设置的远动装置从网络上采集变电站的数据，并通过各种介质和协议与上级调度中心通信，远动信息直采直送。当地监控系统实现的功能包括数据采集与监视（SCADA）、自动电压无功调节（AVQC）、五防与操作票等，各种功能可以根据客户的不同需求，在计算机上灵活配置。当地监控系统具有良好的可裁剪性，对于 110kV 及以下的变电站，所有功能均可采用一台计算机实现。

2. 间隔层

V2 系统的间隔层包括测控装置和各种保护装置。所有装置均支持双以太网，并直接连接到站控层网络。在间隔层还可设置保护管理机（CSM—320E），用于接入其他厂家的保护信息，推荐接入协议为 DL/T 667—1999（idt IEC 60870-5-103），也支持其他的国际/国内标准协议和国内主要设备厂家的各种私有协议。

（三）功能

1. SCADA 应用功能

（1）数据采集与处理。

（2）监视与告警。

（3）控制操作与逻辑闭锁。

（4）事件顺序记录（SOE）。

（5）事故追忆。

2. 在线计算

（1）电量累计值和分时段值。

（2）功率总加、电能总加。

（3）电压合格率。

（4）负荷率。

（5）电量平衡。

3. 人机接口

（1）主接线图。

（2）间隔分图。

（3）光字牌图。

（4）系统结构图。

4. 保护信息管理

（1）定值。

（2）定值区切换。

（3）软压板。

（4）保护分散式录波。

5. 其他功能

（1）远动。

（2）报表及曲线。

(3) 电压无功自动调节(AVQC)。

(4) 一体化五防与操作票。

(5) 智能设备接口。

(6) 程序化操作。

(四) 主要特点

(1) 采用分层分布、面向对象的设计思想。

(2) 支持 IEC 61850 标准,间隔层装置全面通过中国电科院 RTU 检测中心 IEC 61850 一致性测试和荷兰 KEMA 公司 IEC 61850 一致性测试及认证。

(3) 具备很高的安全级别,通过了国家电网公司信息安全实验室的安全性测试。

(4) 当地监控系统适用于多操作系统(Windows/UNIX),多硬件系统(32 位/64 位)的混合平台。

(5) 当地监控系统采用图库一体化设计,并内嵌了 AVQC、操作票和一体化五防等功能。

(6) 采用嵌入式软/硬件设计技术,实现了变电站层通信平台的通用化和装置化,可以方便地满足不同应用场合的需要。

(7) 间隔层测控/保护装置采用了网络化硬件平台,实现了硬件的标准化、模块化,方便配置和扩展。

(8) 间隔层测控/保护装置全面支持 IRIG—B 码对时方式。

(五) 主要技术指标

(1) 模数转换分辨率:≥14 位。

(2) 电流、电压测量精度:0.2 位。

(3) 有功功率、无功功率测量精度:0.5 级。

(4) 电网频率测量误差:≤0.01Hz。

(5) 整个系统对时精度:≤1ms。

(6) 事件顺序记录分辨率(SOE):≤2ms。

(7) 系统平均无故障间隔时间(MTBF):≥30000h。

(8) 双机系统可用率:99.9%。

(9) 控制操作正确率:=100%。

(10) 遥控动作成功率:≥99.99%。

(11) 画面实时数据更新周期(模拟量):≤2s。

(12) 画面实时数据更新周期(开关量):≤1s。

(13) 遥测信息响应时间(从 I/O 输入端至远动工作站出口):≤3s。

(14) 遥信变化响应时间(从 I/O 输入端至远动工作站出口):≤2s。

(15) 控制命令从生成到输出的时间:≤1s。

(16) 动态画面响应时间:≤2s。

(17) 网络负荷率(以太网带宽 100M):

1) 正常时(任意 30min 内):≤10%;

2) 电力系统故障(10s 内):≤20%。

(六) 生产厂家

北京四方继保自动化股份有限公司。

二、CSGC—3000/EMS 调度自动化系统

(一) 适用范围

CSGC—3000/EMS 调度自动化系统面向县调、地调、省调、网调等各级调度控制中心,为用户提供完整的 SCADA、EMS、DTS 一体化解决方案,涵盖了电网的经济、安全、优质、可靠、稳定运行的各个方面。

(二) 功能

计算机通信、数据采集及监控(SCADA)、网络拓扑、状态估计、负荷预测、调度员潮流、电压无功优化控制、短路电流计算、静态安全分析、外部网络静态等值、网损计算、最优潮流、调度员培训仿真等。

(三) 主要特点

(1) 是基于四方继保 CSGC—3000 通用软件平台开发的系列产品之一,性能稳定可靠,维护升级简单方便。

(2) 具有跨操作系统特性,支持单独运行于 Windows 系列、Solaris、IBM AlX、HP - UX、Linux 等主流操作系统,也支持不同操作系统的混合运行,使得系统配置和造价更趋合理。

(3) 支持 Oracle、SQLServer、mySQL 等主流关系数据库,用户可根据需要自由选择。

(4) 完全符合 IEC 61970 国际标准，保证系统的开放性；支持 EMS 系统之间的互联操作。

(5) 提供图模库一体化工具；基于 IEC 61970Topo 包相关的内容，结合区域自动成图技术，特别提供了智能化的建模绘图工具，系统建模省时省力。

(6) 前置子系统采用创新的多层动态路由技术，实现高效灵活的装置、通道、前置节点分层热备功能，更大程度地保证数据采集的可靠性。

(7) 动态支持实时态、研究态和反演态；同一运算能够进行多算法、多模式的动态比较。

(8) 高级应用守护运行，提供智能预警，使得操作员提前预知系统隐患。

(9) 采用全息数据反演技术，可准确再现事故，为定位事故原因并排除事故提供可靠充分的信息。

(10) 可选双历史库技术，保障历史数据长期完整的存贮。

(四) 主要技术指标

1. 性能指标

(1) 系统运行指标。

系统总体平均无故障时间（MTBF）：≥40000h。

系统年可用率：>99.99%。

由于偶发性故障而发生自动热启动的平均次数：<1 次/3600h。

系统使用寿命（具有一定备品条件）：>15 年。

电网正常状态下：

在任意 10s 内，服务器 CPU 的平均负荷率：≤15%。

在任意 5min 内，服务器 CPU 的平均负荷率：≤10%。

在任意 10s 内，系统局域网的平均负荷率：≤15%。

电网故障状态下：

在任意 10s 内，服务器 CPU 的平均负荷率：≤25%。

在任意 10s 内，系统局域网的平均负荷率：≤25%。

系统完全启动时间：<2min。

(2) 系统容量。

系统支持 IED 数目：≥5000。

系统支持状态量数目：≥300000。

系统支持模拟量数目：≥200000。

系统支持控制量数目：≥200000。

系统支持电度量数目：≥100000。

系统支持历史数据存储：≥3 年。

系统支持实时数据反演：≥7 天。

以上为典型配置系统的数据。当有需要时，通过增加内存、磁盘等硬件资源可很容易地提高系统容量。

(3) 对时精度。

系统时钟误差：<1ms。

系统采用 GPS 时钟系统。

(4) SCADA 性能指标。

1) 模拟量处理。

遥测正确有效率：=100%。

电压/电流误差：≤0.2%。

有功/无功功率误差：≤0.5%。

频率误差：<0.01Hz。

越死区传送的门槛值在额定值 0.25%～5%，用户可调。

2) 状态量处理。

遥信正确有效率：=100%。

SOE 分辨率站内：<2ms。

事故报警正确率：=100%。

3) 遥控操作。

遥控遥调正确率：100%（通道和 RTU 均正常）。

4) 响应时间要求。

状态量变位传送（显示到屏）时间：<2s。

模拟量越死区传送时间：≤3s。

遥控/遥调命令传送时间：<2s。

遥测数据打描周期：1～5s用户可调。

脉冲量（电度累加量）打描周期：5×n（n=1，2，…，12）s用户可调。

90%画面调用响应时间：≤1s，其余画面调用响应时间：≤2s。

画面动态刷新时间：1～10s用户可调。

计算机通信实时数据同步：≤2s。

模拟屏数据刷新时间：3～10s用户可调。

事故反演记录时间：5～60min用户可调。

热备用双计算机的切换时间（人工）：≤2s。

双机故障切换时间（自动）：≤2～30s可调。

（5）EMS性能指标。

1）计算精度。

状态估计收敛精度（电压误差）：<0.001p.u.（可调）。

在线潮流收敛精度（功率误差）：<0.001p.u.（可调）。

无功优化收敛精度（功率误差）：<0.001p.u.（可调）。

短期负荷预报平均误差：<3%。

超短期负荷预报平均误差：<1.5%。

短路电流误差：<5%。

2）软件运行速度指标。

状态估计单次计算时间：<5%。

状态估计有功功率计算误差：≤2%。

状态估计无功功率计算误差：≤3%。

调度员潮流单次计算时间：<5s。

调度员潮流计算结果误差：≤2.5s。

短期系统负荷预测月负荷预测准确率：≥94%。

短期系统负荷预测月最高最低负荷预测准确率：≥94%。

网络拓扑单次计算时间：≤1s。

静态安全分析初始潮流断面计算时间：≤5s。

静态安全分析每个点的（n−1）+1计算时间：≤0.5s。

静态安全分析总计算时间不大于总点数计算时间与初始潮流计算时间之和。每个点的计算与相同条件下调度员潮流设置相同故障的计算结果相比，计算结果误差：≤1%。

上述为电网规模≤300个计算节点的情况下的性能指标。

2. 环境要求

海拔：≤6000m。

环境温度：−5℃～40℃。

相对湿度：5%～95%。

大气压力：80kPa～110kPa。

地板要求：防静电地板，承重力300kg/m^2～500kg/m^2。

电源要求：交流220V+10%，50～55Hz。

机房净高：2.5～3.2m。

接地电阻：中性线对安全地的阻抗<2Ω；与安全接地端连接的阻抗<1Ω；安全地接地导线线径≥4mm^2。

电磁场干扰：无线电干扰<120dB（频率范围0.14～1000MHz）；磁场干扰<10V/m。

建议配置UPS。

（五）生产厂家

北京四方继保自动化股份有限公司。

三、CSGC—3000/DMS配网自动化主站系统

（一）适用范围

CSGC—3000/DMS系统主要应用于各种规模的配电网中，如大型城市配电网、中型地市配电网、小型县级配电网。

系统支持统一规划、分期实施、逐步完善的建设模式，最终实现提升整个配电网运行、管理水平，提高供电可靠性、缩短用户停电时间的配电网运行目标。由于系统采用分布式组件化设计，CSGC—3000/DMS系统也可作为县级调配控一体化系统，适应小型调配一体化的应用场合。

（二）结构

CSGC—3000/DMS系统基于四方公司的CSGC—3000平台开发，充分利用通用平台对底层硬件和操作系统的封装，获得更好的可靠性、灵活性和可移植性。可以运行于大多数主流操作系统，包括：大多数版本的UNIX（Sun Solaris、IBM AIX、HP-UX等）、Windows和Linux等。可单独运行于UNIX、Windows或Linux系统，也支持UNIX、Windows和Linux系统的异构、混合模式运行。CSGC—3000/DMS系统采用商用关系数据库管理系统，支持Oracle、SQL Server、DB2、Sybase等主流商用关系数据库系统，也支持My SQL等开源数据库管理系统。CSGC—3000/DMS系统的标准型结构如下图所示。按照《全国电力二次系统安全防护总体方案》中对安全区的划分，配网自动化主站系统主要部分处于安全区Ⅰ，与处于安全区Ⅱ、安全区Ⅲ的其他信息系统之间必须进行有效隔离，WEB服务器一般配置到安全Ⅲ区。CSGC—3000/DMS系统的硬件配置可根据需要灵活剪裁，最简单的情形下可以把各种应用功能高度集成到1～2台PC上，对“集成型”的系统可以扩充配网高级应用服务器。

（三）功能

1. 应用支撑平台

（1）分布式通讯管理。

（2）网络安全管理。

（3）进程管理。

（4）责任区和权限管理。

（5）系统日志管理。

（6）系统报警/事件服务。

（7）实时数据库管理。

（8）统一封装的不同商用数据库接口。

（9）图模库一体化建模工具。

（10）图形和插件扩展服务。

（11）系统维护功能。

（12）系统自动备份/恢复功能。

2. 数据采集与监控（配网SCADA）

（1）数据采集。

1）前置接入功能。

2）通信状态监视。

3）通道级别切换。

4）前置节点切换。

5）前置节点分流。

6）在线参数修改。

7）在线维护调试。

（2）数据监视功能。

（3）数据处理功能。

（4）多源数据处理。

（5）公式计算与用户过程。

（6）分析统计功能。

（7）控制功能。

（8）挂牌功能。

（9）事项报警处理功能。

（10）人机界面。

（11）事故反演。

（12）历史数据管理及查询。

（13）报表管理与打印。

（14）WEB功能。

（15）基于GIS的SCADA应用。

3. 馈线自动化功能

(1) 故障定位。

(2) 故障区域隔离。

(3) 非故障区域恢复供电。

(4) 恢复原有运行方式。

4. 高级应用功能（DPAS）

(1) 网络拓扑分析。

(2) 状态估计。

(3) 调度员潮流。

(4) 网络重构。

(5) 负荷预测。

5. 一体化图资管理

(1) 标准图元库管理。

(2) 单线图管理。

(3) 站所管理。

(4) 台区管理。

(5) 地理图管理。

(6) 网络图管理。

(7) 图纸输出管理。

6. 配电仿真

(1) 控制操作仿真。

(2) 变电站仿真。

(3) 数据仿真。

(4) 事故预演。

(5) 终端设备运行仿真。

7. 企业信息集成总线

(1) 系统提供集成总线 UIB，完成主站系统与其他系统的信息交互。

(2) 集成总线 UIB 支持与 EMS 间 SVG 图形文件的交换服务。

(3) 集成总线 UIB 支持与 EMS/PMS/GIS 系统间电网模型 CIM/XML 交换服务。

(4) 集成总线 UIB 支持与 EMS 系统间基于 IEC 61970 CIS 的实时交互操作服务。

(5) 利用 EMS 系统建立的厂站接线图和模型及 PMS、GIS 建立的站外馈线图形和模型，可实现配网模型的合并生成。

8. 扩展功能

(1) 停电管理。

(2) 保电管理。

(3) 其他功能。

（四）主要特点

(1) 分层分布的组件化设计，真正实现“即插即用”的灵活集成。

(2) 全面支持 IEC 61970/IEC 61850 标准，保证了平台的开放性。

(3) 细粒度多备一发明专利，真正实现负载分担与多重冗余备份。

(4) 高性能、大容量、分布式实时数据库，为网络数据统一提供技术支持。

(5) 确保系统不间断运行的增量/在线修改机制。

(6) 面向配网核心业务，提供成熟、稳定、可靠、实用的配网运行和分析功能。

(7) 密切配合终端设备，可灵活配置馈线自动化运行方式，实现配网故障的智能处理。

(8) 可充分利用已有图形和数据，构建完整的配网数据模型。

(9) 将图形建模工具与生产流程相结合，建立基于馈线的图资管理系统。

(10) 完善的配网高级应用功能，为配电网优化运行提供支撑平台。

(11) 支持调配一体化的应用软件，可适用于调配控一体化场合。

(12) 基于 UIB 实现企业信息集成和综合应用，实现数据共享。

(13)“瘦”WEB特色，客户端实现了免维护。

(14) 强大的前置通信及数据转发能力，适应配网海量数据采集。

(15) 完备的系统安全保证，全面满足安全需求。

（五）主要技术指标

1. 系统性能指标

(1) 系统运行指标。

系统年可用率＞99.99％。

由于偶发性故障而发生自动热启动的平均次数＜1次/3600h。

在有备件支持情况下，系统使用寿命＞10年。

任意5分钟内，服务器CPU平均负荷率≤35％。

任意5分钟内，工作站CPU平均负荷率≤35％。

在任意5分钟内，系统骨干网的平均负荷率≤15％。

(2) 系统容量。

系统最大接入实时信息容量＞800000。

可接入终端数≥30000。

WEB浏览并发用户数≥512个，支持用户数≥1024个。

可接入子站数≥50。

可接入工作站数≥40。

系统支持状态量数目≥400000。

系统支持模拟量数目≥200000。

系统支持控制量数目≥100000。

系统支持电度量数目≥100000。

系统支持历史数据存储≥3年。

系统支持实时数据反演≥7天。

(3) 对时精度。

系统时钟误差＜1ms。

系统采用GPS时钟系统。

(4) SCADA性能指标。

1) 模拟量处理。

遥测综合误差≤1.5％。

越死区传送的门槛值在额定值0.25％～5％，用户可调。

2) 状态量处理。

遥信正确有效率＝100％。

事故报警正确率＝100％。

3) 遥控操作。

遥控遥调正确率：100％（通道和RTU均正常）。

4) 响应时间要求。

光纤通信条件下开关量变位由配电终端上送到主站小于3s。

光纤通信条件下模拟量越死区上送到主站小于5s。

公网通信条件下开关量变位由配电终端上送到主站小于30s。

公网通信条件下模拟量越死区上送到主站小于30s。

光纤通信条件下遥控执行命令发出到收到遥信变位返回时间小于5s。

事故推画面时间＜3s。

90％画面调用响应时间≤1s，其余画面调用响应时间≤3s。

画面实时数据刷新时间1～10s用户可调。

模拟屏数据刷新时间3～10s用户可调。

热备用双计算机的切换时间（人工）≤5s。

双机故障切换时间（自动）≤5～30s可调。

(5) 馈线自动化性能指标。

馈线故障定位判别时间：10～30s用户可调。

自动模式下，从故障发生到自动隔离时间：30～50s。

自动模式下，非故障区域自动恢复供电时间：30～90s。

(6) 配网分析软件性能指标。

1) 计算精度。

负荷估计合格率≥90%。

潮流计算结果误差≤5%。

短期负荷预报平均误差<5%。

短路电流计算误差<5%。

2) 软件运行速度指标。

网络拓扑局部变化计算时间<1s。

负荷估计单次计算时间<5s（包括结果显示时间）。

单次潮流计算时间<5s。

90%画面调用时间<2s。

（六）生产厂家

北京四方继保自动化股份有限公司。

四、CSS—200/2/3 电力系统实时动态监测系统主站

（一）适用范围

网（省）调度中心、国家电力调度中心。

（二）功能

1. 低频振荡辨识。

在线低频振荡辨识与告警；离线频谱分析；低频振荡事件分析咨询服务。我们积累了自 2005 年以来历次大范围振荡事故数据，具有丰富的振荡事故分析实践经验。

2. 在线小干扰振荡模式评估与预警

通过在线扫描和识别各线路、发电机、负荷有功功率中的小干扰振荡，利用数理统计技术提前发现电网中的危险振荡模式。据此，可补充或纠正根据数学模型和特定工况进行低频振荡分析时，由于模型和参数不准确导致的遗漏和误差。

3. 在线扰动识别

实时检测电网中的功率、电压、频率突变；根据变化大小与持续时间进行分级报警；根据各种扰动发生时 PMU 量测量的变化特征判断出扰动的类型（短路、跳闸、投切机组、投切负荷等）。

4. 辅助服务质量评价

机组有功功率-频率-时间曲线，频率响应系数、计算 AGC 调节速度等一次、二次调频特性；根据机组和调压变电站无功功率-电压-时间曲线，计算无功对电压变化的响应系数、响应速度：负荷的频率响应、电压响应特性监测；电网调频特性的监测和计算。

5. 在线辅助暂态稳定预警

当相角差突变量、相角差频繁超出设定危险值时，提醒调度员关注。

6. 动态监测

图形多样；操作方便；运行效率高。

（三）主要特点

1. 海量数据压缩存储和提取

我国第一个具有完全自主知识产权的 WAMS 海量数据存储专有技术。两种压缩方式：无损压缩，保存数据完整性；有损压缩，按预定精度压缩数据，保证数据精度不受损失。高密度存储：支持 50 次/s，100 次/s。高压缩比：平均无损压缩比达到 20%（压缩后空间/压缩前空间）。具备快速检索的专有文件数据库系统，60min 数据提取耗时不超过 2s，CPU 占用率<30%。支持 UNIX 系统，免受 WINDOWS 病毒侵袭。

2. 高速通信系统

数据接收速度 25 次/s，50 次/s，100 次/s；支持双机双网、多机群负载均衡。首次实现国调—华北—东北 WAMS 主站互联。

支持协议：《电力系统实时动态监测系统技术规范》；IEEEC37.118、IEEE1344—1995（R2001）。成功接入下列 PMU：四方 CSS—200/1、电科院 PAC—2000、南瑞 SMU—1、美国 MicrodyneMODEL1690、美国 ArbiterSystemMODEL1133A。

3. 实时数据库系统。

实时性能最高的 WAMS 专用数据库，成功支持华北电网万点 100Hz 的 WAMS 主站。WAMS 二维（时间 X 测点）专用实时数据库，突破 EMS 数据库限制。具备带时标 PMU 数据自动对齐功能。WAMS 的数据刷新周期 10ms，支持高速读写并发操作。

（四）主要技术指标

1. 数据采集

（1）子站动态数据从主站通信前置到实时数据库的最大延迟不得超过 100ms。

（2）主备数据库服务器切换时间：≤5s。

（3）主备应用服务器切换时间：≤5s。

（4）主备数据采集服务器切换时间：≤5s。

（5）局域网在任一 5min 平均负荷率：≤15%。

2. 动态监视

（1）动态数据采集及监视≤3s。

（2）画面和数据调用响应时间：90%的画面不大于 3s，其他画面不大于 5s。

（3）画面刷新周期为≤1s。

3. 系统可靠性

（1）系统可用率：≥99.8%。

（2）系统扰动和电网故障数据捕捉成功率：≥99.8%。

4. 在线低频振荡检测

（1）振荡频率的计算误差不超过 0.1Hz。

（2）正确判断最大振荡功率所在的机组和线路。

（3）不受短路故障、机组调机、线路跳开等异常事件的影响，不应将异常事件后出现的短期衰减振荡误报为低频振荡。

（4）应给出振荡期间，各参与机组的有功功率振荡的相位关系，计算误差不超过 10°。

（五）生产厂家

北京四方继保自动化股份有限公司。

五、OPEN—2000（E）能量管理系统

（一）概述

新一代能量管理系统 OPEN—2000（E）是基于国际、国内技术标准，采用了计算机网络、数据库等 IT 领域的最先进技术而开发成功的集 SCADA、AGC、PAS、DTS、DMS 等各种应用于一体，适用于网、省调和大中型地调的新一代开放型、分布式能量管理系统。OPEN—2000（E）系统是一套技术先进、配置灵活、维护方便、适用面广、功能完善、稳定可靠、具有丰富工程经验的能量管理系统，其多项技术指标居国内外先进水平，以图模库一体化为代表的若干项技术更具有国际领先水平。1999 年通过江苏省科技成果鉴定，2000 年获江苏省科技进步一等奖。其用户包括西北网调、华东网调、江苏省调、上海市调、海南省调、云南省调、广西区调、重庆市调、四川省调以及含南京、哈尔滨、长春、兰州、银川、南昌、南宁、海口等省会城市在内的几十个大中型地调。

（二）系统功能

（1）本系统基于 IEC 61970 等国际标准的统一支撑平台，为真正的开放系统。

（2）通过标准化的组件技术集成各种应用，并可方便地接入第三方软件。

（3）完善的跨平台机制，适应于各种 UNIX 及 Windows NT 平台，给用户最大的选择自由度；动态平衡式高速双网通信管理系统，充分利用网络资源。

（4）新颖的数据采集系统，无缝接入网络 RTU，独创的双机值班技术实现完美的高可靠性。

（5）计算机通信功能率先支持 IEC 60870 - 6 TASE. 2、IEC 60870 - 5 - 104 等各种应用层协议。

（6）商用数据库与实时数据库有机集成，充分发挥商用库的功能和实时库的效率。

（7）基于 CIM、面向电力系统对象的建库方法，多种应用只需维护一套图库。

（8）基于 JAVA、J2EE 的 B/S 结构 WEB 浏览器技术，实现用户端真正的免维护。

（9）人性化设计的人机界面，简易直观，只需简单培训，真正体现“科技以人为本”。

（10）所见即所得的图形制导录入方式，图、模、库一体化，数据库、图形维护一次完成。

（11）应用软件采用模块化、一体化设计，即插即用。

（12）NAS 功能齐全、算法先进，计算结果符合现场实际，真正成为运行人员的得力助手。

(13) AGC算法成熟，功能完备，运行经验丰富，率先支持CPS系列标准。

(14) DTS采用了先进的仿真技术，逼真、实用、灵活。

(三) 产品特点

软件平台包括：

(1) 操作系统采用UNIX (Solaris、Tru64Unix、AIX等) 及Windows NT。

(2) 网络协议采用工业标准的TCP/IP。

(3) 商用数据库采用Sybase或Oracle。

OPEN—2000 (E) 系统采用64位RISC工程工作站和高性能UNIX服务器为主要硬件平台，如SUN SPARC系列、COMPAQ ALPHA系列、IBM RS6000系列等，并可配以PC机作为工作站使用，以达到最佳的性能价格比。

图形界面采用Motif和Windows，核心程序全部采用面向对象的C＋＋语言编写。

软件支撑平台包括：

(1) 分布式组件集成子系统。

(2) 分布式实时数据库子系统。

(3) 分布式人机界面子系统。

(4) 分布式告警处理子系统。

(5) 分布式用户权限管理子系统。

(6) 分布式系统管理子系统。

应用系统平台包括：

(1) 自动发电控制软件包AGC。

(2) 调度员培训仿真系统DTS。

(3) 电力系统应用软件包PAS。

(四) 生产厂

国电南瑞科技股份公司。

六、RD—800实时分布式监控系统

(一) 概述

RD—800实时分布式监控系统是国内开发最早的基于工作站的电网监控系统，1993年通过电力部科技成果鉴定，1994年获部科技进步二等奖，1996年获国家科技进步三等奖、并列入国家级火炬计划。具有丰富的现场运行经验，目前已有近二百套系统在地、县、区调及发电厂、变电站运行。

(二) 系统功能

(1) 支持WEB浏览器，通过WEB浏览器在PC机上可以浏览RD—800工作站上的图形、报表。

(2) 支持双网配置，确保系统通信正常，增加系统的可靠性。

(3) 支持图形的动态着色，更加方便操作人员监视电力系统的运行。

(4) 改进了传统运动数据串口接入后台系统的模式，RD—800系统具备直接网络数据的接入功能，可以支持DNP、IEC 870-5-104等规约，使得整个系统完全网络化。

(5) 在原部颁标准中每个厂站的遥测量为256、遥信量为512容量的基础上，现分别增至1024和2048。

(6) 除系统原有的遥控、遥调功能外，RD—800增加了遥设功能，即可以对遥测量的数值进行设置和更改。

(7) RD—800系统的历史数据保存，增加多年存储功能。

(8) RD—800系统增加了光字牌功能，取代物理光字牌。

(9) 为配合电力市场考核工作，RD—800的报表支持96点报表要求，亦可支持192点报表。

(10) 系统的事故追忆从原来的以厂站为单位，改变以线路为单位，便于运行人员对事故的分析。

(11) 遥控操作增加了网络监护人的功能。

(12) 增加了双位遥信的处理功能，当遥信发生异常时，系统能给出告警。

(三) 典型应用

RD—800已在全国20多个省市100多个地调中使用，例如浙江、吉林、江苏省调，衢州、南昌、九江、赣州、南京、上海市区局、徐州、新乡、宝鸡、花都、汕头、广州、武汉、嘉兴、银南、天水、南海、唐山、青岛、苏州、无锡、常州等一大批地调，也有如天津港、青岛港、秦皇岛港、中原油田、胜利油田、大庆油田、马鞍山钢铁公司等非电力部门的大型电网安全监控系统。此外，还为各发电厂、变电站提供服务。

(四) 生产厂

国电南瑞科技股份公司。

七、FIS—2000 电网继电保护及故障信息管理系统

（一）概述

FIS—2000 电网继电保护及故障信息管理系统广泛应用于电力系统，是全面分析处理电力系统暂态量的综合系统，完成电网继电保护、故障录波实时数据信息的收集与处理，实现电力系统事故分析、设备管理维护及系统信息管理。

（二）性能特点

（1）系统稳定可靠，具有很强的实时性、安全性、通用性、开放性、可扩展性和易维护性。

（2）分布式系统，采用 Windows DNA 平台，提供了一系列的服务和技巧，组合了个人计算机、大型主机、Internet 等的功能。

（3）跨平台结构。采用 XML＋Java 技术，使得系统可以轻松跨越各种平台。

（4）采用 NET、COM/DCOM/COM＋及 XML 技术，使得系统具有良好的开放性与可扩展性。不同厂家的不同类型设备都可接入系统。

（5）采用 SOAP 技术及 TCP/IP 传输协议，数据传输更加稳定可靠。

（6）采用 Oracle 或 SQL Server 大型数据库，确保数据的一致性、完整性和可靠性。

（7）128 位加密算法，可保证系统的安全性。

（8）Web 浏览器方式，主站管理不受数量限制，在任意时间、任何地点，通过因特网都可对系统进行访问控制。

（三）典型应用

上海超高压输变电公司和河南省电力公司。

（四）生产厂

南瑞农电分公司。

八、ON2000 配网综合调度自动化系统

（一）概述

ON2000 配网综合调度自动化系统为集电力自动化研究院多年来在电网调度自动化（SCADA）、配网自动化（DA）、电能量计费（PBS）、电网分析软件（PAS）、地理信息系统（GIS）、调度/配网管理等方面成功的研究、开发以及工程投运经验，采用最新软件开发技术，基于 Windows 2000 平台或 Windows 2000 和 UNIX 混合平台，采用 SQL Server/Oracle /Sybase 等大型数据库，面向地区、县级供电企业设计，是基于一体化支撑平台，集 SCADA/PAS/DA/PBS/GIS/DMS 等诸多功能于一体的新一代配网综合调度自动化系统。

ON2000 系统以其独特的系统结构、完善的应用功能、灵活的系统配置、开放式的软硬件平台、一体化的设计思想，可适用于各级地区、县级供电企业，根据功能需要可灵活配置成配调综合自动化系统、电网综合调度自动化系统、配网自动化系统、电能量计费系统、集控站监控系统等。

目前，ON2000 已成为南瑞集团在中小型地调、县调、配网主站、集控站及电量计费主站领域的主打产品之一，代表了电网自动化系统的最新发展方向。已广泛应用于地区、县级供电企业。

（二）性能特点

1. 一体化的支撑平台

ON2000 系统提供了统一的支撑环境，支持系统的所有应用。对于实时系统，提供了实时支撑平台，包括网络、数据库（商用数据库、实时数据库）、图形、报表，支持 SCADA、DA、PAS、PBS、GIS 在线应用；对于配网管理系统，提供了基于中间件（DCOM、Java Bean、CORBA）的软总线，以支持 DMS 的所有管理功能。一体化的支撑平台，使得全系统具有统一的人机界面和数据库界面，系统功能配置灵活，维护、运行方便，避免了重复投资，减少了管理工作量。

2. 跨平台系统

在全微机平台（Windows 2000 操作系统）的基础上，为了进一步提高系统的可靠性、稳定性和安全性，推出了跨平台系统，其中服务器和前置机采用 UNIX 操作系统，各工作站采用 Windows 操作系统。这样既利用了 UNIX 的高效性、安全性和稳定性，同时又兼顾了 Windows 操作系统的易操作性和易维护性。

3. 综合数据采集系统

数据采集系统针对调度自动化、配网自动化、电能量计费的特点进行了一体化设计，使得一个数据采集系统就可以完成所有的数据采集任务，不需要建立多个数据采集系统。通过设立数据采集子网，远方厂站 RTU、FTU、TTU 过来的数据可以集中于数据采集子网，并通过前置系统的预处理，将有效的数据发往主网，从而避免冗余的数据直接进入主网，占用主网带宽。同时，网络 RTU、配电子站可以直接连接在数据采集子网。通过采用模块化和智能化的插件，使得前置机柜结构简明，安装灵活，扩充方便。同时，丰富的规约库可供用户选择，支持多种通信方式，适应各种通道，并具有多通道处理能力及通道诊断功能。

4. 模块化的系统结构

ON2000系统软件采用模块化的程序结构，它包含两大部分：支撑平台及应用功能，它们各自又被分为很多子系统。支撑平台包括：网络、数据库、图形、报表等子系统。应用功能包括：SCADA、DA、PBS、PAS、GIS、DMS等。可以根据实际需要定义应用软件。模块化的优点有软件结构清晰，便于维护，避免重复开发，配置灵活等。比如在ON2000系统中仅有网络子系统使用TCP/IP协议进行信息传输，其他子系统或应用均使用网络子系统提供的服务，避免了重复开发，同时网络通信也便于管理。

5. 完全采用面向对象的方法

采用面向对象的程序设计和数据库设计方法，以电力系统设备为对象创建系统模型。与传统的数据采集数据库不同，基于对象的电力系统模型是面向整个电力系统的，它既包括了面向数据采集和监控系统的模型，也包括了面向电力系统连接，即网络拓扑的模型，同时还包括了同电力系统模型有关的方法。一方面，它可以实现对整个监控范围内对象的数据采集和监控；另一方面，它可以为配电管理和调度自动化应用软件提供实时数据和一致的、完整的、可直接使用的电力系统模型。

对于使用者来说，面向对象的数据库设计方法比传统的以厂、点标识的数据库设计方法更容易理解，用户在系统生成及维护时看到的是一个个电力系统的对象，而不是一个个厂、点。另外以对象为单位描述，根据对象之间的连接关系防止系统生成产生错误。

6. 采用三层体系结构

ON2000系统包括两台数据库服务器（也可以一台或多于两台），在数据库服务器上存放商用数据库，两台商用数据库使用ON2000系统特有的数据库软复制技术保持一致。

三层体系结构包括客户应用程序、数据库服务程序、数据库。客户应用程序不直接访问数据库服务器，它将访问请求通过网络子系统发送给在服务器上的服务程序。服务程序分析请求，从数据库中得到相应信息，组织成相应报文格式，然后通过网络子系统发送给请求方。

采用三层结构的优点在于：服务器侧的变动（如更换商用数据库或操作系统等）无需修改客户端的程序，仅需保证接口不变即可。

（三）典型应用

目前，在上海、天津、重庆、辽宁、吉林、河北、江苏、浙江、山西、广东、河南、山东、新疆、海南、福建、贵州、湖北、云南、安徽、宁夏等地有近200个地调、县调的调度自动化系统稳定运行。

（四）生产厂

南瑞农电分公司。

九、NT—2000 SCADA/EMS分布式电网监控系统

（一）概述

NT2000分布式监控系统是南瑞农电配电公司根据电网调度的实际需要，在全国率先推出的基于Windows NT操作系统、商用数据库管理系统，采用标准的智能扩展卡采集数据，应用Client/Server模式和分布式处理技术实现的SCADA/EMS系统，全部程序均采取面向对象的方法设计，系统维护、扩展甚为方便。NT2000系统完全摆脱了对具体硬件平台的依赖，配置方便、灵活；NT2000系统除了提供SCADA系统的基本功能外，还提供了与管理信息系统、地理信息系统、设备管理系统、大宗用户管理系统、操作票生成系统、自动电压调节系统及多种保护系统的接口。NT2000分布式电网监控系统自推出以来，已广泛应用于电力系统及石化、造纸、煤炭行业的大型企业。

NT2000分布式电网监控系统可广泛适用于采用Windows平台的各级电网调度系统、集控中心系统、变电站综合自动化系统及当地监控系统，也可应用于各行业的大型企业的自备电网、电厂、变电站。

（二）性能特点

1. 良好的人机界面

NT2000系统具有简学、易懂、易于操作的用户界面，用户不需要很强的计算机专业知识即可生成、使用和维护系统。

2. 良好的可移植性

NT2000系统独立于硬件平台，只要新的硬件平台支持系统软件的运行，NT2000系统不需要作修改，就能在新的平台上运行。

3. 良好的通用性

NT2000系统作为商品化的产品，系统结构可灵活变化，具有很好的适应性，能满足用户的多种要求。NT2000系统提供一系列实用工具，由用户使用这些工具来构筑系统。

4. 良好的实用性

NT2000系统功能稳定、准确，实时响应符合电网调度自动化系统实用化的要求，并可根据用户的具体要求，提供

各种功能扩充。

5. 良好的开放性

向用户提供不同层次的接口，用户通过这些接口可以参与系统功能的二次开发，满足不同用户的不同要求。

(三) 典型应用

目前，已有近百套系统在全国各供电企业稳定运行，分布在天津、河北、吉林、黑龙江、山西、江苏、山东、浙江、广东、甘肃、新疆、宁夏、云南、四川等地。

(四) 生产厂

南瑞农电分公司。

十、AE9000 配调综合自动化管理系统

(一) 概述

AE9000 配调综合自动化管理系统（以下简称 AE9000）是南瑞集团城乡电网自动化公司最新推出的调度、配电自动化、综合管理的一体化系统。符合电网自动化进程由当前的调度自动化向全电网系统自动化的一体化发展的战略方向。

AE9000 系统的一体化设计指的是 SCADA/DA/EMS/TMR/DMS/TMS/DTS 一体化设计，该系统充分考虑到了 SCADA/EMS 系统用户、电力市场用户、配电自动化用户、电能量计量用户、MIS 系统用户等对电力自动化系统开放性、可扩展性、可移植性、易维护性、可靠性和安全性的要求，为电力企业用户提供了一套易于维护和使用、遵循国际标准、采用面向对象技术、开放分布式的开发和运行平台，并在此基础上为用户提供了调度员培训仿真系统（DTS）、调度管理和智能操作票系统（DMIS）、基于 Internet 的 Web 应用系统等丰富的电力应用软件，同时该平台可以为其他电力应用系统提供中间件接口支持。

AE9000 配调综合自动化管理系统具有最佳的资源与规模适应性。系统维护快捷、轻松，所见即所得。

(二) 适用范围

主要面向地区级、市级、县级等中小型调度、配调或配调一体化的控制管理系统。

(三) 系统架构

AE9000 系统基于 Client/Server 机制，遵循国际标准，符合开放性系统的设计要求，实现了从系统平台层到应用层的开放，提供了良好的可移植性、互操作性和分布性，方便用户级功能的可持续拓展，使之能够适应电力系统自动化不断变化着的业务的需要。采用灵活的软硬件配置方案，因而可以构成各种不同规模和需求的调度、配电调度或配调一体化管理系统。

(四) 硬件平台

AE9000 采用基于 Intel 系列的 PC 微机平台作为硬件平台。

(五) 软件平台

操作系统采用 Windows 2000/XP；商用数据库服务器可根据系统规模和用户需求选择使用 SQL Server 2000、Oracle、DB2 或者 Sybase。

(六) 产品功能

(1) SCADA 功能。

(2) 馈线自动化（FA）功能。

(3) 与 SCADA 集成的自动绘图/设备管理/地理信息系统（AM/FM/GIS）功能。

(4) 网络拓扑分析。

(5) 状态估计。

(6) 负荷预测。

(7) 潮流计算。

(8) 短路计算。

(9) 安全分析。

(10) 无功优化控制。

(11) 基于 GIS 平台的配电网管理（DMS）功能。

(12) 用户服务自动化系统。

(13) 负荷管理功能。

(14) 调度运行管理。

(15) 两票管理。

(16) 调度日志管理。

(17) 远程抄表系统。
(18) 与其他自动化系统接口，实现资源共享。
(19) 基于Web平台的实时信息发布功能。

(七) 产品特点

(1) 资源优化的C/S结构。
(2) 先进实用的图形系统。
(3) 兼顾实时与海量的数据库系统。
(4) 基于TCP/IP协议的网络体系。
(5) 高度集成的图模库一体化技术。
(6) 多种方式的远程访问维护。
(7) 全方位的安全性和互联性。
(8) 先进的设计思想和编程技术。
(9) 方便高效的系统工具。
(10) 灵活的系统配置，满足总体规划分步实施的要求。

(八) 生产厂

南瑞城乡电网自动化分公司。

十一、NS2000系列变电站综合自动化系统

(一) 概述

NS2000变电站综合自动化系统（以下简称NS2000系统）是国电南瑞科技股份有限公司推出的新一代多功能产品，它秉承开放性设计思想，集监视、控制、继电保护、计量等功能于一体，为500kV的超高压变电站到110kV的小型开关站的自动化及集控站提供全面解决方案。NS2000系统由NS2000计算机监控系统、NSC200系列通信控制单元、NSD100系列线路测控装置、NSD200系列通用测控装置、NSD500系列超高压线路测控装置、NSR200和NSR300系列微机线路保护装置、NSR500系列变电站成套微机保护装置、NSR600系列保护测控装置、NSR800系列超高压变压器保护装置等构成。NS2000系统获2003年度江苏省科学技术进步奖二等奖、国家电网公司科学技术进步奖二等奖。

(二) 系统特点

NS2000系统采用分层分布式结构，除了具有一般分布式系统的可靠性高、扩展性好、易于施工与维护、工程成本低等特点外，还具有如下特点：

(1) 变电站综合自动化全面解决方案。
(2) 基于国际标准的开放式系统。
(3) 基于新结构、新器件、新加工工艺、高标准电磁兼容设计的高可靠性的硬件平台。
(4) 基于嵌入式实时多任务操作系统的软件平台，使软件的可靠性和实时性大大增强。
(5) 基于IEC 1131-3的PLC功能。
(6) 组态灵活。
(7) 系统主要设备支持主备冗余配置。
(8) 支持全站数据共享，不依赖于站控层实现全站控制操作的逻辑闭锁。
(9) 采用商用和实时统一的、面向对象的及图模库一体化的数据库管理系统。

(三) 系统功能

1. 监视功能

(1) 数据采集（状态量、交/直流模拟量、脉冲量）与处理功能。
(2) 报警及事件记录功能。
(3) 历史数据记录功能。
(4) 图形功能。
(5) 显示及打印功能。
(6) 报表功能。
(7) 事故追忆功能。

2. 控制功能

(1) 支持多个远方调度控制中心的选择控制功能。
(2) 控制室计算机监控系统的选择控制功能。

（3）间隔层设备的当地控制功能。

（4）同期检测与同期合闸功能。

（5）基于 IEC 1131－3 组态的自动控制功能。

（6）基于 IEC 1131－3 组态的全站逻辑闭锁功能。

（7）基于间隔层设备的全站逻辑闭锁功能。

（8）电压无功自动调节功能。

3. 保护功能

（1）线路、馈线保护功能。

（2）变压器、电抗器保护功能。

（3）电动机保护功能。

（4）发电机保护功能。

（5）电容器保护功能。

4. 组态功能

（1）系统配置组态功能。

（2）图形组态功能。

（3）数据库组态功能。

（4）基于 IEC 1131－3 标准的 PLC 控制功能组态。

5. 通信功能

（1）具有多个支持多种介质及多种网络的通信接口（RS232、RS422、RS485、CAN、LONWORKS、以太网、电力载波、电缆、光缆、无线等）。

（2）与测控单元的高速网络数据通信功能。

（3）与多种微机保护的通信功能。

（4）与多种智能设备的通信（微机直流系统，智能电度表，智能消防报警，GPS 等）功能。

6. 高级应用功能

（1）电压无功自动控制功能。

（2）嵌入式微机五防功能。

（3）小电流接地选线功能。

（4）操作票及防误闭锁功能。

（5）系统诊断与自恢复功能。

（6）远程监视与维护功能。

（四）应用范围

1. 电力系统

NS2000 既适用于电力系统各种电压等级的变电站，也适用于发电厂、水电站中的开关站及厂用电自动化；既适用于有人值班变电站，也适用于少人值班或无人值班变电站；既适用于新建变电站的综合自动化，也适用于常规变电站（老变电站）的自动化改造；既能以集中组屏方式构成变电站综合自动化系统，又能以全分散或者两者兼顾的局部分散模式构成变电站综合自动化系统；既能构建保护、监控相对独立配置的变电站综合自动化系统，也能构建保护监控一体化配置的变电站综合自动化系统；既能实现基于现场总线的智能设备连接，也能实现基于 10M/100M 以太网的智能设备连接（间隔层直接上以太网）。

2. 其他系统

NS2000 同样适用于公路、电气化铁路、地铁、矿山、石化、冶金、港口、供水、环保、机房及其他工业自动化领域，特别是地铁、轻轨、电气化铁路的过程监控。

（五）产品系列

NS2000 变电站自动化系统由下列产品组成：

（1）NS2000 计算机监控系统。

（2）NSC200 系列通信控制器。包括 NSC201 单机通信控制器、NSC202 双机通信控制器、NSC203 集成式单机通信控制器、NSC211 通信控制器扩展单元、NSC221/NSC222 人机接口单元、NSC222A 具有远程诊断维护功能的人机接口单元、NSC223 网络规约转换器、NSC301 单机配置通信控制器。

（3）NSD200 系列通用测控装置。包括 NSD201、NSD202、NSD203、NSD204、NSD205 和 NSD206 通用测控装置。

（4）NSD500 系列超高压线路测控装置。

（5）NSR200 系列微机线路保护装置。

(6) NSR300 系列微机线路保护装置。

(7) NSR600R 系列成套微机保护测控一体化装置。包括 NSR610R 系列馈线/线路保护测控装置、NSR618R 光纤纵差保护测控装置、NSR619R 超短线纵差保护测控装置、NSR620R 系列电容器保护测控装置、NSR630R 系列接地变/所用变保护测控装置、NSR635R 中小型变压器保护测控装置（常规合同不用 635R，采用 690R 系列）、NSR640R 系列备自投保护测控装置、NSR650R 系列辅助装置、NSR660R 系列电动机保护测控装置、NSR664R 发电机保护测控装置、NSR668R 电抗器保护测控装置、NSR670R 系列母线保护装置、NSR690R 系列变压器保护测控装置、NSR611T 电铁馈线保护测控装置、NSR690T 系列电铁变压器保护测控装置等。

(8) NSR800 系列超高压变压器保护装置。包括 NSR891 变压器保护装置（主保护采用谐波制动原理）、NSR892 变压器保护装置（主保护采用间断角原理），两种型号的装置都能为超高压变压器提供主、后备一体化的保护，符合原国电公司“反措”要求。

（六）生产厂

国电南瑞科技股份公司。

十二、RCS—9000 变电站综合自动化系统

（一）适用范围

RCS—9000 是新一代的集保护、控制、监视、测量和其他自动化功能于一体的 35～500kV 变电站综合自动化系统。

（二）性能特点

1. 分为三层的体系结构

(1) 间隔层。RCS—9000 是分布式系统，配置有一系列单元监控装置。这些装置可以安装在变电站的间隔里，长期稳定地运行在高温、强电磁干扰和潮湿的恶劣环境中。

(2) 通信层。采用标准通信规约，可以方便地实现不同厂家的设备互连。为保证通信可靠性采用双网通信方式。

(3) 变电站层。主要是位于变电站控制室里的总控单元。可以同时用不同的规约向两个或多个调度所或集控站发送报文。系统功能强大，用户界面友好，可以很好地满足变电站自动化的要求。

2. 分布式单元

单元监控装置将保护、测控和其他功能按对象进行设计，可以就地安装在开关柜里，通过通信电缆或光缆和总控单元联系，从而取消了接往控制室的大量信号、测量、控制、保护和其他电缆，提高了系统的可靠性，也节约了投资。

3. RCS 总线

RCS 总线采用电力行业标准 DL/T 667—1999（IEC 60870-5-103）通信规约，用于站内保护和测控的综合通信，实时性强，可靠性高，具有不同厂家同种规约产品的互操作性。

4. 双网通信

为所有装置提供两个独立的通信网。两网可以都用于通信，从而提高通信的可靠性。也可以将两网分别用于通信和故障录波。

5. 对时网络

以 GPS 对时网络为系统内所有设备进行时间同步。为此，GPS 装置只需提供一副触点，避免了以往为每台设备提供一副触点和一对接线的麻烦。

6. 监控系统

监控系统采取开放式、模块化设计；基于 Windows NT；通过不同设置实现各种监控功能，工作可靠，安全；可以提供保护和录波分析的全部信息。

（三）生产厂

南瑞继电保护有限公司。

十三、CAS2000 整合型变电站自动化系统

（一）概述

CAS2000 整合型变电站自动化系统，是集变电站微机保护、测控装置、微机五防装置、智能操作屏、智能直流电源屏、所用（站用）电源屏和机电一体化电能表屏于一体的新一代变电站自动化系统。CAS2000 系统是在以往综合自动化装置的基础上，进一步强化系统的通信管理功能，以适应变电站二次智能设备多样化、通信方式网络化、二次设备检测远程化的要求；实现与微机五防设备在模拟屏或后台监控系统的信息共享及相互协调操作，以减少相应的硬件冗余，提高运行的可靠性和易维护性；同时与相关的智能计量设备、智能直流屏等二次智能设备相配合，实现站内通信的统一性。这样可解决目前变电站综合自动化建设过程中存在的综合自动化设备与其他设备通信方式复杂凌乱的问题；解

决变电站信息采集、上传不完全，综合自动化设备与五防设备硬件冗余，且相互协调性不完善的问题及变电站远程管理、维护体系不健全的问题。

CAS2000系统是对变电站各种二次智能设备的统一设计，以实现完整的监测变电站内各种信息（二次设备所监测的信息和二次设备自身的工作信息），同时各种二次智能设备又可独立运行，彼此之间只通过通信局域网相联系。

CAS2000系统主要适用于农网、城网、工矿企业的110kV及以下各电压等级无人（有人）值班变电站、箱式变和开闭所二次系统的新建和改造。

（二）性能特点

1. 完整的变电站二次整体设计

CAS2000系统针对当前国内变电站自动化的特点和发展方向，提出较为典型的110kV及以下各电压等级的变电站二次设备整体设计方案，减少了变电站设计、施工、投运、维护的工作量。

2. 微机五防装置与综合自动化装置的组合设计

CAS2000系统将变电站综合自动化系统与微机五防系统有机的结合，以保证变电站内“虚”遥信的采集和监视，减少了资源的重复利用和硬件的冗余，同时大大提高了站内系统运行的可靠性；利用中央管理机实现远方操作时的五防闭锁功能，避免了单纯的综合自动化系统的误操作，简化了远方调度端的工作。

3. 采用智能化的操作模拟屏

为满足模拟操作预演的安全规定，可采用智能化模拟操作屏，利用触摸式灯光按键反映和模拟变电站的各个设备的当前状态和模拟操作，并可对设备进行投、切操作。

4. 统一的监控、防误操作平台

对于采用当地监控系统的变电站，将当地监控系统与五防闭锁系统采用同一计算机操作平台，减少硬件的冗余，提高了操作的安全性；多任务系统提供了多票操作模式，使得操作人员可以按不同的调度令开多张操作票，并在不同的电压等级同时操作；进行双规则库切换，以满足用户对投运时和正常运行时的不同的闭锁要求。

5. 通信管理机采用工业控制机的CPU

CAS2000系统采用高可靠工业控制机作为中央管理机，其标准的总线方式能适应各种通信模块，提供各种标准的通信接口，支持电缆、电力线载波、微波、光纤、PSTN公用电话网、GSM900/1800 GPRS等多种通信方式；支持各种部颁或国际标准的通信规约；支持网络通信（TCP/IP）方式；支持远程监视、维护方式。

6. 微机保护、测控装置采用面向间隔设计

CAS2000系统的保护、测控单元以变电站一次设备、间隔为设计对象，并结合功能设计形成完整的变电站保护、测控系统；对于66kV及以下各电压等级的线路、馈线、分段及电容器采用保护测控合一的设计；变压器保护、测控装置独立设计；备用电源自投装置采用自适应原理自动判断、准备备用方式；保护原理可靠，算法先进；操作回路能适应直流电源或交流电源。微机保护、测控装置既可分散安装也可集中组屏。

7. 保护、测控装置硬件设计可靠性高

CAS2000系统的保护、测控装置采用双CPU设计，电气隔离和电磁屏蔽设计符合国际标准，硬件系统具有极高的抗干扰能力和工作可靠性；通道有可靠的防雷设计。

8. 保护、测控装置采用双通信网络方式

CAS2000系统的保护、测控装置与中央管理机采用高可靠性的CAN工业总线方式，并且采用双CAN网备用方式，进一步保证和提高保护、测控装置通信的可靠性，同时保护、测控装置的工作独立，不依赖通信网。

9. 采用机电一体化设计的电能表

CAS2000系统采用全电子多功能LCD显示的电能表，具有正向有功、反向有功、无功、复费率、最大需量、失压记录、4路脉冲输出、RS485通信接口等功能。

10. 采用智能直流屏

CAS2000系统的智能直流屏可采用相控或高频开关方式，采用密闭式免维护铅酸电池，采用双闭环控制规律调节的恒流、恒压充电机，对电压适应性强，直流输出稳流、稳压精度高。

11. 易扩充、易操作和易维护

CAS2000系统的保护测控系统、微机五防系统、监控防误操作系统（智能操作屏）、智能直流系统、智能计量系统在功能上是完全独立的，仅通过各种局域网络联系；各种保护测控装置完全独立运行，仅通过CAN网进行信息的交换；中央管理机提供各种通信接口，保证了变电站在各子系统级、设备级方便的扩充。

CAS2000系统的各种装置配有大屏幕的LCD显示，便于就地操作和监视；当地监控防误操作计算机采用Windows 2000操作平台，操作界面人性化；智能操作屏能及时显示设备状态，便于预演操作；保护、测控装置有详尽的操作记录、事件记录、保护动作记录和自检记录；系统支持厂家远方监视和维护。

（三）典型应用

已在上海、天津、重庆、辽宁、吉林、河北、江苏、湖南、山西、广东、河南、山东、西藏、陕西、福建、贵州、湖北、云南、安徽、宁夏等地近1300多套装置运行在各个电压等级的变电站。

（四）生产厂

国电南瑞农电分公司。

十四、DSA保护监控一体化系统

（一）概述

DSA保护监控一体化系统是南瑞集团的拳头产品，规模化生产，迄今为止，在全国各地已有2000余座变电站、发电厂的自动化系统选用DSA系列产品，逾3万套装置成功投运。广泛应用于电力系统及石化、煤炭、冶金、造纸、铁路和水泥等大型工矿企业的变电站和发电厂，并出口泰国、韩国、越南和刚果（金）等国，深受用户好评。

DSA保护监控一体化系统，不仅具有保护、测量、监视和控制等功能，而且还具有一体化设计的视频监控功能。该系统在硬件配置、软件设计、用户接口、变电站信息共享、通信接口等方面均作了优化处理，实现信息网络共享。对于规模较大的220kV、110kV变电站，可加强硬件配置，提升系统性能。对于中小型农电变及开关站，可优化配置，提高性能价格比，在技术经济综合指标方面具有极强的竞争力。

（二）适用范围

220kV、110kV、66kV、35kV及以下电压等级的变电站、电厂的建设与改造。

（三）性能特点

1. 基于网络的完整解决方案

站控层提供双以太网方式，可实现双网自动切换，支持TCP/IP等多种协议，实现主网的灵活分段分层，确保通信的高效可靠。间隔层的保护测控一体化装置可采用单以太网、双以太网或双CAN现场总线的方式，通过网关实现间隔层与变电站层联系，采用多ID号2.0B协议，确保通信的实时性和可靠性。无论以太网或现场总线，均可选用光纤、双绞线等多种介质构成网络。

2. 基于国际标准设计的开放式系统

系统按照通用的国际标准设计，在网络结构、通信、数据库和软件二次开发等方面具有良好的开放性。通信层使用标准的接口和协议，并支持多种通信规约，便于第三方电气智能设备的接入。

3. 全部信息网络共享

简化变电站二次设备及接线，特别是保护、监控之间的接线。在不增加硬件的基础上，实现变电站小电流接地选线、变电站复杂逻辑闭锁、电压无功控制等功能。

4. 面向对象的模块化设计

将一次设备的馈线、电容器、主变辅助机构、防护设备各设立单独的保护测控单元，结构清晰，便于安装维护。插件模块化，可实现灵活组态，强电、弱电分割清楚，抗干扰能力强，全部芯片采用工业级产品，工作可靠性高。

5. 既可集中组屏又可分散安装

保护测控装置的机箱单元化、全封闭，单元内各模件为独立的金属腔体，抗干扰性能好；保护测控既可合一，也可分开；既可集中组屏安装，也可分散安装于开关柜。

6. 保护原理先进

变压器保护采用新的制动特性，以适应大容量变电站应用差动单元构成真正意义上的多重化设计。后备保护复合电压信息多重化，低压母线保护一体化，利用网络实现自动接地探索及跳闸功能。

7. 精度高、独立性好

14～16位AD宽幅模数转换，24～256点/周波采样。测量精度系数单独存放在交流采样模件带SPI接口的独立E-2PROM中，独立性好。保护定值存放在多区域相对独立的E2PROM/DSRAM中，自动互校验，自行修复，完全避免运行中定值缺损或丢失。

（四）生产厂

南瑞城乡电网自动化分公司。

十五、DSA401变电站当地监控系统

（一）概述

采用Windows 98/ME/2000/XP操作系统，具有数据采集与处理功能、统计计算功能、画面及图形显示功能、报表显示/打印功能、事件记录功能等。可一体化集成的视频监控功能。与上一级变电站集控中心或调度中心的自动化系统中控制系统通信，上传变电站及所辖区域的电网运行数据，并执行上级系统下传的控制命令。

（二）适用范围

主要面向变电站当地的控制和管理。

（三）系统架构

基于Client/Server机制，遵循国际标准，符合开放性系统的设计要求，实现了从系统平台层到应用层的开放，提供了良好的可移植性、互操作性和分布性，方便用户级功能的可持续拓展，使之能够适应电力系统自动化不断变化着的业务的需要。软硬件配置方案灵活。

（四）硬件平台

基于Intel系列的PC微机平台作为硬件平台。

（五）软件平台

操作系统采用Windows 2000/XP。

（六）性能特点

(1) 资源优化的C/S结构。

(2) 先进实用的图形系统。

(3) 基于TCP/IP协议的网络体系。

(4) 良好的人机界面。

(5) 多种方式的远程访问维护。

(6) 全方位的安全性和互联性。

(7) 先进的设计思想和编程技术。

(8) 方便高效的系统工具。

(9) 灵活的系统配置。

（七）生产厂

南瑞城乡电网自动化分公司。

十六、ISA—300变电站综合自动化系统

（一）概述

ISA—300变电站综合自动化系统适用于各种电压等级的变电站、终端站和农网系统。它是由成套变压器保护单元、线路保护测控单元、电容器保护测控单元、馈线保护测控单元、备自投装置、自动化辅助单元、公共信号系统测控单元、总控单元、其他智能系统及当地后台监控组成的分层分布式综合自动化系统。

ISA—300变电站综合自动化系统于1996年开始研制生产，1999年1月通过国家电力公司科技司鉴定，增强版产品于2002年4月通过广东省经贸委组织的鉴定，具有面向对象、涵盖宽泛、扩展方便、运行可靠等特点，技术性能处于国内领先水平。截至2002年底，ISA－300变电站综合自动化产品已经在全国各地的250余座变电站运行了8000余套装置。其运行稳定，操作方便，功能完善，技术先进，受到了用户的普遍欢迎。

（二）性能特点

(1) 采用分层分布式结构，系统分为间隔层、通信层和变电站层，通过强大开放的通信网络实现信息互联。

(2) 间隔层装置按一次设备对象配置，完成相应间隔的保护、测控、自动化、通信等功能。

(3) 采用封闭加强型单元机箱，抗震抗污、防潮防尘。

(4) 采用机芯双端接插，强弱电分开、多重屏蔽等优化抗干扰设计，充分保证装置可靠性。

(5) 以高可靠性工业级、军品级器件为主体，采用自动监测、补偿技术提高电路稳定性。

(6) 充分共享系统资源，高度集成保护、测控、操作、安全自动化、故障录波等功能。

(7) 事故分析功能完善。包括保护动作记录、相电流越限分析、故障录波就地显示和装置运行记录等。

(8) 通信层功能完备、扩展方便。

(9) 通信功能强大，可以采用双机热备用自动切换多达24个通信口的工作，支持间隔层设备双网络通信。

(10) 支持部颁CDT、扩展CDT、SC1801、IEC 870－5－101、DNP3.0、ISA等各种规约。

(11) 变电站层的监控后台采用开放式、模块化设计，运用多进程、多线程技术，保证系统实时性和高可靠性，专业保护工程师站功能强大、界面友好，操作方便，为保护、自动化、录波的管理维护提供良好平台。

(12) 系统组态灵活，功能单元布置方便。既可以将保护测控一体化配置，也可以将保护和测控分开处理。既可基于传统的控制室模式，也可按综合自动化模式组织设计。各功能单元既可以组屏布置于集控室，也可以分散就地布置于一次设备机柜内。

（三）生产厂

深圳南瑞科技有限公司。

十七、NSC2000厂站自动化系统

（一）概述

NSC2000厂站自动化系统是南瑞集团中德保护控制系统公司开发的面向21世纪的中外结合的新型通用厂站成套自动化系统。它克服了目前电力系统自动化的一些弊端，在测控硬件上采用了进口原装工控模件和交流采样变送器；在继保部分采用了进口原装继保装置；在软件上一方面坚持了国内一些被实践证明是成功的方法，另一方面又吸收了国外的不少长处；在体系结构方面采用了集中与分散互补，把中德公司提供测控系统同西门子提供继电保护系统结合起来，把交流采样、网络技术、现场总线技术纳入到一个系统概念之中；在面向用户方面中德公司既负责测控，又负责继保，避免两部分松散组合系统的弊病。NSC2000通过了江苏省科技厅组织的技术鉴定，其主要技术性指标处于国内外同类装置先进水平。

NSC2000厂站自动化系统主要适用于城网、农网、工矿企业的220kV及以下各电压等级无人、有人值班变电站和开闭所二次系统的新建和改造。

（二）性能特点

（1）国产系统的价位，进口系统的工艺与质量。

（2）主单元采用进口工业控制模件、插箱、电源。

（3）主变保护采用7UT512/513、7SJ511、7SJ600、MRU1—2（复合电压闭锁）等。

（4）馈线保护采用7SJ600第三代微机过流速断，重合闸保护单元。

（5）馈线监控采用NLM/NFM单元，内含7KG6000交流采样变送器。

（6）系统结构既可以集中组屏，更适合分散安装，既可以RS485通信亦可以光纤通信。

（三）典型应用

220kV苏州练塘变进出线5回，母联1回，180MVA三线组变压器2台，两线组变压器1台，110kV出线10回，母联1回，35kV10回，分段1回。

该变电站按无人值班的要求设计，变电所计算机监控系统采用分层分布式系统NSC，分为站级控制层和间隔控制层，间隔级部分主变、220kV、110kV的测控采用依间隔独立配置集中组屏的方式，35kV部分采用保护测控一体化单元，分散安装在开关柜上。系统内通信网采用工业以太网，间隔级测控装置直接上网，保护设备通过保护管理机上网，其他智能IED通过规约转换机上网，站控层包括1台当地人机工作站，2台远动工作站，用于和各级主调度通信。

本项目于2001年11月签订商务合同，2002年3月完成厂内主调试，2002年5月初开始现场调试，2002年6月全站投运，投运后系统运行良好。相同模式的NSC系统还在泰州生祠、南通洋口220kV新建变电站中获得应用。

（四）生产厂

南瑞集团中德保护控制系统有限公司。

十八、NSC300UX开放式变电站计算机监控系统

（一）概述

NSC300UX开放式变电站计算机监控系统是我南瑞集团中德控制系统公司于2003年推出的监控类新产品，在SUN工作站系统平台上开发，采用UNIX操作系统、ORACLE数据库，基于客户机/服务器体系结构，具有标准数据接口。NSC300UX系统具备部颁功能规范中要求的SCADA系统的所有功能，在此基础上有一定扩展，如顺控、VQC、保护管理等功能。

NSC300UX系统总结了中德公司十年来在厂站自动化系统方面的从业经验，对整个监控后台系统进行了统一规划，资源整合，特别注意吸收中外众多类似系统的优点与长处，同时面向广大用户的实际需要，既保留对以前老系统的兼容性，又具有与时俱进的强大生命力。

从应用范围来说，主要用于高压及超高压变电站后台监控系统、大中型发电厂网监控系统、大型工矿企业能源管理中心以及集控中心等类似场合。

（二）性能特点

（1）良好的开放性。系统模块允许按需组合；采用标准数据库接口，留有二次开发接口，允许用户进行二次开发；支持标准规约，允许以103等规约直接与装置通信，以101/104规约与上级调度通信（内部集成，不经其他软件环节）。

（2）切合用户实际需求。变电站自动化有与调度自动化等其他应用不同的特点，变电站值班员有他自己的功能需求。NSC300UX在许多细节功能上充分考虑了用户的特殊要求。这包括从简单的对象名称最长允许128个字节（64个汉字）、遥控要求输入编号，到较为复杂的光字牌处理要求、自动提醒值班员监视画面并记录、冗余告警信息的判断和屏蔽等。

(3) 安全性更强。不同的用户有不同的权限，从而允许不同的操作；UNIX 系统下的病毒侵害比 Windows 系统要少得多；NSC300UX 允许以串口与其他系统通信，从而不与系统外的机器直接网络相连。

(4) 完善的数据库系统。采用了实时库和商用磁盘库两层结构。

(5) 优美的图形系统。基于 MOTIF 标准，全汉化，画面优美。

(6) 合理的系统结构。采用多机双网结构，冗余配置，自动同步数据、画面，确保可靠稳定。

(三) 主要功能

(1) 实时数据采集与处理。

(2) 报警处理，可自动推告警窗和画面，语音告警，按用户需求屏蔽冗余告警。

(3) 事件顺序记录和事故追忆功能。

(4) 遥控：提供顺控功能（防误逻辑）。

(5) 在线统计计算。

(6) 画面显示和打印。

(7) 时钟同步。可直接与 GPS 对时，也可与主单元通信对时。

(8) 与远方调度、集控中心的信息交换。支持 101/104 等规约，内部集成，效率较高。

(9) 与监控保护设备的通信。支持 103 等规约，内部集成，效率较高。

(10) 系统的自诊断和自恢复。

(11) 远程诊断与维护。系统可通过 MODEM 提供远程诊断服务。

(12) 保护管理。可外接其他保护管理机，实现诸如取定值、下定值、保护压板状态检查、复位等保护管理功能。

(13) 操作预演功能。

(14) 报表制作、显示、打印等功能。

(15) VQC 无功控制，可配置为手动、半自动、自动方式。

(四) 技术参数

(1) 系统可靠性：单服务器可用率 99.9%，双服务器同时出错概率 0.1%×0.1%。

(2) 系统时钟精度：±10ms 之内（有标准天文钟）

(3) SOE 分辨率：RTU 内 1～8ms，系统内（RTU 间）20ms 内。

(4) CPU 负荷率：平均 CPU 负荷率小于 20%。

(5) 网络负荷率：在正常状态下任意 30min 内小于 20%，在事故状态下 10s 内小于 30%。

(6) 系统平均无故障时间：25000h。

(7) 遥测越区传送：≤3s。

(8) 遥测全系统扫描：256 个厂站，3～8s。

(9) 状态量变位反应时间：≤3s。

(10) 事故变位报警反应时间：≤3s。

(11) 每种图元达 50 种图元状态，图元个数不限。

(12) 每幅画面达 16 个平面，含 16 个层次。

(13) 画面刷新频率可配置：<1s。

(五) 典型应用

目前这套系统已经在一些高电压等级的变电站和大型电厂得到应用，用户反映良好。如三峡输变电工程 500kV 宜兴岷珠变、三峡输变电工程 500kV 浙江湖州变、500kV 安徽滁州变、三峡输变电工程 500kV 安徽宣城变、山西大同电厂、江苏沙洲电厂、苏州望亭电厂等。

(六) 生产厂

南瑞集团中德保护控制系统有限公司。

十九、SJ—12C 系列双微机自动准同期装置

(一) 概述

SJ—12C 双微机自动准同期装置以高档单片机为核心，采用独特的双机结构和输出表决策略，确保装置绝对不误动，从电路设计、器件选择、机械结构等各方面采取一系列措施，整个装置的电磁兼容性指标达到或超过国际标准要求，能在极其恶劣的环境下可靠稳定运行。

SJ—12C 双微机自动准同期装置适合任何发电机组或任何接线方式的断路器同期并列操作，无论是水电机组、火（热）电机组还是变电站线路断路器，均可应用。

（二）性能特点

(1) 极高的可靠性。SJ—12C采用独特的双机结构和输出表决策略，确保装置绝对可靠。

(2) 极强的抗干扰能力。装置的电磁兼容性指标达到或超过国标要求，能在极其恶劣的环境下可靠稳定运行。

(3) 先进丰富的实用功能。利用计算机快速计算能力，变参数自适应调节软件使待并对象频率和电压以最快的速度满足同期合闸条件。将现代控制理论运用于同期点的预报，确保及时精确捕捉到第一个同期点。设计数字转角变，省却了现场安装转角变工作，简化了现场二次设计，提高系统的可靠性。支持多达16个同期点。自动识别电网环并工况，无需人工干预，而实现电网合环操作。能自动进行调校，真正做到产品免维护调试。大屏幕液晶显示器，汉字菜单式风格，各种信息直观、清晰而全面，操作极其简便。

（三）技术指标

(1) 供电范围：86～264V AC。

(2) TV输入：100V AC或100/3 V AC。

(3) 电网频率：45～65Hz。

(4) 合闸相角差：≤1.5°（在频差≤0.3Hz时）。

(5) 最大允许频差：可设置，上限0.5Hz。

(6) 最大允许电压差：可设置，上限±30%U_s。

(7) 外形尺寸：241mm×320mm×177mm。

（四）典型应用

该装置自20世纪80年代研制成功以来，经过多次改进升级，技术性能愈趋完善、合理，并得到广泛应用。SJ—12C系列更是同类产品的最新换代产品，目前在国内外已有包括甘肃大峡水电厂、湖北葛洲坝水电厂、内蒙古元宝山火电厂、山东邹县火电厂、广西平果500kV变电站、叙利亚迪什林（Tishrin）水电站等单位数百套成功运行的经验。

（五）生产厂

南瑞自动控制有限公司。

二十、OPEN—2000D配电自动化及配电管理系统

（一）概述

配电自动化及配电管理系统是以新的自动化配电设备为基础，应用计算机技术、自动控制技术、电子技术以及通信技术，对配电网进行在线和离线的智能化监控与管理，使配电网运行于安全、可靠、经济、优质、高效的最优运行状态。它是配电网改造的一个重要组成部分。

（二）产品功能

FTU、TTU配电监控基础层的基本功能如下：

(1) 监控功能。监控功能是指常规的遥测、遥信、遥控、遥调功能。

(2) 信息处理功能。配电自动化中的终端设备有别于常规RTU的一个重要特点是它要能够处理故障数据及信息。

(3) 电能质量测量功能。

(4) 断路器在线监视功能。

（三）产品特点

1. 硬件

(1) 全系统所有应用均可共享GIS资源。

(2) 利用SDE技术，将图形系统由原来的文件系统改造成数据库管理方式。

(3) 对不同的应用，实现跨网、跨平台的解决方案。

(4) 提高整个配网的管理水平和计算机应用水平。

(5) 改善用户服务水平，建立良好的供需关系。

(6) 科学合理地进行配电网的规划，保持系统长期最优发展。

2. 软件

(1) 配电网故障处理，即故障识别、定位、故障隔离和恢复供电。

(2) 负荷管理及远方抄表。

(3) 居民抄表系统。

(4) 集成的地理信息系统。

(5) 配电工作管理。

(6) 停电管理。

(7) 投诉电话管理

(8) 用户信息管理系统。

(9) 配电高级应用软件。

(10) 电量采集及处理。

(11) 用电营业管理。

(12) 用户业扩、报装管理。

(四) 典型应用

已在南京、南通、无锡、淮安、赣州、南昌、山西大同、上海浦东金藤开发区、重庆、哈尔滨、苏州、青岛、徐州、泰州、鹤岗、宁夏银南等配电网自动化工程中投入使用。

(五) 生产厂

国电南瑞科技股份公司。

二十一、PNT 8000调度系统

(一) 用途

PNT 8000调度系统是阿城继电器股份有限公司依靠强大的企业实力，利用多年来从事电力系统工程和开发的经验，适应电力系统发展需求而开发的开放式电网调度自动化系统。它充分考虑了电力系统实际情况和用户需求，结合多年从事电力系统工程的经验，融合了国际上计算机软、硬件先进成果，而开发形成的一套先进的开放式电力调度自动化系统。该系统以主流操作系统Windows NT为平台，采用了SQL Server关系型数据库；按照国际上先进的Client/Server架构，利用关系型数据库的管理能力，32位网络操作系统的运算能力及局域网的通信能力，具有容量大、速度快(100Mbit/s)、可靠性高、可扩充性强、操作管理方便等特点。

(二) 系统介绍

1. 系统功能

(1) 数据采集：具备获得各远端站点实时数据的功能；能够同时进行多种规约格式、多种波特率的数据传递（可同时管理128路RTU)。

(2) 数据动显：根据用户的需求，把采集获得的数据（包括计算生成数据）进行实时动态显示、图形显示、量值显示。

(3) 数据计算：依照用户需要，组织实时数据计算，包括负荷总加、电量总加等，所有计算皆依用户需求而定。由于计算是随意组织的，故而能够完成各种复杂计算任务。

(4) 历史数据：根据设备能力及用户需求，组织历史数据存储；历史数据采样频率及存储期限随用户而定。历史数据存储包括采集量和计算量，也包括告警数据和用户动作。根据用户需要可以进行转储，备份等。

(5) 报表生成：用户能够根据实际需要，组织报表格式，报表数量及打印时间。报表中的数据既可以是实时量，也可以是计算量。

(6) 棒图显示：用户需要时可随意组织棒图。组织棒图的数据可以是任何模拟量，包括电压、电流、功率等。

(7) 趋势图：用户可在线组织趋势图，观察实时及历史趋势。趋势可以是任意的电压、电流、功率等。

(8) 事件管理：用户能够监视和管理整个调度发生的事件，包括保护动作、告警动作及变电站各种事件，同时还能够管理操作员的各种动作。

(9) 操作员管理：为使系统安全可靠地运行、对能够进入系统的工作人员分成级别，不同级别人员只能进入相应安全级，进行相应级别操作，同时对其所作动作进行记录、存档。

(10) 实时打印管理：实时记录变电站事件及操作人员动作，包括动作发生的时间等。

(11) 遥控功能：按照规约要求，对各个变电站开关进行合分闸操作。进行校时，召唤电能，设置时钟等操作，操作方法按电力调度规则实施。

(12) 遥测功能：按照规约要求，对各变电站实时遥测量进行采集。

(13) 遥信功能：按照规约要求，对各变电站实时状态量进行采集，包括开关状态、各种告警、保护信息，同时也包括用户给出的各种状态信息。

(14) 遥调功能：按照规约要求，对各厂站端可调量进行调解操作。

(15) 模拟屏控制功能：根据系统设计需要，实现模拟屏各种信号的输出、手动设定等。

(16) 与其他系统接口功能：根据系统设计需要，提供与其他系统的接口，如MIS网。

2. 实现方法

PNT 8000调度系统充分利用了当今计算机领域的先进科技成果，把调度系统各项功能及要求与计算机的功能进行了完美的结合，以星形接法的网络结构，构成客户—服务器的框架方式，从功能布局上划分成四个主要部分。

(1) 通信装置：包括多路调制解调器，提供远方数据通道。它由多个调制解调器安装箱（包括调制解调器）、电源箱、电缆等组成的一个机柜。

(2) 前置机系统：由两台互为热备用的前置计算机（包括切换卡）组成，实现远程数据双向传递，并把获得的数据经加工处理送至数据库管理系统。

(3) 数据库系统：实现实时数据管理，历史数据管理，实时数据及历史数据计算，数据的备份、转储、报表生成及打印等功能。它的任务由一台专用服务器担任。

(4) 人机界面：人机界面是操作人员工作平台，实现数据量值显示、图像显示、趋势图显示、棒图显示、事件管理、随机打印管理、操作、系统图像生成等各项功能。

3. 系统特点

(1) PNT 8000 调度系统是一套功能完备的调度自动化系统，它利用了 Client/Server 架构的先进性，局域网的快速通信能力（100Mbit/s），Windows NT 操作系统的处理能力；具有实时性强、运行速度快、吞吐量大的优点，网络管理能力极强，既能保证网络上数据的实时性又能保证数据的一致性。

(2) 数据库采用关系型数据库 SQL Server，它具备所有商用关系数据库的优点，容量大、易于管理，并且能够通过 ODBC 与多种第三方软件连接。由于这些特点，它能够管理大批量数据，也可以运用多种第三方软件对数据进行访问、修改、编辑，给用户管理提供了方便。同时由于它是网络数据库，也为跨网访问提供了便利。由于数据库使用 Windows NT Server 操作系统，对于数据的访问速度、网络通信速度，都提供了保障。另外，Windows NT Server 操作系统也充分发挥了硬件资源的效能。数据库管理系统提供了友好的数据库管理界面，建有实时数据库、历史数据库，用户可以方便地浏览数据。在系统设定表中，用户可以增删数据，以更改系统设定。用户可以创建自己需要的浏览方式，操作灵活简便，并可在屏幕上动态显示数据库内容。整个系统的数据全部备份在该数据库中。它实时地接收前置机传送过来的数据，并以统一的格式将其发送给网上各计算机，确保网上各计算机数据的实时性和一致性。PNT 8000 调度系统充分利用了 SQL Server 的功能和特色，为用户提供方便灵活的访问，为历史数据提供大的存储空间；为网络访问提供便利，为跨平台连接提供保障。

(3) 人机界面采用全鼠标操作，也可以配合键盘操作，界面十分友好。

人机界面以 Windows NT Work Station 为平台，实现了全 32 位数据操作，具有运算速度快、管理方便等特点。PNT 8000 调度系统人机界面充分利用了 32 位操作系统的系统功能，以单画面实现整个调度的地理图、系统接线图显示，具备画面的移动、放缩、漫游、导航、切换等功能，实现对数据进行动态管理，网络动态着色等功能。为操作人员提供直观地显示、便利的操作。棒图、趋势图的组织，方便、快捷。系统提供的登录功能既保证了调度的安全操作，又不繁琐；它能使操作员一次注册，连续操作，操作结束后自动撤销或人为撤销。PNT 8000 调度系统人机界面为用户提供了极强的图形管理功能。应用系统提供的图形工具及编辑功能，用户可以在系统图元库的基础上生成自己的用户图元库，从而方便地绘制出各种流程图、电力系统主接线图、曲线、棒图、地理区域图及状态图等。

(4) 前置机系统采用 Windows NT 操作系统，它具备多任务，多线程功能，可以管理大量的系统资源。为每一个 RTU 创建一个线程，各线程独立运行；这样，当一个线程出现故障时，不影响其他线程；即各 RTU 数据通信程序之间相互独立，互不影响；另外，双机热备用功能，使两台前置计算机可以相互热备用，它们处于平等地位，当某一台机器工作时（主前台机），另一台计算机（备用前台机）自动检测该机的工作状态，当发现主前台机发生故障或程序停止工作时，自动投入运行，成为主前置机，而当发生故障的计算机再次投运时，则扮演备用前置机角色。由于两台计算机的相互监测是通过利用操作系统提供的功能完成的，具有实时性强，切换快的特点。同时，前台机支持多规约数据传递，实现与多家通信设备连接，具有支持 128 路 RTU 的能力。

(5) 数据通道是整个系统的血脉，PNT 8000 调度系统采用的调制解调器具备全双工、同步异步可选、波特率可选等功能，同时能够根据前台机指令进行切换。保证系统安全、可靠运行。

4. 系统配置

(1) 系统管理主机，系统管理主机是整个系统核心，它的可靠性、数据处理能力及吞吐能力极为重要，厂家建议使用专业级服务器。因为专业级服务器对数据库的支持、对网络通信的支持、对多用户访问的支持都是其他设备所不能比拟的。服务器品牌可以按照用户需要选择（Compaq、HP、IBM、DEC、Dell 等）。

(2) 人机界面，它是整个系统的窗口，它应具备处理能力强、性能可靠、显示速度快等特点；人机界面既可单机，也可以多机。既可用普通 PC 机，还可用硬件工作站。我们建议采用 Pentium 200MHz，32MB，2.0GB PC 机，其性能足以满足中小规模系统需求，并且有能力为用户将来增加的站点提供服务。机器的品牌依照用户需要配置，用户可以选择 Compaq、HP、IBM、DEC、Dell 等。

(3) 前置机，采用双前置机备用方式。因为双前置机可以保证数据不丢失，能够在一台机器发生故障时，另一台自动投运，从而使数据通信保持连续性。根据前台机的任务特点，推荐选用 Pentium 166MHz，32MB，2.0GB 计算机，就其能力来说可以管理数十个站点，保证用户一次投资到位。机器可以选用 HP、IBM、研华工控机等。

鉴于以上设计考虑，基本系统采用四机方案，具体功能分布为：前置机，2 台；系统管理主机，1 台；人机界面，1 台。

（三）技术数据

1. 工作环境

环境温度：10～60℃。

相对湿度：45%～90%。

电源：220V±10%，50Hz。

2. 数据

YC 合格率：>98%。

综合误差：<1.5%。

YX 正确率：⩾99.99%。

YK 正确率：>99.99%。

遥测传送：⩽3s。

遥信变化传送时间：⩽2s。

遥控遥调传送时间：⩽4s。

画面响应时间：⩽3s。

画面刷新时间：5～10s。

系统可靠性：>99.8%。

平均无故障时间：>10000h。

系统实时数据扫描周期：2～8s。

数据容量：根据需求及系统硬件能力，可以扩展。

系统接口能力：1∶128。

（四）生产厂

阿城继电器股份有限公司。

二十二、DE—1880 调度管理系统

（一）用途

DE—1880 调度管理系统主要用于电网运行时实时数据的采集，数据的处理，厂站接线图的显示，现场开关及设备的遥控遥调，报表打印，高级应用软件还提供网络拓扑及状态估计、调度员潮流、安全分析、短路电流计算等。该系统采用最新操作系统 Windows NT4.0（5.0），大型标准商用数据库（MS SQL Server，Sybase）等，面向对象的三层模型（ActiveX），组成了功能强大、人机界面智能化、开放式体系结构的系统。并与 Internet 技术紧密相连。可以运行在高档 PC 机或 ALPHA 工作站上。它有完善的 SCADA/EMS 功能。该系统可用作地市级电力调度自动化系统，县级电力调度自动化系统，大型工矿企业级电力调度自动化系统，以及石油、化工、铁路、煤炭等行业监控系统。

（二）工作原理

1. 数据库管理子系统

该数据库由前台数据库界面及后台数据库组成。配有一套编程接口程序供程序员使用。数据库的设计和编程遵循如下几项原则：

（1）完整性。应包容整个系统对数据结构的要求。

（2）逻辑性。数据结构必须按照一定的逻辑准则，简单、清楚地描述对象的本质。

（3）繁衍性。数据的派生、数据的推导、数据的运算及统计要尽可能多地由数据库自动去完成，因此定义数据的派生规则是非常重要的。

（4）高性能。在该数据库中反应在内存库与硬盘库相结合，实时库分布在各个接点，历史库保存在服务器上，以满足高速数据流的要求。

2. 软总线子系统

软总线是系统的核心之一。它使得系统的层次更加清晰。目前我们设计的软总线为系统提供了一个数据高速传输和消息交换、广播的体系。另外，面向用户的功能部件模型，也可以在软总线中实现。

3. 调度员工作站子系统（人机界面）

人机界面可以用鼠标或键盘操作，可以显示接线图、参数表等各种画面，显示画面可进行漫游、变焦、移动、放

大、缩小。并可在不同的层次和平面观察不同的显示效果。

4. 数据采集站子系统

数据采集工作站软件完成数据采集及预处理，数据的转发和上屏，提供多种调试手段，与系统通过软总线进行网络通信。可以处理部颁 CDT 远动规约、部颁 POLLING 远动规约等。最大可接 128 台 RTU。

5. 作图软件

作图软件有平面和层次的概念，并有系统拓扑功能，这样可以满足包括地图在内的各种图形的制作，系统拓扑功能以自动定义为主，也可以人工定义。

6. 报表生成软件

利用 Excel 强大的制表功能，可以很方便地满足用户的制表要求，并且操作非常简单。

（三）技术数据

1. 主要技术参数

开关变位传送至主站时间：≤1s。

遥测变化传送至主站时间：≤1s。

控制命令下行：≤3s。

遥调命令下行：≤3s。

画面显示时间：≤3～5s。

画面刷新时间：≤5～10s。

系统可用率：99.8％。

平均无故障运行时间：≥8000h。

2. 设备外形与结构主要尺寸

根据工程需要放置在工作台上或组屏。

3. 使用环境要求

环境温度：－10～55℃。

相对湿度：5％～95％。

大气压力：80～100kPa。

（四）生产厂

国家电力公司南京电力自动化设备总厂。

二十三、WNT—8000 综合调度自动化及能量管理系统

（一）用途

WNT—8000 综合调度自动化及能量管理系统是电力自动化研究院珠海南瑞自动化实业有限公司推出的新一代综合调度自动化及能量管理系统。主要为电力调度服务，使供电局的电力调度由经验调度上升为科学调度。该系统集电力自动化研究院多年在 SCADA/EMS 系统方面成功的研究成果于一体，以最先进的软硬件技术支持。该系统基于 Windows NT 操作系统平台，将 SCADA/EMS 系统与地理信息系统（GIS）、调度管理系统、运行管理系统及自动化管理系统相结合，很好地满足对信息完整性、准确性和可靠性的要求。WNT—8000 系统适用于各行各业各级电网调度系统如省调、地区调度、县级调度、电厂监控等，具有极其广阔的应用前景。

（二）功能特点

1. 功能

(1) 基本 SCADA 功能。

(2) PAS/DTS 功能。

(3) GIS 功能：包括 AM/FM 功能，即自动地理信息及设备管理信息。

(4) SCADA—Web—Server：为供电局 MIS 系统提供 SCADA 功能。

(5) 可实现调度管理、运行管理、自动化管理、设备管理。

(6) 电力系统高级应用软件：网络建模、网络拓扑、状态估计、负荷预报、调度员潮流、安全分析、电压无功优化等。

2. 特点

系统采用先进的 Windows NT 操作系统和面向对象的程序设计方法和 Visual C＋＋程序设计语言，与 SQL Server、Oracle、Arcinfo 等商用软件无缝连接，遵循开放式、分布式原则，完善新颖的功能，配置灵活，根据用户不同规模要求，可选用不同硬件平台的系统：全 PC 机型、全 ALPHA 工程工作站型或 PC/ALPHA 工作站混合型机，采用 SCADA/EMS/DMS/MIS 一体化设计，今后软、硬件功能扩充不影响系统正常运行，MIS 系统互联基于 Internet、Intranet

技术设计，具有多层次、多平面图形功能，图文合一的报表系统。

（三）技术数据

（1）系统平台：基于 Windows NT 操作系统。

（2）程序设计：采用面向对象程序设计，Visual C＋＋编程。

（3）数据库：实时数据库与其他商用数据库相结合。

（4）机型：既可采用 ALPHA 机，也可采用 PC 机或混合机型。

（5）功能：采用 SCADA/EMS/DMS/MIS 一体化设计。

（6）技术指标依据国家和国际标准：CCITT、EIA、IEEE、中文国际码。

（7）中华人民共和国能源部颁标准：《地区电网调度自动化系统设计内容深度规定》、《地区电网调度自动化设计技术规定》、《地区电网调度自动化系统实用化验收细则》、《地区电网调度自动化系统管理规程》、《电力系统设计实时计算机系统运行管理规程》。

（四）生产厂

南京南瑞集团公司。

二十四、WBX—261A 型无人值班变电站综合自动化系统

（一）用途

WBX—261A 型无人值班变电站综合自动化系统广泛适用于 110kV 及以下电压等级变电站，是由国产的微机保护和交流采集微机综合远动装置综合而成的分散分布式系统。保护远动各自独立，信息共享，界面清晰，维护方便，价格便宜。35kV、10kV 保护远动可以合为一个装置安装于高压开关柜上，也可分成保护、远动各为一个独立装置共同装在高压开关柜上，以减少控制室占地面积和二次电缆。

（二）系统配置

1. 线路保护装置

WXB—11C（15）：220kV 及以上线路保护，具备高频保护，两型号分别组柜，构成不同原理双保护。

WXB—11S：110kV 线路保护，可一条或两条线路装一面柜，无高频保护，操作箱于机箱内。

WXB—88：35/10kV 线路保护，每柜组合 6、8、10 回线路，双 CPU，汉字液晶显示，低频减载功能。

MLPR—11：35/10kV 线路保护，每柜可组合 6、8、10、12 回线路，可分散安装。具有低频减载、小电流接地选线、35/10kV 母线保护功能，根据用户要求可保护远动合一或分离。

WXB—121：10kV 和 35kV 线路保护，具有保护自动功能及串口通信功能，完善的自检功能，完整的硬、软件看门狗功能和遥控功能。

2. 元件保护装置

WBZ—88：220/110/35kV 变压器保护，三个 CPU 分别管理主保护、后备保护及监控通信插件，汉字液晶显示，独立电源，独立输入输出，带总线输出接口。220/110kV 变压器的保护由互为备用的两套 WBZ—01E 型组成，用增加冗余度来提高可靠性。

WBZ—02：220kV 变压器保护，提供二次谐波制动的比率差动保护、开关量保护及反应相间及接地故障的后备保护。

WBZ—03（04）：220kV 变压器保护，二次谐波制动原理与间断角原理的差动构成不同原理双保护。

WRZ—88：10kV 电容器组保护，双 CPU，带汉字液晶显示，集中组屏。

MTPR—10：10kV 综合变压器保护，带数字显示，可远动保护合一。

MCPR—10：10kV 电容器组保护，带数字显示，可远动保护合一。

3. 自动装置

WBZT—88：微机备用电源自投装置，双 CPU，汉字液晶显示。

MBZT—10：微机备用电源自投装置，带数字显示，可保护远动合一。

4. 远动装置

WZY—1（2）：110/35kV 变电站交流采集微机综合远动及遥控执行柜，多微机分布结构，多主站多规约通信，兼有与微机保护接口，根据用户容量单柜或多柜设计。

5. 监控系统

KJK—03 开放式监控系统，采用国际通用硬、软件平台，可完成与 RTU 通信，对变电站运行状态进行监控、操作、报警、打印制表、在线定义数据库、在线画面制作编辑等。

（三）典型机柜尺寸

高×宽×深：2260mm×800mm×600mm 或 2360mm×800mm×600mm。

（四）生产厂

中山南方电力自动化设备有限公司。

二十五、WBX—261B 型无人值班变电站综合自动化系统

（一）用途

(1) 该系统广泛适用于 110kV 及以下电压等级变电站；

(2) 国产的微机保护和分散的综合远动节点及远传通信装置通过串口通信总线综合构成分散分层分布式系统；

(3) 综合远动节点可分散安装在对应的保护屏柜上，以减少二次电缆及现场施工工作量；

(4) 35kV、10kV 保护远动可以合一或分离的形式装于高压开关柜，以减少控制室占地面积、二次电缆及施工工作量；

(5) 保护远动各自独立，信息共享，界面清晰，维护方便，价格便宜。

（二）系统配置

1. 线路保护装置

WXB—11C (15)：220kV 及以上线路保护，具备高频保护，两型号分别组柜，构成不同原理双保护。

WXB—11S：110kV 线路保护，可一条或两条线路装一面柜，无高频保护，操作箱于机箱内。

WXB—88：35/10kV 线路保护，每柜组合 6、8、10 回线路，双 CPU，汉字液晶显示，低频减载功能。

MLPR—10：35/10kV 线路保护，每柜可组合 6、8、10、12 回线路，也可分散安装。还具有低频减载、小电流接地选线、35/10kV 母线保护功能，根据用户要求可保护远动合一或分离。

WXB—121：10kV 和 35kV 线路保护，具有保护自动功能及串口通信功能，完善的自检功能，完整的硬、软件看门狗功能和遥控功能。

2. 元件保护装置

WBZ—88：220/110/35kV 变压器保护，三个 CPU 分别管理主保护、后备保护及监控通信插件，汉字液晶显示，独立电源，独立输入输出，带总线输出接口。220/110kV 变压器的保护由互为备用的两套 WBZ—88 组成，用增加冗余度来提高可靠性。

WBZ—02：220kV 变压器保护，提供二次谐波制动的比率差动保护、开关量保护及反应相间与接地故障的后备保护。

WRZ—88：10kV 电容器组保护，双 CPU，带汉字液晶显示，集中组屏。

MTPR—10：10kV 综合变压器保护，带数字显示，可保护远动合一。

MCPR—10：10kV 电容器组保护，带数字显示，可保护远动合一。

3. 自动装置

WBZT—88：微机备用电源自投装置，双 CPU，汉字液晶显示。

MBZT—10：微机备用电源自投装置，带数字显示，可保护远动合一。

4. 远动装置

综合远动节点，与中高压线路保护、主变保护分别结合组柜，与 35/10kV 线路保护、电容器保护分别结合置于高压开关柜上。

YZT—1：远传通信装置，含多串口多规约通信及专用调制解调器，可与其他设备共同组柜。

WZY—1 (2)：简化的交流采集微机综合远动及遥控执行综合柜，多微机分布式结构，多主站多规约通信，兼有与微机保护接口，根据用户容量单柜或多柜设计。

5. 监控系统

KJK—03 开放式监控系统，采用国际通用 Windows 95/98 软件平台，可完成与 RTU 通信，对变电站运行状态进行监视、操作、报警、打印制表、在线定义数据库、在线画面编辑等。

（三）机柜尺寸

高×宽×深（mm×mm×mm）：2260×800×600 或 2360×800×600。

（四）生产厂

中山南方电力自动化设备有限公司。

二十六、WJH—1C 型变电站综合自动化系统

（一）用途

WJH—1C 型变电站综合自动化系统是 WJH—1 系列产品之一，是为 110kV 及以下等级的农网变电站或其他小型变电站而设计的。它集变电站保护、测量、监控于一体，采用模块化设计方案，增强通用性与可维护性，替代了常规变电站保护仪表、中央信号、远动装置等二次设备，各套保护完全独立，可根据用户的要求灵活处理，既能够联网构成综合

自动化系统，亦能够独立自成系统，完全满足有人值班变电站和无人值班变电站的要求，是一套技术先进、工艺完善、配套齐全、维护方便的中低压小型变电站的综合自动化系统。

1. 系统主要特点

（1）每个单元模块采用封闭、加强型单元机箱，抗强振动、强干扰设计，特别适应于恶劣环境，可分散安装于开关柜上运行。

（2）单元模块以高可靠性工业级 80C196 单片机为主体，配以工业级低功耗外围集成电路，整机功耗更低，速度更快，稳定性、可靠性更高。

（3）保护功能和监控测量功能独立，分别由一个 80C196KB 单片机系统完成。

（4）液晶显示，菜单提示操作，信息详细直观，操作调试方便。

（5）工业级 RS422 完全电气隔离的总线网络，组网经济、方便，可直接与当地主站联网通信。

（6）功能齐全的断路器操作回路，适用于各类断路器控制，便于变电站改造。

（7）性能价格比高，功能齐全，尤其适合于农用变电站使用。

（8）体积小，组屏方便。

（9）采用整面板，全封闭结构，防尘干扰能力强。

2. 系统各装置的用途

（1）WBZ—1A/ 1 型微机线路保护装置。WBZ—1A/ 1 型微机线路保护装置主要用于 10kV 电压等级，单侧电源线路的三段式电流保护，其主要功能有电流速断、限时电流速断、定时限过流、三相一次重合闸及后加速、低频减载及各种实时参数的测量和断路器控制功能。

（2）WBZ—1A/ 2 型微机电容器保护装置。WBZ—1A/ 2 型微机电容器保护装置适用于高压并联电容器组，作为电压降低及内部故障的主保护，其主要功能有两段式三相电流保护，过电压、低压、不平衡电流或不平衡电压保护，实时参数测量和断路器控制等。WBZ—1A/ 2 型微机电容器保护装置分两种型号：WBZ—1A/ 2A 型具有不平衡电压保护，WBZ—1A/ 2B 型具有不平衡电流保护。

（3）WBZ—1A/ 3 型微机变压器保护装置。WBZ—1A/ 3 型微机变压器保护装置主要用于 35kV 及以下电压等级的双绕组变压器，作为内部故障及过负荷的保护，其主要功能有差动电流速断保护、差动保护、两段式复合电压闭锁过流保护、过负荷保护、瓦斯跳闸及信号、各种实时参数的测量和断路器控制。

（4）WBZ—1A/ 4 小型微机变压器保护装置。WBZ—1A/ 4 小型微机变压器保护装置主要用于 35kV 及以下电压等级的变压器，作为内部故障和过负荷的保护，其主要功能有电流速断、两段式过电流、过负荷、手动合闸及外部后加速电流保护，本体保护接口，实时参数测量和断路器控制。

（二）工作原理

WJH—1C 型变电站综合自动化系统的最大特点是完全分布式，模块化系统结构，主要由WBZ—1A系列微机保护装置和当地主站构成。当地主站选用工业用控制计算机，主要完成数据处理、数据通信、远动功能，主数据库和历史数据库，存放各个保护装置送来的模拟量、状态量、脉冲量、SOE 信息及保护动作数据。系统中的保护装置直接与当地主站通信，接收主站的命令，装置之间相互独立，每个装置可独立完成保护、测量和控制功能。每个保护装置都有自己的管理模块、保护模块和测控模块，每个模块都由自己的单片机系统控制，软件硬件相互独立，模块之间并列运行，通过内部的串行通信口松散相连。测控模块和保护模块中的任何一个出现故障，不会影响另一个模块的运行。保护模块的定值整定、调试及动作数据上传，都是通过管理模块完成的。正常运行时，管理模块循环查询保护和测控模块，将查询到的保护数据报文或实时数据通过液晶显示器显示出来并保存，以便发给当地上位主站。同时装置各个模块之间有很强的互检性，大大提高了装置本身的可靠性。

（三）技术参数

1. WBZ—1A 系列微机保护装置主要技术要求

（1）额定参数：

交流电压：$100/\sqrt{3}$V。

交流电流：5A。

频　　率：50Hz。

直流额定电压：DC 220V 或 110V，允许偏差＋15％，－20％。

（2）功率消耗：小于 10W。

（3）环境条件：正常工作温度范围：0～45℃。

相对湿度：不大于 95％，不凝露。

大气压力：80～110kPa（海拔 2km 以下）。

(4) 抗干扰性能：符合国标 GB6162 和 IEC-255-4。

(5) 绝缘耐压标准：满足部标 DL478 和 IEC-255-4。

(6) 机械性能：

工作条件：通过Ⅰ级振动响应、冲击响应检验；

运输条件：通过Ⅰ级振动耐久、冲击耐久碰撞检验。

2. WBZ—1A/1 型微机线路保护装置主要技术要求

(1) 三段式电流保护：

电流速断定值：10～100A，级差 1A。

限时电流速断定值：10～100A，级差 1A。

过流定值：2～20A，级差 0.1A。

限时电流速断延时：0.1～10s，级差 0.1s。

过流延时：0.1～10s，级差 0.1s。

(2) 三相一次重合闸及后加速：

准备时间：20s。

重合闸延时：0.1～10s，级差 0.1s。

后加速延时：0～2.9s，级差 0.1s。

(3) 低频减载：

1) 动作频率：45～49.5Hz，级差 0.1Hz。

2) 低压闭锁定值：30～100V，级差 1V。

3) 低电流闭锁（线路负荷电流）：1～5A，级差 0.1A。

4) df/dt 闭锁：

df 定值：0.04～2.5Hz，级差 0.01Hz；

dt 定值：0.04～0.5s，级差 0.01s。

5) 动作延时：0.1～30s，级差 0.1s。

(4) 重合闸功能，低频减载功能可分别解除。

(5) 返回系数：过量不小于 0.85，欠量不大于 1.2。

(6) 误差：

1) 时间元件误差不大于±30ms。

2) 频率元件误差不大于±0.01Hz。

3) 电流量、电压量动作误差不大于±5%。

(7) 监控测量：

1) 模拟量：

电流、电压：不超过±0.2%。

有功、无功功率：不超过±0.5%。

有功、无功电能：不超过±0.5%。

功率因数：不超过±0.2%。

频率：≤0.1%。

2) 开关量：

遥信输入：直流电压，12～24V。
隔离电压，1500V。
分 辨 率，≤10ms。

脉 冲 量：直流电压，12～24V。
隔离电压，1500V。
脉冲宽度，≥10ms。

单路遥控，带返校功能。

3. WBZ—1A/2 型微机电容器保护装置主要技术要求

(1) 两段过流保护：

过流Ⅰ段：10～50A，级差 0.01A。

过流Ⅰ段延时：0～9.99s，级差 0.01s。

过流Ⅱ段：2～20A，级差 0.01A。

过流Ⅱ段延时：0.1～9.99s，级差0.01s。

(2) 过压保护：

过压保护定值：100～200V，级差0.01V。

过压保护延时：0.1～9.99s，级差0.01s。

(3) 低压保护：

低压保护定值：20～100V，级差0.01V。

低电保护延时：0.1～9.99s，级差0.01s。

(4) 电流闭锁定值：

0.5～10A，级差0.01A。

(5) 不平衡电压保护：

保护定值：10～120V，级差0.01V。

保护延时：0.1～9.99s，级差0.01s。

(6) 不平衡电流保护：

保护定值：0.5～10A，级差0.01A。

保护延时：0.1～9.99s，级差0.01s。

(7) 返回系数：

过量不小于0.9，欠量不大于1.1。

(8) 监控测量：

1) 模拟量：

电流、电压：不超过±0.2%。

有功、无功功率：不超过±0.5%。

有功、无功电能：不超过±0.5%。

功率因数：不超过±0.2%。

频率：≤0.1%。

2) 开关量：

遥信输入：直流电压，12～24V。
　　　　　隔离电压，1500V。
　　　　　分 辨 率，≤10ms。

脉 冲 量：直流电压，12～24V。
　　　　　隔离电压，1500V。
　　　　　脉冲宽度，≥10ms。

单路遥控，带返校功能。

4. WBZ—1A/3型微机变压器保护装置主要技术要求

(1) 差电流速断保护：

动作电流：25～75A，级差1A。

动作时间：在1.2倍动作电流下，≤30ms。

(2) 差动保护：

差动动作电流：1～2.5A，级差0.5A。

比例制动系数：0.1～0.9，级差0.1。

谐波制动系数：0.2（由程序内固定）。

比例制动拐点：2～5A，级差0.5A。

平衡系数：0～5.00，级差0.01。

动作时间：在1.2倍动作电流下，≤40ms。

(3) 复合电压闭锁过流保护（两段相同）：

动作电流：1～50A，级差0.1A。

动作时间：0.1～0.99s，级差0.01s。

负序电压：1～60V，级差0.1V。

低 电 压：1～100V，级差0.1V。

(4) 过负荷保护：

动作电流：1～10A，级差0.1A。

动作时间：0.1～99.9s，级差 0.1s。

(5) 误差：

保护整定值的平均误差不超过±5%。

(6) 返回系数：

过量不小于 0.9，欠量不大于 1.1。

(7) 监控测量：

1) 模拟量：

电流、电压：不超过±0.2%。

有功、无功功率：不超过±0.5%。

有功、无功电能：不超过±0.5%。

功率因数：不超过±0.2。

频 率：≤0.1%。

2) 开关量：

遥信输入：直流电压，12～24V。

隔离电压，1500V。

分 辨 率，≤10ms。

脉冲量：直流电压，12～24V。

隔离电压，1500V。

脉冲宽度，≥10ms。

双路遥控，带返校功能。

5. WBZ—1A/4 小型微机变压器保护装置主要技术要求

(1) 电流速断保护：

电流定值：10～50A，级差 1A。

(2) 两段式过流保护（一段定值，一段时限）：

电流定值：2～20A，级差 0.1A。

延时定值：0.1～9.9s，级差 0.1s。

后加速延时：0～3s，级差 0.1s。

(3) 过负荷保护：

电流定值：1～10A，级差 0.1A。

延时定值：1～99s，级差 0.1s。

(4) 误差：

时间元件：不超过±20ms+2.5%。

电流元件：不超过±5%。

(5) 监控测量：

1) 模拟量：

电流、电压：不超过±0.2%。

有功、无功功率：不超过±0.5%。

有功、无功电能：不超过±0.5%。

功率因数：不超过±0.2%。

频率：≤0.1%。

2) 开关量：

遥信输入：直流电压，12～24V。

隔离电压，1500V。

分 辨 率，≤10ms。

脉冲量：直流电压，12～24V。

隔离电压，1500V。

脉冲宽度，≥10ms。

单路遥控，带返校功能。

6. 结构

装置采用嵌入式 4U 全封闭机箱结构，液晶显示窗口，触摸式键盘，WBZ—1A/3 型微机变压器保护装置采用 19in

宽机箱。

(四) 生产厂

阿城继电器股份有限公司。

二十七、NDB300 微机型变电站综合自动化系统

(一) 用途

NDB300 变电站综合自动化系统是吸收国际先进技术研制的分布式保护、控制、测量和通信一体化系统。它集保护、遥控、遥测、遥信、遥调五大功能于一体，在保护配置、电气量采集、信息采集、控制操作中采用分布式结构，对变电站进行全方位的控制和管理，实现变电站综合自动化。该系统广泛适用于中、低压变电站。该系统包括：

(1) 保留了继电保护独立完整的功能，保证了继电保护的可靠性和安全性。

(2) 大屏幕汉字显示及汉字菜单提示操作功能。

(3) 密闭抗干扰式一体化单元机箱，可集中组屏，也可分散于开关柜上。

(4) 保护和监控具有各自独立的交流采样回路，既保证了监控精度，又保证了保护装置的抗饱和性能。

(5) 完善的自检体系，硬件检测直到跳闸出口继电器。

(6) 国际标准的模块化结构，互换能力强。

(二) 功能与特点

本系统主要由电源及出口模件、交流采样模件、CPU 模件、断路器操作模件等组成。CPU 采用最新 80196 单片机。断路器操作模件代替原来开关柜的全部操作功能，因此可省去原开关柜上的二次操作设备。

保护部分采用差分及全波富氏算法。实践证明，它具有良好的滤波效果，抗干扰性能好。

(三) 技术参数

交流电流：5A，1A。

交流电压：100V，$100/\sqrt{3}$V。

频率：50Hz。

直流电压输入：220V，110V。

保护部分：刻度误差±3%以内；

综合误差±5%以内。

监测部分：模拟量精度<0.5%。

(四) 生产厂

南京南瑞集团公司农电分公司。

二十八、NSC300 配电网自动化系统

(一) 用途

随着国家对城网及农网改造力度的加大，为了提高配电的效率、可靠性以及降低成本，在综合分析与研究了国外配电管理系统的基础上，结合国内的实际情况推出了 NSC300 系统配电管理系统 (DMS)。本系统适合在一些已经使用无人值班变电站自动化系统的场合应用，并适用于新区建设、布局、规划阶段纳入统一设计、老区改造、大型集中负荷地区的配电管理。

(二) 功能与特点

NSC300 系统把已经成功运行的 NSC2000 变电站自动化系统作为配电管理系统的一个组成部分加以考虑，使之同变电站自动化系统更紧密地结合在一起，把重点放在 6kV 或 10kV 等中压配电线路的管理上。同时将自行开发的以及引进西门子的间隔级馈线监控单元 (FTU)、保护单元等统一纳入配电管理系统加以考虑，也能同其他公司或国外公司的一次配电设备，例如重合器、环网开关、柱上真空开关等友好接口。另外，把西门子公司的一些适合配网自动化应用的装置、系统稳妥地移植到本系统之中。

本系统的主要功能：

(1) 能在地理图及顺序单线图上显示实时电网的状态数据。

(2) 在单线图和地理图上控制断路器操作。

(3) 可在地理图或顺序单线图上进行移动、缩放、删繁操作的图形用户接口。

(4) 允许调度员选择一组点做进一步分析的区间追踪。

(5) 动态着色。

(6) 检测馈电回路，平行馈入及带电和失电设备。

(7) 支持故障定位、故障隔离和恢复供电。

(8) 在线配电网计算。

(9) AM/FM/GIS 接口。

(10) 切换操作程序管理。

(11) 停机管理与分析。

(12) 负荷预测。

(13) 配电潮流。

(14) 冷启动。

(15) 变压器负荷管理。

(16) 电压无功控制（VQC）。

(17) 在线短路。

（三）生产厂

南京南瑞集团公司。

二十九、DMS 系列配网自动化系统

（一）用途

DMS 由电动负荷开关、FTU、通信系统、配电控制中心的主站系统组成。每个负荷开关或环网柜的 FTU 与配网控制中心通信，将故障信息和其他实时信息送回控制中心。一方面，配电控制中心的故障处理软件判断故障发生地点，作出故障隔离方案，发出的故障隔离操作由配电控制中心以遥控的方式集中控制；另一方面，配电网分析软件对配电网的信息进行分析，使调度员对目前的配电系统有更深的了解，使系统处于最佳的运行状态。系统以新型的配电设备为基础，采用了先进的计算机、通信等多方面的技术，实现对配电网在线和离线的智能化监控与管理，实现配电网故障诊断、故障隔离和恢复供电，使配电网运行于安全、可靠、经济、优质、高效的最优运行状态。该系统适用于市供电企业的配网控制中心。

（二）功能与特点

(1) 采用南瑞电网公司最新推出的 OPEN—2000 系统为平台，因而系统具有强大的 SCADA 功能、智能化的网络管理功能。系统采用符合 OSF 标准的 UNIX 操作系统，采用分布式网络体系结构，配置灵活，扩充性能好，应用工具齐全，满足开放要求。

(2) 采用集中远方控制的配网自动化模式，通过对配电网的改造，在配电开关等设备上安装配电终端 FTU，由 FTU 完成对数据的采集；建立配电网通信系统；系统软件根据采集的数据，自动进行故障处理，从而能快速准确地进行故障定位、故障隔离和恢复供电，实现配电自动化功能，系统避免了出线重合器的多次重合，对系统的影响小，且造价相对较低。

(3) 采用 ARC/INFO 地理信息系统作为配电管理平台。系统充分利用了 ARC/INFO 强大的地理信息管理功能，结合城市地理背景信息，实现对配电网的控制和管理。

(4) 采用实时数据库和商用 Sybase 数据库管理系统结合的方式，确保了对数据强有力的管理和系统对实时性的要求。

(5) 具有丰富的配电网系统分析软件。利用这些软件，对配网的状况进行统计和分析，从而使系统处于最佳的运行状态。

（三）技术数据

1. 主要技术参数

系统最大容量：256 个厂站。

历史数据保存周期：＞1 年。

主备机切换时间：＜10s。

故障识别、故障隔离/恢复供电时间：＜1min。

主站系统平均无故障时间：＞25000h。

系统可利用率：＞99.99％。

遥信处理准确率：＞99.99％。

遥控/遥调正确率：100％。

遥测合格率：＞99.9％。

系统时钟稳定性：不超过$\pm 1.0\times 10^{-6}$（25℃±5℃）。

配电终端的主要技术参数：

遥测量精度：＜3％。

模拟量输入：高速交流采样。

开关变位：<3s。

事故顺序记录分辨率：<5ms。

平均无故障时间：>20000h。

温度：－10～70℃。

湿度：<96%。

2. 主站系统工作环境

温度：10～70℃。

相对湿度：60%～80%。

电源零线与接地间电阻：0.7Ω。

无尘；工作间应有可靠的220V，50Hz的电源供电。

（四）生产厂

南京南瑞集团公司。

三十、ND—029电力调度自动化系统

（一）概述

ND—029是一种基于PC或工作站平台以内置网络的中文Windows NT和Windows 95、98操作系统为软件运行平台的电力调度自动化系统。它采用了符合工业标准的软硬件开发工具，以客户/服务器为计算模式。所有进程模块均为32位，采用WINSOCK的流和数据报相结合的方式进行进程（包括网络进程）间通信，使得网络进程和本机进程具有一致的数据通信接口界面，提高了系统的可扩充能力。支持TCP/IP网络协议，可与其他信息系统（如MIS系统、热工系统）相联网，具有远程诊断和维护功能。本系统面向地县调度自动化、变电站综合自动化、发电厂监控等实时系统，采用MSSQL Server等大型商用标准数据库保存和管理系统信息和数据，提供与各种MIS系统的接口。提供ActiveXS-CADA图形控件，可嵌入浏览器WEB页面，也可供第三方开发商使用，使得SCADA系统与MIS、EMS、DMS具有统一图形人机界面成为可能。采用面向对象（OOP）的程序开发技术，利用C＋＋语言结合数据库技术进行编程，使得程序结构自然合理，易于维护和扩充功能。广泛适用于电力系统、电气化铁道、煤炭系统、石油化工系统、冶金系统等工业交通领域，已经在灌云供电局、苏州高达热电厂、南通天生港发电厂、兰州五泉变电站和北京高井电厂等单位投运。长期运行结果表明该系统稳定可靠、使用方便、功能丰富。

（二）应用范围

地、县电力调度自动化系统、变电站综合自动化系统、发电厂实时监控系统、大型工矿企业动力监控中心实时监控系统、负荷管理及电量计费。

（三）功能配置

1. 数据接收与发送

系统经RS—232接口接收RTU或PLC所接收的有功功率、无功功率、电流、电压、频率、温度、流量、压力和液位等全部模拟量；接收RTU或PLC的断路器位置、主要刀闸位置、事故信号、保护信号及阀门状态等全部状态量；接收发电机、线路正反向有功、无功脉冲电度量；发送遥调、遥控和程控指令。

2. 事故报警

开关事故变位时，自动开辟窗口告警并推出事故画面，该窗口可手动取消并可手动再现，在事故画面中值班员可根据颜色和闪光清楚地知道当前厂站内的参数运行情况以及报警情况，颜色由用户自己定义。能定时或召唤打印事故顺序记录。出现报警信息时，进行多媒体语音告警。

3. 画面显示与操作

显示系统及厂站接线图、过程控制模拟图、本系统配置图、运行工况图及遥调命令和机组负荷调整情况画面，各画面都有缩放功能；显示各电厂发电总有功功率和无功功率、单机有功功率和无功功率、周波、电压等曲线；显示各类事件顺序记录；能在线输入计划负荷并自动生成计划负荷曲线。

4. 打印功能

定时打印各种数据、日、月报表，打印时间可整定；召唤打印各种现时表和历史表；事件触发打印各种异常和事故；随机打印各种动态数据画面。

5. 安全功能

所有操作员应根据其需要被赋予相应特权，这些特权规定操作员各种业务活动的使用范围。规定包括用户、口令字、操作权及操作范围和键盘等特权。

6. 数据库

采用MSSQL Server等大型商用数据库，提供MIS接口；系统对运行数据和状态进行实时监视并记录保存；通过人

机联系及相应的图表直观进行数据库查询。对每一遥测量、遥信量有人工设置功能，一旦设置后应不能接收实时数据，直到解除人工设置。设置用颜色区分。对每一开关、刀闸可设置检修、接地等标记。需长期保存的重要数据，存入一个历史数据库，采样周期大于或等于1min，可以保留一年的运动数据。

7. 网络

支持TCP/IP协议，提供实时MIS接口，也可与热工系统等交换动态信息。构成系统的各进程模块（前置通信、前置网络服务、工作站调度界面、历史数据存储、曲线程序、报表等）既可同时在同一台计算机上运行，也可分布在不同的机器上运行。给予一定的用户权限和进行适当的配置，可以很容易添加工作站。工作站数目不限。只要前置机程序和历史数据存储程序正常运行，无论何时启动工作站程序，均可立即在工作站得到整个系统信息（包括动态数据和静态数据）的一个完整拷贝，因此本系统不要求工作站程序24h运行。

8. 图形生成

提供丰富的绘图工具，使操作人员能方便灵活地绘制修改。利用多文档窗口技术，画面可进行无级缩放、任意平滑移动。画面切换非常方便。

（四）特点

(1) 系统应用软件平台基于Windows NT操作系统。

(2) 采用MSSQL Server等大型商用数据库，提供MIS接口。

(3) 支持TCP/IP网络协议，提供实时MIS接口。

(4) 提供ActiveX SCADA图形控件，可嵌入浏览器WEB页面，也可供第三方开发商使用。

(5) 采用模块化结构、面向对象设计，组态配置非常灵活方便。

(6) 采用分布式数据处理技术，使每台计算机均分担系统的负载。

(7) 支持数据库在线修改，界面友好，操作简便。

(8) 数据处理能力强大，快速反应事件信息。

(9) 支持GPS卫星对时。

（五）技术数据

(1) 标准配置支持连接64台RTU，可以根据要求进行扩充。

(2) 遥测：10000。

(3) 遥信：20000。

(4) 脉冲：5000。

(5) 遥控：3000。

(6) 系统节点：32。

(7) 与远方数据终端（RTU）的通信速率为300/600/1200/2400/4800/9600可选。

(8) 以太网传输速率为10M/100M自适应。

(9) 画面响应速度：小于3s。

(10) 画面数据刷新：1～10s可选。

(11) 历史曲线、日报、月报保存时间：两年。

(12) 系统可用率：99.8%。

(13) 平均无故障运行时间：38000h。

(14) 环境温度：0～50℃。

(15) 相对湿度：5%～95%。

(16) 大气压力：86～108kPa。

（六）生产厂

国电南京自动化股份有限公司。

三十一、WDN—021A电能采集装置

（一）概述

WDN—021A远方电能采集装置是电能计费系统中的厂站终端。是在已广泛使用的WDN—021装置基础上升级到本公司通用PS600微机硬件平台的新一代远方电能采集装置。装置按照电能量结算专用功能的要求对采集、存储、传输电能量数据的特殊要求配置，对现场脉冲电能表或智能电能表数据进行采集和预处理（求和、差、最大值、最小值和平均值等）后，生成和存储一定时限的带时标电量数据，通过公用电话网或其他传输通道收集数据传送至调度主站。从而可实现各级电网的电能量采集系统。装置按ISO9001生产、质量体系管理，确保装置稳定可靠运行。本装置可广泛应用于变电站、发电厂、大型厂矿等工业领域完成电能采集、计费处理及数据远传。

（二）应用范围

（1）电力系统各级变电站电能数据采集、处理和远传。

（2）各级发电厂的电能数据采集、处理和远传。

（3）大型工矿企业的电能数据采集、处理和远传。

（4）其他工业领域计费表计的数据采集、处理和远传。

（三）功能配置

（1）脉冲数据采集。

（2）脉冲累加求和，峰、谷、平时段数据处理。

（3）串行通信采集智能表计的数据。

（4）历史数据追忆。

（5）汉字液晶显示。

（6）数据远传。

（四）主要特点

1. 人性化人机界面

装置采用超大屏幕点阵液晶显示器，可显示 8 行×15 列汉字；装置显示全汉化，操作界面采用菜单交互方式；打印信息全汉化、表格化和图形化；提供 PC 机上全汉化 Windows 界面的调试和分析软件 PSview，不但能完成人机对话的功能，还能对电量数据进行高级分析。

2. 大资源、高性能硬件

功能模件（CPU）的核心为 32 位微处理器，配以大容量的 RAM 和 Flash RAM，使得本装置具有极强的数据处理能力和存储能力；采用专用电量计算芯片 CS5451，使本装置具有极高的电能测量精度（高于 0.1 级）；作为选件可校核重要关口的电能数据；采用 CAN 网作为内部通信网络，数据信息进出流畅。

3. 高可靠性

双重化设计，任何单一故障时能继续采集和保存电能数据，并可带电更换插件。

电源三重化，包括两套 DC/AC 兼容的主电源和一套可持续供电 25h 的自动充电锂电池系统；电能数据存储于 Flash Memory 芯片，可掉电保持（20 年）。装置采用背插式机箱结构和特殊的电磁兼容技术，能通过最严酷的 IEC 255-2-24 标准规定的Ⅳ级（4kV±10%）快速瞬变干扰试验、IEC 255-22-2 标准规定的Ⅳ级（空间放电 15kV，接触放电 8kV）静电放电试验，组屏无需外加抗干扰模件。

4. 开放性

支持多种通信方式和通信规约，并可按用户要求开发特殊的通信硬件和软件。

内置 MODEM（自适应波特率）可通过电力系统或电信通信网与远方调度主站接口实现电量采集系统。内置实时 NPIDOS 的 WEB 模块可与电力公司企业内联网接口实现基于 INTRANET 的电能报表系统与电力营销系统集成。

5. 免调试概念

完善的自检功能，满足状态检修的要求；装置中无可调节元件，无需在现场调整采样精度，同时可提高装置运行的稳定性。

（五）技术数据

（1）电能采集接口：RS—485/232、脉冲等，最多至 64 路。

（2）通信接口：RS232/485×2、MODEM、以太网。

（3）电能采集周期：1～60min（可远方或就地设置）。

（4）电能数据存储时限：25d（64 路，5min 采集周期）。

（5）GPS 对时精度：<±1ms。

（6）平均无故障时间：>50000h。

（7）装置寿命：>15 年。

（8）输入电源：AC220V 或 DC220V/110V。

（9）电源波动范围：−25%～+15%。

（10）装置功耗：<10W。

（11）脉冲输入形式：无源接点、脉冲等。

（12）输入信号幅度：+5V、+12V、+24V、+48V 等。

（13）脉冲宽度：>20ms。

（14）电源输入：交、直流 110V/220V。

(15) 电源波动范围：±10%。

(16) 装置功耗：<3W。

(17) 环境温度范围：−5～55℃。

(18) 相对湿度：5%～95%（最大绝对湿度 28g/m^3）。

(19) 大气压力：86～108kPa。

(六) 生产厂

国电南京自动化股份有限公司。

三十二、WDN—022 电能测控终端

(一) 概述

WDN—022 是一种基于 INTEL80C196KC 单片机的电能测控终端。该终端通过脉冲输入接口或串行通信接口接收电能数据，对脉冲数据按峰、谷、平分时段进行累计，形成带时标的电能数据。它还提供数字量输入和模拟量输入通道采集现场数据。具有掉电后数据自动保持功能。通过无线数传通道可定时或随机地将数据传往主站系统，同时接收远方主站的各类命令，进行分析，判断和输出执行。该终端的无线信道除完成与主站的数据通信任务外还具有与主站进行通话的功能。

(二) 应用范围

大型工矿企业、商场、宾馆、学校、医院等各种用电场所的电能数据采集、处理和远传。

(三) 功能配置

(1) 脉冲数据采集。

(2) 脉冲累加求和，峰、谷、平时段数据处理。

(3) 串行通信采集智能表计的数据。

(4) 历史数据追忆。

(5) 汉字液晶显示。

(6) 数据远传。

(四) 主要特点

(1) CPU 选用 80C196KC 高性能单片机。

(2) 采用存储器页面管理技术，配有大容量 FLASH 存储器和不挥发 RAM。

(3) 提供大屏幕高亮度、长寿命发光二极管点阵或液晶点阵显示。

(4) 远方和当地设置参数。

(5) 无线数传信道完成数据通信兼作通话之用。

(6) 声光和语音报警。

(7) 菜单调试界面，维护方便。

(五) 技术数据

(1) 脉冲量输入：4 路。

(2) 状态量输入：4 路。

(3) 遥控输出：4 路，常开输出，容量 16A250VAC/30VDC。

(4) 模拟量输入：4 路，直流电压 0～5V。
测量误差≤1%。

(5) 外接报警触点：1 路，常开输出，容量 16A250VAC/30VDC。

(6) 打印接口：1 个。

(7) RS485/RS232 抄表接口：1 个。

(8) 下列两种方式可供选择：96×32 发光二极管点阵显示，二级汉字库，320×240 液晶点阵显示，二级汉字库。

(9) 数据断电保持：未接到刷新命令将永久保持。

(10) 无线发射功率：≥5W。

(11) 信道间隔：25kHz。

(12) 天线接收阻抗：50Ω。

(13) 话音输出功率：≥200mW。

(14) 频率误差 (kHz)：≤5×10^{-6}。

(15) 无线发射持续时间：≤100s。

(16) 收发转换时间：30ms。

(17) 无线接收灵敏度：≤0.25μV。

(18) 电源输入：220V/110V 交直流两用，允许偏差。

(19) 终端静态功耗：±20%，<20VA。

(20) 工作环境温度：-5～+55℃。

(21) 相对湿度：≤93%。

(22) 大气压力：86～108kPa。

(六) 生产厂

国电南京自动化股份有限公司。

三十三、SD200 水电站计算机自动化系统

(一) 概述

SD200 水电站计算机自动化系统采用全开放，模块化结构设计，能实现数据采集与处理、机组顺控、自动准同期、调速、励磁、功率调节控制等功能，采用了当今已成熟的先进技术和器件，如 Windows NT 系统、DSP 数据处理器、CAN 现场总线技术、以太网技术和 INTERNET 技术等；它满足可靠、安全、经济、实用、技术先进和便于扩充等基本原则，符合部标《水电厂计算机监控系统基本技术条件》(DL/T 578—95)、《水力发电厂自动化设计技术规范》(DL/T 5081—1997)、《水力发电厂计算机监控系统设计规定》(DL/T 5065—1996) 及《电力装置的继电保护和自动装置设计规范》(GB 50062—92D) 等规程规范，适合各种容量等级、不同功能要求的水电站，既适用新建水电站，又可用于老水电站的改造及梯级水电站调度自动化系统，并可与各种成套微机保护装置，变电站微机监控装置，县、地级调度中心系统等配套供货，实现电站"无人值班"(少人值守) 的可靠、安全、经济运行。其部分功能也可成独立装置使用，如机组顺控装置、自动准同期装置、温度巡检/保护装置、交流电量检测装置、闸门监控系统等，操作方便，配置灵活。现 SD200 系统已包括如下功能装置：

(1) 工作站、工控机、GPS 校时系统、打印机、投影仪、以太网通信系统等。

(2) SDQ200 微机自动准同期装置或其他同期装置。

(3) SDK200 微机机组顺序控制装置。

(4) SDT200 水轮机微机调速装置 (电柜)。

(5) WKKL—3 微机励磁调节装置。

(6) SDD200 微机交流综合电量采集装置。

(7) WFBZ—101 发变组微机保护装置。

(8) FWC—1 分散式大坝自动观测系统。

(9) SDW200 微机温度巡检装置。

(10) SDM200 微机闸门监控系统。

(11) SDX200 分散式信号报警装置。

(12) SDF200 水电厂计算机辅机控制系统。

(13) SDM201 微机闸门开度仪。

(14) NZD—101 直流电源系统。

其他如水情测报系统、水电厂 MIS 系统等都可与本监控系统统一考虑，有机联系。

(二) 系统构成原理

SD200 水电厂自动控制系统不仅包含机组的检测保护、自动操作、调速和励磁等装置，而且还有油、水、气的控制处理设备以及水工建筑安全监测和水库优化调度系统。尤其是涉及到机组的检测元件 (传感器) 和执行机构 (如电磁配压阀) 都是在十分恶劣的环境下工作，在设计整个自动控制系统时我们全面地考虑到上述的情况，将整个系统可靠性的提高作为第一目标。因此，我们把整个控制系统的各部件及其在它们所处的环境中的全部行为作为一个系统工程来认识，分析并设计在技术可行情况下的控制系统配置策略，以实现预期的目的。

SD200 系统可由下述部分组成：站级计算机；操作员工作站；工程师工作站；通信处理机；机组现地控制单元 (LCU)；公用/开关站现地控制单元；闸门现地控制单元；局域通信网；广域通信网；时钟同步装置；中文语音报警装置；不间断电源；模拟信号返回屏；大屏幕投影仪；远程监视终端；操作员控制台。可根据水电厂实际监控功能的需求情况，进行经济技术比较，选用性能价格比较优越的配置方案。软件上 SD200 系统为用户提供画面修改和数据库维护工具，用户可根据实际需要自行对系统进行配置，以适应系统情况的变化，配置方式如下：

(1) 分层分布式监控系统。

(2) 全开放、全分布式监控系统。

(三) 系统功能

(1) 对各主要机电设备运行参数的监视和记录。

(2) 事件顺序记录。

(3) 事故追忆记录。

(4) 有功功率联合控制 (AGC)。

(5) 无功功率联合控制 (AVC)。

(6) 控制和调节。

(7) 机组保护和线路保护。

(8) 厂用电源备自投。

(9) 人机联系。

(10) 运行管理指导。

(11) 与其他系统的通信。

(12) 模拟显示屏。

(13) 统计和制表打印。

(14) 故障自诊断和自恢复功能。

还有用户需要的其他功能，如多媒体图像监控、大坝安全监测、水情测报等，以及由这些系统的综合考虑而派生出来的更加有用的功能。

(四) 主要特点

(1) 本系统的软件平台采用 Windows NT 操作系统。

(2) 软件采用面向对象的编程技术。

(3) 可采用以太网或串口连接方式与 LCU 交换数据。

(4) 对重要部件可冗余配置，使系统具有高可靠性。

(5) 数据处理能力强，响应速度快。

(6) 允许测点在线投退。

(7) 系统维护能力强，减轻用户负担。

(8) 开放式系统设计，软硬件均可升级。

(9) 系统时钟与 GPS 卫星对时，保证精确。

(10) 通过开放的数据库连接 (ODBC) 与标准数据库 (SQL Server，FoxPro 等) 连接。可与 MIS 系统交换数据。

(五) 技术指标

1. 环境的相容性

SD200 计算机监控系统设备能适应水电站的特殊环境。温度、相对湿度、尘埃、振动、冲击、噪音及电磁干扰等指标满足《水电厂计算机监控设备基本技术规范》的要求。

2. 可靠性

(1) 平均故障间隔时间 (MTBF) 满足：

主计算机 (含磁盘)：≥17000h。

现地控制单元：≥25000h。

(2) 可利用率：计算机监控系统可利用率保证：≥99.9%。

(3) 可维护性：监控系统的结构设计保证系统具有较强的可维护性。设备平均故障排除时间 (现场有备件的条件下)：≤0.5h。

3. 实时性

(1) 数据采集的实时性满足：

电气模拟量采集周期≤2s。

非电气模拟量 (不包括温度) 采集周期≤10s。

状态点和报警点采集周期≤100ms。

事件顺序记录点分辨率≤5ms。

(2) 控制响应时间：控制命令回答响应时间≤1s。

从接受控制命令到执行该指令响应时间：

一般控制：≤1s。

负荷控制：≤1s。

(3) 数据采集响应时间：

任一 LCU 采集到的变化数据送到实时数据库的时间≤2s。

(4) 人机接口响应时间：

调用新画面的响应时间≤1.5s。

在已显示画面上动态数据刷新时间≤1s。

值班操作人员命令发出到显示回答时间≤2s。

(5) 主控层控制功能响应时间：

自动发电控制（AGC）响应时间可根据系统调度要求整定。

自动控制指令的响应时间≤2s。

低频自启动响应时间≤3s。

联合控制有功功率和无功功率执行周期为4s～3min可调。

4. 安全性

(1) 操作安全性：监控系统保证可对每一功能和操作提供检查和校核，当操作有误时，能自动或手动被禁止并报警。任何自动或手动操作均可做存储、记录或做提示指导。在人机通信中设值班操作员操作登记号和控制权口令。控制层实现操作闭锁，其优先顺序为：单元控制层第一，主控层第二，调度第三。

(2) 通信安全性：监控系统的设计保证信息中的一个错误不会导致系统关键性的故障。当主控层和现地控制单元LCU的通信涉及控制信息时，将对响应的有效性进行核实，并对响应有效信息或没有响应有效信息有明确的指示，当通信失败时，考虑2～5次重复通信仍失败时则报警。

(3) 硬件、软件及固件安全性：

1) 具有电源故障保护并在排除故障后能自动重新启动。

2) 初态可以预置或进行重新预置。

3) 设备本身具有自检和互检能力并能够故障自动报警。

4) 设备故障能自动切除或自动切换，并能故障自动报警。

5) 系统中任何地方单个元件的故障不造成生产设备误动。

6) 软件具有一定的防疫能力。

根据电站一次大电流布置的具体情况，计算机主控室CRT距离大电流设备如有16m，根据以往经验和有关资料，计算机监控系统可采取一般的抗干扰措施就可以保证主控室计算机监控系统的正常工作。SD200系统可采用经电站公用接地网（接地电阻小于0.5Ω）直接接地的接地方式。并应在计算机室提供一截面不小于10mm×200mm的公用接地铜母线，用于计算机监控系统主控层设备的接地。上述公用接地铜母线应与电站公用接地网一点相连，其引出导线采用铜导线，截面不小于14mm²。监控系统设备盘柜适合水电站使用环境。布置在现场的盘柜考虑了屏蔽、防尘、防潮和通风。现地控制单元LCU盘柜外形尺寸为2260mm×800mm×600mm。中控室控制台结构及外形占地尺寸4800mm×3000mm。盘柜和控制台的颜色以用户单位提供的色标为准。

（六）生产厂

国电南京自动化股份有限公司。

三十四、PCS—1000顺序控制系统

（一）概述

PCS—1000顺序控制系统是国家电力公司南京自动化股份有限公司采用进口可编程控制器（PLC）硬件和系统软件集成开发的顺序控制系统。本系统适用于火电厂及其他行业的化学水处理、燃煤或原煤投送、除灰除渣、锅炉定期排污和锅炉吹灰等工艺过程的顺序控制。

（二）系统结构

PCS—100顺序控制系统由程控站（PLC站）和操作员站（OS站）、高速数据通信网络以及外围设备和检测仪表等组成。高速数据通信网络可采用单网或双网结构。PLC站又分主控站和远程站，主控站和远程站之间也可以采用单通道或双通道通信网络相连。主控站一般布置在集控室，远程站布置在现场就地以节省电缆。主控站PLC的控制器可采用单机或双机热备用方式。目前进口PLC采用较多的有ABB公司的PLC—5和SLC系列，MODICON公司的E984和QUANTUM系列，GE公司的90—70和90—30系列，SIEMENS公司的S7—400和S7—300系列产品。可根据用户需要选用其他公司产品。系统结构可采用单机双网结构或双机双网结构，典型的PCS—1000顺序控制系统参见附图。

（三）系统配置

1. 程控站（PLC站）

PCS—1000顺序控制系统程控站（PLC站）采用2200×800×600（高×宽×深）（mm×mm×mm）标准机柜，机柜上半部布置PLC机架，电源和PLC模件等，下半部布置开出中间继电器，后部布置接线端子和走线槽等。PLC站接受两路220VAC电源，一路为UPS电源，另一路为备用厂用电源，两路220V AC电源经直流转换及自动切换回路提供开入查询及开出和系统直流电源。

进口 PLC 模件一般常用的有以下模件：

电源模件：接受 220V AC，提供 CPU 和 I/O 模件所需电源。

控制器模件：高性能先进的 CPU 模件。

开入模件：接受无源触点，系统提供 24V 或 48V DC 查询电压，每块模件提供 16～32 点通道。

开出模件：输出 24V DC 直接驱动电磁阀或经中间继电器输出 220V AC 无源触点，每块模件提供 16～32 点通道。

模入模件：接受 4～20mA 信号，每块模件提供 16～32 点通道。

模出模件：输出 4～20mA 信号，每块模件提供 4～8 点通道。

网络模块：提供数据通信或与外系统连接。

一般 PLC 模件都是接插式结构，便于更换。开关量模件都带隔离装置。所有模件都有标明状态的 LED 指示和电源指示。

PLC 模件一般有 8 槽、10 槽、12 槽和 16 槽等。

2. 操作员站（OS 站）

操作员站（OS 站）是整个顺序控制系统的监视控制中心，是运行人员监控和操作的人机接口，也是维护管理人员对系统进行维护、组态编程的人机接口。根据系统大小，可配置若干台操作员站。在同一控制室的两台机组上配置两台操作员站，当一台操作员站故障时，另一台操作员站能接替其工作。

操作员站（OS 站）采用高性能工业控制计算机，配置如下：

CPU：Pentium Ⅱ以上处理器。

主频：≥500MHz。

内存：≥32MB。

硬盘：≥5GB。

CD—ROM：24 倍速 9 以上。

键盘：101 标准键盘和鼠标。

CRT：≥19in 彩色显示器（分辨率 1280×1024）。

打印机：激光或喷墨打印机。

3. 系统软件

系统软件采用基于 Windows 95 或 Windows NT 平台的进口组态编程软件和人机接口软件。例如：美国 ROCKWELL 公司 RSLOGIX 及 RSVIEW32 软件，INTELLUTION FIX 软件，SIEMENS 公司 STEP7 及 WINCC 软件等。

（四）系统功能

PCS—1000 顺序控制系统可以对火电厂生产过程实现集中控制和管理，可以减少全厂辅机系统控制值班点，减少运行值班人员。通过各个 PLC 站完成数据采集处理和程序控制功能，然后通过数据通信网络集中到操作员站实现全系统的监控。

1. 顺控系统程控功能

PCS—1000 顺序控制系统采用程控、远控及就地操作相结合的控制方式。控制系统对整个工艺系统进行集中监视、管理、自动顺序控制，并可实现远方软手操。程控包括每个装置的自动投运、停止、连锁。对程控设置必要的分布操作、成组操作或单独操作，并有跳步、中断或旁路操作功能，并设有必要的步骤时间和状态指示，必需的选择和闭锁功能。

2. 操作员站功能

（1）操作员站是顺控系统的监视控制中心，具有数据存取、CRT 画面显示、参数处理、越限报警、制表打印等功能。

（2）CRT 画面显示根据工艺流程图设计，对相应控制系统提供模拟图显示、测量参数、控制方式、顺序运行状态、控制对象状态及成组参数显示。当参数越限报警、控制对象故障或状态变化时，以不同颜色进行显示。

（3）操作员站其中一台具有对控制系统的组态编程功能。

（4）制表打印包括：

1）运行班报、日报、月报等。

2）模拟量越限记录。

3）开关量变态顺序记录。

4）操作员操作记录。

5）屏幕拷贝。

（五）系统供货范围

除了以上程控系统硬件设备以外，厂家可根据用户要求提供以下设备：

（1）现场安装的控制箱、仪表柜和电磁阀箱等，包括箱柜内外所有仪表设备和材料、接线等。

（2）就地压力表、温度表、压力（差压）开关、温度开关、压力（差压）变送器、流量元件及指示表、水位开关及就地水位指示、电磁阀等工艺设备要求的所有控制用表计和设备。

（3）控制阀和控制器的气源所配的减压过滤器，流量控制阀和管路等附件。

（六）生产厂

国电南京自动化股份有限公司。

三十五、PCS—2000火电厂生产实时信息综合自动化系统

（一）概述

在火电厂中，各种自动控制系统（如DCS、PLC、FCS、智能化仪表等）的广泛应用使得单元机组的自动控制水平达到较高程度，具备了经营管理现代化的条件。相比之下，传统信息管理方式暴露出种种弊端，如：生产信息收集手段落后，数据不统一、不完整，保管手段落后，查询检索不便，数据分析能力差，决策手段和方法落后。形成以上弊端的根本原因在于：

（1）全厂有多个控制系统，各系统之间相互独立、缺少联系。

（2）通信规约各种各样，各厂家的数据格式也有很大差异，各种技术缺乏共同点，企业的生产管理不得不面对各种各样的数据和应用软件。

（3）缺乏全厂统一的数据分析工具，缺乏高层的生产管理支持。

此外由于全厂辅机PLC互相独立进行监视和控制，需要为数不少的值班人员，影响了电厂辅助车间的自动化水平。针对这种现状，国家电力公司南京自动化股份有限公司经过深入的分析、设计和开发，突破和扩展传统火电厂信息系统建设模式，推出了基于最新计算机和网络技术的火电厂生产实时信息综合自动化系统，从根本上解决了信息系统对生产过程的控制、调度和管理能力。PCS—2000火电厂生产实时信息综合自动化系统提供了全厂网络环境下的实时数据采集，辅助车间（输煤、除灰除渣、化水等）的相对集中监控，基于通用浏览器的全厂生产过程流程图显示，厂级性能计算、分析，生产调度辅助决策等。应用该系统可完成厂级生产过程的监控和管理，衔接了过程控制系统和企业信息管理系统两种异构环境，成为一个管理控制一体化系统。生产实时信息综合自动化系统建立企业实时数据之上，与相对独立的建立在企业管理数据之上具有办公自动化、生产经营管理、财务管理等功能的MIS相结合，从而构成完整的厂级自动化系统。

（二）系统结构

系统由两层网络组成，现场控制网络、SIS（Supervisory information system）网络，分别由C/S两层结构与Intranet模式三层结构构成。分布于电厂各生产现场的SCADA（Supervisory Control and Data Acquisition）站负责与现场各种设备（DCS、PLC、RTU、电气网络等）进行通信，并将其所收集的数据以ODBC/SQL标准数据库接口写入全厂实时数据库和有选择地经过处理后存储到各种关系数据库中。对于单元机组控制以外的辅机控制，通过由SCADA站构成的现场控制网络，采用Client/Server两层结构实现辅助车间的相对集中监控，以满足现场控制的可靠和实时需要。

在SCADA站构成的现场控制网络上端为全厂SIS网络，采用了基于浏览器/服务器（B/S）Intranet模式，以Windows DNA（Windows Distributed Internet Application Architecture）表现层/事务逻辑层/数据服务层三层结构体系为框架，建立起厂级生产实时信息系统。在该系统中，表现层为用户界面，主要在客户端以通用的浏览器为基础（Netscape或IE）运行HTML、DHML、Scripting、Java Applet和ActiveX以实现用户与应用逻辑处理结果，主要工作由瘦型客户机来完成。事务逻辑层负责处理表示层的应用请求，在应用服务器中完成事务逻辑的计算任务，并将处理结果返回用户。事务逻辑层在应用服务器中通过组件COM（Component Objet Model）进行事务处理，并由IIS（Internet Information Server）和MTS（Microsoft Transaction Server）为各种应用组件提供完善的管理。数据服务层为应用提供数据来源。

（三）系统功能说明

系统以连接全厂过程控制系统、实现辅机相对集中监控、决策全厂生产过程调度、整合支持管理信息系统为设计目标，具体表现在以下几方面：

（1）数据采集功能。分布于全厂各生产现场的SCADA站与DCS、辅助车间PLC系统（输煤程控系统、化水系统、除灰除渣系统）、智能仪表、电控网络实现无缝连接，将全厂的生产数据实时收集起来。

（2）SCADA站就地监控功能。实现生产过程动态流程图显示、实时数据显示、报警等功能。

（3）生产实时信息发布。通过通用浏览器显示各种生产过程流程图，所需实时数据能够及时发布；流程图中的各种动画连接均可通过浏览器实现；支持通过RAS（Remote Access System）远程拨号访问实时生产过程流程图。

（4）动态经济分析及厂级性能计算。包括生产指标动态分析，厂级性能经济计算和分析，主机和主要辅机故障诊

断，设备寿命计算和分析，设备状态监测和计算分析等功能。

(5) 生产调度辅助决策。给值长等生产管理者提供对全厂生产过程的实时监视和管理手段，从而实现全厂生产的统一管理，提高全厂生产安全，经济运行的水平。

(6) 报表打印、历史数据查询功能。生产过程报表生成、生产统计报表生成、报表数据存储，历史数据查看等。

(7) 在线维护功能。支持在线修改画面、报表、数据库；运行参数报警限制可实现在线设置；支持通过 RAS 远程拨号访问，实现远方在线维护功能。

(四) 系统技术特点

(1) 强大的过程控制系统接口能力。具备 OPC、DDE、NetDDE、TCP/IP、MODBUS 等多种网络和数据通信协议接口，能从已广泛应用在火电厂的各种 DCS（如 NetWork90，Infi90，WDPF，Max1000 等）、PLC（如 SIMENS，AB，MODICON 等品牌 PLC）及各种监控软件（Wincc，Fix，Intouch，Aimax 等）等中，获取实时数据。

(2) 相对集中的就地监控功能。由 SCADA 站构成的现场网络可实现辅助车间的相对集中控制，从而在一定程度上提高辅助车间的自动化水平。

(3) 基于 Microsoft 提出的 DNA 结构的 Intranet 模式，以 COM 组件为中心进行设计，所有事务逻辑处理均由 COM 组件实现，并通过 COM 组件访问数据库，确保系统的稳定。

(4) 灵活组织形式和强大的扩充功能。系统采用结构化设计，所有功能的实现并不要求同时实现，在尽可能建立统一数据库的前提下，允许多种数据库共存，以便迅速见到实时信息建设效果。系统支持用户利用 VBA 语言进行功能二次开发。

(5) 良好的系统安全性。综合自动化系统在满足技术指标的同时，不会影响或因系统故障而影响生产控制系统。

PCS—2000 火电厂生产实时信息综合自动化系统具有技术先进、功能强大、易于扩充等特点，扫除了企业生产管理和自动控制系统之间存在的信息鸿沟。该系统具有很强的通用性，不仅可适用于火电厂，同样适用于石油、化工、冶金、建材等行业的厂级生产过程的监控、调度和管理。

(五) 生产厂

国电南京自动化股份有限公司。

三十六、LM2000 计费系统

(一) 概述

LM2000 系统采用符合工业标准的软硬件开发工具，基于 PC 或工作站平台。采用内置网络的中文 Windows NT/UNIX 操作系统为软件运行平台，以客户/服务器为计算模式。支持 TCP/IP 网络协议，可与其他信息系统相联网，具有远程诊断和维护功能。LM2000 系统采用最新的 Orac1e8i 等大型商用标准数据库保存和管理系统信息和数据，提供与各种系统的接口。提供 ActiveXSCADA 图形控件，可嵌入浏览器 WEB 页面，也可供第三方开发商使用，使得与 MIS、EMS、DMS 具有统一图形人机界面成为可能。采用面向对象（OOP）的程序开发技术，利用 C++语言结合数据库技术进行编程，使得程序结构自然合理，易于维护和扩充功能。

(二) 主要特点

主站系统采用开放、网络、分布式结构，功能由系统的各节点机负担，软件及硬件接口采用国际标准或工业标准，支持与其他的 LAN 和 WAN 计算机网络互连。主站的计算机通过 LAN 互连。LAN 提供高速数据交换通道，用户可灵活配置系统规模及特殊要求。系统具良好的硬件、软件扩张和升级能力，新的功能可通过增加新的硬件或节点机实现。系统采用冗余配置，关键节点机（数据库服务器、数据采集计算机）可互为热备用。应用软件采用模块化设计，即安装即用，当节点机故障时，系统自动将该功能切换到其他节点机。所有的硬件设备均采用工业化、商品化产品。采用通用的商业关系型数据库 Oracle8i，Client/Server 结构体系，提供方便的网络访问，安全的事务处理能力。

(三) 主要功能

(1) 打印服务。

(2) 画面的编辑功能。

(3) 趋势曲线功能。

(4) 记录操作员、操作时间、对象及操作结果、备案待查。

(5) 数据合理性检查。

(6) 具有一个功能非常广泛的数据编辑软件包。

(7) 与工业用户的通信。

(8) 电表读数的一致性检查。

(9) 远站召唤。

(10) 合计功能。

（11）分时统计功能。
（12）电能量结算功能。
（13）负荷预测。
（14）强大的通信处理能力。
（15）广泛的标准串口网通信协议支持。
（16）报表的建立功能。
（17）报表的维护功能。
（18）GPS时钟。

（四）系统指标

（1）可利用率100%。
（2）无故障时间（MTBF）≥30000h。
（3）系统使用寿命≥10年。
（4）调画面时间≤2s。
（5）调数据库应用时间≤3s。
（6）在线、离线设备切换时间≤10s。
（7）在正常情况下：在线服务器CPU平均负载≤30%，网络平均负载≤25%。
（8）在特殊情况下：在线服务器CPU平均负载≤40%，网络平均负载≤30%。
（9）系统自动对时，时间偏差≤±8ms。
（10）数据处理能力：≥200个电厂和变电站的20000个数据，数据存储周期1～15min。

（五）生产厂

国电南京自动化股份有限公司。

三十七、PCS—3000分散控制系统

（一）概述

PCS—3000分散控制系统是国家电力公司南京自动化股份有限公司研制开发的新一代大型分散控制系统。该系统采用标准化的硬件设备、操作系统平台、通信协议、数据库系统和显示系统，可以应用于火电厂大型机组的自动化控制，并且可以广泛应用于冶金、石化等工业领域。

（二）系统结构

整个系统包括4个部分：过程处理单元、操作员站OS、工程师站ES和通信总线CB。

过程处理单元是整个系统的核心部分，直接面向生产过程，完成信号采集、控制、保护、连锁等功能。操作员站OS是整个系统的人机界面部分，使操作员监视和控制现场设备。工程师站ES是对过程处理单元和OS的组态接口。ES站向电厂维护工程师提供系统组态的手段，完成系统维护、故障诊断。系统与系统之间通过通信总线CB交换数据。

（三）系统硬件配置

1. 过程处理单元

过程处理单元由可以冗余配置的中央处理模件和带有智能的输入输出模件组成。中央处理模件和输入输出模件之间通过IOBUS通信。过程处理单元根据不同的功能分配分为不同的系统，每个系统使用一对运行的中央处理模件及输入输出模件，各模件之间、各层机架之间通过冗余的IOBUS通信。中央处理模件采用32位微处理芯片、带浮点运算处理器，电可擦除内存，运算速度快，存储容量大。中央处理模件实现热备用冗余运行方式。

输入输出模件采用两种类型的模件，模拟量输入输出模件和开关量输入输出模件。模拟量输入输出模件完成对模拟量信号的采集，包括变送器、热电阻、热电偶信号、脉冲量记数等，同时输出模拟量控制指令。开关量输入输出模件完成对开关量，包括普通开关量、脉冲量等，同时输出开关量控制指令，增强型的开关量输入输出模件可以分辨开关量信号到1ms，从而实现SOE功能。输入输出模件仅采用两种类型，简化了系统的配置，用户根据需求定以同类模件的不同功能，使系统组态非常灵活。

2. 操作员站OS

OS采用最先进的工控计算机、20英寸高分辨率CRT或大屏幕彩色显示器、汉化操作系统和软件、高速网卡、彩色硬拷贝机、高速汉字行打印机。根据机组规模的大小，用户可以选择紧凑单元方式和标准配置方式。紧凑单元方式和标准方式使系统可以灵活地配置并提供了强大的扩展性，可以适用于小型电厂到大型电厂。

3. 工程师站ES

ES采用最先进的工控计算机、20英寸高分辨率CRT、汉化操作系统和软件、高速网卡、激光打印机。ES配置双网卡，一个用于和过程处理单元通信，一个用于和OS计算机通信。同时，ES还配置了ISDN设备或MODEM，用于与

国电南自工业自动化研究所技术支持中心的通信，从而使专家实现对现场的远程技术支持，快速有效地解决现场的系统问题。

4. 通信总线CB

整个系统采用3层总线：IOBUS、控制总线和终端总线。将系统分为IO层、控制层、数据处理层和人机界面层，各层完成自己的任务，通过总线将整个系统联系成一个有机的整体。

冗余的IOBUS连接中央处理模件和输入输出模件，IOBUS采用RS485电气规范。控制总线连接过程处理单元和OS、过程处理单元和ES，采用工业以太网标准、IEEE802.3电气规范、ISO/OSI通信协议。终端总线连接OS和ES等，采用以太网标准、TCP/IP通信协议。

5. 其他

(1) 供电系统。系统采用冗余不间断供电系统。输出端包括24V直流和220V交流两部分。

(2) 屏柜。系统采用整线柜提供现场信号电缆和输入输出模件之间的中间连接端子，同时提供模拟量输出指令和马达控制中心的中间端子。采用中间继电器柜作为输入输出模件的输出指令和现场控制电源回路之间的隔离。

(3) 时钟。系统采用GPS系统进行时钟同步。

(四) 系统功能

1. 过程处理单元

过程处理单元是整个控制系统和过程的接口。完成信号采集（包括模拟量和开关量）、单个设备（电动门、电磁阀、马达）的控制、子回路控制（包括单个开关量指令、预选和设备切换）、可调设备的闭环控制、设备的顺序控制、单元机组的协调控制保护连锁等功能。保护连锁系统在电厂运行故障时自动启动，发出保护指令，防止危险，保护设备。根据用户的要求可以实现对电气部分监控。模拟量控制主要包括：负荷设定、RUNBACK、频率校正、主汽压力、锅炉主控、汽机主控燃料控制、给水控制、主汽压力控制、主汽温度控制、再热气温控制、送风控制、一次风压控制、炉膛负压控制、除氧器压力、水位控制、凝汽器水位控制、磨煤机负荷、出口温度控制、燃油及回油控制、水位控制。

顺序控制主要包括：烟风功能子组、送风机功能子组、引风机功能子组、磨煤机功能子组、电动给水泵功能子组、汽动给水泵功能子组、汽机油系统功能子组、凝汽器功能子组、高加功能子组、低加功能子组。

安全监控主要包括：MFT、炉膛吹扫、油燃烧器层子组、各油燃烧器子组、油燃烧器单项、燃烧器、主油阀、回油阀、冷却风机。

2. 操作员站OS

操作员站OS为整个控制系统提供了强大和丰富的人机界面和信息处理功能。OS实现与过程处理单元的通信，接受过程处理单元的数据传送到监控画面显示，将操作员在监控画面上的操作指令传送到过程处理单元来实现操作员对过程的干预，对数据进行二次处理，将数据以事件形式存储下来，以多种方式将数据输出，提供过程和控制系统本身的报警信息，同时可以和上位机系统进行数据通信。

操作员站OS采用模块化的系统结构，主要包括：

(1) 实时数据处理模块功能实现与过程处理单元的通信。

(2) 数据的二次处理模块功能实现数据的二次处理，设备运行时间累计和启停计数，统计计算、性能计算、机组疲劳和寿命计算、报警的生成、与外系统通信功能的实现。

(3) 数据长期存储模块完成数据的长期存储，以备长期追忆。

(4) 数据的文本管理模块完成对信号的文本处理，使用大型数据库技术。

(5) 人机界面模块是实时数据处理模块和数据的二次处理模块的数据的人机接口，完成工厂画面的生成和显示，同时实现曲线、棒图的生成和显示，报表的生成、显示、打印和存储，报警的显示和确认。

3. 工程师站ES

工程师站ES为整个控制系统提供了强大和丰富的组态和人机界面功能。电厂维护工程师在ES上组态过程处理单元的控制逻辑，OS的画面、曲线、棒图、报表、数据处理等功能。ES组态包括以下内容：整个系统的拓扑结构、测量图、控制保护逻辑、OS画面、曲线、棒图、报表、数据处理等。ES对过程处理单元的组态采用功能图、梯形图、语言等方式。ES对OS画面、曲线、棒图采用专用的图形工具进行组态，生成报表、数据处理代码。ES对过程处理单元可以完成在线组态，使控制保护逻辑的修改可以快速实现。ES同时可以显示动态逻辑，为调试带来极大的便利。在正常运行时期，ES可以切换为OS，增加了用户的操作界面。

(五) 生产厂

国电南京自动化股份有限公司。

三十八、PS6000变电站监控系统

(一) 特点

(1) 运行于Windows NT/UNLX上的操作系统，真正的32位应用。具有占先式、多任务和多线程的所有优点，具

有事件处理能力，达到高性能及高可靠性。

(2) 完全基于标准商用数据库系统。

(3) 精心设计的中文集成应用软件包。

(4) 基于 Internet/Intranet 体系的设计方案，可将数据传输到 Internet 网，实现远方 WEB 查询，同时保证管理信息系统与现场数据的一致性。

(5) 可完全用户定制的系统，可采用单机、双机或多机方式。

(6) 面向对象及与平台无关的设计方法，可胜任几乎所有场合。

(7) 所有运行参数均可在线修改，无需频繁启动系统。

(8) 系统既支持客户/服务器方式 (Client/Server) 网络配置，也支持对等方式 (Peer—to—Peer) 配置。

(二) 功能

1. 监控系统主站主要功能

见表 2-1。

表 2-1

实时采集	事件记录
在线控制	自检/他检
事故/告警	故障录波
画面管理	安全监视
表格管理	数据归档
打印管理	通信管理
数据库管理	保护管理
参数配置	二次开发

2. 远动节点主要功能

(1) 支持多调度端与其信息交换。

(2) 支持多种常用 RTU 规约。

(3) 支持多个通信口同相关的 IEDs 通信。

(4) 支持通过 EtherNET 以 TCP/IP 协议同其他系统交换信息。

(5) GPS 卫星同步时钟。

(6) 中央 I/O 信号。

(三) 生产厂

国电南京自动化股份有限公司。

三十九、DCS 分散控制系统

(一) 分散控制系统 (DCS)：SUPMAX800

SUPMAX800 分散控制系统是由上海自动化仪表股份有限公司 DCS 公司自行开发研制全新一代的中小型分散控制系统。它吸取和融合了当今世界上最先进的 DCS 系统的技术特点，包含 DCS 公司近十年的应用经验，并根据广大用户的需求和实际使用情况而研制开发。

该系统技术领先，性能优秀，功能齐全，使用方便、性价比高，可为企业提供功能全面的工厂过程自动化控制。

SUPMAX800 系统特点如下：

(1) 开放、可靠、快速、安全的具有自主知识产权的分散控制系统。

(2) 采用 100MB 以太网技术和多站点同时通信，易于系统兼容和扩展。

(3) 上位机站采用通用的操作系统 Microsoft® Windows 2000 Professional，人机界面友好，方便使用和操作。

(4) 控制处理单元 (DPU) 采用嵌入式实时操作系统 VxWorks5.4，采用工业标准的 PC104 总线。

(5) 整个系统均采用冗余配置，具有很高的可靠性和安全性。

(6) 具有远程控制功能，利用光纤技术可达数公里。

(7) 提供多种国际通用标准协议，方便外部设备接入，实现一体化监控。

(8) 完整的功能包括回路调节、逻辑控制、顺序控制、数据采集和企业管理。

(9) SUPMAX800 系统的模块结构，易学易懂，可以方便地实现各类控制。

(10) SUPMAX800 系统容易设计、容易组态、容易操作和维护。

(二) 分散控制系统 (DCS)：maxDNA

上海自动化仪表股份有限公司技术引进的 maxDNA 分散控制系统是一套集计算机技术、网络通信技术、数据库技术、自动化技术和系统集成技术为一体的工业自动化系统，应用最新的信息和控制技术，把工业过程数据和信息系统综合一起，实现工厂 (企业) 管控一体化。

maxDNA 具有各个层级的冗余性，通信网选用快速交换型工业以太网，单层网络架构，点对点全双工 100Mbit/s 通信速率，每秒钟可传输多达 100000 个过程点。

maxDNA 的特点如下：

(1) 基于工业标准的开放型过程控制和管理系统。

(2) 采用 100MB 以太网技术和开放的 SBP 软件通信接口，易于系统兼容和扩展。

(3) 上位机站采用通用的操作系统 Microsoft® Windows 2000 Professional 或 Microsoft® Windows XP Professional，人机界面友好，方便使用和操作。

(4) 控制处理单元（DPU）采用强大的嵌入式实时操作系统 Microsoft® Windows CE。

(5) 整个系统均采用冗余配置，具有很高的可靠性和安全性。

(6) 具有远程控制功能，利用光纤技术可达数公里。

(7) 提供多种国际通用标准协议，方便外部设备接入，实现一体化监控。

(三) 生产厂

上海自动化仪表股份有限公司。

四十、RC3000 系列保护装置

(一) 主要抗干扰措施

见表 2-2。

表 2-2

项　目	RC3000 系列保护装置主要抗干扰措施概述
清除干扰信号来源	A/D 采样滤波隔离：对 CT、PT 的 A/D 采样引入的强电模拟信号，通过专门滤波隔离，清除外来模拟干扰信号源
	增加采样数量：利用 3 个 CPU 中的专用采样 CPU 的强大功能，增加每正弦周波内的采样点数，并通过专用软件的处理，清除干扰信号源
	光电隔离：装置内部对于分合闸回路、通信输出等开入/开出，全部采用光电隔离，杜绝沿通信回路等可能入侵的干扰信号
装置结构的抗干扰能力	背插式插件方式：采用背插式结构保证外露在开关柜仪表门外的机箱部分为一体化整体，屏蔽电磁场
	整体铸铝机箱：采用整体铸铝的全密封金属机箱，全密封屏蔽
	特殊的机箱内部工艺：全密封的整体铸铝机箱内部四周设置了均匀的凸凹槽，吸收内部电磁波，加强抗干扰能力。同时也加强了装置的散热面积，加强了散热性能
	A/D 采样金属密封屏蔽罩：对 TA、TV 引入的 A/D 采样插件，外加金属罩密封屏蔽，使模拟强电与数字弱电回路彻底隔离
	加强装置散热性能：由于整体铸铝的全密封机箱，其散热性能大大强于组合式机箱，更适应于军事雷达、电台发射等高强场环境
	装置双重接地：装置外壳可靠接地，并将装置内部所有印刷电路板连接后通过外引端子可靠接地，形成双重接地，使装置内、外形成一个可靠的等电位接地，整体增强抗干扰能力
增强元件的抗干扰能力	3 个 CPU 并行工作：采用采样、保护、管理三个功能相对独立的嵌入式 CPU 并行工作模式，CPU 运行负载很轻，且具有强大自检和互检机制，可靠性更高。增强了 CPU 自身的抗外来干扰能力
	双重保护原理：保护动作电流具有阀值启动和增量启动双重保护方式。避免残余干扰脉冲信号引发的误动作
	工业级芯片及表面贴工艺：装置功耗低，抗干扰能力强、抗震性好，可靠性高
	装置电磁兼容：满足 GB/T 14598、DL/T 630、DL/T 478、IEC 1000-4、IEC 801-5 等各项国家标准及军工标准

(二) 技术特点

见表 2-3。

表 2-3

项　目	RC3000 系列保护装置特点概述
强抗干扰能力	主要抗干扰能力见表 2-2
性能可靠	保护原理先进：保护动作电流具有阀值启动和增量启动双重保护方式。保护原理先进而增加装置可靠性能
	软硬件自检告警：能准确检测装置本身程序和硬件故障并有信号继电器输出告警。装置电源设计了电源消失信号继电器，保护动作有独立的继电器输出告警信号以驱动电笛、电铃等中央信号
	保护、测控交流电流输入回路独立：测控 TA 和保护 TA 回路相互独立，既保证了保护回路的安全性，也保证了测控回路的精度与准确性。同时，保护 TA 的快速跟踪和线性传变特性优良，充分保证保护动作特性
	0.2 级高精度测量：测控采用了优化的自动校准、自动跟踪的高精度交流采样技术，测量精度可达 0.2 级
	保护、测控一体化设计：简化了内部设置和二次接线，使结构紧凑、对象对应简洁明了，同时降低了故障几率
	各装置单元完全独立：系统中各保护装置单元完全相互独立，某一个出现故障时不影响其他装置运行，可靠性好。系统自动化程度高，可取消常规的模拟屏、常规操作控制台

续表

项　目	RC3000 系列保护装置特点概述
功能齐全	四遥功能：装置集成保护、控制、监视、测量、通信功能于一体，带遥信、遥测、遥控、遥调功能。正常运行时能够上传各种运行参数，故障时能够记录并上报所有故障数据
	远方和就地控制功能：装置设置远方/就地切换开关，具有远方和就地操作功能
	故障录波功能：事故记录参数完整，包括各项保护电流及电压，有利于事故的准确判定
	自动记忆功能：自动记录故障数据，掉电不丢失，事故分析十分方便
	直接操作功能：内置直接操作回路，无需外加操作箱。当地手动控制直接作用于操作回路，操作回路不受保护装置限制
	紧急控制功能：在保护装置工作电源断电或软件故障时，操作回路紧急出口按钮仍能正常操作，能保证紧急情况下的控制能力
	完善的保护整定功能：数字按键直接输入保护定值。便捷可选的保护定值区可录入 4 套保护定值，便于现场进行整定
操作方便	全中文人机交互界面：128×128 点阵液晶全汉化显示界面。运行时显示运行参数，故障时显示故障画面
	人性化数字式操作按键设置：独立的数字式按键，结合仿微机键盘和快捷键查询模式，按键操作快速，灵活方便。在各菜单界面内任意切换而无需逐层返回
	动态仿真功能：装置液晶界面显示本间隔一次接线图，动态仿真一次设备运行状态，直观方便
	免调试设计概念：保护 CPU、采样 CPU、通信管理 CPU 采用全插件式标准化设计，各插件各自独立工作。相同功能插件硬件通用，不需任何调节即可相互调换，有利于系统快速修复
应用灵活	控制电源：可选用 DC 220V、DC 110V 或 AC 220V 为操作电源，适应范围广
	先进的分层分布式结构：系统纵向分为变电站层、通信层和间隔层。间隔层装置布置灵活，既可组屏安装，也可分散安装于开关柜上
	装置外形小巧，安装方便：直接装于开关柜上或集中组屏时，占用空间小，可减少屏数，降低造价
	单元模块化扩展式设计：模块化设计的装置可根据综合自动化系统的实际需要任意配置、扩展，方便变电站的扩建或改造
	开放式网络接口技术：系统采用开放式设计和国际、国内公认的标准规约以及 RS485、LAN 等网络接口技术，所有保护数据能够在数据总线上交换，与其他智能设备可方便地进行信息交换，配合监控软件可以组成变电站自动化系统

（三）生产厂

成都瑞科电气有限公司。

四十一、水电站计算机监控系统

（一）概述

水电站中心计算机监控系统融合了计算机技术、现代通信技术、现代控制技术和大屏幕显示等先进技术，以其先进的性能、高度的可靠性在水电站的监控领域占据了主导的地位，对大、中、小型水电站的全厂运行监视、控制调节和运行管理自动化、梯级电站、调度中心的调度控制。具备遥测、遥控、遥信、遥调（即“四遥”）功能。随着多媒体技术在水电站的应用，语音、动画、可视化、视像功能也进入到了计算机监控系统。该公司在水电站自控领域有多年成功的实施经验，可利用四川大学强大的技术支持和国内外多家自动化厂商先进的产品技术，如美国 GE、德国 Siemens 等多家国内外知名的 DCS 自动化系统，组成适应各种水电站的先进的计算机监控系统。

（二）特点

(1) 控制器硬件和软件平台均采用标准工业产品，具有高度的稳定性和可靠性。

(2) 通信、处理器和电源全冗余结构，系统的有效性大大提高。

(3) 数据采集和处理功能。

(4) 安全监控和实时报警；生产过程控制系统。

(5) 人机接口、过程监视操作、实时数据报表统计和历史数据检索。

(6) 负荷闭环自动调节控制。

(7) 自动发电控制 AGC 和自动电压控制 AVC。

(8) 设备参数异常分析预报和在线自诊断。

（三）生产厂

四川东方电脑工程公司。

四十二、全厂工业电视监视系统

（一）概述

全厂工业电视监视系统对水电站的安全运行具有重要意义，工业电视系统是现代化管理、监视的重要手段，它能及时而真实准确地反应被监控对象的实际信息，从而为决策提供依据。监控人员借助于工业电视监控系统的辅助监视作用，亲眼见到了实况，就能放心地对设备进行控制操作，能大大提高设备远方操作的安全性及生产管理效率和自动化水平。并在一定程度上起到安全保卫的作用。工业电视监视系统前端设备获取的信息经本系统网络传送到主控室或分控室主机；在梯级水电站，各站的信息经独立于计算机监控系统的通信通道分别由各水电站传送到梯调中心，为水电站的安全运行提供重要的信息。

（二）特点及功能

(1) 采用进口工业级 CCD 摄像机，工作稳定可靠，无几何失真。

(2) 大屏幕显示、画面切换功能。

(3) 在计算机网上实现监控前端设备的控制，可控制云台、焦矩和景深。

(4) 数字硬盘记录监控图像。

(5) 4/8/16 路数字多画面显示；4/8/16 路实时录像。

(6) 每台 MV3216 具有 4/8/16 路实时录像。

(7) 对关键图像具备协助破案处理功能。

(8) 有视频报警真彩色图像/矢量图形混合报警布防图和无级电子放功能。

(9) 网上实时广播监控图像；全面报警/事件联动。

(10) 可支持各种基于网络的多媒体开发；分控和编解码器的通信件。

（三）生产厂

四川东方电脑工程公司。

四十三、分散控制系统 DCS

（一）概述

分散控制系统（DCS）融合了计算机技术、现代通信技术、现代控制技术和大屏幕显示等先进技术，以其先进的性能、高度的可靠性在电站锅炉的自动控制领域占据了主导的地位。我公司在锅炉自控领域有多年成功的实施经验，可利用东方锅炉厂强大的技术支持和国内外多家自动化厂商先进的产品技术，如新华控制工程公司的 XDPS—400、XDPS—400＋，上海自动化仪表股份有限公司的 SUPMAX800，西门子的 PCS7 等，组成适应各种锅炉的先进的 DCS 系统。

（二）特点

(1) 控制器硬件和软件平台均采用标准工业产品，具有高度的稳定性和可靠性。

(2) 通信、处理器和电源全冗余结构，系统的有效性大大提高。

(3) 全自动无扰切换到后备控制器，保障数据无丢失。

(4) 基于 32 位抢先式、多任务实时操作系统内核，使系统具有快速的响应能力。

(5) 所有站点均直接与实时通信网络相连，没有通信网关。

(6) 双层通信网络结构隔离实时和非实时数据。

(7) 实时通信网络采用全容错设计，双网同时工作，无切换。

(8) 开放式的结构，便于连接扩展。

（三）生产厂

四川东方电脑工程公司。

四十四、锅炉炉膛安全保护系统 FSSS

（一）概述

随着电站自动化程度的提高，机组安全运行变得日益重要，先进的机组保护系统和装置得到了广泛应用。锅炉炉膛安全监控系统 FSSS，是机组自动保护和自动控制系统的一个重要组成部分，其主要功能是保护锅炉炉膛的安全，避免发生爆炸事故，以及保护锅炉锅内工况，如汽包锅炉的汽包水位高低保护等。锅炉炉膛安全监控系统还对气、油、煤燃烧器进行遥控程控等管理。根据 FSSS 的锅炉保护功能和燃烧器的控制功能，又常将 FSSS 分为两大部分：锅炉炉膛安全系统 FSS，燃烧器管理系统 BMS。

（二）主要功能

(1) 炉膛吹扫。

(2) 主燃料跳闸（MFT）。

(3) MFT首出原因显示。

(4) 火焰监视及炉膛灭火保护。

(5) 炉前设备管理。

(6) 锅炉压火保温（CFB锅炉）。

(7) 锅炉热态再启动（CFB锅炉）。

(8) DCS连接通信。

（三）生产厂

四川东方电脑工程公司。

四十五、锅炉点火控制系统

（一）概述

锅炉点火控制系统是锅炉启动投运当中不可缺少的设备，随着现代电子技术的发展，其自动化控制水平得到了显著的提高，操作人员的劳动强度大大降低。该系统可实现锅炉的自动点火或单控点火和各种状态信号的反馈，可与DCS进行连接通信。

（二）主要功能

(1) 油（气）枪推进器的进退控制。

(2) 点火枪推进器的进退控制。

(3) 高能点火器的控制。

(4) 油阀（气阀）通、断控制。

(5) 程控或单控点火。

(6) DCS连接通信。

（三）生产厂

四川东方电脑工程公司。

四十六、锅炉吹灰程控系统

（一）概述

在锅炉运行中，尤其是燃煤锅炉，为了清除各受热面的积灰，改善锅炉的传热，在锅炉上均配有吹灰器。我公司设计的锅炉吹灰程序控制系统，能够对锅炉上所配的各类吹灰器进行可靠的程序控制，满足锅炉吹灰的各种需要。

（二）主要功能

(1) 吹灰器控制及状态指示。

(2) 阀门控制及状态指示。

(3) 单个控制吹灰。

(4) 分组控制吹灰。

(5) 自动程控吹灰。

(6) 吹灰自动保护。

（三）生产厂

四川东方电脑工程公司。

四十七、沈阳天河自动化工程有限公司新型自动化设备

（一）概述

沈阳天河自动化工程有限公司是从事电力网和发电厂自动化设备研发的专业生产厂家，已于2004年通过ISO质量管理体系认证，并顺利通过每年的复查。我公司具有一批研发力量很强的技术队伍，近年来在著名电力专家和教授指导下，研发了TH—QⅡ发电厂/发电机无功功率调节器装置及系统、TH—BD型变电所电压/无功自动投切装置及系统、电网调度自动化系统、变电站综合自动化系统、网损管理系统、跨平台集控站系统、TH—A系列分布式智能RTU、自动化机房监控等多种类型的电力产品，已投放市场，取得了很好的经济效益和社会效益。以上产品均享有自己的知识产权。

（二）TH—QⅡ型发电厂/发电机无功功率调节器装置及系统（AVC设备）

现已有辽宁、吉林、黑龙江、内蒙古、广东、浙江、新疆等省（自治区）59家电厂使用，分别安装159台100～1000MW不同有容量的机组上，已有93台投产使用（其余机组均在基建中），运行良好。

该产品具有以下特点：

(1) 通过了国家电网公司科技部组织的专家验收。

(2) 该装置已获“国家电网公司2007年度科技进步二等奖”，是目前国内唯一获得此大奖的AVC产品。

(3) 拥有国家发明专利一项，使用新型专利一项。

(4) 中广核电集团经过严格筛选和考核，鉴于公司生产的 AVC 设备的优良调节品质、完善的保护功能和高可靠性，已与公司签订合同，在红沿河核电站的四台 1000MW 机组上安装该产品。

(5) 该装置已通过权威机构电力工业电力设备及仪表质量检验测试中心（北京）检测合格。在快速瞬变测试、浪涌测试、高频干扰测试、静电放电测试、工频磁场干扰、脉冲磁场干扰、阻尼震荡磁场干扰、高低温测试、绝缘耐压测试、机械冲击测试、高频绝缘性能、连续通电、环境条件影响、电源影响、基本功能和交流模拟量基本误差等检测项目也全部合格。

(6) 已与多家 AVC 主站端设备进行过联调，指令下达与信息交换正确无误，由于采用 PC 机构架，人机界面友好，软件调试方便，平均半个工作日就可完成与主站联调，调节品质优良，已积累丰富工程经验。

(7) 公司发明的脉冲系列调节方法具有快速平稳的调节效果，使动态调节品质达到最优。

(8) 该装置软件具有历史、实时数据查询、统计报表功能，并可以显示实时电压无功曲线和历史电压无功曲线，还可以实时显示每台机的无功功率调节过程。

(9) 该装置软件可灵活配置实时数据库、历史数据库、数据采集及转发规约、数据通信通道等功能模块。

(10) 该装置软件支持系统管理、操作权限和参数设置功能，采用 MD5 加密技术，保证系统安全运行。

(11) 主机采用进口的低功耗，无风扇，无硬盘的嵌入式工业级控制机。此外，测量元件、执行元件、大屏幕显示器和继电器等关键部件也均采用进口产品。

(12) 软件具有友好人机界面，可在线实时修改整定参数，便于调试、维护和操作，这是单片机或嵌入式产品所不具备的。

(13) 该设备硬件可灵活配置，即可按照电厂一次设备的布置情况灵活地把上位机和下位机分别布置在网控室和主机房，也可以把上位机和下位机布置在一个地方。

(14) 该装置采用国防和航天工业使用的电源设备并采用双电源系统，取自电厂的直流电源和交流电源，经过双电源输入模块互为热备用。

(15) 该装置具有 GPS 对时功能和 SOE 功能。

(16) 下位机与控制对象间，公司设计了三种控制方式：

1) 干节点输出方式。

2) 模拟量输出方式。

3) 数字通信方式。

从安全可靠简便等方面考虑，公司推荐采用干节点输出方式。

据了解其他公司的 AVC 产品不具有如此丰富的接口方式。

(17) 该装置具有完善的安全防护功能，如光隔、防雷、防浪涌等。

(18) 该装置支持半闭环、开环、闭环运行模式，即正常情况下可以通过 RTU 或者监控网络接收中调下发的调节指令（例如发电厂高压母线电压值），AVC 装置可以根据等功率因数法、平均法、等裕度法、任意值法调节各机组的无功。当与中调通讯中断时，可按照存于历史库中的发电厂高压母线的给定电压曲线自动调节各台机的无功功率，并进行机组间无功优化。

(19) 该装置支持对多条分列母线的调节。

(20) 该装置软件支持调节机组的数量无限制。

(21) 公司具有完善的发电机仿真测试环境，装置出厂前要经过严格的仿真环境测试。

(三) TH—BD 型变电所电压/无功自动投切装置及系统（VQC 设备）

现已在辽宁省和吉林省二十几家变电所使用。其特点如下：

(1) 以高性能的 DSP 芯片与 14 位 A/D 芯片为核心的综合测控装置和以高性能嵌入式工控机为主机，并配以 CAN 高速现场总线，使新型 VQC 装置汇集通信、交流采集、自动控制、调节、显示、组态、闭锁、数据储存、打印功能为一体。其中低功耗、嵌入式工控机无风扇、无硬盘，适合于在变电站长期安全运行。

(2) 软件采取面向对象技术和模块化设计，向用户提供了最优的人机界面。

(3) 功能的程序化程度高，控制方式和功能的实现灵活，维护方便。

(4) 可在屏幕上进行主变的调挡、电容器（或电抗器）的投切、开关的手动设置、闭锁和解除闭锁等操作。

(5) 可视信息量大，在屏幕上有实时的各母线电压、主变高压侧的电流、主变的无功、有功、功率因素、主变挡位、主变运动区域、实时运行和闭锁信息；点击电压和无功曲线可观察电压和无功功率的日变化曲线；通过菜单可查看和打印历史动作和闭锁信息。

(6) 较完备的自检自恢复功能，当出现异常时能及时报警，当系统受到干扰时能自行恢复。

(7) 该装置也已通过权威机构电力工业电力设备及仪表质量检验测试中心（北京）检测合格。在快速瞬变测试、浪涌测试、高频干扰测试、静电放电测试、工频磁场干扰、脉冲磁场干扰、阻尼震荡磁场干扰、高低温测试、绝缘耐压测试、机械冲击测试、高频绝缘性能、连续通电、环境条件影响、电源影响、基本功能和交流模拟量基本误差等检测项目也全部合格。

（四）变电所综合自动化装置

在辽宁省安装20多套，运行良好。

（1）变电站自动化是指应用自动控制技术、信息处理和传输技术，通过计算机硬软件系统或自动装置代替人工进行各种运行作业，提高变电站运行、管理水平的一种自动化系统。变电站综合自动化是指将二次设备（包括控制、保护、测量、信号、自动装置和远动装置）利用微机技术经过功能的重新组合和优化设计，对变电站执行自动监视、测量、保护、控制的一种综合性的自动化系统，它是自动化和计算机、通信技术在变电站领域的综合应用。其具有的主要特征是功能综合化。是按变电站自动化系统的运行要求，将二次系统的功能综合考虑，在整个的系统设计方案指导下，进行优化组合设计，以达到协调一致的继电保护及监控系统。“综合”并非指将变电站所要求的功能以“拼凑”的方式组合，而是指在满足基本要求的基础上，达到整个系统性能指标的最优化。表现如下：

（2）简化变电站二次设备的硬件配置，尽量避免重复设计。如远动装置和微机监测系统功能的重复设置，没有达到信息共享。

（3）简化变电站各二次设备之间的互联线，节省控制电缆，减少TV、TA的负载。力争克服以前计量、远动和当地监测系统所用的变送器各自设置，不仅增加投资而且还造成数据测量的不一致性。

（4）保护模块相对独立，网络及监测系统的故障不应影响保护功能的正常工作；对于110kV及以上电压等级变电站，由于其重要程度，应考虑保护、测量系统分开设置；而对于110kV以下低压变电站，就目前的技术应用水平及工程应用角度而言，可以考虑将保护与测控功能合为一体的智能单元，这样不但利于运行管理及工程组合，而且降低投资成本。

（5）减少安装施工和维护的工作量，减少总占地面积，降低总造价或运行费用。

（6）提高运行的可靠性和经济性，保证电能质量。

（7）有利于全系统的安全、稳定控制。

（五）调度自动化系统

在辽宁省安装十多套，运行良好。

调度是电力系统的指挥系统，对电网的安全、可靠、稳定、经济运行起着重要作用。调度自动化系统提供详尽、可靠的实时信息，保证调度员能够了解电网的运行现状，及时发现电网隐患，是提高调度运行管理水平的重要手段。调度自动化系统由自动化主站（MTU）、分站（远动终端RTU）经由数据传输通道构成的整体。通道一方面将分站的实时信息传送至主站，同时又将主站的命令下发至分站，其运行的可靠程度直接影响自动化系统的运行状况。

调度自动化系统功能如下：

（1）前置系统功能。

1）与RTU或综合自动化系统的通信。

2）接收处理不同格式的遥测量、遥信量、脉冲量、电量采集数据，并处理为系统要求的统一格式。

3）接收、处理RTU记录的SOE事件信息。

4）实现对RTU的遥控、遥调、对时等下行信息。

5）具有与GPS时钟接口以及全网数据对时功能。

6）接收并处理厂、站端视频监视系统的信息。

（2）数据采集和处理功能。

（3）计算功能。

（4）电网控制与调节功能。

（5）事故和告警处理功能。

（6）人机联系功能。

（7）安全功能。

（8）历史数据和报表打印输出功能。

（9）双屏显示功能。

（10）双以太网冗余功能。

（11）Web浏览功能。

（六）生产厂

生产厂名称：沈阳天河自动化工程有限公司。

公司地址：沈阳市沈河区天坛一街29号旺角自由度大楼3－33室；邮编：110015。电话：024－24510591，

24510691；传真：024－24511386。E－mail：syth@syth. com. cn。联系人：张群；手机：15998159196。

四十八、RCS—9700变电站综合自动化系统后台监控系统

（一）系统日常维护

1. 开机装置

为使计算机启动后直接进入监控系统，可进行以下方式设置：

（1）以Administrator身份登录Windows系统。Administrator的密码为无。

（2）打开注册表编辑器（通过输入RegEdit命令）。

（3）选择HKEY _ LOCAL _ MACHINE主键，选择SOFTWARE→Microsoft→Windows NT→CurrentVersion→Winlogon。

（4）更改AutoAdminLogon的值为1。

（5）选择开始中的设置→任务栏和开始菜单。

（6）选择高级属性，按“添加”按钮，选择把监控系统运行的主程序放入启动栏内。

以上六步可以使计算机在启动后直接进入RCS9700监控系统。

2. 系统运行目录

系统运行目录在安装程序之后，自动生成。图2－1是各级目录的层次树。用户可以通过系统设置更改系统的运行目录。

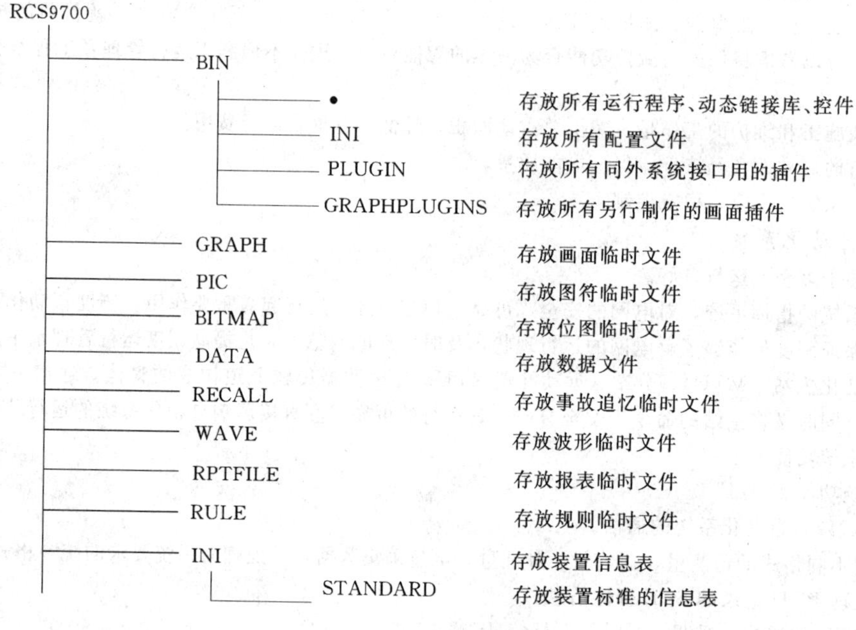

图2－1

3. 系统优化

监控系统在长时间运行后或在做完实验投运之前可以对监控系统做出如下优化。

（1）取消其他在启动时自动启动的一系列其他软件。如杀毒软件、解压软件等。

（2）退出数据库管理系统。通过选择任务栏中的数据库管理小图标按退出。

（3）清除SQL _ SERVER库一些无用的信息，方法如下。

1）打开SQL _ SERVER企业管理器。

2）选择监控系统引用的数据库。

3）打开表的列表。选中所需删除内容的表。

4）用返回所有行命令打开表。选中需删除的记录，按“Delete”键直接删除。若需删除所有内容，快速的方法可用SQL语句来删除。

5）可清除内容的表包括：

RCSEVENTANA：	遥测事件表
RCSEVENTDGT：	遥信事件表
RCSEVENTOPERATE：	其他事件表

RCSEVENTPRIVILEGE：　权限修改表
RCSEVENTPROTECT：　保护信号和 SOE 表
RCSEVENTPULSE：　遥脉事件表
RCSEVENTRELAY：　遥控事件表
RCSEVENTSETTING：　保护定值修改表
RCSEVENTTUNE：　挡位事件表
RCSEVENTALL：　最近一段时间的所有事件表

4. 系统环境维护

系统环境主要是指温度、湿度、电源和清洁度。

（1）温度：机房温度 21℃±3℃。

（2）湿度：机房湿度 40%～60%。

（3）电源：保持电源稳定，不间断。

（4）清洁：机房要保清洁整齐，特别不能有太多的灰尘，因为灰尘会降低磁盘使用寿命，灰尘也会降低光纤传送速率。

（二）数据库系统的简介

1. 关系数据库基本概念

下面我们阐述关系数据库产生的历史和它的一些术语，并讲解关系数据库的一般特性。

2. 关系数据库产生的历史

数据处理是现代计算机应用中的一个重要组成部分。数据处理是指对各种形式的数据进行分类、组织、编码、存储、检索和维护的一系列活动的总和。其目的是从大量的、原始的数据中抽取、推导出对人们有价值的信息以作为行动和决策的依据；也是为了借助计算机科学地保存和管理复杂的大量的数据，以便人们能方便而充分地利用这些宝贵的信息资源。

数据处理随着计算机硬件和软件的发展而不断发展。30 多年来经历了三个阶段：人工管理阶段、文件系统阶段、数据库系统阶段。数据库系统又经历了三个阶段：网状数据库、层次数据库和关系数据库。自从 IBM 公司的 E. F. Codd 博士系统提出关系数据库概念以来，出现了众多的关系型数据库系统产品，如：微软的 SQL Server、IBM 的 DB2、ORACLE、SYBASE、Informix 等。

3. 关系数据库的定义

E. F. Codd 在 1976 年 6 月发表了“关于大型共享数据库数据的关系模型”论文，首先概述了关系数据模型及其原理，并把它用于数据库系统中。他指出，关系型数据库是指一些相关的表和其他数据库对象的集合。这个定义表达了三部分含义。第一，在关系数据库中，信息被存放在二维表格结构的表（table）中，一个关系数据库包含多个数据表，每一个表又包含行（记录）和列（字段）。可以将表想象为一个电子表格，其中和行对应的是记录，和列对应的是字段。大多数数据库都有多个表。第二，这些表之间是相互关联的。表之间的这种关联性是由主键和外键所体现的参照关系实现的。第三，数据库不仅仅包含表，而且包含了其他数据库对象，如：视图、存储过程、索引等。

E. F. Codd 把数学法则用于数据库领域，使关系模型成为数学化模型。关系是表的数学术语，表是一个集合，因此，集合论、数理逻辑等知识可以引入到关系模型中来。E. F. Codd 指出，关系模型与当时流行的网状模型和层次模型的最大差别是：关系模型用表格而不是通过指针链来表示和实现实体间的联系。另外，关系模型的数据结构简单灵活，易学易用，便于掌握和使用。因此，关系数据模型很快就流行起来，各个数据库厂商纷纷研制出自己的关系数据库管理系统及与之配套的应用开发工具，为关系数据库的应用提供了一种完整的解决方案。

主键（primary key，简写为 PK）是指表中的某一列或者某几列，主键实施实体完整性，即每个表必有且仅有一个主键，每一个主键值必须唯一，而且不允许为 NULL 或重复。我们建议读者尽量不要改变主键值。

4. 关系数据库的特点

以下是关系型数据库系统的一些特点：

（1）几乎当今所有的关系型数据库系统都采用 SQL 语言来操纵数据库中的数据。SQL 是在 70 年代由 IBM 发展起来的，后来成为了工业标准。SQL Server 7 不仅和最新的 SQL 语言标准 ANSI—92 SQL 是完全兼容的，而且 SQL Server 7 还对这种语言进行了扩展，添加了重要的新特性。通常，SQL Server 7 中的 SQL 版本被称作事务型 SQL（Transact - SQL）。

（2）最重要的是必须保证数据的完整性。否则，存储在 SQL Server 7 数据库中的数据就是毫无价值的。关系型数据库系统包括许多特性，目的是阻止不符合要求的数据进入数据库。

（3）商业需求几乎每天都在改变，所以关系型数据库系统被设计为一个便于修改的系统。

（4）在文件系统阶段，相同的数据常常重复出现在许多记录中。而关系型数据库系统则会排除大多数的冗余数据。

这就减少了对存储空间的需求，加快了数据访问的速度。

(5) 应用程序可以通过多级的安全检查来限制对数据的访问。

5. SQL Server 结构

SQL Server 可以在 NT 服务器和 Windows 95/98 上运行。同 NT 集成的优点在于：SQL Server 被设计成与 NT 服务器紧密地集成，这意味着 SQL Server 已经在 NT 下被优化，从而使 SQL Server 的处理速度有保证，也使 SQL Server 易于使用。

SQL Server 是一个复杂的产品。开始学习它的一个最好的起点是了解它的结构。在你了解了 SQL Server 的整个设计之后，SQL Server 的安装、日常使用以及当麻烦问题出现时的排错过程都会容易得多。

(1) 分布式管理框架。当微软的开发人员设计 SQL Server 时，他们必须满足两个重要的用户群的需求：数据库管理员和 SQL 开发人员。数据库管理员需要方便和高效率地管理分散于企业中的 SQL Server。SQL Server 开发人员需要编写应用程序来访问存储在 SQL Server 数据库中的数据。这是两种截然不同的访问 SQL Server 数据的方式。

虽然 SQL Server 中包括了许多帮助数据库管理员和开发人员访问 SQL Server 的工具，但要包含所有用户群的需求是不可能的。无论微软的开发人员如何努力工作来创建最终数据库管理员和开发人员可用的工具，也不可能为每一种需要都提供工具。因此，微软的开发人员决定不仅仅提供最常见的用于管理 SQL Server 的工具和访问数据的工具，同时还为数据库管理员和开发人员提供一种当使用 SQL Server 工具不能完成时的方式。为了提供这种能力，微软开发人员创建了 SQL Server 分布式管理框架（SQL－DMF）。这是 SQL Server 的基础结构。SQL－DMF 是对象、组件和服务的结合体，这些对象、组件和服务可以被数据库管理员和开发人员用来访问由 SQL－DMF 管理的资源和数据。SQL－DMF 可以划分为三个部分：

SQL Server 前端（客户端）：这部分使得数据库管理员和开发人员可以访问 SQL Server 的资源和数据。数据库管理员和开发人员最常用的前端管理工具是 SQL Enterprise Manager（SQL 企业管理器）。该工具可以使数据库管理员方便地管理 SQL Server。如果这个工具（或任何 SQL Server 中提供的管理工具）不能满足数据库管理员的所有需求，他们可以自行编码来创建可以完成所需的任何任务的前端管理工具。SQL 开发人员可以使用现有的产品来操纵 SQL Server 中的数据，也可以使用多种不同的开发工具进行编码来创建自己定制的前端工具。

SQL Server 对象库：SQL Server 对象库（如：SQL－DMO）作为前端和后端之间的一个中间层而起作用。它使任何的前端能与后端通信。在某种意义上，它起到了接口或是翻译器的作用。

SQL Server 后端（服务器）：后端用来存储、操纵和管理数据。它主要是由两个 NTS erver 的服务（SQL Server Agent 服务和 MS SQL Server 服务）组成的。SQL Server Agent 服务负责进行作业的调度、警报的处理等任务；MS SQL Server 服务是用于操纵数据库中的数据的数据库引擎。

(2) SQL Server 前端结构化组件。正如前面所讨论的，前端存在的意义在于提供管理和访问存储在后端的数据的方法。虽然数据库管理员和开发人员的某些工作是重叠的，但是仍可以将这些任务分为两个主要的类型：数据管理和数据访问。数据库管理员通常负责完成数据管理任务，例如，创建数据库、调度维护任务和进行备份。而开发人员负责开发可以使用户从数据库中访问数据的前端。也就是说，前端需要有两个部分：SQL 企业管理器（由数据库管理员使用）和 SQL Server 开发工具（开发人员用来开发前端应用）。

SQL 企业管理器和其他工具：SQL Server 中有许多数据库管理员可用来管理 SQL Server 数据库的工具。功能最强大和最有用的工具是 SQL 企业管理器。其他工具包括 SQL 安装程序（SQL Setup）、SQL 服务管理器（Service Manager）等。

SQL 开发工具：许多前端开发工具可用来创建访问数据的客户端应用。虽然微软提供了许多这样的工具，例如 Visual Basic 和 Visual C＋＋，但是其他的生产商也同样提供了一些可用的工具。

(3) SQL Server 对象库结构化组件。除非你是一个程序员，否则可能不会对这个位于前端和后端之间的中间层组件很熟悉。这个中间层组件负责在前端和后端之间提供一个普遍的接口，并使它们可以相互通信。

(4) SQL Server 后端结构化组件。大多数人想到 SQL Server 时实际上想到的是 SQL Server 的后端组件。有趣的是，人们从未“见过”SQL Server，因为它是由两个在后台执行的 NT 服务组成的，人们见到的只是客户端。

SQL Server 的后端组件包括两个服务：SQL Server Agent 服务和 SQL Server 服务。第三个服务和第四个服务，也就是分布式事务处理器和 Microsoft Search，它们并不是 SQL Server 必备的部分，但是当需要两个或更多的 SQL 服务共同来存储分布式数据时，分布式服务可以满足这种特殊的需要。如果需要全文检索时，Microsoft Search 服务可以满足。

微软的 SQL Server 服务（MS SQL Server）是 Microsoft SQL Server 的引擎。它使用户可以查询、插入、更新和删除数据库中存储的数据。

SQL Server Agent 服务用于调度和自动执行数据库管理员的管理任务，还可用于进行事件审核，或创建用来将 SQL Server 中潜在的问题通知给数据库管理员的警报。

（三）数据库系统的安装

下面提供了 SQL Server 安装的整个过程。在实现 SQL Server 时，首先需要安装。将重点放在怎样安装 SQL Server 上。

1. 装 SQL Server 的硬件和软件需求

(1) 文件系统：FAT 或者 NTFS。

(2) 操作系统：NT 服务器版的 SQL Server 需要 NT 服务器 4.0 或以上版本，NT 工作站版的 SQL Server 需要 NT 工作站 4.0 或以上版本。并且需要安装 SP4 或更新版本的服务包。也可以安装在 Windows 95/98 上。其他还需安装的软件是带有 SP1 或更高版本 SP 的 IE 4.01。

SQL Server 7 共有三种：桌面版、标准版和企业版。我们经常用到的是桌面版和标准版。这 3 个版本的区别是都实现了 SQL Server 的基本功能（查询、修改等），但是其他功能和性能桌面版几乎没有。

WINDOWS98/95 以及 WINDOWS NT WORKSTATION 只能安装桌面版。

WINDOWS NTSERVER 可以安装标准版和企业版。

2. 在 NT 服务器上安装 SQL Server

在 NT 服务器上安装 SQL Server 之前，应该首先考虑几个有关 NT 服务器的问题。正如你所知道的，SQL Server 与 NT 服务器紧密地集成。NT 服务器的配置会影响 SQL Server 的运行。本节讲述了可以影响 SQL Server 功能的 NT 服务器配置选项，讨论的内容包括以下几点：

1) 选择 NT 服务器域模式。

2) NT 服务器的命名规范如何影响 SQL Server。

3) 配置 NT 服务器的容错。

4) 为 SQL Server 备份而准备 NT 服务器。

5) 选择 NT 服务器角色。

6) 设置 NT 服务器前台和后台的任务。

7) 设置 NT 文件缓存。

(1) 选择 NT 服务器域模式。NT 服务器有四种域模式：单域模式、主域模式、多主域模式和完全信任模式。如果用户没有特殊的要求，我们不必使用域这种复杂的概念，选择工作组已经足够满足要求；如果用户要求加入到现有的域中去，那么，寻求用户系统管理员的帮助是唯一的办法。

SQL Server 提供两种安全模式：NT 验证模式和混合安全模式（混合安全模式结合了 NT 验证模式和 SQL Server 自己验证模式）。如果用户没有特殊的要求选择混合安全模式可以为你省去不少烦恼。

(2) NT 服务器的命名规范如何影响 SQL Server。SQL Server 和 NT 服务器使用不同的命名规范。如果在安装 SQL Server 之前没有仔细考虑这一点，就会引起很多问题。SQL Server 使用 NT 服务器的 Net BIOS 名作为自身的名字。SQL Server 还可以使用 NT 用户账号作为登录标识符（如果使用了集成或者混合安全模式）。如果某个被 SQL Server 使用的 NT 名字不符合 SQL Server 的命名规范，那么 SQL Server 就不会正常工作。

避免这些问题的最好方法是，将 SQL Server 的命名规范应用于 NT 的机器名和用户名上。这样做会很有效，因为 SQL Server 的命名规范比 NT 的命名规范限制更多。如果目前使用的 NT 网络有任何方面不符合 SQL Server 的命名规范，就应该在安装 SQL Server 之前改变这些违反规范的名字。以下是 SQL Server 命名规范的部分规则：

1) 名字不可以超过 30 个字符。

2) 名字不可以包含任何空格。

3) 名字必须以字母或者下划线开始。

4) 在第一个字母以后，名字中的字符可以是任何字母、数字、下划线、#字号（#）或者美元符号（￥）。

(3) 配置 NT 服务器的容错。NT 服务器包含很多容错特性，例如基于软件的磁盘冗余阵列（RAID）和 NTFS 分区。虽然这些特性可以在安装 SQL Server 之后添加，但是最好在安装之前就设置好。如果你不打算使用 NT 服务器内置的基于软件的 RAID，而计划使用基于硬件的 RAID，就必须保证在安装 SQL Server 之前就已经正确地安装了 RAID 硬件。另外在使用基于硬件的 RAID 时，要确定你安装的任何 RAID 控制器所支持的后写缓存都已经关闭。SQL Server 不支持后写缓存。

(4) 为 SQL Server 备份而准备 NT 服务器。如果你打算使用 SQL Server 内置的备份功能来备份 SQL Server 数据，那么就需要安装 NT 支持的备份设备。这包括装载和配置正确的备份设备驱动程序。在理论上，我们应该在安装 SQL Server 之前安装和测试硬件和驱动程序。如果没有正确地安装和配置它们，SQL Server 就无法向磁带这样的备份设备上备份数据。

(5) 选择 NT 服务器角色。在安装 NT 服务器时，你必须为它指定一个角色，可以选择主域控制器（PDC）、备份域控制器（BDC），或者是独立服务器。虽然 SQL Server 可以在任何 NT 服务器角色下运行，但是最好的选择是独立服务器。作为独立服务器，NT 服务器把尽可能多的资源分配给 SQL Server，这使得 SQL Server 的速度更快。PDC 和 BDC 都因为参与了客户端验证和目录服务同步而有一定程度的系统开销。从而减少了 SQL Server 可用的资源。

(6) 设置 NT 服务器前台和后台任务。缺省情况下，在安装 NT 服务器之后，NT 将“提高前台应用的应用程序性能”(控制面板的系统应用中) 设置为“None”。这意味着前台应用并不优先于后台运行的应用。运行 SQL Server 时，应该保持这个设置，这样 SQL Server 就可以得到尽可能多的处理器周期。但是，当你在设置了服务器之后又要运行很多前台应用时，可能希望提高前台应用的优先级来使效率更高。因为监控系统属于前台应用，所以，我们在安装完毕后务必把该选项设置为“YES”。

(7) 设置 NT 文件缓存。在安装 NT 服务器之后，但还没有安装 SQL Server 之前，NT 的文件缓存的设置是“最大化文件共享吞吐量”(在控制面板的网络中)，这使得基于文件共享的应用程序吞吐量最大。但是 SQL Server 的安装过程会将这项设置改变为“使网络应用的吞吐量最大”。如果 SQL Server 是这个物理服务器上唯一运行的应用，就保留这种设置。这种影响 NT 分配多少 RAM 给文件缓存区。将该项设置为“使网络应用的吞吐量最大”会减少分配给文件缓存区的 RAM，这些 RAM 将分配给应用程序使用，通常这种设置对性能会更有利。

3. 安装 SQL Server 的配置选项

无论你选择怎样安装 SQL Server，都需要首先考虑以下 SQL Server 的安装选项。SQL Server 安装有很多选项，在安装 SQL Server 时你必须仔细考虑每一个选项。这一部分在讨论这些选项之后，还将展示安装 SQL Server 的各个步骤。下面的部分讨论如下选项：选择许可模式、选择网络协议、选择字符集、选择排序顺序和选择 Unicode 设置。

(1) 选择许可模式。和其他微软 Back Office 产品一样，在安装 Microsoft SQL Server 过程中需要选择许可模式。SQL Server 需要你确定使用“每服务器 (Per Server)”还是使用“每客户 (Per Seat)”客户端许可模式。“每服务器”许可模式是指：每一个在本服务器的同时连接都需要独立的“客户访问许可协议”。该设置与每个服务器相关联。企业中的每个服务器都必须有与同时客户连接数目相对应的客户许可。这通常是最贵的计算客户许可的方式。除非你的组织中只有一个 Microsoft SQL Server，否则就应该避免选择“每服务器”的许可模式。“每客户”许可模式是指：每台访问 SQL Server 7 的计算机需要独立的“客户访问许可协议”。该设置与每一个客户端相关联。每一个客户许可都可以用来同时访问所需的多个服务器。在一个拥有多个 SQL Server 的组织中，这是最便宜的客户许可方式。不要将“每客户”许可模式与 SQL Server 的用户连接相混淆。一个物理计算机和用户只需要一个客户许可，无论在这个机器上有多少用户连接 SQL Server。“每客户”许可模式是我们常用的选择。

(2) 选择网络协议。为了使客户端通过网络连接与 SQL Server 进行通信，它们两者必须共同选用一种进程间通信 (IPC) 机制，以便在客户端和 SQL Server 之间来回传递网络数据包。SQL Server 支持几种不同的 IPC 机制，这些 IPC 机制是通过动态链接库 (DLL) 形式的网络链接库来实现的。如果客户端和 SQL Server 并没有使用相同的网络链接库，那么它们之间就无法进行通信。服务器同时监听多个网络链接库。SQL Server 使用命名管道、TCP/IP Sockets 和 Multiprotocol 网络链接库。但是你可以根据需要向 SQL Server 添加附加的网络链接库，以支持更多不同种类的客户端。虽然 SQL Server 本身可以同时支持多种网络链接库，但是客户端在同一时刻只能支持一个网络链接库。命名管道是在安装过程中唯一自动安装的网络链接库。可以在最初的安装过程中或者安装之后的任意时间里使用 SQL Server 的安装程序来安装附加的网络链接库。

(3) 选择字符集。一个字符集是 Microsoft SQL Server 能够识别的大写字母、小写字母、数字和符号的集合。一般来讲，字符集中包含 256 个字符，但是支持不同语言的字符集又可能不尽相同。SQL Server 支持的每一种字符集的前 128 个字符都是相同的 (ASCII 码)，剩余的字符就可能有很大的差别。SQL Server 包含很多字符集 (见图 2-8)，但是同一时刻只能选择一个。无论你选择了哪一个，重要的是要注意 SQL Server 和它的客户端应该使用相同的字符集。另外，所有需要相互通信的 SQL Server 都应该使用相同的字符集，否则可能会出现不可预料的结果。在安装过程中选择正确的字符集是很重要的。虽然在安装以后可以使用 SQL Server setup 程序来改变字符集，但是同时还需要重建数据库并且重新装载数据。缺省情况下，SQL Server 使用 ISO 字符集 (代码页 1252)。这个字符集也叫作 ISO—8859—1、Latinl 或者 ANSI 字符集。它和 Windows 9x 以及 Windows NT 操作系统相兼容，提供了与大多数语言的最大兼容性。除非有一个更好的选择，否则就应该保留这个缺省的字符集。

(4) 选择排序顺序。你还必须选择一种排序顺序。排序顺序决定了 SQL Server 如何进行查询和排序数据。不同的排序顺序会产生不同的输出结果。ISO 字符集 (缺省设置) 的缺省排序顺序是字典顺序，大小写不敏感。这种设置将会产生你所熟悉的那种类型的结果。除非有一个更好的选择，否则就应该保留这个缺省的排序顺序。

4. 安装 SQL Server 的步骤

现在，你已经学习了 SQL Server 安装的主要选项，我们接下来开始真正安装 SQL Server。以下的步骤假设是在 NT 上从光盘安装 SQL Server。(在 NT 上安装 SQL Server 之前，必须确保已经正确安装了 SP4 或更新版本的服务包。并且，确保已经正确地安装了带有 SP1 或更高版本的 IE4.01。)

(1) 使用有管理权限的账号登录 NT 服务器。

(2) 确保没有其他程序在前台运行，例如NT事件浏览器、注册表编辑器或者其他NT管理工具。

(3) 插入SQL Server光盘。使用资源管理器来定位autorun.exe，并双击auto run.exe程序。这样就启动了安装程序，并且会打开Welcome对话框。该对话框包含了如下选项：read the release notes、install SQL Server 7 prerequisites、install SQL Server 7 components、visit our web site和browse books online。

(4) 单击install SQL Server 7 Prerequisites，出现如下选项：Database。

(5) Server - Standad Edition、Database Server - Desktop Edition、SQL Server 7 OLAP Services和English Query。再单击Database Server - Standard Edition，选择安装SQL Server的标准版。

(6) 选择Local Install来进行本地安装。单击next按钮。出现Welcome窗口，再单击next按钮。

(7) 出现License Agreement窗口，单击yes，进入user information窗口，输入用户名和公司名，并单击next。

(8) 出现Setup Type窗口，选择Custom安装模式。在这个窗口中，你还可以修改安装的路径。缺省目录是C:\MS SQL7。单击next。

(9) 出现Select Components窗口，选择你想要安装的组件。缺省情况下是“典型”安装的选型。单击next。

(10) 出现Character Set/Sort Order/Unicode Collation窗口，在该对话框中选择适当的字符集、排序顺序和Unicode Collation(这些选项中的每一个都在前面讨论过)。单击next按钮。

(11) 出现Network Libraries对话框。选择你想安装的网络链接库。缺省情况下，系统已经选择了命名管道、TCP/IP Sockets和Multi - protocol网络链接库。你还可以添加其他的网络链接库（这些选项中的每一个都在前面2讨论过)。单击next。

(12) 出现Services Accounts对话框，输入在安装前为SQL Server创建的账户和口令。并单击next。

(13) 出现start copying files对话框，表示即将开始复制SQL Server文件。单击next。

(14) 出现“每客户许可协议”窗口，选择“我同意”，并单击“确定”。再单击“继续”。

(15) 单击finish按钮，表示安装过程已经结束。最后单击exit。

(四) 网络协议安装

(1) 在控制面板中选择“网络”，启动网络设置对话框。

(2) 在“配置”中按“添加(A)”按钮，并在弹出的“选定网络组件类型”对话框中选择“协议”项，然后按“添加(A)”按钮。[注：如果在“下列网络组件被安装(N)”列表中已经含有“TCP/IP”项，则可以直接到第4步。]

(3) 在系统弹出的“选定网络协议”对话框中，左侧列表为生产厂商，右侧列表为该厂商的协议产品，在厂商中选择“Microsoft”，在协议中选择“TCP/IP”协议，按“确定”完成选择，并回到“网络”对话框。

(4) 在“网络”对话框的“下列网络组件已被安装(N)”列表中可以看到“TCP/IP”项，选中该项，并按下“属性”按钮，进入“TCP/IP属性”对话框。

(5) 选择“IP地址”属性页，将获得IP地址的方式由“自动获得一个IP地址”变为“指定IP地址”，并输入IP地址及子网屏蔽，按“确定”回到“网络”对话框。

(6) IP地址必须选用B类地址。

(7) 在“网络”对话框中按“确定”，并按提示重新启动计算机。

IP地址的格式为4个字节，分为网络地址和主机地址两个部分。IP地址分为三类：

(1) A类地址，网络地址为一个字节，主机地址占三个字节，网络地址从1～127，主机地址从0.0.1～255.255.254，因此掩码为255.0.0.0。

(2) B类地址，网络地址占二个字节，主机地址占二个字节，网络地址从80.0～191.255，主机地址从0.1～255.254，因此掩码为255.255.0.0。

(3) C类地址，网络地址为三个字节，主机地址占一个字节，网络地址从192.0.0～255.255.255，主机地址从1～254，因此掩码为255.255.255.0。

另外，在局域网中各节点的IP地址必须各不相同，但应使用相同的网络地址，否则系统的网络功能将不能正确启动。

(五) 生产厂家

南京南瑞继保电气有限公司。

四十九、索凌电气有限公司新型微机保护测控装置

(一) SL900系列产品概述

SL900系列微机保护测控装置，统一采用嵌入式ARM+DSP双CPU硬件平台、嵌入式实时操作系统软件平台，兼具智能插件间基于CAN总线连接、保护模块用类PLC方式的可视化逻辑编程等诸多创新点。该系列装置集保护、测量、控制、计算、录波、通信等功能于一体，不仅可构建厂站综合自动化系统，也可按间隔层设备独立运行，能很好满

足用户需求。

（二）SL900 系列产品性能特点

（1）ARM＋DSP 双 32 位机系统，系统冗余大。

（2）多 CPU 智能插件设计，开入开出插件实现实时完全自检；可检测至每个继电器线圈。

（3）插件间基于 CANBUS 总线联系，减少插件间连线，接插不良实时检测。

（4）保护功能采用 32 位浮点 DSP 处理器，程序及数据在片内运行；运行速度快，可靠性高。

（5）16 位 AD 采样，测量精度高；每周波 48 点采样，谐波处理能力强。

（6）可选单色或彩色大液晶，中文界面菜单，使用方便。

（7）保护模块采用计算机辅助图形界面实现原理设计（PLC），便于系列产品二次开发与功能修改，工程设计灵活、快捷。

（三）生产厂

生产厂家：索凌电气有限公司。

电话：86－371－63778496，67832561。

E－mail：sldqjsb@126. com。

公司总部：郑州市索凌路 18 号。

生产基地：郑州市高新技术产业开发区国槐街 22 号。

传真：86－371－67832595。

网址：www. suoling. com。

邮编：450001。